《机械设计手册》 卷目

卷　次	篇　名
第1卷　机械设计基础资料	1. 常用设计资料和数据　2. 机械制图与机械零部件精度设计　3. 机械工程材料　4. 机械零部件结构设计
第2卷　机械零部件设计(连接、紧固与传动)	5. 连接与紧固　6. 带传动和链传动　7. 摩擦轮传动与螺旋传动　8. 齿轮传动　9. 轮系　10. 减速器和变速器　11. 机构设计
第3卷　机械零部件设计(轴系、支承与其他)	12. 轴　13. 滑动轴承　14. 滚动轴承　15. 联轴器、离合器与制动器　16. 弹簧　17. 起重运输机械零部件和操作件　18. 机架、箱体与导轨　19. 润滑　20. 密封
第4卷　流体传动与控制	21. 液压传动与控制　22. 气压传动与控制　23. 液力传动
第5卷　机电一体化与控制技术	24. 机电一体化技术及设计　25. 机电系统控制　26. 机器人与机器人装备　27. 数控技术　28. 微机电系统及设计　29. 机械状态监测与故障诊断技术　30. 激光及其在机械工程中的应用　31. 电动机、电器与常用传感器
第6卷　现代设计与创新设计(一)	32. 现代设计理论与方法综述　33. 机械系统概念设计　34. 机械系统的振动设计及噪声控制　35. 疲劳强度设计　36. 摩擦学设计　37. 机械可靠性设计　38. 机械结构的有限元设计　39. 优化设计　40. 数字化设计　41. 试验优化设计　42. 工业设计与人机工程　43. 机械产品设计中的常用软件
第7卷　现代设计与创新设计(二)	44. 机械创新设计概论　45. 创新设计方法论　46. 顶层设计原理、方法与应用　47. 创新原理、思维、方法与应用　48. 绿色设计与和谐设计　49. 智能设计　50. 仿生机械设计　51. 互联网上的合作设计　52. 工业通信网络　53. 面向机械工程领域的大数据、云计算与物联网技术　54. 3D打印设计与制造技术　55. 系统化设计理论与方法

机械设计手册

第6版

主　编　闻邦椿
副主编　鄂中凯　张义民　陈良玉　孙志礼
　　　　宋锦春　柳洪义　巩亚东　宋桂秋

第7卷　现代设计与创新设计（二）

卷主编　宋桂秋　刘树英

机械工业出版社

本版手册是在前 5 版手册的基础上吸收并总结了国内外机械工程设计领域中的新标准、新材料、新工艺、新结构、新技术、新产品、新设计理论与方法，并配合我国创新驱动战略的需求撰写而成的。本版手册全面系统地介绍了常规设计、机电一体化设计、机电系统控制、现代设计与创新设计方法及其应用等内容，具有体系新颖、内容现代、凸显创新、系统全面、信息量大、实用可靠及简明便查等特点。

本版手册分为 7 卷 55 篇，内容有：机械设计基础资料、机械零部件设计（连接、紧固与传动）、机械零部件设计（轴系、支承与其他）、流体传动与控制、机电一体化与控制技术、现代设计与创新设计等。

本卷为第 7 卷，主要内容有：机械创新设计概论，创新设计方法论，顶层设计原理、方法与应用，创新原理、思维、方法与应用，绿色设计与和谐设计，智能设计，仿生机械设计，互联网上的合作设计，工业通信网络，面向机械工程领域的大数据、云计算与物联网技术，3D 打印设计与制造技术，系统化设计理论与方法等。

本版手册可供从事机械设计、制造、维修及相关专业的工程技术人员作为工具书使用，也可供大专院校的相关专业师生使用和参考。

图书在版编目（CIP）数据

机械设计手册. 第 7 卷/闻邦椿主编. —6 版. —北京：机械工业出版社，2017.12（2022.10 重印）
ISBN 978-7-111-58347-9

Ⅰ.①机… Ⅱ.①闻… Ⅲ.①机械设计-技术手册 Ⅳ.①TH122-62

中国版本图书馆 CIP 数据核字（2017）第 261173 号

机械工业出版社（北京市百万庄大街 22 号　邮政编码 100037）
策划编辑：曲彩云　责任编辑：曲彩云　崔滋恩　责任校对：陈延翔
封面设计：马精明　责任印制：邸　敏
三河市宏达印刷有限公司印刷
2022 年 10 月第 6 版第 5 次印刷
184mm×260mm・57.75 印张・3 插页・1947 千字
标准书号：ISBN 978-7-111-58347-9
定价：135.00 元

凡购本书，如有缺页、倒页、脱页，由本社发行部调换

电话服务　　　　　　　　　　　网络服务
服务咨询热线：010-88361066　　机 工 官 网：www.cmpbook.com
读者购书热线：010-68326294　　机 工 官 博：weibo.com/cmp1952
　　　　　　　010-88379203　　金　书　网：www.golden-book.com
封面无防伪标均为盗版　　　　　教育服务网：www.cmpedu.com

编写和审稿人员

主　　编　闻邦椿　（东北大学）
副 主 编　鄂中凯　张义民　陈良玉　孙志礼　（东北大学）
　　　　　宋锦春　柳洪义　巩亚东　宋桂秋

卷次及卷主编	篇次	篇主编	编写人	审稿人
第1卷 机械设计基础资料 卷主编 鄂中凯（东北大学）	第1篇	鄂中凯　（东北大学）	鄂中凯　周康年　宋叔尼　林　菁	张义民
	第2篇	黄　英 李小号　（东北大学）	黄　英　李小号　孙少妮　马明旭 张闻雷　赵　薇	田　凌 毛　昕
	第3篇	方昆凡　（东北大学）	方昆凡　夏永发　黄　英　鄂晓宇 单宝峰　高　虹	鄂中凯
	第4篇	王宛山 于天彪　（东北大学）	王宛山　单瑞兰　崔虹雯　于天彪 孟祥志　王学智	巩亚东
第2卷 机械零部件设计 （连接、紧固与传动） 卷主编 陈良玉　巩云鹏 （东北大学）	第5篇	吴宗泽　（清华大学）	吴宗泽	罗圣国
	第6篇	吴宗泽　（清华大学） 陈铁鸣　（哈尔滨工业大学）	吴宗泽　陈铁鸣	罗圣国
	第7篇	陈良玉　（东北大学）	陈良玉	巩云鹏
	第8篇	陈良玉 巩云鹏　（东北大学）	陈良玉　巩云鹏　张伟华	鄂中凯 陈良玉 王延忠
	第9篇	李力行　（大连交通大学）	李力行　叶庆泰　何卫东　李　欣	张少名
	第10篇	程乃士　（东北大学）	程乃士　刘　温　石晓辉　程　越	鄂中凯 巩云鹏
	第11篇	邓宗全　（哈尔滨工业大学） 于红英 邹　平　（东北大学） 焦映厚　（哈尔滨工业大学）	邓宗全　于红英　邹　平　焦映厚 陈照波　唐德威　杨　飞　刘文涛 陶建国　荣伟彬　王乐峰　陈　明 刘荣强	陈良玉 杨玉虎
第3卷 机械零部件设计 （轴系、支承与其他） 卷主编 孙志礼（东北大学）	第12篇	巩云鹏　（东北大学）	巩云鹏　张伟华	孙志礼
	第13篇	卜　炎　（天津大学）	卜　炎	吴宗泽
	第14篇	李元科　（华中科技大学）	李元科　毛宽民	吴宗泽
	第15篇	孙志礼　（东北大学）	孙志礼　闫玉涛　闫　明　王　健	修世超 苏鹏程

卷次及卷主编	篇次	篇主编		编写人				审稿人
第3卷 机械零部件设计 （轴系、支承与其他） 卷主编 孙志礼（东北大学）	第16篇	闫玉涛	（东北大学）	闫玉涛	印明昂			孙志礼
	第17篇	郑夕健	（沈阳建筑大学）	郑夕健	谢正义	鄂 东	冯 勃	屈福政
	第18篇	张耀满 吴自通	（东北大学）	张耀满	吴自通			原所先
	第19篇	丁津原	（东北大学）	丁津原	马先贵	胡俊宏	金映丽	鄂中凯 孙志礼
	第20篇	修世超	（东北大学）	修世超	李宝民			丁津原 杨好志
第4卷 流体传动与控制 卷主编 宋锦春（东北大学）	第21篇	宋锦春 陈建文	（东北大学）	宋锦春 王长周	陈建文 林君哲	韩学军 李 松	周生浩	张艾群 曹鑫铭
	第22篇	宋锦春 王炳德	（东北大学）	宋锦春	王炳德	赵丽丽	周 娜	曹鑫铭 张艾群
	第23篇	雷雨龙	（吉林大学）	雷雨龙 付 尧	汤 辉 卢秀全	李兴忠 王佳欣	王忠山 王宏卫	宋锦春 宋 斌
第5卷 机电一体化与 控制技术 卷主编 柳洪义 刘 杰 巩亚东 （东北大学）	第24篇	刘 杰	（东北大学）	刘 杰	李允公	刘 宇	戴 丽	柳洪义 刘 杰
	第25篇	柳洪义	（东北大学）	柳洪义	郝丽娜	罗 忠	王 菲	刘 杰 柳洪义
	第26篇	宋伟刚	（东北大学）	宋伟刚	汪 博			柳洪义 赵明扬
	第27篇	巩亚东 张耀满	（东北大学）	巩亚东	张耀满			刘 杰 李宪凯
	第28篇	黄庆安	（东南大学）	黄庆安	周再发	宋 竞	聂 萌	刘 杰
	第29篇	段志善	（西安建筑科技大学）	段志善	史丽晨	东亚斌		高金吉 柳洪义
	第30篇	王立军	（中国科学院长春光学精 密机械与物理研究所）	王立军	付喜宏	关振忠		柳洪义
	第31篇	史家顺	（东北大学）	史家顺	朱立达			鄂中凯 刘 杰
第6卷 现代设计与创新设计 （一） 卷主编 张义民 孙志礼 宋桂秋 （东北大学）	第32篇	闻邦椿 刘树英	（东北大学）	闻邦椿	刘树英			雒建斌
	第33篇	邹慧君	（上海交通大学）	邹慧君				谢友柏
	第34篇	闻邦椿 刘树英	（东北大学）	闻邦椿	刘树英			黄文虎
	第35篇	王德俊 王 雷	（东北大学）	王德俊	王 雷			鄂中凯 孙志礼
	第36篇	卜 炎	（天津大学）	卜 炎				丁津原
	第37篇	孙志礼	（东北大学）	孙志礼 王 健	张义民	杨 强	郭 瑜	王德俊 李良巧

卷次及卷主编	篇次	篇主编		编写人	审稿人
第6卷 现代设计与创新设计 （一） 卷主编 张义民 孙志礼 宋桂秋 （东北大学）	第38篇	韩清凯	（大连理工大学）	韩清凯 翟敬宇 张 昊	陈良玉
	第39篇	宋桂秋	（东北大学）	宋桂秋 李一鸣	佟杰新
	第40篇	王宛山 于天彪	（东北大学）	王宛山 郭 钢 于天彪 朱立达 李 虎 孙 伟 杨建宇 王学智	巩亚东
	第41篇	任露泉 田为军 丛 茜	（吉林大学）	任露泉 田为军 丛 茜	杨印生
	第42篇	刘 洋 任 宏	（沈阳航空航天大学）	刘 洋 任 宏	张 强 张 剑
	第43篇	李 鹤 孙 伟	（东北大学）	李 鹤 孙 伟	孙志礼
第7卷 现代设计与创新设计 （二） 卷主编 宋桂秋 刘树英 （东北大学）	第44篇	闻邦椿	（东北大学）	闻邦椿 宋桂秋	雒建斌
	第45篇	闻邦椿 刘树英	（东北大学）	闻邦椿 刘树英	赵淳生
	第46篇	闻邦椿 刘树英	（东北大学）	闻邦椿 刘树英	高金吉
	第47篇	赵新军	（东北大学）	赵新军 钟 莹 孙晓枫	宋桂秋 巩云鹏
	第48篇	刘志峰	（合肥工业大学）	刘志峰 李新宇 张 雷 李小彭	刘光复 孙志礼
	第49篇	王安麟	（同济大学）	王安麟	柳洪义
	第50篇	任露泉 韩志武	（吉林大学）	任露泉 韩志武 呼 咏 孙霁宇 田丽梅 张成春 张俊秋 张 强 张 锐 张志辉	王继新
	第51篇	朱爱斌	（西安交通大学）	朱爱斌 张执南	谢友柏
	第52篇	宋桂秋 刘 宇	（东北大学）	宋桂秋 刘 宇 李一鸣	邓庆绪 彭玉怀
	第53篇	邓庆绪	（东北大学）	邓庆绪 彭玉怀	张 斌
	第54篇	李 虎	（东北大学）	李 虎 陈亚东	巩亚东 宋桂秋
	第55篇	闻邦椿 刘树英	（东北大学）	闻邦椿 刘树英	赵淳生

本卷编辑人员

篇　目	责 任 编 辑	审 读 编 辑
第 44 篇	李含杨	王彦青
第 45 篇	张元生	王　珑
第 46 篇	高依楠	张元生　王春雨
第 47 篇	徐　强	肖新军　王春雨
第 48 篇	高依楠	何月秋
第 49 篇	张元生	肖新军　贺　怡　陈保华
第 50 篇	张元生	崔滋恩
第 51 篇	张元生	陈保华　高依楠
第 52 篇	高依楠	王春雨
第 53 篇	李含杨	王彦青
第 54 篇	李含杨	吕德齐
第 55 篇	徐　强	高依楠

前　言

本版手册为新出版的第 6 版七卷本《机械设计手册》。由于科学技术的快速发展，需要我们对手册内容进行更新，增加新的科技内容，以满足广大读者的迫切需要。

《机械设计手册》自 1991 年面世发行以来，历经 5 次修订，截至 2016 年已累计发行 38 万套。作为国家级重点科技图书的《机械设计手册》，深受社会各界的重视和好评，在全国具有很大的影响力，该手册曾获得全国优秀科技图书奖二等奖（1995 年）、机械工业部科技进步奖二等奖（1997 年）、机械工业科学技术奖一等奖（2011 年）、中国出版政府奖提名奖（2013年），并多次获得全国科技畅销书奖等奖项。1994 年，《机械设计手册》曾在我国台湾建宏出版社出版发行，并在海内外产生了广泛的影响。《机械设计手册》荣获的一系列国家和部级奖项表明，其具有很高的科学价值、实用价值和文化价值。《机械设计手册》已成为机械设计领域的一部大型品牌工具书，已成为机械工程领域权威的和影响力较大的大型工具书，长期以来，它为我国装备制造业的发展做出了巨大贡献。

第 5 版《机械设计手册》出版发行至今已有 7 年时间，这期间我国国民经济有了很大发展，国家制定了《国家创新驱动发展战略纲要》，其中把创新驱动发展作为了国家的优先战略。因此，《机械设计手册》第 6 版修订工作的指导思想除努力贯彻"科学性、先进性、创新性、实用性、可靠性"外，更加突出了"创新性"，以全力配合我国"创新驱动发展战略"的重大需求，为实现我国建设创新型国家和科技强国梦做出贡献。

在本版手册的修订过程中，广泛调研了厂矿企业、设计院、科研院所和高等院校等多方面的使用情况和意见。对机械设计的基础内容、经典内容和传统内容，从取材、产品及其零部件的设计方法与计算流程、设计实例等多方面进行了深入系统的整合，同时，还全面总结了当前国内外机械设计的新理论、新方法、新材料、新工艺、新结构、新产品和新技术，特别是在现代设计与创新设计理论与方法、机电一体化及机械系统控制技术等方面做了系统和全面的论述和凝练。相信本版手册会以崭新的面貌展现在广大读者面前，它将对提高我国机械产品的设计水平、推进新产品的研究与开发、老产品的改造，以及产品的引进、消化、吸收和再创新，进而促进我国由制造大国向制造强国跃升，发挥出巨大的作用。

本版手册分为 7 卷 55 篇：第 1 卷　机械设计基础资料；第 2 卷　机械零部件设计（连接、紧固与传动）；第 3 卷　机械零部件设计（轴系、支承与其他）；第 4 卷　流体传动与控制；第 5 卷　机电一体化与控制技术；第 6 卷　现代设计与创新设计（一）；第 7 卷　现代设计与创新设计（二）。

本版手册有以下七大特点：

一、构建新体系

构建了科学、先进、实用、适应现代机械设计创新潮流的《机械设计手册》新结构体系。该体系层次为：机械基础、常规设计、机电一体化设计与控制技术、现代设计与创新设计方法。该体系的特点是：常规设计方法与现代设计方法互相融合，光、机、电设计融为一体，局部的零部件设计与系统化设计互相衔接，并努力将创新设计的理念贯穿于常规设计与现代设计之中。

二、凸显创新性

习近平总书记在 2014 年 6 月和 2016 年 5 月召开的中国科学院、中国工程院两院院士大会上分别提出了我国科技发展的方向就是"创新、创新、再创新",以及实现创新型国家和科技强国的三个阶段的目标和五项具体工作。为了配合我国创新驱动发展战略的重大需求,本版手册突出了机械创新设计内容的编写,主要有以下几个方面:

(1) 新增第 7 卷,重点介绍了创新设计及与创新设计有关的内容。

该卷主要内容有:机械创新设计概论,创新设计方法论,顶层设计原理、方法与应用,创新原理、思维、方法与应用,绿色设计与和谐设计,智能设计,仿生机械设计,互联网上的合作设计,工业通信网络,面向机械工程领域的大数据、云计算与物联网技术,3D 打印设计与制造技术,系统化设计理论与方法。

(2) 在一些篇章编入了创新设计和多种典型机械创新设计的内容。

"第 11 篇 机构设计"篇新增加了"机构创新设计"一章,该章编入了机构创新设计的原理、方法及飞剪机剪切机构创新设计,大型空间折展机构创新设计等多个创新设计的案例。典型机械的创新设计有大型全断面掘进机(盾构机)仿真分析与数字化设计、机器人挖掘机的机电一体化创新设计、节能抽油机的创新设计、产品包装生产线的机构方案创新设计等。

(3) 编入了一大批典型的创新机械产品。

"机械无级变速器"一章中编入了新型金属带式无级变速器,"并联机构的设计与应用"一章中编入了数十个新型的并联机床产品,"振动的利用"一章中新编入了激振器偏移式自同步振动筛、惯性共振式振动筛、振动压路机等十多个典型的创新机械产品。这些产品有的获得了国家或省部级奖励,有的是专利产品。

(4) 编入了机械设计理论和设计方法论等方面的创新研究成果。

1) 闻邦椿院士团队经过长期研究,在国际上首先创建了振动利用工程学科,提出了该类机械设计理论和方法。本版手册中编入了相关内容和实例。

2) 根据多年的研究,提出了以非线性动力学理论为基础的深层次的动态设计理论与方法。本版手册首次编入了该方法并列举了若干应用范例。

3) 首先提出了和谐设计的新概念和新内容,阐明了自然环境、社会环境(政治环境、经济环境、人文环境、国际环境、国内环境)、技术环境、资金环境、法律环境下的产品和谐设计的概念和内容的新体系,把既有的绿色设计篇拓展为绿色设计与和谐设计篇。

4) 全面系统地阐述了产品系统化设计的理论和方法,提出了产品设计的总体目标、广义目标和技术目标的内涵,提出了应该用 IQCTES 六项设计要求来代替 QCTES 五项要求,详细阐明了设计的四个理想步骤,即"3I 调研""7D 规划""1+3+X 实施""5(A+C)检验",明确提出了产品系统化设计的基本内容是主辅功能、三大性能和特殊性能要求的具体实现。

5) 本版手册引入了闻邦椿院士经过长期实践总结出的独特的、科学的创新设计方法论体系和规则,用来指导产品设计,并提出了创新设计方法论的运用可向智能化方向发展,即采用专家系统来完成。

三、坚持科学性

手册的科学水平是评价手册编写质量的重要方面,因此,本版手册特别强调突出内容的科学性。

(1) 本版手册努力贯彻科学发展观及科学方法论的指导思想和方法,并将其落实到手册内容的编写中,特别是在产品设计理论方法的和谐设计、深层次设计及系统化设计的编写中。

(2) 本版手册中的许多内容是编著者多年研究成果的科学总结。这些内容中有不少是国家 863、973 计划项目,国家科研重大专项,国家自然科学基金重大、重点和面上项目资助项目的研究成果,有不少成果曾获得国际、国家、部委、省市科技奖励及技术专利,充分体现了本版手册内容的重大科学价值与创新性。

下面简要介绍本版手册编入的几方面的重要研究成果:

1) 振动利用工程新学科是闻邦椿院士团队经过长期研究在国际上首先创建的。本版手册中编入了振动利用机械的设计理论、方法和范例。

2) 产品系统化设计理论与方法的体系和内容是闻邦椿院士团队提出并加以完善的,编写者依据多年的研究成果和系列专著,经综合整理后首次编入本版手册。

3) 仿生机械设计是一门新兴的综合性交叉学科,近年来得到了快速发展,它为机械设计的创新提供了新思路、新理论和新方法。吉林大学任露泉院士领导的工程仿生教育部重点实验室开展了大量的深入研究工作,取得了一系列创新成果且出版了专著,据此并结合国内外大量较新的文献资料,为本版手册构建了仿生机械设计的新体系,编写了"仿生机械设计"篇(第50篇)。

4) 激光及其在机械工程中的应用篇是中国科学院长春光学精密机械与物理研究所王立军院士依据多年的研究成果,并参考国内外大量较新的文献资料编写而成的。

5) 绿色制造工程是国家确立的五项重大工程之一,绿色设计是绿色制造工程的最重要环节,是一个新的学科。合肥工业大学刘志峰教授依据在绿色设计方面获多项国家和省部级奖励的研究成果,参考国内外大量较新的文献资料为本版手册首次构建了绿色设计新体系,编写了"绿色设计与和谐设计"篇(第48篇)。

6) 微机电系统及设计是前沿的新技术。东南大学黄庆安教授领导的微电子机械系统教育部重点实验室多年来开展了大量研究工作,取得了一系列创新研究成果,本版手册的"微机电系统及设计"篇(第28篇)就是依据这些成果和国内外大量较新的文献资料编写而成的。

四、重视先进性

(1) 本版手册对机械基础设计和常规设计的内容做了大规模全面修订,编入了大量新标准、新材料、新结构、新工艺、新产品、新技术、新设计理论和计算方法等。

1) 编入和更新了产品设计中需要的大量国家标准,仅机械工程材料篇就更新了标准126个,如 GB/T 699—2015《优质碳素结构钢》、GB/T 3077—2015《合金结构钢》、GB/T 15712—2016《非调质机械结构钢》、GB/T 11263—2017《热轧 H 型钢和部分 T 型钢》和 GB/T 2040—2017《铜及铜合金板材》等。

2) 在新材料方面,充实并完善了铝及铝合金、钛及钛合金、镁及镁合金等内容。这些材料由于具有优良的力学性能、物理性能以及回收率高等优点,目前广泛应用于航空、航天、高铁、计算机、通信元件、电子产品、纺织和印刷等行业。增加了国内外粉末冶金材料的新品种,如美国、德国和日本等国家的各种粉末冶金材料。充实了国内外工程塑料及复合材料的新品种。

3) 新编的"机械零部件结构设计"篇(第4篇),依据11个结构设计方面的基本要求,编写了相应的内容,并编入了结构设计的评估体系和减速器结构设计、滚动轴承部件结构设计的示例。

4) 按照 GB/T 3480.1~3—2013(报批稿)、GB/T 10062.1~3—2003 及 ISO 6336—2006 等新标准,重新构建了更加完善的渐开线圆柱齿轮传动和锥齿轮传动的设计计算新体系;按照初步确定尺寸的简化计算、简化疲劳强度校核计算、一般疲劳强度校核计算,编排了三种设计计算方法,以满足不同场合、不同要求的齿轮设计。

5) 在"第4卷 流体传动与控制"卷中,编入了一大批国内外知名品牌的新标准、新结构、新产品、新技术和新设计计算方法。在"液力传动"篇(第23篇)中新增加了液黏传动,它是一种新型的液力传动。

(2) "第 5 卷　机电一体化与控制技术"卷充实了智能控制及专家系统的内容,大篇幅增加了机器人与机器人装备的内容。

机器人是机电一体化特征最为显著的现代机械系统,机器人技术是智能制造的关键技术。由于智能制造的迅速发展,近年来机器人产业呈现出高速发展的态势。为此,本版手册大篇幅增加了"机器人与机器人装备"篇(第 26 篇)的内容。该篇从实用性的角度,编写了串联机器人、并联机器人、轮式机器人、机器人工装夹具及变位机;编入了机器人的驱动、控制、传感、视角和人工智能等共性技术;结合喷涂、搬运、电焊、冲压及压铸等工艺,介绍了机器人的典型应用实例;介绍了服务机器人技术的新进展。

(3) 为了配合我国创新驱动战略的重大需求,本版手册扩大了创新设计的篇数,将原第 6 卷扩编为两卷,即新的"现代设计与创新设计(一)"(第 6 卷)和"现代设计与创新设计(二)"(第 7 卷)。前者保留了原第 6 卷的主要内容,后者编入了创新设计和与创新设计有关的内容及一些前沿的技术内容。

本版手册"现代设计与创新设计(一)"卷(第 6 卷)的重点内容和新增内容主要有:

1) 在"现代设计理论与方法综述"篇(第 32 篇)中,简要介绍了机械制造技术发展总趋势、在国际上有影响的主要设计理论与方法、产品研究与开发的一般过程和关键技术、现代设计理论的发展和根据不同的设计目标对设计理论与方法的选用。闻邦椿院士在国内外首次按照系统工程原理,对产品的现代设计方法做了科学分类,克服了目前产品设计方法的论述缺乏系统性的不足。

2) 新编了"数字化设计"篇(第 40 篇)。数字化设计是智能制造的重要手段,并呈现应用日益广泛、发展更加深刻的趋势。本篇编入了数字化技术及其相关技术、计算机图形学基础、产品的数字化建模、数字化仿真与分析、逆向工程与快速原型制造、协同设计、虚拟设计等内容,并编入了大型全断面掘进机(盾构机)的数字化仿真分析和数字化设计、摩托车逆向工程设计等多个实例。

3) 新编了"试验优化设计"篇(第 41 篇)。试验是保证产品性能与质量的重要手段。本篇以新的视觉优化设计构建了试验设计的新体系、全新内容,主要包括正交试验、试验干扰控制、正交试验的结果分析、稳健试验设计、广义试验设计、回归设计、混料回归设计、试验优化分析及试验优化设计常用软件等。

4) 将手册第 5 版的"造型设计与人机工程"篇改编为"工业设计与人机工程"篇(第 42 篇),引入了工业设计的相关理论及新的理念,主要有品牌设计与产品识别系统(PIS)设计、通用设计、交互设计、系统设计、服务设计等,并编入了机器人的产品系统设计分析及自行车的人机系统设计等典型案例。

(4) "现代设计与创新设计(二)"卷(第 7 卷)主要编入了创新设计和与创新设计有关的内容及一些前沿技术内容,其重点内容和新编内容有:

1) 新编了"机械创新设计概论"篇(第 44 篇)。该篇主要编入了创新是我国科技和经济发展的重要战略、创新设计的发展与现状、创新设计的指导思想与目标、创新设计的内容与方法、创新设计的未来发展战略、创新设计方法论的体系和规则等。

2) 新编了"创新设计方法论"篇(第 45 篇)。该篇为创新设计提供了正确的指导思想和方法,主要编入了创新设计方法论的体系、规则,创新设计的目的、要求、内容、步骤、程序及科学方法,创新设计工作者或团队的四项潜能,创新设计客观因素的影响及动态因素的作用,用科学哲学思想来统领创新设计工作,创新设计方法论的应用,创新设计方法论应用的智能化及专家系统，创新设计的关键因素及制约的因素分析等内容。

3）创新设计是提高机械产品竞争力的重要手段和方法，大力发展创新设计对我国国民经济发展具有重要的战略意义。为此，编写了"创新原理、思维、方法与应用"篇（第47篇）。除编入了创新思维、原理和方法，创新设计的基本理论和创新的系统化设计方法外，还编入了29种创新思维方法、30种创新技术、40种发明创造原理，列举了大量的应用范例，为引领机械创新设计做出了示范。

4）绿色设计是实现低资源消耗、低环境污染、低碳经济的保护环境和资源合理利用的重要技术政策。本版手册中编入了"绿色设计与和谐设计"篇（第48篇）。该篇系统地论述了绿色设计的概念、理论、方法及其关键技术。编者结合多年的研究实践，并参考了大量的国内外文献及较新的研究成果，首次构建了系统实用的绿色设计的完整体系，包括绿色材料选择、拆卸回收产品设计、包装设计、节能设计、绿色设计体系与评估方法，并给出了系列典型范例，这些对推动工程绿色设计的普遍实施具有重要的指引和示范作用。

5）仿生机械设计是一门新兴的综合性交叉学科，本版手册新编入了"仿生机械设计"篇（第50篇），包括仿生机械设计的原理、方法、步骤，仿生机械设计的生物模本，仿生机械形态与结构设计，仿生机械运动学设计，仿生机构设计，并结合仿生行走、飞行、游走、运动及生机电仿生手臂，编入了多个仿生机械设计范例。

6）第55篇为"系统化设计理论与方法"篇。装备制造机械产品的大型化、复杂化、信息化程度越来越高，对设计方法的科学性、全面性、深刻性、系统性提出的要求也越来越高，为了满足我国制造强国的重大需要，亟待创建一种能统领产品设计全局的先进设计方法。该方法已经在我国许多重要机械产品（如动车、大型离心压缩机等）中成功应用，并获得重大的社会效益和经济效益。本版手册对该系统化设计方法做了系统论述并给出了大型综合应用实例，相信该系统化设计方法对我国大型、复杂、现代化机械产品的设计具有重要的指导和示范作用。

7）本版手册第7卷还编入了与创新设计有关的其他多篇现代化设计方法及前沿新技术，包括顶层设计原理、方法与应用，智能设计，互联网上的合作设计，工业通信网络，面向机械工程领域的大数据、云计算与物联网技术，3D打印设计与制造技术等。

五、突出实用性

为了方便产品设计者使用和参考，本版手册对每种机械零部件和产品均给出了具体应用，并给出了选用方法或设计方法、设计步骤及应用范例，有的给出了零部件的生产企业，以加强实际设计的指导和应用。本版手册的编排尽量采用表格化、框图化等形式来表达产品设计所需要的内容和资料，使其更加简明、便查；对各种标准采用摘编、数据合并、改排和格式统一等方法进行改编，使其更为规范和便于读者使用。

六、保证可靠性

编入本版手册的资料尽可能取自原始资料，重要的资料均注明来源，以保证其可靠性。所有数据、公式、图表力求准确可靠，方法、工艺、技术力求成熟。所有材料、零部件、产品和工艺标准均采用新公布的标准资料，并且在编入时做到认真核对以避免差错。所有计算公式、计算参数和计算方法都经过长期检验，各种算例、设计实例均来自工程实际，并经过认真的计算，以确保可靠。本版手册编入的各种通用的及标准化的产品均说明其特点及适用情况，并注明生产厂家，供设计人员全面了解情况后选用。

七、保证高质量和权威性

本版手册主编单位东北大学是国家211、985重点大学、"重大机械关键设计制造共性技术"985创新平台建设单位、2011国家钢铁共性技术协同创新中心建设单位，建有"机械设计及理论国家重点学科"和"机械工程一级学科"。由东北大学机械及相关学科的老教授、老专家和中青年学术精英组成了实力强大的大型工具书编写团队骨干,以及一批来自国家重点高校、研究院所、大型企业等30多个单位、近200位专家、学者组成了高水平编审团队。编审团队成员的大多数都是所在领域的著名资深专家,他们具有深广的理论基础、丰富的机械设计工作经历、丰富的工具书编纂经验和执着的敬业精神,从而确保了本版手册的高质量和权威性。

在本版手册编写中,为便于协调,提高质量,加快编写进度,编审人员以东北大学的教师为主,并组织邀请了清华大学、上海交通大学、西安交通大学、浙江大学、哈尔滨工业大学、吉林大学、天津大学、华中科技大学、北京科技大学、大连理工大学、东南大学、同济大学、重庆大学、北京化工大学、南京航空航天大学、上海师范大学、合肥工业大学、大连交通大学、长安大学、西安建筑科技大学、沈阳工业大学、沈阳航空航天大学、沈阳建筑大学、沈阳理工大学、沈阳化工大学、重庆理工大学、中国科学院长春光学精密机械与物理研究所、中国科学院沈阳自动化研究所等单位的专家、学者参加。

在本版手册出版之际,特向著名机械专家、本手册创始人、第1版及第2版的主编徐灏教授致以崇高的敬意,向历次版本副主编邱宣怀教授、蔡春源教授、严隽琪教授、林忠钦教授、余俊教授、汪恺总工程师、周士昌教授致以崇高的敬意,向参加本手册历次版本的编写单位和人员表示衷心感谢,向在本手册历次版本的编写、出版过程中给予大力支持的单位和社会各界朋友们表示衷心感谢,特别感谢机械科学研究总院、郑州机械研究所、徐州工程机械集团公司、北方重工集团沈阳重型机械集团有限责任公司和沈阳矿山机械集团有限责任公司、沈阳机床集团有限责任公司、沈阳鼓风机集团有限责任公司及辽宁省标准研究院等单位的大力支持。

由于编者水平有限,手册中难免有一些不尽如人意之处,殷切希望广大读者批评指正。

主编 闻邦椿

目 录

第44篇 机械创新设计概论

第1章 概 述
1 创新是我国科技和经济发展的重要战略 … 44-3
2 创新设计的概念和基本内涵 …………… 44-3
3 创新设计的特点 ………………………… 44-4
4 创新设计的发展与现状 ………………… 44-4
  4.1 创新设计的发展历程 ……………… 44-4
  4.2 创新设计的国内外发展现状 ……… 44-5
    4.2.1 国外创新设计发展现状 ……… 44-5
    4.2.2 我国创新设计发展现状 ……… 44-5
5 创新设计发展的智能化 ………………… 44-8

第2章 创新设计的指导思想与目标
1 创新设计的指导思想 …………………… 44-9
2 创新设计的目标 ………………………… 44-9
  2.1 创新设计的总体目标和广义目标 … 44-9
  2.2 创新设计的技术目标 ……………… 44-10

第3章 创新设计的任务、内容与方法
1 创新设计的任务 ………………………… 44-12
2 创新设计的基本内容 …………………… 44-12
3 创新设计的方法 ………………………… 44-13
  3.1 创新设计应采取的科学技术与方法 … 44-13
  3.2 创新设计方法的分类 ……………… 44-13
  3.3 综合设计理论方法的产生 ………… 44-14

第4章 创新设计的未来发展战略
1 创新设计的总体战略 …………………… 44-15
2 创新设计的重点任务 …………………… 44-15
  2.1 提升重点产业领域的创新设计能力 … 44-15
  2.2 加强设计共性关键技术研发 ……… 44-15
  2.3 建设完善创新设计系统 …………… 44-15
3 创新设计的路线图 ……………………… 44-15
4 创新设计的发展趋势 …………………… 44-16
  4.1 绿色低碳 …………………………… 44-16
  4.2 网络智能 …………………………… 44-16
  4.3 超常融合 …………………………… 44-16
  4.4 共创分享 …………………………… 44-17

第5章 创新设计方法论的体系和规则
1 创新设计方法论的体系 ………………… 44-18
2 创新设计方法论的规则 ………………… 44-18
参考文献 ……………………………………… 44-20

第45篇 创新设计方法论

第1章 创新设计方法论的体系、规则及研究意义
1 概述 ……………………………………… 45-3
2 创新设计的概念、定义及发展战略的探索 ……………………………………… 45-3
  2.1 创新设计的概念 …………………… 45-3
  2.2 创新设计的定义 …………………… 45-3
  2.3 创新设计发展战略的探索 ………… 45-3
3 创新设计的目标、内容、方法及特点 … 45-3
  3.1 创新设计的目标 …………………… 45-3
  3.2 创新设计的内容和种类 …………… 45-4
  3.3 创新设计的方法 …………………… 45-4
  3.4 创新设计的特点 …………………… 45-4

| 4 创新设计方法论的体系和特点 ············ 45-4
| 4.1 创新设计方法论的体系框图 ······· 45-4
| 4.2 创新设计方法论体系的内容 ······· 45-4
| 4.3 创新设计方法论指导思想的特点 ··· 45-4
| 5 创新设计方法论的十二对规则 ············ 45-5
| 6 创新设计方法论取得的效果 ··············· 45-6
| 6.1 创新设计方法论应用的智能化 ····· 45-6
| 6.2 运用创新设计方法论取得的效果 ··· 45-6

第2章 创新设计的目的和要求

| 1 概述 ·· 45-7
| 2 创新设计要有明确的目的 ·················· 45-7
| 2.1 确立远大的理想和具体的目标 ····· 45-7
| 2.2 四类个人的理想和目标 ··············· 45-7
| 2.3 理想和目标在实践过程中可进行必要的调整 ······························ 45-8
| 2.4 理想和目标要经过长期的不懈努力才能实现 ······························ 45-8
| 3 创新设计要有具体的要求 ·················· 45-9
| 3.1 创新设计质量的准则 ·················· 45-9
| 3.2 创新设计的六项要求 ·················· 45-9
| 4 处理好六项要求之间的关系 ············· 45-10
| 5 实现六项要求的最终目标是取得最高的效益 ·· 45-10

第3章 创新设计的内容和态度

| 1 概述 ··· 45-11
| 2 创新设计要有切实的内容 ················· 45-11
| 2.1 把创新设计工作融入国家的总目标之中 ··· 45-11
| 2.2 根据自身条件和能力选择创新设计的任务 ······································ 45-11
| 2.3 考虑客观环境和条件 ················ 45-12
| 2.4 选择创新设计任务要紧抓良好契机 ··· 45-12
| 2.5 对确定的创新设计任务进行详细剖析 ··· 45-13
| 2.6 通过分析找出创新设计任务的重点和难点 ··· 45-14
| 2.7 创新设计要勇于克服困难 ········ 45-14
| 2.8 研究成果必须依靠不断积累 ····· 45-14
| 3 创新设计要有正确的态度和理念 ······ 45-14
| 3.1 勤奋和刻苦 ····························· 45-14
| 3.2 严谨和求实 ····························· 45-15
| 3.3 改革与开放,开拓与奋进 ········ 45-15
| 3.4 勤于思考,善于创新 ················ 45-16

3.5 "勤奋、求实、改革(开拓)、创新"要有正确的目标 ······················ 45-16

第4章 创新设计的步骤、程序及科学方法

1 概述 ·· 45-17
1.1 创新设计的四个阶段 ················ 45-17
1.2 创新设计要广泛运用先进的科学技术和方法 ······························· 45-17
2 创新设计要有合理的步骤和程序 ······ 45-17
2.1 创新设计首先要做好调研 ········ 45-17
2.2 创新设计应事先制定好规划 ···· 45-17
2.3 创新设计科学实施是关键环节 ··· 45-19
2.4 创新设计要重视检验和评估 ···· 45-19
3 创新设计要广泛运用先进的科学技术和方法 ·· 45-20

第5章 创新设计工作者自身的四项潜能

1 概述 ·· 45-23
2 创新设计工作者要有良好的思想品德 ··· 45-23
3 创新设计工作者要有必需的知识和能力 ·· 45-24
3.1 学习和掌握必需的知识 ············ 45-24
3.2 以顽强拼搏的精神进行学习 ···· 45-25
3.3 创新设计所必需具备的能力 ···· 45-26
4 创新设计工作者要具备健康的身体和珍爱生命 ··· 45-26
4.1 创新设计的基本条件 ················ 45-26
4.2 保持健康和维持生命的意义是为社会做出更多的贡献 ······················ 45-27
5 创新设计工作者要有坚韧的毅力和合理的战略战术 ··· 45-27
5.1 坚韧的毅力和顽强的斗志 ········ 45-27
5.2 良好的心理素质和合理的战略战术 ··· 45-28

第6章 集体(单位)创新设计的四项潜能

1 概述 ·· 45-29
2 要有远见卓识和善于组织的领导 ······ 45-29
3 要有足够的技术能力和管理能力的领导 ·· 45-29
4 要有一个团结协作的集体 ················· 45-30
5 顽强拼搏的奋斗精神和合理的战略战术 ·· 45-31

第7章 创新设计客观因素的影响

1 概述 ·· 45-32

2 要善于发现和利用良好的机遇 …………… 45-32	3 六个特点与五大发展理念的一致性 ……… 45-42
3 应选择好合适的环境 ……………………… 45-33	
3.1 环境的类型 ………………………… 45-33	**第 10 章 创新设计方法论的应用**
3.2 如何利用良好的客观环境 ………… 45-33	1 概述 …………………………………………… 45-43
4 充分利用好客观条件 ……………………… 45-33	2 创新设计的具体内容 ……………………… 45-43
4.1 客观条件的种类 …………………… 45-33	3 创新设计方法论可应用的设计领域 ……… 45-45
4.2 如何营造和利用良好的条件 ……… 45-34	3.1 创新设计方法论在产品设计中的应用 …………………………………… 45-45
第 8 章 创新设计动态因素的作用	3.2 创新设计方法论在工艺设计、工业设计、流程设计等领域中的应用 …… 45-46
1 概述 …………………………………………… 45-35	
2 不断学习，学用结合 ……………………… 45-35	**第 11 章 创新设计方法论应用的**
3 经常检查，定期总结 ……………………… 45-36	**智能化及专家系统**
4 学习和总结会使人更聪明 ………………… 45-37	1 概述 …………………………………………… 45-49
第 9 章 用科学哲学思想来统领	2 专家系统的应用研究与发展 ……………… 45-49
创新设计工作	3 专家系统 …………………………………… 45-50
1 概述 …………………………………………… 45-38	3.1 专家系统的基本结构 ……………… 45-50
2 科学哲学思想六个特点的具体内容 ……… 45-38	3.2 科学方法论应为知识库中最重要的共性核心知识 ……………………… 45-50
2.1 "以人为本" ………………………… 45-38	3.3 比较推理是专家系统中最易实施的推理形式 …………………………… 45-51
2.2 全面性和系统性 …………………… 45-39	4 最简单的专家系统 ………………………… 45-51
2.3 实践性和科学性 …………………… 45-39	5 基于逻辑的故障诊断专家系统 …………… 45-54
2.3.1 实践性 ……………………… 45-39	
2.3.2 科学性 ……………………… 45-40	**第 12 章 创新设计的关键因素及**
2.4 继承性和创新性 …………………… 45-40	**制约因素分析**
2.5 协调性和稳定性 …………………… 45-41	1 概述 …………………………………………… 45-57
2.6 可持续性和长期性 ………………… 45-41	2 创新设计工作要突出重点和抓住难点 …… 45-57
2.6.1 人与自然之间保持协调与和谐的基本措施 ………………………… 45-41	3 要处理好目标、内容和方法三者之间的关系 ………………………………………… 45-58
2.6.2 人与社会环境保持协调与和谐 … 45-41	4 创新设计工作中制约因素的分析 ………… 45-59
2.6.3 人与技术环境、资金环境、市场环境和政策环境保持协调与和谐 ………………………………… 45-42	参考文献 …………………………………………… 45-61

第 46 篇　顶层设计原理、方法与应用

第 1 章　概　论

1 顶层设计的概念 ……………………………… 46-3
2 做好顶层设计的意义 ………………………… 46-3
3 做好顶层设计应先了解做事的特点和要求 …………………………………………… 46-4
4 做好顶层设计及实现高效做事的十二对规则 …………………………………………… 46-5

第 2 章　顶层设计的目标

1 概述 …………………………………………… 46-8
2 顶层设计的对象与执行者 …………………… 46-8
3 做好顶层设计的前提 ………………………… 46-8
4 做好顶层设计和实现高效做事的目标的一致性 ………………………………………… 46-9
5 做好顶层设计和实现高效做事目标的

种类 ……………………………… 46-9
6　顶层设计的方案可适时调整 …………… 46-10
7　顶层设计及高效做事的目标经过不懈努力
　　可予以实现 ……………………………… 46-10

第3章　顶层设计的要求

1　概述 ……………………………………… 46-11
2　顶层设计对做事的六项具体要求 ……… 46-12
　2.1　顶层设计对做事"指导思想"的
　　　要求 ……………………………… 46-12
　2.2　顶层设计对做事"工作质量"的
　　　要求 ……………………………… 46-12
　2.3　顶层设计对做事"所付代价"的
　　　要求 ……………………………… 46-13
　2.4　顶层设计对做事"花费时间"的
　　　要求 ……………………………… 46-13
　2.5　顶层设计对做事"环境保护"的
　　　要求 ……………………………… 46-14
　2.6　顶层设计对做事"后续服务"的
　　　要求 ……………………………… 46-14
3　顶层设计要处理好这六项要求之间的
　　关系 ……………………………………… 46-14

第4章　顶层设计的任务

1　概述 ……………………………………… 46-15
2　顶层设计之前应做的一些准备工作 …… 46-15
3　顶层设计的总体规划和框架 …………… 46-16
4　顶层设计的各子规划模型及内容 ……… 46-18
5　做好顶层设计预计可产生的效果 ……… 46-21

第5章　做好顶层设计应具有的正确态度

1　概述 ……………………………………… 46-22
2　做好顶层设计要有勤奋刻苦的态度 …… 46-22
3　做好顶层设计要有严谨求实的态度 …… 46-22
4　做好顶层设计要有勇于实践和开拓奋进的
　　理念 ……………………………………… 46-22
5　做好顶层设计要有勤于思考和敢于创新的
　　精神 ……………………………………… 46-23
6　"勤奋、求实、开拓、创新"，要有正确的
　　目标 ……………………………………… 46-24
　6.1　要确立明确的目标 ………………… 46-24
　6.2　要培养学习和工作的兴趣 ………… 46-24

第6章　顶层设计的步骤

1　概述 ……………………………………… 46-25
2　顶层设计前先要做好调查研究 ………… 46-25
3　顶层设计的基本任务是制定好规划 …… 46-26
4　顶层设计对实施过程要有充分的了解 … 46-26
5　顶层设计要考虑对所做事的检查和
　　评估 ……………………………………… 46-27

第7章　顶层设计的方法

1　概述 ……………………………………… 46-28
2　现代科学技术中的先进理论和方法 …… 46-28
3　顶层设计应重视科学的哲学思想和方法的
　　应用 ……………………………………… 46-29
4　顶层设计要应用系统论和系统工程的思想
　　和方法 …………………………………… 46-29
5　顶层设计要广泛应用现代信息技术 …… 46-29
6　顶层设计应重视各种优化理论和方法的
　　应用 ……………………………………… 46-30
7　顶层设计应重视创新的原理和方法的
　　应用 ……………………………………… 46-30
8　顶层设计应重视预测学理论和方法的
　　应用 ……………………………………… 46-33

第8章　做好顶层设计的主观因素（对个人）

1　概述 ……………………………………… 46-34
2　做好顶层设计要有正确的思想和品德 … 46-34
3　做好顶层设计要有必需的知识和能力 … 46-35
　3.1　学习和掌握各种必要的知识 ……… 46-36
　3.2　要培育各种必需的能力 …………… 46-36
4　做好顶层设计要保持身体健康和生命
　　安全 ……………………………………… 46-37
5　做好顶层设计要有坚韧的毅力和采取
　　合理的战术 ……………………………… 46-37

第9章　做好顶层设计的主观因素（对集体）

1　概述 ……………………………………… 46-39
2　顶层设计要考虑如何充分发挥领导和组织
　　的积极作用 ……………………………… 46-39
3　顶层设计要考虑如何充分发挥集体的技术
　　能力和管理能力 ………………………… 46-41
4　顶层设计要考虑如何搞好集体的团结和
　　协作 ……………………………………… 46-42
　4.1　团结是集体的生命及活力所在 …… 46-42
　4.2　好的领导应善于把群众组织
　　　起来 ……………………………… 46-42
　4.3　良好分工是发挥集体力量的
　　　基础 ……………………………… 46-42
5　顶层设计要考虑如何充分发挥集体的奋斗
　　精神和采取的战术 ……………………… 46-42

第10章　做好顶层设计的客观因素

1　概述 …………………………………… 46-44
2　顶层设计要考虑如何紧抓所做事的良好
　　机遇 …………………………………… 46-44
　　2.1　机遇来源于对某一事物的迫切
　　　　 需求 ……………………………… 46-44
　　2.2　机遇存在于新技术的形成和发展
　　　　 过程中 …………………………… 46-45
　　2.3　机遇存在于一些地区滞后发展的
　　　　 过程中 …………………………… 46-45
　　2.4　机遇存在于各个国家和地区不平衡的
　　　　 环境中 …………………………… 46-45
　　2.5　机遇存在于事物不断振荡的
　　　　 过程中 …………………………… 46-46
　　2.6　机遇存在于某些空白研究领域或交叉
　　　　 领域 ……………………………… 46-46
　　2.7　机遇蕴藏在一些尚未解决的科学技术
　　　　 和工程难题中 …………………… 46-47
　　2.8　机遇来源于可利用的人、财、物 … 46-47
　　2.9　机遇来源于某一国家或某一地区所
　　　　 制定的特殊政策 ………………… 46-47
　　2.10　机遇产生于对某些经济规则的调整
　　　　 过程 ……………………………… 46-48
　　2.11　机遇只给有准备的人 ……………… 46-48
3　顶层设计要考虑所做事如何保护和
　　利用环境 ……………………………… 46-49
　　3.1　狭义环境 ……………………… 46-49
　　3.2　广义环境 ……………………… 46-49
　　3.3　如何利用良好的客观环境 ……… 46-50
4　顶层设计要考虑所做事如何充分利用
　　外部条件 ……………………………… 46-50
　　4.1　外部条件的种类 ……………… 46-50
　　4.2　如何营造和利用良好的条件 …… 46-51

第11章　做好顶层设计要重视两件要事：学习和总结

1　概述 …………………………………… 46-52
2　顶层设计要对工作过程中的学习进行
　　规划 …………………………………… 46-52
3　顶层设计要对所做事的检查和总结进行
　　规划 …………………………………… 46-52
　　3.1　检查和总结的目的与意义 ……… 46-53
　　3.2　检查和总结的内容 ……………… 46-53
　　3.3　检查和总结的步骤 ……………… 46-53
　　3.4　检查和总结的主要成果 ………… 46-54
4　顶层设计要重视和了解经常学习和定期
　　总结的意义 …………………………… 46-55

第12章　顶层设计提纲的编写及顶层设计实例

1　概述 …………………………………… 46-56
2　顶层设计提纲应该考虑的主要
　　问题 …………………………………… 46-56
3　顶层设计提纲的拟订 ………………… 46-57
4　顶层设计实例 ………………………… 46-58

参考文献 ……………………………… 46-62

第47篇　创新原理、思维、方法与应用

第1章　绪　　论

1　创新的基本概念 ……………………… 47-3
2　创新理论及其应用 …………………… 47-3
　　2.1　创新设计 ……………………… 47-3
　　2.2　创新理论 ……………………… 47-4
　　　　2.2.1　本体论 ………………… 47-4
　　　　2.2.2　公理性设计 …………… 47-7
　　　　2.2.3　领先用户法 …………… 47-9
　　　　2.2.4　模糊前端法 …………… 47-11
　　　　2.2.5　发明问题解决理论 …… 47-12

第2章　创新思维的基本方法

1　创新思维方法 ………………………… 47-14
　　1.1　主要的创新思维方法 …………… 47-14
　　1.2　主要的创新思维方法应用实例 … 47-16
　　　　1.2.1　应用逆向思维的实例 … 47-16
　　　　1.2.2　应用联想思维的实例 … 47-17
　　　　1.2.3　应用灵感思维的实例 … 47-17
　　　　1.2.4　应用演绎思维的实例 … 47-17
2　创新技法 ……………………………… 47-17
　　2.1　创新技法简介 …………………… 47-17
　　2.2　主要创新技法简述 ……………… 47-18

2.2.1　智力激励法 ……………… 47—18
　　2.2.2　检核表法 ………………… 47—19
　　2.2.3　列举法 …………………… 47—20
　　2.2.4　模拟法 …………………… 47—22
　　2.2.5　联想法 …………………… 47—23
　　2.2.6　组合法 …………………… 47—25
　　2.2.7　移植法 …………………… 47—25
　　2.2.8　综摄法 …………………… 47—26
3　创新技法的运用 ………………………… 47—27

第3章　发明问题的情境分析与描述

1　发明问题的资源分析与描述 …………… 47—28
　1.1　直接利用资源 …………………… 47—28
　1.2　导出资源 ………………………… 47—28
　1.3　差动资源 ………………………… 47—28
2　发明创造的理想化分析与描述 ………… 47—29
　2.1　发明创造的理想化概述 ………… 47—29
　2.2　利用理想化思想实现发明创造 … 47—29
　2.3　提高理想化程度的八种方法 …… 47—30
　2.4　实现理想化的步骤 ……………… 47—32
3　实例分析——如何制作预应力混凝土 … 47—32
4　实例分析——汽车驾驶杆的抖振分析 … 47—33

第4章　技术系统进化理论分析

1　技术进化过程中创新设计实例分析 …… 47—34
2　创新设计中技术系统进化模式 ………… 47—35
　2.1　技术系统进化模式 ……………… 47—35
　2.2　技术系统各进化模式分析 ……… 47—35
　　2.2.1　技术系统的生命周期 ……… 47—35
　　2.2.2　提高理想化水平 …………… 47—36
　　2.2.3　系统元件的不均衡发展 …… 47—36
　　2.2.4　增加系统的动态性和可控性 … 47—36
　　2.2.5　技术系统集成化进而简化 … 47—38
　　2.2.6　系统元件匹配和不匹配的交替出现 ………………………… 47—40
　　2.2.7　由宏观系统向微观系统进化 … 47—41
　　2.2.8　提高系统的自动化程度以及减少人的介入 …………………… 47—41
　　2.2.9　系统的分割 ………………… 47—41
　　2.2.10　系统进化从改善物质的结构入手 …………………………… 47—41
　　2.2.11　系统元件的一般化处理 …… 47—43
3　产品技术成熟度预测方法 ……………… 47—43
4　技术系统进化工程实例分析 …………… 47—44
　4.1　超声波焊接技术成熟度预测分析 … 47—44
　4.2　快速原型技术进化模式分析 …… 47—46
　4.3　车轮的发明及其技术进化过程分析 ……………………………… 47—49

第5章　技术冲突及其解决原理

1　物理冲突及其解决原理 ………………… 47—51
　1.1　物理冲突的概念及类型 ………… 47—51
　1.2　物理冲突的解决原理 …………… 47—52
　1.3　分离原理及实例分析 …………… 47—52
2　技术冲突及其解决原理 ………………… 47—53
　2.1　技术冲突的概念及工程实例 …… 47—53
　2.2　技术冲突的一般化处理 ………… 47—53
　2.3　技术冲突的解决原理 …………… 47—55
　　2.3.1　原理概述 …………………… 47—55
　　2.3.2　40条发明创造原理 ………… 47—55
3　利用冲突矩阵实现创新设计 …………… 47—64
　3.1　冲突矩阵的简介 ………………… 47—64
　3.2　利用冲突矩阵创新 ……………… 47—64
4　实例分析——汽车侧向安全气囊概念设计 …………………………………… 47—66

第6章　技术系统物-场模型分析方法

1　如何建立技术系统的物-场模型 ………… 47—69
2　利用物-场模型实现创新设计 …………… 47—72
3　实例分析 ………………………………… 47—73

第7章　解决发明问题的程序——ARIZ法

1　概述 ……………………………………… 47—74
2　解决发明问题的程序 …………………… 47—74
　2.1　选择问题 ………………………… 47—74
　2.2　建立模型 ………………………… 47—75
　2.3　分析问题模式 …………………… 47—75
　2.4　消除物理矛盾 …………………… 47—76
　2.5　初步评价所得解决方案 ………… 47—77
　2.6　发展所得答案 …………………… 47—77
　2.7　分析解决进程 …………………… 47—77
3　工程实例分析 …………………………… 47—77

第8章　综合案例分析

1　航空燃气涡轮发动机的进化 …………… 47—79
　1.1　应用背景 ………………………… 47—79
　1.2　结论与体会 ……………………… 47—80
2　玛氏公司"小包装食品袋"的进化历程 ……………………………………… 47—80
　2.1　新包装袋概念 …………………… 47—80
　2.2　小食品袋存在的问题 …………… 47—81
　2.3　利用TRIZ解决包装袋问题 …… 47—81

2.3.1　寻找 TRIZ 标准方案 ……………… 47-81
　　2.3.2　概念革命 ………………………… 47-83
2.4　制胜想法与验证 ………………………… 47-84
2.5　专利保护 ………………………………… 47-84
2.6　未来 ……………………………………… 47-84
2.7　结论 ……………………………………… 47-84
3　技术预测——医学用核磁共振成像技术的
　　发展历程 ………………………………… 47-84
4　清除全自动数控车床刀具上的切屑问题 …… 47-86
4.1　描述问题 ………………………………… 47-86
4.2　阐述技术矛盾 …………………………… 47-86
4.3　选择技术矛盾 …………………………… 47-86
4.4　确定技术矛盾中要改善的参数和被
　　恶化的参数 ……………………………… 47-86
4.5　将改善和恶化的参数一般化为阿奇
　　舒勒通用工程参数 ……………………… 47-87
4.6　在阿奇舒勒矛盾矩阵中定位改善和
　　恶化通用工程参数交叉的单元，
　　确定发明原理 …………………………… 47-87
4.7　应用发明原理的提示确定最适合解决
　　技术矛盾的具体解决方案 ……………… 47-87
5　打桩机的进化路径 ………………………… 47-88
6　恒流阀系统改进设计 ……………………… 47-88
6.1　对恒流阀系统中存在的问题及相关的
　　系统进行分析 …………………………… 47-89
　　6.1.1　定义恒流阀系统中存在的问题 …… 47-89
　　6.1.2　分析系统 ………………………… 47-89
6.2　构造恒流阀系统的逻辑图表 …………… 47-89
6.3　分析逻辑图表——确定解决问题的
　　可能方向 ………………………………… 47-89
　　6.3.1　分析最终不良结果产生的根本
　　　　　原因 ……………………………… 47-89
　　6.3.2　确定冲突 ………………………… 47-91
　　6.3.3　确定解的方向 …………………… 47-91
6.4　产生解 …………………………………… 47-91
附录 …………………………………………… 47-93
　附录 A　76 个标准解 ……………………… 47-93
　附录 B　解决发明问题的某些物理效应表 … 47-95
参考文献 ……………………………………… 47-96

第48篇　绿色设计与和谐设计

第1章　绿色设计概述

1　绿色设计基本概念 ………………………… 48-3
2　绿色设计方法 ……………………………… 48-4
3　绿色设计的实施步骤 ……………………… 48-4

第2章　绿色设计中的材料选择

1　绿色设计对材料的要求 …………………… 48-5
2　绿色材料的选择原则 ……………………… 48-5
3　绿色材料的选择 …………………………… 48-7
　3.1　选材基本步骤 …………………………… 48-7
　3.2　绿色材料选择的三维方法 ……………… 48-7
4　材料的绿色性能评价 ……………………… 48-8
　4.1　泛环境函数法 …………………………… 48-8
　4.2　材料再生循环利用度的评价及表示系统 … 48-9
5　材料数据库的构建 ………………………… 48-10
6　设计案例 …………………………………… 48-10

第3章　面向拆卸回收的产品设计

1　面向拆卸的产品设计 ……………………… 48-12
　1.1　可拆卸设计的概念 ……………………… 48-12
　1.2　可拆卸设计原则 ………………………… 48-12
　1.3　可拆卸结构设计 ………………………… 48-13
　　1.3.1　可拆卸连接结构设计 ……………… 48-13
　　1.3.2　主动拆卸结构设计 ………………… 48-16
　　1.3.3　几种特殊的主动拆卸结构 ………… 48-23
　1.4　Snap-Fit 结构设计 ……………………… 48-26
　　1.4.1　Snap-Fit 结构的概念与特点 ……… 48-26
　　1.4.2　Snap-Fit 结构设计方法 …………… 48-27
2　面向回收的产品设计 ……………………… 48-31
　2.1　回收设计概念 …………………………… 48-31
　2.2　回收设计原则 …………………………… 48-31
　2.3　回收设计方法 …………………………… 48-32
3　面向拆卸回收的产品设计实例 …………… 48-33

第4章　面向包装的绿色设计

1　绿色包装设计的概念 ……………………… 48-34
2　绿色包装设计原则 ………………………… 48-34
　2.1　材料选择 ………………………………… 48-34
　2.2　减量化 …………………………………… 48-34
　2.3　包装材料的回收再利用 ………………… 48-36
3　绿色包装设计流程和内容 ………………… 48-38

第5章　面向节能的绿色设计方法

1 能耗标签与能耗标准 ·················· 48-40
　1.1 中国节能认证标识 ················ 48-40
　1.2 欧盟家电能效等级标识 ············ 48-40
　1.3 我国产品能效标识 ················ 48-40
2 节能降耗设计方法 ···················· 48-41
　2.1 低能耗加工工艺的选择 ············ 48-42
　　2.1.1 典型工艺能耗分析 ·········· 48-42
　　2.1.2 切削工艺能耗优化方法 ······ 48-42
　　2.1.3 低能耗工艺规划方法 ········ 48-43
　2.2 产品低能耗设计方法 ·············· 48-44
　　2.2.1 产品能耗特性 ·············· 48-44
　　2.2.2 能耗设计参数 ·············· 48-45
　　2.2.3 低能耗设计方法 ············ 48-46
　2.3 节能结构设计 ···················· 48-47
　　2.3.1 结构数字分析 ·············· 48-47
　　2.3.2 能耗优化设计 ·············· 48-48
　　2.3.3 有限元优化设计 ············ 48-49
3 面向节能的绿色设计案例 ·············· 48-49
　3.1 液压机成形过程的能量流分析 ······ 48-49
　3.2 典型机构节能设计 ················ 48-50
　3.3 液压机活动横梁的轻量化设计 ······ 48-52
　　3.3.1 液压机活动横梁的结构和载荷
　　　　　分析 ······················ 48-52
　　3.3.2 轻量优化结构设计 ·········· 48-52

第6章　绿色设计评价

1 绿色产品评价 ························ 48-53
　1.1 绿色产品的概念 ·················· 48-53
　1.2 绿色产品的认证与绿色标志 ········ 48-53
　1.3 绿色产品的评价指标体系 ·········· 48-53
　1.4 常用的评价方法 ·················· 48-56
2 生命周期评价 ························ 48-57
　2.1 生命周期评价的技术框图 ·········· 48-58
　2.2 LCI的数据收集和确认 ············· 48-59
　2.3 生命周期影响评价 ················ 48-62
3 拆卸性能评估 ························ 48-66
　3.1 拆卸性能评估指标 ················ 48-66
　3.2 拆卸性能评估方法 ················ 48-69

第7章　绿色设计案例

1 电冰箱绿色设计案例 ·················· 48-71
　1.1 设计对象的选择 ·················· 48-71
　1.2 参照产品的确定 ·················· 48-71
　1.3 产品基本资料的分析 ·············· 48-71
　1.4 核查清单的建立 ·················· 48-71
　1.5 绿色设计策略的确定 ·············· 48-72
　1.6 绿色设计方案的制定 ·············· 48-72
2 轿车生命周期评价研究实例 ············ 48-73
　2.1 研究目标 ························ 48-73
　2.2 定义系统边界 ···················· 48-73
　2.3 清单分析模型及数据收集 ·········· 48-74
　2.4 轿车生产阶段生命周期评价 ········ 48-76
　2.5 轿车使用阶段生命周期评价 ········ 48-78
　2.6 环境影响 ························ 48-78

第8章　和谐设计

1 和谐设计的目标 ······················ 48-79
　1.1 和谐设计的提出背景 ·············· 48-79
　　1.1.1 产品设计的不和谐因素 ······ 48-79
　　1.1.2 现代产品设计的趋势所需 ···· 48-79
　1.2 和谐设计的概念 ·················· 48-80
　1.3 和谐设计的意义 ·················· 48-80
　1.4 和谐设计的应用前景 ·············· 48-81
2 和谐设计的内容 ······················ 48-81
　2.1 产品与环境的和谐设计 ············ 48-81
　　2.1.1 与自然环境的和谐设计 ······ 48-81
　　2.1.2 与社会环境的和谐设计 ······ 48-81
　　2.1.3 与技术、市场及资金环境的和谐
　　　　　设计 ······················ 48-81
　2.2 产品设计单元间的和谐设计 ········ 48-82
　　2.2.1 设计目标的最佳配合 ········ 48-82
　　2.2.2 设计内容的最佳组合 ········ 48-83
　　2.2.3 设计方法的最佳匹配 ········ 48-83
　　2.2.4 设计目标、设计内容和设计方法
　　　　　之间的协调 ················ 48-83
　2.3 关联度分析与和谐度评价 ·········· 48-83
　　2.3.1 产品与各类环境间的关联度
　　　　　分析 ······················ 48-83
　　2.3.2 对产品和谐度的评价与质量
　　　　　管理 ······················ 48-83
3 和谐设计的方法及应用 ················ 48-83
　3.1 和谐设计的实施方法 ·············· 48-83
　3.2 和谐设计的实施原则 ·············· 48-83
　3.3 企业与环境及产品与环境之间关系的
　　　应用 ···························· 48-84
　　3.3.1 企业应研究与解决的关键问题 ·· 48-84
　　3.3.2 基本做法 ·················· 48-84
　3.4 产品工业设计中的和谐设计应用 ···· 48-84
　　3.4.1 产品工业设计中的和谐性特征 ·· 48-84
　　3.4.2 产品工业设计中的和谐性要求 ·· 48-84

3.4.3 产品工业设计中的和谐性措施 … 48-85
3.5 和谐度评价方法与应用实例 …… 48-85
  3.5.1 和谐度评价一般方法 ………… 48-85
3.5.2 工程实例应用 …………………… 48-86
参考文献 ………………………………… 48-88

第49篇　智　能　设　计

第1章　智能模拟的科学

1 信息社会与思维科学 …………………… 49-3
  1.1 思维与思维科学 …………………… 49-3
  1.2 思维的类型 ………………………… 49-3
    1.2.1 抽象（逻辑）思维学 ………… 49-3
    1.2.2 形象（直觉）思维学 ………… 49-5
    1.2.3 灵感（顿悟）思维学 ………… 49-6
2 思维的基础和认知的发展 ……………… 49-7
  2.1 思维与智能 ………………………… 49-7
  2.2 思维的神经基础 …………………… 49-7
  2.3 认知发展 …………………………… 49-8
    2.3.1 皮亚杰认知发展理论 ………… 49-8
    2.3.2 斯腾伯格的认知三元素理论 … 49-9
    2.3.3 信息加工理论 ………………… 49-9
    2.3.4 思维的瞬间达尔文进化机制
         理论 …………………………… 49-9
    2.3.5 广义进化认知模式 …………… 49-10
    2.3.6 复杂自适应系统 ……………… 49-10
    2.3.7 认知发展总论 ………………… 49-11
3 智能模拟 ………………………………… 49-12
  3.1 智能模拟的科学基础 ……………… 49-12
  3.2 智能模拟的哲学基础 ……………… 49-12
  3.3 智能模拟的基本途径 ……………… 49-12
    3.3.1 基于逻辑推理的智能模拟——
         符号主义（symblism） ……… 49-12
    3.3.2 基于神经网络的智能模拟——
         联结主义（connectionism） … 49-13
    3.3.3 基于"感知—行动"的智能模
         拟——行为主义（behaviourism） … 49-13

第2章　智能设计方法和技术综述

1 智能设计的发展概述 …………………… 49-15
  1.1 CAD 的发展 ………………………… 49-15
  1.2 智能设计的两个阶段 ……………… 49-15
2 智能设计的概念和特征 ………………… 49-16
  2.1 智能设计的特点 …………………… 49-16
  2.2 智能设计技术的研究重点 ………… 49-16

2.3 智能化方法的分类和智能设计的
    层次 ………………………………… 49-17
  2.3.1 智能化方法的分类 …………… 49-17
  2.3.2 智能设计的层次 ……………… 49-17
2.4 智能设计的基本方法 ……………… 49-18
  2.4.1 智能设计的分类 ……………… 49-18
  2.4.2 智能设计系统与技术 ………… 49-19
3 智能设计体系和知识表达 ……………… 49-20
  3.1 智能设计体系 ……………………… 49-20
    3.1.1 智能设计的抽象层次模型 …… 49-21
    3.1.2 设计知识的结构体系 ………… 49-21
    3.1.3 智能设计的集成求解策略 …… 49-22
    3.1.4 智能设计集成求解策略的工程
         应用 …………………………… 49-23
  3.2 智能设计的知识表达 ……………… 49-23
  3.3 智能设计的基因模型表达 ………… 49-27
    3.3.1 知识模型 ……………………… 49-27
    3.3.2 基因模型 ……………………… 49-27

第3章　进化设计技术与方法

1 进化设计技术基础 ……………………… 49-29
  1.1 遗传算法的概貌 …………………… 49-29
  1.2 单纯型遗传算法 …………………… 49-30
  1.3 模式定理（schemata theorem） …… 49-33
  1.4 遗传算法的有关操作规则和方法 … 49-33
  1.5 多个体参与交叉的遗传算法 ……… 49-36
  1.6 多目标进化算法简介 ……………… 49-39
    1.6.1 传统多目标算法及其存在问题 … 49-39
    1.6.2 Pareto 多目标进化算法 ……… 49-40
    1.6.3 几种主要的多目标进化算法 … 49-43
    1.6.4 扩展 Pareto 进化算法（Extended
         Pareto Evolutionary Algorithm,
         EPEA） ………………………… 49-44
    1.6.5 算例 …………………………… 49-45
2 基于进化的健壮性设计方法 …………… 49-47
  2.1 健壮性开发方法的基本思路 ……… 49-47
  2.2 基于进化的健壮性设计方法的总体
      框架 ………………………………… 49-49

  2.3 基于进化的健壮性设计方法的
    说明 ································· 49-51
3 结构智能优化设计——进化设计 ········ 49-52
  3.1 结构智能设计的概念 ················ 49-52
  3.2 结构进化智能优化设计 ············· 49-53
  3.3 基于进化的桁架结构相位设计 ···· 49-53
  3.4 基于进化的结构非线性强制振动
    解法 ································· 49-54
  3.5 基于进化的圆抛物面天线健壮结构
    设计 ································· 49-56
    3.5.1 圆抛物面天线结构设计的要求和
      特点 ···························· 49-56
    3.5.2 天线反射面精度计算 ········ 49-58
    3.5.3 最佳吻合抛物面各点对原设计
      面相应点的半光程差 ········ 49-58
    3.5.4 10m 圆抛物面天线健壮设计
      模型 ···························· 49-59
    3.5.5 10m 圆抛物面天线体结构的健壮性设计
      过程 ···························· 49-61
    3.5.6 总结 ···························· 49-69
4 供应链库存策略的进化重组 ············· 49-70
  4.1 供应链运行策略的持续改进 ······· 49-70
  4.2 供应链中的库存设置 ················ 49-71
  4.3 供应链运行过程中的库存控制
    策略 ································· 49-72
  4.4 敏捷供应链多级库存策略重组
    模型 ································· 49-74

第 4 章 自组织设计技术与方法

1 自组织技术基础 ···························· 49-79
  1.1 "生命的游戏" ························ 49-79
  1.2 元胞自动机的基础 ··················· 49-80
  1.3 元胞自动机的自组织建模方法 ···· 49-83
  1.4 元胞自动机的应用领域 ············· 49-85
2 结构拓扑的自组织进化 ···················· 49-86
  2.1 结构拓扑优化中的 ECA 规则 ····· 49-86
  2.2 ECA 规则的进化表达 ··············· 49-88
  2.3 结构拓扑形态优化的算例 ·········· 49-88

第 5 章 自学习设计技术与方法

1 自学习技术基础 ···························· 49-90
  1.1 神经网络的主要特点 ················ 49-90
  1.2 细胞元模型 ··························· 49-91
  1.3 神经网络模型 ························ 49-93
  1.4 神经网络的学习 ····················· 49-94
  1.5 多层前向神经网络（BP 网络） ······ 49-97
  1.6 典型反馈网络——Hopfield 网络 ······ 49-103
  1.7 基于概率学习的 Boltzmann 机模型 ··· 49-106
2 非线性振动的自学习建模 ················ 49-109
  2.1 神经网络和系统识别 ················ 49-109
  2.2 非线性振动脉冲响应的学习和系统
    预测 ································· 49-110
  2.3 Duffing 振动的学习和预测 ········· 49-111
  2.4 预测精度和泛用性的考察 ·········· 49-113
3 基于学习的机械系统特性预测 ·········· 49-115
  3.1 机械系统特性预测的问题 ·········· 49-115
  3.2 机械系统特性预测的基本模型 ···· 49-116
  3.3 雷达结构系统固频的预测例 ······· 49-116
4 神经网络专家系统的智能设计体系
  结构 ·· 49-117
  4.1 建立人工神经网络专家系统的
    必要性 ······························ 49-118
  4.2 面向设计的智能平台 ················ 49-118
    4.2.1 专家系统和神经网络的结合
      方式 ···························· 49-118
    4.2.2 智能平台的"外壳"结构 ··· 49-118
    4.2.3 设计求解过程 ················ 49-119
    4.2.4 知识的处理方法 ············· 49-119
  4.3 说明 ································· 49-119
5 基于神经网络的 CAD/CAM 一体化 ···· 49-119
  5.1 系统的结构 ··························· 49-119
  5.2 产品零件数据结构 ··················· 49-120
  5.3 智能 CAPP 系统 ····················· 49-120
    5.3.1 BP 网络实现加工链的选择 ··· 49-120
    5.3.2 工艺尺寸链计算的 Hopfield
      网络 ···························· 49-121
  5.4 CAM 模块 ··························· 49-121

第 6 章 人工生命设计技术与方法

1 人工生命技术基础 ························ 49-123
  1.1 人工生命的进化模型 ················ 49-123
  1.2 L 系统与形态生成模型 ············· 49-126
2 人工生命的研究内容归纳 ················ 49-127
  2.1 数字生命的研究 ····················· 49-127
  2.2 数字社会的研究 ····················· 49-128
  2.3 虚拟生态环境 ························ 49-128
  2.4 人工脑（Artificial Brain） ········ 49-128
  2.5 进化机器人（Evolutionary
    Robotics） ·························· 49-128
  2.6 进化软件代理（Evoluable
    Multiagent） ······················· 49-129
3 人工生命的设计方法 ······················ 49-129

3.1 金融证券市场分析决策中的人工生命应用 ………………………… 49-129
3.2 计算机动画的人工生命应用 …… 49-130
3.3 基于人工生命的因特网提速 ……… 49-131
参考文献 …………………………………… 49-133

第50篇 仿生机械设计

第1章 仿生机械设计概述

1 仿生机械的概念 …………………… 50-3
  1.1 仿生要素 …………………………… 50-3
  1.2 仿生机械的分类 …………………… 50-3
  1.3 仿生机械设计 ……………………… 50-4
2 仿生机械设计的特点 ………………… 50-5
3 仿生机械设计的原理 ………………… 50-6
  3.1 相似性原理 ………………………… 50-6
  3.2 功能性原理 ………………………… 50-6
  3.3 比较性原理 ………………………… 50-6
4 仿生机械设计的方法 ………………… 50-7
5 仿生机械设计的信息获取与处理 …… 50-7
  5.1 仿生信息获取方法 ………………… 50-7
  5.2 仿生信息处理方法 ………………… 50-8
  5.3 仿生信息工程化原则 ……………… 50-8
6 仿生机械设计的步骤 ………………… 50-8
  6.1 明确设计要求 ……………………… 50-8
  6.2 选择生物模本 ……………………… 50-8
  6.3 模本表征与建模 …………………… 50-9
  6.4 提出设计原理与方法 ……………… 50-10

第2章 仿生机械设计生物模本

1 生物模本的概念 ……………………… 50-11
2 生物模本的基本特征 ………………… 50-11
  2.1 特异性 ……………………………… 50-11
  2.2 功能性 ……………………………… 50-12
  2.3 工程性 ……………………………… 50-12
3 生物模本的选择原则 ………………… 50-14
  3.1 代表性原则 ………………………… 50-14
  3.2 相似性原则 ………………………… 50-14
  3.3 可实现原则 ………………………… 50-15
4 生物模本的选择方法 ………………… 50-16
  4.1 从生物到工程的正序选择 ………… 50-16
  4.2 从工程到生物的逆序选择 ………… 50-16
5 生物模本分析举例 …………………… 50-18
  5.1 生物模本建模分析 ………………… 50-18
  5.2 生物模本多元耦合分析 …………… 50-22

第3章 仿生机械形态与结构设计

1 设计原则 ……………………………… 50-25
2 设计方法与步骤 ……………………… 50-25
  2.1 仿生机械形态与结构设计的方法 … 50-25
  2.2 仿生机械形态与结构设计的步骤 … 50-25
3 仿生机械外形设计 …………………… 50-26
  3.1 平滑流线型 ………………………… 50-26
    3.1.1 平滑流线型的概念 …………… 50-26
    3.1.2 平滑流线型的设计原则、方法、步骤 ………………………… 50-26
    3.1.3 设计实例：奔驰盒形汽车 …… 50-26
  3.2 力学稳健型 ………………………… 50-26
    3.2.1 力学稳健型的概念 …………… 50-26
    3.2.2 力学稳健型的设计原则、方法、步骤 ………………………… 50-27
    3.2.3 设计实例：仿袋鼠机器人 …… 50-27
  3.3 环境适应型 ………………………… 50-27
    3.3.1 环境适应型的概念 …………… 50-27
    3.3.2 环境适应型的设计原则、方法、步骤 ………………………… 50-27
    3.3.3 设计实例：仿野猪头起垄器 … 50-27
4 仿生机械表面形态设计 ……………… 50-28
  4.1 拓扑形态 …………………………… 50-28
    4.1.1 拓扑形态的概念 ……………… 50-28
    4.1.2 拓扑形态设计的原则 ………… 50-28
    4.1.3 拓扑形态设计的方法 ………… 50-28
    4.1.4 拓扑形态设计的步骤 ………… 50-28
    4.1.5 拓扑形态设计案例：螳螂特征的认识 …………………………… 50-28
  4.2 几何形态 …………………………… 50-29
    4.2.1 几何形态的概述 ……………… 50-29
    4.2.2 几何形态的设计原则 ………… 50-29
    4.2.3 几何形态设计的步骤 ………… 50-29
    4.2.4 几何形态设计的案例：凹槽型仿生针头优化设计 …………… 50-29
  4.3 非光滑形态 ………………………… 50-30
    4.3.1 非光滑形态的概述 …………… 50-30

  4.3.2 非光滑形态的设计步骤 ………… 50-30
  4.3.3 非光滑形态的设计案例：仿生
     不粘锅 ……………………………… 50-30
5 仿生机械表面功能设计 ……………………… 50-30
 5.1 仿生机械表面功能设计的原则、方法、
   步骤 …………………………………… 50-30
 5.2 仿生机械表面功能设计的实例 ……… 50-31
6 仿生机械结构设计 …………………………… 50-31
 6.1 微纳结构 ……………………………… 50-31
  6.1.1 微纳结构概述 …………………… 50-31
  6.1.2 微纳结构设计的原则、方法、
     步骤 ……………………………… 50-31
  6.1.3 微纳结构设计实例：有机硅乳
     胶漆 ……………………………… 50-31
 6.2 蜂窝结构 ……………………………… 50-32
  6.2.1 蜂窝结构概述 …………………… 50-32
  6.2.2 蜂窝结构的设计原则、方法、
     步骤 ……………………………… 50-32
  6.2.3 蜂窝结构设计实例：蜂窝板 … 50-32
 6.3 梯度结构 ……………………………… 50-32
  6.3.1 梯度结构概述 …………………… 50-32
  6.3.2 梯度结构设计的原则、方法、
     步骤 ……………………………… 50-32
  6.3.3 梯度结构设计实例：泡沫玻璃 … 50-32
 6.4 鞘连结构 ……………………………… 50-33
  6.4.1 鞘连结构概述 …………………… 50-33
  6.4.2 鞘连结构设计的原则、方法、
     步骤 ……………………………… 50-33
  6.4.3 鞘连结构应用实例 ……………… 50-33

第4章 仿生机械运动学设计

1 运动方案设计 ………………………………… 50-34
 1.1 方案设计步骤 ………………………… 50-34
 1.2 运动原理分析 ………………………… 50-35
 1.3 系统方案设计 ………………………… 50-36
2 运动过程的仿生构思 ………………………… 50-38
 2.1 构思原则 ……………………………… 50-38
 2.2 构思方法 ……………………………… 50-38
 2.3 动作过程与模本的相似性 …………… 50-39
3 运动过程分解和执行机构选择 ……………… 50-39
 3.1 运动过程的分解 ……………………… 50-39
 3.2 运动过程的描述和表达 ……………… 50-40
 3.3 执行机构的选择 ……………………… 50-42
4 运动系统方案的组成原则 …………………… 50-42
 4.1 相容性原则 …………………………… 50-42
 4.2 能量最低消耗原则 …………………… 50-43

 4.3 仿生机械运动系统智能
   控制 …………………………………… 50-43
5 仿生机械运动设计数学方法 ………………… 50-43
 5.1 旋转变换张量法 ……………………… 50-44
 5.2 直角坐标矢量法 ……………………… 50-44
 5.3 坐标变换矩阵法 ……………………… 50-44

第5章 仿生机构设计

1 仿生机构设计概述 …………………………… 50-45
 1.1 仿生机构基本概念 …………………… 50-45
 1.2 仿生机构组成 ………………………… 50-45
 1.3 仿生机构的设计原则 ………………… 50-45
 1.4 仿生机构设计方法与设计步骤 ……… 50-46
2 仿生机构功能分类 …………………………… 50-46
3 仿生作业机构 ………………………………… 50-46
 3.1 仿生抓取机构 ………………………… 50-46
  3.1.1 类似人拇指的抓取机构 ……… 50-46
  3.1.2 弹性材料制成通用手爪的抓取
     机构 ……………………………… 50-46
  3.1.3 用挠性带和开关机构组成的柔软
     手爪 ……………………………… 50-46
  3.1.4 仿物体轮廓的柔性抓取机构 … 50-47
  3.1.5 挠性指抓取机构 ………………… 50-47
 3.2 仿生手臂和手腕机构 ………………… 50-47
  3.2.1 圆柱坐标式手臂 ………………… 50-47
  3.2.2 活塞液压缸与齿轮齿条组成的
     手臂回转运动机构 ……………… 50-48
  3.2.3 直角坐标式手臂 ………………… 50-48
  3.2.4 多关节式手臂 …………………… 50-48
  3.2.5 用平行四边形机构作小臂驱动器
     的关节式机械手 ………………… 50-49
 3.3 仿生行走机构 ………………………… 50-49
  3.3.1 步行机构 ………………………… 50-49
  3.3.2 轮式移动机构 …………………… 50-51
  3.3.3 车轮式步行机 …………………… 50-51
  3.3.4 仿生爬行机构 …………………… 50-52
4 仿生推进机构 ………………………………… 50-52
 4.1 扑翼飞行机构 ………………………… 50-52
  4.1.1 扑翼飞行机构的基本概念 …… 50-52
  4.1.2 扑翼飞行机构组成及设计要求 … 50-53
  4.1.3 扑翼飞行机构举例 ……………… 50-53
 4.2 水下航行器仿生推进机构 …………… 50-56
  4.2.1 喷射式仿生水下推进机构 …… 50-56
  4.2.2 MPF仿生水下推进机构 ……… 50-57
  4.2.3 BCF仿生水下推进机构 ……… 50-57
  4.2.4 仿生扑翼推进机构 ……………… 50-58

5 仿生机构发展趋势 ·············· 50-58
  5.1 仿生机构的总体发展趋势 ········ 50-58
  5.2 不同类型机构的具体发展趋势 ····· 50-59
    5.2.1 仿生作业机构发展趋势 ······ 50-59
    5.2.2 仿生水下推进器推进机构发展
        趋势 ················· 50-59
    5.2.3 扑翼飞行机构发展趋势 ······ 50-59

第6章 仿生机械设计范例

1 仿生行走机械 ··················· 50-60
  1.1 生物模本 ··················· 50-60
  1.2 仿生设计思路 ··············· 50-60
  1.3 基本参数的选择 ·············· 50-60
    1.3.1 腿数 ················· 50-60
    1.3.2 主要结构参数的优化 ······· 50-60
    1.3.3 连杆大端滑动面包角对偏心轮
        驱动腿数的影响 ·········· 50-60
  1.4 传动方案 ··················· 50-60
  1.5 步行轮机构运动学 ············ 50-61
  1.6 步行轮性能试验 ·············· 50-61
    1.6.1 步行轮牵引附着性能试验 ···· 50-61
    1.6.2 平顺性能试验 ··········· 50-62
2 仿生飞行机械 ··················· 50-62
  2.1 生物模本 ··················· 50-62
    2.1.1 鸟类和昆虫的翅膀结构 ····· 50-62
    2.1.2 鸟翼及昆虫翅翼的运动方式 ···· 50-62
  2.2 仿生设计思路 ··············· 50-63
  2.3 生物飞行参数 ··············· 50-63
  2.4 仿生扑翼飞行器结构参数设计 ····· 50-63
    2.4.1 微扑翼机总质量 m ······· 50-63
    2.4.2 全翼展 b ·············· 50-63
    2.4.3 翼面积 S ············· 50-64

  2.5 仿生扑翼飞行器运动参数设计 ······· 50-64
    2.5.1 最小功率速度 v_{mp} ········ 50-64
    2.5.2 扑翼拍打频率 f_w ········· 50-64
    2.5.3 扑翼拍打幅值 ϕ ········· 50-64
  2.6 仿生扑翼飞行器驱动机构设计 ······· 50-64
  2.7 仿生扑翼飞行器翅翼设计 ·········· 50-64
  2.8 仿生微型扑翼飞行器风洞试验 ······· 50-65
3 仿生游走机械 ···················· 50-65
  3.1 生物模本 ···················· 50-65
  3.2 仿生设计思路 ················· 50-66
  3.3 墨鱼游动机理分析 ·············· 50-66
  3.4 SMA 丝驱动柔性鳍单元 ·········· 50-66
  3.5 仿生水平鳍设计 ··············· 50-66
  3.6 仿生喷射系统设计 ·············· 50-67
  3.7 仿墨鱼机器鱼结构设计 ··········· 50-67
4 仿生运动机械（多关节机械手）······· 50-68
  4.1 生物模本 ···················· 50-68
  4.2 仿生设计思路 ················· 50-68
  4.3 旋伸型气动人工肌肉 ············ 50-69
  4.4 气动单向弯曲柔性关节 ·········· 50-69
  4.5 气动多向弯曲柔性关节 ·········· 50-69
  4.6 柔性手指 ···················· 50-70
  4.7 柔性五指机械手结构 ············ 50-70
5 生机电仿生假肢手臂 ·············· 50-72
  5.1 生物模本 ···················· 50-72
  5.2 仿生设计思路 ················· 50-73
  5.3 生机电仿生假肢手臂性能指标 ······ 50-73
  5.4 生机电仿生假肢手臂结构设计 ······ 50-73
  5.5 生机电仿生假肢手臂运动学分析 ···· 50-74
  5.6 生机电仿生假肢手臂运动功能试验 ··· 50-74
参考文献 ······························ 50-75

第51篇 互联网上的合作设计

第1章 互联网上合作设计的意义

1 现代设计一般过程的描述 ·········· 51-3
  1.1 需求的确认 ·················· 51-3
  1.2 技术可能扫描 ················ 51-4
  1.3 概念设计 ···················· 51-4
  1.4 技术经济分析 ················ 51-4
  1.5 详细设计 ···················· 51-4
2 现代设计的基本特征 ·············· 51-4

3 设计为什么要在网上合作 ············ 51-5

第2章 设计知识服务和分布式智力资源

1 设计中的知识 ···················· 51-7
  1.1 产生知识的信息源分类 ·········· 51-7
  1.2 设计知识的结构特征 ············ 51-7
2 获取信息的资源 ·················· 51-8
  2.1 虚拟现实需要的资源 ············ 51-8
  2.2 物理模型试验需要的资源 ········ 51-9

2.3 样机试验需要的资源 …………… 51-9
2.4 在运行产品状态监测需要的
资源 …………………………… 51-9
2.5 其他信息资源 ………………… 51-10

第3章 分布式智力资源的运作模式

1 智力资源的构成——服务提供方 …… 51-12
　1.1 智力资源的构成要素 ………… 51-12
　1.2 智力资源的生存条件 ………… 51-13
2 设计实体（服务请求方）的构成
要素 ………………………………… 51-13
3 合作设计的层次结构 ……………… 51-13

第4章 互联网上合作设计的设计知识流

1 引言 ………………………………… 51-15
2 现代设计的基本属性 ……………… 51-15
　2.1 现代设计的竞争性 …………… 51-15
　2.2 现代设计以知识为基础、以新知识
获取为中心 …………………… 51-16
　2.3 现代设计对分布式资源环境的
依赖性 ………………………… 51-17
3 设计知识流研究的必要性 ………… 51-18
4 面向分布式资源环境的设计知识
流框架 ……………………………… 51-18
　4.1 面向分布式资源环境的设计知识流
概念框架 ……………………… 51-18
　4.2 面向分布式资源环境的设计知识流
层次模型 ……………………… 51-18
　4.3 设计决策和知识获取的实施过程 … 51-19
5 设计知识流若干研究问题 ………… 51-20
　5.1 关于设计知识流的认知建模 … 51-21
　5.2 关于设计知识流动力学分析与实证
研究 …………………………… 51-21
　5.3 关于设计知识流的控制与实现 … 51-21
　5.4 关于设计知识流理论与方法研究的
实证 …………………………… 51-21

第5章 基于设计知识流理论的摩擦学设计

1 引言 ………………………………… 51-22
2 摩擦学设计任务 …………………… 51-22
　2.1 摩擦学设计目标 ……………… 51-22
　2.2 摩擦学设计对象的选择 ……… 51-22
　　2.2.1 设计对象的选择理由 …… 51-22
　　2.2.2 活塞组-缸套系统摩擦学设计的
基本内容 ……………… 51-23
　　2.2.3 摩擦学设计的一般目标 …… 51-23

　2.3 摩擦学系统行为的建模方法 …… 51-23
　　2.3.1 摩擦学系统 ……………… 51-23
　　2.3.2 摩擦学系统行为的状态空间法
建模 …………………… 51-24
3 活塞组-缸套系统摩擦学设计知识流
分析 ………………………………… 51-25
　3.1 活塞组-缸套系统摩擦学设计知识流
要素分析 ……………………… 51-25
　　3.1.1 知识和知识需求分析 …… 51-25
　　3.1.2 知识供求双方分析 ……… 51-27
　　3.1.3 支持第二类知识流的途径分析 … 51-28
　3.2 第二类知识流中的阻力分析 …… 51-28
4 活塞组-缸套系统摩擦学设计中的知识流
控制 ………………………………… 51-28
　4.1 基于知识需求的知识流控制 …… 51-28
　4.2 实例 …………………………… 51-30
5 基于PFWSB本体的活塞组-缸套系统
摩擦学设计实现 …………………… 51-31
　5.1 基于PFWSB模型的活塞组-缸套系统
摩擦学设计过程 ……………… 51-31
　5.2 活塞裙部摩擦学设计知识获取
实例 …………………………… 51-33
6 小结 ………………………………… 51-34

第6章 互联网上合作设计的支撑技术

1 群体合作技术 ……………………… 51-35
　1.1 CSCW研究的发展 …………… 51-35
　1.2 CSCW研究的内涵 …………… 51-35
　1.3 CSCW和群件的关系 ………… 51-35
2 产品设计信息共享技术 …………… 51-36
　2.1 STEP技术 …………………… 51-36
　2.2 XML技术 …………………… 51-37
3 设计知识资源的构建、发布、发现和集成
技术 ………………………………… 51-37
　3.1 TCP/IP协议系列 …………… 51-37
　3.2 分布式对象技术 ……………… 51-38
　3.3 Web Services技术 …………… 51-40
　3.4 UDDI技术 …………………… 51-41
　3.5 Agent ………………………… 51-42
　　3.5.1 Agent的基本概念 ……… 51-42
　　3.5.2 Agent的属性 …………… 51-43
　　3.5.3 Agent的优点、局限性和面临的
挑战 …………………… 51-43
4 设计过程管理技术 ………………… 51-44
　4.1 PDM技术 …………………… 51-44
　4.2 安全控制 ……………………… 51-45

第7章 现代设计与制造网上合作研究中心及相关的资源

1 中心的创建与进展 ………………………… 51-46
　1.1 中心的创建 ……………………………… 51-46
　1.2 中心的进展 ……………………………… 51-46
2 中心的网上资源介绍 ……………………… 51-47
　2.1 性能分析评估服务 ……………………… 51-47
　2.2 支持设计的数据库服务 ………………… 51-47
　　2.2.1 系统的主要功能 …………………… 51-48
　　2.2.2 系统的特点 ………………………… 51-48
　2.3 性能试验评估服务 ……………………… 51-48
　2.4 服务供应商的评估服务 ………………… 51-49
　　2.4.1 供应商信息管理 …………………… 51-49
　　2.4.2 指标体系管理 ……………………… 51-49
　　2.4.3 供应商评价 ………………………… 51-49
　2.5 虚拟仪器服务 …………………………… 51-50
　　2.5.1 背景及意义 ………………………… 51-50
　　2.5.2 功能介绍 …………………………… 51-50
3 如何组织远程会议 ………………………… 51-51
　3.1 远程会议实现背景 ……………………… 51-51
　3.2 远程假体异地合作设计的业务流程 …… 51-51
4 中心的发展方向 …………………………… 51-52

第8章 互联网上合作设计实例

1 项目背景 …………………………………… 51-53
2 涡轮膨胀机采用动压滑动轴承支撑的缺点 ……………………………………… 51-53
3 涡轮膨胀机采用主动电磁轴承支撑的优点 ……………………………………… 51-54
4 互联网上的合作设计过程 ………………… 51-54
　4.1 知识资源注册 …………………………… 51-54
　4.2 搜索设计资源单元并评估 ……………… 51-55
　4.3 初步组成虚拟设计联盟 ………………… 51-55
　4.4 主动电磁轴承的结构设计 ……………… 51-55
　4.5 转子轴承系统的动力学分析 …………… 51-57
　4.6 涂层设计 ………………………………… 51-57
　4.7 与厂家交换设计意见 …………………… 51-57
　4.8 可铸造性评估 …………………………… 51-58
　4.9 可加工性评估 …………………………… 51-59
　4.10 可装配性评估 ………………………… 51-59
　4.11 制造 …………………………………… 51-60
　4.12 基于 Internet 的远程试验 …………… 51-60
　4.13 台架试验 ……………………………… 51-60
5 结论 ………………………………………… 51-60

参考文献 ………………………………………… 51-61

第52篇 工业通信网络

第1章 工业通信网络概述

1 工业通信网络基本术语 …………………… 52-3
2 工业通信网络基本要求 …………………… 52-4
3 工业通信网络发展历程及发展趋势 ……… 52-4
4 数据编码 …………………………………… 52-4
5 数据通信与信号传输模式 ………………… 52-5
6 差错控制 …………………………………… 52-7

第2章 开放系统互联参考模型

1 概述 ………………………………………… 52-9
2 网络互联 …………………………………… 52-10
3 现场总线分层模型 ………………………… 52-13

第3章 工业通信网络物理结构

1 工业通信网络传输媒介 …………………… 52-14
2 工业通信网络的拓扑形式 ………………… 52-16

3 介质访问控制方式 ………………………… 52-17

第4章 现 场 总 线

1 现场总线概述 ……………………………… 52-19
　1.1 现场总线的概念及其描述 ……………… 52-19
　1.2 现场总线设计结构特点 ………………… 52-19
　1.3 工业网络层次 …………………………… 52-20
　1.4 现场总线网络拓扑结构 ………………… 52-21
2 现场总线系统的组成 ……………………… 52-21
3 现场总线标准 ……………………………… 52-22
　3.1 现场总线国际标准 ……………………… 52-22
　3.2 现场总线网络分类 ……………………… 52-23
　3.3 主流总线 ………………………………… 52-24
4 现场总线网络布线与安装 ………………… 52-25
5 现场总线的技术优势与不足 ……………… 52-26
6 无线通信技术在现场总线中的应用 ……… 52-28
　6.1 无线通信与现场总线的融合 …………… 52-28

6.2	现场总线的无线接入方法	52-28
6.3	无线通信协议 WIA-PA、WIA-FA 简介	52-29
7	现场总线应用领域	52-30

第5章 工业以太网技术

1 工业以太网概述 ……………………… 52-33
  1.1 工业以太网简介 ………………… 52-33
  1.2 工业现场对工业以太网产品的要求 …… 52-33
  1.3 工业以太网应用于工业自动化中的关键问题 …………………………… 52-33
2 工业以太网通信机制 ………………… 52-34
3 工业以太网的特点 …………………… 52-35
  3.1 传统商用以太网主要缺陷及解决方案 ………………………………… 52-35
  3.2 工业以太网的可靠性与安全性 ……… 52-35
  3.3 工业以太网的优势 ………………… 52-36
  3.4 以太网与其他技术的对比 ………… 52-36
4 工业以太网应用案例 ………………… 52-36

第6章 工业通信网络应用

1 概述 …………………………………… 52-42
  1.1 S7-300/400PLC 的通信功能 ……… 52-42
  1.2 S7 通信的分类 …………………… 52-43
2 MPI 网络 ……………………………… 52-44
  2.1 全局数据包 ……………………… 52-44
  2.2 组态 MPI 网络 …………………… 52-44
  2.3 组态全局数据表 ………………… 52-45
  2.4 编写程序 ………………………… 52-46
3 PROFIBUS 网络 ……………………… 52-47
  3.1 PROFIBUS 协议 …………………… 52-47
  3.2 PROFIBUS 的硬件 ………………… 52-48
  3.3 PROFIBUS-DP 的应用 …………… 52-50
  3.4 SFC 和 SFB 在 PROFIBUS 通信中的应用 …………………………… 52-54
4 工业以太网 …………………………… 52-54
  4.1 工业以太网的交换技术 …………… 52-55
  4.2 S7-300/400 PLC 的工业以太网组成方案 ……………………………… 52-55
  4.3 S7-300/400 PLC 的工业以太网通信组态与编程举例 ………………… 52-56
  4.4 S7-300/400 PLC 的工业以太网 IT 解决方案举例 ……………………… 52-59
5 PROFINET ……………………………… 52-59
  5.1 PROFINET 技术 …………………… 52-59
  5.2 PROFINET IO 组态 ……………… 52-60
6 AS-I 网络 ……………………………… 52-61
  6.1 AS-I 网络结构 …………………… 52-61
  6.2 AS-I 寻址模式 …………………… 52-61
  6.3 AS-I 硬件模块 …………………… 52-62
  6.4 AS-I 通信方式 …………………… 52-62
  6.5 AS-I 通信举例 …………………… 52-63
7 常用组态软件 ………………………… 52-65
  7.1 常用国外组态软件 ……………… 52-66
  7.2 常用国内组态软件 ……………… 52-67

参考文献 ……………………………… 52-70

第53篇 面向机械工程领域的大数据、云计算与物联网技术

第1章 大 数 据

1 大数据的概念与基本原理 …………… 53-3
  1.1 大数据的定义 …………………… 53-3
  1.2 大数据的关键特征 ……………… 53-3
  1.3 大数据的关键技术 ……………… 53-4
  1.4 大数据的应用 …………………… 53-4
2 大数据存储技术 ……………………… 53-5
  2.1 大数据的存储问题 ……………… 53-5
  2.2 数据的存储方式 ………………… 53-6
  2.3 云存储 …………………………… 53-6
  2.4 数据存储的可靠性 ……………… 53-6
3 大数据的管理 ………………………… 53-6
  3.1 数据管理方式 …………………… 53-6
  3.2 大数据管理技术 ………………… 53-7
  3.3 关系数据库和 NoSQL 数据库的区别 … 53-8
4 大数据分析与处理技术 ……………… 53-8
  4.1 大数据处理工具 ………………… 53-8
  4.2 大数据处理流程 ………………… 53-8
5 大数据与云计算及物联网的关系 …… 53-10
  5.1 云计算及其特点 ………………… 53-10
    5.1.1 概述 ……………………… 53-10
    5.1.2 云计算的特点 …………… 53-11
    5.1.3 大数据走向云端 ………… 53-11

5.2 物联网的概念与特征 ………… 53-12
 5.2.1 物联网的概念 …………… 53-12
 5.2.2 物联网的特征 …………… 53-12
5.3 大数据、云计算、物联网的
 关系 ………………………… 53-12
5.4 大数据、云计算、物联网应用案例——
 DS8 云物联与防作弊系统 ……… 53-12
6 大数据时代下的机械工程制造 …… 53-13
 6.1 用大数据经营企业 …………… 53-13
 6.2 用大数据占领先机 …………… 53-14
 6.3 用大数据重塑销售 …………… 53-14
 6.4 大数据在机械行业的典型应用 … 53-15

第2章 云 计 算

1 云计算的起源与概述 ……………… 53-17
 1.1 云计算的起源 ……………… 53-17
 1.2 云计算的概念 ……………… 53-17
 1.3 云计算的特征 ……………… 53-17
2 云计算体系架构 …………………… 53-18
 2.1 软件即服务（SaaS） ………… 53-19
  2.1.1 SaaS 发展历史 ………… 53-19
  2.1.2 SaaS 相关产品 ………… 53-19
 2.2 平台即服务（PaaS） ………… 53-19
  2.2.1 PaaS 发展历史 ………… 53-19
  2.2.2 PaaS 相关产品 ………… 53-20
 2.3 基础设施即服务（IaaS） …… 53-20
  2.3.1 IaaS 发展历史 ………… 53-20
  2.3.2 IaaS 相关产品 ………… 53-20
3 云资源调度与虚拟化技术 ………… 53-20
 3.1 云资源调度目标 …………… 53-21
 3.2 云资源调度算法 …………… 53-21
 3.3 虚拟化技术 ………………… 53-21
 3.4 云计算下的安全与隐私保护技术 … 53-21
  3.4.1 数据安全 ……………… 53-22

3.4.2 应用安全 …………………… 53-22
3.4.3 虚拟化安全 ………………… 53-22
3.5 新一代云计算与人机融合的云计算
 架构与平台 …………………… 53-23
3.6 面向工程机械的云平台构建 …… 53-24

第3章 物联网技术

1 物联网的概念及内涵 ……………… 53-26
2 物联网与信息物理系统的关系 …… 53-27
3 物联网体系架构与关键要素 ……… 53-29
 3.1 物联网体系架构 …………… 53-29
 3.2 物联网关键要素 …………… 53-29
4 物联网产业体系与技术标准 ……… 53-29
 4.1 感知、网络通信和应用关键技术 … 53-30
 4.2 支撑技术 …………………… 53-30
 4.3 共性技术 …………………… 53-30
 4.4 标准化 ……………………… 53-30
5 工业物联网技术的应用现状 ……… 53-31
 5.1 全球物联网相关产业现状 …… 53-31
 5.2 我国物联网相关产业现状 …… 53-32
6 面向"工业 4.0"的智慧工厂建设 … 53-32
 6.1 "工业 4.0"的概念 ………… 53-33
 6.2 智慧工厂 …………………… 53-34
 6.3 智能制造 …………………… 53-34
7 物联网在机械制造行业中的典型应用 … 53-37
 7.1 物联网技术在生产制造环节的应用
  举例 ………………………… 53-37
 7.2 物联网技术在机械制造行业销售环节
  的应用举例 ………………… 53-37
 7.3 物联网技术在机械制造行业产品应用
  环节的应用举例 …………… 53-38
 7.4 物联网技术在机械制造行业的其他
  应用举例 …………………… 53-38

参考文献 ………………………………… 53-39

第 54 篇　3D 打印设计与制造技术

第1章 概　述

1 主要概念 …………………………… 54-3
 1.1 快速原型技术的特点 ………… 54-3
 1.2 快速原型技术的分类 ………… 54-3
2 市场应用 …………………………… 54-5

第2章　CAD 建模与分层处理

1 实体建模与分层 …………………… 54-8
 1.1 常用的数据格式 …………… 54-9
  1.1.1 三维面片模型格式 …… 54-9
  1.1.2 CAD 三维数据格式 …… 54-11
  1.1.3 二维层片数据格式 …… 54-11

1.1.4　三种常用的数据格式 …………… 54-13
　1.2　数据检验与处理软件系统 …………… 54-13
　1.3　STL 文件的切片处理 ………………… 54-15
　1.4　3D 打印数据处理软件 ………………… 54-18
2　CT 数据采集与处理 ………………………… 54-19
　2.1　CT 成像原理 …………………………… 54-19
　2.2　CT 数据存储格式 ……………………… 54-20
　2.3　CT 数据的采集 ………………………… 54-21
3　数据可视化技术 …………………………… 54-22
　3.1　可视化流程 …………………………… 54-22
　3.2　体数据定义 …………………………… 54-22
　3.3　DICOM 文件的读取 …………………… 54-23
　　3.3.1　单幅 DICOM 文件的读取 ………… 54-23
　　3.3.2　一组 DICOM 文件的读取 ………… 54-23
4　模型交互性设计 …………………………… 54-24
　4.1　模型旋转 ……………………………… 54-24
　4.2　鼠标拾取 ……………………………… 54-25
　4.3　数据导出 ……………………………… 54-26

第 3 章　3D 打印树脂材料

1　设备工作原理 ……………………………… 54-27
2　设备的组成 ………………………………… 54-27
　2.1　机械系统 ……………………………… 54-27
　2.2　硬件控制系统 ………………………… 54-28
　2.3　软件控制系统 ………………………… 54-29
3　打印用材料 ………………………………… 54-29
4　工艺流程 …………………………………… 54-30

第 4 章　3D 打印金属材料

1　金属材料 3D 打印的分类 ………………… 54-33
　1.1　选择性激光熔化技术 ………………… 54-33
　1.2　激光工程化净成型技术 ……………… 54-33
　1.3　电子束选区熔化技术 ………………… 54-33
2　3D 打印 TC4 合金 ………………………… 54-34
　2.1　成型件宏观形貌 ……………………… 54-34
　2.2　基材对 LENS 成型 TC4 合金的影响 … 54-35
3　柱状晶形成机理 …………………………… 54-36
4　显微组织分析 ……………………………… 54-36
5　力学性能分析 ……………………………… 54-38
　5.1　显微硬度分析 ………………………… 54-38
　5.2　室温拉伸性能 ………………………… 54-38

第 5 章　3D 打印技术综合实例

1　采用 3D 打印技术的必要性 ……………… 54-40
2　下颌骨三维重建 …………………………… 54-40
3　实体模型打印 ……………………………… 54-41
4　手术指导 …………………………………… 54-43
5　术后效果 …………………………………… 54-44
6　推广应用 …………………………………… 54-44
参考文献 …………………………………… 54-48

第 55 篇　系统化设计理论与方法

第 1 章　概　　论

1　概述 ………………………………………… 55-3
2　实施基于系统工程的产品系统化设计的
　目的与意义 ………………………………… 55-3
3　基于系统工程的产品系统化设计的内容与
　方法 ………………………………………… 55-4
4　机械产品设计工作过程的四个阶段 ……… 55-5
　4.1　现代机械产品设计的第一阶段——调研
　　　阶段 …………………………………… 55-5
　4.2　现代机械产品设计的第二阶段——规划
　　　阶段 …………………………………… 55-6
　　4.2.1　产品设计的 7D 总体规划模型 …… 55-6
　　4.2.2　产品设计的各子规划模型 ………… 55-7
　4.3　现代机械产品设计的第三阶段——实施
　　　阶段 …………………………………… 55-7
　　4.3.1　面向产品广义质量的 1+3+X 系统
　　　　　化设计法的内涵 …………………… 55-7
　　4.3.2　一般系统化设计法和深层次系统化
　　　　　设计法 ……………………………… 55-12
　　4.3.3　系统化设计法与其他设计法的
　　　　　区别 ………………………………… 55-13
　4.4　现代机械产品设计的第四阶段——
　　　检验阶段 ……………………………… 55-14

第 2 章　产品功能与性能的内涵及质量的定义

1　概述 ………………………………………… 55-15
2　现代机械产品的基本功能与辅助功能 …… 55-15
　2.1　产品的基本功能与辅助功能 ………… 55-15
　2.2　产品功能的主要特性及要求 ………… 55-15
3　机械产品的综合性能 ……………………… 55-17
　3.1　产品综合性能的分类 ………………… 55-17

3.2 产品综合性能的内涵 …………… 55-17
4 产品功能和性能的集成优化 ………… 55-19
5 现代机械产品设计质量的内涵 ……… 55-20
6 机械产品的质量与设计质量的定义 … 55-22
7 产品质量组成元素公式与产品质量
方程 ……………………………………… 55-23
 7.1 产品质量元素公式及各元素在系统中
  的作用 ……………………………… 55-23
 7.2 系统组成元素的量与质 …………… 55-23
 7.3 各组成元素对产品质量的贡献率 … 55-23
 7.4 产品的质量与设计质量公式 ……… 55-23

第3章 机械产品的功能及功能优化设计

1 概述 …………………………………… 55-25
2 产品功能的分析（功能的种类、内涵、
特性及其分解）………………………… 55-26
 2.1 功能的种类 ………………………… 55-26
 2.2 产品功能的内涵：基本功能和辅助
  功能 ………………………………… 55-26
 2.3 对产品功能设计的要求 …………… 55-27
 2.4 产品功能的分解 …………………… 55-28
3 实现产品主辅功能的工作系统设计 … 55-29
 3.1 物质输送系统设计方案的要点 …… 55-29
 3.2 物件夹持系统设计方案的要点 …… 55-29
 3.3 运动传递系统设计方案的要点 …… 55-30
 3.4 机器操纵系统设计方案的要点 …… 55-30
 3.5 动力传输系统设计方案的要点 …… 55-31
 3.6 信息传输和处理系统设计方案的
  要点 ………………………………… 55-34
4 产品功能需求的四类参数 …………… 55-37
5 产品几种机构的组合 ………………… 55-37
6 产品构造的集成与结构的布置及总体
设计图的绘制 ………………………… 55-38
 6.1 构造集成与结构布置 ……………… 55-38
 6.2 绘制总体设计图 …………………… 55-40

第4章 机械产品的结构性能及动态优化设计

1 概述 …………………………………… 55-43
2 结构性能优化设计的目标、内容与方法
及其关联性方程式 …………………… 55-43
 2.1 动态优化设计的主要目标、内容与
  方法 ………………………………… 55-43
 2.2 动态优化设计的主要目标、内容与
  方法的关联方程式 ………………… 55-43
3 动态优化设计的种类和特点 ………… 55-44
4 动态优化设计的内涵 ………………… 55-45

 4.1 动态优化设计的目的 ……………… 55-45
 4.2 一般动态优化设计法 ……………… 55-45
 4.3 深层次动态优化设计法 …………… 55-47
5 动态优化设计的步骤和方法 ………… 55-48
 5.1 机器的运动学分析和参数的计算 … 55-48
 5.2 机械系统的线性或非线性动力学
  建模 ………………………………… 55-48
 5.3 机器线性或非线性的动态特性分析
  与动力学参数计算 ………………… 55-49
 5.4 其他线性或非线性动力学特性
  分析 ………………………………… 55-49
 5.5 试验研究和试验分析 ……………… 55-50
 5.6 根据试验结果对线性或非线性机械
  系统的未知参数进行辨识 ………… 55-50
 5.7 制定审核与修改准则 ……………… 55-50
 5.8 对机器或结构的线性或非线性问题
  进行修改设计 ……………………… 55-50
6 应用举例 ……………………………… 55-51

第5章 机械产品的使用性能及智能优化设计

1 概述 …………………………………… 55-55
 1.1 智能化设计的发展过程 …………… 55-55
 1.2 智能优化设计的概念及研究的
  意义 ………………………………… 55-55
 1.3 智能控制的概念与方法 …………… 55-56
2 智能优化设计的目标、内容与方法 … 55-57
 2.1 智能优化设计的内涵 ……………… 55-57
 2.2 智能优化设计的主要目标、内容和
  方法 ………………………………… 55-57
3 机械产品的操纵系统 ………………… 55-58
4 机械产品的监测系统 ………………… 55-61
5 机械产品的控制系统 ………………… 55-61
 5.1 机械产品工艺参数的控制 ………… 55-61
 5.2 多机传动机械系统的运动学状态的
  控制 ………………………………… 55-61
 5.3 机械产品动力学状态的控制 ……… 55-66
 5.4 机械产品工作过程的控制 ………… 55-66
6 机械产品的诊断系统 ………………… 55-68

第6章 机械产品的制造性能及可视优化设计

1 概述 …………………………………… 55-69
2 可视优化设计法的理论框架 ………… 55-69
 2.1 可视优化设计方法的定义和特点 … 55-69
 2.2 可视优化设计的具体内容 ………… 55-70
 2.3 可视优化设计法的技术流程 ……… 55-71
 2.4 可视优化设计法的关键技术 ……… 55-72

  2.5 主要研发软件 …………………………… 55-73
  2.6 可视优化设计法的应用原则 …………… 55-73
 3 加工过程可视化 ………………………………… 55-74
  3.1 研究内容及目标 ………………………… 55-74
  3.2 研究方法及实施过程 …………………… 55-75
  3.3 研究实例 ………………………………… 55-76
 4 装配（拆卸）过程可视化 ……………………… 55-76
  4.1 研究内容及目标 ………………………… 55-76
  4.2 研究方法及实施过程 …………………… 55-77
  4.3 应用实例 ………………………………… 55-78
 5 运动学可视化 …………………………………… 55-78
  5.1 研究内容及目标 ………………………… 55-78
  5.2 研究方法与步骤 ………………………… 55-78
  5.3 研究实例 ………………………………… 55-80
 6 动力学可视化 …………………………………… 55-82
  6.1 研究内容及目标 ………………………… 55-82
  6.2 研究方法与步骤 ………………………… 55-82
  6.3 研究实例 ………………………………… 55-83
 7 工作过程可视化 ………………………………… 55-85
  7.1 研究内容及目标 ………………………… 55-85
  7.2 研究方法与步骤 ………………………… 55-85
  7.3 研究实例 ………………………………… 55-86
 8 控制过程可视化 ………………………………… 55-87
  8.1 研究内容及目标 ………………………… 55-87
  8.2 研究方法与步骤 ………………………… 55-87
  8.3 研究实例 ………………………………… 55-87

第7章 机械产品设计质量的检验与评价

 1 产品设计质量检验与评价的必要性 ……… 55-90
 2 产品设计质量评价指标的内涵 …………… 55-90
 3 评价指标的加权系数 ……………………… 55-92
 4 产品设计质量评价方法的种类 …………… 55-92
 5 通过样机试验检验产品设计质量 ………… 55-97
 6 通过用户使用检验产品设计质量 ………… 55-98
 7 产品综合质量模糊综合评价应用实例 …… 55-98

第8章 系统化设计法在产品设计中的应用举例

 1 振动沉拔桩机功能优化设计 …………… 55-101
  1.1 沉拔桩机加压机构和行走机构 ……… 55-101
  1.2 新型振动沉拔桩机振动机构的选取 ………………………………… 55-102
  1.3 旋转阀 ………………………………… 55-102
  1.4 隔振系统设计 ………………………… 55-105
 2 振动沉拔桩机的动态优化设计 ………… 55-105
 3 振动沉拔桩机智能优化设计 …………… 55-109
 4 振动沉拔桩机可视优化设计 …………… 55-111
  4.1 振动沉拔桩机系统 …………………… 55-111
  4.2 实现方案 ……………………………… 55-111
  4.3 振动沉拔桩机系统可视优化设计 … 55-111

参考文献 ……………………………………… 55-114

第44篇　机械创新设计概论

主　编　闻邦椿
编写人　闻邦椿　宋桂秋
审稿人　雒建斌

第1章 概 述

1 创新是我国科技和经济发展的重要战略

创新是一个民族进步的灵魂,是一个国家兴旺发达的不竭动力,是中华民族最深沉的民族禀赋,也是提高社会生产力和综合国力的战略支撑。

《国家创新驱动发展战略纲要》把创新驱动发展作为国家的优先战略,以科技创新为核心带动全面创新,以体制机制改革激发创新活力,以高效率的创新体系支撑高水平的创新型国家建设,推动经济社会发展动力根本转换,为实现中华民族伟大复兴的中国梦提供强大动力。该纲要确定了三步走的战略目标:

第一步,到 2020 年进入创新型国家行列,基本建成中国特色国家创新体系,有力支撑全面建成小康社会目标的实现。

第二步,到 2030 年跻身创新型国家前列,发展驱动力实现根本转换,经济社会发展水平和国际竞争力大幅提升,为建成经济强国和共同富裕社会奠定坚实基础。

第三步,到 2050 年建成世界科技创新强国,成为世界主要科学中心和创新高地,为我国建成富强民主文明和谐的社会主义现代化国家、实现中华民族伟大复兴的中国梦提供强大支撑。

在 2010 年 6 月召开的两院院士大会上,胡锦涛同志就实现创新驱动发展对两院院士和全国科技工作者提出六点希望:

1)坚持勇于创新,积极引领科技加快发展。实现创新驱动发展,最根本的是要依靠科技的力量,关键的是要大幅提高自主创新能力,要不断取得基础性、战略性、原创性的重大成果。

2)坚持服务发展,积极推动科技与经济紧密结合。实现创新驱动发展,最关键的是要促进科技与经济紧密结合,既要找准创新创业主攻方向,又要把科技成果迅速转化为现实生产力。

3)坚持创新为民,积极促进科技成果造福人民。实现创新驱动发展,必须坚持要把以人为本的思想贯穿科技工作始终。让广大人民群众共享创新创业成果,让广大人民生活得更健康、更舒适、更安全、更幸福。

4)坚持锐意改革,积极推动科技发展体制机制创新。实现创新驱动发展,必须建立健全科学合理、富有活力、更有效率的国家创新体系。

5)积极培养与提携优秀青年才俊。实现创新驱动发展,人才为本。要善于发现青年人才,积极培养青年人才,大力提携青年人才,营造多出成果、多出人才的学术环境。

6)坚持建言献策,积极发挥决策咨询的重要作用。实现创新驱动发展,需要科学决策,科学决策需要科学咨询。

在 2014 年 6 月召开的两院院士大会上,习近平同志强调,我国科技发展的方向就是创新、创新、再创新。实现创新驱动发展战略,最根本的是要增强自主创新能力,最紧迫的是要破除体制机制障碍,最大限度解放和激发科技作为第一生产力所蕴藏的巨大潜能。要坚定不移地走中国特色自主创新道路,坚持自主创新、重点跨越、支撑发展、引领未来的方针,加快创新型国家的建设步伐。

在 2016 年 5 月 30 日召开的两院院士大会上,习近平同志强调,科技兴则民族兴,科技强则国家强。我们要在我国发展新的起点上,把科技创新摆在更加重要的位置,吹响建设世界科技强国的号角,实现"两个一百年"奋斗目标。实现中华民族伟大复兴的中国梦,必须坚持走中国特色自主创新的道路,面向世界科技前沿,面向经济主战场,面向国家重大需求,加快各领域科技创新,掌握全球科技竞争先机。

努力贯彻和执行创新的有关方针和政策,促进其进一步发展,这是人类文明进步和时代变化的要求,是我国实施创新驱动发展战略的必然需求,是使我国制造业实现中国制造向中国创造转变、中国速度向中国质量转变、中国产品向中国品牌转变的要求,也是把握全球新产业革命机遇的迫切要求。同时,要坚持"以人为本、重点突破、开放融合、支撑引领"的原则,促进绿色低碳、网络智能、全球共创分享、实现可持续发展,探索我国自主创新发展之路,坚定不移地为实现中华民族伟大复兴的中国梦做出努力。

2 创新设计的概念和基本内涵

创新设计是指在创意、创造和创新思想的指导下所进行的设计工作,它是创造性活动的先导和准备,涵盖了科学技术创新、文化艺术创新、服务创新、管理和体制创新及产业模式创新等各种创新。创新设计的任务应该包括任何一种设计工作,即产品设计、工艺设计、流程设计、工业设计（造型设计）、建筑设计、工程项目设计、服务设计和商业设计等。创新设计是为国家和社会的物质文明和精神文明的建设而服务的，只有在广泛应用先进科学技术及科学方法的条件下，在完成设计任务时采用多个学科的理论和方法，并在相互交叉和融合的情况下才能很好地完成设计任务。

创新这一概念是由美籍奥地利经济学家约瑟夫·阿罗斯·熊比特（Joseph Alois Schumpeter）首先提出的，在其1912年出版的德文版《经济发展理论》一书中，他首次提出了创新（innovation）一词。他将创新定义为新的生产函数的建立，也就是把一种从来没有过的生产要素和生产条件的新组合引入生产体系。创新包括技术创新和组织管理创新。

人类社会的发展经历了农耕时代、老工业化时代、新工业化时代、信息时代和信息网络时代，设计也随着时代的发展而不断发展，人们可以人为地将设计定义为早期的设计1.0、工业化时代的设计2.0、信息网络时代的设计3.0及智能制造时代的设计4.0。根据时代的特点，可以把设计工作分为传统设计、新工业化时代的设计和现代创新设计三个阶段。现代创新设计是随时代不断发展而产生的一种创新设计模式。

3 创新设计的特点

创新设计是现代设计方法中最典型的和最有发展前景的一种设计方法，属于现代设计的范畴，创新设计的特点见表44.1-1。

表44.1-1 创新设计的特点

特点	内容
以人为本	应用辩证唯物主义的思想和方法，用正确的世界观、价值观和科学方法论来指导创新设计，要以人为本
计算机化	广泛应用计算机技术，运用计算机绘图与计算，设计工作实现计算机化
数字化	设计计算过程全部通过计算机软件来完成（包括大数据技术和云计算）
智能化	广泛采用信息技术，使设备具有更高的信息技术含量，如设备的智能化程度、人机功能等（包括智能专家系统）
网络化	设计时充分利用网络技术进行并行设计或协同设计，可以在不同地点同时进行设计，通过网络互相交换信息
系统化	利用系统论和系统工程的思想和方法指导创新设计
综合集成化	贯彻系统工程的指导思想，综合地应用理论、技术和方法来完成设计工作（包括多学科的交叉和融合）
绿色化	要考虑环境保护和资源的合理利用，所设计的设备能在绿色低碳条件下工作
个性化	创新设计要满足各类人群的个性化需要
全球一体化	创新设计要适应科学技术和经济的发展全球一体化的发展方向

一百多年来，设计工作者和研究工作者为了更好地做好设计工作，曾提出了80余种设计方法，这些方法可以分为设计思想类、设计目标类、设计环境类、设计程序类、设计内容类、设计方法类、设计质量检验类和综合类等。这些设计方法无论从创新设计的思想上，还是方法步骤上都各具特色。针对某项具体的设计工作，采用单一方法完成好设计工作是十分困难的，因此利用系统化设计、基于系统工程的综合设计理论和方法、多学科交叉融合设计是解决设计问题的主要方法，也是创新设计的突出特点。

4 创新设计的发展与现状

4.1 创新设计的发展历程

人类的神奇力量，是来自于人类的头脑所独有的创新思维能力。马克思说："自然界没有创造出任何机器，没有制造出机床、铁路、电报、走锭精纺机等。它们是人类劳动的产物，是变成了人类意志驾驭自然的器官或人类在自然界活动的器官的自然物质，是物化的知识力量。"因此，推动人类发展的原动力是人类大脑因自然因素与内在需求相结合而产生高度复杂的自然物质之中的创新思维与创新能力。

人类与其他动物最本质的区别是能够思维和创造，人类在劳动中设计创造了工具，创造了物质文明和多样文化并不断进化发展。设计创造，尤其是工具装备的设计创造是信息知识和技术创意转化为生产力的关键环节，在人类进入文明时期，特别是在生产力和经济形态发展进化中发挥着基础和关键的作用。工具装备的创新和资源利用方式的进步，推动了人类从农耕自然经济经过工业经济向知识网络经济的进化。

人类文明史就是一部人类生生不息的创新发展史，设计创新正是人类文明不断进步的原动力。

中国古代文明以及中华民族五千年文明史的形成和连续发展，充分证明了中华民族是一个充满智慧、富有创新的民族。中国为人类贡献了许多重大发明，在相当长的历史时期里，引领了世界技术创新的潮流。英国学者坦普尔评价道，现代社会赖以建立的基本的发明创造，可能有一半以上来自中国。对于欧洲来说，无论是地理大发现、文艺复兴，还是走出中世纪进入现代社会，中国古代的发明都起着至关重要的作用。但是，中国没有成为近代科学的故乡。从15世纪开始，欧洲先后进入了蒸汽时代、电气时代，中国落后了。1840年，英国完成了产业革命，中国却爆发了鸦片战争，中国输掉战争的根本原因是以传统农业、手工业为基础的落后生产力同以现代技术为基础的生产力之间的较量。近代中国落后的原因见表44.1-2。

表 44.1-2 近代中国落后的原因

制约因素	原　　因
与农耕经济相适应的农耕文明的制约	中国的小农经济本身不可能凭借它的固有特性来摆脱传统手工业生产技术的束缚而改用近代机器生产，在小农经济基础上建立的国家，为了维护自己的统治和地主阶级的利益，也不可能主动促进技术改革
封建专制政治体制的制约	中国的科举考试制度曾领先于世界，然而自从汉武帝实施"罢黜百家，独尊儒术"的政策后，知识分子被严格限制在"四书五经"之中，扼杀了自然科学技术的发展
国家实施封闭政策的制约	中外历史表明，国家只有开放，才能获得各方面的新信息，产生认识上的飞跃，创造出新的科技成果。但是中国近代的大部分统治者，都实行了严密封闭的愚民政策，严重制约了中国创新能力的发挥
拒绝学习西方现代科学技术的制约	中国近代的统治者们，盲目自大，以一种"傲视蛮夷，泱泱大国舍我其谁"的畸形心态，愚昧地沉醉于中华文明的传统优势，藐视西洋文化，形成了鸦片战争前后抵制西洋文化的格局，拒绝学习西方现代科学技术

近代以来，西方列强通过文艺复兴和启蒙运动等思想运动，使人们从封建专制和神学统治中解放出来，为创新、为人类智慧和才能的发展铺平了道路。创新不仅作为第一生产力创造出巨大的物质财富，而且也带来科技产业、社会经济运行方式和社会体制的巨大变革。20世纪初，全球社会生产力的发展中只有5%是依靠技术创新取得的。美国从1929年到1978年的50年中，生产增长率的40%是依靠技术创新取得的。而到目前，发达国家中的这一比例高达70%~80%。

近年来，由于大量创新设计成果的不断涌现，科学技术得到极大的发展，世界经济运行方式也随着发生了根本的变化。人们在通信、计算机、网络、生物、材料和电子工程等领域中，创造出过去不可想象的新产品、新工艺、新系统和新行业。2000年，全球的信息产业超过了石油工业，成为全球第一大产业。另一方面，在知识经济形态中，知识存量的改变加快，社会需求更加趋于多样化，技术更新速度加快，高新技术产品的寿命周期更短，企业之间乃至国家之间的竞争更加激烈。在这种情况下，企业竞争力完全取决于其创新能力的大小，人们清楚地认识到，国家的经济发展不仅取决于自然资源、资本和劳动力等有形资源，更要依赖于知识和创新等无形资源。

总之，纵观人类的进步史和中华民族的发展史，生机勃勃的发展时期总是充满着人文科学和科学技术的创新，发展和进步总是伴随着创新而存在。农耕时代的设计和手工业制造，适应了农业自然经济的需求，创造发展了农耕文明。工业时代的设计发明和创造，引发了第一、第二次工业革命，实现了生产力的大飞跃，创造了现代工业文明。今天和未来的设计创新，将导致网络化、智能化、绿色、低碳和可持续发展。设计创新推动社会文明进步，设计是制造服务的先导和关键环节，设计不仅推动着生产和生活方式的变革，还承载反映了社会精神文明进化水平。设计创新创造美好生活，设计创新创造美好未来。探究创新设计的历史，对于认知创新设计的发展规律，展望未来，提升我国设计创新的能力，实施创新驱动发展战略，促进从制造大国向制造强国跨越，建设创新型国家有着十分重要的意义。创新是一个国家国民经济可持续发展的基石，拥有持续的创新能力，就具备了发展知识经济的巨大潜力。

4.2 创新设计的国内外发展现状

4.2.1 国外创新设计发展现状

建设创新型国家已经成为发达国家的重大发展战略。欧盟围绕着增强欧洲整体创新能力实施了一系列重大战略决策及政策举措。2011年，欧盟成立了领导力委员会，制定了面向未来创新设计的《欧洲非技术性创新与用户创新联合计划》，并颁布了《为发展和繁荣而设计》纲要。纲要明确提出了未来20年间欧盟在设计创新领域面临的三大挑战：①如何有效地在全球化视野下深度定位和发展欧洲创新设计战略；②如何将创新设计融入欧洲合作开发的创新体系造福企业、公共部门和全社会；③如何提供足够的公共资金来提高欧洲公民设计素质，建立欧洲设计竞争力评价和提升体系。国外创新设计现状见表44.1-3。

4.2.2 我国创新设计发展现状

我国目前正处于工业化的中后期，面临着发达国家重振实体经济和新兴发展中国家低成本竞争的双重挑战，处于发展方式转型、产业结构调整、资源环境匮乏、迎接新产业革命挑战的关键时期，也必将迈入以创新设计提升竞争力，创新驱动发展的新阶段。我国设计事业正处于设计 2.0 向设计 3.0 的过渡阶段，也必将逐步融入全球创新发展的浪潮，形成区域集聚发展、产业特色鲜明的特征。我国创新设计发展态势正在形成，基于工业设计的创意园区逐步拓展到基于创新设计的创新生态园区，发展为"产、学、研、媒、用、金"相结合的创新平台。我国创新设计现状见表 44.1-4。

表 44.1-3　国外创新设计现状

国家与地区	创新设计现状
美国	抓住创新设计才能在新一轮产业革命中立于不败之地。20 世纪 80 年代以来，美国 Microsoft、Intel、IBM、Apple、Google 等一批 IT 互联网企业依靠创新设计，长期占领 PC 操作系统、CPU、商用计算机与服务器、移动智能终端和搜索引擎等全球市场的主导权，引领了全球相关产业创新发展的潮流。2004 年起，美国国家科学研究委员会和美国国家工程院发布了《革新制造：连接设计、材料和生产》(retooling manufacturing: bridging design, materials and production) 和《创造价值：集成创新、设计、制造和服务》(making value: integrated innovation, design, manufacturing and service) 等系列报告，强调设计在制造革新和价值创造等领域的突出作用。根据美国设计管理协会 2013 年发布的数据，福特、微软、耐克、可口可乐等"以设计为主导"的企业，10 年来股市市值价高于标准普尔指数 228%。2014 年，美国总统奥巴马拨款 10 亿美元组建国家创新制造网络 (the National Network for Manufacturing Innovation, NNMI)，建设多达 15 个制造创新研究所 (Institutes for Manufacturing Innovation, IMI) 来形成国家创新生态系统。通过连接产业、学界、政界各方力量，为企业创新提供基础设施和资源共享平台。创新设计作为先行的整合力量，承接了基础研究的成果输出，在充分关注和理解社会广泛需求基础上，为技术的转化与应用做好概念准备，并在制造创新过程中提供系统原型和管理创新策略。数字化制造和设计创新研究所 (Design Manufacturing and Design Innovation Institute, DMDII)，聚焦全体企业范围内的数字线 (the digital thread) 运用，用以提升复杂产品的整合化设计与制造水平
德国	德国是全球制造业中最具竞争力的国家之一，其装备制造行业全球领先。这是由于德国在创新制造技术方面的研究、开发和生产，在复杂工业过程管理方面高度专业化，以及将创新设计渗透每一个生产环节中使然。德国以其独特的创新设计优势开拓新型工业化。2013 年，德国政府在《德国工业 4.0 战略》中，把适应网络智能制造的软件、系统等创新设计作为关键环节。工业 4.0 的开放创新、协同创新和用户创新，注重用户的价值，关注个性化需求产品的设计，推动了工业创新从生产范式到服务范式的转变，争得了新一轮技术与产业革命的话语权。其具体featurecharacteristics包括：①工业 4.0 的开放创新，工业 4.0 的创新不再仅仅局限于工厂的边界内，创新触角延伸到用户端，传统的行业界限将消失，产业链分工将重组，并产生各种新的活动领域和合作形式，工业创造新价值的过程逐步发生改变；②工业 4.0 的协同创新，在虚拟、移动技术支撑下，企业生产环境和方式会有巨大改变，员工将有高度的管理自主权，利于不同教育背景、社会环境的人参与，这种协同有利于工业产业链不同的企业间的无缝合作；③工业 4.0 的用户创新，联系到所有参与人员、物体和系统，利于让实际用户参与到产品设计与服务反馈过程中来，有助于实现产品个性化产品定制，用户可以广泛、实时参与生产和价值创造的全过程
英国	英国十分重视创新设计产业和教育事业发展。英国设计委员会 (Design Council) 的调查显示，英国企业重视设计的比例越来越高，在其设计产业结构中，产业国际化程度非常高，73% 是由 20 人以下的小型设计顾问公司所组成，而且 64% 的设计组织在两个国家以上设立分支机构。目前，英国在设计研究、设计教育国际化方面领先世界：①在高等教育和科研方面拥有世界一流的研究水平；②创新环境具有很强的国际吸引力；③国家创新排名长期位居世界前列；④各类组织机构协作提升国家设计竞争力。但是，英国设计在产业化应用方面还存在三方面问题：①研究成果转化为市场价值的能力相对较弱；②制造业空心化严重；③创新投入偏低。由于过度倚重服务业导致英国的经济在金融危机下遭受严重冲击，英国政府也努力通过一系列政策和资金扶持以实现重振"高价值制造"战略计划，加大制造业在经济结构中的比重，通过税收优惠政策等努力吸引制造业回流，制造业与服务业融合，服务业和制造业相互补充和促进，占据全球产业价值链高端等
北欧	2000 年以来，芬兰政府通过了国家设计政策纲要，以"成为设计和创新方面的领先国家"作为发展战略推进实施。2010 年 12 月，芬兰研究和创新理事会对外发布了关于教育、科研和创新政策的报告，即《国家研究与创新政策指南 (2011—2015)》[Research and innovation policy guidelines for (2011—2015)]，形成了包括资源整合、知识经济主导、国际合作、企业技术创新和创新风险投资在内的创新体系。丹麦是世界上第一个制定全国设计政策的国家，也是全球人均设计师最多的国家之一，重视设计一直以来都是丹麦的基本国策。包含设计在内的整个丹麦创意产业占丹麦私人部门营业量和雇用人数的 6%~7%，每年带来近 280 亿欧元的营业额。2008 年以后，瑞典政府陆续出台《研发与创新议案 (2009—2012)》[A research and innovation bill for the period (2009—2012)] 和《服务创新战略》(A strategy for more service innovation)，创新研发投入增长超过 50 亿瑞典克朗，并明确主要投向战略性行业和相关服务行业
日本与韩国	日本设计经历了从模仿抄袭欧美设计到自主创新的发展历程，形成了一套适合自身民族特色，以设计标准化和科技投入促进设计发展的道路。日本很早就提出了"科技立国、设计开路"的国策，通产省下设机构产业设计振兴会，负责鼓励和协调产品创新，设计研发投入资金占 GDP 的比例达到 2.8%。日本具体推动各项设计振兴政策实施的机构为财团法人日本产业设计振兴会 (Japan Industrial Design Promotion Organization, JIDPO)，而推动设计产业的关键措施，就是设置日本优秀设计奖 (G-Mark 奖)。 与日本类似，2000 年，韩国产业资源部下设设计振兴院，每年拨出相当于 3 亿元人民币的资金用于设计的示范、交流、评选等活动，韩国设计从业人员多达 108 万人，年均设计毕业生数量超过 3 万人。2002 年每百万人口中拥有的设计知识产权注册量达到 573 件，居世界首位

表 44.1-4 我国创新设计现状

区域与企业		创新设计现状
区域	北京市	2005年北京市建立了设计创意产业基地,2007年开始实施设计创新提升计划,利用政策来引导、支持设计公司和制造企业之间的对接。北京设计服务产业增加值由2005年的31.6亿元增加到2009年的76.4亿元,增幅上升200%。2008年,北京设计产业协作联盟与DRC工业设计技术服务联盟先后成立,联合政府推动设计研发机构、设计设备服务机构、高等院校及咨询机构等,整合了优化设计产业链,产生了一批设有独立的设计部门、年产值超千万元的规模企业。目前,海淀已经形成了国家、北京市和区级三级错位互补、多角度鼓励创新创业的政策支持体系。一批国际知名的技术转移、知识产权服务机构加速向中关村核心区聚集,相继涌现出创新工场、车库咖啡等创新型孵化器,形成了以科技企业孵化器、大学科技园、留创园、新兴产业孵化器和高端人才创业基地等为载体的创业服务体系,服务涵盖投资、孵化、培训和联盟、媒体等各个环节,服务范围也覆盖项目发现、团队构建、企业孵化、知识产权服务和后续支撑等全链环节
	上海市	上海是我国创新设计最为活跃的地区之一,大力推动设计创新是促进上海产业实现"创新驱动、转型发展"的必经之路。2007年,上海市编制了《上海设计产业三年发展规划》,设立了设计企业专项扶持资金。2010年,上海市成功加入全球"创意城市网络",被联合国教科文组织授予"设计之都"的称号。上海引导设计产业在重点产业基地和工业园区里面提供相应的配套布局,充分发挥示范基地在培育发展战略性新兴产业、大力推进高新技术产业化中的载体和平台作用。上海航空产业基地以国产民用航空为龙头,积极推进大型客机研发中心、大型客机总装制造中心、商用发动机研发与客服中心等重大项目建设。2012年,上海国际汽车城汽车研发科技港项目开工,被授予"上海汽车设计产业基地",上海泛亚汽车技术中心有限公司是国内第一家中外合资汽车设计开发中心。上海已形成环同济创意产业集聚区、环东华创意产业集聚区等一批面向工业设计、建筑设计和时尚设计的主体性园区
	浙江省	浙江省以优势制造业需求为导向,以科技创新为动力,以产品创新设计为核心,加快行业设计中心、公共服务平台和创新环境建设,加强设计创新和成果推广应用,培育创新设计产业。2011年,浙江省积极以设计为引擎,推动块状经济向现代产业集群转变,省政府每年以1亿元的资金支持海宁皮革产业设计基地(嘉兴)、永康中国五金工业创意设计中心(金华)、台州市黄岩区模塑工业设计基地(台州)和义乌市工业设计中心(义乌)等12个省级特色工业设计示范基地及60家省级工业设计中心的建设
	珠江三角洲	珠江三角洲是中国著名的制造业基地,制造业的蓬勃发展为设计服务业的发展提供了有利条件。截至2012年,广州已有各类专业设计企业2100多家,设计产业直接创造产值约165亿元,拉动工业总产值超过1300亿元。据深圳设计联合会统计,仅深圳的产品设计公司已超过200家,足见珠三角地区对自主创新优势发展的重视。根据2007~2010年针对珠三角和长三角117家企业的创新竞争力调查显示,企业设计服务的需求往往不是单一的,约有40%的企业聘请外部设计完成多种类型的设计任务。企业对设计服务具有多元化的需要,包括用户研究、竞争对手研究、产品趋势分析、产品设计策略和品牌策略。2010年以来,深圳的华为、中兴和康佳等企业均建立了设计研发机构,配备了上百人的设计师队伍。嘉兰图、浪尖等设计龙头骨干企业正逐步向品牌化、集团化和国际化发展。深圳通过创新设计带来的产业增加值超过千亿元,成为国内最具创新活力的城市
企业		1990年以来,我国科技创新能力显著提升,载人航天、载人深潜、北斗导航、航母入列、超级计算机、超高压输电和高速铁路等实现重大突破,一些领域的设计研发和技术集成能力已跻身世界先进行列。典型的流程工业企业数字化设计工具普及率、关键工艺流程数控化率分别达到70%和60%,两化融合开始由单项应用向综合集成创新、整合创新设计阶段迈进。宝钢、中石化和中石油等特大型企业正逐步向智能化转型。 国产软件设计能力不断提升。Deepin、SPGnux、中标麒麟和阿里云等国产操作系统列入国家正版软件采购目录。基于国产CPU和操作系统的办公信息系统开展试点示范,联想、华为、浪潮和曙光等为代表的中国服务器厂商在X86服务器市场上正逐渐取代戴尔、惠普和IBM的市场地位。联想集团设计部门拥有一支包括多个国籍、80余人、10个专业团队和14个实验室在内的创新设计中心。华为、海思等国产多模4G芯片、高端移动CPU芯片设计开始成熟商用。2014年,华为企业创新设计业务聚焦政府、交通、能源和金融等行业客户,大力拓展全球市场,实现全球收入31亿美元,同比增长率达27%。小米完全知识网络时代特征运用和发展设计,其经营核心不是手机,而是基于手机的系统平台;其创新的出发点也不再是通过用户研究发现需求、尝试满足需求,而是转变为基于核心产品的生态系统创新,运用包括软件、硬件和应用生态的整体方法,创造全新用户体验,颠覆了制造业的传统做法。上海汽车集团旗下子公司安吉物流,利用传感器和通信能力(物联网)为汽车制造商和其他原始设备制造商(OEM)管理后勤,帮助优化设计运输路线。 制造业正从以产品为核心到以消费者为核心,以生产为本转变为以"生产+服务"或服务为本,服务化转型态势明显。青岛红领集团通过对业务流程和管理流程的全面改造,建立柔性和快速响应机制,打造产品多样化的大规模定制生产模式,实现了订单提交、设计打样、生产制造和物流交付一体化的酷特互联网平台,一举由纯生产型向创意服务型转化,定制业务年均销售收入、利润增长均超过150%,年营业收入超过10亿元。徐工集团创造了具有徐工特色的智能制造和创新设计模式,构建完成了智能化的全球协同研发平台。平台以实现产品设计数字化、产品管理集成化、信息发布网络化、项目管理科学化和协同研发虚拟化为模块载体,基于互联网开展对机械设备的在线、实时、远程和智能服务。

(续)

区域与企业	创新设计现状
企业	就服务特点而言，创新设计企业有意识地引导、利用新技术，充分发挥专利技术的原创优势，在新技术的产品化和商品化上大做文章，走依托技术创新的自主设计创新之路。英国克兰菲尔德大学于2009年发布的《设计主导的中国中小企业创新》研究报告表明，设计创新持续驱动着我国中小企业创新发展，83%的中小企业认为设计有助增加市场份额，44%的中小企业认为设计对提高竞争力和营业额不可或缺，依靠设计创新其市场份额平均增长6.3%。浪尖和嘉兰图则在规模化、产业链上下功夫，不仅从事造型设计、结构设计和模具设计，还提供配套、打件等生产环节的服务，倡导一站式、一体化的全方位设计服务。杭州瑞德设计公司2010年设计收入为1400万元，但其通过设计服务方太等制造企业成功实现产业结构调整，当年实现产值约为50亿元。 在智能硬件成为重要潮流的今天，专注于开源硬件的创客(Maker)俨然成为创新设计的主体。创客利用开放资源、鼓励人人参与"微制造"，再通过民众募集资金和平台融资进行小制造。在我国比较有影响力和代表性的这类创客空间有：雷锋网、柴火创客空间、北京创客空间(Makerspace)和创客星球等。深圳矽递(Seeed Studio)开源硬件创新平台是一家致力于促进开源硬件发展的服务型企业，通过提供从研发辅助、采购生产到渠道分销的一站式配套服务，帮助创造者实现从创意到产品的转换。创新工场作为国内一流的创业平台，旨在帮助早期阶段的创业公司顺利启动和快速成长。

5 创新设计发展的智能化

面向全球知识网络时代，创新设计作为一种具有创意的集成创新与创造活动，既是科技成果转化为现实生产力的关键环节，也是在支撑和引领新一轮产业革命。创新设计要有创新思维，还要运用好创新的原理和创新的技法。创新有其基本原理和理想方法，这些原理和方法体现了创新过程中的一些内在规律和创新的基本法则。按照这些规律和法则去从事创新活动，就容易取得成功。

创新设计正在向智能化方向发展。目前，在各个领域已广泛应用了专家系统，专家系统是创新设计向智能化方向发展的具体形式之一。专家系统是20世纪后半期开始研究和发展起来的一种新的具有重大实际应用价值的技术，它能给企业部门带来良好的经济效益。专家系统能够高效、准确、周到、迅速和不知疲倦地工作，几乎所有的专家系统都至少将人的工作效率提高10倍，甚至数百倍。专家系统就是一种在特定领域内具有专家解决问题能力的程序系统。专家系统覆盖了计算机应用的许多领域，按其所完成任务的性质和特征，可以分为解释专家系统、预测专家系统、设计专家系统、规划专家系统、诊断专家系统、控制专家系统、决策专家系统和咨询专家系统等几类。

第2章　创新设计的指导思想与目标

1　创新设计的指导思想

创新设计的实施需要正确的指导思想，创新设计首先要从国家和广大人民的利益出发，用科学发展观的思想作指导。科学发展观属于现代科技哲学，其核心内容就是坚持以人为本，即从人民的利益出发，同时基于发展的思想和创新的理念，指导我们的各项创新工作。创新设计应重视研究创新创造遵循的内在规律，实现科学技术创新、文化艺术创新、服务创新、管理和体制创新及产业模式创新等各种创新。有了创新，才有发展，有了创造，才能前进，才能取得全面、稳定、协调和可持续的发展。

以科学发展观的思想指导创新设计工作，是做好创新设计的基础。创新设计具有以人为本、全面性与系统性、实践性与科学性、继承性与创新性、协调性与稳定性和可持续性与长期性几方面特点，与国家提出的创新、协调、绿色、开放和共享的要求相一致。缺乏科学的哲学思想做指导，创新工作将难以全面地、系统地、科学地、创造性地、和谐地、可持续地开展。

众所周知，几年前我国发生过一桩轰动全国的奶制品污染事件。某公司为了获取经济利益而无视儿童生命安全，在奶粉中加入了三聚氰胺，许多婴幼儿在食用这种奶粉之后被发现患有肾结石，甚至患病致死。这种为了局部利益而不顾整个社会利益的行为，对整个社会的发展造成了严重的影响和难以估量的重大损失。由此充分说明，正确的指导思想对于我们工作的重要性。

再如，十多年前国家曾下令关闭了淮河流域的数百个小型造纸厂，原因是这些小型造纸厂无视环境保护法规，将生产过程中的污水排入淮河，不仅使淮河流域的鱼类等灭绝，还对当地百姓的饮水造成威胁。从本企业的利益看，这些企业的存在可以解决职工的生活问题，但从国家和全国人民的利益以及全人类长远利益来看，不应该让这些企业继续存在下去，也就是当企业的利益和国家及人民利益相矛盾时，首先要服从国家和人民的利益，这是衡量创新设计是否正确的准则。

某些资本主义国家过分提倡自由经济的经营模式，而没有突出国家利益、人民利益及全人类的利益，没有将国家、人民和全人类的利益放在首要位置，导致了全球金融危机和经济危机的发生，这些国家对金融资本管理的软弱无力和缺乏应有的严格管理制度是导致2008年国际金融危机发生的根本原因。

总之，有少数的企事业单位和个人，为一己之利，不顾国家、人民和社会整体的利益，采取了一些不正确的手段和做法，违反了国家可持续发展的基本原则。因此，创新设计必须坚持正确的指导思想，创新设计工作才能沿着正确的方向前进。

2　创新设计的目标

创新设计的目标包括创新设计的总体目标、广义目标和技术目标。

2.1　创新设计的总体目标和广义目标

创新设计的总体目标和广义目标的具体内容见表44.2-1。

表44.2-1　创新设计的总体目标和广义目标的具体内容

目标种类	次　属	具　体　内　容
总体目标	建设创新型国家	通过创新设计和创新创业来引领、建设创新型国家
	贯彻国家创新驱动发展战略的基础	要从科学技术的研究、科学技术和经济发展的结合、人才培养、技术咨询和制订相关的政策措施等方面贯彻国家创新驱动发展的战略
	实现三大转变	用创新设计的思想和具体措施来引领中国的三大转变，即中国制造向中国创造转变、中国速度向中国质量转变、中国产品向中国品牌转变
广义目标		创新设计的广义目标包括正确的指导思想I(思想目标)、工作的质量Q(技术目标)、所付出的代价C(经济目标)、所需要的时间T(时间目标)、对环境的影响E(环境目标)和事后的服务S(服务目标)，这六个目标是对设计工作质量的综合评价

(续)

目标种类	具体内容
广义目标	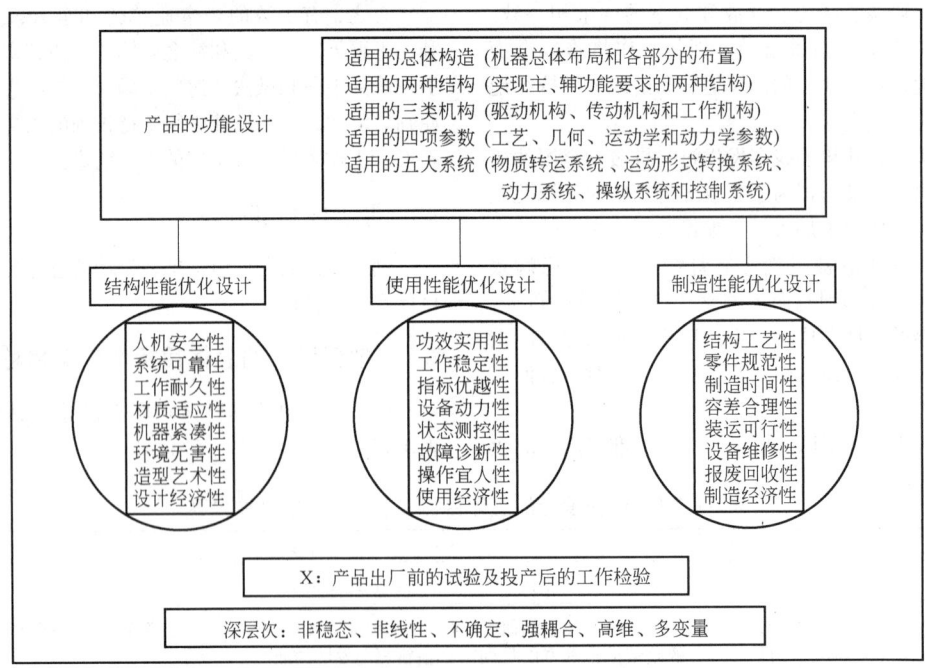

以 IQCTES 六大目标也是许多企业在产品研究、开发和设计过程中所追求的目标,即对所设计的产品的要求是正确的指导思想、良好的质量、便宜的价格、较短的生产周期、环境污染达到要求和方便的服务等,这是对产品设计者提出的基本要求。其中的质量是指使用的质量,它包括功能与性能

2.2 创新设计的技术目标

创新设计的技术目标与其他设计的目标相同,且十分明确和具体,就是产品的功能与性能。功能包括了主功能和辅助功能;性能包括了三大性能,即结构性能、使用性能、制造性能以及特殊性能。面向产品功能与三大性能的 1+3+X 系统化设计内容如图 44.2-1 所示。

图 44.2-1 面向产品功能与三大性能的 1+3+X 系统化设计内容

目前在有关文献中对机械产品性能有较多的叙述,但缺乏全面、系统的归纳和分类。机械产品的综合性能大体包括以下三大方面的 24 项具体内容(见图 44.2-2),可以称它为 24 性。

为了更好地理解产品的功能和性能,人们常常把功能划分为主功能和辅助功能,而将性能划分为三大性能,即结构性能、使用性能和制造性能。把功能与性能作详细地区分和阐述有利于设计者对设计目标加以全面和系统的了解和掌握。产品的功能和性能的具体描述见表 44.2-2。

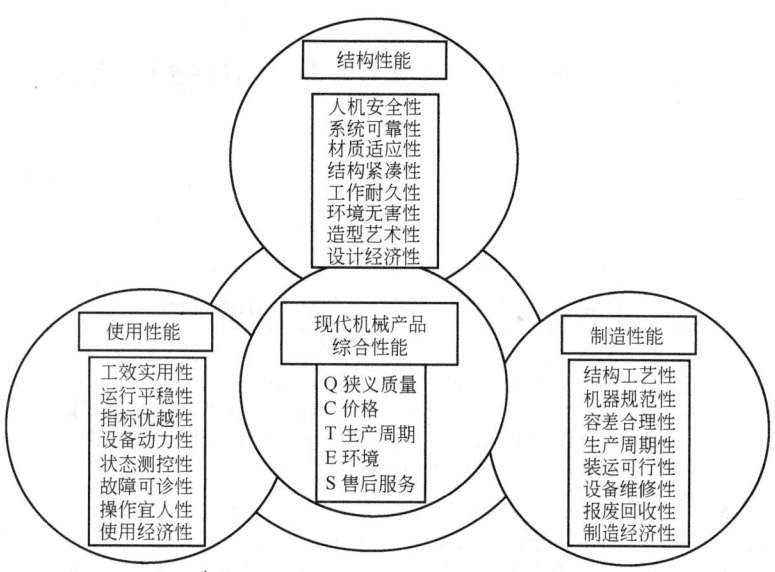

图 44.2-2 机械产品的综合性能

表 44.2-2 产品的功能和性能的具体描述

具体目标名称	次属	内容
功能	主功能	主功能通常是用来改变物质的状态,具体地说,用来改变被处理物质、物体或物件的几何形态、物理状态、化学组成、生理机能或信息表现形式等各方面的工作。所以,在机械产品中要出现物质形态的转变过程,常常呈现物质流的形式,也就是将输入物质的初始形态改变为新的形态。例如,车床的主功能是加工零件,用来改变工件的几何形态,它要将毛坯加工到所要求尺寸精度的零件
功能	辅助功能	辅助功能是为了实现主功能而需要完成的一些辅助工作,常常包括物质的转移、所需运动形式的转换、所需能量的输入、操纵指令的输入、信息的获取及处理等,也就是常常出现物质流、运动形式流、能量流、指令信号流和控制信息流等
性能	结构性能	机械设备的结构性能:人机安全性、系统可靠性、材质适应性、结构紧凑性、工作耐久性、环境无害性、造型艺术性和设计经济性。机械设备的安全性和可靠性是在机器的设计、生产和使用过程中必须予以考虑的头等重要的问题。产品的安全、可靠、耐用、结构紧凑、外形美观、对环境无害和设计经济等是在设计阶段首要考虑的和在机器结构设计中极易体现出的几方面的性能
性能	使用性能	机械设备的使用性能:工效实用性、运行平稳性、指标优越性、设备动力性、状态测控性、故障可诊性、操作宜人性和使用经济性。机械设备的使用性能是体现现代机械设备质量的最重要内容之一。为了保证机械设备特别是现代大型机械装备的使用性能,以获得良好的工艺指标,需要对机械设备进行智能设计,即对机械产品的工作状态、工作参数及其工作过程实现最优控制或次优控制。智能设计是保证现代机械设备具有良好技术性能的必要手段。机械装备工作状态的实时监测是实现智能控制与优化的先决条件,是保证机械设备正常与有效运转的重要措施之一,也是现代机械智能设计的一项基本内容。现代机械优良的技术性能和使用性能应该通过智能的设计工作来获得
性能	制造性能	机械产品的制造性能:结构工艺性、机器规范性、容差合理性、生产周期性、装运可行性、设备维修性、报废回收性和制造经济性。机械设备的制造过程往往需要有足够长的时间、必需的成本。产品的制造工艺性与机器结构和零部件的规范性(包括标准化、通用化和系列化等)会直接影响产品的生产周期、产品制造的经济性及产品的总成本,因此在设计过程中,必须仔细考虑产品的制造工艺性和零部件的标准化、通用化及系列化等有关问题。良好的设计会使所设计的产品具有良好的制造性能

第3章 创新设计的任务、内容与方法

1 创新设计的任务

现代创新设计的具体任务包括产品设计、流程设计、工艺设计、工程设计、建筑设计、服务设计和商业设计等。现代创新设计具体任务的详细说明见表44.3-1。

表44.3-1 现代创新设计具体任务的详细说明

种类	详细说明
产品设计	产品的创新设计是设计领域内最为广泛的一类应用。产品的种类繁多,机械产品,即装备制造业中的产品最为典型和广泛,军事工业和国防工业亦属此类,飞机、船舶和车辆等交通工具也应该属于这一类,所以人们可以把机械产品的创新设计作为产品设计的典型,因为这类产品的创新设计内容相当广泛和复杂。一百年来,为了做好产品设计工作,科学技术工作者和设计师们提出了数十种设计方法
流程设计	生产流程的设计是设计领域内应用范围广泛的一类设计,如机械工厂中的生产线的设计、钢铁和有色金属生产线流程、化工企业中流程和一些连续作业的流程都需要进行生产流程的设计。人们一般称流程设计为总体工艺的设计。流程设计除了要提出最经济的、最有效的生产程序外,还要选定流程中所采用的设备及对这些设备进行具体的操作,使所设计的流程不仅有良好的工艺指标,还要有良好的经济效益和社会效益。生产流程的设计要有广泛的设计知识和经验
工艺设计	在机械工厂,设计师设计好的产品要进行加工制造和装配,对要加工制造的机器及其零部件进行工艺设计,包括加工工艺和装配工艺,目前工艺设计都采用数字化的方法,可以高效率地完成加工和装配任务
工程设计	工程设计通常指工程项目的设计,如道路的建设、土木工程项目的建设及水库的建设等,这些工程项目的建设应该采用创新设计的手段和方法,使建设项目达到所要求的质量、较低的成本及较短的工期等,既达到多快好省的要求,还要考虑环境保护和方便的服务等
建筑设计	建筑设计主要指房屋的设计和其他建筑物的设计。建筑设计包括建筑学设计和结构设计,除了满足其实际应用的功能外,还特别要讲究建筑物的艺术特点和风格的美学特性
服务设计	服务设计是有效地计划和组织一项服务中所涉及的人、基础设施、通信交流以及物料等相关因素,从而提高用户体验和服务质量的设计活动。服务设计以为客户设计策划一系列易用、满意、信赖和有效的服务为目标广泛地运用于各项服务业。服务设计既可以是有形的,也可以是无形的;客户体验的过程可能在医院、零售商店或是街道上,所有涉及的人和物都为落实一项成功的服务传递着关键的作用。服务设计将人与其他如沟通、环境、行为和物料等相互融合,并将以人为本的理念贯穿于始终。服务设计首先要达到信息传播的目的,还要讲究其艺术和文化的特色,使直接参与该项目的人或人群了解宣传的目的和要求,还应该具有所要求文化和艺术的特色
商业设计	商业设计为商品终端消费者服务,在满足人的消费需求的同时又规定并改变人的消费行为和商品的销售模式,并以此为企业、品牌创造商业价值的都可以称为商业设计。在各种商业活动中,既要满足商品的购买者了解这些商品的用途和特点,又要吸引广大顾客对这些要出售的商品产生好感,以便在今后销售的过程中产生影响,促进该类商品的销售
其他设计	其他的设计,即不属上述各类的设计

2 创新设计的基本内容

创新设计应包含的基本内容见表44.3-2。

创新设计所涉及的内容十分广泛,同时也是一项非常复杂的任务,一项设计常常同时包含上述多项内容。

表44.3-2 创新设计应包含的基本内容

内容名称	基本内容
技术	创新设计首先要考虑的是技术要求,即首先要解决技术方面的问题,包括技术路线和技术措施。对产品设计而言,需要解决的技术问题通常是产品所要实现的功能和要达到的各种性能
文化	创新设计的对象众多,在设计过程中需要体现具体的文化特色,如当地的乡土文化、各民族的文化及各个时代的文化等不同类型的文化内涵,特别是建筑设计和工业设计更需要体现所要求的文化特点,以满足使用者的要求
艺术	创新设计过程要根据设计对象的特点,在设计中能呈现出设计对象的艺术特点和风格,使直接使用者或旁观者有一种美的享受,并欣赏设计对象的艺术风采,建筑设计和工艺设计的艺术性常常会影响商品在市场中的占有率

(续)

内容名称	基本内容
服务	各种类型的设计均含有不同程度的服务的成分,如发布一则广告、一个通知,其宗旨是让人们清楚了解其基本内容,同时应该使阅读者有一种美的享受,既达到了直接传达信息的目的,也达到了艺术上的传播
商业	人们所进行的各种设计都是在商品化的条件下完成的,商品是为人类社会的物质和精神需求而服务的,所以设计都是为经营的需要而服务的。绝大多数的设计都是作为商品或商业范围内的任务而进行的
其他	不包括前述五个方面内容的设计,均为其他类的设计

3 创新设计的方法

3.1 创新设计应采取的科学技术与方法

要使创新设计取得好的效果,必须广泛采用现代科学技术的成就与具体的方法,见表44.3-3。

为了做好创新设计,要做好以下五项工作:
1) 应用科学方法论的体系和规则。
2) 将科学方法论的应用引向智能化。
3) 具备创新思维,掌握其原理和方法。
4) 制订创新设计规划并科学地系统化实施。
5) 创造适合于创新设计的良好环境和条件。

3.2 创新设计方法的分类

在执行创新设计过程中,要采用各种理想的、实用的和有效的设计方法。

一百多年来,国内外的设计理论与方法的研究工作者和设计工作者为了提高设计质量,对设计理论与方法进行了详细研究,提出了80余种理论与方法(见表44.3-4)。图44.3-1所示为从不同角度对这些设计理论与方法进行了分类。

表44.3-3 创新设计应采取的科学技术与方法

科学技术与方法	具体方法	科学技术与方法	具体方法
现代科学哲学	现代科学哲学就是以科学发展观做指导,坚持辩证唯物主义,以科学的方法论指导具体的创新设计工作,对待自然和历史要有正确的世界观	系统论和系统工程的思想和方法	系统化的理论和方法,系统的优化技术
		现代信息技术	计算机技术、网络技术、智能化技术和数字化技术
逻辑学原理和方法	学习和掌握思维规则及推理方式	优化的理论和方法	黄金分割、统筹学、工程优化和数学规划优化、专家系统
		试验方法	通过试验验证理论结果
现代心理学	重视研究和尊重人的心理特点和思维规律,充分发挥人的创新潜能	创新的思维、原理和方法	创新思维、创新原理和创新技法
		预测学的理论和方法	未来学、预测学的理论和方法

表44.3-4 设计理论与方法

1. 产品设计方法学	11. 人机工程设计	26. 系统设计	42. 功能设计	56. 并行设计	72. 程序设计
2. TRIZ发明解决问题	12. 有限元设计	27. 动态设计		57. 协同设计	73. 结构设计
	13. 诊断系统设计	28. 运动学设计	43. 快速反应设计	58. 相似性设计	74. 标准化设计
3. QFD功能质量配置设计	14. 缩短生产周期的设计	29. 动力学设计		59. 柔性化设计	75. 通用化设计
		30. 振动设计	44. 变型设计	60. 虚拟设计	
4. 全功能全性能设计	15. 神经网络设计	31. 摩擦学设计	45. 网络设计	61. 数字化设计	76. 鲁棒性设计
	16. 传动系机设计	32. 顶层设计	46. 智能设计	62. 控制器设计	77. 静强度设计
5. 疲劳强度设计	17. 驱动系统设计	33. 可靠性设计	47. 系统化设计	63. 模糊设计	78. 参数设计
6. 机电一体化设计	18. 监测系统设计	34. 工艺设计	48. CAE	64. 详细设计	79. 六西格玛设计
7. 多学科交叉融合设计	19. 普适设计方法	35. 精度设计	49. 概念设计	65. 施工设计	80. 服务设计
	20. 模块化设计	36. 容差设计	50. 三次设计	66. 机构设计	81. 品牌设计
8. 专家系统设计	21. 性能设计	37. 试验设计	51. 公理化设计	67. 基础设计	82. 外形设计
9. 反求工程设计	22. 创新设计	38. 工业设计	52. 综合设计	68. 集成设计	
	23. 方案设计	39. 稳健设计	53. 绿色设计	69. 可视化设计	83. 包装设计
10. 全生命周期优化设计	24. 初步设计	40. 优化设计	54. 和谐设计	70. 边界元设计	84. 基础设计
	25. 控制系统设计	41. 优势设计	55. 价值工程设计	71. 工装设计	

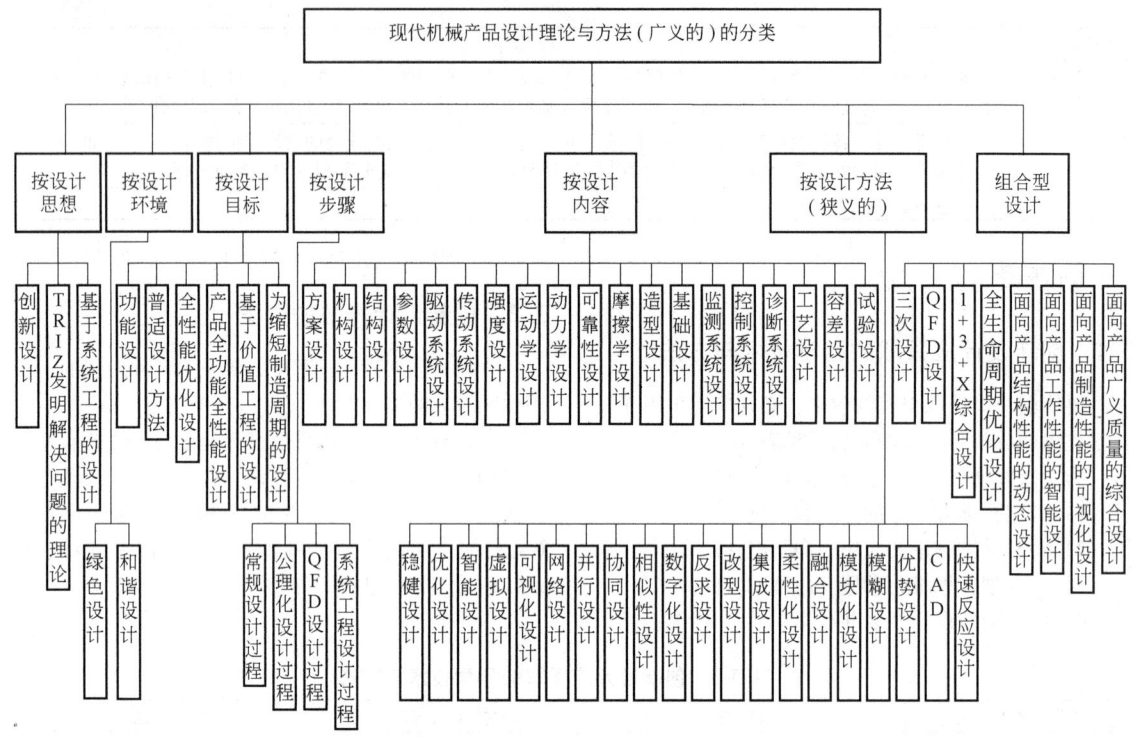

图 44.3-1 设计理论与方法的分类

在实际设计实践中,表 44.3-4 所列出的设计方法可以组合运用,构成组合型设计方法。组合型设计方法是将两种以上单一目标设计法综合在一起对产品进行设计,例如,将设计目标、设计内容与设计方法综合在一起对产品进行设计,其中包括:

1) QFD 设计法和三次设计法。
2) 全生命周期优化设计法。
3) 面向产品结构性能的动态优化设计法。
4) 面向产品使用性能的智能化设计法。
5) 面向产品制造性能或综合性能的可视化设计法。
6) 三化或三优综合设计法。
7) 1+3+X 综合设计法。
8) 多学科交叉融合设计法。
9) 六西格玛设计法。
10) 面向产品广义质量或面向产品全部功能和性能的广义优化设计法。

需要说明的是,前面所列举的各种方法不是相互对等的,甚至有的设计方法涵盖了另外一种方法,本文未完全按照对等的原则加以分类。

3.3 综合设计理论方法的产生

基于设计方法的分类,形成了基于系统化的综合设计理论与方法,见表 44.3-5。

表 44.3-5 综合设计理论与方法

序号	内　容
1	和谐设计的概念、理论与方法体系
2	深层次设计的内容和方法
3	顶层设计的概念、理论与方法体系
4	系统化设计的理论与方法体系
5	产品主要功能、辅助功能和产品的结构性能、使用性能、制造性能的详细解析
6	动态设计的核心作用及新的内涵
7	将设计的五项目标和要求(QCTES)拓展为包括指导思想(I)在内的六项目标和要求(IQCTES)
8	四段综合设计的理论与方法体系(3I 调研、7D 规划、1+3+X 实施和 5A 检验)
9	完整性技术系统和非完整性技术系统的理想表达式,设计目标、设计内容、设计方法的关联方程式,以及使用质量和设计质量的理论表达式
10	基于系统工程的综合设计或系统化设计的理论与方法体系

上述内容和表述方法区别于目前一般设计方法学的内容,丰富和完善了设计方法学的概念和内容,为设计工作提供了更加完整的和具体的理论和方法,对提高设计质量发挥了积极的作用。

第4章 创新设计的未来发展战略

1 创新设计的总体战略

中国工程院重大咨询项目"创新设计发展战略研究"中提出了创新设计的总体战略：

1）重点突破。通过创新设计探索绿色低碳、智能高效的新型工业化发展道路，在设计软件等共性关键技术以及重点产业领域实现突破和跨越，提升产品和系统、工艺装备、经营服务等创新设计能力。

2）支撑引领。通过创新设计支撑和引领新产业革命，全面提升自主创新和可持续发展能力，加快我国产业转型升级，满足经济社会发展需要，提高公共安全和国家安全保障能力。

3）开放融合。通过汇集全球先进设计理念、技术和人才等资源要素，推动跨地区、跨产业、跨学科的创新设计融合发展，形成面向产业、和谐包容的创新设计服务体系，推动中国设计走向世界。

4）以人为本。通过用户需求推动创新设计发展，大力培养创新设计人才，形成大众创业、万众创新的良好环境，化人口红利为创新红利。

上述创新设计的总体战略，具体来说就是要将创新设计作为企事业单位转型升级的重要手段之一，将创新设计纳入文化创意产业和新产业革命挑战的发展战略之中，做好产、学、研、媒、用、金的有机结合，通过创新驱动发展战略，实现建设一个创新型国家的战略目标，实现中国制造向中国创造、中国速度向中国质量、中国产品向中国品牌的三大转变。

2 创新设计的重点任务

2.1 提升重点产业领域的创新设计能力

通过创新设计提高关键技术创新、系统集成创新和服务模式创新的能力，形成具有自主知识产权的新产品、新材料、新工艺。在传统制造业、战略性新兴产业、现代服务业的重点领域实施创新设计示范工程，培养一批具有创新能力、掌握关键核心技术和拥有自主品牌的世界著名企业。

1）利用创新设计改造提升传统产业。通过创新设计提升钢铁冶金、纺织服装、家用电器、建筑建材、煤炭电力、道路桥梁和汽车等产业制造、系统集成和服务水平，实现从产量规模到技术质量领先、从输出产品到输出系统和服务及从物理生产到"互联网+"的转变。

2）发展战略性新兴产业和现代服务业的创新设计。重点提升"互联网+"时代的新一代信息技术、高端装备制造、新能源、新材料、新能源汽车和节能环保等战略性新兴产业，以及软件、互联网、电子商务和文化创意等现代服务业等的创新设计能力，加速形成国际竞争优势，推动服务业创新。

3）推动公共服务和生态环境领域的创新设计。重点提升公共安全和国家安全、社会管理与服务、生态与环境等领域的创新设计能力。创建信息化、网络化、智能化的技术和装备支撑体系，建立先进设计规范和标准，提高国家安全、社会服务的保障能力以及生态环境效益水平。

2.2 加强设计共性关键技术研发

攻克信息化设计、过程集成设计、复杂过程和系统设计等共性技术；发展绿色、智能、个性与定制化、商业模式、服务和品牌设计等关键技术。研发用于智能产品、智能制造、智能管理及大数据挖掘领域的设计工具，以及云计算、虚拟仿真、智能控制和嵌入式操作系统等软件。

2.3 建设完善创新设计系统

制定创新设计发展产业政策，设立创新设计基金，构建公共服务平台；加快构建以企业为主体，市场为导向，产、学、研、媒、用、金协同的创新机制；建立创新设计竞争力评价指标，完善知识产权保护法规；发展各类创新设计教育，促进国际交流，构建创新人才体系；建设质量第一、用户至上、诚信合作的具有中国特色的创新设计文化。

3 创新设计的路线图

按照2015—2025及2030—2050的时间节点，创新设计的路线图如下：

1）按照2015—2025及2030—2050的时间节点，提出创新设计各阶段所要实现的目标、应完成的内容、应采取的措施及检验的方法。

2）按照2015—2025及2030—2050的时间节点，兼顾产、学、研、媒、用、金各方面在提升我国创设计进程中的职责和作用、提出创新设计的阶段目标、主要措施和检验标准等。

3) 按照 2015—2025 及 2030—2050 的时间节点，提出具有全球影响的中国好设计、中国好品牌、中国好企业和中国设计之都等发展阶段目标、主要措施和检验标准。

4) 按照 2015—2025 及 2030—2050 的时间节点，提出创新设计的相关法律、政策环境、社会文化环境、住处网络与支撑服务环境及国际交流合作环境的阶段目标、主要措施和检验标准。

5) 按照 2015—2025 及 2030—2050 的时间节点，提出创新设计的教育、人才的培训、激励评价和队伍建设的阶段目标、主要措施和检验标准。

4 创新设计的发展趋势

4.1 绿色低碳

人类进入工业化时代以来，生产力快速发展，人口与消费持续增长，化石能源和矿产资源被大规模开发利用，开发、改造、征服自然的发展观念滋长，生态环境与生产制造的矛盾日益激化，传统制造业对能源资源的高消耗和对环境的污染，已成为制约其发展的重要因素。1972 年，联合国在斯德哥尔摩召开人类环境大会并发布《人类环境宣言》，这标志着人类发展观念的转变，也促进了设计对于生态环境价值的重视，推动了全球设计理念的革新和传统技术的改造升级，以实现资源、能源的高效利用和对生态环境破坏的最小化。

绿色经济是以环境保护与资源的可持续利用为核心的经济发展模式，是包含节能减排、清洁生产、低碳经济和循环经济等模式在内的集资源高效利用、低污染排放、低碳排放以及工业生态链、社会公平发展等核心理念为一体的经济活动，是最具活力和发展前景的包容性经济发展方式。

绿色设计是绿色经济、可持续发展的基础和源头，因为设计决定了产品和系统全生命周期的资源、能源消耗和排放的总水平。加强自主创新和技术进步是产业转型升级的关键环节，创新设计促进产业从低附加值转向高附加值，从高能耗、高污染转向低能耗、低污染，从粗放型转向集约型。在产品和系统从材料选备、制造集成、包装运输、运行使用到废物和遗骸处理、回收、再利用的全生命循环周期中，必须大力推广生态化设计、可拆卸性设计和绿色包装设计，必须考虑资源、能源的节约、循环、可持续利用及生态环境的保护与修复。创新设计亦将发展成为一种基于生态效率的新型思维方式，为推动绿色生态文明的建设提供了新的可能。

4.2 网络智能

信息技术为所有产品带来革命性的变化。传统的电子和机械产品，已升级为各种复杂的系统。以移动互联网、大数据、云计算、社会媒体和内存数据库技术为代表的新一代信息技术迅猛发展，与制造、能源和材料等传统领域的创新设计发展相叠加，智能制造与创新设计引领的新一轮产业变革正开启帷幕。未来创新设计技术在产品中嵌入微型具有感知、处理和通信等功能部件，使越来越多的产品兼具信息的获取、决策操作的执行以及诸多的处理和交互功能，使其成为智能化产品及系统。先进传感、集成电路和计算机技术的发展使机器的感知、运算能力快速提升，知识、信息的海量获取与存储使人类进入大数据时代。数字化、智能化技术和装备将贯穿产品全生命周期，数字技术、网络技术和智能技术日益渗透融入产品研发、设计和制造的全过程，推动产品的生产过程产生重大变革。一方面，缩短了设计环节和制造环节之间的时间周期，极大地降低了新产品进入市场的时间成本。产品、服务及系统的智能创新设计将创造无数产品差异化和增值服务的机会。企业通过智能互联，将重塑现有的价值链，进而引发生产效率的再次大规模提升。另一方面，智能产品将改变现有的产业结构和竞争本质，开启企业竞争的新时代。

智能化的创新设计极大地扩展产品差异化的可能性，从大规模制造的理性时代转向个性化生产的感性时代，科技附加值变为创意生活方式，体验取代功能，高感性取代高科技。智能化的创新设计还将为用户创造完美舒适且节能环保的个性化、人性化智能工作和生活方式，让用户享受到更为轻松自在、体贴安心的工作和家居生活。融合了传感功能的可穿戴设备、智能汽车、智能家电及智能住宅将逐步走向消费者。全球网络是一个更广泛深刻的概念，它是在经济全球化的基础上，以先进的交通工具和通信工具为载体，尤其是在互联网的帮助下，将全世界人们的生活联系成一个有机的整体。互联网商业模式创新设计也已出现，比如中国发展迅猛的网络电视。

4.3 超常融合

创新设计将致力于设计创造绿色材料、超常结构功能材料以及智能材料；将设计创造出多样的增材减材、绿色低碳工艺与智能装备；空天海洋、深部地球、运载物流、化工核能、新能源、生物医学和微纳系统等超常环境、超常功能、超常尺度装备将成为设计制造的新领域和新目标；CAD 将进化为基于全球网络、大数据和云计算的数字虚拟现实，多元优化、超算分析、控制管理等操作系统、工具和应用软件将成为竞争力和附加值的核心要素，并催生出以大数据分析、网络超算、软件和服务增值等网络设计服务新业态；设计创造将融合多学科、跨领域的系统集成创新，将融合理论、试验、虚拟现实和大数据等科学方法。

4.4 共创分享

未来的创新设计不仅要满足中高端个性化、多样化需求，也要满足普通大众可分享的基本、多样的需求，为此，创新创造的设计智慧可以无限汇集，借助于工业社会规模化、标准化和自动化为特征的大生产方式，造就了知识网络时代独有的创新景象和商业文化。20世纪60年代以来，由于数控技术的应用，发展了适应小批量、多品种的数控、柔性、集成制造方式。21世纪，云计算、智能制造和3D打印等技术的发展，推动了个性化与规模化设计制造服务相结合的生产方式；移动技术改变了信息获取、处理和传播的方式，使得以知识为基础的创新设计活动也变得无所不在。以智能分析、自动控制、高速通信以及信息化等技术手段支撑全球创新设计共性技术资源共享云平台，构建面向行业创新设计的大数据工程研究平台，为企业提供行业大数据的分析和监测服务。

在信息网络时代，设计已经从依靠个人或单一团队发展成为全球网络合作、多领域、多学科协同的创新活动。全球网络促成了资源的开放与共享整合，协同作业变得更及时、更有效率。世界变得越来越平，企业的疆界越来越广，市场、营销、人才和运筹管理等机制都必须要有全球网络的策略。

技术、设计和商业模式的集成创新，推动了知识网络社会的形成和发展，也深刻地改变着人们工作生活方式、组织方式与社会形态。与此同时，互联网环境下的创新设计生态使得产品和服务易于规模化传播，易于以低成本收益。可分享的创新设计生态将大大有助于制造商识别市场需求和激发用户参与，制造企业需要重新将个性化可分享的产品、系统乃至服务需求吸纳到整个新产品、新装备、新服务的设计开发过来。设计3.0时代，个性化可分享设计趋势不仅促进了产品、装备和系统的创新设计生态的有机融合发展，同时也有利于面向可持续环境的创新设计技术手段、商业模式和消费理念的大变革，有利于现代社会物质资源的节约利用，有利于创新设计成果更多、更好、更公平地惠及全世界人民。

第5章 创新设计方法论的体系和规则

1 创新设计方法论的体系

创新设计应该在科学方法论指导下来完成,首先必须明确创新设计工作的三对核心要素,即目的与要求、任务与态度、步骤与方法(用3表示);该核心要素可以分解为四个主观因素(即4)、三个客观因素(即3)和两个动态因素(即2);上述工作应在科学方法论的(即1)指导下来完成,因此可写成"3+432+1"模式。创新设计方法论的体系框图如图44.5-1所示。创新设计方法论体系的内容见表44.5-1。

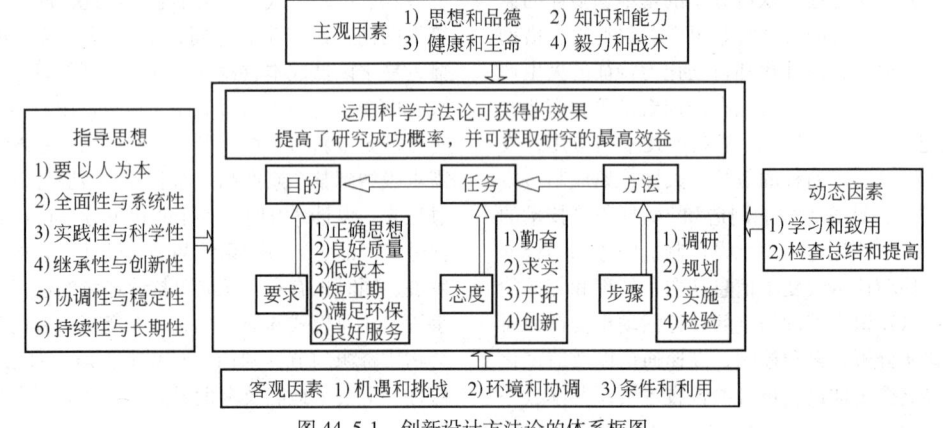

图 44.5-1 创新设计方法论的体系框图

表 44.5-1 创新设计方法论体系的内容

序号	内容
1	应用创新设计方法论的目的,旨在提高创新设计和创新的成功概率,同时获取最佳效益
2	创新设计方法论体系的六项要求,即思想正确、质量好、成本低、工期短、环保良好和服务方便周到
3	创新设计方法论体系的四个方面内容,即①创新设计的三对核心要素;②创新设计主观方面的四项潜能;③创新设计客观方面的三个因素;④创新设计过程的两个动态因素
4	创新设计的工作态度,即勤奋、求实、开拓、创新
5	创新设计工作的步骤和程序,即调研、规划、实施、检验
6	创新设计应该要广泛采用的现代科学技术成就:系统论和系统的思想和方法、现代信息技术、优化的理论和方法、创新的思维及创新的原理和方法及预测学的理论和方法等
7	创新设计工作要充分发挥主观方面的四项潜能:思想和品德、知识和能力、健康和生命、毅力和战术
8	创新设计工作要考虑三个外部因素的影响:机遇和挑战、环境和协调、条件和利用
9	创新设计工作要重视两个动态因素:学习和致用、检查总结和提高
10	创新设计方法论要以辩证唯物论和科学发展观的思想做指导

2 创新设计方法论的规则

创新设计工作应该努力遵循创新设计的十二对规则,其中包括创新设计方法论的三对核心要素、主观方面的四项潜能、客观方面的三个影响因素和两个动态因素。

创新设计方法论的十二对规则见表44.5-2。

表 44.5-2 创新设计方法论的十二对规则

名称	次属	内容
三对核心要素	目的与要求	实施创新设计,首先要有明确的目的,了解创新设计的必要性和重要性,了解创新设计的具体要求,即IQCTES(正确的思想I、良好的质量Q、较低的成本C、较短的时间T、良好的环保E及方便的服务S)

(续)

名称	次属	内容
三对核心要素	任务与态度	通过切实的创新内容和任务以实现创新目的。任务是实现目标的基础,选择任务要根据国家的需要和适当时机,执行任务时必须要有奋斗的精神、务实的态度,有勇于实践和敢于创新的理念
	步骤与方法	规划合理的步骤和采用科学的方法是实现创新设计六项具体要求(IQCTES)的基本保证
四项潜能	思想和品德	创新设计的工作者必须树立正确的指导思想、具有良好的品德和正确的学风与工作作风,良好的生活习惯是做好创新设计的基础
	知识和能力	创新设计的工作者要了解和掌握创新任务的特点及所需的基本知识和技术,以及应采用的创新设计的正确技法
	健康和生命	创新设计工作者健康的身体是完成创新任务的前提
	毅力和战术	创新设计工作者在困难和挫折面前要有坚韧的毅力、百折不挠的精神以及灵活的战略战术,要善于处理错综复杂的外部及内部矛盾,明确工作方向
三个影响因素	机遇和挑战	创新设计必须重视抓住机遇,敢于迎接困难的挑战
	环境和协调	创新设计要有利于环境保护,实现人与自然的协调发展
	条件和利用(包括保护和利用)	创新设计工作要充分利用当前人、财、物等外部条件,学会化消极因素为积极因素,最大限度地为创新设计活动服务
两个动态因素	学习和运用	创新设计活动的过程也是创新设计工作者不断学习的过程,要不断地学习新知识、新技术,并不断应用到实际工作中,做到学以致用
	检查总结和提高	创新设计工作要建立定期检查制度,以便及时发现问题、解决问题,及时总结经验和教训有利于下一步工作的顺利进行

参 考 文 献

[1] 闻邦椿. 机械设计手册：第6卷 [M]. 5版. 北京：机械工业出版社，2010.

[2] 创新设计发展战略研究项目组. 中国创新设计路线图 [M]. 北京：中国科学技术出版社，2016.

[3] 路甬祥. 工程设计的发展趋势和未来 [J]. 机械工程学报，1997，33（1）.

[4] 杨叔子，吴波. 先进制造技术及其发展趋势 [J]. 机械工程学报，2003，39（10）.

[5] 谢友柏. 现代设计理论和方法的研究 [J]. 机械工程学报，2004，40（4）.

[6] 钟掘. 极端制造—制造创新的前沿与基础 [J]. 中国科学基金，2004，6.

[7] 姚福生. 先进制造技术发展趋势 [J]. 机械制造与自动化，2004，33（3）.

[8] 熊有伦，吴波，丁汉. 新一代制造系统理论及建模 [J]. 中国机械工程，2000，11（2）.

[9] 周济. CAD技术在中国制造业中的应用 [J]. 机械与电子，1998，(4).

[10] 温诗铸. 我国摩擦学研究的现状与发展 [J]. 机械工程学报，2004，40（11）.

[11] 宋天虎. 大力推进机械制造业的服务高级化——服务内涵的扩展延伸是制造业迈向高级化的有效途径 [J]. 设备管理与维修，2005，(10).

[12] 吕仲文. 机械创新设计 [M]. 北京：机械工业出版社，2004.

[13] 王振宇. 创新思维与发明技法 [M]. 北京：中国工人出版社，2013.

[14] 胡家秀，陈峰. 机械创新设计概论 [M]. 北京：机械工业出版社，2006.

[15] 闻邦椿，周知承，韩清凯，等. 现代机械产品设计在新产品开发中的重要作用—兼论面向产品总体质量的"动态优化、智能化和可视化"三化综合设计法 [J]. 机械工程学报，2003，39（10）.

[16] 闻邦椿，任朝晖. 关于装备制造业发展的若干思考 [M]. //冯长根. 以科学发展观促进科技创新：中国科协2005年学术年会论文集. 北京：中国科学技术出版社，2005：3-10.

[17] 闻邦椿，张国忠，柳洪义，等. 面向产品广义质量的综合设计理论与方法 [M]. 北京：科学出版社，2007.

[18] 闻邦椿. 产品全功能与全性能的综合设计 [M]. 北京：机械工业出版社，2008.

[19] 闻邦椿，刘树英，李小彭. 产品的主辅功能及功能优化设计 [M]. 北京：机械工业出版社，2008.

[20] 闻邦椿，韩清凯，姚红良. 产品的结构性能及动态优化设计 [M]. 北京：机械工业出版社，2008.

[21] 闻邦椿，赵春雨，任朝晖. 产品的使用性能及智能优化设计 [M]. 北京：机械工业出版社，2009.

[22] 闻邦椿，武新华，丁千，等. 故障旋转机械的非线性动力学理论与试验 [M]. 北京：科学出版社，2004.

[23] 闻邦椿，顾家柳，夏松波，等. 高等转子动力学 [M]. 北京：机械工业出版社，2000.

[24] Wen Bangchun, Zhang Yimin, Han Qingkai, et al. High-level design method of 1+3+X for general quality of modern mechanical product [C]. Nanjing. Science Press and Science Press USA Inc，2005.

[25] 闻邦椿. 科学方法论：体系 规则 应用 [M]. 北京：科学出版社，2016.

[26] 闻邦椿，闻国椿. 科学研究方法学 [M]. 北京：科学出版社，2016.

[27] 闻邦椿，刘树英，赵新军，等. 创新创业方法学 [M]. 北京：中国社会科学出版社，2016.

[28] 闻邦椿，赵新军，刘树英，等. 科技创新方法论浅析 [M]. 北京：科学出版社，2015.

[29] 温兆麟. 创新思维与机械创新设计 [M]. 北京：机械工业出版社，2012.

[30] 王霜. 设计方法学与创新设计 [M]. 成都：西南交通大学出版社，2014.

[31] 鲁百年. 创新设计思维：设计思维方法论以及实践手册 [M]. 北京：清华大学出版社，2015.

[32] 阮雪榆，李从心，赵震. 数字化制造技术的途径 [J]. 上海造船，2003，(1).

[33] 高金吉. 装备系统故障自愈原理研究 [J]. 中国工程科学，2005，7（5）.

[34] 屈梁生，胡兆勇. 机械产品的信息化——面向机械装备的信息技术 [J]. 中国工程科学，2004，6（11）.

[35] 王立鼎，刘冲. 微机电系统科学与技术发展趋势 [J]. 大连理工大学学报，2000，40（5）.

[36] 柳百成. 我国制造业科技发展战略 [J]. 航空制造技术, 2006, (1).

[37] 李培根, 张国军. 关于 CAPP 的实践与思考 [J]. 中国工程科学, 2005, 7 (3).

[38] 赵淳生. 面向 21 世纪的超声电机技术 [J]. 中国工程科学, 2002, 4 (2).

[39] 钟志华. 现代设计方法 [M]. 武汉: 武汉理工大学出版社, 2001.

[40] 冯培恩, 邱清盈, 潘双夏, 等. 机械广义优化设计的理论框架 [J]. 中国机械工程, 2000, 11 (2).

[41] 陈立周. 机械优化设计方法 [M]. 北京: 冶金工业出版社, 2005.

[42] 符炜. 机械创新构思方法 [M]. 长沙: 湖南科学技术出版社, 2006.

[43] 张公绪, 何国伟, 郑慧英. 新编质量管理学 [M]. 北京: 高等教育出版社, 1998.

[44] 张国忠. 现代设计方法在汽车设计中的应用 [M]. 沈阳: 东北大学出版社, 2002.

[45] 陈鹰, 杨灿军. 人机智能系统理论与方法 [M]. 杭州: 浙江大学出版社, 2006.

[46] Shen XX, Tan KC, Xie M. An integrated approach to innovative product development using Kino's model and QFD [J]. European Journal of Innovation Management, 2000, 3 (2): 91~99.

[47] Akao Y, Ono S, Harada A, et al. Quality deployment including cost, reliability and technology [J]. Quality, 1983, 13 (3): 61~77.

[48] Pahl G, Beitz W. Engineering design: a systematic approach [C]. London: The design council, 1998.

[49] Suh NP, Bell AC, Gossard DC. On an axiomatic approach to manufacturing and manufacturing system [J]. Journal of engineering for Industry, 1978, 100 (5): 127~130.

[50] Hauser JR, Clausing D. The house of quality [J]. Harvard Business Review, 1988, 66 (3): 63~73.

[51] Kogure M, Akao Y. Quality function deployment and CWQC in Japan [J]. Quality Progress, 1983, 16 (10): 25~29.

[52] Prasad B. Review of QFD and related deployment techniques [J]. Journal of Manufacturing Systems, 1998, 17 (3): 221~234.

[53] King B. Listening to the voice of the customer: Using the quality function deployment system [J]. National Productivity Review, 1987, 6 (3): 277~281.

[54] Akao Y. Quality function deployment: Integrating customer requirements into product design [M]. Cambridge: Productivity Press, 1990.

[55] Sullivan LP. Quality function deployment [J]. Quality Progress, 1986, 19 (6): 39~50.

[56] Arun Kanjur and Sundar Krishnamarty, a Robust Multi-Criteria optimization Approach [J]. Mech. Mach. Theory, 1997, 32 (7): 799~810.

[57] Fan Dai. Virtual Reality for industrial Application [M]. Berlin: Springer-Verlag, 1998.

[58] Kevin N. Otto, Kristin L. Wood. 产品设计 [M]. 北京: 电子工业出版社, 2005.

[59] 施普尔, 克劳舍. 虚拟产品开发技术 [M]. 宁汝新, 等译. 北京: 机械工业出版社, 2000.

[60] 符炜. 机械创新构思方法 [M]. 长沙: 湖南科学技术出版社, 2006.

[61] 余俊主. 现代设计方法及应用 [M]. 北京: 中国标准出版社, 2002.

[62] 赵韩, 黄康, 陈科. 机械系统设计 [M]. 北京: 高等教育出版社, 2005.

[63] 邹慧君. 机械系统设计原理 [M]. 北京: 科学出版社, 2003.

[64] 林志航. 产品设计与制造质量工程 [M]. 北京: 机械工业出版社, 2005.

[65] 赵松年, 佟杰新, 卢秀春. 现代设计方法 [M]. 北京: 机械工业出版社, 1996.

[66] 檀润华. 创新设计 TRIZ 发明问题解决理论 [M]. 北京: 机械工业出版社, 2002.

[67] 孟明辰, 韩向利. 并行设计 [M]. 北京: 机械工业出版社, 1999.

[68] 陈以增, 任朝晖, 唐加福, 等. 基于 QFD 的多目标规划模型 [J]. 东北大学学报, 2003, 24 (1).

[69] 陈以增. 基于智能质量功能展开的产品开发关键技术及其应用的研究 [D]. 东北大学博士学位论文, 2003.

[70] 朱淼良, 等. 自主式智能系统 [M]. 杭州: 浙江大学出版社, 1998.

[71] 王玉新. 数字化设计 [M]. 北京: 机械工业出版社, 2003.

[72] 阎楚良, 杨方飞, 张书明. 农业机械数字化设计应用基础理论 [M]. 北京: 中国农业出版社, 2004.

[73] 徐燕申. 机械动态设计 [M]. 北京: 机械工业出版社, 1992.

[74] 周祖德, 盛步云. 数字化协同与网络交互设

计 [M]. 北京：科学出版社, 2005.
[75]　周祖德, 陈幼平, 等. 虚拟现实与虚拟制造 [M]. 武汉：湖北科学技术出版社, 2005.
[76]　刘光复. 绿色设计 [M]. 北京：机械工业出版社, 2002.
[77]　芮延年, 刘文杰, 郭旭红. 协同设计 [M]. 北京：机械工业出版社, 2003.
[78]　刘宏增, 黄靖远. 虚拟设计 [M]. 北京：机械工业出版社, 1999.
[79]　孙国正. 工程机械广义优化方法研究与应用 [M]. 北京：科学出版社, 1992.
[80]　赵新军. 技术创新理论（TRIZ）及应用 [M]. 北京：化学工业出版社, 2004.
[81]　G. 莱希纳, B. 贝尔契. 机械产品的可靠性 [M]. 吴振环, 等译. 北京：机械工业出版社, 1994.
[82]　Noe Vargas-Hernandez, Jami J. Shah. 2nd-CAD: A Tool for Conceptual Systems Design in Electro-mechanical Domain [J]. Journal of Computing and Information Science in Engineering, 2004, 4 (3): 28-35.
[83]　J. Y. H. Fuh, A. Y. C. Nee. Distributed CAD for supporting Internet collaborative design [J]. Computer-Aided Design, 2004, 36: 759~760.
[84]　H. F. Zhan, W. B. Lee, C. F. Cheung, et al. A web-based collaborative product design platform for dispersed network manufacturing [J]. Journal of Materials Processing Technology, 2003, 138: 600-604.
[85]　Yongmin Zhonga, Weiyin Mab, Bijan Shirinzadeha. Amethodology for solid modelling in a virtual reality environment [J]. Robotics and Computer-Integrated Manufacturing, 2005, 21: 528-549.
[86]　Victor Theoktist Marta Faire. Enhancing collaboration in virtual reality applications [J]. Computers and Graphics, 2005, 29: 704-718.
[87]　H. Y. K. Lau, K. L. Mak., M. T. H. Lu. A virtual design platform for interactive product design and visualization [J]. Journal of Materials Processing Technology, 2003, 139: 402-407.

第 45 篇 创新设计方法论

主　编　闻邦椿　刘树英
编写人　闻邦椿　刘树英
审稿人　赵淳生

第 5 版
创 新 设 计

主　编　赵新军
编写人　赵新军　钟　莹
审稿人　鄂中凯　巩云鹏

第1章 创新设计方法论的体系、规则及研究意义

1 概述

设计包括产品设计、流程设计、工艺设计、工业设计、建筑设计、工程项目设计和服务设计等,所以设计是一个内涵十分丰富和宽广的领域。现今社会中许多工作都要通过设计来完成,如新产品设计和老产品改造、新的工程项目的研究与开发及设计、生产流程的设计、产品的工业设计、企事业单位的服务设计、商业开发项目的设计、服务设计和品牌设计、国家和地区及部门建设项目的顶层设计等,都要通过具体的设计任务来完成。项目设计工作完成的好坏直接影响项目的质量、成本和效率等各项指标,因此,项目的设计在社会经济发展中是一项不可缺少而十分重要的任务。为了做好项目的设计,必须有正确的创新思维,并运用创新的科学原理和科学方法。

众所周知,创新是一个民族进步的灵魂,创新是一个国家兴旺发达的不竭动力,创新是一个政党永葆青春的源泉,并通过创新驱动发展。

创新设计要取得成功,是一项十分复杂的工作,按照科学方法论的基本思想,除遵循科学方法论的体系和规则外,还要广泛运用现代科学的成就,来指导我们所承担的各项工作,即用辩证唯物论的思想作指导,更具体地说用科学发展观的思想作指导,要综合运用现代科学技术的成就,如系统工程的思想和方法、现代心理学原理、逻辑学原理和方法、先进的信息技术、各种优化的理论和技术、科学试验的方法、创新思维和创新的原理和方法及预测学的理论和方法等。

2 创新设计的概念、定义及发展战略的探索

2.1 创新设计的概念

做一件事或一件物品,首先要进行设计,即要将所做事或所制作物的功用或功能、其所包含的内容及概貌,以及应该通过哪些有效的方法等贯穿于设计过程中,这就是所谓的设计工作。因此,设计是做事的先导和准备。做好创新设计的基本条件是,既要在现代哲学的世界观和方法论的指导下,也要具体地运用创新的思维、创新的原理和创新的方法,才能完成所做事和所要制作的物品。

2.2 创新设计的定义

创新设计指的是在创意、创造和创新思想的指导下所进行的设计工作,它是创造性活动的先导和准备,涵盖了科学技术创新、文化艺术创新、服务创新、管理和体制创新及产业模式创新等各种创新。创新设计的任务应该包括任何一种设计工作,即产品设计、工艺设计、流程设计、工业设计(造型设计)、建筑设计、工程项目设计、服务设计、商业设计等,它是为国家和社会的物质文明和精神文明的建设而服务的,只有在广泛应用先进科学技术及科学方法论的条件下,即在完成创新设计任务时要采用多个学科的理论和方法并在相互交叉和融合的使用情况下,才能很好地完成设计任务。

2.3 创新设计发展战略的探索

路甬祥同志主持的中国工程院批准的"创新设计的战略和路线图研究"中提出创新设计的战略,见表45.1-1。

表 45.1-1 创新设计的战略

序号	内 容
1	创新设计对于实现"创新驱动发展"及建设一个创新型国家的重要作用
2	做好创新设计是实现三大转变(中国制造向中国创造、中国速度向中国质量、中国产品向中国品牌转变)的前提条件
3	将创新设计作为企事业单位转型升级的重要手段之一
4	将创新设计纳入文化创意产业的发展战略之中
5	将创新设计纳入新产业革命挑战之中
6	做好产学研、媒用金的有机结合,充分发挥各个领域和各个部门的作用

由此可见,创新设计对国家的发展会发挥举足轻重的作用。

3 创新设计的目标、内容、方法及特点

3.1 创新设计的目标

创新设计的目标分为总体目标和具体目标。

创新设计的总体目标见表44.2-1。

创新设计的目标和其他设计的目标是相同的，而且是十分明确和具体的，就是所做事和所制作物品的功能与性能。为此对功能和性能应该做详细的了解，人们常常把功能划分为主功能和辅助功能，而将性能划分为三大性能，即结构性能、使用性能和制造性能。创新设计的具体目标见表44.2-2。

3.2 创新设计的内容和种类

创新设计的内容涉及面很广，其基本内容见表44.3-2。

创新设计的种类见表44.3-1。

3.3 创新设计的方法

创新设计的一般方法即科学方法论体系和规则，创新设计还要广泛采用现代科学技术的成就及具体方法，既要用现代科学哲学的思想作指导，还要运用逻辑学原理、现代心理学、系统工程的思想和方法、现代信息技术、各种优化的理论和方法、试验方法、创新的原理和方法、预测学的理论和方法等。

创新设计的具体方法，如概念设计、动态优化设计、智能设计、数字化设计等，请参看相关著作。

3.4 创新设计的特点

创新设计是现代设计方法中比较典型的和很有发展前景的一种设计方法，它是现代设计的范畴，与系统化设计方法具有同样的特点。图45.1-1介绍了传统设计与现代设计、创新设计、系统化设计的比较。

创新设计的特点见表44.1-1。

不管是现代设计，还是创新设计，或是系统化设计，都应该充分地运用上述已取得的先进的现代科学技术成就来完成设计工作。

这里要特别加以说明的是，为什么将现代设计、创新设计和系统化设计放在一起呢？因为它们都有同样的特点，即其设计的指导思想并在设计过程中的行

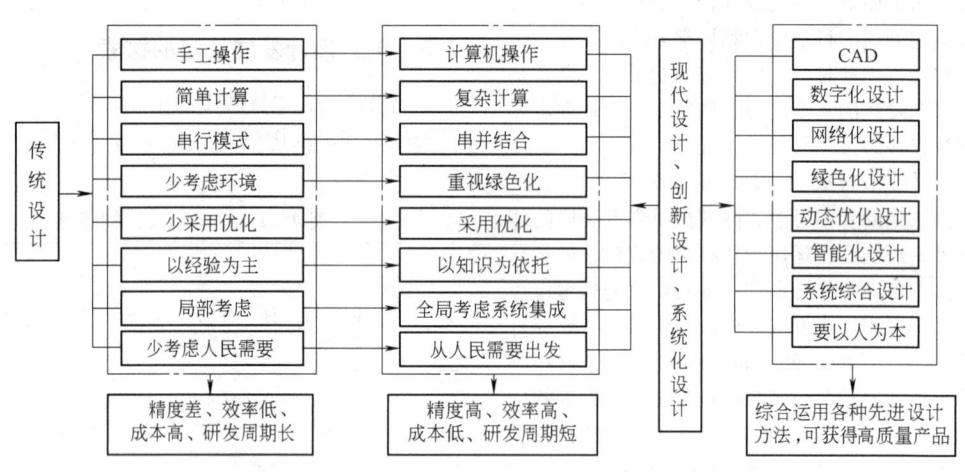

图45.1-1 传统设计与现代设计、创新设计、系统化设计的对比

为是：采用计算机操作、能对复杂问题进行计算、能应用网络技术、设计中重视绿色保护和广泛采用优化技术、采用智能化方法对产品进行设计、用系统工程的思想和方法及综合技术处理设计问题、特别强调设计工作要从最广大的人民利益出发考虑问题。现代设计、创新设计和系统化都具有这些特点。

4 创新设计方法论的体系和特点

4.1 创新设计方法论的体系框图

创新设计方法论的体系框图如图44.5-1所示。

4.2 创新设计方法论体系的内容

创新设计方法论体系的内容构成见表44.5-1。

4.3 创新设计方法论指导思想的特点

创新设计方法论指导思想的特点见表45.1-2。

最近，我国特别强调要在各项工作中，做好创新、协调、绿色、开放、共享等五个方面的工作，前面提出的六个特点与这五个方面的工作内容是一致的。从事各项工作的人都应该用科学发展观的思想去指导工作，这是做好创新设计的基础。

表 45.1-2 创新设计方法论指导思想的特点

特点	内容
以人为本	创新设计要从人民和国家的利益,甚至全人类的利益出发来考虑问题
全面性与系统性	创新设计要全面、客观地按照系统工程学的观点和方法去考虑问题
实践性与科学性	认为实践是检验真理的唯一标准,要遵照自然、经济和社会的客观规律开展创新活动
继承性与创新性	要在继承的基础上,开展创新研究,要有创造性的思维和运用创造性的原理和方法
协调性与稳定性	要使所承担的创新设计任务保持协调与和谐,必须处理好系统内部单元之间及系统与外部因素的协调关系,使创新设计得以稳定的开展
持续性与长期性	要充分考虑创新设计的任务对周围环境的影响,要重视绿色保护和资源的合理利用,保持创新设计与自然环境长期的稳定与和谐

5 创新设计方法论的十二对规则

任何集体和个人,要做好创新设计,应该努力遵循创新设计方法论的十二对规则(见表44.5-2)。其中包括创新设计方法论的三对核心要素、主观方面的四项潜能、客观方面的三个影响因素和两个动态因素。

创新设计的三对核心要素见表 45.1-3。

创新设计主观方面的四项潜能(对个人)见表 45.1-4。

创新设计主观方面的四项潜能(对集体)见表 45.1-5。

创新设计的外部条件或三维时空是创新设计不可忽视的重要因素。如果没有良好的外部环境和条件,可能会导致创新设计的失败。创新设计客观方面的三对因素见表 45.1-6。

创新设计过程中的两对动态因素见表 45.1-7。

表 45.1-3 创新设计的三对核心要素

三对核心要素	具体内容
目的和要求	要成功和高效做好创新设计,首先要有明确的目的,要了解创新设计的必要性和重要性。没有明确目标的任务是盲目的、糊涂的,自然不会有好结果。创新设计还要有具体要求,即通常所说的 IQCTES,即正确的思想 I、良好的质量 Q、较低的成本 C、较短的时间 T、良好的环保 E、方便的服务 S 等
内容和态度	有了明确的目标,就必须通过切实的内容和任务予以实现,任务是实现目标的基础。选择任务要根据国家的需要,要选择适当时机,还要依个人的条件和特长;执行任务时,必须要有奋斗的精神和务实的态度,有勇于实践和敢于创新的理念,才能把任务完成好
步骤和方法	合理的步骤和科学的方法可以使所做的事有效地完成,可以很好地实现创新的六项要求,即正确的思想(创新符合广大人民的利益)、良好的质量、较低的成本、较短的时间、良好的环保和后续的服务,进而可获得较高的效益

表 45.1-4 创新设计主观方面的四项潜能(对个人)

四项潜能(对个人)	具体内容
思想与品德	一个人或集体要想把创新设计工作做好,并获取高的效益,必须首先树立正确的指导思想、良好的品德、正确的学风和作风及良好的生活习惯,这是做好创新设计和高效益完成任务的基础
知识与能力	创新设计必须首先要了解和掌握相关任务的特点及所需的基本知识和技术,了解和掌握事物的内在规律,根据事情的特点采用正确的方法去执行和完成任务;同时,还要具备各方面的能力,才能把创新设计工作的事情做好
健康与生命	创新设计工作要有健康的身体,这是保证完成任务的前提;生命是宝贵的,没有良好的身体条件,就难以胜任工作并取得好的业绩,没有了生命什么事情都无法完成
毅力与战术	创新设计或做任何事都会碰到各种困难和挫折,在困难和挫折面前,要有坚韧的毅力,要有百折不挠的奋斗精神,同时还要有灵活机动的战略战术,创新设计或做任何事情同外部及内部因素之间的关系往往是错综复杂的,因此,必须采取最有效的措施和方法去执行任务,才能把事情做得更好

表 45.1-5 创新设计主观方面的四项潜能（对集体）

四项潜能（对集体）	具 体 内 容
组织和领导	组织和领导是一个集体的灵魂，没有领导的集体，就会迷失方向，就无法开展创新设计工作
技术和管理	技术和管理是一个集体完成创新设计任务的基本条件，它包括集体的技术力量和管理能力
团结和协作	团结和协作是一个集体的纽带，没有团结协作的精神，集体就是一盘散沙，缺乏凝聚力，很难高效创新设计
斗志和战术	斗志和战术是一个集体完成创新设计任务的精神支柱，是一个集体高效创新设计的生命源泉

表 45.1-6 创新设计客观方面的三对因素

三对客观因素	具 体 内 容
机遇与挑战	创新设计必须重视机遇，机遇是难能可贵的，没有合适的时机，很难取得成功，要千方百计地去寻找良好的机遇，有了机遇，就必须抓住机遇，接受机遇的挑战，经过不懈努力才能使创新设计取得成功
环境与协调	对各种环境既要加以保护，还要充分的利用。在保护环境的前提下，让环境在创新设计活动中发挥积极的作用，不能对环境造成破坏及产生不良影响
条件与利用	创新设计工作的外部条件十分重要，相关的人、财、物等外部因素在许可情况下，应该最大限度发挥作用，使这些外部因素对创新设计活动产生积极和有利的影响

表 45.1-7 创新设计过程中的两对动态因素

两对动态因素	具 体 内 容
学习和致用	在创新设计活动中要不断学习，学以致用。不断地学习新知识、新技术，并将所学知识和技术应用到实际工作中，使它们在实际工作中发挥积极的作用
检查总结和提高	创新设计工作还要经常对工作进行检查，要及时发现问题，解决问题，使工作得以顺利地开展；要定期总结经验和教训，使下一步工作少走弯路

前面所述的创新设计方法论的十二对规则，比较全面和系统，读者应很好地学习，充分地掌握和运用。

6 创新设计方法论取得的效果

6.1 创新设计方法论应用的智能化

可以预计，为了取得更好的效果，除了进一步完善创新设计方法论的体系和规则之外，另一个重要方向就是将创新设计方法论引向智能化的方向。做事的智能化可以显著提高做事的准确性及其效率和效益。众所周知，机器人技术可以在很大范围内来代替人的工作，而且机器人的智能化程度将越来越高。所以，创新设计方法论向智能化方向发展是一种必然的选择。

科学方法论和创新设计方法论发展的主要方向之一就是采用具有一定智能程度的专家系统。科学方法论是哲学领域一种较为完整的和科学的方法论的体系和规则，它是辩证唯物论的主要组成部分，更是一种经过提高和总结的科学知识。

专家系统一般由人机接口、知识库、推理机、解释程序、知识获取和综合数据库等六个部分组成。

总之，专家系统就是用智能化的手段和工作方式来代替人的工作，专家系统能科学地完成人的工作。

目前，专家系统已经应用到社会的各个领域，如商业、金融、工业、农业、教育、科技、文化、艺术等众多领域。用来处理各种事务，已取得了良好的效果。可以预计，专家系统在创新设计的过程中，再加上科学方法论的指导，创新设计一定会取得更好的效果。

6.2 运用创新设计方法论取得的效果

据统计，运用科学方法论体系和规则之后，做事的成功概率一般可提高 10%～30%，而工作效率和效益约可提高 20%～50%，也就是说，一个人原先做事的成功概率为 10 件事能成功 7 件事，运用科学方法论和创新设计方法论后可提高到 10 件事成功八九件事，而其工作效益从原来需要的 100 单元减少到 50～80 单元，由此可见，执行方法论规则，其意义十分重大。

创新设计方法论是科学方法论的一个分支，它可以有效地用来指导科学技术的研究和创新，对于任何集体和个人也都是适用的。因为生活在世界上的每一个人天天都要做事，且不管是大事还是小事、年轻人还是老年人，只要做事就会碰到方法学的问题，就会牵涉到以下一些问题：为什么要做这件事？具体要做什么？如何去做？做事过程中如何发挥主观方面的四种潜能？如何使客观方面的三个因素在做事过程中发挥积极的作用？如何在工作实施过程中发挥两个动态因素的积极作用？这些问题和科学方法论与创新设计方法论也有密切的联系，弄清楚这些问题，做事就容易成功，就会大大提高做事的成功概率和做事效率。

创新设计方法论对那些没有决心执行科学方法论规则的人，对不实事求是、缺乏诚信和虚假对待事物的人，对过分自信和自卑的人不适用，也不会取得好的效果。

第 2 章 创新设计的目的和要求

1 概述

对每个集体和个人，都应该有自己奋斗的目标和努力的方向。特别是青少年，应该早立志，立大志，因为志向是人生的灯塔，是指路的明灯，是航船的方向。一个人有什么样的理想和信念，就会有什么样的人生。一个有作为的人，都应以国家建设和发展作为自己的奋斗目标，立志为中华民族的伟大复兴而奋斗，也就是说要为实现中华民族伟大复兴的中华梦而坚持不懈地努力学习和工作，在这个进程中实现自身的价值。

树立远大理想应该从具体情况出发，不然就会成为空想或幻想，空想和幻想是没有意义和不可能实现的。有了理想和目标，就可以为所确立的理想和目标的实现而进行不懈的努力。可以这样说："理想和目标"是推动事业取得成功的原动力。

创新设计方法论就是在不断总结经验和教训及学习他人经验的基础上逐渐形成的创新设计的方法论体系，假如每个人都能按照创新设计方法论的规则去规划和完成自己的工作，那么就会对完成国家经济建设的总目标发挥积极的作用和影响。

2 创新设计要有明确的目的

2.1 确立远大的理想和具体的目标

任何集体和个人的理想和目标应该和整个社会的发展紧密联系在一起。因为任何人与整个社会有着不可分割的联系。人类社会发展的过程，也是依靠每位劳动者逐步创造人类的物质文明与精神文明的过程。对每个人来说，离开人类社会，就无法生存。一个人对社会的贡献有大有小，而成功者对社会的贡献要比一般人大一些。因此，确定自己的理想一定要和社会的发展和国家的需要密切结合起来。大家都知道一句名言，"时势造英雄"，而不是"英雄造时势"。如果不适应时代的条件，一个人是很难创造出成绩的。但一个英雄人物会对社会发展做出杰出的贡献，会推动社会的发展。

任何集体和个人理想的树立既要考虑自身的情况，也要考虑外部的环境和条件。理想和目标可以是一般性的，也可以是具体的。一般来说，理想和目标是为国家科学技术的发展和经济的发展、为人类的文明进步做出自己力所能及的贡献。对于个人来说，具体的理想和奋斗的目标可以是社会活动家、政治家、军官、企业家、科学家、发明家、教育家、医师、艺术家、文学家、诗人、体育明星，也可以是普通工作人员。他们都可以对社会发展做出贡献，因而这些工作都可以作为每个人的奋斗目标。

有人说，"理想是远大的，目标是现实的"。当然每个人要根据自身的特长，确定远大的理想。在确定理想以后，要制定自己奋斗的具体目标。特别在知识经济时代，也要遵照"人尽其才，才尽其用、物畅其流"的原则，才能使每个人的聪明才智都得到充分发挥。因此，如果每个人可以选择自己最愿意做的工作，并想在自己的本职工作中取得成绩，则必须目标明确，且持之以恒地去努力实现自己的理想。

2.2 四类个人的理想和目标

任何集体和个人都有自己的理想和目标。对于个人来说，理想和目标大体可分为四类，见表45.2-1。

关于理想和目标，哈佛大学曾对学生进行过一项跟踪调查，见表45.2-2。

表 45.2-1 理想和目标的种类

种类	具 体 内 容
远大的理想和具体的目标	理想和目标不是一开始就形成的，而是经过不断实践，并根据自己的特长和情况予以选择和认定，也可以对原先的想法加以修正和逐步地完善，最后才建立起远大的理想和确定具体的目标 在树立远大理想和确立具体目标的过程中，有一点雄心是十分必要的。拿破仑有一句名言："不想当将军的士兵，不是好士兵"，这是对雄心的最好诠释，不少成功的人都是因为自己有一颗"想当将军"的雄心而最终如愿以偿。雄心就是以获得好成绩的诱惑来鞭策人。从心理学的角度来看，成绩有提升自我评价、增强自信心的作用，所以，强大的雄心或许是靠成绩隐藏自我不足的心理反应，但一个人缺乏争取好成绩的激励，就很难产生创新设计热情，也就难以取得创新设计的成功

（续）

种类	具体内容
为解决个人生活基本需求所确定的目标	对多数人来说，找到较合适的工作，能有足够的工资待遇就心满意足了。这些人考虑的首先是能维持自己的生活，并能让自己较好地生活下去。这种想法的确是现实的，但是过低的奋斗目标不容易使自己激发出更高的奋斗热情；而有了较远大的理想，才更容易激发出更高的奋斗热情，也才容易进行创新设计，并做出一番成绩。同时，有大抱负的人必须通过不懈的努力，才能实现自己的远大理想。一旦这个理想得以实现，就会对社会做出较大贡献，而所取得的报酬也会远远超出生活中必要的支出
目标糊涂或是好高骛远而产生一些不切实际的幻想	有一些人没有明确的奋斗目标，而没有目标的人生就像是没有舵的船，永远在大海里漂流不定，没有方向。还有一些人，一心想找一条发财致富的捷径，但又不下苦功夫，不努力去实践自己确定的想法，完全脱离了"实践"与"创造"是通向成功的必由之路这一基本原则，也忘却了只有"一分耕耘，一分收获"通过"勤奋"和"刻苦"才能使事业取得成功这一条人人皆知的"公理"。没有目标的人生就像是没有舵的船，永远在大海里漂流不定，没有方向
没有目标或与社会发展和进步不相协调的思想和目标	这里有两种情况：一是仅考虑个人利益而和国家利益相违背，在某些情况下他们可能不会对社会造成直接的危害，但发展下去就可能走上损害国家和人民利益的道路。二是有少数人企图通过偷盗、诈骗、抢劫、绑架等一些不合法的手段来解决自己的生活问题，并走上犯罪的道路，他们常常是扰乱和破坏社会秩序的不法分子。这些不法分子不通过自己的劳动来获取生活费用，而总是想采用欺骗、敲诈、抢劫等手段来非法牟利，这些违法乱纪的不法分子最终将受到国家法律的制裁

表 45.2-2　哈佛大学对四种不同理想的人的调查结果

理想和目标	有远大理想和长期目标	有短期目标	目标比较糊涂	没有目标
入学时调查占总数的百分比	3%	10%	60%	27%
25年以后的调查结果	社会精英行业的巨头	专业人士，生活在社会上层	生活过得去，成绩都不大	生活得不如意，常常怨天怨地

结果是：3%的人经过25年的不懈努力，几乎都成为社会各界的成功人士，其中不乏行业领袖和社会精英；10%的人，他们的短期目标不断地实现，成为各个领域中专业人士；60%的人，他们有安稳地生活和工作，但都没有特别的成绩，几乎都生活在社会的中下层；27%的人，因他们对人生没有目标，所以过得很不如意，并且常常抱怨社会，抱怨他人。由此可见，确立远大的理想和宏伟的目标对于每个人来说都十分重要。

2.3 理想和目标在实践过程中可进行必要的调整

任何集体和个人，要确定好符合客观实际和本身情况的理想和目标不是一件容易的事。理想和目标确定得合适就容易被实现，确定得不适当可能经过巨大的艰辛和努力也很难完成。这是因为每个集体和个人都有自己的特点和具体情况，都有适合实现理想和目标最理想的环境。

在实现远大理想和宏伟目标的过程中，应该分阶段去完成，可以分为近期目标和长远目标。

在执行过程中会出现新的情况，这时可对原有的目标进行必要的调整，特别是当发现新机遇时，可以改变原有的计划，向更有意义的方向开拓前进。但在一般情况下不宜轻易地变动，进行一次变动或调整往往要付出一定的代价，也会蒙受一定的损失。

2.4 理想和目标要经过长期的不懈努力才能实现

有了远大的理想和明确的目标，就要通过努力学习和工作去实现。理想的实现也不是轻而易举的，而是要经过长期的不懈努力才有可能实现。

"有志者，事竟成"这是大家都知道的一条著名的格言。只有那些志向坚定的人，才能取得成功。因此，对于任何人，在确立远大理想之后，要有向困难做斗争的准备，在行动上要表现出有坚强的毅力，并要一步一步地走，一个一个阶梯地上；通过不断地战胜困难，一步一步地前进，就会取得一个又一个的新胜利。只有在不断进取，不断创造，不断积累，不断前进的进程中，才有可能到达终点。

如中国科学院院士、中国工程院院士王选教授领导的团队，通过30多年的研究，研制出了具有中国特色的电子照排系统，解决了我国印刷和出版行业的老大难问题。过去，我国的排版系统主要依赖进口，北大方正的电子照排系统已经形成了从专业版到普及版、从出版厂商到家庭的完整体系，而北大方正也成为具有世界领先水平的高科技企业。

又如电影导演李安在影坛可谓获得了不俗的成绩，这些成绩的取得是经过他的不懈努力才获得的。截至2009年，他已经获得两届奥斯卡最佳导演奖、两届威尼斯电影节金狮奖和两届柏林电影节金熊奖，他现在可谓是闻名国际影坛的导演。一点儿也不夸张地说,他现在就是一座桥梁,一座使东西方影视文化得到沟通的桥梁。但是早在1984年,李安从纽约大学毕业后,因没能找到一份与电影有关的工作,不得不赋闲在家,靠仍在攻读伊利诺伊大学生物学博士的妻子林惠嘉的微薄薪水度日。"三十而立",在中国传统文化中,过了30岁的男人应该是家里的顶梁柱,可李安却成了家庭的负担。彷徨、失意、落寞时刻都在侵袭着他,走到哪儿好像都有人在戳他的脊梁骨。但他没有在这种寂寞、失意的心境中一蹶不振,他每天都会阅读很多书籍,看很多片子,还要埋头写剧本。偶尔他也会帮摄制组做些杂事、看器材、做剪辑助理、剧务或拍点小片子等。他包揽了所有的家务,即买菜、做饭、带孩子、打扫屋子等,一干就是6年。

在这几年中,他坚持仔细研究好莱坞电影的剧本结构和制作方式,试图将中国文化和美国文化有机地结合起来,从而创造一些全新的作品。多年赋闲生活之后,李安开始创作剧本,而后开始了真正的执导电影生涯,并给我们带来了一系列的优秀作品。2009年11月,美国"国家艺术会"在纽约给李安颁发了年度最高"荣誉奖章"。这是该奖20年来首次颁给华裔导演。

在人生奋斗的道路上,一帆风顺的人为数极少。大多数人总是会遇到这样或那样的困难,碰到这样或那样的挫折,都是在经历了艰难困苦和不懈努力之后,才取得最终的成功。

3 创新设计要有具体的要求

有了创新设计的理想和目标,还要对所做的创新设计提出具体的要求,根据具体要求来检查创新设计的情况,即所完成创新设计的优劣。一个集体或个人是否已把创新设计做好,把创新设计做成功,主要是看他们创新设计的具体要求是否已经达到。

3.1 创新设计质量的准则

创新设计的六项要求是全面衡量创新设计质量的准则,见表45.2-3。

表45.2-3 衡量创新设计质量的准则

序号	准则	具体内容
1	指导思想(做得对)	创新设计要有正确的指导思想(符合广大人民和国家的利益)
2	工作质量(做得好)	创新设计要达到质量要求
3	付出代价(做得省)	创新设计付出的代价较低
4	工作时间(做得快)	创新设计花费的时间较短
5	环境保护(考虑环保)	创新设计要考虑环境保护
6	后续服务(简单方便)	创新设计要考虑事后服务

3.2 创新设计的六项要求

在实现基本要求的过程中,要解决创新设计过程中的好、省、快、多等问题,必须重视创新设计的六项要求,见表45.2-4。

表45.2-4 创新设计的六项要求

序号	要求的方向	具体内容
创新设计要求之一	指导思想正确(I)	创新设计人员要有正确思想指导,即创新首先要从广大人民和国家的利益出发,甚至从全人类的利益出发考虑问题,要用科学发展观和哲学思想做指导来处理问题,用I表示创新设计的正确指导思想,突出创新设计要做得"正确"这个词 创新设计用科学的哲学思想做指导,使工作得以全面的、系统的、科学的、创造性的、和谐的、可持续地开展。如果创新设计有正确的方向,其成功概率就会大大提高
创新设计要求之二	满足质量要求(Q)	创新设计质量是不是"好"。这是对创新设计的基本要求,用Q来表示,要突出一个"好"字 衡量创新设计工作的好坏,首先要看所做的创新设计工作是否达到了基本要求,达到了基本要求,实现了预定的质量标准,就可以说已经取得了创新设计的成功。对创新设计的质量要求应该在略高于基本要求之上,要略高于质量标准
创新设计要求之三	较低的代价(C)	做任何事、任何创新设计都要付出代价,创新设计获得成功所付出的代价,用C来表示,成本C要突出一个"省"字。如果对创新设计质量要求过高,就要付出较高的成本或代价。设计和生产一种物品,可以采用不同的方法和技术来完成,所采用的方法有效,就可以少付出代价;所采用的技术先进,就可以支付较低的成本。因此企业若在科技手段上不断创新,更多地采用新科技、新工艺,能以较低的成本生产出较多且科技含量更高的设计物,就实现了一个"省"字
创新设计要求之四	较短的工期(T)	做任何事、做任何创新设计都是需要花费时间的,创新设计所花费时间的长短,用T来表示,时间T要突出一个"快"或"多"字。完成各项工作,必须付出相应的时间,对于一个人来说,时间是常数,但完成工作的多少还取决于单位时间所完成的工作量,即工作效率。在一定时间内,对于不同的人,所创造的价值是不相同的。因此,劳动者从事有益的劳动,会创造不同价值的成果 有人说:"时间是金钱,效率是生命。"善用时间是一件非常重要的事,浪费时间就等于是在自杀,珍惜时间就是珍惜生命,对于创新设计工作者更为重要

(续)

序号	要求的方向	具体内容
创新设计要求之五	达到环保要求(E)	创新设计要求考虑对周围环境的影响，即对环境要进行保护，对环境不能造成坏的影响。对环境的影响，用 E 来表示，环保 E 要突出一个"保"字。创新设计不能对环境产生不良的影响，对于资源也不能造成过度的浪费，要与环境保持协调与和谐。我国政府早已提出要建设成一个环境友好型和资源节约型国家。所以，创新设计成果的生产不能造成污染，对资源的利用也应是可持续的。对环境的影响不只是自然环境，还要考虑人类生活的社会环境，即政治环境、经济环境、人文环境、法律环境、国际环境、人际环境等
创新设计要求之六	良好的后续服务(S)	做任何事、任何创新，都必须配有后续性服务工作。后续性的服务工作是多还是少，用 S 来表示，后续性的服务 S 要突出一个"便"字。创新设计成果应该使后续性的服务工作量较少。例如，机械设计物应该便于维修，或者是维修工作量很少，且尽量避免或减少那些"烂尾"工程的出现
		为了避免出现这些问题，企业要求科技人员在设计时，尽量采用模块化的设计，以提高设计物的可维修性、操作的宜人性、设计物的升级性等，且尽量减少设计物的售后服务工作量

4 处理好六项要求之间的关系

对于前面所述的创新设计六项目标和要求，其中指导思想 I、环境保护 E 和售后服务 S 要按照规定的目标去做，并满足其基本要求即可。而设计物的质量 Q、付出的代价 C 和所花费的时间 T 三项指标，都有较大的浮动性，即在某些情况下会有较大的变化，需要从设计开始直至设计物制造完毕的整个过程中都要仔细考虑，一方面要考虑如何保证设计物的质量；另一方面要精打细算，考虑如何使付出的代价降到最少、花费的时间最短。

降低设计物的成本，可以提高设计物的性价比，进而可以降低设计物价格，随之可以争得更多的市场份额，所以 Q 和 C 两项指标是企业生产过程中的核心问题，是创新设计和生产整个过程所必须考虑的问题。

缩短设计物的生产周期，或缩短创新所需要的时间，是企业必须考虑的头等大事。即缩短了时间，也就是提高了工作效率，进而可以生产出更多的设计物。"效率是生命，时间是金钱"这一重要格言，对于任何创业来说，都具有十分重大的理论意义和实际价值。

5 实现六项要求的最终目标是取得最高的效益

实现这六项要求的最终目标是取得最高的效益。最高效益可以是一项世界上没有的重大发明，也可以是达到事情的完美结果。无论哪一个目标的实现，都具有重要的意义。

对于一些特殊的事情，如发明一样东西，只要它的创造性十分突出，或者说，对生产和人民的生活具有重大的意义，而在其他方面所产生的不良影响并不明显，就要衡量它的创造性如何，即要看它对生产和人民生活所产生影响的大小而定。例如，光导纤维的研究成功、网络技术的研究成功及其推广和应用，正在改变整个世界，它对人类进步的影响是无法估量的，其意义也十分重大。对于这一类的重大发明，只要获得成功就是一个十分重大的事件。

此外，对生产的要求是多创造具有经济价值的设计物。例如，人们对创新的质量要求过高，就会增加成本，就会花费更多的时间。适当降低质量，就会节省成本和时间。所以，对创新设计工作的质量必须精打细算，只要满足其基本要求即可，创新设计的质量略微超过规定的要求应该是较理想的，这样就可以节省出成本和时间，以便完成更多的工作，并创造更多的经济效益。要特别重视应使质量、成本和时间这几个要素达到最佳的匹配关系，获得最理想的结果，即既能达到创新设计的质量"好"的要求，又能获得较低的成本和时间，从而做到了"省"和"快"。

无论最终的效益对社会的贡献程度如何，只要按照前面的六项要求去做，就一定能达到最好的效益。若把做事的六项要求变成一种做事的习惯和方法，最终一定能获得最大的成功。

第3章 创新设计的内容和态度

1 概述

在创新设计的目的、内容和方法三要素中,选择好具体的内容任务是做好创新设计的重要条件。对于每个集体和个人,都要通过具体的工作任务来实现已制定的发展规划及要完成的大事,直接或间接地将所从事的工作融入国家和人民事业的总目标中。每个集体和个人在不同阶段都有不同的任务,每位工作人员所选择的创新设计内容,常常要围绕他们所承担的工作任务。如教育、科技、行政管理、社会服务、商业模式、文化艺术、体制制度等。在知识网络时代的今天,在创新设计过程中,要有意识地采用先进的科学技术成就,如系统工程的思想和方法、信息技术(计算机软硬件、网络技术、智能化技术、数字化技术等)、优化的理论和方法、先进的文化艺术、先进的商业和服务模式、先进的管理模式等。在各项工作中,都需要创新,且都可以实现创新。同时,需要考虑创新设计过程中的若干共性问题。表45.3-1 列出所选择任务,其中包括创新设计任务,所应考虑的共性问题。

表 45.3-1 确定和选择任务应该考虑的问题

序号	应该考虑的问题
1	首先考虑如何将自己工作融入国家总的目标之中
2	集体和个人的具体情况及特长
3	客观环境和条件
4	寻找机遇,紧抓契机,选择合适的切入点
5	对任务进行剖析
6	找出任务的重点、难点及创新点
7	抓住重点,突出难点,研究创新点
8	要集中力量,去解决存在的一个个问题

2 创新设计要有切实的内容

2.1 把创新设计工作融入国家的总目标之中

社会上每个人所承担的工作都是人类社会中所必须完成的工作的一个组成部分,只是社会分工不同,因而其重要程度和贡献度也有所不同。多数人都希望自己能为国家和人类社会做出较大的贡献,希望自己能承担更重要的工作。创新设计工作需要掌握较深入的专业知识,也需要具有能够顺利完成相应工作任务的能力,所以目前各类学校专门设置了各类专业。尽管如此,创新设计工作仍门类繁多,人们可以在一定范围内选择工作或通过学习相应的专业知识;或根据自己的爱好,重新选择工作,再根据需要学习相应的专业知识。

从每个人对国家任务所应采取的态度来看,首先应该尽最大可能来考虑国家的需要,要将自己融入国家所要实现的总目标之中,并在具体的创新设计工作中,卓越地完成所承担的工作任务,从而为人类的文明、社会的进步、民族的振兴、国家的发展做出自己的最大贡献。

2.2 根据自身条件和能力选择创新设计的任务

实现远大理想和奋斗目标必须通过具体的工作内容予以实现。在确定具体工作内容时,要结合工作的具体要求和个人能力,能力较强的人可以去完成重大的创新设计任务,能力一般的人则完成一般的工作任务。

对于个人来说,要根据一个人的具体情况来选择任务。如执行任务者有哪些长处,又有哪些不足,而这些不足是否可以通过努力转化为优点和长处等;在充分发挥四项潜能的条件下,是否可以保证所承担的工作顺利地完成。

对于一个集体来说,要根据该集体的具体情况,即组织领导、技术能力、团结协作、奋斗精神等四方面的情况,对所承担的任务进行分析。如有哪些优点和不足,特别是对不足之处如何通过一些有效措施使之逐步转变为长处。在充分发挥四项潜能的情况下,是否能保证顺利完成所承担的任务。

在科研工作中,不少人主动要求去承担国家的重大科研项目和工作任务,因为完成这些重大任务,会对社会做出重大贡献,他们也会获得较高的奖励和待遇。但是,承担重大的科研任务,必须要有较强的工作能力,且掌握必要的专业知识。而掌握相关文化知识和科学技术是承担重大科研任务的前提条件。

莎士比亚有一句名言:"世界是一个大舞台,每个人都扮演一个重要的角色。"一个人要在社会上取得成功,首先要明确自己在社会上所扮演的角色。明确了自己的人生目标,才能给自己在社会生活中准确定位。人无全才,各有所长,亦各有所短。所谓了解自己的优点，就是要充分认识自己，扬长避短。

2.3 考虑客观环境和条件

进行创新设计不仅要根据自身的情况，即内部因素，还要考虑外部因素，要考虑哪些外部因素对科学是有利的，哪些是不利的；有利的和不利的因素所占的比重如何；哪些不利因素可以转化为有利因素。因此，确定创新设计任务必须经过详细的调查研究。

创新设计的环境包括社会环境、自然环境、技术环境、资金环境、政策环境、市场环境等。科研的条件包括学习条件、工作条件和生活条件等。环境和条件属于创新设计的外部因素，在某些情况下，外部因素有时也会对创新设计产生重要的影响。还要特别注意，在完成整个创新设计的过程中环境因素是否会发生变化，并要充分利用环境和条件对创新设计所产生的积极的影响。

在选择创新设计任务时，既要考虑环境的约束，还要充分利用有利的环境和条件，这也是创新设计方法论要研究的重要议题之一。

2.4 选择创新设计任务要紧抓良好契机

由于创新设计内容的多样性，每个集体和个人必须根据自身的情况并考虑环境因素，去寻找理想的创新设计内容，理想的创新设计内容和任务需要通过详细调查予以确定。选择创新设计目标还要紧紧抓住良好的契机。

创新设计良好契机的来源，见表 45.3-2。

表 45.3-2 创新设计良好契机的来源

契机来源	具 体 内 容
契机来源于对某一事物的迫切需求	对某一事物的迫切需求，往往孕育着良好的契机，敏锐地发现和抓住这个契机，是事物取得成功的重要外在条件。例如，①移动电话产业的发展。随着微电子技术在许多工程部门的成功应用，已经为研制个人移动电话提供了良好的条件和必要的技术基础。这不仅可为人们提供十分方便的通信条件，还将在人类文明进步的进程中出现一个飞跃。国内外一些信息灵通的科技工作者和企业家敏感地发现了这一良好的契机，他们迫不及待地行动起来。仅几年的时间，他们就成功研制出多种形式的新手机，诺基亚手机就是在世界上最先研究出的手机新设计物，获得了巨大的利润，而且使这个国家的创新能力在世界各国的排名中名列前茅。②风电技术的应用。由于对清洁能源的迫切需要，风电是清洁能源中的一种，目前许多国家正在大力发展风力发电。我国的许多企业也紧抓这个契机，研究风电先进技术和设备的开发，开始投资风电生产，发展风电技术，我国风电产业发展迅速。③第一、二次世界大战期间的军工产业。在第一、二次世界大战期间，参战的各个国家迫切需要大量军火和军用设备，特别是先进的军事装备，如飞机、军舰、大炮、坦克、枪支、弹药、车辆等，客观上促进了交战各国加大了对先进武器装备的研究，核武器也是在这种战争需求的环境中诞生的
契机存在于新技术的形成和发展过程中	一种与产业密切相关的新技术的出现，必然会出现一种新产业，例如：①光导纤维产业的发展。光导纤维技术的研究成功，可以认为是通信领域的一次重大革命。一根电导线只能传递一种信息，而一根光导纤维可以传递多个信息。此外，光的传递不会受磁场的干扰。自发明光导纤维以来，信息传递领域出现了全新的局面，为通信与网络技术的研发创造了条件，通信领域在这个时期出现了一个极好的契机。② 关于我国的高速列车动车技术的发展。高速列车动车新技术的采用，大大地加快了列车的运行速度，缩短了列车运行的时间。在已经运行的线路上其速度比普通的列车快三、四倍，经济效益和社会效益都极为显著。高速列车动车技术的发展与应用史无前例，达到了国际领先的水平且已把这种技术推向世界。高速列车动车技术的发展为新材料工业、机车、通信、新能源的研究与发展带来了创新设计的契机。③网络时代的到来和网络技术的发展。网络的发展改变了世界，也为科技工作者带来许多创新设计机会。如利用网络平台或网络技术开发设备制造新工艺，实行创新设计的新的办公形式、开发智能办公、智能服务等新技术、新设计物等。④半导体光电照明新技术。在半导体二极管上涂上某一种纳米粉，就可以使二极管发光，在同样功率的条件下，其亮度较普通光源高出多倍。因此，这是一种很有发展前途的照明光源，因为节能正是目前世界各国重视和关注的一个科研课题，所以，在这个领域，科技工作者将会有很多创新设计的机会
契机存在于一些地区滞后的发展过程中	在世界各国经济发展的过程中，滞后几乎是一种常见的和不可避免的现象，对于某一企事业来说，同样有这种情形。由于地区间经济存在的发展不平衡，给科研工作者带来了极好的创新设计的契机。例如：①关于我国家电产业的发展。由于家电是人们生活中所必需的，其价格并不昂贵，因此，我国人民对家电的需求在急剧增长，发展家电产业已成为当时的一种新兴产业。我国先是从国外引进技术，采用引进、吸收、提高的技术发展过程，逐步增加研发投入，许多企业研发和生产出世界一流的家电设计物。但未来家电的发展潜力还很大，如智能家电等，都有待科研人员去研究开发。② 我国轿车产业的发展。随着我国居民生活水平的不断提高，轿车已经成为居民生活的必需，轿车时代已经到来。由于轿车的需求越来越大，客观上要求轿车质量不断提高，自主品牌要不断产生；由于环保的要求和石油能源越来越少的原因，节能环保型轿车应运而生。这都是给从事汽车研发的科技人员带来广泛的创新设计的机会

(续)

契机来源	具体内容
契机存在于某些空白研究领域或交叉领域	目前除急需发展与研究的创新设计领域外，还有一些新的研究领域同样孕育着契机。例如：①空白领域。对深地、深空和深海的研究等，属于研究的空白领域。目前一些工业先进的国家还正在向地球的深处、海洋的深处和天空深处发展，寻找可以利用的资源。在深地、深海和深空有许多待开发和利用的资源，地球和海洋深处还蕴藏着许多矿产，月球表面还存在大量可用元素——氦。如何去开采和利用这些有用资源是值得研究和探索的问题，其中蕴含着无数契机。在未来，地球上的能源和资源需求还会不断增加，因此，向太空、地球深处和海洋深处挖取新的资源和能源是应该考虑的重要研究方向 最近科学家们公布了一个计划，将月球真正变成一个"水晶球"，沿月球赤道建设一条采光带，在这条采光带上安置太阳能板，并且由机器人进行管理运行。凭借这种创新性的设计，加上先进的太空技术，将使人类向着这一梦想迈出一大步。这个"月球杯"计划一旦实施，这将是人类历史上最大的基建工程，可以供应全世界的能源需求。日本的科学家还提出，月球上的土壤可以被用来提炼水，制造水泥、氧气和陶瓷，从而支持工程的进展。同时，还必须沿着月球修建一条环球铁路，以便进行项目的日常维护。②交叉领域。科学技术的发展常常存在于某些交叉领域，交叉学科产生于两种学科的集成和融合过程中，在某些情况下，可以用集成创新的方法予以解决。例如，信息与医疗相结合的交叉领域是目前医疗技术的发展方向；再如，航天与医学结合而形成的航空医学新学科等都为人们提供了机会
契机蕴藏在一些尚未解决的科学技术和工程难题中	对于基础科学和工程技术来说，国际上尚未解决的难题一旦得到解决，就会成为一项突破性的成果，因此，契机存在于尚未解决的难题中。①基础科学领域的难题。陈景润等多名数学家对哥德巴赫猜想进行了深入的研究，达到了国际领先的水平，陈景润1966年发表《表达偶数为一个素数及一个不超过两个素数的乘积之和》，成为哥德巴赫猜想研究史上的里程碑。1973年他在《中国科学》发表了"1+2"的详细证明并改进了1966年宣布的数值结果，立即在国际数学界引起了轰动，被公认为是对哥德巴赫猜想研究的重大贡献，是筛法理论的光辉顶点，他的成果被国际数学界称为"陈氏定理"。②工程技术领域的难题。工程技术领域中也有许多难题或关键技术问题没有得到解决，成为工程技术发展过程中的瓶颈。一旦这些难题得到解决，就可以加快工程技术及产业发展的步伐，并加速经济的发展。例如，光导纤维技术的发展，解决了信息传输的难题，成为20世纪末通信技术领域的一次重大革命。其研究者英籍华人高锟也因此获得了2009年诺贝尔物理学奖
契机来源于国家某些的特殊政策	为了促进科研队伍的发展和加强某些领域的研究，国家陆续出台并实施一些特殊政策，为广大从事创新设计的人员带来了机会。例如：①我国设立的科学院和工程院院士制度和其他制度。我国政府所建立的中国科学院和中国工程院的院士制度是一个良好的例子。在中国科学院院士证书中曾指出："中国科学院院士，是国家设立的科学技术方面的最高学术称号，为终身荣誉。"这一政策的制定，使得成为院士的科技工作者能全心全意地从事创新设计工作，不仅为国家制定各个领域的经济发展规划发挥重要的咨询和参谋的作用，更由于我国院士的荣誉称号是终身的，在他们身体健康的情况下，无论多大年龄，都可以继续从事各自科技领域的工作，从而可以进一步地发挥他们的积极作用，为国家经济建设做出更大和更多的贡献。②设立各种奖励创新设计成果的制度。每年由国家颁发的最高科学贡献奖、科技进步奖、发明奖，由各部委、各省市颁发的各类科技成果奖等。③设立各种激励创新设计的基金。近20年来，国家为了激励科研人员投入创新设计，设立了各种基础研究和应用研究的专项基金，特别是对中青年科研人员设立了多项激励基金。④对急需提升和发展的产业规定鼓励政策。对科技含量高的设计物实行出口退税政策，对加大科研开发的企业实行减税政策，对研发具有创新性的高科技设计物实行专项资金支持政策等

总之，上述各种契机，都是为大众创业、万众创新提供机会。

2.5 对确定的创新设计任务进行详细剖析

为了能把所确定的创新设计任务取得成功，必须对所要完成的创新设计任务进行分解。分解的内容见表45.3-3。

在分解创新设计任务的基础上，要制订出实施规划和方案，也就是通常所说各项工作的顶层设计。在顶层设计中要规划出完成这项创新设计的具体实施方案。

表45.3-3 分解的内容

名称	内容
将创新设计任务分解为若干子系统，分清主次	用科学发展观及现代哲学思想，对创新设计任务进行分解，将创新设计任务从横向角度分解为若干子系统，也就是将创新设计任务分为几个组成部分，但必须找出重点和难点，找出主要的和次要的，要分清主次，重点突出，兼顾一般；要攻克难点，抓住关键问题和关键环节
将创新设计的任务分解为若干个层次	用系统工程学的方法，将具体内容从纵向的角度分成几个层次，即创新任务的总层、第一层、第二层……例如，对于一项创新设计任务的规划，首先是确定创新设计总体目标和要求，接着再把它分为几个方面，进一步将各个方面的要求细分为更加具体的要求等
分析创新设计的任务所要达到的要求	因为所承担的创新设计任务是否已经完成要通过具体的指标予以衡量，所以，对该项任务所要实现的广义目标（或总体要求）要有详细的了解，即上一章所介绍的IQCTES，还要了解该项任务所要实现的具体目标（或称技术要求），即所完成的创新设计的主要功能和辅助功能，以及它应达到要求的性能。有了完成创新设计的目标和要求，就可以按照这些要求检验创新设计任务是否已经完成

(续)

名称	内容
确定完成此项创新设计应具有的态度	要想把创新设计完成好，必须要有正确的态度和理念：要有实事求是的工作态度，要有坚忍不拔的奋斗精神，要有创新的理念等，因为正确的态度和理念是顺利完成创新设计的重要条件，没有正确的态度和理念是很难完成创新设计任务的
拟订所完成创新设计任务的步骤和方法	在确定创新设计任务时，要对完成此项创新设计任务的步骤和方法做详细的规划，这是做好工作和顺利完成任务的关键，科学和有效的方法与合理的步骤是完成任务的重要条件，创新设计方法论讲的是做事、做学问的一些规则，就是完成任务的有效方法和途径

2.6 通过分析找出创新设计任务的重点和难点

要想把创新设计做好，必须要抓住重点和难点。重点是指创新设计最重要的部分，也是事关全局的重大问题；它在所做的创新设计中有很大的权重，或在所做的创新设计中有较大的影响。如果这个重点问题得到了解决，其他相关问题也就容易得到解决。所以，做任何事必须抓重点。

难点是指所创新设计中最难解决的问题，难点问题常常很难用一般的方法予以解决，而必须采取特殊的办法和措施；或者是需要依靠较大的人力、精力和时间才能得到解决。要解决疑难问题首先要对事物的内在矛盾进行分析，找出其关键问题所在，然后采取相应措施予以解决。

找出创新设计的重点和难点，这是一种战略思想在创新设计过程中的具体贯彻，也是创新设计的有效措施和方法，必须引起足够的重视。

2.7 创新设计要勇于克服困难

完成一项较大的创新设计不是一件轻而易举的事，需要做出艰苦的努力。解决了一个问题或克服了一个困难，就会前进一步，就会取得一个新成果。一个人的事业能否取得成功，常常和他们的顽强意志分不开。此外，有了顽强的意志，还要有灵活机动的战略战术，其含义是用较少代价去战胜一些困难，去解决一个问题，这也是创新设计方法论和科学方法学中的核心问题。

2.8 研究成果必须依靠不断积累

很多人之所以能够在创新设计工作中取得成功，与他们树立远大理想和宏伟的目标分不开。有了理想和目标，就会以百倍的努力来完成工作任务。每一阶段有每一阶段的任务，成功完成一项工作就算取得了一份成绩。研究成果是靠不断的积累而成的，只有在不断创造、不断积累、不断前进的过程中，才能创造出一番成功的事业。

用创新设计方法论的一些规则来指导人们的学习、工作和生活，而指导每个人如何创新设计，也是靠一点一滴积累而成的。一个人不可能一开始就了解和掌握创新设计方法论的一些规则，只有当人们真正把这些规则作为自己思想和行动的指南，并且确实在创新设计的过程中真正发挥了作用，才能算真正了解和掌握创新设计方法论。

3 创新设计要有正确的态度和理念

在创新设计前或创新设计过程中，都必须有正确的工作态度和与时俱进的思维和理念。

一个有作为的人，都是以祖国建设和发展作为自己的奋斗目标，且立志为中华民族的伟大复兴而奋斗，同时在这个进程中实现自身的价值。有了正确的目标，才有正确的态度和价值取向。所以，正确的态度和理念是顺利完成创新设计任务的必要条件及前提。

"勤奋、求实、改革（开拓）、创新"是创新设计的正确态度和理念。创新设计的"八字理念"可用表45.3-4来描述。

表45.3-4 做好创新设计工作的"八字理念"

八字理念	勤奋、求实、改革、创新（对集体）	勤奋、求实、开拓、创新（对个人）
对勤奋的表述	勤奋和刻苦	勤奋和刻苦
对求实的表述	严谨和务实	严谨和务实
对开拓的表述	改革和开放	勇于实践，开拓奋进
对创新的表述	实践和创造	勤于思考，善于创新

3.1 勤奋和刻苦

作为一个科技工作者，要想取得科学技术成功，必须具备深厚的科学文化知识，还必须做到勤奋和刻苦。

一个科技工作者要想实现创新设计的目标，首要的问题是抓紧时间、利用好时间，一般是用"勤奋"一词来描述。在通常情况下，工作成绩的好坏是与花费的时间成正比的，花的工夫越多，工作成绩越好。

在不少著名大学里，你是看不到偷懒、投机的人。如哈佛大学的教授告诉学生说："生命的意义不仅仅是活着，而是要为这个世界做些什么，留下些什么。"他们认为，要想有所成就，你就要勤奋，就要努力。

做好一件事不是轻而易举的，要掌握创新设计的规则，还要下苦功夫；还要有艰苦奋斗和顽强拼搏的精神并克服困难和经受各种挫折，还要有刻苦钻研的精神，才能把工作做好及取得创新性的成果。做好创新设计必须勤奋和刻苦，见表45.3-5。

3.2 严谨和求实

创新设计要有严谨务实和实事求是的态度。学习好文化和科学知识应该是一个人追求的目标和方向，因为学习和掌握先进的文化和科学知识是做好创新设计工作的前提，而要把学习搞好首先要有严谨求实的态度，见表45.3-6。

3.3 改革与开放，开拓与奋进

目前全球经济一体化的格局正在形成，一个国家要发展，必须将自己融入国际经济一体化的体系之中，要继续执行改革开放的政策，以便促进我国经济和创新设计事业的进一步发展，这样才能使自己立于不败之地。

改革开放、开拓与奋进，对促进我国经济的进一步发展和做好创新设计工作极为重要，见表45.3-7。

表45.3-5 做好创新设计必须勤奋和刻苦

勤奋和刻苦	内 容
要想把创新设计工作做好，必须下苦功夫	做好一项创新设计工作需要繁杂而艰苦的准备。即必须学习和掌握与其相关的各个环节的情况，下功夫进行调研，并做出详细的规划；还要在实施过程中解决好各个环节遇到的各种问题；最后对所做创新设计工作进行检验和评估，才能完成所承担的工作任务。做任何事情，都要有长期吃苦的打算，一步一步地向前进，一个台阶一个台阶的上，才能逐步积累工作中取得的成果 "梅花香自苦寒来""一分耕耘，一分收获""苦尽甜来"等谚语，都说明要把工作做好必须要花苦功夫
要有克服困难和战胜困难的精神	从事创新设计工作，常常会遇到各种各样的困难，还会经受各种挫折和失败，要有克服困难、总结挫折和失败的教训，并以良好的心态去克服和战胜困难，经受各种挫折和失败的考验，即顽强拼搏，进而战胜困难的精神。这是创新设计工作能否取得成功的关键 众所周知，"失败是成功之母。"在创新设计工作过程中出现各种问题和困难并非怪事，所以遇到困难和挫折，要有良好的心态去处理，并把克服困难看作是锻炼一个人意志的良好机会。以良好的心态去克服各种困难、经受各种挫折和失败的考验，即顽强拼搏，进而战胜困难，取得创新设计的成功
刻苦钻研获取好成绩	创新设计是一种特殊的工作，在创新设计中通常要付出极大的努力，要花费很多的时间及付出极大的精力。在创新设计中不断学习、进步及取得新成绩，进而积累更多的知识和取得更多的经验，创造出更多的新成果

表45.3-6 创新设计要有严谨和求实的态度

严谨和求实	内 容
做事要有正确的指导思想	创新设计首先要有正确的指导思想。在正确思想的指导下才会有勤奋的学习和工作态度，才会有刻苦钻研的奋斗精神，才会有实事求是和严谨的工作作风，再采用科学的工作方法，就能把学习和工作做得更好，就可使创新设计取得成功
做事要有严谨务实的学风	正确的学风是保证创新设计成功的一个十分重要的因素，也就是说一个人做任何事情，必须要建立严谨的学风。创新设计要讲实际、实在，不能虚假，且科学的东西来不得半点虚假。正确的学风能使人们学到真正的东西，也能使人们的创新设计少出现漏洞
做事要有实事求是的态度	做人，做事，做学问都要从实际情况出发去考虑问题，且不能脱离实际，还要讲究实干，不空谈。总之，要实事求是。创新设计必须重视实践，实践是检验真理的唯一标准，只有通过实践才能开拓出一道通向创新设计成功的道路
实践是检验学习与创新设计工作优劣的标准	在实践中检验创新设计工作的成效，一是要将人民群众的根本利益和客户的利益摆在首位，来推动创新设计工作的开展，检验工作的成效。二是要严格坚持实践是检验真理的唯一标准。创新设计工作不能停留在纸面上，要深入调研并了解真实情况，从而评价创新设计工作的成效，且不断地完善、不断地提高
要在不断实践中学习和工作	要使人们学习取得好的效果，人们要从主观意识上重视实践，把学习和实践紧密结合起来，要在实践中不断学习，在学习中不断实践 学习和实践的密切结合也常常是与科技工作者的研究方向密切相关。在每个人所从事专业的范围内进行的学习要有针对性，避免盲目性。这也是创新设计工作取得成绩要注意的方法，也是创新设计取得成功的必要条件。事业取得成功的人，他们常常重视这些方法和准则。学习效果的好坏是和实践环节紧密地联系在一起的，比较有效的方法是通过不断的实践
要努力培养自己的实践能力	对于任何人要做好创新设计工作，最重要的是要具备一定的知识和工作能力，知识和能力一方面是在学校里通过刻苦勤奋学习获得，更重要的一方面是通过参加社会实践，经过长期学习和花苦功夫去了解和掌握那些高新科学技术知识和培养自己的工作能力，出色地完成所承担的创新设计工作，对社会做较大的贡献。在实践过程中，培养人们的实践能力或实际工作能力，这是做好创新设计工作的关键和基础

表 45.3-7　改革开放、开拓与奋进的重要性

名称	次属	内容
集体	通过改革开放,加快经济发展	20世纪70年代,我国急需制定经济发展的规划和确定发展我国国民经济的总方针。十一届三中全会确定了改革开放的总方针,揭开了我国改革开放的序幕,我国与世界其他国家开展了广泛的政治、经济、文化交往和联系,经济方面的进出口的总量逐年增加,大大促进了我国经济的发展,在发展经济的过程中,创新设计发挥了十分重要的作用
	改革开放是唯一正确的途径	党的十一届三中全会拟订了改革开放政策,促进了我国经济和创新设计事业的快速发展,使我国跨入了国际经济发展的行列,证明了改革开放这一方针政策是完全正确的
个人	通过开拓发现新问题	开拓就是去寻找和发现新问题,找出新的研究方向。通过认真调研和反复比较和分析,才能发现问题,有了问题,就要对问题的内部和外部情况进行调研,并在调研的基础上对获得的信息进行详细分析,从而找出出现问题的原因和影响事态发展的核心因素,在充分了解事情真实情况的基础上,问题就容易得到解决
	要有新思路,采取新举措	要开启新思路,提出新举措及解决问题的办法。在此基础上,有针对性地提出解决问题的办法,所出现的问题就会迎刃而解。通过实践发现问题。要发展一种新的事业,必须先发现问题。而要发现某一技术领域的问题,一般要通过具体的实践活动。即在实践中,发现新现象,找出新问题。有了问题,就需要通过研究和分析,去解决提出的问题,进而开拓新的研究领域,或拓宽原有领域范围,使所接触到的事业得到新发展,并取得新的进步

3.4　勤于思考,善于创新

创新是一个人、一个集体、一个民族、一个国家的灵魂。我们国家的领导人一而再、再而三地强调创新的重要性,提出了我国要建设成一个创新型国家的宏伟目标,我国正努力向这个目标迈进。开拓创新是实现这一目标的必要手段和途径,见表 45.3-8。

3.5　"勤奋、求实、改革(开拓)、创新"要有正确的目标

做任何事都应该有明确的目标,而且这个目标应该是正确的,应该符合国家发展的需要。"勤奋、求实、改革(开拓)、创新"要有正确的目标,见表 45.3-9。

表 45.3-8　勤于思考,善于创新是建设创新型国家宏伟目标的需要

名称	内容
要勤于思考	要创新,就要勤于思考,首先要有创新思维,才能有意识地去寻找问题,还要对问题进行剖析,找出重点、难点;通过分析和研究,找出解决问题的办法,抓住重点,突出难点,重视创新点;集中一切力量,去解决存在的一个个问题
创新是一个人和一个集体的灵魂	创新是一个人、一个集体、一个民族、一个国家的灵魂。我们国家的领导人一而再、再而三地强调创新设计的重要性,并提出了我国要建设成一个创新型国家的宏伟目标,要通过不懈的努力去实现这个目标。创新有原始创新,集成创新,引进、消化、吸收后再创新,不管哪一种创新,对实现创新型国家的宏伟目标都是有意义和有价值的
要勇于创新,敢于创新	每个人都有可能成为具有创新设计能力的人,关键是看人们有没有创新意识和观念,能否掌握创新的思维方法和运用创新的基本技法。创新就是对发现和提出的新问题,通过研究和分析,提出解决的方法与措施,并将其应用于实际工作中,就是毛泽东所说的"有所发现,有所发明,有所创造,有所前进。"创新可以使人类取得进步,创新设计可以使国家的经济得到快速发展,可以解决地球上所有人的衣、食、住、行等各方面的问题

表 45.3-9　"勤奋、求实、改革(开拓)、创新"要有正确的目标

目标名称	内涵
要确立明确的目标	有了明确的目标,还要有正确的学习和工作态度,有了明确的目标和正确的态度,还要采用正确和有效的工作方法,再通过"勤奋、求实、改革、创新"的态度和理念来实现创新设计的目标,没有明确的目标,就很难有勤奋和刻苦的具体表现,也就很难积极想办法去采取理想和有效的方法去实现目标
把创新和国家需要结合起来	把创新设计工作与国家的发展、民族的振兴、人民的幸福紧密联系在一起。因为每一人的做事目标都是为了国家经济和科学事业的发展,为什么特别强调要用创新设计方法论的理论和方法来提高科技创新的成功概率及其效率和效益,其目的就在于此
尽力培养学习和工作的兴趣	当一个人对学习和工作产生了浓厚的兴趣时,他就能以百倍的努力去学习和工作,甚至是夜以继日、废寝忘食、不知疲倦的学习和工作,不少科学家和发明家常常都有这样的表现,如数学家陈景润、科学家爱因斯坦就是如此

第4章 创新设计的步骤、程序及科学方法

1 概述

1.1 创新设计的四个阶段

很多人都知道创新设计包括调研、规划、实施和检验四个步骤，或称四个阶段。

调研阶段要完成3I（Investigation）调研，即需求调研、环境调研和风险调研。许多人只讲需求调研，而忽略了对环境和风险的调查，这是不全面的。忽略了环境调研和风险调研，在某些情况下会产生严重的后果。

规划阶段要完成7P（Planning）规划，即指导思想的规划、工作目标的规划、工作内容的规划、工作环境的规划、工作步骤的规划、工作方法的规划和工作质量检验的规划，一般只提所要做的事的目的、意义、内容、步骤和方法，而在这里特别强调要做好指导思想的规划、工作环境的规划和工作流程的规划等，即用七个方面的规划代替三个方面或四个方面的规划。

实施阶段要完成m+n+X的具体实施工作，即对于所要完成的创新设计，其中m为所做事功能方面的几个要求，n为所做事性能方面的几个要求，X为所做事的特殊要求。

检验阶段要完成5（C+A）（C：Check，A：Assessment）检验，C即用理论方法、经验方法和专家系统对创新设计加以检验，A即用试验方法和通过用户使用后给出的信息反馈对科研工作进行检验。

创新设计的四个阶段见表45.4-1。

1.2 创新设计要广泛运用先进的科学技术和方法

创新设计要最大限度地采用已取得的先进科学成就和科学方法。目前，科技工作者已提出了不少理想和科学的方法，如科学的哲学思想和方法、系统论和系统工程的理论和方法、信息技术和方法、各种优化的理论和方法、创新的原理和方法、预测学的理论和方法等。创新设计应广泛采用已取得的先进科学成就和科学方法，见表44.3-3。

表 45.4-1 创新设计的四个阶段

阶段	阶段名称	阶段内容
1	3I 调研阶段	创新设计的调研阶段要完成：需求调研、环境调研、风险调研
2	7P 规划阶段	创新设计的7P规划阶段要完成：正确指导思想的规划、工作目标的规划、工作内容的规划、工作环境的规划、工作步骤的规划、工作方法的规划和工作质量检验的规划
3	m+n+X 实施阶段	创新设计的m+n+X实施阶段要完成：m为创新设计的功能方面的要求，n为创新设计结构性能、使用性能、制造性能方面的要求，X为创新设计特殊方面的要求
4	5(C+A) 检验阶段	创新设计的5(C+A)检验阶段要完成：(C：Check，A：Assessment)检验，C即用理论方法、经验方法和专家系统对创新设计加以检验，A即用试验方法和通过用户使用后给出的信息反馈对创新设计工作进行检验

2 创新设计要有合理的步骤和程序

2.1 创新设计首先要做好调研

在进行调研之前，要制定好调研的规划，也就是要写好调研提纲，写明调研的目的、内容和方法。创新设计调研的目的、内容和方法，见表45.4-2。

2.2 创新设计应事先制定好规划

做好创新设计应事先制定好规划，也就是说做好创新设计的顶层设计。对创新设计的思想、目标、环境、流程、内容、方法及质量检验进行全面和系统的规划，即7P规划，进而形成创新设计的基本框架。在所构建的框架下，实现从事创新设计的基本目标和要求，并采取理想的基本步骤和方法，完成其基本内容，还要对创新设计进行检查和评估，以便了解创新设计的优劣。创新设计的规划见表45.4-3。

表 45.4-2　创新设计调研的目的、内容和方法

名称	内容
调研的目的	从事创新设计,首先要做好需求调查、环境调查和风险调研这三方面的调研,做好调研是创新设计取得成功的前提。环境调研和风险调研在某些情况下十分重要,不注意和不重视创新设计的环境和风险,即使需求十分迫切,也有可能导致创新设计的失败。如日本福岛核电站出现的核泄漏事故,就是因为在建厂和设计时忽略了对环境和风险的调研,既没有考虑到严重自然灾害的影响,更没有考虑到在危急时刻应采取一些必要的安全预防措施。给该企业造成重大经济损失,给国家和人民造成严重的有害影响,所以,从事创新设计调查研究是十分必要的
调研的内容	调研的内容包括:①需求调研。任何创新设计首先要满足用户的需求,没有需求,就没有研究和开发的必要,所以创新设计首先要了解和掌握实施这项工作的必要性。即要了解国内需求和国际需求,近期需求和长远需求,各个时期的需求和总的需求。在了解上述需求的同时,还要进一步了解对该项创新设计的具体要求,是低层次的,还是高层次的。②环境调研。环境的调研是多方面的,如自然环境、社会环境(政治、经济、人文、法律、国际、人际环境等)、资金环境、技术环境、市场环境和政策环境等。对环境进行全面调研的同时,要分析各种环境对所创新设计产生的影响如何。除对外部环境进行调研外,对内部环境和条件,如本单位已具备的人、财、物的情况,生产条件、加工设备、技术力量、工作人员情况等也必须进行详细的调研。通过一些办法将不利的影响因素转变为有利的因素。③风险调研与分析。任何创新设计工作的风险都是可能出现的,在调研阶段,要对可能出现的风险进行调研和分析,应及早了解和掌握可能出现的风险。要预估这些风险可能出现的时间,并应对其采取有效的预防措施,限制这些风险的出现和进一步发展,以避免对该创新设计产生不利的影响
调研的方法	调研的方法是多种多样的,应该根据调研项目的要求和内容来选择调研的方法。①根据调研内容确定调研方法。需调研的内容有三个方面:需求调研、环境调研和风险调研。由于调研工作要花费一定的成本,因此要选择理想的调研方法,如选择通信调研、现场直接调研和网络调研等。②对调研信息进行聚类和合成。在获取大量的需求信息、环境信息和风险信息后,要对这些信息进行科学的分析、合并、归类,提炼出能够代表这些信息的真实需求,并尽量采用树枝形结构加以描述,使信息体系清晰明确。归类的方法有传统的归类方法(以经验、直觉为依据的实际操作方法)和现代的模糊动态分类及合成技术(把信息分类置于数量化处理的基础上,以使这种方法更为科学、更加合理)。③通过推理自动生成所需的需求信息、环境信息和风险信息。在对所需几种信息进行分析和综合的过程中,要在知识库和数据库的支持下,对输入的各种信息进行推理和判断,生成所需的工作信息和目标

表 45.4-3　创新设计的规划

名称	内容
规划的目的	规划就是对所做创新设计工作进行顶层设计,即在实施之前把要做的事进行全面和系统的考虑,并制定出较详细的、能较好地指导该项工作的实施框架,这个实施框架的内容应该包括工作目标和指导思想、工作内容和工作环境、工作步骤和工作方法以及对所做工作的检查和评估等详细计划,这就是所谓的顶层设计。创新设计项目的设计规划,是一项十分重要的顶层设计工作,做好规划可以避免工作的盲目性和随意性、片面性和主观性,可以科学地和有条不紊地去完成所要完成的创新设计工作,使工作目标、工作内容和工作方法都能在较理想的条件下有计划和有步骤地予以实现
规划的内容	创新设计规划的内容包括七个方面:①指导思想或工作理念的规划。创新设计要有正确的指导思想和明确的工作理念。例如,要按照科学发展观开展创新设计工作,要有自主创新的理念。在此基础上,再采用科学的设计方法,将会取得事半功倍的效果。②设计目标的规划。创新设计的目标应该是十分明确和具体的,且提出了创新设计的六项要求:IQCTES。把功能划分为主辅功能,把性能划分为结构性能、使用性能和制造性能等三大性能,这有利于对创新设计的技术目标有全面的了解,这样做可以消除创新设计工作的盲目性。③设计内容的规划。因创新设计项目具体情况的不同而具有不同的内容。新创新设计项目的内容因情况的不同,而有其不同的内涵,目前设计方法多达 20 余种,设计时根据所设计的设计物情况的不同,对设计的主要内容相应的做具体的规划和安排,这是保证所生产的创新设计物实现安全、可靠、经济、有效运行的重要措施,也是争取市场的重要条件。④设计环境的规划。在设计之前和设计过程中,应对创新设计的主观条件,如设计队伍技术能力、创新精神、技术基础和客观环境,如自然环境、社会环境,还有技术环境、资金环境和市场环境做全面的了解、分析,避免创新设计工作遭受不利的影响。⑤设计过程和步骤的规划。对整个创新设计过程进行合理的安排和规划,也是获得高质量设计的重要因素。基于系统工程的创新设计的规划模型,就是对创新设计过程所做的较全面的思考。⑥设计方法的规划。在创新设计过程中,选择好优化设计、智能设计、虚拟设计、数字化设计、稳健设计这些理想的方法并加以有效地利用,对保证设计工作有效地完成,具有十分重要的意义。⑦创新设计质量检验的规划。在完成创新设计工作后,对创新设计质量应进行检验和评估,通过检验可以发现设计中存在的问题,进而可对科技总结进行修改,使创新设计达到理想的效果

名称	内容
规划的方法	制订规划要在调查研究的基础上,根据规划的目标和内容来选择较理想的规划方法。对创新设计工作的目标、指导思想、工作内容、工作环境、工作步骤、工作方法、工作质量检查评估进行规划,规划中要说明如何用正确的思想来指导工作,如何实现工作的基本目标和具体要求,如何在考虑环境的情况下完成所规定的工作内容,如何确定工作步骤和选用理想的工作方法,如何突破工作的难点、重点,以及如何将创造性的思维和技巧应用于具体创新设计工作中,如何进行检验和评估等。在规划过程中应该采用哪些理想的、有效的方法?首先要用科学和哲学的思想作指导,运用系统工程的理论和方法来完成规划的制订。要处理好人—事物—环境之间的协调关系,这样才有可能使制订的规划便于正确和有效地实施,使我们的创新设计工作少走弯路,从而全面、稳定、协调和可持续地开展

2.3 创新设计科学实施是关键环节

创新设计科学实施的关键环节,见表45.4-4。

2.4 创新设计要重视检验和评估

创新设计的检验和评估,见表45.4-5。

表45.4-4 创新设计科学实施的关键环节

名称	内容
实施的目标	实施的目标通常有两种不同的类型,一是事,二是物。平时所做的一般工作即为第一种,设计物的研究、开发及设计属于第二种。对于事,其工作目标和要求可分为三个方面:一是功能目标或基本要求;二是性能目标和补充要求;三是特殊要求。对于物,其工作目标和要求包括三个方面:一是功能目标或功能要求,二是性能目标和性能要求,三是特殊要求 如,企业生产一种设计物,其功能目标是要让这种设计物满足用户使用的要求;而对企业生产的设计物的性能要求是:设计物应该有良好的结构性能、使用性能和制造性能;此外,还可能有一些特殊性能要求,对该设计物的特殊性能进行优化设计,以便使该设计物有较高的性价比。对所做的事和物既要达到基本要求即功能要求,且把事情做成功,又要做得好,做得妙,要达到多快好省的要求。这就是创新设计的主要目标和具体要求
实施的内容	对于所做的事,在实施阶段要围绕创新设计的主要目标和具体要求来进行,要安排好工作的各个环节,要完成好各个部分的工作。如教师讲课的目标是让学生掌握知识,要用六项要求:IQCTES来检查,这是用来检验讲课好坏的标准。教师在讲课时,对这六项要求加以具体贯彻,通过讲授的各种方法,如课堂讲授、课堂练习、课后作业、课程试验、课后答疑和考试等,将课程内容传授给学生,来完成自己所承担的教学任务,力争使全班学生取得较好的学习效果 对生产的设计物,在设计物研究、开发和设计过程中,要满足设计物研发与设计过程中通常必须满足的六项要求:IQCTES,从具体的内容来看,要针对设计物所要达到的功能、各种性能开展相应的设计工作,从而使研究开发的设计物具有理想的功能和性能。主辅功能设计即是指设计物的初步设计或方案设计,这一阶段要完成几大系统的设计、几类参数的设计、几类机构的设计、几类结构的布置、机器的整体布局等。三大性能设计是设计物详细设计,包括结构性能、使用性能和制造性能的设计,要通过设计物的动态优化设计、智能优化设计和可视优化设计等方法来完成 提出的m+n+X实施阶段的基本公式,是针对创新或创新设计的技术目标提出的。其中m为所创新设计的基本功能和辅助功能;n为所创新设计的各种性能,而X为所创新设计的特殊性。这样的设计框架所包含的内容比较全面和系统,所做的事就不会出现太大的漏洞,也就是说可以使所做的工作克服片面性和主观性等种种弊端,进而可以提高创新设计质量
实施的方法	实施的方法是多种多样的,在实践中要选择较为理想和有效的方法。如①哲学的思想和方法是指导我们做好工作的一般方法,在工作过程中要努力地加以贯彻。例如,用实践论和矛盾论的思想指导我们的工作,用创造性的思维和技巧去实现创新设计。②各种优化方法,如黄金分割法、运筹学方法、工程优化方法、数学规划优化方法、专家系统方法、数字化方法和试验方法等各种优化方法。③创新设计方法论是提高创新成功概率的一种有效的方法,只要努力去贯彻创新设计的一些规则,就容易使创新设计取得成功,对做好创新设计工作会产生积极的效果

表45.4-5 创新设计的检验和评估

名称	内容
检验和评估的目的	在完成各个阶段工作后,要对所完成的工作进行检验和评估。通过检验和评估可以发现工作中的成功经验及存在的问题,进而对下一阶段的工作进行必要的调整。检验和评估工作首先要根据所制订的规划,针对工作目标和要求,去检验所做工作的全部内容和方法,检验所做工作的完成情况,从中发现问题,找出不足,还要挖掘优点,总结出成功的经验。检验和评估的根本目的是为下一阶段的工作提供经验,使工作少走弯路,以便多快好省地完成下一阶段的工作

名称	内　　容
检验和评估的内容	在完成某一项工作或某一创新设计工作后,对所做的创新或创新设计进行检验和评估,通过检验可以发现所做的创新和创新设计中存在的问题,进而可对所做的创业或设计物的设计进行必要的修改。检验和评估的内容依据所创新设计的目标和要求而定。①对所做创新设计的目标、内容和方法进行检验和评估。对所做的事进行检验和评估,从所做的事的主要目标、具体要求及特殊要求三个方面进行检验和评估,还要对所创新设计的目标、内容和方法进行检验和评估。对所研制的设计物进行检验和评估,除了要对所要实现的目标,包括主要目标、具体要求和特殊要求三个方面进行检验和评估外,还要对设计物的技术目标和要求进行检查和评估,即所研制设计物的主辅功能、三大性能及特殊性能等进行检查和评估。②对执行创新设计方法论中的一些规则进行检验和评估。为了进一步提高创新设计的效果,对执行创新方法的情况也应进行检验与评估,以便在以后的工作中更好地执行创新设计方法论的一些规则,以便把事情做得更好、更省、更快、更多
检验和评估的方法	检验和评估可以通过以下多种方法:经验方法、理论方法、专家系统、试验方法、通过用户信息反馈等来完成 ①经验对比评分法。根据以往经验,对将完成的工作或工作方案所要达到的指标进行评分,与已完成的任务进行对比,并予以评分 ②理论方法。可采用价值工程法、系统分析法等对所完成的工作或工作方案进行检验和评估 ③专家系统的方法。建立相应的专家系统,对已完成的工作或工作方案进行检验和评估。专家系统必须建立相关问题的知识库和数据库,再利用信息技术对所研究的问题进行评价和检验 ④试验方法。对实物进行试验,检查其功能和性能,是否已达到规定的质量要求,这项工作十分重要。有些企业对设计物中的外购零部件都要进行严格的检查和试验,以免因这些零部件质量没有达到要求而使整个设计物出现问题,这样做是完全正确的 ⑤通过使用者使用给出信息反馈的方法。这也是一种理想的方法。因为研制出的实物是供用户使用的,用户从使用过程中可以了解该设计物功能和性能的好坏,即其品质的高低

在检验和评估之后,假如该项任务尚未付诸实施或部分付诸实施,还可以对所创新的方案进行必要的修改。按照前面已介绍的创新设计的四个阶段去做,这样可使工作按照规划有步骤地开展,从而可以避免工作中可能出现的盲目性、片面性、主观性和随意性等弊端,消除工作中可能会出现的意外风险,使创新设计工作少走弯路。

表 45.4-6 列出了按照或不按照系统化工作的程序和步骤的正面效应与负面效应。

表 45.4-6　执行或不执行系统化工作程序的正、负面效应

序号	1	2	3	4	5	6	7
考虑内容	指导思想	工作环境	工作过程	工作目标	工作内容	工作方法	工作质量检验
正面效应和正能量	全面性、规范性、思想性	协调性,客观性	计划性,规范性	目的性	具体性	科学性、有效性	结果清晰性
负面效应和负能量	片面性、盲目性	主观性	随意性、缺乏计划性	盲目性	内容空洞抽象	缺乏科学性、失效性	模糊性
可能出现的问题	1)功能和性能达不到要求;2)返工,误工,延期;3)使用中出现问题;4)经济性差,造成不必要的浪费						

3　创新设计要广泛运用先进的科学技术和方法

不论是集体还是个人,要提高创新设计的成功概率和效益,就要最大限度地采用已取得的先进科学成就和科学方法。目前,科技工作者已提出了不少理论和科学的方法,如科学的哲学思想和方法、系统论和系统工程的理论和方法、信息技术和方法、各种优化的理论和方法、创新的原理和方法、预测学的理论和方法等。创新设计工作中要根据设计物的特点和性质来选择这些方法,广泛应用先进的现代科学技术和方法,见表 45.4-7。

表 45.4-7　创新设计应该广泛应用现代科学技术和方法

序号	名称	主　要　内　容
1	现代科学哲学思想和方法	现代科学哲学的思想和方法有两个主要的特点:一是实践性,创新设计要从实际情况出发考虑问题;二是要了解事物发展的内在规律,以此为基础,去解决需要解决的各种问题 现代科学的哲学思想和方法可以指导任何工作,其中最重要的是要重视实践,了解和掌握事物发展的内在规律。科学发展观是科学的哲学思想的组成部分,按照科学发展观的思想去创新设计,可以使创新设计工作得以全面、稳定、协调和可持续地开展。科学发展观有以下特点 ①以人为本;②全面性与系统性;③实践性与科学性;④继承性与创新性;⑤协调性与稳定性;⑥可持续性与长期性。遵照科学发展观的思想和方法去创新设计,就容易把事情做成功,并会获取最高效益

(续)

序号	名称	主要内容
2	逻辑学原理和方法	逻辑学是研究人的思维活动的学问,因此,为了更好地开展思维活动,应该努力学习逻辑性学原理和方法。学习和掌握逻辑学的原理和方法,要遵照各类规则:现象和本质、原因和结果、内涵和外延、归纳和演绎、分类和比较、分析和综合、个别和一般、共性和特性、继承和创造等开展思维活动;要采用比较推理、归纳推理和演绎推理等推理形式对事物进行推断;要掌握对事物的外部表现形式特征,通过分析、推断、论证、总结、决策等程序来处理各类事物
3	现代心理学原理	现代心理学是研究人的各种心理状态,使之与内部和外部影响因素保持协调与和谐,在学习、工作和生活过程中克服各种心理障碍,以保证工作的正常开展,要充分发挥人性的优点,克服人性的弱点,使各项工作得以顺利地开展。据初步统计,在一般人群中大概有5%左右的人患有不同程度的心理疾病,不正常的心理素质常常会影响人们的学习、工作和生活,通过对不正常心理状态的治疗,使患有不同程度心理疾病的人向健康的心理状态转化,以保证所承担工作的胜利完成,使人们的生活和学习更加舒畅
4	系统论和系统工程的思想和方法	系统论和系统工程的思想和方法可以指导我们创新设计要全面地和系统地考虑问题。很多人进行创新设计时十分重视细节,重视具体问题,但缺乏全局地去看问题,这样就有可能在创新设计时顾此失彼,使工作出现漏洞。所以,创新设计要重视全局性和系统性,才能把事情做得更好。创新设计还必须详细了解创新设计的具体情况、内部特点及外部环境,并对创新进行分类。再通过系统分析和系统设计,拟订出完成此项工作应采取哪些有效的措施和方法及应采取的合理步骤。做任何事都要有一定的规则及一定的具体措施和方法,系统工程学研究的就是针对具体工作的特点拟订最理想的步骤和方法,按照这些步骤和方法去执行,事情就容易做成功。创新设计,单纯地凭借工作经验是不够的,假如不采用科学的方法和先进的技术,将会大大降低创新设计成功的概率或工作效率。系统论和系统工程学的理论和方法是提高创新设计成功概率及工作效率的有力武器和有效手段
5	现代信息技术	信息技术是用于信息的获取、处理、传输、存储等,其中包括计算机技术、网络技术、光导纤维技术、集成电路技术和传感技术。人类已进入信息时代,信息时代的最大特点是广泛采用信息技术,即计算机技术、网络技术、智能化技术和数字化技术等。在人们日常生活和工作中,计算机技术、网络技术和每一个人的关系都十分密切,离开这两项技术几乎无法工作。采用计算机技术、网络技术、智能化技术和数字化技术,可以使我们的工作效益大大提高,进行创新设计,不采用信息技术,是难以实现的。网络技术在社会生活和经济发展中已经发挥了十分重要的作用,例如利用网络可以传递信息、查找信息,进行调研、购物、管理、宣传等。总之,利用网络技术方便人们的学习、工作和生活,并创造效益。智能化是现代产品发展的主导方向,它不仅提高了产品自动化的水平,也提高了产品的性能和质量,并使产品处在最理想的状态下工作。目前,智能化技术得到了飞速的发展。除了智能机械,如智能机器人、智能飞行器(无人机和智能水下航行器)之外,还出现了智能农业、智能电网、智能交通、智能建筑、智能家居、智能监视、智能物流、智能城市等,今后人类社会将逐步地步入智能社会和智能世界。大数据和云计算技术在人类获取信息过程中得到了广泛的应用,它将成为信息获取领域和预测学中一项十分重要的技术手段。大数据技术的经济价值相当于石油。大数据将为全球带来440万个IT岗位。大数据技术是下一个创新、竞争、生产力提高的前沿,数据也是一种生产资料
6	优化理论和方法	最常用的方法有:优选法,统筹方法,工程优化和数学规划优化。数学家华罗庚在一些企业积极地推广优选法,取得了重大的经济效益和社会效益。优选法即0.618的黄金分割法,是在一条描述工程实际问题的有峰值的曲线上,找到最大值最节省时间的方法,用0.618进行分割,只要做16次试验就可以找出最大值所在的位置,而如果不采用黄金分割,就要浪费很多时间,可见这是一种节省时间的有效的工作方法。20世纪六七十年代,数学家华罗庚同样在一些企业中积极地推广统筹学方法,将运筹学拓展为统筹学,也取得了重大的经济效益和社会效益。运筹学是研究从某地出发将货物运送到另外一个地方,求解一条经济有效的运输路线的方法。工程优化方法已经广泛应用于工程技术部门,并取得了良好的效果。而工程部门需对几种技术方案进行选择是经常碰到和必须解决的问题,这些问题通常又很难用数学规划优化方法予以解决。工程优化法有类比优化法(其中有直接类比、象征类比、似人类比、幻想类比、对称类比和综合类比等)、直觉优化法(其中有智暴法、635法、列举法等)、目标树法和列表评分法等。数学规划优化方法也称最优化方法,它首先对工程问题通过数学方法建立起能反映工程问题基本特点的数学模型,这个模型应该包括三个要素:设计变量、目标函数和约束函数,然后用数学方法求出对应于目标函数和约束条件的设计变量的最优解。目前该种方法在工程设计中得到了十分广泛的应用,也为企业创造了十分重大的经济效益和社会效益 人们做任何工作,包括日常的学习和工作,常常要对各种方法、方式、方案进行选择,进而优化找出较为理想的方法、方式和方案。优化的理论和方法有工程优化和数学规划优化,后者实际上是一种数字化方法,一般人常常广泛采用工程优化的方法,如对比法等,从事技术工作的人常常采用数学规划的优化方法。采用优化理论和方法,可以使我们创新设计既正确,又能做到好、省、快、多,还能达到环保要求和减轻事后服务工作等

(续)

序号	名称	主 要 内 容
7	试验方法	创新设计等任何工作都离不开试验,只有通过试验才能得出正确的回答。但是试验常常需要花费大量的费用和精力。所以有时通过和仿真相配合,可以大大减少试验的费用。试验可以直接发现某一方案的优点和缺点,并根据实际数据进行对比,确定较为理想的方案。通过试验方法来评价与选择方案,较理论方法具有更高的可靠性。通过试验可以确定几个方案中的最优方案和次优方案,可以确定所做事是否正确,也可以确定最理想的方案和措施,以及对所采取的措施进行优化,试验和实践才是检验所选方案和措施是否最优的试金石
8	创新思维、原理和方法	要做好创新,必须首先有创新的思维和意识,要掌握创新思维、创新原理及创新技法 常用的创新思维有:逆向思维、联想思维、抽象思维、形象思维、发散思维、收敛思维、直觉思维、多屏幕思维、变维思维、综合思维、变异思维、想象思维等 常用的创新原理有:综合原理、组合原理、移植原理、逆反原理、换元原理、还原原理、变性原理、迂回原理、群体原理、离散原理、完满原理等 常用的创新技法有:智力激励法、检核表法、5W2H法、列举法、联想法、组合法、移植法、形态分析法、综摄法、德尔菲法、理想设计分析法、尺寸-时间-成本分析法等 一个国家和一个民族要发展,一个集体要发展,必须依靠创新;一个集体要发展,一个人要取得成功,也要依靠创新。做好创新设计就要了解和掌握创新的思维、原理和方法。没有创新思维的人,是不会取得很大成功的
9	预测学的理论和方法	事物总是在不断变化和不断发展过程中,人们对事物未来发展情况及结果的估计和推断,就是预测。预测是人们通过对客观事实历史和现状进行科学的调查和分析,由过去和现在去推测未来,由已知去推测未知,从而揭示客观事实未来发展的趋势和规律 人们可以通过在对事物进行调查的基础上,用科学的方法进行分析和研究,首先找出事物发展的几种可能性,然后对这几种可能结果进行推理,对出现哪一种结果的概率最大做出判断,这就是预测学的基本内容。由此可见,预测学最重要的几个阶段是:①调研与真实情况的提取。②分析可能发生的几种结果。③对出现几种结果的概率进行分析比较。④进行判断和预测 预测学是基于科学哲学、逻辑学、信息科学和技术等,对即将发生的事情进行分析、推理和判断的一门新兴的、具有宽广发展前景的科学。要创新并实现科学创新和技术创新,预测事态的发展十分重要,预测出一件事的发展趋势和结果及预测创新的成功概率,再按照理想的步骤和方法去做,就容易把事情做好

第5章 创新设计工作者自身的四项潜能

1 概述

提高创新设计的成功概率和获取最高效益，还必须充分发挥内因的积极作用，以及主观方面的四项潜能，即创新设计者的主观能动性和积极性，包括创新设计者的思想素质、业务能力、健康状况和奋斗精神，即德、智、体和工作毅力，这是创新设计取得成功的基础。所谓潜能是根据每个人的学习和工作情况，不同程度地发挥其潜在能力，如某个人十分努力并采取了有效的方法和措施，他的潜能就可能发挥得很好，如这个人不重视潜能的发掘和积极想办法，其潜能就可能发挥一般或较差。所以对于潜能，应该以最大的努力，让它得到充分地发挥。

2 创新设计工作者要有良好的思想品德

思想品德可以从一个人的人生观和价值观中得到体现，主要表现在如何对待学习和工作及日常生活中遇到的各种问题，最重要的是如何将自己的学习和工作融入集体事业中，融入国家经济和科学事业的发展中，融入中华民族的伟大复兴和建设具有中国特色的社会主义的总目标之中；要将个人的努力和国家的发展、民族的振兴、人类的文明进步、广大人民的迫切需要统一起来，这是一个人事业能否取得成功的关键。

一个人既要有正确的人生观、价值观和集体主义的思想，敢于坚持真理，要有良好的品德，有严谨的学风和作风，还要养成良好的生活习惯，才能把学习和工作搞好，才能从自己的思想和行动出发很好地贯彻社会主义的价值观，进而实现个人的人生价值。

表 45.5-1 列出了有关思想品德建设的一些主要内容，对于任何人来说都是十分重要的。

表 45.5-1 有关思想品德建设的一些主要内容

序号	主要方向	具体内容
1	确立正确的人生观和价值观	人生观和价值观是指一个人对人生的看法，人活着是为了什么？如何去实现自己的人生价值？正确的人生观和价值观应该是人活着就是要为国家的发展和人类的进步做出自己的一份贡献，且在这个过程中去实现自己的人生价值 社会主义的价值观首先应该以是否有利于国家的经济和科学技术的发展及是否以最广大人民利益为出发点来考虑问题，来处理一切事情，这应该是衡量一件事和一项工作正确与否的准则。那么，什么思想才是正确的思想呢？正确的思想就是以最广大人民的利益为出发点来考虑问题。做人、做事和创新设计都应该遵照这一准则。创新设计最重要的一条原则也就是把个人的学习和工作同国家的利益和人民群众的需要统一起来，将自己融入集体事业中去，在这个过程中去实现自己的人生价值
2	要有集体主义思想	创新设计要有集体主义思想。人类社会是群体社会，一个人想要脱离集体去创新或完成一番事业几乎是不可能的。因此，一个人要将自己融入集体之中，要在集体中发挥个人的积极作用。创新设计必须要求每个人都要建立起一种集体主义的思想，应尽可能将集体利益与个人利益统一起来，在个人利益与集体利益发生矛盾时，首先要考虑集体利益 集体利益一旦和国家利益及广大人民的利益不相一致，就必须服从国家和人民的利益。所以，集体的利益也必须上升到国家利益和最广大人民群众的利益的高度，要以最广大人民的利益作为标准来处理各种问题。有了集体主义思想，人们在学习、工作和生活过程中，就不会损害国家和人民的利益，创新方向就会正确无误，在这一基本要求下，再进一步去提高创新设计的质和量，考虑以最低的成本或代价、用最短的时间完成工作任务，才能使所做的事获取最高效益。要做好创新设计，首先要做好人，德才兼备
3	要敢于坚持真理	每个人在学习、工作和生活中，首先要坚持真理。因为创新要想取得成功，必须符合事物发展的客观规律，符合事物发展客观规律的事应该是正确的，就是"真理"。哈佛大学校训中有这样一句话："与柏拉图为友，与亚里士多德为友，最重要的是与真理为友。"为什么哈佛大学校训中强调要和真理为友呢？的确，每个人都需要"心灵发育"，需要启迪心智的营养。那就是让我们亲近哈佛，去洞察哲人的思想，让我们与哲人为友，与智慧相伴 人发现真理很难，而在发现之后能够坚持就更难了，哈佛大学有其自己的学术标准，而对真理的探索无疑是这一标准的核心价值。人要有自己独立的思想与观点，不可人云亦云，盲从和谬误不会带来成功和幸福，而只有坚持真理的人才能在其人生道路上走得更好更远

(续)

序号	主要方向	具体内容
3	要敢于坚持真理	其实真理就是人们对客观事物及其规律的一种正确的认识与观点。要坚持真理就需要人们必须做到实事求是。古今中外,一切正直的人,身上都具有一种共同的品格,那就是敢于坚持真理,敢于修正谬误。也许与日俱增的光芒有时会黯淡,但却永远不会熄灭 在达尔文创立生物进化论以前,人们一直相信人是上帝创造了人。后来,达尔文的生物进化论,提出了人是从猿进化而来的观点。这在当时并没有为世人所接受,而且还被当作邪说。但由于达尔文掌握了人类进化的确实证据,他和他的继承者们不断探索、坚持,最终被世界所认识
4	要有良好的品德	创新国家必须要有良好的道德。要实现中华民族伟大复兴的"中国梦""中国梦"不只是"财富梦""实力梦""强国梦",还是"道德梦"。道德如同"盐",是人人所必需的。人们不吃盐,会危及生命;人无道德,徒有人形而无人性;社会缺乏道德,会触及社会稳定和安全底线。因此,人们要不断健全守卫道德的各种制度,为"中国梦"的实现奠定基础 一个人要想不断取得创新成果,必须有良好的品德,要有正确的道德观念,要继续弘扬中华民族所固有的美德。道德包括社会公德、职业道德和家庭美德三个方面 社会公德是社会生活中最简单、最起码、最普通的行为准则,是维持社会公共生活秩序,使之正常、有序、健康开展的最基本条件。因此,社会公德是全体公民在社会交往和公共生活中应该遵循的行为准则,也是公民应有的品德操守。对社会公德的主要内容和要求用"文明礼貌、助人为乐、爱护公物、保护环境、遵纪守法"20个字做了明确规定。我国所提倡的"五讲、四美、三热爱"也应该是社会公德所涵盖的内容范畴 各行各业都有其特定的职业道德,从事创新设计和工程技术工作的科技工作者,在进行科学探索、试验研究、新品开发、工程设计、情报分析、信息采集和处理等工作的过程中,必须遵循道德准则和行为规范。其职业道德可概括为二十八个字:热爱祖国、热爱科学、敢于创新、吃苦耐劳、严谨治学、团结同志、甘为人梯 家庭美德属于家庭道德范畴,是指每个公民在家庭生活中应该遵循的基本行为准则。它涵盖了夫妻、长幼、邻里之间的关系。一个家庭首先要保持家庭成员间的和谐,建立一个和睦的家族。每个人要承担家庭的一份责任,做到互相关心,互相爱护,互相尊重,对长辈要尊敬,对晚辈要爱护,长者要用有效的方法对子女进行培养和教育。家庭是社会的基本单元,在社会上家庭成员间的接触和联系最为紧密,建立一个和睦的家庭十分重要
5	要有严谨的学风和作风	严谨和实事求是的学风和作风也是取得成功的必要条件。科学事业是实实在在的事业,来不得半点虚伪,虚假和不真实的东西总是要碰钉子的,所以,一个人应该有良好的学风和作风 科技工作者应该实事求是地去开展各项科研工作,脚踏实地去完成本职工作。科学性最重要的特征表现在对待事物的真实性。特别要反对伪科学,反对弄虚作假,提倡诚信 在创新设计的道路上要去伪存真,诚实守信,实事求是。做任何事都必须首先讲"诚信",要"诚信"就必须"实事求是"。因此,一个人的思想素质如何,心理素质如何,学风和作风正确与否,也常常是创新设计能否取得成功的关键 守信不仅是一种品质,也是一种回报率很高的长期投资。当你树立了一个守信用的形象时,会获得越来越多人的信任,因而带来越来越多的机会,就好像拥有了一座金矿。摩根先生曾说,自己的信誉比金钱还重要
6	要有良好的习惯	良好的生活习惯是事业取得成功的关键因素,是一切成功的钥匙。一个优秀的科技工作者应具有的良好习惯:①有勤奋学习和工作的好习惯。只有勤奋学习和工作,才能知识积累丰厚,经验铺垫扎实,这也是取得创新设计成果的基础。②诚恳待人和诚信创新的好习惯。创新设计要实事求是,不弄虚作假。这也是做人、创新设计的起码条件。③关心公共事物和他人的好习惯。每个人应该关心公共事物和关心他人,人类社会是群体社会,是依靠社会上的每一个成员共同努力才能得到发展和进步。④严格执行工作计划的好习惯。一个人应该养成遵守时间和执行计划的好习惯,假如不遵守时间,不去执行,拟定再好的计划,也将一事无成。⑤养成节俭的好习惯。节俭是使人取得成功的重要因素之一。"勿以善小而不为。"节俭也是一样,只有习惯节俭的人,在创新设计中才能以较小的成本创造出较大的成果

3 创新设计工作者要有必需的知识和能力

"智力"范围的两个要素是知识和能力。

为了实现中华民族伟大复兴的"中国梦",进行创新设计对社会做出更大的贡献,必须使自己掌握各方面的知识和培养各种能力。知识和能力是实现创新设计目标的必要手段。所谓知识,即一般知识和专业知识。所谓能力,即自学能力、分析与解决问题能力、实践能力与创新能力、组织能力和社会活动能力。

3.1 学习和掌握必需的知识

才智是所有武器中最厉害的武器,但才智又是买不到的。要获得才智,唯有通过学习。世界上没有天才,任何一个成功者,都是通过学习走向成功的。终身学习才会终身进步。社会在不断地发展变化,学习就像逆水行舟,不进则退,如果一个人不积累和更新知识,就会后退;一个人要成长得快,就一定要喜欢学习,并善于学习。

表45.5-2列出了学习和掌握必需的知识。

表45.5-2 学习和掌握必需的知识

序号	必须掌握的知识	具体内容
1	文化知识	从小学至大学本科的学习是要获得必要的文化基础知识,如语文、外语、地理、政治、历史、音乐、体育等。文化基础知识是工作的基础,必须很好地掌握它
2	科学技术知识	在科学技术高度发展的今天,科学技术的面越来越广,深度越来越深,专门化的程度越来越高。要想从事高新技术的研究,如果没有一般的科学技术知识,就很难胜任所承担的工作任务。所以我们必须要以百倍的努力去掌握这些一般的科学技术知识,如数学、物理、化学、生物、信息技术等
3	专业技术知识	在学校中学习的科学技术知识和专业知识总是有限的,还要到社会上继续学习有关专业技术知识。特别是在知识经济时代,更是如此。从事哪一项工作,工作所涉及的有关文化和科学技术知识。对每个人来说,基础知识和专业技术知识是执行工作的必要条件。学习文化基础知识、科学技术知识和专业技术知识,要抱有虚心、实事求是和永不满足的正确的学习态度 学习的方式通常有:①从书本上学习。有人说:"书籍是人类进步的阶梯,书籍是指引人生的灯塔,书籍是抚慰心灵的鸡汤……"今天有了这样良好的学习环境和条件,更应该通过书本学习使我们能获取为社会进步做出贡献及自己事业走向成功的各种必需的知识;②通过各种传媒进行学习。通过电视、电影、报纸、杂志各种传媒进行学习一些先进的文化和科学技术知识,信息内容十分广泛,形式灵活,也是一种普遍采用的方式,易被观众所接受,网络可以说是信息时代的最佳学习工具;③通过实践进行学习。这是一种比较有效的方法,体会也比较深刻,而且常常和自己的工作紧密结合,可以获得良好的效果;④要带着问题进行学习。在创新设计和创新设计过程中,我们会遇到许多新问题、新知识,这在客观上也要求我们不断学习、锐意进取

3.2 以顽强拼搏的精神进行学习

在学习过程中还会遇到如学习费用、学习环境、学习条件、学习遇到的困难、学习时间的限制、学习效率低、学习成绩不高、学习无从下手等许多困难和问题。这些问题会影响正常学习。众所周知,学习好文化知识和科学技术知识不是一件轻而易举的事,除需要下苦功夫外,也要有艰苦奋斗的精神去克服困难和经受各种挫折,还要刻苦钻研,才能把学习搞好,才能取得创新性的成果。以顽强拼搏的精神进行学习,见表45.5-3。

表45.5-3 以顽强拼搏的精神进行学习

序号	具体内容
想要学习好,必须下苦功夫	学习本是一件艰苦的工作,要想学习好,就要吃苦。因为学习文化知识和科学技术知识要通过教师讲解、自己阅读、思索和理解、练习和消化、背诵和记忆及反复运用等几个环节的反复循环才能完成。只有把这些学习环节做好,才能把知识真正学到手 学习要有坚持性,也要吃苦。一般说来,学到知识的多少是和所花费的功夫成正比的。花费的功夫越多,学习到的知识也越多,这是众所周知的事实。学习是长期的、持续的,不可中途停顿。正如古人所说:"读书如逆水行舟,不进则退。"因此,对于学习各个环节也好,学习各种各样的知识也好,学习的长期性也好,学习的坚持性也好,都要抓紧抓好。要抓好,就要吃苦,就要下苦功夫
以顽强拼搏的精神战胜困难	学习和工作一样,常常会遇到各种各样的困难、经受各种挫折和失败。要以顽强拼搏的精神去克服各种困难,去经受各种挫折和失败的考验。顽强拼搏就是在遇到各种困难时,能挺身而出主动去迎接困难,去解决困难问题,去战胜困难。如果把学习与工作结合起来,就会取得更好的效果。学习需要刻苦,工作同样需要刻苦。要取得学习和工作好的成绩和效果,必须在发现问题之后,对问题经过分析研究,提出解决问题的办法,才会取得更大的进步。由于遇到的问题和困难是多种多样的,只要有顽强拼搏的精神,这些问题和困难都可以迎刃而解
胸怀远志,方能刻苦钻研,学有成就	任何一个在创新设计领域想获得成就特别是重大创新成就的人,必须有远大志向,光辉梦想,并为之刻苦学习,长期积累,才能终有所成。如世界著名数学家华罗庚,自幼家境贫寒,家里勉强维持他念完初中便辍学了,但胸怀当数学家梦想的他,在极为艰苦的环境中,一边帮父亲打理小杂货店,一边利用点滴时间刻苦学习,艰难跋涉,他用了五年时间学完了高中和大学全部数学课程。20岁时他在《科学》杂志上发表了代数方程式解法的文章,受邀到清华大学工作。此后他更加刻苦学习,特别专注于数论的研究,他的专著《堆垒素数论》在世界产生了轰动,成为世界数论学家领袖之一。他的研究领域涉及数论、代数、矩阵几何学、典型群、多元复变函数论、调和分析与应用数学,他在全中国推广了"优选法"和"统筹法",产生了巨大的经济和社会效益。许多著名学者和专家评价他是没有学位的世界一流科学家

3.3 创新设计所必须具备的能力

为了实现中华民族伟大复兴的"中国梦",进行创新设计对社会做出更大的贡献,除掌握各方面的知识外,还必须培养各种能力,能力是完成工作任务的根本保证。能力主要包括如自学能力、分析问题与解决问题能力、实践能力与创新能力、组织能力和社会活动能力等。创新设计必须具备的能力,见表45.5-4。

表 45.5-4 创新设计必须具备的能力

序号	必须具备的能力	具 体 内 容
1	自学能力	在学校中要想把创新设计工作所需的全部知识都学习到手,是绝对办不到的。只有在实际工作中,通过自学不断补充创新设计所需的新知识,才能不断取得新成果。每个人的自学能力是不相同的,自学能力强的人,解决或处理遇到问题的能力也越强
2	分析和解决问题能力	分析与解决问题的能力是在学习和工作过程中逐步培养出来的。当我们遇到一个问题时,要用逻辑学方法去研究问题。首先要了解问题的全貌,然后利用分析与综合的方法找出现象与本质、内涵与外延、特性与共性、主要矛盾与次要矛盾、矛盾的主要方面与次要方面、内因与外因,分析事物发生的原因与结果,最后加以总结与归纳,提出解决问题的方法。因此,我们应该在学习和工作过程中不断地培养分析和解决问题的能力
3	实践能力	对于任何人来说,长大成人后都要为社会服务,都要参加社会实践,都要通过工作为社会做出自己的一份贡献。贡献有大有小,可以根据每个人的知识高低和能力强弱去完成不同的工作任务。但是,要做好工作,最重要的是要具备一定的实际工作能力。实际工作能力强的人,完成的工作也较好,对社会的贡献也较大。这就说明一个人具有实践能力或实际工作能力的重要性
4	创新能力	在知识经济时代,每个人都在不断继承与不断创新的过程中。创新是通过人的思维来实现的 创造性的成果只有通过实践才能体现出它的功效,所以必须将实践活动放到十分重要的地位,它也是创新的基础。应该提倡原始创新,原始创新是在原理上有突出成果的创新;另一种叫集成创新;还有一种是引进消化吸收和再创新。不论哪一种创新都是国家迫切需要的
5	协作能力	要完成好一项科研项目,需要一个团队,所以,必须充分发挥团结协作的精神,使团队中每个人都能发挥积极的作用。要虚心倾听别人的意见,尊重别人取得的成果,要让大家的积极性都能得到充分的发挥 搞好协作是做好团队工作的关键。在团队工作中,也常常会遇到成员之间出现各种矛盾的情况,要具有协调好各种矛盾的能力,使大家团结一致,高效地完成集体的任务。协调工作看来似乎容易,但做起来是十分困难的,因为每个人的情况都不一样,每个人都有自己的特点和要求,也都有自己想达到的目的,组织者要善于调动每个人的积极性,采取各种方法产生凝聚力、向心力,团队目标才可能顺利实现
6	宣传能力	宣传能力是知识的传播能力,用有形或无形的方式将自己待传达的内容告知听众。宣传能力主要表现为善于发现、善于总结、善于策划、善于利用(社会环境、媒体、网络、人脉)、善于攻关、善于合法宣扬等。我们讲的宣传能力是体现在真实与诚信上,反对任何虚假甚至欺诈的宣传
7	组织能力	要组织大家去完成工作任务,就要分配好各部门和每个人所承担的工作,协调好各方面的工作 组织者除了要实现创新设计工作的基本目标和要求,尽力去完成基本任务外,还要全面地考虑如何更好地实现创新设计的六项要求,即I(创新设计要有正确的思想)、Q(创新设计的品质或质量)、C(创新设计付出的成本或代价)、T(创新设计所花费的时间)、E(创新设计是否会影响环境)、S(创新设计的后续服务),以解决创新设计过程中的多快好省问题 组织者要有远大的眼光,能引导大家向正确方向前进,还要引导大家解决工作过程中遇到的各种问题

4 创新设计工作者要具备健康的身体和珍爱生命

4.1 创新设计的基本条件

想在人生的奋斗道路上大展宏图,必须要有良好的身体素质,健康的身体是完成创新设计工作的前提,没有健康的身体很难完成伟大的事业。

每个人都可能患病。有了疾病,要以乐观的态度对待疾病,治疗疾病、保证身体健康是争取创新设计成功和实现人生奋斗目标的必要条件,人们都应该把预防疾病和治疗疾病放到首要位置上,让自己身体始终处于健康状态,以充沛精力投入到学习、工作和生活当中。

此外,还要重视安全,防止意外事故的发生,这是维持生命的重要条件。全世界每年死于车祸、溺水等不安全因素的人数多达数百万,对每个人来说生命只有一次,有了生命才能很好地投身于社会的各项工作中。

保持健康和维持生命(见表45.5-5)是为国家科技进步和经济发展做出一份贡献的保障。因此,应该充分地在有限的生命周期内做更多的工作,使每个人都能为社会的发展和人类的进步做出自己力所能及的贡献。

表 45.5-5 保持身体健康和维持生命是进行创新设计的基本条件

创新设计的基本条件	具 体 内 容
重视身体锻炼，增强身体素质	要想在人生的奋斗道路上大展宏图，必须积极参加体育运动。锻炼好身体，增强身体素质，有良好的身体素质，健康的身体是完成创新设计工作的前提，没有健康的身体很难完成伟大的事业 美国著名心血管专家肯尼思•库珀博士指出，只要参加运动就一定会受益。对脑力劳动者尤其如此。据统计，1968年美国有24%的成人开始运动，在此后的15年里，美国心肌梗死死亡率下降了37%，高血压死亡率下降了60%，人平均寿命从70岁增至75岁。可见，运动是健康的"添加剂"和"健脑剂"。运动也不能过分，要有分寸，要量力而行
注意疾病预防，保持身体健康	就像列宁所说的，"身体是革命的本钱"。所以大家有了远大理想和奋斗目标，还要有健康的体魄，来保证理想的实现。积极预防和治疗疾病可以使我们的身体少受损伤，用更多的时间来完成更多的工作任务。每个人在其一生中，几乎都会患上各种不同的疾病，要积极治疗疾病，保持强健体魄
重视安全，珍爱生命	任何人都要珍爱生命，不仅要珍爱自己的生命，还要珍惜别人的生命。一个人要奋斗，要做好创新设计，首先是要保证自身的存在，即生命的存在，没有了生命，奋斗就成为一句空话。任何东西都比不上生命更珍贵、更重要，对每个人来说，生命只有一次。失去生命，它不会再来。为实现中华民族伟大复兴的"中国梦"努力奋斗，为人类社会多做贡献，必须重视安全，珍爱自己和他人生命

4.2 保持健康和维持生命的意义是为社会做出更多的贡献

人类社会已经进入知识经济时代，我们的前辈经过艰苦努力，已为我们创造了良好的生活条件。因此，我们这一代人，也要去实现人生的价值。每个人对社会贡献的大小是不一样的，由于情况不同和年龄的差异，贡献的大小自然不会相同。但是，每个人都应该争取为社会多做贡献。每个国家都为大家多做贡献制定了相应的政策，如退休年龄、各种奖励制度等。我国建立的院士制度，为掌握高新技术的科技工作者提供了良好的条件和极好的机会，为社会做出更多的贡献。

5 创新设计工作者要有坚韧的毅力和合理的战略战术

完成既定的目标和任务，除了要有良好的思想品德、必要的知识和能力、健康的身体之外，还要有坚韧不拔的工作毅力、持之以恒的奋斗精神、良好的心态和灵活机动的战略战术。毅力和斗志必须要和灵活机动的战略战术密切结合，才能使创新设计取得良好的效果。

5.1 坚韧的毅力和顽强的斗志

在创新设计过程中，会遇到各种各样的问题，创新设计工作者要以坚韧的毅力和顽强的斗志去解决出现的问题。坚韧的毅力体现在每个人的实际工作中，"一分耕耘，一分收获"，这是一条亘古不变的真理。所有取得成功的人都离不开他们的勤奋和努力，离不开他们的"不怕艰苦"的奋斗精神。这就是人们通常所说的毅力。

顽强的斗志体现在一个人遇到困难，他能以"百折不挠"的决心去迎接困难，以持之以恒的奋斗精神去战胜困难，直至最后的胜利。

表 45.5-6 表述了任何个人要想取得创新设计成功并获取最高效益，必须要有坚韧的毅力、顽强的斗志。

表 45.5-6 创新设计工作者要有坚韧的毅力和顽强的斗志

毅力和斗志	具 体 内 容
坚韧的毅力	完成既定的创新设计目标，要有坚韧不拔的毅力和持之以恒的奋斗精神 我国古人有句名言，"古来成大功立大业者，惟刻苦自励，勤于创新，以耐久之精神为之。"这句话说明要想使创新设计取得成功，成为人中豪杰的话，必须先吃苦，勤创新，并持之以恒。这些是古人的经验总结，对于现代人来说，也是适用的。如德国天文学家开普勒，是个7个月的早产儿。他一降生就连遭不幸：天花使他成了"麻子"，猩红热又弄坏了他的眼睛。他的父母对这个多灾多难的小生命，没有爱和温暖，不愿负责任。陪伴着他度过一生的，除了宇宙和星辰，剩下的就是贫困和疾病。早在孩提时代，开普勒的求知欲和上进心就极为旺盛，他的学习成绩一直在同学们中遥遥领先。正当瘦弱多病的开普勒尽情地遨游在知识海洋的时候，不幸再次降临到他的身上，父亲因为负债不能继续供他读书。失学后他始终没有放弃学习，更加发奋地从事他在天文学方面的研究。开普勒的一生，大半是孤独地在努力奋斗，他倒了，又站起来。终于研究并写出了天文学中十大著名的天体运动的三大定律。开普勒之所以取得成功，与他的吃苦耐劳、持之以恒的工作态度和奋斗精神是密不可分的。在工作中遇到困难和挫折，既是坏事，又是好事，而且更应该把它当作好事来对待，因为可以从中汲取经验和教训，可以进一步加强和困难做斗争的意志和增强实现远大理想的决心，有利于今后更好地开展工作 马克思曾说过："在科学上没有平坦的大道，只有不畏劳苦沿着陡峭山路攀登的人，才有希望达到光辉的顶点。"所以在人生的奋斗进程中，遇到挫折并不奇怪，问题是如何发挥主观能动性，将损失减到最小，甚至把这种消极因素转化为积极因素

毅力和斗志	具 体 内 容
顽强的斗志	创新设计就是要以百倍的努力和坚韧不拔的毅力去执行所要完成的任务。即使是遇到很大的困难和挫折，也应该尽力想办法使所造成的损失减到最少，并从中汲取经验和教训，尽最大努力将坏事转变为好事。卓别林有句话，"要记住，历史上所有伟大的成就，都是由于战胜了看来是不可能的事情而取得的。" 如霍金在正值青春的年华，患上了会使肌肉萎缩的卢迦雷氏症。医生断言只能活两年的他，虽然最终活了下来，却在之后的数十年里逐渐全身瘫痪并失去了说话能力。这样的一个残疾人，却是科学史上最杰出的科学家之一。虽然身体残疾，他的智慧却无限地发挥，他勇敢地承受着生命的重压，为人类做出了不可估量的贡献 香港工业界鼎鼎大名的蒋震先生说过："成功没有秘诀，只有埋头苦干。不要想一步登天，不要想一夜发达，只要按部就班、埋头苦干、全心全意创新设计，个个都可以成功。"这正是每一个立志创新设计的人应具有的心态

5.2 良好的心理素质和合理的战略战术

创新设计过程中会遇到各种各样的困难和挫折，创新设计工作者要以良好的心态对待所遇到的困难，以灵活机动的战略战术解决问题，如同战争一样，必须要有一整套科学有效的措施和办法，才能以较小的付出，使创新设计取得成功，使战斗取得胜利。创新设计工作者具有的良好的心态和采用灵活机动的战略战术，见表45.5-7。

表 45.5-7　创新设计工作者具有的良好的心态和采用合理的战略战术

良好心态和合理的战略战术	具 体 内 容
良好的心态	一个人要做好任何工作的前提是要有自信心。坚定的自信是一束阳光，它会照亮人的奋斗道路。许许多多伟大人物最明显的成功标志，就是他们具有坚定的自信心。在当今社会里，有的人因没有把学习搞好或没有把工作做好，掉队了，在心理上产生很大的压力，生怕别人看不起自己，这种思想上的压力完全是由主观因素引起的，如果真的掉队了，可以通过努力逐步赶上甚至超越他们。在前进道路上，常常会遇到各种各样的曲折。特别是在市场经济时代，竞争十分激烈，在竞争面前，必定会有胜者和败者。在国际体育竞赛中，众多的参与者中，获奖的只是少数。对于胜者，必须压制自己的感情，不能过分激动；对于败者，也应该接受失败的教训，不要气馁，而应牢记"失败是成功之母"这一名言 一个科技工作者，要想不断使创新设计获得成就，就要不断面对一个又一个的失败。正如许多科学成就经历了几百次、上千次失败后方可取得成功一样，我们要有承受不断失败的良好心理素质
合理的战略战术	在创新设计过程中，会遇到各种各样的问题和困难，而对于这些问题和困难，必须采取科学和有效的措施和办法予以解决。处理得好，问题就会很快得到解决，困难也会很快得到克服。但是也有不少问题和困难不能用简单的办法解决，而要采用灵活机动的战略战术去处理，才能最终妥善地得到解决。尤其遇到一些特殊的问题，要采取紧急措施，才不会造成严重的损失；有些坏事可以转变为好事，或者使它向好的方面转化，将消极因素转变为积极因素。这时需要采取灵活机动的战略战术 人们不能闭着眼睛去创新设计，还要灵活机动，以及懂得"知己知彼，百战不殆"。当遇到了一个暂时没有办法解决的问题时，可采取回避的战略，不能去硬拼；创新设计如没有合适的时间和地点条件时，就暂时把它放下；当某一件事占有有利时机时，就要集中力量去迎接挑战，并争取在很短的时间内取得胜利。这就是所谓灵活机动的战略战术

第6章 集体（单位）创新设计的四项潜能

1 概述

在人类社会中，许许多多的事是靠集体来完成的，集体的事和个人的事有共同之处，但也有很多地方是不相同的。共同之处是在主观方面都有四方面的潜能，不同之处是其内涵不完全相同。

对于一个集体来说，主观方面的四项潜能发挥得好，才会把创新设计方法论的六项要求做得好，才能把创新设计工作做到位，并能在创新设计过程中做到多快好省，环保方面的要求也会搞好，后续性的服务工作也会做好。

对于任何集体来说，集体（单位）创新设计应该发挥的四项潜能，见表 45.6-1。

表 45.6-1 集体（单位）创新设计应该发挥的四项潜能

序号	主要方向	具体内容
1	组织和领导	对集体来说，主观方面的第一项因素是组织与领导。领导把握大方向，善于组织管理、善于紧抓机遇、善于改革创新和约束自己，组织和领导是一个集体的灵魂，没有领导的集体，就会迷失方向，就无法开展工作
2	技术和管理	主观方面的第二项因素是技术和组合，它与个人的知识和能力相对应，包括了一个集体的技术力量和管理能力，这是一个集体完成任务的基本条件
3	团结和协作	团结就是力量，团结协作的力量是无穷尽的，团结协作可以调动团队成员的所有资源和才智，开发团队应变能力和持续的创新设计能力，依靠团队协作的力量就会创造奇迹，才能取得创新设计的成功
4	斗志和战术	主观方面的第四项因素是斗志和战术，在完成集体工作的过程中要有战胜困难的斗志，善于采用灵活机动的战略战术，一个科研团队还必须有顽强拼搏的精神，敢于向各种困难做斗争，勇于去应对各种失败和挫折，没有这种奋斗精神是很难做好创新设计工作的

2 要有远见卓识和善于组织的领导

组织和领导是一个集体的灵魂，领导应能把握大方向，应善于组织管理，才能把事情做到好，才能取得创新设计的成功，领导应能把握大方向和善于组织管理，见表 45.6-2。

表 45.6-2 领导应能把握大方向和善于组织管理

领导的作用	具体内容
领导应能把握大方向	一个团队要取得创新设计成就，首先要有远见卓识和善于组织的领导。领导的作用，首先应在正确的思想指导下，引导大家朝正确的方向前进，组织这团队很好地完成既定的创新设计工作任务。一位好的领导既要有前瞻意识，也要有忧患意识，还要有敏锐的眼光来预测形势的发展，进而预测创新研究的发展前景和可能出现的问题。要引导一个创新团队朝正确方向前进，要用科学发展观的思想作指导，从而使这个创新团队始终沿着时代的发展方向前进，以适应时代的发展。这就需要领导者既要有正确的目标，又要有切合实际的工作任务，还要有科学的工作方法。总之，一个创新团队的领导要抓大事，并善于根据形势的变化采取相应的措施，从而使这个创新团队能够紧紧围绕着国家急需的发展方向开展相应的工作，在科学技术和经济发展中，能够充分地发挥其积极作用，完成时代所赋予的发展科学技术和经济的历史使命
领导应善于组织管理	创新设计团队的领导要组织大家来完成集体的创新设计工作任务，要分配好各自所承担的任务，并协调好各方面的工作。除了实现基本目标，即完成基本任务外，还要全面地考虑如何更好地实现创新设计的六项要求，即 I（创新设计要有正确思想的指导）、Q（创新设计的品质或质量）、C（创新设计付出的成本或代价）、T（创新设计所花费的时间）、E（创新设计是否会影响环境）、S（创新设计后续的服务和处理工作），创新过程中在既要保证贯彻"正确的思想、良好的环保、方便的服务"的前提下，还要解决好创新设计的"好、省、快、多"问题

3 要有足够的技术能力和管理能力的领导

创新设计团队要完成集体的创新设计工作任务，就要有足够的技术能力和管理能力，见表 45.6-3。

表 45.6-3 要有足够的技术能力和管理能力

技术能力和管理能力	具体内容
一个集体应掌握本领域技术发展的方向	在知识经济时代到来的今天，知识在发展科学技术和经济中已经显示出极其重要的作用。掌握高新技术的科技队伍才能承担发展高新技术的重大创新设计任务和发展高新技术产业的重任。信息技术、先进制造技术、新材料技术和生物工程技术是目前高新技术和经济发展的主体，要在这些领域中寻找并开拓新技术或发展的新产品，就必须了解掌握这些领域科学技术发展的方向。在了解与掌握这些技术方向的基础上，确定创新设计的方向
一个集体应有足够的技术储备	必须不断学习和掌握本领域最先进的技术，并不断将这些新技术应用于具体研究工作中。所以一个创新团队的领导要不断地向每一个参与者介绍这些先进技术，并要求他们在创新设计工作中很好地运用这些先进技术
一个集体应了解掌握相应的管理技术	要重视技术的管理和技术的组合，应用最新的信息技术对技术资料进行管理，例如用专家系统对创新设计过程进行有效的管理
一个集体应善用科学哲学思想来指导	掌握先进科学技术是一个集体工作范围内的基本任务，但要搞好创新设计，必须用科学的哲学思想做指导，从而很好地了解科学发展观的特点，如全面性和系统性、实践性和科学性、继承性和创造性、协调性和稳定性、可持续性和长期性、以人为本等，只有充分了解和掌握了这些特点，才能更加有效地贯彻科学发展观的指导思想，才能自觉地在实际行动中加以运用
一个集体应了解和掌握创新设计的方法	创新设计方法是一种提高创新成功概率的方法，只要大家对这种方法能够认真学习和深刻理解，并坚决地去尝试和实践，一定会取得好的效果
一个集体应该重视对人才的培养	国家十分重视人才的培养，就是为了满足科学技术和经济发展的需要。学校的培养重点是基础和技术的培养。作为一个科研创新团队，培养人才的最佳途径是在科研实践过程中。要敢于用人，善于用人，全方位重视科研人员，特别是年轻科研人员，以适应长期创新设计和发展的需要
一个集体应该重视对人才的引进	人才引进是科研团队人才的重要来源之一。从学校里招收毕业生，从别的单位引进人才，只要符合法律规定，任何一种人才引进方式都是许可的，有时甚至不惜代价

4 要有一个团结协作的集体

如若创新设计的工作任务是由一个集体来完成的，就必须充分发挥集体的力量，团结协作是创新设计成功的关键。

"一个和尚挑水喝，两个和尚抬水喝，三个和尚没水喝。"这是对缺乏集体主义思想最尖锐的批评和讽刺；"一只蚂蚁来搬米，搬来搬去搬不起，两只蚂蚁来搬米，身体晃来又晃去，三只蚂蚁来搬米，轻轻抬着进洞里。"后一个例子也说明集体的力量是伟大的。这两首童谣，讲了两种截然不同的结果。团结协作能激发团队不可思议的潜力，如果自行其是，互相推诿，不讲团结协作，就像三个没有水喝的和尚一样；"三只蚂蚁来搬米"之所以能"轻轻抬着进洞里"，正是团结协作的结果。

"团结就是力量"，团结协作的力量也是无穷尽的，一旦被开发，将创造出奇迹。在当今知识经济时代，各种知识、技术不断推陈出新，竞争日趋紧张激烈，社会需求越来越多样化，使人们在工作学习中所面临的情况和环境极其复杂。在很多情况下，单打独斗的时代已经成为过去，团结协作可以调动团队成员的所有资源和才智，开发团队应变能力和持续的创新设计能力，依靠团队协作的力量就会创造奇迹，才能取得创新设计的成功。

"团结是一个集体的生命"，一个团结的集体就像一个健康人一样，依靠它来完成既定的创新设计任务。一个集体不团结，就像一个病人一样，不能很好地去完成既定的工作任务。一个集体也像一个人一样，也会患上这样和那样的疾病，在团结方面出现问题。团结一致的集体是一个健康的集体，不团结犹如一盘散沙，很难形成合力。所以对于一个集体来说，要想完成创新设计任务，必须团结一致，把协作的工作做好，才能取得创新设计的成功。

如何才能做到团结协作呢？见表 45.6-4。

表 45.6-4 集体做到团结协作的基本条件

基本条件	内容
建立和谐的人际关系	与同事、领导之间形成和谐的信赖的关系，相处的气氛就会更融洽，更有助于形成相互尊重、理解的工作氛围和友好宽松的工作环境，可以最大限度地发挥我们的聪明才智和工作热情
积极开展集体活动，增强团结协作精神	参加集体活动，可以增强人们的团结协作意识，进而产生协同效应。在遇到困难的时候就能集体想办法、出主意，做到"三个臭皮匠，顶个诸葛亮"，积聚集体的智慧和力量。试想一下，当我们在工作遇到困难，内心感到忧惧和无助、犹豫不决的时候，最需要的就是团队内部成员之间发自内心的鼓励，这时会强烈地感受到来自团队的巨大力量

基本条件	内　容
营造良好的工作氛围	必要的竞赛活动是保持团队锐气的必要条件，它能促使人们在学习上更努力、工作上更用心、作风上更顽强，从而加快前进的步伐。我们提倡团队的协作精神和互补精神，就是要在目标一致的前提下团结起来，携手协作，力争一流的创新设计成绩
充分信任同事和周围的人	信任别人是一种良好的美德。在与同事相处时，一定要给予充分的信任，同时自己要谦虚一点、微笑一点、宽容一点、主动一点。同心山成玉，协力土变金。成功，需要克难攻坚的精神，更需要团结协作的合力

5　顽强拼搏的奋斗精神和合理的战略战术

一个集体必须具有顽强拼搏的精神和采用灵活机动的战略战术，敢于向遇到的各种困难做斗争，并运用灵活机动的战略战术，把事情解决好。顽强拼搏的奋斗精神和灵活机动的战略战术，见表45.6-5。

表 45.6-5　顽强拼搏的奋斗精神和灵活机动的战略战术

名　称	具 体 内 容
一个集体遇到困难时应能顽强拼搏	在创新设计过程中，一帆风顺的情况并不多，总会遇到这样或那样的问题，碰到这样或那样的困难。只有具有顽强拼搏的精神，才能不断克服困难不断前进。克服了困难，扫除了道路上的障碍，创新设计就会取得更显著的成绩 顽强拼搏的精神就是在遇到困难时，千方百计地想办法，并通过不断的实践，去克服这些困难。首先要对困难进行充分的分析，对其中主要矛盾和次要矛盾、矛盾的主要方面和次要方面进行全面和系统的分析，找出产生困难的原因，进而找出解决困难最理想的办法及其可能解决的最佳途径，进而去解决遇到的困难
一个集体遇到失败和挫折永不灰心	创新设计过程也是对客观规律的认识过程，掌握了事物发展的规律，创新设计就会取得成效。在创新设计过程中，碰到失败和挫折，不能灰心丧气，要振作精神，找出失败的原因，总结失败的教训，这就是常说的"失败是成功之母"，由失败转向成功。一个创新设计团队是否健康，是否坚强，是否有战斗力，关键是看在遇到失败和挫折的态度及应对能力。在失败和挫折面前，只要大家同心协力，运用科学和智慧，就会使创新设计攀上新的台阶
一个集体要由一些骨干人物来带动	一个创新设计团队顽强拼搏的奋斗精神和坚韧不拔的工作毅力，特别体现在其中的一些骨干人物身上，所以一个创新设计团队要重视对骨干人物的培育。"榜样的力量是无穷的"，要通过骨干人物带动整个团队 集体领导的责任，就是善于发现这些能带领集体顽强拼搏和奋斗的骨干人物，要积极地支持他们，培育他们成为榜样，从而影响和带动一个创新设计团队的工作
要善于总结经验和教训	要不断总结经验和教训，特别是教训。经验常常是指创新设计取得成功的长处和优点，而教训常常是指研究失败过程中所出现的问题和不足。要从这些事例中找出优点和缺点，长处和不足。遇到问题应尽快解决，使它向好的方向转化，不要等出现严重问题时再去处理和解决，到那个时候再去处理，可能为时已晚，也会对创新设计工作造成重大的损失
要运用灵活机动的战略战术	在遇到困难或遭受挫折的时候，除了有坚强的毅力和顽强的奋斗精神外，还要有效运用灵活机动的战略战术，像作战一样，要灵活运用有效的方法，但不能损害国家和人民的利益。要把坏事转变成好事，要使创新设计过程中的损失达到最少。总之，在遇到困难和挫折时，不仅仅要有顽强的斗志，还要采取最理想的办法去解决遇到的问题

第 7 章 创新设计客观因素的影响

1 概述

自中央提出要建设创新型国家的战略以后，我国已经形成了一个良好的创新设计工作的大环境，也为科技人员提供了大量的机遇。只要我们善于发现和抓住机遇，充分利用良好的社会和物质环境，整合各种资源和条件，创新设计就一定能获得成功。

机遇、环境和条件对创新设计工作非常重要，所以，一定要千方百计地寻找和挖掘机遇，良好的机遇往往只在一个很短的时间内存在，发现之后应该紧抓不放，并加以积极地利用；如果在某一工作阶段缺乏良好的环境和条件，应该想尽办法努力去创造，再加以利用。

表 45.7-1 列出了影响创新设计工作客观方面的三个因素。

表 45.7-1 影响创新设计工作客观方面的三个因素

序号	外部三因素	具体内容
1	机遇和挑战	善于发现机遇，善于抓住机遇，勇于迎接机遇带来的挑战
2	环境和协调	既要重视环境的保护，又会充分利用环境对创新设计产生的积极影响
3	条件和利用	要创造条件，充分利用条件对创新设计产生的积极作用

2 要善于发现和利用良好的机遇

人们常说"机不可失，时不再来"，错过了时机，就很难再有这种良好的机遇。巴尔扎克说："机会来的时候像闪电一般短促，全靠你不假思索地利用。"所以，千方百计地去紧抓机遇，是创新设计取得成功不可忽视的因素。

机遇对于每个集体和每个人来说都是十分重要的。要利用好机遇，有时还要有意识地去创造机遇。

一个人要成功，要做成一番事业，其实并不是难事。只要抓住机遇，再通过自己的不懈努力就能取得成功。所以机遇对于任何人来说，都要努力地抓住，不要轻易放过。

机遇来自何处？请参阅第 3 章，六个方面的机遇。

机遇对于任何人来说都十分重要，要想尽一切办法去寻找机遇，去发现机遇。机遇和挑战常常是同时存在的，碰到了机遇，还必须勇敢地去迎接挑战，创新设计才能取得成功。

如何去创造和利用好这些机遇呢？

人们常说"机遇对你笑，看你找不找""机遇只垂青那些懂得怎样追求她的人"。不失时机地从各个方面去寻找，机遇也是可以找到的，关键的问题是要动脑筋，要勤于思考，要善于发现。

有人说，"机遇可遇而不可求"。其实，机遇的产生也有其内在规律。如果你有足够的勇气，睿智的头脑，敏锐的观察力、判断力，机遇也可以被"创造"出来。善于等待机遇、抓住机遇是一种智慧，创造机遇更是一种大智慧。

机遇虽然是一种客观的事物，但它却是由参与认识世界、改造世界的人创造出来的，它是人的主观能动性与外界环境变化的客观必然性相"合拍"的产物。

一个人的主观条件影响着客观环境，主观条件得到优化，客观环境将得到改变，将有利于产生适应个人发展的良好机遇。成功者的经历证明，客观机遇降临时，自身胆识等方面素质较强的人明显要比一般人更容易捕捉到机遇。才华出众则是捕获机遇的最大资本。

成功者能在机遇来临之时牢牢地把握住它，就是因为他们较之常人进行了更为漫长的、充分的准备。他们就像一粒粒种子，在黑暗的泥土中蓄积营养和能量，一旦听到春风的呼唤，他们就会破土而出，生长成挺拔的栋梁之材。

这就很好地解释了这样一些问题，即为什么有的人总能得到比别人更多的机遇？为什么面对同样的机遇，有人成功了而有人却失败了？为什么有些资质本来不好的人却能得到命运的垂青，而某些天资甚佳者却最终庸碌无为？为什么成功者总显得比别人幸运？

有不少机遇是人创造的，是人的主观能动性和外界环境变化的客观必然性的结合。主观方面条件的增强会影响到客观环境的变化，使好的机遇更容易产生。同样，当一个客观机遇出现后，那些不断在提高自身素质方面的人则要较之常人更容易接近和抓住这些机遇。

这里必须指出，机遇只是一个客观因素，有了机遇，必须通过个人或集体的不懈努力和辛勤劳动，即客观因素要通过内因才起作用，才能使创新设计取得成功。

3 应选择好合适的环境

3.1 环境的类型

环境包括狭义环境和广义环境。狭义环境是地点；广义的环境因素包括社会环境（政治、经济、人文、国际和人际环境）、自然环境、技术环境、资金环境、市场环境和政策环境等，这些环境因素也会对创新设计团队的生存与发展产生重要影响。

在创新设计研究过程中，既要充分考虑环境对创新设计工作的约束，又要充分利用环境对创新设计工作所起到的积极作用。例如，企业产品的设计与制造要适应不断发展的社会需求，求新求变，赋予产品更多的人文因素，使产品更加的人性化。设计师需要更加彻底地理解全人类的要求，从而逐渐采用和谐设计的理念进行产品的设计，做出真正的"以人为本"的设计。

环境包括狭义环境和广义环境，见表45.7-2。

表 45.7-2 狭义环境和广义环境

类型	次属	具 体 内 容
狭义环境	地点	狭义的环境是地点，地点对于创新设计是十分重要的。环境在一定条件下可以决定一个创新团队的发展前途
广义环境	自然环境	①自然环境保护。当前社会活动和生产中，环境污染到了十分严重的程度，如水、空气、噪声、振动、电磁辐射等污染正在威胁着人类的生存和安全。有些城市和地区出现的雾霾天气就是环境污染造成的 在21世纪，人与自然的关系至关重要，地球上的资源逐渐枯竭，环境污染十分严重，自然界中的许多物种都有濒临灭绝的危险，所以环境保护是目前最重要的任务之一 ②资源合理利用。地球上的资源是有限的，必须加以合理的利用。人类文明的历史只有5000多年，但对环境的破坏却非常严重，如果这样发展下去，我们的后代如何生存和生活呢？仅通过下面一点就足见问题的严重性。车辆过高排放的有害气体及油料资源的不合理利用与浪费，给人类带来了难以想象的灾难。目前这个问题在产品的绿色设计中已经提出，并正在解决 ③与地理环境的协调。不少产品与地理环境有直接的联系。因此，对于与地理环境有直接关系的产品，必须考虑地理环境对产品的约束，充分利用地理环境对产品发展所起的积极作用 每个人和每个集体都要努力为创建一个环境友好型和资源节约型的社会做出自己的一份贡献
	社会环境	①与政治环境相适应。创新设计工作应紧紧围绕改革开放的总方针，与国家的方针政策相一致，严格遵守规章、规范，服从大局。②与经济环境相协调。创新设计工作应与国家经济发展的大环境相一致，这个大环境就是全面建设社会主义现代化，实现两个一百年的发展目标。③与人文环境相协调。创新设计工作要符合社会主义精神文明建设的要求，要考虑文化、教育、艺术、科技、道德观念等方面的要求。④与法律环境相协调。党的十八届四中全会决定努力建设法制社会，以法治政、以法治国，严格在法律法规框架下从事一切活动，这为创新设计工作创造了一个良好的法制环境。⑤与国际环境相协调。现代科技无国界，任何新的科学技术都将很快在国际上被借鉴和发展，从事创新设计工作必须随时随地了解和掌握国际上科技发展的新动态，特别是与自己所从事的创新设计相关的新信息。⑥与人际关系、环境相协调。党和国家倡导建立和谐社会，其中重要的是人际关系和谐。在创新设计工作中，要注重相关利益，特别是创新设计工作中相关联的团体和个人，利己利人，方能和谐共发展
	技术环境	要充分利用现有的最先进的科学技术和装备，争取多、快、好、省地取得创新设计成果
	资金环境	任何创新设计工作都必须有相应的资金支持，要积极争取政府的项目资金支持，看准企业的发展需求，争取资金，实现共赢
	市场环境	创新设计课题往往与市场需求相关。例如，在劳动力相对缺乏的情况下，机器人需求大增，研发各类适合企业需求的更先进的机器人成为新的市场环境
	政策环境	为加快我国实现现代化步伐，努力建设创新型国家，各级政府出台了许多有利于创新设计的政策。如对高校设立"985""211""863""973"等工程和自然基金及青年基金，对企业设立创新设计基金等，这都为创新设计提供了良好的政策环境

3.2 如何利用良好的客观环境

各种环境因素是客观存在的，如何利用好客观环境，关键是应抓住三点：一是要有敏锐的洞察力，善于发现；二是要有良好的协调能力，善于争取；三是要有积极的开拓能力，善于创造，通过主观努力，创出新环境。

4 充分利用好客观条件

4.1 客观条件的种类

客观条件是多种多样的，主要客观条件的种类见表45.7-3。

表 45.7-3　主要客观条件的种类

种类	内容
学习条件	终身学习是对所有从事创新设计人员的要求,所以要努力创造优良的学习环境,准备高新科技发展所需的大量资料,从而掌握不断发展的科技知识
工作条件	对于每位从事创新设计工作人员来说,为了做好创新设计工作,工作条件十分重要,因此必须具备基本的研究环境、优良的研究手段和充实的研究经费
试验条件	对于科技研究人员来说,试验研究是十分必要的。如从事物理、化学、生物工程、信息技术、新材料技术、先进制造技术的科技工作者,没有试验很难做好他们的工作,试验是他们研究工作的基本手段,所以必须要创造试验研究的基本条件,才能完成好工作任务
基础条件	做任何工作,基础条件十分重要。有了良好的基础,就可以大大减少基础性和先导性的工作,从而节省出许多时间,直接进行关键性研究 如果能很好地利用这些基础条件,那么研究工作就会在较高的起点上进行,就会取得更高水平的成果。对从事研究创建的工作者来说,如果他所研究的内容是在一个高水平的基础上进行的,他就会取得更高水平的创新设计成果
生活条件	生活条件是保证完成工作任务的基本因素。一个人首先要生存下去,就要获得生存下去的基本条件。如果一个科技工作者的衣食住行都安排得很好,他就可以全心全意地投身于工作中,把工作做得更好,进而为国家科学技术和经济的发展做出更大的贡献

这里指的条件主要是社会环境及工作条件。一个人创新设计能否取得成功,与其外部条件也有十分密切的联系。例如,你要在某一领域的研究工作取得成功,除了自身的一些因素外,还要有良好的工作条件作为支撑,要有领导、同事的支持,有一个很好的群体和科研团队协助你完成所承担的工作。反之,如果没有良好条件的支撑,也就不可能很好地完成所承担的工作任务。

搞创新设计要有工作条件,还要有工作基础。例如,你所在的工作单位,有较好的基础,起点高,你在这个起点上开展研究工作,你所进行的研究,就能获得更高水平的成果。所以,很多水平高的科技工作者,希望到高水平的单位工作。有不少青年学生,要到名牌大学念书,因为名牌大学有较好的环境,有著名的教授,有良好的试验条件,他们能获得更多的知识和培养更强的工作能力。

4.2　如何营造和利用良好的条件

学习、工作和生活条件在许多情况下依靠科技工作者本人或承担工作的集体来创造,有时还要与上级部门或协作单位共同来创造。条件的具体内容包括学习条件、工作条件和生活条件等。营造良好条件的办法要根据各个单位和各个部门具体情况加以确定,这项工作是十分复杂的,要通过个人和集体的共同努力并对学习、工作和生活的条件进行具体规划来予以完成。

第8章 创新设计动态因素的作用

1 概述

创新设计的两个动态因素：学习和致用、检查总结和提高。

学习是为了更好地工作，是针对知识不断更新的需要，是针对创新设计者不断提高工作能力的需要。创新设计工作中遇到了新问题，就需要通过分析来解决。问题不解决，个人和集体就不能很好地完成创新设计工作任务，创新设计就不能取得成功，个人或集体就不会取得进步。因此，经常学习是十分必要的。通过学习，可以了解相关的先进技术及别人工作的先进经验和方法，进而通过自己的思考和分析，提出解决问题的方法。

此外，做一件事还必须经常进行检查，如检查工作进行的情况，检查所做的工作是否按制订的计划在执行，是否达到规定的指标和要求。如果发现了工作中的问题，就应该尽快纠正，使工作走上正常的轨道。总结也是为了更好地工作，做完一件事，或完成一个阶段的任务，或当遇到一些特殊问题时，都要进行总结。总结工作中的经验和教训，有利于在执行下一阶段或下一项工作时，能很好地汲取前一阶段工作的成功经验，接受失败的教训，发扬优点，克服缺点，使以后的创新设计工作少走弯路，进而提高创新设计的成功概率和效益。这是创新设计方法论要讨论的重要问题之一。表 45.8-1 列出了创新设计过程中应该重视的两个动态因素。

表 45.8-1　创新设计过程中应该重视的两个动态因素

序号	两个动态因素	具体内容
1	学习和致用	不断学习新知识、新技术，不断提高新形势下的创新设计工作质量
2	检查总结和提高	经常用六项要求进行检查，定期总结工作中的经验和教训
3	学习和总结可取得的效果	学习和总结可使人更聪明

2 不断学习，学用结合

学习是获取知识和技术的重要手段，也是学习他人经验的主要方式。不学习很难了解社会上的各种情况，也很难了解各种新知识和新技术，同时很难提高自己的工作能力和创新设计的本领。

某领导曾说："不学习是没有希望的。"还要补充说一句："不勤奋学习，不刻苦学习，也是不会取得很大成绩的。"在创新设计及人生奋斗过程中，要不断地学习，因为人类社会处在不断的发展过程中，新知识也在不断地涌现，旧知识不断地更新；随着科学技术的不断进步，人们的生活方式与工作方式也在不断地改变。人们需要不断地了解、掌握和运用这些新知识、新技术，以适应工作与生活方式不断变化的需要。

习近平同志指出："如果我们不努力提高各方面的知识素养，不自觉学习各种科学文化知识，不主动加快知识更新、优化知识结构、拓宽眼界和视野，那就很难增强本领，也就没有办法赢得主动、赢得优势、赢得未来。"

在前进中会遇到这样那样的新情况、新课题，还要应对各种可以预料和难以预料的风险和挑战，同时我们不懂得、不熟悉、不精通的东西还很多。面对世界形势和国家形势的深刻变化，以及改革开放和社会主义建设的艰巨性和复杂性，要解决新时期、新阶段我们面临的新情况和新挑战，只有更加重视学习、加强学习和善于学习，不断提高工作能力和领导能力，才能确保在世界形势深刻变化的历史进程中始终走在时代前面，才能不断提高推动科学发展和国家经济发展的能力，使中华民族自立于世界民族之林。

通过书本、各种传媒或自己的亲身实践，可以学新的知识、新的经验、新的方法，进而用来解决工作和生活过程中遇到的各种问题。可以这样理解学习知识的重要性，即"知识是人类进步的阶梯，知识是指导人生的灯塔，知识是抚慰心灵的鸡汤。"人不只是靠他生来就拥有的一切，而是靠他从学习中所得到的一切来造就自己。

西汉学者扬雄说："学者，所以修性也。视、听、言、貌、思，性所有也。学则正，否则邪。"曾国藩认为，人之气质，由于天生，本难改变，唯读书学习可以改变人。培根在《论读书》中写道："读史使人明智，读诗使人聪慧，演算使人精密，哲理使人深刻，伦理使人有修养，逻辑修辞使人善辩。"因此，学习对于任何人来说都十分重要，要活到老，学到老，用到老。特别是在科学技术得到高度发展的今天，科学技术日新月异，生活条件和环境不断改变，在这种新形势下学习尤为重要。

目前通信技术已发展到网络时代，人与人之间通过手机发送短信，通过网络通信，只需短短的一两分钟,就可以将信息发送给对方或接收到对方发来的信息。假如人们不学习这些新技术,那就落后了,还会浪费许多时间。新通信技术的研究和应用,提高了工作效率。所以,要不断学习,学用结合。

3 经常检查,定期总结

在创新设计工作过程中,要不断地对工作进行检查和总结。做任何工作都要有具体的要求和要达到的指标,创新设计的质量"好"、付出的代价"低或省"、花费的时间"短或快"三项具体要求,必须仔细去分析,去考虑,既要考虑每一项要求是否可以达到,还要考虑它们之间的协调关系。一个有经验的创新设计者,常常特别重视质量、成本和时间这三者之间的有机联系,并使它们达到最佳的匹配,从而获得最理想的结果,即既能达到创新设计的质量,达到"好"的要求,又能以较低的成本和较短的时间来完成任务,还做到了"省"和"快"。

检查和总结的目的、内容和方法,见表45.8-2。

表 45.8-2 创新设计检查和总结的目的、内容和方法

检查和总结的项目名称	具 体 内 容
检查和总结的目的	检查和总结本身也是一种学习,而且是在实际工作中的学习,这种学习比起书本上的学习更加实际,也更为有用 要检查和总结所完成工作的优劣情况,要从检查和总结工作中发现优点和不足,要检查和总结创新设计及工作过程中的经验和教训,使自己在下一阶段的工作中,发扬优点、克服缺点、少走弯路,还可以提高下一阶段的工作效率,使工作取得更大的成绩。在检查和总结中发现自己思想上和工作中的不足时,应该及时地予以克服和纠正,以免出现严重问题时再去想办法、去处理,那样为时已晚,且可能已造成无法弥补的重大损失
检查和总结的内容	①对某一项工作的检查和总结。首先,要针对创新设计工作目标进行检查和总结。接着,要针对工作内容进行检查和总结。最后,要针对工作方法进行检查和总结。在检查和总结中特别要重视实际工作,了解和掌握个人和集体执行创新设计的一般规则的情况;了解个人和集体领悟和执行创新设计的十二对规则的情况,进一步总结影响创新设计工作的成功概率和效益的主观因素和客观因素等 ②对某特殊问题的检查和总结。对某特殊问题进行检查和总结要根据完成该项工作的目标和要求,检查这一特殊问题的目标和要求是否已经实现,实施的内容和方法有无不妥之处,找出实施过程中的优点和存在的不足,对不足之处应该提出要采用什么样的有效方法予以克服 ③对某一个人的检查和总结。a)思想品德方面的检查和总结。在进行创新设计工作过程中,是否把国家利益和集体利益放在首位,学习、工作和生活中是否坚持有良好的思想品德,工作中的学风、作风及个人的生活习惯有无不良的表现,对工作有无产生不良的影响等。b)对提高业务能力方面的检查和总结。在进行创新设计的工作过程中,对自学能力、分析和解决问题的能力、实践能力、创新设计能力、组织能力、宣传能力、协作能力等检查和总结。c)对保持身体健康方面的检查和总结。在工作期间,有无发生不安全的情况,甚至对生命造成威胁的不安全的情况,当出现这些情况是否采取了紧急的预防措施。d)对工作毅力及所采用的战略战术方面的检查和总结。在进行创新设计工作过程中,以坚韧不拔的毅力和采用灵活机动的战略战术去克服困难 ④对某一集体的检查和总结。a)对集体组织领导方面的总结。该集体的领导在完成整个创新设计工作中是否发挥了积极的作用;所确定的工作目标和工作方法方面是否正确;集体的领导是否具有前瞻意识和忧患意识;是否抓住了每一时期群众所存在的关键问题;对集体中出现的重大问题是否采取了有效措施予以解决;对该集体的群众积极性调动得如何;是否制订出一些规章制度去调动群众的积极性;对集体的长远发展有无做过较详细的规划,并对技术储备做具体的安排;有无采用有效措施紧抓典型和通过先进人物来推动整个集体工作的开展;是否采取有效的发展模式来加快集体事业的发展进行检查和总结。b)对提高技术能力方面的检查和总结。对该集体在提高技术能力方面的总体工作做得如何,是否能了解和紧紧把握国内外所从事领域科学技术的最新发展动向,是否站在该领域的最前沿努力开拓和发展新的先进的科学技术,并将这些技术应用于具体工作中;该集体有无新的技术储备,以便根据形势发展将这些技术应用于创新设计的工作中,进而推进该集体的快速发展进行检查和总结。c)对团队协作方面的检查和总结。对该集体在创新设计工作中集体力量发挥得如何,团结情况如何,以前有无存在不团结的情况;在完成该项工作中集体团结协作的情况如何,遇到不团结的情况和协同工作不理想的情况时是否采取有效措施去解决问题;该集体群众对团结协作的重要性认识如何,集体领导在这一方面的工作是否做过具体的安排进行检查和总结。d)对所表现的奋斗精神和应采取的战略战术的检查和总结。对该集体对所完成的科学技术的研究工作表现出的奋斗精神如何,创新设计工作中是否遇到过一些困难,对于这些困难是否主动想办法予以解决进行检查和总结。对该集体是否用自己队伍中的或其他单位一些先进人物的事迹去启迪广大群众,以百折不挠的奋斗精神和顽强拼搏的工作毅力及采取灵活机动的战略战术去完成集体的创新设计任务进行检查和总结 ⑤对执行创新设计方法论规则的检查和总结。对创新设计方法学的执行情况进行总结是十分必要的。因为创新设计能否成功主要看这些规则执行的好坏。执行得好,创新设计的成功概率就可以大大提高。通过这一方面的总结,则能更深刻地理解这些规则的特点,把下一阶段的工作做得更好

（续）

检查和总结的项目名称	具体内容
检查和总结的方法	①订出检查提纲。总结和检查要订出提纲，提纲中的内容应该包括所做工作的基本目标、具体要求、具体内容，重点内容和具体方法，这就是创新设计方法论的三要素。做任何事如果按照这三要素去做，不会有错。所以在总结和检查之前，要根据工作的复杂性和重要性订出相应的计划，重要的工作就要订详细的计划，一般的工作计划可以订得简单一些。检查和总结提纲中要找出所做工作的优点和不足，即总结所做工作的经验和教训，以及指出下一段工作应该解决的问题 ②按照提纲开展检查和总结。检查的主要对象是所完成的事或生产出的东西，还要对参与工作的人员进行调查，通过他们来详细了解执行工作的具体情况，以及执行工作过程中的良好表现和存在的问题和不足。对检查过程中所收集到的材料要经过分析和整理，通过分析找出一些影响以后工作的关键问题，分析其产生的原因及对工作所起的积极作用或不良影响 ③特别是总结创新设计的经验和教训。总结创新设计工作的最终结果应该是对所做创新设计工作的最终评价：优、良、及格或不合格，还要总结出创新设计的成功经验和存在的问题，以便在下一阶段的工作中发扬优点，克服缺点，以及提出应注意的问题等。为了把下一阶段工作做得更好，要对这一阶段工作出色的先进分子进行表彰和奖励，以激发其他人的积极性 ④检查与总结的主要成果。通过总结可以帮助人们对创新设计方法论的认识和理解，进而能更好地取得创新设计的成果。发现有的获发明奖的单位是近几年才从事我们研究领域的研究工作的，而我们自己在这一领域的研究已经花费了20多年的时间。通过总结我们找到了原因，虽然我们研究时间较长，但创新成果的保护意识较薄弱。为此，在以后的研究中提高了自身创新成果的保护意识，也加强了研究技巧，后来我们也如愿获得了国家发明奖

4 学习和总结会使人更聪明

在创新设计工作过程中要不断学习新知识和新技术，还要经常检查和定期总结工作情况，以便找出工作中的优点和不足，进而把下一阶段的工作做得更好。

总结的目的是为了了解所进行的创新设计工作是否达到了规定的要求，有哪些优点和缺点。总结可以使下一阶段少走弯路，并提高下一阶段或下一项工作的效率，这是一项十分重要的工作。

学习和总结能使人更加聪明，进而会引起一连串的反应。人变得聪明之后，会使自己对创新设计方法论的要素和规则有更深刻的了解、掌握和运用，即创新设计有更明确的奋斗目标，会选择更切合实际的工作内容，会采取更加科学和更有效的工作方法；对工作中应该发挥的四项潜能会有更正确的理解，即创新设计要有正确的思想，更加努力地学习科学技术知识和培育自己的工作能力，注意保持自己身体的健康，会以更坚强的毅力来从事各项工作；还会利用好各种机遇、环境和条件，进而会使创新设计的成功概率大大提高，会以较小代价使所做的事取得成功，还会节省出更多的时间来完成更多的工作，大大提高创新设计工作的效益。

第9章 用科学哲学思想来统领创新设计工作

1 概述

在创新设计工作过程中，应该用怎样的思想做指导呢？做任何工作首先要从广大人民或国家的利益出发，甚至从全人类的利益出发考虑问题，要用现代科学哲学，即辩证唯物论，或者更具体地说要以科学发展观和创新的思想做指导，来处理各种问题，这是做好工作的基础。做事缺乏科学哲学的思想做指导，很难使工作得以全面的、系统的、科学的、创造性的、和谐的、可持续的开展。如果做事没有正确的方向，其成功概率就会大大降低，更谈不上提高做事的效率和效益。

根据我们对现代科学哲学，即辩证唯物主义或科学发展观的理解，它有六个特点，见表45.9-1。

表45.9-1 科学哲学思想的六个特点

特 点	内 容
"以人为本"	要"以人为本"，即所做工作要从人民和国家的利益，甚至全人类的利益出发来考虑问题
全面性与系统性	全面性与系统性，在任何工作中都要全面、客观地按照系统工程学的观点和方法去考虑和处理问题
实践性与科学性	实践性与科学性，即坚持实践是检验真理的唯一标准，要遵照自然、经济和社会的客观规律开展创新活动
继承性与创新性	继承性与创新性，即要在继承的基础上，开展创新研究，要有创造性的思维，运用创造性的原理和方法
协调性与稳定性	协调性与稳定性，即要使所承担的工作任务保持协调与和谐，必须处理好系统内部单元之间及系统与外部因素的协调关系，使所做工作得以稳定的开展
可持续性与长期性	可持续性与长期性，即要充分考虑所执行的任务对周围环境的影响，要重视绿色保护和资源的合理利用，保持与自然环境长期的稳定与和谐

2 科学哲学思想六个特点的具体内容

2.1 "以人为本"

"以人为本"是科学发展观的核心，也是中国共产党人坚持全心全意为人民服务的党的根本宗旨。过去有人曾认为：发展就是经济的快速运行，就是国内生产总值（GDP）的高速增长，但却忽视甚至损害了人民群众的需要和利益。显然，这种发展观"见物不见人"，其实质是一种"以物为本"的思想，它和"以人为本"所代表的思想是两种不同的发展观。

早在1848年发表的《共产党宣言》中，马克思、恩格斯更鲜明地指出：在消除了阶级和阶级对立的资产阶级旧社会之后的共产主义社会"自由人联合体"那里，"每个人的自由发展是一切人的自由发展的条件。"（《马克思恩格斯选集》第1卷，1995年版第294页）即是说共产主义的"以人为本"最终要使无产阶级和全人类的解放达到每个人都解放，都能全面自由发展，过着美满幸福的生活，就是要从"以众人为本"达到"以每个人为本"。马克思主义的"以人为本"观，近一百多年来在全世界有越来越广泛的影响。尤其是《共产党宣言》一书已用200多种文字出版了1000多个版本，成为许多国家大中学生的必读书籍，当今在资本主义世界已经有越来越多的有识之士认识到，在新科技革命迅猛发展和知识经济、生态经济愈益增长的新时代，"以人为本"的理念对经济社会的可持续发展具有非常重大的意义。

例如，1972年6月在斯德哥尔摩召开的联合国人类环境会议通过的《人类环境宣言》中强调"世界一切事物中，人是第一可宝贵的。"会议呼吁各国政府和人民为着全体人民和他们的子孙后代的利益而做出努力。20年后，1992年6月在里约热内卢举行的联合国环境与发展会议又在其《宣言》中宣告："人类处于备受关注的可持续发展问题的中心。"要"使所有人都享有较高的生活质素"，"每一个人都应能适当地获得公共当局所持有的关于环境的资料。""应培养全球伙伴精神，以期实现持久发展和保证人人有一个更好的将来。"1995年6月联合国社会发展问题世界首脑会议在哥本哈根举行，有118个国家的元首或政府首脑以及另外63个国家的政府代表与会。这是世界历史上各国领导人出席人数最多的空前盛会，也是联合国历史上首次以社会发展问题为主题的各国首脑会议。会上各国代表一致认为贫困、失业和社会两极分化是目前世界面临的最严重的社会问题。11月中国政府总理李鹏在会上阐述了我国对当前国际问题和社会发展问题的看法，13日会议通过了

《宣言》和《行动纲领》。《哥本哈根宣言》提出了十项满足人的各方面需要的承诺之后指出：这些承诺"体现了以人的权利为系统工程方法是一种现代的科学决策方法，也是一门基本的决策技术。系统工程方法把要处理的问题及其有关情况加以分门别类、确定边界，又强调把握各门类之间和各门类内部诸因素之间的内在联系和完整性、整体性，否定片面和静止的观点和方法。在此基础上，它没有遗漏地有区别地针对主要问题、主要情况和全过程，运用有效工具进行全面的分析和处理。以可持续发展为途径，最终满足各国人民的物质和精神需要的社会公共管理的目标价值取向。"《哥本哈根会议行动纲领》的"突出特征是强调'以人为本'的社会发展理念。也就是说，经济的增长，制度的建设，政策的选择等等，都要以尊重人的尊严、实现人的权利、满足人的物质和精神需要为出发点和落脚点。"

当今我们党提出"以人为本"的科学发展观，正是吸取我国古代和西方政治文明的精华，依据马克思主义的人本主义原理，顺应当今世界文明发展潮流，在理论上的重大创新。它对于构建社会主义和谐社会、争取建立和谐世界、开创和谐未来，都有重大意义。

2.2 全面性和系统性

一个国家是一个整体，经济的发展、社会的进步和人类的文明，国家和社会的物质文明和精神文明建设是一个系统工作，要全面地和系统地考虑和处理各种问题，以便最大限度地满足人民物质文化和精神的需要，在全社会实现共享。

做任何事要考虑其全面性和系统性，这是成功和高效创新设计的关键。坚持真理的全面性，是避免和克服片面性的根本和关键。列宁在《哲学笔记》中说"真理是全面的……反映物质过程的全面性及其统一的灵活性，就是辩证法，就是世界的永恒发展的正确反映"。全面性和系统性内涵，见表45.9-2。

表45.9-2 全面性和系统性内涵

全面性和系统性	内 涵
全面性	真理的全面性，是指作为真理的认识必须是全面的认识，全面性是揭示真理具体性实质的最重要方面，真理无疑也包括正确的感性认识，但真理主要是指人们对事物本质及其规律的正确反映 真理具体性包括条件性、全面性和系统性三个方面的内容 1）条件性是指真理的界限，界限是真理的有机组成部分，任何真理都有自己的适用范围，由于真理只是反映事物的本质方面，不能包括对象的一切，因此即使在它适用的范围内，也必须与当时、当地的具体条件相结合 2）全面性是指真理的内容。这是揭示真理具体性实质的最重要方面，真理无疑也包括正确的感性认识，但真理主要是指人们对事物本质及其规律的正确反映 3）系统性是指真理的形式。世界的普遍联系反映在认识中、理论上，就是概念、判断的普遍联系，就具体真理的形式来说，则是一个概念、判断组成的逻辑系统 真理具体性的这三个方面是密切联系在一起的，任何真理都有界限、内容和形式，都是条件性、全面性和系统性的统一，三者缺一不可。全面性原则要求所搜集到的信息要广泛、全面完整。只有广泛、全面、完整地反映管理活动和决策对象发展的全貌，才能为决策的科学性提供保障。当然，实际所收集到的信息不可能做到绝对的全面完整，因此，如何在不完整、不完备的信息下做出科学的决策就是一个非常值得探讨的问题
系统性	任何事物都构成了一个完整的系统，要处理好一件事或制作好一件物品，首先就要对这个系统进行全面地了解，掌握其内部的结构及其共性和特性。系统工程方法是人类在自然科学和社会科学领域的不断实践中而产生的一系列科学处理问题的方法，它包括整体观念、综合观念、科学观念、创新观念等 1）整体观念，就是要用系统的方法研究系统的对象，立足整体，统筹全局，全面规划，协调处理，使系统的总体与部分之间、部分之间、系统与环境之间达到辩证统一。我们说系统是由各部分组成的，系统的功能要大于各部分的功能 2）综合观念，即要求从系统的总目标出发，将各种有关的经验和知识予以有机结合，协调运用，从而开发出全新的系统概念，创造出全新的系统结构和功能，这就是 1+1>2 的系统综合效果，即综合出创造，综合出效益 3）科学观念，即要求分析问题时树立科学的观念，在处理问题时，一方面要有严格的工作步骤和工作顺序，做到定性与定量相结合；另一方面要遵照科学规律办事，充分认识到整体与部分的统一、协同与矛盾的统一 4）创新观念，系统工程方法是现代科学技术与社会实践相结合的产物，它要求人们在运用现代科学技术的同时，充分发挥人的创新能力，大胆地进行系统的概念开发和结构开发，以实现系统的最优效果

2.3 实践性和科学性

2.3.1 实践性

实践性是马克思主义哲学最重要的特点和理论品质，在整个马克思主义哲学体系中，实践是贯穿于始终的一条中心线索。马克思从"人本"的角度出发，强调了实践在人类自身和社会存在与发展中的决定性作用。通过实践人类认知了之前并不知道的东西，从而认知了世界。

马克思主义哲学是从实践出发解决哲学基本问题，即思维和存在的关系问题，是对人与世界的关系的最高抽象。马克思主义哲学深刻地指出人与世界的关系实质上是以实践为中介的人对世界的认识、适应和改造关系。先通过实践来认识世界，然后从实践出发解决人与世界的关系问题，这也是马克思主义哲学实现伟大哲学变革的实质和关键。在实践中，人不仅认识了世界，而且适应和改造了世界，在天然、自然的世界基础上创造了人类的属于人的世界。所以，实践不仅具有认识论意义，而且具有世界观意义。

人类的生存和生产活动，是以实践为基本方式和标志的。马克思指出："在实践上，人的普遍性正表现为这样的普遍性，它把整个自然界——首先作为人的直接的生活资料，其次作为人的生命活动的对象和工具——变成人的无机的身体，人靠自然界而生活，这就是说自然界是人为了不致死亡而必须与之处于持续不断的交互作用的过程中。所谓人的肉体生活和精神生活同自然界相联系不外是说自然界同自身相联系，因为人是自然界的一部分"。马克思主要强调的是：人是自然界的一部分，但是把人和自然界相联系起来的就是社会实践，人只有通过不断地实践，才能认识世界，然后成为自然界的一部分。人类通过物质生产劳动实践与自然之间进行物质、能量和信息的交换，获得自身生存与发展的丰富的物质资料，并解决人与自然之间的矛盾，这是实践作为人的生存方式的最关键形式。所以，实践性是马克思主义哲学的基础，而且对于大部分问题，我们只有通过实践才能一步一步发现真理。

2.3.2 科学性

科学性是指做事遵循事物的发展规律，任何事物都有其发生和发展的内在规律。

马克思主义深刻揭示了客观世界特别是人类社会发展的普遍规律，马克思主义之所以具有彻底的革命性，正在于它的严格的和高度的科学性和真理性。马克思主义科学性和真理性的体现，见表45.9-3。

表45.9-3 马克思主义科学性和真理性的体现

科学性和真理性的体现	具体体现内涵
世界观和方法论是科学的	马克思主义的科学性和真理性，在于它的世界观和方法论是科学的。马克思主义坚持辩证唯物主义和历史唯物主义的世界观和方法论，用生产力和生产关系、经济基础和上层建筑的矛盾运动来解释人类历史的发展变化。在人类思想史上，还没有一种学说像马克思主义那样对世界历史产生如此巨大的影响。马克思主义经受住了时代的考验，其科学性和真理性，得到世界上越来越多人的认同
代表了最广大人民的利益	马克思主义的科学性和真理性，在于它代表了最广大人民的利益。它的全部理论都立足于实现和维护最广大人民的根本利益，把全人类解放和人的全面发展作为最高价值追求，不谋求任何私利、不抱有任何偏见，是科学性、阶级性和实践性相统一的理论。历史上，也曾经有过种种同情、关注人民群众的思潮和学说，但从来没有一种理论像马克思主义那样，与各国工人阶级和广大劳动人民的命运如此紧密地联系在一起
它是开放的、与时俱进的理论体系	马克思主义的科学性和真理性，还在于它是开放的、与时俱进的理论体系，是随着实践而发展不断丰富和完善的科学体系。马克思和恩格斯强调，他们的学说不是教条，而是行动的指南。马克思曾说，正确的理论必须结合具体情况并根据现存条件加以阐明和发挥。马克思主义是革命的、批判的、发展的，是随着时代和实践的进步而不断丰富的
已为中国革命、建设和改革的实践所证明	马克思主义的科学性和真理性，已经为中国革命、建设和改革的实践所证明。中国人民正是在争取民族独立和人民解放，实现国家富强和人民富裕的长期奋斗中，选择了马克思主义作为自己的思想武器。改革开放30多年来，我们党把马克思主义基本原理同我国实际和时代特征紧密结合起来，引领改革发展取得了举世瞩目的成就，充分显示了马克思主义的巨大指导作用

2.4 继承性和创新性

人们在承担各项工作的过程中，要努力贯彻继承的原则，因为，任何工作都有要运用以往所取得经验和方法，这是任何工作所不可能避免的；几乎所有的创新和创业也常常是在运用以往所取得的科学成就的基础上而获得的，完全脱离以往基础的创新几乎是不可能的。

一般来说，几乎所有的创新都是在前人取得的成就的基础上进行的，完全脱离前人取得的成就及其经验和方法去创新，是难以想象的。因此，继承性在事物的发展过程中会起着十分重要的作用，人类社会的发展是在不断继承和不断创造的情况下完成的。

创新和创造就是发现新问题、提出新问题、研究新问题、解决新问题，得出新结果（包括理论和方法）、创造新事物。正如毛泽东同志所说的，要有所发现，有所发明，有所创造，有所前进。这就是创新。创新有原始创新、集体创新、引进消化吸收后再创新；此外，创新还可分为理论创新、技术创新、体制创新和管理创新等。不管是哪一种创新，都是国家所需要的。

创新设计要取得成功，不是一件简单的事，而是一项十分复杂的工作，按照科学方法论的基本思想，除遵循科学方法论的体系和规则外，还要广泛运用现代科学技术的成就，来指导我们所承担的各项工作，即用辩证唯物论的思想作指导，更具体地说用科学发展观的思想作指导，并要综合运用现代科学技术的成就，如系统工程的思想和方法、现代心理学原理、逻辑学的原理和方法、先进的信息技术、各种优化的理论和技术、科学试验的方法、创新思维、创新原理和技法及预测学的理论和方法等，才能把创新设计工作做好。

2.5 协调性和稳定性

一般地说，做事要协调好各个方面的关系，才能使所做的工作得以稳定的开展，因此，协调好各个方面的关系是稳定开展工作的前提，而社会的稳定及各项工作的稳定开展，才能加快国家科学技术和经济的发展。

自然界和人类社会中事物的内部结构和组成及相互之间的关系，以及同外部环境之间的关系是复杂的。就其结构和组成来说，既存在着许多子系统，又存在着各种层次，各子系统、各层次之间及与外部环境之间的关系也常常存在着各种各样的矛盾。客观事物中存在的各种各样的矛盾有其必然性，但有时也存在着偶然因素。

为了使创新设计取得成功，并获取较高的效益，要处理好事物内部各子单元、各层次之间及事物和外部的关系，还要解决好可能出现的各种各样的矛盾，使它们之间始终保持协调与和谐，创新设计工作才能得到稳定和健康的发展。

如何解决好事物内部的矛盾和处理好与外部的关系呢？就是要采用已经取得的现代科学技术成就，如现代科学哲学的思想和方法、现代逻辑学原理和方法、现代心理学原理、系统论和系统工程的理论和方法、现代信息技术、各种优化理论和方法、试验方法、创新的原理和方法、预测学的理论和方法等，特别重要的是要基于系统工程的理论和方法，去处理和解决好事物内部及与外部环境之间的协调关系。

具体地说，可以采用本书提出的科学方法论的体系和规则。即首先要弄清楚创新设计方法论的三对要素，其次要充分发挥创新者主观方面的四项潜能，同时还要考虑客观方面的三个影响因素，然后充分发挥创新设计过程中两个动态因素的作用，再在科学哲学的思想指导下完成各项工作。解决好事物内部之间的矛盾及处理好事物与外部因素之间的关系，使各种因素之间始终保持协调与和谐，并使所开展的创新设计工作得以稳定的发展。

众所周知，事物之间一旦出现各种各样的矛盾，若不很好地去处理和解决，就会影响甚至会严重影响所做事顺利地进行，进而会阻碍工作的正常开展，因此，处理好所出现的矛盾，是创新设计得以正常、稳定开展的重要条件。

2.6 可持续性和长期性

当今我国政府和世界许多国家都十分重视环境保护，绿色环保和绿色低碳已经是全社会和人人皆知的和关注的，并努力贯彻执行的手则。要做好环境保护，做好资源的合理利用，建设一个环境友好型和资源节约型国家，这是全社会的共识。

2.6.1 人与自然之间保持协调与和谐的基本措施

我们生活在人世间，既要和自然保持协调与和谐，也要和人类社会保持协调与和谐，并且要实现长期和谐共存。

对自然环境进行保护是人和自然之间保持协调与和谐的基本措施，人与自然之间保持协调与和谐的基本措施，见表45.9-4。

表 45.9-4 人和自然之间保持协调与和谐的基本措施

基本措施	内 容
要保护好自然环境	人类的生活和生产活动对自然环境的污染已达到了十分严重的程度。如水、空气、噪声、振动、电磁辐射等污染正在威胁着人类的生存和安全，在不少城市和地区出现的雾霾天气就是对环境的严重污染而造成的
要使资源得到合理利用	地球上的资源是有限的，必须予以合理地利用。而目前车辆过高的有害气体排放及油料资源的不合理的利用与浪费，将给人类带来了难以想象的灾难。好在这个问题已经在世界绿色低碳的要求中提出，也在解决的过程中
要与地理环境的协调	社会上生产的不少产品与地理环境有直接的联系，因此，对于与地理环境有直接关系的产品，必须考虑地理环境对产品的约束，以及充分利用地理环境对产品发展所起的积极作用

2.6.2 人与社会环境保持协调与和谐

每个人和每个集体都要努力为创建一个环境友好型和资源节约型的社会做出自己的一份贡献。还要和社会环境保持协调与和谐，即所执行任务应与政治环境、经济环境、人文环境、法律环境、人类生活环境、国际环境、人际环境相协调。人与社会环境保持协调与和谐，见表45.9-5。

表 45.9-5　人与社会环境保持协调与和谐

协调名称	内容
要和政治环境相适应	我国是人口众多的社会主义国家,所执行的任务应该从我国政治制度这一特点出发去考虑和处理有关问题
和经济环境相协调	所执行的任务应该和国家的宏观经济政策相适应,即所做的创新设计工作应该符合国家经济发展总目标
与人文环境相协调	所执行的任务应该与国家的文化艺术等环境相一致
与法律环境相协调	所执行的任务不能违犯国家法律,若有违犯国家法律的,必须坚决制止
与人类生活环境相协调	人们所做的工作都是为人民而服务的,所执行的任务不能影响人民的生活
与国际环境相协调	如我国生产的许多产品都销往了国外,如果只图眼前利益,把质量不高的产品销往国外,不仅会损害别国人民的利益,也会中断将我国产品推向国际市场的前程
人际间关系的协调问题	这和国与国之间的关系一样,既要考虑自身的利益,也必须要考虑对方的利益

2.6.3　人与技术环境、资金环境、市场环境和政策环境保持协调与和谐

除人与自然环境、社会环境保持协调与和谐外,还有人与技术环境、资金环境、市场环境和政策环境保持协调与和谐,具体内容见表 45.9-6。

表 45.9-6　人与技术环境、资金环境、市场环境和政策环境保持协调与和谐

协调与和谐	内容
与技术环境保持协调与和谐	在科学技术高度发展的今天,生产一些技术含量低、能耗高的产品是不经济的,必须严格予以限制
与资金环境保持协调与和谐	有些企业生产的产品常常因资金缺乏而中途停顿。在产品投产前要对资金进行规划,充分考虑融资渠道
与市场环境保持协调与和谐	同样,生产一些缺乏市场需求的产品,会造成资源的消耗和浪费。因此,在产品设计之前必须对市场进行仔细调查,要生产具有市场发展前景的产品
与政策环境保持协调与和谐	产品能否赢得市场,能否得到快速发展,与国家的方针政策有着十分密切的联系,因此,要协调好同政策环境之间的关系

除了考虑环境因素对企业生存与发展的约束以外,还要考虑环境对企事业单位及个人生存与发展所起的积极作用,要创造良好的环境使企业得到快速发展。即一方面要由国家的有关部门给企业创造良好的环境,如政策环境等;另一方面企业自身也要做出努力,创造可以为企业得到快速发展的各种环境因素。

3　六个特点与五大发展理念的一致性

最近,中央提出了要在各项工作中贯彻创新、协调、绿色、开放和共享的五大发展理念,以保障实现全面建成小康社会的目标。前面介绍的科学哲学思想的六个特点:"以人为本"、继承性和创新性、协调性和稳定性、可持续性和长期性、实践性和科学性、全面性和系统性充分体现了上述五大发展理念。"创新、协调、绿色、开放、共享"五大发展理念的内涵见表 45.9-7。

表 45.9-7　"创新、协调、绿色、开放、共享"五大发展理念的内涵

理念名称	内涵
创新	必须把创新摆在国家发展全局的核心位置,不断推进理论创新、制度创新、科技创新、文化创新等各方面创新,让创新贯穿党和国家一切工作,让创新在全社会蔚然成风
协调	重点促进城乡区域协调发展,促进经济社会协调发展,促进新型工业化、信息化、城镇化、农业现代化同步发展,在增强国家硬实力的同时注重提升国家软实力,不断增强发展整体性
绿色	促进人与自然和谐共生,构建科学合理的城市化格局、农业发展格局、生态安全格局、自然岸线格局,推动建立绿色低碳循环发展的产业体系
开放	必须丰富对外开放内涵,提高对外开放水平,协同推进战略互信、经贸合作、人文交流,努力形成深度融合的互利合作格局
共享	按照人人参与、人人尽力、人人享有的要求,坚守底线、突出重点、完善制度、引导预期,注重机会公平,保障基本民生,实现全体人民共同迈入全面小康社会

第 10 章 创新设计方法论的应用

1 概述

要用创新设计方法论来指导创新设计，最重要的是对创新设计的目标、内容和方法提出的具体要求。

创新设计的目标是为所执行的设计任务在正确思想 I 的指导下获得良好的质量 Q、较低的成本 C、较短的工期 T、良好的环境保护 E 和方便的服务 S。这六项要求是检查所完成的创新设计工作优劣的指标。

创新设计的具体内容有技术、艺术、文化、人本和商业等几个方面，但最重要的还是技术，对其技术的要求是满足产品的功能和性能的需求。

创新设计的方法是要采用最先进的现代科学技术成就，如系统工程的理论和方法、信息技术、优化的理论和方法、创新的思维和原理及方法和预测学的理论和方法等。

要检查所做创新设计工作的优劣，通常要通过所完成设计工作的功能（或功用）及各种性能进行评价。所谓所做事或物的功能或功用，即其用途或所能发挥的作用；所谓性能即是指各方面的特性或特点。从事物的功用和特性的具体表现就可以知道所做的某件事物的优劣。

创新设计的具体内容也常常是通过设计物的功用和特性予以表现的。不管是技术层面，还是艺术、文化、人本和商业，都会通过其功用和特性予以体现，而这五个方面的内容贯彻执行得如何，同创新设计方法论的具体运用有着密切的联系。

对下面几个问题进行研究的目的是要找出并了解这些内容的共性和特点，再根据它们的共性和特点，按照科学方法论的规则寻求合理的程序和途径，使各项创新设计工作始终处在理论的状态下运行，以便获取最理想的工作效果。

2 创新设计的具体内容

创新设计的具体内容有技术、艺术、文化、人本和商业等几个方面，见表 45.10-1。但最重要的还是技术，对技术的要求实质上就是满足产品的功能和性能的需求。

表 45.10-1 创新设计的具体内容

名称	内容
技术	首先要了解技术工作所包含的内容，通过具体的内容了解技术工作的特点，即了解其共性和特性，再根据其特点找出解决问题的办法，进而获取良好的效果 技术创新贯彻在产品的构思（创新思想的形成）、研究开发、设计、加工制造、装配、性能试验、营销的全过程，技术的进步及先进技术的应用直接推动创新设计的发展，如研究出新原理、新结构、新理论、新方法、新技术、新材料、新工艺并予以采用，并在创新设计过程中得以具体实现。创新设计的目标是对产品质量的突破，或者说是产品功能和性能指标的突破，使对产品要求的几个指标 IQGTES 得以全面的实现 对技术方面的突破，即功能和性能的突破，要通过设计和制造加以完成 1）先导的工作是研究和开发。要做好技术方面的工作，应该先做好设计和制造工作的先导，即研究工作。通过研究了解所要设计的产品存在的主要问题，哪些关键技术问题还没有解决；在研究过程中，要解决存在的问题，或提出通过哪些方法和措施使问题能够得到解决；也可以通过研究提出新的设计理论和方法及制造过程中应该采取的措施，来解决尚待解决的问题。研究工作是设计和制造工作的先导和准备，这项工作做好了，产品的设计和制造工作就可以顺利地开展，从而取得好的设计和制造的效果 2）设计技术。产品的设计对产品质量的贡献率据统计约占 70%，因此，必须引起充分重视，在设计过程中要有创新思维，也要采用创新的原理和方法，使设计工作开展得更好。设计的目标是使产品获得优良的功能和性能，也就是说使产品有良好的质量。要使产品有良好的质量，要采用先进的设计理论和方法，如获取良好功能的概念设计、获取优良结构性能的动态优化设计、为获取优良使用性能的智能化设计、为获取良好制造性能的数字化设计和可视化设计等。此外，还可以采用其他先进的设计理论和方法 3）制造技术。产品设计完毕，要经过加工制造形成一个完整的产品，因此，要有加工制造的工厂，这要花费大量的资金，产品的成本和制造加工的费用也是直接联系在一起的。为用先进的制造和加工技术来完成产品的制造和加工，许多企业都为这一问题费尽了脑筋，应鼓励科技人员发明创造，并提出合理化的建议，以便加快进度。通过先进技术的应用，降低制造加工难度，缩短制造加工工时，进而降低产品的成本 要突破设计和制造技术的关键，必须广泛采用先进的科学技术，如信息技术等，因为信息技术的含量往往代表一类产品的水平，信息技术包括计算机技术、网络技术、智能化技术、数字化技术等。事实上信息技术的含量也为产品的使用带来了方便，一般地说，信息技术含量高，使用也较方便。产品的使用性能直接是为用户而服务的，其他性能可以顺利地实施到另外两种性能：结构性能和制造性能，不像使用性能和用户有着更直接的联系 科学方法论最重要的一点，就是突出重点，紧抓难点，并采取有效措施各个击破。在对产品的各项要求中，最重要的还是它的技术含量，这是对它的基本需求。其他如艺术、文化、人本和商业也会起到一定的作用，但是产品的技术含量低，达不到所要求的功能和性能，最终仍会被市场所淘汰 有了明确的目标，接着就是要通过科学的方法来完成具体的工作，既要发挥主观能动作用，又要考虑客观因素和动态因素的影响，进而实现具体的目标及其要求

(续)

名称	内容
艺术	艺术对于某些设计来说十分重要,如工业设计和建筑设计等。工业设计的重点是产品的外形设计,外形设计的重点是其艺术性 创新设计过程要根据创新设计对象的特点,在设计中能呈现出设计对象的艺术特点和风格,使直接使用者或旁观者有一种美的享受,并欣赏设计对象的艺术风采;假如作为一种商品的话,艺术的特色和风格可以提高商品的价值,并可争取到更多的市场份额。工业设计和建筑设计的艺术性常常会影响商品在市场中的占有率 在艺术设计中,要贯彻创新的思想,才能创造出过去没有的艺术成果,才会给艺术设计增加新的活力,并产生积极的影响。艺术可以从外形、颜色、声音、动作等几方面予以体现 1) 外形。用设计物的外形结构来提高其艺术性,这是最通用的一种设计手段,而且能够取得立竿见影的效果 2) 颜色。颜色在艺术设计中会发挥十分重要的作用,给人们以特殊的、优美的或心身豁然开朗的享受 3) 声音。有些儿童玩具能发出令人感兴趣的声音,这种声音,如优美的歌曲可以吸引群众,给人们的心身以愉快的享受 4) 动作。不少玩具会完成一些奇特而优美的动作,使人们有一种奇妙的感觉,商品的这些特色也会扩大商品的市场价值 此外,在设计的概念下,将技术和艺术自然地融合在一起,也会创造出新的自具特色的创造性成果 目前,由于人民生活水平的提高,除了物质享受外,对精神方面的享受要求也越来越高,所以,商品外观的美化受到当今社会及用户广泛欢迎和关注,其市场的需求量也越来越大。另外,建筑设计的艺术性也显得越来越重要,目前社会上对建筑设计的艺术风格及其特色同样有迫切的需求 增加艺术含量也常常和成本有着密切的联系,应该尽最大可能在不显著增加成本的情况下,提高产品的艺术含量
文化	创新设计的对象是许许多多的事和物,它们常常是和社会的文化密切地联系在一起的,在创新设计过程中常常需要体现具体的文化特色,如当地的乡土文化、各民族的文化、各个时代的文化、东方和西方的文化等不同类型的文化内涵。特别是建筑设计和工业设计更需要体现所要求的文化特点,以满足社会的需要 文化是一种包含精神价值和生活方式的生态共同体,它通过积累和引导,可以创建集体人格。因此,在任何一个经济社会里,它都具有归结性的意义。创新设计具有区域文化特色的产品不但可以提高民众对传统文化的认同,弘扬民族文化,还可以提高产品的附加值,促进文化产业的发展。在全球化与科技进步的推动下,以区域文化特色为主,转换为文化创意产品的产品设计模式已经蔚然成形 创新设计可以提升我国文化的软实力,推进产品走向国际市场,提高国际竞争力。文化和创新设计融合也响应了"十八大"提出的"建设优秀文化传统体系,弘扬中华民族优秀传统文化"的目的 技术创新有定量和定性的指标,而文化创新却没有;技术创新有国际标准,而文化创新却没有。另外,技术创新很少受到非专业人士的评论,而文化创新很大众化 文化创新的起点和终点都是文化,其发展在本质上也是一个文化的过程。创新设计只要延伸到较远的目标,就一定会碰到文化,表面上看起来是经济形态,实际上都是文化心态。传统文化可以划分为外部触摸层、中间行为层和内部感知层。外部触摸层是可见、可触、具有形状、色彩的物质文化总汇。中间行为层是可听、可见、但不可触的文化总汇;内部感知层是内隐的、无形的意识观念总汇。根据传统文化的空间结构,文化创新在产品设计中的应用层次由外而内,分为三个层次,外层是视角符号的层面的应用,中间层是行为习惯的应用,内层是哲学思想层面的应用。越往外层,传统文化的体现越是外显,越往内层,传统文化的体现越是内隐 采取保护传统文化和积极发展文化的三条路径是:首先是民族的、传统的,体现在立场坚定的保存传统文化的精神,基于民族传统美学,针对现代生活方式和市场经济精练文化特征;其次是现代的、国际化的,以信息时代为背景融合科学技术,在现代产品中折射出传统文化精巧细致的特征及地域文化和民族传统;第三条路径是文化差异性的研究和探索
人本	对人本的考虑可以从两个方面来考虑,一是从大的方面来考虑,所有创新设计都不应该和国家的总方针相抵触,即考虑问题应该从最广大人民的利益出发。如环境保护关系到一个国家和一个民族生存和发展,绿色低碳是国家的总方针,必须坚决执行。企业生产的产品必须符合上述条件,不能对环境造成破坏和污染。我国要建设一个环境友好型和资源节约型国家,这是从国家和社会整体利益来考虑的,对全体人民都是有益的,必须坚决贯彻。二是从小的方面来考虑,为了满足用户的需要,所生产的产品必须根据用户需求进行生产,让更多用户参与到产品的设计和生产中来。无论是产品设计,或其他类型的设计,都要以用户为中心,让用户参与到产品的设计中来,以发挥用户的潜能和积极性,这不仅可以提高产品的用户满意度,更能够挖掘用户对产品的新需求,提高企业可持续创新的能力。很多世界上著名的企业都采用人本创新的方式来研发、改善其产品的质量,企业认识到用户在产品创新中起到至关重要的作用。人本创新也成为业界关注的热点问题 人本创新之所以成为当前创新的宠儿,是因为用户在产品创新的位置上十分重要。对于制造企业来说,用户对产品功能和性能要求有本质的理解,他们对产品需求和创新上提出的建议都被重点采用。由此,越来越多的学者、企业认识到用户在产品创新中起到了至关重要的作用 除了上述情况之外,对于社会上的特殊人群,如儿童、残疾人、老年人等,在产品设计时都要做特殊的考虑,尽可能使生产的产品符合这些特殊人群的需要,这也是人本问题 创新设计方法论就是要求设计者能很好运用及处理人本创新中的问题,使人本创新在产品设计中发挥重要的作用。特别是将方法论提出的设计的目的、内容和方法具体运用到设计工作的各个环节中,使对设计的六项要求 IQCTES 得以全面地贯彻

(续)

名称	内容
商业	在人类社会中，人们所进行的各种设计，都是在商品化的条件下完成的，商品是为人类社会的物质和精神建设的需要而服务的，没有这种需求，也就没有设计的必要了，所以许许多多的设计都是为经营的需要而服务的。绝大多数的设计都是作为商品或商业范围内的任务而进行的 苹果、通用、三星这些将创新设计运用在商业策略上的公司正在全世界商业世界里刮起一阵旋风，过去只有发达国家才能提供高质量的商品，目前已经被亚洲国家的崛起所取代，西方企业为了与新兴国家竞争，已经把重心放到创新上，而设计的创造力让产品的创新成为可能。党的十八大报告明确提出了"加强技术集成和商业模式创新"，将商业模式的创新作为创新驱动战略重要组成部分，因此，如何将这个战略落实到各个层面，推动创新和转型值得关注 电商的出现，为商业创新开辟了一条广阔的道路，不能不引起人们密切的关注。但是进行商业创新要有一定的基础，包括行业的专业能力，以及一定的协作资源、优秀的人才、企业公平正直的文化。有了这些要素，加上好的商业创新设计，传统产业的转型升级将成为可能 除了前述的各类创新外，还可以将前面的各种创新集合在一起，即将技术创新、艺术创新、文化创新、人本创新、商业创新集合在一起，形成另外一种集成的创新，这在创新设计过程中也会发挥积极的作用

3 创新设计方法论可应用的设计领域

创新设计方法论可应用于各个领域和各个部门，以及任何集体和个人。创新设计方法论可应用的领域，见表 45.10-2。

表 45.10-2 创新设计方法论可应用的领域

序号	应用的领域	应用的具体内容
1	在产品研发和设计时的应用	在老产品改造和新产品研究开发及设计时的应用
2	在工艺设计时的应用	在从事各种工艺设计时的应用
3	在工业设计中的应用	在从事各种工业设计时的应用
4	在流程设计时的应用	在从事各种流程设计时的应用
5	在工程项目设计中的应用	在从事各类工程项目设计时的应用
6	在建筑设计中的应用	在从事各种建筑设计时的应用
7	在商业设计中的应用	在从事商业设计时的应用
8	在服务设计中的应用	在从事服务设计时的应用
9	在其他设计中的应用	在从事其他设计时的应用

3.1 创新设计方法论在产品设计中的应用

产品的创新设计是设计领域内最为广泛的一类应用。产品的种类是多种多样的，广义的产品设计几乎包括了人们衣、食、住、行中可能用到的各种商品。

机械产品，即装备制造业中的产品应该是产品中最为典型和广泛的，它在国民经济中具有十分重要的地位，军事工业和国防工业中的产品也属于这一类，飞机、船舶、车辆等交通工具也多属于这一类，其他如轻工产品、食品、家庭用品、旅行用品、儿童及老年人用品等。

机械产品是产品中最重要、最普遍的，也是需要量最大、价格最高的产品，所以人们把机械产品的创新设计作为产品设计的典型来考虑，因为这类产品的创新设计内容是相当广泛和复杂的，且需要付出极大的努力。一百年来为了做好产品设计工作，科学技术工作者和设计师们为此提出了数十种设计理论和方法。而针对机械产品的创新设计技术指导就是为了获得良好的功能和性能。

产品质量的突破必须与功能创新、性能创新、服务创新相结合，且技术创新是产品创新设计的重要方面。它主要也是为产品创新而服务的。对于任何一种产品的设计首先是技术要求，或是对其质量的要求，一般地说，最主要的技术要求即是它们的功能和性能（图 44.2-1）。

功能即是所做事的功用，包括主要功能和辅助功能。对机床来说，它们的功能就是加工零部件；而其他方面的功能，即为辅助功能，如物件的搬运和装夹、加工件的冷却等。

设备的性能包括结构性能、使用性能和制造性能，见表 45.10-3。

表 45.10-3 设备的三大性能

性能名称	内容
结构性能	如产品的安全、可靠、耐用、材质适应、结构紧凑、外形美观、对环境无害、设计经济等在产品设计阶段首要考虑的和在产品结构设计中极易体现出的八个方面的性能,我们称它为结构性能
使用性能	把功效实用性、工作稳定性、指标优越性、设备动力性、状态测控性、故障诊断性、操作宜人性、使用经济性等在机器工作过程中可直接表现出的性能称为产品的使用性能
制造性能	把结构工艺性、零部件规范性、制造时间性、容差合理性、装运可行性、设备维修性、报废回收性、制造经济性等在制造过程中的性能称为制造性能

设备的功能和性能是通过设备的设计、加工制造、装配及出厂试验等环节来完成的,所以为了保证产品的质量,必须要重视各个生产环节。

在产品设计时,只能从数十种设计方法中选择对产品质量有决定性影响的几种方法。如通过概念设计来实现对产品的功能要求、通过动态优化设计等设计方法满足产品结构性能的要求、通过智能化设计等方法满足产品使用性能的要求、通过数字化或可视化设计来满足产品制造性能的要求等、通过一些特殊方法的设计来满足产品特殊性能的要求。这样做可以保证产品有良好的质量、较低的成本、较短的工期、良好的环境保护及方便的售后服务六项要求得以全面实现,进而达到"好、省、多、快"等要求。

3.2 创新设计方法论在工艺设计、工业设计、流程设计等领域中的应用

创新设计方法论在工艺设计、工业设计、流程设计、工程项目设计、建筑设计、商业设计、服务设计和其他设计中的应用,见表45.10-4。

表 45.10-4 创新设计方法论在工艺设计、工业设计等领域的应用

应用领域	内容
在工艺设计中的应用	由于设计好的产品要进行加工制造和装配,所以在机械制造工厂先要完成产品零部件的工艺设计,包括制造加工工艺和装配工艺。由于科学技术的发展,目前工艺设计都采用了数字化的方法,从而可以高效率完成加工和装配任务 机械加工方面的工艺设计是指用机械加工的方法改变毛坯的形状、尺寸、相对位置和性质使其成为合格零件的全过程,加工工艺是工人进行加工的一个依据 工艺设计的总目标和其他设计基本相同,即正确的指导思想 I、所要求的质量 Q、所花费的成本 C、所需要的工时 T、要考虑环境保护 E、产品售后服务 S。IQCTES 即是对产品的要求,也可以作为要实现的目标。有了目标,就要按照提出的目标确定所要完成的内容 工艺设计的内容是完成加工和装配以前的工艺方面的所有设计工作,如零部件制造加工所需要的各种工艺规程的制定,即从制造毛坯开始,需要进行的热加工和冷加工工艺及装配工艺,包括铸造、锻造、焊接、热处理、所需要的各种机械加工、要在什么样的机床上进行加工、加工后各个零部件的装配,各个阶段用什么工具,需要什么材料,每个阶段需要多少工时,最后才能成为一台完整的产品。所需要的人工也好,需要的机床也好,都应折算成一定的成本,且所有这些都要形成文字图表,甚至形成计算机程序 有了切实的内容,就知道制造工艺及工艺设计的特点,以及用什么方法才能很好地完成工艺设计工作。在我们处于知识网络时代的今天,假如不采用先进的计算机技术、智能化技术、数字化技术、网络化技术是无法高效完成上述工作的。同时在这些工作中,需要不断地创新,也就是说用创新设计及其方法论来指导工作才能取得良好的效果 当然,在这个过程中也可以采用专家系统来部分代替人的工作。工艺设计的专家系统可以帮助人们做好工艺设计的工作。但是,专家系统的三大组成部分:知识库、数据库、推理机都应该专门为工艺设计做准备,特别是知识库的建立。这里也特别提出,由于科学方法论可以作为共性核心知识,这给予知识库知识的积累提供了良好的条件,也给工艺设计专家系统的建立和应用提供了一个广泛的空间
在工业设计中的应用	产品设计师的设计重点是获得良好的功能和性能,即产品要有良好的质量,但绝大多数产品设计师不负责机器外形及机器色彩的设计。机器外形和色彩的设计属于工业设计范畴 目前,工业设计是一个受到社会欢迎的热门行业,由于这一行业完成任务速度较快,能加快对产品的销售,且容易见到立竿见影的效果,很容易受到用户和市场的好评。工业设计的重点是产品的外形设计,外形设计的重点是在产品的外形融入艺术的设计。工业设计方面的创新设计要根据设计对象的特点,在设计中能呈现出设计对象的艺术特点和风格,使直接使用者或旁观者有一种美的享受,并欣赏设计对象的艺术风采;假如作为一种商品的话,艺术的特色和风格可以提高商品的价值,并可争取到更多的市场份额。工业设计的艺术性常常会影响商品在市场中的占有率 在工业设计中,要贯彻创新的思想,才能创造出过去没有的艺术成果,给工业设计增加新的活力,并产生积极的影响 艺术可以从外形、颜色等两个方面予以体现。此外,在设计的概念下,将技术和艺术自然地融合在一起,也会创造出新的自具特色的创造性成果 目前,由于人民生活水平的提高,广大人民除了物质享受外,对精神方面的要求也越来越高。所以,商品外观的美化受到当今社会及用户广泛欢迎和关注,其市场的需求量也越来越大。增加艺术含量常常和成本也有着密切的联系,应该尽最大可能在不显著增加成本的情况下,提高产品的艺术含量 工业设计的主要目标是产品具有独特的和明显的艺术性,其内容和特点也十分清楚。因此,只有充分地发挥创新思维及运用好创新原理和技法,并很好地运用科学方法论有关规则,才能取得良好的效果

（续）

应用领域	内容
在流程设计中的应用	生产流程的设计也应该是设计领域内应用范围相当广泛的一类设计。例如，机械工厂中的生产线、钢铁和有色金属生产线流程、化工企业中流程和一些连续作业的流程都需要进行设计。除此之外，还有一般管理机构工作流程的设计 流程设计目标如在指导思想、质量、成本、速度、服务上取得突破性的改变，其设计程序严格按照调研、规划、实施和检验来进行 流程设计除了要选取最经济的、最有效的生产程序外，还要选定流程中所采用的设备，并对这些设备进行具体的布置，设计具体的操作程序及选择经常要使用的材料等。设计的流程不仅应有良好的工艺指标，还要有良好的经济效益和社会效益。所以进行生产流程设计的人不仅要有广泛的设计知识和经验，还要有专业知识，而且要广泛应用先进的科学技术成就。如从事化工流程设计的人必须要有化工方面的专业知识 流程优化是一项策略，功能和性能优良的流程可使企业保持竞争中的优势。在流程的设计过程中，要对流程进行不断的改进，以期取得最佳的效果。对已设计出的工作流程进行完善和改进的过程，即称为流程的优化。流程优化在获取优良流程过程中会发挥重要作用，最重要的是采用完善的优化技术与具体的优化实施步骤 流程优化的主要途径是设备更新、材料替代、环节简化和时序调整等。大部分流程可以通过流程改造的方法完成优化过程。对于某些效率低下的流程，也可以完全推翻，并运用重新设计的方法获得流程的优化 对流程的优化，不论是对流程整体的优化还是对其中部分的改进，如减少环节、改变时序，都是以提高工作质量、提高工作效率、降低成本、降低劳动强度、节约能耗、保证安全生产、减少污染等为目标。流程优化要围绕优化对象达到的目标进行；在原有的基础上，提出改进的方案，并对其做出评价；针对评价中发现的问题，再次进行改进，直至满意后才正式实施。流程设计是在反复优化的过程中完成的，其目的是取得最理想的效果
在工程项目设计中的应用	工程项目的设计比比皆是，如道路的建设、城市土木工程项目的建设、水库的建设、公路的建设、铁路的建设、机场的建设、港口的建设等。目前，我国正提出要建设海绵城市、管道城市等，这些都是工程项目。为了做好这些工程项目的建设，应该采用创新设计的手段和方法，使所执行的建设项目达到所要求的目标：良好的质量、较低的成本、较短的工期、良好的保护、方便的服务等，尽最大可能地实现好、省、多、快等方面的要求。工程项目的建设虽然种类繁多，形式各异，但其目标基本相同，而其内容多数是属土建类的工程项目，这类项目通常由各种形式的工程机械来完成。如推土机、挖掘机、起重机、压路机、各种桩机、各类水泥机械、盾构机等。工程项目设计的内容也是为了满足其功能和性能的要求，功能即为其功用或用途，如交通运输、水利建设、城市建设等。其性能包括结构性能、使用性能和建设性能等，结构性能如安全性、可靠性、使用耐久性、紧凑性、环境无害性、造型艺术性、设计经济性等；使用性能如实用性、稳定性、优越性、适应性、使用经济性等；建设和制作性能如工程工艺性、规范性、建设周期、精确度合理性、装运可行性、维修性、报废回收性、建设经济性等。从上述内容可以抽象出这类工作的特点，即工程项目的创新设计要从其内容和特点按照合理的程序进行妥善的安排，以期达到所要求的目的 工程项目设计按照创新设计的科学方法论开展相应的工作，就可以取得理想的效果，不仅仅可以大大提高建设的成功概率，还可以获取高效益和效率，因此设计者应该认真地执行科学方法论的规则
在建筑设计过程中的应用	这类设计包括房屋的设计和其他建筑物的设计等。建筑设计除了讲究其实际应用的效果外，还特别讲究建筑物的艺术特点和风格。有的建筑物重视它的实用价值，却忽略了其艺术风格；而另外一些建筑，只重视其艺术特色，却忽略了其使用价值，这两种极端情况都应该努力避免。对于建筑设计来说，这两方面的要求都应该重视 建筑设计常常包括两方面的内容，一是内部结构的设计，二是外形的艺术设计，即建筑学设计。内部结构的设计要讲究实用、安全和可靠，即它的功能和性能；而外形的设计强调的是，既具有艺术风格，又讲究朴实，使用户有良好的感受。建筑设计的目标和要求应该和其他设计相同，即正确的思想 I、良好的质量 Q、较低的建设成本 C、较短的工期 T、良好的环境保护 E 和方便的服务 S，即 IQCTES。有了目的和要求，就可以进一步去了解其具体的内容和特点。和产品的设计相似，内容结构的设计即弄清楚它的功能和性能。建筑设计内部结构的主辅功能是满足居住、饮食、衣着、生活各项内容 结构性能包括安全可靠性、轻便耐用和适应性、布置紧凑、环保、内部设置艺术、设计经济等；使用性能应该包括生活舒适、条件稳定、操作宜人、调节方便、条件可控、使用经济等；建筑性能包括建设工艺条件优良、有较高标准化和通用化程度、建筑要求的容差合理、较短的建设周期、便于维修、建设经济等 外部的设计和产品的外形设计相似，既强调它的艺术，又要强调它的朴实，甚至在某些方面还要融入当地的文化特点 从科学方法论的角度，要求建设设计有明确的目的和要求，有切实的内容和正确的态度和理念，有合理的步骤和科学方法。再要充分发挥主观方面的潜能，充分考虑客观因素的影响，还要考虑发挥两个动态因素的作用。使所承担的建筑设计任务在创新思维的指导下，运用创新的原理和方法，实现"好、省、多、快"

（续）

应用领域	内容
在商业设计中的应用	在各种商业活动中，既要满足商品的购买者了解这些商品的用途和特点，又要吸引广大顾客对这些要出售的商品产生好感，以便在今后销售的过程中产生积极的影响，进而促进该类商品的销售。当然，对于商店的主人来说，其目的是通过各种商业渠道以增加其销售份额，从而获取更大的利润 最近由于网络技术的发展，在商品销售过程中充分而广泛利用网络技术，如电商的出现使商品的销售模式产生革命性的变化，而过去一直沿用商店形式对商品进行销售，如今购买商品采取了邮购的办法，使产品的成本大大降低。如阿里巴巴的经验已经证明，网购形式有许多优点。特别对于广大的生活水平处于中等或稍偏下的人群，他们所追求的是廉价商品。对于这类商业设计就是要根据这些特点予以充分地考虑
在服务设计中的应用	在目前社会里，人们的社交活动不断增加，服务设计的种类也越来越多，花样也层出不穷。这类设计如新闻报道、广告宣传等，都是为了某些单位和个人而服务的。服务设计首先要达到信息传播的目的，还要讲究其艺术和文化的特色，使直接参与该项的人或人群了解宣传的目的和要求，对这类设计还要显示出其文化和艺术的特色，才容易吸引更多的群众
在其他设计中的应用	不属上述各类的设计即为其他类型的设计，如品牌设计等，设计者首先要考虑这类的要求，再根据设计的内容和特点，运用好科学方法论的体系和规则，做好创新设计工作，以便实现好、省、多、快及满足环境保护和方便服务等要求

第 11 章 创新设计方法论应用的智能化及专家系统

1 概述

创新设计方法论的具体应用也正在向智能化方向发展，目前，在各个领域已广泛应用了专家系统。专家系统是创新设计方法论的应用向智能化方向发展的具体形式之一。专家系统属于人工智能的一个发展分支，自1968年费根鲍姆（E. A. Feigenbaum）等人研制成功第一个专家系统DENDRAL以来，专家系统获得了飞速的发展，并且运用于医疗、军事、地质勘探、教学、化工等领域，产生了巨大的经济效益和社会效益。现在，专家系统已成为人工智能领域中最活跃、最受重视的部分。

专家系统（Expert System，ES）是20世纪后半期开始研究和发展起来的一种新的具有重大实际应用价值的技术，它能给企业部门带来重大的经济效益。专家系统之父费根鲍姆在对世界许多国家和地区的专家系统应用情况进行调查后指出：几乎所有的专家系统都至少将人的工作效率提高10倍，多的能提高100倍，甚至300倍。专家系统覆盖了计算机应用的许多领域，按其所完成任务的性质和特征，可以分为解释专家系统、预测专家系统、设计专家系统、规划专家系统、诊断专家系统、控制专家系统、决策专家系统、咨询专家系统等。

专家系统就是一种在特定领域内具有专家解决问题能力的程序系统。它能够高效、准确、周到、迅速和不知疲倦地工作，在解决问题时不受情绪和周围环境的影响。将专家系统与多种先进技术相结合，能够使工程技术人员使用计算机去更有效地解决问题。目前出现了多种新型的专家系统，如模糊专家系统、神经网络专家系统和网上专家系统等。

从科学技术的发展情况看，智能化专家系统将会在处理国家、地区、各类企业事务过程中代替目前由内行人组成的智囊团而得到应用，并发挥其重要的作用，例如：①进行调研和选题；②制订各种规划；③指导各项重要工作任务的科学实施；④对所完成的工作进行检验和评估；⑤对工作过程中主观因素、客观因素和动态因素所发挥的作用进行分析；⑥对工作过程中的路线和策略进行分析评价；⑦寻找和利用合适的机遇；⑧预测和预防各种风险并有效地实施宏观调控。

专家系统还可以应用于各个部门，如工业、农业、商业、金融、科技、教育、经济、文化、艺术等；在实际工作领域，如用于预测、设计、规划、诊断、控制、决策和咨询等各种工作，并能取得显著的经济效益和社会效益。

2 专家系统的应用研究与发展

1965年斯坦福大学的费根鲍姆和化学家勒德贝格（J. Lederberg）合作研制DENDRAL系统，使得人工智能的研究以推理算法为主转变为以知识为主。20世纪70年代，专家系统的观点逐渐被人们接受，许多专家系统相继研发成功，其中较具代表性的有医药专家系统MYCIN、探矿专家系统PROSPECTOR等。20世纪80年代，专家系统的开发趋于商品化，创造了巨大的经济效益。

1977年费根鲍姆在第五届国际人工智能联合会议上提出知识工程的新概念。他认为："知识工程是人工智能的原理和方法，对那些需要专家知识才能解决的应用难题提供求解的手段。恰当运用专家知识的获取、表达和推理过程的构成与解释，是设计基于知识的系统的重要技术问题。"知识工程是一门以知识为研究对象的学科，它将具体智能系统研究中那些共同的基本问题抽出来，作为知识工程的核心内容，使之成为指导具体研制各类智能系统的一般方法和基本工具，成为一门具有方法论意义的科学。20世纪80年代以来，在知识工程的推动下，涌现出了不少专家系统开发工具，如EMYCIN、CLIPS（OPS5、OPS83）、G2、KEE、OKPS等。

早在1977年，中国科学院自动化研究所就基于关幼波先生的经验，研制成功了我国第一个"中医肝病诊治专家系统"。1985年10月中科院合肥智能所熊范纶建成"砂姜黑土小麦施肥专家咨询系统"，这是我国第一个农业专家系统。经过20多年努力，一个以农业专家系统为重要手段的智能化农业信息技术在我国取得了引人瞩目的成就，许多农业专家系统遍地开花，将对我国农业持续发展发挥作用。中科院计算所史忠植与东海水产研究所等合作，研制了东海渔场预报专家系统。在专家系统开发工具方面，中科院数学研究所研制了专家系统开发环境"天马"，中科院合肥智能所研制了农业专家系统开发工具"雄风"，中科院计算所研制了面向对象专家系统开发工具"OKPS"。

3 专家系统

3.1 专家系统的基本结构

专家系统的基本结构如图 45.11-1 所示，其中箭头方向为信息流动的方向。专家系统通常由人机交互界面、推理机、解释器、知识获取、知识库、综合数据库等六个部分构成。

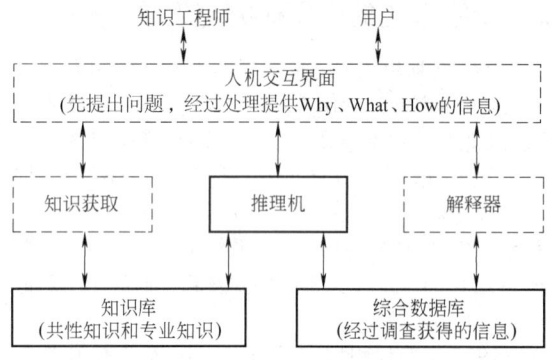

图 45.11-1　专家系统的基本结构

1) 人机交互界面是系统与用户进行交流时的界面。通过该界面，用户输入基本信息、回答系统提出的相关问题。系统输出推理结果及相关的解释也通过人机交互界面。

知识库是问题求解所需要的领域知识的集合，包括基本事实、规则和其他有关信息。知识的表示形式可以是多种多样的，包括框架、规则、语义网络等。知识库中的知识源于领域专家，是决定专家系统能力的关键，即知识库中知识的质量和数量决定着专家系统的质量水平。知识库是专家系统的核心组成部分。一般来说，专家系统中的知识库与专家系统程序是相互独立的，用户可以通过改变、完善知识库中的知识内容来提高专家系统的性能。

2) 推理机是实施问题求解的核心执行机构，它实际上是对知识进行解释的程序，根据知识的语义，对按一定策略找到的知识进行解释执行，并把结果记录到动态库的适当空间中。推理机的程序与知识库的具体内容无关，即推理机和知识库是分离的，这是专家系统的重要特征。它的优点是对知识库的修改无须改动推理机，但是纯粹的形式推理会降低问题求解的效率。将推理机和知识库相结合也不失为一种可选方法。

3) 解释器用于对求解过程做出说明，并回答用户的提问。三个最基本的问题是"Why?""What?"和"How?"，即创新设计方法论中三个核心要素。解释机制涉及程序的透明性，它让用户理解程序为什么这样做？做什么？如何去做？向用户提供了关于系统的一个认识窗口。在很多情况下，解释机制是非常重要的。例如，为了回答"为什么"得到某个结论的询问，系统通常需要反向跟踪动态库中保存的推理路径，并把它翻译成用户能接受的自然语言表达方式。

4) 知识获取负责建立、修改和扩充知识库，是专家系统中把问题求解的各种专门知识从人类专家的头脑中或其他知识源那里转换到知识库中的一个重要机构。知识获取可以是手工的，也可以采用半自动知识获取方法或自动知识获取方法。

5) 知识库中的知识可分为共性核心知识和专业知识两类。处理每一件事都应该有针对该具体事件的专业知识，但是，假如人们能从专业知识的基础上总结出可用于各种具体事件的一般共性知识，再用一般共性知识去处理具体问题，那就十分方便了。本书所研究的科学方法论就是总结出了一般共性核心知识，它可以用来处理具体问题，这给专家系统提供了极大的方便。但是除了共性核心知识，对于某些特殊的问题，也还有若干专门的知识，但如果有了共性核心知识，专门知识的比率就可以大大减少，因此，利用总结出的共性核心知识来处理具体问题可以解决绝大多数实际问题，甚至有时只需要用共性核心知识来处理具体问题就已经足够了。

6) 综合数据库也称为动态库或工作存储器，是反映当前问题求解状态的集合，用于存放系统运行过程中所产生的所有信息，以及所需要的原始数据，包括用户输入的信息、推理的中间结果、推理过程的记录等。综合数据库中由各种事实、命题和关系组成的状态，既是推理机选用知识的依据，也是解释机制获得推理路径的来源。

一般说来，专家系统是由上述六个部分所组成，但有的书上把专家系统写成如下简单的形式：

专家系统 ＝知识库＋数据库＋推理机

可见，专家系统最主要的三个部分是知识库、数据库和推理机。

3.2 科学方法论应为知识库中最重要的共性核心知识

在专家系统中，专家的知识和经验是其最重要的组成部分，假如没有专家的知识和经验，也就不可能成为专家系统了。但在以往所提出的专家系统的理论中，并没有特别强调创新设计方法论在专家系统中所起的重要作用及其在知识宝库中应处于的核心地位。创新设计方法论实际上就是一种共性的知识，它可以指导任何个人和集体成功完成创新设计并获取创新设计的最高效益。

专家系统应充分重视共性知识的积累,因为共性知识可以应用到处理任何事件的专家系统中。当然,处理专门问题时专业知识也是不可缺少的。创新设计方法论或创新设计方法论的体系和规则,已为专家系统知识库增添十分宝贵的共性知识,可为做任何事情提供重要的规则,见表45.11-1。

表45.11-1 做任何事情的重要规则

序号	内 容
1	成功和高效地做事的三对核心要素:目的和要求、任务和态度、步骤和方法;就是做事过程中需要解决的三个问题,为什么(Why)?做什么(What)?如何做(How)?
2	成功和高效地做事还要有正确思想做指导才不会走错路,才不会迷失方向,人们应该在现代哲学思想的正确指导下完成各项工作,要坚持以人为本的思想,重视创新、协调、绿色、开放和共享
3	成功和高效地做事要充分发挥主观方面的四项潜能:思想和品德、知识和能力、健康和生命、毅力和战术
4	成功和高效地做事要充分考虑客观方面三对因素的影响:时间、空间和条件
5	成功和高效地做事还要充分发挥两个动态因素的作用:学习和致用、检查总结和提高

创新设计方法论的这些规则应该作为专家系统知识库的核心内容和基础知识,因为它对任何个人和集体做任何一种事情能否取得成功,能否获取最高效益和效率都会产生十分重要的影响。

3.3 比较推理是专家系统中最易实施的推理形式

在专家系统中,推理是一种十分重要的手段。有了需要解决的问题,有了研究对象相关的信息,有了专家的知识和经验,就需要通过推理对提出的问题进行回答。需要回答的通常是为什么要这么做?应该做什么?如何去做?根据要求的不同,要对需要解决的问题进行具体的回答。

推理的方法有多种,有比较推理(或案例推理)、归纳推理、演绎推理等。最为常用和最为普通的推理形式是比较推理(或案例推理)。

任何个人和集体可以用比较推理来处理提出的相对比较简单的问题。比较推理常常以过去所取得的经验为基础,对过去从事过的工作一般都会有感性的认识。例如,对所做的事的目的、内容和方法都有实际的体会,既有经验,也有教训,这些经验和教训就是成功做事或做事出现问题的具体案例,这就是人们常常所说的知识,用实践过程中得出的案例(已经掌握的知识)对正在进行的工作进行比较,可以对正在进行的和没有完成的工作提出处理的办法(对所要解决的问题提供决策,提出解决问题的办法)。

在机械设备故障诊断的过程中,常常采用比较推理(或案例推理)对正在工作的机械设备可能出现的故障进行预测,并进而提出有效的措施来解决可能出现的问题。这种通过比较推理的方法来处理可能要发生的问题的办法,虽然不能确定有百分之百的准确性,但其准确率或准确程度相当高,因为在数据或实际信息不十分完备的情况下,采用其他推理形式是十分困难的。

比较推理通常是以以往取得的实际经验的基础,所以经验的积累十分重要,实际经验可以上升到理论或知识,这在专家系统的研究中十分重要。

4 最简单的专家系统

科学方法论是辩证法唯物主义的两个重要组成部分之一,它可以正确和有效地用来指导人们的工作和生活。因此,同样地也可以把科学方法论或创新设计方法论作为专家系统知识库中的正确和有效的共性核心知识。在实际工作中的每一条规则通常都包含了多个影响因素,对各个影响因素执行的好坏可综合为对每一规则执行的好坏。

创新设计方法论的体系和规则分为以下5个部分:

创新设计方法论的第一部分是3个核心要素:目的和要求、任务和态度、步骤和方法,每个核心要素均包含了若干影响因素,见表45.11-2a、表45.11-2b和表45.11-2c。

创新设计方法论的第二部分是指导思想,其中包含了6个子项目,见表45.11-3。

创新设计方法论的第三部分是主观方面的4项潜能:思想和品德、知识和能力、健康和生命、毅力和战术,每项潜能均包含了若干影响因素,见表45.11-4a、表45.11-4b、表45.11-4c和表45.11-4d。

创新设计方法论的第四部分是客观方面的3对影响因素:机遇和挑战、环境和协调、条件和利用,每个影响因素均包含了若干子因素,见表45.11-5a、表45.11-5b和表45.11-5c。

创新设计方法论的第五部分是做事过程中的2个动态因素:学习和致用、检查总结和提高,每个影响因素均包含了若干子因素,见表45.11-6a和表45.11-6b。

表 45.11-2a 对核心要素之一：目的和要求影响因素的分析及其制约因素的搜索

组成	目标			要求					
要素名称	调研选题	剖析和规划	具体实施（功能与性能）	正确思想 I	质量要求 Q	成本要求 C	工期要求 T	环保要求 E	服务要求 S
最高分值	10	10	10	10	10	10	10	10	10
实际分值									
制约因素									

表 45.11-2b 对核心要素之二：任务和态度影响因素的分析及其制约因素的搜索

组成	任务						态度			
要素名称	国家需要	主观能力	符合客观	可以完成	目标明确	任务切实	方法科学	结果可行	勤奋刻苦	严谨求实	开拓奋进	实践创新
最高分值	10	10	10	10	10	10	10	10	10	10	10	10
实际分值												
制约因素												

表 45.11-2c 对核心要素之三：步骤和方法影响因素的分析及其制约因素的搜索

组成	步骤				方法							
要素名称	调研选题	剖析规划	具体实施	检验评估	科学哲学	逻辑思维	心理科学	系统工程	信息技术	优化技术	创新技法	预测理论
最高分值	10	10	10	10	10	10	10	10	10	10	10	10
实际分值												
制约因素												

表 45.11-3 对方法论指导思想影响因素的分析及其制约因素的搜索

组成	方法论的指导思想：辩证唯物主义或科学发展观					
要素名称	以人为本	全面性、系统性	实践性、科学性	继承性、创新性	协调性、稳定性	持续性、长期性
最高分值	10	10	10	10	10	10
实际分值						
制约因素						

表 45.11-4a 对主观潜能之一：思想和品德影响因素的分析及其制约因素的搜索

组成	思想			品德		
要素名称	人生观价值观	集体主义思想	勇于坚持真理	社会公德、职业道德、家庭美德	学风和作风	生活习惯
最高分值	10	10	10	10	10	10
实际分值						
制约因素						

表 45.11-4b 对主观潜能之二：知识和能力影响因素的分析及其制约因素的搜索

组成	知识				能力							
要素名称	文化知识	科学知识	技术知识	专业知识	自学能力	分析能力	解决问题能力	实践能力	创新能力	组织能力	协作能力	宣传能力
最高分值	10	10	10	10	10	10	10	10	10	10	10	10
实际分值												
制约因素												

表 45.11-4c 对主观潜能之三：健康和生命影响因素的分析及其制约因素的搜索

组成	健康				生命	
要素名称	重视身体锻炼	积极预防疾病	重视疾病治疗	要有良好心态对待疾病	重视安全珍爱生命	关心他人生命
最高分值	10	10	10	10	10	10
实际分值						
制约因素						

表 45.11-4d 对主观潜能之四：毅力和战术影响因素的分析及其制约因素的搜索

组成	毅 力				战略和战术	
要素名称	有无克服困难的精神	有无顽强拼搏的斗志	将坏事转变为好事的能力	遇到困难时心态如何	运用战略的能力如何	运用战术的能力如何
最高分值	10	10	10	10	10	10
实际分值						
制约因素						

表 45.11-5a 对客观影响因素之一：机遇和挑战影响因素的分析及其制约因素的搜索

组成	机 遇					挑 战	
要素名称	机遇1	机遇2	机遇3	机遇4	机遇5	挑战战略	挑战战术
最高分值	10	10	10	10	10	10	10
实际分值							
制约因素							

表 45.11-5b 对客观影响因素之二：环境和协调影响因素的分析及制约因素的搜索

组成	环 境						协 调						
要素名称	自然环境	社会环境	技术环境	资金环境	市场环境	政策环境	环境保护	资源利用	自然环境	社会环境	技术环境	资金环境	市场环境	政策环境
最高分值	10	10	10	10	10	10	10	10	10	10	10	10	10
实际分值													
制约因素													

表 45.11-5c 对客观影响因素之三：条件和利用影响因素的分析及制约因素的搜索

组成	条 件				利 用	
要素名称	学习条件	工作条件	研究和试验条件	生活条件	如何创造条件	利用条件
最高分值	10	10	10	10	10	10
实际分值						
制约因素						

表 45.11-6a 对动态因素之一：学习和致用影响因素的分析及制约因素的搜索

组成	学 习			致 用							
要素名称	新文化	新科技	新经验	理想和目标	内容态度	步骤方法	思想品德	知识能力	健康生命	毅力战术	客观因素	动态因素
最高分值	10	10	10	10	10	10	10	10	10	10	10	10
实际分值												
制约因素												

表 45.11-6b 对动态因素之二：检查总结和提高影响因素的分析及制约因素的搜索

组成	检查总结		提 高	
要素名称	检查各种工作的执行情况	总结每项工作的经验和教训	经验和教训	使人更加聪明
最高分值	10	10	10	10
实际分值				
制约因素				

将创新设计方法论的5个组成部分及12对规则进行评分，可以找出是哪些因素制约了发展和提高，这些制约因素就是人们工作的重点，对存在的问题进行研究和分析，通过推理提出决策，采取有效措施予以解决，这就是专家系统所要研究的基本任务。由此可见，科学方法论的体系和规则可以直接作为专家系统的核心知识来处理做事过程中出现的问题，检验所做事，包括创新设计是否达到理想的要求和水平。

对创新设计方法论的12对规则及其影响因素执行的好坏进行科学的评价，执行最好的可以评定为满分10分，而根据其执行的好坏情况对各个子因素给予小于10分的评分。

在对制约因素进行分析的过程中，首先要对第一层次中的 12 对规则进行分析，找出影响创新设计的几个主要因素，进而分析其影响的严重程度及其主要原因，最后针对其产生的原因找出克服的办法和措施。

可以采用列表的创新设计方法对 12 个要素进行评价，根据具体情况给出分值，并找出分值最低或较低因素产生的原因（见表 45.11-7）。

表 45.11-7　通过对创新设计影响因素的分析确定制约因素

组成	核心三要素			主观潜能				客观因素			动态因素	
要素名称	目的要求	内容态度	步骤方法	思想品德	知识能力	健康生命	毅力战术	机遇挑战	环境协调	条件利用	学习致用	总结提高
最高分值	10	10	10	10	10	10	10	10	10	10	10	10
实际分值	9	8	6	7	8	8	5	7	7	7	8	8
制约因素			×				×					

从表 45.11-7 可见，这些影响因素中分值较低和最低的影响因素是采取的步骤和方法及主观因素中的毅力和战术。因此，应该从这两个制约因素去找原因，抓住影响原因，寻找解决问题的途径。

我们还可以再对制约因素进行第二层次分析，可以采用列表方法，见表 45.11-8 和表 45.11-9。

表 45.11-8　通过对步骤和方法影响因素的分析搜索制约因素

组成	步　　骤					方　　法						
要素名称	调研选题	剖析规划	具体实施	检验评估		科学哲学	逻辑思维	心理科学	系统工程	信息技术	优化技术	创新技法	预测理论
最高分值	10	10	10	10		10	10	10	10	10	10	10	10
实际分值	9	6	8	7		8	7	8	7	5	7	8	8
制约因素		×								×			

表 45.11-9　通过对毅力和战术影响因素的分析搜索制约因素

组成	毅　　力				战略和战术	
要素名称	有无克服困难的精神	有无顽强拼搏的斗志	将坏事转变为好事的能力	遇到困难时心态如何	运用战略的能力如何	运用战术的能力如何
最高分值	10	10	10	10	10	10
实际分值	9	8	8	6	5	7
制约因素				×	×	

从表 45.11-8 可以看出，制约因素为对任务的剖析规划及应用信息技术比较薄弱，因此必须采取有效措施将制约因素转变为积极因素。从这些因素中找出制约的因素，并采取有效措施让制约因素转变为积极因素，就能取得创新设计的成功。

上述内容充分利用了专家系统中的共性核心知识，对长期积累的经验作为参考，并对当前所做的工作进行对比，做出相应的决策，找出在实施过程中存在的问题，并采取有效措施予以解决。这应该是最简单的、人人都可以执行的专家系统。

5　基于逻辑的故障诊断专家系统

从知识表示的角度来说，故障诊断专家系统可以从两个方向来开发，分别为基于逻辑的故障诊断 ES 和基于规则的故障诊断 ES。

基于逻辑的故障诊断专家系统主要以谓词逻辑作为事实来组织知识库，即故障及其特点可以用一组同名谓词逻辑 rule 来表示，所有征兆可以用一组同名谓词逻辑 cond（征兆号）来表示。

基于逻辑的故障诊断专家系统，见表 45.11-10。

表 45.11-10　基于逻辑的故障诊断专家系统

模块名称	内　　容
知识处理模块	1）知识的获取。知识从外部的知识源（人类专家、书籍文献、试验数据等）到计算机内部的转换过程称为知识的获取。根据旋转机械故障诊断的经验与知识，给出空分机组转子系统常见故障与征兆的——对应关系，见表 45.11-11（篇幅有限，仅列出部分常见故障） 2）知识的表示。知识的表示是指知识在计算机中的表示方法和表示形式，它涉及知识的逻辑结构和物理结构。基于逻辑的 ES 采用逻辑判断"是"或"否"为基本形式
知识库模块	表 45.11-11 列举了 10 种故障，用 10 个"rule（'故障号''常见故障''故障名称''与此故障关联的征兆号列表'）"来建立故障的知识库，见表 45.11-12。可以通过增加新的故障到知识库中来更新知识库。 表 45.11-11 中列举了 25 个故障征兆，用 25 个"cond"来建立征兆知识库，见表 45.11-13（这里仅列出前 10 个故障征兆）。每个 rule 字句中的整数表是每一个故障的相应征兆。因此，通过每条故障规则末尾的整数表，有关故障便和相应征兆联系起来了

模块名称	内容
推理诊断模块	推理诊断模块即所谓的"推理机"是专家系统的组织控制机构。推理机的主要功能是协调控制系统,通过运用用户提供的征兆数据,从知识库中选取相关的知识并按照一定的推理策略进行推理,直到得出相应的结论 1) 推理方法。推理方法主要分为精确推理和不精确推理两种。①精确推理,即把领域知识表示为必然的因果关系,推理的前提和推理的结论是肯定的或否定的,不存在第三种可能。②不精确推理的基本思想为:给规则库(知识库)中的每条规则赋上一个可信度因子,再利用一组启发式过程,根据具体问题初始证据的可信度值和规则的可信度因子,给出具体问题求解结论的可信度值。不精确推理主要有主观 Bayes 推理方法、模糊 ES 等。本节基于逻辑的故障诊断 ES 是采用精确推理方法 2) 推理方向。推理引擎要决定何时激活哪条规则(知识)。选择规则时,有两个主要方向:前向链接(正向推理)和后向链接(反向推理)。①前向链接是数据驱动的推理技术。从已知数据开始展开推理,每一次只执行顶端的一条规则,当规则被触发时,就有新事实加入数据库。前向链接是收集信息并推出信息的技术。②后向链接是目标驱动的推理技术。在后向链接中,专家系统有目标(一个假设的答案),推理引擎的任务是找出证明目标的论据。多数使用后向链接的 ES 用于诊断性工作

表 45.11-11 空分机组转子系统常见故障与征兆对应关系对照表

征兆 \ 故障		质量偏心 1	永久弯曲 2	轴裂纹 3	不对中 4	支承松动 5	碰摩 6	油膜涡动 7	轴承损伤 8	气流激振 9	喘振 10
特征频率 1N	1	是	是	是			是				
特征频率 2N	2				是	是	是				
特征频率 3N	3					是					
特征频率高倍频	4						是				
特征频率一阶临界	5									是	
特征频率(0~<1)N	6								是		
特征频率(0.37~0.45)N	7							是			
特征频率低频<1Hz	8										是
常伴频率 1N	9				是	是			是	是	是
常伴频率 2N	10		是	是							
常伴频率 3N	11				是						
常伴频率整数分频	12						是				
振动稳定	13	是	是			是					
相位稳定	14	是	是				是				
径向振动	15	是				是	是		是	是	
径向/轴向振动	16		是	是	是				是		是
轴心轨迹圆或椭圆	17	是	是	是	是				是		
轴心轨迹香蕉型	18			是	是						
轴心轨迹 8 字形	19			是	是	是					
轴心轨迹杂乱	20						是	是	是		是
正进动	21	是									
正涡动	22							是			
振动随转速变化	23	是	是	是		是	是	是	是	是	是
振动随负载变化	24			是	是	是		是	是	是	是
振动随油温变化	25						是				是

表 45.11-12 故障知识库

rule(1,"常见故障""质量偏心"[1,16,16,15,17,21,23])
rule(2,"常见故障""永久弯曲",[1,10,16,16,16,17,21,23])
rule(3,"常见故障""轴裂纹",[1,10,16,17,18,19,23,24])
rule(4,"常见故障""不对中",[2,9,11,16,16,16,17,18,19,24])
rule(5,"常见故障""支承松动"[2,3,9,16,15,23,24])
rule(6,"常见故障""碰摩",[1,2,3,4,12,15,19,23,24,25])
rule(7,"常见故障""油膜涡动"[7,15,20,22,23,24,25])
rule(8,"常见故障""轴承损伤"[6,9,16,17,20,23,24,25])
rule(9,"常见故障""气流激振"[5,9,15,20,22,23,24])
rule(10,"常见故障""喘振"[8,9,16,20,23,24,25])

表 45.11-13 故障征兆知识库

cond(1,"特征频率 1N")
cond(2,"特征频率 2N")
cond(3,"特征频率 3N")
cond(4,"特征频率高倍频")
cond(5,"特征频率一阶临界")
cond(6,"特征频率(0~<1)N")
cond(7,"特征频率(0.37~0.45)N")
cond(8,"特征频率低频<1Hz")
cond(9,"常伴频率 1N")
cond(10,"常伴频率 2N")

针对本章的故障诊断 ES,其正向推理示意图如图 45.11-2 所示。

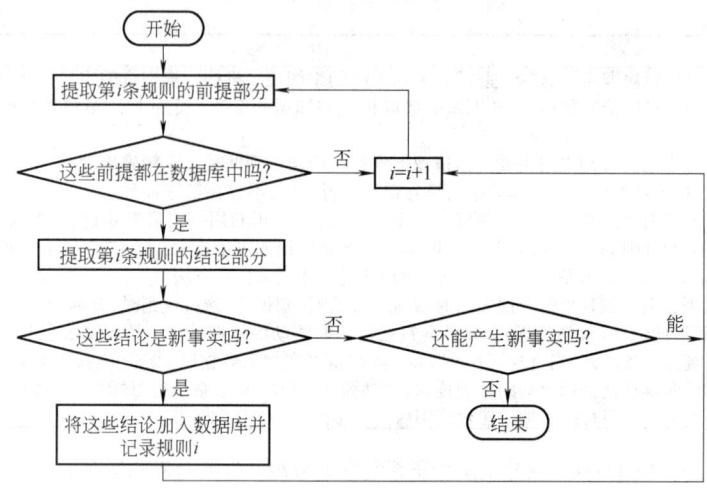

图 45.11-2 正向推理示意图

正向推理至少具有的功能：①能用数据库中的事实去匹配规则的前提，若匹配不成功，能自动地进行下一条规则的匹配；若匹配成功，系统能将此规则的结论部分自动加入数据库；②能判断何时应结束推理；③能将匹配成功的规则记录下来。

正向推理比较直观，允许用户主动提供有用的事实信息，适用于设计、预测、监控等类型的问题。

反向推理至少具有的功能：①能根据用户要求或情况提出假设；②能验证此假设是否是在数据库中；③能把知识库中将结论部分包含此假设的规则都找出来；④能将找出来的规则的前提部分取出，并作为新的假设逐条验证；⑤能判断假设是否是证据节点，若是，能向用户提出相应的问题，并记录结果；⑥能将匹配成功的规则记录下来；⑦能判断何时应结束推理。

反向推理不必使用与总目标无关的规则，且有利于用户提供解释。针对本节的故障诊断 ES，其反向推理示意图如图 45.11-3 所示。本节的 ES 将正向推理与反向推理结合起来应用，是精确推理。

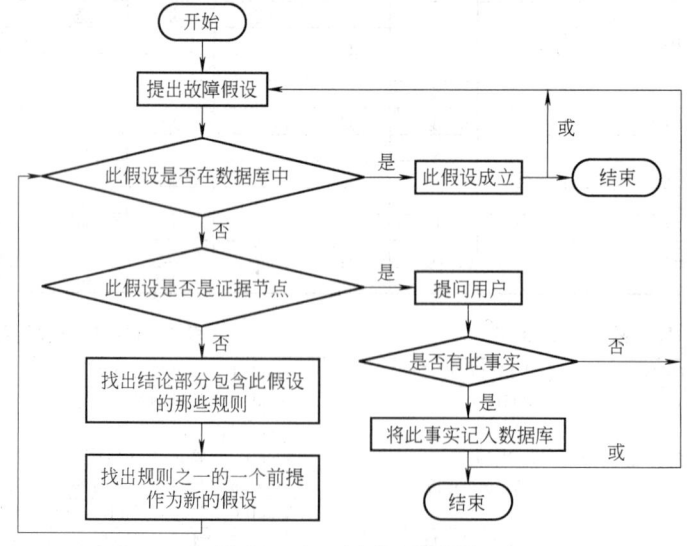

图 45.11-3 反向推理示意图

第12章 创新设计的关键因素及制约因素分析

1 概述

通过对创新设计方法论的内容和规则的不断实践,不仅可加深人们对创新设计方法论内容和规则的理解,也一定会得到不断的完善,从而,更好地完成创新设计工作。

影响创新设计工作的关键因素见表45.12-1。

表45.12-1 影响创新设计工作的关键因素

影响因素	详 细 内 容
影响创新设计工作的关键因素	学习、掌握和运用好创新设计方法论的12对规则是顺利进行创新设计工作的关键因素,也是创新设计能否取得成功和获取最高效益的关键所在 对有发展眼光的从事设计工作的集体和个人,特提出如下几点建议 1)要认清学习和运用创新设计方法论的重要性。只有认清创新设计方法论对指导我们设计工作的重要意义之后,才会下定决心努力去学习和应用它的一般规则,才能把学习、掌握和运用它作为自己一生中的大事 2)深入了解创新设计方法论的基本内容。认清学习和掌握创新设计方法论的重要性之后,就要以百倍努力去学习和掌握创新设计方法论的主要内容和要点。最重要的就是了解和学习创新设计方法论的12对规则,并坚持以人为本,重视继承性和创新性、协调性和稳定性、可持续性和长期性、实践性和科学性、全面性和系统性,即目前我国领导人提出的,从国家和人民的利益出发考虑问题,做好创新、协调、绿色、开放、共享 3)科学运用创新设计方法论的有关规则。了解创新设计方法论的重要性及其主要内容之后,要使之发挥积极的影响和作用,就必须学会科学运用,这是创新设计方法论能否发挥作用的关键 在4项潜能中,工作毅力十分重要,有了毅力才能坚持不懈地加以贯彻执行,创新设计才能取得成功;要充分利用外部因素;为了取得更好的效果,还必须运用合理的战略战术 4)要抓住重点和难点。做任何事既要兼顾四面,又要突出重点和难点,抓住关键问题就容易得到解决。对于个人来说,要根据自己的情况,去抓关键问题,去抓重点和难点,重点和难点解决了,其他问题也就迎刃而解了。所以要用敏锐的眼光去发现问题的关键所在,集中精力去攻克难点,问题就会得到圆满的解决
社会环境对创新设计工作的影响	在实践创新设计方法论的过程中,要有一个稳定的社会环境保障。社会上所有人都要为创造一个稳定的社会环境做出努力。一个动荡的社会,例如,在战争爆发或政治动乱时期,所有人的学习和工作,甚至是生活,都会受到很大的影响,正常的学习、工作和生活将很难开展起来。所以说,一个社会的稳定与否至关重要,它直接会影响到每一个人的发展 有些国家的某个地区发生了严重的自然灾害,如地震和海啸等,这些地区的居民正处于水深火热之中,在这种特殊情况面前,只能处理最急需解决的矛盾,而暂时将其他问题放在一边,虽然个人计划和理想会受影响,但作为负责任的公民,必须首先服从国家和集体的利益,而暂时牺牲个人的利益。所以,稳定的社会环境是创新设计的前提

2 创新设计工作要突出重点和抓住难点

学习和运用创新设计方法论的规则,必须根据每个集体和个人的具体情况,突出重点,抓住难点。因为创新设计方法论有"12对"规则,规则中的某些要求已经做到了,就应把注意力转移到其他重要的问题上。

创新设计方法论的"34321"规则见表45.12-2。

表45.12-2 创新设计方法论的"34321"规则

规则名称	规 则 内 容
3大核心要素	1)要重视创新设计的目的。设计者对创新设计的目的必须十分清晰明确,才能把创新设计做好 2)对创新设计的要求。其中最重要的是要有正确的指导思想,也就是说,要有正确的方向。有了正确的方向之后,要把创新设计的重点转移到提高质量和效益上来,既要做得好,还要做得省和快 3)选择任务。要根据自身条件和客观条件及事物的生长点,即契机,选择和确定好任务是创新设计取得成功的关键 4)要有正确的态度和理念。即勤奋刻苦的工作态度、严谨和实干的作风、开拓创新的精神 5)有效的步骤和方法。要重视做好调研、规划、实施和检验四项工作,要运用科学的哲学思想和方法及现代科学技术成就 三大核心要素是成功创新设计的关键,是这些规则的重点内容

（续）

规则名称	规则内容
4个主观因素	1）在思想和品德、知识和能力、健康和生命、毅力和战术四项内部因素中，特别要重视思想品德的培养，重点培养分析和解决问题的能力，遇到问题时，能对出现的问题进行调查和分析研究，提出解决问题的有效方法和措施 2）要以坚定的意志和顽强的毅力，再采用灵活机动的战略战术，去克服遇到的困难，要以良好的心态去对待各种挫折 在4个主观方面的因素中，首先要保证身体健康和生命安全，这是前提条件；思想和品德及知识和能力是基础；当出现困难时，毅力和战术成为创新设计的关键
3个客观因素	在做好环境保护的前提下，要充分利用好环境和条件，使环境和条件在完成任务过程中发挥积极的作用
2个动态因素	在学习和总结两项重要工作中，要经常检查，以便及时发现工作中的问题，使问题尽快得到解决
正确的指导思想	不管是3对核心要素也好，还是主观方面的4项潜能、客观方面的3个影响因素、工作过程中2个动态因素也好，都应该在正确指导思想的统领下开展工作

在不同情况和条件下可以有不同的重点。至于工作的难点，因不同的人和不同的集体及不同的时间、不同的地点和不同的条件而异，同时经过详细的分析和研究，提出相应的有效的方法和措施予以解决。

对于12对规则，也必须根据不同时期和不同地点而有所侧重，对于4个主观因素、3个客观因素和2个动态因素，同样应该在不同时期和不同地点要有所侧重，在关键时刻常常只考虑其中少数几项规则，这样可以集中精力解决关键问题，即采取集中精力打歼灭战的办法。

3 要处理好目标、内容和方法三者之间的关系

在创新设计工作实施阶段，要特别注意创新设计的目的、内容和方法之间的关联性。这三者是不可分割的，如果处理不当，将会影响创新设计的最终结果。创新设计的目标、内容和方法三者之间的关系见表45.12-3。

表45.12-3 创新设计的目标、内容和方法三者之间的关系

名称	内容
目标、内容和方法的关联性	创新设计的目标、内容和方法的关联方程式为 $$B = AD \quad (1)$$ 式中，B、D、A 分别为目标列阵、内容列阵和方法矩阵，它们可分别表示为 $$B = \begin{pmatrix} b_1 \\ b_2 \\ b_3 \\ \vdots \\ b_n \end{pmatrix}, D = \begin{pmatrix} d_1 \\ d_2 \\ d_3 \\ \vdots \\ d_n \end{pmatrix}, A = \begin{pmatrix} a_{11} & a_{12} & a_{13} & \cdots & a_{1n} \\ a_{21} & a_{22} & a_{23} & \cdots & a_{2n} \\ a_{31} & a_{32} & a_{33} & \cdots & a_{3n} \\ \vdots & \vdots & \vdots & \vdots & \vdots \\ a_{m1} & a_{m2} & a_{m3} & \cdots & a_{mn} \end{pmatrix} \quad (2)$$ 式中，b_i、d_j、a_{ij} 分别为目标列阵、内容列阵和方法矩阵的各个单元或元素。如果方程（1）具有线性关系，则 b_i、d_j、a_{ij} 均为常数；如果是非线性关系，则 b_i、d_j、a_{ij} 不是常数 将式（2）代入式（1）可得 $$\begin{pmatrix} b_1 \\ b_2 \\ b_3 \\ \vdots \\ b_n \end{pmatrix} = \begin{pmatrix} a_{11} & a_{12} & a_{13} & \cdots & a_{1n} \\ a_{21} & a_{22} & a_{23} & \cdots & a_{2n} \\ a_{31} & a_{32} & a_{33} & \cdots & a_{3n} \\ \vdots & \vdots & \vdots & \vdots & \vdots \\ a_{m1} & a_{m2} & a_{m3} & \cdots & a_{mn} \end{pmatrix} \begin{pmatrix} d_1 \\ d_2 \\ d_3 \\ \vdots \\ d_n \end{pmatrix} \quad (3)$$ 我们做任何事情都必须要有明确的目的，要有具体的内容，还要有科学的方法。可以这样说，没有明确目标的工作任务是盲目的任务，没有具体内容的工作任务是抽象和空洞的任务，没有运用科学方法的工作是不会取得理想的效果的 从人生奋斗的角度来说，没有明确奋斗目标的人生是盲目的和糊涂的人生，没有去完成具体工作任务或对社会、人类没有贡献的人生是空虚的和毫无实际价值的人生，没有科学方法指导的人生奋斗道路，也是难以取得成功的 正确地处理目标、内容和方法三者之间的关系实际上就是一种科学的方法 比如说，人们做事或创新设计常常有6个方面的要求：I、Q、C、T、E、S。即正确的思想、要求的质量、付出的代价、花费的时间、环保的要求、售后的服务，满足"对"或"是""好""省""快""多""保""便"的要求，并分别用 b_i 来表示为

（续）

名称	内 容
目标、内容和方法的关联性	$$B = (b_1, b_2, b_3, b_4, b_5, b_6)^T \quad (4)$$ 式中，T 表示矩阵的转置。 对于前面提出的 6 项要求，要通过具体的工作任务和内容来实现，譬如，通过贯彻"以人为本"指导思想开展相应的工作、面向事物功能与性能的设计、做详细的和具体的经济分析、按制订的时间有计划地执行任务、进行绿色设计、做好售后服务等，并分别用 d_i 来表示，即 $$D = (d_1, d_2, d_3, d_4, d_5, d_6)^T \quad (5)$$ 有了目标和内容，必须通过有效的方法才能完成所提出的工作任务，进而实现预定的目标。采取的工作方法可以是各种各样的，用 a_{ij} 表示为以下方法矩阵形式 $$A = \begin{pmatrix} a_{11} & a_{12} & \cdots & a_{16} \\ a_{21} & a_{22} & \cdots & a_{26} \\ \vdots & \vdots & \vdots & \vdots \\ a_{61} & a_{62} & \cdots & a_{66} \end{pmatrix} \quad (6)$$ 由此可见，目标只有通过具体内容才能实现，而内容也必须通过有效的方法才能完成，所以目标、内容和方法三者之间具有不可分割的联系

4 创新设计工作中制约因素的分析

创新设计工作中制约因素的分析见表 45.12-4。

表 45.12-4 创新设计工作的制约因素的分析

名 称	内 容
创新设计制约因素的分析	做事或进行创新设计的成功是由各个影响因素对其贡献积累决定的。因此，如果做事或进行创新设计的成功与否是由下面的影响因素决定的，则做事或进行创新设计取得成功的绝对总量为 $$Q(r_i, q_i) = \sum_{i=1}^{n} r_i q_i = r_1 q_1 + r_2 q_2 + \cdots + r_n q_n \quad (1)$$ 式中，r_i 为影响因素 i 的品质的高低，q_i 为影响因素的数量的多少 影响因素 i 对做事或创新设计的取得成功的贡献率为 $$\Delta q_i = \frac{r_i q_i}{Q(r_i, q_i)} = \frac{r_i q_i}{\sum_{i=1}^{n} r_i q_i} \quad (2)$$ 根据式（2）可以分析各个影响因素对做事或创新设计的取得成功贡献率的大小 如果已知 q_i 的理想值为 $q_{i\max}$，则取得成功的理想值的总量为 $$Q_{\max}(r_i, q_i) = \sum_{i=1}^{n} r_i q_{i\max} = r_1 q_{1\max} + r_2 q_{2\max} + \cdots + r_n q_{n\max} \quad (3)$$ 因为做事或创新设计取得成功的绝对数值缺乏可比性，所以我们应首先求出其取得成功的理想值，即最大值。这时执行任务者取得成功的概率为实际值与理想值之比，即所承担任务的成功概率为 $$\Delta Q_n(r_i, q_i) = \frac{Q(r_i, q_i)}{Q_{\max}(r_i, q_i)} = \frac{r_1 q_1 + r_2 q_2 + \cdots + r_n q_n}{r_1 q_{1\max} + r_2 q_{2\max} + \cdots + r_n q_{n\max}} \quad (4)$$ 由此可求出影响因素 i 对做事或创新设计的取得成功的贡献率为 $$\Delta Q_{i\max}(r_i, q_i) = \frac{r_i q_i}{Q_{\max}(r_i, q_i)} = \frac{r_i q_i}{\sum_{i=1}^{n} r_i q_{i\max}} \quad (5)$$ 由于各影响因素对做事或进行创新设计取得成功的贡献率是不相同的，贡献率大的为重要影响因素，贡献率小的为次要影响因素，贡献率等于零的为不必要的影响因素。我们在工作时，可将影响因素进行分类，分清重要的和次要的、必要的和不必要的，这是一项十分重要的工作 对做事或创新设计工作的成功概率进行分析，我们就可以清楚地知道，哪些是重要影响因素，哪些是次要影响因素，哪些是不必要的影响因素，这样就可以抓住工作的重点，使重要因素充分地发挥作用，但对于次要因素的影响也不可忽视 前面所述的各个影响因素的量与质通常是随时间而变化的，因为同一时间有不同的影响因素，这是一个时变的系统，因此，可以把它写成时间函数的形式，即

(续)

名称	内容
创新设计制约因素的分析	$$Q(r_i,q_i,t)=\sum_{i=1}^{n}r_i(t)q_i(t)=r_1(t)q_1(t)+r_2(t)q_2(t)+\cdots+r_n(t)q_n(t) \quad (6)$$ 这时，随时间变化的做事或创新设计的成功概率为 $$\Delta Q_n(r_i,q_i,t)=\frac{Q(r_i,q_i,t)}{Q_{\max}(r_i,q_i,t)}=\frac{r_1(t)q_1(t)+r_2(t)q_2(t)+\cdots+r_n(t)q_n(t)}{r_1(t)q_{1\max}(t)+r_2(t)q_{2\max}(t)+\cdots+r_n(t)q_{n\max}(t)} \quad (7)$$ 如果知道影响人们做事成功的因素由以下 10 个元素所组成，由此我们就可以根据这 10 个元素来计算所创新设计取得成功的概率。依据所从事科技研究工作的实际情况，经过详细的分析，可以确定出 10 个影响因素的量的大小 q_i 和质的高低 r_i，进而可求出它们的最大值和实际值为 $$q_{i\max}=(q_1,q_2,\cdots,q_{10})=(0.1,0.12,0.08,0.11,0.09,0.11,0.07,0.12,0.15,0.05)$$ $$r_{i\max}=(r_1,r_2,\cdots,r_{10})=(1.0,1.0,1.0,1.0,1.0,1.0,1.0,1.0,1.0,1.0)$$ $$q_i=(q_1,q_2,\cdots,q_{10})=(0.09,0.11,0.07,0.10,0.08,0.10,0.06,0.11,0.14,0.04)$$ $$r_i=(r_1,r_2,\cdots,r_{10})=(0.9,0.95,0.88,0.82,0.78,0.91,0.79,0.99,0.89,0.93)$$ 进而可求出创新设计成功概率的理想值和实际值为 $$Q_{\max}(n)=\sum_{i=1}^{10}r_iq_i=r_1q_1+r_2q_2+\cdots+r_{10}q_{10}=1.00$$ $$Q(n)=\sum_{i=1}^{10}r_iq_i=r_1q_1+r_2q_2+\cdots+r_{10}q_{10}$$ $$=0.09\times0.9+0.11\times0.95+0.07\times0.88+0.10\times0.82+0.08\times0.78$$ $$+0.10\times0.91+0.06\times0.79+0.11\times0.99+0.14\times0.89+0.04\times0.93$$ $$=0.081+0.1045+0.0616+0.082+0.0624+0.091+0.0474$$ $$+0.1089+0.1246+0.0372=0.8006$$ 从而可求出所做事或创新设计的成功概率为 $$\Delta Q_n(n)=\frac{Q(n)}{Q_{\max}(n)}=\frac{0.8006}{1}=80.06\%$$ 即所做事或创新设计的成功概率为 80.06% 通过对影响做事或创新设计的成功概率的诸多因素的分析，就可以了解哪些是关键因素，哪些是一般因素，为了提高做事或创新设计工作的成功概率，应该重视在不同时期和不同阶段确定哪些是主要影响因素和次要影响因素，哪些是必要因素，哪些是不必要因素

参 考 文 献

[1] 闻邦椿. 机械设计手册：第6卷 [M]. 5版. 北京：机械工业出版社, 2010.
[2] 闻邦椿. 现代机械设计师手册：上、下册 [M]. 北京：机械工业出版社, 2012.
[3] 闻邦椿. 现代机械设计实用手册 [M]. 北京：机械工业出版社, 2015.
[4] 闻邦椿, 张国忠, 柳洪义. 面向产品广义质量的综合设计理论与方法 [M]. 北京：科学出版社, 2006.
[5] 闻邦椿. 产品全功能与全性能的综合设计 [M]. 北京：机械工业出版社, 2007.
[6] 闻邦椿, 刘树英, 李小彭. 产品的主辅功能及功能优化设计 [M]. 北京：机械工业出版社, 2008.
[7] 闻邦椿, 韩清凯, 姚红良. 产品的结构性能及动态优化设计 [M]. 北京：机械工业出版社, 2008.
[8] 闻邦椿, 赵春雨, 任朝晖. 产品的使用性能及智能优化设计 [M]. 北京：机械工业出版社, 2009.
[9] 闻邦椿, 孙伟, 李鹤. 产品的制造性能及可视优化设计 [M]. 北京：机械工业出版社, 2009.
[10] 闻邦椿, 李小彭, 李鹤, 等. 机械产品设计质量的检验与评估 [M]. 北京：机械工业出版社, 2010.
[11] 闻邦椿. 产品设计方法学——兼论产品的顶层设计与系统化设计 [M]. 北京：机械工业出版社, 2011.
[12] 闻邦椿. 成功做事方法学——现代成功学浅论 [M]. 北京：中国社会科学出版社, 2012.
[13] 闻邦椿, 刘凤翘. 振动机械的理论及应用 [M]. 北京：机械工业出版社, 1982.
[14] 闻邦椿, 刘树英, 何勍. 振动机械的理论与动态设计方法 [M]. 北京：机械工业出版社, 2001.
[15] WEN Bangchun, LI Xiaopeng, Sun Wei, et al. 7D overall planning of product design and synthesized design method of 1 + 3 + X based on systems engineering. Proceedings of the International Conference on Design and Modeling of Mechanical Systems [M]. Tunisia, 2007.
[16] Wen Bangchun, Zhang Hui, Liu Shuying, et al. Theory and Techniques of Vibrating Machinery and Its Applications [M]. Beijing: Press of Science, 2010.
[17] 闻邦椿、赵新军、刘树英. 科技创新方法论浅析 [M]. 北京：科学出版社, 2015.
[18] 闻邦椿. 科学方法论 [M]. 北京：中国社会科学出版社, 2015.
[19] 闻邦椿教授从教60周年暨学术思想研讨会筹备组. 乙未共回首 成功济百年 [M]. 北京：时代文化出版社, 2015.
[20] 傅世侠, 罗玲玲. 科学创造方法论 [M]. 北京：中国经济出版社, 2000.
[21] 袁旭梅, 刘新建, 万杰. 系统工程学导论 [M]. 北京：机械工业出版社, 2006.
[22] 陈鹰, 杨灿军. 人机智能系统理论与方法 [M]. 杭州：浙江大学出版社, 2006.
[23] 陈立周. 机械优化设计方法 [M]. 北京：冶金工业出版社, 2005.
[24] 王永生. 创新方略论 [M]. 北京：人民出版社, 2002.
[25] 肖云龙. 创造学基础 [M]. 长沙：中南大学出版社, 2001.
[26] 罗玲玲. 创造力的理论与科技创造力 [M]. 沈阳：东北大学出版社, 1998.
[27] 李学荣. 新机器机构的创造发明——机构综合 [M]. 重庆：重庆出版社, 1988.
[28] 敖志刚. 人工智能及专家系统 [M]. 北京：机械工业出版社, 2010.
[29] 成其谦. 技术创新与竞争力研究 [M]. 北京：中国科学技术出版社, 2002.
[30] 胡家秀, 陈峰. 机械创新设计概论 [M]. 北京：机械工业出版社, 2006.
[31] 罗明星. 创新的原理 [J]. 技术与创新管理, 2005 (6), 16, 17.
[32] 吕仲文. 机械创新设计 [M]. 北京：机械工业出版社, 2004.
[33] 许琦. 超大型空分转子系统运行稳定性研究 [D]. 沈阳：东北大学, 2015.
[34] 闻邦椿. 产品设计的7D总体规划模型 [J]. 机械设计, 2006（增刊）.
[35] 埃里克·冯·希普尔. 技术创新的源泉 [M]. 北京：科学技术文献出版社, 1997.

第 46 篇　顶层设计原理、方法与应用

主　编　闻邦椿　刘树英
编写人　闻邦椿　刘树英
审稿人　高金吉

第1章 概 论

1 顶层设计的概念

顶层设计就是做一件事的规划或计划,而为了做好规划或计划,必须先对要做的事进行详细的调查,了解所做事的目的和要求、基本内容和应具有的态度、应采用的理想步骤和方法等,并对其进行剖析,找出重点和难点;还要对所做事的主观和客观因素进行分析,对做事过程中的学习和总结做详细考虑,并在此基础上制订出能使所做事得以顺利完成及获取最高效益的执行计划和规划。

一个国家、一个民族、一个地区、一个企业、一些组织和任何个人,为了把事情做成功,使集体和个人得以快速发展,通常在做事之前,都要制订一个详细的计划或规划,这项工作就是我们所说的顶层设计。这个计划或规划通常包括五方面的内容,见表46.1-1。

表 46.1-1 顶层设计包括的内容

序号	内　　容
1	为什么要做这件事?其目的和动机是什么?所做事的要求有哪些?这些要求通过努力是否可以达到
2	要做的是什么事?其具体内容是什么?其重点和难点有哪些?这些重点和难点通过努力能否得到解决?为把事情做得更好,应该具备怎样的正确态度
3	如何去做?要做好这件事,应该采取哪些有效的步骤和方法
4	在完成工作的过程中,如何充分发挥做事者的主观因素和利用好客观因素
5	在做事过程中,应该如何做好学习和检查总结等工作

做事的计划或规划可以称为顶层设计,但是顶层设计一般是针对要做的大事而言的。而对于一些小事,常常把做事前的想法称为计划。

人们所做的事,不管是大事还是小事,假如不成功的话,就会造成一定的损失,它既花费了时间,又浪费了金钱。对于小事,有点损失可能无关大局;而对于大事,其损失可能很大,有时会影响到一个国家、一个民族、一个地区、一个企业、一个单位的进一步发展,也会影响到一个人的前途。

对于任何集体和个人,在做事之前,总是希望要做的事能成功,并获取最高效益。如学生都想把课程学习好,把自己的能力培养好;工作人员都想把每个人所承担的工作做好。此外,许多人还希望把日常生活中的各种事情做好。

做好顶层设计,可以为所做的事完成得更好创造必要的条件。完成的情况可以分为两个层次:一是把事做成功;二是获取最高的效益。

人们想把事情做得更好,只有在学习、掌握和运用理想的或有效方法的条件下才能达到。

2 做好顶层设计的意义

顶层设计是成功做事的前提,也是高效做事方法的重要组成部分。所以,任何集体和个人,只有在做好规划或顶层设计的前提下,才有可能把事情做成功,并获取最高效益。

假如做事没有计划,对做事的目的和要求、内容和态度、步骤和方法,以及做事的主客观因素都不很清楚,必然会在做事过程中出现主观性、盲目性、片面性和随意性等各种弊端,也就很难把事情做成功和做得更好。所以,做事前没有计划是不行的,应以最大的努力做好计划或顶层设计。

做好顶层设计,既要了解做事的科学方法,同时还要了解顶层设计的特点和要求。假如不了解这些,就很难把顶层设计做好。所以,在本篇中既要讨论做事的一般科学方法,还要研究顶层设计的特点和要求。

首先介绍高效做事方法学的原理,进而根据顶层设计的特点和要求,来研究顶层设计的原理和方法及具体应用。

学习和掌握高效做事的科学方法,对于做好顶层设计,进而提高做事的成功概率并获取最高的效益是十分重要的。我们可以把做事的科学方法,称为高效做事方法,也就是说了解、掌握和运用高效做事的一般规则。掌握高效做事的规则,会使不会工作的人变成善于工作的人,并变得更加聪明,进而会把事情做得更好。

做好顶层设计,实现高效做事,不是一件轻而易举的事,而是一项十分复杂的工作,应该而且必须用现代哲学思想或更具体地说以科学发展观作为指导,要综合运用现代科学技术的成就和理想的科学方法,如系统工程的思想和方法、先进的信息技术、各种优化的理论和方法、创新的原理和方法、预测学的理论和方法等。高效做事方法学是在正确思想的指导下，即在科学发展观的指导下，综合地运用现代科学技术的成就来完成学习、工作和生活中各种事情的有效方法。

因此，任何集体和个人，要想做好顶层设计，把事情做成功并获取高的做事效益，都应该努力学习、掌握和运用高效做事的原理和方法。

3 做好顶层设计应先了解做事的特点和要求

为了做好顶层设计，应先了解所做事的特点和要求。

要用高效做事方法学的理论和方法去处理各种事情，也就是用"现代成功学"的理论和方法来处理各种事情，以提高做事的成功概率和做事效益，同时也包括做好顶层设计的工作。

高效做事方法学应特别重视对现代科学技术的成就的应用，高效做事方法学不仅要求正确无误地完成所做的工作，而且要符合最广大人民的利益，还要达到所要求的质量标准，花费的成本较低、时间较短，并达到环保要求，以及后续服务工作量少。要全面达到这些要求，就应该重视运用现代科学技术的成就。目前广泛应用的现代科学技术的成就见表46.1-2。

现代科学技术成就对高效做事有着重要影响的例子，见表46.1-3。

表46.1-2 广泛应用的现代科学技术的成就

序号	名称	主要内容
1	现代哲学思想和方法	用现代哲学思想和方法或用科学发展观的思想来指导，即坚持以人为本的思想，重视做事的全面性、系统性、实践性、科学性、创新性、协调性、可持续性等，可以使做事更加符合实际，同时，严格按照客观规律来办事，使工作得以全面、协调、稳定和可持续地开展
2	系统论和系统工程的理论和方法	遵照系统论和系统工程的理论和方法来办事，所考虑的问题就比较全面和系统，还能点面结合、突出重点，这样就不会在工作中出现主观性、片面性、随意性和盲目性等问题
3	现代信息技术	在工作中借助于现代信息技术，如计算机技术、网络技术、智能化技术和数字化技术等，可以使工作取得良好效果。若不采用先进的信息技术，就会浪费大量的时间及大大降低工作效率，也就不容易把事情做成功和做得更好
4	优化的理论和技术	做任何工作，特别是在科学研究或产品设计中，要采用优化的理论和技术，这样就能在保证质量的前提下，做到节省和快捷，以较小的代价去做更多的事情
5	创新思维和创新的原理和方法	了解和掌握更多的创新思维的形式和创新原理及技法，便会在继承前人成就或成功经验的基础上，取得更多的创新成果
6	预测学的理论和方法	在最大可能的情况下，应用预测学的理论和方法，预测出一件事发展趋势和结果，预测做事的成功概率，紧抓各种机遇，以提高做事的成功概率和获取最高的效益

表46.1-3 现代科学技术成就对高效做事影响的实例

序号	实例
1	20世纪80年代，我们若要把一篇文章邮寄给国外杂志，起码要几天时间。而现在将文章通过电子邮箱发给对方，只要几分钟的时间，网络技术的研究和应用促进了科学技术的进步
2	20世纪六七十年代，我们看到的是黑白电视和利用黑白胶卷的摄像技术，到20世纪八九十年代发展为彩色电视和利用彩色照相和摄像技术；而到现在采用的是数字化电视和数字彩照技术，不论是质量和精度，还是速度，都大大地提高了。数字化技术大大提高了电视和摄像技术的水平
3	袁隆平院士研究的杂交水稻，过去是300kg/亩，后来提高到500kg/亩，现在他已将杂交水稻产量提高到1000kg/亩以上。科学技术的进步大大提高了农作物的产量，研究的成果可以解决生活在地球上的几十亿人的吃饭问题

现在我们的学习和工作，假如还用20世纪60年代的方法，不积极地去应用先进的学习和工作方法，学习效果和工作效率会大大降低；就会大大落后于时代的要求、落在时代后面。所以，今天我们应该以积

极的态度去学习、掌握和运用先进的科学技术的成就,来指导我们的学习和工作,促进所从事的事业的快速发展和进步,以及提高我们的学习效果和效率。这是当今社会对我们每个集体和每个人提出的迫切要求。

任何集体或个人做事能否成功,还会受一个国家或一个地区经济发展的影响,而一个国家和地区的经济发展又会受国际经济的影响。因此,研究做事方法学还必须了解当今世界经济发展的特点和对各类企事业单位的要求。人类社会已进入了知识经济时代,全球经济一体化的格局已经形成,一个国家的经济和国际经济的发展正处在相互渗透和相互交融的过程中。从目前来看,国际经济的发展正处在不断动荡的过程中,我们必须正视国际经济动荡的现实,并设法减轻国际经济的动荡对我们自身发展的影响。所以,研究方法学也必须综合考虑当前国内和国际的政治和经济形势的现状和发展趋向。

4 做好顶层设计及实现高效做事的十二对规则

对所做的事进行具体的规划和安排。假如制订的规划或顶层设计和所采取的具体措施比较合理,就可以很好地完成工作任务,且会提高做事的成功概率和工作效率;假如制订的规划或顶层设计不合理或采取的措施不当,则会降低做事的成功概率和工作效率。

高效做事的十二条规则,就是成功做事十大要素加上两个动态因素,如图 46.1-1 所示。十大要素包括做事的三大核心要素:目的、内容和方法;主观方面的四项潜能:对于个人即德(思想)、智(本领)、体(健康)和毅力,对于集体即组织领导、技术能力、团结协作和奋斗精神;客观方面的三要素:机遇、环境和条件。两个动态因素是学习和检查总结。

做任何事情都离不开十二条规则,十二条规则是做事方法学的基础。在十二条规则中,最主要的是要找出事物发生与发展的内在规律,即了解和掌握做事的三大核心要素:目的、内容和方法;其次是要从主观上去想办法,找出路,让内因发挥积极作用;第三是从客观方面寻找最有利的条件;第四是要做好学习和总结。

我们可以将这十二条规则再扩展为十二对规则,如图 46.1-2 所示。即将做事的三要素扩展为目的和要求、任务和态度、步骤和方法;将做事的四项潜能扩展为对个人即是思想和品德、知识和能力、健康和生命、毅力和战术,对集体即是组织和领导、技术和管理、团结和协作、斗志和战术;将客观因素扩展为机遇和挑战、环境和协调、条件和利用;将两个动态因素扩展为学习和致用、检查总结和提高。

高效做事三对核心要素是成功做事的基础,见表 46.1-4。

高效做事主观方面的四项潜能(个人)见表 46.1-5。高效做事主观方面的四项潜能(集体)见表 46.1-6。高效做事方法学的指导思想、十二对规则、可采用的科学技术成就和预计效果如图 46.1-3 所示。高效做事客观方面的三对影响因素见表 46.1-7。高效做事的两对动态影响因素见表 46.1-8。

任何集体和个人想做好顶层设计,想取得成功,关键的问题是必须遵循这十二对规则。

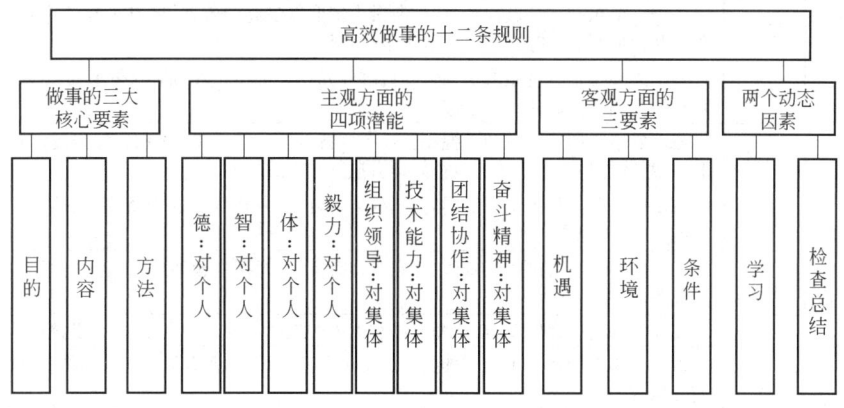

图 46.1-1　高效做事的十二条规则

表 46.1-4　高效做事三对核心要素

序号	名称	次属	具体内容
1	目的和要求	目的	要成功及高效做事,首先要了解所做事的必要性和重要性,即为什么要做事。没有明确目标的任务是盲目的、糊涂的,自然不会有好结果。做事要有目的性,目的性就是一般所说的理想和目标

(续)

序号	名称	次属	具 体 内 容
1	目的和要求	要求	有了明确的目标,就必须通过具体的内容和任务来完成所做的工作,具体的任务是实现目标的基础。具体要求就是通常所说的 IQCTES,即正确的思想 I、良好的质量 Q、较低的成本 C、较短的时间 T、良好的环境 E、方便的服务 S
2	任务和态度	任务	有了明确的目标,就必须通过具体的内容和任务来完成所做的工作,具体的任务是实现目标的基础。选择任务要结合国家的需要,选择适当时机,还要依据每个人的条件、特长、环境因素、理论及应用价值、实现可能、预测结果
		态度	有了具体任务,必须要有刻苦奋斗的精神,严谨求实认真的态度和勇于实践、敢于创新的理念,才能把任务完成好
3	步骤和方法	步骤	有了做事的目标和内容,还必须有理想的步骤,即 3I 调研、7P 规划、m+n+X 实施、5A 检验
		方法	不仅要有理想的步骤,还必须采取科学的方法:哲学、心理学、逻辑学、系统论、信息技术、优化理论、创新原理、预测学原理。科学的方法可以使所做的事高效地完成

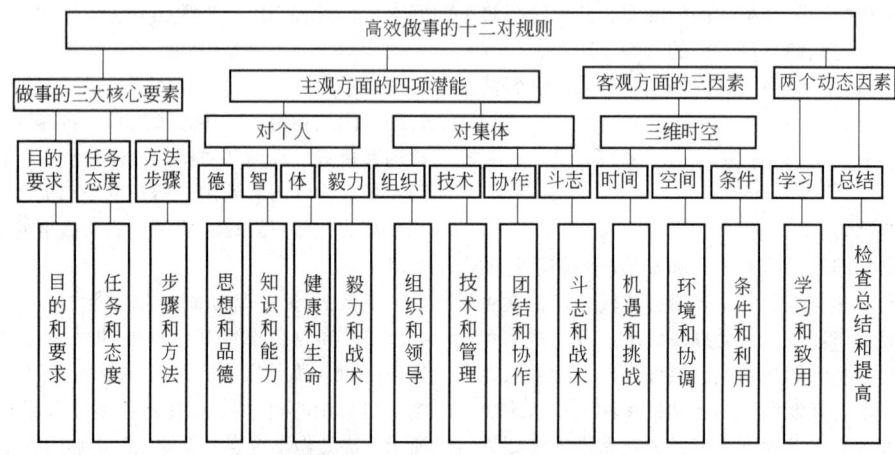

图 46.1-2　高效做事的十二对规则

表 46.1-5　高效做事主观方面的四项潜能（个人）

序号	名称	次属	具 体 内 容
1	思想和品德	思想	一个人要想把事情做成功,并使所做事情取得最高的效益,要有正确的指导思想、正确的人生观和价值观、集体主义思想、敢于坚持真理
		品德	一个人要想把事情做成功,必须有良好的品德,正确严谨的学风和作风、良好的习惯,这是成功做事和高效完成任务的基础
2	知识和能力	知识	成功做事必须要了解和掌握相关任务的特点及所需的文化知识、科学技术知识和专业知识和技术,才能根据事情的特点很好地去执行和完成任务
		能力	在了解和掌握相关知识的同时,还要具备自学、分析、实践、创新、组织、协作、宣传等各方面的能力,才能把事情做好
3	健康和生命	健康	成功做事还要有健康的身体,注意身体锻炼、注意疾病预防和重视疾病的治疗,这是保证完成任务的前提
		生命	要注意保持生命的安全,珍爱自己和他人的生命。没有了生命,什么事情都不能完成
4	毅力和战术	毅力	做任何事都会遇到困难和挫折。在困难和挫折面前,要有战胜困难的毅力,以及百折不挠的奋斗精神
		战术	做任何事都会遇到困难和挫折,除具有战胜困难和挫折的毅力外,同时还要有灵活机动的战略战术,才能到达成功的彼岸

表 46.1-6　高效做事主观方面的四项潜能（集体）

序号	名称	次属	具 体 内 容
1	组织和领导	组织	组织大家来完成集体的工作任务,要分配好各自所承担的任务,协调好各方面的工作,能团结群众,能组织群众,做好良好分工,开展良好的协作

(续)

序号	名称	次属	具 体 内 容
1	组织和领导	领导	领导是集体的灵魂,没有领导的集体,就会迷失方向,就无法开展工作。领导要掌握本领域技术方向,有足够技术储备,善于组织大家,重视人才建设
2	技术和管理	技术	技术包括了一个集体的技术力量和组合能力,这是一个集体完成任务的基本条件
		管理	把握大方向,善于组织管理、善于紧抓机遇、善于改革创新
3	团结和协作	团结	一个集体如果没有团结协作的精神,就像一盘散沙,无法开展正常的工作。一个团结协作的集体也就相当于一个健康的人
		协作	协作是一个集体的纽带,没有团结协作精神,就人心涣散,缺乏凝聚力,就很难把事情做成功
4	斗志和战术	斗志	斗志是一个集体高效完成任务的精神支柱,是一个集体高效做事的生命源泉,这种精神支柱在完成集体工作的过程中十分重要
		战术	战术是一个集体高效完成任务中不可缺少的手段,有合理和灵活机动的战术,做事时就会少走弯路

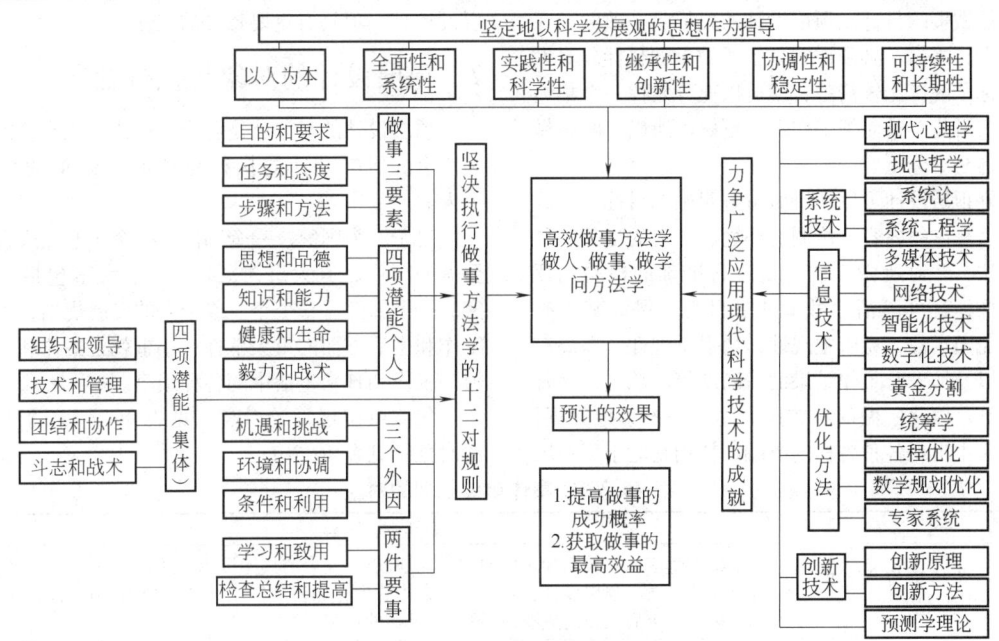

图 46.1-3 高效做事方法学的指导思想、十二对规则、可采用的科学技术成就和预计效果

表 46.1-7 高效做事客观方面的三对影响因素

序号	名称	次属	具 体 内 容
1	机遇和挑战	机遇	成功做事必须重视机遇,机遇是不可多得的,做事没有合适的时机,很难取得成功,所以要千方百计地去寻找良好的机遇,有了机遇要牢牢地抓住
		挑战	有了良好机遇,还必须接受机遇的挑战,并经过不懈努力才能使所做的事取得成功
2	环境和协调	环境	对于自然和社会环境、资金环境、技术环境、市场环境等既要加以保护,还要充分地利用
		协调	既要考虑保护环境,又要对环境充分合理地利用,并让环境对所做的事发挥积极的作用
3	条件和利用	条件	成功做事的相关人、财、物等外部因素十分重要
		利用	相关的外部因素在许可情况下,应该让它们发挥积极的作用,使这些外部因素对所做的事产生积极的和有利的影响

表 46.1-8 高效做事的两对动态影响因素

序号	名称	次属	具 体 内 容
1	学习和致用	学习	要不断学习新知识、新技术,新理论
		致用	学用结合,并将学到的知识和技术应用到工作中,使它们在工作中发挥积极的作用
2	检查总结和提高	总结	对所做的工作要经常检查和定期总结,总结经验和教训,使下一步工作少走弯路
		提高	要经常对所做工作进行检查,及时发现问题,解决问题,提高工作效率

第 2 章 顶层设计的目标

1 概述

顶层设计的目标和做事的目标是统一的,所不同的是顶层设计是高效做事的一个组成部分,是做事的准备阶段。众所周知,要想把事情做好,首先应该订好规划,也就是顶层设计。

既然做事的目标和顶层设计的目标是一致的,在做顶层设计之前,必须详细了解所做事的目标。对做事的目标了解得比较清楚,就可以充分发挥一个集体或个人的潜能,进而把工作做得更好。所以,明确做事的目标是十分重要的。

做好顶层设计可以使所做事有明确的目标、正确的思想、具体的内容、协调的环境、合理的步骤、科学的方法,并对所做事的质量进行准确的检验和评价。这样,就可以消除做事的盲目性,保证其正确性、避免随意性、克服主观性、增强条理性、提高有效性,以及加大对工作结果的清晰度等。总之,做好顶层设计可以使所做的事按计划有条不紊地开展,避免工作中出现各种各样的弊端,特别是对于事关国计民生的大事,顶层设计更是不可缺少。

对于任何集体和个人,无论是大事或小事,都应该有个计划。对于大事,所制订的规划要详细具体,也就是说所做的顶层设计要更详细、具体,因为它会影响到整个集体的生存和发展,会影响到很多人。人人都要重视学习、工作和生活的计划性,所以做好顶层设计是一项具有重要意义的工作。

2 顶层设计的对象与执行者

顶层设计的对象就是各个单位或个人要做的大事和小事。顶层设计的执行者指的是做事的集体和个人。

对于一个国家、一个部门、一个企业或个人,在要做的事中,有大事,也有小事。大事包括一个国家、一个部门、一个企业或个人的发展规划,也包括工作和生活方面的重大事件;小事就是集体和个人学习、工作和日常生活中的各种琐事。

集体单位规划的对象,见表 46.2-1。个人规划的对象,见表 46.2-2。

表 46.2-1 集体单位规划的对象

序号	名 称	具 体 内 容
1	集体单位规划的重大事情	每个集体都应该有长期和短期的发展规划,以及发展的具体目标,集体单位的规划应该说是头等重要的事情。顶层设计就是对一个集体的生存和发展做出详细的规划,顶层设计工作的好坏会影响到今后工作的成败,必须引起足够的重视
2	集体单位规划的各种小事	集体单位工作和日常生活中的各种小事,也应该制订详细的计划,确定明确的目标,有了明确的目标,就要努力把它做成功,并希望能获得较高的功效

表 46.2-2 个人规划的对象

序号	名 称	具 体 内 容
1	个人人生规划的重大事情	对每个人来说,人生规划应该说是头等重要的事情,一个人要对自己的人生做必要的规划,也就是通常所说的对自己的人生做好顶层设计工作,这是关系到一个人在一生中能否取得成功的重大问题。一个有作为的人,应以国家建设和发展作为自己的奋斗目标,立志为中华民族的伟大复兴而奋斗,同时在这个进程中实现自身的价值
2	学习、工作和日常生活中的各种小事	学习、工作、生活中的各种零碎的事情都属于小事,但这些零碎的小事,也常常是和实现总的目标联系在一起的,是实现总目标的一个组成部分,想把大事做成功常常先要从小事做成功开始

社会上的各个集体和每个人都要把自己的工作做好,不管是大事、小事,只要按照高效做事的规则去完成自己的工作,它对完成国家经济建设的总目标就会发挥积极的作用和影响,国家经济建设总目标的实现就有了希望。这是因为,一个国家要完成一番事业要从各个集体和个人开始。

3 做好顶层设计的前提

要想把事情做成功,并获取最高效益,首先要对所做事的决策是否正确进行审核,即对所做事是否符合事物发展的客观规律进行审查。符合事物发展的客观规律的,做事才能取得成功;不符合事物发展规律的，做事很难会取得成功。因此，在做顶层设计之前，应该了解所做事的动机和目的是否正确。动机不正确的事，即使花了九牛二虎之力做好了顶层设计，事情也是不会取得好效果的。

世界上一些国家在发展进程中，也曾有过一些不正确决策的顶层设计，而使国家造成严重损失的情况。如2008年雷曼兄弟的虚假经营及其引起的该金融机构的倒闭，都是由于不正确的经营动机和为了实现不正确动机而制订规划所引起的。近年来欧洲某些国家所出现的债务危机也是因为这些国家在资金处理上的不正确决策所引起的，是因为他们的决策和规划违背了事物的发展规律所造成的。

目前，有些企业出于自身的局部利益考虑，为了使所生产的产品能获取市场的更大份额，而忽略了广大人民群众的利益。将国外过期的奶粉买来后与国内生产的奶粉混合，并在市场上销售，这些企业所确定的经营目标决策是错误的，是和国家的政策和法律相抵触的，是和广大人民的利益背道而驰的。对于这些错误的决策，应该直接予以否定，也就没有必要再去做顶层设计。

因此，任何集体和个人做事的目标应该和国家的总目标统一起来，如我国的两个百年的奋斗目标，一个是在党成立一百年时全面建成小康社会，一个是在新中国成立一百年时建成富强、民主、文明、和谐的社会主义现代化国家。要实现这两个目标，即实现中华民族伟大复兴的中国梦，必须依靠全国人民的共同努力。在确定正确目标的前提下，再想方设法去做好顶层设计，所以，做好顶层设计的前提是基于正确的决策。

4 做好顶层设计和实现高效做事的目标的一致性

人们生活在群体中，他们与整个社会有着不可分割的联系。人类社会发展的过程，也是依靠每位劳动者逐步创造人类的物质文明与精神文明的过程。对每个人来说，离开人类社会，就无法生存。一个人对社会的贡献有大有小，一般来说，成功者对社会的贡献要比一般人大一些。因此，确定自己的理想一定要和社会的发展和国家的需要密切结合起来。

人们在奋斗的道路上有着各种各样的理想和目标，理想的树立既要考虑国家的需要和自身的情况，也要考虑外部的环境和条件。理想和目标可以是一般性的，也可以是具体的。一般性的理想和目标是为国家科学技术的发展和经济的发展、为人类的文明进步做出自己力所能及的贡献；具体的理想和奋斗的目标可以是社会活动家、政治家、军官、企业家、科学家、发明家、教育家、医师、艺术家、文学家、诗人、体育明星，也可以是普通工作人员。他们都可以对社会发展做出贡献，因而这些工作都可以作为每个人的奋斗目标。特别在知识经济时代，要遵照"人尽其才，才尽其用、物畅其流"的原则，使每个人的聪明才智都得到充分发挥。

5 做好顶层设计和实现高效做事目标的种类

在做顶层设计时，常常要对做事的目标进行审核，因此了解做事的几类目标也有重要的意义。做事目标大体可分为四类，见表46.2-3。

表46.2-3 做好顶层设计和实现高效做事目标的种类

序号	名称	具体内容
1	有远大的理想和宏伟的目标	一些有发展前途的企事业单位，常常都有符合广大人民需要及和国家经济发展方向相一致的目标，这样这些单位可为国家做出重大的贡献 一些伟大的人物及取得较大成就的人常常都有远大的理想和宏伟目标 理想不是一开始就形成的，而是经过反复的实践，并根据自身的特长和情况予以选择和认定，对原先的想法加以修正和逐步地完善，最后才建立起远大的理想和宏伟的目标
2	为解决生活基本需求所确定的目标	对多数人来说，他们的理想是找到合适的工作，获得足够的工资待遇。这些人考虑的首先是能维持自己的生活，能让自己较好地生活下去。这种想法的确是现实的，但是过低的奋斗目标不容易使自己激发出更高的奋斗热情
3	目标不清或产生一些不切实际的幻想	有少数人，他们没有明确的奋斗目标；还有一些人，整天东想西想，一心想找一条发财致富的捷径，但又不下苦功夫，不努力去实践自己确定的想法，完全脱离了"实践"与"创造"是通向成功的必由之路这一基本原则。也忘却了"一分耕耘，一分收获"及只有通过"勤奋"和"刻苦"才能使事业取得成功这一条人人皆知的"公理"
4	与社会发展和进步不相容的目标	与社会发展和进步不相容的目标有两种情况 一是仅考虑个人利益而和国家利益相违背的不正确的想法，在某些情况下可能不会对社会造成直接的危害，但发展下去有时会走上有损国家和人民利益的道路 二是有少数人企图通过偷盗、诈骗、抢劫、绑架等一些不合法的手段来解决自己的生活问题，并走上犯罪的道路，他们常常是扰乱和破坏社会秩序的不法分子

6　顶层设计的方案可适时调整

要确定好符合客观实际的和个人情况的理想和目标不是一件容易的事。理想和目标确定得合适就容易实现，确定得不适当可能经过巨大的努力也很难完成。这是因为每个人都有自己的特点和具体情况，都有实现理想和目标的最适合的条件和环境。

在做事过程中会出现新的情况，这时可对原有的顶层设计方案进行必要的调整，特别是当发现新机遇时，可以改变原有的计划，向更有意义的方向开拓奋进。如在一种产品的研制任务开始时，认为这种产品很有发展前途，可以为某使用部门研制出急需的新产品，可提高企业的生产效率和经济效益。当执行一个时期之后，发现这种产品的关键零件很难达到规定的质量要求，而解决这个问题需要有较大的投资；根据实际情况和能力，很难完成此项任务。于是就采取了紧急措施，改变原来计划去研制另外一种产品，由于及时对原有的计划进行必要的调整，所造成的损失不大。但是，一般情况下不能轻易地变动原有的计划，进行一次变动或调整往往要付出一定的代价，且会蒙受一定的损失。

7　顶层设计及高效做事的目标经过不懈努力可予以实现

有了远大的理想和明确的目标，就要在学习和工作中努力地去实现既定的理想。理想的实现不是轻而易举的，而是要经过漫长的不懈努力的。对于任何人，在确立远大理想之后，要有同困难做斗争的准备，在行动上要表现出坚强的毅力，要一步一步地走，一个一个阶梯地上，不断地战胜困难。战胜一个困难，就会前进一步，就会取得一个新胜利。只有在不断进取、不断创造、不断积累、不断前进的进程中，才能到达终点。

例如，中国科学院院士、中国工程院院士王选教授领导的团队，通过30多年的研究，研制出了具有我国特色的激光照排系统，解决了我国印刷和出版行业的老大难问题。

在人生奋斗的道路上，一帆风顺的人为数极少。大多数人总是会遇到这样或那样的困难，碰到这样或那样的挫折，经过与困难进行坚持不懈的斗争，他们最终取得国际一流的创新成果。

第 3 章 顶层设计的要求

1 概述

为了做好顶层设计,实现高效做事的目的,任何集体和个人在有了理想和目标后,还必须要对所做的事提出具体的要求,用这些具体要求来检查所做事的优劣。

任何集体和个人是否已把顶层设计及所做的事做好,主要看是否已经达到做事的六项要求,这六项要求是全面衡量所做事情好坏的准则。做事不只是完成工作任务,做事首先应以广大人民的利益为出发点,使所做的工作能对国家经济和科学技术的发展产生积极的作用,不能简单地只考虑个人和企业自身的利益,更不能损害人民大众的利益。在这个前提下,还要做得好(达到了质量要求)、做得省、做得快,实现环保要求、做好后续服务工作等。

在实现基本要求的过程中,要解决做事过程(包括顶层设计)中的好、省、多、快的问题。做事的六项要求如图 46.3-1 所示。做事要有正确的指导思想 I、做事应达到所要求的品质或质量 Q、做事付出的成本或代价 C、做事所花费的时间 T、做的事是否会影响环境 E、做完事后续的服务工作 S。有些企业和个人往往只注意做事技术方面的要求,而忽略了其他几方面的要求,如国家利益、环境保护要求和后续服务等,这是不行的。顶层设计和高效做事一样,要以最大努力来满足做事的六项要求,见表 46.3-1。

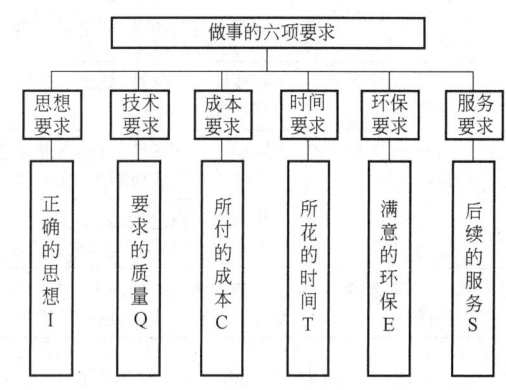

图 46.3-1 做事的六项要求

表 46.3-1 做好顶层设计的六项要求

序号	名 称	具 体 内 容
1	正确的指导思想 I	顶层设计要考虑做事的指导思想是否正确,任何人做事,包括产品的研发,都要有正确的思想指导,即所做的事首先要符合国家和人民的利益,甚至是全人类的利益,要做得"对",做得"正确"。假如没有正确思想的指导,就有可能损害国家及广大人民群众的利益,这是衡量做事是否正确的最重要的准则。顶层设计更应重视这一重要的原则问题,对任何工作的顶层设计要有正确思想作为指导
2	达到的质量指标 Q	顶层设计要考虑做事要求的质量是否达到,这是最基本的要求。达到了基本要求,即满足了"好"的要求。但是,提高质量常常会增加做事的成本和付出的代价,这些要素之间是互相制约的,必须采取协调和平衡的措施予以解决
3	所要付出的成本 C	顶层设计是对所做事的规划,在规划过程中要考虑做事付出的代价是否合适,这也是检验事情做得好坏的一条重要标准。一件事所付出的代价小,就可以用同样的钱,多完成几件事。通过这一要求,可以知道做事是否达到了"省"的要求
4	所要花费的时间 T	顶层设计要考虑做事花费的时间是否适当,完成一件事所花费的时间多少,也是检验事情做得好坏的一条重要标准。完成一件事所花费的时间少,就可以用同样的时间,多完成几件事,多完成几项工作。通过这一要求,可以知道做事是否已经达到"快"的要求。做事比较快,单位时间内所做的工作就比较"多",所以"快"和"多"是统一体
5	达到的环保要求 E	顶层设计要考虑做事对环境有无不良影响,所做的事应该与自然和社会始终保持协调与和谐,即不能对自然环境和社会环境造成不良的或有害的影响。做到了这一点,就达到了环保要求,可用"保"字来表示
6	做好后续的服务 S	顶层设计要考虑做事的后续工作是否较少,有时候做完一件事,后续性的工作接二连三,对于这样的事,就不能说做得很好。当然必要的后续工作也应该去考虑,如必要的维修、产品的升级、一些检查工作等。做好了这一点,使服务工作更为方便,用"便"字来表示

2 顶层设计对做事的六项具体要求

2.1 顶层设计对做事"指导思想"的要求

顶层设计和做事首先要从广大人民或国家的利益出发,甚至从全人类的利益出发考虑问题,要用科学发展观和创新的思想作指导,即用科学的哲学思想和从科学发展的角度来处理问题,用 I 加以表示,即做事要做得"对"或做得"正确"。

科学发展观最重要的一点是"以人为本"的思想,即从人民的利益出发考虑问题,也要基于发展的思想,基于创新的理念。创新的思想也应该在哲学思想的指导下,全面地看问题,重视事物发展的内在规律。有了创造,才有发展,才能前进,才能取得全面、稳定、协调和可持续的发展。科学发展观的特点见表 46.3-2。

表 46.3-2 科学发展观的特点

序号	名 称	具体内容
1	以人为本	在各项工作中,要贯彻以人为本的指导思想,要充分考虑所做的事是为人所需,为人所用。要从人民和国家的利益,甚至全人类的利益出发来考虑问题
2	全面性与系统性	全面性与系统性,就是要全面、客观地按照系统工程学的观点和方法,去处理事物各方面的关系
3	实践性与科学性	实践性与科学性,就是要坚持"实践是检验真理的唯一标准"这一原则,要遵照自然、经济和社会的客观规律办事
4	继承性与创新性	继承性与创新性,就是在继承已有科学成就的基础上,开展创新研究,要用创造性的理念和创造性的技巧来完成所要完成的工作
5	协调性与稳定性	协调性与稳定性,就是要使所承担的工作与自然和社会保持协调与和谐,使所做的工作不对环境产生有害的影响。近年来在产品设计中所兴起的"绿色设计""和谐设计"等设计理念皆源于此
6	可持续性与长期性	可持续性与长期性不仅是指所做的事和生产的产品的使用寿命的长短,还要考虑所做事的长远发展及其更新换代,重视其质量的进一步提高,使所做的事具有强大的生命力

从事各项工作的人都应该用科学发展观的思想去指导工作,这是做好工作的基础。做事缺乏哲学的思想作为指导,很难使工作得以全面的、系统的、科学的、有创造性的、和谐的、可持续地开展。

大家都知道几年前我国发生过一桩惊动全国甚至全世界的企业倒闭的事件,在奶粉中加入三聚氰胺使许多儿童吃了这种奶粉之后而患上肾结石,并且使不少儿童患病致死。这个企业只考虑自身的利益,而损害国家和人民大众的利益,采取了一些不正确的手段和做法获取不义之财,最终自食其果而倒闭。

由此可见,不管这些企事业单位的动机如何,只要其后果危害了国家和人民的利益,他们的做法就是错误的,甚至是犯罪。所以说企事业也好、个人也好,做任何事或从事任何一项工作都要有正确思想作指导。

2.2 顶层设计对做事"工作质量"的要求

顶层设计时要考虑所做事或所生产产品的品质或质量。这是对所做的事和所生产产品的基本要求,用 Q 来表示,要突出一个"好"字。

做任何事首先应该保证能够满足做事的基本要求,即满足所做事的质量标准,这是最起码的条件,也是最重要的条件之一,所做的事或生产的产品如果达不到要求,它将失败或成为一件废品。

对做事质量的要求也不能过高,否则就会付出更高的代价且增加成本,或会花费更多的时间。这就像加工一个机器零件一样,要加工出一个精度高的零件,就要用精密的机床来加工,就要安排更多的加工程序,这样就会花费更多的时间,付出更高的成本,影响所完成的工作量的多少。

如何去衡量所做的一件事情的好坏呢?首先要看所做的事是否达到了基本要求,达到了基本要求,实现了预定的质量标准,就是说已经取得了成功。

但是,对于某些工作,付出的代价常常已经确定,这时就应该尽可能地去提高做事的质量。例如,从事教学工作和培养人才,学校已经聘用了教师,为培养学生创造了理想的条件,即已经付出了所需的代价,在这种情况下,应该尽最大可能培养出高质量的科技人才。

对于工作人员来说,比较简单的工作的质量,检查起来比较容易。例如,对工作人员的工作质量,常常按照技术标准中规定的要求进行检查。如对从事机械加工的工人,其工作质量按图样要求的精度和表面粗糙度标准进行检查。

以生产的产品的设计为例,说明产品的技术质量以下由几个主要方面予以体现,见表 46.3-3。产品的技术质量是它的全部功能和全部性能的总和。功能包括基本功能和辅助功能;性能包括结构性能、使用性能和制造性能。

表 46.3-3 产品的功能和性能

类型	名 称	具 体 内 容
功能	基本功能	基本功能通常指的是对某种物质进行处理,改变其几何形态、物理形态、化学组成和生理机能等的功用
	辅助功能	对基本功能起辅助作用的功能称为辅助功能,如自行车基本功能是代步,自行车后座可运送人和物,其功能是辅助功能,自行车的车筐用来装东西,把东西从一个地方运到另一地方,起辅助作用
性能	结构性能	包括:①人机安全性;②工作可靠性;③使用耐久性;④材质适应性;⑤结构紧凑性;⑥环境无害性;⑦造型艺术性;⑧设计经济性
	使用性能	包括:①工效实用性;②工作稳定性;③指标优越性;④操作宜人性;⑤设备动力性;⑥状态测控性;⑦故障可诊性;⑧使用经济性
	制造性能	包括:①制造工艺性;②零件规范性;③容差合理性;④生产时间性;⑤设备维修性;⑥装运可行性;⑦报废回收性;⑧制造经济性

生产一种产品首先要满足它的功能要求。有人说,买一种产品主要是买它的使用功能,因为企业生产的产品是为用户所使用的,为用户所服务的,假如产品的功能达不到用户的要求,那就失去了产品的使用价值,这种产品必然会被市场所淘汰。除了产品的功能外,产品还要有能满足用户使用的必要性能,如安全性、可靠性、工作耐久性、对环境无害性、操作方便性、维修性、经济性、艺术性等。产品的性能是为产品长期使用服务的。产品的功能与性能是相辅相成的,它是产品质量的综合体现。

此外,任何产品都有其能满足用户使用的质量要求,即质量标准。对产品的质量要求过高,就会提高产品的加工成本和花费更多的生产时间,产品制造成本就会提高,所以不能对产品质量要求过高,在保证产品质量基本要求的前提下,尽可能地降低产品生产成本和缩短产品生产时间,目前许多企业都是针对这样的目标安排生产的。

产品的技术含量对一种产品来说至关重要,技术含量高的产品通常有较高的技术性能,所以企业常常千方百计地提高产品的技术含量。

2.3 顶层设计对做事"所付代价"的要求

顶层设计时要考虑所做事要付出的代价。从做事获得成功所付出代价的角度来看问题,即所谓成本的高低,用 C 来表示,要突出一个"省"字。

因为对所做的事的质量要求过高,就要付出较高的成本或代价。做事一般达到基本要求就可以了,不然就要付出更高的代价和成本,因此,不能对质量有"过高"的要求。

生产出的产品要计算它的成本的高低,生产成本加上所要求的利润就是产品的销售价格。价格低和质量满足要求的产品,一般来说就能争得市场,企业就会得到更快的发展。

加工机器的一个零件所花费的工时和所采用的机床,与对该零件所要求的精度有关。一般要求的精度越高,花费的工时越多,要安排的加工程序也越多,产品的成本就会随之提高,产品的价格也会随之上涨。价格过高,市场的竞争力相应就会下降,一连串的连锁反应也会出现。

完成一项工作或生产一种产品,可以采用不同的方法和技术来完成,所采用的方法有效,就可以付出较少的代价;采用的技术先进,就可以支付较低的成本。所以付出的代价和支付的成本是和采用的方法和技术有着密切联系的。为什么很多单位和企业都要在工作方法及采用的技术上花功夫,其目的就是要降低成本。

目前,一些施工单位,为了降低成本及获取更多的利润,不择手段地用低价格低质量的材料来代替设计师们设计所选用的材料,因而出现了这样或那样的重大事故,这种不法的手段已经受到国家法律的制裁。

2.4 顶层设计对做事"花费时间"的要求

从做事所花费时间的角度来看问题,即所谓花费时间的长短,用 T 来表示,要突出一个"快"字或"多"字。

完成各项工作,必须付出相应的时间,对于一个人来说,时间是常数,但完成工作的多少还取决于单位时间所完成的工作量,即工作效率。在一定时间内,可以创造财富,但对于不同的人,其所创造的价值是不相同的。因此,从一定的意义上来说,劳动者从事有益的劳动,会创造不同价值的成果。所以我们要利用好时间,在单位时间内创造出更多的成果。

对于某些事情来说,时间十分重要,时间是激烈竞争条件下最重要的因素之一。

对于科学技术工作者,假如他做一件事只需要别人一半时间,他的工作效率就会比别人高出一倍,他对社会的贡献也就比别人大。所以对于任何人,都应该千方百计去提高工作效率。对于企业来说,若它以同样的条件比别的企业多生产出一倍的产品,这个企业就会获得更多的利润。

"时间是金钱,效率是生命。"这句话的意义十分重大，在市场竞争激烈的年代，时间是一个十分重要的因素，可是很多人都忽略了这一点。

时间如同金钱，越是懂得利用时间的人，越感觉得到它的价值。管理学大师彼得·德鲁克曾说："不能管理时间，便什么也不能管理。时间是世界上最短缺的资源，除非严加管理，否则就将一事无成。"

善用时间是一件非常重要的事，倘若我们不能把一天的时间加以妥善地规划，就会白白浪费宝贵的时光。根据经验显示，成功者与失败者在如何安排时间这一方面的差异十分明显。人们往往认为几分钟或是几小时并没有太大的不同，但事实上，即使一分钟也能发挥很大的作用。富兰克林就曾说："你热爱生命吗？那么别浪费时间，因为时间是组成生命的材料。"他甚至还说过："失败与成功的最大分水岭只有五个字——我没有时间。"

确实，浪费时间就等于是在自杀，珍惜时间就是珍惜生命。凡在事业上有所成就的人，共同的特点是抓住生活中的分分秒秒，不图清闲，不图安逸，敢于同时间赛跑。明智而节俭的人不会浪费时间，他们把点点滴滴的时间都看成是浪费不起的珍贵财富，把人的精力和体力看成是老天赐予的珍贵礼物，绝不能胡乱地浪费掉。

2.5 顶层设计对做事"环境保护"的要求

顶层设计要考虑所做的事对周围环境的影响，即对环境要进行保护，对环境不造成坏的影响，对环境的影响用 E 来表示，要突出一个"保"字。

我们所做的事不能对环境产生不良的影响，对于资源也不能造成过度的浪费，要与环境保持协调与和谐。我国政府早已提出要建设成一个环境友好型和资源节约型国家。所以，对所做的事不能造成环境污染，对资源的利用也应是可持续的。

对环境的影响不只是自然环境，即绿色环保所考虑的范围，还要考虑人类生活的社会环境，即政治环境、经济环境、人文环境、法律环境、国际环境、人际环境等。

十多年前，淮河流域有许多小造纸厂，这些工厂排放的污水给淮河流域造成重大污染，河中的鱼类死亡，农作物的生长也受到严重影响。为了减轻污染，我国政府曾下令关闭了淮河流域相当数量的小造纸厂，这一决定是十分英明和正确的。

我国是生产钢铁的大国，约占全世界钢铁产量的二分之一。众所周知，钢铁生产要消耗大量的能源，碳的排放量也相当大，所以节约能源消耗和减少碳的排放量是摆在钢铁生产企业面前的需要解决的一项迫切任务。

2.6 顶层设计对做事"后续服务"的要求

做任何事，都必须配有后续服务工作，后续的服务工作是多还是少，用 S 来表示，要突出一个"便"字。

我们所做的工作应该使后续的工作较少。如机械产品应该便于维修，或者是维修工作量很少，应该尽量避免或减少那些"烂尾"工程。

目前很多企业都十分重视产品的售后服务工作。产品在使用过程中，常常会出现各种各样的问题，这些问题不解决，会影响企业的声誉，进而影响产品在市场中的竞争力。为了避免出现这些问题，企业要求科技人员在设计时，尽量采用模块化的设计，来提高产品的可维修性、操作的宜人性、产品的升级性等，尽量减少产品的售后服务工作量。

前述六个方面的具体要求，应该根据具体情况予以充分重视，以便取得良好的综合效果。既要保证工作质量，又不能浪费金钱和时间，对环境也不能产生有害的影响。这几个要求在不同的条件下有不同的权重，只有通过综合的评价，才能获得较为理想的结果。

3 顶层设计要处理好这六项要求之间的关系

对于前面所述的六项目标和要求，其中指导思想 I、环境保护 E 和售后服务 S 要按照规定的目标去做，满足其基本要求即可。而产品的质量 Q、付出的代价 C 和所花费的时间 T 三项指标，有较大的浮动性，即在某些情况下会有较大的变化，需要从设计开始直至产品制造完毕的整个过程中都要仔细考虑，一方面要考虑如何保证产品的质量，另一方面要精打细算，考虑如何使付出的代价降到最少、花费的时间最短。

降低所生产产品的成本，可以提高产品的性价比，进而可以降低产品价格，随之可以争得更多的市场份额，所以 Q 和 C 两项指标是企业生产过程中的核心问题，是产品设计和生产整个过程所必须考虑的问题。

缩短产品的生产周期，或缩短做事所需要的时间，是企业必须考虑的头等大事，缩短了时间，也就是提高了工作效率，进而可以生产出更多的产品或做出更多的工作。"效率是生命，时间是金钱"这一重要格言，对于任何工作来说，都具有十分重大的理论意义和实际价值。

一些成功人士和普通人的主要差别就在于他们能很好地把握和利用时间，在保证工作质量的前提下，用较短时间来完成所承担的工作任务，从而可以节省出更多的时间，来完成更多的工作任务。假如一个人，他的工作效率比别人高出 20%，他 5 年做的工作就等于别人 6 年做的工作，其意义是十分显著的。

第4章 顶层设计的任务

1 概述

本章讨论做好顶层设计的第二对要素"工作任务和态度"中的做事的"工作任务"。顶层设计是高效做事的重要组成部分,所以做好顶层设计是实现高效做事的重要内容之一。

在做事三原则或三要素中,确定好切实和具体的工作任务是高效做事的核心。没有切实和具体的工作内容和任务,任何事都是空洞的和抽象的,所做的事很难有好的结果。

顶层设计的任务依据执行者的不同而有所区别,见表46.4-1。

表46.4-1 不同执行者的顶层设计任务

序号	名称	次属	具体内容
1	集体单位的发展规划和一般工作规划	企业单位的发展规划	企事业单位的发展规划应该是企事业单位的头等大事,因为它会影响企事业单位今后的发展。顶层设计之前,要审核企事业单位的发展规划的目标和要求,假若目标和要求提得过高,与本单位的能力不相适应,规划就很难实现;假若目标和要求定得过于保守,也不利于单位的发展。这两种情况都应该尽力避免
		企业单位一般工作的规划	企事业单位一般工作的内容和形式也是多种多样的,工作规划必须切合实际,既不能过于冒进,又不能过于保守,要根据企事业单位的自身条件并要充分考虑客观条件的影响进行制订。通过顶层设计制订出符合实际情况的具体执行计划,可以避免工作中经常会出现的主观性、片面性、盲目性和随意性等弊端。所以,顶层设计对于各种工作都是不可缺少的,而且一定要把它做好
2	承担不同任务的个人具体规划	青少年的主要任务	青少年的主要任务是学习。为了将自己融入群体社会,每个人在青少年时期都要学习今后工作所需的各种知识,还要培育从事工作所必需的各种能力。为了承担难度较大或较为重要的工作,青少年正在勤奋地学习相关知识和培育所必需的各种能力,为参加社会工作做好必要的准备。学习好各种知识和培养好自己的各种能力是青少年学生的根本任务,这应该是他们人生规划的重要内容
		成年的主要任务	成年人的主要任务是承担一份社会工作。当进入社会后,每个人就要根据需要承担一份工作。工作中人们也常常会遇到各种各样的困难和问题,通过分析和研究,提出解决问题的方法,各项工作完成的情况取决于每个人所掌握的知识和所具有的工作能力;另外,还取决于他们在工作中不断地学习新知识和运用各种先进的科学技术与方法,去解决工作中遇到的各种问题的能力
		没担任社会工作的人的任务	对于没有承担社会工作的人,同样也要开展经常性的学习,时刻为承担社会工作做好准备

2 顶层设计之前应做的一些准备工作

顶层设计之前应先做好的准备工作见表46.4-2。

表46.4-2 顶层设计前应先做好的准备工作

序号	名称	具体内容
1	首先要做好调查研究	为了做好顶层设计,必须对所做的事进行深入和详细的调查。没有调查,对所做事的各方面的情况不清楚,就无法进行规划,所以调查是做好顶层设计的前提。想把调研工作做好,必须弄清调查的目的、内容和方法
2	要检查所所执行任务及其目标的正确性	在确定具体任务时,首先要考虑所提出的任务是否正确,是否符合事物发展的内在规律,是否与当时的主观条件和能力相适应,是否和客观条件和环境相适应,所确定的任务是否受了不正确的认识的影响。在调查分析的基础上,对所做事的正确与否做出判断。如何来判别所做事正确与否呢?可以用科学发展观的思想予以判别,见表46.4-3

序号	名称	具体内容
3	掌握完成任务的主客观条件及相关情况	有了判别任务的准则,还要对执行任务者的自身条件和客观环境进行剖析,在此基础上才更容易做好顶层设计工作。对于个人,即德、智、体和毅力四个方面所承担工作发挥的作用进行分析;对于一个集体,也要根据该集体的具体情况,即组织领导、技术能力、团结协作、奋斗精神四个方面对所承担的任务进行分析;选择任务不仅要考虑自身的情况,即内部因素,还要考虑外部影响因素;要考虑哪些外部影响因素对所承担的任务是有利的,哪些是不利的,有利的和不利的因素所占的比重如何,哪些不利因素可以转化为有利因素。因此,确定任务前必须对社会环境、自然环境、技术环境、资金环境、政策环境、市场环境等进行详细的调查研究
4	对提出的任务进行剖析	为了能把所确定的工作任务做得更好,首先要对所要完成的任务进行剖析,剖析的内容包括:①将工作任务分解为若干子系统,并分清主次;②将工作任务分解为若干层次;③通过分析找出重点和难点;④分析任务所要实现的目标和要求;⑤确定完成此项任务应具有的态度;⑥拟订所完成任务的步骤和方法;⑦预估此项任务取得的主要成果

3 顶层设计的总体规划和框架

为了做好一件事,例如产品的研发工作,应该在科学发展观的指导下,并在调查研究的基础上,对所做事进行详细的总体规划,以保证所做事有条不紊地开展,并使所做事得以全面、协调、稳定、快速和可持续地进行。

本节提出了一种基于系统工程的规划模型,它包括以下七个方面的内容。首先要从系统工程角度出发对所做事进行全面的宏观规划,即 7P 总体规划(General Planning)模型(见图 46.4-1 和图 46.4-2)。

顶层设计的 7P 总体规划模型:要想做好一件事,即所做事要正确(要符合国家和人民的利益)、质量优、成本低、周期短、环保意识强、后续服务工作量少,应从系统工程的观点出发对所做事进行详细的规划,即系统地考虑做事的主观条件、客观环境及所选用的各种具体方法在做事过程中的地位和作用。首先要有正确的指导思想,有明确的目标,了解做事的环境,具体的步骤和内容,选择合适的做事方法,最后还要对做事质量进行评估,因此,在做事过程中出现了 7 个方面的映射,这些映射对做事的功能与性能起着不同的作用。图 46.4-1 所示为基于系统工程的做事的总体规划的七个映射域,即目标域、思想域、环境域、过程域、内容域、方法域和质量检验域,图 46.4-2 所示为基于系统工程的做事的 7P 总体规划模型的分层结构图。

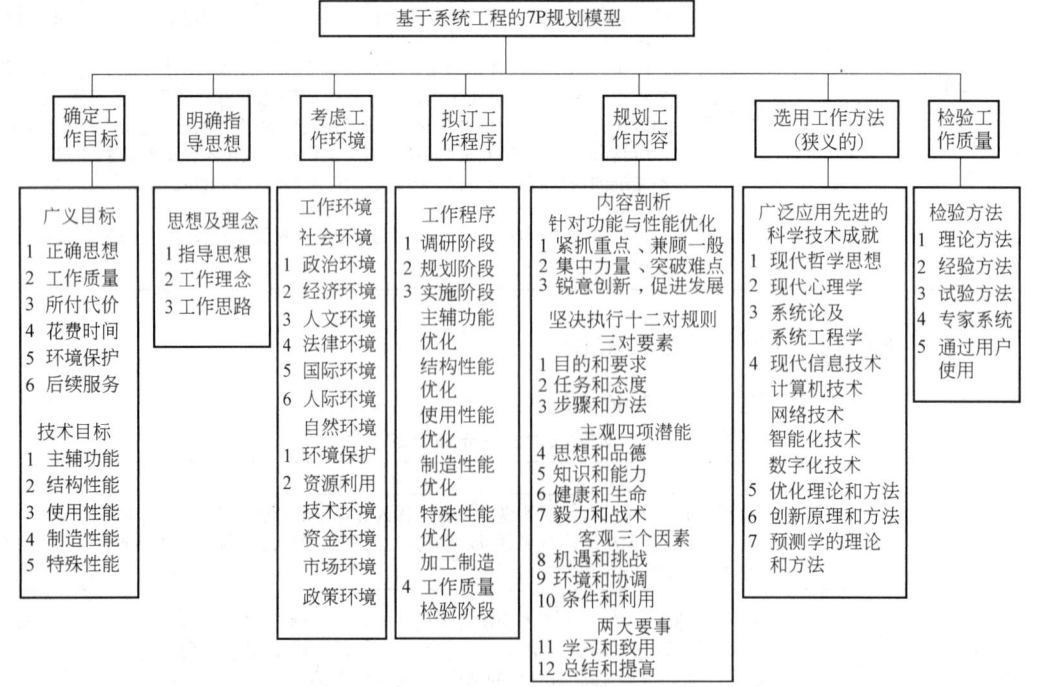

图 46.4-1 基于系统工程的 7P 规划模型

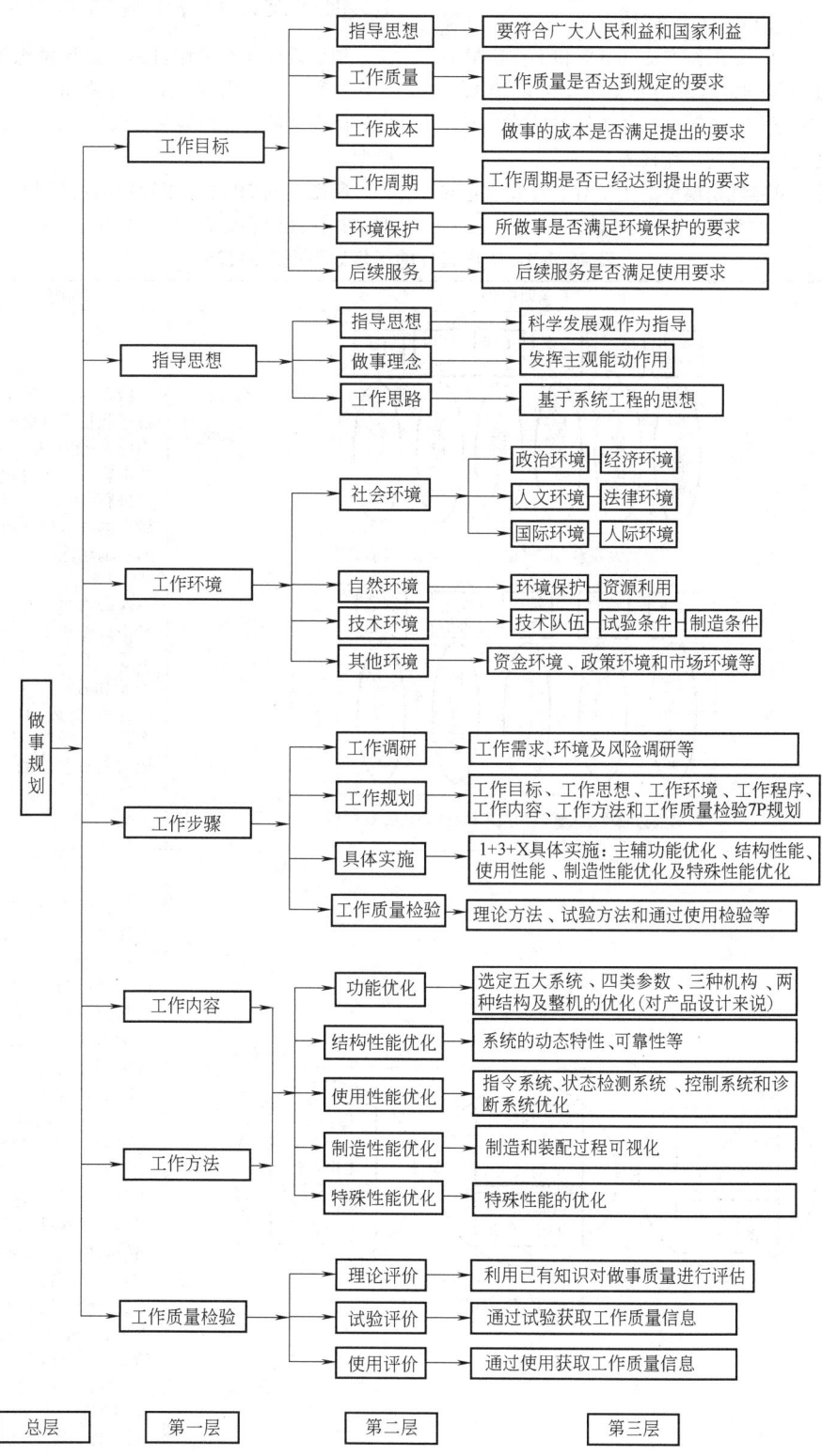

图 46.4-2 基于系统工程的总体规划模型的结构分层图

总层为做事总体规划。第1层包括工作目标（O）、指导思想（I）、工作环境（E）、工作步骤（S）、工作内容（C）、工作方法（M）和工作质量的检验（A），也就是通常所说的7P。第2层共20余项内容。第3层则更多。了解这些具体的项目及内容有利于更好地完成所执行的工作任务。

由此可见，总体规划模型的建立对于有效地完成工作任务具有重要的意义。

4 顶层设计的各子规划模型及内容

顶层设计要对工作目标、指导思想、工作环境、工作步骤、工作内容、工作方法和工作质量的检验，拟订出实施的具体内容和方法，并建立好实施的规划模型。

所做事的7P总体规划模型包括七个方面的子模型，其详细内容见表46.4-3。

表46.4-3 顶层设计的子规划模型及内容

名称	子规划模型	内容
顶层设计对做事目标的规划	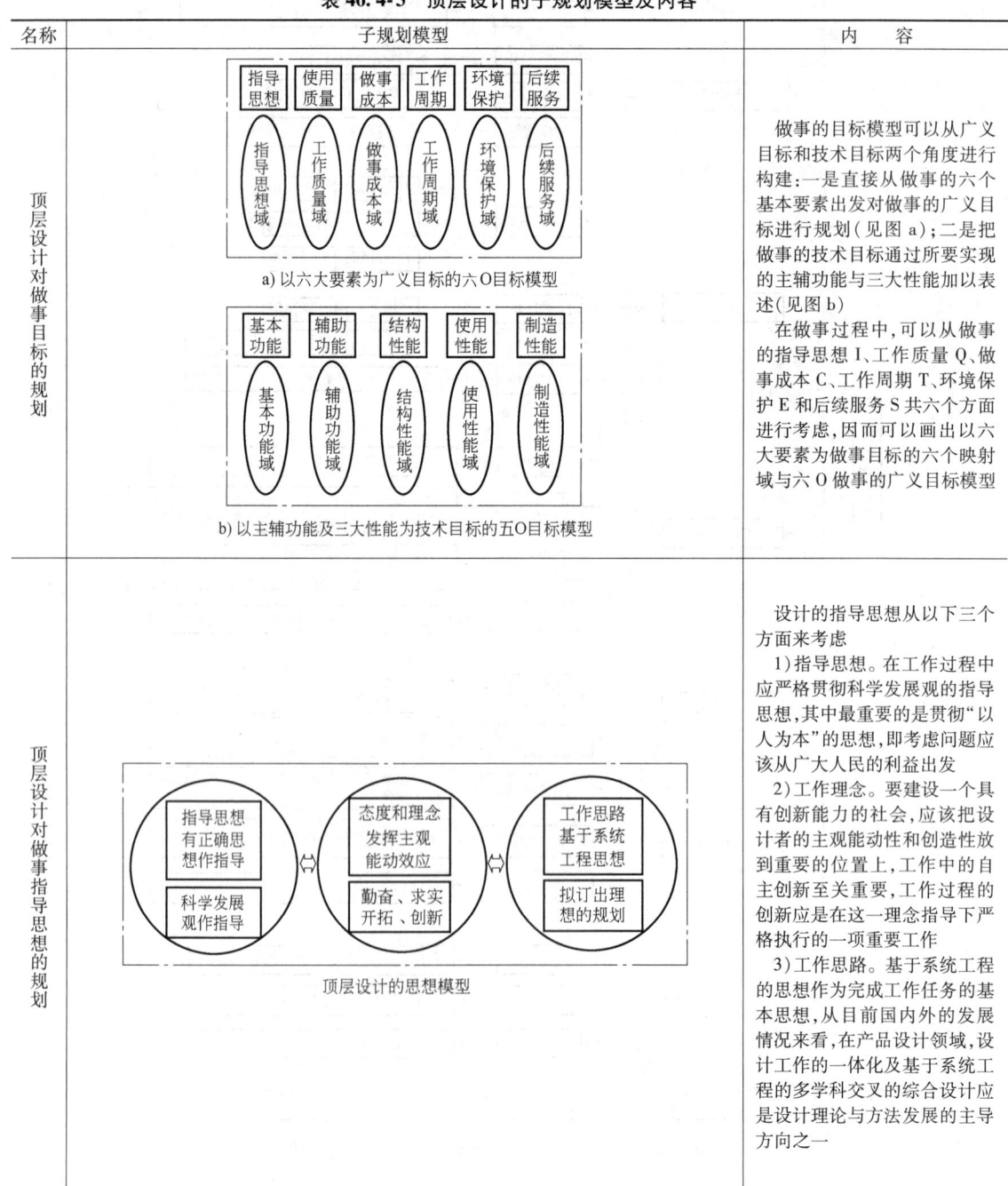 a) 以六大要素为广义目标的六O目标模型 b) 以主辅功能及三大性能为技术目标的五O目标模型	做事的目标模型可以从广义目标和技术目标两个角度进行构建：一是直接从做事的六个基本要素出发对做事的广义目标进行规划（见图a）；二是把做事的技术目标通过所要实现的主辅功能与三大性能加以表述（见图b）。 在做事过程中，可以从做事的指导思想I、工作质量Q、做事成本C、工作周期T、环境保护E和后续服务S共六个方面进行考虑，因而可以画出以六大要素为做事目标的六个映射域与六O做事的广义目标模型
顶层设计对做事指导思想的规划	顶层设计的思想模型	设计的指导思想从以下三个方面来考虑 1) 指导思想。在工作过程中应严格贯彻科学发展观的指导思想，其中最重要的是贯彻"以人为本"的思想，即考虑问题应该从广大人民的利益出发 2) 工作理念。要建设一个具有创新能力的社会，应该把设计者的主观能动性和创造性放到重要的位置上，工作中的自主创新至关重要，工作过程的创新应是在这一理念指导下严格执行的一项重要工作 3) 工作思路。基于系统工程的思想作为完成工作任务的基本思想，从目前国内外的发展情况来看，在产品设计领域，设计工作的一体化及基于系统工程的多学科交叉的综合设计应是设计理论与方法发展的主导方向之一

(续)

名称	子规划模型	内　容
顶层设计对工作环境的规划	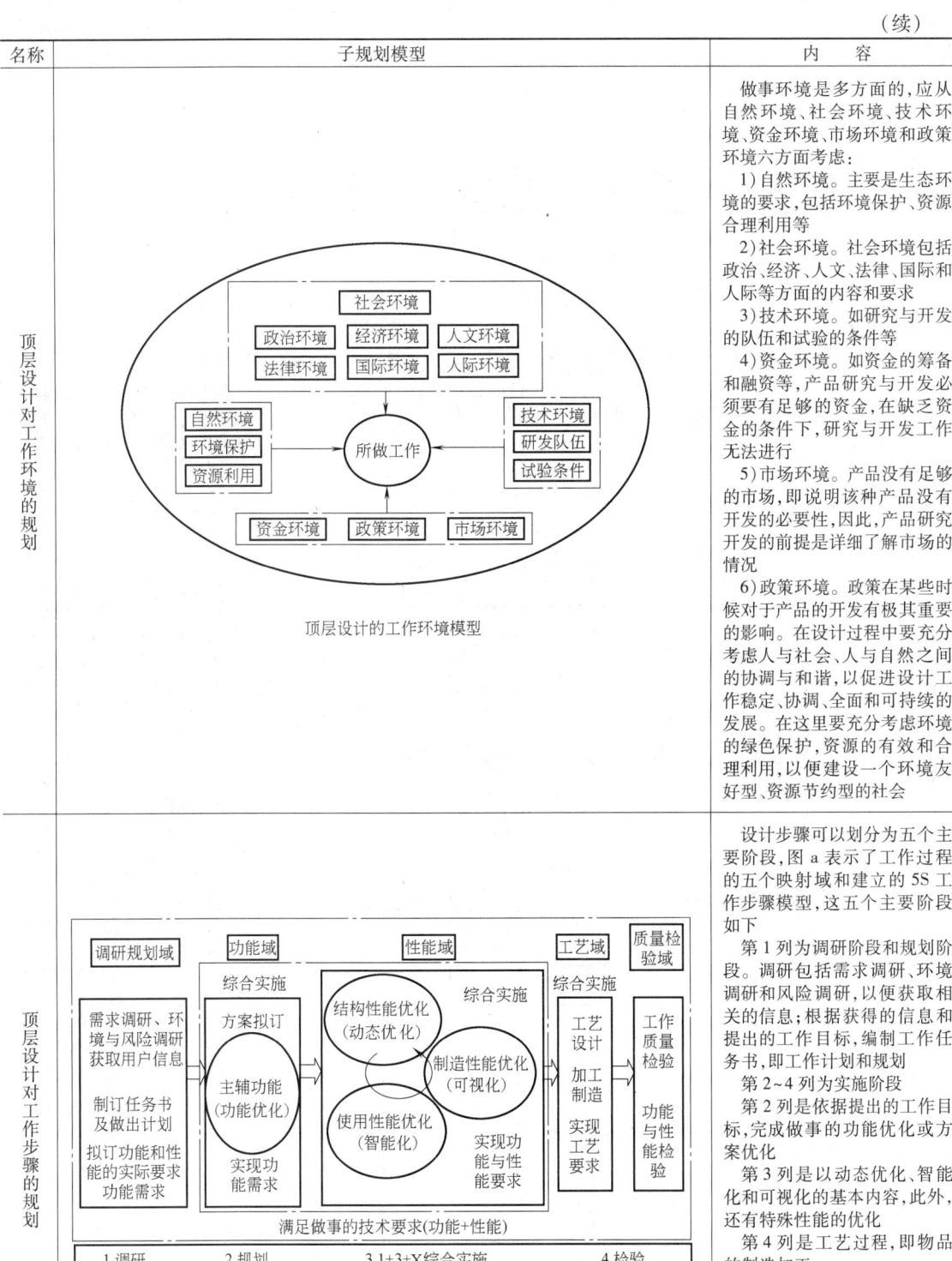 顶层设计的工作环境模型	做事环境是多方面的,应从自然环境、社会环境、技术环境、资金环境、市场环境和政策环境六方面考虑: 1) 自然环境。主要是生态环境的要求,包括环境保护、资源合理利用等 2) 社会环境。社会环境包括政治、经济、人文、法律、国际和人际等方面的内容和要求 3) 技术环境。如研究与开发的队伍和试验的条件等 4) 资金环境。如资金的筹备和融资等,产品研究与开发必须要有足够的资金,在缺乏资金的条件下,研究与开发工作无法进行 5) 市场环境。产品没有足够的市场,即说明该种产品没有开发的必要性,因此,产品研究开发的前提是详细了解市场的情况 6) 政策环境。政策在某些时候对于产品的开发有极其重要的影响。在设计过程中要充分考虑人与社会、人与自然之间的协调与和谐,以促进设计工作稳定、协调、全面和可持续的发展。在这里要充分考虑环境的绿色保护,资源的有效和合理利用,以便建设一个环境友好型、资源节约型的社会
顶层设计对工作步骤的规划	a) 顶层设计的工作步骤模型	设计步骤可以划分为五个主要阶段,图 a 表示了工作过程的五个映射域和建立的 5S 工作步骤模型,这五个主要阶段如下 第 1 列为调研阶段和规划阶段。调研包括需求调研、环境调研和风险调研,以便获取相关的信息;根据获得的信息和提出的工作目标,编制工作任务书,即工作计划和规划 第 2~4 列为实施阶段 第 2 列是依据提出的工作目标,完成做事的功能优化或方案优化 第 3 列是以动态优化、智能化和可视化的基本内容,此外,还有特殊性能的优化 第 4 列是工艺过程,即物品的制造加工 第 5 列为做事的第 4 阶段。要完成工作质量的检验和评估 当通过工作质量的检验发现工作中存在问题时,应及时地进行修改,这样可以使所做工作获得良好的功能和性能

(续)

名称	子规划模型	内容
顶层设计对工作内容与方法的规划	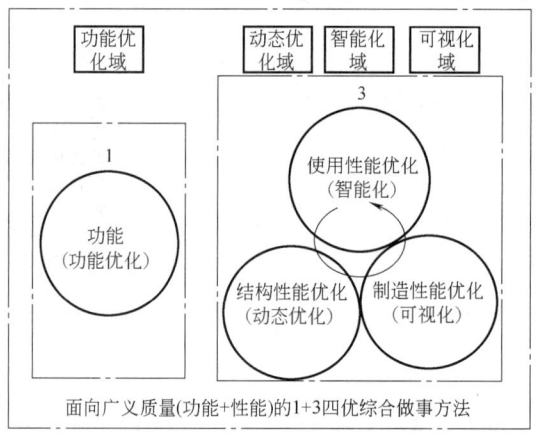 b) 顶层设计的 5 M 内容和方法的模型 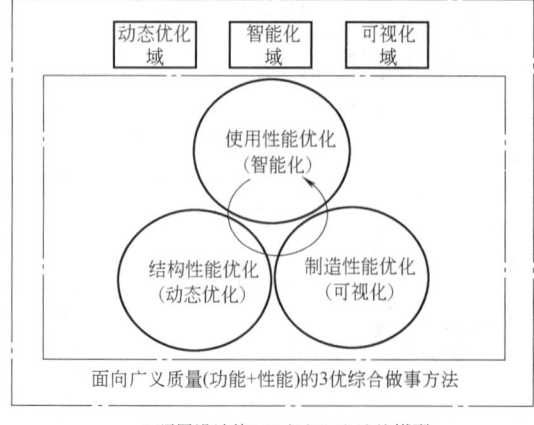 c) 顶层设计的 4 M 内容和方法的模型 d) 顶层设计的 3 M 内容和方法的模型	图 b 表示了具有综合思路的五个映射域及 5 M 工作内容和工作方法模型, 或称为 5 M 五优工作模型, 它是由功能优化、动态优化、智能化和可视化及对所做工作的特殊性能优化五个部分所组成的 从系统工程的观点出发, 将功能优化和性能优化有机地结合起来, 提出了 1+3+X 的全功能和性能综合优化法。其中 1 为功能优化, 3 为基于动态优化、智能化和可视化的 "三化"或 "三优" 的工作, 即功能和性能优化的综合, X 为某件事特殊性能的优化, 上面所说的为五优(5 M)综合设计。如果对于某件事没有特殊的要求, 那么可以在 1+3+X 的五优综合优化法中消去 X, 余下的就是 1+3, 即 1+3 的四优的具有综合思路的优化工作方法; 如某件事已经完成功能优化, 那么只要考虑三优综合方法即可。图 c 和图 d 分别表示含有四种和三种优化方法映射域与 4 M 及 3 M 优化工作方法模型, 图 b 省去了特殊性能的优化; 而图 d 省去了特殊性能和功能的优化

(续)

名称	子规划模型	内 容
顶层设计对工作质量的检验与评估的规划	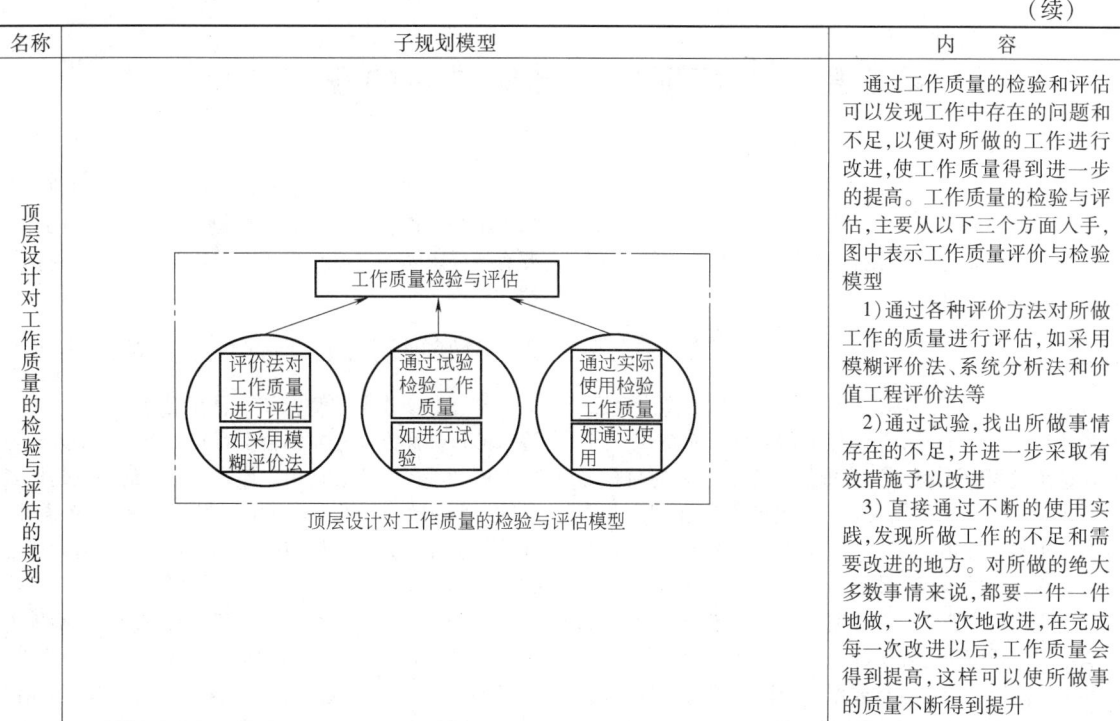 顶层设计对工作质量的检验与评估模型	通过工作质量的检验和评估可以发现工作中存在的问题和不足，以便对所做的工作进行改进，使工作质量得到进一步的提高。工作质量的检验与评估，主要从以下三个方面入手，图中表示工作质量评价与检验模型 1）通过各种评价方法对所做工作的质量进行评估，如采用模糊评价法、系统分析法和价值工程评价法等 2）通过试验，找出所做事情存在的不足，并进一步采取有效措施予以改进 3）直接通过不断的使用实践，发现所做工作的不足和需要改进的地方。对所做的绝大多数事情来说，都要一件一件地做，一次一次地改进，在完成每一次改进以后，工作质量会得到提高，这样可以使所做事的质量不断得到提升

5 做好顶层设计预计可产生的效果

在这一节里我们将讨论所做工作的完整性问题，因为工作过程是十分复杂的，所应考虑的问题也很多。如果在工作之前及过程中充分和周全地考虑工作时所必须考虑的问题，或者是应该考虑的绝大多数问题，就可以大大减少工作过程中出现的各种漏洞或各种弊端。由此看来，讨论完整的和不完整的技术系统是十分必要的。

表46.4-4列出了的7P总体规划模型七个方面的内容的正面效应与负面效应。假如在工作时未能考虑这些问题，将会出现一系列的问题，如返工、误工、使用中出现问题、经济性差等。

表 46.4-4 执行或不执行 7P 总体规划的正负面效应

序号	1	2	3	4	5	6	7
规划内容	规划内容	指导思想	工作环境	工作过程	工作内容	工作方法	工作质量检验
正面效应与正能量	目的性	全面性、规范性、思想性	协调性、客观性	计划性、规范性	切入而具体	科学性、有效性	结果清晰性
负面效应与负能量	盲目性	片面性、盲目性	主观性	随意性、缺乏计划性	内容空洞,抽象	缺乏科学性、失效性	模糊性
可能出现的问题	①功能和性能达不到要求；② 返工，误工，延期；③ 使用中出现问题；④ 经济性差，造成不必要的浪费						

第 5 章 做好顶层设计应具有的正确态度

1 概述

本章讨论做好顶层设计的第二对要素"任务和态度"中的"态度"。

一个人做事要有正确的态度,而正确的态度常常是和正确的工作目标联系在一起的。

有作为的人,都应以祖国的建设和发展作为自己的奋斗目标,立志为中华民族的伟大复兴而奋斗,同时在这个进程中实现自身的价值。有了正确的目标,才有正确的态度和价值取向。正确的态度和理念是:勤奋、求实、开拓、创新。它是做人、做事、做学问能否取得成功的重要因素。

要想把工作做好,还必须掌握"开拓、创新"的科学方法。开拓就是在实践活动中发现问题、分析问题和解决问题;创新就是要用创造性的思维、创新的原理和方法提出新问题、研究新问题和得出新结论。

时下流行一句话:做事先做人。这句话确实道出了人生成功的真谛。一个人能力很强,在做人方面却很糟糕,必然会遭遇极大的困难;反之,一个人能力很强,又很会做人,他的事业便如顺风扬帆。

大家都知道,"做事"需要才能,但并不是每个人都知道,"做人"也是一种才能。没有专业技能,仍有可能成功;做人方面有失水准,成功希望就十分渺茫。所以,对那些有志于事业取得成功的青少年来说,应该把"做人"视为必修课。既重视"做人",也重视"成才"。

要学习和掌握好科学技术,进而发展先进的科学技术不是一件轻松的事,需要勤奋学习和努力工作,要有严谨求实的态度,也要有勇于开拓、善于创新的精神。

2 做好顶层设计要有勤奋刻苦的态度

学习好文化科学知识和培养好能力应该是一个人追求的目标和方向,而勤奋学习和工作是一个人学习的态度和手段。要想把工作做好,首要的问题是抓紧时间,利用好时间,一般用"勤奋"一词来描述。在通常情况下,工作成绩的好坏是与花费的时间成正比的,花的功夫越多,工作成绩越好。

在哈佛大学,你看不到偷懒、投机的人。哈佛大学的教授告诉学生们:"生命的意义不仅仅是活着,而是要为这个世界做出些什么,留下些什么。"他们认为,要想有所成就,你就要勤奋,就要努力。

学习和工作要勤奋,要重视效率,要采取科学的方法。这三个问题是相互联系、相互起作用的。把这三个问题解决好了,就能取得好的成绩。

3 做好顶层设计要有严谨求实的态度

学习好文化和科学知识应该是一个人追求的目标和方向,因为学习和掌握先进的文化和科学技术知识是工作的前提,而要学习好首先要有实事求是的态度。做好顶层设计要有严谨求实的态度,见表 46.5-1。

表 46.5-1 做好顶层设计要有严谨求实的态度

名 称	内 容
做任何事都要有正确的指导思想	在正确思想的指导下才会有实事求是的工作作风,才会有勤奋的学习和工作态度,才会有刻苦钻研的精神,再加上科学的工作方法,才能把学习和工作做得更好,才能使事业取得成功
从实际情况出发进行学习和工作	做人、做事、做学问,都要从实际情况出发去考虑问题,不能脱离实际,不能虚假,不能投机。总之,就是要实事求是。科学的东西是实实在在的,通过实际来检验不会出现问题,不实际的东西会在检验过程中碰壁
做事要有正确态度、正确的学风和作风	正确的学风是保证一个人的事业取得成功的一个十分重要的因素,也就是说,一个人的学习和工作必须要建立起严谨的实事求是的学风,做事要讲实际,即从实际情况出发,不虚假,一是一,二是二,实事求是。科学的东西来不得半点虚假,虚假的东西最终会暴露无遗。正确的学风才能使我们学到真正的东西,才能使我们的工作少出问题

4 做好顶层设计要有勇于实践和开拓奋进的理念

学习和工作通常是通过自己的实践来完成的。在实践过程中不断学习不断开拓不断奋进就能取得好的成绩。开拓通常是在实践过程中进行的,只有不断实践才能打开新的局面。做好顶层设计要有勇于实践和开拓奋进的理念,见表 46.5-2。

表 46.5-2 做好顶层设计要有勇于实践和开拓奋进的理念

名称	内容
实践是检验学习与工作优劣的标准	学习的好坏最终要通过工作的优劣加以检验，假如一个人的学习成绩很不错，一般来说他以后在工作中表现应该很不错，但也有些人虽然学习成绩很好，可他的工作却没有做好，这说明他的学习或工作还存在一定问题，因为学习的最终目的是为了工作，实践才是检验学习优劣的标准。古语云："学以致用。"任何人都要重视实践，把学习与实际需要密切联系起来。学习一方面是为了获取知识，另一方面是为了培养自己的各种能力
要在不断实践中学习和工作	学习的好坏，工作的优劣，都要通过实践加以检验。学习的优劣与学习的具体方法有着不可分割的联系，学习效果的好坏是和实践环节紧密地联系在一起的，比较有效的学习方法就是不断地实践。因此，要使学习取得好的效果，要从主观意识上重视实践，把学习与实践紧密结合起来，并在实践中不断学习，又在学习中不断实践 因此，学习和实践的密切结合，也常常是在每个人所从事专业的范围内进行的，学习要有针对性，避免盲目性。这是工作取得成绩需要注意的方法，也是事业取得成功的必要条件。事业取得成功的人，他们常常重视这些方法和准则
要努力培养自己的实践能力	任何人长大成人后都要为社会服务，都要参加社会实践，都要通过自己的工作为社会做出一份贡献。贡献有大有小，要根据每个人知识的多少和能力强弱去完成不同的工作任务。但是，要做好工作，最重要的是要具备一定的工作能力，实际工作能力强的人，一般来说，他们完成的工作较好，对社会的贡献也较大，这就说明一个人具有实践能力或实际工作能力的重要性。不管是从事普通工作的人，或是从事高新技术工作的人，都要对他们的实践能力或实际工作能力进行培养，都要在工作过程中来提高他们的实践能力，这是做好工作的关键和基础
在实践过程中不断开拓奋进	只有通过实践活动，才能使各项工作不断取得新的成绩。 1）通过实践发现问题，要发展一种新的事业，必须先发现问题，而要发现某一技术领域的问题，一般要通过具体的实践活动才行。通过实践，发现新现象，找出新问题，也会发现原先提出的理论和方法的不足，在此基础上提出要研究的新问题，所以提出问题是研究的开始 2）分析研究新问题，拓展新领域。有了问题，就需要通过研究和分析，去解决提出的问题，进而开拓新的研究领域，或拓宽原有领域范围，使所接触到的事业得到新发展，取得新进步 分析研究新问题和拓展新领域需要付出辛勤的劳动和不懈的努力，只有在不断开拓奋进的基础上，才能取得新的成果，才能使事业得到发展

5 做好顶层设计要有勤于思考和敢于创新的精神

人类的历史是一部奋斗的历史，也是一部创造的历史，有奋斗才有发展，有创造才有进步。所以奋斗与创造是历史赋予我们每一个人的光荣责任和义务，做好顶层设计要有勤于思考和敢于创新的精神，见表46.5-3。要创新就要了解创新的重要性，要了解创新驱动发展的重大意义，要有创新的思维。

表 46.5-3 做好顶层设计要勤于思考和敢于创新

名称	具体内容
创新的重要性	创新是一个人、一个集体、一个民族、一个国家的灵魂。我国的领导人一而再，再而三地强调创新的重要性，并提出了我国要建设成为一个创新型国家的宏伟目标。我国要成为创新型国家，不仅是经济发展的需要，也是把我国建设成世界强国的需要。我们要树立起这样一个明确的目标，并要通过不懈的努力实现这个目标。我国从19世纪中叶开始的一百多年里，饱受列强的欺凌，有着沉痛的教训。要摆脱外国的侵略和欺凌，必须大力发展经济和国防力量，必须成为世界强国，我国正以极大的努力向这个目标迈进，创新是实现这一目标的必要手段和途径
创新的种类	1）原始创新，提出一种全新的思想、观念、理论、方法和技术 2）集成创新，在过去已有成果的基础上，将两种或多种已有成果进行综合，形成另一种新的观念、理论、方法和技术 3）引进、消化、吸收后再创新，即从引进的产品或技术中吸取其有益的东西，再加上自己的一些新思想、新体会、新见解，构成为一种新的产品、新技术、新理论等
要勇于创新和敢于创新	成功学导师拿破仑·希尔认为：创新并不是某些行业的专利，也不是超常智慧的人才具有的能力。打破常规，不按常理出牌，突破传统思维的束缚，即使是一个小小的创意，也会产生非凡的效果。所以，不要小看一个简单的建议，它的效果可能是惊人的。任何人都可以做到推陈出新，重要的是你是否具有这种意识、观念及勇于尝试的精神和决心。人才是创新、开发、传播和运用知识的主体，而知识本身只能是客体 创新就是对发现和提出的新问题，通过研究和分析，提出解决的方法与措施，再将其应用于实际工作中，就是毛泽东所说的"有所发现，有所发明，有所创造，有所前进。"创新可以使人类取得进步，创新可以使国家的经济得到快速发展

6 "勤奋、求实、开拓、创新"，要有正确的目标

做任何事都应该有明确的目标，而且这个目标应该是正确的，符合国家发展需要的。目标明确，学习和工作才能下苦功夫。

6.1 要确立明确的目标

有了正确的目标，还要有正确的学习和工作态度，有了正确的目标和态度，还要采用正确和有效的学习和工作方法。"勤奋、求实、开拓、创新"是明确目标、正确态度和理想方法的具体贯彻和体现。没有明确的目标，就很难有勤奋和刻苦的具体表现，也就很难积极想办法去采取理想和有效的学习和工作方法，做好学习和工作。

6.2 要培养学习和工作的兴趣

当一个人对学习和工作产生了浓厚的兴趣时，他就能以百倍的努力去学习和工作，甚至是夜以继日、废寝忘食、不知疲倦地学习和工作，不少科学家和发明家常常都有这样的表现。数学家陈景润、大科学家爱因斯坦就有过类似的情况。

第6章 顶层设计的步骤

1 概述

本章讨论做好顶层设计的第三对要素"步骤和方法"中的做事"步骤"。理想的做事步骤是调研、规划、实施和检验，见表46.6-1。

表46.6-1 顶层设计的步骤

步骤	内 容
调研阶段	调研阶段要完成3I(Investigation,调研)，即需求调研、环境调研和风险调研。许多文献上多数只讲需求调研，而忽略了对环境和风险的调研，这是不全面的，忽略了环境调研和风险调研，在某些情况下会产生严重的后果
规划阶段	规划阶段要完成7P(Planning,规划)，即工作目标的规划、指导思想的规划、工作环境的规划、工作步骤的规划、工作内容的规划、工作方法的规划和工作结果检验的规划，一般文献上讲的只提所要做的事的目的和意义、内容、步骤和方法，在这里，我特别强调要做好指导思想的规划、工作环境的规划和工作步骤的规划等，即用七个方面的规划代替三个方面或四个方面的规划
实施阶段	实施阶段要完成m+n+X的具体实施工作。对于完成的事情来说，其中的m为所做事情的功能方面的几个要求，n为所做事情性能方面的几个要求，X为所做事情的特殊要求。对于完成的产品设计来说，其中的m为主辅功能的具体实现，n为几种主要性能的具体实现，X为特殊性能的实现
检验阶段	检验阶段要完成3A(Assessment,检验)或5A，即用理论方法加以检验，用试验方法加以检验，通过用户使用给出的信息反馈进行检验。对于5A检验，还要加上经验方法和用专家系统予以检验

2 顶层设计前先要做好调查研究

顶层设计前先要做好调查研究，在进行调研之前，要订好调研规划，也就是要写好调研提纲，写明调研的目的、内容和方法，调研提纲的主要内容见表46.6-2。

表46.6-2 调研提纲的主要内容

调研提纲	内 容
调研的目的	要做事，首先要做好调查研究，没有调研，就不了解做此事的必要性和重要性，也不知道做此事包括哪些内容，以及应该采取哪些有效的方法，因此调查研究是做好顶层设计工作的前提
调研的内容	调研的内容包括:需求调研、环境调研和风险调研 1)需求调研。做任何事或物，首先要满足用户的需求，没有需求，就没有研究和开发的必要。所以，做任何事首先要了解和掌握实施这项工作的必要性，即具体要了解国内需求和国际需求，近期需求和长远需求，各个时期的需求和总的需求。在了解上述需求的同时，还要进一步了解对该项工作的具体要求是低层次的，还是高层次的。总之，在了解需求的同时，还要对那些需求进行详细的分析，进而得出是短期需求，还是长期需求，在一些特殊情况下，这种需求是向有利的方向发展还是向不利的方向演变 2)环境调研。环境的调研是多方面的，包括自然环境、社会环境(政治、经济、人文、法律、国际、人际环境等)、资金环境、技术环境、市场环境和政策环境等。对这些环境进行全面调研的同时，要分析各种环境对所做工作产生好或坏的影响。好的影响因素会对所做的工作产生推动的作用，坏的影响因素会对所做的事产生约束。此外，还要考虑这些环境对所做工作能发挥积极作用的程度，以及这些环境可能对所做工作的约束程度的大小。除对外部环境进行调研外，对内部环境和条件也必须进行详细的调研，如本单位已具备的人、财、物的情况，生产条件、加工设备、技术力量、工作人员情况等 3)风险调研。任何工作的风险都是可能出现的，在调研阶段，要对可能出现的风险进行调研和分析，应及早了解和掌握所做工作可能出现的风险。也要预估这些风险可能导致的损失，并应对其采取有效的预防措施，以便及早地准备，限制这些风险的出现和进一步发展，以避免对所做事情产生有害的影响
调研的方法	调研的方法是多种多样的，应该根据调研项目的要求和内容来选择调研的方法 1)根据调研内容确定调研方法。由于调研工作要花费一定的成本，因此，要选择理想的调研方法，如选择通信调研、现场直接调研和网络调研等。而网络调研是一种比较经济的方法 2)对调研信息进行聚类和合成。在获取大量的需求信息、环境信息和风险信息后，对这些信息进行科学的分析、合并、归类，才能提炼出能够代表这些信息的真实需求，并尽量采用树枝形结构加以描述，使得信息体系清晰明了。归类的方法有两种:一是传统的归类方法，它是以经验、直觉为依据的实际操作方法;另一种是现代的模糊动态分类和合成技术，若把信息分类置于数量化处理的基础上，以使这种方法更为科学、更加合理 3)通过推理自动生成所需的需求信息、环境信息和风险信息。在对所需几种信息进行分析和综合的过程中，要在知识库和数据库的支持下，对输入的各种信息进行推理和判断，生成所需的信息和目标

3 顶层设计的基本任务是制定好规划

顶层设计的基本任务见表 46.6-3。

表 46.6-3 顶层设计的基本任务

规划项目	内 容
规划的目的	做任何事情首先要做好规划,规划就是对所做的事进行顶层设计。顶层设计要从宏观角度对所做事的目标、思想、环境、步骤、内容、方法及质量检验进行系统的规划(7P 规划),形成所做事的基本框架。有了框架,所要做的事就可以在所构建的框架下,实现所做事的基本目标和要求,完成其基本内容,并采取理想的基本步骤和方法,还要对所做的事进行检查和评估,以便于了解所做的事的优劣。顶层设计实际上就是在具体工作之前,在正确思想的指导下,先做一个详细的规划,再在这个规划的基础上,确定工作要点、难点和重点,要从根本上解决所做的事的一些主要问题,以避免在执行过程中可能出现的各种各样的问题。工作的实施阶段和检验阶段都是要根据这个规划来具体地执行,规划是实施阶段的工作指南,即根据顶层设计的具体内容和要求开展相应的具体工作;此外,也是检验工作质量的依据
规划的内容	规划的内容应该包括:工作目标、指导思想、工作环境、工作步骤、工作内容、工作方法和工作效果评价等各个方面的规划,规划过程中所考虑的问题越全面和越仔细越好,而且要突出重点和难点。有了工作规划,就可以在实施过程中避免可能出现的主观性、片面性和任意性等问题。 1)对工作目标的规划应该是十分明确和具体的,按照 7P 规划的模型进行产品设计的规划,可以避免设计中的漏洞 2)指导思想或工作理念的规划。做任何工作应该有正确的指导思想和理念,若要按照科学发展观开展设计工作,就要有自主创新设计的理念,再采用概念设计的原理、创新设计的原理、TRIZ 发明解决问题的理论等科学的设计方法处理设计中的问题 3)设计环境的规划。在开展设计工作之前及设计过程中,应对产品设计的主观条件和客观环境做全面的了解。主观条件包括设计队伍的技术能力与队伍的创造精神,以及所具有的技术基础等;客观环境包括自然环境、社会环境,还有技术环境、资金环境和市场环境等 4)设计过程与步骤的规划。对整个过程进行合理的安排也是获得高质量设计的重要条件。基于系统工程的产品设计总体规划模型就是对产品设计过程所做的较全面的思考 5)设计内容的规划。所做的事不同,其内容也不同。根据设计物情况的不同,对设计的主要内容相应地做具体的规划和安排,这是保证所生产的产品实现安全、可靠、经济、有效运行的重要措施,也是争取市场的重要条件 6)设计方法的规划。在设计过程中,选择优化设计、智能设计、虚拟设计、数字化设计、稳健设计等这些理想的设计方法,并加以有效地利用,对保证设计工作有效地完成具有十分重要的意义 7)工作质量检验的规划。通过对设计质量进行检验和评估,可以发现设计中存在的问题,进而可对产品设计进行修改
规划的方法	制订规划要在调查研究的基础上进行,根据规划的目标和内容来选择较理想的规划方法。制订规划就是要把工作目标、指导思想、工作环境、工作步骤、工作内容、工作方法和所做工作的检查和评估都在规划中说清楚,讲明白。规划中要说明如何实现工作的基本目标和具体要求,如何用正确的思想来指导工作,如何在考虑环境的情况下完成所规定工作内容,如何确定工作步骤和选用理想的工作方法,如何突破工作的难点、突出工作中的重点,如何将创造性的思维和技巧应用于具体工作中,以及如何对所做工作进行检验和评估等 在规划过程中应该采用哪些理想的、有效的方法。首先要用科学的思想作为指导规划工作,运用系统工程的理论和方法来完成规划的制订。要处理好人-事-环境之间的协调关系,这样才有可能使制订的规划便于正确和有效地实施,使我们的工作少走弯路,并能使所实施的工作得以全面、稳定、协调和可持续地开展

4 顶层设计对实施过程要有充分的了解

实施过程通常按照制订的规划具体地进行,分别要针对广义目标和技术目标及具体的工作要求完成相应的工作内容,在工作过程中还要采用理想的工作方法,将目标、内容和方法有机地结合起来,才能把工作做得更好,才能使工作取得良好的效果。

顶层设计的实施过程及内容见表 46.6-4。

表 46.6-4 顶层设计的实施过程及内容

实施项目	内 容
实施的目标	顶层设计所实施的目标通常有两种不同的类型,一是事,二是物。平时所做的工作即为第一种,产品的研究、开发及设计属于第二种。对于事,其工作目标和要求可分为三个方面:一是功能目标或基本要求,二是性能目标和补充要求,三是特殊要求。如教师给学生讲一个章节的课程,其功能目标是要把这一章的知识传授给学生,这是教师主观上必须完成的工作;而同时教师讲课要完成性能方面的要求:即教师要有正确的指导思想,要达到所讲课程的质量标准,备课要付出相应的精力,还要花费必需的时间;为使学生掌握课程内容,教师还要进行辅导工作;此外,还要对班里的个别的学生进行辅导,以使全班同学都能很好地掌握教师讲课的内容 对于物,其工作目标和要求包括三个方面:一是功能目标或功能要求,二是性能目标和性能要求,三是特殊要求。如企业生产一种产品,其功能目标是要让这种产品满足用户使用的要求;而对企业生产的产品的性能要求是:产品应该有良好的结构性能、使用性能和制造性能;此外,还可能有一些特殊性能要求,对该产品的特殊性能进行优化设计,以便使该产品有较高的性价比。因此,对所做的事和物既要达到基本要求即功能要求,把事情做成功,又要做得好、做得妙,达到多快好省的目标。这就是实施的主要目标和具体要求

（续）

实施项目	内　　容
实施的内容	在实施阶段要围绕所做事的主要目标和具体要求来进行，要安排好工作的各个环节，要完成好各个部分的工作 1）以教师讲授某一章节的课程为例来说明所做的事的目标、内容和方法。教师讲课的目标，即六项要求：IQCTES，这是检验讲课好坏的标准。教师要根据这六项要求在讲课时加以具体贯彻，通过要讲授的各种方法，如课堂讲授、课堂练习、课后作业、课程实验、课后答疑等各种方式，将课程内容传授给学生，来完成自己所承担的教学任务，力争使全班学生取得较好的学习效果 2）在产品研究、开发和设计过程中，要满足产品研发与设计过程中通常必须满足的六项要求——IQCTES，从具体的内容来看，要针对产品的所要达到的功能、各种性能开展相应的设计工作，从而使研究开发的产品具有理想的功能和性能
实施的方法	完成好一项工作所采用的方法十分重要，方法是多种多样的，要选择较为理想的和有效的方法 1）哲学的思想和方法是指导人们做好工作的一般方法，在工作过程中要很好地加以运用；用实践论和矛盾论的思想指导我们的工作，用创造性的思维和技巧实现创新 2）黄金分割法、运筹学方法、工程优化方法、数学规划优化方法、专家系统方法、数字化方法和试验方法等各种优化方法 3）现代成功学是提高做事成功概率的一种有效的方法，只要努力去运用成功做事的规则，就容易使所做的事取得成功，对做好工作会产生积极的效果 在工作的实施阶段，要特别重视目标、内容和方法之间的关联性

5　顶层设计要考虑对所做事的检查和评估

顶层设计要考虑对所做事的检查和评估，见表46.6-5。

前面已介绍了做事的四个理想的工作阶段，按照这四个阶段去做，可使工作循序渐进地进行。在正式工作之前进行了详细的调研和规划，可使工作按照规划有步骤地的开展，从而避免工作中可能出现的盲目性、片面性、主观性和随意性等弊端，消除工作中可能出现的意外风险，使工作少走弯路。

表46.6-5　顶层设计对所做事的检查和评估

检查和评估	内　　容
检查和评估的目的	在完成各个阶段工作后，要对所完成的工作进行检查和评估。通过检查和评估可以发现工作中的成功经验及存在的问题，进而对下一阶段的工作进行必要的调整 检查和评估工作，首先要根据所制订的规划，针对工作目标和要求，去检查所做工作的全部内容和方法，检查所做工作的完成情况。要挖掘优点，总结成功的经验，还要发现问题，找出不足 检验和评估的根本目的是为下一阶段的工作提供经验，使工作少走弯路，以便多快好省地完成下一阶段的工作
检查和评估的内容	检查和评估的内容依据所做事的目标和要求而定 1）对所做工作的目标、内容和方法进行检查和评估。对所做的事进行检查和评估，从所做的事的主要目标、具体要求及特殊要求三个方面进行检查和评估，还要对所做事的目标、内容和方法进行检验和评估；对所研制的产品进行检查和评估，除了对主要目标、具体要求和特殊要求三个方面进行检查和评估外，还要对产品的技术目标和要求进行检查和评估，即对所研制产品的主辅功能、三大性能及特殊性能等进行检查和评估 2）对执行高效做事方法学中的一些规则的情况进行检查和评估。为了进一步提高成功做事的效果，对执行做事方法学的情况也应进行检验和评估，以便在以后的工作中更好地执行高效做事方法学的规则，把事情做得更好、更省、更快、更多
检验和评估的方法	检验和评估可以通过经验方法、理论方法、专家系统、试验方法、用户信息反馈等多种方法来完成 1）经验对比评分法。对所完成的工作或工作方案所要达到的指标进行评分，与已完成的任务进行对比，并予以评分 2）理论方法。可采用价值工程法、系统分析法等对所完成的工作或工作方案进行检查和评估 3）专家系统的方法。建立相应的专家系统对已完成的工作或工作方案进行检查和评估。专家系统必须建立相关问题的知识库和数据库，再利用信息技术对所研究的问题进行评价和检验 4）试验方法。对实物进行试验，检验其功能和性能是否已达到规定的质量要求。有些企业对产品中的外购零部件都要进行严格的检查和试验，以免因这些零部件质量没有达到要求而使整个产品出现问题，这样做是完全正确的 5）用户给出使用信息反馈的方法。这也是一种理想的方法，因为研制出实物后，用户在使用过程中可以了解该产品功能和性能的好坏和品质的高低。在检查和评估之后，假如该项任务尚未付诸实施或部分付诸实施，还可以对所做事的方案进行必要的修改

第 7 章 顶层设计的方法

1 概述

本章将讨论做好顶层设计的第三对要素"步骤和方法"中的做事的"方法"。

在人类社会进入知识经济时代的今天，经济的发展很大程度上依赖科学技术。用先进的科学技术来指导顶层设计和做事，具有特殊重要的意义。

无形的事，包括国家、地区、部门或企事业单位的宏观规划、每个人的人生规划及平时学习、工作和生活中要完成的各种各样的事情等。为了做好这些事可以采用以下先进的科学技术和方法：科学的哲学思想和方法、系统论与系统工程的思想和方法、现代信息技术、各种优化的理论与方法、创新思维及创新的原理和方法、预测学的理论和方法等。

有形的事，包括做一个实际的有形的物品等，如开发一种产品。对于比较复杂的有形物品可采用目前产品设计方法学中介绍的各种设计理论和方法：如方案设计、详细设计、概念设计、绿色设计、功能设计、动态优化设计、智能化设计、数字化设计、工艺设计等，产品的设计方法多达70多种。目前做事方法学中产品设计的理论和方法应该是一类较为完善的方法。

为了做好顶层设计，做事者应该努力了解和掌握这些理想的做事方法。

2 现代科学技术中的先进理论和方法

做事要最大限度地采用目前已取得的先进的科学成就和科学的工作方法。

目前在科学技术领域已提出了不少理想和科学的方法，如科学的哲学思想和方法、系统论和系统工程的理论和方法、日常工作中经常采用信息技术和方法、工程和数学规划优化的理论和方法、创新的原理和方法、预测学的理论和方法等。不管是无形的事或有形的事都可以采用这些方法。

做事的方法要根据所做事情的特点和性质予以选择。现代科学技术中的先进理论和方法见表46.7-1。

表 46.7-1 现代科学技术中的先进理论和方法

先进理论和方法	内　　容
科学的哲学思想和方法	科学的哲学思想可以指导任何工作，其中最重要的是要重视实践和了解及掌握事物发展的内在规律。科学发展观是科学的哲学的组成部分，按照科学发展观的思想去做事，可以使工作得以全面、稳定、协调和可持续地开展
系统论和系统工程的思想和方法	系统论和系统工程的思想和方法教导我们做事要全面和系统地考虑问题。很多人做事一开始就十分重视各个细节，重视具体问题，但另一方面必须全局去看问题，要注意和重视全局性和系统性方面的问题，才能把事情做好。因此，必须学习和掌握系统论和系统工程的思想和方法
现代信息技术中的计算机技术和网络技术	20世纪七八十年代，人类就已进入信息时代，信息时代的最大特点是广泛采用计算机技术、网络技术、光纤通信技术、数字化技术、大规模集成电路技术、智能化技术和传感技术等信息技术，可以使我们的工作效率大大提高。必须采用先进的信息技术，工作的有效完成和工作效率的提高才有可能实现
各种优化的理论和方法	做任何工作，常常要对各种工作方法、各种工作方式、各种方案进行选择，找出最理想或较为理想的方法、方式和方案，采用优化的技术和方法。优化的理论和方法有工程优化和数学规划优化，数学规划优化实际上是一种数字化方法，一般人常常广泛采用工程优化的方法，而从事技术工作的人员常常采用数学规划的优化方法
创新思维及创新原理和方法	在处于知识经济时代的今天，创新是一个国家、民族、集体及一个人发展的前提。国家、民族及集体要发展，必须依靠创新；个人要取得成功，也要依靠创新。要创新，就要了解和掌握创新的原理和方法。没有创新思维的人是不会取得很大的成功的
预测学的理论和方法	在平时的工作中，常常应用预测学的思想和方法。如人们常常会说，做这件事一定会成功，或者说，这件事的成功概率大概有90%，等等。如何会得出这样的结论呢？这就是基于预测学的理论和方法 预测学是基于科学哲学、逻辑学、信息科学和技术等，对即将发生的事情进行分析、推理和判断的一门新兴的、具有广阔发展前景的科学。要成功做事，预测事情或事态的发展十分重要，预测出一件事的发展趋势和结果，预测做事的成功概率，再按照理想的步骤和方法去做，就容易把事情做成功

要运用现代心理学、逻辑学等的理论和方法,还要运用正确的策略和灵活机动的战略和战术,这些理论和方法都会对成功做事产生积极的影响。但在今天,单纯地依赖成功心理学的思想和方法,或采用正确的策略来实现成功做事,会大大降低成功做事的概率,因此,必须积极地去采用先进的科学技术,才会使我们所做的工作取得更好的效果,才会大幅度地提高我们做事的成功概率。

3 顶层设计应重视科学的哲学思想和方法的应用

现代科学哲学的思想和方法有两个主要的特点:一是实践性,做事要从实际情况出发来考虑问题;二是要了解事物发展的内在规律,以此为基础,去解决需要解决的各种问题。

哲学思想是指导一切实践活动的指针,要用现代哲学的思想和方法来指导各项工作。做事首先要重视实践;要想做事取得成功,还要遵循事物发展的内在规律。掌握了事物发展的内在规律,各种问题就容易得到解决。

科学发展观隶属于现代科学哲学的范畴,它可以用来指导各项工作。科学发展观的特点见表46.7-2。

遵照科学发展观的思想和方法去做事,就容易把事情做成功,并会获取最高效益。

表 46.7-2 科学发展观的特点

特　点	内　　容
以人为本	在各项工作中,都要贯彻以人为本的指导思想,要充分考虑所做的事是为人所需,为人所用的。要从人民和国家的利益,甚至全人类的利益出发来考虑问题
全面性与系统性	就是要全面、客观地按照系统工程的观点和方法,去处理事物各方面的关系
实践性与科学性	尊重自然、经济和社会的客观规律,坚持实践是检验真理的唯一标准
继承性与创新性	在继承已有科学成就的基础上,开展创新研究,要用创造性的理念和创造性的技巧来完成所要完成的工作
协调性与稳定性	要使所承担的工作与自然和社会保持和谐,以便使所做的工作不对环境产生有害的影响。近年来在产品设计中所兴起的"绿色设计""和谐设计"等设计理念皆源于此
可持续性与长期性	可持续性与长期性不仅是指所做的事和生产的产品的使用寿命的长短,还要考虑所做事的长远发展及其更新换代,重视其质量的进一步提高,使其具有强大的生命力

4 顶层设计要应用系统论和系统工程的思想和方法

系统论和系统工程的思想和方法在做事过程中起到十分重要的作用。它帮助人们全面地和系统地去看问题,使人们对问题的看法不会出现主观性、片面性、盲目性和随意性;我们对各种工作,采用系统分析和系统设计的方法,科学地和合理地处理问题,从而使所做工作取得好的效果。

系统化做事的基本框架是内部因素、外部因素和做事的三原则,要使做事取得成功,既要从主观因素上下功夫,充分发挥主观能动性和积极性,还要让客观因素产生积极的和有利的影响,再要对所做事提出明确的目标和具体的要求,了解所做事的详细情况,以及其功能和性能等特性。了解对所做事应该采取的有效方法,做事者应具备的条件,如其思想和业务能力及应具备的态度等,并对要做的事制订出具体规划,按制订的规划坚决地予以执行,所做的事就容易取得成功。

高效做事还必须详细了解所做事的具体情况,以及其内部特点和外部环境,并对所做事进行分类;再通过系统分析和系统设计,拟订完成此项工作应采取的有效的措施和方法及应采取的合理步骤。做任何事都有一定的规则、具体措施和方法,系统工程学研究的就是针对具体工作的特点拟订最理想的步骤和方法,并按照这些步骤和方法坚决地去执行,这样事情就容易做成功。成功做事,单纯地依靠工作经验是不够的,若不采用科学的方法和先进的技术,将会大大降低做事的成功概率或工作效率。

系统论和系统工程学的理论和方法是提高做事成功概率及工作效率的有力武器和有效手段。

5 顶层设计要广泛应用现代信息技术

信息技术是用于信息的获取、处理、传输、存储等的有关技术,其中包括计算机技术、网络技术、光纤通信技术、集成电路技术和传感技术。这些领域的创造发明所形成的产业在20世纪下半叶得到了飞速的发展,它将人类社会引入信息时代。网络通信的发展,给人们之间的联络沟通创造了十分便利的条件,其相关产业也得到快速的发展。工作中,最常用的信息技术见表46.7-3。

在信息时代的今天,就要广泛地、尽可能地去利用信息技术来为我们服务,提高我们所从事工作的成功概率和工作效益。

表 46.7-3 最常用的信息技术

信息技术名称	内容
计算机技术	信息技术中与人们的工作和生活关系最为密切的应当是计算机技术。目前，计算机技术已渗透到人们生活和工作中，并涉及政治、经济、文化等各个领域。如机关办公、市场营销、写作出版、信息传递等，没有计算机的配合几乎无法进行。一个人要想成功，必须利用这一先进技术
网络技术	人类已进入网络时代，并通过网络传递信息、查找信息，解决疑难问题。网络技术把地球"变小"了，把所要做的事的时间缩短了，从而大大提高了人们的工作效率，为人们节省出许多时间
智能化技术	智能化是现代机械产品发展的主导方向，它不仅提高了产品自动化的水平，也提高了产品的性能和质量，使产品处在最理想的状态
数字化技术	采用数字化方法可以使所执行的工作严格地按照设计规划有条不紊地进行，且不会使工作出现意外的错误；还可以使所做的工作具有更高的准确性和精度，获得更高的工作质量，从而取得更高的工作效果。例如，电视机采用数字化技术以后，其清晰度可以大大提高；在机床上采用数字控制的加工技术，不会出现意外的加工错误

6 顶层设计应重视各种优化理论和方法的应用

顶层设计应重视各种优化理论和方法的应用，常用的优化的理论和方法见表 46.7-4。

表 46.7-4 常用的优化的理论和方法

名称	内容
优选法	20 世纪 60 年代，数学家华罗庚在一些企业积极地推广优选法，并取得了重大的经济效益和社会效益 优选法，即 0.618 的黄金分割法，是要在一条描述工程实际问题的有峰值的曲线上找到最大值的最节省时间的方法。用 0.618 进行分割，只要做 16 次试验就可以找出最大值所在的位置；而如果不采用黄金分割，就要浪费很多时间，可见这是一种节省时间的有效的工作方法
统筹方法	20 世纪六七十年代，华罗庚还在一些企业中积极地推广统筹学方法，也取得了重大的经济效益和社会效益 运筹学是研究从某地出发将货物运送到另外一个地方，去求解一条经济有效的运输路线的方法。首先选择出可能的若干条运输路线，最后通过数学分析和计算得出最理想的一条运输路线。而统筹学则是研究用最节省时间的工作程序来完成一件事的最有效方法
工程优化	工程优化方法已经广泛应用于工程技术部门，并取得了良好的效果。工程优化法有类比优化法（直接类比、象征类比、拟人类比、幻想类比、对称类比和综合类比等）、直觉优化法（智暴法、635 法、列举法等）、目标树法和列表评分法等。这些工程优化方法要根据所要研究问题的特点予以选择
数学规划优化	数学规划优化方法也称最优化方法，它首先对工程问题通过数学方法建立起反映工程问题基本特点的数学模型，这个模型应该包括三个要素：设计变量、目标函数和约束条件，然用数学方法求出对应于目标函数和约束条件的设计变量的最优解。目前该种方法在工程设计中得到了十分广泛的应用，并为企业创造了十分重大的经济效益和社会效益
专家系统	专家系统是 20 世纪末开始研究和发展起来的一种新的具有重大实际应用价值的技术，它能给企业部门带来重大的经济效益。专家系统覆盖了计算机应用的许多领域，按其所完成的任务性质和特征，可以分为解释专家系统、预测专家系统、设计专家系统、规划专家系统、诊断专家系统、控制专家系统、决策专家系统、咨询专家系统等。专家系统是一类包含了知识和推理的智能计算机程序。专家系统一般有六个组成部分：知识库、数据库、推理机、解释程序、知识获取及人机接口。专家系统可以应用于各个领域的预测、设计、规划、诊断、控制、决策和咨询等工作，且能取得显著的经济效益和社会效益
试验方法	实践是检验真理的标准。通过试验可以确定几个方案中的最优方案和次优方案，这里首先要定出评定所要选择方案的准则。试验可以直接发现某一方案的优点和缺点，并根据实际数据进行对比，确定较为理想的方案 通过试验方法来评价与选择方案，较理论方法具有更高的可靠性，因为理论方法与实际问题往往还会存在一定的误差

程是不断思考和理解、不断解决各种各样的矛盾的过程。创新除了要有创新的思维，还要有创新的原理和各种创新的技法，按照这些原理和技法去做，就容易取得成功。

7 顶层设计应重视创新的原理和方法的应用

在学习和工作过程中，都是由"不知"到"知"，由问题没有解决到完满解决的过程。这个过

顶层设计应重视创新的原理和方法的应用，创新思维的种类见表 46.7-5。常用的创新原理见表 46.7-6。常用的创新技法见表 46.7-7。

表 46.7-5 创新思维的种类

种类	次属	内容
逻辑思维与非逻辑思维	逻辑思维	逻辑思维是按已知概念、定义和规定,通过对思考对象进行分析比较、判断、归纳和总结,来认识事物、推断事物的思维模式。逻辑思维的特点是有序性、递推性,是一种严密的思维方式。逻辑思维包括定向思维、抽象思维等
	非逻辑思维	非逻辑思维是逻辑思维以外的各种思维。它的最大特点是思维的随意性和跳跃性,它不受任何"秩序"的约束,表现出极大的灵活性。例如,当被要求在不采用倾倒的方式将水杯中的水弄出来时,用非逻辑思维可想出许多办法,如用吸管、煮沸蒸发等。非逻辑思维包括逆向思维、侧向思维、形象思维、发散思维、联想思维、灵感思维等
定向思维、逆向思维与侧向思维	定向思维	定向思维基本上是属于逻辑思维一类,其思维过程总是通过寻找合乎逻辑的、成熟的或常规的方法或途径,循序渐进地推断和认识事物。这种思维方式慎重、稳妥,但往往由于思路狭窄、保守而缺乏新意。但是,由于其思维方向明确,且按稳扎稳打、步步为营的策略思索,因此,这种思维模式能使创造性活动沿着最稳妥的方向发展 化学家门捷列夫在为化学元素排序时曾发现一些元素的相对原子质量呈规律性变化,于是他大胆预言:"元素不能无序。""其序是由相对原子质量大小确定的。""在跳跃的化学元素中,一定还有未被发现的新元素。"1875 年法国科学家列科克发现了"新元素'镓'",1885 年德国科学家温克勒又发现了"锗",这是由于门捷列夫的定向思维方式和创造性理论,使后人发现了新元素
	逆向思维	逆向思维是一种反逻辑和反常规的思维方式,其思维常摆脱正常的思考途径,以背离正常思索途径来寻找解决问题的方法。逆向思维的要点是"不择手段"。因此,这种思维方式没有束缚,视野开阔,具有难以形容的创造性技巧。例如,传统的破冰船必须用巨大的动力将船头抬起,用笨重的船身将冰压破,破冰前进的速度慢,能耗大。苏联科学家运用逆向思维方法将船头潜入冰下,靠浮力将冰顶破,从而设计出一种体积小、质量轻、破冰速度快的新型破冰船
	侧向思维	侧向思维又称旁通思维,是一种类似逆向思维的方式。当正向思维无效时,侧向思维与逆向思维一样,都摆脱直接指向目标的思考路径,另辟蹊径。侧向思维将问题转换为另一个等价的问题,通过对等价问题的求解而使问题得到解决
形象思维与抽象思维	形象思维	形象思维也称具体思维,这种思维形式表现为对事物表面特征的记忆,对感知过的形象进行加工、改造,通过联想、想象,从而创造出新形象的过程。想象是形象思维的一种基本方法。想象不仅能构想出未曾知觉过的事物的形象,而且还能创造出未曾存在的事物的形象。因此,想象是任何创新不可缺少的基本要素
	抽象思维	抽象思维是一种逻辑思维,它凭借概念、判断、推理来概括事物的本质,提示各事物间的联系与差距,从而推断出事物具有新概念的思维模式。形象思维和抽象思维是创新活动密不可分的两个方面,它们彼此相互联系,又相互渗透,人们通过想象提出尽可能多的设想,通过判断、推理从中找出最理想的结果
发散思维和收敛思维	发散思维	发散思维又称扩散思维、开放思维等。思维的特点是转移和跳跃。思维时常以要解决的问题为中心,运用横向、纵向、逆向、分合、颠倒、质疑、对称等思维方法,找出尽可能多的答案。例如,现在人们用的拉链,最早是发明者打算用来代替鞋带的,后来人们将它用在钱包和衣物上
	收敛思维	收敛思维又称集中思维、求同思维,它是寻求某种确定答案的思维形式。收敛思维以研究对象为中心,将众多思路中获取的信息,利用已有的经验和知识,逐步引导到条理化的逻辑序列中,以便最终得出一个合乎逻辑的结论。因此,收敛思维是选择设计方案最常采用的思维方式
直觉思维与灵感思维	直觉思维	直觉思维是在无意识状态下,从整体上迅速发现事物本质属性的一种思维方式。比如,我们在读文章时常会觉察到某一句子不通顺,但这一感受并不是通过语法分析得出的,要问他为什么会有这种感受,他一时也难以说清楚其中的道理,这就是人们所说的直觉。直觉思维不是分析性的,而是大脑对客观事物及其关系的一种直接、迅速的识别和猜想
	灵感思维	灵感是直觉在创造性活动中达到高潮时产生出的一种特殊的体验。人们常说的"灵机一动,计上心来"就是对这种体验的生动描述。灵感是创造性活动中不可缺少的一部分,由灵感引发的创新产品更是不胜枚举

表 46.7-6　常用的创新原理

种类	内　　容
组合原理	组合的现象十分普遍,经过组合可以产生出新的东西。集成创新就是通过一种组合创造出新的东西,如组合家具、组合机床、组合音响等。组合的类型有同类组合、异类组合、附加组合、重组组合和综合组合等。将几片透镜组合在一起可组成望远镜、显微镜;将碳原子以不同晶格形式进行组合可形成金刚石、石墨;"阿波罗"登月计划的负责人称,"阿波罗"宇宙飞船没有任何一项技术是新突破的技术,都是现有技术精确无误组合的结果
还原原理	还原原理是研究已有事物的创造起点,并追根溯源深入到它的创造原点,从原点解决问题,或从创造原点出发另辟新路,用新思想、新技术重新创造该事物。洗衣机的创造原理属于还原原理。它的创造是还原到洗衣这一问题的创造原点——将污物从衣物上洗掉,于是人们想到了活化剂,制成了洗衣粉,将衣物置于水中,加入洗衣粉,再对衣物进行搅拌,就能将衣物上的污物洗去
逆反原理	逆反原理是从事物构成要素中对立的另一面去分析,将思考问题的思路反转过来,有意识地从相反的视角去观察事物,用完全颠倒的顺序和方法来处理问题的一种原理。自动扶梯就是根据逆反原理创造出来的一种设备。人在楼梯上行走是天经地义的事。有人提出"人不动,楼梯走"肯定被认为天方夜谭。然而,人们正是沿着这种逆反方向去探索,终于设计出了自动扶梯
变性原理	变性原理是对非对称的属性如形状、尺寸、结构、材料等进行变化而导致发明创新的原理。容器上刻度是沿容器高度方向水平刻制的,倾倒时难以掌握容器中倒出的液体量,如果将刻度改成以倾泻口作射线方向刻制,上述问题就会得到解决
移植原理	移植原理把已知对象中的概念、原理、结构、方法等内容运用或迁移到另一个待研究的对象中。移植在大多数情况下是在类比分析前提下完成的,通过类比,找出事物关键属性,从而研究怎样把关键属性应用于待研究的对象中,以达到移植的目的。移植过程中联想思维起着十分重要的作用。人们常说的"换元"实际上也是一种移植,如以纸代木、以塑代钢的创造发明实际上是材料移植
迂回原理	在创造活动遇到一些困难问题时,暂时停止对该问题的研究,而转入对下一步的思考,或从事另外的活动,或试着改变一下思路,去研究问题的另一个侧面,当其他问题得到解决时,该问题就迎刃而解了,这就是迂回原理。如毛泽东同志指挥的"四渡赤水"战役是中国近代军事史上以弱胜强的伟大创举。在"四渡赤水"战役中,红军通过不断地迂回穿插前进,寻找战机,终于冲破人数超过红军数十倍、武器装备优于红军的多路敌人的合围,最终打败了敌人
群体原理	利用群体的智慧和力量创造发明新的东西。俗语说:"三个臭皮匠,顶个诸葛亮",意思是说群体可以形成智慧,可以形成创造力。如美国在1942年研制原子弹曾动员了15万人,1960年完成登月计划则动员了42万科技人员、2万家公司和120所大学,所以这些高水平的创造发明都是庞大的知识群体共同努力的结果
完满原理	完满原理又称完全充分利用原理,凡是理论上未被充分利用的,都可以成为创造的目标。创造学中的"缺点列举法""完美探求法"都是在力求完满的基础上产生出来的

表 46.7-7　常用的创新技法

种类	内　　容
智暴法(又称智力激励法、头脑风暴法)	该法是由美国学者奥斯本于1939年创立的。智暴法是运用群体创造原理,充分发挥集体创造力来解决问题的一种创新设计方法。该法的操作过程是:针对一个设计问题,把五六个人召集在一起进行讨论,与会者可以敞开思想,畅所欲言,充分表明自己对解决该问题的意见,供设计者参考和研究。智暴法的中心思想是:激发每个人的直觉、灵感和想象力,让大家在和睦、融洽的气氛中自由思考。不论什么想法都可以原原本本地讲出来,不必顾虑这个想法是否"荒唐可笑"。为此,组织者对与会者提出四条原则规定:①不许对他人意见进行反驳;②欢迎自由奔放地思考,鼓励海阔天空地议论;③提出的设想越多越好;④允许综合地改正他人的设想
类比法	运用移植创造原理进行联想比较、模拟仿效的创造方法。采用类比法可以拓展人的思维,跳出定式的束缚,从而可以获得更多的创造性设想。古往今来的许多发明创造都源于人脑的类比联想。移植是将某种产品的原理、方法、结构、材料、用途等内容运用到另一种产品中去,利用仿效移植再创造过程,可能提出比原理更好的设计方案 类比法的类型有直接类比、象征类比、幻想类比和因果类比等
形态分析法	形态分析法又称形态方格法、棋盘格法或形态综合法。其出发点是:创新并不是一定要求要创造出一种完全新的东西,也可以是旧东西的新组合。这种方法以建立形态学矩阵为基础,通过对创造对象进行因素分析,找出因素可能的全部形态,即技术手段,再根据形态学矩阵进行方案综合,从得到方案的多种可能解中筛出最佳方案

(续)

种类	内　　容
输入输出法	输入输出分析法又称"黑匣"或"黑箱"分析法。在没有获得方案的具体内容前,把方案用一个抽象的黑匣来描述,黑匣的一侧是设计方案的输入条件(输入内容);另一侧是方案要达到的目的(输出内容);黑匣的上、下方是外界因素对方案形成的影响和对方案的约束条件。设计者从输入内容和输出结果两个方面,在有约束的条件下对可能产生的结果和可采用的手段进行广泛的自由联想,通过思维的发散和收敛(评价)过程,向黑匣内部的未知内容进行探索,逐步深入。当多个可行性思维方向能借助目标和手段逻辑关系相互联系起来时,新的方案构思雏形就形成了
设问探求法	针对创造目标,从各个方面提出一系列有关的问题,设计者针对提问进行分析和思考,通过思维的发散和收敛逐一找到问题的理想答案。由于泛泛地思考往往提不出设想,提问却能促进深入浅出地思考。有目的的诱导性提问,可以使人浮想联翩,产生新意。富有创意的提问本身就是一种创造,好的提问往往就意味着问题已经解决了一半 设问探求法是由很多创造原理构成的,它的种类很多,最有代表性的是美国创造学家奥斯本的"检核表法"。例如,要研制一种机器用来切割水泥板,先要提出这样一个问题:有无类似的设备可以借用或者可以模仿?山西一位建筑工人借用能够烧穿钢板的电弧机切割水泥板,结果不但切割速度快,而且切割质量好,于是经改进最终发明了水泥制品电弧切割机
功能分析法	紧紧围绕产品功能进行分析、分解、求解、组合、优选的一种设计方法。19 世纪 40 年代,美国通用电气公司工程师麦尔斯首先提出了产品"功能"的概念。他认为:"用户购买的不是产品本身,而是产品的功能。"既然人们购买的是产品具有的功能,功能是产品的本质,那么任何一种产品在保证实现功能的前提下,可以采用任何原理、任何形式,只要本质不变,形式可以多种多样的,由此点出发,可以创造出各种形式的产品

8　顶层设计应重视预测学理论和方法的应用

事物总是在不断变化和不断发展的,人们对事物未来发展情况及结果的估计和推断,就是预测。

在人们日常工作和生活中,对某一事物如何发展的推断和预测,总是要发生的,也是常常会遇到的。情况的发展总是有多种可能性,对可能结果的估计就是预测。古代易经研究的就是一种预测。

我们可以在对事物进行调查的基础上,用科学的方法进行分析和研究,首先找出事物发展的几种可能性,然后对这几种可能结果进行推理,对出现哪一种结果的概率最大做出判断。这就是预测学的基本内容。由此可见,预测学最重要的几个阶段是:①调研与真实情况提取;②分析可能发生的几种结果;③对出现几种结果的概率进行分析比较;④进行判断和预测。

目前大数据计算技术为预测学的发展开辟了一条重要和有效的途径,对一些复杂问题可通过大数据的计算进行预测。

预测结果的正确性是做事成功的重要条件和依据,这应该是做事成功学最值得研究的内容之一。

除了前面所述的科学方法和先进的技术以外,自然还会有其他的科学方法和先进的技术。读者可以根据所从事工作的情况,去寻找相应的科学方法和先进技术,来指导自己所从事的工作。

第8章 做好顶层设计的主观因素（对个人）

1 概述

个人在顶层设计过程中如何充分发挥主观方面的四个影响因素，即四项潜能。

做好顶层设计，还必须充分发挥内因的积极作用，必须充分发挥主观方面的四项潜能，即做事者的主观能动性和积极性，包括做事者的思想素质、业务能力、健康状况、奋斗精神，也就是通常所称的德、智、体和毅力，这是工作取得成功的基础。潜能是指根据个人的努力情况可以得到不同程度发挥的一种能力。本章将四项潜能扩展为思想和品德、知识和能力、健康和生命、毅力和战术四对影响因素，见表46.8-1。

表46.8-1 顶层设计过程中主观方面的四对影响因素

影响因素	内容
思想和品德	思想和品德可以从一个人的人生观和价值观中得到体现，主要表现在如何对待学习和工作及日常生活中遇到的各种问题上，最重要的是如何将自己的学习和工作融入到集体事业中，和国家的发展和人民的需要统一起来，这也是一个人事业能否取得成功的关键
知识和能力	知识和能力是实现奋斗目标的必要手段。所谓知识，即一般知识和专业知识；所谓能力，即自学能力、分析与解决问题能力、实践能力与创新能力、组织能力和社会活动能力。没有工作能力，怎么能卓越地完成繁重的工作任务呢
健康和生命	健康和生命是保证做好工作的基本条件。保持健康和维持生命的意义就在于投身于社会工作，为科学技术和经济的发展做出自己的一份贡献。因此，应该充分地在有限的生命周期内做更多的工作，使每个人都能为社会的发展和人类的文明进步做出自己力所能及的贡献
毅力和战术	毅力和战术是做事者对待所做的事所表现的顽强拼搏精神所采取的战略战术。要完成既定的目标和任务，除了要采用科学的方法和理想的步骤外，还要有坚韧不拔的工作毅力和持之以恒的奋斗精神，既要有良好的心态，又要有灵活机动的战略战术

2 做好顶层设计要有正确的思想和品德

做好顶层设计主观方面的第一对重要影响因素：思想和品德，即正确的人生观和价值观、集体主义思想、良好的品德、严谨的学风、良好的生活习惯。顶层设计的思想、品德见表46.8-2。

表46.8-2 顶层设计的思想、品德

思想和品德	内容
确立正确的人生观和价值观	人生观和价值观是指一个人对人生的看法,活着是为了什么？如何去实现自己的人生价值？正确的人生观和价值观应该是人活着就是要为国家的发展和人类的文明进步做出自己的一份贡献,在这个过程中去实现自己的人生价值。所以,一个人要将自己的工作融入国家发展的总目标之中 党的十八大报告对社会主义价值观的培育分成三个层次：一是从国家层次看，要倡导富强、民主、文明、和谐；二是从社会层次看，要倡导自由、平等、公正、法治；三是从公民个人层次看，要倡导爱国、敬业、诚信、友善。社会主义的价值观首先应该以是否有利于国家的经济和科学技术的发展及是否以最广大人民利益为出发点来考虑问题和处理一切事情,这是衡量一件事和一项工作正确与否的准则 顶层设计最重要的一条原则就是把个人的学习和工作同国家的利益和人民群众的需要统一起来,将自己融入集体事业中去,在完成集体事业过程中去实现自己的人生价值
要有集体主义思想	人类社会是群体社会,一个人想要脱离集体去完成一番事业几乎是不可能的。因此,一个人要将自己融入集体之中,要在这个集体之中发挥个人的积极作用。必须要求每个人都建立起一种集体主义的思想,应尽可能将集体利益与个人利益统一起来,在个人利益与集体利益发生矛盾时,首先要考虑集体的利益。事实上,在集体利益中常常蕴含着成员个人的利益 集体的利益一旦和国家利益及广大人民的利益不相一致,就必须服从国家的利益和人民的利益。所以,集体的利益必须上升到国家的利益和最广大人民群众的利益,要以最广大人民的利益作为标准来处理各种问题。有了这样的思想,人们在学习、工作和生活过程中,就不会损害国家和人民的利益,事情就会做得正确无误,做得对,在这一基本要求下,再进一步去提高做事的质和量,再去考虑以最低的成本或代价、最短的时间完成学习和工作任务,使所做的事获取最高效益

(续)

思想和品德	内　容
培养良好的品德	一个人要使事业取得成功，还必须有良好的品德。要有正确的道德观念。道德包括社会公德、职业道德和家庭美德三个方面 1）社会公德是社会生活中最简单、最起码、最普通的行为准则，是维持社会公共生活的秩序，使之正常、有序、健康地开展的最基本条件。因此，社会公德是全体公民在社会交往和公共生活中应该遵循的行为准则，也是公民应有的品德操守。在我国的《公民道德建设实施纲要》中，用"文明礼貌、助人为乐、爱护公物、保护环境、遵纪守法"20个字加以概括，对社会公德的主要内容和要求做了明确规定。我国所提倡的"五讲、四美、三热爱"也应该是社会公德所涵盖的内容范畴，我国要建设一个资源节约型和环境友好型的社会，建设一个和谐的社会和民族团结的大家庭，这些都应属社会公德的范畴 2）职业道德是从事一定职业的人们在自己特定的工作中，思想和行为方面应该遵循的道德规范。各行各业都有其特定的职业道德。社会上的每个人要承担一份工作，工作中要尽最大可能将个人的利益融入集体利益之中 3）家庭美德属于家庭道德范畴，是指每个公民在家庭生活中应该遵循的基本行为准则。它涵盖了夫妻、长幼、邻里之间的关系。一个家庭首先要保持家庭成员间和谐，要建立起一个和睦的家族。每个人要承担家庭的一份责任，要做到互相关心，互相爱护，互相尊重，对长辈要尊敬，对晚辈要爱护，长者要用有效的方法对子女进行培养和教育
培育良好的学风和作风	每个人在从事各种工作的过程中，会表现出对于事物的不同态度。以科学的态度对待周围环境与事物，以诚信的作风对待同志和他人，这是科学工作者本质的特性。严谨的和实事求是的学风和作风也是取得成功的必要条件。一个人应该有良好的学风和作风。守信不仅是一种品德，也是一种回报率很高的长期投资。当你树起了一个守信用的形象时，会获得越来越多的人的信任，因而带来越来越多的机会，这就好像拥有了一座金矿。摩根先生曾说，自己的信誉比金钱更重要。任何事都必须首先讲"诚信"，要"诚信"就必须"实事求是"，一个人的思想素质如何？生活作风和学风正确与否？也常常是事业能否取得成功的关键
养成良好的生活习惯	生活习惯对于一位想成为成功的人来说十分重要。良好的生活习惯是事业取得成功的关键因素，是一切成功的钥匙；坏的习惯是通向失败的敞开之门。因此，要遵守的第一个法则就是：要养成良好的习惯，并且全心全意去执行 人们经常遇到的良好习惯如下： 1）勤奋学习和工作的习惯。对于每个人来说都是十分重要的，勤奋的反面就是懒惰，就是贪图安逸，不肯花苦功夫，这是成功人士和失败者的分水岭。不花功夫学习和工作，就很难获取必要的知识和培养好各方面的能力，他们只能在社会上承担一些不需要太多知识和技术能力不高的工作任务 2）诚恳待人和诚信做事的习惯。在社交活动过程中，最重要的行为之一是待人诚恳，这要从所做的事诚信开始。做事要实事求是，不弄虚作假。这是做人做事的起码条件 3）关心公共事物和他人的习惯。一个人应该在能力和条件许可的情况下，关心公共事物和关心他人。人类社会是群体社会，要依靠社会上的每一个成员共同努力才能得到发展和进步，因此，大家要共同努力，互相帮助，才能使社会发展得更快、更好 4）严格执行工作计划的习惯。一个人应该养成遵守时间的好习惯，一个人如果准时赴会，一定会给别人有一个好的印象。此外，还要坚决执行自己制订好的计划，假如不去执行，再详细的计划也无济于事 5）节俭的习惯。可以说是能使任何事业取得成功的因素。"勿以善小而不为。"节俭也是一样，不论大小。习惯节俭的人，他知道只有减少开支才有赚钱的机会，这在今天高度竞争的社会里更重要

一个人应该有良好的习惯。从小时候起，就应该养成良好的习惯，例如，勤奋、刻苦、爱劳动、关心他人、尊敬长者、勇于实践、敢于创新、遵纪守法等。对青少年进行这些教育十分重要。

总之，做好顶层设计，首先要求做事者有良好的品德，即要有正确的思想、良好的品德、严谨的学风和作风等。

3　做好顶层设计要有必需的知识和能力

做好顶层设计主观方面的第二个要素：必要的知识和必需的能力。

为了做好顶层设计和实现高效做事，必须使自己掌握各方面的知识和培养自己的各种能力。知识和能力是实现奋斗目标的必要手段；所谓知识，即一般知识和专业知识；所谓能力，即自学能力、分析与解决问题能力、实践能力与创新能力、组织能力和社会活动能力。

有了知识和能力（见图46.8-1），还必须不断地加以应用和实践，学习知识和培育能力的最终目的就是为了应用，只有在不断应用和实践过程中，才能不断增长实际知识和提高工作能力。

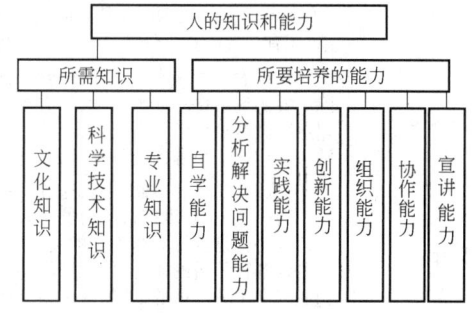

图46.8-1　人的知识和能力

3.1 学习和掌握各种必要的知识

才智是所有武器中最厉害的武器,但才智是买不到的,要获得才智,唯有通过学习。世界上没有天才,别人比你更有能力、更成功,只是因为别人比你更爱学习,更会学习。

任何一个成功者,都是通过学习走向成功的。终身学习才会终身进步。社会在不断地发展变化,学习就像逆水行舟,不进则退,如果一个人的知识不进步,就会后退;一个人要成长得快,就一定要喜欢学习,善于学习。

应学习和掌握的各种必要的知识见表46.8-3。

表46.8-3 应学习和掌握的各种必要的知识

知识种类	内 容
一般的文化基础知识	从小学至大学本科,学习的目的是要获得必要的文化基础知识,如语文、外语、地理、政治、历史、音乐、体育等。文化基础知识是工作的基础,必须很好地掌握它
一般的科学技术知识	在科学技术高度发展的今天,科学技术的广度越来越广,深度越来越深,专门化的程度越来越高。要想从事高新技术的研究,如果没有一般的科学技术知识,就很难胜任所承担的工作任务。所以我们必须要以百倍的努力去掌握这些一般的科学技术知识,如数学、物理、化学、生物、信息技术等
专业技术知识	在学校中只能学习一般的科学技术知识,在学校中学习的知识总是有限的,还要到社会上继续学习有关专业技术知识。活到老,学到老,特别是在知识经济时代,更是如此。语文、外语、计算机技术、政治、数学、物理、化学、天文地理、历史、生物、医学、信息、工程技术等,这些都是基础知识。如果从事某一专业,就要有一门专业技术知识

对于每个人来说,基础知识和专业技术知识是执行工作的必要条件。中学和大学阶段所学到的知识是基础知识,这些基础知识,对于每个人来说都是十分重要的。

年轻人可以在学校学习更多的科学技术知识和专业技术知识,他们可以去攻读学士学位、硕士学位和博士学位。

3.2 要培育各种必需的能力

通过不断实践,去培养和提高自己的各个方面能力,这些能力包括:自学能力、分析与解决问题的能力、实践能力、创新能力、组织能力、协作能力、宣讲能力等,这是完成工作任务的根本保证。各种必需的能力见表46.8-4。

表46.8-4 各种必需的能力

能力种类	内 容
自学能力	在学校中要把工作所需的全部知识都学习到手,这是绝对办不到的。在学校里,要学会看书,学会掌握书中的主要内容和一般内容,吸取其中有用的东西,以解决将来工作或生活中遇到的疑难问题,这就是自学能力。每个人的自学能力是不相同的,自学能力越强的人,解决或处理遇到问题的能力也越强
分析与解决问题能力	分析与解决问题的能力是在学习和工作过程中逐步培养出来的。当我们遇到一个问题时,首先要了解问题的情况,然后利用分析与综合的方法找出现象与本质、内涵与外延、特性与共性、主要矛盾与次要矛盾、矛盾的主要方面与次要方面、内因与外因,分析事物发生的原因与结果,最后加以总结和归纳,提出解决问题的方法。不断地学习,不断地积累知识和培养分析问题与解决问题的能力,在不同阶段达到不同的水平。在学习和工作过程中不断地培养分析和解决问题的能力
实践能力	对于任何人来说,长大成人后都要为社会服务,都要参加社会实践,都要通过工作为社会做出自己的一份贡献。贡献有大有小,可以根据每个人的知识高低和能力大小去完成不同的工作任务。但是,要做好工作,最重要的是要具备一定的实际工作能力。实际工作能力强的人,一般来说,他们完成的工作也较好,对社会的贡献也较大。这就说明一个人具有实践能力或实际工作能力的重要性
创新能力	在知识经济时代,创新是社会发展的"灵魂",创新是通过人的思维来实现的。创新就是毛主席所说的"有所发现、有所发明、有所创造、有所前进。"应该提倡原始创新,原始创新是在原理上有突出成果的创新;还有一种叫集成创新;再有引进消化吸收和再创新。不论哪一种创新都是国家迫切需要的
组织能力	要组织大家去完成工作任务,就要分配好各部门和各个人所承担的工作,协调好各方面的关系。组织者除了要实现工作的基本目标,尽力去完成基本任务外,还要全面地考虑如何更好地实现做事的六项要求,以解决做事过程中的多快好省问题。组织者要有远大的眼光,能引导大家向正确方向前进,还要引导大家解决工作过程中遇到的各种问题
协作能力	要完成好集体的事业,必须充分发挥团队协作的精神,使集体中每个人都能发挥积极的作用。要虚心倾听别人的意见,尊重别人取得的成果,要让别人的积极性都能得到充分的发挥 搞好协作是做好集体工作的关键。在集体工作中,也常常会遇到成员之间出现各种矛盾的情况,要具有协调好各种矛盾的能力,使大家团结一致,高效优质地完成集体的事业。协调工作看来似乎容易,事实上,做起来是十分困难的,因为每个人的情况都不一样,每个人都有自己的特性和要求,也都有自己想达到的目的,所以必须具有团队协作的能力,使每个人在实现共同事业时都能发挥作用

(续)

能力种类	内容
宣讲能力	宣讲能力即是知识的传播能力,用有形或无形的方式将自己待传达的内容告知听众。人类社会是群体社会,人与人之间的联系是不可缺少的。有人说:"攻关能力,是生产力,也是第一生产力"。一些民营企业家,通过一些渠道创建了自己的企业,他们一方面依靠灵活的机制,另一方面采取一些攻关手段从国有企业中聘请一些技术人才,于是给这些民营企业带来了生机与活力,并为企业创造了显著的经济效益与社会效益。

一个人要想做好顶层设计及实现高效做事,所掌握的知识和所具有的能力是十分重要的。在知识经济时代到来的今天,"依靠知识创造财富"是一条颠扑不破的真理。

4 做好顶层设计要保持身体健康和生命安全

想要做好顶层设计及实现高效做事,必须要有良好的身体素质,健康的身体是完成工作的前提,有了强健的身体,才有可能胜任繁重的工作任务,才能做好所承担的工作。

每个人在生活中或在人生奋斗的道路上都可能生病。有了疾病,积极治疗疾病、保证身体健康是争取做事成功和实现人生奋斗目标的必要条件,我们都应该把预防疾病和治疗疾病放到首要位置上,让自己身体始终处于健康状态,精力充沛地投入学习工作和生活。此外,还要重视安全,防止意外的事故发生是保护生命的重要条件。有了生命,才能更好地投身于社会的各项工作中,为科学事业和经济的发展做出自己的一份贡献,去实现人生的价值。

5 做好顶层设计要有坚韧的毅力和采取合理的战术

为了做好顶层设计和实现高效做事,除了前述三个主观因素外,还要有坚韧不拔的工作毅力和持之以恒的奋斗精神,既要有良好的心态,又要有灵活机动的战略战术。

"一分耕耘,一分收获。"这是一条亘古不变的真理。所有取得成功的人都离不开他们的勤奋和努力,这就是人们通常所说的毅力。斗志体现在一个人遇到困难时,他能以"百折不挠"的决心去迎接困难,以持之以恒的奋斗精神去战胜困难,直至最后的胜利。毅力和斗志必须要和灵活机动的战略战术密切结合。做好顶层设计要有坚韧的毅力并采取合理的战术,见表46.8-5。

表 46.8-5 做好顶层设计应有坚韧的毅力和合理的战术

名称	内容
坚韧的毅力	完成既定的目标,要有坚韧不拔的工作毅力和持之以恒的奋斗精神。毅力体现在每个人的实际工作中,所有取得成功的人都离不开他们的"不怕艰苦"和"百折不挠"的奋斗精神。如果遇到失败,要从失败中吸取经验教训 "古来成大功立大业者,惟刻苦自励,勤于做事,以耐久之精神为之。"这句话说明要想使事业取得成功,成为人中豪杰的话,必须先吃苦,勤做事,并持之以恒。这些是古人的经验总结,对于现代人来说,也是适用的。一些人之所以取得成功,与他们的吃苦耐劳、持之以恒的工作态度和奋斗精神是密不可分的 工作毅力是通过日常的培养与锻炼形成的,也就是当自己碰到困难和挫折的时候,不是后退,而是要迎上前去想方设法战胜困难。马克思曾说过:"在科学上是没有平坦的大道可走的,只有在崎岖的小路上攀登不畏劳苦的人,才有希望到达光辉的顶点。"所以在人生的奋斗进程中,遇到挫折并不奇怪,问题是如何发挥主观能动性,将损失减到最小,甚至把这种消极因素转化为积极因素
顽强的斗志	在确定了切合实际的奋斗目标、所要执行的具体内容和需采用的科学方法之后,就是要以百倍的努力和坚韧不拔的毅力,去执行所要完成的任务。即使是遇到很大的困难和挫折,也应该尽力想办法使所造成的损失减到最少,并从中汲取经验和教训,尽最大努力将坏事转变为好事。我很欣赏卓别林的一句话,"要记住,历史上所有伟大的成就,都是由于战胜了看来是不可能的事情而取得的" 人性的弱点虽然很多,难于战胜,就像一张蛛蛛网束缚着我们走向成功,使人不知不觉陷入败局,但只要我们能清醒地认识到这一点,不再怨天尤人,不再把自己的挫败归咎于社会、家庭、他人,而是自我反省,从现在开始,重新做人,克服自身的弱点,那么,就完全可以取得成功。历史上的每一个成功者,都是通过自己的不懈努力才取得辉煌的成就
良好的心理素质	一个人要做好任何工作的前提是要有自信心。坚定的自信是一束阳光,它会照亮人的奋斗道路。许许多多伟大人物最明显的成功标志,就是他们具有坚定的自信心 自信者喜欢尝试,喜欢不断地尝试。缺乏自信的人通常只会试一次,一旦失败,就是轻言放弃,裹足不前。但杰出人士为了实现梦想,往往要试过许多次,走过许多条路,并坚定地向目标前进,不达目的誓不罢休。数百万的成功者都曾有过这样的经历,他们奇迹般地做成了普通人认为不可能的事。每个人都有可能做成这样的事,但绝大多数人却止步于对自己的消极评价:我不可能做到

(续)

名称	内容
良好的心理素质	当我们受到他人无故讥讽甚至侮辱时,也要冷静地面对与处理,平和自己的心态,学会自己调节心情。更不能为了暂时的挫折而钻牛角尖,人要懂得自尊自爱,把别人的侮辱当作你发奋图强的动力,激励自己去战胜困难,取得成就 　　管好自己就是与自身的缺点和弱点做斗争,努力去克服自己的不足,在克服不足的过程中不断完善自己。管好自己就是要根据客观规律和客观条件来确定自己的人生目标,然后发挥自己的主观努力,坚定不移地去实现人生目标。管好自己就是要正确地认识世界、认识自己,不断克服自己的不足,努力发展自己的才能,完善自己的人格,正确对待自己,适应社会的发展变化,最终实现自己的人生理想 　　因此,我们要培养良好的心理素质。在当今社会里,有的人因没有把学习做好或没有把工作做好,掉队了,开始在心理上产生很大的压力,生怕别人看不起自己,这种思想上的压力完全是由主观因素引起的,如果真的掉队了,可以通过努力逐步赶上甚至超越他们
合理的战略战术	人们不能闭着眼睛去做事,要灵活机动,要懂得"知己知彼,百战百胜"。当遇到了一个没有办法解决的问题时,要采取回避的战略,不能去硬拼;做事没有合适的时间和地点、条件时,只能暂时把它放在一边;当完成某一件事出现有利时机时,就要集中力量去迎接挑战,并争取在很短的时间内取得胜利。这就是所谓灵活机动的战略战术 　　违纪违规的事绝对不能做,一旦做了,应该迅速纠正,不要等事情扩大了再去改正,那为时已晚。最重要的是要下定决心,要动作快,迅速地对所做错误行为加以制止,这才是灵活机动的做法 　　灵活机动的战略战术的指导思想不是一开始就形成的,而是经过积累经验才形成的,所以我们要通过一些具体事例来积累经验,也可以通过学习来了解别人的有用经验,进而丰富自己的知识,并用这些知识来指导自己的工作

第 9 章 做好顶层设计的主观因素（对集体）

1 概述

在人类社会中，许许多多的事是靠集体来完成的，集体的事和个人的事有共同之处，但也有很多地方是不相同的。共同之处是在主观方面都有四方面的潜能，不同之处是其内涵不完全相同。

集体主观方面的四项潜能见表46.9-1。

以上是集体单位完成好工作的主观因素。众所周知，内因是事物变化的根据，是基础，作为集体单位的领导和群众，要充分发挥这个集体的主观能动性和积极性，才能提高做事的成功概率，才能把事情做得更好。

表 46.9-1 集体主观方面的四项潜能

名称	内容
组织与领导	对于个人来说，主观方面的第一项因素是思想品德，而对集体来说，主观方面的第一项因素是组织与领导。组织与领导是一个集体的灵魂，没有领导的集体，就会迷失方向，就无法开展工作
技术与管理	对于个人来说，主观方面的第二项因素是业务能力，而对于集体来说，主观方面的第二项因素是技术力量与管理能力，是和个人的业务能力相对应的，这是一个集体完成任务的基本条件
团结与协作	对于个人来说，主观方面的第三项因素是健康状况，而对于集体来说，主观方面的第三项因素是团队精神与协作，这相当于一个人的身体健康状况。一个集体如果没有团结协作的精神，就像一盘散沙，没有办法工作。一个团结协作的集体相当于一个健康的人
斗志与战术	对于个人来说，主观方面的第四项因素是工作毅力，而对于集体来说，主观方面的第四项因素是顽强拼搏和战胜困难的精神，这和个人的工作毅力相当，这种精神在完成集体工作的过程中是十分重要的

2 顶层设计要考虑如何充分发挥领导和组织的积极作用

顶层设计要充分发挥领导和组织的作用，具体内容见表46.9-2。单位领导应善于组织各项管理工作，具体内容见表46.9-3。

表 46.9-2 顶层设计要充分发挥领导和组织的作用

名称	内容
应能把握大方向	一个集体要做出一番事业，首先要有具备远见卓识并善于组织的领导。领导的作用，首先是应在正确的思想指导下，引导大家朝正确的方向前进，组织这个集体很好地完成既定的工作任务。一位好的领导既要有前瞻意识，又要有忧患意识，有敏锐的眼光来预测形势的发展，来预测本单位所从事的事业的发展前景和可能出现的问题。当发现具有发展前途的方向时，要紧紧抓住而不轻易地放过；当事业或企业的发展可能会出现重大问题或重大问题正处在萌芽状态时，就应采取积极预防的措施，以防止事态进一步发展而造成严重的后果，尽早将其消灭在萌芽状态。眼光敏锐、具备远见卓识的领导，会发现各种各样的机遇，更重要的是发现了机遇还要抓住不放，积极创造条件，将它引入本单位的工作计划中，并尽快地将机遇转变为现实，成为推动本单位快速发展的动力。总之，一个集体单位的领导要抓住大事，要善于根据形势的变化，采取相应的措施，使这个集体能够紧紧围绕着国家急需的发展方向开展相应的工作，使这个集体在科学技术和经济发展中能够充分地发挥其积极作用，完成时代所赋予的发展科学技术和国家经济的历史使命
应善于组织	单位领导要组织大家来完成集体的工作任务，要分配好各部门所承担的工作，协调好各方面的工作。除了实现基本目标，即尽力去完成基本任务外，还要全面地考虑如何更好地实现做事的六个具体目标，即IQCTES，解决好做事的"好、省、快、多"问题。对于企事业单位的领导来说，要使本单位实现盈利，必须解决好资金链、产业链和供应链等的相关问题。企事业单位的各项管理工作，如战略、决策、投资、项目、技术、团队、经营、财务、人才、宣传、情报、创新、税务、环保、服务等工作，特别是其中的一些主要工作，要对这些主要工作做出正确的决策（见表46.9-3），进而采取有效措施予以实施
应重视体制改革	单位领导应根据形势的变化，对该集体的管理体制、经营机制等进行必要的调整和改革。对于企业来说，还要对企业的产品结构进行必要的调整和改革。此外，还应对人事制度、责任制度、分配制度、奖惩制度等进行调整和改革，并对其执行情况加以检查
应具有战略眼光	一个集体的领导应该有战略眼光，首先能预测形势的发展，进而制订方针，做出正确的决策。在完成任务过程中出现各种问题时，要妥善解决。在可能的情况下，领导应该及早地预测到事后工作可能产生的隐患，当严重问题还未出现的时候，就要采取积极预防的措施，将问题消灭在萌芽状态

(续)

名称	内　　容
应善于抓住机遇	一个单位的领导应该为本单位的生存和发展负责,除了一些国企单位必须承担国家确定的任务外,其他一些任务常常是由企业自己来选择确定。领导应该对本单位所承担的任务进行选择,以使本单位向最理想的方向发展,为此,单位领导应该从不同的机遇中寻找企业自己可以承担的最合适的任务,从而注入新的活力
应善于控制自己,根据情况不断更新	大部分有重大成就的企业,都是善于自律的企业。他们的领导人都善于控制自己,善于发现自己工作中的不足而不断调整和更新。他们很清楚"自律者才能律人"的道理,清楚以身作则的作用,并不断根据客观形势及内部情况的变化而改变其方向。他们在工作中都一直坚持必须遵循的行为标准,这为他们树立了威望,且赢得了员工的拥护,同时,也使得许多政策能够得到很好的贯彻 　　一个集体不能总是停留在原有水平上,不能一成不变地生产一种或多种老产品,必须根据形势的变化不断地对产品结构进行调整。对有需求的产品可以在提高质量和性能的前提下继续生产,重要的是开发和研究具有发展前途的新产品。因此,一个好的集体应该有足够的技术储备,一旦出现好的时机,马上将新技术投放到市场中。要采用灵活多变的手段应对不断变化的市场,使这个集体始终处于不败之地

表 46.9-3　单位领导应善于组织各项管理工作

名称	内　　容
指导思想和战略	每位成员的工作要为集体事业的发展做贡献,更重要的是考虑国家的发展,因为在某些情况下,集体的利益会和国家的利益发生矛盾,所以应该把国家利益放在首位。事实上,有些集体所执行的某些工作任务会损害国家的利益,因此,一个集体必须首先要考虑国家的利益,处理好国家利益和集体利益的协调关系 　　所有工作都应该用现代哲学的思想作为指导,没有科学的哲学思想作指导,常常会走弯路,会使工作失去正确的方向,所采用的工作方法常常会违反客观规律。要用科学发展观和系统工程学的思想来指导我们的工作,要发挥领导的积极作用,又要发挥群众的参谋和把关的作用
决策与规划	一个集体要在调查研究的基础上,对某件事做出决策,制订出该集体的工作规划。规划就是一项工作的顶层设计,要从宏观角度做出科学的有计划的安排,它是一个集体工作的指针,关系到一个集体的近期发展与长远发展,一个集体要有自己的×年规划,要有好的决策,要有完成科研项目和开发产品的详细规划。前面章节中详细讲述了制订规划的目的、内容和方法,详细说明了 7D 规划的内涵,即指导思想和目标、具体工作内容和环境约束与控制、所采取的步骤和方法、工作完成后的检验和评估及对所完成工作的调整与修改。特别详细说明了要求实现的目标,以及在保证达到基本要求的前提下,在实施过程中如何实现多快好省
投资	投资是一个集体的一项重要的工作,应该在集体的规划内予以明确的规定,因为它既关系到该集体的发展,又关系到成员的利益。投资方向和策略十分重要,即要找到合适的投资方向和投资项目。要从发展机遇中寻找合适的项目,善用预测学的理论和方法来指导,再通过评估方法确定最理想的投资渠道和方向。在企业的投资中,既有固定资产投资,又有引进人才的投资。在这两种投资中,人才投资是最合算的一种投资,因为它可以直接为企业增加财富
项目	在确定投资渠道和方向后,再来确定应该承担的具体项目。在确定项目时,要经过详细的调查研究,要对项目需求、项目的环境和项目的风险进行调查与分析,既要有前瞻意识,又要有忧患意识。这样,就不会使承担的项目和工作出现不应该出现的失误,进而顺利和出色地完成所开发的项目
技术	技术是一个企事业单位从事工作的基础,又是集体工作的能力和本领,目前科学技术的发展突飞猛进,知识日新月异,新的科学技术和新的知识层出不穷。不学习掌握和运用新知识,这个集体就会落后,就会倒退。所以一个集体就应该把技术放在重要位置上
人才	对于一个有发展前途的企事业单位,人才的培养与引进是一个关系到集体发展的最重要问题,特别是当今人类社会已进入知识经济时代,产品的竞争主要是高新技术之间的竞争,也就是高新技术人才之间的竞争。要将高新技术应用于产品中,不断地提高产品的技术含量,必须依靠掌握高新技术的人才,进而不断提高产品的竞争力。因此,高新技术人才的培养与引进,已经成为关系到一个集体发展的重要问题 　　技术人才的培养:即从集体中培养出掌握先进技术的杰出人才,通过有计划地安排学习,特别是通过工作实践进行培养。有目的地对杰出人才进行培养,使其成长为这个集体的骨干力量,并承担起该集体快速发展的重任 　　技术人才的引进:为了集体的进一步发展,要不断地引进高水平的技术人才。引进掌握高新技术的人才是最合算的,因为掌握高新技术的人才可以为这个集体开发新的产品,进而为这个集体创造财富。不少有眼光的民营企业都是用高薪聘用了一些掌握先进技术的人才,为其创造了巨大财富
营销	产品的营销关系到企业能否生存和发展,产品推销不出去,企业就无法生存,所以许多企业都安排了相当多的营销人员来推销自己的产品。要做好产品的营销工作,必须做好产品事先的宣传和事后的服务工作,既要宣传该企业生产的产品的特点和优点,又要做好产品销售以后的服务,以使用户对该企业生产的产品充满信心

(续)

名称	内容
财务	财务关系到一个集体能否正常运行,对于企业来说资金积累是十分重要的,应将资金用于企业正常运行与新产品开发这些主要生产环节,财务制度要根据国家的要求来制定,且必须符合上级部门的规定。在资金紧张的情况下,要有合适的融资渠道,以保证企业各项工作正常地进行
宣传	一个企业或事业单位,特别是企业要推销它的产品,不进行强有力的宣传是不行的。通过宣传,使广大用户了解该企业生产的产品的特点和优点,进而购买这些产品。如许多民营企业就十分重视宣传工作,在产品营销会上将它们生产的质优价廉的产品展示给用户,还通过各种广告进行宣传,以提高产品的市场占有率。也如许多民办高校常常对该校的学习环境、办学条件、学校出路进行宣传,使更多的学生来报考,从而为这些学校增加了新的活力
税务	纳税是企事业单位应尽的责任和义务。国家法律规定:企业必须按照产品销售金额的一定比例缴纳税款。但是,有的企业不按照国家的规定按期纳税,甚至偷税漏税,这是违反国家法律的。所以,一个企业或事业的领导部门必须自觉地遵守国家规定的制度,把纳税看作是应尽的责任和义务,按时足额上缴税款
环保	环境保护是国家和社会对企业发展的基本要求。一个企业生产出的产品,其本身以及在生产过程中均不应该给环境造成超过规定标准的污染。在食品中,绝对不允许含有超过规定标准的有害物质。例如,有些企业在生产的奶粉中加入三聚氰胺,不少儿童吃后变成"大头娃娃",患上了肾结石,有的儿童甚至失去了生命。还有,在生产过程中超过标准的二氧化碳排放量也是不允许的,这会造成环境的污染;设备运转过程中产生过大的噪声和振动也是不允许的,城市车道两旁的隔声壁就是为减少噪声而专门设置的
售后服务	售后服务是一些产品售出以后必须进行的一项重要工作。例如:产品出售给用户以后,有的用户没有掌握使用的规则,有的产品在使用中出现了一些特殊故障,需要进行必要的维修,有的产品要不断地升级,这都需要企业做好产品售后的服务工作。假如企业售后的服务工作做得不好,就会影响以后该产品在市场上的销售份额,所以多数企业都十分重视售后的服务工作

3 顶层设计要考虑如何充分发挥集体的技术能力和管理能力

顶层设计要充分发挥集体的技术能力和管理能力,具体内容见表46.9-4。

20世纪造就了一批知识经济的智慧大师,他们推动了数字化的飞速发展,他们用知识和智慧将人类社会推进到计算机时代。例如:在短短的20年间,微软从一个仅有3个人的小型计算机语言开发公司发展成一个"计算机帝国",比尔·盖茨也从一个技术人员成为一个知识经济的企业家,人们也称他为当代的爱迪生和福特。他成功地领导了个人计算机革命,将微软变成了一个媒介和网络巨人。比尔·盖茨的微软公司是建立在知识基础上的帝国,其智力创造财富的速度在人类历史上是史无前例的。当财富像工业化流水线一般涌向他时,他向社会输出的并不是流水线式的产品,而是知识。

表46.9-4 顶层设计要充分发挥集体的技术能力和管理能力

名称	内容
应掌握本领域技术发展的方向	在知识经济时代到来的今天,知识在科学技术和经济的发展中已经显示出极其重要的作用。掌握高新技术的科技队伍才能承担起发展高新技术的重大科学研究任务和发展高新技术产业的重任 信息技术、先进制造技术、新材料技术和生物工程技术是目前高新技术和经济发展的主体,要在这些领域中寻找开拓的新技术或发展的新产品,就必须了解和掌握这些领域科学技术发展的方向,并在了解与掌握这些技术方向的基础上,确定可开发的产业
应有足够的技术储备	必须不断学习和掌握本领域最先进的技术,并不断将这些新技术应用于具体工作中。所以,一个单位的领导要不断地向每一个成员介绍这些先进技术,并要求他们在工作中很好地运用这些先进技术
应了解掌握相应的管理技术	要重视技术的管理,还应该应用最新的信息技术对技术资料进行管理,如用专家系统对各种工作进行有效的管理
应善用科学哲学思想来指导	一个集体掌握先进技术是他们工作范围内的基本任务,但要做好工作,要用科学哲学思想作为指导,很好地了解科学发展观的特点,如全面性和系统性、规律性和科学性、继承性和创造性、协调性和稳定性、可持续性和长期性、以人为本等,只有充分了解和掌握这些特点,才能更有效地贯彻科学发展观的指导思想,以及自觉地在实际行动中加以运用
应了解和掌握成功做事的方法	成功做事方法是一种提高做事成功概率的好方法,只要大家对这种方法能够好好学习和深刻理解,并坚决地去尝试和实践,一定会取得立竿见影的效果。《现代成功学》总结出的成功做事的十大要素、成功做事的八大理念、成功做事的六项要求(或六个目标)、成功做事的四个阶段、成功做事的两大动态因素等,是比较系统而全面的理论,可称之为"现代成功学原理"。如果一个集体及其成员能够很好地学习、了解和掌握这些方法,按照规则进行工作,一定会取得十分理想的效果,做出出色的业绩

(续)

名称	内容
应该重视对技术人才的培养	各类技术工作是由各类科技人才完成的。要培养各类科技人才，一是通过各类学校，二是通过工作实践。国家也十分重视人才的培养，如高校各学科都要培养学士、硕士和博士，取得博士学位后，还要通过工作实践来提高科学研究能力，为此国家还专门设置了博士后的研究工作岗位，就是为了满足科学技术和经济发展的需要。学校的培养重点是基础知识和专业技术的培养。由企事业各单位通过工作实践来培养科技人才也是一项十分重要的工作，可根据需要去选择相应的科技人才进行培养，以满足本单位发展的需要
应该重视对技术人才的引进	人才引进是技术人才的来源之一。从学校里招收毕业生，从别的单位引进人才，只要符合法律规定，任何一种人才引进方式都是正常的。例如，一些企业为了提高本企业产品的科技水平以适应市场竞争的需要，每年都从高校毕业生中招聘本科生、研究生和博士生，还从科研单位或国外聘请掌握先进技术的急需人才，企业非常重视研发队伍的建设和研发能力的培养

4 顶层设计要考虑如何搞好集体的团结和协作

4.1 团结是集体的生命及活力所在

一个好的集体，最重要的是它的团队精神，即团队的协作精神。"团结就是力量"这是一条人人皆知的十分重要的真理。集体的事是要靠集体的力量来完成的，集体的事既要有明确的分工，又要有良好的合作，才能构成一个坚强的整体，以及去完成一件重要的集体事业。只有大家一条心，才能把事情做好。如果一个集体不能很好地合作，就是一盘散沙，由这个集体来完成一项重要的任务，肯定完成得不好。

团队协作就像一个人的身体状况一样，团结协作得好就像一个健康的人；相反，团队协作得不好，就像一个有病的人，也就不可能承担起工作的重任。团结协作是一个集体的生命。

团结可以发挥最大的力量，合作既需要甲的付出，也需要乙的付出，即每个人都需要真诚的合作。

所谓合作就是将各个独立的个人组成整体，并且其所有成员都向着同一目标努力。

在发展自信心及领导才能的过程中，还必须发扬合作精神。合作是所有组合式努力的开始。在合作的过程中，最重要的因素是专心、协调。

世界上没有多少人喜欢被迫遵照命令行事。如果你想要赢得他人的合作，就要征询他的愿望、需要和想法，让他出于自愿合作。

4.2 好的领导应善于把群众组织起来

一个集体团队要搞好协作，一是靠领导，二是靠集体的每个成员。集体领导要把大家组织起来，并要求大家认识到团结协作的重要性，即集体事业取得成功，才能有个人的成功。当一个集体出现这样或那样的问题时，集体的领导必须尽快地解决，且要把问题消灭在萌芽状态。集体中的每一个成员也必须有正确的思想，要把个人的利益和集体的利益紧密结合在一起。当个人利益与集体利益出现矛盾时，首先要服从集体利益。每位成员要从集体事业的成功中去实现个人的人生价值。

4.3 良好分工是发挥集体力量的基础

一个集体要想把工作做好，必须要有科学的分工，每个成员的任务和责任也都应该十分明确。由于每个人的业务能力和工作能力不完全一样，他们完成工作的快慢也不甚相同。在集体工作中实施准确的奖励和惩罚也是不可缺少的，工作完成得好的成员应给予更多的奖励和报酬，对完成工作较差的成员适当地给予惩罚，但必须以奖励为主，惩罚为辅。这样可以更好地调动每个成员的工作积极性，鼓励大家把工作做好。

5 顶层设计要考虑如何充分发挥集体的奋斗精神和采取的战术

一个集体还必须有顽强拼搏的精神，即敢于同各种困难做斗争，勇于去面对各种失败和挫折，没有这种奋斗精神是很难做好集体工作的。顶层设计要充分发挥集体的奋斗精神和采取合理的战略战术，奋斗精神和合理的战略战术见表46.9-5。

表46.9-5 奋斗精神和合理的战略战术

名称	内容
一个集体遇到困难时应能顽强拼搏	任何企事业单位，一帆风顺的情况是不会永远存在的，总会遇到这样或那样的问题，碰到这样或那样的困难，而且困难总是会存在的，只有在不断克服困难的过程中才能不断前进。克服了困难，扫清了前进道路上的障碍，集体事业就能大踏步地前进，工作就会取得更显著的成绩

(续)

名称	内容
一个集体遇到困难时应能顽强拼搏	集体的顽强拼搏的奋斗精神和坚韧不拔的工作毅力体现在这些领导和每个成员的工作过程中。顽强拼搏的精神就是领导和每位成员在遇到困难时，能千方百计地想办法，并通过不断实践去克服这些困难。因此，首先要对困难进行充分的分析，对其中主要矛盾和次要矛盾、矛盾的主要方面和次要方面进行全面和系统的分析，并找出产生困难的原因，进而找出解决困难的最理想的办法及其可能解决的最佳途径，去解决遇到的困难 在 2009 年，由于国际金融危机的影响，某市的一些企业生产的产品不能销往国外，这使有些企业的运行资金出现了问题，还有些企业缺乏先进的技术，产品技术含量不高，在市场中缺乏竞争力。但是，他们努力寻求解决这些困难的各种有效途径，也迫切希望国家和有关部门能从政策上给予支持，即给予优惠的贷款或是通过减少税收，来缓解他们的困难。后来，在各方面的呼吁和努力下，国家给了他们优惠的政策支持
一个集体遇到失败和挫折永不灰心	不论是个人还是集体，工作中遇到失败和挫折是常有的事。碰到失败和挫折，不能灰心丧气，要振作精神，找出失败的原因，总结失败的教训，在以后的工作中争取胜利。这就是常说的"失败是成功之母"，由失败转向成功。在这个过程中，不管是集体还是个人，都应该这样做，决不能因失败而灰心丧气。优秀领袖的首要标志就是他的心态。一个人如果积极、自信、乐观地面对人生，乐观地接受挑战和应付麻烦事，那他就成功了一半。例如：美国前总统克林顿，他的成长经历早已家喻户晓，同样为人们所熟知的还有他早期的政治生涯：1978 年他当选为美国最年轻的州长；后来，在 1992 年竞选总统的初期，他遭受到挫折，磨难之后他才最终获得提名。最值得一提的是，克林顿在经历了挫折与失败后，总是能够很好地把他天生的乐观的心态和能力相结合，并很快重新赢得公众的信任，因为人们看到他在经历了一连串的打击后仍能微笑着走来，他是永远的"东山再起的年轻人"。在大事面前，他却总是冷静地对待与处理。当危机来临时，他能周到地从别人的角度考虑问题，并保持乐观态度去对待
一个集体要由一些先进分子来带动	一个集体的顽强拼搏奋斗精神和坚韧不拔的工作毅力特别体现在集体中一些先进分子的身上，所以一个集体要重视对先进分子的培育。"榜样的力量是无穷的！"要通过先进分子带动整个集体 集体的领导责任，就在于善于发现这些能带领集体顽强拼搏和奋斗的先进分子，要积极地支持他们的工作，培育他们成为集体的榜样。有了榜样，大家就可以向这些先进分子学习先进的思想和工作方法，进而可以把大家的工作做得更好。开展各种竞赛活动可以进一步提高工作效果，使集体所承担的工作多快好省地完成
要善于总结经验和教训	要不断总结经验和教训，特别是教训。经验是指做事取得成功的那些有效的规则，而教训是指做事失败后所出现的问题和不足。要从这些事例中找出优点和缺点、长处和不足。特别是对工作过程中发现的问题和不足，应及早解决，最好的办法是使它向好的方向转化，不要等出现严重问题时再去处理和解决，到这个时候再去处理，可能为时已晚，并会对工作造成重大的损失
要运用合理的战略战术	在遇到困难或遭受挫折的时候，除了有坚强的毅力和顽强的奋斗精神外，还要有效运用灵活机动的战略战术，像作战一样，要灵活运用各种战术。要把坏事转变成好事，要使做事过程中的损失降到最少

第 10 章 做好顶层设计的客观因素

1 概述

本章讨论做好顶层设计的三个客观影响因素。

目前，我国正处在改革开放时期，应该善于紧抓和利用好这一特殊时期和特殊条件下的良好机遇，许多事业取得成功的人，除了充分利用其他一些有利因素外，其中重要的一点是他们能牢牢地抓住十分难得的机遇。还有不少成功人士充分地利用良好的客观环境和条件，所以在处理有关事情或在人生奋斗过程中，应该充分地利用这些客观影响因素。

既然机遇、环境和条件这么重要，所以一定要千方百计地予以寻找和挖掘。良好机遇常常是只在一个很短时间内存在，发现之后应该紧抓不放，并加以积极地利用；假如发现在某一工作阶段中缺乏适合的环境和条件，也应该想尽办法努力去营造，再加以合理的利用。

2 顶层设计要考虑如何紧抓所做事的良好机遇

人们常说"机不可失，时不再来"，说明错过了时机，就很难再有这种良好的机遇。巴尔扎克说过，"机会来的时候像闪电一般短促，全靠你不假思索地利用"。这也是事业取得成功的不可忽视的因素。

机遇对于每个人和每个集体来说都是十分重要的，要利用好机遇，要紧抓机遇，有时还要有意识地去创造机遇。一个人要致富，或是完成一项事业，其实并不是一件难于上青天的事。只要抓住机遇，再通过自己的不懈努力，就能取得成功，问题是大家往往不善于利用它。

既然机遇对于任何人来说十分重要，那就要想尽一切办法去寻找、去发现机遇。而发现了机遇，就要紧紧地抓住它，并想尽办法去利用它。同时，机遇和挑战常常是并存的，碰到了机遇，还必须勇敢地去迎接挑战，事业才能取得成功。

2.1 机遇来源于对某一事物的迫切需求

在科学研究过程或新产品研究发的过程中，大家都想找到理想的科学研究项目或研发理想的新产品。

总体上说，科学研究大体可分为基础研究、应用基础研究和应用研究三大类，一般情况下，应用基础研究和应用研究常常是国家急需解决的问题。例如：先进制造、信息技术、新材料、生物工程、航空航天等领域都有国家急需解决的科学研究项目，有许多科技工作者都在从事这些方面的研究。此外，在这些领域内又有一些重点的课题正在研究或有待研究。再如，在先进制造领域，为了研制出技术含量更高的产品，常常将先进的信息技术应用于产品中，这也是我们研究的主导方向之一。在这些急需发展的科学技术中，自然存在着极好的机遇。

产品开发包括新产品开发、老产品改造、产品的升级等，开发某些国家急需的产品，同样也存在着极好的机遇。机遇来源于对某一事物的迫切需求，见表 46.10-1。

表 46.10-1 机遇来源于对某一事物的迫切需求

机遇	具体内容
移动电话产业的发展	20 世纪 80 年代，在一些报纸上传播着这样一个信息：由于固定电话存在不能移动的缺点，随人移动的个人电话将会得到快速的发展。微电子技术在许多工程部门的成功应用，已经为研制个人移动电话提供了良好的条件和打下了必要的技术基础。这不仅可为人们提供十分方便的通信条件，还将在人类文明进步的进程中出现一个飞跃。与此同时，国内外一些科学技术工作者和企业家也敏感地发现良好的机遇已经来到自己的身边，如芬兰的科学技术工作者和一些企业组织了大量的人力，开展这一方面的研究，并以极大的努力开始筹建这一产业。仅几年的时间，他们就成功研制出多种形式的新手机
风电技术的应用	由于对清洁能源的迫切需要，世界各国正在大力发展清洁能源，风电是清洁能源中具有发展前途的一种，目前许多国家都在大力发展和建设。前几年，我国许多企业紧抓这个机遇，开始投资风电生产，发展风电技术，很短的时间内使得我国风电的产量超过了原来的计划。由于生产企业过多，有些企业又停止了对风电的生产。在风电发展的初期，发展风电具有很大潜力，这对一些企业来说自然是一个极好的机遇。但一时发展过快，产量超过了需求，便成为一个问题。所以抓机遇要抓得早，抓得及时，过了时间就抓不到了。国家遇到了良好的机遇时，也要制订相应计划，确定其需求总量；当快要到达需求总量时，应发布相应的信息

(续)

机遇	具体内容
房地产产业的发展	我国是拥有10多亿人口的大国,人们在生活方面的衣、食、住、行四大需求当中,住房是最昂贵的。随着我国经济的不断发展,人民生活水平的不断提高,对住房条件的需求也越来越高。不论是城市还是农村,对住房的迫切需求正在增长,房地产业如雨后春笋般迅速地发展。据一些媒体报道,房地产的利润最高可达55%,远远超过了装备制造产业5%~20%的利润。在20世纪90年代和21世纪初进入房地产行业,其成功概率几乎可以达到90%~98%。这样高的利润和成功概率,使我国许多制造企业相继转向房地产业
第一、二次世界大战期间的军工产业	在第一、二次世界大战期间,参战的各个国家为了打仗,迫切需要大量军火和军用设备,如飞机、军舰、大炮、坦克、枪支、弹药、车辆等,一般情况下本国生产的军火很难满足战争的迫切需要。美国离战地很远,且战火一般不会烧到北美洲;又由于地理位置的优越,美国就成为供应军火的生产大国。在这两次世界大战中,美国的经济得到了飞速的发展,这次发财致富的机遇被美国拾到了。说是拾到,实际上也是当时的客观形势和条件及迫切需求送给它的

2.2 机遇存在于新技术的形成和发展过程中

一种与产业密切相关的新技术的出现,必然会导致出现一种新产业,机遇存在于新技术的形成和发展过程中,具体内容见表46.10-2。

2.3 机遇存在于一些地区滞后发展的过程中

在世界各国经济发展的过程中,滞后几乎是一种常见的和不可避免的现象,有的国家发展得快,有的国家发展得慢。对于某一产业或某一事业来说,同样有这种情形,即有些国家的某一产业的发展滞后于另一些国家,这几乎是无法避免的客观规律。对于投资者来说,在这个客观规律面前却存在着一种极好的机遇。地区滞后发展过程中的机遇见表46.10-3。

2.4 机遇存在于各个国家和地区不平衡的环境中

机遇存在于各个国家和地区不平衡的环境中,各个国家和地区不平衡的环境中存在的机遇见表46.10-4。

表46.10-2 机遇存在于新技术的形成和发展过程中

机遇	具体内容
光导纤维产业的发展	光导纤维技术的研究成功,可以认为是通信领域的一次重大革命。以往通过电导线来传递信息,一根电导线只能传递一种信息,而光导纤维因波长的不同,一根光导纤维可以传递多个信息。此外,光的传递不会受磁场的干扰。自发明光导纤维以来,信息传递领域出现了全新的局面,通信与网络产业及随之而来的相关产业也得到了飞速的发展。通信领域在这个时期出现了一个极好的机遇。在这个时候抓住了这个机遇,就会获得极高的成功概率。我国武汉市的经济开发区的光谷,就是抓住了光导纤维这一新兴产业建立起来的,在2010年这个产业的年产值达到了1000亿元人民币
我国的高速列车动车技术的发展	高速列车动车新技术的采用,大大地加快了列车的运行速度,缩短了列车运行的时间。在已经运行的线路上,其速度比普通的列车快3~4倍,经济效益和社会效益极为显著。我国是一个人口大国,假如只靠汽车和飞机来输送,一方面很难满足十多亿人口大国交通的需求,另一方面在经济上也是很不合算的。发展和应用高速列车动车技术完全符合我国经济发展既快又省的原则,还能满足人口众多国家对发展交通运输的迫切需求。高速列车动车技术的发展与应用也史无前例,达到了国际领先的水平,并且要把这种技术推向世界。高速列车的发展为材料工业、机车、通信、新能源的发展带来了机遇
网络产业的发展	网络时代的到来给人们建设网络产业带来了极好的机遇。如网络界年轻的网易CEO丁磊,是拥有公司六成多股份的年轻人,他一手缔造了网易在中国网络界炙手可热的地位,也造就了中国互联网经济时代个人致富的神话
半导体光电照明新技术的发展	在半导体二极管上涂上某一种纳米粉,就可以使二极管发光,在同样功率的条件下,其亮度较普通光源高出多倍。因此,这是一种很有发展前途的照明光源,目前正在开辟这种新技术的产业,因为节能正是目前世界各国重视和关注的一个科研课题

表46.10-3 地区滞后发展过程中的机遇

机遇	具体内容
我国家电产业的发展	20世纪七八十年代,西方国家家电产业,例如电视机、录音机、电冰箱、洗衣机、微波炉等的发展十分迅速,给人们的生活带来了极大的方便。自1978年我国改革开放以来,虽然开始了家电的生产,但其技术和质量还远远达不到国外的水平。由于家电是人们生活中所需的,其价格并不昂贵,因此,我国人民对家电的需求在急剧增加,发展家电产业已成为当时的一种新兴产业。我国先是从国外引进技术,后来慢慢地采用自己研究出的技术。目前,我国已成为家电的出口国,但其利润相当微薄。又由于我国劳动力较低廉,生产家电仍有一定优势

机遇	具 体 内 容
我国轿车产业的发展	随着我国经济快速发展和生活水平的提高,家用轿车必然是我国经济发展的一种趋势。如吉利集团老总预测到了这一发展的必然趋势,于是1998年投资了汽车产业,并且提出了这样一个口号:"要让中国老百姓买得起汽车。"18年以后的今天,这个企业的轿车年产量达到了50万辆,年产值达600多亿元人民币,已经跨入全国的500强,还并购了美国福特旗下的沃尔沃轿车业务
我国民办教育事业的发展	我国是一个10多亿人口的大国,发展教育事业是国家和人民的需要。由于我国人口众多,单纯地依靠国家投资来兴办学校会限制教育事业的发展,因此多渠道办学是发展我国教育事业的正确方向。从20世纪90年代开始,我国政府开始提倡发展民办教育事业。许多企业或有识之士看到了发展机遇,纷纷投资民办教育事业,并获得了成功。如吉利集团从1998年开始,在浙江临海开始兴办浙江经济管理专修学院,并于2000年在北京兴办了北京吉利大学,又在海南三亚办了三亚学院,学生人数达6万多人,不仅为吉利集团提供了所需人才,还为国家培养了大量的科技人才。他们正是抓住了这个良好机遇,在发展我国民办教育事业的过程中做出了自己应有的贡献

表 46.10-4　各个国家和地区不平衡的环境中存在的机遇

机遇	具 体 内 容
各地区对商品需求的不平衡	世界上不同地区的老百姓,对各种产品的需求常常存在着很大差别。如气候炎热的地方需要防晒的帽子和电风扇,下雨多的地方需要雨伞和水靴,寒冷的地方需要毛衣、棉衣和棉鞋等,商品因各地区的地理环境和特点不同,在不同时期需求不同。针对这些不同需求进行销售,这就是机遇
各个国家和地区对原料生产的不平衡	各种产品有不同原料的需求。有的企业为了便于生产,将企业设置在原料产地,这样可以减少对原料的输送费用,从而降低产品的成本。一些企业还常把厂址设在原料较便宜的地区和国家,从而降低了产品成本,获取了较多的利润
各个国家和地区劳动力价格的不平衡	因为创办企业的目标就是为了获得一定的利润,所以一些外国的企业家纷纷到中国大陆来投资,我们应充分利用这个良好的投资环境。我国有众多的人口,并且还是一个发展中国家,要求就业的人较多,对工资的要求却并不高。因此,许多国外企业及我国港台企业在我国一些地区建厂,就降低了劳动力成本,从而获取了较高的利润。随着东部地区发展,劳动力成本逐步提高,而中西部地区劳动力成本还较低,又为国内企业带来了机遇,纷纷向中西部发展

2.5　机遇存在于事物不断振荡的过程中

事物发展过程的振动现象是人人皆知的,事物的量随时间推移出现的或大或小的变化就是振动,这个量有时高、有时低,这是客观存在的规律。机遇就存在于这个变化的过程中,看谁能找到它、抓住它,并很好地利用它。一般情况下,不少人都不会去寻找这样的机遇,即使有人去找而且找到了,也常常把它束之高阁,不去很好地利用它。不管是从事一项科学研究也好,或是做一件有益的事也好,谁能很好地利用这些机遇,谁就容易取得成功。我们在找科学研究项目时,最好不要找振动曲线上的最高点切入,而应该在曲线的较低点切入,这样就容易取得成功。

2008由美国次贷危机引起的金融危机影响世界上许多国家,可以说波及了整个世界。许多国家经济衰退十分严重,许多企业出现严重困难。从振动的角度看,经济发展正处在曲线的波谷阶段,许多企业由于市场疲软,产品销售出现了严重困难,有些企业几乎没有办法生存下去,濒临倒闭。而在这种情况下,如果有企业能拿出一些资金,并购这些濒临倒闭的企业,应该是一种机遇。吉利汽车集团抓住了这一机遇,2009年在政府的支持和吉利的努力下,以18亿美元成功收购了沃尔沃。

2.6　机遇存在于某些空白研究领域或交叉领域

某些空白研究领域或交叉领域存在机遇,见表46.10-5。

表 46.10-5　某些空白研究领域或交叉领域存在机遇

机遇	具 体 内 容
空白领域存在机遇	对深地、深空和深海的研究等,目前仍属于研究的空白领域。一些工业先进的国家一直在不断地向深地、深海和深空发展,寻找可以利用的资源。在深地、深海和深空有许许多多可以利用的资源,地球和海洋深处还蕴藏有许多有用的矿产,如月球表面存在大量可用元素——氦。如何去开采这些有用资源是值得研究和探索的问题。如有一些科研机构参加了航天机器人、深海机器人的研究及深井开采的研究等 在未来,地球上的能源和资源需求还会不断增加,因此向深空、深地和深海挖取新的资源和能源是应该考虑的重要方向

（续）

机遇	具体内容
空白领域存在机遇	提起能源，人们想到的往往是煤、油、气点燃的火炬而不会是冷冷的冰块，但中国科技工作者已经可以将蕴藏在海底的"冰块"点燃成熊熊燃烧的火焰，让"冰火交融"从梦想变成现实。从2017年5月10日起，源源不断的天然气从深度1200m的深海海底之下超过200m的底层中开采上来，点燃了全球最大海上钻探平台"蓝鲸一号"的喷火装置。这是我国首次也是全球首次对资源量占比90%以上、开发难度最大的泥质粉砂型储层可燃冰成功实现试采。此次试采不仅对我国未来的能源安全保障、能源结构优化、改变世界能源供应格局，都具有里程碑意义，甚至可能给世界能源接替开发格局带来改变。不过，我国实现可燃冰的商业性开发，还很遥远
交叉领域存在机遇	科学技术的发展常常存在于交叉领域，由于两种学科的发展，必然会产生相应的交叉学科。交叉学科可以产生于两种学科的集成和融合，在某些情况下，可以用集成创新的方法予以解决。例如，信息与医疗相结合的交叉领域是目前医疗技术的发展方向；再如，航空航天与医学的结合而形成的航空航天医学等

2.7 机遇蕴藏在一些尚未解决的科学技术和工程难题中

对于基础科学和工程技术来说，国际上尚未解决的难题一旦得到解决，就会成为一项突破性的成果，所以也可以说，机遇存在于尚未解决的难题中，具体内容见表46.10-6。

2.8 机遇来源于可利用的人、财、物

机遇来源于可利用的人、财、物，具体内容见表46.10-7。

2.9 机遇来源于某一国家或某一地区所制定的特殊政策

一个国家常常会制定一些特殊政策，促进一些地区的经济发展，例如，对某些企业给以资金方面的支持；对某一地区给予免税的优惠；出口产品可以享受退税的优惠待遇等。机遇来源于某一国家或某一地区所制定的特殊政策，具体内容见表46.10-8。

表46.10-6 尚未解决的难题中存在的机遇

机遇	具体内容
基础科学领域的难题	20世纪70年代，如我国陈景润等多名数学家对哥德巴赫猜想进行了深入的研究，并达到了国际领先的水平。把"1+1"，即"任一大于2的偶数都可写成两个质数之和"的世界数学难题推进到"1+2"，即"任一大于2的偶数都可以写成一个质数与两个质数乘积之和"的世界最高水平
工程技术领域的难题	工程技术领域中有许多难题或关键技术问题没有得到解决，并成为工程技术发展过程中的瓶颈。一旦这些难题得到解决，就可以加快工程技术及产业发展的步伐，并加速经济的发展，其意义是十分突出的。例如，用电导线进行通信，一根导线只能传递一个信息，它限制了通信技术的发展；因此，寻找一个新的途径就成为通信领域进一步发展的瓶颈。光导纤维的研究成功，就解决了这一难题，并带来20世纪末通信技术领域的一次重大革命，光导纤维的研究者华裔物理学家高锟因此获得了2009年诺贝尔奖

表46.10-7 机遇来源于可利用的人、财、物

机遇	具体内容
有效利用人、财、物等是可以创造价值的极好机遇	一个国家、一个地区、一个单位或一个部门，如果它蕴藏有可以被利用的人力、财力和物力，这将是一个极好的机遇，关键的问题是主管领导有无能力去有效利用这些难得的资源 1) 关于人力。人类已进入知识经济时代，掌握先进科学技术的人才本身就是一种财富。为什么许多单位要到别的单位去挖掘有技术能力的人才呢？为什么我国要实行"千人计划""长江学者""特聘教授"和"讲座教授"的计划呢？都是为了吸取人才和利用人才。掌握先进技术的人才可以创造财富，如果一个单位的领导不会利用人才，也不会吸收人才，他将会一个缺乏远见的领导 2) 关于财力。许多有眼光的企业家或是一些单位的领导，要发展生产，创办企业，首先要解决的问题是建设企业或开发某一项目的资金问题，即要有融资的渠道。有了可利用的资金或低息贷款，而不好好地利用，这样的领导魄力是不够的。在开发新的产业的过程中，资金显得特别重要；新的产业一旦开发成功，获利也最多 3) 关于物力。物力是指劳动工具，如加工设备等。有了劳动工具，就应该让它们充分地发挥作用、创造价值，这也应该是一种极好的机遇。例如，一个企业拥有交通工具，就可以用来运送物资，创造出可以创造的价值
一些工程技术项目的巨大投资是好的机遇	一些国家为了加快某些研究领域的发展，特别地对某些科学研究项目在经费上给以大力支持。这样做，一方面是为了满足科学研究的实际需要，如建设一些重要的试验装置常常需要较大的投资，另一方面给研究者创造良好的工作环境和条件，并提供较高的工资待遇等。有了这些好的条件，科技工作者可以专注于所承担的科学研究工作和任务，以可以取得预期的科学研究成果
第二次世界大战时期研究原子弹的巨大投资	第二次世界大战爆发后，为了夺取战争的胜利，就必须研究一种能急速击败敌人的先进武器，原子弹就是在这样一种十分急需和紧迫的条件下开展研究工作并取得成功的。美国是最先研究成功原子弹的国家。据说当时德国也在积极地研究，但落后美国一步。由于战争的需要，美国曾组织许多企业、学校，投入巨大的资金，并开展大量的研究工作，终于研究成功。原子弹的研究成功一方面推动了相邻学科技术的发展；另一方面使美国成为世界上的头号强国。这应该是时代赋予它的良好机遇。由于战争取得胜利，不仅收获巨大的经济利益，所取得的社会效益也是无法估计的

表 46.10-8　机遇来源于制定的特殊政策

机遇	具体内容
我国设立的院士制度和其他制度	政策的导向作用也是不可缺少的。例如，我国政府所建立中国科学院和中国工程院的院士制度。在中国科学院院士证书中曾指出："中国科学院院士，是国家设立的科学技术方面的最高学术称号，为终身荣誉。"这一政策的制定，使得成为院士的我国科技工作者能全心全意地从事科学研究工作，不仅仅为国家制订各个领域的经济发展规划发挥重要的咨询和参谋的作用，由于我国对院士还没有建立退休的制度，在他们身体健康的情况下还可以继续从事各自科技领域的工作，从而可以进一步地发挥他们的积极作用，为国家经济建设做出更多的贡献。事实已经证明，我国的院士制度使这些掌握先进科学技术的工作者可以充分和最大限度地发挥他们的聪明才智，并在经济建设中发挥他们应有的作用
关于我国某一时期关注对某一地区发展的政策	为了促进珠江三角洲地区经济的发展，我国政府曾在20世纪七八十年代制定了一系列特殊政策，使这一地区的经济得到了快速的发展。例如，设置了深圳、珠海等特区，并给予一些优惠的政策，吸引了国内外大批企业前来投资办厂。这些企业获得较好的收益后，又引来更多企业，使特区经济快速发展，带动了珠江三角洲乃至整个广东经济的发展。从这个事例可以看出早期抓住了特区发展机遇的企业就会受惠
国家给某些产业以特殊政策	国家要鼓励某些产业发展，肯定要给予较优惠的政策，这就是机遇。例如，对于一些出口产品，要给予出口退税等一系列优惠政策。国家给一些出口商品的退税政策，是对这些出口企业的支持，使这些企业能够很好地发展下去，这对国家来说也是有利的，可以增加国家的外汇收入。又如为了支持新能源和清洁能源的发展，降低该类企业的税率；为了促进家电产业的发展，实行家电下乡补贴；对新兴产业的资金支持等，都给有识者带来机遇

2.10　机遇产生于对某些经济规则的调整过程

一个国家经常要根据需要，对它所实施的政策进行调整，其目的是引导下属部门向国家所需的方向发展。在国际上也常常为了本国的利益，采取一些措施，使一些经济规则产生相应的变化。对某些经济规则调整过程中的机遇，见表46.10-9。

表 46.10-9　对某些经济规则调整过程中的机遇

机遇	具体内容
我国汇率在国际环境影响下所引起的变化	一些国家为了本国的利益，对别的国家施加压力，促使两国间的汇率发生变化。在这个时期，有不少人预测到这种情况即将出现，便大量地买入这个国家的货币，并从中获利
股市信息的发布	在股市投资过程中，许多人十分关注股市信息的发布。例如，银行宣布要降息，有些投资者就会将存入银行的钱取出投资股市，一般情况下股价会上涨；一旦政府宣布增息，股价就会下跌。又如国家宣布对一些地区、行业实行特殊鼓励政策，相关地区企业或相关行业的股价就会应声上涨。假如预估到这样一些信息，或多或少会在股市投资中获利，所以经济规则的调整会影响股价的涨跌，这当然也是一种机遇

2.11　机遇只给有准备的人

有些机遇是可以创造的，但有些机遇无法创造。如何去创造和利用好这些机遇呢？例如：到劳动力廉价的地区去兴办产业；在经济危机或大的市场环境不佳的时期，通过集体呼吁促使政府制定优惠的政策，以解决企业遇到的困难。此外，还要努力注意去寻找良好的机遇。人们常说："机遇对你笑，看你找不找。"所以我们要下功夫去寻找机遇，"机遇只垂青那些懂得怎样追求她的人。"前面已经介绍了机遇存在的条件，不失时机地从这许多方面去寻找机遇，关键的问题是要动脑筋，要勤于思考，善于发现机遇。人们也常说，"机遇可遇而不可求。"其实，机遇的产生也有其内在规律。如果你有足够的勇气、睿智的头脑，以及敏锐的观察力和判断力，机遇也可以被"创造"出来。善于等待机遇、抓住机遇是一种智慧，创造机遇更是一种大智慧。

在成功路上奔跑的人，如果能在机遇来临之前就能识别它，在它消逝之前就果断采取行动占有它，幸运之神就会来到他的面前。机遇虽然是一种客观的事物，但它却是由参与认识世界、改造世界的实践的人创造出来的，它是人的主观能动性与外界环境变化的客观必然性相"合拍"的产物。

一个人的主观条件影响着客观环境，主观条件得到优化，客观环境将得到改变，也将有利于产生适应个人发展的良好机遇。成功者的经历证明，客观机遇降临时，自身胆识等方面素质较强的人显然要比一般人更容易捕捉到机遇。才华出众则是捕获机遇的最大资本。成功者能在机遇来临之时牢牢地掌握，就是因为他们较之常人进行了更为漫长和充分的准备。他们就像一粒粒种子，在黑暗的泥土中蓄积营养和能量，一旦听到春风的呼唤，他们就会破土而出，生长成挺拔的栋梁之材。这也很好地解释了这样一些问题，即为什么有的人总能得到比别人更多的机遇？为什么面对同样的机遇有人成功了而有人却失败了？为什么有些资质本来不好的人却能得到命运的垂青，而某些天资甚佳者却最终庸碌无为？为什么成功者总显得比别人幸运等。

机遇是由人创造的，是人的主观能动性和外界环境变化的客观必然性的结合。主观方面条件的增强会影响到客观环境的变化，使好的机遇更容易产生。同样，当一个的客观机遇出现之后，那些不断在提高自身素质方面进行努力的人则要较之常人更容易接近和抓住这些机遇。

又如一位从国外回来的学者，他回国的理想就是要在国内创业，创建一种产业。他到处观察和寻找要开发的产品，终于他发现生产按摩椅是一个理想的产业。我国老百姓的生活水平正在不断提高，保持身体健康开始引起了人们的重视，公共场所和娱乐场所也急需大量的健身设备，关键的问题是提高这一健身设备的技术含量。于是，他组织相关技术人员设计出一套先进的控制系统，研制出一种技术含量较高的按摩椅，受到用户的普遍欢迎，从而创建了一个占有广大市场份额的产业，且取得了很大的成功。

这些例子使我们体会到要想创业也不是一件不可能的事，只要我们在日常生活中仔细观察，留心各种信息，就不难找到自己要开发的产业。在发现可开发的产业后，关键的问题是要下定决心，努力地完成所从事的工作，事业就可以取得成功。

这里必须指出，机遇只是一个客观因素，有了机遇，必须通过个人或集体的不懈努力和辛勤劳动，才能使事业取得成功，即客观因素要通过内因才起作用。

3 顶层设计要考虑所做事如何保护和利用环境

3.1 狭义环境

狭义的环境是地点，地点对于创办一个企业或完成某些任务来说十分重要，它可以决定一个企业或事业单位能否生存和发展下去。

例如，吉利集团创办的北京吉利大学，如果在浙江临海办学，短期内甚至长期都难以达到现在的规模。所以要完成与地点有关的一些任务，必须选择合适的地点。当然也有不少工作，与地点无关，另当别论。

3.2 广义环境

广义的环境因素包括社会环境（政治、经济、人文、国际和人际环境）、自然环境、技术环境、资金环境、市场环境和政策环境等，这些环境会对企业或事业单位的生存与发展产生重要影响。对企事业生存与发展有影响的环境因素，见表 46.10-10。

表 46.10-10　对企事业生存与发展有影响的环境因素

环境类型	具 体 内 容
自然环境	1) 自然环境保护。当前，在社会生产中，环境的污染已到了十分严重的程度。说得严重一些，人类生活和生产活动等所造成的污染，正在毁灭人类自己。例如，水、空气、噪声、振动、辐射等污染正在威胁着人类的生存和安全 2) 资源合理利用。地球上的资源是有限的，必须合理利用。人类文明历史只有 5000 多年，如果照这样发展下去，我们的后代如何生存和生活呢？如车辆过高的有害气体排放及油料资源的不合理的利用与浪费，给人类带来了难以想象的灾难；这个问题在产品的绿色设计中已经提出，并正在解决的过程中 3) 与地理环境的协调。不少产品与地理环境有直接的联系，但也有一些产品与地理环境无关。因此，对于与地理环境有直接关系的产品，必须考虑地理环境对产品的约束，以及充分利用地理环境对产品发展所起的积极作用
社会环境	1) 应和政治环境相适应。我国是人口众多的社会主义国家，产品设计必须从我国国情出发。例如，目前我国发展高速列车的方针政策是完全符合我国这一人口大国的国情的，因为建设运输量较大的交通工具才能解决人口大国的衣食住行中的"行"的问题，而单靠汽车和飞机很难解决上述问题。因此，设计出具有中国特色的动车也是目前我国交通运输领域中的当务之急 2) 与经济环境协调的问题。国家的宏观经济发展应该符合国家经济发展总的目标。任何产品都应该在这一目标下进行生产，如果与总的目标相违背，就会失去它应有的发展潜力，该种产品的设计也就没有意义了。例如，我国钢铁的产量约占全世界的一半，钢铁生产又是高能耗和高污染的产业，因此，对进一步发展钢铁产业及与之相配合的冶金设备的发展规划应该进行必要的调整 3) 与人文环境协调的问题。产品设计还要与国家的人文环境相协调。例如，产品设计要考虑国家精神文明建设的需要，要和国家的文化艺术、教育科技、道德观念等方面的要求相吻合，不能与之背道而驰 4) 与法律环境协调的问题。有些产品的生产是违反国家法律的，则必须坚决制止。例如，生产一些未经试验和未通过国家批准的有害药品就是违反国家法律的，必须坚决制止。毒品的生产及与生产毒品相关的设备也是违反法律的，必须坚决制止

(续)

环境类型	具体内容
社会环境	5) 与人类生活协调的问题。企业生产的许多产品都是为人所使用的,是为人类服务的。有些产品危害人的身体健康,如在奶粉中加入三聚氰胺使我国许多儿童受害,就必须严惩。产品的设计过程也必须要考虑关系国计民生的重大问题,如机械设备的安全问题,以及交通工具的舒适性问题都是产品设计中不可忽视的。残疾人、儿童及老年人所使用的一些产品也有他们的特殊要求,在设计时必须予以充分考虑 6) 与国际环境方面协调的问题。我国许多产品都销往国外,如果只图眼前利益,生产出质量不高的产品,不仅会损害我国人民的利益,也给我国产品推向国际市场增加障碍。除了国际环境因素外,还要在政治、经济和文化等方面争取实现双赢的环境,因为各个国家都有自身的利益,只有在双赢的条件下双方才能努力地去完成他们共同的事业 7) 人际间的环境协调的问题。这和国家间的关系一样,既要考虑自身的利益,又必须要考虑对方的利益。不要使对方的利益受到损害,这样,人与人、单位和单位的关系才能得到和谐的发展。除了上述人际环境因素外,人与人、单位和单位之间也要在政治、经济和文化等方面争取实现双赢,因为每个人和每个单位都有自身的利益,只有在双赢的条件下双方才能努力地去完成他们共同的事业
技术环境	在科学技术高度发展的今天,生产一些技术含量低、能耗高的产品是不经济的,必须予以制止
资金环境	有些企业生产的产品常常因资金缺乏而中途停顿,所以在产品投产前要对资金进行规划,充分考虑融资渠道
市场环境	同样,生产一些缺乏市场需求的产品,会造成浪费,甚至造成严重浪费。因此,产品设计之前必须对市场进行仔细调查,要生产具有市场发展前景的产品
政策环境	产品能否争得市场,且能否得到快速发展,与国家的方针政策有着十分重要的联系。2009 年 8 月 19 日国务院总理温家宝召开的会议,基本内容就是通过对政策的调整,给中小企业以扶持,以使部分中小企业走出困境,促进其进一步的发展

企业和事业单位在发展过程中,既要充分考虑环境对单位发展的约束,又要充分利用环境对单位所发挥的积极作用。从企业的生产情况看,生产过程中应防止污染环境和过度消耗资源,因为生态环境恶化必须引起全国人民的重视与关注,更应引起直接参与产品生产的企业领导和科技工作者的密切注意。资源的节约、环境的保护,以及如何保持企业生产与政治、经济、人文、法律、国家政策之间的协调关系,保持与国际和人际间的和谐,产品与市场环境的融洽,所生产的产品能否采用先进和有效的技术,以及资金上的融入和合理利用都应作为企业和事业单位发展过程中应该考虑的具体目标和内容,只有这样,才能更符合国家的经济建设和社会发展的要求。

在科学技术突飞猛进的发展与社会快速进步的今天,产品的设计与制造将赋予产品更多的人文因素,产品也将更加的人性化。设计师需要更加彻底地理解全人类的要求,从而逐渐采用和谐设计的理念进行产品的设计,进行真正的以人为本的设计。

此外,从我国产品设计存在的一些问题来看,和谐设计在解决某些问题时,会发挥其积极的作用。

目前,在国内外由于产品设计时未能全面和系统地考虑环境对产品的约束及可能发挥的积极作用,曾出现过大量不协调的问题。

以上所述这些协调的问题在我国普遍存在,这也是产品和谐设计过程中必须考虑的问题。由此可见,研究产品的和谐设计具有重要的意义。

除了考虑环境因素对企业生存与发展的约束外,还要考虑环境对企业生存与发展所起的积极作用,即要创造良好的环境使企业得到快速发展。这项任务一方面要由国家有关部门给企业创造良好的环境,如政策环境等;另一方面企业自身也要做出努力,创造可以为企业得到快速发展的各种环境因素。

3.3 如何利用良好的客观环境

客观环境在许多情况下依赖个人或承担工作的集体自身努力来创造,有时还要通过和上级部门联系或与协作单位共同来创造。环境的具体内容包括社会环境、自然环境、技术环境、资金环境、市场环境和政策环境等。营造良好客观环境的方法要根据各个单位和各个部门具体情况加以确定。有了良好的环境就应该很好地去利用这些客观环境,使客观环境发挥应有的积极作用。

4 顶层设计要考虑所做事如何充分利用外部条件

4.1 外部条件的种类

外部条件是多种多样的,最主要的外部条件见表 46.10-11。

上面所指的条件主要是社会环境及工作的条件。一个人做事能否取得成功,与其外部条件有十分密切的联系。要想在某一领域的研究工作取得成功,除了自身的一些因素外,还要有良好的工作条件作为支撑,要有领导、同事们的支持,有一个很好的群体和

表 46.10-11　最主要的外部条件

外部条件种类	具 体 内 容
学习条件	学习条件对于直接从事学习的有关人员来说至关重要。首先是要有与工作直接有关的资料和学习场所，其次是通过从事学习的人发挥他们的自学能力去完成具体的学习
工作条件	对于每位工作人员来说，为了做好工作，工作条件十分重要。如对于从事教学工作的，要有必要的教学条件；对于从事科研工作的，要有必要的科研条件；对于从事管理工作的，要有科学管理的工作条件等。没有客观的工作条件，很难完成既定的工作任务 没有基本的工作条件，要创造基本工作条件；有好的工作条件，要充分利用好已有的工作条件。有的人善于利用工作条件，所做的工作就能取得好的成绩
实验条件	对于科学研究人员来说，实验研究是十分必要的。对于从事物理、化学、生物工程、信息技术、新材料技术、先进制造技术的必须通过实践的科技工作者来说，没有实验很难做好工作，实验是他们研究工作的基本内容，所以必须要创造实验研究的基本条件，才能完成好给予他们的工作任务
基础条件	做任何工作，基础条件十分重要。有了良好的基础理论，才可以在原有基础上开展工作，这就可以大大地减少一些必须完成的基础性和先导性的工作，并节省出许多时间，直接进入关键性研究工作阶段 有些人能很好地利用这些基础条件，在原有基础上开展相应的工作，这样有高的起点，就会取得更高水平的成果
生活条件	生活条件是保证完成工作任务的基本因素。一个人首先要生活下去，即要获得生活下去的基本条件。若能提供对完成工作更有利的生活条件，那就更好了。如果一个人的衣食住行都安排得很好，他可以全心全意地投入到工作中去，并把工作做得更好，进而为国家科学技术和经济的发展做出更大的贡献

科研团队协助完成所承担的工作。反之，如果没有良好条件的支撑，也就不可能很好地完成所承担的工作任务。

搞科学研究不仅要有工作条件，还要有工作基础。例如，所在的工作单位本身有较好的基础，且起点高，那么在这个起点上开展研究工作，所进行的研究就能获得更高水平的成果。所以，高水平的科技工作者，自然也希望到高水平的单位工作，就像很多青年学生想要到名牌大学念书一样，因为名牌大学有好的环境、著名的教授以及良好的实验条件，他们由此能获得更多的知识和培养更强的工作能力。

4.2　如何营造和利用良好的条件

学习条件、工作条件和生活条件在许多情况下依赖本人或承担工作的集体自身来创造，有时还要通过和上级部门联系或与协作单位共同来创造。条件的具体内容包括学习条件、工作条件和生活条件等，而营造良好条件的方法要根据各个单位和各个部门的具体情况加以确定，这项工作是十分复杂的，要通过个人和集体对学习、工作和生活的条件进行具体规划，并予以创造。

一旦有了良好的条件就应该很好地去利用这些条件，并使这些条件发挥它们应有的积极作用。但有的人和集体往往并不善于利用这些条件，不能使优良的条件充分发挥应有的作用。利用这些条件的方法，应根据各个单位和各个部门情况具体地加以确定。

第 11 章　做好顶层设计要重视两件要事：学习和总结

1　概述

本章讨论在顶层设计过程中如何充分发挥必做的两件要事的积极作用，这两件要事就是学习和总结。

学习是为了工作，既是对知识不断更新的需要，也是做事者不断提高工作能力的需要。工作中遇到了新问题，就需要通过分析来解决，问题不解决，个人和集体就不能很好地完成工作任务，做事就不能取得成功，个人或集体就不会取得进步。因此，经常学习是十分必要的。通过学习，了解相关的先进技术及别人工作的先进经验和方法，再通过自己的思考和分析，进而提出解决问题的方法。

此外，做一件事还必须经常进行检查，即检查工作进展的情况，检查所做的工作是否按制订的规划来执行、是否达到规定的指标和要求。假如发现了工作中的问题，就应该尽快纠正，使工作走上正常的轨道。总结也是为了工作，做完一件事，或完成一个阶段的任务，或遇到一些特殊问题时，都要进行总结。总结工作中的经验和教训，以便在执行下一阶段或下一项工作时，能很好地吸取前一次成功的经验，接受失败的教训；发扬优点，克服缺点，使以后的工作少走弯路，进而提高做事的成功概率和效率。这是现代成功学要讨论的重要问题之一。

对于如何处理这些问题，大家似乎都很明白，但关键的问题是否彻底弄明白了。如果不按照正确的规则去做，可以说还没有把事情彻底弄明白，或者说只了解这些规则的一部分。真正弄明白的人是要把知道的规则变为行动，这样才能在以后的工作中予以贯彻，使这些规则在工作中发挥积极的作用。

2　顶层设计要对工作过程中的学习进行规划

学习是获取知识和技术的重要手段，是学习他人经验的主要方式。不学习很难了解社会上的各种情况及各种新知识和新技术，也很难提高自己的工作能力和做事的本领。

在做事及人生奋斗过程中，要不断地学习。因为人类社会处在不断的发展过程中，新知识在不断地涌现，旧知识不断地更新；随着科学技术的不断进步，人们的生活方式与工作方式也在不断地改变。人们要不断地了解、掌握和运用这些新知识、新技术，以适应工作与生活方式不断变化的需要。

习近平总书记曾指出："如果我们不努力提高各方面的知识素养，不自觉学习各种科学文化知识，不主动加快知识更新、优化知识结构、拓宽眼界和视野，就难增强本领，也就没有办法赢得主动、赢得优势、赢得未来。"

在前进中我们会遇到这样或那样的新情况，而要应对各种可以预料和难以预料的风险和挑战，我们不懂得、不熟悉、不精通的东西还有很多。面对世界形势和国家形势的深刻变化，以及改革开放和社会主义建设的艰巨性和复杂性，要解决新时期新阶段我们面临的新情况和新挑战。只有更加重视学习、加强学习和善于学习，不断提高工作能力和领导能力，才能确保在历史进程中始终走在时代前面，才能不断提高推动科学发展和国家经济发展的能力，使中华民族立于世界民族之林。总之，我们要依靠学习走向未来。

人不只是靠他生来就拥有的一切，而是靠他从学习中所得到的一切来造就自己。曾国藩认为："人之气质，由于天生，本难改变，唯读书学习可以改变人。"培根在《论读书》中也曾写道："读史使人明智，读诗使人聪慧，演算使人精密，哲理使人深刻，伦理使人有修养，逻辑修辞使人善辩。"显然，学习可以改变人的智商和情商。

人的潜能是很大的，成功没有止境，学习也是没有止境的。既然学习新知识和新技术这么重要，那么，假如我们在做一桩事的顶层设计中忽略了这一点，应该算是顶层设计工作的不足，必须充分强调在执行工作时要经常学习的重要性。

3　顶层设计要对所做事的检查和总结进行规划

首先谈一谈用什么指标对工作进行检查。做任何工作要都有具体的要求（IQCTES 的六项要求）和要达到的指标。如何能够实现这些要求呢？必须在工作中不断地予以对照，检查是否已经达到了规定的指标和要求。

在这些要求中，正确思想——"对"或"正确"，环保——"保"，后续服务——"便"，主要检查这三项要求有没有达到，而且必须要达到，这不是可有可无的。假如都可以满足，在以后的工作中也不会出现这些问题，就可以把它们先放在一边。下面进一步考虑的问题是另外三个要素，即质量、成本和生产周期的问题，也就是要解决好"好、省、快（多）"的问题。

至于做事的质量——"好"，付出的代价——"低或省"，花费的时间——"短或快"，这三项具体要求就必须要仔细去分析、去考虑。既要考虑每一项要求是否可以达到，又要考虑它们之间的协调关系。众所周知，对做事的质量要求过高，就会增加成本，花费更多的时间。适当降低质量，就会节省成本和时间。所以，对做事的质量必须精打细算，只要满足其基本要求即可，要使所做事的质量略超过规定的指标和要求，这应该是较理想的，这样也可以节省成本和时间，以便完成更多的工作，并创造更大的经济效益。

一个有经验的人做事，常常特别重视质量、成本和时间这三者之间的有机联系，使它们达到最佳的匹配，从而获得最理想的结果，既能达到做事的质量"好"的要求，又能以较低的成本和较短的时间来完成任务，做到了"省"和"快"。

检查和总结要有明确的目的、具体的内容和有效的方法。

3.1 检查和总结的目的与意义

检查和总结本身也是一种学习，而且是在实际工作中学习，这种学习比起书本上的学习更加实际，也更为有用。

要检查和总结所完成工作的优劣情况，应从检查和总结工作中发现优点和不足，以及检查和总结出做事及工作过程中的经验和教训，让自己在下一阶段的工作中，发扬优点、克服缺点，少走弯路，并可以提高下一阶段的工作效率，使工作取得更大的成绩。

在检查和总结中发现自己思想上和工作中的不足时，应该及时地予以克服和纠正，以免出现严重问题时再去想办法、去处理，那样为时已晚，且可能已造成无法弥补的重大损失。

3.2 检查和总结的内容

检查和总结的内容见表 46.11-1。

3.3 检查和总结的步骤

检查与总结的步骤见表 46.11-2。

表 46.11-1 检查和总结的内容

内容名称	具体内容
对某一项工作的检查和总结	应该在对所开展的工作进行检查和评估的基础上进行总结，而检查和评估要依据原先制订的规划。每一项工作都有自己的规划或执行计划，所制订的规划是检查和总结的依据，这是检查和评估的标准。要分别对计划中规定的工作目标、工作内容和工作方法进行全面的检查和评估。首先，要针对工作目标进行检查和总结；接着，要针对工作内容进行检查和总结；第三，要针对工作方法进行检查和总结。 在检查和总结中特别要重视实际工作，了解和掌握个人和集体执行做事的一般规则的情况，了解个人和集体领悟和执行成功做事的十二对规则的情况，进一步总结影响成功做事概率的主观因素和客观因素等
对某特殊问题的检查和总结	对某特殊问题进行检查和总结要根据完成这项工作的目标和要求，检查它们是否已经实现，实施的内容和方法有无不妥之处，找出实施过程中的优点和存在的不足，对不足之处应该提出予以克服的方法
对某一个人的思想和心理素质、业务能力、身体健康状况、工作毅力和战术等方面的检查和总结	1）思想和心理素质方面的检查和总结。因为一件事能否做成功，能否做得好，做得妙，能否达到多快好省的要求，与从事工作的人的思想素质和心理素质有着密切的联系。在执行工作过程中，是否把国家利益和集体利益放在首位，遇到了困难时是否能保持良好的心理素质，工作过程中的学风、作风及个人的生活习惯有无不良的表现，对工作有无产生不良的影响等。当然在这一方面既要找出优点，又要找出缺点，对于缺点和不足应该找出发生的原因和提出改正的措施和方法 2）对提高业务能力方面的检查和总结。在完成工作过程中，自身的业务能力如何？业务能力包括所掌握的文化和科学技术知识是否足够？自身的各种能力：自学能力、分析和解决问题的能力、实践能力、创新能力、组织能力、宣传能力、协作能力等有哪些不足和长处？特别是在工作中的开拓精神和创新能力表现得如何？发现不足时，是否采取相应的措施和方法及时予以解决 3）对保持身体健康方面的检查和总结。在工作过程中，是否发现身体健康状况对工作产生不良影响，在发现疾病将要降临时，是否及时采取预防措施。在工作期间，是否发生不安全的情况，甚至对生命造成威胁的不安全的情况，当出现这些情况时是否采取了紧急的预防措施。在个人思想上对身体健康及保证生命安全是否已引起足够的重视 4）对工作毅力及所采用的战术方面的检查和总结。在工作过程中，是否遇到过困难和挫折，遇到严重影响工作继续顺利开展的问题时，是否以百折不挠的精神去顽强拼搏，在思想上是否始终保持着战胜一切困难的决心和信心，以坚韧不拔的毅力和采用灵活机动的战术去克服困难，是否在这个过程中，开动脑筋，寻找办法，使自己走出困境
对某一集体的组织领导、提高技术能力、团队协作等方面的检查和总结	1）对集体组织领导方面的检查和总结。该集体的领导在完成整个工作中是否发挥积极的作用？所确定工作目标和工作方向是否正确？集体的领导是否具有前瞻意识？和忧患意识是否抓住了每一时期群众所存在的关键问题？对集体中的重大问题是否采取有效措施予以解决？对该集体的群众积极性调动得如何？是否制定出一些规章制度去调动群众的积极性？对集体的长远发展是否做过较详细的规划，并对技术储备作具体的安排？是否采用有效措施紧抓典型和通过先进人物来推动整个集体工作的开展？是否采取有效的发展模式来加快集体事业的发展

(续)

内容名称	具体内容
对某一集体的组织领导、提高技术能力、团队协作等方面的检查和总结	2）对提高技术能力方面的检查和总结。该集体在提高技术能力方面的总体工作做得如何？是否能了解和紧紧把握国内外所从事领域科学技术的最新发展动向，站在该领域的最前沿努力开拓和发展新的先进的科学技术，并将这些技术应用于具体工作中？该集体有无新的技术储备，以便根据形势发展将这些技术应用于所执行的工作中，进而推进该集体的快速发展 对该集体后备技术人才的培养是否已做出具体的安排？该集体的人才的结构是否合理？如不甚合理是否已采取有效措施设法解决 3）对团队协作方面的检查和总结。该集体工作中集体力量发挥得如何？团结情况如何？以前有无存在不团结的情况 在完成该项工作中该集体团结协作的情况如何？遇到不团结的情况和协同工作不理想的情况时是否采取有效措施去解决所出现的问题？该集体群众对团结协作的重要性认识如何？集体领导在这一方面的工作是否做过具体的安排 4）对集体工作中表现的奋斗精神的检查和总结。该集体对所完成的工作表现出的奋斗精神如何？工作中是否遇到过一些困难？对于这些困难能否主动想办法予以解决？该集体是否用自己队伍中的或其他单位一些先进人物的事迹去启迪广大群众以百折不挠的奋斗精神和顽强拼搏的工作毅力去完成集体的任务
对执行成功做事规则的检查和总结	对成功做事方法学的执行情况进行总结是十分重要的，因为做事能否成功，就要看对这些规则执行的好坏，执行得好，做事的成功概率就可以大大提高。通过这方面的总结，就能更深刻地理解这些规则的特点，把下一阶段的工作做得更好

表 46.11-2　检查与总结的步骤

步骤	具体内容
制订出检查与总结提纲	检查与总结不仅要订出总结提纲，还要有计划；既要有明确的目标，又要有具体的内容和方法，这就是做事的三要素。做任何事按照这三要素去做，不会有错，否则就会出现问题，如出现无目的、无计划和盲目性、片面性的问题等。所以在检查与总结之前，要根据工作的复杂性和重要性制订出相应的计划，重要的工作就要制订详细的计划，一般的工作计划可以制订得简单一些 提纲中的内容应该包括所做工作的基本目标和具体要求，检查和总结的具体内容、重点，检查和总结应采取的具体方法 在检查和总结提纲中，要含有所做工作的优点和不足项目，即总结所做工作的经验和教训，并指出下一段工作应该清理的问题
按照提纲开展检查和总结	检查和总结应该由一个工作组来完成，工作组的领导应该是这个集体的领导，工作组中还要有这个集体群众的代表 检查的主要对象是所完成的实物，所做的事或生产出的东西，还要对参与工作的人员进行调查，通过他们来详细了解执行工作的具体情况，以及执行工作过程中的良好表现和存在的问题与不足 对检查过程中所收集到的材料要进行分析和整理，并通过分析找出一些影响以后工作的关键问题，以及分析其产生的原因及对工作所起的积极作用或不良影响
特别是总结做事的经验和教训	总结工作的最终结果应该是对所做工作的最终评价：优、良、及格或不合格；还要总结出所做工作的成功经验和存在的问题，以便在下一阶段的工作中发扬优点、克服缺点，为下一阶段的工作提出应注意的问题等 为了把下一阶段工作做得更好，要对这一阶段工作做得出色的先进分子进行表彰和奖励，以便启发所有群众把下一阶段的工作做得更好

3.4　检查和总结的主要成果

假如坚决按照成功做事方法学中的规则从事学习、工作和生活的话，通过总结得出的结论应该是：在保证达到做事基本要求，即工作质量的前提下，加快了工作进度，有效地节省了工作时间，从而可以完成较原计划更多的工作。

对于青年学生来说，可以把节省下来的时间去学习更多的科学技术知识，使自己成为一名优秀的学生；对于参加社会工作的人员来说，他们可以把节省出的时间用来从事其他的工作，或用来完成同类的工作，从而可以做出更显著的成绩。

总结可以提高学习效果。笔者在念大学的时候，每学完一门课后，都要对这门课的学习内容做一个总结。通过总结，对课程内容的理解加深了，对课程的系统性更加清楚了，并且强化对课程内容的记忆，更进一步了解课程内容的重点及课程各部分内容之间的联系。

总结可以帮助我们认识和理解创新，进而取得若干创新性成果。如 20 世纪 80 年代，当笔者看到某报纸上刊登国家发明奖的获奖单位时，发现有的发明单位都是在近几年才从事我们研究领域的研究工作；而我们在这一领域的研究已经花费了20多年的时间。通过总结找到了原因，虽然我们研究时间较长，但创新的意识薄弱。为此，我们在以后的研究中，提高了自身的创新意识，加强了研究技巧，后来，在科技项目的研究中也获得了国家发明奖。

4 顶层设计要重视和了解经常学习和定期总结的意义

在工作过程中，要不断学习新知识和新技术，也要经常检查和定期总结工作的优点和不足，才能把下一阶段的工作做得更好。

做一项新工作，就要学习和了解与这一项工作相关的知识和技术，以便把这一项工作做得更好。

完成了一项工作后也应该进行一次总结，目的是为了了解所做工作是否达到了所要求的目标及存在哪些缺点。总结可以使下一阶段少走弯路，提高下一阶段或下一项工作的效果，这是一项十分重要的工作。

学习和总结可以使人更加聪明，会对做事的三要素更深刻地了解、掌握和运用，即做事有更明确的奋斗目标，会选择更切合实际的工作内容，以及采用更加科学和有效的工作方法；对工作中应该发挥的四项潜能会有更正确的理解，即做事要有正确的思想，更加努力地学习科学技术知识和培育自己的工作能力，注意保持自己身体的健康，会以更坚强的毅力从事各项工作；还会利用好各种机遇、环境和条件，进而会使做事的成功概率大大提高；会以较小代价使所做的事取得成功；还会节省出更多的时间来完成更多的工作；会大大提高做事的工作效率；最终会使人们在人生奋斗的道路上取得更大的成功。由此可见，总结的意义多么重大。

第 12 章　顶层设计提纲的编写及顶层设计实例

1　概述

本章讨论怎样编写好顶层设计的提纲，并举出几个顶层设计的实例。

顶层设计可以根据对所做事要求的不同，采取不同的形式。它可以是局部的，也可以是全局的；可以针对其中的一部分内容来做顶层设计；也可以针对全部内容，把顶层设计写得十分详细。

为了做好顶层设计，应先写出顶层设计的提纲。通过编写提纲来构建顶层设计内容的基本框架。这个框架包括做事的目的和意义、对做事的要求、工作的基本内容、执行任务时应具有的态度、完成任务应采取的合理步骤，以及所采取的有效方法等。有了顶层设计的提纲，便可按照提纲写出详细的和具体的内容。写好提纲是做好顶层设计的前提，其重要性是不言而喻的。

顶层设计对于所做事来说十分重要，它既要对所做事的目的和要求、所完成的内容及所采取的态度进行审核，又要妥善地安排好做事的方法和步骤，以及预计可取得的成果等。对所做事要达到的指标提得过高，在实施过程中难以完成；指标定得过低，没有充分发挥承担任务的集体和个人可以发挥的全部潜能。目前不少集体和个人所写的科研项目的申请报告，即对提出的任务所要实现的指标常常定得过高。因为他们很希望写出的申请报告能得到上级部门的批准，进而获得上级部门对研究和开发经费的支持。但当项目获得批准后，他们往往很难完成原先提出的指标和要求。在没有上述要求的情况下，有些单位又可能把指标定得过低，以便加快完成任务的进度和缩短完成任务的时间。在本书中笔者特别强调要以实事求是的态度来完成顶层设计提纲的编写。

怎样编写顶层设计的提纲呢？可以参照下面提出的规则：做事的目的和要求、任务和态度、步骤和方法。主观方面的四项潜能：对个人来说，四项潜能是思想和品德、知识和能力、健康和生命、毅力和战术；对集体来说，四项潜能是组织和领导、技术和管理、团队和协作、斗志和战术。客观方面的三个影响因素是机遇和挑战、环境和保护、条件和利用。成功做事的两件要事：学习和运用、总结和提高。比较全面的顶层设计的提纲应该包括上述内容。

编写提纲要抓住顶层设计的重点和关键环节，要突出其难点和创新点。要掌握现代成功学和高效做事方法学的原理和方法，遵照成功做事和高效做事的十二对规则去做，才能把顶层设计的提纲写好。

2　顶层设计提纲应该考虑的主要问题

要想做好顶层设计，首先应该编写好顶层设计的提纲，即构建好顶层设计的框架和体系。有了这个框架和体系，便可以在这个框架和体系的基础上逐步增加其具体内容，最后经过不断地修改和补充，便可完成顶层设计的编写任务。

编写好顶层设计的框架和体系应该做的工作见表 46.12-1。

表 46.12-1　编写好顶层设计的框架和体系应该做的工作

名称	应做工作的具体内容
对要执行的任务进行详细调查和分析	做事前应该做好调研，这是一项不可缺少的工作，调查得越详细，考虑的问题越符合实际，顶层设计就会写得越好 调研内容应该包括需求调研、环境调研和风险调研。例如：对于科学研究工作，常常包括需求调研、环境调研和风险调研，包括对国内外情况的调查，在获取调研资料的基础上，还应对调研的资料进行分析和研究，写出调研报告。对于一项重要的科学研究任务，要从国内外的文献及其他可获取的信息中了解国际上已经达到的水平和目前尚未解决的问题。只有了解了这些未解决的问题，才能确定该项任务研究的必要性及需要解决的问题。在调查研究和分析的基础上，才能了解哪些是尚未解决的关键问题，进而选定需要研究的具体内容，并开展相应的研究工作，这就是通常所说的科研选题
详细了解所选定任务的目的和要求	选定任务之后，对所执行任务的目的和要求加以充分了解，要检查所要完成任务的目的是否正确，要了解任务的要求是否符合实际。按照科学发展观来检查所承担的任务的目的，如发现有问题，就必须采取措施调整所选定的任务，将它引导到正确轨道上来。检查所确定的要求是否过高或过低，必要时也可以对它进行调整，使它更符合实际
选定要做的事或要完成的工作任务	有两种不同的情况：有一些任务是唯一的，不能任意选择；还有一些任务是可以选择的。对于可选择的任务，应该在科学发展观的正确思想指导下，从几个任务中选择一种较为合适的任务

（续）

名称	应做工作的具体内容
对所做事进行剖析并找出难点、重点和创新点	应用科学发展观和现代哲学思想，对工作任务进行剖析，将工作任务从横向角度分解为若干子系统，也就是将任务分为几个组成部分，但必须找出重点和难点，找出主要的和次要的，要分清主次，突出重点，兼顾一般；要抓住关键问题和关键环节，攻克难点 用系统工程学的方法，将具体内容从纵向的角度分成几个层次，即任务的总层、第一层、第二层等。例如：对于一项任务的规划，首先是总体目标和要求，接着要把它分为几个方面的要求，还进一步将各个方面的要求再分解为更加具体的要求等
确定完成该任务应具有的态度	要想把工作任务完成好，必须要有正确的态度和理念：要有实事求是的工作态度、坚韧不拔的奋斗精神、开拓创新的精神等。因为正确的态度和理念是顺利完成任务的重要条件，没有正确的态度和理念是很难完成任务的
拟订所完成任务的步骤和方法	在确定任务时，还要对完成此项任务的步骤和方法做详细的规划，这是做好工作和顺利完成任务的关键，科学的、有效的方法和合理的步骤是完成任务的重要条件，《高效做事方法学》讲的是做人、做事、做学问的一般规则，就是完成任务的有效方法和途径
分析有利和不利因素及自身具备的能力	要对所完成工作的有利因素和不利因素进行分析，研究如何依靠自身力量来有效完成所承担的工作任务，特别是如何集中力量攻克难点，还要突出对创新点的研究，写出完成任务的计划和完成各项任务的日程计划，以保证任务能够按期完成 如果对主观方面的能力估计不准，常常会使所承担的工作任务难以按期完成，所以要对自身所具备的能力做出正确的估计。应该使本单位承担工作的每个人都能充分地发挥其聪明才智，以最大的热情把工作做好，也就是使每个人都能在工作中做出最大的努力，全身心地投入到工作中去
要考虑可以利用的环境和条件	做事能否取得成功，能否获得最高效益，还要考虑如何有效地利用客观条件和环境，假如所做的事对环境造成有害影响，则必须考虑对环境加以保护，但有时候条件和环境会对做事产生积极的影响，这时就要充分地利用好外部条件和环境
预测完成该项任务所可能获取的成果	不论是大事还是小事，在执行任务时常常要对所执行任务可能获得的成果做出估计或预测，这是十分必要的 做事的最终目标是取得理想的结果，所以要对可以获得的成果进行预测。取得的成果常是做事者关心的问题，所以要在顶层设计中写出可以获取的主要成果。例如：对人才的培养；可以获得的一些技术成果（如可以取得的创新成果、研制出的新技术和新产品、解决的技术难题、撰写的论文和著作、申请的专利、可以通过的鉴定项目和获得的奖励等）

对于一个国家、一个地区、一个部门、一个单位的顶层设计，预计取得的成果常常是根据理论方法通过计算或由以往经验推断而得出的，一般要留有余地。但在某些情况下，要求参加工作的所有人经过努力工作才能完成。

对于教学工作者来说，其所取得的成果常常是培养出的学生数量和质量。对于一些科研任务来说，常常要求取得若干创新性成果。例如，完成一项国家科学研究项目，要在人才培养、解决的技术问题、撰写出高水平的学术论文和著作、申请专利、通过的鉴定项目、获得省部级以上的奖励等，作为主要研究成果。对于一些企业来说，所要获取的成果常常是研究和开发出有广大需求的新产品。所以对于不同工作岗位，其所要求的成果也不相同。

顶层设计提纲还可以按照7P规划的内容来编写。

按照7P或7D规划编写顶层设计的提纲，即做事的目标、做事的指导思想、做事的环境、做事的步骤和程序、做事的具体内容、做事的方法和措施、对所做的事如何进行检验和评估等。

3 顶层设计提纲的拟订

对于重要的事情，所做的规划要更详细和更具体，对于一般事情，规划可以写得简单一些。

对于要编写的详细提纲，通常可以按照七个方面的内容编写，见表46.12-2。

表46.12-2 顶层设计提纲的拟订

提纲名称	具 体 内 容
确定工作目标	做事的目标有总目标、广义目标及技术目标和要求三类 总目标。不同的单位和部门有不同的目标。例如，我国发展的长远目标，也是发展的总目标，一个是在党成立一百年时全面建成小康社会，一个是在新中国成立一百年时建成富强、民主、文明、和谐的社会主义现代化国家。再如，一个企业要发展，也要拟订发展的总规划，如在多少年以后，使这个企业的产值翻一番等重大规划。对于个人，同样也可以拟订出总的目标，如要在几年内完成多少工作任务、总结出多少项科研成果、写出多少好文章和好专著等

（续）

提纲名称	具体内容
确定工作目标	广义目标和要求。不同的事情有不同的要求。但对一般的事情而言，广义目标和要求就是通常所说的IQCTES：①要有正确的指导思想I；②做事达到要求的质量Q；③做事所要付出的代价C；④做事所要花费的时间T；⑤做事所要考虑的环保E；⑥做事要考虑后续服务S 技术目标或技术方面的要求。对于生产的产品来说，技术目标和要求有：①主要功能；②辅助功能；③结构性能；④使用性能；⑤制造性能
明确指导思想	所做的事是否会损害国家和广大人民的利益，是否贯彻了科学发展观中提出的以人为本的指导思想。做事是否正确要以是否符合广大人民的根本利益为出发点，如企业生产的产品中有无损害人民利益的成分
考虑工作环境	所做事应该对自然环境、社会环境等不会产生有害的影响。例如：有些企业生产产品的过程中排出的污水污染了环境，这是不允许的，必须对它做特别处理。此外，在可能条件下，要充分利用环境对所做事产生积极的影响
规划工作步骤	规划步骤和程序是3I调研、7D规划、1+3+X具体实施、3A或5A检验和评估。在执行所要完成的工作任务时就要按照理想的步骤和程序来完成所要执行的工作任务
拟订工作内容	在已确定工作任务及对任务进行解剖的基础上，将工作任务从横向角度分解为若干子系统，从纵向分几个层次。将任务分为几个组成部分时，要找出任务的重点和难点，找出主要的和次要的，要分清主次，突出重点；要攻克难点，抓住关键问题和关键环节，特别是加强对创新点研究
选择工作方法	在执行某一工作时，采用的科学方法至关重要。要采用现代科学技术成就和理想的方法来完成所做的工作。要以现代哲学的思想和方法，即科学发展观的思想作为指导，要采用系统工程的理论和方法、现代信息技术、优化的理论和方法、创新的原理和方法、预测学的理论和方法等
检验工作质量	在完成一项工作后，应该对所做的工作进行检验和评估，通过检验可以发现所做工作的优点和不足，在可能条件下对所做工作进行必要的修改，同时对所做事做出评价，确定所做工作的质量

下面举出一个编写顶层设计提纲的例子。我国许多高等学校和科研机构，年年都要申请国家自然科学基金的研究项目，基金的申请书实际上就是对将要研究的科学研究任务提出的规划，也可以认为是一项科学研究任务的顶层设计。基金委员会已经发布研究项目的申请书拟订的框架和体系，给申请者规定了要写的主要内容，这个框架就是编写申请书的提纲。

科学研究项目的申请书（撰写的提纲）大致包括的主要内容见表46.12-3。

类似这一类的提纲很多。例如：在一些企业中，要进行一些产品的设计，首先要完成技术任务书的编写，如何写好技术任务书，每个企业都有自己的具体规定。

表46.12-3 科学研究项目的申请书大致包括的主要内容

立项提纲	具体内容
概况	申请项目的中英文摘要、申请人及参加人员的情况介绍、申请经费的数额及使用计划等
立项依据与研究内容	1）项目的立项依据：①项目的背景和研究意义；②国内外研究概况；③提出要研究的问题 2）项目的研究目标、研究内容，以及拟解决的关键问题：①研究目标；②研究内容；③拟解决的关键问题 3）拟采取的研究方案及可行性分析：①采取的研究方案；②可行性分析 4）项目的特色与创新之处：①项目的特色；②项目的创新点 5）年度研究计划及预期研究成果：①年度研究计划；②预期研究成果
研究基础与工作条件	详细介绍以下内容：①工作基础；②工作条件；③申请人情况；④参加者情况
经费申请说明	①经费项目；②经费预算等

4 顶层设计实例

下面通过几个具体事例来说明规划的拟订过程。其中：有的是局部的，有的是全局的；有的仅限于部分内容的规划，有的是全面和系统的规划。这要根据所做事的具体情况而定。

实例1：某校机械工程学院对985项目所执行的具体内容的规划。

学科建设是学院的头等大事。某校机械工程学院于2004年做出了国家985工程建设的规划。其任务是建设"重大机械装备设计与制造关键共性理论与技术"创新平台，并分设6个子平台。这6个子平台的工作内容见表46.12-4。

实例2：对一位博士研究生学位论文所做的规划。

几年前，作者和研究所另外一位教授对一位博士研究生学位论文所做的规划见表46.12-5。

表 46.12-4　6 个子平台的工作内容

平台名称	具 体 内 容
重大机械装备的动力学与动态设计	该平台的主要目标如下 1）振动利用工程。要建立振动利用工程学的理论框架及其初步的理论基础；扩展振动利用工程学研究领域并将研究结果应用于实际 2）机械系统中的非线性动力学问题。建立多个非线性动力学的新模型；研究典型机械系统的慢变与突变过程；研究混沌的识别、利用与控制 3）现代机械的综合设计理论与方法及动态优化设计。构建综合设计法的理论框架；建立以非线性动力学为基础的动态优化理论与方法，并将动态优化设计理论扩展到振动利用工程领域 该平台的设计研究对象为重大机械装备，例如：大型离心压缩机、核电站主泵、燃气轮机、高档数控机床、重型机器人、大型工程机械、大型冶金机械等
机械设备的智能控制与优化	该平台的主要目标如下 1）机械设备机器人化 2）大型机械设备的智能操作与控制 3）过程装备及工艺过程的智能控制研究 研制导弹贴片机器人、基于人体生理信号的人机交互智能控制及优化、超大功率液压伺服比例系统及智能控制和过程装备与材料超常特性的研究与控制等
重大机械装备的可视优化设计	该平台的主要目标如下 1）典型机器零部件制造与装配过程的可视优化 2）重大机械装备运动过程与动力学过程的可视优化 3）重大机械装备工艺过程和控制过程的可视优化 4）机械设备零件材料的图像分析技术 该平台的研究对象为重大机械装备，例如：大型离心压缩机、燃气轮机、高档数控机床、机器人、大型液压装备、重型车辆、大型工程机械和冶金机械等 面向产品的综合性能，并以获得产品设计的正确性、合理性和有效性的反馈信息为目标的设计法
机械装备可靠性设计与质量评估	该平台的学术研究方向如下 1）大型机械装备与复杂系统的可靠性与概率风险评估，包括虚拟实验、无损检测、寿命预测、可靠性 2）新材料（复合材料、生物工程材料、梯度功能材料）、新型结构（铝材摩擦点焊结构）疲劳断裂与结构完整性设计与预测 3）产品设计过程中的质量评估 该平台的特色如下 1）系统可靠性建模的独立失效假设与信息遗失问题 2）系统可靠性试验信息的充分性问题及相应的判据 3）复杂载荷条件下的疲劳可靠性模型
重大机械装备数字化制造	该平台的学术研究方向如下 1）建设重大机械装备网络化制造实验研究系统平台。提出虚拟企业建模和敏捷调度的一般方法和模型框架；开发面向企业和集团的装备制造企业网络化制造平台 2）建设重大机械装备虚拟制造与快速成形实验研究系统平台。机械装备的虚拟制造过程和工厂虚拟设计与生产；提出 RPM 技术与 CT 结合快速成形的技术方法 3）制造模式与制造工程质量控制。构建支持集成设计、异地协同机制的产品快速开发系统；制造误差分离与可视化在线监测与预报技术 该平台的研究对象为重大机械装备，例如：大型双进双出磨煤机、离心压缩机、高档数控机床、重型机器人等网络化制造与虚拟制造及质量控制
磨削、表面工程与高档数控机床	该平台的学术研究方向如下 1）磨削与精密加工。研究超高速磨削工艺理论与技术；精密光整复合工艺研究 2）高档数控机床。提出少自由度并联机构设计理论；建立混联高速五面五轴加工中心实验研究系统 3）表面工程技术研究。新型低温气相沉积技术及装备研究；开发金刚石、类金刚石薄膜涂层技术 该平台的研究对象为重大机械装备的工艺理论与技术方法，例如：以大批量生产的高表面质量要求的汽车零件、高档数控机床产品、特殊功能要求表面制造工艺与技术方法

表 46.12-5　对一位博士研究生学位论文所做的规划

规划提纲	规划的具体内容
对该博士研究生论文研究目标和任务及主客观因素的调查和分析	首先分析了该博士研究生的个人条件及我研究所原有的工作基础,并对其外部环境进行调查和分析 1)该博士研究生的研究方向是我研究所的主要研究方向之一。该研究方向为"机械系统的振动同步及振动同步传动理论及应用",我研究所对该研究方向有良好的基础,曾在国内外的期刊上发表数十篇论文,还撰写过中文和英文专著,研究成果处于国际先进水平,有部分成果达到国际领先水平 2)该研究生具有良好的自身条件。博士研究生所确定的研究方向和硕士研究生的方向一致,该生学习勤奋,曾在企业工作过多年,有实际工作经验。这三方面的条件为他做好博士论文打下了良好的基础 3)该项研究与企业生产联系紧密。目前我国有多个企业都在生产和这项研究相关的产品,尚有一些理论问题亟待研究解决 4)在国际上该研究方向尚有若干理论问题需要解决。如振动同步传动理论及其工程应用、近共振机械系统的振动同步理论及其应用、多振动电动机机械系统的同步理论的研究、试验及应用等
按照7P规划对该项任务进行具体安排	7P规划是指导思想、工作目标、工作内容、工作环境、工作步骤、工作方法和工作质量检验等七个方面的规划 1)指导思想或工作理念的规划。任何工作都应该有正确的指导思想,没有正确的指导思想,就会迷失方向。申请优秀论文就要按照科学发展观指引的方向开展科学研究工作,做出高水平的科学研究成果,为发展我国的科学研究事业而做出应有的贡献。该项研究任务符合上述要求 2)工作目标的规划。做事的目标和要求应该是十分明确和具体的,所做的事要按照六项要求——IQCTES,来完成确定的工作任务,即做得"对",做得"好",做得"省",做得"快",还要达到"环境保护的要求","后续服务的工作量少"等。在完成此项任务过程中,要遵照这六项要求完成研究任务 主要的目标就是要在振动同步理论与振动同步传动理论及其应用的研究中,达到国际先进水平,在某些方面要达到国际领先水平,还要将研究结果应用于工程实际之中,为我国某些企业的经济发展创造一定的社会效益和经济效益 3)工作内容的规划。所研究的内容包括:针对目前该领域的科学研究难题,采取理论研究和试验研究相结合的方法,通过对该课题的深入研究,由博士研究生为第一作者撰写出可以被SCI检索的论文8篇 针对目前我国两个企业存在的理论和技术问题开展研究,提出解决生产中亟待解决的两大难题:一是对目前我国已生产出的世界上最大的振动筛存在的振动同步理论问题开展研究,提出解决此问题的技术方案;二是解决目前某企业中已生产的工作在近共振状态下的振动机的振动同步理论中的理论问题,研究出该类振动机的同步性判据和同步状态的稳定性判据 对多振动电动机驱动的机械系统的振动同步理论、近共振振动机的振动同步理论和振动同步传动的理论及应用的研究,取得突破性进展 计划申请两项国家发明专利 4)工作环境的规划。该项研究具有良好的环境和条件,在实验室中已有多个试验台供研究者使用,还有两个企业可为研究的理论的具体应用提供必要的条件,研究的经费充足,可为该项研究提供支持,即根据需要设计制造出新的试验设备,为该项研究提供条件 5)工作过程和步骤的规划。分阶段完成提出的研究任务 第一个阶段完成多振动电动机驱动的振动系统的同步理论的研究 第二个阶段研究振动同步传动的理论及其应用 第三个阶段研究近共振机械系统的同步理论及其应用 第四个阶段进行补充研究及完成学位论文的撰写工作 6)工作方法的规划。采取理论分析、数值计算、试验研究相结合的方法,目标之一是针对工程实际需要解决的重大技术问题开展研究,将研究成果应用于国际上筛分面积最大的和应用振动同步原理的振动筛及在近共振情况下工作的应用振动同步原理的振动离心机中,在研究中要应用现代成功学或高效做事方法的规则完成此项任务 7)有关工作质量检验的规划。运用理论方法、试验方法及工程应用的实际检验方法来检查研究所取得的成果 对以上七个方面的内容进行具体的安排,并定期进行检查,假如发现执行中的一些问题,将采取具体措施,使所承担的工作任务得以有条不紊地开展
对优秀博士学位论文的研究任务及可取得成果的安排	根据一些单位申请优秀博士的情况,拟在以下几个方面做出出色的成绩 1)针对目前该领域的科学研究难题,在理论研究和试验研究相结合的基础上,深入地研究提出的问题,由博士研究生本人为第一作者撰写出可以被SCI检索的论文8篇 2)由于指导教师参加此项科学研究任务,计划由指导教师为第一作者写出可以被SCI检索的论文4篇 3)针对目前我国两个企业存在的技术问题开展研究,提出解决生产中亟待解决的两大问题:①针对目前我国已生产出世界上最大的振动筛的振动同步理论存在问题开展研究,提出解决问题的方案。②研究并提出目前某企业中已生产的工作在近共振状态下的应用振动同步原理的振动离心脱水机的同步性判据和同步状态的稳定性判据 4)在多电动机驱动振动同步理论、近共振振动机的振动同步理论和振动同步传动的理论及应用的研究上取得突破性进展 5)计划申请两项国家发明专利

(续)

规划提纲	规划的具体内容
选定的任务及工作中应该具有的正确态度	根据有关单位优秀博士论文的情况,为了做出出色的成绩,应该有正确的工作态度 1)要抓紧时间,以勤奋和刻苦的态度完成此项研究任务 2)以严谨求实的态度完成研究工作 3)要以勇于实践、开拓奋进的精神完成研究任务 4)要以勤于思考、善于创新的精神参与该项研究
工作过程及采取的步骤	根据有关单位优秀博士论文的情况,在完成博士学位论文期间,针对要解决的几个难题分阶段开展研究 1)根据该研究所所具有实验条件,先对多振动电动机的机械系统的同步理论进行理论分析和试验研究 2)对振动同步传动的理论及其具体应用开展研究,并设计出试验台,验证得出的理论结果 3)对在近共振条件下工作的振动同步的振动机的同步理论进行分析,并进行试验,为该种振动机的设计理论提供参考 4)为改善国内某企业生产的国际上最大的应用振动同步原理的巨型振动筛的工艺效果,对其同步理论进行分析,并提出具体的改进方案
分阶段完成提出的研究任务	在完成博士学位论文期间,针对要解决的几个难题分阶段开展研究 1)在这三年的研究中,先完成第一阶段的任务,即在理论分析和试验研究的基础上,写出了4篇可被SCI检索的论文,分别投寄到国内外重要期刊上发表,该项任务已经完成 2)第二阶段在理论研究和厂家试验研究的基础上,再写出3篇学术论文,投寄给国内外的相关杂志,目前已收到评审结果,有两篇已经没有问题,即可发表,还有一篇正在评审过程中 3)第三阶段的任务,针对企业中存在的主要问题开展研究,将于最近写出3篇论文,再寄给国内外有关期刊发表 4)博士研究生的预定计划还包括申请两项发明专利

顶层设计和高效做事的主要内容是十二对规则,学习、掌握和运用这十二对规则是做好顶层设计的关键,也是做事能否取得成功和获取最高效益的关键所在。

参 考 文 献

[1] 戴尔·卡耐基. 人性的光辉 [M]. 韦荣臣, 译. 天津: 天津人民出版社, 2008.
[2] 戴尔·卡耐基. 成功有效的团体沟通 [M]. 詹丽茹, 译. 北京: 中信出版社, 2008.
[3] 卡耐基管理群. 优质的领导 [M]. 北京: 中信出版社, 2008.
[4] 付丽君. 卡耐基成功学全书 [M]. 北京: 北京工业大学出版社, 2009.
[5] 刘俊峰. 卡耐基人性的弱点 [M]. 北京: 海潮出版社, 2010.
[6] 拿破仑·希尔. 成功法则 [M]. 王勇编, 译. 呼和浩特: 内蒙古大学出版社, 2008.
[7] 郭君. 现代成功学 [M]. 上海: 上海财经大学出版社, 2008.
[8] 刘墉. 成功全书 [M]. 北京: 接力出版社, 2009.
[9] 陈泰先. 35岁之前的十六条黄金法则 [M]. 北京: 中国物质出版社, 2007.
[10] 肖剑. 成功心理学 [M]. 北京: 新世界出版社, 2009.
[11] 苏杨. 成功之道 [M]. 北京: 北京燕山出版社, 2008.
[12] 君子. 做人做事羊皮卷 [M]. 天津: 天津科学技术出版社, 2009.
[13] 成果. 哈佛成功课——成功人士是这样修炼的 [M]. 北京: 中国纺织出版社, 2010.
[14] 邢桂平. 你为什么不成功——突破人生困境的锦囊妙计 [M]. 北京: 北京工业大学出版社, 2010.
[15] 王宝霞, 王爱光, 喻春明. 成功者的足迹 [M]. 北京: 新华出版社, 2010.
[16] 闻国椿. 关于处事的十大规则 [M]. 北京: 北京燕山出版社, 2012.
[17] 闻邦椿. 奋斗的人生 [M]. 北京: 高等教育出版社, 2009.
[18] 闻邦椿. 成功之路的探索 [M]. 北京: 社会出版社, 2010.
[19] 闻邦椿. 从追逐梦想到实现梦想 [M]. 北京: 新华出版社, 2011.
[20] 闻邦椿文集编纂组. 致力教育 潜心科技——闻邦椿院士文集 [M]. 沈阳: 东北大学出版社, 2010.
[21] 闻邦椿. 成功做事方法学——现代成功学浅论 [M]. 北京: 中国社会科学出版社, 2012.
[22] 闻邦椿. 现代成功学——兼谈做人、做事、做学问 [M]. 北京: 新华出版社, 2013.
[23] 闻邦椿. 产品设计方法学——兼论产品的顶层设计与系统化设计 [M]. 北京: 机械工业出版社, 2012.
[24] 闻邦椿, 张国忠, 柳洪义. 面向产品广义质量的综合设计理论与方法 [M]. 北京: 科学出版社, 2007.
[25] 闻邦椿. 产品全功能与全性能综合设计 [M]. 北京: 机械工业出版社, 2008.
[26] 闻邦椿, 刘树英, 李小彭. 产品的主辅功能及功能优化设计 [M]. 北京: 机械工业出版社, 2008.
[27] 闻邦椿, 韩清凯, 姚红良. 产品的结构性能及动态优化设计 [M]. 北京: 机械工业出版社, 2008.
[28] 闻邦椿, 赵春雨, 任朝晖. 产品的使用性能及智能优化设计 [M]. 北京: 机械工业出版社, 2009.
[29] 闻邦椿, 孙伟, 李鹤. 产品的制造性能及可视优化设计 [M]. 北京: 机械工业出版社, 2010.
[30] 闻邦椿, 李小彭, 李鹤, 等. 机械产品设计质量的检验与评估 [M]. 北京: 机械工业出版社, 2010.
[31] 闻邦椿. 现代机械设计师手册: 上册、下册 [M]. 北京: 机械工业出版社, 2012.
[32] 袁旭梅, 刘新建, 万杰. 系统工程学导论 [M]. 北京: 机械工业出版社, 2006.
[33] 周祖德. 数字制造 [M]. 北京: 科学出版社, 2004.
[34] 陈鹰, 杨灿军. 人机智能系统的理论与方法 [M]. 杭州: 浙江大学出版社, 2006.
[35] 陈立周. 机械优化设计方法 [M]. 北京: 冶金工业出版社, 2005.
[36] 吕仲文. 机械创新设计 [M]. 北京: 机械工业出版社, 2005.
[37] 成其谦. 技术创新与竞争力研究 [M]. 北京: 中国科学技术出版社, 2002.
[38] 胡家秀, 陈峰. 机械创新设计概论 [M]. 北京: 机械工业出版社, 2005.

第47篇 创新原理、思维、方法与应用

主　编　赵新军
编写人　赵新军　钟　莹　孙晓枫
审稿人　宋桂秋　巩云鹏

第5版
创新设计

主　编　赵新军
编写人　赵新军　钟　莹
审稿人　鄂中凯　巩云鹏

第1章 绪 论

创新是人类文明进步的动力,是社会经济发展的源泉。历史地看待创新,人类发展的历史就是一部创新史,创新的数量、质量和速度影响着人类发展进步的幅度和速度。认识创新,了解创新对人类文明的影响,了解创新人才的特征,把握创新人才的培养要点,是创新人才成长发展的第一步。

创新的提法由来已久。美国第一任总统华盛顿在1786年的离职演讲中,告诫美国人民要"保持自由创新精神"。但是,对创新的理论研究却发端于20世纪初期。随着知识经济时代的到来,创新成为一个越来越广泛使用的名词,全面理解创新显得非常必要。

1 创新的基本概念

创新包括技术创新(产品创新与过程创新)与组织管理上的创新,因为两者均可导致生产函数的变化。创新是一个经济范畴,而非技术范畴。它不是科学技术上的发明创造,而是把已发明的科学技术引入企业之中,形成一种新的生产能力。具体来说,创新包括五种情况,见表47.1-1。

表47.1-1 创新的五种情况

序号	创新的具体情况
1	引入新产品(消费者不熟悉的产品)或提供新的产品质量
2	采用新的生产方法(制造部门中未曾采用过的方法,此种新方法并不需要建立在新的科学发现基础之上,可以是以新的商业方式来处理某种产品)
3	开辟新的市场(使产品进入以前不曾进入的市场,无论此市场以前是否存在过)
4	获得原料或半成品的新供给来源(无论这种来源是已经存在的,还是第一次创造出来的)
5	实行新的企业组织形式(如建立一种垄断地位,或打破一种垄断)

创新概念包含的范围很广,各种提高资源配置效率的新活动都是创新。其中,既有涉及技术性变化的创新,如技术创新、产品创新和过程创新等;也有涉及非技术性变化的创新,如制度创新、政策创新、组织创新、管理创新、市场创新和观念创新等。

从事创新活动,使生产要素重新组合的人称为创新者。创新者必须具备三个条件:首先要有发现潜在利润的能力;其次要敢于冒风险;第三要有组织能力。

2 创新理论及其应用

创新的原理,指人类在征服自然、改造自然的过程中所遵循的客观规律,是人类获得所有人工造物时所遵循的发明创新原理。

只要了解了事物的规律,掌握办事的方法,很多事情都会迎刃而解。如果掌握了创新的规律,以创新的方法学作为指导,创新也就是一件人人可学习、可掌握、可做到的事情。

2.1 创新设计

设计本身就是一个创新的过程,将创新的理论与设计的实践切实地结合起来就能创造出更多更好的优秀设计作品。

(1)设计的内涵

人类通过劳动改造世界、创造文明、创造物质财富和精神财富,而最基础、最主要的创造活动是造物。设计便是进行造物活动的预先计划,可以把任何造物活动的技术计划和过程计划理解为设计。

设计的种类相当多,如机械设计、工业设计、环境设计、建筑设计、广告设计、包装设计、平面设计、形象设计、网页设计、动画设计、人机界面设计和通用设计等,设计涵盖了人们日常生活的各个方面。

(2)创新设计

研究创新设计,主要研究如何将创新理论和创新方法应用于各个设计门类之中。在设计的过程中融入创新的理论和方法,能够使创新更有效地推动设计向前发展;同时,在设计实践中的实施经验也是对于创新理论研究的一个有效补充和完善。所以,创新与设计的关系如图47.1-1所示,两者是互为依托、不可分割的两个领域。创新设计的立足点应为两者相结合的区间,十分具有研究价值及发展的空间。

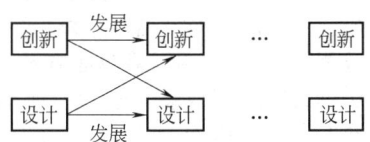

图47.1-1 创新与设计的关系

2.2 创新理论

2.2.1 本体论

(1) 本体论概述

本体论（ontology）作为一个哲学名词，来源于古希腊哲学的概念，被解释为"关于存在的学说、言论"。哲学上的 Ontology 旨在解决这样的问题——对某一定义的知识进行统一的概念化，主要是从自然内部、从客体与客体之间的联系中去寻找万物的本质，力图摆脱人在自然、客体中的作用和影响，努力构建一个客观世界的本体。

20世纪80年代末90年代初，随着人工智能的发展，本体论被人工智能界赋予了新的定义。在人工智能领域，本体论是研究客观事物间相互联系的学科，本体（ontology）是共享概念模型的明确的形式化规范说明。

为满足：①领域知识的表达、共享、重用；②术语标准化（实施并行工程、异地协同设计制造与产品全生命期管理）；③异构数据集成（虚拟企业或供应链内部异构信息系统之间的互操作和集成）的需求，随着人工智能和知识工程的发展，本体论（ontology）成为知识工程和知识管理领域研究的热点。例如，美国斯坦福大学计算机系的知识系统实验室（knowledge systems laboratory）的 R. Fikes 教授和 T. Gruber 等人从20世纪90年代初（1993年）开始进行名为"How Things Work"的研究计划，主要目的是研究面向科学工程的基于工程本体（engineering ontology）的"共享的可重用知识库（shared reusable knowledge bases）"。该研究大大推动了知识工程中本体论的研究，较早地提出借用哲学概念本体（ontology）来描述特定领域相关基本术语以及术语之间的关系（概念模型），并以此作为知识获取和表达，从而建立共享知识库的基本单元。其目标是捕获相关领域的知识，提供对该领域知识的共同理解，确定该领域内共同认可的词汇，并从不同层次的形式化模式上给出这些词汇（术语）和词汇之间相互关系的明确定义。而大规模的模型共享、系统集成、知识获取和重用依赖于领域的知识结构分析。

从本体论的观点来看，世间万物皆有联系——这种联系近似于一个复杂的网状结构。本体论承接了所有研究领域学科的知识总和，客观地描述了既有的"世界"（自然成果+人类成果）的关系，并能指导人类去开发和认识未知的世界。

对本体概念的认识，可归纳为表 47.1-2 所列的六点。

表 47.1-2 对本体概念的认识

序号	对本体的认识
1	本体是对某一领域概念化的表达
2	概念是现实对象在某一或某些属性空间上的投影
3	投影规则可能非常复杂，可能涉及多次投影或其他转换
4	对同一领域的概念化有某些共同点，但概念化可能有所差异
5	任意本体均不可能包括现实对象的全部属性，只能限定到所研究的领域范围内
6	一个本体的声明转换到另一本体的声明不一定可逆

(2) 本体论开发步骤

本体开发是必然有设计原理的设计活动，这些原理会在很大程度上影响最终的本体，即任何本体都不能脱离假定和/或设计师的立场。这些立场主要包括牛顿世界观和三维建模，即认为世界是由有绝对时间的三维欧氏空间构成，并且对象和过程同等重要地存在。

通常，本体开发方法学应该包括下面所述的三层准则：

① 顶层：此层是最粗粒度级别的准则，指定与传统的软件开发过程相符的整个建立过程，原因是已实现的本体是种计算机程序。

② 中间层：这层是普通的约束和指南，规定主要的步骤及其次序。

③ 底层：该层是最细粒度级别的准则。

尽管有些本体开发方法学侧重于论述中间层的主题，但是很多现有的方法学主要集中于顶层。实际上，开发好的本体更重要的应该是在准则模型的中间层与底层，原因是这两层直接影响着已开发本体的品质。本体开发通常采用迭代步骤，即最初定义本体原型，接着修改并细化进化的本体，随后填充细节。实际上，本体的开发步骤可以简单概括为：定义本体的类；在分类学（父类—子类）层次上安排类；定义类的属性并描述这些属性的允许值；填充属性值形成实例。本体论具体开发步骤见表 47.1-3。

总之，本体是领域的术语及其关系的清晰的形式化规范，即对研究领域的概念、每个概念的不同特性和属性，以及属性的约束进行明确的形式化描述。本体和类的一组实例构成了知识基。

对于任意领域而言都没有唯一正确的本体论开发过程，原因是最合适的开发过程都是与具体的实际应用相互关联的。本体设计是个创造性的过程，且不同设计者开发的本体是不同的。本体的潜在用途和设计者的理解力，以及领域的视角都会影响本体的设计抉择。空谈不如实践，评价所建本体的质量仅需把其放于具体的应用环境中。

表 47.1-3 本体论开发步骤

序号	步骤		
1	确定本体的领域和范围	需求细化	需求细化(分解)过程必须满足何种标准？会产生多余的需求吗？需求是客户的清晰表述吗
		需求追溯能力	需求还能分解吗？需求的来源是什么？谁记录需求？需求在特定的设计团队内适用吗
		需求满足	需求能够满足吗？两个或多个需求间互相冲突吗？更高抽象级别的需求怎样满足评估
		文档生成	需求属于哪类文档？哪些是与需求文档中的段落相符的需求？不属于客户报告的需求有哪些(商业机密)
		升级	这是需求的最新版吗？需求的旧版本有哪些？为什么还要改变需求？变化对需求文档的一致性和完整性有影响吗
2	考虑现有本体的复用		为特定的领域或工作来细化和扩展现有的资源。如果系统需要与其他特定的本体知识库或受控词汇的应用交互,则系统需求可能会是复用现有的本体知识库
3	枚举本体的重要术语		列举出所有的术语(声明或解释)。得到术语的全面列表是很重要的,不必担心概念的重叠、概念的特性、概念间的关系,以及概念是类还是属性等
4	定义类和类层次	确保类层次的正确性	类及其名称:类表示领域的概念,而非单词表示这些概念。若选择不同的术语学,则类名可以改变,但是术语本身表示世界的客观实体
			is-a 关系:恰当使用 is-a 和 kind-of 等类间的关系。is-a 关系指类 A 是 B 的子类,前提是 B 的每个实例也是 A 的实例。类的子类表示的概念是 kind-of 父类表示的概念
			层次关系的传递性:若 B 是 A 的子类,且 C 是 B 的子类,则 C 是 A 的子类
			避免类循环:避免类层次中的循环。在类层次中,类 A 有子类 B,同时 B 是 A 的父类,则类 A 和 B 是等价的,即类 A 的所有实例是 B 的实例,且 B 的所有实例也是 A 的实例
			类层次的进化:随着领域的发展,需要维护类层次的一致性
		分析类层次中的兄弟关系	类层次中的兄弟关系(sibling):在类层次中,兄弟关系是同一类的直接子类,并在同一抽象级别上
			直接子类的个数:没有严格规定类具有的直接子类的数目,父类通常应只有 2~12 个直接子类,过少过多都不合适
		多重继承关系	很多知识表示系统在类层次中允许多重继承(multiple inheritance):一个类可以是几个类的子类,则子类的实例是其所有父类的实例,子类将继承所有父类的属性和关系约束
		引入新类的时机	不应为每个额外的限制都生成类的子类。在定义类层次时,目标是确保生成类的组织中在有用的新类和产生过多的类之间达到平衡
		新类或特性值	当对领域建模时,依赖于领域和任务的范围,经常需要确定是否把特殊的差别建模为特性值或一组新类
		类或实例	依据本体的潜在应用来确定特殊的概念是本体中的类还是单个实例。判断类结束和单个实例开始依赖于表示中最低的粒度级,而粒度级又由本体的潜在应用来确定
		限定范围	下列规则有助于判断本体定义何时才能完善:确保不包括类具有的所有特性,仅在本体中表述类的最突出的特性;同样,不增添所有术语间全部的关系
		不相关子类	很多系统允许明确指定某些子类不相交(disjoint),如果类没有任何共同的实例,则它们不相交。此外,指定类是不相交的使系统能更好地验证本体
5	定义类的特性	固有的特性	如圆柱的半径和高度
		外在的属性	如螺栓的设计者
		局部	若对象是结构化的,物理和抽象的部分
		其他个体间的关系	类的个体成员和其他条目之间的关系

（续）

序号		步	骤
6	定义属性的约束	属性基数	基数定义属性有多少值
		属性值类型	值类型约束描述何种类型的值能够填充属性，下面列出属性的最普通的值类型：String、Number（Float 与 Integer）、Boolean（yes 或 no）、Enumerated（Symbol）、Instance
		属性的领域和范围	判断属性的 domain 和 range 的基本规则是：当定义属性的 domain 或 range 时，发现最通用的类作为其领域或范围；另一方面，不把 domain 和 range 定义得过分通用，即属性应能描述其 domain 中所有的类，属性应能填充其 range 中所有类的实例。同时不应指定属性的 range 是 THING（本体中最通用的类）
		逆属性	属性值可能会依赖于另一属性的值，称为逆关系（inverse relation），因此在两个方向保存此信息是冗余的。通过使用逆属性，知识表示系统能够自动填充另一逆关系的值，从而确保知识基的一致性
		默认值	很多基于框架的系统允许定义属性的默认值（default value）。如果类的多数实例的特定属性值都相同，则可把该值定义成默认值。接着，当类的每个新实例包含这个属性时，系统自动填充默认值，还能把此值改成约束允许的其他值
7	生成实例		定义类的单个实例首先要选择类，接着生成这些类的单个实例，最后填充属性值

（3）本体论工程方法

基于从开发 Enterprise Ontology 本体和 TOVE 项目本体中获得的经验，Uschold 和 Gruninger 在 1995 年第一次提出方法学概述，并随后对其进行了改进。在 1996 年举行的第 12 届欧洲 AI 会议上，Bernaras 等人提出在电子网络中建立本体的方法，并把其作为 Esprit KACTUS 项目的一部分；同年还出现并在以后得以扩展的 METHONTOLOGY 方法学。1997 年，Swartout 提出了基于 SENSUS 本体来建立本体论的方法。本体论的工程方法见表 47.1-4。

表 47.1-4 本体论的工程方法

方法	内涵	过程
骨架法	Uschold 和 King 等人基于从开发企业建模过程的 Enterprise Ontology 本体中获得的经验得出骨架法，该方法使用 middle-out 开发方式提供本体开发的指导方针，还是与商业和企业有关的术语及其定义的集合。Enterprise Ontology 本体是英国 Edinburgh 大学 AI 应用研究所的 Enterprise 项目组开发，合作伙伴有 IBM、Logica UK 有限公司和 Unilever 公司等	①确定本体应用的目的和范围：根据研究的领域或任务，建立相应的领域本体或过程本体。研究的领域越大，所建的本体也会越大 ②本体分析：定义本体所有术语的意思及其之间的关系，该步骤需要领域专家的参与。对该领域了解越多，所建本体越完善 ③本体表示：一般用语义模型来表示本体 ④本体评估：建立本体的评估标准是清晰性、一致性、完善性和可扩展性。清晰性就是本体中的术语应无歧义；一致性指的是术语之间逻辑关系上应一致；完善性是指本体中的概念及其关系应是完整的；可扩展性指的是本体应能够可扩展以便适应将来的发展需要。符合评估标准则继续下一步，否则转到第②步 ⑤本体的建立：以文档形式保存所建立的本体
评估法	Gruninger 和 Fox 等人基于在商业过程和活动建模领域内开发 TOVE 项目本体的经验总结出评估法（又称 TOVE 法），主要目的是通过本体来建立指定知识的逻辑模型。TOVE 项目本体由加拿大 Toronto 大学企业集成实验室建立，该项目本体使用一阶逻辑来构造形式化的集成模型。TOVE 项目本体主要包含有企业设计本体、项目本体、调度本体和服务本体	①设计动机：定义直接可行的应用和所有解决方案，提供潜在的对象和关系的非形式化的语义表示 ②非形式化的能力问题：把能力问题作为约束条件，包括能解决什么问题及怎样解决。问题用术语来表示，答案用公理和形式化定义进行描述 ③术语的规范化：从非形式化的能力问题中提取出非形式化的术语，并用形式化语言进行定义 ④形式化的能力问题：一旦能力问题脱离非形式化，且本体术语已定义，则能力问题自然就变为形式化 ⑤形式化公理：术语定义应遵循一阶谓词逻辑表示的公理，其中包括语义或解释的定义。与第④步有反复的交互过程 ⑥完备性：说明问题的解决方案必须是完善的

(续)

方 法	内 涵	过 程
Bernaras 法	Bernaras 等人开发的欧洲 Esprit KACTUS 项目的主要目标之一是调查在复杂技术系统的生命周期过程中用非形式化概念建模语言(Conceptual Modeling Language, CML)描述的知识复用的灵活性,以及本体在其中的支撑作用。该方法由应用来控制本体的开发,因此每个应用都有相应的表示其所需知识的本体,这些本体既能复用其他的本体,又能集成到项目以后的本体应用中	①应用说明:提供应用的环境和应用模型所需的构件 ②相关本体论范畴的初步设计,搜索已存在的本体论,进行提炼与扩充 ③本体构造:采用最小关联规则,确保模型既相互依赖,又尽可能一致,从而达到最大程度上的同构
METHON TOLOGY 法	由西班牙 Madrid 理工大学 AI 实验室开发,METHONTOLOGY 法的框架是能构造知识级的本体,主要包括辨识本体开发过程、基于进化原型的生命周期以及执行每个活动的特殊技术	①项目管理阶段:系统规划包括任务的进度安排情况、需要的资源,以及怎样保证质量等问题 ②开发阶段:规范说明、概念化、形式化、执行和实现 ③维护阶段:知识获取、系统集成、评估、文档说明与配置管理
SENSUS 法	SENSUS 法是由美国 Southern California 大学信息科学研究所(Information Sciences Institute, ISI)的自然语言团队为研发机器翻译器提供无限概念结构所开发的方法,主要用于自然语言处理,通过提取和合并不同电子知识源的信息而得到其内容,其中共有 50000 多个电子类知识的概念	①定义一套"种子"术语 ②手工把种子术语与 SENSUS 术语相互链接 ③找出种子术语到 SENSUS 根的路径上包含的所有概念 ④增加与领域相关但没有出现的概念 ⑤用启发式思维找出特定领域的全部术语。如果子树内的多个结点都相关,那么子树内的其余结点也可能相关,基于这样的理念,对于有很多路径穿越的结点,有时要增加其下的整个子树

目前 METHONTOLOGY 法已经在很多领域得到广泛的应用。例如,Onto Agent 是基于本体的 WWW 主体,把参考本体作为知识源进行一定约束条件的本体检索描述;化学 OntoAgent 是基于本体的 WWW 化学教学主体,允许学生学习化学课程并自测在该领域的技能;Onto generation 使用领域本体和语言本体产生西班牙语的文本描述,以便解答学生在化学领域的查询。

2.2.2 公理性设计

(1) 公理性概述

美国麻省理工学院公理化设计创始人苏教授(Suh)认为:"现行设计技术与实践缺乏创新是最重要的问题",它涉及以下事实。

① 设计中经常出现原则性差错。

② 缺乏现代设计理论与方法学的指导,使许多设计从概念阶段开始就存在致命的弱点,导致设计方案存在缺陷,从而使开发计划推迟或失败。

③ 长期沿用经验的设计技术和方法,缺乏严密的科学理论指导,极大地限制了自主创新能力和实际设计水平的提高。

④ 多数高等学校和企业不能培养出具有系统创新思维能力、掌握现代科学设计方法和工具的人才。

对产品设计的过程、规律和工具进行研究一直是产品设计方法学的主要内容。多年来,为改变传统设计过程以经验为基础进行演绎、归纳的现状,设计界一直在探索以科学原理为基础的设计理论,以求提高设计效率。20世纪90年代初,在美国自然科学基金会(NSF)的支持下,美国麻省理工学院苏教授及其领导的研究小组于1990年建立了公理化设计理论(axiomatic design theory, ADT)。

公理化设计主要概念有域、映射、分解、层次和设计公理。

(2) 设计域、设计方程和设计矩阵

ADT 是将设计流程描述成由用户、功能、物理和过程四个域组成,形成一条往复迭代、螺旋上升的链条,如图 47.1-2 所示。用户域(customer needs, CNs)表示用户的需求;功能域(functional requirements, FRs)表示产品所要实现的一系列功能;物理域(design parameters, DPs)表示满足功能需求的设计参数;过程域(process variables, PVs)是设计过程中工序和工艺的变量集合。ADT 描述的产品设计过程就是以用户需求为驱动,由功能域、物理域、过程域的反复迭代和映射而形成的过程,并为是否是可接受的、最佳的设计提供分析与判断的准则。表 47.1-5 列出了 ADT 各设计域的基本特征。

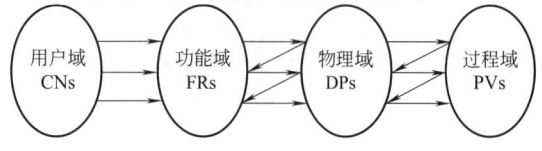

图 47.1-2 ADT 设计流程

表 47.1-5 ADT 各设计域的基本特征

设计范围	用户域(CNs)	功能域(FRs)	物理域(DPs)	过程域(PVs)
制造	顾客期望的属性	规定功能的要求	满足 FRs 的 DPs	可控 DPs 的 PVs
材料	要求的性能	要求的特性	材料的显微结构	处理与工艺过程
软件	期望的属性	编程输出的要求	输入变量、算法、模块域编码	子程序/机器码/模块与编译程序
组织	顾客/员工满意、受益者满意	组织的功能、需求/要求	程序、活动与行政或计划	资源支持下的实施程序
系统	总系统要求	系统功能的要求	组成子系统与要素	人与资金等资源
商务	投资回报率 ROI	商务的目标要求	商务系统的结构	人与资金等资源

在域之间映射生成设计方程和设计矩阵。设计方程是模拟一个给出的设计目标（什么）和设计过程（如何），用数学形式来表达一个设计过程中域与域之间的变换。设计矩阵描述域的特征矢量之间的关系，形成设计功能分析基础，以此来确认是否可接受的设计。

(3) 分解、反复迭代与曲折映射

每一个域均能按顺序分解。要分解 FR 和 DP 特征矢量并在这些域之间反复迭代，也就是多次反复地从"什么"域出发进至"如何"域。但是，在最高层次上，从功能域映射到物理域就停止了，必须曲折映射到下一个功能域并产生下一层的 FR1 和 FR2，然后再进至物理域并产生 DP1 和 DP2。这样的分解过程将继续下去（反复迭代），直至所有分支都到达最终状态，FR 达到满足而不再有进一步分解为止。从功能域到物理域的曲折分解及层次信息结构如图 47.1-3 所示。

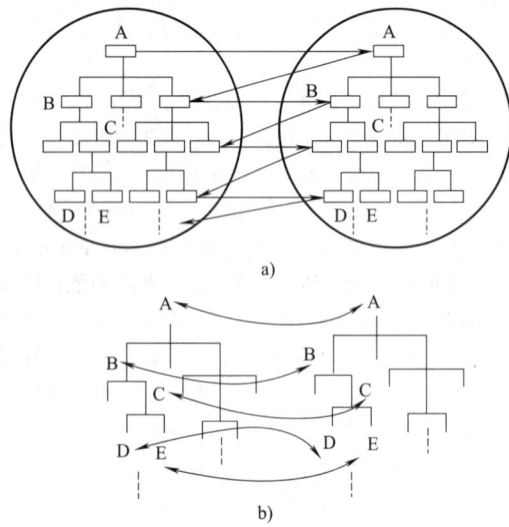

图 47.1-3 从功能域到物理域的曲折分解及层次信息结构
a) 曲折分解 b) 域间映射的层次对应信息结构

(4) 设计公理

在 ADT 中，提出了两个基本设计公理：独立公理和信息公理，作为对设计方案的分析和评价准则。

公理一（独立公理）：

功能需求 FRs 必须始终保持独立性。当 FRs 为一组时，FRs 必须满足独立需求的最小集合。当有两个或更多 FRs 时，必须满足 FRs 中的某一个而不影响其他的 FRs，意味着必须选择一组正确的 DPs 去满足 FRs 和保持它们的独立性。

例 47.1-1 考虑一个盛饮料的铝饮料罐，这个罐需要满足多少 FRs？它具有多少物理部件？DPs 是什么？这里有多少 DPs？

解：罐头有 12 个 FRs，可以列举的 FRs 有：承受轴向和径向的压力；抵抗当罐头从某个高度摔下时的中等冲击；允许彼此层层相摞；提供容易取得罐中饮料的途径；用最少的铝；在表面上可印刷等。然而，这 12 个 FRs 不是由 12 个物理部件来满足的，因为铝罐头仅由三个部件组成：罐头、盖子和开片。为满足独立公理要求，对应 12 个 FRs 就必须至少有 12 个 DPs。DPs 是在哪里呢？大多数 DPs 与罐头的几何尺寸相关：罐体的厚度，罐头底部的曲率，罐头在顶部减小直径以减少用于制造顶盖的材料，开片在几何上的弧形以增加刚度，盖子上压出的形状以便于钩住开片等。

在麻省理工学院进修了公理设计课程之后，工程师对罐头设计改进，铝罐现在有 12 个 DPs 集成在 3 个物理部件中。

FR 和 DP 的映射关系可表示为

$$\{FR\} = A\{DP\} \quad (47.1\text{-}1)$$

A 称为设计矩阵，按如下表达形式

$$A = \begin{pmatrix} A_{11} & A_{12} & A_{13} \\ A_{21} & A_{22} & A_{23} \\ A_{31} & A_{32} & A_{33} \end{pmatrix} \quad (47.1\text{-}2)$$

其中 $A_{ij} = \dfrac{\partial FR_i}{\partial DP_j}$ $FR_i = \sum_{j=1}^{3} A_{ij} DP_j$

对于一个线性的设计，A_{ij} 是常数；对于非线性设计，A_{ij} 是 DPs 的函数。设计矩阵有两种特殊形式：对角矩阵和三角矩阵。在对角矩阵中，除 $i=j$ 以外，所有的 $A_{ij}=0$。当 A 为对角阵时，称为非耦合设计，是理想设计；当 A 为三角阵时，称为解耦设计。若 A 为其他一般形式时，则是耦合设计，即设计矩阵既不是三角形式，也不是对角形式。非耦合设计满足功能独立性公理，是可以接受的最佳设计；解耦设计也满足独立性公理，也是可接受的设计，但必须予以解耦。耦合设计不能满足独立性公理，必须予以修改或重新设计。

① 在耦合设计（coupled design）中的设计矩阵，如

$$A = \begin{pmatrix} A_{11} & 0 & A_{13} \\ A_{21} & 0 & 0 \\ 0 & A_{32} & A_{33} \end{pmatrix} \quad (47.1\text{-}3)$$

耦合设计出现后，即可以用代数方法对其进行处理。存在简单的算法来改变设计参数的顺序，从而使设计结构矩阵成为下三角矩阵，使设计解耦；或者使耦合的设计参数尽可能地集中，这样设计参数就可能按照它们之间的耦合关系分类，并将设计结构矩阵分解为更小的矩阵，称为设计结构矩阵的分割。对于不能通过代数解耦或集中的耦合设计参数，就只有通过暂时去掉某些耦合关系来达到设计结构矩阵的分解，这一过程称为分裂。实现矩阵分裂后，各子阵中的设计参数之间的相互关系十分密切，在产品开发过程中可以把它们作为一个单独的部分进行处理，这一过程称为设计参数的聚类。对于仍然十分复杂的子矩阵，可以重复这一过程，进行进一步的分解。这样就自下而上地进行了产品概念的分解，最终实现解耦。

② 非耦合设计（uncoupled design）中的设计矩阵为对角形式，如

$$A = \begin{pmatrix} A_{11} & 0 & 0 \\ 0 & A_{22} & 0 \\ 0 & 0 & 0 \end{pmatrix} \quad (47.1\text{-}4)$$

③ 解耦设计（decoupled dsign）中的设计矩阵为三角形式，如

$$A = \begin{pmatrix} A_{11} & 0 & 0 \\ A_{21} & A_{22} & 0 \\ A_{31} & A_{32} & A_{33} \end{pmatrix} \quad (47.1\text{-}5)$$

这一公理也可表述为：

① 一个可接受的设计总是保持 FRs 的独立。

② 在有两个或更多 FRs 时，应选择以满足其中某一个 FRs 所对应的合理的 DPs，而不会影响其他 FRs。

③ 一个非耦合的设计是可以接受的设计。

④ 在两个或更多的可接受的设计中，具有更高功能独立性的设计是最优的设计。

公理二（信息公理）：

信息公理指设计信息量最少，意味着在对多个非耦合设计方案进行分析和评价时，在满足独立公理的前提下，其信息量最小的设计为最优设计。

① 信息公理为设计的选择提供了定量的分析和评价方法，使选择最佳设计成为可能。在 ADT 中，每个功能需求 FR_i 被看作是一个随机变量。

② 在两个可以接受的设计中，信息量最少的设计为最优设计。

③ 用户满意度最高或用户抱怨最低的设计是最优设计。

例 47.1-2 把棒料切到某个长度。假设需要把棒料 A 切到长度（1±0.000001）m 和 B 切到（1±0.1）m，哪一个成功的概率较高？如果棒料的名义长度不是 1m 而是 30m，成功的概率将如何变换？

解：答案取决于做这件事所用的切割装备。然而，大多数有一定实际经验的工程师将会说：那个要求切割到 1μm 以内精度会比较困难，因为成功概率是公差除以名义长度的函数，即

$$P = f\left(\frac{公差}{名义长度}\right) \quad (47.1\text{-}6)$$

在已知名义长度和公差之后，能够在已知比例的基础上估计成功概率。虽然不知道函数 f 是什么，但是在没有更好的参照物时，仍然可以把它近似为一个线性函数。与较小公差相联系的成功概率和与较大公差的成功概率相比，前者则显然要复杂得多。因此，成功概率低的事总要比成功概率高的事做起来复杂。

当棒料的名义长度较长时，把它切到公差之内更加困难，因为在名义长度变大时产生误差概率增加了。也就是保持一个固定公差的总长度要影响成功概率，当名义长度增加时，达到目标更为困难。

公理设计方法注重产品概念开发的逻辑化和形象化表述，从而增加了产品概念开发过程的可靠性，但是降低了其在产品开发过程中应用时的操作性。公理设计方法苛刻地要求概念之间相互独立，而对于企业经常在产品开发过程中出现的功能要求耦合的情况，公理设计方法就无能为力。

2.2.3 领先用户法

(1) 领先用户法的基本要素

美国麻省理工学院斯隆管理学院的冯·希普尔教授将领先用户（lead user）从普通用户中分离出来，提出了领先用户的概念，强调了领先用户在早期创新过程中的作用，并使得企业能够通过领先用户法，改善创新产品和服务的商品化过程。这一独特创新方法的发现，对企业新产品和新服务的开发等一系列活动产生了重要影响。

领先用户法主要包含四个基本要素：领先用户的确认、信息的搜集、产品概念的开发与测试和组织的保证，如图47.1-4所示。这四个要素相互作用、相互依存，确保技术与市场的紧密结合，从而使领先用户法能获得较一般市场研究方法无法比拟的效果。

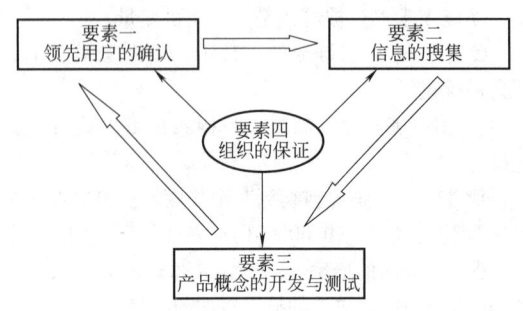

图 47.1-4 领先用户法的基本要素

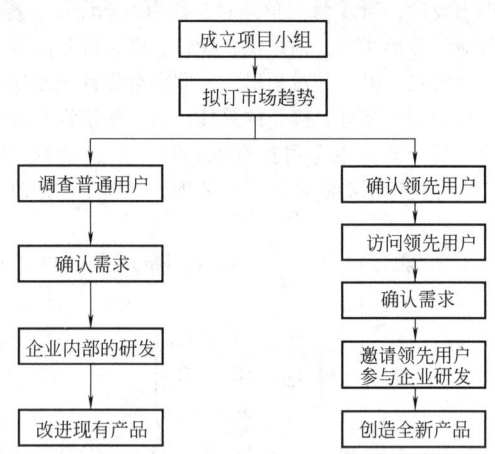

图 47.1-5 领先用户法的操作流程

① 领先用户的确认。实践证明，领先用户的确认是领先用户法的关键，往往是一个较为漫长的过程，需要经过多次反复和筛选。

② 信息的搜集。要用一切办法搜集领先用户对市场走向的感悟，从领先用户的创意中获得启示。项目组通过文献搜索，采访高级专家，分析所得数据，锁定关键需求，经多次提炼，将关键信息或数据进行整理、归纳和分析。

③ 产品概念的开发与测试。同领先用户一道开展新产品概念开发，并适时召开发展新概念的工作会议，将新产品开发的创意提交领先用户（有时为其他专家）进行审议；与领先用户共同进行创意的筛选、新产品的研制和试用，从而提高新产品开发的质量。

④ 组织的保证。灵活、高效的组织形式，技术主管和市场主管的密切配合，是领先用户法成功实施的组织保证。

（2）领先用户法的操作流程

领先用户法的操作流程如图47.1-5所示。一个拥有技术和营销人员的核心项目小组在技术和营销部门的支持下，开展对领先用户的访问并开展一系列的分析活动，以促使新产品/服务概念设计的完成。项目组在具体实施时，可按以下四个阶段进行。

第一阶段：制订项目计划、重点与范围。

第二阶段：识别需求，弄清关键的趋势和顾客的需求。

第三阶段：产生初始概念，从领先用户那里获得需求及解决方案的信息。

第四阶段：会同领先用户发展新概念，产生产品创新方案。

美国洛克希德公司，在计算机辅助设计领域与麦克唐纳-道格拉斯公司差距很大，该公司决定让用户参与其计算机辅助设计大部分产品开发工作，其特点不是保持对计算机辅助设计系统的专有权，而是将其出售。三年之内，它们设法使250个商业用户成为其"免费研制中心"，由于采纳了来自250个领先用户的创意和新概念，仅仅几年内，这个很晚才进入市场的公司在计算机辅助设计系统方面就超过了麦克唐纳-道格拉斯公司。

（3）领先用户法的适用条件

经大量实践表明，必须注意以下三个特定的适用条件。

① 管理层的支持。管理层的支持是使项目获得成功的有力保证。

② 高技能、跨学科的项目小组。该小组应该包括技术专家、营销专家和管理者，还应该将行业创新领域内有创意且掌握专业和各种创新理论和方法，特别是TRIZ理论方法的优秀人员组织到领先用户项目小组中来。

③ 对领先用户市场研究法的理解。由于领先用户法过于注重用户需求，使其对突破性创新的作用不很敏感，因此，在实际应用中，领先用户法一般不适用于突破性创新以及流程型创新。领先用户方法比较适用于产品连续创新，因而比大学的教授和工程师更能找出产品改良之处。

在知识经济时代，技术的转化和市场营销方面的创新已经成为企业取得市场竞争优势的源泉，因此，结合企业实际情况，应用领先用户方法，我国的企业将能够更加高效和成功地进行产品创新和服务创新，发展企业的核心能力，获得长远的竞争优势。

2.2.4 模糊前端法

一般来说，新产品由研究到上市的过程可分成三个阶段：模糊前端（Fuzzy Front End，FFE）阶段、新产品开发阶段以及商业化阶段。美国学者柯恩对模糊前端的定义是：产品创新过程中，在正式的和结构化的新产品开发阶段之前开展的活动。

企业在面对众多的机会选择当中，产品创新的关键是模糊性最高的前端活动。这就引发了关于模糊前端（FFE）法的研究。

多数企业对于新产品开发模糊前端阶段并没有实现有效管理。因此，模糊前端的研究是一个亟待解决的问题。

(1) 模糊前端的活动要素

在柯恩的新概念开发（New Concept Development，NCD）模型中，首先对新产品开发模糊前端的一些通用术语进行了界定。

① 创意：一个新产品、新服务或者是预想的解决方案的最简单的描述。

② 机会：为了获取竞争优势，企业或者是个人对商业或者是技术需要的认识。

③ 概念：具有一种确定的形式特征，其技术能使顾客完全满意。

NCD 模型如图 47.1-6 所示，由机会识别、机会分析、创意生成、创意评估以及生成产品概念等五个基本活动要素组成，其具体含义如下。

① 靶心是模型的引擎，包含了企业领导的关注、文化氛围及经营战略，它们是企业实现五个要素控制的驱动力。

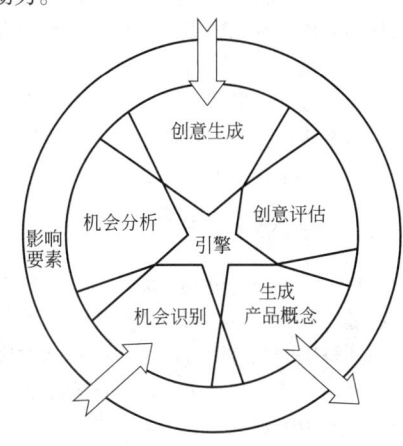

图 47.1-6　NCD 模型

② 内部轮辐域是模糊前端的五个可控基本活动要素。内部轮辐域中的箭头表示五个基本因素活动的反复过程。

③ 内部轮辐域外围是影响因素，包括企业能力、外部环境和开放式的内外技术背景等，这些影响因素作用于企业从技术创新战略通向商业化的全部创新过程。

④ 指向模型的箭头表示起点，即项目从机会识别或创意生成开始；离开箭头表示如何从生成产品概念阶段进入到产品开发阶段或技术阶段流程。

(2) FFE 法操作流程

按照柯恩提出的 NCD 模型，FFE 管理法有表 47.1-6 列出的几个阶段。

表 47.1-6　FFE 法操作流程

程　序	操 作 流 程	使用的具体方法
机会识别	机会识别往往先于创意的生成。识别哪些是企业可以去追求的机会，通过识别最终确定资源投向	人类学方法（了解顾客的根本需要）、领先用户法、TRIZ 理论
机会分析	机会分析的重点是要判断该机会的吸引力、未来可能发展的规模、与商业战略及企业文化的融合程度以及企业抵御风险的程度等	TRIZ 理论、情境分析
创意生成	新的创意也可以在任何正式的流程以外产生，如一个意外的试验结果，一个供应商提供了一种新的材料，或者是一个使用者提出了一个不寻常的要求	阶段门法、TRIZ 理论
创意评估	在模糊前端活动中，由于受信息不全面和不同理解限制而使决策变得困难。因此，需要特别为 FFE 设计更好的、过程更加灵活的选择模型，以便市场和技术的风险、投资额、竞争状况、组织能力、独特的优势以及投资回报率等都可以得到考虑	顾客趋势分析、竞争能力分析、市场研究、情境分析、路径图、TRIZ 理论
生成产品概念	这个阶段包括基于市场潜能、顾客需求、投资要求、竞争者分析、未知的技术以及总体的项目风险估计的一个商业案例的发展	竞争能力分析、市场研究、情境分析、领先用户法、TRIZ 理论

(3) 模糊前端法应用实例

由技术驱动开发新产品——3M 易贴便条。

斯潘塞·西尔弗发明了一种"不寻常"的胶水，这就是机会识别的阶段了。

当西尔弗尝试为这个非同寻常的胶水寻找一个商机的时候，这就是机会分析的阶段。西尔弗拜访了

3M 公司里的每一个部门,创意生成和发展随之出现,在创意选择的阶段,易贴便条被选择作为继续发展的创意。

最后,在生成概念阶段中,一个完整的生产流程开发出来,这个生产流程是用来生产一种可以很好黏附在纸上但不会粘牢的 3M 易贴便条。

2.2.5 发明问题解决理论

TRIZ(theory of inventive problem solving)是创新的理论。经过 50 多年的发展,TRIZ 已经成为技术问题或发明问题解决的强有力方法学,应用该方法已解决了苏联、美国、欧洲和日本等许多国家企业成千上万的新产品开发中的难题。

（1）TRIZ 的内涵

国际著名的 TRIZ 专家,Savransky 博士给出了 TRIZ 的如下定义:TRIZ 是基于知识的、面向人的解决发明问题的系统化方法学。

1946 年,以苏联海军专利部 G. S. Altshuller 为首的专家开始对数以百万计的专利文献加以研究。经过 50 多年的搜集整理、归纳提炼、发现技术系统的开发创新是有规律可循的,并在此基础上建立了一整套体系化的、实用的解决发明创造问题的方法,在当时该理论对其他国家是保密的。苏联解体后,从事 TRIZ 方法研究的人员移居到美国等西方国家,特别是在美国还成立了 TRIZ 研究小组等机构,并在密歇根州继续进行研究。TRIZ 方法传入美国后,很快受到学术界和企业界的关注,得到了广泛深入的应用和发展,并对世界产品开发领域产生了重要的影响。TRIZ 的来源及内容见图 47.1-7。

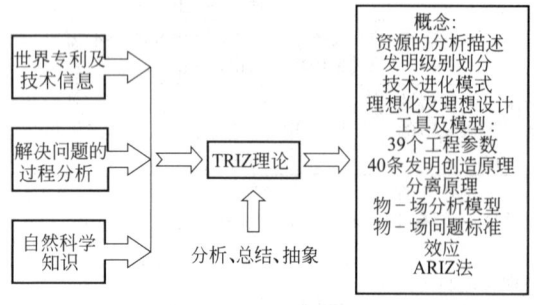

图 47.1-7 TRIZ 的来源及内容

在利用 TRIZ 解决问题的过程中,研究人员首先将待解决的技术问题或技术冲突表达成为 TRIZ 问题,然后利用 TRIZ 中的工具,如发明创造原理、标准解等,求出该 TRIZ 问题的普适解或模拟解,最后再应用普适解的方法解决特殊问题或冲突。

TRIZ 几乎可以被用在产品全生命周期的各个阶段,它与开发高质量产品、获得高效益、扩大市场、产品创新、产品失效分析、保护自主知识产权以及研发下一代产品等都有十分密切的联系。

（2）TRIZ 解决创新问题的一般方法

TRIZ 解决发明创造问题的一般方法是:首先将要解决的特殊问题加以定义、明确;然后,根据 TRIZ 理论提供的方法,将需解决的特殊问题转化为类似的标准问题,而针对类似的标准问题已总结、归纳出类似的标准解决方法;最后,依据类似的标准解决方法就可以解决用户需要解决的特殊问题了。当然,某些特殊问题也可以利用头脑风暴法直接解决,但难度很大。TRIZ 解决发明创造问题的一般方法可用图 47.1-8 表示。图中的 39 个工程参数和 40 个解决发明创造的原理将在本书以后的章节中详细介绍。

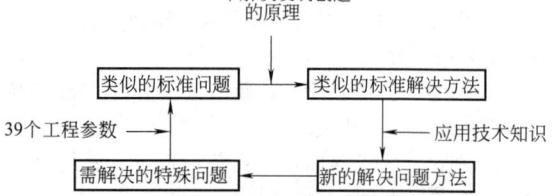

图 47.1-8 TRIZ 解决发明创造问题的一般方法

例如,解决一元二次方程的基本方法如图 47.1-9 所示。

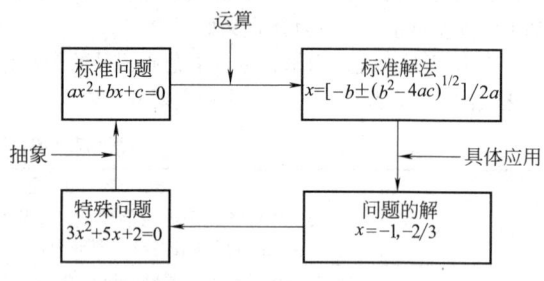

图 47.1-9 解决一元二次方程的基本方法

同理,如需设计一台旋转式切削机器。该机器需要具备低转速（100r/min）、高动力以取代一般高转速（3600r/min）的 AC 电动机。具体的分析解决该问题的框图如图 47.1-10 所示。

（3）TRIZ 理论的应用

TRIZ 理论广泛应用于工程技术领域,其应用范围越来越广。目前已逐步向自然科学、社会科学、管理科学、生物科学和信息科学等领域渗透和扩展。已经陆续总结出 40 条发明创造原理在工业、建筑、微电子、化学、生物学、社会学、医疗、食品、商业和教育应用的实例,用于指导解决各领域遇到的问题。

TRIZ 理论目前及今后的发展趋势主要集中在

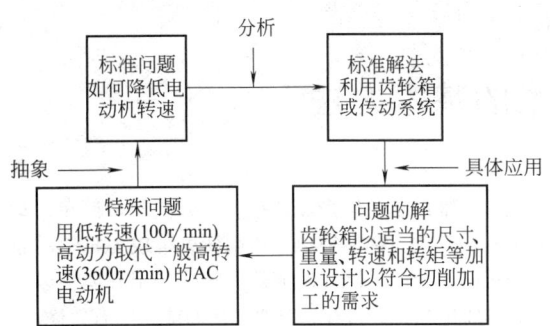

图 47.1-10 设计低转速高动力机器分析框图

TRIZ 本身的完善和进一步拓展研究两个方向。具体体现在以下五个方面。

① TRIZ 理论是前人知识的总结，如何把它进一步完善，使其逐步从"婴儿期"向"成长期""成熟期"进化成为各界关注的焦点和研究的主要内容之一。

② 如何合理有效地推广应用 TRIZ 理论解决技术冲突和矛盾，使其受益面更广。

③ TRIZ 理论的进一步软件化，并且开发出有针对性的、适合特殊领域、满足特殊用途的系列化软件系统。

④ 进一步拓展 TRIZ 理论的内涵，尤其是把信息技术、生命技术和社会科学等方面的原理和方法纳入到 TRIZ 理论中。

⑤ 将 TRIZ 理论与其他一些新技术有机集成，从而发挥更大的作用。

TRIZ 理论主要是解决设计中如何做的问题（How），对设计中做什么的问题（What）未能给出合适的方法。大量的工程实例表明，TRIZ 的出发点是借助于经验发现设计中的冲突，冲突发现的过程也是通过对问题的定性描述来完成的。其他的设计理论，特别是 QFD（即质量功能展开）恰恰能解决做什么的问题。所以，将两者有机地结合，发挥各自的优势，将更有助于产品创新。TRIZ 与 QFD 都未给出具体的参数设计方法，稳健设计则特别适合于详细设计阶段的参数设计。将 QFD、TRIZ 和稳健设计集成，能形成从产品定义、概念设计到详细设计的强有力支持工具。因此，三者的有机集成已成为设计领域的重要研究方向。

第 2 章 创新思维的基本方法

笛卡儿说："最有价值的知识，是关于方法的知识"。学习创新设计方法，应当重点学习创新思维和创新技法。

1 创新思维方法

创新思维产生于人类的生产和生活实践，并且不断丰富发展。经过实际生产和生活的检验，许多常用的创新思维被总结出来。这些思维方法看似简单，却非常实用有效。特别是当这些创新思维成为自觉的思维习惯时，会产生巨大的成效。熟悉并用心体会以下创新思维的特征和规律，是培养创新能力的有效途径。

1.1 主要的创新思维方法

主要的创新思维方法见表47.2-1。

表 47.2-1 创新思维方法简介

创新思维方法名称	内 涵	种类	思维方法说明
静态思维	思维主体从固定的概念出发，遵循固定的程序，达到固定成果的思维方法	绝对化静态思维	按照约定俗成的规则、模式进行思考的思维过程
		相对化静态思维	在思维过程中寻求稳定因素和秩序，使思维规则化，以便不断重复
逆向思维	思维主体沿事物的相反方向，用反向探求的方式进行思考的思维方法	功能反转	从已有事物的相反功能去设想和寻求解决问题的新途径
		结构反转	从已有事物的相反结构形式去设想和寻求解决问题的新途径
		因果反转	从已有事物的因果关系，变因为果去发现新的现象和规律，寻找解决问题的新途径
		状态反转	根据事物的某一属性（如正与负，动与静，进与退，作用与反作用）的反转来认识事物和引发创造的方法
联想思维	思维过程中，从研究某一事物联想到另一事物的现象和变化，探寻其中相关或类似的规律，借以解决问题的思维方法	相似联想	大脑受到某种刺激后，自然而然地想起与这一刺激相似的经验
		对比联想	大脑受到某种刺激后，想起与这一刺激完全相反的经验，即把性质完全不同的事物进行对比对照
		相关联想	大脑受到某种刺激后，想起时间上与空间上与这一刺激有关联的经验
抽象思维	利用概念，借助言语符号进行思维的方法	经验思维	依据日常生活经验或日常概念进行的思维
		理论思维	根据科学概念和理论进行的思维
形象思维	用直观形象和表象解决问题的思维方法	具体形象思维（初级形式）	凭借事物具体形象或表象的联想来进行的思维
		言语形象思维（高级形式）	借助鲜明生动的语言表征，以形成具体的形象或表象来解决问题的思维过程，带有强烈情绪色彩
简化思维	思维过程中尽可能撇开非主要因素，减少不必要的环节，使复杂问题简单易行地解决的思维方法	剪枝去蔓	思考时尽力排除可以不予考虑的非主要因素
		同类合并	把同一类的问题合并在一起分析和处理
		寻觅快捷方式	在思考中尽量找出和在实践中尽力避开非必需的程序、环节
发散思维	思维过程中，无拘束地将思路由一点向四面八方展开，从而获得众多的设想、方案和办法的思维过程	材料发散	以某种材料、物品或图形等作为"材料"，以此为扩散点，设想它的多种用途或多种与此相像的东西
		组合发散	从某一事物出发，以此为扩散点，尽可能多地设想与另一事物联结成具有新价值（或附加价值）的新事物的各种可能性
		因果发散	以某个事物发展的结果为扩散点，推测造成此结果的各种可能的原因；或以某个事物发展的起因为扩散点，推测可能发生的各种结果
		关系发散	从某一事物出发，以此为扩散点，尽可能多地设想与其他事物的各种关系

（续）

创新思维方法名称	内　　涵	种类	思维方法说明
发散思维	思维过程中，无拘束地将思路由一点向四面八方展开，从而获得众多的设想、方案和办法的思维过程	功能发散	以寻求的某种"功能"为扩散点，尽可能多地设想获得这种功能的各种可能途径
		方法发散	以解决问题或制造物品的某种方法为扩散点，尽可能多地设想利用该种方法的各种可能性
		形态发散	以事物的某种形态（如形状、颜色、音响、味道和明暗等）为扩散点，尽可能多地设想利用这种形态的各种可能
		结构发散	以某种"结构"为扩散点，尽可能多地设想利用该结构的各种可能
收敛思维	以某种研究对象为中心，将众多思路和信息汇集于这个中心点，通过比较、筛选、组合和论证得出在现有条件下最佳方案的思维过程	目标识别	思考问题时，细致观察，从中找出关键的现象，对其进行关注和定向思维
		间接注意	用间接手段寻找"关键"技术或目标，以解决最终的问题
		层层剥笋	在思维过程中层层分析，逐渐逼近问题的核心，避开繁杂的、表面的特征，以揭示隐藏在表面现象下的深层本质
聚焦思维	把针对解决问题的各种信息集中起来进行研究，进而找出解决问题的最好方案的思维方法	广泛调查	研究问题是如何存在的，以加宽注意的广度及设想出较多的解决方法
		深入研究	区分问题的叙述，以决定是否把精神集中于一个更待定的层面上
多屏幕思维	在分析和解决问题的时候，不仅考虑当前的系统，还要考虑它的超系统和子系统；不仅要考虑当前系统的过去和将来；还要考虑超系统和子系统的过去和将来	考虑"当前系统的过去和未来"	考虑发生当前问题之前该系统的状况（包括系统之前和之后运行的状况，其生命周期的各阶段情况等）；考虑如何利用过去和以后的状况来防止此问题的发生；以及如何改变过去和以后的状况，防止问题发生或减少当前问题的有害作用
		考虑当前系统的"超系统"和"子系统"	当前系统的"超系统"和"子系统"的元素是物质、技术线、自然元素、人与能量流，需分析如何利用超系统和子系统的元素及组合来解决当前系统的问题
		考虑当前系统的"超系统和子系统的过去"以及"超系统和子系统的未来"	指分析发生问题之前和之后超系统和子系统的状况，并分析如何利用和改变这些状况来防止或减弱问题的有害作用
灵感思维	人们借助于直觉启示对问题得到突如其来的领悟或理解的一种思维形式	联想式	思维主体在久思不得结果的情况下，因为某一偶然事件的刺激顿时产生各种联想，从而使问题迎刃而解
		触发式	思维主体在受到某种刺激，特别是与别人展开讨论或争论并受到别人或自己提出想法的激励时直接迸发出灵感的一种诱发灵感的形式
		自生式	灵感诱发形式的产生不需要借助外界"触媒"的刺激，而是通过头脑中内在的省悟和内部"思想的闪光"
想象思维	将记忆中的表象（知识、经验和信息）进行重新组合，使之产生新思想、新方案和新方法的思维过程	再造想象	根据语言和文字的描述或图样的示意，在头脑中形成相应新形象的过程
		创造想象	根据一定的目的和希望，对头脑中已有的表象进行加工改造，独立地创造出新形象的过程
		幻想	创造想象的特殊形式，是一种指向未来的想象。符合客观事物发展规律的幻想即理想
		梦	漫无目的、不由自主的奇异想象
直觉思维	思维过程中，不依靠明确的分析活动，不经过严密的推理和论证，直接迅速地从感性形象材料中捕捉、领悟到解决问题途径的思维方法	暴风骤雨式联想	以极快的联想方式进行思维，并从中引出新颖观念的方法
		笛卡儿式连接	用抽象的几何图形来说明代数方程，尽可能采用"智力图像"来解决问题的方法

(续)

创新思维方法名称	内涵	种类	思维方法说明
立体思维	从多角度、多方位、多层次认识对象、研究对象,全面地反映问题的整体及其周围事物构成的立体画面的思维模式	整体性思考	以诸多因素综合律为依据的整体性思维方法
		系统性思考	以各层次、因素、方面贯通律为依据的思维方法
		结构分析	以纵横因素交织律为依据的思维方法
潜思维	从反映客观对象呈现出来的模糊状态到反映事物特有属性的过渡阶段的思维形式	潜概念	描述客观对象呈现的模糊状态时使用的概念
		潜判断	借助潜在语境表达隐含丰富的思维内容,为人们进行创造思维和潜意识活动提供中介环节
		潜推理	帮助人们发现推理及某一理论潜在的错误倾向,使思维灵敏地做出判断,防患于未然
演绎思维	从若干已知命题出发,按照命题之间的逻辑联系,推导出新命题的思维方法	原因到结果	由已知的条件演绎推导出可能出现的结果
		结果到原因	由已知的结果演绎回溯出引发其出现的原因
博弈思维	思考出许多方案,并以极快的思维操作比较其优劣,从中挑选出最好、最理想的方案并付诸实施的思维方法	经验判断法	通过对各种预选方案进行直观的比较,按一定的价值标准从优到劣进行排序
		"求异"和"求同"思维	求异,指分析比较诸方案间的差异,深入思考,往往能提出新的科学严密方案;求同,指利用相同的标准对诸方案进行比较和论证,选出最终方案
		数学定量思维	对诸如气象预测、军事国防、海洋捕鱼、经济竞争和大型产品的设计等复杂事物制定对策时,必须借助于大型数学模型,运用电子计算机进行设计、比较和筛选方案
迂回思维	思维活动遇到了难以消除的障碍时,谋求避开或越过障碍而解决问题的思维方法	中间传导	增加解决问题的中间环节,比直来直去更为切实可行
		曲径通幽	面对难题暂时抛开,充实必要的知识和技能后再回头攻关
		以远为近	先解决与所主攻的问题关联较小的问题,后解决主要问题
辩证思维	从联系、运动、发展等方面来考察和研究事物的思维方式	对立统一思维	原因和结果、自由和必然、民主和集中、正确和错误、优点和缺点,都是处于对立统一之中的,二者之间既有区别,又是相互联系和相互转化的
		发展思维	在客观现实中,任何事物都在不断运动、变化和发展着,绝对静止的事物是不存在的,思维要正确反映对象发展,必须具有灵活性,从发展变化来思考对象
		整体历史思维	任何事物都是在一定历史条件下存在和发展的,都有其产生、发展和消亡的过程,思维要达到正确反映客观事物的目的,就必须全面地、历史地思考对象,才能获得关于对象的具体真理
变维思维	将思维对象当作能够进一步开拓或挖掘的主体,循序变换思维的视点、角度,进而猎取新颖、奇特的思想火花,从而解决问题的思维方法	变换思维视点	认识物体间的部位转移
		变换角度	认知主体(认知者本人)的方法、方式的更替

1.2 主要的创新思维方法应用实例

1.2.1 应用逆向思维的实例

(1) 功能反转

例如,德国某造纸厂,一位工人因疏忽少放了一种胶料,制成大量不合格纸张。肇事工人慌乱中把墨水洒在桌上,随即用那种纸来擦,结果墨水被吸得干干净净,于是他将这批纸当作吸墨纸全部卖了出去。

(2) 结构反转

例如,第二次世界大战后,飞机设计师们把飞机的机翼由"平直机翼"改为"后掠机翼",使飞机的飞行速度由"亚音速"提高到"超音速"。

(3) 因果反转

例如,爱迪生发现送话器听筒音膜有规律地振动进而发明了留声机。

(4) 状态反转

例如,金属材料加工设备中,钻床打孔时刀具转动,被加工材料固定不动。而加工直径大、精度高的孔时,刀具不动,被加工材料转动。

1.2.2 应用联想思维的实例

联想的方法是很多的,各种各样的联想方法都可以产生出创造性设想,并获得创造的成功。

例如,"二战"期间,德法两军对峙,一个德国侦察兵发现,对面法军阵地的一片坟地上常出现一只有规律活动的家猫。每天早晨八九点钟时,那只猫就来到坟地上晒太阳。奇怪的是,坟地周围既没有村庄,也看不到有人活动。

这个善于联想的侦察兵据此猜测,坟地下面可能是个法军的掩蔽部,而且还可能是一个高级机关。于是发出通知,德国炮兵营集中攻击这片坟地。事后查明,这里的确是法军的一个高级指挥部,掩蔽在里面的人员几乎全部丧生。

1.2.3 应用灵感思维的实例

(1) 联想式

例如,美国工程师杜里埃偶然看到妻子向头上喷洒香水,顿时便从这个简单化妆品容器的结构联想到油的汽化而突发灵感,从而试制成功了内燃机的汽化器。

(2) 自生式

例如,爱因斯坦从1895年起就开始思考"如果我以光速追踪一条光线,我会看到什么?"这个问题。1905年的一天早晨,他起床时突然想到:对于一个观察者来说,以光速追踪一条光线是同时的两个事件,而对于别的观察者来说就不一定是同时的。他

很快意识到这是一个突破口,并牢牢地抓住了这一"思想闪光",之后仅用了五六个星期的时间便写成了狭义相对论的著名论文。

1.2.4 应用演绎思维的实例

例如,某工厂的存煤发生自燃,引起火灾。首先应思考煤为什么会自燃呢?煤是由有机物组成的,燃烧时要有温度和氧气,如果煤慢慢氧化、积累热量、温度升高,温度达到一定限度时就会自燃。于是,可以从产生自燃的因果关系出发来考虑预防措施,见表47.2-2。

表 47.2-2 预防煤发生自燃的措施

序号	措　施
1	煤应分开储存,每堆不宜过大
2	严格区分煤种存放,根据不同产地、煤种,分别采取措施
3	压实煤堆,在煤堆中部设置通风洞,防止温度升高
4	清除煤堆中诸如草包、草席、油棉纱等易燃杂物
5	加强对煤堆温度的检查
6	堆放时间不宜过久

2 创新技法

创新技法主要研究在发明创造过程中分析解决问题,形成新设想,产生新方案的规律、途径、手段和方法,目的在于拓展创造性思维的深度和广度,提高创造活动的成效,缩短创造探索过程。一个人仅有优秀的创新思维而没有正确的创新方法不可能实现创新,掌握创新技法对培养和提高人们的创新能力具有重要作用。

2.1 创新技法简介

人们在创新活动的实践中总结了数百种创新方法,不同的方法适合不同领域的创新,适合解决问题的不同环节。反过来讲,同一个创新也可以采用多种创新方法。常用创新技法见表47.2-3。

表 47.2-3 创新技法简介

方　法	内　涵
智力激励法	采用会议的形式,引导每个参加会议的人围绕某个中心议题,广开思路,激发灵感,毫无顾忌地发表独立见解,并在短时间内从与会者中获得大量观点的方法
检核表法	根据需要解决的问题,或需要发明创造、技术革新的对象,找出有关因素,列出一张思考表,然后逐个思考、研究、深入挖掘,由此激发创造性思维,使创造过程更为系统,从而获得解决问题的方法或发明创造的新设想,实现发明创造目标的方法
列举法	以列举的方式把问题展开,用强制性的分析寻找创造发明的目标和途径的一种发明创造技法
模拟法	把自己要发明创造的对象和别的事物进行比较,找出两个事物的类似之处,进行吸收和利用的方法
联想法	通过一些技巧,或者激发自由联想,或者产生强制联想,从而得出解决问题的方法

(续)

方法	内　涵
组合法	将两种或两种以上的技术思想、物质产品的一部分或整体进行适当的组合变化，形成新的技术思想、设计出新产品的发明创造技法
模仿法	以某一模仿原型为参照，在此基础之上加以变化，产生新事物的方法
移植法	将某一领域已见成效的发明原理、方法、结构、材料等，部分或全部引进到其他领域，或者在同一领域、同一行业中，把某一产品的原理、构造、材料、加工工艺和试验研究方法，引用到新的发明创造或革新项目上，从而获得新成果的发明创造方法
逆向发明法	运用逆向思维进行发明创造的技术方法
形态分析法	将研究对象视为一个系统，将其分成若干结构上或功能上专有的形态特征，即将系统分成人们借以解决问题和实现基本目的的参数和特性，然后重新排列与组合，从而产生新的观念和创意的方法
信息交合论	从多角度探讨思维方法，从各个学科、各个行业中汲取营养以指导发明创造的一种方法
分解法	利用分解技巧，将一个事物分解为多个事物，进而实现创造发明的技法
分析信息法	从分析信息中寻找发明创造的课题，可采取找空白和找联系的方法
综摄法	不同性格、不同专业的人员组成精干的创新小组，针对某一问题，用分析的方法深入了解问题，查明问题的各个方面和主要细节，即变陌生为熟悉；通过自由的亲身模拟、比喻和象征模拟等综合模拟，进行创造性思考，重新理解问题，阐明新观点等，即变熟悉为陌生，最终达到解决问题的方法
德尔菲法	根据调查得到的情况，凭借专家的知识和经验，直接或经过简单的推算，对研究对象进行综合分析研究，寻求其特性和发展规律，并进行预测的一种方法
六顶思考帽法	使用六顶思考帽代表六种思维角色分类，有效地支持和鼓励个人行为在团体讨论中充分发挥的方法
创造需求法	寻求人们想要得到的东西，并给予他们、满足他们的一种创新技法
替代法	用一种成分代替另一种成分，用一种材料代替另一种材料、用一种方法代替另一种方法，即寻找替代物来解决发明创造问题的方法
溯源发明法	沿着现有的发明创造，追根溯源，一直找到创造源，从创造源出发，再进行新的发明创造的一种技法
卡片分析法	通过将所得到的记录有关信息或设想的卡片，进行分析和整理排列，以寻找各部分之间的有机联系，从整体上把握事物，最后形成比较系统新设想的方法
感官补偿法	在假定人感知部分丧失或全部丧失的基础上，通过设计功能和尺寸的调整来对其活动的需求进行补偿的方法
专利发明法	通过查阅、分析、研究专利文献，激发发明创造的新设想，在已有发明专利的基础上创造出新的发明成果的方法
等值变换法	从现有事物的特性中，寻找能够与其他事物特性相结合、相转换的方法
变换合成法	把已有的产品或设备进行功能分解，对各部件进行功能分析，看能否进行改进创新，或用其他物质代替，或选取更好的部件，然后进行合成，创造出性能更好的产品或设备的方法
捕捉机遇法	在创造创新的过程中，抓住偶然的机遇进行深入研究而取得成果的方法
废物利用法	利用所谓的"废物"作为发明创造的选题方向并进行钻研，最终形成研究成果的方法
省略法	尽可能地省去一些材料、成分、结构和功能等，以此来诱发创造性设想的方法
开孔拉槽法	在某一物品上通过钻孔眼或拉槽，使这一物品成为有创意的新物品的方法
开源节流法	创新创造过程中，为了有效地利用资源和开发新的资源而采取的措施，并最终实现创新的方法
控制条件法	通过控制各种条件，来达到发明创造的目的的方法

2.2 主要创新技法简述

2.2.1 智力激励法

智力激励法是一种集体发明创造的技法，又称为集思广益法、集体思考法、互激设想、头脑风暴法或头脑震荡法等。智力激励法是创造学奠基人奥斯本于1936年前后创立的，随着这种创造技法在其他国家的推广应用，又衍生出默写式、卡片式和攻关式等一系列方法。

（1）智力激励法的程序

智力激励法的全过程可分为以下三个步骤。

1）准备阶段。根据要解决的问题，确定设想的议题，确定参加互激设想的人员，确定举行智力激励活动的地点和时间。对较为重大或复杂的课题，可分解为若干个专门议题。

2）会议阶段。召集参加集体思考的人员召开会议，奥斯本把这种特殊的会议称为"闪电构思会议"。奥斯本"闪电构思会议"的组织方法为：时间为20~60min；参加会议的人员一般不超过10人；围绕课题任意说出各自的想法。为了使会议的参加者畅所欲言，有9条规定，见表47.2-4。

表 47.2-4 参与会议的9条规定

序号	规　　定
1	会上绝对不允许批评或指责别人提出的设想,对提出的设想当场不做任何评价
2	提倡任意自由思考,扩散思维,设想越新奇越新颖越多越好
3	自我控制,节约时间,不说废话
4	不允许集体提出意见,也就是说不允许用集体提出的意见来阻碍个人的创造思维
5	参加会议的人员身份一律平等,都是参加创造活动的人员
6	会上不允许私下交谈,以免干扰他人的思维活动
7	发表的意见应针对目标,并让参加活动的人员都知道
8	注意力集中,用他人的设想来刺激自己产生的设想,鼓励巧妙地利用并改善他人的设想,或者综合他人的设想提出新的设想
9	参加会议的人员提出的所有设想,不加选择全部记录下来

3) 优化阶段。对"闪电构思会议"所产生的所有设想,分门别类进行研究、评价和选择,从众多的设想中提取有价值的创造性设想。

(2) 智力激励法的应用

要使智力激励法发挥最大功效,要清楚它的适用范围,即智力激励法要解决的问题必须是开放性的。凡是各种认知型、单纯技艺型、汇总型、评价性的问题,均不需要用智力激励法来解决。只有转化角度、改变问题,才可以使用智力激励法。问题的类型可以分为6种,见表47.2-5。

表 47.2-5 激励法应用的主要问题类型

序号	问题	内　　涵
1	关于产品和市场的创意	形成新的消费观念和未来市场方案的观念
2	管理问题	拓展业务面,改善职业结构
3	规划问题	对可能增加的困难性的预期
4	新技术的商业化	开发一项可以获得专利权的新技术
5	改善流程	对生产流程进行价值分析
6	故障检修	追寻不可预期的机器故障的潜在原因

美国北方,冬天大雪纷飞的日子,电线上会积满冰雪,大跨度的电线经常被冰雪压断。很多人试图解决这个问题,都未获成功。后来,他们组织有关人员召开智力激励会,专门研究解决这个难题。会上,大家从不同的专业技术角度提出了各种设想。有人提出,带上几把大扫帚,乘坐直升机把电线上的雪扫下来。坐飞机扫雪,真个滑稽的设想。可正是这个令人发笑的设想,立即激发专家们放弃了原来的所有设想,而决定采用直升机除雪。每当大雪过后,出动直升机沿积雪严重的电线附近飞行,依靠高速旋转的螺旋桨即可将电线上的积雪迅速吹落。一个久悬未决的问题,终于在互激设想中获得了解决的妙法。

2.2.2 检核表法

检核表法,又称检查提问法、设问求解法、分项检查法或对照表法。创造学家们已创造出多种各具特色的检核表,其中最著名、最受人欢迎,既易学又能广泛应用的,首推奥斯本检核表,见表47.2-6。

表 47.2-6 奥斯本检核表

	检核内容	实　例
用途	现有的发明有无其他用途、稍加改变后有无其他用途	将洗衣机用于洗红薯,海尔集团稍加改进后发明了新的洗涤设备
引申	现有的发明能否引入其他创造性设想,能否从别处得到启发和借鉴,现有发明能否引入到其他创造性设想之中	运用激光技术治疗眼病和肿瘤
改变	现有的发明能否做某些改变,如改变形状、颜色、音响、味道、型号、运动形式,或改变意义,结果如何	将卧式彩电改为立式或悬挂式
扩放	现有的发明能否扩大使用范围、延长使用寿命、添加一些功能,提高价值	可定时的电风扇、带夜光的手表
缩略	现有的发明是否可以缩小或增大体积、减轻重量、降低高度、压缩、分割、化小、略去某些零件、去掉某些工序	保温瓶缩小体积后成为保温杯
替代	现有的发明有无代用品,包括材料、制造工序、方法等的代用	门窗的材料由合成材料代替铝合金材料、由铝合金材料代替钢结构材料、由钢结构材料代替木质材料
调整	现有的发明能否更换一下型号、顺序	将大型客船内部重新装修,改造为水上旅馆
颠倒	现有的发明能否颠倒过来使用,如上与下、左与右、正与反、前与后、里与外等	根据吹风机的原理,改变风的方向,制成吸尘器
组合	现有的一些发明是否可以组合在一起	带随时测体温和血压装置的手表

为推动我国的发明创造活动,结合我国的实际情况,上海的创造学研究者们将奥斯本检核表改造提炼为"思路提示十二个一检核表",又称"思路提示法"。该检核表已在世界各国广泛传播使用。由于这一技法最早是在上海和田路小学试验的,所以又称为"和田技法"。该学校推广应用此技法,极大地促进

了小学生的发明创造活动,从而使许多小学生发明了令人耳目一新的产品。思路提示检核表的检核内容见表47.2-7。

表47.2-7 思路提示检核表

主题	检核内容
加一加	可在这件东西上添加些什么东西,是否需要加上更多时间和次数,把它加高一些、加厚一些行不行,把这样东西跟其他东西组合在一起,会有什么结果
减一减	可在这件东西上减去些什么东西,是否可以减少些时间或次数,把它降低一点、减轻一点行不行,是否可省略、取消些什么
扩一扩	使这件东西放大、扩展会怎样
缩一缩	使这件东西压缩、缩小会怎样
变一变	改变一下形状、颜色、音响、味道或气味会怎样,改变一下次序会怎样
改一改	这件东西还存在什么缺点,还有什么不足之处需要加以改进,它在使用时是否给人带来一些不方便的麻烦,是否有解决这些问题的方法
联一联	某个事物的结果,跟它的起因有什么联系,能否从中找到解决问题的办法,把某些东西或事情联系起来,能帮助我们达到什么目的
学一学	有什么事物可以让自己模仿、学习一下,模仿它的形状、结构、功能会有什么结果,学习它的原理、技术又会有什么结果
代一代	什么东西能代替另一样东西,如果用别的材料、零件、方法等,代替另一种材料、零件、方法行不行
搬一搬	把这件东西搬到别的地方,是否还能有别的用处,这个想法、道理、技术搬到别的地方,是否也能用得上
反一反	如果把一件东西或一个事物的正反、上下、左右、前后、横竖、里外颠倒一下,会有什么结果
定一定	为了解决某个问题或改进某件东西,为了提高学习、工作效率和防止可能发生的事故或疏漏,还需要规定些什么

5W2H法,指用五个以 W 开头的英语单词和两个以 H 开头的英语单词进行设问,发现解决问题的线索,寻找发明思路,进行设计构思,从而得出新的发明项目。

5W2H的总框架如图 47.2-1 所示。在实际应用中,可以根据需要解决的问题,从这七个方面进行思考,设计问题,然后逐项检核,达到解决问题、实现创新的目的。

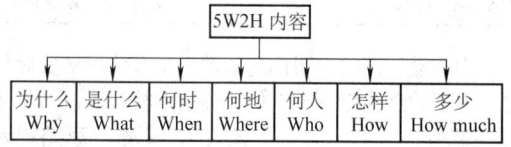

图 47.2-1 5W2H 的总框架

使用5W2H法检验新产品时的过程如下。

(1) 检查原产品的合理性

1) 为什么(Why)。为什么采用这个技术参数,为什么不能有响声,为什么停用,为什么变成红色,为什么要做成这个形状,为什么采用机器代替人力,为什么产品的制造要经过这么多环节,为什么非做不可。

2) 是什么(What)。条件是什么,哪一部分工作要做,目的是什么,重点是什么,与什么有关系,功能是什么,规范是什么,工作对象是什么。

3) 何时(When)。何时要完成,何时安装,何时销售,何时是最佳营业时间,何时工作人员容易疲劳,何时产量最高,何时完成最合时宜,需要几天才算合理。

4) 何地(Where)。何地最适宜某物生长,何处生产最经济,从何处买,还有什么地方可以作为销售点,安装在什么地方最合适,何地有资源。

5) 何人(Who)。谁来办最佳,谁会生产,谁是顾客,谁是潜在用户,谁能看到和听到这些信息,谁的影响面大,谁会支持,谁被忽略了,谁是决策人,谁会受益。

6) 怎样(How)。怎样做最省力,怎样做最快,怎样做效率最高,怎样改进,怎样得到,怎样避免失败,怎样求发展,怎样增加销路,怎样扩大知名度,怎样让产品人人都喜欢,怎样达到效率,怎样才能使产品更加美观大方,怎样使产品用起来方便。

7) 多少(How much)。功能指标达到多少,销售多少,成本多少,输出功率多少,效率多高,尺寸多少,重量多少,安全性如何,售价如何,活动费有多少。

(2) 找出主要优缺点

如果现行的做法或产品经过七个问题的审核已无懈可击,便可认为这一做法或产品可取。如果这七个问题中有一个答复不能令人满意,则表示这方面有改进余地。如果某方面的答复有独创的优点,则可以扩大产品在这方面的功能。

2.2.3 列举法

列举创新法在创意生成的各种方法中属于较为直接的方法。按照所列举对象的不同,可以分为特性列举法、缺点列举法、希望点列举法和列举配对法,如图 47.2-2 所示。

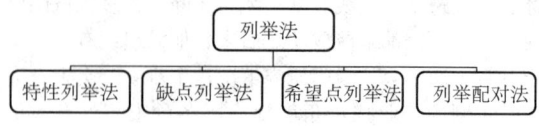

图 47.2-2 列举法种类

(1) 特性列举法

特性列举法又分克拉福德特性列举法和形态分析

法两种。

克拉福德特性列举法是由美国内布拉斯加大学教授、创造学家克拉福德研究总结出来的一种创造技法。通过对研究对象进行分析,逐一列出其特性,并以此为起点探讨对研究对象进行改进。

运用克拉福德特性列举法的一般过程见表47.2-8。

表47.2-8 克拉福德特性列举法

序号	过　程	实　例
1	选择一个明确的需要进行创新的问题,进而列举出发明或革新对象的属性 一般可分为3个方面:名词属性,包括性质、材料、整体、部分、制造方法等;形容词属性,包括颜色、形状、大小等;动词属性,包括有关机能和作用的性质,特别是一些使事物具有存在意义的功能	按照特性列举法将水壶的属性分别列出: 名词属性——整体:水壶 部分:壶口、壶柄、壶盖、壶身、壶底、气孔 材料:铝、铁皮、铜皮、搪瓷等 制造方法:冲压、焊接 形容词属性——颜色:黄色、白色、灰色 体重:轻、重 形状:方、圆、椭圆、大小、高低等 动词属性——装水、烧水、倒水、保温等
2	从所列举的各个特性出发,通过提问的方式来诱发创新思想(这时亦可参考使用奥斯本的检核表法)	通过名词属性可提出:壶口是否太长,除上述材料以外是否还有更廉价的材料 通过形容词属性可提出:怎样使造型更美观,怎样使壶的体重变轻,多大型号的壶烧水最合适 通过动词属性可提出:怎样倒水更方便,怎样烧水节省能源等

通过特性的列举可以发现,看似满意的物品实际上存在大量可供改进的地方,这也为人们的改进工作提供了思路。

形态分析法是另一种图解的特性列举法,是由在美国任教的瑞士天文学家F·茨维克创造的技法,又称"形态矩阵法""形态综合法"或"棋盘格法"。根据系统分解和组合的情况,把需要解决的问题分解成各个独立的要素,然后用图解法将要素进行排列组合。通常此技法应用步骤见表47.2-9、表47.2-10及图47.2-3。

(2) 缺点列举法

缺点列举法,指通过对事物的分析,着重找出它的缺点和不足,然后再根据主次和因果,采取改进措施,从而在原有基础上创造出新的成果。

表47.2-9 形态分析法应用步骤

应用步骤	实　例
明确用此技法所要解决的问题(发明、设计)	要设计制造一种物品的新型包装
将要解决的问题按重要功能等方面列出有关的独立因素	经分析,这种新型包装的独立因素为:材料、形态、色彩
详细列出各独立因素所含的要素	列出明细表,见表47.2-10,并进行图解,如图47.2-3所示
将各要素排列组合成创造性设想	此例可获得216个组合方案。从中选出切实可行的方案再进行细化。如方案很多,可用计算机分析

表47.2-10 要素明细表

形　状	材　料	色　彩
方形	金属	红色
圆形	塑料	蓝色
三角形	木材	黄色
菱形	陶瓷	绿色
多边形	玻璃	黑色
不规则形	纸	白色

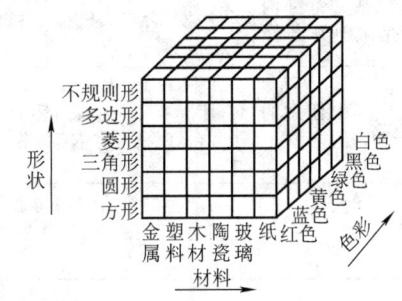

图47.2-3　要素图解

运用缺点列举法并没有严格的程序,一般可按下列步骤进行,见表47.2-11。

表47.2-11 缺点列举法的步骤

序号	步　骤
1	确定某一改革、革新的对象
2	尽量列举这一对象事物的缺点和不足(可用智力激励法,也可进行广泛的调查研究、对比分析和征求意见)
3	将众多的缺点进行归类整理
4	针对每个缺点进行分析,改进或采用缺点逆用法发明出新的产品

缺点列举法简单易行且容易收到效果,很受大中小学生和一线设计工作人员的欢迎。据了解,中国在工厂企业中普及创造学最容易出成果的创造技法就是缺点列举法。

(3) 希望点列举法

希望点列举法,指发明创造者从个人愿望或广泛收集到的社会需求出发,提出并确定发明创造项目的一种技法。

希望点列举法的实施步骤如图 47.2-4 所示。

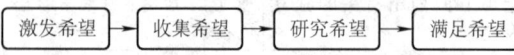

图 47.2-4 希望点列举法的实施步骤

希望点列举法是开发新产品的有效手段。例如,大家希望自行车不用经常打气,有人便以这一希望立题,发明了每隔半年才充一次气的贮气气嘴。另外,又发明了不漏气的新式轮胎。现在轮胎爆裂很烦人,还经常造成事故,司机们都希望发明一种不爆裂的轮胎或自行补漏的轮胎。

(4) 列举配对法

列举配对法利用列举法务求全面的特征,同时又吸取了组合法易于产生新颖想法的优点,更容易产生独特的创意。列举配对法的具体过程见表 47.2-12。

表 47.2-12 列举配对法的具体过程

列举配对过程	实 例
列举,把某一范围内的所有物品都列举出来	列举所有的家具用品:床、桌子、沙发、台灯、茶几、电视机、电视机柜、椅子
配对,把其中任意的物品进行两两组合	床和桌子、床和沙发、床和台灯、床和衣架……桌子和沙发、桌子和台灯、桌子和衣架、桌子和茶几……
筛选方案	对产生的组合进行分析,筛选出实用、新颖的方案,并将它们付诸实施

2.2.4 模拟法

模拟的具体操作体现在四个方面,如图 47.2-5 所示。

图 47.2-5 模拟的具体操作

(1) 直接模拟

直接模拟的方法很多,归纳起来主要有六种,见表 47.2-13。

(2) 亲身模拟

亲身模拟,又称拟人模拟,即把自身与问题的要素等同起来,从而帮助我们得出更富创意的设想。在这个过程中,人们将自己的感情投射到对象身上,把自己变成对象,体验一下作为它会如何,有什么感觉。这是一种新的心理体验,使个人不再按照原来分析要素的方法来考虑问题。

表 47.2-13 模拟的方法

直接模拟方法	内 涵	实 例
拟人模拟	将发明创造或革新对象"拟人化"的方法,即模仿人的各种特征,进行发明创造	模仿人体手臂动作设计的挖土机和机械手
直接模拟	从自然界或已有的成果中寻找与发明革新对象相类似的现象和事物,并从中获得启示	设计坦克的控制系统,可将它同履带式拖拉机直接模拟
象征模拟	用一种具体事物来表示某种抽象概念或思想感情的表现手法	历史上许多著名的建筑就在于它们格调迥异,且有各自的象征
因果模拟	两个事物的某些属性之间,可能存在同一种因果关系。可以根据一个事物的因果关系,推断另一个事物的因果关系	由合金钢的冶炼推断出冶炼铝合金的可能性
对称模拟	许多事物都具有对称性,可根据对称模拟的关系发明创造出新的东西	由电荷正负的对称性,英国物理学家狄拉克提出存在正电子
综合模拟	事物众多属性之间的关系虽然十分复杂,但是可以综合它们相似的特征进行模拟	宇航员乘航天飞机进入太空之前,要进行长时间的模拟太空失重状态下的训练,以适应太空的工作和生活

亲身模拟的使用程序见表 47.2-14。

表 47.2-14 亲身模拟的使用程序

序号	使用程序
1	把自己比作要解决的问题(移情),或让无生命的对象变成有生命、有意识(拟人化)的对象
2	变换角度后,你就是它,它就是你,会产生新的感受和看法
3	根据上述感受提出新的解决办法
4	恢复到原来的状态,评价设想的可行性

(3) 幻想模拟

幻想模拟法,指将幻想中的事物与要解决的问题进行模拟,由此产生新的思考问题的角度。例如,要设计能自动驾驶的汽车,人们想到神话中用咒语启动地毯的故事,由此启发人们运用声电变换装置实现汽车的自动驾驶。

运用幻想模拟的操作步骤见表 47.2-15。

表 47.2-15 运用幻想模拟的操作步骤

序号	步 骤
1	根据要解决的问题,思考有什么幻想故事和大胆的传说
2	这个故事和传说中使用了什么新奇的想法
3	根据上述想法受到的启发提出新的解决办法
4	评价设想的可行性

(4) 符号模拟法

符号模拟法,指通过逆向思考、浓缩矛盾等技巧,在抽象的语言(符号)与具体的事物之间反复建立新联系,从而由原有的观点中超脱出来,得到丰富、新颖的主意的方法。

运用符号模拟法的操作步骤见表47.2-16。

表47.2-16 符号模拟法的操作步骤

序号	具体操作步骤
1	从具体到抽象,把要解决的具体问题用抽象的概念表达
2	找到它的反义词,把两者联系在一起就构成了矛盾短语
3	从抽象到具体
4	通过大量列举,发现有价值的对象,分析其原理
5	借助其原理,产生直接模拟,形成新的解题方案。整个过程是以符号(主要是语言符号)为中介的模拟

2.2.5 联想法

(1) 图片联想法

图片联想法,指在解决问题时利用与所解决问题本无关系的图片,产生强制联想,从而启发思维的方法。图片联想法的特点是:不用概念作为刺激物进行联想或模拟,而是用图片作为刺激物,发挥人的视觉想象力,在图片和需要解决的问题之间产生联想,进行模拟,以获得创造性的设想。在集体讨论时,也可以使用图片联想法。其具体程序见表47.2-17。

使用图形联想法时,挑选图形很重要,最好选择与解决的问题相距很远又具有幽默感的问题。例如,用图片联想法解决"如何改善新建住宅小区的集中供热系统的安装,又不降低舒适度"的问题,如图47.2-6所示。

表47.2-17 图片联想法的程序

序号	具体程序
1	确定要解决的问题,并给小组成员看一张图画
2	每个成员都用一两个句子描述他所看到的东西(远离要解决的问题)。小组成员努力把图片中的种种元素或结构与所要考虑的问题联系起来,并越来越详细地分析首先获得的印象,逐步完善自己的设想
3	当小组成员不再有设想时,看下一张图片,重复上面的过程

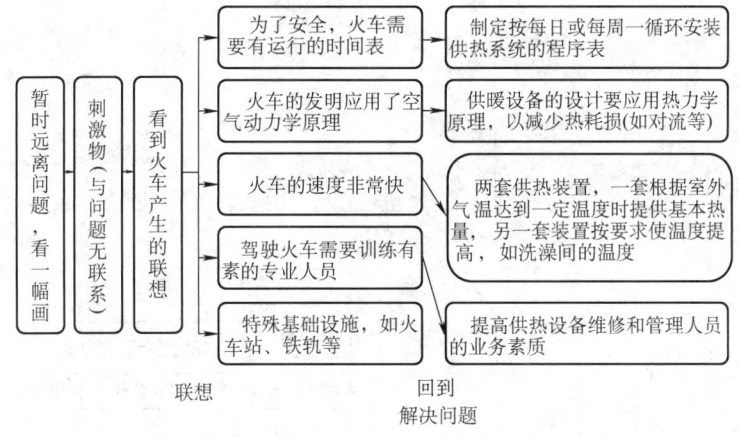

图47.2-6 图片联想的过程

(2) 焦点法

焦点法是美国C.H.赫瓦德总结提出的一种创造技法。焦点法,指将要解决的问题作为焦点,随便选择一个事物作为刺激物,通过刺激物和焦点之间的强制联想获得新设想、新方案的方法。焦点法也是一种强制联想法。

焦点法的操作程序如图47.2-7所示。下面以发明新式手提包为例进一步说明其操作程序。

1) 确定发明目标A,如要发明手提包。

2) 随意挑选与手提包风马牛不相及的事物B作为刺激物,如挑选灯泡。

3) 列举事物B,如灯泡的一切属性。

4) 以A为焦点,强制性地把B的所有属性与A联系起来产生强制联想。

通过新奇、有效的强制联想,就得到了一系列有关手提包的设想:发光手提包、发热手提包、电动手提包、插座式手提包、螺旋式手提包、真空手提包……有的可能很荒唐,有的则有一定价值。

(3) 自由联想法

自由联想法,指对事物不受限制地联想而进行发明创造的方法,没有任何规则,任思维自由驰骋,任意想象。这种方法有一定的局限性,于是人们联想到用数学二元直角坐标系,进而创造了二元坐标联想的技法。二元坐标联想法的步骤如图47.2-8所示。

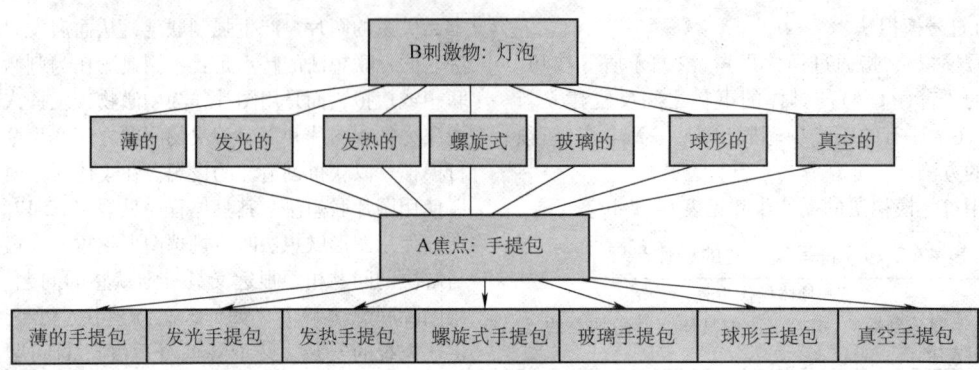

图 47.2-7 利用焦点法发明新式手提包

图 47.2-8 二元坐标联想法的步骤

下面举例说明各个步骤，如图 47.2-9 所示。

二元坐标联想法简捷而不单调，富有思想性和娱乐性，而且不受任何限制，只要有纸和笔，随时随地都可进行。

(4) 相似联想法

相似联想法，指在广泛联想的基础上，按照技术创造提出的要求，寻求与这一要求差异度最小的事物，并把该事物应用到发明创造之中。根据事物的不同构成和不同属性，相似联想可分为四种，见表 47.2-18。

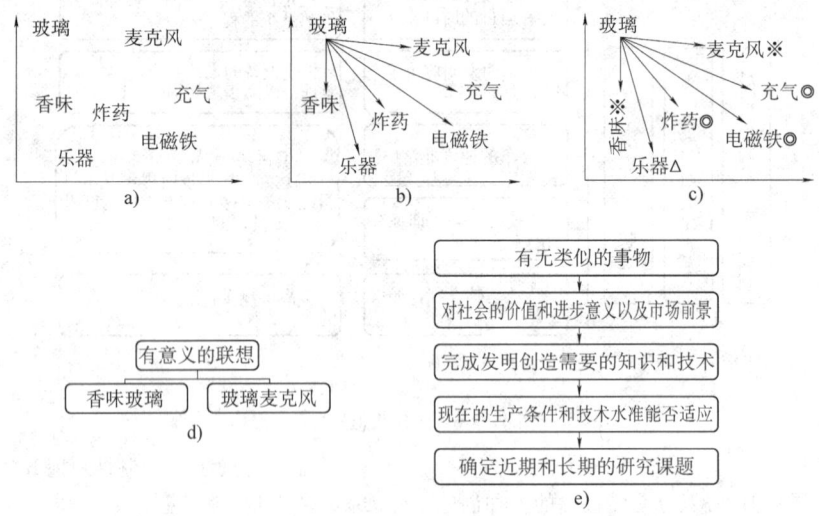

图 47.2-9 二元坐标联想法的实例
a) 列出联想元素 b) 编制联想图 c) 联想和判断 d) 确定有意义的联想 e) 可行性分析
※—麦克风，香味   ◎—充气，电磁铁，炸药   △—乐器

表 47.2-18 相似联想的种类

相似联想	内 涵	实 例
原理相似	对自然界客观存在着的和人们已经创造出来的事物，从机理或原理上进行对照分析，可以发现许多不同类属、不同领域、不同功能甚至不同时代的事物，具有十分相似的原理	怀炉、发热护膝、自热坐垫、自热罐头等，都是利用金属氧化放热的相似原理发明的
结构相似	结构是利用原理达到发明创造目的的具体物质形式。原理存在于结构之中，结构保证原理的实现。结构相似法以各层次上的结构要求、结构功能和结构关系，作为相似的结构指向	玩具汽车动力、冲床飞轮、发动机调速器，它们结构全然不同但都利用惯性原理

相似联想	内涵	实例
功能相似	其指导思想是,在提出功能并形成课题后,不急于考虑原理和结构问题,而直接寻找具有相似功能的现成事物	事物的功能还具有多样性、主次性和明暗性
声音相似	声音对人体产生的精神作用是声音的软功能,声音对物质产生的物理作用是声音的硬功能,利用声音的软功能和硬功能进行发明创造也是很有发掘潜力的	软功能如音乐,硬功能如超声波按摩器等

2.2.6 组合法

组合发明创造是无穷的,但组合的方法主要有同类组合、主体附加、异类组合和重组组合四种。

(1) 同类组合

同类组合,指若干相同事物的组合。组合后的事物在基本原理或基本结构上没有根本性的变化,往往具有组合的对称性和一致性趋向。但通过数量的增加能够弥补原有事物的性能缺陷,从而产生新的功能和内涵。

同类组合有两种组合方法,见表47.2-19。

表 47.2-19 同类组合的方法

方法	内涵	实例
"搭积木"式组合法	把若干个同类事物组合在一起	鸡尾酒、组合家具
非系列产品集约化组合法	通过媒介物的设计,将并不相关的各种产品汇集一处	文具盒、工具盒

(2) 主体附加

主体附加,指在原有技术思想或物质产品上补充新内容、新附件,从而产生新的功能。组合主体不变或变化微小,附加只是主体的补充,附件可以是已有技术或产品,也可以是新的设计或装置,附加物为主体服务。

主体附加类型见表47.2-20。

表 47.2-20 主体附加类型

附加类型	实例
附加功能或形式	自鸣式水壶
附加其他产品	"哨鞋"(童鞋上加上气哨)
附加材料、技术	各种合金

(3) 异类组合

异类组合,指两种或两种以上不同领域的技术思想、不同功能的物质产品的组合。组合对象间一般没有主次关系,组合对象广泛,组合过程中能形成技术杂交和功能渗透,从而引起显著的整体变化,异中求同,创造性强。

运用异类组合法的步骤见表47.2-21。

表 47.2-21 异类组合的步骤

序号	步骤
1	首先要确定一个基础组合元素
2	根据发明创造的目的进行联想和扩散思维,以确定其他组合元素
3	把组合元素的各个部分、各个方面和各种要素联系起来考虑,这些要素没有主辅之分

(4) 重组组合

重组组合,指将原组合按事物的不同层次分解后又以新的构思重新组合起来的发明方法。例如,飞机通过将机首的螺旋桨的安装角度变换90°,便成为直升机;水平的喷气飞机通过将喷气角度变换90°,对着地面喷气而成为垂直起降的飞机等。

重组组合的基本步骤见表47.2-22。

表 47.2-22 重组组合的基本步骤

序号	步骤
1	解剖事物的组成部分,分析事物的组合层次
2	确定每一层次的功能和该层次组成部分的独立功能
3	确定每一层次上组成部分间的联系
4	确定各层次间的组合关系
5	分析哪些组合层次和组合部分存在欠妥之处
6	从中确定重组的层次部分
7	提出重组方案,进行可行性研究
8	进行重组试验

2.2.7 移植法

移植法有五种基本类型,见表47.2-23。

表 47.2-23 移植法的基本类型

移植法	内涵	实例
外形移植	将某事物的外形应用到新的发明和设计中	鲁班根据蔓草叶边缘的小尖齿发明了锯
原理移植	将某事物的基本原理向另一事物转移的方法,通常是科技原理在不同领域的外延或类推,从而创造出新的使用功能或价值	根据香水喷雾器的雾化原理,研制出油漆喷枪、喷射注油壶、汽化器等

(续)

移植法	内涵	实例
方法移植	以各种科学技术方法作为移植对象,能在更多的领域中发挥作用	对铝合金的热处理就是移植了钢铁热处理的方法
结构移植	把某产物的结构全部或局部移植到另一产物上,使后者在结构上产生新的意义	包起帆把圆珠笔的结构原理移植到设计抓斗上
材料移植	变革原有产物的材料,或增添其他物质	用纸全部代替或部分代替制造各种不生锈的可盛装固体、液体的精美容器

钢筋混凝土的发明,是移植了制作花盆的技法。陶制花盆易碎,木制花盆又怕水,法国一名花匠蒙尼亚于1868年试验用水泥来制作花盆,他先用铁丝制成花盆的骨架,然后在花盆骨架外面抹上水泥,这样硬结以后就成了美丽坚固的形状各异的花盆。此时,俄国的别列柳布斯基教授正在从事建筑方面的研究,为了建造高楼大厦,他正在寻找价廉物美的新材料。当他听说蒙尼亚发明了铁丝水泥花盆时,大感兴趣,认为完全可以应用于建筑业。经过进一步的试验研究,别列柳布斯基用钢筋代替了铁丝,用石块代替了沙子,大幅度提高了材料的强度和抗冲击能力。1891年,钢筋混凝土正式诞生了,它的发明成功,在现代建筑史上开创了一个新纪元。

2.2.8 综摄法

综摄法作为一种创造性思维方法已经在解决新产品开发、已有产品的改进设计、广告创意,以及解决某些社会问题等方面得到了广泛使用,并被实践证明不失为一种行之有效的办法。

运用这种方法时要注意两点:一要界定并分析问题;二要利用操作技巧来使熟悉者陌生化。

综摄法的创始人威廉·戈登认为,这个技法有两个重要的思考出发点,见表47.2-24。

综摄法的实施要经过10个步骤,见表47.2-25,使用时并不需完全照搬。

表47.2-24 综摄法运用过程

过程	内涵	实例
变陌生为熟悉	把自己接触到的新事物用自己和别人都熟悉的事物去思考和描述	如计算机领域"病毒"等就是利用人们较熟悉的语言,描述计算机很专业的事物或现象
变熟悉为陌生	对已有的、熟悉的事物,运用新知识或从新的角度来观察、分析和处理,得出新东西	如拉杆天线原是收音机用的,可以把它用作相机支架、伞把、鱼竿、教鞭等

表47.2-25 综摄法实施步骤

序号	步骤	内容
1	确定综摄法小组的构成	小组成员以5~8名为宜。其中1名担任主持人,与讨论问题有关的专家1名,再加上各种科学领域的专业人员4~6名
2	提出问题	提出会议应该解决的问题,一般由主持人向小组成员宣读。主持人应该和专家一起预先对问题进行详细分析
3	专家分析问题	由专家对该问题进行解释,使得成员们能够理解,主要目的是使陌生者熟悉问题
4	净化问题	消除前两步中所隐含的僵化和肤浅的地方,进一步弄清问题
5	理解问题	从选择问题的某一部分入手进行分析。每位成员应尽可能利用荒诞模拟或胡思乱想法来描述所看到的问题,然后由主持人记录下各种观点
6	模拟的设想	小组成员使用切身模拟、象征模拟等技巧,获得一系列设想,这一阶段是综摄法的关键,主持人记录每位成员的设想,并记录在纸上以便查看,从而再激发设想
7	模拟的选择	从各位成员提出的模拟之中,选出可以用于实现解决问题的目标的模拟。主持人依据与问题的相关性,以及小组成员对该模拟的兴趣及相关知识进行筛选
8	模拟的研究	结合解决问题的目标,对选出的模拟进行研究
9	适应目标	使用前面步骤中所得到的各种启示,与在现实中能使用的设想结合起来。在这方面需经常使用强制性联想
10	编制解决问题的方案	最后一步要制定解决问题的方案。为了制定完整的解决方案,在这个阶段要尽可能地发挥专家的作用

3 创新技法的运用

学习创新技法是开发培养创造力的重要方面。在尚未有意识地掌握创新、创造方法之前，往往会不自觉地或不知不觉地应用若干创新、创造方法。相比之下，有目的地、自觉地、熟练地、准确地应用各种创新技法，无疑会加大发明、创造、创新的可能性，提高发明、创造和创新的效率。

学习运用创新技法应注重学习和研究创新方法的创新。

自然界在不断地进化，社会在不停地向前发展，人类的认识也在逐步深化。新的现象、新的规律和新的事物也就在这进化、发展和深化的过程中不断涌现出来。因此，已有的创新、创造方法可能无法适应新形势的需要，这就需要创新。另一方面，根据创造学的基本原理，多次运用同一种方法，会使人们形成思维惯性，从而成为创造的障碍，因此也需要对创新方法进行创新。

对创新、创造方法的创新包括两种方式：一种是将已有的创新方法运用于新的专业领域和新的创造问题；另一种是根据创造问题的需要，创造新的创新方法。

总之，在创造过程中，思想上要有高度的灵活性，不拘泥于任何程序、习惯和经验，因为过分强调程序、方法就有使思维陷入呆板、僵化的危险。在创造活动中，当陷入困境时，应不受既定思维和方法的束缚，进行立体的、全方位的思考，使用新方法来应付新情况，以变化的方法对付变化的情况，才能确保立于不败之地。

创新、创造和发明的方法十分重要和可贵，它是人们用以开启智慧之门的钥匙，是人们借以跨越天堑峡谷的桥梁。正确运用它，我们就能铲除层层障碍，打开座座宝库，在不断地实现自我和超越自我的同时，不断地改造客观并超越客观。一方面提升人生的价值，另一方面获取丰硕的创新、创造成果。

第3章 发明问题的情境分析与描述

创新设计过程从揭示和分析发明情境开始。发明情境,指任何一种工程情境,它突出某种不能令人满意的特点。"工程情境"一词在这里是广义的,泛指技术情境、生产情境、研究情境、生活情境、军事情境以及各种资源等。

1 发明问题的资源分析与描述

设计中的可用系统资源对创新设计起重要的作用,问题的解越接近理想解(IFR),系统资源越重要。任何系统,只要还没达到理想解,就应该具有系统资源。对系统资源进行必要的详细分析和深刻理解,对设计人员而言是十分必要的。

系统资源可分为内部资源与外部资源。内部资源是在冲突发生的时间、区域内存在的资源。外部资源是在冲突发生的时间、区域外存在的资源。内部资源和外部资源又可分为直接利用资源、导出资源及差动资源三类。

1.1 直接利用资源

直接利用资源,指在当前存在状态下可被应用的资源。如物质、场(能量)、空间和时间资源等都是可被多数系统直接应用的资源,见表47.3-1。

表47.3-1 直接利用资源

直接利用资源	实例
物质资源	木材可用作燃料
能量资源	汽车发动机既驱动后轮或前轮,又驱动液压泵,使液压系统工作
场资源	地球上的重力场及磁场
信息资源	汽车所排废气中的油或其他颗粒,表明发动机的性能信息
空间资源	仓库中多层货价中的高层货架
时间资源	双向打印机
功能资源	人站在椅子上更换屋顶的灯泡时,椅子的高度是一种辅助功能的利用

1.2 导出资源

导出资源,指通过某种变换,使不能利用的资源成为可利用的资源。原材料、废弃物、空气和水等,经过处理或变换都可在设计的产品中被采用,而变成有用的资源。

在变成有用资源的过程中,必要的物理状态变化或化学反应是需要的,见表47.3-2。

表47.3-2 导出资源的种类

导出资源	内涵及实例
导出物质资源	由物质或原材料变换或对其施加作用所得到的物质,如毛坯是通过铸造得到的材料,相对于铸造的原材料已是导出资源
导出能量资源	通过对直接应用能量资源的变换,或改变其作用强度、方向及其他特性所得到的能量资源。如变压器将高压变为低压,这种低电压的电能成为导出资源
导出场资源	通过对直接应用场资源的变换,或改变其作用的强度、方向及其他特性所得到的场资源
导出信息资源	通过变换设计不相关的信息,使之与设计相关。如地球表面磁场的微小变化可用于发现矿藏
导出空间资源	由于几何形状或效应的变化所得到的额外空间。如双面磁盘比单面磁盘的信息容量更大
导出时间资源	由于加速、减速或中断所获得的时间间隔。如被压缩的数据可在较短时间内传递完毕
导出功能资源	经过合理变化后,系统完成辅助功能的能力。如锻模经适当修改后,锻件本身可以带有企业商标

1.3 差动资源

差动资源,指通常情况下当物质与场具有不同的特性时,可形成的某种技术特征的资源。差动资源一般分为差动物质资源和差动场资源。

(1) 差动物质资源

差动物质资源具有结构各向异性。各向异性,指物质在不同方向上的物理性能不同。这种特性有时是设计中实现某种功能所必需的,见表47.3-3。

表47.3-3 差动物质资源的种类

差动物质资源	实例
光学特性	金刚石只有沿对称面做出的小平面才能显示出其亮度
电特性	石英板只有当其晶体沿某一方向被切断时才具有电致伸缩的性能
声学特性	零件由于其内部结构不同,表现出不同的声学特性,使超声探伤成为可能
机械性能	劈木材时一般沿最省力的方向劈
化学性能	晶体的腐蚀往往在有缺陷的点处首先发生
几何性能	只有球形表面符合要求的药丸才能通过药机的分检装置
不同的材料特性	不同的材料特性可在设计中用于实现有用功能

例如，合金碎片的混合物可通过逐步加热到不同合金的居里点，然后用磁性分拣的方法将不同的合金分开。

（2）差动场资源

通过场在系统中的不均匀特性可以在设计中实现某些新的功能，表47.3-4列举了几个简单实例。

表47.3-4 差动场资源的运用

运用差动场资源	实 例
梯度的利用	利用烟筒、地球表面与3200m高空中的压力差使炉子中的空气流动
空气不均性的利用	为了改善工作条件，工作地点应处于声场强度低的位置
场的值与标准值的偏差	病人的脉搏与正常人不同，医生通过对这种不同的分析为病人看病

在设计中认真分析各种系统资源将有助于开阔设计者的眼界，使其跳出问题本身，对于设计者解决问题特别重要。

2 发明创造的理想化分析与描述

2.1 发明创造的理想化概述

（1）理想化

把所研究的对象理想化是一种最基本的自然科学方法。理想化，指对客观世界中所存在物质的一种抽象化，这种抽象的客观世界既不存在，又不能通过试验证明。理想化的物体是真实物体存在的一种极限状态，对于某些研究有很重要的作用。

在TRIZ中，理想化的应用包括理想系统、理想过程、理想物质、理想资源和理想机器等。理想化的描述见表47.3-5。

表47.3-5 理想化的描述

理想化描述	内　涵
理想机器	没有质量，没有体积，但能完成所需要的工作
理想方法	不消耗能量和时间，但通过自身调节，能够获得所需的效应
理想过程	只有过程的结果，而无过程本身，突然就获得了结果
理想物质	没有物质，功能得以实现

技术系统是功能的实现，同一功能存在多种技术实现形式，任何系统在完成所需的功能时，都产生有害功能。为了对正反两方面作用进行评价，采用如下公式：

理想化＝有用功能之和／（有害功能之和＋成本）

理想化与有用功能成正比，与有害功能成反比。通常把有用功能之和用效益代替，把有害功能分解为代价和危害。代价包括所有形式的浪费、污染、系统所占用的时间、所发出的噪声、所消耗的能量等。因此，系统理想化与其效益之和成正比，与所有代价及所有危害之和成反比。当改变系统结构时，如果公式中的分子相对增加，分母相对减小，系统的理想化就提高，产品的竞争力将提高。

（2）理想化设计

现实设计和理想设计之间的差距理论上应该可以减少到零。理想系统可以实现人们理想中的某种功能，而实际上该系统并不存在。所以，这个理想的模型理所应当成为人们追求的目标。理想设计打破了很多传统认为最有效的系统。

一个主要的、有用的功能，可以用一个并不存在的系统来实现，这种思维方式可以使创新设计在短时间内完成。

理想设计可以使设计者的思维跳出问题的传统解决方法，在更广泛的空间里寻找最优方案。

例47.3-1 理想的容器就是没有体积的容器。

在实验过程中，需要将待试验物放入一个盛满酸的容器里。在预定的时间后打开容器，酸对待试验物的作用可以被测量出来。酸会腐蚀容器壁，容器壁上应该涂一层玻璃或者其他抗酸材料。但是，这样的设计将使试验费用猛增。理想设计是将待试验物暴露在酸中，而不需要容器。转化后的问题就是找到一种方法可以保持酸和待试验物接触，而不需要容器。一切可利用的资源都是待试验物，如空气、重力、支持力等。解决方案是显而易见的，可以将容器设计在待试验物上，这样就不用顾虑酸腐蚀容器壁。这里的容器就是一种理想设计，如图47.3-1所示。

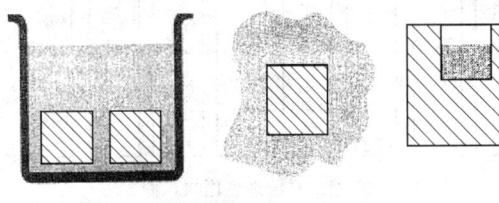

图47.3-1 理想的没有体积的容器

2.2 利用理想化思想实现发明创造

设计在月球车上使用的探照灯的研究人员遇到一个棘手的问题，他们想为灯找一个灯罩，这样可以防止灯丝承受冲击和防止被氧化。通过采用其他特殊装置才最终解决了这个问题。然而，当一位科学家看到这个设计时，他感到很惊讶。因为在月球上根本没有什么氧气。月球的真空性就是一种最有效资源，它可以消除灯罩的必要性。从而可见，这种功能的实现并不需要一定的系统。

在去金星的太空方案确定以后，一位很有影响力的科学家想把自己重10kg的试验装备放置在太空船中。但是，他却被告知已经太晚了，因为太空船所承受的每克质量都已计算安排好了。经过研究和分析，这位科学家发现太空船上的压舱物为16kg，而压舱物只起到配重的作用，随后这位科学家用他的试验设备替换重10kg的压舱物，实现了预期的要求。在这里，压舱物是一种未被利用的资源。通过上述的替换方式，使问题得到了圆满的解决。该方案既没有改变原计划，又满足了科学家的要求。

2.3 提高理想化程度的八种方法

例47.3-2 电熨斗对于健忘的人来说是一件危险的物品。他可能经常由于沉浸于幻想或者忙于去接电话而忘记将熨斗从衣物上拿开，心爱的衣物就因此留下了一个大洞。在这种情况下，如果熨斗能自己立起来该多好。

于是出现了"不倒翁熨斗"，将熨斗的背部制成球形，并把熨斗的重心移至该处，经过这样改进后的熨斗在使用者放开手后能够自动直立起来。熨衣物时，使用者用手扶着熨斗背部的把手，使熨斗保持水平状态，当使用者松开手时，熨斗就自动直立起来，不再同衣物接触，这样衣物就不会被烫出洞了。

有效地增加系统理想化程度的方法可分为八种，如图47.3-2所示。

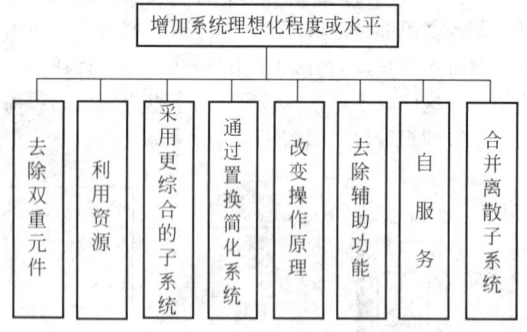

图47.3-2 增加系统理想化的八种方法

（1）去除双重元件

如果系统包含双重元件（子系统），那么可以考虑将其用一个综合的元件取代，这种系统就会得到简化。

例47.3-3 将冷却系统和呼吸系统合并。

煤矿救生员的工作制服上有一个重20kg的冷却系统，此外每个救生员还要携带一个重20kg的呼吸器。这些重物在很大程度上妨碍了救生员的工作。

为了减少重量，冷却系统和呼吸器可以合并成一个系统，这个新的系统使用液态氧。当液态氧蒸发时，就会产生所需的制冷效果，而氧气还可以用来呼吸。改进后的设备仅重20kg。

（2）利用资源

资源就是物质、场（能量）、场特性、功能特性和存在于系统或系统环境中的其他属性，这些资源对一个系统的改进都很有用。

资源可以分为几种，迅速可利用资源就是在其存在状态下可以直接利用的资源；衍生资源就是只有经过某种变化后才可以利用的资源。物质资源、场资源、空间资源和时间资源对大多数系统而言都是有用资源，见表47.3-6。

表47.3-6 利用资源的种类

利用资源	内涵	实例
物质资源	物质资源包括组成系统和系统环境的所有资源，那么任何一个没有达到理想化的系统都应该有可利用的物质资源	为防止系统零件（如轴承）过热，需把一个含有热电偶的温度控制装置安装在最容易产生热量的地方。通过应用金属环和主体之间的热电偶关系可以防止过度发热。如果热电偶检测到的温度高于一定数值，则这些相关部件的相互关系就会被自动切断
衍生资源	衍生资源是经过某种转化后才可以利用的资源。原材料、产品、废弃物和其他系统元件，包括水、空气等，它们都是不能在存在状态可以直接利用的资源，一般都要经过某种变化才能成为可利用资源	为了节约洗涤剂，在清洗之前，餐具常常要浸泡在重碳酸钠溶液里，餐具上残余的脂肪就会和重碳酸盐发生反应，生成脂肪酸盐，也就是洗涤剂。这样就可以最大限度地节省洗涤剂
变形态物质	通过改变现有系统的某些元件来寻找克服障碍的方法。通过改变系统中的某个元件从而获得空间、时间或某种有用的物质，或者通过改变某一个物质消除一种负面效应。例如，可以通过升华、蒸发、烘干、研磨、熔化或者溶解的方法改变物体状态，从而使切割过程简单化	投向运动目标的圆盘是用粘土做成的，称为粘土鸽子。当粘土鸽子被用于双向飞碟射击时，地面就丢满了粘土碎片。用冰做的圆盘价格便宜一些，而且落到地面的碎片会融化消失。用肥料做的圆盘还可以肥沃土地
时间资源	时间资源包括动作开始的时间间隔、结束后的时间间隔、工艺循环过程的时间间隔，这些时间部分或全部都是没用的。有效利用时间资源有以下几种方法：改变物体的预备布置时间；有效利用暂停时间段；使用并行操作；除去无价值的动作	在农业中，每当要开始一行新的犁沟，犁就必须再沿原路返回去，这样才能保证翻出的土壤倒在犁沟的同一边，可是这样就做了无用功而且浪费了时间。事实上用一个有左右刃片的犁就可以解决这个问题，节省时间。在完成每行耕种后，操作者操作控制按钮切换刀片，然后就可以继续工作，而不必沿原路返回

（3）采用更综合的子系统

使用更综合的子系统和元件重新设计或重建系统，这样系统的维护和制造费用就会节省很多。

例47.3-4 汽车一体化发动机（见图47.3-3）。

图47.3-3 汽车一体化发动机

汽车发动机是由很多相互独立的零件组装而成的，但是这些零件经常会松动或者泄漏，维修很麻烦。

如果螺钉和垫圈可以被一个焊接件代替，那么整个发动机就会得到很大程度的简化，制造简单，可靠性更高。当然，一旦一体发动机发生故障的话，就需要更换整个发动机。

（4）通过置换简化系统

对于零件、部件或整个系统，考虑用一个模型或复制品来替换，以简化系统。可以考虑用一个简单的复制品替换一个复杂的零件（或一部分），也可以暂时或长久地使用一个物体的复制品。另外还可以考虑用一个与实物等大或与实物成比例的物体代替功能性不强的元件。应注意特别考虑应用仿制品。

例47.3-5 模拟着陆轮胎的牵引力。

下雨天，飞机在着陆过程中其轮胎上的牵引力是一个不确定的数值。为了得到着陆轮胎牵引力的即时数值，用测试车上的一个车轮模仿飞机着陆轮的运动，测试轮的速度是着陆轮速度的90%。当测试车通过飞机跑道时，传感器就会从测试轮上采集数据，转换信号，然后测试结果就会通过无线电装置传送给正在着陆的飞机。目前许多飞机场都采用这种测控系统。

（5）改变操作原理

为了简化系统或操作过程，考虑改变最基本的操作原理。

例47.3-6 使软玻璃片保持平面状态。

当玻璃片在传送带上运输时，热的软玻璃片总是在辊子中间的空隙地方松弛下垂，这样玻璃就不能保持平面状态。理想系统不会产生松弛下垂现象。如果辊子直径很小，就可以避免出现松弛下垂现象。那么什么样的辊子直径最小？一个分子？TRIZ 解决方案为：为了运输热的玻璃片并保持其平面状态，把它飘浮在熔化的锡池上，如图47.3-4所示。

图47.3-4 把软的热玻璃片漂浮在熔化的锡池上

（6）去除辅助功能

辅助功能支持或辅助主要功能的实现。很多时候辅助功能（以及与这些辅助功能相关的元件/部件）可以被去除，同时又不影响主要功能的实现。为了去除辅助功能，有以下几种方法，见表47.3-7。

表47.3-7 去除辅助功能的方法

功能	内涵	实例
去除校正功能	考虑系统的校正功能（操作），这些功能唯一的目的就是克服一些系统固有的缺陷（有害动作）。考虑系统可否在没有消除缺陷的情况下实现满意操作	传统金属颜料在使用过程中有可能从溶剂里释放出一种有害物。静电场可以用来将粉末状的金属染料涂在物体表面。达到一定烘干温度后，金属粉末就会熔化，在物体表面形成均匀的颜料涂层，整个过程中没有用到有害性的溶解剂
去除预备操作（功能）	考虑系统的每个预备操作（功能）的必要性，在没有任何预备操作的情况下，系统的原始功能是否还能实现	金属元件表面加工的喷丸硬化法是用高速冰球束（附有冰层的钢球）直接冲击刚体表面。为了得到持续的冰球束，将事先制成的钢球射入具有一定低温（0℃以下）的容器中，从容器外喷入的水滴迅速包围在钢球外面，形成附有冰层的钢球——冰球束，这样就使得冰球束在喷丸过程中既具有一定的强度又可以用冰冷却被处理材料的表面
去除防护功能	考虑系统的防护功能（操作），有没有办法消除有害动作，或者减少或消除有害功能造成的损失	执行月球计划时需要一个电灯，但是电灯的玻璃外壳很难承受在月球上受到的各种外力作用，总是破碎。最后的方案是可以使用裸露的电灯丝，因为月球上没有空气，不用担心灯丝会被氧化
去除外壳功能	系统元件常常安装在一个外壳里，考虑系统是否需要这个外壳	自动步枪每发射一枚子弹，就会从枪膛里弹出一颗铜质空弹壳，非常浪费。德国最近生产的C114.7型的自动步枪使用的就是无壳子弹

(7) 自服务

自服务即系统的自服务功能。为了达到这个目的，可以考虑以牺牲主要操作而实现辅助操作，或者同时实现主要功能。可将辅助功能的实现转移到主要元件上。

例 47.3-7 邮戳印记鸡蛋。

在家禽农场，鸡蛋滚到收集盘里，然后工人将鸡蛋放入托架上，再包装到纸板箱里。工人所用手套上的一个手指可以提供墨水，这样就可以在鸡蛋上印上生产日期，如图 47.3-5 所示。

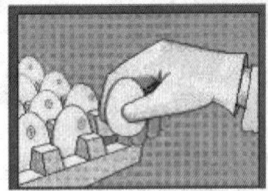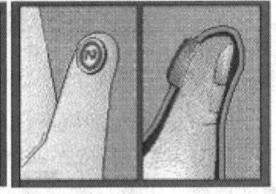

图 47.3-5 鸡蛋上印字或日期

(8) 合并离散子系统

合并离散子系统，指的是将完成相同功能的子系统合并。对这些即将合并的子系统而言，也就是预先使它们的主要功能相协调。

例 47.3-8 将收音机和电视机组装。

当电视-收音机刚走出市场时，其中的电视机、收音机、留声机和磁带录音机都分别有各自的扩音器。后来，一种独立的扩音器就被用到所有这些元件上。普通的扩音器和控制器也被用在后来的设计中。

2.4 实现理想化的步骤

实现理想化的步骤见表 47.3-8。

表 47.3-8 实现理想化的步骤

步骤	实例
第一，描述需要改进的系统性能	熔炉里的温度很高，为了防止炉壁温度过高，需要用水来降温。降温系统所需要的水是用管子抽出来的。如果管子出现裂缝，水会漏出来，这样就可能使熔炉发生爆炸事故
第二，描述理想的性能	当出现裂缝时，水要保持在管子里。更准确的描述即水不能离开管子
第三，考虑实现理想性能的方法	经分析得出：管内的压力大于管外的压力
第四，进行改动，以克服此障碍	管内的压力应该比管外压力小，因此需要一个真空抽水泵

3 实例分析——如何制作预应力混凝土

例 47.3-9 为了制作预应力钢筋混凝土，需要拉伸钢筋（钢条），然后在拉伸状态把钢筋固定在模型里并注入水泥。在水泥硬化后，把钢筋两头松开，钢筋缩短并使水泥收缩，从而提高了钢筋混凝土的强度。

利用液压千斤顶拉伸钢筋，既麻烦又不可靠。可采用电热拉伸法，即把钢筋通电加热，使其延长，并在这种状态下把它固定好。把钢条加热到400℃就能得到一定的伸长率，但是利用能承受更大力的钢丝作钢筋更有利。如果温度加热到700℃，就能把钢丝拉伸到理论的计算值。但钢丝加温到400℃以上时就会丧失高强度的力学性能，即使短时间加热也如此。而用昂贵的耐热钢丝作钢筋在经济上又是一种浪费。

在情境中只突出一点，即拉伸钢丝作钢筋。为了解决这一课题需要采取某些措施，然而在情境内并未指出对原技术系统需要如何改变。

上述问题可表述为：在制作预应力钢筋混凝土时，用电热法拉伸钢丝，但加热到计算值（700℃）时，钢筋丧失力学性能，怎样消除这一缺点？

本实例的模式是：给定热场和金属丝。如加热到700℃，金属丝得到需要的伸长率，但丧失强度。

每一个技术矛盾均可用两种方式表述："如果改善A，B则恶化"和"如果改善B，A则恶化"。在建立问题模式时，在其表述中应以改善（保持、加强等）基本生产作用（性能）为准。在从问题情境过渡到问题进而过渡到问题模式的过程中，方案选择的自由度（即选择方案的余地）随之大大减少了，而问题提法的异常性增加了。

问题情境可提供很多可能的解决办法，例如，如果采取改善液压千斤顶的办法呢？如果创造气动千斤顶呢？如果做一个由重物来拉伸钢丝的引力千斤顶呢？如果允许加热丧失强度，然后再设法恢复呢？……在从问题情境过渡到问题的过程中，很多类似解决办法都被筛选掉了，只保留了电热法，它有很多优点，只需要排除它的唯一缺点。

下一步还要继续缩小选择的余地，确定采用700℃温度，其他所有折中方案都排除。这时需要利用物场分析术语"物质""场""作用"建立问题模式。事实上，在模式中给定热场和物质，也就是给定了一个完整的物场。显然，在答案中"必须引进第二种物质"。建立问题模式有一定规则。例如，若把制品（钢丝）从问题模式中去掉，就会回到原问题情境中的习惯性想法中，即"如何设法代替钢筋水泥的钢筋呢？不拉伸行吗？"

对问题进行分析是相当困难的，因为问题的实质往往被随心所欲的表达方式掩盖。而问题模式就容易分类，而且分类明确。原技术系统的物场分类就是这种分类的基础。利用这种分类方法就可以把问题分成三种类型：给定一个要素；给定两个要素；给定三个以上的要素。每种类型又可根据问题中给定任何要素（物质、场）、它们之间的关系以及可否改变分成各类子问题。

本例中给定了两个要素——热场和物质，所以该问题属于第二种类型。场与物质是由两个相关的作用联系在一起的，即如果加热钢丝，它就延长。一个作用是有利的，另一个作用是有害的。可以通过增加另一个物质（加热700℃但是力学性能不变的金属材料）来实现原物质的延长，具体方法如图47.3-6所示。

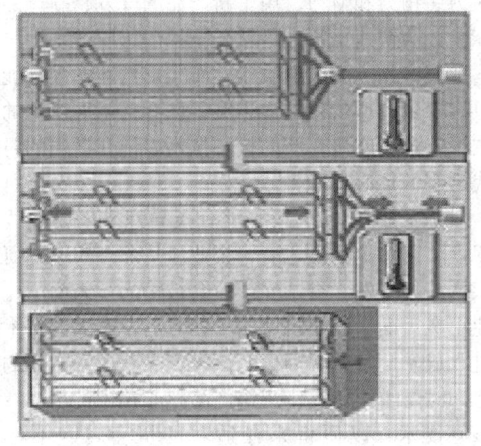

图47.3-6　通过引入耐热金属材料使钢筋得到需要的拉伸量

4　实例分析——汽车驾驶杆的抖振分析

汽车通常由四缸发动机来驱动，这种发动机有很强的二阶振动。在发动机低速运转的情况下（空档状态），这种振动的频率较低，无法通过发动机底座进行隔离。而且某些汽车还会产生结构的共振，影响驾驶的舒适度，使部件的故障率及相应的维修费用提高。

某汽车公司对此进行了调查，发现由于驾驶杆的固有频率接近于发动机空档时的二阶谐振频率，导致驾驶杆在空档状态下剧烈振动，即使安装了减振器，其振动情况仍使驾驶员操作不舒适。另外，驾驶杆的抖振也和发动机的负载有关，发动机还兼有驱动液压系统、为车上的用电附件（电动机、空调等）供能等任务，这些负载越高，抖振现象越严重。公司成立了攻关组，成员包括制造这些附件及传动设备的高级工程师及车身与底盘的工程师。攻关组将这些普通汽车与高档车进行比较，发现普通汽车上电动机与空调的效率比高档车低很多，其驱动液压系统所需牵引扭矩在空档状态比高档车大很多，车身硬度及车身与驾驶杆的固有频率则比高档轿车低很多，这些都是造成抖振的重要原因。攻关组各自回到相应的部门，有针对性地开发更好的系统结构，为此还造出一个加强的车身样品，并进行了测试，结果表明抖振得到了明显的改善。但这些办法工作量太大，成本太高，暂时无法投入应用。上述过程是一个常规的解决问题方式，也是典型的问题最大化的情况。

TRIZ专家参与攻关后，经过对问题背景知识的了解，提出如下两点建议。

1）如果试图不大幅度改动系统而使问题得以解决，建议按最小化的问题处理，以便争取简化系统。

2）尽量使用已有的系统资源。

随后，攻关组把注意力集中到不更改引起抖振的系统（车身和有关的附件等）而是降低驾驶杆的振动程度上，针对抖振本身来解决问题。在驾驶杆减振上，发现增加减振器惯性块的重量可改善减振能力，为了尽量使用已有的系统资源，工程师对车内可用作惯性块的大块物体进行了统计，前提是不影响它们的主要功能。这些物体有散热器、电瓶、空气袋、备用轮胎等。通过分析，把车前部防撞用的气囊兼作惯性块集成到驾驶杆的减振器上，便解决了抖振问题。结果表明，采用该方法后方向盘的抖振比高档车还要小。

第4章 技术系统进化理论分析

技术预测的研究始于半个世纪以前,最初应用于军工产品,即对武器及部件的性能进行技术预测,后来也应用于民用产品。在长期的研究过程中,理论界提出了多种技术预测的方法,但其中最有效的是苏联TRIZ提出的技术系统进化理论。

技术进化的过程不是随机的,历史数据表明,技术的性能随时间变化的规律呈S曲线,但进化过程是靠设计者推动的。当前的产品如果没有设计者引进新的技术,它将停留在当前的水平上,新技术的引入使其不断沿着某些方向进化。图47.4-1分别给出了S曲线和分段S曲线,可以看出两个S曲线明显趋近于一条直线,该直线是由技术的自然属性所决定的性能极限。沿横坐标可以将产品或技术分为新发明、技术创新和技术成熟三个阶段或婴儿期、成长期、成熟期和退出期四个阶段。

在发明阶段,一项新的物理的、化学的或生物的发现,被设计人员转换为产品。不同的设计人员对同一原理的实现是不同的,已设计出的产品还要不断进行改善。因此,随着时间的推移,产品的性能会不断提高。

此时,很多企业已经认识到,基于该发现的产品有很好的市场潜力,应该大力开发,因此将投入很多的人力、物力和财力,用于新产品的开发,新产品的性能参数会快速增长,这就是技术改进阶段。

随着产品进入成熟阶段,所推出的新产品性能参数只有少量的增长,进一步完善已有技术所产生的效益减少,企业应研究新的核心技术以使在适当的时间替代已有的核心技术。

对于企业R&D决策,具有指导意义的是曲线上的拐点。第一个拐点之后,企业应从原理实现的研究转入商品化开发,否则该企业会被恰当转入商品化的企业甩在后面。当出现第二个拐点后,产品的技术已经进入成熟期,企业因生产该类产品获取了丰厚的利润,同时要继续研究优于该产品核心技术的更高一级的核心技术,以便将来在适当的机会转入下一轮竞争。

一代产品的发明要依据某一项核心技术,然后经过不断完善使该技术逐渐成熟。在这期间,企业要有大量的投入,但如果技术已经成熟,推进技术更加成熟的投入不会取得明显的收益。此时,企业应转入研究选择替代技术或新的核心技术。

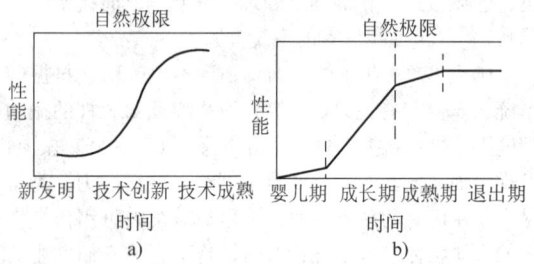

图47.4-1 技术的性能随时间的变化规律
a) S曲线 b) 分段S曲线

1 技术进化过程中创新设计实例分析

表47.4-1为潜艇进化时间表。

表47.4-1 潜艇进化时间表

时间	进化过程
公元前332年	亚历山大大帝命令其部下建造一个防水的玻璃桶,然后自己进到桶里,让部下们把桶放到海水下面,他记录了所见到的各种生物。亚历山大是早期进行水下探索的人之一
1624年	德雷贝尔建造了一个能在水中被驱动的防水舱,他让12人进入船体,并以6支桨推动这个装置
1776年	布什内尔建造了一个潜水器,用来攻击停在美国纽约港的英国军舰。这是第一艘参加战斗的潜水器。该潜水器像一个大木桶,里面有一张条凳,以一个类似自行车脚蹬的装置驱动船体。该潜水器还配有罗盘、深度尺、驾驶装置、可变压舱、防水船体配件和一只锚
19世纪末	现代潜艇之父霍兰主持建造了"霍兰"号潜艇。该潜艇在水下使用电动机,在水面巡航时使用蒸汽机,是第一艘能够下沉、潜行、上浮并发射鱼雷的潜艇。该潜艇没有潜望镜,艇员们要从平板玻璃向外观察。为了监测氧气含量,艇员们常把老鼠装在笼子里带上潜艇,如果老鼠死亡或接近死亡说明氧气不足了,应赶快返航。1900年,美国海军购买了"霍兰"号潜艇,并且又订购了几艘同样的潜艇
20世纪中期	全世界第一艘核动力潜艇"鹦鹉螺"号诞生了,与柴油机驱动的潜艇不同,该潜艇可在水下连续航行几个星期。1954年,该潜艇在水下穿越了北极

从产品的观点看,亚历山大大帝的玻璃桶只是对海洋水下的初步探索,其核心技术是构造一个不漏水的水下空间。

1624年的防水舱及1776年的潜水器,其核心技术都是采用人工产生的动力驱动,潜水器中的罗盘等是对防水舱的不断改进。

"霍兰"号潜艇的核心技术是采用机械驱动——电动机或蒸汽机驱动,能真正装备海军,因此是现代潜艇。

"鹦鹉螺"号潜艇的核心技术是采用了核动力驱动,可在水下航行更长时间。

2 创新设计中技术系统进化模式

2.1 技术系统进化模式

历史数据分析表明,技术进化过程有其自身的规律与模式,是可以预测的。与西方传统预测理论的不同之处在于,通过对世界专利库的分析,TRIZ研究人员发现并确认了技术从结构上的进化模式与进化路线。这些模式能引导设计人员尽快发现新的核心技术。十一种技术系统进化模式如图47.4-2所示,充分理解这十一条进化模式,这将会使"今天设计明天的产品"变为可能。

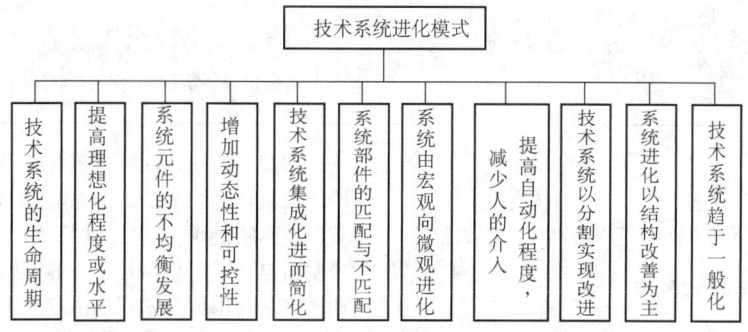

图47.4-2 十一种技术系统进化模式

2.2 技术系统各进化模式分析

2.2.1 技术系统的生命周期

出生、成长、成熟、退出是最一般的进化模式,因为这种进化模式从一个宏观层次上描述了所有系统的进化。其中最常用的是S曲线,用来描述系统性能随时间的变化。对许多应用实例而言,S曲线都有一个周期性的生命,即出生、成长、成熟和退出。考虑到原有技术系统与新技术系统的交替,可用六个阶段描述:孕育期、出生期、幼年期、成长期、成熟期和退出期。

假设在图47.4-3中的S曲线中,横坐标表示时间,纵坐标表示速度,给定这些参数后,该曲线就可以用来描述飞机发展进化过程的六个阶段,见表47.4-2。

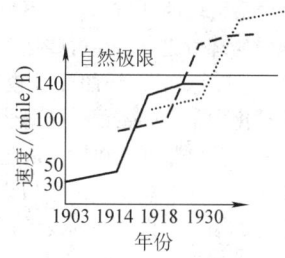

图47.4-3 飞机进化的分阶段S曲线

表47.4-2 进化过程的六个阶段

阶 段	内 涵	实 例
孕育期	新的系统概念一直处于酝酿阶段,直到这种系统概念可以达到实际可行的水平	几个世纪以来,人们一直致力于设计一种重于空气的飞行器
出生期	当外界具备两个条件时,以这种新的系统概念为核心的技术系统就会诞生。其中既存在对系统功能的需求,也存在实现系统功能的相关技术需求	空气动力学和机械结构直到18世纪后期才逐渐发展起来。所以,莱特兄弟在1903年想出一种新的办法:把一个独立的动力系统带到飞行器上,这样一项新的技术就诞生了
幼年期	每一种崭新的系统都是作为一种高科技创新的成果出现的,但是这个崭新的系统结构比较简单,系统整体效率比较低,可靠性不高,而且还有很多未解决的问题。处于这个阶段的系统,发展缓慢,许多设计问题和难题都是必须要解决的	莱特兄弟的第一次飞行时速就达到了48km/h,接下来飞机的发展就很慢。人力和财力资源仍然很有限,飞机被认为是一种不切实际的事物。直到1913年,经历漫长的10年发展后,飞机的速度才仅仅达到80km/h

阶 段	内 涵	实 例
成长期	当整个社会认识到该系统的价值时,这一阶段就开始了。在这一阶段,很多问题都已经被解决,系统的工作效率和功能都得到明显的提高和改进,而且还产生了一个新的市场。随着系统利润的不断增加,人们就会无意识地在这个新产品或者新工艺方面投入大量的财力和物力,这就加速了系统的发展,改善了系统的工作性能,进而会再次吸引更多投资。这种良性的"反馈"式循环一旦建立,将会加速系统的进一步改进	在1914年,发生了两件刺激飞机快速发展的重大事件。第一件事就是第一次世界大战,由于战争的需要,飞机被认为具有潜在的用途。第二件事就是逐渐增长的经济资源和人力资源,使飞机设计越来越成为可能,飞机已经不再只是昂贵的玩具。在更好的经济资源的帮助下,从1914年到1918年短短4年时间,飞机的速度竟从80km/h增加到160km/h
成熟期	当最初的系统构想已达到自然极限时,系统的改进就变得很慢了,即使投入更多的财力和人力,得到的改进仍旧很少,因为标准的概念、形状、材料已经确定。通过系统最优化和折中可以实现一些小的改进	飞机的发展速度几乎保持在一个水平状态
退出期	技术系统已经达到其自然极限,没有什么改进的必要,因为系统所提供的功能已经易于实现。结束这种下滑现象的唯一办法是发展一新的系统概念,有可能是一种新的技术	下一代飞机(用新的S曲线描述)是以空气动力学为基础,有金属框架的单翼飞机。当然这种飞机也有其功能极限。第三条S曲线是以喷气式飞机开始的。对在世界经济激烈竞争中幸存的企业而言,新的设计思想和新的S曲线是很重要的

2.2.2 提高理想化水平

提高理想化水平的方法详见本篇第3章的2.3节。

2.2.3 系统元件的不均衡发展

系统的每一个组成元件和每个子系统都有自身的S曲线。不同的系统元件(子系统)一般都是沿着自身的进化模式来演变的。同样,不同的系统元件达到自身固有的自然极限所需的次数也是不同的。首先达到自然极限的元件就"抑制"了整个系统的发展,它将成为设计中最薄弱的环节。一个不发达的部件也是设计中最薄弱的环节之一。在这些处于薄弱环节的元件得到改进之前,整个系统的改进也将会受到限制。技术系统进化中常见的错误是非薄弱环节引起了设计人员的特别关注。如在飞机的发展过程中,由于心理上的惯性作用,人们总是把注意力集中在发动机的改进上,总是试图开发出更好的发动机,但对飞机影响最大的是其空气动力学系统,因此设计人员在发动机上的研究对提高飞机性能的作用不大。

2.2.4 增加系统的动态性和可控性

在系统的进化过程中,技术系统总是通过增加动态化和可控性而不断得到进化。也就是说,系统会增加本身灵活性和可变性以适应不断变化的环境和满足多重需求。

增加系统动态性和可控性最困难的是如何找到问题的突破口。在最初的链条驱动自行车(单速)上,链条从脚蹬链轮传到后面的飞轮。链轮传动比的增加表明了自行车进化路线是从静态到动态,从固定到流动或者从自由度为零到自由度无限大的。如果能正确理解目前产品在进化路线上所处的位置,那么顺应顾客的需要,沿着进化路线进一步发展,就可以聪明地指引未来的发展。因此,通过调整后面链轮的内部传动比就可以实现自行车的三级变速。五级变速自行车前边有1个齿轮,后边有5个嵌套式齿轮。一个脱轨器可以实现后边5个齿轮之间相互位置的变换。可以预测,脱轨器也可以安装在前轮。更多的齿轮安装在前轮和后轮,例如,前轮有3个齿轮,后轮有6个齿轮,这就初步建立了18级变速自行车的大体框架。很明显,以后的自行车将会实现齿轮之间的自动切换,而且还能实现更多的传动比。理想的设计是实现无穷传动比,可以连续地变换,以适应任何一种地形。

这个设计过程开始是一个静态系统,逐渐向一个机械层次上的柔性系统进化,最终是一个微观层次上的柔性系统。

(1) 增加系统的动态性

如何增加系统的动态性?如何增加系统本身灵活性和可变性以适应不断变化的环境,满足多重需求?答案为使用以下五种方法,见表47.4-3。

表47.4-3 增加系统动态性的方法

方 法	内 涵	实 例
降低系统稳定性	为了增加系统的动态性,尽量降低系统稳定性	在电气设备里检测电线安装紧密程度是很重要的。螺钉固定的紧密程度可以通过凹入的垫圈来检验。螺钉被固定的过程中,垫圈就会逐渐变形直到产生一种滴答声,表明电线已被合适地安装好,如图47.4-4所示

(续)

方 法	内 涵	实 例
固定状态变为可动状态	为了增加系统的动态性,应该尽量将系统的固定元件更换为可动元件	坐在车上的邮递员把信从路边固定的邮箱里拿出来费时费力。可将邮箱设计成可伸缩型,只要邮递车发出一种红外线信号,邮箱就会自动滑向邮递车
分割成可动元件	通过将系统分割成相互可动的零部件,就可以增加系统的自由度	海底探测器既要保证快速下沉,又要防止和海底碰撞,低能见度使得确定海底位置很难,铁链形式的导向绳索能够实现这两方面的要求
引进一个可动物体	通过将一个可动物体引入系统来增加系统的内部动态	水平指示仪可以用来测试水平面的水平度。水平仪的主要部件是一个气泡,该气泡可以在充满有色液体的软管里自由移动
应用物理效应	系统的内部动力可以通过物理效应得到提高,例如,通过物体状态的改变。当然,这种物体应该能在一个很大的范围内很容易地改变本身的特性	低温时,换热器的表面积应该变小以减少热量损失。高温时,换热器的表面积应该变大以快速进行热量交换。为了改进换热器,可将钛镍合金(一种具有形状记忆功能的材料)薄片贴在换热器上。低温时,薄片弯曲而且贴在换热器上。高温时,薄片伸直而且摆动着翘起来,这样就增加了换热器的面积

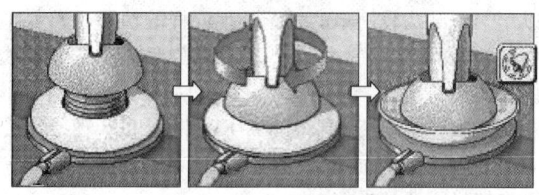

图47.4-4 检测紧密性

在进化过程中,随着系统动态性的不断增强,其可控性也会越来越强,系统将会更容易控制以适应多种需求。

(2) 增加系统的可控性

通过以下介绍的方法可更有效地增加系统的可控性,见表47.4-4。

表47.4-4 增加系统可控性的方法

方 法	内 涵	实 例
引入控制场	应用一个控制场(力、效应或动作)可以更有效地控制一个系统或过程	火焰是含有被电离气体的等离子体,所以它可以被电场所控制。例如,电场可以用来控制燃烧液体或固体燃料的熔炉火焰,使用此电场可以将熔炉的效率提高10%~30%,而且能减少污染
加入添加剂来提高过程控制	加入某些附加成分或物质可以更有效地控制系统或过程	工程实际中经常需要抛光密闭容器的内表面(如细颈瓶)。为了更有效地抛光物体的内表面,可以在瓶子中装满含有铁磁体的研磨剂。研磨剂的抛光动作可以用移动的或旋转的磁场来控制
引入动力学装置	可以通过引入有动态特性的装置来更有效地控制系统	可伸缩的前后阻流板可以灵活地增加汽车功能的实现。在干燥的天气里,车速达到120km/h时,前边的阻流板就会收缩以减少空气阻力。如果汽车以更高的速度行驶时,它还可以展开以增加稳定性。在雨天,当车速超过48km/h,前后阻流板都会伸长以防止汽车打滑。在刹车的时候,后边的阻流板还可以展开起到空气辅助刹车的作用,如图47.4-5所示
引入逆向过程系统	可以使用一个控制良好的逆向过程来控制整个工作过程	电磁起重机可以装载钢铁等重物,但这种起重机会消耗大量的电力,如果电力突然中断,装载物会立刻掉下来。如果使用永久磁铁来提起重物,而使用瞬间激活的电磁力放下重物,这样安排可以节省电力,而且突然断电的时候重物仍然是被装载的
引入组合控制	通过一种或几种材料(元件)、一种或几种场(力、效应或动作)来引入组合控制	细微研究复杂物体时,电子显微镜需要极高的精度(在微米之内),这就需要很精确地调整细微间隙。用于光学显微镜上的机械装置无法满足这种要求,因为价格太昂贵,而且准确性和可靠性比较低。可以通过应用物理效应——金属受热膨胀来调整细微间隙,达到较高的精度
引入一种控制	考虑用一些组件或部件来替代可控性差的系统。最终会有一个部件或组件得到很好的控制	机床安装到底座上时必须保证精确的水平位置,这就需要精加工底座组成部分来实现。为了简化加工过程,加快安装,找到基座与机床的正确安装位置,用木质合成物来填充安装空隙,这种木质合成物在70℃的时候就会熔化,如图47.4-6所示

(续)

方法	内涵	实例
改变一个主要过程以控制另一个过程	有可能通过改变主要系统或过程使它能控制另一个系统或过程	最初的无线电接收装置采用电磁信号,以产生耳机里的声音,最强的传导物只能在很短的距离内接收信号。现在的无线电设备可实现远距离接收信号,放大电路可从传导物里仅吸收少量的能量来控制无线电接收装置本身的能源供给
提供自控制	调整系统或过程以适应变化的操作环境	浇注过程中,需要比较高的浇注压力,这样才能有效消除铸件多孔、不牢固等缺陷。模型里可充满一种特殊的材料,这种材料接触到熔铸金属就会蒸发,以这种方式产生的气体可以在模型里产生很高的压力
引入负反馈	通过反馈可能获得自控制	由于惯性的缘故,司机会很容易和汽车发生碰撞。安全带可以减弱这种惯性作用。一种更安全的设备是安全气囊,当汽车受到碰撞时,安全气囊会瞬间膨胀,保护司机
转换工作原理	通过转换工作原理,引入另一种自动控制元件	焊接无线电元件时,保持焊铁在一个稳定的温度是非常重要的。如果烙铁加热件是由一种和焊条具有相同熔点的合金材料制成,那么很容易得到一个稳定的温度

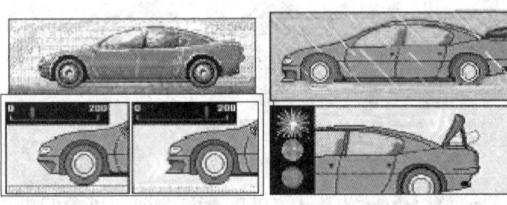

图 47.4-5 汽车阻流板可以实现多种功能

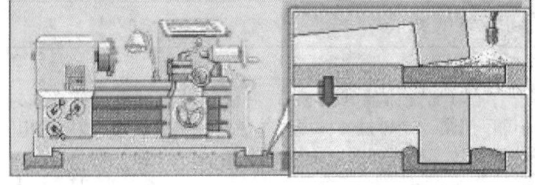

图 47.4-6 采用木质合成物做水平地基

2.2.5 技术系统集成化进而简化

技术系统总是首先趋向于结构复杂化（增加系统元件的数量,提高系统功能）,然后逐渐精简（可以用一个结构较简单的系统实现同样的功能或者实现更好的功能）,通常由一个系统转换为双系统或多系统来实现。

例如,组合音响将 AM/FM 收音机、磁带机、VCD 机和喇叭集成为一个多系统,用户可以根据需要来选择需要的功能。

如果设计人员能熟练掌握建立双系统以及多系统的方法,将会实现很多创新性的设计。

（1）建立一个双系统

快速建立一个双系统的方法见表 47.4-5。

（2）建立一个多系统

建立一个多系统和建立双系统一样重要,而且在很多情况下,建立一个多系统可以更好地实现系统的功能。作为一个设计人员,不仅要有效地建立一个双系统,更要掌握如何建立一个多系统。下面介绍建立一个多系统的方法,见表 47.4-6。

表 47.4-5 建立双系统的方法

方法	内涵	实例
建立一个相似双系统	将两个相似的系统(或两个物体,两种过程)组合成一种新的系统。组合成的新系统能实现一种新的功能	通过一个平整的、玻璃的摄影感光板就可以将集成电路模式图转移到硅晶片上。当然这种感光板预先已经将模式图像携带在其表面了。当感光板的表面和硅晶片接触时,图像就会受到损伤。感光板另一侧复制模式图像就用来补偿由于和晶体接触所造成的损坏
建立一个相似"补偿"双系统	将两个相似的系统、物体或过程组合成一个新的系统,这样就可能消除原始单一系统所固有的不足之处	雾气给飞机场带来了很多问题,如班机的延迟以及安全性问题等。在雾区喷射人工雾,这种人工雾里渗透了气雾剂的小颗粒,天然雾气所含的小水滴和人工雾所含的小水滴结合起来就会产生雨
一个具有移换特征的双系统	如果两个系统分别具有不同(包括相反)的渴望功能,那么两者的组合就可以成为一种新的系统。当渴望功能以这种方式组合时,一种具有新功能的系统就会产生	新发明的一种橡皮可以不留任何痕迹地清除各类笔迹。橡皮里注入了大量的微囊体,每个微囊体里都充满了特殊的液体。当橡皮在纸上摩擦时,微囊体就会破裂,流出的液体就会使笔迹褪色(或漂白),如图 47.4-7 所示

(续)

方 法	内 涵	实 例
相互竞争系统组成的双系统	将面向同一设计目的,应用不同操作原理的两个系统组合成一个系统,这样就可以得到两个系统共同的渴望功能或消除它们各自的不足之处	在寒冷的天气里,由于冻结的土地需要软化,正常的挖掘工作总是被迫停止。如果挖掘设备上能安装一个气体燃烧炉,那么就不需要在挖掘过程中刻意停下来软化土地。在燃烧炉喷出的火焰所具有的热冲击和挖掘的联合作用下,就可以挖掘冻结的土地了
建立一个"牵引"双系统	如果同时存在一个陈旧无用的系统和一个很有前途的新系统,新系统在某些方面仍然没有超过旧系统,可将两个系统组合为新系统	以蒸汽机为动力的轮船解决了由于航行过程中缺少风所造成的航行问题。但是,最原始的蒸汽机轮船工作效率很低而且不适合长途航行。将蒸汽机和船帆合并起来的轮船就可以兼顾两者的优点
建立一个"补偿"双系统	如果目前的系统有很严重的缺陷,那么找到一个具有相反缺陷的系统,将这两个系统组合成一个新系统。这样两个原始系统的缺陷就会相互抵消,同时合并共同的渴望功能	为了在发生地震或强风的情况下减弱高层建筑物的摇摆程度,人们常常把一池水放在楼顶。水的质量应该是楼房质量的1%。水面的波浪可以有效减弱楼房的摇摆。通过这种方法,高40m的建筑其摇摆程度可以被减少一半,如图47.4-8所示
建立一个选择性双系统	如果两个系统都是为实现同一个功能而设计的,其中一个很昂贵(或结构很复杂),但实现的功能很完善,另一个很便宜(制造和操作都很简单)但是实现的功能不太理想,这种情况下,可把这两个系统组合起来	一般热水袋仅仅能在很短的时间内保持原来的温度。为了延长热水袋的可用时间,可以将一个加热盘管放在热水袋里,同时还可以将一个温度控制元件附加在热水袋内,如图47.4-9所示
建立一个"共生"双系统	找一个能为目前系统提供资源(如信息、能量、物质、空间)的第二个系统,将两个系统组合成一个新系统,这样会使系统的主要功能和辅助功能操作简单化	将微型电子仪器和传统钓鱼竿组合成一个系统——可视钓鱼竿。将微型防水摄像机固定在靠近鱼饵的钓丝末端。该摄像机将拍摄到的图像传送到固定在钓竿上的一个小显示屏上,这样就可以清楚地看到水里的鱼,如图47.4-10所示
合并具有相反功能的系统	把两个具有相反功能的系统组合起来,这样新系统实现的功能就能得到更准确的控制	高速旋转的涡轮是水力发电机有效运转必不可少的组成部分。如果定子可以以相反的方向旋转,那么定子和转子之间的相对速度就可达到原来速度的2倍。水可以通过两个不同的通道被引入不同的推动器,以分别推动定子和转子旋转。这时的定子已经不再是一个定子了,而是一个相对转子
应用"二元"原则	当一种材料即将失去它的有用性或要产生有害功能时,可以将材料分成比较牢固或有害效应弱的元件,这些元件可以独立储藏或运输,当需要的时候再重新组合	在生产军火的军工厂里,存在很大的潜在危险,毒性物质很有可能在生产、储藏和运输的过程中发生泄漏。为了消除这种危险,可以使用"二元"军火,将两种化学合成物单独储藏,在需要时将两者组合,就会产生所需毒性的化合物

图 47.4-7　新型橡皮

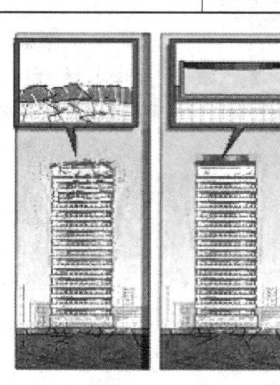

图 47.4-8　减弱高层建筑物的摇摆程度

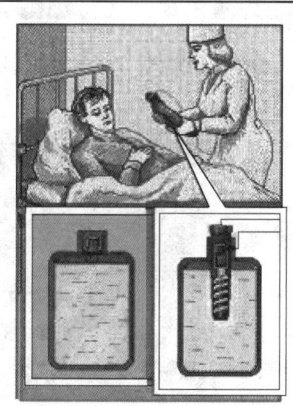

图 47.4-9　延长可用时间的热水袋

图 47.4-10　可视钓鱼竿

表 47.4-6　建立一个多系统的方法

方　法	内　涵	实　例
建立一个相似多系统	将几个（超过两个）相似物体或过程组合成一个新系统。这种新的多系统可使原始物体或过程功能更强，也可产生一种新功能（可能与原始功能相反）	人们总是希望得到一株长得旺盛，能快速生长的秧苗，可以这样做，在同一个小坑里放置3颗种子，两个月后，找出3颗秧苗里长得最旺盛那一棵，然后把其余两棵秧苗的枝叶都剪掉，将其根茎都嫁接在那颗最旺盛的秧苗上。这样保留下来的三根系统就能提供更多的水和营养，从而保证了秧苗更快地生长，如图 47.4-11 所示
建立一个具有替换特征的多系统	将几个（至少两个）具有相似特征的不同系统组合成一个系统	为了用车床加工一个大圆形孔，那么就要用到钻孔器。如图 47.4-12 所示，这些都是多刃切削工具，每个切刃都很锋利
建立一个由双系统组成的多系统	将两个或多个双系统组合成一个多系统，其中每个双系统都是由两个相似系统（或具有不同特性的系统、相互竞争的系统、可选择的系统等）组成	如何将成千上万的微丝段捆扎在一起形成一个电容器？可将很长的铜微丝和很长的镍微丝一起缠绕在短且粗的线轴上，将线切断，将金属丝端部的一端浸入一种可以溶解铜但不能溶解镍的反应物里，将剩余的镍丝头焊接在一起，然后将另一端浸入一种可以溶解镍但不能溶解铜的反应物里，剩余的铜丝就会焊接起来，这样一个电容器就制成了
建立一个动态多系统	考虑如何建立一个动态多系统，也就是说这个系统是由相互独立的分散物体组成	将大量由喷丝头挤出的纤维扭曲后就形成纤维丝。通过附加染料可以将这些纤维丝染色。为了改色，系统（包括小管和喷头）都必须彻底清洗，费时又费力。可将线变为由绿色、红色、蓝色和透明的光纤做成。通过将这些颜色组合，可以得到任何一种需要的颜色

  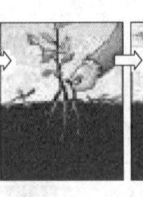 

图 47.4-11　促使秧苗快速生长的三根系统

图 47.4-12　多刃钻孔器

2.2.6　系统元件匹配和不匹配的交替出现

这种进化模式可以被称为行军冲突。通过应用前面所提到的时间分离原理就可以解决这种冲突。在行军过程中，一致和谐的步伐会产生强烈的振动效应，这种强烈的振动效应会毁坏一座桥。因此，当通过一座桥时，一般的做法是让每个人都以自己正常的脚步和速度前进，这样就可以避免产生共振。

有时候制造一个不对称的系统会提高系统的功能。

例如，具有6个切削刃的切削工具，如果其切削刃角度并不是精确的60°，如分别是60.5°、59°、61°、62°、58°、59.5°，那么这种切削工具将会更有效。因为这样就会产生6种不同的频率，避免加强振动。

在这种进化模式中，为了改善系统功能，消除系统负面效应，系统元件可以匹配，也可以不匹配。一个典型的进化序列可以用来阐明汽车悬架系统的发展,见表47.4-7。

表47.4-7 汽车悬架进化序列

进化序列	实　例
不匹配元件	拖拉机的车轮在前边,履带在后边
匹配元件	一辆车上安装4个相同的车轮
匹配不当元件	赛车前边的轮子小,后边的轮子大
动态的匹配和不匹配	豪华轿车的两个前轮可以灵活转动

例 47.4-1 早期的轿车采用板簧吸收振动,这种结构是从当时的马车上借鉴的。随着轿车的进化,板簧和轿车的其他部件已经不匹配,后来就研制出了轿车的专用减振器。

2.2.7 由宏观系统向微观系统进化

技术系统总是趋向于从宏观系统向微观系统进化。在这个演变过程中,不同类型的场可以用来获得更好的系统功能,实现更好的系统控制。从宏观系统向微观系统进化的流程有七个阶段,如图47.4-13所示。

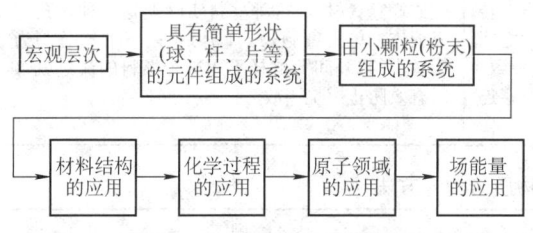

图47.4-13 从宏观系统向微观系统进化的七个阶段

例 47.4-2 水泥制造业需要一种叫作渣块的新材料作为烘焙品,这种工艺需要一种斜放的特制回转窑(一条直径是3m,大约长100m的热管子)。渣块必须接触一种固体以被彻底的加热,因此重100t的铁链被悬挂在管子内。这条铁链子虽然能有效地传递热量,但是渣块被粉碎得太细了,以至于造成一定程度的浪费。结果,除了设备的庞大和昂贵以外,这种常规的水泥窑还放出大量污染物,同时还耗费了大量的能量,如图47.4-14所示。

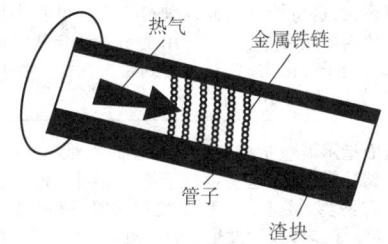

图47.4-14 通过铁链加热水泥渣块

通过烘焙渣块的一种新方法可以不产生粉尘。渣块从装满熔铁的池子底部喷出来,水泥就会聚集在熔铁池的表面。渣块从池子底部浮到池子表层的时间对于烘焙工艺工程而言已经足够了。应用熔铁的水泥烘焙炉体积小,耗费能量少且环保,如图47.4-15所示。

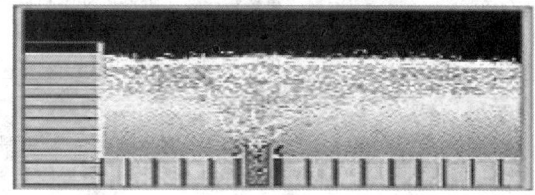

图47.4-15 应用装有熔铁的炉体烘焙水泥

当功能设计从宏观层次向微观层次演化时,系统体积的大小没有必要减小。随着实现功能的每个子系统变小,更多的功能都被集成起来。能实现更多功能的新系统可能会比任何一个子系统都要大。例如,比起原始的点阵打印机,计算机激光打印机就有更多的点距,这是因为后者合并了一些附加功能。

2.2.8 提高系统的自动化程度以及减少人的介入

不断地改进系统,目的是希望系统能代替人类完成那些单调乏味的工作,而人类去完成更多的脑力工作。

例 47.4-3 一百年以前,洗衣服就是一件纯粹的体力劳动,同时还要用到洗衣盆和搓衣板。最初的洗衣机可以减少所需的体力,但是需要很长的操作时间。全自动洗衣机不仅减少了操作所需的时间,还减少了操作所需的体力。

2.2.9 系统的分割

8种进化模式会导致产品的不同进化路线。通常,一个系统从其原始状态开始沿着模式1和模式2进化,当达到一定水平后将会沿着其余六种模式进化。每种模式都存在多条进化路线,按Zusman的介绍,直接进化理论(Directed Evolution,DE)已经确定了400多条进化路线。每条进化路线都是从结构进化的特点描述产品核心技术所处的状态序列。

在进化过程中,技术系统总是通过各种形式的分割实现改进。一个已分割的系统会具有更高的可调性、灵活性和有效性。分割可以在元件之间建立新的相互关系,因此新的系统资源可以得到改进。

快速实现更有效系统分割的方法见表47.4-8。

2.2.10 系统进化从改善物质的结构入手

在进化过程中,技术系统总是通过材料(物质)结构的发展来改进系统,结果使结构变得更加一致。

更有效改进物质结构的方法见表47.4-9。

表 47.4-8 实现系统分割的方法

方　法	内　涵	实　例
使物体易于拆卸	尽量使物体易于拆卸。如果可能的话,使用现存的标准件装配整个零部件	有一种卡车包含 3 种标准件,分别是:汽车驾驶室(包括前车轮)、中间的车身主体、车身的后半部(包括发动机和后轮)。需要的时候,可通过去除或增加中间的标准件来缩短或延长卡车长度
分割为具有简单形状的零部件	考虑将物体分割为具有简单几何形状(如板、线、球)的元件	早期发电机工作效率很低。发电机绕组的实铁心产生的涡电流使得铁心发热,从而浪费了很多能量。发电机绕线组的铁心是由层层钢板叠加起来的,爱因斯坦的解决方法是,每个钢板都涂上了绝缘漆以防止钢板之间涡电流的传递
"研磨"物体	考虑将一个物体裂解(如研磨、磨削)成具有高度分散性的元件,如粉末、浮质、乳化或悬浮物质	磨损经常发生在热电偶交叉点周围,因为热电偶经常在高振动和强热应力条件下进行操作。为了避免这种磨损,通过放置一些粉末状的可导电的材料来保证热电偶交叉点处的接触
在分割的过程中退化连接	分割可以发生在以下发展进程中,如建立内部的局部障碍物(如隔离物、栅格、过滤器);建立完全障碍物;局部分离已分割的物体零部件,保持相互之间的刚性或动态连接;将一个物体分割成两个相互独立的零部件,它们之间是刚性或动态的连接;将系统已分割元件之间的机械连接转换为一种场连接;调整物体或系统分割元件之间的相互关系,以和先前的方法和策略保持一致;通过分割完成元件的分离(如创建一个"零连接"系统)	油箱受损经常会引起燃烧事故,将油箱分割成许多分隔间,就可以有效阻止这种事故的发生。从理论上讲,这种设计很科学,但实际操作很不方便。一个好的解决方案是在油箱里装满一种多细胞或蜂窝状材料,这种材料实际上是一种多孔的海绵体。单元细胞(或蜂窝)可以将油箱分割为无数小的"隔间",这样不用减少燃料的流量就可以有效防止燃烧事故

表 47.4-9 有效改进物质结构的方法

方　法	内　涵	实　例
重新分配物体	用一种不均匀的元件或材料代替均匀的元件或材料;将具有混乱结构的元件或材料转变为具有清晰结构的元件或材料	为了构建一种由易熔化和不易熔化两种金属交替排列的多层材料,首先将不易熔化金属的小颗粒混入易熔化金属的熔液中,然后用标准超声波对该金属熔液进行处理。由于自身重的差别,不易熔化金属的粒子集中在波峰处或波谷处。最后,随着温度的降低,易熔化金属逐步冷却、凝固形成多层材料
局部修改物体	通过局部修改,可以使一种材料或部件变得更加不均匀	制造金属卷轴要使其表面尽可能坚硬,而轴芯部分必须保持一定的韧性。因此,卷轴可以应用离心浇注法来加工,在旋转的铸型里注入含有高浓度铬的钢液,这样能生成卷轴高强度的表层。当卷轴的表面变硬后,在铸型里注入一种韧性金属,形成卷轴的轴芯
物体的局部替换	通过以下方法可以使材料更加不均匀:用一种"虚空"代替材料的一部分;引入附加材料层	当子弹击中战斗机上玻璃时,虽不会破碎,但是整块玻璃上都会有裂纹,这将严重妨碍驾驶员工作。可将小块玻璃粘接在一块丙烯酸可塑板上,使用透明的粘合剂将玻璃块粘合起来。当子弹击中时,只有受到袭击的那一小块玻璃上有裂纹,如图 47.4-16 所示
应用接触效应	为了增强含有不均匀物体的系统或过程的操作效率,可以通过在不同范围内产生效应的接触获得	燃料液面指示器包括和绝缘杆相连的漂浮物,绝缘杆的末端连接储油罐主体,这些都是绝缘的。当两种连接相接触时,指示器就会接通。这种系统连接时,有可能产生火花,可能导致爆炸事故的发生。为了阻止产生火花,可使用不同类的材料(如铜和铜镍合金)分别建立连接,当它们接触时就会形成一种热电偶的"冷"连接。当两种接触相连接时,热电功率就会产生并及时被指示器所记录,并保证安全

图 47.4-16 战斗机上的特殊玻璃

2.2.11 系统元件的一般化处理

在进化过程中,技术系统总是趋向于具备更强的通用性和多功能性,这样就能提供便利和满足多种需求。这种进化模式已经被"增加系统动态性"所完善,因为更强的普遍性需要更强的灵活性和"可调整性"。

更有效地增加元件通用性的方法见表 47.4-10。

表 47.4-10 有效增加元件通用性的方法

方法	内涵	实例
引进可互换元件	通过使用可相互调整的元件使系统具备更强的通用性	传统家具(甚至轻质量、可折叠家具)运输起来很不方便,而且不能根据所处环境变换。标准膨胀家具的主要元件是橡胶的充气气球。通过不同的组合方式或遮盖气球,可做成不同风格的家具。因为使用了标准件,使得生产简单化
引入可自动交换元件	装配系统或过程需要的元件,然后规划元件工作的先后顺序	在人工操作转塔车床上,每个转头都包含一种不同的工具,操作者旋转转头以使用第一个工具,然后是另一个。在一个自动化机械车间,工具的交替使用已经程序化,该程序是控制整个车间操作的主要组成部分
引用动态性元件	使系统或过程具有使自身元件在形状/特性方面程序性改变的能力	宽广无阻碍的后视镜视野在很大程度上提高了汽车的安全性。一位英国发明家将一个光辐射探测器安装在汽车的后部。探测器检测到的图像通过光纤传送到汽车仪表盘的显示器上。监测器使用一个镀银的弹性隔膜来汇聚后视镜上的图像
引入可调节的元件或连接	考虑引入可调整元件或连接可能性的大小	双体船就是有两个船体(一个相似双系统)的稳定性很高的船。把两个船体紧绑在一起,就会限制双体船的操作灵活性。事实上,我们可以用滑动联轴器连接这两个船体,当需要增加可操作性时,滑动联轴器就可以适当地调整两船体之间的距离以增加可操作性

进化路线指出了产品结构进化的状态序列,其实质是产品如何从一种核心技术转移到另一种核心技术。新旧核心技术所完成的基本功能相同,但是新技术的性能极限更高,或成本更低。即产品沿进化路线进化的过程是新旧核心技术更替的过程。基于当前产品核心技术所处的状态,按照进化路线,通过设计,可使其转化到新的状态。核心技术通过产品的特定结构实现,产品进化过程实质上就是产品结构的进化过程。因此,TRIZ 中的进化理论是预测产品结构进化的理论。

应用进化模式与进化路线的过程为:根据已有产品的结构特点选择一种或几种进化模式,然后从每种模式中选择一种或几种进化路线,从进化路线中确定新的核心技术可能的结构状态。

3 产品技术成熟度预测方法

知道自己产品技术成熟度是一个企业制定正确决策的关键。TRIZ 技术进化理论采用时间与产品性能、时间与产品利润、时间与产品专利数、时间与专利级别 4 组曲线综合评价产品在技术成熟度预测曲线中所处的位置,从而为产品的 R&D 决策提供依据。各曲线的形状如图 47.4-17 所示。收集当前产品的相关数据建立这 4 种曲线,所建立曲线形状与这 4 种曲线的形状比较,就可以确定产品的技术成熟度。

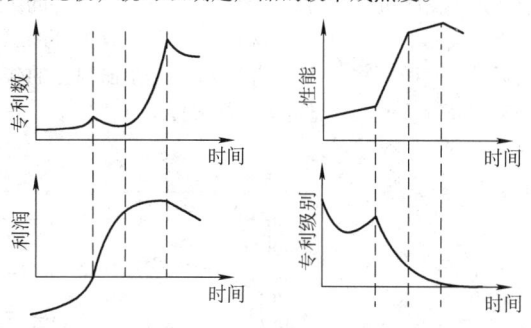

图 47.4-17 技术成熟度预测曲线

当一条新的自然规律被科学家揭示后,设计人员依据该规律提出产品实现的工作原理,并使之实现。

这种实现是一种级别较高的发明,该发明所依据的工作原理是这一代产品的核心技术。一代产品可由多种系列产品构成,虽然产品还要不断完善和推陈出新,但同一代产品的核心技术是不变的。

一代产品的第一个专利是高级别的专利,如图47.4-17 中"时间-专利级别"曲线所示,后续的专利级别逐渐降低。但当产品由婴儿期向成熟期过渡时,有一些高级别的专利出现,正是这些专利的出现,推动产品从婴儿期过渡到成熟期。

图 47.4-17 中"时间-专利数"曲线表示专利数随时间的变化。开始阶段,专利数较少,在性能曲线的第三个拐点处出现最大值。在此之前,很多企业都为此产品的不断改进而投入,但此时产品已经到了退出期,企业进一步增加投入已经没有什么回报,因此专利数降低。

图 47.4-17 中的"时间-利润"曲线表示产品利润随时间的变化。开始阶段,企业仅仅投入而没有赢利。到成长期,产品虽然还有待进一步完善,但产品已经出现利润,然后利润逐年增加,到成熟期的某一时间达到最大后开始逐渐降低。

图 47.4-17 中的"时间-性能"曲线表明,随时间的延续,产品性能不断增加,但到了退出期后,其性能很难再有所增加。

如果能收集到产品的有关数据,绘出上述四条曲线,通过曲线的形状,就可以判断出产品在 S 曲线上所处的位置,从而对其技术成熟度进行预测。

4 技术系统进化工程实例分析

4.1 超声波焊接技术成熟度预测分析

超声波焊接技术可以实现不同工件的(热塑性塑料或金属)焊接,和传统的焊接技术相比,超声波焊接更快,更安全。高频电能被转换为高频机械能,这种高频机械能同时直接作用在即将被焊接的工件上。实际上,这种高频机械能是一种往复循环的纵向运动,其循环次数为每秒 1500 次。在强制力的作用下,高频机械能通过电极尖端被传递到工件上,这样就在两工件的接触面上产生了大量的摩擦热,进而两工件就在理想的位置熔接。停止压力和振动后,工件就会凝结在一起,成为一个焊接件。很多因素都有利于形成一个完好的焊缝,但是正确权衡振动的振幅、时间、压力三者之间的对比关系仍然很有必要。该项焊接技术已经广泛应用于许多焊接行业。下面简单分析超声波焊接技术成熟度。

通过确定目前技术系统在四条曲线(见图 47.4-17)上的位置进而预测该技术系统在其 S 曲线上的位置。

收集数据建立四条曲线中的三条,预测超声波焊接技术的成熟度。

(1)专利数

搜集世界领域内的相关发明专利,这些专利范围为:超声波焊接技术及其外围技术设备,超声波焊接的相关技术(如超声波焊、超声波结合和超声波连接)。收集整理数据绘制"时间-专利数"曲线,如图 47.4-18 所示。

从图中可以清楚地看到,该领域的专利数随时间有逐渐下降的趋势,直到 20 世纪 90 年代才有了上升的趋势。

(2)专利级别

对专利进行分析,确定每项专利的级别,这里的专利分为五个等级,从第一级(最低级)一直到第五级(最高级)。超声波焊接技术的最初专利级别很高,因为这种焊接技术在当时的焊接领域内是一种全新设计。随着时间的推移,专利级别逐渐降低。目前超声波焊接技术的专利级别在第一级和第二级之间徘徊。通过分析所收集到的数据,描绘出"时间-专利级别"曲线,如图 47.4-19 所示。

(3)利润

由于缺少相关的数据,所以要准确地描绘出"利润-时间"曲线似乎是不可能的,所以可以这样假设,超声波焊接技术的专利数(与用在"时间-专利数"曲线上的专利不同,这里指改善超声波焊接技术所获专利)与利润成比例。如图 47.4-20 所示,从 20 世纪 90 年代一直到现在,利润有明显的上升趋势。

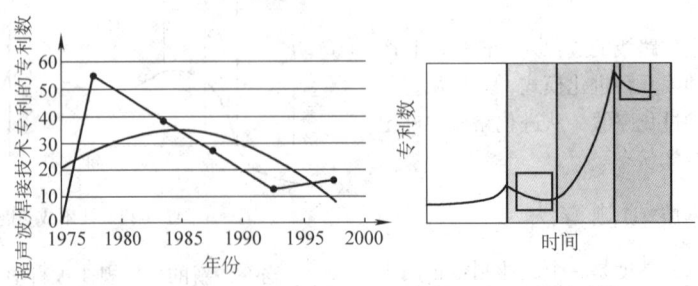

图 47.4-18 1976 年至 1998 年之间超声波焊接的发明专利数

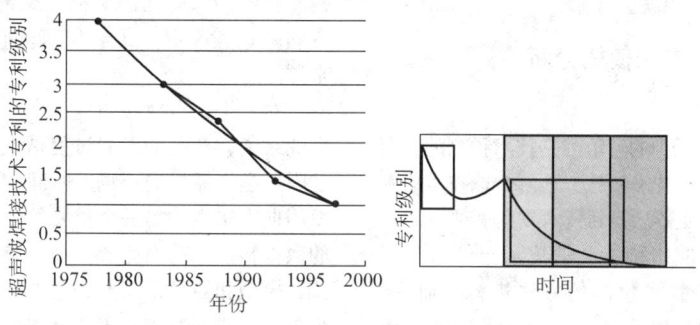

图 47.4-19　超声波焊接技术专利级别（1978—1998）

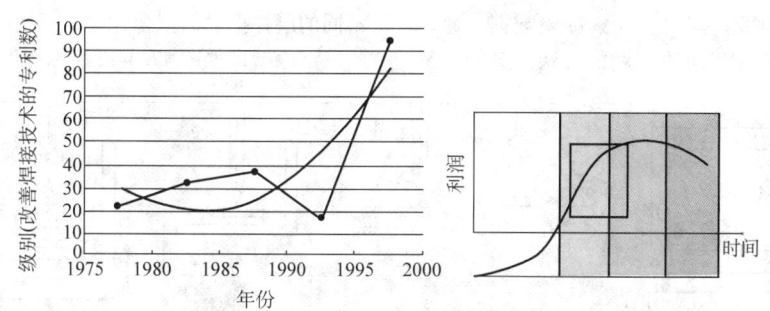

图 47.4-20　超声波技术利润曲线（1976—1998）

（4）数据分析

将所描绘的图形与标准的技术成熟度预测曲线相对比，就可以确定当前超声波技术在其 S 曲线上的位置。

（5）专利数曲线

技术成熟度预测曲线上有两处和实绘图相符合，通过进一步的分析发现第一处比第二处更符合一些，如图 47.4-18 所示。

（6）专利级别曲线

技术成熟度预测曲线上有两处和实绘图相符合。然而，第二处更符合一些，因为第一处的曲线达到一定水平时开始有回升的趋势，而实绘图仍然保持下降趋势，如图 47.4-19 所示。

（7）利润曲线

在这组对比中，预测曲线和实绘曲线之间的关系很明确，如图 47.4-20 所示。

通过对上面三条实绘曲线的分析可以看出，超声波焊接技术在实绘曲线的相同位置和标准成熟度预测曲线有着相似的进化趋势，那么可以推出性能曲线上与标准曲线相似的位置，进而在 S 曲线上的位置也就可以推出来了，如图 47.4-21 所示。

通过一系列的分析表明，超声波技术在 1998 年时预测即将进入或者正在进入成熟期。目前，对该项

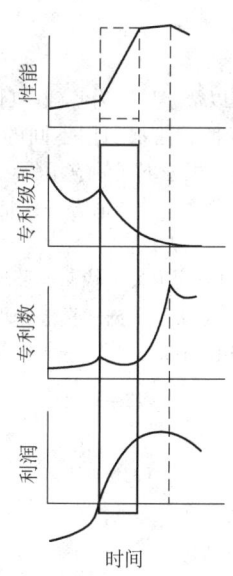

图 47.4-21　超声波技术成熟度预测分析

技术已经提出了更多的要求，而且这种趋势很有可能继续下去。超声波焊接技术是一种多功能的技术，有很多切实可行的应用实例。为了获取大量的利润，已经投入了大量的资源，以促进其成熟。当然和很多技术系统一样，当其进入成熟期后，不可避免地要经历一个衰落阶段，此时焊接领域的任何一种突破都有可

能发生，一条新的 S 曲线就会开始。

4.2 快速原型技术进化模式分析

（1）概述

提高企业在未来市场中的竞争力是技术预测的主要目标。我们需要预知新的技术领域，预测全球技术的发展趋势，这样才可以避免落后于新技术或竞争对手。

德国 Brandenburg 应用科学大学技术与创新管理研究课题对 TRIZ 理论技术预测的方法进行了研究。第一阶段，对 TRIZ，尤其是它在支持技术预测的能力方面进行研究；第二阶段研究它在某种技术上的实用性。首先，它可以获得快速原型这种技术的大量知识，所以选择了 TRIZ。其次，收集试验数据，通过讨论和应用 TRIZ 限定了解决问题的方法。进行专家检测和咨询，访问国家商品交易"欧洲模型 2002"、专利调查、评定、文学和网络研究都是主要的信息来源。

对于把重点放在通过革新产品来提高竞争优势的企业来说，产品的发展过程是重要的。一个至关重要的因素是产品投向市场的时间，可以通过缩短产品研发周期来实现；另一个重要的因素是加强共享数据库的数据转换，从而完成一个集成的产品发展过程。因此，模型和原型都需要完全地集成在发展过程的每一个阶段，成型过程要求我们支持近似的数据结构，维护数据的适用性。

快速原型是一个有生产力的产品工艺，通过制造不同的层并把它们拟合在一起，就可以生成一个物理的三维原型，如图 47.4-22 所示。

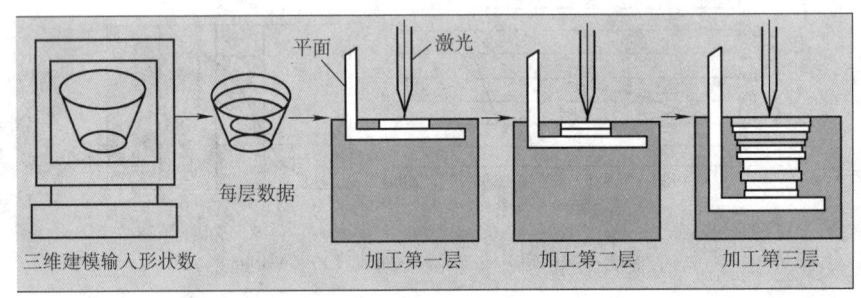

图 47.4-22　快速原型技术的应用

此工艺全部以数字显示为基础。目前有多种不同的方法，并且每种方法都利用不同的材料，如低树脂、金属或陶瓷，根据不同的应用领域，选择在模型设想与功能性成型之间的合适方法，是快速工具、快速制造和快速修理的方法。

为了支持快速产品开发，快速成型的益处是可快速获得数据库、连续地更新数据和直接处理三维数据。快速成型是计算机集成制造工艺的一个基本功能。

（2）TRIZ 的应用

作为 TRIZ 在技术预测中的一个程序，选择由 Ellen Domb 提出的六步方法论，如图 47.4-23 所示。从四种基本的工具组（即类比、想象、系统化和认知）中选择所用的工具。这些步骤包括技术上的和战略上的 TRIZ 应用，本例中应用后者。战术上的 TRIZ 应该有解决问题的一部分，如本例中发展下一代新技术。

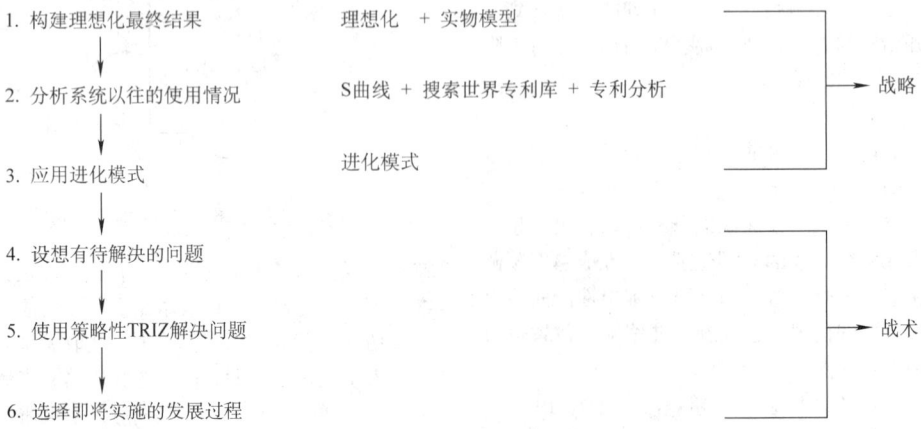

图 47.4-23　TRIZ 在快速原型中的应用步骤

(3) 案例分析

1) 建立理想化的最终结果。Altshuller 把 IFR 定义为"IFR 是一个幻想，无法实现，但允许我们铺建解决问题之路"。案例最初的研究理想方程被用作对系统各基础部分及它们的功能总体概括的预览分析，然后实物模型帮助找出理想化的最终结果，如图 47.4-24 所示。

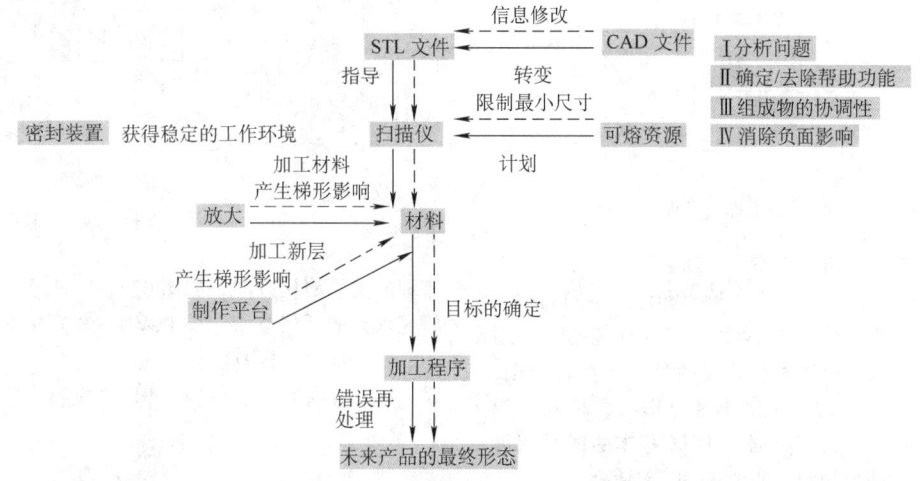

图 47.4-24 物体模型的快速成型过程

理想化等于所有有用的功能除以所有有害功能加成本。RP 的有用功能包括大量材料的使用、时间的节约、自动化过程和复杂几何模型的构建；有害功能包括准备工作的耗时性、有限的解决方法、对模型支持结构的需要、精确度问题、低劣的物理性能、落后的结尾阶段、信息丢失和材料收缩。成本因素为高成本的材料、机器设备等。

技术实物模型的制作过程使用了区分步骤和帮助功能的排除，包括基本部件、部件功能和可能发生的损害，如图 47.4-25 所示。

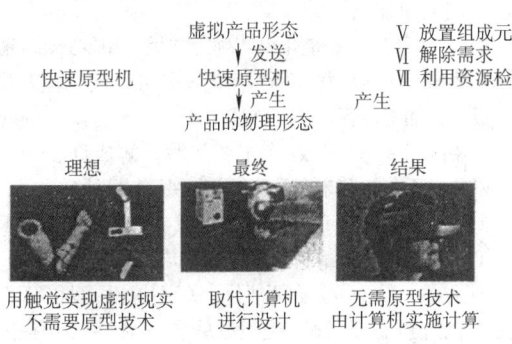

图 47.4-25 最终理想解——目标模型

通过以下步骤定义三种可能实现理想化的最终结果：替代功能部件和排除要求，替代基本实际描述可以产生可能的帮助、模型，或者可能的直接原型设计。替换机器本身可以导致与实际情况的结合，而不是制作原型。

理想化的最终结果有利于获得对技术的客观理解，有利于构想重要的问题和分析许多不同技术的演化方向。

2) 分析系统的历史。在意识到技术生命周期的存在性和有利于理解何时技术处于成熟期的方面，S 曲线是一个有力的工具。与其他 S 曲线不同，TRIZ 生成的 S 曲线与标准评价曲线有联系，每一条标准曲线有其特定的形状，通过由数据建立的曲线与标准曲线相比较，便可以预测技术成熟度。建立 S 曲线需要从网络以及专利研究得到产品技术的相关信息。下列图形都有相应的标准评价曲线与之对应。

专利数目是以每年呈报的专利为基础的，通过专利库（如 www.depatisnet.de）来获取数据。最初的专利从 1982 年开始，直到 1999 年达到最高点之前，专利数量一直稳步增长，如图 47.4-26 所示。可以看到，从 1999 年之后，专利数量开始下降。

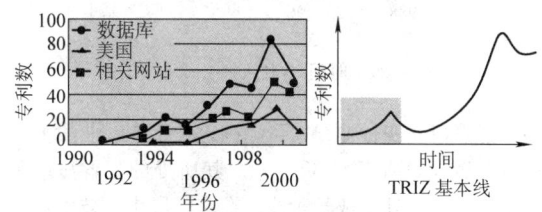

图 47.4-26 时间-专利数曲线

建立"时间-利润"曲线的数据不易收集，快速原型是一种在全世界范围内使用的技术，因而各企业内部数据都是保密的。作为估计数字，用每年的营业额来代替技术利润，可以从公司每年的报表(1991—2002)以及从合伙人的国际工业报表中获得。图 47.4-27 显示了在 1993 年的明显增长。

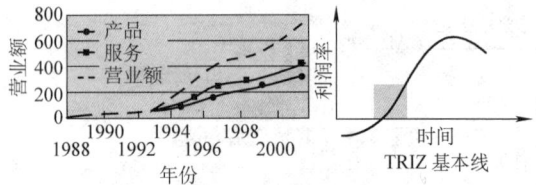

图 47.4-27　时间-利润率（营业额）曲线

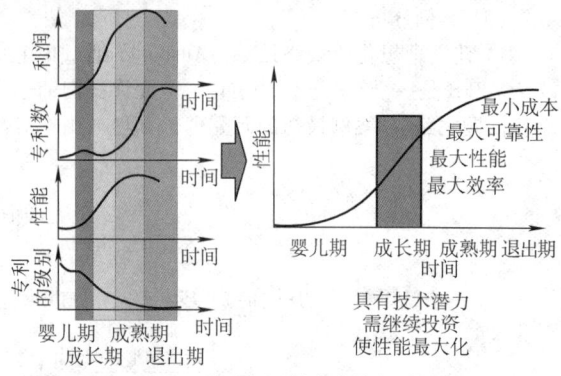

图 47.4-30　快速原型技术成熟度预测曲线

从工作指示器方面来看，速度、力量和精确度作为最具代表性的因素，从专家检测和评定不同的指示器，可以选择精确度（层厚度）作为性能指标，通过网络检索，进入厚度和精确度的条目来获得数据。选择和利用一年中的相关数据建立图形，精确度越高，厚度层越少。为使数据与 TRIZ 基本曲线具有可比性，将数字进行颠倒，如图 47.4-28 所示。

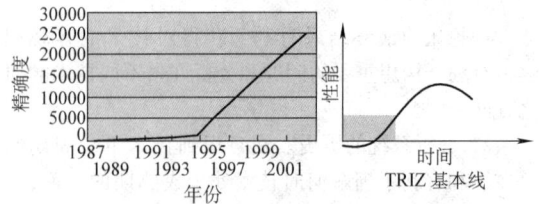

图 47.4-28　时间-性能曲线

根据知识的来源及产生的影响，Altshuller 把发明分为五个级别。如图 47.4-29 所示，为了按年份把不同发明级别联系起来，需要考虑不同的可能性，如专利的引用或者相关的关键发明专利的研究。

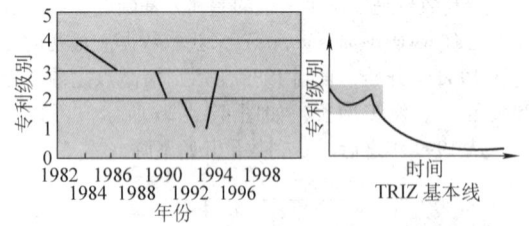

图 47.4-29　时间-专利级别（水平）曲线

通过建立四种曲线，可以确定技术在 S 曲线上所处的位置，如图 47.4-30 所示。其所处的位置显示了快速原型技术处于成长阶段。在该阶段中，技术具有较大潜力，应大力开发。

3）技术进化模式、定义及选择。一旦预测出技术所处的阶段，就需要探索它的演化方向。按进化模式 7（即由宏观系统向微观系统进化）可以确定其最合理的技术演化方向，如图 47.4-31 所示。处于早期研究水平的适当技术，如 LCVD—激光化学气沉积或 HIS—全息干涉凝固，它们进一步完善了该进化模式，同时在时间轴上代表了 RP 的成熟或老化。

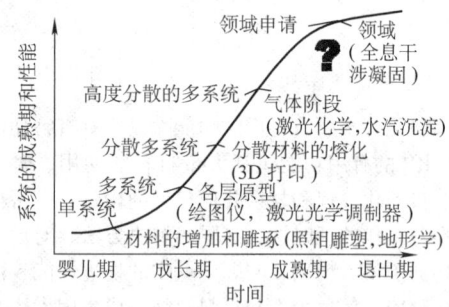

图 47.4-31　进化模式 7：由宏观系统向微观系统进化

另外，也可按进化模式 5（即通过集成）增加系统功能。3D 打印机的出现代替了复杂的激光扫描仪，显示了向简单化发展的趋势。

4）解决问题。在进化模式确定之后，RP 必须跨越的主要障碍是生成层状的原型。该任务可以被理解为开发合成 3 维加工过程。这种陈述阐明了似乎已解决的问题，利用因果关系图把一个主要问题分解成许多子问题，以便易于分析和未来解决，如图 47.4-32 所示。

到此，战略上的 TRIZ 工作已完成。下一步属于战术上的 TRIZ，目的在于解决问题和选择实施的发展方向。

5）结论。结论可分成两部分，关于快速原型和 TRIZ 作为技术预测方法的反映。尽管是总结，但每一步都提供了重要的思想。

根据理想化最终结果，包括更多交流的真实情况，新方法的发展可以支持产品研发过程。无物理模型方法将来有望实现。S 曲线上的位置显示了快速原型技术仍然处于增长状态，而且具有很高的投资潜能，应寻找下一代快速原型技术，如 LCVD 或 HIS 新方法等。

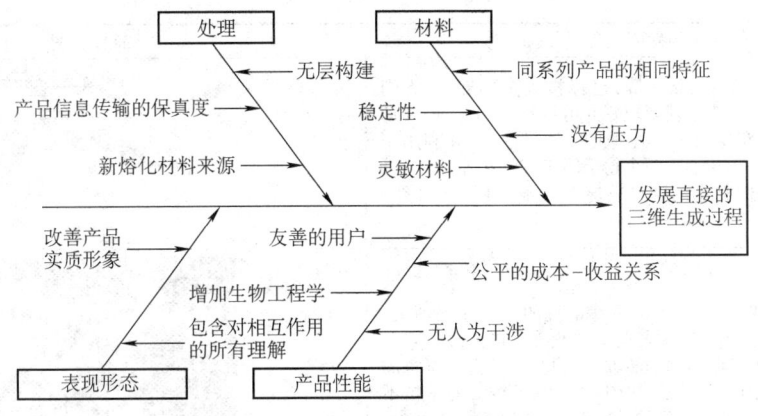

图 47.4-32 因果关系图（鱼骨图）

4.3 车轮的发明及其技术进化过程分析

车轮的发明及技术进化过程见表 47.4-11。

表 47.4-11 车轮发明过程表

车轮的发明过程	简　图
古时候人们拖运沉重的物体时，当某个圆的东西，如一块石头或一段光滑的圆木碰巧被压在被搬运物的下面，由于该圆形物体的作用，拖运工作突然间变得轻松起来。人们注意到这点并且开始在拖运重物的路上放很多这样的圆形物体，这样拖运工作变得简单多了，如图 a 所示。但是，在路上放置很多这样的辊子是一件烦琐的事情	a)
事实说明，将辊子的中部磨薄，再将其通过原始的轴承绑在一个用于支承重物的平台上，一辆手推车就出现了，如图 b 所示。这就构成了由元件间的相互联系形成的工程系统	b)
然而，这种手推车只能笔直地走，转弯却非常困难，因此也就不能够完全适应工作环境的需要。如果有一个轴，就会改善这种情况。但是又会产生新的问题，即在转弯时，外侧车轮的移动距离要比内侧车轮的移动距离长。这就要求车轮必须是动态化的，它们必须与车轴分离并且安置在车轴的两边。这样在转弯时就没有东西阻止，两个轮子的行程不同了，单轴双轮的手推车比较容易控制，如图 c 所示	c)
"动态化"原理意味着增加一个物体的运动自由度并改变它的一些参数。车闸就是车轮的动态化设计。一片普通的木板通过杠杆的作用压在车轮上就形成了一个高精度、有效的、灵敏的机构。此时一个带有车闸的动态性的轮子（可以从静止到自由转动）对我们来说是非常重要的，如图 d 所示	d)

(续)

车轮的发明过程	简图
由于很多动物(如马、牛、骆驼等)已经被人工驯养了,人们可以利用牲畜来拉车。为了获得较好的可控制性,必须增加动态性。因此,改良了车轮和一些其他元件的灵活性,并利用一个垂直的铰接点将一根转轴和两个轮子固定在一个平板上,再在转轴上绑一根木杆,拉车的牲畜就拴在这根木杆上,如图 e 所示	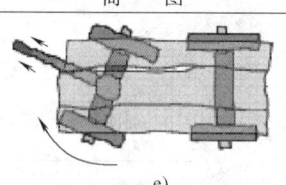 e)
直到机动车辆发明后这种单纯由牲畜拉的车才逐渐消失。由于加在控制机构之上的载荷太重了,"火车"或者说是它的驾驶员就无法很好地控制前部的转轴。因此,一种更加奇特的结构"马拉的蒸汽机车"出现了,如图 f 所示。当然,马是拉不动这么沉重的车辆的,这种车辆的后轮由蒸汽机驱动	 f)
因为木杆不易被安置在机车内部,所以用木杆掌舵的方法在很多时候就显得非常不方便。转弯的时候,木杆所需的空间往往已经被机车的其他部分所占用了,因此"动态化"原理就再一次被派上了用场。用一个垂直的铰接点将每个转轴配件和轮子固定在机车的车体上,转轴配件间用一根拉杆相互连接。这样就有足够的空间来转动方向盘了,而且设置一个专门的齿条机构来控制拉杆向左或向右运动使得内外的车轮同步转动,如图 g 所示	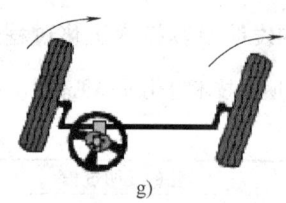 g)
下一步就是沿着转轴进行动态化调整了。事实证明,必须巧妙地安装控制轮才能使轮胎的磨损量达到最佳状态并且比较容易控制该汽车。这些控制轮必须在上部稍稍分离并向前聚合在一点,即车轮内向。车轮的位置必须根据轮胎样式、路面情况、驾驶方式等事先调整好,为了达到此目的,人们将机身上的半轴装置制成可动的。但这仅仅是一种阶梯式的动态,只能在调整的时候移动车轮吊架,在操作时,它就被很可靠地固定住了,如图 h 所示	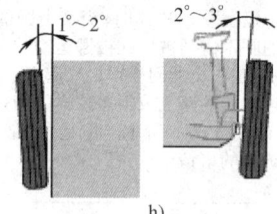 h)
这种安装可控轮的方法至今仍被广泛地使用着,同时"动态化"发明原理也仍然发挥着作用。例如,为什么不使后车轮同前轮一样可动呢?这种控制方案根本就不必包括可控轮,只要将前后转轴都严格地固定在由前后两部分组成的车体之上,车体的中部由一个垂直的铰点连接在一起,如图 i 所示。在液压缸的帮助下这种机车很容易转弯,而且在转弯的时候,车体看起来像是断裂了一样	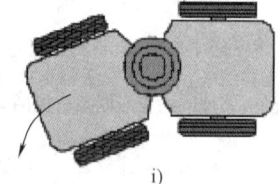 i)
这种方案在载重拖拉机的设计中被广泛采用。低压胎拖拉机、坦克和小型六轮越野车也经常采用这种方案来实现转弯,如图 j 所示。在这种情况,两侧的轮胎用来刹车,其余的轮胎则在发动机的控制下转动。使用这种方式,车辆能在任意一点转弯。但是由于控制系统中的可动配件减少了,这种方式在转轴方向上的动态性有所退步。除此之外,这种车辆在两个转弯之间行驶直线路程时有些笨拙	 j)
就一辆汽车来说,通过增强其前轮或后轮可控性都可以改善它的可控制轮的动态性。要转弯时,它们就要向相反的方向进行偏转。安装有这种轮胎的汽车可控制性非常高。如果在转弯时,后轮既可以和前轮向相反的方向进行偏转又可以和前轮同方向偏转,则机车转弯时的可控制性就会增强。在后一种情况下,车辆可以向一个方向转,泊车就非常容易了,如图 k 所示	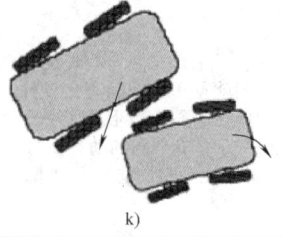 k)

第 5 章 技术冲突及其解决原理

产品是多种功能的复合体,为了实现这些功能,产品要由相互关联的多个零部件组成。为了提高产品的市场竞争力,需要不断根据市场的潜在需求对产品进行改进设计。当改变某个零部件的设计,即提高产品某方面的性能时,可能会影响到与这些被改进零部件相关联的零部件,结果可能使产品或系统的其他方面的性能受到影响。如果这些影响是负面影响,则设计出现了冲突。下面就是设计中存在冲突的例子。

例 47.5-1 飞机设计中如果使其垂直稳定器的面积加大一倍,将减少飞机振动幅值的 50%,但这将导致飞机对阵风和阵雨敏感,同时又增加了飞机的重量。

例 47.5-2 为了加快重型运输机装卸货物的速度,飞机上需要有移动式起重机,但起重机本身具有一定的重量,增加了飞机的额外负载。

产品进化过程就是不断解决产品所存在冲突的过程。一个冲突解决后,产品进化过程处于停顿状态;之后的另一个冲突解决后,产品移到一个新的状态。设计人员在设计过程中不断地发现并解决冲突,是推动设计向理想化方向进化的动力。

(1) 冲突通常的分类

图 47.5-1 所示为冲突的一般分类。冲突分为两个层次,第一个层次分为三种冲突:自然冲突、社会冲突和工程冲突,该三类冲突中的每一类又可细分为若干类。如图 47.5-1 所示,冲突解决的程度自底向上,自左向右,越来越难以解决。即技术冲突最容易解决,自然冲突最不容易解决。

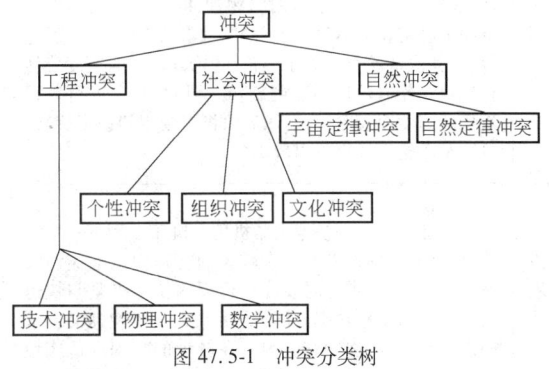

图 47.5-1 冲突分类树

自然冲突分为自然定律冲突及宇宙定律冲突。自然定律冲突是指由于自然定律所限制的不可能解。例如,就目前人类对自然的认识,温度不可能低于绝对零度,速度不可能超过光速,如果设计中要求温度低于绝对零度或速度超过光速,则设计中出现了自然定律冲突,不可能有解。随着人类对自然认识程度的不断深化,今后也许上述冲突会被解决。宇宙定律冲突是指由于地球本身的条件限制所引起的冲突,例如,由于地球引力的存在,一座桥梁所能承受的物体质量不能是无限的。

社会冲突分为个性冲突、组织冲突及文化冲突。例如,只熟悉绘图,而不具备创新知识的设计人员从事产品创新就出现了个性冲突;一个企业中部门与部门之间的不协调会造成组织冲突;对改革与创新的偏见就是文化冲突。

工程冲突分为技术冲突、物理冲突及数学冲突。其主要内容正是解决发明创造问题的理论(TRIZ)研究的重点。

(2) 基于 TRIZ 的冲突分类

TRIZ 理论将冲突分为三类,即管理冲突(Administrative Contradictions)、物理冲突(Physical Contradictions)和技术冲突(Technical Contradictions)。

管理冲突是指为了避免某些现象或希望取得某些结果,需要做一些事情,但不知道如何去做,例如,希望提高产品质量,降低原材料的成本,但不知道方法。管理冲突本身具有暂时性,而无启发价值。因此,不能表现出问题解的可能方向,不属于 TRIZ 的研究内容。

物理冲突和技术冲突是 TRIZ 的主要研究内容,下面将主要论述这两种冲突。

1 物理冲突及其解决原理

1.1 物理冲突的概念及类型

物理冲突,指为了实现某种功能,一个子系统或元件应具有一种特性,但同时出现了与该特性相反的特性。

物理冲突是 TRIZ 需要研究解决的关键问题之一。当对一个子系统具有相反的要求时就出现了物理冲突。例如,为了容易起飞,飞机的机翼应有较大的面积,但为了高速飞行,机翼又应有较小的面积,这种要求机翼具有大的面积与小的面积的情况,对于机翼的设计就是物理冲突,解决该冲突是机翼设计的关键。

物理冲突的出现有两种情况，一个子系统中有害功能降低的同时导致该系统中有用功能的降低；或一个子系统中有用功能加强的同时导致该子系统中有害功能的加强。

物理冲突的表达方式较多，设计者可以根据特定的问题采用容易理解的表达方法描述即可。

1.2 物理冲突的解决原理

物理冲突的解决方法一直是 TRIZ 研究的重要内容，Altshuller 在 20 世纪 70 年代提出了 11 种解决方法，20 世纪 80 年代 Glazunov 提出了 30 种方法，20 世纪 90 年代 Savransky 提出了 14 种方法。下面主要介绍 Altshuller 提出的 11 种方法，见表 47.5-1。

表 47.5-1 Altshuller 提出的 11 种方法

序号	方法	实例
1	冲突特性的空间分离	在采矿的过程中为了遏制粉尘，需要微小水滴，但微小水滴会产生烟雾，影响工作。建议在微小水滴周围混有锥形大水滴
2	冲突特性的时间分离	根据焊缝宽度的不同，改变电极的宽度
3	不同系统或元件与一超系统相连	传送带上的钢板首尾相连，以使钢板端部保持一定温度
4	将系统改为反系统，或将系统与反系统相结合	为防止伤口流血，在伤口处缠上绷带
5	系统作为一个整体具有特性 A，其子系统具有特性 B	链条与链轮组成的传动系统是柔性的，但是每一个链节是刚性的
6	微观操作作为核心的系统	微波炉可代替电炉等加热食物
7	系统中一部分物质的状态交替变化	运输时氧气处于液态，使用时处于气态
8	由于工作条件变化使系统从一种状态向另一种状态过渡	一种形状记忆合金管接头，在低温下管接头很容易安装，在常温下不会松开
9	利用状态变化所伴随的现象	一种输送冷冻物品装置的支撑部件是冰棒制成的，在冷冻物品融化过程中，能最大限度地减少摩擦力
10	用两相的物质代替单相的物质	抛光液由一种液体与一种粒子混合组成
11	通过物理作用及化学反应使物质从一种状态过渡到另一种状态	为了增加木材的可塑性，在木材中注入含有盐的氨水，摩擦会使这种木材分解

1.3 分离原理及实例分析

现代 TRIZ 理论在总结物理冲突解决的各种研究方法的基础上，提出了采用分离原理解决物理冲突的方法。分离原理包括四种方法，见表 47.5-2。

表 47.5-2 分离原理的方法

方法	内涵	实例
空间分离原理	指将冲突双方在不同的空间上分离，以降低解决问题的难度。当关键子系统冲突双方在某一空间只出现一方时，空间分离是可能的。应用该原理时，首先应回答如下的问题：是否冲突一方在整个空间中"正向"或"负向"变化；在空间中的某一处，冲突的一方是否可以不按一个方向变化；如果冲突的一方可不按一个方向变化，利用空间分离原理解决冲突是可能的	在链轮与链条发明之前，为了高速运行需要一个大直径的车轮，而为了乘坐舒适，需要一个小直径的车轮，车轮既要大又要小就形成物理冲突；骑车人既要快蹬脚蹬以提高速度，又要慢蹬以感觉舒适。链条、链轮及飞轮的发明解决了这两组物理冲突。首先，链条在空间上将链轮的运动传给飞轮，飞轮驱动自行车后轮旋转；其次链轮直径大于飞轮，链轮以较慢的速度旋转将导致飞轮以较快的速度旋转。因此，骑车人可以以较慢的速度蹬脚蹬，自行车后轮将以较快的速度旋转，自行车车轮直径也可以较小
时间分离原理	指将冲突双方在不同的时间段上分离，以降低解决问题的难度。当关键子系统冲突双方在某一时间段上只出现一方时，时间分离是可能的。应用该原理时，首先应回答如下问题：是否冲突一方在整个时间段中"正向"或"负向"变化；在时间段中冲突的一方是否可不按一个方向变化；如果冲突的一方可不按一个方向变化，利用时间分离原理是可能的	一个加工中心用快速夹紧机构在机床上加工一批零件时，夹紧机构首先在一个较大的行程内作适应性调整，加工每一个零件时要在短行程内快速夹紧与快速松开以提高工作效率。同一子系统既要求快速又要求慢速，出现了物理冲突。因为在较大的行程内适应性调整与在之后的短行程快速夹紧与松开发生在不同的时间段，可直接应用时间分离原理来解决冲突

方法	内 涵	实 例
基于条件的分离	指将冲突双方在不同的条件下分离,以降低解决问题的难度。当关键子系统的冲突双方在某一条件下只出现一方时,基于条件分离是可能的。应用该原理时,首先应回答如下问题:是否冲突一方在所有的条件下都要求"正向"或"负向"变化;在某些条件下,冲突的一方是否可不按一个方向变化;如果冲突的一方可不按一个方向变化,利用基于条件的分离原理是可能的	对于输水管路,冬季如果水结冰,管路将被冻裂。采用弹塑性好的材料制造管路可解决该问题
总体与部分的分离	指将冲突双方在不同的层次上分离,以降低解决问题的难度。当冲突双方在关键子系统的层次上只出现一方,而该方在子系统、系统或超系统层次上不出现时,总体与部分的分离是可能的	自动生产线要求零部件连续供应,但零部件从自身的加工车间或供应商运到装配车间时要求批量运输。可使用专用转换装置接收批量零部件,但却连续地将零部件输送给自动装配生产线

2 技术冲突及其解决原理

2.1 技术冲突的概念及工程实例

技术冲突,指一个作用同时导致有用及有害两种结果,也可指有用作用的引入或有害效应的消除导致一个或几个子系统或系统变坏。技术冲突常表现为一个系统中两个子系统之间的冲突。技术冲突可以用以下几种情况进行描述。

1) 一个子系统中引入一种有用功能后,导致另一个子系统产生一种有害功能,或加强了已存在的一种有害功能。

2) 一个有害功能导致另一个子系统有用功能的变化。

3) 有用功能的加强或有害功能的减少使另一个子系统或系统变得更加复杂。

例 47.5-3 波音公司改进 737 的设计时,需要将使用中的发动机改为功率更大。发动机功率越大,它工作时需要的空气就越多,发动机机罩的直径就必须增大。而发动机机罩的增大,机罩离地面的距离就会减小,但该距离的减少是设计所不允许的。

上述改进设计中已出现了一个技术冲突,即希望发动机吸入更多的空气,但是又不希望减少发动机机罩与地面的距离。

2.2 技术冲突的一般化处理

通过对 250 万件专利的详细研究,TRIZ 理论提出用 39 个通用工程参数描述冲突。实际应用中,首先要把组成冲突的双方内部性能用该 39 个工程参数中的某 2 个来表示。目的是把实际工程设计中的冲突转化为一般的或标准的技术冲突。

(1) 通用工程参数

39 个通用工程参数中常用到运动物体(moving objects)与静止物体(stationary objects)两个术语。运动物体指自身或借助于外力可在一定的空间内运动的物体。静止物体指自身或借助外力都不能使其在空间内运动的物体。39 个通用工程参数的汇总见表 47.5-3。

表 47.5-3 39 个通用工程参数汇总

序号	名 称	意 义
1	运动物体的重量	在重力场中运动物体所受到的重力,如运动物体作用于其支撑或悬挂装置上的力
2	静止物体的重量	在重力场中静止物体所受到的重力,如静止物体作用于其支撑或悬挂装置上的力
3	运动物体的长度	运动物体的任意线性尺寸,不一定是最长的,都认为是其长度
4	静止物体的长度	静止物体的任意线性尺寸,不一定是最长的,都认为是其长度
5	运动物体的面积	运动物体内部或外部所具有的表面或部分表面的面积
6	静止物体的面积	静止物体内部或外部所具有的表面或部分表面的面积
7	运动物体的体积	运动物体所占的空间体积
8	静止物体的体积	静止物体所占的空间体积
9	速度	物体的运动速度,过程或活动与时间之比
10	力	力是两个系统之间的相互作用。对于牛顿力学,力等于质量与加速度之积。在 TRIZ 中,力是试图改变物质状态的任何作用

(续)

序号	名称	意义
11	应力或压力	单位面积受到的力
12	形状	物体外部轮廓或系统的外貌
13	结构的稳定性	系统的完整性及系统组成部分之间的关系。磨损、化学分解及拆卸都会降低稳定性
14	强度	强度是指物体抵抗外力作用使之变化的能力
15	运动物体作用的时间	物体完成规定动作的时间、服务期。两次误动作之间的时间也是作用时间的一种度量
16	静止物体作用时间	物体完成规定动作的时间、服务期。两次误动作之间的时间也是作用时间的一种度量
17	温度	物体或系统所处的热状态,包括其他热参数,如影响温度变化速度的热容量
18	光照度	单位面积上的光通量,系统的光照特性,如亮度、光线质量
19	运动物体的能量	能量是物体做功的一种度量。在经典力学中,能量等于力与距离的乘积。能量也包括电能、热能及核能等
20	静止物体的能量	能量是物体做功的一种度量。在经典力学中,能量等于力与距离的乘积。能量也包括电能、热能及核能等
21	功率	单位时间内所做的功,即利用能量的速度
22	能量损失	做无用功的能量。为了减少能量损失,需要不同的技术来改善能量利用
23	物质损失	部分或全部、永久或临时的材料、部件或子系统等物质的损失
24	信息损失	部分或全部、永久或临时的数据损失
25	时间损失	时间是指一项活动所延续的时间间隔。改进时间损失指减少一项活动所花费的时间
26	物质或事物的数量	材料、部件及子系统等的数量,它们可以被部分或全部、临时或永久地改变
27	可靠性	系统在规定方法及状态下完成规定功能的能力
28	测试精度	系统特征的实测值与实际值之间的误差。减少误差将提高测试精度
29	制造精度	系统或物质的实际性能与所需性能之间的误差
30	物体外部有害因素作用的敏感性	物体对受外部或环境中的有害因素作用的敏感程度
31	物体产生的有害因素	有害因素将降低物体或系统的效应以及完成功能的质量。这些有害因素是由物体或系统操作的一部分产生的
32	可制造性	物体或系统制造过程中简单、方便的程度
33	可操作性	要完成操作应需要较少的操作者和步骤,以及使用尽可能简单的工具。一个操作的产出要尽可能多
34	可维修性	对于系统可能出现失误所进行的维修要时间短、方便和简单
35	适应性及多用性	物体和系统响应外部变化的能力,或应用于不同条件下的能力
36	装置的复杂性	系统中元件数目及多样性,如果用户也是系统中的元素将增加系统的复杂性。掌握系统的难易程度是其复杂性的一种度量
37	监控与测试的困难程度	如果一个系统复杂、成本高、需要较长的时间建造及使用,或部件与部件之间关系复杂,都使得系统难以监控与测试。测试精度高,增加了测试的成本,也是测试难度的一种标志
38	自动化程度	系统或物体在无人操作的情况下完成任务的能力。自动化程度的最低级别是完全人工操作。最高级别是机器能自动感知所需的操作、自动编程和对操作自动监控。中等级别需要人工编程、人工观察正在进行的操作、改变正在进行的操作以及重新编程
39	生产率	单位时间内所完成的功能或操作数

为了应用方便,上述 39 个通用工程参数可分为如下三类。

1) 通用物理及几何参数:序号 1~12、17、18、21。

2) 通用技术负向参数:序号 15~16、19~20、22~26、30~31。

3) 通用技术正向参数：序号 13~14、27~29、32~39。

负向参数（negative parameters）是指这些参数变大时，使系统或子系统的性能变差。如子系统为完成特定的功能所消耗的能量（序号 19~20）越大，则设计越不合理。

正向参数（positive parameters）指这些参数变大时，使系统或子系统的性能变好。如子系统可制造性（序号 32）指标越高，子系统制造成本就越低。

（2）应用实例

例 47.5-4 很多铸件或管状结构是通过法兰连接的，为了对机器或设备进行维护，法兰连接处常常还要被拆开。有些连接处还要承受高温、高压，并要求密封良好。有的重要法兰需要多个螺栓连接，如一些气轮透平机械的法兰需要上百个螺栓。但为了减轻重量，减少安装时间、维护时间和拆卸时间，则希望螺栓数尽量少。传统的设计方法是在螺栓数目与密封性之间取得折中方案。

分析可发现本例存在的技术冲突如下。
1) 如果密封性良好，则操作时间变长且结构的质量增加。
2) 如果质量轻，则密封性变差。
3) 如果操作时间短，则密封性变差。

按 39 个通用工程参数描述如下。
1) 希望改进的特性为：静止物体的重量、可操作性、装置的复杂性。
2) 3 种特性改善将导致结构的稳定性和可靠性的降低。

（3）技术冲突与物理冲突

技术冲突总是涉及两个基本参数 A 与 B，当 A 得到改善时，B 变得更差。物理冲突仅涉及系统中的一个子系统或部件，而对该子系统或部件提出了相反的要求。往往技术冲突的存在隐含着物理冲突的存在，有时物理冲突的解比技术冲突更容易获得。

例 47.5-5 用化学的方法为金属表面镀层的过程为：金属制品放置于充满金属盐溶液的池子中，溶液中含有镍、钴等金属元素。在化学反应过程中，溶液中的金属元素凝结到金属制品表面形成镀层。温度越高，镀层形成的速度越快，但有用的元素沉淀到池子底部与池壁的速度也越快。温度低又会大大降低生产效率。

该问题的技术冲突可描述为：两个通用工程参数即生产率（A）与材料浪费（B）之间的冲突。如加热溶液使生产率（A）提高，同时材料浪费（B）增加。

为了将该问题转化为物理冲突，选温度作为另一参数（C）。物理冲突可描述为：溶液温度（C）增加，生产率（A）提高，材料浪费（B）增加；反之，生产率（A）降低，材料浪费（B）减少；溶液温度既应该高，以提高生产率，又应该低，以减少材料消耗。

2.3 技术冲突的解决原理

2.3.1 原理概述

在技术创新的历史中，人类已完成了很多产品的设计，一些设计人员或发明家已经积累了很多发明创造的经验。进入 21 世纪，设计创新已逐渐成为企业市场竞争的焦点。为了指导技术创新，一些研究人员开始总结前人发明创造的经验。这种经验的总结分为两类：适应于本领域的经验（第一类经验）和适应于不同领域的通用经验（第二类经验）。

第一类经验主要由本领域的专家、研究人员自身总结，或由这些人员讨论并整理总结出来。这些经验对指导本领域的产品创新有一定的参考价值，但对其他领域的创新意义不大。

第二类经验由专门研究人员对不同领域的已有创新成果进行分析、总结，得到具有普遍意义的规律，这些规律对指导不同领域的产品创新都有重要的参考价值。

TRIZ 的技术冲突解决原理属于第二类经验，这些原理是在分析世界大量专利的基础上提出的。通过对专利的分析，TRIZ 研究人员发现，在以往不同领域的发明中所用到的规则（原理）并不多，不同时代的发明，不同领域的发明，这些规则（原理）被反复采用。每条规则（原理）并不限定于某一领域，它融合了物理的、化学的、几何学的和各工程领域的原理，适用于不同领域的发明创造。

2.3.2 40 条发明创造原理

在对世界专利进行分析研究的基础上，TRIZ 理论提出了 40 条发明创造原理，见表 47.5-4。实践证明，这些原理对于指导设计人员的发明创造和创新具有非常重要的作用。下面将对各条发明创造原理进行详细介绍。

（1）分割原理
1) 将一个物体分成相互独立的部分。例如，用多台个人计算机代替一台大型计算机实现相同的功能；用一辆卡车加拖车代替一辆载量大的卡车；在工厂规划时，将办公设备和用于生产的设备分开设计。

表 47.5-4　40 条发明创造原理

序号	原理名称	序号	原理名称	序号	原理名称	序号	原理名称
1	分割	11	预补偿	21	紧急行动	31	多孔材料
2	分离	12	等势性	22	变有害为有益	32	改变颜色
3	局部质量	13	反向	23	反馈	33	同质性
4	不对称	14	曲面化	24	中介物	34	抛弃与修复
5	合并	15	动态化	25	自服务	35	参数变化
6	多用性	16	未达到或超过的作用	26	复制	36	状态变化
7	嵌套	17	维数变化	27	低成本、不耐用的物体替代昂贵、耐用物体	37	热膨胀
8	质量补偿	18	振动	28	机械系统的替代	38	加速强氧化
9	预加反作用	19	周期性作用	29	气动与液压结构	39	惰性环境
10	预操作	20	有效作用的连续性	30	柔性壳体或薄膜	40	复合材料

2) 使物体分成容易组装和拆卸的部分。例如，组合家具是由多个零件拼装而成的；对于花园中浇花用的软管系统，可根据需要通过快速接头连成所需的长度；将集成电路和无源元件组装成多芯片模型。

3) 增加物体相互独立的程度。例如，百叶窗代替整体窗帘；用粉状焊接材料代替焊条改善焊接效果。

(2) 分离（分开）原理

1) 将一个物体中的"干扰"部分分离出去。例如，在飞机场环境中，为了驱赶各种鸟，采用播放刺激鸟类的声音是一种方便的方法，这种特殊的声音使鸟与机场分离；将产生噪声的空气压缩机放于室外；利用狗吠声而不用真正的狗发出警报；在办公大楼中用玻璃隔离噪声。

2) 将物体中的关键部分挑选或分离出来。例如，离子培植中的离子分离；晶片工厂中存储铜的区域与其他区域隔离。

例 47.5-6 普通轮船航行过程中，自身产生的电磁振动会严重干扰水底位置探测器的正常工作。

使用分离原理，可以用缆线将其拖在轮船后方 1000m 的距离，这样就可以减少噪声的干扰。这条缆线可以通过远距离控制来操作，如图 47.5-2 所示。

图 47.5-2　使用分离原理

(3) 局部质量原理

1) 将物体或环境的均匀结构变成不均匀结构。例如，用变化中的压力、温度或密度代替固定的压力、温度或密度；饼干和蛋糕上的糖衣。

2) 使组成物体的不同部分完成不同的功能。例如，午餐盒被分成放热食、冷食及液体的空间，每个空间功能不同；烤箱中有不同的温度档，不同的食物可以选择不同的温度来加热。

3) 使组成物体的每一部分都最大限度地发挥作用。例如，带有橡皮的铅笔，带有起钉器的锤子，瑞士军刀（带多种常用工具，如螺钉旋具，尖刀、剪刀等）；网络电视集电话、上网和电视功能于一体。

例 47.5-7 为了减少煤矿装卸机中的粉尘，安装洒水的锥形容器。水滴越小，消除粉尘的效果就越明显，但是微小的水滴会妨碍正常的工作。解决方案就是产生一层大颗粒水滴，使其环绕在微小锥形水滴附近。

(4) 不对称原理

1) 将物体形状由对称变为不对称。例如，不对称搅拌容器，或对称搅拌容器中的不对称叶片；为增强混合功能，在对称的容器中用非对称的搅拌装置进行搅拌（如水泥搅拌车、蛋糕搅拌机）；将 O 形圈的截面形状改为其他形状，以改善其密封性能；在圆柱形把手两端做一个平面用以将其与门、抽屉等连接；非圆形截面的烟囱可以减少风对其的拖拽力。

2) 如果物体是不对称的，增加其不对称的程度。例如，轮胎一侧的强度大于另一侧，以增加其抗冲击的能力；为提高焊接强度，将焊点由原来的圆形改为椭圆形或不规则形状；用散光片聚光。

机械设计中经常采用对称性原理，对称是传统上很多零部件的实现形式。实际上，设计中的很多冲突都与对称有关，将对称变为不对称就能解决很多问题。

例 47.5-8 考虑到外形美观的需求，电动机的底座一般都设计成对称的形状。因为机器需要旋转，实际上底座所承受的载荷是不对称的。为了减少机器的重量,节约材料,不反转部件所对应的底座可以设计得小一些,能支持它们实际上所必须承受的载荷即可,如图47.5-3所示。

图47.5-3 具有不对称结构的电动机

(5) 合并原理

1) 在空间上将相似的物体连接在一起,使其完成并行的操作。例如,网络中的个人计算机;并行计算机中的多个微处理器;安装在电路板两面的集成电路;通风系统中的多个轮叶;安装在电路板两侧的大量电子芯片;超大规模集成芯片系统;双层/三层玻璃窗。

2) 在时间上合并相似或相连的操作。例如,能够同时分析多个血液参数的医疗诊断仪;具有保护根部功能的草坪割草机。

例47.5-9 在运输过程中,先用纸将玻璃片隔开,然后用纸片将其保护好放到一个木箱子里。尽管有这些预防措施,但是也经常会发生玻璃破损事件。

为了减少玻璃的破损,可以将玻璃当作一个固体块运输,而不让它们处于分离状态。每片玻璃都涂上一层油,然后将玻璃片粘在一起形成一个玻璃块,如图47.5-4所示。比起每片玻璃,玻璃块的强度大很多。测试表明,即便将玻璃块从2m高的地方丢下,造成的损失也很小;相反,常规运输方法在测试时会有大部分玻璃受到不同程度的损伤。

图47.5-4 易于运输的"玻璃块"

(6) 多用性原理

使一个物体能完成多项功能,可以减少原设计中完成这些功能需要的物体数量。例如,装有牙膏的牙刷柄;能用作婴儿车的儿童安全座椅;用能够反复密封的食品盒作为储藏罐;集成电路包装底层的多功能性。

例47.5-10 怎样测量婴儿的体温而不会引起婴儿的啼哭?

可以使用橡胶奶嘴,在奶嘴里充满甘油,同时还包含一个热敏盘。该热敏盘一般情况下是绿色的,当温度超过37.7℃时,热敏盘就会变成黑色,如图47.5-5所示。

图47.5-5 可以测量小孩体温的奶嘴

(7) 嵌套原理

1) 将一个物体放在第二个物体中,将第二个物体放在第三个物体中,以此类推。例如,儿童玩具不倒翁;套装式油罐,内罐装黏度较高的油,外罐装黏度较低的油;嵌套量规、量具;俄罗斯洋娃娃(其中还有许多玩具);微型录音机(内置传声器和扬声器)。

2) 使一个物体穿过另一个物体的空腔。例如,收音机的伸缩式天线;伸缩式钓鱼竿;汽车安全带卷收器;伸缩教鞭;变焦透镜;飞机的紧急升降梯和着陆轮。

例47.5-11 石油钻塔有一个很高的钢制框架塔。正是这个框架塔给运输过程带来了很大的麻烦,框架塔就像帆船一样在海面运动,使得对石油钻塔的控制难度增加。结果,钻塔的运输会很慢,而且很容易发生钻塔倾覆事故,有风的时候,这种事故发生的概率更高。

改进生产后的钻塔在运输过程中可以达到一般邮轮的高度。安装时,再将钻塔的顶端和中部从其底部的空腔中抽出来,以达到它本身的高度,一般都会高出50m,如图47.5-6所示。

图47.5-6 可伸缩的石油钻塔

(8) 质量补偿原理

1) 用另一个能产生提升力的物体补偿第一个物体的质量。例如,在圆木中注入发泡剂,使其更好地漂浮;用气球携带广告条幅。

2) 通过与环境相互作用产生空气动力或液体动力补偿第一个物体的质量。例如,飞机机翼的形状使其上部空气压力减少,下部压力增加,以产生升力;

船在航行过程中船身浮出水面，以减少阻力。

例 47.5-12 具有球形重物的速度调节器常被用来调节速度。可以通过减少零件的尺寸（或零件质量）来改进传统设计。例如，速度调节器上的球形重物可以改为机翼形，这样就会增加调节器的提升力（见图 47.5-7）。

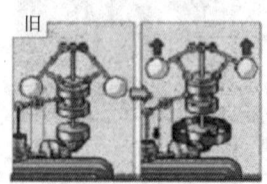

图 47.5-7 具有机翼状重物的速度调节器

（9）预加反作用原理

1) 预先施加反作用。例如，缓冲器能吸收能量，减少冲击带来的负面影响；在进行核试验之前，工作人员佩戴防护装置，以免受射线伤害。

2) 如果某物体处于或将处于受拉伸状态，预先增加压力。例如，在浇混凝土之前，对钢筋进行预压处理。

例 47.5-13 用割草机修剪的草坪不是很平整，因为草有一定的硬度，而且割草机工作时其刀片接触到了即将要割的草，使得草向前倾斜，这样就会使得草在不同的高度被修剪。当然修剪的草坪就会参差不齐。

为了得到平整的草坪，新设计的割草机有一个专用部件，如图 47.5-8 所示，可以在即将修剪的草上预加反作用力，使其向前倾斜。由于草有一定的硬度，所以在释放后能产生足够的内部惯性力，使其反弹回来，这样割草机的刀片接触到的草就是直立的，所有的草都会在同一垂直高度上被修剪，所以修剪的草坪就会很平整。

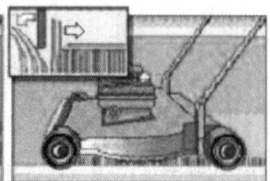

图 47.5-8 改进后的割草机可以修剪出平整的草坪

（10）预操作原理

1) 在操作开始前，使物体局部或全部产生所需的变化。例如，在壁纸上预先涂上胶；在手术前为所有器械杀菌；在将蔬菜运到食品加工厂前对其进行预处理（即切成薄片、切成方块等）；在印制电路板中用预先制造的胶片连接各碎片。

2) 预先对物体进行特殊安排，使其在时间上有准备，或已处于易操作的状态。例如，柔性生产单元；灌装生产线中使所有瓶口朝一个方向，以增加灌装效率；厨师按照食谱中所写的详细顺序进行烹调。

例 47.5-14 在某些实际工程中，需要在一个封闭的空间里产生足够的压力。在空间密封后，压力可以用一个泵来提供。实际上可以采用更好的方法，可以预先将一种在分解过程中能放出气体的物质，例如，将固体二氧化碳（干冰）放入封闭的空间，这样在加热过程中，干冰汽化，就会在空间里产生很大压力，如图 47.5-9 所示。

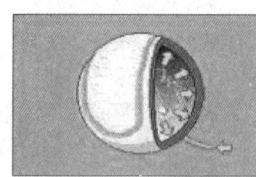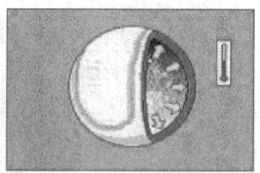

图 47.5-9 应用"预操作"原理实现封闭空间内的压力

（11）预补偿原理

采用预先准备好的应急措施补偿物体相对较低的可靠性。例如，飞机上的降落伞；胶卷底片上的磁性条可以弥补曝光度的不足；航天飞机的备用输氧装置。

例 47.5-15 塑料很难分解，所以造成了很严重的环境问题。

把玉米淀粉与塑料加工成化合物，该化合物中的玉米淀粉可以促使塑料分解。在塑料结构组织里混入玉米分子，再加上湿气和微生物的作用，塑料就会很容易地在土壤里被分解，如图 47.5-10 所示。

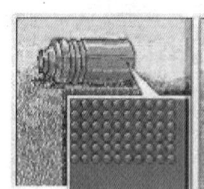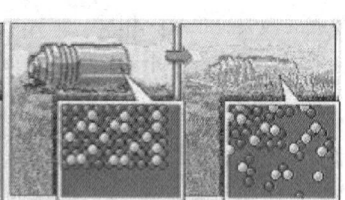

图 47.5-10 加入玉米分子促使塑料分解

（12）等势性原理

改变工作条件，使物体不需要被升高或降低。例如，与冲床工作台高度相同的工件输送带，将冲好的零件输送到另一工位；工厂中的自动送料小车；汽车制造厂的自动生产线和与之配套的工具。

例 47.5-16 1834 年春天，一个重 9.6t 的大钟要在泥泞的土路上被运送到 300km 之外。这个任务在当时看起来几乎不可能完成。后来想出了一个好办法：大钟沿着其侧面平躺，然后用原木和木板将其包起来，这样就形成了一个很大的圆柱车轮。这个"车轮"可以被一群马拉着慢慢向前滚动，如图47.5-11所示。

图47.5-11 运用等势性原理运输大钟

(13) 反向原理

1) 将一个问题说明中所规定的操作改为相反的操作。例如，为了拆卸处于紧合状态的两个零件，采用冷却内部零件的方法，而不采用加热外部零件的方法。

2) 使物体中的运动部分静止，静止部分运动。例如，如果使工件旋转，则使刀具固定；扶梯运动，乘客相对扶梯静止；健身器材中的跑步机。

3) 使一个物体的位置倒置。例如，将一个部件或机器保持翻转状态，以安装紧固件；从罐子中取出豆子时，将罐口朝下就可以将豆子倒出了。

例47.5-17 翻砂清洗零部件是通过振动零部件实现的，而不使用研磨剂。

(14) 曲面化原理

1) 将直线或平面部分用曲线或曲面代替，立方体用球体代替。例如，为了增加建筑结构的强度，采用拱形和圆弧形结构。

2) 采用辊、球和螺旋形状。例如，斜齿轮能够提供均匀的承载能力；采用球或滚柱为笔尖的钢笔增加墨水流出的均匀程度；千斤顶中螺旋机构可产生很大的升举力。

3) 用旋转运动代替直线运动，采用离心力。例如，鼠标采用球形结构产生计算机屏幕内光标的移动；洗衣机采用旋转产生离心力的方法，去除湿衣服中的部分水分；在家具底部安装球形轮，以便于移动。

例47.5-18 当土豆收割机的滚筒运动时，它的形状会和变化的地面始终保持一致，如图47.5-12所示。

滚筒可以成为一个旋转的双曲面体，该双曲面由两个直立的盘子组成，用木棍通过圆周上的点互相连接起来。两个盘子可以相对旋转，通过机械轴可以将这两个盘子和收割机连接起来。当盘子相对旋转时，滚筒外部的轮廓就会随着地形的改变而改变。

(15) 动态化原理

1) 使一个物体或其环境在操作的每一个阶段自动调整，以达到优化的性能。例如，可调整驱动轮；

图47.5-12 与地形保持一致的滚筒

可调整座椅；可调整反光镜；飞机中的自动导航系统。

2) 把一个物体划分成具有相互关系的元件，元件之间可以改变相对位置。例如，计算机的蝶形键盘；装卸货物的铲车，通过铰链连接两个半圆形铲斗，可以自由开闭，装卸货物时张开铲斗，移动时闭合铲斗。

3) 如果一个物体是静止的，使之变为运动的或可改变的。例如，可以用柔性光学内孔件检测仪检测发动机，医疗检查中挠性肠镜的使用。

例47.5-19 如何在直升机上选择一个便利的位置用来安装一个体积较大的无线电接收装置？

天线可以被固定在直升机推进器的机翼上。这种天线很有效，因为体积很大，可以根据需要有适当的天线仰角，其扫描速度很高（240r/min），如图47.5-13所示。

图47.5-13 直升机上的无线电接收装置

(16) 未达到或超过的作用原理

若要100%达到所希望的效果是困难的，稍微未达到或稍微超过预期的效果将大大简化问题。

例如，缸筒外壁需要刷漆时，可将缸筒浸泡在盛漆的容器中完成，但取出缸筒后，其外壁粘漆太多，通过快速旋转以甩掉多余的漆。

例47.5-20 为了从储藏箱里均匀地卸载金属粉末，送料斗里有一个特殊的内部漏斗，该漏斗一直保持满溢状态，以提供相近的持续压力。

(17) 维数变化原理

1) 将一维空间中运动或静止的物体变成二维空间中运动或静止的物体，在二维空间中的物体变成三维空间中的物体。例如，为了扫描一个物体，红外线计算机鼠标在三维空间中运动，而不是在一个平面中运动；五轴机床的刀具可被定位到任意所需的位置上。

2) 将物体用多层排列代替单层排列。例如,能装 6 个 CD 盘的音响不仅增加了连续播放音乐的时间,也增加了可选择性;印制电路板的双层芯片设计。

3) 使物体倾斜或改变其方向,如自卸车。

4) 使用给定表面的反面,如叠层集成电路。

例 47.5-21 当宽银幕的电影刚刚出现时,并没有得到广泛的传播,主要因为适用于宽幅电影胶片的放映机使用起来很不方便。因此,如果能用窄屏电影放映机放宽屏电影,那就方便很多了。

一种解决方案是将宽屏电影图像纵向录制在窄电影胶卷上。放映机的光学设备和机械设备随着旋转的图像而做出适当的变化;另一种解决方法是光学压缩电影图像,这样就可以用窄屏放映机来放映宽屏电影,在放映机里电影图像通过光学扩展,就可以提供宽屏图像,如图 47.5-14 所示。

图 47.5-14 使用窄屏放映机来放映宽屏电影

(18) 振动原理

1) 使物体处于振动状态。例如,电动雕刻刀具具有振动刀片;电动剃须刀。

2) 如果振动存在,增加其频率,甚至可以增加到超声。例如,通过振动分选粉末;振动给料机。

3) 使用共振频率,例如,利用超声共振消除胆结石或肾结石。

4) 使用电振动代替机械振动,例如,石英晶体振动驱动高精度手表。

5) 使用超声波与电磁场耦合,例如,在高频炉中混合合金。

例 47.5-22 保险丝里装满了氧化铝,保险丝的评定等级就是根据所含氧化铝颗粒的密度而确定的。那么怎样才能知道保险丝是不是合格的?

为了测定保险丝所含氧化铝密度,可以使保险丝在正常频率下振动,采集试验信号,如图 47.5-15 所示。如果氧化铝颗粒太松散,由于保险丝内部的摩擦力,所得信号就会很弱,通过对信号的分析就可以对保险丝进行准确的评定。

(19) 周期性作用原理

1) 用周期性运动或脉动代替连续运动。例如,使报警器声音脉动变化,代替连续的报警声音;用鼓

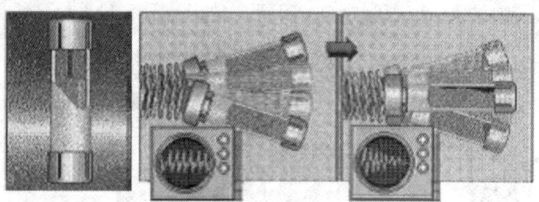

图 47.5-15 通过振动评定保险丝的等级

锤反复地敲击某物体。

2) 改变周期性运动的运动频率,例如,用频率调音代替莫尔斯电码。

3) 在两个无脉动的运动之间增加脉动。例如,医用呼吸器系统中,每压迫胸部 5 次,呼吸 1 次。

例 47.5-23 热电偶的相对难以接近位置的测量。

将一周期性电脉冲施加在热电偶上,就可以进行测量,如图 47.5-16 所示。电脉冲加热热电偶。在两个脉冲之间,热电偶连接可以测量热电偶产生的热电流。随着热电偶逐渐地变冷,脉冲力的频率也会改变,但是仍然可以测量。

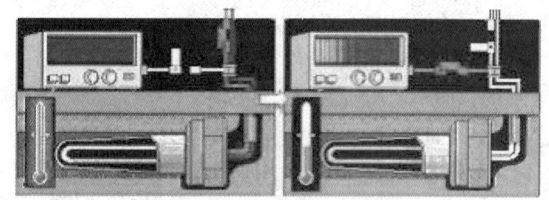

图 47.5-16 利用脉冲测量热电偶的相对难以接近位置

(20) 有效作用的连续性原理

1) 不停顿地工作,物体的所有部件都应满负荷地工作。例如,当车辆停止运动时,飞轮或液压蓄能器储存能量,使发动机处于一个优化的工作状态。

2) 消除运动过程中的中间间歇。例如,针式打印机的双向打印,点阵打印机、菊花轮打印机、喷墨打印机的后台打印,不耽误前台工作。

3) 用旋转运动代替往复运动。

例 47.5-24 火车车轮必须有一个特殊的形状,以实现和铁轨理想的接触。然而随着使用的磨损,火车的车轮会逐渐变形。这种效应一定要消除,所以要经常把车轮卸下来修整外形。

一种重新获得车轮原来形状的办法是:在车轮运动的过程中通过旋转使车轮被转向车削。在火车上安装特殊切割工具可以帮助完成此功能,如图 47.5-17 所示。

(21) 紧急行动原理

以最快的速度完成有害的操作。例如,修理牙齿的钻头高速旋转,以防止牙组织升温;为避免塑料受

图 47.5-17 在车轮的旋转过程中修复车轮外形

热变形,高速切割塑料。

例 47.5-25 表面附着细菌的土豆很容易腐烂,加热虽可以杀灭细菌,但过热就会把土豆烧熟。为此,可以将土豆暴露在温度高达 500~850℃ 的火焰中 4~8s,这样就可以杀死表面的细菌而不影响土豆内质。

(22) 变有害为有益原理

1) 利用有害因素,特别是对环境有害的因素,获得有益的结果。例如,利用余热发电;利用秸秆作为建材原料;回收物品二次利用,如再生纸。

2) 通过与另一种有害因素结合消除一种有害因素。例如,在腐蚀性溶液中加入缓冲性介质;潜水中使用氮氧混合气体,以避免单用氧气造成昏迷或中毒。

3) 加大一种有害因素的程度使其不再有害。例如,森林灭火时用逆火灭火;"以毒攻毒"。

例 47.5-26 使用高频电流加热金属时,只有外层金属变热,这种负面效应可以应用于需要表面加热的情况。

(23) 反馈原理

1) 引入反馈以改善过程或动作。例如,音频电路中的自动音量控制;加工中心的自动检测装置;声控喷泉;自动导航系统。

2) 如果反馈已经存在,改变反馈控制信号的大小或灵敏度。例如,飞机接近机场时,改变自动驾驶系统的灵敏度;自动调温器的负反馈装置;为使顾客满意,认真听取顾客的意见,改变商场管理模式。

例 47.5-27 为了使电动机有效地工作,运转的磁通量必须具备较低的阻抗值。然而,具有低阻抗值的短路会产生强电流,进而会对机器产生一定的损伤。在这种情况下,高阻抗也是电动机必须具备的。

为了限制短路电流,可以利用钢铁的电磁饱和效应,即利用钢铁的磁场能和其传导性的非线性关系。在正常的操作过程中,只要磁路稍微变窄,阻抗值就会有微量增加。如果电流突然增大,由于电路的自饱和及阻抗值的增大,会自动限制额外电流。

(24) 中介物原理

1) 使用中介物传送某一物体或某种中间物体。例如,机械传动中的惰轮;机械加工中钻孔所用的钻孔导套。

2) 将一容易移动的物体与另一物体暂时结合。例如,机械手抓取重物并移动该重物到另一处;用托盘托住热茶壶;钳子、镊子帮助人手取物。

例 47.5-28 在一艘沉船中发现了一些古代日本宫廷花瓶。要重新获得花瓶并不是一件容易的事,因为当时没有任何可利用的潜水装置。

在这种情况下,为了重新获得花瓶,可以将一个拴在绳子上的章鱼潜到沉船上,章鱼会爬进瓶子里以寻找掩蔽处,这样就可以很容易地把花瓶提出水面。

(25) 自服务原理

1) 使一个物体通过附加功能产生自己服务于自己的功能。例如,冷饮吸管在二氧化碳产生的压力下工作。在焊接铝和铁时无法直接焊接在一起,需先用铁片做一个界面,一面焊铁,一面焊铜,然后再用普通焊接技术焊铝。

2) 利用废物的材料、能量与物质。例如,钢厂余热发电装置;利用发电过程产生的热量取暖;用动物的粪便做肥料;用生活垃圾做化肥。

例 47.5-29 在绝对低压下长时间工作的水管会产生很多小洞,这些小洞通常会被水里的一些腐蚀材料堵住,进而实现自修理,如图 47.5-18 所示。

图 47.5-18 水管的自服务

(26) 复制原理

1) 用简单、低廉的复制品代替复杂、昂贵、易碎或不易操作的物体。例如,通过虚拟现实技术可以对未来的复杂系统进行研究;通过对模型的试验代替对真实系统的试验;网络旅游既安全又经济;看电视直播,而不到现场。

2) 用光学复制或图像代替物体本身,可以放大或缩小图像。例如,通过看一名教授的讲座录像可代替听他现场的讲座;用卫星相片代替实地考察;由图片测量实物尺寸;用B超观察胚胎的生长。

3) 如果已使用了可见光复制,那么可用红外线或紫外线代替,例如,利用红外线成像探测热源。

例 47.5-30 可以通过测量物体的影子来推测物体的实际高度。

(27) 低成本、不耐用的物体代替昂贵、耐用的物体原理

用一些低成本物体代替昂贵物体,用一些不耐用物体代替耐用物体,有关特性做折中处理。如一次性

的纸杯子、一次性的餐具、一次性尿布、一次性拖鞋等。

例 47.5-31 测量水深的一种方法是使用水深测量管，这种测量仪是在 1870 年由英国物理学家托马斯发明的。将测量管安置在电缆线的端部，随着电缆的下沉而逐渐下沉。在下沉的过程中，测量管内的空气所受压力越来越大，水位逐渐上升。需要解决的问题是如何标记上升水位所达到的最大高度的位置。

漂浮在管内水面的有色油漆可以用来标记置于管内的杆，以此就可以读出最大值，如图 47.5-19 所示。

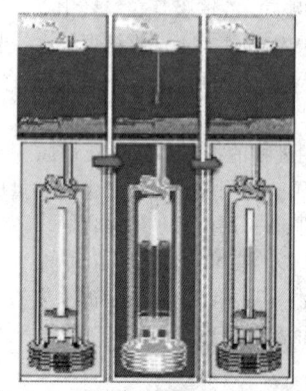

图 47.5-19　可以读出最大值的水深测量管

（28）机械系统的替代原理

1）用视觉、听觉、嗅觉系统代替部分机械系统。例如，在天然气中混入难闻的气体代替机械或传感器来警告人们天然气的泄漏；用声音栅栏代替实物栅栏（如用光电传感器控制小动物进出房间）。

2）用电场、磁场及电磁场实现物体间的相互作用。例如，要混合两种粉末，使其中一种带正电荷，另一种带负电荷。

3）将固定场变为移动场，将静态场变为动态场，将随机场变为确定场。例如，早期的通信系统用全方位检测，现在用定点雷达预测，可以获得更加详细的信息。

4）将铁磁粒子用于场的作用之中。

例 47.5-32 为了生产高质量的金属，在金属的熔化过程中就必须持续不断地搅动金属。传统的机械搅动存在很多缺点，在高温下很难实现良好的性能。

近年来开始使用电磁混频器来实现更有效的搅动。将一些与普通电感发电机线圈类似的线圈放置在熔炉下面以产生流动性的电磁场。该电磁场在熔融金属上产生的电力学压力可以搅动金属。这种方法的一个优点是可以产生应用于金属的、以热能形式存在的额外能量，如图 47.5-20 所示。

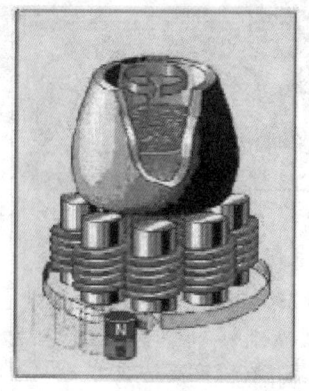

图 47.5-20　使用电磁能搅动金属

（29）气动与液压结构原理

物体的固体零部件可以用气动或液压零部件代替，将气体或液压用于膨胀或减振。例如，车辆减速时由液压系统储存能量，车辆运行时释放能量；气垫运动鞋能够减少运动对足底的冲击；运输易损物品时，经常使用发泡材料进行保护。

例 47.5-33 为了提高工厂高大烟筒的稳定性，在烟筒的内壁装上带有喷嘴的螺旋管，当压缩空气通过喷嘴时形成了空气壁，提高烟筒对气流的稳定性。

（30）柔性壳体或薄膜原理

1）用柔性壳体或薄膜代替传统结构，例如，用薄膜制造的充气结构作为网球场的冬季覆盖物。

2）使用柔性壳体或薄膜将物体与环境隔离。例如，在水库表面漂浮一种由双极性材料制造的薄膜，一面具有亲水性能，另一面具有疏水性能，以减少水的蒸发；用薄膜将水和油分别储藏；农业上使用塑料大棚种菜。

例 47.5-34 货舱内货物的移动是航行中的一种潜在危险。防止货物移动的一种方法是将其放在一个比较广阔的空间内，用带有弹性衬垫的箱子密封货物，然后抽出里面的空气，产生低压，这样箱子的板面就可以贴紧货物了，如图 47.5-21 所示。

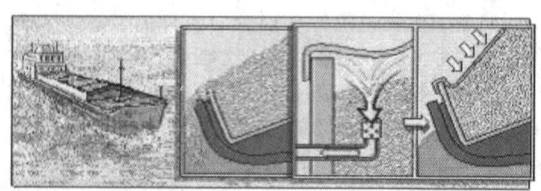

图 47.5-21　应用"柔性壳体或薄膜原理"防止货物移动

（31）多孔材料原理

1）使物体多孔或通过插入、涂层等增加多孔元素，例如，在一个结构上钻孔，以减轻质量。

2) 如果物体已是多孔的，用这些孔引入有用的物质或功能。例如，利用一种多孔材料吸收接头上的焊料；利用多孔钯储藏液态氢；利用海绵储存液态氮。

例 47.5-35 为了实现更好的冷却效果，机器上的一些零部件内充满了一种已经浸透冷却液的多孔材料。在机器工作过程中，冷却液蒸发，可实现均匀冷却。

（32）改变颜色原理

1) 改变物体或环境的颜色。例如，在暗房中要采用安全的光线；在暗室中使用安全灯，作为警戒色。

2) 改变一个物体的透明度，或改变某一过程的可视性。例如，在半导体制作过程中，利用照相平版印刷术将透明的物质变为不透明的，使技术人员易于控制制造过程；同样，在丝绢网印花过程中，将不透明的原料变为透明的；透明的包装使用户能够看到里面的产品。

3) 采用有颜色的添加物，使不易被观察到的物体或过程被观察到。例如，为了观察一个透明管路内的水是处于层流还是湍流，使带颜色的某种流体从入口流入。

4) 如果已增加了颜色添加剂，则采用发光的轨迹。

例 47.5-36 1903 年，德国北极探险队的一艘轮船不幸卡在冰面上不能移动，尽管距离流动海水只有两公里，船员们还是不能打破冰面，甚至使用炸药也不能解决问题。

最后使用炉灰解决了这个难题，船员们把炉灰撒在冰面上，黑色的炉灰吸收极地日光的能量，沿着冰面就融化出一条水路。

（33）同质性原理

采用相同或相似的物体制造与某物体相互作用的物体。例如，为了减少化学反应，盛放某物体的容器应使用与该物体相同的材料制造；用金刚石切割钻石，切割产生的粉末可以回收。

例 47.5-37 存放在一般容器里的高纯度铜都很容易被污染，进而降低本身所固有的属性。为了避免这种情况，可以将高纯度铜储藏在以同质材料制成的容器里。

（34）抛弃与修复原理

1) 当一个物体完成了其功能或变得无用时，抛弃或修复该物体中的一个物体。例如，用可溶解的胶囊作为药面的包装；可降解餐具；火箭助推器在完成其作用后立即分离。

2) 立即修复一个物体中所损耗的部分。例如，汽车发动机的自调节系统。

例 47.5-38 某些零件表面有很多复杂的凹槽，这些凹槽是很难加工的。

可以通过电线形成这些凹槽。把电线弯成所需形状后紧贴在板面上，在各条电线之间的空余空间添加熔融的金属或环氧树脂。当添加物变硬后，利用化学腐蚀的方法把其中的电线除掉，如图 47.5-22 所示。

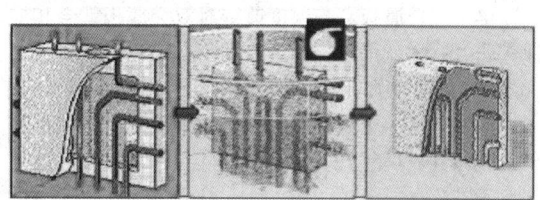

图 47.5-22　利用"抛弃与修复"原理形成复杂凹槽

（35）参数变化原理

1) 改变物体的物理状态，即让物体在气态、液态、固态之间变化。例如，使氧气处于液态，便于运输；制作夹心巧克力时，将夹心糖果冷冻，然后将其浸入热巧克力中。

2) 改变物体的浓度和黏度。例如，从使用的角度看，液态香皂的黏度高于固态香皂，且使用更方便。

3) 改变物体的柔性。例如，用三级可调减振器代替轿车中不可调减振器；用可调断音装置减少物体沿容器壁落入容器产生的噪声；用工程塑料代替普通塑料，提高强度和耐久度。

4) 改变温度。例如，使金属的温度升高到居里点以上，金属由铁磁体变为顺磁体；为了保护动物标本，需要将其降温；提高烹饪食品的温度（改变食品的色、香、味）。

例 47.5-39 通过将颗粒材料和液体相混合的方法，可以实现材料按颗粒大小逐渐分层。具有不同颗粒的材料与液体混合后，颗粒材料逐渐沉淀，大颗粒会迅速沉到最底端，依次是较小的颗粒。尽管如此，仍然很难移走材料层，因为轻微的动作都会引起不同颗粒材料的再次混合。但如果将已经分开的材料冻结，就会很容易地分开颗粒层。

（36）状态变化原理

在物质状态变化过程中实现某种效应。例如，热泵利用吸热散热原理；水由液态变为固态时体积膨胀，可利用这一特性进行定向无声爆破。

例 47.5-40 为了控制管子的膨胀程度，可以在管子里注入冷水然后冷却至冻结温度。

（37）热膨胀原理

1) 利用材料的热膨胀或热收缩性质。例如，装配过盈配合的两个零件时，将内部零件冷却，将外部零件加热，然后装配在一起并置于常温中。

2) 使用具有不同热膨胀系数的材料。例如，双金属片传感器；热敏开关（两条粘在一起的金属片，由于两片金属的热膨胀系数不同，对温度的敏感程度也不同，可实现温度控制）。

例 47.5-41 为了控制温室天窗的闭合，在天窗上连接了双金属板。当温度改变时双金属板就会相应地弯曲，这样就可以控制天窗的闭合。

（38）加速强氧化原理

使氧化从一个级别转变到另一个级别，例如，从环境气体到充满氧气，从充满氧气到纯氧气，从纯氧到离子态氧。

为了实现在水下持久呼吸，水中呼吸器中储存浓缩空气；用氧—乙炔气焰锯代替空气—乙炔气焰锯切割金属；用高压纯氧杀灭伤口细菌；为了获得更多热量，焊枪里通入氧气，而不是空气；在化学试验中使用离子化氧气加速化学反应。

例 47.5-42 用乙炔切割钢板时，在气体压力下熔化的金属会带着火星飞溅出来。可以在乙炔气流周围环绕一层纯氧，当切割中心火焰温度达到1500℃时，飞溅出来的金属熔物就会在纯氧层里烧掉而不会再带着火星飞溅出来。

（39）惰性环境原理

1) 用惰性环境代替通常环境，例如，为了防止炽热灯丝的失效，让其置于氩气中。

2) 让一个过程在真空中发生。

例 47.5-43 二战期间，飞机经常因着火而迫降，因为当飞机的油箱被子弹击中时会发生燃烧事故。这种情况产生的原因往往是因为油箱没有注满，也就是说，油箱的部分空间充满了燃料气体。为了解决这一问题，可以在油箱中通入废气，这样就可以有效阻止燃料的燃烧。因为废气里没有氧气，即使油箱被子弹击中，也不会引起燃烧事故。

（40）复合材料原理

将材质单一的材料改为复合材料。例如，玻璃纤维与木材相比较轻，在形成不同形状时更容易控制；用复合环氧树脂/碳化纤维制成的高尔夫球棍更加轻便、结实；飞机上一些金属部件用工程塑料取代，使飞机更轻；一些门把手用环氧基树脂制造，增强把手的使用强度；用玻璃纤维制成的冲浪板，更ami易于控制运动方向，也更易于制成各种形状。

例 47.5-44 一般使用重量轻的非限制性材料制造防火服。然而，薄轻材料的隔热性能一般都比较差。聚乙烯纤维层是由弹性体或弹性材料组成的，这些材料可以在外界温度升高的同时逐渐膨胀，这样就可以有效起到隔热的作用。

上述原理都是通用发明创造原理，未针对具体领域，其表达方法是描述可能解的概念。例如，建议采用柔性方法，问题的解要涉及某种程度上改变已有系统的柔性或适应性，设计人员应根据该建议提出已有系统的改进方案，这样才有助于问题的迅速解决。还有一些原理范围很宽，应用面很广，既可应用于工程，又可用于管理、广告和市场等领域。

3 利用冲突矩阵实现创新设计

3.1 冲突矩阵的简介

在设计过程中，如何选用发明创造原理作为产生新概念的指导是一个具有现实意义的问题。通过多年的研究、分析和比较，Altshuller 提出了冲突矩阵。该矩阵将描述技术冲突的 39 个通用工程参数与 40 条发明创造原理建立了对应关系，很好地解决了设计过程中选择发明原理的难题。

冲突解决矩阵为 40 行 40 列的一个矩阵，如图 47.5-23 所示，该图为冲突矩阵简图。其中第一行或第一列为按顺序排列的 39 个描述冲突的通用工程参数序号。除了第 1 行与第 1 列外，其余 39 行 39 列形成一个矩阵，矩阵元素中或空，或有几个数字，这些数字表示 40 条发明原理中被推荐采用的原理序号。矩阵中的列所代表的工程参数是需改善的一方，行所描述的工程参数为冲突中可能引起恶化的一方。

应用该矩阵的过程步骤是：首先在 39 个通用工程参数中，确定使产品某一方面质量提高及降低（恶化）的工程参数 A 及 B 的序号，然后将参数 A 及 B 的序号从第 1 行与第 1 列中选取对应的序号，最后在两序号对应行与列的交叉处确定一个特定矩阵元素，该元素所给出的数字为推荐解决冲突可采用的发明原理序号。例如，希望质量提高与降低的工程参数序号分别为 3 和 5。在矩阵中，第 3 列与第 5 行交叉处所对应的矩阵元素如图 47.5-23 所示，该矩阵元素中的数字分别为 14、15、18 及 4 号推荐的发明原理序号。

3.2 利用冲突矩阵创新

TRIZ 的冲突理论似乎是产品创新的灵丹妙药。实际上，在应用该理论之前的前处理与应用后的后处理仍然是很重要的。

当针对具体问题确认了一个技术冲突后，要用该问题所处的技术领域中的特定术语描述该冲突，然后将冲突的描述翻译成一般术语，由这些一般术语选择通用工程参数，由通用工程参数在冲突解决矩阵中选择可用的解决原理。一旦某一个或某几个发明创造原理被选定后，必须根据特定的问题将发明创造原理转

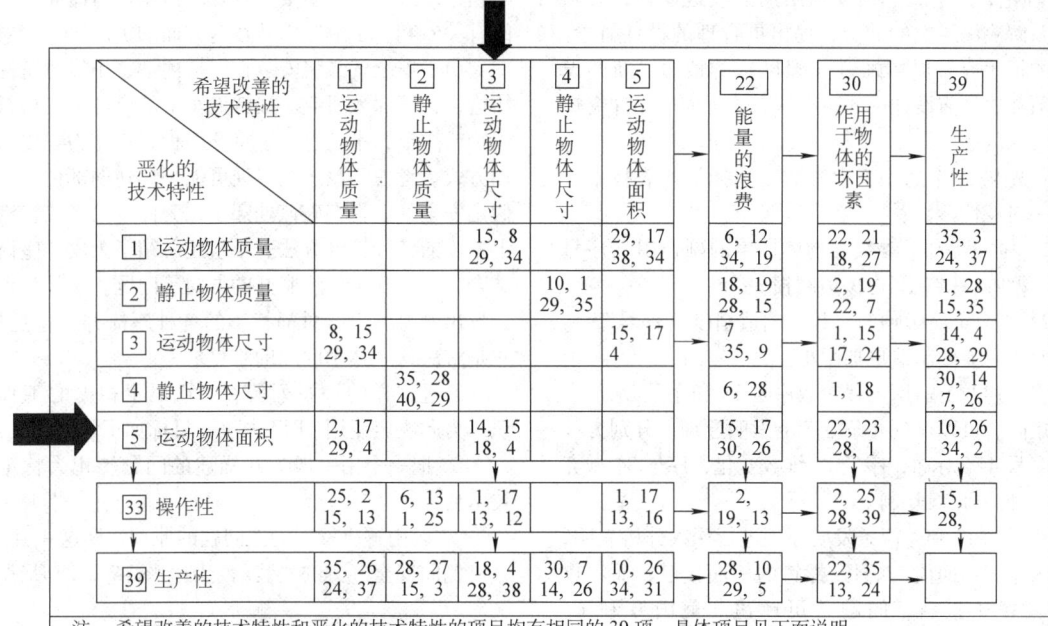

图 47.5-23 冲突解决矩阵表

化并产生一个特定的解。对于复杂的问题,一条原理是不够的,原理的作用是使原系统向着改进的方向发展。在改进过程中,对问题的深入思考、创造性和经验都是必需的。

可以把应用技术冲突解决问题的步骤具体化为12步,见表47.5-5。

表 47.5-5 解决问题的步骤

序号	步骤
1	定义待设计系统的名称
2	确定待设计系统的主要功能
3	列出待设计系统的关键子系统和各种辅助功能
4	对待设计系统的操作进行描述
5	确定待设计系统应改善的特性和应该消除的特性
6	将涉及的参数要按通用的39个工程参数重新描述
7	对技术冲突进行描述:如果某一工程参数要得到改善,将导致哪些参数恶化
8	对技术冲突进行另一种描述:假如降低参数恶化的程度,要改善参数将被削弱,或另一恶化参数将被加强
9	在冲突矩阵中由冲突双方确定相应的矩阵元素
10	由上述元素确定可用发明原理
11	将所确定的原理应用于设计者的问题中
12	找到、评价并完善概念设计及后续的设计

通常所选定的发明原理多于1个,这说明前人已用这几个原理解决了一些类似的特定技术冲突。这些原理仅仅表明解的可能方向,即应用这些原理过滤掉了很多不太可能的解的方向,尽可能将所选定的每条原理都用到待设计过程中去,尽量采用推荐的所有原理。假如所有可能的解都无法满足要求,那么就应对冲突重新定义并求解。

例 47.5-45 呆扳手的设计。

扳手可以在外力的作用下拧紧或松开一个六角螺钉或螺母。由于螺钉或螺母的受力集中到两条棱边,容易产生变形,而使螺钉或螺母的拧紧或松开变得困难,如图47.5-24所示。

图 47.5-24 扳手在外力的作用下拧紧或松开一个六角螺钉或螺母

呆扳手已有多年的生产及应用历史,在产品进化曲线上应该处于成熟期或退出期,但对于传统产品很少有人去考虑设计中的不足并且改进设计。按照

TRIZ理论，处于成熟期或退出期的改进设计，必须发现并解决深层次的冲突，提出更合理的设计概念。目前的扳手容易损坏螺钉（螺母）的棱边，新的设计必须克服目前设计中的这种缺点。下面应用冲突矩阵解决该问题。

首先从39个通用工程参数中选择能代表技术冲突的一对特性参数。

1) 质量提高的参数。物体产生的副作用（序号31），减少对螺钉/螺母棱边磨损。

2) 带来负面影响的参数。制造精度（序号29），新的改进可能使制造更加困难。

将上述两个通用工程参数序号31和序号29代入冲突矩阵，可以得到4条推荐的发明原理，分别为：

序号4不对称，序号17维数变化，序号34抛弃与修复和序号26复制。

对序号17和4两条发明原理进行深入分析表明，如果扳手工作面能与螺母/螺钉的侧面接触，而不仅是与其棱边接触，问题就可解决。美国专利US Patent 5406868正是基于这两条原理设计出如图47.5-25所示的新型扳手。

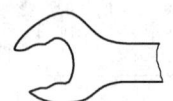

图47.5-25 美国专利扳手设计

4 实例分析——汽车侧向安全气囊概念设计

（1）背景分析

近年来，为了在正面碰撞事故中有效地保护坐在前排乘员的安全，在汽车前部安装了安全气囊，而为了防止侧向碰撞的危害，还有必要开发相应的侧向安全气囊（Side Air Bags, SAB）。经过分析，大多数厂商都打算把安全气囊安装在座椅的蒙皮里面，这样的设计有明显的优点，但由此带来了一个技术难题：侧向碰撞发生时，安全气囊必须从座椅内部穿出，冲破蒙皮，才能胀开，保护乘员安全；而平时，要求蒙皮有很好的强度，不得开裂。这是一对尖锐的矛盾，虽然已进行了多次尝试，仍未能解决。为运用TRIZ方法解决这一问题，福特公司成立了工程小组，快速有效地进行方案开发，以便在不远的将来将侧向安全气囊投入使用。

（2）对工程知识的了解

一开始，开发小组和福特有关供应商的专家共同分析了这方面以前的测试数据和采用过的方法，吸取经验，以免重蹈覆辙。之后请教有关专家，了解生产工艺，以期掌握文字资料以外的信息。与此同时，查阅有关专利，了解国内外在这方面的进展。

由于安全气囊将安装在座椅内部，小组对座椅的结构进行了深入研究。福特汽车上的座椅蒙皮材料为织物或皮革，小组总结了将这两种材料作为蒙皮的使用方式。考虑到蒙皮接缝处可能是最薄弱部位，小组假定安全气囊将突破该处穿出，为此总结了福特汽车上蒙皮的各种接缝方法。小组还总结了蒙皮与座椅的结合方式、安全气囊胀开的方向等问题。这是为了使开发出的总体方案对福特车的各种座椅都普遍适用，它是解决这一技术问题的难点之一。

通过这样的一系列调查，积累了相关的工程知识。为此决定使用TRIZ方法，目标如下。

① 把一个用一般方式描述的问题转化为特定的技术目标。

② 运用解决发明创造问题的原理达到这一目标。侧向安全气囊的安装示意图如图47.5-26所示。

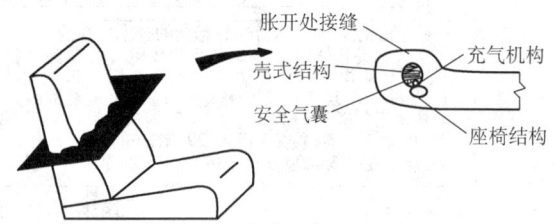

图47.5-26 安全气囊在座椅中的安装

（3）用TRIZ理论描述需解决的问题

目标中的第一条属于解决创造问题的一般问题的转化，它使工程人员避免把目光聚焦于狭小的区域，而关注引发问题的深层原因，开发出超出常规的、创造性的解决方案。

可按解决创造性问题的一般模式分析系统的物理矛盾。本项目要解决的问题是：使侧向安全气囊可以持续胀开（不被座椅蒙皮阻碍）。由于已假定安全气囊从接缝处突出，因此，理想的方案是：接缝处严密地缝合在一起，但安全气囊在胀开时不受任何阻碍。对应的物理矛盾是：接缝在平常使用时必须很强，但在侧向安全气囊胀开时必须容易裂开。实际上，多年来技术人员一直致力于对蒙皮、接缝等进行加强，使产品更健壮，以免蒙皮与接缝在日常使用中失效，所以这一物理矛盾是很突出的。继续运行解决创造性问题的步骤，便可寻找相应的解决方案。本项目中，为了使解决方案更为广泛，将这一物理矛盾作为需要达到的技术目标。

（4）侧向安全气囊的总体方案设计

根据全面分析，解决侧向安全气囊持续胀开的问题可从4个方面着手：将能量集中于接缝；减小接缝强度；改善蒙皮的附着方式；新的接缝设计。

每个方面都可以分解出更详尽的研究方向，得出这些研究的子方向，形成树状图。问题的解决应从树的每一个分支出发，分析可采用的设计方案。小组总结了技术人员以前为解决该问题而选择的研究方向，发现他们受思维定式的制约，通常把注意力集中在巧妙地设计安全气囊的结构，包括增加新的结构，帮助安全气囊在胀开时冲破接缝处。而这只是努力方向a"将能量集中于接缝"的子方向之一。对某些方向，如方向d，以前尚未考虑过。对所有这4个研究方向，都未能全面考虑所有子方向。这不能不认为是常规方法没有取得成功的重要原因。

小组运用TRIZ方法，对每个子方向进行了探索。由于解决创造性问题的原理来自于对世界范围内专利的总结，科学地概括了不同领域发明创造的规律，因此小组通过对这些原理的应用，客观上等于借鉴了不同领域的先进经验，由此产生的总体方案思路极为开阔，而且发现这些方案是很有创意的。

1) 将能量集中于接缝。安全气囊不能持续胀开的原因之一是覆盖在安全气囊膨胀方向的座椅蒙皮绷得很紧，不易穿破，解决这一问题，即可达到技术目标。

① 在蒙皮上设计某种设施

a. 刺绣。TRIZ的发明原理之一是"使用已有资源"，考虑到福特某些车型的座椅上已运用了刺绣工艺，且这一工艺可用自动化方式完成，可在接缝周围绣上"侧向安全气囊"或"SAB"字样，削弱蒙皮在该区域的张力，同时也起到提醒乘员注意，以免安全气囊冲出时伤及乘员的作用。从工艺上来说，该方案也是易行的。

b. 织物门。TRIZ中有一个颠倒原则，通常要使接缝区最薄弱，人们会把着眼点放在缝合方式上，本方案则另辟蹊径，通过弱化接缝区的材料使接缝区最薄弱。方案为：在安全气囊冲出区域的蒙皮上开孔，以两片织物固连在孔边缘的蒙皮上，就像闭合该孔的两扇门一样，两片织物之间以接缝的形式连接，这样接缝区域就变得最薄弱。

c. 蒙皮内陷。在放置安全气囊的区域，以织物作为蒙皮，该区域蒙皮向内凹陷，把安全气囊裹在里面，封口处用线缝合。这样，安全气囊就不是被真正装在蒙皮内部，只是被蒙皮裹起来而已，自然容易突破封口线而向外胀开。

② 双安全气囊设计。TRIZ的发明原理之一是从单一系统向二元系统、多系统转化。这一转化通常会使系统获得新的属性。双安全气囊设计就是如此，为问题的解决提供了新的途径。

a. 反向安全气囊。两个安全气囊并排，若把它们朝向将要突破的蒙皮方向设为X方向，与X轴垂直的方向设为Y方向，则碰撞发生时，两个安全气囊同时膨胀，在Y方向膨胀的安全气囊有利于将蒙皮接缝处撕开，使X方向膨胀的安全气囊顺利从撕开的接缝处胀出，保护乘员。

b. 撕开蒙皮接缝的安全气囊和救护用安全气囊。专门设计了一个小的安全气囊，在碰撞发生时小安全气囊先膨胀，撕开接缝，以便大安全气囊（救护用安全气囊）从接缝处胀开，保护乘员。对此已有若干具体方案。

③ 能量重定向。在安全气囊与蒙皮接缝之间设计特定的机构，安全气囊膨胀时作用在该机构上，使安全气囊的膨胀力部分转化为机构对接缝的剪力，将接缝撕开，然后机构自身也为安全气囊的膨胀让路。对此已有具体方案。

2) 降低接缝强度

① 在安全气囊胀开期间降低接缝强度

a. 使用塑料衬垫。通常，为了避免让顾客看到加在接缝处的泡沫垫，影响美观，会在接缝区域加一块高强度合成织物作为衬垫，客观上增加了接缝区强度。为此，可将这一衬垫材料替换为塑料，方便安全气囊胀开。

b. 接缝用线的选择。将细而强的线交叉织在接缝处，在安全气囊胀开过程中，可将这些缝合线依次绷断，则安全气囊可以顺利展开。

c. 高温下失效的线。蒙皮连接处的缝合线需要在平常使用时很强，在安全气囊胀开时则很弱，甚至不存在。当把铝线或铜线作为缝合线的材料时，可满足这一要求。给这种线一个瞬时大功率脉冲，可使其在5s内达到熔点熔化，从而使安全气囊近于不受阻碍地顺利展开。

d. 化学作用下失效的线。这是上一思想的扩展，将细而导电的线作为加热元素，使邻近的纤维发生化学反应。现在已经有了反应时间足够快的纤维材料，可将其用在接缝处，使接缝在安全气囊胀开时强度急速降低。

e. 新奇的线。技术上可选用延展性与速度相关的线，这种线在平常情况下是弹性的，在安全气囊胀开时则是脆性的。

在汽车的日常使用中，对接缝线的加载较慢，因此线有良好的弹性，保证了蒙皮绷紧；而安全气囊展开时，线的负载急速增加，变得易断。

② 改变接缝方向。TRIZ有一条将问题沿空间分离的原理。经观察发现了一个有趣的现象，即在汽车的日常使用中，座椅的侧面部分水平方向受力最大，

垂直方向受力则较小,安全气囊胀开时对接缝的作用力则不受方向限制。为此,可把接缝的开口由通常的沿垂直方向改为沿水平方向,这样接缝处的缝合就可以弱一些,方便安全气囊穿出。

3) 改善蒙皮附着方式

① 将蒙皮附着在座椅内部的泡沫上。如果安全气囊在座椅蒙皮内部就胀大,将严重影响安全气囊冲出蒙皮表面,这是安全气囊系统最严重的失效模式,应考虑将蒙皮与座椅更紧密地结合在一起。以下方法可减小此类失效的概率。

a. 使用粉状胶:可用粉状胶粘合蒙皮和座椅内的泡沫。

b. 使用塑料粘带:可用塑料粘带粘合蒙皮和座椅内的泡沫。

② 将蒙皮更好地附着在座椅结构上。在这方面也可设计出具体方案,使蒙皮与结构间结合更牢靠。

4) 新的接缝设计。为解决安全气囊顺利胀开的问题,主要着眼点之一是使接缝处能与安全气囊的膨胀一致地打开,使之打开的力应是可控的。小组从以下几个方向着手,提出了多个总体方案。

① 被动机械锁。将接缝处的连接由固定的线连接改为"夹子"连接,"夹子"的设计方案有多种,作用是把接缝处的蒙皮拢在一起,以挤压力或扣合力进行约束。在汽车的日常使用中,这类机构可确保蒙皮应有的张力,发生碰撞时,则在安全气囊的作用下打开,使蒙皮失去约束,不阻碍安全气囊穿出。这也符合技术系统演化过程中"增加柔性"的规律。

② 主动机械锁。这种方案利用了通过空间分离原理解决物理矛盾的思想,可表述为:接缝在张力下是强的,而在来自于蒙皮内部的压力下则是弱的。通过巧妙地设计接缝机构,可使其在安全气囊压力的触发下打开。

5) 其他建议。为了解决本问题面临的物理矛盾,完成小组设定的技术目标,即使座椅蒙皮接缝既足够强又便于安全气囊穿出,客观上不应把接缝处设计得过强。小组对此提出了两点建议。

① 调查及确定接缝线可容忍的强度上限,以免接缝线强度预留太多,不利于安全气囊穿出。

② 优化和确定接缝处每英寸的缝线针数,避免针数太多不利于安全气囊穿出。

从上述分析可以看出,应用解决发明创造问题的理论可以产生许多新的概念或方案,技术人员接下来就可以依据这些新概念或方案进行具体的产品设计开发,最终解决实际问题。

第6章 技术系统物-场模型分析方法

物-场模型分析方法是 TRIZ 的一个重要的发明创造问题的分析工具,用来分析和现存技术系统有关的模型性问题。系统的作用就是实现某种功能,理想的功能是场 Field (F) 通过物质 Substance 2 (S2) 作用于 Substance 1 (S1) 并改变 S1。其中,物质(S1 和 S2)的定义取决于每个具体的应用。每一种物质都可以是材料、工具、零件、人或者环境等。S1 是系统动作的接受者,S2 通过某种形式作用在 S1 上。一般的物质都应用在 TRIZ 理论中,所有的物质按其本身的复杂程度而属于不同的水平。当然,这里所谓的物质可以是一个独立的物体,也可以是一个复杂的系统。实现某种功能所需的方法或手段就是场。作用在物质上的能量或场主要有:

Me—机械能　　Th—热能　　Ch—化学能
E—电能　　　M—磁场　　G—重力场

与场有关的知识也常常应用在不同系统的三角组合关系中。

物-场分析方法产生于 1947—1977 年期间,现在已经有了 76 种标准解。这 76 种标准解是最初解决方案的浓缩精华,因此物-场分析能够为我们提供一种方便快捷的方法。利用这种方法,我们可以在汲取基本知识的基础上萌发不同的想法。物-场分析方法最适合解决模式化问题,就像解决冲突有一个固定的模式一样。当然,比起其他 TRIZ 工具,物-场分析方法则需要更多的支持性知识。

对一个正在运转的技术系统而言,用两种物质和一种场进行描述是必要且足够的,如图 47.6-1 所示。类似的三元造型可以在数学家的早期研究中找到。不论在三角学上,还是在工程领域内,这种三角关系都是最简单的。

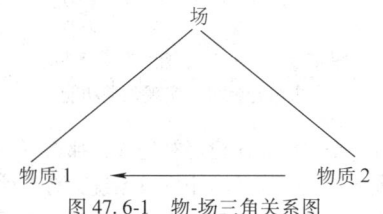

图 47.6-1　物-场三角关系图

物-场模型的三元件之间的关系可以用以下五种不同的连接线表示:

应用:　　　　　　————————▶

预期效应:　　　　　════════▶
不足渴望效应:　　　-------▶
有害效应:　　　　　∿∿∿∿▶
模型转换:　　　　　══▶══▶

物-场模型可以分为四类,见表 47.6-1。

表 47.6-1　物-场模型分类

分类	内涵
不完整系统	组成系统的三元件中部分元件不存在,需要增加元件来实现有效完整功能,或者用一种新功能代替
有效完整系统	该系统中的三元件都存在,且都有效,能实现设计者预期的效应
非有效完整系统	系统中的三元件都存在,但设计者预期的效应未能完全实现,如产生的力不够大、温度不够高等。为了实现预期的效应,需要改进系统
有害完整系统	系统中的三元件都存在,但产生与设计者预期的效应相冲突的效应。创新的过程中要消除有害效应

如果三元件中的任何一个元件不存在,则表明该模型需要完善,同时也就为发明创造、创新性思维指明了方向。

如果具备所需的三元件,则物-场模型分析就可以提供改进系统的方法,从而使系统更好地完成功能。

1　如何建立技术系统的物-场模型

场本身就是某种形式的能量,所以它可以给系统提供能量,促使系统发生反应,从而实现某种效应。这种效应可以作用在 S1 上,或作用在场信息的输出物上。场是一个很广泛的概念,包括物理方面的场(即电磁场、重力场等),也包括其他方面的场,如热能、化学能、机械能、声场和光等。

两种物质就可以组成一个完整的系统、子系统或者一个独立的物体。一个完整的模型是两种物质和一种场的三元有机组合。创新问题被转化成这种模型,目的是阐明两物质和场之间的相互关系。当然,复杂的系统可以相应地用复杂的物-场模型进行描述。通常构造模型的步骤如下。

第一步:识别元件。

场作用在两物体上,或者和物体 S2 组合成一个系统。

第二步:构建模型。

完成以上两步后,就应该对系统的完整性进行有效的评价。如果缺少组成系统的某元件,就要尽快确定它。

第三步:从 76 种标准解中选择一个最合理的解。

第四步:进一步发展这个解(新概念),以支持获得的解决方案。

在第三步和第四步中,就要充分挖掘和利用其他知识性工具。

如图 47.6-2 所示的流程图明确地指出了研究人员如何运用物-场模型实现创新。可以看出,分析性思维和知识性工具之间有一个固定的转化关系。

(1)识别元件

我们要实现的功能是打破岩石。

功能=打破岩石

岩石=S1

该系统缺少工具和能源(场)。

工具=S2

能量=F

(2)构造模型

非完整系统:岩石是 S1。如果只有岩石,那么要实现岩石破裂的功能是不可能的,该模型是非完整的(见图 47.6-3,模型 a)。如果只有岩石和铁锤(S2),该模型也是非完整的(见图 47.6-3,模型 b)。同样,如果只有某种能量(如重力场)和岩石这两种元件,那么该模型也是非完整的(见图 47.6-3,模型 c)。

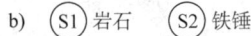

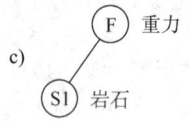

图 47.6-3 非完整模型

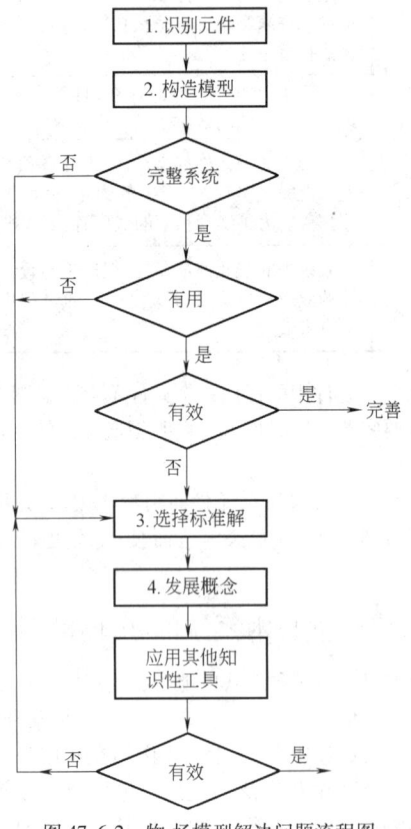

图 47.6-2 物-场模型解决问题流程图

该循环过程不断地在第三步和第四步之间往复进行,直到建立一个完整的模型。第三步使研究人员的思维有了重大的突破性。为了构造一个完整的系统,研究人员应该考虑多种选择方案。用铁锤打破岩石这个例子经常用来介绍物-场模型的分析方法。

例 47.6-1 下面应用物-场构造模型的四步骤来构造一个打破岩石的模型。

在这些非完整模型中,渴望效应都没有实现。完整的系统在最后的时刻都可能产生有用的渴望效应。一个完整的系统可以是一个充气铁锤,它可以把铁锤提供的机械力作用在岩石上。在如图 47.6-3 所示的非完整模型 b 中,铁锤可以应用机械力(F_{Me})作用在岩石上,这样该非完整模型就变成完整模型了,如图 47.6-4 所示。

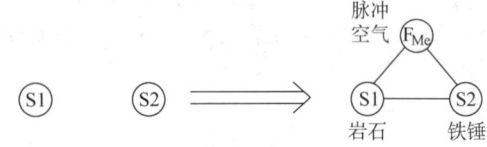

图 47.6-4 一个模型和某一元件的
有机组合就可以实现预期功能

一旦一个完整系统已经被定义,那么下一步就要分析系统的性能。对于一个完整系统,有 3 种可能的性能评价:有效完整系统、有害完整系统和无效完整系统。

对于有效完整系统,如果系统实现了渴望效应,那么分析是彻底的,如图 47.6-5 所示。

完整系统未实现渴望效应有两种情况:发生有害

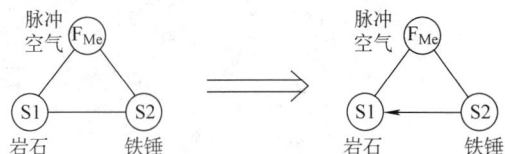

图 47.6-5　一个完整系统完成预期任务

效应；所得结果不充分。

(3) 从标准解中选择合理的解决方案

对于有害完整系统，在 76 种解决方案中，有很多都可以用来消除有害效应，如图 47.6-6 所示。应用 76 种标准解决方案，可以有两种方法：引进另一种物质（见图 47.6-7），或者引进另一种场（见图 47.6-8）。考虑不同的场和不同的物质，就可以得到新的解决方案。

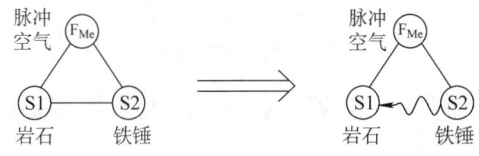

图 47.6-6　一个有害效应

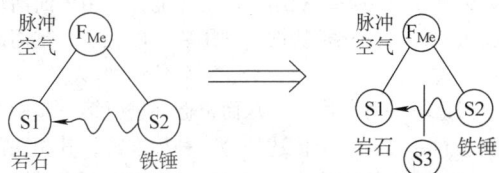

图 47.6-7　引进另一种物质

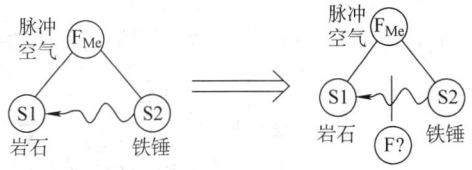

图 47.6-8　引进另一种场

对于无效的完整系统，标准解决方案也可以用来解决无效功能，如图 47.6-9 所示。对于一种新的场和新的物质，应该尽量考虑足够多的改进方案。通过改善或者增加模型的元件，可以有 6 种不同的方法改善系统功能。例如，改变物质（见图 47.6-10），或者将机械能变为不同的场，将物质变为不同物质的锤子（见图 47.6-11）。

可以在岩石和铁锤之间插入一个附加场，如图 47.6-12 所示。一种可以使岩石变脆的化学能将会很有效。

一种附加物质，或者另一种物质和场也可以附加在模型中，如图 47.6-13 所示。

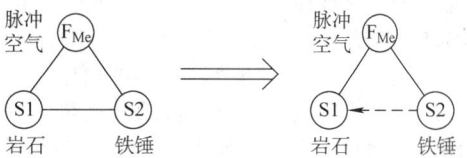

图 47.6-9　应用一个标准解来改善无效功能

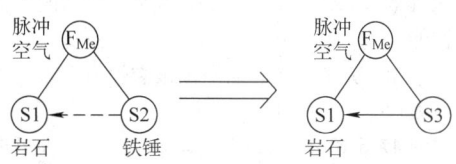

图 47.6-10　通过改变物质来改善功能

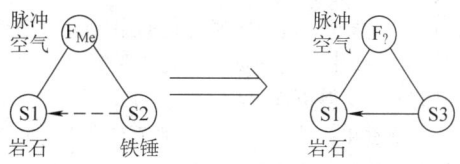

图 47.6-11　通过改变场来改善功能

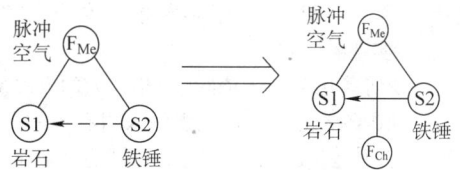

图 47.6-12　通过应用附加场改善系统

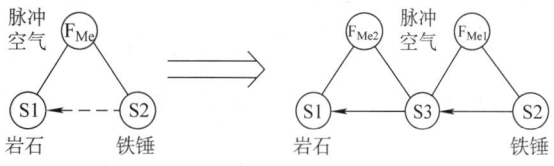

图 47.6-13　通过附加物质或另一种场和物质来改善系统功能

每种解决方案都可以产生几种新的发明创造思想。76 种标准解决方案仅仅提供了一种系统化的方法，研究人员应该遵循主要的方向，熟练运用效应知识和知识性工具来发展这种观点，努力实现每个细节的创新。

(4) 进一步发展这种概念，以支持所得解决方案

在第三步中，通过应用 76 种标准解决方案，我们已经有了解决问题的主要的方向，沿着该方向继续研究就可以找到解决创新问题的方案。

如果例子中的有害功能是飞扬的岩石碎片，那么一顶金属帽子或者可以盖在岩石上的金属网都可以充当附加物质，用来消除有害效应，如图 47.6-8 所示。

如果需要将一种场加入一个系统,那么研究人员应该考虑到所有可能的场。如果岩石里含有水分,就可以用冷冻的方法来实现岩石的破裂。冷冻过程中,岩石里的水分体积会膨胀,从而使岩石发生破裂。这种破裂会随着水分逐渐冷冻,体积逐渐增大而逐渐破裂,所以就减少了炸裂时的碎片。这种效应也可以被认为是"最佳效果",因为它还可以减少实现功能所需要的机械能。

对于无效完整系统,岩石的破裂没有实现或者实现得不太理想,如图47.6-9所示。

在图47.6-10中,改变物体(S3)的一种可能就是将原始的铁锤头换成岩石锤头。在图47.6-11中,改变场的一种办法就是用燃气热能(F_{Th})和水(S3)产生水蒸气。这种快速变化的温度可以粉碎岩石。图47.6-12中的附加场可能是化学能(F_{Ch}),这样可以使岩石变得更脆一些。在图47.6-13中,为了加入一种物质和一种场,可以在铁锤和岩石之间放一把凿子。这样就有了两个三元件的系统。首先,空气压力(F_{Me1})作用于铁锤(S2)上,然后铁锤又将能量传给凿子(S3),凿子再使能量作用在岩石(S1)上,实现渴望效应。

至于如何劈开石头,古老的英格兰人的方法是在岩石上钻孔,冬天的时候再把水倒入岩石上的孔里。该模型也有两个三元组合:首先,机械能用来在岩石上钻孔,然后把水倒入岩石上的孔里,应用热能的变化——冷冻实现劈石功能。

2 利用物-场模型实现创新设计

物-场模型分析方法是TRIZ的一种分析工具,熟练应用该工具可以实现创新设计。

工艺上常用电解法生产纯铜,在电解过程中,少量的电解液残留在纯铜的表面。但是,在储存过程中,电解质会蒸发并产生氧化斑点。这些斑点造成了很大的经济损失,因为每片纯铜上都存在不同程度的缺陷。为了减少损失,在对纯铜进行储存前,每片纯铜都要清洗,但是要彻底清除纯铜表面的电解质仍然很困难,因为纯铜表面的毛孔非常细小。那么,怎样才能改善清洗过程,使纯铜得到彻底的清洗呢?下面应用物-场模型分析方法来解决该问题。

(1) 识别元件

电解质=S1;水=S2;机械清洗过程=F_{Me}

(2) 构造模型

该系统的物-场模型如图47.6-14所示,在现有的情况下,系统不能满足渴望效应的要求,因为纯铜表面会因电解质的存在而变色。

(3) 从标准解中选择一个合适的解

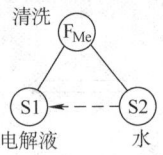

图47.6-14 不能满足渴望效应的物-场模型

在76种标准解中发现,在模型中插入一种附加场以增加这种效应(清洗)是一种标准解,如图47.6-15所示。

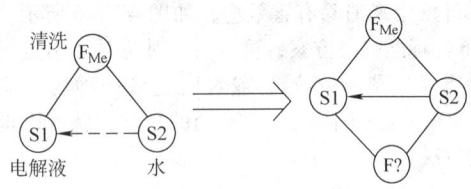

图47.6-15 附加一种场以加强效应是一种标准解

(4) 进一步发展这种概念,以支持所得解决方案

事实上,还有几种场可以用来加强清洗的效应。例如,利用超声波;利用热水的热能;利用表面活性剂能去除污点的化学特性;利用磁场磁化水,进而改善清洗过程。

考虑另一种标准解,从而再循环进行第三步中的过程。对在第三步中描述的每一种标准解,其相关的概念都应该在第四步中得到继续的发展,探求所有可能性,对每一种情况都要考虑原因。

(5) 从标准解中选择另一个不同的解

插入物质S3和另一种场F2,如图47.6-16所示。

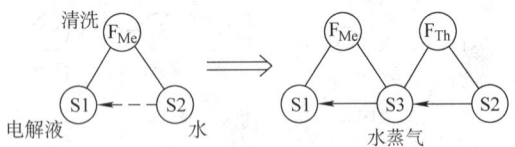

图47.6-16 与标准解不同的另一种解决方法

(6) 发展一种概念

F_{Th}是热能,S3是水蒸气(见图47.6-16)。利用过热水蒸气(水在一定的压力下,温度可达1000℃以上)。水蒸气将被迫进入纯铜表面的细小毛孔中,使电解质离开纯铜表面。

把一个比较复杂的问题分成许多简单易解的问题,这在技术领域里是一种常规的做法。物-场模型分析方法,首先可以用在复杂的大问题上,同时也可应用在小问题上。每一种可选择的场都能破坏岩石微粒之间的本身固有的内在惯性,这种内在的惯性阻碍了岩石的破裂。

灵活运用物-场分析，把实际工作中需要解决的问题用物—场模型描述，明确物-场模型中三元件的相互关系，把需要解决的问题格式化，然后应用76种标准解就可以实现发明创造和创新设计，从而解决技术矛盾或技术冲突。

3 实例分析

例 47.6-2 钢丸发送机弯管部分磨损问题。

钢丸发送机的弯管部分是强烈磨损区，如图 47.6-17 所示，而在弯管部分添加保护层的效果很有限，如何解决该问题？

对发送机进行物-场分析可知，钢丸为目标物 S1，管子为工具 S2，F 为机械力。分析发现，管子和钢丸间既有好的作用（管子为钢丸导向），又有坏的作用（钢丸冲击和磨损弯管部分）。为解决该问题，根据标准解，增加一个修正物 S3，S3 可以是钢丸、管子或这两者的结合。

经过分析，选取 S3=S1，即用钢丸本身兼作保护层。实施办法为，在弯管外放置一个磁铁，将飞行中的钢丸吸附在弯管内壁，形成保护层，如图 47.6-18 所示。

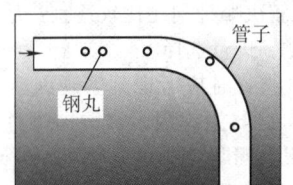

图 47.6-17 弯管部分是强烈磨损区

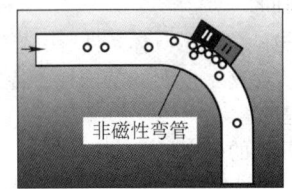

图 47.6-18 用钢丸自身保护弯管部分

由此可见，如果物-场结构中两物体间既有好的作用又有坏的作用，而没有必要保持两物质的直接联系，且不希望或不允许引入新的物质，则将两物质加以修正，组合成第三个物质，使问题得以解决。

例 47.6-3 过滤器清理问题。

为了清除燃气中的非磁性尘埃，使用多层金属网的过滤器。这些过滤器能令人满意地挡住尘埃，但也因此难以清理。为了清理尘埃，必须经常关闭过滤器，长时间地向相反方向鼓风。如何解决经常关闭过滤器这个问题呢？

经过物-场分析得出问题解决方法，利用铁磁颗粒替代过滤器的多层金属网，铁磁颗粒在铁磁两极之间形成多孔结构，借助于磁场接通与关闭来有效地控制过滤器。当捕捉尘埃时（接通时），过滤器孔变小；当进行清理尘埃时（关闭时），过滤器孔变大。

在该问题中，已经给出了一个完整的物-场系统：S1（尘埃），S2（多层金属网），F（由空气流形成的力场）。

解决方法如下。

1) 把 S2 碎化为铁磁颗粒（S2'）。
2) 场的作用不指向 S1（制品），而指向（S2'）。
3) 场本身不是机械场（F 机），而是磁场（F 磁）。

该解决方法可用图 47.6-19 表示。

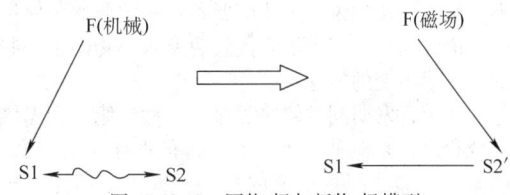

图 47.6-19 原物-场与新物-场模型

由此可见，物-场发展规则是一种有力的解决方案：S2'（工具）分散程度增加，物-场有效性亦随之提高；场作用于 S2'（工具）比作用于 S1（制品）有效；在物-场中（电磁场、磁场）比非电场（机械场、热场等）有效。实际上几乎不必证明，S2'颗粒越小，控制工具的灵活性越高。同样明显的是，改变工具（它取决于人）比改变制品（它往往是天然物）有利。

第 7 章 解决发明问题的程序——ARIZ 法

1 概述

发明问题解决程序（ARIZ）是指人们解决问题时应遵循的思想、方法，依据的计划、步骤。"程序"一词狭义上是指绝对确定了的数学运算步骤，广义上是指任何精确的行为计划，这里所说的发明问题解决程序中的"程序"，正是在广义上使用的。

从表面上看，解决发明问题的程序是按一定顺序对发明问题进行处理的计划。技术系统发展规律寓于程序结构本身或以一些具体操作步骤表现出来。发明家借助于这些操作步骤逐步地揭示物理矛盾，确定这些矛盾与技术系统哪一部分有关，然后利用操作步骤改变被确定的部分、排除物理矛盾。这样，困难的问题即可转化为容易的问题。

发明问题解决程序拥有克服心理惰性的特殊手段。有些人认为对付心理惰性并不难，只要记住它的存在就够了。实则并非如此。心理惰性是根深蒂固的。仅记住它的存在是不够的，而应该采取具体操作步骤克服它。比如说，表述问题条件一定要避免使用专门术语，因为专门术语会使发明家对事物囿于一些老的、一成不变的概念。

实质上，发明问题解决程序是一种组织人们思维的有效程序，它似乎能使一个人拥有所有（或很多）发明家的经验。而更重要的是，要善于运用这些经验。一般的发明家，甚至经验丰富的发明家在采取解决问题方案时往往都根据经验采用表面类似的方案，即他们在采取解决问题方案时首先想到所要解决的新问题与哪个已解决的老问题相似，以便采用类似的解决方案，而"程序的"发明家想就很深，他们想的是这一新问题中有何种物理矛盾，不是根据新问题与老问题表面相似，而是根据新问题的物理矛盾和与表面毫无共同之点的老问题的物理矛盾深层相似关系选择解决新问题的方案。对旁观者来说，这好像是强大的直觉的闪现。

解决发明问题的信息库不断地充实与完善。一般地说，解决发明问题的程序发展很快，已修改数次，人们不断地改进程序，不让它过时。下面给出 ARIZ 算法具体步骤。

2 解决发明问题的程序

2.1 选择问题

1）确定解决问题的最终目的

① 应该改变物体的哪些特性？
② 在解决问题时物体的哪些特性明显地不能改变？
③ 如果问题得以解决，能降低哪些消耗？
④ 允许哪些耗损（大概估计）？
⑤ 应当改善哪些主要技术经济指标？

2）试验一个迂回方法。假设问题在原则上不能解决，那么为了得到所要求的最终结果，应该解决什么样的其他问题？

① 过渡到包括该问题系统的上位系统水平，重新表述问题。
② 过渡到该问题系统所包括的下位系统水平，重新表述问题。
③ 用相反的作用（或性质）代替所要求的作用（或性质），在三个系统（上位系统、系统、下位系统）水平上重新表述问题。

3）确定解决哪种问题比较适宜？是原问题还是某一迂回问题，进行选择。

注意：在选择时应考虑到客观因素（该问题系统发展的潜力）与主观因素（取向哪种问题，是最小问题还是最大问题）。

4）确定所需要的数量指标。

5）增加所需要的数量指标，同时考虑实现这一发明的必要时间。

6）明确这一发明的具体条件所引起的要求

① 考虑实现这一发明的特殊性，特别是解决问题的复杂性程度。
② 考虑预计的应用规模。

7）检查一下问题能否直接应用解决发明问题的标准解法来解决。如果解决，就转向步骤 2.5 节的 1）。如不能解决，就转向步骤 8）。

8）利用专利信息明确问题

① 与该问题近似的问题的答案有哪些（根据专利文献资料）？
② 与问题类似、但属于先进技术部门的问题的答案有哪些？
③ 与该问题相反的问题的答案有哪些？

9）应用 PBC 法（尺度-时间-价值操作法）

① 假定把物体的尺寸由给定的值变到 0，这时问题怎样解决？
② 假定把物体的尺寸由给定的值变到无穷大，

这时问题怎样解决？

③ 假定把过程的时间（或物体的运动速度）由给定的值变到 0，这时问题怎样解决？

④ 假定把过程的时间（或物体的运动速度）由给定的值变到无穷大，这时问题怎样解决？

⑤ 假定把物体或过程的价值（允许耗费）由给定的值变到 0，这时问题怎样解决？

⑥ 假定把物体或过程的价值（允许耗费）由给定的值变到无穷大，这时问题怎样解决？

2.2 建立模型

1）不用专门术语写出问题条件。

例 47.7-1 用砂轮不能很好地加工有凹凸部分的复杂形状的制品，如小勺，用别的加工方法代替研磨既不合适，又复杂。用水磨砂轮加工又太昂贵。使用表面覆有磨料的弹性充气砂轮也不适用，磨损太快。怎么办？

例 47.7-2 无线电望远镜的天线架设在经常有雷雨的地方，为了避免雷击，必须设置避雷针（金属棒）。但避雷针阻挡电波通过，形成电阴影。在这种情况下，把避雷针安装在天线上，又不可能。怎么办？

2）区分出并写出一对矛盾要素。如问题条件只给定一个要素，就转向 2.4 节的 2）。

规则 1：在矛盾要素对中一定要包括制品。

规则 2：矛盾要素对中的第二个要素，应是与制品相互作用的要素（工具或第二制品）。

规则 3：如果一个要素（工具）按问题条件有两种状态，应取能保障更好地实现主要生产过程（问题中指出的整个技术系统的基本功能）的那种状态。

规则 4：如果在问题中有若干个同类的相互作用要素时（A1、A2…与 B1、B2…），可以只取一对（A1 与 B1）。

例 47.7-1：制品——小勺，与制品直接相互作用的工具是砂轮。

例 47.7-2：在问题中有两个制品——闪电与无线电波，一个工具——避雷针。在这种情况下，矛盾不在"避雷针-闪电"对和"避雷针-无线电波"对中，而在这两对中间。

为了把这样的问题变成有一个矛盾对的合乎规则的形式，应该选使工具具有使该技术系统完成基本生产作用所必要的性能，即应该采取没有避雷针、无线电波也能自由达到天线的办法。

这样，矛盾对是：不存在的避雷针与闪电（或者是不导电的避雷针与闪电）。

3）写出矛盾对要素的两个相互作用（作用、性质）已有的与引进的；有益的与有害的。

例 47.7-1：

a. 砂轮具有研磨能力。

b. 砂轮不具有适应曲面研磨的能力。

例 47.7-2：

a. 不存在不造成电波干扰的避雷针。

b. 不存在不捕捉闪电的避雷针。

4）指出矛盾对与技术矛盾，写出问题模式的标准表述。

例 47.7-1：给出砂轮与制品。砂轮具有研磨能力，但不适用于曲面的制品。

例 47.7-2：给出不存在的避雷针与闪电。这种避雷针不造成电波干扰，但不能捕捉闪电。

2.3 分析问题模式

1）从问题模式要素中选出易于改变的要素等。

规则 5：技术物体比天然物体易于改变。

规则 6：工具比制品易于改变。

规则 7：如果系统中无易于改变的要素，即应指出"外部介质"。

例 47.7-1：制品形状不能改变：平面勺不能盛液体。可以改变砂轮（保持它的研磨能力），问题条件是这样。

例 47.7-2：避雷针是"加工"（改变运动方向）闪电的工具，这时应该闪电是制品，类比：屋檐下的落水管与雨。闪电是天然物；避雷针是技术物体，因此应取避雷针为对象。

2）写出理想最终结果（IFR）的标准表述。

要素［是指在 2.3 节的 1）中区分出的要素］本身排除有害相互作用，保持完成的能力（是指完成有益相互作用的能力）。

规则 8：在理想最终结果（IFR）的表述中永远应该有"本身"一词。

例 47.7-1：砂轮本身适用于制品的曲面，保持研磨能力。

例 47.7-2：不存在的避雷针本身保障捕捉闪电，保持不造成电波干扰的能力。

3）把要素［是指在 2.3 节的 2）中指出的要素］中不符合理想最终结果（IFR）要求的两个相互作用的区域加以区分，在这个区域中是什么？是物质还是场？把这一区域画在示意图上，用颜色、线条等符号表示出来。

例 47.7-1：砂轮的外层（外环、轮缘）；物质（磨料、固体）。

例 47.7-2：不存在的避雷针所占的空间部分，电波自由通过的物质（空气柱）。

4) 对于区分出的具有矛盾相互作用（作用、性能）的要素区域的状态提出矛盾的物理要求并加以表述。

① 为了保障有益的相互作用或应保持的相互作用，必须保障物理状态是加热的、运动的、带电的等。

② 为了防止有害的相互作用或应引进的相互作用，必须防止物理状态是冷却的、不运动的、不带电的等。

规则9：2.3节的1）和2）中指出的物理状态应是相对立的状态。

例47.7-1：2.3节的4）中①，为了研磨，砂轮外层应是固体的（或者为了传递力，应是与砂轮中部呈刚性联系的）。

2.3节的4）中的②，为了适用于制品曲面，砂轮外层不应是固体的（或者不应是与砂轮中部呈刚性联系的）。

例47.7-2：2.3节的4）中①，为了让电波通过，空气柱不应是导体（确切地说，不应有自由电荷）。

2.3节的4）中的②，为了捕捉闪电，空气柱应是导体（确切地说，应有自由电荷）。

5) 写出物理矛盾的标准表述。

① 完全表述：为完成有益的相互作用，区分出的要素区域应该是2.3节的4）中的①中所指出的状态，为了防止有害的相互作用，区分出的要素区域应该是2.3节的4）的②中指出的状态。

② 简单表述：区分出的要素区域应该是与不应该是。

例47.7-1：2.3节的5）中的①，为了研磨制品，砂轮外层应该是固体的，为了适用于制品曲面，砂轮外层不应该是固体的。

2.3节的5）中的②，砂轮外层应该是与不应该是固体的。

例47.7-2：2.3节的5）中的①，为了"捕捉"闪电，空气柱应该有自由电荷，为了阻挡电波，空气柱不应该有自由电荷。

2.3节的5）中的②，空气柱应该与不应该有自由电荷。

2.4 消除物理矛盾

1) 对区分出的要素区域进行简单的转换，即把矛盾的性质分开。

① 在空间上分开。

② 在时间上分开。

③ 利用过渡状态分开，使矛盾的性质同时共存或交替出现。

④ 通过改造结构分开，使所区分出的要素区域部分具有已有的性质，而使整个要素区域具有所要求的（矛盾的）性质。

如果得到物理答案（即揭示出必要的物理作用），即转向2.4节的5），否则，转向2.4节的2）。

例47.7-1：标准的转换未给出例47.7-1的明确答案，显然在下面可以看到，答案近似2.4节的1）中③与④。

例47.7-2：可按2.4节的1）中的②与③解决。

在产生闪电开始阶段，自由电荷自己出现在空气柱中；避雷针短时间内成为导体，然后自由电荷自己消失。

2) 利用典型问题模式表与物-场转换表，如果得到物理答案，即转向2.4节的4），否则，转向2.4节的3）。

例47.7-1：属于物-场转换的第4类问题，按典型解法，应该把物质 S_2 变成物-场系统，引进场 F，添加物质 S_3，或者把物质 S_2 分成两个相互作用的部分。在2.3节的3）开始形成把砂轮分开的想法。但是把砂轮简单地分开，砂轮的外部就会在离心力的作用下脱离。砂轮的中心部分应该牢牢地吸住外部，同时亦应给它自由变化的可能性……进而按典型解法最好把物-场（由 S_2 得到的物-场）转换成铁磁物-场，即利用磁场与铁磁粉。（这就有可能把砂轮外部做成活动的、变化的、并保证对砂轮各部分之间所要求的联系）。

例47.7-2：属于物-场转换的第16类问题（见附录A），按照典型解法，物质S1应有两重性，时而是物质S1，时而是物质S2。即空气柱在出现闪电时应该是导电的，然后回到不导电的状态。

3) 利用物理效应应用表（见附录B），如果得到了物理答案，即转向2.4节的5），否则，转向2.4节的4）。

例47.7-1：按表利用电磁场的办法以"场的"联系代替"物质的"联系。

例47.7-2：按表在强电磁场（闪电）的作用下电离，在该场消失后中和（无线电波是弱场）。其他办法或与液体和固体有关，或要求加入添加剂，或不保障自控。

4) 利用消除技术矛盾的发明原理（见第5章）。如果在这以前得到了物理答案，即可利用该表验证答案。

例47.7-1：按问题条件，应该改善砂轮适用于各种形状制品的能力（适应性）。已知的方法是利用一组不同的砂轮。缺点是更换与选用砂轮耗费时间（降低生产率）。按冲突矩阵表应是：35、28、35、

28、6、37。这些发明原理是重复的，因而也是比较可能的发明原理：发明原理35是改变聚集状态（砂轮外部是"假流态的"，由活动的微粒组成）；发明原理28是直接指出过滤到铁磁物-场，上面已经这样做了。

例47.7-2：按问题条件，应该消除闪电（有害的外部因素）的作用。已知的方法是安装普通的金属避雷针。缺点是出现电波干扰，即产生由避雷针本身造成的有害因素。第19个发明原理是：一个作用在另一作用间歇中完成。

5）由物理答案过渡到技术答案；表述解决方法并给出实现这一方法的构造示意图。

例47.7-1：砂轮中心部分由磁体制成，砂轮外层由铁磁颗粒或由与铁磁体烧结在一起的磨料颗粒构成。这样的外层将顺应制品形状，同时亦能保持研磨所需的刚性。

例47.7-2：为了在空气中出现自由电荷，需要降低压力。为了降低压力时保持住空气柱，需要有外壳。外壳应用电介质制成（否则，外壳本身也会产生电阴影）。

避雷针的特征是，为了具有无线电波穿透性能，避雷针应用电介质材料制成密封的管状，根据形成中的闪电的电场所引起的最小气体放电梯度的条件选择管内的空气压力。

2.5 初步评价所得解决方案

1）进行初步评价。
验证问题：
① 所得解决方案能否保障完成理想最终结果（IFR）的主要要求（"要素本身……"）？
② 所得解决方案消除了什么样的物理矛盾？
③ 所得技术系统是否至少包括一个易于控制的要素？如何实现控制？
④ "单循环的"问题模式的解决方案在"多循环的"现实条件下是否适用？
如果得到解决方案连一个验证问题都不能满足，即应回到2.2节的1）。

2）根据专利资料验证所得解决方案是否新颖。
3）在对所得设想进行技术分析时能否派生出某些问题？写出可能的派生问题——发明方面的、设计方面的、计算方面的、组织方面的。

2.6 发展所得答案

1）确定包括已变系统的上位系统应该怎样变化？
2）验证已变系统有无新的用途。

3）利用所得答案解决其他技术问题。
① 研究利用与所得答案相反的设想的可能性。
② 建立"部分配量-制品聚焦状态"表或"利用场-制品聚集状态"表，并根据这些表研究答案能否改动？

2.7 分析解决进程

比较实际解决进程与理论（按ARIZ）解决进程。如果两者偏离，应该记录下来。

比较所得答案与表中给定的答案（物-场转换表、物理效应表、基本技法表）。如果两者偏离，应该记录下来。

3 工程实例分析

为了进一步有效应用发明问题解决程序，提出了简化的ARIZ步骤，其流程如图47.7-1所示。

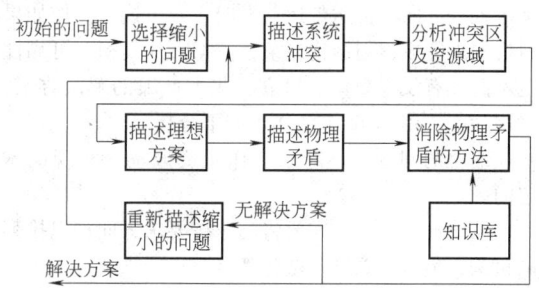

图47.7-1　ARIZ流程

按照TRIZ的基本观点，对同一问题的解决可能有多个不同的方案，方案的难易及可行性与对问题的描述方法息息相关。把实践中的矛盾描述为缩小的问题，将指引问题的解决者朝着理想最终结果的方向前进，从而找出既简便又有效的方法，以最小的代价使问题得到解决。发明问题解决程序就是为实现这一目的而开发的，它综合了TRIZ关于问题缩小化、理想产品以及冲突与矛盾等有关观点，是一个连续的逻辑流程。考虑到现实问题通常有复杂的表象，创造者不一定在第一次分析时就能对问题作出正确的描述，该流程是一个循环结构。根据流程图，首先，对问题的初始描述一般比较模糊，创造者通过对问题的深入理解，将矛盾集中到较小的层面，描述一个缩小的问题。然后，以此为着眼点分析隐藏在系统中的冲突，找出冲突发生的区域，明确区域中有哪些固有资源，建立一个对应的理想方案。TRIZ认为，一般而言，为了找到理想的解决方案，可以在冲突区域发现互相矛盾的物理属性，即物理矛盾。为此，应分析系统面临的物理矛盾，找出矛盾所在的部件，作为问题解决的关键。最后，在知识库的支持下开发具体的设计方案。如前所述，通过在不同的时间、空间或不同的层次上分隔物理矛盾，可以使问题得到解决。为了使解决方案尽可能接近理想方案，在具体方案的策划上，要尽量利用系统已有的资源，少增加额外的资源，在对系统改动最小的情况下达到目标。

如果对一个缩小的问题作了全面的分析仍找不到解决方案，通常是因为对问题的初始描述或对缩小的问题的描述有误或不准确。因此，如果完整地进行了该流程而问题没有解决，建议回到分析的起点，进行更深入的调查研究，重新定义一个缩小的问题，再次按图 47.7-1 所示的流程寻找解决办法。

例 47.7-3 某纸厂用圆木作造纸原料。圆木卸在海边的传送带上，并运往砍削机进行加工。为了切削流程顺利完成，对圆木送到砍削机时的轴线方向作了规定。由于圆木卸下时杂乱地堆放在传送带上，所以需要在传送过程中增加一个圆木定向的工序，要求使圆木轴线方向与传送带运动方向一致。这一操作如果由机器人完成，则结构复杂，占据大片面积，可靠性也不高。有没有简单、可靠、成本低廉的解决方案？对这一问题用 TRIZ 方法作了如下分析。

缩小的问题：不对系统作主要改动，实现圆木定向。

系统冲突：定向需要将圆木按要求方向加以排列的机构，但这使系统复杂化。

问题模式：应利用系统中已有的要素实现定向功能。

冲突区域及资源分析：冲突区域是传送带表面。系统在该区域的唯一资源是传送带。

理想最终结果：传送带自身实现圆木定向。

物理矛盾：为实现圆木定向，传送带表面的不同点应有不同的速度。为传送圆木，传送带表面应以同一速度运动。

消除物理矛盾：将互相矛盾的要求分隔在不同的层面上，整个传送带以生产所需的速度向前运动，它的部件则以不同的速度运动。

工程方案：将传送带设计成三个部分。中间的主体部分以生产速度运动，把圆木送往砍削机，两边的传送带则向相反的方向运动，通过摩擦力作用在圆木上，调整圆木的姿态，使其轴线方向与传送带运动方向一致，达到定向的目的，如图 47.7-2 所示。

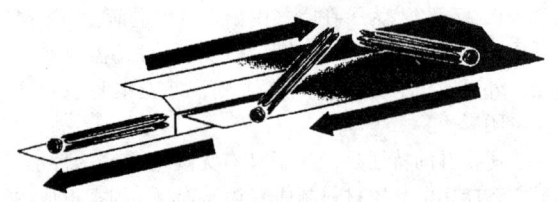

图 47.7-2　可使圆木定向的传送带

第 8 章 综合案例分析

1 航空燃气涡轮发动机的进化

1.1 应用背景

随着发动机性能的不断提高（推重比增加、耗油率下降），发动机的结构也越来越复杂，由此而带来了系统总质量增加、维修困难等一系列问题。

下面，我们以技术系统进化法则在航空燃气涡轮发动机的进化中的体现为例，说明技术系统进化法则对复杂产品系统研发的指导意义。

图 47.8-1 所示为 20 世纪 30 年代由喷气发动机的发明人之一弗兰克·惠特（Frank Whittle）设计的世界上第一台燃气涡轮发动机的转子。它是由单转子、单级整体压气机和 60 个叶片的单级涡轮组成。

图 47.8-1 第一台燃气涡轮发动机的转子

到了 20 世纪 70 年代，英国的 RBl99 三转子涡扇发动机（加力式涡扇发动机，用于狂风战斗机。由 3 级风扇、3 级中压压气机、6 级高压压气机、燃烧室、1 级高压涡轮、1 级中压涡轮和 2 级低压涡轮组成）已经有 3 个转子，整台发动机共有上千个叶片（其中涡轮叶片超过 300 个）、上万个零件，如图 47.8-2 所示。

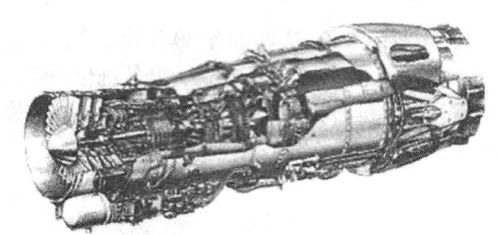

图 47.8-2 英国 RBl99 三转子涡扇发动机

到了 20 世纪 90 年代，发动机的性能进一步提高，但发动机的结构却越来越简单。

图 47.8-3 和图 47.8-4 所示分别为用于欧洲战斗机的 EJ200⊖ 发动机和用于空客 A318 的 PW6000⊖ 发动机。

与 20 世纪 70 年代的发动机相比，新一代发动机的零件数目减少了 1/3；军用发动机的推重比正在向 15 迈进（而最早喷气发动机的推重比只有 2）；耗油率比 20 世纪 70 年代下降了 20%，比最初的喷气发动机下降了 60%；新一代发动机的寿命、平均故障时间、平均大修时间大幅度提高，而生命期成本和噪声水平等持续下降。

⊖ EJ200 是欧洲四国联合研制的先进双转子加力式涡轮风扇发动机，用于欧洲联合研制的 20 世纪 90 年代战斗机 EFA（现编号 EF2000）。参加研制工作的有英国罗·罗公司、德国发动机涡轮联合公司、意大利菲亚特公司和西班牙涡轮发动机工业公司，所占份额分别为 33%、33%、21% 和 13%。EJ200 结构和系统：风扇，3 级轴流式，采用三维跨音速宽弦叶片；悬臂支承，无进口导流叶片，第 3 级为叶盘结构；压比≈4.0。高压压气机 5 级轴流式。第 1 级可调进口导流叶片并采用叶盘结构；燃烧室为环形、无烟、带蒸发式喷油嘴。高压涡轮，单级轴流式，气冷涡轮叶片采用低密度单晶材料和隔热涂层，涡轮盘材料为粉末冶金材料 U720；低压涡轮，单级轴流式。叶片和轮盘材料分别为单晶和粉末冶金；加力燃烧室，燃烧和混合型，采用多根径向火焰稳定器；尾喷管，全程可调收敛-扩张式；控制系统 FADEC，具有故障诊断和状态监控能力；滑油系统，零过载或负过载滑油系统；最大加力推力为 90000N，中间推力为 60000N；加力耗油率为 1.66～1.73kg/(10N·h)；耗油率为 0.74～0.81kg/(10N·h)；推重比为 10；空气流量为 75～77kg/s；涵道比为 0.40；总增压比为 26.0；涡轮进口温度为 1477℃；最大直径为 863mm；长度为 3556mm；质量为 900kg。

⊖ PW6000 发动机以普惠公司在美国"综合高性能涡轮发动机计划（IHPTET）"中研究的 XTC-66 这种最新的战斗机发动机的核心机验证机作为技术基础，是军用推进技术应用到商用发动机的最新范例。PW6000 结构特点：风扇单级，直径 1.435m（56.5in），采用实心无冠（宽弦）叶片，钛合金；低压压气机为 4 级；高压压气机为 5 级；燃烧室以 V2500 发动机浮壁冷型为基础，但采用激光钻孔、薄膜冷却的壁板；高压涡轮为单级；低压涡轮为 3 级。PW6000 发动机性能：起飞推力为 71171～102309N（16000～23000lbf）；涵道比为 4.9；总压比为 31.2；发动机长度为 2743mm（108in）；发动机净重为 2195kg（4840lb）。

1.2 结论与体会

如何综合运用技术系统进化法则，判断目前技术状态下航空发动机的进化潜能，为预研投入提供决策支持，以简化的结构完成更多的功能是航空发动机在今后一段时期内的发展方向。

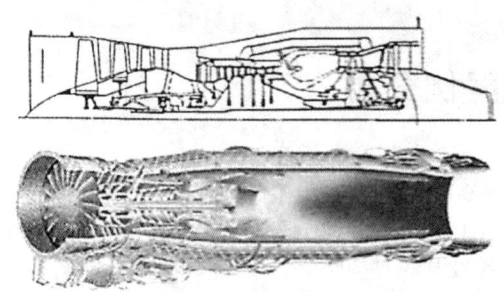

图 47.8-3　EJ200 发动机

图 47.8-5 所示为从 20 世纪 30 年代至今，航空燃气涡轮发动机主要性能指标螺旋上升的进化趋势。可以看出，发动机的结构复杂程度与其系统进化趋势密切相关。

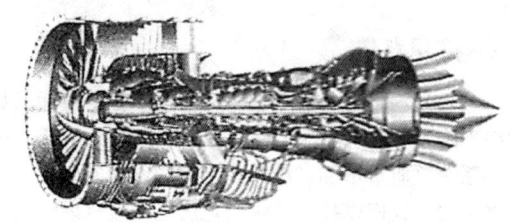

图 47.8-4　PW6000 发动机

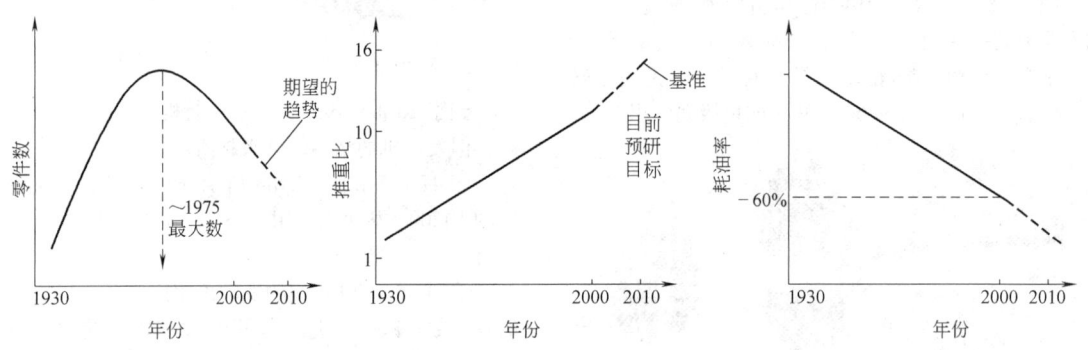

图 47.8-5　航空燃气涡轮发动机主要性能指标的发展变化

由此也可看出，TRIZ 理论的技术系统进化法则对复杂系统研发的指导意义如下：

1）分析技术发展的可能方向。
2）指出需要改进的子系统和改进方法。
3）避免对成熟期和退出期的产品或技术大量投入。
4）对新技术和成长期产品进行专利保护。
5）用户和市场调研人员在进化法则的指导下参与研发，加速产品进化。

2　玛氏公司"小包装食品袋"的进化历程

2.1　新包装袋概念

2003 年，玛氏公司（早期的名称每食富）发布了一款新的食品袋，盛装各种"一口食"产品。顾名思义，"一口食"是指一次一口食用的食品，像"M&Ms""麦提莎""流浪""狂欢"，以及最新推出的"火星地球"等。随着食品工业的快速发展，食品袋的形状发生了相应的变化，从传统枕头形状转变成为站立的款式，如图 47.8-6 所示。

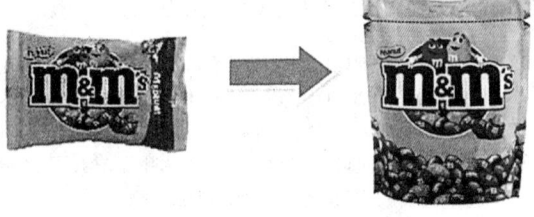

图 47.8-6　玛氏公司"小包装食品袋"前后对比

这种款式的食品袋极大地推动了火星食品的销售，其主要特点如下：横向袋装在货架上比较醒目；大开口的袋装食品易于手指伸入，便于在桌面上进行传递，与朋友分享；易于直线打开，开线接近于密封胶带的下沿（胶带附着在内部）；易于撕下封口条，并成直线形状，不妨碍手伸入袋中，也不会影响食品袋开封后的美观性。

一个由多学科人员组成的项目小组开始了攻关，

寻找先进的包装设备和正确的包装材料,用来发展小包装的概念。直线开封的方式是通过在食品袋两面靠上的地方打印一串小孔来实现的,这使得袋口易于打开。新型食品袋推出后,很快得到了市场的认可,销量节节攀升。这个概念食品袋迎合了"一口食"的细分市场的需要,具有广阔的市场前景。见此情景,其他竞争对手纷纷效仿,把它及时引入自己的"一口食"产品,甚至所采用的机器和材质都一模一样。

从此,食品袋从以往的枕头式包装,或者软立式包装转向了优质的站立式包装,在食品市场上引起了巨大的轰动。

2.2 小食品袋存在的问题

像其他任何一个新概念和产品一样,小食品袋本身还存在着一些问题,需要不断完善,沿着进化曲线向前发展,如图47.8-7所示。

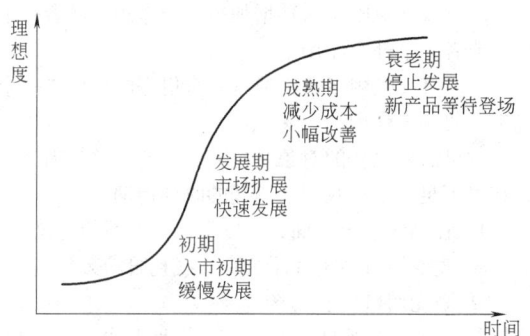

图47.8-7 小食品袋进化曲线

玛氏公司推出的新款小食品袋面市不久,尚处在发展的初期。它所面临的一个特殊问题是直线开封,而且这是消费者特别关心的一个包装特性。

消费者在撕开食品袋时,往往会偏离穿孔线方向,形成不规则的开口形状,加大了袋子正反面间的缺口,使得开封后的食品袋不再那么美观,如图47.8-8所示。

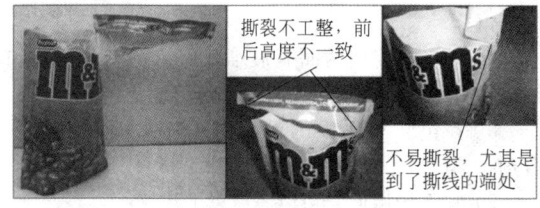

图47.8-8 撕开的食品袋偏离穿孔线方向

从图47.8-8中不难发现问题,袋子背面的撕痕沿着穿孔线的方向,但正面的撕痕明显偏离了方向,

朝着袋子底部的方向延伸。显而易见,我们既无法撕开封口条(附着在里面的一条约2cm宽的胶带),也不能保证开封后袋子的美观度。

如果袋子的上端设计了便携槽(Euroslot),这种情形会变得更为糟糕,如图47.8-9所示。

图47.8-9 上端设计便携槽的包装袋

通过设计出的一种方法衡量袋口打开的效果,检测的结果很难令人满意:直线打开的比例为5%(在有便携槽的情况下为0);较容易撕下封口条的比例为0(在有便携槽的情况下也为0);袋子正反面间开口的平均距离为15mm(在有便携槽的情况下为30mm)。

小包装袋的问题已经严重影响了消费者的归属感,必须尽快予以解决。设计者开始试错的过程,首先从供应商入手,研究材料方面的问题。当时,市面上有很多种不同结构的胶条,合成的方式也不尽相同,且都能按照一个方向撕开,但是这些材料不能保证撕裂的方向和效果,或者使设计者迷失于材料热封的特性上。因此,改变材料的特性不能解决问题,即便在封条上打上一串很小的孔洞也不行,因为在撕开的过程不能保证沿着这个预设的方向,改善孔洞的质量同样无法取得成效。

这一切尝试都是基于头脑风暴所给予的建议,也从一个侧面说明了头脑风暴这种方法的局限性。正如阿奇舒勒指出的那样:"头脑风暴不能排除无序地探索,甚至还让探索变得更加无序。头脑风暴的过程和结果有时显得荒诞不经,因为它寄望于参加人员的数量(通过庞大的团队解决问题)。要真正取得成效还是要减少人们在习惯思维下进行尝试的数量。"

为了快速、成功、有效地解决问题,需要尝试不同的东西,选择一种更为有效的方式来解决所面临的问题。这个方法就是TRIZ。

2.3 利用TRIZ解决包装袋问题

2.3.1 寻找TRIZ标准方案

首先要确定真正的需求。在绘制功能分析图之前,需要定义理想度,了解现在的产品和需求产品之间的差距。

我们计划将材料横向撕开，但结果不是偏上就是偏下；计划将材料横向撕开，但往往在到达便携槽一端时卡住；计划沿着便携槽的下沿撕开，不幸的是总是在它的端口停止；希望沿着预设的线路撕开，但很多时候都停留在便携槽的端口；希望在撕的时候，包装袋的两面能够绷紧，但常常是只有一面符合要求；希望在撕开大口的过程中，正反面能够呼应，沿着同一直线开裂，以保证撕开封口条，使得开封后的包装袋保持美观，但不幸的是裂口很大，而且呈不规则形状，拿掉封口条也无从谈起；希望沿着封口条的边沿撕开，但当印刷线不在同一条直线上时，很难做到。

在撕开袋口的过程中，我们希望正反面尽可能地接近，以便获得直线的撕裂效果。但是在较低的位置撕开袋装的时候，袋子正反面的距离开始增大（因为袋子底部宽，使得上部的裂口随着下移而增大），严重影响了撕裂效果。这里，首先应当清晰地定义包装袋开口的理想度，呈直线按照预设的位置撕开，并能准确地撕开封口条：第一，封条可以容易地撕掉，并且袋子正反面的撕痕保持在同一直线上和相同位置上；第二，包装袋正反面尽可能靠在一起，保证撕开效果。

理想结果为解决问题提供了方向，并确保撕开后的效果。接下来，需要把这些问题放在九屏幕中，从系统、高级系统、次级系统及其相互关系上进行观察分析，如图 47.8-10 所示。

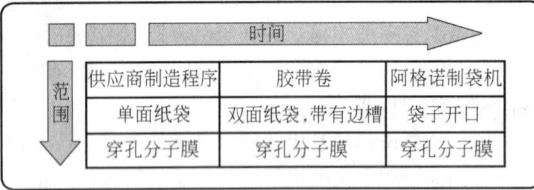

图 47.8-10　利用九屏幕法对问题进行分析

包装袋的问题集中体现在开口撕裂的不足和由此引起的危害等。对此，标准解可提供相应的概念方案的 24 条，处置不足的有 35 条。

针对袋口直线撕开的问题，标准解中比较适合的概念方案如下。

从"阻止危害"的类别中，可以选择的概念方案如下。

S1.2.2（见附录 A）阻止有害作用的危害：改变对象，减少其对有害作用的敏感性。

根据这个建议，可以把包装袋的正反面粘连在一起，使得撕裂的开口可以保持在同一直线上。

1) 在系统层面，我们有以下想法和提议：
① 采取冷凝的方式把袋子的正反面黏在一起，合二为一。
② 把撕开线放在密封的区域（采取热封或超声波密封）。
③ 抽空两个袋面的空气，使其能够切近。
④ 使用一个拉链。
⑤ 使用多层压片（三重）。
⑥ 使用静电。
⑦ 使用维可牢（搭扣）。
⑧ 内袋无空隙，使得两面接近。
2) 在次级系统，从以下几个方面思考解决办法：
① 使用一种不变形性材料。
② 使用一种刚性材料。
③ 使用一种导向材料。

从"强化作用"类别看，标准解中有下列两个概念方案可以采用。

S2.1.2（见附录 A）增加另一个作用，或者一个场，或者一个补充作用。

S2.2.1（见附录 A）通过一个更好的作用或一个场来改善一个作用。

这里需要改变的对象是包装袋上的穿孔，因为它存在着不足，使得我们在撕开的时候走偏。

1) 在高级系统层面，有以下几个方面的建议：
① 改变切口系统（增加穿孔线孔眼的数量）。
② 激光切口（新物场）。
③ 改变切口形状（如纸箱上锯齿形状）。
2) 在系统层面，可以考虑下列建议：
① 全部使用切痕，而不是穿孔线的方法。
② 切割材料至一半深度（如纸箱上做法）。
③ 改变切痕的位置。

从"阻止危害"的方面看，有以下几个概念方案可以采用。

S1.2.4（见附录 A）停止有害作用的危害：通过一个相反的场遏制有害作用。

1) 在超级系统层面，可以考虑以下建议：
① 增加撕裂线底部包装袋的厚度，以阻止裂缝向下偏移。
② 如果包装袋两面撕痕难以保持在同一位置和同一条直线上，可以考虑把封条压缩的更薄。
③ 在包装袋形成的过程中增加一种材料或黏合剂。
2) 在系统层面，可以考虑以下建议：
① 在包装袋面上增加某种物质，引导开口。
② 使用可重合胶带，引导撕开动作。
③ 清理局部地方的胶水，限制撕线的偏移。

④ 使用两种不同的胶水。
⑤ 应力断裂——高温或低温条件下的效应，加压或解压条件下的效应。
⑥ 改变便携槽的形状。

在这个练习中，我们从76个标准解中选择了4个概念方案，并结合有关解决矛盾的发明原则，提出了一些解决问题的想法。接下来，需要与供应商见面，协助他们把这些概念发展成行业的解决方案。

2.3.2 概念革命

我们与供应商一道逐个分析上述概念，以便做出正确的抉择。

(1) 材料

1）导向（无气泡效应）。袋口撕裂之所以向下偏移，很可能是气泡效应导致裂缝顺着气泡的方向移动。限制吹塑过程的气泡效应就可以获得食品工业中所需要的材料。

2）刚性
① 加厚胶带。
② 提升胶带刚性。
③ 多层胶带。

(2) 粘连

把包装袋正反面粘连在一起（袋子制成后），如图47.8-11所示。

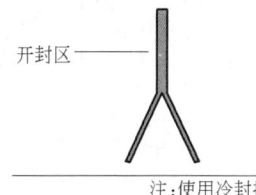

图47.8-11 把包装袋正反面粘连在一起

(3) 优化开封引导

1）改善微孔
① 切穿不同材料层。
② 以不同方式切割材料不同面。
③ 在同一地方切穿材料（在压缩后全部穿孔）。
④ 多条平行切割线。
⑤ 改变切刀宽度。
⑥ 改变切刀形状（更便于开封），如图47.8-12所示。
⑦ 分割孔，增加孔的密度，形成了多重纵向线条，可增加材料的不同张力，如图47.8-13所示。
⑧ 包装袋两边增加纵向直线可以改善撕掉袋子上部的效果，如图47.8-14所示。

2）改变材料应力，控制开口方向

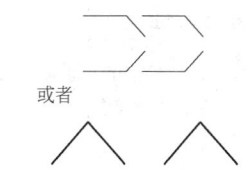

图47.8-12 改变切刀形状

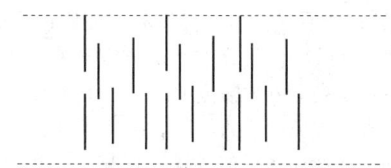

图47.8-13 增加孔的密度

图47.8-14 包装袋两边加纵向直线

① 沿开口线在材料上压入切割胶带，使材料易于撕开。
② 加热切割胶带。

(4) 增加区域的厚度

1）增加叠压胶层的域，如图47.8-15所示。

图47.8-15 增加叠压胶层的域

2）增加胶水份量，提升材料刚性。
3）改变胶水类型。
4）开口区域无胶，如图47.8-16所示。

图47.8-16 开口区域无胶

5）固化漆。
6）漆与胶水联合使用，如图47.8-17所示。

图47.8-17 漆与胶水联合使用

2.4 制胜想法与验证

上述这些想法需要大量的试验和验证,没有必要在这里一一讨论。在这些想法中,有几个颇具有独创性,而且比较容易实施,包括引导开口、限制撕裂走向以及无胶区等。

在发展这些想法的过程中,最困难的莫过于说服供应商进行试验。开始,他们拒绝这些想法(心理惯性作祟),随后谨慎地选择试验,最后证明这些想法和方案是有效的。最终的解决方案还有一点变化,那就是在包装袋上方的两侧增添了三个线条,使得裂缝仅仅出现在袋子中间的区域。在撕开包装袋时,裂纹开始都会有点偏离,落入无胶区域,并引导裂纹,直至完成,如图47.8-18所示。

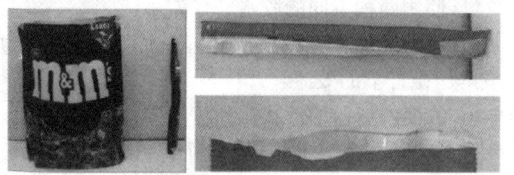

图47.8-18 包装袋上方的两侧增添了三个线条

在上面的图片中,可以清晰地看到无胶区域。

2.5 专利保护

这些原则和想法具有独创性,为了保护知识产权,将其申请了专利,如图47.8-19所示。这项发明已投入应用,在市场常常能看到,最有代表性的是M&M小包装袋。

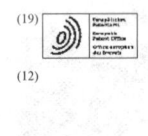

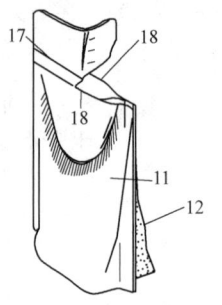

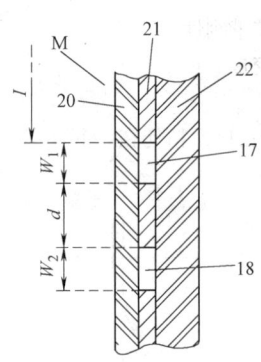

图47.8-19 包装袋专利图

2.6 未来

任何一个系统,它的发明和创造都会沿着进化曲线不断发展,永不停步。当我们想把这个想法用到其他设计(M&Ms香脆包装袋,蓝色背景;M&Ms纯净包装袋,棕色背景)时,遇到了一个美学上的问题,即在暗色背景下,无胶线会显示出来,影响包装袋的视觉效果,不利于市场营销。针对这个问题开发出另外一个设计方案,鉴于商业秘密保护的原因,不便在这里呈现和说明。现在这种设计已经出现在市场,不但解决了美观的问题,而且进一步提升了包装袋开封的效率。

2.7 结论

通过分析这个案例,你一定会深深体会到TRIZ是一个非常强大的创造性解决问题的方法。当然,TRIZ还有其他很多的工具,如技术进化趋势、系统理想度、功能图等。当这些方法联合使用时,一定会发挥更大的威力,将创新提升到一个新的水平。

3 技术预测——医学用核磁共振成像技术的发展历程

技术系统进化是由科学效应驱动的。效应的组合与更替驱动了技术系统的升级换代。SAFC分析模型可以较好地表示这种效应组合与更替的关系。

科学效应是在科学理论的指导下,实施科学现象的技术结果,即在效应物质中,按照科学原理将输入量转化为输出量,并施加在作用对象上,以实现相应的功能。

在实际应用中，单一效应往往只支持实现某些组件/零部件级的功能，不足以实现整个技术系统（整机）的功能，而多个效应的组合（效应链）会使技术系统的功能更强大，效应应用模式有多种形式。技术系统的进化，从技术系统的角度看，是系统内部矛盾发展与克服的结果，而从物质相互作用的本质看，实际上是效应驱动的结果——效应的组合与更替驱动了技术系统的升级换代。强大的系统功能，由多种效应串接而成的效应链来实现。SAFC 分析模型可以较好地表示这种效应组合与更替关系。

医用核磁共振成像技术是应用效应链不断实现突破创新的典范之一。在该项技术的研发过程中，先后有多位科学家获得了 5 个诺贝尔奖。新效应的发现与应用让医用核磁共振成像技术和设备不断升级换代。

美国哥伦比亚大学教授 Isidor Isaac Rabi 发现，磁场中的原子核会沿磁场方向呈正向或反向有序平行排列，而施加无线电波后，原子核的自旋方向发生翻转。这是人类对原子核与磁场以及外加射频场相互作用的最早认识。Rabi 于 1944 年获得了诺贝尔物理学奖。

旅美瑞士物理学家 Felix Bloch 和美国物理学家 Edward Purcell 共同开发了通过检测无线电频率磁场中的能量来检测核磁共振的精密测量的新方法，并由此发现了核磁共振效应，于 1952 年获得了诺贝尔物理学奖。

瑞士物理化学家 R. R. Ernst 在发展高分辨核磁共振波谱学方面做出了杰出贡献——包括脉冲傅里叶变换核磁共振谱、二维核磁共振谱核磁共振成像，并于 1991 年获得了诺贝尔化学奖。

瑞士科学家 Kurt Wuthrich、美国科学家 John B. Fenn 和日本科学家田中耕因发明了"利用核磁共振技术测定溶液中生物大分子三维结构的方法"，于 2002 年共同获得诺贝尔化学奖。

美国科学家 Paul Lauterbur 和英国科学家 Peter Mansfield 凭借在核磁共振成像技术领域的突破性成就，于 2003 年共同获得诺贝尔生理学和医学奖。

图 47.8-20 所示为医用核磁共振成像技术诞生与进化历程中的效应链。

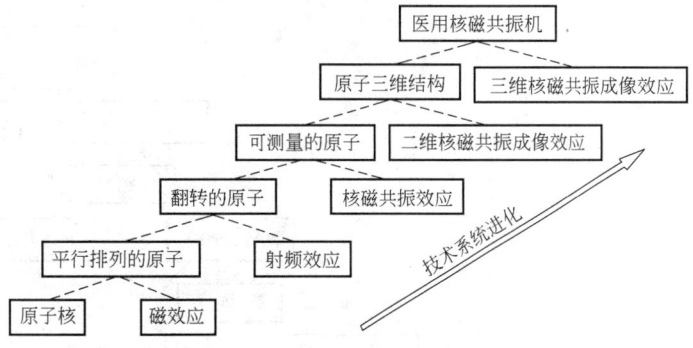

图 47.8-20　医用核磁共振成像技术诞生历程的效应链

图 47.8-20 中的效应链其实也是该项技术发展的因果链，在每一层的因果关系中，有了下层原因（物质属性），才有上层的结果（新状态的物质）。图 47.8-21 所示为效应因果链。

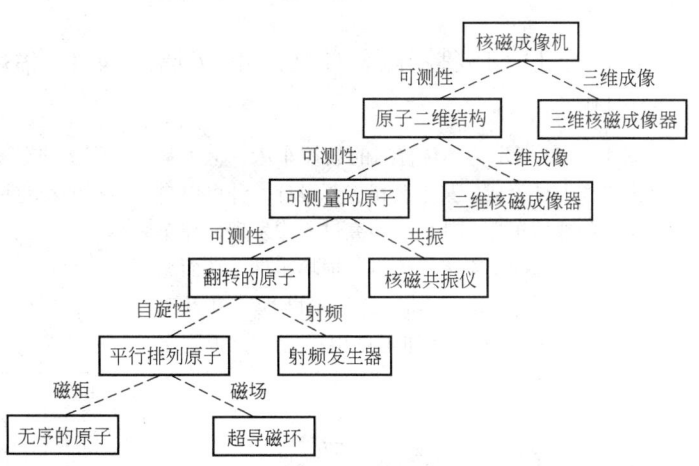

图 47.8-21　医用核磁共振成像技术诞生历程的因果链

当有了基于属性的因果链的分析结果后，SAFC 模型也就基本上有了整体框架。在每一层的因果关系中，加入下层两个物质属性相互作用的功能结果，即可形成如图 47.8-22 所示的医用核磁共振成像技术的 SAFC 分析模型。

从图 47.8-22 可以看出，这是一个典型的"叠加型"的 SAFC 分析模型。通过多次的模型迭代与转换，让此前功能稍差的衍生物质，不断地利用新的效应物质和属性，改变成功能增强的衍生物质，最终形成较为完善的产品功能。

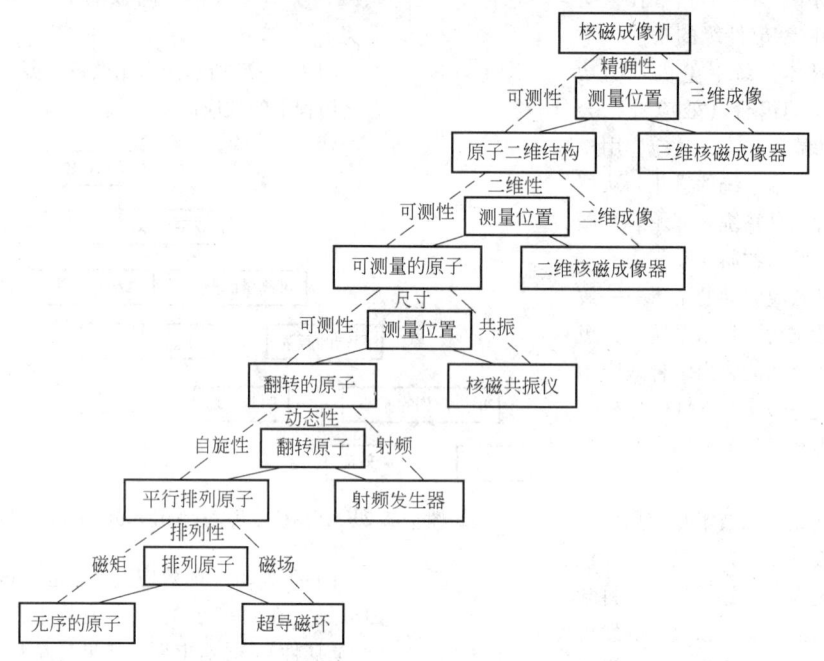

图 47.8-22 医用核磁共振成像技术的 SAFC 分析模型

4 清除全自动数控车床刀具上的切屑问题

图 47.8-23 所示为一台普通的数控车床,上下料都是由操作人员完成。某个公司想要设计一种可以自动上下料的数控车床。他们在研究过程中发现,在车削过程中产生的碎屑会卡住刀具并损坏工件,从而恶化了系统稳定性。问题是如何通过不断地(并及时地)去除切削碎屑来提高加工过程稳定性,否则会阻碍刀具并损坏工件。

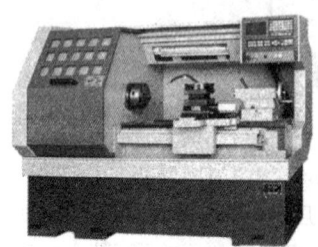

图 47.8-23 一台普通的数控车床

确定的解决方案之一是使用一种配备视觉传感器和图像识别功能的特殊机器人,可以在切削碎屑形成之时将其清除。但是这种方案无法被接受,因为这种机器人极其复杂而且昂贵,所以需要找到一个更为简单的解决方法。

4.1 描述问题

要解决的问题是"在没有复杂昂贵专用机器人配备的车床上,如何通过不断清除碎屑来提高加工过程的稳定性"。

4.2 阐述技术矛盾

以技术矛盾方式阐述这个问题(见表 47.8-1)。

表 47.8-1 全自动无人车床的技术矛盾

项目	技术矛盾 1	技术矛盾 2
如果	使用特殊机器人进行图像识别	不使用特殊机器人进行图像识别
那么	碎屑会被清除,加工过程会变得稳定	装备简单而且便宜
但是	装备将变得极其复杂而且昂贵	碎屑会不被清除,加工过程不稳定

4.3 选择技术矛盾

由于我们的目标是提高加工过程的稳定性,所以我们选择技术矛盾 1。

4.4 确定技术矛盾中要改善的参数和被恶化的参数

项目的目标是要保障加工过程的稳定性。因此,加工稳定性是技术矛盾中要改善的参数。由于需要通过一个复杂的特殊机器人来清除碎屑，使系统变得很复杂，因此设备的复杂性是恶化的参数。

4.5 将改善和恶化的参数一般化为阿奇舒勒通用工程参数

既然项目的主要目标是使加工过程稳定，过程稳定性是需改善的参数。另外，辅助机器人的复杂性被恶化，因此它是恶化参数。

1）在39个通用工程参数中寻找最接近的通用工程参数。"加工过程的稳定性"最接近于通用工程参数中的27"可靠性"。同样地，"机器人复杂性"最接近于通用工程参数中的36"设备的复杂性"。

2）按表47.8-2，在对应列中输入这些参数（具体参数和通用工程参数）

表47.8-2 车床具体参数和典型参数

项目	具体参数	通用工程参数(典型参数)
改善参数	加工工程稳定性	可靠性
恶化参数	机器人复杂性	设备的复杂性

4.6 在阿奇舒勒矛盾矩阵中定位改善和恶化通用工程参数交叉的单元，确定发明原理

1）在阿奇舒勒的矩阵行中确定改善参数"可靠性"。相同地，在阿奇舒勒的矩阵列中确定恶化参数"设备的复杂性"。

改善参数"可靠性"在第27行，恶化参数"设备的复杂性"在第36列。

2）确定矩阵第27行36列交叉对应的单元，见表47.8-3。该单元显示数字13、35和1。每一个数字都是阿奇舒勒40个发明原理中一个发明原理的编号。

表47.8-3 全自动数控车床的发明原理

改善的参数 恶化的参数		35 适应性及多用性	36 设备的复杂性	37 检测的复杂性	38 自动化程度
25	时间损失	35、28	6、29	18、28、32、10	24、28、35、30
26	物质或事物数量	15、3、29	3、13、27、10	3、27、29、18	8、35
27	可靠性	13、35、8、24	13、35、1	7、40、28	11、13、27
28	测量精度	13、35、22	27、35、10、34	26、24、32、28	28、2、10、34
29	制造精度	—	26、2、18	—	26、28、18、23

3）从阿奇舒勒发明原理列表中确定发明原理，见表47.8-4。

表47.8-4 阿奇舒勒发明原理

发明原理编号	发明原理	发明原理描述
13	反向作用	用相反的动作代替问题定义中所规定的动作 让物体或环境可动部分不动，不动部分可动 将物体上下或内外颠倒
35	物理/化学状态编号	改变聚集态（物态） 改变浓度或密度 改变柔度 改变温度
1	分割	把一个物体分成相互独立的部分 将物体分解成容易拆卸和组装的部分 增加物体分割的程度

4.7 应用发明原理的提示确定最适合解决技术矛盾的具体解决方案

通过使用上述步骤确定的发明原理找到具体解决方案。表47.8-5列出了解决技术矛盾的发明原理及找到的具体解决方案。

表47.8-5 全自动数控车床的具体解决方案

发明原理：反向作用	具体解决方案
解决问题的反向动作（如用加热取代冷却物体）	—
使活动部件（或外部环境）固定，使固定部件活动	—
使物体（或过程）颠倒	将车床主轴与工件倒置放置，切屑产生后在重力作用下自动从工件上掉落，可防止工件与热的落屑接触而升温，并可避免工作主轴受到污染 

将车床主轴与工件倒置放置。通过这样做,切屑产生后在重力作用下自动从工件上掉落,可防止工件与热的落屑接触而升温,并可避免工作主轴受到污染。

5 打桩机的进化路径

在建造楼房时,为了建造牢固的地基,预先往地下打桩。问题在于桩的顶部在用锤子砸的过程中常被损坏,如图47.8-24a所示,致使许多桩还未达到所需的深度,就得将桩的残留部分切除,再在其旁边打上附加桩。这样既降低了工作效率又提高了工程成本。打桩是利用撞击力将桩子打进地基的。打桩的过程需要很多能量,其中有很大一部分能量浪费在毁坏桩子本身,这已成为不可接受的缺陷。

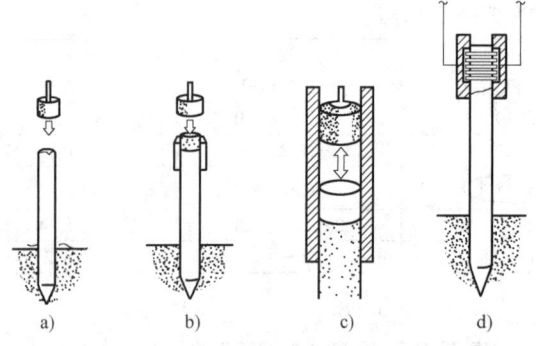

图 47.8-24 打桩的各种方法示意图
a) 锤子-桩直接作用 b) 锤子-桩通过中介(木垫)作用
c) 锤子-桩通过中介(沙子)作用 d) 靠电动移动的桩子

为了消除桩子和锤子之间的有害作用。应用标准解S1.2.1(见附录A),在锤子和桩子之间引入中介物质,即在桩子承受锤子敲击的地方引入一块木垫,如图47.8-24b所示,锤子直接敲击在木垫上,撞击力通过木垫再传递到桩子上,一旦木垫被砸坏了,可以更换一块新的木垫,显然这要比直接作用在桩子上好很多。但是,锤子对桩子的伤害依然是存在的,因为在锤子的敲击下,锤子的撞击对桩子的头部表面所承受的力的作用并不理想,桩子顶部本身并不光滑平整,造成对木垫的不均衡挤压,木垫很快受损。任何微小的倾斜又会加速木垫的受损过程。在撞击力集中的地方,也就是应力较为集中的地方,也会导致桩子的断裂。如何能保持锤子的撞击力始终沿着桩子表面作用呢?

应用标准解S2.2.2(见附录A)分割物质,由宏观向微观控制水平转换来达到增强打桩效率。将沙子灌入套在柱子顶部的套筒里,如图47.8-24c所示。由于经锤子敲击后的沙子微粒能动态填补桩子顶部表面上所有不平整的部分,确保了撞击力在最大面积上予以分担。

以上的解决方案,总是局限在锤子和桩子的作业区域内,实际上,最终的目标是将桩子打入土壤,还可以应用标准解S2.4.2和S2.4.11(见附录A),如图47.8-24d所示。在制作桩子时,预先注入铁磁性粉末。在打桩现场,将桩子放入装有能产生电流脉冲的环形电磁感应器的圆筒内,产生的磁场与桩子内的铁磁性部件、桩子的钢筋相互作用,形成了类似直流电动机原理,使桩子产生向下移动的作用力。电流和脉冲形式的选择,可以用来控制桩子不同的运动状态。

由此,沿着打桩方法的进化路径,如图47.8-25所示,获得了简单的、趋于理想解的打桩方法:沿着进化路径打桩方法的物—场模型,如图47.8-26所示。

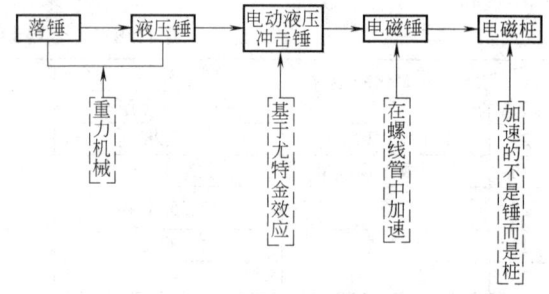

图 47.8-25 打桩方法的进化路径

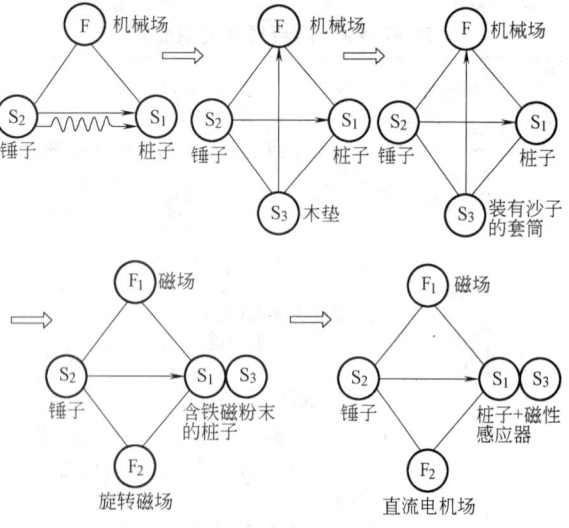

图 47.8-26 沿着进化路径打桩方法的物—场模型

6 恒流阀系统改进设计

图47.8-27所示为某公司生产的拖拉机助力转向系统中恒流阀系统的原理图。当前设计中存在的问题是工作一段时间后,出油口的最高输出压力达不到预

定值。

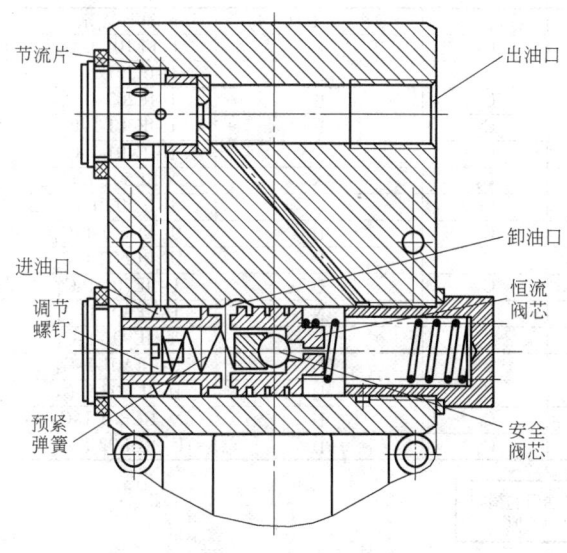

图 47.8-27 恒流阀系统原理图

表 47.8-6 系统元素间的相互作用

作用系统	功能/作用	被作用系统
齿轮泵	提供工作介质	恒流阀系统
不可调节流阀	调节流量	出油口
安全阀	调节最高工作压力	出油口
安全阀	卸载压力	出油口
恒流阀	保持流量	出油口
恒流阀	定位	安全阀
恒流阀系统	提供工作介质	转向器

表 47.8-7 系统元素的可控性

可直接改变	间接改变	通过影响他人来改变	不能改变
恒流阀	恒流阀系统		发动机
安全阀		工作介质（压力和流量）	齿轮泵
不可调节流阀			油箱
进油口			转向器
出油口			转向执行机构

系统的工作原理：恒流阀安装在齿轮泵的后盖体中，工作介质从齿轮泵的出油口进入恒流阀系统，在流量和压力保持基本恒定的情况下安全阀关闭；当流量增大时，在节流片左侧的工作介质压力增大，高压油推动恒流阀芯向右运动，接通卸油口，使多余的油液流回油箱；当负载压力高于系统调定的最高工作压力时，并联于出油口的安全阀打开，接通卸油口，使恒流阀系统中工作介质的压力保持恒定。

6.1 对恒流阀系统中存在的问题及相关的系统进行分析

6.1.1 定义恒流阀系统中存在的问题

按照超系统对该系统的要求，恒流阀一方面要保障流量的基本恒定，另一方面能在系统调定的最高压力下可靠地工作。最高工作压力值的设定既要满足负载的要求，又要保障系统中结构件的强度要求。该系统工作一段时间后，出油口的最高输出压力达不到预定值，即一个有用的参数或功能不充分，系统需要改进。

6.1.2 分析系统

问题所在的系统为恒流阀系统；超系统为整个转向系统，超系统中的其他系统为发动机、齿轮泵、油箱、转向器和转向执行机构；子系统为恒流阀、安全阀、不可调节流阀、工作介质、进油口、出油口和卸油口。系统元素间的相互作用见表 47.8-6，系统元素的可控性见表 47.8-7。

系统中的可用资源：①空间资源，从出油口到调节螺钉之间的一段空间距离等；②能量资源，在工作过程中工作介质温度升高而形成的热能，在节流片两侧、恒流阀芯和安全阀芯两侧形成的压力能等。

6.2 构造恒流阀系统的逻辑图表

1) 确定逻辑图表的输入。工作一段时间后，出油口的最高输出压力达不到预定值。

2) 确定逻辑图表中涉及的相关实体及实体的变量类型，并建立完整的逻辑图表。实体的变量类型有定性 (L) 和定量 (Q) 两种，该系统涉及的变量均为定性变量。所涉及的相关实体、实体变量类型、可控性、理想性及实体信息汇总见表 47.8-8。图 47.8-28 所示为建立的完整逻辑图表，经检验满足逻辑规则，且变量均为定性的。

6.3 分析逻辑图表——确定解决问题的可能方向

6.3.1 分析最终不良结果产生的根本原因

不理想结果是工作一段时间后，出油口的最高输出压力达不到预定值，所对应的逻辑关系如下：

$$RC501 * RC601 * RCA02 * RCB01 * RCB02 \Rightarrow FE101 \tag{47.8-1}$$

在公式 (47.8-1) 中，RC501、RCA02、RCB01 和 RCB02 是设计者不能改变的实体，在逻辑中其值设为 1，则公式 (47.8-1) 简化为

$$RC601 \Rightarrow FE10 \tag{47.8-2}$$

表47.8-8 确定实体的变量类型、可控性、理想性及实体信息汇总

实体	可控性	理想性(D/U/N)	符号表示
工作一段时间后,出油口的最高输出压力达不到预定值	C_2	U	U-FE101-L-C_2
安全阀的开启压力减小	C_2	U	U-IE201-L-C_2
调节弹簧的预紧力减小	C_2	U	D-IE202-L-C_2
调节螺钉出现松脱	C_2	U	U-IE301-L-C_2
螺纹副间产生相对滑动	C_2	U	U-IE401-L-C_2
一定时间的积累	C_4	N	N-RC501-L-C_4
受工作环境和结构的限制,所采取的螺纹防松措施不理想	C_1	U	U-IE502-L-C_1
螺纹连接不能实现回程自锁	C_4	U	U-RC601-L-C_4
安全阀处于不稳定的工作状态	C_4	U	U-RC602-L-C_4
螺纹连接处于变载、冲击环境下	C_4	U	U-IE701-L-C_4
负载受力影响系统工作介质的压力	C_4	N	U-IE801-L-C_4
负载受力不稳定	C_4	U	U-IE901-L-C_4
在出油口并联安全阀	C_4	D	U-IEA01-L-C_4
安全阀的开启压力决定系统的最高工作压力	C_4	D	D-IEA02-L-C_4
出油口产生压力波动	C_4	U	N-RCB01-L-C_4
卸载高的压力,保护系统	C_4	D	U-RCB02-L-C_4

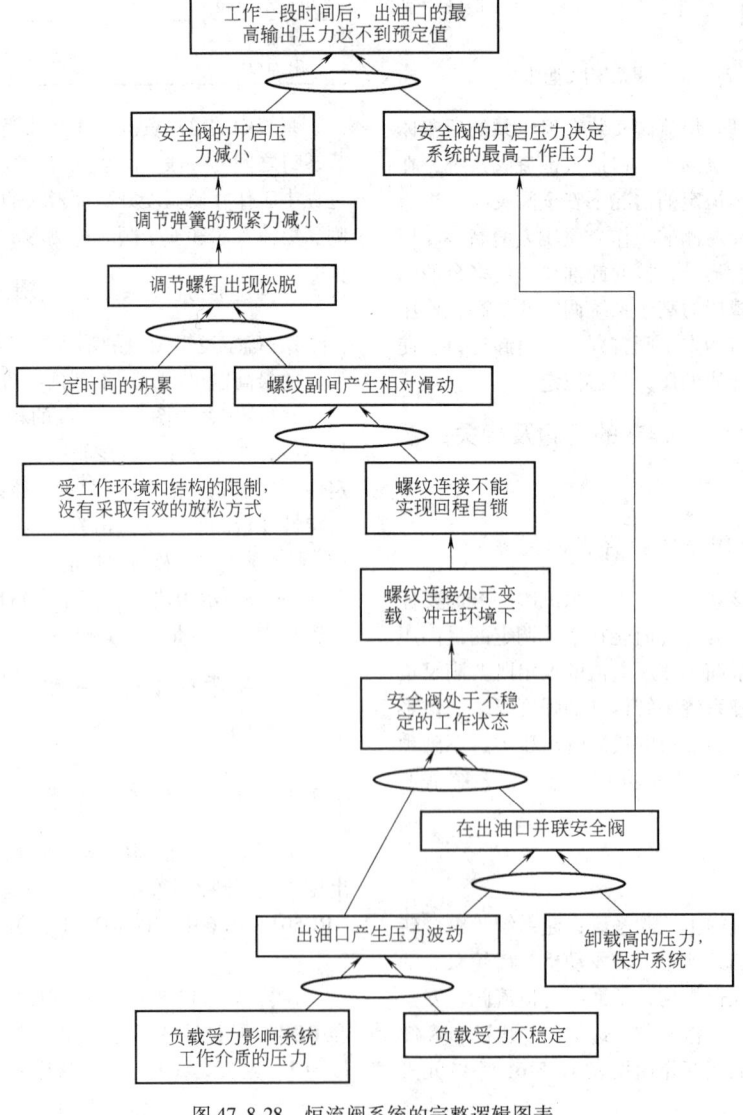

图47.8-28 恒流阀系统的完整逻辑图表

6.3.2 确定冲突

从当前现实树中可以分析得到系统中存在的冲突：①选用螺纹连接作为预紧力调节装置。通过调整调节螺钉在恒流阀芯的位置可以确定系统的最高输出压力，但不能选用螺纹连接作为预紧力调节装置，以防止螺钉松动，导致最高输出压力下降。②在稳定工作状况下，螺纹连接能够实现回程自锁，但在实际工作中，螺纹连接不能实现回程自锁。③在冲击、振动或载荷变化的工作环境中，对于螺纹连接应采取有效的防松措施，但受恒流阀系统结构的限制，所采取的螺纹防松不理想。综上所述，系统的一对主要冲突为调节系统的最高输出压力时，预紧力调节机构（调节螺钉）必须是可动的，但在工作状况下，预紧力调节机构不能松动。图47.8-29所示为恒流阀系统的冲突解决图表。

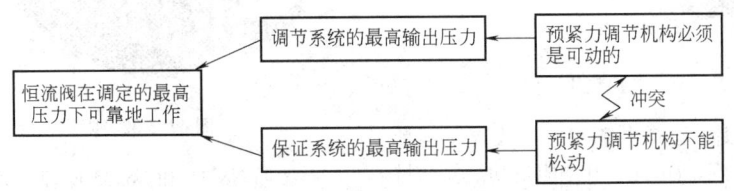

图47.8-29 恒流阀系统的冲突解决图表

由式（47.8-2）得到问题产生的根本原因为RC601：受工作环境和结构的限制，所采取的螺纹防松措施不理想。

6.3.3 确定解的方向

①基于该系统的结构和工作状况，寻找一种理想的防松方式。②解决调节机构动与不动的冲突。解决①或②中任何一个问题都能实现系统的改进，解决第一个问题主要依据设计者的专业知识和工作经验，而第二个问题可归结为TRIZ中的物理冲突，因此可以用TRIZ理论的冲突解决原理，使设计者尽快找到满意的解。

6.4 产生解

从恒流阀工作状况可以看出，预紧力调节机构的运动和静止可以在时间上或一定的条件下进行分离，因此可选用时间分离原理或条件分离原理。通过分析两条分离原理所对应的发明原理及相应实例，选择No.11预补偿、No.15动态化和No.35参数变化来解决恒流阀系统中存在的冲突。

按照No.11原理，在给定的工作环境下，防止螺纹连接的松脱，应从两个方面进行补偿：

第一，在普通螺纹连接的基础上增加一个有效力矩或附加压力，其作用是在连接副中增加一个不随外力变化的阻力矩，阻力矩存在螺纹连接就能实现自锁。下面两个方案可以达到其目标：

① 内嵌金属弹片结构。在恒流阀芯与调节螺钉相配合的内螺纹处沿轴向开槽，在槽内嵌入金属弹性元件，在槽的位置沿径向开两个螺纹通孔。当调节螺钉调到一定位置时，在上述的螺纹孔中拧入螺钉，将金属弹性元件压紧在调节螺钉上，增大螺纹副之间的摩擦阻力。改进后的恒流阀芯如图47.8-30所示。

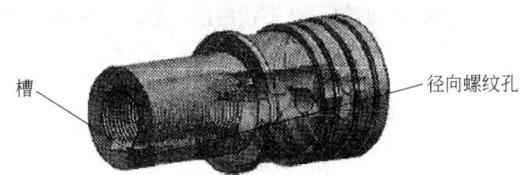

图47.8-30 改进后的恒流阀芯

② 涂覆工程树脂材料。在调节螺钉的表面涂覆一层特殊的工程树脂材料，利用工程树脂材料的反弹性，使螺纹连接在锁紧的过程中通过挤压树脂材料产生强大的摩擦力，从而达到对振动和冲击的阻止，解决螺纹松脱的问题。

第二，减少或消除传递到螺纹副中的振动能量。对于消除或减弱引起松脱因素的影响在这里可理解为减少或消除传递到螺纹副中的振动能量。对于减少或消除振动能量，从当前现实树中可以看出导致最终不良结果产生的根本原因是冲击、振动工作环境。冲击、振动是由于外负载引起的，然后通过工作介质传给安全阀的预紧力调节机构，最终导致螺纹连接的松动。外负载不稳定是安全阀系统存在的前提，是设计者无法控制和改变的。从负载到预调系统存在一定的空间距离，可以利用此空间资源增加减振机构，减小或消除传递到螺纹副中的振动能量，最终实现防松。下面两个方案可以达到其目标。

① 复合减振垫片。将一层耐火纤维和一层钢片依次固定在调节螺钉的内端面上，耐火纤维用来吸收振动能量，钢垫片增加结构强度。复合减振垫片结构如图47.8-31所示。

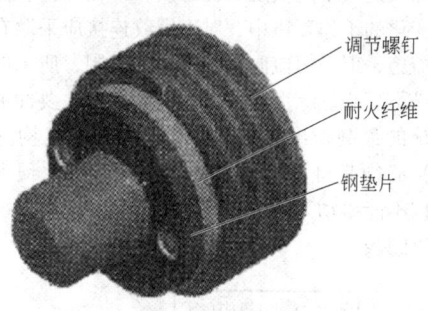

图 47.8-31　复合减振垫片结构

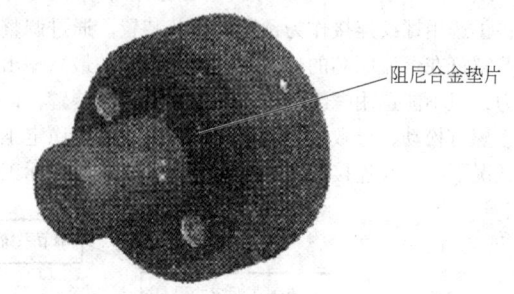

图 47.8-32　阻尼合金垫片结构

② 阻尼合金垫片。随着材料科学的发展，各种新型的功能复合材料不断出现，其中阻尼功能复合材料是一种优良的减振材料。由该材料加工制造的零部件在受到力的振动波作用时，通过材料内部微观结构的变化实现振动能量的衰减，从而达到减振的目的。鉴于此，可以用减振合金来加工调节螺钉或者将减振垫片固定在调节螺钉与弹簧接触的一侧上，使预紧弹簧不直接和调节螺钉接触。阻尼合金垫片结构如图47.8-32 所示。

按照 No.15 和 No.35 原理，通过温度的变化，使预紧力调节机构（调节螺钉）在工作状况下和压力调节状况下实现自动调整，满足运动和静止的要求，可采用由双程形状记忆合金加工而成的调节螺钉。

按照上述几种改进方案，企业可根据实际情况选择其中的方案之一，最终完成系统的改进设计。

附 录

附录 A 76 个标准解

表 A-1 76 个标准解类别及数量

类 别	子系统个数	标准解个数
第一类:建立或完善物-场模型的标准解系统	2	13
第二类:强化物-场模型的标准解系统	4	23
第三类:向双、多、超级或微观级系统进化的标准解系统	2	6
第四类:测量与检测的标准解系统	5	17
第五类:应用标准解的策略与准则	5	17
合计		76

表 A-2 第一类:建立或完善物-场模型的标准解系统组成

子 系 统	标 准 解 法
S1.1 建立物-场模型	S1.1.1 建立完整的物-场模型 S1.1.2 引入附加物 S3 构建内部合成的物-场模型 S1.1.3 引入附加物 S3 构建外部合成的物-场模型 S1.1.4 直接引入环境资源,构建外部物-场模型 S1.1.5 构建通过改变环境引入附加物的物-场模型 S1.1.6 最小作用场模式 S1.1.7 最大作用场模式 S1.1.8 选择性最大和最小作用场模式
S1.2 消除物-场模型的有害效应	S1.2.1 引入现成物质 S3 S1.2.2 引入已有物质 S1(或 S2)的变异物 S1.2.3 在已有物质 S1(或 S2)内部(或外部)引入物质 S3 S1.2.4 引入场 F2 S1.2.5 采用退磁或引入一相反的磁场

表 A-3 第二类:强化物-场模型的标准解系统组成

子 系 统	标 准 解 法
S2.1 向复合物-场模型进化	S2.1.1 引入物质向串联式物-场模型进化 S2.1.2 引入场向并联式物-场模型进化
S2.2 加强物-场模型	S2.2.1 使用更易控制的场替代 S2.2.2 分割物质 S2(或 S1)结构,达到由宏观控制向微观控制进化 S2.2.3 改变物质 S2(或 S1),使成为具有毛细管或多孔的结构 S2.2.4 增加系统的动态性 S2.2.5 构造异质场或持久场或可调节的立体结构场替代同质场或无结构的场 S2.2.6 构造异质物质或可调节空间结构的非单—物质替代同质物质或无组织物质
S2.3 利用频率协调强化物-场模型	S2.3.1 场 F 与物质 S1 和 S2 自然频率的协调 S2.3.2 合成物-场模型中场 F1 和 F2 自然频率的协调 S2.3.3 通过周期性作用来完成 2 个互不相容或 2 个独立的作用
S2.4 引入磁性添加物强化物-场模型	S2.4.1 应用固体铁磁物质,构建预-铁-场模型 S2.4.2 应用铁磁颗粒,构建铁-场模型 S2.4.3 利用磁性液体构建强化的铁-场模型 S2.4.4 应用毛细管(或多孔)结构的铁-场模型 S2.4.5 构建内部的或外部的合成铁-场模型 S2.4.6 将铁磁粒子引入环境,通过磁场来改变环境,从而实现对系统的控制 S2.4.7 利用自然现象和效应 S2.4.8 将系统结构转化为柔性的、可变的(或自适应的)来提高系统的动态性 S2.4.9 引入铁磁粒子,使用异质的或结构化的场代替同质的非结构化场 S2.4.10 协调系统元素的频率匹配来加强预-铁-场模型或铁-场模型 S2.4.11 引入电流,利用电磁场与电流效应,构建电-场模型 S2.4.12 对禁止使用磁性液体的场合,可用电流变流体来代替

表 A-4　第三类：向双、多、超级或微观级系统进化的标准解系统组成

S3.1	向双系统或多系统进化	S3.1.1　系统进化 1a：创建双、多系统 S3.1.2　改进双、多系统间的链接 S3.1.3　系统进化 1b：加大元素间的差异性 S3.1.4　双、多系统的进化 S3.1.5　系统进化 1c：使系统部分与整体具有相反的特性
S3.2	向微观级系统进化	系统进化 2：向微观级系统进化

表 A-5　第四类：测量与检测的标准解系统组成

S4.1	间接方法	S4.1.1　改变系统，使检测或测量不再需要 S4.1.2　应用复制品间接测量 S4.1.3　用 2 次检测来替代
S4.2	建立测量的物-场模型	S4.2.1　建立完成有效地测量物-场模型 S4.2.2　建立合成测量物-场模型 S4.2.3　检测或测量由于环境引入附加物后产生的变化 S4.2.4　检测或测量由于改变环境而产生的某种效应的变化
S4.3	加强测量物-场模型	S4.3.1　利用物理效应和现象 S4.3.2　测量系统整体或部分的固有振荡频率 S4.3.3　测量在与系统相联系的环境中引入物质的固有振荡频率
S4.4	向铁-场测量模型转化	S4.4.1　构建预-铁-场测量模型 S4.4.2　构建铁-场测量模型 S4.4.3　构建合成铁-场测量模型 S4.4.4　实现向铁-场测量模型转化 S4.4.5　应用于磁性有关的物理现象和效应
S4.5	测量系统的进化方向	S4.5.1　向双系统和多系统转化 S4.5.2　利用测量时间或空间的一阶或二阶导数来代替直接参数的测量

表 A-6　第五类：应用标准解的策略与准则

S5.1	引入物质	S5.1.1　间接方法 S5.1.2　将物质分裂为更小的单元 S5.1.3　利用能"自消失"的添加物 S5.1.4　应用充气结构或泡沫等"虚无物质"的添加物
S5.2	引入场	S5.2.1　首先应用物质所含有的载体中已存在的场 S5.2.2　应用环境中已存在的场 S5.2.3　应用可以创造场的物质
S5.3	相变	S5.3.1　相变 1：变换状态 S5.3.2　相变 2：应用动态化变换的双特性物质 S5.3.3　相变 3：利用相变过程中伴随的现象 S5.3.4　相变 4：实现系统由单一特性向双特性的转换 S5.3.5　应用物质在系统中相态的变换作用
S5.4	利用自然现象和物理现象	S5.4.1　应用由"自控制"实现相变的物质 S5.4.2　加强输出场
S5.5	通过分解或结合获得物质粒子	S5.5.1　通过分解获得物质粒子 S5.5.2　通过结合获得物质粒子 S5.5.3　兼用 S5.5.1 和 S5.5.2 获得物质粒子

附录 B 解决发明问题的某些物理效应表

序号	要求的作用、用途	物理现象、效应、因素、方法
1	测量温度	热膨胀及由其引起的固有振荡频率的变化,热电现象,辐射光谱物质的光、电、磁特性的变化,经过居里点的转变,霍普金斯及巴克豪森效应
2	降低温度	相变,焦耳-汤姆逊效应,兰卡效应,磁热效应,热电现象
3	提高温度	电磁感应,涡流,表面效应,电介质加热,电力加热,放电,物质吸收辐射,热电现象
4	稳定温度	相变(其中包括经过居里点的转变)
5	指示物体的位置和位移	引进可标记的物质,它能改造外界的场(如荧光粉)或形成自己的场(如铁磁体),因此易于发现。光的反射和发射,光效应,变形,伦琴和无线电辐射,发光,电场及磁场的变化,放电,多普勒效应
6	控制物体位移	磁场作用于物体和作用于与物体相结合的铁磁体,以电场作用于带电的物体,用液体和气体传递压力,机械振动,离心力,热膨胀,光压力
7	控制液体及气体的运动	毛细管现象,渗透压,汤姆斯效应,伯努利效应,波动,离心力,威辛别尔格效应
8	控制气性溶胶流(灰尘、烟、雾)	电离,电场及磁场,光压
9	搅拌混合物,形成溶液	超声波,空隙现象,扩散,电场,与铁磁性物质相结合的磁场,电泳,溶解
10	分解混合物	电分离与磁分离,在电场和磁场作用下液体分选剂的视在密度发生变化,离心力,吸收,扩散,渗透压
11	稳定物体位置	电场及磁场,在电场和磁场中硬化的液体的固定,回转效应,反冲运动
12	力作用、力的调节、形成很大压力	磁场通过铁磁物质起作用,热膨胀,离心力,改变磁性液体或等电液体在磁场中的视在密度使流体静压力变化,应用爆炸物,电水效应,光水效应,渗透压
13	改变摩擦	约翰逊-拉别克效应,辐射作用,克拉格尔斯基现象,振动
14	破坏物体	放电,电水效应,共振,超声波,气蚀现象,感应辐射
15	蓄积机械能与热能	弹性变形,回转效应,相变
16	传递能量:机械能、热能、辐射能、电能	形变,振动,亚历山大罗夫效应,波动(包括冲击波),辐射,热传导,对流,光反射现象,感应辐射,电磁感应,超导现象
17	确定活动(变化)物体与固定(不变化)物体间的相互作用	利用电磁场(从"物质"的联系过渡到"场"的联系)
18	测量物体的尺寸	测量固有振动频率,标上磁或电的标记并读校
19	改变物体尺寸	热膨胀,形变,磁致与电致伸缩,压电效应
20	检查表面状态和性质	放电,光反射,电子发射,穆亚洛维效应,辐射
21	改变表面性质	摩擦,吸收,扩散,发电,机械振动和声振动,紫外辐射
22	检查物体内状态和性质	引进标记物质,它改变外界的场(如荧光粉)或形成取决于被研究物质状态及性质的场(如铁磁体)。改变取决于物体结构及性质变化的比电阻。与光的相互作用,电光现象及磁光现象,偏振光,伦琴及无线电辐射,电子顺磁共振和核磁共振,磁弹性效应,经过居里点的转变,霍普金斯效应及巴克豪森效应,测量物体的固有振动频率,超声波,缪斯鲍艾尔效应,霍尔效应
23	改变物体空间性质	电场及磁场作用下改变液体性质(视在密度、黏度),引进铁磁性物质及磁场作用,热作用,相变,在电场作用下电离,紫外线,伦琴射线、无线电波辐射,形变,扩散,电场及磁场,热电,热磁及磁光效应,气蚀现象,光电效应,内光电效应
24	形成要求的结构,稳定物体结构	波的干涉,驻波,穆亚洛维效应,电磁场,相变,机械振动和声振动,气蚀现象
25	指示出电场和磁场	渗透压,物体电离,放电,压电及塞本涅特电效应,驻极体,电子发射,光电现象,霍普金斯效应及巴克豪森效应,霍尔效应,核磁共振,回转现象及磁光现象
26	指示出辐射	光-声效应,热膨胀,光电效应,发光,照片底片效应
27	产生电磁辐射	约瑟夫逊效应,感应辐射现象,隧道效应,发光,切林柯夫效应
28	控制电磁场	屏蔽,改变介质状态(如其导电性的增加或减少),改变与场相互作用的物体的表面形状

参 考 文 献

[1] 闻邦椿. 机械设计手册:第6卷[M]. 5版. 北京:机械工业出版社,2010.
[2] 闻邦椿. 现代机械设计师手册:下册[M]. 北京:机械工业出版社,2012.
[3] 尹成湖,等. 创新的理性认识及实践[M]. 北京:化学工业出版社,2005.
[4] 李祖扬,柳洲. 创新原理与方略[M]. 天津:天津人民出版社,2007.
[5] 赵新军. 技术创新理论(TRIZ)及应用[M]. 北京:化学工业出版社,2004.
[6] 赵敏,胡钰. 创新的方法[M]. 北京:当代中国出版社,2008.
[7] 陶学忠. 创新创造能力训练[M]. 北京:中国经济出版社,2005.
[8] 檀润华. 创新设计:TRIZ发明问题解决理论[M]. 北京:机械工业出版社,2002.
[9] 檀润华,等. 基于QFD及TRIZ的概念设计过程研究[J]. 机械设计,2002,19(9):1-4.
[10] 檀润华,等. 发明问题解决理论:TRIZ—技术冲突及解决原理[J]. 机械设计,2001(专集).
[11] 克里斯·弗里曼,罗克·苏特. 工业创新经济学[M]. 北京:北京大学出版社,2004.
[12] Stoneman P. Handbook of the Economics of Innovation and Technological Chang[M]. Oxford:Blackwell,1995.
[13] Sternberg J R. The Nature of Creativity:Contemporary Psychological Perspectives[M]. New York,1983.
[14] Terese M Amabile. The Social Psychology of Creativity[M]. New York,1983.
[15] 奇凯岑特米哈依. 发现和发明的心理学[M]. 夏镇平,译. 上海:上海译文出版社,2001.
[16] 罗玲玲. 创意思维训练[M]. 北京:首都经济贸易大学出版社,2008.
[17] 黄志坚. 工程技术思维与创新[M]. 北京:机械工业出版社,2006.
[18] 刘晓宏. 创新设计方法及应用[M]. 北京:化学工业出版社,2006.
[19] Altshuller G S. Creativity as an Exact Science[M]. Gorden and Breach Science Publishers Inc,1984.
[20] Altshuller GS. The Innovation Algorithm,TRIZ,Systematic Innovation and Technical Creativity[P/OL]. Worcester:Technical Innovation Center. Inc,1999.
[21] Sanjana Vijayakumar. Maturity Mapping of DVD Technology[J]. The TRIZ Journal,1999.
[22] Semyon D. Savransky. Engineering of Creativity[M]. Florida:CRC Press,2000.
[23] John Terninko. Systematic Innovation[M]. St. Lucie Press,1998.
[24] Geoff Tennant. Design for Six Sigma[M]. Gower Publishing Limited,2002.
[25] Genichi Taguchi. Robust Engineering[M]. New York:McGraw-Hill,1999.
[26] Genichi Taguchi. The Mahalanobis-Taguchi System[M]. New York:Mc Graw-Hill,1996.
[27] Taguchi. System of experimental design:Engineering methods to optimize quality and minimize costs[J]. White Plains,N. Y.:UNIPUB/Kraus International Publications,1987.
[28] 唐五湘. 创新论[M]. 北京:高等教育出版社,1999.
[29] 夏国藩. 技术创新与技术转移[M]. 北京,航空工业出版社,1993.
[30] 张性原,等. 设计质量工程[M]. 北京:航空工业出版社,1996.
[31] 黄纯颖,等,机械创新设计[M]. 北京:高等教育出版社,2000.
[32] Г·С·阿里特舒列尔. 创造是精确的科学[M]. 魏相,徐明泽,译. 广州:广东人民出版社,1987.
[33] Karl T Ulrich. 产品设计与开发[M]. 杨德林,译. 大连:东北财经大学出版社,2001.
[34] John Terninko. The QFD,TRIZ and Taguchi Method Connection[J]. The TRIZ Journal,1998.
[35] Michael Schlueter. QFD by TRIZ[J]. The TRIZ Journal,2001.
[36] Domb E. 40 Inventive Principles With Examples[J]. The TRIZ Journal,1997.
[37] John Terninko. The QFD. TRIZ and Taguchi Connection:Customer-Driven Robust Innovation[P]. The Ninth Symposium on Quality Function Deployment,1997.
[38] Mann. D L,Stratton R. Physical Contradictions and Evaporating Clouds[J]. The TRIZ Journal,2000.

[39] Yoji Akao. QFD: Past, Present and Future [P]. International Symposium on QFD′97. Linkoping. 1997.

[40] Ellen Domb. Dialog on TRIZ and Quality Function Deployment [J]. The TRIZ Journal, 1998.

[41] Amir H M. Empowering Six Sigma methodology via the Theory of Inventive Problem Solving (TRIZ) [J]. The TRIZ Journal, 2003.

[42] Timothy G Clapp. Design and analysis of a method for monitoring felled seat seam characteristics utilizing TRIZ Methods [J]. The TRIZ Journal, 1999.

[43] Darrell Mann. Case Studies In TRIZ: A Re-Usable. Self-Locking Nut [J]. The TRIZ Journal, 1999.

[44] Severine Gahide. Application of TRIZ to Technology Forecasting Case Study: Yarn Spinning Technology [J]. The TRIZ Journal, 2000.

[45] Nathan Gibson. The Determination of the Technological Maturity of Ultrasonic Welding [J]. The TRIZ Journal, 1999.

[46] Michael Slocum. Technology Maturity Using S-curve Descriptors [J]. The TRIZ Journal, 1998.

[47] Victor R Fey. Guided Technology Evolution (TRIZ Technology Forecasting) [J]. The TRIZ Journal, 1999.

[48] Jörg Stelzner. TRIZ on Rapid Prototyping-a case study for technology foresight [J]. The TRIZ Journal, 2003.

[49] 牛占文, 等. 发明创造的科学方法论—TRIZ [J]. 中国机械工程, 1999.

[50] 科茨 V, 等. 论技术预测的未来 [J]. 国外社会科学, 2002.

[51] 赵长根. 德国的技术预测研究 [J]. 政策与管理, 2001.

[52] 钟鸣. 日本的技术预测研究 [J]. 政策与管理, 2001.

[53] 黄旗明, 等. 基于 AGENT 的协同 TRIZ 研究 [J]. 中国图象图形学报, 2001.

[54] 马怀宇, 孟明辰. 基于 TRIZ/QFD/FA 的产品概念设计过程模型 [J]. 清华大学学报（自然科学版）, 2001.

[55] 郑称德. TRIZ 的产生及其理论体系（Ⅰ） [J]. 科技进步与对策, 2002.

[56] 郑称德. TRIZ 的产生及其理论体系（Ⅱ） [J]. 科技进步与对策, 2002.

[57] US Patent 6144547, 2000. Miniature surface mount capacitor and method of making same.

[58] Zhao xinjun. Research on New Kind of Plough by Using TRIZ and Robust Design [J]. TRIZ Journal, 2003 (6): 47-51.

[59] Zhao xinjun. Develop New Kind of Plough by Using TRIZ and Robust Design [J]. TRIZ Journal, 2003.

[60] Zhao xinjun. Design Quality Control and Management: Integration of TRIZ and QFD [J]. Proceeding of 2002 ICMSE, 2002.

[61] 赵新军. QFD 与 TRIZ 在产品设计过程中的集成 [J]. 疲劳与断裂工程设计, 2002.

[62] 赵新军. 产品研发过程中田口方法与 TRIZ 的比较 [J]. 机械设计与研究（专集）, 2002.

[63] 赵新军. 基于 QFD、TRIZ 和田口方法的设计质量控制技术 [J]. 机械设计（专集）, 2002.

[64] 林晓宁. 源头质量设计-质量功能展开应用评述 [J/OL]. 依诺维特杯学术会议文献咨询网, 2003.

[65] 侯明曦. 产品技术预测方法的分析与研究 [J/OL]. 依诺维特杯学术会议文献咨询网, 2003.

[66] 刘晓伟. TRIZ 理论与实践 [M]. 中山: 广东技术创新方法培训丛书编委会, 2016.

[67] 卡伦·加德. TRIZ: 众创思维与技法 [M]. 罗德明, 王灵运, 姜建庭, 等译. 北京: 国防工业出版社, 2015.

[68] 赵敏, 张武成, 王冠殊. TRIZ 进阶及实战: 大道至简的发明方法 [M]. 北京: 机械工业出版社, 2015.

[69] 孙永伟, 谢尔盖·伊克万科. TRIZ: 打开创新之门的金钥匙 I [M]. 北京: 科学出版社, 2015.

[70] 成思源, 周金平, 郭钟宁. 技术创新方法: TRIZ 理论及应用 [M]. 北京: 清华大学出版社, 2014.

[71] 檀润华. TRIZ 及应用——技术创新过程与方法 [M]. 北京: 高等教育出版社, 2010.

第48篇　绿色设计与和谐设计

主　编　刘志峰
编写人　刘志峰　李新宇　张　雷　李小彭
审稿人　刘光复　孙志礼

第 5 版
绿色设计与和谐设计

主　编　刘志峰
编写人　刘志峰　刘光复　张　雷　李小彭
审稿人　孙志礼　鄂中凯

第1章 绿色设计概述

1 绿色设计基本概念

绿色设计,也称为生态设计、环境化设计或环境意识设计等,是指在产品整个生命周期中着重考虑产品环境属性(可拆卸性、可回收性、可重复利用性等),并将其作为设计目标,在满足环境目标的同时,保证产品应有的功能、使用寿命、质量等。绿色设计和传统设计在设计依据、设计人员、设计工艺和技术、设计目的等方面都存在着很大的不同,绿色设计与传统设计的比较见表48.1-1。

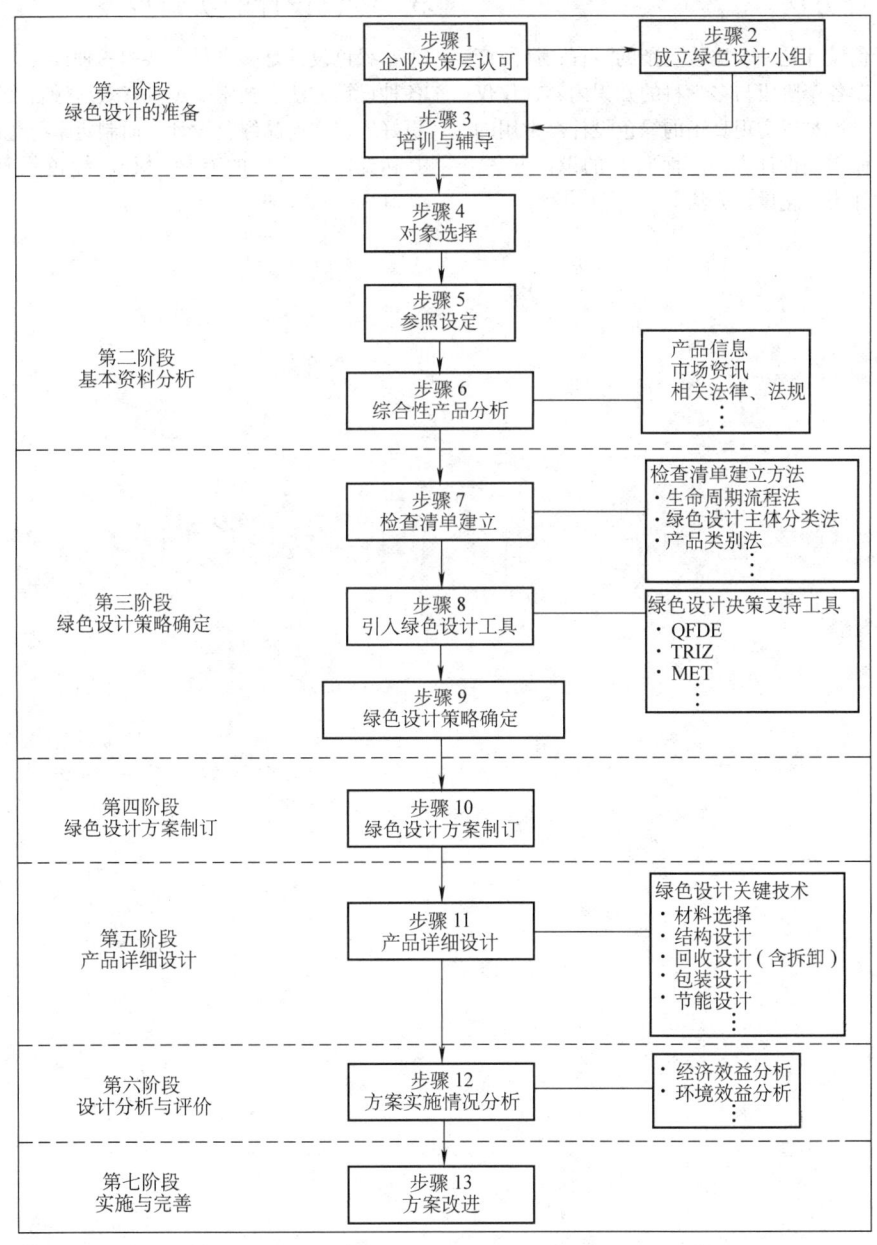

图 48.1-1 绿色设计流程

表 48.1-1　绿色设计与传统设计的比较

比较因素	传统设计	绿色设计
设计依据	依据用户对产品提出的功能、性能、质量及成本要求进行设计	依据环境效益和生态环境指标与产品功能、性能、质量及成本要求进行设计
设计人员	设计人员很少或没有考虑有效资源的再生利用及对生态环境的影响	要求设计人员在产品构思及设计阶段必须考虑降低能耗、资源重复利用和保护生态环境
设计技术或工艺	在制造和使用过程中很少考虑产品回收，仅考虑有限的贵重金属材料回收	在产品制造和使用过程中可拆卸、易回收，不产生毒副作用及保证产生最少的废弃物
设计目的	以需求为主要设计目的	为需求和环境而设计，满足可持续发展的要求
产品	普通产品	绿色或绿色标志产品

2　绿色设计方法

产品的绿色设计是一个比较复杂的过程，涉及产品整个生命周期各个阶段与多学科的知识内容，仅仅靠单一的设计方法难以实现真正的绿色设计。常用的设计方法有生命周期设计方法、面向 X 的设计方法、并行工程方法和模块化设计方法等。

3　绿色设计的实施步骤

绿色设计是多学科交叉的一种设计方法，只有将各种设计方法、技术及工具有效地融合在一起，才能更好地实施产品绿色设计，而制定系统化的设计流程是达到这一目标的有效途径。绿色设计流程如图 48.1-1 所示。

第2章 绿色设计中的材料选择

1 绿色设计对材料的要求

材料的生产和使用是社会生产和发展的基础之一,而材料生产的过程也是一个资源能源消耗、产生环境影响的过程。因此,材料的绿色特性对最终产品的"绿色程度"具有重要意义。

绿色设计首先要求构成产品的材料具有绿色特性。也就是说,在产品的整个生命周期内,这类材料应有利于降低能耗,减轻环境负担。具体来说,应符合以下要求:

1) 从生产过程看,所用材料应是低能耗、低成本、少污染的材料。

2) 从制造过程看,所用材料应是易加工且加工中无污染或污染最小的材料。

3) 从报废后易于处理的角度看,所用材料应是易回收、易处理、可重用、可降解的材料。

2 绿色材料的选择原则

绿色材料,又称环境协调材料或生态材料,是指那些具有良好使用性能或功能,并对资源和能源消耗少,对生态与环境污染小,有利于人类健康,与环境协调的材料。绿色材料的选择不仅要满足传统的选材原则,还要考虑材料的绿色性能,实现这些因素之间的协调,见表48.2-1。

表48.2-1 绿色材料中的选择原则

选择原则	内容	解释
使用性能原则	产品功能要求	所选材料要满足产品的功能和使用寿命要求
	产品结构要求	产品结构要求对材料选择有重要影响
	使用安全要求	材料选择应充分考虑各种可预见的危险
	工作环境要求	任何产品总是在一定的工作环境中运行和使用,它必然要受到环境的影响,这些影响主要包括冲击和振动、温度与湿度、腐蚀性等
工艺性能原则	零件加工的可行性	材料所要求的工艺性能与零件制造的加工工艺方案有密切的关系,它们决定了零件制造的可行性和质量
经济性原则	材料成本	在满足零件技术性能要求的前提下,尽可能选择廉价材料
	加工成本	在满足零件技术性能要求、材料成本又相差不大的前提下,加工工艺不同会导致加工成本迥异
	回收处理成本	回收处理成本是产品生命周期成本的重要组成部分,要尽可能选用回收处理成本低的材料
	供应链管理成本	要尽可能少用稀有金属材料,尽量减少所选材料的品种和规格,以降低材料的供应、保管、热处理等供应链管理成本
环境性原则	减少产品中材料的种类	减少材料种类,便于产品废弃后的回收、分类和处理,从而减少回收成本,提高产品的回收效益
	提高选用材料之间的相容性	材料相容性好,便于零部件一起回收,从而减少零部件的拆卸工作量及成本。常用塑料材料的相容性见表48.2-2
	尽量选用低能耗的材料	不同的材料,由于生产方式不同造成加工过程中所需能耗的不同,应认真考虑各种材料在加工过程中的能量消耗,表48.2-3~表48.2-5所列为不同材料制造过程的能耗
	材料易于回收、再利用或降解,优先选用可再生材料	采用易回收的材料,如塑料、铝等,不但可以节约资源,而且可以减少不可回收材料造成的环境污染。表48.2-6所列为常用材料的可回收难易程度
	对材料进行必要的标识	对材料的标识,不仅有利于产品生命终止后回收工作的简化,而且可以降低回收的成本。表48.2-7~表48.2-9所列为常用塑料的材料标识、回收标志及代号
	无毒无害原则	对于有毒有害物质的使用,应严格遵守相关法律法规所规定的产品材料限制要求,应尽可能不用或少用;有些产品由于条件所限,必须使用时,尽量将这些材料组成的零部件集成在一起,并做出醒目标记,避免生产、使用、回收等过程中对环境及人身安全造成危害
	尽量选用不加任何涂层、镀层的原材料	带有涂层的材料会给材料的回收再利用带来困难,而且大部分涂料本身就有毒,涂镀工艺本身也会给环境带来极大的污染
	选用短缺材料资源的替代材料	材料选择时,还应考虑材料资源的丰富程度,考虑可持续发展问题。对于短缺材料资源,尽可能选用其替代材料,尽可能选用工程塑料、结构陶瓷和复合材料等新材料

表 48.2-2　常用塑料材料的相容性

材料类别	LDPE	LLDPE	ULDPE/VLDPE	乙烯聚合物	HDPE	PP	EPM/EPDM	PS	SAN	ABS	PVC	PA	PC	PMMA	PBT	PET
LLDPE	1															
ULDPE/VLDPE	1	1														
乙烯聚合物	1	1	1													
HDPE	1	1	1	1												
PP	4	2	(1)	2	4											
EPM/EPDM	4	4	(1)	3	4	1										
PS	4	4	4	4	4	4	4									
SAN	4	4	4	4	4	4	4	4								
ABS	4	4	4	4	4	4	4	4	1							
PVC	4	4	4	(2)	4	4	4	4	2	3						
PA	4	4	4	(1)	4	4	(1)	4	4	4	4					
PC	4	4	4	4	4	4	4	4	2	2	4	4				
PMMA	4	4	4	(3)	4	4	4	4	2	2	2	4	2			
PBT	4	4	4	(2)	4	4	4	4	4	4	4	4	4	1	4	
PET	4	4	4	(3)	4	4	4	4	4	4	4	4	4	1	4	3
SBS	4	4	4	4	4	4	4	3	3	3	3	4	4	4	4	4

注：1. 1 为优秀；2 为好；3 为可以；4 为不相容；( ) 表示取决于成分。
2. 来源：Paul Burall, Product Development and the Environment, Gower Publishing Limited, 1996, 5.

表 48.2-3　金属材料制造过程所消耗的能量

金属材料	消耗能量 /MJ·kg⁻¹	金属材料	消耗能量 /MJ·kg⁻¹
铁	23.4	镍	167.0
铜	90.1	铝	198.2
锌	61.0	镉	170.0
铅	51.0	钴	1600.0
锡	220.0	钒	700.0
铬	71.0	钙	170.0
钢	30.0		

表 48.2-4　常用塑胶材料的提炼能耗

塑胶材料	消耗能量 /MJ·kg⁻¹	塑胶材料	消耗能量 /MJ·kg⁻¹
PC	118.7	PP	77.2
PS	105.3	PET	76.2
ABS	90.3	PVC	70.5
EPS	82.1	LDPE	66.2
HDPE	79.9		

表 48.2-5　其他材料制造过程所消耗的能量

其他材料	消耗能量 /MJ·kg⁻¹	其他材料	消耗能量 /MJ·kg⁻¹
硬纸板	12.5	玻璃	9.9
卫生纸	19.7	玻璃纤维	8.1
瓦楞纸	17.3	平板玻璃	22.0
报纸	16.7	木材	35.0
包装纸	32.0	苯乙烯-丁二烯橡胶	6.0
木浆纸板	46.1	丁腈橡胶	8.0
特殊纸	50.0	天然橡胶	60.0
白纸	16.6	合成橡胶	70.0
水性涂料	3.1	熔剂型涂料	3.3

表 48.2-6　常用材料的可回收难易程度

回收性能较好	贵金属：金、银、铂、钯
	非铁金属：锡、铜、铝合金
	铁金属：钢及其他合金
回收性能中等	非铁金属：黄铜、镍
	塑料：热塑性塑料
	非金属：纸制品、玻璃
回收性能较差	非铁金属：铅、锌
	塑料：热固性塑料
	非金属：陶瓷、橡胶
	其他用不同工艺方法使两种材料复合在一起者：涂层、镀层、铆接、黏接、镶嵌等

表 48.2-7　常用的塑料材料标识与标志图形符号

标志名称	标志图形	适用范围
可重复使用	（双向箭头）	成型后制品可以多次重复使用，且性能满足相关规定的塑料
可回收再利用	（三角循环箭头）	废弃后，被回收并经过一定处理后，可再加工利用的塑料
不可回收再利用	（带叉三角箭头）	废弃后，不允许被回收再加工利用的塑料
再生塑料	（圆内单箭头）	经工厂模塑、挤塑等预先加工后，用边角料或不合格模制品在二次加工厂再加工制备的热塑性材料
再加工塑料	（圆内单箭头）	由非原加工者，用废弃的工业塑料制备的热塑性塑料
医用	（圆内十字）	用于医药的塑料
食品包装	（圆内 S）	用于食品包装的塑料

表 48.2-8 我国塑料制品回收标志的规定

图例	♻ 01 PET
组成	塑料包装制品回收标志由图形、塑料代码与对应的缩写代号组成。其中,图形为带三个箭头的等边三角形;0代表材质类别为塑料,塑料代码为 0 与阿拉伯数字顺序号组合的号码,位于图形中央,分别代表不同的塑料;塑料缩写代号位于图形下方,参考表 48.2-9
颜色	一般为黑色,也可以用其他醒目的颜色,要求不易褪色或脱落。模塑可以与制品颜色相同
制作	可以采用模塑、印刷或喷涂等方法,但不应损害塑料包装制品的性能
设置的数量	每件制品一般为一个,如有必要还可增加
设置的位置	一般应位于塑料包装制品明显处,如袋的正面、箱的四个侧面、瓶(桶)体外侧或底部

表 48.2-9 塑料名称、代码与对应的缩写代号

塑料名称	聚酯	高密度聚乙烯	聚氯乙烯
塑料代码	01	02	03
塑料缩写代号	PET	HDPE	PVC
塑料名称	低密度聚乙烯	聚丙烯	聚苯乙烯	其他塑料代码
塑料代码	04	05	06	07
塑料缩写代号	LDPE	PP	PS	Others

3 绿色材料的选择

绿色设计的选材思想是根据绿色产品设计的特点,遵循产品功能属性和绿色属性的总原则,综合考虑材料的基本性能(使用性能和工艺性能等)、经济性能和环境性能三大要素,完成产品的材料选择。

3.1 选材基本步骤

选材过程通常可以概括为以下五个步骤:

1) 零件对所选材料的性能要求分析及失效分析。

2) 对可供选择的材料进行筛选。根据第一步的结果获取可供选择的材料集。根据产品市场需求和企业现实状况,把材料的各项经济指标和环境指标作为材料选择的必要条件,对材料的选择进行限制。

3) 对可供选择的材料进行评价。这个阶段的任务是按照规定的要求来衡量候选材料,并最终确定最佳材料。评价阶段可以从最关键的性能开始,然后评价次要性能,或根据所有有关的性能对各类候选材料进行比较,主要根据设计者的价值取向和产品的要求。在很多场合,使用系统分级和定量的方法进行评

价选择,结果更具有客观性。

4) 最佳材料的选定。通过上述步骤应该得出要选择的材料,但是有时上述评价的结果有两种,甚至三种材料不相上下,评价的结果不明确,此时选材者应该根据经验做出判断和决定。当没有一种材料能满足各种要求时,可以放宽要求,或者从根本上重新设计。

5) 零件所选材料的实际验证。对于成批、大量生产的零件和非常重要的零件,在企业内部先进行试生产。试生产时要进行台架试验、模拟试验,确认无误后再投放市场,而且要不断接收从市场反馈回来的质量信息,作为改进产品的依据。

3.2 绿色材料选择的三维方法

绿色材料选择的三维方法思想如图 48.2-1 所示,把材料选择中三个不相容的问题放在一个三维空间范围内进行考虑。

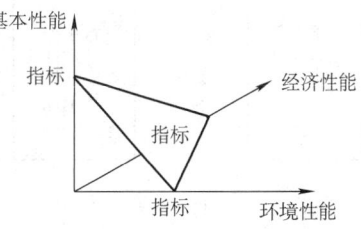

图 48.2-1 绿色材料选择的三维方法思想

材料选择三维方法流程如图 48.2-2 所示。图中的备选集是指各种材料构成的材料集合,为了便于对各种材料进行选择和管理,将所有材料集放入材料数据库中。

三维方法的主要工作流程如下:

1) 设计人员依据客户的需求,确定零件所需材料的全部性能要求,从备选材料集 M_1 中得出第一维选择后的备选材料集 M_2。

2) 设计人员根据产品需求和设计单位的实际情况,判断经济性和环境性二者的重要程度。

3) 如果认为经济性比环境性重要,那么优先根据经济性指标来选择材料。根据经济性的各项指标,从备选材料集 M_2 中得出第二维选择后的备选材料集 M_3。

4) 根据需求分析确定的环境因素,利用有关数学分析理论(如层次分析法、集对理论、灰色系统分析、模糊评价法等),对零件设计中所需要考虑的环境因素进行评价。

5) 将 M_3 中每种材料的环境性能进行加权求和,得到最终的环境性能指数,其中指数最大的即为环境性能最好的材料,形成最优材料集 M_4。

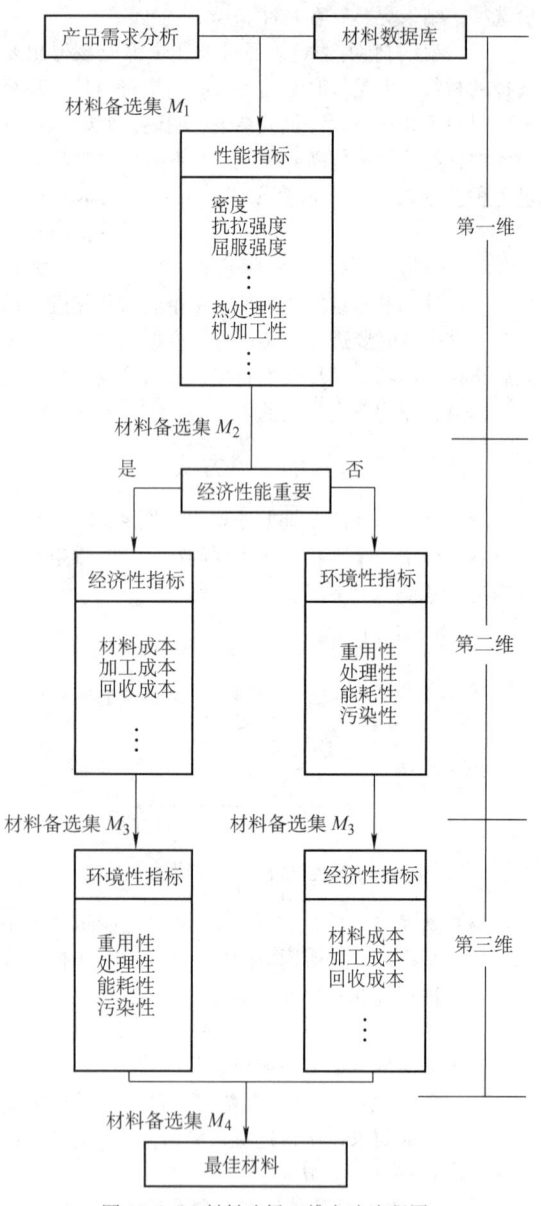

图 48.2-2 材料选择三维方法流程图

6) 如果在步骤 2) 中判断环境性比经济性重要,那么在经过步骤 1) 后,步骤 3) 就是对备选材料集 M_2 进行环境性能评价和选材,得到备选材料集 M_3,然后再根据经济性能的各项指标对备选材料集 M_3 进行最后的筛选,得到材料集 M_4,即最佳材料。

4 材料的绿色性能评价

正确评价材料的环境属性,即判断材料是否为绿色材料,有许多不同的方法。从其实质来看,可以分为两类,一类是用于材料开发生产过程的评价,其过程程序比较复杂,如泛环境函数法、生命周期评价法等;另一类则是易懂、具体的,最终能由消费者判断材料环境属性的方法,具有普及性、广泛性,如材料的再生循环利用度的评价、表示系统等。下面对常用材料绿色程度的评价方法进行简要的介绍。

4.1 泛环境函数法

该方法将材料的生产过程看成是一个黑箱,省去过程中的各种具体反应,仅考虑输入输出关系。其输入参数包括资源和能源两大类,而输出参数除产品外,还有各种形式的排放物,如图 48.2-3 所示。可以看出,材料生产过程系统与外界交互作用的参数有四项:能源、资源、产品和排放物。除产品对外界有正效应外,其余三项对外界都有直接的或间接的负效应。

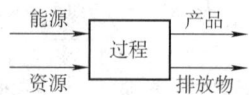

图 48.2-3 某过程的输入输出参数

因此,材料的评价不仅要考虑污染物的直接危害,还要考虑资源消耗和能源消耗的间接危害。这些危害和影响所涉及的范围称之为泛环境(Pan-environment),可以用一个函数来描述,即泛环境函数。泛环境函数的通用数学表达式为

$$ELV = \psi(n) = f[R(n), E(n), P(n)] \quad (48.2\text{-}1)$$

式中 ELV——泛环境函数,其值称之为泛环境负荷,它是材料生命周期过程 n 的函数;
R——材料的资源环境因子;
E——材料的能源环境因子;
P——材料的污染物因子。

R、E、P 都是过程 n 的函数,即

$$\begin{cases} R(n) = y_1(a_i) \\ E(n) = y_2(b_j) \\ P(n) = y_3(c_k) \end{cases} \quad (48.2\text{-}2)$$

式中 a_i——在材料生命周期过程 n 中的各种资源消耗量的叠加;
b_j——在材料生命周期过程 n 中的各种能源消耗量的叠加;
c_k——在材料生命周期过程 n 中的各种废弃物量的叠加。

对于材料的全过程而言,其泛环境函数为

$$ELV = \int_0^n f(R, E, P) \, dn \quad (48.2\text{-}3)$$

泛环境函数 ELV 有两种处理方法:一种是加和处理法;另一种是乘积处理方法,即加和模型和乘积模型。

(1) 加和模型

加和模型可用式（48.2-4）表示：
$$ELV = a'R + b'E + c'P \quad (48.2\text{-}4)$$
式中 a'、b'、c'——加权系数，加权系数的大小体现了产品环境因子的偏好程度，可以通过专家评价法来获得。

由于 R、E、P 的环境因子具有不同的量纲，为了叠加，必须分别进行无量纲化处理。在此引入环境等效指数的概念，定义环境等效指数为

$$I_{ij} = \frac{C_{ij}}{S_{ij}} \quad i=1,2,3,\cdots,n; j=1,2,3 \quad (48.2\text{-}5)$$

式中 C_{ij}——第 j 个环境因子的第 i 项的实测数据，其单位为每单位产品的发生量；

S_{ij}——第 j 个环境因子的第 i 项国家标准或行业标准。

显然环境等效指数是一个量纲为 1 的值。$j=1$ 为资源环境因子项；$j=2$ 为能源环境因子项；$j=3$ 为废弃物环境因子项。可获得 R、E、P 的值为

$$\begin{cases} R = \sum I_{i1} \\ E = \sum I_{i2} \quad i=1,2,3,\cdots,n \\ P = \sum I_{i3} \end{cases} \quad (48.2\text{-}6)$$

（2）乘积模型

乘积模型可用式（48.2-7）表示：
$$ELV = (a'R) \cdot (b'E) \cdot (c'P) \quad (48.2\text{-}7)$$

在乘积模型中，R 项的单位为 kg，E 项的单位为 kg（标准煤），P 为量纲为"1"的量。对于 P 项可引用环境等效指数的概念。

4.2 材料再生循环利用度的评价及表示系统

该系统是日本关西大学的中野加都子提出的一种面向消费者的普及型绿色材料评价系统。该系统由以下三部分组成。

1）可以再生循环利用的原材料。这是指在产品中可再生循环利用的材料，一般只表示最主要的材料，如家电产品等复杂产品。另外，不管含量比例的大小，对特别有必要再生循环利用的材料（如汞等有害物质及稀有金属等）应优先表示。

2）再生循环利用。这是表示将产品回收到指定的地方，以便于再生循环利用的方法。指定的回收地方通常标注在产品上或在产品使用说明书中提示给消费者，如标注的"商店""自动回收机""当地的一般分类垃圾场"等。通过表示出再生循环利用的方法，可以给消费者以具体的指导，使现有的回收方法更加明确、统一，从而有效地实施再生循环利用。

3）再生循环利用度。这是将可再生循环利用的程度以分数和星级进行评价和表示。例如，给 100% 可以再生循环利用的产品打 100 分；给一次性使用的产品打 0 分等。图 48.2-4 所示为该系统的效果。为了实现环境协调型社会的这一目标，应该采用简单易懂的方式将生产者和消费者紧密联系起来。再生循环利用度的计算方法是按某种产品每种构成材料的资源化方法分别给出再生利用度的分数，将此分数与构成材料的比率相乘后再累加起来，见表 48.2-10。

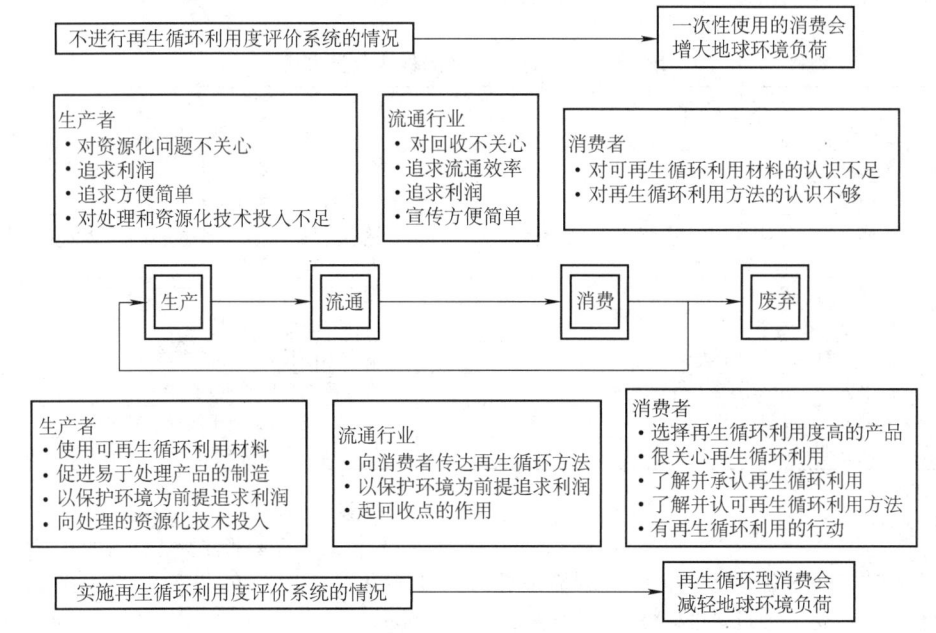

图 48.2-4 实施再生循环利用度评价表示系统的效果

表 48.2-10 材料再生循环利用度的评价

材料	构成比	再资源化方法	各种再资源化方法的再生循环利用度分数	每种材料的再生循环利用度分数
M_1	X_1	$P_{1,1}$ $P_{1,2}$ $\vdots$ $P_{1,j}$	$A_{1,1}$ $A_{1,2}$ $\vdots$ $A_{1,j}$	$E_1 = a_{1,j}$ 归一化地确定选择哪种再生资源化方法
$\vdots$	$\vdots$	$\vdots$	$\vdots$	$\vdots$
M_n	X_n	$P_{n,1}$ $P_{n,2}$ $\vdots$ $P_{n,j}$	$A_{n,1}$ $A_{n,2}$ $\vdots$ $A_{n,j}$	$E_n = a_j$
再生循环利用度分数 $E_A = \sum E_i \cdot X_i / 100$				

5 材料数据库的构建

材料数据库对材料绿色程度的评价和绿色材料的选择具有重要的支持作用。目前,国内外已有众多企业和机构从事该方面的研究,开发了许多专用材料数据库,参见表 48.2-11。

绿色材料数据库除了包括材料型号、化学成分、力学性能、物理性能、耐腐蚀性能等工程常用参数,还应该包括材料的环境属性(如能量消耗、废弃物排放、回收率等)。表 48.2-12 所列是一种常用的工程材料 PP 塑料的环境属性数据(数据来源于 Eco-Indicator 99)。

根据分类依据的不同,材料有不同的分类方式,每种分类方式都有不同的侧重点,但并不独立,也可以相互交叉应用。表 48.2-13 所列是冰箱产品的材料分类方式。

在数据库系统运行过程中必须不断地对其进行评价、调整与修改。

表 48.2-11 材料相关数据库举例

组织构建单位	名 称
美国国家标准局	合金相图数据库、陶瓷相图数据库、材料腐蚀数据库、材料摩擦磨损数据库
上海材料研究所	机械工程材料数据库
北京钢铁研究总院	合金钢数据库、航天低温材料数据库
北京机电研究所	材料热处理数据库
中科院分属腐蚀与防护研究所	高分子材料腐蚀、大气腐蚀数据库
日本国立材料科学研究所	结晶结构材料数据库
INI International	钢材料性质数据库

表 48.2-12 PP 塑料的环境属性数据

环境特性	数值
材料生产中的损耗/$cm^3 \cdot kg^{-1}$	198
废弃(燃烧)量/$cm^3 \cdot kg^{-1}$	-3.69
废弃(掩埋)量/$cm^3 \cdot kg^{-1}$	1.85
回收量/$cm^3 \cdot kg^{-1}$	-107.25
能量消耗/(MJ/kg)	100~120
回收比	0.45~0.55

表 48.2-13 冰箱产品的材料分类方式

分类依据		特 点
传统分类方式	按化学成分分类	一般分类方法,但无法突出材料本身的一些特性
	按物理性能分类	突出材料的物理性能,方便发现材料使用功能
	按用途分类	便于直接挑选相关功能的材料
	按成本等经济性因素分类	使材料成本及收益比一目了然,便于节约成本
	按企业内部工艺要求分类	方便企业生产使用
	按材料的开发、使用时间长短及先进性分类	便于发现替代材料,提高市场竞争力
绿色分类方式	按生态指数分类	关注材料绿色属性,符合社会发展需要
	按产生的环境影响分类	突出不同材料对环境影响的区别
	按报废处理方式分类	有利于材料回收处理
按客户特殊要求分类		补充分类方式,便于实现定制生产
按地域法律规范分类		补充分类方式,便于建立产品销售策略

6 设计案例

以模型汽车车身材料轻量化选择为例。结合不断涌现的新材料、新工艺,通过绿色材料选择方法与步骤为车身不同零部件选择更加合适的材料,以满足车身轻量化设计要求。

1)根据车身零部件所选材料的性能要求,选择烘烤硬化钢(BH)、双相钢(DP)、高强度低合金钢(HSLA)、马氏体钢、5×××铝合金、6×××铝合金、镁合金、钛合金、碳纤维增强塑料(CFRP)、高密度聚乙烯（HDPE）共 10 种材料为备选方案。

2）车身不同零部件的主要性能有很大差别，为更加合理地选择材料，满足车身不同零部件的设计目标和使用要求，选择可制造性、环保性、耐久性、成本、耐热性、燃油经济性、NVH、扭转刚度、抗凹陷性、弯曲刚度、碰撞性共 11 种车身性能进行考虑，见表 48.2-14，通过专家打分法获得上述车身性能的显著程度，从而对供选材料进行筛选。

3）质量屋方法是一种能够有效建立顾客需求和工程需求之间联系的方法。通过质量屋方法获得材料不同属性在"顾客需求"与"工程需求"间的相关权重，通过材料的绿色材料选择，对可供选择的材料进行评价，如图 48.2-5 所示。

4）获得车身各主要零部件的材料方案后，建立车身有限元模型，通过对比原型车身和改进车型的基本性能（弯扭刚度、一阶整体扭转模态频率、正面100%重叠刚性固定壁障碰撞）以及车身质量如图 48.2-6 所示，验证材料通过选择方法所得车身各主要零部件的材料方案的可行性。

表 48.2-14　车身主要零部件及其主要设计性能

车身主要零部件	主要设计性能
顶盖	抗凹陷性、NVH、耐久性
发动机罩内板	弯曲刚度、NVH、制造性、抗热性
发动机罩外板	抗凹陷性、NVH
行李箱盖内板	弯曲刚度、NVH、制造性
行李箱盖外板	抗凹陷性、NVH
前、后翼子板	抗凹陷性、NVH
车门内板	弯曲刚度、NVH、制造性
车门外板	抗凹陷性、NVH
A、B 柱	弯曲刚度、NVH、制造性、碰撞性
地板	弯曲刚度、NVH、耐久性

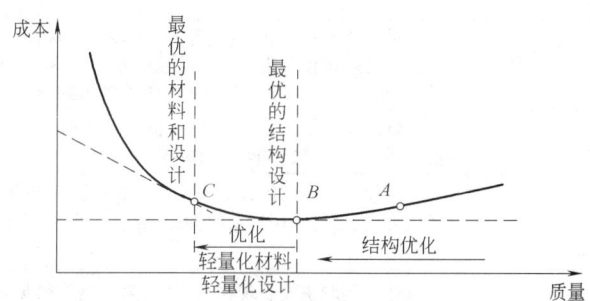

图 48.2-5　车身质量与成本之间的关系

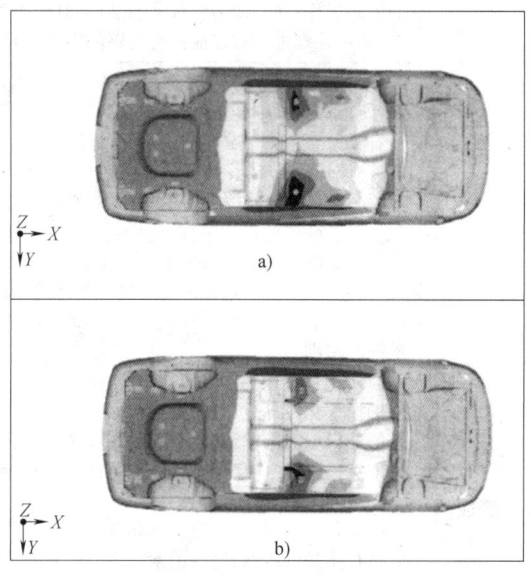

图 48.2-6　材料替换前后静态弯曲刚度应力云图
a）替换前　b）替换后

第3章 面向拆卸回收的产品设计

1 面向拆卸的产品设计

面向拆卸的产品设计（可拆卸设计）是绿色设计的重要内容之一，产品拆卸性能的好坏对产品使用过程中的维护及产品废弃淘汰后的有效回收、重用等均具有重要意义。

1.1 可拆卸设计的概念

要使产品具有良好的拆卸性能，就必须在设计阶段充分考虑产品拆卸的难易程度，即进行可拆卸设计（Design for Disassembly，DFD）。DFD设计有利于产品零部件的重复利用，有利于元器件和材料的回收。DFD设计的主要作用体现在产品维护和回收两个方面。

1.2 可拆卸设计原则

进行产品设计时应遵循可拆卸设计原则。可拆卸设计原则主要有结构可拆卸原则、拆卸易于操作原则和产品结构可预估性原则。可拆卸设计原则的具体内容见表48.3-1。

表48.3-1 可拆卸设计原则

原则	要 求	内 容
结构可拆卸原则	采用易于拆卸的连接方式	尽量选用卡扣式、螺纹式等便于分离的、拆卸性能好的连接方式，尽量不用焊接、黏接、铆接等难以拆卸的连接方式，图48.3-1所示为结构可拆的卡扣式连接，图48.3-3所示为常用连接方式的拆卸性能
	连接类型和数量最少	尽量减少连接类型，从而减少拆卸工具和拆卸工艺，同时拆卸部位连接件数量要尽可能少，减少拆卸工作量
	拆卸运动简单	尽量使用简单的拆卸路线和简单的拆卸运动，应尽可能减少零部件的拆卸运动方向，避免采用复杂的拆卸路线（如曲线运动），并且拆卸移动的距离要尽可能短
	结构可达性好	可达性问题主要表现在三方面：第一是看得见——视角可达，即拆卸时，应能看到内部的拆卸操作，并有足够的空间容纳拆卸人员的手臂及进行观察，如图48.3-2所示；第二是够得着——实体可达，即在拆卸过程中，操作人员身体的某一部位或借助工具能够接触到拆卸部位，如图48.3-4所示；第三是足够的拆卸操作空间，即需要拆卸的部位，其周围要有足够的空间，以方便拆卸工作，如螺栓螺母的布置应留有足够的扳手空间，如图48.3-5所示
拆卸易于操作原则	零件材料单一	尽量避免金属材料与塑料零件的相互嵌入，如目前广泛采用的注塑零件就往往将金属部分嵌入到塑料中，这会使以后的分离拆卸工作很难进行
	废液排放安全无污染	有些产品在废弃淘汰后，其中往往含有部分废液，为了在拆卸过程中不致使废液泄漏，造成环境污染和影响操作安全，在拆卸前首先要将废液排出。因而，在产品设计时，要留有易于接近的排放点，使这些废液能方便并安全地排出
	拆卸部位应便于抓取	当拆卸的零部件处于自由状态时，要方便地拿掉，必须在其表面设计预留便于抓取的部位，以便准确、快速地取出目标零部件。图48.3-6所示轴承定位轴肩的高度不应超过轴承座圈的厚度，以便留有适当的拆卸支承面；图48.3-7所示压盖上有两个起顶螺钉，便于拆卸；图48.3-8所示销孔采用的通孔也是同样的道理
拆卸易于操作原则	采用模块化设计	模块化是实现部件互换通用、快速更换和拆卸的有效途径，因此在设计阶段采用模块化设计，可按功能将产品划分为若干个各自能完成特定功能的模块，并统一模块之间的连接结构和尺寸，这样不仅制造方便，而且便于拆卸、回收
	应选用刚性零件	产品设计时，应尽量采用刚性零件，因为非刚性零件的拆卸不方便
产品结构可预估性原则	避免将易老化或易被腐蚀的材料与所需拆卸、回收的零件材料组合	产品在使用过程中，由于存在污染、腐蚀、磨损等现象，且在一定的时间内需进行维护或维修，这些因素均会使产品的结构产生不确定性，即产品的最终状态与原始状态之间产生了一定的改变。为了使产品废弃淘汰时，其结构的不确定性减少，设计时应遵循产品结构可预估性原则
	防止要拆卸的零部件被污染或腐蚀	

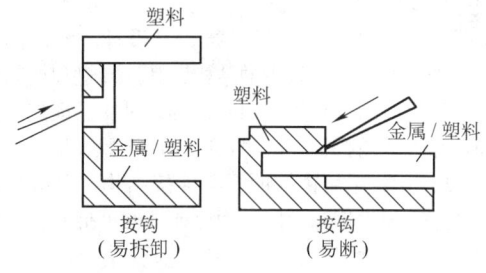

图 48.3-1 卡扣连接简图

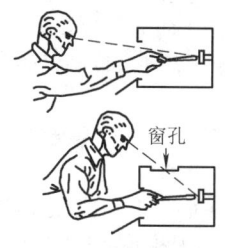

图 48.3-2 拆卸部位应能看得见

连接原理	材料连接		摩擦连接					刚性连接					
连接特点	塑料金属胶接	焊接	磁性连接	魔术贴	螺栓螺母	塑料螺栓螺母	弹簧连接	铆接	曲杆连接	四分之一圈锁紧	按钮旋转锁紧	按钮锁紧	锁连接
承载能力 静态强度	◐	●	○	○	●	◐	◐	●	◐	●	●	●	●
承载能力 疲劳强度	●	●	○	○	●	◐	○	●	◐	●	●	●	●
连接方法 连接费用	●	●	◐	●	◐	◐	●	●	●	●	●	●	●
连接方法 指导费用	●	●	●	●	◐	◐	●	●	●	●	●	●	●
分离方法 非破坏性分离费用	○	○	●	●	◐	◐	●	○	●	●	●	●	●
分离方法 破坏性分离费用	◐	◐	●	●	◐	◐	●	◐	●	●	●	●	●
回收性能 产品回收	○	○	●	●	●	●	●	○	●	●	●	●	●
回收性能 材料回收	◐	◐	●	●	●	●	●	◐	●	●	●	●	●

● 好　◐ 中　○ 差

图 48.3-3 常用连接方式的拆卸性能

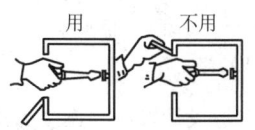

图 48.3-4 拆卸部位应能够得着

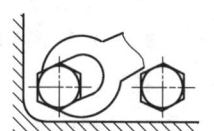

图 48.3-5 拆卸部位应有足够的空间

1.3 可拆卸结构设计

可拆卸结构设计是指在进行产品结构设计时，遵循可拆卸设计原则，并充分考虑其拆卸性能，确保产品的可拆卸性，以便于在产品使用过程中的维修以及废弃处理后的拆卸、回收。

1.3.1 可拆卸连接结构设计

可拆卸连接结构设计要充分考虑连接方式是否适应绿色设计的要求，改变不符合绿色设计思路的传统连接方式，并设计或改进设计出拆卸性能好的连接结构。

（1）连接结构改进设计

连接结构改进设计主要是对传统的连接，如螺纹连接、销连接、键连接以及各种夹紧类型的连接等，进行连接结构或连接方式的改进或创新设计。

1）原则。连接结构改进设计应遵循以下主要原则：

① 可拆卸设计原则。

② 保证连接强度和可靠性原则。

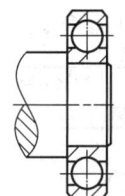

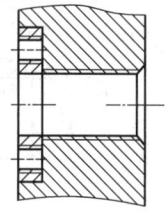

图 48.3-6 轴承的定位轴肩　　图 48.3-7 压盖

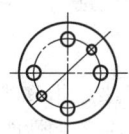

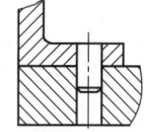

图 48.3-8 销孔

③ 结构最少改进原则，即对原有的结构以最少的改进，得到最大的拆卸性能改善。

④ 附加结构原则，即采取必要的附加结构使拆卸容易。

2) 实例。下面给出一些连接结构改进设计的实例。

① 键连接结构可拆卸设计。键连接结构设计时应采用拆卸性好、装配和拆卸工作量少的结构。如图 48.3-9a 所示键连接结构装配时手工装配的工作量较大，不宜采用；如图 48.3-9b 所示的结构易于装配和拆卸，且工作量小。

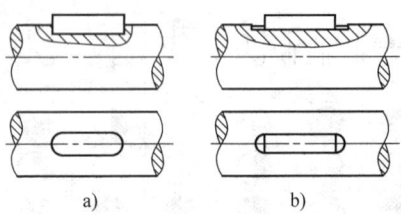

图 48.3-9　键的可拆卸结构
a) 不合理　b) 合理

② 不合理的连同拆卸连接结构改进。如图 48.3-10a 所示，要拆下轴承盖，底座同时也要被拆动，在调整轴承间隙时底座的位置也需重新调整。改进后如图 48.3-10b 所示，轴承盖可以单独拆下，不影响底座，拆卸性较好。

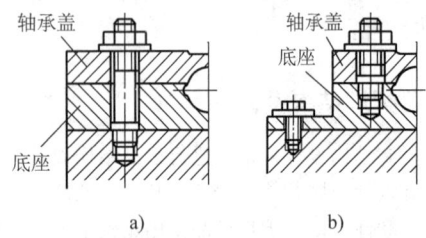

图 48.3-10　不合理的连同拆卸结构改进
a) 修改前　b) 修改后

③ 过盈配合结构的可拆卸性设计。设计过盈配合结构时，可设置便于液压拆卸的结构来提高拆卸性能。图 48.3-11 所示是用液压油拆卸过盈配合的结构，通过设置在轴或轮毂上的孔，将压力达到 150~200MPa 的液压油压入配合面，使被连接的轴和孔产生利于拆卸的弹性变形，从而使被连接件更顺利地分离。

④ 减少零部件之间的连接数量设计。实现同样的连接功能，连接数量少的结构，其拆卸过程要简单方便，拆卸时间也较短。因此，设计时在保证连接强度和可靠性的前提下，应尽量减少连接的数量。如图 48.3-12 所示，采用销辅助螺栓连接结构，可减少螺栓的数量，缩短拆卸时间。为保证销的可拆卸性，销和销孔之间应为滑配合。

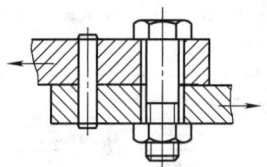

图 48.3-12　销辅助螺栓连接结构

⑤ 紧固件装卸位置的可达性改进。进行紧固件连接结构设计时，要保证紧固件所在位置的可达性，即要使螺栓、螺钉等紧固件在安装位置处具有一定的操作空间。

如图 48.3-13a 所示的连接结构，紧固件的就位空间受到限制，不能实现连接。对连接结构做了相应的改进，即在安装处设法增加使紧固件能够安装的空间尺寸，如图 48.3-13b 所示。

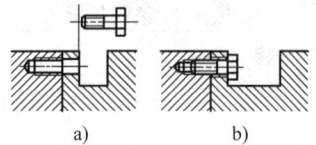

图 48.3-13　易于装卸操作的紧固件连接改进
a) 修改前　b) 修改后

⑥ 螺纹连接沉孔结构改进设计。螺纹连接沉孔结构如图 48.3-14a 所示，由于沉孔过深，给回收时的拆卸操作造成了视觉上和空间上的困难。现按照图 48.3-14b 所示的修改方案进行改进，改进后的结构不仅提高了拆卸操作的性能，而且节省了材料。

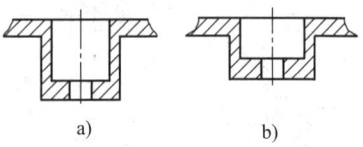

图 48.3-14　螺纹连接沉孔结构改进设计
a) 修改前　b) 修改后

(2) 快速拆卸连接结构设计

快速拆卸连接结构设计主要是指改进或创新零部件的连接结构，使其具备快速拆卸的性能，如对螺纹连接结构进行改进，可以显著缩短其拆卸时间等。

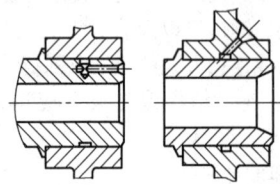

图 48.3-11　可用液压法拆卸的过盈配合连接结构

1) 原则。快速拆卸连接结构设计应遵循以下主要原则：

① 可拆卸设计原则。

② 保证连接强度和可靠性原则。

③ 对标准件等结构参数尽量不改变原则，如对螺杆、螺母中非螺纹的部分做快速拆卸的特别设计，而不改变螺纹的结构参数等。

④ 结构简单、成本低廉原则。

⑤ 结构替代原则，即选用或设计能替代螺钉、螺母等紧固件的连接方式。

2) 实例。下面给出一些快速拆卸连接结构设计的实例：

① 插销式快速连接结构。图 48.3-15 所示为插销扣紧式连接结构。在管接头 1 上固定两个销轴 2，在管接头 3 上开口，销轴插入缺口后旋转一角度，即将两管连接在一起；同时，只要旋转一定角度就可快速拆卸。

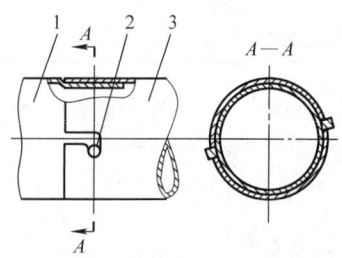

图 48.3-15 插销扣紧式连接结构
1、3—管接头 2—销轴

② 带光孔螺母的快速拆卸连接结构。图 48.3-16a 所示是一种使用时斜插的螺母，在螺母螺孔 M 内斜钻一个 ϕD 的光孔，其孔径略大于螺纹大径。在螺母斜向沿着光孔套入螺杆后，将螺母摆正，使螺母纹与螺杆螺纹旋合，即可进行旋紧。如图 48.3-16b 所示为带光孔螺母套进或取出螺杆时的位置。带光孔螺母具有结构简单、加工与使用方便的特点，但因钻斜孔将一部分螺纹切去，坚固性较差，故仅适合轻型工作时的快速连接。

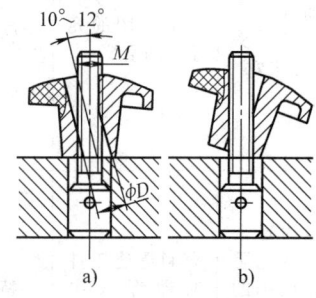

图 48.3-16 带光孔螺母连接结构

③ 弹性开口螺母的快速拆卸连接结构。图 48.3-17 所示为弹性开口螺母的典型结构，用金属或塑料制成，螺母上开有与螺母轴线成 α 角的横向穿通螺纹的缺口。加工出的缺口内端宽度 a 稍大于螺纹小径，外端宽度 b 稍大于螺纹大径。在螺纹缺口相对面的背面，开一宽度为 K 的槽，开槽的目的是使整个螺母在安装时有较好的弹性；槽的宽度和深度根据螺母两半弹性变形的条件而定。在螺母外表面还设有环形槽，槽中设有弹性卡圈，弹性卡圈在螺母旋紧后装入，目的是增加螺母固紧后的刚度，并防止螺纹接合后松动。安装时将弹性开口螺母卡装到连接零件的螺杆上，并径向转动螺杆，这样使螺母的两半先弹性松开，然后与螺杆旋合收紧，再在环形槽上装上弹性卡圈。这种结构能大大减少安装、拆卸的时间。

弹性开口螺母最适宜用于细牙螺纹的连接。

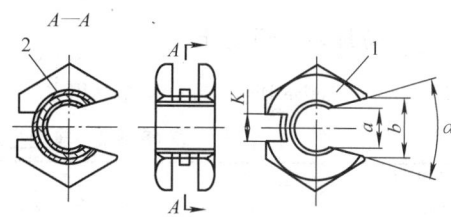

图 48.3-17 弹性开口螺母
1—开口螺母 2—弹性卡圈

④ 搁置式重力快速拆卸连接结构。搁置式重力连接限于连接插头仅在竖直方向受有重力，并要靠重力维持其稳定的结构，接头的两部分将一接头搁置在另一接头中。这种连接形式拆卸或装配都十分方便。图 48.3-18 所示为集中搁置式重力连接结构。

其中，图 48.3-18a 所示为一圆管构架上的横撑与立柱的连接，横撑上附设的锥形凸柱直接搁置在立柱附设的锥形凹孔中。

图 48.3-18b 所示为方管构架中横撑与立柱的连接，横撑端部构型件插入立柱长孔后，可直接搁置在长孔上；立柱上四面设有长孔，可搁置四杆横撑。此外，立柱顶部也设有构形件，而横撑上设有长孔，即可在立柱顶部搁置横撑。

图 48.3-18c 所示的搁置式连接中，连接件 1 为内锥体，连接件 2 为外锥体。在两个连接件中间设置一个竖向开缝的内壁和外壁均为锥形的管套 3，开缝管套 3 套在连接件 2 上，连接件 1 又套在开缝管套 3 上。在搁置后的重力作用下，开缝管套因收缩产生弹力，产生与连接件 1 和连接件 2 之间的摩擦力，使得接头更具整体性和牢固性。

图 48.3-18d 所示为通过 B 件上的葫芦形槽孔，使 A 件以重力挂装在 B 件上（B 件固定时）。若 A 件固定，要使 B 件挂装在 A 件上，则将图中 B 件葫芦孔的大小圆槽倒置。

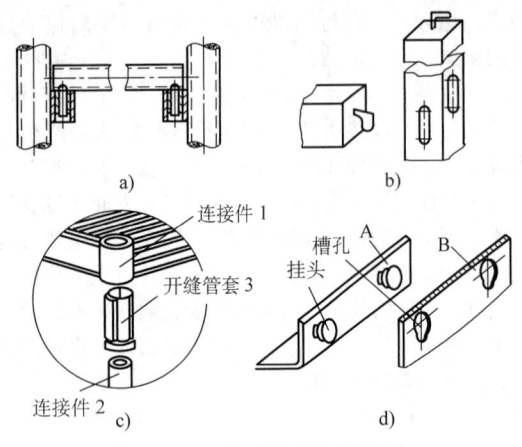

图 48.3-18 搁置式重力连接结构

1.3.2 主动拆卸结构设计

主动拆卸（Active Disassembly）是利用主动拆卸结构代替传统的卡扣、铆钉或螺纹连接，当用一定的外界条件激发主动拆卸结构时，通过形变动作，实现零部件的自动拆卸。典型主动拆卸结构组成及其激发方式见表 48.3-2。这项技术主要是利用形状记忆材料的特性，因此又被称为使用智能材料的主动拆卸（Active Disassembly using Smart Materials，ADSM）。

（1）主动拆卸结构的特点

ADSM 方法是利用形状记忆合金（Shape Memory Alloy，SMA）或形状记忆高分子材料（Shape Memory Polymer，SMP）在特定环境下自动恢复原状的原理，用 SMA 或 SMP 材料制成智能驱动器或可主动分离扣件等主动拆卸结构，在产品的设计和装配时就置入产品中。在回收处理这些产品时，只需将产品置于主动拆卸结构的激发条件（如提高温度）下，这些主动拆卸结构会使产品自行拆解，使产品的拆卸和回收处理非常方便。

表 48.3-2 典型主动拆卸结构组成及其激发方式

序号	主动拆卸结构激发方式	原理示意图	工作方式说明	必要条件	拆卸原理
1	离心力		利用离心力时卡扣松开/脱开	轴对称产品结构	特殊结构
2	振动		紧固件在特定振动频率下崩解失效	具有预设的/可修改的特征频率的结构	特殊结构/材料
3	气压		增加气压使紧固件变形从而使连接失效	有密闭的充空气的空腔	特殊结构
4	电流		通电时连接杆内部的电阻丝融化周围的塑料使连接失效	制造连接件时即埋入电阻线	特殊材料

(续)

序号	主动拆卸结构激发方式	原理示意图	工作方式说明	必要条件	拆卸原理
5	溶解		利用可溶材料制成的紧固件在拆卸时溶解消失	合适的可溶材料	特殊材料
6	磁场		磁阻材料在磁场作用下表现出形状的变化	特殊成形的特定的磁阻材料	特殊材料
7	加热		SMA驱动件产生的驱动力致使SMP卡扣根部断裂	SMP卡扣强度急剧下降几个数量级	SMP卡扣根部破坏,连接关系失效
8	加热		利用局部热量致使SMP卡扣变形	达到SMP卡扣的激发温度	局部热源致使SMP卡扣变形
9	加热		在升温时变形的形状记忆材料/两种材料的复合材料(如双金属片)	形状记忆材料或具有双稳态的两种材料的复合材料	特殊材料

（续）

序号	主动拆卸结构激发方式	原理示意图	工作方式说明	必要条件	拆卸原理
10	电磁激发	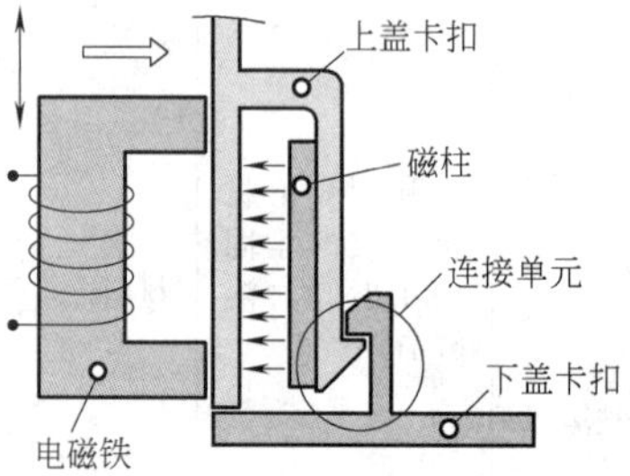 （电磁铁、磁柱、上盖卡扣、连接单元、下盖卡扣示意图）	利用磁性材料之间的相互作用力使卡扣脱开	达到卡扣脱开所需的变形量	卡扣分离
11	加热	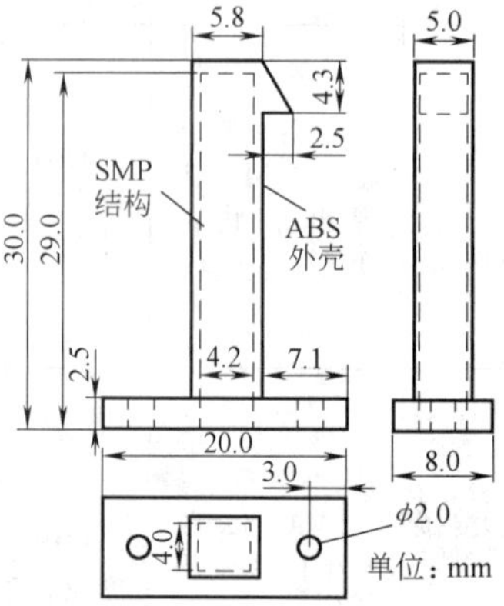 （SMP结构、ABS外壳尺寸示意图，单位：mm）	ABS外壳根部破坏，卡扣脱开	达到卡扣脱开所需的变形量	外壳材质为ABS，芯部结构材质为SMP。SMP芯部实体变形致外壳根部破坏
12	温度-压强耦合激发	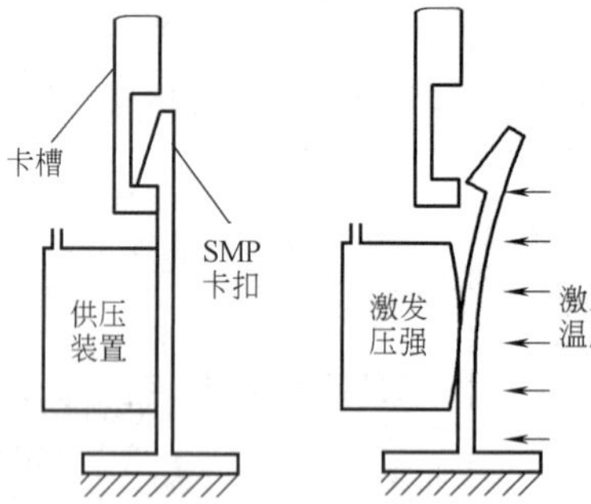 （卡槽、SMP卡扣、供压装置、激发压强、激发温度示意图）	温度激发使用SMP卡扣急剧下降，压强作用使其变形	达到卡扣脱开所需的变形量	温度-压强耦合并行激发

SMA恢复形状时的变形力很大，一般用来制造弹簧、短销、薄片、开口销、铆钉、圆管等提供驱动力的主动拆卸结构；而SMP恢复形状时的变形力不大，但变形量可高达400%，多用于制造螺钉、卡扣、铆钉、垫圈、拉链式扣件等。表48.3-3所列是几种典型的主动拆卸结构。

在表48.3-3所给出的主动拆卸结构中，最常用的主要有卡扣型和螺纹型两大类。其中，螺纹型结构一般是记忆高分子材料制成的螺钉，受热激发后螺纹消失或软化从而失去连接作用，其结构简单，成本低廉，适用于连接强度要求不高的场合；而卡扣型结构的连接强度较高，但结构较为复杂，成本也较高，适用于连接强度要求较高或有特殊要求的场合。在设计时应根据产品结构的需要来选用合适的主动拆卸结构类型。

（2）主动拆卸结构的设计方法

在进行产品的主动拆卸结构设计时，首先应根据传统设计方法设计产品的初始结构，再根据该初始结构和产品的使用环境选择材料，并设计主动拆卸结构，然后将主动拆卸结构布置在产品合适位置以实现主动拆卸，最后优化主动拆卸产品的结构和外观。产品主动拆卸结构设计流程如图48.3-19所示。

1）选择合适的主动拆卸结构。选择主动拆卸结构时，应遵循以下主要原则：

表 48.3-3 几种典型的主动拆卸结构

主动拆卸结构	激发前	激发后
SMA 弹簧		
SMA 铆钉		
SMA 箔片		
SMA 圆管		
SMA 短销		
SMP 螺钉		
SMP 开口销		
SMP 卡扣 1		
SMP 卡扣 2		
SMP 卡扣 3		
SMP 夹紧垫圈		

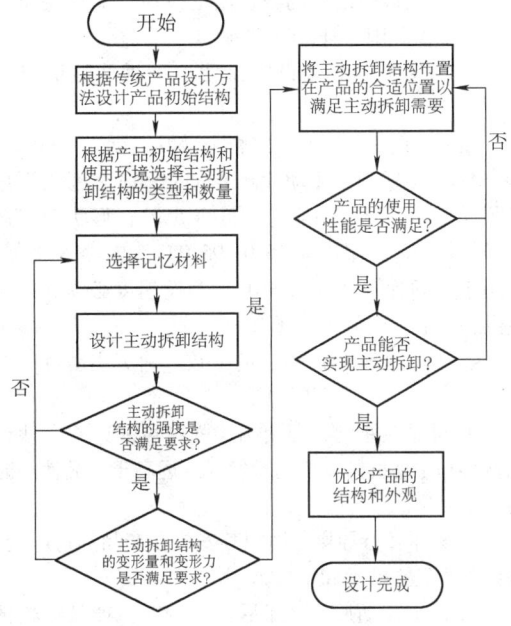

图 48.3-19 产品主动拆卸结构设计流程

① 主动拆卸结构不能影响产品的使用性能。

② 主动拆卸结构被激发后要保证被连接件的有效分离。

③ 主动拆卸结构应尽量简单可靠。

④ 主动拆卸结构的成本应尽量低廉。

2) 选择主动拆卸结构的材料。主动拆卸结构中的材料按作用方式可分为两种：一种是通过形状回复提供拆卸力，主要是形状记忆合金（SMA）；另一种是通过形状回复或材料强度的大幅降低使得零部件之间的连接失效，主要是形状记忆高分子材料（SMP）。

由于 SMA 可以提供很大的变形力，一般被用来设计驱动器，如弹簧等。其中 Ni-Ti 合金应用在需要较大拆卸力的场合，铜基形状记忆合金应用在需要较小拆卸力的场合。

SMP 的变形力很小，不能通过提供拆卸力使零部件分离，但其形变量很大，且在激发温度附近时材料的强度急剧下降几个数量级，可用于可变形的卡扣、螺钉、铆钉等零部件自释放系统的设计，也可配合形状记忆合金用于加热即可被 SMA 弹簧拉断的螺纹连接件。

为了便于拆卸回收，主动拆卸结构中的智能材料应尽可能地与其他材料相容，且不使用有毒有害、污染环境或难以回收处理的材料。

3) 确定激发温度。激发温度是指使主动拆卸结构动作得以拆解产品的温度，它是由主动拆卸结构所采用智能材料本身的性质决定的。

激发温度的选定原则如下：

① 主动拆卸结构的激发温度应在产品使用阶段的外界温度范围之外。

② 激发温度必须设定得使主动拆卸能够迅速完成。

目前实用化的形状记忆合金激发温度为-190.0~190.0℃，但适用于主动拆卸结构的 SMA 的激发温度必须远高于室温，一般应不低于55℃；形状记忆高分子材料的激发温度为 25.0~95.0℃，与 SMA 类似，适用于主动拆卸结构的 SMP 的激发温度必须远高于室温，一般不应低于55℃。

4) 确定主动拆卸结构的参数。确定主动拆卸结构的参数时应遵循以下原则：

① 可靠性原则，即使结构强度可靠，并且使记忆材料和主动拆卸结构的激发温度远高于产品使用时的环境温度。

② 易于接近原则，即把其安放在产品的边缘处，以便于激发主动拆卸结构。

③ 最小改动原则，即尽量减少对原产品结构的改动。

a. 基于 SMA 材料的主动拆卸结构参数确定 SMA 材料的主动拆卸结构主要是通过变形提供驱动力使得产品零部件分离或连接失效，从而达到主动拆卸的目的，因此在设计时，关键在于其激发后的变形量及变形力能否满足要求。

（a）SMA 弹簧的设计。用 SMA 材料（主要为 Ni-Ti 合金）来制造形状记忆弹簧，在结构激发时必须保证有足够大的驱动力。选择弹簧类型时，可以选择普通弹簧的结构型式，也可以采用扭簧、板簧、丝簧等形式，但是受限于制造、变形量的影响，实际应用主要是采用螺旋式拉伸、压缩弹簧线圈，来扩大其动作行程。

SMA 弹簧线圈的设计公式与一般弹簧很相似，只是记忆合金的切变模量并非固定值，而是随温度的变化而变化。SMA 弹簧线圈需要注意的是在相变温度附近弹性模量的改变，在 Ni-Ti 合金中高温与低温的弹性模量可以相差近 300%。若希望循环使用多次，则最大应变一般应该小于 1.5%，此时记忆合金的弹簧会具有最大的变形力。

下面仅给出螺旋弹簧结构设计参数的确定方法，如图 48.3-20 所示为螺旋弹簧结构。

变形量的公式为

$$\delta = \frac{8PD^3 n}{Gd^4} \quad (48.3\text{-}1)$$

切应变的公式为

$$\gamma = \frac{\delta d}{\pi n D^2} \quad (48.3\text{-}2)$$

切应力的公式为

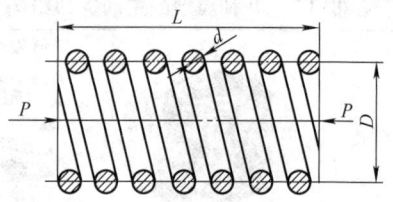

图 48.3-20 螺旋弹簧结构

图中：

D——弹簧的平均直径（mm）；

d——弹簧线径（mm）；

P——载荷（N）；

L——弹簧长度（mm）。

$$\tau = \frac{8PDk}{\pi d^3} \quad (48.3\text{-}3)$$

应力修正系数的计算公式为

$$k = \frac{4C-1}{4C-4} + \frac{0.615}{C} \quad (48.3\text{-}4)$$

式中 δ——变形量（mm）；

n——弹簧圈数；

G——切变模量（MPa）；

γ——切应变（%）；

τ——切应力（MPa）；

k——应力修正系数；

C——弹簧系数，$C=D/d$。

例 48.3-1 设某主动拆卸结构需要输出力 10N，$S=5$mm（变形量在高温与低温的差值），而其他 Ni-Ti 合金的参数为：$\tau_{\max}=120$MPa，常温时的切变模量 $G_L=8000$MPa，激发时的切变模量 $G_H=23000$MPa，$C=6$，计算如下。

$$k = \frac{4\times 6-1}{4\times 6-4} + \frac{0.615}{6} = 1.2525$$

$$d^2 = \frac{8PCk}{\pi \tau} = 1.5947$$

$$d = 1.26\text{mm} \approx 1.3\text{mm}$$

$$D = Cd = 7.8\text{mm}$$

$$\gamma_H = \frac{\tau}{G_H} = 120/23000 = 0.0052$$

$$\gamma_L = \frac{\tau}{G_L} = 120/8000 = 0.015$$

$$\gamma_S = \gamma_L - \gamma_H = 0.0098$$

$$n = \frac{Sd}{\pi \gamma_S D^2} = 3.47$$

参考表 48.3-4，可以发现 $\gamma_L=0.015$ 超过此材料的 $\gamma_{\max}$，故需重新计算 n 值。

表 48.3-4　Ni-Ti 形状记忆合金设计参数

合金	τ_{max}/MPa	γ_{max}	G_H/MPa	G_L/MPa	疲劳寿命
Ni-Ti	120	1.0%	23000	8000	$>10^6$

$$\tau_{max} = 120\text{MPa}$$
$$\gamma_{max} = 1\%$$
$$G_H = 23000\text{MPa}$$
$$C = 6$$
$$\gamma_S = \gamma_{max} - \gamma_H = 0.0048$$
$$n = \frac{Sd}{\pi\gamma_S D^2} = 7.08$$

故此线圈弹簧的设计尺寸为线径 1.3mm，弹簧直径 7.8mm，圈数 $n=7$。

(b) SMA 箔片和圆管的设计。SMA 箔片和圆管主要用于提供变形力和变形量，分开以卡扣相连的部件。其中 SMA 箔片提供厚度方向的变形，如图 48.3-21 所示；SMA 圆管提供径向的变形，如图 48.3-22 所示。因此，设计的关键是变形力和变形量要满足要求。

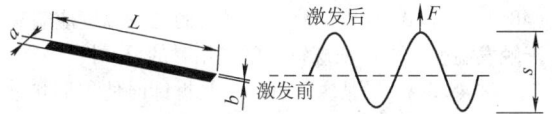

图 48.3-21　SMA 箔片结构示意图

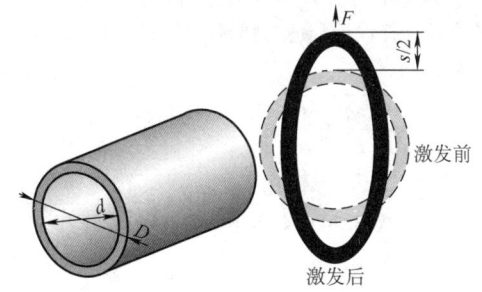

图 48.3-22　SMA 圆管结构示意图

由于形状记忆合金的最大形状记忆应变只有百分之几，如果 SMA 箔片的长度不够，则变形量 s 不足以使卡扣连接分开。因此，箔片的长度必须满足

$$L > \frac{ns}{2\varepsilon} \quad (48.3\text{-}5)$$

SMA 薄片的变形力计算公式为

$$F \approx \frac{2ns\sigma ab}{L} \quad (48.3\text{-}6)$$

式中　L——SMA 箔片的长度（mm）；
　　　n——SMA 箔片回复形状后的波浪数；
　　　s——卡扣连接分开时所需的变形量（mm）；
　　　ε——SMA 的最大形状记忆应变（%）；

　　　F——SMA 箔片的变形力（N）；
　　　σ——SMA 的回复应力（MPa）；
　　　a——SMA 箔片的宽度（mm）；
　　　b——SMA 箔片的厚度（mm）。

与 SMA 箔片类似，SMA 圆管变形前后 SMA 圆管截面的周长可视为不变，据此可得 SMA 圆管的直径设计公式为

$$D > \frac{36\varepsilon^2 - 44\varepsilon + 9}{16\varepsilon - 8}s \quad (48.3\text{-}7)$$

式中　D——SMA 圆管的外径（mm）；
　　　ε——SMA 的最大形状记忆应变（%）；
　　　s——卡扣连接分开时所需的变形量（mm）。

SMA 圆管的变形力计算公式为

$$F \approx \sigma L(D-d) \quad (48.3\text{-}8)$$

式中　F——SMA 薄片或圆管的变形力（N）；
　　　σ——SMA 的回复应力（MPa），Ni-Ti 合金的回复应力约为 400MPa；
　　　L——SMA 圆管的长度（mm）；
　　　D——SMA 圆管的外径（mm）；
　　　d——SMA 圆管的内径（mm）。

例 48.3-2　设某主动拆卸结构需要输出力不小于 40N，$s=2$mm，使用 Ni-Ti 合金制成的箔片作为驱动器，波浪数为 3，Ni-Ti 合金的最大形状记忆形变为 6%，计算如下。

SMA 箔片的长度为

$$L > \frac{ns}{2\varepsilon} = \frac{3 \times 2}{2 \times 0.06}\text{mm} = 50\text{mm}$$

设 SMA 箔片的波浪数为 2.5，则其截面积为

$$ab \approx \frac{FL}{2ns\sigma} = \frac{40\text{N} \times 50\text{mm}}{2 \times 2.5 \times 2\text{mm} \times 400\text{MPa}} = 0.5\text{mm}^2$$

若选择 SMA 箔片的宽度为 2mm，则 SMA 合金片的长度和厚度分别为 50mm 和 0.3mm（市场上常见的 SMA 合金片有 0.1mm、0.3mm、0.5mm、0.7mm、1mm 五种规格）。

b. 基于 SMP 材料的主动拆卸结构参数确定　与 SMA 不同的是，SMP 不是靠提供机械力来做功，而是单纯靠机械性质的丧失来使组件失效，故不像 SMA 有比较明确的设计公式，但部分的 SMP 特性仍可由一些相关资料来判断。

(a) SMP 卡扣的设计。SMP 的记忆变形量比较大，而卡扣的变形量远小于该值，因此卡扣能够回复为平面，失去连接功能，因此在设计 SMP 卡扣时一般不用考虑其变形量。在设计 SMP 卡扣时最关键的是计算其结构强度，使其激发前的结构强度满足使用要求，设计公式为

$$A > \frac{F_{max}}{[\sigma]} + \frac{P_{max}}{[\tau]} \quad (48.3\text{-}9)$$

式中 A——卡扣的横截面积（mm^2）；
　　F_{max}——每个卡扣承受的最大拉力（N）；
　　$[\sigma]$——卡扣材料的许用抗拉强度（MPa）；
　　P_{max}——每个卡扣承受的最大剪切力（N）；
　　$[\tau]$——卡扣材料的许用抗剪强度（MPa）。

此外，对于图 48.3-23 所示类型的卡扣，还要考虑其受到侧向力 P 时的弯曲应变及卡扣脱开的情况，可以考虑用简化的悬臂梁方式来计算。

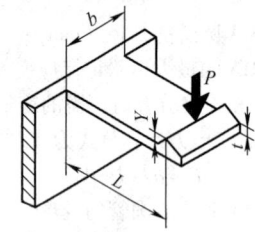

图 48.3-23　可简化为悬臂梁的卡扣

计算公式为

$$\varepsilon = \frac{1.5tY}{L^2Q} < [\varepsilon] \quad (48.3\text{-}10)$$

$$P = \frac{bt^2E[\varepsilon]}{6LQ} \quad (48.3\text{-}11)$$

式中 ε——梁根部的应变；
　　t——梁的厚度（mm）；
　　Y——卡扣连接部分的厚度（mm）；
　　L——梁的长度（mm）；
　　Q——挠度放大系数（可从图 48.3-43 和图 48.3-44 中查得）；
　　$[\varepsilon]$——卡扣材料的许用应变（%）；
　　P——使卡扣脱开所需的力（N）；
　　b——梁的宽度（mm）；
　　E——卡扣材料的弹性模量（MPa）。

例 48.3-3　某款形状记忆聚氯乙烯（SMPVC）制成的手机外壳的上下盖由 6 个卡扣连接，每个卡扣承受的最大拉力为 50N，聚氯乙烯的许用抗拉强度为 24.9MPa，许用抗剪强度为 11.5MPa，泊松比为 0.3。为保证结构强度，每个卡扣的横截面积应为

$$A > \frac{F_{max}}{[\sigma]} + \frac{P_{max}}{[\tau]}$$

$$= \frac{50}{24.9 \times 10^6}m^2 + \frac{50 \times 0.3}{11.5 \times 10^6}m^2$$

$$\approx 3.3 \times 10^{-6}m^2 = 3.3mm^2$$

(b) SMP 螺钉的设计。SMP 螺钉作为主动拆卸结构分为两类：第一类是通过激发后螺纹消失，使其失去连接功能；第二类是采用"断首法"（Decapitated Head）实现主动拆卸，即使用 SMP 制成螺钉，因其受热强度大幅降低，配合 SMA 弹簧将螺钉的头部拉断，从而破坏连接，达到产品主动拆卸的目的。

第一类 SMP 螺钉的设计方法与卡扣类似，关键在于计算其直径，使其拉应力和切应力低于材料的许用应力，其计算公式为

$$D > \sqrt{\frac{4F_{max}}{\pi[\sigma]} + \frac{4P_{max}}{\pi[\tau]}} \quad (48.3\text{-}12)$$

式中 D——螺钉最细处的直径（mm）；
　　F_{max}——每个螺钉承受的最大拉力（N）；
　　$[\sigma]$——螺钉材料的许用抗拉强度（MPa）；
　　P_{max}——每个螺钉承受的最大剪切力（MPa）；
　　$[\tau]$——螺钉材料的许用抗剪强度（MPa）。

第二类 SMP 螺钉在设计时不但要满足第一类螺钉的强度要求，还需计算其激发后强度降低的量，以选配合适的弹簧。记忆高分子材料在触发温度处的强度约为激发前的 1/10，所以 SMA 弹簧在激发时的驱动力应为螺钉设计的可承受最大拉力的 1/5～1/2，计算时可参考 SMA 弹簧的应力和应变计算方法，即式 (48.3-2) 和式 (48.3-3)，且弹簧的激发温度应略高于触发温度，以保证螺钉正常使用时的可靠性。

例 48.3-4　设某主动拆卸产品拆卸时使用形状记忆聚氨酯螺钉连接，每个螺钉承受的最大拉力为 10N，最大剪切力为 5N，要求安全系数为 1.5，使用"断首法"拆卸，驱动器为 Ni-Ti 合金制成的弹簧，选择螺钉的直径，并设计合适的弹簧。计算过程如下。

螺钉的直径

$$D > k\sqrt{\frac{4F_{max}}{\pi[\sigma]} + \frac{4P_{max}}{\pi[\tau]}}$$

$$= 1.5\sqrt{\frac{4 \times 10}{3.14 \times 24.9 \times 10^6} + \frac{4 \times 5}{3.14 \times 11.5 \times 10^6}}m$$

$$= 1.55 \times 10^{-3}m = 1.55mm$$

可以选用直径为 2mm 的螺钉。

若形状记忆聚氨酯螺钉的激发温度是 60℃，则 Ni-Ti 合金弹簧的激发温度可选为 65℃，直径 2mm 的形状记忆聚氨酯螺钉正常工作时可承受的最大拉力为

$$F_{max} = \frac{1}{4}\pi D^2[\sigma]$$

$$= 0.25 \times 3.14 \times (2 \times 10^{-3}) \times 24.9 \times 10^6 N$$

$$= 78.2N$$

激发后聚氨酯的抗拉强度降为 0.5MPa，可承受的最大拉力为

$$F'_{max} = \frac{1}{4}\pi D^2[\sigma]$$

$$= 0.25 \times 3.14 \times (2 \times 10^{-3}) \times 0.5 \times 10^6 N$$

$$= 78.2N$$

因此，Ni-Ti 合金弹簧的变形力 F 应满足：$F>1.57N$。

设螺钉长度为 20mm，则弹簧未激发前长度 L 应小于 20mm，设 $D=10mm$，$d=1mm$。参考式(48.3-1)和式（48.3-4），计算如下。

$$C=D/d=10$$

$$k=\frac{4\times10-1}{4\times10-4}+\frac{0.615}{10}=1.1448$$

$$d^2>\frac{8F'_{max}\times C\times k}{\pi[\tau]}$$

$$=\frac{8\times1.57\times6\times1.1448}{3.14\times120}m^2=0.4579m^2$$

$$d>0.68mm$$

所设 $d=1mm$ 满足要求。

弹簧回复变形量

$$S>20-nd=20-n$$

取 $n=10$

$$\delta=\frac{8F'_{max}}{Gd^4}$$

$$=\frac{8\times1.57\times10^3\times10}{8000\times1^4}mm$$

$$=15.7mm>(20-10)mm=10mm$$

所设 $n=10$ 满足要求。

故此线圈弹簧的设计尺寸为线径 1mm，弹簧直径 10mm，圈数 $n=10$。

1.3.3 几种特殊的主动拆卸结构

（1）电热激发的主动拆卸结构

针对以形状记忆合金为材质的主动拆卸驱动件，如 SMA 弹簧、箔片、圆管等，主动拆卸驱动件接通电源发生自热现象，温度达到驱动件的激发温度时，可直接激发主动拆卸驱动使其在变形时产生满足零部件分离所需的驱动力要求，将产品零部件进行主动分离，控制主动拆卸驱动部件的电功率以调节其被激发变形的时间。

针对以形状记忆高分子材料为材质的塑料卡扣，以下简称 SMP 卡扣，在 SMP 卡扣的根部表面设置电热片或内置电热丝，接通电热片或电热丝电源，电热片或电热丝通电后产生的热量使 SMP 卡扣被激发变形产生满足零部件连接关系失效所需的变形量要求，调节电热片或电热丝的功率控制 SMP 卡扣被激发变形的时间。

针对以热塑性塑料为材质的塑料卡扣，以下简称热塑性塑料卡扣，将电加热丝内置于热塑性塑料卡扣根部，产品拆卸时，接通电加热丝电源，电加热丝通电后产生内热使得热塑性塑料卡扣的根部被熔断，热塑性塑料卡扣与卡槽的连接关系失效，实现主动拆卸。控制电热丝的功率调节热塑性塑料卡扣被熔断的时间。

可电热激发的主动拆卸结构主要包括电热激发的主动拆卸驱动件和连接件。

1）以 SMA 箔片、SMA 弹簧、SMA 圆管等主动拆卸驱动件作为产品零部件分离的驱动源。SMA 驱动件在接通电源后产生自热，达到其激发温度时，SMA 驱动件被激发变形产生满足零部件分离所需的驱动力要求，如图 48.3-24 所示。

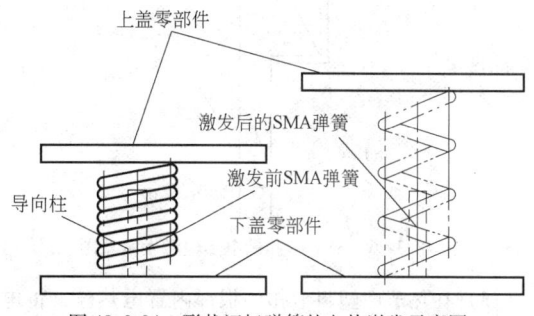

图 48.3-24　形状记忆弹簧的电热激发示意图

2）将电热片贴在 SMP 卡扣的根部，电热片通电后产生外热激发 SMP 卡扣变形，实现 SMP 卡扣与被连接件卡槽的连接关系失效。

SMP 卡扣的触发温度应超过 65℃，在 SMP 卡扣的根部内贴电热片，将电热片接通电源，电热片因通电产生的外热对 SMP 卡扣根部进行温度传导，短时间内达到 SMP 卡扣的触发温度，SMP 卡扣被温度激发变形产生满足零部件连接关系失效所需的变形量要求，SMP 卡扣连接件与卡槽被连接件的连接关系失效，如图 48.3-25 所示。电热片的功率应较低，避免产生的热量损害产品其他元件或造成 SMP 材料的记忆性能破坏，电热片的外部绝缘层能够随着 SMP 卡扣的变形而变形，并与 SMP 卡扣根部能够紧密的接触。通过控制电热片的功率调节 SMP 卡扣被激发变形的时间。

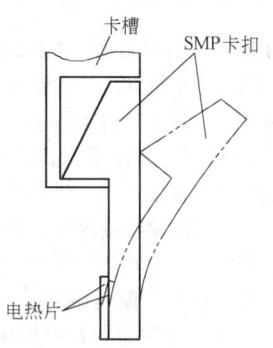

图 48.3-25　SMP 卡扣的电热片激发示意图

将电热丝内置于 SMP 卡扣根部，电热丝通电后产生的外热激发 SMP 卡扣变形，同样可实现 SMP 卡扣与卡槽的连接关系失效，如图 48.3-26 所示，但这种方法要求小功率的电热丝，避免在高温下 SMP 卡扣的形状记忆性能失效或损伤产品的其他零部件。SMP 卡扣被触发变形的时间与电热丝的功率具有一定的映射关系。通过调节电热丝的功率控制 SMP 卡扣被激发变形的时间。

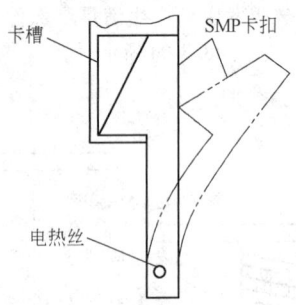

图 48.3-26　SMP 卡扣的电热丝激发示意图

3) 在热塑性塑料卡扣的根部内置电热丝，将电热丝接通电源，电热丝通电后产生的外热迅速熔断卡扣根部，实现热塑性塑料卡扣连接件和卡槽被连接件的连接关系失效，产品零部件主动分离，如图 48.3-27 所示。熔断卡扣根部的时间与电热丝的功率和卡扣材质的熔点有关，通过控制电加热丝的功率改变热塑性塑料卡扣被熔断的时间，实现主动拆卸时间的可控性。

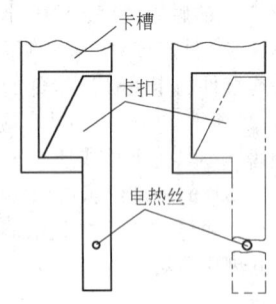

图 48.3-27　热塑性塑料卡扣的电热激发示意图

(2) 基于断首法的典型主动拆卸结构

基于断首法的主动拆卸结构主要依靠外界提供的驱动力对其做功，破坏主动拆卸结构，使其连接关系失效，利用 SMP 材料在常温下保持高强度、高硬度性质，激发温度附近强度急剧下降的优势，将其制成主动拆卸结构，在其激发温度附近，靠结构强度的降低，借助驱动件的驱动力破坏其结构，使零部件之间的连接关系失效。SMP 在激发温度 T_g 附近（10℃以内）强度急剧下降几个数量级，可以用 SMP 材质制作主动拆卸结构（如 SMP 卡扣、SMP 螺钉以及 SMP 铆钉等）并应用于产品的连接部位，当达到主动拆卸结构激发温度时，主动拆卸结构强度急剧下降，只需较小的驱动力便可使主动拆卸结构连接关系失效，提供驱动力的驱动件通常为 SMA 箔片、SMA 弹簧等主动拆卸驱动件。

SMP 卡扣型的主动拆卸结构连接强度较高，其常用在连接强度要求较高或有特殊功能要求的零部件之间的连接，可利用其在激发温度附近受热软化，强度急剧降低，施加垂直驱动力将其拉断，从而使卡扣卡槽的连接关系失效。由于在激发温度附近卡扣强度急剧降低，故只需很小的垂直驱动力可将卡扣拉断，通常在 SMP 卡扣被拉断的方向（一般为竖直方向）布置 SMA 弹簧或在零部件之间的接触面上内置 SMA 箔片等主动拆卸驱动件，当 SMA 弹簧或 SMA 箔片被激发后，产生一定的驱动力将 SMP 卡扣拉断，如图 48.3-28、图 48.3-29 所示。

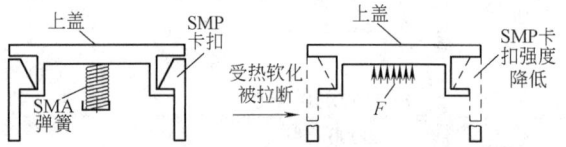

图 48.3-28　SMP 卡扣受热软化被 SMA 弹簧驱动拉断

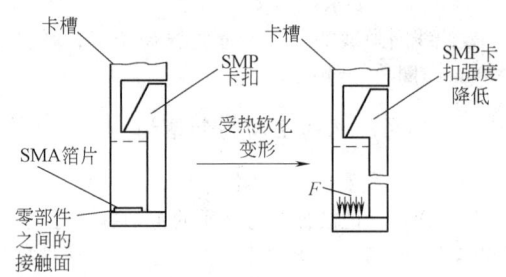

图 48.3-29　SMP 卡扣受热软化被 SMA 箔片驱动拉断

SMP 螺钉型的主动拆卸结构连接强度较低，结构简单，常用在连接强度要求不高的场合，在其热激发时，螺钉的工作段是靠零部件内壁进行传热，螺母直接受热，往往造成螺钉在热激发过程中受热不均，这为螺钉在热激发时的受力断裂提供可能。无论螺母先软化还是其工作段先软化，在驱动力的作用下，其断裂处通常为强度较低的区域。当 SMP 螺钉在激发温度附近强度急剧降低时，由于受热不均，螺钉产生一定的强度梯度，驱动螺钉断裂的力可由 SMA 弹簧或箔片提供，SMA 箔片可内置于零部件之间的接触面上，如图 48.3-30 所示，SMA 弹簧也可内置于零部件之间，如图 48.3-31、图 48.3-32 所示，当 SMA 弹簧或 SMA 箔片被激发后，产生一定的驱动力将 SMP 螺钉拉断，零部件的连接关系失效。

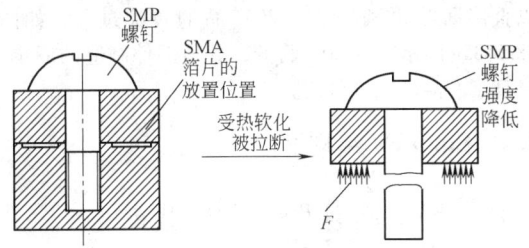

图 48.3-30　SMP 螺钉受热软化被 SMA 箔片驱动拉断

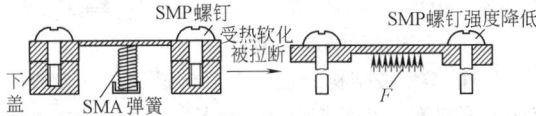

图 48.3-31　SMP 螺钉受热软化被 SMA 弹簧驱动拉断 1

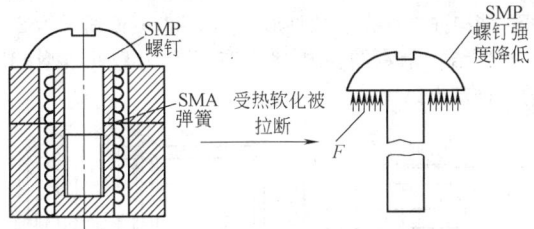

图 48.3-32　SMP 螺钉受热软化被 SMA 弹簧驱动拉断 2

SMP 铆钉型的主动拆卸结构，铆钉的两端与工作段在热激发的过程中也会受热不均，造成 SMP 铆钉产生强度梯度，在驱动力的作用下，变形区或断裂区往往发生在强度较低的区域，对于铆钉的热激发，往往是两端先受热软化，当铆钉的一端受热软化，施加的驱动力可使铆钉端变形脱出直接断裂，驱动力由 SMA 箔片提供，SMA 箔片可内置于零部件之间的接触面上，SMA 箔片被激发变形可产生足够的驱动力，如图 48.3-33 所示。

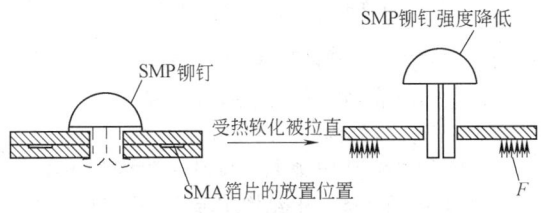

图 48.3-33　SMP 铆钉受热软化被脱出

（3）温度-压强耦合激发的主动拆卸结构

应用主动拆卸结构的产品在激发条件下会发生自动分解，因此在主动拆卸结构的设计时就应当充分考虑产品的使用环境及其可能遇到的极端工况，以防止在正常使用时发生意外分解。对于采用单一激发方式的主动拆卸结构来说，降低意外分解概率的方式通常为大幅度提高激发条件，使其远离正常工作的区间。但这种方式会带来原材料选择范围减小、激发困难、拆卸成本增加和回收价值下降等问题。而温度-压强耦合激发主动拆卸结构降低意外分解概率的方式是采用双激发条件耦合控制，在外界环境达到温度或者压强其中一种激发条件时，主动拆卸结构不会被激发，产品也不会发生分解，当产品报废后需要处理时，只有同时满足主动拆卸结构的全部两个激发条件，即主动拆卸结构在温度和压强的耦合作用下，产品才会分解开来，避免产品在正常工作时由单一激发方式意外引发自动分解，提高了主动拆卸产品的可靠性，并同时保证了产品的回收价值。

温度-压强耦合激发主动拆卸结构按照不同的设计原理可分为两类。一类是多拆卸结构冗余的设计，将产品的连接结构由功能相同的 N 个单一温度或压强激发的主动拆卸结构并联构成，在产品使用过程中，即使在某种极端情况下有 $(N-1)$ 个主动拆卸结构被意外激发而使其连接失效，但只要有一个主动拆卸结构保持正常连接，产品仍能正常使用。多拆卸结构冗余的设计方法不需要改变现在温度或者压强激发主动拆卸结构的设计方法，但需要在产品内部预留出较多的空间供多个冗余连接结构的布置。另一类是多激发条件并行的设计，设计一个需要由温度和压强两个物理场共同作用才能激发的主动拆卸结构作为连接单元，其虽然有可能被单一温度场或者压强激发，但单场激发需要达到很高的场强，在正常使用时这样的激发场强几乎不可能达到，从而降低了产品因意外激发而失效的概率。而在拆卸时通过温度和压强两种激发方式的共同作用，可以使主动拆卸结构激发所需的两种场强均大幅下降，拆卸效率不会显著降低。多激发条件并行的设计方法不需要大量占用产品内部额外的空间，但是在设计阶段对材料的选择以及连接结构的尺寸参数的设计要求更为严格，并且要考虑到温度和压强两个因素耦合作用的影响。由于现在的电器电子产品，尤其是消费类电器电子产品的设计越来越小型化，结构越来越紧凑，大多数产品都很难提供结构多拆卸结构冗余设计的空间。因此，多激发条件并行的设计方法是小型电器电子产品温度-压强耦合激发主动拆卸结构设计的首选方法。

采用多激发条件并行方法设计的典型温度-压强耦合主动拆卸结构如图 48.3-34 所示，其主要由三个部分组成：SMP 材料制作的卡扣、普通塑料制作的卡槽以及提供激发压强的供压装置（如液压缸、气缸、气囊等）。在日常使用时，SMP 卡扣与卡槽正常扣合，保证产品连接部分不会分离。当产品废弃后进行分解时，加热 SMP 卡扣达到激发温度，此时 SMP 卡扣处在"可逆相转化"状态，强度降低，利用供压装置提供激发压强迫使强度降低的 SMP 卡扣变形，从而实现卡扣的主动拆卸。

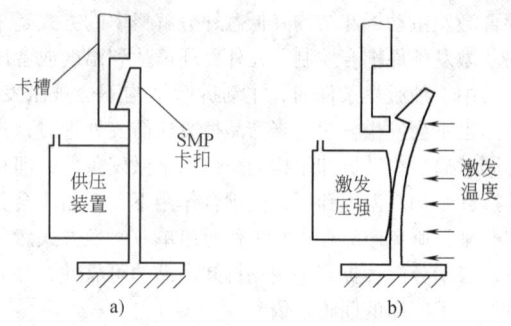

图 48.3-34　典型温度-压强耦合激发主动拆卸结构
a）正常工作状态　b）激发状态

应用典型温度-压强耦合主动拆卸结构的产品拆解完成后，可利用 SMP 材料的单程形状记忆效应，将激发变形后的主动拆卸结构进行进一步的工艺处理，使其成为可直接重用的零部件，具体流程如图 48.3-35 所示。图 48.3-35a 中的主动拆卸结构激发成功后，将分离的零部件进行分拣，但是将含有 SMP 卡扣的零部件留在激发操作的区域中。在保持激发压强的状态下使 SMP 卡扣自然冷却或人工冷却，如图 48.3-35b 所示，使其进入"固定相形态"，"成形"成如图 48.3-35c 所示的形状，即卡扣保持了激发后的形状。此时由于 SMP 材料的分子链沿外力方向取向、冻结，使固定相处于形变状态，从而产生了较高的回复应力。对卡扣重新加热至激发温度，可逆相消融，在固定相的回复应力作用下卡扣会回复成受力变形之前的形状，即卡扣的正常装配形态，如图 48.3-35d 所示。卡扣回复到正常装配时的形态后，可以直接回收再利用参与新产品的装配过程，如图 48.3-35e 所示，从而降低了产品零部件制造的成本，提高了产品的回收价值。

1.4　Snap-Fit 结构设计

1.4.1　Snap-Fit 结构的概念与特点

Snap-Fit（卡扣式，简称 SF）连接结构是一种拆卸快速、由单一材料制成的环境友好型连接结构。

（1）SF 连接结构的类型

SF 的类型按结构分通常有悬臂梁型、空心圆柱型和由前两种派生的变形型三种形式；按组合方式分有集成型（SF 是零件本身的一部分）和非集成型（SF 结构独立存在）两种形式。图 48.3-36 所示为 SF 基本型结构示意图，图 48.3-37 所示为悬臂梁型 SF 的三种基本结构。

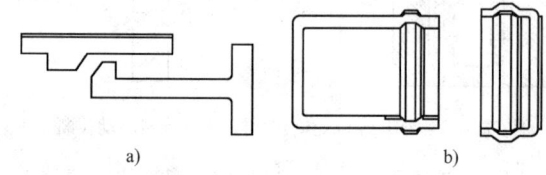

图 48.3-36　SF 基本结构类型
a）悬臂梁型　b）空心圆柱型

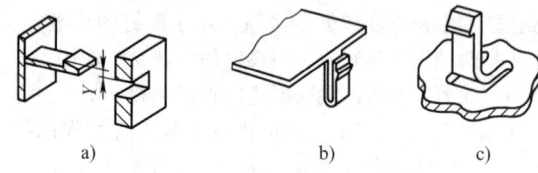

图 48.3-37　悬臂梁型的基本结构
a）T 形　b）U 形　c）L 形

（2）SF 连接结构的优缺点和功能

SF 连接结构的主要优缺点和功能见表 48.3-5。

（3）SF 连接结构的应用场合

SF 结构主要应用于塑料件与塑料件之间、塑料件与金属件之间的连接。SF 结构在玩具和小器具上已经得到广泛应用，目前也广泛应用在汽车和电器领域。

由于 SF 结构本身的特性，其对适用的结构材料的应力、应变等材料属性有相对较高的要求。单纯就 SF 结构设计而言，材料是进行 SF 结构设计时必须考虑的重要因素之一。材料的选择更多的是受其他因素而不是受连接要求的制约，因为 SF 结构往往必须与零件一起成形，零件的加工要求和实现制约着材料的选择。材料在 SF 结构设计中的作用主要还是判断某处的连接是否适合采用该结构。表 48.3-6 所列为部分适合 SF 结构的材料的属性。

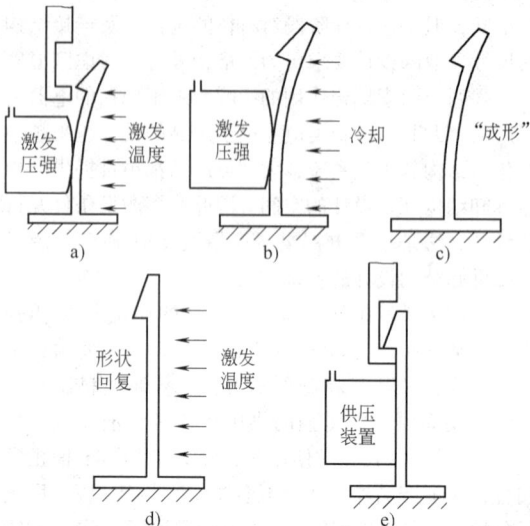

图 48.3-35　典型温度-压强耦合主动拆卸结构的应用
a）主动拆卸　b）受压状态下冷却　c）"成形"
d）加热回复　e）参与新产品装配

表 48.3-5 SF 连接结构的主要优缺点和功能

SF 连接结构的主要优点	减少了零件数量
	缩短了装配时间
	无可见紧固件，外观整齐
	便于拆卸，可实现无损拆卸
	实现无焊接和无黏合装配
	减少装配和拆卸工具的投资
SF 连接结构的主要缺点	增加了零件复杂度，单个零件成本提高
	增加了开发费用
	必须严格控制尺寸
	装配后不可调整
	锁紧件强度受基体材料强度的限制
	不可见的锁紧件难以拆卸，这会给产品的维护及回收带来困难，因此在进行 SF 连接结构设计和生产时应对其进行标记，以便于指导拆卸
SF 连接结构的主要功能	提供零件之间的可拆卸连接
	确定零件位置，如对中、定位等
	传递载荷
	消除自由度
	消化零件间的误差

表 48.3-6 部分适合 SF 结构的材料的属性

材料	允许的应变值 ε_0（没有倒角）	ε_0（30%GLASSS）	摩擦因数 μ
PEI	9.8%		0.20～0.25
PC	4%～9.2%		0.25～0.30
Acetal	1.5%		0.20～0.35
Nylon6	8%	2.1%	0.17～0.26
PBT	8.8%		0.35～0.40
PC/PET	5.8%		0.40～0.50
ABS	6%～7%		0.50～0.60
RET		0.5%	0.18～0.25

1.4.2 Snap-Fit 结构设计方法

SF 结构的设计过程主要有方案确定、机构设计、试验和改进三个阶段，其设计流程如图 48.3-38 所示。

(1) 传统的悬臂式弹性连接结构设计

最典型的弹性连接装配组件由一个悬臂梁和梁的一端的悬垂部分组成，如图 48.3-39 所示，该悬垂部分的长度决定了装配中的挠度。

图 48.3-38 SF 结构设计流程

在悬垂部分的入口边通常有一个角度较小的斜面，在它的内缩边有一个较尖的角。入口边的小角 (α)（见图 48.3-40）有助于减少装配强度，装配力随着 α 的减小而减小；内缩边的尖角 (α') 有助于减少拆卸强度，拆卸力随着 α' 的减小而减小，但同时也会降低连接的可靠性。设计人员要对 α 及 α' 角进行优化，以确保连接的装配性能、拆卸性能以及可靠性都能满足需要。

强度时将会导致失效。采用材料已知应变极限进行分析计算时，可以确定梁所能承受的极限挠度，从而确定悬垂物的最大深度。图 48.3-41、图 48.3-42 所示为应变极限分析计算的参数。

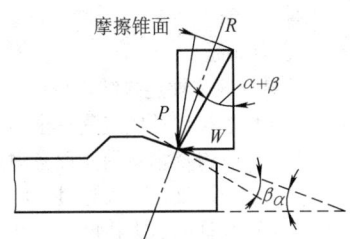

图 48.3-41 悬臂梁的结构受力分析

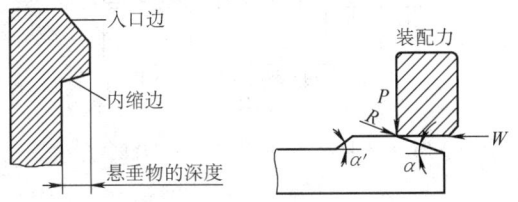

图 48.3-39 悬臂梁的结构　图 48.3-40 悬臂梁的结构参数

悬臂梁的结构设计主要包括确定梁根部的厚度、梁顶部的厚度、梁的长度、α 及 α' 角、梁的宽度、悬垂物的深度等参数。

通常，可以通过增加悬垂物的深度来提高连接的可靠性，但这会使梁弯曲得更加厉害，梁的挠度增加，梁的应力也会增加，当梁的应力高于材料的屈服

1) 相同的横截面固定端和自由端（见图 48.3-42a）应变计算。刚度系数的计算公式为

$$k = \frac{P}{Y} = \frac{Eb}{4}\left(\frac{t}{L}\right)^3 \quad (48.3\text{-}13)$$

应变的计算公式为

$$\varepsilon = 1.05\left(\frac{t}{L^2}\right)Y \quad (48.3\text{-}14)$$

2) 相同的宽度，锥形高到自由端是 $t/2$（见图 48.3-42b）应变计算。刚度系数的计算公式为

$$k = \frac{P}{Y} = \frac{Eb}{6.528}\left(\frac{t}{L}\right)^3 \quad (48.3\text{-}15)$$

应变的计算公式为

$$\varepsilon = 0.92\left(\frac{t}{L^2}\right)Y \quad (48.3\text{-}16)$$

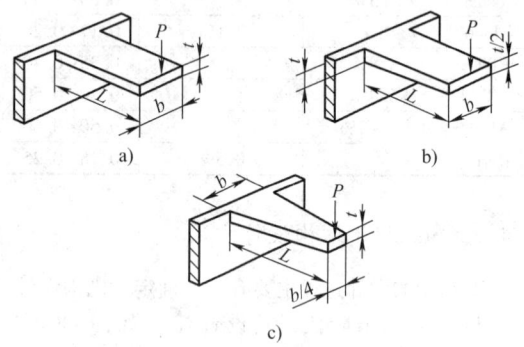

图 48.3-42 悬臂梁的结构应力计算参数

3) 相同的高度,锥形高到自由端是 $b/4$（见图 48.3-42c）应变计算。刚度系数的计算公式为

$$k = \frac{P}{Y} = \frac{Eb}{5.163}\left(\frac{t}{L}\right)^3 \quad (48.3\text{-}17)$$

应变的计算公式为

$$\varepsilon = 1.17\left(\frac{t}{L^2}\right)Y \quad (48.3\text{-}18)$$

式中　P——垂直作用力（N）；
　　　Y——挠度（mm）；
　　　E——弹性模量（MPa）；
　　　b——梁宽（mm）；
　　　t——梁厚（mm）；
　　　L——梁长（mm）；
　　　ε——应变（%）。

(2) 改进的悬臂式弹性连接结构设计

传统悬臂梁弹性连接设计假定壁完全牢固,应变仅仅发生在梁上,没有将壁本身的变形考虑进去。这种假设只有在梁长度与厚度比大大超过 10∶1 时才有效。要计算出短梁可允许的最大挠度和应变,就必须对传统公式进行修改。这里引入一个"挠度放大系数"的概念,将传统计算公式中的挠度乘以"挠度放大系数"便得到新的放大系数。

图 48.3-43 所示是用来确定各种弹性连接梁结构"挠度放大系数"的曲线图。图 48.3-44 所示是锥形梁横截面的"挠度放大系数"的曲线图（梁的厚度在顶部减少了 1/2）。图 48.3-45 所示是改进的悬臂式弹性连接结构计算参数。

装配力的计算公式为

$$W = P\frac{\mu + \tan\alpha}{1 - \mu\tan\alpha} \quad (48.3\text{-}19)$$

式中　W——装配力（N）；
　　　P——垂直作用力（N）；
　　　μ——摩擦因数；
　　　α——铅垂角（°）。

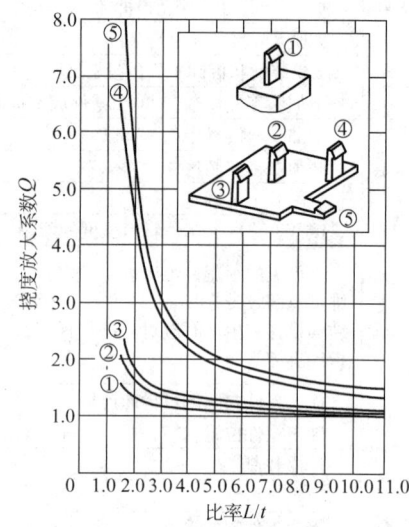

图 48.3-43 确定各种弹性连接梁结构"挠度放大系数"的曲线图

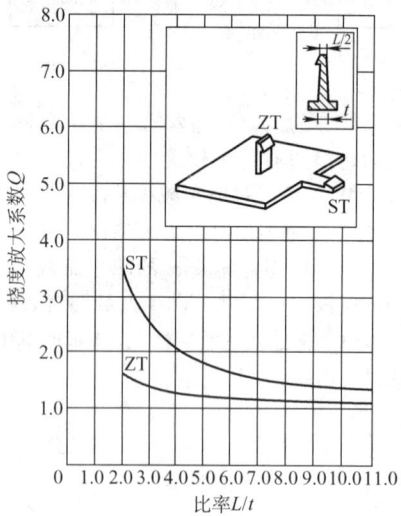

图 48.3-44 锥形梁横截面的"挠度放大系数"的曲线图

$$P = \frac{bt^2 E\varepsilon}{6LQ} \quad (48.3\text{-}20)$$

式中　b——梁宽（mm）；
　　　t——梁厚（mm）；
　　　E——弹性模量（MPa）；
　　　ε——底部应变（%）；
　　　L——梁长（mm）；
　　　Q——挠度放大系数。

最大应变的计算公式为

$$\varepsilon_0 = 1.5\frac{tY}{L^2 Q} \quad (48.3\text{-}21)$$

式中 Y——挠度（mm）。

下面通过两个实例说明悬臂式弹性连接的设计过程：

1）悬臂式弹性连接的设计实例 1。悬臂式弹性连接梁的相关参数如图 48.3-46 所示。设计确定的参数包括连接件的最大挠度和装配力。

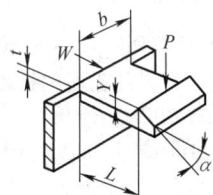

图 48.3-45 改进的悬臂式弹性连接结构计算参数

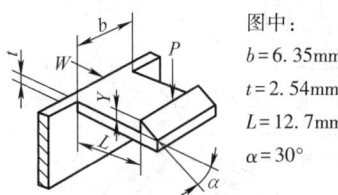

图中：
$b = 6.35\text{mm}$
$t = 2.54\text{mm}$
$L = 12.7\text{mm}$
$\alpha = 30°$

图 48.3-46 实例 1 中悬臂式弹性连接梁的相关参数

梁结构材料为 PET；$E = 1.3\text{MPa}$；$\mu = 0.2$；$\varepsilon_0 = 1.5\%$。

计算连接件允许的最大挠度：

$$\varepsilon_0 = 1.5\frac{tY_{\max}}{L^2 Q} \Rightarrow Y_{\max} = \frac{\varepsilon_0 L^2 Q}{1.5t}$$

$$\frac{L}{t} = 5.0 \Rightarrow Q = 2.0$$

$$Y_{\max} = \frac{0.15 \times 0.5^2 \times 2.0}{1.5 \times 0.1}\text{mm} = 1.27\text{mm}$$

因此，在实际的设计中，应该结合安全系数取一个更小的挠度值。

装配力为

$$P = \frac{bt^2 E \varepsilon_0}{6LQ}$$

$$P = \frac{0.25 \times 0.1^2 \times 1.3 \times 10^6 \times 0.015}{6 \times 0.5 \times 2.0}\text{N} = 8.1\text{N}$$

$$W = P\frac{\mu + \tan\alpha}{1 - \mu\tan\alpha}$$

$$W = 8.1 \times \frac{0.2 + \tan 30°}{1 - 0.2\tan 30°}\text{N} = 31.6\text{N}$$

即结构装配时将需要 31.6N 的装配力。

2）悬臂式弹性连接的设计实例 2。悬臂式弹性连接梁的相关参数如图 48.3-47 所示。通过计算分析弹性连接件采用尼龙 6 材料是否合适。

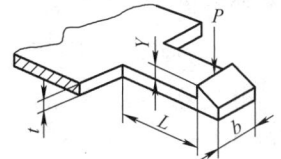

图中：
梁结构材料为尼龙 6
$b = 6.1\text{mm} \quad t = 1.6\text{mm}$
$L = 5.7\text{mm} \quad Y = 2.3\text{mm}$

图 48.3-47 实例 2 中悬臂式弹性连接梁的相关参数

计算结果为

$$\varepsilon = 1.5\frac{tY}{L^2 Q}$$

$$\frac{L}{t} = 3.54 \Rightarrow Q = 2.7$$

$$\varepsilon_0 = 1.5 \times \frac{0.063 \times 0.090}{0.225^2 \times 2.7} \times 100\% = 6.2\%$$

从计算结果可知，使用尼龙 6 材料是可行的。

(3) L 形和 U 形连接设计

悬臂梁弹性连接设计并不适用于所有的应用场合，例如，当应变高于预期材料所能承受的限度时，这时可以考虑使用 U 形和 L 形弹性连接。

1）L 形连接。L 形连接是通过在底壁设计槽形结构形成的，与标准的悬臂梁相比，它有效地增加了梁的长度和柔韧性。L 形连接结构的相关参数如图 48.3-48 所示。

$$L_2 = \frac{6/\varepsilon_0 Yt(L_1 + R) - 4L_1^3 - 3R(2\pi L_1^2 + \pi R^2 + 8L_1 R)}{12(L_1 + R)^2}$$

或

$$Y = \frac{P}{12EI}[4L_1^3 + 3R(2\pi L_1^2 + \pi R^2 + 8L_1 R) + 12L_2(L_1 + R)^2]$$

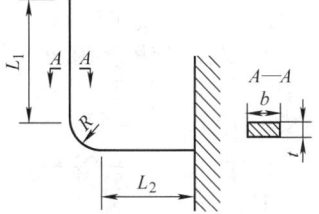

图 48.3-48 L 形连接梁的结构及相关参数

例 48.3-5 有一个 L 形弹性连接，要求的挠度是 9.652mm，计算主壁内细长槽的最小长度 L_2 和载荷 P，求解过程如下：

$$\varepsilon_0 = 0.03$$
$$t = 0.1\text{mm}$$
$$L_1 = 0.5\text{mm}$$
$$R = 0.12\text{mm}$$

$E = 1.3 \times 10^4 \text{Pa}$
$b = 1\text{mm}$
$Y = 0.38$

$I = \dfrac{bt^3}{12} = \dfrac{1 \times 0.1^3}{12} \text{mm}^4 = 8.33 \times 10^{-5} \text{mm}^4$, I 为惯性矩

$L_2 = \dfrac{6/\varepsilon_0 Yt(L_1+R) - 4L_1^3 - 3R(2\pi L_1^2 + \pi R^2 + 8L_1 R)}{12(L_1+R)^2}$

$= 0.75\text{mm}$

$Y = \dfrac{P}{12EI}[4L_1^3 + 3R(2\pi L_1^2 + \pi R^2 + 8L_1 R)$
$+ 12L_2(L_1+R)^2]$

$0.38 = \dfrac{P}{12 \times 1.3 \times 10^4 \times 8.33 \times 10^{-5}} \times$
$[4 \times 0.5^3 + 0.36 \times (0.5\pi + 0.12^2\pi$
$+ 8 \times 0.5 \times 0.12) + 12 \times 0.75 \times 0.62^2]$

$= \dfrac{P}{1.3 \times 10} \times 4.714 \Rightarrow P = 1.05\text{N}$

L 形连接设计时一定要注意 L_2 尺寸的合理设计，因为尺寸过小会使拆卸过程难度增加，如图 48.3-49 所示。适当增大 L_2 尺寸，拆卸就容易得多。

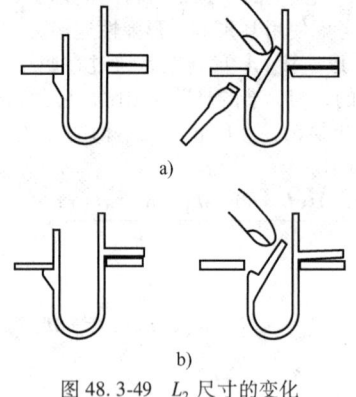

图 48.3-49 L_2 尺寸的变化

2) U 形连接。U 形连接是另外一种在有限空间范围内增加梁的有效长度的方法。使用该方法，连一些应变极限很低的材料也能设计成满足装配要求的连接卡扣。U 形连接的结构及相关参数如图 48.3-50 所示。

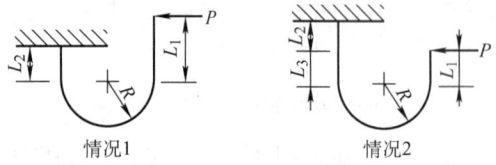

图 48.3-50 U 形连接的结构及相关参数

情况 1 的挠度计算公式为

$Y = \dfrac{\varepsilon}{9(L_1+R)t}\{6L_2^3 + 9R[L_1(2\pi L_1$
$+ 8R) + \pi R^2] + 6L_2(3L_1^2 - 3L_1 L_2 + L_2^2)\}$

或

$Y = \dfrac{P}{18EI}\{6L_2^3 + 9R[L_1(2\pi L_1 + 8R)$
$+ \pi R^2] + 6L_2(3L_1^2 - 3L_1 L_2 + L_2^2)\}$

情况 2 的挠度计算公式为

$Y = \dfrac{\varepsilon}{9(L_1+R)t}\{4L_2^3 + 2L_3^3$
$+ 3R[L_1(2\pi L_1 + 8R) + \pi R^2]\}$

或

$Y = \dfrac{P}{6EI}\{4L_2^3 + 2L_3^3 + 3R[L_1(2\pi L_1 + 8R) + \pi R^2]\}$

例 48.3-6 要计算如图 48.3-51 所示的 U 形连接在 $1.0P$ 载荷作用下，梁的尖端的挠度。其中各参数值为 $P=1\text{N}$，$E=534.0\text{Pa}$，$R=0.15\text{mm}$，$L_1=1.4\text{mm}$，$L_2=0.973\text{mm}$，$b=1\text{mm}$，$t=1\text{mm}$，计算过程如下。

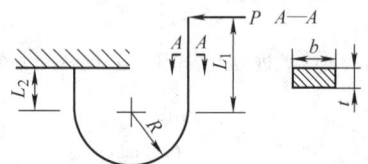

图 48.3-51 U 形连接实例 1

$I = \dfrac{bt^3}{12} = 0.833 \times 10^{-1} \text{mm}^4$

$Y = \dfrac{P}{18EI}\{6L_2^3 + 9R[L_1(2\pi L_1 + 8R)$
$+ \pi R^2] + 6L_2(3L_1^2 - 3L_1 L_2 + L_2^2)\}$

$= \dfrac{1}{18 \times 534.0 \times 0.833 \times 10^{-1}} \times \{6 \times 0.973^3$
$+ 9 \times 0.15 \times [1.4 \times (2\pi \times 1.4 + 8 \times 0.15)$
$+ \pi \times 0.15^2] + 6 \times 0.973 \times (3 \times 1.4^2$
$- 3 \times 1.4 \times 0.973 + 0.973^2)\}\text{mm}$

$= 0.05\text{mm}$

例 48.3-7 要计算如图 48.3-52 所示的 U 形连接在 $1.0P$ 载荷作用下，梁的尖端的挠度。其中各参数值为 $I=0.833 \times 10^{-1} \text{mm}^4$，$P=1\text{N}$，$E=534.0\text{Pa}$，$R=0.15\text{mm}$，$L_1=0.7\text{mm}$，$L_2=0.7\text{mm}$，$L_3=0.273\text{mm}$，计算过程如下。

$Y = \dfrac{P}{6EI}\{4L_2^3 + 2L_3^3 + 3R[L_1(2\pi L_1 + 8R) + \pi R^2]\}$

$= \dfrac{1}{6 \times 534.0 \times 0.833 \times 10^{-1}} \times \{4 \times 0.7^3$
$+ 2 \times 0.273^3 + 3 \times 0.15 \times [0.7 \times (2\pi \times 0.7$
$+ 8 \times 0.15) + \pi \times 0.15^2]\}\text{mm}$

$= 0.012\text{mm}$

(4) SF 连接结构要便于装配和拆卸

在 SF 连接结构的设计及应用时要同时考虑装配

第3章 面向拆卸回收的产品设计

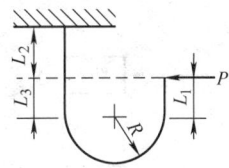

图 48.3-52　U 形连接实例 2

和拆卸的便利性，使 SF 结构的优点得到充分发挥，如图 48.3-53 所示。

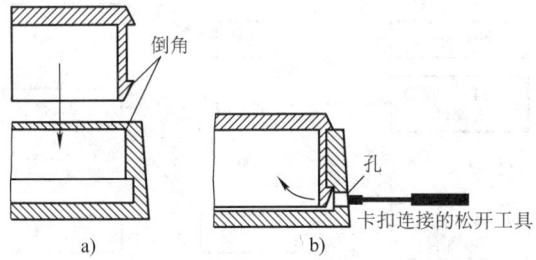

图 48.3-53　SF 连接要便于装配和拆卸
a) 易于装配但不便拆卸　b) 装配和拆卸都方便

2 面向回收的产品设计

2.1 回收设计概念

回收设计（Design for Recovering & Recycling, DFR）是实现广义回收所采用的手段或方法，即在进行产品设计时，充分考虑产品零部件及材料回收的可能性、回收价值大小、回收处理方法、回收处理结构工艺性等与回收有关的一系列问题，以达到零部件及材料资源和能源的充分有效利用，是环境污染最小的一种设计思想和方法。回收设计的要求除了包含传统设计的要求外，还有附加要求。表 48.3-7 所列是传统设计与回收设计的要求比较。

表 48.3-7　传统设计与回收设计的要求比较

传统设计的要求	回收设计的要求
功能	长寿命或短寿命产品
安全性	环境保护法规，回收材料特性及测试方法
使用	回收方法及废弃规则
人机工程因素	利用可回收材料的设计准则
生产	先期用户回收及后勤保障，回收材料的生产性能
装配	装配策略，面向拆卸的连接结构
运输	重复使用及再生材料运输方法及装置
维护	将拆卸集成在回收后勤保障中
回收废物处理	产品回收、再生，材料回收、处理
制造成本	制造成本、使用成本、回收成本

2.2 回收设计原则

表 48.3-8 所列是产品回收设计原则。

表 48.3-8　产品回收设计原则

原则名称	原则的内容及特点
尽量选用环境友好材料	选用环保型材料，有助于减少产品生命周期中对环境的负面影响
尽量减少材料种类	材料种类越多，拆卸回收就越困难。因此，在满足性能要求的条件下，尽可能使用同类材料或少数几种材料，这些材料在当时条件下要易于回收处理
可重用零部件及材料要易于识别分类	可重用零件的状态（如磨损、腐蚀等）要容易且明确地识别，这些具有明确功能的可拆卸零件应易于分类，并根据结构、连接尺寸及材料给出识别标志，如图 48.3-54 所示。目前国外及国内的大部分电冰箱产品均标明了各部分结构材料的类型及其代号，使拆卸、分类非常方便
尽量使用相容性好的材料组合	材料之间的相容性对拆卸回收的工作量具有很大的影响。例如，电子线路板是由环氧树脂、玻璃纤维以及多种金属共同构成的，由于金属和塑料之间的相容性较差，为了经济、环保地回收报废的电子线路板，就必须将各种材料分离，但这是一个难度和工作量都很大的工作。目前电子线路板的回收问题还一直困扰着企业界
尽可能利用回收零部件或材料	在回收零部件的性能、使用寿命满足使用要求时，应尽可能将其应用于新产品设计中，或者在新产品设计中尽可能选用回收的可重用材料
设计的结构应易于拆卸	要回收的材料及重用的零部件应保持毫无损伤或方便地拆下，这可以通过选用易于接近和分离的连接结构来实现。应将相容材料放在一起，不相容材料之间采用易于分解的连接，这样可简化零件材料的拆卸分离工作，从而降低拆卸成本。若必须选用有毒、有害材料时，最好将有毒、有害材料制成的零部件用一个密封的单元体封装起来，并能以一种简单的分离方式拆下，便于单独处理
尽量减少二次工艺的次数	二次工艺主要是指清理焊缝、电镀、涂覆、喷漆等。由于这些工艺往往会产生环境污染和废物，材料回收过程中首先需要将这些二次工艺产生的残余物清除掉。二次工艺中使用的材料本身很难重新使用，并且由于成分复杂，增加了产品回收处理的工艺难度
尽量延长产品设计寿命	延长产品设计寿命可以达到节约资源能源的目的，并且可以减少废弃产品的增加
遵循可拆卸设计原则	回收设计的原则和可拆卸原则的要求是一致的，产品拆卸性能提高了，回收方便性也就提高了

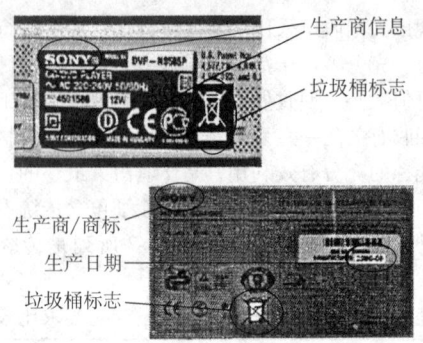

图 48.3-54 标识应给出产品的相应信息

2.3 回收设计方法

在产品生命周期的不同阶段，回收的方式和内容也不相同，在设计时考虑的重点也有所区别。根据回收所处的阶段不同，可将回收划分为三种类型，即前期回收、中期回收、后期回收。

（1）前期回收

这种回收方式中的回收者位于生命周期前段，通常指制造商对产品生产阶段所产生的废弃物和材料（边角料、切削液等）进行回收利用。

（2）中期回收

通常指在产品首次使用后，对其进行换代或大修，使产品恢复其原有的功能和性能，甚至通过模块的扩充，获得新的功能。

（3）后期回收

主要指产品在丧失其基本功能后，对产品进行分解、零件重复利用及材料回收。

从产品的回收层次来看，产品的回收有六个层次，即产品级、部件级、零件级、材料级、能量级、填埋级。其中产品级回收是指产品被不断地更新升级得以反复使用或进入二手市场。从环境保护和节约资源能源角度来看，产品设计初期就应考虑产品回收的优先层次关系，以达到综合效益的最大化。产品回收的优先层次如图 48.3-55 所示。产品经过简单的维护升级，可以实现重复利用，是最理想的设计结果，其次尽可能使组成产品的零部件实现重用，零部件无法重用时则考虑在材料级别上的回收利用，剩余部分可通过焚烧获得能量或进行填埋处理。产品的回收设计过程按照以上原则考虑并尽可能减少能量及填埋回收方式。

由于影响产品回收性能的因素比较多，有些因素之间往往存在不同程度的耦合，因此，良好的回收设计应该是在统一的产品设计模型支持下，以计算机辅助手段来进行的。图 48.3-56 所示是产品的回收设计流程。

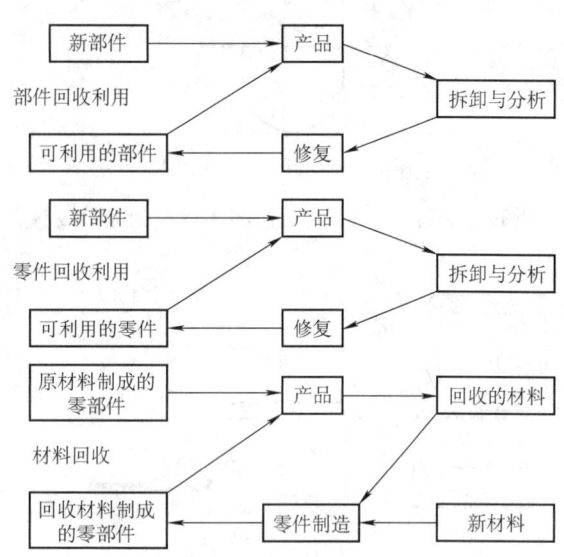

图 48.3-55 产品回收的优先层次

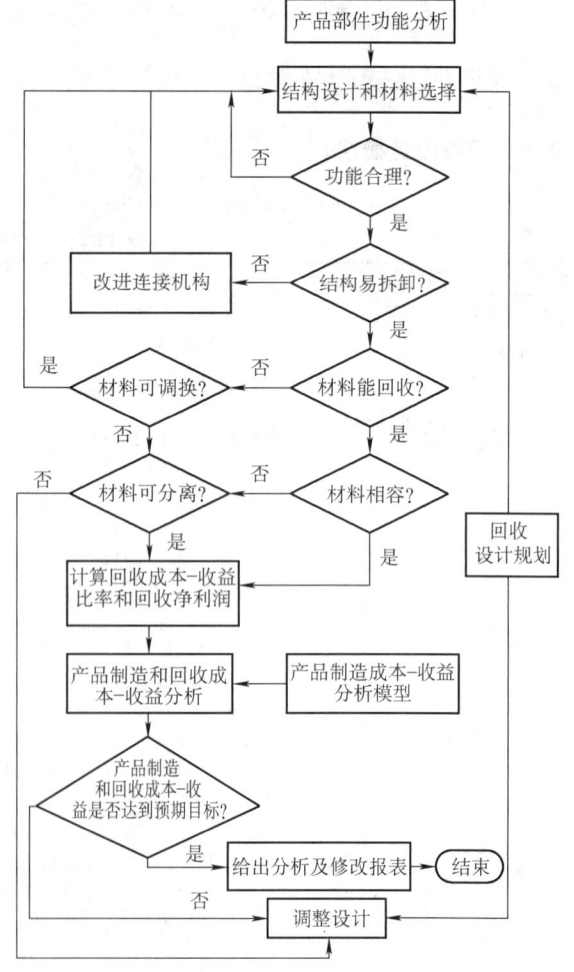

图 48.3-56 产品的回收设计流程

3 面向拆卸回收的产品设计实例

(1) 波轮式洗衣机结构设计

图 48.3-57 所示是德国某公司开发的具有良好拆卸性能的现代波轮式洗衣机。其中所有高技术部件，如泵、电动机及电子装置等均安装在底座壳体中，并无特殊的连接结构，只要将洗衣机箱体倾斜到适当位置，所有部件均清楚可见（可达性好），拆卸维修非常方便；将箱体转动到正常位置时，所有部件的位置又都相应地被确定。

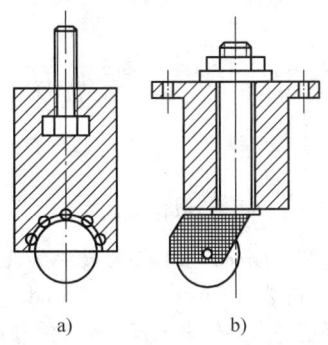

图 48.3-58 冰柜支脚的两种结构
a) 整体式 b) 可拆卸式

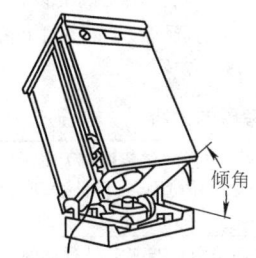

图 48.3-57 结构可拆卸的波轮式

(2) 冰柜支脚的结构设计

图 48.3-58 所示为某型号冰柜支脚的两种结构：整体式与可拆卸式。整体式是螺钉与塑料注塑成整体，不可拆卸，局部损坏将导致整个支脚的功能失效。可拆卸式结构如图 48.3-58b 所示，该结构不仅便于维修，而且在回收处理过程中，易对铁和塑料两种不同种类零件材料进行拆卸、分类与归组，节省回收处理成本。

(3) 去掉 4 颗小螺钉年省费用 900 万元

深圳市图美电子技术有限公司在产品设计方面大力倡导免螺钉装配方案，通过灵巧的结构设计，产品在硬盘与固定外壳的装配中，以卡扣连接方式代替原来的螺纹连接方式，其牢固程度不亚于使用螺钉，既节省了螺钉配件，又大大简化了装配操作程序。根据每月全国市场对该产品 80 万只的需求量，每个产品节约 4 颗螺钉，每月可省去 320 万颗螺钉。每颗螺钉以单价 0.1 元计，每月即可以节省成本 32 万元，一年可省 384 万元。此外，每个产品安装还可节约大约 10min 的时间，每年可在安装工时费上节省 510 万元。仅这一种产品节省材料成本加上工时成本所产生的经济效益就可达 894 万元。此外，还可以减少数万元的回收循环费用，因为消耗原料减少，回收复杂度也降低，三项相加约年省 900 万元。

第 4 章 面向包装的绿色设计

1 绿色包装设计的概念

绿色包装（Green Package）又称为无公害包装和环境友好包装（Environmental Friendly Package），指对生态环境和人类健康无害，能重复使用和再生，符合可持续发展的包装。也就是说，其包装产品从原料选择、制造到使用和废弃的整个生命周期，均应符合生态环境保护的要求。绿色包装设计生命周期各阶段需考虑的内容见表48.4-1。

包装是产品绿色设计中的一个重要环节。在进行包装设计时，应考虑多个方案进行比较，经过全面量化分析，选择出最优设计方案。绿色包装设计应从整个生命周期的角度考虑，确定目标和研究范围，经过数据量化后，分析比较得出正确的设计方案。绿色包装设计一般应具有五个方面的内涵，可概括为"4R1D"，见表48.4-2。

表 48.4-1 绿色包装设计生命周期各阶段需考虑的内容

设计阶段	确定设计参数，如包装物品的体量及计量值，预备容量或允许偏差参数；选择的包装材料无毒无害，可回收及再生利用，可降解，高性能的合成材料及原生自然材料的选用都要考虑有关的环境因素；设计表现，包括形态、结构的造型样式，图形、文字、色彩等要符合绿色产品的审美需要，忌视觉污染
生产阶段	充分考虑如何改善制造工艺，目前的研究成果表明，每计量单位内的环境负荷与工艺处理的时间成正比，成功的设计策略就是要缩短工艺处理时间
运输阶段	根据商品在运输过程中的破坏隐患，考虑不同商品的属性、特点、用途和运输方式，减少对能量的消耗，同时考虑如何减少产品包装对环境的负荷
消费阶段	主要考虑使用者如何节省能源、减少污染、方便维护，以及延长相关包装用品的使用寿命
回收阶段	一是在设计时就要考虑包装产品如何方便回收，并通过结构、材料的设计，预置使用后的拆卸和分类；二是考虑包装材料如何方便地再生利用，因为从混合物中提取纯物质是困难的，有些物质的混合无法分离，所以在设计中必须考虑材料的合理配置

表 48.4-2 绿色包装设计的"4R1D"

名称	内容	注　释
Reduce	实行减量化	在满足包装的保护、方便、销售等各项功能的条件下，尽量减少包装材料的使用
Reuse	可重复使用	包装在完成某项使用功能后经过适当的处理，能够重复使用
Recyle	能回收再生	通过生产再生制品、焚烧利用热能、堆肥化以改善土壤等措施，达到再利用的目的
Refill	能再装罐使用	罐、瓶等包装物在回收后可以再装罐使用
Deqradable	可降解	包装废弃物可以分解，不产生环境污染，进而达到改善土壤和水质的目的

2 绿色包装设计原则

包装设计应从包装试验开始，先考虑能否予以减量，继而考虑再利用、循环再生、回收、焚化及掩埋的途径。其中的每一条途径，又必须根据市场的接受性、环保法规的规定来评估。归纳起来，绿色包装的设计原则主要体现在材料选择、减量化以及回收再利用三个方面。

2.1 材料选择

选择环境协调性的包装材料是绿色包装设计的重要内容之一，即要求包装材料在整个生命周期中对生态环境不产生负面影响，并与环境保持良好的协调性。也就是说，一方面以产品包装的环境性、功能性和经济性作为设计目标，选择综合性能优良的绿色材料；另一方面则应重点关注绿色材料的使用对设计、工艺及制造、使用可能造成的各种环境影响。有关包装材料的选择方法可参考第48篇第1章第2节，在此不再赘述。表48.4-3 所列为常见包装材料的绿色特性，以便包装设计人员快速地了解各类包装材料。

2.2 减量化

包装减量化，是利用包装技术进行改进创新，通过增加强度或特殊处理（表面处理、内部处理、添加特殊增强剂等）使包装的质量和体积大幅度减小，而强度及保护性不受影响。包装减量的最终目的是减少包装废弃物的来源，特别是减少那些处理难度大，处

表 48.4-3 常见包装材料的绿色特性

包装材料	说 明
薄膜类包装材料	常用于食品类的包装,如保温瓶的标签、方便面、瓶口封套等,是强韧、耐寒、无公害,符合国际环保规定的包装材料,且薄膜具有耐久性及强抗拉力。另外,一些易受潮的产品(如蚊香等)也常用此类包装,易压缩回收,生物分解性低,燃烧处理可能会产生毒性物质
积层彩艺包装材料	常用于调理食品、农产加工食品、糖果、化妆品、粉末类、调味酱等的包装,具有低水气透过率、高气体阻隔性、耐油性、耐寒性及遮旋光性等优点,易压缩回收,生物分解性低,燃烧处理可能会产生毒性物质
纸制容器	应用范围极为广泛,可进行精美印刷及依产品特性做许多的变化,常见包装方式为卡纸及纸浆成型包装,是目前被认为最环保的包装材质,易于回收再制,对环境负荷冲击低,现在已有许多由草本植物(如芦苇)制成的容器
铝箔成形容器	常用于食品类、一般感光器材及需要极高度防湿、防水、防气及遮光的包装,并可热封。此类产品包装材料不易回收,可能会污染环境
塑料成型容器	材质有 PP、PE、PVC、PET 及 PS,容易成型及回收,但不具生物分解性,常用于电子零件的包装,或做塑料餐饮器具
软管容器	可回收,目前常见于市面上的洗面奶、牙膏的包装等
瓶、罐容器	材质有铁、铝及塑料等,常用于食品、医药的包装,可回收再利用
大型容器	大型容器一般适合于大量运输,其容器可重复使用。装运不同性质的物品,需清理容器内部,尤其是在食品运送上更需注意安全性。水桶、载水车、油罐车等均属此类
保鲜、防潮包装材料	俗称干燥剂,常用于食品、医药或其他防潮的包装,可防止发霉、虫害、变色、氧化。材料为硅藻土、硅胶及生石灰等。用完即丢
封口材料	最常见为方便面封口铝箔盖等类似产品,丢弃时体积小
标签	最常见为纸材、PVC(阻燃性、耐低温性和耐候性好)及 PE 等材质,可减少主包装盒的印刷及其回收
袋类	特点是不占空间,易收藏,可重复利用或转为其他用途,使用材料有纸材、PVC、PE 及尼龙等。常见包装为米袋、沙袋、饲料袋、太空袋及购物袋等
缓冲、保护包装材料	目前多用 ESP 及气泡袋作为缓冲材料,前者占空间、不易压缩,燃烧时会产生有毒废气,早期则使用泡棉,发泡时需用到 CFC,CFC 会破坏臭氧层,故已禁用。但欧美等先进国家的缓冲包装材料多使用纸材作为缓冲,此类材料易于回收再利用,给环境造成的负荷较低
结束带	适用于文具、礼盒、食品袋装、零售商业电子器材及电线的包装,内部线材为铁丝,外部包覆材常见的有铝箔及塑料类等材料,一般都是用过即丢,但此类材质可重复使用多次
胶带	常用于蔬果类或纸箱外盒的固定包装,用过一次即丢,有很多种材质,其中纸材的胶带较环保,但仍需注意胶带上胶的环保性
各类黏结剂	常见的有强力胶、快干胶及硅胶,目前用于外纸箱的黏合已渐渐被硅胶所取代,似乎是种较环保的材质
外包装材料	其材质有铁、PE 及 PP,用于邮局包裹邮寄、报社报纸及出版社书籍的捆绑,木材或砖块常用铁片捆绑,以利于运送,可回收再利用
栈板、运输类材料	栈板材质早期为木材,后来考虑回收再利用因素,改为塑料材质,近年更有纸栈板问世,其强度均不输前两者,也具防潮功能,可重复使用,而且不回收时,给环境造成的负荷也较低

理时产生污染严重的包装品种。而减少包装废物,减小包装污染的最有效方法是使包装减量,包装减量的理想化程度是实现零包装。总体来看,包装减量方法可归纳为以下几个方面。

1)改进产品的包装设计,减少包装用量,如用经济包装或大容器包装。

2)设计可重复使用的包装,开发耐用的和可修复使用的包装。

3)改进产品设计和制造工艺,在制造过程中减少生产废料的产生。

4)减少包装材料中的有毒化学物质,如胶黏剂及各种表面涂料等添加剂,尽可能用单质包装材料制作包装。

一般来说进行包装减量化设计可从包装设计和包装材料选用着手,常采用的具体方法有以下几种。

1)开发和推行适度包装。过分包装不仅浪费材料和资源,而且丢弃后成为垃圾,增加了环保的负荷量。日本规定包装费用不得超过产品定价的 15%;美国包装费用在产品费用中所占的比例限额为 20%,英国则为 9%。可以认为,包装占包装商品价值比例为 10%~15% 是适度包装目标。

2)通过有效利用包装尺寸,促进包装集中产品和促进以少装多的集中服务,促进特殊规格制品运送的运输包装基准的制定和规格化工作,尽量提高包装商品的容纳量。

3) 通过改进结构使设计合理化, 减少材料用量。

4) 通过选用新材料或材料改性, 使产品轻量化、薄型化。

5) 推行简易包装或无包装化。简易包装可使包装使用的材料减至最低, 对产品强度较高的商品, 可根本不予包装。

6) 对一次性包装袋要慎用、限用。一次性包装袋用量大, 造成的环境污染以及资源浪费最为明显, 故应提倡使用可重复使用的布袋、纸袋或厚度在 0.025mm 以上的塑料袋作为购物袋, 以减少对环境造成的污染。

包装减量化技术是一项高新技术, 它将各种增加强度和性能的技术与方法应用于包装。

2.3 包装材料的回收再利用

产品包装设计初期应考虑其组成部分的回收及再利用, 下面介绍一些常用包装材料的回收再利用方法, 以便包装设计人员能快速了解各类包装材料的回收再利用性能。

(1) 金属包装废弃物的回收再利用

1) 钢铁桶的回收再利用。钢铁桶回收后首先要按用途和规格进行分类, 然后进行清洗, 再重新包装产品。污染严重、变形显著的桶应进行翻新、洗净、烘干和喷漆后再使用。回收的废钢铁桶如果生锈严重, 可采用少量的稀酸液擦洗, 然后用碱水和清水立即清洗, 也可采用磷酸缓蚀除锈剂除锈。

2) 钢铁包装废弃物的回炉冶炼。对不能修复再用的钢铁包装废弃物可以回炉冶炼。废钢铁冶炼经济简便、时间短、见效快, 减少了采矿、造矿、炼铁等环节, 还可以节省设备投资, 可降低 1/3 的成本。钢铁容易识别, 并具有磁性, 可用人工或磁选设备将其分离。废钢铁回炉冶炼的废钢用量见表 48.4-4。

表 48.4-4 废钢铁回炉冶炼的废钢用量

平炉	电弧炉	氧气转炉
20%~60%	100%	15%~25%

3) 铝及铝合金包装废弃物的回收再利用。废铝在逆流两室反射炉、外敞口熔炼室反射炉或其他形式炉中熔炼, 可以得到可锻铝合金、铸造铝合金和可供冶炼钢铁合金用的脱氧剂。此外, 废铝还可用浸出法和干法从浮渣和熔渣中回收铝粒。铝制品包装废弃物还可用来开发新产品——聚合氯化铝。该产品为无色树脂状物, 其密度随聚合度而经常变化, 而且易溶于水、酸和碱。聚合氯化铝溶于水后, 水解生成胶体溶液, 其主要用途是作生活用水和工业用水的净水剂, 也可用于净化工业废水。

铝及铝合金包装废弃物的回收具有良好的社会效益和经济效益。每回收 1t 废铝, 可炼电解铝 0.9t, 节约矾土 0.42t, 纯碱 0.08t, 电极材料 0.06t, 每小时可节约电能 2 万 kW·h (度), 还可以大大减少环境污染。

4) 锡制品包装废弃物的回收再利用。锡在包装制品中主要是用来生产马铁 (即钢板表层镀锡), 其次是生产锡箔。锡制品包装废弃物的回收再利用可采取三种方法: ① 一般马铁包装废弃物只要锈蚀不严重, 就可以改制成小五金制品, 做到材尽其用; ② 我国马铁消耗量较大 (60 万 t/年), 125t 马铁包装废弃物可回收 1t 锡, 马铁具有磁性, 较废铝易回收; ③ 废马铁作为废钢铁回炉, 使钢铁中含有少量的锡 (质量分数低于 0.1%), 可以改善铸铁的性能。

(2) 纸包装废弃物的回收再利用

1) 纸包装废弃物的回收再生造纸。废纸的再生方法主要有制浆和造纸: 制浆的工艺流程是碎解、净化、筛选和浓缩; 造纸是将废纸浆输送到造纸机上, 经过过网、压榨、干燥和压光, 制成筒纸或平板纸。

2) 纸包装废弃物的综合利用。纸包装废弃物除了回收再生造纸外, 还可以用于开发新产品。主要有生产纸浆模塑制品, 纸浆模塑制品是将无杂物的废纸浆通过真空造型、液压造型和空气压缩造型等方法, 将其快速均匀地沉积到网状模型上, 再压缩烘干而成。该制品具有质轻、价廉、防振、透气性好、对环境无污染等特点。

3) 生产复合材料板。废纸可以用于制造强度比较高的胶合硬纸板。其方法是将废纸和酚醛或脲醛等树脂共同压制而成。废纸也可用于制造沥青瓦楞板, 其方法是将废纸、棉纱头、椰子纤维和沥青等原料模压而成。该产品隔热性能好、不透水、轻便、防火和耐腐蚀, 可以用作房屋建筑材料。

(3) 木包装废弃物的回收和综合利用

利用木包装废弃物, 采用不同的生产加工工艺, 把切削的碎木片与胶黏剂等混合, 再经过 120℃ 以上的热压合, 这样制造的板材不存在大的病虫害问题, 可以解除人们对木材病虫害的担忧。用人造板材制作的木包装, 外观平整光滑, 图文印刷方便美观。部分人造板材的力学性能指标不亚于同样规格的原木板材, 且无受力方向的限制。

(4) 塑料包装废弃物的回收再利用

塑料包装废弃物对环境与社会的危害极大, 将其回收再利用可以化害为利。一般可采取以下途径进行回收: 制造建筑材料; 制造日杂用品; 制作化工产品; 制造裂解气、油和单体; 与其他垃圾一起焚烧,进行热回收（蒸汽、热气和发电）。常用塑料包装废弃物的回收再利用方式见表 48.4-5~表 48.4-9。

（5）玻璃包装材料的回收再利用

一直以来，玻璃都是一种良好的包装材料，在包装领域得到了广泛的应用，有着不可替代的优势。它可以回收再利用，是一种节能而经济的包装材料，它的回收再利用方式见表 48.4-10。

表 48.4-5　废旧聚氯乙烯的回收再利用

回收再利用方式	说　明
直接复配回用	废旧聚氯乙烯的回收再生制品，应根据不同品种添加相应的助剂，以达到使用要求。聚氯乙烯的成分较复杂，除树脂外，还有一定量的增塑剂、稳定剂、润滑剂、颜料等辅助材料。在加工时，必须进行适当补加才能使聚氯乙烯废旧塑料保持较好的物理力学性能
做沥青毡和塑料油膏	将废聚氯乙烯加入煤焦油或沥青制成的防水材料，由于档次较低，现已较少使用

表 48.4-6　废聚苯乙烯的回收再利用

回收再利用方式	说　明
重新加工回用	聚苯乙烯泡沫塑料有两种成型法：一种是直接发泡法，另一种是可发性珠粒法。这两种都是物理方法，并不破坏聚苯乙烯高分子的结构，使它仍保持原来的性质，因此可回收再利用
制作建筑水泥制品	废弃聚苯乙烯泡沫塑料表面密度为 $20\sim25kg/m^3$，经加工搅拌后制成混凝土的湿密度为 $220\sim270kg/m^3$。用聚苯乙烯泡沫塑料颗粒，以水泥为黏结剂，碎木丝为填料，加水混合，然后模塑成轻质水泥隔板

表 48.4-7　聚烯类废旧塑料的回收再利用

回收再利用方式	说　明
废旧聚丙烯塑料编织袋的回用	将收集到的废旧聚丙烯塑料编织袋洗净、晾干、粉碎，掺入到新的聚丙烯中，再与质量分数为 10% 的低压聚丙烯相混，从而可制作新的聚丙烯塑料编织袋
制造钙塑塑料	在聚乙烯、聚丙烯及聚氯乙烯等废旧塑料中，可以加入大量无机填料，制成钙塑材料。这种高填充量的废旧塑料具有类似木材的性能，但其刚性、耐磨性、耐热性都优于木材。可采用塑料成型的方法加工钙塑塑料

表 48.4-8　废旧聚氨酯泡沫塑料的回收再利用

回收再利用方式	说　明
做人造土壤	在开孔性软质聚氨酯泡沫塑料中加入水和化肥，可对多种植物进行栽培，植物在其中生长快，无病虫害和杂草
模塑法回制产品	除了把废弃的聚氨酯用胶黏剂制成材料外，也可用机械方法把聚氨酯切割成小片、颗粒或磨成粉末，将其放在模具中，在 200℃ 左右热压成半成品或成品

表 48.4-9　废热固性塑料的回收再利用

回收再利用方式	说　明
做活性填料（简称热固填料）	废热固性塑料成本十分低，又易于粉碎成粉末状，因此，可作为广谱性填料使用。由于热固填料本身具有聚合物结构，因此，与塑料的相容性好于一般的无机填料。用其作填料可看作是不同聚合物之间的共混改性
生产塑料制品	废热固性塑料不能通过重新软化使之流动而重新模塑成塑料制品，但可将其粉碎后，混入黏合剂而使其互相黏合为塑料制品

表 48.4-10　玻璃包装材料的回收再利用

回收再利用方式	说　明
包装复用	市场上很多的玻璃包装都可以在使用过后改装为同种物品或其他物品的包装
回炉再造	回炉再造是将回收来的各种包装玻璃用同类或相近包装瓶的再制造，这种方法一般适用于不能复用的包装，包装物有所破损或是不能继续使用。这种方法相对耗能较多，实质上是一种为包装制造提供半成品原料的回收再利用
原料回收和转型的利用	这种方法可以通过加热型和非加热型两种过程完成。前者是将废弃的玻璃捣碎，用高温熔化后，运用快速拉丝的方法制成玻璃纤维；后者是通过机械把处理好的玻璃废弃物粉碎待用

3 绿色包装设计流程和内容

与传统包装设计不同,绿色包装设计不仅要考虑包装必须满足的基本功能,同时还必须考虑包装完成使命后的回收和再利用问题,以杜绝和防止包装对环境造成的负面影响。因此,绿色包装设计与传统包装设计是有区别的。图 48.4-1 所示为绿色包装设计的流程。

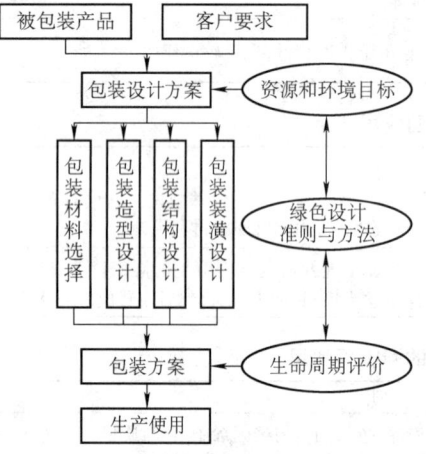

图 48.4-1　绿色包装设计的流程

由图 48.4-1 可知,绿色包装设计过程以被包装产品与客户要求为出发点,以绿色设计目标作为依据制定包装绿色设计方案,然后在绿色包装设计原则的指导下,通过绿色设计方法进行包装设计。在进行包装设计时,应考虑多个方案进行比较,采用全生命周期思想对各方案进行评价,选择最优设计方案。绿色包装系统方案设计主要包含以下内容:

(1) 选择包装材料

1) 首先选用绿色包装材料,所选用的材料在包装有效期内不会对产品产生不良影响,如发生化学反应、使产品损坏等。

2) 选用的绿色包装材料要有良好的加工性能、成形性能、印刷着色性能,能使绿色包装材料在"清洁生产"下完成。

3) 选用标准规格的绿色包装材料,要货源充足、价廉物美,可回收再利用或废弃后易处理,不会对环境造成不良影响。

4) 选用不含苯等有害溶剂的黏合剂,油墨中不含有害重金属。

5) 包装废弃物尽可能回收再生利用,减少一次性包装。

(2) 确定生产技术要求

1) 清洁生产(绿色生产),所有工序要清洁生产。

2) 技术要求应满足加工、制造各工序的要求。

3) 性能指标应达到用户要求及国家标准。

4) 印刷方法应规定着色均匀度、色泽、透明度及其他质量要求。

5) 工艺条件应满足技术及环保要求。

(3) 绿色包装产品的设计

绿色包装产品的设计内容与要素见表 48.4-11。

(4) 绿色包装产品的流通

在绿色包装设计系统中,产品在运输、仓储、保管方面要信息化,如有智能防盗报警功能等。包装产品要标准化,符合 ISO 9000(质量)、ISO 14000(环保)、ISO 16000(安全)等标准或法规,要便于运输装卸机械化。

(5) 包装成本计算

包装成本计算可按图 48.4-2 所示进行计算。

表 48.4-11　绿色包装产品的设计内容与要素

绿色包装产品的设计	内　　容	
包装式样设计	方案比较:采用多方案比较设计法	
	价值分析:用价值分析法对方案优化、选择	
	绘制式样:绘制立体透视图、彩色效果图,按比例绘制结构装配图和零件图	
	编制说明书	
	制作样品、模型	
包装结构设计的要素	包装保护性能:如防水、防潮、防振、防锈、防霉、防尘、防蛀、卫生等	
	包装流通特征:如环境条件、周转次数、周转周期等	
	包装的有效期	
	包装回收使用次数	
	陈列方式:如叠码、悬挂、展开等	
包装结构方案设计的内容	根据容器类型,确定包装结构的组成部分、相互位置关系和联系方式	
	确定各组成部分的结构特点和特殊要求,如携带方式、开启方式、展示要求、安全防盗、防伪等	
	考虑与容器造型和包装装潢整体协调	

(续)

绿色包装产品的设计	内　　容
绿色包装装潢设计的要求	产品的特性：如级别、档次、价值、包装整体结构造型的特点等
	产品信息：信息应真实、准确、鲜明地传递产品信息和企业形象
	货架效应：装潢部分的造型应产生强烈的货架效应
	图形色彩：应考虑到不同职业和文化素养，不同性别和年龄的消费者对图形色彩的接受度，也应考虑消费者心理和生活习俗，以及消费者的绿色消费意识
销售包装设计定位	企业形象定位：通过包装的外观、造型、商标、基色及绿色包装标志等，建立企业特有的形象来参与市场竞争
	产品定位：重点突出被包装产品的特点，通过包装使产品给用户留下十分深刻的印象
	消费者定位：要考虑到不同国家和地区，不同民族和社会阶层，不同职业和文化素养，不同性别和年龄的消费者，也应考虑消费者心理和生活习俗，以及消费者的绿色消费意识
	市场定位：要考虑与同类产品竞争，销售场所是大型高档商场还是普通商店，以及货架、环保内涵、陈列方式及环境内涵等
包装容器的造型设计	确定容器类型
	内装物的类别：如形态、规格、档次、容量等
	包装物的类别：如单件包装、多件包装、配套包装和系列包装等，如果有标准容器应选用
	容器主要用途：如保护包装、装饰包装、集合包装等
	容器材料的供应情况：如纸、塑料、玻璃、金属及包装辅助材料的供应情况

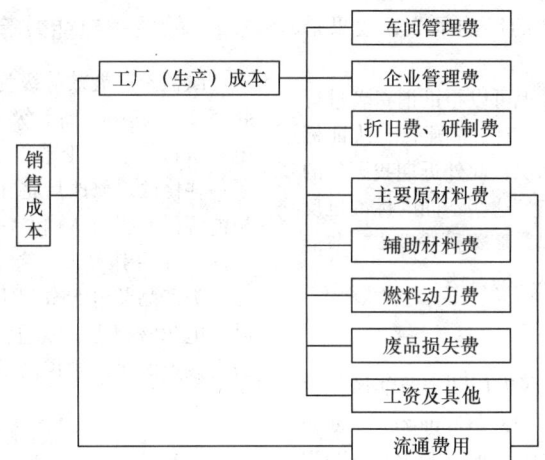

图 48.4-2　包装成本的构成框图

第 5 章 面向节能的绿色设计方法

1 能耗标签与能耗标准

能效标识，是指附在用能产品上的信息标签，主要用来表示产品的能源性能（通常以能耗量、能源效率或能源成本的形式给出），它是消费者购买产品时提供衡量能耗水平的"标准秤"。目前国际上使用的能效标识有两种：一种是保证标识（Endorsement Label），另一种是信息标识（Information Label）。

在推广实施能源效率标识计划的国家和地区中，大多数采用的是强制性方式，属于政府行为，如欧盟、伊朗、巴西、澳大利亚、新西兰、韩国、中国香港和泰国等国家和地区都采用了能效等级标识；加拿大、美国采用的是连续性比较标识（能源指南）；菲律宾则采用了纯信息标识。从实施效果来看，能效等级标识对消费者的影响最大，效果最明显。

目前我国市场上有 3 种标识可以帮助消费者进行选择，其一是由 CECP 认定公布的中国节能认证标识，另一种是欧洲能效等级标识，此外近期我国新的家电产品能效标识也正在实施。这些不同的标准也反映出我国节能产品发展的进程，随着科技进步，节能水平在不断提升，也带动了标准的升级。

1.1 中国节能认证标识

我国在 1998 年 10 月成立了专门认定节能产品的机构——中国节能产品认证中心（China certification center for Energy Conservation Product, CECP），CECP 有一系列标准来判断某产品是否属于节能产品，其认证范围是节能、节水和环保产品。中心成立后，经过一段时间的准备，从 1999 年 4 月开始，首先从家用电冰箱入手，正式开展了节能认证工作。CECP 目前受理家用电冰箱、微波炉、电热水器、电饭煲、水嘴、坐便器、电视机、电力省电装置等 18 类产品的节能产品认证工作，以后还将进一步开展节能节水认证。

中国节能认证标识为带有蓝色的"节"字（见图 48.5-1），表明该产品已经通过了中国节能认证。这项认证在 1999 年刚开始进行的时候，CECP 经过调研，选定了当时市场上 20%~30% 产品能达到的能效指标作为节能指标，把 90% 能达到的指标作为能效指标的限定值，淘汰掉 10% 能效指标较低的产品，并引导 60%~70% 的产品向更高要求靠拢。经过这十几年的努力，目前大多数家电都能够达到该指标，节能认证对市场的引导作用也逐渐消失。

图 48.5-1　中国节能认证标识

1.2 欧盟家电能效等级标识

欧盟家电能效等级为 A 到 G，共 7 个等级（见图 48.5-2），其中最高等级 A 级的耗电量比同类产品节电 45% 以上。由于节能性能的不断提升，现在又作了一些修改。修改后将在原有基础上对电冰箱、电冰柜能源标签引入 A+和 A++两个等级，对家用洗衣机的能效标签引入 A+等级。新引入的 A+等级耗电量将比同类产品节电 58% 以上，A++等级耗电量比同类产品节电 70% 以上。欧盟各国政府对于销售能够达到 A 级或以上等级的销售商予以补贴。

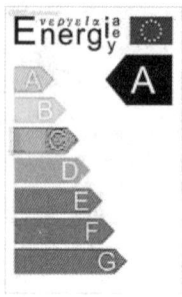

图 48.5-2　欧盟家电能效等级标识

1.3 我国产品能效标识

我国目前的能效标识分五个等级（见图 48.5-3），其底色为蓝色，顶头有"生产者名称""规格型号"等信息，最醒目的就是标志的中间部分，有 1~5 个等级标记，从绿色到红色，并在左边有信息提示从

"能耗低"到"能耗高",右上角则明示出本规格型号产品的能效等级,标志的下部提供有"能效比""输入功率"以及"制冷量"等具体的产品数据。

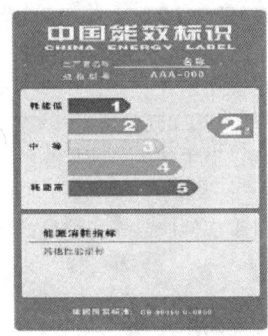

能源效率等级（家用冰箱）	能效系数（家用冰箱）
1	$\eta \leq 55\%$
2	$55\% < \eta \leq 65\%$
3	$65\% < \eta \leq 80\%$
4	$80\% < \eta \leq 90\%$
5	$90\% < \eta \leq 100\%$

图 48.5-3　我国产品能效标识

能效标识与能效系数的关系:能效标识是根据国家有关标准提供的用于客观地比较不同型号产品能源效率水平的直观标准;能效系数是产品实测耗电量占国家标准规定的最大允许耗电量的百分比,用来判断不同型号产品的能效水平,是在统一标准下衡量产品效率高低的绝对数据。能效系数越小,产品越节能,它是一个绝对数据,可以比较任意同类两个产品的效率高低。

2　节能降耗设计方法

在设计阶段应将产品能耗作为设计要素予以考虑,首先需对产品设计方案的能量属性进行预测、分析,进而为产品设计方案的进一步参数分析及设计优化提供基本依据。但产品在生命周期内各阶段的能量属性很难完整并准确地在设计阶段中给出并予以表达,这就对在设计阶段进行产品能量分析提出了更高的要求。

可以把传统的制造系统看作是一个大的工业生态系统的组成部分。从整个工业生态系统来看,能量的流动是一个闭环过程。产品从自然资源开采,即原材料的生产开始,经过原材料的供应到制造加工、装配、包装、使用、维修,直到产品使用寿命的终结。此后的产品回收处理需对其进行拆卸处理,以使可再生的材料被回收处理,重新加工为原材料;可修补或改制的零部件直接用于产品制造过程;而可重用的零部件用于产品装配、包装、使用及维修等过程。能量则伴随着这一整个物料循环的全过程,并且物料和能量在这些流动过程中分别形成循环流,最终构成一个闭环系统。运用鱼刺图方法对各阶段进行深入扩展分析,如图 48.5-4 所示,其中,实线为能量流,虚线为物流,加号和星号分别表示传递及附加行为所消耗的能量和物料。

由图 48.5-4 可知,产品生命周期中的每一个过程都对产品能量属性产生影响。研究产品的能源消耗

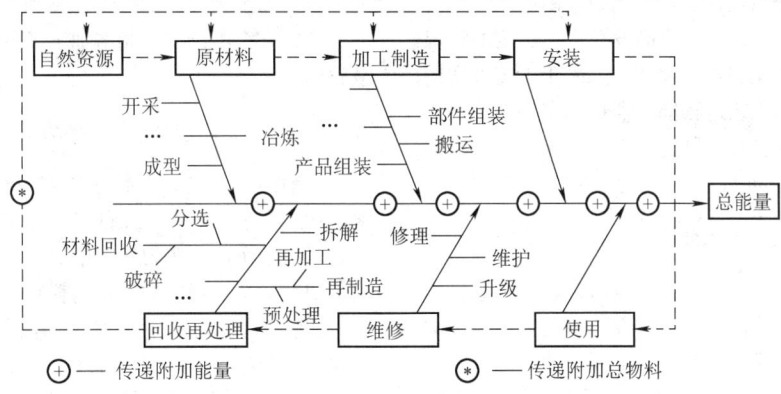

图 48.5-4　产品全生命周期能量/物料消耗图

状况不仅应考虑原材料的加工制造、生产、使用过程,还要将产品维修和回收处理等过程考虑进去。可以把产品生命周期各阶段及其子阶段,针对每个阶段对产品能量消耗状态进行深入分析,得到生命周期各阶段能量消耗的量化模型,然后将每个能量函数按照产品生命周期拓扑关系进行交叉叠加,得到产品全生命周期能量（Life Cycle Energy, LCE）。量化公式如下:

$$LCE \approx E_{MP} + E_{CF} + E_{PA} + E_{USE} + E_{MAINT} + E_{PD} + E_{RP} + E_{D}$$
(48.5-1)

式中　E_{MP}——将资源转变为原材料所消耗的总能量。主要包括两个过程:①从自然资源或回收资源获取原材料的过程,如矿石的开采;②将原材料加工成材料产品的过程,如清洗、冶炼;

　　　E_{CF}——将材料产品加工成零部件所消耗的总能量;

　　　E_{PA}——将零部件装配成产品所消耗的总能量;

E_{USE}——产品在使用寿命中正常使用所消耗的总能量;

E_{MAINT}——产品在使用寿命中对其零部件进行修理、维护所消耗的总能量;

E_{PD}——产品在预期使用寿命后,必要的回收、分解和拆卸所消耗的总能量;

E_{RP}——对有价值的材料、零部件或产品进行再加工所消耗的总能量;

E_{D}——在各阶段之间物料运输、传递等过程所消耗的总能量。

由式 48.5-1 可以看出,产品节能设计时需要考虑产品生命周期中的各个阶段,贯穿设计、制造、使用维修和回收再利用等全过程,是一个复杂的系统工程。每个阶段都会对产品能耗造成不同程度的影响,在产品整个生命周期对能量造成影响的诸多因素中,往往有一些因素较为突出,造成了较大的影响。按照 LCA 方法,一般先选择出产品能耗影响较大的产品生命周期阶段,然后在该阶段中再考虑产品能耗影响较大的一些设计因素,最后针对这些因素予以分析优化设计。目前,国内外相关研究大致可归纳为生产过程的能源消耗建模和能源节约设计两个方面。

2.1 低能耗加工工艺的选择

制造系统中造成能量消耗以及能源利用率低的原因是多方面的,产品设计、工艺规划、制造、装配过程等都是要考虑的因素。在产品设计方案已定的情况下,制造能源消耗又在很大程度上取决于工艺方案的设计及实施。影响工艺过程能量消耗的主要因素是产品零件设计的工艺参数、制造加工工艺路线以及工艺设备。

2.1.1 典型工艺能耗分析

在确定了工艺方法和工艺路线后,就需要选择工艺设备进行加工制造。由于工艺方法与机床设备之间是多对多的关系,同一工艺可在不同类型的机床上加工,且同一类机床又具有很多种不同的型号和规格,而不同的机床设备因其功率不同,在零件加工过程中的能量消耗就会不同。大量的实验和理论研究表明,同一零件安排在不同的机床上加工或多种零件与机床的组合方式不同,其总能量消耗会有显著的区别。

由此可见,产品加工过程的能量属性主要由产品设计和加工系统决定。由于机械产品加工制造过程十分繁复,且具有离散性,因此,可根据不同加工过程分别进行分析,得到相应能量消耗函数,而后进行合成。同时,还要考虑到加工零部件的来源,即确定是直接生产所得还是再处理过程所得。假设有 c 个加工过程,其加工能量消耗 E_{CF} 为

$$E_{CF} \approx \sum_{k=1}^{c}(E_{CF,k}) = \sum_{k=1}^{c}\{m_k[(1-\phi_{P,k})(e_{PCF,k}) + (\phi_{P,k})(e_{SCF,k})]\}/\lambda \quad (48.5\text{-}2)$$

式中 $E_{CF,k}$——加工过程 k 的能量消耗;

m_k——加工过程 k 中所加工的质量;

$\phi_{P,k}$——加工过程 k 中二手零部件所占的比例;

$e_{PCF,k}$——加工单位质量零部件产品 k 所消耗的能量;

$e_{SCF,k}$——对于零部件产品 k,加工单位质量二手零部件所消耗的能量;

λ——能量效率系数。

在加工过程中还存在一些辅助工艺的能量消耗,如刀具和切削液等部分。由于其相对于加工能耗所占的比例偏低,对分析结果影响不大,如果对其进行详细分析,容易产生爆炸式发散,从而降低了模型的可用性。因此,根据实际情况对辅助能耗进行保留或忽略,引入能量效率系数 λ,对加工过程的其他能量消耗进行补偿。

如前所述,工艺要素优化和工艺过程规划技术是进行低能耗制造工艺规划的基础,同时又是一种综合考虑制造加工过程能源消耗的工艺规划方法。通过对工艺要素和工艺过程的优化选择和规划设计,使制订出的工艺方案不仅满足制造加工任务的要求,而且能量利用率极高。

2.1.2 切削工艺能耗优化方法

切削加工是制造技术的主要基础工艺,其工艺要素是指工艺过程中所涉及的必备加工要素,如车削工艺要素包括车床、车刀、切削液、夹具等,同时也影响着切削加工过程中的能量消耗总量。

切削加工过程中的能量消耗可分为切削能(Cutting Energy, E_C)、系统广义储能(Storing Energy, E_S)、系统损耗的总能量(E_L)三部分。其中,切削能 E_C 是切削加工工艺系统的有效能;系统广义储能 E_S 是切削加工过程中系统贮存能量和释放能量的代数和;对于系统损耗的总能量 E_L,它的构成和机理均非常复杂,包括电动机和机械传动系统中的各种能量损耗(见图 48.5-5)。而后在此基础上,得出切削工艺能耗优化模型及方法。具体如下:

(1) 设计变量

在加工过程中,当被加工工件材料、加工要求、机床与刀具已经确定后,切削用量(f 和 a_p)及切削液的选择就成为影响目标函数的关键,故取其为设计

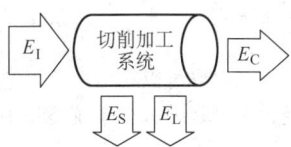

图 48.5-5 切削加工工艺系统的能量流图

变量，即：

设转速 $n=x_1$，进给量 f（或 V_r、a_r）$=x_2$，切削深度 $a_p=x_3$，切削液 $=x_4$

则 $X=[x_1, x_2, x_3, x_4]^T=[n, f$（或 V_r、a_r），a_p，切削液$]^T$

(2) 目标函数

1) 主要目标函数。从减少能耗考虑，减小切削加工中所需的功率可降低对电力资源的消耗，故以切除单位体积金属 Z_w 所消耗的功率 P_i 最小为主要目标函数 $f_E(X)$：

$$f_E(X)=\min\left(\frac{P_i}{Z_w}\right)=\min\left(\frac{P_u+\alpha P_c}{Z_w}\right) \quad (48.5\text{-}3)$$

式中 P_u——机床的空载功率（kW）；
α——功率平衡方程系数，$\alpha=1.15\sim1.25$；
P_c——加工过程中机床的切削功率（kW）；
Z_w——单位时间内的金属切除量（mm³/min）。

2) 次级目标函数。为提高生产率，以单件工时 t_w 最短为技术性次级目标函数 $f_1(X)$：

$$f_1(X)=\min t_w=\min(t_m+t_{ct}+t_{ot}) \quad (48.5\text{-}4)$$

式中 t_m——该工序的切削时间（min）；
t_{ct}——换刀时间（包括卸刀、装刀及对刀时间）（min）；
t_{ot}——除换刀时间外的其他辅助时间（min）。

为提高经济性，以单件工序成本 C 最低为经济性次级目标函数 $f_2(X)$：

$$f_2(X)=\min C=\min\left(t_m M+t_{ct}M+t_{ot}M+\frac{t_m}{T}C_t\right)$$
$$(48.5\text{-}5)$$

式中 M——该工序单位时间内所分担的工厂开支（元/min）；
T——刀具耐用度（min）；
C_t——在刀具耐用度期间，与刀具有关的费用（包括磨刀费及刀具折旧费）（元）。

(3) 约束条件

在生产实践过程中，由于加工设备、加工工艺及工件质量等要求的限制，可供选择的设计变量范围是有限的，故优化时必须考虑这些条件的限制，具体如下：

1) 背吃刀量限制：$a_{pmin}\leqslant a_p\leqslant a_{pmax}$
2) 机床转速限制：$n_{min}\leqslant n\leqslant n_{pmax}$
3) 机床进给量限制：$f_{min}\leqslant f\leqslant f_{pmax}$
4) 机床有效功率：$P_c-P_E\cdot\eta\leqslant 0$

式中 P_E——主电动机功率（kW）；
η——机床效率。

5) 进给机构强度：$F_f\leqslant F_m$

式中 F_f——进给抗力（N）；
F_m——机床允许的最大进给抗力（N）。

6) 转矩限制：$M_c\leqslant M_m$

式中 M_c——转矩（N·m）；
M_m——机床允许的最大转矩（N·m）。

7) 工件加工表面粗糙度的限制：$R_{min}\leqslant R_a\leqslant R_{pmax}$

式中 R_a——切削加工表面的表面粗糙度（μm）。

以上约束仅是机械切削加工时一般应考虑的，对不同的加工情况，往往还需增加一些其他的约束条件，以保证加工要求。

(4) 优化模型及相关方法

进而可以得到数学模型为

Find $X=[x_1, x_2, x_3, x_4]^T$

$\min f(X)=[f_e(X), f_1(X), f_2(X)]^T$

s.t. $g_i(x)\leqslant 0$——相应约束函数

对于类似的多目标的优化问题，可采用加权求和法来处理，经加权求和后的目标函数为

$$f(X)=\lambda_E f_E(X)+\lambda_1 f_1(X)+\lambda_2 f_2(X)$$

式中 λ_E、λ_1、λ_2——加权因子，可根据工艺优化需求确定，即对其中3个指标进行权重分析排序，或确定次级目标函数的限量值，并将其作为约束函数，单独对工艺总能耗进行优化。

2.1.3 低能耗工艺规划方法

对工艺路线规划需要从两种情况来进行研究：①对未拟定工艺路线的情形建立优化决策模型，对加工方法进行优化，最终确定最优工艺路线；②对已经拟定了工艺路线的情形建立分析评价决策模型，从若干可行工艺路线中选择出一条相对最优的工艺路线。确定零件加工工艺路线是一个很复杂的过程，要遵循多种约束，需要对工艺约束知识量化为约束函数，建立一种工艺路线决策模型，旨在最大程度上减少产品制造工艺过程中的能源消耗。

(1) 工艺路线函数表达

工艺路线的确定就是考虑各种可能的因素和约束，然后将选择好的零件各特征加工单元的加工过程链按一定的先后顺序排序。现有工艺路线的决策主要是考虑几何形状、技术要求、工艺方法，以及经济性

或生产率为指标的优化要求等约束因素进行的工艺路线优化，同时还要将加工时间、生产成本、加工质量、资源消耗、环境影响等因素综合考虑。鉴于此，将约束条件集合记为 C，工艺路线则可表示成下列函数形式：

$$R_P = f(P_s, M_m, S_s, F_s, F_p, C) \quad (48.5\text{-}6)$$

式中　R_P——工艺路线；

　　　P_s——所选加工方法集合；

　　　M_m——加工机床集合；

　　　S_s——零件各表面形状；

　　　F_s——各表面几何公差；

　　　F_p——工艺因素；

　　　C——约束条件集合（包括基本约束 C_B、扩展约束 C_O）。

(2) 约束函数表达

制造工艺路线制定，实际上就是逐个反复地将约束集合作用于特征加工单元集合上，所寻求的能够最好地满足约束集合的加工过程顺序，就认为是最优制造工艺路线。工艺实践表明，理论上的约束条件很难完全满足，最终工艺路线如果能满足必须约束条件和其他一些附加约束条件，则认为其基本可行。低能耗工艺规划中主要有下列几个约束函数。

1) 基本约束函数 $F_{C_B}(x)$。基本约束函数是指一些传统工艺优化决策所考虑的约束，其主要包括：

先后次序约束——要求特征加工单元之间有先后次序；

聚类约束——按工序集中的原则，或者从加工的经济性考虑，一些特征加工单元必须安排在一起；

邻接次序约束——要求两个特征加工单元必须邻接。

2) 扩展约束函数 $F_{C_O}(x)$。扩展约束函数是指在满足基本约束函数的同时也要满足加工时间、质量、成本等综合约束最优。其主要包括：

加工时间——$F_{C_T\min}(x) \leqslant F_{C_T}(x) \leqslant F_{C_T\max}(x)$；

加工质量——$F_{C_Q\min}(x) \leqslant F_{C_Q}(x) \leqslant F_{C_Q\max}(x)$；

加工成本——$F_{C_C\min}(x) \leqslant F_{C_C}(x) \leqslant F_{C_C\max}(x)$。

(3) 工艺能耗表达

由于实际生产中往往是多机床加工，某些工艺往往由相应的机床所完成。工艺路线的不同，也可以表示成为机床的组合方式不同，则在资源消耗和环境影响方面产生的效果也显著不同。设某一零件工艺设计加工系统中有 n 台机床，整个工艺加工系统的能量平衡方程为

$$\sum_{i=1}^{n} \int_0^{t_i} P_{Ii}(t)\,\mathrm{d}t = \sum_{i=1}^{n} \int_0^{t_i} P_{0i}(t)\,\mathrm{d}t +$$

$$\sum_{i=1}^{n} \int_0^{t_i} P_{Ci}(t)\,\mathrm{d}t + \sum_{i=1}^{n} \int_0^{t_i} P_{ei}(t)\,\mathrm{d}t \quad (48.5\text{-}7)$$

根据式（48.5-7）可以看出，从工艺规划角度来降低工艺能耗，关键是要减少系统能量损失，即

$$E = \sum_{i=1}^{n} \int_0^{t_i} P_{0i}(t)\,\mathrm{d}t + \sum_{i=1}^{n} \int_0^{t_i} P_{ei}(t)\,\mathrm{d}t \to \min$$

(4) 工艺决策优化模型

通过将约束条件作用于特征加工单元的排序，可获得相对最优的工艺路线，进而可以建立相应的低能耗工艺决策模型：

Find $R_P^* = f(P_s^*, M_m^*, S_s, F_s, F_p, C)$

Min $E = \sum_{i=1}^{n} \int_0^{t_i} P_{0i}(t)\,\mathrm{d}t + \sum_{i=1}^{n} \int_0^{t_i} P_{ei}(t)\,\mathrm{d}t$——工艺路线能耗

s.t. $F_{C_B}(x), F_{C_O}(x)$——工艺规划约束函数

在一般情况下，企业在长期生产过程中，对某种零件加工，已经形成了一个常规的或令设计者满意的工艺路线方案，通常也还存在着某些备选工艺方案。这些工艺方案所规定的人-机（工具）-工件系统都能保证产品的质量，且具有可代换性，但是它们所能达到的低能耗特性均不相同，因而有必要对不同的工艺路线方案进行低能耗优化决策。

2.2　产品低能耗设计方法

如前所述，运用理论分析和设计实例相结合的研究途径，面向能源节约的产品设计需要将能源节约作为目标和必须满足的条件融合到产品的设计过程中。也就是说，需要在产品设计过程与产品能量属性之间建立有效的联系，此类联系代表了产品的能量特性，同时作为产品能量特性的关键因素与设计过程相对应，从而实现产品设计的能量特性最优目标。

2.2.1　产品能耗特性

产品的能量交互主要包括产品与外界的交互和产品内部的能量交互，如图 48.5-6 所示。产品与外界的交互主要通过能量的输入和输出实现。产品内部能量交互则包含机构自身的能量交互和机构之间的能量交互，机构自身完成存储、消耗和转换三种形式的能量交互，不同机构之间的交互通过能量的流动实现。

产品系统是多能量流（机、电、液等）复合的复杂系统，在使用过程中各个机构不断地产生、转换、消耗和存储能量。可以将机构看作能量流入（出）的最小单元，继而可以得出一般机构的能量消耗过程，如图 48.5-7 所示。最终各机构之间通过能

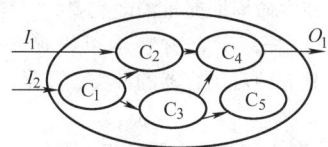

图 48.5-6　产品系统能量交互示意图

量流接口耦合，进而构成整个产品系统。

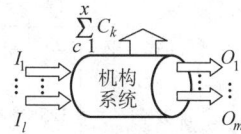

图 48.5-7　一般机构能量流描述

对于这种动态能量联系，可以采用键合图理论进行有效的描述。该方法将能量交互分为三种类型：能量存储、能量消耗和能量转换。它采用了四个基本物理变量，即势变量、流变量、势积变量和流积变量，进而可以对系统的功能特征与机构通过能量关系进行有效的表达。不同的能量域则对应着不同的基本物理变量，如机、电、液等，见表48.5-1。

表 48.5-1　不同能量域对应的基本物理变量

变量	机械平动	机械转动	液	电
势	力	转矩	压力	电压
流	速度	角速度	流量	电流
势积	动量	角动量	动量	电通
流积	位移	角位移	体积	电荷

依据这四个能量变量，可以得出某一时刻或位置的能量参数，进而描述一般动态系统的能量行为。具体如下：

流过某一接口的功率为

$$P(t) = e(t)f(t) \quad (48.5\text{-}8)$$

式中　$e(t)$——状态势变量；
　　　$f(t)$——状态流变量。

流过某一接口的能量为

$$E(t) = \int e(t)f(t)\,\mathrm{d}t \quad (48.5\text{-}9)$$

机构的作用原理通常由物理效应实现，键合图理论可以应用在多种能量互相转化的情况下，给出了具体的影响能量转化的分布阻碍变量（如电阻等），体现了元件自身的物理结构与特性。

机构设计时所确定的物理效应实现原理决定着使用状态下的各个机构系统能量输入、输出的转换关系。采用键合图理论可以得到能够反映系统物理作用原理的能量转换关系式，即能量函数。

依据能量守恒原则，输入端接口流入的功率等于输出端接口流出的功率与过程中消耗功率的和，则可以得出一般机构的能量函数表示为

$$\sum_{i=1}^{l} e_i^I(t)f_i^I(t) = \sum_{j=1}^{m} e_j^O(t)f_j^O(t) + \sum_{k=1}^{n} e_k^C(t)f_k^C(t)$$

$$(48.5\text{-}10)$$

式中　I、O、C——分别表示系统的输入口、输出口和能量消耗的部位。

式（48.5-10）揭示了机构能量转换过程所遵循的客观规律。对于常见的两口机构系统，可将式（48.5-10）简化为

$$e^I(t)f^I(t) = e^O(t)f^O(t) + \sum_{k=1}^{n} e_k^C(t)f_k^C(t)$$

$$(48.5\text{-}11)$$

而后可以在此基础上通过产品机构之间的耦合关系建立整个产品的能量函数

$$\sum_{r=1}^{u} e_r^I(t)f_r^I(t) = \sum_{s=1}^{v} e_s^O(t)f_s^O(t) + \sum_{t=1}^{w}\sum_{k=1}^{n} e_{tk}^C(t)f_{tk}^C(t)$$

$$(48.5\text{-}12)$$

同时，从上述的机构能量函数可以看出，对产品进行节能设计，设计人员需要考虑的是各个机构运行过程中的能耗 $E_C = \sum_{k=1}^{n}\int e_k^C(t)f_k^C(t)$。也就是说，应当在满足输出 $e^O(t)f^O(t)$ 要求的前提下，尽量改进设计，以减少能量消耗 $\sum_{k=1}^{n}\int e_k^O(t)f_k^O(t)$，进而保证整个产品的能量转化效率达到最大，最终达到节能的设计目标。

2.2.2　能耗设计参数

如前所述，需要在产品设计过程与产品能量属性之间建立有效的联系，从而实现设计的最优目标，此类联系是根据产品的能量特性和相关原理等方式提取出来的，其表现方式为特征值、参数、指标等，可以称之为能耗设计参数。能耗设计参数的识别与提取就是设计人员在设计产品的初期，通过一定的测量技术、计算方法，搞清在产品设计中所存在的能量因素，确定哪些能量因素对能量消耗具有或可能具有重大影响，并对识别出来的重要能量因素予以量化，得到产品设计中对于能量消耗的控制参数，并将此运用到设计中，以达到能量节约的设计核心任务。

目前还没有统一的因素识别的方法和程序,由于不同产品设计的目标、活动或系统有不同的能量因素,常用的因素识别的方法有现场采访法、面谈法、实地监测与测量法、问卷调查法、基准参照法、物料衡算法(投入-产出分析法)、专家评议法、工序输入-输出法等。这些识别方法各有利弊,适用于不同的场合。不同的情况可采取灵活多样的方式,但是无论采取哪种方法,都应把生命周期分析的思想融入其中,以做到全面、具体地识别能量因素。

能耗参数是能量节约设计的关键,如图48.5-8所示。其效用过程分为能量因素识别Ⅰ、能耗参数提取Ⅱ和能耗参数运用Ⅲ三个阶段。由于第Ⅰ阶段所识别的能量因素有很多与设计阶段无关,或无法控制的因素,不需要对每一个因素都进行控制与优化。进而需要在第Ⅱ阶段对识别出的能源因素进行提取,使之量化,并提出相应表达形式。最后,将能耗参数运用到产品设计过程中,对产品能量属性予以控制,从而完成基于能量节约的产品设计的核心目的。

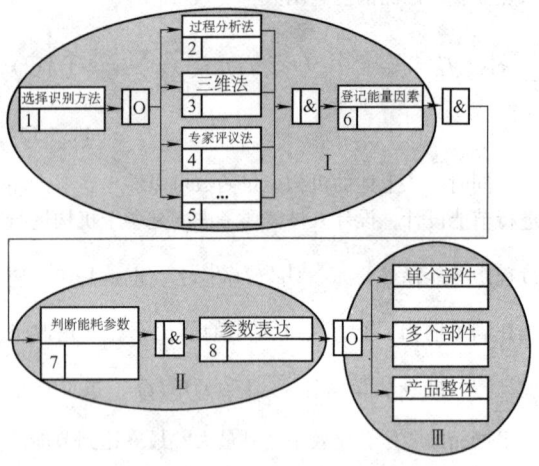

图 48.5-8 能耗参数效用过程模型

2.2.3 低能耗设计方法

通过上一阶段分析所获得的能耗参数,可能是单一的设计变量,可能是多个设计变量组成的设计参数,也可能是设计参数和变量组成的设计指标。而且不同的能耗参数,需要与不同的设计过程的要求相对应,应用于设计过程不同层次。

(1) 单一设计变量

针对单一设计变量表述比较明确,形式也简单,可以用表的形式直接表示,也便于设计人员运用。以设计过程中的单一部件——盛水容器的材料选择为例进行说明。在材料选择时,根据材料全生命周期各阶段能量性能,综合成本、物理性能等材料属性,进行材料多约束选择。在满足材料其他性能的基础上,盛水容器材料在生命周期能量消耗主要为材料生产、产品加工两个过程,所有材料均可以循环利用。表48.5-2所列是五种对比容器的种类、质量、材料以及能量消耗率。

表 48.5-2 容器的相关属性

容器类型	材料	总质量/g	质量/消耗率/g·L^{-1}	能量/消耗率/MJ·L^{-1}
400mL 塑料瓶	硝酸酯化合物	25	62	5.4
1L 牛奶瓶	高分子聚乙烯	38	38	3.2
750mL 玻璃瓶	钠玻璃	325	433	8.2
440mL 铝制罐头	5000 系列铝合金	20	45	9.0
440mL 铁制罐头	普通碳钢	45	102	2.4

(2) 两个设计变量

两个设计变量表达比单一设计变量表达复杂,但仍可以运用二维坐标系图形或复合表格的形式予以表达,通常前者的效果更为直观。

Olga Muravleva 等人也是针对如何提高电动机的效率问题,通过试验确定电动机的节能潜力,然后通过调整定子铁心长度与钢损失,得出它们与电动机效率之间的曲线图(见图48.5-9)。分析铁心长度影响效率的趋势,以及钢损失(即线圈匝数)的影响程度大小,然后改变定子绕组的线圈匝数进行效率比较试验,最终得出一个优化结果。

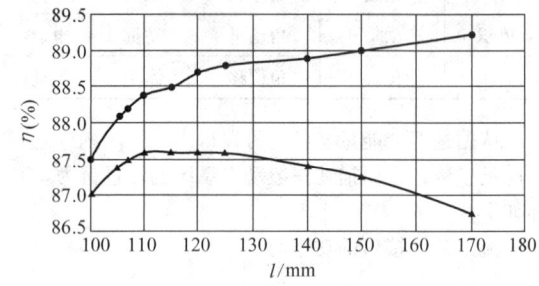

图 48.5-9 铁心长度与效率的曲线图

(3) 多个设计变量

多个设计变量(>2),较难使用图表等直观形式进行表示。一般采取多目标优化等数学方法,以公式组的形式予以表达,或者直接采用试验比较分析的方法。

Masjuki. H. H, Saidur 针对家用冰箱的能耗因素问题,选择了几个对冰箱能量消耗有联系的因素,即温度、门开启、恒温设定场、相对湿度以及负荷,分别针对各个因素展开试验(见图48.5-10),研究这些因素对能耗的影响大小,并给出了一个多元方程用于冰箱设计时的参考。

产品方案设计参数是影响产品能量消耗的重要因

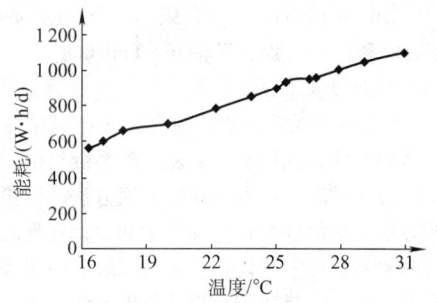

图 48.5-10 温度-能耗曲线图

素之一，其设计的不合理所带来的"先天性"问题，难以在后续阶段予以弥补和修正。同时，设计产品建模是实现能量节约设计方案生成的重要技术基础，其核心任务是获得关于描述设计方案的数据，并对数据之间相互关系进行抽象化表达。产品节能设计是从产品全生命周期角度，在产品结构、工艺等设计过程中，充分考虑对能量的利用，并进行优化。这样才能在产品的实体阶段，保证能量属性最优化的目标实现。

因此，将基于能耗参数建立相应的效用模型，并作为设计要素之一，与产品信息和设计过程相并列，引入到产品设计模型中。通过能耗参数效用模型反映设计目标，为面向能量节约的产品设计提供保证。

2.3 节能结构设计

产品结构设计对能源消耗的影响是多方面的，有许多与能源消耗有关的因素。组成结构材料的属性决定产品的原材料能耗；结构的装配、拆卸性能决定产品装配、回收能耗；改善结构的回收性能将提高材料的回收率，降低原材料能耗。产品结构能量优化设计所确定的产品结构要素应着重考虑对功能的实现，同时兼顾能量等相关属性。将产品结构能量优化设计作为目标层，从末端部件生命周期出发，以材料相容性、装配与拆卸性、使用过程能量传递、寿命分析、回收处理五个基本属性优化为手段，以部件间的功能物理交互等为约束，优化产品设计方案的能量性能，如图 48.5-11 所示。

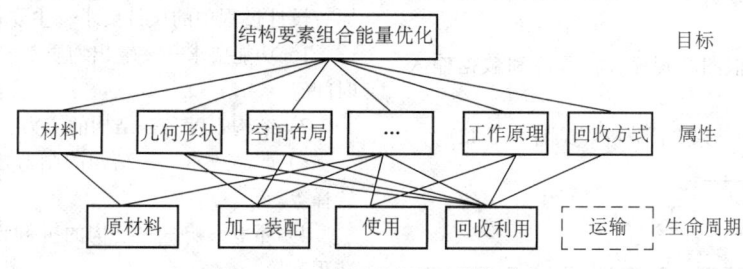

图 48.5-11 产品结构能量优化设计

产品内部不同结构要素间存在着不同的联系，有功能联系与物理联系，有单向联系与双向联系。下面将基于产品结构数字分析框架，运用结构优化设计方法对产品结构的能量特性予以优化。

2.3.1 结构数字分析

对于机电产品的大部分组成机构来说，都是由数量不一的零件按照一定的拓扑关系关联起来的。每个零件在其机构中都有一些设计参数对其设计布局产生约束功能。这些设计参数总体上可以分为形状参数（用 F 表示）、行为参数（用 A 表示）以及关联约束（用 R 表示）。其中关联约束是由明确的数学关系式（等式、不等式或矩阵转换等）来表示的。这样一来，机构即是由其所属的零件自身设计参数以及与这些零件参数相关的关联约束组成的集合体，可表示为

$$M = \{F_1, F_2, \cdots, F_n, A_1, A_2, \cdots, A_m, R_1, R_2, \cdots, R_s \mid n, m, s \in N\}$$

在设计分析现有机构的工作性能时，都是主要分析其内部零件的各种约束（F、A、R），包括结构特性（零件尺寸大小、配合参数等）和运动特性（输入输出能量参数、各零件运动参数的变化规律等）。对于大部分机电机构来说，绝大多数零件的组合方式可以表示为以下几种形式：

1) 零件自身及其相互之间的结构平衡，主要是指机构整体静态结构框架稳定。

结构平衡 Sb 表示为

$$Sb = R(F_1, F_2, \cdots, F_n) = 0 \quad (48.5\text{-}13)$$

2) 零件运动过程中配合及能量转换的平衡，主要是指机构运动状态以及其动态能量输出稳定。

动力平衡 Mb 表示为

$$Mb = R(A_1, A_2, \cdots, A_m) = 0 \quad (48.5\text{-}14)$$

对于目前比较常用的机械刚体复合机构来说，其约束则主要体现在以下几方面。

① 结构平衡——位移平衡：

$$\sum_{i=1}^{n} L_i = \begin{cases} \sum\limits_{i=1}^{n} x_i = \sum\limits_{i=2}^{n} l_i \cos\alpha_i = 0 \\ \sum\limits_{i=1}^{n} y_i = \sum\limits_{i=2}^{n} l_i \sin\alpha_i = 0 \end{cases} \quad (48.5\text{-}15)$$

② 动力平衡——力矩平衡：

$$Mb_i = \sum_{j=1}^{m} M_j = \sum_{j=1}^{m} R_j \times F_j = 0$$

(48.5-16)

式中，L_i 是零件 i 对于其他零件连接端的位置矢量；Mb_i 是零件 i 的力矩平衡；M_j 是空间作用力 j 对零件产生的力矩。

③ 运行转换平衡：$O_i(t) = f_i(I_i(t))$ (48.5-17)

式中，$O_i(t)$ 是部件 i 输出口的各项参数；$I_i(t)$ 是部件 i 输入口的各项参数；$f_i(t)$ 是部件 i 的转换函数。以直流电动机为例，$T = K_2 I$，$\omega = U/K_2$。式中，T 是输出转矩；ω 是输出角速度；I 是输入电流；U 是输入电压；K_2 是常系数。

机构数值分析的首要问题是建立数学模型，通过解析法可建立各种运动参数和机构尺寸参数的函数关系式，可借助于计算机进行计算。其过程主要包括三个步骤：

① 对机构进行分析，建立结构平衡及动力平衡分析模型。

② 编制计算机框图和程序，将程序和数据输入计算机。

③ 调试程序并对结果进行分析（见图48.5-12）。

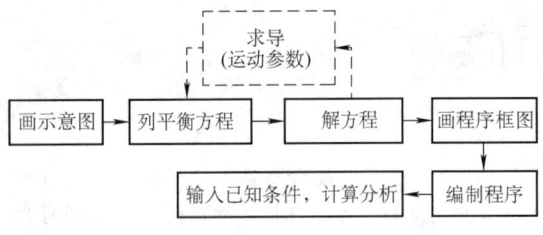

图 48.5-12 机构数值分析流程图

通过机构结构及其运动分析，掌握机构运动变化规律，根据机构的设计要求，找到能满足要求的最佳机构类型，并优化出该机构中各构件的参数，使其结构及运动特性与要求尽量保持一致，达到最佳。最终实现机构在满足功能要求下高速、高质量地运转。

2.3.2 能耗优化设计

通常的结构优化设计问题是指结构型式选定以后，运用数学方法，借助计算机的帮助进行结构尺寸参数、外形参数等的优选。首先需要对所考察的问题进行工程分析，明确寻优的目标，列出必须遵循的限制条件，选定有待优化的参数，再按一定的格式解析化，这就是建立数学模型。一个结构优化设计问题的数学模型，一般应包含上述三要素，通常称为设计变量（Design Variable）、约束条件（Constraint Condition）和目标函数（Objective Function）。

(1) 设计变量表达

2.3.1 节中已经较为清楚地介绍了产品结构数字分析表达的方法，此处不再重复。当系统复杂，很难求得解析表达式时，也可以通过数值方法、试验方法或经验方法，求得各个状态参数和设计变量之间确定的对应关系，由一个计算过程或图表、曲线等来描述。有限元分析就是我们常用的数值方法。

(2) 设计约束表达

结构物要能够正常使用或运行，必须满足某些规定的限制，分别为状态约束和界限约束。由于状态参数可以表示成设计变量的函数，所以上述限制条件经过解析化和整理，都可以归结为关于设计变量的不等式条件或等式条件，称为约束条件，可以表示为

$$g_j(X) \leq 0, \quad j = 1, 2, 3, \cdots, J$$
$$l_k(X) = 0, \quad k = 1, 2, 3, \cdots, K$$

对于产品设计来说，结构设计约束主要是指产品原有设计过程中的设计要求，主要包括：

1) 功能要求——输出物质及能量的方式、大小、时间等。

2) 结构强度——结构的应力、应变范围等。

3) 产品成本——结构的制造成本、材料强度的选择等。

4) 环境影响——结构的拆卸性、回收率、再制造程度等。

5) 其他约束——结构工艺性、外观要求等。

(3) 目标函数表达

为了能用数学方法，借助计算机的帮助来实现，需要把追求的目标解析化、数量化，这可以通过引进一个或几个表征设计优劣，由设计变量所决定的函数来实现，这种函数就称为目标函数，记为 $f(X)$。

在节能结构设计中，能耗因素是产品设计中主要的设计要素，自然应当将产品的能耗特性，即能耗函数作为目标函数，而 2.2.1 节中已经较为清楚地介绍了产品能耗特性表达的方法，此处不再重复。而当产品设计中除节能设计目标之外，存在多个主要设计要素时，也可以将这些目标函数与能耗函数做适当组合，记为

$$F(X) = (f_E(X), f_1(X), \cdots, f_n(X))$$

然后，可以根据不同的优化方法确定各设计函数之间的取值与权重，得到最优的产品设计方案。

(4) 优化模型及方法

通过上面的论述，结构低能耗设计问题可以表述为：

确定设计变量 $\qquad X = (x_1, x_2, x_3, \cdots, x_n)$

约束条件量化　　$g_j(X) \leq 0, j = 1,2,3,\cdots,J$
　　　　　　　　$l_k(X) = 0, k = 1,2,3,\cdots,K$
目标函数得出　　$F(X) \to \min(或 \max)$

其优化流程如图 48.5-13 所示。

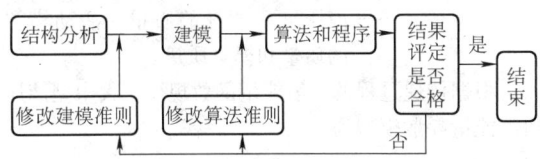

图 48.5-13　优化流程图

在结构优化设计中，常常会遇到有某些设计变量只允许取规定离散值的情况，就只能选取整数，必须另做处理。常用的处理方法有：

1）在连续取值最优点近旁取整或取"规格化"值，这种方法简单，但存在一定误差。

2）将其看作新的约束条件，用逐次无约束算法，使其迭代到"规格化"值。

3）将其看作限界约束，用分支限界方法，寻找离散值最优点等。

同时，对于复杂的产品系统，可以分解为若干个较简单的子系统，对各子系统分别进行优化和级间协调，使之收敛到原系统的最优解，这种分解方法在结构设计中特别有效，分解方法可以比较灵活，可以形成串行、并行或树形分叉的结构。同时，如果产品能耗函数关于设计变量具有单调性，最优点一定在约束界面上。因此，可以运用单调性分析方法，通过寻找积极约束并在约束界面上寻找最优点，确定各个设计变量值。

2.3.3　有限元优化设计

在实际的工程问题中，采用数值方法有时候很难对所求产品的结构分析得到一个显式函数，且所建立的数学模型与解析计算方法也很难有效、精确地来求解结构问题。此时，可以采用计算机辅助工程（CAE）予以分析优化计算。一般机械结构系统的几何外形相当复杂，所受的外力负载种类相当多，宜采用有限元方法。有限元法的主要分析计算过程包括：

1）结构离散化，即将连续单元转化为若干个单元。

2）单元特性分析与计算，即建立各单元的节点位移与节点力之间的关系式，求出各单元的刚度矩阵。

3）集合所有单元的刚度方程，建立整个结构的平衡方程，利用结构力平衡条件和边界条件，求出节点位移及各单元内的应力值。

有限元分析软件，如 ANSYS 程序提供了分析—评估—修正的循环过程对设计方案进行优化，对初始设计进行分析，根据设计要求对分析结果进行评估，然后对设计进行修正。重复执行这一循环过程直到所有设计都满足要求，从而得到最优设计方案。

对应于优化设计方法中的三大要素，ANSYS 优化模块中也有三大优化变量：设计变量（DV）、状态变量（SV）及目标函数（OBJ）。有限元分析流程如图 48.5-14 所示。

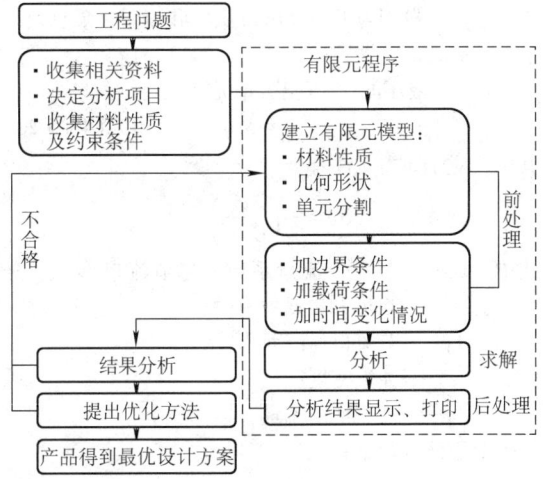

图 48.5-14　有限元分析流程

对于该软件的详细介绍，目前在各专业书籍中均有论述，此处不再赘述。

3　面向节能的绿色设计案例

下面列举一些典型产品节能设计的案例仅供参考。

3.1　液压机成形过程的能量流分析

液压机是基于静压传递原理，由多种元件组成一个封闭的"电能—机械能—液压能—机械能—变形能"的能量转化系统，为在单位工作周期内完成多个预期动作，系统内部均会通过元件重构组成一条特定的子回路与之相对应，单元元件间的能量交互是通过若干功率口来实现的，每个功率口总存在两个变量，一个为流变量 f，如电流、流量、速度等；另一个为势变量 e，如电压、液压、力等。

根据液压机成形过程的能量流动特点和先后顺序，将成形过程的能量流分成"电能-机械能""机械能-液压能""液压能-液压能""液压能-机械能""机械能-变形能"单元，与之相对应的实现单元分别是电动机、泵、管路及阀组、液压缸、活动横梁。现对每个单元的能量转化规律进行分析。

（1）"电能-机械能"单元

$$P_{\text{F-M}}^w = \left(\frac{1-\eta_{\text{motor}}}{\eta_{\text{motor}}}\right)\tau\omega \qquad (48.5\text{-}18)$$

式中 τ——电动机输出转矩；
ω——电动机输出角速度。

(2)"机械能-液压能"单元

$$p_{\text{M-H}}^w = P_{\text{pump in}} - P_{\text{pump out}} = (1-\eta_{\text{pump}})P_{\text{pump in}} \qquad (48.5\text{-}19)$$

输入机械功率 $P_{\text{pump in}} = \tau\omega$；输出液压功率 $P_{\text{pump out}} = pq = \eta_v pq_t$；$p$、$q$ 分别为工作泵出口压力和流量；泵总效率 $\eta_{\text{pump}} = \eta_v \eta_m$。

(3)"液压能-液压能"单元

$$p_{\text{H-H}}^w = \Delta p q \qquad (48.5\text{-}20)$$

其中，对于阀类元件有

$$\Delta p = \frac{\rho}{2}\left(\frac{q}{C_d A_0}\right)^2$$

式中 C_d——节流口流量系数，与节流口形式、开启度和雷诺数有关；
A_0——节流口通流面积；
ρ——油液密度；
q——液压油的流量。

对于液压管路有

$$\Delta p = \sum \lambda \frac{L}{d}\frac{\rho v^2}{2} + \sum \zeta \frac{\rho v^2}{2} \qquad (48.5\text{-}21)$$

式中 λ——沿程阻力系数；
L——液压管的沿程长度；
d——液压管内径；
v——管路内液压油平均流速；
ζ——局部阻力系数；
ρ——液压油密度。

(4)"液压能-机械能"单元

$$p_{\text{H-M}}^w = p_{\text{in}} q_{\text{in}} - Fv - p_{\text{out}} q_{\text{out}} \qquad (48.5\text{-}22)$$

式中 q_{in}、q_{out}——液压缸的进油腔流量、回油腔流量；
p_{in}、p_{out}——液压缸的进油腔压力、回油腔压力。

(5)"机械能-变形能"单元

$$P_{\text{metal forming}} = P_d + P_f = (F + m_1 g + m_2 g + m_3 g)v \qquad (48.5\text{-}23)$$

其中

$$P_d = \int_V \bar{\sigma} \cdot \bar{\varepsilon} \, \mathrm{d}V$$

$$P_f = \int_S \tau \cdot v_f \, \mathrm{d}A$$

式中 $\bar{\sigma}$ 和 $\bar{\varepsilon}$——变形体内等效应力和等效应变速率；
V——变形区体积；
τ——接触面摩擦力；
A——接触面积；
v_f——单元相对速度；
F——液压缸输出力；
v——模具相对速度；
m_1、m_2、m_3——液压缸活塞杆的质量、活动横梁的质量和模具质量。

根据传递过程的一般能量函数规律，大中型液压机的能量耗散模型为

$$E = \sum_{i=1}^{r}\left(\sum_{j=1}^{m} E_{i\text{-}j\text{-motor}}^w + \sum_{j=1}^{n} E_{i\text{-}j\text{-pump}}^w + \sum_{j=0}^{s(i)} E_{i\text{-}j\text{-twcv}}^w + \sum_{j=1}^{r(i)} E_{i\text{-}j\text{-pipe}}^w + \sum_{j=1}^{k(i)} E_{i\text{-}j\text{-cylinder}}^w + E_{i\text{-else}}\right) + E_{\text{metal forming}} \qquad (48.5\text{-}24)$$

式中 E——输入电能；
$E_{i\text{-}j\text{-motor}}^w$——第 j 个电动机在第 i 个工艺阶段的能量损失；
$E_{i\text{-}j\text{-pump}}^w$——第 j 个泵在第 i 个工艺阶段的能量损失；
$E_{i\text{-}j\text{-twcv}}^w$——第 j 个二通插装阀在第 i 个工艺阶段的损耗；
$E_{i\text{-}j\text{-pipe}}^w$——第 j 段管路在第 i 个工艺阶段的损耗；
$E_{i\text{-}j\text{-cylinder}}^w$——第 j 液压缸在第 i 个工艺阶段的损耗；
$E_{i\text{-else}}$——第 i 个工艺阶段的其他损耗；
r——单个周期内的工艺阶段数目；
m——液压机系统的电动机数目；
n——液压机系统的液压泵数目；
$s(i)$——第 i 个工艺阶段的二通插装阀数目；
$r(i)$——第 i 个工艺阶段的管路数；
$E_{\text{metal forming}}$——作用于工件上的直接成形能耗。

在实验室对各单元的能耗特征开展独立的效率试验，将一个单元的输出作为另外一个连续单元的输入，根据所获得特性曲线的形状特征进行函数拟合，得出各单元的能量损耗函数并带入式（48.5-24），即可对大型液压机服役过程的能量耗散特性进行准确描述，并进行实时跟踪。

3.2 典型机构节能设计

变臂型游梁式抽油机（见图 48.5-15）是在常规型游梁式抽油机（见图 48.5-16）的基础上设计出来的。该机保留常规型游梁式抽油机的基本结构，仅仅将游梁的无杆端制成变臂型椭圆弧轮廓，并去掉尾轴承，横梁与游梁之间采用双保险式柔性件相连。变臂型游梁式抽油机工作时，电动机输出的动力经带传动装置及减速器装置减速后，带动曲柄做旋转运动，由曲柄、连杆、横梁、连杆吊绳、游梁及支架、底座组

成的变参数四连杆机构将曲柄的旋转运动转换成游梁的往复摆动，然后安装在游梁上的驴头通过钢索带动悬绳器上下往复运动，从而完成抽油。

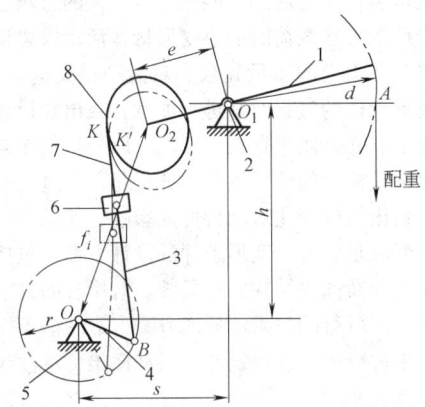

图 48.5-15　变臂型游梁式抽油机结构示意图
1—游梁　2—支架　3—连杆　4—曲柄装置
5—底座　6—横梁　7—传动吊绳　8—变臂结构

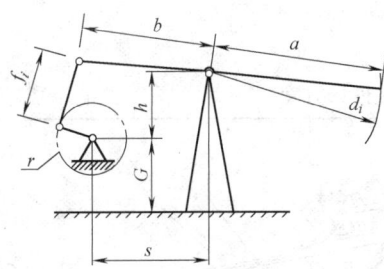

图 48.5-16　常规型游梁式抽油机几何尺寸示意图

对变臂型游梁式抽油机进行节能设计后变臂型游梁式抽油机与常规型游梁式抽油机的结构参数对比见表 48.5-3。

表 48.5-3　两种抽油机的主要结构参数对比

结构参数 /mm	变臂型 (CYJB10-4.2-53HB)	常规型 (CYJ10-4.2-53HB)
r	1044	1320
d	3250	4360
f_i	—	3800
d_i	—	2850
h	3950	3800
s	2300	2525
e	850	—

两种抽油机工作过程中，转矩的动态变化与对比如图 48.5-17 所示。

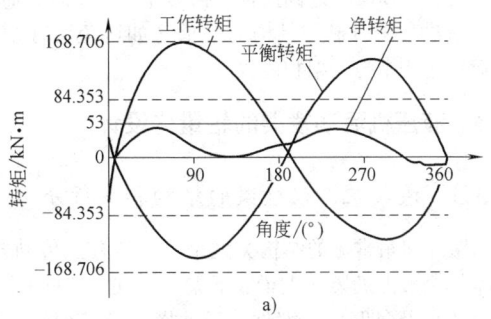

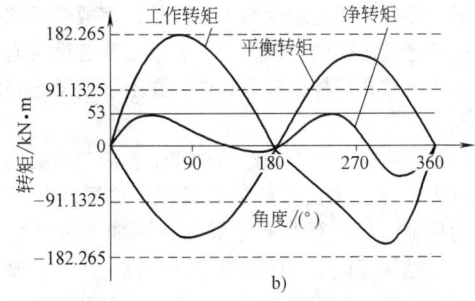

图 48.5-17　工作过程中转矩的动态变化与对比
a) 变臂型游梁式抽油机　b) 常规型游梁式抽油机

对常规型游梁式抽油机和变臂型游梁式抽油机进行了对比计算，具体见表 48.5-4。

表 48.5-4　两种抽油机的主要性能参数对比

性能参数	变臂型	常规型
最大加速度/$m \cdot s^{-2}$	0.955 8	1.351 9
最大转矩/$kN \cdot m$	1.840 3	2.051 8
最大平衡转矩/$kN \cdot m$	145.26	149.7
最大净转矩/$kN \cdot m$	45.79	52.83
最小净转矩/$kN \cdot m$	-4.23	-42.06
电动机功率/kW	27.02	32.70

从两种抽油机的结构尺寸和性能参数计算结果可以看出：

1) 在相同的冲程长度下，变臂型游梁式抽油机的结构紧凑、体积小、重量轻。

2) 在相同工况下，变臂型游梁式抽油机比常规型游梁式抽油机的最大加速度、最大转矩因素、减速器工作转矩和电动机功率分别下降 29.3%、10.3%、13.3% 和 17.4%。

3) 在相同的工况下，变臂型游梁式抽油机减速器的工作转矩峰值低，且波动小，不仅改善了减速器的工作状况，而且有利于节能。

由于椭圆长、短轴的任意性，给设计工作带来了较大的灵活性。具体来讲，对于新型抽油机的设计，使椭圆长轴指向支架轴承中心，可以提高变臂效果；对于油田在用抽油机的改造，使椭圆短轴指向支架轴承中心,可以减小椭圆变臂结构的体积,以满足抽油机改造过程中对椭圆结构的要求(如避免变臂结构在运动过程中与支架相碰)。

3.3 液压机活动横梁的轻量化设计

3.3.1 液压机活动横梁的结构和载荷分析

液压机最常见的结构类型是三梁四柱上传动式,其本体一般由机架(上梁、下梁、立柱、拉杆)、液压(工作及回程)缸部件,活动横梁及其他辅助装置组成。活动横梁上表面与工作缸的柱塞或者活塞杆相连以传递液压机的作用力,下表面安装有模具或是型砧,以立柱孔或导向板为导向,在上下横梁之间往复运动。

在液压机完成成形动作的过程中,活动横梁是主要的受力部件,并且主要是为了实现成形动作的压力,为保证活动横梁具有足够的承压能力和抗弯能力,一般把柱塞杆下方的筋板设计为方格形、壁厚均匀的封闭箱体。在成形过程中,承受压制动作的极端压力,可能导致活动横梁的变形和失效,影响整台液压机的寿命。

3.3.2 轻量优化结构设计

活动横梁也是主要的移动部件,活动横梁的重量对液压机装备生命周期的能耗有着巨大的影响。为保证承受压制极端载荷时的小变形量,活动横梁设计和制造时存在很大的质量冗余。对活动横梁进行分析,按照成形动作的过程对其进行加载,找出在设计要求的载荷下,冗余质量存在的部位。以分析的结果为基础,对活动横梁的节后进行拓扑优化,并进行有限元计算,找出结构变化对动特性的影响,使结构趋于合理,得到满足载荷和变形条件的设计方案,包括板材厚度的选择及加强结构的布局等。对所有的方案进行优选,得到可行的效果消耗的方案,最后基于拓扑优化的结果进行可行性再设计。活动横梁可行性改进设计方案见表48.5-5。

新活动横梁的成功设计对于液压机生产单位而言,活动横梁由原先的43542kg下降为35781kg,直接节材7761kg,对于液压机使用单位而言,单个冲压周期内节省能量 1.39×10^5 J,年节约用电 1.4 万 kW·h。

表 48.5-5 活动横梁可行性改进设计方案

序号	改进内容
1	在左右横向侧板上开出 3 个圆头矩形孔,尺寸为 400mm×1150mm
2	将活塞缸支承板下方筋板设计成金字塔形
3	将十字形支承结构变成悬臂梁支承结构
4	在前后横向侧板上开出 4 个圆头矩形孔,尺寸为 400mm×1150mm
5	将四周侧板厚度由 40mm 减小至 30mm

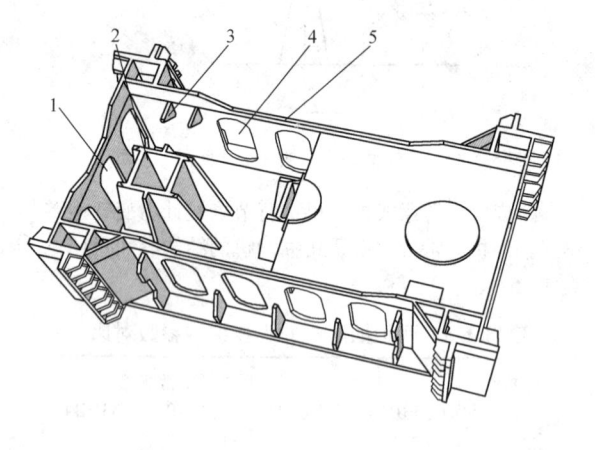

第6章 绿色设计评价

1 绿色产品评价

1.1 绿色产品的概念

绿色产品（Green Product），又称环境协调产品（Environmental Conscious Product，ECP），目前尚无公认的权威定义，还处在不断探讨与完善之中，但绿色产品必须符合以下几方面的要求：

1) 在其生命周期的全过程中，符合特定的环境保护要求，对人体无害，对环境无影响或影响极小。

2) 产品结构尽量简单而不降低功能，消耗原材料尽量少而不影响寿命，制造使用过程中消耗能源尽量少而不影响效率。

3) 在其使用寿命完结时，其零部件或者能翻新、回收、重用，或者能安全地处理掉。

简言之，绿色产品就是采用绿色材料，通过绿色设计、绿色制造、绿色包装而生产的一种节能、降耗、减污的环境友好型产品。

1.2 绿色产品的认证与绿色标志

近年来，除了人们早已熟知的各种生产厂家商标、产品注册商标外，又增加了一种新的标志——绿色标志。绿色标志，又称"环境标志""生态标志""蓝色天使"等，它是一种产品的证明性商标，受法律保护，是经过严格检查、检测、综合评定，并经国家专门委员会批准使用的标志。它是印刷或张贴在产品或其包装上的图形，表明该产品不但质量合格，而且在生产、使用、消费和处置等过程中也符合特定的环境保护要求。表 48.6-1 所列为部分国家和地区具有代表性的绿色标志。

1.3 绿色产品的评价指标体系

（1）评价指标体系的制定原则

由前述绿色产品的定义可以看出，产品的"绿色"程度涉及产品生命周期的全过程，因此其评价是涉及多学科内容和诸多过程数据的复杂过程。绿色产品评价指标体系的建立必须遵循科学性与实用性、完整性与可操作性、不相容性与系统性、定性指标与定量指标、静态指标与动态指标相统一等原则。绿色产品评价指标体系的制定原则见表 48.6-2。

表 48.6-1 部分国家和地区具有代表性的绿色标志

 西欧白天鹅标志	 美国环保标志	 新西兰环保标志
荷兰环保标志	 法国环保标志	 瑞典环保标志
 国际爱护动物基金会	 加拿大环保标志	 捷克环保标志
 克罗地亚环保标志	 国际绿色标志	 国际绿色环保标志	 中国环保标志
 韩国环保标志	 以色列环保标志	 西班牙环保标志
 泰国环保标志	 新加坡环保标志	 日本生态标志
 中国香港环保标志	 中国台湾节水标志	—

表 48.6-2　绿色产品评价指标体系的制定原则

原则	概　述
综合性原则	指标体系应能全面反映被评价产品"绿色"程度的综合情况,应能从技术、经济和生态三方面进行评价,充分利用多学科知识、学科间的交叉和综合知识,以保证综合评价的全面性和可信度
科学性原则	力求客观、真实、准确地反映被评价产品的"绿色"属性。有些指标可能目前尚无法获取必要的数据,但与评价关系较大时仍可作为建议指标提出
系统性原则	既要有反映产品资源属性、能源属性、经济性及环境属性的各自指标,并注意从中抓住影响较大的主要因素,又要充分认识到与社会经济发展过程有不可分割的联系,有反映这几大属性之间的协调性指标
动态指标和静态指标相结合	产品的指标均受市场及用户需求等的制约,对产品的要求也将随着工业技术和社会的发展而不断变化。在评价中,既要考虑到现有状态,又要充分考虑到未来的发展
定性指标与定量指标相结合	绿色产品评价指标应尽可能量化,但对某些指标(如环境政策指标、材料特性等)量化难度较大,此时也可采用定性指标来描述,以便从质和量的角度,对被评价对象做出科学的评价结论
可操作性	绿色产品的评价指标应有明确的含义,且有一定的现实统计作为基础,因而可以根据数量进行计算分析。同时指标项目要适量,内容应简洁,在满足有效性的前提下,尽可能评价简便
不相容性	绿色产品的评价指标项目众多,应尽可能避免相同或含义相近的变量重复出现,做到简明、概括,并具有代表性
层次性原则	绿色产品的评价指标体系为产品设计人员、管理部门及消费者提供了设计决策、产品检查及绿色产品消费选择的依据。由于使用对象不同,因此应在不同层次采用不同指标

(2) 绿色产品评价指标体系的组成

绿色产品评价指标体系应包括环境属性指标、资源属性指标、能源属性指标及经济属性指标四个方面,如图 48.6-1 所示。

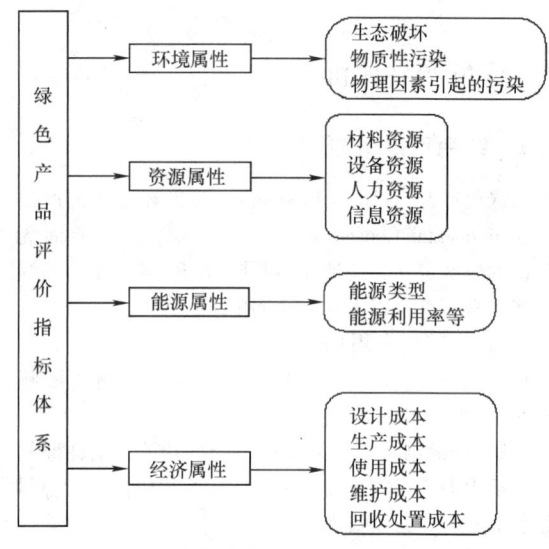

图 48.6-1　绿色产品评价指标体系

1) 环境属性指标。环境属性指标是反映绿色产品不同于一般产品的重要特征之一。环境属性主要是指在产品的整个生命周期中所引起的有关环境问题,绿色产品环境属性评价指标见表 48.6-3。优秀的环境属性是指在产品的整个生命周期中不破坏生态环境,对当地环境乃至全球环境不产生污染或使污染最小化。

2) 资源属性指标。这里所说的资源是广义的资源,包括产品生命周期中使用的材料资源、设备资源、信息资源和人力资源,是绿色产品生产所需的最基本条件。绿色产品资源属性评价指标见表 48.6-4。资源属性优秀的产品通过改变无限制的开发利用及粗放型的经营方式等手段获得最高的资源利用率。

3) 能源属性指标。节约和充分利用能源是绿色产品的又一大特性。在产品设计中,要尽量使用清洁能源和再生能源,采用合理的生产工艺提高能源利用率。绿色产品能源属性评价指标见表 48.6-5。优秀的能源属性表现为最高的能源利用率、最小的能耗及再生能源和绿色新能源的利用。

4) 经济属性指标。绿色产品的经济属性是面向产品的整个生命周期,与传统的经济属性(成本)评价有着明显的不同。其评价模型也应反映产品生命周期的所有特性。绿色产品经济属性评价指标见表 48.6-6。优秀的经济属性是使绿色产品在其生命周期全过程中具有最小的成本消耗。

表 48.6-3　绿色产品环境属性评价指标

内容	指标	含义
大气污染	废气 光化学氧化剂 颗粒物 放射性物质	大气污染物的主要种类一般有硫氧化物、碳氧化物、氮氧化物、碳氢化合物、臭氧等氧化剂、颗粒物。大气污染评价一般是用污染物的浓度值(mg/m^3)作为评价参数，即将实际排放浓度值与评价标准的浓度值进行比较
水体污染	物理性污染 化学性污染 生物性污染	目前在水体污染评价中，常见的评价指标有 30 多种，其中主要的有以下几种 氧平衡参数指标：包括溶解氧、化学需氧量(COD)、生物需氧量(BOD) 重金属参数指标：包括小毒性指标(铁、锰、铜、锌等)、大毒性指标(汞、铬、铅等) 有机污染物指标：包括酚类、油类等 无机污染物指标：包括氨氮、硫酸盐、磷酸盐、硝酸盐、氰化物、氟化物等
固体废弃物污染	无机物污染 有机物污染	固体废弃物主要包括有机污染物、无机污染物(包括对动、植物有害的元素及其化合物，如铜、镍、钴、锰、锌、砷、硼等)、工业及城市的固体废弃物、大气沉降物(大气中的 SO_2、氮氧化物和颗粒通过沉降和降水而降落到地面)
噪声污染	生产噪声 使用噪声 其他噪声	绿色产品的噪声包括其在整个生命周期对生产者、使用者及环境的影响。现在大部分国家都采用等效连续 A 声级来衡量噪声的强弱，它的定义可用下式表示 $$L_{eq} = 10\lg \frac{1}{T_1 - T_2}\int_{T_2}^{T_1} 10^{0.1L_p} dt$$ 式中　L_{eq}—在时间 ($T_1 - T_2$) 内的平均噪声级 　　　T_1—起始时间 　　　T_2—终止时间 　　　L_p—时刻 t 时的噪声级

表 48.6-4　绿色产品资源属性评价指标

内容	指标	含义
材料资源	材料种类	产品中所使用的材料种类总数
	材料利用率	产品总重/投入材料总重
	零部件回收重用率	产品中回收零部件数量/产品的总零部件数量
	材料的回收率	产品回收材料总重/产品总重
	有毒材料使用率	产品所有材料中有毒材料所占的比例
	有害材料使用率	产品所有材料中有害材料所占的比例
	材料可处理处置性	不能回收的材料处置的难易程度及对环境的影响大小
设备资源	设备资源利用率	平均每天设备有效使用时间
	先进、高效设备使用率	先进设备数/总设备数
人力资源	专业人员比例	专业技术人员/全体职工数
	绿色知识的普及	企业中成员环保知识和绿色技术的教育情况

表 48.6-5　绿色产品能源属性评价指标

内容	指标	含义
能源属性指标	能源类型	在产品生产及使用中所用能源的类型是否是清洁能源，如水力能、太阳能、沼气能等
	再生能源使用比例	产品生产能源中再生能源的使用比例
	能源利用率	产品生产过程中的能源利用率
	使用能耗	产品使用过程中的能量消耗
	回收处理能耗	产品废弃后回收处置所用能量/产品生产能量消耗

表 48.6-6　绿色产品经济属性评价指标

内　容	指　标	含　义
生产成本	设计开发成本	在产品开发过程中投入的成本,主要包括人力、管理、设备等
	制造成本	在产品制造过程中消耗物质的成本,主要包括资源、能源、人力、设备等方面的成本
	储运成本	主要是指产品贮存和运输过程中耗费物质的成本
	服务成本	产品售出后,厂家向消费者提供产品售后服务等需要的成本
用户成本	使用成本	用户在产品使用过程中,产品消耗掉的能源,如电能、煤、天然气等的成本
	支付的回收费用	产品达到生命周期末端后,需要对报废的产品进行回收的费用
	支付的处置费用	对报废产品进行拆卸、破碎等后期处理的成本
社会成本	环境污染治理	环境污染治理的成本主要包括环保设备的购置、职工环境保护教育、环境污染的监测计量、环境管理体系的构筑和认证等成本
	职业保健	在产品生命周期过程中,有毒有害生产工艺对人体健康造成危害而导致的额外医疗费
	废弃物处理处置	废弃物处理处置成本主要包括在废弃物处理过程中投入的人力、资源、设备等的成本,并且除去所获得收益来计算

(3) 参照产品的概念及评价标准的制定

1) 参照产品的选择。绿色产品评价的第一步通常是选择一个或多个参照产品,为评价标准的确定和评价方法的实施奠定基础,参照产品可以按表 48.6-7 进行分类。

表 48.6-7　参照产品的分类

参照产品	含　义
功能参照产品	功能参照产品是指将现有产品的功能作为评价比较的依据,所设计的产品必须与参照产品具有相同或相似的功能
技术参照产品	技术参照产品通常是一个或多个产品的集合。往往在评价采用新技术、新工艺、新结构的产品时选择技术参照产品
绿色度参照产品	绿色度参照产品是一个或多个产品的集合体,是一种抽象的产品。绿色度参照产品的作用是提供一个评价新产品的能源利用、资源利用、环境保护、经济性以及实现产品功能和性能的技术水平等指标情况的参照基础

2) 评价标准的制定。根据参照产品的概念,在绿色产品评价中可以用参照产品来制定评价标准。评价标准的制定原则见表 48.6-8。

1.4　常用的评价方法

目前用于进行各类评价的方法很多,有经济分析法、专家咨询法、成本效益法、价值工程评价法、层次分析法、模糊评价法、加权评分法等,这些都可供评价绿色产品参考。下面简单介绍其中的一些方法。

(1) 成本效益法

成本效益法就是把不同技术方案的成本和效益进行比较分析的方法,成本可以反映主要费用,而效益

表 48.6-8　评价标准的制定原则

方　法	含　义
参照国内外的法律、法规确定限值	国内外的环保法律、法规对产品的一些环境属性做了明确的规定,例如,欧盟 RoHS 指令中,明确规定 6 种有毒有害物质使用的限值,可作为参考
参照国家/行业标准确定限值	国家/行业标准是公认的评价基准,一些指标评价标准的制定,可以参照国家/行业标准
与行业协会进行协商和探讨,确定指标评价限值	目前,很多行业标准的要求比国家标准高,例如,新《家用和类似用途电器噪声限值》规定:容积在 250L 以下的冰箱,噪声限值为 45~47dB;250L 以上的限值为 48~55dB。而有些大型企业生产的冰箱,其使用噪声已经达到 39dB 左右,远低于国家标准值
与龙头企业交流,确定调整指标标准值	由于我国行业水平参差不齐,中小企业的技术水平相对落后。与龙头企业交流,了解行业的整体水平后,对相关指标的标准进行调整,这样既可以突出大型企业的先进技术水平,又可以使 30% 以上的中小型企业相应的产品能达到标准

则反映了经济和社会效果。当有可能找到成本(或效益)与方案特征参数之间的关系时,就可以建立成本(效益)模型。成本效益综合模型图如图 48.6-2 所示。

(2) 价值工程评价法(价值分析法或功能成本分析法)

价值工程法的实质是正确处理产品功能和成本的相互关系,最大限度地提高产品价值。价值工程法的

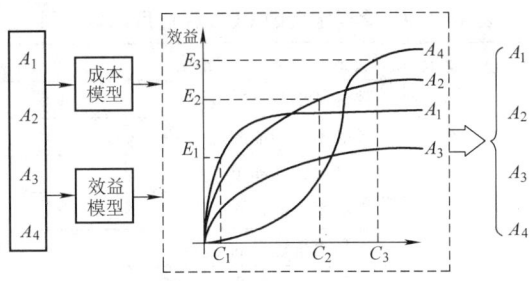

图 48.6-2 成本效益综合模型图

基本原理可以用式（48.6-1）来表示：

$$V = F/C \quad (48.6-1)$$

式中 V——价值；
F——功能；
C——成本。

(3) 加权评分法

这种方法主要考虑诸因素（或指标）在评价中所处的地位或所起的作用不尽相同，给每个评价因素确定一个权重，来体现这种不同，可以用式（48.6-2）来表示：

$$E = \sum_{i=1}^{n} a_i S_i \quad (48.6-2)$$

式中 E——加权后的总分数；
S_i——第 i 个评价因素的评分；
a_i——第 i 个评价因素所占的权重；
一般要求 $\sum_{i=1}^{n} a_i = 1$。

(4) 层次分析法（Analytic Hierarchy Process, AHP）

层次分析法本质上是一种决策思维方式，体现了人们决策思维的基本特征：分解、判断、综合。AHP 法的基本思想是先按问题要求建立一个描述系统功能或特征的内部独立的递阶层次结构，通过两两比较因素（或目标、准则、方案）的相对重要性，构造上层某要素对下层相关元素的判断矩阵，以给出相关元素对某要素的相对重要序列。AHP 的核心问题是排序问题，包括递阶层次结构原理、标度原理和排序原理。

(5) 模糊评价法

模糊评价法是应用模糊集合理论对系统进行综合评价的一种方法，在工程评价中得到了广泛应用，其评价对象可以是方案、产品或是各类人员（如管理人员、技术人员、生产工人等）。

(6) TOPSIS（Techniques for Order Preference by Similarity to Ideal Solution）方法

TOPSIS 方法根据理想点原理，寻求离理想点最近的方案为最佳方案，从而减少因评价者的不同或其偏好的变化而引起的评价结果的差异。所谓理想点原理，就是先确定一个理想点，然后在问题解的约束空间上寻找一个与理想点距离最小的点，则该点对应的方案即为最佳方案。TOPSIS 方法需要给出决策矩阵和指标权重矢量。

(7) 灰色评价方法

灰色系统理论认为灰色系统是广义系统或一般系统，黑色系统和白色系统是特例，因此，决策过程是灰色决策过程。灰色决策方法主要有两种途径：其一，在效果空间将已给定点为中心的某一个区域（即灰靶）作为满意灰色目标集，只要效果点在此区域内便可认为它所对应的方案是满意的；其二，确定理想方案，分析待评方案与理想方案的关联度，关联度越大则方案越优。灰色决策对灰色信息和白色信息区别对待，这样有效地保证了信息的完整性和准确性。

(8) 可拓评价方法

宏观决策处理的对象是系统之间、系统与子系统之间、各个子系统之间存在着的矛盾问题。可拓决策以可拓集合为数学工具，用关联函数来分析决策对象各目标间的相容性，通过物元变换化矛盾问题为相容问题。其基本思想是最大限度地满足主系统、主指标的要求，对非主系统中的矛盾问题进行物元变换，以此获得全局性的最佳决策。

(9) 数据包络分析方法

数据包络分析方法（Data Envelopment Analysis, DEA），是运筹学、管理科学与数理经济学交叉研究的一个新领域。它是根据多项投入指标和多项产出指标，利用线性规划的方法，对具有可比性的同类型单位进行相对有效性评价的一种数量分析方法，如图 48.6-3 所示为数据包络分析模型。

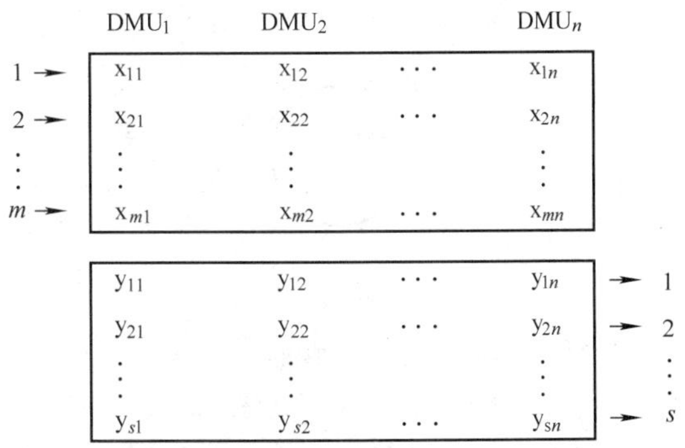

	DMU_1	DMU_2	$\cdots$	DMU_n
1 →	x_{11}	x_{12}	$\cdots$	x_{1n}
2 →	x_{21}	x_{22}	$\cdots$	x_{2n}
$\vdots$	$\vdots$	$\vdots$		$\vdots$
m →	x_{m1}	x_{m2}	$\cdots$	x_{mn}

y_{11}	y_{12}	$\cdots$	y_{1n}	→ 1
y_{21}	y_{22}	$\cdots$	y_{2n}	→ 2
$\vdots$	$\vdots$		$\vdots$	$\vdots$
y_{s1}	y_{s2}	$\cdots$	y_{sn}	→ s

图 48.6-3 数据包络分析模型

2 生命周期评价

生命周期评价（Life Cycle Assessment, LCA）最早出现于 20 世纪 60 年代末 70 年代初，当时被称为资源与环境状况分析（REPA）。生命周期评价是评价产品、工艺或活动从原材料采集，到产品生产制造、包装运输、使用维护、废弃及回收整个生命周期阶段有关的环境负荷的过程与方法，如图 48.6-4 所示。

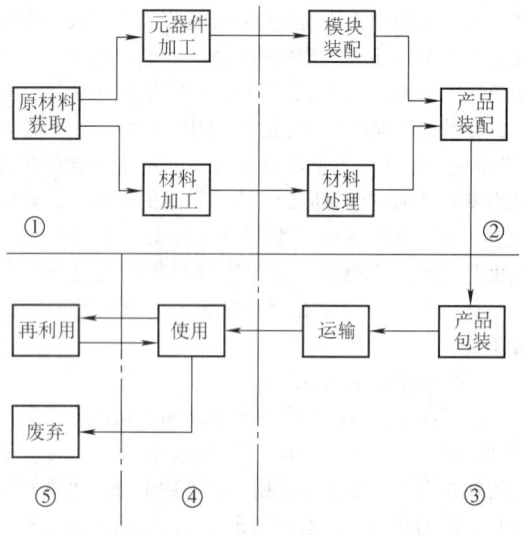

图 48.6-4　产品生命周期阶段

表 48.6-9　需要定义的 LCA 评估目标与范围

需要定义的 LCA 评估目标	实施 LCA 评估的原因
	评估结果公布的范围
需要定义的 LCA 评估范围	产品系统功能的定义
	产品系统功能单元的定义
	产品系统的定义
	产品系统边界的定义
	（系统输入、输出的）分配方法
	采用的环境影响评估方法及其相应的解释方法
	数据要求
	评估中使用的假设
	评估中存在的局限性
	原始数据的数据质量要求
	采用的审核方法
	评估报告的类型与格式

2.1　生命周期评价的技术框图

它通过识别、收集和分析全生命周期阶段的能源、资源消耗以及排放到环境中的物质，然后采用一定的方法评价和量化这些消耗和排放的物质对环境的负荷，根据量化的结果进行改进，最终的目的是减少产品全生命周期阶段对环境的影响。生命周期评价的技术框图如图 48.6-5 所示。

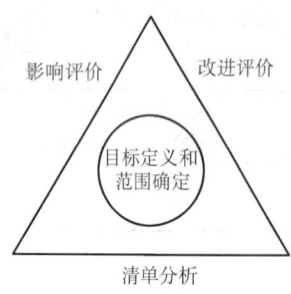

图 48.6-5　生命周期评价的技术框图

（1）目标定义与范围界定

目标定义与范围界定是 LCA 过程中的第一步，用于说明开展 LCA 的目的，确定 LCA 的研究范围，是整个生命周期评价最重要的一个环节。目标定义与范围界定的重点要考虑以下几方面的问题（见表 48.6-9）：目的、范围、功能单元、系统边界、数据质量和关键复核过程。

（2）生命周期清单分析

生命周期清单分析（Life Cycle Inventory，LCI）主要是收集产品在整个生命周期阶段的活动中，对资源、能源的使用情况，以及向环境排放的固体、液体和气体废弃物的详细数据，可以理解为收集和分析产品在全生命周期阶段输入和输出的详细数据。生命周期清单分析的流程如图 48.6-6 所示。

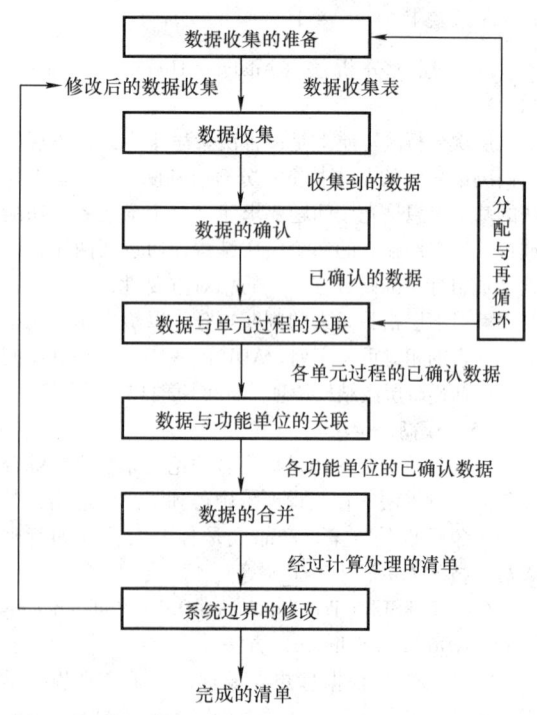

图 48.6-6　生命周期清单分析的流程图

(3) 生命周期影响评价

生命周期影响评价（LCIA）是对清单阶段所辨识出来的环境负荷进行定量和（或）定性的描述与评价。生命周期影响评价的计算步骤为：影响分类、特征化和数据标准化，具体含义见表48.6-10。

表 48.6-10 生命周期影响评价的步骤及其含义

环境影响评价步骤	含 义
影响分类	将清单分析中的数据归到不同的环境影响类型。影响类型通常包括资源耗竭、生态影响和人类健康三个大类。在每个大类下又包含有全球变暖、臭氧层破坏、酸雨、光化学烟雾、水体富营养化、土壤致密性、离子辐射和噪声等亚类
特征化	特征化即按照影响类型建立清单数据模型。如影响全球变暖潜力的因子有 CO_2、CO、CH_4 等温室气体，通常采用 CO_2 作为标准对其他因子进行归并，最终用 CO_2 标识全球变暖影响的大小
数据标准化	数据标准化用于确定不同环境影响类型的相对贡献大小或权重，以便能够得到一个数字化的可供比较的单一指标。不同的环境影响类型虽然对同一种环境影响有作用，但这并不意味着它们的潜在环境影响相同，因此需要对不同环境影响类型的重要性进行排序，即赋予权重

(4) 改进评价

根据第一步确定的目标与范围，综合考虑清单分析和环境影响评价的结果，而形成相应的结论并提出建议。

2.2 LCI 的数据收集和确认

LCI 的数据收集和确认是生命周期评价中的一个重要部分，它直接影响了生命周期评价结果的准确性。数据收集的核心部分应该包括：明确数据质量目标，确定数据的来源和种类，建立数据质量的指示器，设计数据调查表。

(1) 数据收集的准备

目前没有一个固定标准和方法来建立数据质量目标，因此要根据具体的情况来决定适合 LCI 目标与范围的数据质量目标的内容和数量。表 48.6-11 所列是数据质量目标和收集计划简表。

下面确定数据的来源和种类：

1）数据来源。数据来源是指在何处获得的 LCA 数据，包括工厂报告，政府文件，报告，杂志以及参考书等，见表 48.6-12。

表 48.6-11 数据质量目标和收集计划简表

项 目	内 容
数据质量目标	详尽准确的原材料和能源输入、水资源耗用、气体排放、固体废弃物的数据
数据来源	可信的工厂数据来源
数据类型	数据应是经过初步测量的和未测量的数据
相应的指示器	可接受性、偏差、完整性、比较性、代表性

表 48.6-12 数据来源表

数据来源（原始和间接数据）	数据类型
企业数据、报告、顾问	测算数据
实验数据	模拟数据
政府文件、报告	取样
其他可得到的政策	未经测算的数据
杂志、论文、书、专利	调整的数据
参考书	集合数据的水平
行业联合会	个体观察
相关的 LCI	时间上的平均
产品和生产过程说明书	空间上的平均

2）数据种类。数据种类与产生数据所用的方法有关。数据种类一般包括测算数据（统计和未统计）、模拟数据、非测算数据（如估计的），见表 48.6-13。

表 48.6-13 数据种类表

数据种类	含 义
测算数据	测算数据要经过监控和取样过程，能在统计基础和未统计草案的基础上进行收集
模拟数据	使用模型来产生 LCI 数据，模型能模拟工业过程或估计生产过程的排放量。为了提供可信度高的模拟数据，模型必须经过验证
非测算数据	非测算是指包括基于专家评估和其他学者估计的数据。这些数据在使用时可能会产生偏差

3）数据质量指示器。数据质量指示器作为一种基准来对数据进行定性和定量分析，来确定数据质量是否能满足要求。表 48.6-14 所列的数据质量指示器略表是进行数据质量评价时运用最广泛的，但它们不是唯一可接受的指示器。

4）数据调查表的设计。数据调查表用来获取最重要的数据。数据调查表示例见表 48.6-15。

(2) 数据的收集

1）原料消耗量的估算。对于所收集的数据，为了便于归类和估算，需要建立表格对其进行分析（见表 48.6-16）。

表 48.6-14 数据质量指示器略表

数据指示器	定义	数据指示器	定义
可接受性	数据源经过一个可接受的标准评价或经过专家评价的程度	完备性	相比所需要的数据总量我们能得到的用于分析的数据量的比率
偏差	使数据平均值总是高于或低于真实值的系统误差程度。注:对于LCI数据而言,真实值可能我们并不知道	数据收集方法和局限性	数据收集方法(包括与数据收集相联系的任何局限性)的水平
		精确度	变异性或分散的程度
		参考性	数据值参考原始数据源的程度
比较性	不同的方法、数据体系能被视为相近或相等的程度	代表性	数据能代表分析所要表述内容的程度

表 48.6-15 数据调查表示例

制造业数据	编制	制造业数据	编制
产品	公司名称	报废品	
数量	电话号码	废料	
原材料	热能再利用、蒸汽产生	生产过程中的废物	
水资源使用		其他	物质
取水/L		气体排放物	仅仅是控制排放
排水/L		悬浮颗粒物	甲烷
能源		氮氧化物	有气味的硫黄
电能/kW·h	自产电能(种类和数量)	碳氢化物	氨
购买		硫氧化物	氟化物
自产		一氧化碳	铅
燃料		其他	汞
天然气		废水	氯化物
煤炭		氟化物	仅仅是控制排放
石油		溶解物	氰化物
木材		BOD	铁
其他		COD	铝
蒸汽	燃料种类	苯酚	镍
运输能源		硫化物	汞
交货平均船运距离/km	公路 轮船	油	铅
固体废弃物(如果这些物质被回收利用要记载)	货车 空运	悬浮物	磷酸盐
		酸	锌
淤泥	湿度(%)	金属离子	氨
包装物		化学物质	二氧化碳

表 48.6-16 资源消耗清单表

制表人	制表日期
单元过程标识	报送地点
时段	起始月 终止月
单元过程表述	

材料输入	单位	数量	取样程序表述	来源
水消耗	单位	数量	取样程序表述	来源
能量输入	单位	数量	取样程序表述	来源

2) 初级能源消耗清单。能源消耗清单主要包括由制造阶段消耗的初级能源和次级能源,原材料开采与能源生产过程中消耗的能源和运输过程中消耗的能源等。当考虑能源损耗状况时,需要将其中的次级能源转化为初级能源,最后计算出一次能源总的消耗量。次级能源和一级能源之间的转换见表 48.6-17。

3) 数据的收集。产品各个生命周期阶段数据收集的方法见表 48.6-18。

对所获得的数据,为了便于总结归类,应列表对其进行分析(见表 48.6-19)。

4) 评价数据质量。评价 LCI 数据质量非常重要,高质量的数据能保证结果的正确性。表 48.6-20 是 LCI 数据质量工作表,它可以将核心数据源的评价形成文件形式。

表 48.6-17　次级能源和一级能源转换表

环境负荷项目	原煤	燃料油	天然气	电力	环境负荷项目	原煤	燃料油	天然气	电力
原煤					NO_x				
原油					CO				
天然气					CH_4				
CO_2					烟尘				
SO_2					固体废弃物				

表 48.6-18　产品各个生命周期阶段数据收集的方法

生命周期阶段	收集的方法
原材料开采与生产阶段	产品制造所用原材料阶段的环境性能是由社会生产的总体水平决定的。因此，这些原材料数据不能由某个生产企业提供，而要以社会生产的平均水平作为清单分析的数据来源
产品生产和制造阶段	在进行收集数据时一般借助于企业的生产流程，将产品整个生产过程划分为若干个单元过程，这样可以便于数据的收集。进入每一个单元过程的能量流就是煤、原油、风能、太阳能等自然资源，离开每一个单元的废物流就是固体废弃物、废气、废水、射线和噪声等基本流，而产品流则是基础材料或零部件等。最后将所有单元过程的清单数据进行分类汇总即可得到该产品生产阶段的清单数据
产品运输与包装阶段	产品运输的数据可以从企业销售部门获得，数据主要包括运输工具、燃料消耗、水消耗、平均运输距离、装载率等。再根据前面收集的数据和定义的功能单位，通过计算可以得到产品运输阶段的环境排放清单数据。运销过程中对有特别污染的产品，如恶臭、易挥发、易渗漏等，则必须予以特别的考虑 产品包装的数据主要从产品包装制造商收集，主要包装盒子的材料、泡沫塑料的材料、油墨等
产品使用阶段	产品使用的清单数据一般包括产品使用的环境、维护信息、能源消耗信息等。可以通过产品设计资料、国家规定的产品报废标准以及社会调查、实际检测等渠道获得
产品报废回收阶段	目前，对报废产品的处置方式一般有焚烧、填埋、回收利用三种 焚烧：焚烧量、焚烧环境排放量(废气、灰渣、废水等)、回收热量，回收的热量表达为负值，表明该产品生命周期总耗能的减少 填埋：填埋量、填埋占地、填埋后环境排放(包括废气，如 CH_4、CO_2 等；废水，如滤液、重金属、富营养化因子等) 回收利用：主要考虑回收与再利用率，不论回收后有何用途(如作为其他产品的原材料)

表 48.6-19　生命周期清单分析数据收集表

单元过程标识			报送地点
向空气排放	单位	数量	取样程序表述
向水体排放	单位	数量	取样程序表述
向土地排放	单位	数量	取样程序表述
其他排放	单位	数量	取样程序表述

除上述方法外，还可采取一种谱系矩阵来给数据质量指示器进行半定量化的表征，见表 48.6-21。运用这种方法可以用半定量的方式对数据质量指示器进行表征，分数越高表示数据的可靠性越差，从而为分析数据的质量提供了标准。

（3）数据缺失和数据缺乏时的处理

如果数据质量目标不能满足，则可以采用以下措施进行调整。

1) 收集另外质量更好的能满足要求的数据。

2) 重新确定数据质量目标。

3) 重新检查并在有可能的情况下重新确定 LCI 的目标和范围。

4) 抛弃这个 LCI。

5) 运用数据补偿方法来解决数据问题。

此外还有多种方法来调整和分析有数据缺失和缺乏的数据集，其中代替法是一种应用广泛的方法，代替就是用一个合理的替代值来代替缺失值的过程。代替法又包括很多方法，如逻辑替代、演绎推理替代、平均值替代、随机值替代、回归分析替代等。

表 48.6-20 LCI 数据质量工作表

数据源	排污限制的文件,新的污染源标准,纸浆、纸张的预处理,卡纸、木材厂点源的种类		
数据质量目标	①每部分的排污数据要能代表"生产国"卡纸生产的数据 ②数据要反映排放的长时间趋势		
评价的数据	原始的水排放数据应包括 BOD_5、TSS、五氯苯酚、三氯苯酚、锌		
数据质量指示器	指示器的适合度(A)	数据质量等级(B)	注 释
可接受性	高	高	(A)数据能经得起独立组织的回顾分析是很重要的 (B)数据接受外部回顾分析,包括外部的质量分析方法论
偏差	高	高	(A)集合数据的偏差能由新工艺、某地区的数据来得到 (B)数据是从 600 多种工艺、某地区的工厂得到的,并采用长时间的采样程序
比较性	高	高	(A)长期的工厂排放数据能进行比较是非常重要的 (B)长期分析会选用一些检查点来提供可比较的数据,将数据值与这些值进行比较
完全性	高	高	(A)在该分析中,代表性比完全性更重要 (B)此数据源有可观的从 600 个工厂得到的原始水排放的数据
数据收集方法和局限性	高	中	(A)因为数据源采用了广泛的工厂数据,数据收集方法和局限性就要成文 (B)数据收集方法已经描述了,每个工厂的数据质量局限性未确定
精确度	中	中	(A)精确值并不需要,近似值即可 (B)统计方法不适合分析精确度
参考性	低	高	(A)由于有 600 个工厂的数据,参考性就不重要了 (B)文件被彻底地参考
代表性	高	高	(A)此报告中的排放数据要能代表性地反映排放是很重要的 (B)尽管数据是 1982 年的,但有广泛的工厂数据,因此能代表工业的情况

表 48.6-21 5 个数据质量指示器的谱系矩阵

指示器得分	1	2	3	4	5
可靠性	基于测量得到的数据并经过验证	部分基于假设的数据得到了验证或基于测量的数据没有得到验证	部分基于假设的数据没有经过验证	经过专家评估	没有经过专家评估
完整性	来自于合适的期限和充足的样本点	来自于合适的期限和少量的样本点	来自于合适的样本点和较短的期限	来自于较少的样本点和合适的期限	来自于少量的样本点和较短期限,其本身不完整
时间相关性	少于 3 年	少于 6 年	少于 10 年	少于 15 年	不知时间
地理相关性	来自研究的地域	平均值来自更大的区域,所研究的区域包含其中	来自相似生产条件的区域	来自于部分相似的区域	区域不明
技术相关性	来自所研究企业的工艺过程和原材料	来自所研究的工艺过程和原材料,但来自不同企业	来自研究的工艺和原材料,但来自不同的技术	相同技术,但不同工艺和原材料	来自相关工艺和原材料,但不同技术

2.3 生命周期影响评价

影响评价是建立在清单分析基础上的,是把评价系统或过程的输入和输出参数转化成定量的或半定量的指标来表征该系统或过程对环境造成的影响程度。根据 SETAC 和 ISO 关于 LCA 的影响评价阶段的概念框架,建立了环境影响评价模型,如图 48.6-7 所示。

(1) 分类

分类将从清单分析中得到的数据归到不同的环境影响类型。在清单分析中,把造成影响的环境负荷或污染排放因子归类到各个环境影响类别之下。不同的因子可能引发相同的环境影响,而一个因子也可能引发数类的环境影响。表 48.6-22 为环境影响因子和其可能的环境影响。

至于分类方式,SETAC 建议可分为生态健康、人类健康、资源消耗三大类。表 48.6-23 所列为此三大影响类别的影响形态,其中每一大类下又有许多子类。

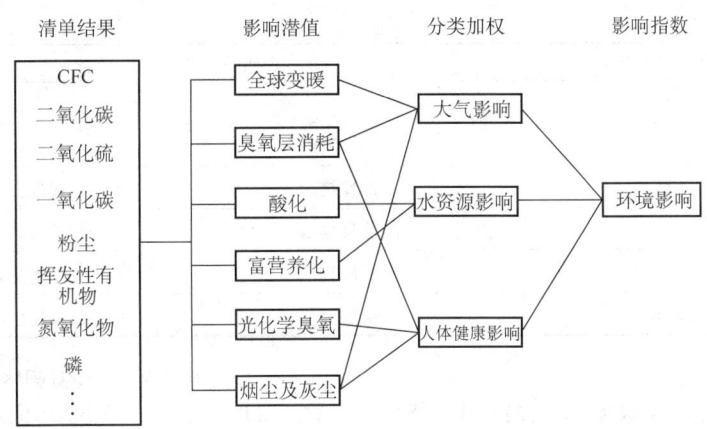

图 48.6-7 环境影响评价模型

表 48.6-22 环境影响因子和其可能的环境影响

清单项目	直接影响	间接影响
酸性物质排放	酸雨	湖泊酸化
光化学氧化物质	烟雾	健康危害
营养物质	富营养化	沼泽化
温室效应气体	全球暖化	海平面上升
臭氧破坏物质	臭氧层破坏	皮肤癌
恶臭化学物	美观	健康危害
有毒化学物	毒性	栖地破坏
固态废弃物	土地使用	健康危害
化学物质释放进入地下水	地下水影响	
石化燃料的使用	资源耗竭	
噪声	人类/生态扰动	生物多样性丧失
施工	栖地破坏	

表 48.6-23 影响类别的影响形态

生态健康	结构:种群和生态系统;营养阶层;栖地
	功能:种族繁衍、物质循环(如碳、氮和硫的循环)
	生态多样性:栖地丧失、稀有及濒临灭绝物种
人类健康	急性效果:安全议题(如意外、暴露和火灾)
	慢性效果:疾病议题(如癌症)
	审美观(如视觉、噪声和恶臭议题)
资源消耗	不可再生资源(存量)、可再生资源(流量)
	空气、水及土地之质或量(如使用危害)
	自然资源生产力(如鱼、木材、作物和纤维的产量)

分类在很大程度上依赖于清单分析的项目是属于输入还是输出。某个清单分析项目可能有多重性质,而且可能有多重影响,见表 48.6-24。

表 48.6-24 清单分析类型对分类的影响

清单分析类型		物 质 属 性	影 响 类 目
输入	输出		
自然资源影响			
原材料,水		可再生	可再生资源
原材料,燃料		不可再生	不可再生资源的使用或破坏
电,燃料		能量	能量使用
	固体废弃物填埋	非有害废弃物	固体废弃物填埋空间的占用
	有害废物填埋	RCRA 定义的有害废物	有害废物填埋空间的占用
	放射性废物填埋	放射性废物	放射性废物填埋空间的占用
输入	输出		
非生命生态系统的影响			
	气体	温室气体	全球变暖影响
	气体	臭氧破坏物质	破坏同温层臭氧
	气体	导致光化学烟雾的物质	光化学烟雾
	气体	通过反应得到 H^+ 的物质	酸化
	气体	大气中微粒物质(PM10,TSP)	空气质量
	水体	含有 N 和 P 的物质	水体富营养化
	水体	需氧量	水质:COD
	水体	悬浮物	水质:TSS
	排入大气、水体、陆地的放射性物质	放射性物质	辐射

清单分析类型		物质属性	影响类目
人类健康和生态毒性			
原料		毒性物质	慢性职业健康
	气体、水体	毒性物质	慢性公众健康
	气体	恶臭物质	感官影响（气味）
	水体	毒性物质	水生生态毒性
	气体、水体	毒性物质	陆生生态毒性

（2）特征化

分类完成后，下一个步骤就是进行特征化。特征化是对与各环境影响类别相联系的子项进行汇总，定量计算造成的各种环境影响的大小。目前特征化模型主要有以下几种：

1) 负荷模型。这类模型仅根据物理量大小来评价清单提供的数据。假定条件是量越少，产生的影响就越小，如一个制造系统产生的二氧化硫为1kg，另一个系统生产等效量的产品时释放二氧化硫为2kg，则认为前者对大气的影响更小。

2) 当量模型。这类模型使用当量系数（如1kg甲烷相当于659kg二氧化碳产生的全球变暖潜力）来汇总清单提供的数据。前提是汇总的当量系数能测定潜在的环境影响。

3) 固有的化学特性模型。这类模型以释放物的化学特性（如毒性、可燃性、致癌性和生物富集等）为基础来汇总清单数据。前提是这些标准能将清单数据归一化，以测定潜在的环境影响。

4) 总体暴露-效应模型。这类模型以一般的环境和人类健康信息为基础来评估潜在的环境影响。

5) 点源暴露-效应模型。这类模型以点源对相关区域或场所的影响信息为基础来确定产品系统实际的影响。

（3）量化

量化是确定不同环境影响类型的相对贡献大小或权重，以期得到总的环境影响水平的过程。本节对以下影响因子的计算方法和模型进行阐述：全球变暖的影响、同温层臭氧破坏的影响、光化学烟雾的影响、酸化的影响、水体富营养化的影响。

1) 全球变暖的影响。全球变暖影响潜能（GWP）是指温室气体对留住地球热量的贡献值。GWP相关性因子是评估某种物质在大气中的存在时间、可能对全球气候变化的影响、辐射强度与CO_2的相关性质相比较。因此，GWP是与CO_2有相关性的。通过相关性比较，各种相关物质的GWP结果是可以相加汇总的。

$$(ISGW)_i = EFGWP \times AMTGG \quad (48.6\text{-}3)$$

式中 $(ISGW)_i$——每功能单位温室气体对全球变暖的影响指标；

EFGWP——i物质的GWP相关性系数（见表48.6-25）；

AMTGG——每功能单位排放i物质的清单分析量。

表48.6-25 GWP相关性系数

化合物	GWP	化合物	GWP
二氧化碳	1	八氟丙烷	8900
三氟甲烷	12400	五氟乙烷	3170
二氟甲烷	677	四氟乙烷	1300
氟甲烷	130	二氟乙烷	138
十氟戊烷	1650	1,1,2-三氟乙烷	328
1,1,1-三氟乙烷	4800	十氟丁烷	9200
1,1,1,2,3,3,3-七氟丙烷	3350	八氟环丁烷	9540
1,1,1,3,3,3-六氟丙烷	8086	十氟戊烷	8550
1,1,2,2,3-五氟丙烷	716	甲烷	28
六氟化硫	23500	一氧化氮	265
四氟化碳	6300	氟利昂	11100

注：资料来源于IPCC第五次评估2014（GWP 100年）。

2) 同温层臭氧破坏的影响。在大气同温层中的臭氧层可以阻挡阳光中的有害紫外线，如果臭氧层遇到破坏，将对地球生命系统造成极大的影响。目前，对臭氧破坏的影响因子是ODPS（以CFC-11为参照物，CFC-11的系数是1.0），以测算各种物质与CFC臭氧破坏的相关性。

$$(ISOD)_i = (EFODP \times AmtODC)_i \quad (48.6\text{-}4)$$

式中 $(ISOD)_i$——每功能单位与CFC相关的物质i的臭氧破坏影响；

EFODP——ODP相关性系数（见表48.6-26）；

AmtODC——每功能单位i物质排放到大气中的量。

表 48.6-26 ODP 相关性系数

化合物	ODP 系数	化合物	ODP 系数
CFC-11	1	CFC-112	1
CFC-12	0.82	CFC-211	1
CFC-113	0.85	CFC-212	1
CFC-114	0.58	CFC-213	1
CFC-115	0.5	CFC-214	1
哈龙 1211	7.9	CFC-215	1
哈龙 1301	15.9	CFC-216	1
哈龙 2402	13	四氯化碳	0.82
CFC-13	1	1,1,1-三氯乙烷	0.16
CFC-111	1	溴甲基	0.66

注：资料来源于世界气象组织的臭氧消耗科学评估（2010）。

3）光化学烟雾的影响。光化学烟雾是大气中的自由基、碳氢化合物与氮氧化物通过光化学反应产生的，其产物如果高度集中，可能引发健康问题、植物毒性和原有物质的退化。光化学氧化反应潜能因子（POCP）是指以化合物乙烯（系数为 10）为参照物对这种效应贡献的相度。影响评价是基于识别POCP 相关性系数和相关化合物排放量的乘积。

$$(ISPOCP)_i = (EFPOCP \times AmtPOC)_i \quad (48.6-5)$$

式中 $(ISPOCP)_i$——每功能单位的光化学影响；

EFPOCP——物质 i 的 POCP 相关性系数（见表 48.6-27）；

AmtPOC——每功能单位产生光化学烟雾的物质 i 向大气的排放量。

表 48.6-27 POCP 相关性系数

化合物	POCP 系数	化合物	POCP 系数
乙烯	1	异丙苯	0.5
乙烷	0.123	环己烷	0.29
乙醇	0.399	环己醇	0.518
乙醚	0.445	环己酮	0.299
乙醛	0.641	癸烷	0.384
醋酸	0.097	二丙酮醇	0.307
丙酮	0.094	二氯甲烷	0.068
苯	0.218	丁基乙二醇	0.483
丁二烯	0.851	丁醛	0.795
丁烷	0.352	一氧化碳	0.027
丁醇	0.62	氯仿	0.023
丁酮	0.373	氯甲烷	0.005
二甲醚	0.189	顺式-2-丁烯	1.146
十二烷	0.357	顺式-2-己烯	1.069
醋酸丁酯	0.269	顺二乙烯	0.447

注：资料来源于 CML2001-Apr. 2015，（POCP）。

4）酸化的影响。酸化影响（AP）是指污染物的释放可能对导致酸性降雨产生一定的作用和贡献。影响特征化是以 SO_2（系数为 1.0）作为参照物，按其相关性系数进行计算。

$$(ISAP)_i = (EFAP \times AmtAC)_i \quad (48.6-6)$$

式中 $(ISAP)_i$——每功能单位物质 i 的酸化影响指标；

EFAP——物质 i 的 AP 影响相关性系数（见表 48.6-28）；

AmtAC——每功能单位物质 i 的排放量。

表 48.6-28 AP 相关性系数

化合物	AP 系数	化合物	AP 系数
氨	1.6	二氧化氮	0.5
铵	3.2	一氧化氮	0.76
硝酸铵	0.72	氮氧化物	0.5
溴化氢	0.33	磷酸	0.83
氯化氢	0.75	二氧化硫	1.2
氟化氢	1.36	硫氧化物	1.2
硫化氢	1.6	三氧化硫	0.96
硝酸	0.43	硫酸	0.78

注：资料来源于 CML2001-Apr. 2015，（AP）。

5）水体富营养化的影响。由于氮磷含量过多造成水体营养化（EP）是水污染的一种常见形式。水体营养化影响的特征化是基于经处理后污水的集中排放。富营养化的相关性系数是假定 N 和 P 是其主要的影响因素。

$$(ISEUTR)_i = (EFEP \times AmtEC)_i \quad (48.6-7)$$

式中 $(ISEUTR)_i$——每功能单位的水体富营养化影响指标；

EFEP——物质 i 的 EP 相关性系数（见表 48.6-29）；

AmtEC——每功能单位物质 i 的排放量。

表 48.6-29 EP 相关性系数

化合物	EP 系数	化合物	EP 系数
醋酸	0.02	亚硝酸盐	0.10
氨	0.35	氮	0.42
铵	0.33	二氧化氮	0.13
硝酸铵	0.15	一氧化氮	0.20
铵离子	0.33	氮的有机物	0.42
生物需氧量	0.02	氮氧化物	0.13
硝酸钙	0.08	总氮	0.42
化学需氧量	0.02	辛烷值	0.08
一氧化二氮	0.27	油	0.08
乙醇	0.05	邻二甲苯	0.07
庚烷	0.08	磷酸盐	1.00
己烷	0.08	磷酸	0.97
碳氢化合物	0.08	磷	3.06
甲醇	0.03	硝酸钠	0.07
间二甲苯	0.07	总有机碳（TOC）	0.06
硝酸盐	0.10		

注：资料来源于 CML2001-Apr. 2015，（EP）。

（4）权重

数据标准化是为了说明潜在影响的相对大小。即使是两种不同类型的环境影响潜值，通过标准化也可以得出相同的影响潜值，但并不意味着二者的潜在环境影响同样严重。因此需要对影响类型的严重性进行排序，即赋予不同影响类型以不同的权重，然后才能进行比较。这一过程即为加权评估。

为了计算出综合环境影响指标，必须求出各种影响指标的权重系数。采用层次分析法来计算权重。按重要性标度的方法（见表48.6-30），对不同环境因子的生态重要性进行标度，结果见表48.6-31。

表 48.6-30　重要性标度表

标度 a_{ij}	定 义
1	i因素与j因素同样重要
3	i因素与j因素略重要
5	i因素与j因素较重要
7	i因素与j因素非常重要
9	i因素与j因素绝对重要
2,4,6,8	中间状态
倒数	若j因素与i因素比较，得到值为A_{ij}的倒数

表 48.6-31　环境因子的生态重要性标度

生态重要性	RU	EN	GWP	WQ	EU	HTI	POCP	PM	AP	SW	AT	ODP
RU	1	2	3	4	4	5	5	6	7	8	8	9
EN	1/2	1	2	3	3	4	4	5	6	7	7	8
GWP	1/3	1/2	1	2	2	3	3	4	5	6	6	7
WQ	1/4	1/3	1/2	1	1	2	2	3	4	5	5	6
EU	1/4	1/3	1/2	1	1	2	2	3	4	5	5	6
HTI	1/5	1/4	1/3	1/2	1/2	1	1	2	3	4	4	5
POCP	1/5	1/4	1/3	1/2	1/2	1	1	2	3	4	4	5
PM	1/6	1/5	1/4	1/3	1/3	1/2	1/2	1	2	3	3	4
AP	1/7	1/6	1/5	1/4	1/4	1/3	1/3	1/2	1	2	2	4
SW	1/8	1/7	1/6	1/5	1/5	1/4	1/4	1/3	1/2	1	1	3
AT	1/8	1/7	1/6	1/5	1/5	1/4	1/4	1/3	1/2	1	1	2
ODP	1/9	1/8	1/7	1/6	1/6	1/5	1/5	1/4	1/4	1/3	1/2	1

得到以下矩阵：

$$a_{ij} = \begin{pmatrix} 1 & 2 & 3 & 4 & 4 & 5 & 5 & 6 & 7 & 8 & 8 & 9 \\ 1/2 & 1 & 2 & 3 & 3 & 4 & 4 & 5 & 6 & 7 & 7 & 8 \\ 1/3 & 1/2 & 1 & 2 & 2 & 3 & 3 & 4 & 5 & 6 & 6 & 7 \\ 1/4 & 1/3 & 1/2 & 1 & 1 & 2 & 2 & 3 & 4 & 5 & 5 & 6 \\ 1/4 & 1/3 & 1/2 & 1 & 1 & 2 & 2 & 3 & 4 & 5 & 5 & 6 \\ 1/5 & 1/4 & 1/3 & 1/2 & 1/2 & 1 & 1 & 2 & 3 & 4 & 4 & 5 \\ 1/5 & 1/4 & 1/3 & 1/2 & 1/2 & 1 & 1 & 2 & 3 & 4 & 4 & 5 \\ 1/6 & 1/5 & 1/4 & 1/3 & 1/3 & 1/2 & 1/2 & 1 & 2 & 3 & 3 & 4 \\ 1/7 & 1/6 & 1/5 & 1/4 & 1/4 & 1/3 & 1/3 & 1/2 & 1 & 2 & 2 & 4 \\ 1/8 & 1/7 & 1/6 & 1/5 & 1/5 & 1/4 & 1/4 & 1/3 & 1/2 & 1 & 2 & 3 \\ 1/8 & 1/7 & 1/6 & 1/5 & 1/5 & 1/4 & 1/4 & 1/3 & 1/2 & 1 & 1 & 2 \\ 1/9 & 1/8 & 1/7 & 1/6 & 1/6 & 1/5 & 1/5 & 1/4 & 1/4 & 1/3 & 1/2 & 1 \end{pmatrix}$$

利用方根法 $\omega_i = \sqrt[n]{\pi a_{ij}}$ 计算几何平均数为 ω_i = (4.44, 3.3, 2.36, 1.61, 1.61, 1.06, 0.71, 0.52, 0.37, 0.31, 0.23)，用式 $\omega = \omega_i / \sum \omega$，对$\omega$进行归一化计算，求出矩阵 a_{ij} 的近似特征矢量作为权重。

3　拆卸性能评估

拆卸性能评估是指对产品结构可拆卸性能进行量化、评价的过程。可以在产品的方案设计阶段对结构拆卸性能进行评估，以指导产品设计，提高产品的拆卸性能，降低废弃后的回收处理成本。

3.1　拆卸性能评估指标

常用的拆卸性能评估指标见表48.6-32。部分连接结构的拆卸、安装和更换时间见表48.6-33。

表 48.6-32　常用的拆卸性能评估指标

拆卸效率	拆卸效率的计算公式为 $$\eta = \frac{T_I N_L}{T_d}$$ 式中　η—拆卸效率　　T_d—实际拆卸时间(min)　　N_L—产品零件数　　T_I—单个零件的平均理想拆卸时间(min)，可以根据拆卸试验积累的数据、产品和零件尺寸等方法来确定	对于一个产品或子装配体，其拆卸性能还可用拆卸效率来体现，拆卸效率越高，产品的拆卸性能越好

(续)

拆卸费用	实际拆卸费用	拆卸费用可用下式表示 $$C_{disa} = K_1 \sum_i C_1 t_i / 60 + K_2 \sum_i C_2 S_i$$ 式中 C_{disa}—总拆卸费用（元） K_1—劳动力成本系数，它是考虑不同拆卸方式（如手工或自动拆卸等）、工人的技术水平、不同时间等的劳动力费用的变化 K_2—工具费用系数，它是考虑拆卸工具费用随拆卸方式的变化 i—拆卸操作的次数 C_1—拆卸操作的劳动力成本（元/h） t_i—拆卸操作所花费的时间（min） C_2—拆卸操作的工具成本消耗（元） S_i—拆卸操作的工具利用率	实际拆卸费用是指与拆卸有关的一切费用，即人力费用和投资费用等。人力费用主要是指工人的工资；投资费用包括拆卸所需的工具及夹具、工具的定位及夹具送进装置的费用，拆卸操作费用，拆下材料的识别、分类运输及存储费用等
	拆卸费用比例	也可使用拆卸费用比例来表示产品拆卸成本的高低 $$\lambda_c = \frac{C_1}{C_{disa}}$$ 式中 λ_c—拆卸费用比例 C_1—理论拆卸费用 C_{disa}—实际总拆卸费用	通过理论拆卸费用与实际拆卸费用的比例，能反映出所设计产品的理论拆卸成本与实际拆卸成本的差异，从而间接体现产品的拆卸性能
拆卸能耗	螺纹连接结构能耗	单个螺纹连接拆卸能耗可用下式表示 $$E_w = 0.8M\theta$$ 式中 E_w—单个螺纹连接拆卸能耗（J） θ—产生轴向应力的旋转角（rad） M—拧紧力矩（N·m） $$M = KFd \times 10^{-3}$$ 式中 F—拧紧力（N） d—螺纹直径（mm） K—力矩系数，其大小与摩擦因数和螺纹中径有关，通常取 $K=0.2$ 实际在计算多个螺纹连接的总拆卸能耗时，可将各个螺纹连接拆卸能耗相加	图 48.6-8 所示是螺纹连接结构简图。拧紧力矩的大小与拧紧力和螺纹直径 d（mm）成正比；由机械零件知识可知，螺纹连接的轴向力等于拧紧力矩的 10%。由于轴向力作用在螺纹的放松方向，则松开螺纹所需的力矩是拧紧力矩的 80%
	SF连接结构能耗	单个卡扣连接拆卸能耗可用下式表示 $$E_s = 1/8(Ewt^3 h_b^2 / h_a^3) \times 10^{-3}$$ 式中 E_s—单个卡扣连接拆卸能耗值（J） E—材料的弹性模量（N/mm²） w—卡扣连接部分的宽度（mm） t—卡扣连接部分的厚度（mm） h_a—搭钩高度（mm） h_b—卡扣连接部分的高度（mm） 实际在计算多个 SF 连接的总拆卸能耗时，可将各个 SF 连接的拆卸能耗相加	图 48.6-9 所示是 SF 连接结构简图。SF 连接的拆卸能耗 E_s 可定义为使卡扣配合的搭钩的高度产生变形所需要的应变能。根据材料力学原理，可将卡扣连接简化为一个悬臂梁，通过计算悬臂梁的应变能得到 SF 连接的拆卸能耗
连接类型		连接类型因子可由下式进行量化分析 $$CS = \frac{\sum_{i=1}^{n} C_i}{n}$$ 式中 CS—产品结构的连接类型因子 C_i—零部件连接交互系数 n—内部连接关系的数量	连接类型可以反映破坏该连接的难易程度，产品结构内部连接关系越复杂，连接类型因子 CS 值就越大，其拆卸性能就越差。其中 C_i 可由表 48.6-34 查到
结构深度		结构单元内部零部件结构深度对拆卸性能的影响，可由下式进行量化分析： $$DS = \frac{\sum_{i=1}^{m} D_i}{m}$$ 式中 DS—产品结构深度因子 D_i—零部件的结构深度 m—内部零部件的数量 产品的结构深度因子 DS 值越大，拆卸性能越差	结构深度表明了各零部件之间的相对位置，当某零部件与基准零部件有直接连接关系时，其结构深度为 1；当某零部件通过另一零部件与基准零部件连接时，其结构深度为 2，依此类推

(续)

拆卸方向度	产品的拆卸方向度可用下式表示 $$Q = \sum_{i=1}^{m} G_i$$ 式中 Q—产品所有组件的 G_i 总和 G_i—产品单个组件可拆卸的方向范围,可用组件的可拆卸方向数量表示,如产品的某个零部件 i 在当前位置有两个拆卸方向,则该零部件的方向范围为 $G_i = 2$		一般来说,一个可拆卸的组件可以沿着一个方向或一系列的方向拆开,这些方向就称为拆卸的方向范围。组件的方向范围越大,拆卸性能越好。将方向范围量化后用 G_i 表示。G_i 的值越大,则拆卸就越容易
拆卸可达性	可达性不好的零件比例可用来表示产品的可拆卸性能 $$\lambda_a = \frac{N_{ba}}{N}$$ 式中 λ_a—可达性不好的零件比例 N_{ba}—产品中可达性不好的零件数 N—产品中零件总数		通过统计产品结构中可达性不好的零件数,计算可达性不好的零件比例,能反映出产品的拆卸性能
零部件的标准化程度	衡量产品标准化程度的高低,主要用标准化系数来描述 $$\lambda_s = \frac{N_s + N_g + N_b}{N}$$ 式中 λ_s—产品标准化系数 N_s—标准件个数 N_g—通用件个数 N_b—借用件个数 N—产品零件总数		一般来说,产品零部件的标准化系数越大,拆卸性能就越好。可以减少设计、制造、回收等方面的拆卸费用
零部件的材料相容性	相容性一般用相容性好的连接比例 λ_r 来表示 $$\lambda_r = \frac{N_{gr}}{N_l}$$ 式中 λ_r—相容性好的连接比例 N_{gr}—相容性好的连接个数 N_l—总的连接数目		材料之间的相容性好,意味着含有这些材料的零部件可以一起回收,能大大减少拆卸分类的工作量,减少拆卸工具,缩短拆卸时间,降低拆卸成本,大大提高了产品的回收收益
产品连接结构中紧固件的比例	紧固件比例的计算公式为 $$\lambda_f = \frac{N_f}{N}$$ 式中 λ_f—紧固件比例 N_f—产品中紧固件的总数 N—产品零件总数		紧固件的数量对拆卸的影响很大,拆卸时紧固件数量少,拆卸就比较容易且省时、省力。紧固件类型应统一,这样可减少拆卸工具种类,简化拆卸工作
拆卸环境影响	噪声	可按国家工业区环境噪声标准中的噪声评分标准,对拆卸工作的噪声进行打分 噪声范围　　　　　　　分值 工作噪声<65dB　　　　0 65dB≤工作噪声<75dB　0.3 75dB≤工作噪声<85dB　0.5 85dB≤工作噪声<95dB　0.7 工作噪声≥95dB　　　　1 分值越高,表示噪声越大,拆卸环境影响越大	拆卸过程的环境影响主要表现为噪声及排放到环境中的污染物。如汽车中的汽(柴)油、润滑油等应妥善收集处理,以免四处流动,污染工作场地和环境或因任意排放而污染水资源
拆卸环境影响	废气排放	可参照国家环境污染中的废气排放标准,对拆卸过程中 CO_2 等气体的排放进行打分 废气排放量　　　　　　　　分值 废气排放量<350μg　　　　　0 350μg≤废气排放量<700μg　　0.3 700μg≤废气排放量<1000μg　 0.5 1000μg≤废气排放量<1500μg　0.7 废气排放量>1500μg　　　　　1 分值越高,表示排放量越大,拆卸环境影响越大	

表 48.6-33 部分连接结构的拆卸、安装和更换时间

紧固件	标准时间/min		
	拆卸	安装	更换
标准螺钉	0.16	0.26	0.42
六角螺钉	0.17	0.43	0.60
系留螺钉	0.15	0.20	0.35
快速紧固件(1/4 周)	0.08	0.05	0.13
快速紧固件(小于 1 周)	0.06	0.06	0.12
螺母螺栓	0.34	0.44	0.78
U 形挡圈	—	0.27	—
拉环扣锁	0.03	0.03	0.06
弹簧夹扣锁	0.04	0.03	0.07
碟型扣锁	0.05	0.05	0.10

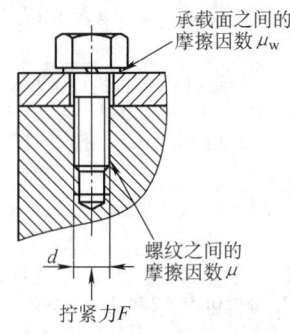

图 48.6-8 螺纹连接结构简图

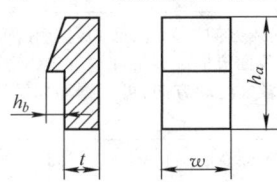

图 48.6-9 SF 连接结构简图

表 48.6-34 零部件连接交互系数 C_i

连接类型	交互系数	连接类型	交互系数
注塑	1	间隙	0.5
焊接	1	松配合	0.4
螺栓	0.8	盖	0.2
螺钉	0.7	限位	0.1
扣	0.6	无	0
轻压入	0.6	—	—

3.2 拆卸性能评估方法

常用的拆卸性能评估方法主要有可拆卸度评估法和拆卸评估图法两种。

(1) 可拆卸度评估法

用计算产品可拆卸度值的方法进行评估。首先要确定评估指标，然后用评估指标建立层次结构，并用层次分析法或模糊层次分析法等方法确定各个评估指标的权重，最后利用可拆卸度计算公式计算拆卸性能。

1) 确定评估指标并建立层次结构模型。针对待评估产品或结构实际特点，可从表 48.6-32 中选择适当的拆卸性能评估指标，并将评估指标进行归类，分别从技术性、经济性、环境性三个角度来体现拆卸性能，如图 48.6-10 所示。

2) 确定各个评估指标的权重。可采用模糊层次分析法来计算权重。

3) 计算可拆卸度。可拆卸度 (Disassemblability Degree, DD) 是指产品可拆卸性能好坏的程度，可拆卸度可以具体体现产品可拆卸性能评估的结果。

计算可拆卸度需要确定各个评估指标的值，而各个评估指标值的大小所代表的可拆性能的好坏程度也不尽一致。计算可拆卸度之前，应解决指标值在表达可拆卸性能好坏程度上的一致性问题。

规定可拆卸度值越大表示拆卸性能越好，各指标经过一致性处理之后，可拆卸度的计算公式为

$$DD = \sum_{i=1}^{m} w_i a_i + \sum_{j=1}^{l} w_j \frac{1}{a_j} + \sum_{k=1}^{n} w_k (1-a_k)$$

(48.6-8)

式中 a_i——值越大拆卸性能越好的指标，m 为其个数；

a_j——值大于 1 并且值越大拆卸性能越差的指标，l 为其个数；

a_k——值在 [0, 1] 之间并且值越大拆卸性能越差的指标，n 为其个数；

w_i、w_j、w_k——分别表示指标 a_i、a_j、a_k 的相应权重值。

其中，$i \in 1, 2, \cdots, m$; $j \in 1, 2, \cdots, l$; $k \in 1, 2, \cdots, n$。

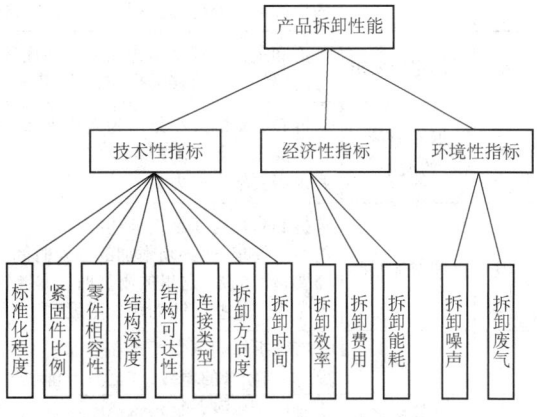

图 48.6-10 拆卸性能评估指标层次结构

(2) 拆卸评估图法

拆卸评估图法可以对复杂产品的拆卸难度进行评估，从而反映出产品的拆卸性能。表 48.6-35 所列为拆卸评估图的基本结构。

表 48.6-36 所列是拆卸评估图每一栏目表示的意义。根据表 48.6-36 所示的各栏目的含义，将待评估产品的具体内容填入表 48.6-35 中，即可进行拆卸难度的评估。

表 48.6-35 拆卸评估图的基本结构

1	2	3	4	5	6	7	8	9	10	11	12	13	14
零件号	理论最少的零件数	重复操作次数	拆卸任务类型	拆卸方向	拆卸工具	可达性①	定位要求①	拆卸力量的大小	拆卸附加时间①	特殊拆卸问题①	难度等级之和	难度等级与重复次数的总和	注解

① 具有难度等级的项目，难度等级为：1—容易；2—有一定难度；3—中等难度；4—难度较大。

表 48.6-36 拆卸评估图每一栏目表示的意义

序号	名称	意义
1	零件号	零件号是记录产品中每个零件的编号。对于同时拆卸的相同零件及具有相同拆卸特点的零件(如用于紧固同一零件的 3 个相同螺钉)，可用相同的编号表示。产品的部件可以看成是一个零件，为了与零件区别，可用某些符号作标记，如在编号后加后缀 sub
2	理论最小的零件数	通过 DFA 分析，使组成产品的零件数量最小。此时，需要对待拆的每个零件进行评价，以便确定这些零件从理论上是否需要作为一个单独零件存在。若零件必须作为一个单独零件存在(该零件与其他零件有相对移动或者该零件与其他零件材料不同，或者该零件必须要拆下来)，则用"1"表示；否则，用"0"表示
3	重复次数	重复次数用于记录完成每一拆卸任务的次数。这里主要考虑要同时拆卸的相同零件，如 3 个完全相同的螺钉，拆下螺钉的任务要重复 3 次
4	拆卸任务类型	拆卸任务类型是指完成具体拆卸的操作，如推/拉、松开螺纹、移动、切割、轻敲等。在拆卸过程中，有时拆下一个零件往往需要多种操作方式，如"松开螺纹"本身就包含了"移动"操作等。像这种情况，通常只表示前面的操作任务，这样前述的操作只需表示"松开螺纹"即可。具体的拆卸操作任务可根据产品拆卸实践进行归纳和总结，以便评价过程中选用
5	拆卸方向	拆卸方向表示人的手臂或拆卸工具接近待拆卸零件的轴线方向。为此，必须建立相应的坐标系，通常规定坐标系的 z 轴正向指向放置待拆卸产品的工作台的表面方向。在拆卸过程中，该坐标系是刚性的，它不随工件的拆卸而发生变化。一个拆卸动作往往有多个运动方向，可根据动作发生的先后顺序表示在该栏目中
6	拆卸所需的工具	拆卸所需的工具是指拆卸过程中为完成拆卸任务所需要的工具，如十字螺钉旋具、扁嘴钳、钢丝钳等。不借助工具，仅由手工完成的拆卸操作不必记录
7	可达性	可达性是用于衡量操作者的手臂或拆卸工具接近待拆零件的难易程度。它主要表示是否存在适当的拆卸空间及拆卸过程中对待拆零部件实施操作的难易
8	拆卸定位要求	拆卸定位要求是指为完成拆卸任务，操作者的手臂或拆卸工具所需要的精确定位或转向的度量，如与简单的抓取与移动操作相比，将十字螺钉旋具放入螺钉头部并拧动螺钉就需要较高的定位精度
9	拆卸力量的大小	拆卸力量的大小是对为完成拆卸动作所需要的力的度量，如拆除具有压配合性质的零件所需要的拆卸力要比拆除间隙配合零件所需要的拆卸力要大得多。分离相互黏结的零件或对零件进行破坏性拆卸也需要较大的力量
10	拆卸附加时间	拆卸附加时间是指前述的拆卸过程比较困难，且难度与时间有关系，通常的时间概念无法满足当前的时间要求，而必须附加的额外时间，如长螺纹比短螺纹的拆卸难度大，因而其拆卸需要更长的时间。需要指出的是，这里的附加时间是指这些时间没有在其他地方考虑进去，可在此进行附加；若在其他地方考虑了这些拆卸的额外难度，则在此将不予考虑
11	特殊拆卸问题	特殊拆卸问题主要是在前面各个栏目中没有考虑或无法列入的，而在拆卸过程中所出现的特殊问题，如当松开的电线，或当其准确位置不知道时，可列入次栏目中
12	难度等级之和	难度等级之和是指将第 7 至第 11 栏中的难度等级进行求和
13	难度等级与重复次数的总和	难度等级与重复次数的总和是指第 12 栏目和第 3 栏目数据的乘积，以表示某一拆卸任务的多次重复。这也是拆卸任务的总难度等级
14	注解	注解栏用于解释所完成的特殊任务、所需的特殊工具或特殊拆卸问题栏目出现的其他情况

第7章 绿色设计案例

1 电冰箱绿色设计案例

电冰箱是常用的家用电器，属于 WEEE、RoHS、EuP 等指令覆盖的产品范围。

1.1 设计对象的选择

国内某企业生产的某型号电冰箱在国内市场的占有率较高，以其作为对象进行绿色设计，具有一定的代表性。

1.2 参照产品的确定

电冰箱绿色设计以改善现有产品为目的，参照产品可选该产品的现有款式。

1.3 产品基本资料的分析

分析产品的规格、主要零部件、工程特征、销售信息，实施生命周期清单分析，研究分析国内外的相关法规、规范。

1.4 核查清单的建立

根据电冰箱生产企业的特点及绿色设计的需求，由绿色设计小组讨论形成产品的核查清单，见表48.7-1~表48.7-3。

表 48.7-1 电冰箱绿色设计核查表——原料阶段

核查类别	核查项目	说 明
冰箱材料的识别	产品中零部件的原料是否易于识别	如零部件清楚标注原料名称与比例
	可回收再生的原料是否易于识别	如可回收的 ABS 材料标识明显
原料来源	使用的原料与生态保护是否有重大冲突	如废弃是否妨碍动植物生长
	原料供应商是否已采取良好的环保管理过程	如评估外协厂的环保措施
原料的回收性	原料是否具有可回收性	如使用回收性较高的 PS 材料
	原料是否具有相容性	如使用相容性高的材料或零部件
	是否使用回收再生原料制成零部件	
原料的危险性	零部件中的原料是否有危害人体健康的潜在危险	如含有过量的重金属

表 48.7-2 电冰箱绿色设计核查表——制造阶段

核查类别	核查项目	说 明
组装与拆卸	是否系统考虑产品的组装与拆卸	如卡扣式连接
	组装与拆卸时是否便于观察	如简化产品结构
	拆卸零部件时有无物理或化学危险性	如拆卸时被锐利边缘或尖角所伤
包装减量设计	包装体积是否减至最低	
	使用可回收的包装材料	如瓦楞纸板
包装回收设计	是否使用模压标签取代纸或塑料贴纸标签	
包装安全设计	是否避免使用油墨、染料、黏结剂	
	是否提供消费者有关包装材料的特性	如回收指示、勿任意弃置标示、包装材料所含有害物质的安全处理说明

表 48.7-3 电冰箱绿色设计核查表——使用阶段

核查类别	核查项目	说 明
延长使用寿命	零部件是否抗磨损与耐击	如使用寿命较长的材料
废弃时的污染	废弃时是否会导致温室效应、臭氧层破坏、酸化效应	如检查是否会释放有害物质
能耗	产品是否节能	
噪声	产品使用过程中产生的噪声是否符合标准	

1.5 绿色设计策略的确定

根据生成的核查清单建立与核查清单中各项目相对应的绿色设计策略，见表48.7-4。其中的策略是基于企业现状经过小组讨论提出的，若相关法律、法规或内、外部环境发生变化时，应该重新检查策略的有效性。

表48.7-4 电冰箱绿色设计策略

核查项目	绿色设计策略	备注
产品中零部件的原料是否易于识别	能否清楚标注原料名称(代号)与比例	针对所有材料，尤其是不易从外表识别的材料
可回收再生的原料是否易于识别	能否在零部件上标示是否为可回收材料	在零部件上添加代表可回收的图案等
使用的原料与生态保护是否有重大冲突	能否减少甚至不使用与环境有重大冲突的原料	如不使用CFC12、CFC11、PVC等
原料供应商是否已采取良好的环保管理过程	能否对原料供应商的环保措施进行评估	如要求提供证明等
原料是否具有可回收性	能否采用可回收材料 能否采用易于拆卸回收的结构	对工具需求的简单化 拆卸方向的一致化 相同材料部分的模块化 不易回收部分的易分离化
原料是否具有相容性	能否采用相容性材料 相容性材料是否易于拆卸回收	
是否使用回收再生原料制成的零部件	能否使用回收再生材料制成零部件	塑料件是否可采用回收再生的塑料和新塑料进行混合后制成
零部件中的原料是否有危害人体健康的潜在危险	能否避免或减少使用对人体健康有潜在危险的材料	如PVC
是否系统考虑了组装与拆卸方式	是否采用最简单的组装与拆卸方式	
组装与拆卸时是否便于观察	采用不会在拆卸时阻挡视线的结构	
拆卸零部件时有无物理或化学危险性	去除可能在拆卸时对人体造成伤害的结构，拆卸过程中避免化学物品对人体造成伤害	去除尖角，将化学物品密封装拆
包装体积是否减至最小	能否减少包装材料的厚度	
是否使用可回收的包装材料	能否采用可回收包装材料	
是否使用模压标签取代纸或塑料贴纸标签	尽量少使用纸或塑料贴纸标签，以模压标签取代	
是否避免使用油墨、染料、黏结剂	减少油墨、染料、黏结剂、重金属的使用	
零部件是否抗磨损与耐击	是否采用抗磨损与耐击零部件	如各合页的耐磨及耐腐蚀
废弃时是否会导致温室效应、臭氧层破坏、酸化效应	避免产品废弃后释放造成臭氧层破坏的物质	
产品是否节能	能否采用节能技术	
产品的噪声	能否采用降噪的措施	

1.6 绿色设计方案的制定

将绿色设计策略展开为绿色设计方案。表48.7-5所列即1.5节所确定的设计策略展开得到的绿色设计方案。

表 48.7-5 绿色设计方案内容

策略	绿色设计方案	内容
1)塑料件有明显标志 2)CFC12、CFC11 的替代 3)ABS 材料的替代 4)PVC 材料的替代 5)减少油墨、染料、黏结剂的使用 6)采用可回收的包装材料 7)对原料供应商的环保措施进行评估	无害化方案	1)在塑料上标示材料代号,以及可回收及符合的标准 2)以 R134a、R600a 及多种混合工质进行替代 3)以 HIPS 替代 ABS 4)玻璃门面板和铝合金门面板取代 PVC 门面板 5)减少在产品零部件上的油墨印刷,改用模印,减少胶黏标签的使用 6)采用瓦楞纸等可回收再利用的包装材料 7)要求原料供应商及外协企业提供产品零部件满足环境性能的证明
采用各种先进技术降低电冰箱的能耗	节能方案	1)计算机温控技术 2)变频技术 3)转换阀技术 4)真空绝热板技术 5)采用旋转式压缩机代替原来的往复式压缩机 6)使用高效压缩机 7)进行 CFCs 替代
减少包装材料的体积	减量方案	在满足包装强度的条件下减小包装材料的厚度或直接去除包装
回收设计,包括易拆卸设计、同材料零部件的模块化、易分离设计、可回收材料设计等	回收方案	结合回收方式进行可回收设计
结合噪声产生的原因,进行降噪设计	降噪方案	1)降低管路振动噪声 2)控制制冷剂在管路中的流动声和喷射声 3)衰减压缩机噪声
1)人机界面设计 2)使用性研究	人性化方案	1)拉手、按钮、旋钮设计,冰箱的高度设计,造型与功能相结合 2)考虑色彩对比度的选择,视线方向、操作空间的选择

2 轿车生命周期评价研究实例

2.1 研究目标

本实例的研究目标为:分析、评价中国轿车在整个生命周期过程中所涉及的资源、能源利用及环境污染排放状况;诊断现有生产体系中与汽车相关的资源、环境问题,寻求改善汽车生产工艺和改善产品结构的机会与措施,为汽车企业的发展寻求机会和改革对策。

所评价产品及功能单位:评价产品的发动机排量约为 1.5L,两厢三缸五座普通型轿车(有空调),最大总质量为 1672kg,最高车速为 180km/h,最小转弯直径为 8.2m,经济油耗为 5.9L/100km,所选功能单位为 1 辆该轿车。

2.2 定义系统边界

(1)生命周期阶段定义

本研究确定的系统边界如图 48.7-1 所示,重点评价原材料生产(包括汽油生产)、汽车部件生产、汽车装配以及使用四个生命阶段(见表 48.7-6)。

表 48.7-6 轿车生命周期评价考虑的环节和内容

需考虑的环节	具体内容
能源	主要考虑电力、煤炭、石油(基础设施的建设、维护等过程中的能耗没有考虑)
原材料	考虑普通钢材、铸铁、铝材、钢材、丁苯橡胶、聚丙烯塑料、汽车风窗玻璃及油漆共 8 种
轿车制造过程	包括轿车整车的组装过程及其一级配套件的制造或组装过程(一级配套件指直接用于整车装配的零件、分总成或总成等)。二级配套件中(为一级配套件配套的零部件)仅考虑发动机、变速器和驾驶室(车身)的零部件制造过程
轿车使用阶段	主要以出租汽车使用的平均状况数据为依据(因为其他使用状况的数据难以获得)。生命周期内的物料(包括能源)消耗仅考虑汽油、机油、轮胎橡胶和维修用钢铁,不考虑其他维修养护所用材料。环境排放仅考虑大气污染物和固体废弃物的排放

注:上述内容不考虑生命周期阶段中产品或物料的运、销过程。时间边界均为 2012 年全年,地理边界限于中国境内,技术水平除制造阶段为各厂实际生产水平外,其余均为全国平均水平。

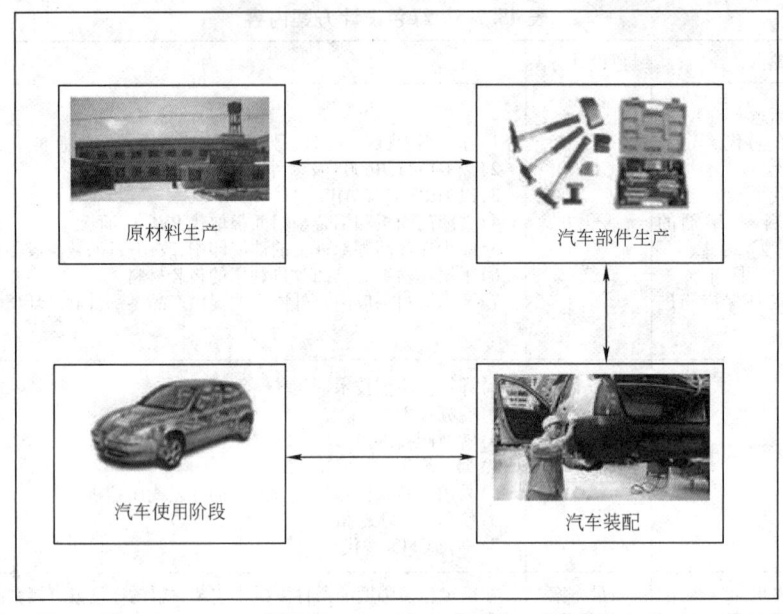

图 48.7-1 汽车生命周期系统边界

(2) 数据来源与数据质量

轿车生命周期评价的数据来源与数据质量见表 48.7-7。

表 48.7-7 评价的数据来源与数据质量

数据来源	数据质量
材料组成以及轿车制造过程的物料消耗	钢、铸铁、铝合金、铜、橡胶、塑料、玻璃及油漆 8 种原材料,来源于生产厂家,有较高的数据质量
使用阶段的废气排放	根据轿车生命周期总的油耗量和中国普通轿车的尾气平均排放系数计算得到,应保证较高的数据质量
其他废气成分	如 CO_2、CO、N_2O、HC、3,4-苯并芘、CH_4、HCHO 等和废水污染物(如重金属)数据均根据全国平均水平能耗数据及废水排放量,并结合相应的全国行业平均排污系数获得。数据质量要求不高
其他生命周期阶段的数据	物料、能源消耗以及环境排放由全国平均水平得到。数据质量要求可放宽

注:本研究的数据基本采用 2012 年数据。所采用的 Gabi 数据库中的数据基本为 2012 年的水平,因此基本上反映了西方工业国家和我国同时期的技术水平。

(3) 假定条件

1) 物料。假定轿车零件中所有用到的钢材(不论牌号)均为普通钢材,所有铝合金均视为普通铝材,铜材、橡胶、塑料、玻璃、油漆也一样,不分牌号和品种,均以总量计。

2) 能耗。根据我国实际的能源结构进行分配,我国电能供应主要由火电、水电、核电、风电、生物质、太阳能组成。2012 年,各自所占总电能比例分别为 77.8%、17.4%、2%、2%、0.8% 和 0.1%。

2.3 清单分析模型及数据收集

本研究采用的模型为德国 PE 公司开发的 Gabi6.0,在该模型的框架下其数据的主要来源如图 48.7-2 所示。

(1) 数据获取

1) 轿车结构划分。以汽车生产部件明细表为基础,结合汽车专家的意见以及从数据收集的可获性出发,将汽车分为变速器、发动机以及整车三个主要部分。其中 2561 个部件属于变速器,1869 个部件属于发动机,其他 2371 个部件直接属于整车,如图 48.7-3 所示。

2) 数据收集过程。数据收集过程主要采用填报数据表格的方法。通过对一些典型生产厂家实地考察轿车和零部件的生产过程,结合专家的意见来进行数据收集表格的设计。表格能够对能源、原材料以及环境排放数据进行全面、系统的收集。

(2) 数据分配与处理

调查表中的数据只是清单分析所需要的原始数据,并不是按功能单位给出的。所以,必须对这些数据进行处理(如数据的分配等)以转化为清单分析数据,具体方法见表 48.7-8。

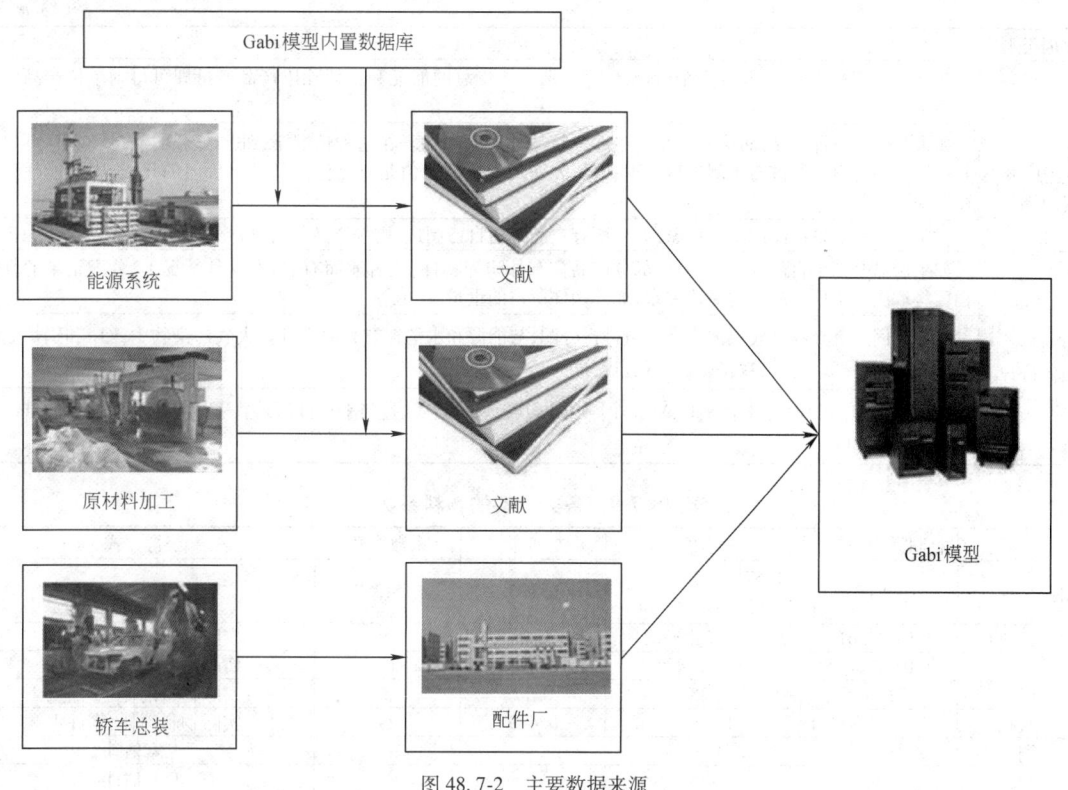

图 48.7-2 主要数据来源

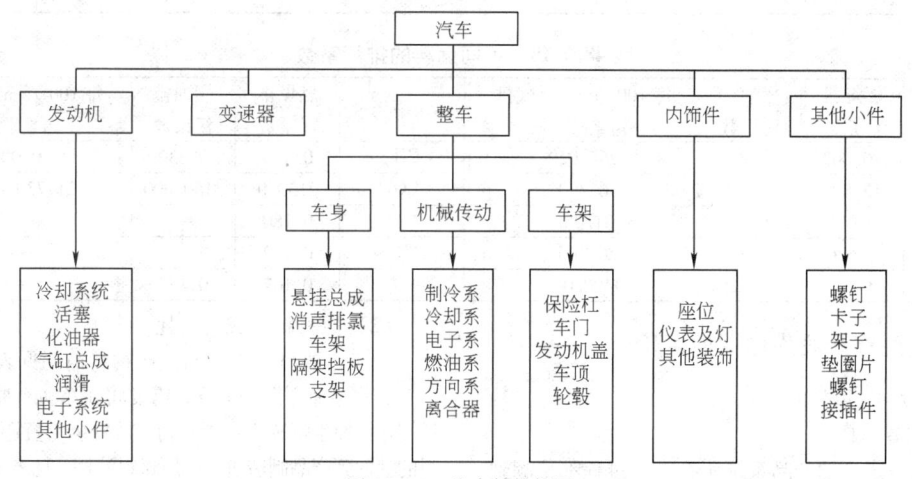

图 48.7-3 汽车结构框图

表 48.7-8 数据分配与处理

数据类型	分配原则
材料组成	对于材质均一的零件,其质量即作为该材质的质量
	材质多样的零件(如发动机),若得到组成配套件材质和质量信息,即可据此进行分类汇总
	若无具体结构组成等相关信息,则根据文献资料或由专家进行估计
物料消耗	完全由厂家自己生产的产品,可以用生产该零件的总物料消耗除以该类零件个数,即可得到生产该零件的物料消耗。物料消耗除以零件质量就是物料消耗系数
	若零件中只有部分(其质量等于零件总质量减去配套件重)是厂家自己生产的,则可用同样的方法获得该部分的物料消耗。其余由其他厂家提供的部分,则根据其材质特点(如塑料件的原料利用效率一般高于金属制品),用自身重量乘以同类材质的平均物料系数而得到。各类材料的物料系数见表 48.7-9

（续）

数据类型	分配原则
能源、水资源消耗	如果只生产一种产品，并且完全由自己生产，则只需将总的能耗和水耗除以产品产量即可得到单位产品的能耗和水耗
	如果只生产一种产品，而该种产品有一部分是从外边购买的。在这种情况下，外购部分的能耗和水耗可根据其在该产品价值中所占的比例进行计算，即认为外购部分的价值是自己生产那部分价值的几倍，则其能耗和水耗也就是其几倍
	对于同时有多种产品产出的厂家，如果所有产品都由自己制造，则按产品产值进行分配
	如果产品全部由自己制造，而另一部分产品含有外购配套件，或者兼而有之，在这种情况下，分配结果的真实程度将取决于工厂产品间的对比关系，如外购件所占的重量、产值等
制造过程三废排放	废水和固体废弃物排放根据产品产值进行分配，与能源和水消耗有类似之处。大气污染物中 SO_2 和锅炉烟尘排放量，根据厂家提供的数据，按产值进行分配
	其他污染物（如 CO_2、CH_4、N_2O、NO_x 等）则根据其耗煤量、耗油量与平均排污系数来计算。不同燃料的排污系数见表48.7-10

表 48.7-9　各类材料的物料系数

零件材质	材料系数范围	平均值	标准差	系数个数	获得方式
钢（车身）	1～9.43	1.67（质量平均） 1.93（系数平均）	0.133	513	实际物料消耗/零件重
钢（其他）	1.0～25.01	2.634（系数平均）	1.55	99	实际物料消耗/零件重
铸铁	1.01～3.12	1.95（系数平均）	0.473	17	实际物料消耗/零件重
铝	1.02～1.5	1.28	0.17	5	实际物料消耗/零件重
塑料	1.0～2.36	1.126	0.419	29	实际物料消耗/零件重
铜	—	1.3			专家估计
橡胶	—	1.25			专家估计
玻璃	—	1.1			专家估计

表 48.7-10　不同燃料的排污系数

污染物	燃煤排污系数	燃油排污系数	每100万 m^3 燃气排污系数/kg	污染物	燃煤排污系数	燃油排污系数	每100万 m^3 燃气排污系数/kg
烟尘	10.000	1.360	286.020	CH_4	0.440	0.330	0.000
SO_2	12.800	14.944	6.300	CO_2	2130.0	3150.000	21773000.000
甲醛	0.002	0.264	31.780	HCl	0.180		
CO	2.630	0.264	6.300	3,4-苯并芘	0.102		
NO_x	4.810	9.522	3400.000	NO_2	0.167	0.125	—

2.4　轿车生产阶段生命周期评价

汽车制造阶段清单分析。

（1）能源消耗

能耗是所定义的产品系统所有工艺过程都追溯到原材料开采阶段的能耗的累计。轿车生产阶段的总能耗见表48.7-11。

表 48.7-11　轿车生产阶段的总能耗

（GJ/辆）

能源	燃料生产	燃料使用	运输能耗	其他原料能耗	合计
电力	40.2	13.4	0.6	0.9	55.1
燃油	13.4	5.4	1.1	5.3	25.1
煤及其他燃料	4.2	60.9	0.8	73.2	139.1
总计	57.8	79.7	2.4	79.4	219.2

（2）原材料组成与消耗

轿车主要材料组成与生产物料消耗见表 48.7-12。

根据生命周期的概念，需要将轿车所有原材料的消耗转化为原生资源（包括矿物资源和生物资源），从原材料的获取到产品制造阶段的原材料消耗，见表 48.7-13。

通过对资源消耗进行标准化和加权处理，所采用的标准化基准和权重见表 48.7-14。资源的消耗影响最大的是锌，其次是铜，而消耗量最大的煤、铁等并不是最重要的。

环境排放物主要分为大气排放物、水体排放物和固体废弃物。其中大气排放物主要以 CO_2、CO、SO_2 及 NO_x 为主，它们均主要与燃料的生产和使用有关。而一些有机废气主要来源于工艺过程，如 HC、CH_4、有机 Cl 等（见表 48.7-15）。而水体排放物中量最大的是悬浮物，其次是 NH_4 和 COD（见表 48.7-16），固体废弃物排放总量为6039kg,其中采矿废弃物为5190kg,工业固体废弃物为573kg,烟尘和灰尘为273kg。

表48.7-12 每辆轿车主要材料组成与生产物料消耗

材料名称	汽车材料组成 质量/kg	比例(%)	生产物料消耗 质量/kg
钢材	574.17	35.39	1501.04
铸铁	7.27	0.45	20.22
橡胶	32.04	1.98	40.05
塑料	629.21	38.79	897.21
玻璃	37.73	2.33	41.51
铝合金	131.31	8.09	164.12
其他	167.25	10.31	183.99
油漆	1.41	0.09	1.69
铜	41.79	2.58	54.35
合计	1622.18	100.00	2904.18

表48.7-13 每辆轿车生命周期原材料消耗

原材料消耗	质量/kg	原材料消耗	质量/kg
煤	8402.03	铜	21.21
油	869.69	白云石	29.70
气	167.57	铁	1826.34
铀	0.19	石灰石	2227.25
黄铁矿	239.69	氯化钠	63.64
铝土矿	142.12	锌	29.70
黏土	67.88	—	—

表48.7-14 轿车生产消耗资源的标准化和加权分析

资源	清单分析结果/kg	年均消耗量/kg·a^{-1}	标准化基准/kg·人$^{-1}$·a^{-1}	标准化结果/mPEwgo	权重	加权结果/mPRwgo
煤	8402.03	700.17	570	1228.37	0.0058	7.12
油	869.69	72.47	590	122.84	0.023	2.83
气	167.57	13.96	310	45.05	0.016	0.72
铀	0.19	0.02	—	—	—	—
黄铁矿	239.69	19.97	—	—	—	—
铝土矿	142.12	11.84	—	—	—	—
黏土	67.88	5.66	—	—	—	—
铜	21.21	1.77	1.7	1039.80	0.028	29.11
白云石	29.70	2.47	—	—	—	—
铁	1826.34	152.20	100	1521.95	0.0085	12.94
石灰石	2227.25	185.60	—	—	—	—
氯化钠	63.64	5.30	—	—	—	—
锌	29.70	2.47	1.4	1767.66	0.05	88.38

表48.7-15 轿车生命周期过程中的大气排放物 (kg/辆)

排放物	燃料生产	燃料使用	运输	工艺	合计
粉尘	60.45	3.39	1.27	37.33	102.45
CO	25.67	10.82	1.06	151.24	188.79
CO_2	7674.47	7746.59	1296.05	5848.12	22565.22
SO_2	77.64	59.61	1.06	22.70	161.00
NO_2	33.94	21.64	0.42	6.58	62.58
HC	1.27	1.27	0.13	4.67	7.35
CH_4	1.55	1.15	0.00	2.69	5.39
H_2S	0.08	0.00	0.11	2.10	2.30
HCl	0.03	0.64	0.00	0.01	0.68
HF	0.00	0.00	0.00	0.01	0.01
Pb	0.00	0.01	0.00	0.01	0.02
金属	0.00	0.00	0.00	0.00	0.00
F_2	0.00	0.00	0.00	0.80	0.80
有机氯	0.00	0.00	0.00	0.05	0.05
芳香氯代物	0.00	0.00	0.00	10.10	10.10
H_2SO_4	0.00	0.00	0.00	0.01	0.01

表 48.7-16　轿车生产生命周期水体排放物　　　　　　　　　　　　　　　　（kg/辆）

排放物	燃料生产	工艺	合计	排放物	燃料生产	工艺	合计
COD	216.36	733.93	950.29	其他金属	8.48	377.57	386.06
BOD	1.06	8.06	9.12	NO_3^-	—	0.32	0.32
H^+	32.67	15.91	48.58	其他氮氧化物	691.51	49.00	740.51
溶解物	—	74.88	74.88	CrO_3^-	—	0.35	0.35
HC	1.06	27.79	28.85	Cl^-	—	1584.53	1584.53
NH_4	765.75	341.51	1107.26	F^-	—	4.24	4.24
悬浮物	$1.28×10^3$	$1.76×10^5$	$1.77×10^5$	SO_4^-	—	150.60	150.60
苯酚	82.73	$9.84×10^{22}$	$9.84×10^{22}$	P_2O_5	—	0.31	0.31
Cu^{2+}	—	4.88	4.88	Ar	—	8.48	8.48
Fe^{2+}	—	0.32	0.32	清洁剂	—	339.39	339.39
Pb	—	40.94	40.94	有机氯	—	0.15	0.15
Ne^+	—	$1.28×10^5$	$1.28×10^5$	溶解有机物	—	42.42	42.42
Zn^{2+}	—	10.39	10.39	其他有机物	—	3.82	3.82

2.5　轿车使用阶段生命周期评价

采用 12 年的产品寿命期,对轿车生产生命周期的环境排放进行标准化和加权分析,将其归为 5 种环境影响类型,分别是全球变暖、臭氧层损耗、光化学臭氧合成、酸化以及富营养化。其中由于汽车生产过程中 CFC 排放非常少,因此臭氧层损耗的影响可以忽略不计。

根据统计数据进行计算,轿车一生耗汽油 31.60t,年均耗油 2.633t。轿车在其生命周期内因为使用共消耗 36969kg 原油。轿车使用阶段共排放大气污染物约 102t,其中 CO_2 占 98.3%,CO 占 0.80%,其他排放占的比例非常低。对轿车使用过程的环境影响必须考虑汽油的生产过程造成的影响,本实例直接采用 Gabi 模型进行计算。

2.6　环境影响

综合汽油生产过程和轿车使用过程的总排放,以 12 年为轿车生命周期对环境排放进行标准化和加权处理。图 48.7-4 所示的结果显示,如果仅考虑汽车的生产过程则富营养化是最重要的环境影响;如果仅考虑汽车的使用,则最重要的环境影响为光化学臭氧合成,其次是全球变暖。而且汽车使用过程的环境影响要远远大于汽车的生产过程。

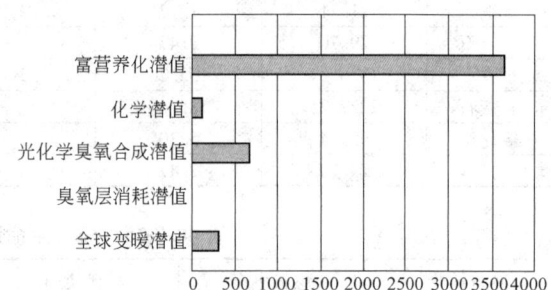

图 48.7-4　轿车生产环境影响分析

第 8 章 和 谐 设 计

1 和谐设计的目标

1.1 和谐设计的提出背景

1.1.1 产品设计的不和谐因素

在产品设计过程中,由于未能全面、系统地考虑各种约束因素,曾出现过大量不协调的问题。在我国,这些不协调的问题普遍存在,具体情况见表48.8-1和表48.8-2。

1.1.2 现代产品设计的趋势所需

目前产品设计中常常会出现内部设计单元不协调的问题,需全局地、系统地去考虑设计中各个环节,使它们充分发挥各自的和集体的积极作用。

在市场日趋全球化的今天,现代产品设计已经成为产品争得市场以及企业生存和发展的重要环节之一,经济建设和社会发展也对产品设计的科学性提出了更高的要求。为了满足产品的广义质量〔包含狭义质量 Q (Quality)、开发成本 C (Cost)、开发周期 T (Time)、周围环境 E (Environment)、售后服务 S (Service)〕的要求,科技工作者对产品的设计方法进行了深入研究,并取得了很大的成就。为了较全面地满足用户、企业及社会对产品设计广义质量提出的要求,东北大学闻邦椿教授课题组结合自己30余年从事产品设计的实践,对产品设计理论与方法进行了系统和深入的研究,提出了基于系统工程的产品综合设计理论与方法,其中包括7D设计总体规划模型、"1+3+X"综合设计法模型和产品设计质量3A检验与评估模型。在2006年中国机械工程学会成立70周年的学术活动中,钟掘院士重点围绕加强自主创新,建设创新型国家,走新型工业化道路,促进我国经济建设的持续协调发展,提出了和谐制造的新概念。

因此,借用"和谐制造"的概念,提出了"和谐设计"的设计理念和方法,旨在建立具有我国特色的、基于系统工程的、符合科学发展观和自主创新思想的一种新的产品设计方法。

表 48.8-1　与环境不和谐的情况

不和谐方面	体现指标	具 体 内 容
自然环境	自然环境保护	当前,社会生产包括机械产品在内,对环境的污染到了十分严重的程度。人类生产所造成的污染,是人类自己正在毁灭自己,水、空气、噪声、辐射等污染正在威胁着人类的生存
	资源合理利用	地球上的资源是有限的,必须加以合理利用,人类文明历史只有5000多年,环境就破坏得不成样子,我们的后代将如何生存和生活下去?车辆过高的有害气体排放及油料资源的不合理利用与浪费,给人类带来了难以弥补的灾难,此问题在产品绿色设计中已经提出,并正在解决的过程中
社会环境	政治环境	我国人口众多,产品设计必须从我国国情出发,这是一个政治问题,发展高速列车符合我国国情,是我国政治和社会经济发展的迫切需求
	经济环境	国家的宏观经济发展应该是符合国家经济发展总的目标,任何产品都应该在这一目标下进行生产,如果出现与总的目标相违背,就会失去它应有的发展的潜力,该种产品的设计也就没有意义了。我国钢铁的产量约占全世界的1/3,钢铁生产又是高能耗和高污染的产业,因此对发展钢铁产业及与之相配合的冶金设备应有所限制
	人文环境	产品设计还要与国家的人文环境相协调,产品设计还要考虑国家精神文明建设的需要,要和文化艺术、教育科技、道德观念等相吻合,不能与之相违背
	法律环境	有些产品的生产是违反国家法律的,必须坚决制止,生产一些未经试验和未通过国家批准的有害药品和毒品以及生产毒品的设备是违反法律的,必须坚决制止
	人类生活	许多产品是为人所使用的,是为人类服务的,有些产品危害人的身体健康,在奶粉中加入三聚氰胺使我国许多儿童受害。其他如交通工具的舒适性问题都是产品设计中不可忽视的。残疾人及儿童所使用的一些产品有他们的特殊要求,在设计时必须予以充分考虑
	国际环境	我国许多产品都销往国外,如果只图眼前利益,生产出不合格的产品,不仅损害别国人民的利益,也给我国产品推向国际市场增加了障碍,断送了前程

(续)

不和谐方面	体现指标	具体内容
技术环境	科学技术	科学技术高度发展的今天,生产一些技术含量低的高能耗产品是不经济的,必须予以制止
	研发队伍	
	实验条件	
市场环境	国内市场	对市场进行仔细调查,要生产具有市场前景的产品。一些缺乏市场环境、过时的产品,会造成浪费
	国际市场	
资金环境	原有资金	有些企业生产的产品常常因资金缺乏而中途停顿,在产品投产前要对资金进行规划,要考虑融资渠道
	可融资金	

表 48.8-2 产品设计过程内部各单元不协调的情况

不和谐方面	具体内容
设计目标	产品设计时,也会出现功能设计与性能设计不协调的问题,处理产品功能设计与性能设计的有效组合,实现它们之间的协调与和谐也是产品和谐设计应该研究的主要内容之一,是提高产品广义质量有效途径的重要措施
设计内容	产品设计内容繁多,如何有效地处理这些设计内容,找出主次,分清必要和不必要的,以便突出重点,兼顾一般,让各种设计恰如其分地发挥它的作用,具有重要的意义,是实现多、快、好、省的有效途径
设计手段与方法	产品设计过程中所采用方法的不协调性常常会出现,不仅会影响产品的各种设计质量,还会浪费设计时间,增加设计成本等。研究各种设计方法的最佳匹配,实现产品设计方法的协调与和谐,具有十分重要的意义
三者之间相互协调	它们之间的协调与和谐至关重要;对于编者提出的基于系统工程的综合设计法中的 7D 规划、"1+3+X" 综合设计及 3A 产品设计质量检验等内部协调和最佳匹配也是产品和谐设计中应该研究的问题

1.2 和谐设计的概念

和谐设计按其词义有两种不同的概念,即狭义的和广义的两类。

(1) 狭义的和谐设计

仅在产品设计中考虑产品和外部环境的协调与和谐。

(2) 广义的和谐设计

除了考虑狭义和谐设计的内容外,还要考虑产品设计过程中内部各种组成单元间的协调与和谐,即产品各种设计方法的协调与合理匹配。例如,产品的设计目标、设计思想、设计环境、设计流程、设计内容、设计手段、设计质量检验等各类设计方法间的有机联系和有效结合,以及各类设计方法内部之间有效匹配,如设计内容方面,结构设计、机构设计、参数设计、系统设计等的密切配合等。基于系统工程的综合设计的理论与方法(7D 规划、"1+3+X" 综合设计和 3A 产品设计质量检验等)就是一种广义和谐设计的思想。

1.3 和谐设计的意义

在科学发展观的指导和建设和谐社会的目标下,研究现代机械产品和谐设计的理论与方法,使产品具有良好的广义质量(包括 Q、C、T、E、S)及优良的功能和性能(产品的主功能、辅助功能、结构性能、使用性能和制造性能),进而实现产品和环境之间的协调和谐,并使产品在从设计、制造、包装、使用、维修直至报废等整个生命周期内,减轻或消除产品对社会与自然环境的负面影响,提高资源利用率,增加企业的经济效益、社会效益和综合效益,使产品与政治、经济、人文、法律、技术、市场与资金构成一个优化的、和谐统一的整体。使产品设计不仅为人类社会的需求服务,也要为自然环境、社会环境及实现人类的和谐生活服务,以使我国从一个向全球提供一般产品的"世界工厂",过渡到一个创造新品牌和提供先进产品的"制造大国",并赋予"中国制造"新的含义,使我国逐步成为一个名副其实的"制造强国"。

现代机械产品的和谐设计旨在结合绿色设计与创新设计思想的基础上,在科学发展观和系统论的思想指导下,研究产品与自然环境、社会环境、产品与技术、产品与市场、产品内部组成单元之间的协调关系,对其关联度进行分析,提出产品和谐设计的理论和方法的理论框架,以及研究面向产品广义质量的产品和谐度的概念及其评价方法,并通过设计人员、科学技术及设计理论与方法之间的相互渗透、相互凝聚,使产品具有更高的广义质量(Q、C、T、E、S),进而研发出具备更高性价比与市场竞争力的产品,以可持续发展与创新的设计理念,实现产品与自然、产品与社会、产品与市场的协调与和谐,使产品设计不仅是为人类的物质生活需求而设计,也要为创造良好的自然环境和社会环境而设计,进而为建设一个环境友好型和资源节约型的社会贡献力量。

1.4 和谐设计的应用前景

(1) 和谐设计符合国家的经济建设和社会发展

资源的节约、环境的保护，以及与社会政治、经济、人文、法律间的协调，国际和人际间的和谐、市场的融洽、技术上的相容，以及资金上的融入和合理利用都应作为产品和谐设计的目标和内容，只有这样，才更符合国家的经济建设和社会发展的要求。

(2) 和谐设计符合人本设计的要求

在科技发展与社会进步的今天，产品的设计与制造将赋予产品更多的人文因素，产品将更加的人性化，设计师需要更加彻底地理解全人类，包括老年人和残障人的需求，这将改变设计与制造过程中的"健康人思维"，从而逐渐采用和谐设计的设计理念进行产品设计，做出真正的人本设计。

(3) 和谐设计符合企业设计水平和创新能力提高的要求

从中国企业产品设计中存在的一些问题来看，和谐设计在解决某些现有问题时，将会发挥其积极的作用。目前我国产品设计存在若干问题，如过大比例的设备原始制造 OEM (Original Equipment Manufacture)、企业未能掌握先进的设计技术、设备技术含量低、设计人员设计水平不高和设计人才匮乏等。而存在的机遇有国家政策的有力支持、高新技术产品的研究与发展迅速、人们生活水平和购买力的不断提高。

和谐设计的应用将逐渐减少企业在产品设计中对国外的依赖，增加自主知识产权，尤其是在汽车、机械及计算机等高新技术产业方面，为企业提供更多高附加值产品，以相对较少的资金投入，创造较多的经济收益。

2 和谐设计的内容

2.1 产品与环境的和谐设计

这里的产品环境是指产品从设计、制造、使用、维修，直至报废的整个生命周期中所处的空间，主要包括自然环境、社会环境、技术环境、市场环境和资金环境等，如图 48.8-1 所示。

2.1.1 与自然环境的和谐设计

针对自然环境的和谐设计内容基本可以参阅绿色设计。要在产品设计（包括材料的选择、制造、装配、拆卸、包装，以及产品回收）的过程中，仔细规划环境保护与资源的合理利用问题，特别是在基于系统工程的综合设计理论与方法的框架下，对绿色设计的目标、设计内容和设计方法进行进一步的分析研究，提出具体产品相对于自然环境的关联度的分析方法，并进一步研究产品相对于自然环境和谐度的概念和评价方法，结合具体产品的设计（如京沪线高速列车的系统化设计或综合设计），用可持续发展的眼光设计产品，以便利用最先进的科学技术，有效地保护环境，更合理地利用资源，做到更好地保护自然，实现产品设计与自然之间的协调与和谐。

2.1.2 与社会环境的和谐设计

社会环境的和谐设计根据存在的不和谐情况，应该解决的问题见表 48.8-3。

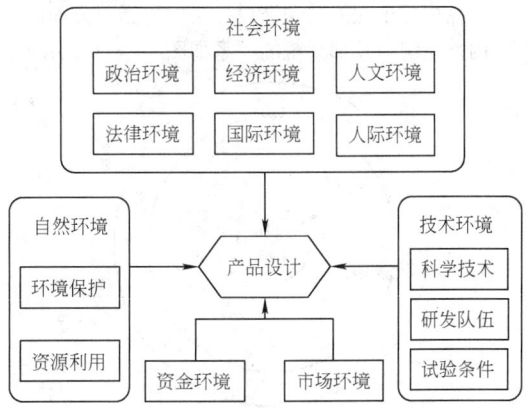

图 48.8-1　产品设计与环境的模型

表 48.8-3　社会环境的和谐设计应该解决的问题

序号	应该解决的问题
1	要解决产品设计与政治环境方面不协调的问题
2	要解决产品设计与经济环境方面不协调的问题
3	要解决产品设计与人文环境方面不协调的问题
4	要解决产品设计与法律环境方面不协调的问题
5	要解决产品设计与人际环境方面不协调的问题
6	要解决产品设计与国际环境方面不协调的问题

2.1.3 与技术、市场及资金环境的和谐设计

科学技术能实现产品设计、制造及管理过程的数字化，提高产品开发与制造的能力。通过科技改造和提升传统工业水平，降低能耗，保护环境，走可持续发展道路。

(1) 针对技术环境的和谐设计

应考虑以下几个方面的问题：一方面，一种技术要转化为现实生产力必须有其独特的功能作为载体来实现，没有功能作用，科学技术即使有重大突破也很难转化为生产力，也不能为经济建设和社会发展做贡献；另一方面，先进技术未必都是市场需要的，技术并不是越新越好，技术要有储备，因为，从经济和市场的概念来讲，越先进的技术，风险越大，有可能得到的回报就越少。

(2) 针对市场环境的和谐设计

同样，生产一些缺乏市场环境的产品也是没有意义的，因此，产品设计之前必须首先对市场进行仔细调查，要生产具有市场前景的产品。产品的研究与开发的切入点最好选择在产品的上升期或初期，在一般情况下不会出现与市场不协调的问题。

(3) 针对资金环境的和谐设计

有些产品常常因资金环境缺乏而中途停顿，在产品投产前要对资金进行规划，要考虑融资渠道。

2.2 产品设计单元间的和谐设计

产品内部单元间的和谐设计主要包括三方面的内容。内部系统与外部系统的关系如图 48.8-2 所示。

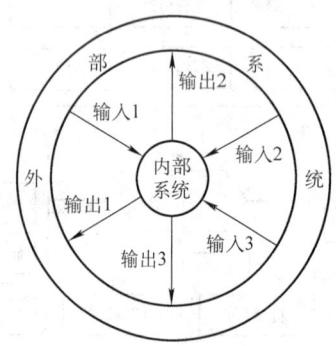

图 48.8-2 内部系统与外部系统的关系

2.2.1 设计目标的最佳配合

产品设计时，也会出现功能设计与性能设计的不协调问题，处理产品功能设计与性能设计的有效组合，实现它们之间的协调与和谐也是产品和谐设计应该研究的主要内容之一。功能的特性要求与性能的要求是统一、相互交叉、相互融合的。功能很强大，但性能差，或者功能差，性能很好，都无助于产品竞争力的提高，也不算好的设计。

在消费者越来越成熟和市场竞争如此激烈的今天，产品的功能并非越多越好。功能越多，成本相应增加，会引起过度投资；产品的定价过高，势必影响市场的竞争力；产品功能特性的改变，势必引起设计、生产准备和生产费用等的改变。另外，功能越多，产品的内部结构相对来说就变得越复杂，进而引起设计、生产准备和生产时间等的改变，这将延长产品的开发周期，同样将增加产品成本。

因此，解决好功能与成本这对矛盾体的和谐也是和谐设计的一个方面。产品功能与性能的和谐设计研究，主要研究结构性能、工作性能、工艺性能的和谐，主功能与辅助功能的和谐，输入与输出的和谐等内容，实现产品的高性价比及优越的功能与性能，如图 48.8-3 所示。

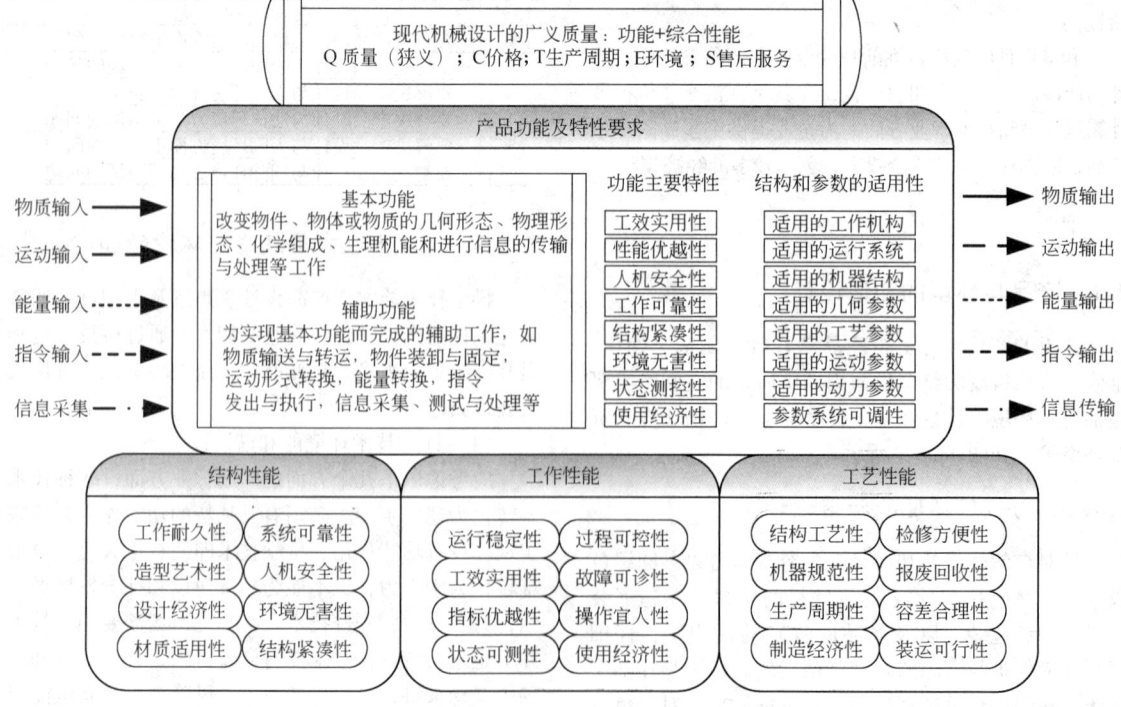

图 48.8-3 产品功能与性能的和谐设计

2.2.2 设计内容的最佳组合

产品设计内容繁多，需要有效地对各项设计内容进行分析，找出主次，分清必要和不必要的，以便突出重点，兼顾一般。让各种设计方法恰如其分地发挥它的作用具有重要的意义，是实现多、快、好、省的有效途径。

2.2.3 设计方法的最佳匹配

产品设计过程中所采用方法的不协调性常常会出现，实现产品设计中各种方法的最佳匹配，不仅会影响产品的各种设计质量，还会浪费设计时间，增加设计成本等。研究各种设计方法的最佳匹配，实现产品设计方法的协调和和谐，具有十分重要的意义。

2.2.4 设计目标、设计内容和设计方法之间的协调

在综合设计法中，7D规划、"1+3+X"的综合设计和3A产品设计质量检验等已经阐明了设计目标、设计内容和设计手段之间不可分割的联系，并写出了它们之间的关联方程。需要全局地、系统地去考虑产品设计中常常出现的设计单元不协调的问题和各个环节，使它们充分发挥各自的和集体的积极作用。

2.3 关联度分析与和谐度评价

2.3.1 产品与各类环境间的关联度分析

对于某一产品来说，与各类环境间的关联程度是不相同的，有的十分密切，有的有一定关系、但不是很密切，而有的基本上没有关系。因此，首先要利用灰色理论对各类环境的关联度进行分析。

以产品与各类环境的和谐设计、产品与人的和谐设计、产品设计方法各单元间的和谐设计为基础，确定某种产品与各类环境关联度的大小，这是产品和谐设计的基础，是十分重要的。

2.3.2 对产品和谐度的评价与质量管理

以产品与各类环境的和谐设计、产品与人的和谐设计、产品设计方法各单元间的和谐设计为基础，建立对应产品质量和谐度评价与质量管理子模型，最后构建产品质量的和谐度评价与管理体系。在利用模糊理论及概率论等数学方法建立和谐度评价的数学模型后，再由产品的和谐度来评定产品的综合质量。

通过对产品质量的和谐度评价，可以发现产品设计中存在的问题和不足，从而对设计进行修改，或对下一轮的生产提出改进意见，这样可以克服设计中的不足，使产品质量得到进一步的提高。

3 和谐设计的方法及应用

3.1 和谐设计的实施方法

在科学发展观的指导下，应用系统论的思想，以基于系统工程的产品7D设计总体规划理论为基础，以提高产品广义质量为目标，采用系统论的思想、模糊理论和工程优化的方法，结合绿色设计与创新设计思想，开展产品与自然环境、产品与社会环境、产品与人、产品与技术环境、产品与市场环境、产品与资金环境，以及产品设计内部各单元间的和谐设计工作，对产品与各种环境的关联度进行分类，结合各类产品的特点确定其关联度的大小，并对产品与环境协调与和谐的程度进行分类，还要进行产品的和谐度评价，结合产品设计过程，改进和完善设计方案。

具体做法如下：

1）完成产品与各类环境（自然环境、社会环境及技术、市场、资金等环境）及产品设计方法内部单元（各类设计目标、各项设计内容、各种方法之间的协调）和谐设计的理论框架。

2）对产品与各类环境的关联度进行分析，并确定具体产品关联度的大小。

3）选择实现产品与各类环境间的和谐设计的理论与方法，确定设计目标、各项设计内容与各种设计手段和方法，完成产品的和谐设计。

4）在基于系统工程的综合设计理论与方法的基础上，确定产品设计方法内部各单元之间的最佳组合的原则与具体方法。

5）根据产品和谐设计和谐度评价准则，对具体产品进行评价，改进设计方案。

3.2 和谐设计的实施原则

首先，和谐设计在具体实施过程中应以跨学科的、综合性的理论和方法为基础。在设计中，如果设计需要涉及考察人们的生理需要、身体结构、动作过程甚至使用的自然环境，则需要自然科学的支持；如果涉及考察人们的心理、情感、道德和价值取向甚至使用的社会环境，则需要人文科学的支持；如果构想解决方案并通过物质形式加以实现的过程，如结构、材料、加工、装饰等，包括如何提高生产率、降低资源消耗、消除环境污染、实现可持续发展，则都需要技术科学的支持；如果要满足使用者的情趣、激发使用者的愉悦、提升产品的附加价值，则需要艺术科学的支持等。

其次，随着科技水平的进步，人的需求日益扩展

和提高，这意味着人类迈进和谐的脚步将无限延伸。动态的和谐将是设计过程中不可或缺的一环，它是一个不断被超越的状态。

总而言之，产品的和谐设计是跨学科、多层面的系统工程，其最终目的在于提高产品的综合质量，实现功能和性能的和谐，产品与自然环境、社会环境的和谐，产品设计单元间的和谐，以及设计目标、内容与方法的和谐。

3.3 企业与环境及产品与环境之间关系的应用

3.3.1 企业应研究与解决的关键问题

1) 按照科学发展观，运用系统工程的思想提出产品和谐设计的目标、内容和方法的理论框架。

2) 研究建立制约产品6大要素的各个关键因素，以及确定产品与各类环境的关联度大小的准则，进而提出产品与环境（自然、社会、技术、市场、资金及政策）、产品与人、产品设计内部各单元间的和谐设计理论与方法。

3) 用系统论的思想，研究产品与环境及产品内部各个单元间的最佳组合与最佳匹配方案，增加产品设计与环境、产品设计内部各单元之间的协调与和谐，将和谐设计的概念及理念融入提出的基于系统工程中的综合设计法中。

4) 研究和提出和谐度评价规则，建立产品六大要素的评价与管理体系，从而建立现代机械产品和谐设计的管理的框架。

5) 应该加强应用方面的研究，将研究出的理论与方法应用于现代产品的设计中，在完善和谐设计理论的同时，获取一定的经济效益和社会效益。

3.3.2 基本做法

首先企业应在科学发展观的指导下，应用系统论的思想，以基于系统工程的产品7D设计总体规划理论为基础，以提高产品6大要素D、Q、C、I、E、S为目标，采用模糊理论和工程优化方法，结合绿色设计与创新设计思想，开展产品与自然环境、产品与社会环境、产品与人、产品与技术环境、产品与市场环境、产品与资金环境，以及产品与政策之间保持协调与和谐的研究工作，对产品与各种环境的关联度进行分类，结合各类产品的特点，确定其关联度的大小，并对产品与环境协调与和谐的程度进行分类，还要对所设计的产品的和谐度进行评价，同时配合实际产品开发进行应用研究，将理论与应用密切结合起来，并通过产品设计来验证理论的结果。

具体做法如下：

1) 提出产品与各类环境〔自然环境、社会环境（政治、经济、人文、法律、人际、国际）、技术、市场、资金、政策等〕及产品设计方法内部单元（各类设计目标、各项设计内容、各种设计方法之间的协调）和谐设计的理论框架。

2) 对产品与各类环境的关联度进行分析，并确定具体产品关联度的大小。

3) 提出产品与各类环境间的和谐设计的理论与方法，并针对典型产品提出产品设计方法的内容，如各类设计目标、各项设计内容与各种设计手段，以及它们之间的和谐设计理论与方法。

4) 提出产品和谐设计和谐度评价准则，并对具体产品进行评价。

3.4 产品工业设计中的和谐设计应用

3.4.1 产品工业设计中的和谐性特征

机械产品工业设计的和谐性主要特征如下：

1) 机械产品工业设计和谐性具有时代性，在信息技术、智能化技术发达的今天，机械产品工业设计的和谐性也具有特殊的时代性，这是机械产品工业设计发展的要求，否则这个行业必然会因为跟不上时代的步伐而面临被淘汰的命运。

2) 机械产品工业设计和谐性具有科学与艺术的结合性，科学是指工业品的设计有科学的理论指导，主要是为了提升我们国家机械制造行业的整体发展效率。

3) 机械工业产品人、机、环境的一体性。这三者之间是息息相关的，只有确保这三者之间的和谐共存，才能够保证整个生产和制造以及服务过程的和谐性，才能够真正实现机械产品工业设计的和谐性。

3.4.2 产品工业设计中的和谐性要求

（1）以人为本的服务要求

为人民服务一直以来都是我们国家和社会提供服务的根本宗旨，信息技术革命的发展推动了我国工业机械产品行业的不断发展和进步，尽管机械产品设计和生产制造的工业技术取得了非常大的进步，但是这些机械产品工业设计的基本理念也就是为人民服务的概念依然是根本宗旨，因为这个理念是一种与时俱进的理念，国家的可持续发展、社会的进步需要机械产品工业设计的不断发展。

在机械产品工业设计的过程中坚持为人民服务的理念需要产品的设计者必须要以人民的利益为设计和生产机械产品的出发点，以机械产品的服务为人民生活创造价值为根本目的。

（2）人机合一的安全要求

一方面，机器需要满足人工所能操作和控制的范围，需要保证人工能在正常的环境下持续、坚持操作，确保正常的生产和运营，这也是机械产品工业设计需要着重考虑的内容；另一方面，机械产品的工业设计需要在最大程度上确保操作人员的人身安全，一些大型的机械设备在运行时出现故障会产生严重的危害，甚至威胁到员工的生命安全。因此，在机械产品工业设计的过程中必须要确保机器的安全性能，确保即使发生了一些安全隐患也能够把对工人的损失降到最低，确保人员的安全性。因此，在机械产品工业设计的过程中必须要确保机器和人员之间的和谐性和安全性。

（3）环境保护的要求

机械产品在为机械生产带来便利的同时，也给环境制造了一些垃圾，包括废弃物、气体等，这些有危害性的物质有可能会对环境造成严重的危害，目前我国正在大力开展环境保护，已经意识到工业机械生产给环境带来的危害，同时这些有害物质已经严重影响到了国家稳定、人民健康，给社会安全带来了非常严重的影响。

因此，在机械产品工业设计的过程中需要遵守的另外一个准则就是确保机械产品工业设计与环境保护之间的和谐性。这里的和谐性主要包括两个方面：一方面就是机械产品的工业设计需要满足节能的基本要求，在我国科学技术的支持下，很多大型机械设备产品都在向着这方面发展，而且这也将是未来机械产品工业设计的基本方向；另一方面就是机械产品工业设计需要满足环保的基本要求，保护环境是我们国家近几年来的主要项目，同时也是我们国家机械产品工业设计的基本准则和要求。

3.4.3 产品工业设计中的和谐性措施

（1）转变产品工业设计的理念

转变机械产品工业设计的理念是机械产品工业设计未来发展和壮大的基本要求，同时也是我们国家机械行业发展的根本。它要求在机械产品工业设计的过程中做到以下几点：

1）吸取国外先进的机械产品工业设计理念为我们国家的机械产品工业设计服务，因为相对来说我们国家的机械工业产品设计起步比较晚，发展程度和设计水平等与国外先进水平还有很大差距。

2）机械产品的工业设计需要结合我国机械产品工业设计的实际情况，满足社会的需求是机械产品工业设计的基本目标，只有按照这个目标开展的机械产品工业设计才能够更好地为社会发展做贡献，也只有这样机械产品工业设计才能够更好地为社会服务，在社会发展中更好地体现自己的价值。

3）机械产品工业设计理念需要符合社会的基本价值取向和要求，这也是我们国家机械产品工业设计的要求。

（2）培养能实施产品和谐设计的技术人才

人才是社会发展的基本要素，对于机械产品设计行业来说同样如此。我国机械产品工业设计水平要想得到快速提升的一个关键要素就是必须要培养更多优秀的设计人才。丰富机械产品工业设计行业的人才，满足不同的机械产品工业设计需求，提升设计水准，不仅需要社会、政府和教育部门充分重视对这方面的人才培养，使得更多的学生接受并学习这个行业，而且也需要教育部门积极开展教育改革，培养更多满足社会机械产品工业设计的人才，为我们国家的社会发展和进步做贡献。

只有提升了人才的水平，产品的和谐设计才能够从源头得以实现。

3.5 和谐度评价方法与应用实例

3.5.1 和谐度评价一般方法

对产品的和谐度做出客观的评价，选用模糊综合评价法，模糊决策模型为

$$F = W\widetilde{R} = (w_1, w_2, \cdots, w_n) \begin{pmatrix} r_{11} & r_{12} & \cdots & r_{1m} \\ r_{21} & r_{22} & \cdots & r_{2m} \\ \vdots & \vdots & & \vdots \\ r_{n1} & r_{n2} & \cdots & r_{nm} \end{pmatrix}$$

$$\sum_{i=1}^{n} w_i = 1, w_i \in [0,1], f_j = \sum_{i=1}^{n} w_i r_{ij}$$

式中　　F——模糊决策矢量；

W——各个指标的权重矢量；

$\widetilde{R}$——模糊关系矩阵，其元素为各个指标的隶属函数决定的隶属度。

（1）评价指标量值的模糊隶属度

把和谐度分为三个等级，高和谐产品 M_1，和谐产品 M_2，非和谐产品 M_3，对应于不同的等级，建立不同的参考标准，评价指标量值对评价等级的模糊隶属度 μ 为

$$\mu_1(x) = \begin{cases} 1 & x \leq \delta_1 \\ \dfrac{\delta_2 - x}{\delta_2 - \delta_1} & \delta_1 < x \leq \delta_2 \\ 0 & x > \delta_2 \end{cases}$$

$$\mu_2(x) = \begin{cases} 1-\mu_1(x) & \delta_1 < x \leq \delta_2 \\ \dfrac{\delta_3 - x}{\delta_3 - \delta_2} & \delta_2 < x \leq \delta_3 \\ 0 & x > \delta_3, x < \delta_1 \end{cases}$$

$$\mu_3(x) = \begin{cases} 1-\mu_2(x) & \delta_2 < x \leq \delta_3 \\ 1 & \delta_3 < x \leq d_3 \\ 0 & x < \delta_2, x > d_3 \end{cases}$$

式中 x——评价指标量值,定性指标的量值由专家和技术人员给出;

$\delta_i = (c_i + d_i)/2$;(c_i, d_i),为第 i 个等级的量化区间。

(2) 评价权重确定

评价指标中既包含定量因素也包含定性因素,权重的确定中采用层次分析法(AHP)。评价指标按其重要程度进行等级划分。组织用户和专家度量各因素之间的相对重要性,综合判定得到判断矩阵。

判断矩阵使得决策者判断思维数学化,应具有一致性,若已知因素 u_2 与因素 u_1 的相对重要关系系数 δ_{21},因素 u_3 与因素 u_2 的相对重要关系系数 δ_{32},则可以根据 δ_{21} 和 δ_{32} 得到 u_3 与 u_1 的相对重要关系系数 $\delta_{31} = \delta_{32}\delta_{21}$,推广到一般情况,即为判断矩阵 $\boldsymbol{A} = (\delta_{ij})_{n \times n}$ 一致性条件。

$$\delta_{ij} = \delta_{ik}/\delta_{jk} \text{ 或 } \delta_{ij}\delta_{jk} = \delta_{ik}$$

相容矩阵分析法能减少因反复重新构造判断矩阵的工作量,而且能保证判断矩阵的一致性,设对任意判断矩阵 $\boldsymbol{A}$ 进行迭代,当 $m = 1, 2, \cdots$ 时,恒有

$$a_{ij}^{(m)} > 0, a_{ii}^{(m)} = 1, a_{ij}^{(m)} = \dfrac{1}{a_{ji}^{(m)}}$$

$$a_{ij}^{(m+1)} = \sqrt[n]{\prod_{k=1}^{n} a_{ik}^{(m)} a_{kj}^{(m)}}$$

$$= \sqrt[n]{\prod_{k=1}^{n} \sqrt[n]{\prod_{l=1}^{n} a_{il}^{(m-1)} \cdot a_{lk}^{(m-1)}} \cdot \sqrt[n]{\prod_{l=1}^{n} a_{kl}^{(m-1)} \cdot a_{lj}^{(m-1)}}}$$

$$= \sqrt[n]{\sqrt[n]{\prod_{k=1}^{n}\prod_{l=1}^{n} a_{il}^{(m-1)} \cdot a_{lk}^{(m-1)} \cdot a_{kl}^{(m-1)} \cdot a_{lj}^{(m-1)}}}$$

$$= \sqrt[n]{\left(\prod_{l=1}^{n} a_{il}^{(m-1)} \cdot a_{lj}^{(m-1)}\right)^n}$$

$$= \sqrt[n]{\prod_{l=1}^{n} a_{il}^{(m-1)} \cdot a_{lj}^{(m-1)}} = a_{ij}^{(m)}$$

依次类推,得

$$a_{ij}^{(m)} = a_{ij}^{(1)} = \sqrt[n]{\prod_{k=1}^{n} a_{ik}^{(m-1)} \cdot a_{kj}^{(m-1)}} \quad (m = 1, 2, \cdots)$$

故迭代极限存在。

$$b_{ij} = \lim_{m \to \infty} a_{ij}^{(m)} = a_{ij}^{(1)} = \sqrt[n]{\prod_{k=1}^{n} a_{ik}^{(0)} a_{kj}^{(0)}}$$

$$b_{ik} b_{kj} = \sqrt[n]{\prod_{k=1}^{n} \prod_{l=1}^{n} a_{il}^{(0)} \cdot a_{lk}^{(0)} \cdot a_{kl}^{(0)} \cdot a_{lj}^{(0)}}$$

$$= \sqrt[n]{\prod_{k=1}^{n} a_{ik}^{(0)} a_{kj}^{(0)}} = b_{ij}$$

这里有 $b_{ii} = 1$,$b_{ij} = \dfrac{1}{b_{ji}}$

任何一个矩阵 $\boldsymbol{A} = (a_{ij})_{n \times n}$ 经过迭代后变换为相容矩阵 $\boldsymbol{B} = (b_{ij})$ 能满足一致性条件 $b_{ij} = b_{ik} \cdot b_{kj}$,相容矩阵分析方法的基本思路是将判断矩阵 $\boldsymbol{A} = (a_{ij})$ 中的元素 a_{ij} 进行修正,使其成为满足一致性条件的判断矩阵。

3.5.2 工程实例应用

以轿车为例,对其和谐度等级进行评价,以此来验证上述和谐度评价方法的有效性。从产品内部和谐、产品与产品的和谐、产品与人的和谐和产品与环境的和谐 4 个方面对某国产轿车进行分析,确定了 15 个评价要素,并建立了和谐度等级的参考标准,其基本参数见表 48.8-4。

表 48.8-4 轿车和谐度评价要素和评价等级的参考标准

	评价方面 u_i	评价要素 u_{ij}	评价等级 M_1	M_2	M_3
产品和谐度等级	产品内部和谐	最高车速/km·h^{-1}	(250,200)	(200,150)	(150,0)
		100km/h 加速时间/s	(0,10)	(10,15)	(15,20)
		最大爬坡度/(°)	(45,35)	(35,25)	(25,0)
		最小转弯半径/m	(0,4)	(4,5)	(5,7)
	产品与产品的和谐	对道路的破坏性 1	(10,8)	(8,6)	(6,0)
		价格/万元	(0,15)	(15,25)	(25,35)
		安全性	(10,8)	(8,6)	(6,0)
	产品与人的和谐	乘适性	(10,8)	(8,6)	(6,0)
		品牌	(10,8)	(8,6)	(6,0)
		配置	(10,8)	(8,6)	(6,0)
		造型艺术性	(10,8)	(8,6)	(6,0)
		助力转向	(10,8)	(8,6)	(6,0)
	产品与环境的和谐	EGR(废气再循环)	(10,8)	(8,6)	(6,0)
		100km 经济油耗/L	(0,7)	(7,9)	(9,12)
		车内噪声/dB(A)	(30,40)	(40,50)	(50,70)

依据 AHP 构造和谐度等级评价 4 个评价方面的判断矩阵为

$$A = \begin{pmatrix} 1 & 5/4 & 1/4 & 1 \\ 4/5 & 1 & 1/3 & 1/4 \\ 4 & 3 & 1 & 1/2 \\ 1 & 4 & 2 & 1 \end{pmatrix} \quad \begin{array}{l} \lambda = 4.4119 \\ CR = 0.1526 > 0.1 \end{array}$$

判断矩阵 A 不满足一致性，用相容矩阵分析法对判断矩阵进行修正，得到相容矩阵 B：

$$B = \begin{pmatrix} 1.0000 & 1.4714 & 0.4777 & 0.4446 \\ 0.6796 & 1.0000 & 0.3247 & 0.3021 \\ 2.0933 & 3.0801 & 1.0000 & 0.9306 \\ 2.2494 & 3.3098 & 1.0746 & 1.0000 \end{pmatrix} \quad \begin{array}{l} \lambda = 4 \\ CR = 0 \end{array}$$

矩阵 B 很好地满足了一致性。由此计算的权重见表 48.8-5，限于篇幅，对于各评价要素判断矩阵这里不再列出。

表 48.8-5 和谐度等级的评价结果

评价方面		评价要素			评价等级		
u_i	权重	u_{ij}	权重	量值	M_1	M_2	M_3
产品和谐度等级评价							
u_1	0.1661	u_{11}	0.4118	150	0	0.75	0.25
		u_{12}	0.2930	12.7	0	0.96	0.04
		u_{13}	0.1080	25	0	0.7143	0.2857
		u_{14}	0.1872	5.25	0	0.5	0.5
u_2	0.1129	u_{21}	1	8	0.5	0.5	0
u_3	0.3476	u_{31}	0.1951	5	1	0	0
		u_{32}	0.2944	7	0	1	0
		u_{33}	0.1658	6	0	0.75	0.25
		u_{34}	0.1192	7	0	1	0
		u_{35}	0.0904	8	0.5	0.5	0
		u_{36}	0.0868	7	0	1	0
		u_{37}	0.0482	6	0	0.75	0.25
u_4	0.3735	u_{41}	0.1429	7	0	1	0
		u_{42}	0.5714	6	0	0.75	0.25
		u_{43}	0.2857	50	0	0.6667	0.3333

对轿车的和谐度等级进行评价，得到评价结果矢量 F_{M_1}、F_{M_2}、F_{M_3}、F_{M_4} 为

$F_{M_1} = (0, 0.7609, 0.2391)$，$F_{M_2} = (0.5, 0.5, 0)$，$F_{M_3} = (0.2403, 0.7061, 0.0535)$，$F_{M_4} = (0, 0.7609, 0.2381)$

综合 F_{M_1}、F_{M_2}、F_{M_3}、F_{M_4} 得到和谐度等级的最终评价结果 F 为

$F = (0.14, 0.7129, 0.1471)$

评价结果表明，产品对高和谐度的隶属度为 0.14，和谐度的隶属度为 0.7129，非和谐的隶属度为 0.1471，按照最大隶属度原则，这款车型属于典型的和谐度产品，在一定程度上实现了人、机、环境的和谐。为进一步提高产品的和谐度水平，除了要加强与人和环境的和谐外，这款车型也需要重点提升的是轿车内部的和谐即轿车本身的动力性。从权重的分配来看，产品与人和环境的和谐占 72.11%，说明在和谐度评价中，重点关注的是人、机、环境之间的相互关系，更加强调产品对人和外界环境的影响。

参 考 文 献

[1] 闻邦椿. 机械设计手册：第1卷[M]. 5版. 北京：机械工业出版社，2010.

[2] 杨致行. 环境化设计技术手册[M]. 台北：工业局，2006.

[3] 刘志峰，刘光复. 绿色设计[M]. 北京：机械工业出版社，1999.

[4] 郭伟祥. 绿色产品概念设计过程与方法研究[D]. 合肥：合肥工业大学，2005.

[5] 杨永华. 突破绿色壁垒—ISO14000标准实务[M]. 深圳：海天出版社，2000.

[6] 刘志峰. 绿色设计方法、技术及其应用[M]. 北京：国防工业出版社，2008.

[7] 甄凤，蒋红妍. 基于泛环境函数法的材料绿色度评价[J]，水利与建筑工程学报，2008，6（3）：119-120.

[8] 凌武宝. 可拆卸联接设计与应用[M]. 北京：机械工业出版社，2006.

[9] 姚德康，成国祥. 智能材料[M]. 北京：化学工业出版社，2002.

[10] 杨大智. 智能材料与智能系统[M]. 天津：天津大学出版社，2000.

[11] 杜善义，冷劲松，王殿富. 智能材料系统和结构[M]. 北京：科学出版社，2001.

[12] 形状记忆材料[M]. 张春才，苏佳灿，译. 上海：第二军医大学出版社，2003.

[13] 徐祖耀，等. 形状记忆材料[M]. 上海：上海交通大学出版社，2000.

[14] Snap-Fit Design Manual[R]. Allied Signal Inc，1998.

[15] 保罗 R 博登伯杰. 塑料卡扣连接技术[M]. 北京：化学工业出版社，2004.

[16] 林朝平. 面向材料设计的绿色包装材料选择研究[J]. 轻工机械，2004，3：8-10.

[17] 裴恕，陈世兴，刘红旗. 机电产品包装废弃物的回收与再利用研究分析[J]. 中国资源综合利用，2001，05：22-25.

[18] 武军，李和平. 绿色包装[M]. 2版. 北京：中国轻工业出版社，2007.

[19] 周忆，汪永超，朱明君，等. 面向产品制造过程节能设计[J]. 机械与电子，2001，2：27-29.

[20] 何俊，冯鉴，张根保，等. 基于成组技术的层次化绿色工艺设计研究[J]. 机械设计与制造，2006，8：103-105.

[21] 段刚，刘志峰，郭志诚. 基于特征的绿色工艺决策方法研究[J]. 机床与液压，2004，2：127-129.

[22] 曹华军，刘飞，何彦，等. 基于模型集的面向绿色制造工艺规划策略研究[J]. 计算机集成制造系统-CIMS，2002，8，（12）：978-982.

[23] Applications of bond graphs to modelling industrial processes and manufacturing system[M]. Bond Graphs in Control，IEE Colloquium on，1990，4.

[24] 张建明，魏小鹏. 基于能量交互模型的机械系统原理方案设计[J]. 中国机械工程，2004，15（9）：820-823.

[25] Ashby M F，Miller A，Rutter F，et al. The CES Ecoselector-background reading[M]. 3th ed. GRANTA DESIGN，2005，2.

[26] Olga Muravleva，Oleg Mfavlev. Power effective induction motors for energy saving[J]. Science and Technology，2005. KORUS 2005. Proceedings. The 9th Russian-Korean International Symposium on，2005，6-7.

[27] Hassanpour Isfahani A，Lesani H. Dsign Optimization of Linear Induction Motor for Improved Efficiency and Power Fator[M]. Electric Machines & Drives Conference，2007. IEMDC'07. IEEE International Volume 2，2007，5.

[28] Ke Qingdi，Liu Guangfu，Liu Zhifeng，et al. Optimal Design Method of Mechanisms for Energy-saving[R]. CIRP LCE 2008，2008，3.

[29] 郭登明，国建军. 变臂型游梁式节能抽油机设计[J]. 江汉石油学院学报，1998，20（2）：79-82.

[30] 曲昌荣. 汽车车架轻量化设计[M]. 成都：西华大学，2006.

[31] Johnson R W. The effect of blowing agent on refrigerator/freezer TEWI[R]. Polyurethanes Conference 2000，2000.

[32] 霍李江. 生命周期评价（LCA）综述[J]. 中国包装，2003，01：42-46.

[33] 邓南圣. 生命周期评价[M]. 北京：化学工业出版社，2003，08.

[34] 杨建新. 产品生命周期评价方法及应用[M]. 北京：气象出版社，2002，06.

[35] 张雷，刘光复，刘志峰，等. 面向绿色设计的产品优化配置方法[J]. 农业机械学报，

2008, 39 (9): 122-128.

[36] 闻邦椿, 张国忠, 柳洪义. 面向产品广义质量的综合设计理论与方法 [M]. 北京: 科学出版社, 2006.

[37] 闻邦椿. 产品全功能与全性能的综合设计 [M]. 北京: 机械工业出版社, 2007.

[38] 闻邦椿, 刘树英, 李小彭. 产品的主辅功能及功能优化设计 [M]. 北京: 机械工业出版社, 2008.

[39] 李小彭, 刘杰, 闻邦椿. 现代产品的和谐设计及和谐度评价研究 [C] //第十三届全国机械设计年会论文集, 2007. 机械设计, 2007, 24 (s1): 1-3.

[40] Li Xiaopeng, Sun Wei, Liu Jie, et al. Preliminary Study on Harmonious Design of Modern Mechanical Products [C]. Proceedings of International Conference on Mechanical Engineering and Mechanics, 2007, 11: 354-359.

[41] 赵韩, 黄康, 陈科. 机械系统设计 [M]. 北京: 高等教育出版社, 2005.

[42] 陈东亮. 和谐是设计创新的基本原则 [J]. 美术观察, 2006, (10): 19-19.

[43] 闻邦椿, 李小彭. 产品和谐设计的概念与内容 [J]. 机电工程, 2011, 28 (1): 1-5.

[44] 张琪. 机械产品工业设计中的和谐性分析 [J]. 中国包装工业, 2015, (22): 43-44.

[45] 刘杰, 李朝峰, 李小彭, 闻邦椿. 现代产品和谐度评价模型的研究及应用 [C] //第十四届全国机械设计年会论文集, 2008, 机械设计, 2008, 25 (S1): 295-296, 301.

[46] IPCC Fifth Assessment Report [OL/EB]. http://www.ipcc.ch/report/ar5/.

[47] 联合国环境规划署, 世界气象组织, 2014年臭氧层消耗科学评估 [R]. 2014.

[48] Liu Zhifeng, Zhan Yifei, Cheng Huanbo, et al. Design Method of Active Disassembly Structure Triggered by Temperature-Pressure Coupllng [J]. INTERNATIONAL JOURNAL OF PRECISION ENGINEERING AND MANUFACTURING, 2013, 14 (7): 1223-1228.

[49] Liu Zhifeng, Cheng Huanbo, Li Xinyu, et al. Design methods of active disassembly structure based on thermoplastic hot melt adhesive [J]. Journal of Mechanical Engineering, 2013, 49 (19): 179-184.

[50] Liu Zhifeng, Cheng Huanbo, Li Xinyu, et al. Design methodology for active disassembly based on the decapitated head method [J]. International Journal of Sustainable Engineering, 2012, 5 (3): 220-227.

[51] 刘志峰, 李新宇, 张洪潮. 基于智能材料主动拆卸的产品设计方法 [J]. 机械工程学报, 2009, 45 (10): 192-197 (E1).

[52] 刘志峰, 李新宇, 张洪潮. 基于形状记忆高分子材料的产品主动拆卸设计方法研究 [J]. 中国机械工程, 2010, 21 (14): 1682-1686.

[53] 刘志峰, 李新宇, 赵流现, 等. SMP主动拆卸结构激发效果影响因素的试验研究 [J]. 中国机械工程, 2010, 21 (18): 2243-2246.

[54] Liu Z F, Zhao L X, Li X Y, et al. Research on Multi-step Active Disassembly Method of products Based on ADSM [C]. Advanced Materials Research Vols, 2010, 139-141: 1428-1432.

[55] Liu Zhifeng, Cheng Huanbo, Li Xinyu. Design Method Research of Active Disassembly Structure Based on Decapitated Head Method [J]. International. journal of Sustainable Engineering, 2011.

[56] Liu Z F, Zhao L X, Li X Y, Analysis of Mobile Phone Reliability Based on Active Disassembly using Smart Materials [J]. Scientific Research, 2011.

[57] 赵流现, 刘志峰, 李新宇, 等. 基于智能材料主动拆卸技术的产品多级主动拆卸方法及其设计准则研究 [J]. 中国机械工程, 2011, 22 (2): 848-852.

[58] 刘志峰, 成焕波, 李新宇, 等. 电热激发的主动拆卸结构设计 [J]. 机械设计与研究, 2011, 27 (3): 12-15.

[59] Zhao Kai, Liu Zhifeng, Yu Suiran, et al. Analytical energy dissipation in large and medium-sized hydraulic press [J]. Journal of Cleaner Production, 2014.

第49篇 智能设计

主　编　王安麟
编写人　王安麟
审稿人　柳洪义

第 5 版
智 能 设 计

主　编　王安麟
编写人　王安麟
审稿人　柳洪义

第 1 章 智能模拟的科学

智能设计（Intelligent Design，ID）主要通过智能模拟来实现。为此，本章主要介绍思维科学的基础、思维的形式、智能模拟的方法以及智能模拟的神经基础和哲学基础。

1 信息社会与思维科学

随着生产自动化水平的不断提高和现代科学技术的迅猛发展，人类社会已经进入了信息社会，正在步入智能化的新时代。人们从来没有像今天这样重视信息在生产、生活、科研以及军事等方面的重要作用。由于人们面临着信息量大、传递迅速及复杂多变等特点，因此，对这些信息的获取、加工和处理变得更加困难和重要，于是人们才真正感到，要研究和利用人认识世界的规律和方法，来提高人类自身的智能水平，并使机器（首先是计算机）智能化，就必须研究思维科学。

1.1 思维与思维科学

人们从不同角度研究思维的各个侧面已有悠久的历史。早在20世纪80年代初期，我国著名科学家钱学森教授就倡导开展思维科学的研究。与此同时，国外也开展了所谓认知科学（Cognitive Science）的研究，它主要分为认识心理学和人工智能两个领域，前者主要研究如何利用计算机仿真技术建立人的认知模型，后者侧重如何运用人的认识经验使机器（首先是计算机）智能化。

国外的认知科学研究不涉及思维类型的基础理论研究，只重视从个体角度研究思维，尤其是尚未注重对形象思维机制的研究，因此被看作是狭义的思维科学。

思维是人脑对客观事物间接的反映过程。所谓间接的反映，意味着思维不是凭感觉器官对事物表象的直接认识，而是通过间接的甚至迂回的途径来反映客观事物的特点或它们之间的联系与规律。间接认识需要借助于已有的知识和经验，要间接地认识事物的特点、本质和规律，绝不可靠消极、被动地反映事物的表面现象。必须靠自觉地、主动地在实践活动中占有材料，靠回忆有关的知识和经验或通过联想、推想、想象等对有关材料进行分析、综合，"去粗取精、去伪存真、由此及彼、由表及里"地加工改造，才能把握事物的本质，找出事物间的规律性联系，并有效地去改造客观事物。

人脑对客观事物的间接反映过程，包括回想、联想、表象、想象、思考、推想等。人们通过思维活动能够反映客观事物的特点、本质属性、内部联系及发展规律，因此，思维是认识过程的高级阶段。

意识是人的一种认识活动，它包括感觉、知觉和思维。思维是意识的一部分，而且是最主要的成分，假如没有思维，人就不会有意识。思维科学是研究思维的规律和方法的科学，而不涉及对具体思维内容的研究。思维科学的基础科学是研究人有意识思维规律的科学，又称思维学。人的思维除了自己能够控制的意识以外，还有很多人脑不能直接控制的意识，即所谓的下意识。例如，人走路开始迈步是人脑控制的，走了两三步后就"自动化"了，脑子并不去想该怎么走。要拐弯或遇到障碍时，又控制一下，所以，人确实有很多意识是没有经过大脑的，思维科学就是要研究人能够控制的那部分意识。

1.2 思维的类型

按照科学研究工作的需要，从思维规律的角度出发，思维可划分为抽象思维、形象思维和灵感思维三种类型。但是，人的思维活动过程往往不是一种思维方式在起作用，而是两种甚至三种先后交错的思维方式在起作用。比如，人的创造性思维的过程就绝不是单纯的抽象思维，总要包含一些形象思维，甚至要有灵感思维充当创造性思维火花的导火线和催化剂的作用。

1.2.1 抽象（逻辑）思维学

抽象思维学又称逻辑思维学，这里讲的逻辑是指人的思维规律。逻辑学分为形式逻辑和辩证逻辑两大类。

（1）形式逻辑

形式逻辑是研究人们思维形式的结构及思维的基本规律的科学。思维形式的结构不是我们头脑中虚构出来的东西，而是客观现实的一种反映，它是客观事物的某种一般关系、特性的概括反映。如"S 是 P"这个结构，它是"事物具有属性"这样一个事物的普遍性的反映；"M 是 P，S 是 M，所以 S 是 P"是"全类是什么，则全类事物中的一部分也就是什么"这样一种客观关系的反映。这种思维形式的结构是人类在长期实践活动中总结出来的产物。

思维的基本规律是运用各种思维形式时都必须遵守的规律。早在公元前4世纪，已经有希腊哲学家亚里士多德（B. C. Aristotte，公元前384—322）创立了形式逻辑思维规律，即同一律、矛盾律和排中律。后来，到了17世纪末，德国哲学家莱布尼兹（G. W. Leibniz，1646—1716）又增入了一条充足理由律，即组成了所谓的逻辑思维的四个初步规律。

从莱布尼兹开始，不少科学家和哲学家，特别是布尔（G. Boole，1815—1864）和罗素（B. Russell，1872—1970），把数学方法用于逻辑的研究，形成了数理逻辑这一学科，它可以看作是形式逻辑的一个特殊的分支。模态逻辑、多值逻辑、时序逻辑、模糊逻辑等，都属于数理逻辑这一范畴。形式逻辑又称传统逻辑，可以简称为逻辑。形式逻辑归根到底要解决的是思维的准确性问题。

（2）思维形式

思维的形式就是概念、判断和推理。概念是对客观事物的本质属性加以反映的思维形式。自然界及社会现象中的一切事物与现象，都具有许多性质。所谓性质就是事物所具有的那些相互区别、相互类似的一切质的、量的规定性，诸如数目、大小、速度、程度、动作、形态、特征、规律及关系等，都叫性质，它们是属于事物的，又称为事物的属性。属性可以分为本质的和非本质的两种。本质属性具有两个特点：其一，它是一个或一类事物内部所固有的规定性；其二，它具有把此事物和其他事物区别开的性质。本质属性一定是事物的特有属性，而事物的特有属性却不一定是事物的本质属性。作为思维形式之一的概念，所反映的是事物的本质属性。

概念包含两个方面，一是概念的内涵，一是它的外延。一个概念的内涵就是这个概念对象的本质属性，而它的外延就是这个概念所反映的全体对象。概念的内涵和外延是概念两个有机联系方面，内涵是指外延对象的属性，外延是指具有内涵属性的对象。概念外延所构成的类称作集合。由此可见，研究集合就是从外延方面研究概念。逻辑学指出概念具有外延和内涵两个方面，为我们指出了一条明确概念、研究概念的途径；概念一样，都是思维形式的一种。判断是概念与概念的联合，而推理则是判断与判断的联合。在普通逻辑中，判断是对思维对象有所断定的思想，即断定对象具有某种属性，或不具有某种属性；断定的结果是肯定或否定某种对象及其属性。这是判断的最基本的逻辑特征。如果断定的情况被实践证明是符合客观实际的，那么这个判断就是真的，否则就是假的。因此，任何判断都或者是真的或者是假的，这种或真或假的性质叫作判断的值，这是判断的又一个基本特征。

推理是根据一个或一些判断获得一个新的判断的思维方式，任何推理都必须包含前提和结论两个组成部分。已有的一个（或一些）判断称之为前提，新的判断称之为结论。在形式逻辑中，推理可以从不同角度分成多种形式，如直接推理、间接推理、演绎推理、归纳推理、类比推理、模态推理等。直接推理是指从一个前提推出结论的推理；间接推理是从两个或两个以上前提推出结论的推理；演绎推理是以一般的原理原则为前提，推到某个特殊的场合做出结论的推理方法；归纳推理是从若干个特殊的场合中的情况为前提，推求到一个一般的原理原则作为结论的推理方式；类比推理是由特殊性判断为前提，推出另一个特殊性的判断的推理方法；模态推理是最少有一个前提是模态判断的推理，所谓模态判断是对事物情况的性质加以判定的判断。

在科学论著中最常用的是演绎推理，它又分为三段论法和假言直言推理。三段论法是从两个判断（其中一个一定是"所有的S都是或不是P"的形式，S表示对象，P表示对象所具有的某种属性）得出第三个判断的推理方法。三段论包含着三个判断：第一个判断提供了一般的原理原则，称其为大前提；第二个判断指出了一个特殊场合的情况，叫小前提；联合这两个判断，说明一般原则和特殊情况间的联系，从而得出第三个判断，称之为结论。

假言推理和直言推理都属于演绎推理，假言推理的大前提是假言判断（是指肯定或否定对象在一定条件下具有某种属性的判断），小前提和结论是直言判断（无条件地肯定或否定某种事物的判断）。

（3）思维的基本规律

从上面论述的概念、判断和推理的思维形式可以看出，人们是按照一定的规律和逻辑结构去组织思想和进行思维的。逻辑的基本规律是客观事物的相对稳定性在思维中的反映，逻辑规律只是在思维活动中起作用，不在客观事物中起作用。事物的相对稳定性反映在思维中成为思维的确定性。思维的确定性表现为概念、判断的自身统一，这就是同一律；思维的确定性表现为概念和判断的前后一贯，不自相矛盾，这就是矛盾律；思维的确定性表现为两个相互矛盾的思想之间要做出抉择，排除中间的可能性，这就是排中律。

同一律是指在同一思维过程中，每一思想的自身都具有统一性，所谓思想的统一性是指概念或判断内容的同一性。科学研究的实践表明，任何一个严密完整的科学体系都是符合同一律要求的，如果违反了同一律的要求，科学研究就不能建立严密、完整的科学体系。

矛盾律是指在同一思维过程中,每个思想与其否定都不能同时为真,其中必有一假。矛盾律是把同一律思想进一步展开,指出既肯定又否定的思想是逻辑矛盾,不能同真。矛盾律是用否定形式表示同一律用肯定形式表示的思想。矛盾律的作用是使思维首尾一致,避免自相矛盾。任何一个科学理论都具有不矛盾性,一个科学理论,如果包含有逻辑矛盾,人们就会对它产生怀疑。在科学史上,许多科学上的突破,往往是从发现原有科学体系的逻辑矛盾并在设法消除这种矛盾的基础上,创立了新的理论体系。

排中律是指在同一思维过程中,两个互相矛盾的思想必有一个是真的。排中律又比矛盾律深入一层,明确指出两个矛盾思想不能同假,必有一真。在论证中,矛盾律只能由真推假,不能由假推真,而排中律不是由真推假,而是由假推真。

同一律、矛盾律和排中律都是思维确定性的表现,它们之间的关系是密切的,只不过是从不同侧面表述思维的确定性。它们构成了逻辑思维的基本规律,所有正确的思维形式都是以这些思维的基本规律作为基础。

(4) 辩证逻辑和数理逻辑

把高等数学关于变量等概念引进形式逻辑,促成了辩证逻辑的产生。辩证逻辑是关于思维运动的辩证规律的理论。

虽然形式逻辑和辩证逻辑都是研究思维形式,但是它们是从不同角度出发的。形式逻辑从抽象同一性角度研究思维形式,即把思维形式看作既成的相对稳定的范畴;辩证逻辑从具体同一性角度研究思维形式,即把思维形式看作对立统一、矛盾运动和转化的范畴。其次,形式逻辑的基本规律是同一律、矛盾律和排中律,它们虽有客观基础,但不是事物本质的规律;辩证逻辑的基本规律是对立统一、质量互变、否定之否定等规律,它们是客观事物本身的规律。

数理逻辑亦称符号逻辑,它源于形式逻辑,现已成为独立学科。数理逻辑是用数学方法研究推理、证明等问题的科学,主要内容为命题演算、谓词演算、递归论、证明论、集合论和模型论等。在形式化方面数理逻辑比形式逻辑更丰富、更发展。它用符号把概念、命题(判断)抽象为公式,把命题间的推理抽象为公式间的关系,并把推理转化为公式的推演。在数理逻辑中,用符号表示逻辑概念及其关系,常用符号"→"表示蕴含;"—"表示否定;"∨"表示命题的析取(或);"∧"表示合取(与);"←→"表示等价。

数理逻辑关于形式语言的研究,为计算机语言提供了前提,而数理逻辑在计算机中的应用又推动了逻辑学的发展。辩证逻辑的建立和发展,对于提高人们的认识能力和推动形式逻辑、数理逻辑与电子计算机技术的发展具有非常重要的意义。

(5) 模糊逻辑和可拓逻辑

模糊逻辑是以模糊集合论为基础的,而传统的逻辑是以经典集合论为基础,通常称为二值逻辑,这种逻辑可以表述思维的确定性,但是它不能表述思维的模糊性。为了描述客观事物的模糊概念,美国加利福尼亚大学控制论专家扎德(L. A. Zadeh)教授在1965年发表了"模糊集合"的重要论文,从而创立了模糊数学。1975年扎德教授又出版了《模糊集合、语言变量及模糊逻辑》一书,标志着模糊逻辑的正式诞生。

在模糊逻辑中,将逻辑真值从普通的二值逻辑真值$\{0, 1\}$扩展到了$[0, 1]$,由于模糊逻辑真值在区间$[0, 1]$中连续取值,通过该真值的大小表明真的程度。因此,模糊逻辑实质上是无限多值逻辑,也就是连续值逻辑,它为描述模糊概念及模拟人的模糊逻辑思维方式提供了强有力的工具。

将辩证逻辑和形式逻辑相结合产生了一种新的逻辑——可拓逻辑,它是以可拓集合为基础的。我国蔡文教授1983年发表了"可拓集合和不相容问题"的创见性论文,目的在于研究解决现实世界中存在的不相容问题的规律和建立解决不相容问题的数学模型。论文中指出解决不相容问题,要考虑三个方面:一是必须涉及事物的变化及其特征;二是必须使用一些非数学方法;三是必须建立容许一定矛盾前提的逻辑。为此,建立了可拓集合的概念,以便讨论对象集内不属于经典子集而能转化到该子集内的元素,这是解决不相容问题的基础。在逻辑关系上,与可拓集合相对应,建立了关联函数的概念,把逻辑真值从$(0, 1)$扩展到$(-\infty, +\infty)$,用关联函数值的大小来衡量元素与集合的关系,使经典数学中"属于"和"不属于"集合的定性描述扩展为定量描述,以表征元素间的层次关系。

可拓逻辑能够描述事物的可变性,为解决客观世界中的矛盾问题提供了重要工具,它将在许多工程领域,如识别、决策、评价、控制、信息处理等方面有着广阔的应用前景。

1.2.2 形象(直觉)思维学

(1) 形象思维及其特点

形象思维,简单地说,就是凭借形象的思维。这种思维活动通过形象来思考和表述,它的主要思维手段是图形、行为等典型形象材料,它的认识特点是以个别表现一般,始终保留着事物的直观性,要求鲜明生动。思维过程主要表现为类比、联想和想象。

人的感觉器官接触到外界事物,通过大脑产生感觉,不同的感觉(视觉、听觉等)相互联系,经过综合以后形成知觉,知觉在脑中形成外界事物的感性形象,叫作映像,或称通过感性认识获得的表象,用表象进行的思维活动叫作形象思维,又称直觉思维。

表象是回想起过去感知过事物形象的过程。表象与感觉、知觉都是对事物外部形象的反映,但两者不同的是:感觉、知觉是对当前事物的直接反映,是由事物直接作用于感觉器官引起的,是认识事物的初级阶段;表象不是对当前事物的直接反映,而是对过去感知过的形象的再现。表象过程具有生动具体的形象,但表象过程不如知觉过程鲜明、完整和稳定。此外,表象具有间接的特征,它不是当前事物的直观形象,而是通过回想或联想在头脑中呈现的过去感知过的事物的形象。

概括地说,形象思维是在实践活动和感性经验基础上,以观念性形象即表象为形式,借助各种图式语音或符号语言为工具,以在经验中积累起来的形象知识为中介反映事物本质和联系的过程。

(2) 形象思维的规律

转换关联律:在形象思维过程中,人们把事物的表象以及表象过程的信息转化成事物的状态信息,即通过表象反映事物的内在性质、内部变化和关系,必须事先在实践活动中建立起表象信息和状态信息的并联系统。比如,内科医生通过听诊器捕捉患者心肺活动的声像信息,然后把它转换成患者心肺状态的信息,这种信息转换的基础是医生头脑中建立了心肺声像和心肺状态信息的并联系统。

由于形象思维最基本的过程是形象信息与状态信息转换的过程,所以转换并联是形象思维的一条基本定律。

模式补形律:模式补形律是利用观念性的形象模式对事物或事物过程的表象进行整合补形,从而推出事物的补形或全形的规律。所谓观念性的形象模式,是指事物或事物过程的概括表象,是在长期实践过程中逐渐形成的,它是对事物或事物过程的丰富形象特征进行分析、选择、概括、定型的结果,是形象思维中进行模式补形的内在根据。所谓整合补形是对事物不完整的、片面的表象进行加工、整理,同时补出缺少部分形象或补出事物完整形象的过程,它是一种形象思维的推理形式。

模式补形最主要的环节是建立事物的表象模式。在工程设计中,工程师把物体的形象抽象出来加以规范,采用简捷的线条表现出来,从而为施工人员提供

了一个表象模式;在科学研究中,科学工作者对所研究的对象进行系统的研究,科学地确定每种对象的形象特征,于是就形成对象的表象模式。通过表象模式对事物不完整的形象进行整合补形是人类特有的一种形象思维能力,模式补形律是形象思维的一个普遍规律。

(3) 形象思维的主要形式

形象思维的过程主要表现为类比、联想和想象。

类比是通过两个不同对象进行比较的方法进行推理,而重要的一环就是要找到合适的类比对象,这就要运用想象。类比方法在维纳控制论的形成和创立过程中起到了关键的作用,正是采用类比沟通了机器、生命体和社会等性质不同的系统,找到了它们的相似性,为功能模拟方法的运用提供了逻辑基础。

联想是一种把工程技术领域里的某个现象与其他领域里的事物联系起来加以思考的方法。联想能够克服两个概念在意义上的差距把它们联系起来,联想的生理和心理机制是暂时的神经联系,也就是神经元模型之间的暂时联想。维纳就是利用类比和联想的方法,考究反馈在各种不同系统(从人的神经系统到技术领域)的表现,为控制论的形成奠定了基础。

想象是对头脑中已有的表象进行加工改造而创造新形象的思维过程。因此,它可以说是一种创造性的形象思维。想象不是直接感知过的事物的简单再现,而是对已有的表象进行加工改组形成新形象的过程。任何想象都必须以表象为基础,想象与表象既有区别又有联系,表象是现成的、旧有的,而想象是创造新形象的过程。想象的形成过程主要是对表象进行分析综合的加工改组过程,想象的分析和综合是凭借形象来实现的。

想象对新知识的探索和科学发现具有重要作用,爱因斯坦曾说:"想象力比知识更重要,因为知识是有限的,而想象力概括着世界上的一切,推动着知识进步,并且是知识进化的源泉。严格地说,想象力是科学研究中的实在因素。"

著名的科学家钱学森指出:"人认识客观世界首先是用形象思维,而不是用抽象思维。就是说,人类思维的发展是从具体到抽象。"他建议把形象思维作为思维科学的突破口。因为它一旦搞清楚之后,就可以把前科学的那一部分,别人很难学到的那些科学以前的知识,即精神财富,都挖掘出来,这将把我们的智力开发大大地向前推进。

1.2.3 灵感(顿悟)思维学

灵感思维是指人们在研究过程中对于曾经长期反复进行过探索而尚未解决的问题,因某种偶然因素的

激发而豁然开朗，使其得到突然性顿悟的思维活动。灵感思维与直觉思维有某些相似之处，它们最主要的特点是产生突发性或偶然性。既突如其来，又稍纵即逝。在科学研究中，"灵机一动，计上心来"，也是这种灵感思维的表述。

灵感与机遇都同属一种偶然性，但二者性质又不相同，机遇发生在观察和试验中，属于客观现象，而灵感却产生于思考问题的过程中，属于主观现象。在科学史上，因偶然因素而产生灵感的事例是不胜枚举的。

钱学森指出："如果逻辑思维是线性的，形象思维是二维的，那么灵感思维好像是三维的""研究人类的潜意识活动是搞清灵感思维机理的起步方向"。物质世界是一个三维的立体系统，物质世界的最高产物——人脑也是一个三维的立体系统。人脑不仅在意识这个呈现层次上反映立体的客观世界，而且在潜意识这个层次上反映立体的客观世界。潜意识（unconscious）是一个外来语，也译为无意识或下意识。所谓潜意识就是未呈现的意识，是人脑所具备的潜在的反映形式。潜意识的反映既不是人脑中固有的，也不是没有客观来源的，而是大脑这种特别复杂的物质机能，它是以一定的客体为对象的。现代试验心理学通过对脑阈下的各种不同的潜意识信息的电反应（诱发电位）的测定表明，它是客观存在的。

灵感是人脑中显意识与潜意识交互作用而相互通融的结晶。然而，灵感思维的发生也有一个过程，在潜意识萌发酝酿灵感时，除潜意识推论外，还常有显意识功能的通力合作，当酝酿成熟时，突然与显意识沟通而涌现出来成为灵感思维。所谓潜意识推论是一种特殊的非逻辑性认识活动，它是多因素、多层次、多功能的系统整合过程。灵感思维实际上是一种潜意识思维方式，即是一种非逻辑思维，它同抽象思维、形象思维一样，都是人们理性认识所具备的一种高级认识方式。

灵感思维的基本特征是它的突发性、偶然性、独创性和模糊性，这些特征是它区别于其他思维形式的显著标志。

2 思维的基础和认知的发展

2.1 思维与智能

人类的智慧和才能是任何其他动物无法比拟的。人何以有这样高超的技能和本领呢？最根本的原因就是人类有比其他动物更发达的大脑。大脑是一切智慧行为的物质基础，没有高度发达的大脑，就不会有人类的智慧和才能，自然更谈不上发明与创造。所以，人类的本质特征就在于具有能够高度发展的智能。

一般来说，智能是指人类所特有的智慧和才能的综合。智慧是指辨析判断、发明创造的能力。才能是指知识和能力。知识是指人们在改造世界的实践中所获得的认识和经验的总和。能力可以理解为能胜任某项任务的主观条件。智力是智能的近义词，是指人认识、理解客观事物并运用知识、经验等解决问题的能力，包括观察、记忆、思维、想象、联想、判断、推理、决策等能力。所以，智能是人类所特有的智慧和能力的综合。概括来说，人类的智能就是人类认识世界和改造世界（包括自己在内）的才智（即才能和智慧）和本领。

人类智能的特点主要是思想，而思想的核心又是思维。可以说，没有思维就没有人类的智能，正是因为有了思维，人类的智能才能远远超出动物而产生了质的飞跃，出现了思想、意识，才使人类成为万物之灵。

2.2 思维的神经基础

人之所以能够感知和理解客观事物，做出反应，形成复杂的智能活动，是因为人具有产生这些心理活动的物质基础，那就是人类具有特殊的智能器官，主要是指高度发达的大脑，以及感觉器官、动作器官和语言器官。而在这些智能器官中最重要的是作为思维器官的大脑，它是人类产生智能并发展智能的物质基础。

19 世纪末 20 世纪初自然科学开始研究人脑思维的生理机制。谢切诺夫（И. М. Сеченов，1829—1905）的神经生理学和巴甫洛夫（Н. П. Павров，1849—1936）的高级神经活动学说，揭示了人们的思维活动和大脑物质活动的生理过程的内在联系，证明大脑是人的思维器官，是人的智能活动的物质基础。

从 20 世纪中叶开始，一些心理学家、分子生物学家和人工智能专家，在神经生理学、高级神经活动学说的基础上，利用电子技术成果，从结构和功能方面进一步研究人脑的智能活动。研究结果表明，人的大脑由两半球组成，这两半球又由胼胝体联系起来。两半球的功能是有差异的，而两半球的功能由胼胝体加以协调。1981 年美国著名神经生理学家诺贝尔奖金获得者斯佩里（R. W. Sperry，1913）通过对裂脑人的精细试验证明，人脑的左半球主要同抽象思维、象征性关系和对象的细节的逻辑分析有关，它的主要功能是逻辑分析，体现了人的认识及有意识的行为，主要表现为顺序的、分析的、语言的、局部的、线性的等特点；右半球与知觉、直觉和空间有关，具有形象思维的功能,具有音乐、绘画、综合、整体和几何空间的鉴别能力,主要表现为并行的、综合的、视觉空间的、非词语的、总体的、立体的等特点。

人类的高级行为首先应基于知觉,然后才能通过理性分析取得结果,这样的思维过程首先是由大脑左半球进行逻辑思维,然后通过右半球进行形象思维,再通过胼胝体联系并加以协调两半球的思维活动。在正常情况下,两半球之间存在着极为密切的联系,因而形象思维与抽象思维这两种思维方式不是截然分开的,而是互相交织、互相补充和互相转化的,从而达到对客观世界的更完美、更本质的认识。

灵感思维的神经基础是什么?近来,科学家们的最新研究成果表明,灵感的秘密在脑电波上。人在觉醒状态下进行思维活动时,大脑中有两种脑波,一种叫 α 波,一种叫 β 波。α 波是有规则地调和振动,表明精神集中,大脑中有许多神经回路投入协调一致的工作。与此相反,β 波是不规则不调和的振动,表示大脑的活动分散,精神不集中。科学家们认为,当灵感出现时,脑电波中 α 波就占优势。此时大脑中的潜意识大门打开,大脑思维可以抓住潜意识中所储存的主观信息,使其上升到意识中来,这就产生了智慧火花一闪间的悟性——灵感。

2.3 认知发展

2.3.1 皮亚杰认知发展理论

(1) 皮亚杰认知发展阶段理论

皮亚杰将儿童认知发展划分为四个阶段:感知运动阶段(出生~2岁)、前运算阶段(2~7岁)、具体运算阶段(7~11、12岁)、形式运算阶段(11、12~15、16岁)。

在感知运动阶段,儿童的智力只限于感知运动,儿童主要是通过感知运动图式与外界发生相互作用。在前运算阶段,儿童的思维已经表现出了符号性的特点,他们已能通过表象、言语以及其他的符号形式来表征内心世界和外在世界。但是其思维仍然是直觉性的,而非逻辑性的,且具有明显的自我中心特征。在前运算阶段早期,儿童主要使用象征来表征世界,随着年龄的增长,越来越多地使用符号来表征外部世界。在具体运算阶段,儿童的思维具有了明显的符号性和逻辑性,基本上克服了思维中的自我中心性。但是其思维活动,在很大程度上仍然局限于具体的事物以及过去的经验,缺乏抽象性。所获得的最大收获,是具有了心理操作能力,儿童可以应用这种心理操作去认识、表征和反映内、外部世界,使其认知活动更具深刻性、灵活性和广泛性。在形式运算阶段,儿童总体的思维特点是能够设定和检验假设,能监控和内省自己的思维活动,思维具有抽象性。个体的心理操作之间,构成了有层次的组织系统,出现了所谓的"对操作的操作"(operations on operations)能力,使其不但能够注意其结果,而且还能够主动地监控、调整和反省自己的思维过程,其抽象思维能力获得很大的提高。皮亚杰认为,儿童在经过前述四个连续的发展阶段之后,其智力水平就基本趋于成熟。

(2) 皮亚杰认知发展机制

皮亚杰从生物适应的角度对儿童认知发展的内部变化过程进行了系统的分析和论述,形成了很有特色的儿童认知发展机制理论。其核心是认为儿童认知的发展是通过动作所获得的对客体的适应而实现的,适应的本质在于主体能取得自身与环境间的平衡,而达到平衡的途径是同化和顺应,在同化和顺应的过程中,主体的认知操作能力获得系统化(组织化)的发展。

同化(assimilation)、顺应(accommodation)、平衡(equilibrium)、适应(adaptation)及组织(organization)是皮亚杰认知发展机制理论中的重要概念。

同化是指主体将其所遇到的外界信息直接纳入自己现有的认知结构中去的过程。在这个过程中,虽然主体对自身的认知结构并未进行任何调整和改善,但是这仍然是一个主动的过程。主体对外界信息所做的不仅仅是感觉登记,还需要对这些信息进行某些调整和转换,以使其与主体当前的认知结构相匹配,便于接纳。顺应是指主体通过调节自己的认知结构,以使其与外界信息相适应的过程。这个过程,对主体的认知结构的发展具有十分积极的意义。平衡为个体保持认知结构处于一种稳定状态的内在倾向性,并且,这种倾向性是潜藏于个体发展背后的一种动力因素。同时,平衡也是一个动态的过程,平衡包含着同化和顺应两个方面,平衡体现了主观存在与客观存在之间的最充分的相互作用。个体认知发展的过程就是不断地取得主、客体之间协调一致的过程。

认知发展的具体机制:当处于平衡状态的主体遇到某种新的信息时,由于新的信息与原有的认知结构之间存在着差距,便会出现不平衡状态。主体试图克服这种不平衡状态,所采用的方法有三种:①忽略。当前的外界信息与主体现有的认知结构差距过大,以至于主体根本不可能对此做出任何反应时,采用忽略而恢复到原平衡状态。主体的原有图式不发生变化。②同化。主体只需对外界信息略做调整或不做任何调整,就可将此纳入原有的认知结构中去。通过同化,主体原有的认知结构不会改变,或只获得某些量上的扩展,而没有质的变化,仍然回到原有的平衡状态。③顺应。主体通过调节自己的认知结构,以一种正确的方式对外界信息进行反应的过程。这时,主体的认知结构发生了质的变化,进入到一种新的、更稳定的平衡状态,主体的认知能力跃向一个新的水平。

皮亚杰认为,儿童的认知能力就是通过这种不断地从平衡——不平衡——平衡的运动而获得发展的,并且,主体的认知结构通过不断地同化和顺应,从原来的较为分散的状态整合到更高级的、更有组织的状态,这个认知结构就是他在《结构主义》中所试图阐述的存在于物理、生物等不同领域内的"结构",它是由具有整体性的若干转换规律组成的一个有自身调整性质的图式体系,其自身调整过程也就是同化、顺应、平衡的过程。所以,同化、顺应、平衡、适应、组织化的过程及相互间的作用构成了儿童认知发展的内在机制,此即皮亚杰的认知发展机制理论。

2.3.2 斯腾伯格的认知三元素理论

斯腾伯格的智力三元素理论包括:背景性理论(contextual subtheory)、经验性理论(experiential subtheory)、组合性理论(componential subtheory)。

(1) 背景性理论

背景性理论的核心观点是认为个体的智力状况是受其生活的环境影响的,在一定程度上,是由环境所决定的。在这个观点的基础上,斯腾伯格把个体的智力过程具体化为适应、选择和形成。"适应"是指主体通过调节自己的行为以使其更好地与周围的环境相适应。当适应遇到困难时,主体就会挑选另外一种环境,在这个新环境中,可能实现更好地适应,这个过程就是"选择"。当主体既不能通过改变自己的行为来适应旧的环境,也不能选择新的环境时,就会去改变原有的环境,形成一个适合自己的新环境,此即"形成"。

(2) 经验性理论

经验性理论的核心内容是强调主体所具有的知识和经验对当前的智力活动具有影响作用。主体在完成一种认知任务时,都需要有主体过去经验的参与,而那些达到了自动化的智力行为基本上就代表了过去经验积累的极限程度。

(3) 组合性理论

组合性理论的核心是斯腾伯格关于认知结构的三成分模式。这三个成分是:元成分、操作成分、知识获取成分。元成分的功能是对认知活动进行控制和调节;操作成分的功能是完成解决问题的具体步骤,如编码、提取信息和比较信息等;知识获取成分的功能是从长时记忆中提取与当前问题有关的信息或搜集新的信息。这三个成分相互激活,相互作用。

2.3.3 信息加工理论

信息加工理论更加强调了解人们在解决问题过程中的微观机制,所以,使用这种方法能使研究者获得更多的关于个体认识发展的比较具体的解释。信息加工方法本身不含发展的因素,但是它把大脑的思维过程看作是一个信息加工过程,摒弃了"一元论"中所坚持的从物理结构来研究解释人脑的智能方法,避开了"一元论"研究方法遇到的许多难以解释的困难,而是从一个较高的抽象层次上来研究,取得了许多有意义的成果。更重要的,纽维尔(A. Newell)和西蒙(H. Simon)提出的符号处理系统,认为人脑是一个基于符号的信息处理过程,这和计算机的处理机制是一样的,从而为计算机的智能研究奠定了理论基础,并使计算机智能研究得到巨大发展。当然,由于其没有考虑信息的发展特征和人脑的许多特征不相符合,如经验的形成和在系统中的作用与表现,在信息加工理论中难以有效地描述和体现出来,以至于西蒙在1995年发表文章《Artificial Intelligence: an Empirical Science》,讨论了信息的发展和应用即经验问题,最终认为人工智能是一门经验科学。

2.3.4 思维的瞬间达尔文进化机制理论

威廉·卡尔文在其书《How Brains Think》中,为我们描绘了智力演化的图景。他认为,在人的脑中,存在着许多时空模式(当然这些时空模式是基于功能观点抽象归纳出来的),这些时空模式可以是躯体的各种运动序列,可以是感知单元,对于输入信息的反应,是各种相关时空模式的复制、竞争过程。竞争取胜的时空模式得以在思维过程中存在,并可作为新的信息输入,展开新一轮的竞争,这样实现思维的转移。综合其特征,即认为思维是一个瞬间的达尔文进化过程。

在瞬间的达尔文进化理论中,有几个比较重要的概念:分团、排序和达尔文进化。我们的工作记忆单元容量是一定的,魔数 7 ± 2 是心理学家乔治·米勒 George Miller 于1956年给出的工作记忆容量。容量的单位是以有意义的单元而存在,并不是字符,所以有了记忆结构"团"的概念,如记忆中的区号"021"是上海的,"010"是北京的,记为一个"团",而不是记为0、2、1、0、1、0三位数字。"团"是人脑的功能结构化所反映的一个侧面,人们热衷于以结构化的方式把事物串在一起,这个特性远远超出了其他动物所建立的序列性(反射序列性),如把音符组成旋律,把步子组成舞蹈,等等。有了"团"这一有意义的结构体的概念,就不难理解在工作记忆单元一定的情况下,人的设计过程中能够同时想到几个待选方案的原因,这里每个待选方案都是一个团,也是一种图式。当有信息输入时,什么有意义的"团"进入工作记忆单元,取决于"团"与当前信息的相关程度,依据相关程度的高低给各"团"排序,最终哪一个"团"排在第一位,即作为当前思维存在,这个过程是一个个"团"的达尔文进化的竞争过程,当然这个过程是瞬间完成的。哪一个"团"取胜,其与当前信息的联系将加强,类似于自然界中生物的适应性得到加强。此即思维的瞬间达尔文进化理论。

2.3.5 广义进化认知模式

赵南元在其《认知科学与广义进化论》一书中,为我们论述了广义进化认知模式。其主要的论点如下:

(1) 脑的认知过程是一个典型的"自我表述系统"

人的每一次思考都会对以后的思维方式产生一定的影响。"自我表述"是指系统自身不但能够具有浅层知识,而且能够产生用浅层知识来表达和深化的深层知识,即系统是一个能够不断自我繁衍的系统,知识能够不断增加,能力不断增强。引进自我表述概念是为了研究一种具有高度复杂性的系统,这种系统的复杂不在于系统中元素数量的多少、关系的多重性,而在于系统的结构甚至工作原理在系统的工作过程中能够改变,不但保持一定的秩序,而且还具有某种不稳定的因素,时刻引入新的东西,即处于秩序与混沌边缘的复杂。社会结构的进化、文化的进化、人脑的认知过程、生物的进化、生物个体发育过程等,这些都是"自我表述系统"。

(2) 广义进化论的软硬结构模型

在其书中,用"地形图"模型表现了在固定条件下参数的寻优过程,同时也说明了生物进化过程中的急变与缓变问题,该问题是由化石研究中化石所提供的进化过程不是渐变过程,而是稳定与跳跃的交替过程而引出来的;用"博弈论"模型表现了在固定条件下方法、战略行为方式乃至价值观的择优过程。从地形图模型的观点来看,博弈论是一种处理变化地形图的方法,而对于我们最关心的建立价值观体系的要求,博弈论则提供了一种具有严密数学背景的求取评价函数的重要方法。但是对寻优和择优之后的结果如何影响其后的条件变化,缺乏一个有效的深层模型。对于一个连续的自我表述系统,我们不仅应注意到系统瞬间过程,而且还要注意到系统的成长过程,就不能不对系统进行更进一步的分析。

达尔文进化论的核心机制是变异和选择,广义进化论在此基础上加入软硬结构的相互作用机制。对于一个自我表述系统,可以分为两个部分:一部分叫作软结构,是可变的部分;另一部分叫作硬结构,是不变的部分。软结构与硬结构之间相互作用,硬结构对软结构提供支持作用,软结构对硬结构的作用是建构。硬结构执行系统的"日常"功能,保证系统的生存(存在),软结构在硬结构的支持下对硬结构进行建构,使整个系统不断进化(演化),可用滑模工艺来说明建造人工建筑物时的自举过程,计算机系统开发过程中已具有的软件和硬件作为硬结构,开发人员为软结构的开发系统模型,用汇编语言缩写一个"小C"的可执行编译程序,然后用此编译程序开发一个功能更强的编译系统,可以用人类社会中官僚与思想家的不同角色等例子来说明软硬结构模型。

通过对生物进化的软硬结构分析,可以对进化重演律做出更准确的描述。生物发育的各个阶段并不是进化过程中各个时期动物成体的形态,而是各时期中被硬化的发育工序的积累。几乎可以断定,发育过程中后期形成的性状,一定是后期发明的产物。在一种生物所拥有的大量遗传基因中,各基因的重要性是不同的,有些基因发生变化对生物的生存毫无影响,有的基因发生变化就会引起致命的效果,前者称为软基因,后者称为硬基因。还有一些基因发生变化时对生物的成活率产生影响,但是并非致命,可折合为不到一个的硬基因。这样可以建立基因的硬信息量的概念。对于已经硬化的发育工序起指令作用的基因通常是硬基因。在同种的生物个体中,硬基因的差别很小,而软基因可以有较大的个体差异。硬基因由于受到严格的选择压力,可以表现出长期稳定不变,而软基因则在发生变异时不被除掉,呈现出与时间成正比的变化。生物在由低级向高级的进化过程中,硬信息量只增不减,随硬信息量的增加,生物对于突然变异的承受能力必然下降。这个推论与生物学中的实际观察是相符的。

把此软硬结构模型用于人脑的认知过程,同样是认为思维能力提高的过程比思维过程本身更重要,因为我们把学习和创造这样的动态过程作为研究的重点,从而对认知过程给出了机械论的解释,以便于在机器上实现含有创造性的智能。

2.3.6 复杂自适应系统

在控制领域中,自适应也得到研究,形成了自适应控制系统,但是它们的目标仅仅是考虑如何在系统和环境及其变化规律不确定时，通过自动调整系统的结构或参数来减少不确定性，达到改善系统的品质，即如何使系统保持一种稳定状态。但是对于认知发展，其自适应性研究的是新的性质和结构如模式是如何突现出来的，而不是有意保持某种已有的确定性性质，这就是复杂自适应系统所研究的内容。复杂自适应系统，包括诸如人脑、免疫系统、生态系统、细胞、蚁群及人类社会中的政党、组织等等。

Holland 从对学习、进化和适应性的考虑中提出了系统的 building block 概念，认为在一个环境中，通过学习而改变 building block 之间的连接结构就是适应性的机制。对人类心智和适应性的研究使 Holland 进一步发展他的遗传算法，遗传算法虽然大体上抓住了进化的本质，但是过于简单，没有包含产生适应性的智能体，Holland 注意到了单个个体有限行为模型对复杂自适应系统模拟的不足，因此为每个智能体引入内部模型，每个 Agent 作为 building block，根据自己的模型进行预测，通过经验学习（这种学习是 Hebb 式的），从而产生了著名的分类系统，使系统不仅具有开采式的学习，而且具有探险式的学习，这是一种对心智的描述。

一般来说，共同进化或者适应的结果往往是导致生物体基因的改变，但是对于一个生命较长、智能较高的个体，如人、一些高等动物或者一些社会性的组织，更加重要的改变不是他们基因的改变，而是他们在成长过程中所体现出来的学习行为与学习所得，这是"现场认知（学习）"所持有的观点，也是认知发展一直所研究的。"现场认知"强调的是，如果要考察个体的行为，研究如何使个体的行为日益合理，不断发展，应该从这个个体所属的群体来认识，包含着许多心理学成分在内，而不是仅仅将个体置于某个物理环境中，让它们相互作用（有限的作用）。

2.3.7 认知发展总论

认知发展的侧重点不仅在于对思维过程进行研究，而且在于对思维能力的发展进行研究。皮亚杰的认知发展阶段理论为我们描述了儿童思维能力的不断发展的宏观模式，当然这种研究是基于临床的小样本研究，但是通过对不同年龄阶段认知能力的比较，为我们提供了一个带有普遍性的理论。其认知发展内在机制：模式的同化、顺应、平衡过程为我们提出了一种思维的微观机制，可以看作是对思维的其中一个环节的展开和论述，通过这个过程的不断演化，使认知能力螺旋式增长，其研究不是直接针对人脑的物理层次，而是处于一个较高的抽象层次，用抽象的结构或图式作为理论的基础。

斯腾伯格的认知三元素理论，则对认知的相关元素进行了归纳，分为背景性理论、经验性理论和组合性理论三个元素，分别对应着系统的环境及内在（先天）决定元素、系统知识积累、系统工作过程三个方面。

信息加工理论尽管对认知的发展没有进行很多的研究，这也正是目前计算机之所以没有适应性和学习能力，因而没有创造性的主要原因，但是它对于计算机能不能思维、能不能具有智能这个根本性的问题提出了实现的可能性，在人工智能四十多年的发展过程中，信息加工理论是其中占统治地位的符合主义的基础，目前的机器学习研究以提高知识系统的适应性和学习能力为目标，也仍然需要以信息加工理论为基础，当然还要补充其不足，对认知发展方面进行更进一步的研究。

威廉·卡尔文的思维的瞬间达尔文进化理论则为我们提供了另外一种思维的微观过程，当然其研究和皮亚杰的认知微观机制研究一样，是建立在模式、结构或图式的基础上的，如果其模式能够得到合适的描述，则模式的进化过程就具有较强的操作性，模式的同化、顺应与平衡由较为简单的模式实用性作为评价准则的进化过程来代替，避免了认知结构与外来信息是否适应的难以机械判别问题，因此，对于应用思维的瞬间达尔文进化理论来建立人工智能系统，其研究的重点主要是能否找到合适的模式表达方法，这也正是本课题所研究的。

广义进化认知模式为我们生动地描述了在认知过程中认知结构是如何不断发展变化的，软硬结构模型中硬结构为软结构提供支持，软结构在硬结构的支持下对硬结构进行建构，软硬的转换，代表着系统的发展与进步、系统能力的提高，这正是"自我表述系统"应该具有的特性。

复杂自适应系统的研究，是对一类系统的描述，应用到认知发展上，则是不仅要注意到群体的突现特性，如遗传算法所体现出来的优化问题高鲁棒性、智能性和隐含并行性等，而且还要注意到在共同进化的过程中个体的能力增长机制如何，它们之间的关系在总论中已有所论述。

此外，人们还对认知发展的形式化描述进行了某种程度的研究，如李未的论文应用公理系统工具，对知识的增长、更新及假说的进化过程作了一定程度的刻画，通过引出新假设、事实反驳、假说重构等定义推导认知进程。从一种缺省逻辑（DL）称作必要性假设的理论出发做出合理假设，形成相应的 NL 理论来描述顿悟认知模拟问题，其理论基础是李未的开放逻辑中所提出的认知进程理论。同样，把模糊数学与数理逻辑相结合,对思维活动也进行了描述。

综上所述,这些研究的对象都是高度发达的人脑功能,并且把研究的重点放于非常令人感兴趣的认知发展上,当然也有从人脑的结构进行研究的,其文献更是无以数计,所关心的,是人脑智能的本质(这是三大难题之一)。

3 智能模拟

人工智能是 20 世纪中期产生并正在迅速发展的新兴边缘学科。它是探索和模拟人的智能和思维过程的规律,并进而设计出类似人的某些智能自动机的科学。人工智能的创始人温斯顿(P.H. Winston)认为,人工智能的中心任务是研究如何使计算机去做那些过去只有靠人的智力才能做的工作。本节主要从智能控制的角度,介绍智能模拟的科学基础、哲学基础和基本途径等问题。

3.1 智能模拟的科学基础

为了使机器具有某种人的智能,就必须研究生物机体的控制系统和人的思维活动规律与生理机制。从维纳创立的控制论,到工程控制论、经济控制论、生物控制论,再发展到智能控制论,这表明控制论这门科学随着科学技术发展及社会进步,其研究对象的领域不断地扩大,同时控制系统本身的控制决策的智能水平也在不断地提高。当今的科学技术比起维纳创立控制论的 20 世纪 40 年代,已经取得了长足的进步,这就为进行智能模拟创造了良好的条件。但是,应该看到,人脑的思维活动极其复杂,模拟人脑思维活动是一项系统工程,它需要众多学科通力合作,多途径攻关,才能使得人工智能的水平逐步向人的智能水平接近。

神经生理学揭示了大脑是在长期实践活动中形成的高度组织起来的中枢神经系统,它是思维的物质基础。控制论和系统论运用系统的方法,从功能上揭示了机器和生物有机体不同系统所具有的共同规律,从而为人们从功能上模拟人的思维活动奠定了理论基础。计算机科学的发展,尤其是智能计算机的研制为智能模拟提供了理论和技术手段。思维科学的基础研究为智能模拟揭示了思维的规律和方法。模糊数学的创立和发展为模拟人的模糊逻辑思维方式提供了工具。人工神经网络理论研究为从结构和功能上模拟人的智能提供了重要手段。

随着科学技术的迅猛发展,新的学科会不断产生,由于智能模拟的需要,许多新兴学科又会高度地综合,其结果必将把智能模拟推向更高的水平。

3.2 智能模拟的哲学基础

众所周知,世界的统一性在于它的物质性,世界上除了运动的物质,除了千差万别的物质形态之外,再没有别的东西了。大脑的出现,是生物长期进化的产物。人脑是在社会实践的基础上产生和发展起来的高度复杂的物质体系,是思维的器官,而思维是人类智能的核心,是人脑的机能和属性。因此,从理论上讲,可以用物质的运动来模拟人脑的思维活动。

世界上永恒运动着发展着的物质是由运动形式决定的,物质的多样性和运动的多样性是紧密联系着的。物质的各种运动形式不仅可以互相转化,而且还存在着一种包含关系,即高级运动形式包含着低级运动形式,复杂的运动形式包含着简单的运动形式。这种包含关系反映了多种运动形式从低级到高级的发展变化规律。人的思维活动是自然界发展到社会运动形式的产物,是一种高级运动形式,同样也包含着一系列的低级运动形式。因此,人们可以借助计算机及其必要的可以实现的各种运动形式,来模拟人的思维活动。

由于思维与物质在本质上是统一的,在规则上是一致的,在运动形式上是包含的,因此,可以用其他形式的物质运动来模拟人的思维活动,这就是智能之所以能够模拟的哲学基础。应该指出,人工智能的根本目的是用物化的智能延伸和扩展人脑和机体的某些功能,智能模拟的根本方法是功能模拟法,模拟和被模拟的两个系统在结构和在实际过程中允许不一样,而且也没有必要要求一样。所以,模拟是仿真,而不是原型,模拟是近似,而不是等同,在这个意义上讲,模拟智能就是仿人智能。

3.3 智能模拟的基本途径

自古以来,人们一直试图用各种机器来代替人的部分脑力劳动,以提高人类征服自然、改造自然的能力。从 20 世纪 50 年代起,世界上许多控制论专家、计算机科学家、心理学家、仿生学家等分别从不同角度探讨智能模拟问题,概括起来主要有三种途径。

3.3.1 基于逻辑推理的智能模拟——符号主义(symblism)

符号主义起源于 20 世纪 50 年代中期,由纽维尔(A. Newell)和西蒙(H. Simon)提出模拟人类求解问题的心理过程,形成了物理符号系统。最早提出人工智能的研究者们都是从分析人类的思维过程出发,通过表示概念的符号及各种逻辑运算符、函数、过程等处理关系,获得具化表达。因此,概念被看作是智能模拟的核心，而把代表概念的符号作为基本元素，符号之间须满足一定逻辑运算关系。问题求解的过程，这种推理过程又可以通过某种形式化的语言加以描述。

符号主义的基本出发点是把人类思维逻辑加以形式化，并用一阶谓词逻辑加以描述问题求解的思维过程，这种基于逻辑的智能模拟实质上是模拟人的逻辑思维，或者说是实现模拟人的左脑抽象逻辑思维功能。

传统的人工智能学者普遍认为，思维，即应用有用信息的意识活动，是人类智能的体现，并试图以现代的计算机技术去模拟实现。然而，传统的二值逻辑难以实现人们在思维过程中的模糊概念形式化，而模糊逻辑的创立为人们把模糊逻辑思维形式化提供了新的有效途径。

3.3.2 基于神经网络的智能模拟——联结主义（connectionism）

联结主义的先驱是心理学家麦卡洛克（W. S. McCulloch）和数学家匹茨（W. Pitts）。他们在 1943 年合作的论文"神经活动中内在意识的逻辑运算"中，提出了形式化神经元模型，并认为由简单神经元构成网络，原则上可以进行大量复杂的计算活动。因此，早期的联结主义观点在本质上与符号主义无太大的区别。

20 世纪 60 年代以后，由于许多科学家的不懈努力，其中包括 Rosellblatt、Widrow、Kohonen、Hopfield、Crossberg 以及 Andersson 等人的卓越贡献，使得人工神经网络技术有了重要的突破，为实现联结主义的智能模拟创造了条件。

联结主义者从生物，尤其是人的大脑神经系统的构造和功能出发，把人的智能归结为脑的高层神经网络活动的结果，认为智能活动是大量简单的神经细胞，通过复杂的相互联结成网络后并行运行的结果。

联结主义认为神经细胞不仅是大脑神经系统的基本单元，而且是行为反应的基本单元，故称为神经元。任何思维和认知功能都不是少数神经元决定的，而是通过大量突触互相动态联系着的众多神经元协同作用来完成。

基于神经网络的智能模拟方法，是以工程技术手段模拟人脑神经网络的结构与功能为特征，通过大量的非线性并行处理器来模拟众多的人脑神经细胞，用处理器错综灵活的连接关系来模拟人脑神经细胞之间的突触行为。这种连接机制的模拟方法，在一定程度上有可能起到对人脑形象思维的模拟，即承担了人脑右半球形象思维功能的模拟。

3.3.3 基于"感知—行动"的智能模拟——行为主义（behaviourism）

早在 1919 年美国心理学家华特生（J. B. Watston, 1878—1958）就提出心理学应该是一门行为科学的观点，从而丰富和推动了心理学的研究和发展。1948 年，维纳在著名的《控制论》一书中指出：控制论是在自控理论、统计信息理论和生物学的基础上发展起来的。它着重研究机器自适应、自组织、自修复和学习机理，这些功能由系统的输入、输出反馈行为所决定。

在控制论发展的初始阶段，计算模型是模拟的，该领域的许多工作实际上是瞄着对动物和智能的了解，并希望探明动物如何通过学习来改变他们的行为，以及如何导致对整个环境的适应。早在 1952 年，Ashby 曾指出："为了理解机体所产生的行为，一个机体和它周围的环境必须一起构成模型"。著名心理学家皮亚杰曾指出："逻辑的根源必须从动作（包括言语行为）的一般协调中去探求""逻辑数理运算来源于行动本身，因为它是从行为的协调中抽象出来的结果，而不是从对象本身演绎出来的"。

美国麻省理工学院青年教授 Brooks 在 1990、1991 年相继发表论文，提出无须表达和推理的智能行为的观点，从而成为人工智能研究中行为主义的杰出代表人物。

（1）智能、思维与行为的关系

前面已经指出，模拟人的智能就是模拟人的思维形式，基于这样的观点实现智能模拟目前面临的主要困难表现在三个方面：第一，由于人脑的真实思维模型无法获得，因此在智能模拟系统中的抽象、表达、推理及学习等方法的正确性受到限制；第二，人脑的思维具有并行的特点，目前采用冯·诺伊曼式计算机无法实现模拟人脑并行思维的过程；第三，联结主义虽然具有并行性特点，但目前网络的优化拓扑结构及快速收敛性学习算法难以实现。

实际上，人的正确思维活动离不开实践活动，从广义上讲，人与环境的交互作用，体现了人的思维与感知—运动的行为之间的密切关系。根据存在决定意识及意识反作用（能动作用）的哲学观点，以及应用有用信息的意识活动，即是思维并体现智能的观点，人工智能还应该研究思维与行为的交互关系。

（2）Brooks 行为主义的观点

Brooks 对人工智能研究认为，首先要弄清楚生命系统在复杂的自然环境中所具有的生存和反应能力的本质，然后才有可能进一步探讨人类高水平的智能问题。这种观点的本质就是适应自然环境的感知—运动行为模式。

Brooks 在基于动作分解原理的动作理论指导下，完成了一个六足行走机器人试验系统，共包含 150 多个传感器和 23 个执行器。Brooks 动作理论的核心思想是动作分解，而不是传统的功能分解，这样就能用简单的有限状态机方法将感知器和执行器有机地集成，以形成行为产生器，即感知—运动模块。Brooks 的机器人试验系统在自然环境中所表现的防碰撞、漫游动作、行为的灵活性给人以深刻的印象。尽管这种人造生物的智能水平还处于仿昆虫的低级阶段，但是 Brooks 的基于行为的研究方法却为智能模拟提供了一个新的途径。

第 2 章 智能设计方法和技术综述

1 智能设计的发展概述

1.1 CAD 的发展

以依据算法的结构性能分析和计算机辅助绘图为主要特征的传统 CAD 技术在产品设计中的成功应用，引起设计领域内的一场深刻变革。包括设计活动在内的问题求解大致可分为两类工作：第一类是基于数学模型和数值处理的计算型工作；第二类是基于符号性知识模型和符号处理的推理型工作。传统 CAD 技术在数值计算和图形绘制上扩展了人的能力，可以比较圆满地完成第一类工作，但对第二类工作往往难以胜任。由于产品设计是人的创造力与环境条件交互作用的物化过程，是一种智能行为，通常需要设计人员分析推理、运筹决策和综合评价，才能取得合理的结果。为了对设计的全过程提供有效的计算机支持，传统 CAD 系统有必要扩展为智能 CAD 系统。

通常把提供了诸如推理、知识库管理查询机制等信息处理能力的系统定义为知识处理系统，例如专家系统就是一种知识处理系统。具有传统计算能力的 CAD 系统经这种知识处理技术加强后称为智能 CAD（ICAD）系统。ICAD 系统把专家系统等人工智能技术与优化设计、有限元分析、计算机绘图等各种数值计算技术结合起来，取其所长，其目的是尽可能地使计算机参与方案决策、结构设计、性能分析和图形处理等设计全过程。因此，ICAD 系统除了具有工程数据库、图形库等 CAD 功能模块外，还应具有知识库、推理机等智能模块。

虽然 ICAD 可以提供对整个设计过程的计算机支持，但完成第一类和第二类工作的功能模块是彼此分隔、松散耦合的，它们之间的连接仍然要由人类专家完成。近年来，随着高技术的发展和社会需求的多样化，小批量多品种生产方式的比重不断加大，CIMS 应运而生并迅速发展。在 CIMS 这样的集成环境下，产品设计技术日趋复杂，已不可能也不允许将设计活动划分为计算型、推理型这样彼此分隔的独立结构。面向 CIMS 的设计活动既包括计算型、推理型工作，也包括其他类型的工作，如利用样本性知识进行自学习，而且在设计的每一阶段，各种不同类型的工作彼此交融，难以分离。这样，在 CIMS 技术的推动下，ICAD 系统应在原有基础上强化集成功能，由此被提升到一个新的阶段，即集成化智能 CAD（I2CAD）阶段，它是面向 CIMS 的 ICAD 系统，可对设计全过程提供一体化的计算机支持。

1.2 智能设计的两个阶段

智能设计的产生可以追溯到专家系统技术最初应用的时期，其初始形态都采用了单一知识领域的符号推理技术——设计型专家系统，这对于设计自动化技术从信息处理自动化走向知识处理自动化有着重要意义，但设计型专家系统仅仅是为解决设计中某些困难问题的局部需要而产生的，只是智能设计的初级阶段。

近 10 年来，CIMS 的迅速发展向智能设计提出了新的挑战。在 CIMS 这样的环境下，产品设计作为企业生产的关键性环节，其重要性更加突出。为了从根本上强化企业对市场需求的快速反应能力和竞争能力，人们对设计自动化提出了更高的要求，在计算机提供知识处理自动化（这可由设计型专家系统完成）的基础上，实现决策自动化，即帮助人类设计专家在设计活动中进行决策。需要指出的是，这里所说的决策自动化绝不是排斥人类专家的自动化。恰恰相反，在大规模的集成环境下，人在系统中扮演的角色将更加重要。人类专家将永远是系统中最有创造性的知识源和关键性的决策者。因此，CIMS 这样的复杂巨系统必定是人机结合的集成化智能系统。与此相适应，面向 CIMS 的智能设计走向了智能设计的高级阶段——人机智能化设计系统。虽然它也需要采用专家系统技术，但只是将其作为自身的技术基础之一，与设计型专家系统之间存在着根本的区别。

设计型专家系统解决的核心问题是模式设计，方案设计可作为其典型代表。与设计型专家系统不同，人机智能化设计系统要解决的核心问题是创新设计，这是因为在 CIMS 这样的大规模知识集成环境中，设计活动涉及多领域和多学科的知识，其影响因素错综复杂。CIMS 环境对设计活动的柔性提出了更高的要求，很难抽象出有限的稳态模式。换言之，即使存在设计模式的话，设计模式也是千变万化，几乎难以穷尽。这样的设计活动必定更多地带有创新色彩，因此创新设计是人机智能化设计系统的核心所在。

设计型专家系统与人机智能化设计系统在内核上存在差异，由此可派生出两者在其他方面的不同点。

例如，设计型专家系统一般只解决某一领域的特定问题，比较孤立和封闭，难以与其他知识系统集成；而人机智能化设计系统面向整个设计过程，是一种开放的体系结构。

智能设计的发展与 CAD 的发展联系在一起，在 CAD 发展的不同阶段，设计活动中智能部分的承担者是不同的。传统 CAD 系统只能处理计算型工作，设计智能活动是由人类专家完成的。在 ICAD 阶段，智能活动由设计型专家系统完成，但由于采用单一领域符号推理技术的专家系统求解问题能力的局限，设计对象（产品）的规模和复杂性都受到限制，这样 ICAD 系统完成的产品设计主要还是常规设计，不过借助于计算机支持，设计的效率大大提高。而在面向 CIMS 的 ICAD（I2CAD）阶段，由于集成化和开放性的要求，智能活动由人机共同承担，这就是人机智能化设计系统，它不仅可以胜任常规设计，而且还可支持创新设计。因此，人机智能化设计系统是针对大规模复杂产品设计的软件系统，它是面向集成的决策自动化，是高级的设计自动化。

2 智能设计的概念和特征

智能设计系统，应该不仅仅是对人脑某些思维特征（如抽象思维、形象思维）的模拟，而且应该具有自学习、自适应的能力，即具有自我进化的机制（进化智能），来保证系统的生命力及解决问题的有效性。面对 21 世纪产品竞争日益加剧的挑战，世界各国普遍重视提高产品的设计水平，以增强产品竞争力，同时，我国市场经济的发展对产品设计与开发提出了强烈的创新要求。在目前激烈的市场竞争中，对产品设计除了要求新颖、独特和性价比高以外，还要求设计快捷、方便和高效率。

分析现有的产品设计理论和方法，提高设计效率有以下两种策略：一种策略是对产品设计进程的动态重组，通过设计的组织形式的改变来尽量缩短设计周期，如目前的 CIMS、并行工程和并行设计等，这些和管理科学结合的方法使工作更有效率，需注意的是，管理的操作主要是针对活动主体，如设计师等；另外一种策略是借助于计算机，通过计算机的高速、海量运算能力来缩短设计周期，取代人的部分体力和脑力劳动，CAD、智能 CAD 技术的引入就是基于这种策略，这些是计算机技术和工人智能的结合，操作对象是设计工具的智能化。这两种策略是互相交互的。

目前 CAD 技术和智能 CAD 技术发展还远未达到人们对它所抱的期望。首先是现有的 CAD 技术主要应用于设计过程的后期，如详细设计阶段、图形处理等，还没有进入设计的早期——概念设计阶段，这是由于在设计早期需要更多地用到创造性思维（包含了经验思维、抽象逻辑思维和形象思维）。其次是目前的人工智能在抽象度高的方面以信息加工理论为理论基础，所构造的专家系统缺少适应性和灵活性，知识获取和进化成为知识系统的瓶颈；抽象度低的结构主义——人工神经网络是经验映射和形象映射的隐含表示，难以解释高层的思维活动，所以达到的智能化水平和人们的厚望相差甚远。

传统 CAD 系统由于缺乏设计工程师所具有的推理和决策能力，已经不能满足设计过程自动化的要求。而智能 CAD（ICAD）系统既具有传统 CAD 系统的数值计算和图形处理能力，又有知识处理能力，能够对设计的全过程提供智能化的计算机支持，这就是对智能 CAD 理论和应用的研究。

2.1 智能设计的特点

1）以设计方法学为指导。智能设计的发展，从根本上取决于对设计本质的理解。设计方法学对设计本质、过程设计思维特征及其方法学的深入研究是智能设计模拟人工设计的基本依据。

2）以人工智能技术为实现手段。借助专家系统技术在知识处理上的强大功能，结合人工神经网络和机器学习技术，较好地支持设计过程自动化。

3）以传统 CAD 技术为数值计算和图形处理工具。提供对设计对象的优化设计、有限元分析和图形显示输出上的支持。

4）面向集成智能化。不但支持设计的全过程，而且考虑到与 CAM 的集成，提供统一的数据模型和数据交换接口。

5）提供强大的人机交互功能。使设计师对智能设计过程的干预，即与人工智能融合成为可能。

2.2 智能设计技术的研究重点

1）智能方案设计。方案设计是方案的产生和决策阶段，是最能体现设计智能化的阶段，是设计全过程智能化必须突破的难点。

2）知识获取和处理技术。基于分布和并行思想的结构体系和机器学习模式的研究，基于基因遗传和神经网络推理的研究，其重点均在非归纳及非单调推理技术的深化等方面。

3）面向 CAD 的设计理论。包括概念设计和虚拟现实、并行工程、健壮设计、集成化产品性能分类学及目录学、反向工程设计法及产品生命周期设计法等。

4）面向制造的设计。以计算机为工具，建立用虚拟方法形成的趋近于实际的设计和制造环境。具体研究 CAD 集成、虚拟现实、并行及分布式 CAD/CAM

系统及其应用、多学科协同、快速原型生成和生产的设计等人机智能化设计系统（I2CAD）。智能设计是智能工程与设计理论相结合的产物，它的发展必然与智能工程和设计理论的发展密切相关，相辅相成。设计理论和智能工程技术是智能设计的知识基础。智能设计的发展和实践，既证明和巩固了设计理论研究的成果，又不断提出新的问题，产生新的研究方向，反过来还会推动设计理论和智能工程研究的进一步发展。智能设计作为面向应用的技术其研究成果最后还要体现在系统建模和支撑软件开发及应用上。

2.3 智能化方法的分类和智能设计的层次

2.3.1 智能化方法的分类

智能设计归根结底是要在设计过程中模拟人的智能的决策方式，模拟人的智能实质上是模拟人的思维方式。智能设计的基础是人工智能技术。尽管人工智能已经创造了一些实用系统，但人们不得不承认这些远未达到人类的智能水平。其方法可分为两大类：

（1）第一类：自上而下的方式（符号处理的方法）

它是基于 Newell 和 Simon 的物理符号系统的假说。尽管不是所有人都赞同这一假说，但几乎大多数被称为"经典的人工智能"（即哲学家 John Haugeland 所谓的"出色的老式人工智能"或 GOFAI）均在其指导之下。这类方法中，突出的方法是将逻辑操作应用于说明性知识库。这种风格的人工智能运用说明语句来表达问题域的"知识"，这些语句基于或实质上等同于一阶逻辑中的语句。采用逻辑推理可推导这种知识的结果，这种方法有许多变形，包括那些强调对逻辑语言中定义域的形式公理化的角色的变形。当遇到"真正的问题"，这一方法需要掌握问题域的足够知识，通常就称作基于知识的方法。在大多数符号处理方法中，对需求行为的分析和为完成这一行为所做的机器合成要经过几个阶段。最高阶段是知识阶段，机器所需知识在这里说明。接下来是符号阶段，知识在这里以符号组织表示（例如列表可用列表处理语言 LISP 来描述），同时在这里说明这些组织的操作。接着，在更低级的阶段里实施符号处理。多数符号处理采用自上而下的设计方法，从知识阶段向下到符号和实施阶段。

（2）第二类：自下而上的方式（"子符号"方法）

它通常采用自下而上的方式，从最低阶段向上进行。在最低层阶段，符号的概念就不如信号这一概念确切了。在子符号方法中突出的方法是"Animat approach"。偏爱这种方式的人们指出，人的智能经过了在地球上十亿年或更长时间的进化过程。他们认为，为了制造出真正的智能机器，必须沿着这些进化的步骤走。因此，必须集中研究复制信号处理的能力和简单动物，如昆虫的支配系统，沿着进化的阶梯向上进行。这一方案不仅能在短期内创造实用的人造物，又能为更高级智能的建立打好坚实的基础。

第二类方法也强调符号基础。Brooks 1990 年将物理符号系统和他的物理基础假说相对照。在物理基础假说中，一个智能体（agent）不采用集中式的模式，而运用其不同的行为模块与环境相互作用来完成复杂的行为（然而，他也承认，要达到人类智能水平的人工智能也许需要将两种途径相结合）。

机器与环境的相互作用产生了所谓的"自然行为（emergent behavior）"。一些研究人员认为，一个 agent 的功能可视作该系统与动态环境密切相互作用的自然属性。agent 本身对其行为的说明并不能解释它运行时所表现的功能；相反，其功能很大程度上取决于环境的特性。不仅要动态地考虑环境，而且环境的具体特征也要运用于整个系统之中。

由子符号派制造的著名样品机器包括所谓的"神经网络（neural network）"，受到生物学方法的启发，这些系统主要因其学习的能力而十分有趣。根据模拟生物进化方面的进程，一些有趣的机器应运而生。

介于自上而下和自下而上之间的方法是一种动机"环境自动机（situated automata）"的方法。Kaelbing 和 Rosenschein 建议编写一种程序设计语言来说明 agent 在高水平上所要求的行为，并编写一编译程序，以从这种语言编写的程序中产生引发行为的线路。

2.3.2 智能设计的层次

综合国内外关于智能设计的研究现状和发展趋势，智能设计按设计能力可以分为三个层次：常规设计、联想设计和进化设计。

（1）常规设计

它是设计属性、设计进程、设计策略已经规划好，智能系统在推理机的作用下，调用符号模型（如规则、语义网络、框架等）进行设计。目前，国内外投入应用的智能设计系统大多属于此类，如日本 NEC 公司用于 VLSI 产品布置设计的 Wirex 系统，华中理工大学开发的标准 V 带传动设计专家系统（JD-DES）、压力容器智能 CAD 系统等。这类智能系统常常只能解决定义良好、结构良好的常规问题，故称常规设计。

(2) 联想设计

目前研究可分为两类：一类是利用工程中已有的设计事例，进行比较，获取现有设计的指导信息，这需要收集大量良好的、可对比的设计事例，对大多数问题是困难的；另一类是利用人工神经网络的数值处理能力，从试验数据、计算数据中获取关于设计的隐含知识，以指导设计。这类设计借助于其他事例和设计数据，实现了对常规设计的一定突破，称为联想设计。

(3) 进化设计

遗传算法（Genetic Algorithms，GA）是一种借鉴生物界自然选择和自然进化机制的、高度并行的、随机的、自适应的搜索算法。20世纪80年代早期，遗传算法已在人工搜索、函数优化等方面得到广泛应用，并推广到计算机科学、机械工程等多个领域。进入20世纪90年代，遗传算法的研究在其基于种群进化的原理上，拓展出进化编程（Evolutionary Programming，EP）、进化策略（Evolutionary Strategies，ES）等方向，它们并称为进化计算（Evolutionary Computation，EC）。

进化计算使得智能设计拓展到进化设计，其特点是：

1) 设计方案或设计策略编码为基因串，形成设计样本的基因种群。

2) 设计方案评价函数决定种群中样本的优劣和进化方向。

3) 进化过程就是样本的繁殖、交叉和变异等过程。

进化设计对环境知识依赖很少，而且优良样本的交叉、变异往往是设计创新的源泉，所以在1996年举办的"设计中的人工智能"（Artificial interlligence in design' 96）国际会议上，M. A. Rosenman提出了设计中的进化模型，进而将进化计算作为实现非常规设计的有力工具。

综上所述，智能设计的研究随着人工神经网络、进化计算等技术的引入，处于由常规设计、联想设计向创新设计突破的关键阶段，有很多工作值得深入的研究和探讨。

2.4 智能设计的基本方法

2.4.1 智能设计的分类

(1) 原理方案智能设计

方案设计的结果将影响设计的全过程，对于降低成本、提高质量和缩短设计周期等有至关重要的作用。原理方案智能设计是寻求原理解的过程，是实现产品创新的关键。原理方案智能设计的过程：总功能分析→功能分解→功能元（分功能）求解→局部解法组合→评价决策→最佳原理方案。按照这种设计方法，原理方案智能设计的核心归结为面向分功能的原理求解。面向通用分功能的设计目录能全面地描述分功能的要求和原理解，且隐含了从物理效应到原理解的映射，是原理方案智能设计系统的知识库初始文档。基于设计目录的原理方案智能设计系统，能够较好地实现概念设计的智能化。

(2) 协同求解

ICAD应具有多种知识表示模式、多种推理决策机制和多个专家系统协同求解的功能，同时需把同理论相关的基于知识程序和方法的模型组成一个协同求解系统，在元级系统推理及调度程序的控制下协同工作，共同解决复杂的设计问题。

某一环节单一专家系统求解问题的能力，与其他环节的协调性和适应性常受到很大限制。为了拓宽专家系统解决问题的领域，或使一些互相关联的领域能用同一个系统来求解，就产生了所谓协同式专家系统的概念。在这种系统中，有多个专家系统协同合作，这就是协同式多专家系统。多专家系统协同求解的关键，是要工程设计领域内的专家之间相互联系与合作，并以此来进行问题求解。协同求解过程中信息传递的一致性原则与评价策略，是判断目前所从事的工作是否向着有利于总目标的方向进行。多专家系统协同求解，除在此过程中实现并行特征外，尚需开发具有实用意义的多专家系统协同问题求解的软件环境。

(3) 知识获取、表达和专家系统技术

知识获取、表达和利用技术专家系统技术是ICAD的基础，其面向CAD应用的主要发展方向，可概括如下：

1) 机器学习模式的研究，旨在解决知识获取、求精和结构化等问题。

2) 推理技术的深化，要有正、反向和双向推理流程控制模式的单调推理，又要把重点集中在非归纳、非单调和基于神经网络的推理等方面。

3) 综合的知识表达模式，即如何构造深层知识和浅层知识统一的多知识表结构。

4) 基于分布和并行思想求解结构体系的研究。

(4) 黑板结构模型

黑板结构模型侧重于对问题整体的描述以及知识或经验的继承。这种问题求解模型是把设计求解过程看作是先产生一些部分解，再由部分解组合出满意解的过程。其核心由知识源、全局数据库和控制结构三部分组成。全局数据库是问题求解状态信息的存放处，即黑板。将解决问题所需的知识划分成若干知识源，它们之间相互独立，需通过黑板进行通信、合作并求出问题的解。通过知识源改变黑板的内容，从而导出问题的解。在问题求解过程中所产生的部分解全部记录在黑板上。各知识源之间的通信和交互只通过黑板进行，黑板是公共可访问的。控制结构则按人的要求控制知识源与黑板之间的信息更换过程，选择执行相应的动作，完成设计问题的求解。黑板结构模型是一种通用的适于大空间解和复杂问题的求解模型。

（5）基于案例的推理

基于案例的推理（Case Based Reasoning，CBR）是一种新的推理和自学习方法，其核心精神是用过去成功的案例和经验来解决新问题。研究表明，设计人员通常依据以前的设计经验来完成当前的设计任务，并不是每次都从头开始。CBR 的一般步骤为提出问题，找出相似案例，修改案例使之完全满足要求，将最终满意的方案作为新案例存入案例库中。CBR 中最重要的支持是案例库，关键是案例的高效提取。

CBR 的特点是对求解结果进行直接复用，而不用再次从头推导，从而提高了问题求解的效率。另外，过去求解成功或失败的经历可用于动态地指导当前的求解过程，并使之有效地取得成功，或使推理系统避免重犯已知的错误。

2.4.2 智能设计系统与技术

（1）智能设计系统

在 CIMS 环境下，为了提高制造业对市场变化和小批量、多品种要求的迅速响应能力，设计正在向集成化、智能化、自动化方向发展。要实现这一目标，就必须大大加强设计专家与计算机工具这一人机结合的设计系统中机器的智能，使计算机能在更大范围内、更高水平上帮助或代替人类专家处理数据、信息与知识，做出各种设计决策，大幅度提高设计自动化的水平。智能设计就是要研究如何提高人机系统中计算机的智能水平，使计算机更多、更好地承担设计中各种复杂任务，成为设计工程师得力的助手和同事。

在设计技术发展的不同阶段，设计活动中智能部分的承担者是不同的。以人工设计和传统 CAD 为代表的传统设计技术阶段，设计智能活动是由人类专家完成的。在以 ICAD 为代表的现代设计技术阶段，智能活动由设计型专家系统完成，但由于采用单一领域符号推理技术的专家系统求解问题能力的局限，设计对象（产品）的规模和复杂性都受到限制，不过借助于计算机支持，设计的效率大大提高，而在以 I2CAD 为代表的先进设计技术阶段，由于集成化和开放性的要求，智能活动由人机共同承担，这就是人机智能化设计系统。虽然人机智能化设计系统也需要采用专家系统技术，但它只是将其作为自己的技术基础之一，两者仍有以下根本的区别：

1）设计型专家系统只处理单一领域知识的符号推理问题；而人机智能化设计系统则要处理多领域知识，多种描述形式的知识，是集成化的大规模知识处理环境。

2）设计型专家系统一般只解决某一领域的特定问题，比较孤立和封闭，难以与其他知识系统集成；而人机智能化设计系统则面向整个设计过程，是一种开放的体系结构。

3）设计型专家系统一般局限于单一知识领域范畴，相当于模拟设计专家个体的推理活动，属于简单系统；而人机智能化设计系统涉及多领域、多学科知识范畴，是模拟和协助人类专家群体的推理决策活动，是人机复杂系统。

4）从知识模型看，设计型专家系统只是围绕具体产品设计模型或针对设计过程某一特定环节（如有限元分析）的模型进行符号推理；而人机智能化设计系统则要考虑整个设计过程的模型、设计专家思维、推理和决策的模型（认知模型）以及设计对象（产品）的模型。

由此可见，人机智能化设计系统是针对大规模复杂产品设计的软件系统，它是面向集成的决策自动化，是高级的设计自动化。

智能设计作为计算机化的设计智能，乃是 CAD 的一个重要组成部分，它在 CAD 发展过程中有不同的表现形式。传统 CAD 系统中并无真正的智能成分，这一阶段的 CAD 系统虽然依托人类专家的设计智能，但作为计算机化的设计智能并不存在，智能设计在其中的作用也就无从谈起。而在 ICAD 阶段，智能设计是以设计型专家系统的形式出现的，但它仅仅是为解决设计中某些困难问题的局部需要而产生的，只是智能设计的初级阶段。对于 I2CAD 阶段，智能设计的表现形式是人机智能化设计系统，它顺应了市场对制造业的柔性、多样化、低成本、高质量、迅速响应能力的要求。作为 CIMS 大规模集成环境下的一个子系统，人机智能化设计系统乃是智能设计的高级阶段。设计技术的类型及其说明见表 49.2-1。

（2）智能设计技术

设计的本质是创造和革新。基于对设计本质的这种认识，根据设计活动中创造性的大小，可将设计分为三类：常规设计（routine design）、革新设计（innovative design）和创新设计（creative design）。显然，革新设计是作为常规设计与创新设计的中介形式

表 49.2-1　设计技术的类型及其说明

设计技术类型	代表形式	智能部分的承担者	说　　明
传统设计技术	人工设计/传统 CAD	人类专家	—
现代设计技术	ICAD	设计型专家系统	智能设计的初期阶段
先进设计技术	I2CAD	人机智能化设计系统	智能设计的高级阶段

来界定的。所谓常规设计是指以成熟技术结构为基础，运用常规方法来进行的产品设计，它在工业生产中大量存在，并且是一种经常性的工作。为了满足市场需求，提高产品的竞争能力，就需要改进老产品，研制新品种，降低生产材料、能源的消耗，改进生产加工工艺等。在这种情况下，就需要在设计中采用新的技术手段、技术原理非常规方法，即需要进行创造性设计。这里所说的创造性设计是创新设计和革新设计的统称。创新设计旨在提供具有社会价值的、新颖而独特成果的设计。它是设计探索中最富有挑战性的领域，通常没有现成的设计规划，有时甚至没有类似的已有设计作为借鉴，完全凭设计者去"无中生有"。革新设计是指为增加原有产品的功能、适用范围，提高它的性能或改进其结构、尺寸或外形的变型设计，因此也可称为是改进设计。这项任务实际上也包含了部分创造性内容，但与"无中生有"相比，它属于"举一反三"。

设计行为是思维活动的反映，因而与人的思维密切相关。著名学者钱学森先生将人的思维划分为逻辑思维、形象思维和灵感思维三种形式，并且指出实际上人的每个思维活动过程都不会是单纯的一种思维在起作用。三种思维形式的基本特点可见表 49.2-2，从中可知它们在创造性方面有不同的表现：灵感思维最强，形象思维次之，逻辑思维最次。

表 49.2-2　三种思维形式的基本特点

思维形式	载　体　特　点	特　　　征
逻辑思维	一些抽象的概念、理论和数字等	抽象性、逻辑性、规律性、严密性，思维过程是一维性的
形象思维	形象，如语言、图形、符号等	形象性、概括性、创造性、运动性，思维过程是二维性的
灵感思维	既可是抽象的概念等，又可是形象	突发性、偶然性、独创性、模糊性，思维过程是三维性的

常规设计主要是通过逻辑思维实现的。创新设计通常是指采用发散而不是聚合的思维过程的设计，这就使得形象思维乃至灵感思维在创新设计中显得更为关键和重要。

智能设计发展的不同阶段，解决的主要问题也就不同。设计型专家系统解决的主要问题是模式设计，方案设计可作为其典型代表，它基本属于常规设计范畴，但也包含一些革新设计的问题。与设计型专家系统不同，人机智能化设计系统要解决的主要问题是创造性设计，包括创新设计和革新设计。这是因为在 CIMS 这样的大规模知识集成环境中，设计活动涉及了多领域、多学科的知识，其影响因素错综复杂。当前颇为引人注目的并行工程（concurrent engineering）和并行设计（concurrent design）就鲜明地反映出面向集成的设计这一特点。CIMS 环境对设计活动的柔性提出了更高的要求，很难抽象提炼出有限的稳态模式。换言之，即使存在设计模式，设计模式也是千变万化，几乎难以穷尽，这样的设计活动必定更多地带有创造性色彩。

根据前面关于设计思维的论述，设计型专家系统主要模拟的是人类专家的逻辑思维。人机智能化设计系统除了逻辑思维外，主要模拟人类专家的形象思维，甚至包括某些灵感思维。

3　智能设计体系和知识表达

3.1　智能设计体系

典型的设计过程是以设计师为主导完成的知识循环"迭代"过程，可表示为"初始设计→评价→再设计"，即设计师根据实际要求，先进行概念构思，制订出初步的设计方案；其次，利用各种技术（如有限元、优化设计等分析方法）对方案进行评价和计算，实现详细的具体设计；最后，对结果进行评价。当达到要求时，设计完成；当要求未达到时，修改设计方案，再进行第二轮的设计，这样循环往复，直到满足要求为止。

智能设计（Intelligent Design，ID）的目的是利用计算机全部或部分辅助代替设计师从事以上的整个设计过程，在计算机上模拟或再现设计师的创造性设计过程。人工智能系统与一般计算机应用系统不同，一般计算机系统处理的对象是数据，而人工智能系统处理的对象可以是数据，也可以是信息，更重要的是处理各种知识，使系统具有思维和推理能力。以往的研究集中在传统的数值计算和基于符号知识的推理基础上进行，进一步的研究迫切需要从更广泛的智能行为规律及内在运行机制进行探讨。

3.1.1 智能设计的抽象层次模型

从问题描述的角度分析,任何复杂系统都有必要抽象出统一的表达模型,通过抽象可以把复杂的问题进行分层、分类,然后采用相应的处理方法。简言之,复杂系统由简单系统复合而成。以具有代表意义的复杂系统计算机网络为例,计算机网络由各个节点(节点处理机)构成,要实现节点与节点的通信而不造成系统的紊乱,在计算机网络中引入了协议这一术语,协议是为实现节点与节点间的同步与协调而做出的约定。著名的 ISO/OSI 参考模型(七层协议)为网络通信奠定了坚实的基础。用户可以在每层上进行通信。低层次上的通信,用户考虑问题复杂些;高层上的通信,用户使用起来更方便,更简单。对等层上是协议,相邻层上有接口,其下一层为上一层提供服务,通过这种层次关系,构成了一个复杂而运行可靠的通信网络。

参考 ISO/OSI 模型,总结归纳智能设计自身的特点,提出图 49.2-1 所示的智能设计抽象层次模型。图 49.2-1 的左边层次体现了智能设计过程中层与层之间的相互关联,上一层以下一层为基础,下一层为上一层提供支持与服务,同时可以看出,每一层有其自己的任务,正是这样的分层与分类,才构成复杂系统设计的统一整体。图 49.2-1 的右边体现了抽象层次模型在具体应用时所承担的任务,同样也呈现出图 49.2-1 左边一样的特性。建立智能设计的抽象层次模型,是智能设计系统集成求解的基础。

目标层为智能设计要达到的总目标,声明系统要达到的要求,往往与市场的需求和用户的要求相关联。

决策层把要实现的总目标分解成子目标,并采用相应的求解方法与策略,表现为任务的分解与进一步的决策。例如,智能设计中包含方案设计与布置设计,要针对不同的设计要求确定采用什么样的知识表达方法与求解策略。

结构层提供问题组织与表达的方法。结构层的合理确定,是保证系统统一和完整的先决条件。例如,目前广泛采用的面向对象的组织方式,可以为问题的描述提供有力的支持。结构层是实现集成的基础。

算法层是概念设计中最关键的一层,为决策层提供强有力的支持工具。算法层包含所有可用的算法与方法。知识工程中的专家系统技术与基于案例的推理技术以及计算智能的人工神经网络、遗传算法都可以为决策层提供支持,是求解问题的关键所在。

逻辑层为算法层的协调、协作提供保障,逻辑层通过关系与约束把算法层沟通起来,使系统融合为一体。

传输层保证信息的交换,数据的管理,是以上各层信息交流的平台。

物理层提供系统运行的软硬件环境,包括信息的存储以及与其他外部设备的连通。

3.1.2 设计知识的结构体系

工程设计属于复杂系统设计范畴,其特点是反复试验,不断摸索。从人类的思维形式角度来看,包含两种不同的方面,即抽象思维与形象思维。抽象思维是以抽象的概念和推论为形式的思维形式,概念是反映事物或现象的属性或本质的思维形式,掌握概念是进行抽象思维、从事科学创新活动的最基本的手段。形象思维是以形象化的"意象"为形式的思维形式,形象思维是理性认识,不是感性认识。"意象"是对同类事物形象的一般特征的反映,形象思维表现为人类思维的形象化与图视化,运用形象思维可以激发人们的想象力和联想、类比能力。

按照在思维过程是否严格遵守逻辑规则,可以将思维区分为逻辑思维和非逻辑思维两种方式。逻辑思维是严格遵循逻辑规则进行的一种思维方式,逻辑规则是人们在总结思维活动经验和规律的基础上概括出来的。逻辑思维以抽象的概念作为其思维元素,操作方式主要是分析和综合、归纳和演绎。非逻辑思维不严格遵循逻辑规则,表现为更具灵活性的自由思维,往往突破常规,具有鲜明的新奇性。非逻辑思维的基

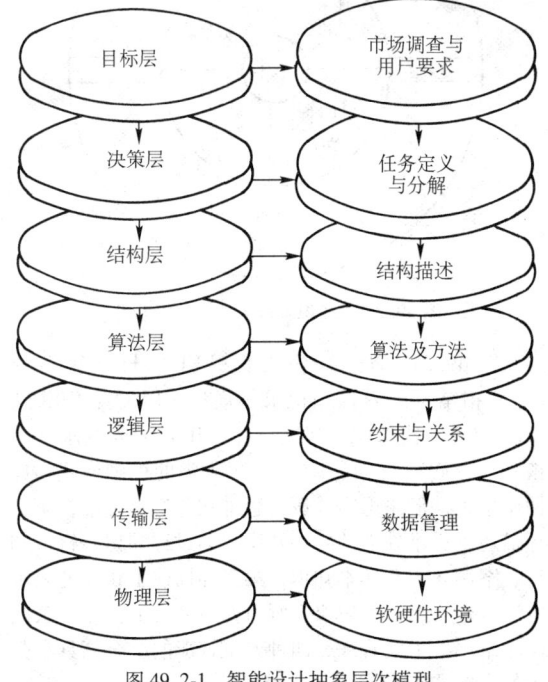

图 49.2-1 智能设计抽象层次模型

本形式是联想、想象、直觉和灵感。

从人类思维发展的角度来看，人类思维分为简单思维与复杂思维。简单思维与复杂思维最根本的区别在主体拥有知识的多少和主体对客体的认识程度。人类通过劳动和学习，在前人的基础上积累知识。随着知识的不断积累，知识的形式也呈现出多样性：理论知识和实践知识。理论知识和实践知识体现了人类知识的不同层次关系，理论知识是实践知识的抽象化与升华，是具有抽象性、系统性和普遍指导意义的知识，是来自于实践知识而又与实践知识有本质区别的。实践知识是人类通过生产劳动而获得的知识，虽然还不具有抽象性和系统性，但具有实用性，是在理论知识的指导下而产生的知识。理论知识和实践知识互相促进，相互转化，螺旋式地向前发展。对设计知识的认识和处理是再现人类思维规律的基础。从认识论的角度分析，人类知识可分为三类：

1）过程性知识（procedural knowledge）。
2）叙述性知识（declarative knowledge）。
3）潜意识（tacit knowledge）。

过程性知识是对客观事物的精确描述，可以用准确的数学模型来表达。例如，传统的优化设计，首先对问题进行描述，确定设计变量、约束条件及目标函数，在此基础上选用适当的优化求解方法，通过计算机的数字迭代，求解出满足要求的设计变量值。涉及数学模型的建立，求解速度和收敛性的分析。采用过程性知识进行问题求解的前提是待求问题的性态要求结构优良，易于收敛。

叙述性知识是指对客观事物的描述能够用语言文字来表达，既可方便地将人类知识以明确规范化的语言表达出来，也便于计算机的实现。这种问题不能用严密的数学模型来刻画。叙述性知识大多表现为人类专家经验知识的归纳，以符号的形式存在。

潜意识是指客观事物不能或难于用明确规范化的语言表达出来，即使专家本身也很难说出他们的理由，具有很强的跳跃性和非结构性。而往往这种知识是创造性设计的关键。潜意识表现为人类专家经验知识量积累到一定程度以后的一个质的飞跃，用这些经验（比如以往设计成功的设计范例）通过联想"想当然"地做出快速的决策。

设计师在设计时，采用的知识并不是单一的。由于问题的复杂性，决定了知识的异构性。过程性知识、叙述性知识及潜意识为异构知识的抽象形式，更具体化的形式可以概括为：过程知识、符号知识、案例知识和样本知识。通过以上分析，给出异构知识的定义如下。

工程设计中不同层次、不同表现形式的异性质知识构成了异构知识（Isomeric Knowledge，IK），抽象

描述为

$$IK = (PK, SK_1, CK, SK_2)$$

式中 PK——Procedural Knowledge，即过程知识；
SK_1——Symbolic Knowledge，即符号知识；
CK——Case Knowledge，即案例知识；
SK_2——Sample Knowledge，即样本知识。

过程知识、符号知识、案例知识和样本知识构成了异构知识体系。在这个异构知识体系中，不同层次、不同形式的知识相辅相成，互为补充。

3.1.3 智能设计的集成求解策略

建立智能设计抽象层次模型，目的是实现智能设计系统集成求解。基于抽象层次模型的系统集成的关键是在人工智能领域探索有效的求解途径。人工智能目前主要分为两大流派：符号主义流派和联结主义流派。符号主义流派以专家系统（Expert System，ES）和基于案例的推理为代表——统称为知识工程（Knowledge Engineering，KE）。联结主义流派以人工神经网络（Artificial Neural Network，ANN）和遗传算法（Genetic Algorithms，GA）为代表——统称为计算智能（Computational Intelligence，CI）。图49.2-2 表征了这种关系。

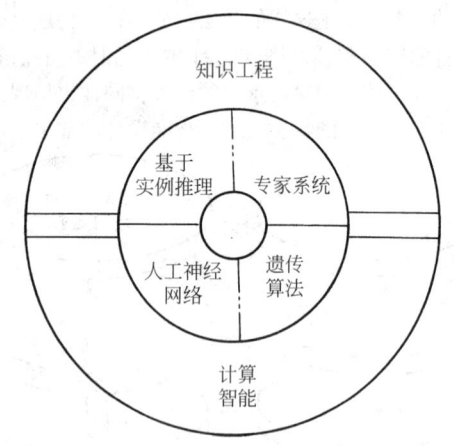

图 49.2-2 知识工程与计算智能分类

图 49.2-3 描述知识工程（KE）与计算智能（CI）相结合的异构知识求解模型，用 ES、CBR 及 ANN 求解异构知识。智能设计（ID）为问题求解的核心（核心圆）；第一环描述了人类的思维模式，即抽象思维、形象思维、逻辑思维和非逻辑思维；第二环描述了思维处理的异构知识，即过程知识、符号知识、案例知识和样本知识；第三环描述了相应的求解方法（途径）。表 49.2-3 所列为四种人工智能方法的比较结果。由此看来，四种人工智能的结合，具有强大的求解能力。

第2章 智能设计方法和技术综述

表 49.2-3　四种人工智能方法的比较

方法	优化能力	思维方式	学习能力	知识的可操作性	解释功能	知识形式	非线性能力
ES	较弱	抽象思维	较差	有	强	过程,符号	弱
CBR	有一些	类比思维	较强	有一些	有一些	案例	有
ANN	较强	联想思维	强	无	无	样本	强
GA	强	仿自然	有	无	无	多种知识	强

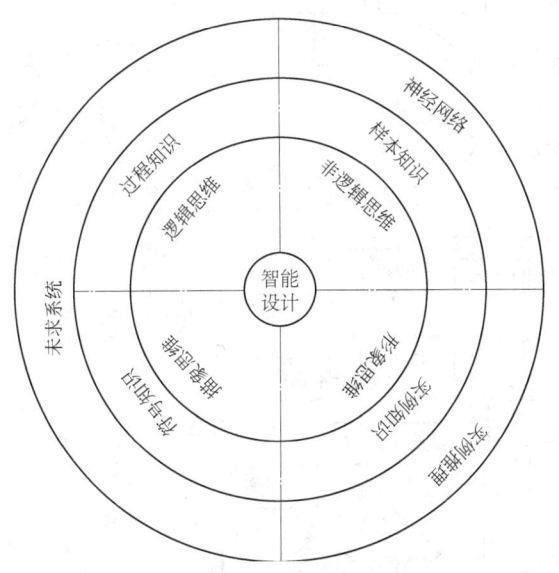

图 49.2-3　知识工程与计算智能相结合的异构知识求解模型

3.1.4 智能设计集成求解策略的工程应用

智能设计体系结构的研究是为了解决复杂工程设计问题。根据工程设计基本特征,需要解决以下问题:①异构知识的处理;②多方案设计;③再设计;④设计效率的提高。智能设计集成求解策略如图 49.2-4 所示。

对于基于符号知识的推理求解来说,初始设计通过专家知识的推理得到初步方案,再进一步分析推理结果,然后评价其结果是否满意。如果结果满意,输出结果;如果结果不满意,修改相关参数,重新确定新的方案,重复以上步骤直到结果满意为止。基于符号知识的推理求解符号性知识和过程性知识,属于逻辑思维。由于工程问题的复杂性,基于符号知识推理技术在多方案的产生和再设计问题上非常困难,基因算法为多方案的产生提供了有效的机制,而约束满足方法则为基于符号知识推理提供了有效的再设计手段。

对于基于案例的推理求解来说,初始设计是提取相关案例,对相关案例进行类比设计,再通过案例的评价,确定是否采用该案例,或进一步修改案例以满足设计要求。基于案例的推理求解案例知识,属于类比思维。

对于人工神经网络求解来说,初始设计是在样本训练的基础上,通过输入值的传播产生候选解,对候选解进行评价,若不满意输出结果,可重新调整网络数值,或增加样本,或提炼样本,改进误差,直到输出结果满意为止。人工神经网络学习处理样本知识,属于直觉思维("潜意识")。

对于采用基因算法求解来说,初始设计是通过随机产生个体,再由个体的选择、重组、杂交、突变,然后施用进化压力,使个体往优良的方向发展,如果得到的个体最优则输出,否则进一步通过遗传操作修改个体,直到使个体满意为止。基因算法为基于符号知识推理快速提供初始多方案设计。

3.2 智能设计的知识表达

产品概念设计是一个复杂的、不完全确定的、创造性的过程,它是最终实现智能化设计的关键环节,而设计过程合理有效的知识表达是智能设计的基础。概念设计过程是由分析用户需求到生成概念产品的过程,它实际上是一连串相连的问题求解活动。"每一种问题求解方法都需要对某种解答的搜索,不过,在搜索解答过程开始之前,必须先用某种方法来表达问题。任何比较复杂的求解技术都离不开两方面的内容——表达与搜索"。而概念设计问题求解过程的知识表达的优劣,对求解结果及求解工作量的影响很大,它是问题求解的第一步工作。这里讨论的知识是指与在特定的专门领域中进行问题求解过程有直接关系的知识。

(1) 概念设计问题归约

人工智能原理中的问题归约法(Problem Reduction)是一种问题描述与求解方法:把一个复杂的原始问题分解为若干个较为简单的子问题,每个子问题又可继续分解为若干个更为简单的子问题,重复此过程,直到不需要再分解或者不能再分解为止(这种不能再分解或变换,而且直接可解的子问题称之为本原问题)。然后,对每一个子问题(本原问题)分别进行求解。最后,把各个子问题的解复合起来就得到了原始问题的解。

产品的概念设计的原始问题可以通过一系列分解变换归约为一个本原问题的集合,然后经过对每一个本原问题分别进行求解,最后把各个本原问题的解综合起来的过程,就可以得到概念设计原始问题的解,

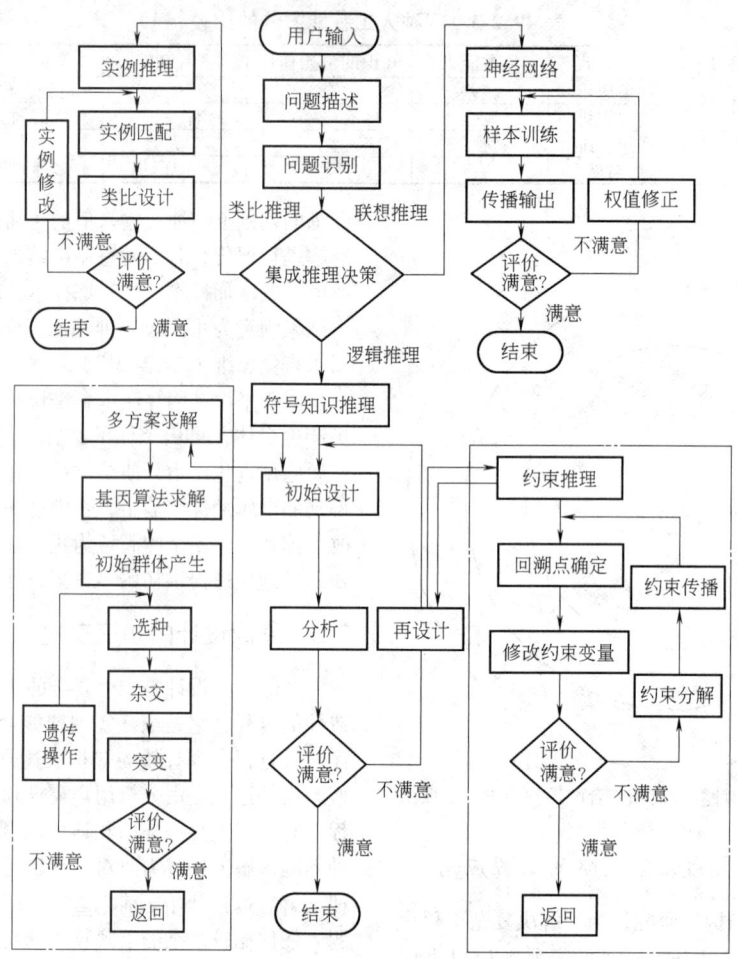

图 49.2-4 智能设计集成求解策略

如图 49.2-5 所示。在这里，一个抽象化的设计问题 ADP 可以被看作原始问题（用方框表示），功能元 EFi 可以被看作本原问题（用方框表示），而最后的最优原理方案 CP（用方框表示）则是原始问题 ADP 的解。

(2) 概念设计问题的"与/或"树表达

1) "与/或"树的定义。"与/或"树（And/Or Tree）是用于表示问题及其求解过程的一种形式化方法。如把问题 P 分解成 3 个子问题 $P1$、$P2$、$P3$，如图 49.2-6a 所示，只有 3 个子问题都可解时，问题 P 才可解，称 $P1$、$P2$、$P3$ 之间存在"与"关系（用圆弧线连接），并称节点 P 为"与"节点。P、$P1$、$P2$、$P3$ 所构成的图称为"与"树，用符号表示为：$P \rightarrow \{P1 \wedge P2 \wedge P3\}$，→表示等价。

如把问题 P 变换成 3 个子问题 $P1$、$P2$、$P3$，如图 49.2-6b 所示，3 个子问题中只要有一个可解时，问题 P 就可解，称 $P1$、$P2$、$P3$ 之间存在"或"关系，并称节点 P 为"或"节点。P、$P1$、$P2$、$P3$ 所构成的图称为"或"树，用符号表示为：$P \rightarrow \{P1 \vee P2 \vee P3\}$。

把上述两种方法结合起来，就构成了"与/或"树，如图 49.2-7 所示。原始问题对应的节点称为初始节点；子问题对应的节点称为子节点；本原问题对应的节点称为终止节点。

2) 问题的"与/或"树表达。按照上述规定的"与/或"树表达方法，以及图 49.2-5 所建立的问题归约模型，可以得到产品概念设计问题的"与/或"表达树，如图 49.2-8 所示。图 49.2-8 中一个抽象的产品概念设计问题（ADP）作为原始问题对应着"与/或"树的初始节点（用方框表示）；问题分解后所得到的功能元（EFi）作为本原问题对应着终止节点（用方框表示）；原理解答对应着原理解节点（PSi）；优化的概念产品方案（CP）作为最终解答对应着最后的节点（用方框表示）；其余的圆形节点作为子节点。当其各边用一条圆弧线连接时，称之为"与"节点，否则为"或"节点。

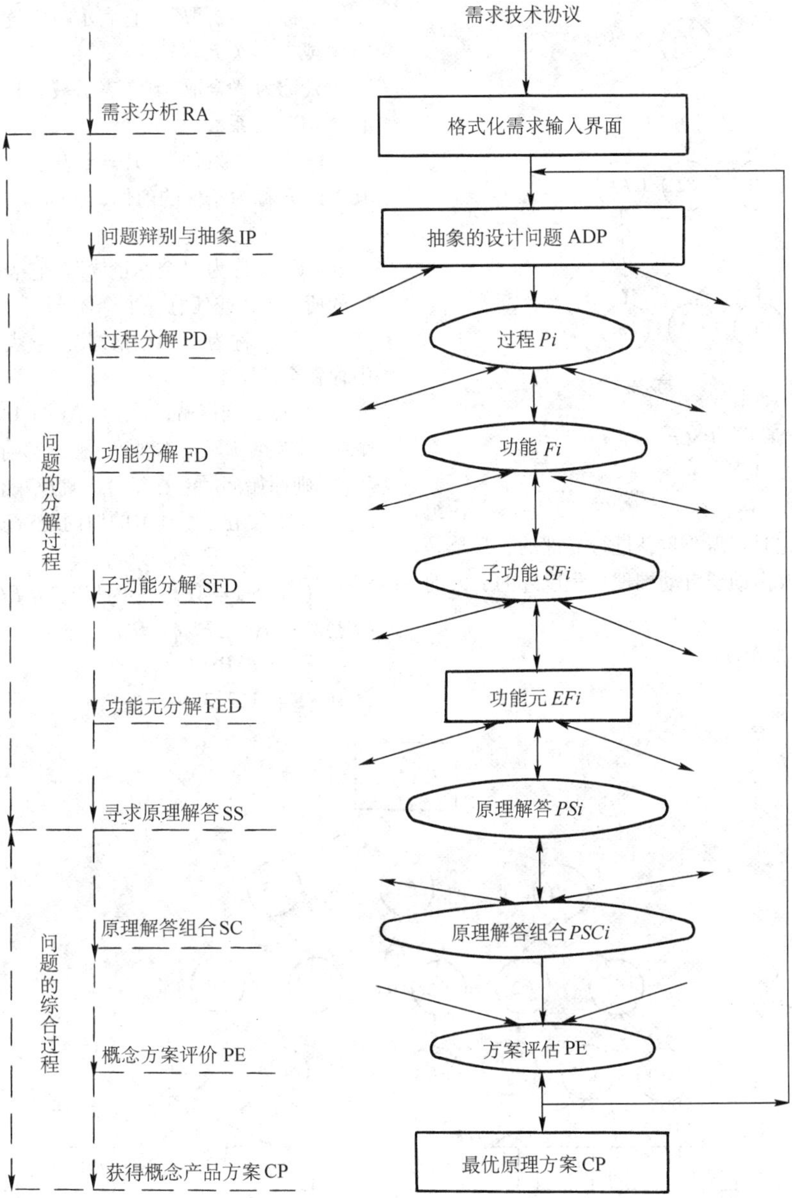

图 49.2-5 概念设计问题归约模型

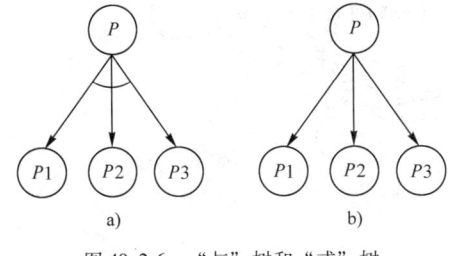

图 49.2-6 "与"树和"或"树

(3) 原始问题解的判定

1) 可解节点判定。在图 49.2-8 所示的概念设计问题"与/或"树中，满足下列条件之一的节点，称之为可解节点。

① 它是一个原理解节点（PSi）。

② 它是一个"与"节点，且其子节点全部是可解节点。

③ 它是一个"或"节点，且其子节点中至少有一个是可解节点。

上述三个条件都不满足的节点为不可解节点。

2) 原始问题解的判定。在图 49.2-8 所示的产品概念设计"与/或"树中，原始问题（初始节点）有组合原理解集合的条件为：如果"与/或"树中的所有节点都是可解节点，则存在组合原理解集合；

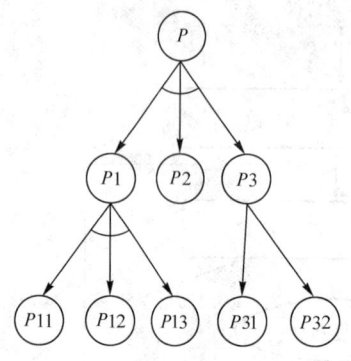

图 49.2-7 "与/或"树

$$PSC = \{PSCk \mid k \in T\}$$

式中 $T = \{1, 2, 3, \cdots\}$。

如果"与/或"树存在不可解节点，则不存在组合原理解集合。此时将需要重新进行局部的、甚至是全局的问题归约或借助于自动推理过程以外的、人的干预和帮助。

(4) 原始问题解的表达

1) 符号定义

① 连接词

∨ 称为"析取"。它表示被它连接的两个命题具有"或者"关系。

∧ 称为"合取"。它表示被它连接的两个命题具有"与"关系。

⇒ 称为"条件"。$P \Rightarrow Q$ 表示"如果 P，则 Q"，其中的 P 称为条件的前件，Q 称为条件的后件。

② 量词

($\forall x$) 称为"全称量词"。它表示"对于个体域中的所有 x（或任意一个个体 x）"。

($\exists x$) 称为"存在量词"。它表示"对于个体域中存在个体 x"。

2) 原始问题解的表达。在图 49.2-8 中，如果每个终止节点 EFj（本原问题）都存在若干原理解 $PSij$，则原始问题存在组合原理解集合。

① 任意组合原理解的谓词逻辑表达为

$(\forall j \in S)[\exists PSij \in EFj] \Rightarrow$
$[(\exists PSi1 \in EF1) \land (\exists PSi2 \in EF2) \land (\exists PSi3 \in EF3) \land \cdots \land (\exists PSiq \in EFq)]$
$= (\exists k \in T) PSCk$

式中 $S = \{1, 2, 3, \cdots, q\}$；

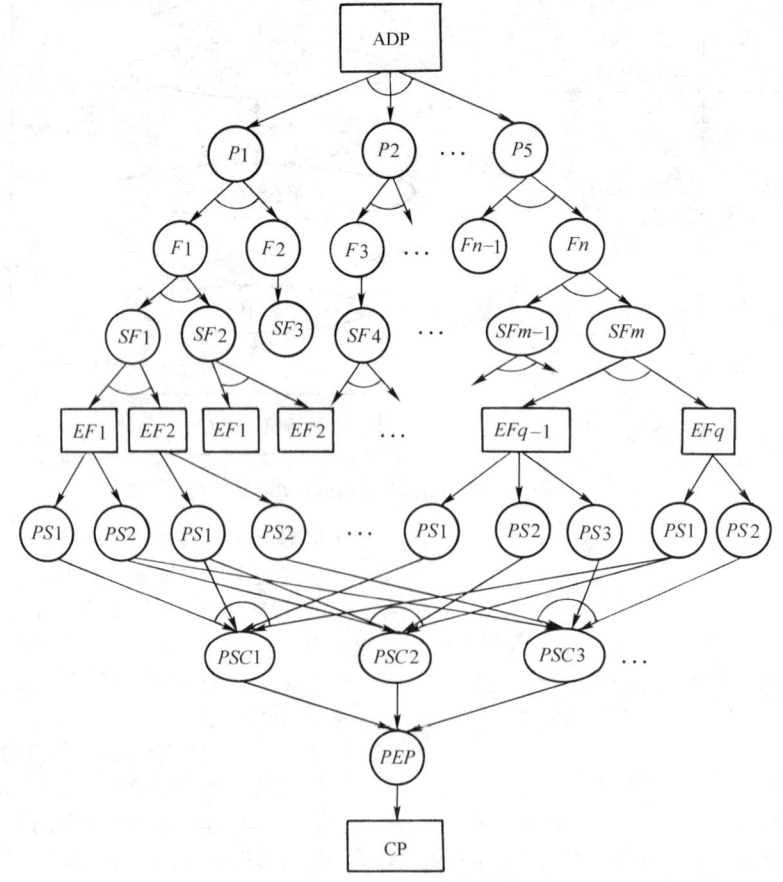

图 49.2-8 概念设计问题"与/或"树

$T = \{1, 2, 3, \cdots\}$；

$i1 \in T, i2 \in T, \cdots, iq \in T$。

② 全部组合原理解集合的谓词逻辑表达为

$(\forall j \in S)[\forall PSij \in EFj] \Rightarrow \bigwedge_{j=1}^{q}[\bigvee_{i=1}^{nj} PSij \in EFj]$
$= PSC = \{PSCk \quad k \in T\}$

式中 $S = \{1, 2, 3, \cdots, q\}$；

$T = \{1, 2, 3, \cdots\}$；

$i1 \in T, i2 \in T, \cdots, iq \in T$。

3.3 智能设计的基因模型表达

3.3.1 知识模型

机械智能 CAD 系统的核心任务是关于设计的知识问题，即知识的表示、获取和应用问题。智能系统在知识学习和运用上的突破，首先必须是知识模型的突破，从而实现知识体系的突破，进而实现系统设计能力的突破，即由常规设计向联想设计、进化设计的突破。

智能设计中，提出的知识模型与智能设计能力层次的对应关系见表 49.2-4。

所谓知识模型，是智能设计中基于领域知识的对应某一设计层次的设计模型，该设计模型是与各设计层次采用的技术方法相一致，并按相应技术方法的特点对领域知识进行组织、表示、获取和应用，其特点如下：

1) 对应的技术方法不同，则知识模型的组织表现形式、获取应用方法不同。例如，在关于发动机活塞环组的低功耗设计中，常规设计的符号模型表示规则为：

IF(功耗>设计阈值)THEN(减小第一道活塞环宽)。

表 49.2-4　设计知识模型与智能设计能力层次的对应关系

智能设计能力层次	知识模型	知识库	设计规则类型	性　能
常规设计	符号模型、CAD 模型	显形知识规则库、符号模拟等	关于单个参数的设计经验	适用范围有限(良好问题)
联想设计	神经网络模型	网络参数库	反映多个设计参数影响及影响大小排序	推理迅速，但训练过程依赖于网络初值和结构
进化设计	基因模型	基因块库	反映多个影响参数组合并行影响	设计创新，是反馈式自适应过程，但设计解获取时间较长

联想设计则用人工神经网络模型来建立功耗与各影响因素的映射关系。活塞环组功耗的网络模型如图 49.2-9 所示。

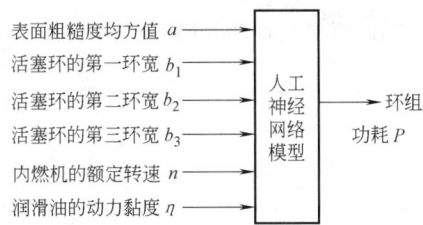

图 49.2-9　活塞环组功耗的网络模型

网络由样本数据训练完成后，关于诸参数对功耗的影响的知识隐含在网络的结构和权值中，成为相应知识的神经网络模型。

2) 不同的知识模型适合不同的设计问题。符号模型适合用于表现再设计规则，神经网络模型适合于拟合复杂的非线性函数关系，而基因模型则适宜在设计过程中自适应地得到方案的优选结果。例如采用基因模型，可以在一定机型、一定设计要求下得到优良设计方案中参数的组合关系：

$b_1 : b_2 : b_3$ 的优选值约为 1.0：1.2：1.1

其中，b_1、b_2、b_3 分别为第一、二、三道活塞环宽。可见，基因模型不仅可以并行调整设计参数，提高效率，而且可以实现设计方案组合的优化创新。

3.3.2 基因模型

基因模型是指采用遗传算法的编码规则表示设计方案和设计知识，由此将设计过程转换为基因样本种群的进化过程。遗传算法和设计领域的对应简表见表 49.2-5。

表 49.2-5　遗传算法和设计领域的对应简表

进化计算	设计领域
一个基因串	一个设计方案
基因串的群体	设计方案的群体
适应函数	设计方案评价标准
进化的基因串	设计优良的方案
基因块	设计优良解的参数组合特征

对工程设计来说，进化计算、基因模型的研究可以归结为三个方向。

(1) 设计参数的优化设计与调整

工程设计中，尤其大型复杂机械系统的设计往往涉及参数类型多样（连续变量、离散变量、整型变量等）、设计空间不连续、梯度信息匮乏、设计约束多样而且相互冲突等问题，使传统的优化、搜索技术已经不能满足要求，而进化计算恰恰可以用于求得优化解或可行解。对传统优化方法的补充是进化设计的主要内容，麻省理工学院的 A. Thornton 博士将设计问题视为设计约束下的参数优化问题，将设计约束转变成为设计目的的"罚函数"，试图在设计与优化之间达到统一。

而在实际的设计过程中，更关心的是设计方案的确定、设计满足解的寻求，没有必要也不可能求出设计最优解，如美国通用电器公司和 Rensselaer 综合学院的学者将遗传算法应用于喷气发电机的涡轮设计之中，涉及至少 100 个设计变量，每个变量取不同范围的值，搜索空间的点数不少于 10^{387} 个，评价 1 个点（对应一个设计方案）需要运行的发电机模拟程序在一般工作站需要 30s。该计划将花费 5 年或更长的时间，预计耗资 20 亿美元。即使这样，仍需要专家系统技术的支持，把专家系统生成的初始设计方案作为遗传算法的起点来提高效率。

(2) 设计知识的获取与应用

首先在经验的提取方面，由于良好的设计样本具有高繁殖率，所以可以进行优良样本信息的提取。参考文献 [10] 用遗传算法提取相似事例对应的基因编码，作为设计规则应用于当前设计中，指导进化过程。其次，在设计知识的应用方面，基于遗传算法的搜索以产生创新解为特色，以搜索的空间和时间为代价。领域知识的运用可以指导解的搜索范围，提高效率。A. Thornton 博士提出一种"屏蔽算子"（Masked crossover），包含了约束空间的知识，只有通过这一算子的基因样本才能存活，研究表明，其效率远远大于传统的单点或两点交叉算子。

(3) 设计方案的创新

悉尼大学以 M. A. Rosenman 和 J. Gero 为代表的非常规设计研究小组，将进化设计应用到建筑设计问题中，实现轮廓布置方案的组合创新。他们认为复杂的布置问题由简单的建筑元件采用简单的派生规则进化形成，并采用最简单外形的建筑元件（正方形）作为研究对象，元件的派生规则只有简单的四种，即右派生、下派生、左派生和上派生，用二进制分别表示为（00，01，10，11），布置设计方案表现为派生规则的顺序组合，如基因串（011010110100）表示的布置方案如图 49.2-10 所示。

多个基因串表示的方案群体，由建筑专家决定样本的优劣，好的样本进行复制、交叉、变异后，形成设计种群的下一代（样本基因交叉、变异的过程是新的方案生成的过程），如此不断进化直到产生出满意解（内含优选解和创新解）。这项研究提出了设计方案表述的新思路。遗憾的是，由于建筑布置几何直观性的特点，决定其进化适应函数、进化算子较难符合机械设计的特点。

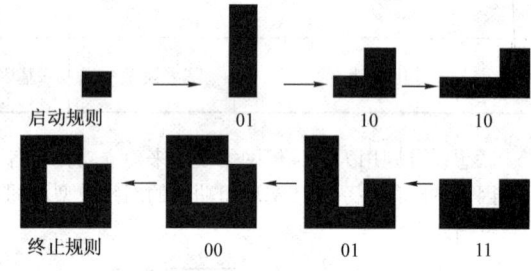

图 49.2-10 基因串（011010110100）表示的布置方案

第3章 进化设计技术与方法

进化设计技术与方法是以进化算法（Evolution Algorthms，EA）为基础的。进化算法是与进化计算相关的算法的统称。进化算法主要包括遗传算法（Genetic Algorithms，GA）、遗传规划（Genetic Programming，GP）、进化策略（Evolutionary Strategy，ES）、进化规划（Evolutionary Programming，EP）和模拟退火算法（Simulated Annealing Algorithms，SAA）等，而以遗传算法最具有代表性。本章将在简述进化设计技术基础后，重点介绍几种进化设计方法。

1 进化设计技术基础

1.1 遗传算法的概貌

（1）什么是遗传算法

为了简单而通俗地说明问题，首先在图49.3-1中定义一个变量 x 的函数 $f(x)$，且 $f(x)$ 在区间 $[x_1, x_2]$ 内存在最大值 f_{max} 或最小值 f_{min}。GA 的功能之一就是快速求解类似这类问题的最大值 f_{max} 或最小值 f_{min}。一般来讲，GA 以模拟生物进化过程为基本原理，是适用于所有最优化搜索问题的方法。GA 在计算机中设定假想生物集团，其中适应所处环境的生物个体，其生存概率也相应高。利用生物集团中个体的适者生存、劣者淘汰的仿真过程，实现基因和生物集团的进化。由生物集团的进化思想，用计算机仿真解决工程课题，需要编制 GA 的程序。但是，GA 的编程存在以下特点：

1）程序无详细的模式。

2）各种规则和参数设定的不确定性。

这些特点，从一个侧面来讲是 GA 的缺点，从另一个侧面来讲也决定了 GA 对解决各类问题具有柔软的适应性，可广泛地适用于各类最优化问题。追溯

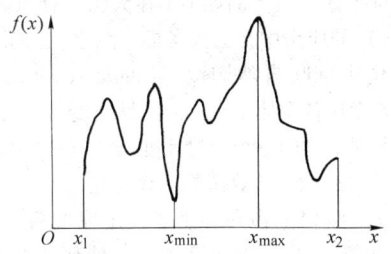

图49.3-1 函数 $f(x)$ 的最大值或最小值搜索问题

GA 的发展历史，二十多年前在美国开始对其研究，至今已在工程应用各领域产生了巨大的影响。今后其研究必将具有广阔的前景。

（2）遗传算法的最优搜索

GA 适用于无符号整数变量空间的最优化搜索问题。设图 49.3-1 中的变量 x 为整数（$x \in [0, 255]$）的前提下，用简单的循环算法，可顺序求出 $f(0), f(1), \cdots, f(255)$ 的值，即进行 256 次计算可得到 f_{max} 的值。

可是，一般此类搜索问题的变量 y 的定义域是很大的。例如，变量 $y \in [y_1, y_2]$，则可将 y 的实数域 $[y_1, y_2]$ 线性映射到无符号整数区域 $[0, 2^n]$，其中如果 n 为 1000 的话，变量 y 的编码共 $2^{1000} \approx 10^{300}$ 个。假如计算机每秒计算 1000 个搜索点，一天只能计算 $1000 \times 60 \times 60 \times 24 \approx 10^8$ 个，所以全部计算需要 $(10^{300} \div 10^8)$ 天 $\approx 10^{292}$ 天 $\approx 10^{289}$ 年。10^8 年是 1 亿年。可以想象对此类问题，从原理上是可解的，但实际上却是不可能得到解的，通常把它叫作 NP 问题。从工程最优化搜索的角度来讲，并不一定要求出其真正的最优解，只要能求出其最优解附近的较优解，在实用上已可满足。GA 在离散组合空间具有高效率搜索的特点，GA 的方法可以高效率地搜索设定的搜索空间，得到满足实用的较优解，不失为一种最优搜索的方法。

（3）遗传算法的基本思路

GA 在搜索空间中的搜索并不是以单个搜索点顺序进行的，而是使用若干个搜索点（生物个体）并行进行搜索的。一个搜索点，作为一个带有遗传情报的假想生物个体，即简单作为一个生物个体来对待。若干个生物个体即构成了生物集团。首先，相对于各生物个体，计算出其生物个体对所处环境的适应度。以图49.3-1所示为例，可以把 x 作为个体，把 $f(x)$ 作为 x 所处环境的适应度来处理。然后，淘汰适应度低的个体，增殖适应度高的个体。如此进行世代交替仿真，实现进化（最优化）计算。算法中相对于实际的增殖，GA 以基因型的交叉以及突然变异操作来进行。最后求出非常高的个体，即 $\max(f(x))$ 的 x_{max} 值。

以上就是 GA 的基本思路。其具体的操作以图 49.3-2 来形象地说明。先将 GA 的内部处理过程作为一个未知的黑盒看待。给其一定数位 0-1 字符串的输入，相应将会得到其评价。问题是输入怎样的 0-1 字符串，才能得到好的评价。假如随意地输入若干个

0-1字符串，比较出其中比较高评价点所具有的字符串前提下，在考虑哪些部分会给大的评价点的同时，进行字符串的局部复制或变更，制作出新的字符串群。如此反复进行，使字符串群所具有的平均评价点升值。其过程大略如下：

1）首先随机地产生字符串。

2）参照高评价点的字符串群，通过部分复制和部分修正产生新的字符串群。在全体评价点低的情况下，对字符串进行大幅度的修正。

3）在全体评价点高时，对字符串进行小幅度的修正，更详尽地决定字符串的细部。

GA的操作就是实现对于个体的基因型进行这样简单基本操作的反复过程。

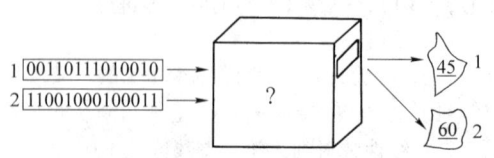

图49.3-2 遗传算法的基本思路

1.2 单纯型遗传算法

单纯型遗传算法反映了GA的基本思路和操作方法，对于理解GA是极其重要的。本节将概要地阐述单纯型遗传算法（SGA）的计算流程。

（1）假想生物及其环境的设定

在进行假想生物集团的仿真之前，必须进行若干设定。

1）设定个体的染色体和基因。首先，设定个体（individual）的染色体（chromosome），即决策矢变量的编码字符串，也就是设定假想生物在进行生殖时，上世代个体把怎样的数据内容，以怎样的形式遗传给下世代的子孙个体。染色体如图49.3-3所示，一般由若干个基因（gene）构成。矢变量中的各分量则对应于各个基因，所处的位置为各基因位（gene locus）。基因位可理解为表现染色体中各基因所在位置的一种坐标。

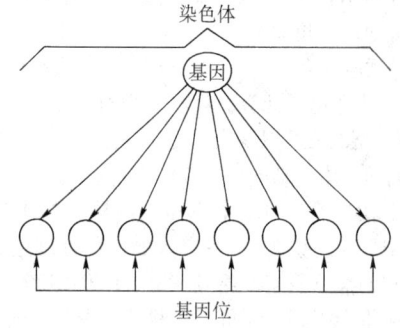

图49.3-3 染色体、基因和基因位

各个体（染色体）的内部表现形式叫作基因型（gene type），即矢变量的编码结构。表现基因型的形式可以是任意的，但是一般使用0和1的排列方式。在这种方式下，每一基因位的基因用几位字符串来表示，要根据实际决策矢变量中各矢变分量的具体情况而定。例如，某矢变分量为一电路开关的闭合，其可能状态只有两种，用一位字符即可表示其基因。再例如，图49.3-1中变量x为整数（$x \in [0, 255]$），则用8位字符串作为其基因。再者，图49.3-1的最优化问题的矢变量只有一个分量，其基因型也就是其基因本身，用8位字符串表示。有关基因型的字符串长度，一般为固定长度形式，但随着世代交替的进行，其基因型趋于复杂化，以满足进化的需要，也可以选择可变基因型长度的GA算法。

2）表现型的设定。将基因型经过某种变换处理后的结构型式，叫作表现型（phenotype），即决策矢变量的解码结构。在许多最优化问题中，表现型=基因型。有些情况下，随着世代交替，基因型变得复杂化和多样化，使得进化过程变得复杂和困难。为此，需要对基因型进行某种变换处理，用表现型来表示。表现型的设定方法没有固定的模式，必须根据问题的实际设定变换处理的方法。在图49.3-1中，用8位字符串表示整数决策变量$x \in [0, 255]$的表现型，即是表现型=基因型。

3）设定适应度的计算方法。基因型、表现型设定后，应该设定表示各个体对环境的适应能力——适应度（fitness）的计算方法。适应度就是把搜索空间中的各搜索点作为各个体对待，相当于用个体所持的遗传信息来表现其所在空间位置的相应目标评价。图49.3-1中的最大值搜索问题，可用各个体的基因型所表示的变量x位置的$f(x)$值，作为适应度来处理。

适应度的计算方法也没有固定的格式，必须根据实际问题适当地设定。一般来讲，求解问题比较复杂，其适当度的计算方法也将会较复杂。再者，某个体的适应度，并非一定是同其他个体无关而进行简单计算得来的。有时也需要考虑同其他个体的关系而设定适当的计算方法。例如GA在人工生命（Artificial Life，AL）的应用中就必须考虑。总之，为了在假想生物进化中反映自然淘汰（natural selection）的原理，适应度从各个体生存的可能性角度，给出了评价个体、表现个体的一个定量尺度。

（2）单纯型遗传算法的计算流程

在以上假想生物和环境的设定完成后，SGA将服从图49.3-4所示的计算流程，使假想生物集团（population）进化。以下按图49.3-4所示的框图顺序给以简单说明。

世代生存的可能性与自身的适应度成比例。因此，适应度越高的个体，作为下世代个体被选中的概率也就越大。决定下世代个体的处理，可形象地用图 49.3-5 所示的轮盘赌（roulette）来说明。

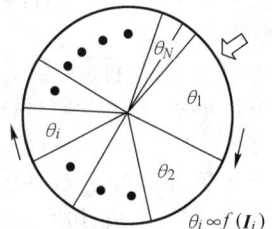

图 49.3-5　与适应度成比例的选择概率

在图 49.3-5 中，设定对应于各个体 I_i（$i=1, 2, \cdots, N$）所占有的扇形角度 θ_i（$i=1, 2, \cdots, N$）与 $f(I_i)$（$i=1, 2, \cdots, N$）成比例。SGA 中的淘汰和增殖操作，就是将轮盘赌随机地转动 N 次，每次箭头与轮盘位置相重合（见图 49.3-5），即与适应度成比例，概率地决定选中的个体。如此操作就等价于允许重复决定 N 个下世代个体的做法。

在这种选择方式中，适应度高的个体作为下世代个体被选中的可能性就大，即使相对于适应度低的个体，也存在着被选中为下世代个体的可能性。只选择适应度高的个体，固然其生物集团的收敛速度会快，但也易陷入局部最优解的误区。

如图 49.3-6 所示那样，假如现世代的个体有 $I_1 \sim I_5$，下世代只选择了 $I_1 \sim I_3$，适应度高的 3 个个体，可以直观地看出，因为下世代生物集团全部汇集在极大值 P_1 的周围，个体不能到达最大值 P_2 的可能性很大。相对于这样的问题，让生殖的下世代个体在适应度最低的 5 的附近也具有存在的可能的话，个体到达 P_2 的可能性也会大。也正因为如此，为了防止在淘汰和增殖操作中有可能出现生物集团失去多样性的问题，还将进行基因型的交叉和突然变异操作。

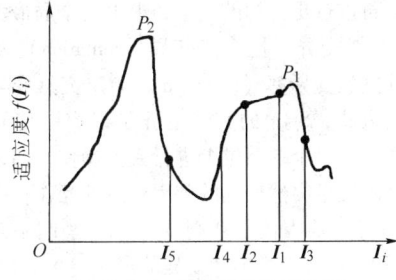

图 49.3-6　局部最优解的示例

4) 基因型的交叉。从被产生的 N 个个体中随机地只选择 M 组两个个体的配对，对各配对进行交叉（crossover）操作。进行交叉的概率叫作交叉率。

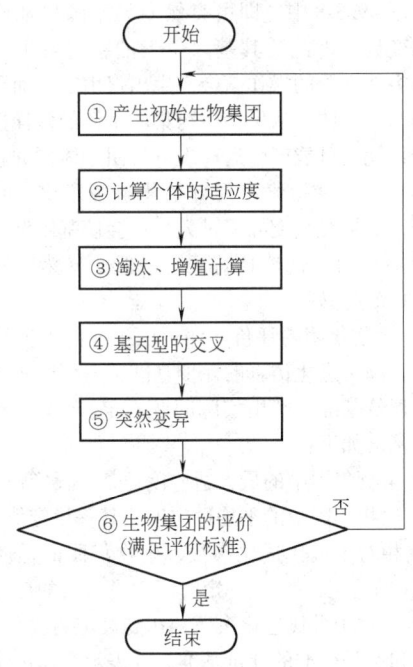

图 49.3-4　SGA 的处理流程

1) 产生初始生物集团。GA 在搜索空间中设定若干个个体（即搜索点），由这些个体组成生物集团。搜索开始时，问题的解完全是未知的，因此设定怎样的个体较好也完全是未知的。通常，初始生物集团用随机数随机产生。产生的个体总数为 N，个体用 I_i（$i=1, 2, \cdots, N$）表示。个体 I_i 的基因型用 G_i 表示。

对图 49.3-1 所示的最大值搜索问题，用式 (49.3-1) 随机地设定初始生物集团

$$G_i = \mathrm{rnd}(255) \qquad (49.3\text{-}1)$$

式中，rnd（n）（n 为自然数）是产生从 0 到 n 随机数的函数。

2) 计算个体的适应度。计算生物集团中个体 I_i 与环境的适应度 $F(I_i)$。

3) 淘汰、增殖计算。SGA 的生物集团淘汰（selection）和增殖（multiplication）处理，由简单的生殖（reproduction）处理构成。从现世代 N 个个体 $I_i \sim I_N$ 中，允许重复随机地选择 N 个个体，决定出下世代的 N 个个体。某个体 I_i 作为下世代个体，其被选中的概率为 $P(I_i)$，用下式计算

$$P(I_i) = \frac{F(I_i)}{\frac{1}{N}\sum_{i=1}^{N} F(I_i)}$$

上式中，右边的分子是个体 I_i 的适应度，分母是现世代生物集团的平均适应度。此即为各个体在下

交叉是把两个个体的基因型以随机的方式，在其对应的基因位进行部分交换的操作。SGA 常用 1 点交叉（one-point crossover）来进行。图 49.3-7 是 1 点交叉的示例，基因型 G_a、G_b 作为一组被选中的配对个体 I_a、I_b，其基因型用 $G_a = \{11100111\}$、$G_b = \{11001010\}$ 表示。

这时，将基因型在被随机选定的交叉位置切断。如果基因型为长度 n 的字符串，则可供选择的交叉位置有 n+1 个。在图 49.3-7 所示示例中，交叉位置是在左第 4 和第 5 字符之间。由交叉所生成的下一代个体 I_{ab1}、I_{ab2} 的基因型 G_{ab1}、G_{ab2} 用下式表示

$$G_{ab1} = \{11000111\}$$
$$G_{ab2} = \{11101010\}$$

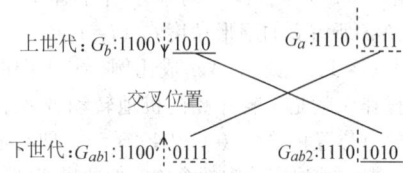

图 49.3-7 基因型的 1 点交叉示例

然后，个体 I_a、I_b 由 I_{ab1}、I_{ab2} 所取代。这就是基因型的交叉。基因型的交叉是世纪生物生殖过程的模拟。

由交叉所生成的个体 I_{ab1}、I_{ab2}，是继承了上一代个体 I_a、I_b 遗传信息的个体。如此处理，使生物集团中的基因型具有了多样性，变得丰富多彩，实现了基因型的进化。在初期阶段的生物集团中，本来具有多样性的基因型个体群，由交叉又会产生各种各样的新个体，整个生物集团的个体群并没有发生倾向性变化。另一方面，随着进化的进行，生物集团中的基因型逐渐出现某种倾向，即无论哪个个体，其基因型已无大的差别，此时由交叉产生的个体基因型与上一代个体具有相当大的相似性。也就是说，GA 的初期阶段是在搜索空间内进行全局性的调查；在掌握了其倾向性后，再进行更详细的搜索，求出其全局最大值。

5）突然变异。把突然变异（mutation）发生的概率叫作突然变异率（mutation rats）。突然变异有各种各样的方式，SGA 的突然变异是以突然变异率的概率方式，在每个基因位上进行变更操作，即以突然变异率确定发生突然变异的基因位后的操作，所进行的方法是若其基因位是 0 则变为 1，是 1 则变为 0。图 49.3-8 则是 SGA 的突然变异的示例。

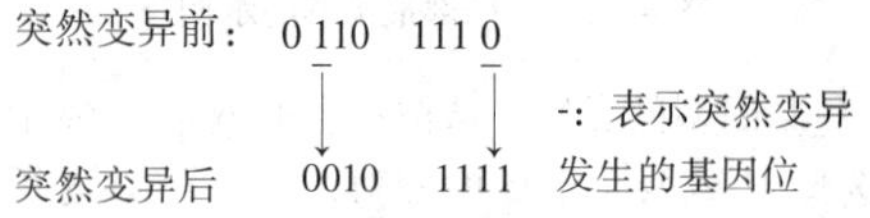

突然变异前： 0 1 1 0　　1 1 1 0
　　　　　　　　↓　　　　　↓　　　-：表示突然变异
突然变异后：　 0 0 1 0　　1 1 1 1　　发生的基因位

图 49.3-8 突然变异的示例

在图 49.3-8 中，即由突然变异率随机地确定发生突然变异，因此让其基因位上的字符发生相对变更。由突然变异的操作，会产生出仅由交叉而不可能产生的基因个体。从保持生物集团个体的多样性观点来解释，就是可能产生远离现有集团个体群的新个体（新搜索点），使搜索由局部最优解中脱出。应该注意的是，如果突然变异率过大，将会使基因型失去由交叉所持有的上代遗传特征。一般，突然变异率在 0.1%～0.5% 为好。

6）生物集团的评价。评价已生成的下世代生物集团是否满足进化仿真的评价基准，叫作生物集团的评价。评价基准一般由实际问题而定。GA 的典型结束评价基准如下：

① 生物集团中的最大适应度比某一设定值大。

② 生物集团中的平均适应度比某一设定值大。

③ 相对于世代进化次数，生物集团的适应度增加率仍在某值以下，在一定时间内没有大的变化。

④ 相对于世代进化次数，达到设定的次数。

①和②是标准的评价基准。③表示个体进化一直处于低适应度环境下，生物集团处于搜索空间的局部最优点附近，搜索以失败而告终。④与③同样，表示其搜索也许可以失败而告终。

在满足评价基准的情况下，即可结束进化仿真。搜索成功时，仍把现生物集团中的个体表现型作为所求工程问题的解。在不满足评价基准的情况下，进化仿真反复进行。

(3) 单纯型遗传算法的特征

SGA 具有以下三个基本操作：

1）淘汰、增殖。以个体的适应度高低成比例地决定各个体在下世代生存的可能性。

2）交叉。以随机性质的交叉率选择两个个体，并对其个体的基因部分进行交换。

3）突然变异。以突然变异率随机地变更某基因位的值。

以上操作虽然很简单，但实用上对各类搜索空间的搜索却是有效的。SGA 中的各计算参数，如生物集团中的个体总数、交叉率、突然变异率等，至今仍无固定的设定模式，只能根据试算，或由经验给以设定。在此方面，有必要对 GA 算法作进一步的考察和研究。

GA 同传统的数学规划方法相比较，具有以下特点和问题：

1）由若干个搜索点同时进行搜索，通过个体间的相互协调，具有可能避开其局部解的功能。

2）因为不需要使用评价值的微分，所以适用于不连续评价函数的求解问题。

3) 其具体的操作方法（淘汰、增殖、交叉和突然变异等）无一般的模式，需要根据实际求解问题，凭借经验和试算进行编程。

4) 大多数参数需人为确定。

1.3 模式定理（schemata theorem）

现阶段关于 GA 的理论解析还很不完善。由 J. H. Holland 提出的模式定理是 GA 的基本定理。这个定理为求出基因型中的基因排列，在进化仿真中具有多大的生存概率，提供了计算方法。本节将简要地叙述模式定理。

简单地说，schemata（单数形式为 schema）是夹杂着字符 * 的字符列集合。例如，schemata S 字符可表示为 4 个文字列

$$S = *0011*01$$
$$= \{00011001, 10011001, 00011101, 10011101\} \quad (49.3\text{-}2)$$

这里，字符 * 有两种可能性，可表示为 0 或 1。这时，schemata S 的阶数（order）$O(S)$ 以及构成长度（defining length）$\sigma(S)$ 的定义如下：

$$O(S) = （全长 L） - （* 的个数） \quad (49.3\text{-}3)$$
$$\sigma(S) = （S \text{ 中从最右到最左的 * 字符间的距离}) \quad (49.3\text{-}4)$$

即式 (49.3-2) 中 schemata S 的 $O(S)=6, \sigma(S)=6$。

在无交叉和无突然变异、生物集团个体总数 N 一定的情况下，schemata S 在世代交替中的平均增加率 R 由式 (49.3-5) 表示。

$$R = \frac{f(S)}{\frac{1}{N}\left\{\sum_{i=1}^{N} f(G_i)\right\}} \quad (49.3\text{-}5)$$

式中 $f(S)$——相对于 S 所表示的所有 schemata 的平均适应度；

G_i——个体 I_i 的基因型。

式 (49.3-2) 中的 S 用下式计算：

$$f(S) = \frac{1}{4}\{f(00011001) + f(10011001) + f(00011101) + f(10011101)\}$$
$$(49.3\text{-}6)$$

式 (49.3-5) 中的右边的分母表示集团全部个体的平均适应度。设交叉率为 p_c ($0 \leqslant p_c \leqslant 1$)，那么因交叉 schemata 被切断的概率 R_c，由式 (49.3-7) 定义。

$$R_c = p_c \frac{\sigma(S)}{L-1} \quad (49.3\text{-}7)$$

在时刻 t，设定具有属于 schemata S 基因型的个体数期待值为 $P(S, t)$。突然变异率为 P_m 时，schemata 不发生突然变异的概率是 $(1-P_m)O(S)$。因为交叉和突然变异是相互独立的，所以式 (49.3-8) 成立。

$$P(S, t+1) \geqslant P(S, t) \frac{f(S)}{\bar{f}} \left|1 - p_c \frac{\sigma(S)}{L-1}\right| \times$$
$$(1 - P_m)O(S)$$
$$\approx P(S, t) \frac{f(S)}{\bar{f}} \left|1 - p_c \frac{\sigma(S)}{L-1} - O(S)\right|$$
$$(49.3\text{-}8)$$

式中，$\bar{f}$ 为平均适应度，$\bar{f} = \frac{1}{N}\left\{\sum_{i=1}^{N} f(G_i)\right\}$，$N$ 为个体总数。

这里，因突然变异率 P_m 比 1 充分小，把 $(1-P_m)O(S)$ 用泰勒展开省略了二阶以上的项。不等号表示省略了因交叉和突然变异产生的由其他 schemata 混入的高阶成分。

式 (49.3-8) 叫作模式定理，或者叫作遗传算法的基本定理。其定性表述如下：schemata S 的构成长度 $\sigma(S)$ 越短，阶数 $O(S)$ 越低，平均适应度 f 就越高，在下世代生存的可能性就越大。

以上的模式定理说明，在基因型中存在适应度高、构成长度短的 schemata 的情况下，其 schemata 被交叉切断的可能性低，随着世代交替其数量将增加。这样的 schemata 被叫作积木（building block）。在进化仿真中，这样的积木有其若干种类的组合，会产生具有高适应度的优秀个体，这就是所谓的积木假说。

模式定理虽然给出了调查某种 schemata 生存可能性的手段，但是并不能解析在进化过程中新生成的 schemata 的动态。关于在进化仿真中变化着的基因型的数学解析和分析方法的研究，将是今后的重要课题。

1.4 遗传算法的有关操作规则和方法

GA 算法的流程与上节所述的 SGA 大同小异。在处理实际问题时，常常需要根据问题的特征，考虑对其淘汰、增殖、交叉和突然变异等规则以及适应度的设定和定标等予以修正。以下介绍一些规则供参考。

(1) 淘汰、增殖规则的扩充

在 SGA 中，选择下世代个体时，由与各个体的适应度成比例的概率决定其个体被选中的可能性。假如完全服从这一基本方式，那么在生物集团个体数少的情况下，可能会产生现世代中具有最大适应度的个体，作为下世代的个体偶然未被选中的情况；生物集团个体的分布偏向适应度低的个体的情况。相反，由于只选择具有高适应度的个体，生物集团将陷入局部解的境地。为了回避这样的问题，研究者提出了各种各样的扩充规则。

1) 概率淘汰的方法。在进化仿真中，按照与各个体适应度成比例选择世代个体的情况下，具有高适应度的个体占主导地位时，低适应度的个体作为下世代个体被选中的可能性就非常小。因此，从局部解脱出也就变得困难。由此，我们可以不是单纯地采用相对于适应度的大小成比例关系选择方法，而是把适应度按大小顺序排序，决定其作为下世代个体被选中的可能性的方法。即使这样，有时也会出现适应度的大小难以直接反映进化仿真的情况。

2) 优秀个体保存战略。优秀个体保存战略即把现世代个体中适应度最大的个体强制性地在下世代中给以保存的方法，如图 49.3-9 所示。在这种方式下，生物集团中最大适应度的值，随着世代交替的进行是单调增加的。但是，当生物集团取得局部解时，最大适应度的值不仅不会增加，而且随着世代交替的进行，现时刻最大适应度个体的影响将会扩大，更难以从局部解中脱出。

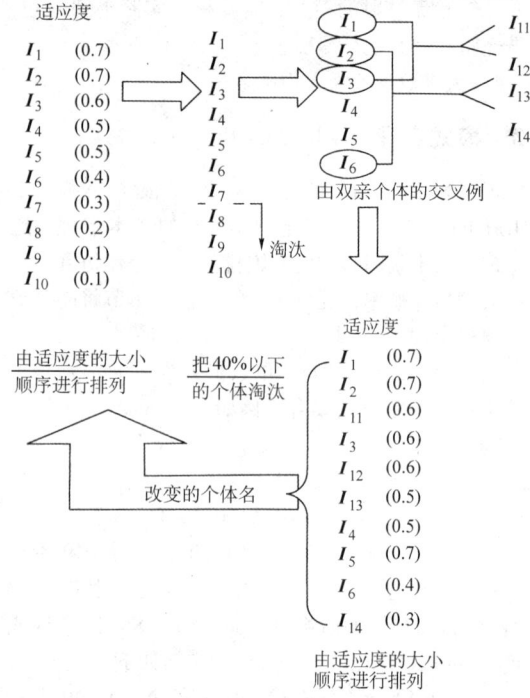

图 49.3-10 比例淘汰+交叉增殖的方法

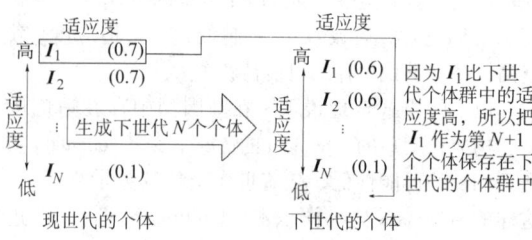

图 49.3-9 优秀个体保存战略

3) 比例淘汰+交叉增殖的方法。把生物集团中的个体群按适应度的大小顺序排列后，将一定比例的下位个体无条件地淘汰掉，再将上位适应度高的个体配对进行交叉，产生新的基因型，实现增殖。此方式（见图 49.3-10）在进化仿真顺利时，可高速地收敛于最优解。

但是，与优秀个体保存战略相同，当生物集团陷入局部解时难以从局部解中脱出。

总之，淘汰和增殖规则的原则是，尽可能地使高适应度个体（或者基因型的一部分）的 schemata 具有更高的生存可能性。但是，相对于具体问题，程序的最优淘汰、增殖规则又必须根据实际经验来确定。

(2) 交叉操作的扩充

SGA 中使用的交叉是最基本的 1 点交叉方式。以下介绍几种典型的交叉操作。

1) 2 点交叉（two-point crossover）。图 49.3-11 所示的 2 点交叉方式不是把基因排列的基因型作为 1 列字符串，而是把最后的字符和首位字符连接成环状排列来处理。在环上随机地设定 2 点交叉位置，把环分割成两个弧，相互置换其相同的一部分，就构成了子孙基因的排列。

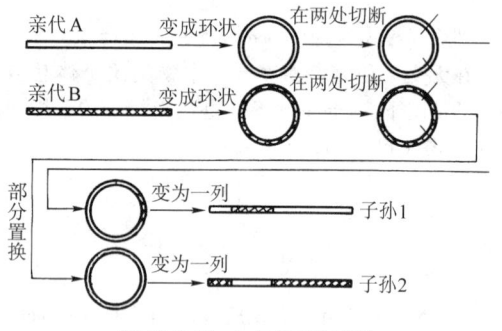

图 49.3-11 2 点交叉的示例

2) 多点交叉（multi-point crossover）。多点交叉是 2 点交叉的扩充。多点交叉也与 2 点交叉相同，把基因的排列以环状来处理。然后，在若干个位置把环进行分割。这时，交叉位置的数目是奇数时，因为亲代 A 和亲代 B 的基因单元（弧段）相互等数置换有剩余，因此交叉位置的数目必须为偶数，即把多点交叉用 2 点交叉（n-point crossover）来表示时，n 应为偶数。2 为奇数的 n 点交叉，在定义时需要丢弃 n 个交叉位置中的一个，或者需要把原来基因型的最后（尾部）再假设为第 $n+1$ 个交叉位置来处理。

3) 分裂交叉（segmented crossover）。分裂交叉是交叉位置总数可变的多点交叉。其设定分裂置换概率为 R_s。例如，所谓分裂置换概率 $R_s=0.2$ 表示对于

长度为 L 的字符串基因，其期望分裂长度为 LR_s。

4) 均匀交叉（uniform crossover）。均匀交叉是在由亲代 A 和亲代 B 的基因型 G_a、G_b 产生子孙基因型 G_{ab} 时，G_{ab} 的各基因占有亲代 A 的基因概率为 p，占有亲代 B 的基因概率为 $1-p$ 的交叉。$p=0.5$ 产生的子孙基因型用式（49.3-9）表示。

$$G_a = \{11111111\} \quad G_b = \{100000000\}$$
$$(49.3\text{-}9)$$
$$G_{ab} = \{10011100\} \quad (49.3\text{-}10)$$

由式（49.3-9）和式（49.3-10）可以看出，子孙基因型 G_{ab} 继承亲代 A 中 L 个基因中的 $p \times L$ 个，亲代 B 的 $(1-p) \times L$ 个基因。在对于问题难以判断用怎样的交叉合适的情况下，采用均匀交叉可以得到较好的搜索结果。

5) 混合交叉（blended crossover）。混合交叉是在个体的基因型表示连续值的情况下，把两亲代的中间值作为子孙的基因型的交叉值的一种交叉。例如，在式（49.3-11）所示的亲代 A 的基因型 G_a 的值为 255、亲代 B 的基因型 G_b 的值为 1 的时候，把表示其平均值 128 的基因型式 [式（49.3-12）] 作为亲代 A 和亲代 B 之间的子孙基因型 G_{ab}。

$$G_a = \{11111111\} \quad G_b = \{00000001\}$$
$$(49.3\text{-}11)$$
$$G_{ab} = \{10000000\} \quad (49.3\text{-}12)$$

除以上的几种交叉方式外，研究者提出了各种各样的交叉方式，在此不一一介绍。总之，使用的交叉方式是否合适，与要解决的问题、基因型的定义、适应度设定等密切相关。根据有关资料，1 点交叉和其他的交叉相比较其性能较差。关于各种交叉操作的有效性，以及交叉的数学定义和交叉对于搜索过程的影响等，还需要在计算理论和解析方面进行深入的研究。

(3) 突然变异规则的扩充

突然变异的作用是使由交叉产生的基因型具有多样性，即由突然变异产生仅由交叉不能产生的基因型，使搜索空间域大些。其次，在生物集团陷入局部解的情况下，具有脱出局部解的可能性。突然变异规则扩充的典型方式是，让突然变异率相对于进化过程的变化而变化。通常，生物集团的进化在顺利进行的状况中，突然变异率一定，抑制在低概率水平。生物集团适应度的增加率减少，能够判断生物集团陷入局部解的情况时，突然变异率比一般情况时要大，使其增加发生同现有集团基因型相异的搜索点，提高脱出局部解的可能性。

(4) 引入适应度的定标

引入适应度的定标，主要是为了改善进化仿真初期和收敛时的淘汰功能。在生物进化仿真的初期，生物集团还不明确其方向性，各个体处于随机分布的状态。因此，偶然出现具有比其他个体适应度大的个体时，其方向虽然可能并不是真正的收敛方向，但生物集团的分布可能会出现偏向此个体方向的倾向，使生物集团被偶然性支配处于非常不稳定的状态，结果使生物集团不能到达最优点的可能性增大。为此，我们期望在进化仿真的初期阶段，相对于适应度的大小淘汰不要太敏感。另外，进化仿真进入收敛的最后阶段，因为各个体的基因型已具有相当高的相似性特性，同进化仿真的初期阶段相反，期望选择优秀个体进行更深入的局部搜索，提高搜索精度，即相对于适应度的大小进行严密的淘汰。为了实现这样的操作，需要随着进化仿真进行现行状况，改变对其适应度值的解释方式。这种改变对其适应度值的解释方式的操作，就是对适应度的定标。

所谓适应度的定标，见式（49.3-13），由既定的设定方法，计算出某个体 I_i 的适应度的值 $f(I_i)$，代入函数 $G()$ 中，把求出的值 $f'(I_i)$ 作为个体 I_i 的淘汰及增殖计算的依据。

$$f'(I_i) = G(f(I_i)) \quad (49.3\text{-}13)$$

作为函数 $G()$，有使用式（49.3-14）所示的线性函数的情况，也有使用式（49.3-15）所示的非线性函数的情况。

$$f'(I_i) = af(I_i) + b \quad (49.3\text{-}14)$$
$$f'(I_i) = [f(I_i)]^k \quad (49.3\text{-}15)$$

式中 a、b、k——常数。

这里把式（49.3-14）的线性定标用图 49.3-12 表示。

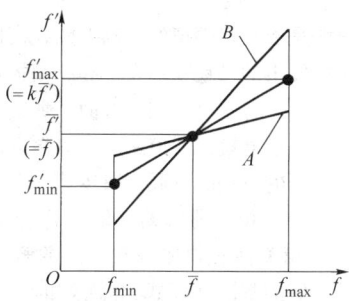

图 49.3-12　适应度线性定标

图 49.3-12 所示的线性定标中，f' 的平均值 $\bar{f'}$ 与 f 的平均值 $\bar{f}$ 相等，即 $\bar{f'} = \bar{f}$。这样定标后，个体 I_i 的适应度的平均值 $\bar{f'}$ 服从式（49.3-16）的基本淘汰规则时，其子孙在下世代生存的可能性是 1。

$$p(I_i) = \frac{f'(I_i)}{\bar{f'}} \quad (49.3\text{-}16)$$

式中 $p(I_i)$ ——个体 I_i 作为下世代个体被选中的概率;

$$\bar{f'} = \sum_{j=1}^{N} f'(I_j)/N, \quad N \text{ 为个体总数}。$$

图49.3-12中的 f'_{max} 决定了生物集团中具有最大适应度的个体在下世代中生存的个体数。若 $f'_{max} = k\bar{f'}, k=2$,即在下世代中生存的概率个体数为2个;$k=3$,即在下世代中生存的概率个体数为3个。通常 k 的值在 [1, 2] 取值。$k=1$ 相当于不进行定标。

相对进化仿真进行的状况,改变式(49.3-14)中系数 a、b 的值,让直线的斜率发生变化,调解定标的效果。总之,进化仿真开始后的初期阶段,由图49.3-12中的直线 A 设定,适应度的值给予各个体的生存概率的影响将会降低。另一方面,生物集团到达收敛时,以图中大斜率的直线 B 进行,适应度的值给予各个体的生存概率的影响将会增大。

至今,根据GA的适用问题的不同,有各种各样的扩充算法。这些算法是属于古典GA,还是属于其他极不明确。现在,GA的定义以及GA中操作方式的严密的定义尚不存在。在理论解析尚不充分的前提下,各种各样方法的尝试无疑是必要的。例如,由于与达尔文的进化论不同的进化论学说的出现,像不同观点进化论的讨论那样,有把GA以自由想象的方式进行扩充;也有开发非GA或者反GA的遗传算法的尝试。这些研究将促进以GA为代表的遗传方法不只停留在经验的水平上,而是在理论上逐渐趋于成熟。

1.5 多个体参与交叉的遗传算法

遗传算法是建立在模拟的基础上的,模拟把它们与自然界可能发生的过程联系在一起,模拟在具有解释功能的同时,也有一个不利的方面,那就是让问题变得模糊难懂,沿着模拟的道路走下去会阻碍那些不符合模拟所认可的方法的发展。遗传算法在应用时有其最根本的一个前提,即解的功能(适应值)与结构(编码)的相关性必须体现在:好的解之所以好是因为其具有好的基因(模式),而好的基因相互组合产生更好解的可能性很大。认清这样一个前提,我们回过头去考察以前遗传算法的运算过程,会发现交叉操作中只选两个个体参与是没有道理的,是受了模拟自然生物有性繁殖进化的限制。于是,这里突破了模拟的限制,提出了多个体参与交叉的遗传算法,并将给出多个体参与交叉的遗传算法的模式定理,分析其对解群多样性的影响,初步解释其具有较高计算效率的原因,最后给出了一个算例验证了其具有较高的计算效率。

(1)多个体参与交叉的遗传算法的简单描述

这里我们只描述与基本遗传算法相对应的多个体参与交叉的遗传算法。但请注意,几乎所有的遗传算法都可以转化为对应的多个体参与交叉的遗传算法形式。应用此遗传算法求解问题的准备工作与基本遗传算法大致相同,不过是控制参数中还应加上参与交叉的父代个体数目 a 和交叉后产生的子代个体数目 b 两个参数。这两个参数对遗传算法的性能有重要影响。

图49.3-13所示是与基本遗传算法相对应的多个体参与交叉的遗传算法框图。它与图49.3-4的不同之处是用椭圆围起的那一部分,即交叉操作部分。从中我们也可看出,当提出了有多父代个体参与交叉的遗传算法概念之后,基本遗传算法便可理解为多个体参与交叉的遗传算法中参与交叉的个体数目 $a=2$ 的特例。交叉方式可以多种多样,这里我们只提供一种方式。随机产生 $a-1$ 个数值在1与串长 L 之间的整数,这样参与交叉的 a 个父代个体都被分为 a 段,相应子代个体的 a 段来自父代个体,但不一定分别来自 a 个父代个体,可能来自大于或等于2个父代个体、小于或等于 a 个父代个体。这样可能产生新的个体数为 $a^a - a$ 个,可取子代个体数目 $1 \leq b \leq a^a - a$。例如,选择了3个个体参与交叉,随机选取两个交叉断点,则可产生 $3^3 - 3 = 24$ 个新个体,子代个体数目可取在1~24之间。由此可见,采用新的遗传算法可明显增

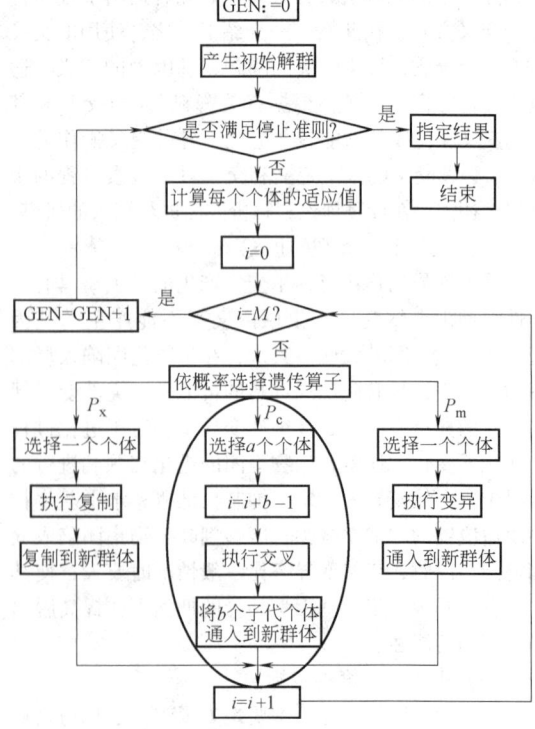

图49.3-13 多个体参与交叉的遗传算法框图

加解的多样性,从而提高计算效率。

(2) 多个体参与交叉的遗传算法的模式定理

模式定理:具有短的定义长度、低阶并且适应值在群体平均适应值以上的模式在遗传算法迭代过程中将按指数增长率被采样。

模式定理是遗传算法的基本定理,它解释了遗传算法的有效性。若能证明多个体参与交叉的遗传算法的模式定理,将会给这类遗传算法一个坚实的根基。

定理 1 模式定理对多个体参与交叉的遗传算法仍然成立,而且通过调整参与交叉的个体数目对模式的短小性可有不同要求,有利于快速求得(近)最优解。

证 假设在给定的时间步 t,一个特定的模式 H 有 m 个代表串包含在群体 $A(t)$ 中,记为 $m = m(H, t)$,用 $f(H)$ 表示在时间步 t 含模式 H 串的平均适应值,则交配池中含模式 H 串的数目为 $m(H, t) \cdot n \cdot f(H) / \sum_{j=1}^{n} f_j$。定义 $\delta(H)$ 为模式 H 的长度,即从第一个确定位到最后一个确定位的数目,l 表示染色体串长,则易知在一点交叉中,模式 H 被破坏的可能性为 $P_d = \delta(H)/(l-1)$,那么生存概率为 $P_s = 1 - P_d$,a 表示参与交叉的父代个体数目,而多父代参与交叉的生存概率为 $P_s^{(n)} = (P_s^{(2)})^a$,因此在采用两个体一点交叉的遗传算法的下一代中模式 H 的数目为

$$m(H, t+1) = m(H, t) n \cdot f(H) \times \left(1 - \frac{\delta(H)}{l-1}\right) / \sum_{j=1}^{n} f_j$$

而在多个体参与交叉的遗传算法的下一代中模式 H 的数目为

$$m(H, t+1) = m(H, t) n \cdot f(H) \times \left(1 - \frac{\delta(H)}{l-1}\right)^a / \sum_{j=1}^{n} f_j$$

由此可得定理 1。

(3) 解群多样性的表示

我们可以从两个方面来理解解群的多样性,一种是解群的空间分布,显然从这个意义上来看,解群的空间分布越大,解群的多样性越强。因此,我们用方差来描述解群的空间分布情况。

定义 1 若第 t 代解群中的个体 x_t^i 由 L 个基因构成,即 $x_t^i = (x_t^{i(1)}, x_t^{i(2)}, \cdots, x_t^{i(L)})$,$i \in \{1, 2, \cdots, N\}$,定义第 t 代解群的平均个体

$$\bar{x} = (\bar{x}_t^{(1)}, \bar{x}_t^{(2)}, \cdots, \bar{x}_t^{(L)})$$

其中 $\bar{x}_t^{(l)} = \sum_{i=1}^{N} x_t^{i(l)}/N$,由此定义第 t 代的解群方差为

$$D_t = (D_t^{(1)}, D_t^{(2)}, \cdots, D_t^{(L)})$$

其中 $D_t^{(l)} = \sum_{i=1}^{N} (x_t^{i(l)} - \bar{x}_t^{(l)})^2/N$,$l \in \{1, 2, \cdots, L\}$。

从定义 1 可以看出,方差 D_t 是 L 维的行矢量,每一个分量表示出了解群在这维坐标上的空间分布。显然,$D_t^{(l)}$ 越大,则解群在第 l 维坐标上的空间分布就越大。

方差仅反映出了解群的空间偏离程度,还不能完全刻画出解群的多样性。例如,解群 $\{1, 2, 3, 4, 5\}$ 由五个个体组成,显然 $D = 2$;而解群 $\{1, 1, 1, 1, 5\}$,方差 $D = 2.56$。显然后者比前者的方差大,但前者比后者有更大的进化能力,为此我们引入描述解群多样性的第二个量——熵。

定义 2 若第 t 代解群有 Q 个子集:S_{t1}, S_{t2}, $\cdots$, S_{tQ} 各个子集所包含的个体数目记为 $|S_{t1}|$,$|S_{t2}|$,$\cdots$,$|S_{tQ}|$,且对任意 $p, q \in \{1, 2, \cdots, Q\}$,$S_{tp} \cap S_{tq} = \phi$,$\bigcup_{q=1}^{Q} S_{tq} = A_t$,$A_t$ 为第 t 代解群的集合,则定义第 t 代解群的熵如下

$$E_t = -\sum_{j=1}^{Q} p_j \lg(p_j)$$

其中 $p_j = \frac{|S_{tj}|}{N}$,N 为解群中个体数目。

定义 2 告诉我们两点,第一点是当解群中所有个体都相同时,即 $Q = 1$,这时熵取最小值 $E = 0$。第二点是当 $Q = N$ 时,熵取最大值 $E = \lg(N)$。解群中的个体类型越多,分配得越平均,熵就越大。对于十进制编码,熵的最大值为 $E_{max}^D = \lg(N)$;对于二进制编码熵的最大值为 $E_{max}^B = \lg(\min(N, 2^L))$。

如果解群的方差和熵都很大,解群的情况如图 49.3-14a 所示,一般初始解群就是这个样子。当解群的方差很大,熵很小时,如图 49.3-14b 所示,解群集中在几个点上。解群的方差很小,熵很大时,解群集中在一个很小的区域中,如图 49.3-14c 所示。解群的方差和熵都很小时,解群收敛,如图 49.3-14d 所示,经过多代进化后,解群处于这种状态。

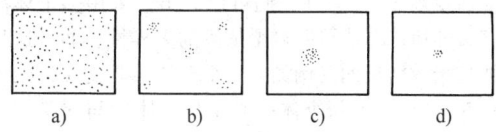

图 49.3-14 解群多样性与方差和熵的关系

(4) 多个体参与交叉的遗传算法对解群多样性的影响

多个体参与交叉的遗传算法的交叉操作可以描述为随机地从解群 $x_t^{'1}$, $x_t^{'2}$, $\cdots$, $x_t^{'N}$ 中选出 a 个个体,

依交换概率 P_c 进行基因重组运算，产生解群 $x_t^{"1}$，$x_t^{"2}$，…，$x_t^{"N}$。Xiaofeng Qi 证明了当解群数目无穷时，交叉操作保证每个坐标的边缘概率密度函数不变，即

$$g_{x_t^{"l}}(x^{(l)}) = g_{x_t^{'(l)}}(x^{(l)}) \quad (49.3\text{-}17)$$

其中 $l \in \{1, 2, \cdots, L\}$。

定理 2 无论交叉操作是两个个体参与交叉，还是多个个体参与交叉，都不会改变解群的方差，即 $D_t = D_0$。D_0 是初始解群方差。

证 由式（49.3-17），定理 2 显然成立。

定理 3 若解群中每个个体有 L 个基因位，且初始解群中有 Q 个子集：S_{t1}，S_{t2}，…，S_{tQ}，对任意 p，$q \in \{1, 2, \cdots, Q\}$，有 $S_{tp} \cap S_{tq} = \phi$，$\bigcup_{q=1}^{Q} S_{tq} = A_t$，$A_t$ 为第 t 代解群的集合，若取两个个体参与交叉，则对任意 m, $n \in \{1, 2, \cdots, Q\}$，$x_t^i \in S_m$，$x_t^j \in S_n$，被分为两段满足

$$x_t^i \neq x_t^j \quad (49.3\text{-}18)$$

则经过交叉操作后会产生两个不同类型的个体。

证 由式（49.3-18），定理 3 显然成立。

定理 4 若解群中每个个体有 L 个基因位，且初始解群中有 Q 个子集：S_{t1}，S_{t1}，…，S_{tQ}，对任意 p，$q \in \{1, 2, \cdots, Q\}$，有 $S_{tp} \cap S_{tq} = \phi$，$\bigcup_{q=1}^{Q} S_{tq} = A_t$，$A_t$ 为第 t 代解群的集合，若取 a 个个体参与交叉，则对任意 C_1, C_2, …, $C_a \in \{1, 2, \cdots, Q\}$，$x_t^1 \in S_{C_1}$，$x_t^2 \in S_{C_2}$，…，$x_t^a \in S_{C_a}$，被分为 a 段满足

$$x_t^1 \neq x_t^2 \neq \cdots \neq x_t^a$$
$$\begin{cases} x_t^{1(1)} \neq x_t^{2(1)} \neq \cdots \neq x_t^{a(1)} \\ x_t^{1(2)} \neq x_t^{2(2)} \neq \cdots \neq x_t^{a(2)} \\ \vdots \\ x_t^{1(a)} \neq x_t^{2(a)} \neq \cdots \neq x_t^{a(a)} \end{cases} \quad (49.3\text{-}19)$$

则经过交叉操作后会产生 $a^a - a$ 个不同类型的个体。

证 由于增加了式（49.3-19）的约束，则交叉后可产生 a^a 个个体，减去原有的 a 个个体，得 $a^a - a$ 个不同类型个体，定理得证。

由定理 3、定理 4 我们可以看出，采用多个体参与交叉的遗传算法可明显增加解的多样性，而且这种增加是指数增长的。例如取 3 个个体参与交叉，则可产生 $3^3 - 3 = 24$ 个新个体；取 4 个个体参与交叉，则可产生 $4^4 - 4 = 252$ 个新个体。由定理 2 我们知道，交叉操作不改变解群的方差，交叉操作增加解的多样性事实上是增加了解群的熵。而采用多个个体参与交叉的遗传算法能呈指数快速性增加解群的熵。

定理 5 若解群中每个个体有 L 个基因位，且初始解群中有 Q 个子集：S_{t1}，S_{t2}，…，S_{tQ}，对任意 p，$q \in \{1, 2, \cdots, Q\}$，有 $S_{tp} \cap S_{tq} = \phi$，$\bigcup_{q=1}^{Q} S_{tp} = A_t$，$A_t$ 为第 t 代解群的集合，若取两个个体参与交叉，则对任意 m, $n \in \{1, 2, \cdots, Q\}$ 和 $l \in \{1, 2, \cdots, Q\}$，$x_t^i \in S_m$，$x_t^i \in S_n$，满足

$$x_t^i \neq x_t^j \quad (49.3\text{-}20)$$
$$x_t^{i(l)} \neq x_t^{j(l)} \quad (49.3\text{-}21)$$

则经过交叉操作，$t \to \infty$ 时，解群中有 Q' 个不同类型的个体。

$$Q' = 2(L-1)C_Q^2 + Q \quad (49.3\text{-}22)$$

若子集 S_k 中个体的 L 位基因是由 l_1, l_2, …, $l_L \in \{1, 2, \cdots, Q\}$ 子集中的相应基因元素构成的，则子集 S_k 所对应的 $p_k = \dfrac{|S_k|}{N}$ 由下式可得

$$p_k = p_{l_1} p_{l_2}, \cdots, p_{l_L} \quad (49.3\text{-}23)$$

当 $t \to \infty$ 时，解群的熵 E 满足

$$\lim_{t \to \infty} E = -\sum_{k=1}^{Q'} p_k \lg(p_k) \quad (49.3\text{-}24)$$

证 Q 个子集中任两个子集中各取一个个体，交换的位置有 $L-1$ 个，由定理 5 的条件式（49.3-20）、式（49.3-21）可知，一定产生两个新个体 x'，x''，且 x', $x'' \in S_q$，$q \in \{1, 2, \cdots, Q\}$，所以交叉可产生 $2(L-1)C_Q^2$ 个新型个体，再加上原有的 Q 个类型，得出式（49.3-22）。由定理 2 得知，交叉操作不改变每维坐标的基因元素，显然式（49.3-23）成立。由熵的定义容易得出式（49.3-24）。得证。

定理 6 当 $t \to \infty$ 时，多个体参与交叉的遗传算法的熵与两个体参与交叉的熵相同。

证 任意数目个体参与交叉后产生的不同类型个体都可以通过两个体多次交叉后产生。易得定理 6。

从定理 5、定理 6 我们还可以看出，交叉操作不能保证解群的熵在 $t \to \infty$ 时达到最大，熵的变化与初始解群的分布有关，当初始解群的所有个体都相同时，交换操作不改变解群的熵。

用二进制编码时，式（49.3-19）、式（49.3-21）不易满足，在基因数目 L 相同的情况下，二进制编码产生的新个体类型数目比十进制少，但并不意味着交叉操作对二进制编码解群熵的提高能力小。因为对于十进制数，往往采用多位二进制表示，所以对同一问题，二进制编码的基因总是高于十进制的基因位。

(5) 一个算例

考虑下面测试函数的极小值。

$$f(x) = \sum_{i=1}^{30} x_i^2, \quad -5.12 \leq x_i \leq 5.12$$

虽然此函数是简单的平方求和函数，只有一个极小值，但由于变量个数较多，解空间庞大，因此应用基本

遗传算法求解的效率还是不高的。我们将用此函数比较基本遗传算法与多个体参与交叉的遗传算法的性能。为公平起见，一些基本特征及控制参数设置如下：

二进制编码

轮盘赌选择

初始解群相同

解群规模 $N=50$

交叉概率 $P_c=0.8$

变异概率 $P_m=0.001$

$a=2,5,10$，相应 $b=2,5,10$

之所以如此设置第 7 条，是因为随机选取多个个体参与交叉增加了计算量，相应增加子代个体数目会平衡这种计算量的增加，使得任一遗传算法计算一代的时间大致相同。图 49.3-15 所示为进化过程中最优适应度的变化，图 49.3-16 所示为进化过程中平均适应度的变化。从中我们可以看到，多个体参与交叉的遗传算法的确比基本遗传算法性能有较大提高。

（6）讨论

本节提出了多个体参与交叉的遗传算法，它的思路来源于对遗传算法本质的分析，尽管没有任何模拟的基础，我们通过一个算例验证了其具有较高的计算概率。在下文中我们将应用数学工具对多个体参与交叉的遗传算法进行初步分析。

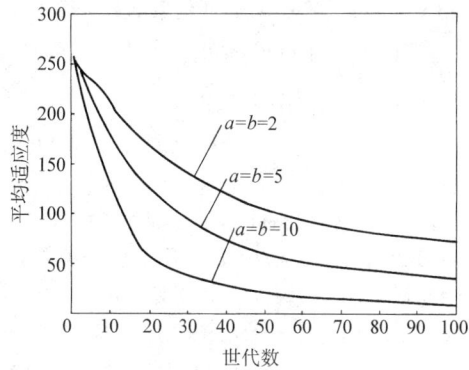

图 49.3-16　进化过程中平均适应度的变化

例验证其是有效的。本节给出了多个体参与交叉的遗传算法的模式定理，并分析了其对解群多样性的影响，初步解释了高效性的原因。然而这里只是初步工作，还有许多问题有待解决。比如，①对全局收敛性的影响怎样？②参与交叉的父代个体数目取多少为好？③这里选取参与交叉的父代个体数目都是整数个，有没有可能选取实数个，例如选 1.5 个个体参与交叉，事实上许多应用就可看作少于两个个体参与交叉，最终寻得（近）最优解。④既然多父代个体参与交叉的遗传算法可快速增加解的多样性，那么解群数量是否可以减小？

1.6　多目标进化算法简介

如果决策是为了达到一个目标而进行各种策略的优化，那么，这类问题便被称为"单目标优化问题"。如果所要决策的问题，不是为了实现一个目标，而是为实现若干个目标的策略的优化、选择，那么，这类决策问题便被称为"多目标优化问题"。

1.6.1　传统多目标算法及其存在问题

（1）多目标优化问题的相关概念

多目标优化（Multiobjective Optimization Problem，MOP）问题就是寻找满足由约束条件和目标函数组成的矢量函数的一组设计变量 $x_1, x_2, \cdots, x_n$，使得决策者能接受所有的目标值。目标函数形成了对所设计的系统性能指标的描述。它的数学模型可以表达为

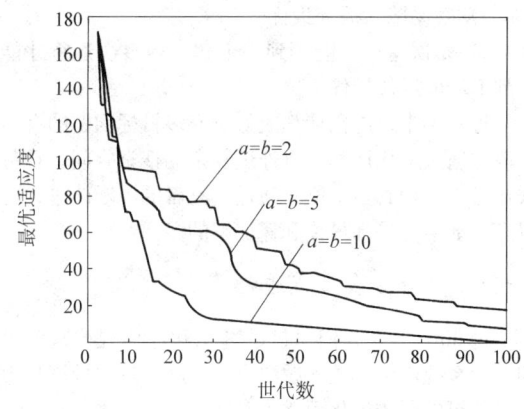

图 49.3-15　进化过程中最优适应度的变化

多个体参与交叉的遗传算法的思路来源于对遗传算法本质的分析，没有任何模拟的基础，通过一个算

$$\begin{aligned}
\min \quad & F(\boldsymbol{x}) = (f_1(\boldsymbol{x}), f_2(\boldsymbol{x}), \cdots, f_m(\boldsymbol{x}))^T \quad (\boldsymbol{x} = (x_1, x_2, \cdots, x_n)^T) \\
\text{s.t} \quad & g_i(\boldsymbol{x}) \leqslant 0 \quad (i = 1, 2, \cdots, p) \\
& h_j(\boldsymbol{x}) = 0 \quad (j = 1, 2, \cdots, q) \\
& \boldsymbol{x} \subset D
\end{aligned} \qquad (49.3\text{-}25)$$

通常称式 (49.3-25) 为一般多目标优化问题模型，其中 n 个变量 $x_1, x_2, \cdots, x_n$ 叫决策变量，由决策变量构成的矢量 $\boldsymbol{x} = (x_1, \cdots, x_n)^T$ 称为决策矢量；m（$\geqslant 2$）个数值目标函数 $f_i(\boldsymbol{x}) = f_i(x_1, \cdots, x_n)$（$i=1, 2, \cdots, m$）叫目标函数，由目标函数构成的矢量 $F(\boldsymbol{x}) = (f_1(\boldsymbol{x}), \cdots, f_m(\boldsymbol{x}))^T$ 叫矢量目标函

数；$g_i(\bm{x})=g_i(x_1,\cdots,x_n)$ 叫约束函数，称

$$D=\left\{\bm{x}\in R^n \left| \begin{array}{l} g_i(\bm{x})\leqslant 0,\ i=1,\cdots,p \\ h_j(\bm{x})=0,\ j=1,\cdots,q \end{array}\right.\right\}$$

(49.3-26)

为可行域。

Pareto 最优解（pareto optimal solution）：对于问题式（49.3-25），设 $\bm{x}^*\in D$，如果不存在 $\bm{x}\in D$ 使得 $\bm{v}=F(\bm{x})=(f_1(\bm{x}),f_2(\bm{x}),\cdots,f_m(\bm{x}))$ 支配 $\bm{u}=F(\bm{x}^*)=(f_1(\bm{x}^*),f_2(\bm{x}^*),\cdots,f_m(\bm{x}^*))$，即

$$\forall i\in\{1,2,\cdots,m\},\ \ulcorner\exists \bm{x}\in D\colon F(\bm{x})\pi F(\bm{x}^*)$$

则称 $\bm{x}^*$ 为 Pareto 最优解。这个概念是经济学家 Pareto V. 于 1896 年引入的。

Pareto 解也称为非劣解（non-inferior solutions）、容许解（admissible solutions）、非支配解（non-dominated solution）或有效解（efficient solutions）。有效解的定义表明，若 $\bm{x}^*$ 是有效解，则在可行域中找不出一个点 $\bm{x}$ 使 $\bm{x}$ 的所有目标函数值都比 $\bm{x}^*$ 的小，即至少存在一个 $\bm{x}$ 的目标函数值之一比 $\bm{x}^*$ 的相应目标函数值大。有效解的概念是多目标优化理论研究中的一个最基本的概念，求解多目标优化问题的目的就是求有效解。

Pareto 最优解集（pareto optimal set）：对于给定的多目标问题 $F(\bm{x})$，所有有效解的集合称为有效解集，记为 P^*（又称 Pareto 最优解集），定义为

$$P^*:=\{\bm{x}^*\in D\mid\ulcorner\exists \bm{x}\in D\colon F(\bm{x})\pi F(\bm{x}^*)\}$$

Pareto 前端（pareto front）：对于给定的多目标优化问题 $F(\bm{x})$ 和 Pareto 最优解集 P^*，Pareto 前端（PF^*）定义为

$$PF^*:=\{\bm{u}=F(\bm{x})=(f_1(\bm{x}),f_2(\bm{x}),\cdots,f_m(\bm{x}))\mid \bm{x}\in P^*\}$$

即非劣解矢量在目标空间中构成 Pareto 前端，决策者往往要根据 Pareto 前端显示的各目标值来进行最终的决策。

由于多目标优化问题的目标函数（指标）不是单一的，造成最优概念的复杂化，除有效解的概念外，还有绝对最优解和弱有效解的概念。图 49.3-17 所示为 MOP 问题的相关概念图例（以两目标为例）。

（2）传统多目标优化方法

传统求解多目标优化问题的方法都是在搜索之前根据分析将多个目标组合成一个单目标，然后求解。而这些组合参数的改变可能会导致不同的 Pareto 解。传统的具有代表性的多目标优化方法主要有：加权和方法（weighted sum method）、层次优化方法（hierar-

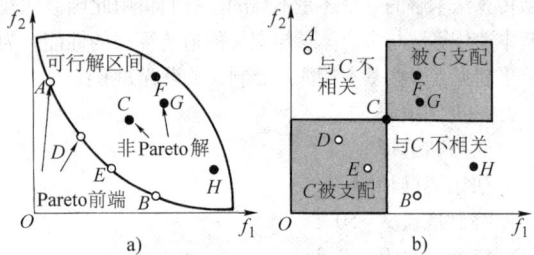

图 49.3-17 多目标优化相关概念图示
a) 目标空间中 Pareto 最优解示例
b) 目标空间中解之间的相互关系

chical optimization method）、字典排序法（lexicographic ordering method）、权衡方法（trade-off method）、全局准则方法（global criteria method）、距离函数方法（method of distance function）、目标规划法（goal programming）、目标达到法（goal attainment）、最小-最大法（min-max optimum）、局部搜索法（local search）、模拟退火法（simulated annealing）等。以上这些方法存在以下的缺点：

1）一些方法，如加权和方法等对 Pareto 前端的形状敏感，要求搜索空间为凸。

2）可能需要某些领域知识，如权重的设定等，而这些知识可能并不容易得到。

3）容易陷入局部最优。

4）每次运行只能得到一个解，须多次运行才能得到 Pareto 近似最优解集。

近几年来，进化计算成为研究多目标问题的有力手段，通过进化计算可以处理复杂的搜索空间，且每次运行都能得到多个解，通过研究者的不断改进，可以有效地避免局部最优和保证解的多样性。

1.6.2 Pareto 多目标进化算法

近 30 年来，人们对借助进化和遗传规律来解决问题的系统产生了越来越浓厚的兴趣。进化计算是模拟自然界的群体进化而逐步发展起来的。由于其所具有的本质并行性以及自组织、自适应和自学习等智能特征，进化计算已成功应用到那些难以用传统的方法来进行求解的复杂问题中。进化计算包括了一类基于生物界的自然选择和自然遗传机制的计算方法，如遗传算法（genetic algorithm）、进化策略（evolutionary strategies）、进化规划（evolutionary programming）以及 20 世纪 90 年代初期才发展起来的遗传程序设计（genetic programming）等。这里主要用到多目标遗传算法。

20 世纪 60 年代中期，美国 Michigan 大学的 Holland 教授在 Fraser A. S. 和 Bremermann H. J. 等工作的

基础上，提出了适于变异、交配的位串编码技术，后来将此算法用于自然和人工系统的自适应行为研究，1975 年出版名著《Adaptation in Natural and Artificial Systems》，并且将该算法推广应用到优化及机器学习等问题中，这个算法就是遗传算法。

遗传算法是一种群体操作，该操作以群体中的所有个体作为对象。该算法包含的基本算子是：选择、交叉、变异。简单遗传算法有五个基本要素：染色体表示（参数编码）；初始群体的生成；适应度函数的设计；遗传操作设计；终止准则。

遗传算法操作过程构成了简单遗传算法的基本结构。简单遗传算法的特点是：采用轮盘赌选择方法；随机配对；采用简单交叉并生成两个子个体；群体内允许有相同个体存在。

1896 年 Pareto 提出 Pareto 最优解的概念，从而将多目标优化最优解从传统意义上的一个点扩展到一个集合，也对多目标优化方法提出了新的要求。但传统的方法是从单目标优化方法上改进而成，初始点只有一个（或一群），收敛到一个点上，并不具有矢量优化的特点。

由于进化算法能够在一次运行中寻求多个 Pareto 最优解，特别适用于求解多目标优化问题。20 世纪 80 年代中期 Schaffer 和 Fourman 对进化多目标优化算法进行了开创性的研究，随后一些学者对其应用进行了研究，近几年一些学者对多目标进化算法收敛到 Pareto 前端、小生镜和精华策略等方面进行了研究。另外一些学者则致力于开发新的进化方法。

（1）多目标搜索中的主要问题及其改进

适应度分配和选择：在单目标优化中目标函数和适应度函数往往是等同的，而多目标问题中，适应度的分配和选择过程中要包含多个目标函数信息。在多目标进化算法中，按照对多目标在适应度函数中的表现方式，可以分为三类：各个目标单独考虑、经典的求和方法和直接应用 Pareto 占优的概念。

1）通过变换目标进行选择。通过不断地在各目标间变换进行选择过程，而不是把多目标合并成一个适应度函数。用不同的目标函数来决定是否将个体复制和加入交配池。如 Schaffer 提出按比例地根据各个目标填充交配池；Fourman 的选择机制中将个体按照特定的目标排序进行选择；后来 Kursawe 将每一目标赋以一定的概率来决定在下一步的选择过程中该目标是否作为排序准则，其中的概率可以是自定义或随时间随机选择的。这种选择方法容易陷入极值点而得不到全局 Pareto 最优解，同时对非凸 Pareto 解前端很敏感。

2）通过参数变换进行求和选择。采用传统的方法将各目标进行权衡，将多目标转移为带一定参数的单目标函数。参数在历次优化运行中是不变的，但在一次运行中可能是变化的。典型的方法是采用权重理论。因为每一个体按照特定的权重组合进行评价，使优化在多个方向上同时进行。这种方法同样对非凸 Pareto 前端敏感，从而限制了其应用。

3）基于 Pareto 占优的选择。最早提出基于 Pareto 占优的个体适应度计算的是 Goldberg，他提出一种反复分级的过程：首先所有的非劣个体定为第一级并暂时从群体中移出，然后对余下的个体选取非劣点定为第二级，如此反复。个体的级别决定适应度值，此处的适应度值与全部个体有关，而其他方法中个体的适应度是单独计算而与其他个体无关的。许多学者都采用了这种方法。

尽管此方法理论上可以得到所有 Pareto 最优解，搜索空间的维数会对其效率产生影响。基于 Pareto 占优的选择方法是目前应用较为普遍的方法。

（2）精华策略

为了防止好的个体在取样或操作过程中的丢失，De Jong 提出将 P_t 中的最优个体保存到下一代群体 P_{t+1} 中。后来延伸到将 b 个最好的个体保留到下一代，这种策略就称为精华策略。在他的试验过程中发现：对于单峰函数精华策略可改善遗传算法的运作，而对于多峰函数却容易导致未成熟收敛。

不同于单目标优化问题，多目标进化算法中的精华模型更加复杂。在多目标问题中存在一个精华集而不是一个个体，精华集的规模相对于群体规模可能是非常大的。主要有两种基本的精华模型：

1）一种是直接应用 De Jong 的思想，将 P_t 中的非劣个体自动地保存到下一代群体 P_{t+1} 中。有时会对个体作一些限制，从非劣个体中选择 k 个到下一代。进化策略中的（$\lambda+\mu$）选择策略就属于这种精华策略。Rudolph 研究了基于（1+1）选择策略的多目标进化算法。

2）另外一种精华模型是维持一个外部个体集合 $\bar{P}$，其中的个体对应的决策矢量是当前所有解中的非劣矢量。每一代运行后，都会有一些个体加入或替换集合中的个体，这些个体可能是随机选择或根据其他准则，如个体在集合中存在的时间等进行选择的。

（3）群体多样性

简单进化算法在进化中不断搜索具有好的适应度值的点，以较大的概率选择并繁殖它们。其结果是随着进化的进行，这些点的数目不断增多，最后整个群体收敛到其中一个点的附近，并将该点输出作为最优解。而在多目标优化中，如果要得到 Pareto 最优解集，就不能让群体收敛到一个小的区域，而应使群体保持整个设计空间中的均匀分布状态，这样才能保证得到的是一个解集而不仅仅是一个点。因而维持群体的多样性对确保多目标进化算法有效性是至关重要的。简单进化算法只收敛到一个点，并且常常由于选择压力（selection pressure）、选择噪声（selection noise）和操作中的破坏（operation disruption）而丢失较优的个体。为了解决这些问题主要有如下几种方法：

1）适应度共享（fitness sharing）。Goldberg 和 Richardson 提出的适应度共享是目前最常用的一种小生镜（niches）技术，用以形成和维持一稳定的子群体。在特定的小生镜中的个体要共享可用的资源，在某一个体附近的个体越多，他的适应度值就要相应降低。其相度用距离 $d(x_i, x_j)$ 来定义，用小生镜半径（niche radius） σ_{share} 表示。个体 $x_i \in P$ 的共享适应度等于原有适应度除以小生镜计数（niche count）

$$F(x_i) = \frac{F'(x_i)}{\sum_{j \in P} s(d(x_i, x_j))} \quad (49.3\text{-}27)$$

个体的小生镜计数是该个体与群体内其他个体之间的共享函数（sharing function）值 s 的总和，通常把共享函数定义如下

$$s(d(x_i, x_j)) = \begin{cases} 1 - \left(\frac{d(x_i, x_j)}{\sigma_{share}}\right)^a, & \text{若 } d(x_i, x_j) < \sigma_{share} \\ 0, & \text{其他} \end{cases}$$

$$(49.3\text{-}28)$$

距离函数 $d(x_i, x_j)$ 可以定义为决策空间中的距离 $(d(x_i, x_j) = \|x_i - x_j\|)$ 或目标空间中的距离 $(d(x_i, x_j) = \|F(x_i) - F(x_j)\|)$，其中 $\|\cdot\|$ 代表一定的距离评价。现有的大部分多目标进化算法都采用适应度共享（Hajela, 1994; Srinivas, 1994）。

2）限制交叉（restricted mating）。只有当两个个体在一定的距离范围内时（由参数 σ_{mate} 定义）才允许交叉操作。与适应度共享相似，距离可以在决策空间或目标空间中定义。这种方法可以有效避免不适个体的形成，这种方法在多目标问题中并未广泛采用。

3）隔离机制（isolation by distance）。每一个体被赋予一个位置，根据距离对其进行隔离。主要有两种方法：一种是定义群体的空间结构，使空间小生镜在同一群体中进化；另外一种是定义几个不同的群体，群体间只偶尔进行个体交换。如 Poloni 用多个小群体进行分布式进化。

4）重新初始化（reinitialization）。为了防止未成熟收敛，将整个群体或群体的一部分进行重新初始化，Golaberg 研究了使用小群体规模的遗传算法系统，每当遗传算法收敛，该系统就重新初始化，Goldberg 称其为序列选择（serial selection）。Fonseca 定义了一种均匀多目标进化过程，其中在每一代的产生过程中都随机引入新的个体。群体的重新初始化在个体中引入多样性，提高了系统的性能。

5）预选择机制（preselection）。Cavicchio 提出了预选择机制，规定只有在子代的适应度值超过其父代的情况下，子代才能替换父代而进入下一代。由于这种方式趋向于替换与其自身相似的个体，因而能够较好地维持群体的分布特性。

6）拥挤机制（crowding）。1975 年，De Jong 提出了一种拥挤机制，其中新个体（子代）替换父代中相似的个体。在每一次进化中，从当前群体中选取 $1/CF$（CF 为拥挤因子）个个体组成拥挤成员，比较新个体与拥挤成员之间的相似性，决定是否用新个体取代拥挤成员中的相似个体。随着进化过程的进行，群体中的个体逐渐被分类。这种方法可以在一定程度上维持群体的分布特性。

通过聚类降低非劣解集中的个数，某些问题中，Pareto 解集可能会非常大。而从决策者的角度讲，获得过多的非劣解并无太大的意义，而且精华集中解的数目过多也影响了遗传的操作。一方面，由于 $\bar{P}$ 要参与选择过程，过滤器中的解过多会降低选择压力，从而减弱了搜索的速度；另一方面，小生镜技术依赖于过滤器中的群体定义的网格分布均匀性，聚类过程中，将集合中的 p 个元素按照其相似性划分为 q 个群体，其中 $q<p$。有两种可以采用的聚类方法：直接聚类（direct clustering）和层次聚类（hierarchical clustering）。直接聚类就是直接将 p 个个体分为 q 个集合。这里采用层次聚类法，按照平均关联理论（average linkage method）进行聚类过程。最初的 Pareto 解集中的所有个体形成一基本的群体，随后的每一步中将两个集合合并成一个集合，直至达到所要求的集合数 $\bar{N}$。合并集合的选取是按照相邻最近准则进行的，两个集合的距离定义为集合中两个个体间距离的平均值。分组过程完成后，从每一集合中选出代表个体，去除其他的个体。过程如下：

① 初始化群集 C，每一个个体 $i \in \bar{P}$ 组成一单独的集合： $C = U_{i \in \bar{P}} \{\{i\}\}$。

② 如果 $|C| \leq \bar{N}$，执行步骤④，否则执行下一步；计算所有集合两两间的距离，两个集合 $c_1, c_2 \in C$ 间的距离定义为集合中两个个体间距离的平均值

$$d_c = \frac{1}{|c_1||c_2|} \sum_{i_1 \in c_1, i_2 \in c_2} d(i_1, i_2)$$

式中 d——两个个体 i_1 和 i_2 之间的距离。

③ 找出距离 d_c 最小的两个集合 c_1 和 c_2，合并

组成一个集合：$C=C\setminus\{c_1,c_2\}\cup\{c_1\cup c_2\}$，回到步骤②。

从每一个集合中选取一个代表个体，这里用重心法进行选取，也就是说，选取到本集合内其他个体平均距离最短的个体，并除去其他个体，剩下的所有个体组成后续循环的非劣解集。通过聚类，即使 Pareto 解集中解的个数降至所要求的范围内，同时也保持了原有解集的特性，保持了解的多样性，有利于避免局部最优。

④ 去除个体完成。

1.6.3 几种主要的多目标进化算法

下面选取几种主要的多目标进化算法进行比较，对其主要特点和差异进行总结。

(1) Schaffer 的矢量评价遗传算法（Vector Evaluated Genetic Algorithms，VEGA）

Schaffer 开发了名为 VEGA 程序的多目标优化程序，其中包括了多判据函数。VEGA 系统的主要思想是将群体划分为相等规模的子群体，每个子群体对于 m 个目标中的某个单个目标是"合理的"。对每个目标，选择过程是独立执行的，但交叉是跨越子群体边界的。进化计算过程中的适应度评价和选择过程在每一代的进化中都要执行 m 次。图 49.3-18a 所示为 VEGA 选择机制的图示，其中对于某个目标较优的个体被选择复制，加入到交配池中，然后个体间进行交叉和变异。VEGA 归根结底仍是一种基于单目标的优先选择过程，难以收敛到非劣解集。

(2) Hajela 和 Lin 的基于权重的遗传算法（Hajela and Lin's Weighting-Based Genetic Algorithm，HLGA）

Hajela 和 Lin 提出了一种基于权重的遗传算法。它是以权重理论为基础，并行地搜索多个解，其权重并不是固定不变的，而是在个体矢量中编码，这样在考虑不同权重组合的情况下对个体进行评价。图 49.3-18b 所示为 HLGA 的搜索过程。权重组合的改进是通过目标空间的适应度共享来实现的，所以进化计算同时优化解矢量和权重。同时，Hajela 和 Lin 还强调为了同时加快收敛速度和实现遗传搜索的稳定性，需要加入一定的交叉限制。

如前所述，权重方法只适用于解空间为凸的情况，这个问题也同样存在于 HLGA 中，但由于其简单性，仍被较多地应用。

(3) Fonseca 和 Fleming 的多目标遗传算法（Fonseca and Fleming's Multi-Objective Genetic Algorithm，FFGA）

Fonseca 和 Fleming 提出了一种基于 Pareto 群体分级的选择方法，建立了个体的级别与当前群体中被个体占优的染色体数目的关系。如果个体 x_i 在第 t 代，被当前群体中的 $p_i^{(t)}$ 个个体占优，则其级别由式 (49.3-29) 确定。

$$\mathrm{rank}(x_i,t)=1+p_i^{(t)} \qquad (49.3\text{-}29)$$

图 49.3-18c 所示为假定的群体和相应的个体的级别，所有的非劣点的级别都定为 1。改进算法中将其他劣点的级别根据其所处位置的群体密度来考虑加适当的惩罚因子。这种对子块配置适应度的方法容易导致局部选择压力过大而过早不成熟收敛。为了避免这个问题，Fonseca 使用了一种基于共享机制的小生境技术来使群体均匀地分布在 Pareto 解集上。

FFGA 由于算法简单，易于实现，获得了广泛的应用。但它的效率依赖于共享因子 σ_share 的选择，且对共享因子非常敏感。

(4) Horn，Nafpliotis 和 Goldbeg 的采用小生境技术的 Pareto 遗传算法（Niched Pareto Genetic Algorithm，NPGA）

Horn 等提出了一种基于 Pareto 占优的锦标赛选择方法，将锦标赛选择与 Pareto 占优的概念结合起来。与传统的仅仅在两个个体中比较不同的是，该方法中用到群体中一些其他个体来帮助判别占优性。该方法中的群体规模比其他的方法要大一些，使得在选择过程中出现的误差能够被小生境克服。

图 49.3-18d 所示为 NPGA 的选择机制。图中白点代表的个体为竞赛的优胜者，因为它不被比较集占优，而另一个体被比较集占优。NPGA 的运行结果受共享因子和选择规模的影响。

Quagliarella 在此基础上提出了一种新方法，引入了选择过程中的占优准则，然后使用随机操作算子进行选择操作，但这样可能会导致选择出的个体仅在局部占优而不是在全局占优。由于这种方法不是对整个群体进行选择，而只是在局部进行，所以该方法的速度很快，但在使用中仍受到选择共享系数和选择规模的限制，需进一步研究。

(5) Srinivas 和 Deb 的非劣排序遗传算法（Nondominated Sorting Genetic Algorithms，NSGA）

Srinivas 和 Deb 的非劣排序遗传算法（NSGA）是基于个体的几层分级的。在选择执行前，群体根据是否支配其他个体被排序，所有非劣点被分成一类（带有一虚拟适应度值，它与群体规模成比例，用以为这些个体提供相等的复制潜力）。为维持群体的多样性，这些被分级的个体共享它们的虚拟适应度值。然后，忽略这组分级的个体，考虑另一层非劣个体，继续上述过程直至群体中的所有个体被分级。

图 49.3-18e 所示为 NSGA 的选择机制，其中低的

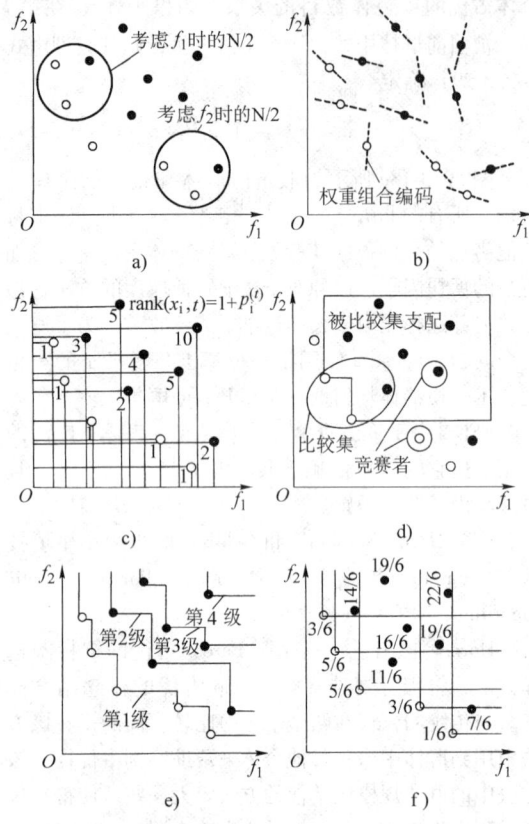

图 49.3-18　目标空间中六种不同的选择机制
a) VEGA　b) HLGA　c) FFGA
d) NPGA　e) NSGA　f) SPEA

适应度值对应于高的复制概率，与 FFGA 和 NPGA 不同的是，NSGA 的适应度共享在决策空间中进行。在 Srinivas 和 Deb 的研究中，适应度的设定与余下个体的随机选择有关。

(6) Zitzler 和 Thiele 的增强 Pareto 进化算法 (Strength Pareto Evolutionary Algorithm, SPEA)

Zitzler 和 Thiele (1999) 提出了增强 Pareto 进化算法 SPEA，它建立一外部群体 $\bar{P}_t$ 存储进化过程中所发现的非劣解，使用了 Pareto 占优的概念来计算个体适应度值。SPEA 中群体成员的适应度仅由外部集合中的个体来确定，而与群体中的个体是否占优于其他个体无关，所有外部集合中的个体参与选择。为了保持群体的多样性，SPEA 中采用了一种新的基于 Pareto 的小生境技术。

图 49.3-18f 为其适应度计算过程。7 个非劣解矢量（黑点表示）把目标空间划分为几个矩形。这些矩形被看作小生境，目标就是使个体在这些网格中按一定的规则分布。与适应度共享不同的是，小生境不是以距离的形式，而是以 Pareto 占优的形式来定义的。

1.6.4　扩展 Pareto 进化算法 (Extended Pareto Evolutionary Algorithm, EPEA)

本节提出扩展 Pareto 进化算法 EPEA，EPEA 将对前面所述各种技术进行综合应用，并引进新技术，以提高多目标进化算法的效率和有效性，得到 Pareto 最优解集。

(1) EPEA 算法过程

EPEA 的算法过程如图 49.3-19 所示。在每一次循环过程中，外部的解集过滤器中的解集 $\bar{P}$ 都要更新，如果超过解集过滤器的规模 $\bar{N}$，要对其中的点进行非劣检查，去除其中的劣点，然后对 $\bar{P}$ 和 P 中的个体进行评价，计算适应度值，并从 $\bar{P}+P$ 中进行选择过程，选择的个体进入交配池，进行交叉和变异操作。下面分别介绍 Pareto 解集过滤器、小生境和优秀解培育过程的操作。

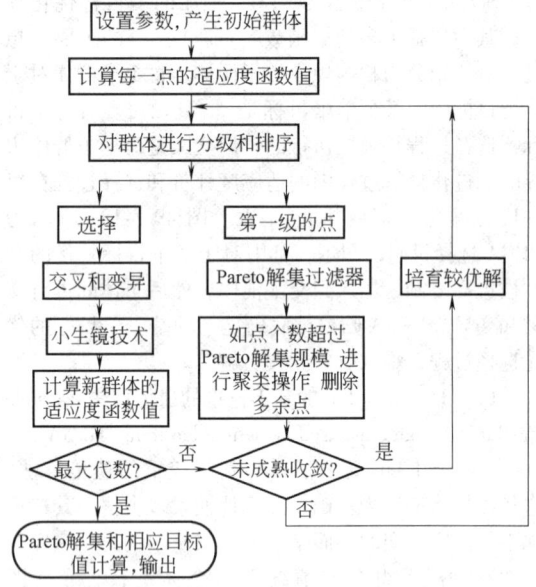

图 49.3-19　扩展 Pareto 进化算法框架

(2) 用 Pareto 解集过滤器保存优秀个体

在遗传操作中，可能在早期出现的某些染色体的适应度值要好于后来得到的最好染色体值。为了跟踪进化过程中的最好个体，开辟一独立的位置用于保存这些曾经最好的个体，称其为解集过滤器。在某些问题中，Pareto 解集可能会非常大。而从决策者的角度讲，获得过多的非劣解并无太大的意义，而且解集过滤器的大小也影响了 EPEA 的操作。一方面，由于 $\bar{P}$ 要参与选择过程，过滤器中的解过多会降低选择压力，从而减慢了搜索的速度；另一方面，小生镜技术依赖于过滤器中的群体定义的网格分布均匀性。如果

P 中的个体分布不均匀,适应度的计算会使搜索空间偏离到某一区域,导致群体的不平衡,因而如何在保持群体多样性的前提下精减过滤器中的解集是一个值得研究的问题。

基于以上问题,设计的解集过滤器需具有两个功能:①对运行中产生的非劣解的存储和更新;②运行过程中辅助对现有解和产生的新解的选择过程,从而增加选择压力,促使进化过程寻得更优的解。因而解集过滤器不仅仅是一个简单的存储器,它需有一定存储数目的限制,这个数值反映了决策者所需的最终解的个数。如果经过遗传操作产生的新解不被其父代支配,则将其与解集过滤器中的每一个解进行比较,如果新个体占优于过滤器中的个体,则将其加入解集过滤器,否则放弃。如果解集过滤器中的解超过了规定的规模,则新解取代过程器中最拥挤处的点,以利于群体的多样性。

为了表达解空间不同位置的拥挤程度,引入 d-维网格的概念。d 是目标函数的数量,对每次得到的新解,在 d-维网格中找到它的位置所在,并记录各个网格中的解和解的数量。当过滤器已满时,用新解替换最拥挤的网格中的解。如果新解既不支配过滤器中的解,也不被过滤器中的解支配,此时选择其中所处网格密度较小的解。图 49.3-20 所示为建立的 Pareto 解集过滤器的运作过程。

(3) 小生镜技术和优秀解的培育过程

在用遗传算法求解优化问题时,我们既希望提高解的收敛速度,又不希望看到局部收敛,此处的 EPGA 中引入小生镜技术和优秀解的培育过程可以权衡两者的矛盾。

这里采用基于预选择机制的小生镜技术,主要过程为:父代中的两个个体进行交叉和变异操作后,产生新的子代,比较子代个体和父代个体的适应度值,当子代的适应度值超过父代时,用子代替换父代,否则父代进入下一代,这样,新的子代总是优于父代或至少与父代相似。采用基于预选择机制的小生镜技术的主要作用是防止基因漂移,使群体中的个体沿 Pareto 解集保持均匀分布,同时也防止了群体中的个体向不利的方向进化。

在对产生的新解进行评价后,加入一个优秀解的培育过程,以加速过程的收敛。如果一个 Pareto 解在遗传操作过程中连续出现超过一定的次数(可以视为一种不成熟收敛的信号),则进行一次局部搜索过程,以提高解的多样性,改善的解进入下一代的遗传操作。局部搜索法从当前点出发,在当前点的一个邻域内搜索。如果邻域内的某个点比当前点的目标函数值更优,则用此点代替当前点继续搜索,直至搜索结束条件满足为止。培育过程为群体带入了新的信息,类似于变异操作的功能,与变异操作不同的是,优秀解的培育过程总是对 Pareto 解的改善过程。

1.6.5 算例

以下以几个算例来证明算法的有效性。

(1) 算例 1

求以下函数的最大值:

目标函数:$\max \quad f(x_1, x_2) = 21.5 + x_1 \sin(4\pi x_1) + x_2 \sin(20\pi x_2)$

约束条件:$-3.0 \leq x_1 \leq 12.1$

$\qquad\qquad\quad 4.1 \leq x_2 \leq 5.8$

函数 f 如图 49.3-21 所示。

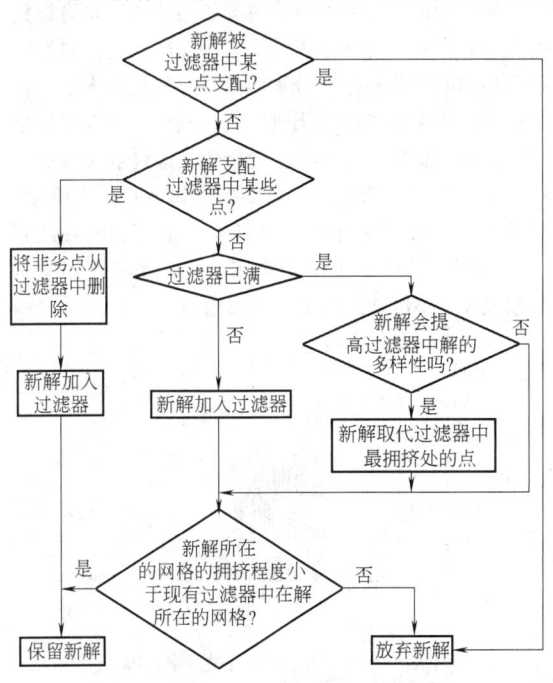

图 49.3-20 Pareto 解集过滤器运行过程

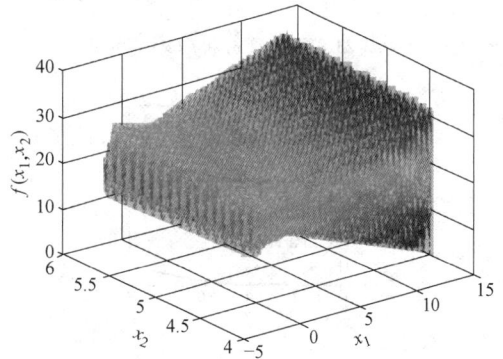

图 49.3-21 函数 $f(x_1, x_2) = 21.5 + x_1 \sin(4\pi x_1) + x_2 \sin(20\pi x_2)$ 的图

方法过程中选取如下的运行参数：
群体规模：pop size = 20
交叉概率 $p_c = 0.4$，变异概率 $p_m = 0.005$
最大运行代数：MaxGenTerm = 200
得到的运行如图 49.3-22 所示，得到的最好染色体值为 38.850257（$x_1 = 11.6254$，$x_2 = 5.7250$）。用传统的遗传算法运行 1000 代得到的最好染色体值为 35.477938。

进化参数：
群体规模：pop size = 30
交叉概率 $p_c = 0.04$，变异概率 $p_m = 0.005$
最大运行代数：MaxGenTerm = 200
解集过滤器数目：100
仿真过程的设计空间为 [−3，3]，图 49.3-25 所示为进化过程产生的初始解，经过 200 代的进化过程产生图 49.3-26 所示的解集。

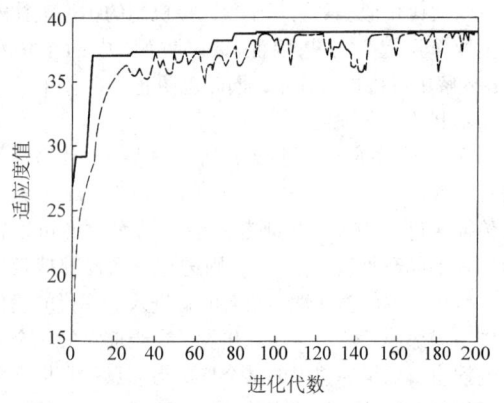

图 49.3-22 各代群体最优解及各代解的均值轨迹

（2）算例 2
以 Schaffer 的经典算例进行检验和比较。
目标函数：$\min f_1(x) = x^2$
$$f_2(x) = (x-2)^2$$
图 49.3-23 所示为两个目标函数的图形，图 49.3-24 中实线所示为多目标函数解空间的 Pareto 前端。

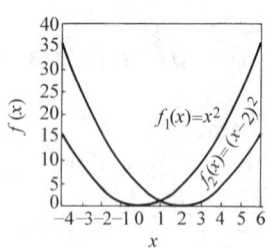

图 49.3-23 函数 $f_1(x)$ 和 $f_2(x)$ 的图形

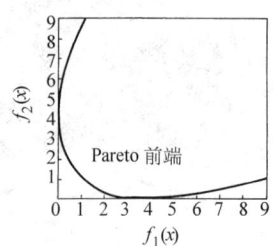

图 49.3-24 函数 $f_1(x)$ 和 $f_2(x)$ 的 Pareto 前端

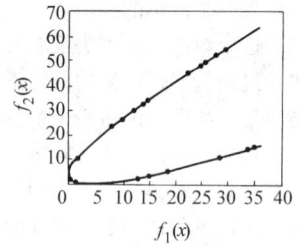

图 49.3-25 用 EPEA 产生的初始群体

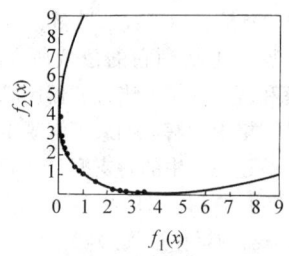

图 49.3-26 运行 200 代得到的群体

为了验证所加入的解集过滤器与优秀解培育过程的有效性，将其与 NPGA 算法进行比较，比较过程中采用相同的进化参数。分别对两种算法运行多次，比较运行过程中两者解的出现频率，其中对 NPGA 记录的是其最终解集，对 EPEA 记录的是最终解集过滤器中的解，比较结果如图 49.3-27、图 49.3-28 所示。可见进化的结果都能够在规定的进化代数内收敛到 Pareto 解集，EPEA 中落于真实 Pareto 解集区间的解的数量少于 NPGA，其解的分布也较 NPGA 分散，而

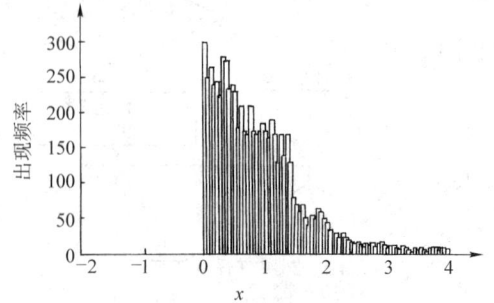

图 49.3-27 NPGA 运行过程中各解
的出现频率分布

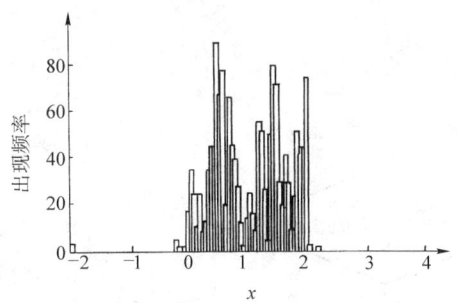

图 49.3-28 EPEA 运行过程中各解的出现频率分布

NPGA 的解向一侧偏离。

以上建立了扩展的 Pareto 进化算法过程，算例证明了算法的有效性。对于敏捷供应链重组决策中的多目标问题，也就是要求解满足决策者意愿的 Pareto 解，由于 Pareto 进化算法可以运行一次得到多个 Pareto 解，使决策者可以在多个目标间进行权衡，指导供应链的决策过程。

2 基于进化的健壮性设计方法

在复杂的系统初步设计过程中，影响质量的因素很多，如果对所有的参数进行全面试验，会耗费大量的时间及费用，这对于复杂的系统/过程来说是不实际的。

在选择试验设计方法时，需考虑到的一些要求为：在所研究的整个区域内能提供数据点的合理的分布；容许研究模型的适合性，包括对拟合不足的适合性；容许逐步建立较高阶的设计；提供内部的误差估计量；不需要大量的试验；不需要自变量太多的水平；确保模型参数计算的简单性。

这里，结合响应面法建立快速分析模块的特点，用序列试验设计方法结合改进的中心复合设计（CCD）作为设计特征样本点的方法。先用低阶的模型进行筛选试验，其结果用低阶的响应面模型来拟合，然后用方差分析（ANOVA）或回归分析来检验主要因素的显著性，将不显著的因素定位于中间水平，便于进一步调整，这样能减小问题的规模，确定感兴趣区域的范围（如图 49.3-29 所示的序列试验设计流程图）。

2.1 健壮性开发方法的基本思路

健壮设计的目的是为了在不消除产生变异的原因的情况下极小化这些变异造成的影响。早期的健壮设计主要考虑制造过程产生的变异的影响，近年来由于设计方法的发展，健壮性的概念已经进入设计阶段，即从设计阶段就考虑变异的影响，使设计出的产品或过程具有健壮性。

健壮性设计的基本原理是不仅要达到性能目标，而且要极小化性能变异，以此来提高产品或过程的质量。Taguchi 方法广泛应用于设计后期，实施参数设计和容差设计。这里介绍基于健壮性的产品及过程的开发方法将 Taguchi 方法应用到产品设计的前期阶段，将健壮性作为一个标准来帮助设计过程中的正确决策，同时尽可能减少问题的规模及设计后期的调整工作量。

在健壮性产品及过程开发方法中，需要考虑三种因素：信号因素，即系统性能的目标；可控因素，即可以由设计者自由调整的参数；噪声因素，即不能被设计者控制的参数，如环境条件等。

变异的来源有两种，一种是来自设计变量的变异，称为可控因素的变异；另一种是来自不可控因素，称为噪声因素的变异。

健壮设计问题按变异来源分为两类：

第 I 类：极小化由噪声因素（不可控因素）产生的变异。

第 II 类：极小化由可控因素（设计变量）产生的变异。

图 49.3-30 中描述了两种类型的健壮性设计问题。

图 49.3-30a 所示为第 I 类健壮设计问题，图 49.3-30b 所示为第 II 类健壮性问题。其中可控因素 x 是能被设计者任意调整的参数；噪声因素 z 是不能由使用者调整的参数；信号因素 M 是系统输入，文中的推导过程假设系统输入是固定的。

在第 I 类问题中，系统的输出的变异由不可控因素 z 引起。第 II 类问题与第 I 类问题的不同之处在于，系统的输入中不包含噪声因素的作用，其性能的变异仅仅由可控因素 x 在区域 $\pm \Delta x$ 中的变异引起。

图 49.3-30 的右边部分表示了两种健壮性设计的不同概念，右上图为第 I 类健壮设计；右下图为第 II 类健壮设计。经典的 Taguchi 的参数设计属于第 I 类的问题模式，对这种类型问题的处理，是由设计者调节可控因素 x 来减小由噪声因素 z 造成的变异。图中的两条曲线分别表示当 x 处于两种水平 $x = a$ 和 $x = b$ 时性能变异作为噪声因素的函数的曲线。如果是一般的优化问题，要使性能尽可能接近目标 M，那么在 x 处于两种水平时都是可行的，原因是它们的均值都是 M。但是如果引入健壮性概念后，当 $x = a$ 时，系统性能在噪声因素 z 产生变异的情况下改变较大，而 $x = b$ 时，变化较小。因此，$x = b$ 时系统从健壮性上优于 $x = a$，原因是 $x = b$ 时减弱了噪声因素对系统的影响。

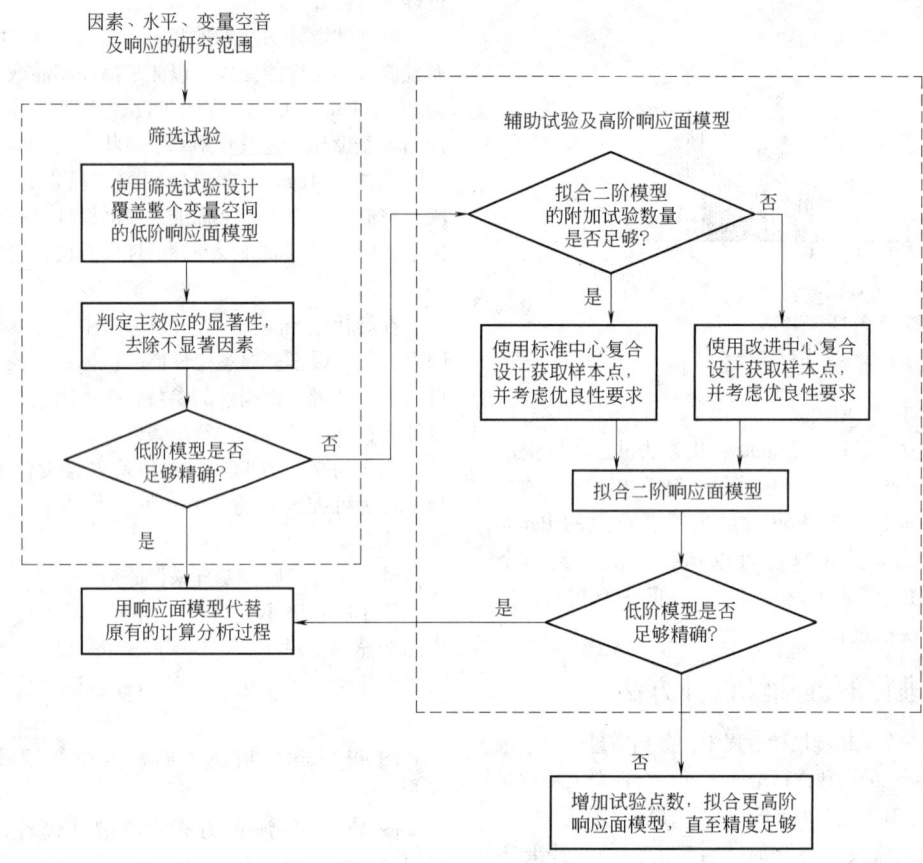

图 49.3-29 序列试验设计流程图

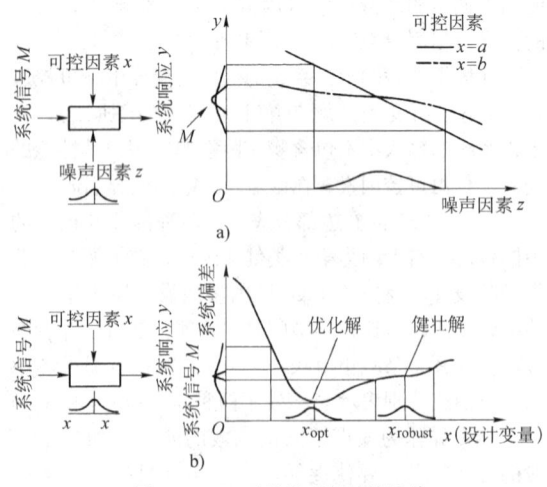

图 49.3-30 两种类型的健壮设计
a) 第 I 类健壮设计 b) 第 II 类健壮设计

右下图中，为了便于说明，假设系统性能只是一个变量 x 的函数。如果仅考虑系统的性能优化，则应选取使系统性能取极值的最优点，图中 x_{opt} 表示优化后的最优点。但如果出于健壮性的考虑，需要寻找在可控因素产生变异时能使系统性能较稳定的点。显然，x_{opt} 并不满足这个要求，满足要求的是 x_{robust}，当可控因素 x 在 $\pm \Delta x$ 范围内波动时，在 x_{robust} 附近系统性能的变异很小，满足系统健壮性的要求。

虽然两种类型的健壮性从概念上来看有一定的区别，但从图 49.3-31 中可知，健壮设计的根本目标总是使系统响应的钟形分布（不一定是正态分布）的顶点（即均值）尽量接近质量目标，即优化性能均值，同时使钟形曲线的形状尽可能窄，即极小化方差。还要考虑可控因素或噪声因素的变异对工程约束条件的影响，这样得到的是一个带约束条件的多目标优化问题。这正是基于健壮性的产品或过程开发方法的出发点。

在前面几节讨论的各种技术的基础上，我们介绍了基于健壮性的产品及过程的开发方法。该方法包括下列技术：序列试验设计、响应面法、Pareto 多目标遗传算法。该方法的基本思路为：利用序列试验设计技术筛选出对系统响应影响较大的若干因素，设计出具有代表性的特征样本点，用响应面法建立系统的输入和输出之间的近似映射函数，得到包含系统健壮性

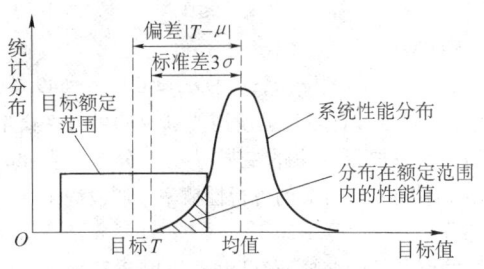

图 49.3-31　健壮设计中的性能统计分布

的目标函数和约束条件的多目标优化问题,最后利用 Pareto 进化算法求解多目标优化问题,得到使系统具有健壮性的全局最优解。

2.2　基于进化的健壮性设计方法的总体框架

基于健壮性的产品/过程开发方法的总体框架如图 49.3-32 所示。该算法包括四个主要步骤：

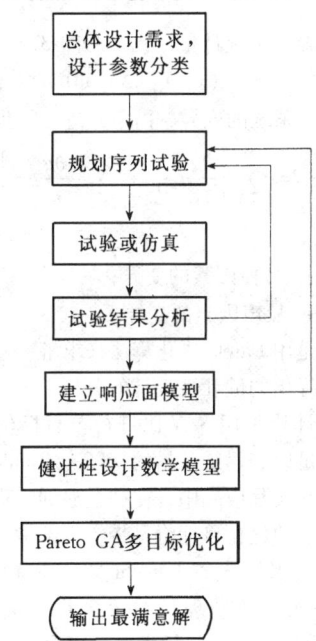

图 49.3-32　健壮性开发方法的总体框架

第 1 步：规划模型参数；

第 2 步：序列试验设计并建立响应面模型；

第 3 步：根据健壮设计问题的类型建立目标函数和约束条件；

第 4 步：用 Pareto GA 求解多目标优化问题,得到使系统具有健壮性的全局最优解。

以下将对这四个主要步骤的操作及数据流程作较详细的介绍。

第 1 步是对一个复杂的产品或过程进行分析,定义初始开发空间,规划健壮设计问题。将设计变量分组,可以由设计者直接调整的定义为可控因素,不能由设计者控制的归入噪声因素,同时限定这些因素的取值空间的范围。衡量系统性能的指标即系统响应也要在这一步中进行定义,并明确这一响应的目标是望大特性、望小特性还是望目特性,如果是望目特性,需指定目标值 T。为了减小问题的规模,需确定每一个响应的大致范围即感兴趣的区域。

由于复杂系统的设计过程中涉及多种试验过程或仿真软件的计算,在第 1 步中需确定这些试验或仿真的数据流及其输入参数与输出结果,并由此组成计算分析模块,该模块的作用是为下一步中设计响应面提供样本输出点。当响应面模型建立好后,就可由近似分析模块来取代该模块的位置,作为快速分析模块来实现原复杂耗时的计算工作。

第 2 步是一个序列进行的试验设计及结果分析过程。这个过程由规划序列试验、试验或仿真、试验结果分析、建立响应面模型几个模块组成。

先建立一低阶的筛选模型,设计少量的样本点,通过试验或计算机仿真,得到这些点处的系统输出作为响应值,对系统的因素（包括可控因素和不可控因素）进行分析,确定模型中的显著因素和不显著因素。用这些样本点和响应值拟合一个或一组一阶的响应面模型作为快速分析模块来取代原问题中的分析过程。如果用低阶模型的精度不够要求,需适当地增加样本点数来拟合二阶响应面模型,还可适当地增加阶数直到模型得到满意的精度。确定了模型的参数后,用回归分析或方差分析（ANOVA）来判别模型的显著性。

如果得到的模型是高阶模型,其中的交叉项还可以用来检验因素间的交互作用。交互作用的研究是很重要的,例如一个可控因素和另一个不可控因素之间的交互作用很强,在产品的使用中或过程的实际操作中不可控因素是不能由人为来调节的,就应该在设计中利用交互作用来调节可控因素,使不可控因素产生的影响最小。

整个序列试验设计和响应面拟合的过程是逐步提高拟合响应面精度的过程。在这一阶段,随着试验设计和响应面模型阶数的增加,在筛选试验中能尽可能地排除次要因素的干扰,逐步找出对系统响应的影响最显著的少量因素进行分析,问题的规模反而会越来越小。

第 3 步是由第 2 步的结果推导出健壮设计的数学模型。在该步中,主要是根据不同类型的健壮设计问题或它们的组合,建立健壮设计问题的目标函数及约束条件。

从响应面模型可以推导出表征质量特征的系统响

应的均值和方差。针对前面提出的两种模型，这里介绍了不同的方法。对第Ⅰ类健壮设计问题的模型，不可控因素（噪声因素）的变异是最重要的变异来源，此时使用一阶Taylor级数展开可得到响应的方差的近似表达。假设噪声因素独立，有

$$\mu_{\hat{y}} = f(x, \mu_z) \quad (49.3\text{-}30)$$

$$\sigma_y^2 = \sum_{i=1}^{k}\left(\frac{\partial f}{\partial z_i}\right)^2 \sigma_{z_i}^2 \quad (49.3\text{-}31)$$

其中，μ 表示均值，k 表示响应面模型中噪声因素的个数，σ_{z_i} 为每个噪声因素的标准偏差。

对第Ⅱ类健壮设计问题的模型，可控因素的变异是最重要的响应变异来源，可得响应的均值和方差表达式

$$\mu_{\hat{y}} = f(x) \quad (49.3\text{-}32)$$

$$\sigma_y^2 = \sum_{i=1}^{l}\left(\frac{\partial f}{\partial x_i}\right)^2 \sigma_{x_i}^2 \quad (49.3\text{-}33)$$

其中 l 表示响应面模型中可控因素的个数，σ_{x_i} 为每个可控因素的标准偏差。当系统中同时存在可控因素和噪声因素的变异时，响应的方差由式（49.3-31）和式（49.3-33）组合而成。当然，用一阶Taylor线性展开会带来一定的误差，可改用二阶Taylor展开来提高精度，但这样会造成很大的计算量，在系统响应的变异不太大的情况下，用一阶Taylor展开已足够。

建立起响应的均值和方差表达式后，就可以建立健壮设计的目标函数了。健壮设计的目标有两个，转换为数学表达为

$$\min |T - \mu_{\hat{y}}| \quad (49.3\text{-}34)$$

$$\min \sum_{i=1}^{k}\left(\frac{\partial f}{\partial z_i}\right)^2 \sigma_{z_i}^2 + \sum_{i=1}^{l}\left(\frac{\partial f}{\partial x_i}\right)^2 \sigma_{x_i}^2$$
$$(49.3\text{-}35)$$

式（49.3-34）中 T 为响应的目标值，这种表示方法的目标函数适合于望目特性值。如果是望大特性值或望小特性值，需将式（49.3-34）做相应的修改。对于望大特性值的目标，式（49.3-34）变为

$$\max \mu_{\hat{y}} \quad (49.3\text{-}34a)$$

对于望小特性值的目标，式（49.3-34）变为

$$\min \mu_{\hat{y}} \quad (49.3\text{-}34b)$$

式（49.3-34）和式（49.3-35）即为形成的多目标优化问题的目标函数。由于可控因素和不可控因素的变异会对原问题的约束条件产生变异，需将约束条件进行转化。这里，以最坏情况分析法来研究，即假设系统的各参数同时处于最坏情况的组合。使用最坏情况的处理比使用概率设计方法更为保守一些，适用于要求较高的系统中。当设计变量的变异是以统计方式分布时，将原系统的约束条件

$$g_j(x, z) \leq 0 \quad (49.3\text{-}36)$$

转化为

$$E[g_j(x, z)] + n\sigma_{gj} \leq 0 \quad (49.3\text{-}37)$$

其中，n 是由设计者根据所需要满足的可行性概率决定的常数。如果约束的变异呈正态分布，表49.3-1列出了不同 n 值对应的可行性概率，假设约束函数是正态分布。

约束条件的变异 σ_{gj} 可由式（49.3-38）求出

$$\sigma_{gj}^2 = \sum_{i=1}^{k}\left(\frac{\partial g}{\partial z_i}\right)^2 \sigma_{z_i}^2 + \sum_{i=1}^{l}\left(\frac{\partial g}{\partial x_i}\right)^2 \sigma_{x_i}^2$$
$$(49.3\text{-}38)$$

表 49.3-1　n 与约束可行性概率的关系

n 值	约束可行性概率(%)
1	84.13
2	97.725
3	99.865
4	99.9968

如该变异不是统计量，式（49.3-37）转化为

$$E[g_j(x, z)] + \Delta g_j \leq 0 \quad (49.3\text{-}39)$$

其中 Δg_j 表示系统的变异，由下式近似得到

$$\Delta g_j = \sum_{j=1}^{k}\left|\frac{\partial g}{\partial x_j}\Delta x_j\right| + \sum_{j=1}^{l}\left|\frac{\partial g}{\partial z_j}\Delta z_j\right|$$
$$(49.3\text{-}40)$$

式中　Δx_j——可控因素的变异；
　　　Δz_j——噪声因素的变异。

第4步是用Pareto进化算法来求解。

由前面提出的健壮性设计的分析中可以看到，以往的健壮设计均采用 S/N 比进行单目标优化，但一个目标值不足以表达统计量的特征，应同时用多个目标来实现。在实际应用中，往往会遇到工程约束的作用，这样最后的优化目标将是带约束条件的多目标优化设计问题，用传统的Taguchi方法是无法解决的。这里采用了能有效处理带约束多目标优化问题的Pareto遗传算法，利用矢量优化的概念，能得到全局最优点组合而成的Pareto最优解集，解集中的点包含了目标函数之间的各种权衡。算法包括5个基本算子：选择、变异、交叉、小生镜技术、Pareto集合过滤器。该算法中设计了小生镜技术和Pareto集合过滤器，并建立了用于多目标优化的适应度函数，使用模糊罚函数法将带约束的多目标优化问题转换为无约束优化问题。为了求解具有混合变量的多目标优化问题，用离散变量圆整算子来处理混合变量，同时解决了如何在Pareto最优解集中加入决策者对各目标的重视程度来选择最满意点的问题。求解的结果是得到使系统具有健壮性的全局最优解。

2.3 基于进化的健壮性设计方法的说明

健壮性设计（robust design）是质量工程中一个重要的概念和方法。从这个概念出发，发展出一种基于健壮性的产品及过程的开发方法，以产品质量或过程的健壮性为研究目标，采用序列试验设计技术筛选出对产品或过程影响较大的因素作为深入研究的对象，用响应面法建立复杂产品或过程的输入参数及输出响应的快速分析模块，建立起以产品或系统的质量或健壮性为目标函数的数学模型，最后用多目标遗传算法优化得到产品或过程全局最优的健壮设计参数。该方法能得到产品或系统中可控因素或不可控因素产生变异时使系统响应健壮的最佳参数组合，适用于以质量为主要目标的产品或过程设计和产品的概念设计及初步设计阶段。

采用试验设计技术（DOE）和响应面方法（RSM）有如下优点：

1) 试验设计技术可以通过试验或计算机仿真来研究不同设计参数的显著性。在设计复杂系统的初期，设计变量的数目往往相当大，此时有效地缩小研究的范围，将重点放在几个最关键的变量上是非常重要的。在试验设计的过程中可以实现这一目的。

2) 用响应面方法可以建立起复杂系统的性能空间（响应）和决策空间（设计变量）的直接的映射关系，可以在一定精度上替代原复杂、耗时的分析模块，响应面模型可作为快速分析模块使用，这样更容易了解系统的输出和输入之间的关系。

3) 响应面法的优点在于简单、直观，并可用回归分析或方差分析研究检验模型的显著性及模型中系数的显著性，是一种较好的方法。从理论上来说，神经网络近似方法是一种很有前途的方法，只是因为神经网络的输出和输入之间是矩阵的关系，中间包含很多权值矩阵和阈值矢量，不容易写成简单的表达式，对下一步的推导健壮性产品及过程设计问题的目标函数不利，故没有采用。实际上，由神经网络的特性可知，神经网络除了可以建立系统输入和输出之间的映射关系，而且可以建立输入矢量和某一性能参数对设计变量的（偏）导数的映射关系。利用这一特性可以建立质量特性值的隐式表达的目标函数，具有较高的精度。同时，由于神经网络是一种高度非线性的映射关系，它更适用于非线性程度较高的模型。这一方法将作为新的发展方向提出，为后期的工作打下基础。

基于健壮性的产品及过程设计方法作为一个系统方法提出，是一种较通用的方法，适合于各种不同的学科及专业。本方法将设计过程中复杂耗时的模块用简单有效的近似模型替代，并能够找到使系统性能最健壮的全局最优点，其目的是在提高设计质量和计算效率的同时减少设计时间和设计费用。与传统的设计复杂工程系统的方法相比，有以下几个优点：

1) 健壮性设计方法将质量因素贯穿于产品设计的全过程中，使产品性能受外部环境及加工过程中扰动影响小，在各种条件下都保持较稳定的性能（质量）。

2) 基于健壮性的产品及过程开发方法使系统的响应能稳定在一个范围内而不受或少受设计变量的变异的影响，这样即使设计变量有较小的变化，系统的性能也基本不变。由此引申出健壮性设计方法的一个很大的优点，即特别适合于产品的设计过程。在成品的初期设计阶段，有大量的因素要考虑，它们对系统的影响程度是未知数，需要有效的方法来研究哪些因素对系统响应的影响较大，哪些因素对系统几乎没有影响，将影响大的因素作为关键因素来进一步研究，确定这些因素的合适范围，使得在详细设计阶段，即使对这些参数进行了较大的调整，也能保证成品性能的变化很小，节省了重新设计的时间和人力，使设计具有柔性。

3) 使用基于健壮性的产品及过程开发方法设计出的产品，即使在制造或使用过程中受到内部或外部的干扰，使一些参数发生了改变，产品的整体性能仍能保持良好。在制造过程中，即使由于制造工艺或生产条件不合格导致产品的参数达不到精度要求，产品的性能仍能满足要求，这样就能用部分波动大、廉价的零部件、元器件来组装整机，只要参数搭配得合理，仍能使整机的性能十分稳定可靠，且产品成本低廉，最终使产品在市场上具有很强的竞争力。

4) 联合使用仿真和优化方法，可以广泛地研究整个设计空间，逐步将研究范围缩小到最感兴趣的区域，重点集中到对系统影响最显著的少数变量，最后得到满足健壮性的全局最优解。需要注意的是，得到的健壮解可能并不是最优的，但健壮解能使设计变量发生变异时系统响应的变异不大，同时仍能满足所有的约束条件，使产品或过程不仅实现了优化，同时能达到最优的质量特性，这是相比于传统优化方法的先进之处。

5) 与前面提出的利用灵敏度来实现健壮性的方法和 Taguchi 方法相比，本方法有较大的优越性。传统的基于灵敏度的健壮性设计方法是在每次迭代求得最优点后再进行灵敏度分析，此时的导数信息只能用向外插值的方法预测变量在很小的范围内变化造成影响，只适用于设计后期即详细设计阶段，此时大部分参数已经确定的主要研究对象是局部和小的设计区域。Taguchi 方法也只能设计出对参数的较小变异不敏感的系统。S/N 方法、三次设计方法都适合于在设计后期设计产品的参数及容差。健壮性开发方法，由于引入了噪声因素作为设计变量,使设计空间进一步扩展。以上方法适合于设计初期的概念设计及初步设计阶段,用来在较大的设计空间中寻找使系统具有健壮性的设计变量。

3 结构智能优化设计——进化设计

结构优化设计理论已有近40年的发展历史,目前在一些重要的结构(如飞机结构)上已经得到一些应用。但是,造成结构优化设计的实际应用远远落后于理论研究这种现象还有一个很重要的原因,就是现有的优化方法都是以传统的数学模型作为优化模型的。例如,准则法(包括力学准则法和理性准则法)、数学规划法(例如线性规划、非线性规划)以及两者的结合(即所谓的混合法)等静态优化方法都是基于代数方程模型的;最优控制理论中的庞特里亚金极大值原理、动态规划等动态优化方法是基于微分方程或差分方程模型的。由于这些传统数学模型的描述能力和求解方法有相当大的局限性,使现有的最优化理论和方法在实际应用中受到了很大的限制,存在许多有待解决的难题。

(1)局部最优解问题

复杂的优化问题可能存在多个解,其中,有若干个局部最优解(局部极大值或极小值)和一个全局最优解(全局极大值或极小值)。传统的解析寻优法只能寻找局部极值而非全局的极限。

(2)维数灾难问题

虽然建立了各种可用的优化数学模型,但是,由于系统的复杂性,模型的维数高(设计变量数目和约束条件数目多),并且存在非线性等复杂因素,导致优化计算的工作量急剧上升,出现所谓的"组合爆炸"和"维数灾难",造成求最优解的困难。

(3)不确定性问题

在结构的设计中存在大量的不确定性因素(包括随机性、模糊性和未确知性),传统的数学模型只能考虑确定性因素。

(4)人的因素

结构设计属于软科学范畴,我们知道,软科学所研究和处理的一切问题必须有人的参与,必须充分利用人类专家的经验来解决问题。传统的数学模型是不能考虑人这个因素的。

作为人工智能科学和认知科学领域的最新发展,计算智能(Computational Intelligence, CI)当前正日益受到重视。一般认为计算智能包含神经网络(Neural Network, NN)、模糊系统(Fuzzy System, FS)和进化计算(Evolutionary Computation, EC)三个主要方面。由于这些新的理论和技术可以有效地解决人工智能研究中所遇到的局部最优解和组合爆炸等困难,因此,计算智能一出现就立刻受到世界各国科技界、企业界和政府决策机构的高度重视,计算智能被认为是对21世纪的人类社会有重大影响的一项关键技术。

3.1 结构智能设计的概念

揭示思维的本质,制造具有智能的机器,是人类一直向往的目标。人工智能就是探索和模拟人的智能和思维过程的规律,并进而设计出类似人类某些智能的自动机的科学。近年来,随着人工智能应用领域的不断开拓,传统的基于符号处理机制的人工智能方法在知识表示、处理模式信息及解决组合爆炸等方面所碰到的问题已变得越来越突出,人工智能学科正面临一个关键的发展阶段。

基于上述原因,寻求一种适合于大规模并行并且具有某些智能特征(如自组织、自适应、自学习等)的算法已成为人工智能学科新的重要发展方向,计算智能正是在这样的背景下产生的。计算智能的范围非常广泛,主要包括模糊系统、神经网络、进化计算、混沌计算和元胞自动机等,而以前三种学科为典型代表。这些学科有一个共同的特点:都是模拟某一自然现象或过程而发展起来的,并且具有适于高度并行以及自组织、自适应、自学习等智能特征,通过仿生(imitating life)或拟物(simulating physics)以使问题得到解决。

大自然是我们解决各种问题时获得灵感的源泉。几百年来,将生物界所提供的答案应用于实际问题求解已被证明是一个成功的方法,并且已形成一个专门的科学分支——仿生学(Bionics),因而,仿生成为计算智能一个特别引人注目的方向。例如,模糊系统与人工神经网络具有一个共同的目标:模仿人的大脑运行机制,从某种意义上讲,人工神经网络试图模仿人脑的"硬件",而模糊系统旨在模仿人脑的"软件"。进化计算则是模拟生物进化和遗传现象的一种智能计算方法。

1994年在美国奥兰多召开的IEEE全球计算智能大会(IEEE World Congress on Computational Intelligence, WCCI)是首次集人工神经网络、模糊系统、进化计算这三个最引人注目的仿生技术于一堂的计算机科学会议,会议明确提出了计算智能的概念,从此,计算智能作为一个独立的学科正式宣布诞生。

目前,计算智能正在向各个学科渗透。计算智能的出现和发展将为结构优化设计的研究注入新的生机和活力,两者的结合必将产生结构优化设计的一个新的分支,我们称其为"结构智能设计",这就是说,计算智能+结构优化设计=结构智能设计。

3.2 结构进化智能优化设计

仿生的核心是进化（evolution）。我们知道，自然界所提供的答案是经过漫长的自适应过程——进化过程而获得的结果。除了进化过程的最终结果，我们也可以利用这一过程本身去解决一些较为复杂的问题。这样，我们不必非常明确地描述问题的全部特征，只需要根据自然法则来产生新的更好解。进化计算（或演化计算）正是基于这种思想而发展起来的一种通用的问题求解方法。它采用简单的编码技术来表示各种复杂的结构，并通过对一组编码表示进行简单的遗传操作和优胜劣汰的自然选择来指导学习和确定搜索方向。由于它采用种群（即一组表示）的方式组织搜索，这使得它可以同时搜索解空间内的多个区域。因此，用种群组织搜索的方式使得进化算法特别适合大规模并行计算。在赋予进化计算自组织、自适应、自学习等智能特征的同时，优胜劣汰的自然选择和简单的遗传操作，使进化计算具有不受其搜索空间限制性条件（如可微、连续、单峰等）的约束及不需要其他辅助性信息（如导数）的特点。这些崭新的特点使得进化计算不仅能获得较高的效率，而且具有简单、易于操作和通用的特性，而这些特性正是进化计算越来越受到人们重视的主要原因之一。

研究"结构进化智能优化设计"，就是把结构优化的数学模型转化为人工进化模型，通过进化算法来寻找最优解，从而达到优化的目的。因此，结构进化智能优化设计包括以下五个方面的研究内容：

1) 基于遗传算法的结构进化智能优化设计。
2) 基于遗传规划的结构进化智能优化设计。
3) 基于进化策略的结构进化智能优化设计。
4) 基于进化规划的结构进化智能优化设计。
5) 基于模拟退火算法的结构进化智能优化设计。

3.3 基于进化的桁架结构相位设计

GA算法由基因作为离散变量，对于组合最优化问题是有效的方法。在这里，列举结构设计组合问题的典型算例——确定桁架结构相位的问题，以说明 GA 的应用。

(1) 5 节点桁架结构

以图 49.3-33a 的 5 节点平面桁架结构为例，对桁架结构的相位问题和 GA 的编码进行说明。相对于此基于结构的各杆件，定义其二进制编码为：杆件存在时用 1，不存在时用 0。因为此结构可能存在的杆件数为 9，所以所有可能组合用 9 位二进制字符串编码。图 49.3-33b 表示了其对应编码的一例。

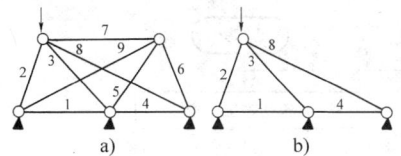

图 49.3-33 5 节点平面桁架结构和其编码
a) 基本结构，染色体编码：[111111111]
b) 选择结构，染色体编码：[111100010]

相对于以上定义的桁架结构相位的问题的染色体进行适应度评价，即求解桁架结构相位在应力、位移约束条件下的最小重量问题。桁架结构的重量为 f，约束条件为 $g_i \leq 0$，则其目标函数用式 (49.3-41) 定义。

$$F_j = \frac{1}{\phi_j} \text{ 或 } F_j = a\phi_j + b \quad (49.3\text{-}41)$$

式中 j——代表个体。

$$\phi_j = f_j + r \sum_{i=1}^{N} \max(g_{ij}, 0)$$

$$a = \frac{\phi_{avg}(c-1)}{\phi_{avg} - \phi_{min}}$$

$$b = \frac{\phi_{avg}(c\phi_{avg} - \phi_{min})}{(\phi_{avg} - \phi_{min})}$$

其中，ϕ_{avg}、ϕ_{min} 表示所有个体 ϕ_j 的平均值和最小值；c 是系数；a、b 为变换函数，其目的是为了缓和初期生物集团中各个体适应值的急剧变化。

适应值需要通过结构解析获得。用 FEM（有限元法）对个体构成的结构进行解析。如果出现特异刚性矩阵的情况，其适应值为 0；如果产生具有某些杆件轴向力为 0 的结构，则对其结构的个体编码进行修正。其计算流程如图 49.3-34 所示。

(2) 9 节点桁架结构

使用以上的编码法和计算方法，再来讨论图 49.3-35 所示的 9 节点桁架结构的相位求解问题。载荷节点（节点 8）有以下的位移约束条件

$$u_8 \leq u_0 = 0.015\text{mm} \quad (49.3\text{-}42)$$

杆件的弹性模量为 2.06×10^7Pa（21000kgf/mm^2）；所有杆件的截面积相同。由此，计算 f、ϕ、F。GA 计算的约束条件为满足以下三个约束条件之一即可。

1) 集团高位个体的 20% 为同一染色体时。
2) 进行 5 世代进化仿真，并未出现好解时。
3) 进化仿真超过 100 世代时。

图 49.3-36 所示是以个体数 $N = 70$，淘汰比例 $P_r = 50\%$，交叉率 $P_c = 50\%$，突然变异率 $P_m = 1\%$ 计算所得的结果。最优解为 No.1，可选次优解为 No.1~

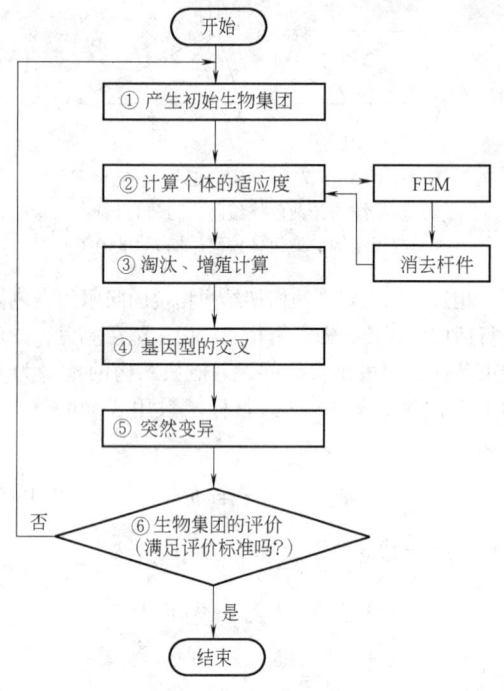

图 49.3-34 计算流程

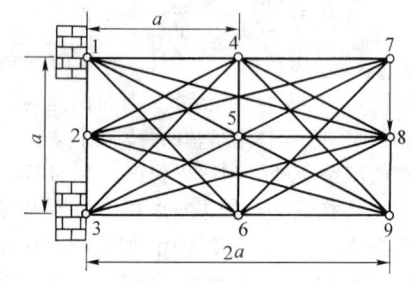

图 49.3-35 9节点桁架和其基本结构

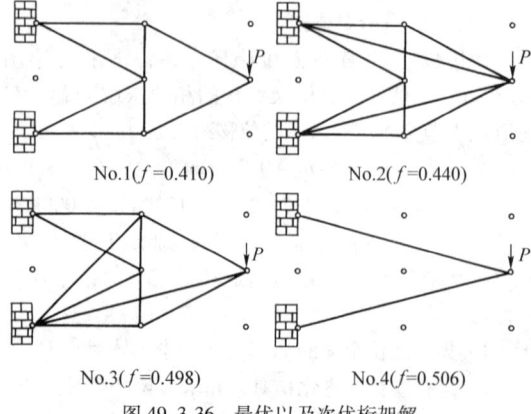

图 49.3-36 最优以及次优桁架解

No.4。这里所讲的次优解,是其评价值为最优解的 80% 以上的意思。如此,GA 解法的一大优点是,即使得不到最优解,也可得到许多次优解。

3.4 基于进化的结构非线性强制振动解法

(1) 问题的提出

在各种机械约束条件下,用数学规划法求解非线性问题的解已被广泛应用。但是,问题的目标函数存在多峰性时,其搜索得到的常常不是最大值(或最小值),即存在陷入局部最优解的缺点。再者,相对于非线性振动系统,在同一激振外力和激振频率下,常常存在着复数解(非线性方程的初始条件依存性问题)。因此,在数学解法以及复数解之间的关系不明确的情况下,要同时求出这复数解,给最优计算模型的构筑带来较大的困难。另外,即使作为工程问题的近似解来考虑,因为数学规划法的搜索过程不仅过分依赖于搜索初始值,而且需要目标函数和约束函数的可微性条件,使得问题变得复杂或难以解决。相对于这类问题,因为遗传算法是以复数个初始值开始,仅用集团体搜索点的目标值评价进行搜索,所以有可能求得其近似最优解。这里以 1 自由度 Duffing 型非线性方程共振域复数解的求解为例,介绍 GA 适用于此类问题的解法。同时,探讨解的设定、问题的模型化、适应函数的定义和算法等问题,并用数值计算的结果检验解法的有效性。

(2) Duffing 非线性方程

作为解析模型,考虑在大振幅强制振动下的两端固定的梁。梁两端被固定,由梁的挠度在梁内产生张力;大振幅时,会出现 3 阶硬化型非线性刚度。这样的非线性强制振动系统难以得到其严密的数学解,只能使用数值积分的方法求出其数值解。把式 (49.3-43)

$$m\ddot{x}+c\dot{x}+k(x+bx^3)=P\cos\omega t \quad (49.3\text{-}43)$$

中各系数设定为:$m=2.56$,$c=0.32$,$k=1.0$,$b=0.05$,$P=2.5$。

设定其主共振域解为

$$x=A\cos(\omega t-y) \quad (49.3\text{-}44)$$

把式 (49.3-44) 代入式 (49.3-43),略去 $\cos\omega t$ 项的影响,可得到图 49.3-37 的近似频响曲线。相对于共振域 $\eta=\omega/\omega_n$(ω_n 为线性固有振动圆频率),存在 3 个解。其中 b 是不稳定解,用通常的时间积分难以求得,只可能得到 a 和 c 两个稳定解。在此,共振域的频率比 $\eta=1.6$,在特定的初始条件

$$(x_{a0},\dot{x}_{a0})=(10.0,0.0)$$
$$(x_{b0},\dot{x}_{b0})=(11.0,0.0)$$

下,分别用 RKG 法积分,可得到图 49.3-38 的时间响应曲线 a 和 c。可以看出,其 a 和 c 稳定解由于初始条件的不同,其在图 49.3-37 频响曲线上的振幅和相位也不同。这样的具有 3 阶正刚性的 Duffing 系统的共振,其频响曲线向右弯曲。定性地归纳其特性如下:

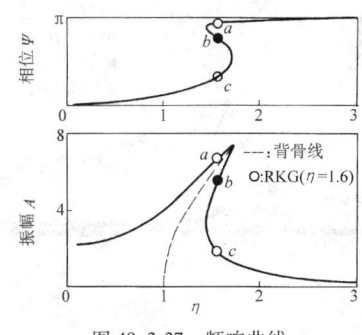

图 49.3-37 频响曲线

1) 相对于激振频率存在复数解的频率范围。
2) 大振幅振动 a 和小振幅振动 c 的周期与激振周期相同。

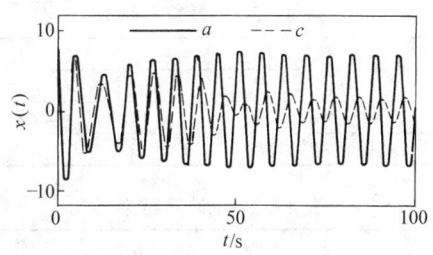

图 49.3-38 不同初始条件下的时间响应 ($\eta=1.6$)

3) 3 个解中，位于 a 和 c 的中间的解 b 是不稳定解。稳定解 a 在上侧，c 在下侧。

(3) 最优化问题的模型

这样的非线性问题的解析不存在一般性的方法。这里，利用最优化方法进行近似解析。根据以上的分析和图 49.3-37 所示 Duffing 系统的主共振特性，使用已知的信息，探讨同时求解复数解（稳定解）的最优化模型。设定式（49.3-45）

$$x_i = u_i \cos\omega t + v_i \sin\omega t + p_i \cos 3\omega t + q_i \sin 3\omega t \quad (i=1,2; t>t_0) \quad (49.3\text{-}45)$$

为问题的解，其稳定主共振谐波解的振幅 A_i 和相位 Ψ_i 用下式表示：

$$A_i = \sqrt{u_i^2 + v_i^2} \quad (49.3\text{-}46)$$

$$\Psi_i = \arctan(v_i/u_i) \quad (49.3\text{-}47)$$

两个解中按振幅大小顺序，把其振幅和相位定义为 A_a 和 Ψ_a、A_c 和 Ψ_c。两个解必须在满足式（49.3-43）的微分方程前提下，构筑最优化模型。

设计变量：

$$X = \{u_1, v_1, p_1, q_1, u_2, v_2, p_2, q_2\}^T \quad (49.3\text{-}48)$$

目标函数：

$$J = m_1 J_1 + m_2 J_2 \quad (49.3\text{-}49)$$

式中

$$J_i = \sqrt{\frac{\sum[mx_{ij} + cx_{ij} + k(x_{ij} + bx_{ij}^3) - F_j]^2}{(m-k)}}$$

$$x_{ij} = u_i \cos\omega t + v_i \sin\omega t + p_i \cos 3\omega t + q_i \sin 3\omega t$$

$$F_j = P\cos\omega t_j, t_j = j\Delta t$$

$$i = 1,2; k = t_0/\Delta t, t_0 = 2N\pi/\omega_n$$

t_0 为目标函数开始计算的时刻。

约束条件：服从于前面所述的复数解的振幅和相位特征，列出以下条件：

1) 关于振幅的不等式关系

$$g_{11} = \sqrt{4(\eta^2-1/3)/\beta} - A_a < 0 \quad (49.3\text{-}50)$$

$$g_{12} = A_c - A_a < 0 \quad (49.3\text{-}51)$$

2) 关于相位的不等式关系

$$g_{21} = \Psi_a - (\pi/2) - \Psi_c < 0 \quad (49.3\text{-}52)$$

$$g_{22} = \Psi_a - (\pi/2) < 0 \quad (49.3\text{-}53)$$

(4) GA 算法的适应度和流程

在这里，把 GA 用于前面所述的具有复杂解空间的复数解求解问题。以上的最优化问题具有以下特点：把复数解作为最优化问题的设计变量；把不确切的信息作为不等式约束条件。

1) 适应度函数。同时求解复数个 Duffing 型非线性强制解的问题，在上一节中给出了其模型。为了把此最优化问题变换成适用于 GA 的离散化最优组合问题，最终需要变换成关于适应度函数的最优化问题，这里变换成无约束最优化问题，把外点惩罚函数作为适应度函数。

$$f(X) = J + g[\max(g_{j1}) + \max(g_{j2})] \quad (49.3\text{-}54)$$

2) 计算流程。使用适应度函数和图 49.3-39 所示的流程探索最优解。以下将使用的流程作一简单的说明。

① 二值化（birth of strings）。把连续最优化问题的设计变量用二进制数表示成离散变量。

② 增殖（reproduction）。淘汰使用了轮盘赌选择+优良保存战略。一般来说，轮盘赌淘汰选择从计算效率和内存容量等方面考虑，因个体集团不可能设定太大，所以某个体基因在集团中是被选择或被淘汰完全取决于淘汰压的概率波动。总之，作为最优化计算的流程，即使好不容易地出现了高评价的染色体，其遗传信息仍存在从集团中消失的可能性。因此，在增殖处理中，用同适应度成比例的概率对各个体的子孙进行淘汰处理后，把现在集团中适应度最高的个体作为下世代个体无条件地予以保存，此即优良保存战略。

③ 交叉（crossover）。用 1 点交叉法进行处理。

④ 突然变异（mutation）。对应于所运用的战略和强非线性问题，为了维持遗传的多样性，突然变异的概率要适当地设定得大些。

⑤ 探索空间的缩小（zooming）。GA 法是在离散化设计空间探索。因此，它具有即使探索到解的附

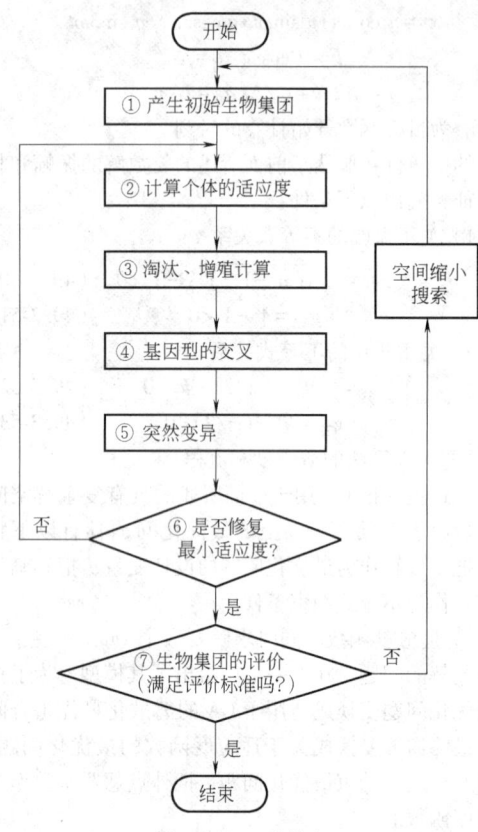

图 49.3-39 计算流程

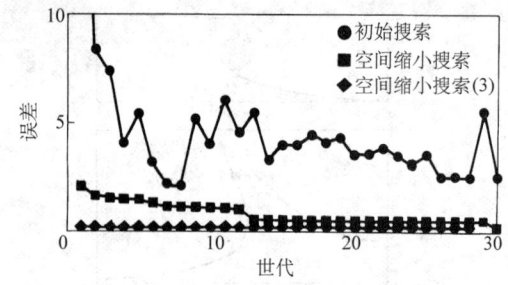

图 49.3-41 GA 的搜索过程中的误差

本例题把 GA 应用于同时求解 Duffing 型非线性振动共振谐波的复数解问题,讨论了问题的模型、GA 的适应度函数和具体的算法。通过计算实例,说明了求解非线性振动解的 GA 解法。

表 49.3-2 计算参数

个体数(N)	100
染色体长度	8
交叉率(P_c)	40%
突然变异率(P_m)	0.10%

表 49.3-3 计算结果

X	η		
	1.5	1.6	1.7
u_1	-2.3668	-1.7324	-1.3875
v_1	0.7206	0.3294	0.1941
p_1	-0.0128	-0.0019	-0.0137
q_1	0.0108	0.0039	0.0137
u_2	3.0118	2.9961	1.4275
v_2	5.1702	5.9646	7.0513
p_2	-0.1735	-0.2000	-0.1549
q_2	0.0422	-0.0353	-0.2137

3.5 基于进化的圆抛物面天线健壮结构设计

这里,利用健壮性产品或过程开发方法对一 10m 圆抛物面天线进行健壮性设计,使天线的性能具有健壮性的设计变量及性能参数值。同时进行多目标优化设计,并将它们的设计结果进行比较。

3.5.1 圆抛物面天线结构设计的要求和特点

在航空航天、卫星通信、雷达技术及射电天文中广泛使用着圆抛物面天线。一般采用的是典型的前馈式反射面天线,其结构为:铺设在背架上的反射面接收来自空间的电磁波,反射会聚到馈源;若是发射,则与之相反。为了对准和跟踪目标,伺服机械带动小齿轮驱动俯仰大齿轮,使天线绕俯仰轴转动以改变仰角 α,座架在圆形轨道上转动以改变方位。天线结构一般指可俯仰转动的部分,它常常被简化为桁架结

近,也很难得到比较精确的最优解的缺点。这里,使用在经过若干世代探索求得的最小解仍没有变化的情况下,以最小解为中心缩小探索空间再进行探索的方法,以提高探索精度。

⑥ 计算结果。GA 的计算参数见表 49.3-2。所求得的解用表 49.3-3 表示,其主谐振解用图 49.3-40 表示。相对于世代进化过程,GA 探索的适应度函数最小值变化用图 49.3-41 表示。考察图 49.3-40 可以看出,用 GA 所求的解同近似频响曲线的解比较,具有相当好的精度。

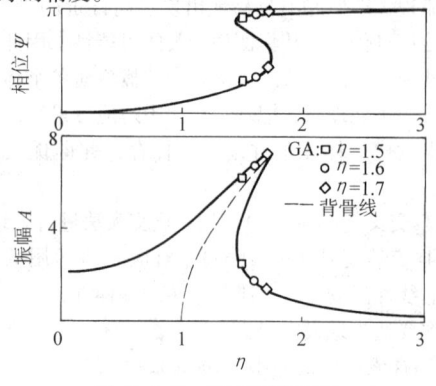

图 49.3-40 GA 的计算结果

构。一般天线结构的载荷主要是自重、风力、温度、冰雪和冲击振动。对大型高精度天线，由于有天线罩和较好的工作环境，其载荷主要是自重。天线在近些年的研究中获得了广泛的重视，是因为天线是一种高精度的结构（图49.3-42所示的10m圆抛物面天线）。其设计要求如下：

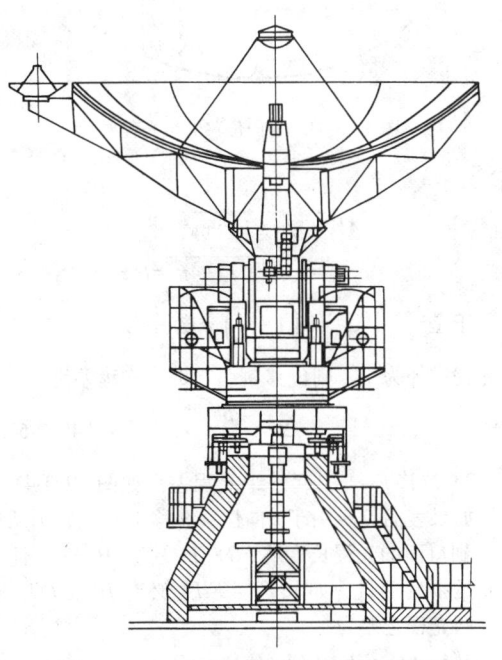

图49.3-42　10m圆抛物面天线整体结构图

(1) 天线反射面的精度

天线结构与一般结构不同，有其特殊的要求。天线反射面的变形误差会影响到电性能。严格地说，反射面误差对电性能的影响应当按照电磁场理论，把反射面作为电磁场的边界条件来处理。但实际设计中采用近似的几何光学原理和以统计规律为基础的鲁兹（Ruze）公式来估算这种影响仍有一定的参考价值；由于表面误差引起了电磁波的光程差，使口面上不是等相位面，而造成天线增益的下降等影响。这种影响可用鲁兹公式来估算

$$\eta_s = \frac{G}{G_0} = e^{-(4\pi\delta/\lambda)^2} \quad (49.3\text{-}55)$$

式中　η_s——增益下降系数（天线表面效率）；

G_0——无表面误差时的增益；

G——有表面误差时的增益；

δ——表面各点半光程差的均方差值（RMS）；

λ——波长。

由式（49.3-55）可见，随着表面误差的增大，天线增益急剧下降，当 $\delta=\lambda/30$ 时，$\eta_s=83.9\%$；而当 $\delta=\lambda/16$ 时，$\eta_s=54.1\%$，后者意味着误差为 $\delta=\lambda/16$ 时，天线口面只能相当于无误差天线的一半面积，因此，这是最低极限。工作在米波、厘米波及毫米波的天线，根据工程要求，其精度指标往往取为 $\lambda/16 \sim \lambda/60$。由此可见，与一般结构相比，天线结构的精度要求是非常高的。

(2) 天线结构的自重变形要求

对于工作波长较短、表面精度要求较高的天线，其变形必须有严格的要求，这就决定了对天线结构的要求不同于一般的结构。它首先要求满足精度、刚度要求，强度条件则往往不成问题。例如，德国的某直径为28.5m 的天线，在风力 55.6m/s、3cm 冰厚及自重等载荷作用下，最大应力约为 0.03MPa，远小于许用应力。

科学技术的发展需要工作于厘米波、毫米波段的增益很高的天线，也就是说，要求天线尺寸尽可能大，精度又很高，这就出现了天线结构精度与自重变形的尖锐矛盾。大型高精度反射面天线由于要求刚度好，所以自重较大，自重载荷成了大型精密天线的主要载荷。

(3) 最佳吻合抛物面与保型要求

影响天线电性能的并非表面点位移的绝对数值，而是反射表面自身的相对变形。1967年，冯·霍纳（Von. Hoerner）提出了保型设计的思想。他设想：如能设计出一种天线结构，变形后反射表面相对最佳吻合抛物面的误差为零，这就是保型设计。也就是说，天线变形后，反射表面仍然是同族的反射曲面——抛物面。当天线从一仰角转到另一仰角时，反射面由一抛物面变成另一抛物面，这就是"保型变形"。要使天线在任何仰角上反射面都是抛物面，只要使天线在仰天与指平两位置变形后仍为理想抛物面即可，这是因为在任意仰角位置上的天线，在自重作用下的变形，可以表示为天线在仰天和指平两位置自重变形的线性组合。

严格的保型设计并非易事。由于理论上严格保型设计比较困难，工程上由于制造、安装及其他困难，严格保型也难以达到，所以目前的天线保型设计大多数是近似保型设计，即对天线结构进行优化设计，使天线反射面变形后，相对其最佳吻合面半光程差的均方根减小到工程设计提出的指标范围内。

(4) 天线结构优化设计的特点

对天线结构优化设计的要求主要是：表面精度高，结构质量小，转动惯量小，在各种环境载荷下不破坏，谐振频率高，容易加工安装，造价低廉。不同的天线类型对以上要求侧重不同，优化设计提法也不同。天线结构优化设计不同于一般结构优化设计的特点是：

1) 刚度大，精度要求高，这是天线优化设计的主要矛盾。

2) 自重载荷是结构的主要载荷，优化中设计变

量变化引起的自重载荷变化的导数不容忽略。

3) 结构为高次静不定的大型结构。

4) 与一般结构个别点位移约束相应的是反射面所有点的半光程差均方根值精度约束或目标函数。

5) 工程设计要求决定了优化设计的目标多、约束多。各目标与约束之间没有明确的区别，即目标函数和约束条件可以相互转化，要根据具体工程要求和优化中结构设计方案的实际状态确定目标函数和约束条件的选取。

3.5.2 天线反射面精度计算

天线反射面的精度严重地影响着天线的电性能。式 (49.3-55) 表明，与天线增益有直接关系的是表面各点半光程差的均方根值。本节将推出圆抛物面天线结构变形后表面点相对原设计抛物面以及最佳吻合抛物面半光程差的计算公式，并给出最佳吻合抛物面吻合参数的求法。

(1) 光程差

根据抛物面的性质，位于焦点 F 的馈源向抛物面发出的电磁波，经反射后成为平行于轴线 FO 的射线，且各条射线到达垂直于轴线的平面的路程相等，即 $FA+AA'=FB+BB'$（见图 49.3-43）。

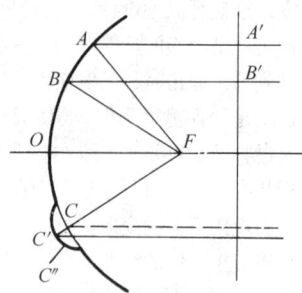

图 49.3-43 抛物面的光程差

(2) 表面点位移引起的对原设计面的半光程差

设 $OXYZ$ 为原设计抛物面的坐标系，原点 O 为抛物面顶点，OZ 为抛物面焦轴，f 为焦距，x、y、z 为表面点的坐标，它们满足如下设计抛物面方程

$$x^2+y^2=4fz \qquad (49.3\text{-}56)$$

下面推导表面点各向位移 u、v、w 引起的半光程差（见图 49.3-44）。

1) 轴向位移引起的半光程差。如图 49.3-44 所示，如果表面点 A 由于轴向位移 w 移至 B 点，则从焦点 F 到口面的光程长度从 $FA+AD=2f$ 变为 $FB+BD$，注意到 w 是小变形量，如取 $FC=FB$，必有 $BC\perp AF$，于是两光程之差为

$$N=(FA+AD)-(FB+BD)=AB+AC$$
$$=w(1+AC/AB)=w(1+AD/AF)$$

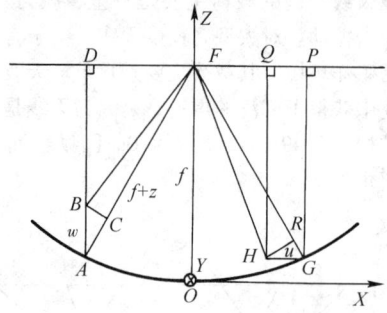

图 49.3-44 各向位移的半光程差

而
$$AF=\sqrt{(f-z)^2+x^2+y^2}$$
$$=\sqrt{(f-z)^2+4fz}=f+z$$

于是 $\quad \Delta'=w\left(1+\dfrac{f-z}{f+z}\right)=w\dfrac{2f}{f+z}$

以光程增加为正，则位移 w 引起的半光程差为

$$\Delta_1=-\dfrac{fw}{f+z} \qquad (49.3\text{-}57\text{a})$$

2) 位移 u、v 引起的半光程差。如图 49.3-44 所示，如果表面点 G 由于 z 向位移 u 移至 H 点，则从焦点 F 到口面的光程长度从 $FG+GP$ 变为 $FH+HQ$，注意到 u 是小变形量，如取 $FR=FH$，必有 $HR\perp FG$，于是，两光程之差为

$$\Delta''=(FG+GP)-(FH+HQ)=GR$$
$$=u\cdot GR/HG=u\cdot FP/FG=ux/(f+z) \quad (49.3\text{-}57\text{b})$$

同理，可得位移 v 的光程差为

$$uy/(f+z)$$

于是由位移 u、v 引起的半光程差为

$$\Delta_2=\dfrac{xu+yv}{2(f+z)} \qquad (49.3\text{-}58)$$

3) 全部半光程差。表面点各向位移 u、v、w 引起的全部半光程差为

$$\Delta=\Delta_1+\Delta_2=\dfrac{xu+yv-2fw}{2(f+z)} \qquad (49.3\text{-}59)$$

3.5.3 最佳吻合抛物面各点对原设计面相应点的半光程差

(1) 最佳吻合抛物面及其吻合参数

对于圆抛物面天线，设原设计面为 A，变形后的反射曲面为 B。对于 B，总可以找到一个最佳吻合抛物面 BFP（见图 49.3-45）。在原设计面的坐标系 $OXYZ$ 中，设 BFP 对 A 的顶点位移为 u_A、v_A、w_A，按右手螺旋定向的轴线转角为 φ_x、φ_y，焦距 f 的增量为 h，BFP 具有其相应的坐标系为 $O_1X_1Y_1Z_1$。

(2) 最佳吻合抛物面各点对原设计面相应点的

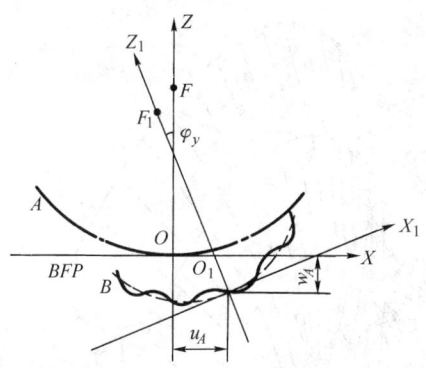

图 49.3-45 最佳吻合抛物面

位移

考虑到反射面变形位移及其吻合参数均为微量，可以忽略其二阶微量，由图 49.3-46 可求得最佳吻合抛物面上各点对原设计面相应点的位移为

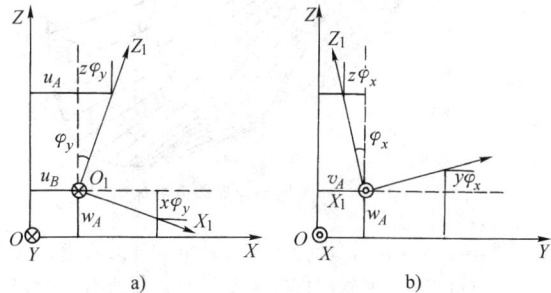

图 49.3-46 最佳吻合抛物面各点的位移

$$\begin{cases} u' = u_A + z\varphi_y \\ v' = v_A - z\varphi_z \\ w' = w_A - x\varphi_y + y\varphi_z - hz/f \end{cases} \quad (49.3\text{-}60)$$

其中，$-hz/f$ 项是由焦距增量引起的。这是因为，由 $x^2+y^2=4fz$ 可得 $z=(x^2+y^2)/(4f)$，由焦距增量 h 引起的 z 向位移可表示为如下微分形式（见图 49.3-47）

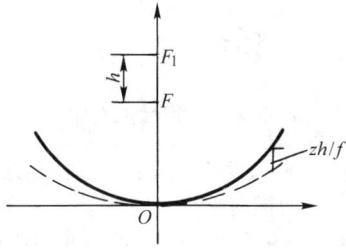

图 49.3-47 焦距增量引起的位移

$$\mathrm{d}z = \frac{\mathrm{d}z}{\mathrm{d}f}h = \frac{x^2+y^2}{4}\left(\frac{-1}{f^2}\right)h = \frac{-4fzh}{4f^2} = -\frac{zh}{f}$$

（3）最佳吻合抛物面对原设计面相应点的半光程差

将式（49.3-60）代入式（49.3-59），即可得最佳吻合抛物面对原设计面相应点的半光程差为

$$\Delta = (xu' + yv' - 2fw')/2(f+z)$$
$$= \frac{1}{2(f+z)}[xu_A + yv_A$$
$$-2fw_A - 2hz - y(z+2f)\varphi_x$$
$$+ x(z+2f)\varphi_y] \quad (49.3\text{-}61)$$

（4）表面点位移对最佳吻合抛物面的半光程差

从表面点位移对原设计的半光程中，减去最佳吻合抛物面相应点对原设计面的半光程差，就是表面点 i 对最佳吻合抛物面的半光程差，即以式（49.3-59）减式（49.3-61），可得

$$\delta_i = \frac{1}{2(f+z_i)}[x_i(u_i-u_A) + y_i(v_i-v_A)$$
$$-2f(w_i-w_A) - 2hz_i + y_i(z_i+2f)\varphi_x$$
$$-x_i(z_i+2f)\varphi_y] \quad (49.3\text{-}62)$$

（5）表面点位移对最佳吻合抛物面的加权半光程差均方根

引入各表面点的加权因子

$$\rho_i = (n_0 q_i a_i) / \sum_{j=1}^{n_0} (q_i a_j) \quad (49.3\text{-}63)$$

其中，a_i 为表面点 i 影响的反射面积；q_i 为照度因子；n_0 为表面节点总数，有

$$q_i = 1 - Cr_i^2/R_0^2 \quad (49.3\text{-}64)$$

其中，r_i 为表面点 i 到焦距的距离；R_0 为口面半径；C 为由焦径比 f/R_0 决定的常数。

于是，可得表面所有节点位移引起的对最佳吻合抛物面的加权半光程差均方根值，为

$$\delta = \left(\sum_{i=1}^{n_0} \frac{\rho_i \delta_i^2}{n_0}\right)^{\frac{1}{2}} \quad (49.3\text{-}65)$$

这就是直接影响天线电性能的反射面精度指标。为了研究方便，这里以加权因子相同处理。

3.5.4 10m 圆抛物面天线健壮设计模型

（1）10m 圆抛物面天线的结构型式、特点

10m 圆抛物面天线，其直径 $D=10000\text{mm}$，焦距 $f=3000\text{mm}$。采用卡塞格伦抛物面，方程为

$$y = \frac{x^2+z^2}{4f} \quad (49.3\text{-}66)$$

随着天线探测目标飞行速度的加快，要求雷达天线能在极短的时间内精确地测出目标的方位、仰角和斜度。研究的天线反射体结构型式为典型的辐射状桁架结构的主力骨架。在结构设计中需要考虑的是：

1）中心结构的型式。
2）辐射梁数与环数。

3) 梁高。
4) 梁的腹杆布置。
5) 对角斜杆。
6) 反射面板。

大型天线的面板一般都是分块的。从安装方便这一点来考虑，希望分块面板的尺寸大而块数少。但是从保证面板制造精度、减少热变形来考虑分块面板的尺寸应该小些。反射体主力骨架制造不易准确，因此反射面板安装不能以主力骨架为基准，而是用调节螺杆将反射面板连接到主力骨架上，反射面板与骨架间的距离可以调节。通过螺杆的调整使反射面板精确地定位。对高精度的反射面板，为增加刚度而又使重量轻，常采用铝型材与铝板铆接在一起组成加强肋结构。在设计时，径向加强肋可以多些，环向加强肋尽量少些，因为环向加强肋加工困难。本天线的面板采用 2mm 铝板。

(2) 根据设计要求建立的力学模型及数学模型

设计功能参数为：

① 要求 $G \leqslant 4t$。

② 变形后天线表面各节点位移的均方根值 $\leqslant 0.7mm$。

③ 8级风60°仰角时正常跟踪，12级风朝天时不受损坏。

④ 要求机械谐振频率在 12Hz 以上。

根据设计要求，建立了天线体的有限元模型。整个天线体的有限元模型如图49.3-48所示。模型的详细情况：

1) 模型共有648个节点，分为3种单元：杆单元，梁单元，板壳单元。杆单元数量为168个，梁单元数量为763个，板壳单元数量为206个。天线的面板由12块厚度为2mm的铝板组成，互相之间没有连接，只连接在骨架定位。另外为了增加刚度，在天线背面有若干铝制加强肋，分为径向加强肋和环向加强肋，每隔7.5°有一条径向的加强肋。边框的加强肋采用槽铝，中间采用Z形铝，这样便于铆接。在辐射梁和支承梁之间有相应数量的连杆固定，连杆及对角斜杆采用杆单元。杆单元有三组截面形式，梁单元有16组截面形式。

2) 设计变量。建立圆抛物面天线的数学模型时，以图49.3-49中主梁标号（1）~（10）的起主要承载作用的10根梁的截面特性作为设计变量，因这10根梁可能对整个天线体的性能有较大的影响，而且在天线体中共有12组这样的辐射梁，如果能尽量减少这些梁的重量而又使整个天线体的精度仍足够，同时仍能满足其他各种性能的要求，如基频、强度、刚度的要求，那么对天线的设计和制造来说，其成本将会有

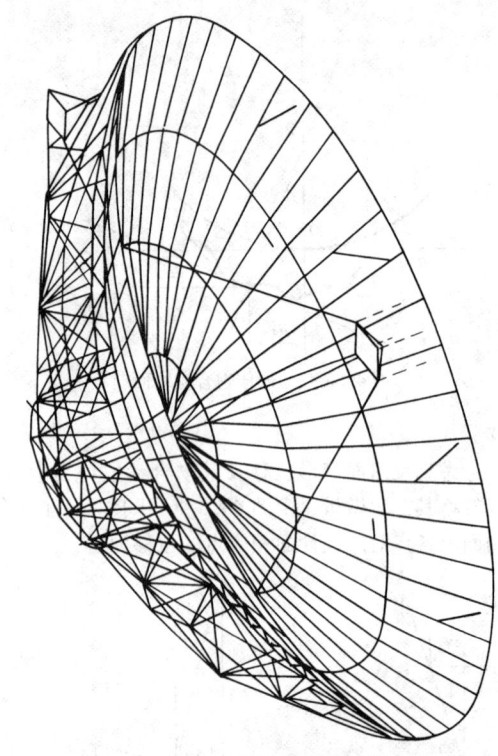

图 49.3-48 10m 圆抛物面天线反射体模型

很大的降低；同时，进一步考虑到健壮性的要求，使得当天线的主要承载部件发生变异时，其所有性能仍能在一定范围内保持不变，那将会带来三个方面的好处：

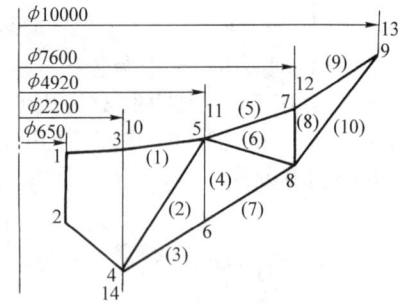

图 49.3-49 主梁的腹杆布置

① 一是在初始设计阶段给关键设计变量一个较大的调整范围而同时保持天线性能，在详细设计阶段，允许对某些变量做较大的改变来适应设计的需要，具有可调整性（modifiable），同时又无须重新对整个结构做出调整和验算，使设计具有柔性（flexibility）。

② 另一个好处是在制造过程中允许更大范围的制造误差而仍不算次品，这样提高了成品率，即提高了生产率（productivity）。

③ 还有一个好处是在使用过程中即使由于内部条件（如部件老化等）及外部条件（如环境温度等）的影响使承载部件发生改变，但仍使得整体的性能不变或仅有很小的变化，使成品的质量得以保证，具有健壮性（robustness）。

3）建立多目标优化模型（MOP）。以天线的重量 G 和天线反射表面的精度 δ 作为设计目标，以天线体的基频 f_0 和强度、刚度作为约束条件，建立如下的多目标优化模型：

$$\min f(1) = G$$
$$\min f(2) = \delta \quad (49.3\text{-}67)$$
$$\text{s. t.} \quad g(1) = 12/f_0 - 1 \leq 0$$
$$g(2) = \sigma_{max}/\sigma_0 - 1 \leq 0$$
$$g(3) = f(1)/0.7 - 1 \leq 0$$

4）加入健壮性设计。在建立的多目标优化模型的基础上，将加入健壮性的考虑，即将质量加入到设计过程中，形成一个新的健壮性设计的数学模型。对天线体的健壮性设计仅考虑可控因素的变异造成系统性能变异的情况，即第二类健壮性设计。

3.5.5 10m 圆抛物面天线体结构的健壮性设计过程

第1步，确定设计变量的个数，取值范围。

从上面的分析来看，这里初步以图 49.3-49 中主梁标号（1）~（10）的起主要承载作用的10根梁的截面特性作为设计变量。10根梁的截面特性为：

梁（1）、（2）、（5）、（9）、（10）取为 $\phi 50 \text{mm}$，厚度为 2~4mm，3mm 厚度时取为 0 水平，2mm 和 4mm 时分别为 -1 和 1 水平；

梁（4）、（6）、（8）取为 $\phi 40 \text{mm}$，厚度为 1~3mm，2mm 厚度时取为 0 水平，1mm 和 3mm 时分别取为 -1 和 1 水平；

梁（3）、（7）取为 $\phi 65 \text{mm}$，厚度为 3~5mm，4mm 厚度时取为 0 水平，3mm 和 5mm 时分别为 -1 和 1 水平；

冷拔无缝钢管的标准尺寸见表 49.3-4。

表 49.3-4 冷拔无缝钢管的标准尺寸

（mm）

钢管外径	可选壁厚
$\phi 40$	1.0 1.2 1.4 1.5 1.6 1.8 2.0 2.2 2.5 2.8 3.0
$\phi 50$	2.0 2.2 2.5 2.8 3.0 3.2 3.5 4.0
$\phi 65$	3.0 3.2 3.5 4.0 4.5 5.0

这样，10 根梁按三水平取值的范围见表 49.3-5。

第2步，研究单个因素对系统性能的影响程度。

本步的目的为研究在其他因素值固定的情况下，某一因素的水平变化时，对系统性能的影响，从而确定单个因素对系统的贡献。方法为选某一因素，其水平在 -1、0、1 三种状态而其他因素固定在 0 水平时系统响应的变化。系统响应有 4 个，即天线体的重量 G，天线反射表面的精度 δ，天线体的基频 f_0，以及在承载时天线体中的最大应力状况 σ_{max}。

表 49.3-5 10 根梁的三水平取值范围

（mm）

梁号	水平		
	-1	0	1
1	$\phi 50 \times 2$	$\phi 50 \times 3$	$\phi 50 \times 4$
2	$\phi 50 \times 2$	$\phi 50 \times 3$	$\phi 50 \times 4$
3	$\phi 65 \times 3$	$\phi 65 \times 4$	$\phi 65 \times 5$
4	$\phi 40 \times 1$	$\phi 40 \times 2$	$\phi 40 \times 3$
5	$\phi 50 \times 2$	$\phi 50 \times 3$	$\phi 50 \times 4$
6	$\phi 40 \times 1$	$\phi 40 \times 2$	$\phi 40 \times 3$
7	$\phi 65 \times 3$	$\phi 65 \times 4$	$\phi 65 \times 5$
8	$\phi 40 \times 1$	$\phi 40 \times 2$	$\phi 40 \times 3$
9	$\phi 50 \times 2$	$\phi 50 \times 3$	$\phi 50 \times 4$
10	$\phi 50 \times 2$	$\phi 50 \times 3$	$\phi 50 \times 4$

经过计算后得到 10 组数据，用图形的方式显示出来。图中横坐标为某一因素的三个水平，纵坐标为正规化后的系统响应，分别为

$$G' = G/G_{max} \quad (49.3\text{-}68)$$
$$\delta' = \delta/\delta_{max} \quad (49.3\text{-}69)$$
$$f_0' = f_0/f_{0max} \quad (49.3\text{-}70)$$
$$\sigma_{max}' = \sigma_{max}/\sigma_{max0} \quad (49.3\text{-}71)$$

以上四式中 G_{max} 为允许最大重量 4t；δ_{max} 为允许最大天线反射表面的误差 0.7mm；f_{0max} 为 10 个设计变量都取 1 水平时的基频 40.347Hz；σ_{max0} 为钢材的屈服点值 235MPa。因得到的最大应力值均在 50MPa 左右，离屈服点值太远，偏于安全，在图中不表示出来。

图 49.3-50~图 49.3-63 是为了研究每一个响应在系统各因素的水平发生变化时对响应的影响程度，以便比较每个因素对系统响应的贡献。

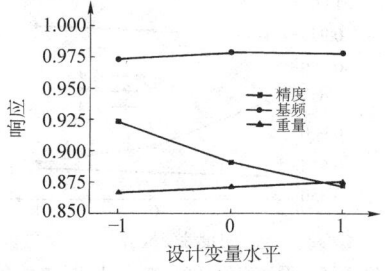

图 49.3-50 设计变量（1）变化引起响应的变化

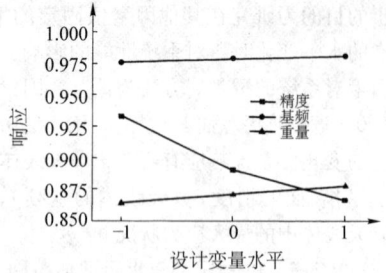

图 49.3-51 设计变量（2）变化引起响应的变化

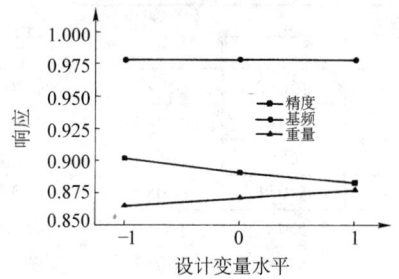

图 49.3-52 设计变量（3）变化引起响应的变化

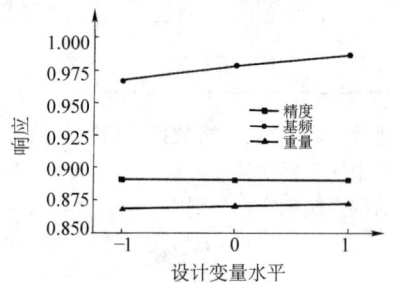

图 49.3-53 设计变量（4）变化引起响应的变化

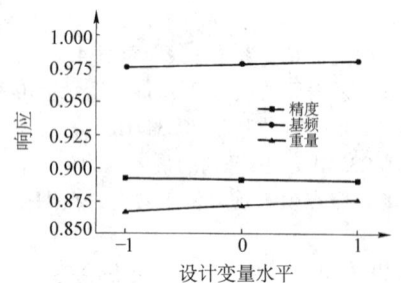

图 49.3-54 设计变量（5）变化引起响应的变化

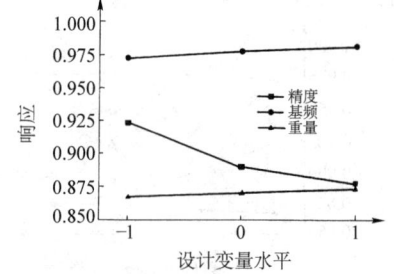

图 49.3-55 设计变量（6）变化引起响应的变化

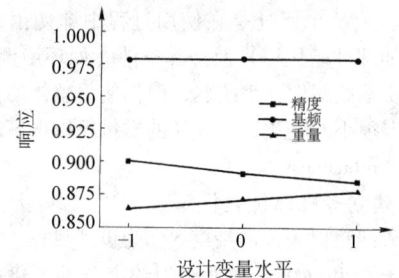

图 49.3-56 设计变量（7）变化引起响应的变化

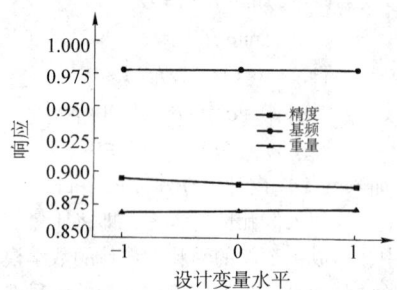

图 49.3-57 设计变量（8）变化引起响应的变化

从图中可以看出：

1) 上面计算的各种情况下，最大应力都出现在钢制主力结构上，铝制部件由于不起主要的承载作用，应力很小；并且计算得到的最大应力远远小于屈服点。由此可知，在本天线的设计中，强度约束不是起作用约束。

2) 因素（1）~因素（8）的基本规律都是当因素的水平增加时，天线体的重量增加，基频也增加，同时天线反射表面点位移对最佳吻合抛物面的加权半光程差均方根值减小，即天线的精度增加。其中的例外是基频对因素（1）的响应出现了弯曲（见图49.3-50），由于数据接近，图中并不一定看得清楚，还有反射面精度对因素（4）的响应也出现了弯曲（见图49.3-53）。

3) 因素（9）、因素（10）造成反射面精度的响应出现弯曲（见图49.3-58、见图49.3-59）。

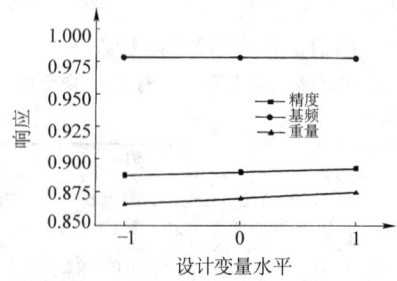

图 49.3-58 设计变量（9）变化引起响应的变化

4) 对精度影响最大的因素是（2）、（6）、（1），其余因素的影响不大。影响程度从大到小为（2）→

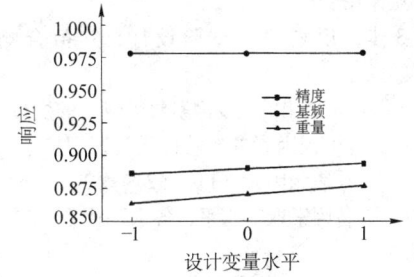

图 49.3-59　设计变量（10）变化引起响应的变化

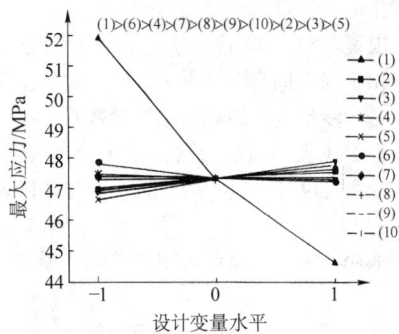

图 49.3-63　各因素的水平引起天线体最大应力的变化

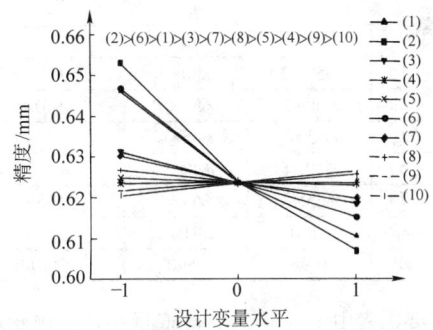

图 49.3-60　各因素的水平引起反射面精度的变化

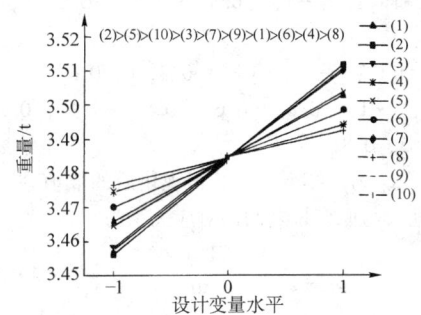

图 49.3-61　各因素的水平引起天线体重量的变化

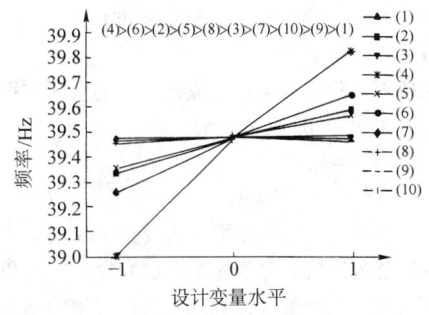

图 49.3-62　各因素的水平引起天线反射体基频的变化

加时，反射面精度反而降低。分析原因，是因为梁（9）和（10）的钢管厚度增加后，引起局部刚性过大，反射面整体变形不均匀，使表面点对最佳吻合抛物面的加权半光程差的均方根值反而增大。由此得到的结论是组成辐射梁的各梁截面变化应比较均匀，使整体受力、变形的过渡平缓。

5）天线体重量随着因素水平的增大而增加。各因素对重量影响程度从大到小的次序为：（2）→（5）→（10）→（3）→（7）→（9）→（1）→（6）→（4）→（8）。

6）天线体的基频随着各因素水平的增加而增大，唯一的例外是因素（1），出现了弯曲，呈非线性规律。各因素的影响程度从大到小为：（4）→（6）→（2）→（5）→（8）→（3）→（7）→（10）→（9）→（1）。

7）对天线体的最大应力影响程度从大到小的次序为（1）→（6）→（4）→（7）→（8）→（9）→（10）→（2）→（3）→（5）（见图 49.3-63），基本规律是各因素的水平增加时，天线体中的最大应力减小，但其中因素（9）、（10）的水平增加时，天线体中的最大应力反而增大；而因素（3）、（5）的水平增加造成了最大应力响应的弯曲。

8）从图中可以看出，天线的反射面精度和重量是一对相互冲突的目标，如果要减轻重量，一般会导致反射面精度的下降；反之，反射面精度的提高（即反射表面点对最佳吻合抛物面的加权半光程差的均方根值减小）一般会导致天线重量的增大，所以要寻求各参数的最佳搭配，使两个目标都最大限度地接近最小值。

9）因素（9）、（10）的水平增加会导致反射面精度和重量以及最大应力同时增大，基频的变化很小，由此可以将因素（9）、（10）固定在 -1 水平，以后作为常数使用。

10）因素（4）的水平增加会导致基频和重量增大，而反射面精度几乎不变。基频对因素（4）的响应虽然受影响较大，但基频的绝对变化并不大，远高于要求的最小基频，所以将因素（4）固定在 -1 水平，

（6）→（1）→（3）→（7）→（8）→（5）→（4）→（9）→（10）。因素（4）的变化对精度几乎没有影响。一般的规律是随着各因素水平的增加，反射面精度也增加，但因素（9）和（10）正好相反，当其水平数增

作为常数使用。

11）因素（5）、（8）对重量和精度的影响都很小，将这两个因素固定在0水平，作为常数使用。

为了进一步研究天线辐射梁的参数对天线性能的影响，又取了代表梁高的参数，即6、8两点的纵坐标 y_A 和 y_B 作为设计变量，所取的水平与其代表的实际值见表49.3-6。

表 49.3-6　梁高设计变量取值范围

坐标及对应梁高	设计变量所取的水平数与其代表的实际值/mm				
	-2	-1	0	1	2
y_A	1110	910	710	510	310
对应梁(4)高	535	735	935	1135	1335
y_B	1990	1790	1590	1390	1190
对应梁(8)高	350	550	750	950	1150

图 49.3-64 中绘出了 y_A 和 y_B 单独变化同时其余因素取0水平时的响应变化趋势。

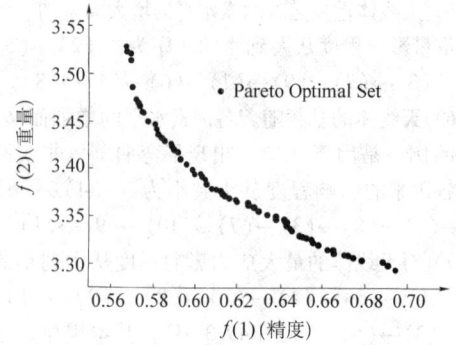

图 49.3-64　天线多目标优化的 Pareto 最优解集

从图中可看出，梁高 y_A 和 y_B 增加时，随之而来的是天线体重量的增加，是必然的规律，同时天线反射面表面精度呈二次曲线状态，y_A 和 y_B 处于0水平时精度最高；y_A 的增加导致基频的降低，而 y_B 的增加导致基频的增加。由结构中的最大应力状况看出（数据未列出），y_A 的增加导致最大应力增加，而 y_B 的增加导致最大应力减小。图中的变化趋势表明，y_A 对系统响应的影响较大，y_B 的影响较小。

结论：通过上面的分析，发现有的因素对系统的影响很小，或改变该因素会使系统的目标同时变好或变坏，对这些因素的处理是寻求其水平范围内的最佳点固定下来作为常数处理，而其余因素作为主要因素进入下一步的研究。固定下来的因素为：（4）、（5）、（8）、（9）、（10）。

还要注意的是，本步骤研究的是单个因素对系统的影响，即假设各因素独立，因素间无交互作用。事实上，下一步的研究中将看到系统的各因素间可能存在的交互作用。

第3步，规划序列试验设计，并拟合响应面方程。

将上一步预选出的主要因素整理成新的变量。因本例题研究的是可控因素的健壮性设计，用 x_1、x_2、x_3、x_4、x_5、x_6、x_7 表示因素（1）、（2）、（3）、(6)、(7) 及 y_A 和 y_B。各因素取3水平，各水平代表的实际值见表49.3-7。

表 49.3-7　主要因素的水平及其实际值

（mm）

因素	水　平		
	-1	0	1
x_1——(1)	$\phi 50\times 2$	$\phi 50\times 3$	$\phi 50\times 4$
x_2——(2)	$\phi 50\times 2$	$\phi 50\times 3$	$\phi 50\times 4$
x_3——(3)	$\phi 65\times 3$	$\phi 65\times 4$	$\phi 65\times 5$
x_4——(6)	$\phi 40\times 1$	$\phi 40\times 2$	$\phi 40\times 3$
x_5——(7)	$\phi 65\times 3$	$\phi 65\times 4$	$\phi 65\times 5$
x_6——y_A	1110	710	310
x_7——y_B	1990	1590	1190

主要因素中 $x_1 \sim x_5$ 为离散变量，其正规化后的取值范围为

x_1 和 x_2：[-1, -0.8, -0.5, -0.2, 0, 0.2, 0.5, 1]

x_3 和 x_5：[-1, -0.8, -0.5, 0, 0.5, 1]

x_4：[-1, -0.8, -0.6, -0.5, -0.4, -0.2, 0, 0.2, 0.5, 0.8, 1]

x_6、x_7 为连续变量，其正规化后的取值在 [-1, 1] 之间，与原变量之间的对应关系为

$$x_6 = \frac{71-y_A}{40} \quad (49.3\text{-}72)$$

$$x_7 = \frac{159-y_B}{40} \quad (49.3\text{-}73)$$

三个响应分别为 y_1（MSE 均方误差）、y_2（重量）、y_3（基频）。

先规划低阶试验设计，拟合一阶响应面方程。有7个因素的一阶响应面方程为

$$\hat{y} = b_0 + b_1 x_1 + b_2 x_2 + b_3 x_3 + b_4 x_4 + b_5 x_5 + b_6 x_6 + b_7 x_7 \quad (49.3\text{-}74)$$

方程中有8个待定系数，需要至少8次试验值来拟合。拟合数据恰好等于8组的试验设计叫饱和试验设计，前面已分析过，饱和试验设计产生的结果并不理想，因此需要至少多于待定系数个数的试验次数。这里选用 2^{k-p} 分式析因设计，即 2^{7-2} 分式析因设计，共32次试验。其响应都是可计算的，所以采用计算机仿真，由有限元程序计算即可得到。试验安排及计算所得三个响应的值见表49.3-8。

表 49.3-8 2^{7-2} 分式析因设计及计算结果表

试验号	因素及所取的水平							响应		
	x_1	x_2	x_3	x_4	x_5	x_6	x_7	y_1/mm	y_2/t	y_3/Hz
1	-1	1	-1	1	1	-1	-1	0.6863	3.407	39.1114
2	1	-1	-1	1	-1	-1	1	0.7014	3.435	40.8134
3	1	-1	-1	-1	-1	-1	-1	0.7419	3.3041	39.0069
4	1	1	1	1	1	-1	-1	0.6327	3.5037	39.5324
5	-1	-1	-1	-1	1	-1	1	0.7382	3.3947	39.3659
6	1	-1	1	-1	1	-1	-1	0.7059	3.4198	39.2807
7	-1	1	-1	-1	1	-1	1	0.8161	3.4205	39.0153
8	1	1	1	-1	-1	1	-1	0.632	3.4686	38.8504
9	-1	1	1	-1	-1	1	-1	0.6931	3.4009	38.1615
10	-1	-1	1	1	1	-1	-1	0.6720	3.4107	38.8601
11	1	1	-1	1	1	1	-1	0.6532	3.493	38.9171
12	1	-1	1	-1	-1	1	-1	0.7488	3.378	38.3324
13	-1	1	1	-1	-1	-1	1	0.8101	3.4346	39.0295
14	-1	-1	1	1	1	1	1	0.7304	3.4603	38.7196
15	-1	1	-1	1	-1	-1	-1	0.7233	3.4051	39.5968
16	1	1	-1	-1	-1	1	1	0.6324	3.4757	38.8461
17	1	-1	1	1	-1	1	1	0.7153	3.4671	38.5469
18	-1	-1	1	1	-1	-1	1	0.7283	3.4088	39.3738
19	-1	-1	1	-1	-1	1	-1	0.7436	3.3268	38.5582
20	1	-1	-1	1	1	1	-1	0.6685	3.388	39.2668
21	-1	1	-1	-1	-1	1	-1	0.6931	3.383	38.4685
22	1	-1	-1	-1	1	1	1	0.7204	3.2966	38.8398
23	1	-1	1	1	1	-1	1	0.6953	3.4183	39.0247
24	1	-1	1	1	1	1	1	0.7374	3.4845	38.6102
25	-1	1	-1	-1	-1	-1	-1	0.6920	3.4265	38.1614
26	1	1	1	1	1	1	1	0.6044	3.5533	39.4035
27	-1	1	1	1	-1	1	1	0.6633	3.486	38.3901
28	1	-1	1	-1	-1	-1	1	0.7526	3.3757	38.0713
29	-1	-1	1	1	-1	1	1	0.6460	3.4618	39.0021
30	1	-1	-1	-1	-1	-1	1	0.7256	3.3653	38.5344
31	-1	-1	-1	-1	1	1	1	0.7554	3.3827	38.0675
32	-1	-1	-1	-1	-1	1	-1	0.7847	3.2976	37.8316

由表中的数据拟合一阶响应面方程,并进行显著性检验,可以得到如下的结果:

用线性响应面模型拟合系统的响应 y_1 (MSE 均方误差)、y_2 (重量)、y_3 (基频)、y_4 (结构中最大应力),模型的 ANOVA(方差分析)结果见表 49.3-9~表 49.3-12。

表 49.3-9 响应 y_1(MSE 均方误差)线性模型的方差分析

模型	项目	平方和	df	均方	F	Sig.
1	回归	0.04691	7	6.701×10^{-3}	4.756	0.002
	残差	0.03381	24	1.409×10^{-3}		
	求和	0.08072	31			

表 49.3-10 响应 y_2(重量)线性模型的方差分析

模型	项目	平方和	df	均方	F	Sig.
1	回归	0.109	7	0.01564	78.728	0.000
	残差	4.768×10^{-3}	24	1.987×10^{-4}		
	求和	0.114	31			

表 49.3-11　响应 y_3（基频）线性模型的方差分析

模型	项目	平方和	df	均方	F	Sig.
1	回归	9.456	7	1.351	31.945	0.000
	残差	1.015	24	0.04229		
	求和	10.471	31			

表 49.3-12　响应 y_4（结构中最大应力）线性模型的方差分析

模型	项目	平方和	df	均方	F	Sig.
1	回归	410.330	7	58.619	16.764	0.000
	残差	83.919	24	3.497		
	求和	494.250	31			

从上面的 4 个 ANOVA 结果来看，四个线性响应面模型的显著性都较高，都可以作为转换模型使用。为了进一步提高精度，采用可旋转的中心复合设计，在线性模型的基础上追加样本点，共用了 117 个样本点，拟合二阶响应面模型，得到的结论见表 49.3-13～表 49.3-16。

表 49.3-13　响应 y_1（MSE 均方误差）二阶模型的方差分析

Source	DF	平方和	均方
回归	36	58.34331	1.62065
残差	80	0.02334	2.917187×10^{-4}
未修正和	116	58.36665	
修正和	115	0.38416	

注：R 平方 = 1−残差 SS/修正 SS = 0.93925。

表 49.3-14　响应 y_2（重量）二阶模型的方差分析

Source	DF	平方和	均方
回归	36	1354.63617	37.62878
残差	80	0.03278	4.097733×10^{-4}
未修正和	116	1354.66895	
修正和	115	0.38542	

注：R 平方 = 1−残差 SS/修正 SS = 0.91494。

表 49.3-15　响应 y_3（基频）二阶模型的方差分析

Source	DF	平方和	均方
回归	36	175474.46962	4874.29082
残差	80	3.00331	0.03754
未修正和	116	175477.47293	
修正和	115	29.33688	

注：R 平方 = 1−残差 SS/修正 SS = 0.89763。

表 49.3-16　响应 y_4（结构中最大应力）二阶模型的方差分析

Source	DF	平方和	均方
回归	36	285559.35297	7932.20425
残差	80	281.25751	3.51572
未修正和	116	285840.61049	
修正和	115	2180.23920	

注：R 平方 = 1−残差 SS/修正 SS = 0.87100。

由上面几个表格中的结果，我们发现四个二阶响应面模型也拟合得很好。为了从这些模型中取出最好的模型，这里比较了对每个响应拟合的线性模型、带交叉项的模型、带纯二次项的模型和二阶模型的均方误差值，见表 49.3-17。

表 49.3-17　几种模型的均方误差值比较表

系统响应	线性模型	交叉项模型	纯二次项模型	二阶模型
精度（MSE）	0.0431	0.0327	0.0348	0.0170
重量	0.0223	0.0198	0.0227	0.0201
基频	0.2015	0.1937	0.2026	0.1928
最大应力	2.4272	2.0867	2.2658	1.8635

由此，采用的各系统响应的响应面模型确定为

$$\hat{y}_1 = 0.6259 - 0.0127x_1 - 0.0236x_2 - 0.0070x_3 - 0.0240x_4 - 0.0046x_5 - 0.0159x_6 + 0.0080x_7 -$$
$$0.0007x_1x_2 + 0.0006x_1x_3 - 0.0010x_1x_4 + 0.0021x_1x_5 + 0.0011x_1x_6 - 0.0021x_1x_7 +$$
$$0.0004x_2x_3 - 0.0007x_2x_4 - 0.0007x_2x_5 - 0.0152x_2x_6 - 0.0050x_2x_7 +$$
$$0.0006x_3x_4 + 0.0016x_3x_5 + 0.0028x_3x_6 - 0.0010x_3x_7 - 0.0018x_4x_5 +$$
$$0.0156x_4x_6 - 0.0092x_4x_7 + 0.0032x_5x_6 + 0.0016x_5x_7 - 0.0200x_6x_7 +$$
$$0.0007x_1^2 + 0.0002x_2^2 + 0.0068x_3^2 + 0.0139x_4^2 - 0.0017x_5^2 + 0.0632x_6^2 + 0.0058x_7^2 \quad (49.3-75)$$

$$\hat{y}_2 = 3.4179 + 0.0162x_1 + 0.0239x_2 + 0.0266x_3 + 0.0150x_4 + 0.0273x_5 + 0.0125x_6 + 0.0159x_7 +$$
$$0.0009x_1x_2 - 0.0009x_1x_3 + 0.0034x_1x_4 - 0.0009x_1x_5 - 0.0022x_1x_6 + 0.0039x_1x_7 +$$
$$0.0005x_2x_3 - 0.0007x_2x_4 + 0.0018x_2x_5 - 0.0016x_2x_6 + 0.0026x_2x_7 -$$

$$0.0023x_3x_4-0.0035x_3x_5-0.0013x_3x_6-0.0011x_3x_7+$$
$$0.0016x_4x_5-0.0000x_4x_6+0.0014x_4x_7+$$
$$0.0033x_5x_6-0.0033x_5x_7-0.0100x_6x_7 \quad (49.3\text{-}76)$$

$$\hat{y}_3=38.9410+0.2150x_1+0.1059x_2-0.0031x_3+0.2183x_4-0.0202x_5-0.3315x_6+0.1615x_7-$$
$$0.0120x_1x_2-0.0030x_1x_3+0.0152x_1x_4-0.0214x_1x_5-0.0205x_1x_6+0.0126x_1x_7+$$
$$0.0005x_2x_3-0.0129x_2x_4+0.0231x_2x_5+0.0158x_2x_6-0.0045x_2x_7-$$
$$0.0229x_3x_4-0.0048x_3x_5+0.0148x_3x_6-0.0019x_3x_7-$$
$$0.0102x_4x_5+0.0100x_4x_6+0.0933x_4x_7+$$
$$0.0034x_5x_6-0.0017x_5x_7-0.0242x_6x_7-$$
$$0.1069x_1^2-0.0994x_2^2-0.0785x_3^2+0.0496x_4^2+0.0820x_5^2+0.0163x_6^2+0.0901x_7^2 \quad (49.3\text{-}77)$$

$$\hat{y}_4=46.2637-1.9406x_1+0.2931x_2+0.1617x_3-0.4237x_4+0.2806x_5+0.7416x_6-3.1942x_7+$$
$$0.1405x_1x_2-0.1653x_1x_3-0.1554x_1x_4+0.1675x_1x_5-0.1070x_1x_6-1.3685x_1x_7+$$
$$0.2066x_2x_3-0.1132x_2x_4-0.2734x_2x_5+0.0984x_2x_6+0.1403x_2x_7+$$
$$0.1145x_3x_4-0.1580x_3x_5-0.2280x_3x_6-0.1464x_3x_7+$$
$$0.4033x_4x_5+0.1324x_4x_6+0.0809x_4x_7+$$
$$0.1218x_5x_6-0.0019x_5x_7+0.4558x_6x_7+$$
$$1.0775x_1^2-0.0804x_2^2+0.2803x_3^2+0.4674x_4^2+0.1690x_5^2-1.0117x_6^2+2.6364x_7^2 \quad (49.3\text{-}78)$$

各响应面模型的曲线如图 49.3-65~图 49.3-68 所示。

第 4 步，建立健壮性设计数学模型，求出 μ 及 σ^2 的表达式。

由于系统中仅存在可控因素的变异，所以仅研究可控因素的变异对系统造成的影响，导出健壮性设计的表达式。原问题中有两个目标函数，天线反射表面的精度 δ 和天线的重量 G。转化为健壮性设计问题时，产生四个目标函数，即

$$f(1)=\hat{y}_1 \quad (49.3\text{-}79)$$
$$f(2)=\hat{y}_2 \quad (49.3\text{-}80)$$
$$f(3)=\sum_{i=1}^{7}\left(\frac{\partial \hat{y}_1}{\partial \hat{x}_i}\right)^2 \sigma_{x_i}^2 \quad (49.3\text{-}81)$$
$$f(4)=\sum_{i=1}^{7}\left(\frac{\partial \hat{y}_2}{\partial \hat{x}_i}\right)^2 \sigma_{x_i}^2 \quad (49.3\text{-}82)$$

对原问题的约束条件也要做相应的变换，得到

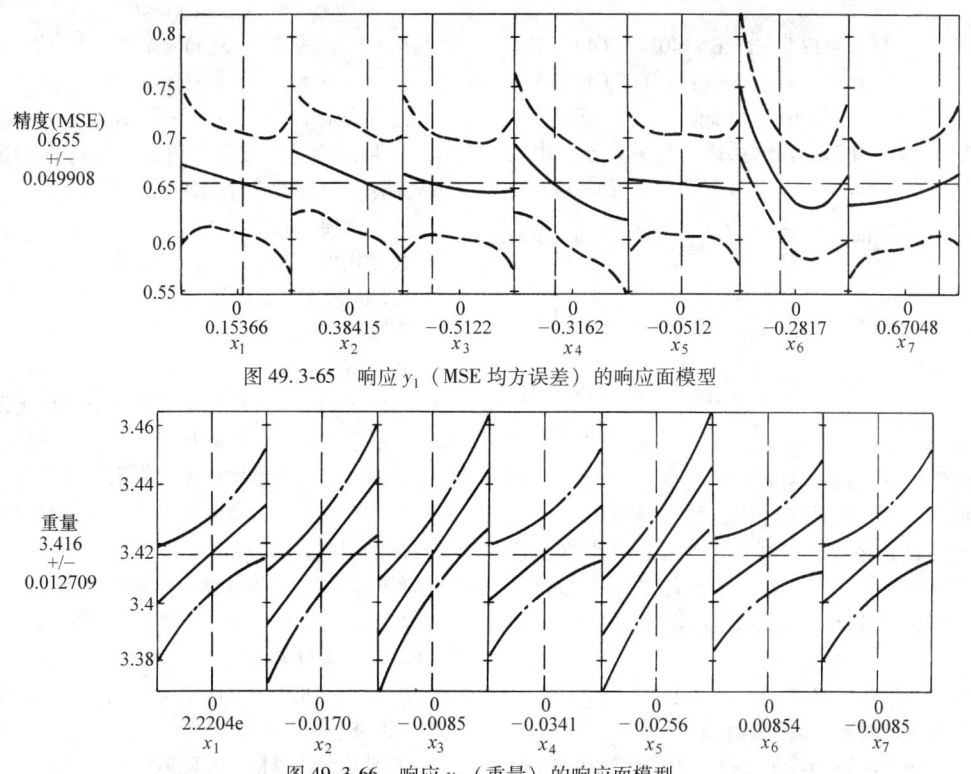

图 49.3-65 响应 y_1（MSE 均方误差）的响应面模型

图 49.3-66 响应 y_2（重量）的响应面模型

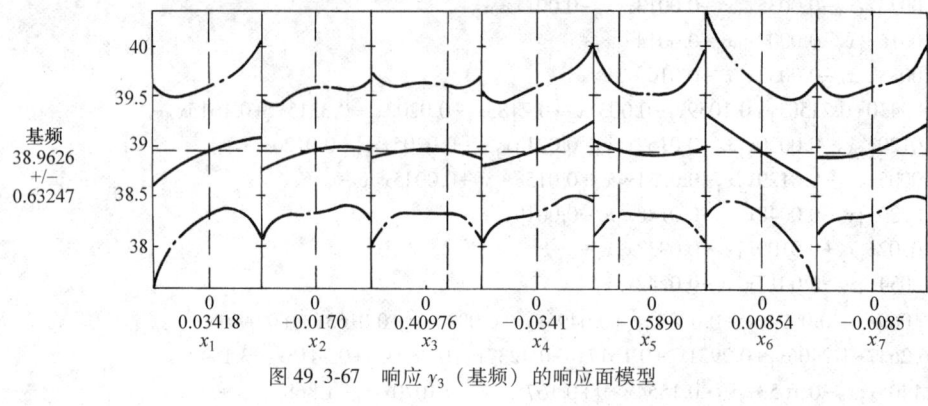

图 49.3-67 响应 y_3（基频）的响应面模型

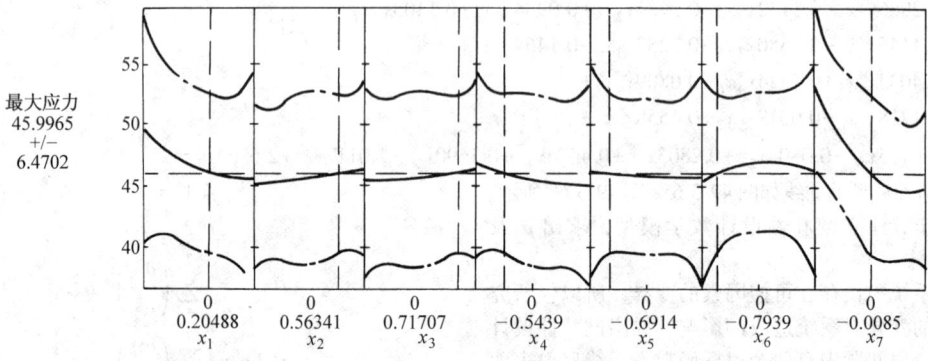

图 49.3-68 响应 y_4（在结构中最大应力）的响应面模型

$$g(1) = 12/f_0 - 1 + \Delta g_1 \leq 0 \quad (49.3\text{-}83)$$
$$g(2) = \sigma_{\max}/\sigma_0 - 1 + \Delta g_2 \leq 0 \quad (49.3\text{-}84)$$
$$g(3) = \hat{y}_1/0.7 - 1 + \Delta g_3 \leq 0 \quad (49.3\text{-}85)$$

其中，Δg_1、Δg_2 和 Δg_3 表示系统的变异，分别由式（49.3-86）、式（49.3-87）和式（49.3-88）近似得到

$$\Delta g_1 = \sum_{i=1}^{7} \left| \frac{\partial g_1}{\partial x_i} \Delta x_i \right| \quad (49.3\text{-}86)$$

$$\Delta g_2 = \sum_{i=1}^{7} \left| \frac{\partial g_2}{\partial x_i} \Delta x_i \right| \quad (49.3\text{-}87)$$

$$\Delta g_3 = \sum_{i=1}^{7} \left| \frac{\partial g_3}{\partial x_i} \Delta x_i \right| \quad (49.3\text{-}88)$$

其中，Δx_i（$i = 1, 2, \cdots, 7$）表示可控因素的变异范围，假设各可控因素在其设计空间中是均匀分布的，则取各正规化后的可控因素的变异范围为 0.1，即 10% 的不确定范围。这样，允许各可控因素的取值空间为 $(x_i - \Delta x_i) \sim (x_i + \Delta x_i)$（$i = 1, 2, \cdots, 7$）。

第 5 步，用 Pareto 遗传算法求解健壮性设计问题。

根据上一步建立的健壮性设计模型，用 Pareto 遗传算法来求解该问题。数学模型为

$$\min \{f(1), f(2), f(3), f(4)\} \quad (49.3\text{-}89)$$

$$\text{s. t.} \quad g(1) \leq 0$$
$$g(2) \leq 0$$
$$g(3) \leq 0$$

设计变量 $x_1, x_2, \cdots, x_7$，其中 $x_1 \sim x_5$ 为离散变量，x_6 和 x_7 为连续变量。用我们编制的 MOGA 软件包求解这一健壮性设计问题，计算参数为

群体规模：60

进化代数：200

Pareto 解集过滤器规模：80

交叉概率：0.5

变异概率：0.008

求解得到 Pareto 最优解集和对应的最优设计变量集合。由于 Pareto 最优解集中包含了四个目标函数的组合，用二维或三维曲面无法表示。考虑各目标的重要程度时选取决策者最满意点的方法，取四个目标函数的权值相同，即取 $w_1 = w_2 = w_3 = w_4 = 1/4$，得到最满意解的设计变量及目标函数值分别为

$x_1 = 1, x_2 = 1, x_3 = -0.5, x_4 = 0.5, x_5 = -1, x_6 = 0.2621, x_7 = 0.4659,$

$f(1) = 0.5821, f(2) = 3.4374, f(3) = 1.48 \times 10^{-5}, f(4) = 3.58 \times 10^{-5}$

得到的设计变量的实际值为

(1): $\phi 50\times 3$, (2): $\phi 50\times 3$, (3): $\phi 65\times 3.5$,
(4): $\phi 40\times 1$, (5): $\phi 50\times 3$, (6): $\phi 40\times 2.5$,
(7): $\phi 65\times 3$, (8): $\phi 40\times 2$, (9): $\phi 50\times 2$,
(10): $\phi 50\times 2$,
$y_A = 60.516 \text{cm}$ $y_B = 140.364 \text{cm}$

比较原设计:
(1): $\phi 50\times 3$, (2): $\phi 50\times 3$, (3): $\phi 65\times 4$,
(4): $\phi 40\times 2$, (5): $\phi 50\times 3$, (6): $\phi 40\times 2$,
(7): $\phi 65\times 4$, (8): $\phi 40\times 2$, (9): $\phi 50\times 3$,
(10): $\phi 50\times 3$,
$y_{A0} = 71 \text{cm}$ $y_{B0} = 159 \text{cm}$

其中 $x_1 \sim x_7$ 的取值为正规化后的取值，从结论中可以看出，经过健壮性设计，表征质量指标的目标函数 $f(3)$ 和 $f(4)$ 的值都很小，说明该健壮性设计能在系统达到原设计目标的情况下尽可能减小可控因素的变异对系统性能的影响。

用求得的最满意设计变量的值转化为标准值后，用有限元程序进行验算。验算得到的结果为
$f(1) = 0.5912$, $f(2) = 3.4575$。其误差对 $f(1)$ 为 1.54%，对 $f(2)$ 为 0.58%。从误差来看，这里采用的转换模型的精度是相当高的。

与该天线原设计比较，原设计的结论为：$f_0(1) = 0.6237$, $f_0(2) = 3.4847$。比较的结果为：经过健壮性设计后，天线的精度提高 6.56%，重量略有减轻。说明健壮性设计既能使系统的性能更优，又能提高产品的质量，同时，该设计得到的天线参数能使天线承受较大的内部和外部变异的影响而保持性能基本不变，使天线具有健壮性。

第6步，建立天线的多目标优化问题。

天线的多目标优化模型为

$$\min\{f(1), f(2)\} \tag{49.3-90}$$
$$\text{s. t. } g'(1) = 12/f_0 - 1 \le 0$$
$$g'(2) = \sigma_{\max}/\sigma_0 - 1 \le 0$$
$$g'(3) = f(1)/0.7 - 1 \le 0$$

用 MOGA 软件包进行计算后得到该多目标优化问题的 Pareto 最优解集，如图 49.3-64 所示。为了从中选出最满意解，考虑到决策者对两个目标的权衡，这里选取了两个目标的加权系数变化时两个目标的取值及对应的设计变量的取值，见表 49.3-18。

决策者可根据表中的权系数的组合来选择最满意的解。与原设计 $f_0(1) = 0.6237$, $f_0(2) = 3.4847$ 相比较，取 $w_1 = 0.6$, $w_2 = 0.4$ 的设计结论 $f(1) = 0.5698$, $f(2) = 3.4857$ 与之相比，在重量基本不变的情况下，精度提高 9.46%，其效益是很明显的。将此结论与健壮性设计的结果比较，发现目标函数变异的两个目标函数值分别为 $f(3) = 1.373 \times 10^{-3}$, $f(4) = 3.397 \times 10^{-3}$，大大高于健壮性设计的结果。这说明用健壮性设计方法能得到对系统参数的变异不敏感的设计结果，使得系统在其可控因素或不可控因素有较大变异的情况下仍能保持稳定的性能。

表 49.3-18 考虑目标加权时设计变量及目标函数值

w_1	w_2	x_1	x_2	x_3	x_4	x_5	x_6	x_7	$f(1)$	$f(2)$
1	0	1	1	0.5	1	1	0.1535	0.5809	0.5671	3.529
0.9	0.1	1	1	0.5	1	1	0.1535	0.5809	0.5671	3.529
0.8	0.2	1	1	0.5	1	1	0.1535	0.5809	0.5671	3.529
0.7	0.3	1	1	0.5	1	1	0.1535	0.5809	0.5671	3.529
0.6	0.4	1	1	0.5	1	−1	0.2598	1	0.5698	3.4857
0.5	0.5	1	1	0	0.8	−1	0.1640	0.1907	0.5774	3.4493
0.4	0.6	1	1	−1	0.2	−1	0.0589	−0.9991	0.6082	3.3786
0.3	0.7	−1	−0.8	−1	0.2	−1	−0.4844	−0.9333	0.6785	3.3036
0.2	0.8	−1	−1	−1	−0.8	−1	−0.1649	−1	0.6946	3.2947
0.1	0.9	−1	−1	−1	−0.8	−1	−0.1649	−1	0.6946	3.2947
0	1	−1	−1	−1	−0.8	−1	−0.1649	−1	0.6946	3.2947

3.5.6 小结

本节用基于健壮性的产品及过程开发方法对 10m 圆抛物面天线进行健壮性设计及多目标优化设计，用对天线性能影响最大的主梁的 10 根梁的截面特性及两个主要梁高参数作为设计变量，研究了各参数对系统的四个响应的影响，并从中筛选出 7 个关键参数作为主要因素进一步研究。采用序列试验设计方法，先拟合低阶响应面模型，又用可旋转的中心复合设计得到拟合二阶模型的样本点，通过比较，确定了系统四个相应的二阶响应面模型。由此得到了系统的关键输入变量和输出响应之间的转换模型。根据该模型，确定了求解多目标优化设计问题及健壮性设计问题的数学模型，并用发展出的 Pareto 多目标遗传算法进行了求解。通过比较，发现两种设计方法虽然从问题的形式上有某些相似之处，但实际上处理的是两种完全不

同的问题。多目标优化设计目的是在系统设计的目标受到约束条件的限制下得到最优解,这种方法仅仅强调系统的尽可能满足目标,却不重视系统性能在最优的情况下是否稳定,可能会导致得到的最优性能处于很不稳定的状态,系统的内部条件和外条件稍有变化,系统性能就下降很多,甚至有可能失效。

而健壮性设计问题则是以系统的质量为目标,其方法是使系统在满足目标原有的目标函数的前提下,尽可能使由于可控因素或不可控因素的变异造成系统的变异极小化,这样得到的解能保证系统在受到内在因素或外界因素干扰的情况下仍能保持良好的性能。健壮性设计得到的解可能比多目标优化得到的解从优化的角度要差一些,但它强调系统的质量,这一点正是产品设计的关键。得到健壮性设计的解以后,在后期的详细设计阶段对产品的参数在小范围调整时,不需要或较少需要对系统的性能重新校验,节约了设计的时间和人力资源;同时,由于健壮性设计能得到对系统的内部因素和外界条件变化不敏感的健壮解,使得对产品加工过程中的要求和使用条件的要求都不是很高,而且产品的部件可以采用较低的配置而仍能获得较高的质量,大大减小了产品设计和制造的成本,能够带来很好的经济效益和社会效益。

4 供应链库存策略的进化重组

本节主要从层次化的观点来考虑供应链中的库存,分别从定性和定量的角度来分析存在于供应链中的与整体制造策略有关的供应链整体解耦库存设置和供应链运作过程中各节点的运作库存策略。

4.1 供应链运行策略的持续改进

经过层次模块化的 Petri 网建模,可以对供应链的总体运行效果做出评价,并可以指导敏捷供应链的结构重组过程。当供应链的网络结构初步形成以后,各个企业之间就形成一种相对稳定的战略伙伴关系,通过相互信任的商业伙伴间的合作来协调供应链,降低库存水平,实现整个供应链计划与执行过程的集成,如图 49.3-69 所示。过程的关键是强调贸易伙伴间建立共享的商业计划、销售预测和订单预测,通过前后节点的协调,实现敏捷供应链的合理运作。

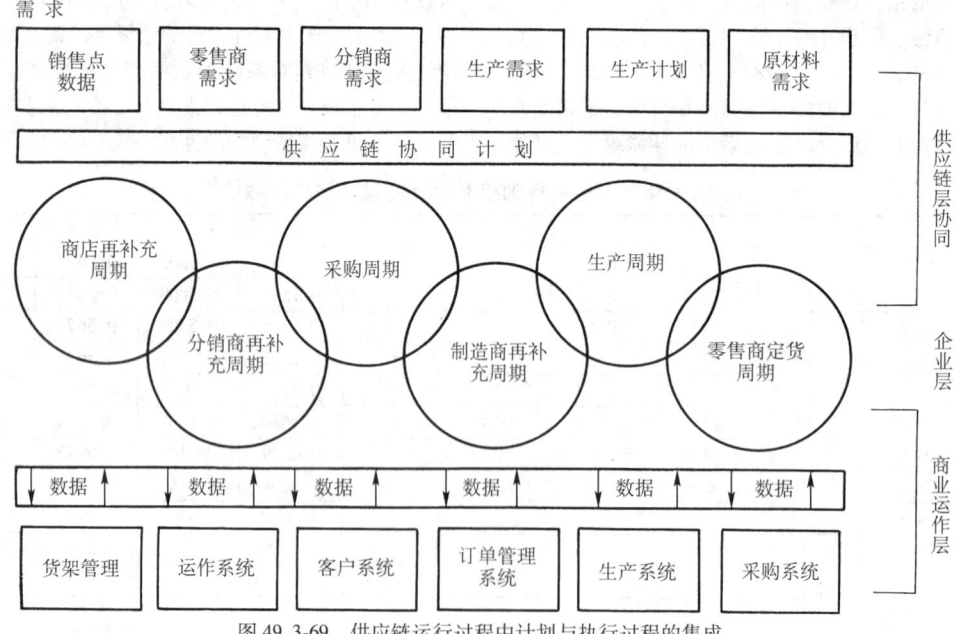

图 49.3-69 供应链运行过程中计划与执行过程的集成

在供应链的运行过程中,会发现许多需要改进的地方,类似于戴明的 PACD 循环 [P (plan)——计划;D (do)——执行;C (check)——检查;A (action)——行动],供应链的运行过程也必须在运行过程中不断改进,图 49.3-70 所示为建立的供应链持续改进过程——ERMI 过程 [E (evaluation)——评价;R (reengineering)——重组;M (monitor)——监控;I (improve)——改善]。

ERMI 过程可简述如下:

E——评价:根据供应链运行的总体要求和组织方针,建立供应链目标和过程;对现有供应链流程进行评价,识别运行中的浪费和问题,主要是要寻找产生浪费和问题的因果关系,进而探究其根本原因。

R——重组:理解了问题的因果关系和发现问题

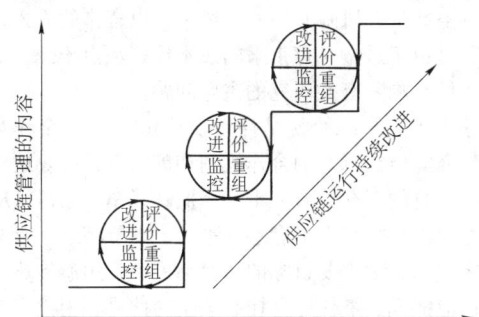

图 49.3-70 敏捷供应链运行中的 ERMI
（evaluation-reengineering-monitor-improve）过程

的根本原因后，对供应链的各项运行策略进行改进，包括各项功能、任务的分配以及过程的改进。

M——监控：对于供应链新的配置进行控制，建立监控机制对供应链的运作进行持续的评估，不断发现其改进的空间。

I——改善：采取措施，以持续改进供应链过程，这是 ERMI 的最终目的。

ERMI 中的 4 个过程不是运行一次就结束，而是周而复始地进行，一个循环完了，解决一些问题，未解决的问题进入下一个循环，这样阶梯式上升的。可以对供应链中的需求控制策略、库存控制策略、供货控制策略、物流控制策略等进行不断改进，下面将只对供应链运行过程中的库存策略进行探讨。

4.2 供应链中的库存设置

库存是指企业所有资源的储备。库存控制策略是指用来控制库存水平、决定补充时间及订货批量大小的整套制度和控制手段。

若从供应链的整体运行效果来考虑，除了供应链各个节点企业内部的原材料、零部件和产成品库存外，相对于不同的产品供应链和不同运行策略，在供应链节点之间有时还应该设置一定的库存以协调整条链的运行，这里称之为战略解耦库存。

精益生产和敏捷制造是近几年来兴起的先进制造思想。将这两种思想合理地融入供应链管理中也会有效地提高供应链的效率，但究竟采取何种策略应由供应链的结构、产品或服务的性质和市场环境来决定。

我们粗略地把供应链的结构按照不同的市场需求分为按订单设计（engineer to order，ETO）、按订单制造（make to order，MTO）、按订单组装（assemble to order，ATO）、按库存生产（make to stock，MTS）等几种形式。

几种供应链结构的主要区别在于链中按订单生产和按预测进行生产的分界点（我们称之为解耦点）的不同。为了使供应链在解耦点处很好地连接，减少由于预测需求和实际需求的差异所带来的供应链效率的降低，通常要设置一库存——解耦库存来减小由于需求的不确定性所带来的波动。图 49.3-71 所示为各种制造策略所对应的解耦库存的位置（图中"制造/装配商"代表了供应链中一个或多个商业伙伴成员）。可见解耦库存的下游是由顾客需求拉动的，而上游的供应链则是由预测驱动的。"推"式供应链与"拉"式供应链的主要区别见表 49.3-19。

表 49.3-19　"推"式供应链与"拉"式供应链的主要区别

比较项	"推"式供应链	"拉"式供应链
预测依据	市场需求驱动的预测	销售点(point of sale,POS)数据收集
生产方式	按库存生产	按订单生产
订货点	根据库存量(安全库存水平)确定订货点	根据客户需求自动、实时再补充
生产周期	较长的生产周期	较短的生产周期
市场情况	需求较为稳定,客户对产品多样性要求低	需求不稳定,客户对产品的多样性要求高

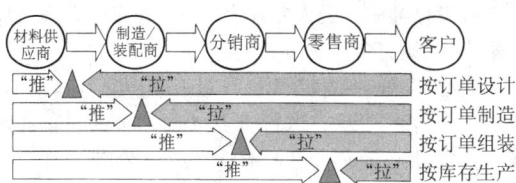

图 49.3-71　供应链中的解耦库存的位置

以色列物理学家 E.M.Goldratt 在他所著的《目标》一书中以小说的形式首次提出了约束理论（theory of constraints，TOC），并描述小说中的企业如何运用 TOC 使工厂转亏为盈。TOC 认为，任何一个系统都至少存在一个约束（有时也称为"瓶颈"），要提高一个系统的产出，必须打破系统的约束。

TOC 的计划与控制是通过 DBR 系统实现的，即"鼓（drum）""缓冲器（buffer）"和"绳子（rope）"系统。"鼓"是指系统的约束；"缓冲器"是为了最大限度地利用瓶颈资源而设置的；非约束资源的产出应由约束资源的产出来控制，即"绳子"。整个系统按照"鼓的节拍"来运行。

供应链可以看成是一个环环相扣的链条，这个系统的强度取决于最弱的一环,我们要保证此约束资源能力的最大发挥,因为瓶颈资源损失 1h 相当于整个系统损失 1h,并且是无法补救的。

为了保证约束资源的最大利用率,我们在约束位置设置一缓冲库存,确保约束资源不因材料短缺而闲置,进而保证整个系统的最大生产率。图 49.3-72 所示装配商中设置的库存即为约束缓冲。图 49.3-72 中还存在另外一种缓冲库存——运送缓冲,运送缓冲库存设置于系统的末端以确保准时运送。

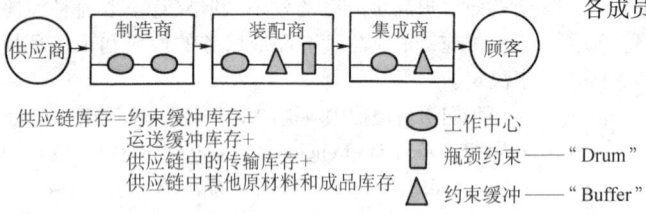

图 49.3-72 供应链中的缓冲库存

为了确保供应链整体利益的最大化,供应链伙伴应合作识别系统的约束,将约束缓冲库存设置在该约束的前面,将运送缓冲库存设于整条供应链的末端。约束缓冲库存和运送缓冲库存水平可控制在一定范围之内,而其他既不存在约束缓冲又不存在运送缓冲的供应链伙伴则尽量将自身的库存排出。系统约束的生产率应尽量与市场的实际需求相接近,供应链其他伙伴则应尽量与系统约束的生产率同步。这种供应链伙伴间的协调和信任将使供应链产生最大效益。

以上从战略的层次定性地探讨了供应链中的库存设置问题,在更低层次上的运作过程中,供应链中还会存在各种原材料、成品和在制品库存等,这些库存应在满足客户服务水平的基础上尽可能地减少,合理的库存控制策略将有助于供应链的协调运行和提高客户服务水平。以下主要从定量的角度探讨存在于供应链中的库存控制策略。

4.3 供应链运行过程中的库存控制策略

供应链中的企业持有存货的原因主要有:满足预测的需求、降低订货成本、减少缺货成本、使生产作业更为平稳和有弹性。但持有存货也有以下缺点:增加持有成本、难于对顾客需求的改变做出快速反应、占用企业大量资金等。在利弊共存的情况下,供应链中的存货控制的目的即是以最小存货成本和满足客户需求为目标,使供应链中各节点不至于发生存货过多或是不足的情况。

在供应链竞争的年代,如何采取有效的库存控制策略以满足消费者持续变动并具有不确定性的需求,是供应链库存控制的首要任务。如何使供应链伙伴之间在利益共享、风险共担的协约下,以合作的方式来共同降低由于过量库存带来的成本浪费和由于缺货造成的负面影响是有待研究的主要问题。

这里研究的目的就是探讨供应链伙伴的合作策略,研究如何在有效的合作机制和策略下,有效地降低供应链总的库存持有成本、降低缺货率,取得供应链库存成本与顾客需求满意的平衡。本节将建立以成本和客户满意为主要目标的多目标模型,用遗传算法进行供应链成员最佳库存控制策略的搜寻,为供应链各成员的库存控制决策提供指导。

(1) 供应链中的库存类型及其作用

1) 库存的类型。根据物品需求的重复程度,可将库存分为单周期库存和多周期库存。单周期库存又称为一次性订货,即需求是一次性的,如报纸、月饼等;而多周期库存是在需求反复发生时,库存需要不断补充。这里主要研究多周期库存。

多周期需求库存又可分为独立需求库存与相关需求库存。独立需求的数量与出现的概率是随机的、不确定的和模糊的;相关需求的需求数量和需求时间与其他变量存在一定的相互关系,可以通过一定的数学关系推算得出。

2) 库存控制策略分类。库存控制的主要工作可分为三项:各种库存项目要有多少存货数量?在计划水平期间内应该订购或是生产多少数量的存货?要在什么时候订购或生产?因此库存管理的关键是订购/生产的数量大小和订购/生产时间间隔问题。根据数量大小与时间间隔,库存控制系统可分为五类,如图 49.3-73 所示:

① 固定盘查周期-固定订货数量——(t, Q) 策略。如图 49.3-73a 所示,以订货周期和经济订货批量为标准的订货方式。每隔一定时期检查一次库存,并发出一次订货,订货量为固定值 Q。

② 固定盘查周期-变订货数量——(t, S) 策略。如图 49.3-73b 所示,以订货周期和最高库存量为标准。每隔一定时期检查一次库存,并发出一次订货,把现有库存补充到最大库存水平 S,若库存盘查时库存量为 I,则订货量为 $(S-I)$。

③ 连续盘查-固定订货数量——(R, Q) 策略。如图 49.3-73c 所示,以订货点(reorder point)和经济订货批量(economic lot size)为控制标准,即对库存进行连续盘查,当库存水平降至订货点水平 R 时,进行订货,订货量为固定值 Q。适用于需求量大、缺货费用较高、需求波动性大的情形。

④ 连续盘查-变订货数量——(R, S) 策略。如图 49.3-73d 所示,对库存进行连续盘查,当发现库

存降低至订货点水平 R 时，进行订货，订货后使最大库存水平保持不变，即为 S。若发出订单时库存量为 I，则其订货量即为 $(S-I)$。与 (R,Q) 策略不同的是，订货量按实际库存而定，订货量可变。

⑤ (t,R,S) 策略。如图 49.3-73e 所示，(t,S) 和 (R,S) 策略的综合，即设立一定的检查周期，若检查时发现库存量降至 R 时，即进行订货，订货量为设定的最大库存量 S 与现存量 I 之差 $(S-I)$。

(2) 支持供应链管理的库存控制策略

支持供应链管理的库存控制策略主要有供应商管理用户库存 (Vendor Managed Inventory, VMI)、联合库存管理系统 (马士华, 2000)、多级库存模型 (ulti-echelon inventory model)。把供应链作为一个整体考虑时需采用集中控制，采用集中库存控制策略的一个重要方面是要获取供应链中其他企业的库存信息。

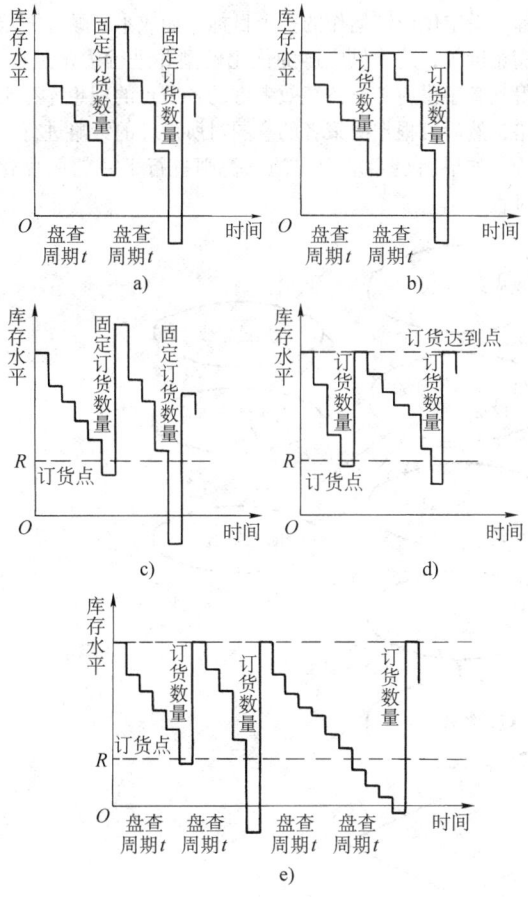

图 49.3-73 五种基本的库存控制策略
a) (t,Q) 策略 b) (t,S) 策略 c) (R,Q) 策略
d) (R,S) 策略 e) (t,R,S) 策略

供应商管理用户库存 (Vendor Managed Inventory, VMI) (Holmstrom, 1998; Achabal, 2000)：VMI 是一种在用户和供应商之间的合作性策略，以对双方来说都是最低的成本优化产品的可获性，在一个相互同意的目标框架下由供应商管理库存，以产生一种连续改进的环境。VMI 是供应链中的两个节点之间的交易模式，它总是能够改善供应链中的渠道成本和提高买方的利润，而对于卖方来说，短期内有时会有采购成本和利润的降低，通过长期的运行才会得到改善 (Dong, 2002)。

联合库存管理是提高供应链同步化程度的一种有效的方法，与供应商管理用户库存策略不同的是：联合库存管理强调双方同时参与，共同制定库存计划，保持供应链相邻节点之间的库存管理者对需求的预测保持一致，从而改善需求变异放大现象。任何相邻节点的需求的确定都是供需双方协调的结果，部分消除了由于供应链环节之间的不确定性和需求扭曲现象导致的供应链库存波动 (马士华, 2000)。

Myers 定性地研究了在制造/销售两级供应链中，使用自动库存补充对提高顾客服务水平和降低成本的影响 (Myers, 2000)；Dejonckheere 研究了根据指数平滑得到的订单传递模式和库存控制反馈系统所产生的长鞭效应并进行仿真，指出"长鞭效应"这种供应链中的上游企业的订单波动总是大于实际的顾客需求的波动现象，可以通过合理的设计供应链和对供应链的重组，建立合理的物流控制过程来缓解 (Dejonckheere, 2002)。

Larsena 研究了生产/分销系统的物流 (Larsena, 1999)；Ng 研究了由两个仓库和两个零售商组成的供应链，假定零售商面临的是独立的泊松分布需求、每个节点都使用 (R,Q) 订货策略、外部供应能力无限的情况下的订购网络模型；Disney 建立需求随时间变化、卖方管理库存情况下的生产或分销计划模型——基于自动渠道、库存和订单的生产控制系统 (Automatic Pipeline, Inventory and Order Based Production Control System, APIOBPCS) (Disney, 2002)；Ganeshan 研究了与多个供应商和多个零售商相连的中心仓库的生产/分销网络的接近最优的 (R,Q) 库存控制策略模型 (Ganeshan, 1999)；Bhattacharjee 研究在供应链零售阶段，单个产品在生命周期的特定阶段的多阶段库存和价格模型 (Bhattacharjee, 2000)；Gavirneni 研究了系统信息共享情况下的生产/分销系统的合作模型 (Gavirneni, 2001)；Boyaci 考虑由一个分销商和一个或更多个零售商组成的供应链的协作问题。假定顾客需求随价格波动而相应变化情况下，定价和生产批量决策 (Boyaci, 2002)；Anderson

个中心仓库和几个不同的零售商组成的供应链的库存控制问题（Anderson，2000）。

供应商管理用户库存和联合库存管理策略都是对供应链的局部优化控制，而要进行供应链的全局性优化与控制，则必须采用多级库存控制与优化方法，以实现供应链资源的全局性优化。多级库存控制的方法有两种：集中式控制（centralized control）和分散式控制（decentralized control）。分散式库存控制是各个成员收集有效的部分相关信息独立制定库存控制决策，这种方式管理上相对简单，但容易产生次优的结果；集中式库存控制是集成供应链中的所有信息（如库存信息、需求信息等）来制定供应链的最佳化库存控制决策。集中式库存控制中，各库存点的控制参数是同时产生的，考虑了各节点之间的相互关系，通过协调的方法获取供应链库存的全局优化，因而对信息的交流和管理上的协调要求很高。

Petrovic研究了不确定环境下供应链的模糊建模和仿真。以成本优化为目标，对供应链的运作进行动态仿真，来指导供应链中的库存决策（Petrovic，1998）。徐贤浩等提出了一种供应链网络状结构模型中多级库存控制模型（徐贤浩，1998），引入供应率和需求率两个参量，提出了供应链上各节点企业在保证生产、供应连续进行的条件下的最佳订货批量和最佳订货周期的确定方法，使得供应链总的库存费用最低。在模型的建立过程中，做了相应的假设，如假设上级供应商提供的零配件（或货物）必须保证下一级供应商生产的连续进行，即不允许缺货；假设市场对核心产品的需求量在一段时间内是连续的、稳定的；假设供应商供应的货物（或零配件）的数量在一段时间内是连续的、稳定的，等等。

以下将研究适应于敏捷供应链的库存协调模型，其中考虑供应链的成本以及对顾客的服务水平等评价指标。

4.4 敏捷供应链多级库存策略重组模型

为了适应快速变化的市场环境对供应链敏捷性的要求，供应链各节点的库存策略需要根据市场需求和决策者对供应链的绩效需求而变更。建立图49.3-74所示的敏捷供应链库存策略设计和重组过程：首先定义供应链的网络结构和物料流、信息流等供应链过程，设定供应链运作的多个目标，如成本、顾客需求满意度等，建立供应链的优化模型并进行优化过程，得到基于供应链整体绩效考虑的各节点的理想库存策略，然后可根据决策者的意图对所设计的策略进行评价，如果满足要求则实施，否则进行下一轮的优化过程。

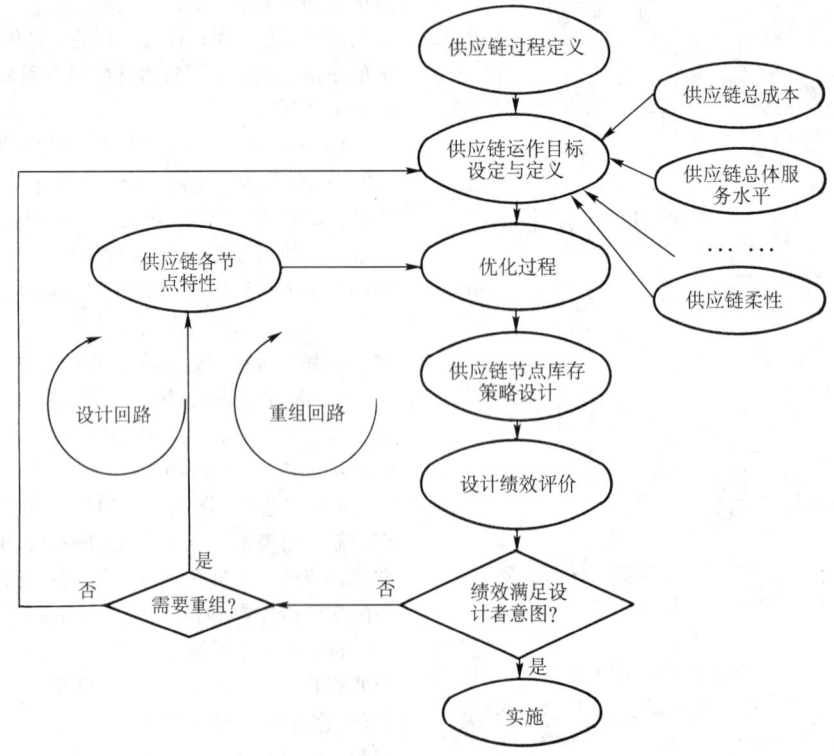

图49.3-74　敏捷供应链库存策略设计和重组过程

(1) 供应链总体运行策略模型

供应链中的运行策略包括了许多方面，如供应链成员间的利益分配、各节点的生产规划、产品促销、产品组合策略等。这里主要研究在产品种类相对稳定情况下的供应链各成员间的产品供应流。以供应链的总体成本和柔性作为评价指标。

1) 供应链总成本模型。供应链的总成本包括四部分：一是从供应商到工厂的原材料采购成本和运输成本；二是工厂生产的固定成本和变动成本；三是分销中心搬运和库存产品的变动成本与从工厂到分销中心的运输成本；四是从分销中心到顾客区的运输成本。供应链总成本模型：

$$Z = \sum_{rnj}[(a_{rnj} + \lambda_{rv})A_{rnj}] + \sum_{j}(f_{2j}q_{2j}) + \sum_{ij}(U_{2ij}X_{ij}) + \sum_{k}(f_{3k}q_{3k}) + \sum_{ikm}(U_{3ik}D_{im}y_{km}) + \sum_{ijk}(c_{ijk}C_{ijk}) + \sum_{ikm}(d_{ikm}D_{im}y_{km}) \quad (49.3\text{-}91)$$

2) 供应链柔性表达。供应链柔性在这里主要考虑为生产能力柔性和分销能力柔性，其中工厂的生产柔性用生产能力和生产能力利用之差描述，分销柔性用现实的分销量和顾客需求之差描述。供应链柔性模型：

$$W = \left[\sum_{j}(q_{2j}\Phi_{j}) - \sum_{i}(\delta_{2ij}X_{ij})\right]\omega_{2}\bigg/\sum_{j}(q_{2j}\Phi_{j}) + \left[\sum_{k}(q_{3k}\beta_{k}) - \sum_{im}(\delta_{3ik}D_{im}y_{km})\right]\omega_{3}\bigg/\sum_{k}(q_{3k}\beta_{k}) \quad (49.3\text{-}92)$$

供应链系统收到的约束条件如下：

$$\sum_{j}A_{rnj} \leq \Psi_{rv} \quad \forall r,v \quad (49.3\text{-}93)$$

$$\sum_{i}(\tau_{ri}X_{ij}) \leq \sum_{v}A_{rnj} \quad \forall r,j \quad (49.3\text{-}94)$$

$$\sum_{i}(\delta_{2ij}X_{ij}) \leq \Phi_{j}q_{2j} \quad \forall j \quad (49.3\text{-}95)$$

$$\xi_{ij}q_{2j} \leq X_{ij} \leq \zeta_{ij}q_{2j} \quad \forall i,j \quad (49.3\text{-}96)$$

$$\alpha_{k}q_{3k} \leq \sum_{im}(\delta_{3ik}D_{im}y_{km}) \leq \beta_{k}q_{3k} \quad \forall k \quad (49.3\text{-}97)$$

$$\sum_{k}y_{km} = 1 \quad \forall m \quad (49.3\text{-}98)$$

$$X_{ij} = \sum_{k}C_{ijk} \quad \forall i,j \quad (49.3\text{-}99)$$

$$\sum_{jk}C_{ijk} = \sum_{m}D_{im} \quad \forall i \quad (49.3\text{-}100)$$

$$\sum_{j}C_{ijk} = \sum_{m}(y_{km}D_{im}) \quad \forall i,k \quad (49.3\text{-}101)$$

$$X_{ij},C_{ijk},A_{rnj} \geq 0 \quad \forall i,v,j,k \quad (49.3\text{-}102)$$

$$q_{2j},q_{3k},y_{km} = 0 \text{ 或 } 1 \quad \forall j,k,m \quad (49.3\text{-}103)$$

其中：

式（49.3-93）是原材料供应限制。

式（49.3-94）是原材料运输限制。

式（49.3-95）是生产约束。

式（49.3-96）是工厂的生产数量控制。

式（49.3-97）保证分销中心的分销数量在最大分销规模与最小分销规模之间。

式（49.3-98）保证每个顾客区都分布有一个分销中心。

式（49.3-99）保证从工厂运输的产品数量与工厂的生产数量相等。

式（49.3-100）保证所有的需求都得到满足。

式（49.3-101）保证每个顾客区的需求得到满足。

在实际中，常常把供应链柔性作为约束条件来处理，即决策者在 [0，1] 范围选择适当的柔性期望值 ε，然后令

$$W \geq \varepsilon \quad (49.3\text{-}104)$$

这样，供应链战略优化问题可以表述为，在约束条件式（49.3-93）~式（49.3-104）条件下求取目标函数（1）的最小值，即在一定的产品需求组合下，求解一定时期内工厂向各个分销中心运送的产品总量 C_{ijk}、供应商向工厂运送的产品总量 A_{rnj}、工厂生产各产品的产量 X_{ij} 以及分销中心的设置 q_{3k} 和各分销中心对相应顾客区的服务 y_{km} 等。一般来说，随着供应链柔性要求的增高，成本呈一定的上升趋势，决策者便需要在此两者之间做出权衡。

(2) 供应链库存策略的优化

通过供应链的总体运行策略的求解可确定一定时期内供应链成员的生产数量以及各成员间的总体物流情况，下面以一个由多个仓库组成的供应链系统中的多级库存控制策略为例，研究供应链的库存策略选择和优化。

考虑由一个主机企业（生产商）、一个分销商和 N 个零售商仓库组成的分布式库存系统，假设各个仓库间可以进行信息的交流并可以相互补充货物，如图 49.3-75 所示。面对不同的顾客需求，主机企业选择相应的库存点进行供货，根据各个仓库的库存情况，当零售商的总库存量降至总订货点以下时，在订货点以下的零售商按规定的订货数量提出订货，否则，进行相互补充。各个零售商的合作机制为：当某零售商面临缺货时，若其他零售商有多余的存货，则该零售商供应多余的存货给缺货的零售商，在此机制下，可以减少缺货零售商的缺货成本和拥有多余存货的零售商的存货成本，同时也减少了整个供应链为了应付零售商的紧急订单所付出的成本。参照刘利民建立的模

型(刘利民,2002),对某种商品,对各个零售商仓库作如下假定(见表49.3-20):

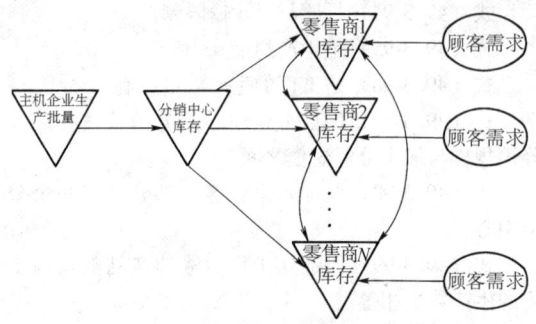

图49.3-75 研究的供应链库存系统的物流结构

表49.3-20 供应链多目标模型符号说明

变量	定义
I	产品类型编号,$i=1,2,\cdots,I$
V	供应商(供应链第1层)编号,$v=1,2,\cdots,V$
J	制造商(供应链第2层)编号,$j=1,2,\cdots,J$
K	分销中心(供应链第3层)编号,$k=1,2,\cdots,K$
M	零售商(供应链第4层)编号,$m=1,2,\cdots,M$
R	原材料类型编号,$r=1,2,\cdots,R$
a_{rvj}	原材料r从供应商v到制造商j的单件运输费用
c_{ijk}	产品i从制造商j到分销中心k的单件运输费用
d_{ikm}	产品i从分销中心k到零售商m的单件运输费用
λ_{rv}	原材料r对供应商v的成本
U_{2ij}	产品i在制造商j处的单件制造成本
U_{3ik}	产品i在分销中心k处的单件通过成本(库存和搬运成本)
F_{2j}	某一时段工厂j的固定成本
F_{3k}	某一时段分销中心k的固定成本
Ψ_{rv}	供应商v生产原材料r的能力
δ_{2ij}	生产一件产品i在工厂j所需生产的标准件数
δ_{3ik}	每一件产品i在分销中心k所需的标准件数
Φ_j	每个工厂的标准产品生产能力
τ_{ri}	单位产品i对每种原材料r的利用率
ξ_{ij}	工厂j产品i的最小生产规模
ζ_{ij}	工厂j产品i的最大生产规模
α_k	分销中心k的最小分销量
β_k	分销中心k的最大分销量
X_{ij}	某一时段工厂j生产的产品I的数量(件)
C_{ijk}	某一时段分销中心k从工厂j订购的产品i的数量(件)
A_{rvj}	某一时段制造商j从原材料供应商v订购的原材料r的数量(件)
D_{rm}	顾客区m对产品i的平均需求
Z	总成本
W	供应链柔性
η	顾客需求满意水平绩效,[0,1]
γ	运送柔性绩效水平,[0,1]
ε	柔性期望值,[0,1]
ω_2、ω_3	能力利用的权重,[0,1]
q_{2j}	工厂设置,取值为1或0
q_{3j}	分销中心设置,取值1或0
y_{km}	分销中心k对顾客区m的服务,取值1或0

主机企业进行统一库存策略规划,各个库存节点都采用连续盘查-固定订货量库存控制策略——(R,Q)订货策略,订货允许所占的最大总金额CC;

在t时段,每个零售商仓库的需求分别为D_{kt},服从$N(\mu_k,\sigma_k^2)$的正态分布,$k=1,\cdots,N$;

每个仓库的最大库容分别为VV_k,$k=1,\cdots,N$,库存允许的最大库容CV_k;

分销商到各仓库的提前期分别为L_k,$k=1,2,\cdots,N$;

在t时段,制造商的供货能力为GQ_t;

顾客需求满足率为P_r;

假定主机企业到分销中心的提前期为L_m;在t时段分销商的总需求为Q_t。

优化目标:在资源和能力有限的情况下,确定各仓库的库存控制策略(安全库存、订货点、订货量);取得顾客满意度与库存总成本的平衡。

从顾客关系角度讲,过低的顾客需求满足率会导致顾客忠诚度(customer loyalty)的降低,这在市场竞争激烈的今天是尤为可怕的,因而以可接受的概率来保证顾客需求满足是非常重要的。首先,这里引入顾客需求满足率的表达,将供应链中各零售商库存的顾客需求满足率定义为现有库存能够满足订单的概率:

$$P_r = P[D_{kt} \leq I_{kt}] \quad (49.3\text{-}105)$$

考虑的供应链库存成本主要包括以下几项费用:

订货成本(ordering cost):与订购和进货有关的成本,主要指发出订单、验收货物和将货物移至仓库存储的相关的成本。订货成本一般与采购数量的关系不大,而与订货次数有关,因而这里假定订货成本的金额是固定的。

购货成本(purchasing cost):物料的采购成本与采购的数量有关,当采购数量达到一定范围时,物料的单价可能随采购量的增加而有所折扣,但也有涨价的可能。这里假定物料的单件购货成本是一定的。

储存成本(carrying cost):物料的储存成本包括资金积压损失、保险费、物料维护费等。

缺货成本(shortage cost):存货数量不能满足需求时所产生的损失。缺货成本通常可分为"可计算的有形缺货成本"和"不可计算的无形缺货成本"。前者包括停工待料的损失成本、延期交货的惩罚成本与销售损失的机会成本;后者包括信誉损失与顾客丧失产生的成本。

据此建立的供应链库存控制成本模型见表49.3-21。

表 49.3-21 供应链库存策略优化模型符号说明

符号	定义
I_{kt}	零售商仓库 k 在 t 时段的初始库存, $k=1,2,\cdots,N$
I_t	分销商仓库在 t 时段的初始库存
$p_k(j)$	零售商仓库 k 在 t 时段需求为 j 的概率分布
Q_{kt}	零售商仓库 k 在 t 时段向分销商的订货量
Q_t	分销商仓库在 t 时段向主机企业的订货量
R_k	零售商仓库 k 在 t 时段的订货点
R	分销商仓库在 t 时段的订货点
ss_k	零售商仓库 k 在 t 时段的安全库存
ss	分销商仓库在 t 时段的安全库存
$c0_{kt}$	零售商仓库 k 在 t 时段每次购货的订货成本
$c0_t$	分销商仓库在 t 时段每次购货的订货成本
$c1_{kt}$	零售商仓库 k 在 t 时段单位商品的采购成本
$c1_t$	分销商仓库在 t 时段单位商品的采购成本
$c2_{kt}$	零售商仓库 k 在 t 时段单位商品的储存成本
$c2_t$	分销商仓库在 t 时段单位商品的储存成本
$c3_{kt}$	零售商仓库 k 在 t 时段单位商品的缺货损失成本
$c3_t$	分销商仓库在 t 时段单位商品的缺货损失成本
$c4_{kt}$	零售商仓库 k 在 t 时段的单位运输费
ds_{kj}	零售商仓库 k 到仓库 j 的距离
CW_k	零售商仓库 k 的订货总费用
CWT_k	零售商仓库 k 的调拨总费用
Q_{kjt}	零售商仓库 k 在 t 时段向仓库 j 的调货量(调入为正,调出为负)
μ_k	零售仓库 k 在某时段的需求均值
σ_k^2	零售仓库 k 在某时段的需求方差
$\bar{\mu}_k$	零售仓库 k 在单位时间的需求均值
k_r	零售商库存安全系数
P_r	顾客需求满足率
$P_{\mu \geqslant k}(k)$	标准正态分布中变量大于等于 k 的概率
$\Phi(k)$	标准正态分布中变量为 k 时的累积分布函数

$$TC = TC_m + \delta\Big(\sum_{k=1}^{N}R_k - \sum_{k=1}^{N}I_{kt}\Big) \times TC_1 +$$
$$\delta\Big(\sum_{k=1}^{N}I_{kt} - \sum_{k=1}^{N}R_k\Big) \times \Big(1 - \prod_{k=1}^{N}\delta(I_{kt}-R_k)\Big) \times TC_2$$
(49.3-106)

则建立供应链库存策略的多目标模型

$$\min TC$$
$$\max P_r \quad (49.3\text{-}107)$$
$$\text{s.t.} \ I_{k(t+1)}V_0 \leqslant VV_k \quad k=1,2,\cdots,N$$
(49.3-108)

$$\sum_{k=1}^{N}Q_{kt} \leqslant GQ_t \quad (49.3\text{-}109)$$

$$c1_{kt}\sum_{k=1}^{N}Q_{kt} \leqslant CC \quad (49.3\text{-}110)$$

$$V_0\sum_{k=1}^{n}I_{k(t+1)} \leqslant CV \quad (49.3\text{-}111)$$

其中,
$$TC_m = Q_t \times c0_t + [Q_t \times c1_t \times Q_t - \delta(Q_t) \times c1_t \times Q_{kt}] + c2_t \times (I_t + Q_t - D_t) \quad (49.3\text{-}112)$$

$$D_t = \sum_{k=1}^{N}D_{kt} \quad (49.3\text{-}113)$$

$$TC_1 = E\sum_{k=1}^{N}(CW_k) \quad (49.3\text{-}114)$$

$$TC_2 = E\sum_{k=1}^{N}(CWT_k) \quad (49.3\text{-}115)$$

$$I_{k(t+1)} = I_{kt}+Q_{kt}-D_{kt} \quad k=1,2,\cdots,N$$
(49.3-116)

$$CW_k = \delta(Q_{kt}) \times c0_{kt} + \delta(Q_{kt}) \times c1_{kt} \times Q_{kt} +$$
$$c2_{kt} \times (I_{kt}+Q_{kt}-D_{kt}) +$$
$$c3_{kt} \times (D_{kt}-I_{kt}-Q_{kt})$$
$$= \delta(Q_{kt}) \times c0_{kt} + \delta(Q_{kt}) \times c1_{kt} \times Q_{kt} +$$
$$c2_{kt} \times \sum_{D_{kt} \leqslant I_{kt}+Q_{kt}}[(I_{kt}+Q_{kt}-D_{kt}) \times p_k(D_{kt})] +$$
$$c3_{kt} \times \sum_{D_{kt} > I_{kt}+Q_{kt}}[(D_{kt}-I_{kt}-Q_{kt}) \times p_k(D_{kt})]$$
$$k=1,2,\cdots,N \quad (49.3\text{-}117)$$

$$CWT_k = \delta_2(Q_{kt}) \times c0_{kt} + c2_{kt} \times (I_{kt}+Q_{kt}-D_{kt}) +$$
$$c3_{kt} \times (D_{kt}-I_{kt}-Q_{kt}) +$$
$$\sum_{j \neq k}[\delta_2(Q_{kt}) \times c4_{kt} \times Q_{kjt} \times ds_{kj}]$$
$$= \delta_2(Q_{kt}) \times c0_{kt} + c2_{kt} \times$$
$$\sum_{D_{kt} \leqslant I_{kt}+Q_{kt}}[(I_{kt}+Q_{kt}-D_{kt}) \times p_k(D_{kt})] +$$
$$c3_{kt} \times \sum_{D_{kt} > I_{kt}+Q_{kt}}[(D_{kt}-I_{kt}-Q_{kt}) \times p_k(D_{kt})] +$$
$$\sum[\delta_2(Q_{kjt}) \times c4_{kt} \times Q_{kjt} \times ds_{kj}] \quad k=1,2,\cdots,N$$
(49.3-118)

式(49.3-118)中, $Q_{kt} = \sum_{j \neq k}Q_{kjt} \quad k,j=1,2,\cdots,N$
(49.3-119)

另外, $\delta(Q) = \begin{cases} 1 & Q>0 \\ 0 & Q \leqslant 0 \end{cases}$ (49.3-120)

$$\delta_2(Q) = \begin{cases} 1 & Q \neq 0 \\ 0 & Q=0 \end{cases} \quad (49.3\text{-}121)$$

零售商的安全库存量可表达为
$$ss_k = k_r\sigma_k \quad (49.3\text{-}122)$$

另外,订货点应包括订购提前期需求量加上期望服务水平下的安全库存量,两者关系可表达为

$$R_k = ss_k + L_k \times \bar{\mu}_k \quad (49.3\text{-}123)$$
$$1-P_r = P_{\mu \geqslant k}(k_r) = 1-\Phi(k_r) \quad (49.3\text{-}124)$$

(3) 遗传算法求解过程

考虑由一个分销中心、三个零售商组成的供应链系统,按照上面的模型,设各个零售商仓库的参数为:提前期内的需求分布分别为 N(150,150)、N(170,170)和 N(220,220);初始库存量分别为 50 件、70 件和 90 件;最大库存容量都为 600m^2,每件商品占用的库存为 1m^2;交易费都为 120 元/次;购货费为 40 元/件;存储费为 0.5 元/件;提前期为 3

天；缺货损失为 200 元/件。分销商的各项参数为：初始库存量为 200 件；最大库存容量为 3000m²；交易费为 400 元；存储费为 0.2 元/件；提前期为 3 天。考虑时段为 30 天。

供应链库存优化问题属于 NP-hard 问题，用传统的数学方法求解，过程复杂而且效率不高，用启发式算法求解效率高但解的质量难于保证。这里采用兼具求解效率与效果的多目标遗传算法。

用 EPEA 进行订货量的求解，主要参数确定通过以下方面来考虑：

编码与解码：遗传算法操作的对象为能表示问题解的字串，在进行演算算法之前要对问题进行编码，将问题的决策变量转化为固定长度的字串，字串中的符号相当于生物学上的基因，记录着生物个体的遗传特性，将这些符号排列成字串就形成了染色体。对本问题采用实数编码，每一仓库的订货量 Q_k 代表一个基因，根据约束条件可以进一步确定问题的可行域。

初始化群体：群体规模影响遗传优化的最终结果以及遗传算法的执行效率。当群体规模 n 太小时，遗传算法的优化性能一般不会太好，采用较大的群体规模则可以减少遗传算法陷入局部最优解的概率，但大的群体规模意味着计算复杂度高，这里取 $n=20$。

适应度函数确定：适应度函数是用以评估原始问题的目标函数，通过适应度函数计算染色体的适应度值，并以此来提供判断染色体优劣的依据。适应度值较佳者，被选取以产生下一代的几率较高，而适应度较差的，则容易遭到淘汰，以此进行优生演化。对供应链库存控制问题，适应度是对所选策略有效性的测量，这里直接用成本函数表达。

复制：模拟自然界"适者生存，不适者淘汰"的法则，从染色体群中，利用适应度值的评估结果，将适应度程度较好者挑选并复制至交叉盘中，以准备演化产生新的染色体子代。

交叉：交叉率 P_c 控制着交叉操作被使用的频度。较大的交叉率可增强遗传算法开辟新的搜索区域的能力，但原本适应度值好的染色体却可能因此遭到破坏，演化成适应度值较劣的染色体，而失去优生演化的效果；若交叉率太低，遗传算法搜索可能陷入迟钝状态，这里取 $P_c=0.5$。

变异：变异在遗传算法中属于辅助性的搜索操作，它的主要目的是维持群体的多样性。一般来说，低频度的变异可将染色体中导入其他的基因结构，以进行其他可行解区域的搜寻，但过高的突然变异率将使遗传算法趋于纯粹的随机搜索的求解方法，这里取 $P_m=0.05$。

在此条件约束下，采用前面建立的 EPEA 软件过程进行搜索，在顾客需求满意率为 96%时的收敛曲线如图 49.3-76 所示。

经过进化得到的相应顾客需求满足率情况下的最优方案见表 49.3-22。

供应链的库存成本与顾客需求满足率的关系曲线如图 49.3-77 所示。

此时决策者可以在顾客需求满足率和总成本之间做出权衡，选择相应的库存补充策略。在供应链的运行过程中，随着外部需求的不断改变和企业特征如提前期的改变等，可以借此模型来对供应链中的库存策略进行改进和重组，以在一定的顾客满意率情况下使库存总成本最小。

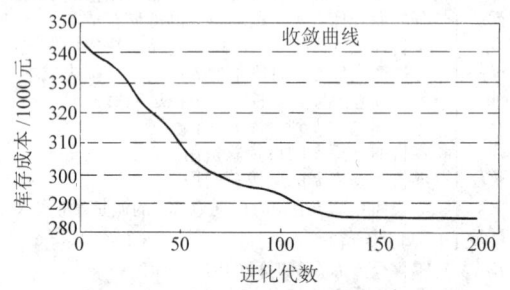

图 49.3-76 进化过程的收敛曲线

表 49.3-22 一定顾客满足率下的最优方案

仓库	订货点	安全库存量	订货量
零售仓库 1	165	15	332
零售仓库 2	187	17	349
零售仓库 3	240	20	376
分销商仓库	570	30	1025
顾客需求满足率:90%		总成本:264430 元	
零售仓库 1	171	21	342
零售仓库 2	193	23	362
零售仓库 3	246	26	395
分销商仓库	580	40	1248
顾客需求满足率:96%		总成本:284740 元	
零售仓库 1	175	25	354
零售仓库 2	197	27	387
零售仓库 3	251	31	435
分销商仓库	589	49	1452
顾客需求满足率:98%		总成本:308940 元	

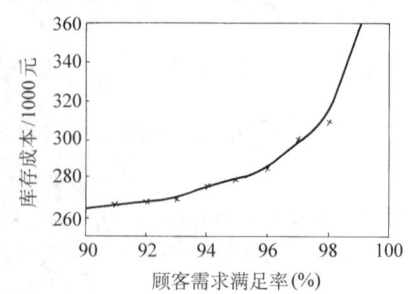

图 49.3-77 库存成本与顾客需求满足率关系曲线

第 4 章 自组织设计技术与方法

元胞自动机模型能十分方便地复制出复杂的现象或动态演化过程中的吸引子、自组织和混沌现象。一般来说，复杂系统由许多基本单元组成，当这些子系统或基元相互作用时，主要是邻近基元之间的相互作用，一个基元的状态演化受周围少数几个基元状态的影响。在相应的空间尺度上，基元间的相互作用往往是比较简单的确定性过程。用元胞自动机来模拟一个复杂系统时，时间被分成一系列离散的瞬间，空间被分成一种规则的格子，每个格子在简单情况下可取 0 或 1 状态，复杂一些的情况可以取多值。在每一个时间间隔，网格中的格点按照一定的规则同步地更新它的状态，这个规则由所模拟的实际系统的真实物理机制来确定。格点状态的更新由其自身和四周邻近格点在前一时刻的状态共同决定。不同的格子形状、不同的状态集和不同的操作规则将构成不同的元胞自动机。在一维模型中，是把直线分成相等的许多等分，分别代表元胞或基元；二维模型是把平面分成许多正方形或六边形网格；三维模型是把空间划分出许多立体网格。

以元胞自动机为基础的模型提供了完全不同的另外一种方法。在这个方法中，时间空间变量以至描述系统状态的变量都是分立的，它们所展示的自组织过程的复杂行为完全可以和微分方程或迭代映射所提供的相媲美。另一方面，由于元胞自动机所固有的特点，可用于描述更为复杂的现象。

1 自组织技术基础

1.1 "生命的游戏"

1943 年，数学家匹茨（Pitts）和神经心理学家麦卡洛克（McCulloch）设想了一个由常规的神经元组成的系统，每个神经元相当于一个逻辑元胞，可以选择不同的逻辑值，而这些逻辑元胞可以在下一个时间一起将它们的逻辑值传递到别的逻辑元胞，那么，它们综合作用的结果就将是下一个时间系统的结果，这种可以自动演化的机器就是所谓的图灵机（Turing）或有限状态机。元胞自动机最早是由冯·诺伊曼（Von Neumann）和乌拉姆（Ulam）于 20 世纪 60 年代提出的。冯·诺伊曼提出构造一个不确定的生命模型系统的设想，这个系统可以智能地自我演化。后来，冯·诺伊曼将这个模型发展为一个网格状的自动机网络，每个网格为一个元胞自动机，元胞状态有生和死，相当于人体组织的存活和消亡。但是，早期的元胞自动机思想，许多问题处于未知状态。当时的名字叫元胞空间（cellular spaces），用于模拟生物学中的自复制。后来被用于研究许多其他现象，随之又出现了各种各样的名称，例如元胞结构（cellular structures）、镶嵌自动机（tessellation automata）以及元胞自动机（cellular automata）等。

1970 年，剑桥大学数学家 Conway 发明了一种叫作"生命的游戏"的游戏，这个游戏完全体现了动态元胞自动机的特征。游戏是这样的：如图 49.4-1 所示，游戏是在一张类似棋盘的平面网格上进行的，这些网格上可以放上棋子或不放，由游戏规则决定。棋子的意思代表有一个生命存活，而没有棋子的地方代表无生命存活。开始时，在网格上随机地摆上一些棋子，然后，按照一定的规则来确定每个有棋子位置上棋子的存在，以及没有棋子位置上是否加入新的棋子。规则是：每个棋子有可能有 8 个邻居，而有 4 个是直接相邻的，如果目前的棋子有 2 个或 3 个邻居，那么它将在下一次考虑被保留；如果它有 4 个或 4 个以上邻居时，它将被认为是因为人口过多将会死亡而被取走；如果只有 1 个或没有邻居，那么将会因为过于寂寞而死，所以也将被取走。同时，如果当前位置上没有棋子，而此位置周围正好有 3 个邻居时，那么这个位置将被放上一个新的棋子。整个游戏就按这个规则进行下去，一代，一代……

图 49.4-1a 所示为在游戏过程中任取的三个连续状态。特别需要说明的是，处于边界的元胞，在判断时认为网格的外围存在一圈网格，但网格默认为是空白的（至于边界的处理方法将在后续节中讨论）。

从这个游戏中我们可以发现，元胞自动机系统中存在两个操作对象：元胞的状态和系统演化规则。其中元胞状态一般可以取二值变量，如 0 和 1，其实在复杂的元胞自动机系统中，元胞状态还可以取一段连续的数据，如取 1~10 之间（包括 1 和 10）的任意值。其次，系统演化规则是一个映射关系的有限集，而这些映射关系都是一些十分简单的演化状态迁移规则：如果 1 个元胞处于活着的状态，则在 8 个相邻元胞中有 2 个或 3 个活着时，在下一时刻继续活着，否则就死亡。另一方面，如果 1 个元胞处于死亡状态，但在邻域中有 3 个元胞处于活着的状态，则下一时刻这个元胞的状态变成活着，否则仍保持死亡状态。

这个规则模拟生命在过分拥挤或孤单时不能生存和生命在一定条件下可以诞生的情况。可以用计算机来模拟这些规则，有趣的是，用这些简单规则定义的元胞自动机能够模拟生命活动中的生存、灭绝、竞争等复杂现象。在这个游戏中，实际上体现了一个二维的元胞自动机的运作过程。其状态迁移规则如图49.4-1b 所示。

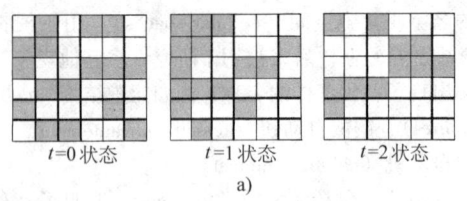

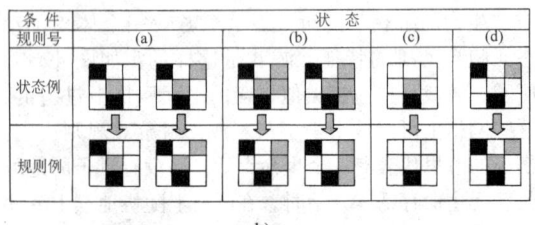

图 49.4-1 元胞自动机的棋盘游戏模型
a) 元胞自动机的棋盘游戏状态迁移例 b) 状态迁移规则例

1.2 元胞自动机的基础

元胞自动机是一种模型，可以让大量的简单元胞在某些简单的本地规则作用下产生各种复杂的系统状态。通常，元胞自动机是一套格子的 n 维组合（n 为自然数），每个格子驻留了一个有限状态自动机，每个自动机以其相邻的，具有有限状态的元胞格的状态作为输入。然后输出一个处于同一有限状态集合的状态，它可以作如下表示

$$\{s_1, s_2, \cdots, s_n\}^{\Sigma} \Rightarrow \{s_1, s_2, \cdots, s_n\} \quad (49.4\text{-}1)$$

式中，Σ 表示有限状态 $s_1, s_2, \cdots, s_n$ 组成的子集；$\Rightarrow$ 为映射操作；n 为有限状态的个数，即元胞机的状态是与其相邻的自动机状态交互作用的结果。元胞自动机的相邻元胞取舍情况一般如图 49.4-2 所示。

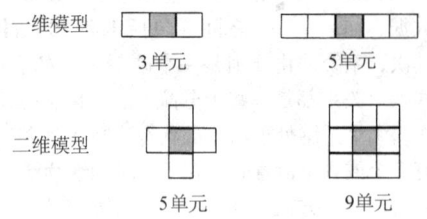

图 49.4-2 元胞和邻居元胞

以上模型均将中央元胞作为邻居，实际上，也可以不包括中央元胞。元胞自动机模型是建立在一个简单状态集和一套本地交互规则基础上的，是可以自我发展，自我完善的，可以不断扩展并可以按一定规则描述复杂系统状态和预测系统未来的自动机器。将上面"生命的游戏"例子的元胞自动机系统数学模型化后，我们就可以用这样一个公式来表示元胞自动机模型的系统状态和规则应用情况。任意时刻某元胞的取值 a 由下式确定

$$a_{i,j}^{t} = f(a_{i,j}^{t-1}, a_{i-1,j-1}^{t-1}, a_{i-1,j}^{t-1}, a_{i,j-1}^{t-1}, a_{i+1,j+1}^{t-1}, \\ a_{i+1,j}^{t-1}, a_{i,j+1}^{t-1}, a_{i+1,j-1}^{t-1}, a_{i-1,j+1}^{t-1})$$

(49.4-2)

事实上，这个模型是一个二维元胞自动机模型，在元胞自动机思想的应用中还可以建立一维、三维和多维元胞自动机模型。它们都是按照这样一个简单的方法建立起来的可以模拟和仿真大型复杂的静态、动态和混合形式的系统。从算术的关系角度来看，元胞自动机模型实际上是从有限状态机（Finite State Machine）演绎而来的，但是元胞自动机模型在更高层次上处理一维、二维或多维复杂系统的状态演化。它主要处理元胞阵列上元胞状态的读、写和更新的过程。

（1）一维简单元胞自动机

设在一维直线上均匀地分布着 N 个元胞，任一时刻每个元胞可取 k 个整数值中的一个，某个元胞 i 在下一时刻的取值由现在时刻在半径为 r（r 为整数）内的邻居的值共同确定。用公式表示为

$$a_i^{(t+1)} = \phi(a_{i-r}^{(t)}, a_{i-r+1}^{(t)}, \cdots, a_i^{(t)}, \cdots, a_{i+r-1}^{(t)}, a_{i+r}^{(t)})$$

(49.4-3)

其中，$a_i^{(t)}$ 表示元胞 i 在 t 时刻取值，$a_i^{(t+1)}$ 是元胞 i 在 $t+1$ 时刻的取值；ϕ 为某种函数关系。在最简单的情况下，$k=2$，a_i 可取 0，1 两个值，$r=1$，式 (49.4-3) 简化为

$$a_i^{(t+1)} = \phi(a_{i-1}^{(t)}, a_i^{(t)}, a_{i+1}^{(t)}) \quad (49.4\text{-}4)$$

式 (49.4-4) 即为一维二值三邻居简单元胞自动机的演化公式。

由此我们看到，一维简单元胞自动机具有两个最显著的特点：

1）元胞之间的相互作用是最邻近的局域作用。

2）元胞只取 0，1 两个值，任何时刻只能取其中的一个。

对于一维二值三邻居元胞自动机来说，式 (49.4-4) 共有 256 组，每组给出元胞三邻居八种可能组态 111，110，101，100，011，010，001，000 在下一时刻所决定的元胞 i 的取值，沃尔夫勒姆（S. Wolfram）用规则号来说明不同的演化规则，如对

于 90 规则（90 的二进制表示为 01011010），其八种组态的取值方法如下

| 111 | 110 | 101 | 100 | 011 | 010 | 001 | 000 |
| 0 | 1 | 0 | 1 | 1 | 0 | 1 | 0 |

一维空间中（有限或无限），所有的元胞都按给定的规则同步更新，给定直线上所有元胞一个初始的取值分布，在某种规则演化下，元胞取值将按一定规律进行变化，图 49.4-3 给出 $N=63$，初始分布只有 $i=32$ 的元胞取 1，其他取 0 值，图 49.4-3a 经 90 规则演化 31 步，图 49.4-3b 经 150 规则演化 31 步后，将所有的分布图按时间先后从上到下排列所得到的演化图。图 49.4-4 的初始分布中，每个元胞取值 0 或 1 是随机的。其中取值 1 用黑点表示，取值 0 用空白表示。

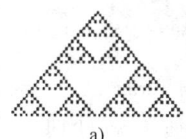 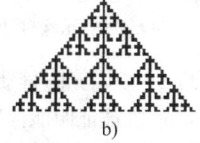

图 49.4-3　"1"值初始位形的元胞自动机演化
a) 90（01011010）　b) 150（10010110）

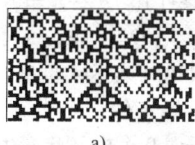 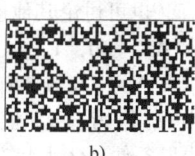

图 49.4-4　随机初始位形的元胞自动机演化
a) 90（01011010）　b) 150（10010110）

除一维元胞自动机外，还可以研究分布在半无限直线上的元胞自动机。这时将它的一个端点记为 $i=0$，而用所有非负整数表示元胞位置，在局部映射中，自变量只出现 a_i，a_{i+1}，$\cdots$，a_{i+r}，我们称这样的元胞自动机为单向（one-way）元胞自动机。

如果局部映射的形式为

$$a_i^{t+1}=f(a_{i-r}^t+\cdots+a_i^t+\cdots+a_{i+r}^t)$$

即在邻域中每个元胞的状态都起同样的作用，则称为完全（totalistic）元胞自动化。在用元胞自动机模拟某些物理现象时，往往会对局部映射提出某些附加限制，常用的有：

① 如将符号 0 看作静止状态，则要求
$$f(0,0,\cdots,0)=0$$

② 除了 f 与 i 无关这个反映空间齐性的条件之外，还要求 f 是对称的，即
$$f(a_{i-r},\cdots,a_i,\cdots,a_{i+r})=f(a_{i+r},\cdots,a_i,\cdots,a_{i-r})$$
它是空间各向同性的反映。

称满足这两个条件的元胞自动机为合法（legal）元胞自动机。

(2) 元胞自动机演化位形与形式语言描述

1) 元胞自动机演化位形的复杂性。图 49.4-5a、b、c 是一维二值三邻居元胞自动机 128、36、90 规则在某个范围内的随机初始位形上经 13 步演化得到的演化图，图 49.4-5d 是由一维二值五邻居 52 规则演化得到。可见，一维元胞自动机演化产生的位形图可分成四类：①随时间演化消失；②到达一个固定的有限尺寸；③以一定的速率不断生长；④无规则地收缩和生长。前三类分别对应于连续动力学系统的极限点、极限环和混沌吸引子。第四类表现复杂，人们猜想能进行通用计算。

2) 元胞自动机位形集合与形式语言。一维 N 元胞元胞自动机在时刻 t、位置 i 取值 $a_i^{(t)}$ 为 $S=\{0,1,\cdots,k\}$ 中的一个，这些值组成的所有可能的序列构成元胞自动机位形的有限集合 ΣS^N，局域规则（1.2）完成 $2r+1$ 个 S 中的值到一个 S 中值的映射，并从整体上导致元胞自动机集之内的一个映射

$$\boldsymbol{\Phi}:\Sigma\to\Sigma \qquad (49.4\text{-}5)$$

一般地有

$$\boldsymbol{\Omega}^{(t+1)}=\boldsymbol{\Phi}\boldsymbol{\Omega}^{(t)}\subseteq\boldsymbol{\Omega}^{(t)} \qquad (49.4\text{-}6)$$

其中

$$\boldsymbol{\Omega}^{(t)}=\boldsymbol{\Phi}^{(t)}\Sigma$$

在此，元胞自动机演化位形集合可看作一种形式语言。S 是字母集，一个元胞自动机位形等同于语言中的一个单字，演化规则即为产生规则。

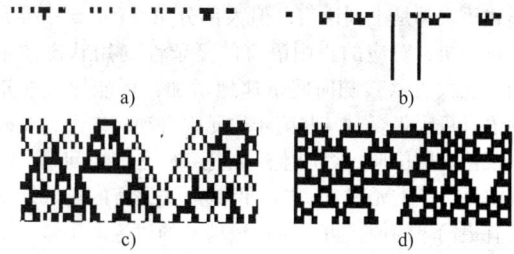

图 49.4-5　元胞自动机演化时空结构的四种类型
a) 128（10000000）　b) 36（00100100）
c) 90（01011010）　d) 52（00110100）

3) 90 规则与 150 规则的形式语言。考虑一维简单元胞自动机 90 规则，从初始位形集 $\boldsymbol{\Omega}(0)=\Sigma$ 经一步演化得到 $\boldsymbol{\Omega}(1)$。90 的二进制展开为 01011010，演化规则如下：

$$111\to0, 110\to1, 101\to0, 100\to1,$$
$$011\to1, 010\to0, 001\to1, 000\to0 \qquad (49.4\text{-}7)$$

对于某个初始位形 $\boldsymbol{A}^{(0)}\in\boldsymbol{\Omega}^{(0)}$，经一步演化所得位形 $\boldsymbol{A}^{(1)}=\boldsymbol{\Phi}\boldsymbol{A}^{(0)}\in\boldsymbol{\Omega}^{(1)}$，位形 $\boldsymbol{A}^{(1)}$ 中某点 i 的值 $a_i^{(1)}$ 由位形 $\boldsymbol{A}^{(0)}$ 中的三点 $\{a_{i-1}^{(0)},a_i^{(0)},a_{i+1}^{(0)}\}$ 确定。这种确定关系及 $\boldsymbol{A}^{(1)}$ 中各点的取值可由 Bruijn 图表示

（见图49.4-6）。

图49.4-6中各节点代表 $A^{(0)}$ 中的 $\{a_i^{(0)}, a_{i+1}^{(0)}\}$，用弧线连接起来的两节点代表三邻居 $\{a_{i-1}^{(0)}, a_i^{(0)}, a_{i+1}^{(0)}\}$。弧线上的表达式即为式 (49.4-7)，每条弧线与一个符号值相连，图中每条可能的路径都对应一个特殊的初始位形 $A^{(0)}$，$A^{(1)}$ 则由 $A^{(0)}$ 相应的路径各弧线上的符号序列组成。图中所有的路径构成了 $\Omega^{(0)} \to \Omega^{(1)}$。图49.4-6即是产生形式语言 $\Omega^{(1)}$ 的有限自动机的状态转移图。图中节点代表有限自动机的状态。每条弧代表有限自动机所接受的语言中的产生规则。若以 u_0，u_1，u_2，u_3 分别对应节点00，01，10，11，则该语言产生式为

$$u_0 \to 0u_1, \ u_0 \to 1u_1, \ u_1 \to 0u_2, \ u_1 \to 1u_3$$
$$u_2 \to 0u_1, \ u_2 \to 1u_0, \ u_3 \to 0u_0, \ u_3 \to 1u_2$$
(49.4-8)

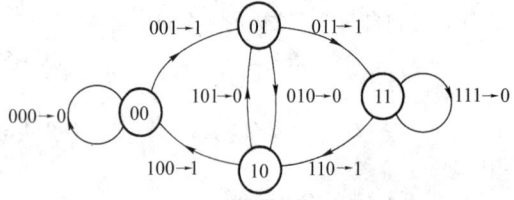

图49.4-6 元胞自动机90规则的Bruijn图

由此得出结论：90规则对应的语言是正则语言。

对所有的第1、2类一维元胞自动机，所对应的形式语言都是正则语言，但大部分第3、4类一维元胞自动机，对应的正则语言的复杂性（用状态图中的节点数表示）随时间迅速地增加，可能导致非正则语言极限集。对某些第4类元胞自动机来说，要确定某特殊的位形是否产生过则是NP完全性问题，90规则是第3类元胞自动机，但其形式语言的复杂性却具有最简单的值，可以做比较精确的讨论。

图49.4-6中每个节点都有两条入线0和1，两条出线0和1，因此4个节点是等价的，其最小状态图如图49.4-7所示。

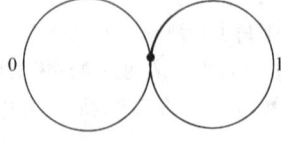

图49.4-7 最小状态图

q_0	α_L	α_L	rq_1	q_2	1	1	Lq_4	q_5	1	1	rq_6	q_5	0	0	Lq_4	q_7	1	1	Lq_7
q_1	1	1	rq_4	q_2	0	0	Lq_3	q_5	0	0	rq_6	q_5	1	1	Lq_7	q_7	0	0	Lq_7
q_1	0	0	rq_2	q_3	0	1	rq_5	q_5	α_R	α_R	Lq_7	q_5	α_R	α_R	Lq_F	q_7	α_L	α_L	hq_F
q_1	α_R	α_R	rq_7	q_3	1	1	rq_1
				q_4	0	0	rq_5
				q_4	1	0	rq_1

由图49.4-7可知，90规则产生位形的正则表达式为

$$\Omega^{(1)} = ((0^*)(1^*))^* \quad (49.4\text{-}9)$$

图49.4-7和式(49.4-9)表明，对于任意时刻 t，90规则产生位形的正则表达式为

$$\Omega^{(t)} = (0^*1^*)^* \quad (49.4\text{-}10)$$

150规则对应的状态转移图如图49.4-8所示，其形式语言与90规则具有完全相同的形式。

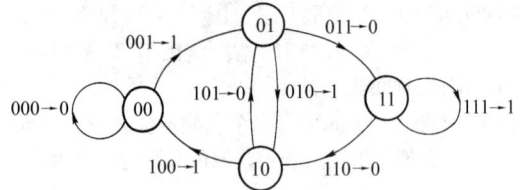

图49.4-8 元胞自动机150规则的Bruijn图

（3）90规则元胞自动机与Turing机

Turing机被证明能描述任何算法。下面我们来构造90规则元胞自动机的图灵机。设一维元胞自动机在有限元胞上演化。元胞个数为 N，边界条件为恒"1"值（也可讨论其他边界条件）。设三元组基本图灵机为 $A = \{0, 1, \alpha_L, \alpha_R\}$，$Q = \{q_0, q_1, \cdots, q_7, q_F\}$，$V = \{L, r, h\}$，其中 A 表示字母集，4个字母中 α_L 作为"1"值左边界条件，α_R 作为"1"值右边界条件，Q 为状态集合，9个内部状态中，q_0 是起始状态，q_F 是终止状态。V 为动作集，L 表示读写头左移一格，r 表示右移一格，h 表示读写头不动。图灵机带上格子个数可取 $N+2$，各格子的计算顺序从左到右，当把 N 个格子处理完毕后读写头重新回到左端的起始处，这一过程可写为

$$\alpha_L S \alpha_R \overset{*}{\Rightarrow} \overset{\downarrow q_0}{\alpha_L} S' \overset{\downarrow q_F}{\alpha_R} \quad (49.4\text{-}11)$$

式中，S、S' 分别代表原位形与新位形；$\overset{*}{\Rightarrow}$ 代表所有的计算过程。处理完 N 个格子所需要的步数为 $4N+3$，若要继续进行下一次计算只需将 q_F 置为 q_0。图灵指令形式取为

$$q_i \ a_j \ a' \ v \ q' \quad (49.4\text{-}12)$$

其中 $a' \in A$，$q' \in Q$，$v \in V$。

模拟恒"1"值左、右边界的90规则元胞自动机演化的图灵机，可取以下19条指令

上面的 T 程序对任何初始位形计算一次的结果等同于 90 规则对该初始位形演化一步。这种计算可用图灵机状态转移图表示，如图 49.4-9 所示。

对于通用图灵机 UT（Universal Turing），不但可以输入某些待计算的初始位形 S，也可以输入某个具体的 T 程序，若把 S 对应数 x，T 程序对应 Godle 数 t（如 90 规则的编号数 90），则 UT 的输入是数组 $\langle t, x \rangle$，UT 对这个数组的计算等同于图灵机对输入 S 的计算。

以上我们看到，通用图灵机事实上能模拟出所有的元胞自动机演化，反过来某个元胞自动机也可模拟某个特定的图灵机，以并行的方式在一个时间步中完成图灵机在若干时步所做的运算，因而降低了运算的时间复杂性，但并不是每个元胞自动机都可模拟通用图灵机，在一维二状态三邻居基本元胞自动机里没有哪个规则能与 1UT 对应。A. R. Smith 曾构造了一个 18 状态三邻居一维元胞自动机，可等价于已知的最简单通用图灵机（即 Minskey 的 7 状态 4 符号机）。二维元胞自动机的"生命"（2 状态 9 邻居）游戏亦被证明是计算通用的。人们推测第 4 类元胞自动机都能进行通用计算。给定合适的编码，这些元胞自动机原则上可模拟任何其他系统，从而展示任意复杂的行为。

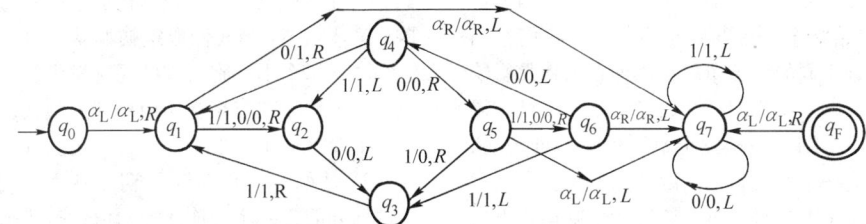

图 49.4-9　模拟元胞自动机 90 的 Turing 机状态转移图

1.3　元胞自动机的自组织建模方法

元胞自动机是不可判定的，换言之，不能用有限的程序步骤对元胞自动机演化图形的终态给出一般性的答案。但是元胞自动机具有强大的计算功能，它的并行运算方式为自组织建模展示了美好的前景。

（1）对象的元胞自动机抽象化模型分析

元胞自动机方法是一种用来分析一个静态或动态系统的方法，它主要通过对一个系统的抽象化、模型化来定义一个系统的状态。而在此过程中，它不像一般的数学物理方法那样死板的描述或仿真一个系统。用数学物理方法分析一个较为复杂的系统时，可能是十分困难的，甚至是不可能的。而元胞自动机方法采用了一些新的思想来简化分析过程，同时可以达到较好的仿真效果，同时可能成为稳定和可靠的方法。用元胞自动机方法分析一个系统包括以下几个方面内容：

1) 确定要研究的对象系统的性质。

① 此系统是否一个自组织系统（self-organization）。对于一个系统，是否自组织系统是决定在分析系统过程中如何划分模块和简化数学模型的重要参照依据之一，因此在用元胞自动化方法分析系统时，若此系统是自组织系统，即在系统内部只有本地交互因素，而无外界相关因素（不变的、固定的连接因素）。那么，此系统将表现出一种相对稳定性（robust）。这样将有利于整个系统的综合分析，而实际上，系统因存在混沌吸引子（attractors）而呈现一种混沌状态。

② 此系统是一个静态系统还是一个动态系统。确定系统是动态还是静态是涉及系统模型的重要因素。因为静态系统和动态系统的建模是完全不同的，静态系统的内部结构是稳定的，而动态系统是不稳定的，但可能其系统特性是收敛的。

③ 此系统是一维、二维系统还是三维或多维系统。系统的状态与系统的维数关系密切，同时维数不同元胞自动机方法的应用也不同，而且还可能包括线性维和非线性维。

2) 确定系统规则。系统规则的确定是整个系统元胞自动机分析的核心。元胞自动机在处理系统时，总是将系统细分为可以建模的元胞，这些元胞间关系的分析是较为简单的。一个元胞自动机模型，在外界条件的变化确定后，通过规则确定整个系统的各个元胞状态，以至整个系统各个元胞的状态，因此规则的确定及完善关系到将来系统状态的演化结果。

3) 系统结构的规则。系统在确定了状态迁移之后，就可以确定系统的逻辑结构，将这些结构进行综合和优化之后，就可以将模块化的结构投入使用。

（2）对象的元胞自动机模型

A. I. Adamashii 在《辨识模糊元胞自动机》中认为：元胞自动机模型是可以被多维的具有可选整型变量值的格子，其中每个元胞可以选取一个特定的集合中的某个状态，并且这些状态均可以根据一个本地的转换功能函数做出改变，而此功能函数是由附近的其他元胞的状态作为输入的因素。这个定义也就是说一个元胞自动机模型是由一系列的元胞所组成的格子状系统，其中每一个元胞的值均属于某一个集合，而且每一个元胞的值由其附近的元胞（也可以包括本身）的前一个状态决定目前状态，依次类推，整个系统就按照此功能函数作线性或非线性状态变化。

例如在日常生活中，有些棋类就是给出一种初始状态和一系列规则，然后，由不同的对弈者选择不同的规则根据当前棋局状态做出下一个棋局状态的预测，再做决定。当然对弈的结果只有两种可能：一方胜出或和局。在上面的例子中，我们提到两个内容：

1）分析初始状态。在以上的例子中，我们给出的初始状态只是不同的棋子布局，这种布局将是影响以后布局的源泉。假使我们在开始时给出另一种布局状态，那么，整个结局将是完全不同的。这即说明，初始状态是影响一个系统状态的因素，但是我们又发现即使初始状态不变，每一棋子按这些规则运行下去后，整个棋局仍是极其微妙的。

2）分析规则。规则是我们事先给出的，用来约束系统状态的条件集合。在分析一个较为复杂的系统时，我们一般先选取一个有代表性的、较小的、不是太复杂的系统来分析，通过试验等方法来确定一系列有用的关系网（规则）。一般我们可以认为这种分析是正确的。然后将这种规则应用于那些较复杂的系统，这样分析复杂系统时就较为容易。沃尔夫勒姆（S.Wolfram）在大量的计算机试验的基础上，提出将所有元胞自动机的动力学行为归纳为四类：

① 趋于一个空间平稳的构形，即指每一个元胞处于相同状态。

② 趋于一系列简单的稳定结构或周期结构。

③ 表现出混沌的非周期行为。

④ 出现复杂的局部结构，或者说是局部性的混沌，其中有些会不规则地传播。

这种分类不是严格的数学定义。前三类行为相当于低维动力系统中常见的不动点、周期与混沌，第4类行为可以与生命系统等复杂系统中的自组织现象相比拟。而我们认为第4类行为其实是高维系统中的低维混沌，仍可以归入混沌类行为，它是复杂构形的典型体现。按照沃尔夫勒姆的观点，众多（也许所有）的元胞自动机的动力学行为可归纳成数量如此之少的几类，这已是非常有意义的发现。它反映出这种分类可能具有某种普适性，很可能有许多物理系统或生命系统可以按这样的分类方法来研究，尽管在细节上可以不同，但每一类中的行为在定性上是相同的。

(3) 对象的元胞自动机模型构造

系统分析是对一个系统进行仿真分析的第一环节，只有处理好系统分析才能有一个较好的建模。在进行系统综合分析时，首先按系统的状态受影响的复杂程度将系统分为简单系统和复杂系统。简单系统主要指系统内部较为稳定，同时所有输入只有内部本地交互响应，而无外部输入响应的系统。复杂系统一般指包括外部复合条件的响应系统，而这类系统又可以划分为多个简单系统，这些简单系统又可以按另一种元胞自动机规划的系统，这里仅论述一下简单系统。

1）对系统进行格状分割。这个过程的关键是将整个系统看作无数个小元胞构成，而且每个小元胞应具有可选状态。当我们取定初始状态进行分析时，一定要注意每个小元胞与别的元胞发生的相互作用，即应选定本地元胞与相互作用相邻元胞数，同时此元胞数一定要远远小于整个元胞自动机系统的元胞总数。

2）初始状态的确定。初始状态指已经确定的、经过划分的各元胞的演化初始值，其状态可以是布尔值或者一段连续变量值，关键是应注意其初始状态要具有代表性、一般性和全面性。当然，对于已经简化了的元胞，对其进行全面分析并不十分困难，所以应尽量考虑到初始状态本身以及其受影响后，响应的种种状态变化，否则还需要对系统进行细分，或对其状态进行分段整合。

3）规则构造。在经过以上两个步骤以后，就可以确定整个系统的规则。在确定元胞自动机规则时，要考虑以下内容：

① 系统元胞维数。维数是确定规则的基本要素。只有确定系统细分后的维数，才能考虑从什么样的基本规则入手，才能考虑某一个元胞是受线性影响，还是受非线性或复合影响。

② 元胞响应半径。一般在用元胞自动机分析时都要确定元胞响应半径，也就是元胞对那些相邻元胞状态的刺激进行响应，它们的范围怎样，例如一维系统半径就是影响其元胞状态的前几个和后几个元胞所在的范围，而二维可以确定圆形或方形半径范围。

③ 响应及属性。在一个本地响应范围内，有可能本地元胞是多重状态响应以及多重属性叠加下做出的响应，这时需要将每一种响应和属性关系进行综合。注意在进行分析时必须要全面而准确。

④ 规则的时间和空间处理。元胞自动机处理系统并做出系统状态演化时，需要考虑到时间和空间段的处理。因元胞响应与时空相关，所以最终系统演化的状态也是与时间和空间相关的。

⑤ 规则的构造源。规则如何得出是整个规则构造的核心。规则确定的正确与否，直接关系到系统状

态演化结果。规则确定是一个总结和完善的过程，有很多手段可以用来确定规则，如进化、神经网络学习和组织、试验观察法等。

1.4 元胞自动机的应用领域

早先冯·诺伊曼（J. von Neumann）将元胞自动机系统看作是一个由许多元胞格所组成的可以自我演化和配置的整体，其中每个元胞格拥有5个相邻的元胞，并且每个元胞的状态可以取两种。这是元胞自动机系统最早应用的雏形。随后元胞自动机思想的理论和应用逐渐扩展到许多领域，例如图案识别、生物建模以及各种物理系统、计算机并行处理等。

近年，通过对元胞自动机系统的体系研究，已经较为清晰地将元胞自动机系统划分为几种类型。例如，最早由沃尔夫勒姆（Wolfram）在他的经典论文里提出：应用本地元胞相邻的一维元胞自动机系统的静态机制；接着 Martinetal 应用代数多项式将一维元胞自动机系统的特点进行了表达；后来由 Dasetal 提出了基于代数矩阵的工具的元胞自动机系统，使其行为特性更为通用。最近20年来，基于元胞自动机思想的各种应用得到了发展，其可归类如下：

1）物理系统的仿真。如对一些生长过程的模型化进行仿真、裂变反应系统的仿真、流体力学的仿真和类孤立系统的行为仿真等。

2）生物的模型化。包括可自我复制模型、生物体系及其处理、脱氧核糖核酸（DNA）序列等。

3）图像处理。

4）语音识别。

5）分类计算及素数生成的计算。

6）仿真机。

7）计算机体系结构。

8）自测安装（BIST，Build-In-Self-Test）结构用于伪随机性、伪彻底性、确定性图案生成和信号处理。

9）简单可测试性有限状态机（FSM）的综合。

10）编码校错。

11）伪相连存储器。

12）通用及完善的哈希函数生成。

13）波段失效诊断。

14）P 模式乘法器。

15）块状和流线型密码系统。

16）断裂学和混沌学。

元胞自动机思想是一种崭新的思想，它不同于传统的处理系统的思想或方法。它从根本上开辟了一条解决各种各样不同系统、不同事物空间的状态、性质的确定、优化和预测问题，同时它的应用将所有传统上不能处理或处理起来十分困难的问题，通过一种新的方法进行稳定而又可靠的化简，从而使这些问题得以妥善的解决。

元胞自动机的应用使得很多应用传统的算法解决起来相当困难或根本无法解决的问题（如生命科学仿真难题、超大规模集成电路的测试与综合问题、大型并行计算机的运算问题以及复杂动力学系统的预测和仿真问题等）有了一个崭新的突破口。在这些问题上应用元胞自动机思想不但可以减小系统分析的复杂程度，而且提高了解决问题的效率。元胞自动机同时具有极好的泛用性和稳定性。元胞自动机是一种新的计算机算法，它主要采纳了最新的系统分析思想即系统元胞化思想作为应用基础，同时，它又将系统演化的客观规律（即在系统模型被分割成很多极小的元胞以后，每个元胞的性质和表现总是受其相邻元胞性质和表现的影响，或者说由它们所确定）融入了算法的核心。所以元胞自动机的思想在各种工程、技术领域的应用有着其他传统算法思想所无法比拟的特点和优势。

但是，元胞自动机还存在一个十分重要的问题仍未得到妥善的解决，那就是元胞自动机应用起来看似简单，而在实际应用过程中要想得到完善的元胞自动机规则却很困难。所以在元胞自动机应用过程中，确定规则是关键。传统上有以下两种确定元胞自动机规则的办法：

1）根据已知的系统演化的过程，记录各个不同时空点上系统的状态；然后从这个状态集中将各个元胞状态的变化过程，用一些线性、非线性方程或微分方程来表达。这样，在系统演化过程中，通过时空表达方程（即状态迁移方程），可以直接计算出本地元胞的状态，最终可以得到整个系统的演化状态。

2）已知系统初始状态和最后状态，列出所有可能的规则集。对初始状态使用规则集中某一规则进行作用，这样总会存在一个或多个规则组成的规则集合可以使系统演化到最终状态，那么，这个规则集合就是所要找的规则。

以上两种方法实际上都不是较好的解决方法，其理由为：

① 对于第一种方法，如果系统比较简单，那么，系统规则是可以通过记录、更新和查询由状态集综合得到的系统演化状态曲线或概率点阵得到。但是，一旦系统比较复杂时，比如系统元胞状态比较多时，应用现有的计算机工具就无法满足大量的计算需求，而且目前还没有比较完善的智能化工具来综合状态集。

② 对于第二种方法，如果系统演化时每个元胞只取较少的相邻元胞作为对其有影响的元胞，那么这种方法也是可行的。但是，同样如果想得到比较完善的规则以使将来对随机系统的预测或判断更为准确而取较多的相邻元胞，比如二维元胞自动机模型中取8

个,每个元胞状态只取两个,那么规则数就将有 2^{256} 种,那么这种方法根本就无法实现。

2 结构拓扑的自组织进化

机械结构初始拓扑形态的创新,一直是结构自动设计的一大难题。原因是机械结构的拓扑形态在很大意义上,基本决定了结构的功能、载荷、约束、材料的配置等的适用范围,即用现有的结构、材料、力学的解析法(有限元法等)和结构优化方法,由于表达结构形态设计的自由度庞大,只能在相对结构初始形态变化较小的范围内,实现结构的拓扑形态的再设计和强度、应力分布等的校核。为此,近年来基于元胞自动机的结构拓扑形态自组织化设计的研究,在机械结构拓扑形态设计方法方面开创了一个新的方向。其基本思想是利用元胞自动机多规则组合驱动的自组织演化机制,实现大自由度结构复杂拓扑形态内部机理的表达。具体地讲是将结构分割为结构元胞单元(以下简称为结构单元),在元胞自动机的局部规则(以下简称为规则)驱动下,实现相邻结构单元状态的自组织,通过元胞自动机的演化机制表达整个系统的状态。

用元胞自动机实现结构拓扑形态的自组织问题,关键在于确定元胞自动机的规则。为了寻找其规则,现在大多数学者采用了图 49.4-10 所示的基于局部间接规则(以下简称为间接规则)的进化元胞自动机(Evolutionary Cellular Automata,ECA)方式驱动结构的自组织演化过程。所谓间接规则,是在元胞自动机的结构拓扑形态自组织过程中,由离散单元的力学解析(FEM 等)得到的相邻单元应力和相关系数等信息构成迁移函数作为自组织演化规则的表达。迁移函数中的相关系数作为设计变量由进化过程确定。但是,由于局部规则的局部性特征以及结构的形状、材料特性等复杂因素的影响,间接规则存在着缺乏一般性、计算量大、实际操作难度大等问题。

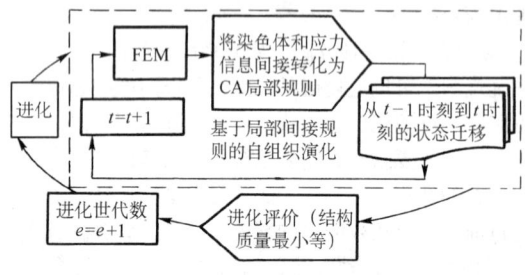

图 49.4-10 基于间接规则的 ECA 框图

为此,本节讨论一种不依赖于力学解析信息的局部直接规则(以下简称为直接规则),求解结构的优化拓扑初始形态的方法,即将直接规则集合作为设计变量,通过进化过程确定直接规则群,并由此决定状态演化迁移函数(以下简称为迁移函数)的形式。为了减小设计变量数,在迁移函数中,将 $t-1$、$t-2$ 时刻中心单元的相邻单元状态作为输入,确定 t 时刻中心单元的状态。依此不仅解决了元胞自动机反复演化过程中 FEM 解析的计算量问题,而且有效地实现了元胞自动机规则的一般性表达,又大大减小了直接规则的自由度。在结构质量最小化评价目标下,实现规则集合进化的同时,完成结构拓扑形态的自组织。文中以简单的平面薄板结构拓扑优化为例,显示了提出的直接规则在结构拓扑优化问题中的作用和有效性。

2.1 结构拓扑优化中的 ECA 规则

(1) ECA 的间接规则

在基于 ECA 间接规则的结构拓扑形态设计中,其迁移函数的确定大多是根据人们的经验或其他方法计算的结果来建立。对图 49.4-11a、b 所示的平面薄板质量最小化设计时,无论采用如图 49.4-11c、d、e 的元胞自动机平面模型之一,例如可先设定如式(49.4-13)所示的迁移函数

$$S_{ij}^t = F[\,\cdot\,] = \sum_{k=1}^n \sigma_k^{t-1} \alpha_k^e \quad (49.4\text{-}13)$$

式中 n——如图 49.4-11c、d、e 所示的元胞自动机平面模型当前单元的相邻单元总数;

k——如图 49.4-11c、d、e 所示的元胞自动机平面模型当前单元的相邻单元序号;

e——如图 49.4-10 所示的进化世代数;

S_{ij}^t——t 时刻当前单元 (i, j) 的状态;

σ_k^{t-1}——$t-1$ 时刻与 S_{ij}^t 相邻单元 (k) 的应力;

α_k^e——第 e 代进化的迁移函数加权系数。

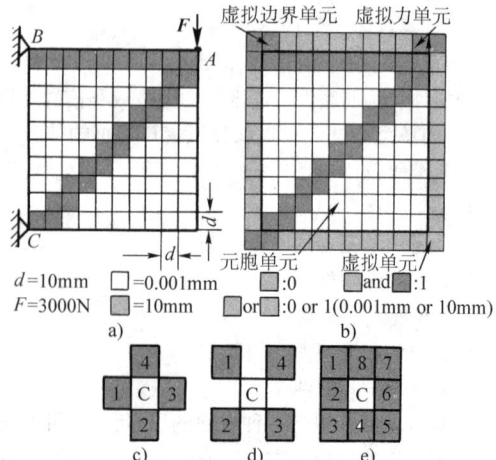

图 49.4-11 解析模型和元胞自动机的平面模型
a) 结构模型 b) 虚拟单元 c) 元胞自动机模型 1
d) 元胞自动机模型 2 e) 元胞自动机模型 3

使用 ECA 的间接规则进行结构拓扑优化过程如图 49.4-10 所示，用第 e 代进化得到的迁移函数加权系数（设计变量），以及元胞自动机自组织演化过程中 $t-1$ 时刻结构拓扑形态的应力分布解析结果，根据式（49.4-13）建立的元胞自动机的间接规则，完成 t 时刻结构拓扑形态的状态迁移。状态迁移如此反复进行，直至 $t=T_{max}$（元胞自动机的最大状态迁移次数），结构拓扑形态自组织完成。再通过进化评价决定是否进入下一代迁移函数加权系数的进化。可见基于力学解析结果的间接规则，在结构的形状、材料特性等复杂因素的影响下，对于一般性结构拓扑形态设计问题难于适用。这种确定 ECA 的间接规则的方法存在以下的主要问题：

1）基于应力信息的迁移函数数学表达形式，缺乏一般性的指导意义，事先设定的迁移函数数学表达形式与实际结构拓扑形态的力学机理无必然联系。

2）迁移函数中的应力信息需要 FEM 解析得到，大大增加了进化解析的时间。

3）把迁移函数中的相关系数（加权系数等）设定为实数设计变量，在进化过程中其计算精度对局部规则的影响极大。

为此，以下将以图 49.4-11a 所示的平面薄板设计为例，讨论一种不依赖于力学解析信息的元胞自动机直接规则的表达和基于 ECA 的结构拓扑优化设计方法。其基本思想如图 49.4-12 所示，将直接规则集合作为设计变量，在结构质量最小化和直接规则收敛性评价目标下，实现局部规则集合进化的同时，以简单的元胞自动机自组织演化机制，实现大自由度结构拓扑形态的设计。

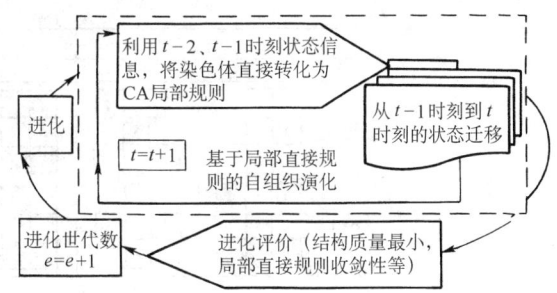

图 49.4-12 基于直接规则的 ECA 框图

（2）直接规则的构造

假如以图 49.4-11c、d、e 所示的元胞自动机平面模型为例，每个单元的状态定义为二值化，可以将结构拓扑形态问题转化为求解一个在元胞自动机的自组织演化过程中与结构的力学解析无关，仅与结构质量分布相关的有限直接规则集合的问题。但是，局部规则的定义和构造决定了其集合的大小，也决定了设计变量数的多少。按照如图 49.4-11c、d、e 所示的元胞自动机常用平面模型的类型，图 49.4-11c 和 d 中心单元的相邻单元数较少，难以表达复杂的结构拓扑形态。假如以图 49.4-11e 所示相邻单元为 8 个元胞自动机平面模型进行结构拓扑形态设计，则其直接规则的所有组合为 $2^8=256$。也就是说，其设计变量数为 256 个。这样，相对于 ECA 的间接规则，将大大增加其进化过程的计算压力。为了减小进化过程的计算负担，必须通过合理地构造直接规则的表达，以降低局部规则集合的自由度，减少设计变量数。为此，这里提出采用式（49.4-14）所示的状态迁移函数

$$S_{i,j}^{(t+1)}=\begin{cases}F[S_{i-1,j}^{(t-2)},S_{i,j-1}^{(t-2)},S_{i,j}^{(t-2)},S_{i,j+1}^{(t-2)},S_{i+1,j}^{(t-2)},S_{i-1,j-1}^{(t-1)},S_{i-1,j+1}^{(t-1)},S_{i+1,j-1}^{(t-1)},S_{i+1,j+1}^{(t-1)}] & \theta=0\\ F[S_{i-1,j-1}^{(t-2)},S_{i-1,j+1}^{(t-2)},S_{i,j}^{(t-2)},S_{i+1,j-1}^{(t-2)},S_{i+1,j+1}^{(t-2)},S_{i-1,j}^{(t-1)},S_{i,j-1}^{(t-1)},S_{i,j+1}^{(t-1)},S_{i+1,j}^{(t-1)}] & \theta=1\\ S_{i,j}^{(-1)}=S_{i,j}^{(01)} \quad (i=1,2,3;j=1,2,3)\\ t\geqslant 1\end{cases} \quad (49.4\text{-}14)$$

式中 $\theta=0$ 和 $\theta=1$ 两种状态转移函数的选取条件如图 49.4-13a 所示。从图中可以看出，迁移函数通过增加 $t-2$ 时刻元胞自动机演化过程的状态信息，将 8 个相邻单元模型分解为两个 4 个相邻单元模型处理，使元胞自动机局部规则的组合数从 256 降为 $2^5+2^5=64$。$t-2$、$t-1$ 时刻状态所对应的图 49.4-11c、d 所示的元胞自动机平面模型的顺序，由二值化设计变量 θ 确定。

（3）直接规则的 ECA 染色体表达

直接规则的 ECA 染色体表达，就是将以上构造的元胞自动机直接规则，在进化过程中予以染色体表达。在结构拓扑形态设计过程中，ECA 提供了搜索元胞自动机局部规则的方法，即相对于一个确定条件的结构拓扑形态设计问题，其大自由度和复杂性的难题，通过进化机制寻求能够表达问题内部力学机理的元胞自动机直接规则集合来完成，而直接规则在进化过程中以染色体予以表达。这里，状态迁移函数的规则和遗传算法染色体的关系如图 49.4-13c 所示。图中，64 个二进制数的基因与 64 个直接规则相对应，同时除前述的 θ 外（位于基因位 No.66），在基因位 No.65 再设定 1 个二进制数的基因 ϕ。这样染色体由 66 个基因位来表达，其中基因 ϕ 的作用如图 49.4-13b 所示。

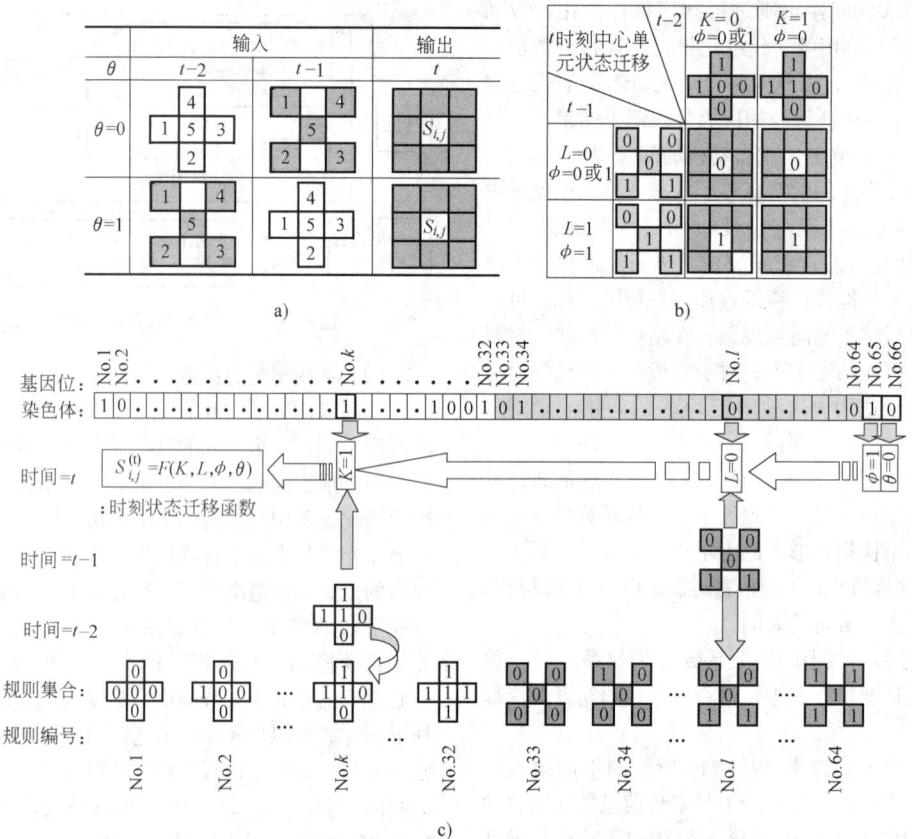

图 49.4-13 元胞自动机的直接规则、迁移函数和遗传染色体的设定
a) 迁移函数的选取　b) 基因φ的作用局部规则例 (θ=0)　c) 遗传算法染色体和元胞自动机直接规则

图 49.4-13c 说明了在元胞自动机演化过程中，基因位 No.1~No.32 中 k 值，基因位 No.33~No.64 中 l 值，再综合图 49.4-13b 基因φ，最终决定了 t 时刻中心单元的状态。

2.2 ECA 规则的进化表达

基于 ECA 直接规则的结构拓扑形态优化设计模型，用以下公式表达：

设计变量：
$$X = (R_1, R_2, \cdots, R_{64}, \phi, \theta)^T \quad (49.4\text{-}15)$$

目标函数：
$$f(X) = \alpha_1 W(X) + \alpha_2 Time \to \min \quad (49.4\text{-}16)$$

约束条件：$g(X) = |\sigma_i| - \sigma_a \leq 0 \quad (49.4\text{-}17)$

$$h(X) = \begin{cases} Time - T_{\max} = 0 & (t = T_{\max}) \\ Time - t = 0 & (t < T_{\max}, S_{ij}^{t-1} = S_{ij}^t) \end{cases}$$
$$(49.4\text{-}18)$$

式中　R_i——与直接局部规则相对应的二进制变量；

W——结构的质量；

σ_i——平面薄板内应力；

σ_a——许用应力；

$Time$——元胞自动机状态迁移次数；

$T_{\max}$——设定的元胞自动机的最大状态迁移次数；

α_1、α_2——多目标函数的权重系数。

以上的优化模型，要求元胞自动机的状态迁移次数 $Time$ 要在 $T_{\max}$ 以内收敛的同时，通过结构材料质量和 $Time$ 的最小化目标，使系统在进化过程中保证直接规则的收敛性。通过式 (49.4-15) ~ 式 (49.4-18) 把基于 ECA 直接规则的结构拓扑形态优化设计问题转化为一般的多目标优化问题。

2.3 结构拓扑形态优化的算例

以图 49.4-11a 所示的问题作为算例，使用以上所提出的迁移函数和方法，讨论基于 ECA 的结构拓扑优化问题。系统的外部力学条件为如图 49.4-14a 所示的四种情况，按照图 49.4-14b 所示分别将其外部力学条件转化为相应的虚似单元，从初始元胞自动机（$e=0$）状态开始直接规则的进化，利用元胞自动机自组织演化实现结构拓扑形态的设计。图 49.4-14c 所示为各种模型从初始状态进化到收敛状态中间结果的一例。其中进化世代数用 e 表示，例如图 49.4-14c 模型 4 为进化世代数 $e=300$ 时状态；图 49.4-14d 模型 4 为进化的最终状态，其进化世代数 $e=429$，元胞自动机状态迁移次数 $Time=210$。

需要说明的是，以上 ECA 的进化计算以遗传算法为基础。在进化过程的 e 世代，由染色体所构成的直接规则集合驱动，结构拓扑形态从 $t=0$ 的状态（即图 49.4-14b 的相同状态）开始迁移演化到 $t=T_{max}$，完成其结构拓扑形态。此时，通过 FEM 计算，在满足式 (49.4-17) 的应力约束和式 (49.4-18) 的状态迁移次数约束条件下，对染色体实现式 (49.4-16) 的多目标评价。从基本设计要求出发，最终得到具有收敛性特征的元胞自动机直接规则集合和结构重量最小的结构拓扑形态。

由图 49.4-14a 模型 1、2 的比较可以看出，在不同方向载荷作用下，图 49.4-14d 模型 1、2 的最终结构拓扑形态具有极其明显的最优特征；由图 49.4-14a 模型 3、4 的结构拓扑形态可见，从力学条件比较，两者的虚拟单元初始状态是相同的，但其水平方向上的受力方向是相反的，最后得到的图 49.4-14d 模型 3、4 的结果反映了其力学模型的特征。以上，用实例较直观地证明了提出的迁移函数和直接规则，在基于 ECA 的结构拓扑优化设计问题中的有效性。

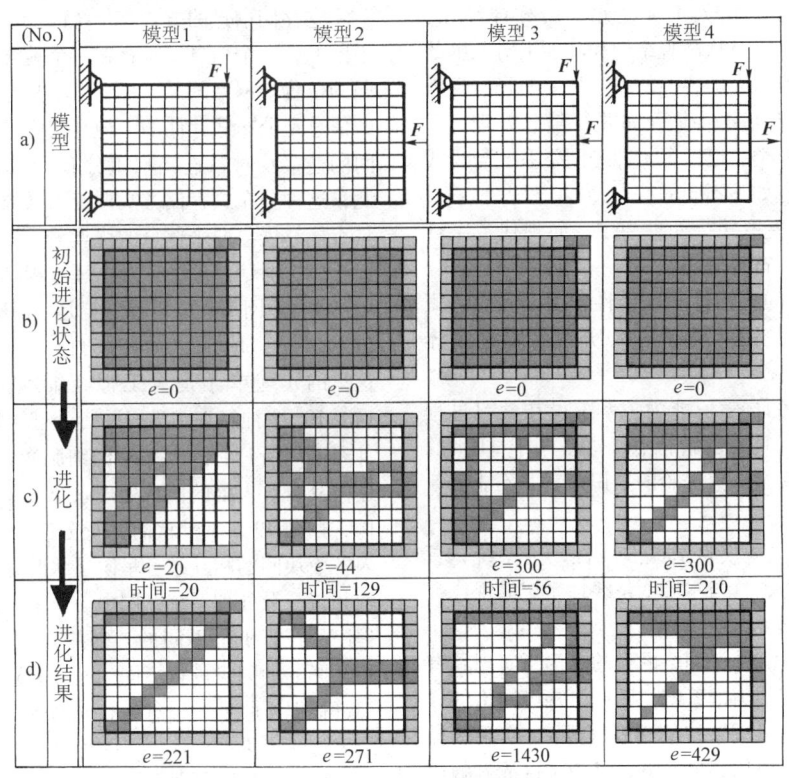

图 49.4-14　ECA 计算结果

第5章 自学习设计技术与方法

神经网络系统可能是我们所面临的高度复杂的非线性动力学系统,也是迄今所知功能最强、效率最高的最完善的信息处理系统,因此,很自然地成为复杂系统的建模技术。

1 自学习技术基础

1.1 神经网络的主要特点

人工神经网络是由人工神经元(简称神经元)互联组成的网络,它是从微观结构和功能上对人脑的抽象、简化,是模拟人类智能的一条重要途径,反映了人脑功能的若干基本特征,如并行信息处理、学习、联想、模式分类、记忆等。神经网络系统与现代数字计算机相比有如下不同的特点:

1) 以大规模模拟并行处理为主,而现代数字计算机只是串行离散符号处理。

2) 具有很强的鲁棒性和容错性,关于联想、概括、类比和推广,任何局部的损伤不会影响整体结果。

3) 具有很强的自学习能力。系统可在学习过程中不断完善自己,具有创新特点,这不同于 AI 中的专家系统,后者只是专家经验的知识库,并不能创新和发展。

4) 它是一个大规模自适应非线性动力系统,具有集体运算的能力,这与本质上是线性系统的现代数字计算机迥然不同。

这里,我们研究神经网络的目的是为了实现具有接近人脑信息处理能力的系统。因此,神经网络的样本应该是人类信息处理系统的中枢(脑)。实现这样的系统,一是为了应用,另一方面是为了搞清人脑信息处理的机理,人类对模糊信息具有非常巧妙的处理能力。让计算机具有这种能力,一直是工程技术人员和研究者的理想。但是,用传统的人工智能技术和计算机技术实现人类的日常思维活动,从本质上讲是极其困难的。

从广义角度讲,微积分、文字翻译、推理等都是计算过程,而从数学观点看,计算就是在满足一定公理、定理的条件下,从一空间到另一空间的代数映射;从物理观点看,计算是按照一定的自然规则,在某种"硬件"上所发生的一些物理规则。因此,计算可表示为一动力系统中的状态间变换的轨迹。神经网络的计算就是其中状态的转换,其计算过程可以认为是状态的转换过程,对给定的输入,其计算结果即是系统的稳定状态。

总之,神经网络的计算过程是适用于人类的信息处理系统。神经网络模型用于模拟人脑神经元活动的过程,其中包括对信息的加工、处理、存储和搜索等过程。它具有如下基本特点:

(1) 具有分布式存储信息的特点

它存储信息的方式与传统的计算机的思维方式是不同的,一个信息不是存在一个地方,而是分布在不同的位置。网络的某一部分也不只存储一个信息,它的信息是分布式存储的。神经网络是用大量神经元之间的连接及对各连接权重分布表示特定的信息。因此,这种分布式存储方式即使当局部网络受损时,仍具有能够恢复原来信息的优点。

(2) 对信息的处理及推理过程具有并行的特点

神经网络可以看作是由多数处理单元(processing element)同时动作、并行处理的机器。这里的处理单元是人工神经细胞。人脑中大约有 140×10^9 个神经细胞进行并行处理。现在能够实现的神经网络所具有的人工神经细胞数,是 140×10^2 个,还极其少。人脑的信息处理系统可以认为是阶层型结构,如图 49.5-1 所示的并行分散处理系统,在阶层内各模块间的相互结合呈阶层状的并行分散处理。这种并行分散处理系统,同由一个中央处理器顺次执行程序的计算机是不同的,它的许多模块(单元)在相互影响的同时进行不同的处理。总之,每个神经元都可根据接收处的信息作独立的运算和处理,然后将结果传输出去,这体现了一种并行处理。神经网络对

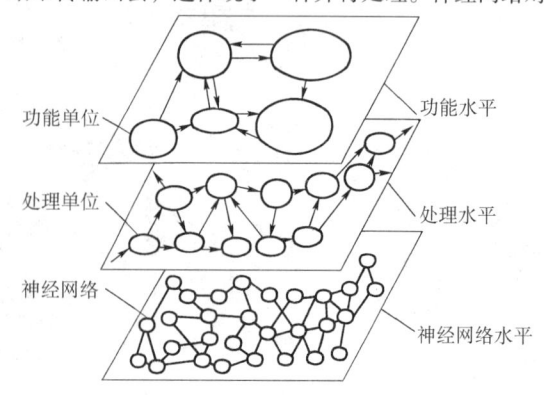

图 49.5-1 作为并行分散处理系统的脑模型

于一个特定的输入模式,通过前项计算产生一个输出模式,各个输出节点代表的逻辑概念被同时计算出来。在输出模式中,通过输出节点的比较和本身信号的强弱而得到特定的解,同时排出其余的解。这体现了神经网络并行推理的特点。

(3) 对信息的处理具有自组织、自学习的特点

神经网络中各神经元之间的连接强度用权重的大小来表示,这些权重可以事先定出,也可以为适应周围变化的环境而不断地调整权重(自组织能力)。这种过程称为神经元的学习过程。神经网络所具有的自学习过程模拟了人的形象思维方法,这是与传统符号逻辑完全不同的一种非逻辑非语言的方法。神经网络根据给予的学习数据,可以自学习。因此,不需要人类进行非常复杂的并行处理系统的编程,这可谓是一大优点。

在这里,让我们来考察一下人类大脑的学习。人类大脑的学习过程(见图 49.5-2),具有进化阶段的学习、发育阶段的学习和日常学习等多重结构的学习形式。刚出生的小孩,因为已经获得了进化过程的学习结果,所以具有先天的能力。在这个阶段,可以讲大脑的硬件结构已基本完全形成。在以后的发育阶段中,在接收外部环境的影响和语言学习的同时,形成其人格,并进行基本的学习。发育阶段学习的效果,在幼儿期最显著,此阶段大约进行到 20 岁前后。一般地讲,发育阶段学习的东西,与其日常学习中学习的东西(如功课的记忆)相比较是难以忘却的,这在神经生理学中叫作学习方式的不同。

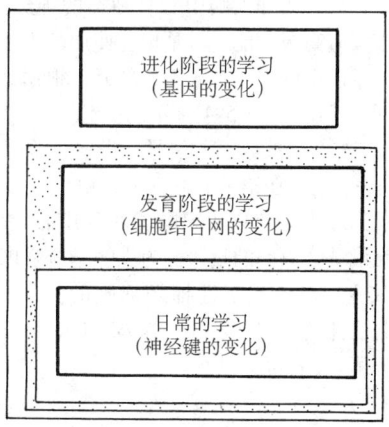

图 49.5-2　人类的多重学习结构

1.2　细胞元模型

人类的智能是长期进化的结果,作为人类智能的大脑是一块极有组织的高度复杂的物质。人类大脑的神经细胞总数达 140 亿个,它是神经系统的结构和功能单元。神经元负责接收或产生信息,传递和处理信息。神经细胞的种类繁多,人类约有 50 多种,其大小形状也各不相同,直径在 4~150μm 之间。它们在结构上具有许多共性,且在接收或产生信息、传递和处理信息方面有着相同的功能。

(1) 神经元的结构

神经元由细胞体、树突和轴突等组成,其结构如图 49.5-3 所示。

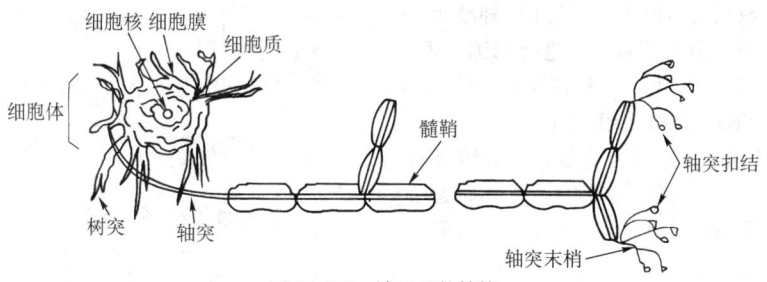

图 49.5-3　神经元的结构

细胞体由细胞核、细胞质和细胞膜组成。细胞体的外面是一层厚为 5~10μm 的细胞膜,膜内有一细胞核和细胞质。神经元的细胞膜具有选择性的通透性,因此会使细胞膜的内外液的成分保持差异,形成细胞膜内外之间有一定的电位差,这个电位差称为膜电位,其大小随细胞体输入信号强弱而变化,一般约在 20~100mV。树突是由细胞体向外伸出的许多树枝状较短的突起,长约 1mm,它用于接收周围其他神经细胞传入的神经信号。轴突是由内向外伸出的最长的一条纤维,其长度一般从数厘米到 1m。远离细胞体一侧的轴突端部有许多分支,称为轴突末梢,或称神经末梢。其上有许多扣结,称为轴突扣结。轴突通过轴突末梢向其他神经元传递信息。一个神经元的轴突末梢和另一个神经元的树突或细胞体之间,通过微小间隙相连接,这样的连接称为突触。突触的直径约为 0.5~1μm,突触间隙有 200Å(1Å = 10^{-10}m)数量级。从信息传递过程看,一个神经元的树突,在突触处从其他神经元接收信号,这些信号可能是激励性的,也可能是抑制性的。突触有兴奋型和抑制型两种形式。

总之，至今已知人脑中有多种类的神经元存在，其中许多具有高级功能。可是现在使用的人工神经元模型是非常简单的。作为人工神经元，根据其生理学特征，通常使用图 49.5-4 所示的多输入、单输出的单元。n 个神经元接收输入信号，设输入信号分别为 $x_1, x_2, \cdots, x_n$。在第 i 个轴突上，单位强度信号输入时把受到影响而变化的膜电位的量用 ω_i 表示。ω_i 是表示突触结合效率的量，称为突触结合强度，或叫作连接权重。对于兴奋性神经细胞的突触，$\omega_i > 0$；对于抑制性神经细胞，$\omega_i < 0$。当 $\omega_i = 0$ 时，可以理解为没有与第 i 个神经元结合。

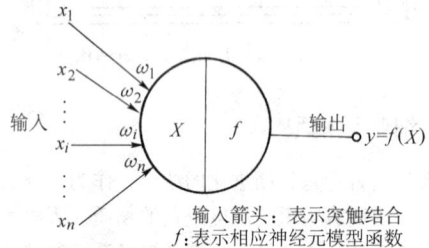

图 49.5-4　神经元形式化结构模型

(2) 神经元的响应特性

一般的神经元基于上述的动作功能，具有以下特性：

1) 时空整合功能。

① 空间总和特性。单个神经元在同一时间可以从别的神经元接收多达上千个突触的输入，这些输入到达神经元的树突、细胞体和轴突的分布各不相同，对该神经元影响的权重也不相同。所以单个神经元对于来自空间四面八方的输入信息具有进行加工处理、空间总和的功能。其空间总和的定量描述是：膜电位的响应与输入信号和权重的线性组合有关。

② 时间总和特性。由于输入信号影响会短时间地持续，故与后到达的输入信号影响的叠加同时起作用，即神经元对于不同时间通过同一突触的输入信号具有时间总和的功能。

③ 时空整合作用。神经元把不同时间、位于不同部位的突触输入进行加工处理，决定其输出大小的过程，称为时空整合作用。t 时刻膜电位的变化定量描述为

$$\sum_{i=1}^{n} \int_{-\infty}^{t} \omega_i(t-t') x_i(t') \mathrm{d}t' \quad (49.5\text{-}1)$$

式中　$x_i(t')$ ——第 i 个神经元时间 t' 的输入信号。

2) 阈值特性。神经元的输入、输出关系具有非线性特性，如图 49.5-5 所示，即

$$y = \begin{cases} \bar{y} & \theta \geq 0 \\ 0 & \theta < 0 \end{cases} \quad (49.5\text{-}2)$$

式中　θ ——阈值。

3) 不应期。阈值 θ 不是一个常数，随着神经元的兴奋而变化。绝对不应期，即无论多么强的输入信号到达，也不会输出任何输出信号的期间，可以看作 θ 值上升为无穷大。

4) 疲劳。一个神经细胞持续兴奋，其阈值慢慢增加，神经细胞很难兴奋的现象叫作疲劳。

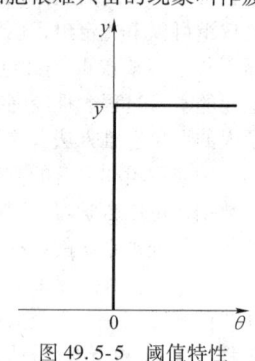

图 49.5-5　阈值特性

5) 突触结合的可塑性。突触结合的强度，即权重 ω_i 不是一定的，根据输入和输出信号的可塑性变化，并且可以认为由于这个变化导致具有长期记忆和学习的生理机能。

6) 神经元的模型。当不考虑时间总和只考虑空间总和时，其膜电位的变化是神经元输入信号（x_i）的线性和（X）；X 的响应特性由响应函数决定。响应函数模型多种多样，以下在图 49.5-6 中列举几种典型的神经元函数模型。

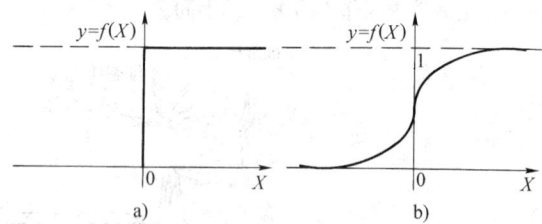

图 49.5-6　典型的神经元模型（$\theta = 0$）

a) 二值函数 $y = \begin{cases} 1 & X \geq 0 \\ 0 & X < 0 \end{cases}$

b) Sigmoid 函数 $y = f(X) = \dfrac{1}{1+\exp(-X)}$

① 阶跃函数模型。

$$y = f(X) = U(X), \quad X = \sum_{i=1}^{n} \omega_i x_i - \theta \quad (49.5\text{-}3)$$

其中，θ 为阈值；$U(\ )$ 为阶跃函数；y 为神经元的输出；X 为膜电位，如图 49.5-6a 所示。

这个模型是 1943 年由 McCulloch 和 Pitts 提出的，在神经网络的研究初期，被 Perceptron 神经网络所采用。

② Sigmoid 函数模型。

$$y = f(X) = \frac{1}{1 + \exp(-X)}, \quad X = \sum_{i=1}^{n} \omega_i x_i - \theta \tag{49.5-4}$$

这个函数模型与阶跃函数模型相比,是采用了连续的信息做输入和输出,可反映实际神经方向传播网络,即著名的 BP 网络。

③ 概率函数模型。这种模型的输入和输出信号采用 0 与 1 的二值信息,它是把神经元的动作以概率状态变化的规则模型化。由输入 X 到输出 y 给出的概率分布形式为

$$p(y=1) = \frac{1}{1 + \exp(-X/T)}, \quad X = \sum_{i=1}^{n} \omega_i x_i - \theta \tag{49.5-5}$$

其中,T 表示网络温度的正数。作为概率神经元模型应用有 Blotzmann 神经网络。

除此而外,还有时间滞后型神经元模型。

1.3 神经网络模型

人脑中大量的神经细胞都不是孤立的,而是通过突触形式相互联系,构成结构和功能十分复杂的神经网络系统。为了便于从结构出发模拟智能,必须将神经元连接成神经网络。其连接形式的不同,决定了神经网络的结构类别和功能。一般按照拓扑结构,神经网络的结构大体可分为层状和网状两大类。根据人工神经网络对生物神经系统的不同组织层次和抽象层次的模拟,神经网络模型可分为:

1) 神经元层次模型。研究工作主要集中在单个神经元的动态特性和自适应特性,探索神经元对输入信息有选择的响应和某些基本存储功能的机理。

2) 组合式模型。它由数种相互补充、相互协作的神经元组成,用于完成某些特定的任务,如模式识别、机器人控制等。

3) 网络层次模型。它是由许许多多相同神经元相互连接成的网络,从整体上研究网络的集体特性。

4) 神经系统层次模型。一般由多个不同性质的神经网络构成,以模拟生物神经的更复杂或更抽象的性质,如自动识别、概念形成、全局稳定控制等。

5) 智能型模型。这是最抽象的层次,多以语言形式模拟人脑信息处理的运行、过程、算法和策略。

这些模型试图模拟如感知、思维、问题求解等基本过程。无论哪种神经网络,其神经元间的连接强度可通过学习改变。在涉及神经网络之前,先就神经元间的连接的约束和动作给出以下约定。

(1) 有关神经网络模型的约定

1) 神经网络中神经元间连接的约束。人脑中约有 140 亿个神经元,不用说它们并不是全部都相互连接着的。一个神经元同其他神经元相连接的个数约 1 万个。再者,脑的功能是以其局部相对应的模块结构型式而构成的,信息从下位的神经网络层向上位的神经网络层传递,以层状结构而存在。因此,人工神经网络中神经元间的连接,同样受着此类约束。

2) 神经网络中神经元的同期性问题。神经网络中,各个神经元的动态动作,决定了神经网络特性的不同。因此,一般情况下,约定所有的神经元以同一时钟进行同期动作。

3) 神经网络中神经元的均一性问题。脑中存在着多种不同类别的神经元,即使是相同类别的神经元其特性也存在着差别。从实用角度讲,现在的神经网络中,其所有神经元大多以无差别、相同形式给出,而实现其功能。

(2) 神经网络的结构型式

1) 模块型网络。模块型网络如图 49.5-7a 所示,它包含着复数个神经元,在系统中具有一定的独立功能的部分叫模块。模块的概念对理解和处理大系统是非常重要的。我们已经知道,即使在脑中也具有各种各样功能的模块,其存在于脑的特定位置。神经网络是把神经元作为基本处理器的并行处理系统。更进一步讲,也可把图 49.5-7 所示的模块作为基本处理器的并行处理系统。

2) 前向网络。如图 49.5-7b 所示的那样,神经元形成层状集团群,各神经元之间没有反馈,信号仅在层间以特定的方向传递的结构型式,叫作层次结

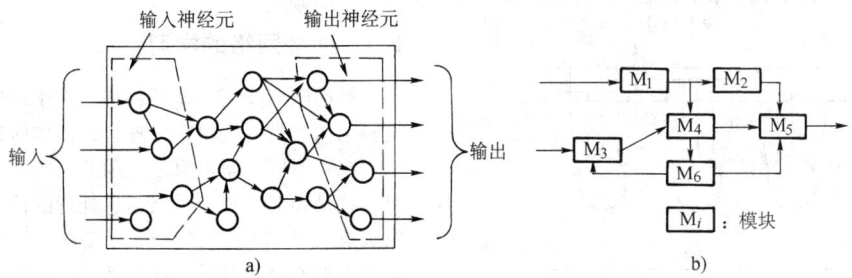

图 49.5-7 模块型网络
a) 模块 b) 模块间的网络

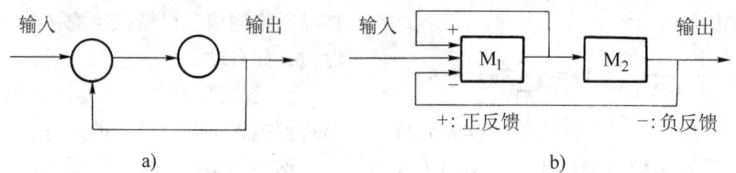

图 49.5-8 反馈
a) 神经元间的反馈 b) 模块间的反馈

构。也可以把单个集团看作为模块。在生物体的神经系统中,从解剖学角度看,存在着像末梢器官和大脑皮质那样的层状硬件结构;把脑看作为信息处理系统,也可认为其具有层状软件结构。

三层前向网络分为输入层、隐层和输出层。在前向网络中有计算功能的节点称为计算节点,而输入节点无计算功能。

3) 相互结合型网络。相互结合型网络属于网状结构。构成网络的各个神经元都可能相互双向连接。所有神经元既用于输入,同时也可用于输出,与前向网络不同。在网络中,如果在某一时刻从神经网络的外部施加一个输入,各个神经元一边相互作用,一边进行信息处理,直到使网络所有神经元的活性度和输出值收敛于某个平均值为止。

4) 反馈和反馈网络。所谓反馈,从机理上讲,是将某个单元(或模块)的输出发生某种变形后的信息,再作为其系统自身的输入信息(见图49.5-8)。生物系统具有各种各样的形态,为了确保系统的稳定,反馈机理是不可缺少的。一般情况下,相互结合型网络必定包含有反馈;神经网络的学习过程也必定包含着反馈评价的过程。反馈有正反馈和负反馈,正反馈具有激振机理,负反馈具有抑制控制机理。例如,在生物体中,癌的发作就是负反馈的抑制控制机构出现问题而引起的;脑中神经系统的时钟同期功能也许是正反馈激振作用的结果。

反馈网络(见图49.5-9)从输出层到输入层有反馈,即每个节点同时接收外来输入和来自其他节点的反馈输入,其中也包括神经元输出信号引回到本身输入构成的自环反馈。这里,每个节点都是一个计算单元。

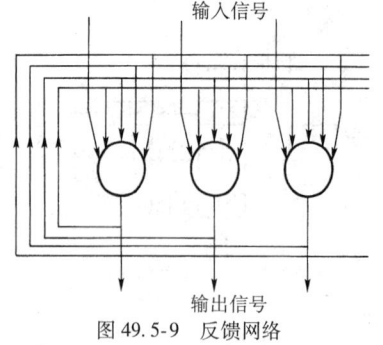

图 49.5-9 反馈网络

5) 混合型网络。混合型网络(见图49.5-10),是介于相互结合型和层状结构中间的网络连接结构型式,即在前向网络的同一层中,神经元有互联的结构。这种在同一层内的互联,目的是为了限制同层内神经元同时兴奋或抑制的神经元数目,以完成特定的功能。

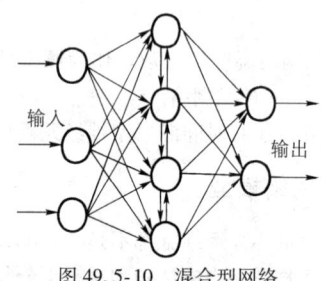

图 49.5-10 混合型网络

6) 侧抑制网络。侧抑制(laterel inhibition)网络(见图49.5-11)是某个单元兴奋时,由其周围的单元实现其抑制的网络结构。侧抑制的机理主要是起到一个强调和抽出外部输入信号的特征的作用。例如,在人类的视觉系统中,对图像边缘的强调作用,就是使视觉神经产生侧抑制的效果。

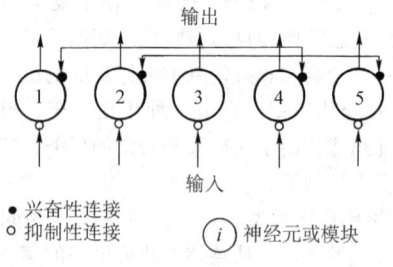

图 49.5-11 侧抑制网络

1.4 神经网络的学习

神经网络学习的本质特征,在于神经细胞特殊的突触结构所具有的可塑性连接,而如何调整连接权重就构成了不同的学习算法。因此,所谓神经网络的学习,就是相对于神经网络信息处理的目的,进行有机地调节其系统中神经元间的权重。如图49.5-12所示,人类通过感觉器官接受外界的刺激,再通过控制肌肉或器官,作用于外界。同外界的信息交流对于大脑的学习是非常重要的。例如,在幼儿学习发音的过程中，通过听觉听到母亲的声音，试着模拟其声音。然后再反馈自己的声音到自己的听觉同母亲的声音进行比较，判断自己的发音是否正确。

外界总是在变化的。因此，人类为了适应外界，总是不断地去学习。原则上，神经网络与人类相同，有必要通过学习进行调整，适应外界的变化。以下对神经网络学习的要点做一简述：

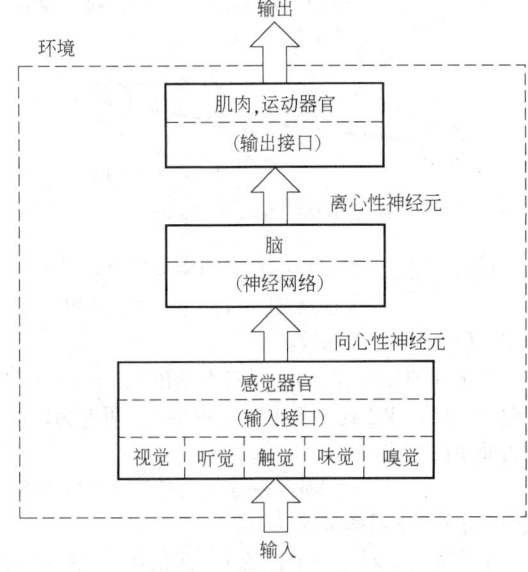

图 49.5-12 脑和外界的关系

1) 目的性的学习。生物体内存在着各种各样的学习机理，这可以说是在长期进化过程中获得的。这些仿佛具有某种目的性的巧妙机理，常常使我们不可思议。可以认为在我们的脑中也存在着各种各样的目的性学习系统。

神经网络也同样，为了实现某种目的，需要为其准备学习算法。因此，为了评价神经网络的性能，需要设定评价标准，去评价其是否满足目的，或满足目的的程度。

2) 权重矩阵的调整。神经网络中神经元间的权

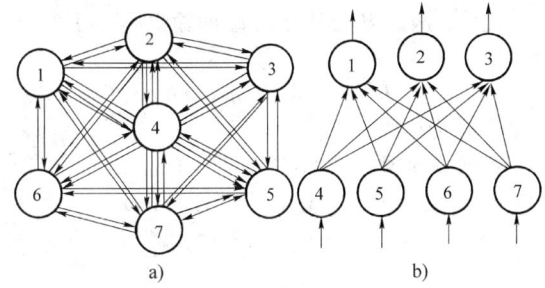

图 49.5-13 典型的网络结构
a) 相互结合型网络 b) 层状型网络

重可以用矩阵的形式表示。例如，图 49.5-13a 的相互结合型网络的权重矩阵可用表 49.5-1 表示。其次，图 49.5-13b 的层状型网络的权重矩阵，就是将表 49.5-1 对角线部分除去后的部分。因此，可以理解为层状型网络是相互结合型网络的特殊形式。

表 49.5-1 权重矩阵

	1	2	3	4	5	6	7
1	ω_{11}	ω_{11}	ω_{12}	ω_{13}	ω_{14}	ω_{15}	ω_{16}
2	ω_{21}	ω_{21}	ω_{22}	ω_{23}	ω_{24}	ω_{25}	ω_{26}
3	ω_{22}	ω_{22}	ω_{23}	ω_{24}	ω_{25}	ω_{26}	ω_{27}
4	ω_{23}	ω_{23}	ω_{24}	ω_{25}	ω_{26}	ω_{27}	ω_{28}
5	ω_{24}	ω_{24}	ω_{25}	ω_{26}	ω_{27}	ω_{28}	ω_{29}
6	ω_{25}	ω_{25}	ω_{26}	ω_{27}	ω_{28}	ω_{29}	ω_{30}
7	ω_{26}	ω_{26}	ω_{27}	ω_{28}	ω_{29}	ω_{30}	ω_{31}

3) 学习的过程。神经网络的学习，一般以图 49.5-14 所示的过程进行。首先，设定初始权重。如果没有初始权重的设定知识，可以随机值设定。其次，输入学习数据，相对于权重参照评价标准进行评价。然后，根据评价标准调整权重，再进行评价。此过程反复进行，逐渐接近最优值。

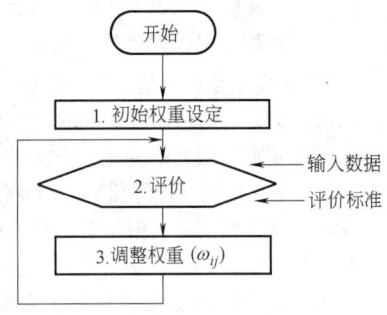

图 49.5-14 学习的过程

4) 全部搜索法（权重调整的问题）。在此，以学习方法中的全部搜索法（exhaustive search method）说明权重调整的方法。

为了简单说明起见，首先假定把每个权重 ω_{ij} 离散为 K 个值，应考虑的连接数为 M，则可选权重 ω_{ij} 的组合数为 K^M 个。那么，通过学习数据和评价标准进行评价，求解最优权重值的组合。从这个意义上讲的学习，虽然在原理上是非常简单的，可是假如连接数 M 较大，其组合数将相当庞大。例如，即使是 $K=10$、$M=100$ 的小规模网络，必须进行 100^{10} 次评价，这个计算量是难以实现的。因此，需要高效率的学习方法。

神经网络按学习的方式分为有教师学习和无教师学习两大类，图 49.5-15 给出了其直观描述。

(1) 有教师学习

为了使神经网络在实际应用中解决各种问题，必须对它进行训练，就是从应用环境中选出一些样本数

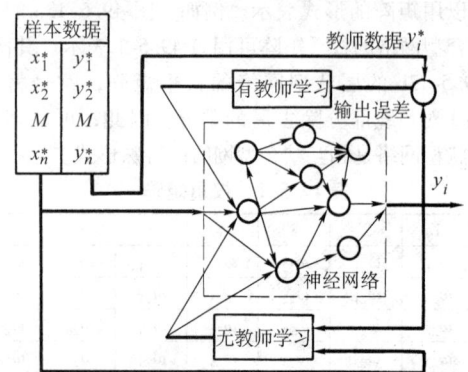

图 49.5-15 神经网络有、无教师学习直观示意图

据,通过不断地调整权重矩阵,直到得到合适的输入、输出关系为止,这个过程就是对神经网络的训练过程。这种训练过程需要有教师的示教,提供训练数据,又称为样本数据。在训练过程中又需要教师的监督,故这种有教师的学习又称为监督式学习。

如图 49.5-15 所示,在有教师学习中所提供的样本数据集,是指成对的输入 x_i^* 和输出 y_i^*;这样的样本数据集 $\{x_i^*, y_i^*\}$ 实际上代表了实际问题输入、输出的关系。训练过程就是根据网络输入的 x_i^* 和网络输出的 y_i^* 误差来调整权重,调整是基于奖惩式规则。示教者提供正确答案,当网络回答正确时,调整权重朝着强化正确(即奖励)的方向变化;当网络响应错误时,调整权重往弱化错误(即惩罚)方向变化。

有教师学习方法虽然简单,但是要求教师对环境和网络的结构比较熟悉,当系统复杂、环境变化时,就变得困难。为了适应环境变化就要重新调整权重。这样,学习到新知识的同时,也容易忘掉已学过的旧知识。这些是有教师学习方法的缺点。

(2) 无教师学习

无教师学习的训练数据集中,只有输入而没有目标输出,训练过程神经网络自动地将各输入数据的特征提取出来,并将其分成若干类。经过训练好的网络能够识别训练数据集以外的新的输入类别,并响应获得不同的输出。显然,无教师的训练方式可使网络具有自组织和自学习的功能。

(3) 学习规则

1) 联想式学习(Hebb 学习规则)。心理学家 Hebb 基于对生理学和心理学的研究,在 1949 年提出了学习行为的突触联系和神经群理论;突触前和突触后两个同时兴奋(即活性度高,或处于激发状态)的神经元之间的连接强度将得到增强。后来,这一思想被其他研究者加以引用,并以多种形式加以数学表达,称为 Hebb 学习规则。

如图 49.5-16 所示,从神经元 u_j 到神经元以 u_i 的连接强度,即权重的变化 $\Delta\omega_{ij}$ 可用下式表达

$$\Delta\omega_{ij} = G[a_i(t), y_i^*(t)] H[\bar{y}_j(t), \omega_{ij}]$$

(49.5-6)

式中 $y_i^*(t)$ ——神经元 u_i 的教师信号;

G——神经元 u_i 的活性度 $a_i(t)$ 和教师信号 $y_i^*(t)$ 的函数;

H——神经元 u_j 输出 $\bar{y}_j(t)$ 和连接权重 ω_{ij} 的函数。

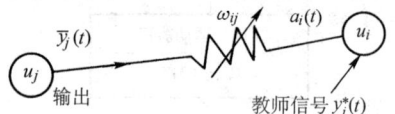

图 49.5-16 Hebb 学习规则

输出 $\bar{y}_j(t)$ 与活性度 $a_i(t)$ 之间满足如下关系式

$$\bar{y}_j(t) = f_j[a_i(t)]$$

(49.5-7)

式中 f_j——非线性函数。

当上述的教师信号 $\bar{y}_j(t)$ 没有给出时,函数 H 只与输出 $a_i(t)$ 成正比,于是式(49.5-6)可变为以下更为简单的形式

$$\Delta\omega_{ij} = \eta a_i \bar{y}_j$$

(49.5-8)

式中 η——学习率常数($\eta>0$)。

上式表明,对于一个神经元较大的输入或神经元活性度大的情况,它们之间的连接权重会更大。

Hebb 学习规则的哲学基础是联想,在这个规则基础上发展了许多非监督式联想学习模型,依据确定的学习算法自行调整权重,其数学基础是输入和输出间的某种相关计算。因此,Hebb 学习规则又称为相关学习,或并联学习。

2) 误差传播式学习(Delta 学习规则)。前述的函数 G 与教师信号 $y_i^*(t)$ 和神经元 u_i 实际的活性度 $a_i(t)$ 的差值成比例,即

$$G[a_i(t), y_i^*(t)] = \eta_1[y_i^*(t) - a_i(t)]$$

(49.5-9)

其中,η_1 为正数,把差值 $[y_i^*(t) - a_i(t)]$ 称为 δ。

此外,函数 H 与神经元 u_j 的输出 $\bar{y}_j(t)$ 成比例,即

$$H[\bar{y}_j(t), \omega_{ij}] = \eta_2 \bar{y}_j(t)$$

(49.5-10)

其中,η_2 为正数。

根据 Hebb 学习规则可得

$$\begin{aligned}\Delta\omega_{ij} &= G[a_i, y_i^*(t)] H[\bar{y}_j(t), \omega_{ij}] \\ &= \eta_1[y_i^*(t) - a_i(t)] \eta_2 \bar{y}_j(t) \\ &= \eta[y_i^*(t) - a_i(t)] \bar{y}_j(t)\end{aligned}$$

(49.5-11)

式中 η——学习率常数（$\eta>0$）。

在式（49.5-11）中，如果将教师信号 $y_i^*(t)$ 作为期望输出 d_i，把 $a_i(t)$ 理解为实际输出 y_i，则式（49.5-11）变为

$$\Delta\omega_{ij}=\eta(d_i-y_i)\bar{y}_j(t)=\eta\delta\bar{y}_j(t) \quad (49.5-12)$$

其中，$\delta=d_i-y_i$ 为期望输出与实际输出的差值。因此，称上式为 δ 规则，或误差修正规则。

根据这个规则的学习算法，通过反复迭代运算，直至求出最佳的 ω_{ij} 值，使 δ 达到最小。

上述 δ 规则只适用于线性可分函数，不适用于多层网络非线性可分函数。广义的规则将在后述的 BP 算法中详细介绍。

3）概率式学习。从统计力学、分子热力学和概率论中关于系统稳态能量的标准出发，进行神经网络学习的方式，称为概率式学习。概率式学习的典型代表是 Boltzmann 机学习规则，它基于模拟退火的统计优化方法，因此又称为模拟退火算法。

Boltzmann 机模型是一包括输入、输出和隐层的多层网络，但隐层间存在着互联结构且网络层次不明显。对于这种网络的训练过程，就是根据下述规则对神经元 i、j 间的连接权重进行调整

$$\Delta\omega_{ij}=\eta(p_{ij}^{(+)}-p_{ij}^{(-)}) \quad (49.5-13)$$

式中 η——学习率；
$p_{ij}^{(+)}$、$p_{ij}^{(-)}$——i 与 j 两个神经元在系统中处于 α 状态和自由运转状态时实现连接的概率。

调整权重的原则是，当 $p_{ij}^{(+)}>p_{ij}^{(-)}$ 时，则增加权重，否则减少权重。权重调整的这种规则就是 Boltzmann 机的学习规则。

由于模拟退火过程要求高温，使系统达到平衡状态，而冷却退火过程又必须缓慢地进行，否则易造成局部最小，所以这种学习规则的主要缺点是学习速度很慢。

4）竞争式学习。竞争式学习属于无教师学习方式。这种学习方式是利用不同层间的神经元发生兴奋性连接，以及同一层内距离很近的神经元间发生同样的兴奋性连接，而距离较远的神经元产生抑制性连接。这种在神经网络中兴奋性或抑制性连接机制中引入了竞争机制的学习方式，称为竞争式学习。它的本质特征在于神经网络中高层次的神经元对低层次神经元输入模式进行竞争式识别。

前向网络的竞争式学习规则，是由 Rumelhar 和 Zipser 在 1985 年提出的。他们把前向网络结构设计成：第一层为输入层，而以后的每一层都增加许多不重叠的组块，每一组块在特征识别中只有一个竞争优胜单元兴奋，其余单元受到抑制。

设 i 为输入层某单元，j 为获胜的特征识别单元，则它们之间的连接权重变化为

$$\Delta\omega_{ij}=\eta[(C_{ik}/nk)-\omega_{ij}] \quad (49.5-14)$$

式中 η——学习率；
C_{ik}——外部尾序列中 i 项刺激成分；
nk——刺激 k 激励输入单元的总数。

这种学习方式表明，在竞争中输入单元间连接权重变化最大的优胜单元实现每一特征识别，而失败的单元 $\Delta\omega_{ij}$ 为零。

在竞争式学习机制的研究方面，1987 年 Grossberg 提出将学习机制底-顶匹配和顶-底期望学习机制有机结合的原则，进一步完善了他所建立的自适应共振网络模型（ART）。ART 网络包括许多功能模块，单个功能模块和单个层单元间按竞争式学习规则发生连接和变换。两层之间连接权重按照在竞争中优者取胜的原则进行调整。在多次顶-底与底-顶连接权重变化中优者取胜的平均值，作为模式识别的分类模式标准。

采用竞争式学习机制的神经网络还有 Kohonen 提出的自组织特征映射网络等。

从上述介绍的几种学习规则不难看出，要使人工神经网络具有学习能力，就是使神经网络的知识结构变化，这同把连接权重用什么方法变化是等价的。所以，所谓神经网络的学习，目前主要是指通过一定的学习算法对突触结合强度的调整，使其达到具有记忆、识别、分类、信息处理和问题的优化求解等功能。当然，使用 VLSI 技术，在硬件上实现神经芯片，可以极大提高神经网络的学习效率和进一步完善学习功能。

(4) 关于学习的其他问题

1）学习和"随机波动"。在生物系统中，经常出现随机波动。例如，一个人即使发出同一音节，第 1 回和第 2 回都存在微妙的差别。这样的差别，在人类的行为中到处可见。在这里，我们将其定义为"随机波动"。另一方面，人类同计算机相比，擅长于认识这些"随机波动"的现象。例如，人类对于具有"随机波动"的声音和手写文字可以很容易地识别。

即使在学习中，这种"随机波动"也起着重要的作用。例如，在反复学习过程中，我们期望有某种变化，即"随机波动"。在生物进化过程中的学习、突然变异等实际上产生了某种"随机波动"，形成了进化的契机。

2）梦和学习。有的科学家提出：人类的梦是在假睡眠（Rapid Eye Movement，REM）期间产生的，而且假睡眠只有高级动物才会发生。

1.5 多层前向神经网络（BP 网络）

(1) 感知器

1957年，美国学者 Rosenblatt 提出了一种用于模式分类的神经网络模型，被称为感知器 (Perceptron)。它是由阈值元件组成且具有单层计算单元的神经网络，其连接权重可变，具有学习功能。

感知器信息处理的规则为

$$y(t) = f\left[\sum_{i=1}^{n}\omega_i(t)x_i - \theta\right] \quad (49.5\text{-}15)$$

式中 $y(t)$——t 时刻输出；
x_i——输入矢量的一个分量；
$\omega_i(t)$——t 时刻第 i 个输入的加权；
θ——阈值；
$f[\cdot]$——阶跃函数。

感知器的学习规则如下：

$$\omega_i(t+1) = \omega_i(t) + \eta[d-y(t)]x_i \quad (49.5\text{-}16)$$

式中 η——学习率（$0<\eta<1$）；
d——期望输出值（又称教师信号）；
$y(t)$——实际输出。

简单的 Perceptron 网络（见图 49.5-17）为层状，各层分别叫 S 单元（Sensory unit）、A 单元（Associative unit）以及 R 单元（Response unit）。根据以上学习规则，其学习的流程如图 49.5-18 所示，不断调整权重，使得权重对于样本保持稳定不变，学习过程即可结束。

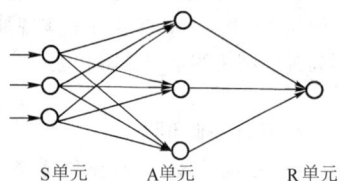

图 49.5-17　简单的 Perceptron 网络模型

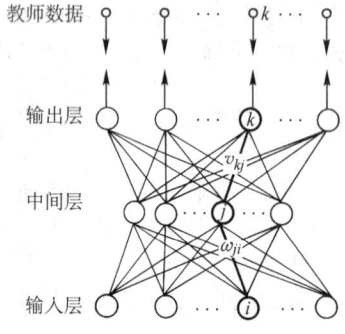

图 49.5-18　三层网络的结构

Rosenblatt 提出的感知器模型奠定了由信息处理、学习规则和作用函数三要素构成的基本模式。这种模型成为后来出现的几十种模型的重要基础。

应该指出，上述的单层感知器能够解决一阶谓词逻辑问题，如逻辑与、逻辑或问题，但不能解决像异或问题的二阶谓词逻辑问题。感知器的学习算法保证收敛的条件，要求函数是线性可分的（指输入样本的函数类成员可分别位于直线分界线的两侧），当输入函数不满足线性可分条件时，上述算法受到了限制。为此，Minsky 等试图利用加入隐单元以扩大感知的功能，但是由于缺乏有效的训练方法，导致他们在 1969 年对感知器过分批评，致使神经网络研究一度处于困境，影响了研究工作的进展。

(2) 前向多层网络的 BP 学习算法

前向网络是目前研究最多的网络形式之一，如图 49.5-18 所示，它包括输入层、隐层及输出层，隐层可以为多层或一层。在隐层为一层的情况下也可把隐层叫作中间层。每层的神经元称为节点或单元。

BP (Back Propagation) 法是相对于由输入层、隐层和输出层构成的前向网络，由 Rumelhart 等于 1986 年提出的有教师学习法。这个学习法同甘利（1967 年）、Tsypkin（1966 年）曾提出的概率下降法相同。

1) BP 网络误差反向传播学习算法的基本思想

① 向网络提供训练的例子，包括输入单元的活性模式和期望的输出单元活性模式。

② 确定网络的实际输出与期望输出之间允许误差。

③ 改变网络中所有连接权重，使网络产生的输出更接近于期望的输出，直到满足确定的允许误差。

2) 误差反向传播算法的计算步骤。这里以图 49.5-18 所示的三层网络为例来说明误差反向传播算法的计算步骤，见图 49.5-19。其中，为了说明方便起见，特引入一些记号。

① 初始化，对所有连接权重赋予随机任意值，并对阈值设定初值。

② 给定最初的学习数据。

③ 把学习数值 $\{I_i\}$ 赋予输入层单元，用从输入层到中间层之间的权重 $\{\omega_{ij}\}$ 和中间层单元的阈值 θ_j，求中间层单元 j 的输出 U_j。其中间层单元 j 的输入 U_j 和输出 H_j 由下式计算

$$U_j = \sum_j \omega_{ij} I_i + \theta_j \quad (49.5\text{-}17)$$

$$H_j = f(U_j) \quad (49.5\text{-}18)$$

④ 用中间单元的输出 $\{H_j\}$ 和从中间单元到输出单元的权重 $\{v_{kj}\}$，以及输出层单元 k 的阈值 γ_k，求输出层单元 k 的输入 S_k。其输出层单元 k 的输入 S_k 和输出 O_k 由下式计算

$$S_k = \sum v_{kj} H_j + \gamma_k \quad (49.5\text{-}19)$$

$$O_k = f(S_k) \quad (49.5\text{-}20)$$

⑤ 由学习数据的教师信息 T_k 与输出层的输出 O_k

的差,求出输出层单元 k 相对于中间层单元阈值的误差

$$\delta_k = (O_k - T_k)O_k(1 - O_k) \quad (49.5\text{-}21)$$

⑥ 用误差 δ_k、从中间层向输出层的连接权重 $\{v_k\}$ 以及中间层的输出 H_j,求出相对于与中间层单元 j 连接的权重和中间层单元的阈值的误差

$$\sigma_j = \sum \delta_k v_k H_j (1 - H_k) \quad (49.5\text{-}22)$$

⑧ 用中间层单元 j 的误差 σ_j、输入层单元 i 的输出 I_i 以及系数 α 的积的求和,修正从输入层单元 i 到中间层单元 j 连接权重 ω_{ji}。同时,用误差 σ_j 和系数 β 的积的求和,修正中间层单元 j 的阈值 θ_j

$$\omega_{ji} = \omega_{ji} + \alpha \sigma_j I_i \quad (49.5\text{-}25)$$

$$\theta_j = \theta_j + \beta \sigma_j \quad (49.5\text{-}26)$$

⑨ 把下一学习数据作为教师数据。
⑩ 学习数据终了的话,返回③。
⑪ 进行下一学习循环。
⑫ 假如学习次数不满足设定的学习次数,则返回②。

以上的③~⑥,是从输入层,经中间层到输出层的正向处理;⑦~⑧是从输出层,经中间层到输入层的反方向处理。因此,这种方法叫作 BP 算法。

总之,图 49.5-18 所示神经网络的输入、输出关系,由图 49.5-20 所示的矩阵和矢量的关系可形象地表达。图 49.5-20 中有关记号的说明见表 49.5-2。

表 49.5-2 图 49.5-20 中记号的说明

记号	说明
I_i	输入层单元 i 的输出
H_j	中间层单元 j 的输出
O_k	输出层单元 k 的输出
T_k	相对于输出层单元 k 的教师信息
ω_{ji}	从输入层单元 i 到中间层单元 j 的连接权值
v_{kj}	从中间层单元 j 到输出层单元 k 的连接权值
θ_j	中间层单元 j 的阈值
γ_k	输出层单元 k 的阈值

(3) BP 算法的问题以及改进算法

1) BP 算法的问题。BP 算法实质上是把一组样本输入、输出问题转化为一个非线性优化问题,并通过梯度计算利用迭代运算求解权重问题的一种学习方法。已经证明,具有 Sigmoid 非线性函数的三阶神经网络可以以任意精度逼近任何连续函数。但是,BP 算法在实际应用中尚存在以下问题:

① 由于采用非线性梯度优化算法,易形成局部最小而得不到整体最优。
② 迭代算法次数甚多使得学习效率低,收敛速度很慢。
③ BP 网络是前向网络,无反馈连接,影响信息交换速度和效率。
④ 网络的输入节点、输出节点由问题而定,但隐节点的选取却根据经验,缺乏理论指导。
⑤ 在训练中学习新样本有遗忘旧样本的趋势,且要求表征每个样本的特征数目要相同。
⑥ 对每一应用,大多需要调整其学习参数。

2) BP 算法的改进

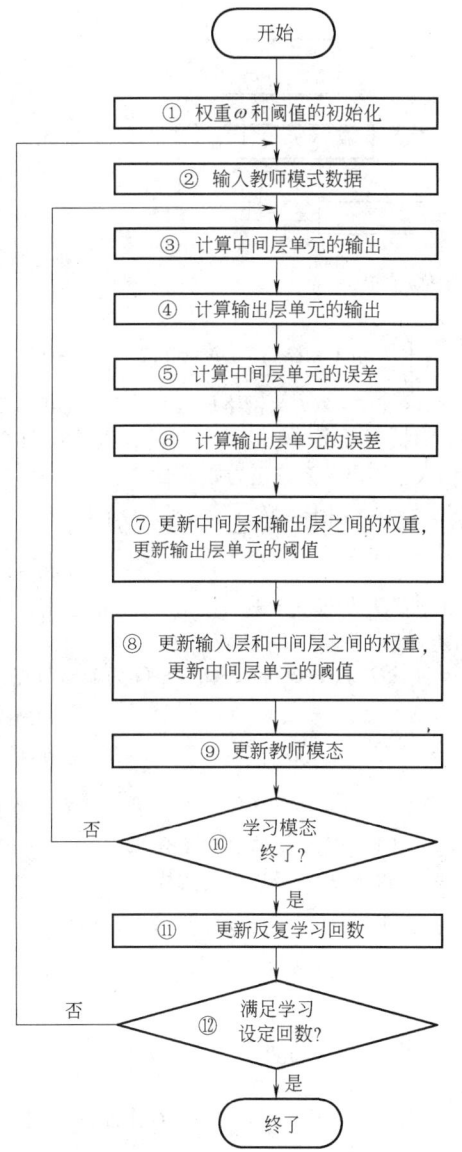

⑦ 用输出层单元 k 的误差 δ_k、中间层单元 j 的输出 H_j 以及系数 α 的积的求和,修正从中间层单元 j 到输出层单元 k 连接权重 v_{kj}。同时,用误差 δ_k 和系数 β 的积的求和,修正输出层单元 k 的阈值 γ_k

$$v_{kj} = v_{kj} + \alpha \delta_k H_j \quad (49.5\text{-}23)$$

$$\gamma_k = \gamma_k + \beta \delta_k \quad (49.5\text{-}24)$$

图 49.5-19 BP 学习法框图

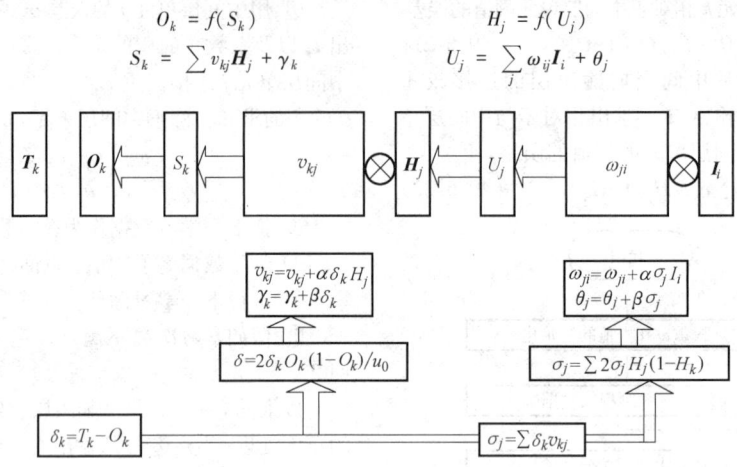

图 49.5-20 三层 BP 网络的计算流程

① MFBP 算法。BP 算法中网络参数每次调节的幅度,均以一个固定的因子 η 比例于网络误差函数或误差曲面,对这些参数的偏导数的幅度大小,是造成 BP 学习算法收敛很慢的一个重要原因。此外,网络参数的调节是沿着网络误差函数梯度下降的最快方向进行的,由于网络误差函数的 Hesse 矩阵出现严重的病态特征,致使这一梯度下降的最快方向极大地偏离指向误差曲面最小方向,从而急剧地加长了网络参数到达最小点位置的搜索路径,这又是造成 BP 学习算法收敛慢的另一个重要原因。其次,BP 学习过程中存在着某些"训练差的模式",这些模式在学习过程中未对网络进行较好的训练,以致网络缺乏对这些模式的响应,从而退化网络的泛化特性,影响 BP 算法的学习效果。

克服这些缺陷的基本出发点是:网络中每个参数的调节应该有各自的学习率,且学习率在网络整个学习过程中,可以根据网络误差曲面上的不同区域的曲率变化自适应调节。在误差曲面的某一区域处,若它对某一参数有较小的曲率,则在这一参数的连续几步调节中,误差函数对这一参数的偏导数一般具有相同的符号;若误差曲面相对于这一参数有较大的曲率,则在这一参数的连续几步调节中,误差函数对这一参数的偏导数符号一般将发生改变。因此,在这些参数的连续几步调节中,根据误差函数对网络参数的偏导数符号,可决定是否改变相应参数,来提高学习效率。为了强调于第 n 步相邻偏导数符号的效应,采用指数加权平均方案。

经过分析推导可知,网络每层所对应的因子项的取值范围受到限制,是 Hesse 矩阵呈现病态的主要原因。为了减轻 Hesse 矩阵的病态特性,一个自然的想法就是将网络每层对应的病态因子

$$\prod_{m=1}^{n} O_{pkm}(1 - O_{pkm}) \quad n = 1, 2, \cdots, L-1$$
$$(L \text{ 为网络层数}) \quad (49.5\text{-}27)$$

取值范围扩至 [0, 1] 区域。为此,网络中每个节点的输入、输出关系修正为如下形式

$$O_{pj} = 2\{1 + \exp[-2(\sum_i \omega_{ij} O_{pj} + \theta_j)]\}^{-1} - 1$$
$$(49.5\text{-}28)$$

其中:O_{pj} 为模式 p 输至网络节点 j 的输出,同时网络的节点误差信号 δ_{pj} 相应变为

$$\delta_{pj} = (t_{pj} - O_{pj})(1 + O_{pj})(1 - O_{pj}) \quad (j \text{ 为输出节点})$$
$$(49.5\text{-}29)$$

$$\delta_{pj} = \sum_k \delta_{pk}(1 + O_{pj})(1 - O_{pj}) \quad (j \text{ 为隐节点})$$
$$(49.5\text{-}30)$$

基于以上讨论,快速算法 FBP 算法由式(49.5-29)、式(49.5-30)及以下公式描述

$$\omega_{ji}(n+1) = \omega_{ji}(n) + \eta_{ji}(n) \sum_p \delta_{pj}(n) O_{pj}(n)$$
$$(49.5\text{-}31)$$

其中

$$\eta_{ji}(n+1) = \begin{cases} \eta_{ji}(n)\alpha[\sum_p \delta_{pj}(n)O_{pj}] & \Delta_1(n-1) > 0 \\ \eta_{ji}(n)\beta[\sum_p \delta_{pj}(n)O_{pj}] & \Delta_1(n-1) < 0 \\ \eta_{ji}(n)[\sum_p \delta_{pj}(n)O_{pj}] & \Delta_1(n-1) = 0 \end{cases}$$

$$\Delta_1 = \gamma \cdot \Delta_1(n-1) + (1-\gamma)[\sum_p \delta_{pj}(n)O_{pj}(n)]$$

$$\Delta_1(0) = \sum_p \delta_{pj}(n)O_{pj}(n)$$

$$\theta_j(n+1) = \theta_j(n) + \eta_j(n) \sum_p \delta_{pj}(n)$$
$$(49.5\text{-}32)$$

其中

$$\eta_j(n+1) = \begin{cases} \eta_j(n)\alpha\left[\sum \delta_{pj}(n)O_{pj}\right] & \Delta_2(n-1) > 0 \\ \eta_j(n)\beta\left[\sum \delta_{pj}(n)O_{pj}\right] & \Delta_2(n-1) < 0 \\ \eta_j(n)\left[\sum \delta_{pj}(n)O_{pj}\right] & \Delta_2(n-1) = 0 \end{cases}$$

$$\Delta_2(n) = \gamma\Delta_2(n-1) + (1-\gamma)\left[\sum_p \delta_{pj}(n)\right]$$

$$\Delta_2(0) = \sum_p \delta_{pj}(n)$$

其中，$\alpha>1$，$0<\beta<1$，$0<\gamma<21$，均为一选定的常数因子。$\omega_{ji}(0)$ 与 $\theta_j(0)$ 预先初始化为 $[-1,1]$ 内均匀分布的随机数，$\eta_{ji}(0)$ 与 $\eta_j(0)$ 为预先给定的较小的正数。

采用上述 FBP 算法对收敛速度有大幅度的提高，进一步分析 FBP 算法，可以看出训练网络的学习时间和其推广特性与训练模式在学习过程中的行为有密切的关系，于是在 FBP 算法扩大的基础上，采用动态训练集技术可改变网络的推广特性，这样就构成了 MFBP 算法：

（a）用 P 中所有元素按 FBP 算法对网络进行一次调节后，可得集合

$$T\underset{\pi}{\Delta}\{p \in \boldsymbol{P}: E_p/\#\boldsymbol{P}\}$$

其中，$\#\boldsymbol{P}$ 表示集合 $\boldsymbol{P}$ 中元素的个数；E_p 为训练集中每个样本模式户所产生的网络误差。

（b）建立动态训练集 DST。设其中至少有 d 个元素，它由集合 P 中所有元素和非主导训练集合 T 中所有元素或其复制元素构成。如果 P 中元素个数与 T 中元素个数之和大于或等于 d，则 DST 即由 P 中所有元素和 T 中所有元素构成；如果 P 中元素个数与 T 中元素个数之和小于 d，则 DST 由 T 中所有元素、P 中所有元素和 T 中某些元素的复制元素构成，其中 T 中某些元素复制多少应视 DST 中元素个数是否达到 d 而定。

（c）用 DST 集合对网络参数按 FBP 进行调节，检查 FBP 算法收敛条件是否满足，如果满足，则结束训练，否则转向（d）。

（d）更新 DST，在 P 中寻找具有最大误差值 E_p 的元素 p，在 T 中寻找具有最小误差值 E_t 的元素 t，如果 $t=p$，则在 DST 中增加一个元素 p 的复印元素，使 DST 扩大；如果 $t\neq p$，则用 p 取代 T 中的元素 t。

（e）转向（c）。

（f）训练结束。

MFBP 算法比 BP 算法具有更快的收敛速度。仿真结果表明，MFBP 算法的迭代次数为 BP 算法的 1/9～1/7，且具有更好的推广特性。

② MBP 算法。MBP 算法通过改变作用函数 $f(x)$ 的值域，即加入一个增益因子 C 以改变作用函数陡度，在训练过程中，增益因子 C 随权值 ω 和阈值 θ 一起发生变化，以达到改善 BP 算法的收敛特性，加快收敛速度的目的。利用牛顿最速下降法可得到 BP 算法如下

$$\delta_{jk} = f(Net_{jk})\sum_m \delta_{mk}\omega_{ij} \quad (49.5\text{-}33)$$

$$\frac{\partial E_r}{\partial \omega_{ij}} = \delta_{ij}O_{ik} \quad (49.5\text{-}34)$$

$$\omega_{ij}(t+1) = \omega_{ij} - \mu\frac{\partial E_r}{\partial \omega_{ij}} \quad (49.5\text{-}35)$$

其中

$$Net_{jk} = \sum_i \omega_{ij}O_{jk} \quad (49.5\text{-}36)$$

$$O_{ik} = f(Net_{jk}) \quad (49.5\text{-}37)$$

$$\delta_{ij} = \frac{\partial E_k}{\partial Eet_{ik}} \quad (49.5\text{-}38)$$

$$\frac{\partial E}{\partial \omega_{ij}} = \sum_{k=1}^N \frac{\partial E_k}{\partial \omega_{ij}} \quad (49.5\text{-}39)$$

μ 为学习因子，$\mu>0$。

利用式（49.5-33）～式（49.5-39）可推得网络权值和阈值的学习算法为

$$\Delta\omega_{ij}(t+1) = \eta\delta_{pj}O_{pj} + a\Delta\omega_{ij}(t) \quad (49.5\text{-}40)$$

$$\Delta\theta_j(t+1) = \eta\delta_{pj} + a\Delta\theta_j(t) \quad (49.5\text{-}41)$$

式中　η——学习步长；

a——权值记忆因子。

分析式（49.5-40）、式（49.5-41）可知，影响 BP 算法的因素很多，归纳起来主要包括学习步长 η、权值记忆因子 a、网络结构及节点作用函数等。这些参数主要根据经验选取，具有一定的局限性，MBP 算法主要基于这些参数的调整，对 BP 算法进行改进。

首先，将节点作用函数修改为

$$f(x) = -0.5 + \frac{1}{1+e^{-x}} \quad (49.5\text{-}42)$$

此时，函数的值域由（0，1）变为（-0.5，0.5）。由此可对零输入样本进行学习训练，能克服 BP 算法中零输入样本时，相关的权值和阈值均不改变计算的无效问题，从而加快收敛速度。

其次，适当增加作用函数的陡度，以利于改善算法的收敛性。为此，在节点净输入 Net_i 前加一个常数因子 C_i^m，这样输出函数 $y_i^m = f(Net_i^m)$ 变为

$$y_i^m = f(C_i^m Net_i^m) \quad (49.5\text{-}43)$$

最后，对学习步长采用变步长策略，可根据收敛性加以调整。即在收敛过程中，本次误差大于上次误差，则这次迭代无效，恢复迭代前的步长，减少步长

增加的幅度重新迭代；反之，本次迭代有效，增大学习步长。

下面给出 MBP 算法的具体公式及简单的推导过程。

对于一个多层网络，假设 y_i^m 是第 m 层的第 i 个节点的输出，ω_{ij}^m 是第 m 层的第 i 各节点到第 $m-1$ 层的第 j 个节点的连接权值，第 m 层的第 i 个节点的净输入 $Net_i^m = \omega_i^m = \sum_k \omega_{ik}^m y_k^{m-1}$，这时，$Net_i^m = (Net_1^m, Net_2^m, \cdots, Net_n^m)$ 是第 m 层的净输入的列矢量，节点作用函数为式（49.5-42）、式（49.5-43）。

假如对于一个输入模式 x_0，期望的输出为 $y = (y_1, y_2, \cdots, y_n)^T$，而实际的输出为 $\hat{y}$ 对于二次型误差函数

$$E = \frac{1}{2} \sum_{k=1}^{n} (y_k - \hat{y}_k) \quad (49.5\text{-}44)$$

将 E 对 ω_{ij}^m 取偏微分得

$$\frac{\partial E}{\partial \omega_{ij}^m} = \frac{\partial E}{\partial Net^{m-1}} \cdot \frac{\partial Net^{m-1}}{\partial y_i^m} \cdot \frac{\partial y_i^m}{\partial Net_i^m} \cdot \frac{\partial Net_i^m}{\partial \omega_{ij}^m}$$

$$= (-\delta_1^{m-1}, -\delta_2^{m-1}, \cdots, -\delta_n^{m-1}) \begin{pmatrix} \omega_{1i}^{m-1} \\ \omega_{2i}^{m-1} \\ \vdots \\ \omega_{ni}^{m-1} \end{pmatrix} f'(C_i^m Net_i^m) x_j^{m-1}$$

$$(49.5\text{-}45)$$

其中

$$\delta_i^m = -\partial E / \partial Net_i^m \quad (49.5\text{-}46)$$

当 i 为隐节点时

$$\delta_i^m = \left(\sum_k \delta_k^{m-1} \omega_{kj}^{m-1} \right) f'(C_i^m Net_i^m) C_i^m$$

$$(49.5\text{-}47)$$

当 i 为输出节点时

$$\delta_i^m = (t_{pi} O_{ij}) f'(C_i^m Net_i^m) C_i^m \quad (49.5\text{-}48)$$

根据式（49.5-46）、式（49.5-41）可得

$$\Delta \omega_{ij}^m = \rho_\omega \delta_j^m y_j^{m-1} \quad (49.5\text{-}49)$$

其中，ρ_ω 为权的学习步长。

同理，计算误差对增益常数 C 的梯度

$$\frac{\partial E}{\partial C_i^m} = \left(\sum_k \delta_k^{m-1} \omega_k^{m-1} \omega_{ki}^{m-1} \right) f'(C_i^m Net_i^m) Net_i^m$$

$$(49.5\text{-}50)$$

$$\Delta C_i^m = \rho_c \delta_i^m Net_i^m / C_i^m \quad (49.5\text{-}51)$$

其中，ρ_c 为增益的学习步长，只要将 ρ_c 取为 0，C_i^m 初值取为 1，增益 C_i^m 不再起作用。

MBP 算法经过用于系统辨识仿真表明，与 BP 算法相比，在选用相同的学习训练步数条件下，MBP 算法的精度远远高于 BP 算法的精度（至少高出三个数量级）。对于相同精度的要求，则 MBP 算法可在很少步数内达到精度要求，收敛特性、收敛速度及系统的泛化特性都得到了改善。

③ 前向网络的自构形学习算法。在前向网络的拓扑结构中，输入节点与输出节点数是由问题本身决定的。而隐节点数的选取则相对困难得多。隐节点数少了，学习过程不收敛；隐节点数多了，存在节点冗余，网络性能下降。为了找到合适的隐节点数，最好的办法是网络在学习过程中，根据环境的要求，自组织和自学习自己的结构，这种网络学习的方法称为自构形学习算法。这种学习过程分为预估和自构形两个阶段。预估就是根据问题的大小及复杂程度，设定一个隐节点数很大的前向网络结构。在自构形阶段，网络根据学习情况合并无用的冗余节点，最后得到一个合适的自适应网络。

设 O_{ip} 是隐节点 i 在学习第 p 个样本时的输出，$\overline{O}_i$ 和 $\overline{O}_j$ 是隐节点 i 和 j 在学习完 n 个样本后的平均输出，n 为训练样本总数，则

$$\overline{O}_i = \frac{1}{n} \sum_{p=1}^{n} O_{ip} \quad (49.5\text{-}52)$$

$$\overline{O}_j = \frac{1}{n} \sum_{p=1}^{n} O_{jp} \quad (49.5\text{-}53)$$

为了衡量隐节点的工作情况，给出同层隐节点间的相关系数及样本分散度的定义如下：

同层隐节点 i 和 j 的相关系数

$$\gamma_{ij} = \frac{\left(\frac{1}{n} \sum_{p=1}^{n} O_{ip} O_{jp} - \overline{O}_i \overline{O}_j \right)}{\left(\frac{1}{n} \sum_{p=1}^{n} O_{ip}^2 - \overline{O}_i^2 \right) \left(\frac{1}{n} \sum_{p=1}^{n} O_{jp}^2 - \overline{O}_j^2 \right)}$$

$$(49.5\text{-}54)$$

γ_{ij} 表明隐节点 i 和 j 输出的相关程度，γ_{ij} 过大，说明节点 i 和 j 功能重复，需要压缩合并。

样本分散度为

$$S_i = \frac{1}{n} \sum_{p}^{n} O_{ip}^2 - \overline{O}_i^2 \quad (49.5\text{-}55)$$

S_i 过小，表明隐节点 i 的输出值变化很小，它对网络的训练没有起作用，性能类同于阈值。

基于以上定义，给出隐节点动态合并和删减规则如下：

(a) 合并规则。若 $|\gamma_{ij}| \geq c_1$，且 $S_i, S_j \geq c_2$，则同层隐节点 i 和 j 可以合而为一。这里 c_1 和 c_2 为规定的下限值。一般 c_1 取 0.8 ~ 0.9，c_2 取 0.001 ~ 0.010。令 $O_j \approx aO_i + b$，则

$$a = \frac{\left(\frac{1}{n}\sum_{p=1}^{n} O_{ip}O_{jp} - \overline{O_i O_j}\right)}{\left(\frac{1}{n}\sum_{p=1}^{n} O_{ip}^2 - \overline{O_i}^2\right)}$$

$$b = \overline{O}_j - a\overline{O}_i$$

如图 49.5-21 所示，输出节点 k 的输入

$$Netin_k = \omega_{ki}O_i + \omega_{kj}O_j + \omega_{kb}\cdot 1 + \sum_{l\neq i,j}\omega_{kl}O_l$$

$$= (\omega_{ki} + a\omega_{kj})O_i + (\omega_{kb} + b\omega_{kj})\cdot 1 +$$

$$\sum_{l\neq i,j}\omega_{kl}O_l$$

从而得到合并算法：$\omega_{ki} \to \omega_{ki} + a\omega_{kj}$；$\omega_{kb} \to \omega_{kb} + b\omega_{kj}$。

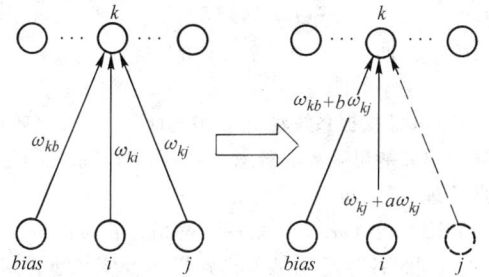

图 49.5-21 隐节点 i 和 j 的合并

（b）删减规则。若 $S_i < c_2$，则节点 i 可以删除。令 $O_i \approx \overline{O}_i$，则输出节点 k 的输入

$$Netin_k = \omega_{ki}O_i + \omega_{kb}\cdot 1 + \sum_{l\neq i,j}\omega_{kl}O_l$$

$$= (\omega_{kb} + \omega_{ki}\overline{O}_i)\cdot 1 + \sum_{l\neq i,j}\omega_{kl}O_l$$

所以删减算法为：$\omega_{kb} \to \omega_{kb} + \overline{O}_i\omega_{ki}$，如图 49.5-22 所示，实际上是节点和阈值节点合并了。

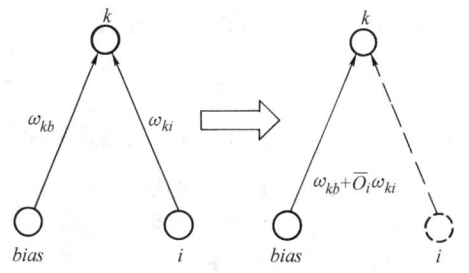

图 49.5-22 隐节点 i 的删减

根据上述的定义和规则可得到前向网络的自构形学习算法。采用三层前向网络应用自构形算法，对机械加工件特征识别试验结果表明，这种算法同 BP 算法相比，不仅识别准确率高，而且收敛时间缩短约 1/7～1/5。

1.6 典型反馈网络——Hopfield 网络

前面讨论的前向网络是单向连接没有反馈的静态网络，从控制系统的观点看，它缺乏系统动态性能。美国物理学家 Hopfield 对神经网络的动态性能进行了深入研究，在 1982 年首先提出了一种由非线性元件构成的单层反馈网络系统，称为 Hopfield 网络。从控制系统的观点看，Hopfield 网络是一个非线性动力学系统，由于非线性系统本身的复杂性，且涉及随机性、稳定性、吸引子以至于混沌现象等问题，所以使得研究反馈网络要比前向网络复杂得多。

（1）Hopfield 网络的物理学模型

1982 年美国物理学家 J. J. Hopfield 发表了名为"神经网络与基于自然发生集合计算能力的物理系统"的论文。在论文中提出了一种相互连接型网络模型，并指出其模型同物理学中说明物质的磁性的磁极模型非常相似。物理学中的磁极，以"向上"和"向下"两种状态为磁性的基本单位，由多数磁极间的相互作用而产生磁力。例如，永久磁铁的磁力，就是由许多磁极朝向相同的相互作用而产生。

假如把磁极模型的磁极置换为神经元，把磁极间相互作用置换为神经元间的连接，则得到的神经网络即为 Hopfield 的基本网络（见图 49.5-23）。磁极的向上和向下状态，正好与神经元的兴奋和抑制相对应。同时，为使 Hopfield 网络与物理学中的磁极模型有关概念相对应，引入了神经网络的能量的思想。使用能量这一量度，以考察神经网络的动作以及其全局的信息处理能力。

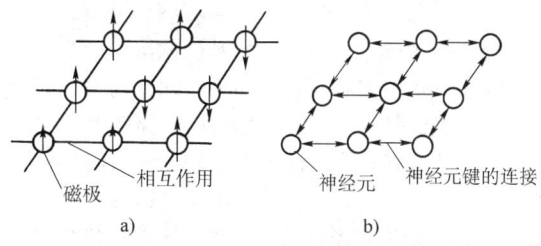

图 49.5-23 磁极模型和神经网络模型的对比
a) 磁极 b) 神经网络

（2）Hopfield 网络模型

Hopfield 网络模型的拓扑结构可看作全连接加权无向图，它是一种网状网络，可分为离散和连续两种类型。离散网络的节点仅取 +1 和 -1（或 0 和 1）两个值，而连续网络取 0 和 1 之间任一实数。其信息流向是双向的，即在网络中，单元自己的输出作为其他单元的输入；其他单元的输出又作为自己的输入，从而实现反馈。图 49.5-24 给出 Hopfield 网络的一种结果形式。

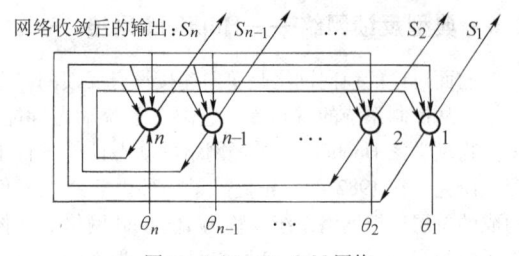

图 49.5-24 Hopfield 网络

1) Hopfield 网络模型基本特征的两个重要约束条件。

① 对称的相互连接性。从神经元 i 到 j 间的连接权值 ω_{ij} 与从神经元 j 到 i 间的连接权值 ω_{ji} 相等即为对称的相互连接性，如图 49.5-25a 所示。因为在实际的生物神经网络中，神经元间的突触连接强度完全是非对称的，如图 49.5-25b 所示，所以其对称性作为生物学的模型也许难以被人们接受。但是，从 Hopfield 的论文名可知，作为新的计算机械（信息处理）模型的神经网络，其神经元间对称相互连接的约束条件的引入，大概不会有大的问题。其次，这种对称性同 Hopfield 参照的物理学磁极模型之间具有类似性。

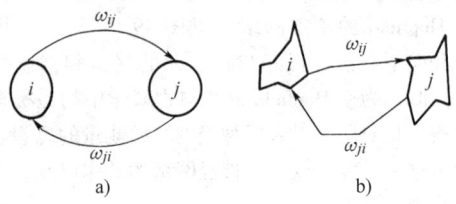

图 49.5-25 对称的相互连接

② 非同期的神经元动作。神经网络中的各神经元以非同期的形式进行动作即为非同期的神经元动作。以前的计算机，其所有的理论单元都是以时钟同期动作，进行具有系统意义的某些处理。Hopfield 网络中，各神经元以自己的动态改变自己的状态（输出）的形式来实现系统信息处理。这种各神经元完全独立地动作，作为并行计算机的模型是非常具有魅力的。

在以上两个约束条件下，设此网络含有 n 个神经元，在时刻 t，神经元 i 由其他 $n-1$ 个神经元得到的输入信息的总和为

$$I_i(t) = \sum_{j \neq i} \omega_{ij} S_j(t) + \theta_i \quad (49.5\text{-}56)$$

其中，ω_{ij} 为神经元 i 与 j 间的连接权值；θ_i 为其阈值。在时刻 $t+1$，神经元 i 的状态（输出）值 $S_i(t+1)$ 取 0 或 1，各神经元按下列规则随机地、异步地改变状态

$$S_i(t+1) = \begin{cases} 1 & I_i \geq 0 \\ 0 & I_i < 0 \end{cases} \quad (49.5\text{-}57)$$

2) Hopfield 网络的时间发展规则。

① 随机地从网络中选出 1 个神经元。

② 被选中的神经元 $i(1 \leq i \leq n)$，其输入的总和为

$$I_i(t) = \sum_{j \neq i} \omega_{ij} S_j(t) + \theta_i$$

③ 基于 $I_i(t)$ 的值对神经元 i 的输出值进行更新

$$S_i(t+1) = \begin{cases} 1 & [I_i(t) \geq 0] \\ 0 & [I_i(t) < 0] \end{cases}$$

④ 神经元 i 以外的神经元 j 的输出不让其发生变化：

$$S_j(t+1) = S_j(t)$$

⑤ 返回①。

(3) 网络的能量

Hopfield 根据系统动力学和统计学原理，在网络系统中引入能量函数的概念，给出了网络系统稳定性问题定理（Hopfield 定理）。

定理 设 (ω, S) 是神经网络，若 $\omega_{ij} = \omega_{ji}$，且 $\omega_{ij} > 0$，同时各神经元是随机异步地改变状态，则此网络一定能收敛到稳定的状态。

证 在网络中引入能量函数

$$E(t) = -\frac{1}{2} \sum_{i \neq j} \omega_{ij} S_i(t) S_j(t) - \sum_i \theta_i S_i(t)$$
$$(49.5\text{-}58)$$

能量函数 $E(t)$ 随状态 $S_k(t)$ 的变化为

$$\frac{\Delta E(t)}{\Delta S_k(t)} = -\frac{1}{2} \sum_{i=1}^n \omega_{ki} S_i(t) - \frac{1}{2} \sum_{j=1}^n \omega_{jk} S_j(t) + \theta_k$$
$$(49.5\text{-}59)$$

当 $\omega_{ik} = \omega_{jk}$ 时，则得

$$\Delta E_k(t) = -\left[\sum_{j=1}^n \omega_{kj} S_j(t) + \theta_k\right] \Delta S_k(t)$$
$$(49.5\text{-}60)$$

若令 $S_k(t) = \sum_{j=1}^n \omega_{kj} S_j(t) + \theta_k$，则由式 (49.5-56) 可知，$S_k(t)$ 与 $\Delta S_k(t)$ 同号，再从式 (49.5-60) 可以看出，$S_k(t)$ 与 $\Delta S_k(t)$ 之积大于零，故 $\Delta E_k(t) < 0$。这表明网络系统总是朝着能量减少的方向变化，最终进入稳定状态。

Hopfield 网络模型的基本原理是：只要由神经元兴奋的算法和连接权系数所决定的神经网络的状态，在适当给定的兴奋模式下尚未达到稳定状态，那么该状态就会一直变化下去，直到预先定义的一个必定减小的能量函数达到极小值时，状态才达到稳定而不再变化。

如果更直观地赋予这种反馈网络系统的动态特性，则整个网络系统中神经元的信息处理过程就好像与在满员的电车中拥挤的乘客最初以不自然的姿势相互拥挤着，后来逐渐地以安定的姿势稳定下来的过程一样，犹如神经元由混沌状态转移到稳定状态。

对于连续的 Hopfield 网络，通过引入能量函数，可以类同于离散模型的情况加以研究，它同样朝着能量减少的方向运行，最终达到一个稳定的状态。

(4) Hopfield 网络的联想记忆功能

如前所述，Hopfield 网络是一个非线性动力学系统。引入能量函数后并从系统能量的观点看，该网络系统在一定的条件下，总是朝着系统能量减少的方向变化，并最终达到能量函数的极小值而不再变化。如果把这个极小值所对应的模式作为记忆模式，那么以后当给这个网络系统一个适当的激励时，它就能成为想起已记忆模式的一种联想记忆模式，即 Hopfield 网络具有联想记忆功能。

Hopfield 网络联想记忆过程，从动力学的角度就是非线性动力学系统朝着某个稳定状态运行的过程，这需要调整连接权值使得所要记忆的样本作为系统的吸引子，即能量函数的局部最小点。这一过程可分为学习和联想两个阶段。

在给定样本的条件下，按照 Hebb 学习规则，调整连接权值，使得存储的样本成为动力学的吸引子，这个过程就是学习阶段。而联想是指在已调整好权值不变的情况下，给出部分不全或受了干扰的信息，按照动力学规则改变神经元的状态，使系统最终变到动力学的吸引子，也即指收敛于某一点，或周期性迭代（极限环），或处于混沌状态。

Hopfield 网络模型的动力学规则是指：若网络节点在 $S(0)$ 初始状态下，经过 t 步运行后将按下述规则达到 $S(t+1)$ 状态，即

$$S_i(t+1) = \text{sgn}\left[\sum_{j=1}^{n} \omega_{ij} S_j(t) + \theta_i\right]$$

(49.5-61)

其中，sgn 为符号函数。

实现 Hopfield 网络联想记忆的关键是，网络到达记忆样本能量函数的极小点时，决定网络的神经元间连接权值 ω_{ij} 和阈值 θ_i 等参数。以下将 Hopfield 网络用于联想记忆的学习算法规则作一整理。

1) 按照 Hebb 规则设置权值。

$$\omega_{ij} = \begin{cases} \sum_{m=1}^{n} x_i^m x_j^m & i \neq j \\ 0 & i = j \end{cases} \quad i,j = 1,2,\cdots,n$$

(49.5-62)

其中 ω_{ij} 是节点 i 到节点 j 的连接权值；x_i^m 表示样本集合 m 中的第 i 个元素；$x_i \in [-1, TIF, +1]$。

2) 对未知样本初始化。

$$S_i(0) = x_i \quad i = 1,2,\cdots,n \quad (49.5\text{-}63)$$

其中 $S_i(t)$ 是时刻节点 i 的输出；x_i 是未知样本的第 i 个元素。

3) 迭代计算。

$$S_j(t+1) = \text{sgn}\left[\sum_{i=1}^{n} \omega_{ij} S_i(t) + \theta_j\right]$$

$$\theta_j = 0, j = 1,2,\cdots,n \quad (49.5\text{-}64)$$

直至节点输出状态不改变时，迭代结束。此时节点的输出状态即为未知输入最佳匹配的样本。

4) 返回 2) 继续迭代。

依据上述算法的联想记忆功能，可用于模式识别，但样本较多且彼此间相近时，容易引起混淆。因此，这种网络要求存储的信息模式必须是两两正交。此外，网络要求连接权中满足对称条件等。

(5) Hopfield 网络的优化计算功能

Hopfield 网络理论的核心思想为：网络从高能状态转移到最小能量状态，则达到收敛，获得稳定的解，完成网络的功能。Hopfield 网络所构成的动力学系统与固体物理学模型自旋玻璃相似，可用二次能量函数来描述系统的状态，系统从高能状态到低能的稳定状态的变化过程，相似于满足约束问题的搜索最优化解的过程。因此，Hopfield 网络可用于优化问题的计算。

Hopfield 网络用于优化问题的计算与用于联想记忆的计算过程是对偶的。在解决优化问题时，权矩阵 ω 已知，目的是求取最大能量 E 的稳定状态。为此，必须将优化的问题映射到网络的响应于优化问题可能解的特定组态上，再构造一优化问题的能量函数，它应和优化问题中的二次型代价函数成正比。

通过将能量函数和代价函数相比较，求出能量函数中权值和偏值，并以此去调整响应的反馈权值和偏值，进行迭代计算，直到系统收敛到稳定状态为止。最后将所得到的稳定状态变换为实际优化问题的解。

Hopfield 应用这种网络优化计算功能，成功地解决了著名的旅行商 TSP 问题。TSP 问题是给定 N 个城市，从某一城市出发走遍所有城市但不准重复，然后再回到原出发地其间的路径必须最短。此问题易于表达，但难于求解。用普通搜索法极其费时，而采用 Hopfield 网络在极快时间内找到虽不是最短，但却是接近最短的最优近似解，充分显示出这一方法的巨大潜力。

求解 TSP 问题，其关键在于对所求问题找出用合适的数学表达的能量函数的形式，网络的行为须用

能量函数 E 来描述，它的最小值响应于最佳路径。

Hopfield 网络理论不仅奠定了用动力学和统计力学理论研究反馈网络的基础，而且连续的 Hopfield 网络模型可直接与电子模拟线路相对偶，易于通过 VLSI 技术实现，这样就为研制神经计算机开辟了道路。

1.7 基于概率学习的 Boltzmann 机模型

1985 年加拿大多伦多大学教授 G. E. Hinton 等人基于统计物理学和 Boltzmann 提出的概率分布模拟退火过程，提出了 Boltzmann 机的学习算法。这个模型是把 Hopfield 网络的动作规则，以概率动作的形式扩张其规则的网络模型。此扩张，使 Hopfield 网络中难以确定的神经元间的连接权值及网络参数等，由学习可以给予确定。其次，网络的动作也不是收敛于能量函数的极小点，而可能收敛于能量函数的最小点。

（1）Boltzmann 机模型

Boltzmann 机是一个相互连接的神经网络模型，其特点是隐节点间具有相互结合的关系。每个都根据自己的能量差 ΔE 随机地改变自己的或为 1 或为 0 的状态。

前述的 Hopfield 网络的时间发展规则可以归结如下：

$$I_i(t) = \sum_{j \neq i} \omega_{ij} S_j(t) + \theta_i$$
$$S_i(t+1) = 1(I_i(t))$$

其中 $S_i(t)$ 是包括输入层、隐层和输出层中所有神经元的状态；函数 $1(\ )$ 是阶跃函数（也称为阈值函数），可表示为

$$1(x) = \begin{cases} 1 & (x \geq 0) \\ 0 & (x < 0) \end{cases}$$

Boltzmann 机在进行 ω_{ij}、$I_i(t)$、$S_i(t+1)$ 的计算中，以概率判定的形式取代阶跃函数。神经元 i 在下一时刻的输出值 $S_i(t+1)$，根据 $I_i(t)$ 的值计算式 (49.5-65) 概率 P，确定其是否为 1。

$$P(S_i(t+1)=1) = f(I_i(t)/T) \quad (49.5\text{-}65)$$

式中，$f(x)$ 为 Sigmoid 函数，其表达式为

$$f(x) = \frac{1}{2}\left(1+\tanh\frac{x}{2}\right) = \frac{1}{1+\exp(-x)}$$
$$(49.5\text{-}66)$$

式 (49.5-65) 中，T 为网络的温度。随着 T 的变化，函数 $f(x/T)$ 的变化形式如图 49.5-26 所示。定性地讲，T 的值越大（温度越高），$f(x/T)$ 函数相对于 x 越不敏感，$T \to \infty$ 时，$f(x/T) = 0.5$；T 的值小（温度低），$f(x/T)$ 函数对于 x 的值出现正负，表现出敏感性。$T \to 0$ 时，$f(x/T)$ 为阶跃函数。这时，$I_i(t)$ 的值为正，用概率 1.0，$S_i(t+1) = 1$；$I_i(t)$ 的值为负，用概率 1.0，$S_i(t+1) = 0$。

由此，我们明确了在与 Hopfield 网络的动作规则相同且 $T=0$ 的前提下，Boltzmann 机与 Hopfield 网络是一致的。以下，我们来讨论用式 (49.5-65) 所给的概率条件，向 $S_i(t+1) = 1$ 状态迁移时网络能量的变化。在网络状态迁移前后，因为输出的变化仅局限于神经元 i，由式 (49.5-58) 状态迁移前后的能量变化量为

$$\Delta E = E(t+1) - E(t) = -\{1-S_i(t)\} \cdot I_i(t)$$
$$(49.5\text{-}67)$$

由上式可知，在 $I_i(t)$ 为正的情况下，随着状态迁移，其能量减少（或不变化）。由图 49.5-26 可知，$I_i(t)$ 为正的情况下，发生状态迁移的概率也大。相反地，在 $I_i(t)$ 为负的情况下，随着状态迁移，其能量增加（或不变化）。这种迁移在 Hopfield 网络中虽是禁止的，但在 Boltzmann 机中允许以小概率出现（图 49.5-26 中横轴的左半部分）。正是由此原因，Boltzmann 机的状态迁移函数不停留在极小点，而可能收敛于最小点。当系统达到平衡时，能量函数达到最小值。可以证明 Boltzmann 机是收敛的。将 Boltzmann 机的时间发展规则整理如下：

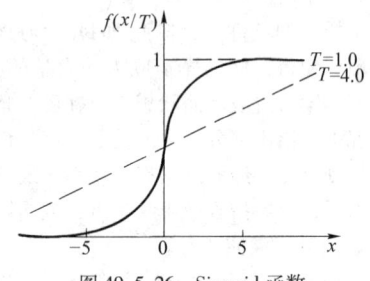

图 49.5-26　Sigmoid 函数

1) 随机地从网络中选出 1 个神经元。

2) 被选中的神经元 i（$1 \leq i \leq n$），其输入的总和为

$$I_i(t) = \sum_{j \neq i} \omega_{ij} S_j(t) + \theta_i$$

3) 以式 (49.5-65) 的概率 P，把神经元 i 输出值 $S_i(t+1)$ 设定为 1。

4) 神经元 i 以外的神经元 j 的输出不让其发生变化

$$S_i(t+1) = S_j(t)$$

5) 返回 1)。

（2）模拟退火

模拟退火的基本思想源于统计力学，统计力学是研究一个多自由度的系统在某温度下达到热平衡时的行为特性。金属在高温熔化时，所有原子都处于高能

的自由运动状态,随着温度的降低,原子的自由运动减弱,物体能量降低。只要在凝结温度附近,使温度下降足够慢,原子排列就越来越规整,而形成结晶,这一过程称为退火过程。物体的上述结晶过程可对应多变量函数的优化过程,因此可以模拟退火过程而研究多变量的优化问题。

虽然 Hopfield 网络的状态收敛于所给的能量函数极小点的某一状态,但是,因为在 Boltzmann 机的状态迁移中引入了概率,故网络的各状态收敛于各自出现的概率状态(平衡状态)。收敛于平衡状态后,再以相同的时间发展规则反复进行,其中计算各状态出现的次数的时间平均值,即可求出各状态出现的概率分布。此概率分布叫作 Boltzmann 分布。Boltzmann 分布函数 $Q(E_n)$ 的显著特征是:它仅是状态能量的函数。其表达式如下

$$Q(E_n) = \left(\frac{1}{Z}\right) \exp\left(\frac{-E_n}{T}\right) \quad (49.5\text{-}68)$$

$$Z = \sum_n \exp\left(\frac{-E_n}{T}\right) \quad (49.5\text{-}69)$$

式中 Z——为了概率分布正规化的系数;

T——状态迁移规则(式 49.5-65)中的温度参数;

E_n——状态 n 的能量。

由此式可知,能量越低,实现概率越大,即"以最大概率出现最小能量状态"。

下面我们来考察温度参数 T,从式(49.5-68)可知,相对于实现概率 $Q(E_n)$,温度越高,其越不敏感;温度越低,其越敏感。当温度 $T \to 0$ 时,最小能量状态的实现概率为 1,其他状态的概率全为 0。因此如果有效地利用此特性,就可能使网络的状态总是收敛于能量函数的最小点。可是,值得注意的是,正如我们在前面所讲的那样,Boltzmann 机的状态迁移规则,在温度 $T \to 0$ 的极限时,与 Hopfield 网络是一致的。所以如果从最初开始就让温度 $T = 0$,按时间发展规则,其状态会收敛于极小点,未必会收敛于最小点。

因此,最初以高温度出发,让网络按时间发展,在到达平衡点以后,保证平衡状态不破坏的条件下,慢慢地降低温度,最终使温度降低到 0 的极限的方法,叫作模拟退火法(simulated annealing)。这种方法,类似于把金属材料通过加热,再慢慢地冷却,以消除其内部的缺陷的退火原理。

模拟退火要点是温度下降的幅度。假如很快地降低温度,仍会收敛于极小点。

(3) Boltzmann 机模型的学习算法

以 Boltzmann 机的时间发展规则动作,其状态的出现概率收敛于 Boltzmann 分布所表示的平衡状态。处于平衡状态的各状态的出现概率,是根据 Boltzmann 分布,由状态的能量值而得到的。因为确定各状态能量值的能量函数是由神经元间的连接权值和神经元的阈值等网络参数所决定的,所以通过适当调整这些参数,可以实现所期望的状态的出现概率的平衡分布。而这里的调整就相当于 Boltzmann 机的学习。

实际上,Boltzmann 机的全部神经元可分为可视单元群(visible units)和隐单元群(hidden units)两个单元群(见图 49.5-27a)。进行学习是为了使可视单元群的状态的平衡分布与所期望的概率分布相一致。作为特例,如果隐单元的个数为 0,则进行所有神经元的学习。学习的方法分为自想起型学习和相互想起型学习两种。

自想起型学习是对学习时所提出的目标分布(相对于网络来讲,是对应可视单元的外部环境)实现模拟式学习的过程。学习结果是用网络参数表达外部环境的概率结构。

相互想起型学习是将可视单元群分为输入单元群和输出单元群(见图 49.5-27b),在将输入单元群的状态(输出值的群)固定时,使输出单元群的平衡分布与期望的概率分布相一致。Boltzmann 机通过学习,建立起输入单元群(输入模式)和输出单元群(输出模式)之间的有条件概率关系。这种相互想起型学习可以实现联想记忆的功能。例如,在把输入单元群固定表达为苹果时,假定在输出单元群中与之相对应,以概率的形式出现"红色""圆的"等模式,那么,网络就会从苹果联想出"红色""圆的"。

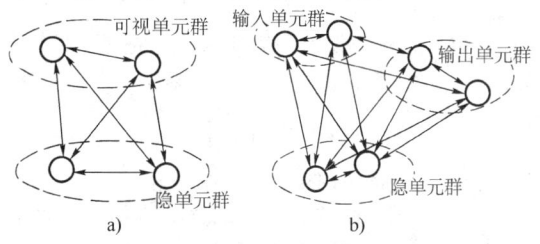

图 49.5-27 自想起型学习和相互想起型学习的 Boltzmann 机

a) 自想起型 b) 相互想起型

下面介绍 Boltzmann 机的自想起型学习方法。将其扩张易于类推出相互想起型学习,限于篇幅,请读者参考文献"Boltzmann 机器的学习算法"。

假设可视单元群的状态为 V_a(可视单元数的矢量),隐单元群的状态为 H_b,其中下角标 a、b 分别为其状态的号码。想让 Boltzmann 机学习的可视单元群的

期望分布函数为 $P(V_a)$；网络所有单元的平衡分布为 $Q_\omega(V_a, H_b)$，其中下角标 ω 代表性地表示单元间的连接权值和单元的阈值等参数；与指定的状态 (V_a, H_b) 相对应的状态能量用 $E_\omega(V_a, H_b)$ 表示的情况下，其 $Q_\omega(V_a, H_b)$ 用下式的 Boltzmann 分布给出

$$Q_\omega(V_a, H_b) = \left[\frac{1}{Z}\exp\left(\frac{-E_\omega(V_a, H_b)}{T}\right)\right] \quad (49.5\text{-}70)$$

$$Z = \sum_{a,b}\left[\exp\left(\frac{-E_\omega(V_a, H_b)}{T}\right)\right] \quad (49.5\text{-}71)$$

故仅考虑可视单元群的情况下，其状态的分布函数 $Q_\omega(V_a)$ 为

$$Q_\omega(V_a) = \sum_b Q_\omega(V_a, H_b) \quad (49.5\text{-}72)$$

此时，期望分布函数为 $P(V_a)$ 与网络实现的所有单元的平衡分布 $Q_\omega(V_a)$ 间的差异为

$$G(\omega) = \sum_a P(V_a)\log\left(\frac{P(V_a)}{Q_\omega(V_a)}\right) \quad (49.5\text{-}73)$$

其中，$G(\omega)$ 称为 Kullback 信息量（Kullback-Leibler divergence），表示分布函数间的距离，无论对于怎样的分布 $Q_\omega(V_a)$，均有 $G(\omega) \geq 0$，等号仅在 $P(V_a)$ 和 $Q_\omega(V_a)$ 完全一致时成立。

把 $G(\omega)$ 作为学习的评价函数，假如使 $G(\omega)$ 趋向很小时确定网络的参数 ω，就能以 $P(V_a)$ 近似地构成实行网络。

仅让 ω 的微小量 $\delta\omega$ 变化的情况下，因为 $G(\omega)$ 变化为 $G(\omega+\delta\omega)$ 可用下式给出

$$G(\omega+\delta\omega) = G(\omega) + \delta\omega \cdot \left(\frac{\partial G}{\partial \omega}\right) \quad (49.5\text{-}74)$$

所以，把 ε 假设为一微小常数，把 $\delta\omega$ 用下式表示

$$\delta\omega \cdot = -\varepsilon\left(\frac{\partial G}{\partial \omega}\right) \quad (49.5\text{-}75)$$

则 $G(\omega)$ 必定能单调减小，即有

$$G(\omega+\delta\omega) \leq G(\omega) \quad (49.5\text{-}76)$$

如此，开始就选择适当的初始值 ω，用式 (49.5-75) 反复地修正 ω，能够得到满足期望分布 [使 $G(\omega)$ 为极小值] 的参数。式 (49.5-75) 中的微分，由下式给出

$$\left(\frac{\partial G}{\partial \omega_{ij}}\right) = -\left(\frac{1}{T}\right)(p_{ij}^{(+)} - p_{ij}^{(-)}) \quad (49.5\text{-}77)$$

$$p_{ij}^{(+)} = \sum_a P(V_a)\frac{\sum_b S_i S_j \exp[-E_\omega(V_a, H_b)/T]}{\sum_b \exp[-E_\omega(V_a, H_b)/T]}$$

$$(49.5\text{-}78)$$

$$p_{ij}^{(-)} = (1/Z)\sum_{a,b} S_i S_j \exp[-E_\omega(V_a, H_b)/T]$$

$$(49.5\text{-}79)$$

$p_{ij}^{(+)}$ 是先把可视单元群的输出值按照期望分布 $P(V_a)$ 给以固定，仅让剩余的隐单元群的单元按照 Boltzmann 机的时间发展规则动作，在达到平衡状态时，单元 i 和 j 的输出值同时为 1 的期待值（S_i 和 S_j 间相关）。$p_{ij}^{(-)}$ 是让网络所有单元（可视单元群和隐单元群）自由，在达到平衡状态时，单元 i 和 j 的输出值同时为 1 的期待值。把以上的式子代入式 (49.5-75)，可以得到单元间连接权值的修正量表达式

$$\delta\omega = -(\varepsilon/T)(p_{ij}^{(+)} - p_{ij}^{(-)}) \quad (49.5\text{-}80)$$

式 (49.5-80) 中右边的第一项，是表示与单元 i 和 j 的输出值的相关成比例使其连接权值增大的项，可见这同 Hebb 的学习规则相类似。右边的第二项表示与单元 i 和 j 的输出值的相关成比例使其连接权值减小的项，也叫作反学习（unlearning）项。总之，网络在通过可视单元群同外部环境相连接时（醒时）进行学习；同外部环境连接切断时（睡眠时）进行反学习。可见 Boltzmann 机的学习理论有许多都是同睡眠和记忆（学习）的过程相对比进行的。

在式 (49.5-77) 中，虽只表示了相对单元间连接权值 ω_{ij} 的微分，可是相对于各单元阈值 θ_i 的微分，假如把阈值 θ_i 看作为输出值总是为 1 的假想单元同单元 i 间的单元连接权值，那么其处理能以 ω_{ij} 的相同形式进行。以下，将以上的学习规则作一整理。

1) 以概率 $P(V_a)$ 将可视单元群的输出值固定为 V_a。

2) 把隐单元群的状态设定为温度为 T 的平衡状态。

3) 统计所有的单元对（单元 i 同单元 j）在平衡状态，同时输出为 1 的次数 $n_{ij}^{(+)}$。

4) 让可视单元群自由，所有单元的状态到达温度为 T 的平衡状态。

5) 统计所有的单元对（单元 i 同单元 j）在平衡状态，同时输出为 0 的次数 $n_{ij}^{(-)}$。

6) 1) ~ 5) 反复进行，将算出的 $n_{ij}^{(+)}$ 和 $n_{ij}^{(-)}$ 的各自的平均值作为 $p_{ij}^{(+)}$ 和 $p_{ij}^{(-)}$。

7) 所有单元间的连接权值 ω_{ij} 按下式进行修正

$$\delta\omega = -(\varepsilon/T)(p_{ij}^{(+)} - p_{ij}^{(-)})$$

8) 返回 1)。

在以上学习规则的 2) 和 4) 中，为了实现温度 T 的平衡状态，虽然是根据 Boltzmann 机的时间发展规则进行计算的，但此时是由比 T 更高的温度开始计算，按照模拟退火法一边冷却，一边向温度 T 的平衡

状态迁移,实现到稳定的温度 T 的平衡状态。

2 非线性振动的自学习建模

在计算机集成技术迅速发展的要求下,简单且易于操作的非线性系统识别技术的研究和开发既具有客观的迫切性,也具有广泛的应用前景。有关利用神经网络进行非线性的系统识别的研究虽已有许多,但是以简单的神经网络结构和简单的学习,能够高精度、大泛用性地预测出其时序列非线性响应的研究仍存在着许多问题。例如,在生物或机械等系统建模中,只允许或只能通过简单加振测定对象的响应,并需依此进行其未知非线性系统识别。由于对象的试验条件局限性,非线性特性的未知性,以及可使用学习信息的有限性,常常难以确定神经网络的结构、输入和输出的构成以及选用的学习信息。因此,把非线性振动的简单响应作为学习信息,以实现系统时序列非线性响应预测是生物、工程等领域中通过试验完成系统建模所需求的重要手段。

本节从工程应用的实际出发,列举一适用于非线性振动系统识别的神经网络模式。其基本思想是,从神经网络的预测结构型式、输入和输出的构成以及有限学习信息的充分利用三个方面入手,以尽可能少且简单的学习信息,实现非线性系统的高精度、大泛用性时序列预测。通过非线性振动时序列脉冲响应的学习,实现强制激振响应的预测,通过时序列周期响应的学习实现混沌响应的预测,验证了所介绍的神经网络模型的有效性。

2.1 神经网络和系统识别

(1) 识别的对象和系统预测的条件

研讨的非线性振动解析模型为

$$m\ddot{x}+c\dot{x}F_R(x,t)=F(t) \quad (49.5\text{-}81)$$

其中,$x(0)=x_0$,$\dot{x}(0)=\dot{x}_0$ 为初始条件;$F_R(x,t)$ 为非线性复原力;$\ddot{x}(t)$、$\dot{x}(t)$、$x(t)$ 分别为系统的加速度、速度和位移。激振力 $F(t)$ 为脉冲力时,使用如下的半波正弦形式

$$F(t)=\begin{cases}B\sin(\omega t) & (0\leq t\leq t_m)\\ 0 & (t>t_m)\end{cases} \quad (49.5\text{-}82)$$

其中,$t_m=\pi/\omega$。激振力 $F(t)$ 为强制激振时,使用如下的正弦形式

$$F(t)=B\sin(\omega t) \quad (49.5\text{-}83)$$

以少量、简单条件下的时序列响应作为教师数据,学习后的神经网络,相对于任意的初始条件 $(x_0,\dot{x}_0)$ 和任意的激振力(激振力的形式以及 B, ω, t_m),能够预测出其时序列响应。

(2) 提高神经网络预测精度和泛用性的方法

这里,所追求的神经网络主要功能是,在仅使用有限脉冲激振力和其响应的前提下,神经网络通过这些有限信息的学习、记忆、联想,达到对系统非线性动特性的识别。在识别中,神经网络学习的系统信息与需要预测的系统响应,由于激振力、激振频率、初始条件的不同,虽然在其响应上是不同的,但是其确定性物理模型决定了其物理机理的同一性。这种非线性机理同一性用于神经网络表达,不仅需要通过神经网络学习算法的改进来实现,同时需要研究神经网络的结构、输入和输出的构成以及学习信息的有效利用来提高神经网络的预测精度和泛用性。

1) 确定神经网络的输入、输出的构成。在确定模型的离散时间域中,假如给定 t 时刻系统的 $x(t)$, $\dot{x}(t)$, $F(t)$, $F(t+\Delta t)$,那么 Δt 后系统响应的增加量 $\Delta x(t)$, $\Delta \dot{x}(t)$ 应该是确定的。因此,把神经网络的输入确定为 $x(t)$, $\dot{x}(t)$, $F(t)$, $F(t+\Delta t)$,输出确定为 $\Delta x(t)$, $\Delta \dot{x}(t)$,通过学习其非线性机理和特性是有可能实现系统识别的。完成学习后的神经网络,在学习信息条件附近的某一域内,预测的初始值、强制激振力和频率的大小等取任意值作为已知条件,从初始条件 $x(t)$, $\dot{x}(t)$ 开始预测。将其输出 $\Delta x(t)$, $\Delta \dot{x}(t)$ 代入式(49.5-84)、式(49.5-85)。

$$x(t+\Delta t)=x(t)+\Delta x(t) \quad (49.5\text{-}84)$$
$$\dot{x}(t+\Delta t)=\dot{x}(t)+\Delta \dot{x}(t) \quad (49.5\text{-}85)$$

把求出的值 $x(t+\Delta t)$, $\dot{x}(t+\Delta t)$ 再作为下一 Δt 后的系统输入,再预测出 $\Delta x(t+2\Delta t)$、$\Delta \dot{x}(t+2\Delta t)$。以此方式反复进行,即可实现时序列 $x(t+\Delta t)$, $\dot{x}(t+\Delta t)$ 响应的系统预测。

2) 教师数据的结构和其矢量形式。在连续时间序列离散化为 $t=\Delta t \cdot k$ 的情况下,把教师数据条件 $[x(0),\dot{x}(0),B,\omega,t_m]$ 下得到的系统时序列数据表示为以下形式

$$\tilde{x}_k^i=x(t) \quad (49.5\text{-}86)$$
$$\dot{\tilde{x}}_k^i=\dot{x}(t) \quad (49.5\text{-}87)$$
$$\tilde{F}_k^i=F(t) \quad (49.5\text{-}88)$$
$$\Delta \tilde{x}_k^i=\Delta x(t) \quad (49.5\text{-}89)$$
$$\Delta \dot{\tilde{x}}_k^i=\Delta \dot{x}(t) \quad (49.5\text{-}90)$$

图 49.5-28 所示的学习用神经网络的输入、输出的矢量关系由下式定义

$$\tilde{I}_k^i=\left(\tilde{x}_k^i,\dot{\tilde{x}}_k^i,F_k^i,F_k^i\right)^T \quad (49.5\text{-}91)$$
$$\tilde{O}_k^i=\left(\Delta \tilde{x}_k^i,\Delta \dot{\tilde{x}}_k^i\right)^T \quad (49.5\text{-}92)$$

通过教师数据的学习，为了使神经网络具有非线性系统的频率、振幅和初始条件的依存特性，必须提高神经网络的联想功能。为此，有时需要用复数组试验条件

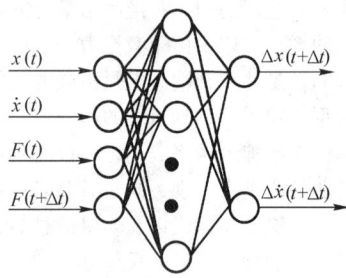

图 49.5-28 学习用三层 BP 网络

$(P^i, t_m^i; i=1, 2, \cdots, m)$ 下的试验数据，以增加学习信息，增加对系统非线性机理的联想能力，即把取得的复数组试验条件下的离散化时序列数据用下式的输入、输出矢量的序列形式表示

$$\tilde{I} = (\tilde{I}_1^1, \tilde{I}_2^i, \cdots, \tilde{I}_k^1, \cdots, \tilde{I}_n^1, \tilde{I}_2^2, \tilde{I}_2^{2i}, \cdots, \tilde{I}_n^m)^T$$
(49.5-93)

$$\tilde{O} = (\tilde{O}_1^1, \tilde{O}_2^i, \cdots, \tilde{O}_k^1, \cdots, \tilde{O}_n^1, \tilde{O}_1^2, \tilde{O}_2^{2i}, \cdots, \tilde{O}_n^m)^T$$
(49.5-94)

在预测中，完成学习后的神经网络，在给定预测条件的激振外力离散值和初始值下，以图 49.5-29 所示的预测结构，依次得到响应 $x_{K+1}, \dot{x}_{K+1}$（$K=1, 2, \cdots, N$）。输入、输出的矢量关系通过 BP 学习法进行。

3) 神经网络的结构。对于时序列系统预测，一般多使用反馈型神经网络结构。这里，在特定的识别问题和识别条件下，为了提高对非线性振动系统预测的精度和泛用性，采用图 49.5-28 所示的多层型神经网络，并且，针对多层型神经网络的学习特征，介绍以上的输入、输出的构成，其神经元的输入、输出变换函数采用 sigmoid 函数模型。

下面通过两个非线性振动的解析例来验证所介绍的神经网络的预测结构和输入、输出的构成，以及有限学习信息的利用方法的有效性。为了证明方法的有效性，事例中物理模型以已知非线性振动模型为例。教师数据以及与预测结果相比较的基准数据，全由 RKG（Runge-Kutta-Gill）法解析得到，以具有可比性。

2.2 非线性振动脉冲响应的学习和系统预测

通常，1 组试验条件下的时序列脉冲响应数据，其所持有的系统信息过于单调。事例中的学习数据，将 2 组试验条件下的时序列脉冲响应数据加工为 4 组，以尽可能减少学习信息。本节，叙述通过分段线性振动模型时序列脉冲响应的学习，实现其非线性系

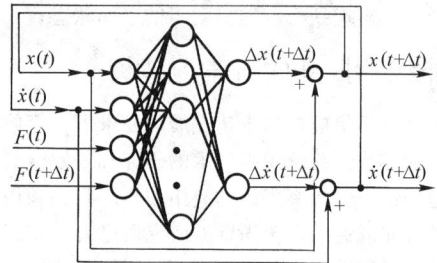

图 49.5-29 预测用网络的输入和输出的关系

统响应预测的一仿真例。

（1）分段线性振动的运动方程
式（49.5-81）中的非线性复原力由

$$F_R(x) = \begin{cases} (k+k_1)x + k_1\delta_1 & (x < -\delta_1) \\ kx & (-\delta_1 \leq x \leq \delta_2) \\ (k+k_2)x + k_2\delta_2 & (x > \delta_2) \end{cases}$$
(49.5-95)

所示的分段线性项表示。其运动方程表现了机械式制动鼓的物理模型。分段线性振动的非线性复原力参数见表 49.5-3。

表 49.5-3 分段线性振动的非线性复原力参数

i	$k_i/\text{N}\cdot\text{m}^{-1}$	δ_i/mm	m/kg	1
1	4000	1	$c/\text{Ns}\cdot\text{m}^{-1}$	40
2	4000	-1	$k/\text{N}\cdot\text{m}^{-1}$	0

（2）分段线性振动脉冲响应的学习

学习方法使用 BP 法的修正力矩法。学习中，神经网络的输入层、中间层、输出层的单元数为 4、16、2。时间离散化增量为 $\Delta t = 2\pi\omega_n/L_B = 0.001\text{s}$，其中 ω_n 为线性固有圆频率；L_B 为线性固有周期的离散数；$\eta = \omega/\omega_n$；$\omega_n = \sqrt{k/m}$。

教师数据使用 4 组（$m=4$）条件为表 49.5-4 所示的半波正弦激振力下的时序列数据作为输入、输出矢量序列（见图 49.5-30）。学习次数 $L_n = 50000$。

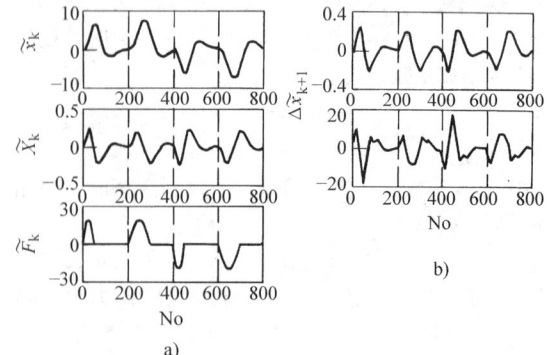

图 49.5-30 分段线性振动的 4 组（$m=4$）学习数据
a）输入数据　b）教师数据

表 49.5-4 分段线性振动脉冲响应学习的教师数据条件

i	1	2	3	4	L_B	200
B^i/N	20	20	-20	-20	$x_0^\tau, i=1,\cdots,4$	0
t_m^i/s	0.03	0.05	0.03	0.05	$\dot{x}_0^\tau, i=1,\cdots,4$	0

（3）分段线性振动系统响应的预测

相对于学习的脉冲响应 2 组条件（P, t_m）进行预测，其预测例如图 49.5-31a、b 所示；相对于强制振动响应 2 组条件（η, P, x_0, $\dot{x}_0$）进行预测，其预测例如图 49.5-32a、b 所示。

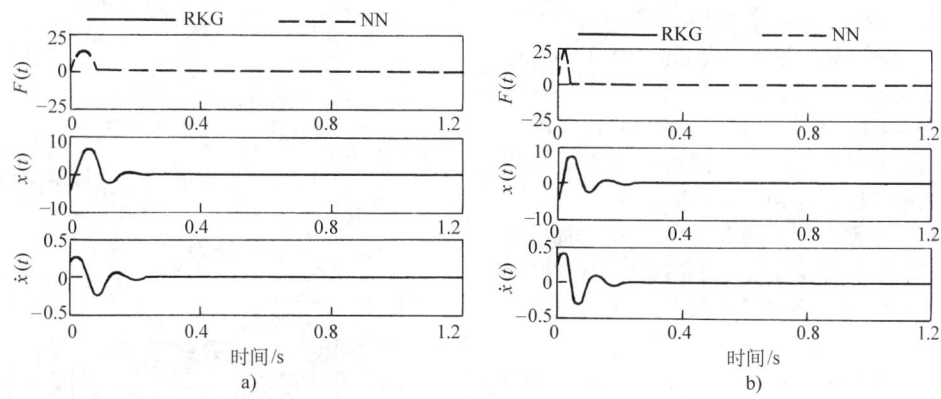

图 49.5-31 分段线性振动脉冲响应的预测例
a) $B=15.0$, $t_m=0.08$ b) $B=25.0$, $t_m=0.04$

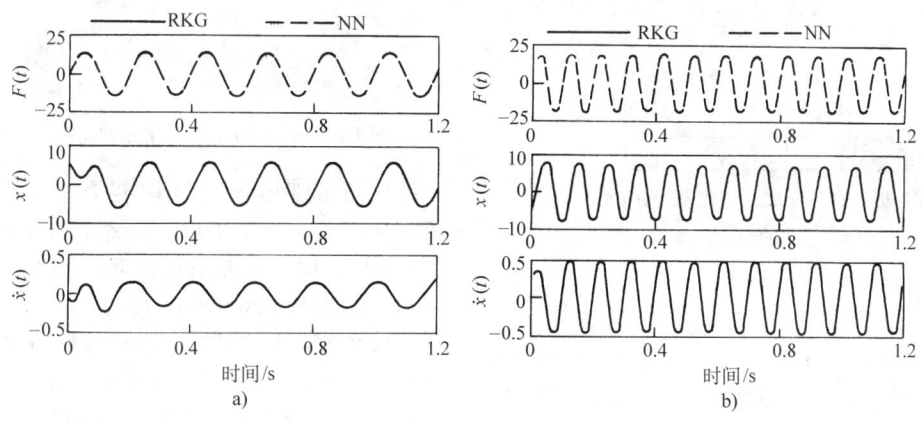

图 49.5-32 分段线性振动强制振动响应的预测例
a) $\eta=0.5$, $B=15.0$, $x_0=0.005$, $\dot{x}_0=0.0$ b) $\eta=1.0$, $B=20.0$, $x_0=-0.005$, $\dot{x}_0=0.2$

2.3 Duffing 振动的学习和预测

（1）Duffing 振动的运动方程及解析

运动方程的物理模型为一端固定梁的大振幅振动。式（49.5-81）运动方程的非线性复原力项为

$$F_R(t)=k(x+\beta x^3) \qquad (49.5\text{-}96)$$

运动方程中的有关参数见表 49.5-5。

（2）学习和学习数据

根据前述的学习输入、输出关系，以图 49.5-33 中所示位置（$\omega=1$, $B=10.0$, $x_0=0.8$, $\dot{x}_0=0.0$）为学习条件，即如图 49.5-34 所示，用 4 个周期 [$m=1$, 由 $=0$ 开始 200 个, $\Delta t=2\pi/(50\omega)$] 的强制激振

力和其时序列周期响应为输入，用其时序列响应的增量为教师数据。

表 49.5-5 Duffing 运动方程的有关参数

m/kg	1.0	$k/\text{Ns}\cdot\text{m}^{-1}$	0.35
$c/\text{N}\cdot\text{m}^{-1}$	0.0	$\beta/\text{N}\cdot\text{m}^{-3}$	1.0

由图 49.5-33 可知，作为系统识别对象的 Duffing 模型，其解的特性与激振力和初期值呈极强的敏感性。神经网络的学习参数由学习的平均误差和最大误差同时稳定收敛为基准决定，学习次数为 1000 次，学习误差如图 49.5-35 所示。与学习条件相同的响应预测结果如图 49.5-36 所示。由 RKG 法解析所得 3

个周期解的响应相比较,时序列响应、相平面轨迹(trajectory)以及庞加莱映射(poincare map)均显示出相当好的一致性,说明完成了高精度的学习。

(3) 由周期响应的学习实现系统响应的预测

运动方程中的有关参数见表 49.5-5。由 Ueda 的结果,式(49.5-81)的 Duffing 方程式的响应在 c-B 平面被分为单纯混沌响应域、混沌和周期响应的共存域以及周期响应域。例如,假定 $x_0 = 0.0, \omega = 1$,由 RKG 法在共存域中($P = 10.0, x_0 = 0.8$ 的附近)的时序列响应如图 49.5-33 所示。图 49.5-33 在 B-x_0 平面把响应分为混沌响应(网格),3 个周期响应(口)表示(以后的图中与此相同,网格和口分别表示由 RKG 法解析得到的混沌响应,3 个周期响应)。由图 49.5-33 可以看出,此非线性方程对初期值和激振力的大小非常敏感,其非线性机理十分复杂。

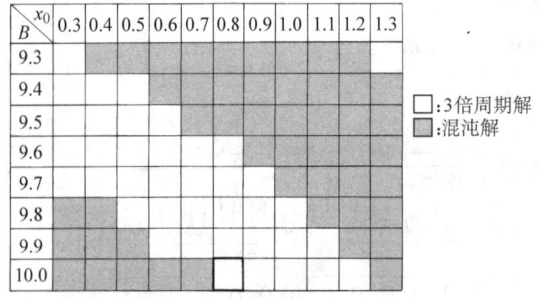

图 49.5-33 用 B-x_0 平面表示 Duffing 方程式的响应分类

(4) 预测

在这里,由条件 $B, x_0, \dot{x}_0, \omega$ 的组合,以神经网络的预测结果同 RKG 法得数值解析结果相比较,检验神经网络的预测泛用性。但是,式(49.5-81)的衰减系数 c 和预测离散时间增量 Δt 与学习条件相同。

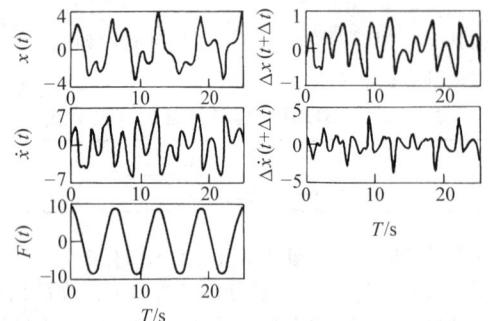

图 49.5-34 Duffing 非线性振动 ($m=1$) 学习数据

在式(49.5-81)的 Duffing 方程的 $\omega = 1$ 的前提下,在学习条件的附近,进行 B-x_0、B-$\dot{x}_0$ 平面的预测。为了从多方面评价预测结果,使用时序列响应、相平面轨迹以及庞加莱映射与 RKG 法的结果进行比较,其响应的评价仅表示省去 4 周期的过渡响应后 40 周期的响应。

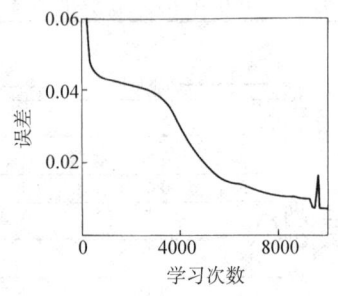

图 49.5-35 学习误差

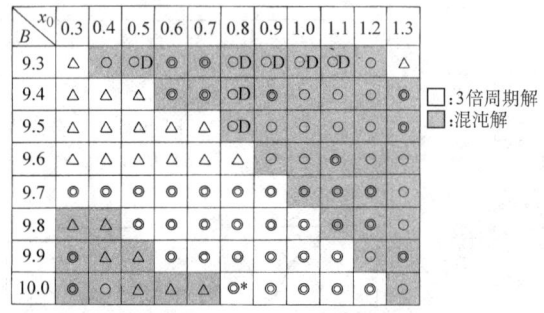

图 49.5-36 用 B-x_0 平面表示神经网络预测结果

1) B-x_0 平面的预测。图 49.5-36 定性地表示了在 $\dot{x}_0 = 0.0$ 条件下,对应于 B, x_0 各条件的时序列响应预测结果同 RKG 法解析结果的比较。图 49.5-37 示出了从图 49.5-36 中 4 种评价表示(◎、○、○D、△)的预测结果,代表性地以 4 个预测例表示其时序列响应、相平面轨迹以及庞加莱映射。图 49.5-37a 的预测条件与学习数据条件相同(图 49.5-36 中附有 * 记号之 B, x_0),其预测结果与 RKG 法的结果一致,用 ◎ 表示。图 49.5-37b 的例中,RKG 法的解析结果是混沌响应,神经网络的预测结果从时序列波形和庞加莱映射看,较好地预测了其混沌响应,但在相平面轨迹出现偏差,用 ○ 表示。图 49.5-37c 的例中,同样虽然定性地预测了混沌响应,但在相平面轨迹上出现 180°误差,用 ○D 表示。图 49.5-37b 的例中,RKG 法的解析结果是 3 个周期的周期解,但预测结果却是混沌响应,用 △ 表示。

图 49.5-37 中的记号 ◎、○、○D、△,表示了神经网络的预测结果的精度。◎ 表示时序列波形和相平面轨迹均呈现高的预测精度。○ 表示从相平面轨迹可看出其预测稍有误差。○D 表示实现了混沌响应的定性预测,但相平面轨迹上出现 180°误差。△ 表示预

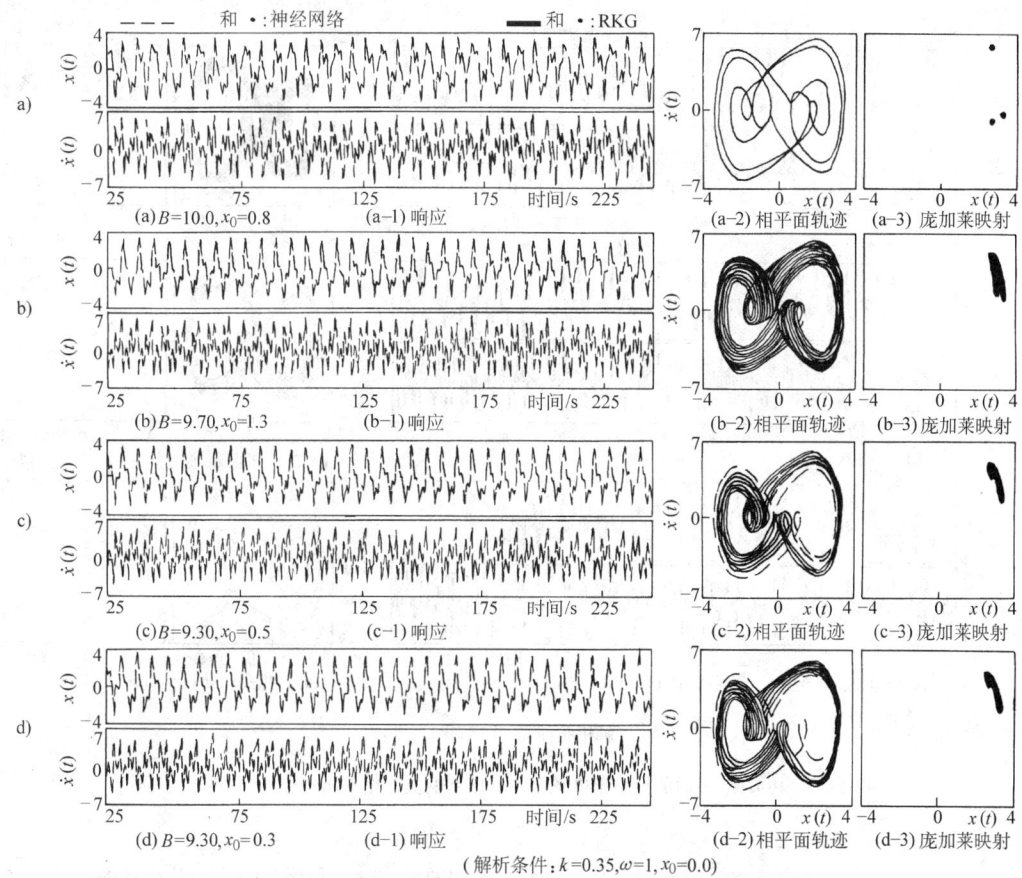

图 49.5-37 用 B-x_0 平面的预测条件预测的时序列响应、相平面轨迹和庞加莱映射例

测的定性结果与 RKG 法的解析结果截然相反（以下各图中 ◎、○、○D、△ 记号的意思均相同）。

2) B-$\dot{x}_0$ 平面的预测。图 49.5-38 定性地表示了在 $x_0=0.8$ 条件下，对应于 B、$\dot{x}_0$ 各条件的时序列响应预测结果同 RKG 法解析结果的比较。图 49.5-39 是图 49.5-38 B-$\dot{x}_0$ 平面中的预测例。

B \ $\dot{x}_0$	-0.5	-0.4	-0.3	-0.2	-0.1	0.0	0.1	0.2	0.3	0.4	0.5
9.3	○D	○D	○D	○D	○D	○D	○D	○D	○D	○D	○D
9.4	○D	○D				○D	○D				
9.5		◎					○D	○D			
9.6	△	△	△	△	△	△	△	△	△	△	
9.7	◎	◎	◎	◎	◎	◎	◎	◎	◎	◎	○
9.8	◎	◎	◎	◎	◎	◎	◎	◎	◎	◎	
9.9	◎	◎	◎	◎	◎	◎	◎	◎	◎	◎	
10.0	◎	◎	◎	◎	◎	◎*	◎	◎	◎	◎	

□:3倍周期解　■:混沌解

（解析条件：$k=0.35$, $\omega=1$, $x_0=0.0$）

图 49.5-38 用 B-$\dot{x}_0$ 平面表示神经网络预测结果

3) x_0-$\dot{x}_0$ 平面的预测。图 49.5-40 定性地表示了在 $B=10$ 条件下，对应于 x_0、$\dot{x}_0$ 各条件的时序列响应预测结果同 RKG 法解析结果的比较。图 49.5-41 是图 49.5-40 中 x_0-$\dot{x}_0$ 平面中的预测例。

4) 相对激振频率变化的预测例。图 49.5-42 定性地表示了在 $B=10.0$, $x_0=0.8$, $\dot{x}_0=0.0$ 条件下，对应于激振频率条件的变化，其时序列响应预测结果同 RKG 法解析结果的比较。但是，因图形表现的原因，其时序列响应的预测结果未必是省去 4 周期过渡响应的 40 周期。

2.4 预测精度和泛用性的考察

以上两例中，从预测结果同 RKG 法解析结果的一致性，充分说明了其预测精度；从所使用教师数据（脉冲或强制振动响应）的信息形式和信息量及系统预测时所给出的预测条件的多样性，充分说明了其预测具有相当的泛用性。

这里说明了使用阶层型神经网络由简单的脉冲响应的学习，实现其复杂响应预测的可能性。通过对分段线性振动脉冲响应的学习，实现了对其时序列非线性振动脉冲和强制响应的预测，通过在 Duffing 非线性

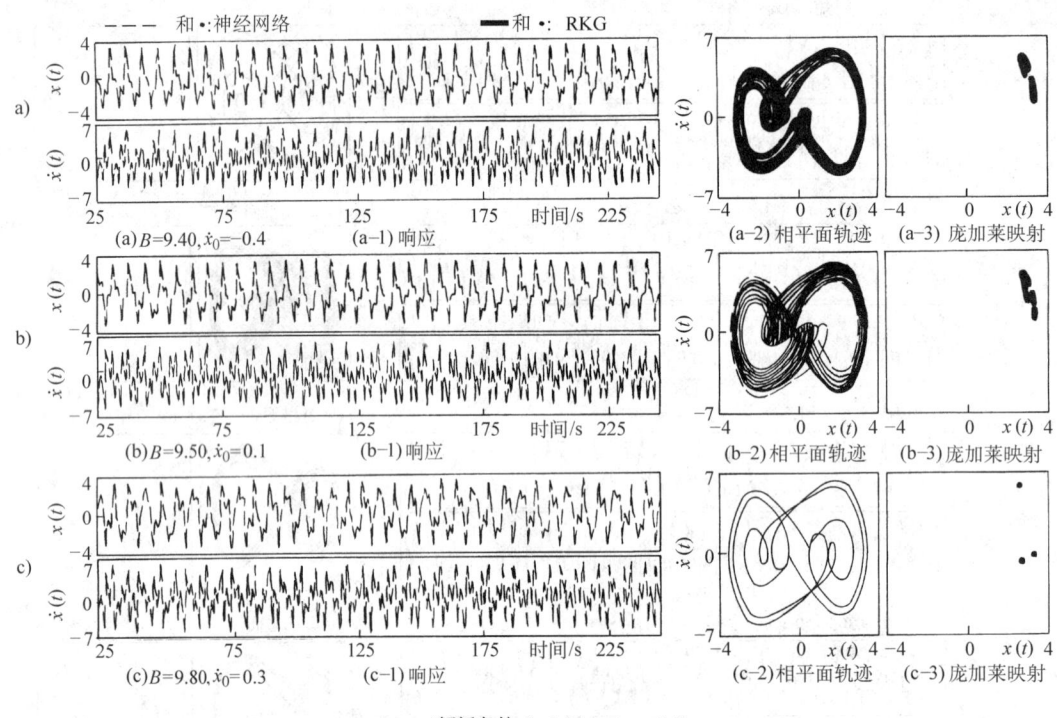

(解析条件: $k=0.35, \omega=1, x_0=0.8$)

图 49.5-39 用 $B\text{-}\dot{x}_0$ 平面的预测条件预测的时序列响应、相平面轨迹和庞加莱映射例

(解析条件: $k=0.35, \omega=1, B=10.0$)

图 49.5-40 用 $x_0\text{-}\dot{x}_0$ 平面表示神经网络预测结果

振动的混沌响应和周期响应的共存域中，让神经网络学习其周期响应后，改变激振力的大小和频率以及初始条件，进行其响应的预测。预测的结果，用时序列响应、相平面轨迹、庞加莱映射，与 RKG 数值积分的结果进行比较和判定。由此，验证了介绍的神经网络模型对非线性振动系统识别的有效性，即验证了所介绍的神经网络模型中的预测结构型式、输入和输出的构成以及有限学习信息利用方法的有效性。需要说明的是，Duffing 非线性振动中，在混沌响应和周期响应的境界等部分，由于其相对预测条件的敏感性，存在预测的难度。

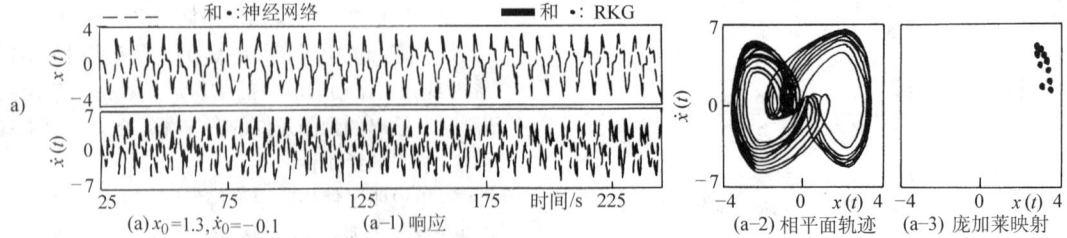

图 49.5-41 用 $x_0\text{-}\dot{x}_0$ 平面的预测条件预测的时序列响应、相平面轨迹和庞加莱映射例

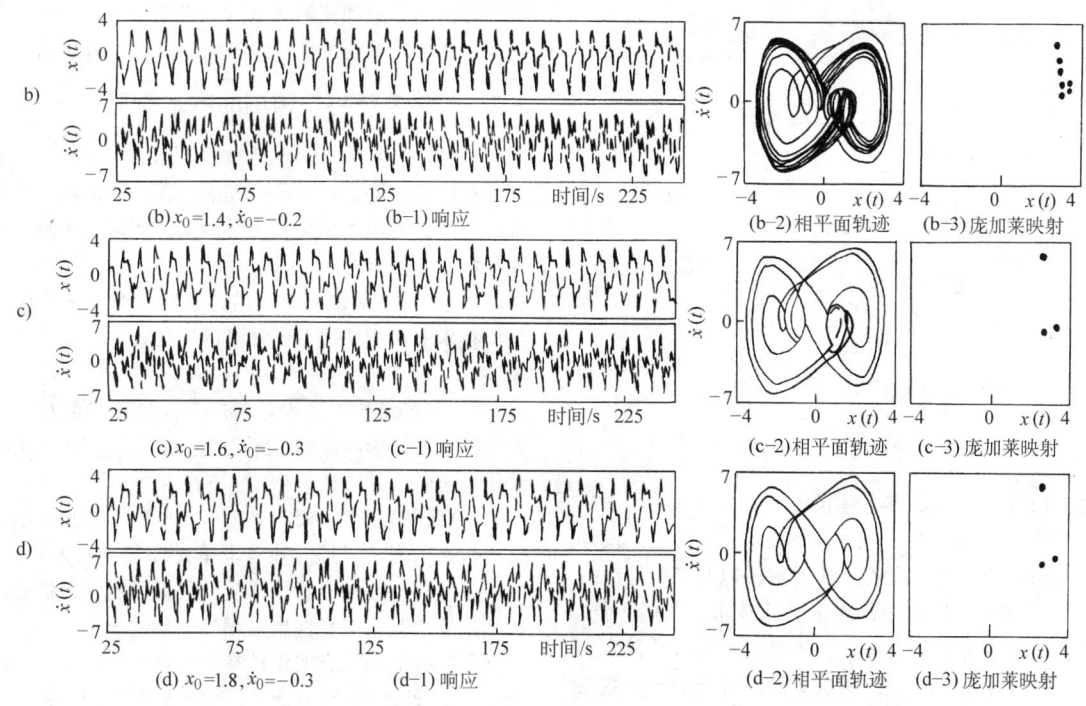

（解析条件：$k=0.35, \omega=1, B=10.0$）

图 49.5-41　用 x_0-$\dot{x}_0$ 平面的预测条件预测的时序列响应、相平面轨迹和庞加莱映射例（续）

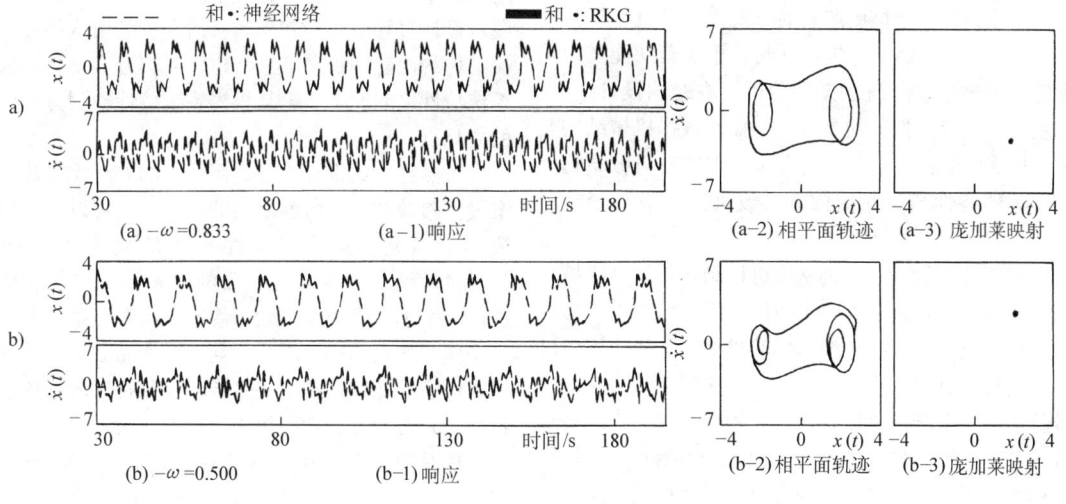

（解析条件：$k=0.35, \omega=1, x_0=0.8, \dot{x}_0=0.0$）

图 49.5-42　由激振频率 ω 变化得到的时序列响应、相平面轨迹和庞加莱映射例

3　基于学习的机械系统特性预测

3.1　机械系统特性预测的问题

在机械结构设计的实际工作过程中，首先是进行方案设计，然后是根据确定的结构方案，进行详细的技术设计，整个过程如图 49.5-43 所示。

对于机械结构方案设计者来说，在完成方案设计后，很期望对系统总体特性指标有一个比较可靠的估算，以便快速、有效地对结构方案设计参数进行更趋合理的改进和调整。在大系统、多品种机械产品设计中，建立起结构方案设计参数与结构总体系统特性指

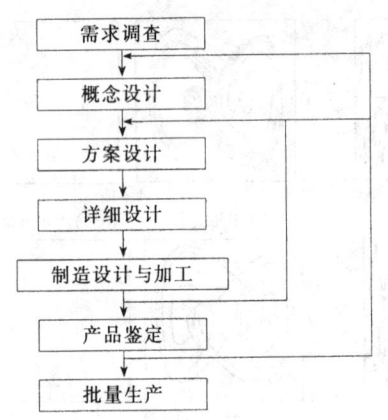

图 49.5-43 机械产品设计过程

标之间的有机联系，是总体设计中的一大课题。一旦方案设计参数确定后，进入详细技术设计阶段，设计者将根据有关的技术规范、力学解析以及经验等进行设计。假定在此阶段中，由于设计技术人员的不同，仅在结构局部会出现差异，并不会对系统特性带来大的影响的话，可以认为，方案设计所确定的各参数与系统特性指标之间存在着一种必然的对应关系。实际设计中，这种对应关系很难用一数学函数的方式予以表达。

一般来说，一个机械产品的方案设计着重于产品的功能需求，而产品的详细设计则着重于其功能实现的保障。机械结构系统的某些特性，在结构设计中，是需要极其重视并保证的参数。例如，根据机械结构工作精度或伺服控制等目标的要求，需要对机械结构系统总体的特性指标在结构方案设计阶段进行严格控制。

产品的详细设计一般遵从由机械结构设计到机械系统总体特性的校核计算，再回过头来对结构进行修正的循环的过程。一些小型简单的机械产品往往用力学建模，借助有限元方法或模态综合法就能较为精确地计算出结构系统的总体特性，如频率、声场或温度场等，甚至能够制作模型进行试验，以预测其总体特性。然而对于一些大型、结构参数非线性很强的结构系统，用以上的方法往往难以奏效。目前，一般只能根据经验来设计。也有根据以前的产品系列的大量数据用统计的方法获得未来产品结构总体特性的预测。而对于许多小批量小样本的产品，传统的统计方法则显得力不从心。为此，引入神经网络方法，用其本身的自学习功能和智能性，能够较好地解决强非线性和小样本问题。本节介绍在机械方案设计之后，详细技术设计之前，以已知机械结构方案设计参数作为基本条件，用神经网络方法预测出任意机械结构系统特性参数的思想和算例。这对在机械系统设计中，建立智能化构筑系统特性预测方法的研究是有益的。

3.2 机械系统特性预测的基本模型

机械结构系统受零部件结构、体积、重量以及实现其功能的连接方式和形式等诸多因素的影响。从传统动力学观点出发来建模，实现系统特性的预测，往往存在以下困难：

1) 在初步确定了方案设计参数，但并无详细的结构技术资料的前提下，难以得到其较为精确的力学模型。

2) 机械结构方案设计参数多，且其参数对结构系统特性指标影响复杂，无法建立适合计算任意机械结构系统特性的数学模型。

3) 即使已知机械结构系统各零部件单元对整体结构特性的影响，且已知各个单元详细的技术设计，但由于零部件连接有着强非线性因素影响，严格地求解和推导出其系统特性也是相当困难的。

假如我们承认方案设计参数与系统特性之间，由现有详细设计技术建立起了一种必然的对应关系，那么，现有的各类机械产品，则内含着其详细技术设计过程的技术规范、力学解析以及经验等知识和信息。随着技术、材料的进步，将来的产品也将内含其详细技术设计过程中的新知识和新信息。利用这些现有机械结构的内涵知识和信息，建立起其方案设计参数与系统特性之间的联系，是机械系统特性预测基本模型的立足点。

虽然在方案设计阶段，用数学的方法无法建立方案设计参数和系统特性之间的表达，但可以将它想象成一个黑盒，其系统特性预测的基本关系如图 49.5-44 所示。利用现有产品的内涵知识和信息构筑这样一个模型来模拟黑盒，使它基本符合某一产品系列个例。如果将产品系列的某一个产品方案设计参数输入模型，能够得到忠实其产品实测特性的系统预测特性，则可为方案设计提供定量的反馈评价信息。我们采用具有学习功能的人工神经网络（ANN）方法来构筑机械结构特性这个黑盒的模型。

图 49.5-44 系统特性预测的基本关系

3.3 雷达结构系统固频的预测例

雷达结构系统的固有频率（一阶振频）在雷达

结构设计中,是需要极其重视并保证的参数之一。根据雷达跟踪精度及伺服控制的要求,需要对这一雷达结构系统总体的特性指标在结构方案设计阶段进行严格控制。雷达结构系统中包含诸如静压油垫、轴承等多项非线性环节,这导致即使在系统模态综合中也很难精确地算出它的频率特性,而且雷达系列产品又属于典型的小样本产品,难以用统计学的方法建立其系统特性预测模型。

用人工神经网络预测雷达结构固有频率,即网络的输出信号为雷达结构的固有频率,网络的输入参数为雷达结构总体设计方案中给出的确定性参数。选择网络输入参数贯彻以下三个原则:

1) 这些参数反映雷达的天线-天线座系统的结构特性,并且是雷达结构总体方案论证书中指定的总体方案参数,而不是技术设计中的所有结构的具体参数。

2) 这些参数对雷达结构系统的固频产生最直接最显著的影响作用。

3) 这些参数互不相关,这样可以避免参数的隐性重复选择。

根据这三项原则,将网络的输入参数确定为以下八个:①x_1——天线口径(m);②x_2——天线重量(kg);③x_3——方位转台支承类型(1. 静压轴承;2. 交叉滚子轴承;3. 标准轴承);④x_4——方位转台支承直径(m);⑤x_5——俯仰支承类型(1. 角接触球轴承;2. 交叉滚子轴承;3. 圆锥或圆柱滚子轴承);⑥x_6——俯仰支承轴承数目;⑦x_7——俯仰支承轴承外径(mm);⑧x_8——方位支臂位置(1. 内置;2. 外置)。输出学习参数为 1 个:y——结构系统的固有频率。

人工神经网络是由 8 个输入节点和 1 个输出节点构成的三层层状网络。中间隐含层节点定为 15 个。

(1) 神经网络的学习

我们获取的学习数据见表 49.5-6,从表中 No.1~8 的八组学习数据可以看出,雷达总体方案参数 X 对固频 Y 的影响呈现出非线性关系。在对表中的数据

表 49.5-6 用 ANN 预测雷达结构固频的学习数据

No.	x_1	x_2	x_3	x_4	x_5	x_6	x_7	x_8	y
1	2.5	90	3	0.29	1	2	170	1	18.0
2	3.6	150	2	1.29	2	2	940	1	15.0
3	4.2	500	1	2.15	2	2	340	2	9.0
4	5.0	1000	2	2.00	2	2	340	2	8.0
5	6.0	3800	2	2.20	3	2	350	2	7.3
6	7.0	3000	2	2.20	3	2	380	2	6.7
7	8.5	3500	2	2.50	3	2	400	2	6.8
8	10.0	4000	2	2.50	3	2	400	2	5.9

进行规范化处理后,经过 9000 次的学习过程,结果趋向收敛。其误差小于 0.01,相对误差小于 5%。

(2) 系统固频的预测

1) 未学习的雷达结构数据的预测。将待考察的雷达结构数据见表 49.5-7。经网络回忆计算后得到固有频率值为 6.18,与实际的数据误差为从网络泛用性评价角度讲是有效的。

表 49.5-7 待考察的雷达结构预测输入数据和预测结果

说明	预测输入数据								预测固频	实测固频
	x_1	x_2	x_3	x_4	x_5	x_6	x_7	x_8		
数据	9.0	3500	1	2.45	3	3	380	2	6.18	6.00

2) 已学习的雷达结构数据的预测检验。在图 49.5-45 中,我们以表 49.5-6 中 No. 为序,分别以已学习过的数据 $x_1 \sim x_8$ 输入网络,得到的预测结果用 ● 表示,原网络输出学习信号用 ▲ 表示,以此来直观地检验学习的精度。从图中可以看出,系统的预测精度基本上忠实地反映了原学习数据。

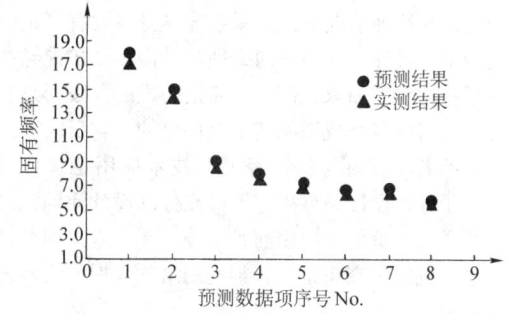

图 49.5-45 已学习的雷达结构数据的预测检验

综上,在机械产品系统设计的方案设计阶段,以方案设计参数为输入信号,用神经网络方法来预测机械系统的特性是机械系统智能化设计可借鉴的方法之一。其应用将具有以下特点:

① 为方案设计提供定量的反馈评价信息。

② 将现有产品的内涵知识以信息集成的方式来辅助系统设计。

③ 方法简单,易于操作,可通过追加学习的方式来适应新信息的集成,因此具有实用价值。

本节介绍的思想和方法,虽然仅以雷达结构系统固频预测的实例做了仿真解析,但在机械系统设计中的应用具有普遍性。

4 神经网络专家系统的智能设计体系结构

传统的 CAD 技术经过 40 多年的发展,已经在机械、建筑、电子、广告等诸多领域取得了巨大的成

就。正是由于CAD技术的出现，才使工程设计人员从繁重的、枯燥的绘图劳动以及数值计算中解放出来的愿望变成了现实，但是，随着科学技术的不断进步，特别是计算机技术的飞速发展，人们对CAD技术也提出了更高的要求，希望CAD技术除了拥有原来的优势之外，还能够代替设计师的一部分智能活动，让计算机向设计师一样具有思维，能够自动进行设计，从而减少CAD过程中对人的依赖。这样传统的CAD系统有必要扩展为智能CAD系统。

智能CAD是CAD技术和人工智能技术的结合，也就是在原有的CAD系统中集成上知识处理系统。其目的是让计算机参与设计过程，从而将设计自动化引向深入，这是CAD技术在学术上深化的一个十分重要的方向，现在常见的，也是比较成熟的是CAD专家系统，许多领域的专家系统在实际应用中是十分成功的。

专家系统之所以能取得成功是因为专家系统的求解是建立在领域专家知识的基础上的，但同时也存在一些问题，比如任何领域的专家并不总是用规则来思考问题，在这种情况下，专家系统本身并没有真正模仿人的推理过程，而神经网络理论是借鉴真实神经系统的某些功能，抽象、概括、简化而成的方法，是在现代神经科学研究成果的基础上提出的，它反映了人脑功能的若干特性。将神经网络技术应用于设计过程，对于处理设计条件描述不够充分的设计问题，具有极其重要的价值，应用前景十分广阔。人工神经网络专家系统的研究正是随着神经网络的发展而逐步发展起来的。

4.1 建立人工神经网络专家系统的必要性

专家系统本身存在许多如知识表示、知识获取、处理大型复杂问题比较困难等理论和技术上问题，与之相同的神经网络虽然具有自学习、容错性、自适应性以及并行结构和并行处理能力等许多优点和特征，但也存在一些本身固有的缺点，比如网络连接模型表达的复杂性、训练过程的不稳定性、训练时间过长以及网络硬件实现技术难等。而人工神经网络专家系统这种混合型专家系统正是综合利用神经网络方法和传统人工智能方法的长处而生成的专家系统，专家系统用来处理基于规则和事实的知识，进行逻辑推理；神经网络用来处理不充分、容易变化的知识，进行联想、分类和识别等形象思维。逻辑推理和形象思维是非常巧妙的相互配合而形成有机整体的，使基于人工智能的符号系统和基于神经网络技术的神经网络系统结合起来，充分发挥各自的优点，避免各自的不足，是一个应用前景十分广阔的专家系统模型结构。

4.2 面向设计的智能平台

4.2.1 专家系统和神经网络的结合方式

对于专家系统和神经网络的结合方式我们拟采用嵌入式结构，即人工神经网络作为一个模块嵌入专家系统中，如图49.5-46所示。

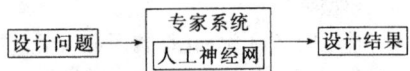

图49.5-46 专家系统和神经网络的结合方式

图49.5-46中人工神经网络模块的作用是将基于神经网络模块收集的信息，转化为专家系统推理过程中所需的事实和规则。具体转化过程如图49.5-47所示。

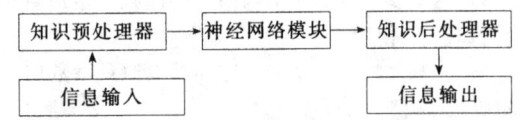

图49.5-47 神经网络模块中知识的转化过程

4.2.2 智能平台的"外壳"结构

我们所说的系统"外壳"结构是指专家系统中除知识库以外的公共部分，整个体系包含知识库、推理机、全局数据库、人机交换接口、知识获取、解释机构、图形处理等部分。由于结合了神经网络技术，所以系统中还有神经网络模块。它们通常具有通用性，当我们进行具体设计时，只要将要设计问题知识按规定的知识库描述语言格式编辑成知识库，并将获取的知识进行检验，生成所需的专家系统，从而可以进行特定环境的设计活动。它一般由专家系统外壳和知识库生成与管理子系统两大部分组成。

智能平台体系结构的框架如图49.5-48所示。

几点说明：

1) 理想的智能支撑平台应是基于知识的具有较高交互性和可视化程度的专家系统设计工具，它能提供各种知识表达方式、推理方式及图形支撑数据库、知识库管理系统以及灵活、友好的界面，以便对不同的设计问题进行有关的功能扩充，从而达到快速设计专家系统的目的。

2) 支撑平台中含有神经网络模块，以便提高利用神经网络学习任意复杂非线性映射关系的能力，掌握学习问题领域中难以明确表示的隐式知识，是一种比人工方法获取经验性知识更为自然和有效的方法。神经网络知识的获取不需要由知识工程师来整理、总

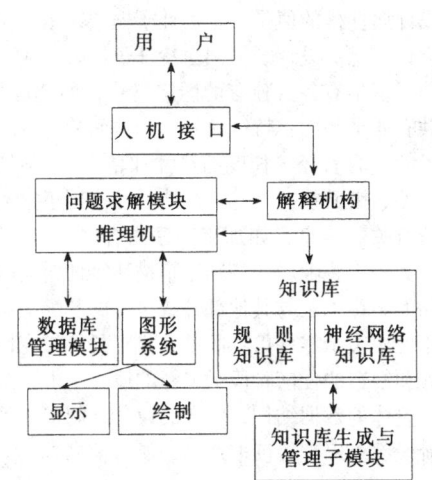

图 49.5-48 体系结构的框架

结、消化领域专家的知识，只需用领域专家解决问题的事例或范例来训练网络，使在同样输入的条件下能够获得与专家给出的解答近可能地输出。

3）数据库管理模块是对设计结果进行管理，并可以对进行设计信息查询、浏览等操作，并提供数据信息的交流、传输。

4）推理机可以根据当前的状况，利用知识对问题领域的问题进行求解。

5）知识库生成与管理子系统是本工具的重要部分，它实现如下功能：

① 按特定的知识描述语言，通过人机交互，将整理好的知识存入知识库。

② 对建造完成的知识库进行结构与语法检查，显示出错信息，提示建造者进行修改。

③ 连接推理机对知识库进行动态模拟调试，进行完备性和一致性检验。

4.2.3 设计求解过程

运用该系统进行设计的过程是先从设计专家处获取设计知识——包括原理性知识和专家和经验——装入知识库中，专家系统根据这些知识和设计要求、初始数据，启发式的探索求解通路，模拟专家的设计过程，在设计的各层次上，自动的判断做出决策，确定参数，最后直接给出一个或几个合理的目标设计方案供设计者选择，并以工程图的形式得到一个基本设计。

我们为此建立了的一个设计求解的总模型：所需的数据来自全局数据库，所需的知识来自规则库和神经网络模块，当用户输入一定的信息后，按一定的策略对知识库进行推理，同时显示系统推理的结论，当结论正确时，用户可以继续以下的推理工作；当结论不符时，用户可以交互地修改某些参数；用户可以通过知识库中的知识确定结论正确与否。重复以上的过程，直到把整个求解完成为止，交图形系统显示或绘制。

4.2.4 知识的处理方法

知识库是该体系的核心，我们可以将设计问题时遇到的知识库分成两类：一是关于设计过程的知识，即关于如何进行设计的知识，其中包括设计的一般原理和人类设计师的经验；二是关于设计对象的知识，即设计对象的部件、结构、材料、用途等。该体系的知识库由两部分组成：规则库和神经网络知识库。对于问题领域比较清楚的可靠的知识，由领域专家向知识工程师提供，知识工程师负责将知识表示成规则放在知识库中；对于难以描述的知识，则用神经网络进行知识获取。在提供大量的试验数据和范例后，通过神经网络的学习，将数据和事例中的一般性规律存储在网络中。学习后的网络对新的试验数据和新的事例可以产生出符合要求的输出。

4.3 说明

目前，国外已有基于工作站的智能 CAD 平台开始商品化。但在国内还没有形成面向设计的通用智能 CAD 支撑平台。而随着 CAD 技术在企业中的普及，面向设计的智能 CAD 支撑平台将有着十分广阔的应用空间。其体系结构也正是在这样的背景下产生的。但是，该体系是一个十分庞杂的结构体系，在具体实施中将面临智能 CAD 领域中许多难点问题。若将其真正灵活、有效地应用到生产设计中，尚需付出艰辛的努力。

5 基于神经网络的 CAD/CAM 一体化

CAD/CAM 辅助制造，是最具有代表性也是发展最快的现代制造技术之一，已经广泛应用于社会生产的各个领域，并成为衡量一个国家科技现代化和工业发展水平的重要标志之一。

目前单独的 CAD/CAM 软件已经比较成熟，但 CAPP 技术研究却相对落后，仍没有成熟的 CAPP 系统。航天工业中多采用国外的商业 CAD/CAM 系统，而国外的 CAD/CAM 系统的数据结构不公开，二次开发的能力有限，在此基础上创建 CAPP 系统是不可能的。所以必须对 CAD/CAPP/CAM 系统及其集成技术开展深入研究。

5.1 系统的结构

如图 49.5-49 所示，整个系统分为知识库、特征识别模块、智能设计模块、智能 CAPP 模块和 CAM 模块。知识库是整个系统的核心，存储零件和产品的几何、拓扑、加工、管理信息，存储用于控制各个模块运行的知识，担负各个模块的创造性工作和协调各个模块之间的信息交流与转换。知识库除了包含一般工程中所用的数据外，还包括生产实践中总结出的经验、理论和规律，包括参数选择、判定规则和决策优化等。

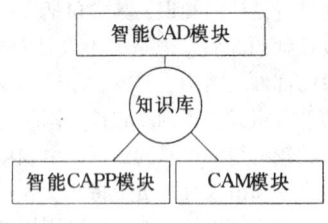

图 49.5-49　系统结构简图

知识库采用多种方法来描述生产中的知识：数据库、框架、产生式规则和人工神经网络。数据库用于存储设计、制造参数；框架则用来描述产品的结构、设计、加工信息；规则和人工神经网络则用于归纳生产中的创造性知识，并能根据已有知识进行归纳和推理。

智能 CAD 模块包括智能概念设计模块和机械设计模块，其中机械设计模块中包含结构设计和强度设计。结构设计是根据概念设计的结果——总体方案进行的具体结构设计，生成产品和零件的几何、拓扑信息，把他们存储在知识库中，作为 CAPP/CAM 系统的输入，并能输出图样。

通过自动设计模块或通过特征识别模块得到零件：产品和零件设计的数据，然后通过 CAPP 模块生成零件加工的工艺文件，根据知识库中加工环境参数，CAM 系统生成用于加工的 NC 程序。

5.2　产品零件数据结构

要解决 CAD/CAM 系统的一体化，首先必须有一个包含产品的设计信息、制造信息、装配信息和管理信息的统一数据结构。框架是专家系统一种重要的知识表达方式。框架是由节点和关系组成的一个局部网络。框架一般由框架名和槽组成，每一个槽都有其名称和对应的值，槽又分为若干侧面。槽代表事物的不同特性，而侧面是对槽的进一步说明，是对事物不同特性的细致的描述。槽或侧面的值可以是数字的或逻辑的，也可以是程序、条件、默认值或一个子框架。

零件框架包括 4 个槽：管理属性槽、设计属性槽、制造属性槽和装配属性槽。管理属性槽又包括多个侧面，分别表示零件的图号、名称、材料、工号等。设计属性槽的值是一个设计子框架，用于描述产品的设计信息。设计子框架由特征子框架组成。每一种特征子框架有各自独有的固定格式，如"圆柱面"特征共有四个侧面：特征编号、圆柱面的位置、圆柱面的尺寸（含直径、长度的尺寸和精度）、圆柱面的几何公差、表面粗糙度等。制造属性槽用于描述与零件制造有关的信息，如加工工序内容、机床、刀具、工艺参数等。装配属性槽则用来描述零件所属的部件或产品的名称以及与其他部件或零件的装配关系。

用框架表示零件信息的最大优点是可扩充性，可在设计和制造的任何阶段增加新的属性。由于系统采用一个整体的数据结构，在产品设计、制造和管理的任何阶段都可以直接读取产品的所有信息。

5.3　智能 CAPP 系统

CAPP 系统主要包含以下内容：加工链的选择、工序尺寸链的计算、工序内容的编排、工时计算、机床、刀具、夹具的选择等。ⅡCADM 系统中，工艺尺寸链计算采用了 Hopfield 网络，而加工链选择、机床、刀具、夹具选择采用 BP 网络来实现。以下就加工链的选择和工序尺寸链计算为例分别介绍。

5.3.1　BP 网络实现加工链的选择

加工链是特征的加工序列，是制造实现零件设计要求的保证，是 CAPP 设计的基础。加工链的选择考虑的因素很多，粗略概括起来，可以用函数表示如下

$$P = f(M, G, D, Tol, S_j, Q, C_p, M_c) \quad (49.5\text{-}97)$$

式中　P——所选择的加工方法；
　　　M——工件材料；
　　　G——表面形状；
　　　D——尺寸；
　　　Tol——公差（包含尺寸公差及各种几何公差要求）；
　　　S_j——表面粗糙度；
　　　Q——生产批量；
　　　C_p——生产费用；
　　　M_c——可使用的机床设备。

加工链选择实际上就是根据实际情况进行匹配的过程。

在传统的创成式 CAPP 系统中，一般采用判定表（或判定树）、产生式规则来表示。由于在实际生产中要考虑的因素很多，用判定表、规则表示时层次多，知识的整理也十分复杂，而且很难囊括所有可能的情况，所以，系统只能检索存储的知识，没有容错能力，系统的鲁棒性差。用 BP 网络处理这类非线性映射却能消除这些不足。根据航天惯性器件零件的加

工特点，总结了 12 项指标，作为 BP 网络的输入矢量，输出矢量为 4 项，隐层节点数目为 10。4 位输出矢量分别表示粗加工、半精加工、精加工、超精加工。

输入矢量的含义如下：

1~3 位表示加工特征的类别：车加工、钻镗加工、铣加工。其后分别代表关键尺寸大小、尺寸精度、形状参数、表面粗糙度、几何公差、材料的加工性能、零件的重要度系数和调整系数等。

BP 网络中输入矢量和输出矢量都采用 [0，1] 间的单精度数表示，这就要求把从生产中搜集到的知识进行量化和规范化处理。由于特性具有相似性和模糊性，用模糊数学的隶属函数来进行量化和规范化处理。以尺寸特性为例。

根据公差理论，公差等级与公差数值有以下关系

$$IT1 = 0.008 + 0.02 \times D \quad (49.5\text{-}98)$$
$$IT5 = 0.45 \times \sqrt[3]{D} + 0.01 \times D$$

在 IT2~IT5 之间，有

$$IT_m = IT1 \times \left(\frac{IT5}{IT1}\right)^{m/4} \quad (49.5\text{-}99)$$

IT5 以后，每增加 5 级，公差增大 10 倍。

由于在实际加工中，IT1~IT3，IT9 以上，加工特性变化不大，而在 IT5~IT8 级之间变动较大，所以采用降半岭型函数

$$f(x) = 0.5 - 0.5\sin\left[\frac{\pi}{6}(x-6)\right] \quad (49.5\text{-}100)$$

得到的分布见表 49.5-8。

表 49.5-8 尺寸隶属度

IT3	IT4	IT5	IT6	IT7	IT8	IT9
1	0.933	0.75	0.5	0.75	0.07	0

由此可以看出，IT3~IT9 级之间，其函数值的离散性较大，反映到网络中就是不同样本间的距离较大，从而可以达到较大的识别精度。

其他矢量位用类似的方法处理，把已有的成熟工艺量化、规范化处理后输入样本，网络就可以根据样本进行训练了。具体算法见参考文献 [3]。

5.3.2 工艺尺寸链计算的 Hopfield 网络

目前工艺尺寸链的传统方法是采用工艺尺寸链图解算法，但这种算法用计算机实现起来比较难，而且容易出错，效率不高。尺寸链的计算实际上是一个路径优化问题，可以用 Hopfield 网络来求解。现以回转体零件轴向尺寸为例。

网络的节点表示两个端面之间有无已知的尺寸和公差。如果 i 端面和 j 端面间的尺寸已知，则 $x_{ij} = 1$，否则为 0。节点之间的权值用 W_{ijmn} 来表示，选值原则如下：

1) 节点自身无反馈，即 $W_{ijmn} = 0$。
2) 如果 $i \neq j$

$$W_{ijmn} = \begin{cases} 1 & m=n=i \text{ 或 } m=n=j \\ 0 & \text{其他} \end{cases}$$
$$(49.5\text{-}101)$$

3) 如果 $i = j$

$$W_{ijmn} = \begin{cases} 1 & m=i \text{ 或 } n=i, m \neq n \\ 0 & \text{其他} \end{cases}$$
$$(49.5\text{-}102)$$

节点的特性函数表示为

$$f(x_{ij}) = \text{sgn}(x_{ij}) \quad (49.5\text{-}103)$$

神经元阈值为

$$\theta_{ij} = \begin{cases} 2 & i=j \\ 1 & i \neq j \end{cases} \quad (49.5\text{-}104)$$

系统的能量函数为

$$E = \sum_{i,j=1}^{M} f(x_{ij}) \quad (49.5\text{-}105)$$

网络的运行方程为

$$x_{ij}(t+1) = f\left[\sum_{i,j=1}^{N} W_{ijmn}x(t) - \theta_{ij}\right]$$
$$(49.5\text{-}106)$$

算法如下：

① 网络节点权值初始化。

② 若第 i 端面和第 j 端面之间的值已知，则令 $x_{ij} = 1$，否则为 0。

③ 若要求端面 m、n 之间的值，如果 $x_{mn} = 1$，则说明值已知，输出值并停止计算，否则使 $x_{mn} = 1$，进行下一步。

④ 计算网络的能量值，如果能量值达到最小，则结束，否则进行⑤。

⑤ 依次计算各个节点的值，重复④。

最后，节点为 1 的各个节点就是待求尺寸的封闭环。从待求尺寸出发，依次把各个节点连起来，节点号增大的为增环，节点号减小的为减环。这样就可以求出任意的尺寸值与公差，也可以反求加工尺寸的大小和公差。

Hopfield 网络求解尺寸链，不受节点个数、尺寸标注复杂性影响，具有自组织、自学习的特点。网络取决于权值、节点函数、能量函数。不同的 Hopfield 网络的计算过程基本相同，所以计算时可以用同一个数组，节省了系统的内存，而且如果用硬件实现，可采用并行计算，其速度是其他方法所无法比拟的。

5.4 CAM 模块

CAM 系统的功能主要是把 CAPP 产生的工艺文

件与实际生产环境（机床、刀具、夹具）相结合，生成适于生产的 NC 程序。这个过程主要包含建立刀具参数文件和刀具轨迹文件，生成刀位文件，并能根据实际加工机床转换成 NC 程序，经仿真检验后输送到前端机。

系统所建机床数据库的格式见表 49.5-9，采用 Access 数据库进行存储。刀具和夹具数据库的格式与之基本相同。

其中切削参数对应的是一个切削参数表。

人工智能技术可以解决设计和制造中的知识输入的"瓶颈"，从而把生产实践中总结出来的知识应用到计算机辅助设计和制造中，特别是人工智能技术的引用，解决了 CAPP 系统的知识获取和处理的问题。一体化系统必须建立完整的可扩充的数据格式，并在此基础上实现一体化。

表 49.5-9　机床数据库

机床编号	机床类型	机床自由座	可加工范围	机床状态	数控系统	加工精度	刀具库容量	循环类型	差补类型	辅助功能	切削参数
CII01	车	2.5	100mm×200mm	好	S	0.001mm	8	有	直线	1	3
XT03	铣	3	350mm×300mm	好	F	0.002mm	24	有	圆弧	2	5

第 6 章 人工生命设计技术与方法

1 人工生命技术基础

1.1 人工生命的进化模型

人工生命研究的重要内容之一就是进化现象，而遗传算法则是研究进化现象的重要方法之一。遗传算法的基本内容在前面各章已有详细叙述，它采用符号序列来描述信息集合，然后通过一些遗传操作，如交叉（即符号序列的混合）、突然变异（生成符号序列的新规则）、选择（选取最优符号序列）、淘汰（去除剩余符号序列）等，得到一些优化解。进一步，可以把上述遗传操作反复执行，以得到最优解。若把它与能够分析生命的个体或集团行为的博弈理论结合起来，则可进一步提高人工生命对生态系统的适应性。因此，遗传算法是人工生命研究的重要理论基础之一。

在这一节中，着重讨论人工生命的生成与进化模型和遗传算法关系比较密切的几个问题。为此先来看看人工生命的生成结构。

人工生命的生成结构见表 49.6-1。它主要分为两大类：一类是构成生物体的内部系统，主要包括生物体中的大脑、神经系统、内分泌系统、免疫系统、遗传系统、酶素系统、代谢系统等；另一类是生物实体及其集团所表现的外部系统，主要包含生物实体集团对环境的适应系统和遗传进化系统等。因此，可以从生物内部和外部系统来获取各种各样信息，用这些信息生成人工生命。就其生成方法来说也分为两种：一种是建模法，即先把由内部或外部系统获得的生命行为信息模型化，然后再由这些模型生成生命特有行为；另一种是动作原理法，即基于混沌、分形等原理的生成方法。混沌、分形原理可以用来描述生命行为的原理，因此生命行为是自律分布的非线性行为。

例如，直接应用现代计算机技术的人工神经网络系统就是属于生物内部系统范畴的建模系统，而遗传算法则是属于生物外部系统范畴的建模系统。事实上，在神经网络信息处理中，其处理行为就包含着混沌现象。遗传算法可以被认为是自律分布的并行处理方法。因此人工生命的产生就是从这样一些模型系统所表现出的各种各样生命固有行为出发，把它们的行为原理概括为一些基本算法，用这些算法来生成人工生命。

可见，遗传算法可以用来研究生物体外部系统（也就是实体集团系统）中生命行为规律，而这种规律往往表现出自律分布的并行特性。以下简述人工生命的进化模型与遗传算法有着许多共同特点的问题。

(1) 个体表现问题

即使是表现相同行为时，某个体如何表现，要决定于该个体所属搜索空间的结构和大小。这种搜索空间的结构，决定了所谓的"适应度地形"（即淘汰值曲面，该曲面与搜索策略二者决定了进化能力），也就是搜索空间和搜索策略决定了人工生命的进化能力。

例如，Joshua R. Smith 从昆虫的进化角度，给出了以下的表达。其定义昆虫集团的染色体为 16 个。每个昆虫的染色体用 $2n$ 个基因表达，其图像在 X、Y 二维空间的坐标值用傅里叶系数（$A_1, \cdots, A_n$，$B_1, \cdots, B_n$）表达，即

$$X = \sum_{i=1}^{n} A_i \cos(it) \quad (49.6\text{-}1)$$

$$Y = \sum_{i=1}^{n} B_i \sin(it) \quad (49.6\text{-}2)$$

在 $n=8$ 条件下，随着 t 的增加可以描绘出昆虫的形态。在遗传进化过程中，通过对基因型的增殖、交叉、突然变异，其进化如图 49.6-1～图 49.6-4 所示发展下去。

总之，通过个体表达使人工生命的传感器/效果器具有可变性，使个体的行为、形态受到较小的限制，是人工生命都面临的一个难题。

(2) 搜索策略问题

在进化搜索空间内，如何设定搜索点的"转移规划"，是人工生命搜索策略的一个重要问题。在 GA 中，有"淘汰·增殖""交叉""突然变异""反

表 49.6-1 人工生命的生成结构

生成结构	生成方法	例
生物体内部系统	建模法	神经网络、免疫网络、元胞自动机、L系统等
	动作原理法	基于混沌、分形、元胞自动机等的组织化
生物体外部系统(实体集团系统)	建模法	遗传算法、博弈理论等
	动作原理法	伴有自组织化的分布式协调原理

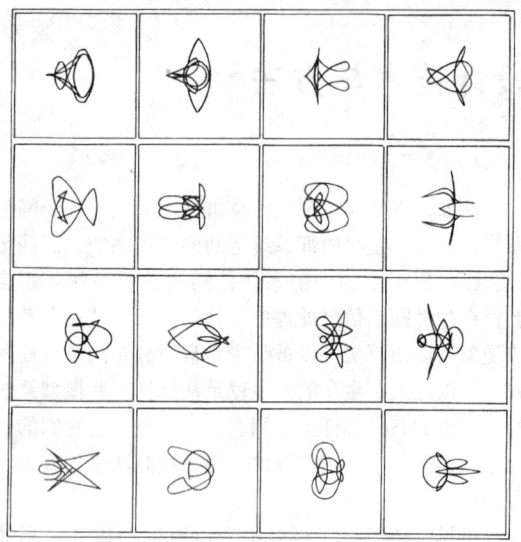

图 49.6-1 昆虫的第一代进化形态

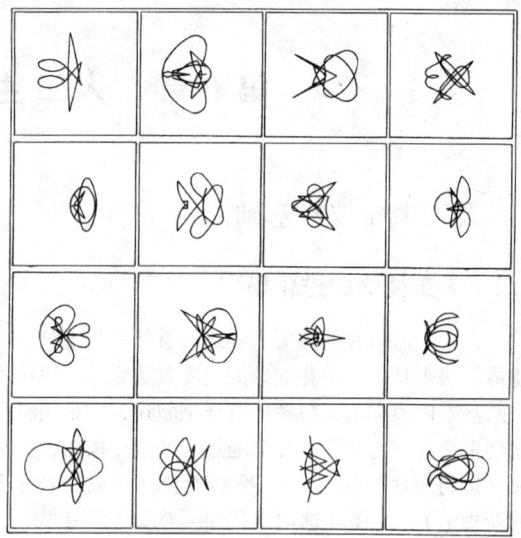

图 49.6-3 昆虫的第三代进化形态

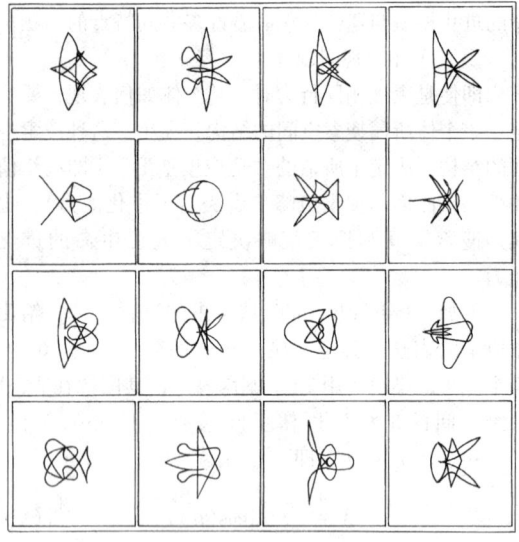

图 49.6-2 昆虫的第二代进化形态

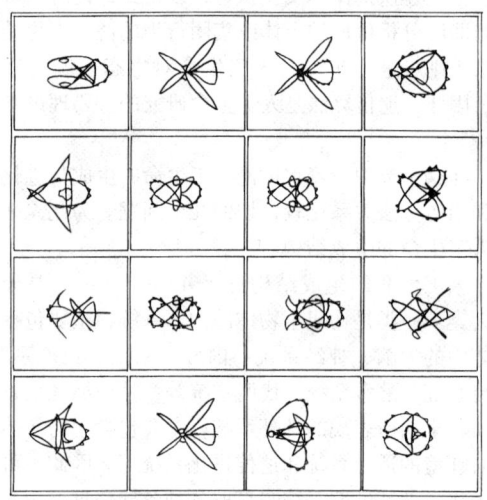

图 49.6-4 昆虫的第四代进化形态

馈"等遗传操作,这些遗传操作的实用形态(或方式)直接影响搜索能力。在人工生命中,与个体的表达相关联,其基准仍然是,搜索策略的制定,决定其操作能力与淘汰值曲面形状的组合,是否能使系统脱离局部解,即决定了它是否具有进化能力。

仍然以昆虫捕食系统来说明。在昆虫捕食的搜索空间内,如图 49.6-5a 所示,昆虫总是向食物(细菌)浓度高的地方行进。

昆虫的基因由图 49.6-6 所示的 F、R、HR、RV、HL、L 移动方向表达。假如 (F, R, HR, RV, HL, L) = (2, 1, 1, 1, 3, 2),昆虫将可能选择向对应较大的数值方向移动。昆虫在移动过程中,如图 49.6-5 所示,其年龄、能量、基因码随之发生变化,即在移动过程中成熟、生殖、死亡。由于这些变化,假如对于某些昆虫,其染色体中 (F, R, HR, RV, HL, L) 的移动方向值没有明显的较大值,可能会出现如图 49.6-7a 所示的移动方向犹豫虫。犹豫虫将自己周围的细菌食完后,因不能广域搜索最终饿死。如图 49.6-7b 所示的直行虫,在集团中具有优势,可得到充分的进化。典型的直行虫[例如,其染色体为 (F, R, HR, RV, HL, L) = (9, 6, 0, 2, 4, 1)],其基因具有以下特征:

1) 向前 (F) 移动的基因值大 ($F=9$)。
2) 向后退 (RV) 的基因值小 ($RV=2$)。
3) 向右 (R)、左 (L)、右后 (HR)、左后 (HL) 的基因值不大不小 ($R=6$)。

第2)个特征是极其重要的。因为持有大 RV 基因的虫,易于出现回转现象(见图49.6-7c)的回转虫,其极易死去。其次,虫到达搜索边界,如果不能反方向行进,也易于饿死。为此第3)个特征可能使虫具有回转捕食的聪明行为。

假如以山的高度对应细菌浓度的表达,那么此昆虫捕食系统将成为一个最优化问题。考虑图49.6-5的虫的信息、有性生殖和无性生殖等,描述昆虫染色体可用以下3个参数来表达:

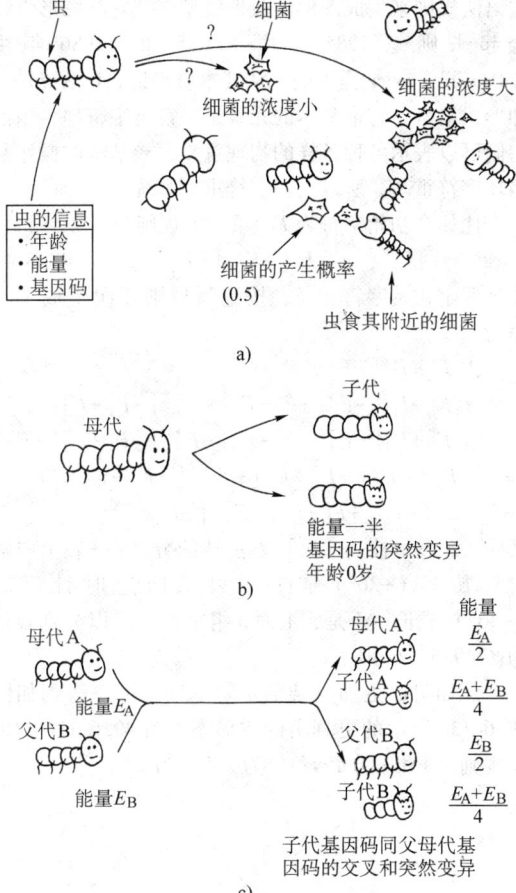

图49.6-5 捕食昆虫的搜索与表达
a) 食细菌的虫群 b) 无性生殖 c) 有性生殖

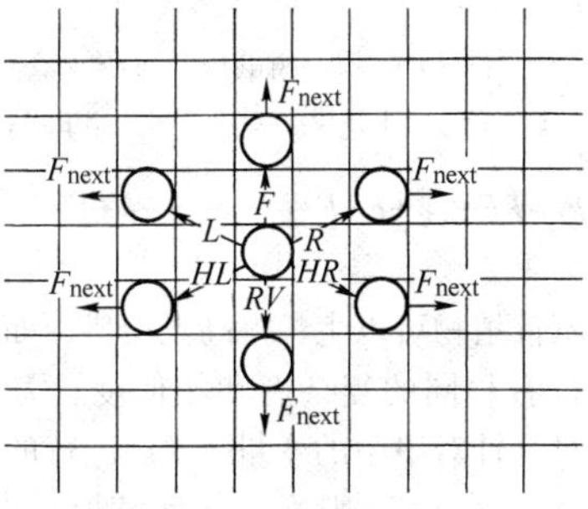

图49.6-6 捕食昆虫的移动方向

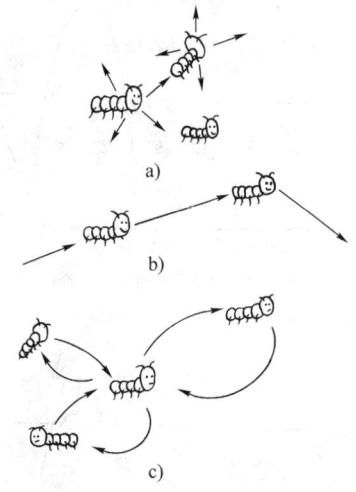

图49.6-7 昆虫的移动方向性
a) 犹豫虫 b) 直行虫 c) 回转虫

位置:$X(t) = [x_1^i(t), \cdots, x_n^i(t)]$
方向:$DX_i(t) = [dx_1^i(t), \cdots, dx_n^i(t)]$
能量:$e_i(t)$

昆虫登山的搜索问题可以形象化表达为图49.6-8。其进化过程用图49.6-9~图49.6-11简单表述。

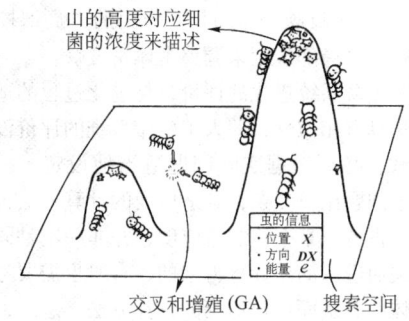

图49.6-8 昆虫登山搜索的形象表达

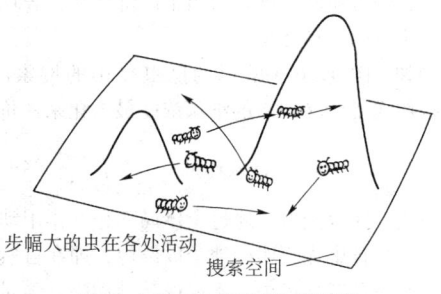

图49.6-9 GA搜索的初始阶段

可见,人工生命的进化搜索策略,除恰当地利用遗传操作外,需要凭借操作者的经验和直觉"自行搜索",或者引入新的操作,提高搜索效率。

(3) 淘汰与评价问题

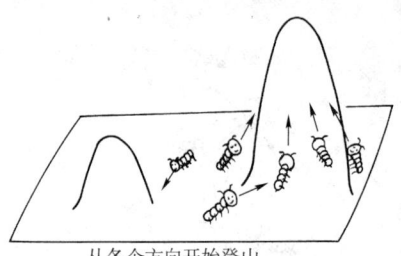

图 49.6-10　GA 搜索的中期阶段

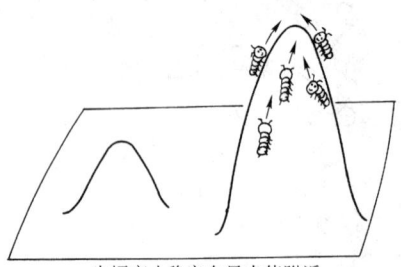

图 49.6-11　GA 搜索的后期阶段

在人工生命系统进化的淘汰过程中，集团个体数是可变的，这不同于一般的遗传算法中的淘汰操作。其原因在于，人工生命的淘汰过程，为了反映"自然淘汰"，为了反映个体间相互作用的"局部控制"，希望能够通过局部规划来调整个体密度。

人工生命系统进化的评价，与进化过程的适应度计算方法具有相似性，即人工生命系统的评价没有固定的格式，必须根据实际问题适当地设定。一般地讲，求解问题比较复杂，其适应度的计算方法也将会较复杂。再者，某个体的适应度，并非一定是同其他个体无关而进行简单计算得来的，有时也需要考虑同其他个体的关系而设定适当的计算方法。总之，为了在生物集团进化中反映自然淘汰的原理，适应度从各个体生存的可能性角度，给出了评价个体，表现个体的一个定量的、动态尺度。

例如，图 49.6-8 所示的昆虫登山的搜索问题，可以按照式 (49.6-3) 的细菌浓度最大化来评价：

$$f(x_1, x_2, \cdots, x_n) = \sum_{i=1}^{n} x_i^2 \quad (49.6-3)$$

总之，评价函数是通过个体局部相互作用动态地产生的，并且事先不明确地予以设定，即在自然界的捕食者与被食者环境中，不能说某种动物是绝对的捕食者，另一种动物是绝对的被食者。

1.2　L 系统与形态生成模型

L 系统是由美国数学家 Lindenmyer 于 1968 年提出的。它当时是用来描述红藻（一种植物）生长的一种算法。现在它是用来描述人工生命中生命行为的形态生成原理的算法。

人工生命的范畴是很广泛的。L 系统以自动机理论为基础，用符号空间的一个符号序列来表示细胞的状态，把自动机的状态描述为符号序列的状态空间模型。用状态表中的符号序列来表示状态空间中的状态，通过符号序列的变化来描述人工生命的形态生成过程。从模型学角度讲，L 系统是解析、模拟生物体内程序化自组织、自增殖的行为的表达模型，是一种按语法规则来生成图形的数理模型。把它与图形学结合起来则是 1984 年由 A. R. Smith、1986 年由 P. Prusinki-ewicz 提出的。从其本质来讲，L 系统是一种形式语言，它最基本的元素是字符与字符串，当然它们可以表示各种各样的物理意义，最基本的操作是循环字符重写，所以又称字符重写系统。

比如令初始字符为 F，重写的规则为

$$F \rightarrow F \, [+F] \, [-F] \quad (49.6-4)$$

假定初始字符为 F，按重写规则逐次生成字符串为

① $F[+F][-F]$

② $F[+F][-F][+F[+F][-F]][-F[+F][-F]]$

③ $F[+F][-F][+F[+F][-F]][-F[+F][-F]]$
$[+F[+F][-F][+F[+F][-F]][-F[+F][-F]]]$
$[-F[+F][-F][+F[+F][-F]][-F[+F][-F]]]$

其中，F 表示枝；[和] 表示枝的分叉；+表示向顺时针旋转（+36°）成长；- 表示向逆时针旋转（-36°）成长。于是，上面 3 组字符串可以分别表达为图 49.6-12a、b、c。

假如附加更加复杂的重写规则，可以得到如图 49.6-13a 所示的更真实的树形态。图 49.6-13b 的重写规则（+和-的回转角度为 25°）为

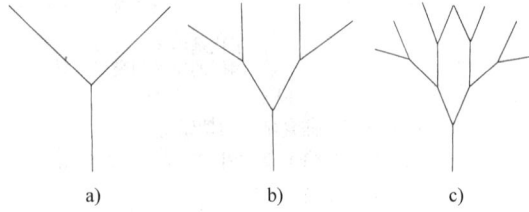

图 49.6-12　树的成长过程
a) ①的结果　b) ②的结果　c) ③的结果

$$F \rightarrow FF + [+F-F+F] - [-F+F-F]$$
$$(49.6-5)$$

这样不仅植物可以生长得高大茂盛，而且在各次迭代阶段也有相同的复杂度和相似度。需要强调的是，替换只是针对串中的变量（F）进行的，而对标识符"+，-，[，]"则不作任何替换，直接保留。

生成，以及在工程上的模型表达方法上具有重要的意义。

可以肯定，如果将 L 系统的各种参数作为基因进行进化，将得到更为复杂的仿真形态。其基本操作与 Smith 模型相同，可以得到如图 49.6-15 的"生物形态"。

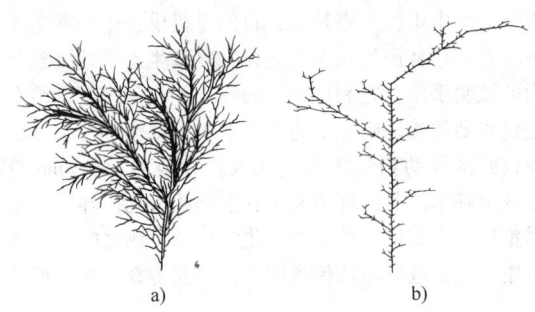

图 49.6-13　基于 L 系统的树形态

一般把

【基本结构，分枝类型，单位长度，单位角度】

(49.6-6)

称作该植物的基因。它决定了一个特定植物的概念形态，与最终的图形比起来，图 49.6-12a、b、c 分别为由基因

【"1"，F [$+F$] [$-F$]，1，36°】

(49.6-7)

分裂繁殖 1 代、2 代、3 代的结果，其具有数据量很小的特点。综上所述，可以得到一个由 L 系统产生植物与树的流程图，如图 49.6-14 所示。这里，没有考虑树的花、果实、叶子等，也没有引入任何植物学中的名词，它确实很简单，但是这种模型对植物的形态

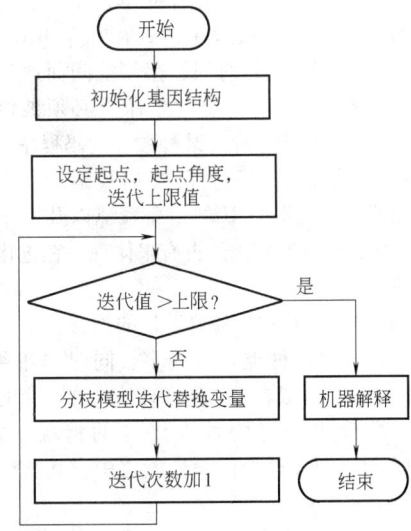

图 49.6-14　L 系统模拟植物与树的流程图

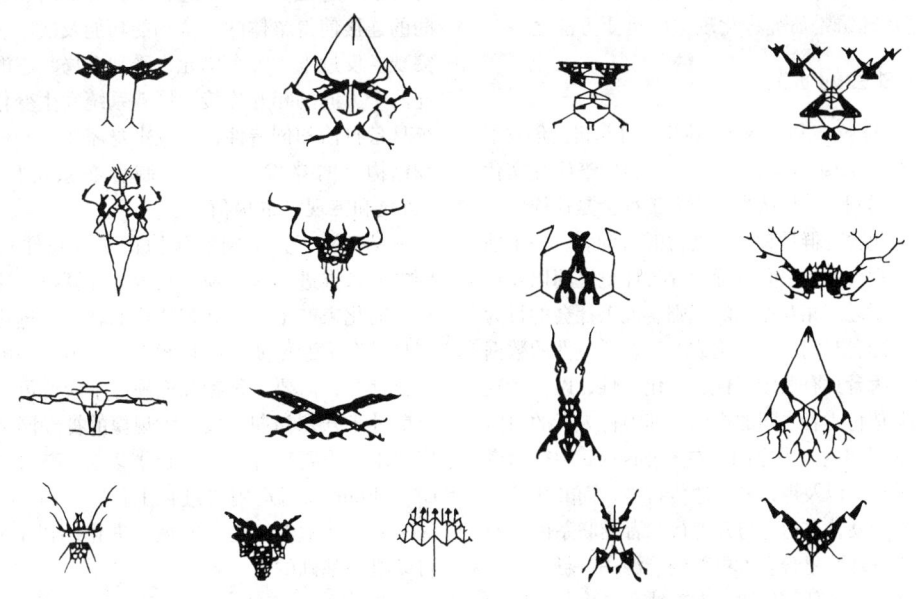

图 49.6-15　各种各样的"生物形态"

2　人工生命的研究内容归纳

从近年来关于人工生命的研究内容大致可以归纳为以下几个方面。

2.1　数字生命的研究

所谓数字生命专指以计算机为工具和媒体、计算机程序为生命个体的人工生命研究，这方面以

Thomas S. Ray 的数字生命世界 Tierra 为代表。Thomas S. Ray 是一位生物学家、进化论学者，他把生物学上有机体进化的概念引入计算机领域，用数字计算机所提供的资源为他的数字生命提供一个生存环境。他设计的数字生命以数字为载体，探索进化过程中所出现的各种现象、规律以及复杂系统的突现行为。数字生命利用 CPU 时间来组织其在存储单元中的行为。数字生命以一定的计算机程序形式存在于 RAM 环境中，它为占据 CPU 运行时间、存储空间而通过响应的竞争策略相互竞争。一个"生命"必须被设计为适合在这样的环境中生存的某种数字代码程序。这个程序能够自我复制，并且直接被 CPU 运行。这些机器代码能够直接触发 CPU 的指令系统以及操作系统的服务程序，通过对资源的占有来体现它在进化过程中的优势地位。

在 Tierra 的运行中，随着世代的推移，生命体呈现出复杂的现象，种类日益增多，同时"单细胞"向多细胞进化，形成自己的生态环境。在生命的进化过程中，曾经出现过物种大爆炸的情况。如今，Tierra 运行于全球 150 个网络环境之中，其复杂程度还在不断增大。

数字生命的研究中一个重要的模型就是元胞自动机，元胞自动机被认为具有突现计算（emergent computation）功能。由于人工生命研究的重要内容是进化现象，遗传算法是研究进化现象的重要方法之一。

2.2 数字社会的研究

Joshua M. Epstein 和 Robert Axtell 在计算机上创立了一个数字社会 Sugarscape。这个人工社会用来研究文化和经济的进化过程。他们认为一个人工社会是这样的计算机模型，它包含一群具有自治能力的行为者；一个独立的环境；管理行为者之间、行为者与环境之间以及环境各个不同要素之间相互作用的规则。人工社会的行为者是一个能够随着时间发生变化或者具有适应性的数据结构。每个行为者具有遗传特性、文化特性，以及管理它与环境和其他行为者之间的规则。其中行为者的遗传特性在其生命周期内是固定的。在 Sugarscape 中行为者的性别、新陈代谢以及视野是其遗传特性，而文化特性是由父母传给子女，并通过与其他行为者的联系而横向地发生改变。其环境里含有可更新的能源——糖，行为者依赖糖组织自己的新陈代谢。人工社会是由各个行为者自我组织形成的，由各个行为者在简单规则的支配下，与人工环境交互作用突现形成的。

2.3 虚拟生态环境

挪威的 Keith Downing 提出了名为 Euzone 的一个进化的水中虚拟生态环境，目的是提供一个观察生态系统是如何从原始状态进化以及复杂生态系统突现行为的试验手段。它利用具体的物理和化学模型，结合进化规划建构以碳元素为基础的水中生态环境，可以观察到低等动物形体的进化及生存竞争。Euzone 具有两个基本过程：环境模拟和生物的进化。环境模拟尽量反映真实世界的物理、化学以及生物之间的相互作用，生物进化由遗传程序设计和遗传算法来实现。

2.4 人工脑（Artificial Brain）

日本的 ATR 的进化系统部（evolutionary system department）致力于开发新的信息处理系统，这种系统具有自治能力和创造性，他们将这样的系统称为"人工脑"。人工脑不仅能自发地形成新的功能，而且能够自主地形成自身的结构。其研制者并不想单纯地再现生物大脑的功能和结构，而是要得到在某些方面优于生物大脑的信息处理系统。

人工脑采取两方面的实现方式：类似生命的模型（life-like modeling）和社会模型（social modeling），包括传统的用于神经系统的学习模型（如人工神经网络）。在类似生命的模型中，系统有一个类似于生命系统胚胎发育的功能，使得系统的结构和组成单元能够发生变化，形成复杂系统。在社会系统中系统被视为动态过程，在这个过程中，局部的、各个单元之间的连接使得整体的、全局的功能及次序、状态发生突现。反过来，各个单元也受到全局状态的影响。因此两个方向的相互连接，影响系统发生变化。为使系统具备自治和创造性，系统本身需要一些机制在功能和结构上的自发变化。研制者在系统设计中引入"进化和突现"的极值。

ATR 对于人工脑的建构正在从硬件和软件设计两方面来推进，这个项目在数字计算机上通过自然选择的简化来产生复杂和智能化的软件。进化的基本因素是带有可遗传变异的自我繁殖。为了在硬件上实现进化计算，需要一种特殊的硬件平台，可进化的硬件目前处于开发初期阶段。大规模的神经网络和极高速度要求，需要高容量的存储器以及高速的电子器件，CAM-Brain 项目运用"进化工程"（evolutionary engineering）技术来建构、发展、进化出以 RAM 和元胞自动机为基础的人工脑。

2.5 进化机器人（Evolutionary Robotics）

生物系统给人们提供了分布式控制的思路，其脑神经系统、遗传系统、免疫系统的功能启发了人们把生物学上的一些现象工程化，并且运用于机器人的设计上。目前正在发展的第三代机器人要求具有人的简单智力和学习能力。

Rodney A. Brooks 提出了基于行为的设计方法。该方法于 20 世纪 80 年代中期开始使用，可设计出比传统设计方法行动更快和更灵活的机器人。进化机器人的操作方式是自律型的，其位置、移动等是突现形成的，其智能也是由各个并行执行的小过程自组织突现形成的，并且这样的小过程分散在整个系统中。进化机器人具有比传统机器人更快的速度和更好的灵活性、鲁棒性，进化计算可以比较容易地植入到这样的系统中，其硬件和软件的设计以及测试费用比以前要少。

2.6 进化软件代理（Evoluable Multiagent）

人工智能的研究人员长期以来一直在研究一种复杂的建构软件代理的方法。例如，一个具有人工智能的电子邮件 Agent 可能知道有行政助理人员，知道某位用户有一名叫 George 的助理，知道助理必须掌握老板的会议日程，还知道"会议"这个词的信息可能含有日程信息。有了这些知识，这个 Agent 就可以推导出它应当转送此信息的复制件。

以知识为基础的软件代理要求包括所有常识信息的知识库，但一般软件工程师只能系统地整理比较狭窄领域的知识。采用人工生命的方法进化软件 Agent 可能是最有发展前途的方法。"人工进化"可以随着时间的推移整理出一个系统中的最有效的代理人（由其主人评定）的行为，并把这些行为结合起来以培养出适应能力更强的群体。可以设计这样的电子邮件 Agent，它们能够连续观察一个人的行动，并把他们所发现的任何有规律的行为实现自动化。电子邮件代理观察到用户总是把含有"会议"的信息的复制件转交给行政助理，由此便可领悟到其规律，然后自动做这项工作。此外，Agent 可以向执行同一任务的 Agent 学习，例如，一个电子邮件代理在遇到一份陌生的信件时可以询问它的同伴，从而得知人们通常是看了私人递交给他们的电子邮件后，再看按邮送名单递交的电子邮件。这类合作可以使一群代理以复杂的、明显智能的方式行动。

将人工生命 Agent 置于新一代计算机网络中，形成一个电子生态系统。对用户有用的或对其他 Agent 有用的 Agent 将运行比较频繁，从而得以生存下来并繁殖后代，那些用处不大的 Agent 将被清除掉。随着时间的推移，这些数字化生命形式将占据不同的生态环境。有的 Agent 可能进化成优秀的数据库编制者，其他的 Agent 则是使用它们的索引来找到某一用户感兴趣的文章。可能会出现寄生、共生、免疫以及生物世界中常见的其他现象在计算机网络中的实例。随着外部对信息的要求发生变化，这个软件生态系统将连续地更新自身。

IBM 公司目前正在开发一种被称为计算机空间免疫系统的软件。正如脊椎动物的免疫系统在一种新病原侵入机体后几天之内就会产生出对付它的免疫细胞一样，计算机免疫系统可在几分钟内就能产生出识别并消除新遇到的计算机病毒的方法。

3 人工生命的设计方法

人工生命为解决问题提供了新的思想与工具，其研究开发有重大的科学意义和广泛的应用价值。人工生命的研究与开发有助于创作、研制、设计和制造新的工程技术系统，如人工脑、智能机器人、计算机动画的新方法。数字生命、软件生命、虚拟生物可为自然生命活动机理和进化规律的研究探索提供更高效、更灵活的软件模型和先进的计算机网络支持环境。利用人工生命研究人类的遗传、繁殖、进化、优选的机理和方法，有助于人类的计划生育、优生优育；利用人工生命研究动物的遗传变异、杂交进化的机理和方法，用于发展动物的新品种、新种群；利用人工生命研究植物的生长、杂交、嫁接、移植的机理和方法，用于发展植物的新品种、新种群。人工生命的研究开发及应用将进一步激发和促进生命科学、信息科学、系统科学等学科的更深层的、更广泛的交流和新的发展。

3.1 金融证券市场分析决策中的人工生命应用

国际上目前运用人工生命算法进行金融证券市场分析决策研究处于蓬勃发展的阶段，有效地运用拟生态技术进行复杂金融市场分析是一个大课题。

人脑自生命诞生以来，经过数十亿年漫长岁月的进化，形成了具有高度智能的复杂系统。人脑不必采用复杂的逻辑运算，却能灵活处理各种复杂的、不精确的和模糊的信息，善于理解、发现、创新、决策和具有直觉感知等功能。大脑在结构上是由 140 亿个神经细胞组成的大规模网络，他的各种智能功能都是这个大规模网络处理的结果。人工生命算法以大脑细胞的生理机能为研究对象，运用计算机对大脑的基本单元——神经元进行数学模拟，建立的一种由神经元组成的"大脑模型"，这就是人工生命算法雏形。

在证券市场里，千千万万个持有资金大小不等、投资理念各异、投资方法多样的投资者面对一千多只股票分别做出各自的决策，再加上各种政经信息、上市公司经营表现、市场传闻等等因素的影响作用，导致了金融证券市场是一个内部规律极端复杂、较难预测把握的大系统。要想在一个复杂的、每天都推陈出新的系统当中立于不败之地，只有用手中的方法、工具很好地表述这个市场，真正从本质上抓住运作规律，实现所谓的无招胜有招。运用简单的统计运算方法对市场的基本数据进行处理，从而希望揭开蒙在市场规律上的面纱，哪怕是揭开一个小角找到一点点规律就是成功的。比较典型的有均线系统、各种技术经济分析指标、猜想性筹码分析理论等。

光揭开市场规律的一角是远远不够的，因为这个被揭开的角是片面的，是局部规律，它往往会让你做出错误的决策，因为它不是全局把握的规律。人们一直有一个梦想，就是希望拥有叮当猫的知识面包，只要把知识面包放在书上，书上的知识就印在面包上，吃下这个知识面包你就学会了书上的知识，多省力啊。我们就是在打造这样一个知识面包型的人工生命体，因为要解开市场运作的规律光靠人有限的精力是不行的，就算一个非常成功的职业投资者，几十年的投资经历所积攒的经验可能就是那么一两条，光靠这么一两条经验或投资方法可以很成功了，但代价就是几十年如一日地在失败中学习教训、在成功中积累经验。我们的人工生命算法造就的活性生命体不仅能把给它的知识、规律学会，更重要的是它能不知疲倦的主动去寻找没有学过的规律，就像一个不仅会印知识，还会到处主动找书来印的知识面包。这样我们的生命体就能不知疲倦的在海量的股市数据中不断地发掘其中的运作规律，成为一个靠增长知识、规律来生长的人工生命活体。

人工生命算法用于证券分析有以下优势：

1）自学习、具有生长能力。人工生命体不仅能把目前绝大部分有限的操盘手法、定势完全学会，同时能每天不知疲倦地在海量的股市数据中不断地发掘其中的运作规律，不断发现各种变化的手法和规律，成为一个靠增长知识、规律来生长的人工生命活体。例如，当政经等大环境及上市公司内部环境因素发生变化时，不少庄家会改变其操作手法以蒙骗股民，人工生命体经过对历史上所有股票相关信息的人工生命矩阵的训练、学习，达到紧跟潮流，永不落伍的目的。好似冲浪，长在浪尖。

2）自适应及推广能力强。人工生命体学习生成后，由于人工生命的抗干扰性和自学习能力，在一只股票中形成的生命矩阵能够用于其他股票。比如同一庄家在不同股票的操盘手法进行发现和跟踪，即使只有几只股票的信息都能够用于分析预测其他股票的走势，甚至用于推测大盘的变化趋势，所谓"落叶知秋"。同理，即使只有某一时段的股价信息，也能够预测分析出走势规律。

3）容错能力强。人工生命有人脑的多细胞容错能力强的特点，在追踪同一种操盘手法规律时，如果庄家有意采取短期的打压或强行拉升股价等手法，以迷惑其他投资者时，人工生命体能有效地识别这种某阶段的操盘手法的变异。

4）抗干扰能力强。人工生命能够全面分辨规律的细节，能从本质上把握操盘手法的规律，从而使庄家表现在价量关系上的干扰性操作手法被区分出去，对有意拉长、缩短操盘手法周期或少量减少部分操盘进程等手段能有效包容，达到抗干扰的目的。

5）可并行计算、速度快，可处理海量数据。人工生命的特点使之能够同时处理大量数据，人脑比计算机慢得多，但在识别复杂事物的能力方面却比当今最快的计算机还快。现在不同了，人工生命矩阵具备了人脑这方面的优点，同时克服了人脑速度慢、容易疲劳的缺点，对海量数据并行处理分析，得到令人满意的答案。

6）宏观把握能力强、微观探索时细致、周密、信号量大。人工生命算法能够解决传统算法的单一性和简单性，能够从全局的角度把握股票市场的规律，达到规律自动发掘和规律全面发现的目标，能够同时发现同一或类似操盘手法在不同股票和不同市场的表现规律。这样既能够把握市场的重大机遇，也不放过细小机会。

3.2 计算机动画的人工生命应用

生活在自然界的动物群体是动画创作者们面临的"挑战性"难题。而"人工生命"方法，可以逼真地体现自然生态系统中动物群体的复杂运动和行为，并且可显著地降低动画创作者的劳动强度。

其基本方法是构建"人工动物"，创作自激励的自主智能体，去模拟动物个体的真实外观、运动和行为，以及动物群体的社会行为表现模式。用计算机模型描述这些人工动物共有的基本特征——生物力学、运动、感知和行为。在虚拟海洋世界栖息着的各式各样的人工鱼群证实了"人工生命"的有效性。每一条人工鱼就是一个自主智能体，它有基于物理的、可变形的、由内部肌肉驱动的肌体；有感觉器官，例如眼睛；有感知、运动和行为控制中枢的鱼脑。每条人工鱼通过肌肉运动的协调控制，可在虚拟的水流中游动。这些人工鱼展现出一系列的自然行为：在栖息地寻觅食物，绕过障碍物游行，与捕食者斗争，纵情于求爱仪式以获得配偶。类似于自然鱼群，人工鱼群的行为也是基于它们对外部动态环境的感知和内部动机和习性的。

由于人工鱼的行为能自动适应虚拟的水中环境，

它们的运动细节无须动画师的详细刻画或规定。用传统动画制作方法，动画中的动物只是没有任何自主性的三维几何图形，好像没有生命的木偶，动画师在动画制作过程中的角色类似木偶戏的表演者。在计算机图形学中，大多数动物动画的制作是采用传统的、花费大量劳动的"关键帧"方法，计算机只是用来制作"关键帧"之间的中间帧。相反地，采用"人工生命"的动画制作方法，动画中的人工动物是自激励的自主智能体，好像是有生命的真实动物，动画师扮演的是动物世界电影摄影师的角色。通过建立人工动物和它们的生存环境模型来生成动画，将自然生态系统的动画生成看作是动物在栖息地生活的可视化仿真过程已经跨越了"计算机图形学"和"人工生命"两个领域。然而，要将自然生态系统在屏幕上表现得和真实世界一样逼真和迷人是很困难的，主要原因是它本身的复杂性。在一个动画系统中，可能会有许多动物，每个动物都表现出不同的行为。理想情况下，动画师希望以最少的劳动获得丰富的自然景观。如果不仅要表现栩栩如生的动物形态，而且要表现每个动物的运动和它们的行为，其困难程度可想而知。生态系统是由动物和它们生活的环境组成的，动物的行为和它们生存的动态环境是息息相关的，尤其是和其他动物之间的关系。因此，人们在评价动画系统的效果时，有非常严格的标准，即使是一点点小的缺陷，都很容易被看出来。逼真的视觉效果并不是这类动画的唯一要求，要想用在娱乐和教育领域，动画师还应能控制动画的各个方面，尤其是要能够方便地修改动画。例如，改变虚拟环境，变换人工动物的数目、种类及分布的位置，改变动物的性格与它们的相互关系。

传统的计算机动画方法，如"关键帧"方法，制作了不少出色的动画，包括一些动物的动画。但是，它存在如下一些问题。

（1）动画角色缺乏自主性

由"关键帧"方法制作的动物角色缺乏自主性，因此降低了动画系统的灵活性和交互能力。由于动物的真实行为受它所处环境状态（如不可动的和可动的物体、树木、岩石和其他动物）的影响，轻微地修改动画剧本，如移动一棵树或添加另一个动物，都需要将整幅动画重新制作，图形中的角色是不能与它所处的周围环境自动协调的，因此在制作虚拟现实、计算机游戏和交互式教学工具时，采用"关键帧"方法是很困难的。

（2）自然真实性难以保证

采用传统的"关键帧"方法，动画的真实性只能依赖动画师的技巧，除非动画师有很高的技艺水平，否则可能会出现糟糕的视觉效果，特别是由于通常的几何模型不具备力学特性。因此，动画中动物运动的物理正确性是没有保证的，动画中的角色也不会真实地响应外力的作用，动物之间及其周围环境的关系显得很不协调，缺乏自然真实感。

（3）低水平的动作细节控制

采用传统的动画方法，动画角色的每一个动作都要由动画师一一规划，也就是说，动画师要完全控制动画的每一个细节，例如制作卡通片。但是，许多应用系统对这种低水平的细节控制并不感兴趣，例如创作一个虚拟现实的动物园，某个动物是否在某个时间、以某种姿态出现是不重要的，重要的是狮子和猴子要看起来像真的，它们的运动和行为要逼真。在这种情况下，我们并不希望动画师花费大量劳动去控制动画的每一个细节，因为这意味着动画中的角色只有很少的或根本没有自主性。因此，应当放弃这种低水平的动画控制，去寻求一种高水平的动画控制的方法。

（4）需要动画师的大量劳动

传统动画方法最为成功的应用是在一部很卖座的影片《侏罗纪公园》中制作了恐龙。这些恐龙尽管看起来像真的，但它们只是些图片。它们的每个动作和移动细节，都是有高超技巧的动画师们一步一步设计的。这也就显出了"关键帧"方法的缺陷：随着动画的加长、复杂程度和真实性要求的提高，动画师们的劳动量将显著地增加。

计算机动画的"人工动物"方法的优点：

1）动画角色的外观、形态、运动和行为在视觉上令人信服。

2）动画角色具有很高的自主性，不必花费动画师的大量劳动进行干预，可以自行完成动画的生成过程。

3）动画角色应接受高水平的控制。动画师可以在高水平上控制或指挥动画角色的行为，如更改动画的初始条件、虚拟环境中不动的和可动的物体的数目、位置等。

3.3 基于人工生命的因特网提速

清华大学复杂工程系统实验室是我国人工生命理论研究的基地，他们成功地研发了"蚂蚁路由算法在因特网上的应用技术"，建立了一个"蚂蚁路由算法"的仿真网络。仿真的网络节点很多，如一张大"网"，当点击源节点后，向很远的目标节点发出一个数据包。模拟开始后，屏幕上许多显示成黑色小方块的"小蚂蚁"背着数据包开始传输，一开始它们显得有点乱，四处乱窜，但几秒钟后，"小蚂蚁"们就在众多的节点中找到了最优路径，并把数据很快有序地传输到目标节点。如果这个最优路径阻断，"小蚂蚁"们又很快找到阻断后的最优路径，完成传输任务。"蚂蚁路由"（Ant-Routing）算法使网络的扩充无限升级，也不会出现环路、重发和阻塞等问题，邮件都能迅速地发送接收，而信息也不会无端丢失。那么，究竟蚂蚁是如何提速因特网呢？

在生物界，蚂蚁是一种头脑简单、视力也很不济的小东西，然而它却有着非凡的辨别复杂路径的能力。每个工作日，单个蚂蚁爬出洞窝时并没有自己明确的目的或该往哪地方去找食，更不明白整个蚁群的活动范围。但是一旦发现食物源，它就会存储特定的画面，并利用连续的画面来帮助自己在走远后能重新找回来（蚂蚁在路径上留下气味），并寻找最短的路径搬回食物。对蚂蚁找路现象有着深刻研究的清华大学复杂工程系统实验室，把人工生命中"蚂蚁路由原理"具体应用到因特网技术上。清华大学的研究人员在实验室里开发了一种奇特程序，在这种程序控制下，互联网上的信息会自动精确计算路由的长短，寻找捷径，这也是针对网络规模的无限升级、传统的Internet体系结构中出现的"路由问题"而设计的。现在的每一个路由器都记录了其他路由器的信息，而信息量就会随着网络中子网络数目的增加而迅速增加，直到路由器不能承受，于是产生了速度太慢和带宽不够等诸多问题，由此环路、阻塞、重发和邮件丢失就不可避免。如在网络上发一个数据包到美国东海岸某城，邮路先由日本再经夏威夷，再到西海岸，才到美国东海岸。若日本的节点链接断线或堵塞时，每个信息包寻找另外的最优路径，而不会全部堵在一条邮路上。也许"信息蚁"还会立即选择一条从澳大利亚通过的路径。这种随机应变不盲从、不死等的方法有效地提高了网络的利用率和传输速度，然而这一切都有赖于小蚂蚁们对路由长短的精确计算。"蚂蚁路由"原理是人工生命最典型的例子，它的用途还远不止于此（见图49.6-16）。

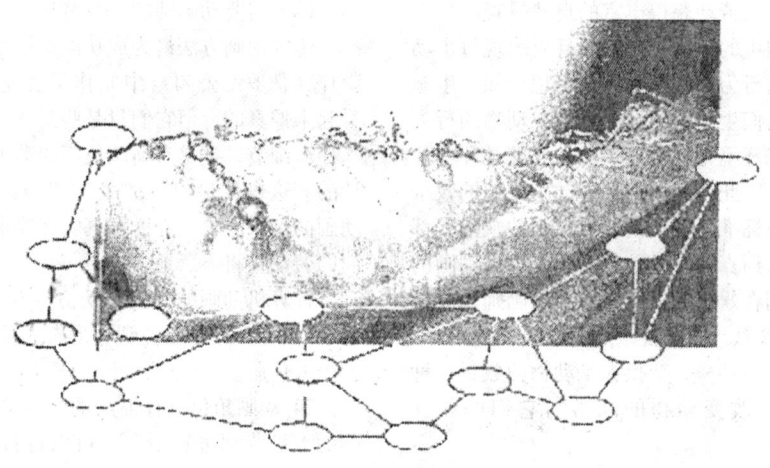

图49.6-16　"蚂蚁路由"

参 考 文 献

[1] 周济,等.机械设计专家系统概论[M].武汉:华中理工大学出版社,1989.

[2] 肖人彬,周济,查建中.智能设计——先进设计技术的核心[J].机械设计,1997(4):1-3.

[3] 钱学森,等.关于思维科学[M].上海:上海人民出版社,1988.

[4] 路甬祥,陈鹰.人机一体化系统与技术立论[J].机械工程学报,1994,30(6):1-9.

[5] 周济,查建中,肖人彬.智能设计[M].北京:高等教育出版社,1997.

[6] 李建平,徐林林,滕启.智能设计技术[J].起重运输机械,2003(5):1-3.

[7] 欧阳渺安.智能设计体系结构的研究[J].计算机工程与科学,1999,21(2):10-15.

[8] 韩晓建,邓家蹀.产品概念设计过程的知识表达[J].制造业自动化,1999,21(5):1-3.

[9] 张向军,桂长林.智能设计中的基因模型[J].机械工程学报,2001,37(2):8-11.

[10] 吕大刚,王光远.结构智能优化设计——一个新的研究方向[J].哈尔滨建筑大学学报,1999,32(4):7-12.

[11] Baras J S, Levine W S, Lin T L. Discrete-time point processes in urban traffic queue estimation[J]. IEEE Transactions on Automatic Control, 1979, AC-24:12-27.

[12] Pappis C P, Mamdani E H. A fuzzy logic controller for a traffic junction[J]. IEEE Transaction on System Man and Cybernetics, 1997, SMC-7(10):707-717.

[13] 洪伟,牟轩沁,王勇,等.交叉路网交通灯的协调模糊控制方法[J].系统仿真学报,2001,13(5):551-553.

[14] Choy M C, Srinivasan D. Hybrid Cooperative Agents with Online Reinforcement Learning for Traffic Control[J]. IEEE 2002, 1015-1020.

[15] Bingham E. Reinforcement Learning in neurofuzzy traffic signal control[J]. European Journal of Operational Research, 2002, 131:232-241.

[16] Patel M, Ranganathan N. IDUTC: An Intelligent Decision-Making System for Urban Traffic-Control Applications[J]. IEEE Trans. Veh. Technol, May 2001, 50(3):816-829.

[17] Kosuke Sekiyama, Jun Nakanishi, Isao Takagawa. Toshimitsu Higashi and Toshio Fukuda. Self-Organizing Control of Urban Traffic Signal Network[J]. IEEE 2001, 2481-2486.

[18] Bubak, M Czerwinski P. Traffic simulation using cellular automata and continuous models[J]. Computer Physics Communications, 1999, 121-122:395-398.

[19] Schreckenberg M, Neubert L, Wahle J. Simulation of traffic in large road networks[J]. Future Generation Computer System, 2001, 17:649-657.

[20] Neumann J V. The general and logical theory of automata. In: AA Taub[J]. J Von Neumann, Collected Works. Urbana: University of Illinois, 1963, 288-298.

[21] Wolfram S. Statical mechanics of cellular automata. Rev Mod Phys, 1983, 55(3):601-643.

[22] Packard N H, Wolfram S. Two Dimension Cellular Automata[J]. J Statis Phys, 1985, 38(5/6):901-946.

[23] Domany E. Exact Results for Two-and Three-Dimension Ising and Potts Models[J]. Phys Rev Lctt3, 1984, 52(11):871-876.

[24] Frish U, Hasslacher B, Pomeau Y. Lattice Gas Automata for the Navier-Stokes Equation[J]. Phys Rev Letts, 1986, 56:1505-1511.

[25] Madore B, Freedman W. Computer simulation of the Belousov Zhabotinsky reatin[J]. Science, 1983, 222:615-621.

[26] Suksy A M. Crystal symmetry[J]. Phys Bull, 1976, 27:475-480.

[27] Gerola F, Selden P. Stochastic star formation and spiral structure of galaxies[J]. Astro physical Journal, 1978, 223:129-140.

[28] Rosenfeld A. Picture Languages[M]. New York: Academic Press, 1979, 1-15.

[29] Mitchell M, Crutchfieid J P, Limber P T. Evolving cellular automata to perform computations: mechanisms and impediments[J]. Physica D, 1994, 75:361-391.

[30] 刘慕仁,孔令江.用12bit格子气自动机模型模拟静止流和Couette流的温度分布[J].物理学报,1993,42(6):874-879.

[31] 吕晓阳,孔令江,陈光旨.一维几串性细胞自动机演化的临界相变现象分析[J].物理学

报, 1990, 39 (1): 1-9.

[32] Biham, et al. Cellular Automata Model for Traffic Flow [J]. Phys Rev A, 1992, 46: 6124-6132.

[33] Wolfram S. Cellular Automata as models of complexity [J]. NATURE, 1984, 311 (4): 419-424.

[34] Bruijn N G. A combinatorial Problem [J]. Ned Akad Wetcn Proc, 1946, 49: 758-766.

[35] 张本祥, 孙博文. 社会科学非线性方法论 [M]. 哈尔滨: 哈尔滨出版社, 1997.

[36] Smith A R. Simple computation-universal cellular spaces [J]. J ACM, 1971, 18: 331-342.

[37] Berlekamp E R, Connay J H, Guy R K. Winning ways for your mathematical plays [M]. New York: Academic Press, 1973, 255-300.

[38] 应尚军, 魏一鸣, 范英, 等. 基于元胞自动机的股票市场投资行为模拟 [J]. 系统工程学报, 2001, 16 (5): 382-388.

[39] 刘慕仁, 邓敏艺, 孔令江. 舆论传播的元胞自动机模型 (1) [J]. 广西师范大学学报 (自然科学版), 2002, 20 (2): 1-4.

[40] 魏俊华. 城市交通信号自组织控制方法的研究 [D]. 上海: 上海交通大学, 2005.

[41] Jyuhachi ODA, Wang Anlin, et. al. Study on Structural Optimization Technique using Evolutionary Cellular Automata (Local Direct Rule Based on New Transition Function) [J]. Transactions of JSME, 68-665A, 15-20 (2002-1).

[42] 王安麟, 王炬香, 刘传国, 等. 基于 CA 的结构拓扑设计的研究——平面薄板加强筋拓扑形态创成的仿真 [J]. 机械强度, 2001, 23 (2): 181-186.

[43] 刘传国. 基于 CA 的结构形态设计的初步研究 [D]. 上海: 上海交通大学, 1999.

[44] 苏敏. 基于 CA 的城市汽车流自组织方法初探 (控制模型与仿真技术的研究) [M]. 上海: 上海交通大学, 2002.

[45] 吕晓阳, 孔令江, 刘慕仁. 细胞自动机的演化与计算理论 [J]. 华南师范大学学报, 1996 (2): 43-49.

[46] 漆安慎. 细胞自动机与自组织过程 [J]. 科学, 41 (8): 168-172.

[47] 谷永茂, 段国林, 齐红威. 人工神经网络专家系统智能设计平台体系结构的研究 [J]. 河北工业大学学报, 2000, 29 (4): 40-43.

[48] 刘浚利, 韩洪成, 李金军. 智能 CAD/CAM 一体化系统研究 [J]. 航天工艺, 1999 (3): 37-40.

[49] 钱学森, 于景元, 戴汝为. 一个科学新领域——开放复杂巨系统及其方法论 [J]. 自然杂志, 1990, 13 (1): 3-10.

[50] 戴汝为. 从定性到定量的综合集成技术 [J]. 模式识别与人工智能, 1991, 4 (1): 5-10.

[51] 戴汝为. 关于智能系统的综合集成 [J]. 科学通报, 1993, 38 (14): 1249-1256.

[52] 戴汝为, 王珏, 田捷. 智能系统的综合集成 [M]. 杭州: 浙江科学技术出版社, 1995.

[53] 王寿云, 于景元, 戴汝为, 等. 开放的复杂巨系统 [M]. 杭州: 浙江科学技术出版社, 1998.

[54] 李厦, 戴汝为. 系统科学与复杂性 [J]. 自动化学报, 1998, 24 (2): 200-207.

[55] 周登勇, 戴汝为. 人工生命 [J]. 模式识别与人工智能, 1998, 11 (4): 412-419.

[56] Coolsun. 人工生命技术的技术理念和优势. 金融人工生命论坛.

[57] 张永光. "人工生命"的研究进展 [J]. 中国科学院院刊, 2000 (3): 169-173.

[58] 涂晓媛, 陈泓娟, 涂序彦. 计算机动画的人工生命方法 [J]. 软件世界, 2000 (4): 51-53.

[59] 陈祥. 神奇人工生命提速因特网 [N]. 人民日报, 2000-4-14.

[60] LangtonC G. Artificial Lift, Addison Wesley, 1989.

[61] Langton C G, et al. Artificial Life II, Addison Wesley, 1990.

[62] LangtonC G, et al. Artificial Life III, Addison Wesley, 1992.

[63] Meyer J A, Wilson S W. From animals to animals Proc. Ist Int. Conf. on Simulation of Adaptive Behavior (SAB91), MIT Press 1991.

[64] AckleyD, Littman M. Interactions between learning and evolution, Artificial Life II, also Video Proceedings, Addison Wesley, 1990.

[65] Booker L. Improving search in genetic algorithms, Genetic algorithms and simulated annealing, Davis L. (ed.), 61-73, Morgan Kaufmann, 1987.

[66] Cariani P. Emergence and Artificial Life, Artificial Life II Langton C G, et al. (eds.), Addison Wesley, 1991.

[67] Casti J L. Paradigms Lost, 1989.

[68] Crow J F. Genetics Notes. Seventh Edition. Dawkins 76 Dawkins, R.: The Selfish Gene, Oxford: Oxford

University Press, 1976.
[69] DawkinsR. The Blind Watchmaker, Longman Scientific & Technical, 1987.
[70] DawkinsR. The Evolution of Evolvability Artificial Life, Langton, D G. (ed), Addison Wesley, 1989.
[71] DewdneyA K. Computer recreations, simulated evolution: wherein bugs learn to hunt bacteria, Scientific American, 104-107, May 1989.
[72] Gould S J. An urchin in the Strom, Essays about Books and Ideas, 1987.
[73] Iha H, Akiba S, Higuchi T and Sato T. BUGS: A bug-based search strategy using genetic algorithms, ETL-TR92-8, also Proc 2nd Work shop on Parallel Problem Solving from Nature (PPSN92), North-Holland, 1992.
[74] Iba H, Higuchi T, deGaris H and Sato T. A bug based search strategy for problem solving, ETL-TR92-24. also Proc. 13th Int. Joint Conf on Artificial Intelligence (IJCA193), 1993.
[75] Ray T S. An Approach to the Synthesis of Life, Artificial Life Ⅱ, Langton C G, et al, Addison Wesley, 1991.
[76] Razenberg G. The Book of L, Springer Verlag, 1986.
[77] Sims K, et al. Panspermia, Artificial Lift Ⅱ, also Video Proceedings, Addison Wesley, 1992.
[78] Smith J R. BUGS: A non-technical report, Dept. of Computer Science, Williams College. 1990. 8. 14.
[79] Smith J R. Designing Biomorphs with an Interactive Genetic Algorithms, Proc. 4th Int. Joint Conf. on Genetic Algorithms (ICGA91), 1991.
[80] Wagon S. Mathematical in Action, Freeman and Company, 1991.
[81] Wilson E O. The insect societies, Belknap Press, Harvard, 1971.
[82] Wilson S W. Classifier systems and the animat problem. Machine Learning, 1987, 2 (3).
[83] Wright A H. Genetic algorithms for real parameter optimization Foundations of genetic algorithms, Rawlins J. E. (ed), 205-218, Morgan Kaufmann, 1991.
[84] 中尾智晴. 最適化アルゴリズム [M]. 株式会社昭晃堂, 2000.
[85] 伊庭斉志. 遺碩的アルゴリズムの基礎 [M]. オーム社, 1994.
[86] 陈国良, 等. 遗传算法及其应用 [M]. 北京: 人民邮电出版社, 1996.
[87] 王小平著. 遗传算法 [M]. 西安: 西安交通大学出版社, 2000.
[88] 王安麟. 机械工程现代最优化设计方法与应用 [M]. 上海: 上海交通大学出版社, 2001.
[89] 王安麟. 复杂系统的分析与建模 [M]. 上海: 上海交通大学出版社, 2004.

第50篇 仿生机械设计

主　编　任露泉　韩志武
编写人　任露泉　韩志武　呼　咏　孙霁宇
　　　　田丽梅　张成春　张俊秋　张　强
　　　　张　锐　张志辉
审稿人　王继新

第 1 章 仿生机械设计概述

自古以来,五彩缤纷的生物界一直强烈地吸引着人们探索的目光,它是人类产生各种技术思想和发明创造灵感的不竭源泉。人类正是通过向生物界不懈地学习和模仿,从而不断地找出解决人类技术发展甚至经济建设和社会进步所面临的诸多问题的答案与方法。

仿生学(Bionics)是运用从生物界发现的机理与规律来解决人类需求的一门综合性交叉学科,是利用自然生物系统构造和生命活动过程作为技术创新设计的依据,有意识地进行模仿与复制,它开启了人类社会由向自然索取转入向生物界学习的新纪元。简言之,仿生学就是研究生物系统的结构、性状、功能、能量转换、信息控制等各种优异的特性,并把它们应用到工程技术系统中,改善已有的工程技术设备,为工程技术提供新的设计思想、工作原理和系统构成的技术科学。仿生学的意义在于将认识自然、学习自然、改造自然和超越自然有机结合,将生物经过亿万年进化、优化而逐渐形成的各种与环境高度适应的功能特性,移植到相应工程技术领域,为人类提供最可靠、最灵活、最高效、最经济的接近于生物系统的技术系统,为科学技术创新提供新思路、新理论和新方法。

仿生学一经诞生就得到了迅猛发展,在许多科学研究和工程技术领域崭露头角,取得了巨大的成就。随着现代科学技术的发展和工程的实际需要,在众多的工程技术领域展开了相应的仿生技术研究。例如,航海部门对水生动物运动流体力学的研究;航天部门对鸟类、昆虫飞行的模拟及动物定位与导航的研究;工程建筑对生物力学的模拟;无线电技术对于生物神经细胞、感觉器官和神经网络的模拟;计算机技术对于脑的模拟及生物智能的研究等。现今,许多国家为系统深化仿生学基础研究做了精心的长期计划准备。美国最早创建"仿生学"学科,并紧紧围绕国家的安全需求,在美国国防部先进研究计划署(DARPA)的支持下,使生物机器人和仿生壁虎机器人的研究处于国际领先地位;英国在生物力学、仿生材料和仿生机械等方面的仿生研究成效明显;德国通过德意志研究联合会(DFG)的持续支持与高校和企业展开合作,在自清洁、汽车仿生设计等多个领域获得了巨大的成功;日本的仿蛇机器人和仿人机器人居国际前沿水平;我国在机械仿生、非光滑形态仿生、界面仿生脱附减阻、耦合仿生、功能表面仿生、材料仿生、智能仿生和壁虎运动仿生等方面的研究取得了丰硕的成果。

1 仿生机械的概念

在自然界中,生物通过物竞天择和长期的自身进化,已对自然环境具有高度的适应性。它们的感知、决策、指令、反馈、运动等机能和器官结构远比人类所制造的机械更为完善。仿生机械通过研究和探讨生物机制,模仿生物的形态、结构和控制原理,设计、制造功能更集中、效率更高并具有生物特征的机械。仿生机械与传统机械相比具有更广阔的应用前景和发展空间。

1.1 仿生要素

仿生要素包括:仿生需求、仿生模本、仿生模拟和仿生制品(见表 50.1-1),它们之间的关系如图 50.1-1 所示。

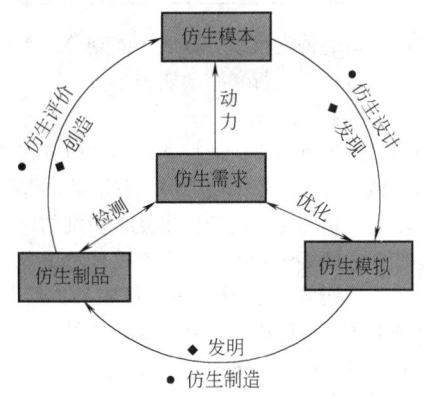

图 50.1-1 仿生要素间的相互作用关系

1.2 仿生机械的分类

研究仿生机械的学科称为仿生机械学(Bionic mechanics),它是 20 世纪 60 年代末期由生物学、生物力学、医学、机械工程、控制论和电子技术等学科相互渗透、结合而形成的一门交叉学科。仿生机械研究的主要领域有生物力学、控制体和机器人等。把生物系统中可能应用的优越结构和物理学的特性结合,人类就可能得到在某些性能上甚至比自然界形成的体系更为完善的仿生机械。

表 50.1-1 仿生要素

仿生要素名称	注 释
仿生需求	仿生需求包括生存需求、健康需求、军事需求、发展需求、精神需求和兴趣需求等。生存需求是人类最基本的需求,人类在巨大的生存压力面前不断地向自然学习,从大自然获得生存灵感,制造了一系列的工具和机器来推动生产力的发展。人类在繁衍生息过程中所遇到的最切身相关的问题就是健康问题,所以人类对健康的需求是十分迫切的,仿生在医疗健康事业中具有举足轻重的地位,仿生心脏、仿生肾脏和仿生耳等一系列的仿生人体器官的研究和突破将会为患者带来健康的福音。军事存在是保证国家主权和领土完整的重要手段,爱好和平的国家所具有的强大的军事能力也是本国以及世界和平发展、人民安居乐业的有力保证。仿生学在武器装备和战略战术方面有着广泛的应用,如动物的保护色在视频隐身方面的应用,狼群在捕猎时所利用的狼群战术在军事战术上的应用等。人类社会的发展和对美好事物的精神追求以及人类天生的好奇心都时刻引导着人们向大自然学习,进行相应的仿生探索研究
仿生模本	仿生模本包括生物模本、生活模本和生境模本。生物模本是指自然界中各种各样的生物,包括动物、植物、微生物,都可以作为仿生模本供各行各业进行仿生研究,发明和创造出更优、更接近于生物系统的仿生制品。生活模本是指人类在研究生物功能特性的基础上,把目光投向人类自身的生活,开展对人类生命形态的仿生探索,以人类自身的生活原理、文化行为和思维哲理为模本,进行人类自然生命(生理)和精神生命(心理、心灵)的仿生研究。生境模本是指人类所赖以生存的环境,特别是生境中所呈现的奇特自然现象和自然环境等
仿生模拟	仿生模拟包括形似模拟和神似模拟。形似模拟是指模仿生物形态(貌)、结构、材料、形体(形状、构型)等因素而开展的仿生设计。神似模拟是指模仿生物多因素相互耦合、相互协同作用的原理而开展的仿生设计,其在形似模拟的基础上更注重对生物功能原理与规律的探究
仿生制品	仿生制品包括非生命制品、包含生命零部件的仿生制品和具有完整生命的仿生制品。非生命制品是指应用于科学、技术、工程以及人文、社会等领域的传统仿生产品,是纯人工技术制品。包含生命零部件的仿生制品是指随着仿生学与生命科学、医学、药学等学科交叉渗透日益深入,在仿生制品中包含生命活体元素或仿生制品是生命体的组成部分,如仿生水母推进装置。具有完整生命的仿生制品是指具有与模本相似的生命特征,且与人类或生物具有极佳的相容性,能够替代模本去执行相应功能的仿生制品

仿生机械的种类很多,按照功能划分,大致可以分为抓取、行走、飞行和游动四类。

(1) 仿生抓取机械

目前,仿生机械在抓取功能方面的研究集中于仿生人形机械手,人手(含手臂)具有复杂得多关节结构,不但能精确定位还能做出复杂精细的动作,这些都是传统机械很难做到的。它们可分为工业机器人用机械手、科研智能机器人用机械手和医疗用机械手。其他的仿生抓取机械还有仿象鼻的柔性抓取机械和仿章鱼吸盘式抓取机械等。

(2) 仿生行走机械

行走机构作为运输的平台在汽车领域、机器人领域及执行各类特种任务的领域有着举足轻重的作用。传统行走机构的主要形态是轮式,结构相对简单可靠,技术成熟,且科技的发展使得现代行走机构负重能力不断加强,灵活性不断提高,在大多数情况下都能满足要求。然而,随着人类涉足的领域越来越广泛,在某些特殊环境下传统行走机构却不见得是最佳选择。研究发现,生物体的行走能力对环境的适应性是机械无可比拟的,部分生物在特殊环境中的行走能力更是令人叫绝。根据行走环境的不同,行走机构又分为常规地形行走机构、松软地面行走机构和狭小空间移动机构等。

(3) 仿生飞行机械

仿生学在飞行机械中的应用更多的是在微型飞行器方面(Micro Air Vehicle, MAV),尤其是微型扑翼飞行器(Flapping Micro Air Vehicle, FMAV),这是一种模仿鸟类和昆虫飞行,基于仿生学原理设计制造的新型飞行机器。不同于传统飞行理论,FMAV 的研究主要从两个方面展开:非定常高升力机理分析和柔性扑翼的气动特性分析。由于没有具体的理论和经验公式可以遵循,目前对 FMAV 空气动力学问题的研究还处于起步阶段。

(4) 仿生游动机械

早在 20 世纪五六十年代,仿生机器鱼的研究就已经受到了机器人领域学者的重视,有关理论和试验得到不断发展。随着科学技术的发展,水下无人潜器(Autonomous Underwater Vehicle, AUV)在海洋生物研究、地形勘测、海洋军事等方面的应用将会日益广泛,拥有广阔的应用前景和开发潜质。

1.3 仿生机械设计

仿生机械设计(Bionic Mechanical Design, BMD)是指充分发挥设计者的创造力,利用人类已有的机械设计相关技术成果，借助现代工程仿生学的创新思维方式，设计出具有新颖性、创造性及实用性的机械机构或产品（装置）的一种实践活动。仿生机械设计是基于传统机械设计基础，而又高于传统机械设计的创新设计。图50.1-2表明了仿生学、工业设计、机械设计以及仿生机械设计的关系。

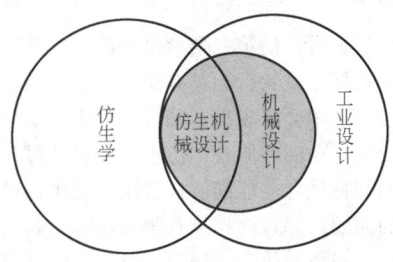

图 50.1-2　仿生学、工业设计、机械设计以及仿生机械设计的关系

仿生设计为机械设计提供了创新思维、创新方法和创新理念。仿生机械设计依托生物模本优异特性所创造的或者改进的机械产品具有生物相关的优良特性。仿生机械设计研究的主要内容有：

(1) 机械形态结构仿生设计

机械形态结构仿生设计是仿生机械设计的核心内容之一，通过研究生物的形态结构奥秘和机理进行机械形态结构仿生设计。自然界的生物经过长期与自然环境的磨合，形成了复杂的、适应各种外界环境的结构特征或体表形态。这些结构特征或体表形态为机械仿生设计提供了最佳的宏观和微观的结构原型。例如，土壤动物体表普遍存在几何非光滑形态，这些非光滑体表与土壤相互作用可以减小土壤与动物的黏附力和摩擦力，以这些仿生非光滑表面为灵感所设计的地面机械仿生非光滑触土部件取得了较好的减黏脱附效果。

(2) 机械运动机构仿生设计

机械运动机构仿生设计是机械仿生设计的又一核心内容。目前，机械运动机构仿生设计主要是从形态、结构、控制和功能等方面对动物进行模仿，这对于全面了解和利用动物运动特征十分重要。运动机构仿生设计的典型代表当属仿生机械手设计。人的上肢具有较高的操作性、灵活性和适应性，机械手正朝着与人上肢功能接近的方向发展。人的一个上肢有32块骨骼，由50多条肌肉驱动，由肩关节、肘关节、腕关节构成27个空间自由度。肩和肘关节构成4个自由度，以确定手心的位置。腕关节有3个自由度，以确定手心的姿态。手由肩、肘、腕确定位置和姿态后，为了掌握物体做各种精巧、复杂的动作，还要靠多关节的五指和柔软的手掌。手指由26块骨骼构成

20个自由度，因此手指可做各种精巧操作。目前，世界上很多国家开发和设计了各种各样的仿生机械手，如英国Shadow机器人公司在2004年研制的Shadow五指仿人灵巧手，在外形上很接近人手，共有19个自由度，具有位置传感器、触觉传感器及压力传感器，采用气动人工肌肉作为驱动元件。英国2008年生产的i-LIMB仿生手可以让使用者顺利进行开锁、输入密码、开易拉罐等精细动作。

(3) 机械材料仿生设计

机械材料仿生设计范围广泛，包括生物组织形成机制、结构和过程的相互关系，并最终利用所获得的结果进行材料的设计与合成，以适应机械各种性能要求。天然生物材料的分级结构、微组装和功能研究是材料仿生设计的依据，天然生物复合材料结构为新型复合材料研究提供了仿生学基础。分析天然生物材料微组装、生物功能及形成机理，发展仿生高性能工程材料以代替现有金属材料改善某些机械性能。例如，Dalton等通过纺丝技术成功地将单壁碳纳米管（直径约1nm）编织成超强碳纳米管复合纤维（含60%的碳纳米管）。这种碳纳米管复合纤维具有良好的强度和韧性，其拉伸强度与蜘蛛丝相同，但其韧性高于目前所有的天然纤维和人工合成纤维材料，比天然蜘蛛丝高3倍，比凯芙拉纤维强17倍。Mckinley研究小组通过模仿蜘蛛丝的特殊结构，将层状堆叠的纳米级黏土薄片（laponite）嵌入人造聚氨酯弹性体（elasthane），制备了一种同时具有良好弹性和韧性的纳米复合材料。

(4) 机械控制仿生设计

现代机器系统大多是机电一体化的集成体，机械智能控制是实现现代机械系统作业性能的保证，机械智能控制仿生设计是智能仿生机器人设计的重要内容。仿生机器人的发展在很大程度上代表了机械智能控制仿生设计的水平，过去以定型物、无机物等规格化目标为作业对象的机器人在工业领域得到长足发展，近年来涉及以复杂多样的动植物为作业对象的农业机器人备受青睐，日本、美国等发达国家在这方面的研究居于世界前列。作业对象的复杂多样，要求机器人除了应具有一般工业机器人的定位、导航功能外，还应该准确识别作业对象的无规则形状，准确知道自身当前的位姿，以实现精确定位和均匀作业。

2　仿生机械设计的特点

仿生机械设计是在仿生学、机械学和设计学的基础上发展起来的，对研究人员要求较高，需具备生物学、物理学、机械学和控制论等学科知识，研究对象广泛，以自然界万事万物的形、色、音、功能、结构

等为研究对象。换句话说，仿生机械设计就是利用创新的理念与方法给人类的机械发明提供另一种发展模式，模拟自然界万物的生存方式，从一个独特的视角探索世界，实现机械科学技术的改革和创新。仿生机械设计最大的特点在于在机械设计的基础上引入了仿生设计，所以仿生机械设计既具有传统机械设计的特点又具有仿生设计的优势。仿生机械设计的主要优势和特点有：

（1）依托仿生学研究成果，为机械设计提供科学技术支持

仿生学对生物系统结构与机理的研究成果为机械设计新原理得以构想、实施和展示提供有力支撑。仿生学对机械设计的意义在于透过自然现象探究自然系统背后的机理，为机械设计的新构想打开一片广阔的领域，最终达到机械创新的目的。

（2）赋予机械设备更多的生物优异功能

仿生机械设计是把自然界生物所具有的与机械设备需求相适应的优异功能转化为生产力的重要手段。通过仿生机械设计，将生产出能量消耗最低、效率最高、适应性最强、寿命最长的机械设备。

（3）体现机械设计的自然亲和力和环保特性

在机械设计中由于仿生对象的自然属性，使得设计也必然或多或少地映射出与大自然的联系，即在仿生机械设计中蕴含着某些自然属性，而这些自然属性都是天然环境友好特性，从而使设计出的机械设备更具自然亲和力和环境保护特性。

3 仿生机械设计的原理

随着时代的发展，人们对机械设备的自动化、效率化、环保化等要求越来越高。仿生机械设计以实际需求为目标，在一定设计原则约束下，运用先进的设计原理、方法，不断创新，进而创造出满足实际需求的机械设备。

3.1 相似性原理

相似性原理是指在仿生机械设计过程中，产品与被仿的自然物一定具有某种相关性。从物质现象层看，仿生机械设计可分为造型仿生机械设计、色彩仿生机械设计、肌理仿生机械设计、功能仿生机械设计和结构仿生机械设计等。尽管仿生的元素有一定区别，但其身上都包含着与设计中的机械设备相似的特征，即相关性。

典型例子如产品的形态仿生能够满足消费者的情感需求，部分仿生产品在形态上与自然生物有一定的相似性。玛莎拉蒂3200GT的外观造型运用的就是形态相似性原理，它的车身正侧造型像一条张嘴的小鱼，后视镜模仿了驼类动物的耳朵，这些动物的辨识度都很高，一旦进入视线，必会引起联想。保时捷、法拉利等跑车系列常常在车身造型上模仿奔跑速度极快的猎豹或者是老虎等猛兽，用以表现驾驶者的勇猛犀利，满足消费者的心理需求。

3.2 功能性原理

仿生机械设计的第一要素是功能，它是该设计追求的第一目标。生物行为具有功能性，一种生物在其行为进行过程中会展现出一种或多种生物功能，以适应环境变化。功能性原理即仿生机械设计过程中，被仿生物的某种优异功能能够在理论上解决待设计的机械设备的问题，并且该功能有望成功转化到具体的机械设备中。一般的仿生机械设计过程是研究某一生物的行为，解析其功能原理，用这种原理去改进现有的或建造新的机械设备，进而达到促进设备的更新换代或者开发，使人们在使用设备的过程中获得更强的人性化、自然化、便利化体验的目的。

例如，乌贼运动速度极快，素有"海中火箭"之称，它在逃跑或追捕食物时，最快速度可达15m/s。研究发现，乌贼的尾部有一环形孔，正常运动时，海水经过环形孔进入外套膜，与此同时软骨把孔封住，而要进行快速运动时，外套膜猛烈收缩，软骨松开，水从前腹部的喷水管急速向后喷射出去，马上产生很大的推力，使乌贼像离弦之箭冲刺前进。人们根据乌贼这种巧妙的喷水推进方式，设计制造了一种高速喷水船，用水泵把水从船头吸进，然后高速从船尾喷出，推动船体飞速向前移动。

3.3 比较性原理

比较性原理即保证仿生机械设计的有效性，在设计过程中需要从不同方面对初步选定的生物模本进行比较分析，以及在随后设计中需要对一系列仿生形态特征参数和试验条件进行优化分析比较。不同生物体可能具有对机械设计有益的同种属性，按照不同设计方法生产出的机械设备功能性可能有一定的差异。在仿生机械设计的过程中，需要首先对生物特征参数进行提取和定量统计，而后通过试验优化、有限元分析、统计不变量分析等一种或多种方法建立仿生模型，根据建立的仿生模型，对仿生形态特征参数和试验条件进行优化和分析，从而甄选出最佳参数。

四足仿生机器人一直是机器人领域研究的热点。上海交通大学田兴华等通过分析比较前人设计的四足机器人的腿构型，提出了三种用于高速、高承载四足仿生机器人的混联腿构型。随后对三种混联腿方案的工作空间、承载能力以及整机在前后、左右方向运动

的各向同性度进行了分析比较,确立第三种方案为最佳方案。最终,将第三种方案与经典串联腿构型进行了对比,证实了第三种方案的可靠性。

4 仿生机械设计的方法

仿生机械的主要类型有构形仿生机械、形态仿生机械、结构仿生机械、材料仿生机械和功能仿生机械等,但具体到仿生机械设计方法,一般分为以下两种:一是从生物到仿生机械产品,也就是在生物学自身的研究过程中有针对性地选取对解决工程问题有借鉴意义的部分进行仿生机械设计;二是从机械产品到生物,也就是根据工程领域和生产实践过程中提出的相关问题,找到合适的生物模本,并利用各种先进技术研究与此问题相关的形态、结构或功能来进行仿生机械设计。

从生物到仿生机械产品的仿生机械设计方法一般是从具体的生物模本到仿生创造思维,由明确的生物对象激发出仿生灵感,最终形成机械产品设计。从具体的生物对象到仿生思维创造,需要从一个具体到抽象的过程,这个过程不是单纯地、抽象地把某个生物直接搬到某个机械产品上,而是要经过一系列的抽象思维、信息转化以及综合考量,找到切入点,这样设计出来的机械产品才会有创新性和实用性,而且这个过程需要经过多次反复。从具体的生物模本到仿生思维创新,思维是发散式的,而从仿生思维创新到新产品设计思维就需要收敛了。因为在前面的思维过程中构想出来的方案也许有的已经是产品了,有的还没有最终定型,这就需要经过进一步的思考,寻找最佳的构想。在这一过程中需要以最初的生物为原型,让人既要看到所仿生物的影子又要看到从这一生物出发所构想到的产品,找准最佳的最巧妙的结合点。这就需要设计师有敏锐、透彻的观察力和感知力,对生命特征的本质理解和较强的抽象思维能力,以及较高的形意创造和整体把握能力,使仿生设计的产品与生物在生命意义上达到从形式到内容的和谐。

对于从机械产品到生物的仿生机械设计方法,一般有明确的目标机械产品,以目标产品概念主导仿生设计为前提,是在设计目标明确、产品概念形成的条件下,以仿生思维与活动为主要内容的过程计划,是目标产品设计程序的组成部分。生物是大自然这位杰出的"设计师"塑造出来的最杰出的"机械产品",有了明确的机械产品概念后,就可以在大自然中寻找和发现解决问题的对应生物。无数的对应生物提供了无数的创意,这跟平时仔细观察周围事物是分不开的。

从机械产品到生物的仿生机械设计过程中,首先要明确仿生设计概念。根据新产品设计目标与新产品概念的需求,分析其特点,找出仿生的思维方式和设计需求结合点。具体来说,是对与产品构成要素相对应的生物形态、结构、功能、美感和意向等特征的方向性确定与描述,并与产品概念融合形成目标产品的仿生设计概念,然后在自然生物系统中寻求、搜索与仿生概念相关的仿生目标对象,通过观察、认知、研究来筛选并确定对仿生设计有启迪意义的内容。其次,进行仿生设计联想。凭借平时观察自然所积累的知识,经过感性的思考,寻找到仿生目标,并进一步对该目标进行重新认识与归纳,再运用理性和推理的思考方式来进行演绎与修正,这个过程思维是不断跳跃的。最后一步是仿生设计方案的提出。根据前面周到思维的构思,形成设计草图,对这些草图通过分析、评价、再分析、再评价,从而确定最终的方案。

5 仿生机械设计的信息获取与处理

5.1 仿生信息获取方法

仿生信息获取是指围绕一定目标,在一定范围内,通过一定的技术手段和方式方法获得原始信息的活动和过程。针对仿生机械设计而言,主要需要获取两类信息:生物信息和机械信息。生物信息包括各种生物特性、生活特性和生境特性等。机械信息包括机械创新应用信息、机械缺陷信息以及机械改进信息等。

仿生信息获取是仿生机械设计的第一个基本环节,必须具备三个步骤才能有效地实现。

1) 制定仿生机械设计信息获取的目标要求,即所需获取的仿生信息及用途。不同的仿生信息对不同人的价值和意义不一样。仿生机械设计人员需要根据自身的要求去获取信息,在获取信息的过程中需要考虑这些仿生信息的时效性、地域性以及可靠性。

2) 确定仿生机械设计信息获取方法。采取正确的技术手段、方式和方法获取信息能够起到事半功倍的效果。由于信息来源的技术特点不同,信息获取的方法也多种多样。例如,如果要获取生物信息可以采取现场调查观察法、问卷调查法和访谈法等,即可以对某种生物进行实地的行为、习性和形体等进行近距离无接触的考察,当然也可以询问有关生物学方面的专家。获取仿生机械设计信息最方便的自然是计算机检索,检索到的信息包括文献型信息、数据型信息、声像型信息以及其他多媒体信息等,运用计算机检索技术获取仿生机械设计信息的方法更加方便快捷。

3) 对仿生机械设计信息进行评价是有效获取信息的一个非常重要的步骤，它直接涉及信息获取的效益。评价的依据是先前确定的信息需求，比如信息的数量、信息的适用性、信息的载体形式、信息的可信性和信息的时效性等。

5.2 仿生信息处理方法

仿生信息处理就是对已获取的仿生信息进行接收、判别、筛选、分类、排序、存储、分析、转化和再造等的一系列过程，使收集到的仿生信息能够满足仿生机械设计的需求，即信息处理的目的在于发掘信息的价值，方便用户的使用。信息处理是信息利用的基础，也是信息成为有用资源的重要条件。

在大量的原始信息中，不可避免地存在着一些假的信息，只有认真地筛选和判别，才能避免真假混杂。最初收集的信息是一种初始的、凌乱的、孤立的信息，只有对这些信息进行分类和排序，才能有效地利用。通过信息的处理，可以创造出新的信息，使信息具有更高的使用价值。信息处理的类型主要有：

1) 基于程序设计的自动化信息处理，即针对具体问题编制专门的程序实现信息处理的自动化，称为信息的编程处理。编程处理的初衷是利用计算机的高速运算能力提高信息处理的效率，超越人工信息处理的局限。

2) 基于大众信息技术工具的人性化信息处理，包括利用字处理软件处理文本信息，利用电子表格软件处理表格信息，利用多媒体软件处理图像、声音、视屏、动画等多媒体信息。

3) 基于人工智能技术的智能化信息处理，指利用人工智能技术处理信息。智能化处理要解决的问题是如何让计算机更加自主地处理信息，减少人的参与，进一步提高信息处理的效率和人性化程度。

5.3 仿生信息工程化原则

仿生信息工程化不仅要遵循一般的工程化准则，还要遵循仿生信息工程化的准则。

1) 在仿生信息工程化时，首先，应该进行需求性分析，主要包括功能需求、性能需求、环境需求和可靠性需求等，然后，逐步细化和分析需求，最后，对初步的构思的正确性、完整性和清晰性及其他需求给予全面评价。

2) 在仿生信息工程化时，要为产品设计提供科学的原理、技术与结构等方面的支持，要体现设计的自然亲和力，要赋予设计更多的精神与文化内涵。

3) 在仿生信息工程化时，注意把握尺度，虽然仿生信息源自自然，但绝不是简单的"拿来主义"，更不是形而上学的机械式的照搬、照抄，要注意对各学科理论的综合应用，更要注重人与环境的和谐发展。

6 仿生机械设计的步骤

以上述提到的两种仿生设计方法中的第二种方法为例来阐述仿生机械设计步骤。

6.1 明确设计要求

明确设计要求是仿生机械设计的基础。仿生机械和其他机械一样都有一些基本设计要求，它们分别是使用功能、经济性、劳动保护和环境保护、寿命、可靠性等要求以及其他专用要求。仿生机械应具有预定的使用功能。这主要靠正确地选择仿生机械的生物模本，正确的模本表征与建模，以及提出合理的设计原理和方法来实现。仿生机械的经济性要求体现在设计、制造和使用的全过程中，设计仿生机械时就要全面综合地进行考虑。设计制造的经济性表现为机械的成本低，使用经济性表现为高生产率、高效率，较少的能源、原材料和辅助材料消耗，以及低的管理和维护费用。一般情况下仿生机械都具有天然的劳动保护和环境保护要求。仿生机械和普通机械一样都需要满足一定的寿命要求，才能正式成为可靠的机械产品。

6.2 选择生物模本

明确设计要求后，选择合理的生物模本是仿生机械设计的核心。在自然的法则下，为适应自然环境和满足生存需要，生物经过亿万年的进化，优化出各种各样的形态、构形、材料和复杂的结构，形成了对生存环境具有最佳适应性和高度协调性的优异特性。选择合理的生物模本也就是要综合考虑生物的优异特性，从而选出最适宜、最优秀和最典型的仿生生物对象。

在挑选合适的生物模本之前，首先要了解生物的特性，并择其优。生物特性按照生命过程可分为：生长特性、行为特性、运动特性和生境特性。生长特性是指生物在适宜的条件或环境中按照一定的模式进行生长的特性，表现为组织、器官、身体各部分以致全身的几何形状、形态、大小和重量的可逆或不可逆改变及身体成分的变化。行为特性是指生物呈现出的对内外环境变化做出相应反应的特征，如动物的取食、御敌、沟通、社交等。运动特性是指生物展现的在一维、二维或多维空间内整体或部分进行移动的特征。生境特性是指生物经过长期的进化与自然选择，呈现出的与生存环境相适应的特征、品质和品性。

在充分了解了生物的特性之后，综合机械产品的设计要求，找出最合适的仿生模本。这个过程往往不是一蹴而就的，需要反复地比较合理性和特征的生境适应性。

6.3 模本表征与建模

在选择了合理的生物模本之后，对模本的表征和建模是仿生机械设计的关键。对生物模本关键形态、结构、组成和特性的表征有利于准确地建立仿生模型，准确的仿生模型有利于设计者总结和提出创新性的仿生机械设计原理和方法。

现有的建模方法主要有：

（1）物理模型

物理模型是通过对生物的基本形体进行简化或按缩小比例，或按放大比例而构建出来的实物模型。例如，人体足部耦合功能特性对仿生机械、仿生行走、足部医学和体育竞技等领域均具有重要意义。在研究过程中，建立精准的足部耦合物理模型是研究足部耦合功能特性的基础。

（2）数学模型

数学模型是指用数学语言描述的一类模型，即为了某种特定的生物功能目标，根据生物的特征规律及其相互关系，做出一些必要的简化假设，运用适当的数学工具得到的用数学语言表达的结构模型。

（3）结构模型

结构模型是将生物构成的几何、物理、材料等耦元视作构件，耦联视作结构关系而构建的一种模型。例如，蜻蜓膜翅通过特殊的形态、巧妙的机构和轻柔的材料等因素耦合，展现出了超强的飞行能力和良好的力学性能，为飞机机翼提供了天然的生物模本。

（4）仿真模型

仿真模型是指通过计算机描述和表达生物模型。采用适当的仿真语言或程序使得生物的物理模型、数学模型或结构模型转变为仿真模型。例如，蜣螂鞘翅通过形态、结构和材料等耦元耦合具有良好的力学性能，在对其进行力学测试时，如果直接在蜣螂鞘翅上进行，在完成一项力学测试后，可能会破坏鞘翅耦合系统，而影响力学测试的结果。因此，建立生物的仿真模型，可对其进行不同的力学测试。

在选定了合理的建模类别之后，需要对仿生模本进行建模，一般的建模步骤见表50.1-2。

表50.1-2 仿生模本建模步骤

序号	建模步骤	说明
1	明确问题	生物模型建立的首要任务是明确欲研究生物的主要功能。特别是研究生物功能的实现模式及其与环境因子的关系，确定建模的目的；问题明确后，再选择合适的建模方法。通常，建模应先核心后一般，先易后难，根据研究的功能目标和具体要求逐步完善
2	合理假设	根据生物的特征和建模的目的，对问题进行必要的、合理的假设，可以说这是建模的关键步骤。一个实际问题不进行合理假设，就很难"翻译"成数学语言或欲建的模型语言，即使可能，也因其过于复杂很难求解。模型建立的合理与否，很大程度上取决于假设是否恰当。如果假设试图把复杂的生物的各方面因素都考虑周全，那么模型或者无法建立，或者建立的模型因为太复杂而失去可解性；如果假设把本应当考虑的因素忽略掉，模型固然好建立并且容易求解，但这时建立的模型可能反映不出生物主要信息，从而使得模型失去存在价值。因此，建模过程中，要根据生物实际问题的要求，做出合理、适当的假设，在可解的前提下力争有更高的可信度。此外，合理的假设在建模过程中的作用除了简化问题外，还可以对模型的使用范围加以明确的限定
3	模型构建	根据欲研究问题的具体情况和所做的假设，全面分析生物中各特征与属性及其相关关系，利用适当的建模工具与方法，建立各个特征量（常量与变量）之间的物理、数学关系结构，这是生物建模的核心工作
4	模型求解	模型求解即采用解方程、画图形、定理证明、逻辑运算、数值计算、可拓分析与优化处理等各种传统的和现代的方法得到模型的有效解。不同生物模型的求解一般涉及的求解知识不同，求解的技术思路也可能各异，目前尚无统一的具有普适意义的求解方法。因此，对于不同的生物模型，首先应优选出合适的求解方法
5	模型解分析	模型求解后，应对解的意义进行分析和讨论，根据问题的需要、模型的性质和求解的结果，有时要分析和揭示生物机制、生物功能与生物特征间的变化规律，有时要给出合理的预报、最优化决策或控制。不论哪种情况，还常常需要对模型进行稳健性和灵敏性分析等。模型相对于客观实际不可避免地会有一定的误差，一般来自于建模假设的误差、近似求解方法的误差、计算工具的舍入误差、数据测量的误差等。因此，对模型参数的误差分析也是模型解分析的一项重要工作

（续）

序号	建模步骤	说明
6	模型解检验	所谓模型解的检验，即把模型分析的结果"翻译"回到实际问题中去，与实际的生物现象、相关数据进行比较，以检验模型的合理性和实用性。仿生建模会受到许多主观和客观因素的影响，必须对所建模型进行检验，以确保其可信性。模型检验的结果如果不符合或部分不符合实际，原因是多方面的，但通常主要出在模型假设上，应该修改、补充假设，完善模型或重新建模。有时模型检验要经过几次反复，不断改进、不断完善，直至检验结果符合相关要求
7	模型解释	模型解释是指根据一定的规范对模型进行文字描述，建立模型文档。在建模过程中，通过编写模型文档，可以加深对模型的认识，消除模型的不完全性、不确定性和不一致性，提高建模的规范化程度。同时，对模型进行解释，建立模型文档，也便于使用者迅速、清晰地了解模型的结构、功能、使用方法和适用范围等

6.4 提出设计原理与方法

在对生物模本进行准确表征和建模的基础上，提出设计原理和方法是仿生机械设计的灵魂。要想将生物优良特性很好地在仿生机械上再现，准确的设计原理和方法的提出是其必要条件。仿生机械原理是在仿生研究过程中通过大量观察、试验，经过归纳、概括而得出的，能够有效地指导仿生机械设计活动，并且在仿生机械设计实践中不断地完善。生物过程是一个极其复杂的过程，其中蕴含各种各样的自然原理和规律，或者说生物将各种各样的自然原理和规律运用到了极致。生物在亿万年的进化过程中会主动或被动地适应各种各样的环境，在此期间将各种各样的自然规律相互耦合，从物理原理到化学原理，从结构原理到材料原理，这些原理在进化过程中不断被优化，不断被生物体所掌握，最终对这些原理的运用达到极致水平。生物在适应环境过程中运用生命的智慧将这些原理相互柔和、优化来应对恶劣的生存环境，从而更好地繁衍生息。仿生设计原理和方法的提出就是要探索和发现这些被生物运用的原理和规律，将这些原理和规律迁移和再现到其他的机械产品中，从而使得机械产品获得具有某些生物特征的优异功能。

第 2 章 仿生机械设计生物模本

1 生物模本的概念

生物系统中具有某种优势特征或功能特性，能为仿生设计所用的生物原型，称为生物模本。这些特征无论是宏观、微观还是介观，都可以作为生物模本供各行各业进行仿生研究，发明和创造出更优、更接近于生物系统的仿生机械产品。不仅如此，生物个体、生物组、生物群（落），或生物体的整体、部分，抑或是生物体的分子、细胞、组织、器官和系统等，只要是有利于人类生存、生活、生产需要的，皆可作为生物模本被模拟。生物模本种类繁多，总体包括动物、植物和微生物，且具有不同的形态、结构、材料、功能和生存方式等。

生物个体的个别部位也可作为生物模本。例如，鸣蝉（Clanger cicada）翅膀上整齐排布着纳米级鞋钉形柱状物，如图 50.2-1a 所示。研究发现，当细菌附着到其上时，这种不锋利的"鞋钉"结构如同陷阱般将表皮有弹性的细菌捕获粘住，慢慢地将细菌拉伸，并分裂其细胞膜，拖其下陷至翼表面的"鞋钉"之间，从而将细菌杀死，如图 50.2-1b 所示。这类似于一个水气球落在充满钢钉的床上，这些钉子并不锋利，不能戳破气球的外表。但随着时间的推移，球内水的重量会把气球拖拽在钉子之间，使其伸展下陷，最终进出的水导致气球泄气。这对于落入蝉翅表面里的细菌，就意味着死亡。蝉翼表面钉状纳米结构采用机械方式消灭细菌的原理，为人类制造新型抗菌功能表面提供了重要的生物学模本。

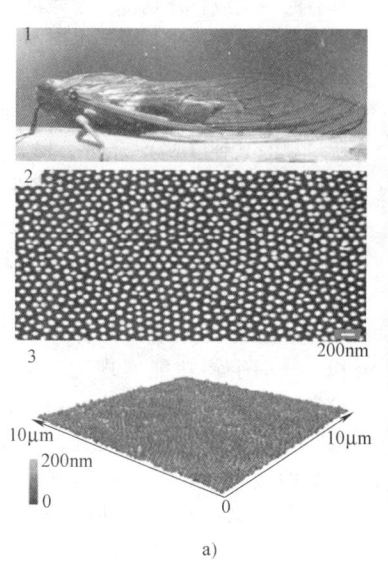
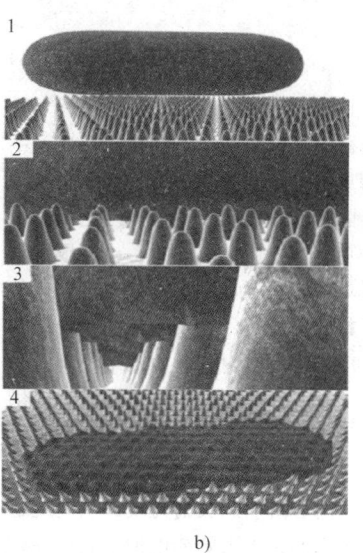

a)　　　　　　　　　　b)

图 50.2-1　蝉翼表面结构及杀菌过程
a）蝉翼表面结构　b）杀菌过程

2 生物模本的基本特征

2.1 特异性

生物模本的特异性是指某种生物群体或个体，相较于其他群体或个体，具有特异的生化、物理和拓扑等特征。生物模本的特异性是其在特定的生存环境中，为了适应外界变化而发展的种群或个体属性。例如，生活在黏、湿、阴、暗环境中的土壤动物在长期进化过程中，其身体呈现的特异性特征为：附肢短、足退化、身体小而扁平、翼消失、白色化、眼弱化、挖掘肢发达，如图 50.2-2a 所示。除此以外，对于个体而言，土壤动物中蜣螂体表的特异性特征是在其主要触土部位随机分布有形状规则的凸包或凹坑，这些凸包或凹坑构成体表非光滑形态，是蜣螂在运动中减粘降阻的主要因素，如图 50.2-2b 所示。

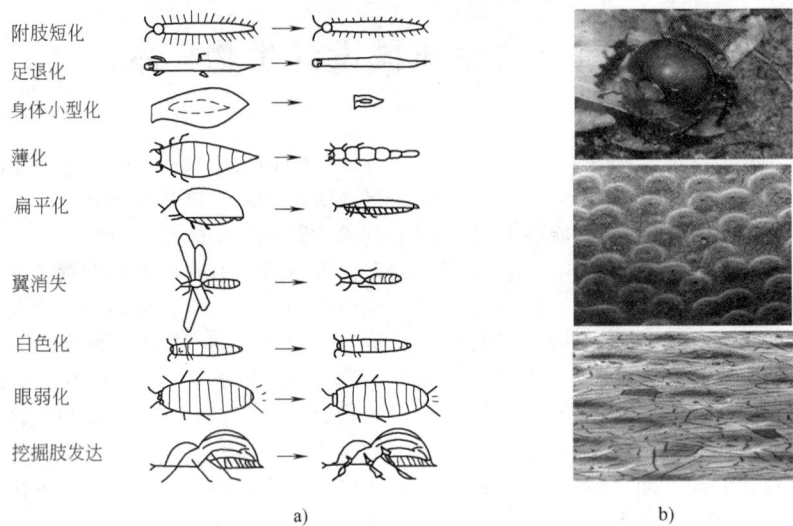

图 50.2-2 土壤动物群体和个体的特异性特征
a) 群体 b) 蜣螂个体

2.2 功能性

生物模本为适应各自不同的生存环境和实现特定的生物学行为,皆具有一定或特殊功能甚至兼具多种功能。例如,鳞翅目蝴蝶翅膀具有多种功能特性,不同科的蝴蝶翅膀鳞片微观结构各不相同,共性功能特性是结构色变色、隐身和温控等,可进行无纺织布、隐身和控温等多种功能仿生设计。同时,也可根据不同科特殊功能进行单目标仿生设计。例如,不同科的蝴蝶翅膀色彩各不相同,这是由于其鳞片的微观结构存在着细微差别,对光线的折射和反射效果不同,从而造就了不同色彩的蝴蝶翅膀,为工程仿生设计提供了不同的灵感,开发出了不同的仿生制品。如凤蝶科和灰蝶科蝴蝶翅膀上的一些鳞片具有类似酒钻(gyroids)的重复结构,能够折射和反射光线,从而使翅膀色彩鲜艳绚丽,为人们开发太阳能电池及其他高效的基于光的装置提供了借鉴。闪蝶科和环蝶科的蝴蝶翅膀一般具有多层膜结构,不仅为人们开发变色材料提供了重要模本,而且还帮助人们开发出了许多非常灵敏的红外热成像传感器,在工业、军事和医学等领域得到了广泛应用。燕尾蝶的翅鳞由类似鸡蛋外包装纸盒的凹凸微结构组成,其中角质层和空气层交错出现,在光线照射至该结构时产生了浓烈的色彩,如图50.2-3a、b、c所示。英国剑桥大学的研究者利用纳米制造工艺制造了与燕尾蝶翅鳞具有相同结构的仿生材料,当光线照射时,会产生如蝴蝶翅膀般的艳丽色泽,如图50.2-3d、e、f所示。自然界中这些模本所具有的一定或特殊功能甚至兼具的多种功能,为人们提供了更多的灵感,也为人们在一种设计中提供了多种设计方法。

尚需指出,生物模本的功能性是其在生命过程中所呈现的某种(些)有利于其生存与发展的能力或作用,其功能特性跟它的特异性相适应,并通过功能机构来实现,例如,脊椎动物的肢,鸟类的翅膀,植物的根、茎等。不仅如此,生物还具有能够根据外部环境变化而自主地、动态地调控自身功能机构运作,改变自身结构和行为以适应其生存环境的指令,即生物功能实现的"软件"系统——生物信息,这是控制和调节一切生命活动的信号。依据生物功能进行仿生设计,不仅要模拟促使功能实现的显著性特征,还需洞悉和模拟生物功能机构及其信息系统行使功能的作用原理。学习和模拟生物模本的生物学功能,并将其原理移植到工程技术中,可为人类提供最可靠、最灵活、最高效、最经济的接近于生物系统的原创性技术,将是机械仿生追求的重要目标。

2.3 工程性

进行仿生机械设计所选择的生物模本必须具有工程学意义。例如,将具有脱附减阻能力的蜣螂、蚯蚓、蝼蛄、蚂蚁等土壤动物体表或身体作为生物模本进行仿生研究,用来解决农业机械、工程机械土壤黏附严重、工作阻力大以及磨损快等技术难题,提出了非光滑形态仿生、构形仿生、电渗仿生、柔性仿生及

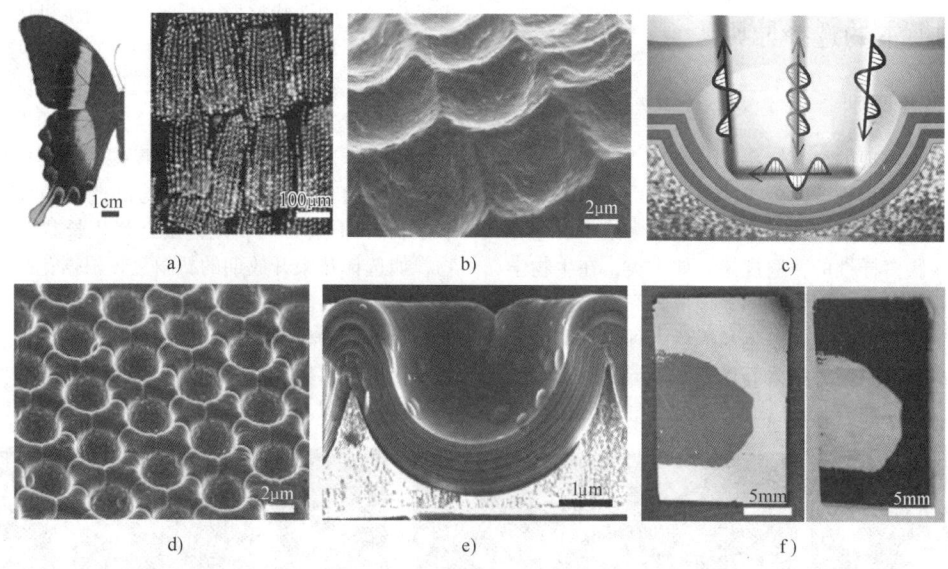

图 50.2-3 燕尾蝶翅鳞结构及其仿生变色材料
a) 燕尾蝶翅鳞 b) 翅鳞微观结构 c) 光在翅鳞上反射原理示意 d) 变色材料微观结构
e) 单个结构放大 f) 材料变色

其耦合方法并应用于机械装备的脱附减阻设计,从而开拓了地面机械脱附减阻仿生研究的新领域。在将壁虎爪趾作为生物模本进行高黏附结构的仿生研究中,发现壁虎的特殊黏附特性源自其脚底 50 万根直径 5μm 的刚毛,每根刚毛末端约有 400～1000 根直径 0.2～0.5μm 的分支(绒毛),这种特殊的微/纳多级结构使得刚毛与物体表面分子能够近距离接触,产生范德华力,如图 50.2-4 所示。壁虎脚趾的这种黏附结构还具有自洁、附着力大、可反复使用以及对任意形貌的未知材料表面具有良好适应性的优点,有望在航空航天、电子封装、高温黏接等工程领域获得巨大应用。蛙眼、鹰眼、蝇眼、猫眼、螳螂虾复眼、鱼眼等生物视觉系统,其卓越的信息感知功能即使是目前最先进的人造传感器也无法比拟的。蛙眼具有"反差检测器""运动凸边检测器""边缘检测器"和"变暗检测器"四种不同的检测器功能,能把一个复杂的图像分解成几种容易识别的特征;蝇眼具有"眼观六路"的广角功能,其复眼包含 4000 个可独立成像的单眼,能看清几乎 360°范围内的物体;鹰眼的光感受锥细胞密度高达 100 万个/mm²,能降低视觉细胞接收的强光。将生物眼作为模本进行视觉仿生研究,是仿生感知领域倍受国内外关注的前沿。上述生物模本展现的优异功能特性为工程领域的仿生设计提供了不竭的创新动力及源泉。

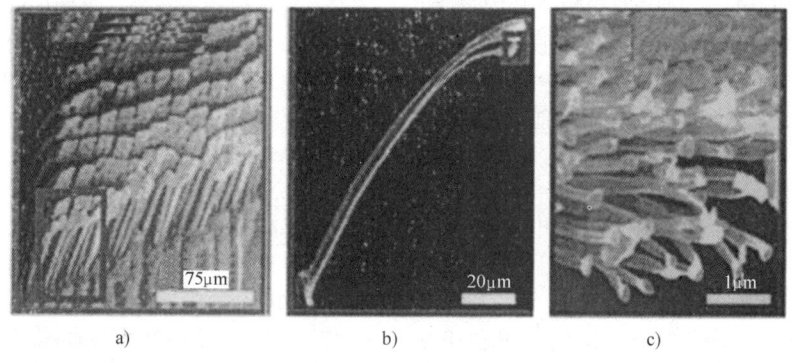

图 50.2-4 壁虎脚趾的刚毛形貌
a) 微米级阵列刚毛 b) 单根刚毛 c) 刚毛末端抹刀形分支

3 生物模本的选择原则

3.1 代表性原则

同种生物体现的显著性特征及其功能特性，尽管大致相同，但依生物群体分布的地域环境不同以及个体的个性特征，在群体或个体间仍呈或多或少的差异性，这是生物多样性的普遍规律。如人类，在生物学上同属一个物种，但因生存的地理位置和遗传因素不同，可分为白色、黄色、黑色和棕色人种，且不同肤色人种的头发、眼睛、鼻梁等也存在差异。对于同一人种的不同个体而言，其指纹、血型、虹膜、步态等也呈现多样的性状差异。用来作为仿生机械设计的生物模本，应首选一种生物群体内具有典型性和代表性的样本，进行重点模拟。例如，进行仿人机器人的步态设计，应选择健康、壮年且姿态标准的人类活体作为生物模本进行步态特征仿生模拟；而模拟植物生长过程，利用3D打印技术设计与制造可随环境变化智能生长的4D物体时，则需要选择生长状态良好的植物，如选择花朵开放期的石斛兰，根据花朵开放过程进行仿生4D智能花朵设计，如图50.2-5所示。总之，针对生物模本的选择，应根据仿生目标和功能需求，首选对目标和功能起支配作用的代表性生物及其特征进行模拟。

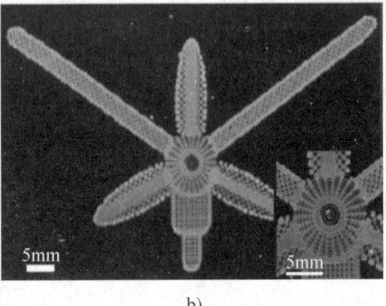
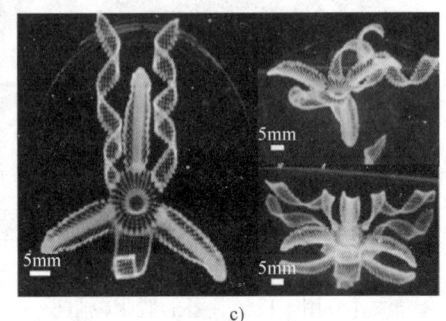

a)   b)   c)

图 50.2-5 仿石斛兰4D花朵
a) 石斛兰 b) 3D打印的仿石斛兰结构材料 c) 浸水后螺旋生长成4D花朵

仿生模本是进行仿生设计与开发仿生制品不可或缺的要素与基础。因此，首先要认识、优选、研究模本，并选择有代表性的模本；进而学习、利用、模拟模本；然后设计、开发、研制与模本具有相似功能特性的仿生制品。只有选好仿生模本，才能够更好地设计出最适合工程需求的仿生制品。

3.2 相似性原则

自然界都是相似的，相似性是生物进化中发生的自然规律；人类生活和工程技术中，也处处充满相似现象。正是人类对相似性的深刻认识，才打破了生物与非生物的界线，把动物的自动调节功能赋予机器，从而产生了仿生学。显然，相似性是连接生命界与非生命界的一种纽带，而仿生学的基础就在于仿生系统与被仿的生物、生活和生境系统之间的相似性。

仿生机械设计的基本出发点是仿生目标产品与生物模本的相似性。相似性反映特定事物间属性和特征的共性，主要包括工况条件相似、个性特征相似和功能特性的相似。在仿生机械设计中，需进行相似性分析，寻求生物功能特性、生物属性与工程属性的差异，只有从生物功能、特性、约束、品质等多个方面分析与评价生物模本与工程产品间的相似程度，优选出最合适的生物模本，才能保证仿生模拟和设计的有效性。

例如，近年来，油船溢油事故频发，虽然油水不容，但因为海洋巨大的水量，油污很快被"稀释"成体积微小的超微油滴并随着洋流不断扩散，严重威胁着生态环境和人类生活安全，目前各国科学家都在寻找能够彻底清除超微油滴的方法。中国科学院化学所的研究者发现，仙人掌刺表面具有微槽形态，且其上分布着许多锥形针尖（见图50.2-6a），能高效地吸附雾气中的水珠，刺表面收集的水滴能其表面结构驱动向刺的根部聚拢。研究者想到，雾气中的水滴和油水混合物中的油滴具有相似性，或许可以将仙人掌刺的循环模式应用到油的收集中。研究者模拟仙人掌刺形态与结构，采用铜（表面修饰长链硫醇）和聚二甲基硅氧烷制备了锥形的针尖，并在其表面构筑微纳复合微槽粗糙形态。由于材料本身的疏水亲油性质，油水混合物在流经锥形针尖时，油滴会被吸附到针尖上，慢慢汇集成较大的油滴。针尖收集的油滴超过临界大小时，就会自发地将油滴驱动至针尖根部储存，露出的针尖表面又开始下一个集油的循环，从而实现连续的油水分离，如图50.2-6b所示。

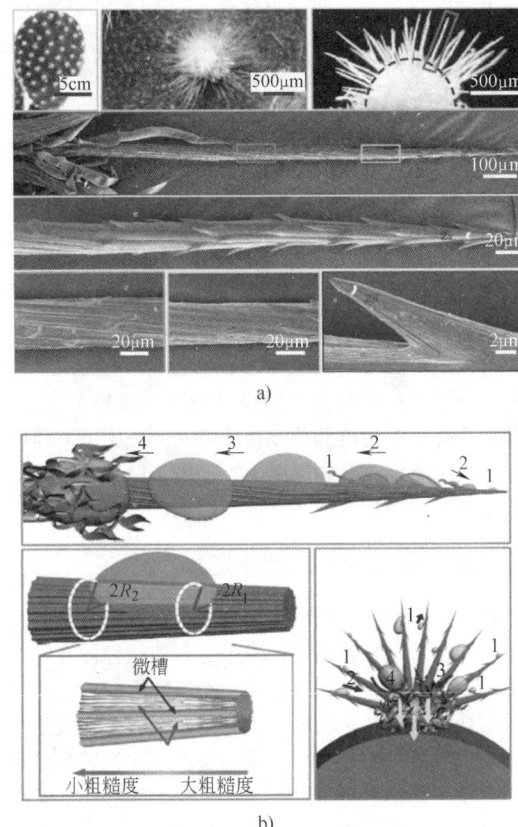

图 50.2-6 仿仙人掌刺进行相似仿生设计
a) 仙人掌刺表面形态与结构 b) 仿仙人掌刺
材料集油循环示意

又如,在自然界中,鸟翼结构适用于低速度高空飞行,通过扑动产生升力,鸟翼采用空心长骨,轻巧柔韧的羽毛和适于飞行的肌肉,使其能够自由旋转并承受各种飞行外载;昆虫翅膀是一种长链聚合物壳质,由翅膜、翅脉组成,与鸟翼的功能相类似;海洋鱼类虽然不产生升力,但分布在身体上的骨架结构,能承受极高的深水压力和外界阻力等,如图50.2-7所示。从承受载荷这一功能来看,这些生物结构与小型机翼的承力功能都具有相似性。因此,选择最合适的生物模本,对仿生机械力学设计至关重要。

值得一提的是,相似性的实质是系统间特性的相似,体现这种特性的,可以是系统中的相似要素,即相似元,或是若干相似元构成的组合。有别于传统相似理论,仿生相似性原理重在:①相似性的代表要集中。仿生模本是仿生需求目标的载体,但二者相似的最佳代表是相似元,还是其组合?是哪个相似元,是怎样的组合?应首先确定;即使是组合,对于组合中若干相似元,也应明晰它们各自的权重。②相似度 R

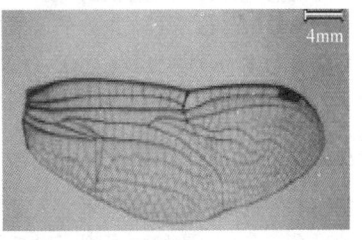

图 50.2-7 典型生物模本的骨架结构
a) 雕雁翼 b) 黄蜻翅 c) 豚鱼骨结构

应尽可能高。仿生模本与仿生需求两系统间的相似度越高,仿生效果越好。仿生研究中的相似,一般都是具体相似,其相似度是可以量化的,通常 $R \leqslant 1$;仿生追求 R 值高,使其从形似向神似发展,亦是仿生相似性原理的主旨之一。③相似分析要全面。既要对仿生需求进行相似产品分析、相似工程分析、人工相似分析,还要对仿生模本进行自然相似分析、自相似分析;需要的话,还要进行相似的稳健性分析。

因此,在进行工程需求与仿生模本之间的相似性分析时,其相似性性质有多种,如仿生制品与仿生模本几何结构相似、材料组成相似、运行模式相似、动力模式相似、环境介质相似、功能特性相似、功能实现模式相似等。这些相似性质都可以作为仿生制品与仿生模本相似性评价的指标,满足的性质越多,相似度则越高。

3.3 可实现原则

仿生机械设计的最终目标是实现产品的特定功能。选择生物模本,必须保证通过对生物模本的研究,使仿生设计与制造在技术、经济和实际操作上可行，即仿生过程和目标可实现。特别是基于当前工程技术的发展水平，能够运用现有技术和方法实现仿生设计的目标要求。在仿生设计阶段，应结合工程实际，针对特定生物模本的仿生目标进行可行性分析，从而对拟设计仿生方案的可行性、有效性进行技术论证和经济评价。可行性分析是仿生机械设计前具有决定性意义的环节，其主要分析内容是机械产品设计的必要性、功能上的优异性、经济上的合理性、技术上的先进性和环境友好性以及制造条件的可能性和可行性。可行性分析的主要步骤基本上同于一般工程产品设计的分析，但应首先注意仿生模拟的可实现性。

4 生物模本的选择方法

对生物模本的选择，一方面是研究人员基于长期的生物基础研究，在某一生物中发现了对工程领域有价值的功能现象或特征规律，从而引发了将该功能原理或优势特征仿生应用到工程领域的强烈动机。在此过程中，不排除那些富有良好观察力、想象力和创造力的人员，在日常生活和工作中偶然发现了存在于生物系统中的奥秘，从而激发了将其作为生物模本进行仿生研究的灵感；另一方面，是工程技术人员根据工程实际需求，主动到生物领域寻求技术难题的答案。总体来说，对生物模本的选择主要包括从生物到工程的正序选择和从工程到生物的逆序选择两种方法。

4.1 从生物到工程的正序选择

从生物到工程的正序方式选择生物模本，往往是通过对动物（约150万种），植物（约40万种），微生物（约10万种）的个体、组、群，以及生物个体的组成部分，包括组织、器官、系统等的纯生物研究，发现其对工程实际具有启示意义的原理、机制与规律，从而将其选为生物模本进行重点分析，利用各种生物、物理、化学测试分析与仪器和手段，观察、测试和分析生物模本，采用生物分析的方法对其进行定性、定量的描述与处理，进而开启从生物原理到工程仿生的正序研究历程。

例如，世界上有许多国家和地区严重干旱，缺乏水资源，约有22个国家需要从空气中收集水用于饮用或灌溉，因此，研发集水技术、制造集水装置对解决水资源匮乏具有重要的意义。自然界中许多生物能从潮湿空气中收集水滴，从而使其能在干旱缺水的地区生存，这为人类研发集水装置提供了灵感。每个清晨，人们都会发现纤弱的蛛网上结满露水，具有极强的集水功能，这一生物现象，引起许多研究者强烈的好奇，驱使人们去进行探索。研究发现，蛛网在干燥环境下，由亲水性的蓬松胀泡（称为"Puff"）组成，并周期性排列在两根主纤维上，如图50.2-8 a~c所示；然而，在遇到雾气纤维吸水被润湿后，胀泡结构变成纺锤结（称为"Spindle-knot"），而贯穿其间的主纤维变为纤细的链接结构（称为"Joint"），如图50.2-8 d~j所示。值得一提的是，纺锤结和链接结构分别由无序交织和有序排列的纳米纤维结构组成，因而形成了表面能量梯度，同时由于曲率梯度还产生了拉普拉斯压差，在这两个梯度力的协同驱使下，雾气可以连续不断地凝结而形成小尺度液滴，并从链接结构向纺锤结方向传输，形成较大水滴，悬挂在蜘蛛丝上。受蜘蛛丝集水这一生物现象的启发，科研人员制备了一系列具有纺锤结构的人造集水纤维，在曲率变化、粗糙度和化学组成的共同作用下，利用纺锤结构上不同聚合物亲疏水性能的不同，可以驱动数十皮升的水滴朝向或离开纺锤结构。

4.2 从工程到生物的逆序选择

按照从工程到生物的逆序方法选择生物模本的路径是：根据特定工程问题，经过对其功能目标与约束条件的发散分析，依据需求性和相似性原理，优选具备相似功能特性的生物体、生物组或生物群，以此作为仿生机械设计生物模本。例如，在工程领域有很多需要系统适应的黏附/附着，这类黏着问题一直困扰着许多技术领域，如同/异质材料界面的连接、爬壁机器人的附着装置甚至医学工程的手术黏合等。自然界中，生物超强的附着能力为仿生机械附着设计提供了取之不尽的源泉：具有特殊附着功能的植物——苍耳，为了传播种子，很易黏附于其他物体上；鸟类为了能够在枝头停留，后腿有角质鳞片，腿端爪趾强而有力，其趾部的表皮粗糙坚韧，能够与植物茎干或基底表面（如岩石、地表）形成较大的表面附着力，为其运动提供支持。许多以陆地的平面移动为主要运动方式的哺乳动物（如马、鹿、狗、象、熊、虎等），其足部可以提供较大的支承力和驱动力，从而弱化了爪和趾的作用，进化成平面型或软垫形的脚掌结构。蚂蚁、苍蝇、蜜蜂、蠹斯、甲虫、蜘蛛、壁虎等生物的足，能够在直立表面甚至在天棚表面上附着或行走，其优良的附着能力来源于它们足垫的附着机构。而以攀缘能力著称的灵长类动物，其指端的灵活性和强劲的握持能力是其他动物所不能比拟的，这些都为人类设计工程系统附着装置提供了灵感和生物黏着模本。如在蠹斯的足垫研究中，足垫表面呈现特殊的非光滑形态，由3~7μm的近似六边形结构单元构成，单元之间由沟槽隔开，其内部由几丁质和蛋白质构成的杆状体结构支撑，并充满血淋巴，如图50.2-9a~d所示。在无载荷的自由状态下，杆状体与足垫

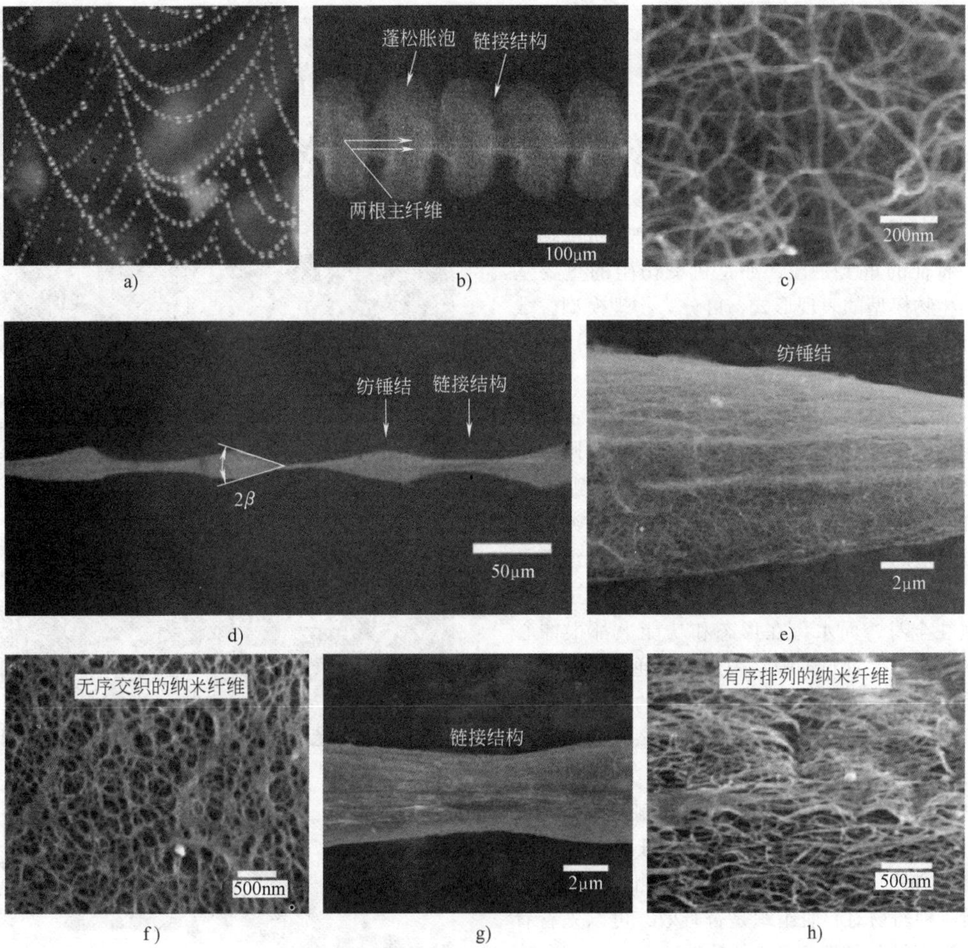

图 50.2-8 筛孔蜘蛛丝干燥与湿润环境下的结构
a) 蜘蛛丝集水 b) 干燥蜘蛛丝结构 c) 干燥蜘蛛丝蓬松胀泡结构 d) 湿润蜘蛛丝纺锤结和链接结构周期排列
e) 纺锤结放大图 f) 纺锤结纳米纤维无序交织 g) 链接结构放大图 h) 链接结构纳米纤维有序排列

图 50.2-9 螽斯及其足垫形态和结构
a) 螽斯 b) 足垫形态 c) 足垫结构 d) 足垫3维图

表面呈一定角度（45°~70°）。当足垫承受载荷时，杆状体向一侧倾倒，使得足垫接触变形的综合刚度大幅度降低，从而增加了生物体表的柔顺性，使其具有更强的变形能力，以适应与不同尺度粗糙表面的紧密贴合，增加接触面积，提高附着能力。可见，螽斯足垫通过不同的形态、结构、材料的耦合所呈现的超强附着能力，为设计机械附着装置提供了重要的生物学信息。

5 生物模本分析举例

5.1 生物模本建模分析

利用几何、物理、数学、仿真等理论方法表达生物模本信息，建立关于生物功能与设计参量、工艺参数、工况条件等特征因素的关系模型，是分析生物功能行为与特征的重要手段，亦是机械仿生的重要基础。按照生物模型的表现形式，可分为物理模型、数学模型和结构模型等。

例 50.2-1 水母抽吸运动物理模型

物理模型是对仿生模本功能目标的影响因素进行简化或比例缩放等构建出的实体模型，模型和原型要有共通之处，具有可比性，所研究出的结果更贴近原型。例如，心脏病是威胁人类健康最严重的疾病之一，找到合适的模本测试心脏病药物对心肌组织是否有用，对于提高心脏功能至关重要。心脏通过搏动将血液送往全身，而水母在形态和功能上都很像心脏，就像"水泵"通过抽吸水来运动。通过逆向工程原理，美国哈佛大学的研究者将无生命的硅酮树脂和活的小鼠心肌细胞搭配结合，制造出能像心脏一样搏动的会游泳的"人造水母"物理模型，如图 50.2-10 所示。利用"人造水母"物理模型进而制造出"人造水母"，这可以帮助人们反推心脏执行任务时心肌的工作状态，同时，这项成果今后可用于测试心脏病药物。要看一种药物对心肌组织是否有效，可以先看看它在"人造水母"物理模型中的功效。

例 50.2-2 新疆岩蜥抗冲蚀磨损功能数学模型

栖息在沙漠地区的新疆岩蜥为适应风沙环境，其体表进化出了多层结构的皮肤，且成分由不同的材料梯度复合而成，呈覆瓦状排列的菱形鳞片紧密嵌合附着于皮肤表层，鳞片相互之间通过鳞片下的皮肤柔性连接，形成了刚性鳞片通过生物柔性连接的体表结构，这种刚性强化和柔性吸收的特征具有极高的抵抗冲蚀磨损和磨粒磨损的生物功能。

新疆岩蜥的背部是主要耐磨部位，而磨损的主要形式是风夹带沙粒产生的气固两相流对背部造成的冲蚀磨损。首先，新疆岩蜥头部与背部基本由五边或六边形的瓦状鳞片覆盖，鳞片间结合紧密，组成一个系统，能将沙粒对一个鳞片的冲击通过鳞片之间的柔性皮肤，传递到相邻的其他鳞片，从而减小了应力的集中。其次，对于单一鳞片来说，鳞片上部的较硬的角质层、角皮层与其下的软质相的中层、结缔组织层等共同形成了一种壳状复合的结构（由硬到软梯度复合），具有刚性强化和柔性吸收特点。此外，新疆岩蜥前背的鳞片规则排列形成了垂直于风向的凹槽，能

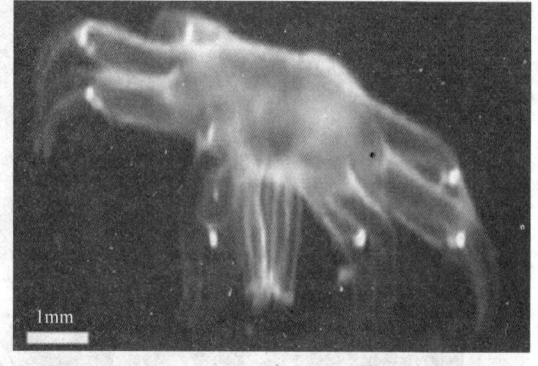

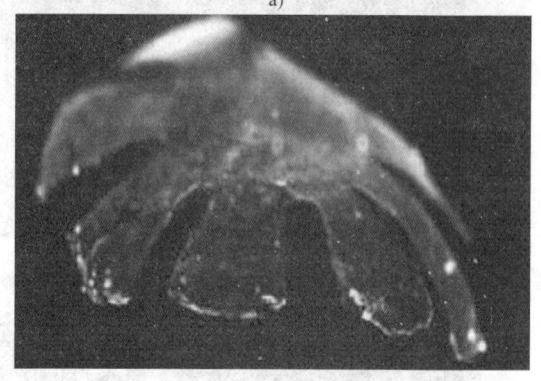

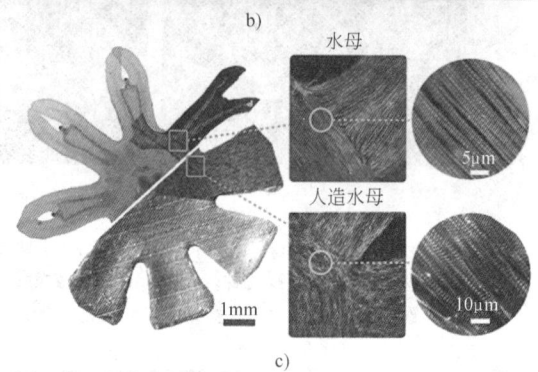

图 50.2-10 水母与人造水母物理模型
a) 水母 b) 人造水母物理模型
c) 水母与人造水母的肌肉

够形成湍流，改变体表边界层的流场，不仅可以减缓沙粒冲击时的速度，同时，还有利于减阻。第三，从微观层面分析，新疆岩蜥背部鳞片具有布满孔状的疏松结构，在受到冲蚀时，这种表面的疏松结构和细微裂隙亦能吸收沙粒冲蚀的能量。这些生物学信息，为建立新疆岩蜥耐冲蚀磨损数学模型提供了重要的依据。

（1）简化分析

冲蚀条件下，沙漠蜥蜴体表抗冲蚀磨损数学模型的建立，既受到外界环境因素的影响，如风沙两相流、温度、湿度、风速、沙粒速度、冲蚀粒子材质、颗粒大小等的影响，也受到生物体本身特征因素的影

响,如体表多层结构、色素颗粒等,因此,其模型的建立应综合考虑这两方面因素的影响,并进行适当简化分析处理。本例只考虑风沙两相流,其他因素在本试验中简化为恒定不变的因素;生物因素主要包括新疆岩蜥的多层体表结构且含有色素与孔隙构造,呈多边形的鳞片形态,体表由硬的角蛋白与软的结缔组织组成,这些形态、结构、材料等因素与新疆岩蜥背部体表耐冲蚀磨损的生物功能有着密切联系。

为简化鳞片形态,由生物原型可知,新疆岩蜥的背部鳞片按一定规律排布,其硬度相对鳞片下层的结缔组织大,而且在鳞片中部为含有色素的致密的结缔组织,下部是疏松的结缔组织。新疆岩蜥背部鳞片为多边形,鳞片边长 0.6mm,远端两个顶点间距约 0.98mm,可以看成为最长的对角线,其线边比值 0.98/0.6=1.63,更接近五边形的比值,所以用正五边形来表示。简化的物理模型为五边形柱状体生长在厚度相对较小而长宽很大的六面体上表面,其中各个部位分别都是各向同性的材质,如图 50.2-11 所示。

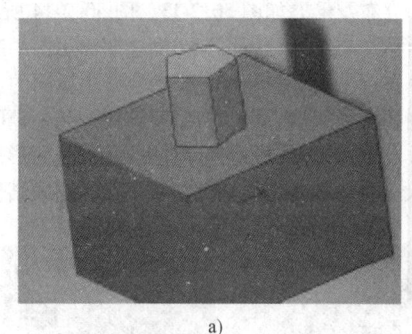

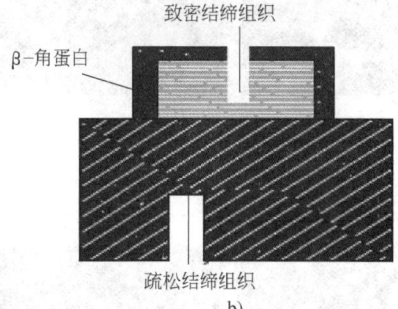

图 50.2-11 简化的物理模型
a) 体模型 b) 剖面图

(2) 两相流和力传递分析

在运用 Solidworks 与 CAD 软件绘制出简化的物理模型后,进行应力、变形的分析,在此基础上进行风沙两相流简化分析,并进行结构连接与力的传递分析。

对于风沙两相流分析,在气-固两相流中,载气为连续相,冲蚀粒子为非连续相。当风速低于起沙风速时,载气相中无冲蚀粒子的夹杂,因而只有单一气流作用于新疆岩蜥的背部,故此时为单相流;当风速等于和大于起沙风速时,载气流中夹杂冲蚀粒子,两相流作用于新疆岩蜥背部,此时其背部冲蚀磨损为载气、冲蚀粒子共同作用。在高速载气作用下,将冲蚀粒子视为连续介质,则对于载气、冲蚀粒子的单相流均符合伯努利方程

$$p+\rho gz+(1/2)\rho v^2=C \qquad (50.2\text{-}1)$$

式中,p、ρ、v 分别为流体的压强、密度和速度;z 为铅垂高度;g 为重力加速度;C 为常量,即单位体积流体的压力能 p、重力势能 ρgz 和动能 $(1/2)\rho v^2$,在沿流线运动过程中,总和保持不变,总能量守恒。载气的密度为 $1.225\times10^{-3}\text{g/cm}^3$,其对于 Al_2O_3 冲蚀粒子密度 3.97g/cm^3 来说很小,故载气的动能忽略。试验中,载气和冲蚀粒子的压力与位置在试验条件下视为同一个值,其气-固两相流的位能、动能都可以简化为压能,最后简化为单一的压强。

对于连接与力传递分析,冲蚀磨损过程中,冲击产生的外力首先作用于鳞片表面的角蛋白上,由于角蛋白自身硬度较大,其自身变形较小,同时将外力由角蛋白传给致密的结缔组织与疏松的结缔组织。

(3) 模型建立的假设条件

1) 风与沙的入射角度为 30°。风和沙粒在宏观上都是连续介质,但是,风在微观上还当作连续介质处理;沙粒相是稀相(体积分数 $\alpha<0.01$),忽略粒子相的分压,认为 $1-\alpha\approx1$;风和沙粒之间的动量交换是由黏性阻力描述的,并考虑沙粒子的重力。

2) 风速是恒定的,沙粒的比重与形状都是相同的,温度、湿度等非生物因素都看成是稳定不变的,即冲击变形和冲击磨损与上述非生物体因素无关。

3) 鳞片都是外表面(β-角蛋白)与其内部(致密的结缔组织,含色素)两种材料构成的五边形柱状体,所有鳞片都是相同的柱状体。

4) β-角蛋白与致密的结缔组织可看成过盈配合;致密的结缔组织与疏松的结缔组织可看成固定端配合,并且致密的结缔组织有柔性,可以在任意方向上转动、变形;角蛋白与疏松的结缔组织为铰接。

5) 疏松的结缔组织层可看成半无限大的具有一定厚度的弹性空间体。

6) 新疆岩蜥的表皮组织是具有弹性、黏性的组合体。

7) 所有外力都简化为均布荷载。

(4) 数学模型的建立

采用组合元件来模拟新疆岩蜥体表受风沙两相流作用的本构关系,基本原理是按新疆岩蜥体表的弹性和黏性变形性质设定基本元件,将硬度较大的 β-角

蛋白构成的鳞片视为塑性元件，致密的含色素的结缔组织与疏松的结缔组织可以看成为弹性模量不同的弹性元件。弹性元件称为胡克体 T，T 是服从胡克定律的弹性材料性质；塑性元件称为非牛顿体 S，S 在克服一定应力（σ_0）后，在广义上是服从牛顿黏滞定律的流体（为了简化计算与建模，σ_0 可以当作较小值处理）。

将若干个基本元件串联或并联，就可以得到各种各样的组合元件模型。串联时模型的总应力与各单元的应力相同，即

$$\sigma_\text{总} = \sigma_1 = \sigma_2 = \cdots = \sigma_m \quad (50.2\text{-}2)$$

而模型的总应变为各单元应变之和，即

$$\varepsilon_\text{总} = \varepsilon_1 + \varepsilon_2 + \varepsilon_3 + \cdots + \varepsilon_m \quad (50.2\text{-}3)$$

或

$$\varepsilon'_\text{总} = \varepsilon'_1 + \varepsilon'_2 + \varepsilon'_3 + \cdots + \varepsilon'_m \quad (50.2\text{-}4)$$

并联时模型的总应力由各单元分担，即

$$\sigma_\text{总} = \sigma_1 + \sigma_2 + \sigma_3 + \cdots + \sigma_m \quad (50.2\text{-}5)$$

而模型的总应变与各单元的应变相等，即

$$\varepsilon_\text{总} = \varepsilon_1 = \varepsilon_2 = \varepsilon_3 = \cdots = \varepsilon_m \quad (50.2\text{-}6)$$

按照假设条件，组合模型体（Z）由弹性元件 T_2 与一个塑性元件 S 并联，并联后再与弹性元件 T_1 串联组合而成，模型符号表示为：$Z = (S \backslash\backslash\, T_2) - T_1$，如图 50.2-12 所示。

数学模型中的符号为，T 为弹性元件，称为胡克体；S 为塑性元件，称为非牛顿体；- 为元件串联；

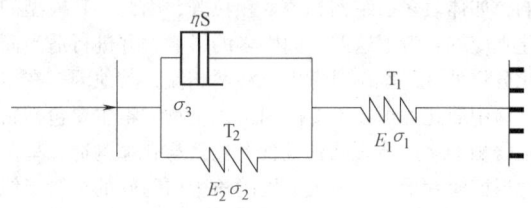

图 50.2-12 组合模型体

$\backslash\backslash$ 为元件并联；Z 为表层的组合模型；σ 为元件应力；η 为致密结缔组织的动力黏度，单位 Pa·s；C 为方程求解的常数；ε 为变形量；ε' 为变形量的变化速度；E_1 为致密结缔组织的弹性模量；E_2 为疏松结缔组织的弹性模量；$\dfrac{d\varepsilon}{dt}$ 为应变对时间的导数，与 ε' 意义相同；t 为时间。

例 50.2-3 蝴蝶翅膀功能结构模型

本例主要以采自吉林省山区、具有鲜艳颜色的典型蝴蝶——绿带翠凤蝶为研究对象。绿带翠凤蝶翅面形状、分布及形态如图 50.2-13、图 50.2-14 所示。

由形态与结构分析可知，蝴蝶翅面不同的鳞片形状、分布、结构等相互组合，则会产生不同的色彩效应。例如，如果多个塔状多层膜结构按照一定的分布周期排列，可以形成平行脊纹状非光滑表面形态；如果塔状多层膜按一定周期分布于平行多层膜结构上，

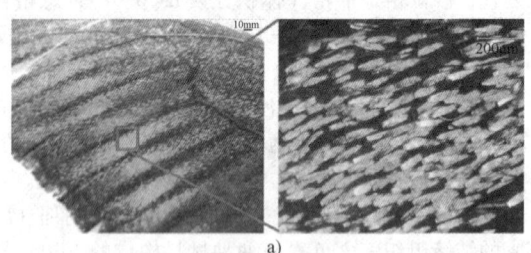
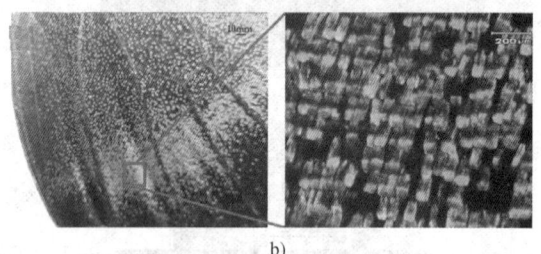

图 50.2-13 绿带翠凤蝶前后翅面鳞片形状与分布
a) 前翅 b) 后翅

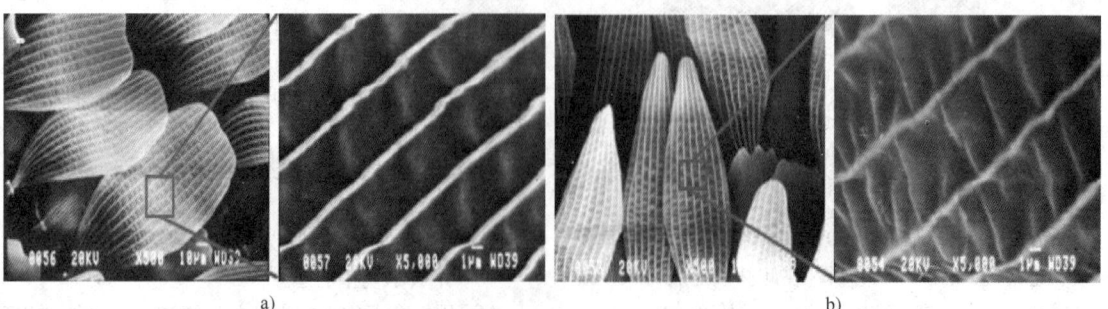

图 50.2-14 绿带翠凤蝶前后翅面鳞片形态
a) 后翅 b) 前翅

3)栅格形。栅格形是指鳞片表面的脊脉和横肋结构都十分显著,脊脉与横肋相交织将表面分割成栅格状,如图 50.2-15c 所示,这类结构多见于蝴蝶的基层鳞片和色素色鳞片。

(2) 蝴蝶鳞片横截面结构模型

1)塔状结构。塔状结构是指截面规律分布近似塔状或树枝状脊脉结构群,脊脉与脊脉相互独立,具有一定的间距。每一个纵向脊脉都分布有向两侧伸展的多层薄层结构,如图 50.2-16a~d 左侧图片,图中用线条描述了单个塔状脊脉结构的多层薄片结构形状与分布位置,图 50.2-16a~d 右侧图给出了相应的三维结构模型。从图中可以看出,相邻塔状脊脉结构有的等间距纵向平行分布,如图 50.2-16a、b、d 所示的三种模型;有的两个一组,相互倾斜相交成三角状分布,如图 50.2-16c 所示。每一纵向脊脉左右两侧

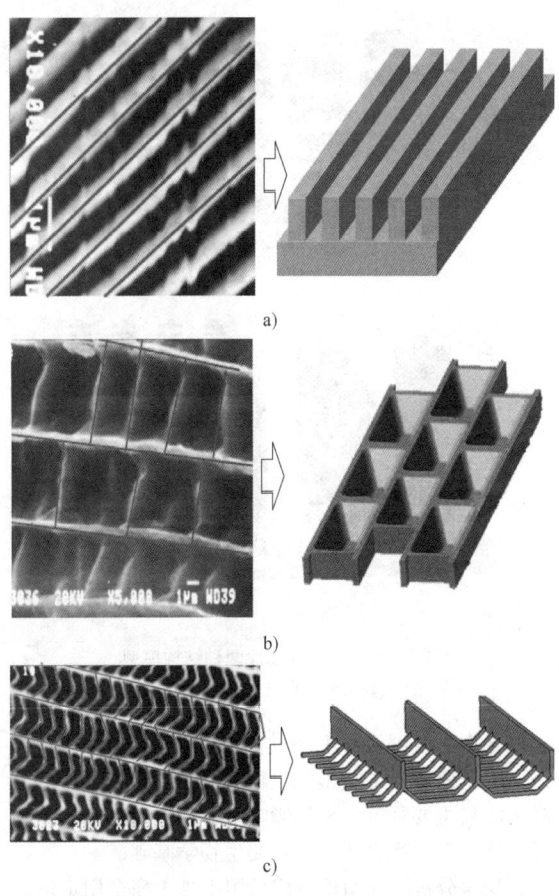

图 50.2-15 蝴蝶鳞片表面形态结构模型
a) 平行脊纹形 b) 凹坑形 c) 栅格形

二者组合可以形成凹坑形非光滑表面形态。可见,采用不同的组合方式,则具有不同的变色结果。

根据蝴蝶鳞片变色特性分析,运用 UG 三维绘图软件,构建典型鳞片结构模型。

(1) 鳞片表面形态结构模型

1)平行脊纹形。平行脊纹形是指鳞片表面由向上突起的平行脊脉结构组成,图 50.2-15a 给出了此类表面结构的三维简化模型,最具代表性蝴蝶鳞片是柳紫闪蛱蝶的亮紫色鳞片。白色部分是脊脉,脉与脉之间排布紧凑,间距较小,脉间结构形态不显著,横向交叉的肋状结构基本不可见或隐约见于脊脉根部。这类结构表面的平行脊脉近似等宽等间距分布,脉间距与脉宽比值小于或等于 1。

2)凹坑形。凹坑形是指整个鳞片表面呈现凹坑形近似窗格状结构,表面分布有等间距平行分布的纵向平行脊脉和在相邻脊脉间的平行交错分布的横向短肋,且以相邻脊脉和短肋为侧壁,以鳞片表面为底面形成一个凹坑,如图 50.2-15b 所示,这是此类蝴蝶的典型结构。

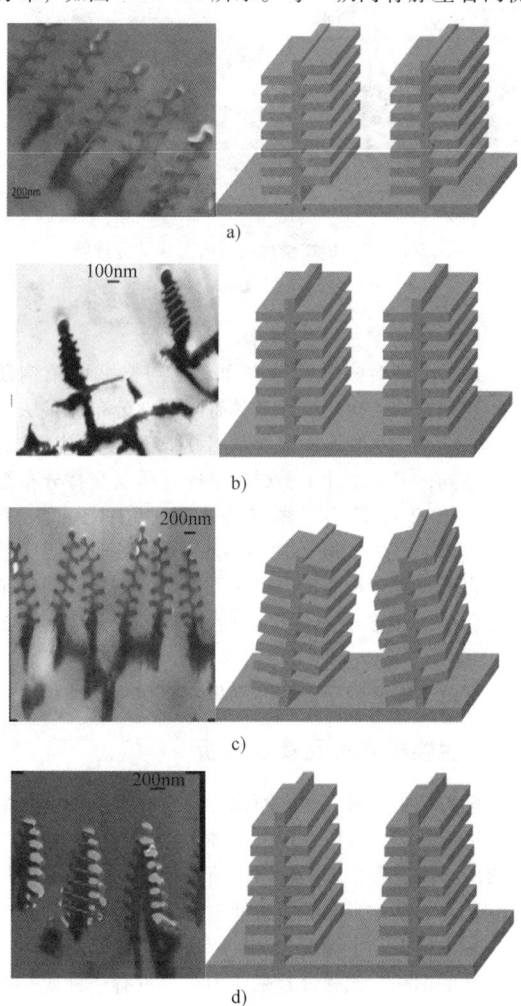

图 50.2-16 蝴蝶鳞片横截面塔状结构透射电镜分析图和截面结构模型

都分布有平行多层结构,各层形态结构相近,层与层间间距、厚度近似相等。有的左右两侧多层结构对称分布,如图 50.2-16b 和 d 所示;有的左右两侧多层结构交错分布,如图 50.2-16a 和 c 所示。有的多层结构各层水平尺寸近似相等,如图 50.2-16a、b 和 c 所示;有的多层结构各层水平尺寸从上到下逐层递增,如图 50.2-16d 所示。

2) 层状结构。由蝴蝶鳞片横截面结构观察发现,有的蝴蝶鳞片的横截面具有连续的平行分布的多层薄片层结构;有的多层结构近似水平平行分布;有的多层结构呈一定角度曲面平行分布。根据工程仿生设计理论,可以将此类层状结构优化为图 50.2-17 所示的结构模型,图 50.2-17a 所示是蝴蝶鳞片横截面层状结构的透射电镜图,图 50.2-17b 所示是优化的三维层状结构模型。

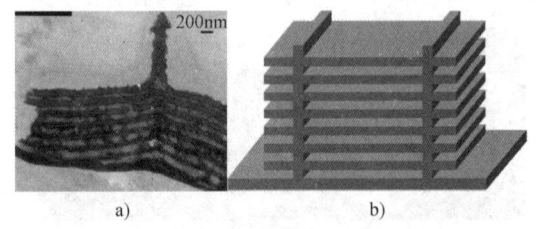

图 50.2-17　蝴蝶鳞片横截面层状结构透射
电镜分析图和截面结构模型

(3) 蝴蝶鳞片变色耦合结构模型

通过分别对蝴蝶鳞片表面形态与横截面结构建模,发现蝴蝶结构色鳞片是具有周期性分布的多层薄膜纳米结构。尽管不同颜色鳞片的多层膜结构形态、尺寸不同,但都由几丁质层和空气介质层交替分布组成。图 50.2-18 给出了蝴蝶鳞片两种结构模型。其中,模型 1,如图 50.2-18a 所示,为凹坑形多层膜结构,表面规律分布凹坑形单元体,横截面呈周期性角度变化的层状多层薄片层结构。模型 2,如图 50.2-18b 所示,为棱纹形多层膜结构,表面周期性分布塔状单元体,横截面呈周期性平行多层薄片层结构。

5.2　生物模本多元耦合分析

随着仿生学研究的不断深入,研究人员发现,生物体适应外部环境所呈现的各种功能,不仅仅是单一因素的作用或多个因素作用的简单相加,而是由多种互相依存、互相影响的因素通过一定的机制耦合、协同作用的结果。生物耦合是指两个或两个以上耦元通过合适的耦联方式联合起来成为一个具有一种或一种以上生物功能的物性实体或系统。生物耦合是生物固有属性,是生物经过亿万年进化、优化形成的多因素高度协调的系统,对生存环境具有最佳适应性。在生

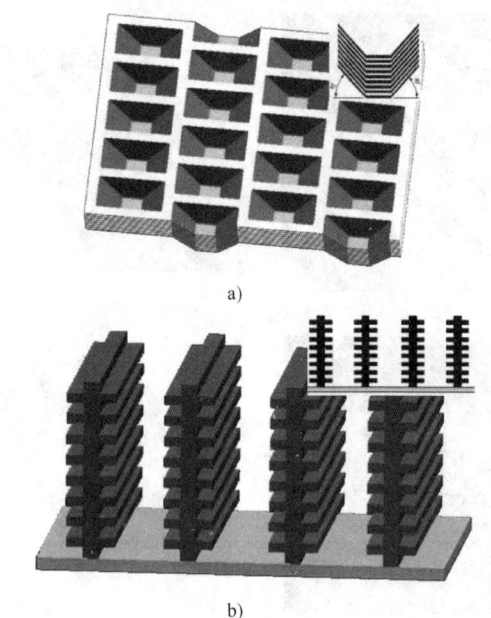

图 50.2-18　蝴蝶鳞片两种结构模型
a) 结构模型 1　b) 结构模型 2

物耦合中,各耦元对生物耦合功能的贡献是不同的,因此,全面分析可能影响生物功能的各种因素,按贡献大小或重要程度,辨识影响生物功能的主元、次主元,这是多元耦合仿生的重要生物学基础。

层次分析法 (AHP) 广泛用于难于完全用定量方法来分析的复杂问题,是进行分析与判断的一种很重要的非线性的数学方法。可拓层次分析法 (EAHP) 是基于可拓集合理论与方法,是研究在相对重要性程度不确定时构造判断矩阵并进行评价的方法。该方法由文献提出,并考虑了人的判断的模糊性,已成功应用于某地区电网扩展规划问题。本例将可拓层次分析法用于耦元贡献度分析,具体分析步骤如下:

(1) 构造可拓判断矩阵

对于特定生物耦合功能系统,将其生物功能作为目标层 (最高层),该目标唯一,记为 A 层;而影响生物功能发挥的各耦元则作为准则层,记为 B 层,因为考察目标为各耦元对多元耦合功能的贡献度,所以仅需求出准则层对目标层的层次单排序权重矢量即可。应用 EAHP 方法,建立层次结构,如图 50.2-19

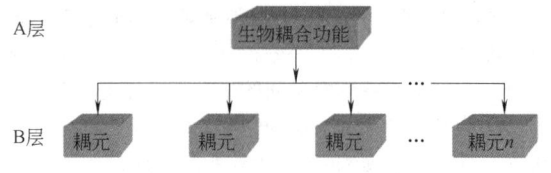

图 50.2-19　层次结构示意图

所示。针对 A 层目标，由专家系统将 B 层与之有关的全部 n 个耦元，通过两两比较给出判断值，利用可拓区间数定量表示它们的相对优劣程度（或重要程度），从而构造一个可拓区间数判断矩阵 M'。

矩阵 $M' = [m_{ij}]_{n \times n}$ 中的元素 $m_{ij} = [m_{ij}^-, m_{ij}^+]$ 是一个可拓区间数，为了把可拓区间数判断矩阵中每个元素量化，可拓区间数的中值 $[m_{ij}^-, m_{ij}^+]/2$ 就是 AHP 方法中比较判断所采用的 1-9 标度（表 50.2-1）中的整数。

可拓判断矩阵 $M' = [m_{ij}]_{n \times n}$ 为正互反矩阵，即 $m_{ii} = 1$，$m_{ij}^{-1} = \left[\dfrac{1}{m_{ij}^+}, \dfrac{1}{m_{ij}^-}\right]$（$i = 1, 2, \cdots, n$; $j = 1, 2, \cdots, n$）。

（2）计算综合可拓判断矩阵和权重矢量

设 $m_{ij}^t = (m_{ij}^{-t}, m_{ij}^{+t})$（$i, j = 1, 2, \cdots, n$; $t = 1, 2, \cdots, T$）为第 t 个专家给出的可拓区间数，结合公式

$$M_{ij}^b = \frac{1}{T} \otimes (m_{ij}^1 + m_{ij}^2 + \cdots + m_{ij}^T) \quad (50.2\text{-}7)$$

求得 B 层综合可拓区间数，并建立 B 层全体因素（耦元）对 A 层目标的综合可拓判断矩阵。

对 B 层综合可拓区间数判断矩阵，求其满足一致性的权重矢量，即：

① 求解 M^-、M^+ 的最大特征值所对应的具有正分量的归一化特征矢量 x^-，x^+。

② 由 $M^- = (m_{ij}^-)_{n \times n}$，$M^+ = (m_{ij}^+)_{n \times n}$ 计算

$$k = \sqrt{\sum_{j=1}^{n} \frac{1}{\sum_{i=1}^{n} m_{ij}^+}}, \quad m = \sqrt{\sum_{j=1}^{n} \frac{1}{\sum_{i=1}^{n} m_{ij}^-}}$$

$$(50.2\text{-}8)$$

③ 计算权重矢量。$S^b = (S_1^b, S_2^b, \cdots, S_n^b)^T = (kx^-, mx^+)$

（3）层次单排序 据定理 2 计算 $V(S_i^b \geq S_j^b)$（$i = 1, 2, \cdots, n$; $i \neq j$），如果 $\forall i = 1, 2, \cdots, n$; $i \neq j$，$V(S_i^b \geq S_j^b) \geq 0$，则 $P_j^b = 1$，$P_i^b = V(S_i^b \geq S_j^b)$（$i = 1, 2, \cdots, n$; $i \neq j$），表示 B 层上第 i 个元素对于 A 层目标的单排序，进行归一化得到 $P^i = (P^1, P^2, \cdots, P^n)^T$，即为 B 层各元素对 A 层目标的排序权重矢量。

以蜣螂减黏脱土多元耦合为例进行耦元分析，其蜣螂减黏脱土多元耦合的耦元为头部/爪趾的表面形态、构形及其表面材料，该耦合进行可拓层次分析的具体步骤如下：

1）构造可拓区间数判断矩阵。结合功能目标，将形态、构型、材料耦元分别记为 O_1、O_2、O_3，由专家对影响功能的形态、构形、材料耦元进行两两比较打分，得到耦元层对功能的可拓区间数判断矩阵，见表 50.2-2。

表 50.2-1 判断矩阵标度及其含义

标度	含 义
1	表示两个因素相比，具有同样重要性
3	表示两个因素相比，一个比另一个稍微重要
5	表示两个因素相比，一个比另一个明显重要
7	表示两个因素相比，一个比另一个强烈重要
9	表示两个因素相比，一个比另一个极端重要
2,4,6,8	表示上述两相邻判断 1-3,3-5,5-7,7-9 中值
倒数	若因素 b_i 与 b_j 比较得判断 b_{ij}，则因素 b_j 与 b_i 比较的判断为 $b_{ji} = 1/b_{ij}$

表 50.2-2 耦元层对目标层的可拓区间数判断数据

	O_1	O_2	O_3	O_1	O_2	O_3	O_1	O_2	O_3
O_1	<1,1>	<1.67,2.33>	<2.43,3.57>	<1,1>	<1.9,2.1>	<4.3,5.7>	<1,1>	<3.6,4.4>	<4.4,5.6>
O_2	<0.43,0.60>	<1,1>	<1.35,2.65>	<0.48,0.53>	<1,1>	<3.9,4.1>	<0.23,0.28>	<1,1>	<1.7,2.3>
O_3	<0.28,0.41>	<0.38,0.74>	<1,1>	<0.18,0.23>	<0.24,0.26>	<1,1>	<0.18,0.23>	<0.43,0.59>	<1,1>

2）据上表构造综合可拓判断矩阵 M。

$$M = \begin{pmatrix} <1,1> & <2.37,2.94> & <3.71,4.96> \\ <0.38,0.47> & <1,1> & <2.32,3.02> \\ <0.21,0.29> & <0.35,0.53> & <1,1> \end{pmatrix}$$

所以有

$$M^- = \begin{pmatrix} 1 & 2.37 & 3.71 \\ 0.38 & 1 & 2.32 \\ 0.21 & 0.35 & 1 \end{pmatrix}$$

$$M^+ = \begin{pmatrix} 1 & 2.94 & 4.96 \\ 0.47 & 1 & 3.02 \\ 0.29 & 0.53 & 1 \end{pmatrix}$$

计算得

$\overline{x} = (0.6, 0.28, 0.12)^T$，$x^+ = (0.59, 0.28, 0.13)^T$，$k = 0.95, m = 1.02$

从而有

$S_1^b = <0.57, 0.602>$, $S_2^b = <0.266, 0.2856>$, $S_3^b = <0.114, 0.1326>$

$P_1^b = V(S_1 \geq S_3) = 19.288$, $P_2^b = V(S_2 \geq S_3) = 8.9375$, $P_3^b = 1$

归一化得到，各耦元对功能目标影响的权重矢量
$$P = (0.66, 0.306, 0.034)^T$$

由此，形态、构形、材料耦元的贡献度分别为 0.66、0.306 和 0.034，可得出结论，蜣螂减黏脱土功能耦合的形态耦元为主耦元、构形耦元为次主元、材料耦元为一般耦元，从而可对工程仿生的耦合研究进行量化分析，为进一步的仿生设计、试验与测试提供参考。

应用 EAHP 方法进行生物耦元贡献度分析时，应结合具体问题选择合适的样本量，同时，最好结合前述现有的方法，在单因素对功能影响测试数据的基础上，进行可拓评判矩阵的构建，以得到量化的权重矢量，明晰后续仿生研究重点。

第3章 仿生机械形态与结构设计

1 设计原则

（1）功能性原则

功能性原则是指设计出的仿生产品必须有效实现生物模本所具有的特殊生物功能，达到预期的功能目标。实现特定的功能是仿生机械形态与结构设计的最终目的。

（2）可行性原则

可行性原则是指在仿生形态结构设计计划阶段，对拟设计的仿生方案实施的可行性、有效性进行技术论证和经济评价，以保证该方案技术上合理、经济上合算、操作上可行。

（3）相似性原则

相似性原则是指从生物功能、特性、约束、品质等多个方面分析和评价各种生物模本与机械产品间的相似程度，优选最合适的生物模本，以保证仿生机械形态结构设计的合理性和有效性。

（4）艺术性与技术性相结合的原则

对于机械产品的形体与结构设计一定程度上要体现艺术美，但是艺术美的体现始终应当以技术为基础。机械产品的仿生形态与结构设计应当注重艺术变化与技术应用相统一的关系。

2 设计方法与步骤

2.1 仿生机械形态与结构设计的方法

根据生物原型的尺度、形态、类别的不同以及机械产品形态与结构设计要求，具体的设计方法也有所不同，常用的有以下几类方法。

（1）生物模板法

生物模板法是在材料的制备过程中，根据目标结构引入适合的生物模板，利用模板表面的官能团与前驱体之间发生的化学上、物理上、生物上的结合与约束，在无机材料的生长、形核、组装等过程中起引导作用，进而控制形貌、结构、尺寸等，最后通过高温烧结等方法把模板去除，得到较好复制模板原始特殊分级结构的目标材料。

（2）逆向工程法

逆向工程也称反求工程、反向工程等，它是将生物模型转变为CAD模型相关的数字化技术、几何模型重建和产品制造技术的总称，通常用于宏观仿生形态结构设计。

（3）生物形态简化法

生物形态一般是比较复杂的有机形态，需要通过规则化、条理化与秩序化、几何化、删减补足、变形夸张、组合分离等手段对其进行简化。

（4）意象仿生法

仿生意象产品设计一般采用象征、比喻、借用等方法，对形态、色彩、结构等进行综合设计。在这个过程中，生物的意象特征与产品的概念、功能、品牌以及产品的使用对象、方式、环境特征之间的关系决定了生物意象的选择与表现。生物形态简化与意向仿生法常用于机械产品的外观造型设计。

（5）具象形态仿生

具象形态仿生是对生物形态的直观再现，在人类对客观对象的认知基础之上，通过对生活经验以及生物常态的凝练，力求最真实的表达和再现自然界的客观形象。

（6）抽象形态仿生

抽象形态仿生是对自然生物形态的凝练，表达了自然生物形态的本质属性。它超越了直觉的思维层次，利用知觉的判断性、整体性、选择性，将生物形态的内涵理念以及本质属性转移至仿生对象的造型中。

2.2 仿生机械形态与结构设计的步骤

仿生机械形态设计不是自然形态的直接模仿，而是在深刻理解自然原型的基础上，综合机械产品的功能、结构、美学等因素，结合造型心理学设计出具有形态语意和创造性的形态设计，遵循如下步骤。

（1）可行性分析

在进行仿生形态与结构设计之前，首先应根据调研所获得的资料，对机械产品的设计定位、要求，并在使用方式、使用环境、功能结构等方面进行综合分析，确定该机械产品是否适合应用仿生的方法进行形态与结构的设计。

（2）仿生原型选取

根据可行性分析结果及搜集的产品信息作为选取仿生对象的参照，从自然生物中选择符合产品设计要求的生物形态及结构。模仿对象可以是某个物种的特征，或 n 类生物的共同形态特征。

(3) 生物特征的认知与仿生特征的提取

在生物原型选定以后,从各个方面对生物形态作全面分析,以便对生物形态的功能、结构及其他特征属性有全面的认识。在此基础上,根据机械产品的设计要求,选择最贴合生物本质特征的、且最符合机械产品设计要求的生物形态特征,运用一定的简化手法进行特征提取。

(4) 仿生形态特征的简化处理

最初被提取的生物形态特征往往类似于自然形态,不能在机械产品形态设计中直接应用。因此,需要结合机械产品形态的特点和设计要求,在突出生物本质特征的前提下,运用一定的简化或抽象方法对其进行进一步的处理,使其更符合机械产品形态设计的要求。这个步骤是衔接生物形态特征与机械产品形态特征的重要环节,它关系到生物形态与机械产品形态能否良好地匹配。

(5) 生物特征的机械产品设计转化

在得到具有一定抽象程度的生物特征简化式样之后,将生物的主要特征融入产品的功能体系中,使它在机械产品设计中得到具体体现,最终实现产品的形态及结构的仿生设计。

(6) 仿生形态设计的评价与验证

对仿生机械形态与结构的设计结果进行评价和验证。将产品仿生形态或结构与生物原型进行特征匹配,验证特征模仿的准确性和有效性。

3 仿生机械外形设计

外形仿生,源于人类祖先朴素的形状相似仿生理念。仿生机械外形设计是以自然界中的生物形态为参考对象,根据一定的设计法则将生物形态主要特征"迁移"至机械外形,并在功能上建立起关联指向的过程。仿生机械外形设计不仅强调产品的外延性意义,也关注于产品的象征意义。

3.1 平滑流线型

3.1.1 平滑流线型的概念

平滑流线型通常是由鸟类、鱼类等在流体介质中生活的生物的外形提取出来的,一般用于车辆、飞行器、船舰等外形设计,以达到减阻、降噪、增效、稳定、美观的目的。

3.1.2 平滑流线型的设计原则、方法、步骤

平滑流线型仿生设计遵循的原则见本篇第 3 章 1,但要特别注意艺术性与技术性结合和相似性原则。设计方法主要采用逆向工程法,在工业设计中通常把逆向工程法和意象仿生法相结合进行设计。具体步骤参见本篇第 3 章 2.2。

3.1.3 设计实例:奔驰盒形汽车

设计步骤如下:

1) 生物原型的选取及可行性分析。为了奔驰概念商务车"Bionic Car"的研发,奔驰的设计师及专家在自然界寻找到了热带海洋里的"boxfish",如图 50.3-1 所示,它具有良好的空气力学外形,并且能与汽车外形相结合。它的身体虽然呈立方体,但却具有出色的流线特征。

图 50.3-1 盒子鱼

2) 生物特征的认知与仿生特征的提取。采用逆向工程方法及具象形态仿生法获得生物特征的几何点云数据,用三维造型软件对点云数据进行修正和完善。

3) 生物特征的机械产品设计转化。根据三维模型加工出实物模型进行模型试验或利用计算机仿真技术对三维模型进行虚拟样机试验,优化模型如图 50.3-2 所示。根据此模型,设计人员设计出了这款盒形汽车,如图 50.3-3 所示。

图 50.3-2 奔驰泥塑模型

图 50.3-3 盒形汽车

4) 仿生形态设计的评价与验证。用风洞试验,对优化模型进行试验验证,模型的风阻系数为 0.095,这是高度流线形态的车型才能达到的。

3.2 力学稳健型

3.2.1 力学稳健型的概念

力学稳定性主要考虑的是机械运动的平稳性,比

如陆地机器在地面上运动的抗倾翻能力以及腾空中抗翻转的能力、水下机器抗干扰保持方向稳定性的能力、空中机器保持姿态稳定性的能力等。力学稳健型是指满足力学稳定性的外形。鸵鸟、袋鼠等生物，虽然只有二足触地，却能快速跳跃奔跑并保持稳定，其外形就是典型的力学稳健型。

3.2.2 力学稳健型的设计原则、方法、步骤

力学稳健型仿生设计主要遵循的原则为功能性原则和相似性原则。常用的设计方法为生物形态简化法和抽象形态仿生法。具体步骤为：

1）对具有力学稳健型的生物的肢体结构进行规则化、几何化，研究其稳定机理。

2）根据稳定机理，做出抽象化的几何图形，并将几何图形转化为杆、铰链等机械元素。

3）根据工程力学设计机械模型，制作样机。

3.2.3 设计实例：仿袋鼠机器人

设计步骤如下：

1）生物原型的选取及可行性分析。袋鼠凭借其粗长尾巴的调节功能使其具有稳健的跳跃姿态，再加之其跳跃速度快、落脚面积小、避障能力强等优点，无疑是弹跳领域的佼佼者。

2）力学稳健型几何化及稳健机理分析。图50.3-4 所示为袋鼠的结构示意图，由图可知，其前肢在袋鼠觅食和行走时起支撑作用，后肢和脚主要用来跳跃，尾巴在袋鼠觅食和行走时也起支撑作用，并在跳跃中起平衡和控制方向的作用。头部和前肢在袋鼠的跳跃中自然摆动，对身体也有一定的平衡作用。

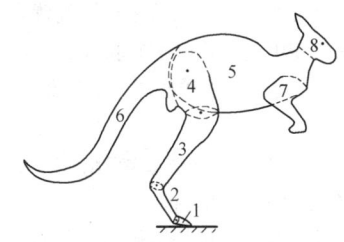

图 50.3-4　袋鼠的结构示意图

3）几何图形向机械元素方面转化。如图 50.3-5 所示，构件 5 和构件 4 的连接处为臀关节，构件 4 和构件 3 的连接处为膝关节，构件 3 和构件 2 的连接处为踝关节，构件 2 和构件 1 的连接处为趾关节。共有 5 个自由度。

4）样机制作。图 50.3-6 所示为日本 S. H. Hyon 等人根据图 50.3-5 设计的单腿机器人。

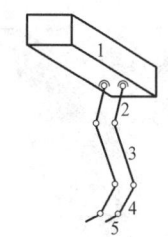

图 50.3-5　仿袋鼠机构模型

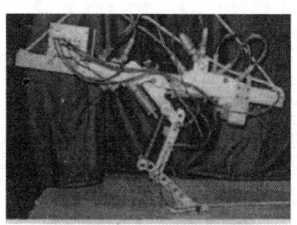

图 50.3-6　日本单腿机器人

3.3 环境适应型

3.3.1 环境适应型的概念

生物与其环境介质和生存条件长期相互作用，促使其进化出高度适应生存环境的构型。这些生物构型通常具有优异的工作性能，称其为环境适应型。

3.3.2 环境适应型的设计原则、方法、步骤

环境适应型仿生设计主要遵循的原则为功能性原则和相似性原则。设计方法主要为逆向工程法。设计步骤同平滑流线型类似，见本篇第 3 章 3.1.2。

3.3.3 设计实例：仿野猪头起垄器

设计步骤如下：

1）仿生原型的选取与功能相似性分析。起垄铲是耕地机械的重要工作部件，合理优化起垄铲结构以减小阻力降低能耗，是农机工程的迫切需求。野猪生来就具有拱土的特性，经过长期进化，其面部具有优良的减阻功能。野猪这种拱土特性与起垄铲铲面的触土特性极为相似，所以选取野猪头部为设计起垄铲的生物模本，如图 50.3-7 所示。

2）仿生信息的获取与处理。采集野猪头部的三维点云数据，并对点云数据进行几何重建，得到野猪头部三维模型（见图 50.3-8）。

3）生物特征的机械产品设计转化。根据此模型设计出仿生起垄铲，如图 50.3-9 所示。

图 50.3-7　野猪头部样本

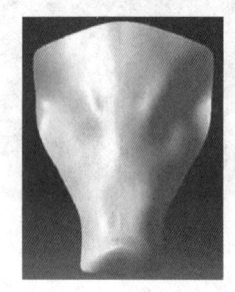

图 50.3-8　野猪头部三维模型

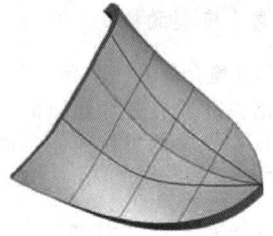

图 50.3-9　仿野猪头部起垄铲

4）仿生设计评价与检验。对其进行计算分析，发现仿生起垄器铲面在起垄时所受应力与普通起垄器铲面所受应力相比，降低了13%左右。

4　仿生机械表面形态设计

4.1　拓扑形态

4.1.1　拓扑形态的概念

拓扑形态是在仿生原型拓扑变换中，有关图形的大小、形状等度量将发生变化，而有关图形的点、线、面、体之间的关联、相交、相邻、包含等关系将保持不变，依据这种拓扑关系的前提下进行的一种仿生设计。

4.1.2　拓扑形态设计的原则

在进行拓扑形态的仿生设计过程中遵守本篇第3章1中的设计原则。此外在拓扑形态设计中还需注意：拓扑性质是知觉组织中最稳定的性质，那么在产品形态仿生设计中要尽可能地保持这种性质的稳定性，即稳定性原则。

4.1.3　拓扑形态设计的方法

拓扑形态仿生设计的方法主要有逆向工程法、生物形态简化法、意象形态仿生法、具象形态仿生法、抽象形态仿生法。具体详情参照本篇第3章2.1。

4.1.4　拓扑形态设计的步骤

第一步：确定研究目标。首先以设计流程为线索，对产品形态仿生设计的核心过程（生物形态特征的分析、提取、简化、生成环节）进行分析，探寻其中较为模糊以及不确定的点，将其锁定为研究目标。

第二步：理论分析。针对研究目标，尝试以拓扑学研究中的拓扑性质作为理论依据进行理性约束。

第三步：提出策略。针对具体的研究目标，建立相应的拓扑性质约束策略。分别在生物形态特征的分析、提取、简化、生成环节进行分析，并提出约束策略。

第四步：策略校验。对于上述约束策略（可能存在疑虑）进行试验设计及校验。

第五步：设计实践。将拓扑性质在产品形态仿生设计过程中的约束策略进行实践运用，将拓扑性质约束策略运用到设计实践中。

4.1.5　拓扑形态设计案例：螳螂特征的认识

对螳螂摄影图片进行搜索，依据图片拍摄角度呈现的趋势选出常态角度，然后去除干扰背景。按螳螂形态特征在认知中的稳定性进行排序：

第一层级是受知觉所把握的整体组织，即螳螂原型。

第二层级划分时，考虑到螳螂前足为"显著特征"，因此列于拓扑结构之前。

第三层级是对螳螂拓扑结构的划分，将第二层级的拓扑结构（颈部、躯干、下肢、翼部、尾部）分别看作整体，进行局部特征的寻找。寻找依据是与同纲"标杆"进行比较，如图 50.3-10 所示，根据多种标杆的比较判断，其中螳螂的头部（三角形）、躯干（躯干细长）、腹部（腹部下垂）具有特色。

第四层级划分是跟同科（目）内的标杆生物进行比较，由于螳螂已为本科中较为典型生物，在受众知觉中具备较为稳定的形象，所以继续以同纲生物为主，此时有针对性地选择形态比例上跟螳螂差不多的蟋蟀和蚱蜢进行细节比较，如图 50.3-11 所示，发现螳螂的眼睛、口器具有特色。

图 50.3-11　同纲形态相近的标杆生物比较

第五层划分时，主要依据视觉对于物体转折处、轮廓发生变化的地方、三角形等敏感程度，将眼睛、口器、胸部、腹部、翅膀、六足分别看作整体进行剖析，此时未发现明显特征，截至第四层。

如图 50.3-12 所示，是以螳螂为原型的形态仿生产品，两款都为较为抽象的仿生产品。

图 50.3-10　同纲多种典型标杆生物比较

图 50.3-12　以螳螂为原型的形态仿生产品

4.2 几何形态

4.2.1 几何形态的概述

把概念的几何学（研究几何形态的大小、形状、位置关系的学科）形态，依据数学逻辑直观化，并应用于平面或立体设计上的形态，称为几何形态。

近年来，人们开始将自然界中某些生物的形态运用到设计中，从而实现如减少阻力、提高性能等效用。例如，将鼠爪趾高效的土壤挖掘性能应用于深松铲减阻结构设计中，仿生减阻深松铲减阻效果明显。根据蚊子的刺吸方式的口器形态，对寻常注射器的针头进行了仿生粗糙表层形态的加工，合理的仿生结构使得针头最高减阻率达到 44.5%。

4.2.2 几何形态的设计原则

在设计中，不仅要确定设计对象的几何形态，更为重要的是协调构成主体的各部分元素之间的关系，因此，需要确立一些原则。

1）固定比例优先原则。在形态设计中，确定产品的尺寸是不可或缺的重要因素之一。

2）形态饱满原则。在形态设计过程当中，从形体、块面、线条方面保证造型后的各个特征形态饱满的原则。

3）和谐统一原则。形态的整体与局部、局部与局部间的和谐统一，体现它稳定、稳重的特性。

4.2.3 几何形态设计的步骤

几何形态的具体设计步骤可参考本篇第 3 章 2.2。

4.2.4 几何形态设计的案例：凹槽形仿生针头优化设计

1）以蚊子和蝉的口针为仿生设计原型进行研究分析。

2）几何形体仿生信息的获取与处理：以蚊子和蝉的口针上的沟槽结构为原型，通过简化处理，提取沟槽的宽度 b、沟槽深度 h 为主要几何特征，如图 50.3-13 所示。

3）运用试验优化技术，通过显式动力学接触分析，获得最优几何形态值（b 为 0.06mm，h 为 0.04mm 时减阻效果最佳）。

4）依据国家标准，对数值分析所用的 9 种凹槽形仿生针头进行穿刺试验，证明沟槽形仿生针头具有明显减阻效果，最高减阻率可达 44.5%，从而验证了

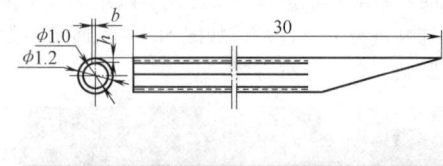

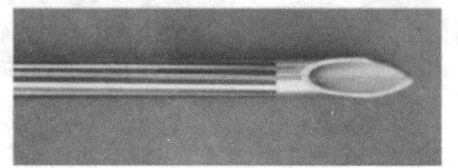

图 50.3-13 沟槽几何形态仿生针头

几何形态设计的有效性。

4.3 非光滑形态

4.3.1 非光滑形态的概述

生物体表普遍存在几何非光滑特征，即一定几何形状的结构单元随机地或规律地分布于体表某些部位；实际的非光滑生物表面的形态形式是各种各样的，大多可归结为几种基本单元的复合形式。几何非光滑结构单元在力学特性上可表现为刚性的、弹性的或柔性的。在尺度上也有所不同，可分为宏观非光滑和微观非光滑。

4.3.2 非光滑形态的设计步骤

非光滑形态仿生的设计步骤请参照本篇第 3 章 2.2。

4.3.3 非光滑形态的设计案例：仿生不粘锅

1) 选择仿生原型。研究表明凸包形非光滑多存在于土壤动物体表与土壤挤压摩擦较严重的部位，如蜣螂头部推土板像正铲挖掘机一样挖土，前足进化成开掘足用力向后扒土，其头和爪就分布凸包形非光滑（见图 50.3-14）；步甲头部也存在着同样的分布。

图 50.3-14 蜣螂头部凸包形非光滑结构

2) 仿生非光滑信息的提取。对蜣螂头部凸包形非光滑生物模型，通过逆向工程方法进行简化、提取，如图 50.3-15 所示。

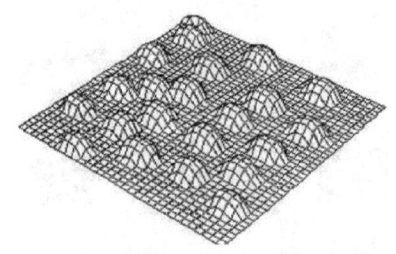

图 50.3-15 三维模拟

3) 仿生特征的工程化实现。首先采用模具冲压加工的手段在锅底进行表面改形，然后利用铝合金阳极硬质氧化进行表面改性。如图 50.3-16 所示，即为最终冲压所制得的不粘锅成品。

图 50.3-16 不粘锅成品

4) 试验验证。通过与普通电饭锅、特富龙电饭煲、不锈钢电饭锅的比较性试验，表明依据黏附力试验结果制造的仿生不粘锅减粘脱附效果明显，同特富龙电饭煲相比，该产品在减粘脱附方面具有同等水平。

5 仿生机械表面功能设计

仿生机械表面功能设计是机械工程与生命科学密切结合形成的新兴交叉领域，其核心科学问题是生物优异功能表面的形成机理和作用规律，以及仿生功能表面设计原理和制造技术。根据上述设计原理，功能表面可分为减阻功能表面、自洁功能表面、耐磨功能表面等。

5.1 仿生机械表面功能设计的原则、方法、步骤

1) 仿生机械表面功能设计有一定的设计原则，可以参照本篇第 3 章 1，但在此设计过程中需强调的是功能性原则与相似性原则相结合，设计出的仿生产品可有效实现生物模本所具有的特殊生物功能，达到预期的功能目标。

2) 设计过程中常用到生物模板法、逆向工程法和生物形态简化法等。

3) 仿生机械表面功能设计的步骤，可参照本篇第 3 章 2。

5.2 仿生机械表面功能设计的实例

表 50.3-1 概括了多种仿生机械表面功能设计，并列举了在各领域的应用。

表 50.3-1 仿生机械表面功能设计实例

功能	设计实例
仿生减阻	仿生减阻是指以自然界生物为原型，探索其减阻的原理，根据其表面结构和器官设计减阻功能表面。海豚皮肤的结构具有减阻特征，以海豚皮肤为生物原型，利用生物形态简化法提取出海豚皮肤的减阻特征，设计了一种形态/柔性材料二元仿生耦合增效减阻功能表面。将面层材料本身的弹性变形加上面层材料与基底材料表面上仿生非光滑结构的耦合，共同对流体进行主动控制，从而实现增效减阻功能，通过试验得出该表面有效地提高了流体机械的效率
仿生自洁	自然界中通过形成疏水表面来达到自洁功能的现象非常普遍，最典型的如以荷叶为代表的植物叶、蝉等鳞翅目昆虫的翅膀以及水黾的腿等。以荷叶为生物原型，提取荷叶自清洁的生物特征，进行特征的机械产品转化。在玻璃表面镀一层疏水膜，这种疏水膜可以是超疏水的有机高分子氟化物、硅化物和其他高分子膜，也可以是具有一定粗糙度的无机金属氧化物膜，在玻璃表面产生超疏水和超疏油的特殊表面，使处在玻璃表面的水无法吸附在玻璃表面而变为球状水珠滚走，亲水性污渍和亲油性污渍无法黏附于玻璃表面，从而保证了玻璃的自清洁
仿生耐磨	运用仿生学原理，通过对生物体系的减摩、抗黏附、增摩、抗磨损及高效润滑机理的研究，从几何、物理、材料和控制等角度用以研究、发展和提升工程摩擦副的性能。以蚯蚓为生物原型，提取蚯蚓非光滑减阻特征，并将这些特征进行机械产品转化，模拟蚯蚓体表形态的凹坑、导belt通孔、通孔非光滑表面形态，进行了滴油混合润滑摩擦试验，在混合润滑的条件下，通孔形仿生非光滑表面结构具有明显的减阻、耐磨效应
仿生止裂	模拟生物体在交变载荷下刚性强化和柔性吸收原理，构建具有应力缓释、裂纹阻滞和刚柔耦合效应的人工表面，降低裂纹萌生和扩展的敏感系数，从而实现机械和材料等节能减排、延寿增效的目标。在贝壳珍珠层中，霰石的含量高达99%，剩下的不到1%主要是以蛋白质为主的有机质。但是，正是通过这些有机质将不同尺寸的霰石晶片按特殊的层状结构联系起来，形成了层状结构的复合材料，其断裂韧性却比纯霰石高出3000倍以上
仿生降噪	在自然界中，苍鹰等生物在运动过程中几乎不发声，通过对其羽毛的生物耦合特征分析确定，其羽毛间呈现的条纹结构和羽毛端部的锯齿形态为降噪的主要因素。选取苍鹰为生物原型，提取苍鹰翼尾缘锯齿的降噪特征参数，并将其应用于多翼离心风机的气动噪声控制，设计出一种新型降噪结构耦合仿生叶片
仿生耐冲蚀	以新疆岩蜥为典型动物，提取其耐磨生物特征，以形态、结构、材料作为因素设计仿生耦合试样，通过喷砂试验检验耦合试样表面的冲蚀磨损特性。喷砂试验选用粒径为 $1000\mu m$ 的 Al_2O_3 颗粒为磨料，对 LY12 硬铝合金与 45 钢为基底的仿生耦合试样进行试验。在试验条件下，采用 LY12 铝合金为基底材料的耦合仿生试样与 45 钢试样相比，有着优异的抗冲蚀磨损性能

6 仿生机械结构设计

6.1 微纳结构

6.1.1 微纳结构概述

随着纳米技术的发展，生物材料和仿生材料的研究已经延伸到微米和纳米尺度，并且在先进功能材料的设计上取得了重大突破。在微米和纳米尺度，自然界的材料通过非常复杂的结构，精细的多级组织和结构之间的完美结合实现了特定的功能。这些生物材料的微米和纳米结构启发人们去设计人工的具有微米和纳米结构的材料来获得某些特定的性质。

6.1.2 微纳结构设计的原则、方法、步骤

微纳结构仿生设计遵循功能性和相似性的原则，设计方法主要通过光学刻印法、模板法、化学修饰法等。具体步骤为：
1) 选取具有微纳结构的仿生原型。
2) 通过观察确定微纳结构形状尺寸。
3) 针对加工材料的不同，选取合适的加工方法。
4) 对加工出的微纳结构进行功能性校验。

6.1.3 微纳结构设计实例：有机硅乳胶漆

荷叶表面（见图 50.3-17）按一定规律排列着许多微米尺度的乳突状结构（见图 50.3-18）使其具有自清洁的性能，水在其上可以轻易滑落，并带走灰尘，展现出"出淤泥而不染"的特性。为了保持外墙

面的干燥和清洁，德国 Sto 公司将这种微观结构"克隆"在有机硅涂料中，开发了微结构有机硅乳胶漆（见图 50.3-19），即荷叶效应乳胶漆。在下雨时，雨水在墙面上成珠滚落带走灰尘，保持了墙面的干燥清洁。

图 50.3-17　荷叶表面

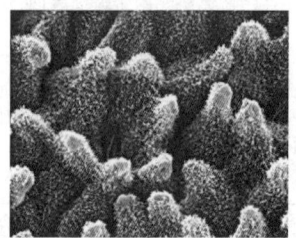

图 50.3-18　荷叶表面微纳结构

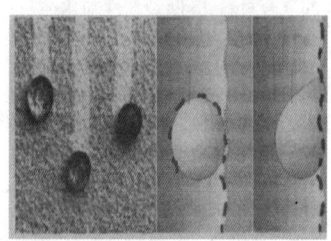

图 50.3-19　荷叶效应乳胶漆涂膜

6.2　蜂窝结构

6.2.1　蜂窝结构概述

早在人类会利用工具之前，自然界中早就出现了高效利用材料、减轻重量的结构——蜂窝结构，如蜜蜂建造的蜂巢、植物叶子中的纤维结构等，这种结构在航空航天、军工等领域有着广泛的应用。

6.2.2　蜂窝结构的设计原则、方法、步骤

蜂窝结构的设计遵循功能性和相似性原则，设计方法主要有展开法、波纹压形和钎焊法等。具体步骤为：首先根据使用要求，选用合适的蜂窝结构；然后，确定蜂窝孔径、孔形、孔隙率、开口度等结构参数；最后，选择合适的方法依照确定的尺寸进行加工制造。

6.2.3　蜂窝结构设计实例：蜂窝板

仿照蜂窝结构（见图 50.3-20）所设计的蜂窝板（见图 50.3-21）具有孔径均匀、密度小、比表面积大的特点，依靠其自身重量轻、比强度高、刚度大、隔热隔音性能好的优良性能，在日常生活中应用十分广泛。

图 50.3-20　蜂窝结构图

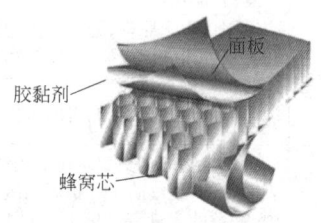

图 50.3-21　蜂窝板示意图

6.3　梯度结构

6.3.1　梯度结构概述

这里的梯度结构只针对梯度功能材料而言，梯度材料是将两种或两种以上的不同种物质经特定复合技术加工而成，使其中一种或多种成分、结构以及性质沿某一指定方向上呈规律变化的非均匀复合材料。具有梯度结构的材质组成成分或结构是呈逐步过渡变化的，这种变化使其具有了更为突出的力学性能，如韧性、耐磨、耐腐蚀等。

6.3.2　梯度结构设计的原则、方法、步骤

梯度结构的设计遵循功能性、可行性、相似性的原则，常用的方法有粉末冶金法、等离子喷涂法、物理气象沉积法（PVD）、化学气象沉积法（CVD）和自蔓延高温燃烧合成法等。具体步骤可参照本篇第 3 章 2.2。

6.3.3　梯度结构设计实例：泡沫玻璃

贝壳的珍珠层中文石晶体成多边形，并且与有机基质交叉叠层堆垛成有序的层状结构（见图 50.3-22），为裂纹的拓展扩大路径，承受更大的非弹性变形，使

其具有良好的力学性能。仿照这种梯度结构，人们利用碎玻璃、发泡剂、改性添加剂和发泡促进剂等，经过细粉碎和均匀混合后，再经过高温熔化、发泡、退火制成了无机非金属玻璃材料（见图50.3-23），具有十分稳定的力学性能。

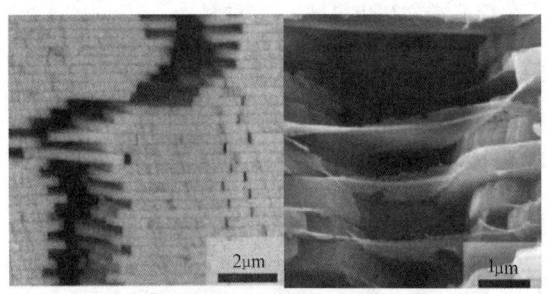

图50.3-22　贝壳珍珠层微观结构

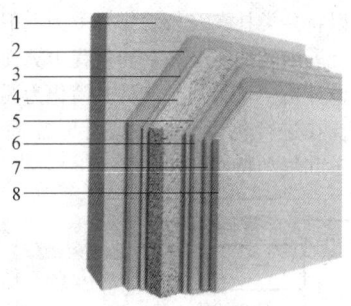

图50.3-23　泡沫玻璃
1—基层墙体　2—黏结砂浆　3—界面剂　4—泡沫玻璃保温板
5—界面剂　6—抹面砂浆　7—柔性泥子　8—外墙涂料

6.4　鞘连结构

6.4.1　鞘连结构概述

鞘连结构通常是以甲虫鞘翅为仿生原型，所设计出的结构具有轻质、高强和耐损伤的特点，在提高材料稳定性、减轻材料的重量，以及提高材料的抗冲击性能上有广泛的应用。

6.4.2　鞘连结构设计的原则、方法、步骤

鞘连结构的设计遵循功能性、可行性、相似性的原则，大多通过模具浇注成型，具体步骤为：首先，确定研究对象，对仿生原型的微观结构进行细致的观察分析；对所提取的形态特征进行简化处理，使其符合机械形态设计要求；然后通过模拟软件对所设计形态进行力学模拟，进一步优化设计参数；最后，根据材料不同，采用合适的制造方法加工成型，并对产品性能进行评价和验证。

6.4.3　鞘连结构应用实例

甲虫鞘翅的主要结构型式（见图50.3-24）有腔、梁、微孔洞、蜂窝和叠层结构，鞘翅的腔结构使鞘翅具有轻质高强特性，并表现出优异的耐冲击损伤特性。梁是用来连接鞘翅孔洞结构上下两部分的结构，梁结构为内部微观结构提供支撑并减轻重量。仿照甲虫鞘翅特性所设计的结构（见图50.3-25）具有强度高、重量轻的特点，并表现出优异的耐冲击损伤特性。

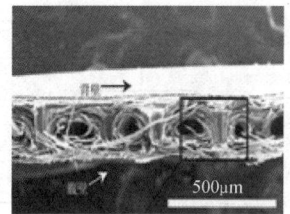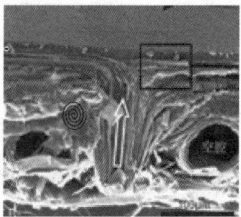

图50.3-24　东方龙虱鞘翅断面电镜图

图50.3-25　仿甲虫鞘翅轻质结构

第 4 章 仿生机械运动学设计

1 运动方案设计

仿生机械运动方案设计的主要内容是根据给定仿生机械的工作要求，选取相应的生物运动原型，参考其运动模式，确定仿生机械的工作原理；拟定工艺动作和执行构件的运动形式，绘制运动循环图；结合仿生原型的外形特征、骨骼特征、运动学特性和动力学特性，进行执行机构的型式设计；随之形成仿生机械系统的几种运动方案，并对其进行分析、比较、评价和选择；对选定运动方案中的各执行机构进行综合运动分析，确定其运动参数，并绘制机构运动简图。

1.1 方案设计步骤

仿生机械运动方案设计的一般步骤如下：

(1) 确定仿生机械工作原理

针对设计任务书中规定的仿生机械工作要求，选取相应的生物运动原型，参考其运动模式，分析实现该运动所能采用的机械原理和技术手段。由其工作原理进一步确定仿生机械所要实现的动作，复杂的动作可分解为几种简单运动的合成。例如，可以选取鸟类扑翼运动原型，进行仿生飞行器的设计。鸟类扑翼飞行的实际运动规律非常复杂，每一时刻翼面的姿态和气动力都有所不同，其高效飞行可以看成是减重、增升、减阻和节能综合作用的结果，如图50.4-1所示。为此，可以将鸟类扑翼飞行动作分解为上下扑动、前后挥摆、绕展向轴的扭转和上扑过程中翼面的折叠等动作，在设计仿生飞行器时又将其简化为翼面上扑和下扑动作，在进行仿生飞行器设计时需同时考虑结构、动力学和气动特性。

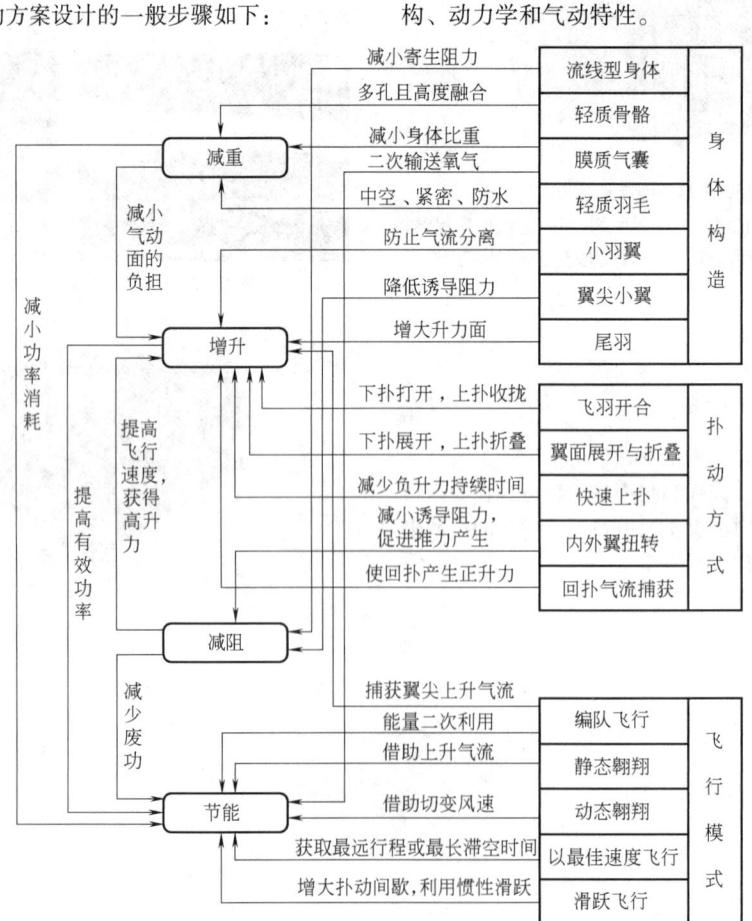

图 50.4-1 鸟类高效飞行机理

(2) 拟定仿生机械运动循环图

针对仿生机械要实现的工艺动作,确定执行构件的数目。为了实现仿生机械功能,各执行构件的工艺动作之间往往有一定的协调配合要求,为了清晰地表述各执行构件之间运动协调关系,应绘制仿生机械的运动循环图。仿生机械运动循环图也是进行执行机构选型和拟定机构组合方案的依据,即将各执行构件的工作循环按同一时间(或转角)比例尺在同一幅图上绘出,并且以某一个主要执行机构的工作起始点为基准来表示各执行机构相对于此主要执行机构动作的先后次序。

(3) 设计仿生机械执行机构型式

根据执行构件的运动形式和运动参数,确定实现执行构件工艺动作的各个机构,并将其有机地组合在一起,以实现执行构件的工艺动作。所谓机构型式设计,是指究竟选择或设计何种机构来实现预期的工艺动作。机构型式设计又称为机构的型综合,包括机构的选型和机构的型构。机构的型构可以结合仿生原型的外形及骨骼等特征、运动学特性和动力学特性,进行仿生机械的机构型式设计。例如,生物腿部的多个自由度使其能很好地适应各种地形,灵活地调整其身体姿态和运动步态,以踝关节处连接的跟腱为代表的弹性储能元件在善跑的动物如猫科、犬科动物的腿部结构上就有较好的体现,其在动物奔跑过程中发挥了巨大作用,而这为四足机器人的设计提供了良好的仿生学借鉴。

在设计仿生机械关键机构时要针对其主要性能要求进行优化。例如,足式移动机器人 BigDog 在进行快速移动、慢速移动、停止、转弯等一系列姿态变换过程中,对其平稳性及运动的连续性要求是很高的,必须时刻保持最佳的运动姿态,且纵向的持续行走、奔跑等功能是 BigDog 研究追求的目标。由于地形的影响,机身的姿态需要经常调整,才能确保纵向运动的平稳性和连贯性,而这些腿部关键机构的运动都是使用图 50.4-2 控制方法实现的。

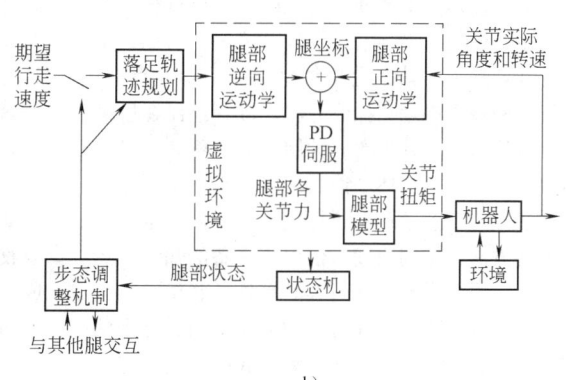

a)   b)

图 50.4-2 BigDog 及其基本行走控制流程图
a) BigDog 外观图 b) BigDog 行走控制流程图

在进行执行机构选型时,应首先满足执行构件运动形式的要求,然后通过对所选机构进行组合、变异和调整等,以满足执行构件的运动参数要求。一般来说,满足执行构件工艺动作的执行机构往往不是一种,而是多种,故应该进行综合评价,择优选用。例如,能实现仿生扑翼飞行器间歇运动的机构有凸轮机构、棘轮机构、槽轮机构,而采用棘轮和槽轮机构会使翅根过于庞大,因此,可选用凸轮机构来实现其翅膀的摆动。

(4) 评价仿生机械运动设计方案

仿生机械运动方案设计的评价就是从多种方案中寻求一种既能实现预期功能要求,又具备性能优良、价格低廉的方案,这也是仿生机械运动方案设计的最终目标。机械运动方案设计是一个多解性问题,面对多种设计方案,必须分析比较各方案的性能优劣、价值高低,经过科学评价和决策才能获得最满意的方案。

(5) 绘制仿生机械运动简图

根据仿生机械的工作原理、执行构件运动的协调配合要求,以及所选定的各执行机构,拟定机构的组合方案,画出仿生机械运动简图。在此基础上对仿生机械运动系统进行初步运动学分析,建立仿生机械空间运动方程,通过对仿生机械运动的仿真,获得仿生机械的一些运动参数,进而模拟验证仿生机械设计的可行性。

1.2 运动原理分析

(1) 确定工作原理

仿生机械的工作原理是模拟生物界中生物运动的动作机理,可以是物理原理、化学原理、几何机理、数学机理,甚至是生物原理等,但在常规仿生机械设计中通常采用运动的物理原理。确定仿生机械工作原理是一个创新思维过程,需要了解相关生物运动机理和机械工作原理,综合运用已有知识,才可能较好地确定出仿生机械的工作原理。

机械为了完成同一功能要求可以采用不同的工作原理,而不同工作原理的机械,其机械运动方案也是不同的。即使相同的工作原理,也可拟定出不同的运动方案。例如,为了设计足式步行仿生机器人,可以采取双足、四足和六足步行原理。这三种不同的足式步行原理适合不同的场合,满足不同的足式步行需要,其机械运动方案也就各不相同。对于四足步行原理,执行构件(腿结构)设计可以是全肘式、全膝式、前膝后肘式和前肘后膝式,其对应的机械运动方案也会不同。

(2) 确定工艺动作

工作原理确定之后,仿生机械的功能便通过执行构件的工艺动作来实现。依据确立的工作原理和仿生机械的功能要求,确定出执行构件的数目和各执行构件的工艺动作,是一个严谨、而巧妙的构思过程,也是进行仿生机械创新设计的重要环节之一。所以,工艺动作的确定除了要认真分析仿生机械的功能目标,详细了解各种技术原理与操作方法之外,还需在思维方法上进行努力,放开思路,大胆设想。例如,可以根据仿生机械产品的具体功能目标的特点,采用定向思维的方法确定工艺动作;还可以采用多向思维的方法,从不同方向、不同角度,依据所具备的知识、经验和方法,提出新设想、新方案。另外,联想思维或形象思维也是构思工艺动作常用的方法,通过已有的机械产品的启发、类比、联想、综合或改进而拟定出工艺动作,或通过对日常生活中各种现象的观察以及受自然界中各种动作的启发,而联想构思出巧妙的工艺动作。例如,缝纫机借用了手工缝制的"穿针引线"的工作原理,但并没有沿用手工的单线上下穿梭工艺动作,而是采用了双线编织的工艺动作,不仅简化机械结构,而且提高了生产率,改善了缝制质量。再如,智能手洗洗衣机,模仿人手手工洗衣的搓、挤、揉、解、摇、敲等工艺动作,放慢速度以减少衣服损伤。

当生物运动机理不易于转化为工艺动作时,应注意采用便于机械化的工艺动作。确定仿生机械工艺动作时,决不能停留在简单地模仿传统手工动作的模式上,而应充分注意仿生机械自身的运动特点(连续、可整周转动、简单、循环、稳定等),尽可能采用简单的、便于机械化的工艺动作。

(3) 分解工艺动作

实现机械功能的工艺动作,一般可分解为多个简单运动。为了便于机构选型和机构综合,常将复杂的工艺动作分解成机械最容易实现的运动形式,如转动和直线移动,然后再进行合成。例如,在分析仿生机械手的工艺动作时,根据作业的要求确定机械手机构的自由度、组成形式、关节数目和配置方式。手部的关节至多有两个旋转自由度,即弯曲运动和内收外展运动。弯曲运动是指在与手掌自然平面相纵向垂直的平面上的运动,这主要由手背的指间关节和腕部关节来完成。除能完成弯曲运动之外,手掌与指连接的关节,还能进行内收外展运动,因而这类关节具有两个运动自由度。应当说明的是,这类关节的弯曲运动与内收外展运动间含有特定的约束关系,即弯曲运动完成之后,一般不再有内收外展轴向的转动。这是与通常的纯双自由度的机构差别所在,除大拇指外其他四个手指相对于手掌的运动由指掌关节 MP、指间关节 PIP、指端关节 DIP 决定,手指有 4 个自由度,其中 MP 处有 2 个自由度;PIP 和 DIP 处各有 1 个自由度;大拇指有 2 个自由度,整个机械手共 18 个自由度,如图 50.4-3 所示。

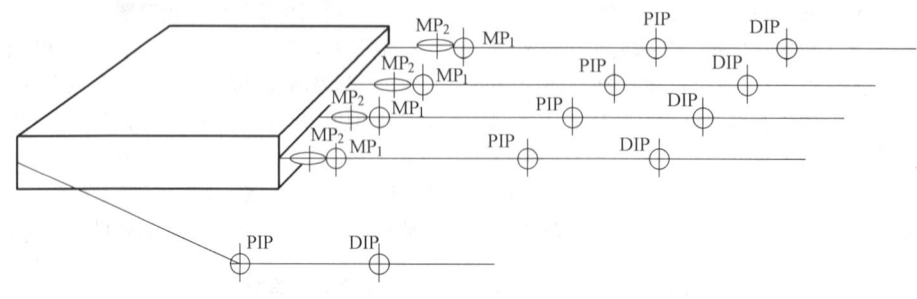

图 50.4-3 机械手的结构模型

将工艺动作分解成多个简单运动后,通过对各个运动实现的可行性、简便性和兼容性(即能否与其他运动的合并)等进行分析,确定出执行构件的数目和各执行构件的运动形式以及运动要求等。

1.3 系统方案设计

机械的功能原理方案的构思和设计,只是提出了实施机械的各分功能的原理方案。对于仿生机械产品来说，从功能原理方案到提供生产用的设计图纸，其间还要做不少工作。其中第一步是进行仿生机械运动系统方案设计，也就是机构系统方案的设计。具体来说，就是将功能原理方案所需实施的各分功能，构想出相应的执行动作，此一系列执行动作按运动循环图的顺序构成了机械工艺动作过程。对各执行动作选择合适的执行机构来加以实现，这些执行机构所组成的机构系统就可实现所需的机械工艺动作过程。由于同一执行动作可以用多个执行机构来实现，因此，机构系统方案可以有好几个，通过选择可以得到综合最优的方案。为了寻求功能作用解的关系脉络更加的清楚和详细，以便设计人员在概念设计中能够符合设计思维逻辑，能够促进开发人员的创新能力，图50.4-4给出了功能求解映射关系。

仿生机械运动系统方案设计时应充分考虑所需功率、生产能力、空间尺寸限制、物料流动方向、工作环境等对机器的设计要求，如何满足这些设计要求是机械运动系统方案设计时需逐一加以考虑的。

个肌肉的并联拉伸驱动来实现关节的转动，在双足机器人踝关节设计中采用刚性的连杆来模拟机器人的肌肉运动，比完全模拟肌肉运动减少了驱动器数量。因此，工艺动作过程分解时的巧妙性需要与实际情况紧密结合，并充分应用积累的知识和经验。

（2）在选择执行机构时应注意简单灵巧。

要实现某一执行动作或若干执行动作，选择机构时应注意利用机构的工作性能、结构特点、适用范围等主要特性，使机构造型做到合理、简单、灵巧。例如，多足仿生机械蟹通过采用谐波齿轮传动实现其关节传动的减速（见图50.4-6）。谐波齿轮传动在通常情况下，刚轮为内齿轮，固定不动；波发生器为椭圆凸轮或双滚轮，作输入轴；柔轮为外齿轮，作输出轴。例如，刚轮与柔轮的齿数差为2，则波发生器转1转，柔轮变形2次。若将波发生器装在柔轮中，将使柔轮变为椭圆形，此时，处于长轴的齿将与刚轮齿接触啮合，而处于短轴的齿则与刚轮齿脱开。当波发生器回转时，将迫使柔轮齿依次同刚轮齿啮合，由于相差2齿，故发生器转1转，将使柔轮在相反方向转过2齿，从而获得减速运动，

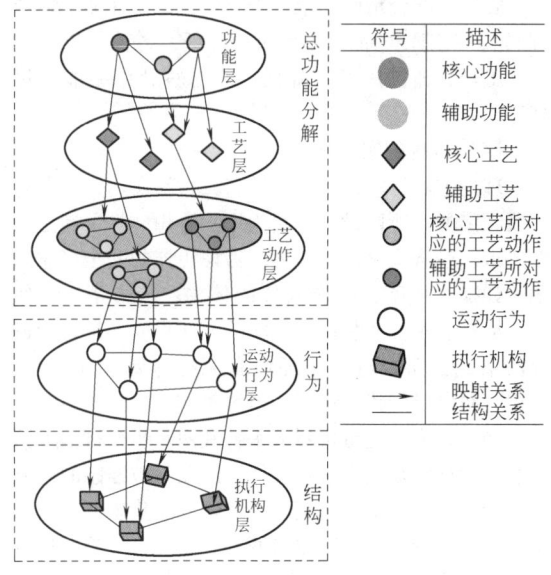

图50.4-4 执行系统各模型层映射关系示意图

为了得到性能优良、结构简单、工作可靠的仿生机械运动系统方案，设计时应注意如下几个原则：

（1）应注意对机器的工艺动作分解。

工艺动作分解后所得到的执行动作应该能通过常用的机构加以实现；利用一些布置巧妙的挡块，就可以用一个执行动作完成几个工艺动作，从而减少机构的个数。例如，图50.4-5所示的双足机器人仿生关节设计，采用一个胡克铰链来实现踝关节的前后、左右旋转运动，然而人的关节驱动由较多的肌肉拉伸运动来实现，对于一个自由度的旋转运动可以简化为两

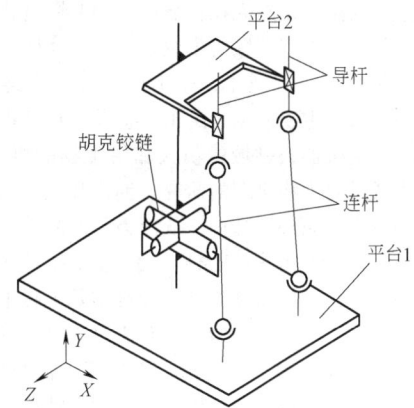

图50.4-5 双足机器人踝关节机构简图

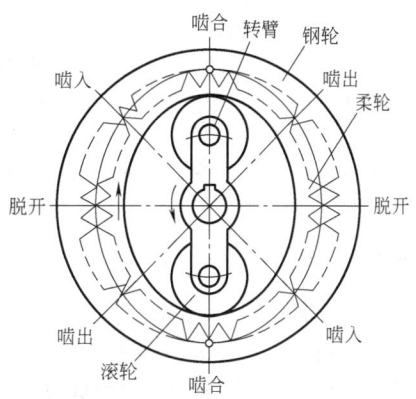

图50.4-6 谐波齿轮传动的工作原理

大大简化了仿生机械蟹关节的传动系统。选择简单、灵巧的机构是与设计人员熟悉机构特性、富有实际经验分不开的。

(3) 进行从机构到机构系统的评价选优。

在数量较多的机械运动系统可行方案中,选择综合最优的方案并不是一件容易的事,选择合理的、可靠的、较为客观的评价指标体系和评价方法是十分重要的。对于仿生机械运动系统来说,评价指标体系的确定应来自于有丰富设计经验的专家,否则会影响确定方案的合理性和可靠性。

2 运动过程的仿生构思

运动是生物的最主要特性之一,而且它往往表现在"最优"的状态。运动模拟就是研究生物运动的运动轨迹、运动规律、速度及加速度等,寻找出其共同的规律,将其抽象为数学模型,然后根据设计需要简化为实用的运动模型,从而作为设计仿生机械运动机构的依据。

2.1 构思原则

仿生学的思想是建立在自然进化和共同进化的基础上的,如农业工程领域仿生脱附、仿生摩擦学以及地面机械仿生理论与技术,昆虫仿生领域内运动仿生、受控昆虫、生物视觉、昆虫传感及信息处理、生物材料,仿生机器人领域的仿人和仿生物的机器人,以上技术通过对生物机理的研究,创造和完善制造工程科学的概念、原理和结构,从而为新产品的生产打下基础。基本的仿生构思原则大致遵循:对比、选择、模仿和优化。具体来说是指针对实际工程中遇到的问题,以仿生学原理为指导,对比研究自然界生物系统的优异功能、形态、结构、色彩等特征与原理,有选择性地在设计过程中应用这些原理和特征进行设计,通过对各种生物系统的功能原理和作用机理进行模仿,最后实现新的技术,设计并优化制造出更好的新材料、新仪器和新机械。

例如,基于螃蟹对滩涂、沙地、湿地等有很强的运动适应性,参照中华绒螯蟹步行足指节的结构,设计了4种仿生步行足:圆锥、圆锥沟纹、棱锥和圆柱沟纹步行足,可用作松软地面步行机构的触土部件。

2.2 构思方法

基于前述的仿生机械运动方案设计,对于同一种运动规律,可用不同的机构来实现。对于同一种功能,可选用不同的工作原理和不同的机构来满足要求,而同一种工作原理还可选用、构造不同的机构及其组合来实现。因此,对于要求满足某种功能的机械,可能的运动方案就有很多种,偏重于机构结构、运动学和动力学特性方面的运动方案主要包括以下几方面:

(1) 机构功能

机构的功能就是转换运动和传递力。在进行机构运动设计时,首先就是分析所设计机构的功能,并根据功能来设计、选择机构组成方案。

(2) 机构结构的合理性

机构结构的合理性包括机构中构件与运动副的数量及种类选择,机构组成是否最为简洁,运动链可否再作简化,动力源种类与参数选择是否合理,各级传动机构的传动比分配是否合理。

(3) 机构的经济性

机械应具有良好的经济性,即加工制造成本低,使用维修费用低。在材料确定后,加工制造成本主要与机构组成及运动副形式有关。因此,设计中要考虑是否有更简捷廉价的方法完成预期任务,对机器的加工、安装与配合精度要求可否降低,需特殊加工零件(凸轮、靠模)的加工难度可否降低,各种消耗(能源、工具、辅料)可否降低,原材料利用率能否提高等。

(4) 机构的实用性

理论上可行的机构到能够将其付诸实用,还是有一段距离的。所以设计者要为用户着想,除了满足功能要求,经济实惠以外,还应考虑机器的安全可靠问题,如操作强度、操作人员的体力、脑力消耗,使用、维修、保养、装拆、运输的方便程度,是否会造成污染或公害,对工作环境有无特殊要求(防尘、防爆、防电磁干扰、恒温、恒湿等)。

例如,为了进行机器人手臂和两足步行机构及其控制的设计,须认真进行人体上肢及下肢姿态的研究与分析。在机械仿生过程中,常常采用步态分析的方法,步态分析有定性和定量两种:定性分析是通过目测或者录像观察动物运动过程中各关节以及位姿变化。定量分析是通过设备或器械获取客观数据,以数据为基础对步态进行分析。定量步态分析包括运动学、动力学以及动态肌电图分析三部分。运动学分析不考虑动物质量和力作用,通过跟踪标记点的坐标研究动物运动时的空间位置变化,描述动物运动系统的动作动力学特性,通过测力传感器等获取动物运动时的反作用力信息,结合运动学数据以及逆动力学模型计算关节扭矩、肌肉力以及关节接触力。通过动态肌电图对采集的肌电信号进行分析,研究运动过程中肌肉的收缩活动,定量描述运动过程中肌肉活动与步态之间的关系。目前,步态分析从直接观察发展到以三维动态测力、三维高速影像、肌肉力矩测量、多通道肌电测量等现代运动学、动力学测试。

2.3 动作过程与模本的相似性

设计仿生机械动作过程时,需考虑其动作过程与生物模本的相似性。首先,要分析生物模本的运动过程,从其动作行为特点入手,设计出满足生物模本生理结构特点的机械结构,在对仿生运动系统进行设计时,要做到尽可能的相似,以机械结构来模拟生物模本的结构。

例如,模拟墨鱼结构进行仿生机器鱼的设计。首先,分析墨鱼的运动过程,即喷射推进是墨鱼高速游动和高速转弯的主要推进方式,可分为充水和喷射两个主要的阶段。在充水过程中,漏斗内的舌瓣闭合,防止水从漏斗口进入外套膜腔内,外套膜与漏斗连接处的闭锁器打开,外套膜扩张,利用外套膜腔内的负压将水从开口处吸入,将外套膜腔充满。在喷射过程中,外套膜和漏斗连接处的闭锁器首先闭合,漏斗内的舌瓣张开,外套膜强有力地收缩,将外套膜腔内的水沿着漏斗喷出,墨鱼依靠喷射的反作用力获得推力。充水和喷射过程周期性的交替进行,使墨鱼实现脉冲式喷射推进游动。漏斗前部的喷嘴可以在腹面的半球内向任意方向转动,从而控制喷射推力的方向,实现灵活、迅速地改变游动方向。其次,参照墨鱼模本进行仿生设计,图50.4-7所示的仿生机器鱼喷射推进系统包括仿生外套膜、仿生进水膜、仿生喷嘴和基体。基体是仿生喷射系统的主体结构,仿生外套膜、仿生进水膜和仿生喷嘴都固定在基体上。仿生外套膜形状与解剖的墨鱼样本相似,前端开口,后端封闭。仿生进水膜整体隐藏在仿生外套膜内,前部呈圆弧形固定在基体上,后部呈圆弧形与仿生外套膜的内壁完全吻合,且在仿生外套膜的收缩过程中始终保持与其内壁相吻合,从而使仿生外套膜和进水膜形成的完全封闭腔体内能够在仿生外套膜收缩过程中形成一定的喷射压力。仿生喷嘴后部依靠固定板固定在基体上,主体为圆柱形,前端为锥形喷口,喷嘴的前部能实现弯曲。仿生喷射系统仅模仿墨鱼喷射游动动作时的环状肌纤维收缩运动和利用存储弹性能回复的过程,其动作过程包括收缩喷射过程和回复冲水过程,

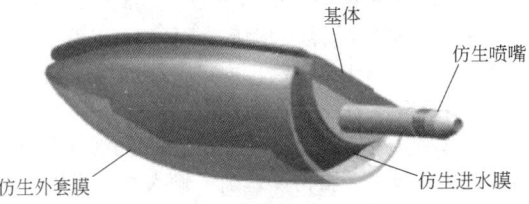

图 50.4-7 仿生机器鱼喷射推进系统

与墨鱼运动过程具有相似性。

3 运动过程分解和执行机构选择

3.1 运动过程的分解

仿生机械系统在总功能分解之后,对于分功能的求解目前采用功能—行为—结构的求解步骤,即由功能求解实现功能的行为,由行为来构思实现行为的具体结构。

对于仿生机械运动系统来说,其总功能是由工艺动作过程来实现的。工艺动作过程实际上是体现工作原理、工作过程和工作特点,是对机械系统总功能的较为具体的描述。因此,工艺动作过程的拟定是仿生机械运动系统设计的关键。

仿生机械运动系统的总功能是完成核心功能所需的一系列功能的总和,由总功能来确定相应的工艺动作过程方法主要有:

(1) 基于生物体运动的完善和改进

为了实现总功能而确定相应的工艺动作过程,可以首先选定与总功能相似的生物运动来进行分析,以确定工艺动作的程序,例如,通过对树叶的可展开性特点,设计仿生展开薄膜结构,其工艺顺序为芽孢结构—波纹折叠形式展开—叶外折叠—叶内折叠。

通过模拟树叶展开结构特点,可以设计基于树叶的可展开板壳结构设计,因为在其折叠体积较小的情况下可以获得较大的展开面积,展开效率较高,可应用于重复开启的屋面结构及空间可展开平板结构。

(2) 拟人动作的分析

工作机器的工艺动作过程不少是模拟人的工作过程来构思的,例如,平版印刷机实际上是模拟人在纸上盖图章,因此就有:上墨—移动铅字版—印刷—去除印好纸张等动作,只要将这一动作过程适当加以完善就可作为平版印刷机的工艺动作过程。拟人化、仿生化可有助于构思工艺动作过程,这就是自然界的启示。

(3) 分功能动作求解的综合

机械运动系统总功能分解后可得到一系列分功能,分功能的动作求解,与分功能的工作原理密切相关。例如,对运动动作的仿生模拟,单一性动作有时可以构成一个独立的运动动作,但大多数情况下,它是构成整套动作的一个组成部分。若干个单一动作连接起来就成了组合动作,将单一动作中的静力性动作、平移动作和转动动作结合起来,组成周期性动作、非周期性组合动作与混合性组合动作。

3.2 运动过程的描述和表达

（1）行为与执行动作

行为是功能的具体描述，在机械运动系统中行为的具体表现就是机器的执行动作。

工艺动作过程的分解与总功能的分解在机械运动系统中往往是一一对应的。因此，每一分功能对应一个行为，对机械运动系统来说一般是对应一个执行动作。

在机械运动系统中能产生的执行动作种类是比较有限的，一般有等速转动、不等速转动、往复摆动、往复移动、间歇转动、间歇移动、平面复杂运动（刚体导引）、空间复杂运动（空间刚体导引）等。

（2）结构与执行机构

在功能—行为—结构的过程模型中，结构是功能的载体，是行为的具体发生器。对于机械运动系统来说，结构主要指形形色色的机构，是产生执行动作的机构，或者称之为执行机构。产生执行动作的执行机构，仅是传统的刚性机构就近千种。

设计从未有过的新机构也是寻求执行机构的重要途径。随着现代机构的发展，执行机构已不仅仅限于传统的刚性构件机构，还有弹性构件、挠性构件等机构，以及各种各样的单自由度、多自由度的可控机构。因此，执行机构的不断创新是机器创新的基础。

（3）工艺动作过程—执行动作—执行机构的功能求解模型

由通用性较强的功能—行为—结构（FBS）功能求解模型发展至针对性较强的工艺动作过程—执行动作—执行机构（PAM）功能求解模型，使机械运动系统设计与机构学紧密结合起来；使机构学从重点研究单个机构转向同时研究机构系统的问题，同时还使机构学与现代机械设计方法学结合在一起，这无疑是一种创新，推动了机构学发展。

PAM 功能求解模型具有较强针对性，其执行动作与执行机构具有一定规律映射性，各执行机构又具有一定程度上的可比性。因此，利用 PAM 功能求解模型将会有利于开展计算机辅助设计，使机械系统设计在一定程度内实现智能化、自动化，从这个角度看 PAM 功能求解模型可以推动机械系统的创新设计。

（4）动作行为和执行机构

对于机械产品中的机械运动系统，其功能分解的过程是根据工作原理来构思工艺动作的过程。人们设计新机器是为了完成某种生产任务，机械运动系统的设计目的是要实现这种工艺动作过程。整个工艺动作过程往往可分解为若干个动作行为或运动行为，即工艺动作过程是由这些动作行为按一定顺序来实现的。

（5）仿生机械的运动形式

目前，仿生机械可以分为陆地仿生机械（智能假肢、仿人手指、仿生行走机械等）、空中仿生机械、水下仿生机械几种类型，按照仿生机械的运动形式划分大致可以分为抓取、行走、游动及飞行等类型。

1）抓取。仿生机械抓取功能的研究主要集中在仿人形机械手上，而对于仿人形机械手，又可以分为工业机器人用机械手、科研智能机器人用机械手、医疗用机械手、军事用机械手以及家庭用机械手。抓取是通过多个手指的联合作用形成抵抗物体上外载荷的接触构型，从而在手与物体之间形成运动和力的传递关系，对物体实现稳定地夹持并产生期望运动。机器人多指手相当于多个开链操作臂的组合，通过各手指的协调运动，可以实现对任意形状物体的抓取和精细操作，并可获得很高的抓取稳定性和操作灵活性。抓取研究中采用的手指与物体的接触模型常有多种形式，夹持式是最常见的一种抓取形式，按其手指夹持物体时运动形式不同，又可分为单支点回转型、双支点回转型和平动型三种（见图50.4-8）。

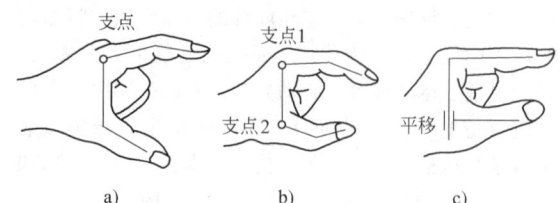

图 50.4-8 手指运动形式示意图
a) 单支点会转型　b) 双支点会转型　c) 平移型

2）行走。根据使用工况不同，行走仿生机械包括常规地形行走（其中有轮式、足式、履带式等多种形式）、松软地面行走、墙面行走、狭小空间行走等运动形式。

动物在行走时，会存在移动部和支撑部。移动部向前迈进的同时，支撑部负责支撑并配合整个躯体向前移动，此时，整个支撑部可以看作一个并联机构。移动部和支撑部在肌肉的作用下协调动作，实现躯体的各种移动。以肢体动物为例，肢体动物在行走时存在摆动腿和支撑腿。摆动腿向前迈进的同时，支撑腿负责支撑并向前移动，此时所有支撑腿可以看作一个并联机构：躯体为动平台，支撑物（如大地）为定平台，并联分支为各支撑腿。在肌肉的作用下，各关节均能够独立运动，所以此并联机构又为超确定输入机构，且多数为多自由度超确定输入并联机构（见图50.4-9）。如仿生关节的新型轮、蛇形机器人，四足、六足仿生机器人等。

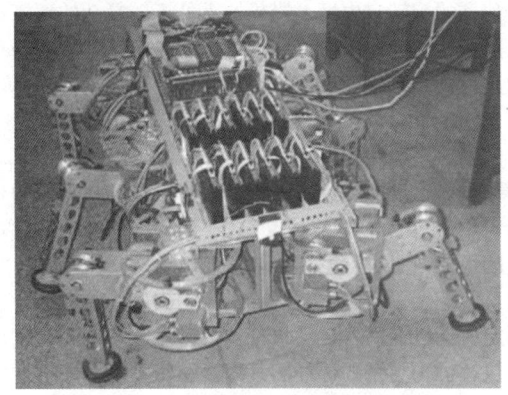

图 50.4-9 "4+2" 多足步行机器人

3）游动。根据鱼类推进机理、游动模式和身体形状，其推进模式可分为身体/尾鳍（Body and/or Caudal Fin，BCF）推进模式和中间鳍/对鳍（Median and/or Paired Fin，MPF）推进模式。BCF 推进模式的鱼类（如金枪鱼、旗鱼、鲨鱼类）在自主游动时，鱼体尾部有射流形成，这些喷射的涡流在产生推力方面起着非常重要的作用，游动时其身体摆动主要集中在尾部，推进效率高、速度快、机动性强，成为主要的仿生研究对象。

4）飞行。目前，仿生飞行器根据其翼型运动方式的不同可分为固定翼、旋翼和扑翼三种。其中，固定翼和旋翼是两种常规飞行普遍采用的方式，两者都是通过机翼产生升力；扑翼微飞行器并不常见，但这种飞行方式被自然界中的鸟类和昆虫广泛采用，被认为是生物进化的最优飞行方式，其升力产生机理与固定翼和旋翼有很大的不同。

固定翼的飞行方式最早是模仿体形较大的生物，如许多大型鸟类（鹰、鸢、大雁、海鸥、天鹅等）。这类飞行生物具有翼展较长较大的特点，而且扑动频率较低，从零到数十赫兹不等。这类飞行方式中，扑翼基本在垂直于前进方向的平面内运动，现代飞机的发明正是基于此类大型鸟类滑翔产生升力的原理。这是目前应用最广、最为成熟的仿生飞行器的飞行方式，大到各种军用飞机、民用运输机以及一些有翼导弹等，小到无人机（UAV）、微飞行器（MAV），如图 50.4-10 所示。

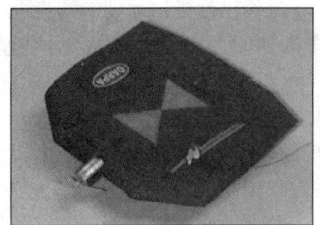  

Black Widow　　　　　　Trochoid　　　　　　柔性机翼微型飞行器

图 50.4-10 固定翼式 MAV

旋翼飞行方式最开始借鉴蜻蜓尾部在飞行中保持平衡而被直升机所采用（见图 50.4-11）。旋翼桨叶的作用类似于固定翼，通过旋桨的不断旋转，产生向上的拉力，用来克服直升机自身的重力，实现悬停、平飞及侧飞等。

扑翼飞行方式主要是模拟蜂鸟及体形更小的鸟类和昆虫的飞行方式，实现前进、后退、悬停和其他一些高难度的机动飞行。例如，机重 10g、长度不超过 7.5cm 可悬停的仿蜂鸟 Nano Hummingbird（见图 50.4-12），能像真蜂鸟那样拍打着翅膀在空中盘旋，甚至还能后空翻飞行，完成某些高难度的特技动作，通过无线飞行遥控器，该蜂鸟飞行机器人可以按照指令进行精确飞行，并能通过机载计算机进行速度和角度修正。

图 50.4-11 旋翼式 MAV

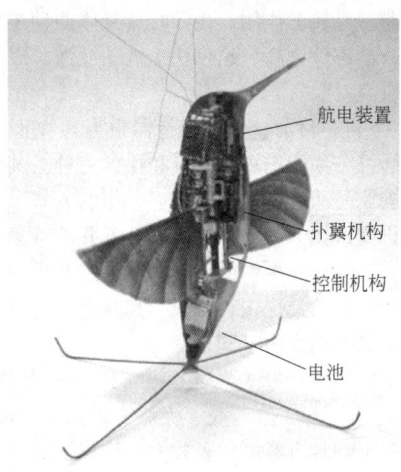

图 50.4-12 纳米蜂鸟（Nano Hummingbird）

3.3 执行机构的选择

执行机构的选择是按功能和执行动作的要求选择可行的执行机构类型。因此，机构选型是机械运动系统设计的重要步骤，机构型式直接关系到机械运动的先进性、适用性和可靠性。

执行机构的选择除了选用现有的、常用机构以外，为了使机械运动方案能达到性能优、结构新的目的，应开展机构型式和结构的创新性设计。仿生机械的机构设计的构想来自生物对设计者的启发，因此，可以基于仿生原理进行执行机构的创新性设计。机构选型时要充分依靠设计者的经验和直觉知识，但是还应借助机构选型的基本方法和主要规律。虽然这些方法、规律不可能代替设计者的创造力，但可以扩大设计者的知识面，运用创造技法提高设计效率，在较高的设计水平上提供选择机构的办法。

例如，设计仿生甲虫机器人，其机构模型如图 50.4-13 所示，六足机构模型采用对称结构设计，主要由机器人躯干和六条腿组成。机器人的每条腿均由基节、股节、胫节三个肢节构成，具有"躯干-基节"关节、"基节-股节"关节、"股节-胫节"关节 3 个独立的旋转自由度。当机器人处于较复杂的环境或是需要跨越障碍时，机器人可以通过六条腿之间相互的支撑和跨越功能来实现相应的移动动作。

4 运动系统方案的组成原则

机械运动系统方案的组成是将所选的执行机构构成若干个可行的机械运动方案（亦可称之为机构系统的组成），其应包括机构系统的型综合和机构系统的尺度综合。型综合是确定机构的类型；尺度综合是确定所选机构的各运动尺寸。机构系统的型综合包括各执行机构类型的选择和其相互动作关系的确定。机构系统的尺度综合是根据各执行机构的执行动作的要求，进行各机构的运动尺度的计算和各机构动作时间序列确定，从而使各机构的输出运动完全满足机械的工艺动作过程要求。

4.1 相容性原则

在机械运动中各执行机构的组成大多采用串联形式或并联形式。在组成机械运动系统方案时，其相容性主要反映在保持各执行机构运动的同步性、各执行机构输出动作的协调性以及各输出运动精度的匹配性。

（1）各执行机构运动的同步性

同步性是反映了机械运动系统在一个机械工作循环中各执行机构有相同的工作周期，按一定的节拍完成机械工艺动作要求。通常情况下，要求各执行机构的输入机构按同一转速或按一定的平均速比转动，使各执行机构的运动周期相同。当然，在某些特殊的机械工艺动作工程中，个别执行机构的运动周期是其它执行机构运动周期的整数倍。此时，可以通过定传动比的机构传动来加以保证。

（2）机构输出运动的协调性

在机械运动系统方案组成时，应考虑各机构的输出运动特性。机构的输出运动特性包括：运动形式、运动轴线、运动方向和运动速率。机械运动系统设计时先考虑采用何种工作原理，工作原理确定后需构思工艺动作过程。为了满足工艺动作需要，在组成机械运动系统方案时，应使机构的运动特性复合规定要求，使各执行机构的运动相互协调。

（3）机构输出运动精度的匹配性

在进行机械运动系统方案组成时，还应考虑机构输出运动精度的匹配。因为机械的工艺动作过程是一个整体，对于组成的各个动作精度是有要求的。运动精度的匹配性是指各机构的运动精度能满足完成工艺动作的需要。选择过低的机构运动精度会使机械无法

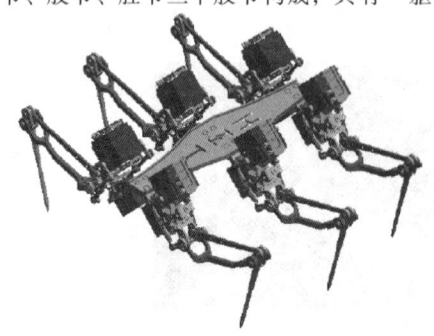

图 50.4-13 六足仿生机器人 HIT-Spider 机构模型

工作,选择过高的机构运动精度会使制造和设计成本大大提高,同时也没有必要。

4.2 能量最低消耗原则

对于仿生机械运动系统来说,其组成应遵循能量最低消耗原则。仿生机器人系统在加速或者减速过程中耗能最大,在匀速运动过程中耗能最小,所以应尽量避免机器人频繁的加减速,也可以通过合理安排机器人加减速与匀速运动的最优时间,从而降低机器人能耗。例如,在四足机器人的行走步态中,根据运动速度的不同,分为静步态和动步态,当四足机器人的步态从静态行走到慢跑然后到飞奔的步态转化过程中,为使消耗的能量最优,必须根据速度的不同选择不同的步态。为了减少运动中的能量消耗,随着四足机器人运动速度的提高,除了步态需要发生变化之外,其运动参数也需要相应的变化。一般情况下,机器人运动速度越快,身体躯干中心越低,步长越大。因此,必须根据机器人速度的不同,进行不同的步态规划、姿态调整和稳定控制。为了提高四足机器人的适用范围,提高机器人的地形适应能力,机器人在通常运动中必须保持较高的步态速度,利用动步态行走。

4.3 仿生机械运动系统智能控制

运动系统控制是仿生机械实现自身功能的关键所在,是实现仿生机械智能化的基础,例如四足机器人运动控制的实质是腿部运动的控制,为保证其躯体相对平衡与稳定,其需要在不断变化的环境情况下做出实时选择,因此对控制系统有着更高的要求。特别是随着人类对生物机理认识的深入、智能控制技术的发展,仿生机器人作为机器人发展的高级阶段,正向具备生物的自我感知、自我控制等性能特性方向发展。生物特性为机器人的设计提供了许多有益的参考,可以从生物体上学习如自适应性、鲁棒性、运动多样性和灵活性等一系列良好的性能。生物对自身协调运动控制的能力是一般的机电控制系统无法比拟的。目前的仿生机器人多采用传统的控制方法,对神经控制、肌电控制等仿生控制方法突破不够,这使得仿生机器人对复杂环境的适应能力不足,无法真正模拟生物实现精确的定位和灵活的运动控制。如何设计核心控制模块与网络以完成自适应、群控制等一系列问题,已经成为仿生机器人研发过程中的首要问题。

生物经过亿万年的进化形成了精巧的运动控制机理,借鉴生物的运动控制机理对仿生机械的运动控制进行研究已成为机器人技术领域新的研究热点。例如,仿生机器鱼高效、高机动运动的实现,除受外形和机构因素影响外,其通过身体和鱼鳍对水中涡流的有效控制是其高速、高效、高机动游动和抑制外部环境扰动的直接原因,通过鳍的波动运动、拍动运动、多鳍协调运动等方式研究仿生机器鱼的实时运动控制方法,实现高效、高速、高机动三维空间运动和姿态稳定、扰动抑制是仿生机器鱼研究的重要问题。再如,采用人体运动捕捉数据规划仿人机器人的运动,重点是研究人体关节角的变化和肢体末端的数据,近年来发展出一种新的借鉴自然界动物运动控制机理的仿生控制方法,该控制方法将生物技术和机器人技术结合起来,工程模拟动物的中枢模式发生器(Central Pattern Generator,CPG)、高层神经中枢以及生物反射等一些生物现象或控制机理,可有效提高机器人运动的稳定性和环境适应性。CPG控制的典型代表是Patrush、Tekken和TITAN系列机器人。

在未来的发展中,仿生机器人控制方式,将在现有基础上进一步深入研究肌电信号(Electromyography,EMG)控制、脑电信号控制等仿生控制方式。EMG的控制方法已经成为应用最为广泛、成功的人机交互方法,其基本的控制流程如图50.4-14所示。人脑的控制意愿产生神经冲动,神经冲动激发肌肉收缩产生EMG信号,通过表面电极采集这一信号经处理后发送到假手的控制系统,手指动作产生的接触力信息通过电刺激或是震动反馈的方式反馈到人体,形成类似人手的控制闭环。模式识别方法是近来广泛采用的一种EMG控制方法,该方法通过在皮肤表面放置电极采集前臂原始EMG信号,对信号放大、滤波、通过数据采集卡采样。采样后的信号根据分类器拟采用的特征进行分段、特征提取后输入到分类器,识别得到手指的动作模式后发送到底层假手控制器。

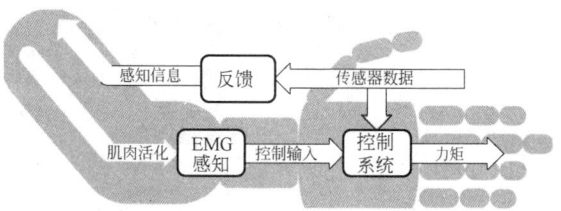

图50.4-14 EMG控制流程

5 仿生机械运动设计数学方法

对于仿生机械运动学来说,如何对仿生原型的运动特点进行分析、综合,并用数学方式进行表达,从而研究其运动特性和运动方式,即转换为生物运动和生物力学问题进行研究至关重要。

从运动功能角度分析，用解析法进行机构运动分析的内容，包括有位移分析、速度分析和加速度分析三个方面。这里关键问题是建立位移方程式，至于速度分析和加速度分析，则可利用位移方程式对时间求导一次、二次而求解。

机构运动分析的方法很多，但是矢量概念是描述刚体运动的一种基本分析方法。矢量可用极坐标和直角坐标两种坐标系来描述，它们各有特点。在数值分析方法中，也常常把矩阵法与矢量法结合起来使用。用矩阵法研究机构的运动，就是把机构的运动问题抽象为坐标的变换问题。

5.1 旋转变换张量法

旋转变换张量法于 1976 年由牧野洋最先应用于空间机构运动分析，其优点是：①坐标系建立过程简易，列写运动方程简捷且具有明确的几何意义；②旋转变换张量同时具有确切的解析表达式和明确的几何意义，所以逆问题求解过程可与几何方法结合，对机构的封闭矢量图求解。运用旋转变换张量法建立机械手运动方程和求解运动学逆问题，是仿生机械手运动分析的有力数学工具。

5.2 直角坐标矢量法

机构速度分析目的是为机构奇异位形研究提供雅可比矩阵，其基础是运动学模型的构建。例如，对于球面变胞仿生关节机构，运动学方程的建立是将动平台、静平台上铰链点的坐标在参考坐标系中表示，然后根据机构支链特殊位置关系建立约束方程，运用矢量法建立机构运动学模型，通过对运动学方程求导得到速度映射模型，进而得到机构雅可比矩阵；或运用矢量法构建机器人运动学模型，并利用几何关系对模型进行求解。

5.3 坐标变换矩阵法

刚体的位姿主要包括刚体参考点的位置和姿态，有矢量法、齐次变换法、四元数法和旋量法等描述方法。其中，齐次变换法能够将运动、变换和映射与矩阵运算联系起来，并且广泛应用于机器人控制算法、计算机图形学、视觉信息处理以及空间机构动力学等领域，所以目前齐次变换法应用最广。一般需要将机器人各部分假设成刚体，这样才能准确地求得机器人各连杆间以及机器人与运动环境之间的运动关系。例如，一款新型八足步行仿生机器人，其腿部机构由一种类似于斯蒂芬森六杆运动链的多连杆机构组成，运用齐次坐标变换矩阵，获得端点的运动方程。

用矩阵法研究机构的运动，就是把机构的运动问题抽象为坐标系的变换问题。这时，除了设置参考坐标系外，在构件上均需安置动坐标系，那么就按动坐标系相对于参考坐标系的位置，即可确定该构件在参考坐标系中的位置。动坐标系相对于参考坐标系的位置，可用一个坐标变换矩阵表示。在采用矩阵法进行机构运动分析中，假定：①固定于构件上任意两点之间的距离，在运动中保持不变；②总位移等于构件的角位移加上线位移；③旋转是不可交换的。

第 5 章 仿生机构设计

1 仿生机构设计概述

1.1 仿生机构基本概念

仿生机构是由刚性构件、柔韧构件、仿生构件及动力元件等通过特定的连接方式组合在一起的机械系统。系统中各部件在控制系统的指挥下,可模仿某种生物特有的运动方式,实现特定的仿生功能。

刚性构件指的是机构中做刚体运动的单元体;柔韧构件是指弯曲刚度很小且不会伸长或缩短的带状构件;仿生构件是模仿生物器官的功能特性,在机构中独立存在且不影响机构的相对运动,并可改善传动质量的构件,如滑液囊、滑液鞘;动力元件指的是能在控制下直接对柔韧构件施加张力的动力源的总称,其功能相当于动物的肌肉。

1.2 仿生机构组成

仿生机构可划分为刚性和柔性两大组成部分,其中刚性组成部分同传统机构学中的空间机构(开链机构和闭链机构)一样,是整个机构的基础,决定着机构的自由度数及每个刚性构件的活动范围;柔性组成部分则是传统机构学中所没有的,它决定着刚性部分中起始构件的驱动方式及机构的运动确定性。传统空间机构学中没有的"滑车副""环面副""鞍面副""椭球面副"等由动物关节归纳而得到的四种主要运动副形式及其简化过程见表50.5-1。

表 50.5-1 运动副及其简化过程

简化过程	运动副形式			
	滑车副	椭球面副	鞍面副	环面副
生物关节原形				
运动副简图				
自由度	1	2	2	3

1.3 仿生机构的设计原则

设计机构首先依据工艺要求拟定从动件的运动形式、功能范围,正确选择合适的机构类型,从而进行新机械、新机器的设计,同时分析其运动的精确性、实用性与可靠性等。

(1) 机构的选型原则

所谓机构的选型就是选择合理的机构类型实现工艺要求的运动形式、运动规律。

机构的选型主要依据如下原则:

1) 依照生产工艺要求选择恰当的机构型式和运动规律。机构型式包括连杆机构、凸轮机构、齿轮机构、轮系和组合机构等。机构的运动规律包括位移、速度、加速度的变化特点,它与各构件间的相对尺寸有直接关系,选用时应作充分考虑,或按要求进行分析计算。

2) 结构简单、尺寸适度,在整体布置上占的空间小,布局紧凑,又能节约原材料。选择结构时也应考虑逐步实现结构的标准化、系列化,以期降低成本。

3) 制造加工容易。通过比较简单的机械加工,即可满足构件的加工精度与表面粗糙度要求。还应考虑机器在维修时拆装方便,在工作中稳定可靠、使用安全,以及各构件在运转中振动轻微、噪声小等要求。

4) 局部机构的选型应与动力机的运动方式、功率、转矩及其载荷特性相互匹配、协调,与其他相邻机构衔接正常,传递运动和动力可靠,运动误差应控制在允许范围内,绝对不能发生运动的干涉。

5) 具有较高的生产率与机械效率,经济上有竞争能力。

(2) 机构的设计原则

进行仿生机构设计时,除了遵守上述的选型原则外,还要考虑功能性、可靠性、安全性、适用性、可行性。应注意以下原则:

1) 生物的机构与运动特性,只能给人们开展仿生机构设计以启示,不能采取照搬式的机械仿生。

2) 注重功能目标,力求结构简单。

3) 仿生的结果具有多值性,要选择结构简单、工作可靠、成本低廉、使用寿命长、制造维护方便的仿生机构方案。

4) 仿生设计的过程也是创新的过程,要注意形象思维和抽象思维的结合,注意打破定式思维,并运用发散思维。

1.4 仿生机构设计方法与设计步骤

仿生机构是建立在模仿生物体的解剖基础上,了解其具体结构,用高速摄像系统记录并分析其运动情况,然后运用机械学的设计与分析方法,完成仿生机构的设计过程,是多学科知识的交叉与运用。

仿生机构的基本设计步骤为:

1) 通过研究某些动物关节的特殊结构及连接关系,设计在功能上与之近似的运动副形式。

2) 设计高效、轻便、灵敏且应用可靠、便于控制的能量蓄放器,以作为机构的动力执行元件。

3) 在传统机构的基础上,结合仿生研究方法,进行机构分析与综合,以适应研制仿生机构的需求。

4) 研究仿生机构的运动控制算法,开发相应的软件和硬件系统。

5) 应用计算机仿真技术,模拟仿生机构的运动,从运动学和动力学的角度,验证机构尺度综合的可行性与合理性,从而找出机构中存在的问题,对原设计进行必要的修正和优化。

2 仿生机构功能分类

仿生机构是仿生机械的重要组成部分,是模仿生物的运动形式、生理结构和控制原理设计制造出的功能更集中、效率更高、应用范围更广泛,并具有生物特征的机构,是仿生机械中完成机械运动的物质载体。仿生机构的类型,按照生物模本及其运动机构的类别主要划分为仿生作业机构、仿生行走机构和仿生推进机构等。

3 仿生作业机构

仿生作业机构主要指仿生抓取机构、手臂和手腕机构及仿生行走机构等。

3.1 仿生抓取机构

3.1.1 类似人拇指的抓取机构

人类拇指动作,除拇指的弯曲外还有转动。图 50.5-1 所示的抓取机构由蜗杆蜗轮机构 1 带动差动轮系 2 运动。差动轮系 2 通过行星锥齿轮,把运动传送到两个中心锥齿轮,一个锥齿轮带动拇指 8 的根部转动;另一个锥齿轮通过柔性带 6 和导向轮 5,使拇指的前二节作弯曲运动。

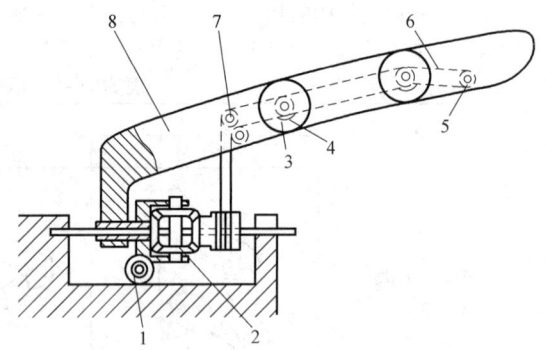

图 50.5-1 类似人拇指的抓取机构
1—蜗杆蜗轮机构 2—差动轮系 3—带轮固定座
4—柔性带支撑轮 5—导向轮 6—柔性带
7—换向轮 8—拇指

3.1.2 弹性材料制成通用手爪的抓取机构

利用能变形的弹性材料制成简单的手爪,可抓握特殊形状的工件,也可抓取易破损材料制成的工件。在图 50.5-2a 所示的抓取机构中,两手爪上,一爪装有平面弹性材料 1,另一爪装有凸面弹性材料 8,其形状必须保证有足够的变形空间。当活塞杆 4 向右移时,接头 6 带动连杆 7 使两手爪 2 相向运动,弹性材料与工件 9 接触后,即随工件的外形而变形,并用其弹性力夹紧工件。图 50.5-2b 为抓取两种不同形状的工件时,弹性材料变形的情况,它既保证了有足够的抓取夹紧力,又避免了夹紧力过于集中而损坏由易破碎材料制成的工件。

3.1.3 用挠性带和开关机构组成的柔软手爪

用挠性带绕在被抓取的物件上,把物件抓住,可以

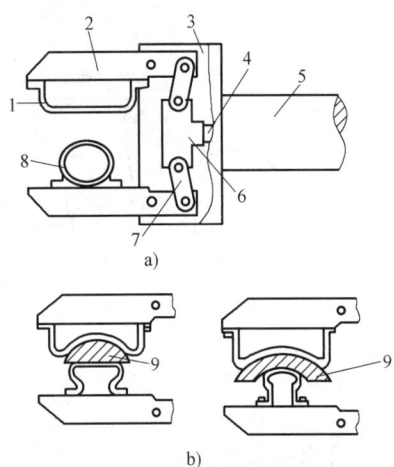

图 50.5-2 弹性材料制成通用手爪的抓取机构
a) 弹性材料制成的抓取机构 b) 抓取机构的抓取动作
1—平面弹性材料 2—手爪 3—连杆安装基座
4—活塞杆 5—保护外罩 6—接头 7—连杆
8—凸面弹性材料 9—工件

分散物件单位面积上的压力而不易损坏。图 50.5-3a 所示挠性带 2 的一端有接头 1，另一端是夹紧接头 9，它通过固定台 8 的沟槽固定在驱动接头 4 上。当活塞杆 5 向右将挠性带拉紧的同时，又通过缩放连杆 3 推动夹紧接头 9 向左，收紧挠性带，从而把物件夹紧；活塞杆向左时，将带松开。图 50.5-3b 是用有柔性的杠杆作手爪，当活塞杆向右时，将手爪放开；反之则夹紧。

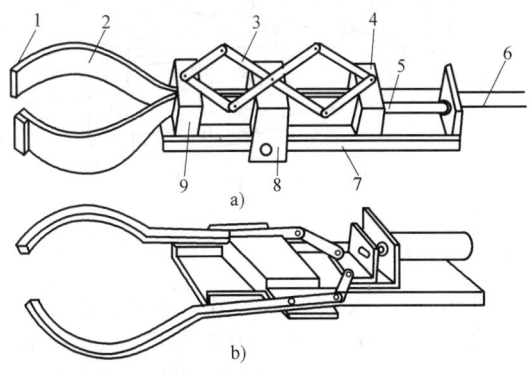

图 50.5-3 用挠性带和开关机构组成的柔软手爪
a) 挠性带抓取机构 b) 柔性杠杆抓取机构
1—接头 2—挠性带 3—缩放连杆
4—驱动接头 5—活塞杆 6—缸体
7—伸缩机构导轨 8—固定台 9—夹紧接头

3.1.4　仿物体轮廓的柔性抓取机构

图 50.5-4 所示为用一个自由度实现的柔性抓取机构，无论何种截面的二维物体，它都能包络，而且可靠地抓取。当电动机 a 运转时，接通离合器 2，将缆绳收紧，使其各链节包络工件；当电动机 b 运转时，接通离合器 2，将缆绳放松，松开工件。

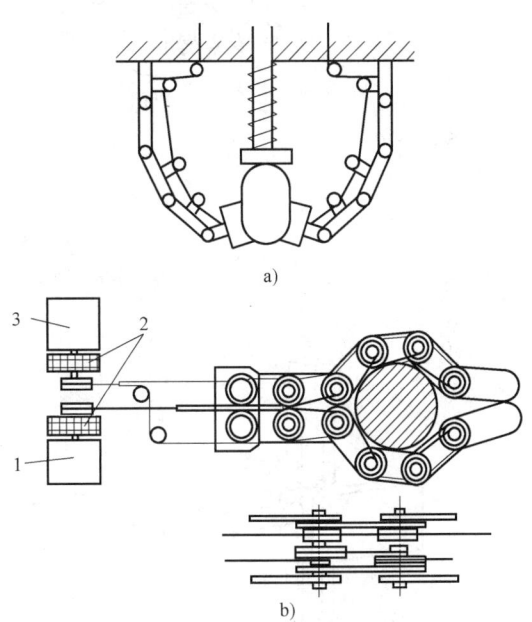

图 50.5-4 仿物体轮廓的柔性抓取机构
a) 单自由度柔性抓取机构 1 b) 单自由度柔性抓取机构 2
1—电动机 a 2—离合器 3—电动机 b

3.1.5　挠性指抓取机构

图 50.5-5 所示为一种紧凑的多关节抓取机构，共有 3 个手指，均具有能做屈伸运动和侧屈运动的关节。第 1 指有三个自由度，第 2 指和第 3 指各有四个自由度。图 50.5-5a 中 1a、2a、3a 分别为 1、2、3 三指的侧屈运动关节，1b、2b（$2b_1$、$2b_2$）、3b（$3b_1$、$3b_2$、$3b_3$）分别为三指的屈伸运动关节。图 50.5-5b 表示挠性指的屈、伸状态。

3.2　仿生手臂和手腕机构

3.2.1　圆柱坐标式手臂

图 50.5-6 所示为一种圆柱坐标式手臂，手臂能沿半径方向和 z 轴移动，又能绕 z 轴转动，故可做伸缩、升降、摆动等动作。其工作空间为圆柱体，故又被称为圆柱式坐标。与直角坐标式手臂相比，它占据空间位置小，而活动范围大，结构简单、直线性好，因此应用广泛。但由于机械结构关系，z 轴方向的最低位置受到限制，一般不能抓取地面上的工件。此外，其各个运动的分辨率不同，底座回转分辨率用角度增量表示，半径越大，精度越低。

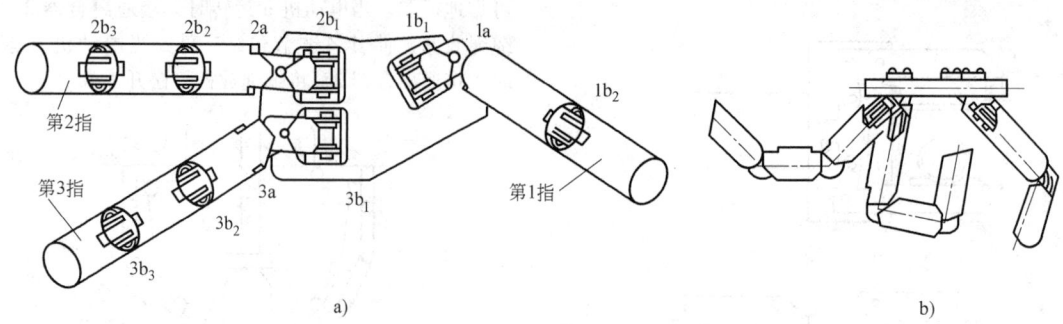

图 50.5-5 挠性指抓取机构
a) 挠性指的侧屈运动 b) 挠性指的屈、伸状态

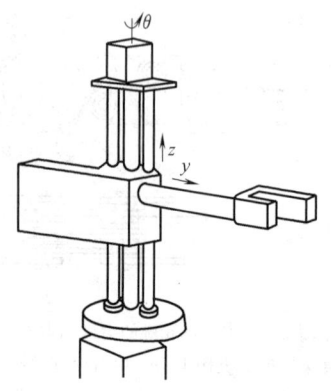

图 50.5-6 圆柱坐标式手臂

3.2.2 活塞液压缸与齿轮齿条组成的手臂回转运动机构

图 50.5-7 所示为一种活塞液压缸与齿轮齿条组成的手臂回转运动机构,当液压缸 5 两腔交替进入压力油时,活塞 4 带动齿条 3 做往复移动,齿条又带动齿轮 2 即手臂 1 往复摆动。通常,手臂 1 的末端安装手腕或手爪,故手臂的转动用以调整手爪抓取工件的方位。

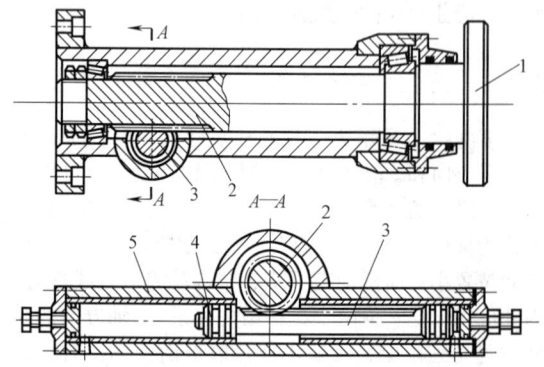

图 50.5-7 活塞液压缸与齿轮齿条组成的手臂回转运动机构
1—手臂 2—齿轮 3—齿条 4—活塞 5—液压缸

3.2.3 直角坐标式手臂

图 50.5-8 所示为一种直角坐标式手臂,该手臂能在直角坐标系的 x、y、z 三个坐标轴方向做直线移动,即能伸缩、移动和升降,这三个运动可同时且互相独立地进行;其工作空间为一立方体,故称为直角坐标式手臂。其特点是结构简单、直观性强、定位精度容易保证;但占据空间位置大,而且相应的工作范围较小、惯性大。这种手臂特别适用于工作位置按行排列的场合。

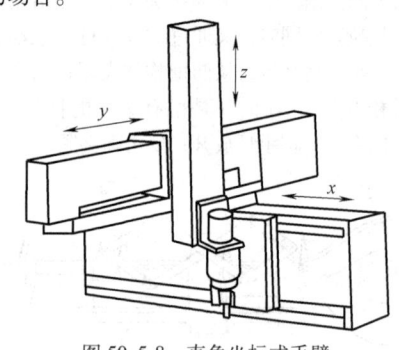

图 50.5-8 直角坐标式手臂

3.2.4 多关节式手臂

图 50.5-9 所示为一种多关节式手臂,手臂的动作类似于人的手臂,它由大小两臂组成。大小两臂间的连接为肘关节,大臂与立柱(或基座)之间连接为肩关节,大小臂和立柱之间具有 ϕ_1、ϕ_2、ϕ_3 三个摆角。这种机械臂的优点是:动作灵活,运动惯性小,通用性大,能抓取靠近机座的工件,并能绕过机体和工作机械之间的障碍物进行工作,但与普通机械的 xyz 直线运动控制相比要复杂得多,特别是多关节式手臂的关节众多,且各关节大多是转角关系,故位置控制上"直观性"差,控制困难。

图 50.5-9a 与 c 相似;图 50.5-9b 中,小臂的驱动源安装在 ϕ_1 的转盘上,通过平行四边形机构传送。

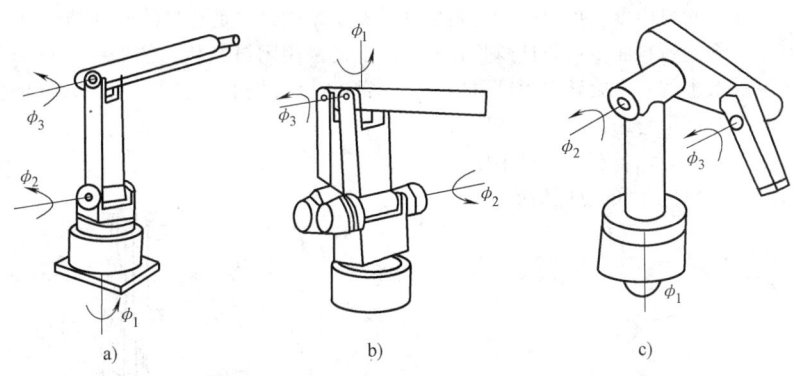

图 50.5-9 多关节式手臂
a) 结构 1 b) 结构 2 c) 结构 3

3.2.5 用平行四边形机构作小臂驱动器的关节式机械手

图 50.5-10 所示为一种用平行四边形机构作小臂驱动器的关节式机械手,该机械手有 5 个自由度,即躯体的回转(θ_1)、手臂的俯仰和伸缩(θ_2、θ_3)、手腕的弯转和滚转(θ_4、θ_5)。该机械手的特点是其第 3 关节(θ_3)的驱动源安装在躯体上,用平行四边形机构将运动传给小臂。这样安排驱动源,是为了减轻大臂的重量,增加手臂的刚度,因而提高手腕的定位精度。

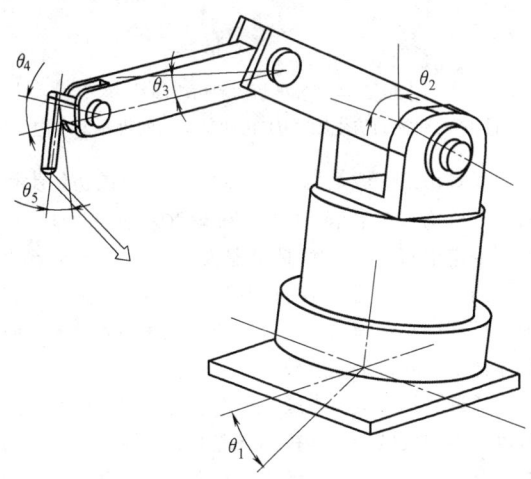

图 50.5-10 用平行四边形机构作小臂驱动器的关节式机械手

3.3 仿生行走机构

仿生行走机构主要包括仿生步行机构、仿生轮式移动机构以及仿生爬行机构等。仿生步行机构又分为两足仿生步行机构和多足仿生步行机构。

3.3.1 步行机构

仿生步行机构作为一种拥有全方位运动能力的移动运载平台,具有非常广阔的应用前景。目前,科研工作者在仿生步行机构方面做了大量的研究工作,研发出了适合各种复杂地形的移动平台。

(1) 拟人型步行机器人

图 50.5-11 所示为人类与鸟类的两足步行状态示意图。人的膝关节运动时,小腿相对于大腿是向后弯曲;而鸟类的腿部运动则与人类相反,小腿相对于大腿是向前弯曲的。

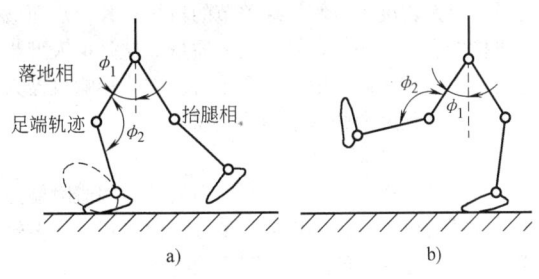

图 50.5-11 拟人型步行机器人
a) 人的步行状态 b) 鸟类的步行状态

有足运动仿生可分为两足步行运动仿生和多足运动仿生,其中两足步行运动仿生具有更好的适应性,也最接近人类,故也称为拟人型步行仿生机器人。拟人型步行机器人具有类似于人类的基本外貌特征和步行运动功能,其灵活性高,可在一定环境中自主运动。拟人型步行机器人是一种空间开链机构,实现拟人行走使得这个结构变得更加复杂,需要各个关节之间的配合和协调。所以各关节自由度分配上的选择就显得尤其重要,从仿生学的角度来看,关节转矩最小条件下的两足步行结构的自由度配置应为:髋部和踝部各需要 2 个自由度,可以使机器人在不平的平面上站立,髋部再增加一个扭转自由度,可以改变行走的方向,踝关节处增加一个旋转自曲度可以使脚板在不规则的表面着地,膝关节上的一个旋转自由度可以方便地上下台阶。所以从功能上考虑,一个比较完善的腿部自曲度配置是每条腿上应该各有7个自由度。图50.5-12 所示为腿部的7个自由度的分配情况。

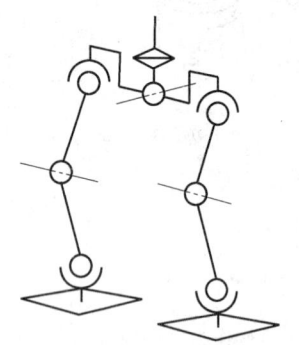

图 50.5-12　拟人机器人腿部的理想自由度

国内外研究的较为成熟的拟人型步行机器的腿部都选择了6自由度的方式,其分配方式为髋部3个自由度,膝关节1个自曲度,踝关节2个自由度。由于踝关节缺少了一个旋转自由度,当机器人行走中进行转弯时,只能依靠大腿与上身连接处的旋转来实现,需要先决定转过的角度,并且需要更多的步数来完成行走转弯这个动作。但是这样的设计可以降低踝关节的设计复杂程度,有利于踝关节的机构布置,从而减小机构的空间体积,减轻下肢的质量。这是拟人型步行机器人下肢在设计中的一个矛盾,它将影响机器人行走的灵活程度和腿部结构的繁简。

(2) 多足步行仿生机器人

有足动物在复杂或不规则地面的越障和避障能力比最敏捷的机器人还要优越,步行机能能到达许多轮式车辆所不能到达的地方。四足动物的前腿运动是小腿相对于大腿向后弯曲,而后腿则是小腿相对于大腿向前弯曲。图 50.5-13 所示为四足动物的腿部结构示意图。四足动物在行走时一般三足着地,跑动时则三足着地、两足着地和单足着地交替进行,处于瞬态的平衡状态。

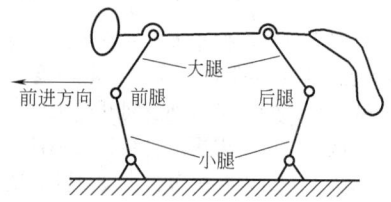

图 50.5-13　四足动物的腿部结构

两足动物和四足动物的腿部结构大多采用简单的开链结构,多足动物的腿部结构有的采用开链结构,有的采用闭链结构。图 50.5-14a 所示为多足动物腿部的一种结构示意图,图 50.5-14b 所示为仿四足动物的机器人结构示意图。

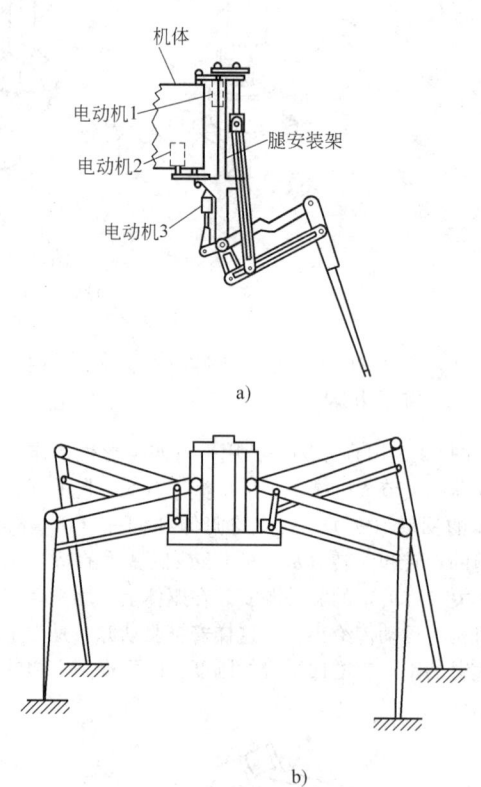

图 50.5-14　多足动物的仿生腿结构
a) 多足动物的仿生腿　b) 仿四足动物的机器人结构

多足仿生一般是指四足、六足、八足的仿生步行机器人机构。多足步行机器人能够在复杂的非结构环境中稳定地行走,一直是机器人研究领域的热点之一。四足步行机器人在行走时,一般要保证三足着地,且其重心必须在三足着地的三角形平面内才能使机体稳定,故行走速度较慢。

通过对步行机器人腿数与性能的定型和评价,同时也考虑到机械结构和控制系统的简单性,通过对蚂蚁、蟑螂等昆虫的观察分析,发现昆虫具有出色的行走能力和负载能力,因此,六足步行机器人得到广泛的应用,但这种机器人能量消耗较大。图 50.5-15 所示为六足步行机器人。

六足步行机器人常见的步行方式是三角步态。三角步态中,六足机器人身体一侧的前腿、后腿与另一侧的腿足共同组成支撑相或摆动相,处于同相三条腿的动作完全一致,即三条腿支撑,三条腿抬起换步。抬起的每个腿从躯体上看是开链结构,而同时着地的

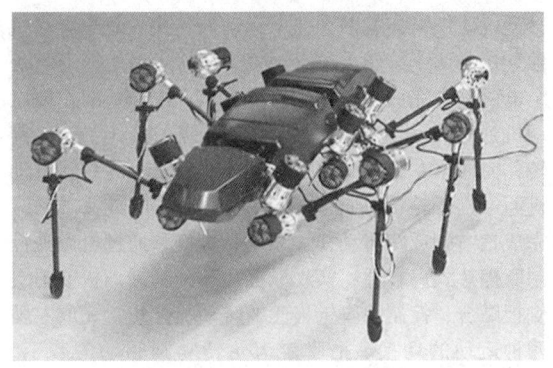

图 50.5-15 六足步行机器人

三条腿或六条腿与躯体构成并联多闭链多自由度机构。图 50.5-16 所示的六足步行机器人，在正常行走条件下，各支撑腿与地面接触可以简化为点接触，相当于机构学上的 3 自由度球面副，再加上踝关节、膝关节及髋关节（各关节为单自由度，相当于转动副），每条腿都有 6 个单自由度运动副。六足步行机器人的行走方式，从机构学角度看就是 3 分支并联机构、6 分支并联机构及串联开链机构之间不断变化的复合型机构。同时也说明，无论该步行机器人采取的步态及地面状况如何，躯体在一定范围内均可灵活地实现任意的位置和姿态。

3.3.2 轮式移动机构

（1）足与轮并用步行机

图 50.5-17a 所示为一种足与轮并用步行机，足的端头装有球形滚轮，能以三点支撑式在管内行走，能沿管的轴向、周向运动。图 50.5-17b 所示步行机可沿管外壁行走，轴向、周向运动均可。

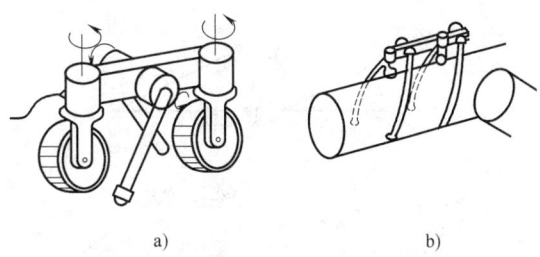

图 50.5-17 足与轮并用步行机
a）步行机沿路面行走　b）步行机沿管壁行走

（2）能登台阶的轮式行走机构

图 50.5-18 所示为一种能登上台阶的轮式行走机构，当车轮的尺寸和台阶的高度在一定范围时，该车能登台阶行走。在通常的平地上，小形车轮转动而行走，如图 50.5-18a 中①~④；在登台阶行走时，三个小轮绕其转动中心转动，如图 50.5-18b 中⑤、⑥；同时，如有必要，支架⑦也能弯曲；其登台阶行走情况如图 50.5-18c 所示。

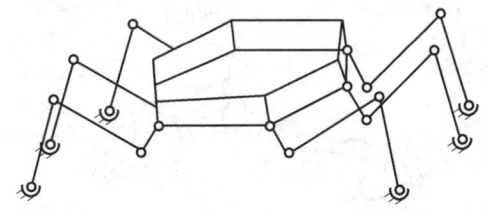

图 50.5-16 六足步行机器人结构

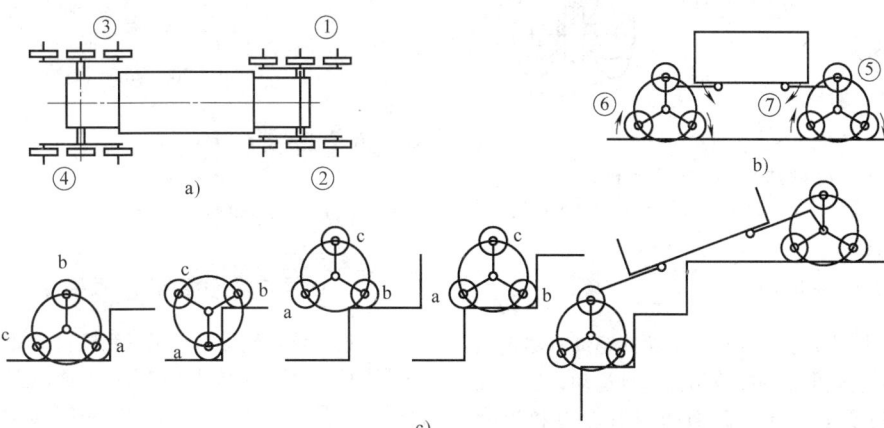

图 50.5-18 能登上台阶的轮式行走机构
a）轮式行走机构俯视图　b）轮式行走机构平地行走　c）轮式行走机构登台阶行走

3.3.3 车轮式步行机

图 50.5-19a 所示为三轮步行机，图 50.5-19b 所示为四轮步行机。图中画有直箭头的是驱动轮，画有弯箭头的是可操纵转向的车轮。当转向轮转向期间，驱动轮旋转行走时，驱动轮与地面间发生滑动，就无

法求出移动量。若在静止状态下操纵转向，则转向阻力矩很大。图 50.5-19c 所示为全方位轮式步行机示意图。该机构可以实现任意方向的转向行走，其车轮接地点在锥齿轮圆锥素线的延长线上，所以转向和行走相互独立，可以高精度地控制其移动量，克服了普通车轮步行机的缺点。图 50.5-19d 所示为两倾斜驱动轮组合的步行机。该机构在本体有前后倾倒趋势时，轮子的接地点可前后移动以防止倾倒，使本体直立安定性提高。

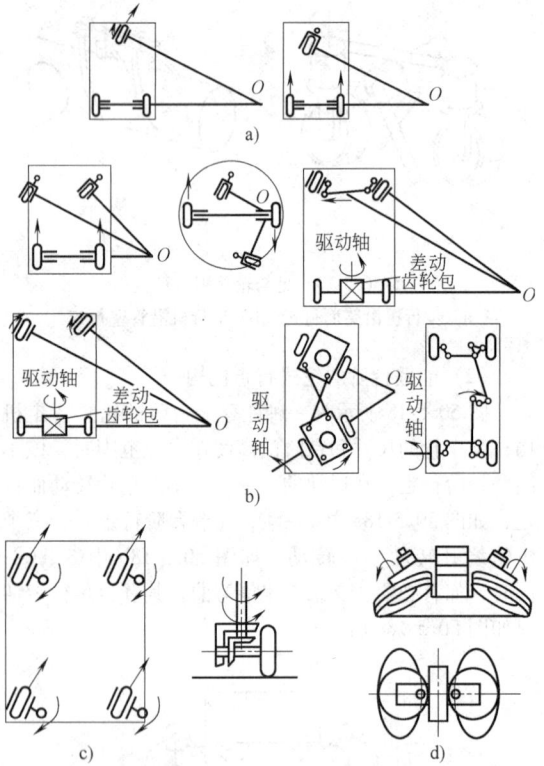

图 50.5-19 车轮式步行机
a) 三轮步行机　b) 四轮步行机
c) 全方位轮式步行机　d) 两倾斜驱动轮组合步行机

3.3.4 仿生爬行机构

仿生爬行机器人机构与传统的轮式驱动机器人机构不同，采用类似生物的爬行结构进行运动，使得机器人可以具有更好的与接触面的附着能力和越障能力。

如图 50.5-20 所示为 Strider 爬壁机器人，具有 4 个自由度。结构上由左右两足、两腿、腰部和 4 个转动关节组成，其中 3 个关节 J_1、J_3 和 J_4 在空间上平行放置，可实现抬腿跨步动作，完成直线行走和交叉面跨越功能。Strider 的每条腿各有一个电动机，通过微型电磁铁来实现两个关节运动的转换。每个电动机独立控制两个旋转关节 R，关节间的运动切换通过一个电磁铁来完成。从图中可以看出，Strider 的左腿电动机通过锥齿轮传动分别实现腿绕关节 J_1 或 J_2 旋转，完成抬左脚或平面旋转动作；Strider 的右腿电动机通过锥齿轮传动分别实现腿绕关节 J_3 或 J_4 旋转，完成抬右脚或跨步动作。以左脚为例，通过电磁铁控制摩擦片式离合器，实现摩擦片与抬脚制动板或腿支侧板贴合，控制抬脚锥齿轮的转动与停止，完成左腿两种运动的切换。抬脚锥齿轮转动则驱动关节 J_2，否则驱动 J_1 旋转。该机构左右脚结构对称，运动原理相似，不同之处在于左脚 J_1 和 J_2 关节通过锥齿轮连接，而右脚的 J_3 和 J_4 关节通过带轮连接。

Strider 的两足分别由吸盘、气路、电磁阀、压力传感器和微型真空泵组成，通过微型真空泵为吸盘提供吸力，利用压力传感器检测 Strider 单足吸附时的压力，以保证爬壁机器人可靠吸附。利用电磁阀控制气路的切换，实现吸盘的吸附与释放。每个吸盘端面上沿移动方向前后各装了一个接触传感器，用于调整足部吸盘的姿态，以保证与壁面的平行。

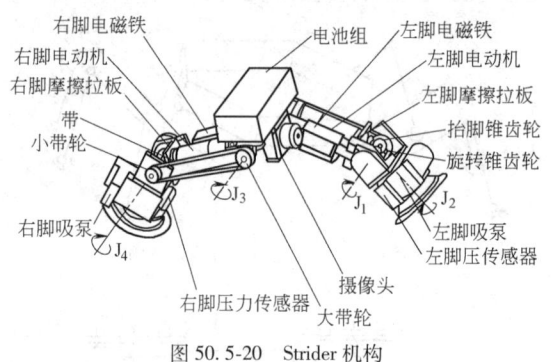

图 50.5-20 Strider 机构

4 仿生推进机构

4.1 扑翼飞行机构

4.1.1 扑翼飞行机构的基本概念

通过模仿自然界鸟类飞行和昆虫运动机理而实现扑翼飞行，使飞行器机翼如同鸟类或昆虫类利用拍翅同时产生升力与推力。扑翼拍翅系统具有举升、悬停和推进功能，根据鸟和昆虫的形体大小，其飞行方式有低频率扑动滑翔，频率略高、运动轨迹相对简单的扑翼及频率极高、运动轨迹复杂的扑翼形式。鸟和昆虫的扑翼飞行方式有较大差异，鸟翼在正常平飞（不考虑起飞与降落）过程中有四种基本运动方式：扑动、扭转、挥摆、折叠。鸟翼做周期性高频往复运动,并将产生的气动力传递到鸟的躯体,配合完成鸟类双翼的复杂空间动作。昆虫翅翼的运动方式有:拍翅运动,翅翼在拍动平面内往复运动;扭翅运动,翅翼绕自身的展向轴线做扭转运动,用以调节翅拍动时的迎角;偏移运动,双翅的拍动平面可以向头部或尾部偏移。昆虫翅翼运动由胸部肌肉控制,通过外骨骼、弹性关节、胸部变形以及收缩-放松肌肉向翅膀传递运动。鸟类及昆虫的飞行运动系统与机械运动系统可类比为:胸部肌肉类似于机械运动系统的驱动器;骨骼和弹性关节类似于机械中的闭环柔性机构;驱动器和柔性机构应集成一体;由驱动器、柔性铰链机构和翅膀组成的机械系统通过振动实现运动。鸟类及昆虫胸部-翅膀结构类似于由能源、控制系统、驱动器、柔性机构以及翼组成的机械系统。

4.1.2 扑翼飞行机构组成及设计要求

扑翼飞行机构是微型扑翼飞行器的核心部件,常见扑翼机构一般由机架、动力源、传动机构以及左右两个翅膀杆组成,其最基本的设计要求为:机构可以完成类似于鸟类或昆虫的多自由度扑动动作;机构运动驱动翅翼可以产生足够的力矩推动飞行器飞行。一般而言,扑翼机构需有固定机架、输入杆、载翅杆;整个机构杆件尽可能少,以保证扑动机构的紧凑、轻巧;所有零件的设计要有良好加工工艺性,以方便机构的试制。

4.1.3 扑翼飞行机构举例

(1) 单自由度

1) 曲柄滑块扑翼飞行机构。图 50.5-21 所示为曲柄滑块扑翼飞行机构,曲柄带动滑块沿着导杆上下运动,两边的摇杆(翅膀)铰接于滑块,在滑块的带动下实现扑动。

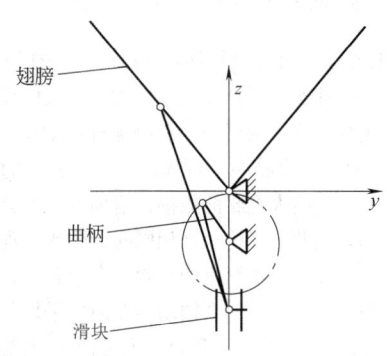

图 50.5-21 曲柄滑块扑翼飞行机构

2) 凸轮弹簧扑翼飞行机构。图 50.5-22 所示为凸轮弹簧扑翼飞行机构,盘形凸轮转动,推动下面的从动件在弹簧的作用下上下移动,铰接于从动件两边的摇杆在从动件的带动下实现上下扑动。只要设计好恰当的凸轮轮廓曲线,即可实现各种扑翼运动规律。

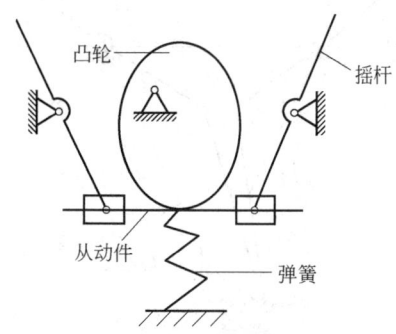

图 50.5-22 凸轮弹簧扑翼飞行机构

3) 单曲柄双摇杆扑翼飞行机构。图 50.5-23 所示为单曲柄双摇杆扑翼飞行机构,γ 为机架 OO_1 的安装角,α 为曲柄与 OO_1 之间的夹角,L_1 是曲柄长度,L_2 是连杆长度,L_3 是摇杆长度,L_4 是机架 OO_1 之间的距离。曲柄的角速度可表达为

$$\omega = \frac{\pi n_1}{30i} \quad (50.5\text{-}1)$$

式中,n_1 是电动机的转速,i 是总传动比。

通过速度瞬时中心法,可求得右扑翼摇杆的角度 $\phi_1(\alpha)$ 和角速度 $\omega_1(\alpha)$,以及左扑翼摇杆的角度 $\phi_2(\alpha)$ 和角速度 $\omega_2(\alpha)$,设初始位置曲柄和 OO_1 重叠,表达式为

$$B = 180° - 2\gamma \quad (50.5\text{-}2)$$

$$L_5 = \sqrt{L_1^2 + L_4^2 - 2L_1 L_4 \cos\alpha} \quad (50.5\text{-}3)$$

$$L_6 = \sqrt{L_1^2 + L_4^2 - 2L_1 L_4 \cos(\alpha - B)} \quad (50.5\text{-}4)$$

$$\beta_1 = \arccos\frac{L_2^2 + L_5^2 - L_3^2}{2L_2 L_5} + M_1 \arccos\frac{L_1^2 + L_5^2 - L_4^2}{2L_1 L_5}$$

$$(50.5\text{-}5)$$

$$\beta_2 = \arccos\frac{L_2^2 + L_6^2 - L_3^2}{2L_2 L_6} + M_2 \arccos\frac{L_1^2 + L_6^2 - L_4^2}{2L_1 L_6}$$

$$(50.5\text{-}6)$$

$$(M_1, M_2) = \begin{cases} (+1, +1) & 0 \leq \alpha < B \\ (+1, -1) & B \leq \alpha < 180° \\ (-1, -1) & 180° \leq \alpha < (180° + B) \\ (-1, +1) & (180° + B) \leq \alpha < 360° \end{cases}$$

$$(50.5\text{-}7)$$

$$\varphi_1(\alpha) = \gamma - \beta_1 \quad (50.5\text{-}8)$$

$$\varphi_2(\alpha) = \gamma - \beta_2 \quad (50.5\text{-}9)$$

$$\omega_1(\alpha) = \frac{\omega}{L_4}\left\{\frac{L_1\sin\beta_1}{\sin(\alpha+\beta_1)}-1\right\} \qquad (50.5\text{-}10)$$

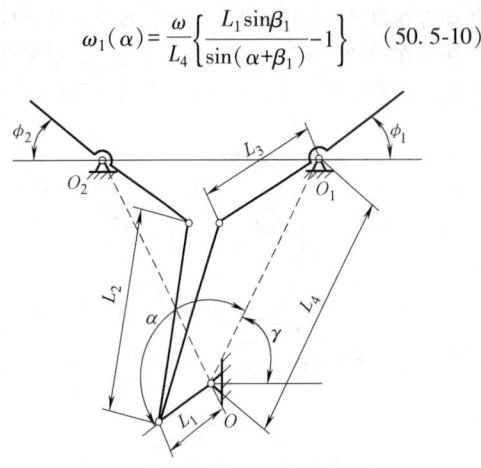

图 50.5-23 单曲柄双摇杆扑翼飞行机构

4) 双曲柄双摇杆扑翼飞行机构。图 50.5-24 所示为双曲柄双摇杆扑翼飞行机构，以齿轮作为曲柄的双曲柄双摇杆扑翼机构由两个推杆、两个摇杆和减速齿轮组成，减速齿轮包括中间齿轮和两个驱动齿轮。中间齿轮带动单翅翼曲柄连杆机构 ABCD 中的驱动齿轮 Z_1 转动，通过左右驱动齿轮的结合点 E 带动 Z_2 转动，以获得相同的转动速度同时推动推杆，使整个扑翼机构实现拍翅运动。为保证高效的传递效率，齿轮、推杆以及摇杆需在同一平面内转动。

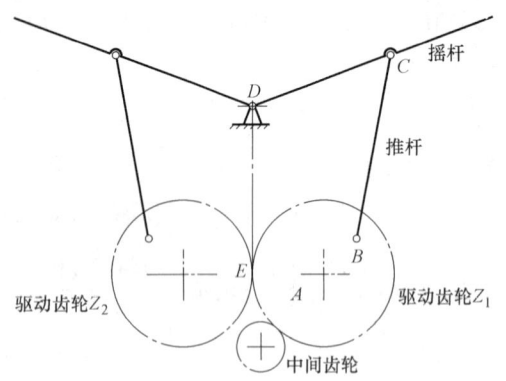

图 50.5-24 双曲柄双摇杆扑翼飞行机构

5) 空间扑翼机构。图 50.5-25 所示为空间扑翼机构，该机构是由平面扑翼机构中曲轴转动中心在水平面内旋转 90° 得到的空间四杆机构。两个曲柄的运动关于机身纵平面对称，可消除两侧传动支链的不对称性。曲柄和摇杆的转轴不平行，将平面机构中连杆两端的平面转动副改为球副。空间机构单侧支链由曲柄、连杆及摇杆组成，两个转动副和两个球副，因此，机构自由度为 1（连杆两端都是球副，存在一个转动为局部自由度）。

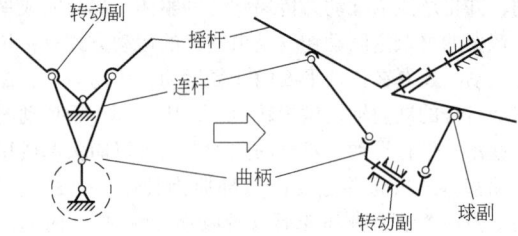

图 50.5-25 空间扑翼机构

(2) 双自由度

1) 曲柄摇杆扑翼飞行机构。图 50.5-26 所示为曲柄摇杆扑翼飞行机构，齿轮 Z_1 直接与电动机输出轴固接，通过 Z_1Z_2 一级减速之后分别通过 Z_2Z_3 二级减速传递到左右两侧的 Z_4 与四杆机构。曲柄在 Z_4 的带动下转动，同时带动翅膀（摇杆）上下扑动。除齿轮 Z_2 的位置不关于机身中心对称之外，其他所有零部件的布置均关于机身纵平面对称。因此，该机构不仅实现了翅膀的对称扑动，还有效实现了扑动翼两侧的重量平衡（齿轮 Z_2 为塑料齿轮，对整个机构的影响可以忽略不计）。在平面内，摇杆的摇摆角一般关于机架杆的垂直线对称分布，使扑翼机构有效地实现扑动。四杆机构摇杆的幅值要对应于微扑翼机构的拍打幅值，类比于鸟类和昆虫，一般取值范围在 50° ~ 120° 内。

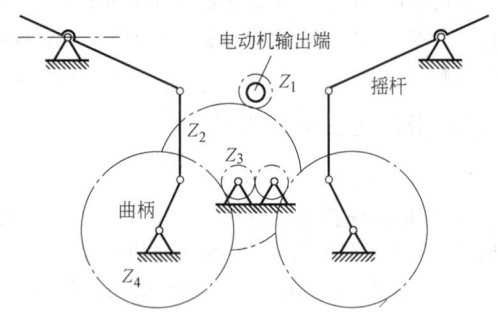

图 50.5-26 曲柄摇杆扑翼飞行机构

2) 压电双晶片双摇杆扑翼飞行机构。图 50.5-27 所示为压电双晶片双摇杆扑翼飞行机构，该机构采用两个平行的双摇杆机构，两机构的右侧摇杆中部用杆（EF）相连，EF 中部与翅膀中心轴固连，摇杆机构的运动带动翅膀拍动。为增大翅膀的振幅，增加了一个放大 PZT 位移的机构。当两个机构运动相同时，翅膀实现上下拍动，此时机构和单一摇杆机构等效，由于此时翅膀是以相同的迎角上下拍动，一个拍动周期内的平均净升力为零，这种运动不能产生净升力，不可能带动飞行器飞行。当两个机构的运动有相位差时，EF 杆产生偏转，带动翅膀转动，使翅膀上拍和下拍时具有不同的迎角，产生净升力，实现扑翼飞行。这种针对刚性结构翅的双 PZT 驱动翅膀运动机构，其运动控制很容易实现，结构简单、体积小、重量轻,且可以采用两套拍翅机构分别驱动飞行器的两个翅膀,实现独立驱动,能够分别调整两翅膀产生的升力。

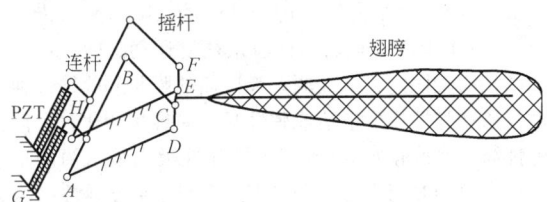

图 50.5-27 压电双晶片双摇杆扑翼飞行机构

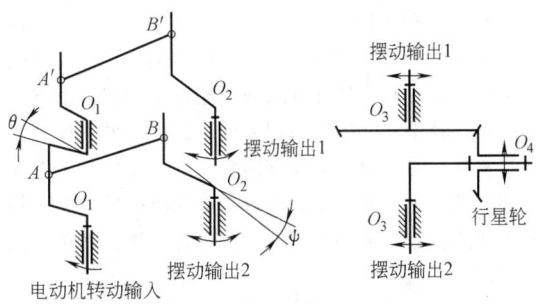

图 50.5-28 并联曲柄摇杆扑翼飞行机构

3) 并联曲柄摇杆扑翼飞行机构。图 50.5-28 所示为并联曲柄摇杆扑翼飞行机构,该扑翼机构主要包括并联的两组曲柄摇杆机构与差动轮系两个部分,由直流伺服电动机驱动,将曲柄的连续旋转输入转换为翅膀的平扇与翻转两自由度复合运动输出。首先曲柄输入的旋转运动转换为尺寸参数均相同的两个摇杆摆动运动输出。由于曲柄 O_1A 与曲柄 O_1A' 存在固定的相位差 θ,所以两个摇杆的摆动输出并不同步,角度差 ψ 在不同转角位置时会有不同的取值。

当电动机以图中所示方向旋转时,摇杆 O_2B' 会先到达摇杆运动空间的极限位置,随后摇杆 O_2B 才到达与其相对应的极限位置。该过程中 ψ 会逐渐减小到零,然后又会反方向逐渐增大,利用这一特性将两个摆动输出再传递到差动轮系。当两个摆动输入的 ψ 不变时,行星轮随着行星轮支架绕轴 O_3 转动,自身不转动;当两个摆动输入的 ψ 变化或者反向运动时,行星轮会绕自身轴线 O_4 转动。因此,将翅膀固定在行星轮上,当曲柄连续转动,两个摇杆摆动输出的 ψ 近似不变时,翅膀保持翅攻角(翅膀扇动方向与翼后缘指向翼前缘方向的夹角)不变而做平扇运动;当两个摇杆在极限位置处反向运动时,翅膀则完成反扇转换过程中的翻转运动。于是,通过设计不同的扑翼机构参数就可以实现不同扇翅角(下扇的起始位置与翅膀当前位置的夹角)及翅攻角的扑翼形式。该机构将两个自由度的运动由一个驱动完成,具有总体质量较轻、控制相对简单、结构设计简洁等优点,且避免了由两个驱动所带来的质量耦合及控制上的联动问题。

4) 七杆八铰链扑翼飞行机构。图 50.5-29 所示为可实现翼尖 8 字形运动且使扑翼绕展向轴线扭转的七杆八铰链机构。该机构在一个五杆六铰链机构 A-B-C-D-E-G-A 的基础上,在 C 点和机架上增加一个 RRR 二级杆组 C-F-G 组,扑翼与 CF 杆连接。五杆机构在 C 铰链点可产生 8 字形或香蕉形轨迹,在 GF 和 FC 带动下,使翅翼产生弦向扭转运动。由于机构自由度为 2,可利用齿轮机构或带传动机构将两个曲柄 AB 和 DE 联系起来。该机构产生 8 字形的运动是由上下和前后两个运动的合成,当前后运动循环周期是上下运动的 2 倍时 (AB 至 DE 的传动比为 2),产生 8 字形轨迹;若两者周期相同 (AB 至 DE 的传动比为 1),则产生香蕉形运动轨迹,且扑翼的俯仰运动由 CF 杆的角位置实现。安装翅翼的三维运动扑翼飞行机构如图 50.5-30 所示,短轴 Q_1Q_2 与 CF 杆固联,两翼与短轴分别在 Q_1 和 Q_2 处组成球销副,可保证两翼随 CF 杆作俯仰运动;机翼与机架分别在 R_1 和 R_2 处组成滑球副,可将 C 点的平面 8 字形轨迹传至翼尖的空间 8 字形,实现上下扑动和前后划动两个运动。

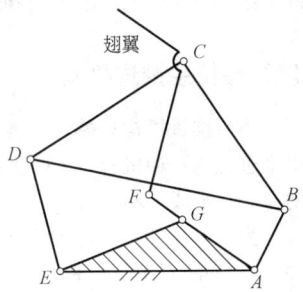

图 50.5-29 七杆八铰链机构

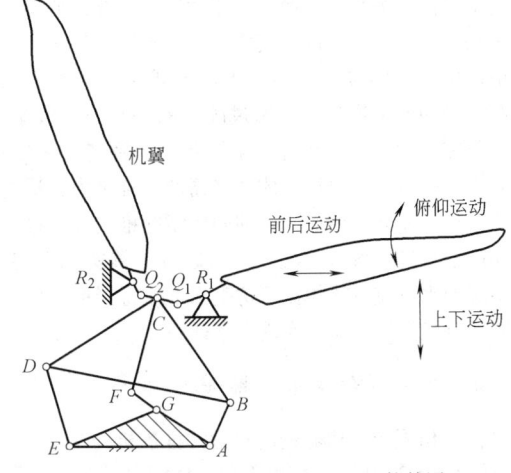

图 50.5-30 三维运动扑翼飞行机构简图

(3) 多自由度

图 50.5-31 所示为平行曲柄摇杆扑翼飞行机构，该机构是由一对曲柄连杆组成，能够实现四自由度扑翼运动。其中，一摇杆与翅翼前缘黏接，另一摇杆与后缘黏接，通过驱动器调整两个曲柄的相位差来控制翅翼攻角实现俯仰运动，通过驱动输出摇杆来实现拍翅运动以及利用电动机不同的输出速度来控制拍翅的频率。

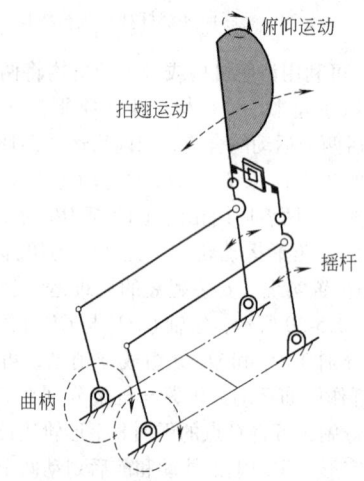

图 50.5-31　平行曲柄摇杆扑翼飞行机构

4.2　水下航行器仿生推进机构

水下航行器仿生推进机构是模仿鱼类等水中动物推进方式获得推进力的一种机构。水中生物由于物种及生活环境的差异，形成了不同的推进方式，按照推进运动模式可分为以下几种：喷射运动模式、中央鳍/对鳍模式（Median and/or Paired Fin，MPF）、身体/尾鳍模式（Body and/or Caudal Fin，BCF）和扑翼推进模式。波动运动模式的典型代表为鳗鱼，游动过程中整个身体几乎都参与摆动；喷射运动模式的典型代表为乌贼、水母等，依靠其特殊的喷水器官将水向后喷射产生向前的推力；MPF 推进模式主要靠胸鳍或腹鳍的摆动产生推进力，通过改变鳍的波形、波幅、频率及左右鳍上波的相位差来控制推力及转弯力矩；BCF 模式的鱼类主要靠身体和尾鳍产生推进力，通过弯曲身体形成向后传播的延伸到尾鳍的推进波，推动鱼体向前行进；海龟等海洋生物通过扑翼实现巡游。与传统的水下航行器相比，仿生水下航行器推进效率更高，且能更加灵活的实现姿态调整。

4.2.1　喷射式仿生水下推进机构

(1) 仿墨鱼、樽海鞘的喷射式推进机构

图 50.5-32 所示为模仿墨鱼、樽海鞘等海洋生物吸水喷水模式的喷射式仿生水下航行器推进机构。该机构由四个弹性吸水喷水筒组成，传动机构中的齿轮齿条机构共有两套，两个半齿轮固定在传动轴的两端（图中是将两个半齿轮机构分开画的，喷水装置未画出），两个半齿轮驱动回程齿条往复运动，回程齿条的两端与轴固定，从而驱动弹性筒的膨胀和收缩，弹性长条和弹性变形造成弹性吸水筒容积变化，进而弹性筒吸水或排水。1 号、3 号弹性吸水喷水筒的单向出水口同时与 1 号喷管相连，2 号、4 号弹性吸水喷水筒的单向出水口同时与 2 号喷管相连；1 号、4 号弹性吸水喷水筒的吸水排水状态相同；2 号、3 号弹性吸水喷水筒的吸水排水状态相同；1 号和 2 号弹性吸水喷水筒吸水排水状态相反，使得 1 号喷管和 2 号喷管实现连续喷水状态。

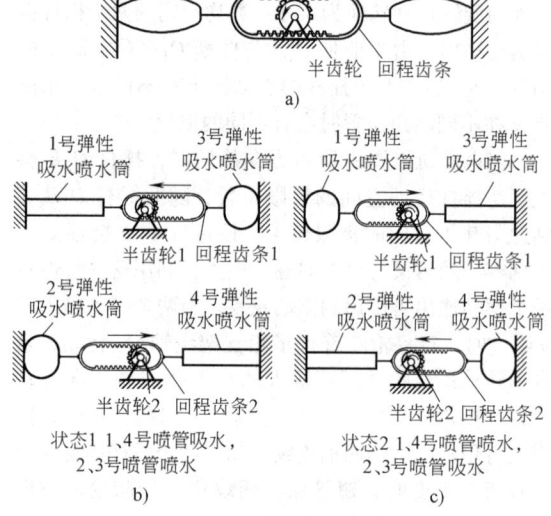

图 50.5-32　喷射式仿生推进机构示意图
a) 传动机构工作原理图
b) 1、4 号喷管吸水，2、3 号喷管喷水工作原理图
c) 1、4 号喷管喷水，2、3 号喷管吸水工作原理图

(2) 仿水母的喷水推进机构

图 50.5-33 所示为模仿水母的喷水推进模式的仿生机器水母。该仿生机器水母利用形状记忆合金（SMA）和离子导电聚合物膜（ICPF）作为驱动器，

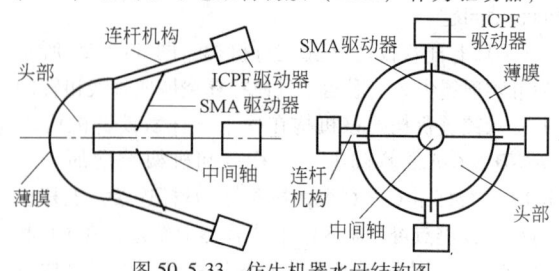

图 50.5-33　仿生机器水母结构图

驱动四只触手运动实现游动。每只触手由一个连杆机构和一块 ICPF 驱动器构成，触手可与形状记忆合金驱动器结合增加运动范围及提供更多的推进力。形状记忆合金通电，机器水母内部体积收缩，使内部的水或者其他介质向后排出，产生向前的推进力。四只触手可协作实现 3 自由度运动。

4.2.2 MPF 仿生水下推进机构

(1) 以何氏鳐为模本的胸鳍仿生推进机构

图 50.5-34 所示为以何氏鳐为仿生对象，设计的一种两自由度胸鳍推进机构。何氏鳐是典型的 MPF 模式推进的鱼类，身体扁平，胸鳍宽大，尾鳍退化，仅依靠胸鳍来实现自由灵活的运动。该推进机构采用连杆机构和齿轮机构分别实现仿鳍机器鱼的前后拍翼运动和摇翼运动，共有 8 个运动构件、11 个低副，具有 2 个自由度，由拍翼机构和摇翼机构两部分组成，分别由两个电动机单独实现拍翼运动和摇翼运动。拍翼电动机输出动力通过摇杆和 5 个连杆将动力传递到胸鳍上实现前后拍翼运动，连杆 2 和连杆 3 一起沿套筒移动；摇翼电动机输出动力通过齿轮 1 和固定套筒的齿轮 2 将动力传递到胸鳍上实现胸鳍的摇翼运动。在机构设计中通过连杆 2 与连杆 3 构成转动副来解决拍翼机构和摇翼机构运动时的构件干涉。

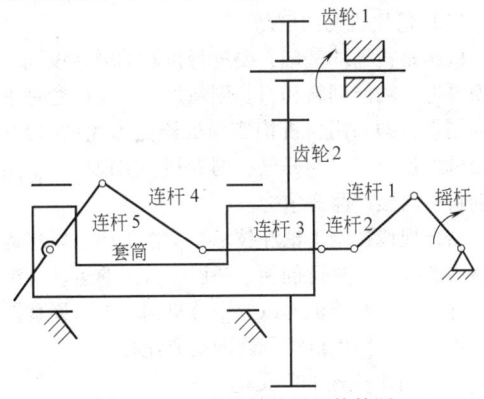

图 50.5-34 仿胸鳍推进机构简图

(2) 以箱鲀的胸鳍仿生推进机构

图 50.5-35 所示为以箱鲀为仿生对象，设计的一种两自由度胸鳍推进机构。该机构为单侧胸鳍推进机构，能够实现摇翼、前后拍翼及两者复合运动。胸鳍的前后拍翼运动由舵机 2 驱动实现。舵机 2 的输出轴带动舵机摇臂和滑动套筒前后摆动，滑动杆和胸鳍通过滑动套筒的带动从而实现前后摆动。舵机 2 固定在传动轴上，其输出轴与舵机摇臂相固定，从而实现舵机 2 的输出与舵机 1 的输出相分离；胸鳍的摇翼运动由舵机 1 驱动实现。舵机 1 的输出轴带动锥齿轮副运动，进而带动传动轴、舵机 2、舵机摇臂以及滑动套筒转动；通过销钉带动滑动杆及胸鳍转动。由于舵机 1 和舵机 2 的输出相互分离，因此当舵机 1 和舵机 2 同时驱动时，胸鳍即可实现复合运动。

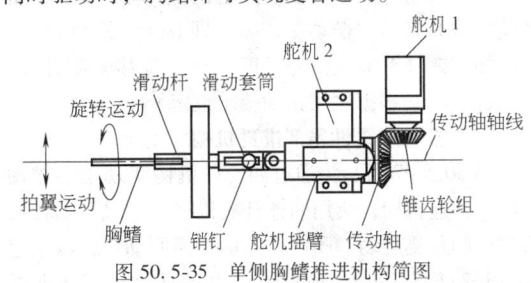

图 50.5-35 单侧胸鳍推进机构简图

4.2.3 BCF 仿生水下推进机构

(1) 仿生鱼尾鳍并联推进机构

图 50.5-36 所示为仿生鱼尾鳍并联推进机构，可以实现两自由度的仿鱼尾运动。图中 A、B 为大、小臂驱动电动机轴所在位置，摆角 $\alpha(t)$ 和 $\beta(t)$ 为摆杆转角与 x 轴正向夹角，摆杆逆时针摆动，角度增加，鱼体前进方向与 x 轴正向相反，y 轴垂直于 x 轴，由右侧指向左侧为轴正向。连杆 AD、BF、CD、CF 的长度 r_m、r_a、p、m 可以根据结构需要确定，d 为大、小臂电动机轴间距，DE 为尾鳍，CD 和 DE 夹角 δ_0 可以根据摆动角度需要进行调节，尾鳍 q 和短杆 p 为固联关系，其夹角可通过摆动范围指标预先确定。[$\alpha(t)$ 是尾鳍机构大臂摆动角；$\theta(t)$ 是尾鳍绕 D 点的摆角；$\zeta(t)$ 和 $\varepsilon(t)$ 为机构计算使用，没有生物学对应意义]。

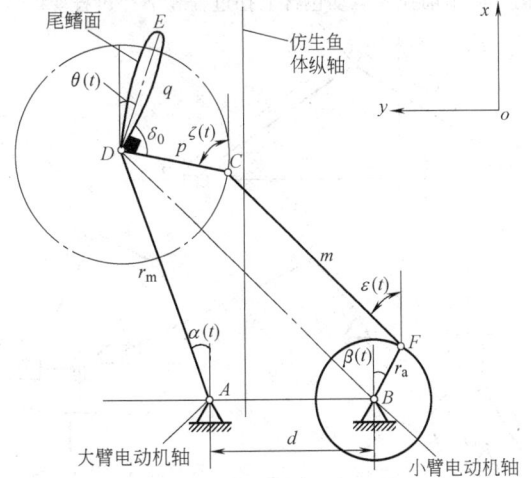

图 50.5-36 仿生鱼尾鳍并联推进机构简图

为使尾鳍摆动角度符合鱼类尾鳍摆动规律，$\alpha(t)$ 和 $\theta(t)$ 须满足

$$y(t) = A_y \sin(2\pi ft) \tag{50.5-11}$$

$$\theta(t) = \theta_0 \sin(2\pi ft - \varphi) \tag{50.5-12}$$

$$\alpha(t) = A_V \sin(2\pi ft) \tag{50.5-13}$$

式中，$y(t)$ 是尾鳍在 y 方向的振荡位移，A_y 是尾鳍拍动位移幅度，A_V 是尾鳍大臂拍动角位移幅度，θ_0 是尾鳍面攻角角位移幅度，f 是尾鳍拍动频率，φ 是尾鳍大臂和尾鳍面摆动相位差，即 $\alpha(t)$ 和 $\theta(t)$ 之间的相位差（A_y 通过摆杆长度和摆角位移幅度计算，A_V、θ_0、f、φ 根据尾鳍拍动要求设定）。

(2) 摆动式柔性尾部推进机构

图 50.5-37 所示为通过四连杆机构实现柔性摆动的尾部推进机构，所用四连杆机构将电动机转动转换为摆杆的往复运动。图中，曲柄 A 为原动件，以角速度 ω 进行旋转运动，通过连杆 B 向从动件 C（即摆杆，末端未画全）施加作用力，从而驱动杆件 C 作来回往复摆动。其中摆杆 C 绕转动副摆动，C 杆的摆动就转化成尾部的摆动。

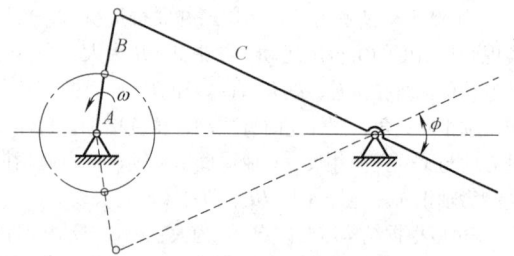

图 50.5-37 摆动式柔性尾部推进机构

4.2.4 仿生扑翼推进机构

图 50.5-38 所示为仿海龟扑翼运动规律的推进机构。海龟前扑翼运动包含上扑过程和下扑过程。

仿海龟扑翼推进机构以凸轮机构和曲柄滑块机构为基础，以铰链机构作为扑翼翻转的驱动机构来模仿海龟扑翼运动。海龟扑翼在运动过程中，向前划和向后划过程中的速度不同，向前划速度慢，向后划速度快，通过具有急回特性的偏置曲柄滑块机构（见图 50.5-38a）来满足扑翼运动的这种特性和运动轨迹需要，通过凸轮推杆机构（见图 50.5-38b）实现竖直方向上的运动。扑翼运动过程中，扑翼的弦线与来流方向存在一个夹角，采用铰链机构来控制扑翼的翻转，使其运动到轨迹中的各个位置时产生相应的夹角。曲柄滑块机构可实现水平方向上的运动，凸轮机构能够实现竖直方向上的运动，两个方向的运动同步进行，在关键点相互结合实现海龟扑翼的运动轨迹。最终将曲柄滑块机构、凸轮机构及铰链机构组合起来，分别布置在相互平行的 3 个竖直平面内（见图 50.5-38c），实现仿海龟扑翼运动。

5 仿生机构发展趋势

5.1 仿生机构的总体发展趋势

随着科技的发展，现代仿生机构设计已经发展为生物学、机构学、电子学、控制学等多门科学交叉的新学科。仿生机构的发展趋势主要有以下几个方面。

(1) 仿生机构的创新

机构是机器的基础，要进行机器的创新设计，除了需要进行功能创新和组合创新外，最关键的是进行机构创新，即采用新机构实现机器更为优良的性质。利用机构创新可以避开已有的专利，实现机械产品自主创新，增强产品竞争力。

结合现代控制理论和技术，仿生机构可以从运动链结构的改变来进行创新、拓展，常用的运动链结构有闭链机构、开链机构以及变链机构，更为逼真地实现生物功能是仿生机构创新的重要途径。

(2) 仿生机构的广义化

仿生机构在设计过程中，可以将驱动元件集成在机构中，使其成为"有源"机构，以提高机构的可控性；另外，为了实现仿生功能，机构的组成构件也广义化，构件不仅仅是刚体组件，还包括各类电动机、液压缸和气动缸、压电驱动器、电磁开关、形状记忆合金、链条、绳索、弹簧等多种形式，构件的柔性、弹性及挠性使机构多样化。

(3) 仿生机构的微型化

微型仿生机械涉及多学科的交叉知识，在航空、航天和生物医学领域具有广泛的应用前景。在微型仿生机械中，微传动机构和微执行机构是主要的机械运动部分。微机构的表面效应、尺寸效应、多尺度效应

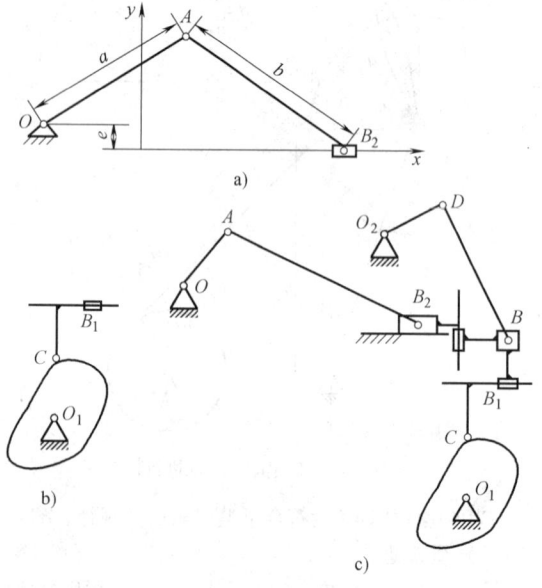

图 50.5-38 仿生扑翼推进机构
a) 仿生扑翼偏置曲柄滑块机构　b) 仿生扑翼凸轮推杆机构
c) 仿生扑翼推进机构总体图

和跨尺度运动都是微型仿生机构设计中的理论基础。同时,应该积极开展微机构的工作机理动态分析、设计理论和原理、可靠性分析与设计方面的研究。柔顺机构可以用作大型机构,但在微机构和微动机构中有更大的应用前景。

(4) 仿生机构的混合驱动

混合驱动机构的基本思想是采用常规电机和伺服电机作为动力源,两种类型的输入运动通过一个多自由度机构合成后产生需要的输出运动。是传统机构与现代机器人机构在性能与成本上的一个良好折中,以适应工作柔性,将传统机构的高速度、低成本、大功率、高效节能等优势与仿生机构的灵活性有机结合起来,使得现代仿生机械从运动机构上引入计算机进行控制,实现机电一体化和智能化的可能,同时又可以实现高速度、高效节能、大功率、低成本等。

5.2 不同类型机构的具体发展趋势

5.2.1 仿生作业机构发展趋势

仿生操作机器人和仿生步行机以及两者结合的移动操作机器人仍然是今后研究的热点,仿生抓取机构和仿生行走机构是其研究的重点。

1) 对于仿生抓取机构、手臂和手腕机构,需要进一步研究适合工作环境和要求的机构新构型及其设计理论。研究仿生并联机器人机构的新构型、工作空间、动力特性、动刚度及控制技术;研究多臂协调、冗余机器人的构型与性能;研究多机器人协调合作的机制和计算结构;研究模块化机器人的优化与重构方法等。

2) 仿生行走机构需要研究适合工作环境和工作要求的行走机构构型和设计理论;研究各种行走机构的步态规划、运动和控制特性;建立行走机构的精确动力学模型等。

5.2.2 仿生水下推进器推进机构发展趋势

仿生水下推进器模仿水生生物卓越的推进模式,具有许多传统水下推进器无法比拟的优势,如灵活性好、机动性高、噪声小等特点,在军用及民用领域可以发挥独特的作用。推进机构作为仿生水下航行器的一个重要模块,未来的发展可归纳为以下几个方面:

1) 机构微型化。微型水下航行器作业时不容易被敌军发现,具有隐蔽性,且能进入人类无法进入的狭小或复杂空间,以获取消息或用于海底管道检测等。因此,机构微型化是发展微型仿生水下航行器一个必然趋势。

2) 材料智能化。水生生物具有多关节柔性运动的特性,但目前推进机构多采用金属材料构成,造成了水下航行器在灵活性、机动性等方面与仿生原型相比有很大差距。形状记忆合金、人工肌肉、压电元件等智能材料的出现,将显著提高水下航行器的推进性能。

3) 功能多元化。目前,仿生航行器推进机构只能实现单个或几个运动,随着科技的发展,仿生水下航行器推进机构向功能多元化方向发展,可同时实现水下游动、陆上行走、天上飞行等功能,这些功能可能仅通过一套推进机构实现。多功能推进机构的实现将很大程度上提高仿生水下航行器的利用效率。

5.2.3 扑翼飞行机构发展趋势

扑翼飞行机构是扑翼飞行器能量转换和机翼仿生运动的核心部件。扑翼飞行器总体效率偏低和自主飞行能力不足是目前扑翼飞行器发展面临的主要问题,其原因是扑翼翼的仿生程度不高以及扑翼机构能量转换效率较低。未来扑翼飞行机构的主要研究方向为:设计仿生程度更高且具有复杂扑动模式的扑动机构,进而驱动机翼进行复杂的多自由度运动;或是设计具有多控制参数的扑动机构,通过多参数控制获得最佳推进效率。未来扑动机构设计研究面临多方面的挑战,需要多学科的综合分析和优化,以求达到实用化程度。可以预期,以下几方面将是其设计研究的重点:

1) 飞行生物复杂扑动方式的生物功能原理研究及空气动力性能研究的进一步认识,将更大程度上提高仿生扑翼机构的性能。

2) 控制技术与机械机构的集成化,实现扑动机构的扑动方式更接近于生物原型,可在一定程度上改善扑翼飞行器性能。

3) 基于新型材料为基础的驱动器驱动机翼,可摆脱传统机械传动设计的束缚,减少机械摩擦带来的能量消耗,并且具有结构紧凑、重量轻、体积小、响应速度快的特点,从而提高机构效率。

4) 基于 MEMS 技术制造的扑动机构设计,使扑动机构元件微型化。

第6章 仿生机械设计范例

1 仿生行走机械

特殊环境动物因其生存需要,在它们的生存环境中经常表现出优越的运动性能。动物的形貌、结构及运动形态与其生活环境密切相关,科技工作者以特殊环境动物为生物模本,采用工程仿生原理与技术,设计并研制出多种仿生行走机构或机械。本节以机械传动式步行轮为范例介绍仿生行走机械的设计过程。

1.1 生物模本

水牛是一种适合于在一定硬底层的松软地面上行走的大型动物。水牛蹄大,质地坚实,耐浸泡,膝关节和球节运动灵活,在水田中拖载耕地行动自由。水牛采用"半浮式理论",肚子浮在土壤上滑行,腿作为驱动装置驱动躯体前进,使"沉"与"浮"以及"滑行"与"驱动"巧妙地结合,可高效地在水田中行走。

1.2 仿生设计思路

基于水牛运动的"半浮式理论",结合水牛跨步策略与车轮运动特点,根据水牛在水田行走时行驶阻力小、驱动力大的优点,提出在松软地面上用步行代替轮子滚动,改变了传统生产中承重与驱动并存的结构体系,进而提出仿生步行轮的概念。仿生步行轮在水田中行驶时,在土壤内不形成沟辙,只留下一个轮脚的刺孔,既有步行的方式,又具有轮子的滚动作用,在浅泥脚水田和有硬底层的沼泽湿地地区具有滚动阻力小、驱动力大的特点。为了解决松软地面车辆平稳行驶,同时保证良好的牵引性能和行驶平顺性,提出一种采用偏心轮机构的机械传动式步行轮,偏心轮转动使轮腿产生伸缩运动,轮毂转动使轮腿跨步行驶,通过合理地确定结构参数,保证轮心离地高度基本不变。步行轮设计原则和方法主要包括基本参数的合理选择和传动方案的确定,而基本参数包括步行轮的腿数、偏心轮的偏心距、腿长、连杆长、偏心距与连杆长度的比值以及轮毂的转角等。

1.3 基本参数的选择

1.3.1 腿数

步行轮是一种两自由度的多腿机构。根据原理分析和试验验证,腿数的选择需要考虑多个影响因素。根据车轮设计的经验,采用双偏心轮的八腿步行轮,每一偏心轮驱动四个腿,使车辆行驶速度的波动大大减小。此外,两偏心轮的综合偏心质量所产生的惯性力大小相等、方向相反,消除了车辆的附加振动源。

1.3.2 主要结构参数的优化

在步行轮机构原理分析中,仅给出了轮腿外端中心点的轨迹方程,实际上轮腿是具有一定尺寸的实体,不可能在它着地和离地的转角范围内始终实现其中心点与地面接触。因此,实际设计中在轮腿基础上加设弧形脚来实现步行轮行驶过程的运动规律;同时以垂直加速度的均方根值最小为目标进行结构参数的优选,从而获得最佳行驶性能。

1.3.3 连杆大端滑动面包角对偏心轮驱动腿数的影响

通过大端为滑动面与小端为销孔的连杆驱动偏心轮带动轮腿伸缩,由于连杆滑动面与偏心轮外圆表面间存在分布压力和相对运动,因此两者间必须有足够接触面积才能保证运动副间的耐磨性和可靠性。此外,为避免两相邻连杆间发生运动干涉,两者间要留有足够空间。

1.4 传动方案

为了实现步行轮轮毂与偏心轮轴间具有一定传动比的动力传动,采用行星齿轮传动方案。图50.6-1a、b所示均为外齿圈固定的行星传动,其中太阳轮轴与偏心轮轴相连,行星轮架与轮毂相连,当太阳轮与行星架的速比等于2时,步行轮的运动规律得到保证。

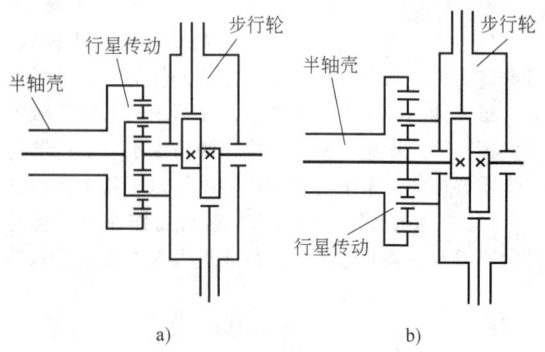

图 50.6-1 步行轮传动方案
a) 行星齿轮传动方案 1　b) 行星齿轮传动方案 2

1.5 步行轮机构运动学

步行轮的机构原理简图如图 50.6-2a 所示,轮毂中偏心轮的转动使轮腿产生伸缩运动,轮毂的转动使轮腿跨步行驶。由机械原理知,偏心轮机构的运动特点与曲柄连杆机构完全相同。当偏心轮(或曲柄)与轮毂之间的传动比正好等于该偏心轮所驱动的腿数时,由图 50.6-2b 所示的几何关系可求得以轮心为坐标原点的轮脚端点轨迹方程为

$$x = [L + l\sqrt{1-\lambda^2\sin^2(n-1)\alpha} - R\cos(n-1)\alpha]\sin\alpha$$
$$y = [L + l\sqrt{1-\lambda^2\sin^2(n-1)\alpha} - R\cos(n-1)\alpha]\cos\alpha$$
(50.6-1)

式中 n——偏心轮所驱动的腿数;
　　　L——腿长;
　　　R——偏心轮偏心距(或曲柄半径);
　　　l——连杆长;$\lambda = R/l$;
　　　α——轮毂转角。

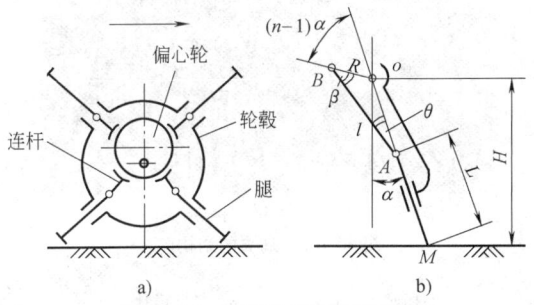

图 50.6-2 步行轮机构原理简图
a)传动关系 b)几何关系

根据式(50.6-1)的轮脚端点轨迹方程,用计算机绘制以轮心为原点的轮脚端点轨迹近似 $(n-1)$ 边形,如图 50.6-3 所示。在轮脚端点从着地到离地的转角区间 $2\pi/n$ 范围内,即当 α 为 $\left(-\dfrac{\pi}{N}, \dfrac{\pi}{N}\right)$ 时,式(50.6-1)中 $y = f(\alpha)$ 的值则为轮心高度 H 值。选择一组优化的 λ、R、L 参数,可以满足轮心高度 H 值基本不变。车辆水平行驶速度 V_T(不计滑转)是轮心对轮腿的相对速度 V_r 和牵连速度 V_e 的合成,由图 50.6-4 可得:

$$V_e = \omega H_0/\cos\alpha$$
$$V_T = V_e/\cos\alpha = \omega H_0/\cos^2\alpha \quad (50.6-2)$$

图 50.6-4 所示为步行轮轮心速度计算简图。图中,H_0 为轮心离地面高度,当 H_0 为不变的常值时,则 α 在 $\left(-\dfrac{\pi}{N}, \dfrac{\pi}{N}\right)$ 区间内,必有 V_{Tmax} 和 V_{Tmin} 出现,令速度不均匀系数为 τ,即

$$\tau = \dfrac{V_{Tmax} - V_{Tmin}}{V_{Tmin}} = \left[\dfrac{1}{\cos^2(\pi/n)} - 1\right] \times 100\% \quad (50.6-3)$$

图 50.6-4 步行轮轮心速度计算简图

对 V_T 求导,并令轮毂的角速度 ω 不变,则车辆的行驶加速度为

$$\alpha_T = \dfrac{dV_T}{dt} = 2H_0\omega^2\tan\alpha(1+\tan^2\alpha) \quad (50.6-4)$$

水平速度的波动以及由此引起的行驶加速度是一切步行式机构固有的运动规律,不可能完全消除,但可通过机构的合理设计而力求减小。

1.6 步行轮性能试验

1.6.1 步行轮牵引附着性能试验

作为主要用于软湿地面行驶的步行轮,着重进行了水田现场牵引试验。试验水田现场的土壤承压特性如图 50.6-5 所示,采用通常的牵引试验方法,测取拖拉机的不同牵引负荷及相应的滑转率,根据拖拉机传动系统啮合齿轮效率和单轮试验测得的步行轮机构

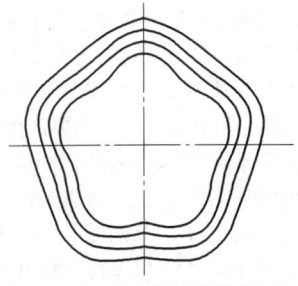

图 50.6-3 步行轮轮脚端点轨迹

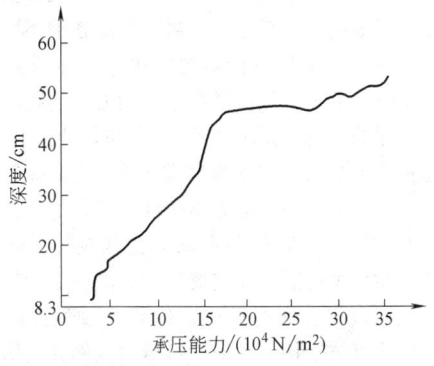

图 50.6-5 被试水田土壤承压特性

效率计算总的传动效率。步行轮在具有一定硬底层的软湿地面上行驶时具有减小阻力、增大驱动力的优点，其单轮行走效率达 50%~52%，整机牵引效率达 40% 以上。水田现场试验结果见表 50.6-1。

表 50.6-1 水田现场试验结果

序号	δ	F_t	F_f	F_q	η_f	η_m	η_δ	η_t
1	0.09	0	1150	1150	0	0.83	0.91	0
2	0.188	1290	1150	2440	0.5287	0.83	0.812	0.356
3	0.20	1530	1150	2680	0.5709	0.83	0.80	0.379
4	0.23	1925	1150	3075	0.626	0.83	0.77	0.40
5	0.288	2265	1150	3415	0.636	0.83	0.712	0.392
6	0.388	2612	1150	3762	0.6943	0.83	0.612	0.353
7	0.44	2804	1150	3954	0.700	0.83	0.56	0.392
8	0.52	2990	1150	4140	0.722	0.83	0.48	0.288

注：表中 δ 为滑转率；$\eta_\delta = 1-\delta$；F_t 为牵引负荷 (N)；F_f 为零负荷时的拖拉机滚动阻力 (N)；$F_q = F_t + F_f$；$\eta_f = F_t/F_q$；η_m 为拖拉机传动系统和步行轮传动效率；$\eta_t = \eta_f\eta_m\eta_\delta$，拖拉机牵引效率。

1.6.2 平顺性能试验

为比较装有步行轮与装有普通轮胎的相同车辆的平顺性，分别对装有步行轮和轮胎的 BJ212 吉普车进行了平顺试验。结果表明，装有步行轮的车辆振动强度随车速增加而增加，其行驶过程中轮心产生的垂直振动主要源于两个方面：一方面源于步行机构运动学；另一方面，由于更换轮脚时轮心垂直位移轨迹出现尖点，使轮心产生冲击振动。

2 仿生飞行机械

飞鸟、昆虫以及哺乳动物中的蝙蝠等在上亿年进化历史中，经过不断适应环境和优化选择，其在形态、运动方式、能量利用等方面，达到了几乎完美的程度，这为空中仿生飞行机械的研究设计提供了借鉴和参照。仿生飞行机械具有体积小、质量小、成本低和运动灵活等特点，在军事和民用方面具有极大的应用前景，受到各国研究机构的重视。微型飞行器是无人飞行器发展的一个新方向，需要集成各种不同的控制算法与组件。微型飞行器要解决的技术难点有很多，比如升力不足，低雷诺数空气动力学问题，微动力与能源系统研究，稳定性问题，控制、增稳、导航和信息传递系统的微型化和集成化研究等。扑翼飞行是在不稳定气流的空气动力学条件下飞行的，其飞行机理及其与结构参数的关系尚无公认规律可循。因此，扑翼微型飞行器比固定翼和旋翼微型飞行器具有更高的飞行效率和飞行性能，但研究过程要困难得多。本节将以仿生扑翼微型飞行器为范例介绍仿生飞行机械的设计过程。

2.1 生物模本

2.1.1 鸟类和昆虫的翅膀结构

翅膀是飞行动物产生升力和推力的直接器官，如图 50.6-6 所示。鸟的翅膀由脊椎动物的前肢演化而来，由肌肉、骨骼、羽毛等主要部分组成。羽毛是翼的重要组成部分，对控制飞行起重要作用。昆虫的翅膀不同于从前肢演化而来的鸟翼，是由体节的背板向两侧扩展而成的，如图 50.6-7 所示。昆虫的翅膀，通常为一韧性膜状翼，薄而且轻，翅膀内部除了少许神经，没有肌肉骨骼系统，只在翼根处有肌肉和身体相连来控制翅膀的扑动，结构相对简单。昆虫只在翼根处控制翅膀的扑动，而翅膀的变形都是在外界气动力作用下产生的，几乎完全是被动的。

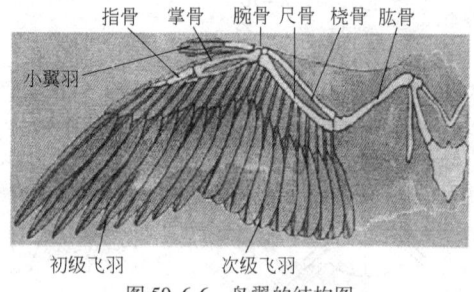

图 50.6-6 鸟翼的结构图

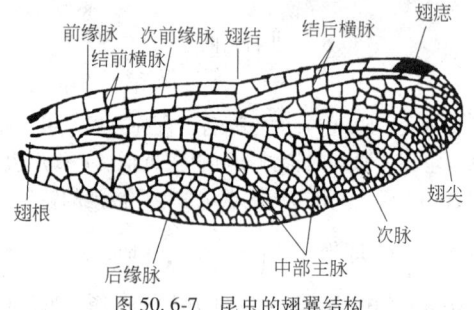

图 50.6-7 昆虫的翅翼结构

2.1.2 鸟翼及昆虫翅翼的运动方式

鸟翼从功能上分为外翼和内翼。内翼的作用与飞机翼相似，它主要由伯努利原理产生升力，是鸟翼中弯度最大的部分，鸟通过控制内翼在飞行过程中的适时迎角而不产生失速，获得飞行所需的大部分升力。外翼同样能产生升力，但它主要产生前进力；与内翼相比较，这部分弯度较小，同时更具柔韧性。

翅膀在正常平飞（不考虑起飞与降落）过程中有四种基本的运动方式，分别是扑动、扭转、挥摆和折叠。其中，扑动是绕与飞行方向相同的拍打轴的角度运动；扭转是绕翅膀中线的角度运动，它可以倾斜翅膀以改变其迎角大小;挥摆是绕与鸟身垂直轴的角度运动,此时翅膀平行于鸟身做前后挥动;折叠是翅膀沿翼展方向的伸展与弯曲,如图50.6-8与图50.6-9所示。

图50.6-8 鸟翼的扑动与扭转

下行程

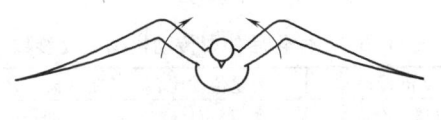

上行程

图50.6-9 鸟翼的折叠运动

昆虫与鸟的翅膀结构不同,造成飞行方式有很多不同。昆虫对滑翔的利用十分有限,只能不断拍动其翅翼才能获得空气动力使其停留在空中。图50.6-10所示为昆虫翅膀上拍和下拍过程中的扭转运动及作用在翼上气动力的方向改变,箭头指向表示气动力方向。

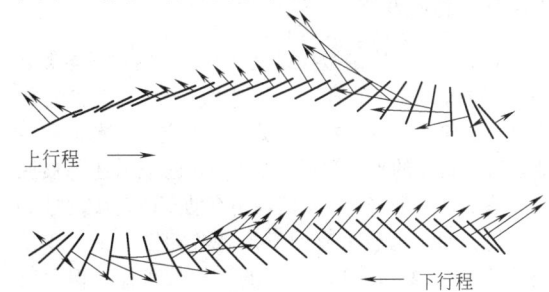

图50.6-10 昆虫翅翼的运动轨迹与气动力方向

2.2 仿生设计思路

通过鸟类、昆虫的翼面积、展弦比等多种物理参量对飞行特性影响规律的评估,把不同参数通过量纲分析联系起来,通过尺寸缩放与比例换算(量纲分析),可以预测某一参数(如翼展)随另一参数(如质量)的变化,进而发现可为微扑翼飞行器设计所利用的参数和规律。

2.3 生物飞行参数

基于几何相似的量纲分析,得到扑翼飞行各参数的尺度关系列于表50.6-2第二行。表50.6-2中的其余各行给出了由实际统计数据所拟合出来的各参数与鸟类质量的关系。从表50.6-2可以看出,几何尺寸对微扑翼飞行器在翼展、翼面积、翼载荷、展弦比和扑翼频率等总体设计参数的影响趋势和对飞行动物相应物理量的影响趋势一致。

表50.6-2 鸟飞行参数与体质量间的幂函数仿生学统计关系

体质量	翼展b /m	翼面积S /m²	翼载荷 /(N/m²)	展弦比 λ	最小功率速度 v_{mp}/(m/s)	最大速度范围 /(m/s)	扑展频率 f_w/Hz
量纲分析	$\propto m^{0.33}$	$\propto m^{0.67}$	$\propto m^{0.33}$	$\propto m^{0.00}$	$\propto m^{0.17}$	$\propto m^{0.17}$	$\propto m^{-0.33}$
所有鸟类	—	—	—	—	$5.70m^{0.06}$	$15.4m^{1.10}$	$3.87m^{-0.33}$
鸟类除蜂鸟	$1.17m^{0.39}$	$0.16m^{0.72}$	$62.2m^{0.28}$	$8.56m^{0.06}$	—	—	$3.928m^{-0.27}$
蜂鸟	$2.24m^{0.53}$	$0.69m^{1.04}$	$14.3m^{-0.04}$	$7.28m^{0.02}$	—	—	$1.32m^{-0.60}$

注:m 的单位为 kg。

2.4 仿生扑翼飞行器结构参数设计

2.4.1 微扑翼机总质量 m

根据鸟类扑翼飞行仿生学统计公式,微扑翼飞行器的总质量是设计其他结构、运动及动力参数的基本参变量。从能够正常进行飞行控制和最终有应用价值角度来说,应该包括机体、机翼、传动、动力、能源、传感、控制、通信等部分的质量以及有效负载。开始设计无负载自由飞行的微扑翼飞行器时,可不考虑传感、控制、通信等部分的质量以及有效负载。

随着设计、工艺、材料以及能源动力条件的不断改进,m 的最小可能取值已从刚开始设计的 32.5g 降到目前的 16g,其中,电动机 5.3g、电池 3.2g、传动机构 3.5g、机体 1.5g、机翼 1.5g、尾翼 1.0g。

2.4.2 全翼展 b

翼展 b 是决定微扑翼机总体尺寸的一个重要参数,也是衡量微扑翼机性能的一项关键指标。由表50.6-2的仿生关系式可知,$b = 1.17m^{0.39} = 1.17 \times 0.016^{0.39}$m $= 0.233$m $= 233$mm。本例作者研制的微扑翼飞行器的实际翼展 $b = 230$mm。

2.4.3 翼面积 S

翼面积 S 是决定微扑翼机升力大小的主要参数之一，S 越大，可产生的升力也越大。所以，为产生较大升力，希望 S 尽可能大。翼展 b 确定后，翼面积主要取决于机翼的平面翼形。当然，S 的取值还与展弦比 λ 有关。一般来说，λ 值较小有助于改善敏捷性和机动性，而 λ 值较大有助于提高滑翔性能。对于给定的翼展 b，$\lambda = 1 \sim 2$ 时对应的 S 比较理想，但只有大多数昆虫及个别鸟种具有这样的展弦比。而从另一个角度来说，λ 值较小的微扑翼机的诱导阻力功率消耗较大。根据关于鸟的仿生学公式可得，$S = 0.16m^{0.72} = 0.16 \times 0.016^{0.72}$ m^2 $= 8.15 \times 10^{-3}$ m^2，$\lambda = 8.56m^{0.06} = 8.56 \times 0.016^{0.06} = 6.7$。本例作者研制的微扑翼飞行器的实际翼面积 $S = 13.8 \times 10^{-3}$ m^2，实际展弦比 $\lambda = 3.83$。

2.5 仿生扑翼飞行器运动参数设计

2.5.1 最小功率速度 v_{mp}

微扑翼飞行器向前稳态飞行时的状态按照前飞速度（v）的大小可大致分为三种，即慢速飞行、中速飞行和快速飞行。根据仿生学公式，机体向前飞行时，使气动功率消耗最小的前飞速度可得，$v_{mp} = 5.7m^{0.16} = 5.7 \times 0.016^{0.16}$ m/s $= 2.9$ m/s。

2.5.2 扑翼拍打频率 f_w

拍打频率 f_w 是微扑翼机的主要参数。根据仿生学公式，扑翼拍打频率可得，$f_w = 3.87m^{-0.33} = 3.87 \times 0.016^{-0.33}$ Hz $= 15.1$ Hz。f_w 的获得取决于驱动电动机的额定电压和额定转速，以及传动机构的传动比，更重要的是还与电动机输出转矩特性和气动阻力矩有关。为了达到设计拍打频率，电动机的选择要和传动机构的传动比设计反复进行试验。必要时，还需修改结构参数，例如机翼质量。

2.5.3 扑翼拍打幅值 ϕ

拍打幅值 ϕ 是微扑翼机的另一个主要运动参数。一般来说，拍打幅值 ϕ 越大，扑翼拍打运动产生的升力和推力也越大。拍打幅值 ϕ 的选取比较复杂，一般是类比鸟类和昆虫，可取 $\phi_{max} = 50° \sim 120°$。在向前稳态飞行时（特别是在中速和快速飞行时），$\phi$ 一般较小，例如，$\phi = 60°$ 甚至更小；在悬停状态，ϕ 一般较大，$\phi = \phi_{max}$。因为初始的设计目标仅要求微扑翼飞行器实现向前稳态飞行，而不必考虑悬停状态。因此，初步设计时可按照中低速向前稳态飞行特点，结合传动机构设计，在 $\phi_{max} = 60° \sim 80°$ 范围选取。

2.6 仿生扑翼飞行器驱动机构设计

采用微型直流电动机—两级齿轮减速—单曲柄双摇杆机构—扑翼的传动方案，如图 50.6-11 所示。通过优化图 50.6-11 中传动机构的具体参数可以使得左右摇杆的扑翼角及角速度之差降至最小，优化后的参数及仿生扑翼机构分别见表 50.6-3 和如图 50.6-12 所示。

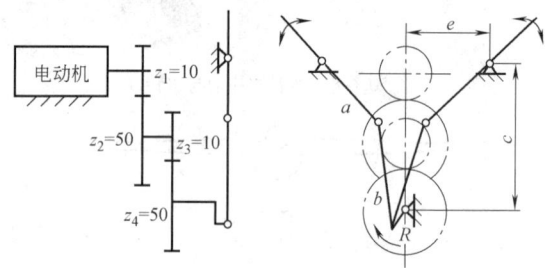

图 50.6-11 扑翼传动机构简图

表 50.6-3 优化后扑翼传动机构主要参数

电动机转速 n	齿轮传动比 i	曲柄长度 R/mm
20000r/min	25:1	5.5
连杆长度 b/mm	摇杆长度 a/mm	偏距 e/mm	间距 c/mm
18.2	12.1	11.8	18

图 50.6-12 扑翼机构示意图

2.7 仿生扑翼飞行器翅翼设计

自然界的昆虫翅翼很多都具有相似的典型特征。例如，翅翼均适应于大范围的扭转，形成辐射状弯曲翅脉，翅翼的弦向尺寸变化明显，具有根部大端部小的尖削结构。参考以上条件设计出的柔性扑翼结构如图 50.6-13a 所示，这种翼面由可变形且有一定弹性的聚酯薄膜和支撑薄膜的碳纤维杆构成。空气动力可将薄膜塑造成何种形状，这取决于薄膜的弹性、碳纤维杆上产生的各种弹性力和在翅根处施加的驱动力，以及拍动翅翼所产生的惯性力。

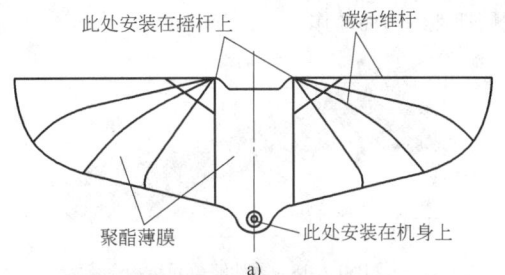

图 50.6-13 柔性扑翼示意图及实物模型
a) 柔性扑翼结构示意图 b) 柔性扑翼飞行器模型

2.8 仿生微型扑翼飞行器风洞试验

扑翼飞行器模型吊装在风洞试验段,其迎角可调。飞行器上端安装压力传感器,通过数据采集卡的接口与计算机相连,对扑翼过程产生的力进行实时测量与记录。图 50.6-14 所示为扑翼风洞测试系统,图 50.6-15 所示为扑翼模型在风洞中的安装姿态。试验结果表明,扑翼频率和扑翼幅值的大小对扑翼的升力影响很大。此外,迎角与风速的变化也明显改变升力。

3 仿生游走机械

随着陆地资源的减少和枯竭,探索海洋资源已成为科学家们热衷的研究项目,主要涉及水下考古勘探、检测石油管道泄漏、探索海洋资源及海洋科学考察等。因此,具有海洋勘测、海底探查、海洋救捞、管道等人造水下结构检测以及水下侦查和跟踪功能的仿生游走机械已成为探索、开发海洋资源和海洋防卫的重要工具。仿生游走机械以水中游走生物为原型,通过研究生物体的构造及其运动机理,增强其在复杂多变的水下环境中的适应能力。本节以仿生墨鱼机器鱼为例介绍仿生游走机械的设计过程。

3.1 生物模本

墨鱼是海洋中的常见动物,全身除背部的乌贼骨以外,没有支撑性的硬骨骼。它们依靠喷射和鳍波动复合推进这种特殊的方式来实现游动,不仅能像鱼一样灵活地游动,还能够实现翻滚、快速后退等鱼类难以实现的游动动作,如图 50.6-16 所示。墨鱼外形结构及内部构造如图 50.6-17 所示。身体分为头、足和躯干。头呈球形位于身体前端,口位于头部顶端;足已转化成腕和漏斗;躯干包括石灰质内壳(乌贼骨)、肌肉性套膜和内脏。墨鱼可以实现快速地向前或者向后游动,而且可以瞬时改变游动方向。鳍波动

图 50.6-14 扑翼风洞试验系统

图 50.6-15 扑翼模型在风洞中的安装姿态

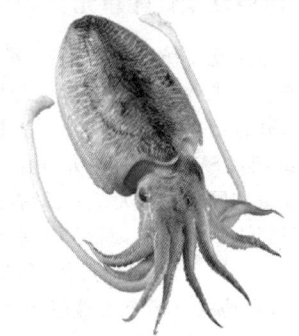

图 50.6-16 墨鱼原型

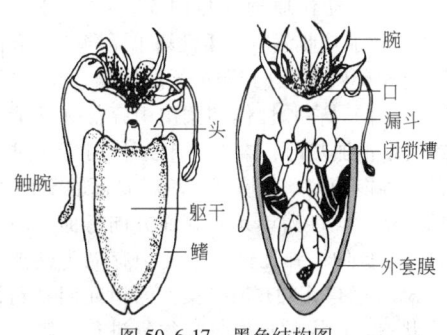

图 50.6-17 墨鱼结构图

推进是墨鱼向前游动、低速游动和低速转弯时的主要推进方式。喷射推进是高速游动和高速转弯的主要推进方式。腕在游动过程中并拢在一起,可以通过摆动运动辅助游动姿态的调整,作用类似于鱼鳍。

3.2 仿生设计思路

以墨鱼为生物模本进行仿生设计,包括分析墨鱼形态结构特征、游动方式和受力情况,研究墨鱼水平鳍波动运动和喷射运动的推进机理;分析墨鱼鳍肌肉结构和动作过程,研制丝驱动的柔性鳍单元结构[以更具动作对称性的形状记忆合金(SMA)为例];通过模仿墨鱼鳍的生理结构和运动方式,研制柔性鳍单元驱动的仿生水平鳍;通过对墨鱼外套膜肌肉结构和动作过程进行分析,模仿墨鱼生理结构研制仿生喷射系统;模仿墨鱼外形,综合考虑各推进装置和控制系统硬件结构,设计仿生墨鱼机器鱼。

3.3 墨鱼游动机理分析

通过解剖研究墨鱼的形态结构,分析其游动方式及受力情况。对墨鱼鳍波动运动进行分析,建立其运动学模型和动力学模型,并应用仿真方法对其波动运动的推进性能进行研究。建立墨鱼外套膜横截面的运动学模型,并对喷射推进机理进行研究。以实体墨鱼为蓝本,建立墨鱼三维实体模型,并对其外形流体力学性能进行仿真研究。

3.4 SMA丝驱动柔性鳍单元

为了很好地实现模仿墨鱼水平鳍鳍单元的柔性弯曲摆动动作,要求致动器能够产生与肌肉收缩相当的输出力,并且要有足够的变形量,能够从功能上模仿横肌纤维。SMA材料因功质比高、电阻率高、形变回复量和回复应力大、能量密度高等优点,较其他智能材料更适合作为模拟墨鱼水平鳍横肌纤维的致动器。在对鱼类游动进行研究和简化基础上,研制了SMA丝驱动的可调节柔性鳍单元基体结构,采用该基体结构的柔性鳍单元,如图50.6-18所示。柔性鳍单元的动作原理(见图50.6-19)为:当A面的SMA丝加热收缩时,柔性鳍单元向A面方向弯曲,此时相反侧B面的SMA丝被拉伸,并产生弹、塑性变形,同时在弹性体和蒙皮中存储弹性能,当A面的丝停止加热时,柔性鳍单元利用弯曲过程中存储的弹性能使鳍单元恢复。然后B面的SMA丝开始加热,带动柔性鳍单元向B面方向弯曲,同样使A面的丝被拉伸,弹性体和蒙皮中存储弹性能,当B面的SMA丝停止加热时,柔性鳍单元回复到初始的伸直状态。这样的动作过程往复进行,鳍单元实现周期性的弯曲动作。

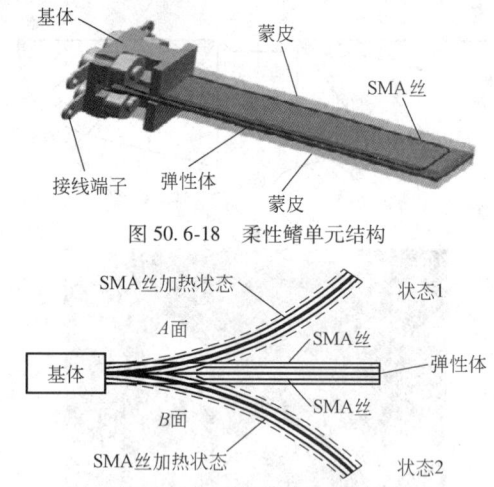

图 50.6-18 柔性鳍单元结构

图 50.6-19 柔性鳍单元工作原理

3.5 仿生水平鳍设计

仿生水平鳍的设计原则包括:①仿生水平鳍的外形尽可能模仿墨鱼水平鳍外形;②仿生水平鳍至少可模拟一个完整波长的波动运动;③仿生水平鳍鳍面能实现柔性的大变形量波动运动;④仿生水平鳍采用模块化设计方法,便于拆卸、安装和维护。根据上述设计原则设计的仿生水平鳍的结构如图50.6-20a所示,

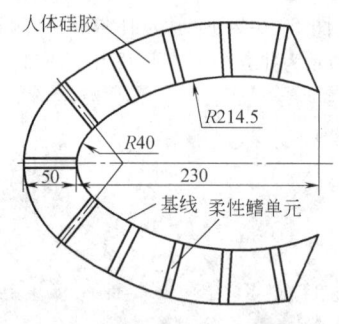

a)

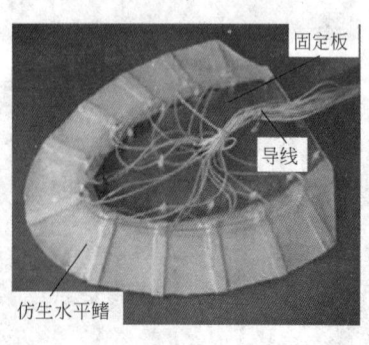

b)

图 50.6-20 仿生水平鳍

a)仿生水平鳍结构示意图 b)脱模后的仿生水平鳍

脱模后的仿生水平鳍如图 50.6-20b 所示。仿生水平鳍的外形参考解剖的非活体墨鱼实体的水平鳍外形，将墨鱼两侧对称的水平鳍简化为尾部连接在一起的整体，仿生水平鳍呈对称结构，水平鳍鳍面基线依据实测的墨鱼水平鳍基线进行拟合，单侧基线由大小两段圆弧相切连接而成，侧面大圆弧半径为 214.5mm，尾部小圆弧半径为 40mm，两侧尾部基线圆弧相切，仿生水平鳍基线沿体长方向投影长度为 230mm。仿生水平鳍采用柔性鳍单元作为驱动器，水平鳍的鳍面宽度与鳍单元的弯曲部分长度相同。水平鳍鳍面是由柔性鳍单元驱动器和连接鳍单元的柔性鳍面组成，通过柔性鳍单元驱动器的柔性摆动带动柔性鳍面使整个水平鳍形成波动运动。为了便于与水下机器人的本体结构相连接，仿生水平鳍设计为一个整体，柔性鳍单元驱动器之间用人体硅胶相连，鳍单元的基体用于与水下机器人连接。

3.6 仿生喷射系统设计

仿生喷射推进系统的设计原则：①仿生喷射系统的结构模仿墨鱼的身体结构，通过仿生外套膜收缩和扩张实现充水和喷射，利用仿生进水膜控制仿生外套膜腔的开闭，利用仿生喷嘴实现喷水方向的改变和模拟舌瓣的开闭功能；②仿生外套膜截面为半圆形，可模拟墨鱼外套膜的均匀收缩和回复动作，模仿墨鱼低速游动时的肌肉纤维运动原理，通过主动收缩运动实现仿生外套膜收缩，而扩张回复时则利用收缩时仿生外套膜内存储的弹性能来实现被动回复；③墨鱼外套膜肌肉结构属于肌肉性骨骼结构，具有较大的柔性，且难以压缩，受现有技术限制难以实现像墨鱼外套膜那样的纯柔性、耐压结构，故采用在不可压缩弹性材料中嵌入可变形骨架支撑方式实现柔性大变形收缩运动；④仿生进水膜采用柔性材料制作，与外套膜相吻合，采用被动运动原理，利用外套膜扩张回复时形成的负压打开，利用喷射压力和自身的回弹力实现闭合；⑤仿生喷嘴模仿墨鱼喷嘴的功能，实现在腹部半球内的任意方向弯曲转动，从而实现改变推进力的方向。依据上述设计原则设计出仿生喷射推进系统，该推进系统包括仿生外套膜、仿生进水膜、仿生喷嘴和基体。

仿生喷射系统仅模仿墨鱼喷射游动动作时的环状肌纤维收缩运动和利用存储弹性能恢复的过程，其动作过程包括收缩喷射过程和恢复冲水过程。在收缩喷射过程中，用于模仿墨鱼外套膜环状肌纤维的嵌入在仿生外套膜内的 SMA 丝通电加热达到逆相变开始温度后，随着 SMA 丝的收缩，仿生外套膜开始整体收缩，同时在硅胶材料中存储弹性能。由于仿生进水膜和仿生喷嘴内仿生舌瓣结构的封闭作用，使仿生外套膜腔体内的压力升高，当达到一定压力时，仿生舌瓣在压力作用下打开，腔内的水由喷嘴喷出，同时喷嘴通过前端的弯曲改变喷射方向，提供矢量推力。在恢复充水过程中，SMA 丝断电冷却，存储在硅胶材料中的弹性能开始释放，仿生外套膜开始扩张恢复，仿生外套膜腔内形成负压，仿生舌瓣在负压作用下关闭，仿生进水膜在负压作用下打开，周围的水由仿生外套膜和仿生进水膜的开口处进入腔内，SMA 丝温度冷却到马氏体相变结束温度后，仿生喷射系统结束充水过程，仿生进水膜在弹力作用下恢复到初始状态。仿生喷射系统通过收缩喷射过程和扩张充水过程的交替往复实现脉冲式的喷射推进。

3.7 仿墨鱼机器鱼结构设计

在仿墨鱼机器鱼的外形设计上，通过模仿墨鱼的流线型外形尽量降低由于外形因素导致的压差阻力，使机器鱼的身体部分与头部和腕鳍部分平滑过渡。仿墨鱼机器鱼要实现自主游动就必须搭载电源、控制系统硬件和重心调节装置等，所以在机器鱼内部结构设计中要预留足够的空间和安装位置。仿墨鱼机器鱼结构包括仿生水平鳍、上盖、头部、腕鳍、舱体、仿生外套膜、仿生进水膜和仿生喷嘴，如图 50.6-21 所示。仿墨鱼机械鱼长为 483mm，宽为 260mm，高为 113mm，排水量为 2245cm³。仿墨鱼机械鱼样机如图 50.6-22 所示，该机器鱼样机的上盖、头部和舱体结构均采用树脂材料利用快速成型方法加工。

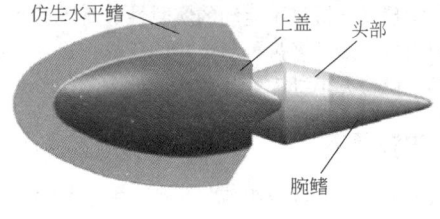

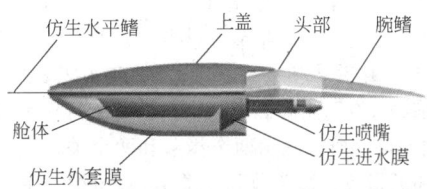

图 50.6-21 仿墨鱼机械鱼结构

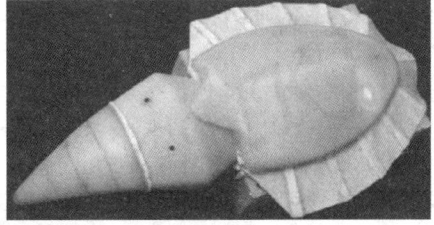

图 50.6-22 仿墨鱼机械鱼样机

为了研究仿墨鱼机械鱼样机的游动性能,在水中对其向前、向后、转弯和下潜游动功能进行了试验。试验结果表明,该机器鱼样机能够依靠仿生水平鳍波动运动和仿生喷射系统的喷射推进来实现向前、向后和转弯游动,样机的最大游动速度 35mm/s,与活体墨鱼的巡游速度接近。该样机能实现原地的转弯游动,这种原地的转弯运动能够提高机器鱼的机动性能,有利于增强其对复杂环境的适应能力。

4 仿生运动机械(多关节机械手)

随着机器人技术的不断发展,要求对机器人末端执行机构不断改进完善,以使机器人最大限度地发挥功效。作为机器人执行装置的机械手受到人们的关注。机械手的灵活性、精确度及柔顺性决定了机器人的性能。机械手是机器人与外部环境相互作用的重要环节,直接影响机器人的操作性能和智能化水平。具有多自由度、多功能和智能化的多指灵巧机械手已经成为机器人领域的研究热点。具有多关节和高感知的机械手已经被应用于工业生产中代替原始的夹持装置。这类机械手多具有感知功能,如力、位置检测,能够实现手指对抓取力和抓取位置的精确感知,进而实现对物体的精确位置和力的控制。仿人柔性机械手被应用在类人型机器人,或作为人手的假肢代替人手从事抓取等活动,通常模拟人手的外形和尺寸,手指结构及手指间的位置关系,已经被应用到医疗、服务和娱乐等行业。机械手经过不断研究和进化,现已能较好地实现灵巧机械手运动的实时性、直观性和灵活性。国内外很多学者进行了大量的研究,设计出多指灵巧手来模拟人手动作。

4.1 生物模本

人手主要由 3 部分组成(5 指、手掌和手腕)。4 指(小指、无名指、中指和食指)结构相似,均由 3 个指节(远指节、中指节、近指节)及 3 个关节组成(远关节、中关节和基关节),如图 50.6-23a 所示。其中,基关节有屈曲和侧摆两个自由度,每根手指具有 4 个自由度。拇指则由两个指节和两个关节组成(远指节和近指节、远关节和基关节),拇指与手掌由掌骨间关节连接,故拇指共有 4 个自由度。因此,人手手指自由度结合手腕自由度组成了人手的 22 个自由度。在人手正常工作过程中,其手指可单指、多指或交叉使用。拇指通常与其余四指交叉相对运动实现抓握等,其运动轨迹类似于一个圆锥体;其余四指侧摆幅度较小,其运动轨迹近于平面运动。由于各手指间可以交叉配合、协调运动,使得人手可以实现抓握、捏取和提勾等复杂功能,如图 50.6-23b 所示。

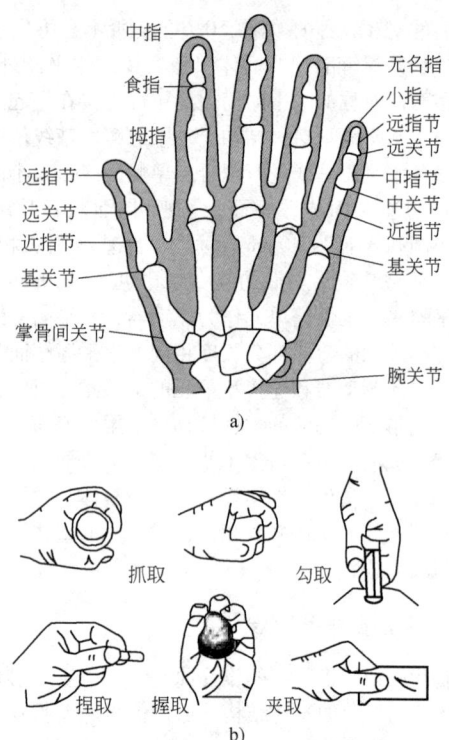

图 50.6-23 人手的结构和功能图
a) 人手结构图　b) 人手功能图

图 50.6-24 所示为人类手指的结构型式示意图。对某学校青年学生的手指长度进行测量,得到了表 50.6-4 所列的结果。表 50.6-4 中所列出的人手的各关节长度尺寸值可以作为设计多指灵巧手的手指长度的参考。这些统计参数是基于骨骼各关节的测量,在实际的设计过程中,还要考虑将来与其装配的机器人的结构尺寸及包装等因素,同时也要兼顾到加工工艺的方便,以降低加工成本。

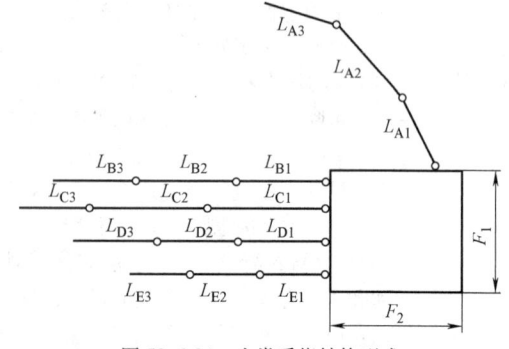

图 50.6-24 人类手指结构型式

4.2 仿生设计思路

基于人手的生理结构、尺寸及功能特性,采用工程仿生学原理,对多关节机械手结构、材料和功能进行设计。具体包括人工肌肉的设计、关节本体和驱动装置为一体的多向弯曲柔性关节和无轴多铰链的单向弯曲柔性关节的设计。基于模块化设计，应用柔性关节组合制成柔性手指；仿照人手结构设计柔性五指机械手，确定柔性五指机械手的抓取功能和抓取模式。

表 50.6-4 某学校青年学生右手各关节长度的平均值

性别	男	女	平均
年龄	20~23	20~23	—
人数	200	100	—
L_{A1}/mm	49.8	41.8	48.3
L_{A2}/mm	39.2	35.4	38.5
L_{A3}/mm	29.9	28.4	29.6
L_{B1}/mm	50.1	46.0	49.3
L_{B2}/mm	30.6	29.0	30.3
L_{B3}/mm	24.1	22.7	23.8
L_{C1}/mm	53.9	55.1	53.5
L_{C2}/mm	33.5	32.6	34.5
L_{C3}/mm	25.2	23.5	24.9
L_{D1}/mm	52.4	48.3	51.7
L_{D2}/mm	32.8	31.5	32.5
L_{D3}/mm	24.8	22.4	24.4
L_{E1}/mm	43.7	39.6	42.9
L_{E2}/mm	25.8	22.9	25.2
L_{E3}/mm	22.6	20.5	22.2
F_1/mm	83.1	77.9	82.2
F_2/mm	101.2	97.3	100.5

4.3 旋伸型气动人工肌肉

为了构建气动柔性关节，设计了一种新型人工肌肉——旋伸型气动人工肌肉，如图 50.6-25 所示。通入压缩空气后，人工肌肉在内腔气体压力的作用下实现轴向伸长和绕自身轴线的扭转。人工肌肉的内部是弹性橡胶管，外部是圆柱螺旋弹簧和端盖。肌肉两端封闭，其中一端是进气口与气动连接头连接，另外一端与负载相连。旋伸型气动人工肌肉几何及材料特性见表 50.6-5。

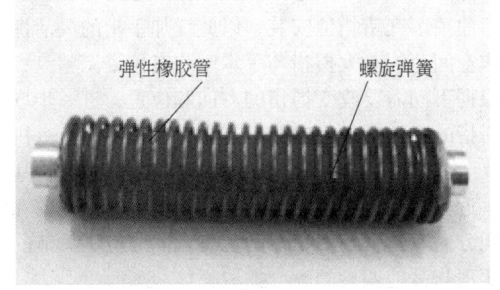

图 50.6-25 旋伸型气动人工肌肉结构

当向人工肌肉内腔通入压缩空气后，弹性橡胶管内腔容积增大，由于受到外部螺旋弹簧的束缚，其径向膨胀受到限制，因此只能沿着轴线方向伸长。由于管壁外侧受到弹簧的束缚，橡胶管外径保持不变，橡胶管在伸长过程中其壁厚将会变薄。同时，由于外部弹簧的螺旋结构，使得人工肌肉在承受内腔均匀压力的同时会产生与弹簧螺旋方向相反的扭矩，导致人工肌肉在轴向伸长的同时绕自身轴线发生旋转。由于橡胶管材料的非线性以及螺旋弹簧的特殊结构，导致人工肌肉在工作状态下变形复杂，在变形过程中伸长和扭转相互耦合。

表 50.6-5 旋伸型气动人工肌肉几何及材料特性

项 目	参数值
人工肌肉有效长度/mm	40
橡胶管初始外径/mm	9
橡胶管初始内径/mm	6
弹簧中径/mm	10
弹簧钢丝直径/mm	1
弹簧有效圈数	40
弹簧节距离/mm	1 或 1.5
弹簧弹性模量/GPa	202

4.4 气动单向弯曲柔性关节

无轴多铰链的单向弯曲柔性关节具有很好的横向稳定性和侧向刚度，如图 50.6-26 所示。通入压缩气体后，单向弯曲关节在端盖处纯弯矩的作用下发生弯曲变形。单向弯曲关节内部为弹性橡胶管，外部为形状相同的一组紧密套装的约束环（见图 50.6-26a），约束环一侧矩形孔内装有板弹簧，板弹簧与上下端盖固联为一体，如图 50.6-26b 所示。单向弯曲关节上下两端为端盖，具有通气口和进气口。

 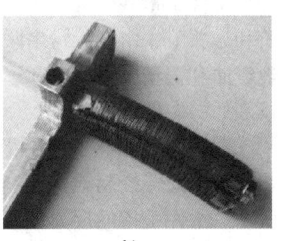

a)　　　　　　　　b)

图 50.6-26 单向弯曲关节
a）约束环　b）单向弯曲关节实物

4.5 气动多向弯曲柔性关节

多向弯曲柔性关节由 4 根气动人工肌肉以并联的方式组成。通入气压后，关节能实现轴向伸长及多个方向上的主动弯曲。多向弯曲柔性关节为关节本体和驱动器复合一体结构。关节本体以气动人工肌肉为主，主要由轴对称排列的 4 个旋伸型人工肌肉并联组成。人工肌肉两端固定在法兰上,如图 50.6-27a 所示。为了限制气动旋伸型人工肌肉的扭转,在组成多向弯曲关节时,采用两组旋向不同的圆柱螺旋弹簧制作气动肌肉。多向弯曲关节的 4 根肌肉以不同的通气方式组合实现柔性关节的多方向弯曲和轴向伸长。当人工肌肉通入不同压力的气体时,关节在轴向伸长的同时可实现 8 个方向的弯曲(见图 50.6-27b)。

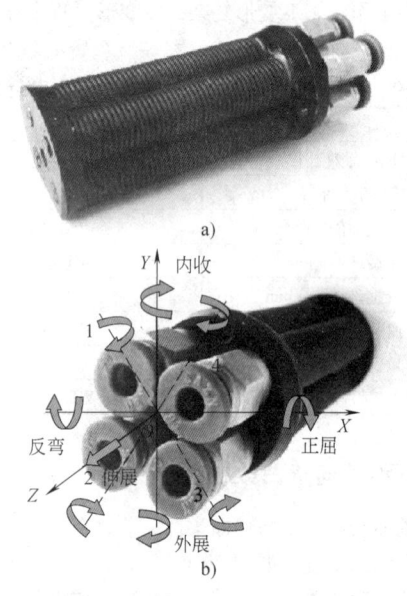

图 50.6-27 多向弯曲柔性关节
a) 实物 b) 功能

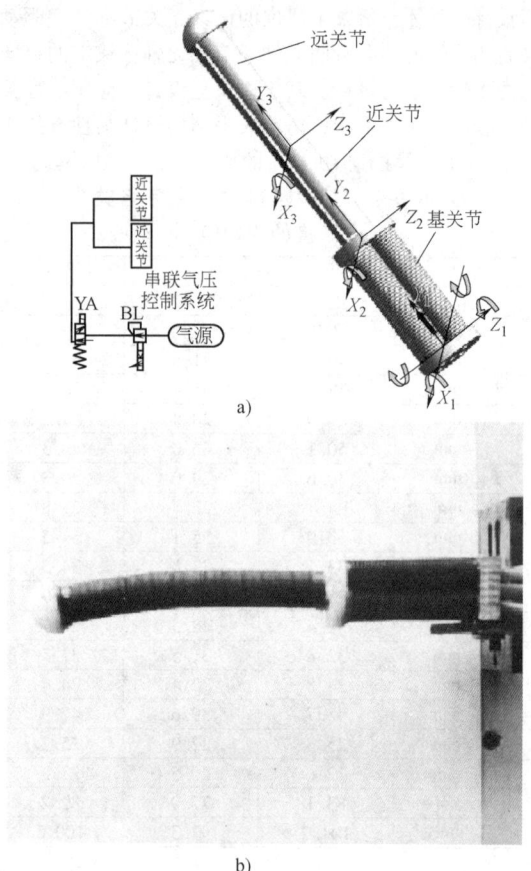

图 50.6-28 串联通气控制柔性手指结构和功能
a) 结构功能及气控原理 b) 实物图

4.6 柔性手指

柔性手指根据人手手指的结构和功能进行设计,每个柔性手指共分为 3 个关节,分别为基关节、近关节和远关节,由连接盘串联连接。要求基关节能够实现弯曲和摆动,近关节和远关节可以正向弯曲且具有较好的横向稳定性。

(1) 串联通气控制手指结构和功能

串联通气控制柔性手指结构和功能如图 50.6-28 所示。柔性手指的近关节和远关节直接相连,采用串联通气控制方式。通入压缩空气后,柔性手指的近关节和远关节同时正屈。通过调节基关节内部的四根人工肌肉的压力,柔性手指可以实现正屈、反弯、侧摆和伸长。近关节和远关节采用单向弯曲关节,可以很好地实现对物体的抓握。

(2) 并联通气控制手指结构和功能

并联通气控制柔性手指结构和功能如图 50.6-29 所示。柔性手指的近关节和远关节由楔形盘连接,与串联通气控制柔性手指相比最大区别在于远关节可以单独通气控制,比串联通气控制柔性手指更为灵活。

并联通气控制柔性手指与串联通气控制柔性手指功能相似,同样具有 2 个自由度和 2 个机动度。柔性手指的这两种结构可以根据机械手动作要求和实际抓取工作需要进行调换。

(3) 大拇指结构和功能

大拇指包括三个关节,基关节、近关节和远关节,主要实现手指的弯曲和摆动功能。大拇指的结构和功能如图 50.6-30 所示。基关节和近关节均采用多向弯曲关节交错相位安装,以此增加手指的灵活性和工作空间范围。大拇指与手掌间装有位姿调整盘,可以根据不同需要改变拇指的方向和位置,进一步增强大拇指的灵活性。大拇指具有 3 个自由度和 4 个机动度,通过控制大拇指各个关节通入的气压驱动基关节、近关节和远关节的运动,可以实现拇指伸长和向不同方向弯曲,调整指端的位姿,同时应用关节的弯曲实现与其他四指的配合抓取物体。

4.7 柔性五指机械手结构

柔性五指机械手采用两种共 15 个柔性弯曲关节

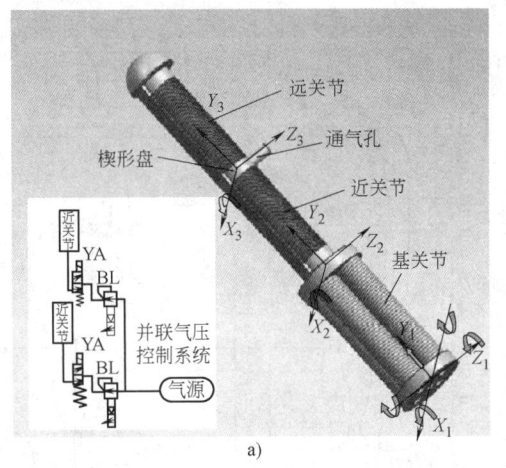
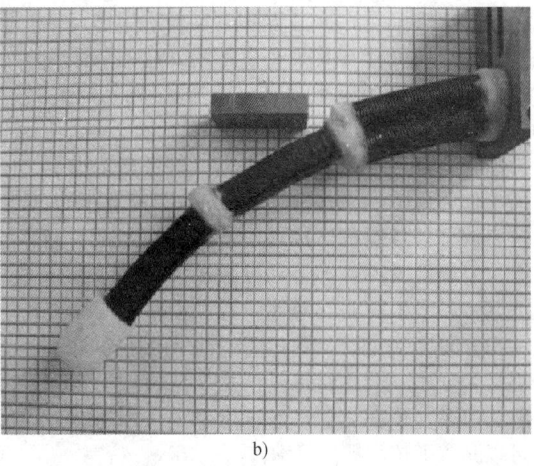

图 50.6-29 并联通气控制柔性手指结构和功能
a) 结构及气控原理 b) 实物图

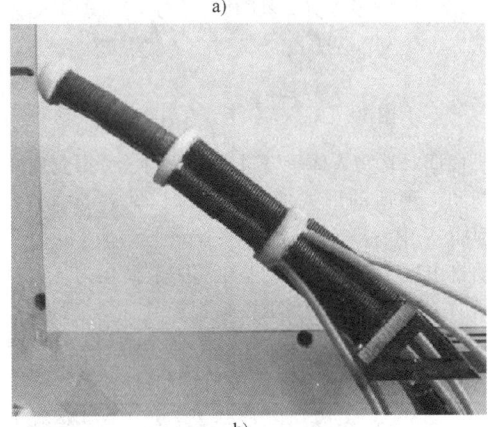

图 50.6-30 大拇指结构和功能
a) 结构和功能 b) 实物图

1kg。手指关节处连接盘采用尼龙材料由快速成型制成。食指、中指、无名指和小拇指间隔10°分布，关节长度均为50mm，柔性五指机械手伸展尺寸为330mm，宽度和厚度分别为110mm和40mm。

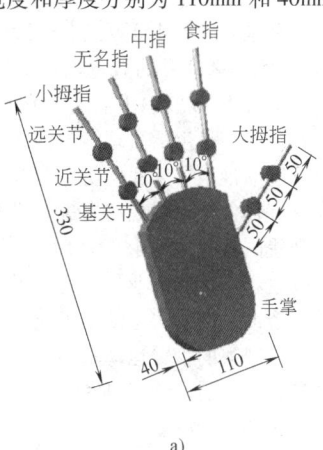

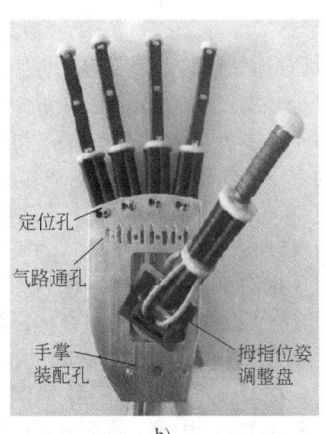

图 50.6-31 柔性五指机械手
a) 柔性五指机械手结构示意图 b) 柔性五指机械手实物图

构成，如图50.6-31所示。从图50.6-31中可以看到柔性五指机械手外形尺寸与人手相近，包括手掌以5根柔性手指，每个手指由3个不同柔性关节组成。手掌采用铝合金材料模仿人类手掌外形铣削完成，手指采用气动柔性关节组成，柔性五指机械手的总质量为

柔性五指机械手的手指的基关节均采用多向弯曲关节。大拇指设计与其余 4 指不同，近关节采用多向弯曲关节，远关节采用单向弯曲关节，其余 4 指的近、远关节均采用单向弯曲关节。为了便于研究大拇指初始位姿对抓取能力的影响，手掌上设置了大拇指位姿调整盘。大拇指与其余 4 指安装不同，通过位姿调整盘精确地连接到手掌上并与其余 4 指相对，位姿调整盘可以调整大拇指相对于手掌的位置，使其可以绕手掌法向轴线回转和沿手掌平行于其余 4 指方向移动，其余 4 指固定安装在手掌前端呈弧形均匀分布。柔性五指机械手抓取模式可以分为握取、勾握、跨握、侧捏、三指捏和夹取等，此外还可以完成下按和提拉等动作。

5 生机电仿生假肢手臂

据 2006 年第二次中国残障人口抽样调查数据计算，我国各类残障人口总数达 8300 万人，占全国总人口比例的 6.34%，其中有肢体残疾 2400 万人，占残障人口的 29%，而其中截肢的患者有 220 万人。在世界范围内，有截肢患者 400 万人。全世界截肢患者人口每年都以 15 万~20 万的数量增加，所有的截肢患者中有 30%是上肢截肢患者。上肢截肢患者面临诸多生活困难，特别是生活自理能力的缺失，正是在这样的背景下逐渐催生了生肌电仿生假肢手臂研究的需求。研发具有自主知识产权的先进生机电仿生假肢手臂，将提升我国在机电假肢领域的自主研发能力，促进我国假肢生产制造的产业化。为了提高残疾人士的生活质量，帮助他们改善生活自理能力，使他们使用假肢手臂补偿缺失的手臂运动功能，达到回归社会劳动，减少身心痛苦的目的，研发更加实用的生肌电仿生假肢手臂显得尤为重要。

5.1 生物模本

图 50.6-32 所示为我国成人人体尺寸比例关系图，图中 H 为身高。从图 50.6-32 可知，大臂约为整个身高的 20%，小臂约为整个身高的 14%，按照大部分成人的身高 175cm 来计算，则成年人平均手臂的尺寸见表 50.6-6。

人体的肩部区域和大臂有着丰富的肌肉以及复杂的骨骼连接（见图 50.6-33），胸锁关节、肩锁关节、盂肱关节和肩胸关节构成肩关节复合体，整个肩关节复合体同大臂的肱骨相连构成肩关节；大臂的肱骨同小臂的尺骨、桡骨连接处构成了肘关节；小臂的尺骨、桡骨同手掌连接处构成了腕关节。这 3 个关节从上至下串联在一个传动链上，因此设计的假肢也应该是串联结构。

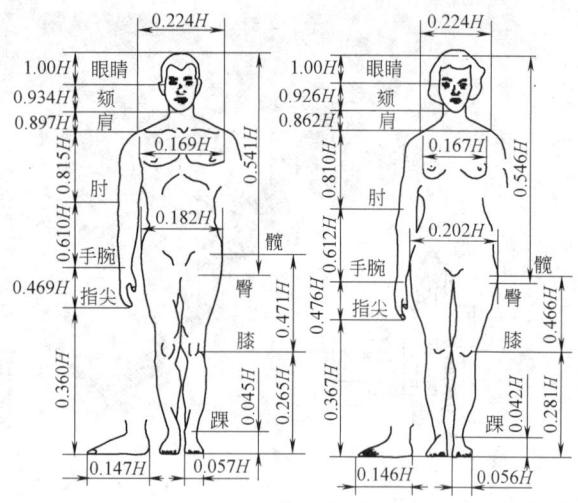

图 50.6-32　人体尺寸比例关系图

表 50.6-6　成年人平均手臂的尺寸

项目	大臂	小臂
长度/cm	35	24.5
宽度/cm	≤ 10	≤ 7

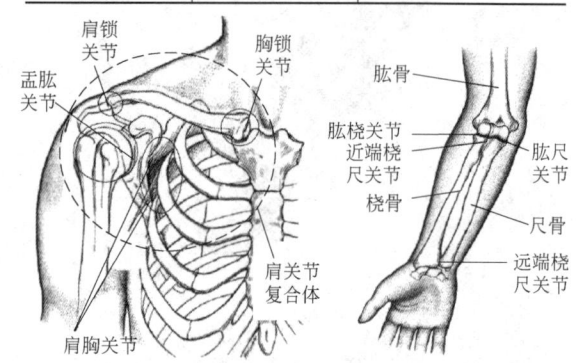

图 50.6-33　人体手臂解剖原理图

根据对真实人体手臂进行运动测量，得到肩关节运动的 7 种运动形式的极限范围，见表 50.6-7。从表 50.6-7 中看出，手臂各个关节的运动可以用 7 个转动自由度来描述，其中整个肩关节简化为 3 个自由度，肘关节只有 1 个自由度，腕关节有 3 个自由度，手臂运动链如图 50.6-34 所示。

表 50.6-7　手臂关节运动极限表

	运动类型	运动范围
肩关节	前屈/后伸（flexion/extension）	-45°~180°
	内旋/外旋（internal rotation/external rotation）	-40°~90°
	外展/内收（abduction/adduction）	-20°~180°
肘关节	前屈/后伸（flexion/hyperextension）	-15°~140°
腕关节	前屈/后伸（flexion/extension）	-90°~90°
	翻掌/内转（supination/pronation）	-90°~90°
	外展/内收（abduction/adduction）	-15°~30°

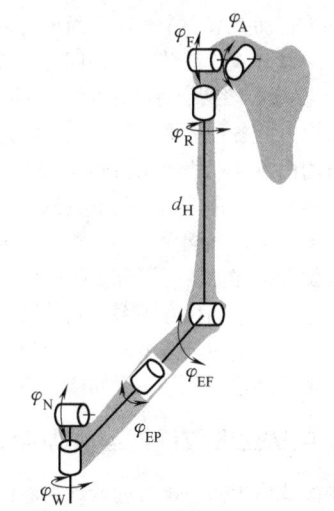

图 50.6-34 人体手臂运动自由度分布

5.2 仿生设计思路

根据人体结构尺寸和上肢解剖学特点，确定生肌电仿生假肢手臂的结构尺寸和动力性能指标，进行生肌电仿生假肢手臂本体零件设计，完成生肌电仿生假肢手臂运动学分析。

5.3 生机电仿生假肢手臂性能指标

生机电仿生假肢手臂是帮助上肢截肢患者重建手臂运动机能的装置，尽可能地模拟真实人体手臂运动。首先，生机电仿生假肢手臂必需具有美观的仿生结构以及良好的机械结构，满足残疾人士对假肢手臂的审美要求，穿戴应使他们感到舒适，同时机械手臂的零件加工、装配应该方便和廉价，后期维护保养应该简单容易。其次，生机电假肢是要安装在人体上，仿生假肢手臂应该具有非常高的安全系数，确保使用过程中不会对人体造成伤害。仿生假肢手臂应达到以下主要技术指标：

1) 假肢应该有 7 个自由度。
2) 假肢大臂长度 35cm 左右，小臂长度 24.5cm 左右。
3) 假肢手臂总质量不超过 4.08kg（9lb）。
4) 假肢手臂的末端承载能力为 1kg。
5) 每个关节运动的角速度不能低于 15r/min。
6) 假肢要有仿人体手臂外壳。
7) 假肢要有安全保护装置。

5.4 生机电仿生假肢手臂结构设计

生机电仿生假肢手臂的总体方案由控制系统和假肢本体组成。控制系统要求各个关节的执行机构能够执行速度控制、位置控制以及力矩控制，同时能够检测到各个关节运动的位置姿态。仿生假肢手臂本体包括大负载肩部机构、中负载肘部机构、小负载腕部机构以及外壳部分，这三大关节结构呈串联布置，并用外壳包裹起来。

仿生假肢手臂有着严格的尺寸限制，要设计出差速机构把两个电动机的输出功率进行叠加一起来驱动肩关节，仿生假肢手臂力矩计算示意如图 50.6-35 所示。

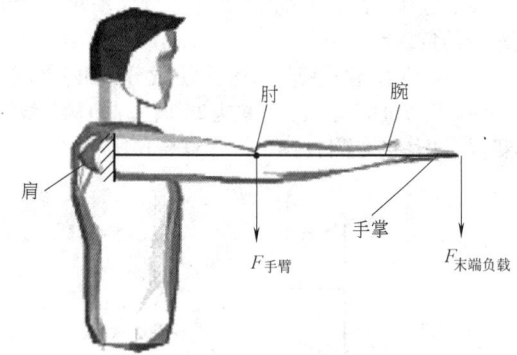

图 50.6-35 仿生手臂各关节负载力矩示意图

采用静力学方法计算其各个关节所受到的极限力矩。假设假肢手臂的重心在肘关节，则由假肢大臂、小臂的长度以及假肢要求最大的质量和负载，可算得各个关节最大的力矩。

肩关节：
$$M_{肩} = F_{手臂}L_{大臂} + F_{末端负载}L_{手臂} = 19.8\text{N} \cdot \text{m}$$

肘关节：
$$M_{肘} = \frac{F_{手臂}}{2}L_{小臂} + F_{末端负载}L_{小臂} = 7.3\text{N} \cdot \text{m}$$

腕关节：
$$M_{腕} = F_{末端负载}L_{手掌} = 0.7\text{N} \cdot \text{m}$$

采用三维设计软件 UG 进行设计，生机电仿生假肢手臂总体结构如图 50.6-36 所示。它由肩关节机构 1，肘

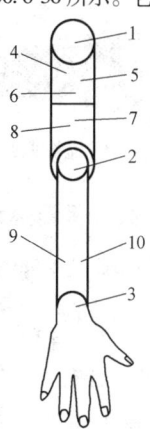

图 50.6-36 生肌电仿生假肢手臂结构图
1—肩关节机构　2—肘关节机构　3—腕关节机构
4、5、6—肩关节驱动系统　7、8—肘关节和腕关节驱动系统
9、10—腕关节驱动系统组成

关节机构 2、腕关节机构 3、肩关节 3 个自由度的驱动系统 4、5、6，肘关节和一个腕关节驱动系统 7、8，腕关节剩下的驱动系统 9、10 组成。可以看出，在假肢手臂的大臂腔体内总共集中了 5 个自由度的驱动设备，其中对应的假肢手臂肘部有肘部驱动机构和腕部的一个自由度驱动机构。这些结构设计使得假肢手臂重心上移，在最大程度上减小了假肢手臂肩关节所承受的负载。

生机电仿生假肢手臂关节机构主要分成四个部分，分别为肩关节机构 1、肩关节机构 2、肘关节机构和腕关节机构 3 以及腕关节机构 4，如图 50.6-37 所示。

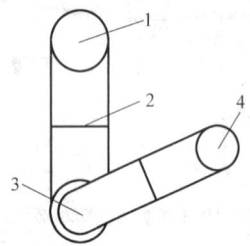

图 50.6-37　生机电仿生假肢手臂关节机构
1—肩关节机构　2—肩关节机构
3—肘关节机构和腕关节机构　4—腕关节机构

整个假肢手臂的结构加上外壳如图 50.6-38 所示。仿生假肢手臂通常只有转动型关节和移动型关节两种，本例所涉及假肢手臂关节全部为转动型关节。转动关节连接着手臂与人体躯干、手臂内部以及手臂与手掌。通常转动关节由驱动器直接驱动产生回转运动，但为了保证手臂尺寸结构紧凑以及为了获得较大的输出力矩，通常要配合各种换向减速装置一起使用。在本例中，具体由电动机、谐波减速器和差速机构相结合的方式来构成大负载关节驱动机构。

图 50.6-38　整个假肢手臂

5.5　生机电仿生假肢手臂运动学分析

为了使生机电仿生假肢手臂能够完成人体肢体运动功能重建，需要计算末端腕关节与手掌的接口在操作空间的位姿。生机电仿生手臂的工作传动形式可以看成一个开式的运动传递链，它是由一些类似杆状的零件通过三个转动关节一个个串联而成的机构。生机电仿生假肢手臂开式传动链的一端固定在残缺的人体肩部，另一端为末端假肢手掌的接口，可以自由活动，完成仿生手的各种抓取动作。生机电仿生假肢手臂每个关节均由直流伺服电动机驱动，在进行运动规划时，人们感兴趣的是在所有关节直流伺服电动机旋转角给定的条件下，末端手掌接口相对于全局固定坐标系的空间位姿描述。为了研究生机电仿生假肢手臂各个关节、连杆的空间位置关系，我们可以在生机电仿生假肢手臂的每个转动关节建立一个坐标系，然后用数学工具来描述这些坐标系之间的关系。

5.6　生机电仿生假肢手臂运动功能试验

为了测试此仿生假肢手臂的运动功能，选取了生活中比较常用的喝水动作来完成试验。首先，给定目标点为人体的嘴部所在的点附近，给定喝水时手掌姿态，经过仿生假肢手臂 DSP 控制系统计算，得到仿生假肢手臂完成喝水动作 7 个自由度中每个自由度所需要转动的角度，规定整个喝水动作在 9s 内完成，用得到的转角除以喝水动作时间 9s，得到每个自由度的角速度，用伺服电动机的速度控制模式闭环来控制整个喝水动作的运行。图 50.6-39 所示为仿生假肢手臂带动仿生手抓取水杯完成喝水动作的全过程。整个喝水动作连贯，关节运动顺畅，抓取杯子稳定，表明此生肌电仿生假肢手臂具有与人体手臂相当的日常功能运动能力。

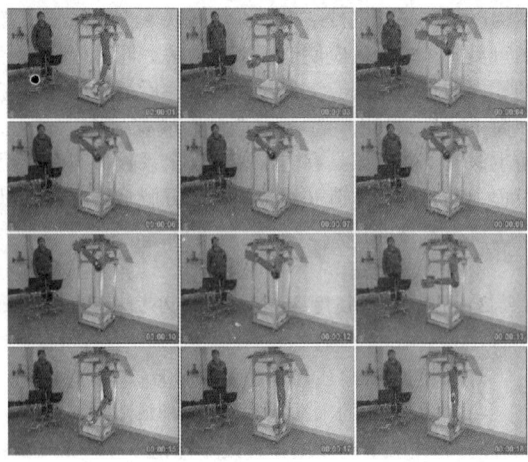

图 50.6-39　生机电仿生假肢手臂喝水动作试验

参 考 文 献

[1] Lu Y X. Significance and progress of bionics [J]. Journal of Bionic Engineering, 2014, 1 (1): 1-3.

[2] Ren L Q. Progress in the bionic study on anti-adhesion and resistance reduction of terrain machines [J]. Science in China (Technological Sciences), 2009, 52 (2): 273-284.

[3] 任露泉, 梁云虹. 耦合仿生学 [M]. 北京: 科学出版社, 2011.

[4] 林良明. 仿生机械学 [M]. 上海: 上海交通大学出版社, 1989.

[5] Yuan L, Man M H, Chang X L. Principles of electromagnetic protection bionics and research of fault self-recovery mechanism [J]. Engineering, 2014, 2014 (3): 83-96.

[6] Pris A D, Utturkar Y, Surman C, et al. Towards high-speed imaging of infrared photons with bio-inspired nanoarchitectures [J]. Nature Photonics, 2012, 6 (3): 195-200.

[7] Zheng Y, et al. Directional water collection on wetted spider silk. Nature, 2010, 463 (7281): 640-643.

[8] Nawroth J C, Lee H, Feinberg A W, et al. A tissue-engineered jellyfish with biomimetic propulsion [J]. Nature Biotechnology, 2012, 30 (8): 792-797.

[9] James R, Laurencin C T. Regenerative engineering and bionic limbs [J]. Rare Metals, 2015, 34 (3): 143-155.

[10] Webster R J, Jones B A. Design and kinematic modeling of constant curvature continuum robots: A review [J]. The International Journal of Robotics Research, 2010, 29 (13): 1661-1683.

[11] Najerm J, Sarles S A, Akle B, et al. Biomimetic jelly-fish-inspired underwater vehicle actuated by ionic polymer metal composite actuators [J]. Smart Materials Structures, 2012, 21 (9): 299-312.

[12] Granosik G, Hansen M G, Borenstein J. The OmniTread serpentine robot for industrial inspection and surveillance [J]. Industrial Robot, 2005, 32 (2): 139-148.

[13] Bai S, Xu Q, Qin Y. Vibration driven vehicle inspired from grass spike [J]. Scientific Reports, 2013, 3 (7449): 1851-1854.

[14] Wei S, Berg M, Ljungqvist D. Flapping and flexible wings for biological and micro air vehicles [J]. Progress in Aerospace Sciences, 1999, 35 (5): 455-505.

[15] Thomas Willem Bachmann. Anatomical, morphometrical and biomechanical studies of barn owls' and pigeons' wings [D]. RWTH Aachen University, Germany, 2010.

[16] Ansari S A, Zbikowski R, Knowles K. Aerodynamic modelling of insect-like flapping flight for micro air vehicles [J]. Progress in Aerospace Sciences, 2006, 42 (2): 129-172.

[17] Bixler G D, Bhushan B. Shark skin inspired low-drag microstructured surfaces in closed channel flow [J]. Journal of Colloid and Interface Science, 2013, 393 (1): 384-396.

[18] Bixler G D, Bhushan B. Fluid drag reduction with shark-skin riblet inspired microstructured surfaces [J]. Advanced Functional Materials, 2013, 23 (23): 4507-4528.

[19] Wen L, Weaver J C, Lauder G V. Biomimetic shark skin: design, fabrication and hydrodynamic function. [J]. Journal of Experimental Biology, 2014, 217 (10): 1656-66.

[20] 于帆, 陈嬿. 仿生造型设计 [M]. 武汉: 华中科技大学出版社, 2005.

[21] 濮良贵, 纪名刚. 机械设计 [M]. 北京: 高等教育出版社, 2006.

[22] 简召全. 工业设计方法学 [M]. 北京: 北京理工大学出版社, 2004.

[23] Bhushan B, Yong C J. Natural and biomimetic artificial surfaces for superhydrophobicity, self-cleaning, low adhesion, and drag reduction [J]. Progress in Materials Science, 2011, 56 (1): 1-108.

[24] 任露泉. 地面机械脱附减阻仿生研究进展 [J]. 中国科学, 2008, 38 (9): 1353-1364.

[25] Tong J, Ren L Q, Chen B C. Geometrical morphology, chemical constitution and wettability of body surfaces of soil animals [J]. International Agricultural Engineering Journal, 1994, 3: 59-68.

[26] Ren L Q, Deng S Q, Wang J C, et al. Design principles of the non-smooth surface of bionic plow moldboard [J]. Journal of Bionic Engineering, 2004, 1 (1): 9-19.

[27] Walker I D. Continuous Backbone "Continuum" Robot Manipulators [J]. Isrn Robotics, 2013, 2013 (1): 1-19.

[28] 崔福斋. 仿生材料 [M]. 北京: 化学工业出版社, 2004.

[29] 佟金, 马云海, 任露泉. 天然生物材料及其摩擦学 [J]. 摩擦学学报, 2001, 21: 315-320.

[30] Dalton A Bt Collins S, Munoz E, el al. Super-tough carbon-nanotube fibres [J]. Nature, 2003, 423 (6941): 703.

[31] Liff S M, Kumar N, McKinley G H. High-performance elastomeric nanocomposites viasolvent-exchange processing [J]. Nature Materials, 2007, 6 (1): 76-83.

[32] Vollrath F, Knight D P. Liquid crystalline spinning of spider silk [J]. Nature, 2001, 410 (6828): 541-8.

[33] Gwynne P. Technology: Mobility machines [J]. Nature, 2013, 503 (7475): 16-7.

[34] 蔡江宇. 仿生设计研究 [M]. 北京: 中国建筑工业出版社, 2013.

[35] Yan Q, Han Z, Zhang S W, et al. Parametric Research of Experiments on a Carangiform Robotic Fish [J]. Journal of Bionic Engineering, 2008, 5 (2): 95-101.

[36] Mazzolai B, Mattoli V. Robotics: Generation soft [J]. Nature, 2016, 536 (7617), 400-401.

[37] 田兴华, 高峰, 陈先宝, 等. 四足仿生机器人混联腿构型设计及比较 [J]. 机械工程学报, 2013, 49: 81-88.

[38] 任露泉, 梁云虹. 仿生学导论 [M]. 北京: 科学出版社, 2016.

[39] Ren L Q, Liang Y H. Preliminary studies on the basic factors of bionics [J]. Science China (Technological Sciences), 2014, 57 (3): 520-530.

[40] Pogodin S, Hasan J, Baulin V A, et al. Biophysical model of bacterial cell interactions with nanopatterned cicada wing surfaces [J]. Biophysical Journal, 2013, 104: 835-840.

[41] Ren L Q, Tong J, Li J Q, et al. Soil adhesion and biomimetics of soil engaging components [J]. Journal of Agricultural Engineering Research, 2001, 79 (3): 239-263.

[42] Wang Z Z, Zhang Z H, Sun Y H, et al. Wear behavior of bionic impregnated diamond bits [J]. Tribology International, 2016, 94: 217-222.

[43] Turner M D, Saba M, Zhang Q M, et al. Miniature chiral beamsplitter based on gyroid photonic crystals [J]. Nature Photonics, 2013, 7: 801-805.

[44] Saranathan V, Osuji C O, Mochrie S G J, et al. Structure, function, and self-assembly of single network gyroid (I4132) photonic crystals in butterfly wing scales [J]. PNAS, 2010, 107 (26): 11676-11681.

[45] Pris A D, Utturkar Y, Surman C, et al. Towards high-speed imaging of infrared photons with bio-inspired nanoarchitectures [J]. Nature Photonics, 2012, 6: 195-200.

[46] Han Z W, Niu S C, Shang C H, et al. Light trapping structures in wing scales of butterfly trogonoptera brookiana [J]. Nanoscale, 2012, 4 (9): 2879-2883.

[47] Kolle M, Salgard-Cunha P M, Scherer M R J, et al. Mimicking the colourful wing scale structure of the papilioblumei butterfly [J]. Nature Nanotechnology, 2010, 5 (7): 511-515.

[48] Autumn K, Liang Y A, Hsieh S T, et al. Adhesive Force of a Single Gecko Foot-hair [J]. Nature, 2000, 405: 681-684.

[49] Huber G, Gorb S N, Spolenak R, et al. Resolving the nanoscale adhesion of individual gecko spatulae by atomic force microscopy [J]. Biology Letters, 2005, 1 (1): 2-4.

[50] Bhushan B. Biomimetics-bioinspired hierarchical-structured surfaces for green science and technology [M]. London: Springer Heidelberg New York Dordrecht, 2012.

[51] Xue T, Do M T H, Riccio A, et al. Melanopsin signalling in mammalian iris and retina [J]. Nature, 2011, 479: 67-73.

[52] Sahai D. How bio-organism is playing its role in the lenses technology [J]. IRA-International Journal of Technology & Engineering, 2016, 2 (2): 5-8.

[53] Gladman A S, Matsumoto E A, Nuzzo R G, et al. Biomimetic 4D printing [J]. Nature Materials, 2016, 15: 413-419.

[54] Ju J, Bai H, Zheng Y, et al. A multi-structural and multi-functional integrated fog collection system in cactus [J]. Nature communications, 2012, 3: 1-6.

[55] Zheng Y M, Bai H, Huang Z B, et al. Directional water collection on wetted spider silk [J]. Nature, 2010, 463: 640-643.

[56] Bai H, Tian X L, Zheng Y M, et al. Direction controlled driving of tiny water drops on bioinspired artificial spider silks [J]. Advanced Materials, 2010, 22: 5521-5525.

[57] Autumn K, Liang Y A, Hsieh S T, et al. Adhesive force of a aingle gecko doot-hair [J]. Nature, 2000, 405: 681-684.

[58] Kesel A B, Martin A, Seidi T. Getting a grip on spider attachment: an AFM approach to microstructure adhesion in anthropods [J]. Smart Materials and Structures, 2004, 13: 512-518.

[59] Peng Z, Wang C, Chen S. The microstructure morphology on ant footpads and its effect on ant adhesion [J]. Acta Mechanica, 2016, 227: 2025-2037.

[60] Scherge M, Gorb S N. Using biological principles to design MEMS [J]. Journal of Micromechanics and Microengineering, 2000, 10: 359-364.

[61] Goodwyn P P, Peressadko A, Schwarz, et al. Material structure, stiffness, and adhesion: why attachment pads of the grasshopper (tettigonia viridissima) adhere more strongly than those of the locust (locusta migratoria) (insecta: orthoptera) [J]. Journal of Comparative Physiology A, 2006, 192: 1233-1243.

[62] Nawroth J C, Lee H, Feinberg A W, et al. A tissue-engineered jellyfish with biomimetic propulsion [J]. Nature Biotechnology, 2012, 30 (8): 792-797.

[63] 高峰. 沙漠蜥蜴耐冲蚀磨损耦合特性的研究 [D]. 吉林大学, 2008.

[64] 高峰, 任露泉, 黄河. 沙漠蜥蜴体表抗冲蚀磨损的生物耦合特性 [J]. 农业机械学报, 2009, 40 (1): 180-183.

[65] 高峰, 黄河, 任露泉. 新疆岩蜥三元耦合耐冲蚀磨损特性及其仿生试验研究 [J]. 吉林大学学报（工学版）, 2008, 38 (03): 86-90.

[66] 邱兆美. 蝴蝶鳞片微观耦合结构及其光学性能与仿生研究 [D]. 吉林大学, 2008.

[67] Ren LQ, Qiu Z M, Han Z W, et al. Experimental investigation on color variation mechanisms of structural light in papilio maackii ménétriès butterfly wings [J]. Science China (Technological Sciences), 2007, 50 (4): 430-436.

[68] 邱兆美, 韩志武. 蝴蝶鳞片微观结构与模型分析 [J]. 农业机械学报, 2009, 40 (11): 193-196.

[69] 杨春燕, 蔡文. 可拓工程 [M]. 北京: 科学出版社, 2007.

[70] 申宇卉, 周涵, 范同祥. 硅藻分级多孔功能材料的研究进展 [J]. 材料导报A: 综述篇, 2016, 30 (4): 1-8.

[71] 徐红磊, 于帆. 基于生命内涵的产品形态仿生设计探究 [J]. 包装工程, 2014, 35 (18): 34-38.

[72] 杜鹤民. 基于产品语义的形态仿生设计方法研究 [J]. 包装工程, 2015, 36 (10): 60-63.

[73] 王慧军. 汽车造型设计 [M]. 北京: 国防工业出版社, 2007.

[74] 陈朋威, 葛文杰, 董海军. 考虑柔性关节的仿袋鼠跳跃机器人落地稳定性研究 [J]. 机械设计, 2013, 30 (01): 35-39.

[75] Li J Q, Xu L, Cui Z R. The Three-Dimensional Geometrical Modeling for Head of Wild Boar by Reverse Engineering Technology [C]. Proceedings of the International Conference of Bionic Engineering, 2006, 235-240.

[76] 周秋生, 刘丹丹, 梁欣. 拓扑学及在GIS中的应用 [M]. 哈尔滨: 哈尔滨工程大学出版社, 2014.

[77] 王京春, 陈丽莉, 任露泉, 等. 仿生注射器针头减阻试验研究 [J]. 吉林大学学报（工学版）, 2008, 38 (2): 379-382.

[78] 齐迎春, 丛茜, 王骥月, 等. 凹槽形仿生针头优化设计与减阻机理分析 [J]. 机械工程学报, 2012, 48 (15): 126-130.

[79] 陈秉聪. 车辆行走机构形态学及仿生减粘脱土理论 [M]. 北京: 机械工业出版社, 2001.

[80] 田丽梅, 高志桦, 王银慈等. 形态/柔性材料二元仿生耦合增效减阻功能表面的设计与试验 [J]. 吉林大学学报（工学版）, 2013 (04): 970-975.

[81] Barthlott W, Neinhuis C. Purity of the sacred lotus or escape from contamination in biological surfaces [J]. Planta, 1997, 202: 1.

[82] Liang Y, Huang H, Li X, et al. Fabrication and analysis of the multi-coupling bionic wear-resistant material [J]. Journal of Bionic Engineering, 2010, 7, S24-S29.

[83] 丛茜, 金敬福, 张宏涛, 等. 仿生非光滑表面在混合润滑状态下的摩擦性能 [J]. 吉林大学学报（工学版）, 2006, 36 (3): 363-366.

[84] 陈坤, 刘庆平, 廖庚华, 等. 利用雕鸮羽毛的气动特性降低小型轴流风机的气动特性 [J]. 吉林大学学报（工学版）, 2012, 42 (1):

79-84.

[85] Neinhuis C, Barthlott W. Characterization and distribution of water-repellent self-cleaning plant surfaces [J]. Annals of Botany, 1997, 79 (6): 667-677.

[86] 张广平, 戴干策. 复合材料蜂窝夹芯板及其应用 [J]. 纤维复合材料, 2000, 17 (2): 25-27.

[87] 温变英. 自然界中的梯度材料及其仿生研究 [J]. 材料导报, 2008, 22: 351-356.

[88] Kalpana S K, Dinesh R K, Bedabibhas M. Biomimetic Lessons Learnt from Nacre [M]. Vienna: InTech, 2010.

[89] Dubey D K, Vikas T. Role of molecular level interfacial forces in hard biomaterial mechanics: a review [J]. Annals of Biomedical Engineering, 2010, 38 (6): 2040-2055.

[90] 高雪玉, 杨庆生, 刘志远, 等. 基于纳米压痕技术的碳纤维/环氧树脂复合材料各组分原位力学性能测试 [J]. 复合材料学报, 2012, 29 (05): 209-214.

[91] Cheng H, Chen M S, Sun J R. Histological structures of the dung beetle, Coprisochus Motschulsky-integument [J]. Acta Entomologica Sinica, 2003, 46 (4): 429-435.

[92] 高志, 殷勇辉, 章兰珠. 机械原理 [M]. 2版. 上海: 华东理工大学出版社, 2015.

[93] 邹慧君. 机械运动方案设计手册 [M]. 上海: 上海交通大学出版社, 1994.

[94] 陈亮, 管贻生, 张宪民. 仿鸟扑翼机器人气动力建模与分析 [J]. 华南理工大学学报 (自然科学版), 2011, 39: 53-57+70.

[95] 张春林. 机械创新设计 [M]. 2版. 北京: 机械工业出版社, 2010.

[96] Choi B K, Kang D, Lee T, et al. Parameterized activity cycle diagram and its application [J]. ACM T Model Comput S, 2013, 23: 1-18.

[97] 王鑫. 类豹型四足机器人高速运动及其控制方法研究 [D]. 哈尔滨工业大学, 2013.

[98] 丁良宏, 王润孝, 冯华山, 等. 浅析BigDog四足机器人 [J]. 中国机械工程, 2012, 23: 505-514.

[99] 朱宝. 扑翼飞行机理和仿生扑翼结构的研究 [D]. 南京: 南京航空航天大学, 2010.

[100] 李贻斌, 李彬, 荣学文, 等. 液压驱动四足仿生机器人的结构设计和步态规划 [J]. 山东大学学报 (工学版), 2011, 41: 32-36, 45.

[101] 王宏, 姬彦巧, 赵长宽, 等. 基于肌肉电信号控制的假肢用机械手的设计 [J]. 东北大学学报 (自然科学版), 2006, 27: 1018-1021.

[102] 刘洪山. 手创伤康复机械手结构设计与分析 [D]. 哈尔滨工业大学, 2007.

[103] Lang L, Wang J, Rao J H, et al. Dynamic stability analysis of a trotting quadruped robot based on switching control [J]. Int J Adv Robot Syst, 2015, 12: 192-1-11.

[104] 陈正水, 邓益民. 基于工艺动作过程的机械执行系统概念设计过程模型 [J]. 机械研究与应用, 2012, 05: 3-6.

[105] 俞志伟. 双足机器人仿生机构设计与运动仿真 [D]. 哈尔滨工程大学, 2006.

[106] 王刚. 多足仿生机械蟹步态仿真及样机研制 [D]. 哈尔滨工程大学, 2008.

[107] 倪风雷, 刘业超, 黄剑斌. 具有谐波减速器柔性关节摩擦力辨识及控制 [J]. 机械与电子, 2012, 04: 71-74.

[108] 张奇, 刘振, 谢宗武, 等. 具有谐波减速器的柔性关节参数辨识 [J]. 机器人, 2014, 36: 164-170.

[109] 王颖, 李建桥, 张广权, 等. 仿生步行足沙地力学特性研究 [J]. 农业机械学报, 2016, 47: 384-389.

[110] 钱志辉, 苗怀彬, 任雷, 等. 基于多种步态的德国牧羊犬下肢关节角 [J]. 吉林大学学报 (工学版), 2015, 45: 1857-1862

[111] 王扬威. 仿生墨鱼机器人及其关键技术研究 [D]. 哈尔滨工业大学, 2011.

[112] Vincent J F V. Deployable Structures in Nature. Deployable Structures [M]. //Pellegrino S. Deployable Structures Springer, 2001: 37-50

[113] 关富玲, 张惠峰, 韩克良. 二维可展板壳结构展开过程分析 [J]. 工程设计学报, 2008, 15: 351-356.

[114] 邹慧君, 张青. 计算机辅助机械产品概念设计中几个关键问题 [J]. 上海交通大学学报, 2005, 39: 1145-1149, 1154.

[115] 宋孟军, 张明路. 多足仿生移动机器人并联机构运动学研究 [J]. 农业机械学报, 2012, 43: 200-206.

[116] SfakiotakiS M, Lane D M. Review of fish swimming modes for aquatic locomotion [J]. IEEE J Oceanic Eng, 1999, 24: 237-252.

[117] 崔祚, 姜洪洲, 何景峰, 等. BCF仿生鱼游动机理的研究进展及关键技术分析 [J]. 机械

工程学报, 2015, 51: 177-184, 195.
[118] 陈亮. 仿生扑翼机器人气动理论与实验研究 [D]. 华南理工大学, 2014.
[119] Keennon M, Klingebiel K, Won H. Development of the nano hummingbird: a tailless flapping wing micro air vehicle [C]. AIAA Aerospace Sciences Meeting Including the New Horizons Forum and Aerospace Exposition. 2012, AIAA 2012-0588.
[120] 吕仲文. 机械创新设计 [M]. 北京: 机械工业出版社, 2004.
[121] 陈甫. 六足仿生机器人的研制及其运动规划研究 [D]. 哈尔滨工业大学, 2009.
[122] 邹慧君. 机械系统概念设计 [M]. 北京: 机械工业出版社, 2003.
[123] 闻邦椿. 机械系统概念设计与综合设计 [M]. 北京: 机械工业出版社, 2015.
[124] 那奇. 四足机器人运动控制技术研究与实现 [D]. 北京理工大学, 2015.
[125] 郭巧. 现代机器人学: 仿生系统的运动感知与控制 [M]. 北京: 北京理工大学出版社, 1999.
[126] 王国彪, 陈殿生, 陈科位, 等. 仿生机器人研究现状与发展趋势 [J]. 机械工程学报, 2015, 51: 27-44.
[127] Pfeifer R, Lungarella M, Iida F. Self-organization, embodiment, and biologically inspired robotics [J]. Science, 2007, 318: 1088-1093.
[128] 中国机械工程学会. 中国机械工程技术路线图 [M]. 北京: 中国科学技术出版社, 2011.
[129] 罗庆生, 韩宝玲. 现代仿生机器人设计 [M]. 北京: 电子工业出版社, 2008.
[130] 魏清平, 王硕, 谭民, 等. 仿生机器鱼研究的进展与分析 [J]. 系统科学与数学, 2012, 32: 1274-1286.
[131] Ijspeert A J. Central pattern generators for locomotion control in animals and robots: A review [J]. Neural Netw, 2008, 21: 642-653.
[132] Nicolelis M A L. Actions from thoughts [J]. Nature, 2001, 409: 403-407.
[133] Peerdeman B, Boere D, Witteveen H, et al. Myoelectric forearm prostheses: state of the art from a user-centered perspective [J]. J Rehabil Res Dev, 2011, 48: 719-738.
[134] 王新庆. 基于肌电信号的仿人型假手及其抓取力控制的研究 [D]. 哈尔滨工业大学, 2012.

[135] 牧野洋. 自动机械机构学 [M]. 胡茂松, 译. 北京: 科学出版社, 1980.
[136] 戴建生. 机构学与机器人学的几何基础与旋量代数 [M]. 北京: 高等教育出版社, 2014.
[137] 李瑞琴, 郭为忠. 现代机构学理论与应用研究进展 [M]. 北京: 高等教育出版社, 2014
[138] 陈兵. 类人机器人行走机构虚拟样机的研究 [D]. 中国科学技术大学, 2014.
[139] 臧红彬, 陶俊杰. 新型八足步行仿生机器人的研制 [J]. 机械传动, 2015, 39: 181-185.
[140] 杨兰生. 仿生机构的组成及基本类型 [J]. 哈尔滨科学技术大学学报, 1991, 15 (2): 1-6.
[141] 机械设计手册编委会. 机械设计手册 (新版第2卷) [M]. 北京: 机械工业出版社, 2004: 3-29.
[142] 李瑞琴. 机构系统创新设计 [M]. 北京: 国防工业出版社, 2008: 95-111.
[143] 张春林. 高等机构学 [M]. 北京: 北京理工大学出版社, 2006: 135-151.
[144] 孟宪源. 机构构型与应用 [M]. 北京: 机械工业出版社, 2004: 513-527.
[145] 赵旭. 基于机电液一体化的液压机械手设计及其控制 [D]. 东北大学, 2010.
[146] 王侁. 液压驱动机械臂设计及其仿真研究 [D]. 华北电力大学, 2011.
[147] 张东波, 李军, 席巍, 等. 基于力反馈的抓持机构设计 [J]. 机器人技术与应用, 2016, 3: 38-40.
[148] 张晓冬, 李建桥, 邹猛, 等. 螃蟹平面运动三维观测和动力学分析 [J]. 农业工程学报, 2013, 29 (17): 30-37.
[149] Ding X L, Xu K. Design and analysis of a novel metamorphic wheel-legged rover mechanism [J]. Journal of Central South University (Science and Technology), 2009, 40 (1): 91-101.
[150] 王明艳. 两足步行生物的运动形态分析 [D]. 中国科学技术大学, 2005.
[151] 张福海. 类人猿机器人四足全方位步行基础研究 [D]. 哈尔滨工业大学, 2005.
[152] 宗光华. 日本拟人型两足步行机器人研发状况及我见 [J]. 机器人, 2002, 6: 565-570.
[153] 杨敏. 拟人步行机器人下肢研究现状 [J]. 机械传动, 2006, 2: 85-89.
[154] 王刚, 张立勋, 王立权. 八足仿蟹机器人步态规划方法 [J]. 哈尔滨工程大学学报, 2011, 4: 486-491.

[155] Xu K, Ding X. Gait analysis of a radial symmetrical hexapod robot based on parallel mechanisms [J]. Chinese Journal of Mechanical Engineering, 2014, 27 (5): 867-879.

[156] Buchli J, Pratt J E, Roy N. Special issue on legged locomotion [J]. International Journal of Robotics Research, 2011, 30 (2): 139-140.

[157] Wang L W, Chen X D, Wang X J, et al. Motion error compensation of multi-legged walking robots [J]. Chinese Journal of Mechanical Engineering, 2012, 25 (4): 639.

[158] Teresa Zielinska. Minimizing energy cost in multi-legged walking machines [J]. Journal of Intelligent and Robotic Systems, 2016, 06: 1-17.

[159] 姜树海, 潘晨晨, 袁丽英, 等. 六足减灾救援仿生机器人机构设计与仿真 [J]. 计算机仿真, 2015, 32 (11): 373-377.

[160] 李文政. 六足仿生机器人步态规划与控制系统研究 [D]. 山东大学, 2011.

[161] 肖勇. 八足蜘蛛仿生机器人的设计与实现 [D]. 中国科学技术大学, 2006.

[162] 张培锋. 一种新型爬壁机器人机构及运动学研究 [J]. 机器人, 2007, 1: 12-17.

[163] 金晓怡, 颜景平, 周建华. 用翅变形观点分析昆虫飞行时的运动和力 [J]. 机械设计, 2007, 24 (11): 23-27.

[164] Shimoyama I, Miura H, Suzuli K, et al. Insect-like microrobots with external skeletons [J]. IEEE Control Systems, 1993, 13 (1): 34-41.

[165] Bin Abas M F, Rafie A S B M, Bin Yusoff H, et al. Flapping wing micro-aerial-vehicle: kinematics, membranes, and flapping mechanisms of ornithopter and insect flight [J]. Chinese Journal of Aeronautics, 2016, 1-9.

[166] Zhu B H, Jin X Y, Zhao L L, et al. A design of innovative experiment platform based on the research of flapping-wing aircraft [J]. Applied Mechanics and Materials, 2014, 651-653: 587-592.

[167] Satttenapalli R, Raju P R. Kinematic analysis of micro air vehicle flapping wing mechanism [J]. International Journal of Scientific Engineering and Technology Research, 2015, 4 (33): 6547-6552.

[168] Ge J, Song G M, Zhang J, et al. Prototype design and performance test of an inphase flapping wing robot [C]. International Conference on Industrial Electronics, IEEE, 2013. 1-6.

[169] 徐一村, 宗光华, 毕树生, 等. 空间曲柄摇杆扑翼机构设计分析 [J]. 航空动力学报, 2009, 24 (1): 204-208.

[170] 朱宝, 王姝歆. 两自由度扑翼机构及其运动仿真研究 [J]. 中国制造业信息化, 2009, 38 (21): 24-28.

[171] 周建华, 王姝歆, 颜景平. PZT在拍翅式防昆微型飞行机器人动力系统中的应用 [J]. 制造业自动化, 2005, 27 (2): 30-34.

[172] 贾明, 毕树生, 宗光华, 等. 仿生扑翼机构的设计与运动学分析 [J]. 北京航空航天大学学报, 2006, 32 (9): 1087-1090.

[173] 朱保利, 昂海松, 郭力. 一种新型三维仿生扑翼机构设计与分析 [J]. 南京航空航天大学学报, 2007, 39 (4): 457-460.

[174] Conn A T, Burgess S C, Ling C S. Design of a parallel crank-rocker flapping mechanism for insect-inspired micro air vehicles [J]. Journal of Mechanical Engineering Science, 2007, 221(10): 1211-1222.

[175] 王扬威, 于凯, 赵东标, 等. 喷射式仿生水下航行器及其工作方式 [P]. 中国专利: ZL201410149882. 8, 2016-04-27.

[176] Yang Y C, Ye X F, Guo S X. A new type of jellyfish-like microrobot [C]. Shenzhen: IEEE International Conference on Intergration Technology, IEEE, 2007, 673-678.

[177] 傅继军, 洪梓榕, 殷培峰. 仿生机器鱼胸鳍驱动机构设计 [J]. 兰州石化职业技术学院学报, 2015, 15 (3): 13-15.

[178] 李宗刚, 毛著元, 高溥, 等. 一种2自由度胸鳍推进机构设计与动力学分析 [J]. 机器人, 2016, 38 (1): 82-90.

[179] 苏柏泉, 王田苗, 梁建宏, 等. 仿生鱼尾鳍推进并联机构设计 [J]. 机械工程学报, 2009, 45 (02): 88-93.

[180] 李明, 史金飞, 宋春峰, 等. 一种摆动式柔性尾部的仿生机器鱼 [J]. 东南大学学报 (自然科学版), 2008, 38 (1): 32-36.

[181] 朱崎峰, 宋保维, 丁浩, 等. 一种仿海龟扑翼推进机构设计 [J]. 机械设计, 2011, 28 (5): 30-33.

[182] 李瑞琴, 王英, 王明亚, 等. 混合驱动机构研究进展与发展趋势 [J]. 机械工程学报, 2016, 52 (13): 1-9.

[183] 王志浩, 裘熙定, 季学武. 驼足与沙地相互作

用的研究 [J]. 吉林工业大学学报, 1995, 25 (02): 1-7.

[184] 李杰, 庄聚德, 魏东. 驼蹄仿生轮胎对整车牵引性能影响的相似模拟研究 [J]. 农业机械学报, 2004, 35 (03): 1-4, 8.

[185] 张锐, 吉巧丽, 杨明明, 等. 火星巡视器鼓形车轮仿生设计与性能分析 [J]. 农业机械学报, 2016, 47 (08): 311-316

[186] 张锐, 吉巧丽, 张四华, 等. 越沙步行轮仿生设计及动力学性能仿真 [J]. 农业工程学报, 2016, 32 (05): 26-31.

[187] 任露泉, 佟金, 李建桥, 等. 松软地面机械仿生理论与技术 [J]. 农业机械学报, 2000, 31 (01): 5-9.

[188] 陈德兴, 杨文志, 李强. 一种新型走机构——机械传动式步行轮的研究 [J]. 有色金属工程, 1994, 46 (3): 7-11.

[189] 杨文志, 陈德兴, 张书军, 等. 步行轮设计原则和方法 [J]. 农业工程学报, 1994, 10 (02): 142-146.

[190] 陈德兴, 陈秉聪, 张书军. 步行轮机构原理 [J]. 农业工程学报, 1994, 10 (02): 123-129.

[191] 杨文志, 罗哲, 宁素俭, 等. 步行轮及步行轮拖拉机试验 [J]. 农业工程学报, 1994, 10 (02): 147-152.

[192] 杨文志, 武晓桥, 李强. 步行轮牵引性能计算机预测 [J]. 吉林工业大学学报, 1994, 24 (01): 16-23.

[193] 罗哲, 武晓桥, 宁素俭. 步行轮平顺性分析 [J]. 吉林工业大学学报, 1994, 24 (01): 69-76.

[194] Ren L Q, Li X J. Functional characteristics of dragonfly wings and its bionic investigation progress [J]. Science China (Technological Sciences), 2013, 56 (04): 884-897.

[195] 王国彪, 陈殿生, 陈科位, 等. 仿生机器人研究现状与发展趋势 [J]. 机械工程学报, 2015, 51 (13): 27-44.

[196] 蔡红明, 昂海松, 郑祥明. 基于自适应逆的微型飞行器飞行控制系统 [J]. 南京航空航天大学学报, 2011, 43 (2): 137-142.

[197] 张涛. 扑翼微型飞行器机构分析及样机设计 [D]. 哈尔滨工业大学, 2011.

[198] Mackenzie D. A flapping of wings robot aircraft that fly like birds could open new vistas in maneuverability, if designers can forge a productive partnership with an old enemy: unsteady airflow [J]. Science, 2012, 335 (6075): 1430-1433.

[199] Ma K Y, Chirarattananon P, Fuller S B, et al. Controlled flight of a biologically inspired, insect-scale robot [J]. Science, 2013, 340 (6132): 603-607.

[200] 刘岚, 方宗德, 张西金. 微型扑翼飞行器的升力风洞试验 [J]. 航空动力学报, 2007, 22 (08): 1315-1319.

[201] Shyy W, Berg M, Ljungqvist D. Flapping and flexible wings for biological and micro air vehicles [J]. Progress in Aerospace Sciences, 1999, 35 (5): 455-505.

[202] 刘岚. 微型扑翼飞行器的仿生翼设计技术研究 [D]. 西北工业大学, 2007.

[203] 李峙岳. 微型扑翼飞行器传动机构设计与分析 [D]. 南京航空航天大学, 2012.

[204] 成巍, 苏玉民, 秦再白. 一种仿生水下机器人的研究进展 [J]. 船舶工程, 2004, 26 (01): 5-8.

[205] 王松, 王田苗, 梁建宏. 机器鱼辅助水下考古实验研究 [J]. 机器人, 2005, 27 (02): 147-151.

[206] 丁浩. 仿生扑翼水下航行器推进特性及运动性能研究 [D]. 西北工业大学, 2015.

[207] 杨柯. 水下自重构机器人游走仿生混合运动研究 [D]. 上海交通大学, 2014.

[208] 任淑仙. 无脊椎动物（上册）[M]. 北京: 北京大学出版社, 1990.

[209] 蔡自兴. 机器人学 [M]. 北京: 清华大学出版社, 2000.

[210] 姜力, 蔡鹤皋, 刘宏. 新型集成化仿人手指及其动力学分析 [J]. 机械工程学报, 2004, 40 (04): 139-143.

[211] 刘晓敏. 基于气动复合弹性体柔性关节机械手研究 [D]. 吉林大学, 2013.

[212] 于世光. 主从灵巧手的控制系统设计与实现 [D]. 浙江理工大学, 2012.

[213] Lim M S, Oh S R, Son J, et al. A human-like real-time grasp synthesis method for humanoid robot hands [J]. Robotics and Autonomous Systems, 2000, 30 (3): 261-271.

[214] Kim I, Nakazawa N, Inooka H. Control of a robot hand emulating human's hand-over motion [J]. Mechatronics, 2002, 12 (1): 55-69.

[215] 于洪. 仿人型假手机构与单手指控制方法的

[215] 研究 [D]. 哈尔滨工业大学, 2011.
[216] 曹文祥. 基于人机工程学的虚拟人手的模型建立及运动学仿真 [D]. 武汉理工大学, 2011.
[217] 郑显华. 仿人机械手结构及其控制系统研究 [D]. 中国矿业大学, 2015.
[218] 刘世廉. 仿人型机器人简易手指的设计与运动控制 [D]. 国防科学技术大学, 2003.
[219] 赖德胜, 廖娟, 刘伟. 我国残疾人就业及其影响因素分析 [J]. 中国人民大学学报, 2008, 22 (01): 10-15.
[220] 何元飞. 脚踏式下肢康复机器人的设计与研究 [D]. 华中科技大学, 2011.
[221] 陈文斌. 人体上肢运动学分析与类人肢体设计及运动规划 [D]. 华中科技大学, 2012.
[222] Richard F W. Design of artificial arms and hands for prosthetic applications [J]. Medical and Biological Engineering and Computing, 2004, 44: 865-872.
[223] 李华召. 手臂外骨骼的控制及仿真研究 [D]. 哈尔滨工程大学, 2008.
[224] 熊大柱. 一种7自由度生机电假肢手臂的结构设计及运动学分析 [D]. 华中科技大学, 2013.

第51篇 互联网上的合作设计

主　编　朱爱斌
编写人　朱爱斌　张执南
审稿人　谢友柏

第 1 章　互联网上合作设计的意义

1　现代设计一般过程的描述

在网络上进行合作设计，通常被认为是现代设计最前沿的一种设想。所谓现代设计，并不是专指某一类被人们统称为现代设计技术的技术。现代设计首先是指一系列符合时代发展需要的设计观念。当然，在这些观念推动下无疑会不断产生出许多新的方法和技术，而这些方法和技术本身也是在不断变化和发展着的，但任何一组方法和技术的集合，都不能确切反映现代设计这个词的全部内涵。设计也不限于产品，可以是设计一个产品，可以是设计一个过程，也可以是设计一个机构（组织），它们的基本原理是相通的。

现代设计不同于传统的设计，是由于市场、竞争和技术进步形势的变化导致的，它比过去任何时候都更加依赖于新知识的获取，而不是依赖经验。各种类型的计算机辅助工具（CAx）的发展，也许使人认为现代设计的特征是越来越多地利用计算机。实际上，这只是一种现象。现在，任何一个技术领域，都是越来越多地利用计算机，或与计算机技术相结合。研究一个领域的发展，是要研究其现在和过去差异的特殊性，而不能满足于用共同的趋势特点来代替各个领域特点的研究。如果一味到计算机中去寻求解决现代设计中问题的方法，结果就会形成一种误导。设计并不排斥计算，在现代设计过程中，计算所占的比重越来越大。但是设计并不是计算，它不可能由算法上的进展来解决所有问题，这是很明显的，至少在可见的将来，计算机还不能完全代替人的思维。另一点要说的是，任何设计总是从需求出发，而不是从几何（或图形，更确切说应当称为结构，以下凡提到几何都理解为结构，反之亦然）出发。图是设计的结果，而不是出发点。现有 CAD 软件的根本弱点是以图为设计的主体，从一开始就画图。用图表现零件和组件的形状，包括三维和动态的图像。这种图形和图像是进行工程分析和视觉感受测试的基础，前者可以通过计算获得零件、部件多方面的性能（有人称之为 CAE，更确切地说应当是计算机辅助分析），后者则由布置、色彩、光线、动感追求合用及视觉上的美。图还有助于处理零件后续的制造、装配、使用和维护，所以在制造厂中得到广泛的应用。但是它们不能说明为什么要做成这样的形状而不是那样的形状，用这种材料而不是那种材料，采取这些工艺手段而不采取那些工艺手段。CAE 是一个单向的过程，它们不能由对零件和部件，特别是整机的需求，产生图形和其他不可缺少的特征参数，因此不能与设计的起点，也就是需求直接连接。为了说明这些问题，特别是讨论网络环境下设计的合作，首先要分析一下设计过程的各个阶段和各个环节，以及其中要解决的问题。

现代产品设计过程可以由以下流程描述：

需求（含潜在的需求）的确认→技术可能（含联想到的可能解）扫描→矛盾统一设想（概念）的产生→经济、技术分析（贯穿全过程）→设想的优选和确认→结构的优选和确认→材料的优选和确认→加工过程的优选和确认。

1.1　需求的确认

开发一个产品的起点是市场信息分析。当瞄准一个目标市场时，不管是自己的传统市场还是过去没有涉足的新市场，首先要研究已有产品（竞争对手）在满足用户需求方面存在什么问题，并确定自己的竞争策略，即准备从哪些方面去竞争取胜。构成产品竞争力的要素是多方面的，一般有以下各个方面：功能、质量（功能的实现及保持）、价格（全成本、效益）、交货期、售后服务（维修、升级、培训）、环境（含人、机）相容性、营销活动。

通常所说的产品的性能，实际上是指产品的功能和质量两个方面。功能是竞争力的首要要素。用户购买某个产品，首先是购买它的功能，也就是实现其所需要的某种行为的能力。质量则是指产品能实现其功能的程度和在使用期内功能的保持性。虽然上述诸要素的任何一个或几个都能在提高竞争力方面大显身手，但是对于一个企业来说，起根本和持久作用的还是产品的性能。创新是设计的灵魂，首先是指功能上的创新。质量这个概念，在制造业中有各种不同的用法，实际上并没有一个技术上严格的定义。我们把它定义为"实现功能的程度和持久性的度量"，使它在设计中便于参数化和赋值。从设计的观点看，质量是从属于功能的，没有功能也就谈不上什么质量。

回到确定竞争策略上来，虽然可以有多种选择，但从根本和长远的角度考虑，还是要生产具有别人不能生产的性能的产品。分析市场信息的结果导向产生一个或几个未来能在竞争中赖以取胜的产品性能作为开发的可选目标，这就是市场需求知识的获取。关于市场需求的知识是设计的出发点，是非常重要的一步。市场瞬息万变，关于市场的知识必须随时更新。

1.2 技术可能扫描

有了需求，但在技术上和经济上不一定可行，这就是第二步要解决的问题。首先是技术上是否能实现，因为新产品通常不是全部都是前所未有的，许多功能仍可以由过去用过的结构来实现。所以设计初始总是在已有知识集中搜索可能解，这就是对已有知识进行扫描，包括在可以进入的知识库中搜索和在自己的经验集中搜索。

1.3 概念设计

正因为求解的性能是市场上现有产品所不具备的，找到完全满意的解的可能性几乎不存在。于是需要对不能由已有知识解决的部分结构寻求新的解，从而开始了创新的过程。这个过程包括设想采用过去没有用过的新原理、新技术、新结构、新材料、新工艺。这些解决矛盾的设想称为概念，设计的这个阶段称为概念设计。概念设计可能提出几种方案。

1.4 技术经济分析

接下来就是对各种方案进行技术和经济上可行性的测试。所谓技术上的测试，是指用必要的方法去检验它们是否能实现求解的功能和质量，以及实现各种方案的技术和经济评估，此时往往涉及一系列的CAE分析（为简化文字，将包括各种视觉、感官以及与环境是否相容的测试称为CAE）和试验过程。检验并不限于创新的部分，因为局部的创新，常常破坏整体的或其他的功能和质量。测试的方法，有虚拟现实或数字仿真、物理模型试验以及样机试验。不过在概念设计阶段，用得最多的是虚拟现实或数字仿真，当有成熟软件时，它的周期和耗费最少。这个过程明显是一个知识获取的过程。在测试之前，已有知识集中并不存在是否可行的相关知识，而在测试以后，测试结果（确认或否定）就是关于这个问题的新知识。经济上的测试，同样不可缺少。如果所用的原理、技术、材料、工艺成本太高，则也是不可取的。关于某种设想方案成本高低的知识，也是新知识，所以这也是一个知识获取的过程。此外，市场并不仅仅是产品的出口，它还是构成产品的技术、材料、工艺甚至零部件的来源，这些都影响成本的组成。因此，在产品设计的过程中，还要获取市场供应的知识。

1.5 详细设计

概念设计不可能涉及全部结构的细节，而是必须集中精力于主要功能和结构的主要组成部分，特别是与创新概念有关的方面。因为方案没有选定之前，烦琐的细节设计可能会成为徒劳，不同方案的细节设计往往完全不同。对一个选定的方案进行结构细节设计，称为详细设计。当然概念设计与详细设计并不是在时间上截然分割的两大块，更确切地说，它们是前后相继的两个步骤。在局部结构的详细设计中，遇到不能采用已知解时同样需要创新，这时再次进入概念设计。两个步骤交替进行，直至所有在设计过程中需要确定的问题全部确定为止。这里有三个问题需要说明：①如果把设计过程看成是一个树形的层次结构，当在低层次的设计中测试失败时，就要返回到上一个层次去修改原来的设计，称为回溯，如果无法修改还要回溯到更上一个层次；②当存在可调节参数时，应由优化算法寻求最优解，但要注意局部最优不一定全局最优；③作为全寿命周期设计，在设计时要考虑结构、制造、安装、运行、维修（含产品升级）、报废（废品处理和部分再循环使用）等每一个阶段中可能影响功能、质量、人机环境之间关系以及成本等的因素。

很明显，CAE是一个单向的过程，而设计则是不断的求解（产生概念）→测试→回溯→修改→优化→确认的反复过程。虽然CAE以及各种优化方法中包含大量计算，但设计不等于计算，设计需要在广泛的范围内联想（产生灵感）。它同时又是一个知识获取的过程，这甚至涉及社会活动（如从用户那里收集产品在运行现场的表现）。二者都不可能仅仅由某种程式运算或推理获得解。图形和图像是设计的结果，而不是它的出发点，设计的起点是对产品性能的需求。

图不是设计的唯一结果，同时要有一份设计说明书描述图所不能表达的内容。几何特征不是产品唯一特征，虽然在结构设计方面已经获得了广泛的研究和应用，甚至有人曾经希望它能成为控制整个设计过程的基本特征。但从前面的讨论中可以看出，这显然是不可能的。控制整个设计过程的基本特征，只可能是产品的功能和质量及其是否得到满足，由此我们提出了在现代设计中研究性能特征的需要。

这里没有专门讨论约束问题，但约束是存在的，它通过测试发生作用。

2 现代设计的基本特征

从上述关于设计过程的一般描述中，可以得到如下结论：

（1）现代设计是需求驱动的

所谓需求，首先是对所设计的对象的性能的需求。而驱动，也不仅仅理解为设计任务书上规定的对产品的最终要求，实际上，从概念设计向详细设计发展的过程中，每一个阶段、每一个步骤都是由构成最终要求的各个层次上的子需求驱动的。这一原则对于以后设计网上合作者的搜索策略非常重要。

（2）现代设计是以创新为灵魂的

现代设计的目标是要生产出别人所不能生产的产品。创新强调要具有现有产品所不具备的功能和质量。设计的成败应当由产品在市场上竞争的成败来评价。虽然不能反过来说，竞争的成败就是设计的好坏，但是从列举的竞争力诸要素看，绝大多数要素都是由设计阶段的行为决定的。这就是为什么要在网上进行设计的合作。

（3）现代设计是以知识为基础，以知识获取为中心的

这里面最活跃的部分是新知识的获取。因为功能和质量上创新的需要，设计知识是一个动态的集合，知识获取是一个要不断进行的工作。对于一个企业来说，设计知识获取能力是一种综合实力，既包括经营管理，也包括技术水平；既包括资本实力，也包括人才实力；既包括先进的技术装备，也包括长期研究开发的经验。它们的总和可以看成是一种资源。发达国家的企业多以所谓研究开发（R&D）中心的组织形式来建设和发展这种资源。由于各方面原因，一些企业内部研究开发力量未能得到充分发展，不少企业到目前为止还根本没有研究开发力量。短时期内要形成这种力量，无论是资金投入、人才集聚、设备建设还是经验积累都很困难。特别要看到，产品竞争的后面实际上存在着这种更深层次的知识获取资源建设和发展的竞争。企业如果没有一种新的思路，仍旧沿着人家走过的老路追赶，那是很难在竞争中取胜的。阐明这一点，对于了解实现网上合作设计的中心任务、面对的问题和解决问题的方向具有重要意义。

（4）现代设计是对产品全生命周期的设计

这是另外一个需要特别强调的与质量有关的特征：在生产过程和使用过程中，包括报废以后的处理都要与人和环境协调、友好。因此，设计时不仅要获取生产这种产品的知识，还要获取所设计的产品使用过程中性能变化的知识、与有关的人的相互作用的知识、与环境相互作用的知识以及报废以后处理的知识。不能满足这些要求，就不是一个符合时代需要的，因而很难期望在竞争中取胜的设计。全生命周期的设计使得设计的对象成为一个时变系统，从而使得设计的知识获取变得非常复杂。

归根到底，现代设计的特征离不开知识和知识获取的活动，所以组织互联网上的合作设计，其核心也就是在网上组织知识和知识获取来支持设计。

3 设计为什么要在网上合作

稍微复杂一些的产品从来都是合作进行设计的。合作设计并不是新事，在计划经济体制下，过去很多产品和工程都是合作设计的。但是在没有网络传递信息的时候，需要把参与合作的人集中到一起工作，或者利用邮政、电报、电话来传递信息。这种低效率的合作只有在低效率的生产中才有勉强存在的可能。因此，大多数情况下企业总是尽可能走把一切资源都组织在自己围墙里的途径。这条路的弊病是众所周知的，不必在这里讨论。问题是现在产品更新的速度与那时相比，已不可同日而语，从而对设计效率的要求也日新月异。网络技术不仅为合作设计快速传递信息提供了可能，而且在得到快速传递信息技术支持的合作设计，显示了一种大大缩短设计周期、提高设计效率的前景。因为分布式的知识获取资源如果能够借助网络技术通过合作来支持产品设计，那么当一个产品设计完成而需要进入另一个产品设计时，用设计知识获取资源的重组来代替改造，需要的时间和投入都会少得多。

在网上进行合作设计，与必须在知识资源和知识获取资源方面进行合作有关。我国存在着相当一批可以支持在设计产品中获取新设计知识的资源或潜在资源。与工业发达国家的企业不同，这些资源大多存在于科学院所、大专院校、国家和部门的重点实验室、工程研究中心等机构中。拥有这些资源的单位往往是在某些技术领域中雄踞一方。它们的总和被认为是一种优势，即"具有比较完整的科学研究体系和雄厚的科技力量"。在国家长期的联系实际、联系生产的方针指导下，与国外专门从事基础性研究的同行之间有很大不同，这些单位或多或少都从事过与产品开发有关的工作。如果能把这部分力量有效利用起来，也许能走出一条适合我国国情的发展道路。问题是这些资源目前的状态是分散的，不在企业内部，而且其中不少还并没有准备好为这一目标服务，只能算是"潜在"的资源。它们习惯的工作方式比较适合于基础性研究，不适合支持激烈竞争中的产品开发。

为使这些不在企业内部的资源能发挥企业内部研究开发中心的作用，特别是对于潜在资源，在互联网上合作的设计可以很好地解决以下几方面的问题：

1）能够提供知识服务或/和知识获取服务的资源（以下统称为智力资源），其任务是生产"知识产品"，并向企业提供知识服务。它可以作为生产的独立要素存在和发展，为缺乏智力资源的企业服务，向企业提供开发产品所需要的设计知识和获取新知识的能力。

2）持续地支持这些智力资源的发展。目的是让潜在的能力变成现实的能力，这里既包括采用必要的

现代技术措施，也包括改造与此相关的部分管理机制，使它们能快速响应产品设计任务所提出的需要，特别是要做好前面说过的已有知识管理工作。因为这些资源是在企业的外部，对响应速度的要求比在企业内部的研究开发中心更为重要。

3）从管理上和技术上使它们能起到与企业内研究开发中心相同的作用。它们要能够以企业开发某项产品的行为为中心和企业组织在一起，共同为这个项目的完成进行设计知识获取，特别是新设计知识获取的工作。

4）合作的形成、维持和解除应当由市场机制而不是行政机制所控制。但在合作的过程中，参与合作的各方都必须遵守一定的规则。社会和政府的任务是提出可供参与各方采用的规则建议、制订必须遵守的规则和监督这些规则的执行，以使合作能顺利地进行，参与各方都能真正从合作中受益。

5）充分利用网络技术，使合作能够快速和完美地进行，以满足激烈的产品开发竞争的需要。既然是不属于同一企业的许多单位的合作，理所当然也会是处于不同地域、甚至属于不同国家的单位的合作。毋庸置疑，信息传递就是头等重要的任务。WEB 网正好为这种合作所需要的信息的传递和交换准备了非常好的技术条件。

做成这几方面的工作并非易事，它涉及观念、体制、管理、投资、技术、利益和安全等一系列问题。解决这一系列问题需要有一个过程，只能一步一步地去做，应当有一个指导方针。当前比较可行的方针是分散建设、网上组项、市场驱动、强强联合。

还有一点需要说明，在网络上进行合作设计首先是根据我国的实际状况提出的命题。自 1996 年起，西安交通大学机械工程学院开始了这方面的研究工作，1999 年教育部批准成立了现代设计与制造网上合作研究中心，其三个成员单位是西安交通大学、上海交通大学和华中科技大学。三个成员单位之间运行着现代产品设计与研究开发网络，很好地示范了基于网络的合作设计，并且已经具备一些产品创新设计能力。值得一提的是，在工业发达国家，有关设计理论与应用的研究越来越多地注意到在网上进行合作设计的优越性，美国国家研究咨询委员会（NRC）和美国国家工程院（NAE），受美国国家宇航局（NASA）委托完成了一份题为《先进工程环境》（Advanced Engineering Environment）的咨询报告，指出网络技术将给产品设计与开发带来巨大的变革，必须加强有关的研究与应用工作。

第2章 设计知识服务和分布式智力资源

1 设计中的知识

1.1 产生知识的信息源分类

从设计的过程和要达到的目标看,现代设计的特征,离不开知识和知识获取的活动,所以组织网上合作设计,其核心也就是在网上组织知识和知识获取来支持设计。因此有必要仔细讨论一下设计所需要的知识、获取这些知识的过程和所需资源的构成。

设计一个产品的知识,通常产生于以下几方面来源的信息:
1) 已有知识。
2) 市场信息。
3) 由虚拟现实对可能解测试和评估所得到的信息。
4) 由物理模型试验对可能解测试和评估所得到的信息。
5) 由样机试验对可能解测试和评估所得到的信息。
6) 已经投入使用的产品的运行表现信息。

1.2 设计知识的结构特征

设计知识是一个动态集合。竞争压力迫使制造业更加强烈地追求新创意、新技术。昨天是新的,今天就是众所周知的了,明天还要被另一知识所代替。竞争取胜靠的是只有少数人掌握、甚至独有的知识。过去用垄断或专利保护延长少数人掌握或独有的时间,随着知识获取速度的加快,这种延长越来越困难。因而,必须再去获取更新的知识。所谓以知识为基础,指的是这样一种动态存在的知识集合。与之相对的是基于经验的设计,以为有一本手册就可以设计了,这是过去占统治地位的观点。

另一方面,创新是设计的灵魂。有人以为引进一套软件就可以设计了,这是现在很多人迷信或竭力宣扬的观点。实际上,不论是数据库、专家系统、虚拟现实工具等,都是建立在已有知识基础上的。创新时,面对的是未知世界,已有知识仅仅是获得理解和预测这个世界的知识的一个信息源。还要融合从其他信息源得到的信息,才能产生创新所需要的新知识。所以设计是以新知识获取为中心。数据库、专家系统、虚拟现实工具等都必须随时以新获取的知识加以更新,虽然在设计完成后,为此而获取的新知识又变成了已有知识,但是与一个久不更新的知识集合相比,显然一个不断更新的已有知识集合更有利于设计竞争。

设计过程中的知识流动可以分成四类。

图51.2-1给出了从形成设计任务到得到解的知识流动的过程。对于子过程也是这样。由已有知识联想产生概念,由对概念解评估的需要,搜索有关的智力资源单元并请求知识服务和知识获取服务,对各种智力资源单元提供的新知识,即从不同信息源和不同视角得到的评估结论,进行融合,包括比较、综合、优化、扬弃、回溯和再设计等,最后物化为解决方案,这是第一类流动。知识和知识获取是资源依赖的,知识和获取的新知识由分布的资源单元汇集到设计过程中,流动包括发现(搜索)、描述(发布)、测试和形成或解除委托和服务关系等一系列活动内容,这是第二类流动。第三类流动是在各个智力资源单元内部进行的,根据请求方的要求采集信息并加工成可以支持设计的知识,不仅有内容的要求,还有形式的要求。一种是不需要物理过程就可以得到的数字化知识,以交互可视化形式提供;另一种是必须经过物理过程才能提供的知识,要求研究如何更充分地利用信息技术的成果。图51.2-2给出了设计工作中经常用到的信息源以及它们对资源的依赖。第四类流动是各个智力资源单元根据需要采集信息。没有信息,知识就没有来源,这是一个基本原理。图51.2-2中箭头用了较粗的线,说明这种流动的不可替代性。

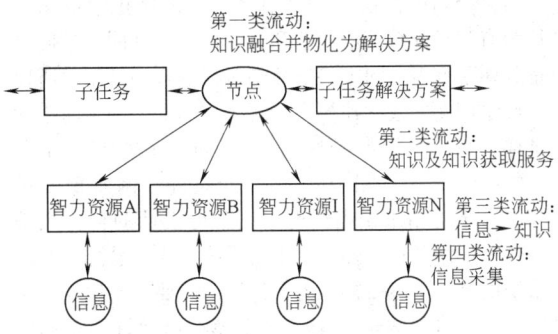

图51.2-1 设计过程中知识流动的一般路径

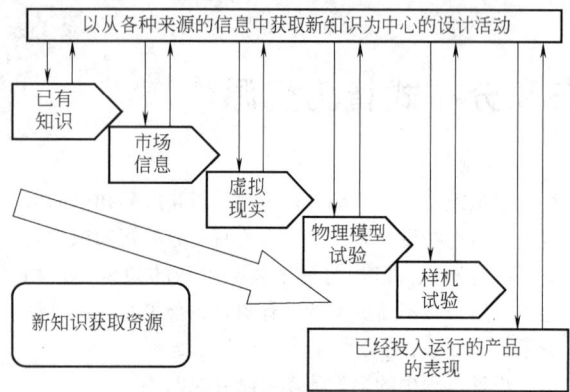

图 51.2-2 知识获取所依赖的各种资源

2 获取信息的资源

2.1 虚拟现实需要的资源

数字仿真或更高级的虚拟现实，都是建立在一系列数学模型即已有知识基础上的。根据给定的系统结构和对系统的输入，预测系统的性能。它是获得关于一种新构想或新概念是否可行的知识的有效工具。因为主要是在计算机上操作，通常不制作专用的模型和实物，在硬件和软件的配置上具有很大柔性，所以能节省时间和资金，可以在设计人员考察其设计时大规模地运用。这种关于新构想或新设计的知识，和经验相比，就属于新知识范畴。

数字仿真和虚拟现实在知识获取方面具有巨大的潜力，有很大的发展空间，是当前的研究热点。但它绝不是万能的。如果真正要把数字仿真和虚拟现实当作设计知识获取的一个全面有力的工具，而不是仅仅作为某些狭窄目标知识获取的工具，那就必须面对如下事实：随着对产品性能要求不断提高和对自然规律认识不断深化，人们总是处在没有数学模型和有数学模型、旧的数学模型和新数学模型的不断交替的过程之中。所有新发现的现象或新构想从一开始都没有数学模型或没有准确的数学模型。这里可以说一说"摩擦学设计"。由于一个机械系统的摩擦学形态及行为有强烈的系统依赖性和时间依赖性，同时它们又是分属于许多不同学科研究的过程耦合的结果，所以摩擦学问题的数学建模十分复杂。例如，一副简单的试样，在一种系统条件（例如 Timken 试验机）下获得的结果，往往不同于另一系统条件（例如 SRV 试验机）下的结果，当然也不同于待设计的目标系统条件下的结果；另外，对于新系统、跑合系统、磨损系统的结果也不一样。为了仿真的需要，不仅要有系统行为本身的数学模型（这个模型涉及许多不同学科研究的问题），还要有系统条件转化的模型和时变

规律（为全生命周期设计服务）的模型，否则仿真所做的预测就不准确。这个事实一方面告诉我们，在讨论建立一个无所不包的模型，包括讨论建立在数学模型基础上的各种优化研究时，要持慎重态度；另一方面也告诉我们现代设计研究几乎是无限的领域，因为产品设计总是要求提供的设计知识越来越逼近真知，给出的预测越来越精确。

要对大系统和复杂过程进行数字仿真和虚拟现实，不仅仅是数学模型和计算机运算的问题，还涉及多媒体技术、传感器技术、伺服技术等。某些虚拟现实系统具有非常复杂和庞大的结构，而且是十分昂贵的。有的还带有部分物理模拟的特点，可以说是一种混合模拟。例如模拟宇宙载人舱。当然与发射一个真的载人舱到空间去相比，花费的时间和资金就小得多了。吉林大学汽车动态模拟国家重点试验室的一个汽车动态模拟装置，由一个汽车可以开进去的"模拟仓"（球壳）和下面若干个计算机控制的液压执行器支撑，驾驶员在车内可以看到 145°视角中移动的道路（场景）并操纵行车，计算机则由虚拟路况、操作行为和该车的系统参数确定执行器的动作，推动球壳和车做相应（实在）的响应并伴有音响，设计者可以从包括亲身感觉在内的信息来评估人-车-交通环境闭环系统的整体性能。

数字仿真和虚拟现实虽然比实物试验要节省时间和资金，但是往往仍旧非常昂贵。首先，需要基于先进数学模型的软件平台。随着仿真功能的提高，软件的价格越来越高。其次，计算机硬件，也随着仿真对处理速度要求的提高而变得很贵。第三，对于混合模拟，还需要许多其他的硬件装备，如特殊的传感器、特殊的执行器以及各种信息传输的设备。第四，最重要的是能操作这些设备的人和他们对问题的元知识和领域知识的了解以及经验。上述的软、硬件并不是买来就可以用的，复杂的系统一般需要在系统上工作两年或更长时间才能熟练使用，而对专门问题的二次开发，则要在两年之后才能进行。要对模型进行校正，还需要做专门的试验，例如测定某个界面上的传热系数或研究某个力学系统边界上的约束条件，并经过反复的考题与实际核对后才能使用。这就是受过（专业）教育的人作为载体的重要性的明证。

一般来说，越是通用的资源，其功能和质量都相对较低，但是使用的频数会较高。为了提高功能和质量，需要进行二次开发，投入大量的人力和资金。经过二次开发以后，所开发的功能的使用频数无疑将会降低。专用的资源功能和质量十分诱人，不过价格昂贵，使用频数很低。随着技术发展，版本升级会十分频繁，维持这种资源的正常运行很不容易。

因此建设和有效运行一个数字仿真和虚拟现实的

资源也绝不是轻松的事。无怪乎企业常常以有这样或那样的数字仿真和虚拟现实资源作为竞争的资本,并投入大量资金去发展这种资源的功能和质量。反过来,如果一个企业已经建设了针对某一类产品的这种资源,在充分、有效地使用这一点上,通常并不理想,特别是规模较小的企业。而在改变产品类别时又会成为一种阻力。

数字仿真和虚拟现实是获取新知识的有效手段,而且通常是在测试和评估一开始就使用,采集到比较多的信息后,才转入其他手段以求核对,但是这个手段靠的是基于已有知识的模型;虽然比较省时省钱,仍旧依赖将在后面说明的具有 6 个不可分要素的资源。

2.2 物理模型试验需要的资源

数字仿真和虚拟现实是以模型为基础的,而模型则是已有知识。采用基于已有知识的模型去测试和评估过去没有设计过的产品,其应用范围当然要受到限制。上面说的传热系数和边界条件就是如此。摩擦学行为具有明显的系统依赖性和时间依赖性,当系统条件改变和时间改变后,模型也必须做相应的修改。而修改的根据就是物理模型试验。例如原来用于设计速度为 100km/h 汽车的数字仿真和虚拟现实平台,在设计 200km/h 的车时是否能用?需要通过物理模型试验来确定哪些方面会有变化,并最终确认修改后的软件平台的可用性。所以,重要的新设计的子系统和部件都要经过物理模型试验以获取对可能解测试和评估的信息。

物理模型试验需要设计试验、组织试验和操作试验的人,需要试验台、测试仪器、数据处理设备和试验场地。例如造船工业中的"船池"和航空工业中的"风洞",都是昂贵的大型物理模型试验的资源。一般来说这些资源所需要的投入,与上述同等规模(指被测试对象)的数字仿真和虚拟现实资源相比要大得多,建设和变更的时间要长得多,对运行这类资源所需要的人的专业技术种类和水平要高得多,熟练运行这类资源所需要的经验要复杂得多。上节最后一段所论述的问题,在这里表现得更为突出。发展可以为众多资源需求方服务的物理模型试验资源,应当是节约资源和优化资源的方向。

现在有人建议进行一些远程(物理模型)试验的研究项目。实际上新知识获取中的物理模型试验与教学中的模型试验是有区别的。它是为了获取一个关于未知设计可能解的新知识,因此往往需要重新设计试验,而不是用一个已有的试验。这意味着即使有了已经很成熟的通用试验台,仍旧需要设计和制造试件,研究并确定加载方式边界条件和测量参数,选择测量仪器和测点位置,研究和确定数据处理方法以及规划试验程序等。针对每一个不同目的的试验都是不相同的,这种试验离不开试验资源的拥有者和运行者的直接操作。也有一些自动化程度很高的仪器,项目的建议者们想通过互联网实现对它们的远程控制,由用户自己来操作。这种用户操作的价值和对于那些贵重仪器的拥有者是否愿意把自己的仪器放在网上让没有资质证明的人操作还是问题。目前通行的办法是由用户将自己的需求和样品经过互联网传送到资源的拥有者或运行者手上,由他们设计试验和熟练地操作试验,并把结果返回到用户手里。当然,这并不排除用户可以通过摄像头、浏览器和话筒监视试验的进程和与试验的运行者讨论试验有关问题。

重要的新设计的子系统和部件都要经过物理模型试验以获取对可能解测试和评估的较直接的信息。它的资源建设、运行和维护比虚拟现实和数字仿真更难。

2.3 样机试验需要的资源

样机试验需要相应的场地,例如汽车制造业的跑车场,因为要模拟各种实际路面,其规模也是非常大的。没有跑车场的时候,车设计出来后只能在普通公路上做样机试验。而一些大的汽车制造企业,一个企业就拥有多个跑车场,甚至可以用从目标市场测得的道路谱,在自己的跑车场上模拟这种道路,以求产品性能适应目标市场的道路。即使是物理模型试验,模型设计仍旧有假设的部分,特别是边界条件,它们是建立在已有知识的基础上的。因此重要产品都要经过样机在服役条件下试验的阶段以便对可能解获取最终知识。数字仿真和虚拟现实平台,如果不经过物理模型试验和样机试验的核对,就不可能证明它们的价值。虽然有的数字仿真和虚拟现实软件并没有直接进行这项工作,但它的正确性是在长期使用中被用户的实践(物理模型试验和样机试验,甚至包括已经投入使用产品的运行表现)结果所证明的。为什么许多数字仿真和虚拟现实软件平台要求用户自己做二次开发,就是需要用户根据自己实践(物理模型试验和样机试验,已经投入使用产品的运行表现)中得到的信息来构造模型或使平台中的模型精确化。

创新设计产品的系统性能,需要样机在服役条件下的试验中测试和评估。样机试验与产品的联系十分密切,一般都具有比较高的专业性,通常在开发该产品的企业内进行。

2.4 在运行产品状态监测需要的资源

这个信息来源过去并不为许多制造商重视,虽然希望创名牌的公司经常做用户调查，当发生问题时，立刻派人到现场去解决问题，但是很少把它与为获取设计新知识采集的信息直接联系在一起。任何产品都要求在全生命周期中保证性能。这使得原来把对象看成是时不变系统的理论和方法，都要有所发展，这在目前还是一个巨大的未知空间。前面说到的信息，其中有一类就是关于产品各种性能特征随时间变化的信息，如图51.2-3所示。

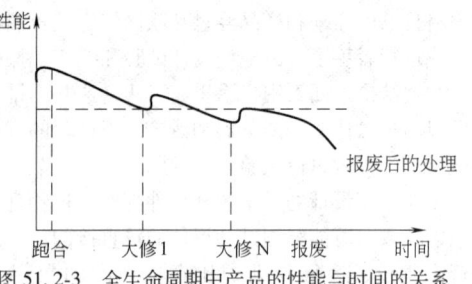

图51.2-3 全生命周期中产品的性能与时间的关系

过去机械的性能，是以出厂时检测合格为目标。而现在则需要控制整个生命周期中性能的变化和衰退。现在机械电子产品普及到个人、家庭生活的每一个角落，而不是像过去那样仅仅存在于具有专门技术的工厂里，这是一场意义深远的革命性的变化。全生命周期中，产品在用户手里使用的阶段是最重要的阶段。用户购买产品是为了使用产品的性能，使用时的表现已经成为制造商竞争的焦点。历史上制造商们从来没有对这个阶段给予现在这样的重视。个人和家庭用户，不可能像工厂用户那样对每天要用到的数十种甚至上百种不同的机械电子产品具有专业知识，大多数情况下可能是一点知识都没有，因此使用和维护成了突出的问题。特别要提到的是对于个人和家庭来说，通常是没有备份产品的，如果发生故障停机，就会造成极度不便，零故障停机是理想的目标，少维修、免维修、预测维修和自维修就成为设计的重要命题。维修任务从用户转到制造企业之后，维修的成本也就正式进入了产品的成本。所以制造企业必须尽量减少这一部分的开支，从设计时就要加以考虑，因此全生命周期设计将成为企业的自觉追求，而不再仅仅是用户的愿望。但是，这一类信息随产品而变，随使用的条件而变，十分复杂，而且只能在离散的用户手中，即使在现场以及全生命周期中跟踪采集。目前还没有成熟和普遍的技术。

现在的状态监测技术仅仅在非常有限范围中使用，应用的目的主要是为了防止灾难性事故，而不是为了掌握产品全生命周期中性能变化的信息。状态监测技术还需要从根本上发展才能满足这个要求。这是一个亟待解决的命题。目前这一类资源还是与产品密切联系在一起，特别是与产品设计密切联系。如何能与产品分离，成为一种通用的技术，也还需要进一步的工作。

从上面的讨论，可以得到以下结论：

1）已有知识的使用和新知识的获取都必须以人为本而不是排斥人，计算机以它独具的能力，起支持作用。计算机的工作需要人做前期准备，相当于对人的教育。要求计算机工作的集成度越高，"教育"的投入越大，因为它离不开受过教育的人来做"教育"工作。从全局考虑，集成度与效益之间有一个最优关系。这是后面将要讨论的分布式资源理论发展的基础。

2）知识最终是以人为载体的，但要集成起来才能在设计中发挥作用，所谓在互联网上合作设计，实际上就是从资源的组织和利用角度来解决集成的问题。新知识获取依赖于具有6个不可分要素的资源。

2.5 其他信息资源

（1）已有知识

已有知识即通常所说的"经验"，它应当理解为包括设计过去一代产品的全部知识。已有知识既包括元知识，也包括领域知识。已有知识只是产生可能解的信息源，因为不是"确解"，所以不能列为知识，但是它们是获取有关新知识和产生设计概念（可能解）的基础。人在一定历史时刻，不可能得到绝对完整、正确的知识。例如协和超音速客机，在运行多年之后，因为一次意外事故而发现设计当中的缺陷，并在改进后才再次起飞，但是最终又加以放弃。也就是说，在现实中，人们只能掌握相对完整、正确的知识。但是，每次获取新知识以后，人们就在知识的完整性、正确性上前进了一步。可能解是由相对完整、正确的已有知识产生的，虽然经过新知识获取过程得到"确解"，最终设计同样只是相对完整、正确的设计。成本和时间不允许追求和等待绝对完整、正确的结论，设计总是在知识的相对完整、正确中做出决策，这就是产品创新设计过程中的风险所在，也是不能排除人，仅仅研究计算机的理由之一。在产生可能解的过程中，知识完整、正确的程度越高，在后面阶段中设计的回溯会越少，设计失败的风险也越小。但是，完整、正确程度越高，意味着满足新的性能需求越少，获取并注入产品的新知识越少，也就是说，创新的程度较小，在竞争中的优势也会较小。这里所讲的已有知识，指的是全人类所具有的知识。而对于一个具体的人，或一个设计团队，他或他们的已有知识则是一个小得多的子集。要降低风险，就不能完全依赖自己的已有知识，所以他人的已有知识是十分重要的。已有知识可能以数据，文件或者图的形式存储。

还有两种讨论得比较少的特殊形式要在这里做进一步的研究，即

1）已有产品，作为已有知识的载体，其中隐含着已有知识。

2）虽然还没有变成产品，但是已经完成的设计，作为载体，其中同样隐含着已有知识。

之所以说是隐含，这与知识产权保护有关。和数据、文件、图给出的"显含"的信息不同，对于已有产品或已有设计，即使拿到了新产品或者新产品的图样，并不能拿到全部设计知识，即并不能知道所谓的 know how，加上专利法的规定，也不允许使用受保护的知识。以为买了别人的设计就得到了全部设计知识，其实不然。

在产生可能解的阶段，并不需要、也不可能将所有部分都重新设计，在后面的阶段中也是一样。在新的性能需求驱动下，通常仅仅是其中一部分需要重新设计，其余部分或者是采用现有的产品或设计，或者对现有的产品或设计进行某种改进。而这种改进甚至重新开发，考虑到已有知识资源的权重，往往也会请求已有产品供应商提供重新开发的服务。

需要特别指出的是，已有知识同样也是一个动态的集合。新知识用过以后，就成为已有知识。新知识不断产生，已有知识的集合也不断扩大。不管用什么形式存储已有知识，维护和更新已有知识的知识库，包括最新的产品目录，都是一项重要的任务。当一个知识库停止更新时，其生命就已经终止，最后将在竞争中被淘汰出局。

从前面的实例可以看到，知识获取的能力是一种综合实力，既包括经营管理，也包括技术水平；既包括资本实力，也包括人才实力；既包括先进的设备，也包括过去的经验。归纳起来是6个要素：人、资金、设备、经验、管理和技术。采集、管理、维护和更新已有知识的存储，同样十分艰难，同样需要这6个要素。许多企业，希望在员工离开时能把知识留下来，做了各种尝试。因为这涉及深度的元知识和领域知识，不是随便什么人都能准确地把每一条新采集到的知识表达和存储的。由获取这些知识的本人来做，效果也许较好。智力资源有两个实际上存在的特点，不能不予以重视：一是智力说到底是以单个人为载体，却需要集成起来才能发挥作用，所以上述6个要素又具有不可分性；二是智力是一个动态的概念，昨天先进的，今天可能不再先进，明天就落后了，所以说知识是一个动态的集合。由于涉及多方面的利益，特别是作为载体的个人的利益，有效地采集、管理、维护和更新已有知识的存储，仍然是一个十分复杂的问题。特别是涉及越来越受到法律保护的知识产权。总而言之，关于已有知识的讨论，可以归纳为三点：作用重大、浩如瀚海、有待用好。它本身是一个巨大的资源，而管好、用好同样需要有相当资源支持，即需要6个要素。根据这里即将要讨论的理由，已有知识资源同样是以分布式的存在较为合适。

已有产品和已有设计中都隐含着已有知识，但是说到底，智力是以单个人为载体，却需要集成起来才能发挥作用，同时它又是一个动态的集合。

（2）市场信息

市场信息包括作为已有知识存在的信息和不断采集到的新信息两部分，由于其对产品创新的重要性，同时与技术领域的信息性质有所不同，所以专门列出一条。前面多次提到性能需求驱动设计的思想，而这种对需求的认识，搜索满足需求的可能解和搜索能提供知识或获取新知识服务的资源，都需要市场信息。

设计所需的市场信息至少有4方面内容：

1）需求信息。当然这种信息应当是由经营人员或某种智能系统处理过的，以确定的或模糊的形式给出，使设计人员便于应用。

2）供货信息。前面说过，在新的性能需求驱动下，仅仅其中一部分需要重新设计，其余部分或者是采用现有的产品或设计，或者对现有的产品或设计进行改进甚至重新开发。考虑到已有知识资源的权重和知识产权问题，也往往是请求已有产品供应商提供服务。不仅制造过程中有合作，产品设计和知识获取方面将会有更重要的合作，这就要求有一种更广泛的市场信息资源。有一项统计表明，制造业的开发活动中有 40%~70% 依赖外源（外部供应商、合同制造商、合同设计服务公司）。以汽车工业为例，在成本的分布中：

① 14%为间接成本（厂房、办公等）。

② 20%为直接采购成本（通过叫价竞争，可降低的空间已经不大）。

③ 66%为直接设计成本（难以实行叫价竞争，变化的空间很大）。

3）成本信息。不仅是企业内部为设计、制造、售后服务所需要的成本，还包含其他所有合作的过程可能需要的成本。

4）竞争信息。其他企业投入或即将投入市场的同类或代替产品的性能、价格等方面的信息。

市场信息在资源和处理上的需要，与其他领域的基本相同，不再重复讨论。

市场需求是设计进程的驱动力，同时也是服务请求方和服务提供方合作的纽带。

第3章 分布式智力资源的运作模式

1 智力资源的构成——服务提供方

1.1 智力资源的构成要素

前面讨论了可以提供知识服务的智力资源和新知识获取服务的智力资源的内容，它们可以用6个不可分要素来概括，即人、资金、设备、经验、管理和技术。之所以说不可分，是因为缺少其中任何一个要素，资源都不能正常工作。传统上，企业生产自己产品所需要的资源基本上都配置在企业的内部，即采用一种所谓垂直的资源结构，如图51.3-1所示。

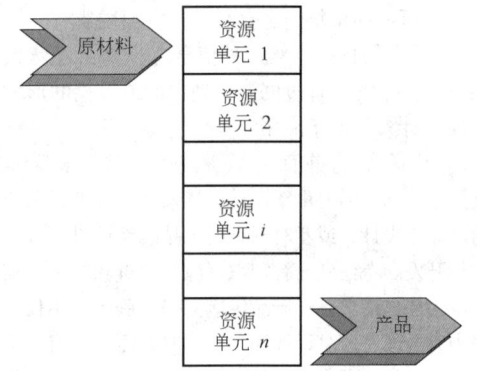

图51.3-1　企业的垂直资源结构

垂直资源结构在市场需求多变的今天，是必须加以改变的。否则，一个资源还没有建设到可以发挥作用，可能就已经过时了。对于已经存在的资源，为了充分收回投入，提高资金的利用率，企业往往难以决心改变已经没有竞争力的产品，不能迅速转而开发新的更有竞争力的产品。

所以分布式的资源结构（见图51.3-2）已经越来越受到重视。互联网技术的发展为分布式资源结构的应用创造了前所未有的有利条件。这里定义在一个知识领域中，可以提供知识服务的智力资源或知识获取服务的智力资源服务的最小单元，称为资源单元。参与产品创新的资源单元可能属于几个不同的企业，也可能是独立的。下面研究作为一个最小资源单元的组成要素和可以独立存在的条件。

图51.3-3给出了一个最小资源单元的组成要素。人是首要的要素，这里不研究离开人的计算机系统，因此没有采用智能体（Agent）这个名称。前面说过，人是知识的载体。当然人必须在某一个领域中是有知识的，如果有一个以上的人在这个单元中工作，那么他们还必须按照规则组织成一个团队。其次，必须具有可以提供已有知识或获取新知识服务的能力。第三是通信能力。在产品设计阶段，在各个单元之间运动的主要是信息流而不是物流，虽然并不是没有物流。这就是设计与加工的不同，它可以更大程度地利用互联网。

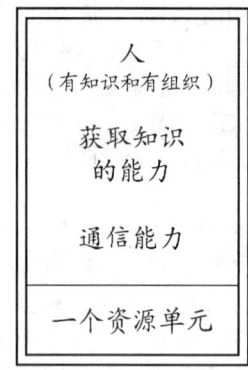

图51.3-3　资源单元的组成要素

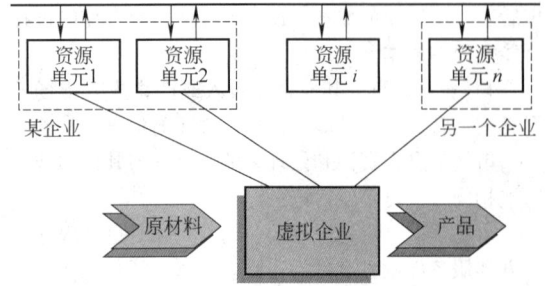

图51.3-2　企业的分布式资源结构

通信条件视各个单元之间所要传递的信息种类不同而不同。因为现今商品软件平台相互封闭，特别是造型软件所产生的信息的交流，在技术上仍相当困难。虽然有STEP或VRML，却因为各自的定义不同，仍旧难以沟通，有时可以浏览，但一般不能操作。一种可能采取的办法，是用多种软件平台生成的造型为不同的用户服务。例如，在提供服务信息时，让请求方可以从浏览器下载所选结构造型并进入正在设计的装配图以供测试。由于用户装配图可能基于不同的造型平台，如AutoCAD、Pro/E、UG、SolidWorks等，为了可能对下载的2维或3维造型进行操作，服务方要准备适合各种平台的结构造型，让用户可以根据自己所使用的平台下载，这种做法对资源单元提出了过分的要求，只能看作是一种过渡办法。对于非结构性信息，则可以转换成XML形式加以传递。

1.2 智力资源的生存条件

资源单元（这个资源单元至少应当在一项技术上能够提供知识服务）在市场经济下的生存条件，可以说明如下：

1) 提供服务的知识必须是最先进的，而且要能够保持其先进性。
2) 必须有高质量和高效率的服务以求高额的回报。
3) 必须有高额的回报以驱动资源的拥有者和运行者极力保持知识的先进性和服务的高质量与高效率。
4) 有充分的服务请求。

2 设计实体（服务请求方）的构成要素

服务请求方的最小单元称为设计实体，其结构如图 51.3-4 所示，更大的单元或实体可以看成是最小单元的集成。

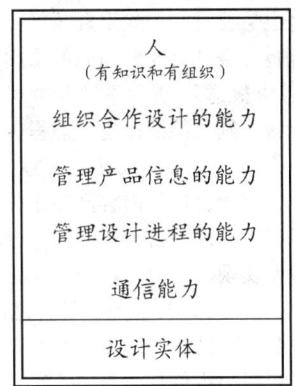

图 51.3-4 设计实体的结构

关于设计实体的特征可以提出如下几点：
1) 有一个设计任务。
2) 直接从事当前任务的设计或部分设计工作。
3) 对任务的完成和所设计产品在市场上竞争的成败负责。
4) 需要其他设计实体和/或资源单元的服务来完成设计任务。

当然，设计实体和资源单元也可以存在于一体，但这并不妨碍各自具有自己的特征和在自己的特征支配下的行为，如图 51.3-5 所示。

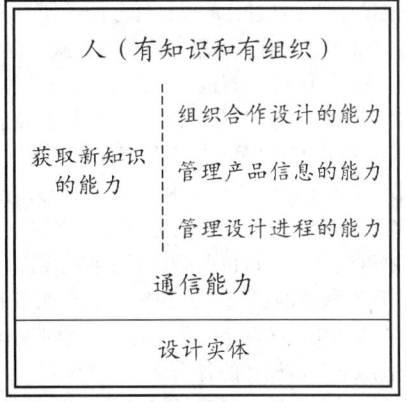

图 51.3-5 资源单元与设计实体的组合体

3 合作设计的层次结构

在互联网上，分布的服务提供方（资源单元）和服务请求方（设计实体）按图 51.3-6 所示的层次结构联合工作，现说明如下。

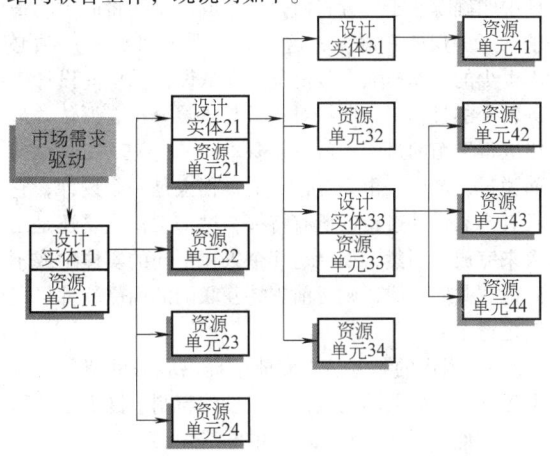

图 51.3-6 合作设计的层次结构

1) 由对市场需求认识而产生的设计欲望并经过利益与风险平衡形成一个设计任务的，可能是一个实体，也可能是几个由合同（规定权利和责任）联系起来的实体，它们是第一层。这里不包括若干相互竞争的实体和任务。

2) 由于第一层的实体不具备使可能解具体化和进行测试、评估、优化和再设计全部所需要的资源，从而需要别的资源单元提供服务。于是产生了第二层和其他后续层次的服务提供方和服务请求方。

3) 提供服务（包括提供产品）并不等同于提供隐含的知识，更不涉及有关知识服务智力资源和知识获取服务智力资源的转移，所以不能合并为一个层次。显然，服务提供方也可能是一个设计实体，它提供改进、甚至重新开发某个已有产品或已有设计（通常这个产品或设计是该设计实体所拥有的）的服务，而这个产品或设计是正在进行的设计任务的子任务。

4)关于进程管理,对服务请求方与服务提供方由合同规定各方的权利和责任,并按合同进行管理。合同应当包括完成的质量、数量、时间、支付的约定、违约和发生不可预见情况的处理。但是请求方并无权了解和控制提供方的进程和实现的技术细节(除非另有约定),所以也不能和不需要合并为一个层次进行管理。

根据这些认识,可以明确以下一些原则:

1)动态联盟的组成,说到底是发出服务请求和响应服务请求并最终确定合作的过程。性能需求驱动的原理适用于合作设计的各个层次。"父层"的设计欲望和设计任务固然由对市场需求的认识和利害平衡产生,"子层"与"孙层"也遵循同样的原理产生自己的设计欲望和设计任务。因为上一层发出的服务请求是对下一层的一种市场需求信息,而下一层则根据这个信息产生自己的设计欲望和设计任务。

2)上一层在产生设计任务后,首先要在概念设计中明确哪些子任务将由自己完成,哪些将向市场请求(下一层的)服务,这是概念形成过程中一项必不可少的工作。大多数情况下在从设计欲望向设计任务转变的过程中,即在对利益与风险分析、评估并最终取得平衡的过程中就需要基本完成这一项工作。前面说过,产生一个设计任务的过程也是一个设计,它具有产品设计过程的所有特征,这个工作主要还是由人来完成。当然,如果是几个人在不同的实体中或不同地方共同完成,则目前支持互联网的商品软件可以满足这个需要。

3)发出的服务请求和能够提供服务的清单可以上传到一个公共的网页,现代设计与制造网上合作研究中心推荐了一个知识服务的注册中心。

4)合作设计的每一层次都是为满足性能(功能和质量)需求提出服务请求和响应服务请求,为了更有效地实现性能需求驱动,便于搜索引擎的设计,建议制定描述产品性能特征的标准并由性能特征作为请求服务和提供服务方之间的联系。作为一个完整的设计任务,性能当然专属于产品,而在设计过程中,性能特征的描述也适用于非产品服务。

5)发出服务请求和响应服务请求并最终确定合作的动态联盟并不是一下子就能形成的。对于一个设计,特别是有较大创新的设计任务,涉及的资源结构与传统垂直资源结构或者是加工过程所具有的特点完全不同,在合作设计开始时并没有一个完整的动态联盟,联盟往往是在确认需求后才请求服务,服务提供后即结束合作。由于回溯而改变合作伙伴关系也可能发生。在一个合作项目中,只有一部分设计实体和资源单元始终存在于联盟中,另一部分则仅仅在联盟中存在一个时期。所以"动态"不仅理解为从一个产品合作设计到另一个产品的合作设计的变化,更可以理解为一个产品合作设计的不同的时期中的变化。

6)某些"子层"与"孙层"的联盟可以看成是子联盟,它可以作为一个单元计入上一层的联盟。出于对知识产权的考虑,它的组成和运作对上一层和更上一层往往是不透明的。所以并不需要一个统管全局的动态联盟管理系统。在所有节点上动态联盟的管理软件可以是结构相同而简单,主要管理自己"子层"中的合作者(不讨论单元内部的管理)。

7)合作是从服务请求方提出需求和服务提供方对需求响应开始的,但是双方在技术条件、任务进程、支付条件等方面的认识并不会完全一致,这是一个双向选择的过程,需要经过竞争(招标)和协商取得一致。这也需要时间。如果资源单元对自己所能提供服务的规范和条件有比较明确的描述和服务请求方对自己的需求概念清晰,并且双方对于"双赢"都有正确的理解,则可能缩短这个进程。此时形成合作较之在任务未开始前就形成动态联盟会容易得多,风险也小得多,因为合作的内容已经比较具体。这种竞标、协商即谈判可以用目前互联网支持的商品软件加一些二次开发实现。

8)由于服务请求方与服务提供方之间只有法律的约束,所以在选择提供方,即合作伙伴时对可信度的各个要素(包括历史信誉、当前的经营状态、专业技术水平、合作关系好坏等,这些都属于市场信息)的权重应认真研究;对于合同的条款也必须有全面的考虑,要对各种可能发生的情况做出明确的规定。

第4章 互联网上合作设计的设计知识流

1 引言

现代设计理论将现代设计的基本属性归纳为现代设计竞争性,现代设计以知识为基础、以新知识获取为中心,知识获取对分布式资源环境具有依赖性。市场竞争的压力要求企业实现快速、低成本的产品创新,而产品创新需要对新知识进行获取和应用。设计活动通常需要综合多个领域的知识,利用分布式资源环境进行知识获取有助于提高设计活动的效率,满足产品创新的竞争需求。分布式资源环境中的设计活动,实质上是由知识驱动的设计过程,即设计知识流动的过程(简称设计知识流)。那么,设计知识流中的设计知识如何定义?有何特征?如何分类?什么是设计知识流的驱动力和阻力?如何提升驱动力和降低阻力?能否针对设计知识流进行建模?如何实现对设计知识流的控制,从而支持产品设计?这些都是设计知识流理论与方法需要研究的内容。本章分析了现代设计的三个基本属性,基于这三个属性论述了研究设计知识流理论与方法的必要性,研究了设计知识流中设计知识的内涵、基本特征和分类,提出了面向分布式资源环境的设计知识流框架,探讨了设计知识流理论与方法研究中需要解决的若干问题。

2 现代设计的基本属性

在传统设计中,设计者将注意力集中在产品的技术属性上,认为设计成果在市场竞争中取胜是营销部门的工作;营销部门根据对市场需求的分析提出认为能够在竞争中取胜的性能或其他要求,然后由设计师在技术上进行实现。而现代设计与传统设计的主要区别在于,现代设计要求设计师将竞争取胜作为产品设计的主要目标。影响产品竞争力的因素很多,最主要的因素之一是产品设计的创新。现代设计理论认为:决定产品能否在竞争中取胜的首要因素是功能和质量——即产品的性能,也就是说要使设计能够实现现有产品所不具备的性能需求。为实现该需求,需使用同类产品中未应用过的知识,而能否使用以及如何使用新知识使产品更具竞争性的前提是知识获取。产品竞争的日益激烈使得产品设计越来越依靠新知识的获取,可以说现代设计是以新知识获取为中心的活动。当设计者拥有的内部资源不能满足设计要求时,便产生了从外部获取新知识的需求。目前,利用分布式资源环境获得新知识是外部知识获取的有效途径。

2.1 现代设计的竞争性

产品的性能、价格、交货期、售后服务、环境相容性和营销活动是构成产品竞争力的主要因素。由这六个因素所决定的产品竞争性在一定程度上可由式(51.4-1)描述为:激烈的市场竞争环境要求企业在最短的时间内(Time),以最小的成本(Cost),设计具有满意的性能(Performance)或者新性能的产品以满足客户需求。其中,最短时间,可以帮助企业赢得竞争先机,率先占领或引领市场;最小成本,要求最大限度地节约人力,资金和资源;最优或者新性能,是指那些与客户需求匹配最优、具备在市场中竞争取胜能力的产品。

$$\text{Competitiveness} = \text{satisfy}\{\max(\text{Performance}), \min(\text{Cost}, \text{Time})\} \quad (51.4\text{-}1)$$

当前,许多制造业企业已将产品设计视为企业竞争力的根本所在,这是因为产品设计阶段的投入虽然仅占产品总成本的约5%,但设计过程所做的决策几乎决定了产品全生命周期成本的95%。可见决定产品竞争力的主要因素是在设计阶段确定的。参照价值工程理论,产品的价值(竞争力)可通过产品性能和产品成本进行判别,按式(51.4-2)计算。

$$V(t) = P(t)/C(t) \quad (51.4\text{-}2)$$

式中 V——产品价值;

P——产品性能的集合;

C——产品全生命周期成本的集合。

式(51.4-2)中,V、P和C都是时间函数,说明评估产品价值要从系统的角度出发,在产品全生命周期范围内进行。这一考评标准表明产品竞争性也是动态的。

根据式(51.4-2),为提升产品价值(即提高产品的竞争性)至少可从图51.4-1所示的三方面入手进行考虑:

IF	IF	IF
$C\rightarrow$	$C\downarrow$	$C\downarrow$
$P\uparrow = \uparrow \{F, Q\}$	$P\rightarrow$	$P\uparrow = \uparrow \{F, Q\}$
THEN	THEN	THEN
$V\uparrow$	$V\uparrow$	$V\uparrow\uparrow$
a)	b)	c)

图51.4-1 提高设计竞争性的方法

1) 保持产品成本不变,通过增加产品功能、提高产品质量来提升产品的竞争力。例如,丰田汽车在 2010 年因油门脚踏板故障隐患导致的大规模召回事件中,丰田公司若能够及时获取产品运行时的信息并提高产品在运行阶段的质量,就不会造成如此重大的损失。因此,仅关注产品在设计阶段、甚至出厂时性能的优越不能保证产品性能在使用中的持续优越性。在概念设计或者详细设计阶段被认定为卓越的设计仅能代表产品全生命周期竞争性的一个方面,只有在产品全生命周期中具有竞争性的产品才具备真正的竞争力。

2) 保持产品性能不变,通过降低产品成本提高产品的竞争力。降低产品成本可以从降低产品的功能成本、结构成本、行为成本、运行和维护成本以及回收处置成本等多方面考虑,也可通过去除产品的冗余功能来降低功能成本进而降低总成本。

3) 从现代产品设计角度出发,通过获取并应用新的知识,包括新结构、新行为、新材料、新工艺或者新组合等,实现高性能和低成本的共赢。

由于客户在选择技术产品时总是优先考虑产品的功能是否满足需求,通常在产品功能需求得到满足的前提下才会考虑成本等约束条件。因此,在性能上满足新需求或者提高产品的性能是竞争取胜的长远和根本的要素。

关于性能、功能和质量,采用文献中的定义:产品的性能包括产品的功能和质量两个部分,功能是指系统输出对系统输入的响应,质量是功能在全生命周期中偏离期望值程度的度量,依附于功能而存在。在现代设计理论中,性能是竞争力诸要素中最重要的要素,但是在性能相当的情况下,其他要素就成为竞争中新的焦点。

2.2 现代设计以知识为基础、以新知识获取为中心

Hubka 和 Eder 认为设计科学就是关于工程设计知识的需求、范围和管理的学说,设计是知识密集型活动,人们进行设计时总是以已有知识为基础。根据设计学的经典著作对早些年德国工业设计现状的统计:工程设计中 55% 为变型设计,20% 为适应性设计,25% 为创新设计,而所有这些设计都是以人类已经发现的原理或者效应为基础。例如,从事发动机设计的工程师需要以牛顿三大定律、热力学定律、摩擦学等原理知识为基础进行一些力学性能和摩擦学性能的设计,而不需要再重新去探索这些定律和获取这些知识。

固然,工程设计中变形设计和适应性设计的比重很大,但产品设计的竞争性目标要求设计师将注意力更多地放在提升或实现新性能上,变形设计和适应性设计已不再是设计活动的战略重点。以 iPod 为例,苹果公司看似只是利用了已有知识,却恰恰说明通过新的方式整合已有知识,即构建新的知识结构,就能实现产品的新性能。虽然 iPod 的组件大多是外部取得的(外部取得的组件中也包含大量新知识,不然就不会有大容量、超薄的硬盘),但是苹果公司将这些组件成功地集成在一起,实现追求新性能的目标。实际上,集成后的 iPod 产品在性能上的表现如何,在产品集成前并没有相关知识作为依据,必须通过新知识获取才能对产品性能进行评判。因此,如果说利用已有知识并进行集成是 iPod 创新的基础,那么,对新知识的获取则是 iPod 创新的保证。

基于现代设计的竞争属性,在约束条件一定时,产品的竞争性由产品的性能(功能和质量的函数,其中质量是功能实现程度和保持性的度量)和成本决定。为了使所设计的产品能够在竞争中取胜,必须通过获取新知识使产品具有领先的性能或能够满足新的性能需求,并在成本方面具有一定优势。

世界是变化的,在变化的世界中唯一确定的就是不确定性。设计过程同样是动态的、充满不确定性的,因为设计中随时可能出现新的需求。因此,不是所有设计活动所需要的知识都能在设计前预先准备好。设计的动态性和不确定性决定了在设计过程中设计师需要根据所面临的问题或者新出现的问题完成新的知识获取。从另外一个角度讲,无论是采用已有知识还是采用新的知识进行设计,设计结果是否能满足需求仍需要通过知识获取进行验证。如图 51.4-2 所示,这样的知识获取需求不但存在于产品生命周期的初期前端——需求分析阶段,也存在于产品生命周期的后端——报废处理阶段,可以说设计中的新知识获取贯穿于产品全生命周期。

实践表明,不但在设计阶段,即图 51.4-2 中的需求分析→概念设计→详细设计→工艺设计阶段,需要通过新知识获取评估产品的功能、行为、结构是否满足设计需求;在产品的后设计阶段,即图 51.4-2 中的制造→运行/维护→回收/处理阶段,获取新知识对于实现产品的竞争性同样具有重要意义。

产品制造完成并投入使用后,社会环境和自然环境的动态变化通常会对产品提出新的约束需求,故在产品使用中仍存在对新知识获取的需求以满足使用中遇到的各种约束。仍以丰田汽车踏板问题为例,如果丰田公司能够及时获取产品在使用中的信息并根据反馈信息及时获取相关知识,将可能会避免如此大规模的召回事件,也不会因此令丰田公司在产品的竞争力和经济利益方面遭受如此重大的影响。

综上所述,以知识为基础,以新知识获取为中心

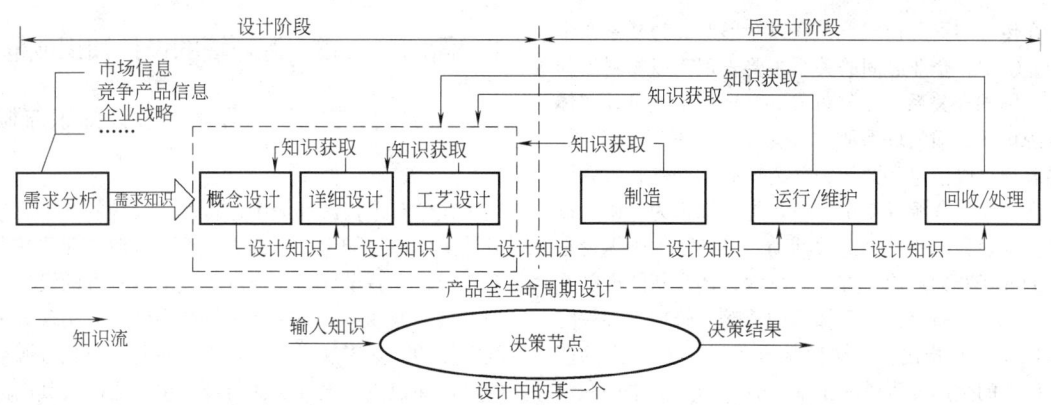

图 51.4-2 产品全生命周期中的知识和知识获取

是现代设计的重要属性,也是实现现代设计竞争性的根本保证。在经济领域,这一判断同样适用。国际会计准则第 38 号和中国会计准则第 6 号明确指出:研究活动的核心是知识获取。因此,设计作为一种研究活动,以知识为基础,以新知识获取为中心的这一基本属性是充分成立的。

2.3 现代设计对分布式资源环境的依赖性

分工和专业化可以使企业获得比较优势,市场交换可以使企业以较低的机会成本和更高的效率获取所需资源,信息和网络技术以及物流技术的发展使得交易成本不断降低。在市场经济追求效率与比较优势的驱动下,设计活动的发展趋势也随之变化,设计所依赖的资源结构已由传统的垂直资源结构转向水平的、分布式资源结构。设计模式的比较如图 51.4-3 所示。

从企业的发展策略来看,将非核心业务外包,如设计活动中的某些知识获取工作外包给企业外部的优势智力资源单元完成,企业可专注于核心业务的建设并降低非核心业务的成本从而保持竞争力;当企业暂不具备自主设计能力时,也可以将核心业务外包,借助分布式资源帮助企业尽快建设其核心能力。知识获取能力与资源的发展和积累相关联,不同的资源在擅长运用其实体(产品企业或者研究院所)中可以得到更为合理、经济和高效率的积累及发展。

从设计的发展趋势来看,设计实体所面对的设计问题将越来越复杂,涉及的知识资源也日益庞杂。在现代设计中,设计实体很难像处理传统问题那样独自具备或能够独立获取设计所需之完整的设计知识。在此背景下,设计的社会性愈发显著。一方面,独立获取设计所需之完整知识资源的成本较高,很少有单位能够独立承担数额巨大的知识获取费用;另一方面,设计工作通常时间紧迫,不会预留足够的时间让单位完成设计探索,因此利用分布式资源进行设计正逐步成为趋势。

当前的产品设计日趋复杂,需要集成多学科的专业知识,例如 A380 客机的设计开发需要空中客车公司与方方面面的供应商和设计单位合作才能完成。现代制造业中,企业通常很难掌握设计活动所需的全部知识,因此其设计创新愈发依赖分布式资源环境的支持。例如,国外 20 世纪 90 年代起就有大量企业开始利用企业外部资源,在较短的时间内,以较低的成本实现了最优的产品性能。韩国 2007 年的一项调查显示:41.70% 的小型制造业企业的经营活动已经依赖小型知识服务企业,而大型制造业企业对外部知识服务的需求已经增长到 89.90%。而一项由中国工程院正在组织的调研显示,我国境内制造企业几乎都在利用企业外部资源进行产品设计和开发。

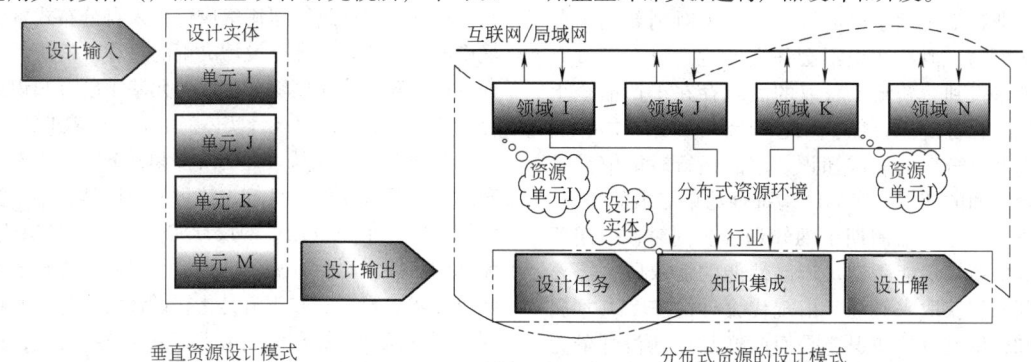

图 51.4-3 设计模式的比较

在传统的资源模式下,在以有形产品为联系纽带的产业链中,企业之间的关系主要表现为以物料流为核心的紧耦合关系。在分布式资源环境下,设计实体和资源单元之间的联系则主要是知识和信息的关联,主要表现为以信息和知识关联为核心的松耦合关系。

在分布式资源环境中,设计是以知识为基础,以获取新知识为中心的创造性活动。设计活动中无论是已有的或者新的理论、方法和技术,还是新的产品系统或工艺,本质上都属于知识的范畴。管理大师德鲁克(Drucker)指出:"知识是今天唯一有意义的资源,传统的生产要素——土地、劳动力、资本——没有消失,但它们已经成为了次要的事"。现如今,知识因其重要性和稀缺性已经成为企业设计中最为核心的生产要素。在分布式资源环境中,资源单元掌握着各自领域中领先的单元技术,而设计实体则掌握了系统或产品的集成技术,在资源单元和设计实体的合作过程中,相互之间的耦合作用将加速技术的进步,而恰当的知识如何在恰当的时间以合适的形式流向知识的需求方是设计创新的关键。

3 设计知识流研究的必要性

基于现代设计以知识为基础、以获取新知识为中心的属性,产品设计过程中需要考虑多领域、来自分布式资源环境中的设计知识,产品设计实质上是知识驱动的设计知识流动过程。目前的现状是:一方面,已有设计理论缺乏对产品设计中知识流的关注,导致设计主体在产品设计中对设计知识流认知的缺失;另一方面,设计主体缺乏对产品设计中知识流动规律的认识,导致无法明辨产品设计中存在哪些驱动和阻碍知识流动的因素,因此也就无法有效地对设计知识流进行控制,这样不但会延长设计周期,还会影响产品创新。

研究设计知识流是为了支持产品设计,特别是在自主创新的背景下支持企业基于分布式资源环境融合来自各方的设计知识进行产品集成创新,从而帮助企业在市场竞争中取胜。新知识对创新的重要性不言而喻,但新知识不会凭空产生,只有通过获取才能够得到。新知识获取的需求存在于产品全生命周期过程各阶段,如获取客户需求知识、能够满足新的性能需求的领域知识、产品运行时能够满足的环境方面的知识、产品结构符合约束需求的知识、加工制造等全生命周期中的知识等。同时,应用所获取到的新知识能否满足产品性能的需求同样需要经过新知识获取来验证。由现代设计的三个基本属性可知,研究设计知识流是面向产品创新设计最为关键的问题。

4 面向分布式资源环境的设计知识流框架

4.1 面向分布式资源环境的设计知识流概念框架

在分布式资源环境中进行产品设计的基本思想是设计实体通过知识服务的方式请求资源单元代其获取新知识,而后设计实体通过集成来自各方的设计知识的方式,低成本、快速地进行产品创新以实现竞争取胜的目的。基于这一基本思想,面向分布式资源环境的设计知识流是设计实体与资源单元之间及其内部需求信息和满足需求的设计知识流动的过程,其概念框架如图51.4-4所示。

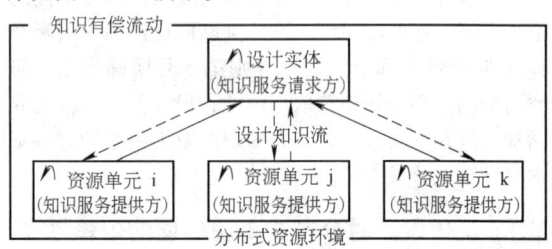

图51.4-4 面向分布式资源环境的设计知识流概念框架

基于设计知识流概念框架,设计知识在分布式资源环境中流动能够帮助设计实体和资源单元实现各自的价值,是知识的有偿流动。设计知识在设计实体或资源单元内部的流动属于组织内部范畴,已有的设计理论为我们研究组织内部如何基于已有知识进行产品设计提供了诸多有益借鉴,我们在已有研究的基础上将注意力集中在新知识获取上。

4.2 面向分布式资源环境的设计知识流层次模型

对图51.4-4所示的概念模型进行拓展,增加时间维度和流量维度,用于表明知识在不同层面流动的时间和流量的不同,我们得到如图51.4-5所示的设计知识流层次模型。其中,设计实体层面的设计知识流反映了设计实体通过知识流集成包括来自分布式资源环境中的设计知识,进行设计决策的过程。资源单元层面的设计知识流动反映了资源单元基于已有知识或进行新知识获取以满足设计实体提出的知识需求的过程。

基于该模型,从设计的阶段和任务特征来看,分布式资源环境中的设计知识流可分为四类:第一类知识流是指在承担该任务的设计实体内部的知识流动,流动的主要是以特征表达的性能、约束和逐步形成的解决方案;第二类知识流是指在设计实体与资源单元间知识的流动,流动的是需求信息和解决方案;第三类知识流是指在各个智力资源单元内部进行的、根据

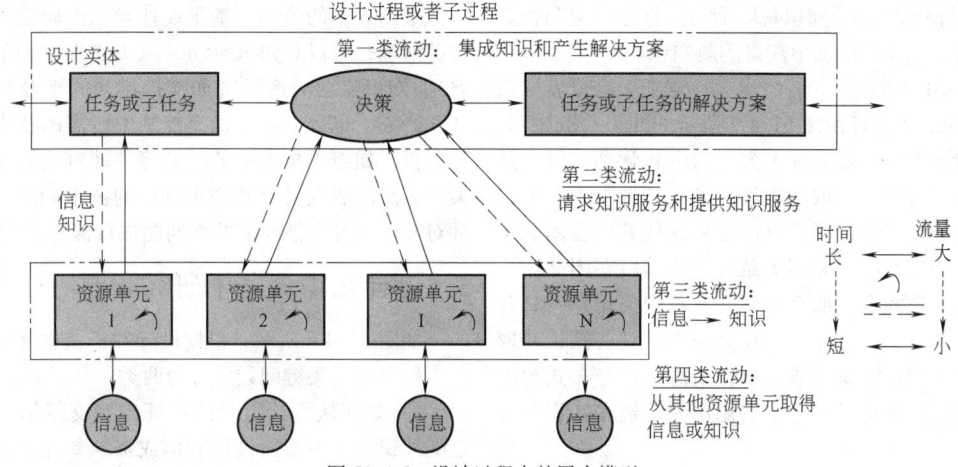

图 51.4-5 设计过程中的层次模型

请求方的请求进行信息采集并加工成可以支持设计（回答请求）的知识的流动；第四类知识流是指资源单元为得到解决方案而需要从外部采集信息时发生的知识流动。实际上第三类和第一类知识流，第二类和第四类知识流只是在复杂程度上不同，这里仅针对第一类和第二类知识流进行研究。

从知识流的流量来看，设计实体由于承担产品开发任务，其内部的第一类知识流的流量最大，时间也最长。资源单元只是针对设计实体提出的知识或知识获取需求提供服务。因此，与设计实体内部的第一类知识流相比，资源单元内部的第三类知识流的流量和流动所耗时间均少于第一类知识流。设计实体和资源单元之间的第二类知识流中主要流动的是需求信息和提供的设计结果，因此流动的时间更短，流量相对也更小。第四类知识流无论从量上还是时间上看都少于其他三类知识流。

从流动的时效来看，分布式资源环境中的设计知识流（主要是指设计实体和资源单元间的第二类知识流）可以分为两大类：即时知识流和限时知识流。即时知识流是指给定输入后能够即刻给出输出结果，比如在线搜索服务，在线翻译等服务类型。限时知识流是指在约定时间内知识从提供方流向需求方，如研发合作。

从表现形式来看，设计实体和资源单元间的第二类知识流表现为：设计实体向资源单元请求设计知识服务和资源单元向设计实体提供设计知识服务，具体包括"多对一"（Many to One, M2O：多家资源单元向一家设计实体提供设计知识服务）模式和"一对多"（One to Many, O2M：一家资源单元同时向多家设计实体提供设计知识服务）模式。

4.3 设计决策和知识获取的实施过程

基于如图 51.4-5 所示的设计知识流层次模型，设计实体中的第一类知识流可视为如图 51.4-6 所示的一系列决策过程。其中，决策节点在对集成后设计未知度的评价（亦即设计知识完整度评价）中，要做出对集成效果肯定或否定的决策。若为肯定决策，需要根据未知度评价提出新的知识获取需求；若为否定决策，需要回溯到前一个决策点重新决策。由前一个决策节点提出的知识获取任务将在两个决策节点之间进行如

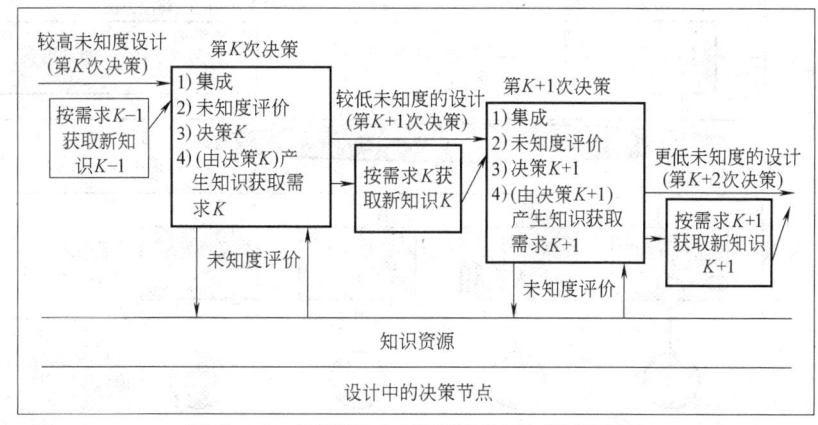

图 51.4-6 产品设计中的决策节点与决策过程框架

图 51.4-7 所示的设计知识获取活动。肯定决策和否定决策本身也是设计活动中获得的新知识。

如图 51.4-6 所示,若做出"按需求 K 获取新知识 K"的决策,需要经由图 51.4-7 所示的知识获取过程。首先,设计者本人要对其个人能力进行评估,做出是否由本人进行知识获取的决策;若设计者本人能力不足以进行知识获取,那么设计者将评估其所在团队是否具备知识获取能力和相关条件;若其所在团队仍不具备知识获取能力,那么评估其所在的公司是否具备知识获取能力;若设计者所在公司仍不具备知识获取能力或不能满足知识获取需求,则需要在分布式智力资源环境中搜索提供服务的资源单元,建立知识服务知识流。

以上提出的关于知识流研究中的两个问题涉及的范围较为广泛,它们是构造分布式资源环境基本理论的关键要素。知识的流动是分布式资源环境中最基本的活动,知识需求是设计知识流动的驱动力因素,知识流动的内容是知识和与知识获取有关的事宜,知识流动的结果就是设计知识的需求方得到了开展设计所需要的知识。设计知识流理论研究的目的是实现设计知识最高效率的流动。基于设计知识流研究中的两个关键问题,可以对知识流动的源头(即知识的供求双方)、知识流动的途径(如支持流动的平台)和控制展开研究,也可以对知识流控制中所需的技术手段进行分析,如组件技术中的问题等。针对这两个问题中某一方面的研究又涉及许多具体的技术问题,下面将针对技术研究所涉及的共性问题进行探索。

5 设计知识流若干研究问题

如图 51.4-8 所示,根据设计知识流框架,设计知识流研究中的关键问题可分为两类:

1) 如何从设计自身的特征出发支持第一类和第三类知识流,即帮助设计实体或资源单元快速、低成本地通过重用已有知识、获取和应用新知识来实现设计创新。

2) 如何支持第二类和第四类知识流,即支持设计实体和资源单元之间知识服务的实现,即帮助设计实体通过知识集成的方式实现产品创新、资源单元通过提供知识服务的方式获取价值。由于第一类和第三类知识流中,设计知识都是在同一组织内部流动的,

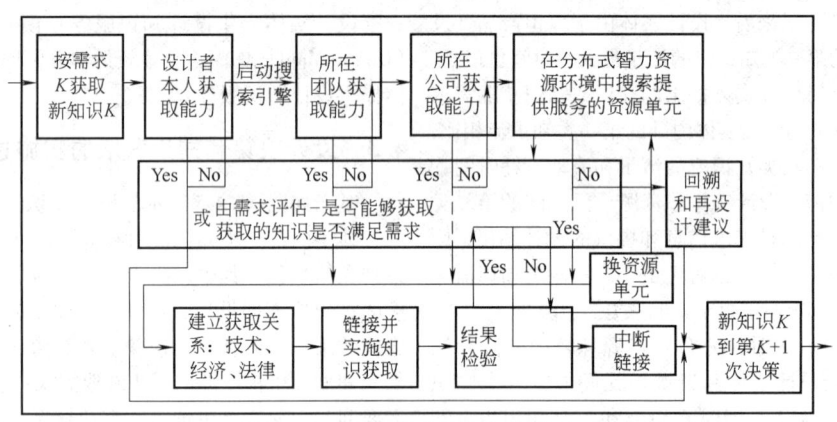

图 51.4-7 知识获取的实施过程框架

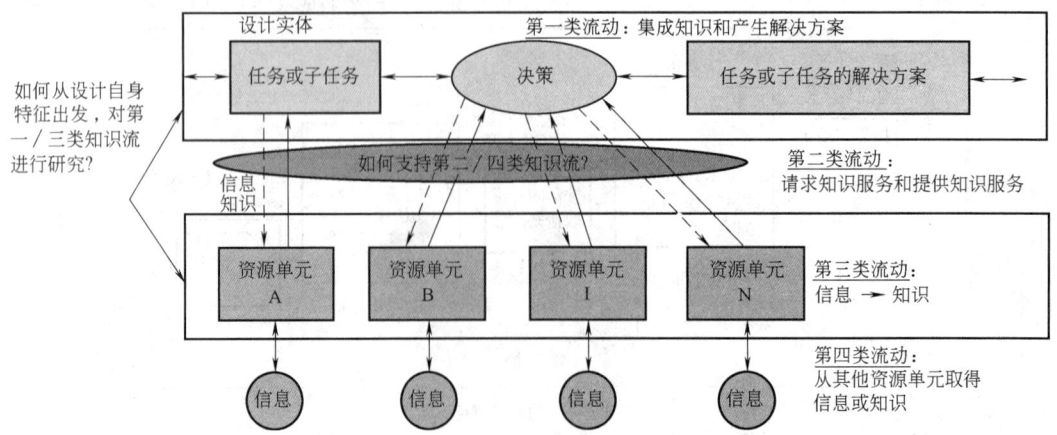

图 51.4-8 设计过程中的知识流及需要研究的问题

因此可统一按照第一类知识流进行研究。而第二类和第四类知识流是设计知识在不同组织之间流动，因此可统一按照第二类知识流进行研究。

无论是针对第一类还是第二类知识流进行研究，都要对产品设计中的设计知识流进行认知，并分析设计知识流的驱动力因素和阻力因素并探索针对哪些因素、从哪些方面入手对设计知识流进行控制。如果不能明辨阻力所在，将很难采取有效的策略和方法提升设计知识流的效率和效果。为此，针对以下问题和研究做以下假设进行研究。

5.1 关于设计知识流的认知建模

假设1：对设计知识流进行认知建模可降低设计者认知差异对知识流造成的阻力。

假设2：对设计知识流进行建模有助于利用计算机技术实现对设计知识流的控制。

只有更好地理解设计对知识和新知识获取的需求，才能够更好地理解设计知识流。进行设计知识流建模研究是为了帮助设计者对设计过程和设计过程中需要获取和应用哪些设计知识进行认知，从而降低设计知识流中存在的阻力。同时，模型中的元素也可以作为针对设计知识流关键要素——设计知识进行表示的基础。

5.2 关于设计知识流动力学分析与实证研究

假设3：设计知识流与自然界中和人类社会中的"流"现象具有相似性和相异性。

假设4：组织内部的设计工作中存在多种驱动力和阻力因素。

假设5：设计知识流中存在的阻力与设计知识流的关键要素有关。

设计的社会性、技术性和认知性特征决定了不能仅从技术的角度研究设计知识流，还要考虑设计所处的环境，即考虑社会因素对设计的影响，考虑设计中不同主体的认知差异对设计知识流的影响。诚如自然界和人类社会的"流"现象一样，一切流动都有其驱动力，如自然界中水的流动是因为存在势能，电流的存在是因为存在电势差，物品的流动是因为运输工具的作用。因此，知识同样是由于某些驱动力的存在才产生流动的。"流"现象中有驱动力也有阻力，设计知识流研究的一个重要功能就是辨析知识流中的阻力并提出减小阻力的解决方案。在分布式资源环境中，设计和服务是企业获取高附加值的业务部分，为什么还有大量的企业依旧追求规模经济模式，而不愿意对知识服务请求做出响应？这些问题是制约分布式资源环境中设计知识流动的关键问题，不深入剖析就无法找到症结所在，也就难以针对知识流进行有效的控制。

5.3 关于设计知识流的控制与实现

假设6：通过控制设计知识流中的关键要素可以实现对设计知识流的控制。

假设7：面向知识服务的设计知识流引擎可以实现控制设计知识流的功能。

以城市给水系统为例，给水系统中的"流"是水，途径是管道，供求双方是用户和自来水供应公司。在源头和用户端都可以采取措施对水流进行控制，如安装阀门、水泵等。如果用户没有用水需求就关闭水龙头或者干脆不申请开通自来水；如果阀门开得不够大，用户将得不到所需水流。类比可知，可以通过控制知识流动途径、知识需求和知识实现对知识流的控制。设计知识流引擎的主要功能是控制无序流动的知识、生成有序的流动，从而帮助知识服务中的供求双方减少发生服务和交易时的成本。

5.4 关于设计知识流理论与方法研究的实证

如何对设计知识流理论与方法研究所取得的结果进行检验是需要考虑的问题。美国机械工程师协会（ASME）期刊《Journal of Mechanical Design》主编Papalamabros认为，设计应以哲学为指导、以工程为背景、以计算机技术为支撑。如果研究设计知识流理论基础和认知建模方法以哲学为指导，设计知识流控制以计算机技术为支撑，那么检验理论和方法是否有效，最好的办法是进行工程实践，作者在发动机摩擦学设计方面的工程实践就是对设计知识流理论与方法的最好实证。

第5章 基于设计知识流理论的摩擦学设计

1 引言

本章主要研究如何在工程实践中应用设计知识流理论和方法。选取发动机摩擦学设计作为实例研究与验证的对象,将设计知识流理论与方法研究成果应用到发动机摩擦学设计中,对理论和方法研究的部分成果进行初步验证。选择发动机摩擦学设计作为工程应用案例是基于以下考虑:

1) 根据摩擦学的三个公理,摩擦学行为是系统依赖的,摩擦学元素的特性是时间依赖的、摩擦学行为是多个学科行为间强耦合的结果,摩擦学的自身特征也决定了摩擦学设计对知识的依赖性——应用已有知识和获取新知识。

2) 发动机属于复杂产品,发动机中的零部件往往来自不同的企业,针对该产品进行摩擦学设计可较好地实践分布式资源环境下的设计知识流理论。

3) 来源于企业的真实需求,具有应用价值。

本章介绍了企业所提出的摩擦学设计任务,从设计知识流理论视角对摩擦学特征以及摩擦学建模方法进行了研究,对摩擦学设计的重要意义进行了探索;分析了当前摩擦学设计中存在的困难,针对企业提出的摩擦学设计需求,以活塞组-缸套系统摩擦学设计任务为对象,将设计知识流理论与方法应用于实践。

2 摩擦学设计任务

2.1 摩擦学设计目标

设计实体(国内某主机厂)提出的摩擦学设计需求为:针对A型号发动机在保证其可靠性的同时将摩擦损失降低10%。根据保密协议,已隐去提出摩擦学设计需求的企业真实名称以及发动机的相关真实信息,相关信息以符号代替。根据PFWSB模型对设计实体提出的需求进行分析,其中将发动机摩擦损失降低10%是设计实体提出的功能目标,保证可靠性是设计实体提出的约束目标。保证可靠性是指经过设计之后的摩擦学系统要能够满足设计实体提出的可靠性指标。

发动机中主要摩擦副包括:凸轮顶杆、活塞组-缸套、轴承,根据已有知识,上述摩擦副占整机的摩擦损失的百分比如图51.5-1所示。活塞组-缸套系统对摩擦损失的贡献约占44%,轴承对摩擦损失的贡献约占25.50%,上述两部分也是目前学术界和工业界广泛研究的课题。在上述摩擦副中,除气门和附件外,其余部分均为企业提出的摩擦学设计对象。上述功能目标和约束目标适应于上述摩擦学设计对象。

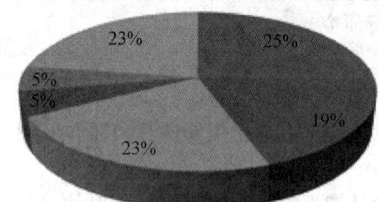

图51.5-1 内燃机中摩擦损失分布

2.2 摩擦学设计对象的选择

2.2.1 设计对象的选择理由

本章拟通过工程实例对设计知识流理论予以验证。一方面限于篇幅,以活塞组-缸套系统摩擦学设计为例便可满足对设计知识流理论验证的要求;另一方面,选择该系统对设计知识流理论进行验证是基于以下考虑:

1) 活塞组-缸套系统包括活塞环-缸套和活塞裙部-缸套两对典型的摩擦副,这两对摩擦副含有比较全面的摩擦学各方面的问题:摩擦,多种形式的磨损,从完全流体润滑、混合润滑到边界润滑,以及系统参数的时变特性。因此,活塞组-缸套系统是研究摩擦学设计的理想对象。

2) 活塞组-缸套系统在整个发动机的摩擦损失中所占比例最大,该系统所产生的摩擦学问题直接影响发动机的主要指标、寿命、工作的稳定性、可靠性和经济性,因此以该摩擦学系统为对象进行摩擦学设计不但具有重要的现实意义,同时能够满足某企业所提出的针对A型号发动机降低发动机摩擦损失和保证可靠性的现实需求。

3) 活塞组-缸套系统的设计过程是较为复杂的产品设计过程,而活塞组-缸套系统的摩擦学设计至少涉及摩擦学知识、动力学知识、燃烧相关知识、数值仿真知识、计算机编程知识、数据处理相关知识、试验知识、CAD建模知识以及有限元分析等多学科、多领域知识。因此,利用该系统作为摩擦学设计对象有利于对典型的工程设计中的设计知识流问题进行探讨。

4）该系统的摩擦学设计至少涉及设计实体（主机厂）、资源单元（活塞环、活塞、缸套、润滑油、曲轴、连杆等供应商，摩擦学设计服务提供方），多利益方的参与势必存在阻碍知识流动的因素。因此，以该系统的摩擦学设计为对象可实践分布式资源环境下的设计知识流理论。

2.2.2 活塞组-缸套系统摩擦学设计的基本内容

基于设计实体在活塞组-缸套系统摩擦学设计方面的已有知识，针对 A 型号发动机活塞组-缸套系统所进行的摩擦学设计内容如图 51.5-2 所示，所需要进行的知识获取工作的基本内容如下：

1）对活塞环组进行摩擦学设计。包括选择环的搭配形式，确定各环的材料、几何尺寸、热加工工艺、冷加工工艺、表面处理工艺、表面粗糙度以及强度的验算。

2）对活塞裙部进行摩擦学设计。包括裙部型线的设计、椭圆度的设计、活塞销偏置设计、裙部刚度、裙部表面处理工艺、表面粗糙度、润滑区域等。

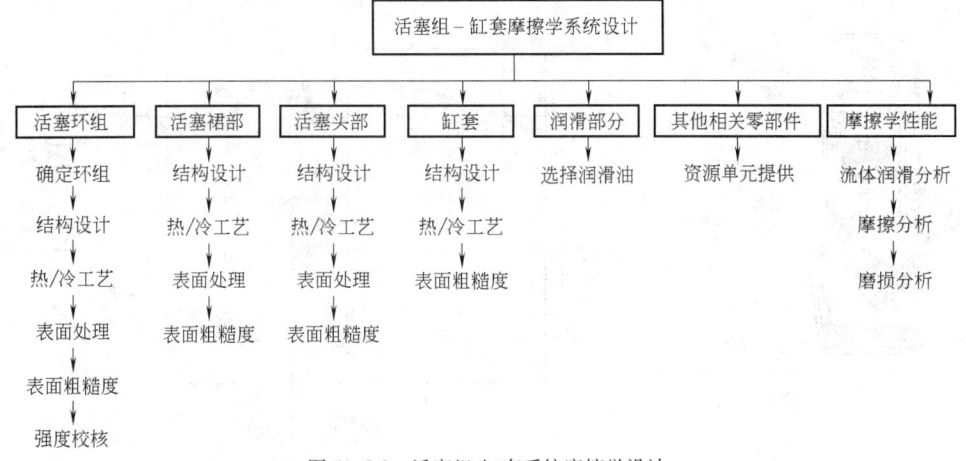

图 51.5-2 活塞组-缸套系统摩擦学设计

3）对缸套进行摩擦学设计。只考虑与摩擦学设计有关方面的设计，如选择缸套的材料，选择缸套材料的热加工工艺、冷加工工艺、表面处理工艺及表面光洁度。而将缸套的结构尺寸作为参数在程序运行开始时输入。

4）对活塞头部进行摩擦学设计，包括环槽的磨损分析。

5）对润滑部分进行摩擦学设计，选择合适的润滑油和供油方式。

2.2.3 摩擦学设计的一般目标

设计一个能经济、可靠地实现运动保证功能的摩擦学系统是摩擦学设计的任务。摩擦学设计的目标是在满足用户需求的前提下，使摩擦功耗和磨损最小，其他摩擦学指标（如与摩擦学行为有关的必要的可靠性、合适的寿命、最大生产率、最低制造和运行维护成本）以及对环境的影响达到既定的要求。若不满足要求，则需获取和应用摩擦学知识修改设计，直到满足要求。如内燃机中的摩擦副活塞裙部-缸套，要在保证导向的同时尽可能地减小摩擦损失和保证可靠性。一般意义上，摩擦学设计的目标是应用和获取新知识来满足用户提出的性能需求和由环境产生的约束需求。

2.3 摩擦学系统行为的建模方法

长期以来，摩擦学研究工作者更多的是通过试验来认识和发现摩擦学规律。近年来，虽有诸如优化、人工智能、数据库、专家系统、并行计算等现代设计技术和方法被引入摩擦学设计中，但是除非能够定量地预测摩擦和磨损并且保证预测的准确度，否则摩擦学设计仍旧不是一个科学的过程。由于摩擦学对多个学科具有依赖性，并考虑竞争对开发速度的影响，因此依靠个人的力量获取摩擦学设计所需要的全部知识显然是不现实的。如果能够针对摩擦学系统进行建模，将模型作为知识集成的框架并支持单元知识的引入及其集成的仿真，无疑将有助于提高摩擦学设计的效率和效果。

2.3.1 摩擦学系统

仅仅将摩擦学系统定义为包括相互作用表面、润滑介质已经不能满足摩擦学设计的需求。定义摩擦学系统结构还需考虑结构的表面性能，如表面结构、涂层和热处理方式，还需考虑润滑、状态监测等方式。因此，完整的摩擦学系统可以表述为：

$$TriboSys = [S, LubSys, StateMonitorSys, StateControlSys] \tag{51.5-1}$$

式中 $TriboSys$——摩擦学系统；
　　　　S——系统结构；
　　　　$LubSys$——润滑系统（如包括润滑介质、循环系统、冷却系统和油滤清系统）；
　　　　$StateMonitorSys$——状态监测系统（例如用于在线实时监测油液中磨损颗粒变化的在线铁谱）；
　　　　$StateControlSys$——状态控制系统，这些系统共同组成了摩擦学系统。

如图 51.5-3 所示，左边是发动机摩擦学系统总体示意图，右边是活塞组-缸套摩擦学系统，主要由活塞裙部、活塞环、缸套以及润滑介质和工作环境所组成。

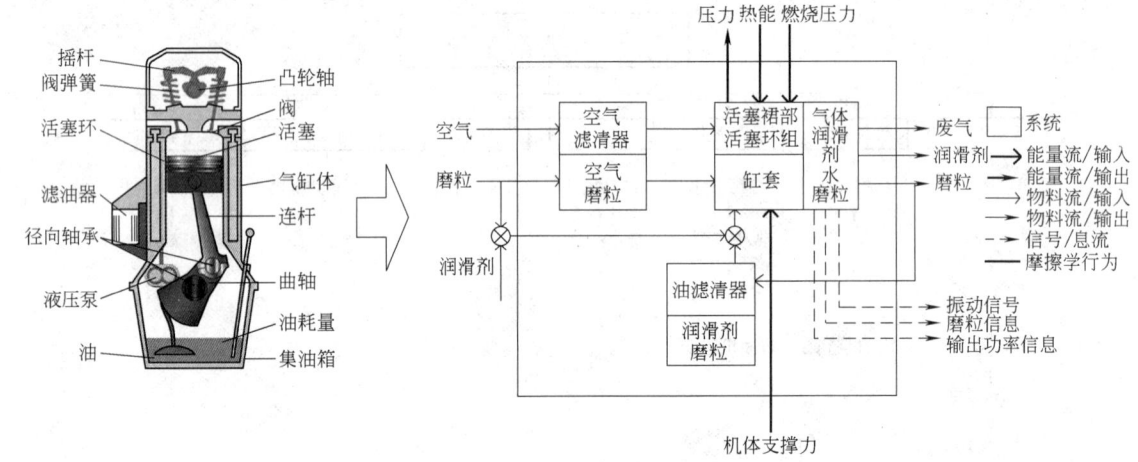

图 51.5-3　活塞组-缸套摩擦学系统示例

在上述系统组成元素中，摩擦副元素 S 可以表述为：

$$S = \{G, A, H\} \tag{51.5-2}$$

在式（51.5-2）中，采用 G 代替文献中的元素 E、采用 A 代替 P，以避免与 PFWSB 本体中的符号相混淆。$G = \{g_1, g_2, \cdots, g_N\}$ 表示系统中元素的集合；$A = \{a_{g1}, a_{g2}, \cdots, a_{gN}\}$ 表示各个元素性质的集合。性质包括几何和广义物理性质两方面，广义物理性质包括材料性能参数（弹性模量、剪切模量、泊松比、热导率、比热容、屈服应力、硬度等）和表面处理方式等性质；$H = \{h_1, h_{e1}, h_{e2}, \cdots, h_{en}\}$ 表示系统和系统中各元素的历史信息的记录，记录 H 时至少包括时间、空间、环境、输入四方面关联信息。H 并不是一组可以用参数表达的变量，而仅仅是历史记录的集合，它们通过 A 发生作用，同时又是确定当前 A 的根据。在求解过程中，根据这些记录，应用相关学科的已有知识和模型计算 A 中各个元素的值就可以得到摩擦学系统的结构 S。

2.3.2　摩擦学系统行为的状态空间法建模

(1) 采用状态空间法建模的原因

1) 从理论角度分析。根据摩擦学的三个公理，摩擦学系统的系统特性可以由状态方程和输出方程描述。具体表现如下：

① 摩擦学行为是系统（结构）依赖的，摩擦学系统中最主要的相对运动是较大尺度的相对运动，摩擦学系统中最主要的相互作用是力的作用，状态空间法可用于处理力学问题。

② 摩擦学行为导致系统结构变化的速度大大超过系统中由其他行为导致的变化，因此，过去通常作为时不变处理的系统，在摩擦学研究中都要作为时变系统处理，状态空间法适应于处理时变问题。

③ 摩擦学系统中结构变化是多学科行为强耦合的结果，以状态空间法为框架支持单元知识的引入及其耦合（集成）的仿真。

2) 从实际角度分析。目前，对系统行为进行评估的工具有很多，但是多数软件具有领域依赖性，都有确定的应用领域，缺乏通用性并且价格昂贵。如 MSC.Adams 可以进行动力学行为仿真，ANSYS 可以进行结构模态等行为仿真，UG 等 CAD 软件可以进行装配和运动仿真，Isight-FD 可以进行多学科优化仿真，AVL-Piston&Ring 可以进行活塞动力学和简单的摩擦学分析。但是，CAD/CAE 软件好比是一个黑箱，使用者不容易知道其内部运行的原理，而且使用者不能按照自己的意愿对软件进行修改。经与 AVL 工具对比，书中的方法可以实现 AVL 工具不能实现的功能，如针对活塞裙部的摩擦学行为进行分析。状态空间模型不但应用领域十分广泛（如适用于经济、人口、市场等诸多领域），而且适合计算机模拟，因此采用状态空间法对摩擦学系统进行建模。

3）从状态空间法的功能角度分析。状态空间模型的功能如图 51.5-4 所示。基于状态空间模型，可根据系统初始或者过去某一时刻的状态，预测系统未来某一时刻的状态；可考察系统参数对系统状态的影响；可通过分析系统行为（图中的目标状态变量），获取设计理由知识用以修改设计。

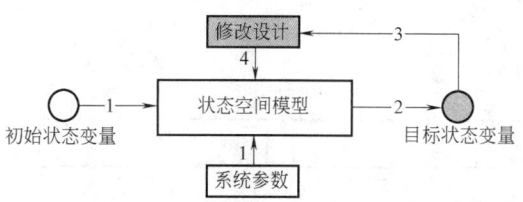

图 51.5-4　状态空间模型的功能
1—准备运行模型所需参数　2—运行模型的系统行为结果
3—分析结果获取设计理由知识
4—修改系统设计结构重新运行模型

（2）状态空间模型的结构　根据控制理论知识，一个给定系统的状态空间模型为

$$\begin{cases} X(t) = AX(t) + BU(t) \\ Y(t) = CX(t) + DU(t) \end{cases} \quad (51.5\text{-}3)$$

式中　X——状态矢量；
　　　U——输入矢量；
　　　Y——输出矢量；
　　　A——系统结构矩阵；
　　　B、C、D——输入和输出关系矩阵。

四个矩阵反映了输入通过结构对状态变化和输出产生的影响，状态变化通过结构影响输出。因此，在摩擦学设计中，当产品结构关系已经确定时，根据学科原理知识建立系统的状态空间模型，即可在给定输入条件进行产品行为预测。

3　活塞组-缸套系统摩擦学设计知识流分析

根据前面提出的设计知识流关键要素框架对活塞组-缸套系统摩擦学设计中的知识流进行分析，具体包括知识和知识需求分析、知识供求双方（即参与到设计中的设计实体和资源单元）以及对知识流途径的需求分析。利用设计知识流驱动和阻力分析，重点分析设计实体和资源单元之间存在的阻碍第二类知识流的阻力因素。

3.1　活塞组-缸套系统摩擦学设计知识流要素分析

3.1.1　知识和知识需求分析

利用分布式资源环境中获得的知识进行摩擦学设计时，设计知识可分为集成知识和单元知识。进行活塞组摩擦学设计的重点是设计实体通过知识获取得到能够集成单元知识的知识集成模型，而单元知识可以由其他资源单元，如零部件供应商、科研机构等专门从事某种服务的单位提供。而活塞组-缸套系统摩擦学设计的关键是提出适合该系统的知识集成框架，开发系统分析工具并为所有可能影响摩擦学性能的因素提供接口。如主机厂拥有此种分析工具，那么主机厂只需要向零部件供应商提出知识和获取服务需求并通过集成零部件供应商提供的知识便可判断该系统是否满足设计需求。这说明虽然任何单个实体都不具备独自设计有竞争力产品的能力，但通过知识流、利用分布式资源环境中的知识服务可以完成有竞争力的产品设计。

（1）对集成知识的获取需求

集成知识是指能够将单元知识集成起来进行系统分析的知识。本研究中实际上包含的摩擦副有活塞裙部-缸套、活塞环组-缸套及活塞销座-活塞销，因此如何开发能够集成来自多学科知识的知识集成模型是进行摩擦学设计的关键问题。由于集成知识是设计实体核心竞争力的体现，因此集成知识的获取工作主要由设计实体主导完成。

摩擦学问题具有多学科性、系统依赖性和时变性的特点，而以往的稳态模型无法实现对瞬态行为的预测。为保证产品在全生命周期中的可靠性，针对这一新的需求要有能够与之相适应的摩擦学设计工具。经过文献检索，我们发现 Journal of Automobile Engineering 上发表的一篇文章论述了活塞销偏置对摩擦和变惯性的影响，但该文对摩擦的处理十分简单。我们提出在摩擦学分析中引入变惯性的假设，以实现对瞬态行为的预测。经过模型推导我们得到了能够预测活塞组-缸套系统摩擦学性能的模型并进行了大量的实例验算。由于设计的过程可以看作是知识状态不断变化的过程，那么就可以用式（51.5-3）所示的状态方程作为知识集成框架，状态方程中的元素则可以看作是资源单元所提供的知识服务。在式（51.5-3）中，A、B、C、D 阵中元素 A_{ij}、B_{ij}、C_{ij}、D_{ij} 都可以看作是由分布资源提供的知识服务。能够体现出设计过程、知识获取资源和分布式资源环境之间关联关系的知识集成框架如图 51.5-5 所示。

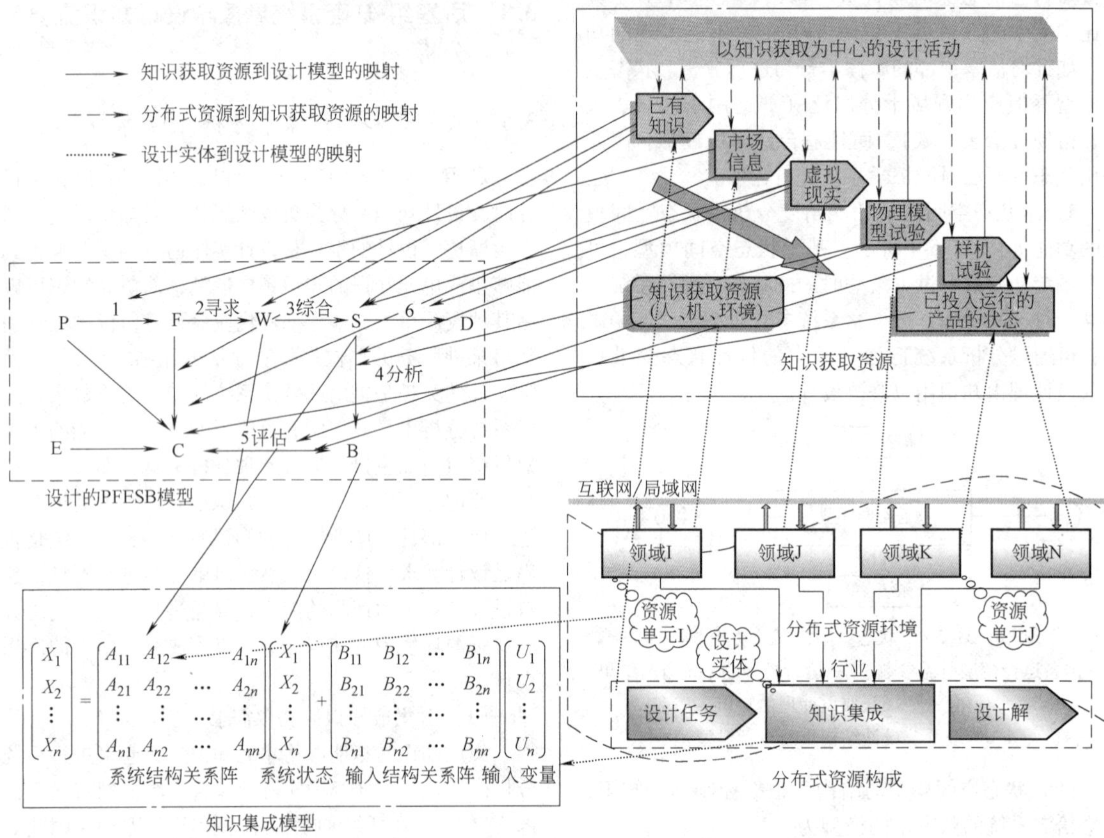

图 51.5-5 知识集成框架

针对活塞组-缸套系统,我们选择活塞二阶运动变量和曲轴转角变量作为状态变量,然后针对动力学模型进一步推导,得到能够预测状态的状态空间模型。如果将状态空间中的变量看成是由其他资源单元经过知识服务所提供的知识,那么该模型就可以作为摩擦学设计中知识集成的框架,用于集成来自分布式资源单元的领域知识。

(2) 对单元知识的获取需求

单元知识是指针对系统中某一或者某些元素有关的领域知识。活塞组-缸套系统摩擦学设计中的单元知识包括获取燃烧压力数据的燃烧学方面的知识,能够进行传热分析的传热学方面的知识,能够进行摩擦、磨损和润滑分析的摩擦学知识,能够提供基础试验分析、进行结构力学分析和疲劳分析等方面的知识,以及活塞制造方面的知识。

在活塞组缸套系统摩擦学设计中,为了更为直观地表示影响活塞组-缸套系统摩擦学性能的多学科因素,图 51.5-6 给出了影响活塞裙部摩擦损失的影响因素。关于裙部润滑以及活塞环摩擦方面的单元知识获取方法见参考文献。

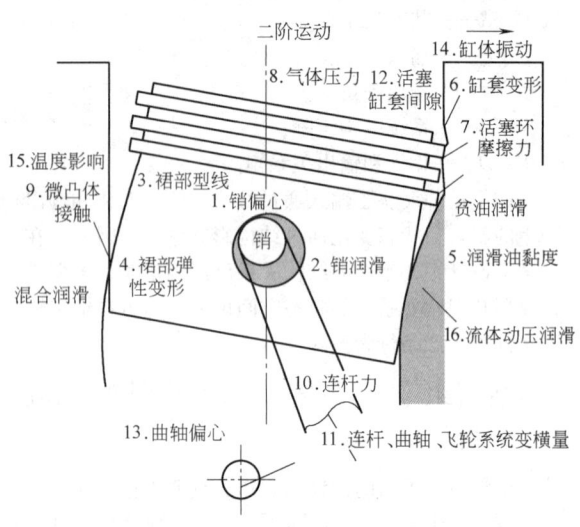

图 51.5-6 影响活塞摩擦的单元因素

(3) 对摩擦学性能过程知识的获取需求

我们应用 ICLPDP 软件,基于已有知识设计的活塞组-缸套擦学系统能否满足需求还要经过新知识获取对其进行验证,ICLPDP 软件则用作新知识获取的工具。使用 ICLPDP 软件获取活塞组-缸套系统摩擦学设计知识的过程如图 51.5-7 所示。

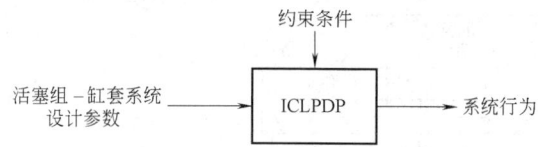

图 51.5-7 基于 ICLPDP 软件的知识获取过程

该软件通过获取活塞组-缸套系统摩擦学设计的性能来确定能否满足设计需求,运行该软件所需要获取的输入信息需要依赖通过知识获取其他学科知识取得,如依赖于缸内燃烧压力获取方面的知识、系统结构信息(包括活塞组、连杆、曲轴和缸套)、系统结构分析及热分析知识、裙部和活塞环的摩擦学分析知识。若设计实体需要评价零部件供应商所提供的零部件产品的摩擦学性能能否满足设计实体设计的需求,根据该软件的输入需求请求零部件供应商提供相应的知识就可以进行摩擦学性能评估。

3.1.2 知识供求双方分析

这里的知识供求双方是指在分布式资源环境中进行摩擦学设计的设计实体和资源单元。其中,设计实体有向资源单元请求提供知识服务的需求,资源单元有向设计实体提供知识服务的需求。主机厂是一级设计实体,主导整个发动机摩擦学设计;供应商是资源单元,根据主机厂的需求提供零部件制造服务,也可能承担零部件设计和制造服务;大学作为摩擦学设计知识服务提供方,相对主机厂而言是资源单元,相对其他向大学提供知识服务的资源单元而言是设计实体,因此 SUS 作为二级设计实体。本项目摩擦学设计中所包括的具体知识流节点、节点功能、节点角色见表 51.5-1。

表 51.5-1 摩擦学设计中的设计实体与资源单元

知识流节点			功能	角色
主机厂(SE)			设计实体	知识服务请求方
供应商(SS)	活塞供应商(SSP)		资源单元	知识服务提供方
	活塞环供应商(SSR)		资源单元	知识服务提供方
	缸套供应商(SSL)		资源单元	知识服务提供方
	连杆、曲轴供应商(SSCC)		资源单元	知识服务提供方
大学(SU)	大学 SUS	教授(SUSP)	资源单元(二级设计实体)	摩擦学设计服务提供方(作为二级设计实体发挥作用)
		讲师(SUSL)		
		博士生(SUSD)		
		硕士生(SUSM)		
	大学 SUX	教授(SUXP)	资源单元	摩擦学设计服务提供方(表面研究、活塞摩擦原理试验机设计、活塞环摩擦学设计、原理试验、缸套摩擦学设计)
		讲师(SUXL)		
		博士生(SUXD)		
		硕士生(SUXM)		
其他(SO)	其他单位或人员(SO)		资源单元	能够提供知识服务的资源单元

根据第二类知识流阻力分析,设计实体在准备请求知识服务来完成摩擦学设计时就要考虑第二类知识流中存在的阻力可能对设计任务造成的影响。因此,设计实体在选择资源单元时,要对提供知识服务的资源单元的知识产权状况、技术能力现状、信用情况、是否有足够的时间保证设计任务的顺利进行等可能阻碍第二类知识流的因素进行分析。设计实体选择资源单元的一个重要原则就是:选择有知识和知识获取能力的资源单元,且该资源单元有能力在有限的时间内完成设计任务。

SUS 作为资源单元向设计实体 SE 提供摩擦学设计服务。由于摩擦学的复杂性和摩擦学设计对多领域知识的依赖以及活塞环组-缸套系统与发动机其他零部件之间的耦合关系,SUS 存在向其他资源单元请求知识服务的需求,即作为二级设计实体发挥作用,如针对活塞组缸套系统进行摩擦学设计时,需要向作为资源单元的活塞环、活塞、缸套供应商请求诸如样件生产、测试、经济性评估等方面的知识服务。否则,设计实体 SE 也要根据 SUS 的摩擦学设计结果请求零部件供应商提供评估服务和产品制造服务。

基于资源单元 SUS 在活塞组摩擦学设计方面的长期积累,即基于对 SUS 技术能力和信用能力的信任,SE 选择向 SUS 请求摩擦学设计知识获取服务。若设计知识流引擎已经建成且资源单元和设计实体也已经在平台上发布服务需求,就可以利用平台发现知识服务。

如图 51.5-8 所示,在资源单元 SUS 所承担的活塞组摩擦学设计服务任务中,活塞摩擦学设计由 SUS 完成,由于活塞设计需要主机厂提供必要的输入信息，因此设计过程中 SUS 需要与 SE 进行大量沟通与协调，同时还需要请求其他资源单元提供知识服务；摩擦学试验部分主要通过请求知识服务来完成。在后面章节将主要围绕这部分内容进行知识流控制研究。

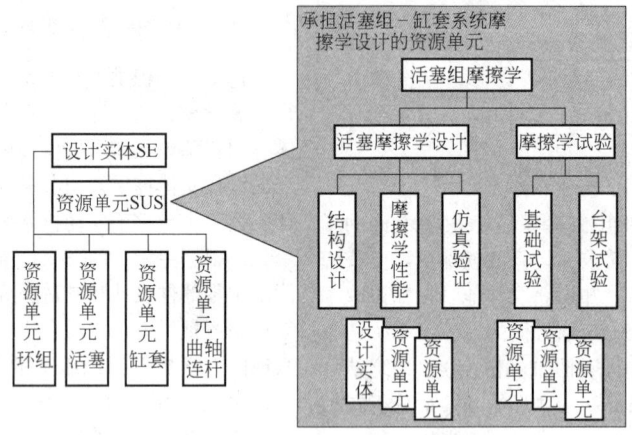

图 51.5-8 发动机摩擦学设计项目

3.1.3 支持第二类知识流的途径分析

任意设计实体（SE）和资源单元（RU）之间的信息流和知识流可以表示为：SE↔RU。在表 51.5-1 中，能够提供同类服务的资源单元有许多种，那么设计实体如何从众多资源单元中发现能够满足其服务需求的资源单元，资源单元又如何获取设计实体的需求信息？相关研究表明，设计实体在进行设计时至少有 20%～30% 的时间花费在搜索能够帮助他们完成设计任务的资源单元信息上，若建立一个设计知识流引擎作为分布式资源环境中的知识流途径，将有助于设计实体和资源单元之间发现知识服务需求，并有助于提升知识流动的效率。

相关研究报告包括对国内 120 多家活塞生产企业进行了调研，调研显示大部分企业设计能力十分薄弱。设计能力薄弱的企业若想在竞争中生存下来，利用知识服务是一条可行的途径。以活塞环企业为例，国内的 6 家外资活塞生产企业占据活塞环高端市场 80% 以上份额，不但在活塞环上形成垄断，而且在活塞、缸套等配套零部件方面不断发展壮大；反观国内的 300 余家民营企业，普遍规模较小，以生产中低端产品为主，经济效益较差。这些民营企业仅仅靠自身实力目前尚无法跟上市场快速的变化，如果不能加快发展步伐，不在设计创新上下功夫，早晚会被竞争所淘汰。若存在数量可观的、愿意提供知识服务和请求知识服务的资源单元和设计实体，即形成分布式资源环境，那么通过第二类知识流将可以提升这些企业的竞争力，实现跨越式发展。

理论上讲，如果表 51.5-1 中的所有资源单元都能够在第六章中提出的设计知识流引擎上清晰地描述自己的服务需求和服务能力，将有助于第二类知识流的开展，当然现实中仍旧存在很多困难。在下节中将对第二类知识流中存在的阻力进行分析。

3.2 第二类知识流中的阻力分析

在本篇第 5 章中识别出的 8 项阻碍第二类知识流的因素均在一定程度上阻碍知识流，其中第 7 项（许多企业不知道找谁提供服务）和第 8 项（服务中由于需求表述的不明确阻碍了知识流的发生或者对知识流的效率和效果造成影响）的阻碍作用较为明显。根据本篇第 6 章提出的设计知识流引擎作为知识流途径来降低这两项因素对第二类知识流造成的阻力。如何发现服务供求双方依赖于设计实体和资源单元愿意在平台上发布需求。假设已经有一批愿意发布需求信息的设计实体和资源单元，平台提供方作为"中介"可以在一定程度上降低其他几项因素产生的知识流阻力，那么剩下的一项关键阻力就是知识需求的描述。接下来在本篇第 7 章第 5 节将着重讨论如何基于知识需求来对摩擦学设计中的知识流进行控制。

4 活塞组-缸套系统摩擦学设计中的知识流控制

4.1 基于知识需求的知识流控制

在第二类知识流中，无论是否发现能够提供服务的资源单元，对需求的控制都是知识流控制的关键。知识服务供求双方对于服务需求描述的不清晰增加了知识服务供求双方的沟通成本，降低了知识流动的效率。所以，对于知识服务需求方而言，明确表述知识服务需求是知识顺利、高效流动的前提；对于知识服务提供方而言，对知识服务能力、输入和输出知识进行清晰描述也是知识流顺利、高效运行的前提。本节仅从需求描述的角度来实践对活塞组摩擦学设计知识流的控制。

根据如图 51.5-9 所示的知识服务描述模型，表 51.5-2~表 51.5-7 分别给出了设计实体与资源单元知识服务描述方法。

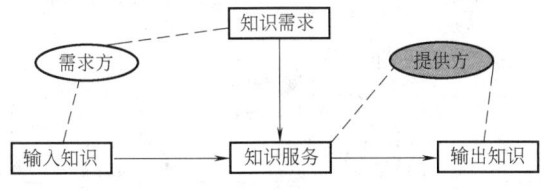

图 51.5-9　知识服务描述模型

如表 51.5-2 所列，设计实体 SE（主机厂）提出设计一个具有高可靠性和低摩擦损失的活塞的知识服务需求，但 SE 对知识服务需求描述的不够明确，为降低知识流阻力，SE 需要按照表 51.5-3 的规定进一步给出明确的知识服务量化需求，并评估已有知识能否满足设计需求。

表 51.5-2　设计实体 SE 的知识服务需求描述

输入知识	知识服务需求描述	服务概况
整机相关知识	为 A 型号汽油机设计满足低摩擦损失、高可靠性活塞	服务请求方信息、服务相关约定

在本文研究中，设计实体 SE 向 SUS 提出表 51.5-3 所示的明确的知识服务量化需求，为了保障供求双方权益，量化的需求将写入由双方拟定的知识服务合同。

表 51.5-3　知识服务量化需求

需求名称	属性值
耐久性目标/h	6000
摩擦损失目标/kW	2000
油耗目标 /g·kW^{-1}·h	270~305
质量目标/g	300
主机厂所能承受的价格范围/¥	30
窜气量目标(max)/L	0.002

在某一领域具有深度知识获取能力的资源单元在描述其知识服务能力时，需要对输入知识、输出知识进行详细描述，从降低知识流阻力的角度考虑还需要对资源单元的基本信息进行详尽描述，以便于知识服务需求方快速地发现资源单元并以较小的沟通成本建立服务关系。表 51.5-4 针对资源单元知识服务提供需求给出了概要描述。

表 51.5-4　资源单元知识服务提供需求描述

输入知识	输出知识	服务概况
整机信息和约束条件	活塞、活塞环、缸套	服务提供方信息、服务相关约定

表 51.5-5 从服务概况、服务产品、服务领域、服务资源和服务信用五方面，对承担摩擦学设计任务的资源单元 SUS 的基本信息进行了描述。其中，服务概况的属性包括单元名称、联系信息和单元核心技术能力。关于其他属性的描述详见表 51.5-5。

表 51.5-5　知识服务概况描述

本体	属性	属性值
服务概况	单元名称	上海交通大学现代设计研究所
	联系信息	地址：上海市东川路×××号机动学院，邮编：2××××× 电话 & 传真：021-×××××××× 网址：www.×××.com
	核心能力	发动机摩擦学设计
服务产品	功能	活塞设计、轴承设计、摩擦学原理试验
	结构	零部件设计图、三维模型
	行为	CAE 分析
服务领域		摩擦学、内燃机燃烧学、动力学
服务资源	人力资源	教授 2 名、博士 6 名、研究生 12 名
	测试设备	发动机台架、摩擦磨损试验机、在线铁谱仪
	软件	SolidWorks，ANSYS，Labview，ICLPDP
	硬件	HP 计算服务器，Lenovo 工作站
服务信用	信任	中国著名高等学府、合同、用户评分
	成功案例	产品，服务
	服务价格	面议
	提供方式	网络、邮递、面对面
	服务周期	2 月~2 年

由于活塞与其他零部件存在耦合关系，因此设计活塞时要从系统的角度考虑，首先要满足整机的需求。表 51.5-6 为资源单元进行活塞设计时需要设计实体 SE 提供的输入知识。

表 51.5-7 表示资源单元描述知识服务时的输出知识。根据输出知识描述，设计实体可以判断选择请求资源单元提供哪类知识获取服务。如果同时有许多家资源单元参与设计竞争，设计实体可参照输出结果对资源单元的服务能力做出评价并选择适合的资源单元提供知识服务。

表 51.5-6　活塞设计服务输入知识描述

组件特征	属性值
整机规格	
排量/L	1.8
压缩比	11∶1
缸径×行程/mm	73×80
气缸数	6
气缸排列	V
冷却方式	水冷
最大转速/r·min^{-1}	6000
最大爆发压力/Bar[①]	80
进气系统类型	VVT
最大扭矩/N·m	120
机油形式	SAE20
活塞环数目	3
活塞关联零部件输入知识	
缸径/mm	73
缸套材料	铝合金
缸套表面处理	表面粗糙度、珩磨
活塞销孔直径/mm	18

① 1bar = 10^5Pa。

表 51.5-7　活塞设计输出知识描述

组件特征	属性或属性值
活塞	
结构	
二维设计图	Piston.dwg/Piston.jpg
三维模型	Piston.prt
设计说明书	Piston.doc
行为 Behavior	
活塞冷却效果评价	PistonCoolAnalysis.doc
活塞耐久性评价	PistonDuraAnalysis.doc
活塞可靠性评价	PistonLifeAnalysis.doc
活塞摩擦学性能评价	PistonTriboAnalysis.doc
活塞销 Pin	
结构 Structure	
二维设计图	Pin.dwg/Pin.jpg
三维模型	Pin.pr
设计说明书	Pin.doc
行为 Behavior	
可靠性、耐久性评价	PinLifeAnalysis.doc
摩擦学性能评价	PinTriboAnalysis.doc
活塞环组 Piston Ring	
结构 Structure	
二维图样	Ring.dwg/Ring.jpg
三维模型	Ring.prt
设计说明书	Ring.doc
行为 Behavior	
可靠性、耐久性评价	RingLifeAnalysis.doc
摩擦学性能评价	RingTriboAnalysis.doc

4.2　实例

基于已有知识，资源单元 SUS 在针对活塞裙部进行摩擦学性能评估时，需要为摩擦学性能评估获取必要的输入知识。限于篇幅，这里仅以获取裙部刚度矩阵信息为例，采用前面的方法说明 SUS 如何描述其知识服务需求。SUS 根据如图 51.5-10 所示的知识服务模型按照以下方式发布知识服务需求。

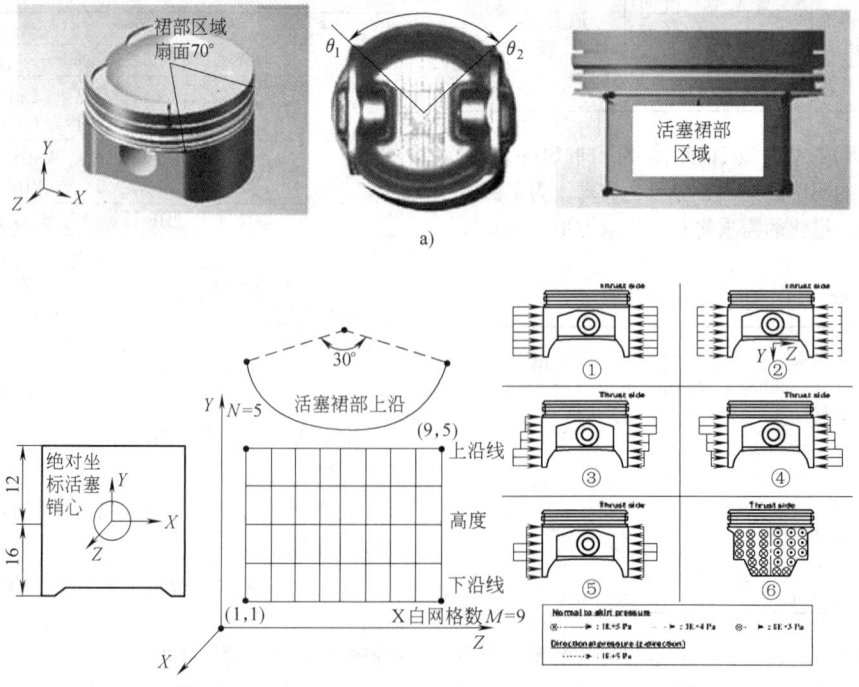

图 51.5-10　求解活塞裙部刚度矩阵的输入声明
a) 裙部刚度求解区域示意图　b) 活塞裙部区域展开图及网格划分　c) 活塞裙部加载方式示意图

(1) 明确 SUS 能够提供的输入知识

1) 活塞三维模型 piston.prt 文件、活塞二维图样。

2) 声明。

① 活塞裙部刚度求解区域如图 51.5-10a 所示。

② 需按照图 51.5-10b 所示进行网格划分，网格形状为矩形。网格数分别为 29*29、59*59、99*99。

③ 需按照图 51.5-10c 所示加载模式进行加载，载荷大小参照图中载荷。

(2) 明确 SUS 需要资源单元提供的知识的格式

1) 数据文件。

① 按照网格数分别为 29*29、59*59、99*99 给出对应的刚度矩阵。

② 需按照图 51.5-10b 对网格编号，刚度矩阵要严格与网格编号对应。

③ 按照图 51.5-11 所示格式提供 excel 数据文件。

	A	B	C	D
1	单元编号(M,N)	变形量(m)	刚度	载荷(Pa)
2	1,1			
3	1,2			
4	.			
5	.			
6	.			
7	1,N			
8	.			
9	.			
10	.			
11	M,N			

图 51.5-11 刚度矩阵数据文件示例

2) 分析过程文件。服务提供方需将 CAE 仿真中生成的结果文件提交给服务请求方，并对网格划、加载、变形云图等关键步骤和结果以 Word 文档形式给出。

3) 服务概况信息。按照表 51.5-5 所示格式对设计实体进行描述，需要明确费用、保密约定、服务周期、提供方式等信息。

5 基于 PFWSB 本体的活塞组-缸套系统摩擦学设计实现

摩擦学设计的目标是应用和获取新知识来满足用户提出的需求并符合环境产生的约束需求。基于知识流理论的摩擦学设计就是研究如何利用已有知识和获取新知识实现摩擦学设计对象的竞争性，而利用分布式资源环境获取新知识是基于知识流理论进行摩擦学设计的特色。上文已经分析了摩擦学设计中存在的知识流阻力并提出了控制方法，本节基于知识流理论对活塞组-缸套系统摩擦学设计进行实践。

5.1 基于 PFWSB 模型的活塞组-缸套系统摩擦学设计过程

传统的摩擦学设计仅针对新需求对给定的结构元素进行局部优化，一般集中在修改设计结构使其满足新的需求这一阶段（即 PFWSB 模型中的 S→B→C 这一过程），具体则表现为针对结构元素 S 的属性或仅针对表面进行改进。通常许多资源单元都有提供此类摩擦学设计服务的能力。基于设计知识流理论，摩擦学设计应提升到设计定义和概念设计阶段予以考虑，那么摩擦学设计至少应包含初步设计和优化设计两个步骤。

(1) 初步设计

初步设计是指根据用户要求、设计目标和若干预先设定的规则在规范或知识库中搜索答案。主要包括以下步骤：

1) 分析用户需求、环境约束、设定设计目标、拟定若干约束条件和取舍原则（P→F, P→C, E→C, F→C）。

2) 用抽象的办法从原系统中产生摩擦学系统雏形［往往只有机械或其他自然界系统功能需要的最基本的相对运动相互作用元素（F→W→S）］，如从发动机中抽象出活塞组-缸套系统摩擦学系统雏形。

3) 为各元素初选几何、材料、工艺等参数并且确定工作环境，添加其他元素（如润滑油）和子系统（如润滑系统），使系统结构与各种摩擦学行为能大体协调（C→S）。

4) 对方案进行验证（S→B→C）。

(2) 优化设计

优化设计是指根据初步设计结果在给定目标和约束条件下进行优化求解。主要包括以下步骤：

1) 拟定分析方法，建模，量化，写出状态方程、输出方程等（即由结构建立原理模型 S→W）。

2) 分析整个时间历程中输入及结构参数的变化规律（S→B）。

3) 对初步设计方案进行分析，在结果与预先设定的约束条件发生冲突时返回进行再设计（B→C）。

4) 根据设定的目标进行优化（S→S, S→C→S, S→W→S, S→F→W→S 等迭代过程）；与强度设计等交替实施，以求全局最优。

如图 51.5-12 所示，在初步设计阶段，即图中 P→F、P→C、E→C 及 F→C，形成设计任务说明书，F→W→S 形成初步设计方案，C→S 形成详细结构。对于活塞组-缸套系统摩擦学设计，要针对构成摩擦学系统的活塞、活塞环组、缸套进行设计，使其满足设计实体所提出的降低摩擦损失 10% 的功能需求和保证可靠性的约束需求。对于设计实体而言,采用如图 51.5-12 所示的设计过程并基于已有知识和获取新知识,使上述产品的设计知识从不完整到完整,即从问题的提出到方案的生成。

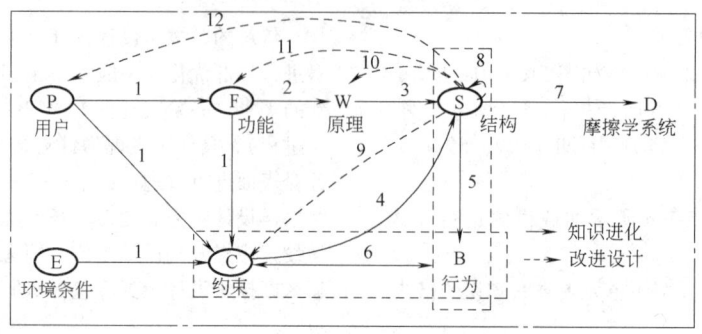

图 51.5-12 摩擦学设计过程

针对 C→S→B→C 过程所进行的摩擦学设计可由如图 51.5-13 所示的流程图给出。流程中,主要包括对活塞组-缸套系统结构进行设计、评估所设计结构的摩擦学性能、评估是否满足可靠性等约束条件、最后进行试验验证。如果满足要求则将设计交付给客户,否则进行设计迭代,直至满足客户需求为止。

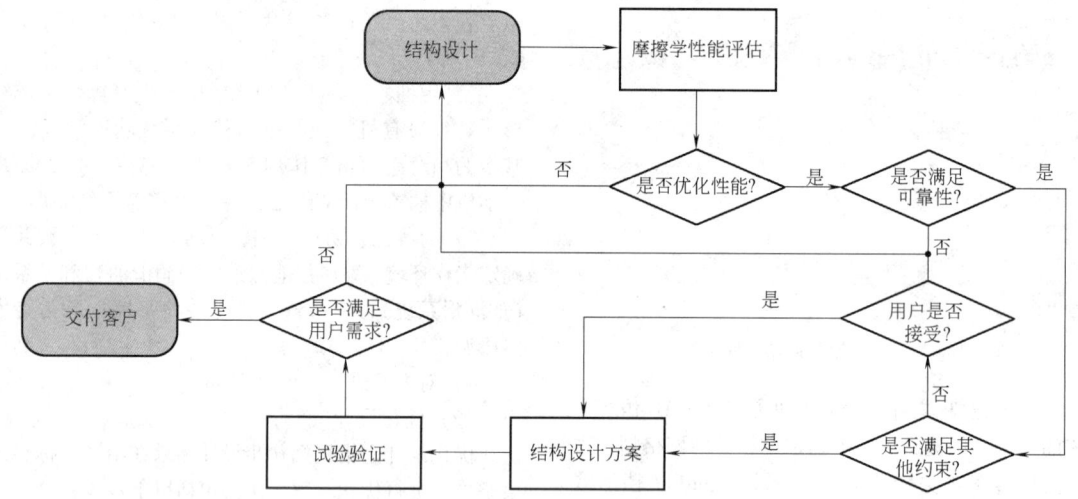

图 51.5-13 摩擦学设计流程

在如图 51.5-13 所示设计流程中,主要设计节点的节点任务如下:

1) 基于已有知识针对结构 S 进行设计。已有知识的主要来源包括:已公开发表的各种文献、技术资料、针对其他厂商的零部件进行的目标分析、与零部件供应商进行的沟通信息等。获取到的能够影响摩擦学性能的因素归纳至表 51.5-8 中。

表 51.5-8 影响系统摩擦性能的因素

摩擦学元素	影响摩擦学性能的因素
活塞裙部	高度(Height)、涂层(Coating)、裙部型线(Skirt Profile)、裙部表面形貌(Skirt Finishing)、活塞刚度(Stiffness)、活塞质量(Mass)、裙部长度(Skirt Length)、活塞销偏置(Pin Offset)、活塞销孔表面(Surface of Pin Hole)、润滑区域(Lubrication Region)
活塞环	轴向宽度(Axial Width)、切向力(Tangential Load)、型面(Running Profile)、涂层(Coating)、质量(Mass)、减少环数(Two/One Ring Pack)
缸套	表面形貌(Bore Surface Finish)
其他	曲轴偏置(Crankshaft Offset)、转速(Speed)、润滑油特性(Lubricant Prosperities)、配缸间隙(Clearance)、系统变惯性(System Inertia)、缸体振动(Vibration)

在结构设计中，由于活塞裙部型线对裙部和缸套的摩擦学性能有重要影响，因此针对型线进行设计有助于减少摩擦损失。通过获取关于型线方面的设计知识和我们的设计实践，我们得到圆桶型、指数型、圆曲线和梯形型线的设计知识和裙部型线的数据拟合方法。

2）进行新知识获取。上文采用已有知识对结构 S 进行设计以解决本文面对的设计问题，由于他人应用的条件与本文应用条件不同，若不进行新知识获取，将无法知道应用在本文条件下是否同样能够成功。我们开发了一个名为"内燃机全生命周期摩擦学性能设计软件（Internal Combustion Engine Life Cycle Performance Design Prototype，ICLPDP）"作为获取新知识的工具。该软件的开发基于摩擦学的三个公理以及摩擦学系统建模方法。首先评估 S 在给定条件下的摩擦学性能，如摩擦力、磨损、二阶运动、油膜分布等情况；然后参照表 51.5-8 中影响摩擦学性能的因素，修改设计结构参数，而后重新进行摩擦学性能评估，并与原始设计方案所产生的摩擦学性能进行对比。若改进后的设计方案未能对降低摩擦有所贡献，则调整影响因素数值，重复上述分析过程直到实现降低摩擦损失 10% 的用户目标。利用 ICLPDP 软件进行活塞组-缸套系统摩擦学性能知识获取的具体分析流程如图 51.5-14 所示。

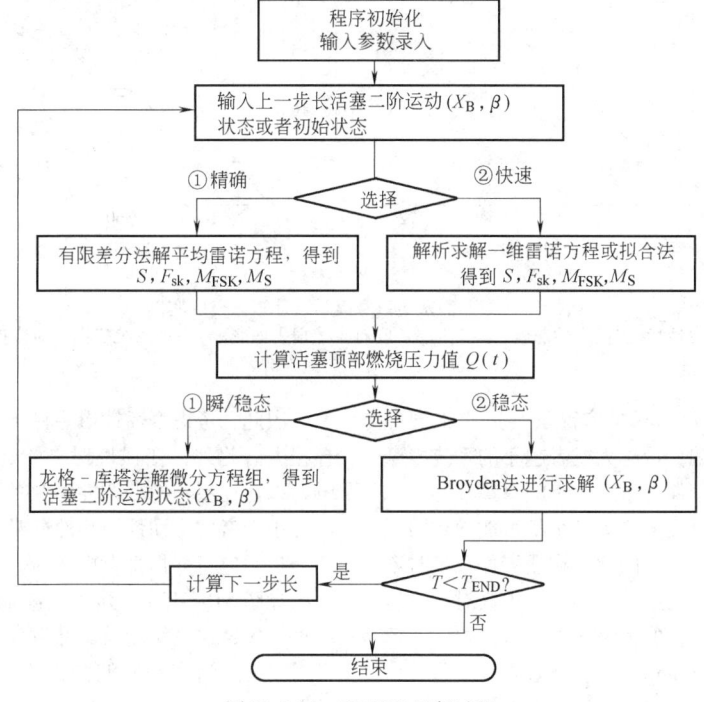

图 51.5-14 ICLPDP 运行过程

① 通过磨损分析模块来分析活塞环和缸套的磨损情况，判断其是否满足可靠性指标。通过 CAE 分析，判断所设计的活塞结构是否满足热、结构和强度指标。

② 对制造成本进行评估，判断制造成本是否满足客户需求，制造工艺是否被活塞制造企业所接受。

③ 如果上述指标均能满足要求，则对设计方案进行试验验证，若验证结果满足客户需求，则将设计方案交付客户。设计结果一般为活塞设计图样和（或）三维数模，以及相关分析文档。

5.2 活塞裙部摩擦学设计知识获取实例

本节实例一方面用于满足设计实体提出的降低摩擦损失的功能需求，另一方面旨在论证设计是以知识为基础、以获取新知识为中心的基本属性。以知识为基础是指利用已有知识提出解决方案、发现可能对降低摩擦损失有所贡献的因素；以新知识获取为中心是指利用已有知识 ICLPDP 软件获取是否降低摩擦功耗和是否满足可靠性约束条件的新知识。本节仅以获取活塞裙部摩擦学设计知识为例对设计知识流理论进行解释，针对活塞组-缸套系统的其他部分的设计，如活塞环的设计未包括在内。

使用 ICLPDP 软件针对活塞销偏置位置、活塞裙部长度以及润滑区域进行设计。图 51.5-15 给出了活塞销偏置量、活塞裙部长度、系统变惯性和润滑区域对活塞裙部摩擦功耗的影响。

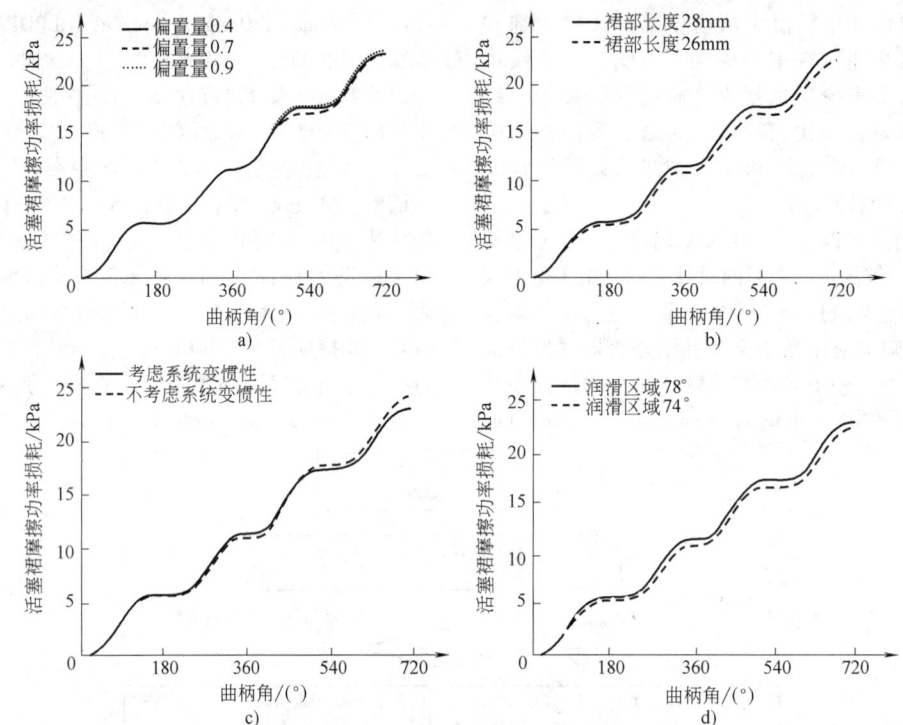

图 51.5-15 活塞裙部摩擦学设计知识获取实例
a) 活塞销偏置量对摩擦损失的影响 b) 裙部长度对摩擦损失的影响 c) 系统变惯性对摩擦损失的影响
d) 润滑区域对摩擦损失的影响

如图 51.5-15a 所示，不同偏置量会造成不同的摩擦损耗，但并不是偏置量越大或者越小的系统中摩擦损失就越小。活塞销偏置量除了影响摩擦外还对二阶运动有影响，偏置量过大或者过小都可能导致因二阶运动过大而造成的敲缸。因此，在设置偏置量时不但要考虑其对摩擦损失的影响，还要考虑其对二阶运动的影响。根据我们进行的大量知识获取实践，活塞销偏置量可在 0.5~0.8mm 范围之内选取。

缩短活塞裙部长度会对活塞裙部摩擦损失有显著影响，如图 51.5-15b 所示，裙部长度缩短 2mm 后，摩擦损失会有显著减少。为了减少摩擦损失，可以朝着这个方向努力，但需要综合考虑裙部缩短对活塞导向以及刚度的影响。

系统变惯性是指连杆和曲轴质心绕曲轴轴线旋转时所产生的惯性。因连杆侧向力是二阶运动产生的主要原因，由此推之，连杆在运动中的变惯性将对活塞二阶运动产生影响。如图 51.5-15c 所示，考虑变惯性的影响时，活塞摩擦损失将有所降低，这是因为系统变惯性影响活塞运行速度，在做功冲程中变惯性对爆燃力有一定抵消作用。所以，考虑变惯性的影响时，在做功冲程中，摩擦损失小于不考虑变惯性的情况；而在其他冲程中，变惯性的存在将会增加摩擦损失。因此，考虑变惯性影响将有助于分析活塞实际摩擦损失。此外，变惯性对二阶运动有较为明显的影响，以往在不考虑变惯性影响时得到的二阶运动范围明显小于考虑变惯性影响的情况。对于敲缸和振动噪声分析则应将变惯性考虑在内。

如图 51.5-15d 所示，缩减润滑区域面积将减少摩擦损失，这一结论符合裙部摩擦损失的计算原理。针对本例，活塞缩减润滑面积时需要考虑是否造成拉缸。

6 小结

本章介绍了企业提出的摩擦学设计任务以及本研究所选择的摩擦学设计对象。从摩擦学的基本概念出发，针对摩擦学和摩擦学设计的重要性、摩擦学的复杂性进行分析，论述了基于摩擦学三个公理的摩擦学行为系统建模方法。对活塞组-缸套系统摩擦学设计中的设计知识流问题进行了分析，具体针对设计知识流关键要素、阻碍第二类知识流动的阻力因素进行分析，进而提出了基于知识服务需求的知识流控制方法并对活塞组-缸套系统摩擦学设计中的知识流进行了控制。最后，基于 PFWSB 本体进行了活塞组-缸套系统摩擦学的设计实现。

第6章 互联网上合作设计的支撑技术

互联网上的合作设计能够提高企业对市场的快速响应能力,并且有利于各合作单位更加专业化,增强各自的实力,所以从根本上来说,互联网上的合作设计是企业实现快速、低成本产品设计的最佳途径。互联网上的合作设计的发展,取决于多方面支撑技术的发展。由于涉及的技术多种多样,而且日新月异,这里只能择其主要支撑技术,分为群体合作技术、产品设计信息共享技术、设计知识资源的发布、发现及集成技术和设计过程管理技术4个方面加以介绍。

1 群体合作技术

1.1 CSCW 研究的发展

计算机技术和通信技术的发展,特别是近年来互联网的蓬勃发展和普及,为网上合作设计提供了技术保证,使网上合作设计成为可能。网上合作设计是群体合作活动的重要表现,它与 CSCW (Computer Supported Cooperative Work,计算机支持的合作工作)的研究有着密切的联系。

CSCW 的研究最早始于 20 世纪 60 年代,并诞生了第一个试验系统 NLS/AUGMENT。20 世纪 70 年代中期,美国 Stanford AILab 建立了一个支持视频、声音、文本、图像等多种媒体的 CSCW 环境。到了 20 世纪 80 年代,和 CSCW 相关的计算机技术、网络技术、多媒体技术、数据压缩与存取技术、通信技术、分布与并行处理技术等都有了较大的发展,而且指导多媒体技术和 CSCW 技术的人机交互(Human Computer Interaction, HCI)理论的成熟,促进了 CSCW 的发展。1984 年,来自麻省理工学院(Massachusetts Institute of Technology, MIT)的 Iren Grief 和数据设备公司(Data Equipment Company, DEC)的 Paul Cashman 两人组织了由来自不同领域的研究者组成的一个研讨会,共同讨论技术如何来支持人们协同工作的问题。计算机支持的合作工作(Computer-Supported Cooperative Work, CSCW)的术语就是在该研讨会中提出的。CSCW 的研究涉及计算机科学、心理学、人机工程学、认知科学、社会学等多个学科。其目的在于建立一个基于计算机的协同工作环境,在此环境中人们可以相互合作,共同协调以完成同一任务。

经过几十年的发展,CSCW 已经改变并且仍在改变人们在个人以及组织之间合作和共享信息的方式。CSCW 最初来自两个研究领域:人机交互 HCI 和信息系统(Information Systems, IS),前者主要关注通信和交互问题,后者主要关注协调问题和工作流技术。现在 CSCW 的许多概念和方法已经影响了许多研究领域的发展。对于产品设计理论和方法而言,CSCW 加快了产品开发和决策过程,在并行工程、合作设计、集成化产品开发和全面质量管理方面都有应用。

1.2 CSCW 研究的内涵

Huber 认为 CSCW 是在与决策相关会议中支持群组决策的软件、硬件,语言组件和程序的集合。Brink 认为 CSCW 是关于人们如何使用计算机技术来一起工作的研究。典型的主题包括电子邮件,其他用户认知活动的超文本和实时共享程序(如合作写作或者绘画)的使用。Willson 提出 CSCW 是一般性专有名词,它包含了对人们如何在群组中工作的方式的理解以及计算机网络和相关的硬件、软件、服务的驱动技术。Leslie 总结并提出 CSCW 系统要确保成功,应当包括以下特征:

1)群组成员之间在同步和异步模式中的交互。
2)群组成员执行的不同任务之间的协调。
3)使人们能够远距交互的分布。
4)群组成员对数据的可视化以及可达性。
5)群组成员之间数据、工程图以及程序等的共享。

1.3 CSCW 和群件的关系

许多研究者从不同的方面来定义群件(groupware),其中一些定义如下:

1)群件是提高群组生产率的任何技术(Lloyd, 1994)。
2)群件本质上是一类软件,其能够从不同位置跨越计算机平台来共享系统应用和文件(Benjamin, 1995)。
3)群件是软件系统,通过提供相同共享环境和信息来支持从事共同决策任务的一组决策者(Bidgoli, 1996)。
4)群件是使能技术,它关注广泛的领域,包括合作、人机交互和通过数字媒体的人人交互,进而为组织带来实质的改进和组成(Korzeniowski, 1997)。

5）群件，或协作软件，适合定义为应用程序，允许在网络环境下共享、管理和控制信息（Byrne，1997）。

6）群件是促进生产力的软件，它使人们能够交互，并且允许跨越时间和位置的合作。（Anthony，1998）。

从群件定义的变化能够发现，群件的内涵从支持合作的广泛科技发展到基本上的纯软件技术。所以，群件基本上是一系列计算机软件系统，其功能是为人们的合作提供手段。

许多应用程序和系统，例如20世纪70年代出现的电子信息交换系统（Electronic Information Exchange System，EIES）和自动指导操作程序设计逻辑（Programmed Logic for Automated Teaching Operations，PLATO），20世纪80年代出现的集成套件和办公自动化软件，如Lotus Notes，20世纪90年代出现的电子邮件，Mosaic浏览器，Novell Groupwise，Microsoft Exchange，Lotus Domino等推动了群件从初期到目前相对成熟的阶段。

群件经常被认为与CSCW是相同的含义，但事实并非如此。实际上Groupware比CSCW这个专有名词更早出现。Brinck认为群件是经常用于指示人们支持共同工作的技术，而CSCW是指研究这些技术的应用的领域。

所以，CSCW位于理论层次，它关注的是人们如何工作和群件如何影响群体行为的研究和理论；群件位于技术和应用层次，它由支持个人和组织之间的群体合作的计算机软件系统组成。

2 产品设计信息共享技术

2.1 STEP技术

国际标准化组织制定的ISO 10303，即产品模型数据交换标准（Standard for Exchange of Product Model Data，STEP）是一套描述产品整个生命周期中产品数据的标准。它提供了描述产品数据的中性机制，能够保证在产品整个生命周期中做到信息共享或交换而不丢失主要信息。STEP不仅能够描述几何信息，而且还包括参数化数据、特征、非几何数据，比如公差和表面粗糙度及加工计划等。STEP还将进一步扩展包含设计规划和加工知识等高层次的设计信息。因此STEP有希望成为工业界普遍采用的产品交换和数据共享的标准。

产品信息的交换，应该包括信息的获取、传输、存贮等。STEP提供的数据交换方式有文件交换、应用程序界面、数据库实现和知识库实现。文件交换利用ASCII码或二进制文件，提供对产品数据描述的读写操作。STEP自己定义了标准的中性文件格式，通过中性文件来实现产品信息交换。应用程序界面允许应用程序通过标准数据存取接口（Standard Data Access Interface，SDAI）来存取产品数据。SDAI提供了一组完整的函数和子程序，以帮助程序员完成对数据的操作。数据库通过标准交换格式，调用标准存贮软件和标准数据操作语言，如结构化查询语言（Structured Query Language，SQL）等，来实现对数据库中数据的读、写和修改。知识库通过知识及规则推理机制，实现与知识库管理系统的变换。

STEP提供的建模语言是EXPRESS，它用于描述产品全生命周期中数据所涉及的对象、对象所具有的信息单元以及对对象的限制与许可操作。EXPRESS具有面向对象技术的继承机制，还有丰富的数据类型，因此具有很强的信息表达能力。

EXPRESS的主要特点有：

1）语言不仅能够为人所理解，而且能被计算机处理，描述的形式化使计算机自动检查和处理的可能性得到提高。

2）语言能够区分STEP涉及的复杂内容。

3）语言的重点放在实体（Entity）的定义上，实体的定义包括实体的属性和施加的约束条件。

4）语言与具体的实现无关。

5）EXPRESS语言已经历了国际标准化的进程，成为能够满足工业需求的标准语言。

由于EXPRESS不是编程语言，因此需要将EXPRESS描述的信息模型映射到具体的编程语言，才能由计算机应用系统进行数据处理，即使用时要解决EXPRESS与编程语言（C++，Java等）之间的联编。

与EXPRESS相关的另外两个概念是EXPRESS-G和EXPRESS-X。EXPRESS-G是EXPRESS的一个子集，是EXPRESS的图形化描述。它采用符号或不同形式的标志图形符以表示模型中的主要条目对象。作为产品全生命周期中数据的表达和交换标准，STEP具有完整性和确定性。因此，STEP标准非常庞大，包含的细节信息非常多。在实际应用系统中，许多细节信息并不一定需要，因此需要对产品模型进行"简化"。而且经过"简化"的产品模型，更容易被人理解并实现。但是不同应用系统对同一产品模型的视角不同，要求"简化"的方式也不同。因此，需要提供一种途径，能很容易地获得不同应用系统需要的"简化"的产品模型，即"视"模型（View Information Model）。EXPRESS-X语言作为对EXPRESS语言的扩充，包含了一些结构，可以方便地获得对"视"模型的定义。EXPRESS-X语言用来描述不同EXPRESS模式中的实体之间的映射，这种映射可用来创建一个数据集的不同表达。EXPRESS-X 语言的任务就是描述用 EXPRESS 语言建立的信息模型之间的映射。EXPRESS-X 目前还没有成为国际标准，处在不断地发展和完善中。

2.2 XML 技术

可扩展标记语言（Extensible Markup Language, XML），是一种可扩展和自描述的标记语言。它由万维网协会（World Wide Web Consortium, W3C）创建，用来克服超文本标记语言（Hypertext Markup Language, HTML）的局限。和 HTML 一样，XML 基于标准通用标记语言（Standard Generalized Markup Language, SGML）。尽管 SGML 在出版业已使用了数十年，但其过于繁杂，限制了其广泛使用。

XML 并不是 HTML 的替代品，XML 和 HTML 有不同的用途。它们的主要区别在于 XML 是用来描述数据的，并集中解决数据是什么的问题，而 HTML 是用来显示数据的，并集中解决数据如何显示的问题。

XML 是一套定义语义标记的规则，这些标记将文档分成许多部件并对这些部件加以标识。用户可以定义自己需要的标记。这些标记必须根据某些通用的原理来创建，但是标记的意义也具有相当的灵活性。XML 定义了一套元句法，与特定领域有关的标记语言（如 MusicML、MathML 和 CML）都必须遵守。如果一个应用程序可以理解这一元句法，那么它也就自动地能够理解所有的由此元语言建立起来的语言。浏览器不必事先了解多种不同的标记语言使用的每个标记。XML 标记描述的是文档的结构和意义。它不描述页面元素的格式化。可用样式单为文档增加格式化信息。文档本身只说明文档包括什么标记，而不是说明文档显示是什么样的。

XML 的主要特点是：

1）自描述性。XML 文档是规格清晰的文档，界定 XML 内容的标记会给所界定的数据中的每一个元素命名，在标记中还可以通过特定的属性为所描述的元素提供某些附加信息，这样人可以清楚理解 XML 文档的内容，而且计算机也能够自动的理解数据的含义。

2）可扩展性。XML 的扩展性体现在其能够定义新的标记及作为元标记语言能够定义其他用途的标记语言或者标准。

3）可校验性。用户可以通过文档类型定义（Document Type Definition，DTD）或 XML 架构（XML Schema）来校验 XML 文档的格式是否满足 DTD 或 XML Schema 的约束。

4）层次结构。能够保持信息的层次性描述。

5）丰富的链接定义。对应于 HTML 的单向单通道链接，XML 提供各种不同的链接，如一对多、多对一和双向链接。

6）多样的样式表支持。XML 把数据内容与数据的表现形式分开。这样既可以只关心数据的逻辑结构，也可以通过样式表来格式化数据的表现。

XML 文档可以表示结构化数据，可作为文本数据库存储数据，也可作为行业中数据交换的标准表示。这些都需要对 XML 文件的数据进行描述，如数据类型、长度等，在 1998 年发布的 XML1.0 规范第一版中，就是采用 DTD 完成数据建模工作的。但是，由于 DTD 是基于正则表达式，描述能力有限；没有数据类型的支持，在大多数应用环境下能力不足；约束定义能力不足，无法对 XML 文档做出更细致的语义限制；DTD 结构不够结构化，重用的代价相对较高；DTD 不是使用 XML 作为描述手段，其构建和访问没有标准的编程接口。所以 W3C 在 2001 年推出 XML Schema 标准，它目前已经基本取代了 DTD 在 XML 环境下数据建模的地位。XML Schema 是针对 DTD 的缺点而设计的，它是完全使用 XML 作为描述手段，具有很强的描述、扩展和处理维护能力。

XML 是描述数据和交换数据的普遍接受的标准化的方法，同时它也为支持网上合作设计的支撑技术、工具和应用提供了描述数据和交换数据的标准的、普遍应用的方法。

3 设计知识资源的构建、发布、发现和集成技术

3.1 TCP/IP 协议系列

TCP/IP 是传输控制协议（Transmission Control Protocol，TCP）和网际协议（Internet Protocol，IP）的简称，它是 Internet 采用的协议标准，也是全世界采用的最广泛的工业标准。事实上，它是一个协议系列，目前包含了 100 多个协议，用来将各种计算机和数据通信设备组成实际的计算机网络。这个协议系列的正确名字应是 Internet 协议系列，而 TCP 和 IP 是其中的两个最基本和最重要的协议，也是广为人知的，因此通常用 TCP/IP 来代表整个 Internet 协议系列。其中有些协议是为很多应用需要而提供的低层功能，包括 IP、地址解析协议（Address Resolution Protocol，ARP）、逆向地址解析协议（Reverse Address Resolution Protocol，RARP）、网间控制报文协议（Internet Control Messages Protocol，ICMP）、网间组管理协议（Internet Group Management Protocol，IGMP）、TCP 以及用户数据报协议（User Datagram

Protocol，UDP）等；另一些协议则在底层基础上完成特定的应用任务，如 Telnet 协议实现远程登录，文件传输协议（File Transfer Protocol，FTP）完成文件传递，简单邮件传输协议（Simple Message Transfer Protocol，SMTP）完成电子邮件发送，域名系统（Domain Name System，DNS）实现域名解析服务等。

TCP/IP 协议系列遵守一个四层的模型概念：应用层、传输层、互联层和网络接口层，各层包含的网络协议见表 51.6-1。

表 51.6-1 Internet 协议的分层

应用层	Telnet，FTP，SMTP，HTTP，DNS 等
传输层	TCP，UDP
互联层	IP，ARP，RARP，ICMP，IGMP
网络接口层	Network Interface（Physics Networks）

在 Internet 协议栈中，超文本传输协议（Hypertext Transfer Protocol，HTTP）位于 TCP/IP 协议栈上层。HTTP 协议是互联网上进行数据传输的基本协议，它是 Internet 协议栈中重要的协议。Web 服务器和浏览器均采用 HTTP 协议传输由超媒体组成的 Web 文档。另外 HTTP 还能维持多媒体信息的完整性。可以说 HTTP 是互联网上的图像、音频、视频、超文本等信息的传输载体。互联网之所以把 HTTP 当作其基本协议是因为没有其他的协议能提供如此全面的性能。HTTP 是一个基于消息的协议。在 HTTP 中有两部分消息，一部分是从浏览器（客户端）发往服务器的请求，另一部分是服务器对客户端的响应。

HTTP 分四步完成一次事务：
1）Web 浏览器和服务器之间建立 TCP/IP 连接。
2）浏览器（客户端）向服务器发出请求。
3）服务器响应客户端的请求。
4）客户端与服务器断开连接。

HTTP 本身也在不断发展，在其基础上产生了安全超文本传输协议（Secure Hypertext Transfer Protocol，S-HTTP）协议。S-HTTP 协议也是一个基于可靠传输协议 TCP 的高层网络协议，它通过提供一系列 HTTP 客户和服务器之间的安全机制从而对 Web 事务提供独立的安全服务，如保密、鉴别/完整性保护以及源点的无否认等来保护 Web 浏览器/服务器在 Internet 上传送敏感信息，同时保持了 HTTP 的交互模式和实现特点。

3.2 分布式对象技术

传统的面向对象的技术通过封装、继承及多态提供了良好的代码重用功能，但是这些对象只存在于程序内部中，外面的世界并不知道它们的存在，也无法访问它们。为了更好地实现应用共享，人们提出了分布式对象的概念。

根据面向对象的知识，一个对象可以封装变量和函数。在常规的环境下，程序在某个进程中创建对象的实例，访问成员变量和调用成员函数。如果对某个对象的调用和此对象的实现位于不同的计算机的不同进程中，这个对象称为分布式对象。

分布式对象存在于网络的任何地方，可被远程客户以方法调用的形式访问。分布式对象是使用何种语言所创建，对客户来说是透明的。客户无须知道它所访问的分布式对象在网络中的具体位置和使用的操作系统。这就需要提供一个标准的构件框架，使不同厂家的软件通过不同的地址空间、网络和操作系统交互访问。该构件的具体实现、位置及所依附的操作系统对客户来说都是透明的。目前分布式对象技术的三大主流为对象管理组织（Object Management Group，OMG）的 CORBA/IIOP（Common Object Request Broker Architecture/Internet Inter-ORB Protocol，公共对象请求代理体系结构/因特网对象请求代理间协议）、Microsoft 的 ActiveX/ DCOM（Distributed Component Object Model，分布式组件对象模型）和 Sun 的 Java/RMI（Remote Method Invocation，远程方法调用）。

OMG 是 CORBA 规范的制定者，是由 800 多个信息系统供应商、软件开发者和用户共同构成的国际组织，建立于 1989 年。OMG 在理论上和实践上促进了面向对象软件的发展，它只制定规范，而不提供具体的实现。通过 CORBA 规范的制定，OMG 将对象引入分布式的环境中。CORBA 是 OMG 进行标准化分布式对象的计算基础。CORBA 自动匹配许多公共网络任务，例如对象登记、定位、激活、多路请求、组帧和错误控制、参数编排和反编排、操作分配等。OMG 对象服务参考模型结构如图 51.6-1 所示。

其中，公共对象服务包括了支持分布式系统正常工作的各类基本的系统级服务；公共设施包括支持分布式系统高效开发和有效工作的各类面向领域的常规服务和工具；应用对象涉及各种应用软件，它在公共对象服务和公共设施的支持下完成相应的应用逻辑；ORB 就像是一条软件总线，它把分布式系统中的各类应用和对象连接成相互作用的整体。

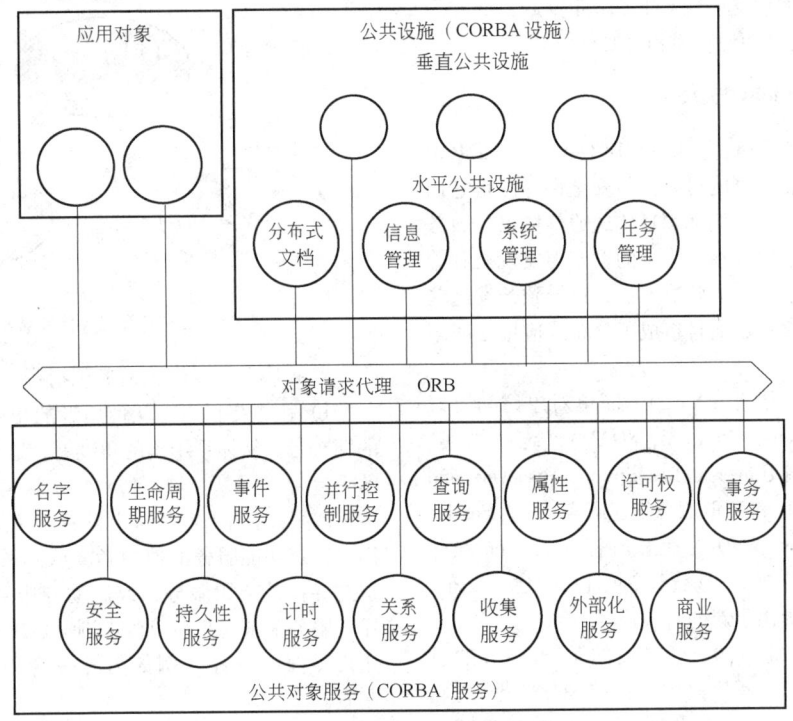

图 51.6-1 OMG 对象服务参考模型结构

组件对象模型（Component Object Model，COM）是微软制定的一套软件开发技术，它定义了一组应用编程接口（Application Programming Interface，API）和二进制标准，让来自不同编程语言和平台的彼此独立的对象互相通信。Microsoft 推出 ActiveX 的目的是为了使开发人员能够把计算机桌面环境与构成 Internet 及其大量资源的环境集成起来，同时保护在 Windows 中现有的开发投资。ActiveX 包括两个现有 Microsoft 技术：Win32 API 和组件对象模型 COM 的一系列扩充和增强。ActiveX 简化了对象链接和嵌入（Object Linking and Embedding，OLE）的标准接口，并且通过永久链接、永久嵌入和数据路径特性修改了 OLE 对数据和特性的管理，从而使得 ActiveX 小且富有效率。通过 ActiveX 技术，开发人员能够把可重用的软件模块组装到应用程序或者服务程序中。DCOM 扩展了 COM 技术，使其能够支持在网络上不同计算机的对象之间的通信。

Java 是一个应用程序开发平台，它提供了可移植、可解释、高性能和面向对象的编程语言及运行环境。RMI 是分布在网络中的各类 Java 对象之间进行方法调用的 ORB 机制。因为 Sun 公司是 OMG 的创始成员，CORBA 中的许多内容是以 Sun 提交的方案为核心制定的，因此 CORBA 与 Java 有着天然的联系。CORBA 与 Java 的主要区别在于：CORBA 遵循与程序设计语言的无关性，而 Java/RMI 依赖于 Java 和 Java 虚拟机；Java/RMI 能够使对象在 Internet 上迁移和执行，而 CORBA2.0 中只考虑对象的远程访问，没有对象作为"值"传递的承诺。

CORBA 和 ActiveX/DCOM 的主要区别在于：

1) CORBA 依赖于 IIOP 进行远程对象通信，DCOM 则依赖于对象远程处理过程调用以达到相同的目的。

2) CORBA 体系结构是基于对象请求代理的；DCOM 则以 COM 作为它的基础，事务处理依赖于微软事务处理服务器（Microsoft Transaction Server，MTS）或微软消息队列（Microsoft Message Queue，MSMQ）。

3) CORBA 规范不是针对特定厂商的，因此 CORBA 应用能运行于不同的硬件平台上。ActiveX/DCOM 则是由微软制定和拥有的体系结构，并且基本上只能运行于微软操作系统支持的硬件平台上。

4) CORBA 提供跨平台支持，ActiveX/DCOM 则局限于微软操作系统。当然，现在 Macintosh 也开始提供对 COM 的支持，某些 Unix 也在逐步提供对该技术的支持。

5) 基于 CORBA 开发出来的中间件对大多数企业而言过于复杂，不易使用。而且 CORBA 规范由许多厂商一起创立，而每个厂商都有自己的定义对象的方式和方法，这便使互通性产生了一定问题。而对于 ActiveX/DCOM 在易用性方面相对要比较好。

3.3 Web Services 技术

虽然采用 CORBA、ActiveX/DCOM 与 Java/RMI 等技术的系统具备高度的可靠性与安全性，但是它们在几个关键性问题上，例如消息传送通信协议、服务功能的抽象描述、服务在网络上的发布与发现机制等均采用了封闭的、私有的解决方法，这导致开发这些系统的成本极为高昂，而且造成了分布式应用之间新的割裂。

以可扩展标记语言（XML）、简单对象访问协议（Simple Object Access Protocol，SOAP）、统一描述、发现与集成协议（Universal Description，Discovery and Integration，UDDI）和 Web 服务描述语言（Web Service Definition Language，WSDL）为核心标准的 Web 服务的出现，为解决分布的知识资源应用的构建、发布、发现和集成问题提出了新的解决途径。

SOAP 是一种简单的、轻量级的基于 XML 的机制，用于在网络应用程序之间进行结构化数据交换。SOAP 包括三部分：一个定义描述消息内容的框架的信封、一组表示应用程序定义的数据类型实例的编码规则，以及表示远程过程调用（Remote Procedure Calls，RPC）和响应的约定。SOAP 可以和各种网络协议（如 HTTP、SMTP、FTP、MQ 或者 IIOP 上的 RMI）相结合使用，或者用这些协议重新封装后使用。

Web 服务是描述一些操作（利用标准化的 XML 消息传递机制可以通过网络访问这些操作）的接口。Web 服务是用标准的、规范的 XML 概念描述的，称为 Web 服务的服务描述。这一描述囊括了与服务交互需要的全部细节，包括消息格式（详细描述操作）、传输协议和位置。该接口隐藏了实现服务的细节，允许独立于作为实现服务基础的硬件或软件平台和编写服务所用的编程语言使用服务。这允许并支持基于 Web 服务的应用程序成为松散耦合、面向组件和跨技术实现。Web 服务履行一项特定的任务或一组任务。Web 服务可以单独或同其他 Web 服务一起用于实现复杂的聚集或商业交易。

Web 服务的用户（或者用户程序）可以采用 UDDI 协议，来发现 Web 服务供应商发布的 Web 服务；Web 服务采用 WSDL 语言确定服务的接口定义，抽象描述服务的功能；用基于 SOAP 协议的 XML 文档通过 HTTP、FTP 和 SMTP 等常用通信方式交换数据，传递消息等。Web 服务体系架构模型如图 51.6-2 所示。

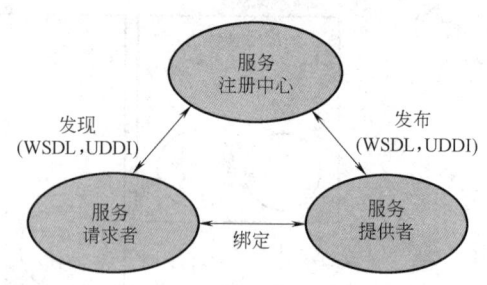

图 51.6-2 Web 服务体系架构模型

Web 服务体系架构模型包括：

1）服务提供者。从使用者的角度看，这是服务的拥有者。从体系结构的角度看，这是托管访问服务的平台。

2）服务请求者。从提供者的角度看，这是要求满足特定功能服务的使用者。从体系结构的角度看，这是寻找并调用服务，或启动与服务交互的应用程序。服务请求者角色可以由浏览器来担当，由人或无用户界面的程序（例如另外一个 Web 服务）来控制它。

3）服务注册中心。这是可搜索的服务描述注册中心，服务提供者在此发布他们的服务描述。在静态绑定开发或动态绑定执行期间，服务请求者查找服务并获得服务的绑定信息（在服务描述中）。对于静态绑定的服务请求者，服务注册中心是体系结构中的可选角色，因为服务提供者可以把描述直接发送给服务请求者。

Web 服务的优点在于：

1）互操作性。由于 SOAP 协议的存在，任何 Web 服务都可以与其他 Web 服务进行交互。这样就避免了 CORBA、ActiveX/DCOM 和其他协议之间转换的麻烦。

2）普遍性。Web 服务支持使用 HTTP 协议和 XML 进行通信。因此，任何支持这些技术的应用和设备都可以拥有和访问 Web 服务。

3）易用性。Web 服务的概念易于理解，任何开发语言都可以用来编写 Web 服务。

4）开放性。ActiveX/DCOM 和 CORBA 等是以不同公司和组织支持的协议和标准为基础的，而 Web 服务是建构在四个开放的核心标准和协议之上，得到了普遍的支持。

Web 服务也可以认为是封装成单个实体并发布到网络上以供其他程序使用的功能集合，是用于创建开放分布式系统应用的构件。Web 服务是一类软件，独立于硬件，同时与操作系统、网络和数据库等软件系统也不同；实现分布式应用之间的互联和互操作；

解决了网络通信的问题。所以 Web 服务技术也是分布式对象理论和应用的发展。

3.4 UDDI 技术

统一描述、发现和集成协议（UDDI）是一套基于 Web 的、分布式的、为 Web 服务提供的信息注册中心的实现标准规范，同时也包含一组使企业能将自身提供的 Web 服务注册以使别的企业能够发现的访问协议的实现标准。

UDDI 注册使用的核心信息模型由 XML Schema 定义。使用 XML 是因为它提供了与平台无关的数据描述并很自然的描述了数据的层次关系。而选择 XML Schema 是因为它支持丰富的数据类型、方便的描述方式及按信息模型对数据进行验证的能力。

UDDI XML Schema 定义了六种主要信息类型，如图 51.6-3 所示，它们是技术人员在需要使用合作伙伴所提供的 Web 服务时必须了解的技术信息。它们是：商业实体信息（businessEntity）、服务信息（businessService）、绑定信息（bindingTemplate）、服务调用规范（tModel）、关联关系断言（publisherAssertion）的说明信息和实体订阅信息（subscription）。

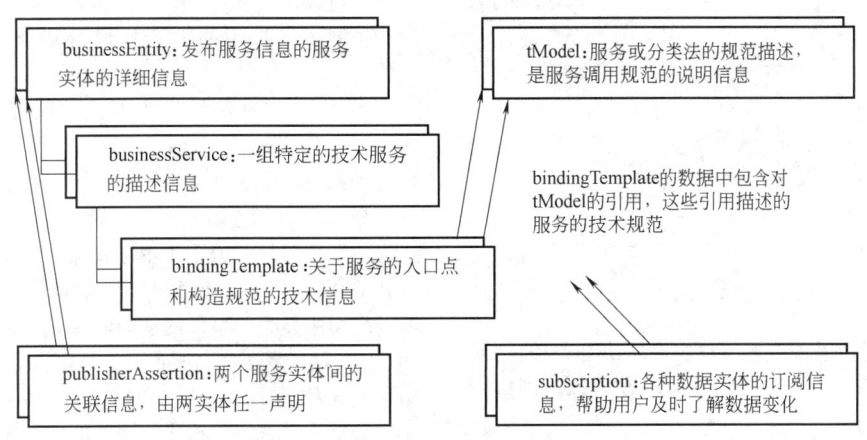

图 51.6-3　UDDI 信息模型结构图

图 51.6-3 中用了"资源实体"和"服务实体"两个不同的名词，最好统一成"服务实体"。

UDDI 的提出最初是为了解决在电子商务中购买者、供应商、交易市场和服务提供者无法互相了解各自的需求与能力，以及无法在 Internet 上进行应用和服务的集成的问题。在产品设计领域，尤其是合作产品设计领域，通过基于设计实体和资源单元的服务请求和服务提供来合作完成产品设计任务，同样存在如何在 Internet 上了解各自的需求和能力的问题，同样也需要在不同的应用和服务中进行集成。

分析知识服务发布和发现问题，可以得到从传统模式逐渐发展到互联网模式的 5 种模式，即：

1）如果在"信息都是已知"的基础上，也就不存在知识发现等的困难。这也是合作总是最先寻找最熟悉的合作伙伴的原因。但是对于互联网上的合作设计，就需要逐步过渡到寻求一种机制来发现目前不熟悉，但是能够完成知识服务的最优的智力资源单元。

2）传统的发布机制，是编写电话黄页，按行业、职业等标准分类收集、整理电话号码和详细地址；而传统的发现机制，是查询黄页，使用电话和每个潜在的合作伙伴进行联系，然后找出合适的对象。对于一个提供知识服务的知识服务实体来说，需要配备具备相当技术能力的专业人员去满足这样随机的服务发现需求显然是不合适的。

3）目前互联网上的知识服务的发布也可以通过自己把服务的内容等信息注册到某些通用的互联网搜索站点（如 Google、Altavista、Lycos 等），或者由搜索网站来通过某些网络爬虫程序来搜索网页，分类整理；知识服务的发现是通过使用者使用搜索网站上的搜索引擎进行搜索。一方面由于互联网上的各个服务器中的网页基本上都是高度无组织化的信息，另一方面能够提供知识服务的智力资源单元信息与普通的文档信息有较大的区别，通过搜索引擎的优化来高效地完成知识服务发布和发现的工作是比较困难的。

4）也有研究者提出在知识服务供应商的每个网站上放置一个知识服务的描述文件。这样，至少那些网络爬虫程序能够发现并为它们建立索引。可是这种定位知识服务的方法完全依赖爬虫程序的能力。这种分布式的机制是可扩展的，但它缺少一种机制来保证服务描述格式的一致性，也不能便捷的跟踪不断发生的变化。

5）基于 UDDI 协议来实现知识服务中的知识发布、知识发现的具体过程如图 51.6-4 所示。

① 资源单元在自己的 Web 服务器上提供产品设计的 Web 服务，并手工或者编程实现自动在公有的 UDDI 注册中心或者专有的产品设计 UDDI 注册中心进行注册。注册信息包括 UDDI XML Schema，定义了四种主要信息类型。

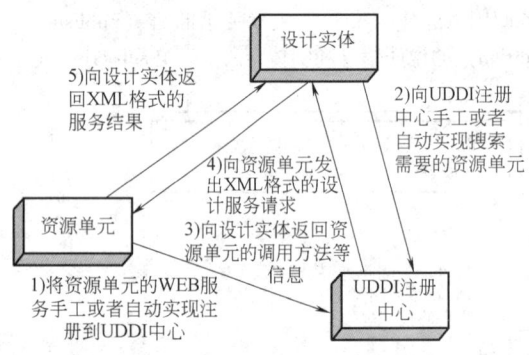

图 51.6-4　基于 UDDI 协议的知识发布与知识发现的过程

② 设计实体手工或者编程实现自动向 UDDI 注册中心提出搜索请求，UDDI 注册中心在全球范围搜索需要的资源单元。

③ UDDI 注册中心将搜索到的资源单元的调用方法等信息返回给设计实体。

④ 设计实体按照返回的资源单元的调用方法等信息，向资源单元的 Web 服务发出 XML 格式的服务请求。

⑤ 资源单元完成请求的任务后，向设计实体以 XML 格式返回需要的服务结果。图 51.6-4 中第 5）项、用返回"服务结果"较好。

以上过程可以由计算机自动完成，当然人在中间也起重要作用，可以手工干预和识别搜索过程。在实际设计过程中，设计实体（服务请求者）和资源单元（服务提供者）也可以存在于一体，但这并不妨碍各自具有自己的特征和在自己特征支配下的行为。

3.5　Agent

3.5.1　Agent 的基本概念

自从 Agent 技术从 20 世纪 70 年代出现在人工智能领域以来，几十年来，Agent 技术不仅在人工智能领域，特别是分布式人工智能领域（Distributed Artificial Intelligence，DAI）有了长足的发展，而且向软件工程领域、人机交互系统领域、并行工程

（Concurrent Engineering，CE）领域、计算机支持的协同工作（CSCW）领域、工作流管理系统（Workflow Management System，WFMS）领域、决策支持系统（Decision Support System，DSS）领域、CAX（CAD/CAE/CAM/CAPP）领域等做多方面的渗透，在促进这些领域理论和实践的发展的同时，也有力地促进了自身的发展。近年来，Agent 研究和开发得到了迅速的发展。它所具有的自身的社会性、开放性、自主性和智能性已经使其成为计算机科学的一个非常重要而活跃的领域。同时，基于 Agent 的系统已经用于工业、商业、游戏、医疗保健、军事等领域的应用系统开发。可以认为 Agent 技术是分布对象技术的一种增强和扩展，它将为网上合作设计提供更加有力的支持。

Agent 的出现和发展为相关领域带来了新的方法，但是关于 Agent 目前还没有一种能为大家所共同接受和认可的定义。在不同的领域，对于不同的对象和场合 Agent 的定义存在极大的差异。Agent 在分布式人工智能领域，偏重于主体概念，可以认为是在还有其他 Agent 存在的情况下，能够连续、自主地处理所处环境中发生的事件的功能的总和。在这里所说的"自主"是指系统中 Agent 工作时不要求由人经常不断地引导和干预；从认知角度来看，Agent 是一个由信念、能力、选择、承诺等功能部件组成的实体；在计算机科学中，Agent 像一个自我包含的并行执行软件的过程一样，它封装某种状态，通过消息的传送与其他的 Agent 进行通信；在软件工程，软件开发模型中，基于 Agent 计算（Agent-Based Computing，ABC）被认为是软件开发的下一个重要突破，面向 Agent 的程序设计（Agent-Oriented Programming，AOP）也被认为是面向对象程序设计（Object-Oriented Programming，OOP）的一次革命；在实际应用领域中，Agent 又往往与它的物理表征密切相关。Agent 在工厂常常被看成是"机器 Agent"，在大型计算机网络中则被看作是软件机器人（Softbots），为完成某种特定任务的机器人还被称为任务机器人（Taskbots），另外还有知识机器人（Knowbots）、用户机器人（Userbots）。Agent 在系统中可以以不同的身份起着不同的作用，比如搜索 Agent、报告 Agent、导航 Agent、管理 Agent、开发 Agent、分析和设计 Agent、测试 Agent、包装 Agent 和辅助 Agent 等。同时，Agent 与其他的软件或硬件不同，它往往出现在系统的"高层"。所谓的"高层"，明显表现在 Agent 使用符号表示和它具有一些类似于认识的功能，比如，Agent 具有很强的通信能力，除了刺激-反应规则之外，Agent 还可以包含符号规划，甚至 Agent 还具有使用自然语言的能力。这也就是说基

于 Agent 的应用操作是在知识层，而不是像分布式计算那样在符号层。

由于各领域对于 Agent 目前还没有一种能为大家所共同接受和认可的定义，这里给出一些没有与任何特定领域联系的更为一般的 Agent 概念定义。有人认为，Agent 是指驻留在某一环境下能持续、自主地发挥作用，满足反应性、社会性、主动性等特征的计算实体；也有人认为，Agent 就是能够准确完成用户指定任务的软件和/或硬件设备；还有人从目的、属性和与主体关系三个方面给出一个 Agent 的定义：Agent 是一个运行于动态环境中的具有较高自制能力的实体（即自制体，可以是系统、机器等；软件 Agent 是一个计算机软件程序），其根本目标是接受另外一个实体（即主体，可以是用户、计算机程序、系统或机器等）的委托并为之提供帮助和服务，能够在该目标的驱动下主动采取包括社交、学习等手段在内的各种必要的行为，以感知、适应和对动态环境的变化进行适当反应。它与其服务主体之间具有较为松散和相对独立的关系。

3.5.2 Agent 的属性

根据 Agent 的应用，Wooldrige 将 Agent 划分为弱 Agent（Weak Agent，WA）和强 Agent（Stronger Agent，SA）两类。WA 通常用于硬件和基于软件的计算系统，一般具有下面的属性：

1）Agent 是自主的和智能的（Autonomy and Intelligent）。它能够在没有人或者在其他 Agent 的直接干预下，对复杂的刺激进行响应并伴随产生内部状态的控制和适应性的行为。

2）Agent 具有社会能力（Social Ability）。Agent 彼此之间能够以某种 Agent 通信语言进行通信，尽管这种通信模式可能十分复杂。

3）Agent 具有很好的反应能力（Reactivity）。Agent 能够理解它所处的环境。比如，物理世界、图形界面、其他的 Agent、互联网或者它们的联合，Agent 都能够及时地对系统中所发生的变化做出适当的反应。

4）Agent 的活动具有主动性（Pro-Activeness）。它们对环境不是简单地做出反应，而是积极主动地朝着总体目标行动。

5）一般情况下 Agent 分布在网络之中，因此它们的行为既具有局部效应又具有全局效应。

在某些研究领域，尤其是人工智能领域，科学家们往往更关注 Agent 的智力行为，从而构成了 SA 的概念。SA 与 WA 不同，它除了 WA 所具有的属性外，还强调计算机系统中人的智力和精神上、情感上的因素，比如知识、信念、意图、拒绝、承诺等。

3.5.3 Agent 的优点、局限性和面临的挑战

Agent 的优点在于其能够实现空间分布的信息资源和专家知识的有效利用，允许多个现有的智能系统相互联系和相互合作，实现分布、并行、合作问题求解，能够适应和容许某些不确定事件的发生，增强系统容错和故障恢复能力；通过不同数量和不同能力的 Agent 组成针对不同问题的 MAS，提高程序代码的可重用性并增强系统的可扩展性和灵活性；通过 Agent 的模块化增强系统的可维护性，能够在模块或局部范围内处理异常事件而不致将其扩散到整个系统，从而降低系统对异常事件的敏感性。因此，Agent 技术具有广泛的应用前景，主要涉及复杂和并发系统的建立与管理、流动访问与管理、信息搜集与处理、分布计算与协同工作、电子商务以及用户界面和中间件等。

Agent 基于 Agent 系统并不是十全十美的，它也有其不足和局限性以及不适合解决的问题域。当然这些局限性在实践应用中是可以采取某些方法来避免和克服的。

1）无全局控制。在基于 Agent 系统中，每个 Agent 都是自主的计算实体，系统中没有一个全局控制的 Agent 用于协调和管理整个系统的活动。因此，整个系统缺乏全局性控制。

2）无全局的观点。由于 Agent 是自主的计算实体，Agent 的行为完全是由 Agent 根据其内部的状态来决定的。同时，对于系统中的任一 Agent 而言，要获得关于系统的完整的、全局性的知识是不可能的，这就意味着 Agent 做出的行为决策只能是站在其自身的立场上，部分的而不是全局的，其行为决策至多是部分最优而不是全局最优的。

3）不可预测和不确定性。由于基于 Agent 系统中的各个 Agent 都是自主的计算实体，Agent 之间通过灵活的交互来实现问题的求解。Agent 间的交互作用不是通过在设计阶段就已经确定的接口进行，而是在运行时通过 Agent 之间的合作、协同、协商、竞争等方式来实现。这意味着基于 Agent 系统的整体性质和行为具有不可预测性和不确定性，人们很难预测一个任务是否最终能够得到完成，也不能事先确定其他 Agent 能否友好地与其合作或者就某些事宜达成一致。

4）无序和混乱。Agent 的高度自治性意味着 Agent 可以自主地实施行为，如果不能对基于 Agent 的系统实施有效的管理，那么就有可能导致系统的无序和混乱。

基于 Agent 的系统的开发面临着许多问题和挑战：

1) 对 Agent 的认识问题。目前还没有一个能为大家所共同认可和接受的 Agent 定义，不同领域的人员对它有不同的理解和认识，这使得研究工作不能收敛，同时缺乏坚实的概念基础和具体、明确的目标，从而在一定程度上影响了这一研究领域的发展和应用。

2) 缺乏开发环境和编程工具的支持。目前大多数基于 Agent 的系统是利用非 Agent 技术来实现的，这意味着 Agent 技术还不成熟，Agent 技术还没有真正为广大计算机工作者所认可和接受；尽管人们已经提出了许多面向 Agent 的程序设计语言，如 Agent-0、CONGOLOG、Concurrent METATEM 等，但至今还没有一种实用、能为大家所广泛接受和使用的面向 Agent 的程序设计语言。

3) 缺乏系统开发方法的支持。目前我们还没有一种系统的方法用于指导基于 Agent 的系统的开发，许多基于 Agent 的系统完全是借助于软件开发人员所具有的零散（而不是系统）、具体（而不是抽象）、甚至是与 Agent 不相关的经验知识建立起来的。尽管人们已经提出基于 Agent 的软件工程的思想，但它远不及面向对象方法那样有一系列比较系统的手段用于指导基于 Agent 的系统的需求分析、设计、实现和验证等工作。

4 设计过程管理技术

4.1 PDM 技术

产品数据管理（PDM）技术最早出现于 20 世纪 80 年代初期，目的是为了解决大量工程图样、技术文档以及 CAD 文件的计算机化的管理问题，后来逐渐扩展到产品开发中的三个主要领域：设计图样和电子文档的管理、材料报表（Bill Of Materials，BOM）的管理以及与工程文档的集成，工程变更请求/指令（Engineering Change Request/Order，ECR/ECO）的跟踪与管理。

由于 PDM 技术与应用范围发展很快，人们对它还没有一个统一的认识，给出的定义也不完全相同。CIMData 为 PDM 下的定义是："PDM 是一门管理所有与产品相关的信息和所有与产品相关的过程的技术"。而 Gartner Group 给出的定义为："PDM 是在企业范围内从策划到产品构筑一个并行化协作环境（Concurrent Art-to-product Environment，CAPE，由供应、工程设计、制造、采购、市场与销售、客户等构成）的关键使能器。一个成熟的 PDM 系统可使所有参与创建、交流、维护设计意图的人们在整个信息生命周期中自由共享与产品相关的所有异构数据，包括图样与数字化文档、CAD 文件和产品结构等"。所以，PDM 从狭义上讲，它仅管理与工程设计相关的领域内的信息；而从广义上讲，它可以覆盖从市场需求、研究开发、产品设计、工程制造、销售、服务与维护等全生命周期中的信息。

PDM 系统是进行设计过程管理的有效工具。PDM 系统确保跟踪设计、制造所需的大量数据和信息，并由此支持和维护产品。可见 PDM 的主要应用领域包括：数据存储和管理、工作流程管理、设计变更控制管理、产品结构与配置管理、标准件管理、图像管理和项目管理等，它是实现互联网上的合作设计的设计过程管理的有效工具。由于一个设计任务总是由若干子任务构成，而设计过程也总是由若干子过程构成，且都具有层次结构，所以在分布式资源环境下的合作设计中，一个 PDM 的管理权限和范围应当与它的任务相一致。下级子任务的 PDM 不一定能管理上级子任务的所有事务，反之上级子任务的 PDM 也不一定能管理下级子任务的所有事务。下面所讨论的合理化检查、设计过程记录、冲突检验以及更改通知等，都有这种情况。

为了保证设计出来的产品不仅可制造、装配，而且在性能上也完全符合设计要求，在互联网上的合作设计环境中应该包括设计合理化检查工具。设计合理化检查工具内含一个与此产品设计相关的智能系统。这个智能系统中存放有设计过程中应遵循的一般性原则和常识，以及本次产品设计的约束条件。在设计过程中，设计合理化检查工具将监视每一步的设计结果，并由智能系统对结果进行检查、判断。一旦发现有违背设计原则、设计约束和常识的情况出现，智能系统便立即告知设计师什么地方设计有不妥之处、其原因以及可能的解决方案。

在设计过程中，如果发现目前的设计不能满足设计要求，就有可能要采用或参考前面的设计过程中出现的某个方案，因此每个设计参与方必须拥有设计过程的记录工具。它将完整地记录产品从开始设计到设计完成的每一步设计操作，以便设计人员对以往的设计结果进行查询、调用。

在合作设计的模型下，每个参与合作设计的单位负责产品某一部分的结构和功能设计，并且为了缩短产品开发周期，提高设计质量，这些设计有时是并行地进行。由于产品整体性能和结构的约束，产品各部分之间必然存在着很多约束关系。每个单位都将产品中属于自己设计的那部分的设计结果送入设计冲突检测工具，由它进行产品总体性能、制造、装配上的冲突检测。

由于产品各个部分之间在结构上、性能上存在着相互的联系,因此在产品某一部分的设计发生更改时,必须及时将设计的更改情况通知与这个部分的设计有关的合作设计参与方,以便各个参与方及时调整自己的设计。

产品设计过程中会涉及大量的数据。为了设计的顺利进行,必须对产品全生命周期的数据进行有效的管理,保证数据的完整性和一致性。

4.2 安全控制

安全控制一直是计算机系统中很重要的问题,对互联网上的合作设计系统来说显得尤为重要。互联网上的合作设计系统中的安全控制主要体现为:合作设计中成员身份的验证、成员权限的控制和数据的加密与解密。重点应该是保证有关产品全生命周期的设计数据在合作设计成员中安全、有效地传输和验证。

安全控制的主要技术有防火墙、用户身份验证系统、数字签名和数字水印等。

第7章 现代设计与制造网上合作研究中心及相关的资源

1 中心的创建与进展

1.1 中心的创建

1995年底，国家自然科学基金委员会组织一个小组着手撰写"先进制造技术基础优先领域战略研究报告"。在一年多的准备过程中，参与撰写的人意识到除体制和经营管理两个层次的原因外，导致目前我国制造业困难的一个重要因素是企业缺乏开发有竞争力的产品的能力，因此提出了"产品设计是制造业的灵魂"的口号。后来，寻求解决该问题过程的努力形成了创建网络合作设计组织来宣传互联网上的合作设计的理念，并且以实际的技术、应用、工具和资源等来支持互联网上的合作设计的实践活动。

1997年，"现代产品设计与研究开发网络——虚拟异地合作设计组织"（以下简称合作设计组织）宣布成立，这也是国内比较早的以促进互联网上的合作设计、支持产品的网络合作设计为目的的研究开发网络。

2001年，教育部决定成立网上合作研究中心，在现代设计和制造领域依托西安交通大学和华中科技大学成立教育部现代设计与制造网上合作研究中心（Internet-Based Collaborative Research Center on Modern Design and Manufacturing of Ministry of Education of China, IBCDM，以下简称中心）。2002年又增加了上海交通大学。目前中心在学术委员会和主任之下分为中心（西安）、中心（武汉）和中心（上海）三个部分。中心（西安）依托西安交通大学，侧重设计方面的研究；中心（武汉）依托华中科技大学，侧重制造方面的研究；中心（上海）依托上海交通大学，侧重将设计和制造方面的研究成果应用于企业中。三方通过网络联系作为一个整体开展工作。

1.2 中心的进展

中心和合作设计组织成立后的最初几年中，一直在摸索中前进。在许多热心的参与者的积极支持和密切配合下，中心和合作设计组织逐步取得了一些进展，可以归纳如下：

1) 有更多的拥有资源或潜在资源的单位将他们的主页链接到了中心的网站上，特别是许多单位还把他们下属子单位的网站与中心的网站进行了链接，这样客户在搜索信息和资源时就更为方便。更重要的进展是一些零部件供应商开始加盟，如中国轴承信息网、上海电机厂、诸暨轴瓦有限公司等，构成了设计信息来源和知识资源、知识获取资源的一个重要的方面。

2) 中心长期以来一直致力于基于互联网的设计知识和知识获取服务的研究和应用，目前能够提供基于网络的多种设计知识和知识获取服务。根据中心多年的工作，已有的资源单元（分布在全国各地）在互联网上提供知识和知识获取服务可以有4种形式：

① 远程程序调用和远程数据库服务。这是提供已有知识和知识获取服务（含数据库、知识库、数值分析程序等）在互联网上在线实时的知识服务的主要方式。在这种形式下，计算程序以及数据库已经可以通过网络来访问，在浏览器中找到相应的网址，填入需要的参数或者搜索关键字，可以进行计算或者查询数据库中的数据，然后将计算结果或者数据库查询结果显示在浏览器中供用户使用，包括基于网络的300MW汽轮机密封动力系数计算程序、转子-轴承系统稳定性计算程序和滚动轴承数据库等。如果将相关的计算程序或者数据库采用Web Service的形式来访问，用户还可以将服务集成到自己的程序或者应用中，实现参数调用和返回过程的进一步集成。这也是远程程序调用和远程数据库服务的主要发展方向。

② 远程分析研究。对于需要人介入的服务，用户需要将数据或者图形传递到服务提供方，结果不能在当时返回，而是在双方约定的时间返回。例如某些分析程序耗时较长，或者需要服务提供者进行某些离线的分析，这时用户不必在线等待，服务提供方完成分析后，即可将结果传递给用户。

③ 远程试验。对于目前在技术上还不能依靠网络调用的资源，由能提供服务的这一类单位（供应商）把他们的服务项目、技术范围、网上委托办法、合同样本等链接到网站上的网上服务栏目。用户通过网络了解服务提供方提供的试验服务的性质和范围，选定试验服务的名称，下载试验委托单，在与提供方就要求、付费、时间协商一致后，由委托方或提供方做好试件并进行试验。在接受委托后，服务方以离线的方式完成委托，将试验结果通过多种方式传递给用户。例如，西安交通大学润滑理论及轴承研究所已经把他们所有可以对外支持产品开发的试验室资源按照

上述要求在网上公布，其中包括国内少有的 200mm 单个流体动压轴承试验台、30000r·min^{-1}/50mm 轴颈直径/1000mm×2 跨转子试验台等。目前发展的方向是实现委托方可以在异地从浏览器上自己控制试验参数、看到试验的场景、听到试验的声音并立刻得到试验的结果。例如，该研究所目前提供的转子远程试验就可以达到上述要求。

④ 远程设计会议。在需要请求方与服务提供方详细讨论之后才能确定服务细节时，可以通过在电子白板上共同讨论修改图形、通过摄像头进行实物观察、通过话筒进行讨论以及联合运用前 3 种方式对不能决定的问题共同研究，使请求方和服务提供方以及其他利益相关方最终取得一致意见。例如，上海交通大学生命质量与机械工程研究所与西安交通大学润滑理论及轴承研究所进行合作，由后者利用自己的网络资源在西安地区作为前者的代理，接受西安地区的外科医生，向生命质量与机械工程研究所订购定制型假体的业务。同时，润滑理论及轴承研究所向医生提供在西安与上海视频和音频讨论的条件，以保证客户和供应商双方能对定制型假体的技术要求进行充分讨论并签署合作合同。这是在网上较早的能够使不同地理位置的医生和假肢制作单位在网络上协商假肢定制的合作。

3) 开通了现代设计网上讨论栏目，在网上对现代设计这样非常重要但又缺乏经验的问题展开讨论并听取各方面对网站工作的意见。还链接了国内其他重要的设计、制造网站的论坛。

4) 组织了关于现代设计的网上教育。

2 中心的网上资源介绍

现代设计与制造网上合作研究中心网站上提供的网上资源从技术和服务的角度可以分为性能分析评估服务、支持设计的数据库服务、性能试验评估服务、可制造性评估服务、在运行产品状态评估服务、服务供应商的评估服务、虚拟仪器服务等。

2.1 性能分析评估服务

中心网站上提供的性能分析评估服务比较多，下面以滑动轴承性能计算网络服务为例进行介绍。

滑动轴承性能计算网络服务软件是西安交通大学润滑理论及轴承研究所（以下简称轴承所）利用多年积累的在滑动轴承性能计算方面的算法及经验而开发的一个网络服务应用软件。该程序可以用于性能计算的滑动轴承种类包括：向心轴承包括普通圆瓦、椭圆瓦、错位瓦、多油叶和可倾瓦；推力轴承包括面推力瓦和可倾瓦。

程序提供良好的输入和输出界面。输入参数和输出参数（包括许用判定参数）设计在同一界面上，方便用户输入参数，计算后直接可见输出参数，并判断输出参数是否合适，同时将计算结果保存到后台数据库。如果计算得出的参数不合适，用户可以方便地调整某个输入参数，重新计算，直到满足用户设计要求。需要时还可以生成结果报表。普通圆瓦滑动轴承的计算界面如图 51.7-1 所示。

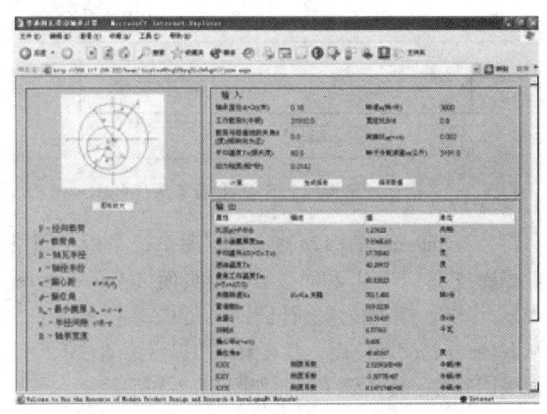

图 51.7-1 普通圆瓦滑动轴承的计算界面

输入参数为有量纲参数，针对不同类型的滑动轴承，包括：偏心率（直径间隙）；各种轴承结构、几何参数（影响轴承使用特性的有关参数，描述与轴承图形示例一致）；轴的转速、轴承受力的大小（径向力、轴向力）、力在轴承中的位置；进油温度、压力、油品参数。

输出参数为有量纲参数，针对不同类型的滑动轴承，包括：许用载荷（轴承比压）、最小油膜厚度、承载区最高工作温度、失稳转速、偏心距、油量、功耗、轴在轴承中的位置、最小油膜位置相对轴承剖分面的夹角、刚度系数、阻尼系数等。

每次计算后，可以选择生成包括计算类型、输入参数、输出参数在内的计算结果报表。多次计算时，程序提供了查询计算记录的功能，用户可以用输入参数和输出参数以及计算时间等多种查询关键字进行复合查询，显示查询结果。

滑动轴承性能计算网络服务程序是基于 Web 服务技术开发的，其他系统可以通过 Web 引用的方式，方便地集成这些性能计算算法。图 51.7-2 所示为滑动轴承性能计算 Web 服务程序的实现过程。

2.2 支持设计的数据库服务

在中心网站上提供的支持设计的数据库服务比较多，下面介绍基于 Internet 的滚动轴承数据库系统。

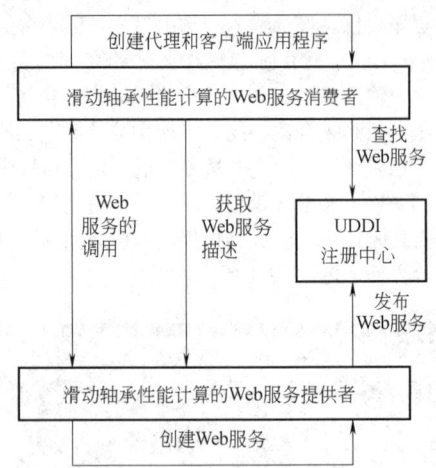

图 51.7-2 滑动轴承性能计算 Web 服务程序的实现流程

基于 Internet 的滚动轴承数据库系统采用了网络数据库技术、HTML 和动态服务器页面（Active Server Page，ASP）编程技术、神经网络及 CAD 技术，可以从 Internet 访问和使用，能够为用户提供滚动轴承设计数据库服务。其系统主界面如图 51.7-3 所示。

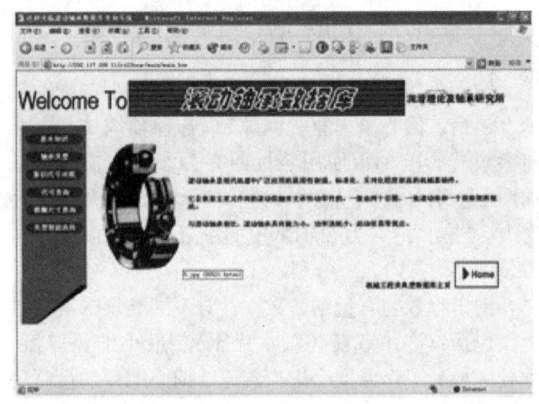

图 51.7-3 基于 Internet 的滚动轴承数据库系统主界面

2.2.1 系统的主要功能

基于 Internet 的滚动轴承数据库系统的功能结构图如图 51.7-4 所示。主要功能如下：

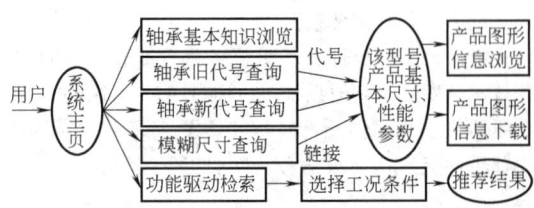

图 51.7-4 基于 Internet 的滚动轴承数据库系统的功能结构图

1）产品信息浏览。主要是滚动轴承产品基本知识的浏览，包括：滚动轴承的基本结构与分类、滚动轴承的代号，滚动轴承的选择，滚动轴承的额定载荷与寿命，滚动轴承的极限转速等。

2）数据信息查询。主要包括滚动轴承旧代号查询、新代号查询、模糊尺寸查询以及按轴承的适用工况条件查询等查询方式。

3）图形信息交互。可以实现滚动轴承的 SolidWorks 三维图形的在线浏览，以及下载滚动轴承的 Unigraphics 三维图形，所有滚动轴承的三维图形可以直接在产品设计中使用，不需重新绘制。

2.2.2 系统的特点

1）采用浏览器/服务器的实现模式。用户端不需任何设置，只要通过本机的浏览器，即可以访问到远程数据库，所需操作就是在网页输入自己的信息，单击相关链接，操作结果也以网页形式显示给用户，直观方便。

2）功能完善。系统实现了产品信息浏览，为用户提供了大量关于产品的基本知识。产品信息检索为用户提供了多种检索方式，有代号检索、模糊尺寸检索和功能驱动检索。产品数据信息交互为用户提供了产品数据信息的浏览与下载。产品图形信息交互为用户提供产品图形信息的在线浏览和下载，用户可对查询到的产品的图形信息进行在线浏览，还可以把图形信息下载到本地机上，直接在设计中使用。

2.3 性能试验评估服务

轴承所在中心的网址上提供了性能试验评估服务，包括轴承性能、转子系统、铁谱技术、电磁轴承和远程状态检测等多个方面。委托方根据所需要的服务填写委托书，并通过协调，与研究所达成委托协议后，即可开展性能试验评估服务。目前可以承接委托的试验及加工项目如下：

1）$\phi 200mm$ 径向滑动轴承性能试验台。主要参数为试验轴承内径 $D_{max}=\phi 200mm$，转速 $N_{max}=10000r/min$，载荷=4t，试验内容为径向滑动轴承的动、静特性测试。

2）$\phi 100mm$ 径向滑动轴承性能试验台。主要参数为试验轴承内径 $D_{max}=\phi 100mm$，转速 $N_{max}=20000r/min$，载荷=1t，试验内容为径向滑动轴承的动、静特性测试。

3）转子-轴承系统试验台 1。主要参数为轴颈 $\phi 50mm$，跨距为单跨 1000mm，双跨 $2\times 1000mm$，转速为 $N_{max}=30000r/min$，试验内容为转子动力学试验、振动测试与信号分析、轴承转子系统的性能测试与参数识别、故障模拟诊断等。

4）转子-轴承系统试验台 2。主要参数为轴颈

$\phi 15\text{mm}$,跨距为单跨300mm,双跨$2\times 300\text{mm}$,平行轴,转速为$N_{max} = 10000\text{r/min}$,试验内容为转子动力学试验、振动测试与信号分析、参数识别、故障模拟诊断、齿轮耦合对系统的影响等。

5) 铁谱分析。铁谱技术是利用磁场作用,将机器润滑油样中的铁质磨屑粒子和黏附物微粒分离出来,并分析其形态、尺寸、数量、粒度分布等情况,从而得到磨损过程的有关信息,利用铁谱技术,可以对机械设备运行中的磨损状态进行诊断、监测,从而提高系统的可靠性和安全性。铁谱技术的重要工具之一就是铁谱仪。轴承所可以提供基于铁谱仪的油液磨粒分析服务。

6) 电磁悬浮轴承性能分析设计制造、试验服务。电磁悬浮轴承利用电磁力使高速旋转的转子悬浮而与轴承没有任何接触,电磁悬浮轴承无接触、无润滑、无磨损、功耗低,工作寿命长,能够允许转子高速运转,其转速仅受转子所选材料强度的限制。电磁悬浮轴承主要应用在真空及超净室技术、高精度机床、透平机械和离心机等方面。已完成项目包括电磁悬浮轴承支撑的CO_2激光风泵、电磁悬浮轴承支撑的导弹质量、质心、转动惯量测试系统,电磁悬浮轴承支撑100万方涡轮膨胀机,电磁悬浮轴承支撑的高速磨床主轴等。轴承所能够为电磁悬浮轴承的用户提供技术设计、技术咨询和委托制造等服务。

7) 系统远程状态监测及诊断技术服务。轴承所在大型旋转机械机组状态监测故障诊断领域有数十年的经验,取得了大量科研成果,积累了丰富的分析故障和解决问题的经验。轴承所针对炼油、化工、电力企业的主要动力设备开发了RB21机组状态监测及故障诊断系统,能够为用户提供远程状态监测及诊断技术服务。

2.4 服务供应商的评估服务

中心网站上提供的AMT供应商评价系统是西安交通大学先进制造实验室开发的服务供应商评估应用系统。它分为供应商信息管理、指标体系管理及供应商评价三大模块,下面分别予以介绍。

2.4.1 供应商信息管理

在供应商信息模块中可以添加、删除、修改各供应商的信息,界面如图51.7-5所示。

2.4.2 指标体系管理

根据需要,在指标体系管理中,如图51.7-6所示,给不同的指标体系设置了不同的评价指标。

目前有生产性组织评价指标体系、创新性组织评

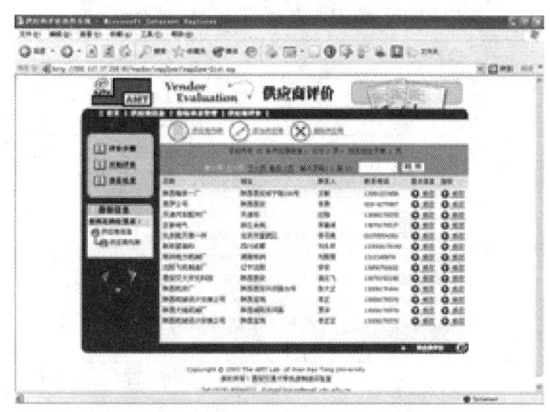

图51.7-5 AMT供应商评价系统供应商信息管理界面

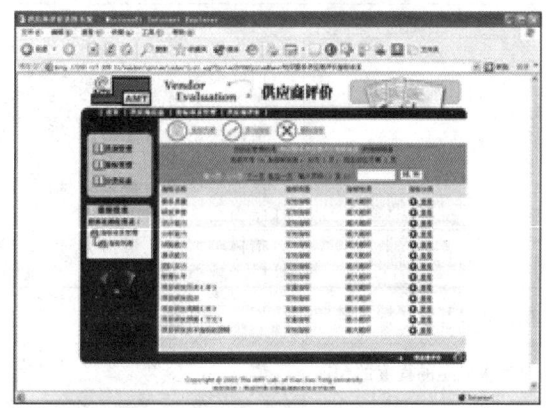

图51.7-6 AMT供应商评价系统指标体系管理界面

价指标体系和知识服务供应商评价指标体系三种指标体系,其中生产性组织评价指标体系应用于非创新性产品(或服务)供应商的评价与选择(主要针对一般生产企业),创新性组织评价指标体系应用于创新性产品供应商的评价与选择(主要针对愿意为特定需求研发新产品的企业、科研院所和高校等),知识服务供应商评价指标体系应用于知识或知识获取服务供应商的评价与选择(主要针对愿意以知识或知识获取服务参与产品研发的企业、科研院所和高校等)。

用户可以根据自己的需要创建、编辑和删除指标体系。在每种指标体系中,包含定性和定量的指标,用户也可以根据需要创建、编辑和删除相应指标体系中的指标。对于知识服务供应商评价指标体系就有14个不同的评价指标,分别见表51.7-1。

2.4.3 供应商评价

供应商评价的步骤为:

1) 选择评价指标体系。根据不同的评估目的,选择现有的评估指标体系,或者根据需要添加新的评估指标体系和体系中的指标。

表 51.7-1 知识服务供应商评价指标体系

指标名称	指标性能
服务质量	指标类型为定性指标,指标性质为越大越好
研发声誉	指标类型为定性指标,指标性质为越大越好
设计能力	指标类型为定性指标,指标性质为越大越好
分析能力	指标类型为定性指标,指标性质为越大越好
试验能力	指标类型为定性指标,指标性质为越大越好
通信能力	指标类型为定性指标,指标性质为越大越好
团队实力	指标类型为定性指标,指标性质为越大越好
管理水平	指标类型为定性指标,指标性质为越大越好
项目研发历史	指标类型为定量指标,指标性质为越大越好
项目研发现状	指标类型为定性指标,指标性质为越大越好
项目研发周期	指标类型为定量指标,指标性质为越小越好
项目研发预算	指标类型为定量指标,指标性质为越小越好
项目研发技术指标的预期	指标类型为定性指标,指标性质为越大越好
对需求满足的程度的预期	指标类型为定性指标,指标性质为越大越好

2)可行性评价。先在选定的评估体系中确定至少三个关键指标,根据这些关键指标在供应商信息数据表中选择出合适的供应商。

3)帕累托最优过滤。对于一个供应商而言,如果无法找到一个替代方案(指潜在的其他供应商或者潜在的其他供应商的一个线性组合)可以改进该供应商的某项指标而不使其他任何指标受损,那么这个供应商就称为帕累托最优供应商(这里改进的含义是,对于越大越好的指标,"改进"意味着指标值变大;对于越小越好的指标,"改进"则意味着指标值变小,"受损"则是相反)。如果一个供应商不是帕累托最优的,那么就可以找到一个更满意的新方案完全替代这个供应商,如果一个供应商是帕累托最优的,这个供应商不可能被完全替代,并令其不可替代性系数为"1"。

4)满意度评价。根据层次分析法(Analytic Hierarchy Process,AHP),对越小越好的指标整体偏好、越大越好的指标整体偏好、研发能力类指标的偏好、项目特定指标类指标的偏好进行设置,如图51.7-7所示。设置指标偏好后,对所有能够提供服务的供应商进行满意度评价,从而选出最适合的供应

商,评估结果如图 51.7-8 所示。

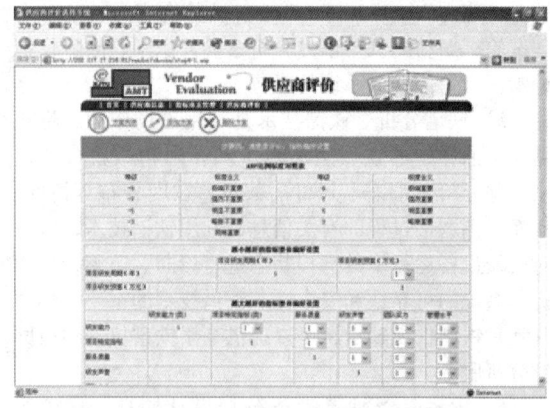

图 51.7-7 AMT 供应商评价系统指标偏好设置

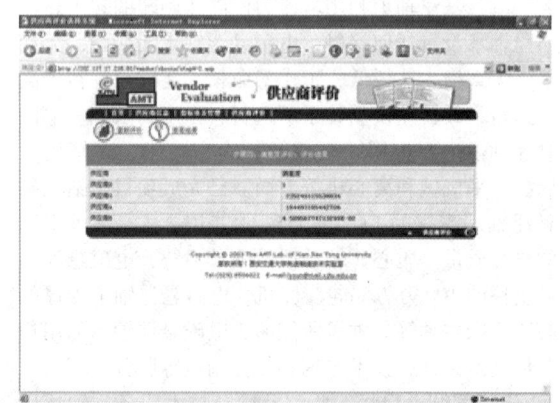

图 51.7-8 AMT 供应商评价系统知识服务供应商评估结果

2.5 虚拟仪器服务

2.5.1 背景及意义

随着计算机和网络技术的发展,在互联网上提供虚拟仪器服务成为可能,这也是网上合作设计知识资源服务的一种重要方式,在这种服务中可以做到对远程试验设备和仪器的操作、控制和测试,并对试验的数据进行实时的处理和分析。远程诊断中心在中心网站上提供了基于小型多功能转子试验台的远程虚拟仪器试验服务的资源,开展了网络远程教育和远程虚拟仪器服务的研究。

2.5.2 功能介绍

远程虚拟仪器试验系统采用 BridgeView 构造本地的虚拟仪器测控系统,不仅可以方便灵活地采集、分析与处理各信号量,而且还能提供良好的仪器操作界面以便监控和干预远程用户的试验过程。异地用户可以首先委托轴承所制作试件,然后在双方约定的时间,异地用户可以通过 Web 浏览器连接到远程虚拟

仪器试验网页,自主控制试验参数,并可以即时看到试验的场景,听到试验的声音并立刻得到试验的结果。基于 Internet 的远程虚拟仪器试验系统总体结构图如图 51.7-9 所示。服务器端和客户端主界面如图 51.7-10 和图 51.7-11 所示。

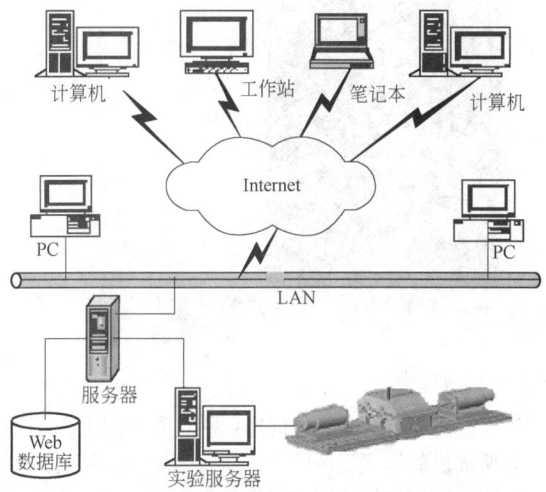

图 51.7-9　基于 Internet 的远程虚拟仪器试验系统总体结构图

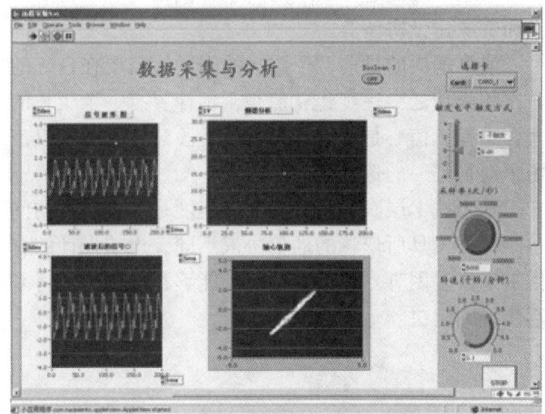

图 51.7-10　基于 Internet 的远程虚拟仪器试验系统服务器端界面

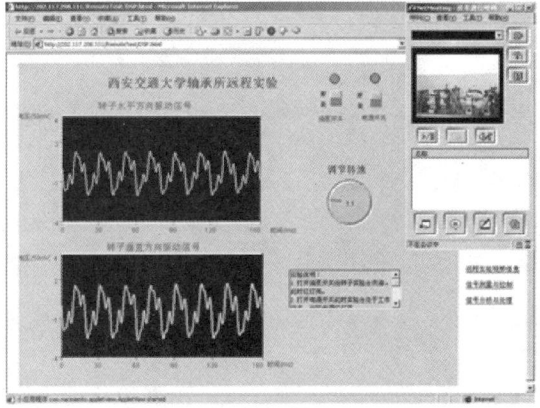

图 51.7-11　基于 Internet 的远程虚拟仪器试验系统客户端界面

3　如何组织远程会议

互联网上的合作设计需要提供各种网络多媒体实时交互平台和图形实时交互操作平台来支持远程会议的实现。这里以远程假体异地合作设计为例来说明如何组织远程会议。

3.1　远程会议实现背景

上海交通大学生命质量与机械工程研究所基于生物摩擦学对人工关节设计的相关技术进行了研究,研制成功计算机辅助人工关节置换临床工程软、硬件,并且与上海第二医科大学第九人民医院进行临床实践,手术取得成功。为了实现该科研成果的产业化,上海交通大学生命质量与机械工程研究所与西安交通大学润滑理论及轴承研究所协议,通过西安交通大学网络设施开展远程假体合作设计业务。后者利用自己的网络资源在西安地区作为前者的代理,接受西安地区的外科医生向生命质量与机械工程研究所订购定制型假体的业务。同时,润滑理论及轴承研究所向医生提供在西安与上海视频和音频讨论的条件,以保证客户和供应商双方能对定制型假体的技术要求进行充分讨论并签署合作合同。

3.2　远程假体异地合作设计的业务流程

远程假体异地合作设计的业务流程如图 51.7-12 所示。

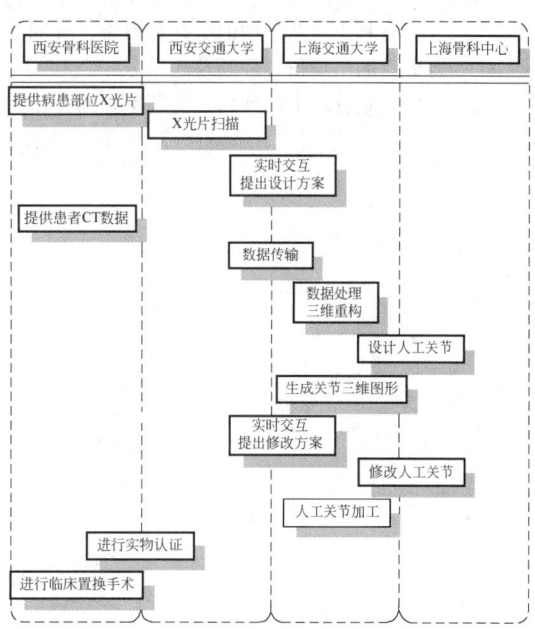

图 51.7-12　远程假体异地合作设计的业务流程

系统交互实时环境如图 51.7-13 所示。通过实际运行，上述系统能够满足假体远程设计中交互讨论的要求。音频信号传递实时、清晰，视频信号传递连贯，交互操作的实时性可以满足网络讨论的要求。

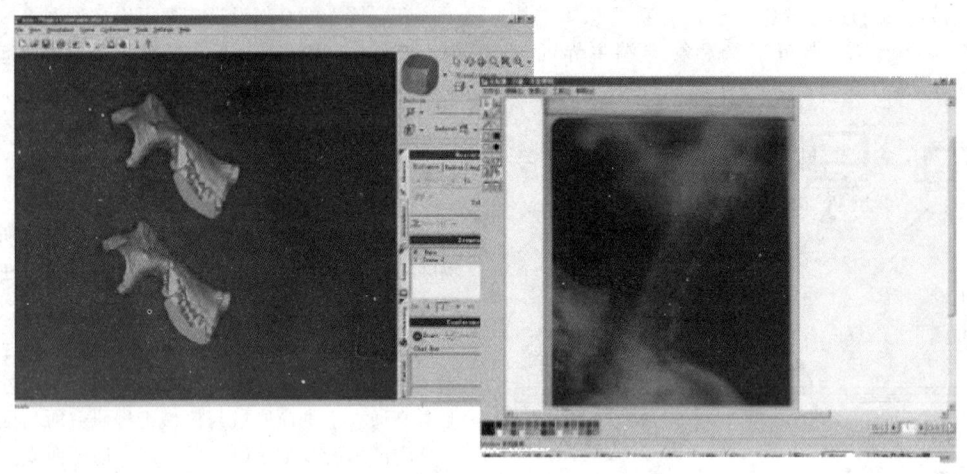

图 51.7-13　远程会议系统交互实时环境

4　中心的发展方向

几年来的实践说明，实现互联网上的合作设计并非易事。有三个层次的问题需要解决。

首先是观念上的问题。现在大家都讲竞争，竞争是优胜劣汰。强强联合优于单干，所以合作在竞争中占有极其重要的位置。如果把在网上的就某一个任务的合作看成是组织一个虚拟公司，虚拟公司有合作的愿望，而使愿望成为现实的重要一环是参与各方要接受利益在参与者中合理分配这一原则。而且合作各方也要承认合作有利于在竞争中的生存和发展，有利于比单干获得更大的市场份额和利益。

第二个层次是管理上的问题。管理不好的合作当然还不如单干，愿望要靠组织和游戏规则（法律）保证。这里面有两个具体问题：一是参与网上合作的各方所提供的知识资源的知识产权问题；二是利益在参与网上项目组织之间的合理分配问题。

第三个层次是技术上的问题，包括网上运行的规范和资源建设协调等。

最难解决的是前两个层次的问题，需要在良好的合作和成功之中逐步建立信心，预计要有一个较长的磨合过程。信心是不能依赖行政手段建立的，所以市场驱动是唯一的选择。

至于技术层次的问题，网络速度是一个较大的问题。各种工具所依赖的通信协议不同，也给设计的合作带来许多困难。相信这些问题能够在可预见的将来逐步得到解决。

第8章　互联网上合作设计实例

现代设计一直强调，不论是已有知识的使用，还是新知识的获取，都强烈地依赖具有6个不可分要素（人、资金、设备、经验、管理、技术）的资源。而通过什么模式来将这6个要素集成起来，许多学术界和产业界的人士提出了很多解决方案，例如产品数据管理（Product Data Management，PDM）、工作流管理系统（Work Flow Management System，WFMS）、企业资源规划（Enterprise Resource Planning，ERP）、供应链管理（Supply Chain Management，SCM）、协同产品商务（Collaborative Product Commerce，CPC）等。而知识服务的理论则是从实现现代产品设计的最基本要素——知识、知识的外在表现形式——资源以及资源运作和服务的统一体——资源单元和设计实体出发提出的，下面的实例说明在我国可以应用知识服务的理念来加快制造业的产品创新。

为了以实例说明如何利用分布式智力资源来开展基于互联网的合作产品创新设计，教育部现代设计及制造网上合作研究中心（IBCDM）以涡轮膨胀机主动控制电磁悬浮转子系统的改型设计为对象，将国内有关最优智力资源集成起来，通过Internet完成一个完整的设计、分析和制造准备过程［应某涡轮膨胀机制造企业（Turbo-Expander Co. Ltd，TEC）的请求］。合作单位如下：

1）西安交通大学润滑理论及轴承研究所（Theory of Lubrication and Bearing Institute，TLBI）。

2）西安交通大学先进制造技术实验室（AMT laboratory，AMT）。

3）清华大学机械工程系（Department of Mechanical Engineering，DME）。

4）华中科技大学工业工程与制造系统工程系（Department of Industrial & Manufacturing Systems，DIMS）。

5）华中科技大学国家CAD支撑软件工程研究中心（National Engineering Research Center-CAD Software，NERC-CAD）。

1　项目背景

项目背景是TEC考虑到传统的采用动压滑动轴承支撑的涡轮膨胀逐渐不能满足市场竞争的需要，他们了解到国外同类产品可以采用主动电磁轴承进行支撑，所以想采用主动电磁轴承进行支撑重新设计涡轮膨胀机的支撑系统。TEC传统的产品设计主要在企业内部完成，如果还是由企业自己学习、消化和掌握主动电磁轴承的设计方法和技术，效率较低，成本较高，企业很难尽快推出新产品，所以TEC希望能够通过网络合作设计来完成采用主动电磁轴承的涡轮膨胀机改型设计。

IBCDM提供了用于产品设计知识资源服务发布和发现的知识服务注册中心，已经有许多知识服务资源在其中注册。TEC搜索知识服务注册中心，并评估了相应的几个可以提供主动电磁轴承设计服务的设计服务提供商，最后选择TLBI来完成该项目。TLBI设计的主动电磁轴承系统，包括控制器、功率放大器、执行器和传感器的设计，同时解决了轴承转子系统无法满足临界转速要求和掉电保护等问题。由于主动电磁轴承系统需要改变相关的涡轮膨胀机的结构，TLBI通过知识服务注册中心，寻找并评估选择DME、DIMS和NERC-CAD完成相关结构的可铸造性、可加工性和可装配性的评估，并根据它们对设计提出的改进意见来优化设计。最终各单位通力合作，在短时间和低成本情况下很好地解决了相关的问题，完成了全部的设计，并成功进行台架试验。该改型设计项目的主要实现过程如下：

1）TEC搜索知识服务注册中心，寻找主动电磁轴承设计知识服务提供商。

2）TEC采用AMT提供的评估系统评估知识服务提供商，并选择TLBI为合作伙伴。

3）TLBI完成主动电磁轴承的结构设计。

4）TLBI完成轴承转子系统的动力学分析。

5）TLBI完成涂层设计。

6）TLBI搜索知识服务注册中心，评估并选择DME完成可铸造性评估，返回设计改进意见。

7）TLBI搜索知识服务注册中心，评估并选择DIMS完成可加工性评估，返回设计改进意见。

8）TLBI搜索知识服务注册中心，评估并选择NERC-CAD完成可加工性评估，返回设计改进意见。

2　涡轮膨胀机采用动压滑动轴承支撑的缺点

涡轮膨胀机主要在冶金、石化、轻纺、建材、能源等工业部门用于空气分离和气体液化，如用于油气田制冷装置处理天然气等。目前空气分离行业采用的主要工艺是将空气、天然气等液化，利用不同成分液化温度不同，分离出液氧、液氮或其他有用成分。因此，制冷设备是整个系统的关键，而涡轮膨胀机又是制冷设备中最重要的设备。对涡轮膨胀机的要求是轴承功耗小、长期运行可靠性高、易于实时监测、易于维护、成本低等。

TEC的某型号涡轮膨胀机组为双叶轮结构，工作转速为30000~40000r/min。原系统采用动压滑动轴承支撑，轴承功耗为20kW，功耗大，效率低；润滑子系统体积庞大（比涡轮膨胀机主机大数倍）；润滑油泄漏导致工质和环境污染。图51.8-1所示为采用动压滑动轴承支撑的涡轮膨胀机的结构。

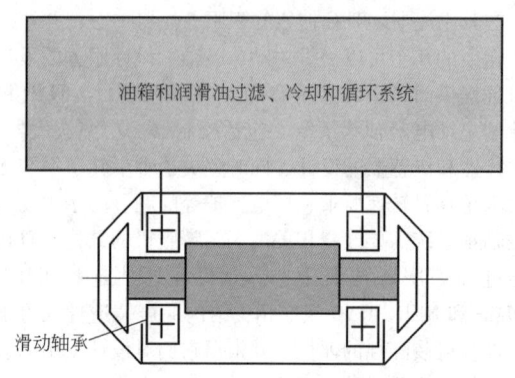

图51.8-1 采用动压滑动轴承支撑的涡轮膨胀机的结构

3 涡轮膨胀机采用主动电磁轴承支撑的优点

在磁悬浮领域中，应用最广泛的就是主动电磁轴承，它是利用电磁力将转子无机械接触地悬浮起来的一种新型支撑装置，是集转子动力学、电磁学、电子技术、控制理论以及计算机科学于一体的最具代表性的机电一体化产品。与传统机械轴承相比，电磁轴承具有无磨损、功耗小、不需润滑等特点。在一定范围内，电磁力可以通过控制系统予以调节，即支撑刚度阻尼可调，因而可对转子实施主动控制，进行不平衡补偿等，有利于提高转子的动态性能。主动电磁轴承是目前可投入使用的主动控制型支撑装置。

与普通轴承相比，电磁轴承采用受控电磁力将轴悬浮在轴承中间，因而无接触、无磨损，省去了润滑系统，而相应增加了一套控制系统。鉴于电子元器件的寿命比机械系统长，因此电磁轴承的可靠性及使用寿命均优于普通轴承，而且系统功耗小，效率高。以该涡轮膨胀机组为例，电磁轴承的功耗小于2kW，不及普通轴承的十分之一。电磁轴承长期使用成本要远低于普通轴承。在功率较大的场合，电磁轴承的一次投资成本也低于普通轴承。

涡轮膨胀制氧机机械结构简图如图51.8-2所示，左端为膨胀端，右端为压缩端。推力轴承与推力盘间的间隙由推力轴承座的尺寸决定，向心轴承与径向动环间的间隙由自身尺寸决定。

主动式电磁型磁轴承主要由传感器、控制器、功率放大器和执行器四部分构成。其工作原理是：传感器检测出转子偏离参考点的位移，控制器则将这一位移信号转换成相应的控制信号，由功率放大器转换成一定的控制电流，控制执行器中磁铁吸力的大小，从而使转子恢复到原来设定的参考位置。

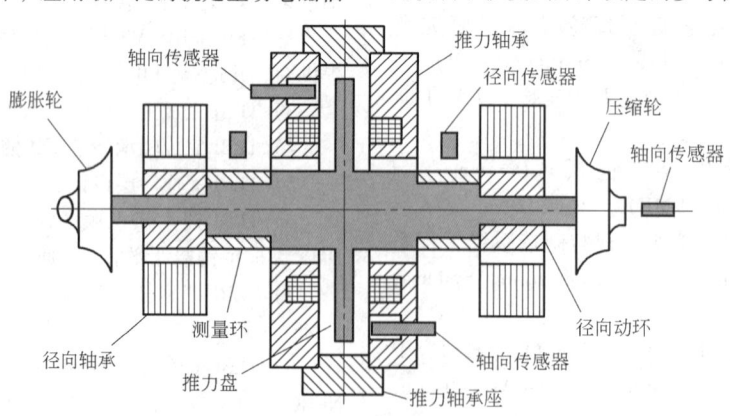

图51.8-2 膨胀机机械结构简图

4 互联网上的合作设计过程

4.1 知识资源注册

基于网络的产品创新的前提条件是知识服务提供者将自己的服务发布到全球，同时知识服务请求者能够方便、准确地发现相关的合适自己需求的知识服务资源单元。目前得到广泛支持的统一描述、发现和集成（UDDI）协议提供了知识服务供应者和知识服务消费者之间相互发现服务和需求的平台。这里所指的

"服务",可以认为是由知识服务提供商发布在网络上的完成特定知识服务的在线或离线应用服务,其他知识服务需求者或应用软件能够通过 Internet 来访问、了解并使用这些网络上的服务。IBCDM 提供了用于合作产品设计知识服务供应商信息注册和管理的知识服务注册中心,各相关单位的智力资源单元提供的知识服务实体和实体提供的服务的结构化信息通过网络注册到该知识服务注册中心。

4.2 搜索设计资源单元并评估

TEC 通过浏览器浏览 IBCDM 提供的基于统一描述、发现和集成协议的知识服务注册中心,以主动电磁轴承设计为关键字搜索,得知有数个单位可以提供主动电磁轴承的设计服务(以设计单位 A~G 代替实际单位名称)。图 51.8-3 所示为在知识服务注册中心填写搜索关键字和搜索所得到的知识服务实体。

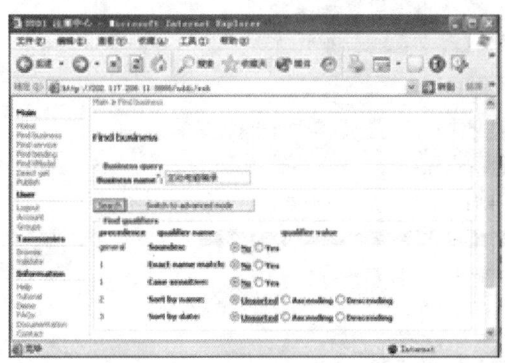
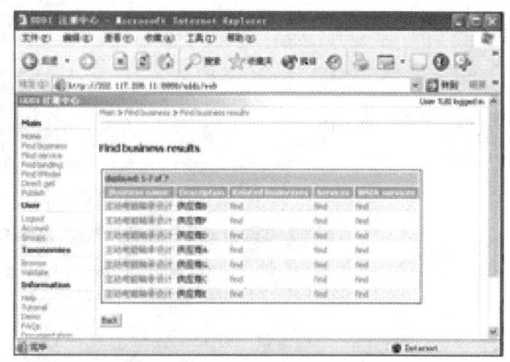

图 51.8-3 知识服务注册中心搜索知识服务实体

为了在知识服务供应商中进行比较和选择,TEC 以设计服务评估为关键字搜索知识服务注册中心,发现西安交通大学管理学院先进制造技术实验室(AMT)提供的知识服务供应商评价系统,可以提供知识服务评估的功能。通过网络调用该程序,经过综合分析,选择 TLBI 作为合作者。

4.3 初步组成虚拟设计联盟

TEC 作为第一层设计实体用自有智力资源完成涡轮膨胀机的通流部分设计,并提出改型的约束;TLBI 作为第二层设计实体设计电磁轴承,决定结构、参数,进行动力学性能评估等;对改型的结构进行可铸造、加工、装配分析,TLBI 需要其他智力单元的服务,不断利用知识服务注册中心和 AMT 提供的服务评估系统进行搜索和评估,寻找已经在 UDDI 中心注册的合作伙伴。

TEC、TLBI 和 AMT 初步形成合作联盟,并在设计进程中根据需要不断增加合作伙伴。

TLBI 提供异地合作设计管理平台(见图 51.8-4),能够在权限控制下动态管理项目相关的各资源单元以及图形、数据的交换等。

4.4 主动电磁轴承的结构设计

TLBI 根据设计要求,进行电磁轴承支撑概念的

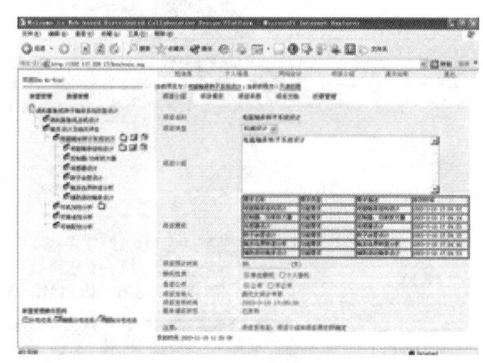

图 51.8-4 基于 Internet 的异地合作设计管理平台

设计,通过调用本所开发的 Web 服务应用程序进行设计和计算,通过轴的结构设计、径向电磁轴承定子设计、径向电磁轴承转子设计、推力电磁轴承定子设计、推力电磁轴承转子设计,得到以 XML 格式保存的结构设计各参数;然后通过 VC 编写的 SolidWorks 的二次开发程序读取 XML 文件,动态生成 SolidWorks 格式的三维 CAD 图形,形成初步的设计结果。

图 51.8-5 所示为电磁轴承结构设计的径向电磁轴承定子设计界面,图 51.8-6 所示为以 XML 格式表示的电磁轴承结构设计结果,图 51.8-7 所示为动态生成的 SolidWorks 格式的电磁轴承零部件三维图形。

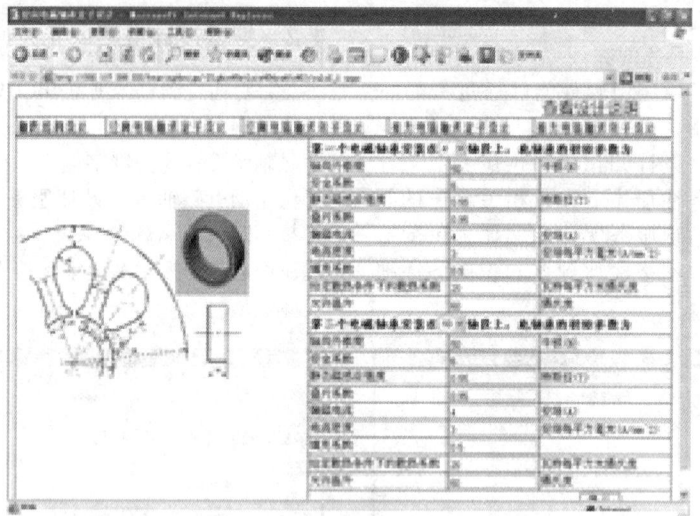

图 51.8-5　电磁轴承结构设计的径向电磁轴承定子设计界面

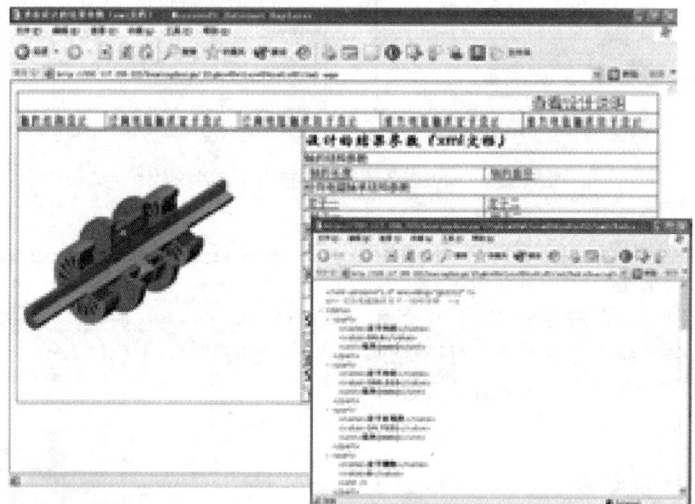

图 51.8-6　以 XML 格式表示的电磁轴承结构设计结果

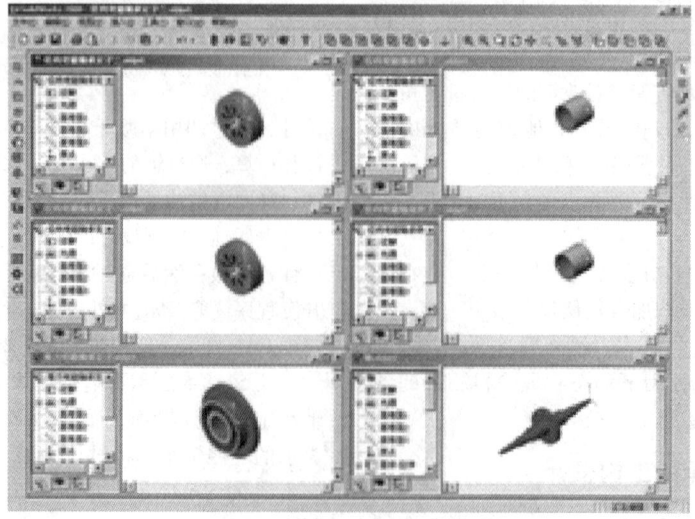

图 51.8-7　动态生成的 SolidWorks 格式的电磁轴承零部件三维图形

4.5 转子轴承系统的动力学分析

如图51.8-8所示,在改型设计中去掉原有的润滑子系统和滑动轴承,增加了传感器、控制器、功率放大器和执行器等部件。

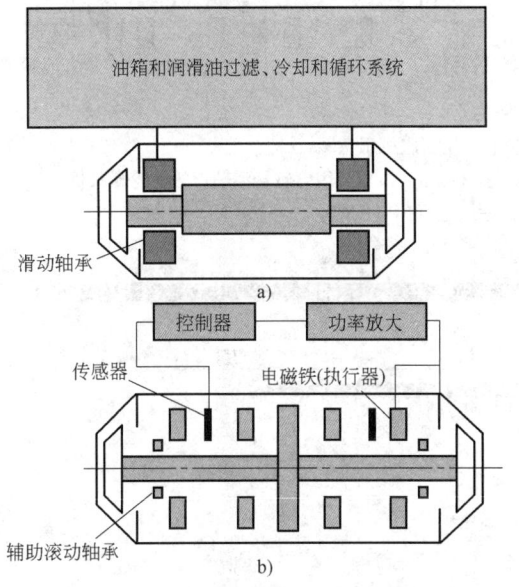

图 51.8-8 涡轮膨胀机示意图
a) 采用动压滑动轴承支撑的涡轮膨胀机
b) 采用电磁悬浮轴承的涡轮膨胀机,采用辅助滚动轴承进行掉电保护

由于电磁轴承结构需要将轴变长变细,轴系的临界转速降低,TLBI调用本所资源——Matlab编写的转子轴承系统动力学分析程序进行动力学性能评估,发现目前的设计方案无法满足临界转速要求。经过再设计,去掉原有设计方案中的辅助轴承,减少轴的长度,最终分析得出轴系的临界转速满足了设计要求。图51.8-9所示为基于Internet的转子轴承系统动力学Matlab分析程序界面和分析结果。

4.6 涂层设计

由于原有的辅助轴承是起掉电保护的作用,再设计提出了一个创新的概念,即在电磁铁的表面涂上一层涂层,以便在掉电时保护轴颈。查询TLBI的涂层网络数据库,得到一种TLBI专有的涂层,能够满足40000r/min和相应比压下的掉电保护的功能。

图51.8-10所示为采用电磁悬浮轴承的涡轮膨胀机应用辅助轴承和聚合物涂层来实现掉电保护功能的示意图,图中可以发现采用聚合物涂层后,轴的长度缩短,重新校核临界转速后得到目前结构可以满足临界转速要求。图51.8-11所示为涂层数据库查询界面。

4.7 与厂家交换设计意见

改型设计需要与请求方交换设计意见,双方通过Netmeeting远程通信软件、Communicator远程图形交互软件和TEC在浏览器上对结果(包括图样)反复进行网上对话,如图51.8-12所示,不同利益方取得了一致意见。

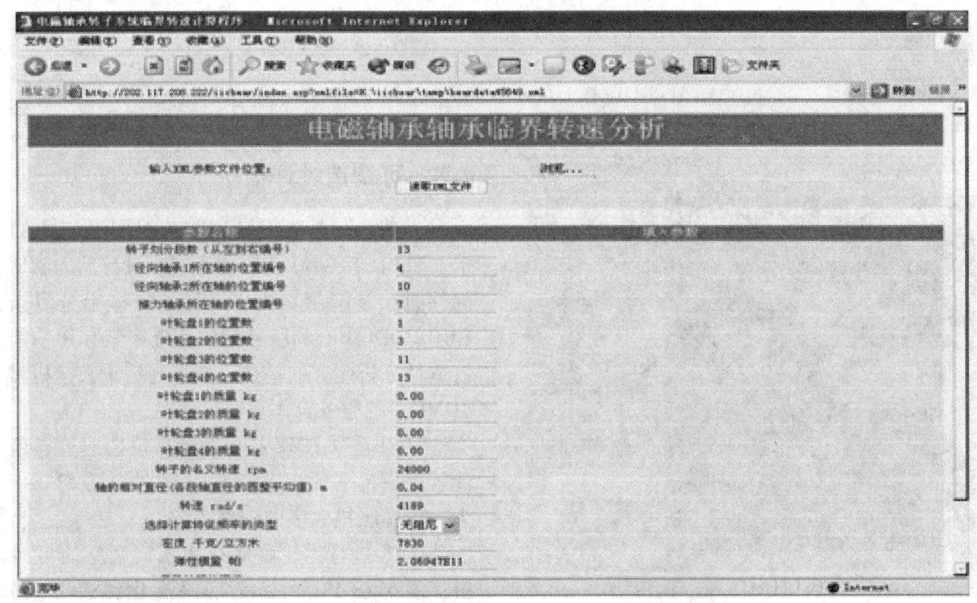

图 51.8-9 基于Internet的转子轴承系统动力学Matlab分析程序界面

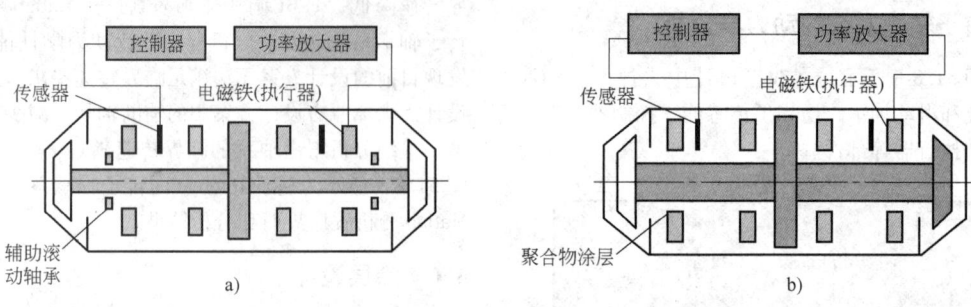

图 51.8-10 采用改进掉电保护的涡轮膨胀机示意图

a) 采用电磁悬浮轴承的涡轮膨胀机,采用辅助滚动轴承进行掉电保护 b) 采用电磁悬浮轴承的涡轮膨胀机,采用在电磁铁表面涂上聚合物涂层进行掉电保护

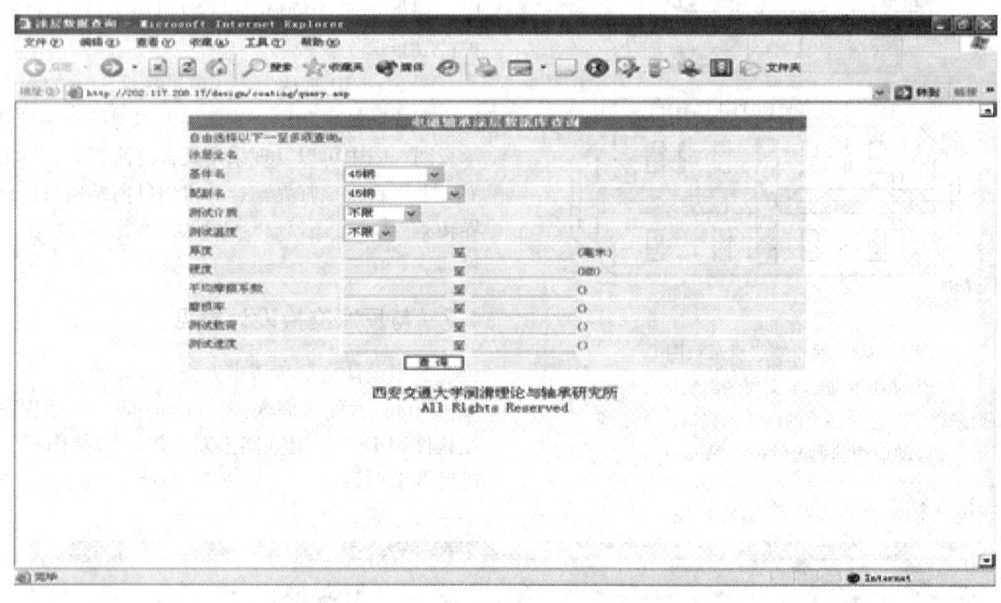

图 51.8-11 基于 Internet 的涂层数据库查询界面

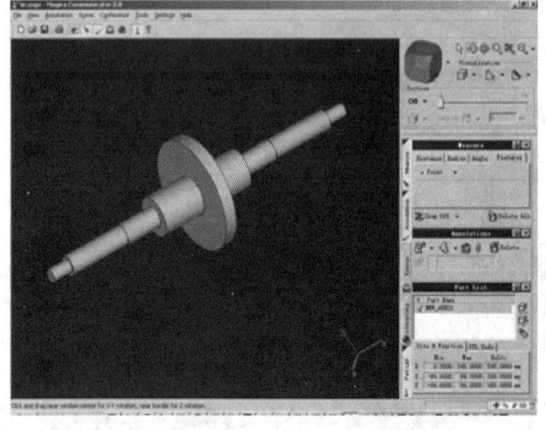

图 51.8-12 采用 Communicator 软件远程工程图形交互

4.8 可铸造性评估

为满足资源单元知识服务对图形格式的不同要求,TLBI 又采用 UG 绘制了初步设计后的膨胀机的零部件图和装配图。初步设计的箱体十分复杂,TLBI 利用 UDDI 中心和服务评估系统搜索和评估能提供可铸造性分析服务的单位,选择与清华大学机械工程系(DME)的服务合作。

TLBI 请求 DME 提供服务,他们通过异地合作设计管理平台下载相应的 CAD 文件,图 51.8-13a 所示为涡轮膨胀机底座的三维图形。

DME 进行涡轮膨胀机盖板、底座的可铸造性分析,图 51.8-13b 所示为底座优化铸造工艺分析图。返回分析报告和设计改进意见提交到 TLBI 的异地合作设计管理平台。

4.9 可加工性评估

TLBI 利用知识服务注册中心和服务评估系统进行搜索和评估提供可加工分析服务的单位，选择与华中科技大学工业工程与制造系统工程系（DIMS）合作。

TLBI 请求 DIMS 提供可加工性分析服务，其通过异地合作设计管理平台下载相应的 CAD 文件，图 51.8-14a 所示为推力电磁轴承定子的三维图形。

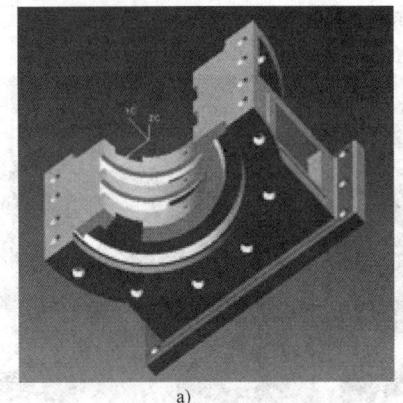
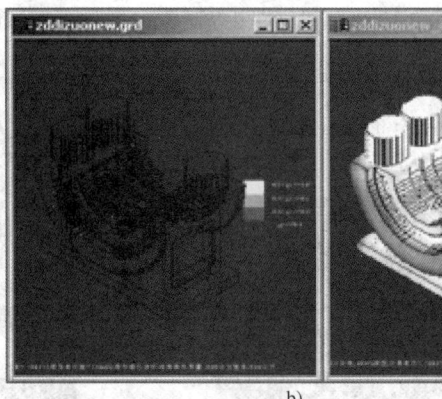

图 51.8-13 涡轮膨胀机底座三维图形及优化铸造工艺分析
a）涡轮膨胀机底座的图形　b）底座优化铸造工艺分析结果

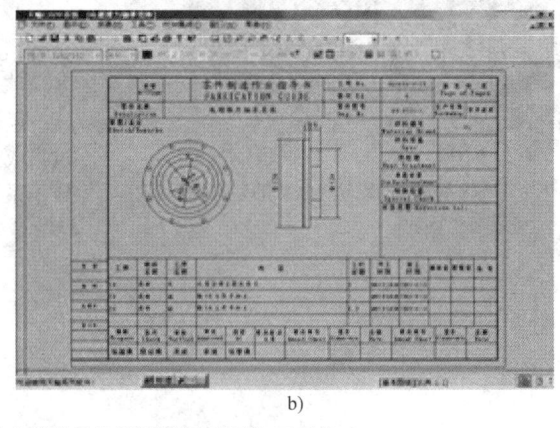

图 51.8-14 推力电磁轴承的 UG 图形及定子加工工艺
a）推力电磁轴承定子的三维图形　b）推力电磁轴承定子机械加工工艺

图 51.8-14b 所示为推力电磁轴承定子机械加工工艺。DIMS 进行可加工性分析，返回分析报告和设计改进意见提交到 TLBI 的异地合作设计管理平台。

4.10 可装配性评估

TLBI 利用知识服务注册中心和服务评估系统进行搜索和评估提供可装配分析服务的单位，选择与华中科技大学国家 CAD 支撑软件工程研究中心（NERC-CAD）合作。TLBI 请求 NERC-CAD 进行可装配性分析服务。

NERC-CAD 通过异地合作设计管理平台下载相应的 CAD 文件，转换为 VRML2 格式的模型，供网络环境下的协同装配分析，实现了该产品基于 Web 的协同装配规划、仿真和结果评估（见图 51.8-15）。最后返回虚拟装配分析报告和设计改进意见，提交到 TLBI 的异地合作设计管理平台。

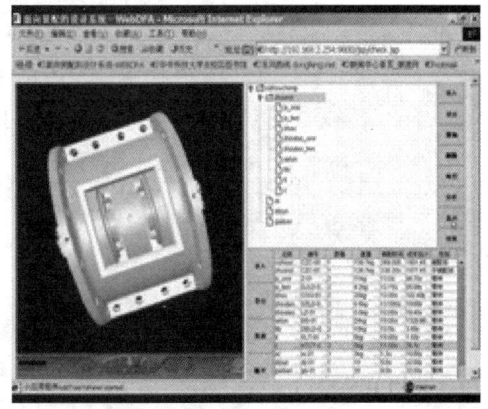

图 51.8-15 基于 Web 的协同装配规划、仿真和结果评估

4.11 制造

TLBI 通过汇总各方面的报告（即设计的新知识）对原来的概念设计进行修改，最终形成可交付使用的设计。对于各有关零部件，在评估通过时，热、冷加工的代码已经并行形成，设计完成后可立即开始制造。

4.12 基于 Internet 的远程试验

TLBI 开发的基于 Internet 的远程试验系统可以对模拟样机进行远程试验，从而对设计进行最终评估。

4.13 台架试验

图 51.8-16 所示为电磁轴承支撑的涡轮膨胀机的整机装配图，图 51.8-17 所示为电磁轴承-转子系统实物图。TEC 进一步的试验表明，试验样机顺利实现升降速，运行稳定，性能符合要求。

图 51.8-17 电磁轴承-转子系统实物图

图 51.8-16 电磁轴承支撑的涡轮膨胀机的整机装配图

5 结论

经过各个合作单位的共同努力，顺利地实现了通过集成分布式智力资源来完成采用主动控制电磁悬浮转子系统的涡轮膨胀机合作创新设计。

参 考 文 献

[1] Greenberg S. Collaborative interfaces for the web [J]. Human factors and web development, 1997, 18: 241-254.

[2] Grudin J. Computer-supported cooperative work: History and focus [J]. Computer, 1994 (5): 19-26.

[3] Huber G P. Issues in the design of group decision support sytems [J]. MIS quarterly, 1984: 195-204.

[4] Brinck T, Gomez L M. A collaborative medium for the support of conversational props [C]. New York, NY, USA: ACM, 1992: 171-178.

[5] Monplaisir L. An integrated CSCW architecture for integrated product/process design and development [J]. Robotics and Computer-Integrated Manufacturing, 1999, 15 (2): 145-153.

[6] Lloyd P. Groupware in the 21st century: computer supported cooperative working toward the millennium [M]. Santa Barbara, California, USA: Greenwood Publishing Group Inc., 1994.

[7] Lococo A, Yen D C. Groupware: Computer supported collaboration [J]. Telematics and informatics, 1998, 15 (1): 85-101.

[8] Bidgoli H. Group support systems: a new productivity tool for the 90′s [J]. Journal of Systems Management, 1996, 47: 56-63.

[9] Zhao B Y, Huang L, Stribling J, et al. Tapestry: A resilient global-scale overlay for service deployment [J]. Selected Areas in Communications, IEEE Journal on, 2004, 22 (1): 41-53.

[10] Foster J. Collaborative information seeking and retrieval [J]. Annual review of information science and technology, 2006, 40 (1): 329-356.

[11] Lococo A, Yen D C. Groupware: Computer supported collaboration [J]. Telematics and informatics, 1998, 15 (1): 85-101.

[12] 袁清珂, 刘宁. 产品数据表达与交换标准 STEP 的研究及应用 [J]. 机械科学与技术, 1997, 16 (6): 1097-1102.

[13] Bray T, Paoli J, Sperberg-McQueen C M, et al. Extensible markup language (XML) 1.0 [J]. 2008.

[14] 柴晓路, 梁宇奇. Web Services 技术、架构和应用 [M]. 北京: 电子工业出版社, 2003.

[15] Orfali R, Harkey D. Client/server programming with JAVA and corba [M]. Hoboken, New Jersey, USA: John Wiley & Sons, 2007.

[16] 王怀民. 分布对象技术 [J]. 计算机世界, 1999 (4): 26-26.

[17] 魏长华. Agent 与面向 Agent 的程序设计 [J]. 华中师范大学学报: 自然科学版, 1998, 32 (3): 284-289.

[18] 黄小兵, 唐文胜. 基于 Agent 系统的概念、方法和应用 [J]. 计算机与现代化, 2000 (4): 6-11.

[19] Wooldridge M, Jennings N R. Intelligent agents: Theory and practice [J]. Knowledge engineering review, 1995, 10 (2): 115-152.

[20] Burdick D. Product data management: enabling enterprisewide design collaboration [J]. CIM Strategic Analysis Report, 1995, (8): 3-7.

[21] Wang R Y. A product perspective on total data quality management [J]. Communications of the ACM, 1998, 41 (2): 58-65.

第 52 篇　工业通信网络

主　编　宋桂秋　刘　宇
编写人　宋桂秋　刘　宇　李一鸣
审稿人　邓庆绪　彭玉怀

第1章 工业通信网络概述

计算机技术和通信技术相结合,应用于工业自动化通信领域中,通过智能化数字化的现场设备把车间层和设备层的工业数据安全准确地传送到上层网络中,从而为实现真正的企业资源计划(Enterprise Resource Planning,ERP)提供全生命周期的设备以及现场数据,这就是工业通信网络设计的初衷。

工业通信系统用于在生产设备之间传递数字信息,是形成控制网络的基础和支撑条件,是控制网络技术的重要组成部分,同时也是工业网络内的局域网,是生产企业的底层网络。

工业通信网络技术主要涉及通信协议、信号编码、网络数据传输和交换、信号传输安全、通信控制以及网络的软硬件平台等,而工业通信网络系统则主要由数据信息的发送设备、接收设备、传输介质、传输报文、通信协议等组成。

1 工业通信网络基本术语

下面简单介绍一些工业通信网络的基本术语。

(1) 数据(Data)

数据是任何描述物体概念、情况、形势的事实、数字、字母和符号,也可以说数据是传递(携带)信息的实体,信息(Information)则是数据的内容或解释。数据包括模拟(Analog)数据和数字(Digital)数据。

(2) 信号(Signal)

信号是数据的物理量编码(通常为电编码),数据以信号的形式进行传播,包括模拟信号和数字信号。

(3) 信道(Channel)

信道是传送信息的线路(或通路),分为数字信道和模拟信道。

数字信道是以数字脉冲形式(离散信号)传输数据的信道。模拟信道是以连续模拟信号形式传输数据的信道。

采用数字信道有以下优点:
1) 抗噪声(干扰)能力强。
2) 便于实现差错控制,从而提高数据传输质量。
3) 便于利用计算机进行处理。
4) 易于加密、保密性强。
5) 可以传输语音、数据、影像等多媒体信息,使用起来方便、灵活。

基于数字信道的以上诸多优点,故仅在不得已的情况下,才会采用模拟信道,如采用调制解调器(Modem)通过拨号线路传输数字信号。

(4) 信道带宽(Band Width)

数据通信系统信道上传输的是电磁波信号(包括无线电、微波、光波等),某个信道能够传送电磁波的有效频率范围就是该信道的带宽,也就是说网络的带宽就是它所能传输电磁波的最大有效频率与最小有效频率之差。

(5) 信道容量(Channel Capacity)

信道的传输能力是有一定限制的,任何信道传输数据的速率都有一个上限值,称为该信道的最大传输速率,即信道容量。某一信道的最大传输速率是与该信道带宽有直接联系的。

(6) 码元(Code Cell)

码元即时间轴上的一个信号编码单元(见图52.1-1)。同步脉冲用于码元的同步定时,是识别码元的开始。

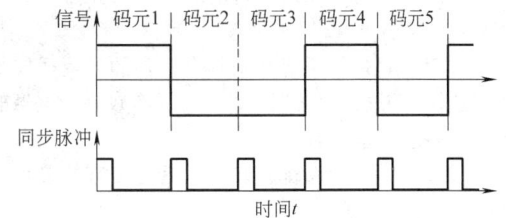

图 52.1-1 码元

(7) 数据及信号传输速率

数据传输速率一般采用比特率和波特率来计量。

比特率 R_{Bit} 是数据传输速率(bps 或 bit/s),即每秒传递数据的 bit 数。

波特率 R_{Baud} 是信号传输速率(baud/s)。每秒传递信号的脉冲(波形)数,或每秒传送的码元数。

$$R_{Bit} = R_{Baud} \times \log_2 M \qquad (52.1\text{-}1)$$

式(52.1-1)中,M 为传输信号的有效状态数,亦称为码元数。当 $M=2$(即采用二进制数表示信号的波形)时,$R_{Bit} = R_{Baud}$。一般来说波特率小于比特率。

(8) 误码率(Bit Error Rate)

在信号传输中,由于衰变改变了信号的电压,致使信号在传输中遭到破坏,从而产生了误码。噪声、交流电或闪电造成的脉冲,传输设备故障及其他一些因素都会导致误码的产生。误码率是误码数与传输总码数的比值,是信道传输的可靠性指标之一,一般用 p 表示,即

$$p = \frac{误码数}{传输总码数}$$

(9) 实时

实时是指对输入的信息以系统要求的时间进行处理。包括"硬实时"和"软实时"两种方式。"硬实时"要求系统任务响应要实时,而且要求在规定的时间内处理完成。"软实时"仅要求系统任务的响应是实时的,但是并不限定处理任务的时间。

(10) 在线方式与离线方式

在线方式是指在计算机控制系统中,生产过程和计算机直接连接,并受计算机控制的方式。离线方式是指生产过程不和计算机相连且不受计算机控制,而是靠人进行联系并完成相应操作的方式。

2 工业通信网络基本要求

基于工业通信网络的作用及其所处的环境,一般对工业通信网络提出以下要求:

1) 可靠性高。平均无故障时间应可达几万小时,尽量缩短故障修复时间。

2) 实时性好。系统实时响应控制对象各种参数的变化。

3) 环境适应性强。系统具有很强的环境适应能力;防尘、防腐蚀、防振动冲击;具有较好的电磁兼容性和高抗干扰能力。

4) 输入输出设备配套较好。具有丰富的多种功能的输入输出手段。

5) 系统扩充性好。随着工厂自动化水平的提高,控制规模不断扩大,要求工控系统要有灵活的扩展性。

6) 系统的开放性。要求工控系统在主系统接口、网络通信、软件兼容升级等方面有良好的开放性。

7) 控制软件包功能强。

8) 系统通信功能强。应具有串行通信、网络通信功能。

9) 后备措施齐全。包括供电后备、存储器信息保护、操作切换、紧急事故处理装置等。

10) 具有冗余性。在可靠性要求更高的场合,要配备冗余系统保证系统的不间断运行。

3 工业通信网络发展历程及发展趋势

工业通信网络的发展历程包括三个阶段:

第一阶段:20 世纪 70 年代中期开始,以传统的分时共享中心主机及其终端所构成的网络,基本上只限于作业处理,功能和应用有限。

第二阶段:随着工业以太网、集散控制系统以及可编程序控制器的产生和发展,企业内的现场设备被集成到一起。

第三阶段:以现场总线、工业以太网为控制网络和信息网络的依托,形成当前意义下的工业通信网络。

结合近年来国内外工业通信网络的发展,《中国制造 2025》与德国的工业 4.0 都提出了比较一致的观点:将工业网络化、数字化作为工业制造业发展的关键技术及核心内容。可以预见未来的工业通信网络的发展对于工业制造领域的创新和进步将起到举足轻重的关键作用,将会成为工业发展新的增长发起点。

4 数据编码

工业数据通信系统的任务是传送数据或指令等一系列信息,而这些数据信息都需要采用离散的二进制 0、1 序列的方式来表示,即用 0、1 的不同组合来表示不同的信息内容。例如,可以用 00、01、10、11 来分别表示电动机的停止、运行、错误和不确定等四个状态。这是通过编码把一种组合与一个确定的内容联系起来。显然编码要得到通信各方的认同。

不同类型的信号在不同类型的信道上传输有 4 种组合,每一种相应地需要进行不同的编码处理与信道选择,如图 52.1-2 所示。

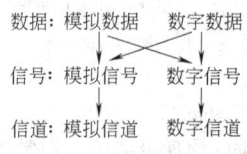

图 52.1-2 编码处理与信道选择

(1) 编码和调制

如图 52.1-3 所示,用数字信号承载数字或模拟数据称为编码,用模拟信号承载数字或模拟数据称为调制。

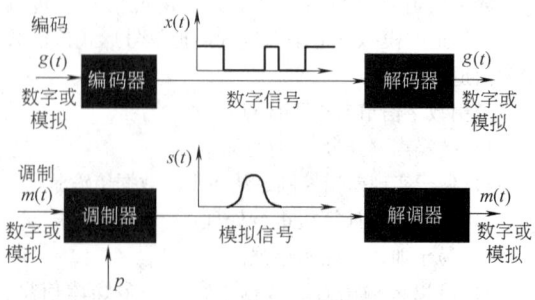

图 52.1-3 编码和调制

(2) 数字数据的数字编码

数字数据的数字编码就是用高低电平的矩形脉冲信号来表示传输数据的 0、1 状态;数字编码的种类有:单极性码、双极性码、归零码、非归零码、差分码、曼彻斯特(Manchester)编码等。在工业数据通信中常用的是非归零码和曼彻斯特编码。非归零码和曼彻斯特编码的比较见表 52.1-1。

表 52.1-1 非归零码和曼彻斯特编码的比较

类型	简介	优点	缺点
非归零码	是最常用的编码手段之一,逻辑 1 表示高电平,逻辑 0 表示低电平,在整个码元期间都维持有效电平的编码	能够比较有效地利用信道的带宽	存在直流分量,不具备自同步机制,必须使用外同步
曼彻斯特编码	在每个码元的中间都要发生跳变。接收端可将此变化提取出来作为同步信号,使接收端的时钟与发送设备的时钟保持一致。是工业数据通信中最常用的一种基带信号编码	不需要外同步信号,不存在直流分量	需要双倍的传输带宽(即信号速率是数据速率的 2 倍)

(3) 数字数据的调制编码

数字数据的调制编码就是用模拟信号来表示数据的 0、1 状态。数字数据的调制编码常用技术包括以下三种方式(见图 52.1-4):

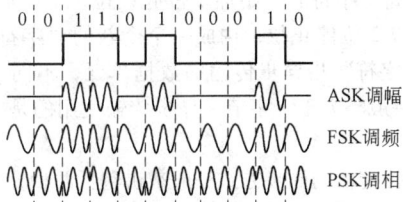

图 52.1-4 数字数据的调制编码常用技术

1) 幅移键控 ASK(Amplitude Shift Keying),调幅。

2) 频移键控 FSK(Frequency Shift Keying),调频。

3) 相移键控 PSK(Phase Shift Keying),调相。

数字数据的调制编码基本原理就是用数字信号对载波的不同参量进行调制。

$$S(t) = A\cos(\omega t + \varphi) \quad (52.1\text{-}2)$$

式(52.1-2)中,$S(t)$ 为载波参量,是幅度 A、频率 ω 和相位 φ 的函数。

调制就是要使 A、ω、φ 这三个参量随数字基带信号的变化而变化。下面举例来说明。

幅移键控:用载波的两个不同振幅表示 0(0V)和 1(+5V)。

频移键控:用载波的两个不同频率表示 0(1.2kHz)和 1(2.4kHz)。HART 现场总线的通信信号就是采用这种编码方式。

相移键控:用载波的起始相位的变化表示 0(同相)和 1(反相)。

5 数据通信与信号传输模式

(1) 数据通信

数据通信的基本过程包含两项基本内容:通信控制以及数据传输。为了便于理解,这里把数据通信和打电话做一个简单的类比,见表 52.1-2。

表 52.1-2 数据通信与打电话的简单类比

数据通信	打电话
建立物理连接	拨号,对方接听
建立逻辑连接	互相确认身份
数据传送	互相通话
断开逻辑连接	互相确认要结束通话
断开物理连接	双方挂机

1) 通信控制方式:通信控制方式(数据流动方向)包括以下几种类型:

① 单工:数据单向传输,如无线电广播、计算机与键盘之间的数据传输。

② 半双工:数据可以双向传输,但不能在同一时刻双向传输,如对讲机。这种方式具有控制简单可靠、通信成本低等优点。工业数据通信中常用这种方式。

③ 全双工:数据可同时双向传输,如打电话、计算机之间通信。这种控制方式相对复杂,系统成本高,但通信效率高,随着大规模集成电路的发展,这种方式会更广泛地使用。

2) 数据传输的方式:数据传输的方式可以分为串行传输和并行传输两种形式。

① 串行传输(Serial Transmission):如图 52.1-5 所示,数据流以串行方式逐位地在一条信道上传输。每次只能发送一个数据位,发送方必须确定是先发数

据的高位还是低位；同理，接收方也必须知道所收到字节的第一个数据位应该在什么位置。这种方式适合距离较远的数据通信，但需要在收发双方采取同步措施。

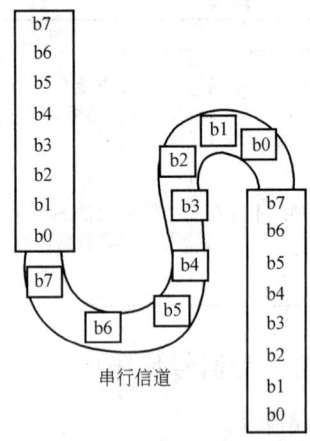

图 52.1-5　串行数据传输方式

② 并行传输（Parallel Transmission）：如图 52.1-6 所示，数据以成组的方式在两条或两条以上的并行信道上同时进行传输。每个数据位使用单独的一条固定导线，所以它可以同时传输一组数据位。因为并行传输方式中有一条"选通"线通知接收方接收数据，所以采用并行传输数据传输方式不需要采取特别的措施实现收发双方的同步。显然，并行传输方式成本较串行传输方式高，因此不适合远距离的通信。

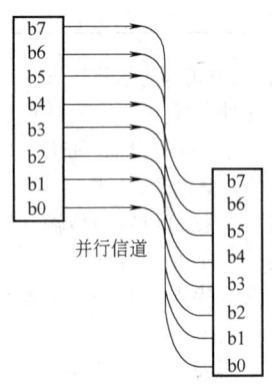

图 52.1-6　并行传输方式

3）数据传输的同步方式。在数据通信系统中，各种处理工作都是在一定的时序脉冲控制下进行的，收发端工作的协调一致性是实现信息传输的关键，这就是数据通信系统中的传输同步问题。并行传输中使用"选通"信号来解决同步问题。串行传输中的一个基本要求是接收方必须知道它所接收的每一位的开始时间和持续时间。这就要求收发双方需要使用同步时钟信号，并通过一定的方式来决定什么时候发送和读取每一位数据。

同步传输和异步传输是解决串行传输同步的方法。其数据传输方式为：

① 同步传输：同步传输方式不是对每个字符单独进行同步，而是对一组字符组成的数据块进行同步。同步的方法不是单纯地加一位停止位，而是在数据块前面加特殊模式的一组位组合（如 01111110）或同步字符（SYN），并且通过位填充或字符填充技术保证数据块中的数据不会与同步字符混淆。

② 异步传输：每个字符作为一个单元独立传输，字符之间的传输间隔任意。为了标志字符的开始和结尾，在每个字符的开始加 1 位起始位，结尾加 1 位、1.5 位或 2 位停止位，构成一个个新的"字符"。这里的"字符"指异步传输的数据单元，不同于"字节"，一般略大于 1 字节。异步传输使用的是字符同步方式。

数据传输的同步方式一般来讲包括两种，分别是位同步（Bit Synchronous）和字符同步（Character Synchronous）。

位同步：目的是使接收端接收的每一位信息都与发送端保持同步，包括外同步和自同步两种方式。外同步是指发送端发送同步时钟信号，接收方用它来锁定自己的时钟脉冲频率。自同步是通过特殊编码（如曼彻斯特编码），这些数据编码信号包含了同步脉冲，接收方通过提取同步脉冲信号来锁定自己的时钟脉冲频率。

字符同步，也称为群同步，其目的是使接收方可以准确地识别数据（常指一个字符），以构成完整信息。显然字符同步是基于位同步的，仅当识别了独特的同步模式后，才可以实现真正的数据接收。

(2) 信号传输模式

信号的基本传输模式有基带传输、载波传输、频带传输、异步传输等模式，这四种信号传输模式的特点见表 52.1-3。

表 52.1-3　四种信号传输模式的特点

信号传输模式	特　　点
基带传输	基带传输在基本不改变数字信号波形的情况下直接传输数字信号，具有速率高和误码率低等优点，在计算机通信网络和工业通信网络中被广泛采用。基带传输是最基本的信号传输模式，即按数据波的原样，不包含任何调制，在数字通信的信道上直接传送数据。基带传输不适于传输语音、图像等信息

(续)

信号传输模式	特 点
载波传输	载波传输是先用数字信号对载波进行调制,然后进行传输的传输模式。在发送端采用调制手段,对数字信号进行某种变换,将代表数据的二进制"1"和"0"变换成具有一定频带范围的模拟信号,以适应在模拟信道上的传输;在接收端通过解调手段进行相反变换,把调制的模拟信号复原为"1"或"0"
频带传输	利用模拟信道传输信号的传输方式叫作频带传输或宽带传输。频带传输的优点是可以利用现有的大量模拟信道(如模拟电话交换网)通信;价格便宜,容易实现。家庭用户拨号上网就属于这一类通信。它的缺点是速率低,误码率高
异步传输 (Asynchronous Transfer Mode,ATM)	异步传输是一种以固定长度的分组方式,并以异步时分复用方式,传送任意速率的宽带信号和数字等级系列信息的数据交换方法。异步传输模式是用于实现宽带综合业务数字网(B-ISDN)的基础技术,支持多媒体通信,包括数据、语音和视频信号等数字化信息的传输与交换,按需分配带宽,具有低延迟特性,是一种将时分交换与统计复用融为一体的、面向连接并且分组长度固定的高速传输模式

6 差错控制

数据通信产生差错的原因是多方面的,主要包括:信道的电气特性引起信号幅度、频率、相位的畸变;信号反射;串扰;闪电、大功率电机的起停等。线路传输差错是不可避免的,但也要尽量减小其影响。提高通信质量的方法如下:

1) 采用高质量的通信线路。这样可以降低线路内部噪声,但对外部干扰无能为力,同时价格较高。

2) 采取外部抗干扰措施。

3) 采用差错控制方法。

差错控制是一种软的控制技术。它可以容忍差错的存在,能够发现并设法加以纠正。这是一种普遍采用的提高通信质量的方法。

差错控制原理是对所传输的数据进行抗干扰编码,即按一定的规则给被传送的数据增加一定量的冗余码。冗余码与被传送的信息码一起发送,经信道传输后,接收端按照与发送端约定的译码规则进行译码,从而发现错误和纠正错误(按规定增加的冗余代码中用于发现错误的编码称为检测码。检测码实现容易,代价小,所以在通信系统中使用得较多。按规定增加的冗余代码中用于发现错误并能纠正错误的编码称为纠错码,纠错码相对于检测码耗费网络成本较高)。

差错控制几种常用的方法如下:

(1) 奇偶校验 (Parity Checking)

1) 原理:在原始数据字节的最高位增加一个附加位,使结果中"1"的个数为奇数(奇校验)或偶数(偶校验)。增加的位称为奇偶校验位。

2) 判断结果:奇偶校验只能检测出奇数个位错误,对偶数个位错误则无能为力。

3) 说明:奇偶校验有多种方法,如垂直奇偶校验、水平奇偶校验、水平垂直奇偶校验等,简单的奇偶检验检测效果不好,而复杂的奇偶检验效果虽然要好很多,但如果考虑计算的工作量和效果的话,还不如使用循环冗余校验。所以简单的奇偶检验在要求不高的场合得到了广泛使用,但复杂的奇偶检验实际应用不多。

(2) 循环冗余校验 (Cyclic Redundancy Check, CRC)

循环冗余校验是一种通过多项式除法检测错误的方法。收发双方约定一个生成多项式 $G(x)$ (其最高阶和最低阶系数必须为1),发送方在帧的末尾加上校验和,使带校验和的帧的多项式能被 $G(x)$ 整除。接收方收到后,用 $G(x)$ 除多项式,若有余数,则传输有错。

带校验和的帧的多项式 $T(x)$ 校验和计算方法如下:

1) 若 $G(x)$ 为 r 阶,原帧为 m 位,其多项式为 $M(x)$,则在原帧后面添加 r 个0,帧成为 $m+r$ 位,相应多项式 $x^r \times M(x)$。

2) 按模2除法用对应于 $G(x)$ 的位串去除对应于 $x^r \times M(x)$ 的位串,得出余数。

3) 按模2加法把 $x^r \times M(x)$ 的位串与上步中所得的余数相加,结果就是要传送的带校验和的帧的多项式 $T(x)$。

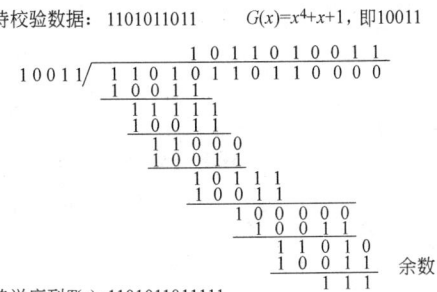

图 52.1-7 循环冗余校验传送序列选取

图 52.1-7 所示即为采用循环冗余校验的多项式

$T(x)$ 选取的例子。

这里需要特别指出，循环冗余校验中的生成多项式不是随便选定的。它的结构和检错效果是要经过严格的数学分析与试验后确定的。目前已有多种生成多项式被列入了国际标准，如：

CRC-12：$G(x) = x^{12}+x^{11}+x^3+x^2+x^1+1$

CRC-16：$G(x) = x^{16}+x^{15}+x^2+1$

经过大量的试验验证，循环冗余校验错误检测方法大约能检查出数据通信过程中 99.95% 以上的错误。

(3) 海明码检测

由 Richard Hamming 于 1950 年提出，是目前被广泛采用的一种很有效的校验方法，是只要增加少数几个校验位，就能检测出两位同时出错，也能检测出一位出错并能自动恢复该出错位的正确值的有效手段，后者被称为自动纠错。它的实现原理，是在 k 个数据位之外加上 r 个校验位，从而形成一个 $k+r$ 位的新的码字，使新的码字的码距比较均匀地拉大。把数据的每一个二进制位分配在几个不同的偶校验位的组合中，当某一位出错后，就会引起相关的几个校验位的值发生变化，这不但可以发现出错，还能指出是哪一位出错，为进一步自动纠错提供了依据。

海明码是一种可以纠正一位差错的高效率线性分组纠错码。海明码有一套较为复杂的编码、检错和纠错方法。海明码的检错和纠错能力可以用海明距离来表示，海明距离越大，检错和纠错能力也越强，但所需要冗余的信息也越多。

一个有效的编码集中，任意两个码字的对应位取值不同的个数的最小值称为该编码集的海明距离。例如：

有效编码集 10110、11010 的海明距离为 2。

有效编码集 10101、01111 的海明距离为 3。

有效编码集 10110、11010、10101、01111 的海明距离为 2。

如果需检测出 d 个错误，则海明距离至少应为 $d+1$；如果要能纠正 d 个错误，则编码集中的海明距离至少应为 $2d+1$。

第 2 章　开放系统互联参考模型

1　概述

20 世纪 70 年代以后，由于计算机应用技术的迅猛发展，网络的发展也初现端倪。20 世纪 70 年代中后期，各计算机厂家先后推出了自己的网络产品。由于操作平台、网络协议、硬件接口等互不兼容，限制了网络的开放与共享，也限制了各个厂商商业利润的提高。为解决不同厂家生产的网络设备之间的互联操作和数据交换问题，1978 年国际标准化组织 ISO/TC97 建立了"开放系统互联"分技术委员会，起草了开放系统互联参考模型（Open System Interconnection, OSI）的建议草案，该草案于 1983 年成为正式的国际标准 ISO7498，1986 年国际标准化组织又对该标准进行了完善和补充，形成了实现开放系统互联所需要的分层模型，即 OSI 参考模型。

开放系统互联参考模型的出现促进了数据通信和计算机网络的发展，并且提供了通信过程中各个部分概念性和功能性的结构划分，将开放系统划分为 7 层（物理层、数据链路层、网络层、传输层、会话层、表示层和应用层），即 ISO 开放系统互联七层参考模型。在这一思想框架下进一步详细规定了每一层的功能，以实现开放系统环境中的互联性、互操作性和应用的可移植性。

ISO 开放系统互联七层参考模型采用分层结构，将通信网络划分为 7 层，各层的名称及简介见表 52.2-1。下面说明一下要对通信互联网络进行分层的理由，概述其分层的原则，并对各层的作用进行分析。

表 52.2-1　开放系统互联参考模型分层结构简介

层数	名称	各层简介
1	物理层（Physical Layer）	建立、维护、断开物理连接（由底层网络定义协议）
2	数据链路层（Data Link Layer）	建立逻辑连接，进行硬件地址寻址，差错校验等功能（由底层网络定义协议）将比特组合成字节进而组合成帧，用 MAC 地址访问介质，能够发现错误但不能纠正
3	网络层（Network Layer）	进行逻辑地址寻址，实现不同网络之间的路径选择 协议包括 ICMP、IGMP、IP（IPV4、IPV6）、ARP、RARP
4	传输层（Transport Layer）	定义传输数据的协议端口号，以及流控和差错校验 协议包括 TCP、UDP，数据包一旦离开网卡即进入传输层
5	会话层（Session Layer）	建立、管理、终止会话（在 5 层模型里面已经合并到了应用层） 对应主机进程，指本地主机与远程主机正在进行的会话
6	表示层（Presentation Layer）	数据的表示、安全、压缩（在 5 层模型里面已经合并到了应用层） 格式包括 JPEG、ASCII、DECOIC、加密格式等
7	应用层（Application Layer）	网络服务与最终用户的一个接口 协议包括 HTTP、FTP、TFTP、SMTP、SNMP、DNS、TELNET

（1）分层的优点

1）结构简单。每一层向上一层提供服务，向下一层请求服务。邻层之间的约定称为接口，各层之间的约定称为协议。只要相邻层的接口一致，即可进行通信。

2）关系简化。由于各层只关心本层的内容，每一层的细节问题对上一层来说是屏蔽的，因此通信关系大大简化。

3）相对独立。由于 OSI 参考模型采用分层结构，每一层的功能相对独立，只要与相邻层的接口保持一致，其内部的变化、修改就不影响整体通信网络的功能。

4）构造灵活。开放系统互联参考模型是一个参考模型，由于其自身固有的分层结构特点，所以使用者在遵守网络互联原则的基础上可以自由地构造自己所需要的具体的网络通信协议，并且也可以根据实际的需要合并某几个层或扩充某些层的功能。

（2）分层的原则

1）根据不同抽象层次的需要进行分层，即当大量的通信任务有相同或相近的性质时，就应当设立一个相应的层。

2）每一层应当实现一个明确定义的功能。

3）每一层功能的选择应当有助于制定网络协议的国际标准。

4）层与层之间的边界应该选择在通过边界的信息量尽量少的地方。

5）层数应足够多但也要合理。

（3）各层的作用

1）物理层。在物理媒体上透明地传送原始比特流。定义了为激活、维护和关闭终端而需要的机械的、电气的、过程的和功能的特性。

需要解决的典型问题包括：用多少伏特电压代表"1"和"0"；一个比特持续多少微秒；传输是否在两个方向上进行；连接如何建立及如何终止；网络连接器有多少引脚等。

实现的基本功能包括：数据比特的发送和接收；物理连接的建立、保持与释放；定义媒体的机械、电气参数及规格。

2）数据链路层。在物理线路上提供可靠的数据传输，使之对网络层呈现为一条无差错的线路。

需要解决的典型问题包括：数据成帧；差错控制；流量控制；确认帧和数据帧的线路竞争；共享媒体的访问控制。

实现的基本功能包括：建立、保持和释放数据链路；成帧和拆帧（同步链路）；差错控制（检错和纠错）；流量控制；链路管理与媒体访问（固定/随机）。

3）网络层。在源端与目的端之间建立、维护、终止网络的连接。

需要解决的典型问题包括：确定分组如何从源端到达目的端；解决通信网络的拥塞；记账；异种网络互联。

实现的基本功能包括：数据交换；流控；拥塞控制（预分配）；差错控制及恢复；路由选择（自适应/非适应）；网络互联。

4）传输层。为源端主机到目的端主机提供可靠的数据传输服务；屏蔽各类通信子网的差异，使上层不受通信子网技术变化的影响。传输层以上各层面向应用，以下各层面向传输。传输层位于资源子网和通信子网的交界处，起着承上启下的作用。传输层与网络层的部分服务有重叠交叉。如何平衡交集部分取决于两者的功能划分。传输层是真正意义上的从源到目标实现"端到端"连接的层。

需要解决的典型问题包括：创建网络连接；决定提供的服务；真正实现端与端连接层；区别报文属于哪条连接；流控机制。

实现的基本功能包括：顺序性以及组装；传输连接的建立和释放；差错控制；提供可靠透明的数据传输；服务质量保证体系（QoS），主要是吞吐量、延迟、机密等。

5）会话层。会话就是为完成一项任务而进行的一系列相关的信息交换。会话层用于建立、管理和中止不同机器上的应用程序之间的"会话"。

需要解决的典型问题包括：提供类似传输层的普通数据传送以及增强型服务、管理对话、令牌管理（Token Management）和同步（Synchronization）等。

实现的基本功能是为有序、方便地进行信息交换，提供有效的控制和管理机制。

6）表示层。处理被传送数据的表示问题，即信息的语法和语义。如有必要，使用一种通用的数据表示格式在多种数据表示格式之间进行转换。

需要解决的典型问题包括：定义抽象数据结构；管理这些抽象数据结构；把计算机内部的表示法转换为通信网络的标准表示法。

实现的基本功能包括：数据表示（ASCII、EBCDC、ASNI）；数据压缩；数据库的不同库结构或字段之间的映像或变换；数据加密（私用或公共密钥系统）。

7）应用层。为用户的应用程序提供网络通信服务，识别并证实目的通信方的可用性，使协同工作的应用程序之间进行同步，判断是否为通信过程申请了足够的网络资源。

需要解决的典型问题包括：网络虚拟终端；文件传输；电子邮件收发；远程作业录入；目录查找等。

实现的基本功能包括：网络的完整透明性；操作用户源的物理配置；应用管理；系统管理；分布式信息服务。

综上所述，开放系统互联参考模型各层的作用见表52.2-2。

表 52.2-2　开放系统互联参考模型各层的作用

层数	名称	工作任务	接口要求	操作内容
1	物理层	比特流传输	物理接口定义	数据收发
2	数据链路层	成帧、纠错	介质访问方案	访问控制
3	网络层	选线、寻址	路由器选择	选定路径
4	传输层	收发	数据传输	端口确认
5	会话层	同步	对话结构	会话管理
6	表示层	编译	数据表达	数据构造
7	应用层	管理、协同	应用操作	信息交换

2　网络互联

数据在网络中是以"包"的形式传递的，但不同网络的"包"，其格式也是不一样的。如果在不同的网络间传送数据，由于"包"格式不同，将导致数据无法传送,于是网络间连接设备就需要充当"翻译"的角色,将一种网络中的"信息包"转换成另一种网络的"信息包",从而实现网络中传输信息的交换。

信息包在网络间的转换,与开放系统互联的七层模型关系密切。如果两个网络间的差别程度小,则需转换的层数也少。例如:以太网与以太网互联,因为它们属于一种网络,数据包仅需转换到开放系统互联参考模型的第二层(数据链路层),所需网间连接设备(如网桥)的功能也简单;若以太网与令牌环网相连,数据信息需转换至开放系统互联参考模型的第三层(网络层),所需中介设备也比较复杂(如采用路由器),如果连接两个完全不同结构的网络如TCP/IP和SNA,其数据包需做七层的转换,需要的连接设备也最复杂(如网关)。

(1) 网络互联设备按机理分类

网络互联设备在不同层实现的机理不一样,具体分为以下五类:

1) 网络传输介质互联设备。
2) 网络物理层互联设备。
3) 数据链路层互联设备。
4) 网络层互联设备。
5) 应用层互联设备。

(2) 网络互联设备

网络互联使用的设备包括中继器、网桥、路由器、网关等。下面逐一进行介绍。

1) 中继器。中继器(见图52.2-1)是局域网互联的最简单设备,它工作在开放系统互联体系结构的物理层,能够接收并识别网络信号,然后使信号再生并将其发送到网络的其他分支上。要保证中继器能够正确工作,首先要保证每一个分支中的数据包和逻辑链路协议是相同的。例如,在802.3以太局域网和802.5令牌环局域网之间,中继器是无法使它们通信的。但是,中继器可以用来连接不同的物理介质,并在各种物理介质中传输数据包。某些多端口的中继器很像多端口的集线器,它可以连接不同类型的介质。另外,中继器是扩展网络的最廉价的方法。当扩展网络的目的是要突破距离和节点的限制,并且连接的网络分支都不会产生太多的数据流量,成本又不能太高时,就可以考虑选择中继器。采用中继器连接网络分支的数目要受具体的网络体系结构限制。

集线器是有多个端口的中继器,简称HUB。集线器是一种以星形拓扑结构将通信线路集中在一起的设备,相当于总线,工作在物理层,是局域网中应用最广的连接设备,按配置形式分为独立型HUB、模块化HUB和堆叠式HUB三种。

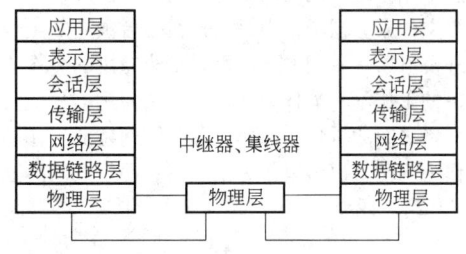

图 52.2-1 中继器

① 中继器的优点如下:

a. 扩大了通信距离,增加了节点的最大数目。

b. 各个网段可使用不同的通信速率。

c. 提高了可靠性,当网络出现故障时,一般只影响个别网段。

d. 网络性能得到了改善。

e. 中继器安装简单、使用方便、价格相对低廉。它不仅起到增加网络距离的作用,还可以将不同传输介质的网络连接在一起。

f. 中继器工作在物理层,对于高层协议完全透明。

② 中继器缺点如下:

a. 中继器对收到的被衰减的信号从再生(恢复)到发送时需要把状态转发出去,增加了网络数据传输延时。

b. 某些总线(如CAN总线)的MAC子层并没有流量控制功能。当网络上的负荷很重时,可能因中继器中缓冲区的存储空间不够而发生溢出,以致产生帧丢失的现象。

c. 中继器若出现故障,对相邻两个子网的工作都将产生影响。

2) 网桥。网桥(Bridge)是一个局域网与另一个局域网之间建立连接的桥梁。网桥是属于数据链路层的一种设备,它的作用是扩展网络和通信手段,在各种传输介质中转发数据信号,扩展网络的距离,同时又有选择地将有地址的信号从一个传输介质发送到另一个传输介质,并能有效地限制两个介质系统中无关紧要的通信。网桥可分为本地网桥和远程网桥。本地网桥是指在传输介质允许长度范围内互联网络的网桥;远程网桥是指连接的距离超过网络的常规范围时使用的远程桥,通过远程桥互联的局域网将成为城域网或广域网。如果使用远程网桥,则远程网桥必须成对出现。在网络的本地连接中,网桥可以使用内桥和外桥。内桥是文件服务的一部分,通过文件服务器中的不同网卡连接起来的局域网,由文件服务器上运行的网络操作系统来进行管理。外桥安装在工作站上,实现两个相似或不同的网络之间的连接。外桥不运行在网络文件服务器上,而是运行在一台独立的工作站上。外桥可以是专用的,也可以是非专用的。作为专用网桥的工作站不能作为普通工作站使用,只能建立两个网络之间的桥接;而作为非专用网桥的工作站既可以作为网桥,也可以作为工作站。网桥的网络互联如图 52.2-2 所示。

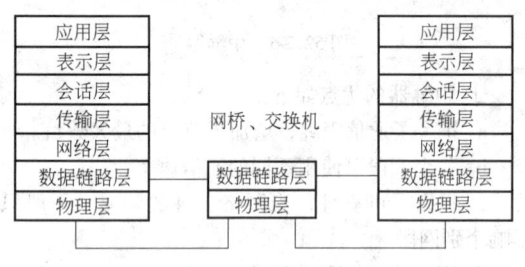

图 52.2-2 网桥

① 网桥的基本功能如下:

a. 网桥可以在数据链路层上实现局域网互联。

b. 网桥能够互联两个采用不同数据链路层协议、不同传输介质与不同传输速率的网络。

c. 网桥是以接收、存储、地址过滤与转发的方式实现互联的网络之间的通信设备。

d. 网桥需要互联的网络在数据链路层以上采用相同的协议。在此条件下,网桥可以分隔两个网络之间的通信量,有利于改善互联网络的性能,提高安全性。

② 网桥的优点如下:

a. 过滤通信量,网桥可以使局域网的一个网段上各工作站之间的信息量限制在本网段所规定的范围内,而不会经过网桥溜到其他网段去。

b. 扩大了物理范围,也增加了整个局域网上的工作站的最大数目。

c. 可使用不同的物理层,可互联不同的局域网。

d. 提高了网络可靠性,如果把较大的局域网分割成若干较小的局域网,并且每个小的局域网内部的信息量明显地高于网间的信息量,那么整个互联网络的性能就变得更好。

③ 网桥的缺点如下:

a. 由于网桥对接收的帧要先存储和查找站表,然后再转发,这就增加了网络时延。

b. 在 MAC 子层并没有流量控制功能,当网络上负荷很重时,可能因网桥缓冲区的存储空间不够而发生溢出,以致产生帧丢失的现象。

c. 具有不同 MAC 子层的网段桥接在一起时,网桥在转发一个帧之前,必须修改帧的某些字段的内容,以适合相连接的另一个 MAC 子层的要求,从而

增加时延。

d. 网桥只适合于用户数不太多(不超过几百个)和信息量不太大的局域网,否则有时会产生较大的广播风暴。

3) 路由器。路由器(Router)工作在开放系统互联体系结构中的网络层,这意味着它可以在多个网络上交换和路由数据包。路由器通过在相对独立的网络中交换具体协议的信息来实现这个目标。比起网桥,路由器不但能过滤和分隔网络信息流,连接网络分支,还能访问数据包中更多的信息,并且用来提高数据包的传输效率。路由器的效率比网桥低,主要用于广域网或广域网与局域网的互联。路由器的网络互联如图 52.2-3 所示。

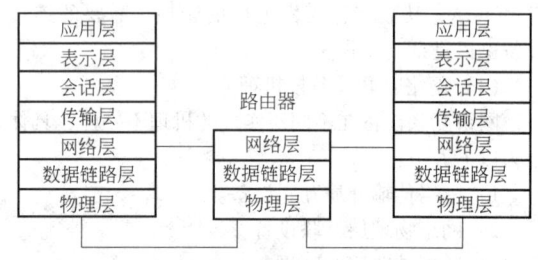

图 52.2-3 路由器

路由器用于连接多个逻辑上分开的网络。逻辑网络是指一个单独的网络或一个子网。当数据从一个子网传输到另一个子网时,可通过路由器来完成。因此,路由器具有判断网络地址和选择路径的功能,它能在多网络互联环境中建立灵活的连接,可用完全不同的数据分组和介质访问方法连接各种子网。路由器是属于网络层的一种互联设备,只接收源站或其他路由器的信息,它不关心各子网使用的硬件设备,但要求运行与网络层协议相一致的软件。路由器分本地路由器和远程路由器。本地路由器用来连接网络传输介质,如光纤、同轴电缆和双绞线;远程路由器用来与远程传输介质连接,它要求相应的设备,如电话线传输要配调制解调器,无线传输要通过无线接收机和发射机。

4) 网关。当连接不同类型而协议差别又较大的网络时,要选用网关(见图 52.2-4)。网关的功能体现在开放系统互联模型的最高层,它能够将协议进行转换,并将数据重新分组,以便在两个不同类型的网络系统之间进行数据通信。由于协议转换是一件极其复杂的事,一般来说,网关只进行一对一转换,或是少数几种特定应用协议的转换,网关很难实现通用的协议转换。用于网关转换的应用协议有电子邮件、文件传输和远程工作站登录等。网关和多协议路由器(或特殊用途的通信服务器)组合在一起可以连接多种不同的网络系统。和网桥一样,网关可以是本地

的，也可以是远程的。网关已成为网络上每个用户都能访问大型主机的通用工具，它把信息重新包装的目的是为了适应目标环境的要求。网关能互联异类的网络，它可以从一个环境中读取数据，剥去数据的老协议，然后用目标网络的协议进行重新包装。

网关的一个较为常见的用途就是在局域网的微机和小型机或大型机之间作"翻译"。

常用的网络设备及其主要功能见表 52.2-3。

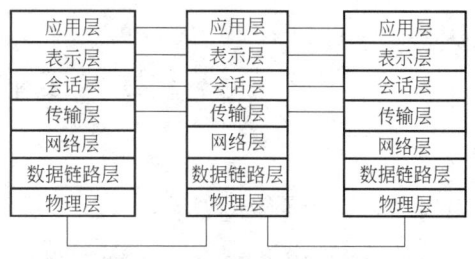

图 52.2-4 设备网关

表 52.2-3 常用的网络设备及其主要功能

互联设备	工作层次	主 要 功 能
中继器	物理层	对接收信号进行再生和发送，只起到扩展传输距离的作用，对高层协议是透明的，但使用个数有限
集线器	物理层	多端口的中继器
网桥	数据链路层	根据帧物理地址进行网络之间的信息转发，可缓解网络通信繁忙度，提高效率。网桥纳入存储和转发功能可使其适于连接使用不同 MAC 协议的两个 LAN，因而构成一个不同 LAN 混连在一起的混合网络环境
路由器	网络层	通过逻辑地址进行网络之间的信息转发，可完成异构网络之间的互联互通，只能连接使用相同网络协议的子网
网关	高层（第4~7层）	最复杂的网络互联设备，用于连接网络层以上执行不同协议的子网

3 现场总线分层模型

随着工业现代化的发展，工业领域大量的数据传输与共享成为工业发展的必然要求。工业现场总线广泛应用于生产生活各个领域，其网络内部有大量数据交换传输，为了规范化和通用化也需要对工业总线网络进行分层，其分层结构类似于开放系统互联参考模型，但是为了利于工业生产网络，因地制宜对开放系统互联参考模型的七层结构做了一定的改进，如图 52.2-5 所示。

按照现场总线通信要求分层，一般分为四层第一层是物理层（Physical Layer）；第二层是数据链路层（Data Link Layer），包括媒体访问控制（MAC）、逻辑链路控制（LLC）；第三层是应用层（Application Layer）；第四层是用户层（User Layer）。其各层的功能及作用见表 52.2-4。

图 52.2-5 现场通信协议分层模型

表 52.2-4 现场总线各层的功能及作用

层名	功能及作用
物理层	定义了信号的编码与传送方式、传送介质、接口的电气及机械特性、信号传输速率等
数据链路层	MAC 功能是对传输介质传送的信号进行发送和接收控制，而 LLC 层则是对数据链进行控制，保证数据传送到指定的设备上
应用层	进行现场设备数据的传送及现场总线变量的访问
用户层	现场总线标准在 OSI 模型之外新增加的一层，是使现场总线控制系统开放与可互操作性实现的关键用户层定义了从现场装置中读、写信息和向网络中其他装置分派信息的方法，即规定了供用户组态的标准"功能模块"

第3章 工业通信网络物理结构

1 工业通信网络传输媒介

工业通信网络按传输介质不同通常可以分为有线传输介质网络和无线传输介质网络。有线传输介质主要包括双绞线、同轴电缆以及光纤。无线传输介质包括无线电、微波等各种通信介质。

工业通信中常用的是有线传输介质网络，下面介绍常用的有线传输介质。

（1）双绞线（Twisted Pair，TP）

每一对双绞线由绞合在一起的相互绝缘的两根铜线组成。双绞线绞在一起的目的就是要减少电磁干扰，提高数据信息传输质量。电话线就是双绞线。双绞线可以用于模拟传输或数字传输。

计算机局域网中经常使用的双绞线有屏蔽和非屏蔽之分。

屏蔽双绞线（Shielded Twisted Pair，STP）：抗干扰性好，性能高，用于远程中继线时，最大距离可以达到十几千米。但由于其成本也较高，所以一直没有得到广泛使用，只是在情况复杂的工业通信系统中才广泛使用屏蔽双绞线。

非屏蔽双绞线（Unshielded Twisted Pair，UTP）：非屏蔽双绞线的传输距离一般不超过100m，性能价格比高，目前被广泛使用在要求不高的生产生活的各个领域。

按照频率和信噪比进行分类：双绞线常见的有三类线、五类线、超五类线以及六类线等，前者线径细而后者线径粗，具体型号分类如下：

1）一类线：线缆最高频率带宽是750kHz，用于报警系统，或只适用于语音传输（一类线标准主要用于20世纪80年代之前的电话线缆），不用于数据传输。

2）二类线：线缆最高频率带宽是1MHz，用于语音传输和最高传输速率4Mbit/s的数据传输。速率为4Mbit/s，使用规范令牌传递协议的旧的令牌网即采用二类线。

3）三类线：指在ANSI和EIA/TIA568标准中指定的电缆，该类电缆的传输频率为16MHz，最高传输速率为10Mbit/s，主要应用于语音、10Mbit/s以太网（10BASE-T）和4Mbit/s令牌环，最大网段长度为100m，采用RJ形式的连接器，目前已淡出市场。

4）四类线：该类电缆的传输频率为20MHz，用于语音传输和最高传输速率16Mbit/s（指的是16Mbit/s令牌环）的数据传输，主要用于基于令牌的局域网和10BASE-T/100BASE-T。最大网段长为100m，采用RJ形式的连接器，未被广泛采用。

5）五类线：该类电缆增加了绕线密度，外套一种高质量的绝缘材料，线缆最高频率带宽为100MHz，最高传输率为100Mbit/s，用于语音传输和最高传输速率为100Mbit/s的数据传输，主要用于100BASE-T和1000BASE-T网络，最大网段长为100m，采用RJ形式的连接器。这是最常用的以太网电缆。在双绞线电缆内，不同线对具有不同的绞距长度。通常来说4对双绞线绞距周期在38.1mm长度内，按逆时针方向扭绞，一对线对的扭绞长度在12.7mm以内。

6）超五类线：超五类线衰减小，串扰少，并且具有更高的衰减与串扰的比值（ACR）和信噪比（SNR）、更小的时延误差，性能较前几类有很大提高。超五类线主要用于千兆位以太网（1000Mbit/s）。

7）六类线：该类电缆的传输频率为1MHz～250MHz，六类布线系统在200MHz时综合衰减串扰比（PS-ACR）应该有较大的余量，它提供两倍于超五类线的带宽。六类线的传输性能远远高于超五类线标准，最适用于传输速率高于1Gbit/s的应用。六类线与超五类线的一个重要的不同点在于：六类改善了在串扰以及回波损耗方面的性能，对于新一代全双工的高速网络应用而言，优良的回波损耗性能是极重要的。六类标准中取消了基本链路模型，布线标准采用星形的拓扑结构，要求的布线距离为：永久链路的长度不能超过90m，信道长度不能超过100m。

8）超六类线或6A线：此类产品传输带宽介于六类线和七类线之间，传输频率为500MHz，传输速度为10Gbit/s，标准外径6mm。和七类线产品一样，国家还没有出台正式的检测标准，只是行业中有此类产品，各厂家宣布一个测试值。

9）七类线：传输频率为600MHz，传输速度为10Gbit/s，单线标准外径8mm，多芯线标准外径6mm。

通过以上表述可见，类型数字越大、版本越新，技术越先进、带宽也越宽，当然价格也越高。这些不同类型的双绞线标注方法是这样规定的，如果是标准类型则按CAT×方式标注，如常用的五类线和六类线，则在线的外皮上标注为CAT 5、CAT 6。而如果是改进版，就按×e方式标注，如超五类线就标注为5e（字母是小写，而不是大写）。

无论是哪一种线，衰减都随频率的升高而增大。在设计布线时，要考虑到受到衰减的信号还应当有足够大的振幅，以便在有噪声干扰的条件下能够在接收端正确地被检测出来。另外双绞线能够传送何种速率的数据还与数字信号的编码方法有很大的关系。

(2) 同轴电缆（Coaxial Cable）

同轴电缆是由两个同轴布置的导体组成的，由于传输的信号完全封闭在外导体内部，从而具有高频损耗低、屏蔽及抗干扰能力强、使用频带宽等显著特点。同轴电缆从外至内结构为铜单线与多根铜线绞合的内导体、绝缘介质、软铜线或镀锡丝编织层和聚氯乙烯护套。

同轴电缆的特性阻抗有 50Ω、75Ω 等。主要型号有 SYV 型（绝缘层为实心聚乙烯）、SBYFV 型（绝缘层为泡沫聚乙烯）和 SYK 型（绝缘层为聚乙烯藕芯）。电视监控系统中常用的是 SYV 和 SBYFV 型 75Ω 阻抗的同轴电缆。泡沫聚乙烯材料比聚乙烯更不易损耗信号，还增加了电缆的灵活性，安装方便，但容易吸潮从而改变电气性能。实心聚乙烯因其刚性大，比泡沫材料保形性好，能承受外部挤压的压力。同轴电缆屏蔽层铜网能屏蔽电磁干扰或其他无用的外部信号干扰，编织层中绞合线的多少和含铜量决定了其抗干扰的能力。编织层松散的商业电缆能屏蔽80%的干扰信号，适用于电气干扰较低的场合，如果使用金属管道效果更好。高干扰的场合要使用高屏蔽或高编织密度的电缆。铝箔屏蔽或包箔材料的电缆不适用于电视监控系统，但可用于发射无线电频率信号。同轴电缆越细、越长，损耗越大，信号频率越高，损耗越大。以 SYV 型电缆为例，国内的同轴电缆有 SYV75-3、SYV75-5、SYV75-7、SYV75-9 等规格。使用同轴电缆传输图像时，距离在 300m 以下的一般可以不考虑信号的衰减问题，在传输距离增加时可以考虑使用低损耗的同轴电缆，如 SYV75-9、SYV75-18 等，或者加入电缆补偿器。

同轴电缆的最大优点是抗干扰性强，而且支持多点连接。缺点是物理可靠性不好，在公用机房、教学楼等人员嘈杂的地方，极易出现故障，而且一点发生故障，整段局域网都无法通信，另外同轴电缆安装连接不方便，所以基本已被非屏蔽双绞线所取代。

(3) 光缆（Optical Fiber）

光缆也叫光纤，即光导纤维。根据制作材料的不同，分为玻璃光纤、塑料光纤等，玻璃光纤价格要高于塑料光纤，但其性能也高于后者。

1) 光缆具有如下特点：

① 频带宽。频带的宽窄代表传输容量的大小。载波的频率越高，可以传输信号的频带宽度就越大。在 VHF 频段，载波频率为 48.5~300MHz。带宽约 250MHz，只能传输 27 套电视和几十套调频广播。可见光的频率达 100000GHz，比 VHF 频段高出一百多万倍。尽管由于光纤对不同频率的光有不同的损耗，使频带宽度受到影响，但在最低损耗区的频带宽度也可达 30000GHz。目前单个光源的带宽只占了其中很小的一部分（多模光纤的频带约为几百兆赫，好的单模光纤可达 10GHz 以上），采用先进的相干光通信可以在 30000GHz 范围内安排 2000 个光载波，进行波分复用，可以容纳上百万个频道。

② 损耗低。在同轴电缆组成的系统中，最好的电缆在传输 800MHz 信号时，每千米的损耗都在 40dB 以上。相比之下，光导纤维的损耗则要小得多，传输波长为 $1.31\mu m$ 的光，每千米损耗在 0.35dB 以下，若传输波长为 $1.55\mu m$ 的光，每千米损耗更小，在 0.2dB 以下，是同轴电缆的一亿分之一，使其能传输的距离要远得多。此外，光纤传输损耗还有两个特点：一是在带宽频率内具有相同的损耗，不需要像电缆干线那样必须引入均衡器进行均衡；二是其损耗几乎不随温度而变，因此不用担心因环境温度变化而造成干线电平的波动。

③ 质量小。因为光纤非常细，单模光纤芯线直径一般为 $4~10\mu m$，外径也只有 $125\mu m$，加上防水层、加强筋、护套等，用 4~48 根光纤组成的光缆直径还不足 13mm，相比标准同轴电缆的直径 47mm 要小得多，加上光纤采用玻璃纤维，密度小，使它具有直径小、质量小的特点，安装使用均十分方便。

④ 抗干扰能力强。因为光纤的基本成分是石英，只传光，不导电，不受电磁场的作用，在其中传输的光信号不受电磁场的影响，故光纤传输对电磁干扰、工业干扰有很强的抵御能力。也正因为如此，在光纤中传输的信号不易被窃听，因而利于数据保密。

⑤ 保真度高。因为光纤传输一般不需要中继放大，不会因为放大引入新的非线性失真。只要激光器的线性足够好，就可高保真地传输信号。

⑥ 工作性能可靠。一个系统的可靠性与组成该系统的设备数量有关。设备越多，发生故障的机会越大。因为光纤系统包含的设备数量少（不像电缆系统那样需要几十个放大器），可靠性自然也就高，加上光纤设备的寿命都很长，无故障工作时间达 50 万~75 万 h，其中寿命最短的是光发射机中的激光器，最低寿命也在 10 万 h 以上。故一个设计良好、正确安装调试的光纤系统的工作性能是非常可靠的。

⑦ 成本不断下降。近期，有人提出了新摩尔定律，也叫作光学定律（Optical Law）。该定律指出，光纤传输信息的带宽，每 6 个月增加 1 倍，而价格降低一半。光通信技术的发展，为 Internet 宽带技术的发展奠定了非常好的基础。由于制作光纤的材料（石英）来源十分丰富，随着技术的进步，成本还会进一步降低；而电缆所需的铜原料有限，价格会越来越高。显然，今后光纤传输将占绝对优势，成为信息传输的最主要传输手段。

2) 光纤通信的原理。因光在不同物质中的传播速度是不同的，所以光从一种物质射向另一种物质时，在两种物质的交界面处会产生折射和反射。而且，折射光的角度会随入射光的角度变化而变化。当入射光的角度达到或超过某一角度时，折射光会消失，入射光全部被反射回来，这就是光的全反射。不同的物质对相同波长光的折射角度是不同的（即不同的物质有不同的光折射率），相同的物质对不同波长光的折射角度也是不同的。光纤通信就是基于以上原理而形成的。如图 52.3-1 所示，光线由光密介质进入光疏介质时，不同的光线入射角导致不同的折射角的变化：随着入射角 1、2、3 的逐渐增大，相应的折射角 1′、2′亦逐渐加大，当入射角足够大的情况下（即达到入射角 3）时，光线发生全反射，即光波能量几乎全部反射，这样就可以达到光波长距离高速传输数据的目的。

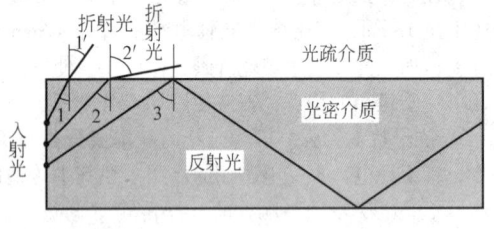

图 52.3-1 光纤通信的原理

光传输系统包括光源、介质、光检测器。光源一般取波长为 850nm、1300nm、1500nm 的发光二极管或激光二极管；介质为光纤；光检测器一般采用光敏二极管 PIN 或雪崩二极管 APD。

工业网络无线通信主要采用微波、红外和激光等介质。适用于在地理上或安装上有特殊要求的场合或频繁移动的设备。在实际工业通信网络的底层使用得较少。

2 工业通信网络的拓扑形式

工业网络中的拓扑形式就是节点的互联形式。常见的工业通信网络拓扑结构有总线型、环形、星形和树形等。

（1）总线型

如图 52.3-2 所示，总线型网络是通过一条总线电缆作为传输介质，网络上各节点通过接口接入总线网络。总线型通信网络是工业通信网络中最常用的一种拓扑形式。其特点是通信既可以是点对点方式，也可以是广播方式，接入容易，扩展方便，节省电缆。

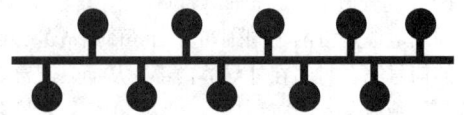

图 52.3-2 总线型拓扑结构

（2）星形与树形

在星形拓扑（见图 52.3-3）中，每个节点通过点对点连接到中央节点，任何节点之间的通信都通过中央节点进行。树形拓扑（见图 52.3-4）是星形拓扑的变种。星形与树形通信网络常用于节点密集的地方，在商业和民用网络中使用较多。其特点是维护、管理简单；每个节点的通信负担很小，所以数据冲突少。

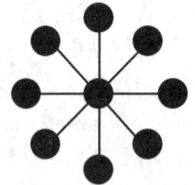

图 52.3-3 星形拓扑结构

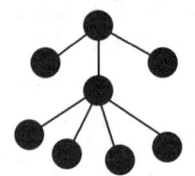

图 52.3-4 树形拓扑结构

（3）环形

如图 52.3-5 所示，环形网络是通过网络节点间点对点的通信链路的连接，构成一个环路。信号在环路上从一个设备到另一个设备单向传输，直到信号到达目的地为止。其特点是：各节点以令牌（Token）传递方式实现对共享介质的访问控制；环形通信网络大多使用光缆等传输介质，传输率高，适用于工业环境；但是，由于其自身结构特点，一个设备故障会导致整个网络瘫痪，因此在一些重要的场合需要采用双环或多环以提高网络通信的可靠性。

令牌传递方式为，在令牌传递过程中，一个 3 字

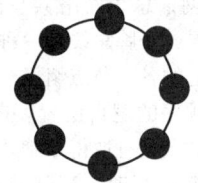

图 52.3-5　环形拓扑结构

节的称为令牌的数据包绕该环从一个节点发送到另一个节点。如果环上的一个节点需要发送信息，它将截取令牌数据包，加入控制和数据信息以及目标节点的地址，将令牌转变成一个数据帧；然后该节点将该令牌继续传递到下一个节点，被转变的令牌就以帧的形式绕着网络循环直到它到达预期的目标节点。目标节点接收该令牌并向发起节点返回一个验证消息。在发送节点接收到应答后，它将释放出一个新的空闲令牌并沿着环发送它。这种方法确保在任一给定时间仅仅只有一个工作站在发送数据。

3　介质访问控制方式

在工业通信网络中，不管是采用什么样的拓扑形式连接，传输介质总是作为各站点的共享资源。将传输介质的频带有效合理地分配给网络上各个站点用户的方法称为介质访问控制方法（Medium Access Control）或称协议。介质访问控制方法对网络的响应时间、吞吐量和效率起着十分重要的作用。各种局域网的性能在很大程度上取决于所选用的介质访问控制方法或协议。对于介质访问控制方式，可以简单地把它理解为如何控制网络节点、何时发送数据、如何传输数据以及目的节点怎样在介质上接收正确数据。常用的介质访问控制方式有如下几种：

(1) 多路复用技术

1) 多路复用技术的定义。

多路复用技术是指在实际的计算机网络系统中，为了有效地利用通信电路，总是利用一个信道同时传输多路信号。多路复用技术就是把多路信号在单一的传输线路上用单一的传输设备进行传输的技术。在远距离传输时，多路复用技术可以大大节省电缆的安装和维护费用。

2) 多路复用技术包括频分多路复用和时分多路复用，具体说明如下：

① 频分多路复用（Frequency Division Multiplexing, FDM）。在物理信道能提供比单路原始信号宽得多的带宽的情况下，可以把该物理信道的总带宽分割成若干个与单路信号带宽相同（为了避免相互干扰也可以稍微宽一点）的子信道，每个子信道传输一路信号，这就是频分多路复用。

② 时分多路复用（Time Division Multiplexing, TDM）。若传输介质能达到的数据传输速率超过单一信号源所需要的数据传输速率，就可以采用时分多路复用技术。它是将一条物理信道按时间分成若干个时间片轮流地给多个信号源使用。时分多路复用主要有两种形式：同步时分和异步时分。同步时分多路复用是指时分方案中的时间片是分配好的，而且是固定不变地轮流占用，而不管某个信息源是否真的有信息要发送。这样，时间片与信息源是固定对应的，或者说，各种信息源的传输与定时是同步的。异步时分多路复用允许动态地分配传输媒介的时间片，这样可以大大地减少时间片的浪费。当然，这种方式涉及调度分配时间算法，所以实现起来要比同步时分复杂一些。

(2) 带冲突检测的载波监听多路访问

1) 载波监听多路访问（Carrier Sense Multiple Access, CSMA）。载波监听多路访问控制方式是网络站点监听载波是否存在，即判断信道是否被占用，并采取相应的措施，所以说载波监听多路访问控制方式是一种争用协议。载波监听多路访问的原则是发前监听，空闲即发，忙时等待。这种介质控制方式的不足是由于信道的传播延迟，当总线上两个站点监听到总线没有信号而发送帧时，仍会产生冲突。由于波监听多路访问中没有检测冲突的功能，所以即使冲突已经发生，仍然要把已破坏的帧发送完，结果造成了网络资源的浪费，使通信网络的利用率降低。

2) 带冲突检测的载波监听多路访问（Carrier Sense Multiple Access with Collision Detection, CSMA/CD）。带冲突检测的载波监听多路访问方式使发送站点在传输过程中仍继续侦听介质，以检测是否存在冲突。如果两个站点都在某一时间检测到信道是空闲的，并且同时开始传送数据，则它们几乎立刻就会检测到有冲突发生。如果发生冲突，信道上可以检测到超过发送站点本身发送的载波信号幅度的电磁波，由此判断出冲突的存在。一旦检测到冲突，发送站点就立即停止发送，并向总线上发一串阻塞信号，用以通知网络上通信的对方站点，快速地终止被破坏的帧，可以节省时间和带宽。这种协议的国际标准为 IEEE 802.3，也就是以太网标准，已在局域网中广泛使用。综上所述，带冲突检测的载波监听多路访问的通信原则是信息发前先侦听，网络空闲即发送，边发边检测，冲突时退避。

(3) 令牌环（Token Ring）介质访问方式

令牌环介质访问方式是环形局域网采用的一种访问控制方式。令牌在网络上不断地传送，只有拥有此令牌的节点，才有权向环路上发送报文，而其他节点仅允许接收报文。一个节点发送完毕后，将令牌交给网上的下一个节点，该节点如果没有报文发送，便立即将令牌顺次传送给它的下一个节点。表示发送权的令牌在环路上不断传递循环。令牌环介质访问方式工作过程为哪个节点可以发送消息，是由一个沿着环旋转的被称为令牌（Token）的特殊帧来控制的。只有拿到令牌的节点可以发送消息，而没有拿到令牌的节点只能等待。拿到令牌的通信节点将令牌转变成访问控制头，后面加上该节点要发送的数据后就可以进行消息传输了。数据帧通过任何一个节点（除源节点外）时，该节点都要把消息的目的地址和本站地址相比较：如果地址相符合，则将帧复制到接收缓冲器，供高层软件处理，同时将帧送回环中；如果地址不符合，则直接将帧送回环中。数据循环一周后由发送站回收。也就是说，发送的帧在环上循环一周后再回到发送站时，发送站将该帧从环上移去，同时再放一个空令牌到环上，使网络其余的节点能获得发送帧的许可权。

令牌总线（Token Bus）介质访问方式在物理总线上建立了一个逻辑环。所以从物理上看，这是一种总线结构的局域网，总线网络共享的传输介质是总线。而从逻辑上看，令牌总线是一种环形结构的局域网，连接在总线上的各个节点组成一个逻辑环，每个节点被赋予一个顺序的逻辑位置。在这个逻辑环中，令牌依次传递，节点只有取得令牌才能发送消息。其工作过程为在正常运行时，当某节点完成了它的发送，就将令牌送给下一个节点。带有目的地址的令牌帧广播到总线上所有的节点，当目的节点识别出符合它的地址后，就接收该令牌帧。

综上所述，令牌总线网络介质访问方式特点如下：

1) 因为只有拥有令牌的节点才能发送数据帧到总线，所以就避免了总线上数据传输交换的冲突。

2) 令牌总线的消息可以设置得很短，和 CSMA/CD 相比，这样减少了数据传输开销，相当于增加了网络的容量。

3) 令牌总线是现场总线中最常用的介质访问控制方式，比如 PROFIBUS 总线即采用该种介质访问方式。

第4章 现场总线

1 现场总线概述

1.1 现场总线的概念及其描述

现场总线的最初定义是指现场设备之间的公用信号传输线;后来被定义为应用在生产现场,在测量设备之间实现的双向串行多节点数字通信技术。现场总线一般被看作是一个系统、一个网络或一个网络系统,它应用于现场测量以及设备控制等领域。现场总线也称为现场总线控制系统(Fieldbus Control System,FCS)、现场总线系统、现场总线网络、现场总线网络系统或现场总线网络控制系统,已经成为工业控制网络的代名词。国际电工委员会制定的国际标准 IEC 61158 对现场总线(Fieldbus)的定义是:"安装在制造或过程区域的现场装置与控制室内的自动控制装置之间的数字式、串行、多点通信的数据总线称为现场总线。" IEC 61158-2 用于工业控制系统中的现场总线标准——第2部分:物理层规范(Physical Layer Specification)与服务定义(Server Definition)又进一步指出:"现场总线是一种用于底层工业控制和测量的设备,如变送器(Transducers)、执行器(Actuators)和本地控制器(Local Controllers)之间的数字式、串行、多点通信的数据传输交换总线。"由于现场总线具有结构简单、数据传输可靠、经济实用等一系列突出的优点,受到了世界上许多标准组织团体和计算机通信厂商的高度重视,得以快速发展。

现场总线作为工业控制网络的神经传导中枢,业界对它的理解和描述还是有很多不同的表达,下面列举了七种不同的表达方式,希望通过这些描述帮助读者更好更灵活地理解总线的含义和精髓。

1)现场总线一般是指一种用于连接现场设备,如传感器(Sensors)、执行器以及 PLC、调节器(Regulators)、驱动控制器等现场控制器的网络。

2)现场总线是应用在生产现场、在计算机测量控制设备之间实现双向串行多点数字通信的系统,也被称为开放式、数字化、多点通信的底层控制网络。

3)现场总线是一种串行的数字数据通信链路,它建立了生产过程领域的基本控制设备(现场设备)之间以及更高层次自动控制领域的自动化控制设备(车间级设备)之间的联系。

4)现场总线是连接控制系统中现场装置的双向数字通信网络;或可以称现场总线是从控制室连接到现场设备的双向全数字通信总线。

5)现场总线是用于过程自动化和制造自动化(最底层)的现场设备或现场仪表互联的现场数字通信网络,是现场通信网络与控制系统的集成体。

6)在自动化领域,"现场总线"一词是指安装在现场的计算机、控制器以及生产设备等连接构成的通信网络。

7)现场总线是应用在生产现场、在测量控制设备之间实现工业数据通信、形成开放型测控网络的新技术,是自动化领域的计算机局域网,是网络集成的测控系统。

从以上对现场总线表述可以看出,七种描述存在一些差异,这是因为总线技术所包含的内容十分广泛,同时这也是工业总线网络发展所造成的必然结果。随着总线网络的高速发展,总线所涵盖的内容、完成的工作、实现的功能也将越来越多,所以对其的阐述也将和其产生初期有所不同,并将随着时间的推移越来越多、越来越完善。

依据上述对现场总线的描述,现场总线的本质含义应该包括:现场通信网络;开放式互联网络;现场设备互联;互操作性;分散功能块;通信线路供电等。随着信息化、数字化、网络化在当今社会的高速发展,未来现场总线将朝着开放系统、统一标准的方向更快更好地进步与发展。

1.2 现场总线设计结构特点

依据现场总线的设计和构造思想,现场总线应具有以下几个特点:

(1)系统的开放性

开放系统是指通信协议公开,各个不同厂家的设备之间可进行互联并实现信息交换,现场总线开发者是要致力于建立统一的工厂底层网络的开放系统。这里的"开放"是指对相关网络通信标准的一致性、公开性,强调对标准的共识与遵从。一个开放系统,它可以与任何遵守相同标准的其他设备或系统相连并进行信息传递交换。一个具有总线功能的现场总线网络系统必须是开放的,开放系统把系统集成的管理权利交给了用户。用户可根据自己的想法和需要以及不同对象把来自不同供应商的产品组成符合自己要求的

(2) 互可操作性与互用性

这里的互可操作性，是指实现互联设备间、系统间的信息传输与沟通，可实行点对点、一点对多点的网络数字通信操作。而互用性则意味着不同生产厂家的性能类似的设备（同系列产品）可以进行互换而实现互用。

(3) 智能化与功能自治性

现场总线将传感测量、补偿计算、工程量处理与控制等功能分散到现场设备中完成，仅靠现场设备即可完成自动控制的基本功能，并可随时诊断设备的运行状态（实时监控），从而实现总线网络的智能化与功能自治。

(4) 系统结构的高度分散性

由于现场设备本身已可完成自动控制的基本功能，使得现场总线已构成一种新的全分布式控制系统的体系结构。它从根本上改变了原有集散控制系统（DCS）集中与分散相结合的集散控制系统体系，简化了系统结构，提高了系统工作的可靠性。

(5) 对现场环境的适应性

工作在现场的前端设备，作为工厂网络底层的现场总线是专为在复杂恶劣的现场环境工作而设计研发的，它可支持双绞线、同轴电缆、光缆、射频、红外线、电力线等介质进行网络数据传输，具有较强的抗干扰能力，可以采用两线制实现送电与通信，并可满足本质安全防爆要求等。

1.3 工业网络层次

现场总线的设计初衷是为了提高工业生产中控制网络信息交换能力，从而提高生产效率。工业控制网络一般指以具有通信能力的传感器、执行器、测控仪表作为网络节点、以现场总线作为通信介质，连接成开放式、数字化、多节点通信，从而完成测量控制任务的网络。工业控制网络是应用于企业信息系统现场控制层和过程监控层的网络通信技术，属于一种特殊类型的计算机网络。工业控制网络特别强调数据传输的完整性、可靠性和实时性，而这些很大程度上由总线网络标准（或称为协议）来实现。

作为普通计算机网络节点的 PC 或其他种类的计算机、工作站，都可以成为工业控制网络的节点。但工业控制网络的节点大多数是具有计算与通信能力的测量控制设备。它们可能具有嵌入式 CPU，功能比较单一，其计算或其他能力通常远不及普通 PC，也没有键盘、显示器等人机交互接口，有的甚至不带 CPU、单片机，而只有简单的通信接口。具有通信能力的设备都可以成为控制网络的节点成员，例如：位置开关、感应开关等各类开关，条形码阅读器，光电传感器，温度、压力、流量、物位等各种传感器，变送器，可编程序控制器 PLC，PID 等数字控制器，各种数据采集装置，作为监视操作设备的监控计算机、工作站及其外设，各种调节阀，液压马达控制设备，变频器，机器人，以及作为控制网络连接设备的中继器、网桥、路由器、网关等。

工业控制网络的基本层次如图 52.4-1 所示，各个控制层的作用具体描述如下：

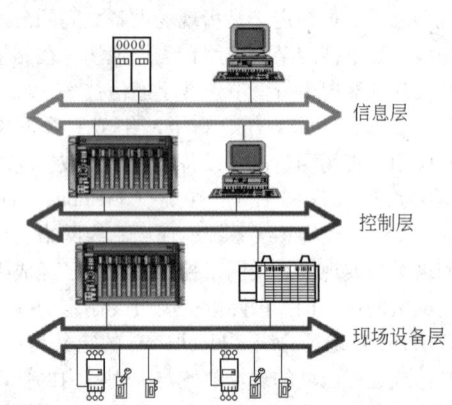

图 52.4-1 工业控制网络的基本层次

(1) 信息层

信息层是网络控制系统的最上层，其通信的主要特点包括：通信数据量大，通信的发生较为集中，要求有高速数据链路支持，对实时性要求不高；通信范围从车间级到全厂级甚至互联网范围，与数据库技术、互联网技术、数据分析和处理技术紧密关联；可连接的设备包括控制器、PC、操作员站、高速 I/O 和其他局域网设备，信息层通过网关设备可以连接入因特网。

(2) 控制层

控制层处于工业控制网络的中间层次，用来连接不同的可编程序设备、控制器、人机终端等，通过网关设备与信息层相连，很多应用实例表明其实时性要求较高，包括 I/O 的实时刷新、互锁信息和控制器等之间的信息报文传递等。这一层的通信特点是要求有较高的网络速率，在实时性要求高的情况下要求通信是确定的、可重复并且是可靠的。

(3) 设备层

设备层是工业控制网络的最底一层。该层面向大量的现场设备，其中包括离散型的 I/O（如光电传感器、接近开关等），温度变送器、流量计等较为复杂的设备，通过扫描器或网关设备将现场数据传送到控制层。设备层的通信特点是速度要求不一定很高，但需要具有一定的智能和容错能力，特别是要求网络节点设备的经济性、智能化,而且设备添加或删除要求简单方便,故障诊断和纠错容易,能够充分地适应工业现场的不同复杂恶劣的工作条件。

1.4 现场总线网络拓扑结构

现场总线的网络拓扑结构有以下四大类,环形拓扑结构、星形拓扑结构、总线型拓扑结构、树形拓扑结构。

2 现场总线系统的组成

现场总线系统的组成简单地可分为硬件部分和软件部分(见图 52.4-2),下面分别对其进行描述。

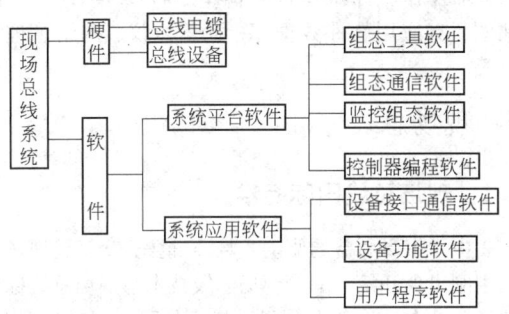

图 52.4-2 现场总线系统的组成

(1) 硬件

硬件包括总线电缆 [又称为通信线,作为通信介质(媒体/媒介/介体)];连接在通信线上的各种设备称为总线设备(亦可以称为总线装置、节点(主节点、从节点)、站点(主站、从站)等。总线设备又可以根据其在总线上所处的地位分为总线主设备和总线从设备)。

在现场总线控制系统中,总线设备主要分为以下6类:

1) 变送器以及传感器。
2) 执行器。
3) 控制器。
4) 监控以及监视计算机。
5) 网桥,网关,中继器,集线器,交换机,路由器。
6) 其他现场总线设备(如电源、电源阻抗器、终端器、电缆等)。

(2) 软件

软件可以分为系统平台软件以及系统应用软件。系统平台软件是为系统构建、运行以及为系统应用软件编程而提供环境、条件以及必要工具的基础软件。包括组态工具软件、组态通信软件、监控组态软件和设备编程软件。而系统应用软件是为实现系统以及设备的各种功能而编写的软件,包括系统用户程序软件、设备接口通信软件以及设备功能软件,下面逐一介绍:

1) 组态工具软件:为用计算机进行设备设置、网络组态提供平台并按现场总线协议/规范(Protocol/Specification)与组态通信软件交换信息的工具软件。

2) 组态通信软件:为计算机与总线设备进行通信,读取总线设备参数或将总线设备配置、网络组态信息传送至总线设备而使用的软件。

3) 监控组态软件:运行于监控计算机(通常也称为上位机)上的软件,具有实时显示现场设备运行状态参数、故障报警信息,并进行数据记录、趋势图分析及报表打印等功能。

4) 控制器编程软件:为用户程序提供编程环境的软件平台。

5) 设备接口通信软件:根据现场总线协议/规范而编写的用于总线设备之间通过总线电缆进行通信的软件。

6) 设备功能软件:使总线设备实现自身功能(不包括现场总线通信部分)的软件。

7) 用户程序软件:根据系统的工艺流程及其他要求而编写的控制器(如 PLC)应用程序。

组态(configuration)就是用应用软件中提供的工具、方法、完成工程中某一具体任务的过程。与硬件生产相对照,组态与组装类似。例如,要组装一台计算机,事先要提供各种型号的主板、机箱、电源、CPU、显示器、硬盘、光驱等,组装就是将这些部件拼凑成所需要的计算机。软件中的组态要比硬件的组装有更大的发挥空间,因为它一般要比硬件中的"部件"更多,而且每个"部件"都很灵活,因为软部件都有内部属性,通过改变属性可以改变其规格(如大小、性状、颜色等)。在组态概念出现之前,要实现某一任务,都是通过编写程序来实现的。编写程序工作量大、周期长、易错。组态软件的出现,解决了这个问题。对于过去需要几个月的工作,通过组态几天就可以完成。

组态软件是有专业性的,一种组态软件只能适合某种领域的应用。组态的概念最早出现在工业计算机控制中,如 DCS(集散控制系统)组态,PLC(可编程序控制器)梯形图组态,人机界面生成软件就叫工控组态软件。其实在其他行业也有类似组态的概念,如 Autocad、Photoshop 和其他办公软件(如 Powerpoint)都存在相似的操作,即用软件提供的工具来形成自己的作品,并以数据文件保存作品,而不是执行程序。组态形成的数据只有其制造工具或其他专用工具才能识别，但是不同之处在于，工业控制中形成的组态结果是用来实时监控的。组态工具的解释引擎，要根据这些组态结果实时运行。从表面上看，组态工具的运行程序就是执行自己特定的任务。虽然说组态不需要编写程序就能完成某些特定的应用，但是为了提供一些操作灵活性，组态软件也提供了必要的编程手段，它们一般都是内置编译系统，提供类 BASIC 语言，有的甚至支持 VB。

现场总线控制系统从通信结构来说由测量系统、通信控制系统、管理系统等部分组成，而通信控制部分的硬、软件是它最有特色的部分。下面就从现在总线通信结构上对现场总线控制系统进行阐述。

1) 现场总线通信控制系统。现场总线通信控制系统的软件是系统的重要组成部分，通信控制系统的软件有组态软件、维护软件、仿真软件、设备软件和监控软件等。首先选择开发组态软件、控制操作人机接口软件 MMI，通过组态软件，完成功能块之间的连接，选定功能块参数，进行网络组态。在网络运行过程中对整个系统实时采集数据、进行数据处理、计算。优化控制及逻辑控制报警、监视、显示、报表等。

2) 现场总线的测量系统。现场总线的测量系统的特点为多变量高性能的测量，这就要求测量仪表具有计算能力等更多功能，由于采用数字信号，因此数据传输具有高分辨率、高准确性、抗干扰能力以及强的抗畸变能力。同时现场总线的测量系统还能获取仪表设备的状态信息，可以对工作过程进行调整。

3) 设备管理系统。设备管理系统可以提供设备自身及过程的诊断信息、管理信息、设备运行状态信息（包括智能仪表）、厂商提供的设备制造信息等。例如：Fisher-Rosemoune 公司推出 AMS 管理系统，它安装在主计算机内，由它完成管理功能，可以构成一个现场设备的综合管理系统信息库，在此基础上实现设备的可靠性分析以及预测性维护，从而将被动的管理模式改变为可预测性的管理维护模式。AMS 软件是以现场服务器为平台的 T 形结构，在现场服务器上支撑模块化、功能丰富的应用软件，可以为用户提供一个友好的图形化界面。

4) 总线系统计算机服务模式。总线系统计算机服务模式以客户机/服务器模式为基础，是较为流行的网络计算机服务模式。服务器表示数据源（提供者），应用客户机则表示数据使用者，它从数据源获取数据，并进一步处理。客户机运行在 PC 或工作站上，服务器运行在小型机或大型机上，总线系统计算机服务模式可以使用双方的资源、数据来完成特定的任务。

5) 数据库。数据库能有组织地、动态地存储大量有关数据与应用程序，实现数据的充分共享、交叉访问，具有高度独立性。工业设备在运行过程中参数连续变化，数据量大，操作与控制的实时性要求很高。因此，就需要可以互访操作的分布关系及实时性的数据库系统，目前市面上成熟的供选用的系统包括关系数据库中的 Oracle、Sybase、Informix、SQL Server，实时数据库中的 Infoplus、PI、ONSPEC 等。

6) 网络系统的硬件与软件。网络系统硬件有：系统管理主机、服务器、网关、协议变换器、集线器、用户计算机等及底层智能化仪表。网络系统软件有：网络操作软件如 NetWare、LAN Manager、Vines，服务器操作软件如 Linux、os/2、Windows NT 等。除此外还有应用软件数据库、通信协议、网络管理协议等。

3 现场总线标准

3.1 现场总线国际标准

由于市场利益的驱动，从 20 世纪 80 年代现场总线刚刚出现开始，围绕现场总线技术与现场总线标准的竞争就在世界各大公司、甚至各国之间广泛展开。人们期待着出现一种统一的现场总线标准，使基于这一标准的现场设备和仪表能够互联、互操作和互换，从而实现真正意义上的开放。

然而由于现场总线所具有的本质技术特点和一系列优点及其所呈现的极为诱人的市场发展前景，也由于在现场总线的产生和发展过程中人们对现场总线的理解有所不同（如本章之前所述对总线的不同表述），现场总线领域出现了杂乱纷呈的局面。

据不完全统计，世界上已有现场总线达到 100 多种，其中宣称为开放型总线的就有 40 多种。

国际上制定国际标准的机构有 3 个，它们是：国际标准化组织 ISO（International Standardization Organization）；国际电工委员会 IEC（International Electrotechnical Commission）；国际电信联盟 ITU（International Telecommunication Union）。

除了以上的国际标准化组织外，各个国家均设有制定国家标准的组织，我国制定国家标准的组织是中国标准化管理委员会 SAC（Standardization Administration of China）。

现场总线国际标准主要包括以下 5 个：ISO 11898；ISO 11519；IEC 61158；IEC 62026；IEC 61784。下面逐一进行介绍。

1) ISO 11898 是现场总线最早的国际标准，主要针对影响车辆、运输工具等方面的 CAN（Controller

Area Network）总线。

2) ISO 11519 同 ISO 11898 一样，也是针对道路交通运输工具制定的现场总线标准。区别在于 ISO 11898 针对高速 CAN 总线，ISO 11519 针对低速 CAN 总线和 VAN（Vehicle Area Network）总线。

3) IEC 61158 和 IEC 62026 协议簇是两个国际电工委员会制定的应用于工业控制领域的现场总线标准。

IEC 61158 标准的第 4 版定义了 20 种现场总线（见表 52.4-1）、实时以太网/工业以太网。IEC 61158 是制定时间最长、投票次数最多、意见分歧最大的国际标准之一。从 1984 年开始制定该标准到目前为止，IEC 61158 共有 4 个不同的版本（时间是 1984-2007）。

表 52.4-1 IEC 61158 标准的第 4 版定义的 20 种现场总线

种类	总线	类型
T1	IEC/TS61158	现场总线
T2	CIP	现场总线/实时以太网
T3	PROFIBUS	现场总线
T4	P-NET	现场总线/实时以太网
T5	FF HSE	高速以太网（实时以太网）
T6	SwiftNet	被撤销
T7	WorldFIP	现场总线
T8	INTERBUS	现场总线/实时以太网
T9	FF H1	现场总线
T10	PROFINET	实时以太网
T11	TCnet	实时以太网
T12	EtherCAT	实时以太网
T13	Ethernet, Powerlink	实时以太网
T14	EPA（中国）	实时以太网
T15	MODBUS-RTPS	实时以太网
T16	SERCOS-Ⅰ,Ⅱ	现场总线
T17	VNET/IP	实时以太网
T18	CC-Link	现场总线
T19	SERCOS-Ⅲ	实时以太网
T20	HART	现场总线

4) IEC 62026（控制电器与电器设备接口）标准比较简单，包括以下四种协议：

① IEC 62026-2（2000-07）低压开关设备和控制设备（控制器——设备接口）第 2 部分：执行器传感器接口（Actuator sensor interface, AS-i）。

② IEC 62026-3（2000-07）低压开关设备和控制设备（控制器——设备接口）第 3 部分：DeviceNet。

③ IEC 62026-5（2000-07）低压开关设备和控制设备（控制器——设备接口）第 5 部分：智能分布式系统（Smart distributed system, SDS）。

④ IEC 62026-6（2001-11）低压开关设备和控制设备（控制器——设备接口）第 6 部分：Seriplex（串行多路控制总线）。

5) IEC 61784（连续和离散制造用现场总线行规）是对 IEC 61158 的解释和补充，涉及除 IEC 61158 报告外的 7 个协议簇以及它们所包含的 18 个工业自动化网络协议子集（见表 52.4-2）。

表 52.4-2 IEC 61784 中补充的 7 个协议簇及其所包含的工业自动化网络协议子集

协议簇	工业自动化网络协议子集
Foundation Fieldbus	FF H1、FF HSE、FF H2
ControlNet	ControlNet、EtherNet/IP
PROFIBUS	PROFIBUS-DP、PROFIBUS-PA、PROFINet
P-Net	P-Net RS-485、P-Net RS232
WorldFIP	WorldFIP、WorldFIP with subMMS、WorldFIP minimal for TCP/IP
Interbus	Interbus、Interbus for TCP/IP、Interbus minimal
SwiffNet	SwiffNet transport、FF SwiffNet full stack

3.2 现场总线网络分类

前文提到目前世界上存在着 40 余种现场总线，如法国的 FIP、英国的 ERA、德国西门子公司的 PROFIBUS、挪威的 FINT、Echelon 公司的 LONWorks、PhenixContact 公司的 InterBus、RoberBosch 公司的 CAN、Rosemount 公司的 HART、CarloGavazzi 公司的 Dupline、丹麦 ProcessData 公司的 P-net、PeterHans 公司的 F-Mux，以及 ASI（Actratur Sensor Interface）、MODBus、SDS、Arcnet、国际标准组织——基金会现场总线 FF：FieldBusFoundation、WorldFIP、BitBus、美国的 DeviceNet 与 ControlNet 等。这些现场总线大都应用于过程自动化、医药制造、加工制造、交通运输、国防、航天和农业等领域，大概不到 10 种的总线占有 80% 左右的市场。由于各个国家各个公司的利益之争，虽然早在 1984 年国际电工技术委员会/国际标准协会（IEC/ISA）就着手开始制定现场总线的标准，但至今仍无法达成一个统一的标准。另外现在很多公司从自身利益和发展考虑仍在不断推出符合自身通信技术要求的现场总线技术产品，这使得总线开放性和互操作性的统一更加难上加难。

当前工业总线网络可归为三类：485 网络、HART 网络、FieldBus 现场总线网络。

1) 485 网络。RS485/MODBUS 是现在世界上流行的一种工业组网方式，其特点是实施应用简单方便，而且支持 RS485 的各种仪器仪表又特别多。基于此一部分仪表商表示支持 RS485/MODBUS，RS485 的转换接口不仅价格低廉而且种类繁多。至少目前在低端应用的市场上，RS485/MODBUS 仍将是最主要的工业网络组网方式。

2) HART 网络。HART 是由艾默生提出的一个过渡性总线标准，主要特征是在 4～20mA 电流信号上面叠加数字信号，但该协议并未真正开放，要加入它的基金会才能拿到协议，而加入基金会要缴纳一定的费用。HART 技术主要被国外几家大公司垄断，近些年国内也有公司在做，但还没有达到国外公司的水平。HART 网络中有很多智能仪表带有 HART 圆卡，支持 HART 通信功能。但从国内情况来看，还没有真正用到 HART 通信功能来进行设备联网监控，最多只是利用手持操作器对总线网络进行参数设定。从长远来看，鉴于 HART 网络通信速率低、组网困难等原因，HART 仪表的应用将呈下滑趋势。

3) FieldBus 现场总线网络。现场总线是当今自动化领域的热点技术之一，被誉为自动化领域的计算机局域网。它的出现标志着自动化控制技术的又一个崭新时代的开始。现场总线是连接控制现场的仪表与控制室内的控制装置的数字化、串行、多站通信的网络。其关键标志是能支持双向、多节点、总线式的全数字化通信。现场总线技术成为国际上自动化和仪器仪表发展的热点，它的出现使传统的控制系统结构产生了革命性的变化，使自控系统朝着"智能化、数字化、信息化、网络化、分散化"的方向进一步迈进，形成新型的网络通信的全分布式控制系统——现场总线控制系统 FCS（Fieldbus Control System）。然而，不利的是现场总线至今还没有形成真正统一的标准，ProfiBus、CANbus、CC-Link 等多种总线标准并行存在，并且都有自己的生存空间。

3.3 主流总线

虽然总线种类众多，但是其中还是不乏几种主流总线，下面对它们进行逐一的阐述。

(1) 基金会现场总线

基金会现场总线（Foundation Fieldbus, FF）是以美国 Fisher-Rousemount 公司为首的联合了横河、ABB、西门子、英维斯等 80 家公司制定的 ISP 协议和以 Honeywell 公司为首的联合欧洲等地 150 余家公司制定的 WorldFIP 协议于 1994 年 9 月合并的。该总线在过程自动化领域得到了广泛的应用，具有良好的发展前景。

基金会现场总线采用国际标准化组织 ISO 的开放化系统互联 OSI 的简化模型的第 1、第 2、第 7 层，即物理层、数据链路层、应用层，另外增加了用户层。基金会现场总线分低速 H1 和高速 H2 两种通信速率，前者传输速率为 31.25kbit/s，通信距离可达 1900m，可支持总线供电和本质安全防爆环境。后者传输速率为 1Mbit/s 和 2.5Mbit/s，通信距离为 750m 和 500m，支持双绞线、光缆和无线发射，协议符合 IEC1158-2 标准。基金会现场总线的物理媒介的传输信号采用曼彻斯特编码。

(2) CAN

CAN 总线，亦称控制器局域网，最早由德国 BOSCH 公司推出，它广泛应用于离散控制领域，其总线规范已被 ISO 国际标准组织制定为国际标准，得到了 Intel、Motorola、NEC 等公司的支持。CAN 协议分为两层：物理层和数据链路层。CAN 的信号传输采用短帧结构，传输时间短，具有自动关闭功能，具有较强的抗干扰能力。CAN 支持多主工作方式，并采用了非破坏性总线仲裁技术，通过设置优先级来避免冲突，通信距离最远可达 10km，通信速率最高可达 1Mbit/s，网络节点数实际可达 110 个。目前世界上已有多家公司开发了符合 CAN 协议的通信芯片。

(3) Lonworks

Lonworks 由美国 Echelon 公司推出，并由 Motorola、Toshiba 公司共同倡导。它采用开放化系统互联模型的全部 7 层通信协议，采用面向对象的设计方法，通过网络变量把网络通信设计简化为参数设置。Lonworks 支持双绞线、同轴电缆、光缆和红外线等多种通信介质，通信速率从 300bit/s 至 1.5Mbit/s 不等，直接通信距离可达 2700m（78kbit/s），被誉为通用控制网络。Lonworks 技术采用的 LonTalk 协议被封装到 Neuron（神经元）的芯片中，并得以实现。采用 Lonworks 技术和神经元芯片的产品，被广泛应用在楼宇自动化、家庭自动化、保安系统、办公设备、交通运输、工业过程控制等行业。

(4) DeviceNet

DeviceNet 是一种低成本的通信连接，也是一种简单的网络解决方案，有着开放的网络标准。DeviceNet 具有的直接互联性不仅改善了设备间的通信而且提供了相当重要的设备级阵列功能。DeviceNet 基于 CAN 技术，传输率为 125～500kbit/s，每个网络的最大节点为 64 个，其通信模式为：生产者/客户（Producer/Consumer）模式，采用多信道广播信息发送方式。位于 DeviceNet 网络上的设备可以自由连接或断开，不影响网上的其他设备，而且其设备的安装布线成本也较低。DeviceNet 总线的组织结构是开放式设备网络供应商协会（Open DeviceNet Vendor Association，ODVA）。

(5) PROFIBUS

PROFIBUS 是符合德国标准（DIN19245）和欧洲标准（EN50170）的现场总线标准，由 PROFIBUS-DP、PROFIBUS-FMS、PROFIBUS-PA 三个系列组成。其中 DP 系列用于分散外设间高速数据传输，适用于加工自动化领域。FMS 系列适用于纺织、楼宇自动化、可编程序控制器、低压开关等。PA 系列用于过程自动化的总线类型，服从 IEC1158-2 标准。PROFIBUS 支持主从系统、纯主站系统、多主多从混合系统等几种信息传输方式。PROFIBUS 的传输速率为 9.6kbit/s～12Mbit/s，最大传输距离在 9.6kbit/s 下为 1200m，在 12Mbit/s 下为 200m，可以采用中继器延长至 10km，传输介质为双绞线或者光缆，总线网络最多可挂接 127 个站点。

(6) HART

HART 是 Highway Addressable Remote Transducer 的缩写，最早由 Rosemount 公司开发。其特点是在现有模拟信号传输线上实现数字信号通信，属于模拟系统向数字系统转变的过渡产品。其通信模型采用物理层、数据链路层和应用层三层结构，支持点对点主从应答方式和多点广播方式。由于它采用模拟数字信号混合，难以开发通用的通信接口芯片。HART 能利用总线供电，可满足本质安全防爆的要求，并可用于由手持编程器与管理系统主机作为主设备的双主设备系统。

(7) CC-Link

CC-Link 是 Control&Communication Link（控制与通信链路系统）的缩写，在 1996 年 11 月，由三菱电机主导的多家公司推出，其增长势头迅猛，在亚洲占有较大份额。在 CC-Link 系统中，可以将控制和信息数据同时以 10Mbit/s 高速传送至现场网络。CC-Link 具有性能卓越、使用简单、应用广泛、节省成本等优点。CC-Link 不仅解决了工业现场配线复杂的问题，同时具有优异的抗噪性能和兼容性。CC-Link 是一个以设备层为主的总线网络，同时也可覆盖较高层次的控制层和较低层次的传感器层。2005 年 7 月 CC-Link 被中国国家标准委员会批准为中国国家标准指导性技术文件。

(8) WorldFIP

WorldFIP 的北美部分与 ISP 合并为 FF 以后，WorldFIP 的欧洲部分仍保持独立，总部设在法国。其在欧洲市场占有重要地位，特别是在法国的市场占有率大约为 60%。WorldFIP 的特点是利用单一的总线结构来适用不同的应用领域的需求，而且没有任何网关或网桥，用软件的办法来解决高速和低速的衔接。WorldFIP 与 FF HSE 可以实现"透明连接"，并对 FF 的 H1 进行了技术拓展，如速率等。在与 IEC61158 第一类型的连接方面，WorldFIP 做得最好，走在世界前列。

(9) INTERBUS

INTERBUS 是由德国 Phoenix 公司推出的较早的现场总线，2000 年 2 月成为国际标准 IEC 61158。INTERBUS 采用国际标准化组织 ISO 的开放化系统互联（OSI）的简化模型的第 1、第 2、第 7 层，即物理层、数据链路层、应用层，具有强大的可靠性、可诊断性和易维护性。其采用集总帧型的数据环通信方式，具有低速度、高效率的特点，并严格保证了数据传输的同步性和周期性；同时 INTERBUS 的实时性、抗干扰性和可维护性也非常出色。INTERBUS 总线广泛地应用到汽车、烟草、仓储、造纸、包装、食品等工业领域，目前成为国际现场总线的领先者。

除了以上所介绍的几类总线标准外较有影响的现场总线还有丹麦公司 Process-Data A/S 提出的 P-Net，该总线主要应用于农业、林业、水利、食品等行业；而 SwiftNet 现场总线主要使用在航空航天等领域。总线种类繁多，标准不一，限于篇幅这里就不一一详述了。

4 现场总线网络布线与安装

现场总线控制系统（FCS）的数字化通信特征，使现场总线控制系统的布线与安装和传统的模拟控制系统有很大区别。要注意以下几点：

(1) 电缆总长度的限制

为了保障信息传输的可靠性，需限制现场总线系统的电缆铺设长度；限制主要取决于电缆的类型、网络的拓扑结构和挂接设备的数量及类型。

电缆的选型可以用式（52.4-1）来判定选型是否合适。

$$\frac{L_1}{L_{1\max}}+\frac{L_2}{L_{2\max}}+\frac{L_3}{L_{3\max}}+\cdots+\frac{L_n}{L_{n\max}}\leq 1 \quad (52.4\text{-}1)$$

式中，L_1，L_2，L_3，…，L_n 中是某种电缆实际使用的长度；$L_{1\max}$，$L_{2\max}$，$L_{3\max}$，…，$L_{n\max}$ 是该种电缆可以保证工作要求所允许使用的最大长度。

(2) 网络的扩充

总线网段由主干和分支构成。网络的扩充最大长度包括主干和分支线的总和。分支线越短越好，分支的总长度取决于设备总数和每个分支上的设备个数。建议值见表52.4-3所列。网络扩充中可以使用中继器；如果总线长度超过1900m，需要使用中继器，在任何两个设备之间最多可使用4个中继器。

表52.4-3　网络扩充分支线长度的建议值

(m)

设备总数	每个分支1个设备	每个分支2个设备	每个分支3个设备	每个分支4个设备
25~32	1	1	1	1
19~24	30	1	1	1
15~18	60	30	1	1
13~14	90	60	30	1
1~12	120	90	60	60

(3) 屏蔽、接地与极性

1) 当使用屏蔽电缆时，要将各支线的屏蔽与干线的屏蔽连接在一起，最后集中于一点进行接地。

2) 依据低速现场总线标准，整条电缆上只允许一点接地，总线任何一端都不允许接地，屏蔽层不能当作电源线。

3) 现场设备区分极性，需要作为有极性设备处理。

(4) 本质安全

本质安全技术是在易燃易爆环境下使用电气设备时保证安全的一种方法，它的基本思想是限制危险场所电气设备的能量，使电气设备在任何故障状态下所产生的电火花或发热量不足以点燃易燃、易爆物质。因此，现场总线所连接的设备数量和电缆长度有严格的限制。另外，现场总线需要使用专用的现场总线安全栅或电流隔离器，不能使用一般的安全栅或其他网络的安全栅。安全栅和隔离器不允许安装在危险场所；位于危险场所的终端器必须是本质安全的，对于电缆的电气性能，如电容、电感以及电感电阻比也都有一定的技术要求。对于本质安全系统，由每一个安全栅引出的现场总线只能安装2~6台现场总线设备。而非本质安全系统：一条现场总线上一般可以连接16~32台现场总线设备。

(5) 现场总线设备的在线安装与拆除

当现场总线正在工作的时候，现场总线设备可以安装到现场总线上，或者从现场总线上拆除。另外还应注意以下几点：

1) 注意避免现场总线的两根导线短路、碰触屏蔽或接地。

2) 通信速度不同的现场总线设备不能连接在同一路现场总线上，但具有相同通信速度的总线供电设备和非总线供电设备可以连接在同一路现场总线上。

3) 非现场总线设备是不允许连接到现场总线上的。在查找故障时，应使用高阻抗的数字化仪表。

(6) 实际安装的一些要求

现场总线设备具体安装时还应注意以下几点：

1) 选择类型适当、尺寸合理的电缆。

2) 从整体方案确定连接箱的位置。

3) 合理地选择每个网段上的电源和终端器。

4) 尽可能将同一个控制回路的设备安排在同一网段上。

5) 总线网段或各支线不宜过长。

6) 合理分配总线上的设备，同一网段上不宜接过多设备。

7) 应尽量避免多级配线。

5 现场总线的技术优势与不足

现场总线是当今3C技术，即通信（Communication）、计算机（Computer）、控制（Control）技术发展的结合点，也是3C技术的在工业领域完美结合的产物。同时现场总线也是过程控制技术、自动化仪表技术、计算机网络技术三大技术发展的交汇点，是信息技术、网络技术的发展在工业控制领域应用的具体体现。现场总线是信息技术、网络技术发展到工业现场阶段所产生的必然结果。

现场总线是自动化领域技术发展的热点之一，将为传统的工业自动化带来革命，从而开创工业自动化的新纪元。现场总线控制系统必将逐步取代传统的独立控制系统、集中采集控制系统和集散控制系统（Distributed Control System，DCS），成为21世纪自动控制系统领域的主流。与集散控制系统等传统的系统相比，现场总线（系统）有以下特点：现场总线将通信线（总线电缆）延伸到工业现场（制造或过程区域），或总线电缆就是直接安装在工业现场的，故现场总线能够完全适应工业现场环境；各个层次及不同层次之间均用数字信号进行信息交换；现场总线标准、协议或者说规范是公开的，所有制造商都必须遵守；现场总线网络是开放的，既可实现同层网络互联，又可实现不同层网络互联，而不管其制造商是哪一家，因此用户可共享网络资源；现场总线通过一根通信线将所需的各个现场设备（如变送器/传感器、执行器、控制器）互相连接起来，即用一根通信线直接互联多个现场设备，从而构成了现场设备的互联网络；现场总线废弃了集散控制系统的控制站及其输入/输出单元，从根本上改变了集散控制系统集中与分散相结合的集散控制系统体系，通过将控制功能高度分散到现场设备这一途径，实现了彻底分散控制；不同厂商的现场设备可以互联，互相之间可以进行信息交换并可统一组态，同时不同厂商的性能类似的现场设备可以互相替换，现场总线中现场设备所具有的互操作性与互换性是集散控制系统无法具备的。

现场总线具有的数字化、开放性、分散性、互操作性与互换性。现场总线的这些性质使现场总线有着下面一系列优点。

(1) 导线和连接附件大量减少

1) 一个总线电缆直接连接多台现场设备，电缆用量大大减少（集散控制系统几百根甚至几千根）。

2) 端子、槽盒、桥架、配线板等连接附件用量大大减少。

(2) 仪表和输入/输出转换器（卡件）大量减少

1) 采用人机界面、本身具有显示功能的现场设备或监视计算机代替显示仪表，使仪表的数量大大减少。

2) 输入/输出转换器（卡件）的数量大大减少。在集散控制系统中所用的 4~20mA 线路只能获得一个测量参数，且与控制站中的输入/输出单元一对一的直接连接，因此输入/输出单元数量多。而在现场总线中，一台现场设备可以测量多个参数，并将它们以所需的数字信号形式通过总线电缆进行传送，因此对单独的输入/输出转换器（卡件）的需要减少。

(3) 设计、安装和调试费用大大降低

1) 因采用现场总线使导线和连接附件大量减少，故相对于原来集散控制系统烦琐的原理图设计在现场总线中变得简单易行，同时也可以使得标准接插件的使用、安装和校对的工作量大大减少。

2) 可根据需要将系统分为几个部分分别调试，使调试工作变得灵活方便。

3) 强大的故障诊断功能使调试工作变得轻松愉快。

(4) 维护费用大幅度下降

1) 现场总线系统的高可靠性使系统出现故障的概率大大减小。

2) 强大的故障诊断功能使故障的早期发现、定位和排除变得快速而有效，系统正常运行时间将更长，维护停工时间大大减小。

(5) 系统的可靠性提高

1) 系统结构与功能的高度分散性决定了系统的高可靠性。

2) 现场总线协议/规范对通信可靠性方面的严格规定保证了通信的高可靠性。

(6) 系统测量与控制精度提高

在现场总线中，各种开关量、模拟量就近转变成数字信号，所有总线网络设备间均采用数字信号进行通信，避免了信号的衰减和变形，减小了传送误差。

(7) 系统具有优异的远程监控功能

1) 可以在控制室远程监视现场设备和系统的各种运行状态。

2) 可以在控制室对现场设备及系统进行远程控制。

(8) 系统具有强大的（远程）故障诊断功能

1) 可以诊断和显示各种故障，如总线设备和连接器的断路、短路故障以及通信故障和电源故障等。

2) 可以将各种状态及故障信息传送到控制室中的监视/监控计算机，大大减少了使用和维护人员不必要的现场巡视。当现场总线安装在恶劣环境中时，这尤其具有重要意义。

(9) 设备配置、网络组态和系统集成方便自由

1) 用户可以通过同层网络或上层网络对现场设备进行参数设置，而不必到现场对每一个设备逐个进行配置。

2) 利用网络组态工具软件可以迅速而方便地组建现场总线网络，配置网络参数。

3) 由于现场总线的开放性、互操作性与互换性，用户可以自由地集成不同厂商、不同品牌的产品和网络，从而构成所需的系统。

(10) 现场设备更换和系统扩展更为方便

1) 现场设备具有互操作性和互换性，损坏的设备可用功能类似的任何厂家的设备替换，实现"即插即用"。

2) 当需要增加现场设备时，无须架设新的电缆，可就近接到原有的电缆上。

3) 系统扩展所需的组态时间大大减少。

(11) 为企业信息系统的构建创造了重要条件

1) 使用现场总线系统的企业信息网络分为现场控制层、过程监控层和企业经营管理层；现场总线构成了企业信息系统的现场控制层（设备层）或者构成了企业信息系统的基本框架，与企业的局域网连接起来，即可构成企业信息系统。

2) 为现场总线设备及系统的各种运行状态、故障信息、各种控制信息进入（企业）公用数据网络创造了条件，使管理者能得到更多的决策依据，为管理者做出各种正确决策提供了有力的数据支持。

美国阿拉斯加 West Sak ARCO 油田（自然环境十分恶劣）采用某现场总线后与采用传统的集散控制系统方案相比，所带来变化如下：

减少接线端子 84%；减少 I/O 卡件数量 93%；减少控制仪表面板空间 70%；减少室内接线 98%；由于远程诊断而减少维护工作量 50%~80%；扩展油田所需组态时间减少 90%；节省电缆费用 69%。从以上对比数据可以看出，采用现场总线技术后各种工

作情况都得到相应的改善，可见现场总线与传统的集散控制系统相比优势十分明显。

当然，现场总线也存在其不足之处。主要包括：网络通信中数据包的传输延迟，通信系统的瞬时错误和数据包丢失、发送与到达次序的不一致等，这些都会破坏传统控制系统原本具有的确定性，使得控制系统的分析和操控变得更复杂，使控制系统的性能受到负面影响。因此，如何使控制网络满足通信控制系统对通信实时性、确定性的要求，是现场总线系统在设计和运行中应该着重关注的重要问题，也是目前国内外专家学者研究的一个重要课题方向。

6 无线通信技术在现场总线中的应用

近年来无线通信技术有了很大的发展，因此也成了工业通信领域中的研究和应用的热点。无线通信技术与有线通信方式相比有着巨大的技术优势，对工业企业有着巨大的吸引力：无线通信不需要通信电缆，可以减少安装和维护费用，使工厂自动化系统的配置更加方便和容易；可以在腐蚀性、易燃、易爆的环境应用。无线通信就是把原有数据传输的有线信道用无线代替。数据源是指数据产生的来源，较易通过硬件或软件的方法来实现。数据发射是通过单片机无线收发芯片的发射功能来完成。传播路径是无线电波从发射到接收的路径，传播损耗将会直接影响通信的效果。数据接收过程是通过单片机收发芯片的接收功能来完成的。

6.1 无线通信与现场总线的融合

使用无线连接设备的便利导致了在消费电子（商业）领域中无线技术得到空前成功的应用。在此基础上基于无线技术的应用开始出现在各个领域。在现场总线中的优势更是多方面的：

1）在工业环境中往往需要大量的布线，采用无线技术不仅会使安装和维护的成本有效减少，而且会使设备的调整规划和重新配置更加的容易。

2）无线技术的引入对于解决在有化学腐蚀、振动和移动部件等的恶劣环境中对各种线缆的潜在损伤等问题显得更加有效。

3）考虑到工厂设备中的适应性和灵活性，固定系统可以通过无线技术和现有的移动子系统或移动机器人连接通信。

4）对在工厂设备进行临时访问任务（如诊断或程序设计等）使用无线技术会更加简化（如使用无线手持设备）。

5）在解决工业环境及过程控制环境下的许多移动对象（如移动机器人与自治运输设备之间的协调）、旋转对象（如机械臂）、危险环境对象的监测与控制问题（如分布式控制）等工业环境无线技术中发挥极大的作用。

但是无线通信与现场总线结合也有一些问题需要考虑：

1）融合的方法大多处于理论研究阶段或需要对原有的现场总线进行改造，而一些业内厂家又不想使正在运行的现场总线暂停工作。这使得现阶段的一些无线接入技术在现场总线中应用变得困难。

2）可靠性不是很高，易受外界的电磁场的干扰。

3）无线信道的实时性和出错率很难达到要求。

4）缺少合适的协议机制和传输调度机制。

6.2 现场总线的无线接入方法

为了使无线通信技术能够更加无缝而广泛地应用于工业现场，使现场设备能够无线接入到现存的现场总线，国内外相关领域的技术人员进行了一定的尝试。按在不同层上实现接入可以将接入方案分为三大类：用户层接入、物理层接入和数据链路层接入。

(1) 用户层接入

在用户层设一个 OPC 服务器，通过 OPC 服务器进行有线网段与无线网段之间的数据交换。该方案的优点是简单易实现，双方可保持原有结构不动，两侧的"连接"可随时通过软件的控制建立或分离。缺点是中间环节太多，实时性得不到保证。

(2) 物理层接入

在某些站点的有线连接"下"面加装 Modem。无线站点的信号经过此无线收发装置将帧格式转换后，连入有线网段接口，因此远端的无线站点被"视为"同质站点。这样，所有的有线、无线站点均采用原有现场总线协议，只是在最底层的某些物理连接上，无线连接代替了有线的连接。此方法的缺点是仅实现了点对点的连接，无线站点不具有"漫游接入"的能力。

(3) 数据链路层接入

此方法源自 WLAN 和以太网的连接方式，即在 PHY 层和 DDL 层之上加一个无线网关。该无线网关实现了无线网段数据与有线网段之间的数据格式转换和转发。原有的现场总线保持不动，加装一个无线网段的 AP 接入点。当两网段间有数据交换时，才会通过 AP 点经过协议转换把数据转发到另一端。

数据链路层的接入是现阶段被关注最多的方法。其具体实现方法较多，但大多处于理论研究阶段或需要对原有的现场总线进行改造。这使得现阶段的一些无线接入技术在现场总线中应用变得困难。为了使无线现场设备能够应用于工业现场,又不改动现有的现场总线系统,目前较成熟的技术就是使用无线分散控制站来与原有的现场总线连接,实现现场设备的无线接入。无线分散控制站一般由 I/O 模块控制卡、无线通信卡两部分组成。两块板卡通过 I/O 模块控制卡上的双端口 RAM 交换数据,通过中断触发数据读写操作,从而达到通信效果。其关键技术就是如何实现无线通信卡的软件设计。

6.3 无线通信协议 WIA-PA、WIA-FA 简介

（1）WIA-PA

WIA-PA（Wireless Networks for Industrial Automation Process Automation——面向工业过程自动化的工业无线网络标准技术）标准是中国工业无线联盟针对过程自动化领域制定的 WIA 子标准,是基于 IEEE802.15.4 标准的用于工业过程测量、监视与控制的无线网络系统。

WIA-PA 网络由主控计算机、网关设备、路由设备、现场设备和手持设备五类物理设备构成。此外还定义了两类逻辑设备：网络管理器和安全管理器,在实现时可位于网关或者主控计算机中。

WIA-PA 网络采用星形和网状结合的两层网络拓扑结构,如图 52.4-3 所示。第一层的网状结构由网关和路由设备组成；第二层的星形结构由路由设备及现场设备或手持设备组成。

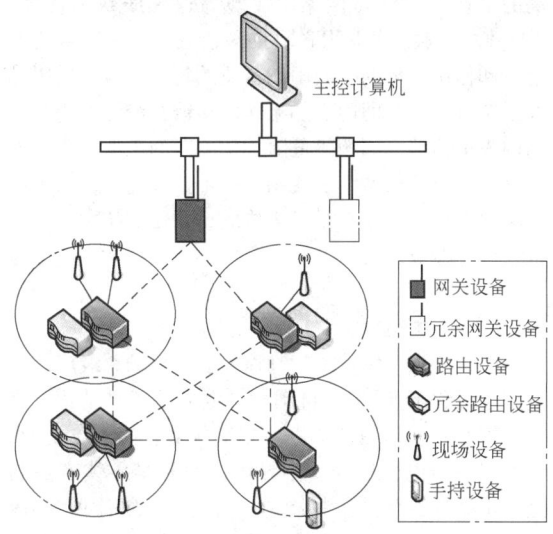

图 52.4-3　WIA-PA 网络两层网络拓扑结构

WIA-PA 网络协议遵循 ISO/OSI 的七层结构,但只定义了各数据链路子层、网络层、各应用子层,如图 52.4-4 所示。

WIA-PA 的特点如下：

1）基于网状及星形混合网络拓扑。WIA-PA 为两层拓扑结构,其下层为星形结构,由簇首和簇成员构成；上层为网状结构,由网关和各簇首（兼作路由设备）构成。这样的设计保证簇成员不必选择传输路径,仅一跳即可将测量信息传送给簇首,克服了网状拓扑传送延迟的不确定性；又能利用网状结构的节点部署的灵活性和多路径抗干扰的能力,平衡了工业自动化要求无线传输确定性和可靠性的矛盾。

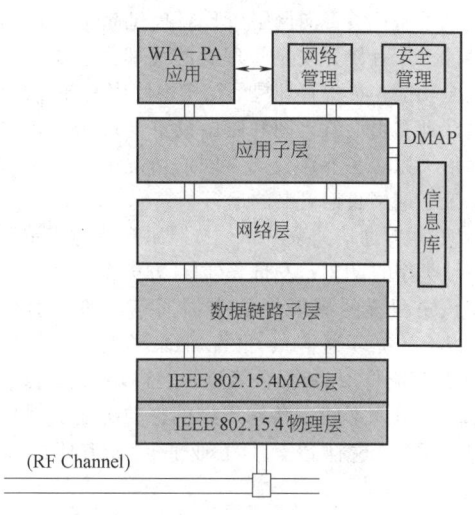

图 52.4-4　WIA-PA 网络协议

2）IEEE802.15.4 协议体系。WIA-PA 完全采用 IEEE 802.15.4 协议体系,这是因为该体系是当前无线短程网的主流协议体系,所有工业用、民用和军用的无线体系协议几乎都在物理层和 MAC 层遵循其规范,而在数据链路子层、网络层、应用层上则自行定义。

3）集中式和分布式混合的管理架构。WIA-PA 网络中使用集中式管理和分布式管理相结合的管理架构。集中式管理由网络管理者和安全管理者集中完成,它们直接管理路由设备和现场设备。在网络管理者和安全管理者直接对现场设备进行管理时,路由设备只执行管理信息的转发,不承担簇首角色。分布式管理由网络管理者/安全管理者和簇首共同完成,网络管理者/安全管理者直接管理路由设备,并将对现场设备的管理权限下放给路由设备,路由设备承担簇首角色,执行网络管理者/安全管理者代理的功能。这一设计克服了全网状结构的网管采用集中管理的可能弊端,便于维护网络的长期可靠运行。

4）面向由簇首构成的 Mesh 结构的集中式管理架构。网络管理者主要负责集中管理功能,即构建和维护由路由设备构成的 Mesh 结构；分配 Mesh 结构

中路由设备之间通信所需的资源；预分配路由设备可向下分配给构成星形结构的现场设备的资源；检测 WIA-PA 网络性能，包括设备状态、路由健康状态和信道状况。

5) 面向簇的分布式管理架构。簇首作为网络管理者的代理，主要执行以下管理功能：负责构建和维护由现场设备和路由设备构成的星形结构；负责将网络管理者预留给星形结构的通信资源分配给簇内现场设备；负责向网络管理者提供星形结构的网络性能。簇首作为安全管理者的代理，主要执行以下安全功能：负责管理星形结构中使用的部分密钥；负责认证路由设备之间和路由设备与现场设备之间的通信关系。在节点资源有限的情况下，分布式管理保证了网络长期可靠的运行。

6) 虚拟通信关系 VCR。按照所支持的应用定义了三种类型的 VCR：发布方/预订方类型（主要用于支持预先配置的周期性的数据通信，即占通信量 80%以上的循环通信）、报告/汇集类型（主要用于非周期的事件、趋势报告等）和客户端/服务器类型（以请求/响应形式支持非周期的、动态的成对单播信息传输）。这样覆盖了工业通信所需要的所有类型。

7) 超帧结构。超帧结构的设计主要是为了解决无线传输数据的效率提高和处理无线传输的资源有限之间的矛盾。将其设计为活动期和非活动期两部分，划分进行不同网络管理功能的时隙分配。活动期分为 CAP（进行设备加入、簇内管理和重传）和 CFP（进行移动设备与簇首间的通信）；非活动期则完成簇内通信、簇间通信以及休眠。

8) 三种多路存取机制。WIA-PA 考虑到工业自动化对通信的要求分为具有确定性通信和随机通信两种，80%以上的数据传送为循环传送，其余为事件触发的数据和其他无确定性要求的数据。另外还要考虑无线传输的可靠性，因此设计了时分多路存取 TDMA、频分多路存取 FDMA 和载波侦听多路存取 CSMA 几种机制。在超帧内信标帧、CFP、簇内通信和簇间通信阶段为 TDMA；CAP 阶段为 CSMA；在超帧间，不同簇超帧的活动期采用 FDMA 机制，使用不同的信道。如果信道数量不足，则采用 TDMA 机制。

9) 三种跳频机制。通过在不同的阶段使用不同的跳频机制的设计，来提高无线传输的抗干扰能力和可靠性。自适应频率切换（AFS），这是活动期在同一个超帧周期内使用相同的信道，在不同的超帧周期内根据信道状况切换信道；自适应跳频（AFH），这是非活动期的簇内通信段在每个时隙根据信道状况更换通信信道；时隙跳频（TH），这是非活动期的簇间通信段在每个时隙按照一定规律改变通信信道。

10) 聚合与解聚。为提高无线数据传输的资源利用率，设计了两级聚合功能，即数据聚合和包聚合。对现场设备和多个用户应用对象可运用数据聚合功能；对路由设备或/和多个现场设备可运用包聚合功能。

综上所述，WIA-PA 是一种适用于复杂工业环境应用的无线通信网络协议。它在时间上（时分多址 TDMA）、频率上（巧妙的 FHSS 跳频机制）和空间上（基于网状及星形混合网络拓扑形成的可靠路径传输）的综合灵活性，使这个相对简单但又很有效的协议具有嵌入式的自组织和自愈能力，大大降低了安装的复杂性，确保了无线网络具有长期而且可预期的性能。

(2) WIA-FA

WIA-FA（Wireless Network for Industrial Automation-Factory Automation——工厂自动化工业无线网络技术规范）于 2014 年作为国际电工委员会（IEC）可公开提供的技术规范发布，成为国际上第一个面向工厂高速自动控制应用的无线技术规范。

WIA-FA 技术是专门针对工厂自动化高实时、高可靠性要求而研发的一组工厂自动化无线数据传输的解决方案，适用于工厂自动化对速度及可靠性要求较高的工业无线局域网络，实现高速无线数据传输。WIA-FA 技术在工业物联网技术领域具有不可替代的地位和作用，将助推我国制造业的转型升级。采用无线系统可以使车间内更加干净、整洁，消除线缆对车间内人员羁绊、纠缠等危险，使车间的工作环境更加安全，具有低成本、易使用、易维护等优点，是工厂自动化生产线实现在线可重构的重要使能技术，将助推我国制造业的转型升级。

7 现场总线应用领域

随着信息网络技术的高速发展，现场总线广泛地应用于过程工业/工厂自动化、电力系统自动化、交通、家庭自动化等各个生产生活领域，如汽车工业、继电保护与电力监控、半导体芯片和半导体产品制造、水处理、食品饮料制造、机器人、物流业/搬运业、暖通空调、智能楼宇、制药业、包装业、轨道交通/城市交通、石油与化工、能源与环境监控及管理、钢铁/冶金、煤矿安全、造纸业、家庭用品生产等。图 52-4.5~图 52-4.9 所示分别为现场总线在生活生产中的一些应用实例，因为这些例子比较浅显易懂，在这里就不过多地进行解释了。

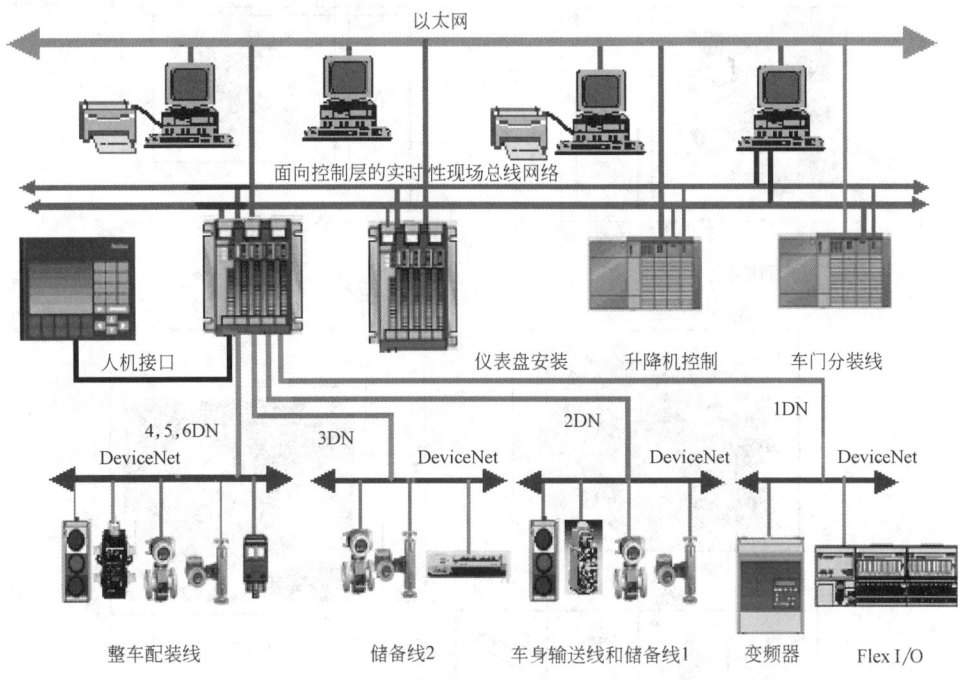

图 52.4-5 汽车总装生产线现场总线控制系统

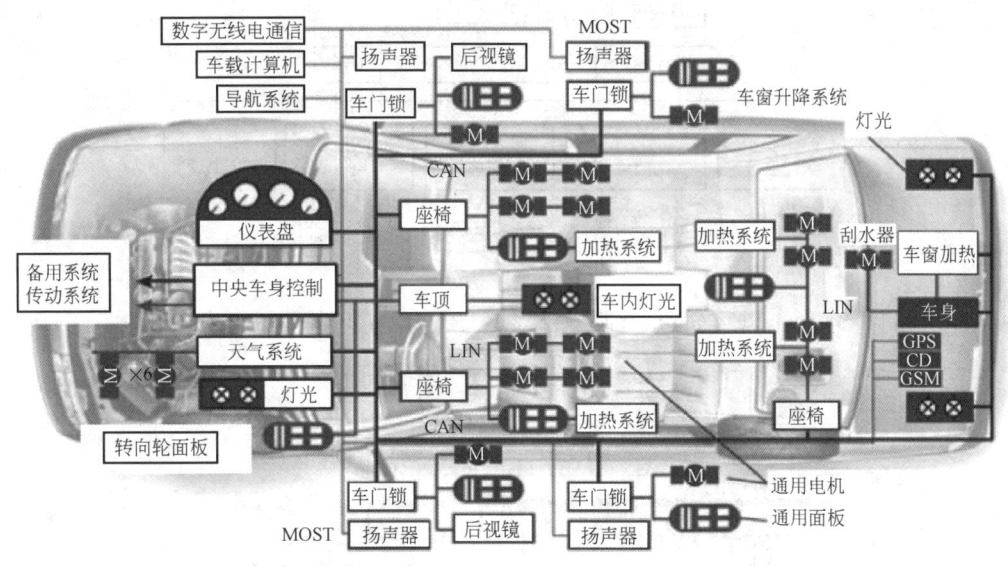

图 52.4-6 汽车总线系统

注：CAN 为 CAN 总线，控制器局域网络；GPS 为全球定位系统；GSM 为全球移动通信系统；LIN 为 LIN 总线；MOST 为面向媒体的系统传输，MOST 总线。

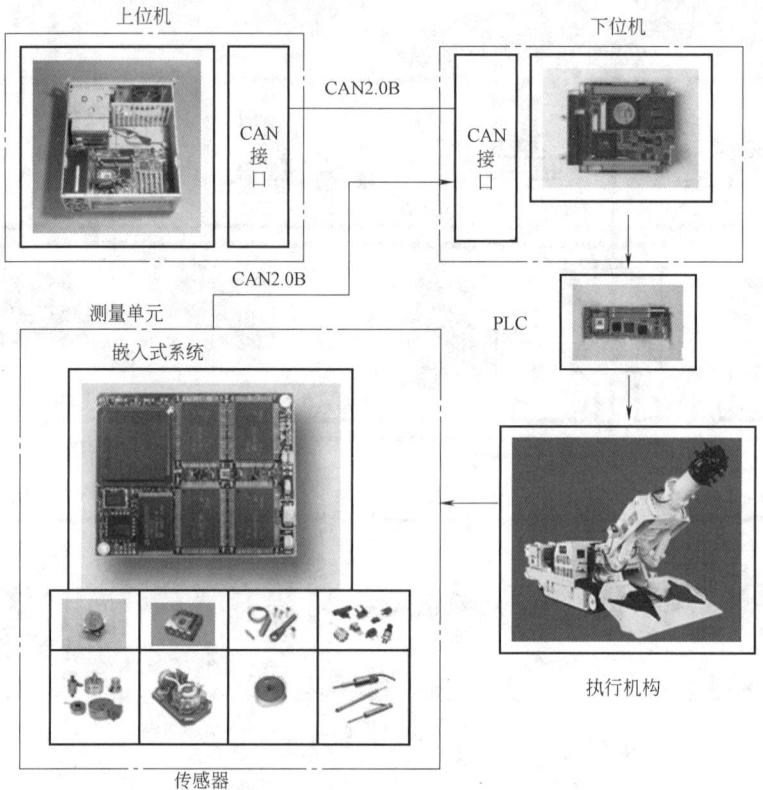

图 52.4-7　基于 CAN 总线的全自动掘进机嵌入式系统

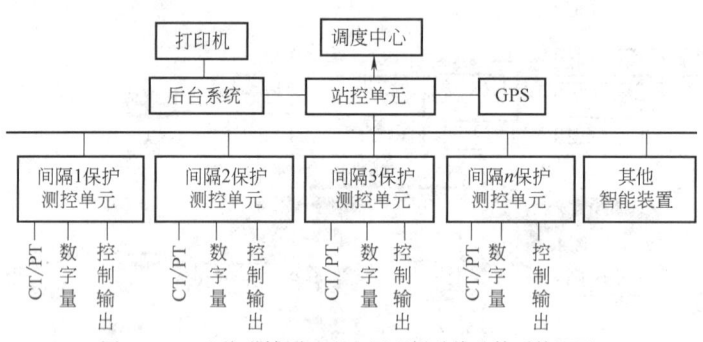

图 52.4-8　上海世博园区配电网现场总线监控系统配置

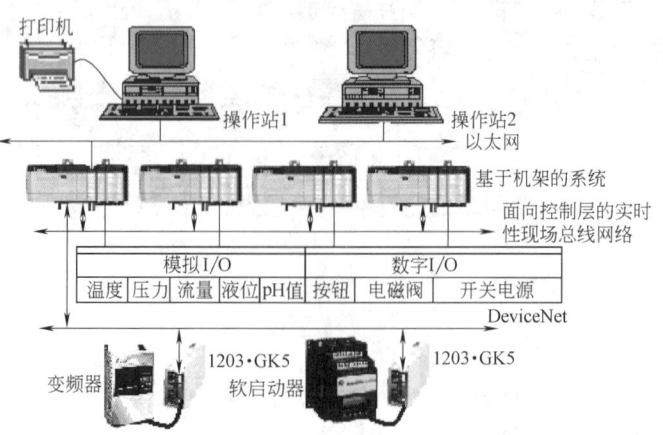

图 52.4-9　大豆分离蛋白现场总线控制系统

第 5 章 工业以太网技术

1 工业以太网概述

1.1 工业以太网简介

随着信息技术的不断发展，信息交换技术覆盖了各行各业。在自动化领域，越来越多的企业需要建立包含从工厂现场设备层到控制层、管理层等各个层次的综合自动化网络管控平台，建立以工业控制网络技术为基础的企业信息化系统，工业以太网（Ethernet）的思想就此产生。

现场总线的出现，对于实现面向设备的自动化系统起到了巨大的推动作用，但现场总线这类专用实时通信网络具有成本高、速度慢和兼容性差等缺陷；另外，由于现场总线通信协议的多样性使得不同总线产品不具有直接互联、互用和可互操作的特性，无法达到全开放的要求，这使得现场总线在工业网络中的进一步发展受到了限制。工业以太网提供了针对制造业控制网络的数据传输的以太网标准。该技术基于工业标准，利用了交换以太网结构，具有很高的网络安全性、可操作性和实效性，最大限度地满足了用户和生产厂商的需求。工业以太网以其特有的低成本、高实效、高扩展性及高智能的魅力，吸引着越来越多的制造业厂商。

随着 Internet 技术的不断发展，以太网已成为事实上的工业标准，TCP/IP 的简单实用已为广大用户所接受，基于 TCP/IP 协议的以太网可以满足工业网络各个层次的需求。目前不仅在办公自动化领域内，而且在各个企业的上层网络也都广泛使用以太网技术。由于它的技术成熟，连接电缆和接口设备价格较低，同时带宽也在飞速增加；特别是快速以太网与交换式以太网的出现，使人们希望以物美价廉的以太网设备取代工业网络中相对昂贵的专用总线设备。工业以太网是基于 IEEE802.3 以太网标准的强大的区域和单元网络。工业以太网，为工业生产提供了一个无缝集成到新的多媒体世界的快捷途径。企业内部互联网（Intranet）、外部互联网（Extranet），以及国际互联网（Internet）提供的广泛多样的应用不但已经进入今天的办公室领域，而且还可以应用于生产和过程自动化。继 10Mbit/s 的以太网成功运行之后，具有交换功能、全双工和自适应的 100Mbit/s 快速以太网（Fast Ethernet，符合 IEEE802.3u 的标准）也已成功运行多年。采用何种性能的以太网取决于用户的需要。通用的兼容性允许以太网用户能够无缝升级到新技术。

工业以太网技术是普通以太网技术在控制网络延伸的产物，前者源于后者但不同于后者。以太网技术经过多年的发展，特别是它在国际互联网中广泛应用，使得它的技术更为成熟，并得到了广大开发商与用户的认同。因此无论从技术上还是产品价格上，以太网较之其他类型网络技术都具有明显的优势。另外，随着网络化、数字化技术的发展，控制网络与普通计算机网络、国际互联网的联系更为密切，控制网络技术需要考虑与计算机网络连接的一致性，需要提高对现场设备通信能力的要求，这些都是控制网络设备的开发者与制造商把目光转向以太网技术的重要原因。

1.2 工业现场对工业以太网产品的要求

工业以太网产品的设计制造必须充分考虑并满足工业通信网络应用的需要。工业现场对工业以太网产品的要求包括以下几个方面：

1）由于工业生产现场恶劣的环境（高温、潮湿、污浊以及腐蚀性气体的存在），要求工业级的以太网产品具有良好的气候环境适应性，并要求耐腐蚀、防尘和防水。

2）由于工业生产现场易燃、易爆和有毒性的粉尘、气体的存在，需要采取防尘防爆防毒等措施保证安全生产。

3）工业生产现场环境的振动、电磁干扰一般很大，工业控制网络必须具有良好的机械环境适应性（如耐振动、耐冲击）、电磁环境适应性或电磁兼容性（Electro Magnetic Compatibility，EMC）等。

4）工业网络器件的供电，通常是采用柜内低压直流电源标准，大多的工业环境中控制柜内所需电源为低压 24V 直流电源。

5）由于采用标准导轨安装，安装方便，十分适合工业环境安装的要求。工业以太网器件要能方便地安装在工业现场控制柜内，并容易更换。

1.3 工业以太网应用于工业自动化中的关键问题

工业以太网应用于工业自动化中主要有下面几个

关键问题需要注意。

(1) 通信实时性问题

以太网采用的是 CSMA/CD 的介质访问控制方式,其本质上是非实时的。由于平等竞争的介质访问控制方式不能满足工业自动化领域对通信的实时性要求,因此以太网一直被认为不适合在底层工业网络中使用。如果将以太网应用于工业网络中,需要有针对实时性的切实的解决方案。

(2) 对环境的适应性与可靠性的问题

以太网是按办公环境设计的,将它用于工业控制环境,其环境适应能力、抗干扰能力等是许多从事自动化的专业人士所特别关心的。工业网络与传统办公室网络相比的不同点见表 52.5-1。在产品设计时要特别注重材质、元器件的选择,以使产品在强度、温度、湿度、振动、干扰、辐射等环境参数方面满足工业现场的要求。另外,还要考虑在工业环境下的安装要求,例如采用 DIN 导轨式安装等。像 RJ45 一类的连接器,在工业上应用太易损坏,应该采用带锁定装置的连接件,使设备具有更好的抗振动、抗疲劳性能。

表 52.5-1 工业网络与传统办公室网络不同点

项 目	办公室网络	工业网络
应用场合	普通办公场合	工业场合、工况恶劣,抗干扰性要求较高
拓扑结构	支持线形、环形、星形等结构	支持线形、环形、星形等结构,并可以使用各种结构的组合和转换,安装简单,具有最大的灵活性和模块性,以及高扩展能力
可用性	一般的实用性需求,允许网络故障时间以秒或分计	极高的实用性需求,允许网络故障时间小于 300ms 以避免生产停顿
网络监控和维护	网络监控必须有专门人员使用专用工具完成	网络监控成为工厂监控的一部分,网络模块可以被 HMI 软件如 WinCC 监控,故障模块容易更换

(3) 总线供电问题

在控制网络中,现场控制设备的位置分散性使得它们对总线有提供工作电源的要求。现有的许多控制网络技术都可以利用网线对现场设备供电。工业以太网目前没有对网络节点供电做出规定。一种可能的方案是利用现有的 5 类双绞线中另一对空闲线进行供电。一般在工业应用环境下,通常要求采用直流 10~36V 的低压供电。

(4) 本质安全问题

工业以太网如果要用在一些易燃易爆的危险工业场所,就必须考虑本安防爆问题。这是在总线供电解决之后要进一步解决的问题。

在工业数据通信与控制网络中,直接采用以太网作为控制网络的通信技术只是工业以太网发展的一个方面,现有的许多现场总线控制网络都提出了与以太网结合,用以太网作为现场总线网络的高速网段,使控制网络与 Internet 融为一体的解决方案。

在控制网络中采用以太网技术无疑有助于控制网络与互联网的融合,使控制网络无须经过网关转换即可直接连至互联网,使测控节点有条件成为互联网上的一员。在控制器、PLC、测量变送器、执行器、I/O 卡等设备中嵌入以太网通信接口、TCP/IP 协议、Web Server 便可形成支持以太网、TCP/IP 协议和 Web 服务器的 Internet 现场节点。在应用层协议尚未统一的环境下,借助 IE 等通用的网络浏览器可以实现对生产现场的监视与控制,即实现远程监控,而这也是人们提出且正在实现的一个使控制网络与互联网融合的有效方法。

2 工业以太网通信机制

以太网是 IEEE802.3 所支持的局域网标准,最早由 Xerox 开发,后经数字仪器公司、英特尔公司和 Xerox 联合扩展,成为以太网标准。以太网可以采用星形或总线型结构,传输速率为 10Mbit/s、100Mbit/s、1000Mbit/s 或是更高,以太网的传输介质可采用双绞线、光纤、同轴电缆等,网络机制从早期的共享式发展到目前盛行的交换式,工作方式也从单工发展到全双工。

在 OSI/ISO 的七层协议中,以太网本身只定义了物理层和数据链路层,作为一个完整的通信系统,它需要高层协议的支持。自从 APARNET 将 TCP/IP 和 Ethernet 捆绑在一起之后,Ethernet 便采用 TCP/IP 作为其高层协议,TCP 用来保证网络上数据传输的可靠性,IP 则用来确定信息传递路线。

以太网的介质访问控制层协议采用的是 CSMA/CD,即某节点要发送报文时,必须先监听网络,如果网络繁忙则持续监听网络,一旦发现网络空闲就发送数据;在发送数据的过程中继续监听,如果检测到网络冲突则立即停止并发出一个强化冲突的干扰信号,通知所有网络节点此时的网络已经发生冲突,此时冲突各方主动退避随机等待一段时间后再重新监听网络,发送信号,该随机时间由 BEB(Binary Exponential Back-off)算法确定。

3 工业以太网的特点

3.1 传统商用以太网主要缺陷及解决方案

由于以太网初期是以办公自动化为目标设计的，鉴于办公环境和工业环境的巨大差别，它并不能完全符合工业环境的要求，所以将传统的以太网用于工业领域还存在缺陷。但由于以太网技术简单、完全公开，通过不断改进、提升，市场占有率越来越高，而成本越来越低，进而变成主流网络。据VDC(Venrure Development Crop)调查报告，如今已有约95%的网络节点具有以太网接口。随着IT的快速发展，以太网引进了许多新技术和新标准，不仅提高了以太网网络的实时能力，还进一步增强了网络的柔性和可靠性，使以太网应用于工业现场设备之间的通信成为可能。

交换机是数据链路层的多端口网桥，也可以说是一种智能HUB，它能够读取正在传送的数据的目的地址并把它转发到相应的端口，在源端和交换设备的目标端之间提供一个直接快速的点到点连接。从交换机流入的数据包直接从和它相连的目的站接口流出。在普通交换设备中，一个节点传送的数据要被广播到其他的各个节点，采用了交换技术之后，发送的数据通过交换机就直接送到了希望接收的目的地址，这就使得多个数据可以同时发送。交换机主要用来把网络分成不同的冲突域，同时对网络进行扩展。这种网络的性能主要由传输和接收的元件性能决定。通过对网段的微化增加了每个网段的吞吐量和带宽，为每个节点提供了独占的点到点链路。这样，在体系结构上和简单的点到点的连接完全一样，每个设备都有一个专用的单独信道连接到另一个设备，因此不需要竞争底层传输信道。

结合上述对交换机介绍，交换式以太网利用交换机克服了传统以太网的缺陷，大大提高了通信网络性能，使原来的共享式带宽变成了独占式带宽，较好地解决了带宽问题。对于普通共享式以太网，若共有N个用户，则每个用户占有的平均带宽只有总带宽（如100Mbit/s）的N分之一；而使用交换机之后，虽然网络数据传输速率仍为100Mbit/s，但由于一个用户在通信时是独占而不是和其他网络用户共享传输媒体的带宽，因此整个局域网的可用带宽相当于$N\times$100Mbit/s。

使用交换机，还可以对网络上传输的数据进行过滤，使每个网段内节点之间数据的传输只限在本地网段内进行，而不需要经过主干网，也就不会占用其他

网段的带宽，从而降低了所有网段和主干网的网络负荷。而全双工通信又使得端口间两对传输线路（双绞线或光纤等）上分别同时接收和发送报文帧，而不发生冲突，因此也不再受到CSMA/CD机制的约束。全双工交换式以太网已经成为一个确定性网络，不会因冲突而引起通信非确定和不可靠问题，从而使网络的通信实时性得到了保障。

3.2 工业以太网的可靠性与安全性

（1）以太网的工业可靠性

工业现场的机械、气候、尘埃等的存在使条件变得非常恶劣，因此对设备的工业可靠性提出了更高的要求。在工厂环境中，工业网络必须具备较好的可靠性、可恢复性以及可维护性。

随着数字化信息化技术的发展，以太网的网络传输线已从昂贵且难以安装的同轴电缆变化到廉价的非屏蔽双绞线，它的抗干扰能力可与4~20mA模拟传输线路相当，如果需要满足更强大的抗干扰能力，可以采用屏蔽双绞线或光纤网络。在进行网络系统设计时，可通过可靠性设计方法提高网络设备的可靠性；采用环形冗余结构以太网以提高系统的可恢复性；采用智能设备管理系统，对现场设备进行在线监视和诊断、维护管理。

（2）以太网的安全性

在工业生产过程中，很多现场不可避免地存在易燃、易爆或有毒气体等。对应用于这些工业现场的智能装置以及通信设备，都必须采取一定的防爆技术措施来保证工业现场的安全生产。以太网系统的本质安全包括几个方面，即工业现场以太网交换机、传输介质以及基于以太网的变送器和执行机构等现场设备。由于目前以太网收发器本身的功耗都比较大，因此过去低功耗的以太网现场设备设计难以实现的要求和目标已经完全可以满足。

在目前技术条件下，对于没有严格的本安要求的非危险场合，对以太网系统可以采用隔爆防爆的措施，即通过对以太网现场设备采取增安、气密、浇封等隔爆措施，使现场设备本身的故障产生的点火能量不会外泄，以保证系统运行的安全性。对于有严格的本安要求的危险场合，则可以直接采用本安型的工业以太网设备等防爆措施。

工业系统的网络安全是工业以太网应用必须考虑的另一个安全性问题。工业以太网可以将企业传统的三层网络系统，即信息管理层、过程监控层、现场设备层合成一体，使数据的传输速率更快，实时性更高，并可与Internet无缝集成，实现数据的共享，提高工厂的运作效率。但是，这同时也引入了一系列的

网络安全问题，工业网络可能会受到包括计算机病毒感染、黑客的非法入侵与非法操作等网络安全威胁。一般情况下，可以采用网关或防火墙等方法等对工业网络与外部网络进行隔离，还可以通过权限控制、数据加密等多种安全机制加强网络的安全管理。

另外，在IEEE802.3af标准中，对以太网的总线供电规范也进行了定义。这样以太网在工业应用过程中的各种问题已经得到根本性的解决。

3.3 工业以太网的优势

以太网由于其应用的广泛性和技术的先进性，不仅在民用商业领域形成了垄断性优势，在工业应用中也具有传统现场总线所无法比拟的优越性。其主要优点如下：

（1）带宽高

随着现场设备功能逐级增强，工业网络中传输的数据量将会成倍增加，加之现在有的现场设备要求内置Web Server用来以网页形式与外界进行信息沟通，这造成了工业网络对带宽的要求越来越高。而传统的现场总线一般的传输速率仅为1~2Mbit/s，尽管有些总线可以得到更高的通信速率，如ControlNet的传输速率为5Mbit/s，PROFIBUS DP可高达12Mbit/s，但其成本很高。

作为一种低成本网络技术，目前速率为10Mbit/s、100Mbit/s、1000Mbit/s、10000Mbit/s 的快速以太网也已开始大量广泛应用，其通信速率比传统的现场总线快得多，完全可以满足工业网络不断增长的带宽要求。

（2）应用广泛

以太网是目前应用最为广泛的计算机网络技术，受到广泛的技术支持。以工业以太网为主要研究对象的众多国际组织，如IEA（Industrial Ethernet Alliance）、IANOA（Industrial Automation Network Alliance）等纷纷成立。几个主要现场总线组织（如FF、PROFIBUS、DeviceNet、ControlNET和LonWorks等）也在开发基于以太网的现场总线协议，更有一些公司已在开发自己的具有以太网接口的仪器仪表。几乎所有的编程语言都支持以太网的应用开发，如果采用以太网作为工业通信网络，可以保证有多种开发工具、开发环境供选择，适用范围更大。

3.4 以太网与其他技术的对比

以太网技术能成为全球主流的通信网络技术，是因为其优秀的开放性和灵活性，以及针对网络高可靠性需求方面的持续发展创新造成的。以太网技术与传统的同步数字体系（Synchronous Digital Hierarchy，SDH）技术以及其他的各种现场总线的特点对比见表52.5-2。

从表52.5-2可见，以太网技术在不断的发展中，其在服务质量上已经超过了传统的SDH传输方式，并具有灵活性好、带宽高、多业务承载、易于维护等更多优势及特点。其网络数据传输的确定性及高效率、优秀的综合管理性能、多业务互通性能也为现场总线的发展带来了更多机遇和发展空间，而这些也可以充分扩展用户对网络需求的实现。

4 工业以太网应用案例

在当今工业及军工行业中，工业以太网技术以其高可靠性、高品质解决了诸多传统通信网络无法处理的问题，为工业通信网络的建设和使用带来了更高的实时性及可靠性。下面列举了四个例子并逐一进行说明。

表52.5-2 以太网与其他技术对比

序号	项目	SDH技术	以太网技术	总线技术
1	实时性	实时性较好	单级设备引入的延迟2μs	由于传输速率只有几百kbit/s，实时性差
2	传输带宽	64kbit/s，2Mbit/s，622Mbit/s，1.25Gbit/s，需要多级复用	10Mbit/s，100Mbit/s，1Gbit/s，10Gbit/s 甚至100Gbit/s，无须复用	带宽很低，一般为几百kbit/s
3	时钟同步性能	同步时分复用，同步精度较高	IEEE1588及同步以太网技术同步精度可达100ns甚至10ns以下	大部分不支持时钟同步；最好的IRIG-B传输，同步精度也在10ms左右
4	承载业务	语音业务为主	视频、语音、测量控制多种业务	测量、控制等小业务量
5	兼容性	兼容性一般	良好的兼容性	互不兼容
6	冗余性能	单向环、双向环、DXC保护、冗余性能50ms	多种冗余保护拓扑，冗余性能50ms	总线型或树形拓扑，无冗余特性

(续)

序号	项目	SDH 技术	以太网技术	总线技术
7	效率	时分复用,带宽利用率低	高效传输,网络带宽利用率高	固定带宽,对突发业务处理能力差
8	服务质量保证	无	QoS(服务质量保证体系),优先级保证	无
9	组播功能	无	支持	无
10	VLAN 功能	无	支持	无
11	工作方式	链路交换,效率较低	包交换,存储转发,效率高	总线式,查询,效率很低
12	网络管理	链路管理	全面管理	基本管理
13	互通性	与终端互联需要转接、交叉	直接互通	需要转接
14	维护成本	专业维护,成本高	维护成本低	维护成本较高
15	连接方式	光纤或同轴电缆	光纤或双绞线	以单端或差分线为主
16	路由功能	无	支持	无
17	广播风暴抑制	无	支持	无
18	业务分类及限制	无	支持	无
19	多业务标签	无	支持	无
20	流量限制	无	支持	无

(1) 船用平台信息管理系统

船用平台信息管理系统（见图 52.5-1）网络采用双环网冗余设计，设两台网络数据浏览服务器、两台域控制服务器、若干客户端机器。两种服务器都是互为设备，配以相应的网络管理软件、多功能操作站软件，形成高可靠性的船舶平台信息管理系统。

通过平台信息管理系统可以准确可靠地对动力系统、电站系统、损管系统、空调系统、航行信号、液位遥测等众多系统进行控制和监测。

(2) 无线监控之星

无线监控之星（见图 52.5-2）是基于项目开发的可重构嵌入式开发系统，开发了支持数控机床在线监测和故障诊断的系统，开发了支持数控机床在线监测的无线振动、温度、噪声、电流、电压等传感节点，开发了支持工业以太网、PCI 接口的汇聚节点，该汇聚节点集成异构网管和实时操作系统，具有 GPS 定位和两种无线通信功能，支持无线传感节点数据接入和配置。系统在沈阳特种数控产业联盟的各企业和蓝天高档数控系统上得到应用，并获得国家"十二五"支撑计划支持。

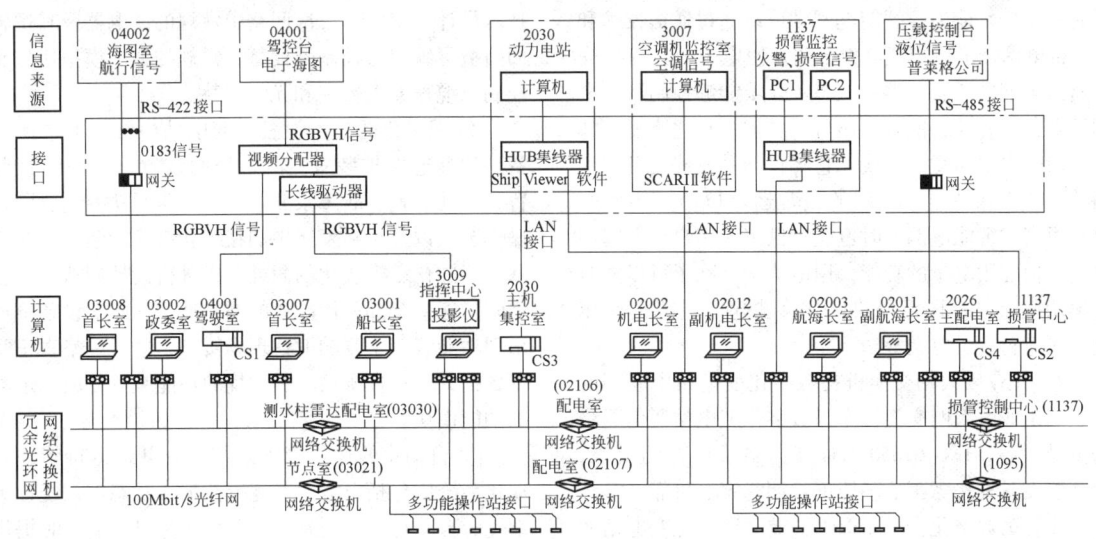

图 52.5-1 船用平台管理系统

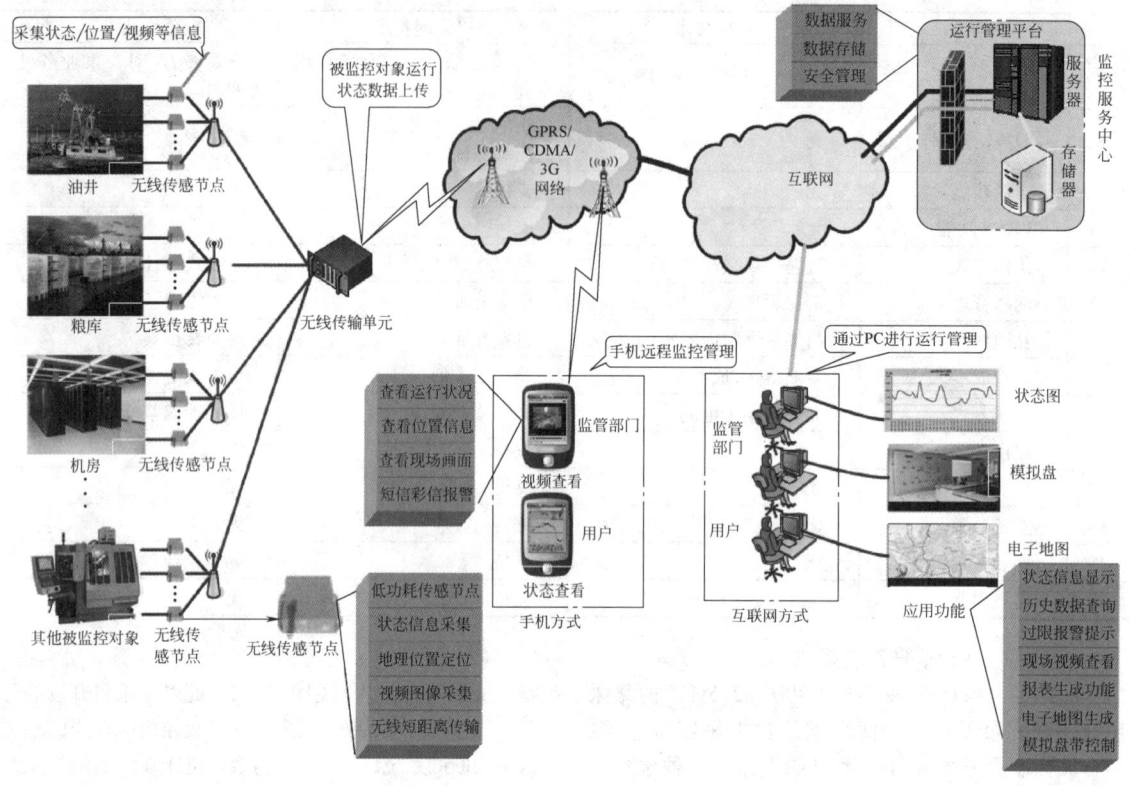

图 52.5-2 无线监控之星

(3) 智能电网

智能电网亦称数字化变电站控制系统,如图 52.5-3 所示。

1) 传统电网的不足与智能电网设计的意义。传统电网只有单向的电力传送,无法实现双向传送,且没有自动修复能力;智能电网则可以通过通信技术和 IT,将电网资讯集中至电力公司,使电力公司可以完全监测电网的所有元器件状态。除了能够控制所有电网元器件以外,智能电网还可以实现自动化修复,如果一段输电线路意外断线,它将自动采取使用备用线路等方式来保持整个电网的正常运转以防止突然断电。再者,智能电网同时也能提供工业用户与家庭用户及时监控用电量的功能,用电消费者除了可以随时了解用电量外,还可以决定用多少电,选择何时用电,愿意付多少电费等。

2) 工业以太网交换机在数字化变电站中起到的作用。工业以太网交换机作为数字化变电站通信网络的关键设备,IEC 61850-3 对其提出了严苛的要求,使其能在各种恶劣工业环境下长期稳定、可靠、安全地工作,为数字化变电站保驾护航。数字化变电站通信网络必须满足实时性、可靠性、安全性和扩展性的特殊要求,光纤通信凭借其带宽高、可靠性高、保密性强、抗干扰能力好及传输距离远等优点,成为数字化变电站中理想的通信介质。

3) 数字化变电站自动化系统的特点如下:

① 智能化的一次设备。一次设备被检测的信号回路和被控制的操作驱动回路,采用微处理器和光电技术设计,变电站二次回路中常规的继电器及其逻辑回路被可编程序控制器代替,常规的强电模拟信号和控制电缆被光电数字和光纤代替。

② 网络化的二次设备。变电站内常规的二次设备,如继电保护装置、测量控制装置、防误闭锁装置、运动装置、故障录波装置、电压无功控制、同期操作装置以及正在发展中的在线状态检测装置等全部基于标准化、模块化的微处理机进行设计制造,设备之间的连接全部采用高速的网络通信,二次设备不再出现功能装置重复的 I/O 现场接口,通过网络真正实现数据共享、资源共享,常规的功能装置变成了逻辑的功能模块。

③ 自动化的运行管理系统。变电站运行管理自动化系统应包括电力生产运行数据、状态记录统计无纸化、自动化;变电站运行发生故障时,能及时提供故障分析报告,指出故障原因及处理意见;系统能自动发出变电站设备检修报告,即将常规的变电站设备

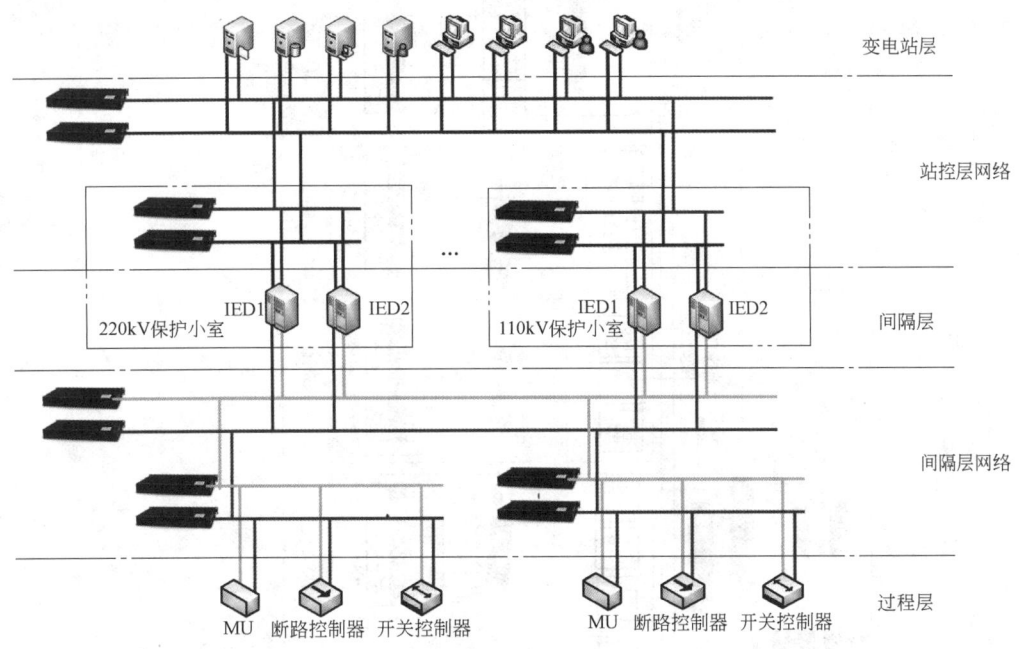

图 52.5-3 数字化变电站控制系统

"定期检修"改为"状态检修"。

4)数字化变电站对工业以太网交换机的要求。

① 在功能方面要求如下:

a. 要求工业以太网交换机支持快速存储转发方式和 QoS,以保证网络中重要的数据包得到实时传输。

b. 要求工业以太网交换机支持基于端口和 TAG 标签的 VLAN,实现网段隔离,保证重要数据的实时、可靠传输并抑制网络广播风暴(一个数据帧或包被传输到本地网段(由广播域定义)上的每个节点就是广播;由于网络拓扑的设计和连接问题或其他原因导致广播在网段内大量复制,传播数据帧,导致网络性能下降,甚至网络瘫痪,这就是广播风暴)。

c. 要求支持冗余的网络拓扑结构如环网、星形网等,以提高网络通信的可靠性。

d. 要求支持 RSTP(Rapid Spanning Tree Protocol)快速生成树协议,提高网络故障发生时的收敛速度,避免网络环回和抑制网络广播风暴。

e. 要求支持 IGMP(Internet 组管理协议:Internet Group Management Protocol)组播技术,利用其限制网络中的数据,保证通信网络的实时性、可靠性等。

② 在电磁兼容方面,要求工业以太网交换机必须通过静电放电抗扰度、电快速瞬变脉冲群抗扰度、浪涌抗扰度等电磁干扰试验和电击、雷击等测试。

③ 在环境温度方面,要求工业以太网交换机必须满足宽范围的工作温度(-40~85℃),交换机的存储温度也要求满足宽温条件等。

④ 在机械结构方面,工业以太网交换机必须通过专门的强振动、大冲击的承受度测试;满足特定的防尘、防潮等要求;具备良好的散热条件等。

通信网络是数字化变电站自动化系统的纽带,而网络拓扑结构直接关系到变电站的安全稳定运行。工业以太网交换机支持多种网络拓扑结构如环形、星形、树形等。采用光纤冗余环网和星形网相结合的方式,可以避免工业以太网交换机的多级级联和单环节点过多而引发的网络缺陷,有利于提高网络的可靠性、实时性和扩展性,有助于保障变电站的正常工作。

本例中数字化变电站控制系统采用双树形网络,进行了间隔层、站控层网络划分,并启用了 QoS 服务质量控制和 VLAN 隔离,这样既保证了正常传输中对业务带宽和延时的控制,又能达到在特殊情况下的高优先级要求报文的实时传输。

(4)东土工业交换机在河南省淇县数字化变电站控制系统中的应用(见图 52.5-4)

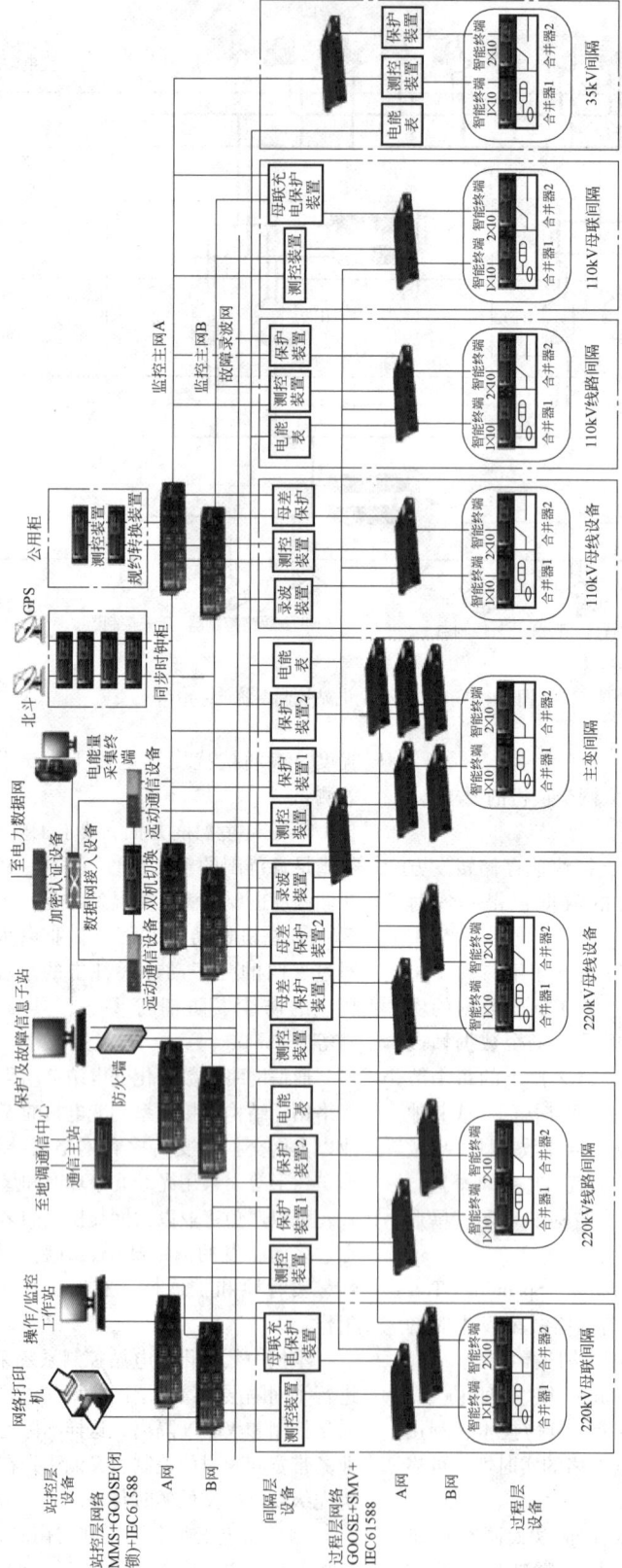

图 52.5-4 淇县智能变电站

注：智能组件装置为合并单元、在线监测和智能终端的综合组件。

1）项目介绍。淇县智能变电站位于鹤壁市淇县西部，京广铁路西侧。该项目特点是该变电站采用电子式互感器，信息传输采用光纤以太网络；同时，该变电站按照全数字式变电站进行设计，220kV 和 110kV 均采用户外敞开常规设备，同时 220kV、110kV 也均采用双母线接线。与传统变电站相比节约大量电缆，减少了占地面积。

由于该站二次系统基于 IEC 61850 协议采用三网合一模式，过程层至间隔层全部采用光纤以太网通信，全站共需熔接光纤 1152 芯，集成度之高、光纤熔接量之大国内罕见。同时，该站作为河南省第一个 220kV 的全数字化变电站，采用了很多的新技术、新方法，这些对设备的可靠性提出了更高要求。

2）系统结构。变电站继电保护系统对变电站内的高压进线、智能开关、变压器、低压出线、母差、母联等主要设备进行检测和保护，变电站内各种保护装置之间的通信协议采用 IEC 61850 规约，同时要求网络通信设备采用具备 1588 时钟的工业以太网交换机，支持 GOOSE（用来满足变电站自动化系统报文需求）报文等实时转发，保证变电站的可靠性。在变电站内实现网络通信的无缝连接。

3）网络要求如下：

① 支持 1588 时钟同步。

② GOOSE 报文能优先传输。

③ 符合 IEC 61850-10、IEC 61850-8-1、IEC 61850-7-1、IEC 61850-7-2 规范要求。

④ 网络特性达到零丢包率。

⑤ 电磁环境特性能符合 IEC 61850-3 规范要求。

⑥ 良好的温度特性和绝缘特性符合 IEC 61850-3 规范要求。

（5）以太网应用技术的发展

随着数字化信息化技术的不断发展，工业以太网在通信确定性、工业可靠性和安全性等方面的缺陷已经得到了根本性改善。美国电力研究院曾对以太网的实时性问题进行了研究，结果表明使用交换式集线器的 1000Mbit/s 以太网完全可以满足工业应用的实时性要求。同时，以太网又因其全开放、成本低、带宽高、应用广泛等优点，在工业网络甚至工业现场中的应用势不可挡。据美国权威调查机构 ARC（Automation Research Company）报告指出，今后以太网不仅将继续垄断商用计算机网络通信和工业控制系统的上层网络通信市场，而且必将领导未来现场总线的发展，以太网和 TCP/IP 将成为器件总线和现场总线的基础协议。现在工业控制通信中的每一个领域，从嵌入式系统到现场总线，都意识到以太网和 TCP/IP 的重要意义。

如果说现场总线系统是自动化领域的一场革命，那么工业以太网技术将把现场总线系统带入一个崭新的时代，工业通信网络的这一发展趋势不仅会受到广大用户的欢迎，而且势必将会拥有广阔的应用市场。

第6章 工业通信网络应用

SIMATIC NET 是西门子工业通信网络解决方案的统称,是西门子全集成自动化的重要组成部分。

1 概述

西门子公司的典型工厂自动化系统网络结构如图52.6-1所示,主要包括现场设备层、车间监控层和工厂管理层。

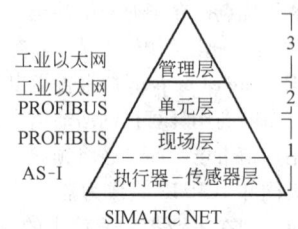

图 52.6-1 西门子公司的典型工厂自动化系统网络结构

(1) 现场设备层(现场层)

现场设备层的主要功能是连接现场设备,如分布式 I/O、传感器、驱动器、执行机构和开关设备等,主要完成现场设备控制及设备间的联锁控制。主站(如 PLC、PC 或其他控制器)负责总线通信管理及与从站的通信。总线上所有设备的生产工艺控制程序存储在主站中,并由主站执行。

西门子的 SIMATIC NET 网络系统将执行器和传感器单独分为一层,主要使用 AS-I(执行器-传感器接口)网络。

(2) 车间监控层(单元层)

车间监控层又称为单元层,用来完成车间主生产设备之间的连接,实现车间级设备的监控。车间级监控包括生产设备状态的在线监控、设备故障报警及维护等。通常还具有诸如生产统计、生产调度等车间级生产管理功能。车间级监控通常要设立车间监控室,有操作员工作站及打印设备。车间级监控网络可采用 PROFIBUS-FMS 或工业以太网等。

(3) 工厂管理层(管理层)

车间操作员工作站可以通过集线器与车间办公管理网连接,将车间生产数据送到车间管理层。车间管理网作为工厂主网的一个子网,通过交换机、网桥或路由器等连接到厂区骨干网,将车间数据集成到工厂管理层。

工厂管理层通常采用符合 IEEE 802.3 标准的以太网,即 TCP/IP 标准。厂区骨干网可以根据工厂实际情况,采用 FDDI 或 ATM 等网络。

1.1 S7-300/400PLC 的通信功能

S7-300/400 有很强的通信功能,其 CPU 模块集成有 MPI 和 DP 通信接口,PROFIBUS-DP、工业以太网的通信模块,以及点对点通信模块。通过 PROFIBUS-DP 或 AS-I 现场总线,CPU 与分布式 I/O 模块之间可以周期性地自动交换数据。在自动化系统之间,PLC 与计算机和 HMI(人机接口)站之间,均可以交换数据。数据通信可以周期性地自动进行,或基于事件驱动(由用户程序块调用)。S7-300/400 的通信网络如图 52.6-2 所示。

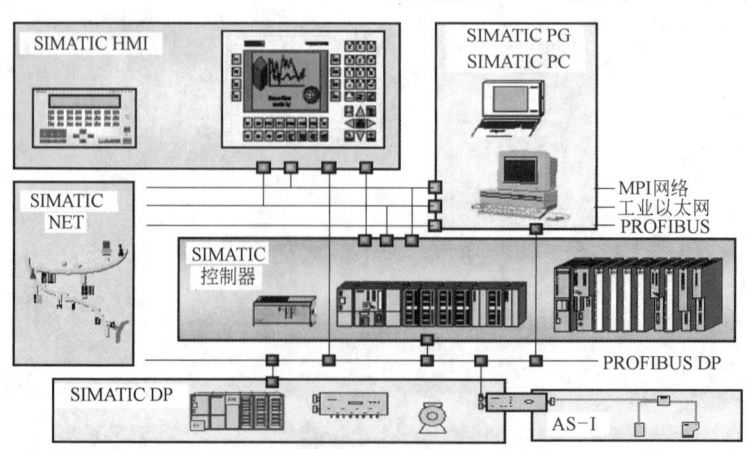

图 52.6-2 S7-300/400 的通信网络示意图

S7-300/400 支持的通信方式主要包括以下几种。

（1）MPI

MPI（Multi-Point Interface，多点接口）通信用于小规模、小点数的现场通信。S7-300/400 CPU 都集成了 MPI 通信协议，MPI 的物理层 RS-485 接口，最大传输速率为 12Mbit/s。PLC 通过 MPI 能同时连接运行 STEP 7 的编程器、计算机、人机界面（HMI）及其他 SIMATIC S7、M7 和 C7。STEP 7 用户界面提供了 PLC 硬件组态功能，使得 PLC 硬件组态很简单。STEP 7 用户界面还提供了通信组态功能，使通信组态也变得简单。联网的 CPU 可以通过 MPI 接口实现全局数据（GD）服务，周期性地相互进行数据交换。每个 CPU 可以使用的 MPI 连接总数与 CPU 的型号有关，为 6~64 个。

（2）PROFIBUS

工业现场总线 PROFIBUS 是用于车间级监控和现场层的通信系统。S7-300/400 PLC 可以通过通信处理器或集成在 CPU 上的 PROFIBUS-DP 接口连接到 PROFIBUS-DP 网上。带有 PROFIBUS-DP 主站/从站接口的 CPU 能够实现高速和使用方便的分布式 I/O 控制。PROFIBUS 的物理层是 RS-485 接口，最大传输速率为 12Mbit/s，最多可以与 127 个节点进行数据交换。网络中最多可以串接 10 个中继器来延长通信距离，使用光纤作为通信介质，通信距离可达 90km。可以通过 CP342/343 通信处理器将 S7-300 与 PROFIBUS-DP 或工业以太网系统相连。

主站设备包括带有 PROFIBUS-DP 接口的 S7-300/400 的 CPU、CP443-5 和 IM467，CP342-5、CP343-5，带有 DP 接口或 DP 处理器的 C7，以及西门子某些老型号 PLC、PG 和 OP。

从站设备包括分布式 I/O 设备 ET200，通过通信处理器 CP342-5 的 S7-300，带有 DP 接口的 S7-300、S7-400（只能通过 CP443-5），带有 EM277 通信模块的 S7-200 等。

（3）工业以太网

西门子的工业以太网的传输速率为 10M/100Mbit/s，最多可以达到 1024 个网络节点，网络的最大范围为 150km。西门子的 S7 和 S5 PLC 通过 PROFIBUS（FDL 协议）或工业以太网 ISO 协议，可以利用 S7 和 S5 的通信服务进行数据交换。

CP 通信处理器不会加重 CPU 的通信服务负担，S7-300 最多可以使用 8 个通信处理器，每个通信处理器最多能建立 16 条链路。

（4）PROFINET

PROFINET 将成熟的 PROFIBUS 现场总线技术和数据交换技术和基于工业以太网的通信技术整合到一起，是一种开放的工业以太网标准。

（5）AS-I

AS-I（Actuator-Sensor Interface，执行器-传感器接口）是用于自动控制系统最底层的网络，专门设计用来连接二进制的传感器和执行器，只能传送少量的数据，如开关的状态等。CP342-2 通信处理器是用于 S7-300 和分布式 I/O ET200M 的 AS-I 主站，它最多可以连接 62 个数字量或 31 个模拟量 AS-I 从站。通过 AS-I 接口，每个 CP 最多可访问 248 个数字量输入和 184 个数字量输出。通过内部集成的模拟量处理程序，可以像处理数字量值那样非常容易地处理模拟量值。

1.2 S7 通信的分类

S7 通信可以分为全局数据通信、基本数据及扩展通信三类。

（1）全局数据通信

全局数据（GD）通信通过 MPI 接口在 CPU 间循环交换数据，用全局数据表来设置各 CPU 之间需要交换的数据存放的地址区和通信的速率，通信是自动实现的，不需要用户编程。当过程映像被刷新时，在循环扫描检测点进行数据交换。S7-400 的全局数据通信可以通过 SFC 来启动。全局数据可以是输入、输出、标志位（M）、定时器、计数器和数据区。

S7-300 CPU 每次最多可以交换 4 个含有 22B 的软件包，最多可以有 16 个 CPU 参与数据交换。全局数据通信用 STEP 7 中的 GD 表进行组态，对 S7 和 C7 的通信服务可以用系统功能块来建立。MPI 默认的传输速率为 187.5kbit/s，与 S7-200 通信时只能指定为 19.2kbit/s 的传输速率。通过 MPI，CPU 可以自动广播其总线参数组态（如波特率），然后 CPU 可以自动检索正确的参数，并连接至一个 MPI 子网。全局数据通信如图 52.6-3 所示。

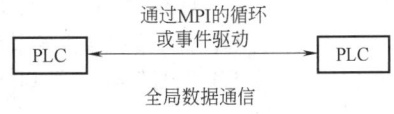

图 52.6-3　全局数据通信的示意图

（2）基本通信（非配置的连接）

这种通信可以用于所有的 S7-300/400 CPU，通过 MPI 或站内的 K 总线（通信总线）来传送最多 76B 的数据。在用户程序中用系统功能（SFC）来传送数据。在调用 SFC 时，通信连接被动态地建立，

CPU 需要一个自由的连接。基本通信如图 52.6-4 所示。

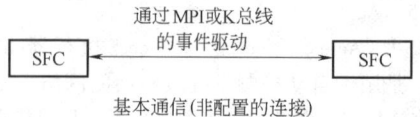

图 52.6-4 基本通信的示意图

（3）扩展通信（配置的连接）

这种通信可以用于所有的 S7-300/400 CPU，通过 MPI、PROFIBUS 和工业以太网最多可传递 64KB 的数据。在用户程序中用系统功能块（SFB）来传送数据，支持应答的通信。在 S7-300 中可以用 SFB 15 "PUT" 和 SFB 14 "GET" 来读写远端 CPU 的数据。这种方式需要用连接表配置连接，被配置的连接在站启动时建立并一直保持。扩展通信如图 52.6-5 所示。

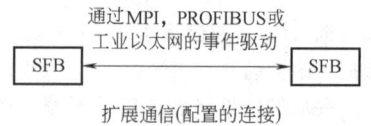

图 52.6-5 扩展通信的示意图

2 MPI 网络

每个 S7-300/400CPU 都集成了 MPI 接口通信协议，MPI 的物理层是 RS-485。每个 CPU 可以使用的 MPI 连接总数与 CPU 的型号有关，例如：CPU312 可使用的 MPI 个数为 6 个，CPU418 可使用的 MPI 个数为 64 个。联网的 CPU 可以通过 MPI 接口实现全局数据（GD）服务，周期性地相互交换少量的数据，还可以与 15 个 CPU 建立全局数据通信。

每个 MPI 节点都有自己的 MPI 地址（0~126），编程设备、人机接口和 S7 CPU 的默认地址分别为 0、1、2。在 S7-300 中，MPI 总线在 PLC 中与 K 总线（通信总线）连接在一起，S7-300 机架上 K 总线的每一个节点（功能模块 FM 和通信处理器 CP）也是 MPI 的一个节点，也有自己的 MPI 地址。在 S7-400 中，MPI（187.5kbit/s）通信模式被转换为内部 K 总线（10.5kbit/s）。S7-400 只有 CPU 有 MPI 地址，其他智能模块没有独立的 MPI 地址。

MPI 默认的传输速率为 187.5kbit/s 或 1.5kbit/s，与 S7-200 通信时只能指定为 19.2kbit/s。两个相邻节点间的最大传送距离为 50m，加中继器后为 1000m，使用光纤和星形连接时为 23.8km。

2.1 全局数据包

参与全局数据包交换的 CPU 构成了全局数据环（GD circle，以下简称 GD 环）。同一个 GD 环中的 CPU 可以向环中其他的 CPU 发送数据或接收数据。在一个 MPI 网络中，可以建立多个 GD 环。

具有相同的发送者和接收者的全局数据可以集合成一个全局数据包（GD packet，以下简称 GD 包）。每个 GD 包有 GD 包的编号，GD 包中的变量有变量的编号。例如：GD 1.2.3 表示 1 号 GD 环、2 号 GD 包中的 3 号数据。

S7-300 CPU 可以发送和接收的 GD 包的个数（4 个或 8 个）与 CPU 型号有关，每个 GD 包最多 22B 数据，最多 16 个 CPU 参与全局数据交换。

S7-400 CPU 可以发送和接收的 GD 包的个数与 CPU 型号有关，可以发送 8 个或 16 个 GD 包，接收 16 个或 32 个 GD 包，每个 GD 包最多 64B 数据。S7-400 CPU 具有对全局数据交换的控制功能，支持事件驱动的数据传送方式。

2.2 组态 MPI 网络

（1）生成 MPI 网络的站

1）在 STEP 7 中生成 MPI 网络项目。

2）在 MPI 网络项目中生成 SIMATIC 300（1），单击 "HARDWARE"→SIMATIC300→RAIL→CPU314。

3）单击 "OPTION" 选项 "CONFIGUR NETWORK"，生成 SIMATIC300（2）和生成 SIMATIC300（3）。MPI 网络的站的建立如图 52.6-6 所示。

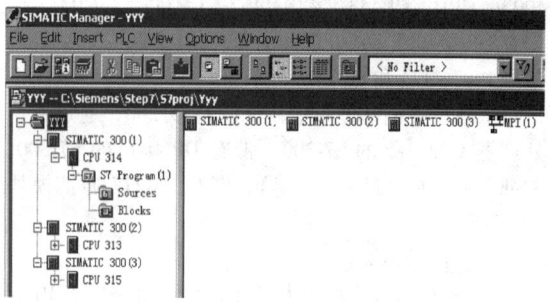

图 52.6-6 MPI 网络的站的建立

（2）MPI 网络组态

1）在 MPI 网络项目中双击 "MPI 图标" 打开 "NETPRO" 组态 MPI（1）。

2）在一条黑线（MPI 网线）和三个互不相连的网站上建立连接，将光标放在站的黑点按下鼠标左键并拖到 MPI 网线上建立了一个连接。用同样方法建立其他站的连接。

3）用鼠标右键单击各站，打开"PROPERTIES-MPI INTERFACE"设置修改通信参数（注意存盘）。MPI 网络组态的建立如图 52.6-7 所示。

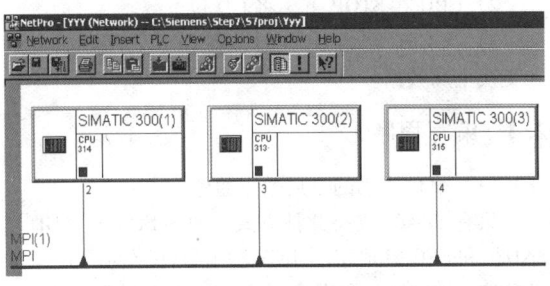

图 52.6-7　MPI 网络组态的建立

2.3　组态全局数据表

联成 MPI 网络的 CPU 可以通过全局数据通信实现周期性的数据交换。全局数据通信用全局数据表（GD 表）来设置。全局数据通信的组态步骤如下：

（1）生成和填写 GD 表

1）生成空 GD 表。在"NETPRO"窗口选中 MPI 网络线（变粗）。执行"OPTIONS"中 DEFINE GLOBAL DATA（定义全局数据）命令。生成空 GD 表，如图 52.6-8 所示。

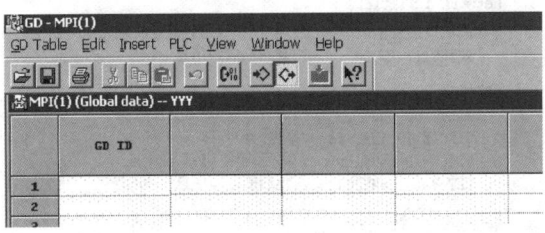

图 52.6-8　生成空 GD 表

2）填写 CPU。双击"GD ID"右边的方格，在出现的"SELECT CPU"对话框中双击站 1 的 CPU 图标，该 CPU 就出现在"GD ID"右边的方格中。用同样方法将站 2 的 CPU 和站 3 的 CPU 放到对应的方格中。CPU 的填写如图 52.6-9 所示。

3）填写 GD 包。在 CPU 下面的一行中生成 1 号 GD 环 1 号 GD 包中的 1 号数据。用鼠标右键单击

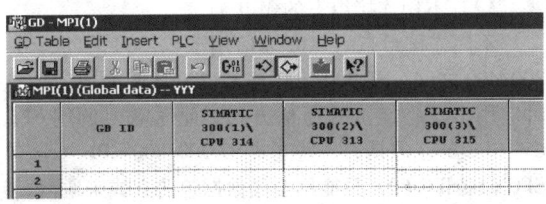

图 52.6-9　CPU 的填写

CPU314 下面的方格，在出现的菜单中选择"SENDER（发送者）"，该方格变深色，且在左端出现">"符号。这时输入要发送的全局数据的地址 MW0。

单击 CPU313 下面的方格单元，输入要接收的全局数据的地址 QW0。该方格的背景为白色，表示在该行中 CPU313 是接收站。用同样方法可以填写其余的 GD 数据。GD 包的填写如图 52.6-10 所示。

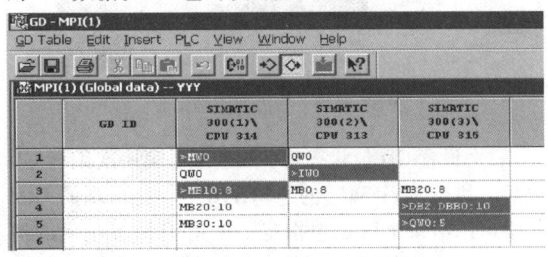

图 52.6-10　GD 包的填写

注意：每行中应定义一个并且只能有一个 CPU 作为数据的发送方，要输入数据的绝对地址，变量的复制因子用来定义数据区的长度。例如：MB20：8 表示数据区是从 MB20 开始的连续 8 个字节，加上两个说明字节，共占 10 个字节的区域；MW0：11 表示数据区是从 MW0 开始的连续 22 个字节，加上两个说明字节，共占 24 个字节的区域。

（2）第一次编译 GD 表

1）执行菜单命令。"GD TABLE"→"COMPILE…"对它进行第一次编译。

2）生成 GD 环。例如：GD 1.2.1 表示 1 号 GD 环 2 号 GD 包中第 1 组变量。第一次编译的 GD 表，如图 52.6-11 所示。

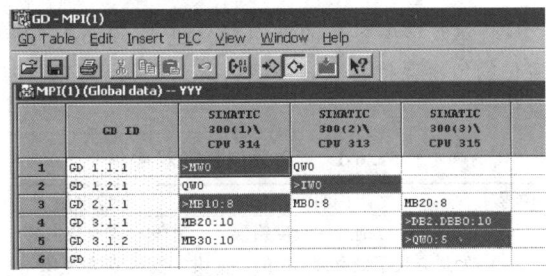

图 52.6-11　第一次编译 GD 表

（3）设置 GD 包状态双字的地址和扫描速率并下载

1）设置扫描速率。第一次编译 GD 以后，执行"VIEW"的"SCANRATES"。每个数据包将增加标有"SR"的行，用来设置该数据包的扫描速率（1～255）。S7-300 默认值为 8，S7-400 默认值为 22。S7-400CPU 扫描速率设置为 0，表示是事件驱动的 GD 发送和接收。扫描速率的设置如图 52.6-12 所示。

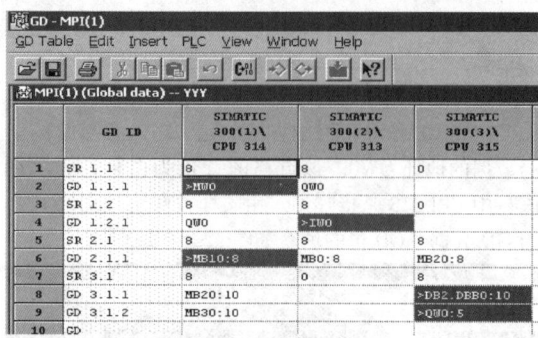

图 52.6-12 扫描速率的设置

2) 设置 GD 包状态双字的地址。第一次编译 GD 以后,执行"VIEW"的"STATUS"。在出现的 GDS 行中可以给每个数据包指定一个用于状态双字的地址。其中 GST 是各 GDS 行中的状态双字相"与"的结果。状态双字使用户程序能及时了解通信的有效性和实时性,增强了系统的诊断能力。GD 包状态双字的地址的设置如图 52.6-13 所示(注意:图中还没有给状态双字赋予地址)。

图 52.6-13 GD 包状态双字的地址的设置

状态双字中各位的使用意义见表 52.6-1,被置位的位将保持其状态不变,直到它被用户程序复位。

表 52.6-1 GD 通信状态双字

位号	说明	状态位设定者
0	发送方地址区长度错误	发送或接收 CPU
1	发送方找不到存储 GD 的数据块	发送或接收 CPU
3	全局数据包在发送方丢失 全局数据包在接收方丢失 全局数据包在链路上丢失	发送 CPU 发送或接收 CPU 接收 CPU
4	全局数据包语法错误	接收 CPU
5	全局数据包 GD 对象遗漏	接收 CPU
6	接收方发送方数据长度不匹配	接收 CPU
7	接收方地址区长度错误	接收 CPU
8	接收方找不到存储 GD 的数据块	接收 CPU
11	发送重新启动	接收 CPU
31	接收方接收到新数据	接收 CPU

(4) 第二次编译 GD 并下载

1) 设置 GD 包状态双字的地址之后,可以进行第二次编译 GD 并保存。

2) CPU 在 STOP 下,将 GD 包下载。

3) 当 CPU 转为 RUN 时,各 CPU 之间开始自动地交换全局数据。

2.4 编写程序

(1) 事件驱动的全局数据通信

只有 S7-400 支持此种方式,使用 SFC 60 "GD_SND"和 SFC 61 "GD_RCV"用事件驱动的方式发送和接收 GD 包,实现全局通信。在全局数据表中,必须要对传送的数据包组态,并将扫描速率设置为 0。

SFC 60 和 SFC 61 可以在用户程序任何位置被调用。SFC 60 和 SFC 61 能够被更高优先级的块中断。为了保证全局数据交换的连续性,在调用 SFC 60 之前,应调用 SFC 39 "DIS_IRT"或 SFC 41 "DIS_AIRT"来禁止或延迟更高级的中断和异步错误。在 SFC 60 执行完后,应调用 SFC 40 "EN_IRT"或 SFC 42 "EN_AIRT",再次确认高优先级的中断和异步错误。

例 52.6-1 用 SFC 60 发送 GD3.1 的程序(见图 52.6-14)。

```
Network 1: Title:
    CALL  "DIS_AIRT"           //调用SFC41延迟处理高优先级中断
    RET_VAL:=MW100              //返回的故障信息

Network 2: Title:
    CALL  "GD_SND"              //调用SFC60发送全局数据
    CIRCLE_ID:=B#16#3           //GD环编号(1-16)
    BLOCK_ID :=B#16#1           //GD包编号(1~4)
    RET_VAL  :=MW200            //返回的故障信息

Network 3: Title:
    CALL  "EN_AIRT"             //调用SF42允许处理高优先级中断
    RET_VAL:=MW104              //返回的故障信息
```

图 52.6-14 用 SFC 60 发送 GD3.1 的程序

说明 1:NETWORK1   禁止或延迟更高优先级的中断

          NETWORK2   用 SFC 60 发送 GD 包

          NETWORK3   允许或延迟更高优先级的中断

说明 2:接收 GD 包的程序也可仿照编写。

(2) 不用连接组态的 MPI 通信

不用连接组态的 MPI 通信用于 S7-300 之间、S7-300/400 之间、S7-300/400 与 S7-200 之间的通信是一种应用广泛且经济的通信方式。此时需要调用 SFC 65~SFC 69。但是,一些老式 S7-300/400 CPU 不含有 SFC 65~SFC 69,只能用全局数据包的方式来通信。

1) 需要双方编程的 S7-300/400 之间的通信。

① 首先要建立一个项目，对两个 PLC 的 MPI 网络组态。假设 A 站和 B 站的 MPI 地址分别为 2 和 3。

② 使用 SFC 65 "X_SEND" 和 SFC 66 "X_RCV" 发送和接收数据。

③ 发送程序可以放于循环中断组织块 OB35 中，接收程序可以放于循环组织块 OB1 中。

例 52.6-2 程序如图 52.6-15 所示。

```
Network 1: 通过MPI发送数据
CALL    "X_SEND"            //调用SFC65
  REQ     :=TRUE             //激活发送请求
  CONT    :=TRUE             //发送完成后保持连接
  DEST_ID :=W#16#3           //接收方的MPI地址
  REQ_ID  :=DW#16#1          //任务标识符
  SD      :=P#M 20.0 BYTE 5  //本地PLC发送区
  RET_VAL :=LW0              //返回的故障信息
  BUSY    :=L2.0             //为1表示发送未完成
```

图 52.6-15 A 站（2 号站）PLC 的 OB35 中的发送程序

说明 1：在 A 站（2 号站）的 PLC 的定时循环中断组织块 OB35 中编写发送程序（见图 52.6-15），把 A 站中的 MB20~MB24 发送到 B 站（3 号站）中的 MB30~MB34 中。

说明 2：在 PLC 的 OB1 中编写接收程序（见图 52.6-16），把 A 站（2 号站）发送的数据存入 B 站（3 号站）的 MB30~MB34 中。

```
Network 1: 从MPI接收数据
CALL    "X_RCV"             //调用SFC66
  EN_DT   :=TRUE             //激活接收功能
  RET_VAL :=LW0              //返回的错误代码, =W#16#7000
  REQ_ID  :=LD2              //SFC 65"X_SEND"的任务标识符
  NDA     :=L6.0             //为0 没有新的排队数据
  RD      :=P#M 30.0 BYTE 5  //本地PLC数据接收区
```

图 52.6-16 B 站（3 号站）PLC 的 OB1 中的接收程序

2）只需要一个站编程的 S7-300/400 之间的通信。

① 首先要建立一个项目，对两个 PLC 的 MPI 网络组态。假设 A 站和 B 站的 MPI 地址分别为 2 和 3。

② 使用 SFC68 "X_PUT" 和 SFC67 "X_GET" 发送和接收数据。

③ 发送和接收程序可以放于循环中断组织块 OB35 中。

例 52.6-3 在 A 站（2 号站）的 PLC 的定时循环中断组织块 OB35 中编写发送程序和接收程序，如图 52.6-17 所示。

步骤 1：调用 SFC 68 把 A 站中的 MB40~MB49 中的 10B 数据发送到 B 站（3 号站）中的 MB50~MB59 中。

步骤 2：调用 SFC 67 把 B 站中的 MB60~MB69 中的 10B 数据读入到 A 站（1 号站）中的 MB70~

```
Network 1: 用SFC 68 从MPI发送数据
CALL    "X_PUT"             //调用SFC68
  REQ     :=TRUE             //激活发送请求
  CONT    :=TRUE             //发送完成后保持连接
  DEST_ID :=W#16#3           //接收方的MPI地址
  VAR_ADDR:=P#M 50.0 BYTE 10 //对方的数据接收区
  SD      :=P#M 40.0 BYTE 5  //本地的数据发送区
  RET_VAL :=LW0              //返回的故障信息
  BUSY    :=L2.1             //为1发送未完成
Network 2: 用SFC 67 从MPI读取对方的数据到本地PLC的数据区
CALL    "X_GET"             //调用SFC67
  REQ     :=TRUE             //激活请求
  CONT    :=TRUE             //接受完成后保持连接
  DEST_ID :=W#16#3           //对方的MPI地址
  VAR_ADDR:=P#M 60.0 BYTE 10 //要读取的对方的数据区
  RET_VAL :=LW4              //返回的故障信息
  BUSY    :=L2.2             //为1发送未完成
  RD      :=P#M 70.0 BYTE 10 //本地的数据接收区
```

图 52.6-17 OB35 中的程序

MB79 中。

注意：SFC 69 "X_ABORT" 可以中断一个由 "X_PUT" "X_GET" 建立的连接。如果 SFC 68、SFC 67 的工作已经完成（BURY = 0），调用 SFC 69 "X_ABORT" 后，通信双方的连接资源将被断开。

3 PROFIBUS 网络

3.1 PROFIBUS 协议

PROFIBUS 的协议结构如图 52.6-18 所示。可以看出，三种 PROFIBUS 使用一致的总线存取协议。在 PROFIBUS 中，第 2 层称为现场总线数据链路层（Fieldbus Data Link，FDL）。

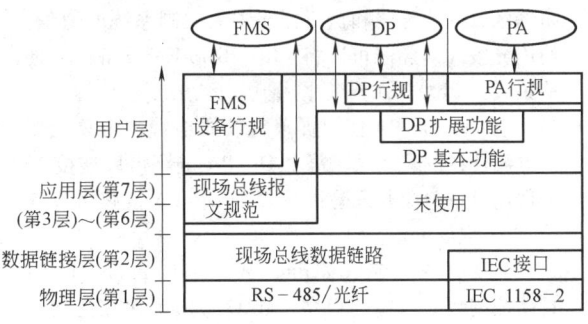

图 52.6-18 PROFIBUS 协议结构

（1）PROFIBUS-FMS

PROFIBUS-FMS 定义了主站与主站之间的通信模型，它使用了 OSI7 层模型的第 1 层、第 2 层和第 7 层。应用层（第 7 层）包括现场总线报文规范（FMS）和底层接口（Lower Layer Interface，LLI）。

FMS 包括应用层协议，并向用户提供功能强大的通信服务。LLI 协调不同的通信关系，并提供不依赖于设备的第 2 层访问接口。第 2 层（总线数据链路层）提供总线存取控制并保证数据的可靠性。

FMS 主要用于系统级和车间级的不同供应商的自动化系统之间传输数据、处理单元级（PLC 和 PC）的多主站数据通信，为解决复杂的通信任务提供了很强的灵活性。

（2）PROFIBUS-DP

PROFIBUS-DP 用于自动化系统中单元级控制设备与分布式 I/O 的通信，可以取代 4~20mA 的模拟信号传输。

PROFIBUS-DP 使用第 1 层、第 2 层和用户接口层，第 3~第 7 层未使用，这种精简的结构确保了高速数据传输。直接数据链路映像（DDLM）提供对第 2 层的访问。用户接口规定了设备的应用功能、PROFIBUS-DP 系统和设备的行为特征。PROFIBUS-DP 特别适合于 PLC 与现场级分布式 I/O 设备之间的通信。主站之间的通信为令牌方式，主站与从站之间为主从方式，另外还有两种方式的混合。S7-300/400 系列 PLC 有的配有集成的 PROFIBUS-DP 接口，S7-300/400 也可以通过通信处理器（CP）连接到 PROFIBUS-DP。

（3）PROFIBUS-PA

PROFIBUS-PA 用于过程自动化的现场传感器和执行器的低速数据传输，使用扩展的 PROFIBUS-DP 协议，此外还描述了现场设备行为的 PA 行规。由于传输技术采用 IEC61158-2 标准，确保了本质安全和通过总线对现场设备供电，PROFIBUS-PA 可以用于防爆区域的传感器和执行器与中央控制系统的通信。使用分段式耦合器可以将 PROFIBUS-PA 设备很方便地集成到 PROFIBUS-DP 网络中。

PROFIBUS-PA 使用屏蔽双绞线电缆，由总线提供电源。在危险区域，每个 DP/PA 链路可以连接 15 个现场设备，在非危险区域每个 DP/PA 链路可以连接 31 个现场设备。

介质存取控制（Medium Access Control，MAC）具体控制数据传输的程序，MAC 必须确保在任何时刻只有一个站点发送数据。

PROFIBUS 协议的设计满足介质控制的两个基本要求如下：

1）在复杂的自动化系统（主站）间的通信，必须保证在确切限定的时间间隔中，任何一个站点有足够的时间来完成通信任务。

2）在复杂的 PLC 或 PC 和简单的 I/O 外围设备（从站）间的通信，应尽可能简单快速地完成数据的实时传输，因通信协议增加的数据传输时间应尽量少。

在 PROFIBUS 现场总线中，PROFIBUS-DP 的应用最广。DP 主要用于 PLC 与分布式 I/O 和现场设备的高速数据通信。典型的 DP 配置是单主站结构，也可以是多主站结构。DP 的功能包括 DP-V0、DP-V1 和 DP-V2 三个版本。

3.2 PROFIBUS 的硬件

（1）PROFIBUS 的物理层

PROFIBUS 可以使用多种通信介质，包括电、光、导轨及混合方式等。传输速率为 9.6kbit/s~12Mbit/s，每个 DP 从站的输入数据和输出数据最大为 244B。使用屏蔽双绞线电缆时最长通信距离为 9.6km，使用光缆时最长通信距离为 90km，最多可以接 127 个从站。

PROFIBUS 可以使用灵活的拓扑结构，支持线性、树形、环形结构，以及冗余的通信模型。支持基于总线的驱动技术和符合 IEC 61508 的总线安全通信技术。

1）DP/FMS 的 RS-485 传输。PROFIBUS-DP 和 PROFIBUS-FMS 使用相同的传输技术和统一的总线存取协议，可以在同一根电缆上同时运行。DP/FMS 符合 EIA RS-485 标准（也称为 H2），采用价格便宜的屏蔽双绞线电缆，电磁兼容性（EMC）条件较好时也可以使用不带屏蔽的双绞线电缆。一个总线段的两端各有一套有源的总线终端电阻。传输速率为 9.6kbit/s~12Mbit/s，所选的传输速率适用于连接到总线段上的所有设备，每个网段电缆的最大长度与传输速率有关。一个总线段最多可以接 32 个站，带中继器最多可以接 127 个站，串联的中继器一般不超过 3 个。中继器没有站地址，但是被计算在每段的最大站数中。DP/FMS 的 RS-485 传输如图 52.6-19 所示。

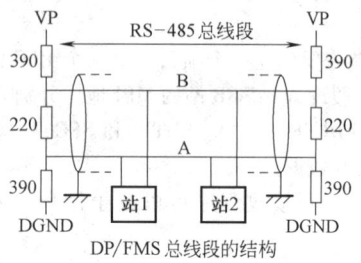

DP/FMS 总线段的结构

图 52.6-19 DP/FMS 的 RS-485 传输示意图
注：DGND 为数字地。

RS-485 采用半双工、异步的传输方式，1 个字符帧由 8 个数据位、1 个起始位、1 个停止位和 1 个奇偶校验位组成（共 11 位）。

2）D 型总线连接器。PROFIBUS 标准推荐站与总线的相互连接使用 9 针 D 型连接器。D 型连接器的插座与总线站相连接，而 D 型连接器的插头与总线电缆相连接。在传输期间，A、B 线上的波形相反。信号为 1 时 B 线为高电平，A 线为低电平。各报文间的空闲（Idle）状态对应于二进制"1"信号。

3）总线终端器。在数据线 A 和 B 的两端均应连接总线终端器。总线终端器的下拉电阻与数据基准电位相连，上拉电阻与供电正电压相连。总线上没有站发送数据时，这两个电阻确保总线上有一个确定的空闲电位。几乎所有标准的 PROFIBUS 总线连接器上都集成了总线终端器，可以由跳接器或开关来选择是否使用它。

4）DP/FMS 的光纤电缆传输。PROFIBUS 另一种物理层通过光纤传送数据。单芯玻璃光纤的最大连接距离为 15km，价格低廉的塑料光纤为 80m。光纤电缆受电磁干扰不明显，并能确保站之间电气隔离。近年来，由于光纤的连接技术已大大简化，这种传输技术已经广泛地用于现场设备的数据通信。许多厂商提供专用总线插头来转换 RS-485 信号和光纤导体信号。

5）PA 的 IEC 1158-2 传输。PROFIBUS-PA 采用符合 IEC 1158-2 标准的传输技术，这种技术确保本质安全，并通过总线直接给现场设备供电，能满足石油化工业的要求。传输速率为 31.25kbit/s。传输介质为屏蔽或非屏蔽的双绞线，允许使用线性、树形和星形网络。总线段的两端用一个无源的 RC 线终端器（100Ω 电阻与 1μF 电容的串联电路）来终止。在一个 PA 总线段上最多可以连接 32 个站，总数最多为 126 个，最多可以扩展 4 台中继器。最大的总线段长度取决于供电装置、导线类型和所连接的站的电流消耗。

(2) PROFIBUS-DP 设备

PROFIBUS-DP 设备可以分为以下三种不同类型的设备：

1）Ⅰ类 DP 主站。Ⅰ类 DP 主站（DPM1）是系统的中央控制器 DPM1 在预定的周期内与从站循环地交换信息，并对总线通信进行控制和管理。下列设备可以做Ⅰ类 DP 主站：①集成了 DP 接口的 PLC，如 CPU 315-2DP、CPU 313C-2DP 等；②没有集成 DP 接口的 CPU 加上支持 DP 主站功能的通信处理器（CP）；③IE/PB 链路模块。

2）Ⅱ类 DP 主站。Ⅱ类 DP 主站（DPM2）是 DP 网络中的编程、诊断和管理设备。DPM2 除了具有Ⅰ类主站的功能外，在与Ⅰ类 DP 主站进行数据通信的同时，可以读取 DP 从站的输入/输出数据和当前的组态数据，可以给 DP 从站分配新的总线地址。

下列设备可以用作Ⅱ类 DP 主站：①以 PC 为硬件平台的Ⅱ类主站；②操作员面板/触摸屏（OP/TP）。

3）DP 从站。DP 从站是进行输入信息采集和输出信息发送的外围设备，只与组态它的 DP 主站交换用户数据，可以向该主站报告本地诊断中断和过程中断。

4）PROFIBUS 网络部件。网络部件包括通信介质（电缆）、总线部件（总线连接器、中继器、耦合器、链路）和网络转接器，后者包括 PROFIBUS 与串行通信、以太网、AS-I 和 EIB 通信网络的转接器等。

(3) PROFIBUS 通信处理器

1）CP 342-5 通信处理器。CP 342-5 是将 S7-300 连接到 PROFIBUS-DP 总线的低成本的 DP 主站接口模块，减轻了 CPU 的通信负担，通过 FOC 接口可以直接连接到光纤 PROFIBUS 网络。通过接口模板 IM360/361，CP 342-5 可放置在主机架和扩展机架上。

CP 342-5 提供下列通信服务：PROFIBUS-DP、S7 通信、S5 兼容通信功能和 PG/OP 通信，通过 PROFIBUS 进行配置和编程。

CP 342-5 作为 DP 主站自动处理数据传输，通过它将 DP 从站连接到 S7-300 上。通过 STEP 7 的网络组态编辑器 NCM 对 CP 342-5 进行配置，CP 模块的配置数据存放在 CPU 中，CPU 启动后自动地将配置参数传送到 CP 模块。

2）CP 342-5 FO 通信处理器。CP 342-5 FO 是带光纤接口的 PROFIBUS-DP 主站或从站模块，用于将 S7-300 连接到 PROFIBUS。通过内置的 FOC 光纤电缆接口直接连接到光纤 PROFIBUS 网络，即使有强烈的电磁干扰也能正常工作。模块的其他性能与 CP 342-5 相同。

3）CP 443-5 通信处理器。CP 443-5 是 S7-400 用于 PROFIBUS-DP 总线的通信处理器，它提供下列通信服务：S7 通信，S5 兼容通信，与计算机、PG/OP 的通信和 PROFIBUS-FMS。可以通过 PROFIBUS 进行配置和远程编程，实现实时时钟的同步，在 H 系统中实现冗余的 S7 通信或 DP 主站通信，通过 S7 路由器在网络间进行通信。

4）用于 PC/PG 的通信处理器。用于 PC/PG 的通信处理器将计算机/编程器连接到 PROFIBUS 网络中，见表 52.6-2，支持标准 S7 通信、S5 兼容通信、PG/OP 通信和 PROFIBUS-FMS，OPC 服务器随通信软件供货。

(4) GSD 电子设备数据文件

GSD 是可读的 ASCII 码文本文件，包括通用的和与设备有关的通信的技术规范。为了将不同厂家生产的 PROFIBUS 产品集成在一起，生产厂家必须以 GSD

表 52.6-2 用于 PC/PG 的通信处理器

项目	CP5613/CP 5613FO	CP5614/CP 5614FO	CP5611
可以连接的 DP 从站数	122	122	60
可以并行处理的 FDL 任务数	120	120	100
PC/PG 和 S7 的连接数	50	50	8
FMS 的连接数	40	40	—

文件（电子设备数据库文件）方式提供这些产品的功能参数，如 I/O 点数、诊断信息、传输速率、时间监控等。标准的 GSD 数据将通信扩大到操作员控制级。

在 STEP 7 硬件组态编辑器中通过菜单"选项"→"安装 GD 文件"安装制造商提供的 GSD 电子设备数据文件，之后在硬件目录中将会找到相应的设备。

（5）PROFIBUS 网络的配置方案

根据现场设备是否具有 PROFIBUS 接口可以分为三种类型：①现场设备不具备 PROFIBUS 接口，通过分布式 I/O 连接到 PROFIBUS 上。如果现场设备可以分为相对集中的若干组，将可以更好地发挥现场总线技术的优点；②现场设备都有 PROFIBUS 接口，可以通过现场总线技术实现完全的分布式结构；③只有部分现场设备有 PROFIBUS 接口，应采用有 PROFIBUS 接口的现场设备与分布式 I/O 混合使用的办法。

因此，PROFIBUS-DP 网络的配置方案通常有下列结构类型：

1）PLC 作为 I 类主站，不设监控站，在调试阶段配置一台编程设备。

2）PLC 作为 I 类主站，监控站通过串口与 PLC 一对一地连接。

3）用 PLC 或其他控制器作为 I 类主站，监控站（II 类主站）连接在 PROFIBUS 总线上。

4）用配备了 PROFIBUS 网卡的 PC（个人计算机）作为 I 类主站，监控站与 I 类主站一体化。

3.3 PROFIBUS-DP 的应用

（1）PROFIBUS-DP 网络的组态

1）生成一个 STEP 7 项目。打开 SIMATIC MANAGER（管理器）建立一个新的项目，选择第一个站的 CPU（CPU 416-2DP）。

在管理器中选择已经生成的"SIMATIC 400 STATION"对象，双击"HARDWARE"图标，进入"HW CONFIG"（硬件组态）窗口。在 CPU 416-2DP 的机架中添加相应的模块（PS405 4A、CPU 416-2DP、DI16XAC 和 DO16XAC）。生成的一个 STEP 7 项目如图 52.6-20 所示。

图 52.6-20 STEP 7 项目的生成

2）设置 PROFIBUS 网络。

①组态网络。用鼠标右键单击管理器左上方的"项目"对象，选择命令"Insert New Object"→"PROFIBUS"。在网络组态工具 NETPRO 中，利用 MPI 网络线 PROFIBUS 网络线和 CPU 416-2DP 的图标，可以对 MPI 和 PROFIBUS 网络组态，如图 52.6-21 所示。

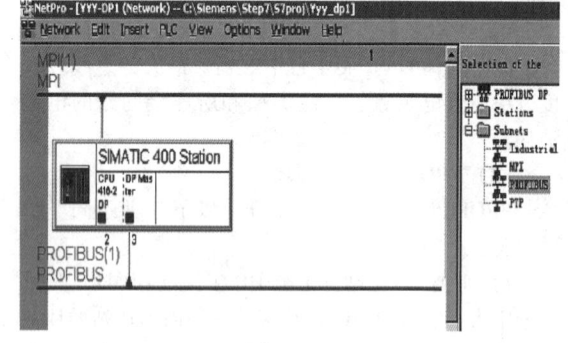

图 52.6-21 MPI 和 PROFIBUS 网络组态

②设置网络参数。双击 PROFIBUS 网络线，打开"Network Settings"选项卡，设定参数，如图 52.6-22 所示。例如设置：传输速率 = 1.5Mbit/s、总线行规（PROFILE）= DP、最高站地址 = 126（单主站）等。

3）设置主站通信属性。返回"SIMATIC MANAGER"。选择"SIMATIC 400 站"→双击"HARDWARE"（硬件）对象，打开"HW CONFIG"工具，

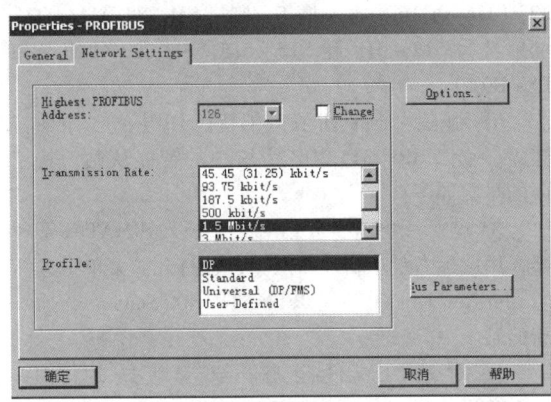

图 52.6-22　设置网络参数

生成网络组态图,如图 52.6-23 所示。

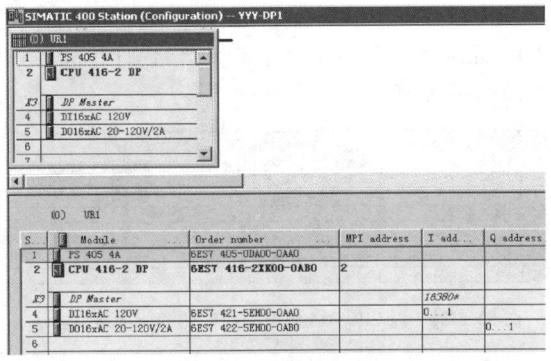

图 52.6-23　网络组态图的生成

双击 DP 所在的行,打开 DP 接口对话框。利用 "General" 设置 Name,如图 52.6-24 所示。

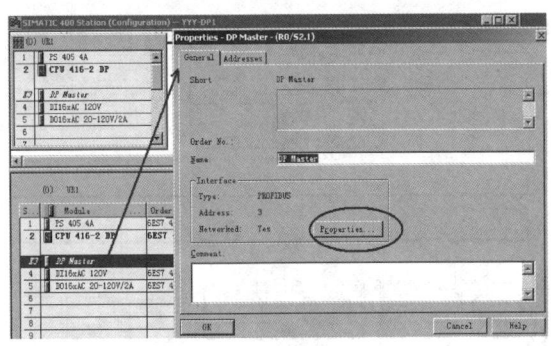

图 52.6-24　Name 设置

利用 "General" → "Properties" 打开参数设置,如图 52.6-25 所示。用 New 命令建立新子网络,用 Delete 命令删除子网络,按 "确定" 返回网络组态图。

4) 组态 DP 从站 ET200B。回到网络组态(NET-

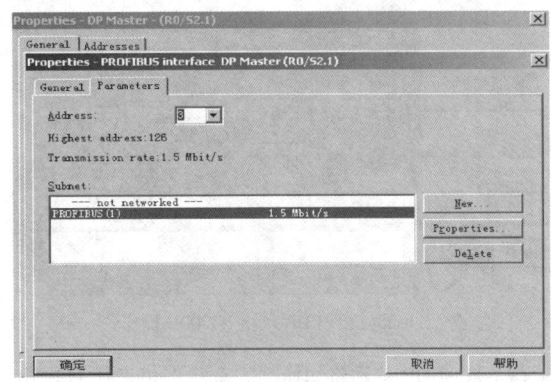

图 52.6-25　参数设置

PRO)窗口,激活主站 CPU 416-2DP 图标。打开 PROFIBUS-DP 文件夹,双击 ET200B 中的 "B-16DI/16DO"。相应的操作如图 52.6-26 所示。

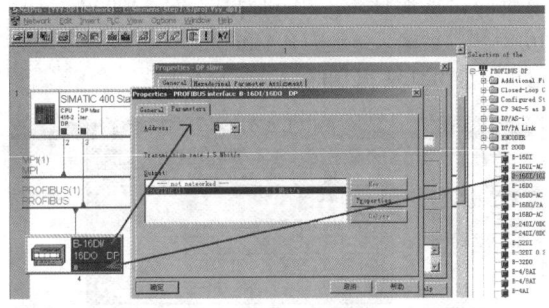

图 52.6-26　组态 DP 从站 ET200B 操作一

设置好参数,按 "确定",则 ET200B 从站被接入网络。相应的操作如图 52.6-27 所示。

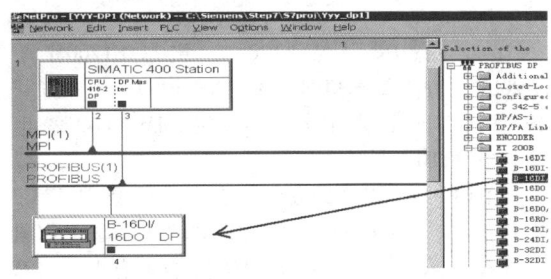

图 52.6-27　组态 DP 从站 ET200B 操作二

右键单击 "B-16DI/16DO DP" 图标,选择属性项,打开 "B-16DI/16DO" 属性页,可以查阅或修改参数,如图 52.6-28 所示。

其中 "SYNC/FREEZE Capabilities" 可以指出,DP 从站是否执行了由 DP 主站发出的 SYNC(同步)和 FREEZE(锁定)控制命令。用于 OB 86 的诊断地址为 "Diagnostic Address",通过该地址可以读出诊断信息。监控定时器可以设置在预定时间内没有数据

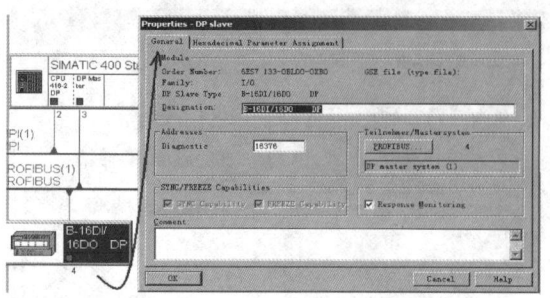

图 52.6-28 组态 DP 从站 ET200B 操作三

通信，同时 DP 从站将切换到安全状态以及所有输出被置为 0。

在 PROFIBUS 网络系统中，各站的输入/输出自动统一编址。例如：在图 52.6-29 中，CPU416-2DP 的 16 点 DI 模块的输入地址为 IB0 和 IB1，16 点 DO 模块的输出地址为 QB0 和 QB1。而 ET200B 16DI/16DO 模块的输入地址为 IB4 和 IB5，16 点 DO 模块的输出地址为 QB4 和 QB5。

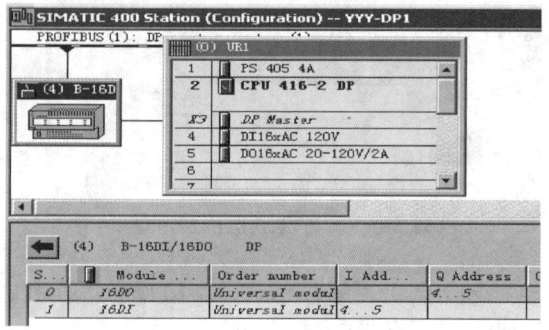

图 52.6-29 各站的输入/输出自动统一编址

5) 组态 DP 从站 ET200M。组态 ET200M 与 ET200B 的方法基本相同。在 "NETPRO" 中，打开 "ET200M" 文件夹，选择接口模块 "IM 153-2"，生成 "ET 200M" 从站。

在 CPU 416-2DP 的硬件组态中，激活 IM 153-2 的机架结构，在 4~11 行插入 S7-300 系列模块。如图 52.6-30 所示，"SM 334 AI4/AO2" 插入槽 4，"SM

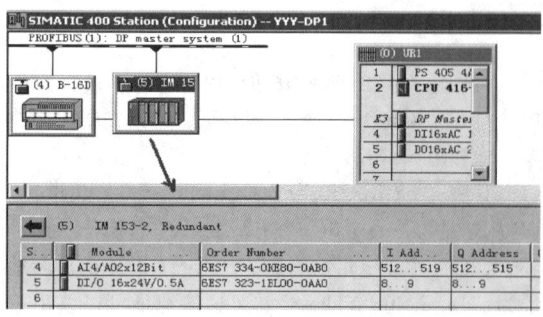

图 52.6-30 插入 S7-300 系列模块

323 DI16/DO16" 插入槽 5，则 "SM 334 AI4/AO2" 的地址为 512~519 和 512~515，SM 323 的地址为 B8~B9。

6) 组态一个带 DP 接口的智能 DP 从站。下面将建立一个以 CPU 315-2DP 为核心的智能从站，其相应的步骤如下：

① 建立一个 S7-300 站对象。进入 SIMATIC 管理器，用鼠标右键单击项目对象，在打开的菜单中选择 "Insert New Object" → "SLMATIC 300 Station"，插入新的站。

② 对站的硬件组态。双击新站的 "HW CONFIG" 图标，对站进行硬件组态。"生成机架" → "插入 CPU 315-2DP（V0~V2）" → "PS 307 5A" → "SM 334 AI 4/AO 2（第 4 槽），SM 323 DI 16/DO 16（第 5 槽）"。

③ 修改站的属性。双击 DP 所在的行，在打开的 "Operating Mode" 中将该站设为从站（DP Slave），如图 52.6-31 所示。

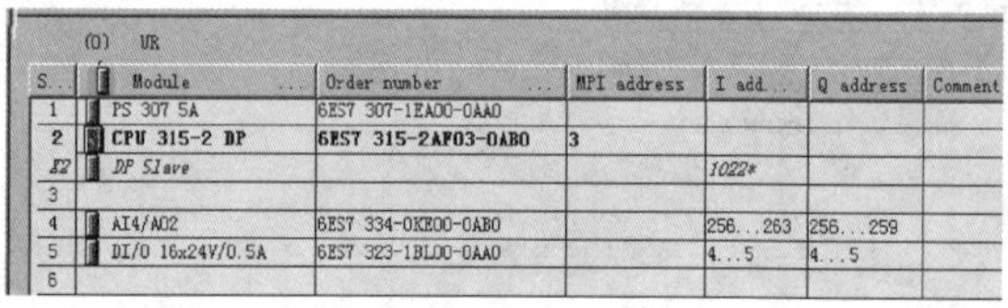

图 52.6-31 以 CPU 315-2DP 为核心的智能从站的建立

组建 PROFIBUS 子网络：

进入子网络组态（NetPro），激活主站 CPU 416-2DP，将从站 CPU 315-2DP 接入 PROFIBUS 子网络。如图 52.6-32 所示。

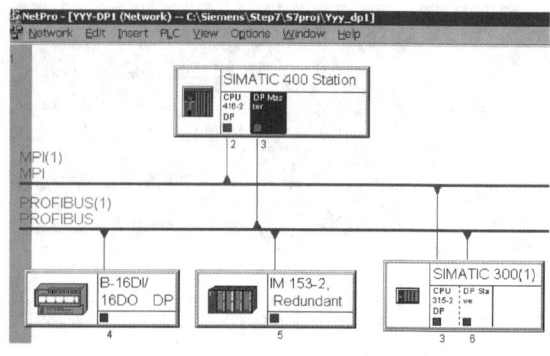

图 52.6-32 组建 PROFIBUS 子网络

（2）主站与智能从站主从通信方式的组态

1) DP 主站与 "标准" 的 DP 从站的通信。DP 主站可以直接访问 "标准" 的 DP 从站（如紧凑型 DP 从站 ET 200B 和模块式 DP 从站 ET 200M）的分布式输入/输出地址区。

2) DP 主站与智能 DP 从站的通信。DP 主站不能直接访问智能 DP 从站的输入/输出地址空间，而是访问 CPU 的输入/输出地址空间。由智能从站处理该地址与实际的输入/输出之间的数据交换。组态时指定的用于主站和从站之间交换数据的输入/输出区不能占据 I/O 模块的物理地址区。

主站与从站之间的数据交换是由 PLC 操作系统周期性自动完成的，不需要用户编程。但是，用户必须对主站和智能从站之间的通信连接和数据交换区组态。这种通信方式叫主从（Master/Slave）方式，简称 MS 方式。

3) DP 主站与智能 DP 从站的通信的组态。打开网络组态（NETPRO）并激活主站，打开配置站文件夹（Configured Stations），单击 "CPU 31x-2 DP" 图标，弹出从站属性对话框。

① 主从通信的连接。选择 "Connection" 选项卡，单击 "Connect" 按钮，实现从站与主站的通信连接，如图 52.6-33 所示。

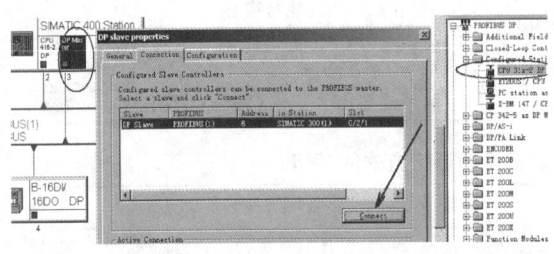

图 52.6-33　主从通信的连接

② 主从通信的组态。选择 "Configuration" 选项卡，进行主从通信的组态，如图 52.6-34 所示。

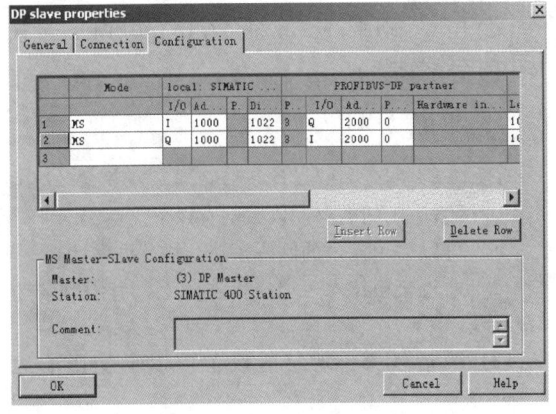

图 52.6-34　主从通信的组态

(3) 直接数据交换通信方式的组态

直接数据交换（Direct Data Exchange）简称为 DX，又称为交叉通信。在直接数据交换通信的组态中，智能 DP 从站或 DP 主站的本地输入地址区被指定为 DP 通信伙伴的输入地址区。智能 DP 从站或 DP 主站利用它们来接收从 PROFIBUS-DP 通信伙伴发送给它的 DP 主站的输入数据。在选型时应注意某些 CPU 没有直接数据交换功能。

直接数据交换的应用场合如下：

1) 单主站系统中 DP 从站发送数据到智能从站（I 从站）。如图 52.6-35 所示，通过此种组态，来自 DP 从站的输入数据可以迅速地传送到 PROFIBUS-DP 网络的智能从站。所有的 DP 从站或其他智能从站原则上都能提供用于 DP 从站之间的直接数据交换的数据，只有智能 DP 从站才能接收这些数据。

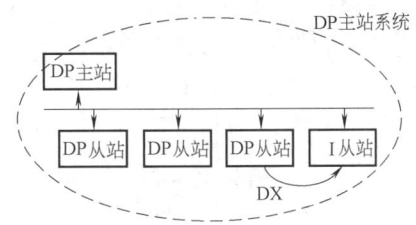

图 52.6-35　单主站系统中 DP 从站发送数据到智能从站

2) 多主站系统中从站发送数据到其他主站。如图 52.6-36 所示，同一个 PROFIBUS-DP 网络中有至少两个 DP 主站的系统称为多主站系统。智能 DP 从站或简单的 DP 从站发送的输入数据，可以被同一 PROFIBUS-DP 网络中不同 DP 主站系统的主站直接读取。这种通信方式也叫作 "共享输入"，因为输入数据可以跨 DP 主站系统使用。

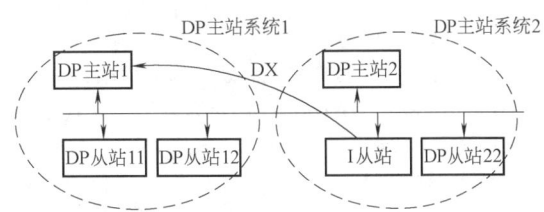

图 52.6-36　多主站系统中从站发送数据到其他主站

3) 多主站系统中从站发送数据到智能从站。如图 52.6-37 所示，在这种组态下，DP 从站来的输入数据可以被同一 PROFIBUS-DP 网络的智能从站读取，这个智能从站可以在同一个主站系统或其他主站系统中。在这种方式下，来自不同主站系统的 DP 从站的输入数据可以直接传送到智能 DP 从站的输入数据区。

原则上所有 DP 从站都可以提供用于 DP 从站之间进行直接数据交换的输入数据，这些输入数据只能被智能 DP 从站使用。

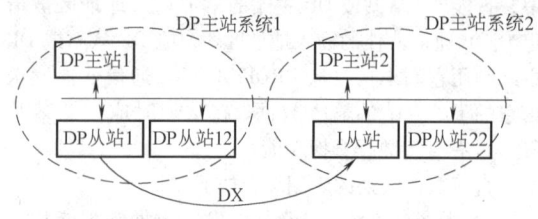

图 52.6-37 多主站系统中从站发送数据到智能从站

3.4 SFC 和 SFB 在 PROFIBUS 通信中的应用

西门子公司提供了丰富的系统功能（SFC）和系统功能块（SFB），用于 PROFIBUS 的通信。用于数据交换的 SFB/FB 见表 52.6-3。

S7-400 中用于改变远方设备运行方式的 SFB 见表 52.6-4。

表 52.6-3 用于数据交换的 SFB/FB

编号		助记符	传输的字节数		描述
S7-400	S7-300		S7-400	S7-300	
SFB 8	FB 8	U_SEND	440B	160B	不对等地发送数据给远方通信伙伴,不需对方应答
SFB 9	FB 9	U_RCV			不对等地异步接收对方用 U_SEND 发送的数据
SFB12	FB12	B_SEND	64KB	32KB	发送段数据:要发送的数据区被划分为若干段,各段被单独发送到通信伙伴
SFB13	FB13	B_RCV			接收段数据:接收到每一数据段后,发送一个应答,同时参数 LEN（接收到的数据的长度）被刷新
SFB15	FB15	PUT	400B	160B	写数据到远方 CPU,对方不需要额外的通信功能,接收到后发送执行应答
SFB14	FB14	GET			读取远方 CPU 的数据,对方不需要额外的通信功能
SFB16	—	PRINT			发送数据和指令格式到远方打印机(S7-400)

表 52.6-4 S7-400 中用于改变远方设备运行方式的 SFB

编号	助记符	描述
SFB19	START	初始化远方设备的暖启动或冷启动,启动完成后,远方设备发送一个肯定的执行应答
SFB20	STOP	将远方设备切换到 STOP 状态,操作成功完成后,远方设备发送一个肯定的执行应答
SFB21	RESUME	初始化远方设备的热启动。远方启动完成后,远方设备发送一个肯定的执行应答

（1）SFB

查询远方 CPU 操作系统状态的 SFB 包括:

1) SFB 22 "STATUS": 查询远方通信伙伴的状态,接收应答以判断它是否有问题。

2) SFB 23 "USTATUS": 接收远方通信设备状态发生变化时主动提供的状态信息。

（2）SFC

1) 查询连接的 SFC 包括:

① SFC 62 "CONTROL": 查询 S7-400 本地通信 SFB 的背景数据块的连接的状态。

② SFC 62 "C_CNTRL": 通过连接 ID 查询 S7-300 的连接状态。

2) 分布式 I/O 使用的 SFC 有:

① SFC 7 "DP_PRAL": 触发 DP 主站的硬件中断。

② SFC 11 "DPSYC_FR": 同步锁定 DP 从站组。

③ SFC 12 "D_ACT_DP": 取消或激活 DP 从站。

④ SFC 13 "DPNRM_DG": 读 DP 从站的诊断数据（从站诊断）。

⑤ 用系统功能 SFC 14 和 SFC 15 访问 DP 标准从站中的连续数据。

4 工业以太网

工业以太网产品的设计制造必须充分考虑,并满足工业网络应用的需要。以太网有以下优点:

1) 可以采用冗余的网络拓扑结构,可靠性高。

2) 通过交换技术可以提供实际上没有限制的通信性能。

3) 灵活性好,现有的设备可以不受影响地扩张。

4) 在不断发展的过程中具有良好的向下兼容性,保证了投资的安全。

5) 易于实现管理控制网络的一体化。

6) 以太网可以接入广域网（WAN）或互联网,可以在整个公司范围内通信或实现公司之间的通信。

4.1 工业以太网的交换技术

（1）交换技术

在共享局域网（LAN）中，所有的站点共享网络性能和数据传输带宽，所有的数据包都经过所有的网段，在同一时间只能传送一个报文。

在交换式局域网中，每个网段都能达到网络的整体性能和数据传输速率，在多个网段中可以同时传输多个报文。本地数据通信在本网段进行，只有指定的数据包可以超出本地网段的范围。

（2）全双工模式

在全双工模式下，一个站能同时发送和接收数据。如果网络采用全双工模式，不会发生冲突。全双工模式需要采用发送通道和接收通道分离的传输介质，以及能够存储数据包的部件。

由于在全双工连接中不会发生冲突，支持全双工的部件可以同时以额定传输速率发送和接收数据，因此以太网和高速以太网的传输速率分别提高到 20Mbit/s 和 200Mbit/s。

（3）电气交换模块与光纤交换模块

电气交换模块（ESM）与光纤交换模块（OSM）用来构建 10Mbit/s、100Mbit/s 交换网络，能低成本、高效率地在现场建成具有交换功能的线性结构或星形结构的以太网。

利用 ESM 或 OSM 中的网络冗余管理器，可以构建环形冗余工业以太网。最大的网络重构时间为 0.3s。环形网中的数据传输速率为 100Mbit/s，每个环最多可以用 50 个 ESM 或 50 个 OSM。

（4）自适应与自协商功能

具有自适应功能的网络站点（终端设备和网络部件）能自动检测出信号传输速率（10Mbit/s 或 100Mbit/s），自适应功能可以实现所有以太网部件之间的无缝互操作性。

自协商是高速以太网的配置协议，该协议使有关站点在数据传输开始之前就能协商，以确定他们之间的数据传输速率和工作方式，如全双工或半双工。也可以不使用自协商功能，以保证各网络站点使用某一特定的传输速率和工作方式。

（5）冗余网络

冗余软件包 S7-REDCONNECT 用来将 PC 连接到高可靠性的 SIMATIC S7-H 系统。S7-H 冗余系统可以避免设备停机。万一出现子系统故障或断线，系统交换模块会切换到双总线，或者切换到冗余环的后备系统或后备网络，以保证网络的正常通信。

（6）SIMATIC NET 的快速重新配置

网络发生故障后，应尽快对网络进行重构。重新配置的时间对于工业应用是至关重要的，否则网络上连接的终端设备将会断开连接，从而引起工厂生产过程的失控或紧急停机。

SIMATIC NET 采用了专门为此开发的冗余控制程序，对于有 50 个交换模块（OSM/ESM）的 100Mbit/s 环形网络，重新配置时间不超过 0.3s。

（7）SNMP-OPC 服务器

使用 SNMP-OPC 服务器（Server），用户可以通过 OPC 客户端软件（如 SIMATIC NET OPC Scout、WinCC、OPC Client、MS Office、OPC Client 等）对支持 SNMP 的网络设备进行远程管理。SNMP-OPC Server 可以读取网络设备参数，如交换模块的端口状态、端口数据流量等；可以修改网络设备的状态，如关闭/开启交换模块的某个端口等。

4.2 S7-300/400 PLC 的工业以太网组成方案

SIMATIC NET 工业以太网网络部件包括工业以太网链路模板 OLM、ELM、工业以太网交换机 OSM/ESM 和 ELS，以及工业以太网链路模块 OMC。

（1）用于 PC 的工业以太网卡

1）CP1612 PCI 以太网卡和 CP 1512 PCMCIA 以太网卡提供 RJ-45 接口，与配套的软件包一起支持以下的通信服务：传输协议 ISO 和 TCP/IP、PG/OP 通信，S7 通信，S5 兼容通信，OPC 通信。

2）CP1515 是符合 IEEE 802.11b 的无线通信网卡，应用于 RLM（无线链路模块）和可移动计算机。

3）CP1613 是带微处理器的 PCI 以太网卡，使用 AUI/ITP 接口或 RJ-45 接口，可以将 PC/PG 连接到以太网网络。

（2）S7-300/400 的工业以太网通信处理器

S7-300/400 工业以太网通信处理器通过 UDP 连接或群播功能可以向多用户发送数据；CP 443-1 和 CP 443-1 IT 可以用网络时间协议（NTP）提供时钟同步；使用 TCP/IP 的 WAP 功能，通过电话网络（如 ISDN），CP 可以实现远距离编程和对设备进行远程调试；可以实现 OP 通信的多路转换，最多连接 16 个 OP；使用集成在 STEP 7 中的 NCM，提供范围广泛的诊断功能，包括显示 OP 的操作状态，实现通用诊断和统计功能，提供连接诊断和 LAN 控制器统计及诊断缓冲区。常用的通信处理器有以下三种：

1）CP 343-1/CP 443-1 通信处理器。

2）CP 343-1 IT/CP 443-1 IT 通信处理器。

3）CP 444 通信处理器。

(3) 工业以太网的拓扑结构

SIMATIC NET 工业以太网的拓扑结构包括总线型、环形以及环网冗余型等。

(4) 工业以太网的方案

工业以太网可以采用下面的三种方案：
1) 同轴电缆网络。
2) 双绞线和光纤网络。
3) 高速工业以太网。

(5) 以太网的地址

1) MAC 地址。MAC 地址是以太网包头的组成部分，以太网交换机根据以太网包头中的 MAC 源地址和 MAC 目的地址实现包的交换和传递。使用 ISO 协议必须输入模块的 MAC 地址。

2) IP 地址。IP 地址通常用十进制数表示，用"."号分隔，如 192.168.0.117。同一个 IP 地址可以使用具有不同 MAC 地址的网卡。更换网卡后可以使用原来的 IP 地址。

3) 子网掩码。子网掩码（Subnet Mask）是一个 32 位地址，用于将网络分为一些小的子网。IP 地址由子网地址和子网内节点的地址组成，子网掩码用于将这两个地址分开。由子网掩码确定的两个 IP 地址段分别用于寻址子网 IP 和节点 IP。

(6) 西门子支持的网络协议和服务

工业以太网上可以运行的服务有标准通信、S5 兼容通信、S7 通信和 PG/OP 通信等，服务独立于网络，可以在不同网络中运行，在服务中包含不同的网络协议，以适应不同的网络。工业以太网上可以网络通信，但需要遵循一定的协议。

1) 标准通信。标准通信（Standard Communication）是运行于 OSI 参考模型第 7 层的协议，包括 MMS~MAP3.0 协议。MAP（Manufacturing Automation Protocol，制造业自动化协议）提供 MMS 服务，主要用于传输结构化的数据。MMS 是一个符合 ISO/IEC9506-4 的工业以太网通信标准，MAP3.0 的版本提供了开放统一的通信标准，可以连接各个厂家的产品，现在很少应用。

2) S7 通信。S7 通信（S7 Communication）集成在每一个 SIMATIC S7 和 C7 的系统中，属于 OSI 参考模型第 7 层应用层的协议，独立于各个网络，可以应用于多种网络（MPI、PROFIBUS、工业以太网）。

在 STEP 7 中，S7 通信需要调用功能块 SFB（S7-400）或 FB（S7-300），见表 52.6-5，最大的通信数据可达 64KB。

表 52.6-5　S7 通信功能块

功能块	名称	功能描述
SFB 8/9 FB 8/9	USEND URCV	无确认的高速数据传输，不考虑通信接收方的通信处理时间，因而有可能会覆盖接收方的数据
SFB 12/13 FB 12/13	BSEND BRCV	保证数据安全性的数据传输，当接收方确认收到数据后，传输才完成
SFB 14/15 FB 14/15	CET PUT	读、写通信对方的数据而无须对方编程

3) S5 兼容通信。SEND/RECEIVE 是 SIMATIC S5 通信的接口，在 S7 系统中，将该协议进一步发展为 S5 兼容通信（S5-compatible Communication）。该服务包括的协议有 ISO 传输协议、TCP、ISO-on-TCP 和 UDP 等。

除了上述协议，FETCH/WRITE 还提供一个接口，使得 SIMATIC S5 或其他非西门子公司的控制器可以直接访问 SIMATIC S7 CPU。

4.3　S7-300/400 PLC 的工业以太网通信组态与编程举例

工业以太网通信用于管理层和车间层控制器之间或控制器与 PC 之间的通信，一般数据量较大，传输距离较远，传输速度快，可以适应环境恶劣和抗干扰要求高的工业场合。工业以太网采用屏蔽双绞线或光缆实现通信。

西门子工业以太网的通信方式很多，此处以两个例子进行说明。

(1) 基于以太网的 S7 通信

新建一个项目，插入一个 S7-300 站，CPU 为 CPU315-2 DP，注意有些较低版本的 CPU 不支持 S7 通信。硬件组态编辑器中，将 CP343-1 插入到机架上，将自动打开"属性-Ethernet 接口"对话框，如图 52.6-38 所示，在"参数"选项卡中设置 CP 的 MAC 地址、IP 地址和子网掩码等，可以使用默认的 IP 地址和子网掩码。MAC 地址可以在 CP 模块的外壳上找到。不使用 ISO 和 ISO-on-TCP 通信服务时，MAC 地址可以不设。

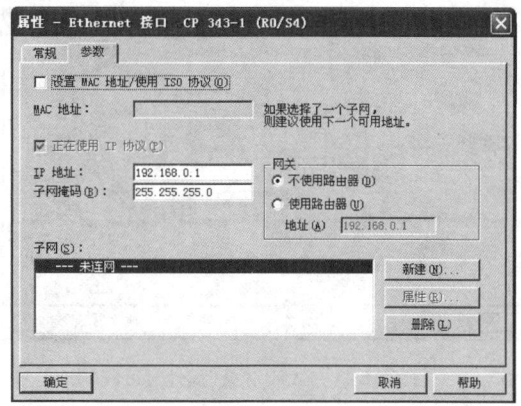

图 52.6-38 "属性-Ethernet 接口"对话框

单击图 52.6-38 中的"新建"按钮,生成一条名为"Ethernet(1)"的以太网,选中"子网"列表框中的该网络,单击"确定"按钮,将 CP 连接到网上,返回 CP 属性对话框。

插入第二个 S7-300 站,硬件组态编辑器中将 CP 343-1 插入机架,设置它的 IP 地址、子网掩码和 MAC 地址,注意项目中两个 CP 的 IP 地址必须在同一个网段内。将 CP 连接到前面生成的以太网"Ethernet(1)"上。

组态好两个 S7-300 站后,在 SIMATIC 管理器选中左侧项目,双击右侧的"Ethernet(1)"打开网络组态编辑器,如图 52.6-39 所示,可以看到两个 S7-300 站都连接到以太网上了。选中某个站的 CPU 所在的小方框,在下面的窗口出现连接表,双击连接表第一行的空白处打开"插入新连接"对话框,如图 52.6-40 所示,选择连接伙伴为与本站通信的 CPU315-2 DP,连接类型为"S7 连接",建立一个新连接,单击"应用"按钮将出现"属性-S7 连接"对话框,如图 52.6-41 所示。完成后,单击工具栏中的"保存编译"按钮。

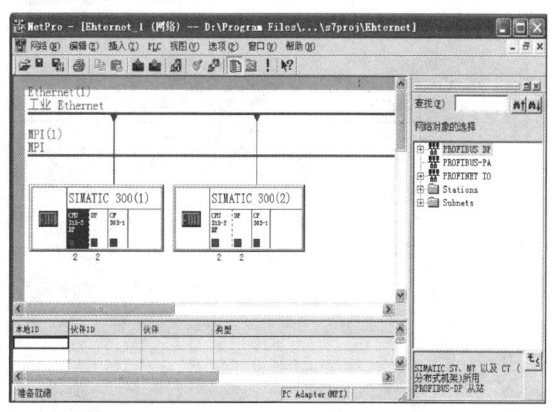

图 52.6-39 网络组态编辑器

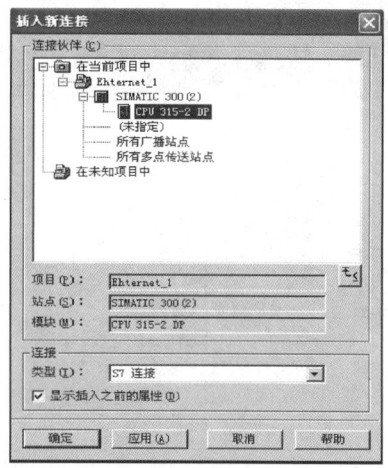

图 52.6-40 "插入新连接"对话框

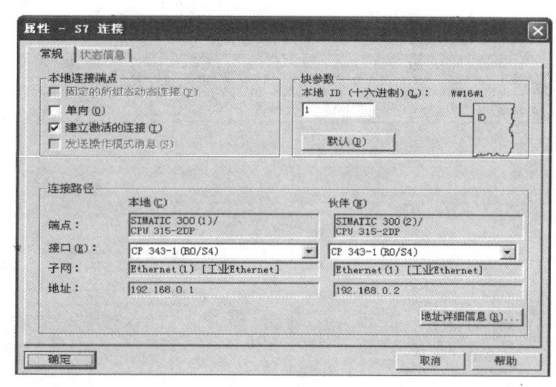

图 52.6-41 "属性-S7 连接"对话框

硬件组态和网络组态完成之后,就要进行编程了。MPI、PROFIBUS 和以太网的 S7 通信使用相同的编程方法。下面以 BSEND 和 BRCV 为例,介绍基于以太网的 S7 通信的编程。

第一个 S7-300 站 OB35 中编写的发送程序如图 52.6-42 所示,第二个 S7-300 站 OB1 中编写的接收程序如图 52.6-43 所示,通信块 FB12 和 FB13 位于"/库/SIMATIC-NET_ CP \ CP300"中。再将要发送的数据送到相应的数据存储区,从接收区取用需要的数据即可。

选中 SIMATIC 管理器中的站,单击"下载"按钮将硬件和程序下载,还要在图 52.6-39 选中某个站的 CPU 所在的小方框,单击工具栏中的"下载"按钮将网络组态下载到 CPU 中。

(2)基于以太网的 S5 兼容通信

基于以太网的 S5 兼容通信包括 ISO 传输协议、TCP、ISO-on-TCP 和 UDP 通信,它们的组态和编程方法基本相同。下面以 S7-300 之间通过 CP 343-1 IT

程序段 1：调用FB12发送数据

DB1为FB12的背景数据块；参数"REQ"为通信请求，上升沿时启动数据发送；参数"R"置上升沿时中止正在进行的数据交换；参数"ID"为S7的连接ID号；参数"DW#16#1"为发送与接收请求号；参数"DONE"任务被正确执行时为1；参数"ERROR"为错误标志位；参数"STATUS"为通信状态字；参数"SD_1"为本地数据发送区地址指针；参数"LEN"要发送的数据的字节长度

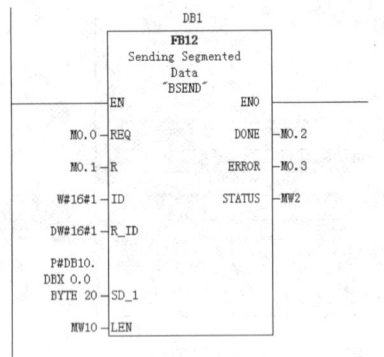

图 52.6-42　发送程序

程序段 1：调用FB13接收数据

DB2为FB13的背景数据块；参数"EN_R"为接收启动信号，为1时允许接收；参数"ID"为S7的连接ID号；参数"R_ID"为发送与接收请求号；参数"NDR"在任务被正确执行时为1；参数"ERROR"为错误标志位；参数"STATUS"为通信状态字；参数"RD_1"为本地数据接收区地址指针；参数"LEN"为已接收的数据字节长度

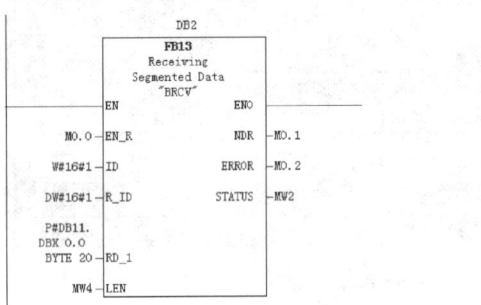

图 52.6-43　接收程序

和 CP 343-1 建立的 TCP 连接为例，介绍 S5 兼容通信的组态和编程方法。

新建一个项目，插入一个 S7-300 站，与 S7 通信的组态步骤类似，硬件组态编辑器中，将 CP343-1 插入到机架上，在"属性-Ethernet 接口"对话框的"参数"选项卡中设置 CP 的 MAC 地址、IP 地址和子网掩码等。生成一条以太网，将 CP 连接到网上。插入第二个 S7-300 站，在硬件组态编辑器中将 CP 343-1 插入机架，设置它的 IP 地址、子网掩码和 MAC 地址，注意项目中两个 CP 的 IP 地址必须在同一个网段内。

在网络组态编辑器中建立连接。在打开的"插入新连接"对话框中选择连接伙伴为与本站通信的 CPU 315-2 DP，连接类型为"TCP 连接"，如图 52.6-44所示。完成后，单击工具栏中的"保存编译"按钮。

硬件组态和网络组态完成后，接下来就要进行编

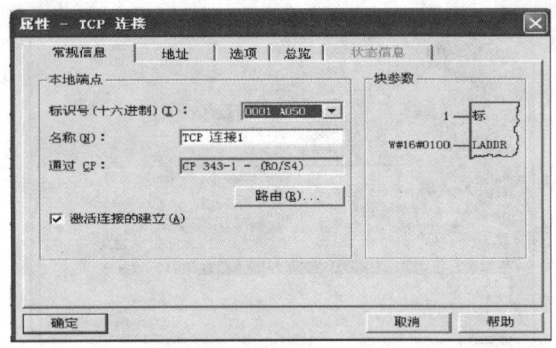

图 52.6-44　"TCP 连接"属性对话框

程了。第一个 S7-300 站 OB1 中编写的发送程序如图 52.6-45所示，第二个 S7-300 站 OB1 中编写的接收程序如图 52.6-46 所示，通信块 FC5 和 FC6 位于"\库\SIMATIC-NET_ CP \ CP300"中。再将要发送的数据送到相应的数据存储区，从接收区取用需要的数据即可。

程序段 1：发送程序

参数"ACT"为发送使能位；参数"ID"为连接ID号；参数"LADDR"为十六进制的CP地址；参数"SEND"为数据发送缓冲区地址指针；参数"LEN"为发送数据长度；参数"DONE"为每次发送成功产生一个脉冲；参数"ERROR"为错误标志位；参数"STATUS"为错误状态字

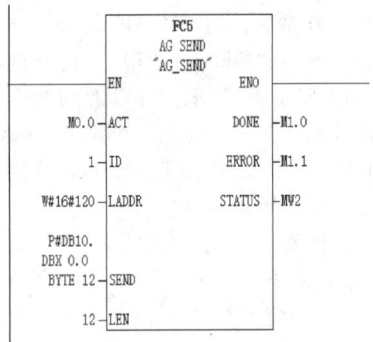

图 52.6-45　发送程序

程序段 1：接收程序

参数"ID"为组态时指定的连接ID号；参数"LADDR"为十六进制的CP地址；参数"RECV"为数据接收缓冲区地址指针；参数"NDR"为每次接收新数据产生一个脉冲；参数"ERROR"为错误标志位；参数"STATUS"为错误状态字；参数"LEN"为实际接收的数据长度

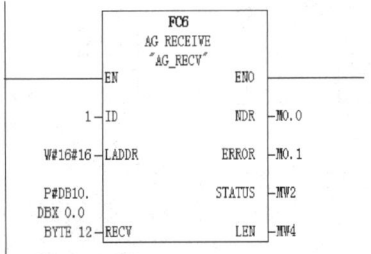

图 52.6-46　接收程序

注意：CP 地址在硬件组态编辑器通过 CP 的"对象属性-地址"查看，程序中是十六进制，而"地址"选项卡中是十进制。

选中 SIMATIC 管理器中的站，单击"下载"按钮将硬件和程序下载，还要在图 52.6-39 所示编辑器中选中某个站的 CPU 所在的小方框，单击工具栏中的"下载"按钮将网络组态下载到 CPU 中。

4.4 S7-300/400 PLC 的工业以太网 IT 解决方案举例

SIMATIC S7 可以通过带有 IT 功能的 CP 模块提供工业以太网 IT 解决方案。这里以 CP 343-1 IT 为例。

（1）基本功能

它支持下列基本通信服务：

1) S7 通信和 PG/OP 通信。

2) PG 功能（包括路由），利用 PG 功能，一些模板（如 FM354）可以通过 CP 进行访问。

3) 操作和监控功能（HMI），支持多个 TD/OP 连接。

4) 在 Server 和 Client 端同时调用 S7 功能块（BSEND FB12、BRCV FB13、PUT FB14、GET FB15、USEND FB8、URCV FB9、C_CNTRL FC62），建立 S7 连接，进行数据交换。

5) S5 兼容通信，包括 ISO 连接上的 SEND/RECEIVE 服务，TCP 和 UDP 连接上的 SEND/RECEIVE 服务，以及 UDP 连接上可以通过在组态连接时选择特定的 IP 地址来完成的组播通信等。

6) 在 ISO、ISO-on-TCP 和 TCP 连接上建立的 FETCH/WRITE 服务。

7) 与 FETCH/WRITE 服务相应的 LOCK/UNLOCK 服务。

8) 工业以太网上的时钟同步功能。

9) 可以通过出厂设置的 MAC 地址访问 CP，直接通过以太网进行初始化。

（2）IT 通信功能

除以上的基本功能外，CP 343-1 IT 模板还支持下列 IT 通信功能：

1) 发送 E-mail。

2) 通过 HTML 语言编辑网页，以 Web 方式监控设备和处理数据。

3) FTP（File Transfer Protocol）功能，可以作为 FTP Server 和 Client 端进行文件管理，访问 CPU 的数据块。

5 PROFINET

PROFINET 是新一代基于工业以太网技术的自动化总线标准，兼容工业以太网和现有的现场总线（PROFIBUS）技术，由 PROFIBUS 现场总线国际组织（PI）推出。

PROFINET 明确了 PROFIBUS 和工业以太网之间数据交换的格式，使跨厂商、跨平台的系统通信问题得到了彻底解决。该技术为当前的用户提供了一套完整、高性能、可伸缩的、升级至工业以太网平台的解决方案。

PROFINET 提供了一种全新的工程方法，即基于组件对象模型（Component Object Model，COM）的分布式自动化技术；PROFINET 规范以开放性和一致性为主导，以微软公司的 OLE/COMA/DCOM 为技术核心，最大限度地实现了开放性和可扩展性，向下兼容传统工控系统，使分散的智能设备组成的自动化系统模块化。PROFINET 指定了 PROFIBUS 与国际 IT 标准之间的开放和透明的通信；提供了一个独立于制造商的，包括设备层和系统层的完整系统模型，保证了 PROFIBUS 和 PROFINET 之间的透明通信。

5.1 PROFINET 技术

（1）PROFINET 的通信机制

PROFINET 的基础是组件技术，在 PROFINET 中，每个设备都被看作是一个具有组件对象模型（COM）接口的自动化设备，同类设备都具有相同的 COM 接口，系统通过调用 COM 接口来实现设备功能。组件模型使不同的制造商能遵循同一原则，它们创建的组件能在一个系统中混合应用，并能极大地减少编程的工作量。同类设备具有相同的内置部件，对外提供相同的 COM 接口，使不同厂家的设备具有良好的互换性和互操作性。

PROFINET 用标准以太网作为连接介质，使用标准的 TCP/UDP/IP 和应用层的 RPC/DCOM 来完成节点之间的通信和网络寻址。PROFINET 的系统结构如图 52.6-47 所示。

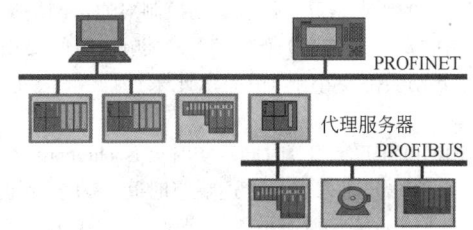

图 52.6-47　PROFINET 系统结构

（2）PROFINET 的技术特点

PROFINET 的开放性基于以下的技术：微软公司的 COM/DCOM 标准、OLE、ActiveX 和 TCP/UDP/IP。

PROFINET 定义了一个运行对象模型，每个 PROFINET 都必须遵循这个模型。该模型给出了设备中包含的对象和外部都能通过 OLE 进行访问的接口和访问的方法，对独立的对象之间的联系也进行了描述。

在应用程序中，将可以使用的功能组织成固定功能，可以下载到物理设备中。软件的编制严格独立于操作系统，PROFINET 的内核经过改写后可以下载到各种控制器和系统中，并不要求一定是 Windows 操作系统。

由图 52.6-47 可以看出，PROFINET 技术的核心是代理服务器，它负责将所有的 PROFIBUS 网段、以太网设备和 PLC、变频器、现场设备等集成到 PROFINET 中，代理设备完成的是 COM 对象中的交互，它将挂接的设备抽象为 COM 服务器，设备之间的交互变为 COM 服务器之间的相互调用。只要设备能够提供符合 PROFINET 标准的 COM 服务器，该设备就可以在 PROFINET 网络中正常运行。

（3）PROFINET 的实时性

为了保证通信的实时性，需要对信号的传输时间进行计算。不同的现场应用对通信系统的实时性要求不同，根据响应时间的不同，PROFINET 支持三种通信方式。

1) TCP/IP 标准通信。PROFINET 基于工业以太网技术，使用 TCP/IP 和 IT 标准。TCP/IP 的响应时间大概为 100ms，对于工厂控制级是足够的。

2) 实时（RT）通信。对于传感器和执行器设备之间的数据交换，系统对响应时间的要求更为严格，大概需要 5~10ms 的响应时间。目前，可以使用现场总线技术达到这个响应时间，如 PROFIBUS-DP。

PROFIBUS 提供了一个优化的、基于以太网第 2 层的实时通信通道，通过该实时通道，极大地缩短了数据的处理时间，因此 PROFINET 获得了等同甚至超过传统现场总线系统的实时性能。

3) 等时同步实时（IRT）通信。运动控制对通信实时性的要求很高。伺服运动控制对通信网络提出了极高的要求，在 100 个节点下，其响应时间要小于 1ms，抖动误差要小于 1μs，以此来保证及时、确定的响应。

PROFINET 使用等时同步实时（Isochronous Real-Time, IRT）技术来满足上述响应时间。为了保证高质量的等时通信，所有的网络节点必须很好地实现同步。这样才能保证数据在精确相等的时间间隔内被传输，网络上的所有站点必须通过精确的时钟同步加以实现等时同步实时。通过规律的同步数据，其通信循环同步的精度可以达到微秒级。该同步过程精确地记录其所控制的系统的所有时间参数，因此能够在每个循环的开始时间实现非常精确的时间同步。

（4）PROFINET 的主要应用

PROFINET 主要有两种应用方式：PROFINET IO 和 PROFINET CBA。

PROFINET IO 适合模块化分布式的应用，与 PROFIBUS-DP 方式类似，PROFIBUS-DP 中分为主站和从站，而 PROFINET CBA 中有 IO 控制器和 IO 设备。

PROFINET CBA 适合分布式智能站之间通信的应用。把大的控制系统分成不同功能、分布式、智能的小控制系统，生成功能组件，利用 IMAP 工具软件，连接各个组件之间的通信。

5.2 PROFINET IO 组态

使用 PROFINET IO 就像在 PROFIBUS 中使用非智能从站一样，不用编写任何编程语言，只需要根据实际的硬件连接，在硬件组态编辑器中组态好 PROFINET 网络系统即可。组态时系统自动统一分配 PROFINET IO 的地址，编程时就像访问中央机架中的 I/O 一样访问 PROFINET IO。

下面通过图 52.6-48 所示的例子说明 PROFINET IO 的组态步骤。这里将 CPU317-2 PN/DP 的集成 PN 口、ET 200S PN 和计算机分别通过网线连接到工业网络管理型交换机 SCALANCE X400 上。

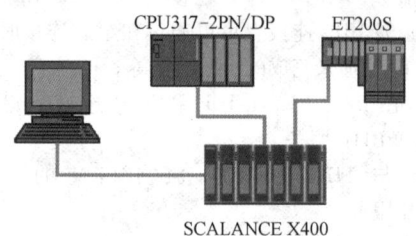

图 52.6-48 PROFINET IO 组态示意图

新建一个项目，插入一个 S7-300 站，在硬件组态编辑器中，插入机架、电源和 CPU 317-2 PN/DP，在自动出现的"属性-Ethernet 接口 PN-IO"对话框"参数"选项卡中，新建一个名为"Ethernet（1）"的以太网，并将 CP 连接到网上，设置 IP 地址为 192.168.0.1，子网掩码为 255.255.255.0。这样 PROFINET IO 控制器就组态好了。下面组态 ET 200S PN。

在硬件组态编辑器的硬件目录 PROFINET IO/IO/ET 200S 下选择 IM151-3 PN，将其拖放到以太网上，如图 52.6-49 所示，在"对象属性"对话框中设置 IP 地址为 192.168.0.2。选中刚生成的 IM151-3 PN 站，将刚才拖放的子文件夹 IM121-3 PN/PM 中的电源模块 PM-

E DC24-48V/AC24-230V 插入下面表格窗口的 1 号槽，子文件夹 IM151-3 PN/DI 中的数字量输入模块 2DI DC24V HF 插入 2 号槽，子文件夹 IM151-3 PN/DO 中的数字量输出模块 2DO DC24V/2A ST 插入 3 号槽。

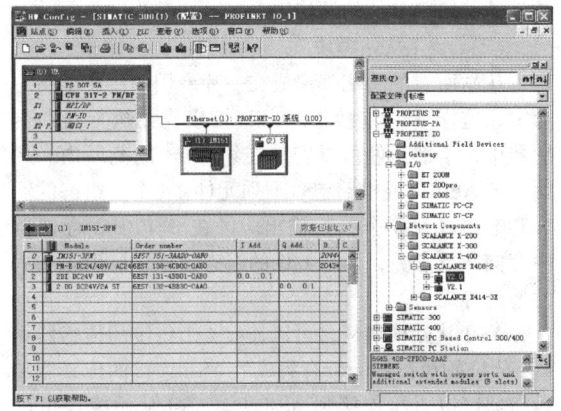

图 52.6-49　硬件组态

工业以太网交换机用来连接网络中的各个站。在硬件组态编辑器硬件目录 "PROFINET IO" → "Network Components" 中选择 X400 系列以太网交换机，将其拖放到以太网上，如图 52.6-49 所示，在 "对象属性" 对话框中设置 IP 地址为 192.168.0.3。

PN-IO 网络组态完毕，单击硬件组态编辑器工具栏上的 "下载" 按钮，下载硬件组态。然后，需要给 I/O 设备分配设备名称。注意：此时要确保 "PC/PG 接口" 设置为 TCP/IP 接口网卡。

在硬件组态编辑器中通过菜单命令 "PLC" → "Ethernet" → "分配设备名称" 打开 "分配设备名称" 对话框，在 "设备名称" 选项中，给出了 STEP7 已组态的设备名称。在 "可用设备" 列表中，列出了以太网上所有的可用设备及其 IP 地址（如果可用）、MAC 地址和在线获得的设备类型，MAC 地址是自动生成的。

要为可用设备列表中的某个 I/O 设备分配设备名称，首先选中该设备，然后单击 "分配名称" 按钮，STEP7 将 "设备名称" 选项中选择的名称分配给可用设备列表中选择的 I/O 设备。已分配的设备名称将会显示在可用设备列表中。如果不能确认可用设备列表中的 MAC 地址对应的硬件 I/O 设备，选中该表中某台设备后，单击 "闪烁" 按钮，对应的硬件设备上的 LED 指示灯将会闪烁。

分配完设备名称后，通过菜单命令 "PLC" → "Ethernet" → "验证设备名称"，可以确认分配的设备名称是否正确。

在硬件组态编辑器中可以不组态以太网交换机，但是组态后可以查看网络的运行情况。在硬件组态编辑器中，单击工具栏中的 "在线离线" 按钮，显示在线窗口，双击 "SCALANCE" 模块，弹出 "模块信息" 对话框，可以查看相关的信息。还可以通过 IE 浏览器查看以太网交换机的使用情况。

6　AS-I 网络

AS-I 是执行器传感器接口（Actuator Sensor Interface）的缩写，AS-I 网络是用于现场自动化设备的双向数据通信网络，位于工厂自动化网络的最底层。AS-I 特别适用于连接需要传送开关量的传感器和执行器，例如读取各种接近开关、光电开关、压力开关、温度开关、物料位置开关的状态，控制各种阀门、声光报警器、继电器和接触器等，AS-I 也可以传送模拟量数据。

6.1　AS-I 网络结构

AS-I 网络属于主从式网络，每个网段只能有一个主站，如图 52.6-50 所示。主站是网络通信的中心，负责网络的初始化以及设置从站的地址和参数等，具有错误校验功能，发现传输错误将重发报文。传输的数据很短，一般只有 4 位。

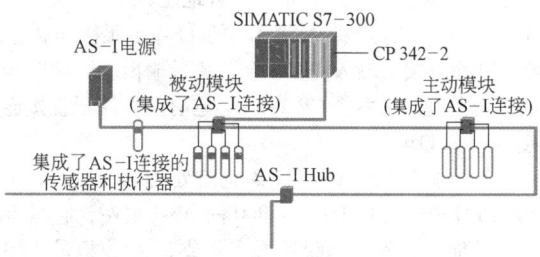

图 52.6-50　AS-I 网络示意图

AS-I 网络从站是 AS-I 系统的输入/输出通道，仅在被 AS-I 主站访问时才被激活。接到命令时，它们触发动作或将现场信息传送给主站。

AS-I 网络的电源模块的额定电压为 DC 24V，最大输出电流为 2A。AS-I 网络的所有分支电路的最大总长度为 100m，可以通过中继器延长。传输介质可以是屏蔽的或非屏蔽的两芯电缆，支持总线供电，即两根电缆可以同时用作信号线和电源线。网络的树形结构允许电缆中的任意点作为新分支的起点。

6.2　AS-I 寻址模式

（1）标准寻址模式

AS-I 的节点（从站）地址为 5 位二进制数，每个标准从站占一个 AS-I 地址，最多可以连接 31 个从站，地址 0 仅供产品出厂时使用，在网络中应改用其他地址。每一个标准 AS-I 从站可以接收 4 位数据或发送 4 位数据,所以一个 AS-I 总线网段最多可以连接 124 个二进制输入点和 124 个输出点,对 31 个标准从站的典型轮询时间为 5ms,因此 AS-I 适用于工业过程开关量输入/输出的场合。

用于 S7-200 的通信处理器 CP 242-2 和用于 S7-300、ET200M 的通信处理器 CP 342-2 属于标准 AS-I 主站。

(2) 扩展的寻址模式

在扩展的寻址模式中,两个从站分别作为 A 从站和 B 从站,使用相同的地址,这样使可寻址的从站的最大个数增加到 62 个。由于地址的扩展,使用扩展的寻址模式的每个从站的二进制输出减少到 3 个,每个从站最多 4 点输入和 3 点输出。一个扩展的 AS-I 主站可以操作 186 个输出点和 248 个输入点。使用扩展的寻址模式时,对从站的最大轮询时间为 10ms。

用于 S7-200 的通信处理器 CP 243-2 和用于 S7-300、ET200M 的通信处理器 CP 343-2 属于扩展的 AS-I 主站。

6.3 AS-I 硬件模块

(1) 主站模块

1) CP 243-2。CP 243-2 是 S7-200 CPU 22x 的 AS-I 主站。通过连接 AS-I 可以显著地增加 S7-200 的数字量输入/输出点数,每个 CP 的 AS-I 上最多可以连接 124 个开关量输入和 124 个开关量输出。S7-200 同时可以处理最多两个 CP 243-2。它有两个端子直接连接 AS-I 接口电缆。

2) CP 343-2。CP 343-2 通信处理器是用于 S7-300 PLC 和分布式 I/O ET 200 的 AS-I 主站,它具有以下功能:最多连接 62 个数字量或 31 个模拟量 AS-I 从站。CP 343-2 占用 PLC 模拟区的 16 个输入字节和 16 个输出字节。通过他们来读写从站的输入数据和设置从站的输出数据。

3) CP 142-2。AS-I 主站 CP 142-2 用于 ET 200X 分布式 I/O 系统。CP 142-2 通信处理器通过连接器与 ET 200X 模块相连,并使用其标准 I/O 范围。AS-I 网络无须组态,最多 31 个从站可以由 CP 142-2 (最多 124 点输入和 124 点输出)寻址。

4) DP/AS-I 接口网关模块。DP/AS-I 网关 (Gateway) 用来连接 PROFIBUS-DP 和 AS-I 网络。DP/AS-Interface Link 20 和 DP/AS-Interface Link 20E 可以作为 DP/AS-I 的网关,后者具有扩展的 AS-I 功能。

5) SIMATIC C7 621 AS-I。SIMATIC C7 621 AS-I 把 AS-I 主站 CP 342-2、S7-300 的 CPU 以及 OP3 操作面板结合在一个外壳内,适合于高速方便地执行自动化任务,自带人机界面。

6) 用于 PC 的 AS-I 通信卡 CP 2413。CP 2413 是用于 PC 的标准 AS-I 主站,一台计算机可以安装 4 块 CP 2413。因为在 PC 中还可以运行以太网和 PROFIBUS 总线接口卡,AS-I 从站提供的数据也可以被其他网络中其他的站使用。

(2) AS-I 从站模块

从站所有的功能都集成在一片专用的集成电路芯片中,这样 AS-I 连接器可以直接集成在执行器和传感器中,全部元件可以安装在约 $2cm^2$ 的范围内。从站中的 AS-I 集成电路包含下列元件:4 个可组态的输入和输出以及 4 个参数输出。可在 EEPROM 存储器中存储运行参数,指定 I/O 的组态数据、标识码和从站地址等。

AS-I 从站模块最多可以连接 4 个传统的传感器和 4 个传统的执行器。带有集成的 AS-I 连接的传感器和执行器可以直接连接到 AS-I 上。AS-I 从站模块可以连接的传感器和执行器如下:①"LOGO!"微型控制器;②紧凑型 AS-I 模块;③气动控制模块;④电动机起动器;⑤DC 24 V 电动机起动器;⑥能源与通信现场安装系统;⑦接近开关;⑧按钮和 LED。

6.4 AS-I 通信方式

AS-I 是单主站系统,AS-I 通信处理器 (CP) 作为主站控制现场的通信过程。主从通信过程中,主站一个接一个地轮流询问每一个从站,询问后等待从站的响应。地址是 AS-I 从站的标识符。可以用专用的地址 (Addressing) 单元或主站来设置各从站的地址。AS-I 的报文主要有主站呼叫发送报文和从站应答(响应)报文,主站的请求帧由 14 个数据位组成,如图 52.6-51 所示。

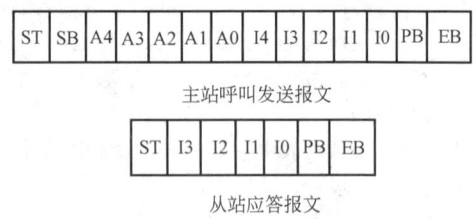

图 52.6-51 AS-I 的通信报文

在主站呼叫发送报文中,ST 是起始位,其值为 0。SB 是控制位,为 0 或 1 时分别表示传送的是数据或命令。A4~A0 是从站地址,I4~I0 为数据位。PB 是奇偶校验位,在报文中不包括结束位在内的各位中 1 的个数应为偶数。EB 是结束位,其值为 1。在 7 个数据位组成的从站应答报文中,ST、PB 和 EB 的意义和取值与主站呼叫发送报文的相同,I3~I0 是数据位。

AS-I 的工作阶段包括如下几个阶段：①离线阶段；②起动阶段；③激活阶段；④工作模式。

6.5 AS-I 通信举例

下面通过一个例子说明 AS-I 通信的组态步骤及编程方法。本例包括的硬件有 S7-300 CPU315-2 DP、CP343-2 6GK7343-2AH10-0XA0、电源单元 3RX 9300-1AA00、数字量 4 输入 3 输出模块 3RK2400-1FQ03-0AA3（地址 9B）、数字量 8 输入模块 3RK1200-0DQ00-0AA3（地址 5/7）、数字量 2 输入 2 输出模块 3RK1400-1BQ20-0AA3（地址 10）。

（1）硬件组态

使用手持编址单元对从站模块进行编址或在 STEP 7 中调用通信功能块 FC AS-I-3422，利用命令接口（命令代码 0DH）分配从站地址。将编好地址的从站模块连接到 AS-I 总线上。

AS-I 总线上的所有使能的从站都可以被 CP343-2P 读取，CP 上的 LED 指示 AS-I 总线上从站的站地址，站地址是滚动显示的。

下面开始软件组态。新建项目，插入一个 S7-300 站，硬件组态编辑器中，插入 CP343-2P 模块。双击 CP343-2P 模块打开其属性对话框，在"地址"选项卡中组态通信区，选择开始地址，通信区为 16B 输入和 16B 输出，可以直接访问标准类型和 A 类型数字量从站，如图 52.6-52 所示。

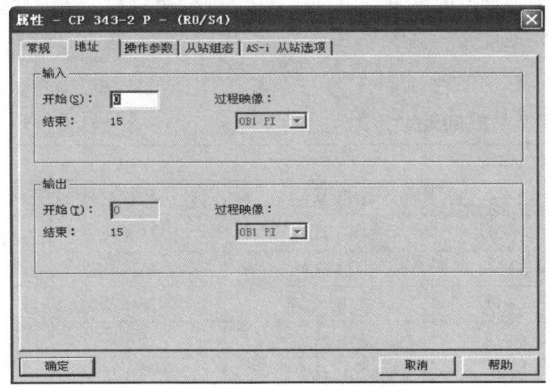

图 52.6-52　CP343-2P 模块属性对话框

选择图 52.6-52"从站组态"选项卡组态从站信息，双击需要组态的从站地址栏，如标准从站 10，将打开图 52.6-53 所示的组态对话框。10 号站为标准从站，只能在 10A 栏组态，而且 10B 地址栏不能再插入 B 类从站。

单击图 52.6-53"模块"项后的下拉列表或"选择"按钮选择相应的模块，根据需要可以修改 ID、ID1 和 ID2 等。单击"确定"按钮后，插入了一个标准从站。按照相同的步骤可以插入其他从站。

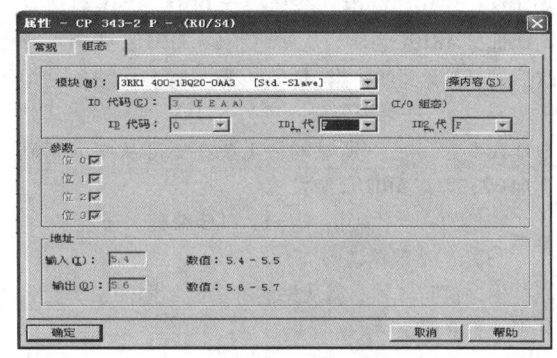

图 52.6-53　组态对话框

（2）使用命令接口

通过命令接口，可以利用用户程序完全控制 AS-I 主站的响应，如控制 AS-I 主站的操作模式或者通过 AS-I 主站修改从站地址、参数以及读取参数等。在 CPU 程序中调用 FC7 通信功能，建立 CPU 与 AS-I 主站 CP343-2P 的通信。

下面通过例子介绍命令接口的使用。例如：新的 AS-I 从站地址为 0，可以使用命令接口初始化从站地址。修改从站地址发送的数据请求为 3 个字节：字节 0 为命令代码；字节 1 为原有从站地址；字节 2 为需要修改后的从站地址。示例程序如图 52.6-54 所示。

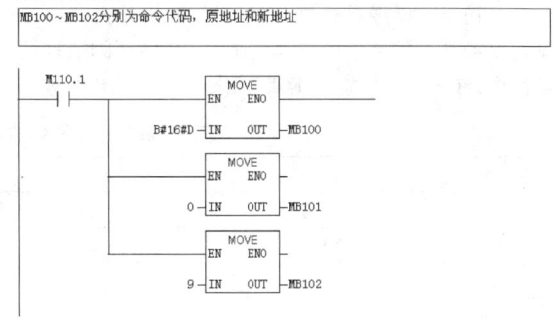

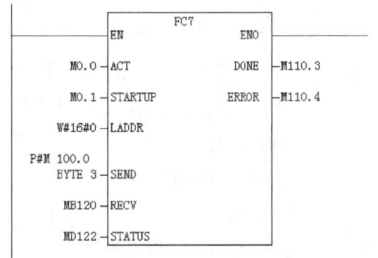

图 52.6-54　示例程序

本例中发送的数据请求命令包含在 MB100 ~ MB102 中，MB100 中命令代码为 0DH，表示修改从站地址，MB101 为原有从站地址 0，MB102 为需要修改后的从站地址 9，当 M110.1 为 1 时，从站的站地址改变为 9。如果需要修改成为 B 类从站，如将从站地址改变为 9B，则所赋的值需要在标准从站的基础上加 32，即在 MB102 中发送 41。

其他的命令代码请查看 S7 PLC 编程手册。

(3) 从站数据访问

主站访问各种类型从站的方法是不同的，下面将分别进行介绍。

1) 标准从站或 A 类从站。对于 AS-I 标准从站或 A 类从站，主站与从站的通信接口区就是 CP343-2P 占用 CPU 的地址区，大小为 16B 输入和 16B 输出，每个从站最多占用 4 个数字量输入和 4 个数字量输出，每个从站的地址分配见表 52.6-6（其中，n 为主站 CP 的起始地址）。

本例中，主站 CP 的初始地址为 0，10 号从站的输入地址为 15.4 ~ 15.7，输出地址为 Q5.4 ~ Q5.7。如果 CP 的起始地址在过程映像区以外，如地址为 256，则不能直接进行位操作，必须先将输入数据（如 PIW256 ~ PIW270）传送到 M 或 DB 区，然后进行位逻辑运算，运算结果再传送到输出区（如 PQW256 ~ PQW270）。

表 52.6-6 标准从站和 B 类从站的地址分配

I/O 字节号	7~4 位	3~0 位	I/O 字节号	7~4 位	3~0 位
n+0	状态位	1 号/1A 从站	n+8	16 号/16A 从站	17 号/17A 从站
n+1	2 号/2A 从站	3 号/3A 从站	n+9	18 号/18A 从站	19 号/19A 从站
n+2	4 号/4A 从站	5 号/5A 从站	n+10	20 号/20A 从站	21 号/21A 从站
n+3	6 号/6A 从站	7 号/7A 从站	n+11	22 号/22A 从站	23 号/23A 从站
n+4	8 号/8A 从站	9 号/9A 从站	n+12	24 号/24A 从站	25 号/25A 从站
n+5	10 号/10A 从站	11 号/11A 从站	n+13	26 号/26A 从站	27 号/27A 从站
n+6	12 号/12A 从站	13 号/13A 从站	n+14	28 号/28A 从站	29 号/29A 从站
n+7	14 号/14A 从站	15 号/15A 从站	n+15	30 号/30A 从站	31 号/31A 从站

2) B 类从站。对于具有 AS-I 扩展功能的 B 类从站，相当于访问 AS-I 总线上的 32 ~ 62 号从站，而 CP343-2P 的接口缓存区空间只有 16 个字节输入和 16 个字节输出，已经被标准从站或 A 类从站占用，主站与 B 类从站的通信接口区存储于 CP 内部的数据记录区中，CPU 需要调用 SFC58/SFC59 读写 CP 的数据记录区。

存储 B 类从站的数据记录区为 150（即 DSNR = 150，十六进制为 96），长度为 16 个字节，每个从站的地址分配见表 52.6-7（其中，n 为指定数据区的起始地址）。

表 52.6-7 标准从站和 B 类从站的地址分配

I/O 字节号	7~4 位	3~0 位	I/O 字节号	7~4 位	3~0 位
n+0	保留位	1B 从站	n+8	16B 从站	17B 从站
n+1	2B 从站	3B 从站	n+9	18B 从站	19B 从站
n+2	4B 从站	5B 从站	n+10	20B 从站	21B 从站
n+3	6B 从站	7B 从站	n+11	22B 从站	23B 从站
n+4	8B 从站	9B 从站	n+12	24B 从站	25B 从站
n+5	10B 从站	11B 从站	n+13	26B 从站	27B 从站
n+6	12B 从站	13B 从站	n+14	28B 从站	29B 从站
n+7	14B 从站	15B 从站	n+15	30B 从站	31B 从站

本例中，访问 AS-I 上的 9B 号站，在 OB1 中调用实例程序如图 52.6-55 所示。从站 9B 的 4 个输入点对应的地址区为 DB20.DBX20.0 ~ DB20.DBX20.3，3 个输出点对应的地址区为 DB20.DBX52.0 ~ DB20.DBX52.2。

3) 模拟量从站。数据存储于主站 CP 的数据记录区中，在 CPU 中需要调用 SFC58/SFC59 访问 CP 数据记录区中从站数据。

数据记录区 140 包含 1~16 号从站的数据，数据记录区 141 包含 5~20 号从站的数据。为了更方便从站的访问，从站数据在不同的数据记录区中会重叠。

每个从站最多有 4 路模拟量通道，每个通道占用 1 个字（2B），访问具体某路通道请参考表 52.6-8。

(4) AS-I 从站的诊断

使用 CP343-2P 作为 AS-I 系统的主站，通过读取主站的数据记录区获得故障从站的站地址。通过CP343-2不断更新数据记录区,可以实时地获得从站的故障信息。故障从站包括:未组态、丢失以及组态不正确的从站。根据表52.6-9所列为对应字节的位状态可以判断故障从站的站地址,其中0为无故障,1为有故障。

表52.6-8 模拟量访问通道

字节号(起始地址+偏移量)	模拟量通道	字节号(起始地址+偏移量)	模拟量通道
起始地址+0	通道1/高位字节	起始地址+4	通道3/高位字节
起始地址+1	通道1/低位字节	起始地址+5	通道3/低位字节
起始地址+2	通道2/高位字节	起始地址+6	通道4/高位字节
起始地址+3	通道2/低位字节	起始地址+7	通道4/低位字节

表52.6-9 故障从站对应的地址区

字节	位	含义	字节	位	含义
7	0~7	从站0~7字节有故障	12	0~7	从站8~15字节有故障
8	0~7	从站8~15字节有故障	13	0~7	从站16~23字节有故障
9	0~7	从站16~23字节有故障	14	0~7	从站24~31字节有故障
10	0~7	从站24~31字节有故障	15	0~7	保留
11	0~7	从站0~7字节有故障			

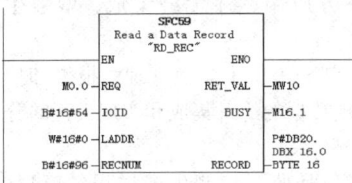

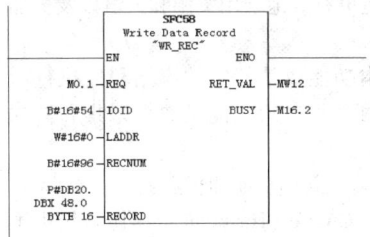

图52.6-55 读写B类从站数据实例程序

在OB1中调用系统功能块SFC 59 "RD-REC",读取数据记录区为DS1,长度为16B。

7 常用组态软件

组态软件,又称组态监控系统软件。译自英文SCADA,即Supervisory Control and Data Acquisition(数据采集与监视控制)。它是指一些数据采集与过程控制的专用软件。它们处在自动控制系统监控层一级的软件平台和开发环境,使用灵活的组态方式,为用户提供快速构建工业自动控制系统监控功能的、通用层次的软件工具。组态软件的应用领域很广,可以应用于电力系统、给水系统、石油、化工等领域的数据采集与监视控制以及过程控制等诸多领域。

随着工业自动化水平的迅速提高,计算机在工业领域的广泛应用,人们对工业自动化的要求越来越高,种类繁多的控制设备和过程监控装置在工业领域的应用,使得传统的工业控制软件已经无法满足用户的各种需求。在开发传统的工业控制软件时,当工业被控对象一旦有变动,就必须修改其控制系统的源程序,导致其开发周期延长;已开发成功的工控软件又由于每个控制项目的不同而使其重复使用率很低,导致它的价格非常昂贵;在修改工控软件的源程序时,倘若原来的编程人员因工作变动而离去时,则必须同其他人员或新手进行源程序的修改,更是相当困难。通用工业自动化组态软件的出现为解决上述实际工程问题提供了一种崭新的方法,因为它能够很好地解决传统工业控制软件存在的种种问题,使用户能根据自己的控制对象和控制目的任意组态,完成最终的自动化控制工程。

组态(Configuration)为模块化任意组合。通用组态软件主要特点如下:

1) 延续性和可扩充性。用通用组态软件开发的应用程序,当现场(包括硬件设备或系统结构)或用户需求发生改变时,不需做很多修改就可以方便地完成软件的更新和升级。

2) 封装性（易学易用）。通用组态软件所能完成的功能都用一种方便用户使用的方法包装起来，对于用户，不需掌握太多的编程语言技术（甚至不需要编程技术），就能很好地完成一个复杂工程所要求的所有功能。

3) 通用性。每个用户根据工程实际情况，利用通用组态软件提供的底层设备（PLC、智能仪表、智能模块、板卡、变频器等）的 I/O Driver、开放式的数据库和画面制作工具，就能完成一个具有动画效果、实时数据处理、历史数据和曲线并存、具有多媒体功能和网络功能的工程，不受行业限制。

7.1 常用国外组态软件

（1）InTouch

Wonderware 的 InTouch 软件是最早进入我国的组态软件。在 20 世纪 80 年代末，基于 Windows3.1 的 InTouch 软件曾让我们耳目一新，并且 InTouch 提供了丰富的图库。但是，早期的 InTouch 软件采用 DDE 方式与驱动程序通信，性能较差，最新的 InTouch10.1 版已经完全基于 64 位的 Windows 平台，并且提供了 OPC 支持。

一个完整的 InTouch 软件包包含 3 个部分：软件开发环境 WindowMaker、软件运行环境 WindowViewer 和运行记录本 Wonderwareloger，软件开发环境 WindowMaker 用于制作所需要的应用软件。应用软件是一组特定的文件，运行时由一个可运行文件加以解释，达到所设计的目的。这个可运行文件就是软件运行环境 WindowViewer。而 Wonderwareloger 用于记录 InTouch 应用软件一次运行过程中所发生的一切事件。

1) 用 InTouch 开发的实时监控应用软件可以实现下列功能：

① 色彩多样、形态逼真的二维动态效果的实物体和画面。InTouch 具有很强的绘图功能，利用 InTouch 绘图工具箱可以方便地绘出工艺流程控制图，并用调色板对所画图进行着色，再把绘制好的图形与预先定义标记过的参数进行"连接"，就可形成色彩多样、形态逼真的动态画面。

② 具有数据报警功能。这种报警功能包括数据报警、偏差报警和速率报警等多种报警方式。

③ 绘图工具提供的制作实时曲线图、历史趋势图的功能，为实时数据、历史数据的显示、存储、利用提供了在线帮助。用于生成生产报表、查询生产状况等。

④ 多种用户数据输入方式。

2) InTouch 应用软件的编制过程应包括以下步骤：

① 了解用户需要，熟悉控制对象。设计显示界面，列出控制过程中的所有状态变量，以及生产过程中可能出现的情况及处理方法。

② 定义标记。根据列出的状态变量定义所需标记。

③ 绘制界面。包括全厂工艺流程控制图、局部工艺控制图和单台设备控制图等。

④ 定义动画连接。把所定义标记的状态变量和图形"连接"上。

⑤ 编写"逻辑"。

⑥ 用其他语言编写与之联系的扩展功能的软件。

InTouch 是一个非常实用的人机接口软件，编程工作量非常小，而且强大的绘图能力可节省不少时间，它的动画连接功能方便地实现了动态数据监测、显示、报警等功能。

（2）iFIX

iFIX 是 Intellution 自动化软件产品家族中的一个基于 Windows 的 HMI/SCADA 组件。iFIX 是基于开放的和组件技术的产品，专为在工厂级和商业系统之间提供易于集成和协同工作所设计。它的功能结构特点可以减少开发自动化项目的时间，缩短系统升级和维护的时间，与第三方应用程序无缝集成，增强生产力。

iFIX 的 SCADA 部分提供了监视管理、报警和控制功能。它能够实现数据的绝对集成和实现真正的分布式网络结构。

iFIX 的 HMI 部分是监视控制生产过程的窗口。它提供了开发操作员熟悉的画面所需要的所有工具。

iFIX 给现场人员和其他软件提供实时数据。这种实时数据描述是更有效地利用资源和人员以及更加自动化的关键。

iFIX 执行基本功能以使特定的应用程序执行所赋予的任务。它两个基本的功能是数据采集和数据管理。

iFIX5.1 具有以下新的功能和特点：

1) 可分析的 SCADA（Historian 数据源直接用于画面）。

2) 强大的制图、表功能（①提高制作趋势图表功能，如对数指标图、SPC 图表、柱状图；②可以将图表导出到 CSV 与 TXT 文件或其他图形格式文件；③具有打印图表快照的能力）。

3) 增强的故障切换能力。

4) 增强的故障切换配置窗口及工具。

5) 容错能力提高（①通过客户端远程暂停/复位数据同步；②Troubleshooting System 标签可以诊断 SCADA 切换过程；③120s 内自动完成通过过程中的

数据传输)。

(3) WinCC

西门子的 WinCC 也是一套完备的组态开发环境，西门子提供类 C 语言的脚本，包括一个调试环境。WinCC 内嵌 OPC 支持，并可对分布式系统进行组态。但 WinCC 的结构较复杂，用户最好经过西门子的培训以掌握 WinCC 的应用。

1) WinCC 的作用是用于实现过程的可视化，并为操作员开发图形用户界面。

2) WinCC 的基本功能和特点如下：

① WinCC 允许操作员对过程进行观察。过程以图形化的方式显示在屏幕上，每次过程中的状态发生改变，都会更新显示。

② WinCC 允许操作员控制过程。例如：操作员可以从图形用户界面操作和控制现场设备。

③ 一旦出现临界过程状态，将自动发出报警信号。例如：如果现场的过程值超出了预定义的限制值，屏幕上将显示一条消息。

④ 在使用 WinCC 进行工作时，既可以打印过程值，也可以对过程值进行电子归档。这使得过程的文档编制更加容易，并允许以后访问过去的生产数据。

3) 基本 WinCC 系统由下列子系统组成：图形系统、报警记录、归档系统、报表系统、通信、用户管理。

4) WinCC V7.0 具有以下功能和特点：

① 通用的应用程序，适合所有工业领域的解决方案。

② 内置所有操作和管理功能，可简单、有效地进行组态。

③ 集成的 Historian（过程管理）系统作为 IT 和商务集成的平台。

④ 可用选件和附加件进行扩展。

⑤ 可基于 Web 持续延展，采用开放性标准，集成简便。

⑥ 多语言支持，全球通用。

7.2 常用国内组态软件

(1) 组态王软件

组态王是国内第一家较有影响的组态软件开发公司（更早的品牌多数已经消失）。组态王提供了资源管理器式的操作主界面，并且提供了以汉字作为关键字的脚本语言支持。组态王也提供多种硬件驱动程序。

组态王开发的监控系统软件，是新型的工业自动控制系统，它以标准的工业计算机软、硬件平台构成的集成系统取代传统的封闭式系统。

组态王监控系统软件具有适应性强、开放性好、易于扩展、经济、开发周期短等优点。通常可以把这样的系统划分为控制层、监控层、管理层三个层次结构。其中监控层对下连接控制层，对上连接管理层，它不但实现对现场的实时监测与控制，且在自动控制系统中完成上传下达、组态开发的重要作用。它尤其考虑三方面问题：画面、数据、动画。通过对监控系统要求及实现功能的分析，采用组态王对监控系统进行设计。组态软件也为试验者提供了可视化监控画面，有利于试验者实时现场监控。而且，它能充分利用 Windows 的图形编辑功能，方便地构成监控画面，并以动画方式显示控制设备的状态，具有报警窗口、实时趋势曲线等，可便利地生成各种报表。它还具有丰富的设备驱动程序和灵活的组态方式、数据链接功能。

1) 使用组态王实现控制系统试验仿真的基本方法：

① 设计图形界面。

② 构造数据库。

③ 建立动画连接。

④ 运行和调试。

2) 使用组态王软件开发具有以下两个特点：

① 试验全部用软件来实现，只需利用现有的计算机就可完成自动控制系统课程的试验，从而大大减少购置仪器的经费。

② 该系统是中文界面，具有人机界面友好、结果可视化的优点。对用户而言，操作简单易学且编程简单，参数输入与修改灵活，具有多次或重复仿真运行的控制能力，可以实时地显示参数变化前后系统的特性曲线，能直观地显示控制系统的实时趋势曲线，这些很强的交互能力使其在自动控制系统的试验中可以发挥理想的效果。

3) 在采用组态王开发系统编制应用程序过程中要考虑以下三个方面：

① 图形，是用抽象的图形画面来模拟实际的工业现场和相应的工控设备。

② 数据，就是创建一个具体的数据库，并用此数据库中的变量描述工控对象的各种属性，如水位、流量等。

③ 连接，就是画面上的图素以怎样的动画来模拟现场设备的运行，以及怎样让操作者输入控制设备的指令。

(2) 图灵开物

华富计算机公司的图灵开物（Controx）是全 32 位的组态开发平台，为工控用户提供了强大的实时曲线、历史曲线、报警、数据报表及报告功能。作为国内最早加入 OPC 组织的软件开发商，Controx 内建 OPC 支持，并提供数十种高性能驱动程序。提供面向对象的脚本语言编译器，支持 ActiveX 组件和插件的即插即用，并支持通过 ODBC 连接外部数据库。Controx 同时提供网络支持和 WebServer 功能。

Controx 是运行于 Windows2000/NT/XP/7 系统的工控软件，采用真正的 Client/Sever 体系结构，支持实时数据共享和分布式历史数据库；提供方便、高性能的 I/O 驱动；轻松地实现复杂的控制画面和控制策略的构造，并得到及时准确的报表。它是生产商及系统集成商的有力工具。

Controx 内部采用真正的 Client/Sever 体系结构，用户在企业所有层次的各个位置上都可以及时获得系统的实时信息，无论是在控制现场还是在办公室内，都可以进行交互式的操作，令操作者和管理人员做出快捷有效的决策。通过采用 Controx，会使用户极大地增强其生产线能力，提高工厂的生产力和效率，提高产品的质量和减少成本及原材料的消耗。

Controx 具有以下功能和特点：

1) 操作简单、所见即所得。集成管理器可以完成几乎所有的组态功能。简单明了和所见即所得的风格特别适合工程技术人员应用。

2) 内存量不算点。只有真正的 I/O 点才计算点数，方便用户工程规划，真正让利于用户。

3) 高速标签扫描，可以满足一般高速测控试验系统的需要。提供最小 10ms 标签扫描周期，使用普通的板卡设备可以达到 25ms 采集 16 路模拟量采集点（或 50ms 采集 48 路模拟量采集点）的速度；配合图灵开物软件可以满足一般的试验测试要求。

4) 支持工程加密，保护工程商权益。根据不同的加密强度，支持两种工程加密方式：密码方式和加密锁方式。

5) 条件存储，想存就存。一般的软件只支持周期存储，即设定了存储周期后，不管是否需要都要进行存储。而 Contox 支持条件和周期两种方式，可以根据用户的需求，在条件满足的情况下进行存储。

6) 支持设备冗余和数据库冗余。支持设备冗余和数据库冗余，完全可以满足重要场合应用。

7) 界面美观，支持流动效果。不但支持直线流动，而且支持曲线、圆弧的流动效果，支持三种流速。快速构建用户工程。

8) 分布式网络环境。只需在工程中添加节点，轻松构建网络工程。

9) 开放的编程接口。通过开放的编程接口，用户可以编写驱动程序、自定义插件、自定义函数。不但功能灵活，而且可以达到信息隐蔽的作用，保护用户的算法和思想。用户可以方便地制作功能强大的插件，满足特定行业的需求。也可以由厂商为用户定制开发，支持的自定义函数为二进制代码，保密性强，执行速度快，特别适合编写需要保密的算法，并可提供一对一加密锁保密方式。

10) 强大的设备支持。作为系统自带驱动功能，支持目前主流的 PLC（可编程序控制器）、数据采集板卡、采集模块、智能仪表、控制器和变频器。支持的方式有 TCP/IP、现场总线、GPIB、串口、总线等。同时公开数据接口，用户可以编写自定义的驱动程序。

11) 强大的标准接口。OLE、ActiveX、OPC、ODBC、DDE 接口，使用户毫无困难地和其他系统集成。可以将应用范围扩展到工厂级，为 MES（Manu-facturing Execution System，制造执行系统）或 ERP 提供管理数据。

12) 可灵活裁剪、配置。用户可以灵活配置系统的历史、报警、校时、冗余等服务功能，可以应用在从简单采集到复杂的分布式系统中。

(3) 力控

作为民族产业的大型 SCADA、DCS 软件，力控软件支持控制设备冗余、控制网络冗余、监控服务器冗余、监控网络冗余、监控客户端冗余等多种系统冗余方式，可以适应对安全性要求比较高的工艺装置，解决了一般国内外软件在数据吞吐、安全性和容错性上的问题，使软件在大数据量吞吐、网络切换上得到了很大的提高，达到了国际水平。力控软件支持控制设备冗余，支持普通的 232、485、以太网等控制网络的冗余，支持控制硬件的软冗余切换和硬冗余切换。

力控 6.0 监控组态软件是北京三维力控科技有限公司根据当前的自动化技术的发展趋势，总结多年的开发、实践经验和大量的用户需求而设计开发的高端产品，是三维力控全体研发工程师集体智慧的结晶，该产品主要定位于国内高端自动化市场及应用，是企业信息化的有力数据处理平台。

力控 6.0 在秉承力控 5.0 成熟技术的基础上，对历史数据库、人机界面、I/O 驱动调度等主要核心部分进行了大幅提升与改进，重新设计了其中的核心构件，力控 6.0 面向 .NET 开发技术，开发过程采用了先进软件工程方法——测试驱动开发，使产品品质得到充分保证。

与力控早期产品相比，力控 6.0 产品在数据处理性能、容错能力、界面容器、报表等方面产生了巨大飞跃。

力控 6.0 具有以下功能和特点：

1)方便、灵活的开发环境,提供各种工程、画面模板,大大降低了组态开发的工作量。

2)高性能实时、历史数据库,快速访问接口在数据库4万点数据负荷时,访问吞吐量可达到20000次/s。

3)强大的分布式报警、事件处理,支持报警、事件网络数据断线存储,恢复功能。

4)支持操作图元对象的多个图层,通过脚本可灵活控制各图层的显示与隐藏。

5)强大的ActiveX控件对象容器,定义了全新的容器接口集,增加了通过脚本对容器对象的直接操作功能,通过脚本可调用对象的方法、属性。

6)全新的、灵活的报表设计工具:提供丰富的报表操作函数集,支持复杂脚本控制,包括脚本调用和事件脚本,可以提供报表设计器,可以设计多套报表模板。

参 考 文 献

[1] 阳宪惠. 工业数据通信与控制网络［M］. 北京：清华大学出版社，2003.

[2] 许勇. 工业通信技术原理与应用［M］. 北京：中国电力出版社，2008.

[3] 陈在平，岳有军. 工业控制网络与现场总线技术［M］. 北京：机械工业出版社，2008.

[4] 陈定方. 现代机械设计师手册：下册［M］. 北京：机械工业出版社. 2014.

[5] 李峰，陈向益. TCP/IP——协议分析与应用编程［M］. 北京：人民邮电出版社，2008.

[6] 李英姿. 住宅电气与智能小区系统设计［M］. 北京：中国电力出版社，2013.

[7] 毕德刚，于锁利. 计算机网络［M］. 哈尔滨：黑龙江大学出版社，2008.

[8] 冯冬芹，王酉，谢磊. 工业自动化网络［M］. 北京：中国电力出版社，2011.

[9] 严体华，张凡. 网络管理员教程［M］. 北京：清华大学出版社，2009.

[10] 贾东耀，汪仁煌. 工业控制网络结构的发展趋势［J］. 工业仪表与自动化装置，2002（5）：12-14.

[11] 张建峰. DeviceNet 现场总线网络通信技术的研究［D］. 天津：天津理工大学，2006.

[12] 周明. 现场总线控制［M］. 北京：中国电力出版社，2002.

[13] 邬宽明. 现场总线技术应用选编［M］. 北京：北京航空航天大学出版社，2003.

[14] Ray A, Halevi Y. Integrated communication and control systems：part I—analysis and part II—design consideration［J］. ASME Journal of Dynamic System Measurement&Control，1988.

[15] 刘泽详. 现场总线技术［M］. 北京：机械工业出版社，2011.

[16] 秦贵和. 车上网络技术［M］. 北京：机械工业出版社，2003.

[17] 许洪华. 现场总线与工业以太网技术［M］. 2 版. 北京：电子工业出版社，2015.

[18] 王志永. 关于工业自动化控制系统通讯网络应用的探析［J］. 科研，2016（1）：167.

[19] 博尔曼. 工业以太网的原理与应用［M］. 北京：国防工业出版社，2011.

[20] Liu C L, James W. Layland. Scheduling Algorithms for Multiprogramming in a Hard-Real-Time Environment［J］. Journal of the ACM（JACM），1973.

[21] 唐涛，郭意. 工业以太网技术的应用分析［J］. 科技资讯，2016，14（1）：3-4.

[22] Cena, Gianluca, Valenzano, et al. Hybrid wired/wireless networks for real-time communications［J］. IEEE Industrial Electronics Magazine，2008.

[23] 郑文波. 控制网络技术的发展［J］. 工业控制计算机，1999（5）：1-4.

[24] 赵先新，曹学军. SIEMENS S7 系统工业通讯网络［J］. 电气传动自动化，2002，24（2）：52-54.

[25] 王德吉. 西门子工业网络通信技术详解［M］. 北京：机械工业出版社，2012.

[26] 刘锋. 互联网进化论［M］. 北京：清华大学出版社，2012.

[27] 夏继强，邢春香. 现场总线工业控制网络技术［M］. 北京：北京航空航天大学出版社，2005.

[28] 雷霖. 现场总线控制网络技术［M］. 北京：电子工业出版社，2004.

[29] 刘国海. 集散控制与现场总线［M］. 北京：机械工业出版社，2006.

[30] 甘永梅. 现场总线技术及其应用［M］. 北京：机械工业出版社，2004.

[31] 陶宏伟. 有线电视技术［M］. 北京：电子工业出版社，2007.

[32] ISO11898：Road Vehicle-Interchange of Digital Information-Controller area Network（CAN）for High-Speed Communication［S］. ISO，1993.

[33] ISO11519-2：Low-speed controller area network（CAN）［S］. ISO，1994.

[34] Hong S H. Bandwidth Allocation Scheme for Cyclic-Service Fieldbus Networks［J］. IEEE Trans. On Mechatronics，2001.

[35] 杨福宇. CAN 调度理论与实践意义［J］. 单片机与嵌入式系统应用，2008.

[36] Naughton M, Heffernan D. SMART-Plan：A new message scheduler for real-time control networks［C］. Proceedings of IEE Irish Signals and Systems Conference，2005.

[37] 张浩. 现场总线与工业以太网络应用技术手册［M］. 上海：上海科学技术出版社，2004.

[38] 王书举，张天侠，张国胜. 采用混合调度策略的电动汽车 TTCAN 网络［J］. 汽车工程，

2010, 32 (11): 993-996.

[39] 谢昊飞. 工业以太网技术 [M]. 北京: 科学出版社, 2007.

[40] 汪晋宽, 吴雨川. 工业网络技术 [M]. 北京: 北京邮电大学出版社, 2007.

[41] Ryan C, Heffernan D, Leen G. Clock synchronization on multiple TTCAN network channels [J]. Microprocessors and Microsystems, 2004.

第53篇 面向机械工程领域的大数据、云计算与物联网技术

主　编　邓庆绪
编写人　邓庆绪
　　　　彭玉怀
审稿人　张　斌

第1章 大 数 据

1 大数据的概念与基本原理

1.1 大数据的定义

大数据（big data）是互联网技术发展到一定阶段的必然产物。不同于"海量数据"（large-scale data 或 vast data），大数据不只是规模很大只强调量的数据，更是指当今社会所具备的一种新型能力：对海量数据，以一种前所未有的方式，指出数据的复杂形势、数据的快速时间特性，对数据进行分析、处理等专业化处理，获得具有巨大价值的产品和服务。

对于大数据，至今没有一个被业界广泛采纳的明确定义，下面是一些具有代表性的大数据定义：

美国著名的研究机构 Gartner 针对大数据给出了这样的定义：大数据是需要新处理模式才能具有更强的决策力、洞察发现力和流程优化能力来适应海量、高增长率和多样化的信息资产。

麦肯锡全球研究所在其报告《大数据：创新、竞争和生产力的下一个前沿》中给出的大数据定义是：大数据指的是大小超出常规的数据工具获取、存储、管理和分析能力的数据集，具有海量的数据规模、快速的数据流转、多样的数据类型和价值密度低四大特征。

互联网数据中心（IDC）从大数据的四个特征来定义，海量的数据规模（Volume）、数据处理的快速性（Velocity）、多样的数据类型（Variety）和数据价值密度低（Value），即所谓的"4V"特性。而 IBM 认为，大数据还应该具有真实性（Veracity）。

互联网周刊则针对大数据给出如下定义：大数据的概念远不止大量的数据（TB）和处理大量数据的技术，或者所谓的"4V"之类的简单概念，而是涵盖了人们在大规模数据的基础上可以做的事情，而这些事情在小规模数据的基础上是无法实现的。换句话说，大数据让我们以一种前所未有的方式，通过对海量数据进行分析，或者具有巨大价值的产品和服务，或深刻的洞见，最终形成变革之力。

虽然对大数据的定义，很难达成共识，但是这些定义都是从大数据的特性出发，通过对这些特性的阐述和归纳来描述大数据。我们可以看到，"4V"特性是这些定义较为普遍认同的特性。因此，理解大数据不必拘泥于过于具体的定义，在把握"4V"特性的基础上，适当考虑其他特性即可。

1.2 大数据的关键特征

从大数据的定义中可以看出，大数据具有规模大、种类多、速度快等特点，在数据增长、分布、处理等方面具有更多复杂的特性。业界一般用"4V"来概括大数据的特征，分别是数据量大、数据类型多、处理速度快和价值密度低，这些特性使得大数据区别于传统的数据概念。

（1）数据量大

大数据首先是数据量大以及其规模的完整性。一般来说，超大规模数据是处在 GB（10^9B）级的数据，海量数据是指 TB（10^{12}B）级的数据，而大数据则是指 PB（10^{15}B）级及其以上的数据。全球数据量正以前所未有的速度增长着，数据的存储容量从 TB 级别已经扩大到 ZB（10^{21}B）数量级。可想而知，随着存储数据量的增多，容量的指标是动态变化的，数据量仍会持续增大。

IDC 发布的数字宇宙研究报告显示，预计到 2020 年，全球数据总量将超过 40ZB（相当于 4 万亿 GB），这相当于地球上每个人产生 5200GB 的数据，估计是地球上所有海滩上所有沙粒总和的 57 倍。

（2）数据类型多

大数据的数据类型非常多，而其中 80% 的数据属于非结构化数据。

结构化数据是可以用二维表结构来逻辑表达实现的数据，可以以传统的表格形式存储在数据库或数据仓库中，比如 Excel 表格中的数据。

随着大量互联网多媒体应用的出现，诸如日志、电子邮件、视频、音频、图片和地理位置信息等大量数据占了总数据的很大比重，而在获得这些数据之前，无法预知其结构，也就是所谓非结构化数据。社交网络和移动设备的普及，使得非结构化数据的比重越来越大，已经逐渐成为大数据的主体。而数据之间关联性又很强，交互频繁，如某顾客在某餐厅上传某食物照片，就与餐厅位置、美食信息等有很强的关联性。

大数据时代的关键在于怎样巧妙地收集处理这些非结构化数据。

（3）处理速度快

大数据要求数据处理速度快，这也是区别于传统数据最显著的特征。很多数据具有时效性，在海量的数据面前，只有高效的处理速度，才能创造数据真正的价值。传统的数据处理技术不适用于大数据的高速存储和管理，因而出现了许多用于收集、分析和预测数据的技术、产品和服务，尽可能对海量数据实现"秒级响应"，快速发现数据规律和有价值的信息。

大数据时代的到来不仅意味着数据量的增加，它更加表明了当前对于数据的处理技术已经上升到了一个新的高度。

（4）价值密度低

数据的价值密度与数据量成反比。大数据存在着巨大的商业价值，却隐藏在海量的数据当中，这使得大数据体现出价值密度低的特点。例如，每天通过社交网站会产生海量的信息数据，其中却有80%以上是无效数据。如何通过强大的机器学习和数据挖掘算法，结合企业的业务逻辑，来迅速发现并获取有价值的信息是当前大数据时代亟待解决的难题。

1.3 大数据的关键技术

（1）数据的采集

足够的数据量是企业大数据战略建设的基础，因此数据采集是大数据价值挖掘中的重要的一环，其后的分析挖掘都建立在数据采集的基础上。数据的采集有基于物联网传感器的采集，也有基于网络信息的数据采集。数据采集过程中的ETL（Extract Transform Load）工具将分布的、异构数据源中的数据，如关系数据、平面数据文件等抽取到临时中间层后进行清洗、转换、集成，最后加载到数据仓库或数据集中，成为联机分析处理、数据挖掘的基础。

（2）数据的预处理

数据的多源性和多样性导致数据的质量存在差异，影响到数据的可用性。对存储的数据进行抽取，既可以减轻开销和花费，也能满足用户需求。对于抽取的数据进行数据清洗，剔除或改正数据中存在的错误和不一致，保证数据的一致、准确、无冗余，从而提高数据质量，获得可信的和可用的数据。目前很多公司针对这些问题推出了多种数据清洗和质量控制工具。

（3）数据的存储与管理

需要用存储器把采集到的数据存储起来，建立相应的数据库，并进行管理和调用。通过开发可靠的分布式文件系统、分布式关系型数据库以及分布式非关系型数据库等解决方案，主要解决大数据的可存储、可表示、可处理、可靠性及有效传输等几个关键问题。

（4）数据的分析

数据分析是收集数据、处理数据进而获取信息的过程。数据分析的目的是对杂乱无章的数据进行集中、萃取和提炼，进而找出所研究对象的内在规律。想要获得有效的信息，首先就要进行数据分析，获得对数据的认知。

（5）数据的挖掘

大数据分析的理论核心是数据挖掘。数据挖掘就是在大型数据集中，自动地发现有用的信息的过程。数据挖掘是一种将传统的数据分析方法与处理大量数据的复杂算法相结合的技术。大数据挖掘作为近年来新兴的一门计算机边缘学科，在国内外引起了越来越多的关注。随着大数据挖掘技术和挖掘工具的不断完善，大数据挖掘必将得到广泛应用。

（6）数据的应用与展现

大数据技术能够将隐藏于海量数据中的信息和知识挖掘出来，为人类的社会经济活动提供依据，从而提高各个领域的运行效率，大大提高整个社会经济的集约化程度。大数据应用与展现技术是利用大数据分析与挖掘的结果，为用户提供辅助决策，发掘潜在价值的过程。在不同领域、不同的应用需求下，大数据的获取、分析和展现方式都不同，因此，大数据应用与展现技术一定要与领域知识相结合。

1.4 大数据的应用

大数据的应用就是利用大数据分析的结果，提取有效信息，发挥数据潜在价值的过程。当前的大数据应用已经十分广泛，几乎涉及各个领域，包括医疗、交通、金融、教育和零售等各个行业。下面简单介绍一下大数据技术在几种行业中的商用价值和具体应用。

（1）互联网

互联网是数据的集散地，海量的数据聚集在这里，借助大数据方法和技术，分析隐藏在其中丰富的内容，发现其中存在的基本规律。对于互联网当中的各种服务和应用，大数据技术能够基于各种海量的在线行为来分析用户的兴趣和需求，向目标用户提供有针对性的产品和服务，改善社交网络体验，提升网络用户忠诚度。

应用案例：互联网广告、实时在线服务、用户行为分析、内容推荐、网民情绪分析、地理位置分析、产品口碑分析和个性化营销等。

（2）金融

随着全球金融业竞争的逐步加剧，金融创新已经成为影响金融企业核心竞争力的主要因素。金融行业对信息技术的依赖性很大，大数据技术可以帮助金融公司分析数据,寻找其中的金融创造机会,降低金融风险,提高整体收入,增加市场份额。

应用案例:金融欺诈行为的监测和预防、客户价值分析、客户行为分析、加快理赔速度、金融风险分析及贷款偿还能力预测等。

(3) 交通

城市车辆大幅增加导致原有的交通管理与规划方法难以满足当前复杂的交通需求,日益严重的交通堵塞问题给城市交通部门带来管理上的压力。大数据技术与方法为缓解交通堵塞问题打开了新思路,提供了新的解决方案,通过对交通流量的监控、交通诱导系统及交通需求预测等,完成复杂的交通预判和疏导,帮助城市缓解交通堵塞问题,降低人力成本,减轻巡警的执勤压力。

应用案例:面向公众的实时智能导航、智慧公共服务、停车诱导、交通违法智能挖掘与取证、机动车牌号精准查询和轨迹跟踪、实时套牌检测比对、货物运输中的智能路径规划及智能调度优化等。

(4) 医疗

医疗数据的规模正在呈指数型增长,医疗数据的多样性也给管理和应用带来了很大困难。医疗档案、手写医嘱、出入院记录、纸质处方和医疗影像等非结构化数据是医疗数据的主要组成。这要求数据的采集、分析、比较和决策从较慢的批处理向实时处理方式转变。当前,医疗行业大数据的应用主要体现在医学研究数据分析、疫情和健康趋势分析、医疗电子健康档案等方面。

应用案例:临床数据比对、临床决策支持、预防传染病蔓延、早产婴儿的预测分析、就诊行为分析和医疗电子档案等。

(5) 电信

网络时代,电信运营商是数据交换中心,每天通过运营商的网络通道、业务平台和支撑系统,会产生大量有价值的数据,基于这些数据的大数据分析为运营商带来了巨大的机遇。电信业大数据应用可以提高业务效率、实现个性化服务、优化产品套餐。

应用案例:个性化推荐、用户行为分析、业务设计优化、商业智能应用、用户流失预测和末班车提醒等。

(6) 零售

大数据应用的必要条件在于IT与经营的融合,大至一个城市的运营,小至一个零售门店的运营。大数据技术的应用可以促进客户购买热情、顺应客户购买行为习惯。

应用案例:基于用户位置信息的精准促销、社交网络购买行为分析等。

(7) 能源

日益升高的油价和电价使可持续能源议题热度持续高涨,这使得大数据分析在能源产业的重要性与日俱增。不少企业已经装设智能化的监测设备,实时收集数据,以提高生产力、降低成本和风险。能源行业的大数据应用需求主要有智能电网应用、跨国石油企业大数据分析和能源生产安全监测分析等方面。

应用案例:勘探、钻井等传感器阵列数据集中分析智慧电表、智慧发电系统等。

(8) 制造

制造业是经济增长和就业市场的中流砥柱。在成本较低的新兴国家生产力跃进之下,制造业早已成为全球性的产业。制造业大数据的分析主要是应用于产品研发与设计、供应链管理、生产过程及售后服务等环节,以达到加强价值链、降低保修成本、降低工程事故风险等目的。

应用案例:产品故障及失效综合分析、供需管理系统等。

2 大数据存储技术

随着物联网、云计算、移动网络与社交网络等信息技术的应用,日常生活中产生的数据量成倍增长,数据种类繁多,大数据时代已经来临。各个领域新兴应用层出不穷。数据的价值日益凸显,数据已经成为不可或缺的资产。包含大量半结构化和非结构化数据的海量数据的存储,与传统数据的存储存在显著差异,这主要由大数据的复杂性决定。大数据的复杂性表现为关系复杂性、时间复杂性、空间复杂性三个方面。这给传统的数据存储和管理带来了一系列的挑战。因此,解决数据存储问题是大数据应用的关键。

2.1 大数据的存储问题

(1) 大容量

海量数据存储系统需要有相应等级的扩展能力。存储系统的扩展要简便而有效,从而满足当前数据规模需求和数据规模快速增长的需求,也可以灵活应对大数据复杂的数据类型和结构。

(2) 高响应

由于大数据存在数据量大,内容复杂和非结构化的性质,当对数据库系统发起请求时,数据库的响应能力在一定程度上会受到限制。因而数据不能及时响应访问请求,出现数据应答的延迟问题。在涉及网上交易或金融类相关的应用时,大数据应用的实时性就显得更为重要,如果交易过程中响应延迟,可能会造成重大损失。

(3) 安全性

数据存储要求保证数据的安全性。数据的安全表现在数据本身的安全和数据处理的安全两个方面。

(4) 成本

对于正在使用大数据环境的企业来说，成本控制十分关键。数据的收集、挖掘、抽取等过程较为复杂，消耗时间较长，会使大数据存储的成本增加。处理时间的增长也增加了维持用户满意度的成本。由于大数据自身的特征，对于支持大数据存储的软硬件设施的性能也提出了更高的要求，而研发所需付出的人力、物力和财力也不同程度提高了大数据存储的成本。

(5) 数据积累

大数据的积累问题是指数据在存储系统中的存储时间问题。大数据应用通常要求数据要保存多年，而要实现数据的长期保存，就要求大数据存储系统能够具有持续进行数据一致性检测的功能，以保证数据长期的高可用性。

(6) 灵活性

大数据的数据种类繁多，包含结构化数据、半结构化数据和非结构化数据。多类型的数据对于数据存储系统处理大数据的能力和灵活性提出了更高的要求。大数据存储系统的基础设施规模大，因此必须经过仔细设计，才能保证存储系统的灵活性，并使其能够随着应用分析软件一起扩容和扩展。

(7) 应用感知

应用感知技术是数据库技术的一项重要技术，根据性能、可用性、可恢复性、法律法规要求以及价值来调整存储，以适应存储对应的单个应用。在主流存储系统领域，应用感知技术的使用越来越普遍，它也是提高系统效率和改善系统性能的重要手段，所以，应用感知技术也应该用在大数据存储环境里。

(8) 小用户

大数据的用户群体不仅是大型企业，小用户在对大数据的需求方面也扮演着重要角色。小用户数量多，需求差异化明显，为了满足小用户的信息需求，需要开发出合适的小型大数据存储系统。

2.2 数据的存储方式

数据存储通常采用三种方式。

(1) 集中式存储

集中式存储通过建立一个庞大的数据库，把各种信息存入其中，各种功能模块围绕在信息库的周围并对信息库进行增删改查等操作。这种存储方式人为可控，维护方便，但是单点故障风险大，开销大。

(2) 分布式存储

分布式存储将数据分散存储在多台独立的设备中，分担存储负荷。这种存储方式提高了系统的可靠性、可用性和存取效率，易于扩展，高响应，但是无主控点致使一些元数据的更新操作的实现较为复杂，不易进行人工控制。

(3) 分层式存储

分层式存储又称层级存储，将数据存储在不同层级的介质中，并在不同的介质之间进行自动或手动的数据迁移和复制。这种存储方式效率高、成本低、灵活性强，但是存在数据一致性问题和多匹配问题。

2.3 云存储

云计算和物联网的快速发展，使越来越多的个人和企业选择将自己的业务迁移到大型数据中心，以降低本地硬件成本和系统维护费用。云存储是指通过集群应用、网络技术或分布式文件系统等功能，将网络中大量各种不同类型的存储设备通过应用软件集合起来协同工作，共同对外提供数据存储和业务访问功能的一个系统。

(1) 云存储的结构

自底向上，分别为存储层、基础管理层、应用接口层和访问层。

(2) 云存储的意义

用户数据集中在云端，不再隶属于某一个终端，不用担心数据丢失，数据只需存储一份，极大地节省了存储空间。

(3) 云存储的问题

存储成本问题、可靠性问题、可用性问题、数据安全问题和访问性能问题。

2.4 数据存储的可靠性

除了数据内容本身，数据的价值更体现在为业务发展所带来的利益、用户体验和公司盈利状况等。如果存储的数据量十分庞大，则管理系统的复杂性较高；如果数据中心为了控制成本大量采用廉价存储设备，则使得数据极易因硬件设备故障而丢失。如何提高数据中心的数据存储可靠性，成为当下的研究重点。

数据存储的可靠性主要包括以下两点：
1) 磁盘与磁盘阵列的可靠性。
2) 文件系统的可靠性。

3 大数据的管理

3.1 数据管理方式

数据管理是指对各种类型的数据进行采集、存储、分类、计算、加工、检索和传输的过程。随着计算机和网络技术的不断发展和改进,数据库管理技术也在不断地更新换代。到目前为止,数据管理技术主要发展历程经历了以下阶段:人工数据管理方式阶段、文件系统管理方式阶段和数据库系统管理方式阶段。

(1) 人工数据管理方式

20 世纪 50 年代中期,计算机初期被应用于科学计算方面,因此早期的数据处理都是手工完成的。数据存储只有磁带、卡片和纸带等低速存储设备,既没有操作系统,也没有管理数据的专门软件。此阶段管理的数据不能进行共享,且没有独立性,数据纯粹面向应用,服务于应用。

(2) 文件系统管理方式

20 世纪 60 年代中期,随着计算机技术进一步的发展,计算机不仅用于科学计算,而且更多地用于信息处理。对于数据存储,有了磁盘、磁鼓等存储设备。操作系统和高级语言的出现为文件系统管理提供了可能。此阶段的文件系统,是按照相应的规则将数据组织成一个独立的命名文件。这一时期的数据特点是:数据可以长期存储在磁盘上有专门的软件进行管理维护、数据不再独立存在,数据不止服务于应用,在一定程度上数据的共享性得到了提高。

(3) 数据库系统管理方式

20 世纪 60 年代后期,数据库系统管理方式逐渐形成并具有一定的规模。由于磁盘技术的不断进步和发展,低成本、高速的硬盘占领了市场,为新的数据管理技术提供了产生的必要条件。对应的软件技术也有一定的发展。数据库系统是由计算机的软硬件资源共同组成,实现了数据的动态、有规则、独立存储。其中,数据库系统的构成如图 53.1-1 所示。

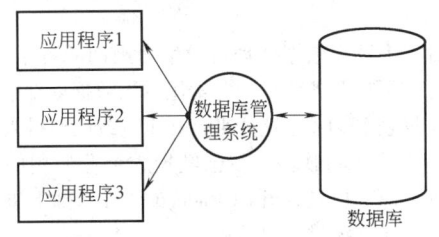

图 53.1-1 数据库系统的构成

大数据是指无法在可承受的时间范围内用常规软件工具进行捕捉、管理和处理的数据集合。随着数据量的增长,得到庞大的数据源和样本数据后,人们并不能容忍对于这些庞大的数据处理响应时间。因此,大数据需要在数据量提高的前提下,对数据的处理和响应能力进行提高,从而确保数据延迟可以在人们的接受范围之内。因此,数据处理要得到有效的保证。

那如何存储和组织管理这些海量数据,值得我们去探索和研究。

3.2 大数据管理技术

针对大数据的数据量大的特点,可以采用分而治之的思想,构建分布式存储系统。分布式存储可以方便地增加存储节点,保证有足够的容量来存储数据,使数据分布保持平衡状态。

(1) 分布式文件系统

分布式文件系统是指网络中的多个存储节点通过网络组织起来,文件系统管理的物理存储资源不一定直接连接在本地节点上,而是通过计算机网络与节点相连。构建一个大型的分布式文件系统可以为海量数据进行有效处理和分析提供底层存储支撑。根据著名的 CAP 理论(布鲁尔定理),采用分布式存储系统来存储海量数据时,需要考虑以下三个核心需求:一致性;可用性;分区容错性。

根据 CAP 理论,已经得到证明可知,分布式系统最多只能满足三个需求中的两项,不可能满足全部三项。如何权衡取舍,设计构造良好的分布式文件系统,需要架构师真正理解系统需求,把握业务特点。

(2) 分布式数据库

分布式数据库是一个数据集合,具有两个重要特点:分布性和逻辑相关性。依据存储的数据结构不同,分布式数据库可分为分布式关系型数据库和分布式非关系型数据库。

1) 关系型数据库。关系型数据库是建立在关系模型基础上的,是数据存储的传统标准。分布式关系型数据库强调遵循 ACID 原则,即数据库事务正确执行应用遵循原子性(Atomicity)、一致性(Consistency)、隔离性(Isolation)和永久性(Durability)四个基本要素。

关系型数据库具有如下优点:容易理解、使用方便、高性能、事务具有一致性和易于维护。

但是针对现如今日渐复杂丰富的应用,传统关系型数据库面临以下问题:数据表表结构不固定,可能会频繁变动;对海量数据的高效率存储和访问的支持;针对弱一致性需求的优化。

2) 非关系型数据库(NoSQL)。分布式非关系型数据库是指那些非关系型的、分布式的、不保证遵循 ACID 原则的数据存储系统。分布式非关系型数据库的理论基础一般遵循由 CAP 理论逐步演化而来的 BASE 模型,即 Basically Available(基本可用)、Soft-state(软状态/柔性事务)和 Eventually Consistent(最终一致性)三个词的简写。BASE 模型不遵循

ACID 原则，完全不同于 ACID 模型，通过牺牲一致性，来获得基本可用性和柔性可靠性并要求达到最终一致性。

按照功能，非关系型数据库可分为以下几类：文档数据库、图数据库、键值数据库、列存储数据库和内存数据网络。

3.3 关系数据库和 NoSQL 数据库的区别

传统的关系数据库与 NoSQL 数据库在数据管理系统发展不同的时间段里都体现出了自己的可用性和实用性，能够解决的一定的问题。关系数据库和 NoSQL 数据库的比较见表 53.1-1。

表 53.1-1 关系数据库和 NoSQL 数据库的比较

名称	横向纵向的扩展能力	数组存储	数据的内存和外存使用
关系型数据库	传统的关系型数据库一般是部署在单台服务器上，如果要增强其存储和处理能力，可采用增加处理器、内存和外存等方式进行升级。部署在多台服务器上的关系数据比较依赖相互复制达到数据同步	关系型数据库通常是由表或视图构成（结构固定，通过各种数据库操作相互关联）	关系型数据库一般是将数据存在一个硬盘或一个网络存储空间里。通过 SQL 查询语句或者存储过程把数据提取到内存中使用
NoSQL 数据库	NoSQL 数据库可以部署在单台服务器上，但更多是成云状分布。NoSQL 数据库可以执行并行计算等高级计算操作	NoSQL 数据库一般存储的是一对键值或数组，结构不固定，只有一个有顺序的数据队列。针对结构和非结构型数据都可以进行存储	有一些 NoSQL 数据库可以直接在硬盘上进行操作，也可以通过内存来加快处理速度。Redis 是纯内存 NoSQL 系统，把整个数据库加载到内存中，通过异步操作把数据库更新到硬盘上进行保存

4 大数据分析与处理技术

鉴于大数据本身的价值，人们越来越清楚地认识到对大数据的分析与处理相关技术的重要性。大数据分析与处理技术正在通过改变当前计算机运行模式的方式改变着这个世界。它的处理范围涵盖了几乎各种类型的海量数据，无论是社交媒体（如微博）、传统媒介（如文章、电子邮件、文档、音频和视频等），还是其他形态的数据，都可以通过大数据分析与处理技术进行处理。该类技术具备实时、高效、能够可视化地呈现结果等特性，并依托云计算技术在大量计算机构成的廉价的资源池上分配计算任务，使用户能够根据个体需求获取计算资源、存储资源、网络资源和信息服务。近几年来，云计算技术的大规模推广和应用为大数据分析与处理技术的发展做好了铺垫。

大数据作为隐含着重大信息价值的数据集合，对其进行采集、传输、处理和应用操作的相关技术，也就是大数据处理技术，是通过使用一系列非传统的工具，来对大量结构化、半结构化和非结构化数据进行处理，进而对其分析并预测结果的一系列数据处理技术，简称大数据处理技术。

4.1 大数据处理工具

Hadoop 是目前最为流行的大数据处理平台。Hadoop 由 Apache 公司为实现 Google 的 mapreduce 编程模型的一个云计算开源平台，Hadoop 是可伸缩和高效的，能够处理 PB 级数据。Hadoop 平台是包括最底部的文件系统（HDFS）、数据库（hbase、cassandra）、数据处理（mapreduce）、数据仓库（hive）和大数据分析语言接口（pig）等功能模块在内的完整生态系统（ecosystem）。在某种程度上，Hadoop 已经成为大数据处理工具事实上的标准。现有的大数据处理工具，大多是对开源的 Hadoop 平台进行改进，并将其应用于各种场景的。Hadoop 完整生态系统中各子系统都有相对应大数据处理的改进产品。

针对上述大数据处理技术生命周期的各个阶段，归纳总结了现今各阶段一些常用的大数据处理平台和工具，见表 53.1-2。这些平台和工具或已经投入商业使用，或是开源软件。在已经投入商业使用的产品中，绝大部分也是在开源 Hadoop 平台基础上进行功能扩展，或者提供与 Hadoop 的数据接口。

4.2 大数据处理流程

根据大数据的特征和产生领域可以知道，大数据的来源相当广泛，由此产生的数据类型和应用处理方法也千差万别。但是总体来说，大数据的基本处理流程大都是一致的。大数据的处理流程基本可划分为以下四个阶段：数据采集、数据处理与集成、数据分析和数据解释。大数据处理基本流程如图 53.1-2 所示。

经数据源获取的数据,因为其数据结构不同(包括结构、半结构和非结构数据),用特殊方法进行数据处理和集成,将其转变为统一标准的数据格式,方便以后对其进行处理;然后用合适的数据分析方法将这些数据进行处理分析,并将分析的结果利用可视化等技术展现给用户,这就是整个大数据处理的基本流程。

表 53.1-2 常用的大数据处理平台和工具汇总

种类		工具示例
平台	Local	Hadoop、MapR、Cloudera、Hortonworks、BigInsights、HPCC
	Cloud	AWS、GoogleCoumputeEngine、Azure
数据库	SQL	MySql(Oracle)、MariaDB、PostgreSQL、TokuDBGreenplum、AsterData、Vertica
	NoSQL	HBase、Cassandra、MongoDB、Redis
	NewSQL	Spanner、Megastore、F1
数据仓库		Hive、HadoopDB、Hadapt
数据收集		scraperWIKI、needlebase、bazhuayu
数据清洗		DataWrangler、GoogleRefine、OpenRefine
数据处理	批处理	MapReduce、Dyrad
	流计算	Sorm、S4、Kafka
	内存计算	Drill、Dremel、Spark
查询语言		HiveQL、PigLatin、DyradLINQ、MRQL、SCOPE
统计与机器学习		Mahout、Weka、R、RapidMiner
数据分析		Jaspersoft、Pentaho、Splunk、Loggly、Talend
可视化分析		GoogleChartAPI、Flot、D3、Processing、FUSIONTABLES、Gephi、SPSS、SAS、R、ModestMaps、OpenLayers

(1) 数据采集

大数据时代下数据数量多,种类复杂,因此如何通过各种方法获取数据信息显得格外重要。数据采集是大数据处理流程中最基础的一步,目前常用的数据采集手段有传感器收取、射频识别(RFID)、数据检索分类工具如百度和谷歌等搜索引擎以及条形码技术等。并且由于智能手机和平板计算机等移动设备的迅速普及,大量移动软件被开发应用,社交网络逐渐庞大,这也提升了信息的流通速度和采集精度。

(2) 数据处理与集成

数据的处理与集成主要是完成对于已经采集到的数据进行适当的处理、清洗去噪以及进一步的集成存储。大数据特性之一"Variety",也就是多样性,决定了经过各种渠道获取的数据种类和结构都非常复杂,给之后的数据分析处理带来了极大的困难。通过数据处理与集成这一步骤,首先将这些结构复杂的数据转换为单一的或是便于处理的结构,为以后的数据分析打下良好的基础。由于数据中会掺杂很多"噪声"和干扰项,一般在数据处理的过程中设计一些数据过滤器对这些数据进行"去噪"和清洗,以保证数据的质量以及可靠性。通过聚类或关联分析的规则方法将无用或错误的离群数据挑出来过滤掉,防止其对最终数据结果产生不利影响,最后将这些整理好的数据进行集成和存储。若是单纯随意地放置,则会对以后的数据取用造成影响,容易导致数据访问性的问题。针对特定种类的数据建立专门的数据库,将这些不同种类的数据信息分门别类地放置,可以有效地减少数据查询和访问的时间,提高数据提取速度。

(3) 数据分析

数据分析是整个大数据处理流程中最核心的部分。通过对杂乱无章的数据进行集中、萃取和提炼,可以找出所研究对象的内在规律,进而发现数据的价值所在。经过数据的处理与集成后,所得的数据便成为数据分析的原始数据,可以根据所需数据的应用需求,对数据进行进一步的处理和分析。

相比于传统的数据库分析和传统数据分析,大数据分析具有数据量大、算法分析复杂等特点。一般来说,大数据分析涉及以下四个方面:①有效的数据质量;②优秀的分析引擎;③合适的分析算法;④对未来的合理预测。

大数据分析从大数据中提取、挖掘对业务发展有价值的、潜在的知识,找出趋势,为产品和服务的发展方向起到积极作用,有力推动企业内部的科学化、信息化管理。在大数据时代,如果没有大数据分析技术,数据将不能发挥其价值,无法成为资产。

(4) 数据解释

对于广大的数据信息用户来讲,最关心的并非数据的分析处理过程,而是对大数据分析结果的解释与展示。因此,在一个完善的数据分析流程中,数据结果的解释步骤至关重要。若数据分析的结果不能得到恰当的显示,则会对数据用户产生困扰,甚至会误导用户。传统的数据显示方式是用文本形式下载输出或由用户个人计算机显示处理结果。但随着数据量的加大,数据分析结果往往越发复杂,用传统的数据显示方法已经不足以满足数据分析结果输出的需要。因此,为了提升数据解释、展示能力,人们引入了数据可视化技术,它已成为解释大数据最有力的方式。通过可视化结果分析,可以形象地向用户展示数据分析结果,更方便用户对结果的理解和接受。常见的可视化技术有基于集合的可视化技术、基于图标的技术、基于图像的技术、面向像素的技术和分布式技术等。

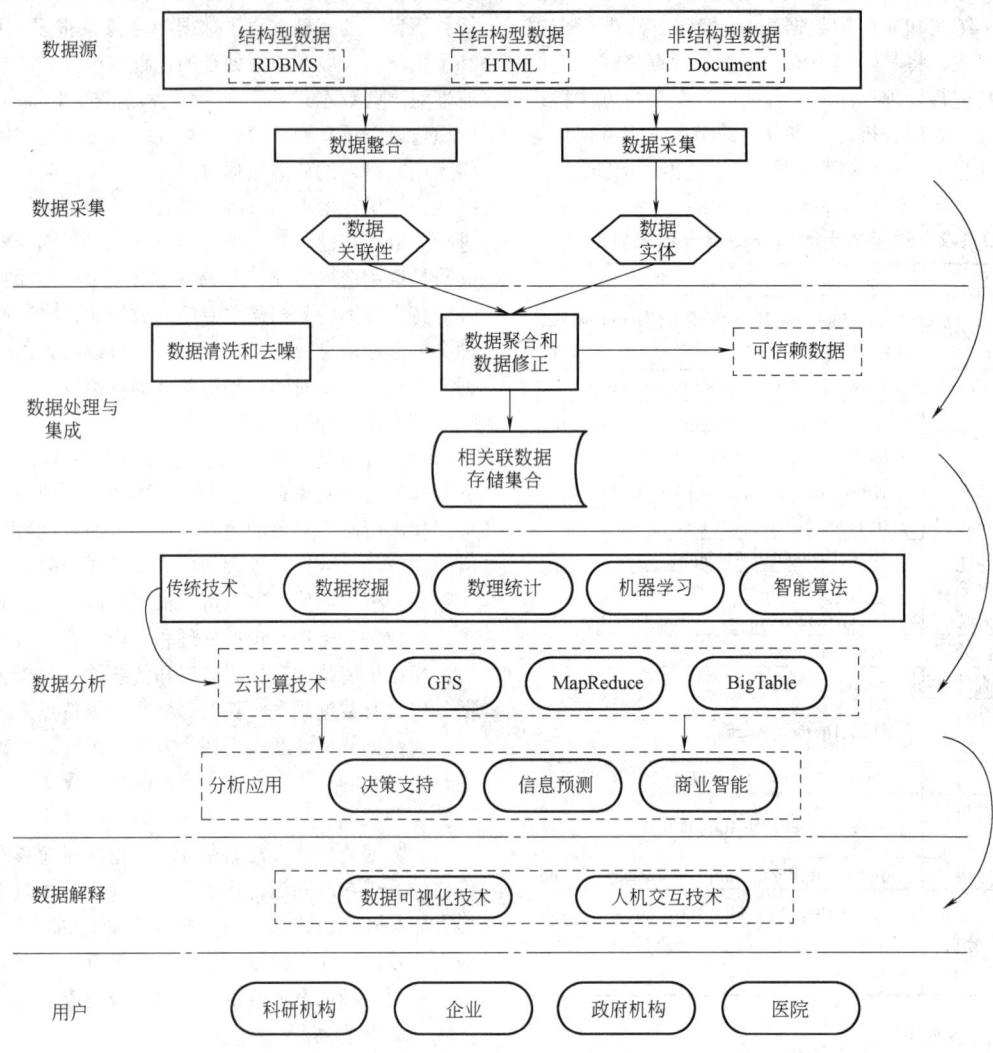

图 53.1-2 大数据处理基本流程

5 大数据与云计算及物联网的关系

大数据是互联网发展到今天的一种表象或特征，正在改变目前计算机的运行模式，也正在改变着这个世界。近年来，随着网络的不断发展，出现了很多新兴技术，物联网技术的推广应用，使得大数据技术已经成为当前最流行的技术。而大数据的发展必然会给当前的数据库和信息处理技术带来越来越多的挑战，传统的数据处理技术和数据挖掘技术已经很难满足要求，数据处理技术需要进行新的变革。以云计算为基础的信息存储和挖掘手段为大数据分析提供了有效的工具，大数据技术与云计算的结合将会为信息处理带来更多新的机遇。

5.1 云计算及其特点

5.1.1 概述

云计算（Cloud Computing）是一种基于互联网的计算方式。最早的云计算概念由 Google 首席执行官埃里克·施密特在 2006 年提出，一方面是因为当时在网络拓扑图中用云来代表远程的大型网络，另一方面也用来指代通过网络应用模式来获取服务。云计算并不是某一项独立技术的名称，它包含了分布式计算技术、网络技术、数据中心技术、服务器技术和存储技术等，是对这些实现云计算模式所需要的所有技术的总称。云计算技术几乎涉及当前信息技术中的绝大部分。

云计算当前仍处于萌芽阶段，对于它的定义也是仁者见仁，智者见智，不同文献和资料对于云计算的定义都有不同的表述，目前还没有一个大家都赞同的权威词典。

5.1.2 云计算的特点

云计算通常使计算分布在大量的分布式计算机上，而非本地计算机或远程服务器中，企业数据中心的运行将与互联网更相似。这使得企业能够将资源切换到需要的应用上，根据需求访问计算机和存储系统。

下面介绍被普遍接受的云计算的特点。

(1) 超大规模

"云"具有相当的规模，Google 云计算已经拥有 100 多万台服务器，Amazon（亚马逊）、IBM、微软和 Yahoo 等公司的"云"均拥有几十万台服务器。"云"能赋予用户前所未有的计算能力。

(2) 虚拟化

云计算支持用户在任意位置、使用各种终端获取服务。所请求的资源来自"云"，而不是固定的有形的实体。应用在"云"中某处运行，但实际上用户无须了解应用运行的具体位置，只需要一台笔记本计算机或一个 PDA（掌上计算机），就可以通过网络服务来获取各种能力超强的服务。

(3) 高可靠性

"云"使用了数据多副本容错、计算节点同构可互换等措施来保障服务的高可靠性，使用云计算比使用本地计算机更加可靠。

(4) 通用性

云计算不针对特定的应用，在"云"的支撑下可以构造出千变万化的应用，同一片"云"可以同时支撑不同的应用运行。

(5) 高可扩展性

"云"的规模可以动态伸缩，满足应用和用户规模增长的需要。

(6) 按需服务

"云"是一个庞大的资源池，用户按需购买，像自来水、电和煤气那样计费。

(7) 极其廉价

"云"的特殊容错措施使得可以采用极其廉价的节点来构成云；"云"的自动化管理使数据中心管理成本大幅降低；"云"的公用性和通用性使资源的利用率大幅提升；"云"设施可以建在电力资源丰富的地区，从而大幅降低能源成本。因此，"云"具有前所未有的性能价格比。因此，用户可以充分享受"云"的低成本优势，需要时，花费几百美元、一天时间就能完成以前需要数万美元、数月时间才能完成的数据处理任务。

(8) 潜在的危险性

云计算服务除了提供计算服务外，还必然提供了存储服务。但是云计算服务当前垄断在私人机构（企业）手中，而他们仅仅能够提供商业信用。对于政府机构、商业机构（特别像银行这样持有敏感数据的商业机构）对于选择云计算服务应保持足够的警惕。一旦商业用户大规模使用私人机构提供的云计算服务，无论其技术优势有多强，都不可避免地让这些私人机构以"数据（信息）"的重要性挟制整个社会。对于信息社会而言，"信息"是至关重要的。另一方面，云计算中的数据对于数据所有者以外的其他用户云计算用户是保密的，但是对于提供云计算的商业机构而言确实毫无秘密可言。所有这些潜在的危险，是商业机构和政府机构选择云计算服务、特别是国外机构提供的云计算服务时，不得不考虑的一个重要的前提。

5.1.3 大数据走向云端

大数据与云计算的关系，可用图 53.1-3 来表示，就像一枚硬币的正反面一样密不可分。云计算是大数据的 IT 基础，大数据是云计算的应用。云计算强调的是计算能力，而大数据强调的则是处理和计算的对象。云计算是实现大数据运用的重要途径，大数据的存储和管理是云数据库发展的必然。两者相互关联，并不是孤立存在的。

而云计算与大数据也有许多不同之处：

1) 两者概念不同。云计算改变了 IT，而大数据改变了业务。

2) 两者目标受众不同。云计算是技术和产品，是一个进阶的 IT 解决方案，而大数据的决策者是业务层。

3) 两者目的不同。大数据的目的是充分挖掘海量数据中的信息，而云计算的目的则是通过互联网更好地调用、扩展和管理存储方面的资源和能力。

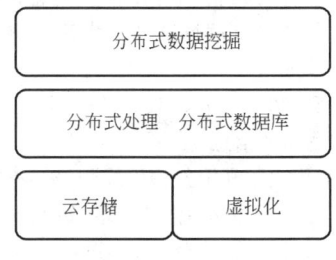

图 53.1-3 大数据与云计算的关系

5.2 物联网的概念与特征

5.2.1 物联网的概念

物联网（Internet of Things，IoT）概念最早于1999年由美国麻省理工学院提出，是新一代信息技术的重要组成部分。它的基础和核心关键是互联网，可以理解为一种在互联网基础上的延伸和扩展的网络（见图53.1-4），被称为继计算机、互联网之后世界信息产业发展的第三次浪潮。

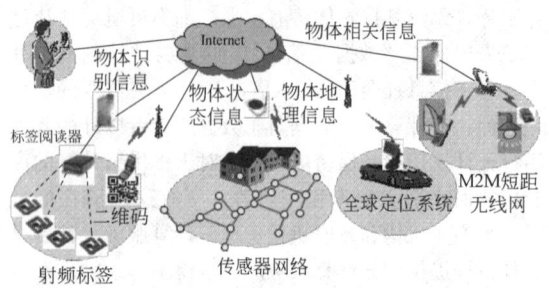

图 53.1-4 物联网概念示意图

早期的物联网是指依托射频识别（Radio Frequency Identification，RFID）技术和设备，按约定的通信协议与互联网相结合，使物品信息实现智能化识别和管理，实现物品信息互联而形成的网络。随着技术和应用的发展，物联网内涵不断扩展。现代意义的物联网可以实现对物的感知识别控制、网络化互联和智能处理有机统一，从而形成高智能决策。

物联网白皮书认为：物联网是通信网和互联网的拓展应用和网络延伸，它利用感知技术与智能装置对物理世界进行感知识别，通过网络传输互联，进行计算、处理和知识挖掘，实现人与物、物与物信息交互和无缝链接，达到对物理世界实时控制、精确管理和科学决策的目的。

5.2.2 物联网的特征

物联网强调无处不在的信息采集和无处不在的计算、处理和存储，根据人的需要，自动使物工作在恰当的模式。总的来讲，物联网表现为智能的终端和智能的云。和传统的互联网相比，物联网如下鲜明的特征：

1) 全面感知。利用RFID、传感器、二维码等随时随地获取物体的信息。

2) 可靠传递。利用各种无线网络和有线网络与互联网进行融合，将物体的信息及时准确地传递出去。

3) 智能处理。利用云计算、模糊识别等各种智能计算技术，对海量的信息和数据进行分析和处理，对物体实现智能化的控制。

5.3 大数据、云计算、物联网的关系

大数据、云计算、物联网这三种技术既有联系又有区别。大数据技术侧重的是海量信息的存储、分析和处理；而云计算技术侧重的是数据计算的方式方法；物联网技术侧重的则是如何实现物和物之间（人、机、物）的相互关联和信息互通。

物联网及云计算技术的全面普及与应用是社会发展的愿景，可以实现信息采集、信息处理以及信息应用的规模化、泛在化、协同化。物联网使物和物之间建立起连接，伴随着互联网覆盖范围的增大，整个信息网络中的信源和信宿数目越来越多。而信源和信宿数目的增长导致的大数据的爆发，是社会和行业信息化发展中遇到的棘手问题，是社会发展亟待解决的瓶颈。云计算是技术发展趋势，大数据是当代信息社会飞速发展的必然现象。而解决大数据问题，对其内在价值进行提取利用，又需要超大规模、高可扩展性的现代云计算的手段和技术来支撑。大数据技术的突破，可以在解决现实困难的同时，促使云计算、物联网技术真正得到推广和深入。

因此，大数据与云计算、物联网的关系为：物联网产生大数据，大数据需要云计算，云计算增值大数据，大数据助力物联网。

5.4 大数据、云计算、物联网应用案例——DS8 云物联与防作弊系统

长期以来，在煤矿企业一直以电子汽车衡的称量数据作为煤炭销售结算的重要依据，但因衡器在矿区内布局偏僻分散，远离办公区，矿领导和管理人员无法实时监控汽车衡的称重状态和防作弊的有效性，从而给他们带来了不小的困扰。他们希望自己可以远程实时监控汽车衡称重状态，同时也希望具有"防作弊"功能，以保证称重数据的安全准确。

为了满足广大煤矿客户对可以"随时查询煤矿的出煤数据和防作弊功能健全"的电子汽车衡称重系统的强烈需求，上海耀华称重技术有限公司研制出了带 GPRS 扩展模块的"DS8 云物联系统"。该系统将自己的各种信息上传到云服务器，云服务器存储和分析这些信息，得到客户需要的数据，再传递到客户端应用。客户端应用安装在接入互联网的设备上，这个设备可以是计算机、手机或者平板计算机。当汽车衡器安装连接设置好参数后，给矿领导和有关管理人员的手机下载客户端，进入手机物联界面后，每一条称重记录和衡器的实时工作状态都精准地显示在手机

上面，公司领导和管理部门可以通过计算机、手机或平板计算机等终端设备实时查看煤炭产量信息，同时利用大数据分析技术对衡器使用状况、煤炭产量进行统计分析，其工作原理如图 53.1-5 所示。

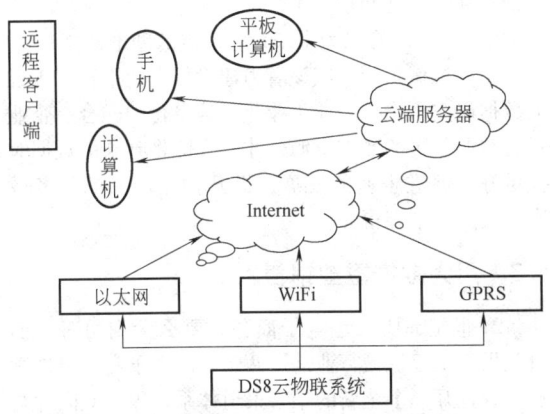

图 53.1-5　DS8 云物联与防作弊系统的工作原理

该系统满足了终端客户对出煤数据和称重系统安全工作状态进行实时监控和查询的需求，改变了以前现场监控的操作模式，减少了人力成本等投入，方便了客户的数据统计工作，同时防作弊性能得到进一步提高，满足了客户对称重安全的要求，受到了客户的欢迎，更使煤矿企业在煤炭计量管理上有了质的飞跃。

6　大数据时代下的机械工程制造

目前，大数据技术主要应用于互联网或者通信运营巨头。随着企业信息化应用的逐渐深入，信息处理系统也随之产生了大量的数据。对于这些数据的分析和应用将会促使企业的基础架构、数据处理、应用软件的开发和管理模式等领域产生新的变革，为此国内一些硬件厂商纷纷布局大数据，进入大数据的企业级应用领域，推出基于大数据的产品。

从应用需求来讲，未来像互联网、制造、医疗、政府、能源、教育和快销品等行业的主观应用意愿较强，将有比较大的应用前景。其中，制造行业企业众多，且各企业所处的信息化阶段和时期也不一样，所以对数据处理需求千变万化。这些需求归纳起来主要包括供应链的优化、产品的研发和仓库监控等等，这几个领域将是大数据技术重要的用武之地。

随着物联网、智能制造及"工业 4.0"的出现，事物发生了很多变化。从架构的角度讲，最重要的首先是数字化，在数字化的过程中，大数据扮演着越来越重要的角色。工业大数据是"工业 4.0"的重要核心。

与社会大众熟悉的互联网大数据相比，工业大数据在数据量需求、数据质量等方面不尽相同，具有更强的专业性。如果要深层次地解决复杂动态性的工业系统的分析和可视化、预测和决策的问题，必须解决三个难题：①如何从价值密度低的大数据中挖掘相关关系，通过相关关系挖掘因果关系；②如何处理数据、文本、图像等非结构化信息，或者研究将非结构化信息单一处理变成一个智慧系统；③如何利用相关关系建立复杂动态系统的模型。由此可见，如何更好地推动工业大数据的投入应用已成为急需解决的重要课题。

6.1　用大数据经营企业

众所周知，工程机械企业想知道的问题可能包括：怎样确定销售策略才能更加有效地促进销售？什么产品更切合客户的需要？气温和环境的变化让购买行为发生了哪些改变？竞争对手的新产品对销售产生了哪些影响？在工程机械行业中，以上很多问题目前也能回答，但通常是基于经验而不是基于数据。

那么运用大数据资源之后，工程机械企业会发生管理变革吗？

答案是肯定的：①可以获得实时计算结果，将不可能变为可能；②数据结果将成为决策和验证决策的重要参考指标；③可以及时纠正已经出现问题的环节，规避重大失误。

运用数据资源真的能给传统工程机械企业带来利润吗？

答案是显而易见的：①可以降低生产成本；②更为精确地感知客户需求，增加收入；③用数据说话，增加决策速度。

企业挖掘数据的价值分为三个阶段：①把数据变得透明，让大家看到数据，让能够看到的信息越来越多；②可以提问题，可以形成互动，很多支持的工具来帮我们做出实时分析；③让数据来告诉我们未来，告诉我们往什么方向走。

采用类似大数据的处理方法能使企业在汇总、分析方面更加游刃有余，切实提高生产率和品质保证，给用户带来更加优质的服务。因此，我们提及的大数据是指一种解决问题的方法，即通过收集、整理生产活动、销售模式中方方面面的海量数据，对之进行挖掘，从中获取有价值的信息。这种对大数据的应用和期待，已经逐步演变成一种新的模式。未来，企业运用手头数据来解决问题的能力将成为判定企业核心竞争力的重要依据之一。图 53.1-6 所示为大数据时代下的机械制造模式。

图 53.1-6 大数据时代下的机械制造模式

6.2 用大数据占领先机

大型工程机械是执行抗震救灾排险、清障等任务必不可少的设备。在雅安地震中，中联重科总部通过"GPS 系统"及时监测到距雅安约 50km 范围内有 100 多台汽车起重机和挖掘机可以调用，中联重科组织协调这些设备参与救援。在这个协调过程中，"GPS 系统"起到了决定性作用。中联重科 GPS 车载终端接入 CAN 总线系统，使用 GPRS 的 TCP/IP 数据通信加短信备份取代了短信传送数据的通信方式，同时又以原有 SMS 作为备份链路，完全保证了数据传输的实时性与可靠性，而且其组网方便、性价比高、随时在线、通信稳定。事实证明，由通信、网络、数据库、GPS 系统及各类信息管理系统组成的信息化平台，精准清晰的指令能使机械调动更加准确快速，极大地提高了决策层的管理效率和执行者的工作效率。

当然，建立这样一个协同的信息化平台，数据成本相当高，仅仅是处理类似救援的突发事件似乎大材小用。中联重科抓住了现有"GPS 系统"在线、共享、互联和相关的特点，通过 GPS 实时监测车辆的里程、运行状态、吊臂作业数据及 PLC 控制信号等数据，主动了解设备运行情况，对于预判设备故障及后期的维修起到了"诊断"的作用；对租赁及按揭的车辆进行日常的监控，使得租赁费用及按揭款得到及时的回收更加有保证，降低了企业的经营风险；为应对突发事件提供了便捷的通信通道，弱化了空间和地域带来的不利因素，提升了企业品牌形象和市场竞争力，刺激了销售增长。

专家指出，若要发挥大数据的最大价值，必须充分将信息化平台功能完全释放。工程机械企业要完成对大数据的分析和应用，一些相应的技术和软件都必须配套。例如，设备工作数据如何提取、分类、转化和呈现；如何分析类似操作手的驾驶习惯、体验感受

等非结构数据；如何将"大数据小用"，解决核心技术难题；如何利用数据资源优化产品设计等等。目前，我国有关大数据工程机械行业应用相关的分析方法、技术和软件等还有待深入研究，但毫无疑问的是，"用数据决策""用数据创新""用数据设计""用数据……"将成为未来行业发展的助推器。

工程机械企业更应该着力建设信息化平台，重视大数据研究，推动企业工业化和信息化的融合。企业只有掌握更多的数据资源，才能在即将到来的数据时代更好地促进企业的发展，提升企业产品的服务效率，在竞争中夺得先机。

6.3 用大数据重塑销售

21 世纪，要么是电子商务，要么无商可务。面对此景，工程机械行业进退两难。向电子商务挺进则意味着打开一个全新的销售渠道体系，很可能因为与现有的机构设置和销售布局不兼容而造成更大的损失；不向电子商务进军，则极有可能在未来失掉转型的先机。据了解，目前国内不少工程机械企业都已经在自营电子商务平台突破地域和国籍的壁垒而发展业务，但中间成本高、电商经验不足及线上与线下互相抢夺市场等问题迟迟难以解决。

未来工程机械销售的发展方向应该是将线上和线下结合，与大数据发展方向不谋而合。线上线下的协同最终都将聚焦于消费者的购买价值链进行：信息获取→体验→售前服务→预约订单→物流配送→售后服务。在整个价值链中，商务平台充当了一个大融合的角色，将企业作为输入端，用户作为输出端，将线上销售和线下销售结合在一起。对企业来说，这像一条新的销售渠道，它依赖于企业将内部信息流的融合，包括对原材料供货商、发货单位、销售门店和经销商等环节的资源在原有基础上的简单整合，即可根据订单利用线下渠道销售产品，规避了线上和线下市场的直接竞争。对用户来说，客户只需要通过网站搜索即可轻松享受"货比三家"的服务，第三方支付平台提供的工程机械产品交易担保账户，最大限度地保证了工程机械行业客户网上交易、资金转账的安全性。

企业自营电子商务也离不开基于量化数据的大融合，如同服装、食品等传统行业走过的路一样，依据新价值链进行功能重塑和不同程度的大融合。专家指出，这种大融合离不开企业内部信息流的整合、线上电子商务信息的整合以及线下资源的信息整合。所有订单都集中处理，每个环节都统一控制。线上电子商务信息则是要实现网上订单门店取货的顾客信息匹配、虚拟体验、网上商品与实体产品信息的匹配以及

定制产品从出厂环节的匹配。线下资源的信息完全依赖于实体产品参数信息的采集和与网络中枢的同步匹配。

一旦完成线上与线下的大融合，随之产生的新销售形态将彻底颠覆现有工程机械行业的产品销售模式，一方面，企业极有可能会在增加用户体验和服务的基础上，消减昂贵的实体店面成本，让制造企业直接进入以电子商务为手段的零售模式；另一方面，企业将更加注重挖掘用户的行为习惯和喜好，在凌乱纷繁的数据背后找到更符合用户兴趣和习惯的产品和服务，出售最合适的商品给最适合的客户。由此带来的强大的数据流、实时的信息流，让制造商们可以追踪、收集并分析顾客数据，及时调整运营环节，给企业带来最大的利润，这就是用大数据重塑后的新销售模式的最大价值。

大数据让人们去认识事物，基于数据的整合是以PB为量级的统计链条将分散的小数据拼接起来，同时把决定事物性状的、反应规律的和决定走向的点找出来，呈现出一个更加接近本质的全景图。虽然现在工程机械行业对大数据的应用还处于尝试阶段，但是相信在未来数据会成为最有价值的资产。

6.4 大数据在机械行业的典型应用

近年来，工业领域与信息技术领域都发生了重大变革。作为信息化与工业化高度融合产物的智能制造日益成为未来制造业发展的重大趋势和核心内容。在国家政策的引导下，我国的智能制造取得了长足发展。结合国内外智能制造现状，目前仍存在高新化制造技术、物联网技术、大数据技术、云计算、信息物理系统融合技术和智能制造执行系统技术等关键技术的发展瓶颈。

基于大数据的思维和技术，东北大学轧制技术及连轧自动化国家重点实验室（RAL）建立了中厚板生产过程中巨量数据的收集和管理系统，对其中蕴含的重要信息进行了挖掘研究，开发了"基于大数据分析的高精细中厚板轧制控制技术集成"系统。基于大数据分析和智能化模型参数优化技术，实现了中厚板轧制载荷的高精度预报；基于大数据分析的轧制历程多维信息特征值提取方法，实现了关键参数滚动优化自适应，大幅度提高了更换规格后第一块钢板的尺寸和平面形状控制精度。该研究成果已成功应用于福建三钢3000mm中厚板轧制生产线，大幅度提高了尺寸精度和平面形状控制精度，轧制力预报精度由91.4%提高至94.2%，厚度控制精度提高0.15～0.21mm，产品成材率指标从2011年的92.28%提高至2015年的94.04%，效果显著。该理论研究和技术开发对有色和黑色金属轧制领域均具有重要的理论价值和应用价值。

流程工业综合自动化国家重点实验室以东北大学国家重点一级学科——控制科学与工程和国家"985工程"流程工业综合自动化科技创新平台为依托，面向流程工业高效化和绿色化的重大需求，以实现智能优化制造为目标，开展基础研究与前沿高技术研究，取得了丰硕的研究成果，建立了一支基础研究与应用基础研究密切结合的高水平研究队伍，培养了一批国内外具有重要学术影响的人才，建立了良好的运行机制。实验室以"一体化过程控制"高等学校学科创新引智基地为依托，开展广泛的国际合作与交流，扩大了学科的国际影响，提升了实验室的国际学术地位，已经成为我国流程工业自动化领域科学研究和人才培养的重要平台之一。

东网科技有限公司（NEUNN）总部位于中国沈阳，由东北大学、沈阳市政府及战略投资者联合创立，是国内领先的数据与基础设施服务商，业务范围覆盖超云计算、大数据、智慧城市、空间信息和移动互联网等领域，致力于通过技术及商业模式的突破开启"大数据时代的智慧生活"。东北区域超算中心是直接面向商业应用和商业计算领域的区域超算中心，能够满足东北地区经济社会发展、科技创新所衍生的计算需求，为未来辽宁云计算产业提供基础计算和存储环境。建成后将对辽宁省云计算、卫星应用、健康产业及移动互联网等相关产业发展以及沈阳智慧城市建设提供重要的基础性计算平台。目前，东网科技已经在大数据应用方面做出努力和尝试。据介绍，针对雾霾天气，东网科技公司自2013年10月起就与沈阳市携手创建了"环保云"。东网公司与沈阳市环保局就空间信息需求对接，为PM2.5监测治理提供解决方案。公司首先启动了沈阳市市辖区未来三天大气污染状况预报项目，利用自主研发的大气成分反演模型和遥感数据处理软件，进行沈阳市冬季供暖期大气环境监测预报，为排放管控和污染治理提供科学手段。

大数据技术可以促进医疗、环保和教育等民生问题的解决，随着大数据技术的进一步完善，其应用必将给人们的生活带来实实在在的改变。例如，给早产儿戴上传感器，可以分分秒秒收集他（她）身上的海量个人生理信息，通过数据分析就能找到这个婴儿在将来出现感染的概率从而及早预防；收集飞机飞行时的空气信息，以实现飞机的自动飞行，这些场景都将逐步实现。城市将更聪明，生活将更智慧。

基于大数据技术，还可模拟基因的演化，药厂也可以用计算机进行成千上万的病例与药物的作用演化。进行水稻种植试验时，一个品种在种下去一年后才能看得到结果。未来只要把基因数据输入计算机，很快就能看到结果，这样可以大大加快科研进程。

工业大数据已经成为当前制造业转型升级的关键。在德国的"工业4.0"中，大数据被认为是物理与信息融合中的关键技术。《中国制造2025》提出，加快推动云计算、大数据等新一代信息技术与制造技术融合发展，把智能制造作为两化深度融合的主攻方向。同时，我国也已经建立了中国工业大数据创新发展联盟，推进工业与信息化深度融合及工业互联网与大数据的发展。

第 2 章 云 计 算

1 云计算的起源与概述

1.1 云计算的起源

云计算是英文 Cloud Computing 的中文翻译，Cloud Computing 这个词原本并不存在，直到 2006 年才开始出现在人们的视野中。2008 年初，在中文中开始正式被翻译为云计算。

云计算的直接起源来自 Dell 公司的数据中心解决方案、亚马逊 EC2 产品和 Google-IBM 并行计算项目。采用 Cloud Computing 这个单词，很大程度上取决于这些项目与网络的关系十分密切。"云"在很多示意图里是表示互联网的，云计算的原始含义是将计算能力放在互联网上。

2007 年 10 月初，在 Google-IBM 的并行计算项目中，Google 和 IBM 联合与六所大学签署协议，提供在大型分布式计算系统上开发软件的课程和支持服务，帮助其学生和研究人员获得开发网络级应用软件的经验。Google 公司和 IBM 公司早期提供了 400 台左右的计算机，并计划最终在多个地点总共装备 4000 台计算机。这些计算机与六所美国大学相连，其中位于西雅图的华盛顿大学将承担部分编程技术的研发工作，其他参与这项计划的大学分别是卡内基梅隆大学、麻省理工学院、马里兰大学、斯坦福大学和加州大学伯克利分校。

亚马逊 EC2 产品起始于 2006 年，是现在公认的最早的云计算产品，但那时它们被命名为"Elastic Computing Cloud"，即弹性计算云，然而个别报道将其误称为"Cloud Computing"。最早从企业层次提出 Cloud Computing 的则是 Dell 公司。在亚马逊 EC2 产品和 Google-IBM 并行计算项目之前，Dell 在 2007 年 6 月初发布的第 1 季度财报里面提到，在产品与服务方面，戴尔都将不断采纳新的标准化技术，降低客户部署解决方案、安全稳定的系统架构的复杂度和成本。为此戴尔采取了一系列措施，如组建新的戴尔数据中心解决方案部门（Dell Data Center Solution Division），提供戴尔的云计算（Cloud Computing）服务和设计模型，使客户能够根据他们的实际需求优化 IT 系统架构。但是这些早期的其他组织对云计算概念本身的影响远不如 IBM-Google 并行计算项目和亚马逊 EC2 产品。

1.2 云计算的概念

云计算相对于分布式计算等技术类名词显得更加抽象，甚至很难让人们从这个词本身推断它所涵盖的范畴。事实上，不但第一次听说云计算的普通技术工作者会感到不知所云，连众多行业精英和学术专家们也很难为云计算给出一个准确的定义，每个人从不同的角度会有不同的解释。

在最初 Dell 高效绿色数据中心、Google-IBM 并行计算项目以及亚马逊 EC2 产品中，云计算作为一个替代的名词被提出。随着云计算概念的不断完善，云计算一度发展成为基础设施即服务（Infrastructure as a Service，IaaS）的代名词，后来又加入了平台即服务（Platform as a Service，PaaS）、软件即服务（Software as a Service，SaaS）。

美国的标准与技术研究所（NIST）对云计算的定义是：云计算是指能够通过网络随时、方便、按需访问一个可配置的共享资源池的模式。资源池包括网络、服务器、存储、应用和服务等，它能在需要很少管理工作或与服务商交互的情况下被快速部署和释放。

1.3 云计算的特征

云计算的定义中包括五大特征，如图 53.2-1 所示。

1) 用户按需自助服务。用户可以单方面地部署服务器和网络存储等资源，资源是按照用户的需求来自动部署的，而不需要与服务供应商进行直接交互。

2) 通过互联网获取资源。硬件资源和软件资源是通过互联网以服务的方式来提供给用户的。

3) 可伸缩。资源可以根据用户的需求进行动态扩展和配置。

4) 资源池化。资源供应商的资源被池化，这些资源在物理上以分布式的共享方式存在，但最终在逻辑上以单一整体的形式呈现。用户并不知道也不关心某一次科学运算运行在哪个科研院所的哪台服务器上，因为云计算分布式的资源向用户隐藏了实现细节，并最终以单一整体的形式呈现给用户。

5) 服务可计量。云计算系统可以自动控制和优化资源使用，通过使用一些与服务种类对应的抽象信息来对用户的消费进行计量以实现用户按实际使用量来付费。

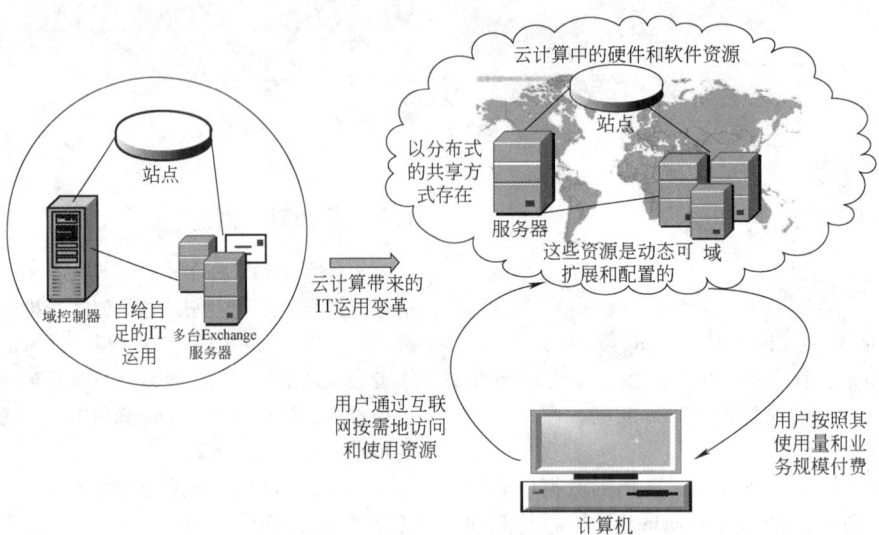

图 53.2-1　云计算的特征

总之，在云计算中，软、硬件资源均以分布式共享的形式存在，可以被动态地扩展和配置，最终以服务的形式提供给用户。用户按需使用云中的资源，不需要管理，只要按实际使用量付费。这些特征决定了云计算区别与自给自足的传统 IT 运用模式，必将引领信息产业发展的新浪潮。

2　云计算体系架构

云计算虽然涉及了很多产品与技术，表面上看起来的确有点纷繁复杂，但是云计算本身还是有迹可循和有理可依的，在个人理解的基础上，我们总结出了一套云计算的体系架构，如图 53.2-2 所示。

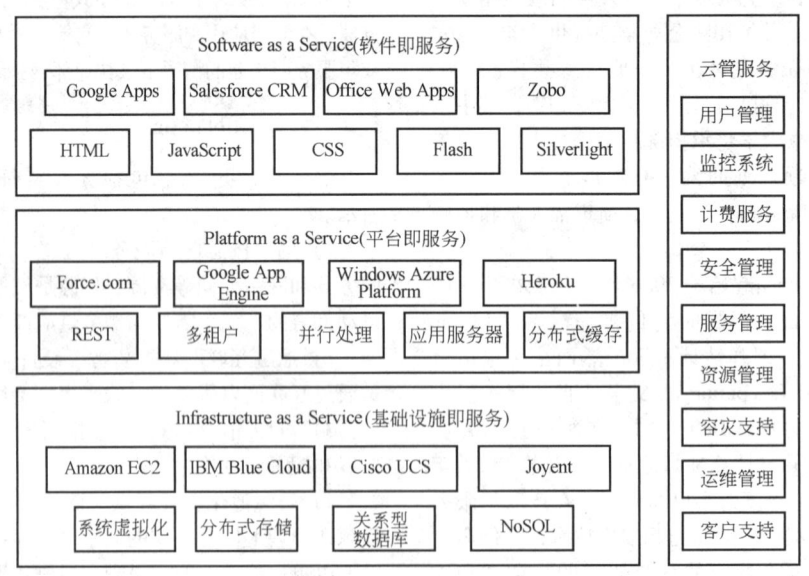

图 53.2-2　云计算的体系架构

云计算的体系架构共分为服务和管理两大部分。

在服务方面，主要以提供用户基于云的各种服务为主，分别为软件即服务、平台即服务、基础设施即服务。软件即服务（Software as a Service，SaaS），是将应用以基于 Web 的方式提供给客户；平台即服务（Platform as a Service，PaaS）是将一个应用的开发和部署平台作为服务提供给用户；基础设施即服务（Infrastructure as a Service，IaaS）是将各种底层的计算（如虚拟机）和存储等资源作为服务提供给用户。对于用户而言，这三层服务是独立的，因为它们提供的服务是完全不同的，而且面向的用户也不尽相同。但从技术角度而言，云服务的这三层是有一定依赖关系的。例如，一个 SaaS 层的产品和服务不仅需要用到 SaaS 层本身的技术，而且还依赖 PaaS 层所提供的开发和部署平台或者直接部署于 IaaS 层所提供的计算资源上，而 PaaS 层的产品和服务也很有可能构建于 IaaS 层服务之上。

在管理方面，主要以云管理层为主，它的功能是确保整个云计算中心能够安全、稳定地运行，并且能够被有效地管理。

2.1 软件即服务（SaaS）

SaaS 是最常见的也是最先出现的云计算服务，SaaS 提供给客户的服务是特定功能的应用程序。通过 SaaS 这种模式，用户只要接上网络，通过浏览器就能直接访问在云上运行的应用程序。SaaS 云供应商负责维护和管理云中的软硬件设施，同时以免费或者按需使用的方式向用户收费，所以用户不需要管理或控制底层的云计算基础设施，包括网络、服务器、操作系统和存储等。

2.1.1 SaaS 发展历史

SaaS 的前身是 ASP（Application Service Provider），其概念和思想与 ASP 相差不大。最早的 ASP 厂商有 Salesforce.com 和 Netsuite，其后还有一批企业跟随进来。这些厂商在创业时都主要专注于在线 CRM（客户关系管理）应用，但由于那时正值互联网泡沫破裂的时候，以及当时 ASP 本身的技术也并不成熟，再加上还缺少定制和集成等重要功能，以及当时欠佳的网络环境，所以 ASP 没有受到市场的热烈欢迎，从而导致大批相关厂商破产。2003 年以后，在 Salesforce 的带领下，残存的 ASP 企业提出了 SaaS 这个口号，并随着技术和商业这两方面的不断成熟，Salesforce、WebEx 和 Zoho 等国外 SaaS 企业取得了成功，而国内的企业（如用友、金算盘、金碟、阿里巴巴和八百客等）也加入到 SaaS 的浪潮中。

2.1.2 SaaS 相关产品

由于 SaaS 产品起步较早，而且开发成本低，所以在现在的市场上，SaaS 产品不论是在数量还是在类别上都非常丰富。同时也出现了多款经典产品，其中最具代表性的莫过于 Google Apps、Salesforce CRM、Office Web Apps 和 Zoho。

1）Google Apps。中文名为"Google 企业应用套件"，它提供企业版 gmail、google 日历、google 文档和 google 协作平台等多个在线办公工具，而且价格低廉，使用方便，并且已经有超过两百万家企业购买了 Google Apps 服务。

2）Salesforce CRM。它是一款在线客户管理工具，并在销售、市场营销、服务和合作伙伴四个商业领域上提供完善的 IT 支持，还提供强大的定制和扩展机制，让用户的业务更好地运行在 Salesforce 平台上。这款产品常被业界视为 SaaS 产品的"开山之作"。

3）Office Web Apps。它是微软所开发的在线版 Office，提供基于 Office 技术的简易版 Word、Excel、PowerPoint 及 OneNote 等功能。它属于 Windows Live 的一部分，并与微软的 SkyDrive 云存储服务有深度的整合，而且兼容 Firefox、Safari 和 Chrome 等非 IE 系列浏览器。和其他在线 Office 相比，它的最大优势是由于其本身属于 Office 的一部分，所以在与 Office 文档的兼容性方面远胜其他在线 Office 服务。

4）Zoho。Zoho 是 AdventNet 公司开发的一款在线办公套件。在功能方面，它绝对是现在业界最全面的，有邮件、CRM、项目管理、Wiki、在线会议、论坛和人力资源管理等几十个在线工具供用户选择。同时包括美国通用电气在内的多家大中型企业已经开始在其内部引入 Zoho 的在线服务。Zoho 在国内的代理商为百会。

2.2 平台即服务（PaaS）

PaaS 通过提供给用户一个包含 SDK（Software Development Kit，软件开发工具包）、文档、测试环境和部署环境等在内的开发平台来便于用户编写和部署应用程序。对于用户而言，不论是在部署还是在运行的时候，都无须为服务器、操作系统、网络和存储等资源的运维操心。PaaS 在整合率上非常惊人，如一台运行 Google App Engine 的服务器能够支撑成千上万个应用，也就是说 PaaS 是非常经济的。当前，PaaS 主要面对的用户是开发人员。

2.2.1 PaaS 发展历史

PaaS 是云服务三层模式之中出现最晚的。在 2007 年，Salesforce 的 Force.com 作为业界第一个 PaaS 平台诞生了。通过这个平台，不仅能使用 Salesforce 提供的完善的开发工具和框架来轻松地开发应用，而且能把应用直接部署到 Salesforce 的基础设施上，从而能利用其强大的多租户系统。接着在 2008 年 4 月，Google 又推出了 Google App Engine，从而将 PaaS 所支持的范围从在线商业应用扩展到普通的 Web 应用，也使得越来越多的人开始熟悉和使用功能强大的 PaaS 服务。

2.2.2 PaaS 相关产品

和 SaaS 产品百花齐放相比，PaaS 产品主要以少而精为主，其中比较著名的产品有 Force.com、Google App Engine、Windows Azure Platform 和 Heroku。

1) Force.com。Force.com 是业界第一个 PaaS 平台，它主要通过提供完善的开发环境和强健的基础设施等来帮助企业和第三方供应商交付健壮的、可靠的和可伸缩的在线应用。另外，Force.com 本身是基于 Salesforce 著名的多租户架构的。

2) Google App Engine。Google App Engine 提供 Google 的基础设施来让大家部署应用，还提供一整套开发工具和 SDK 来加速应用的开发，并提供大量免费额度来节省用户的开支。

3) Windows Azure Platform。它是微软推出的 PaaS 产品，运行在微软数据中心的服务器和网络基础设施上，通过公共互联网来对外提供服务。它由具有高扩展性的云操作系统、数据存储网络和相关服务组成，而且服务都是通过物理或虚拟的 Windows Server 2008 实例提供的。另外，它附带的 Windows Azure SDK 提供了一整套开发、部署和管理 Windows Azure 云服务所需要的工具和 API。

4) Heroku。它是一个用于部署 Ruby On Rails 应用的 PaaS 平台，并且其底层基于 AmazonEC2 的 IaaS 服务，在 Ruby 程序员中有非常好的口碑。

2.3 基础设施即服务（IaaS）

通过 IaaS 这种模式，用户可以部署和运行任意软件，包括操作系统和应用程序。从供应商那里获得它所需要的计算或者存储等资源来装载相关应用，并只需为其所租用的那部分资源付费，而这些烦琐的管理工作则交给 IaaS 供应商来负责。

2.3.1 IaaS 发展历史

和 SaaS 一样，类似 IaaS 的想法其实已经出现很久了，如过去的 IDC（Internet Data Center，互联网数据中心）和 VPS（Virtual Private Server，虚拟专用服务器）等，但由于技术、性能、价格和使用等方面的缺失，这些服务并没有被大中型企业广泛采用。但在 2006 年年底，Amazon 发布了 EC2（Elastic Compute Cloud，灵活计算云）这个 IaaS 云服务。由于 EC2 在技术和性能等多方面的优势，这类技术终于被业界广泛认可和接受，其中就包括部分大型企业，如著名的纽约时报。

2.3.2 IaaS 相关产品

最具代表性的 IaaS 产品有 Amazon EC2、IBM Blue Cloud、Cisco UCS 和 Joyent。

1) Amazon EC2。EC2 主要以提供不同规格的计算资源（虚拟机）为主，它基于著名的开源虚拟化技术 Xen。通过 Amazon 的各种优化和创新，EC2 不论在性能上还是在稳定性上都已经满足企业级的需求，而且它还提供完善的 API 和 Web 管理界面来方便用户使用。

2) IBM Blue Cloud。"蓝云"解决方案是由 IBM 云计算中心开发的业界第一个、同时也是在技术上比较领先的企业级云计算解决方案。该解决方案可以对企业现有的基础架构进行整合，通过虚拟化技术和自动化管理技术来构建企业自己的云计算中心，并实现对企业硬件资源和软件资源的统一管理、统一分配、统一部署、统一监控和统一备份，也打破了应用对资源的独占，从而帮助企业能享受到云计算所带来的诸多优越性。

3) Cisco UCS。它是下一代数据中心平台，在一个紧密结合的系统中整合了计算、网络、存储与虚拟化功能。该系统包含一个低延时、无丢包和支持万兆以太网的统一网络阵列以及多台企业级 x86 架构刀片服务器等设备，并在一个统一的管理域中管理所有资源。用户可以通过在 UCS 上安装 VMWarevSphere 来支撑多达几千台虚拟机的运行。通过 Cisco UCS，能够让企业快速在本地数据中心搭建基于虚拟化技术的云环境。

4) Joyent。它提供基于 Open Solaris 技术的 IaaS 服务。其 IaaS 服务中最核心的是 Joyent Smart Machine。与大多数的 IaaS 服务不同的是，它并不是将底层硬件按照预计的额度直接分配给虚拟机，而是维护了一个大的资源池，让虚拟机上层的应用直接调用资源，并且这个资源池也有公平调度的功能，这样做的好处是优化资源的调配，并且易于应对流量突发情况，同时使用人员也无须过多地关注操作系统级的管理和运维。

3 云资源调度与虚拟化技术

资源调度是按照一定的资源使用规则，在不同资源的使用者之间进行资源配置的过程。对于不同的资源使用者，有着不同的计算任务，每个计算任务在操作系统中又对应着一个或多个进程。资源调度的目的是在满足用户需求的前提下，将用户任务分配到合适的资源上，使任务完成时间尽可能短，资源利用率尽可能高。资源调度最终要实现时间跨度、服务质量、负载均衡和经济原则最优的目标。由于不同厂商架构的云基础设施不同，资源的管理和调度没有统一的国际标准，基于各种基础设施和调度模型的调度算法也很多。

3.1 云资源调度目标

在对资源进行调度之前，首先需要确定资源调度的优化目标。资源调度的优化目标取决于客户的服务类型、应用程序的运行类型、底层物理基础设施的特点和云供应商的经营策略等因素。需要在资源调度中确立相应的目标函数来判断调度算法性能的优劣，如最低成本、最低能源消耗、最大资源利用率和最大化满足用户需求等优化目标函数。资源调度的目标主要有以下几个方面：

1）负载均衡。负载均衡是云计算提供服务过程中资源调度算法的重要衡量指标之一。对于数据中心而言，负载均衡指的是所有服务器的平均资源利用率达到平衡，即所有服务器的资源（CPU、内存、网络带宽等）利用率基本一致，防止出现某个服务器过度使用的现象。

2）遵守服务等级协议。服务等级协议（Service-Level-Agreement, SLA）的定义是提供服务的企业与客户之间就服务的品质、水准和性能等方面所达成的双方共同认可的协议和契约。在云计算服务中，云系统的最大响应时间或者最小吞吐量决定服务等级协议。

3）提高资源利用率。在资源使用过程中，常常存在资源利用率低、资源浪费等问题。因此提高云数据中心的资源利用率是十分重要的目标。

4）经济原则。云计算提供的服务是付费服务，用户使用云计算中的各种资源都需要付费，因此云计算中资源调度的目标需要让云供应商和用户都能达成各自所期望的收益。

3.2 云资源调度算法

调度算法是指依据资源调度的优化目标而确定的资源调度算法。对于不同的优化目标，会使用不同的调度算法。根据调度策略和目标函数的不同，可以对调度算法进行如下分类：

1）传统调度算法。主要利用传统调度方法进行资源调度，如随机调度算法、负载均衡算法和提高资源利用率算法，传统调度算法比较简单、目标单一、性能不佳。

2）启发式调度算法。主要利用启发式算法进行资源调度，如贪心算法、遗传算法和蚁群算法等。启发式算法相对复杂，考虑的因素较多，相对传统调度算法性能较好。

3）其他的调度算法。指除传统调度算法和启发式调度算法之外的算法，如某些综合调度算法、虚拟机动态调度法、基于信任模型的调度算法和QoS调度算法。

3.3 虚拟化技术

虚拟化是一个广义的术语，是指为了简化管理和优化资源解决方案而运行在抽象的虚拟基础设施上的计算元素。用户可以通过虚拟化技术创造一个更合适的环境，从而节约成本并最大限度地提高空间利用率。信息技术领域的虚拟化是指根据不同的用户需求，通过有限的资源获得更大的资源利用率。例如，CPU 虚拟化技术可以使用单一的 CPU 虚拟出多个 CPU 进行工作，允许在独立的空间中运行多个应用程序，从而提高了计算机工作的效率。目前虚拟化技术主要包括硬件虚拟化、操作系统层虚拟化和应用虚拟化等。

虚拟化技术为云计算平台上的资源管理提供了有效的方法，通过将资源封装成虚拟机形式映射到物理主机，解决了用户对资源需求的差异性与平台无关性的问题，也保证了服务级别约定。另外，虚拟化技术能根据负载均衡的变化重新映射虚拟机与物理资源的关系，从而能达到整个系统的负载均衡。

虚拟化调度的现有解决方案如下：

1）Amazon 解决方案。根据用户的特征（地理位置、业务类型）和虚拟机类型将数据中心中合适的资源提供给用户。

2）IBM 解决方案。依据用户的需求来指定资源调度管理方案，包括用户优先级、群组的考虑，把 Hadoop MapReduce 框架与 IBM Tivoli 网络资源监测框架作为核心的调度平台。

3）HP 解决方案。从成本方面（占用成本、供电、制冷和维护成本）来考虑资源的调度分布，根据实时的虚拟机资源监测来动态地调整资源，使得各种资源使用率趋于平衡。

4）VMware 解决方案。通过资源虚拟化技术和镜像动态迁移技术来保证较高的资源利用率和容灾备份，并通过本地虚拟机镜像实时备份到远端主机，达到异地容灾的目的。然而，该解决方案在虚拟化资源动态调度管理方面有所欠缺。

3.4 云计算下的安全与隐私保护技术

云计算安全领域中的数据安全、应用安全和虚拟化安全等问题见表 53.2-1。

表 53.2-1 云安全内容汇总

云安全层次	云安全内容
数据安全	数据传输、数据隔离、数据残留
应用安全	终端用户安全、SaaS 安全、PaaS 安全、IaaS 安全
虚拟化安全	虚拟化软件、虚拟服务器

3.4.1 数据安全

云用户和云服务提供商应避免数据丢失和被窃取。无论使用哪种云计算的服务模式（SaaS/PaaS/IaaS），数据安全都变得越来越重要。

(1) 数据传输安全

在使用公共云时，如果对传输中的数据不采用加密算法，那么对数据传输的安全将造成很大的威胁。当我们通过互联网来传输数据时，采用的传输协议需要能保证数据的完整性。采用加密数据和使用非安全传输协议的方法是可以达到保密的目标的，但无法保证数据的完整性。

(2) 数据隔离

加密硬盘上的数据或生产数据库中的数据很重要（静止的数据），这可以用来防止恶意的云服务提供商、恶意的邻居"租户"及某些类型应用的滥用。但是静止数据加密比较复杂，如果仅使用简单存储服务进行长期的档案存储，用户将加密过的数据后发送密文到云数据存储商那里是可行的。但是对于 PaaS 或者 SaaS 应用来说，数据是不能被加密的，因为加密过的数据会妨碍索引和搜索。到目前为止还没有可以商业化应用的算法实现数据全加密。

(3) 数据残留

在云计算的环境中，数据残留有可能会无意中泄露敏感信息，因此云服务提供商应向云用户保证其数据信息所在的存储空间被释放或再分配给其他云用户前得到完全清除，无论这些信息是存放在硬盘上还是在内存中。云服务提供商应保证系统内的文件、目录和数据库记录等资源所在的存储空间被释放或重新分配给其他云用户前得到完全清除。

3.4.2 应用安全

由于云环境的灵活性、开放性以及公众可用性等特性，给应用程序的安全带来了很多挑战。用户在云主机上部署的 Web 应用程序应充分考虑来自互联网的威胁。

(1) 终端用户安全

对于使用云服务的用户，应当保证自己计算机的安全。用户应在终端上部署安全软件，包括反恶意软件、防病毒、个人防火墙以及 IPS 类型的软件。目前，云服务应用的客户端通常为浏览器，然而当前存在的互联网浏览器毫无例外地存在软件漏洞，这些软件漏洞加大了终端用户被攻击的风险，从而影响云计算应用的安全。因此，云用户应该采取必要措施，保护浏览器免受攻击，在云环境中实现端到端的安全。云用户应尽可能地使用自动更新功能，定期完成浏览器打补丁和更新工作。随着虚拟化技术的广泛应用，许多用户现在喜欢使用虚拟机来区分工作，然而通常这些虚拟机甚至都没有达到补丁级别。这些系统被暴露在网络上更容易被黑攻击。对于企业而言，应该从制度上规定连接云计算应用的 PC 禁止安装虚拟机，并且对 PC 进行定期检查。

(2) SaaS 应用安全

在目前的 SaaS 应用中，供应商将用户数据（结构化和非结构化数据）混合存储是普遍的做法，通过唯一的用户标识符，在应用中的逻辑执行层可以实现对客户数据逻辑上的隔离，但是当云服务提供商的应用升级时，可能会造成这种隔离在应用层执行过程中变得脆弱。因此，用户应了解 SaaS 提供商使用的虚拟数据存储架构和预防机制，以保证多用户在一个虚拟环境所需要的隔离。SaaS 提供商应在整个软件生命开发周期内采取加强软件安全性的措施。

(3) PaaS 应用安全

在 PaaS 的服务模式中，最核心的安全原则就是多用户应用隔离。云用户应确保自己的数据只能有自己的企业用户和应用程序可以访问。供应商维护 PaaS 平台运行引擎的稳定与安全，在多用户模式下必须提供"沙盒"架构，平台运行引擎的"沙盒"特性可以集中维护客户部署在 PaaS 平台上应用的保密性和完整性。云服务供应商负责监控新的程序缺陷和漏洞，以避免这些缺陷和漏洞被用来攻击 PaaS 平台和打破"沙盒"架构。云用户部署的应用安全需要 PaaS 应用开发商配合，开发人员需要熟悉平台的 API、部署和管理执行的安全控制软件模块。对于 PaaS 的 API 设计，目前没有标准可用，这使得云计算的安全管理和云计算应用可移植性成为需要解决的难题。

(4) IaaS 应用安全

用户在 IaaS 虚拟机上部署的应用程序通常来说像是一个黑盒子，IaaS 提供商完全不知道用户应用的管理和运维。用户的应用程序和运行引擎无论运行在何种平台上，都由客户部署和管理，因此客户负有云主机之上应用安全的全部责任，客户不应期望 IaaS 提供商的应用安全帮助。

3.4.3 虚拟化安全

基于虚拟化技术的云计算引入的风险主要有两个方面：一个是虚拟化软件的安全；另一个是使用虚拟化技术的虚拟服务器的安全。

(1) 虚拟化软件的安全

虚拟化软件层作为保证客户的虚拟机在多用户环境下相互隔离的重要层次，可以使客户在一台计算机上安全地同时运行多个操作系统，所以必须严格限制任何未经授权的用户访问虚拟化软件层。云服务供应商应建立必要的安全控制措施，限制对于软件 Hypervisor 和其他形式的虚拟化层次的物理和逻辑访问控制。

(2) 虚拟服务器的安全

每台虚拟服务器应分配一个独立的硬盘分区，以便将各虚拟服务器之间从逻辑上隔离开来。虚拟服务器系统还应安装基于主机的防火墙、杀毒软件、入侵防御系统（入侵检测系统）以及日志记录和恢复软件，以便将它们相互隔离，并与其他安全防范措施一起构成多层次防范体系。

3.5 新一代云计算与人机融合的云计算架构与平台

人机融合指的是信息物理系统（CPS）。物联网与 CPS 密切相关，这两个概念目前越来越趋向一致。Tan.Y 等人提出了一种 CPS 体系结构原型，如图 53.2-3 所示。该图表示了物理世界、信息空间和人的感知的互动关系，给出了感知事件流、控制信息流的流程。

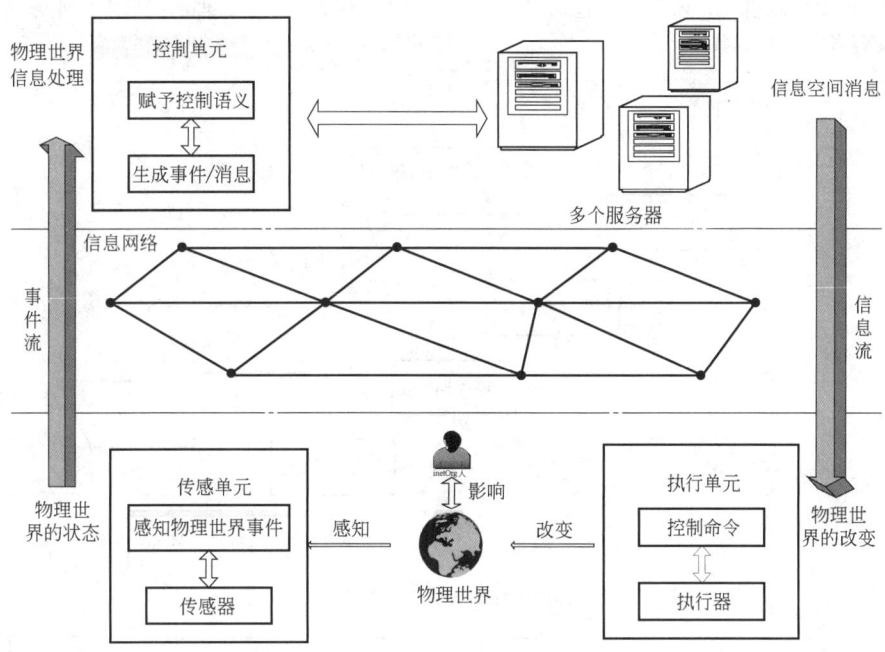

图 53.2-3 CPS 体系结构原型

CPS 体系结构原型的几个组件描述如下：

(1) 物理世界

物理世界包括物理实体（如医疗器械、车辆、飞机、发电站）和实体所处的物理环境。

(2) 传感单元

传感器作为测量物理环境的手段直接和物理环境或现象相关。传感器将相关的信息传输到信息世界。

(3) 执行单元

执行器根据来自信息世界的命令改变物理实体设备状态。

(4) 控制单元

基于事件驱动的控制单元，接收来自传感单元的事件和信息世界的信息，根据控制规则进行处理。

(5) 通信机制

事件/信息是通信机制的抽象元素。事件既可以是传感器表示的"原始数据"，也可以是执行器表示的"操作"。通过控制单元对事件的处理，信息可以抽象地表述物理世界。

(6) 数据服务器

数据服务器为事件的产生提供分布式的记录方式，事件可以通过传输网络自动转换为数据服务器的记录，以便于以后检索。

(7) 传输网络

传输网络包括传感设备、控制设备、执行设备和服务器以及它们之间的无线或有线通信设备。

与敏捷制造相比，新一代云计算与人机融合的云制造平台的开放性更高，且采用了物联网、信息物理系统及虚拟化等资源感知接入技术，使得平台中具有丰富的资源种类及海量的资源，为快速应对需求动态构建不同粒度的联盟体提供了资源基础。

3.6 面向工程机械的云平台构建

根据云制造应用系统的设计方法,结合机械加工领域的特点,提出了面向工程机械的云服务平台。主要目标是建立一个独立的第三方运营平台,以面向机械制造领域中的通用机械零件为行业范围,开展面向加工环节的制造服务,以服务区域制造企业的云制造服务平台,其构建过程如下:

1) 根据系统目标中的要求建立独立第三方的云平台。

2) 从系统构建目标中可知,该系统只包括平台子系统,故需要从云制造系统中分离出平台子系统。

3) 从行业粒度的角度看,该系统只包括机械制造领域的广义资源与参与对象。

4) 由于只涉及加工环节,故平台最终的服务对象主要是加工环节的企业。

5) 由于本系统主要侧重点是实现客户和服务方的"握手",即云制造服务的准备阶段,故该系统的主要功能是实现制造准备。

6) 系统主要是面向周边企业,故在后期构建物流等配套实施时,应该以所在区域的硬件实施为主。

图 53.2-4 所示为其简易的构建过程。

根据构建的云制造服务平台系统,从体系结构的维度可以得到面向机械加工的云制造服务平台体系结构,如图 53.2-5 所示。该体系结构包括五个层次,即接口层、云平台管理层、云平台业务层、云平台门户层和应用层。

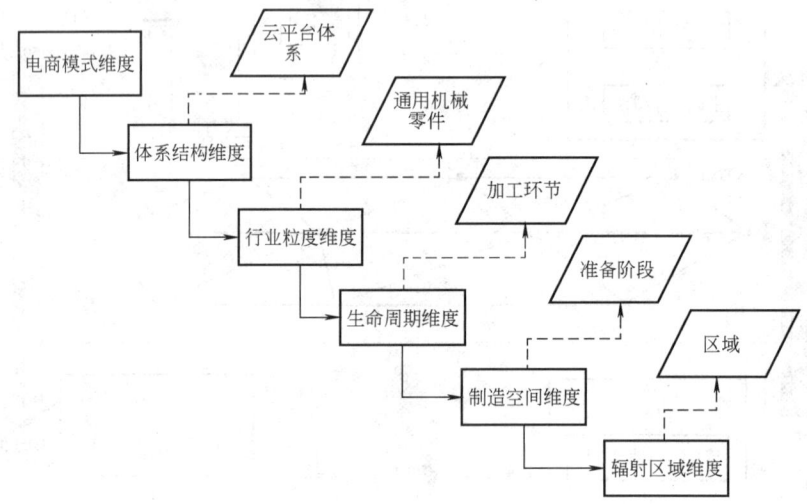

图 53.2-4 面向工程机械平台系统构建过程示意图

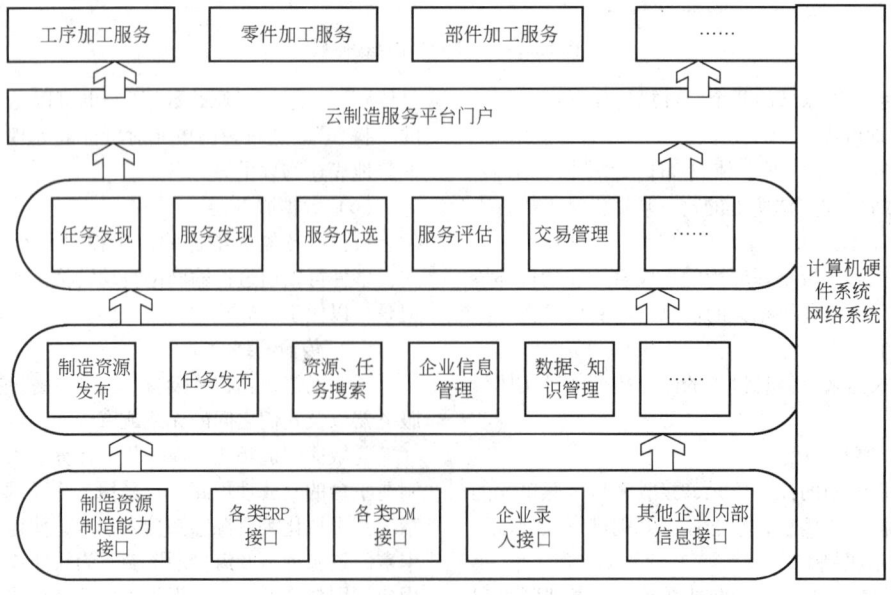

图 53.2-5 面向机械加工的云制造服务平台体系结构

第一层是接口层，主要是企业内部信息管理系统的接入层，如 ERP、PDM 等企业内部的全局信息管理系统，并提供输入终端层。这些输入终端主要是用于拥有完善信息管理系统的企业，其各类数据均通过标准化处理后接入平台。第 1 层的主要目标是实现抽象的制造资源、制造能力信息汇聚，将其纳入云制造服务平台的管理中。

第二层是云平台管理层，主要是负责管理各种制造资源以及企业信息，包括制造资源等信息的注册、制造资源的发布、任务发布、相关业务搜索以及企业信息的管理等功能，同时支持对所有数据、信息、知识的管理。该层主要体现大数据管理特征。

第三层是云平台业务层，该层主要是对业务进行操作。主要负责任务发现、服务发现、双向搜索、交易管理和订单管理等关键业务流程，为平台提供综合性的管理服务，该层是整个云平台系统的核心。

第四层是云平台门户层，该层主要包括支持 PC 互联网、移动互联网的各类显示终端，从而实现人机交互。

第五层是应用层，该层设计了面向机加工的各类加工服务。应用层支持面向各个企业的工序级、零件级和部件级制造服务，用户通过该应用可以实现企业级的业务流程协同，从而实现制造即服务。

为实现工厂资源（包括人员、设备、基础设施占用状态和工厂库存成品量等）的高效共享，以应对大数据高速增长势头而产生的云计算技术，凭借其更加灵活高效、低成本的运行方式成为"智慧工厂"重要的发展趋势。面向云环境的智慧工厂资源配置与调度机制，可以基于大规模资源整合，实现高效、灵活的一致性计算与管理，以供应链方式提供共享的基础设施、信息与应用等 IT 服务。其中资源配置与调度作为整个工厂生产线高效运转的重要保障，关系到智慧工厂的分工协同、供应链管理、运营成本、整体性能以及可持续发展能力。特别是当虚拟化成为云计算主要支撑技术后，资源虚拟化对工业大数据的资源复用、关联和动态管理等方面都提出了新的挑战。这就需要研究者推动一系列创新技术去实现云计算的按需提供、弹性可扩展等特性。

东网科技有限公司在云计算技术应用、移动互联网技术与应用，以及大型、高性能计算的部署与实施领域具有较强的科研实力。现有开发的面向行业领域的移动互联网及云计算应用的产品已在全国 10 个省（直辖市）铺开，先后有 6 项技术获得国家计算机软件著作权保护，累计用户已达 40 余万人。在高性能计算领域，公司通过与国内外知名并行计算设备厂家（IBM、曙光、HP 和 DELL 等）进行广泛的技术合作，是东北地区在高性能计算领域各学科人才配置齐全、软件资源丰富、面向行业应用广泛的专业高技术公司之一。公司已组建了一支以超级计算、云计算为核心的软件开发及实施运维队伍。在应用国内外商业软件和开源软件的同时，该公司还联合东北大学自主开发应用与超算中心相关的软件产品，是国内少数敢于在高性能计算领域自主开发并行计算软件产品的公司之一。目前公司围绕空间信息应用、计算机模拟与仿真、材料力学分析等领域已部署了相应的并行计算软件开发工作。在 PM2.5 监测、数字城市管理、农作物播种面积监测等领域已经有产品陆续投入使用。该公司的超算云计算产业技术共性平台能够为该项目提供云计算与大数据服务试验平台支撑。

第3章 物联网技术

1 物联网的概念及内涵

物联网是继计算机、互联网和移动通信之后的又一次信息产业的革命性发展，已被正式列为国家重点发展的战略新兴产业之一，它将有力地带动传统产业转型升级，引领战略性新兴产业发展，实现经济结构的战略性调整，引发社会生产和经济发展方式的深度变革，具有巨大的战略增长潜能。物联网技术的发展和应用，不但能够缩短地理空间的距离，而且将国家与国家、民族与民族更为紧密地结合起来，同时带动了一些新行业的诞生和提高社会的就业率，使劳动就业结构向知识化、高技术化发展，进而提高社会的生产效益。

物联网的概念分为广义概念和狭义概念两个方面。从广义上讲，物联网是一个未来发展的愿景，能够实现人在任何时间、任何地点，使用任何网络与任何人与物的信息交换，即"泛在网络"；从狭义上讲，物联网是物品之间通过传感器连接起来的局域网，即传感网。物联网概念的指向更强调了人与物、物与物之间的信息交互，物联网的最终形态既包括部分互联网、部分移动网，也包括传感网以及 RFID（Radio Frequency Identification，射频识别）、二维码等信息标识网络。几种典型网络之间的关系如图 53.3-1 所示。

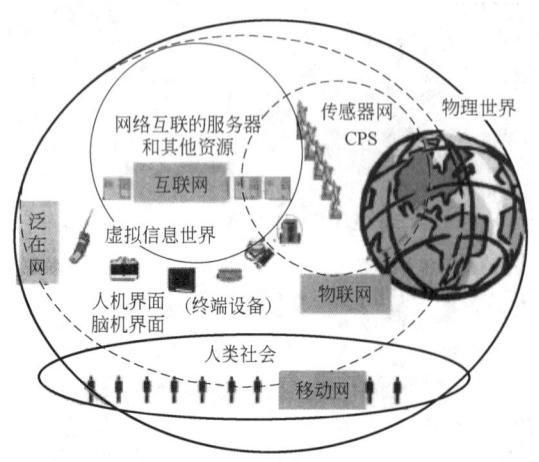

图 53.3-1 物联网、互联网、移动网等典型网络之间的关系

物联网作为一种新兴网络技术和产业模式在业界受到广泛关注，从国际电信联盟（ITU）在信息社会世界峰会上发布的《互联网报告2005：物联网》中可以总结出物联网所体现的两层基本含义：①目前的三大网络包括互联网（Internet）、电信网和广播电视网是物联网实现和发展的基础，物联网是在三网基础上的延伸和扩展；②用户应用终端从人与人之间的信息交互与通信扩展到了人与物、物与物和物与人之间的沟通连接，因此物联网技术能够使物体变得更加智能化。从目前的发展形势看，最有可能率先获得智能连接功能的物体包括家居设备、电网设备、物流设备、医疗设备以及农业设备，并基于此实现人类与自然环境的系统融合。

图 53.3-2 所示为一个与家居有关的物联网示例。从图中可以看出，传统家庭中的电灯、洗衣机、电熨斗和汽车等孤立静止的物体，利用传感器、定位装置和控制器等连接入计算机以后，通过互联网形成一个物体间相互关联的物物网络。物联网所连接的不仅仅局限于家庭中的物体，凡是能进入流通领域的一切物体都可以进入到物联网中，通过优化理论等进行规划、调度与控制，提高工作效率，节约运营成本，促进经济发展。图 53.3-3 所示为未来物联网的应用场景。

图 53.3-2 家居物联网示例

2009 年，欧盟执委会发表了《Internet of Things-An Action Plan for Europe》，提出要加强对物联网的管理、完善隐私和个人数据保护、提高物联网的可信度、推广标准化和推广物联网应用等行动建议。韩国通信委员会于 2009 年出台了《物联网基础设施构建基本规划》。2009 年，日本政府 IT 战略本部制定了日本新一代的信息化战略《i-Japan 战略 2015》，该战略旨在到 2015 年让数字信息技术如同空气和水一般融入每一个角落。

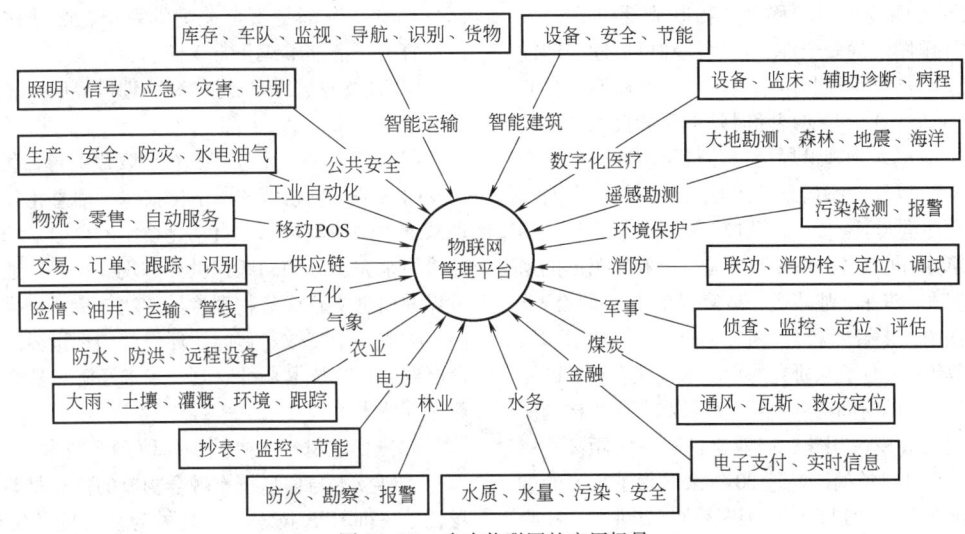

图 53.3-3 未来物联网的应用场景

2 物联网与信息物理系统的关系

信息物理系统（Cyber Physical System，CPS）作为计算与物理进程的统一体，是集计算、通信以及控制于一体的下一代智能系统。CPS是在环境感知的基础上，深度融合计算、通信和控制能力的可控、可信、可扩展的网络化物理设备系统，它通过计算进程和物理进程相互影响的反馈循环实现深度融合和实时交互来增加或扩展新的功能，以安全、可靠、高效和实时的方式检测或者控制一个物理实体。它注重计算资源与物理资源的紧密结合与协调，其涉及应用领域非常广泛，包括智能交通系统、远程医疗、智能电网和航空航天等多个领域。

CPS是信息空间、物理空间和社会空间在多尺度、多层次上无缝集成和协同进化的系统。通过三元空间的相互连通、融合，CPS正在孕育出全新的计算模式。学术界和工业界普遍认为，CPS极有可能成为未来20年最为重要、最可能改变人类社会的研究领域之一。

CPS的概念和物联网概念相似。从名称来看，物联网偏重工程技术，而CPS则更偏重科学技术研究；从概念角度来看，物联网突出物与物间的互联，而CPS在物与物互联的基础上，还强调对物体的实时、动态的信息控制和信息服务。因此，在开展物联网开发应用的同时，应强调对CPS的科学研究。CPS将计算空间与物理世界紧密地结合在一起，除了物联网所具有的感知功能外，还具有控制功能，因而涵盖了物联网。

从20世纪40年代麻省理工学院发明了数控技术到如今，基于嵌入式计算系统的工业控制系统遍地开花，工业自动化早已成熟，广泛应用于人们日常生活。但是，这些控制系统基本是封闭的系统，即便其中一些工控应用网络也具有联网和通信的功能，但其工业控制网络内部总线大都使用的是工业控制总线，网络内部各个独立的子系统或者说设备难以通过开放总线或者互联网进行互联，并且其具有通信距离短、通信功能较弱等缺陷。CPS把通信放在与计算和控制同等地位上，这是因为在CPS的分布式应用系统中，物理设备之间的相互协调是离不开通信的。CPS对网络内部设备的远程协调能力、自治能力、控制对象的种类和数量，特别是网络规模上远远超过现有的工业控制网络。美国国家科学基金会（NSF）认为，CPS将让整个世界互联起来，如同互联网改变了人与人的互动一样，CPS将会改变我们与物理世界的互动。

信息物理系统是计算、通信与物理过程的综合，如图53.3-4所示。CPS的目标是使物理系统具有计算、通信、精确控制、远程合作和自治等能力，通过互联网组成各种相应自治控制系统和信息服务系统，完成现实社会与虚拟空间的有机协调。CPS与物联网有类似的能力，但CPS更强调循环反馈，要求系统能够在感知物理世界之后，通过通信与计算对物理世界起到反馈控制作用。

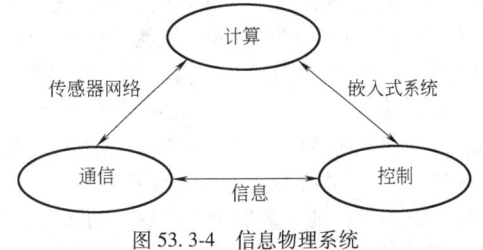

图 53.3-4 信息物理系统

互联网将朝着可信、移动、物联到泛在方向发展，同时注重网络的安全性、可用性和可信性，即注重信息接入的高可用性与可信性的可信互联网、具有移动性的普适计算，并实现随时随地无缝接入的移动互联网，实时接入物理世界信息并跨越物理与信息空间的物联网，以及动态信息接入自治联网的泛在网。

CPS更注重人工智能、自适应、自组织和自调节等自动化计算方面的功能，CPS一般是一个相对紧凑的系统，如机器人、汽车、战斗机、高速列车和火星探测器等。由于强调人工智能和自适应，CPS和计算机视觉、人工智能等领域一样，从研究的角度来说还有很长的路要走，在相当长的时间内将主要是高校和科研机构的研究课题，离大规模民用化、产业化还有一定距离。例如，尽管计算机视觉的研究近30年来取得了很大的进展，但目前在广泛的实际应用中仍然难以产业化。物联网更关注产业化和可推广的实际应用，不以攻克尖端的技术突破为首要目标。物联网和CPS的关系好比云计算和网格计算的关系，后者主要是一些研究课题的研究对象，而前者是后者的产业化、商业化延伸。CPS是物联网产业的科学前沿，与物联网四大技术中的传感网和两化融合密切相关，是传感网和两化融合的进一步融合，CPS的研究是物联网产业发展的基础和后盾，它的研究成果将推动物联网产业取得长足的进展，尤其是一些关键应用领域的突破性发展。

按照ITU的定义，把物联网研究和开发纳入下一代网络的范畴，而不是把下一代网络仅仅作为引入IP核心网、移动性和个性化服务的网络。人与人之间的信息交互是具有百年发展历史的电信网的主要业务范畴，引入了物联网理念的下一代网从根本上扩展了电信网的业务范畴，可以真正推动电信业务和电信网络的全面变革，可以为电信网（包括固定电信网和移动电信网）创造新的发展机遇。随着处理器、存储器及网络带宽等成本的下降，嵌入式系统已广泛应用于许多领域，特别是广泛应用于各类物理设备中，如飞机、汽车、家电、工业装置、医疗器械、监控装置和日用物品。美国总统的科学技术咨询委员会（PCAST）在2007年8月发布的题为"挑战下的领导地位：在世界竞争中的信息技术研发"的咨询报告中明确建议把CPS作为美国联邦政府研究投入最高优先级的课题。PCAST咨询报告认为，CPS的设计、构造、测试和维护难度较大、成本较高，通常涉及无数联网软件和硬件部件在多个子系统环境下的精细化集成。在监测和控制复杂的、快速动作的物理系统（如医疗设备、武器系统、制造过程和配电设施）运行时，CPS在严格的计算能力、内存、功耗、速度、重量和成本的约束下，必须可靠和实时地操作。绝大部分CPS系统都是安全关键的系统，必须在外部攻击和打击下能够继续正常工作。

CPS这种融合信息世界和物理世界的技术具备以下特征：

（1）CPS是未来经济和社会发展的革命性技术

CPS是信息领域的网络化技术、信息化技术与物理系统中的控制技术、自动化技术的融合。CPS可以连接原来完全分割的虚拟世界和现实世界，通过虚拟世界的信息交互优化物理世界的物体传递、操作和控制，构成一个高效、智能、环保的物理世界。从这个角度看，CPS技术是可以改变未来经济和社会发展的革命性技术。

（2）信息材料本身就是一种CPS技术

材料技术与信息技术融合构成的信息材料技术本身就是一种CPS技术，它是最为基础的网络化世界与物理世界连接的技术。例如，小型化、低成本和环保节能的新型材料传感器、显示器等技术都是CPS发展中的关键技术。

（3）CPS要求计算技术与控制技术的融合

为了把网络世界与物理世界连接起来，CPS必须把已有的、处理离散事件的、不关心时间和空间参数的计算技术与现有的、处理连续过程的、注重时间和空间参数的控制技术融合起来，使得网络世界可以采集物理世界与时间和空间相关的信息，进行物理装置的操作和控制。

（4）CPS要求开放的嵌入式系统

CPS系统中的计算技术主要是嵌入式系统，CPS中的嵌入式计算系统不是传统的封闭性系统，而是需要通过网络与其他信息系统进行互联和互操作的系统。CPS要求的嵌入式系统是一种开放的嵌入式系统，需要提供标准的网络访问接口和交互协议、标准的计算平台和服务调用接口、标准的计算环境和管理界面。

（5）CPS要求可靠和确定的嵌入式系统

CPS把计算技术带入了与国家基础设施、人们日常生活密切相关的领域，CPS大部分应用领域是与食品卫生一样的安全敏感的领域，CPS的技术和产品需要经过政府严格的安全监督和认证。原来信息技术领域习以为常的"免责"条款将不再适用，CPS技术和产品必须成为高可靠的、行为确定的产品，由此需要可靠和确定的嵌入式系统。

从专业角度看，CPS提供了物联网研究和开发所需的理论和技术内涵；从应用角度看，物联网提供了CPS未来应用的一个直观画面，更加适合于普及CPS方面的科学知识。物联网的研究和开发应该从CPS入手和深入，而CPS技术和产品的普及和应用可以从物联网角度介绍和举例。

3 物联网体系架构与关键要素

3.1 物联网体系架构

物联网白皮书认为，物联网体系架构由感知层、网络层和应用层组成，如图 53.3-5 所示。感知层实现对物理世界的智能感知识别、信息采集处理和自动控制，并通过通信模块将物理实体连接到网络层和应用层。网络层主要实现信息的传递、路由和控制，包括延伸网、接入网和核心网，网络层可依托公众电信网和互联网，也可以依托行业专用通信网络。应用层包括应用基础设施/中间件和各种物联网应用。应用基础设施/中间件为物联网应用提供信息处理、计算等通用基础服务设施、能力及资源调用接口，以此为基础实现物联网在众多领域的各种应用。

3.2 物联网关键要素

如物联网白皮书所说，物联网发展的关键要素包括由感知层、网络层和应用层组成的体系架构，物联网技术和标准，包括服务业和制造业在内的物联网相关产业，资源体系、隐私和安全以及促进和规范物联网发展的法律、政策和国际治理体系。物联网发展的关键要素如图 53.3-6 所示。

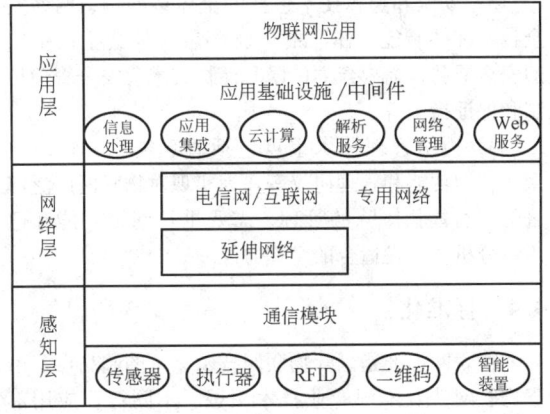

图 53.3-5　物联网体系架构

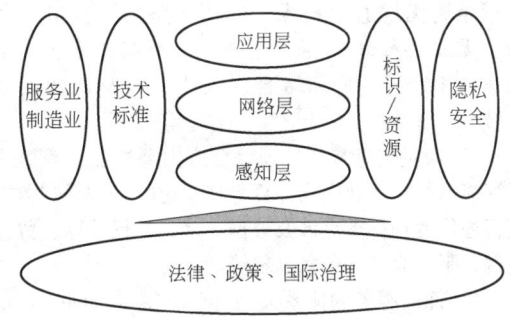

图 53.3-6　物联网发展的关键要素

4 物联网产业体系与技术标准

物联网涉及感知、控制、网络通信、微电子、计算机、软件、嵌入式系统和微机电等技术领域，因此物联网涵盖的关键技术也非常多。为了系统分析物联网技术体系，可将物联网技术体系划分为感知关键技术、网络通信关键技术、应用关键技术及共性技术和支撑技术，具体如图 53.3-7 所示。

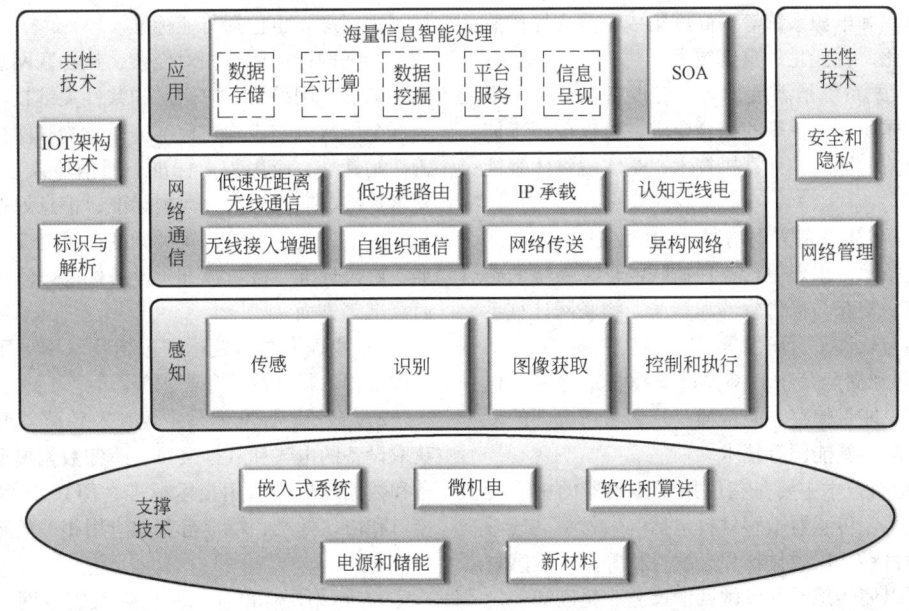

图 53.3-7　物联网技术体系

4.1 感知、网络通信和应用关键技术

1）传感和识别技术是物联网感知物理世界、获取信息和实现物体控制的首要环节。传感器将物理世界中的物理量、化学量、生物量转化成可供处理的数字信号。识别技术实现对物联网中物体标识和位置信息的获取。

2）网络通信技术用于实现物联网数据信息和控制信息的双向传递、路由和控制，重点包括低速近距离无线通信技术、低功耗路由、自组织通信、无线接入M2M通信增强、IP承载技术、网络传送技术、异构网络融合接入技术以及认知无线电技术。

3）海量信息智能处理综合应用高性能计算、人工智能、数据库和模糊计算等技术对收集的感知数据进行通用处理，重点涉及数据存储、并行计算、数据挖掘、平台服务和信息呈现等。

4）面向服务的体系架构（Service-oriented Architecture，SOA）是一种松耦合的软件组件技术，它将应用程序的不同功能模块化，并通过标准化的接口和调用方式联系起来，实现快速可重用的系统开发和部署。SOA可提高物联网架构的扩展性，提升应用开发效率，充分整合和复用信息资源。

4.2 支撑技术

物联网支撑技术包括微机电系统、嵌入式系统、软件和算法、电源和储能以及新材料技术等。

1）微机电系统可实现对传感器、执行器、处理器、通信模块和电源系统等的高度集成，是支撑传感器节点微型化、智能化的重要技术。

2）嵌入式系统是满足物联网对设备功能、可靠性、成本、体积和功耗等的综合要求，可以按照不同应用定制裁剪的嵌入式计算机技术，是实现物体智能的重要基础。

3）软件和算法是实现物联网功能、决定物联网行为的主要技术，重点包括各种物联网计算系统的感知信息处理、交互与优化软件和算法、物联网计算系统体系结构与软件平台研发等。

4）电源和储能是物联网关键支撑技术之一，包括电池技术、能量储存、能量捕获及恶劣情况下的发电、能量循环和新能源等技术。

5）新材料技术主要是指应用于传感器的敏感元件实现的技术。传感器敏感材料包括湿敏材料、气敏材料、热敏材料、压敏材料和光敏材料等。新敏感材料的应用可以使传感器的灵敏度、尺寸、精度和稳定性等特性获得改善。

4.3 共性技术

物联网共性技术涉及网络的不同层面，主要包括架构技术、标识和解析技术、安全和隐私技术及网络管理技术等。

1）物联网架构技术目前处于概念发展阶段。物联网需具有统一的架构、清晰的分层，支持不同系统的互操作性，适应不同类型的物理网络，适应物联网的业务特性。

2）标识和解析技术是对物理实体、通信实体和应用实体赋予的或其本身固有的一个或一组属性，并能实现正确解析的技术。物联网标识和解析技术涉及不同的标识体系、不同体系的互操作、全球解析或区域解析和标识管理等。

3）安全和隐私技术包括安全体系架构、网络安全技术和"智能物体"的广泛部署对社会生活带来的安全威胁，需要建立的隐私保护技术、安全管理机制和保证措施等。

4）网络管理技术重点包括管理需求、管理模型、管理功能和管理协议等。为实现对物联网广泛部署的"智能物体"的管理，需要进行网络功能和适用性分析，开发适合的管理协议。

4.4 标准化

物联网标准是国际物联网技术竞争的制高点。由于物联网涉及不同专业技术领域、不同行业应用部门，物联网的标准既要涵盖面向不同应用的基础公共技术，又要涵盖满足行业特定需求的技术标准；既包括国家标准，也包括行业标准。

物联网标准体系相对庞杂，从物联网总体性标准到感知层、网络层、应用层和共性关键技术标准体系等五个层次可初步构建标准体系。物联网标准体系涵盖架构标准、应用需求标准、通信协议、标识标准、安全标准、应用标准、数据标准、信息处理标准和公共服务平台类标准等，每类标准还可能会涉及技术标准、协议标准、接口标准、设备标准、测试标准和互通标准等方面。

1）物联网总体性标准包括物联网导则、物联网总体架构、物联网业务需求等。

2）感知层标准体系主要涉及传感器等各类信息获取设备的电气和数据接口、感知数据模型、描述语言和数据结构的通用技术标准、RFID标签和读写器接口和协议标准、特定行业和应用相关的感知层技术标准等。

3）网络层标准体系主要涉及物联网网关、短距离无线通信、自组织网络、简化IPv6协议、低功耗

路由、增强的机器对机器（Machine to Machine, M2M）无线接入和核心网标准、M2M 模组与平台、网络资源虚拟化标准及异构融合的网络标准等。

4）应用层标准体系包括应用层架构、信息智能处理技术以及行业、公众应用类标准。应用层架构重点是面向对象的服务架构，包括 SOA 体系架构、面向上层业务应用的流程管理、业务流程之间的通信协议、元数据标准以及 SOA 安全架构标准。信息智能处理类技术标准包括云计算、数据存储、数据挖掘、海量智能信息处理和呈现等。云计算技术标准重点包括开放云计算接口、云计算开放式虚拟化架构（资源管理与控制）、云计算互操作和云计算安全架构等。

5）共性关键技术标准体系包括标识和解析、服务质量、安全和网络管理等技术标准。标识和解析标准体系包括编码、解析、认证、加密、隐私保护、管理，以及多标识互通标准。安全标准重点包括安全体系架构、安全协议、支持多种网络融合的认证和加密技术、用户和应用隐私保护、虚拟化和匿名化及面向服务的自适应安全技术标准等。

5 工业物联网技术的应用现状

物联网制造业的体系结构如图 53.3-8 所示。

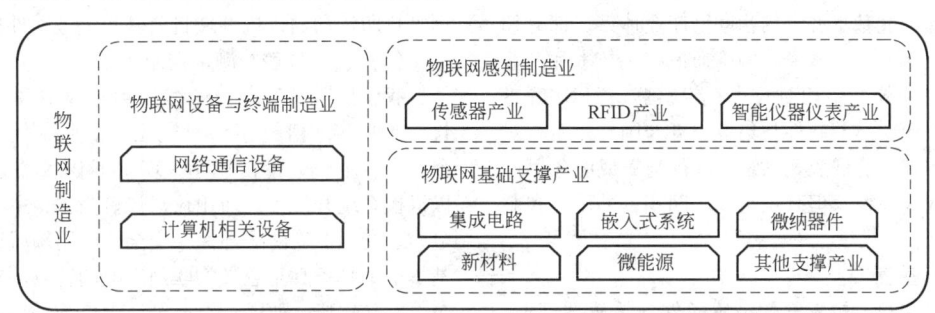

图 53.3-8 物联网制造业的体系结构

工业物联网技术在机械工程行业以感知端设备制造业为主，又可细分为传感器产业、RFID 产业以及智能仪器仪表产业。感知端设备的高智能化与嵌入式系统息息相关，设备的高精密化离不开集成电路、嵌入式系统、微纳器件、新材料和微能源等基础产业支撑。部分计算机设备、网络通信设备也是物联网制造业的组成部分。物联网服务业主要包括物联网网络服务业、物联网应用基础设施服务业、物联网软件开发与应用集成服务业以及物联网应用服务业四大类，其中，物联网网络服务业又可细分为机器对机器通信服务业、行业专网通信服务业以及其他网络通信服务业；物联网应用基础设施服务业主要包括云计算服务、存储服务等；物联网软件开发与集成服务业又可细分为基础软件服务、中间件服务、应用软件服务、智能信息处理服务以及系统集成服务；物联网应用服务业又可分为行业服务、公共服务和支撑性服务。

对物联网产业发展的认识需要进一步澄清。物联网产业绝大部分属于信息产业，但也涉及其他产业，如智能电表等。物联网产业的发展不是对已有信息产业的重新统计划分，而是通过应用带动形成新市场、新业态，整体上可分三种情形。一是因物联网应用对已有产业的提升，主要体现在产品的升级换代，如传感器、RFID、仪器仪表的发展已达数十年，由于物联网的应用使之向智能化、网络化升级，从而实现产品功能、应用范围和市场规模的巨大扩展，传感器产业与 RFID 产业成为物联网感知终端制造业的核心。二是因物联网的应用使已有产业向横向市场拓展，主要体现在领域延伸和量的扩张，如服务器、软件、嵌入式系统和云计算等，由于物联网的应用扩展了新的市场需求，形成了新的增长点。仪器仪表产业、嵌入式系统产业、云计算产业、软件与集成服务业不独与物联网相关，也是其他产业的重要组成部分，物联网成为这些产业发展新的风向标。三是由于物联网的应用创造和衍生出的独特市场和服务，如传感器网络设备、M2M 通信设备及服务和物联网应用服务等均是物联网发展后才形成的新兴业态，为物联网所独有。物联网产业当前浮现的只是其初级形态，市场尚未大规模启动。

5.1 全球物联网相关产业现状

全球物联网产业体系都在建立和完善之中。产业整体处于初创阶段，具备了一些分散孤立的初级产业形态，尚未形成大规模发展。例如，物联网核心产业中，2009 年传感器全球规模在 600 亿美元左右，RFID 不到 60 亿美元，M2M 服务 43 亿美元，真正意义上的社会化、商业化物联网服务尚在起步。物联网相关支撑产业，如嵌入式系统、软件等本身均有万亿级美元规模，但并非来自于当前意义的物联网发展，因物联网发展而形成的新增市场还非常小。

由于物联网寄生并依附于现有产业，因此现有产业发达的国家的物联网产业也具有领先优势。美国、欧盟、日本、韩国等发达国家基础设施好，工业化程度高，传感器、RFID 等微电子设备制造业先进，信息产业发达，因此在物联网产业发展中仍居一定领先地位。

从发达国家对物联网的战略布局来看，基本不是着眼于当前和短期的产业发展，而是面向更长远的科技突破、生产力改进和生产方式变革。

5.2 我国物联网相关产业现状

我国已形成基本齐全的物联网产业体系，部分领域已形成一定的市场规模，网络通信相关技术和产业支持能力与国外差距相对较小，传感器、RFID 等感知端制造产业、高端软件与集成服务与国外差距相对较大。仪器仪表、嵌入式系统、软件与集成服务等产业虽已有较大规模，但真正与物联网相关的设备和服务尚在起步。

（1）传感器产业

我国已建立了较完整的敏感元件与传感器产业，产业规模稳步增长。2009 年，我国传感器产业规模接近 600 亿元，形成了以长三角为主，以珠三角、京津、中部及东北部分城市为辅的空间布局。目前我国共有 450 余家从事敏感元件及传感器生产商，年产量突破 24 亿只，批量生产的产品涉及光敏、电压敏、热敏、力敏、气敏、磁敏和湿敏七大类 3000 多个品种。主要传感器企业中，外资企业占比达 67%。我国传感器产业和技术发展仍存在一些突出问题：①核心技术和基础能力缺乏，传感器在高精度、高敏感度分析、成分分析和特殊应用的高端方面与国外技术相比差距大，中高档传感器产品几乎 100% 从国外进口，90%芯片依赖国外；②共性关键技术尚未真正突破，设计技术、可靠性技术、封装技术和装备技术等方面仍存在较大差距；③产业结构不合理，品种、规格、系列不全，技术指标不高；④企业能力弱，95% 以上属小型企业。

（2）RFID 产业

我国形成了 RFID 低频和高频的完整产业链和京、沪、粤为主的空间布局，2009 年，市场规模达到 85 亿元并成为全球第 3 大市场；我国低频和高频段 RFID 技术相对成熟，超高频和微波频段产业链与国外技术相比差距较大，超高频、有源 RFID 等领域还没有形成整体产业能力。RFID 产业链主要由标签芯片设计、标签天线设计、标签封装技术与设备、读写机具设计与制造和系统集成与软件开发等几个部分组成，各环节实力较强的企业仍然集中在美国和欧洲国家。我国在射频芯片、封装、应用支撑软件和系统集成领域逐渐壮大，但整体实力不强。在 RFID 标签芯片方面，自主知识产权比较贫乏，但标签芯片设计上取得了长足发展。在标签封装环节，产品性能已达到国际先进水平，RFID 卡片形式封装技术已十分成熟，但欠缺封装超高频、微波标签能力，在提供防水、抗金属的柔性标签方面仍需提高生产工艺。在读写机具设计与制造方面，13.56MHz 的 RFID 识别系统设计与生产技术成熟，竞争力较强。RFID 中间件产品与国外相比仍有较大差距。在系统集成与系统软件开发上，国内企业具备一定的大型系统集成能力。标签打印机和贴标机领域目前基本上被国外垄断。

（3）仪器仪表与测量控制产业

我国仪器仪表产业连续多年实现 20% 以上的增长，2009 年产值超过 5000 亿元，企业数约为 5000 多个，小型企业数量占比达 90%。我国仪器仪表行业以机械系统开发生产通用仪器仪表为主，主要集中在电力、交通、安防、环保和安全等应用领域，但目前基本上不具备真正意义物联网产业的特点。在区域分布上，除重庆、西安、上海等三大传统基地以外，近年来还涌现出一些各具特色的新兴产、学、研集聚地。我国仪器仪表业部分产品产量位居世界前列（如数字万用表、电度表、水表和煤气表等公共能源计量仪表），但同国际相比，总体技术水平和产业规模上还存在着很大差距，物联网发展所需要的数字化、网络化和智能化仪器仪表尚在起步，未来将随着物联网应用发展而向高端制造转型。

6 面向"工业 4.0"的智慧工厂建设

工业互联网是指制造信息与互联网及物联网技术交会，促使生产制造过程智能化、互联化，将人和机器、机器与机器连接起来，为制造商和客户带来前所未有的数据、信息和解决方案。"工业 4.0"是以智能制造为主导的第四次工业革命，通过充分利用信息、物理系统相结合的手段，实现新的制造方式。设想某日，当你想要一辆汽车，你可以点开手机 APP，提出定制化要求，就可以坐等工厂安排生产、组装和配送。这样的定制化智能生产可能并不遥远。在"工业 4.0"时代，每一个消费者都能按照自己的意志支配生产。但这远非全貌，那时物联网的存在将进一步改造人类的生活方式。

继蒸汽时代、电气时代、信息时代三大工业革命之后，全球化分工使生产要素加速流动和配置，市场风向变化和产品个性化的需求对企业反应时间和柔性化能力提出了前所未有的要求，全球进入空前的创新密集和产业变革时代。基于此，以互联网、云计算、大数据、物联网和智能制造为主导的第四次工业革命悄然来袭。

所谓"工业4.0"，是相对于前三次工业革命而言的："工业1.0"指的是18世纪开始的第一次工业革命，实现了机械生产代替手工劳动；"工业2.0"指的是始于20世纪初的第二次工业革命，依靠生产线实现批量生产；"工业3.0"是20世纪70年代后开始的第三次工业革命，依靠电子系统和信息技术实现生产自动化。

6.1 "工业4.0"的概念

科技是第一生产力，每次工业革命都产生于技术的革命。一般来讲，人类社会上首先产生科技革命，然后将科技成果成功地应用于某个领域上，从而产生了产业革命。多种产业革命的崛起，形成了工业革命。

美国的杰里米·里夫金提出将互联网技术应用到新能源领域，产生了新能源的革命。新能源资源的分散分布化、就地取用化与互联网相结合产生了智能电网，于是产生了第三次工业革命。德国西门子工业集团总裁鲁斯沃博士曾在中国工程院与国务院国资委举办的学术报告会上介绍，"工业4.0"概念即是以智能制造为主导的第四次工业革命，或革命性的生产方法。

按照"工业4.0"的定义，工业发展显然是在科学和技术革新的推动下实现的，所以第一次工业革命是蒸汽动力的发明而产生了生产制造的机械化，称为生产的机械化。第二次工业革命是由于电的发明而产生批量生产，称为生产流水线。第三次工业革命是由于电子技术和计算机的发展而产生自动化生产制造方式，使得产品更为丰富，功能性更强。从"工业4.0"战略的分析可见，科技的发展必然会进入工业界，而会对工业产生最大的影响就是生产方法的变化，这些生产方法的变革又推动了产业的变化，因此生产制造方式的改变和创新将是产业乃至工业革命的前兆。如今科技发展如此的快速飞跃，尤其IT和互联网技术已深入到人类生活的方方面面，将这些技术成功应用于生产制造行业必须遵循两大原则：①生产制造方式的改变必须与目前制造行业的发展和未来相适应；②任何一次新技术的应用必须与原来的生产制造模式有机结合，是原来制造模式的继承和发扬，是对原来模式的技术沉积和积累的再利用和突破。从这个原则出发，"工业4.0"制定了正确定位的战略和战术。

早在2000年，针对生产制造模式新的发展，国际著名的咨询机构ARC详细地分析了自动化、制造业以及信息化技术发展现状，对于科学技术的发展趋势对生产制造可能产生的影响做出了全面的调查，提出了多个导向性的生产自动化管理模式，指导企业制定相应的解决方案，为用户创造更高价值。其中从生产流程管理、企业业务管理一直到研究开发产品生命周期的管理而形成的"协同制造模式"（Collaborative Manufacturing Model，CMM）将IT、工业网络技术、生产管理技术及现代自动化控制网络技术应用于生产控制管理模式CDAS和CPAS模式上，解决了产品生命周期不断缩短、物流交货周期不断加快以及客户定制要求多样化的问题。这种CMM协同制造模式为制造业的变革提出了一个行之有效的方法，通过将研发流程、企业管理流程与生产产业链流程有机地结合起来，形成一个协同制造流程，同时将IT和工业以太网通信网络作为协同制造系统的信息流控制管理结构，从而使得MRP/ERP/MES的制造管理、PLMD/PLMS产品研发、产品服务生命周期与CRM客户/市场关系管理有机地融合在一个完整的工业互联网企业与市场信息闭环系统，使得企业的价值链从单一的制造环节向上游的设计、研发环节发展，生产与研发在同一个协同平台上，企业的管理链也从上游向下游生产制造控制产业链延伸，一个集CRM、PLM、生产、研发、控制和企业管理大成的协同制造管理系统正在形成。其基本的核心就是所谓企业管理、生产工艺价值链和产品生命周期的三轴空间的鼎立模式，它定义了制造商、供应商乃至开发商之间的协同的产业链网络结构，其关键点在于协同市场和研发、协同研发和生产、协同管理和通信。一个完整的制造网络由多个制造企业或参与者组成，它们相互交换商品和信息，共同执行业务流程。企业、价值链和产品生命周期这三轴贯穿于各个制造参与者之间。居于水平面上方的是管理职能，下方是制造职能。CMM模式不仅要为各个独立的部门，也要为扩大化的整个企业和扩张后的整个供应链制定解决方案。

"工业4.0"成功地运用了CMM的思想，同时按照德国目前发展生产制造模式的特点，将未来项目主要分为两大主题，一是"智能工厂"，重点研究智能化生产系统及过程，以及网络化分布式生产设施的实现；二是"智能生产"，主要涉及整个企业的生产物流管理、人机互动以及3D技术在工业生产过程中的应用等。利用物联网的技术和设备监控技术加强信息管理和服务；清楚掌握产、销流程，提高生产过程的可控性。其核心就是通过利用互联网通信技术与网络物理系统（Cyber-Physical System）相结合的手段，将制造业向智能化转型，从而实现研发、生产制造、工艺及控制全方位的信息覆盖，全面控制各种信息，确保各个环节都能处于最优状态。这种改革将指引各行各业都朝着生产制造业智能化的方向发展。

"工业4.0"九大技术支柱包括工业物联网、云计算、工业大数据、工业机器人、3D打印、知识工作自动化、工业网络安全、虚拟现实和人工智能。这九大技术支柱中会产生无数的商机。

"工业4.0"的特点如下：

1）互联。"工业4.0"的核心是连接，要把设备、生产线、工厂、供应商、产品和客户紧密地联系在一起。

2）数据。"工业4.0"的数据包括产品数据、设备数据、研发数据、工业链数据、运营数据、管理数据、销售数据和消费者数据。

3）集成。"工业4.0"将无处不在的传感器、嵌入式中端系统、智能控制系统、通信设施通过CPS形成一个智能网络。通过这个智能网络，使人与人、人与机器、机器与机器、以及服务与服务之间能够形成一个互联，从而实现横向、纵向和端到端的高度集成。

4）创新。"工业4.0"的实施过程是制造业创新发展的过程，制造技术、产品、模式、业态和组织等方面的创新将会层出不穷，从技术创新到产品创新、到模式创新，再到业态创新，最后到组织创新。

5）转型。对于中国的传统制造业而言，转型实际上是从传统的工厂及2.0、3.0的工厂转型到4.0的工厂；在整个生产形态上，从大规模生产转向个性化定制，使整个生产的过程更加柔性化、个性化、定制化。这是"工业4.0"的一个非常重要的特征。

6.2 智慧工厂

智能工厂将是构成未来工业体系的一个关键特征。在智能工厂里，人、机器和资源如同在一个社交网络里自然地相互沟通协作；生产出来的智能产品能够理解自己被制造的细节以及将如何使用，能够回答"哪组参数被用来处理我""我应该被传送到哪里"等问题。在智能工厂里，智能辅助系统将从执行例行任务中解放出来，使它们能专注于创新、增值的活动；灵活的工作组织能帮助员工使生活和工作实现更好地结合，个体顾客的需求将得到满足。智能工厂的架构如图53.3-9所示。

智能工厂是在数字化工厂的基础上，利用物联网技术和监控技术加强信息管理服务，提高生产过程可控性、减少生产线人工干预以及合理计划排程；同时，集初步智能手段和智能系统等新兴技术于一体，构建高效、节能、绿色、环保和舒适的人性化工厂。

智能工厂已经具有了自主能力，可采集、分析、

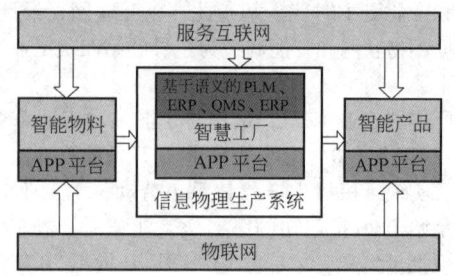

图53.3-9 智能工厂的架构图

判断和规划；通过整体可视技术进行推理预测，利用仿真及多媒体技术将实景扩增展示设计与制造过程。系统中各组成部分可自行组成最佳系统结构，具备协调、重组及扩充特性；系统具备了自我学习、自行维护能力。因此，智能工厂实现了人与机器的相互协调合作，其本质是人机交互。

6.3 智能制造

智能工厂是在数字化工厂基础上的升级，但是与智能制造还存在差距。智能制造装备是一种由智能机器和人类专家共同组成的人机一体化智能系统，它在制造过程中能进行智能活动，如分析、推理、判断、构思和决策等。通过人与智能机器的合作共事，去扩大、延伸和部分地取代人类专家在制造过程中的脑力劳动。智能制造装备最终要从以人为主要决策核心的人机和谐系统向以机器为主体的自主运行方向转变。随着物联网技术以及相关技术的快速发展，物联网技术已逐步应用于机械制造企业。具有环境感知能力的各类终端、基于泛在技术的计算模式、异构网络融合技术、高集成性的中间件技术和成熟的射频识别技术等已不断融入机械制造业生产过程中的各个环节，从而使对制造现场进行有效、统一、全面和实时的监测和控制成为可能。

根据工业和信息化部、财政部联合制定的《智能制造发展规划（2016—2020年）》，智能制造装备的发展重点如下：

1）智能制造装备创新发展重点。创新产学研用合作模式，研发高档数控机床与工业机器人、增材制造装备、智能传感与控制装备、智能检测与装配装备、智能物流与仓储装备五类关键技术装备。重点突破高性能光纤传感器、微机电系统（MEMS）传感器、视觉传感器、分散式控制系统（DCS）、可编程逻辑控制器（PLC）、数据采集系统（SCADA）、高性能高可靠嵌入式控制系统等核心产品，在机床、机器人、石油化工、轨道交通等领域实现集成应用。

依托优势企业，开展智能制造成套装备的集成创

新和应用示范,加快产业化。促进智能网联汽车、智能工程机械、智能船舶、智能照明电器、服务机器人等研发和产业化,开展远程无人操控、运行状态监测、工作环境预警、故障诊断维护等智能服务。

2) 智能制造关键共性技术创新方向。建设若干智能制造领域的制造业创新中心,开展关键共性技术研发。整合现有各类创新资源,引导企业加大研发投入,突破新型传感技术、模块化/嵌入式控制系统设计技术、先进控制与优化技术、系统协同技术、故障诊断与健康维护技术、高可靠实时通信、功能安全技术、特种工艺与精密制造技术、识别技术、建模与仿真技术、工业互联网、人工智能等关键共性技术。引导企业、高校、科研院所、用户组建智能制造创新联盟,推动创新资源向企业集聚。

加快研发智能制造支撑软件,突破计算机辅助类软件(CAx)、基于数据驱动的三维设计与建模软件、数值分析与可视化仿真软件等设计、工艺仿真软件、高安全、高可信的嵌入式实时工业操作系统、嵌入式组态软件等工业控制软件,制造执行系统(MES)、企业资源管理软件(ERP)、供应链管理软件(SCM)等业务管理软件,嵌入式数据库系统与实时数据智能处理系统等数据管理软件。

3) 智能制造标准提升专项行动。组织开展参考模型、术语定义、标识解析、评价指标、安全等基础共性标准和数据格式、通信协议与接口等关键技术标准的研究制定,探索制定重点行业智能制造标准。强化方法论、标准库和标准案例集等实施手段,以培训、咨询等方式推进标准宣贯与实施。推进智能制造标准国际交流与合作。

4) 工业互联网建设重点。研发融合 IPv6、4G/5G、短距离无线、WiFi 技术的工业网络设备与系统,构建工业互联网试验验证平台及标识解析系统、企业级智能产品标识系统。面向智能制造发展需求,推动工业云计算、大数据服务平台建设。推动有条件的企业开展试点示范,推进新技术、产品及系统在重点领域的集成应用。

5) 智能制造试点示范及推广应用专项行动。第一阶段,聚焦制造过程关键环节,在基础条件较好、需求迫切的地区和行业,遴选一批智能制造试点示范项目,总结形成有效经验和模式。第二阶段,围绕产品全生命周期,研究制定智能制造标杆企业遴选标准,在实施智能制造成效突出的企业中,遴选确定一批标杆企业,在相关行业大规模移植、推广所形成的经验和模式。

6) 重点领域智能转型重点。围绕新一代信息技术、高档数控机床与工业机器人、航空装备、海洋工程装备及高技术船舶、先进轨道交通装备、节能与新能源汽车、电力装备、农业装备、新材料、生物医药及高性能医疗器械、轻工、纺织、石油化工、钢铁、有色、建材、民爆等重点领域,推进智能化、数字化技术在企业研发设计、生产制造、物流仓储、经营管理、售后服务等关键环节的深度应用。支持智能制造关键技术装备和核心支撑软件的推广应用,不断提高生产装备和生产过程的智能化水平。

7) 中小企业智能化改造专项行动。支持第三方机构提供分析诊断、创新评估等服务,鼓励系统集成商、装备供应商、软件供应商等,针对中小企业实际需求,研究制定简便易行的智能化改造方案,推广一批成熟使用的单元装备和先进技术。推进"互联网+"小微企业,推广适合中小企业发展需求的信息化产品和服务,促进互联网和信息技术在生产制造、经营管理、市场营销各个环节中的应用。推进云制造,构建云制造平台和服务平台。推动中小企业与大企业协同创新,鼓励有条件的大企业搭建信息化服务平台,向中小企业开放入口、数据信息、计算能力。

8) 智能制造系统解决方案供应商培育专项行动。支持以技术和资本为纽带,组建产学研用联合体或产业创新联盟,鼓励发展成为智能制造系统解决方案供应商。支持装备制造企业以装备智能化升级为突破口,加速向系统解决方案供应商转变。支持规划设计院以车间/工厂的规划设计为基础,延伸业务链条,开展数字化车间/智能工厂总承包业务。支持自动化、信息技术企业通过业务升级,逐步发展成为智能制造系统解决方案供应商。研究制定智能制造系统解决方案供应商标准或规范,发布智能制造系统解决方案供应商推荐目录。

9) 推进区域智能制造协同发展。打造智能制造装备产业集聚区。积极推动以产业链为纽带、资源要素集聚的智能制造装备产业集群建设,完善产业链协作配套体系。加强规划引导,提升信息网络、公共服务平台等基础设施水平,促进产业集聚区规范有序发展。

促进区域智能制造差异化发展。结合《中国制造 2025 分省市实施指南》,紧密依靠本区域智能制造发展基础,聚焦重点。大力推进制造业发展水平较好的地区率先实现优势产业智能转型,积极促进制造业欠发达地区结合实际,加快制造业自动化、数字化改造,逐步向智能化发展。

加强区域智能制造资源协同。搭建基于互联网的制造资源协同平台,不断完善体系架构和运行规则,加快区域间创新资源、设计能力、生产能力和服务能力的集成和对接,推进制造过程各环节和全价值链的并行组织和协同优化,实现区域优势资源互补和资源优化配置。

10) 打造智能制造人才队伍。加强智能制造人才培训,培养一批能够突破智能制造关键技术、带动制造业智能转型的高层次领军人才,一批既擅长制造企业管理又熟悉信息技术的复合型人才,一批能够开展智能制造技术开发、技术改进、业务指导的专业技术人才,一批门类齐全、技艺精湛、爱岗敬业的高技能人才。

健全人才培养机制。创新技术技能人才教育培训模式,促进企业和院校成为技术技能人才培养的"双主体"。鼓励有条件的高校、院所、企业建设智能制造实训基地,培养满足智能制造发展需求的高素质技术技能人才。支持高校开展智能制造学科体系和人才培养体系建设。建立智能制造人才需求预测和信息服务平台。

智能制造装备的发展趋势以德国的"工业4.0"和美国的工业互联网装备最为清晰。德国"工业4.0"通过充分利用CPS,实现由集中式控制向分散式增强型控制的基本模式转变,目标是建立高度灵活的个性化和数字化的产品与服务的生产模式,推动现有制造业向智能化方向转型。利用CPS是一个综合计算、网络和物理环境的多维复杂系统,通过3C(Computation Communication Control)技术的有机融合与深度协作,实现制造装备系统的实时感知、动态控制和信息服务。利用CPS实现计算、通信与物理系统的一体化设计,可使系统更加可靠、高效、实时协同。

2013年,美国通用电气公司(GE)发表了《工业互联网——打破智慧与机器的边界》报告,报告提出了工业互联网(Industrial Internet)的概念。工业化创造了无数的机器、设施和系统网络,而工业互联网则是指让这些机器和先进的传感器、控制和软件应用相连接,以提高制造业的生产率、减少资源消耗。工业互联网装备将整合两大革命性转变的优势:①工业革命。伴随着工业革命,出现了无数台机器、设备、机组和工作站;②强大的网络革命。在网络化的影响下,计算、信息与通信系统应运而生并不断发展。伴随着这样的发展,三种元素逐渐融合,诞生了工业互联网装备。工业互联网要素图如图53.3-10所示。

1) 智能机器。以崭新的方法将现实世界中的机器、设备、团队和网络通过先进的传感器、控制器和软件应用程序连接起来。

2) 高级分析。使用基于物理的分析法、预测算法、自动化和材料科学、电气工程及其他关键学科的深厚专业知识来理解机器与大型系统的运作方式。

3) 工作人员。建立员工之间的实时连接,连接

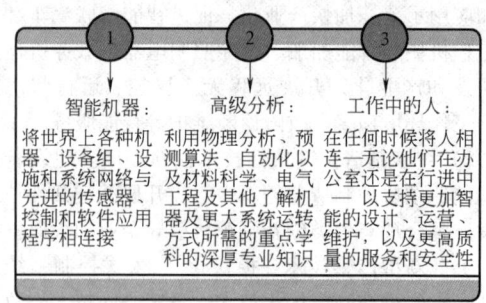

图53.3-10 工业互联网要素图

各种工作场所的人员,以支持更为智能的设计、操作、维护以及高质量的服务与安全保障。

通过将这些元素融合起来,使制造装备与高级计算、分析、感应技术、互联网的连接融合,形成工业互联网装备。

我国对智能制造相关技术的研究基本与国际同时起步,20世纪80年代末,已将"智能模拟"列入国家科技发展规划的主要课题,并在专家系统、模式识别、机器人和汉语机器理解方面取得了一批卓越成果。但是其产业化进程相对滞后,与工业制造业发展的结合不够紧密。从"十二五"中期以来,国家把智能制造作为进一步推进两化深度融合的切入点,围绕着智能装备、工业软件等发展重点,面向传统产业改造升级和战略性新兴产业发展需求,推出了一系列的战略部署,智能制造成为未来10年我国制造业转型升级发展的方向。智能制造的发展以企业的信息化发展为基础,以软件技术在制造系统中的深度应用为特征,其"智能化"的核心是工业软件的研发和应用。目前,全球范围内智能制造总体仍处于概念和试验阶段,不容易对其开展研究,但是作为其发展基础和支撑,工业软件的发展为我们提供了一个绝佳的研究视角,可视为是智能制造发展的风向标。

智能制造装备集制造、信息和人工智能技术于一身,是未来高端装备制造业的重点发展方向。各国政府高度重视智能制造装备的研发和应用,美、日、欧已有一系列的研究成果和部分产品面世,德国的"工业4.0"项目也积极地推动了制造业向智能化的转型。我国政府也充分认识到智能制造装备的重要战略地位,已出台政策推动智能制造装备的产业化水平提升。可以预见,未来智能制造装备在引领制造业低碳、节能、高效发展上的作用将进一步得到显现;同时,行业也将在工业机器人、智能机床和基础制造装备、智能仪器仪表、3D打印装备、新型传感器和自动化成套生产线等重点领域形成快速发展与突破。

7 物联网在机械制造行业中的典型应用

德国中德工业4.0联盟是德国唯一的中德工业4.0协会，致力于整合中国、德国和其他国家资源，搭建跨国界的合作平台，引领工业发展。

2016年9月13日，东网科技有限公司与欧洲最大的IT服务商源讯及其中国区合作伙伴新骏（中国）有限公司、德国中德工业4.0联盟分别达成战略合作。根据协议，东网科技将与源讯、新骏在工业大数据、工业互联网、制造业SaaS应用等工业智能制造领域展开合作；与德国中德工业4.0联盟在"德国工业4.0"政企及智库资源上进行深度对接。借助此次合作，东网科技整合了"工业4.0"、智能制造的完整解决方案和智库资源，各方将合力借助工业大数据、工业云、工业互联网等新兴信息技术，全面支撑东北工业企业向智能制造转型升级。源讯携工业大数据业务进入中国东北，主要是看好新一轮东北振兴所带来的机遇。而东网科技拥有东北最大的超算中心和先进的云计算、大数据平台，可以为源讯提供强大的基础设施和落地支撑。

在智慧工厂的探索方面，东北大学轧制技术及连轧自动化国家重点实验室拥有小型中试生产线，可以对相关研究成果提供完善的试验条件。在消化吸收从国外引进的先进技术基础上，通过深入了解热轧现场实际，借助国家科研项目资助，并与国内大型钢铁公司合作，实现新建热轧板带生产线自动化系统的国产化，或对现有热轧板带引进系统进行优化。近年来，实验室从轧制控制模型的基础研究、离线系统模拟仿真起步，由轧制过程自动化的局部功能优化开始逐步扩展至整个系统，并最终实现了热轧板带全线自动化系统的集成，进而在该集成平台上实现了板带热轧过程多个关键环节的智能优化控制。在板带热轧过程智能优化控制和自动化系统集成方面，该实验室开发了一系列核心技术，拥有在热轧生产中对于板形、板宽、板厚和温度控制的智能控制方面完备的过程控制应用软件。这些智能控制包括模糊控制、人工神经元网络、专家系统和多变量解耦控制等。目前已具备了自主设计、集成及编制全部板带钢热轧过程应用软件（包括数学模型）的能力。

长期以来，东北大学流程工业综合自动化国家重点实验室面向国家流程工业绿色化与自动化的重大需求，以复杂的工业系统为背景，以实现企业综合生产指标优化和管理扁平化、精细化为目标，开展基础研究和前沿高技术研究；建立了数据驱动的建模、控制、优化理论和方法，以及流程工业综合自动化系统新的理论和技术，并在大型全流程生产线成功建立了节能降耗效果显著的综合自动化示范系统，为工业化和信息化深度融合树立了典型示范。目前，该国家重点实验室正在致力于智慧工厂的相关技术攻关。

作为中国重要的工业基地，东北拥有庞大的制造设备使用数据。充分地分析和利用这些数据，将极大推动制造业提升智能化水平，形成新的竞争力。《中国制造2025辽宁行动纲要》中也明确提出，充分利用新一代信息技术，推进制造业智能化改造，加速装备制造业转型升级。

21世纪以来，信息技术创新与应用迅速发展，信息化正推动社会的生产、生活方式以及社会发展观发生深刻的变革，创新、促进融合、推动转型等时代特征日益凸显，以物联网、云计算、智慧地球等为代表的新一代信息技术应用蓬勃发展，促使以绿色、智能和可持续发展为特征的新一轮科技革命和产业革命的来临，也给传统的机械制造行业带来了新的机遇与挑战。从国际上看，以物联网集成制造系统为主导方向的制造业目前已经进入了集成化、网络化、敏捷化、虚拟化、智能化和绿色化。国内传统的机械制造行业急需借助物联网应用技术，应用于机械制造行业的产品开发与设计、制造、检测、管理及售后服务的制造全过程。目前国内已有部分大型机械制造企业在其生产制造、产品销售以及售后服务中应用物联网技术，并取得较好的成效。

7.1 物联网技术在生产制造环节的应用举例

物联网技术在国内制造业尚未大规模地开展应用，其典型应用主要在自动化程度高、产品生产批量较大的制造行业，如汽车制造行业，通过在汽车零件的制造环节、汽车涂装工艺环节以及装配环节的应用，实现汽车零件的快速生产制造及柔性自动化生产、正确装配，从而提高汽车制造生产的自动化水平、生产能力和生产率，减少人力的投入，为企业节约更多的成本。在汽车零件制造环节，上海某汽车公司为实现在同一条生产线上生产四种不同平台的车型，利用RFID技术，给每个零件配置不同的条形码，并给不同阶段形成的子系统、子模块也配置了不同的条形码，从而使这些零件处于什么位置、生产进行到哪个环节可以通过生产内部车体自动识别跟踪系统的自动识别跟踪，将其信息反馈至工厂信息系统，同时车体自动识别跟踪系统从工厂信息系统请求生产数据，规划下一阶段的生产任务。保证生产过程的准确，并提高生产率。

7.2 物联网技术在机械制造行业销售环节的应用举例

在物联网时代，传统机械制造行业应摒弃闭门造车的传统，利用物联网为制造业企业建立交流的平台，使买卖双方的交易透明化，降低交易成本。同时，物联网使人和机械产品有机的连接，收集数据、信息以及解决方案，为机械制造业的产业升级创造良好的平台和机遇。由于电子商务可以较大程度地降低交易成本，提升经营效率，所以电子商务近年来获得了长足的发展。在电子商务平台行业迎来新产业政策春风之际，机械制造业产业升级离不开物联网的发展。一方面物联网和机械制造行业相融合，推动制造业逐渐走向数字化、网络化、智能化；另一方面，物联网打开了电子商务的大门，企业销售产品和服务的门路越变越宽。

7.3 物联网技术在机械制造行业产品应用环节的应用举例

在某些大型机械设备出厂后，由于其应用环境以及距离等原因，可能造成售后服务不及时等问题，因此如何获取产品生产运营过程中的数据就尤为重要，此时物联网技术就可以发挥其重要作用。以我国某重型机械工厂为例，在出厂的产品上均装有 RFID 芯片，该芯片与机械产品的控制系统相连接。通过 RFID 芯片可以定位机器、自我检查当前机械工作状况，如温度、转速和油表等。技术人员利用 RFID 芯片搜集的产品信息，只需坐在办公室便可实时监控售出的每台机械的运作状况、健康状况等，在设备发生故障之前就能进行事先监控，并及时通知用户，减少故障发生的概率。

7.4 物联网技术在机械制造行业的其他应用举例

物联网技术的快速发展，为更多的机械行业的应用提供了可能。例如，物联网技术可应用于环保执法中，将排污现场的监测仪表、控制柜、智能显示、集散控制系统、数据库远程备份和遥控都标准化和模块化，形成一个整体的控制系统，当现场监测设备监测到环保排放指标超标时，可通过远程控制生产企业的电源，达到制止排污和保护环境的目的。物联网技术可应用于煤矿产品的自动化控制中，把井上、井下的各种矿用设备通过智能分站和智能交换机连接起来，来监测和控制现场，进行数据分析和优化，保证安全生产，达到无人值守、少人维护。

参考文献

[1] 樊重俊. 大数据分析与应用 [M]. 上海：立信会计出版社, 2016.
[2] 赵勇. 架构大数据：大数据技术及算法解析 [M]. 北京：电子工业出版社, 2015.
[3] 陈明. 大数据问题 [J]. 计算机教育, 2013 (5)：103-105.
[4] 宋智军. 深入浅出大数据 [M]. 北京：清华大学出版社, 2016.
[5] 段云峰, 秦晓飞. 大数据的互联网思维 [M]. 北京：电子工业出版社, 2015.
[6] 陆嘉恒. 分布式系统及云计算概论 [M]. 北京：清华大学出版社, 2011.
[7] 陈赤榕. 云计算服务 [M]. 北京：清华大学出版社, 2014.
[8] 朱阳春. 云计算技术 [J]. 硅谷, 2011 (18)：7-8.
[9] 王佳隽, 吕智慧, 吴杰, 等. 云计算技术发展分析及其应用探讨 [J]. 计算机工程与设计, 2010, 31 (20)：4404-4409.
[10] 胡慧, 王辉. 云计算技术现状与发展趋势分析 [J]. 软件导刊, 2009 (9)：3-4.
[11] 王平. 物联网概论 [M]. 北京：北京大学出版社, 2014.
[12] 张恒. 信息物理系统安全理论研究 [D]. 浙江：浙江大学, 2015.
[13] 张飞舟. 物联网技术导论 [M]. 北京：电子工业出版社, 2010.
[14] 胡宏发. 浅析物联网在机械制造行业中的应用 [J]. 科技创新与生产力, 2015 (9)：19-20.
[15] 李健. 物联网关键技术和标准化分析 [J]. 通信管理与技术, 2010 (3)：17-20.
[16] 周翔. 工程机械物联网的应用现状及发展 [J]. 工程机械与维修, 2014 (4)：82-83.

第 54 篇　3D 打印设计与制造技术

主　编　李　虎
编写人　李　虎　陈亚东
审稿人　巩亚东　宋桂秋

第1章 概 述

3D打印技术来源于快速原型制造技术，随着技术的发展，3D打印技术被定义为增材制造技术的一种。增材制造技术存在广义定义与狭义定义。广义定义：在工程领域通过概念性的、具备基本功能的模型快速表达出设计者意图的工程方法；狭义定义：针对制造技术而言，一种根据CAD信息数据把成型材料层层叠加而制造零件的工艺过程。增材制造技术的具体成型过程是：首先用CAD软件设计出零件的CAD模型，然后根据具体工艺要求，将其按照一定厚度分层，分离为一系列二维层面，并将已离散的信息与加工所需参数综合，各单元将在成型机中按照一定顺序加工，生成相关三维实体物理模型。

3D打印技术是以计算机三维设计模型为蓝本，通过软件分层离散和数控成型系统，利用激光束、热熔喷嘴等方式将金属粉末、陶瓷粉末、塑料和细胞组织等特殊材料进行逐层堆积黏结，最终叠加成型，制造出实体产品。与传统制造业通过模具、车、铣等机械加工方式对原材料进行定形、切削以最终生产成品不同，3D打印是将三维实体变为若干个二维平面，通过对材料处理并逐层叠加进行生产，大大降低了制造的复杂度。这种数字化制造模式不需要复杂的工艺、不需要庞大的机床、不需要众多的人力，直接从计算机图形数据中便可生成任何形状的零件，使生产制造得以向更广的生产范围延伸。

3D打印技术正在快速改变人们传统的生产方式与生活方式，未来以数字化、网络化、个性化和定制化为特点的3D打印制造技术将推动第3次工业革命。

3D打印技术是"增材制造"的主要实现形式。所谓"增材制造"是指区别于传统的"去除形"制造，不需要原坯和模具，直接根据计算机图形数据，通过增加材料的方法生成任何形状的物体。最大优点是能简化制造程序，缩短新品研制周期，降低开发成本和风险。与传统制造工艺相比，3D打印节省了原材料，用料只有原来的1/3~1/2，制造速度却要快3~4倍。

1 主要概念

1.1 快速原型技术的特点

快速原型（Rapid Prototyping，RP）技术突破了毛坯→切削加工→成品的传统零件的加工模式，开创了不用刀具制作零件的先河，是一种新颖的薄层叠加的加工制造理念。与传统的机床类加工方法相比，快速原型技术的特点如下：

1）自由成型制造。自由成型制造的含义有两个方面：一是指不需要使用模具就可以制作原型或零件，由此可以大大缩短新产品的试制周期，并节省工模具费用；二是指不受形状复杂程度的限制，能够制作任何形状与结构、不同材料复合的原型或零件。

2）制造周期短。从CAD数模或实体反求获得的数据到制成原型，一般仅需要数小时或十几小时，时间比传统成型加工方法短得多。

3）由CAD模型直接驱动。无论哪种快速成型制造工艺都是通过CAD数字模型直接或者间接地驱动快速成型设备系统进行制造的，决定了快速成型的制造快速和自由成型的特征。

4）技术高度集成。新材料、激光应用技术、精密伺服驱动技术、计算机技术以及数控技术等的高度集成共同支撑了快速成型技术的实现。

5）经济效益高。利用快速成型技术制造原型或零件无须工模具，也与成型或零件的复杂程度无关，其原型或零件本身制作过程的成本显著降低。

1.2 快速原型技术的分类

比较成熟的快速成型工艺主要有SLA、LOM、FDM、SLS等。这些工艺基本可分为基于激光的快速成型工艺（通过激光技术将可成型的材料分离、熔化、固化和黏结的3D打印工艺）和基于微滴的数字喷射成型工艺（通过微滴技术将成型材料微滴化堆积成型或将黏结剂微滴化黏结成型材料堆积成型的3D打印工艺）。

（1）立体印刷/光固化快速成型（Stereo Lithography Apparatus，SLA）

立体印刷是最早商业化、市场占有率最高的3D打印技术。其加工过程为：整个过程以光敏树脂为原料，计算机控制紫外光，按零件的各分层截面信息在光敏树脂表面进行逐行扫描，使被扫描区域的树脂薄层产生光聚合反应而固化，形成零件的一个薄层，一层固化完毕后，工作台下移一个层厚的距离，以使在原先固化好的树脂表面再敷上一层新的液态树脂，然后就可进行下一层的扫描加工，如此反复直到整个原型制造完毕，图54.1-1所示为SLA原理图。

选择性激光烧结（Selected Laser Sintering，SLS）选择性激光烧结是利用激光有选择地逐层烧结粉末、逐层叠加从而形成预定形状的三维实体零件的

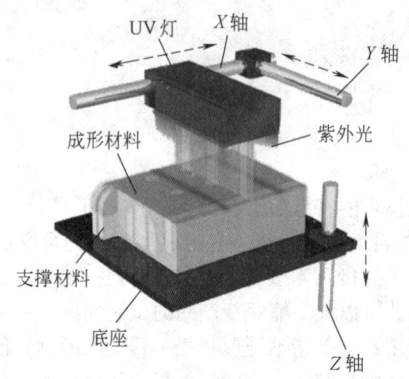

图 54.1-1 SLA 原理图

一种快速成型制造方法。整个工艺装置由送粉缸和成型缸组成。工作时，送粉缸送粉活塞上升一个铺粉厚度，由铺粉辊在成型缸工作活塞上均匀铺上一层粉末，在计算机的控制下，激光束将按照切片模型进行二维轨迹扫描，在一个截面层进行有选择性的粉末烧结，从而形成零件。完成一层，下降一个铺粉厚度，重新烧结，循环直至零件制造完成，如图 54.1-2 所示。

(3) 叠层实体制造 (Laminated Object Manufacturing, LOM)

叠层实体制造又称分层实体制造。1991 年，该方法首次在制造领域得到应用，并得到迅速发展。叠层实体制造以纸作为原材料，成本低、精度高。该技术在产品概念设计、造型可视化、三维重建等方面应用广泛。其制造过程是：根据 CAD 模型各层切片的平均几何信息驱动激光头，进行分层实体切割涂覆有热敏胶的纤维纸（厚度 0.1~0.2mm），然后下降工作台一个层高，在已形成的基体上送进机构送进新的一层材料，以热压滚筒滚压保证其粘牢。激光头重复切割动作，切割出此层面平面轮廓；反复循环至零件制造完成。图 54.1-3 所示为 LOM 原理图。

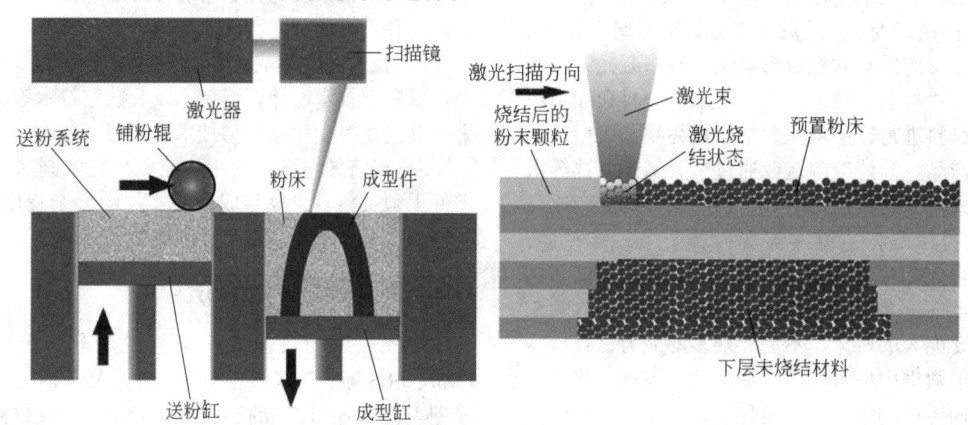

图 54.1-2 SLS 原理图

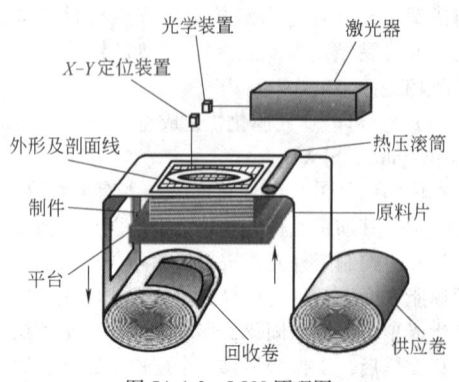

图 54.1-3 LOM 原理图

(4) 融积成型技术 (Fused Deposition Modeling, FDM)

融积成型技术是采用加热装置将加工材料加热熔融，然后用计算机控制的喷头挤出热塑材料（如聚酯塑料、ABS 塑料等），使其沉积成实际部件的超薄层。FDM 系统主要包括喷头、送丝机构、运动机构、加热工作室和工作台五个部分。喷头是最复杂的部分，材料在喷头中被加热熔化，喷头底部有一喷嘴供熔融的材料以一定的压力挤出，喷头沿零件截面轮廓和填充轨迹运动时挤出材料，与前一层黏结并在空气中迅速固化，如此反复进行即可得到实体零件。图 54.1-4 所示为 FDM 原理图。由 FDM 制作生成的原型

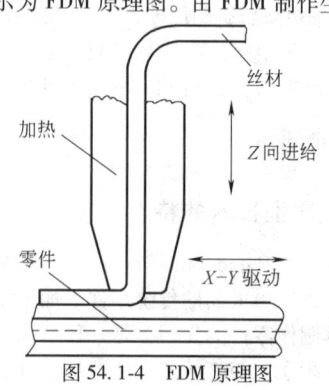

图 54.1-4 FDM 原理图

可以广泛应用于工业生产的各个领域中,如概念成型、原型开发、精铸蜡模和喷镀制模等。

随着科技的进步,新的 3D 打印技术层出不穷,但是目前市场上仍然以上述作为主体。综合分析以上几种制造技术,它们在不同场合、不同领域有着不同的应用。不同的原型技术在加工工艺方面的差别见表54.1-1。不同原型技术所制造模型的区别见表54.1-2。

表 54.1-1　不同的原型技术在加工工艺方面的差别

技术类型	成型头	形态	机理	反应	性能	优点
SLA	激光或紫外光	液态或液态+粉末	液体固化	光聚合反应	设备和原材料昂贵、加工成本高、激光器寿命短,适用于小件、精密件的制造	精度高、表面质量好
LOM	喷头	熔融态	喷射固化	冷却固化	自动加支撑、难度小,但速度慢,制造硬度高、韧性稍差,有空隙,精度中等	适用性好、成本较低
SLS	激光	固体粉末	烧结	烧结冷却	强度大、韧度高,可做样件,也可做蜡模,制造价格适中、运行成本低、精度中等	应用范围广
FDM	激光	(易切割)薄片材料	黏结	黏结作用	适用于制造大型实心样件,直接成型铸造木模,效率高、速度快	加工速度快、成本低

表 54.1-2　不同原型技术制造模型的区别

技术类型	原型精度	表面质量	零件大小	常用材料	制造成本	生产率	设备费用	市场占有率
SLA	较高	优	中小	热固性光敏树脂等	较高	高	较贵	
LOM	较高	较差	中大	纸、金属箔、薄膜	低	高	便宜	7.3%
SLS	较低	中等	中小	塑料、金属、陶瓷	较低	中	较贵	6.0%
FDM	较低	较差	中小	石蜡、塑料、金属	较低	低	便宜	6.0%

2　市场应用

不断提高 3D 打印技术的应用水平是推动 3D 打印技术发展的重要方面。目前,快速成型技术已在工业造型、机械制造、航空航天、军事、建筑、影视、家电、轻工、医学、考古、文化艺术、雕刻和首饰等领域得到了广泛应用,并随着这一技术本身的发展,其应用领域将不断拓展。3D 打印技术的实际应用主要集中在以下几个方面:

1) 在新产品造型设计过程中的应用。快速成型技术为工业产品的设计开发人员建立了一种崭新的产品开发模式。运用 3D 打印技术能够快速、直接和精确地将设计思想转化为具有一定功能的实物模型(样件),这不仅缩短了开发周期,而且降低了开发费用,也使企业在激烈的市场竞争中占有先机。快速成型技术在新产品开发过程的应用如图 54.1-5 所示。

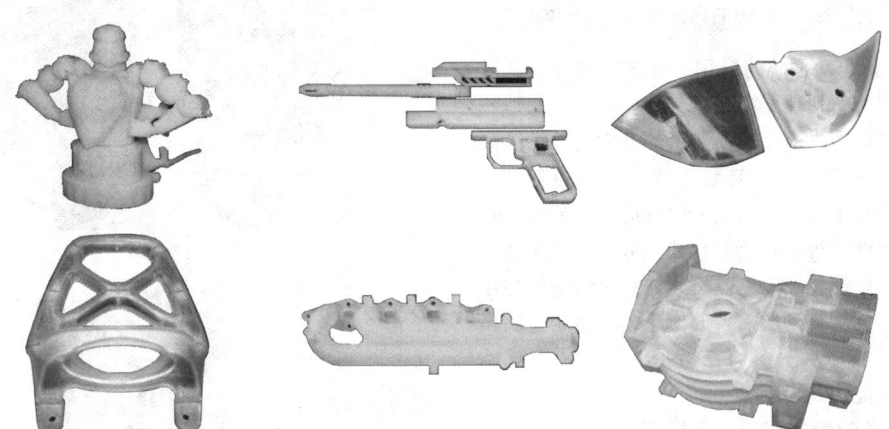

图 54.1-5　快速成型技术在新产品开发过程的应用

2) 在机械制造领域的应用。由于 3D 打印技术自身的特点,使得其在机械制造领域内获得了广泛的应用,该技术多用于单件、小批量金属零件的制造。有些特殊复杂制件,由于只需单件生产,或少于 50 件的小批量,一般均可用 3D 打印技术直接进行成型,成本低,周期短。

例如，某兵器研究所为某种型号的飞机研制操作手柄，某大学先进制造技术研究所，利用激光快速成型机 LPS600，快速制造出 3D 打印原型。制作时间仅为 23h，两天后翻制成硅橡胶模具，三天后低压注塑，制造出 10 件操作手柄，完成了设计师其中的一种设计思想，如图 54.1-6 所示。这一制造方法大幅度缩短了产品开发过程中的制造时间，研制费用亦不超过 3 万元。如果采用传统的制造手段，实现从设计思想到实物的过程，花费将超过 10 万元，而且这一过程需要 30 天以上。

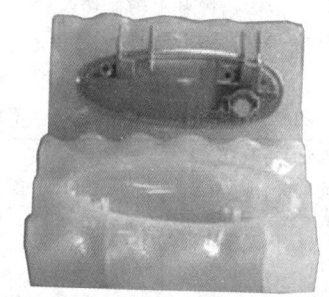

图 54.1-7　快速成型技术制作的模具及浇注的模型

54.1-8 所示为美国康奈尔大学与威尔·康奈尔医学院的研究人员合作，利用快速旋转 3D 相机采集人耳数据，采用反求技术建立人耳的三维模型，然后通过 3D 打印技术和细胞培养技术制作的一种新型人工耳，无论在外观还是功能上，均可与真耳相媲美。

图 54.1-6　飞机操作手柄 3D 打印模型和飞机操作手柄

3) 在模具开发领域的应用。传统的模具生产时间长、成本高。将快速成型技术与传统的模具制造技术相结合，可以大大缩短模具制造的开发周期，提高生产率，是解决模具设计与制造薄弱环节的有效途径。快速成型技术在模具制造方面的应用可分为直接制模和间接制模两种，直接制模指采用 3D 打印技术直接堆积制造出模具；间接制模是先制出快速成型零件，再由零件复制得到所需要的模具，可用于金属模和非金属模的制造。图 54.1-7 所示为快速成型技术制作的模具及浇注的模型。

4) 在医学领域的应用。运用 3D 打印技术，设计师可以根据特定病人的 CT 或 MRI 数据而不是标准的解剖学几何数据来设计并制作种植体，其线尺寸误差小于 0.05mm，总体误差不超过 0.1%，这样的精度完全可以满足外科手术的需要，并且可以克服生理解剖标本获得的难度及道德伦理方面的困扰。图

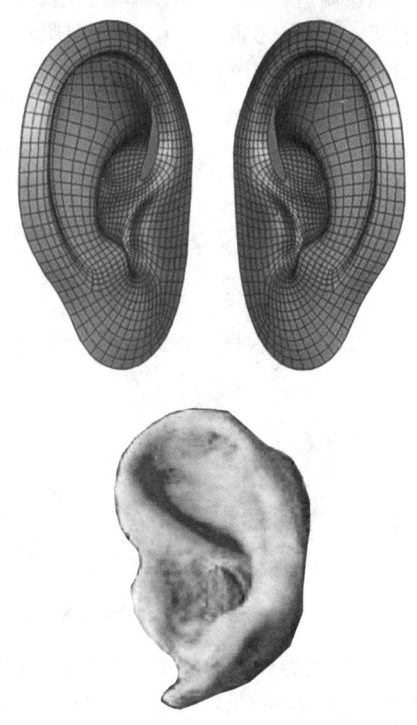

图 54.1-8　快速成型技术制作的人工耳模型

5) 在文化艺术领域的应用。在文化艺术领域，快速成型制造技术多用于艺术创作、文物复制和数字雕塑等。图 54.1-9 所示的数字模型为美国斯坦福大学研究组在意大利佛罗伦萨用非接触式三维扫描大卫雕塑所得，此过程对文物表面没有任何损坏的危险，且能精确保存完整的立体模型，对文物保护具有重要意义。

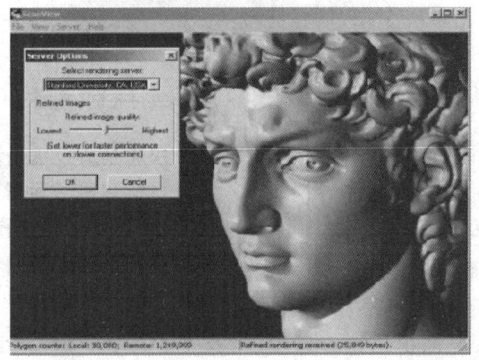

图 54.1-9　快速成型技术应用于大卫雕塑的保护

第 2 章　CAD 建模与分层处理

快速制造技术中软件系统的一般结构如图 54.2-1 所示。主要包括三维 CAD 建模系统、CAD 模型的分层切片、层片的数据离散化的处理和数控加工代码生成及加工过程的仿真等部分。

3D 打印软件的运行流程框图如图 54.2-2 所示。首先在专用 CAD 软件平台上将设计思想转化成三维模型，随后将三维模型转换成表面三角形逼近的 STL、SLC、CLI 及 HPGL 等格式描述文件，通过专用的分层切片软件将三维模型按某一取向（一般为 Z 方向）进行离散化，将离散化后的每一层轮廓线信息及对应的高度值写入层面文件存储。后续控制软件经加工参数选择或输入后，对层面文件进行处理，生成扫描加工文件作为加工 3D 打印原型件或零件的依据。

STL、SLC、CLI 及 HPGL 等文件是 3D 打印技术的数据转换格式，其中 STL 文件格式最初在立体光刻造型技术中得到应用，由于它在数据处理上较简单，而且与 CAD 系统无关，因而很快发展为快速成型领域中 CAD 系统与快速成型系统之间数据转换的标准，现在所有的 CAD 造型系统都提供这一转换功能。

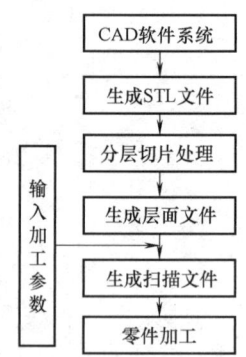

图 54.2-2　3D 打印软件运行流程框图

1　实体建模与分层

快速制造技术是计算机技术、数控技术、激光技术、材料和机械科学等发展和集成的结果，CAD 技术实现了零件的曲面或实体造型，能够进行精确的离散运算和繁杂的数据转换。随着 20 世纪 60 年代"计算机图形学"的出现，在实体造型中，如边界计算、曲面表示、布尔运算等关键技术的相继解决，能够较真实地表示三维物体的三维实体模型开始应用。20 世纪 80 年代初，CAD 系统中引入了三维实体建模，随着计算机硬件的发展和 CAD 软件的不断开发，三维实体建模 CAD 技术日趋成熟，许多具有三维实体造型功能的 CAD 系统陆续问世。

设计者在利用三维实体产品模型设计产品时，不需要将三维物体进行投影，想象各种角度的视图，用多个剖面表示内部结构，用多个视图解释投影的二义性，而可以直接在计算机上构造三维物体，赋以质量、颜色等特性，并从任意角度观察物体。随着参数化特征造型技术的发展，设计人员还可以在零件上构造具有加工工艺特性的特征结构，修改原先设计的尺寸，使零件的形态按要求进行变化。

从快速制造工艺过程的数据处理流程来看，第一步就是 CAD 造型，即利用 CAD 软件设计出所要成型的零件的三维模型；然后再经过定向、加支撑等步骤，将 CAD 模型以 STL 文件格式或层片文件格式输出。从产品模型转换到实体模型，能较完整地表示一个三维物体，为 3D 打印技术的产生准备了条件，同时也提出了需求。因为如果没有能表示三维物体的数据模型，而只是一些图样，想要用 3D 打印的原理制

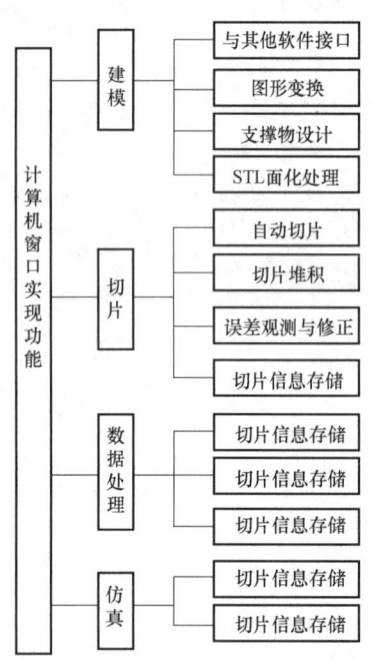

图 54.2-1　快速制造技术中软件系统的一般结构

造出实体模型就需要手工计算出各个截面,编制每个截面的加工代码,这样的计算量太大,以致无法实现。例如,一个零件的高度为 50mm,每层厚度为 0.1mm,共有 500 层的加工量,一个人每天计算 10 层,就需 50 天的编程时间,这根本谈不上"快速"。因此三维物体的实体模型表示是 3D 打印技术的一项重要的支撑技术,它的发展和成熟是 3D 打印技术出现并实用的必要条件。

目前有很多功能强大的三维 CAD 设计软件系统在机械、汽车、航天、电子和家电等行业都得到了广泛的应用,高端的系统主要有 UG、Pro/E、CATIA、CADDS5 和 I-DEAS,这些 CAD 系统以前主要以图形工作站为硬件支撑平台,在产品几何造型、运动分析、计算分析、数控编程及绘图方面的功能都很强,目前由于计算机性能的日益提高,软件公司也开发了用于 PC 的版本,如 UG、NX 和 Pro/E Wildfire 等;中档的 SolidEdge、SolidWorks 则是运行在便宜的 PC 上,这一优势使其对于数量众多的中小型客户具有极大的吸引力,但曲面造型功能不及高端 CAD 系统;低端的 AutoCAD、CAD KEY 等是以二维为主逐渐向三维发展的 CAD 系统,目前拥有许多二维设计的用户。尽管这些 CAD 系统建模技术和功能强弱不同,但它们的出现无疑大大地推进了 CAD 技术在现代化生产中的广泛应用,同时也带动了快速成型技术在各个领域的应用。常用的三维 CAD 系统见表 54.2-1。

表 54.2-1 常用的三维 CAD 系统

公 司	产 品	网 址
Autodesk	AutoCAD、Mechanical Desktop、Studio	www.autodesk.com
PTC	Pro/ENGINEER、Pro/DESKTOP、CADDS5i、Windchill	www.ptc.com
EDS	Unigraphics、SolidEdge、Parasolid、i-Man、e-Vis、e-Factory	www.eds.com
Solidworks	Solid works	www.solidworks.com
Dasssult Systenmes	CATIA	www.dsweb.com
Delcam	DUCT、PowerMill	www.delcam.com
SDRC	I-DEAS、Imageware Surfacer	www.sdrc.com
Robert Mcncel & Associate	Rhino	www.rhino3d.com

1.1 常用的数据格式

在数据检验与处理软件中所采用的数据格式是该软件中一个很重要的问题。由于目前使用的 CAD 软件系统众多,数据格式各不相同,因而要使 CAD 模型用于快速成型系统进行制造,必须进行切片分层等数据转换。常用的转换格式有 STL、IGES、VRML、CFL、CLI、SLC、HPGL、DXF 和 VDA-FS 等。本节将根据目前 3D 打印成型系统中常用的三种数据格式进行介绍,即三维面片模型格式、CAD 三维数据格式和二维层片数据格式,并对其各自优缺点进行比较。

1.1.1 三维面片模型格式

3D 打印的三维面片格式文件是专为 3D 打印技术而开发的数据格式,主要有 STL 格式和 CFL 格式两种。在这些转化格式中,STL 文件的应用最为广泛。

STL 文件是 SLA 设备生产厂家——美国 3DSystems 公司提出的一种用于 CAD 模型与 3D 打印设备之间数据转换的文件格式,现在已为几乎所有的 3D 打印设备制造商及相关的 CAD 系统所接受,成为 3D 打印技术领域中事实上的"准"工业标准。目前国际市场上三维 CAD 软件基本都配有 STL 文件接口,如 Pro/ENGINEER、UG、I-DEAS、CADKEY、CATIA、SolidWorks、SolidEdge 和 AutoCAD 等。它最大的优点是简单、通用、灵活,但也有易产生错误、不够精确、数据量大和不包含加工面信息等缺点。

(1) STL 文件格式的规则

STL 文件表示的零件是通过对 CAD 实体模型或曲面模型进行表面三角化离散得到与原三维实体近似的一系列小三角形数据信息,是一种由小三角形面片构成的三维多面体模型。

在 STL 文件中,每个小三角形面都用一个法矢和三个顶点坐标来描述,顶点坐标必须是正数,法矢表示材料包含在面片的那一边。STL 文件有两种格式,即 ASCII 和二进制格式,STL ASCII 格式结构如下:

  solid<entityname>
  facet normal ninjnk//三角形面法向矢量
  outer loop
  vertex V1x V1y V1z//小三角形第一个顶点坐标
  vertex V2x V2y V2z//小三角形第二个顶点坐标
  vertex V3x V3y V3z//小三角形第三个顶点坐标
  endloop
  endfacet
  endsolid<entityname>

STL 文件所描述的正确实体数据模型应满足以下

三条法则。

1) 右手法则。三角形平面的法向矢量方向和它的三个顶点的排列顺序应符合右手法则,如图54.2-3所示。

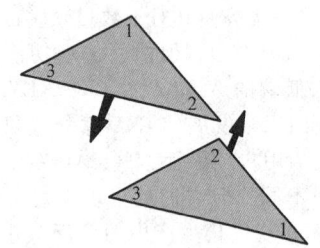

图 54.2-3　STL 文件中的小三角形平面

相邻的小三角形平面不能出现取向矛盾,如图54.2-4所示。图54.2-4a、图54.2-4b 表达正确,图54.2-4c 表达错误。

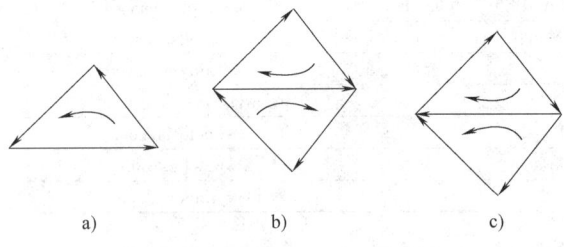

图 54.2-4　取向规则的示例
a)、b) 表达正确　c) 表达错误

2) 顶点法则。每相邻的两个三角形平面只能共享两个顶点,即一个三角形的顶点不能落在另一个三角形的边上。例如,图54.2-5a 表达正确,图54.2-5b 表达错误。

3) 边法则。三角形的每一条边必须且只能由两个三角形所共有。

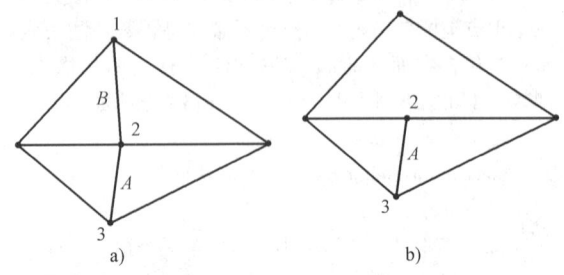

图 54.2-5　共顶点规则的示例
a) 表达正确　b) 表达错误

但是对于形状复杂、精度要求高的 CAD 模型,空间三角形必定得取得足够小,数据量就会相应增大;

另外,用足够小的三角形来描述实体,拟合的误差会不可避免地产生。大多商用 CAD 软件将其转换为 STL 数据将出现错误或缺陷,因此诸多科研机构进行了这方面的研究工作,推出的许多快速成型系统在其软件中都含有修复 STL 文件的功能。尽管如此,使用成熟的商用软件找出 STL 文件中的问题并加以修改并非轻而易举,而且不是所有的缺陷都能修复,尤其是在制作尺寸较小或者较复杂的零件时,有些是无法恢复的错误。

(2) STL 文件格式的缺陷

一般情况下,三角形的个数与该模型的近似程度密切相关。三角形数量越多,近似程度越好,精度越高;三角形数量越少,则近似程度越差。用同一 CAD 模型生成两个不同的 STL 文件,精度高者可能要包含多达 10 万个三角形面片,文件达数兆字节,而精度低者可能只用几百个三角形面片,这对后续处理的时间和难度影响很大。所以,从 CAD 系统输出 STL 文件时,一定要选择合适的输出精度。如果精度选择不当,有可能出现以下三种情况。

1) 文件精度不足。通常这种情况下 STL 文件会比较小,只有几千字节到几百千字节。低精度的 STL 文件会降低其描述 CAD 模型的能力,将一些曲面、球面用较少的面片表达,使得这些表面的光顺程度较低。例如,采用八棱柱表示圆柱,会造成制作出的原型上有很明显的平面和棱角,降低了原型的质量。在一些比较复杂的 CAD 模型上很容易发生这样的问题。在较低的精度设定下,大致上看 STL 文件可能精度不错,但一些小孔、小柱就会成为多边棱柱,严重影响原型的整体质量。

2) 文件过大。通常在比较复杂、曲面较多的 CAD 模型和反求出的 CAD 模型上容易出现,这是由于文件输出精度过高形成的。该情况容易造成两个问题:①文件传输速度慢。现在快速成型系统大多通过网络用 FTP、E-mail 等形式传输 STL 模型,过大的文件会延长传输时间,在网络条件较差的情况下甚至无法传输,造成不必要的损失。②数据处理慢。STL 模型要经过 3D 打印系统的专用软件处理后才可以输入快速成型机造型。几十兆、上百兆字节的 STL 文件会加重软件处理的负担,延长处理时间,降低成型速度,甚至造成软件无法对其进行处理。

3) 微小特征遗漏或出错。当三维 CAD 模型上有非常小的特征结构(如很窄的缝隙、肋条或很小的凸起等)时,可能难于在其上布置足够数目的三角形,致使这些特征结构遗漏或形状出错,或者在后续的切片处理时出现错误、混乱。这类问题比较难于解决,因为如果要想用更高的转换精度(即更小尺寸和更多数目的三角形）以及更小的切片间隔来克服这类缺陷，必然会使文件占用的空间量更大，造成快速成型系统的困难。多数快速成型系统都有 STL 格式文件缺陷的修补功能，有的是自动修补，有的是手工修补。

3D 打印的切片分层软件在系统中起着承上启下的作用，它的准确性直接影响加工零件的规模、精度和复杂程度，它的效率也关系到整个系统的效率。切片处理的数据对象只是大量的小三角形面片，因此切片的问题实质上是平面与平面的求交问题。由于合法的 STL 三角形面化模型代表的是一个有序的、正确的且唯一的 CAD 实体数据模型，因此对其进行切片处理后，其每一个切片截面应该由一组封闭的轮廓线组成。

(3) STL 模型的前处理

成型前的数据处理不仅要全面考虑 3D 打印的工艺要求和特点，还要满足用户所需的功能要求，其主要功能模块如图 54.2-6 所示。

1.1.2 CAD 三维数据格式

CAD 三维数据格式主要有实体模型和表面模型两种描述方式，这些数据格式大都能精确地描述 CAD 模型，但也有其自身的缺点。下面简单介绍 IGES 文件格式。

IGES（Initial Graphics Exchange Specification）是美国波音公司和 GE 公司最初于 1980 年制定的数据交换规范，是不同 CAD/CAM 系统间进行数据传送的接口标准，它定义了一套表示 CAD/CAM 系统中常用的几何和非几何数据格式以及相应的文件结构。1982 年，IGES 成为 ANSI 标准，1988 年颁布 IGES4.0，目前已有 IGES5.0 版。它虽不是 ISO 标准，但实际上已是工业标准。IGES 中基本的单元是实体，它分为三类：①几何实体，如点、线段、圆弧、B 样条曲线和曲面等；②描述实体，如尺寸标注、绘图说明等；③结构实体，如组合项、图组和特性等。IGES 不可能也没有必要包含所有 CAD/CAM 系统中采用的图形和非图形实体，但从目前国内外常用的 CAD/CAM 系统中的 IGES 来看，其中实体基本是 IGES 定义实体的子集。

IGES 文件格式的定义遵循两条规则：IGES 的定义可改变复杂结构及其关系；IGES 文件格式便于各种 CAD/CAM 系统的处理。虽然 IGES 在国际上被大多数商业化 CAD/CAM 系统采用，但也存在一些不足。例如，①不能精确完整地转换数据，因为在不同的 CAD/CAM 系统之间许多概念不一样，使得某些定义数据，如表面定义数据会丢失；②不能转换属性信息；③层信息常丢失；④不能把两个零部件的信息放在一个文件中；⑤产生的数据量太大，以至于许多 CAD 系统难以处理（无论时间还是存储量都难适应）。⑥在数据转换过程中产生的错误很难确定，需要人工花大量的时间和精力去处理 IGES 文件。采用 CAD 三维数据格式的 3D 打印数据处理过程如图 54.2-7 所示。

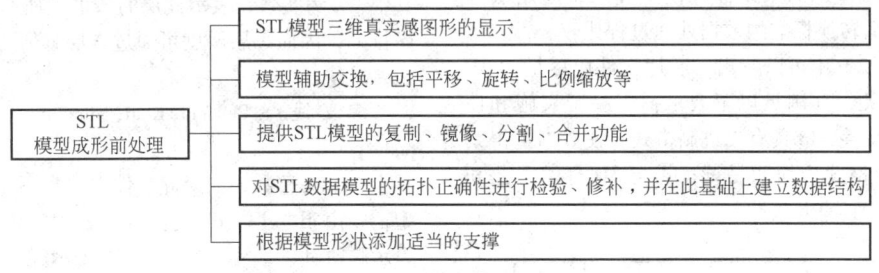

图 54.2-6 STL 模型前处理的主要功能模块

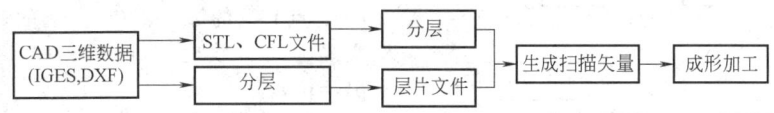

图 54.2-7 采用 CAD 三维数据格式的 3D 打印数据处理过程

1.1.3 二维层片数据格式

CLI、HPGL 和 SLC 等均是二维层片数据格式，由于 STL 文件存在的缺陷，促使人们寻求一些更好的方式来替代 STL 文件，层片文件就是一种新的文件格式，如图 54.2-8 所示。

与 STL 文件相比，层片文件具有以下优点：①由于层片文件是二维文件，因此其错误较少、错误类型单一，不需要复杂的检验和修复程序；②文件的数据量大大降低；③由于直接在 CAD 系统内分层，省略

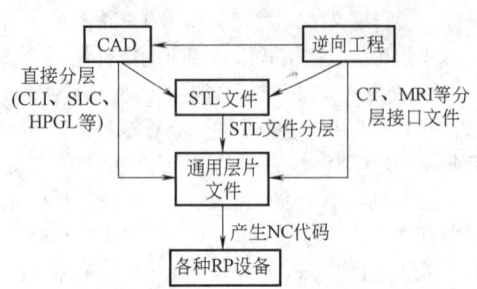

图 54.2-8　RP 中的层片文件

了 STL 文件近似表示这一中间步骤，因此模型精度大大提高；④省略了 STL 文件分层，降低了 3D 打印系统的前处理时间。

与 STL 文件相比，层片文件有如下缺点：①支撑不易添加，因为文件只有单个层信息，没有体的概念；②零件无法重新定向、无法旋转；③对设计者要求更高。上述不足均可在分层之前在 CAD 系统中由设计者完善，如在 CAD 中加支撑，选择最优定向以便减少误差等；④分层厚度固定。这对某些 3D 打印技术不太合适，如 LOM 技术。

由于分层是所有 3D 打印系统所共有的一个过程，希望 CAD 系统可提供统一的分层接口。但从目前来看，层片文件只是 STL 文件的补充，它的出现使几何造型与 3D 打印设备之间的联系方式更为丰富，对逆向工程与 3D 打印技术的集成尤其具有重要意义。

图 54.2-9 所示为采用面片模型和二维通用层片文件作为数据转换标准的数据处理过程比较。

从图 54.2-9 中可以看出，层片文件应尽量与 3D 打印工艺无关，并满足以下要求：①易于实施和使用；②无二义性；③具有二进制格式，使数据量得到压缩，ASCII 格式应简明易读；④与 3D 打印工艺和设备无关；⑤具有开放性。

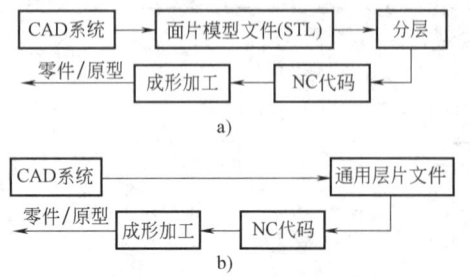

图 54.2-9　采用面片模型和二维通用层片模型数据处理过程比较
a) 面片模型数据处理　b) 二维通用层片模型数据处理

下面以 CLI 文件为例，说明层片文件的结构。

通用层片接口（Common Layer Interface，CLI）格式是欧盟 BRITE-EURAM 快速原型技术项目提出并完善的一种层片文件接口，它是在 LEAF 基础上结合了许多 3D 打印工艺的具体要求而实现的。CLI 格式较好地处理了每层中分层轮廓的内外环和相应的填充线表达，具有较广泛的适应性。目前 CLI 已发展到第三版本，虽然在 CAD 系统内和 3D 打印设备中实现这一文件格式的尚不多见，但可以预计它将成为一种与 STL 文件并存的另外一种 3D 打印文件格式。CLI 文件格式有 ASCII 码格式和二进制格式两种。与 STL 文件的三维表示不同，CLI 文件是由不同层表示的一种模型。每一层是介于两个平行截面之间的体，具有一定的厚度和内外轮廓线，并具有一定的填充形式。内外轮廓线定义了每一层内固态材料的边界，是用多义线来表示的，正确的轮廓线是封闭的并且无自相交和与其他轮廓线相交的现象。在 CLI 中，填充线由一系列独立的直线段构成，每条填充线由其端点坐标表示。

CLI 的 ASCII 码形式由两部分组成，即头文件部分和几何文件部分。头文件部分以 $$ HEADERSTART 开始，以 $$HEADEREND 结束。在头文件中可以记录所采用的计量单位、文件组建日期、总层数以及与用户数据有关的一些信息。几何文件部分以 $$GEOMETRYSTART 开头，以 $$GEOMETRYEND 结束，记录了所有层的信息。其中每一层主要包括以下内容。

层 $$LAYER/Z

其中，Z 为实数，表示此层的 Z 值。所有层按 Z 值升序排列，因而每层厚度可通过本层 Z 值与上一层 Z 值之差求得。

多义线 $$ POLYLINE/id, dir, n, p1x, p1y, ⋯, pnx, pny

其中，id 为整数，如果此文件中包含不止一个零件模型，则由 id 标识；dir 为整数，表示多义线的方向：0 表示顺时针（表示内轮廓）；1 表示逆时针（表示外轮廓）；2 表示非闭合线（表示不是实体轮廓）；n 为整数，表示多义线中点的数量；p1x, p1y, ⋯, pnx, pny，点 1~n 的每一点（x, y）的坐标值。注意当多义线为闭合线时（dir = 0, 1），则有 p1x = pnx, p1y = pny。

填充线 $$ HATCHES/id, n, p1ex, p1ey, p2ex, p2ey, ⋯, pnex, pney

其中，id 意义同上；n 为整数，记录填充线的数量。

每一条填充线具有四个参数，起点坐标和终点坐标。

ASCII 码 CLI 文件的一个例子如下所示。

$$HEADERSTART

```
$$ASCII           // ASCII 码文件格式//
$$UNITS/1         //单位为 mm//
$$UNITS/0.01      //单位为 0.01mm//
$$DATE/080220     //2008 年 2 月 22 日生成//
$$LAYERS/120      //共 120 层//
$$HEADEREND
$$GEOMETRYSTART
$$LAYER/6.0       //该层高为 6.0mm//
$$POLYLINE/0, 0, 5, 1.00, 2.02, 3.30, 3.42,
5.23,5.01, 1.57,5.6,1.00,2.02
  $$HATCHES/0, 2, 10.2, 10.4, 12.34, 12.5,
8.8, 9.3, 15.7, 13.2
  $$POLYLINE/0, 1, 10, 1.2, 4.01, …
$$LAYER/6.1
  $$POLYLINE/0, 0, 200, 10.23, 12.34,…
$$LAYER/12
  $$POLYLINE/0, 0,200,1323, 12.34,…
$$GEOMETRYEND
```

CLI 文件目前已发展到较为完善的程度，并且已开始被 3D 打印领域所接受，但它还存在以下问题：

1) 每层内外轮廓均采用多义线（折线）形式。与 STL 文件直接分层得到的轮廓线相同，仍为矢量扫描方式，精度虽然高于通过 STL 文件分层求取的折线，但尚未达到理想的曲线扫描状态，这削弱了其精度高的优势。

2) 填充方式只支持栅states直线段，不支持其他形式，对目前的大多数 3D 打印工艺来讲，这已经满足要求，但考虑到一些特殊工艺和特殊材料要求，应能支持其他形式的填充线。

1.1.4 三种常用的数据格式

现行 3D 打印的数据转换格式很多，但其数据来源主要是 CAD 系统和逆向工程（CT、MRI 等）。目前所有的 3D 打印工艺都是分层加工，层层堆积成型，即所有的 3D 打印设备均需要二维的分层信息来生成 NC 代码。CAD 模型数据与 RP 系统间的数据转换及流动方式如图 54.2-10 所示。

为使上述数据转换顺利进行，就必须开放许多软件接口，如 IGES 到 STL、DXF 到 STL、SLC 文件到 3D 打印设备软件及 CLI 文件到 3D 打印设备软件等，由于软件开发工作量很大，且各种 CAD 系统的模型数据采用的数学表达形式多种多样，如图 54.2-11 所示。对不同的数学表达形式都需要不同的分层软件、扫描矢量生成软件，要求所有 3D 打印设备支持这么多的数据模型输入是很不现实的，这就产生了 3D 打印数据转换标准问题。表 54.2-2 列出了各种 3D 打印

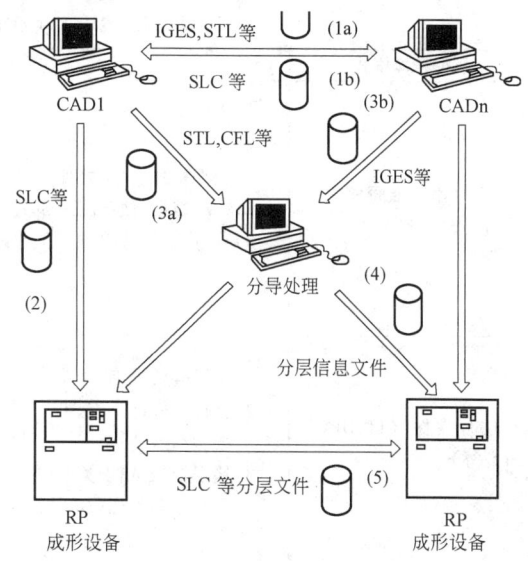

图 54.2-10 CAD 模型数据与 RP 系统间的数据转换及流动方式

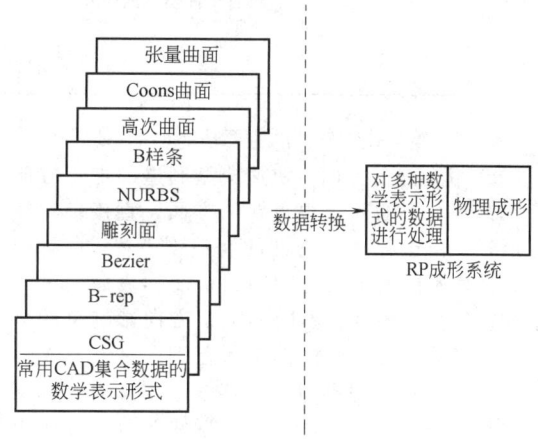

图 54.2-11 CAD 模型的数学表达形式

数据格式的优缺点。

1.2 数据检验与处理软件系统

数据检验与处理软件系统是快速制造软件系统中非常重要的一部分。它是 CAD 文件与具体成型机之间的接口。从 CAD 系统得到的三维模型是不能直接在快速成型系统中使用的，必须经过数据检验与处理软件将其分解为层片后才可输入成型机进行制造。数据检验与处理软件的核心功能是将 CAD 模型进行离散分层，并按照一定的工艺流程规划自动生成 NC 代码。整个软件系统可以分为图 54.2-12 所示的几个模块。

表 54.2-2 各种 3D 打印数据格式的优缺点

数据转换格式	优点	缺点
3D 打印三维面片模型文件（STLXFL）	1）数据格式简单，处理方便 2）三维数据，便于图形编辑和有限元分析 3）3D 打印领域的"准"工业标准	1）数据冗余量大 2）文件规模大，模型精度不高 3）易产生缺陷，需检验和修正 4）不含拓扑信息 5）必须经过分层处理 6）不含材料、特征、公差等信息 7）欲提高模型精度，需重新生成
层片文件（CLI、HPGU、SLC 等）	1）不需分层处理 2）文件规模远小于 STL 文件 3）模型精度高 4）错误较少，错误类型单一 5）可从逆向工程扫描数据（CT、MRI）中得到	1）不易加支撑 2）零件无法重新定向 3）分层厚度固定 4）不含材料、特征、公差等信息 5）欲提高模型精度需重新生成
CAD 模型数据转换标准（IGES、DXF、VDA-FS 等）	1）为大多数 CAD 系统支持 2）模型表达精确 3）有多种模型描述方式	1）不能完全精确地转换数据 2）不能转换属性信息 3）不能把两个零件的信息放在同一个文件中 4）数据量较大 5）必须经过分层处理 6）不含材料、特征、公差等信息

数据检验与处理软件的主要功能如下：

1）优化加工方向。快速成型制造的加工方向是工艺规划中的一个很重要的方面，直接影响加工质量。由于存在原理性的制造误差——台阶误差，选取不同的加工方向时，精度和表面质量可能相差很大。另外，不同的加工方向影响总的分层数，会造成加工时间的重大差别。对于 SLA 等工艺，加工方向则密切影响支撑的添加方式、支撑数量的多少和大小。可见，零件的造型方向影响到它的表面质量、加工时间、支撑质量以及不同方向的强度。起初，造型方向是由设计者或者加工者通过手工进行选择，他们研究零件的特征，根据需要选择某一个造型方向，然后在 CAD 造型软件或者 STL 文件的数据处理软件中对零件进行旋转。近些年来，研究者研究了一些全自动或者半自动地判断最佳造型方向的方法。台阶大小、支撑接触面积、加工时间、表面质量和应力变形等是考虑造型方向的几个主要因素。

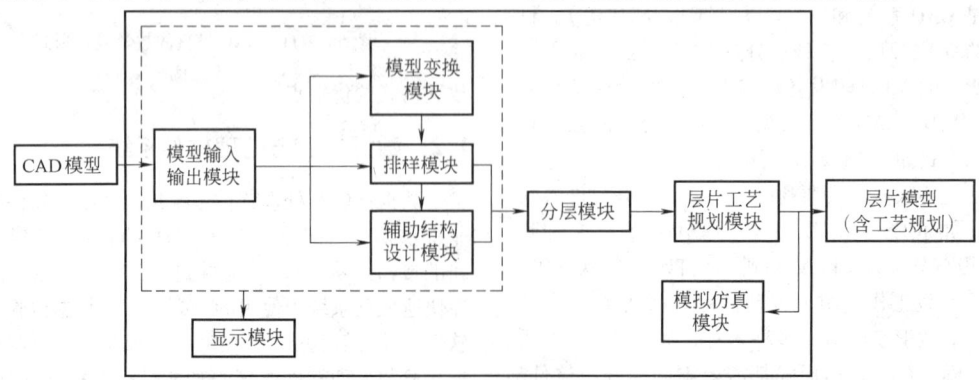

图 54.2-12 快速制造中数据检验与处理软件系统

2）STL 模型校验和修复。3D 打印工艺对 STL 文件的正确性和合理性有较高的要求，主要是要保证 STL 文件无裂缝、空洞，无层面、重叠面和交叉面，以免造成分层后出现不封闭的环和歧义现象。从

CAD 系统中输出的 STL 模型错误概率较小，而从反求系统中获得的 STL 模型错误概率较大。错误原因和自动修复错误的方法一直是快速成型软件领域研究的重要方向。根据分析和实际使用经验，可以总结出 STL 文件的四类基本错误：①法向错误，属于中小错误；②面片边不相连有多种情况，如裂缝或空洞、悬面、不相接的面片等；③相交或自相交的体或面；④文件不完全或损坏。STL 文件出现的许多问题往往来源于 CAD 模型中存在的一些问题，这些问题最好是返回到 CAD 系统，在产生 STL 文件以前解决，而不是在 3D 打印系统中处理。

3) 分层切片。快速成型系统的输入数据通常可以由 CAD 模型数据转换成 STL 文件格式，经片层处理而得到；也可以通过由 CAD 底层开发出来的成型系统软件而直接产生。对于从三维数字化仪得到的数据，既可以转成 STL 文件格式去做切片处理，也可以转到 CAD 软件中去处理。

4) 利用 CAD 中的几何表示直接产生准确的切片和扫描矢量数据，对于特定的 CAD 软件/成型机组合，如 CAD/选择性激光烧结（SLS）是很有效的。这种方法与 STL 间接法相比，有些类似于汇编语言和 C 语言的关系，有优点也有问题。切片程序与成型机类型密切相关，通用性不好，需要开发者熟悉成型机的底层知识，如控制机理、时间间隔等，难度较大；一旦发生错误，可能就很严重，因为错误保护和恢复能力很差；扫描线文件通常很大，数据的验证和修改很难，尤其是考虑零件收缩时。这个情况有点类似于用 x-y 绘图仪画一条曲线，曲线在 CAD 中被分成许多短直线段，然后将这些线段依次依时送到绘图仪中去画出来，若要收缩校正就很困难。

1.3 STL 文件的切片处理

按目前情况来看，CAD 直接法和 STL 法都有发展。STL 法是通用方法，但还不完善。

（1）STL 文件的切片处理

STL 文件的切片处理过程如图 54.2-13 所示。先由 CAD 设计的三维模型产生 STL 文件，再经过转换形成一系列平行于平面的轮廓线，表示所设计的三维模型。

切片的目的是要将模型以片层方式来描述，片层的厚度通常为 0.05~0.5mm。每一片层还将变成许多激光束的开关点。从图 54.2-13 中可以看出，无论零件多么复杂，对每一层来说却是很简单的平面矢量扫描组。

切片处理是将计算机中的几何模型用轮廓线来表述。这些轮廓线代表了片层的边界，是用一个以 z 轴

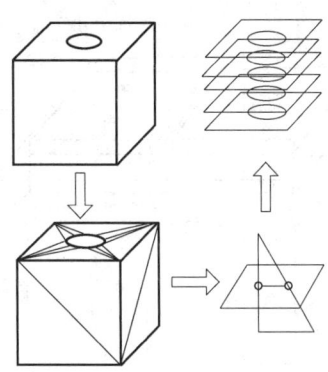

图 54.2-13 STL 文件的切片处理过程

正方向为法向的数学面与模型（STL 描述）相交计算而得的。交点的计算方法与输入的几何形状有关，但输出的数据却是统一的文件格式。轮廓线文件是由一系列的环路来组成的，并用关键词来指明环路-轮廓线的开始和结束。由许多点来组成一个环路，这些环路遵循右手法则（外环反时针，内环顺时针），如图 54.2-14 所示。

一个简单的切片程序框图如图 54.2-15 所示。首先读入 STL 数据，然后将所有平行于 x-y 平面的小三角面挑出来作为表层，如零件的底面或顶部。所有剩下的小三角面都用来计算是否与 $x_0 + n\Delta x$ 相交。其中 x_0 为模型最底层的 z 面，Δx 为切片层厚度，n 为层数。如果相交，小三角面与切片平面可得到轮廓线文件。

这个输出轮廓线文件将作为随后激光开关点计算的输入文件，其处理方法与成型机有关。

（2）拓扑处理

用上述方法取得的成型机输入数据只是平行扫描矢量，而一般的激光扫描系统还要做各种其他方式的扫描，如边界轨迹扫描（boundarytracing）、分半扫描（half-lap）、交叉扫描（multipleorientation）和智能扫描（intelligent），通常要求在切片平面中带有拓扑信息。上述切片方法很难实现这些高级的扫描方式。

按照一定的厚度对 CAD 模型进行离散处理。由于 STL 是三角化的表面模型，存在精度等缺陷，为解决这个问题，目前采用在 CAD 系统内进行直接分层（DirectSlicing）。在 CAD 造型数据结构的基础上直接进行分层操作，无须借助中介的文件转换方式，从根本上解决了从 CAD 到 3D 打印的数据转换问题。图 54.2-16 所示为 STL 模型及其分层结果。

（3）扫描轨迹

加工过程中扫描头扫描的轨迹一般包括轮廓和填

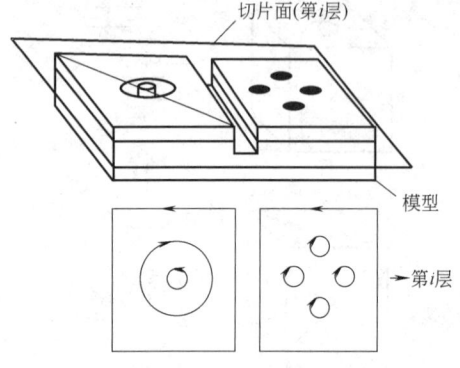

图 54.2-14 切片处理后的轮廓取向

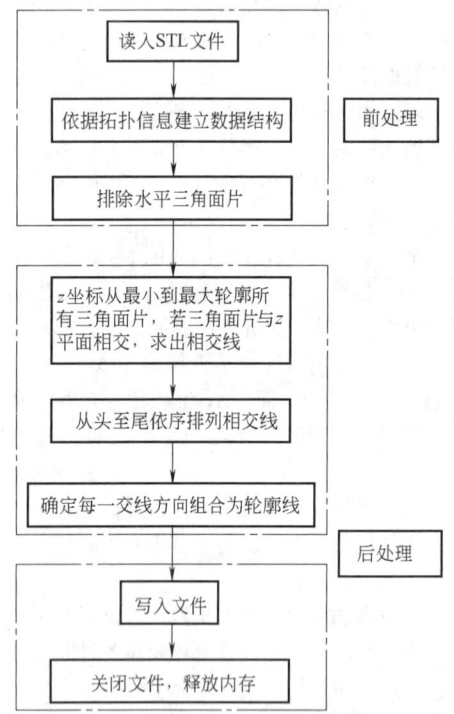

图 54.2-15 切片程序框图

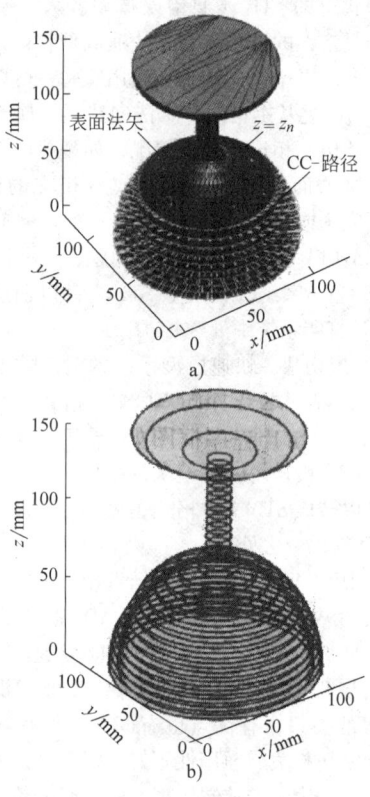

图 54.2-16 STL 模型及其分层结果
a) 用于五轴激光熔覆的 STL 分层软件
b) 具有等厚层的分层模型

充两部分。根据快速制造工艺的不同,扫描轨迹会有很大的不同。扫描处理是快速成型工艺过程中很重要的一道处理工序,它在很大程度上决定了扫描加工的质量和效率的高低。在由点到线、由线到面、由二维到三维的逐层累积过程中,扫描头要做大量的扫描运动,合适的扫描方式和路径规划可以提高零件的精度、表面质量和强度,节约成型时间和成型材料。SLA、LOM、FDM、SLS 以及 LDM 等各工艺的轮廓和填充方式不同,根据工艺要求,轮廓有时还需加上刀偏补偿以提高加工精度。工艺要求决定了刀偏补偿及填充方式。随着对快速成型技术的不断深入研究和应用,扫描方式也在不断地发展中。目前主要的扫描方式有以下几种。

1) 连续(往返直线)扫描。要对零件一个截面轮廓的内部进行扫描填充,最简单的方法是顺序往返直线扫描填充法,从下至上逐行填充。在扫描一行的过程中,实体部分按设定的加工速度扫描;对于型腔部分,扫描头以较快速度跨过。这种扫描方式的基本思想与计算机图形学中的区域填充很相似。优点是对数据的处理简单且可靠。但也有如下一些缺点:①对于有型腔结构的成型件,由于要频繁地跨越内轮廓,空行程太多,这一方面会出现严重的"拉丝"现象,另一方面扫描系统要频繁地在填充速度和快进速度之间变换,易产生严重的振动和噪声,这也会增加成型时间;②由于该扫描方式是沿单一方向一次将整个层面扫描完毕的,每条扫描线的收缩应力方向一致,因此增大了整个层片翘曲变形的可能性。

2) 分形扫描。同一方向的扫描线越长,收缩也越大，且过长的两条相邻扫描线间的扫描时间间隔较长，收缩时间间隔也较长，这对减小变形和内应力不利。分形扫描采用的扫描路径是一种具有自相似特征的分形结构图形，一般采用的都是小折线，在扫描过程中扫描方向在不断变化，从而能够自由收缩。相对其他的扫描方式而言，分形扫描方式对减小制件变形和残余应力更为有利。

3) 分区扫描。这种扫描方式是依据一定的规则将整个层面分为若干个连贯的小区域，在每个小区域内采用连续扫描法。在扫描过程中，扫描头运行至边界即回折反向填充同一区域，并不跨越型腔部分；只有从一个区域转移到另外一个区域时，才快速跨越。由于不需要频繁跨越型腔，一定程度上减少了"拉丝"现象；同时，由于在扫描过程中大大减少了扫描头在高低速间的切换次数，因而也克服了逐行顺序扫描填充时的诸多相关缺陷。但对于一些薄壁零件仍存在频繁跳跃情形。

4) 环形扫描。也叫轮廓平行扫描法，即扫描线是沿着平行于轮廓的方向布置的。从理论上分析，由于这种扫描方式的扫描线在不断地改变方向，这就使扫描线的收缩量得以减小，同时使由收缩而引起的内应力方向分散开，从而有利于减少翘曲变形。在这种扫描方式中，空行程也是极少的。但轮廓平行路径规划要计算偏置曲线，且要去除偏置中产生的多余环，进行大量的有效性测试，算法效率不高，而且在某些情况下对多余环的判断处理是相当困难的。图54.2-17所示为3D打印中以上四种扫描方式的示意图。

5) 三角形剖分扫描。由于STL文件切片后生成的截面轮廓多边形各自一定为简单多边形，且多边形相互之间不存在相交情况，从而可以证明一定可以对截面轮廓进行三角形剖分，即将该多边形分成许多无空洞的三角形，如图54.2-18所示。于是，整个扫描过程就分解为以下三个步骤：①将整层内的扫描分解为对各个三角形的扫描；②每一个三角形内用环形扫描；③不扫描三角形边界，只扫描多边形的边界。

这种基于三角形剖分的扫描方式比环形扫描在避免制件翘曲变形和提高制件精度方面又前进了一步，数据处理的算法也较为简单。但考虑到原型件一般会有圆弧，甚至是一些不规则曲面，其特征表面用小三角形平面逼近后的STL文件，经切片后的相关层的截面轮廓多边形也有着较多顶点，若再对其进行三角形剖分，在每一层内会剖分出较多的三角形，最后再对每一个三角形进行环形扫描，整个过程的数据处理量是相当大的。

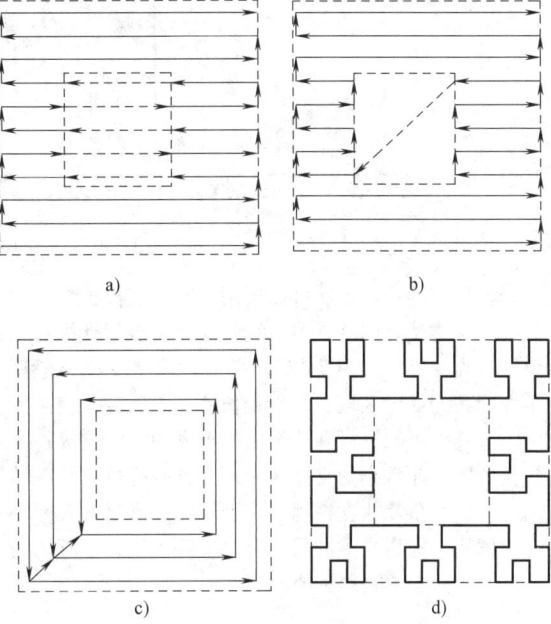

图54.2-17　3D打印中四种常用扫描方式的示意图
a) 连续（往返直线）扫描　b) 分区扫描
c) 环形扫描　d) 分形扫描

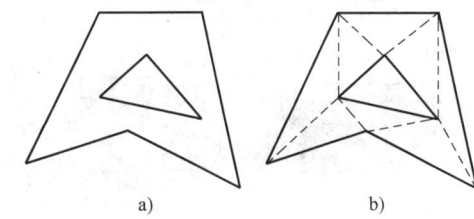

图54.2-18　三角形剖分扫描
a) 层片轮廓　b) 轮廓的三角剖分

(4) 辅助结构设计

不同的工艺需要不同的辅助结构。有些工艺在成型加工时需要通过软件添加支撑结构，如SLA等工艺。另外一些工艺在成型过程中不需要另外添加支撑，而是用自身材料作为支撑，如分层实体制造（LOM）工艺中切碎的纸，SLS中未成型的粉末。支撑结构在固定零件、保持零件形状、减少翘曲变形方面有着重要作用。不同工艺对支撑的要求是大同小异，主要是为后续层提供定位和支撑，并可以去除。支撑的质量主要从以下三方面进行判断：①支撑的强度和稳定性；②支撑的加工时间；③支撑的可去除性。一个不良的支撑结构会造成变形、位置偏移、坍塌和裂缝等问题，甚至造成无法成型。图54.2-19所示为SLA工艺的待支撑区域。

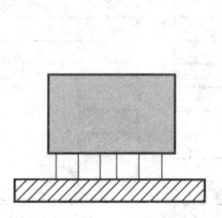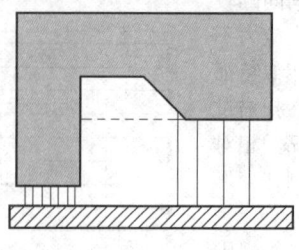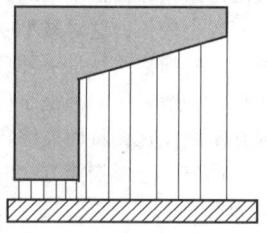

图 54.2-19 SLA 工艺的待支撑区域

根据零件几何形状可以选用不同的支撑类型。常见的支撑类型有网状支撑、线状支撑、点状支撑和三角片状支撑等，如图 54.2-20 所示。网状支撑一般用于大面积的支撑区域；对于狭长的支撑区域，应采用由通过其中线的纵板和若干横板组成的线状支撑；点状支撑用于非常小的支撑区域，并且要比待支撑区域稍大；而三角片状支撑用于垂直悬臂，可以大大减小支撑体积，提高支撑的可去除性。图 54.2-21 所示为 SLA 工艺的支撑剥离后的成型件。

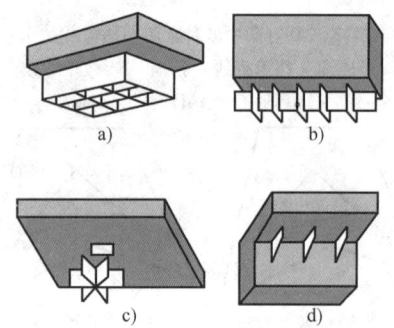

图 54.2-20 SLA 支撑类型
a) 网状支撑　b) 线状支撑　c) 点状支撑　d) 三角片状支撑

图 54.2-21 SLA 工艺的支撑剥离后的成型件

模型的几何处理包括原型分割拼装以及模型抽壳、反型规则等。分割拼装成型是将一个 CAD 模型按一定方式分成几个子块之后采用快速成型方法分别加工出来，再采用黏结等方式拼合到一起，形成一个完整的原型。抽壳是将原型进行空腔化处理，减小成型体积，提高成型速度和材料利用率。反型规则是计算 CAD 模型的凹模或凸模，以成型零件的模具或铸型，在快速工具方面有广泛的应用。

多零件排样在快速成型制造中有着很重要的意义，其目标是使原型排列尽可能稠密，从而使加工空间的利用效率最大化，提高成型速度和材料利用率。通过合理的抽象，自动排样问题可以抽象为布局分配或组合优化问题，然后采用适当的数学方法对其进行求解，如模拟退火算法、遗传算法等。

1.4 3D 打印数据处理软件

目前，国外现有的各种 3D 打印设备一般都带有自己的数据处理软件，如 3DSystems 公司的 Lightyear、QuickCast，Hellsys 公司的 LOMSlice，DTM 的 RapidTool，Stratasys 公司的 Quickslice、Supportworks、AutoGen，Cubital 公司的 SoliderDFE，Sande3D 打印 rototype 公司的 ProtoBuild 和 Protosupport 等。

由于 CAD 与 3D 打印的接口软件开发的困难性和相对独立性，国外涌现了一些作为 CAD 与 3D 打印系统之间桥梁的第三方软件。这些软件的开发者一般为个人或公司，软件功能不多，一般针对 3D 打印工艺规划中某个方面的问题。比较著名的有 CIDES、BridgeWorks、ADMesh、SHAPES、SolidView、Blockware、RipdTools 和 Magics 等。

BridgeWorks 由美国的 SolidConcept 公司在 1992 年推出，后经不断改进现已发展到 4.0 版本以上。该软件可通过对 STL 模型特征的分析，自动添加各种支撑。

STLManager 由美国的 POGO 公司于 1994 年推出，主要用于 STL 的显示和支撑添加。

DeskArtes 包括 ViewExpert、3DataExpert、DesignExpert 和 RapidTools 四个模块。

VisCAM 为 MarcamEngineering 公司开发，可供多种 3D 打印设备进行数据处理。

在这些软件中,由比利时的 Materialise 公司在 1993 年推出的 Magics 软件功能强大,应用广泛,是一个优秀的第三方数据接口软件。现已发展到 Version19.10,包括 MagicsCommunicator、Magic3D 打印、MagicTooling、Mimics 和 Surgicase 等模块,可以进行基于 STL 文件的显示、错误检验、自动添加支撑、分层和制造时间估计等处理,还提供了各种对 CT、IGES 和多种 CAD 系统数据文件的有效处理。

Magics3D 打印是全面的快速成型软件包。它能保证方便地将 CAD 数据格式转化为快速成型系统文件格式,并提供了 STL 操作的选项,功能非常强大。主要功能和特点包括以下几方面。

1) 三维模型的可视化。可利用交叉截面检查设计内部细节,测量以平面、圆柱、轴和球面等为基准的距离、半径和角度的二维或三维尺寸。

2) STL 文件的修复。Magics3D 打印针对有缺陷的模型提供了自动和交互的修复功能,如缝合、间隙填充、自动调整法线方向等功能,使其不用回到原来的三维 CAD 系统就能解决模型的问题。

3) 3D 打印工作的准备功能。Magics3D 打印可以接受 STL、DXF、VDA 或 IGES 等格式文件。多零件排样可以快速而方便地在平台上放置多个 CAD 模型;此外还提供可成型时间估算及报价功能。

4) STL 操作。包括抽壳、分割零件、曲面拉伸、三角面片缩减、STL 模型布尔操作、z 轴补偿和抽取铸造型芯。

根据不同工艺特点及设备的参数进行分层和快速原型设备加工数据处理及输出。

Mimics 是 CT 或者 MRI 三维图像处理软件,能将层片数据转换为三维 CAD 或快速成型所需的模型文件。在医学,特别是骨科外伤手术中,Mimics 已成为非常强有力的工具。

Mimics 能够输入多种数据格式,如 Philips、GE、Hitachi、Pierer、Siemens、Toshiba、Elscint 和 SMS 等,并提供了自定义输入的工具。Mimics 可直接访问由 CT、MRI 等系统产生的数据,自动对数据格式进行检测,并转换成自身的文件格式,将一组图像存储在相应的项目组里。Mimics 提供了多种工具,增强由 CT 或 MRI 扫描产生的图像数据的质量,如 Windowing(窗口)技术可增强图像对比度,Thresholding(阈值)技术和 3D Region Growing(三维区域增长)技术可进行全自动选择。在图像处理过程结束后,Mimics 用设定的图像分辨率和过滤器对选定的区域计算三维模型。

对于医疗模型,该软件还有先进的特征和着色功能。通过快速原型制造的模型被用作复杂外科手术的准备和预演,同时也可帮助定制移植物的设计和制造。借助于其基本工具,Mimics 可对模型进行标记,这些标签将被印在模型里或通过着色使特殊的区域,如肿瘤或者神经区域等也都能用不同的颜色显示出来。

STL、VDA、IGES、STEP 和一般的 CAD 文件都可以输入到 Magics 软件中来。输入的文件格式都会转化为 CAD 的数据结构,并且和用户定义的公差保持一致。处理之后,输出的文件为 STL 格式的文件。同时,使用 STL 格式的数据进行模具设计可以避免一些逻辑问题。随着 CAM 程序越来越多地采用 STL 作为输入格式,并把 STL 作为它们内部的数据结构的基础,Magics 和大多数的 CAM 系统兼容。

MagicsTooling 是一个快速易用的模具设计工具,它不需要使用者有丰富的经验就可以产生原型和生成模具。MagicsTooling 在使模具设计自动化的同时,也提供修改的选择功能。它自动识别并且分别产生抽芯以及滑块,草图能够自动赋予整个模具或者某个独立的表面,能够高效地完成通风孔、栓、冷却通道等的放置,对这些特征的修改也能很快完成。

MagicsTooling 不但能产生抽芯和型腔,它还支持包括滑块及电极设计的模具制造过程。其 EDM 模块能够自动产生需要的电极,并生成电极标签和固定方位标记。对于 EDM 的所有信息,可以由 MagicsTooling 产生一个工艺参数的报告,如电极的位置和腐蚀深度。

自动公差功能减少了模具制造者手动配合的需要。公差可以通过设置一个单一的参数,便可综合考虑进所有曲面、抽芯和滑块等因素。

有关这些软件功能的具体介绍可参见相应的使用手册。

2 CT 数据采集与处理

2.1 CT 成像原理

计算机断层扫描(Computed Tomography,CT)技术是利用 X 射线在经过人体不同组织器官时,因为密度和厚度的差异而具有不同的衰减的原理,将人体内部结构呈现出具有不同灰阶对比度的像。

如图 54.2-22 所示,X 射线管发射出 X 射线,通过探测器接收信号。人体平躺于扫描架之上,利用扫描架的匀速运动,探测器可以捕获人体不同位置的信号。当 X 射线通过人体不同组织器官时,因为人体各组织器官的疏密程度不同,一部分 X 射线被组织器官吸收,另一部分 X 射线穿过人体被探测器接收,探测器将这种光信号转变为电信号,最后通过模-数转换后导入计算机形成图像信号，即横断面图像。整个处理过程相当于将选定层面分成若干个体积相同的长方体。扫描所得信息经计算而获得每个体素的 X 射线衰减系数或吸收系数，再排列成矩阵，即数字矩阵，数字矩阵可存储于硬盘或光盘中。经数字-模拟转换器把数字矩阵中的每个数字转化为由黑到白不等灰度的小方块（像素），并按矩阵排列，即构成 CT 图像。

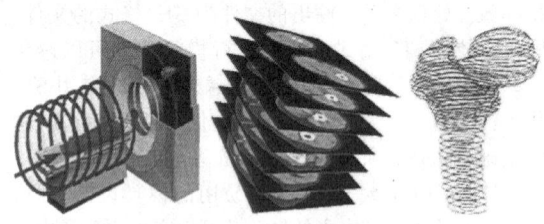

图 54.2-22　CT 扫描和切片

此外，不同组织和器官对 X 射线的吸收和透射程度不同，所得 CT 图像的灰度也不同。一般黑色阴影表示低吸收区，如含气体较多的肺部；白色阴影表示高吸收区，如骨骼。

2.2　CT 数据存储格式

在医学影像信息学的发展过程中，由于医疗设备生产厂商的不同，造成与各种设备有关的医学图像存储格式、传输方式千差万别，使得医学影像及其相关信息在不同系统、不同应用之间的交换受到严重阻碍。为此，美国放射学会（ACR）和全美电子厂商联合会（NEMA）在 1982 年制定的用于数字化医学影像传送、显示与存储的标准 DICOM。

1) DICOM 文件组成。DICOM 文件一般由一个 DICOM 文件头和一个 DICOM 数据集组成，DICOM 文件头（DICOM FileMeta Information）包含了标识数据集合的相关信息。文件头的最开始为文件前言，它由 128 个 00H 字节组成，接下来是 DICOM 前缀，它是一个长度为 4 字节的字符串"DICM"，可以根据该值来判断一个文件是不是 DICOM 文件。文件头中还包括其他一些非常有用的信息，如文件的传输格式、生成该文件的应用程序等，如图 54.2-23 所示。

图 54.2-23　DICOM 文件的总体结构

在 DICOM 文件中，最基本的单元是数据元素。DICOM 数据集合就是由 DICOM 数据元素按照一定的顺序排列组成的。DICOM 数据元素的组成如图 54.2-24 所示。它主要由四个部分组成，即标签、VR（Value Representation，数据描述）、数据长度和数据域。标签是一个 4 字节的无符号整数，DICOM 所有的数据元素都可以用标签来唯一表示。在 DICOM 文件中，标签被人为地分为两个部分：组号（高位 2 字节）和元素号（低位 2 字节）。表示值 VR 指明了该数据元素中的数据是哪种类型的。在 DICOM 文件中，它是一个长度为 2 的字符串；在数据元素中，VR 是可选的，它取决于协商的传输数据格式。DICOM 中规定了显式和隐式两种传输格式，其中在显式传输时，VR 必须存在；在隐式传输时，VR 必须省略。值域长度指明该数据元素在数据域中的长度（字节数）。数据域中包含了该数据元素的数值。DICOM 中所有的数据都是以数据元素的形式出现的。

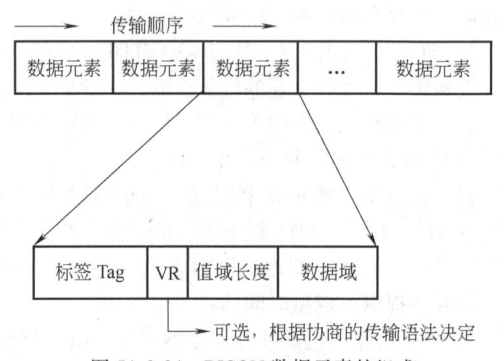

图 54.2-24　DICOM 数据元素的组成

在 SQ 数据元和嵌套数据集的格式中，表示值为 SQ 的数据元的值域可以包含一个或多个数据元，这些数据元称为项。每个项中又可以包含其他项，从而形成多级嵌套结构。SQ 数据元中有三个特殊的数据元，即项（FFFE, E000）、项定界数据元（FFFE, E00D）、系列定界数据元（FFFE, E0DD）。不管传输语法所规定的表示值编码规则是什么，这 3 个数据元都必须采用隐含表示值编码方式。

2) DICOM 中 CT 值与灰度值转换。DICOM 文件描述的是医学图像，反映的是人体器官及组织吸收 X 射线的程度，人体器官图像的 CT 值在-1000 到+1000 之间。目前，计算机常用的位图文件是由红（R）、绿（G）、蓝（B）三基色组成，作为灰度图像所能显示的等级数在 0～255，处理 CT 图像也就是对 CT 值进行处理。处理的方法是在描述显示 CT 数据的范围时，用窗宽表示；确定 CT 数据的中心值，用窗位表示。对于人体器官获得的某个 CT 值，如果小于某个值，可转换成位图图像的黑色，即 0 值；如果大于某个值，可转换成位图图像的白色，即 255 值；如果在某个值的范围之内，可转换成对应位图图像的某个值，在 1～254，其转换公式为

$$G(V) = \begin{cases} 0 & V < C-W/2 \\ gm/w(v+w/2-c) & C-W/2 \leq V \leq C+W/2 \\ Gm & V > C+W/2 \end{cases}$$

(54.2-1)

2.3 CT 数据的采集

在此以一名患有下颌骨肿瘤的 55 岁女性患者为例，研究下颌骨三维虚拟模型重建过程中的医学图像获取、处理与下颌骨三维模型的建立方法。

患者术前照片如图 54.2-25 所示。可以看出，患者的右侧下颌骨患有肿瘤，并且肿瘤已经造成患者的磨牙缺损以及咀嚼功能等障碍。医生需要对其进行肿瘤切除手术，并将切除的部位用患者的自体腓骨修复来进行下颌骨重建。

采用 Toshiba 64-row Spiral CT 对患者下颌骨以及周围部分进行横断面扫描，螺旋 CT 扫描参数见表 54.2-3，扫描范围自颅骨至颈椎中下处。通过采集阶段所得到的 CT 图像属于层面图像，也称为 CT 切片，比较常用的是横断面切片。在实际应用中为了表达整个器官，往往必须拍摄许多连续的 CT 切片。人体下颌骨的一套 CT 切片图像通常有上百张，在拍摄时每两张 CT 切片之间的拍摄间距大约为 0.5mm，这一拍摄精度足以满足我们的要求，将这些图像存储为医学数字成像与通信格式（DICOM）。

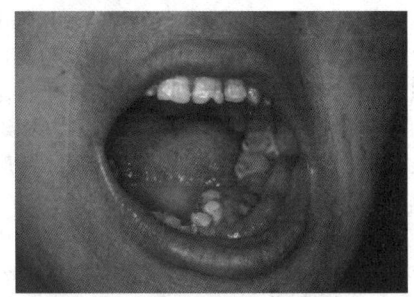

图 54.2-25　患者术前照片

表 54.2-3　螺旋 CT 扫描参数

扫描速度	倾斜角度	层厚	扫描电压	扫描电流	扫描模式
27mm/s	0.844°	0.5mm	120kV	440mA	螺旋

CT 数据为 306 张连续切片，每张分辨率为 512×512，CT 值范围为 -1024~3071，图 54.2-26 所示为序列中的一些图片。

图片的像素间距为 0.39mm，层间距为 0.5mm，因此整个体数据集的空间体积：$(0.39 \times 512) \times (0.39 \times 512) \times (0.5 \times 306)$ mm^3 = $199.68 \times 199.68 \times 153$ mm^3。

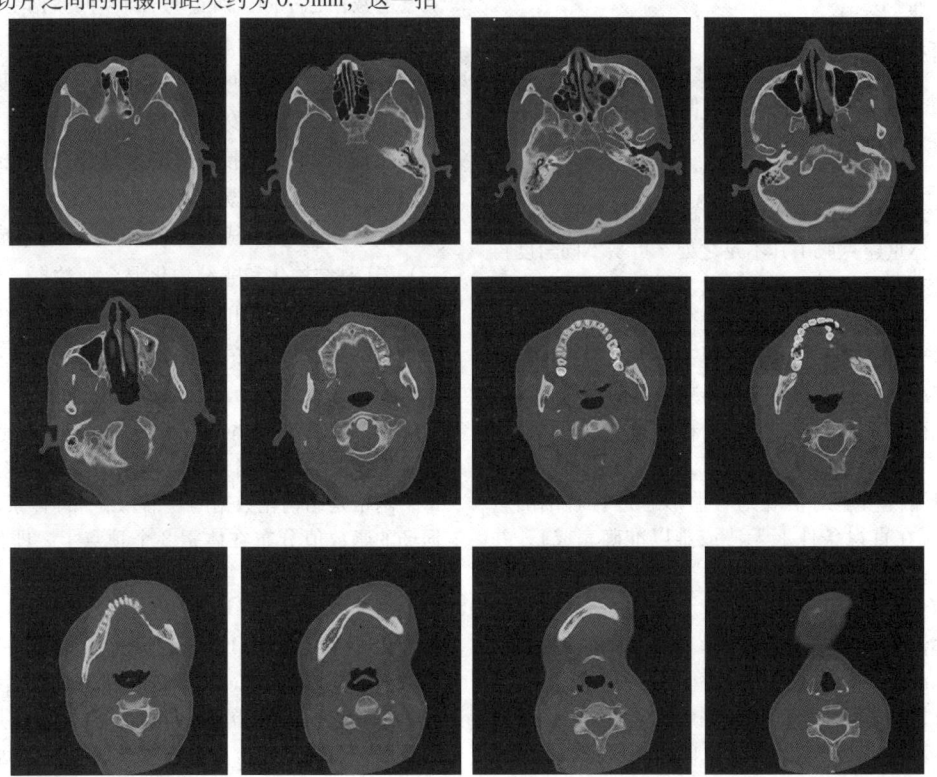

图 54.2-26　CT 图片

3 数据可视化技术

医学图像的三维显示改变了传统的阅片方式，给医生提供了真实感的三维图像，可以任意角度观看人体组织，辅助医生临床判断。医学图像三维重建在医学辅助诊疗领域一直发挥着重要作用。由于面绘制方法的绘制速度较快，因此被广泛应用于手术导航、虚拟内窥和放疗计划等领域。

作为基于面绘制的人体骨骼三维可视化算法的移动立方体算法（marching cubes）是面绘制算法中的一种，由于其算法简单可靠，常用于 CT 数据的三维可视化。根据给定灰度级，在目标区域内通过构造等值面表达对应组织或器官的三维几何模型。等值面构造是从体数据中恢复物体三维描述的常用方法之一。如果把体数据看成某个空间区域内关于某种物理属性的采样集合，且非采样点上的值以其邻近采样点上的采样值以插值来估计，则空间区域内所有具有某一相同值的点的集合将定义为一个或多个曲面，称之为等值面。因为不同物质具有不同的物理属性，可以选择适当的值来定义等值面，该等值面表示不同物质的交界，所以通过适当地选择阈值，等值面可以代表某种物质的表面。

3.1 可视化流程

普通 X 片和 CT 横断扫描图像对骨骼疾病的诊断起着不可替代的作用，是日常诊断中不可缺少的手段。但其仅能显现骨骼二维图像，前者一旦影像重叠，常会影响诊断，而 CT 图像缺乏整体影像。骨骼的三维立体重建克服了其不足之处，可从不同角度再现骨骼形态并赋予骨骼图像新的功能，也是目前医学图像争先研究的热点，有着重要的临床意义。

随着骨科治疗水平的日益提高，人们对治疗精度要求越来越高，医生和患者都希望手术前详尽了解测量骨骼病变程度和范围，定制个性化的手术指导及修复体，指导准确手术操作。交互式虚拟手术系统可以在三维骨骼模型上对不规则骨骼形态进行解剖测量（许多情况在直视条件下无法或难以准确完成），并且能反复多次、快速测量，其结果重复性好。利用三维骨骼模型可模拟再现手术过程，在复杂骨科手术前进行操作演练，或进行形象教学演示，有助于提高手术技术，减少复杂手术的失败率。

计算机技术已广泛渗透到临床医学领域，已有报告显示，利用机器人进行手术，除能完成脑部定向病灶清除手术外，还能辅助完成髋膝人工关节置换术，具有人手工操作无法达到的精确和准确的程度。但上述先进技术均建立在医学图像三维重建之上，故进一步研究骨骼三维重建技术，有非常重要的基础意义。

骨骼三维重建是一项相对成熟的技术，但临床应用还需进一步研究改进。目前缺乏简单实用的专用操作软件。另外，结合临床要求的应用研究较少，医务人员对其应用前景认识不足，需与计算机工程人员合作开发研究。

为了实现三维模拟手术的关键技术，构建基于医学图像的三维模拟手术平台，在 VC++ 平台下，使用三维分割算法对体数据进行分割，结合 OpenGL 对读入的人体 CT 数据进行交互式三维重建和虚拟切割，实现医学 CT 图像的交互式三维重建、虚拟手术规划。该系统可以辅助医生对手术过程进行模拟，为医生观察三维人体组织器官结构及病灶部位、实施辅助手术提供有力的帮助。

流程组成部分包括 CT 数据读取、三维面绘制、鼠标交互系统和虚拟手术切割交互。

3.2 体数据定义

由于可视化技术应用领域的不同，数据来源的不同（如来自计算机模拟，还是来自测量仪器），所需观察的数据也不同，而实现三维空间数据场的可视化算法却与数据类型有极大的关系。数据类型有两层含义：一是数据本身的类型可以是标量（温度、密度、高度等），也可以是矢量（速度、应力等）和张量；二是数据分布及连接关系的类型，是结构化数据（逻辑上组织成三维数组的空间离散数据）、非结构化数据（不能组织成三维数组的系列空间数据单元），还是结构化和非结构化混合型数据。根据结构化数据中各元素不同的物理分布，又可分为规则网格和不规则网格结构化数据。医学体数据是一种基于规则网格的标量数据场。

CT、MRI 等扫描仪获得的一系列二维医学图像的数据是由均匀网格或规则网格组成的结构化数据，每个网格是结构化数据的一个元素，即体素。假定数据场的函数值分布在体素 8 个顶点上，即位于顶点 (xi, yj, zk) 处的函数值为 $f(xi, yj, zk)$。CT、MRI 数据是关于物体某一横断面信息的二维数组，一般大小为 256×256 或者 512×512，数组中的每一值称为图像像素值（pixel value of image），每个像素值为 8bit 或者 16bit。在三维重建中，这些二维数组是最基本的数据，三维重建与显示是基于各切片数据的重建。由许多连续切片组成的扫描图像数据的集合称为三维数组，即体数据，反映对象的三维空间信息，如图 54.2-27 所示。

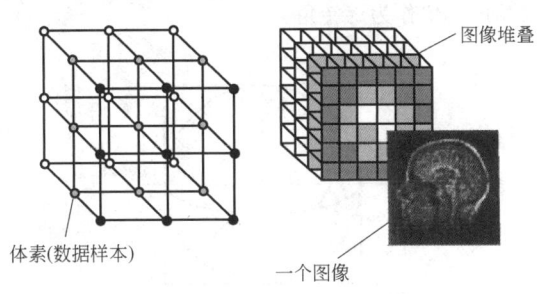

图 54.2-27 体数据示意图

3.3 DICOM 文件的读取

3.3.1 单幅 DICOM 文件的读取

读取单幅的 DICOM 图像实质上就是找到该 DICOM 图像的数值域。首先要读取 DICOM 图像文件中的参数。通过 DICOM 说明文件或 DICOM 标准中的数据字典，查询到存储图像的相关数据，主要有图像显示矩阵（图像的宽与高）和图像存储位数（每一个像素占用的字节数）。如果图像为标准的 12 位灰度图像，必然占用 2 个字节；然后找到标签号为 7F E0 00 10 的元素，它指明了图像像素的起始位置。

可以利用 VC++6.0 中 MFC，通过编写 DICOM 类，完成单幅 DICOM 图像数据的读取功能，程序流程如图 54.2-28 所示。

首先利用 fopen 函数以读/写方式打开图像文件；其次用 fseek 函数跳过 128 个字节的文件头，并判断接下来的 4 个字节是否为"DICM"文件标识。如果是，可知此图像为 DICOM 图像。然后利用 fread 读入存储数据类型的单元，通过查找 DICOM 标准相对应的表，找到 DICOM 图像的相关参数，包括病人信息、压缩格式、图像的长度、宽度、传输格式以及窗宽、窗位等。因为最后要将 DICOM 图像数据读出，所以这里最主要参数为图像的长、宽。最后找到地址为 7F E0 的单元，根据前一步找到的压缩格式进行数据的提取。

由于 CT、MRI 有许多生产厂家，而且存在激烈的竞争关系，各个生产厂家都有自己的 DICOM 数据压缩标准。其中最常见的有 JPEG 标准、REL 标准、JPEGLOSSY12BIT 标准等。

可以有选择地根据需求确定是否需要将所得的 12 位数据转化为 8 位数据。如果需要显示单幅的 DICOM 图像，则必须将数据转化为 8 位；如果进行体绘制，在显存容量允许的情况下，可以考虑使用 12

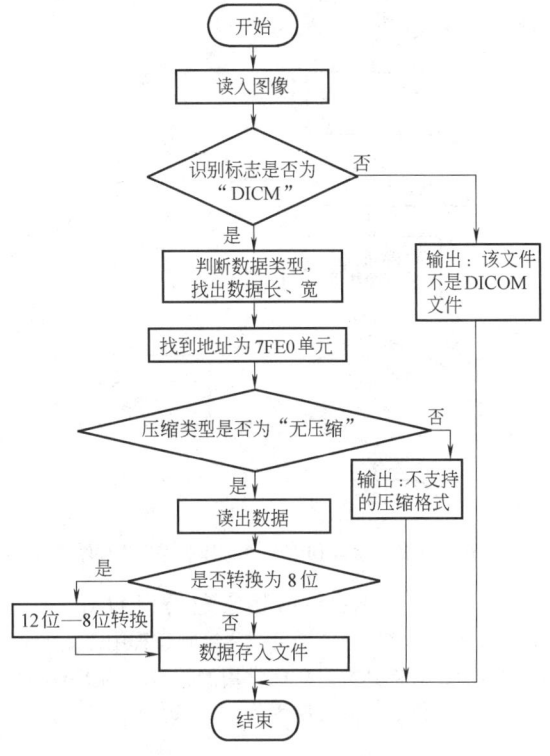

图 54.2-28 单幅 DICOM 图像读取程序流程图

位体数据来提高成像质量。

考虑到程序在 UNIX 和 Windows 系统的通用性，在整个读取图像的过程中，加入了有关传输格式的判断，即大端与小端的判断。

由本程序得到的单幅 DICOM 文件的纯像素部分可以利用 OpenGL 管线的纹理映射功能直接显示出来，也可以转化为其他的数据格式如 BMP、JPEG 格式等。

3.3.2 一组 DICOM 文件的读取

三维可视化需要的并不是单幅的 DICOM 图像数据，而是将一组 DICOM 数据组成三维体数据进行可视化运算，从而将整个图像以三维的形式显示在显示器上。而如何得到三维体数据场，实质上是上一节内容的重复执行，其程序流程图如图 54.2-29 所示。

在 VC++6.0 的 MFC 环境下，使用 FileDlg 类中的函数完成程序的编写。将打开的一组文件夹中所有文件名存入开辟的内存空间，利用 DICOM 文件名称的规律逐个读入。首先新建一个空文件，然后找到第一个文件的地址，利用 DICOM 类读出数据文件，逐位存入新建的文件当中。找到下一个文件的起始地址，读出其中的数据文件，继续存入刚才建好的文件

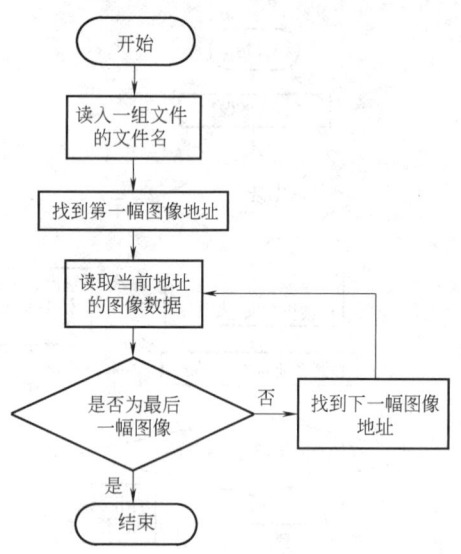

图 54.2-29　多幅 DICOM 图像读取程序流程图

中。这样一直读完最后一幅图像文件，将得到一个一维数组文件，实质上就是可视化绘制过程中需要的三维数组。最后将其数组存成常用的扩展名为 RAW 的文件格式，供下一阶段使用。

4　模型交互性设计

4.1　模型旋转

对模型进行旋转操作就是通过鼠标在屏幕上的移动来旋转模型，目的是能够让用户从多个角度来对模型对象进行观察，这样用户可以从不同角度对人体骨骼进行更加全面的了解。在 OpenGL 中，提供有旋转变换操作的函数 glRotate，通过该函数可以让模型绕 x、y、z 轴进行旋转，但是鼠标在屏幕上移动时保存的只是二维屏幕上的坐标值，而 OpenGL 中的旋转是三维空间的旋转，因此在这里仅仅使用 glRotate 函数按照鼠标的移动来对模型进行旋转是不够的，需要一种将二维坐标转换为三维坐标的一种算法，这里中采建立虚拟旋转球的方法。

首先建立一个虚拟的球体，该虚拟球体的球心位于 OpenGL 窗口的中心，而球被窗口平面一分为二，球的半径以包含整个 OpenGL 窗口为准，如图 54.2-30 所示。

当鼠标在屏幕上移动时，将起点和终点分别映射到虚拟球在窗口平面外的那一部分上，映射的方法是点的 x、y 坐标不变，而 z 坐标为该点与球体在垂直窗口平面方向的距离，这样在球体上就可以得到两个映射点以及从球心到这两个点的矢量，而空间旋转轴即为这两个矢量的积，旋转角度即为这两个矢量的夹角，而实际中通常取该夹角的两倍作为旋转角。

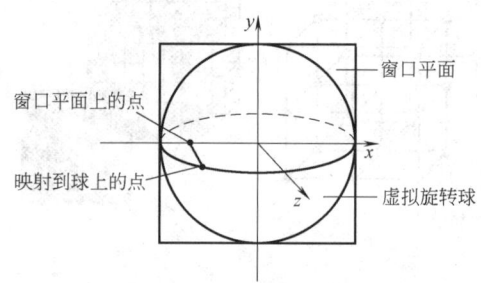

图 54.2-30　虚拟球体示意图

这样，鼠标在二维屏幕上的坐标点信息就被转化为（包含旋转轴和旋转角的）三维空间旋转信息，将这个旋转信息应用于 OpenGL 的旋转变换，即可实现通过鼠标的移动对模型的自由旋转，如图 54.2-31 所示。

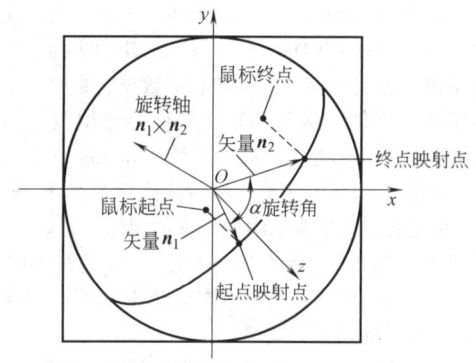

图 54.2-31　旋转轴和旋转角的计算

在具体实现上，建立了一个虚拟旋转球类（class RotateBall），通过该类对上述映射过程进行计算等一系列操作，同时将最终计算结果存储在类的成员变量中。下面对该类中的一些函数做简要的说明。在该类中分别定义了两个成员变量 Vector startVec 和 Vector endVec，分别用来存储鼠标起点和终点映射到虚拟球上后所得到的起点矢量和终点矢量；而函数 void MapToSphere（point * pt）则负责将二维屏幕的点映射到三维虚拟球上，并将结果存入上述两个成员变量；函数 void Move（point * pt）在鼠标移动结束时调用，它负责将终点映射到球上，同时计算出最终的旋转矢量和旋转角度。图 54.2-32 所示为从不同角度观看的人体骨骼模型。

上述类将计算过程很好地封装起来，在 OpenGL 视图类中只需捕获鼠标消息，然后利用该虚拟球类的对象，调用相应的处理函数就可以完成旋转过程的处理。经过虚拟球类处理后，最终的旋转结果保存在一个 4×4 的矩阵变量 Transform 中，同时随着鼠标的移动，该矩阵变量也在实时的更新，而 OpenGL 提供了一个变换函数 glMultMatrix，该变换函数以用户自定义的变换矩阵为参数，因此只需将 Transform 传给该函数并在模型绘制时调用该变换函数，就可以实现用鼠标对模型进行旋转。

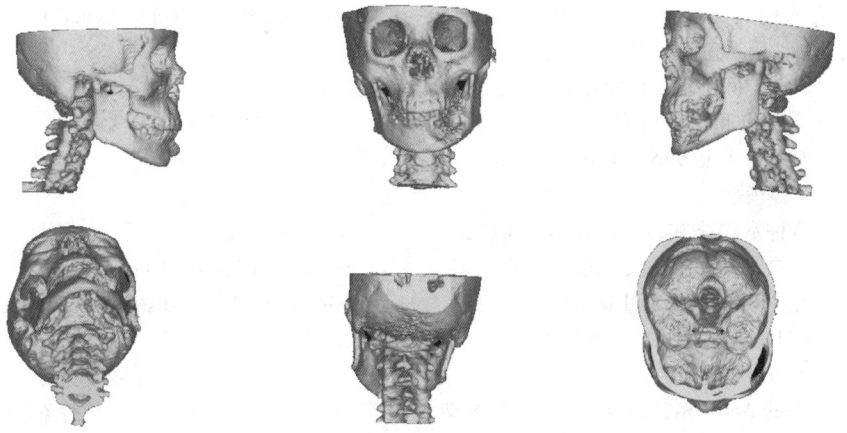

图 54.2-32　不同角度观看的人体骨骼模型

4.2　鼠标拾取

虚拟手术就是要将人体骨骼不同部分进行切割和重新装配，为实现这个功能还需要另外一个非常重要的交互，那就是鼠标对组成元件的选取。三维模型经过 OpenGL 绘制后被投影到二维的显示屏幕上，而鼠标在屏幕上移动时只能获取当前鼠标点的二维信息，仅仅通过这个二维信息是不能判断当前哪个元件被选中的。同时，模型在绘制的过程中，还可能经过了旋转、平移、缩放和透视等很多变换，它在屏幕上的位置也可能是不断变化的，这些都使元件的精确定位变得困难。为解决这个问题，OpenGL 提供了一种选择的机制，通过这种机制，用户可以通过鼠标精确定位屏幕上的三维元件，从而拾取元件并对其进行拆装。

OpenGL 选择拾取机制的基本原理是先将屏幕中的模型绘制到帧缓存中存储起来，然后进入选择模式，这时会对场景进行重绘，而保存在帧缓存里的数据并不会变化。在 OpenGL 的选择模式中，OpenGL 会返回一系列与视景体相交的图元，而每一个图元都将产生一次选择命中，OpenGL 将这些选择命中记录以数组的方式存储起来，这样用户就知道哪些图元被选中了。同时，OpenGL 还提供一个拾取的函数 gluPickMatrix（GLdouble x，GLdouble y，GLdouble width，GLdouble height，GLintviewport），该函数的作用是创建一个拾取矩阵，并进行投影变换。函数的前两个参数 x、y 即为拾取区域的窗口坐标，而当与 Windows 鼠标信息结合起来时就是鼠标位置坐标，width 和 height 是拾取区域的宽度和高度，通过该函数 OpenGL 创建了一个拾取的立方体，而被该立方体包含的元件就被选中。

首先，创建一个数组 selectBuffer，该数组用于存储返回的命中记录；然后，调用函数 glRenderMode（GL_SELECT）进入选择模式，进入选择模式后就需要对模型进行重绘。在重绘的过程中，需要创建名称堆栈，名称堆栈的作用就是给模型中的人体骨骼进行命名，即用一个名称来唯一标识一个人体骨骼。这样做的好处是建立了模型中所有人体骨骼模型的索引，当某个模型被选中后只需返回这个模型的索引就可以了。创建名称堆栈之前，首先通过 glInitNames（）函数清空堆栈，然后就可以调用 glPushName（GLuint name）和 glLoadName（GLuint name）函数将名称索引压入到堆栈中。名称堆栈创建好之后就可以调用拾取函数 gluPickMatrix，并将鼠标当前点的坐标传给该函数，OpenGL 就会计算出被选中的元件，并将结果返回到刚开始创建的数组 selectBuffer 中。

经过拾取矩阵计算出来的被选中图元的个数通常都不是唯一的，需要经过判断到底是哪个图元被选中了。判断的方法是在数组 selectBuffer 不仅存储有被选中图元的名称，而且还存储有该图元的 z 坐标，即深度值，而通常情况下从视线看过去一般都是离视点最近的图元是我们所需要选中的图元，因此只需对 selectBuffer 中被选中图元的 z 坐标进行比较，找出其中最小的就是我们所需要选择的图元。

当选中某个元件时，为了给用户一个提示，这里还加入了一个改变颜色的机制，即当移动鼠标而模型中某个元件被选中时，马上改变该元件的颜色并在屏幕中显示出来；而当鼠标移走后马上恢复颜色，这样能够给用户很好的提示，交互性更强。

4.3 数据导出

快速原型机的输入文件格式一般为 STL 文件。STL 文件格式是一种用三角面片表达实体表面数据的文件格式，它是若干空间小三角形面片的集合，每个三角形面片由 3 个顶点和指向模型外部的法矢量表示。它将物体表面划分成很多小三角形，用很多个三角形面片去逼近实体模型。

STL 文件有两种数据格式，一种是 ASCII 格式，另一种是二进制格式。二进制的文件格式要小得多，大约是 ASCII 格式的 1/6，但 ASCII 格式的文件可读，便于测试。由于 STL 的 ASCII 格式文件的可读性，这里选用这种格式作为可视化研究。

根据 STL 文件的 ASCII 格式特点，STL 三维模型文件由一系列三角面片构成，每个三角面片由三维空间中对应的三个顶点及其构成的平面的法向矢量组成。采用如下全局变量的形式分别定义顶点和法向矢量。

```
typedef struct tagPoint3D
{
double x;//存储顶点 x 坐标；
double y;//存储顶点 y 坐标；
double z;//存储顶点 z 坐标；
}CPoint3D;//存储 STL 中的面片顶点坐标；
typedef struct tagVector3D
{
double dx;//存储法向矢量 x 坐标；
double dy;//存储法向矢量 y 坐标；
double dz;//存储法向矢量 z 坐标；
}CVector3D;//存储法向矢量坐标；
```

在 STL 文件中，三角面片是构成文件的基本单位，定义类 CTriClass 存储单位三角面片，结构如下：

```
class CTriClass :public CObject
{
public：
CPoint3D vex[3];
CVector3D normal;
public:
CTriClass( );
virtual ~CTriClass( );
virtual void Serialize（CArchive&ar）;//串行化存取；
};
```

MFC 中的串行化是一种对对象进行文件 I-O 操作的机制。一个对象能够将状态信息存储到文件或其他存储介质中，也可以读取预先存储的对象的状态信息，并动态建立对象。

CObject 类已经提供了对串行化的支持，因此由其派生出来的 CTriClass 类都很好地支持了该机制，而这些类的对象都是可串行化对象，具体算法如下：

```
void CTriClass::Serialize( CArchive &ar)
{
if( ar. IsStoring( ) )
{
ar<<normal. dx<<normal. dy<<normal. dz;
……
}
}
```

第3章 3D打印树脂材料

1 设备工作原理

3D打印的设备和种类繁多，其基本原理也多有不同，这里以就3Dsystem公司生产的EDEN250型3D打印机为例，就其结构、工作原理进行阐述，如图54.3-1所示。

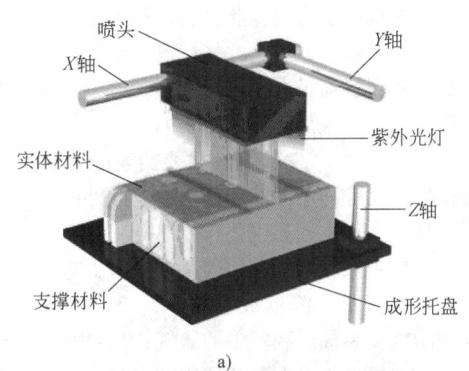

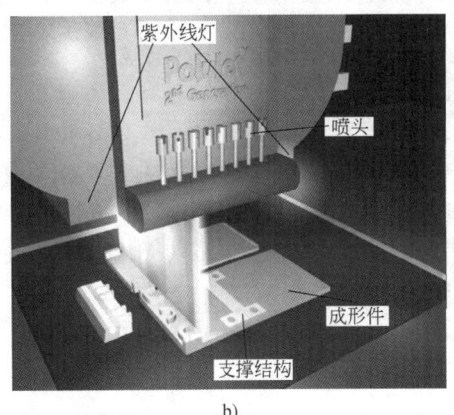

图54.3-1 EDEN250型3D打印快速成型机示意图
a) 成型系统 b) 喷头

这种快速成型机有四个喷头，每个喷头都有相应的供料器，供应成型材料（加热成黏度较低的光敏树脂流体，如全硬化Q-510-MTY丙烯酸树脂流体）和支撑材料（如可加热成黏度较低的凝胶状聚合物），每个喷头上有多个喷嘴（总计384个喷嘴），成型分辨率为600×300×1600dpi，一次可喷射出65mm宽的微滴，不会由于个别喷嘴堵塞而影响成型的品质。工作时，喷头沿着X轴前后滑动，在成型室里铺上一层超薄（最小层厚为0.016mm）的光敏树脂，光敏树脂在固化单元中的紫外线灯发出的紫外光照射下立即固化，每打印完一层，机器内部的成型托盘就会极为精确地下沉，而喷头继续一层一层地工作，直到原型件完成。构成的凝胶状支撑结构用来配合复杂的成型件，如空腔、悬垂、底切和薄壁的截面，在成型完成后，很容易用手或用喷水冲洗掉。

由于每次喷射得到的沉积层的厚度T_d不可能很精确，表面也可能不够平整，为此设置了平整辊，它在随同喷头向图示右方移动的同时又绕本身的中心轴旋转，以便去除多余的沉积层厚度（T_d-T_1），并使其表面平整，以利于下一层的沉积，如图54.3-2所示。

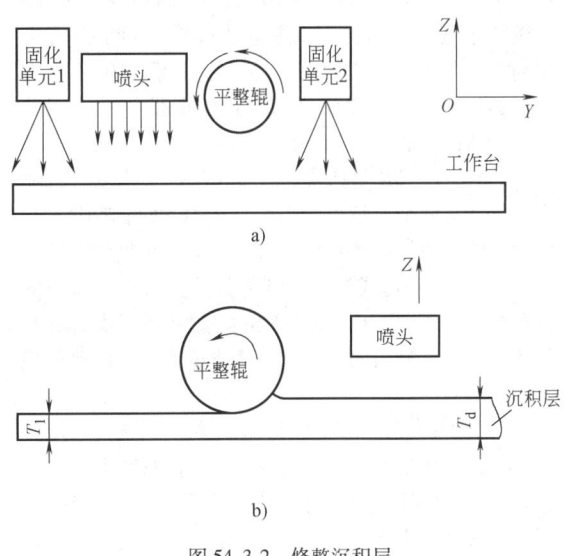

图54.3-2 修整沉积层
a) 平整辊与喷头 b) 平整辊修整平面

2 设备的组成

根据3D打印快速成型机的工作原理可知，3D打印快速成型设备涉及到机械、控制、信息、计算机和材料等多个学科，是一个典型的多学科交叉和综合应用的复杂机械电子系统。3D打印快速成型机的系统结构主要由机械系统、硬件控制系统和软件控制系统组成。

2.1 机械系统

机械系统是3D打印快速成型工艺的执行机构，为系统提供成型工艺所需要的成型环境，实现三个轴的扫描运动、实体和支撑材料的供给以及喷射打印的功能，并在控制系统生成的控制信号的作用下，完成光固化 3D 打印快速成型工艺所要求的各种动作。其组成主要包括：

1）X-Y-Z 三维运动系统。3D 打印快速成型机的运动系统相对比较简单，只需要 X、Y、Z 三个方向的直线运动和定位，且三个方向上的运动都是独立进行的，不需要实现联动。其中，X、Y 轴运动系统采用"步进电动机+V 形导轨+同步齿形带"的结构。X 轴运动系统的功能是带动喷头和紫外线灯沿 X 方向做往复运动，以完成实体材料和支撑材料的喷射和固化；Y 轴运动系统的主要功能是当喷头沿 X 轴扫描完一行后，驱动喷头系统沿 Y 轴移动喷嘴一次可打印的条幅宽度的距离；Z 轴运动系统的主要功能是当一个切片层打印成型完成之后，驱动成型托盘和其上的已成型的制件，沿 Z 轴方向下移一个层厚的距离。Z 轴运动系统采用了"步进电动机+同步齿形带+导轨+精密滚珠丝杠"的结构，步进电动机通过同步齿形带驱动滚珠丝杠，一方面可以减少整个系统在 Z 轴方向上的尺寸，另一方面可以通过齿形带传动实现减速，以适应 Z 轴每次运动的距离非常小的需要。

2）喷头。3D 打印快速成型机的喷头为压电式喷头，总共有四个，每个喷头上都包含 96 个喷嘴，其中两个喷头喷射实体材料，另外两个喷头喷射支撑材料是 3D 打印快速成型的关键部件。为防止喷头中的材料在重力作用下自动流出喷嘴，喷头处还设有真空装置，可调节喷头的内压为正值或负值，以便获得稳定的液滴喷射。

3）紫外线灯。紫外线灯随着喷头系统一起做扫描运动，固化喷射在成型托盘上的实体材料和支撑材料。紫外线灯的发射光谱同光敏树脂材料中的光引发剂的吸收光谱应当相匹配，这样不仅可以提高紫外光的吸收效率，而且可以减少光敏树脂材料中光引发剂的用量，降低材料的成本；此外，紫外线灯还必须要有足够的能量，以保证光敏树脂材料在紫外线灯的照射下能够快速固化，因此紫外线灯的工作温度很高，必须对紫外线灯周围的温度进行控制，在紫外线灯上部采用风扇通风的方式进行降温。

4）成型托盘。零件在成型托盘上完成加工，成型托盘每次下降的距离即为层厚。零件加工完成后，托盘升起，以便取出制造好的工件，并为下一次加工做准备。成型托盘的升降由伺服电动机通过滚珠丝杠驱动。

5）储料瓶。两个储料瓶分别存储实体材料和支撑材料。储料瓶中放有称重传感器，检测所剩余材料，当所剩材料不足以制作下一个工件时便更换材料。

6）材料供给系统。主要由液路系统、气路系统和加热系统组成。工作时，加热系统首先将实体材料与支撑材料由非流态加热到流态，再通过液路系统输送到喷头处。当喷头内混有空气或喷射打印不通畅时，需要气路系统对喷头内的材料施加一个正压力，以排除其中的空气和使喷射喷头内的材料流道保持畅通。

7）平整辊。喷头喷射的光敏树脂沉积在工作台上后，由流态变为非流态，在平整辊的作用下被修整至所需的高度，并使其表面平整，以利于下一层的沉积。

8）废料回收系统。安装在成型系统机壳内，回收在打印过程中多余的树脂材料。称重传感器用于检测废料箱中废料的重量，并将检测的信号传送至计算机，当废料箱快满时，控制器使系统停止工作，以免废料从废料箱中溢出。

9）机身和机壳。机身和机壳给整个快速成型系统提供机械支撑和所需的工作环境。此外由于树脂是靠游离基聚合产生的光固化作用而凝固成型的，这种聚合反应会受到氧气的抑制，因此在空气中进行时，会增加消耗的光能，降低成型效率，所以机身是密闭的，并用真空泵抽出腔室中的氧气，且向腔室中充入惰性气体。机身上方有蓝色透明的观察窗，用可吸收紫外光的聚碳酸酯制成，以便于操作者观察又不会使眼睛受到损伤。

2.2 硬件控制系统

硬件控制系统接收软件系统的打印数据信息和相应的控制指令信息生成控制驱动信号，并把控制驱动信号传送到机械系统相应的执行部件。其硬件控制系统的结构如图 54.3-3 所示。

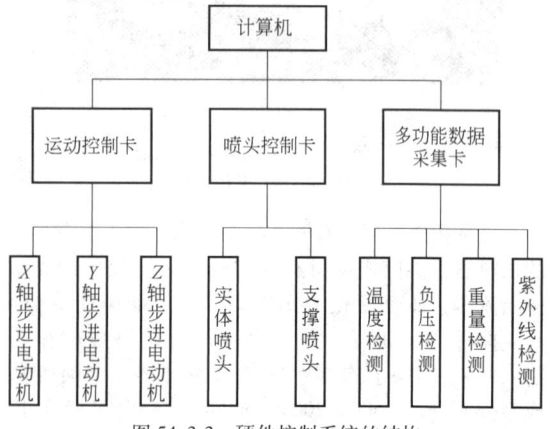

图 54.3-3 硬件控制系统的结构

1）运动控制卡用于控制 X、Y、Z 轴伺服步进电动机的转动，从而实现喷头沿 X、Y、Z 三个方向的直线运动和定位。

2)喷头控制卡用于保证运动速度与喷头喷射频率之间的同步耦合控制。

3)多功能数据采集卡包括温度检测、负压检测、重量检测和紫外线灯检测等,其中温度检测主要用于采集待喷射树脂材料的温度信息,再通过控制系统调节加热系统的加热温度,因为在常温下材料的黏度一般较高,所以成型加工过程中必须对材料进行加热以降低材料的黏度,使材料的黏度处在喷头能稳定喷射打印的要求范围之内;负压检测用于监控喷嘴中的压力是否为负值,以防止喷头中的材料在重力作用下自动流出;重量检测用于提取储料瓶和废料箱中材料的重量信息,以便于更新材料和清空废料箱;紫外线灯检测主要负责紫外线灯的开启和闭合。

2.3 软件控制系统

软件控制系统读入零件的 STL 文件数据,根据成型工艺的要求进行数据处理与计算,生成层面实体位图数据和支撑位图数据,在成型加工过程中向硬件系统传送数据和发送控制指令信息。

软件控制系统可以分为三个功能独立的软件,分别负责数据处理及制造部分。EDEN250 系统的 Objet Studio 软件负责准备制造的源文件,Job Manager 软件负责确定加工的顺序,Printer Control 软件负责监控加工过程,如图 54.3-4 所示。Objet Studio 在读入零件 STL 格式的文件后,首先将模型放置在成型托盘上,根据加工需要,可以对零件摆放位置和方向进行自动或手动调整,再将模型信息转变为 OTF 格式并向 Job Manager 输送打印请求;Job Manager 根据加工顺序发出加工请求,对模型添加支撑、进行分层并向 Printer Control 输送每层的位图信息;最后 Printer Control 执行打印指令,移动喷头,根据每层的位图信息喷射实体材料,实现零件从 CAD 模型到实体的转变。

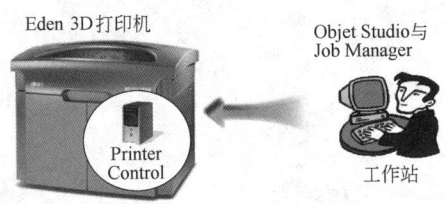

图 54.3-4 软件控制系统的结构

3 打印用材料

OBJET 公司的 3D 打印设备使用的材料均为高分子光敏树脂,包括实体材料和支撑材料。光敏树脂在常温下为非流态,需加热到 70~75℃使用,成型时,由快速成型机喷嘴孔喷出,在紫外光的照射下,光引发剂由基态跃迁到激发态,然后分解成为自由基或阳离子活性种,引发体系中的单体或齐聚物发生化学反应,迅速固化,层层堆积得到成型零件。

光敏树脂主要由两部分组成:光引发剂和光固化反应物(单体或齐聚物)。另外根据实际需要,添加各种助剂,如颜料、填料、润湿分散剂、流平剂、消泡剂和消光剂等。

光引发剂是激发光敏树脂交联反应的特殊基团,当受到特定波长的光子作用时,会变成具有高度活性的自由基团,作用于基料的高分子聚合物,使其产生交联反应,由原来的线状聚合物变为网状聚合物,从而呈现为固态。光引发剂的性能决定了光敏树脂的固化程度和固化速度。

齐聚物是光敏树脂的主体,是一种含有不饱和官能团的基料,它的末端有可以聚合的活性基团,一旦有了活性种,就可以继续聚合长大,一经聚合,分子量上升极快,很快就可成为固体。齐聚物决定了光敏树脂的基本物理化学性能,如液态树脂的黏度,固化后的强度、硬度、固化收缩率和溶胀性等。

实体材料的单体或齐聚物使用了科宁公司的聚氨酯丙烯酸酯齐聚物 Photomer6010,Sartomer 公司的 SR339(苯氧基乙基丙烯酸酯)和 SR351(TMPTA),ISP 公司的 1,4-环己基二甲醇二缩水甘油醚(CHVE)、乙烯基己内酰胺和乙烯基吡咯烷酮,DOW 公司的 UVR6110;引发剂使用了 Irgacure907、BP、三乙醇胺和 UVI6974;其他助剂有 BYK307、对甲氧基苯酚、Disperbyk110、DisPerbyk163 和颜料。支撑材料单体或齐聚物使用了 Sartomer 公司的聚乙二醇 600 二丙烯酸酯(SR610),Laport 公司的聚乙二醇单丙烯酸酯(Bisome3D 打印 EA6)、部分丙烯酸酯化多元醇、聚乙二醇型聚氨酯二丙烯酸酯、丙烯酸 β—羧乙酯(β-CEA)、CHVE;多元醇使用了聚乙二醇 400、Tone0301、甲氧端基化聚乙二醇;引发剂选用 Irgacure907、BP 和三乙醇胺;助剂有 BYK307、对甲氧基苯酚。

EDEN250 型快速成型机支持 FullCure 系列丙烯酸酯基光敏树脂,该系列包括五种不同的实体材料,即 FullCure720 透明材料、VeroBlue、VeroWhite、VeroGray 和 VeroBlack。这个型号也支持通用的 FullCure 支撑材料,其为水溶性高分子材料。用户可根据多样化模具、弹性限制、断裂前的拉伸和颜色的需求选择材料、生产模型和零部件。这些实体材料的物理和力学特性见表 54.3-1。

表 54.3-1 实体材料的物理和力学特性

树脂材料型号 外特性	FullCure720 透明	VeroWhite 白色不透明	VeroBlue 蓝色不透明	VeroGray 灰色不透明	VeroBlack 黑色不透明
拉伸强度/MPa	60	50	55	60	51
弹性模量/MPa	2870	2495	2740	3000	2192
拉断伸长率(%)	20	20	20	15	18
挠曲强度/MPa	76	75	84	95	80
挠曲模量/MPa	1718	2137	1983	300	2276
冲击韧度/J·m^{-2}	24	24	24	25	24
肖氏硬度 HS	83	83	83	86	83
洛氏硬度 HRC	81	81	81	49	81
热变形温度(0.45MPa)/℃	48	43	49	49	47
热变形温度(1.82MPa)/℃	44	40	45	47	43
玻璃化温度/℃	49	58	49	56	63
含灰量(%)	<0.03	<0.3	<0.3	0.3	0.005
吸水率(%)	1.53	1.15	1.5	1.1	1

4 工艺流程

EDEN250 系统的制作工艺流程如下：

1）构建零件三维实体模型。利用三维 CAD 软件完成所需零件的模型设计。由于 Pro/E 软件是当前功能较为强大，用户群较广的建模软件之一，软件以三维实体造型为基础，具有先进的参数化及特征造型功能、使用较为方便等特点，并且能够将三维实体模型转换成 STL 格式文件。所以这里采用 Pro/E 软件构造三维实体模型。

2）转换零件模型格式。利用 Pro/E 软件将模型转换为 EDEN250 系统所接受的 STL 文件格式，转换时直接将所构建的 Pro/E 模型保存为副本 *.STL 文件，在弹出的参数设置对话框中根据实际加工精度需要设置弦高度和角度。

3）修复零件模型数据。当文件转换为 STL 文件时，会出现一些数据丢失。主要的问题有面片法线方向反向、面与面的间隙、面丢失、面重合、面交叉、多余面和部件脱离，利用 Magics 软件可对以上问题进行修复。

4）调试设备。喷头是成型设备的核心部件，为了保证喷头畅通，每次加工零件之前都要对喷头进行检测和清理。将测试纸放置在工作台上，按下转换器的切换按钮，将屏幕切换到 OBJET 的内置计算机，如图 54.3-5a 所示。选择菜单 Option/Pattern Test，之后设备会自动做测试动作。完成后打开观察窗，取出测试纸，上面有四行树脂小条，对应四个喷头，如图 54.3-5b 所示。如果出现空缺的树脂条，则表示对应的喷头喷嘴不通，此时需要用蘸有酒精的抹布清洗喷头，之后再做一次检测，直到测试合格为止。

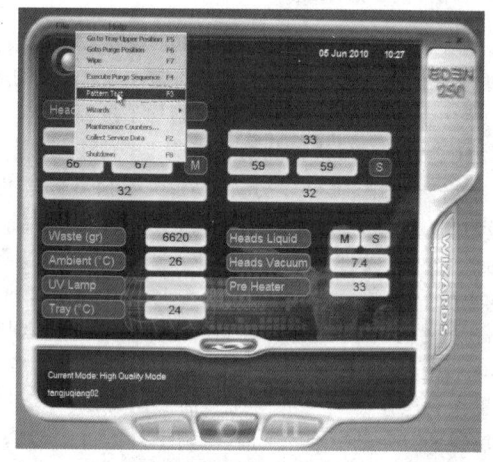

a)

b)

图 54.3-5 设备测试过程
a）选择喷头检测菜单   b）检查测试纸

(5) 快速成型机软件操作。

① 选择成型模式和成型材料。先用转换器将屏幕切换到外面的主机，单击 Object Studio，打开程序之后首先选择成型模式和成型材料。成型模式有两种，分别为高质量模式和高速度模式，区别在于它们的分层厚度不同。设备通过控制喷射液滴的体积和工作台沿 Z 轴移动的距离来控制每层加工厚度，前者的分层厚度为 0.016mm，因此加工出来的表面更加细腻，成型精度也更高；后者的分层厚度为 0.030mm，成型速度较快。成型材料的选择应当与设备中已有的材料一致。图 54.3-6 所示为选择设备成型材料和成型模式。

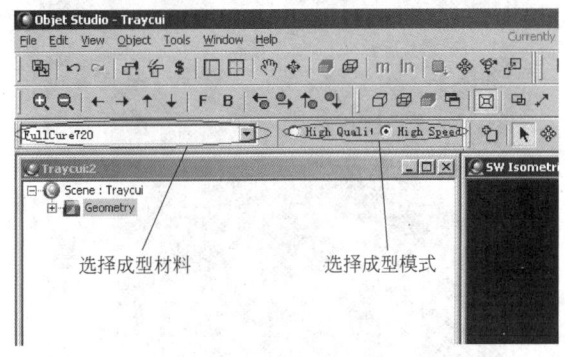

图 54.3-6 选择设备成型材料和成型模式

② 输入待加工模型。单击菜单 Object/Insert，选择要加工的模型，将模型调入到软件加工平台。其中，Units 表示单位，有 mm 和 in 两种选择；Coordinates 表示当前方向下模型的 X、Y、Z 方向的最大尺寸。图 54.3-7 所示为选择待加工模型。

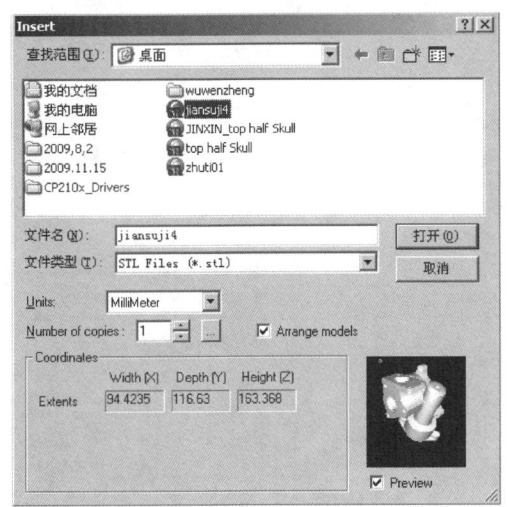

图 54.3-7 选择待加工模型

③ 设置模型加工参数。单击模型后，模型颜色会发生变化，单击鼠标右键，选择"Property"，弹出"模型 Properties"对话框。在"Transform"选项卡中，用户可对"Translate""Rotate""Scale"三个参数进行修改，如图 54.3-8 所示。其中，Translate 为模型位置参数，右边各值更改后，单击模型，模型会随之移动；Rotate 为摆放方向参数，通过它可以使模型沿着各轴旋转。需要注意的是，同一个模型在不同的摆放方向下加工，其表面精度、加工时间和成本都是不同的，所以需要认真考虑并确定模型加工时的方向；Scale 为比例因子参数，更改右边各值，模型会随之缩小或放大。确定参数之后，在"Options"选项卡中选择支撑类型，如图 54.3-9 所示。支撑有两种类型，Matte 是用支撑材料将模型全部包裹起来，Glossy 是仅将模型的下面的面包裹起来。待模型的方向确定之后，对模型使用 automatic placement 命令，程序会在水平面内把模型放到合适的位置。

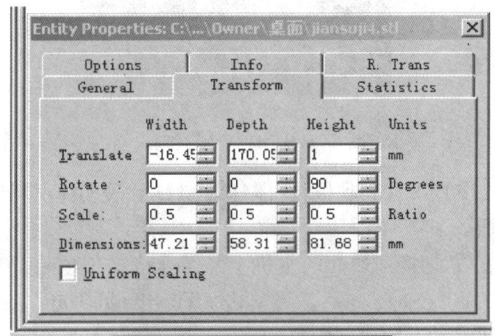

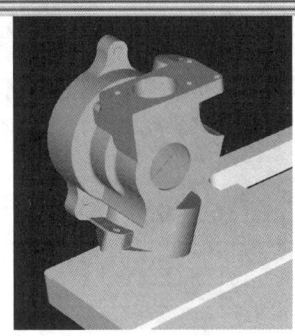

图 54.3-8 设置模型加工参数

④ 连接快速成型机并加工。将屏幕切换到内置主机，如图 54.3-10a 所示，从上面可以看到喷头的温度，一般实体材料喷头的喷射温度为 75℃，支撑材料喷头的喷射温度为 70℃，等到喷头上升到预定的值之后再单击图中的红色按钮，使其变成绿色，之后才可以加工模型。从这个界面上还可以看到成型室和工作台的温度，废料箱的重量和喷头的压力值等。单击"select"按钮，可观察到实体材料储料瓶和支撑材料储料瓶中剩余材料的重量，如图 54.3-10b 所

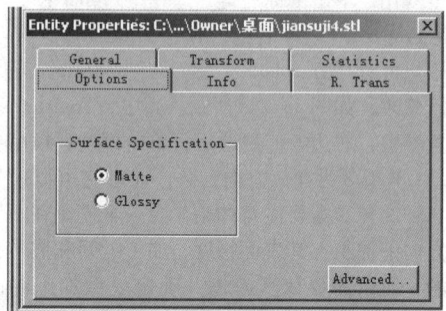

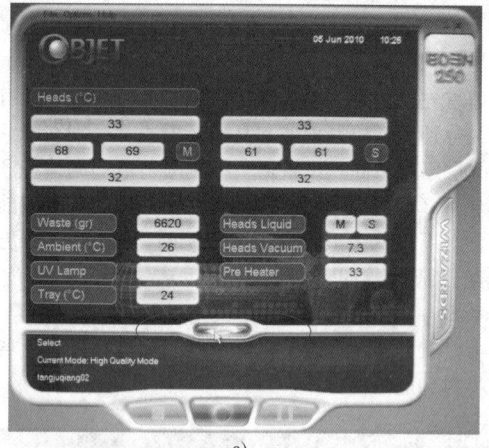

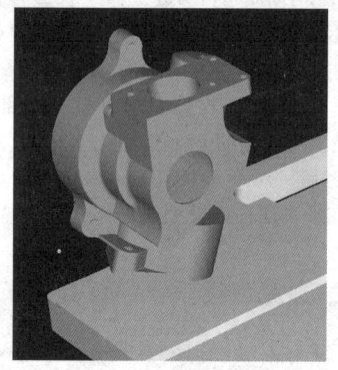

图 54.3-9　选择支撑类型

示。其中 S 代表支撑材料储料瓶，M 代表实体材料储料瓶。

⑤ 切换到外面的主机上，保存待加工项目，单击"File/Save Tray"，再单击"File/Build Tray"，成型机自动开始加工模型。

6) 零件加工及零件后处理。包括从工作台上取出零件、去除支撑、清洗零件、零件打磨、大型零件拼接和部分零件制作夹具等。

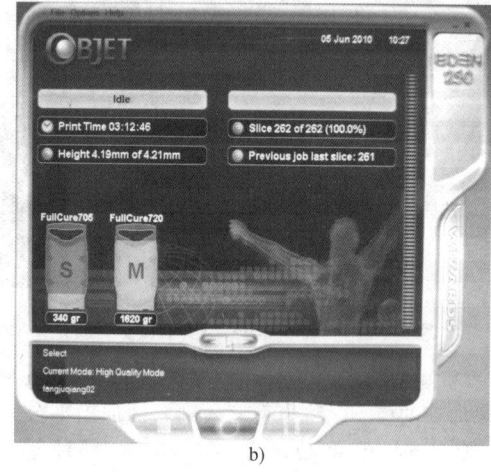

图 54.3-10　内置主机界面

第4章 3D打印金属材料

激光3D打印是整个3D打印体系中最前沿和最具潜力的技术,是增材制造技术的重要发展方向。按照金属粉末的添加方式的不同,将金属材料3D打印技术分为三类:①激光工程化净成型技术;②激光选区熔化技术;③金属粉末的电子束熔化技术。

1 金属材料3D打印的分类

1.1 选择性激光熔化技术

选择性激气熔化(Selective Laser Melting,SLM)是金属材料3D打印领域的重要部分,SLM技术用高强度激光束选择性地熔化金属粉末,是3D打印技术的主要发展方向。SLM的基本原理:计算机将设计好的三维模型进行切片分层处理,激光束则根据每一层的形状数据选择性地熔化金属粉末;每完成一层粉末的"打印",平台下降一个层厚,铺粉辊重新铺上一层相同厚度的粉末,激光束继续在新的粉层上扫描截面轮廓,不断地重复叠加直到完成零部件的成型。图54.4-1所示为SLM成型原理图。

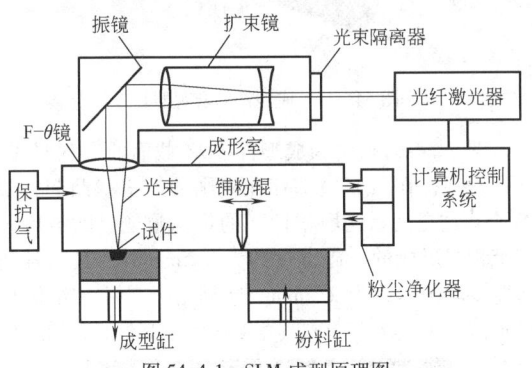

图54.4-1 SLM成型原理图

SLM技术的特点如下:

1)成型精度高。在现有的金属材料3D打印技术中成型精度最高,尺寸精度达20~50μm。

2)力学性能良好。利用该技术在制造零件时,激光束先将金属粉末完全熔化后,液态金属再凝结而完成零件的成型,所以零件致密度接近100%。

3)材料广泛。SLM技术可对金属粉末、合金粉末甚至陶瓷等固体无机物粉末进行烧结。

1.2 激光工程化净成型技术

激光工程化净成型技术(Laser Engineered Net Shaping,LENS)是一种金属零件直接成型较快的技术手段。它与SLM快速成型技术工艺基本相同,区别在于送粉结构不同。LENS技术是通过喷嘴输送金属粉末,而SLM技术则是通过送粉缸和刮板或铺粉辊进行铺粉烧结。在LENS成型系统中,同轴送粉器主要由三大部分构成,即送粉器、送粉头和保护气路。其工作原理如下:在保护气体的作用下,送粉装置将金属粉末吹到熔池内进行熔化烧结,通过喷嘴的移动和工作台的移动更换烧结区域,如此循环,层层叠加,最终成型金属零件。图54.4-2所示为LENS系统同轴送粉器结构。

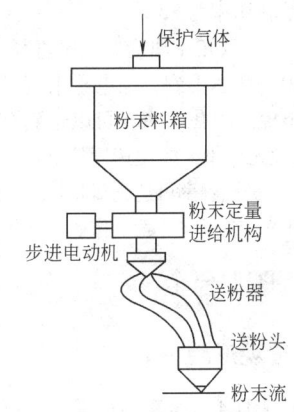

图54.4-2 LENS系统同轴送粉器结构

LENS技术的特点如下:

1)与SLM技术相比,LENS技术可制造出更大尺寸的金属零件。

2)LENS技术不仅仅用于金属零件的制造,还能进行金属零件的焊接、修复和添加等。

3)LENS技术特别适于高熔点金属的激光快速成型。

4)LENS技术生成的零件成型质量较差。

1.3 电子束选区熔化技术

电子束选区熔化(Electron Beam Selective Melting,EBSM)技术的加工热源是高能电子束,通过操纵磁偏转线圈进行扫描。电子束选区熔化成型与激光选区烧结类似,即金属粉末在电子束轰击下熔化的原理。首先,在铺粉平面上铺展一层粉末并压实;然后,电子束在计算机的控制下按照截面轮廓的信息进行有选择的烧结,层层堆积,直至整个零件烧结完成。图54.4-3所示为EBSM系统示意图。

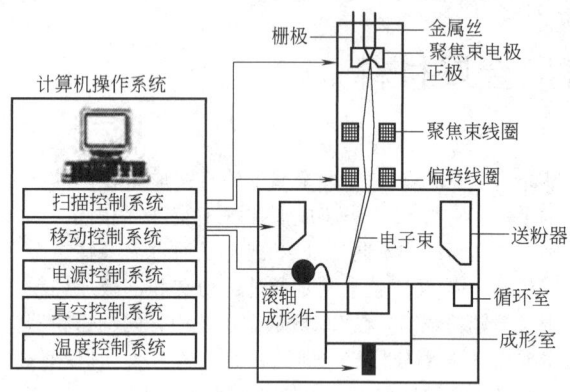

图 54.4-3　EBSM 系统示意图

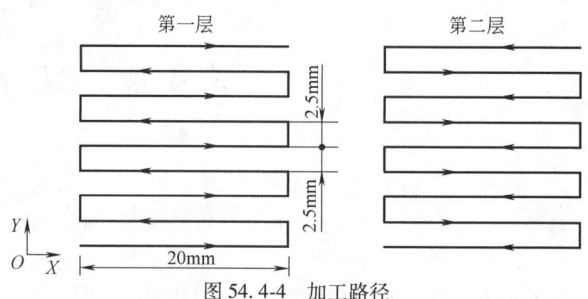

图 54.4-4　加工路径

EBSM 技术特点如下：

1）功率能量利用率高。电子束加工的最大功率为激光的数倍；激光烧结的能量利用率为 15%，而电子束烧结能量利用率为 75%。

2）对焦容易。激光在理论上光斑直径可达 1nm，但在实际应用中一般达不到；而电子束则可以通过调节聚束透镜的电流来对焦，束径可以达到 0.1nm。

3）真空环境无污染，成型速度快。电子束设备可以进行二维扫描，扫描频率可达到 20kHz，无机械惯性，可以实现快速扫描；在真空环境下作业，无污染。

2　3D 打印 TC4 合金

2.1　成型件宏观形貌

在 LENS 成型 TC4 合金零件过程中，第一个沉积层将沉积在基材表面，后续沉积层将以第一个沉积层为"基材"进行沉积。为了保证成型过程的稳定进行，第一个沉积层需要与基材良好熔合，以便后续沉积层顺利沉积，因此需要沉积材料与基材具有良好的润湿性。

通常情况下，为了保证沉积材料与基材紧密结合，选择与沉积材料相同或相近的材料作为基材。选用的 TA15 钛合金基材与沉积的 TC4 合金具有良好的润湿性，可以保证沉积层与基体的良好熔合。本节以锻造态 TA15 合金为基材，按照图 54.4-4 所示的加工路径以及表 54.4-1 列出的参数，进行 TC4 合金简单立方体的激光直接沉积成型。

表 54.4-1　激光直接沉积成型 TC4 合金参数

名称	激光功率 P/W	扫描速度 $v/$ $mm·s^{-1}$	送粉量 $m/$ $g·min^{-1}$	载气流量/ $L·h^{-1}$	光斑直径 D/mm	激光器单层提升高度 $\Delta Z/mm$
数值	1200	8.0	8.0	300	3.5	0.7

为了防止因热量积累而造成的成型件塌陷，这里采用间歇式堆垛方式，每沉积三层，激光束返回原点，暂停 90s，共沉积了 69 层。图 54.4-5 所示为成型件的宏观照片，其中 X、Y、Z 轴分别为激光束扫描方向、扫描道搭接方向、沉积高度方向，成型件尺寸为 23.3mm×23.3mm×50.9mm，表面存在明显的沉积层堆垛痕迹，无表面塌陷现象和球化现象。

图 54.4-5　成型件的宏观照片

图 54.4-6a 所示为成型件 XOZ 截面的宏观照片，观察发现，在截面边部存在规则的波浪状凸起，共 23 个，这是间歇性堆积留下的堆垛痕迹。除最后一组沉积层形成的凸起宽度约为 2.5mm 外，其余各凸起宽度均匀，约为 2.2mm，这是由于最后一组沉积层顶部未被重熔而造成其宽度略大于其他组。沿成型

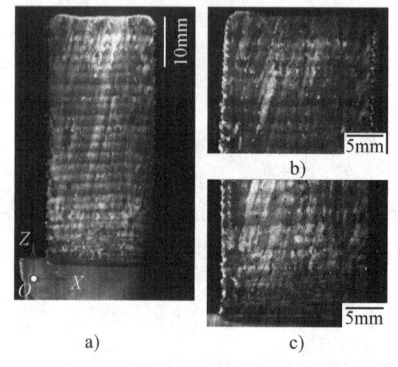

图 54.4-6　成型件 XOZ 截面各区域的宏观照片
a）XOZ 截面　b）XOY 截面　c）XOY 截面 Z 向正偏 5mm

件的沉积高度方向，整个成型件 XOZ 截面由条带状的明、暗区交替堆积而成，其中明区 22 个，暗区 23 个，成型件顶部的暗区宽度最大，约为 3.3mm，其他各暗区与相邻两组（每组 3 层）沉积层之间，宽度为 1.5~2.1mm。

整个成型件的晶粒分布具有定向凝固的特点，由沿沉积高度方向且穿过多个沉积层生长的柱状晶构成，柱状晶主轴偏离垂直方向 5°~15°，且略向右倾斜，并且成型件左右两侧柱状晶的偏转角度存在差异，左侧偏转角较大；柱状晶宽度为 0.2~3.0mm，最长的柱状晶长度可达 45mm，偶尔可见细小的等轴晶存在。图 54.4-6b、c 所示分别为成型件顶部和靠近基材一侧的放大照片。可以看出，靠近基材一侧的柱状晶宽度较小，为 0.2~1.7mm；随着沉积高度的增加，柱状晶的宽度逐渐增大，最终趋于稳定，宽度达 1.5~3.0mm。

2.2 基材对 LENS 成型 TC4 合金的影响

分别以铸造态和锻造态 TA15 合金厚板作为基材，进行 LENS 成型 TC4 合金试验，按照加工参数以及加工路径进行成型，每两层暂停 60s，以观察成型过程是否顺利进行。

图 54.4-7 所示为以铸造态 TA15 合金为基材，沉积了六个沉积层的成型件 XOZ 截面不同位置的金相照片。图 54.4-7a 所示为成型件 XOZ 截面的宏观照片，其中 X 轴为激光束扫描方向，Z 轴为沉积高度方向。观察可知，铸造态 TA15 合金基材由粗大的原始 β 晶粒组成，晶粒尺寸为 3~6mm。整个沉积体组织致密，与基材接合良好，并未出现熔合不良等缺陷。

在沉积体底部与 TA15 基材连接的区域内，基材中的粗大晶粒垂直于基材连续生长，延伸至沉积体内部，并穿过 1~2 个沉积层生长，如图 54.4-7b 所示。随着沉积层数的增加，晶粒形貌逐渐发生转变，晶粒尺寸趋于稳定，柱状晶的宽度转变为 0.2~1.5mm，但仍为沿沉积高度方向并穿过多个沉积层生长的柱状晶构成。受运动激光束和散热影响，柱状晶的主轴出现了扭曲现象。

图 54.4-8 所示为以锻造态 TA15 合金为基材，共沉积了四个沉积层的成型件 XOZ 截面不同位置的金相照片。图 54.4-8a 所示为成型件 XOZ 截面的宏观照片，其中 X 轴为激光束扫描方向，Z 轴为沉积高度方向。观察发现，沉积体组织致密，与基材接合良好，并未出现熔合不良等缺陷，基材上方的沉积体的晶粒形貌与铸造态 TA15 基材上的沉积体类似，也由沿沉积高度方向并穿越多个沉积层生长的柱状晶组成，受运动激光束影响也出现了柱状晶主轴扭曲的现象，柱状晶宽度为 0.2~1.5mm。

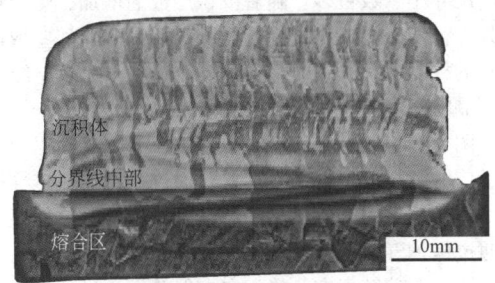

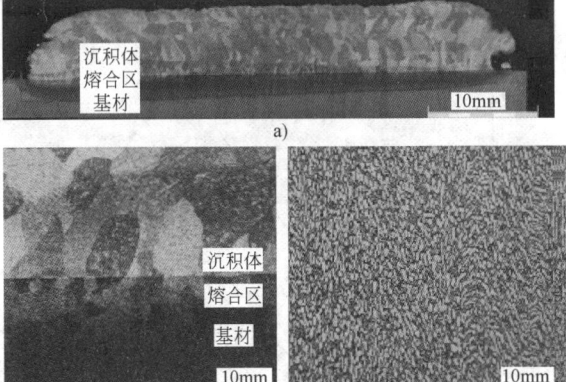

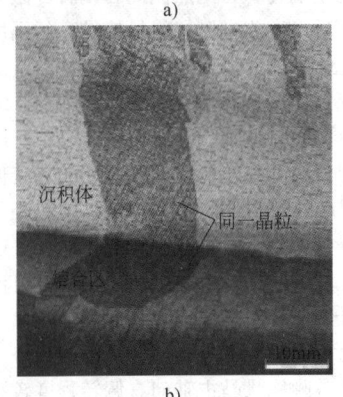

图 54.4-7 铸造态 TA15 基材上的 LENS 成型 TC4 合金的金相照片
a）XOZ 截面纵切 b）局部放大

图 54.4-8 锻造态 TA15 基材上的 LENS 成型 TC4 合金的金相照片
a）XOZ 纵切 b）熔合区局部放大 c）TA15 基材

图 54.4-8b 所示为 TC4 沉积体与锻造态 TA15 基材接合处的放大照片。与图 54.4-7b 对比发现，锻造态 TA15 基材在与 TC4 沉积体的接合区内的柱状晶宽度细小，存在细小的等轴晶，并且存在部分晶粒外延生长至沉积体内部形成柱状晶的现象。

图 54.4-8c 所示为锻造态 TA15 合金的基材照片，

观察可知，锻造态 TA15 合金基材由细小的等轴 α 晶粒均匀分布在 β 转变组织构成，晶粒尺寸远小于铸造态 TA15 基材。与此同时，锻造态 TA15 基材的晶体形貌也与 TC4 沉积体的晶体形态具有显著差别，这说明 TC4 沉积体与基材接合处的晶粒是由熔合区内的合金自发形核、长大而成的，并非是由基材内的晶粒连续生长至沉积体内部而形成的。

通过对比在铸造态和锻造态两种基材上 LENS 成型 TC4 合金的晶粒形貌可以得出，在一定的工艺参数下，采用两种基材均可得到内部组织良好的成型件；基材的晶粒形貌对 LENS 成型 TC4 合金的晶粒形貌的影响有限，仅在临近基材的最初 1~2 个沉积层范围内，并且随着沉积层数的增加，这种影响逐渐减弱，晶粒生长趋于稳定，均为沿沉积高度方向穿越多个沉积层生长的柱状晶；受运动激光束影响，柱状晶的主轴均发生了一定程度的偏转。

3 柱状晶形成机理

对于一定成分的合金来说，晶粒的生长形态主要取决于合金固-液界面前沿的温度梯度 G、溶质浓度梯度 C 以及固-液界面向前推进的速度（即晶体生长速率 R）。图 54.4-9 所示为溶质浓度 C、固-液界面的温度梯度与凝固速度比值 G/R 对合金晶体形态的影响。从中可以看出，对于成分一定的合金，当固-液界面前沿溶质浓度 C 不发生变化或变化较小时，其凝固后的晶体形态主要由 G/R 值决定，G/R 值越大，合金越易形成柱状晶的形貌。

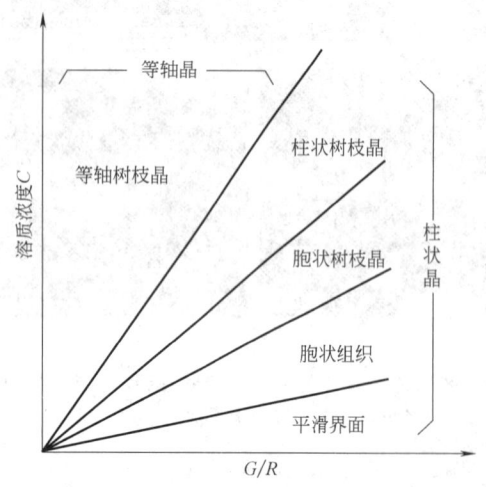

图 54.4-9 C 和 G/R 对合金晶体形态的影响

在激光直接沉积成型过程中，熔池凝固散热的途径有基材传导散热、保护气对流散热以及辐射散热。与其他两种方式相比，基材传导散热的速度最快且最主要，而基材传导散热是指熔池中的热量经由已经凝固的沉积体向下传导到基材，再由基材传导到三维工作台乃至整个成型设备。由于高温熔池与低温基材之间存在较大的温差，致使熔池中的热量以较快的速度从熔池底部沿沉积体向下扩散，并在固-液界面前沿形成较大的正温度梯度 G，从而使 G/R 值落在了图 54.4-9 所示的柱状晶区，使合金的晶粒以柱状晶形态生长。与此同时，合金在凝固过程中存在晶体学最优长大方向，立方晶系的长大方向为<001>，六方晶系的长大方向为<1010>，钛在高温下为体心立方结构，其最优生长方向为<001>。而柱状晶的生长轴向受热流影响较大，其生长轴向通常与热流方向平行，且向着与热流方向相反的方向生长。因此，在柱状晶生长过程中，那些主轴方向与热流方向平行且处于最优生长方向的柱状晶迅速长大，而那些取向不利的晶粒在生长过程中逐渐被淘汰。

在进行新层的沉积过程中，上一个沉积层的顶部将被部分重熔，与新沉积材料一起形成熔池，由于熔池内的液态金属完全润湿底部被部分重熔的柱状晶，致使熔池内的液态金属易于以底部未被完全熔化的柱状晶为核心继续生长，从而造成柱状晶穿越多个沉积层生长的现象。

在成型件底部与基材邻近的几个沉积层范围内，由于冷却速度较快，型核数目多，造成成型件底部柱状晶尺寸小、数目多。随着沉积层数的增加，热流逐渐趋于稳定，晶粒出现择优生长，逐渐淘汰那些取向不利的柱状晶，而处于有利取向的晶粒得以连续长大，晶粒宽度趋于稳定。

图 54.4-10 所示为 LENS 成型 TC4 合金过程中的热量传输图，成型件的心部主要通过基材的热传导散热，而成型件两侧的热量除通过基材传导散热外还可以通过保护气对流以及热辐射散失，导致成型件的左侧热流向左偏转，右侧热流向右偏转。激光束在移动过程中，激光束前进侧始终保持较高的温度，而其后方因激光束远离而造成温度降低，从而造成热流方向向激光束远离方向（后方）偏转。在图 54.4-10 中，激光束由左向右移动，将造成激光束引起的热流方向向左偏转。成型件左侧，散热引起的热流偏转与运动激光束引起的热流偏转方向相同，二者相互叠加，加剧了成型件左侧热流向左偏转程度，从而造成了 LENS 成型件左侧柱状晶主轴向右侧的偏转；成型件右侧，散热引起的热流偏转与运动激光束引起的热流偏转方向相反，两者具有相互抵消的趋势，从而造成了成型件右侧柱状晶主轴向右偏转程度较小。

4 显微组织分析

对成型件各区域进行显微组织观察，并对成型件

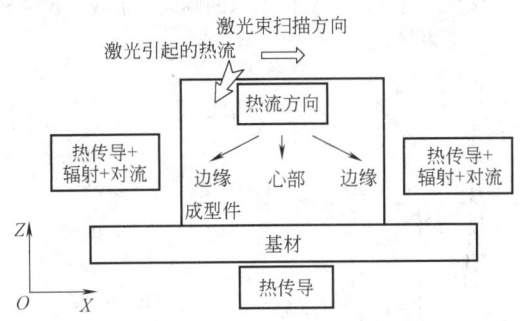

图 54.4-10 LENS 成型 TC4 合金过程中的热量传输图

暗区、明区以及明暗过渡区进行显微组织拍照，如图 54.4-11 所示。暗区由网篮组织构成，其主要特征：原始 β 晶界存在连续的 α 相，还存在一些从晶界出发延伸至晶内且相互平行的细针状 α 相；晶内 α 相为细针状或细片层状，α 相的厚度为 0.5~1.5μm；与此同时，晶内还存在一些具有一定位向关系、平行排列的 α 片层组成的 α "束集"，层间为 β 转变组织，α "束集"的宽度较小，约为 5~15μm，且交错排列编织呈网篮状。

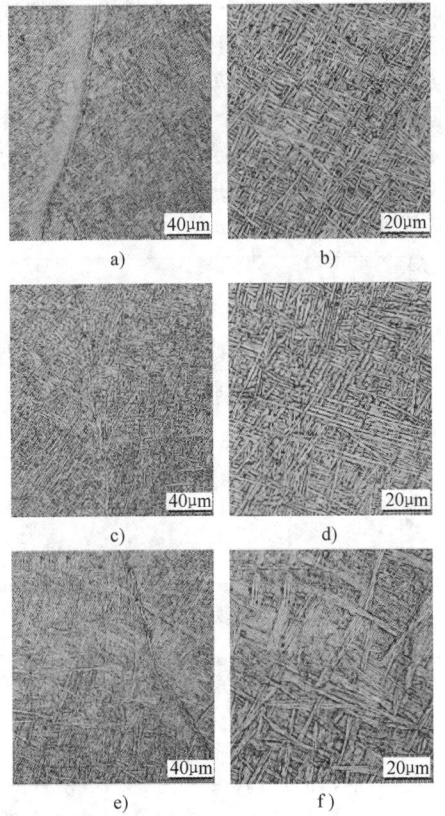

图 54.4-11 LENS 成型件不同区域的金相照片
a)、b) 明区金相组织照片 c)、d) 暗区金相组织照片
e)、f) 过渡区金相组织照片

可以认为成分偏析和热作用是造成组织变化的两个重要原因，利用 X 射线对 TC4 钛合金激光直接沉积试样的明、暗区进行物相分析，结果如图 54.4-12 所示。物相分析结果表明，成型件明、暗区相组成几乎相同，主要由 α 相组成，β 相的衍射峰较小，无脆性 ω 相存在。由于激光直接沉积成型过程中的快热和快冷作用，极易造成原始 β 相来不及转换为平衡 α 相，形成 α 过饱和固溶体，即针状马氏体相 α'，由于 α' 相与 α 在 XRD 上衍射峰相近，很难区分，但从金相观测结果来看，成型件中针状 α 相广泛存在。因此成型件存在不稳定的 α 过饱和固溶体。

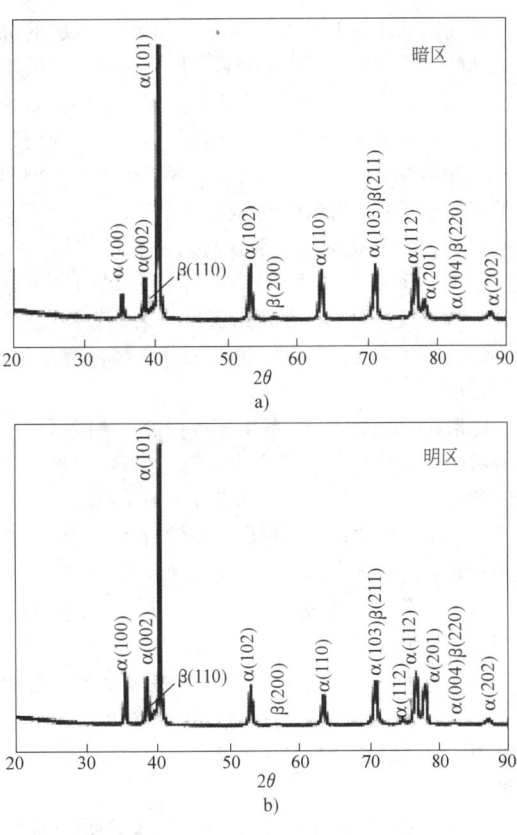

图 54.4-12 LENS 成型 TC4 合金的 XRD 结果
a) 暗区 b) 明区

Lore Thijs 等人在进行激光选区熔化（SLM）成型 Ti-6Al-4V 合金时，观测到了明、暗区交替现象，将暗区称为"Band"，并对明、暗区进行 EDS 线扫描，结果发现，在"层带"处存在铝元素的富集现象。这里采用扫描电镜附带的能谱仪（EDX）对明、暗区进行成分线扫描，为了方便在扫描电镜中快速找到明暗分界处，试验前在明暗分界处划出一条划痕，EDS 结果如图 54.4-13 所示。从中可以看出，明区与暗区之间并没有明显的成分变化，因此可以排除成分

偏析的可能；同时也说明由于激光成型 TC4 合金的熔池较小，不容易出现偏析现象。

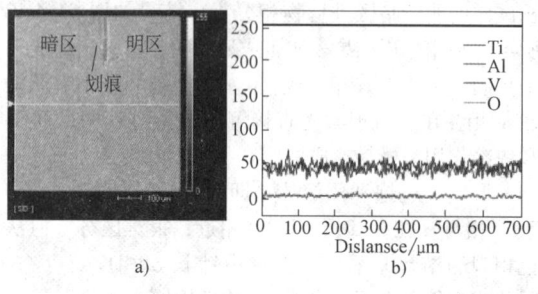

图 54.4-13　EDS 结果

采用间歇式加工方法共进行了 23 组沉积层的沉积，而暗区的数目与沉积组数目相同，说明暗区的产生与采用间歇式加工策略有着密切关系，即明、暗区的产生是由激光成型过程中的热循环造成的。为便于理解，分别将暗区、明区以及过渡区组织称为 I 型网篮组织、Ⅱ 型网篮组织以及魏氏组织。在激光快速成型过程中，由于激光能量密度高，在进行单组（三个沉积层）沉积成型过程中，三个沉积层的温度始终处于 β 相区的上部；在每组沉积结束的暂停阶段，合金迅速冷却转变为具有针状 α 相的 I 型网篮组织，形成暗区。

随后在下一组沉积层的沉积过程中，暗区顶部被部分重熔，熔池内的合金以及熔池底部被加热到 β 相区的合金与新沉积材料共同组成了新沉积体；暂停阶段，新沉积体快速冷却形成了新的暗区，而离重熔区距离较远的区域，由于被加热温度较低，未出现组织的显著变化，仅造成了 α 片层的粗化，转变为由 Ⅱ 型网篮组织组成的明区。粗大 α "束集" 魏氏组织的形成是由于双相钛合金从 β 相区缓慢冷却而造成的，而明、暗过渡区内具有魏氏组织特征的组织的形成是由于该区域合金受多次热循环而导致冷却速度变慢的结果。

图 54.4-14 所示为 S. M. Kelly 采用有限元方法构建的激光快速成型 TC4 合金过程中单个沉积层合金的热循环曲线。从该图可知，新沉积层经历从液相到固相的降温后，由于受到后续沉积的再加热作用，其温度将出现周期性的升高和降低。其中，每组 3 个沉积层连续沉积。当沉积第一个沉积层时，过渡区内的合金被加热到 β 相区，随后在其冷却过程中，由于第二沉积层与第一个沉积层间隔时间较短，过渡区内的合金经历了二次加热，温度再次升高至 β 相区或 α+β 两相区上部，从而造成了过渡区内的合金冷却时间延长，即冷却速度减缓。依此类推，直至第三个沉积层沉积结束后，合金才快速冷却至室温，最终使该区域合金具有魏氏组织的倾向，形成了尺寸较大的 α "束集"。

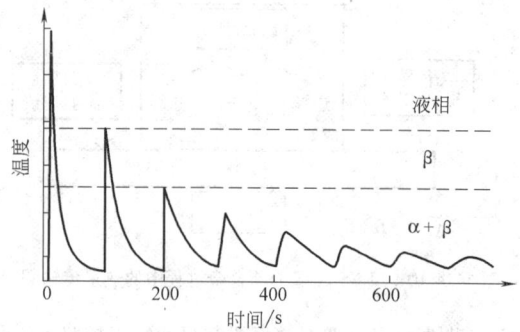

图 54.4-14　激光快速成型 TC4 合金的热循环曲线

5　力学性能分析

5.1　显微硬度分析

对图 54.4-6b 所示的成型件 XOY 截面进行维氏显微硬度测试。测试方式为：沿成型件的高度方向，从上至下，每隔 0.2mm 进行硬度测量；同一高度沿水平方向间隔 0.2mm 打 3 个点，取平均值。测量结果如图 54.4-15 所示。从测量结果可以看出，沿成型件高度方向的硬度在 335~370HV 范围波动，这与成型件不同位置所经历的热循环历程不同有关。通过对明、暗区的硬度测量值进行统计发现，暗区的硬度为 355HV±20HV，明区的硬度为 347HV±17HV，明、暗区的硬度并没有出现显著的差异。

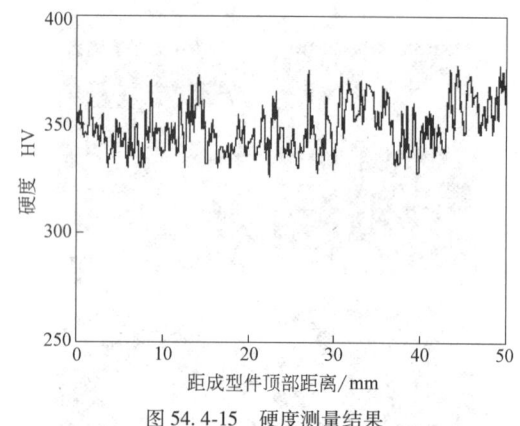

图 54.4-15　硬度测量结果

5.2　室温拉伸性能

按照标准拉伸试样尺寸从图 54.4-5 所示的成型件上切取拉伸试样，其中试样的长度方向与成型件的沉积高度方向平行，宽度方向平行于激光束扫描方向。采用 SANSCMT500 电子机械试验机对试样进行室温拉伸试验。

将拉伸试验结果与美国 Ti6Al4V 激光成型规范 AMS 4999A、钛合金锻件标准 ASTM B381-05 规定的性能进行比较，见表 54.4-2。从表中可以看出，LENS 成型的 TC4 合金的力学性能基本满足美国激光成型 TC4 合金标准 AMS 4999A 的要求，其抗拉强度和屈服强度均达到了锻件标准 ASTM B381-05 的要求，但其断后伸长率略低于锻件标准。

表 54.4-2 激光直接沉积成型 TC4 合金的室温力学性能

成型工艺	抗拉强度 R_m/MPa	下屈服强度 R_{eL}（3D 打印 0.2）/MPa	断后伸长率 A(%)
TC4 激光直接沉积成型	935	860	6.5
Ti6Al4V 激光成型规范（AMS 4999A）	≥889	≥799	≥6
TC4 钛合金锻件规范（ASTM B381-2005）	≥895	≥828	≥8

对室温拉伸试样的断口进行 SEM 观察，图 54.4-16 所示为 LENS 成型 TC4 合金的拉伸断口形貌。观察图 54.4-16a 所示的宏观断口发现，拉伸断口无夹杂物、气孔等明显缺陷。

断口由中心面积较小的纤维区和边部面积较大的放射区组成，未见明显的剪切唇。图 54.4-16b 所示为中心纤维区的形貌，可以看出，该区域具有典型的韧窝特征，为典型韧性断裂。图 54.4-16c 所示为放射区的形貌，该区域的断口有明显的撕裂棱及细小的变形韧窝。一般认为纤维区和剪切唇越大，材料的塑性、韧度越好，而材料的强度高；放射区比例越大，表明材料的塑性差，脆性增强。在单向拉伸时，试样的截面中心处于三向拉应力状态，裂纹首先在试样心部萌生，裂纹缓慢扩展，在断口中央形成纤维区；而后裂纹迅速扩展，形成了放射纤维组成的放射区，造成试样断裂。LENS 成型 TC4 合金的拉伸断口形貌表明其断裂机制为韧性断裂，而合金的断口形貌与其较低的塑性相符合。

图 54.4-16 LENS 成型 TC4 合金室温拉伸断口形貌

LENS 成型 TC4 钛合金的拉伸性能呈现高强低塑性的特点与其显微组织中广泛存在细长针状 α 相有密切关系。由于 α 相的厚度较小，数目较多，拉伸时 α/β 界面对滑移阻碍作用强烈，使位错难以穿过 α/β 界面，起到了界面强化的作用；与此同时，晶界存在的连续 α 相也会对合金的塑性变形起到阻碍作用，因此造成了 LENS 成型 TC4 合金具有较高的强度。而 α/β 界面对位错的强烈阻碍作用也使该区域极易产生应力集中，为裂纹的萌生提供了可能；同时，针状 α 相的尖端也易于造成应力集中，引起裂纹产生。在拉伸过程中，以密排六方结构 α 相为主的 TC4 合金的滑移较小，塑性变形的协调能力较差，裂纹优先在 α/β 界面或针状 α 相的尖端萌生后迅速扩展，造成合金断裂。

第5章 3D打印技术综合实例

由于3D打印在制作不规则曲面、模型方面具有传统加工方式无法比拟的优势，所以3D打印技术应用于医学领域可以说是有其必然性。通过逆向工程，采用可视化和CAD技术，建立人体骨骼的三维模型，通过快速原型机生产出人体骨骼修复模型，用于颌面外科及神经外科手术指导及上颌骨赝复体制作。

随着环境的污染以及交通事故等不确定因素的增多，骨创伤人员越来越多，更多的人需要进行骨移植和骨修复。在各种修复案例中，面部修复由于其位置的特殊性，在骨修复中占据着极其重要的位置。颌骨缺损常有颌骨移位、咬合错乱、牙列缺失等影响患者的口颌系统功能。

下颌骨缺损的修复是颌面外科的常见手术，下颌骨缺损多由于肿瘤、外伤以及骨性关节强直等疾病所致。恢复下颌骨的完整性和连续性，使颌面外形美观，保持良好的咀嚼、语言、吞咽等功能，是口腔颌面外科治疗的重要课题。

口腔颌面部位于面部美容区，对整体审美有着举足轻重的作用，同时面部腔隙结构多，有许多重要的血管、神经通过。对口腔颌面部手术要求更精细、更准确，功能和形态的恢复同等重要。

1 采用3D打印技术的必要性

传统的下颌骨缺损修复重建手术方法，用医生的通俗讲法称为"打开来看看"。在手术前，医生通过CT片来估计病患大小；在手术中需要医生凭借经验，将健康一侧作为外形参照，在手术过程中依靠个人判断对下颌骨进行临时塑型，这样容易造成髁状突移位和面形不对称，影响颞颌关节功能和美观。

下颌骨缺损修复手术比较复杂，它需要在口腔狭窄的手术视野内进行，解剖关系复杂、手术精度要求高，操作难度大。传统的方法主要靠医生的经验，手术中需要花费大量时间对移植骨进行塑型、拼对，而且这个过程主要依赖医生的主观评价和经验积累来进行，不确定因素很多，个性匹配性较差，精度较低。

在下颌骨重建手术中，截骨的准确性不仅关系到血管、神经的保护，也直接影响术后骨的愈合和稳定。长期以来，截骨线的确定主要依靠术者的经验，根据一些标志点来判断。由于下颌孔到下颌后缘的距离因个体之间的差异而有所不同，所以其准确性也难以把握。能否根据每个个体制作出个性化模板来帮助术中定位截骨位置是我们的设想。CT扫描技术、计算机辅助设计软件和快速成型技术的发展，为实现这种设想提供了可能。

快速原型技术是一种融合信息科学、材料科学、自动化技术等前沿技术的全新成型制造技术，能大大提高疾病诊断的准确率及操作精确度，在辅助手术中、植入后助诊断、制订治疗计划、模拟手术操作等方面发挥了重要作用。其临床应用效果取决于模型的精密度，而工艺中数据采集传送的完好及工艺精度都可能影响模型的精密度。与传统手术方法相比较，采用快速原型技术进行下颌骨重建手术具有如下优点：

1）通过术前制造的下颌骨3D打印模型以及个性化植入钛板，缩短了宝贵的手术时间，减轻了患者的痛苦，降低了手术风险。

2）下颌骨个性化钛板的制造是根据指定患者的生理解剖结构进行参数化设计并成型，更符合患者的骨骼结构，因此植入件的寿命更长。

3）手术的腓骨塑型以及钛板成型都根据患者的真实医学数据成型，使手术更精确，患者面部面貌更好。

4）对钛板术前进行了生物力学分析，研究了植入后的力学效应，提高了手术的成功率。

2 下颌骨三维重建

本例所采用的下颌骨数据为真实人体下颌骨CT扫描数据，该患者下颌骨病变，需要进行相应手术，恢复下颌骨外观与咀嚼功能。从该患者的下颌骨手术前面部和口腔内照片（见图54.5-1）可以看出，患者下颌骨下侧及左侧有明显的由大型下颌骨肿瘤所导致的凸起。患者口腔内部有明显的由下颌骨肿瘤导致的突起，并且下颌骨肿瘤已经导致患者的下齿列大量的牙齿缺失，仅剩余少量牙齿。

CT数据来源于中国医科大学附属口腔医院放射科。采用日本东芝公司（Toshiba）的64排螺旋CT扫描患者的上下颌面部。下颌骨CT扫描数据为305层连续的扫描层厚为1mm的完整头骨的CT图像数据，以DICOM格式存储。并且采集了病人的X光片。

从患者下颌骨术前X光照片和CT图像来看（见图54.5-2），患者下颌骨中央部分已经基本消失，只剩下少量的残余下颌骨，病情十分严重。

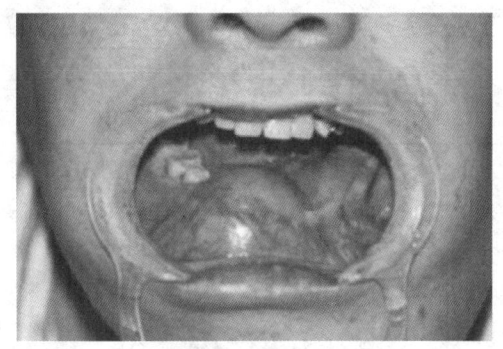

图 54.5-1　患者术前面部和口腔内照片

大型的下颌骨肿瘤已经严重影响患者的咀嚼等生理功能，需要对其进行肿瘤切除手术，并进行下颌骨重建。

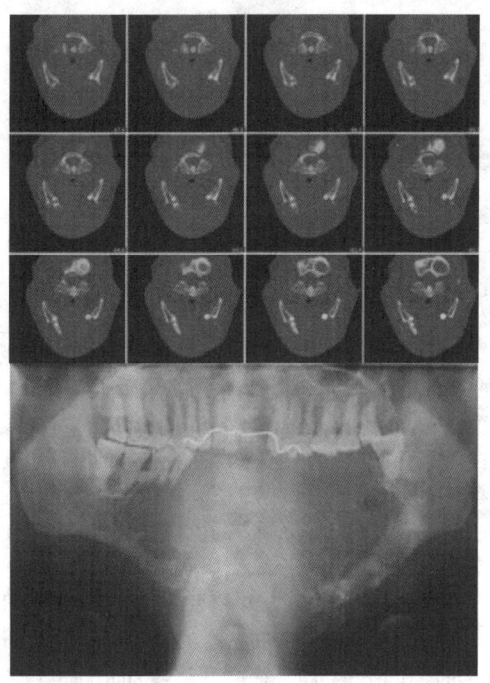

图 54.5-2　术前 X 光照片和 CT 图像

在获取 CT 数据后，读取 DICOM 文件中的 CT 值，将离散的二维 CT 数据通过算法形成三维的人体骨骼数据，将其三维可视化。最初的下颌骨三维模型如图 54.5-3 所示。

针对该患者，首先将下颌骨肿瘤部分进行虚拟切除，并将肿瘤边缘外 2cm 左右的骨质切除；然后利用腓骨按照已经提取的原始下颌骨轮廓曲线对缺损的下颌骨进行分段拟合重建。在下颌骨拟合重建的过程

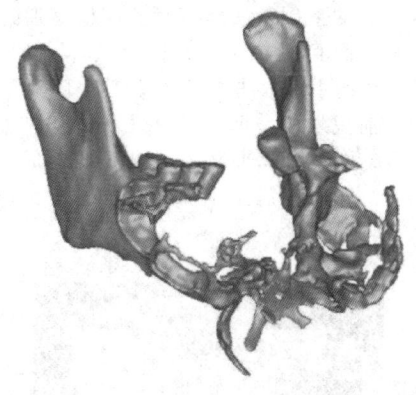

图 54.5-3　最初的下颌骨三维模型

中，使用了五段腓骨段对下颌骨进行拟合，重建后的下颌骨三维模型如图 54.5-4 所示。

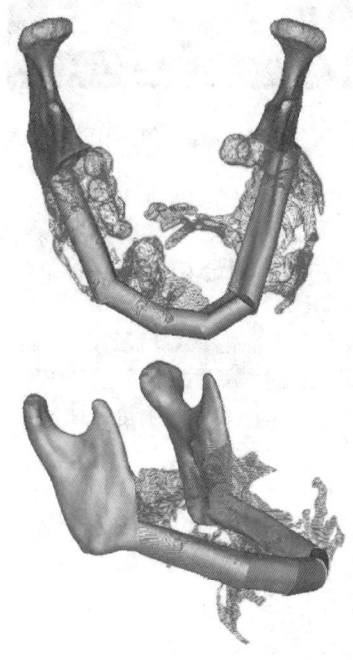

图 54.5-4　重建后的下颌骨三维模型

3　实体模型打印

为了给医生提供患者原始的下颌骨生理解剖结构，在术前能够对患处的症状有更深入的了解，并根据原始下颌骨模型制订手术方案，以便于医生的直接交流以及与医患的直接沟通，采用在手术前制造出该患者原始下颌骨 3D 打印模型的方法来提高手术精度，缩短手术时间。

将 STL 文件导入到 Objet Studio 软件中，用来制造下颌骨 3D 打印模型，如图 54.5-5 所示。

加工完成的树脂模型，经过去除支撑材料，得到了修复后的下颌骨实体模型。该模型通过逆向工程设计，而且左右对称，符合人体生理曲线。相对于传统的手术方法，将该模型用于指导手术，增强了术前规划的精度和可靠性。精度取决于模型的精度，由于 EDEN250 快速成型机的成型精度可达到 0.2mm，能满足颌面外科手术对于精度的要求。

表 54.5-1　原始下颌骨 3D 打印模型制造参数

项目	模型材料	支撑材料
材料名称	Vero white	Full cure 705
材料消耗量/g	250	350
制造时间/h	12	

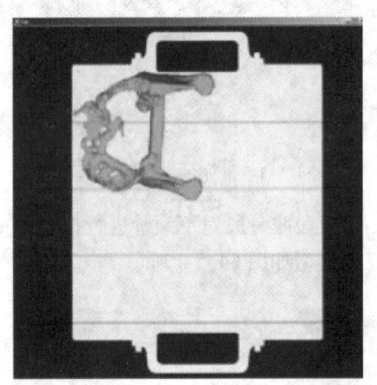

图 54.5-5　制造原始下颌骨 3D 打印模型

最终用时 739min 制造出如图 54.5-6 所示的原始下颌骨 3D 打印模型，成型材料和支撑材料的质量分别为 250g 和 350g。原始下颌骨 3D 打印模型制造参数见表 54.5-1。

针对后续的个性化植入钛板的设计和成型，在手术前还需采用相同方法制造出重建后的下颌骨 3D 打印模型。经过 579min 制造出重建后的下颌骨 3D 打印模型，如图 54.5-7 所示。

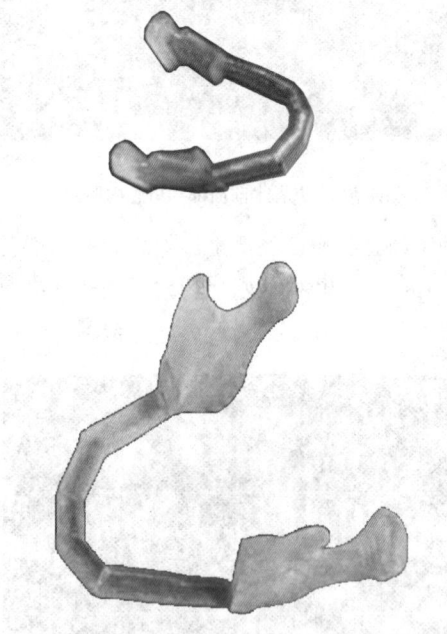

图 54.5-7　重建后的下颌骨 3D 打印模型

由于该患者下颌骨中部以及两侧基本被切除，只剩两侧的下颌骨升支部，因此所需钛板长度较长，这给个性化钛板的制造提高了难度。在制造人体下颌骨个性化钛板之前，首先要获取患者具体的下颌骨几何形状等个性化参数，以保证下颌骨植入钛板的匹配和个性化。根据该患者下颌骨的生理解剖结构和已测得的个性化参数，设计下颌骨钛板的结构。

根据重建的下颌骨三维模型，获得截取腓骨段的长度分别为 48.26mm、23.29mm、22.13mm、19.89mm 和 67.94mm，总长约为 190mm，如图 54.5-8 所示。此数据将作为下颌骨重建手术中腓骨截取长度的重要参考数据。根据个性化钛板的设计参数以及下颌骨 3D 打印模型，设计并成型出个性化的下颌骨植入钛板，如图 54.5-9 所示。

由于 3D 打印模型的原始数据来源于患者的真实 CT 数据，并据此进行建模制造，由此制造出的下颌骨 3D 打印模型和患者的下颌骨生理解剖结构具有一致性，所以根据此下颌骨 3D 打印模型制造的钛板是符合该患者下颌骨生理解剖结构的个性化钛板。医生在手术前通过将钛板与下颌骨模型进行装配测试，就

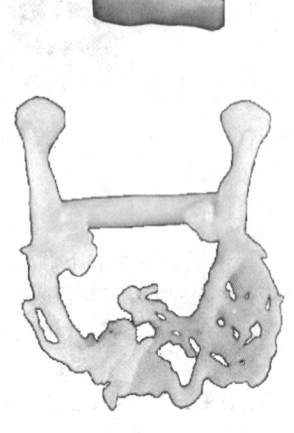

图 54.5-6　制造出的原始下颌骨 3D 打印模型

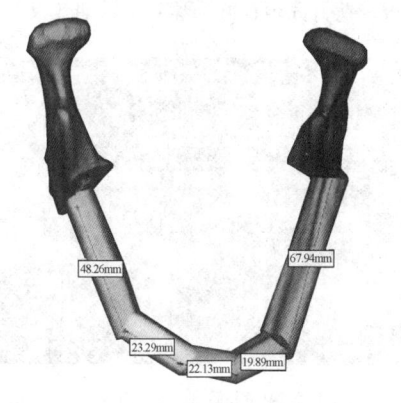

图 54.5-8　重建下颌骨所需腓骨长度

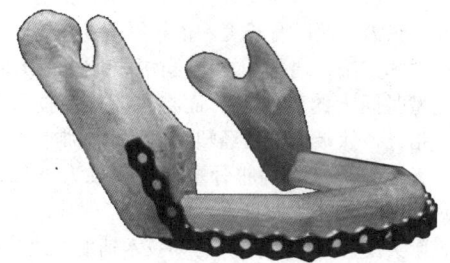

图 54.5-9　个性化的下颌骨植入钛板

能够保证钛板与患者下颌骨具有良好的匹配性，可以大大节省手术时间。另外，医生可以在 3D 打印模型上标注切除部位，也可以将 3D 打印模型带上手术台作为参照，此举对于保证手术修复质量、缩短手术时间、降低手术风险等具有十分积极的意义和作用。

4　手术指导

这种通过 CAD、快速成型制造的个性化修复体，较定制的进口修复体的费用大大降低，等待时间也大大缩短。临床应用于下颌骨缺损修复手术，在保证植入准确、安全的前提下简化了手术进程，提高了手术精度和效率。医生对手术的预见性增强，信心增加，对复杂病例尤为有效。

在术前，将弯制的钛下颌修复体高压消毒备用。手术分为两组，第一组严格按照术前计算机模拟截骨线截除下颌骨肿瘤，图 54.5-10 所示为切除的肿瘤图片。

另一组手术在腿部，根据术前重建的下颌骨三维模型和 3D 打印医学模型对腓骨进行分段截取。截取腓骨段的长度分别为 48.26mm、23.29mm、22.13mm、19.89mm、67.94mm，总长约为 190mm。腓骨肌皮瓣的制备采用外侧路径，在腓骨的小头和外

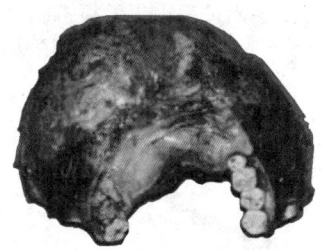

图 54.5-10　切除的肿瘤图片

踝之间画连线，止血带充气到 60kPa。将皮肤切开，深筋膜和浅筋膜至比目鱼肌和腓骨长肌浅面，然后从腓骨外侧，长屈肌和比目鱼肌之间进入，以腓骨中三分之一为中心处取骨。取骨量应略多于所需骨长度，保留厚度 3mm 左右的肌袖和弓状动脉；近中血管蒂尽量往上游离，以增加血管蒂的长度，截取长度约 190mm 的腓骨皮瓣。截取腓骨的手术照片如图 54.5-11 所示。保留腓骨皮瓣及血管，按常规方法进行受植床准备。

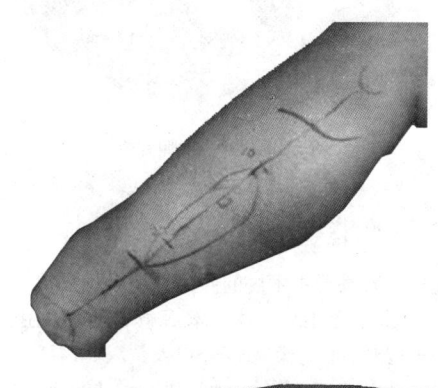

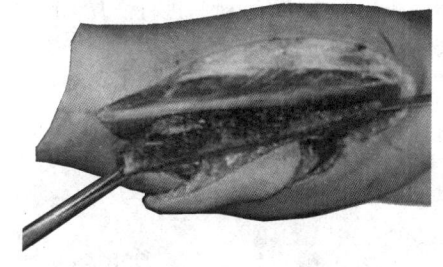

图 54.5-11　腓骨截取

截取腓骨肌瓣后，根据缺损下颌骨的形态及下颌骨 3D 打印医学模型进行腓骨塑型。选用同侧颌外动脉，面前静脉与腓动静脉吻合，将弯制的钛修复体嵌入骨缺损区，将两侧与骨断端严密接合。将钛修复体用钛钉固定于下颌骨断端及腓骨上。手术照片如图 54.5-12 所示。由于术前已经制造出个性化的

植入钛板,因此手术过程中,无须再临时对钛板进行塑型,节约了宝贵的手术时间,给患者减轻了痛苦。

对称,钛板、钛钉固定良好,达到了预期效果。

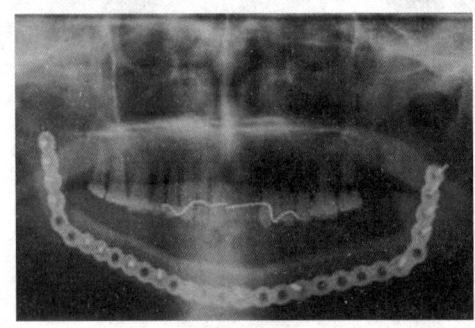

图 54.5-14　术后 3 个月 CT 片

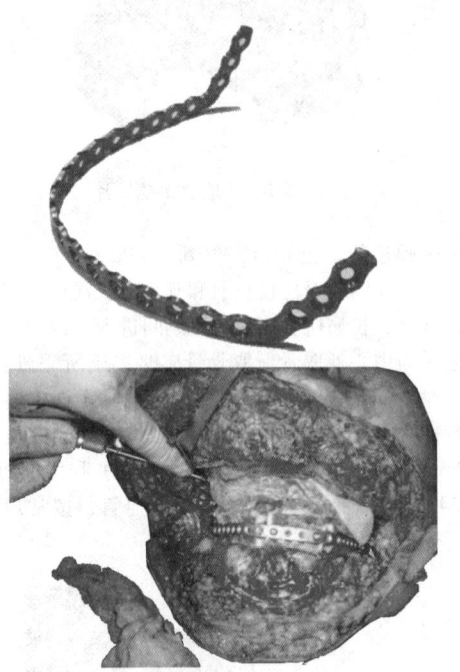

图 54.5-12　手术照片

由于术前已经将钛板塑型、腓骨切割长度进行了规划,手术过程中只需将腓骨精确切割,比对钛板进行匹配,只需微调腓骨长度。依靠医生的经验,采用传统的手术方法,通常相同难度的下颌骨缺损手术,腓骨塑型时间大约为 4.5h,而将快速成型技术应用于手术指导,钛板术前已经塑型,手术中腓骨塑型时间将大大缩短。该病例腓骨塑型时间仅为 1.5h,大大缩短了手术时间,而且手术精度有了保障。

临床实践表明,应用 3D 打印技术辅助下颌骨重建技术,在缩短手术时间、提高下颌骨修复质量、提高手术精度、减轻患者痛苦、降低手术风险等方面效用明显。

5　术后效果

通过观察患者手术后的照片、患者术后口腔内情况以及术后患者的 X 光片,术后患者的面貌恢复良好,外形美观,由于切除部分很大,因此需要比正常下颌骨重建手术后更长的时间进行恢复。通过恢复后,患者可以进行咀嚼、吞咽及咬合等主要生理活动,提高了患者的生活质量,改善外形与功能。图 54.5-13 为患者术后的照片。

6　推广应用

本研究从临床实际病例中选取六例典型病例,与传统的下颌骨重建手术进行了对比分析。这六位患者都患有不同类型和大小的下颌骨肿瘤,需进行下颌骨肿瘤切除手术,并利用自体腓骨肌瓣对缺损的下颌骨进行修复和重建。这六例病例的具体信息见表 54.5-2。

表 54.5-2　各病例的具体信息

病例	病例 A	病例 B	病例 C	病例 D	病例 E	病例 F
性别	女	女	男	男	男	男
年龄/岁	27	40	43	43	45	70
平均年龄/岁	44.7					

在传统的人体下颌骨缺损重建手术方法中,医生只能根据患者术前所做的 X 光片和 CT 片等二维图像数据,从某些角度观察患者病症处的状态,并根据有限的二维医学图片制订粗略的手术计划。因此,传统下颌骨缺损重建存在着手术精度低、费时费力、需要医生的主观评价和经验积累等问题。

为解决传统下颌骨缺损重建手术精度低等问题,采用 Toshiba 64-row Spiral CT 对患者下颌骨以及周围部分进行横断面扫描。通过 CT 扫描后,收集到了一系列连续的扫描层厚为 1mm 下颌骨的 CT 图像,并将其存储为

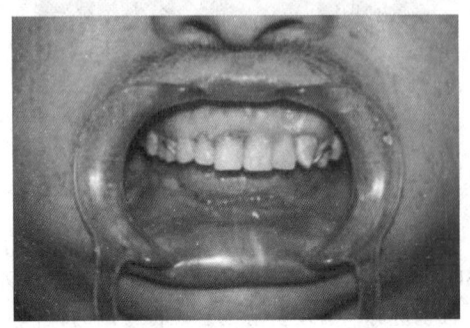

图 54.5-13　患者术后照片

术后三个月复检,拍摄的 CT 片如图 54.5-14 所示。从图 54.5-14 可以看到,患者的下颌骨轮廓左右

DICOM 文件。经过对患者的 CT 图像处理之后，建立原始下颌骨的三维模型。

通过原始下颌骨的三维模型，可以确定患者的肿瘤大小和所需要的腓骨大致长度。医生也可以通过原始下颌骨三维虚拟模型准确地了解患者的病症所在，为医生准确治疗和术前准备以及下颌骨的重建提供了前期模型数据。图 54.5-15 所示为六位患者的原始下颌骨三维虚拟模型。这六个三维模型均由患者 CT 扫描数据所建立，与患者的生理解剖结构具有一致性，提高了制订手术计划的精度。

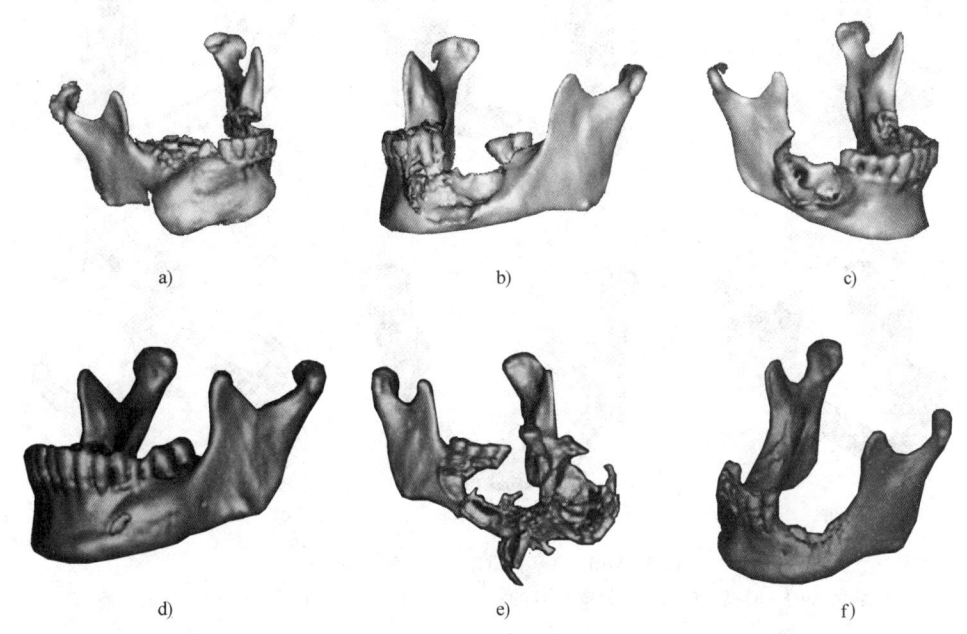

图 54.5-15 原始下颌骨三维虚拟模型
a）病例 A 的 b）病例 B 的 c）病例 C 的 d）病例 D 的 e）病例 E 的 f）病例 F 的

从 6 位患者的原始下颌骨三维模型可以看出，这 6 位患者都患有不同大小和类型的肿瘤。根据 HCL 分类标准将这六个病例的下颌骨缺损情况进行分类，见表 54.5-3。

表 54.5-3 各病例下颌骨缺损情况分类

病例	病例 A	病例 B	病例 C	病例 D	病例 E	病例 F
缺损位置	右侧中部	左侧中部	右侧	左侧中部	左右侧和中部	左侧中部
腓骨段数	2	2	3	2	5	2

根据各个下颌骨的缺损类型，对其进行下颌骨的虚拟重建。在进行下颌骨虚拟重建之前，还需要获取患者各自的腓骨 CT 数据，并建立出腓骨三维模型，根据下颌骨缺损部位的大小和类型，确定重建下颌骨的腓骨形状和长度等具体参数；根据每个病例的具体情况，对六个病例进行肿瘤切除，并用自体腓骨对下颌骨进行拟合重建，各个病例重建后的下颌骨模型如图 54.5-16 所示。

由于通常下颌骨重建所需腓骨段数都多于 2 段，在腓骨段的对接处需要对腓骨断面进行切除、打磨等处理，因此，一般所需截取的腓骨总长度要大于各段腓骨段长度之和。同时，所截取的腓骨长度也要大于切除肿瘤的尺寸。图 54.5-17 所示为六个病例所切除肿瘤的尺寸和截取腓骨长度的对比图。由此可见，截取腓骨的长度一般要长于切除肿瘤尺寸 20mm 以上，才能满足腓骨塑型和下颌骨重建的需求。

通过对传统手术与采用 3D 打印技术后的缺损下颌骨重建的精度对比后，得出以下结论：

1）与传统下颌骨根据二维的 X 光片和 CT 图像进行手术规划的手术实施相比，这里采用的方法是在术前通过患者的 CT 数据建立了患者原始下颌骨的三维模型和 3D 打印模型，医生可以通过三维虚拟模型和 3D 打印模型准确地了解病症处的结构，确定手术方案，提高了医生手术计划的设计精度。

2）通过术前测得患者下颌骨肿瘤的大小，确定了所需腓骨的长度，并对下颌骨进行了虚拟重建，提高了肿瘤切除和腓骨截取的精度。

建立完重建的下颌骨三维模型后,在下颌骨重建手术之前,需建立每个病例的下颌骨 3D 打印医学模型。这里采用 Eden250 快速原型系统制造下颌骨 3D 打印医学模型。每个病例的下颌骨 3D 打印医学模型具体制造时间见表 54.5-4。

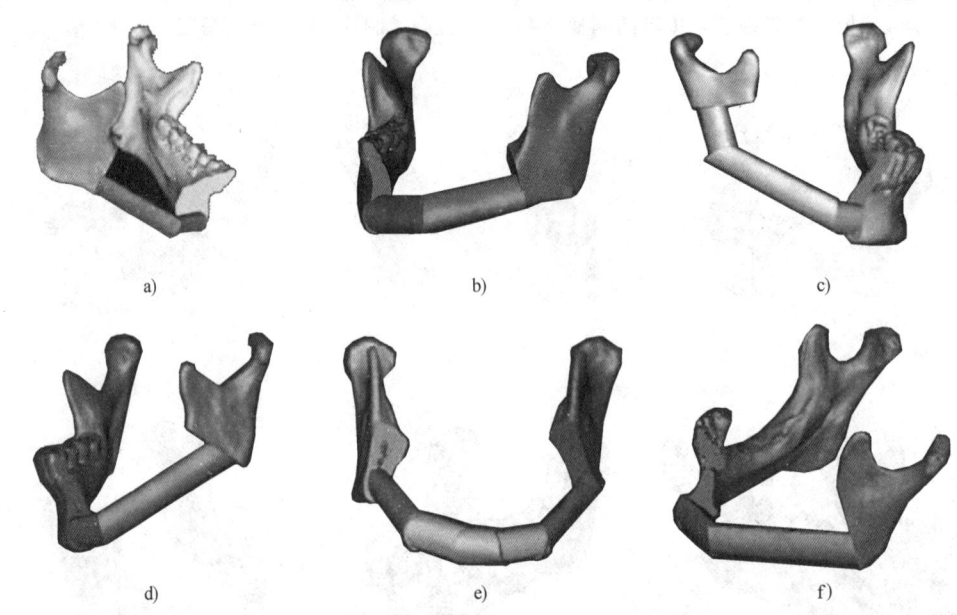

图 54.5-16　各病例重建后的下颌骨模型
a) 病例 A 的　b) 病例 B 的　c) 病例 C 的　d) 病例 D 的　e) 病例 E 的　f) 病例 F 的

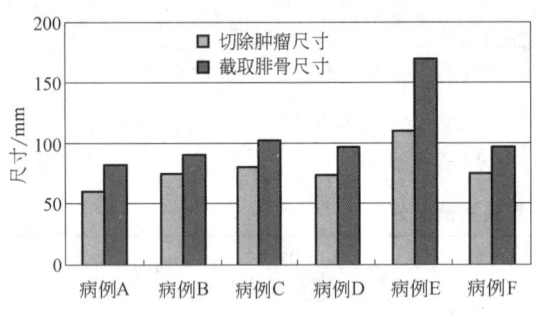

图 54.5-17　切除肿瘤尺寸与截取腓骨长度对比

表 54.5-4　各病例下颌骨 3D 打印医学模型制造时间

病例	病例 A	病例 B	病例 C	病例 D	病例 E	病例 F
模型制作时间/h	9.2	8.7	8.8	9.9	9.6	12.7

每个模型经过 10h 左右的制造后,六个患者的重建后下颌骨 3D 打印模型如图 54.5-18 示。其中,透明的下颌骨 3D 打印模型所用的材质为 Full Cure 720,白色的下颌骨 3D 打印模型所用的材质为 Vero White。根据每个患者的重建下颌骨三维模型对个性化植入钛板进行参数化设计,并参照下颌骨 3D 打印医学模型制造出针对每个患者的个性化下颌骨植入钛板。

这些在手术前就已经完成制造的钛板,可以减少手术的时间,提高手术精度,减轻病人的痛苦,降低手术风险。针对各个病例所制造的个性化钛板如图 54.5-19 所示。因此,通过手术前制造人体下颌骨 3D 打印模型和个性化钛板,可以使整个下颌骨缺损的治疗提高一个水平,对下颌骨重建手术有着很重要的意义和作用。

在传统的下颌骨重建手术中,医生需在手术的过程中临时根据患者已经解剖开的下颌骨进行腓骨截取和钛板塑形,患者需在手术台上等待医生花费数小时来完成钛板的塑形等问题,给患者增加了痛苦,延长了手术时间,提高了手术风险。

这里将个性化的植入钛板和下颌骨 3D 打印模型带入手术室,用来固定剩余部分的下颌骨和腓骨段来进行下颌骨重建手术。由于钛板在手术前已经制造出来,不用像传统手术那样在手术过程中临时制作,缩短了手术时间,降低了手术的风险。六个病例的传统下颌骨重建的手术时间、3D 打印模型制造时间和利用 3D 打印技术后的下颌骨重建手术时间见表 54.5-5。

可见,在传统手术过程中,腓骨塑型需要时间为 3.5~4h。而将 3D 打印技术应用到下颌骨重建之后,每个病例可以节省大于 2h 的手术时间。虽然每个病例需要花费将近 10h 的来制作患者下颌骨的 3D 打印医学模型,但该模型是通过患者的 CT 数据在手术前就已经完成,并不占用手术时间,因此可以得到更好的手术效果。

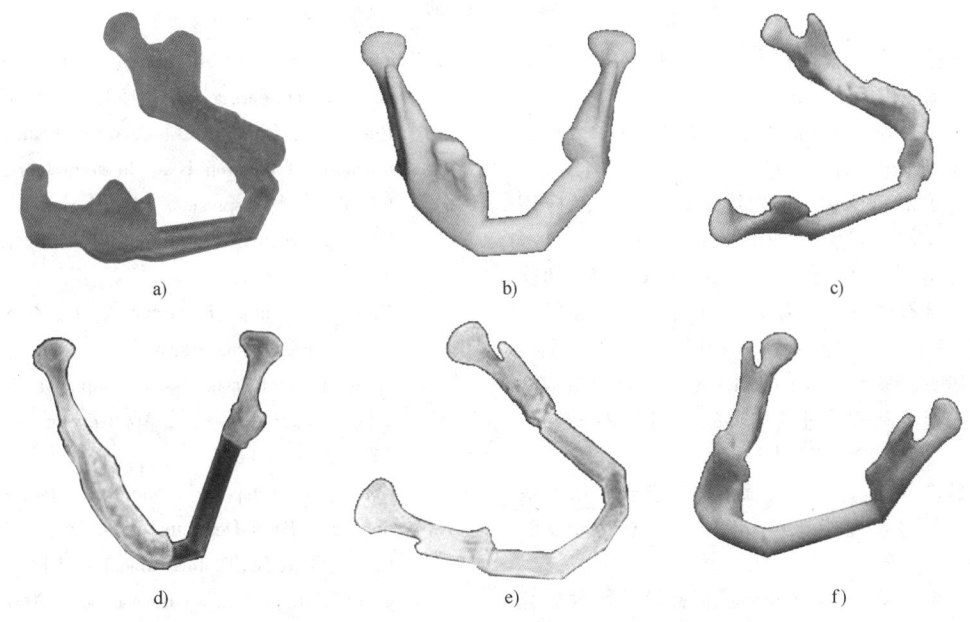

图 54.5-18 重建后下颌骨 3D 打印模型

a) 病例 A 的 b) 病例 B 的 c) 病例 C 的 d) 病例 D 的 e) 病例 E 的 f) 病例 F 的

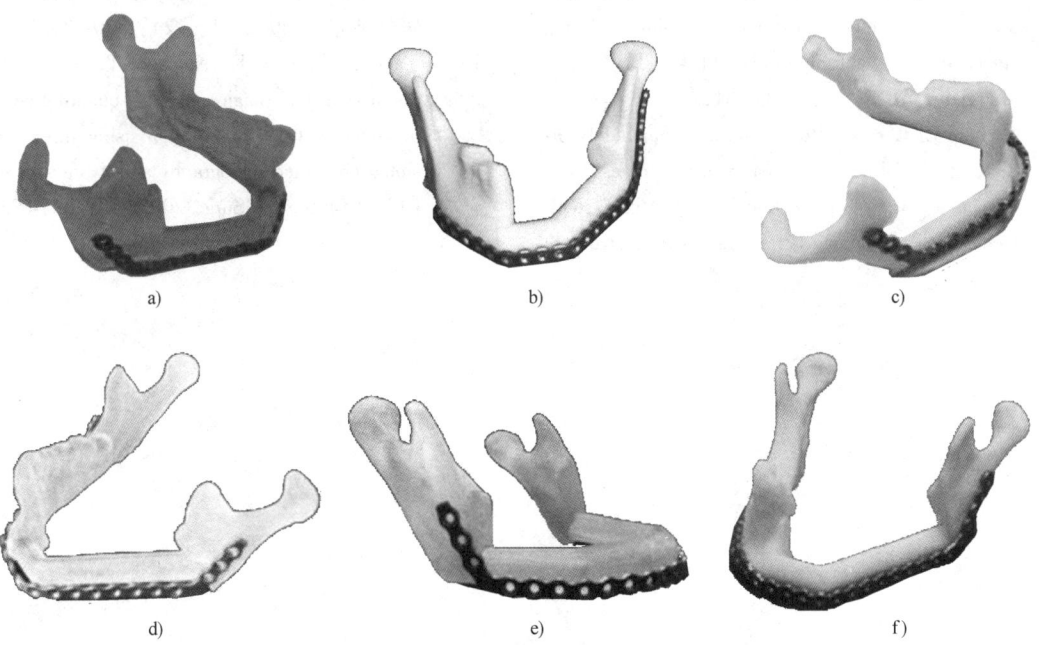

图 54.5-19 各病例下颌骨的个性化钛板

a) 病例 A 的 b) 病例 B 的 c) 病例 C 的 d) 病例 D 的 e) 病例 E 的 f) 病例 F 的

表 54.5-5 各个病例所用时间

病　　例	病例 A	病例 B	病例 C	病例 D	病例 E	病例 F
传统方法塑性时间/h	3.5	3.5	3.5	3.5	4	3.5
3D 打印指导下塑性时间/h	1.5	1.6	1.5	1.7	2.2	1.7
节省的时间/h	2	1.9	2	1.8	1.8	1.8

参 考 文 献

[1] 王运赣, 等. 三维打印自由成型 [M]. 北京：机械工业出版社, 2013.

[2] 王运赣, 等. 功能器件自由成型 [M]. 北京：机械工业出版社, 2012.

[3] 周建忠, 刘会霞. 激光快速制造技术及应用 [M]. 北京：化学工业出版社, 2009.

[4] 刘建涛, 林鑫, 吕晓卫, 等. Ti-Ti2AlNb 功能梯度材料的激光立体成形研究 [J]. 金属学报, 2008, 44 (8)：1006-1012.

[5] 王华明, 张述泉, 王向明. 大型钛合金结构件激光直接制造的进展与挑战 [J]. 中国激光, 2009, 36 (12)：3204-3209.

[6] 杨健, 黄卫东, 陈静, 等. TC4 钛合金激光快速成形力学性能 [J]. 航空制造技术, 2007 (5)：73-76.

[7] 黄卫东, 林鑫. 激光立体成形高性能零件研究进展 [J]. 中国材料进展, 2010, 29 (6)：12-27.

[8] Lore Thijs, Frederik Verhaeghe, Tom Craeghs, et al. A study of the microstructural evolution during selective laser melting of Ti-6Al-4V [J]. Acta Materialia, 2010, 58：3303-3312.

[9] Hussam EI Cheikh, Bruno Courant, Samuel Branchu, et al. Direct Laser Fabrication process with coaxial powder projection of 316L steel. Geometrical characteristics and microstructure characterization of wall structures [J]. Optics and Laser in Engineering, 2012, 50：1779-1784.

[10] Bush R W, Bric C A. Elevated temperature characterization of electron beam freeform fabricated Ti-6Al-4V and dispersion strengthened Ti-8Al-1Er [J]. Materials Science and Engineering A, 2012, 554：12-21.

[11] Majumdar J Dutta, Pinkertion A, Liu Z, et al. Microstructure characterisation and process optimization of laser assisted rapid fabrication of 316L stainless steel [J]. Applied Surface Science, 2005, 247：320-327.

[12] Kelly S M, Kampe S L. Microstructural S L Evolution in Laser-Deposited Multilayer Ti-6Al-4V Builds：Part Ⅱ. Thermal Modeling [J]. Metallurgical and materials transaction, 2004, 35A：1869-1879.

[13] 白石柱, 李涤尘, 赵铱民, 等. 上颌骨有限元分析中边界约束条件的研究 [J]. 临床口腔医学杂志, 2006, 22 (12)：720-723.

[14] Yamada A, Imai K, Nomachi T, et al. Cranial distraction for plagiocephaly：quantitative morphologic analyses of cranium using three dimensional computed tomography and a life size model [J]. J Cranio fac Surg, 2005, 16：688-693.

第 55 篇 系统化设计理论与方法

主　编　闻邦椿　刘树英
编写人　闻邦椿　刘树英
审稿人　赵淳生

第5版
产品综合设计的理论与方法

主　编　闻邦椿　刘树英
编写人　闻邦椿　刘树英
审稿人　佟杰新

第 1 章 概 论

1 概述

机械产品在国内外市场中竞争力的强弱,很大程度上取决于产品的质量,而产品的质量是通过精心设计、精益生产和严格管理而获得的。除了产品的质量 Q 之外,产品的价格 C、生产周期 T、环境(保护) E 和售后服务 S 在产品研究与开发及设计时,也必须予以充分考虑。产品研究与开发及设计的五大要素:Q、C、T、E、S 是产品研究、开发及设计的主要目标,应该是科技工作者全面考虑的重要因素。研制质优、价低、生产周期短、环境保护好和售后服务工作量少的产品,最重要的一个环节是产品的设计工作,因为产品的设计可赋予产品"先天特优、先天良好、先天一般和先天不足"这些至关重要的本质特性。因此,对绝大多数产品来说,设计在保证具有优良五大要素产品的过程中起着头等重要的作用。

为做好产品设计,近百年来国内外科技工作者进行了大量的研究工作,提出了数十种设计理论与方法。如何在这些繁复的设计工作过程中,有效和熟练地运用这些方法,不是一件轻而易举的事。那么应该如何运用这些方法对产品进行设计呢?本手册试图给从事产品设计的科技工作者,特别是对于初次参加设计的技术人员,一个比较清晰的概念,一条较为明确的思路,了解、掌握与运用这些设计方法,有效地来完成产品设计工作。本篇就是讨论如何综合应用这些设计理论与方法,以便给设计工作者提供一个清晰的概念,一条较为明确的思路,进而有效地来完成产品的研究、开发及设计工作。

2 实施基于系统工程的产品系统化设计的目的与意义

首先将讨论产品研究、开发及设计中的 10 个关键性问题,见表 55.1-1。

表 55.1-1 产品研究、开发及设计中的 10 个关键性问题

如何在科学发展观指导下开展产品设计工作	科学发展观已给产品的设计工作指出了明确的方向,那么如何将科学发展观贯彻到产品的设计过程中呢?这就要求设计者确立正确的设计指导思想和设计目标,提出创新性的设计内容,贯彻理论联系实际的产品设计的科学方法,执行检验设计质量的具体措施等。按照科学发展观,应首先做好与产品设计工作相关的调查研究,包括主观条件、客观环境、用户需求、市场情况等,再在正确思想的指导下,针对产品的具体情况,制订好产品设计工作的总体规划,包括产品的设计思想、设计环境、设计过程、设计目标、设计内容、设计方法和产品设计质量的检验和评估等,这是搞好产品设计工作的前提;接着,应该组织好设计队伍,针对提出的设计目标、规划好的设计内容与和选择好的设计方法,有条不紊地开展产品设计工作;在设计完成后,还应对产品设计质量进行检验。这样做,可以使产品的研究和开发工作得以全面、协调、快速地开展。本篇将要讨论的产品设计 7D 规划的理论模型和全功能全性能系统化设计方法,这一新的思路和新的内容就是在科学发展观指导下提出的
如何在产品设计中开展自主创新设计	开展产品的自主创新设计,要具备几个条件:①要充分了解所设计产品研究开发的重要性和必要性,以及市场需求情况与发展远景;②在主观上对所研究事物要有强烈的创新愿望和浓厚的创新意识;③要学习与掌握与产品设计相关的基本知识;④要了解创新的基本规律;⑤要争取实践的条件;⑥要在该产品设计中予以体现。不论是原始创新、集成创新,还是引进消化吸收后再创新,都应该具备这些条件。学习和掌握相关书籍中的内容及产品研究、开发及设计的实际经验,系统地了解现有的设计理论与方法,将有利于自主创新设计相关工作的开展,进而顺利完成产品的自主创新设计工作。本篇将从宏观角度对现有设计理论与方法进行介绍,并提出了一些新见解
产品功能与性能的内涵是什么	由于企业和设计工作者所追求的主要目标是:与产品在市场中的竞争力密切相关的产品的设计质量、制造成本、开发周期、环境保护和售后服务等多个重要因素,即产品的全部功能与性能,因此设计者必须详细了解产品的功能与性能包括哪些具体内容。十分明显,如果设计工作者连产品的功能和性能的内涵都模糊不清,或了解不够全面和深入,那么,如何通过设计使产品获得优良的功能与性能,这是很难做到的。正是因为目前有关技术文献对产品功能与性能的叙述不够全面和系统,内容极不统一,差别较大,因此,本篇将对产品的功能和性能的内涵进行了梳理,建立了自具特色的功能与性能的体系模型
产品质量和设计质量的概念和定义是什么	由于目前在有关技术文献中,对产品的功能和性能未进行详细的叙述,未给出产品设计质量明确的定义,以及产品质量与设计质量之间的差异,使得产品设计工作者难以全面了解产品质量和设计质量的内涵,因此,也就很难在设计中实现设计工作的全部目标和应该达到的各种要求。本篇将对产品质量与设计质量的内涵及其区别进行较详细的叙述,并给出它们的定义

	(续)
产品设计理论与方法怎样进行分类	目前科学工作者提出的设计理论与方法多达数十种，但是直到现在还没有人对这些方法进行分类，使得目前出版的绝大多数该类书籍在讲解各种方法时，存在着零散、无序、孤立、互无联系的状况，这不仅对设计工作者，而且对广大读者来说，难以系统掌握和有效运用这些设计方法；对于设计理论与方法的研究工作者来说，很难充分了解和掌握这些方法的共性和特性，以及这些方法对产品设计工作所起的作用，也不利于研究工作者进一步对开展深入的研究。因此，对产品设计理论与方法进行分类是一项具有十分重大意义的工作，本篇从7个方面对设计理论与方法进行了分类 必须特别指出，本篇中的分类是以目前已提出的设计方法名称为基础，仅对目前沿用的或已定名的这些方法进行归类。要想对现有各种设计方法进行剖析，给以重新划分或命名，在这个基础上再进行分类，这是难以做到的。因此，本篇所做的分类还存在交叉、重叠与涵盖的现象，但这也是十分必要和有益的。应该说，对现有设计理论与方法进行分类是设计理论与方法研究过程中的一大进展
产品设计工作应如何进行总体规划	由于目前对数十种设计理论与方法未进行分类或归类，就很难对产品设计工作提出较为理想和全面具体的规划。本篇在对产品设计理论与方法进行归类的基础上，将提出一种全新的产品设计总体规划的理论模型，这有利于设计工作者利用这个模型有条不紊地开展设计工作，克服目前在应用设计理论与方法时的随意性、片面性和不规范性，这对搞好产品设计工作，满足产品设计的五大要素Q、C、T、E、S，特别是提高产品设计质量是十分必要和有益的，同时可以显著减少产品设计中常常出现的一些弊端，如设计主要目标未能实现、返工、误工、遗漏等，进而可以提高产品设计质量和工作效率
如何有效地利用系统化设计方法开展产品的设计工作	产品设计工作既是一项典型的技术工作，又是一种艺术，如何将这些设计方法进行有机的综合，进行最佳的匹配，是关系到能否对这些设计理论与方法充分和有效利用的问题，因此，必须针对具体的产品提出一种较理想的系统化设计方法，以便顺利完成产品设计工作，进而获得功能完善和性能优良及在市场中具有竞争力的高质量的产品。本篇提出的全功能全性能系统化设计法应该是一种较理想的设计方法
1+3+X系统化设计法的意义何在	产品设计工作所要考虑的问题是多方面的，自然不能只采用一种方法。用怎样一个简单的公式去概括呢？本篇将提出1+3+X系统化设计法的简易公式，这便于设计者掌握、理解和运用这种设计方法，进而高效和高质量地完成产品的设计工作任务
深层次的设计理论与方法的含义	机械产品正向极端（大型、微型、高速、精密、连续、复杂大系统等）化、综合集成化（系统化、集成化、模块化等）、信息化（自动化、智能化、网络化、数字化等）和绿色化等方向发展，设备运行过程中出现的非线性问题越来越突出，并屡屡发生重大事故，这就要求所提出的产品设计理论与方法，必须考虑设备运行中引起事故发生的非线性动力学问题，因此，目前产品设计理论与方法正在向以非线性动力学理论为基础的方向，即深层次的方向发展。本篇将介绍围绕上述问题开展相关研究工作的若干结果
如何将广义优化技术、信息技术、虚拟技术和数字化技术应用于产品设计中	本篇将要研究功能优化设计、动态优化设计、控制系统与智能优化设计及可视优化设计等内容，在设计过程中不可避免地要采用广义优化技术、信息技术、虚拟技术和数字化技术等，要将这些技术有机地结合在一起，加以具体应用，以便较大幅度地提高产品的功能与性能，增强产品在国内外市场中的竞争力 要搞好产品设计，还必须了解和掌握现代机械科学技术发展的趋向、产品研究与开发中的关键问题、现有的几种主要设计理论与方法及产品设计理论与方法的发展趋向，本篇我们将对上述几个问题分别进行讨论

3 基于系统工程的产品系统化设计的内容与方法

系统化设计法是以顾客需求为驱动，以获得优良功能与综合性能（产品设计的质量，或广义质量）为目标，以现代机械设计和制造先进理论、线性与非线性动力学理论、线性与非线性控制理论、动态仿真理论、优化理论和材料科学等理论为基础，以产品功能优化设计、动态优化设计、智能优化设计、可视优化设计为内容和手段的一种多学科融合交叉的全功能和全性能优化的设计理论与方法。

通过基于功能和综合性能的智能优化的产品开发过程，对提高产品质量、降低开发成本、缩短开发周期、增加顾客满意度具有重要意义，可使产品开发的质量战略、成本战略和时间战略得以同时实现。

系统化设计法，即集功能优化设计、动态优化设计、智能控制系统设计和可视化设计四种设计方法为一体的设计法对产品进行设计，这可以在较大范围内考虑前面提出的对产品广义质量（即包括机器全部功能及结构性能、工作性能和制造性能，也包括Q、T、C、E、S等）的要求。

由于目前机械设备的多样性与复杂性，以及各种设计方法所能实现的目标与研究内容的局限性，要想用一种设计方法全部概括所有设计内容，全面地实现用户对产品广义质量的要求，这是十分困难的。

系统化设计法，可克服单一设计方法的局限性，在现有的一些主要的方法中找出对产品总体质量有决定性影响的几种方法，根据所设计产品的情况，可以是 3 种、4 种或多种，在设计中加以综合地考虑，并予以实施，这就是我们所称的系统化设计法。实际上，系统化设计法也是面向产品功能与性能的设计方法，或称产品全功能全性能优化设计法。

对系统化设计法的分类，详情见表 55.1-2。

表 55.1-2 系统化设计法的分类

三化或三优系统化设计法	将"动态优化、智能优化和可视优化"三种方法综合在一起的设计法，称为三化或三优系统化设计法。这种设计法一般适用于机器方案已经确定或功能设计已完成的产品，这类产品的功能方案已经确定，而对其性能有严格要求，因此，必须进行详细设计，完成动态优化设计、智能优化设计和可视优化设计
1+3 系统化设计法	将"功能优化、动态优化、智能优化和可视优化"等方法综合在一起的设计法称为 1+3 系统化设计法，也可称它为四优设计法，其中的 1 是功能优化设计，3 即是前面所说的三化或三优设计：动态优化、智能优化和可视优化设计
1+3+X 系统化设计法	除了采用前面所述 4 种设计方法外，还要根据机器的特点和要求，采用其他设计方法，例如，轿车的外形设计要选用造型设计法，这类设计法通过上面公式中的 X 予以考虑

系统化设计法可以在较大范围内，考虑设计中应该考虑的产品综合质量问题，或其他方面的特殊问题，这样就能相对较多地或较全面地反映用户对产品设计综合质量的各方面要求。

系统化设计法可分为一般系统化设计法和深层次的系统化设计法两类。一般系统化设计法是以线性理论为基础，而深层次的系统化设计法是以非线性理论为基础。

4 机械产品设计工作过程的四个阶段

机械产品设计比较理想的工作过程可分为四个阶段，见表 55.1-3。

表 55.1-3 机械产品设计比较理想工作过程的四个阶段

调研阶段	如果对产品研究与开发的调研工作做得不够充分，对用户的要求、市场的需求情况、产品环境的了解不全面，对该种产品国内外的研制与生产情况不十分清楚，则在产品的研究与开发过程中就有可能出现各种各样的问题
规划阶段	在对产品调查研究的基础上，要做好产品设计与生产的规划，要对设计目标、设计思想、设计环境、设计过程、设计内容、设计方法和设计质量的检验与评价进行全面系统的规划，即所谓的 7D 规划
实施阶段	在实施阶段主要是贯彻产品设计规划的具体内容，通过采用适当的设计理论与方法，实现对产品功能与性能的要求，根据产品设计的目标确定产品设计内容和方法。对于一般新开发的产品，较为理想的方法应该是系统化设计理论与方法，即深层次的 1+3+X 系统化设计法，详见本手册以后各章
检验阶段	在完成产品设计工作后，要对产品设计质量进行检验与评价，当发现产品设计中存在问题时，应及时采取有效措施予以改正，或在适当时机进行修改

4.1 现代机械产品设计的第一阶段——调研阶段

产品信息的调研内容应该包括：①用户需求信息；②产品的环境信息，其中包括社会环境（政治、经济、人文、法律、国际和人际环境等）、自然环境、资金环境、市场环境、技术环境和政策环境等；③所生产产品的风险调查。

产品功能信息来自各方面，但主要是使用者。图 55.1-1 示出用户需求（Customer Requirements，CRs）智能获取与合成关键技术框图，其中包含 CRs 信息模糊动态聚类技术、CRs 模糊合成技术、基于模糊案例推理（Fuzzy Case Based Reasoning，FCBR）的 CRs 模板自动生成技术和基于模糊 C 均值（Fuzzy C-Means，FCM）的目标市场确定技术等。

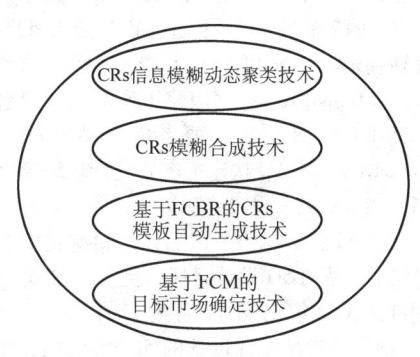

图 55.1-1 用户需求 CRs 智能获取与合成关键技术框图

各关键技术及其内容见表 55.1-4。

总之，通过对用户需求的聚类、合成、模板自动生成等，最后确定其目标市场及开发的相应策略。

表 55.1-4 各关键技术及其内容

技术	内容
CRs 信息模糊动态聚类技术	可以通过各种方式及 Internet 网络获得大量用户需求信息，只有对这些需求信息进行科学的分析、合并、归类，才能提炼出能够代表这些需求信息的具体用户需求，并采用树枝形结构来描述，使用户需求体系有一个清晰的了解。传统的归类分析方法是运用关键路径法对用户需求逐级分类，这是一种以分类者的经验、直觉为依据的实际操作方法。若运用模糊动态分类技术对用户需求进行分类，把用户需求分类置于数量化的处理基础之上，将会使之更加科学、合理
CRs 模糊合成技术	用户在表达需求时往往用符合习惯的自然语言对需求进行大致的、定性的描述，如希望产品的质量要轻、噪声要小等。在表达需求权重时常常使用"很重要""重要""不重要"等语言值，这些语言值都具有模糊化和语言化的特点。通过各种方式及 Internet 网所获得的用户需求同样也具有语言化、模糊化的特点。因此，需要运用模糊集理论对 CRs 进行建模。CRs 模糊合成主要是考虑各用户需求的初始权重及其覆盖率，采用模糊数学运算，对所有用户需求报告中的用户需求模糊权重进行综合，形成能代表目标市场中全体被调查用户观点的综合权重，作为最终确定总的 CRs 报告中所包含需求项及其权重的依据
基于 FCBR 的 CRs 模板自动生成技术	基于事例的推理(CBR)的 CRs 模板自动生成技术在对用户需求进行分析和综合过程中，需要在知识库和数据库的支持下，对用户的需求输入信息进行推理和判断，对于改进产品和新产品应采用不同的处理策略，产生出一个初始的 CRs 模板框架，作为用户进一步编辑和完善 CRs 文档的参考模板。CBR 是人工智能中一种重要的推理模式。它将以往的事例按照一定方式组织起来，存放于 Case 库中。在新问题出现以后，即检索出相关事例，当被检索出的相关事例与相关问题不完全一致时，就需要对旧的事例进行修改，使其适合新的问题，得出新问题的解。CBR 推理过程类似人类的经验推理，具有模糊性和启发性，为此将模糊集与 CBR 结合，提出了一个模糊 CBR(FCBR)模型，用于 CRs 模板的自动生成是必要的
基于 FCM 的目标市场确定模型	企业不可能在每个市场经营和满足各种需求，甚至不可能在一个大的市场内做好工作。因此，企业在新产品开发以前，首先要确定所开发产品要满足的目标市场，并针对不同的目标市场来实施不同的开发策略。由于通过各种方式及 Internet 网络获得的用户需求可能来自许多不同的目标市场。不同目标市场内的用户对产品的需求是有差别的，而这种差别信息也自然包含在获得的用户需求报告中。因此，我们可以利用 FCM 方法对这些需求报告进行处理，确定这些用户需求报告所属的目标市场，然后针对每个目标市场确定相应的开发策略

4.2 现代机械产品设计的第二阶段——规划阶段

作者经过长期的设计实践和多年的研究，总结出了一种基于系统工程的产品设计规划模型，它包括以下 7 个方面的内容：①要进行产品的研究与开发，首先要从系统工程角度出发对产品设计工作进行全面的规划，即 7D 设计总体规划，图 55.1-2 画出了产品设计总体规划的 7 个映射域，构建了产品的 7D 设计总体规划（Design General Planning）模型；②要有明确的设计思想（Design Ideas），构建了产品设计思想模型（见表 55.1-6 中图 c）；③要考虑产品的设计环境（Design Environment），构建了产品设计环境模型（见表 55.1-6 中图 d）；④要确定好产品的设计目标（Design Objective），画出了产品设计目标的 5 个映射域，构建了产品的 5O 设计目标模型（见表 55.1-6 中图 a、b）；⑤要拟订好产品的设计步骤（Design Steps），画出了产品设计过程的 5 个映射域，建立了产品的 5S 设计过程模型（见表 55.1-6 中图 e）；⑥要规划好产品设计内容（Design Contents）和选择好产品的设计方法（Design Methods），画出了产品设计内容和方法的 5 个映射域及 5M 设计内容与方法模型（见表 55.1-6 中图 f），在这里，我们将设计内容与方法有机结合在一起，提出了全功能和全性能优化综合设计法，或称为 1+3+X 系统化设计法；⑦在产品设计完成后，应对产品设计质量进行评估和检验（Design Quality Assessment），画出了产品设计质量评估和检验模型（见表 55.1-6 中图 i）。下面分别予以说明。

4.2.1 产品设计的 7D 总体规划模型

要想设计出一种好产品，即质量优、成本低、生产周期短、环保意识强、售后能进行有成效的服务和有市场竞争力的产品，应从系统工程的观点出发对产品的设计工作进行详细的规划，即对设计主观条件、设计客观环境及所选用的各种具体的设计方法在产品设计中的地位和作用作系统的考虑。首先要有正确的指导思想，有明确的设计目标，了解设计环境对设计工作的要求，接着要规划好具体的设计步骤和内容，选择合适的设计方法，最后还要对产品设计质量进行评估，因此，在产品设计时出现了 7 个方面的映射，这些映射对产品的功能与性能起着不同的特定作用。图 55.1-2 所示为基于系统工程的产品设计总体规划的 7 个映射域，即设计目标域、设计思想域、设计环境域、设计步骤域、设计内容域、设计方法域和设计质量检验域，图 55.1-3 所示为基于系统工程的产品的 7D 设计总体规划模型的具体内容。

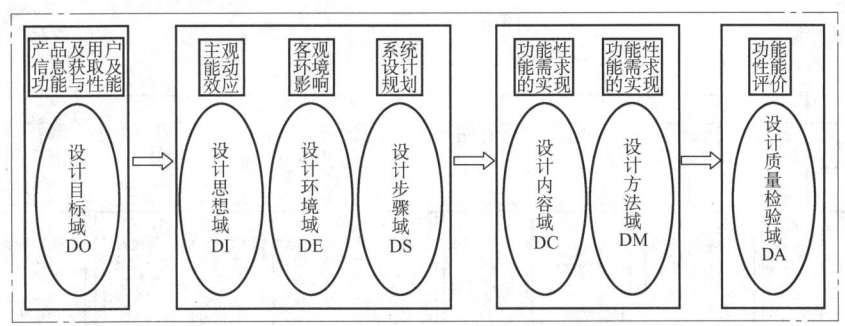

图 55.1-2 基于系统工程的产品设计规划的 7 个映射域和 7D 设计规划模型

在执行本篇所提出的面向产品广义质量的系统化设计法时,也必须要从系统工程的观念出发,做好产品设计的全面规划,也就是要对产品设计思想、设计环境、设计目标、设计内容与步骤、设计方法、设计质量检验 7 个方面的设计问题进行全面的和具体的规划,称它们为产品设计总体规划的 7 个映射域或产品的 7D 设计总体规划模型,其具体内容见表 55.1-5。

表 55.1-5　7D 设计总体规划模型的具体内容

确定设计目标	产品设计的目标可分为广义目标与技术目标。广义目标包括思想目标(I)、技术目标(Q)、成本目标(C)、时间目标(T)、环境目标(E)和服务目标(S)等;而技术目标(Q)主要是指产品的主辅功能与各种性能
明确设计思想	在科学发展观和自主创新思想指导下完成产品设计工作,如采用概念设计、创新设计、基于系统工程的设计等
考虑设计环境	如政治环境、经济环境、人文环境、法律环境、社会环境(指国与人际环境)、生态环境和技术环境的要求等,在产品设计时要采用绿色设计和和谐设计等
拟订设计步骤	用户需求获取、制订设计任务书、产品概念设计、详细设计、施工设计及工艺设计等
规划设计内容	设计内容就是面向产品功能和三大性能的主辅功能设计、结构性能设计、使用性能设计、制造性能设计和特殊性能设计等,更具体地说,可以采用方案设计、结构设计、机构设计、各种系统的设计、参数设计等
选择设计方法	如优化设计、虚拟设计、CAE、数字化设计、平行设计、网络设计、协同设计、综合设计、一体化设计等
检验设计质量	建立产品质量的可靠性评估体系,采用模糊评价法、价值工程评价法等对产品设计质量进行评估,克服产品设计工作中的随意性,进而可提高产品的设计质量,使企业产品的设计质量得到有效的保证。此外,还要通过试验及在产品使用过程中来检验产品质量

对于产品设计的每一映射域的内涵还应进一步地予以具体化,不管是产品的设计思想或设计环境,还是设计目标、设计内容、设计方法或设计质量的评估和检验,都应拟订出实施的具体内容和建立好实施的实际模型,包括实现的原理和执行的步骤、实施的具体内容和方法、执行的策略和规则等。从图 55.1-3 中,可以发现目前文献中所介绍的 50 多种设计方法都可能找到它们各自所处的合适位置和所应占有的空间,它们对保证或提高产品的质量与性能都会发挥各自的积极作用。

在产品的设计工作中应该努力贯彻科学发展观和自主创新的指导思想,同时必须对设计的政治、经济、人文、法律、生态、社会及技术环境进行全面的考虑,应该符合国家的方针、政策和制度,这也是对设计工作者提出的基本要求;在上述条件下,设计工作者可根据某一类或某一种产品的具体情况,对设计目标、设计内容、设计方法及设计质量的评价方法进行研究,并做出规划,这样可以保证产品的质量战略、成本战略和时间战略得以同时实现。

4.2.2　产品设计的各子规划模型

产品设计的各子规划模型及内容见表 55.1-6。

4.3　现代机械产品设计的第三阶段——实施阶段

4.3.1　面向产品广义质量的 1+3+X 系统化设计法的内涵

1+3+X 系统化设计法如图 55.1-4 所示。它和 1+3 系统化设计法不同之点只是增加了某些产品对设计方法的特殊要求,而需要增加某种特殊设计方法对产品进行设计,所采用的特殊方法可以是一种、两种,甚至更多,这依赖于所设计产品的特点和要求。例如,对轿车来说,车体外形的设计,即造型设计或车体外形的设计显得特别重要,这就要求设计者在完成前面几种方法的基础上,进行附加的设计工作。因此,必须采用造型设计法来完成该产品的设计。面向产品广义质量的 1+3+X 系统化设计法的内涵见表 55.1-7。

```
                    基于系统工程的产品
                    的7D设计规划模型
┌───────┬───────┬───────┬───────┼───────┬───────┬───────┐
确定设   明确设   考虑设   拟订设   规划设   选用设   检验设
计目标   计思想   计环境   计步骤   计内容   计方法   计质量
```

可选用：	应贯彻：	应考虑：	可选用：	可选用：	可选用：	可选用：
1.全功能设计	绿色设计	1.政治环境	1.用户需求获取	1.方案设计 2.机构设计	1.优化设计 2.智能设计	1.可靠性质量保证体系
2.全性能设计	创新设计	2.经济环境	2.制订任务书	3.结构设计 4.参数设计	3.协同设计 4.并行设计	2.模糊质量评价体系
3.全功能全性能优化设计	基于系统工程的设计	3.人文环境	3.概念设计	5.传动设计 6.强度设计	5.反求设计 6.虚拟设计	3.系统工程质量评价
4.QFD设计		4.技术环境	4.详细设计	7.造型设计 8.容差设计	7.网络设计 8.集成设计	4.价值工程质量评价
5.全生命周期优化设计		5.法律环境	5.工艺设计	9.摩擦学设计	9.优势设计 10.CAD	5.通过试验来检查产品质量
6.基于价值工程的设计		6.生态环境		10.可靠性设计	11.融合设计 12.模糊设计	6.在使用过程中检验产品质量
7.基于质量工程的设计		7.社会环境		11.运动学设计	13.综合设计	
				12.动力学设计	14.改型设计	
				13.基础设计	15.可视化设计	
				14.监测系统设计	16.模块化设计	
				15.试验设计	17.相似性设计	
				16.控制系统设计	18.柔性化设计	
				17.程序设计	19.数字化设计	
				18.诊断系统设计	20.快速反应设计	
				19.工艺设计		

图 55.1-3 基于系统工程的产品的 7D 设计规划模型

表 55.1-6 产品设计的各子规划模型及内容

子规划模型	内容
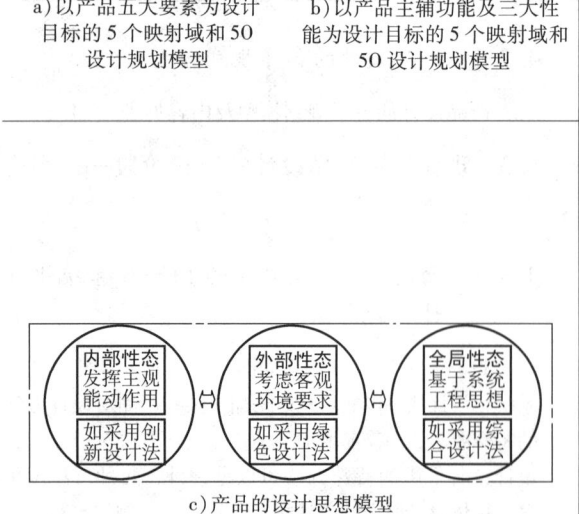 a) 以产品五大要素为设计目标的 5 个映射域和 5O 设计规划模型 b) 以产品主辅功能及三大性能为设计目标的 5 个映射域和 5O 设计规划模型 c) 产品的设计思想模型	产品的设计目标模型可以从两个角度进行构建，一是直接从设计产品 5 个基本要素对设计目标进行规划；二是把产品的设计目标通过产品所要实现的主辅功能与三大性能加以表述 目前在设计产品时，常常从产品的使用质量 Q、制造成本 C、制造周期 T、环境意识 E 和产品售后服务 S（包括产品的维修、升级和回收等）5 个方面进行考虑，因而可以画出以产品五大要素为设计目标的 5 个映射域与 5O 设计目标模型（图 a） 将产品的设计目标通过产品的主辅功能与三大性能加以表述时，产品设计目标的 5 个映射域和 5O 设计目标模型（5 Main Design Objective）如图 b 所示，其中主辅功能即为基本功能与辅助功能，而三大性能即为结构性能、使用性能和制造性能 产品设计的指导思想可以从以下三个方面来考虑： 1) 内部性态：设计者的主观能动性和创造性应该放在重要的位置上，要建设一个创新型国家，产品设计中的自主创新（包括原始性创新、集成创新和引进消化吸收后再创新）十分重要，产品创新设计是在这一思想指导下必须严格执行的一项至关重要的工作。与此同时，在主观方面还应按照科学发展观来完成产品的设计工作，即在设计时应主动地贯彻科学发展观的基本思想 2) 外部性态：在产品设计过程中要充分考虑人与社会、人与自然之间的协调与和谐，以促进国民经济稳定、协调、全面和可持续的发展。在这里要充分考虑环境的绿色保护，资源的有效和合理利用，以便建设一个环境友好型、资源节约型的社会 3) 全局性态：产品设计工作要从系统工程角度出发全面考虑产品设计中的问题。因此，基于系统工程的产品设计理论与方法应该作为产品设计工作的指导思想，从目前国内外的发展情况来看，产品设计工作的一体化及基于系统工程的多学科交叉的产品系统化设计法已是设计理论与方法发展的主导方向 图 c 表示产品设计指导思想的三个方面，即设计的主观能动性与产品的创新设计、考虑产品设计环境的绿色设计和基于系统工程的产品综合设计

(续)

子规划模型	内　容
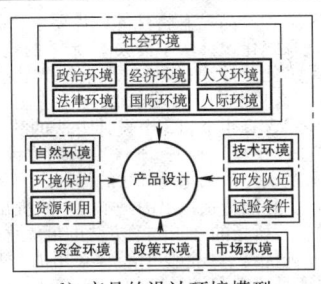 d) 产品的设计环境模型	产品设计环境是多方面的，即应考虑社会环境、自然环境、资金环境、市场环境、技术环境和政策环境方面的要求。更具体地说，在社会环境方面，有政治、经济、人文、法律、国际和人际等方面的内容；从自然环境方面，主要是生态环境的要求，包括环境保护、资源利用等；此外，还有技术环境的要求，如研究与开发的队伍和试验的条件等，还要考虑产品开发的资金环境、市场环境和政策环境等。图 d 表示了各种环境对产品设计要求的框图。设计环境既可能对产品设计产生约束，如果充分利用好周围的环境，也会给产品设计创造良好的条件，给设计工作带来不可忽视的好处
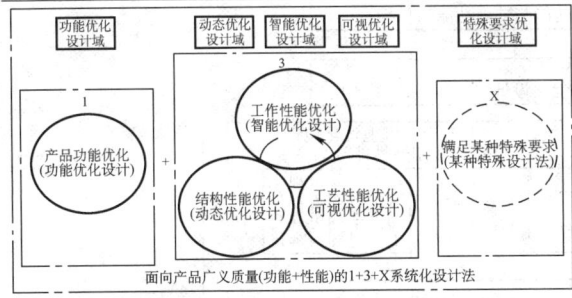 e) 产品设计过程的 5 个映射域及 5S 设计过程模型	产品的设计过程可以划分为 5 个主要阶段(5 Main Steps, 5S)，图 e 表示了 5S 产品设计过程模型，这 5 个主要阶段是：第 1 阶段为获取产品与用户信息、提出产品设计目标及编制设计任务书；第 2 阶段是依据提出的设计目标，完成功能优化设计或方案设计；第 3 阶段是以动态优化、智能优化和可视优化为基本内容的三优设计，完成产品的设计工作，在第 2 和第 3 阶段中将设计目标、设计内容和步骤、设计的具体方法综合；第 4 阶段是完成产品及其零部件的工艺设计与制造；第 5 阶段是对产品设计质量进行检验 当通过设计质量的检验发现设计中存在问题时，应及时地进行修改，这样可以使产品获得良好的功能和性能。在具体实施过程中，从事产品设计的科技工作者可以遵照前面提出的设计规划和设计方法针对某种产品提出更加具体的系统化设计的方法和内容，来完成产品的设计工作。由图 e 可见，产品的质量是产品功能和性能的综合，通过功能优化、动态优化、智能优化和可视优化来满足产品功能和性能的要求，这些优化方法是相互联系和相互补充的，对产品功能和性能的影响也是相互依赖和相互影响的，只有充分发挥各种优化方法在产品设计中的作用，才能取得良好的设计效果，并使产品获得良好的质量
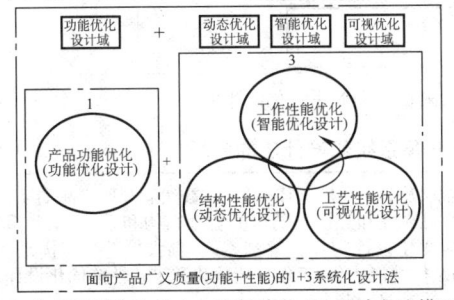 f) 产品设计方法的 5 个映射域及 5M 设计方法模型 g) 产品设计方法的 4 个映射域及 4M 设计方法模型	本篇研究的面向产品广义质量的全功能和全性能优化设计法(即 1+3+X 系统化设计法)是产品的 7D 设计规划模型、5O 设计目标模型、5S 设计过程模型中的核心内容，是一种较理想设计方法 图 f 表示了产品系统化设计法的 5A 设计内容与方法模型，或称为 5M(5 优)设计模型，它是由功能优化设计、动态优化设计、智能优化设计和可视优化及对某种产品有特殊要求的设计 5 个部分所组成 从系统工程的观点出发，在产品设计的整个过程中的核心问题是产品的全功能和全性能优化系统化设计，一种产品最根本的任务是满足用户使用的要求，即产品的功能需求，通过产品的全功能优化设计可以达到上述目的；除产品的功能外，为了使所开发的产品安全可靠、经久耐用、结构紧凑、环境无害、实用有效、运行稳定、测控方便、操作宜人、工艺性好、生产周期短、便于维修、制造经济等，对产品的结构性能、使用性能和制造性能进行全面的系统的优化设计，我们称它为全性能优化设计。将功能优化设计和性能优化设计有机地结合起来，提出了 1+3+X 的全功能和全性能系统化设计法。其中 1 为功能优化设计，3 为基于动态优化、智能优化和可视优化的"三化"或"三优"的设计，功能优化和性能优化设计的综合，即为 5 优(5M)系统化设计，X 为某种产品需要采用的特殊要求的设计方法

(续)

子规划模型	内 容
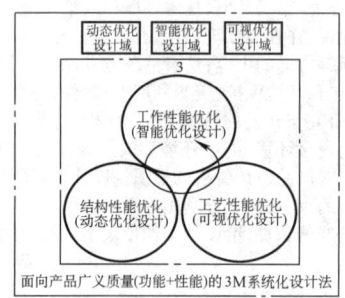 h) 产品设计方法的3个映射域及3M设计方法模型	如果对于某种产品没有特殊的设计要求,那么可以在1+3+X的5优系统化设计法中消去X,余下的就是1+3,即1+3的4优系统化设计法;如果对于某种产品已经完成功能优化设计,那么只要考虑3优系统化设计法即可。图g和图h分别表示含有4个和3个设计方法的映射域与4M及3M设计方法的模型。有关1+3+X系统化设计法、1+3系统化设计法及3优系统化设计法的详细内容将在第2章中作详细叙述。必须特别指出的是本篇中所提出的优化是广义优化,除一般所指的基于数学方法的最优化方法外,还包括列表评分选优法、在企业中经常采用的类比优选法等。事实上,在产品研究和设计部门,提高产品质量、降低成本和缩短制造周期始终是设计者所努力追求的目标,他们最经常采用的从多种方案中选出较理想的方案,这就是产品设计优化的一种方法,除类比方法外他们还采用其他优化方法来提高产品质量、降低成本、缩短生产周期等,除满足产品功能和性能的基本要求外,还通过各种优化方法,使所设计的产品获得更优良的功能和性能
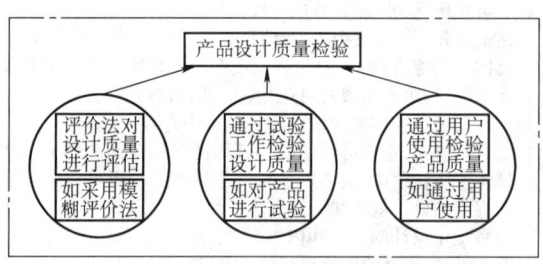 i) 产品设计质量的评估及检验模型	通过产品设计质量的评估和检验可以发现产品设计中存在的问题和不足,以便对设计进行修改,或对下一轮的生产提出改进意见,以克服设计中的不足,使产品设计质量得到不断的提高。产品设计质量的评估与检验,主要从三个方面入手:①通过各种评价方法对设计质量进行评估,如采用模糊评价法、系统分析法和价值工程评价法等;②通过试验,找出产品存在的不足和问题,并进一步采取有效措施予以改进;③直接通过用户不断的使用实践,发现产品的不足和需要改进的问题。对于绝大多数产品来说,都要一个批量又一个批量地生产,在生产第一批产品后,应对产品存在的不足进行一次改进,这样可以逐步地使产品的性能不断地得到提高,不断地满足用户提出的对产品质量的要求 产品设计质量评价与检验模型如图i所示

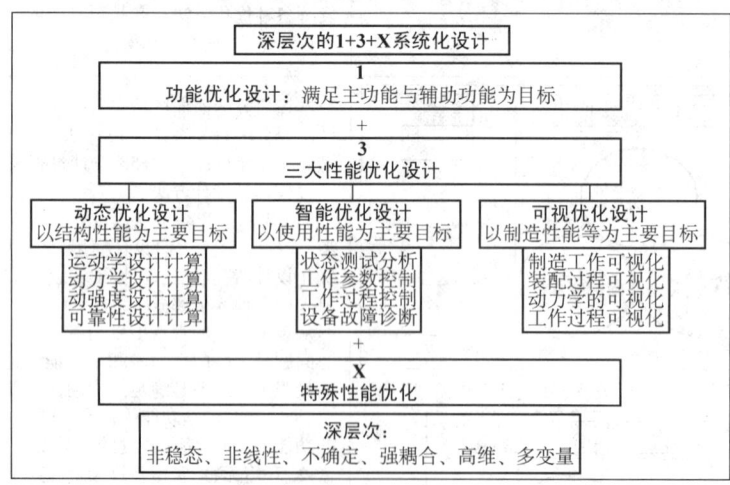

图 55.1-4 面向产品广义质量的现代机械的 1+3+X 系统化设计法

表 55.1-7 面向产品广义质量的 1+3+X 系统化设计法的内涵

功能优化设计	在产品设计时,首先要充分掌握和了解用户的需求及对产品广义质量的要求,然后开展产品的功能优化设计,即通过选择合乎要求的、能获得较高安全性、可靠性和经济性的产品合理结构和系统:驱动系统、传动系统、工作系统(或机构)和控制系统等;在功能优化设计初步方案基本确定后,再进行三优系统化设计,或者更具体地说,通过三优设计来完成产品的结构性能优化、工作性能优化和工艺性能优化设计,从而可以保证用户对产品的结构性能、工作性能和制造性能的要求

(续)

结构性能的优化设计——动态优化设计	动态优化设计考虑产品运行过程中所有运动学和动力学的问题，自然动态优化设计的内容也包括了静态设计中的有关内容。这里我们只讨论动态设计的有关问题 　　1) 动态设计是机械设计内容中最重要和最具广泛性的问题。在目前机械装备设计中，不少产品的设计还是以静态设计为主，或是采用传统的动态设计方法。这对大型机械装备，特别是大型旋转机械设备的设计来说是远远不能满足实际需要的。目前国内外对机械设备的动态设计十分重视，机械系统的非线性动力学问题是国际上研究的热点，许多原来认识不清的问题，现在可以用非线性动力学理论与方法来解决，因此，对重大机械装备进行深层次的动力学设计，引入与采用非线性动力学理论与方法，这是十分必要的 　　2) 可靠性设计是机电设备产品设计的主要内容之一。对现代机械设备除进行动态优化设计外，设备的可靠性设计也是广义动态设计的重要内容之一。可靠性设计起于20世纪40年代，源于军工电子设备。20世纪60年代开始进入机电产品设计领域，使机电产品设计发生了深刻的变化，特别是近些年来，国内外一些有代表性的机电产品(如数控机床、汽车、仪表等)在设计上更加强调可靠性指标。20世纪80年代后，美国开始把可靠性工作放在与产品性能、成本和开发周期同等重要的位置，并颁布一系列管理措施，推动可靠性技术的研究与应用。日本进一步发展了可靠性技术，在民用电子产品的高可靠性方面取得了世界领先的地位，日本的汽车、家用电器、数控机床等产品，凭借高质量优势而在国际市场上占据较大的份额。当前，以可靠性为核心的全面质量管理和质量可靠性保证正在取代传统上以功能为核心的质量工程，产品设计也由单一追求功能的设计转变为使综合质量与成本费用在整个寿命周期内达到平衡优化的设计。可以说，可靠性工程与质量管理、环境工程、价值工程、人机工程学、运筹学以及计算机技术相结合，已成为工程设计、经营决策和维修管理中不可缺少的有力工具
使用性能的优化设计——智能优化设计	这是我国既定的科技政策和主要方向。实现高水平的智能化，才能使机械产品的技术性能得到提高，才能实现过去不能实现的对产品高技术性能的要求。要有目的地完成一些真正对实际产品设计起决定作用的智能化技术，来完成产品设计。目前我国许多机械设备和国外的主要差距在于智能化程度。以挖掘机为例，正是由于这种差距使得我国的挖掘机在国内市场的占有率显著降低；目前在国外有些装载机已实现无人操作，并正在设法打入我国市场。采用上述智能控制方法，可以使我国的工程机械赶上和达到国际先进水平 　　这里我们讨论的智能优化设计对产品设计提出了高要求，但并不排斥对常规设计方法的采用。智能优化设计的主要目标是使产品获得优良的使用性能，具体内容是操纵系统、监测系统、控制系统和诊断系统的设计，采用的理想方法是优化方法和智能手段 　　智能优化设计应该完成的主要内容如下： 　　1) 机器操纵系统的设计。任何机器的各种动作都要通过操纵系统来完成，机器的操纵有的是依靠操作人员进行具体的操作，有的是通过自动化系统来完成。目前在某些设备中广泛采用人机对话的方式事先对设备的操作过程进行设计和规划，然后设备按照设计好的程序进行具体的操作，如目前较为先进的洗衣机等有关设备大多采用这种方式。所以操纵系统的设计是产品设计工作的主要内容之一 　　2) 状态检测系统的设计。它是智能优化设计的一项十分重要的工作。为了实现对机械设备工作过程的智能控制，必须首先对其工作状态进行智能监测。同时，为了实现现代机械高速化、高效化、自动化、大规模和连续性生产的要求，以及为了使机械装备在运转过程中具有高可靠性、高安全性和高经济性，应对设备的工况进行智能检测。对设备进行状态检测的同时，还要建立起设备的先进、科学的管理和检修制度，这也是一项十分重要的工作。根据国内电力系统统计，全国每年在100MW、125MW和200MW汽轮机组非计划停运和由于出力降低等原因的设备检修占30%～40%的比例，由此可见，该项制度的建立十分必要。设备状态的监测在国内外一直受到人们的重视，计算机技术和传感器技术的发展为设备状态检测技术的发展奠定了基础。20年来，我国在这一方面获得了迅速的发展和全面的进步。当前，国外最新的方向就是以状态监测系统的数据来指导生产和计划检修，并且在备件采购、资金、物流等方面纳入企业的管理信息系统 　　3) 工作参数及工作状态的智能控制与优化。为了使机械设备具有实用的功效和良好的技术指标，对设备的工作参数及工作状态进行智能控制与优化是一项十分重要的工作。由于设备的工作参数及状态受内部和外部各种因素的影响，它们会随这些因素的改变而发生变化，使得机器在运行时不能获得最理想的工况，也就是说机器不能在最优的条件或工况下工作，同时机器不能获得最优的指标。因此，必须对机器最主要的工作参数和状态进行智能控制，智能控制的目标是使机器工作参数和工作状态实现最优化，首先应找出和确定最优的工况，然后进一步实现有效的控制 　　4) 工作过程的智能控制与优化。为了使机械设备在整个工作过程中获得最优的工作状态，例如，尽量减少空余时间，即非有效工作时间，充分利用机器的有效工作时间，这是提高机器单位时间工作效率的基本措施。无计划地延长空余时间，将会缩短有效的工作时间。对工作过程进行智能控制，可以达到以上目的 　　5) 机器故障的智能检测与诊断。机器在运转时，常常会出现各种故障，在设计产品时往往不可能完全设法避免，这是因为在设计产品时有许多因素无法准确估计；但有些故障即使在设计时已经经过充分考虑，但使用过程中有时会出现失误而引发一些故障，对绝大多数机械来说，故障的出现是不可避免的。因此近十多年来，在一些重大机械设备中安装有故障检测与诊断系统，据统计，安装诊断系统的产出(即安装诊断系统后所获得的效益)与投入比为10~17。可见，对于这些重大机械装备来说安装诊断系统是有重大实际意义的

(续)

制造性能的优化设计——可视优化设计	美国波音公司的波音 777 客机的开发完全是在计算机上实现的,全部在虚拟的环境下进行。总的来看,我国虚拟设计制造技术的研究刚刚起步,多数在原先的 CAD/CAM 及仿真技术的基础上进行,系统的、全面的虚拟制造技术的研究尚未开展,目前多数仍停留在国外理论的消化与国内环境的结合上 　　设备主要工作过程的可视化设计可通过虚拟的实用性较强的虚拟设计平台来实现。该技术除了可在虚拟的环境下,对产品的可制造性、可装配性等进行检验和评价外,还可对设备工作过程的功能进行检验和评价。这项工作可以使新产品开发周期缩短、风险降低、投资减少、工效增大。基于产品虚拟技术的装配模型及机器主要工作过程的模型是新兴的虚拟产品开发研究中的重要内容,近年来已成为人们研究的热点,工业发达国家,如美、英、德等国家率先成立了相应的研究机构或中心,推出了一些实用性较强的虚拟设计制造平台。我国在这方面的研究虽然起步较晚,但发展较快,我国有些研究部门已开发了数字化产品设计制造系统和分布式虚拟制造系统的框架体系。虽然国内在虚拟设计与制造领域取得了一些成果,但与工业发达国家相比尚有一定差距 　　1)制造过程的可视化。虚拟制造(VDM)是信息时代制造技术发展的重要标志,它利用了在计算机上形成的虚拟模型和仿真环境 　　2)装配过程的可视化。这里提出的装配可视化指的仅是虚拟装配,是有限范围内的虚拟技术,是对设计产品装配的可行性和合理性等进行综合评价和检验。基于产品虚拟装配的装配模型是新兴的虚拟产品开发研究中的重要内容,近年来引起了人们的广泛关注。可以看出,以装配过程为核心的产品数据管理技术、智能化装配与检验技术、综合分析与评价技术等,以及开发自主知识产权的软件,将是今后一段时间人们研究的热点和发展方向 　　3)运动过程的可视化。运动过程的可视优化用来检验运动过程的可行性和合理性,如运动的形式:圆周运动、椭圆运动或其他运动;运动是否会出现干涉;运动各个阶段的位移、速度和加速度等,这些运动参数对于所要完成的功能是否是可行和合理的,它对产品的结构性能、工作性能和工艺性能影响如何,都要通过运动过程可视化予以检验 　　4)动力学过程的可视化。产品的某些零部件的动力学特性可通过动力学过程的可视化予以表示。产品的零部件通过动力学分析,可以求出它们的各阶模态和振型,求出它们的振动响应,可以显示它们起动和停机时通过共振时振幅增大、减小的变化过程。对于非线性振动系统,还可以求出其高次谐波和次谐波,可显示出其非线性振动系统在慢变、参变和突变情况下的变化过程,甚至可以显示非线性的某些特性:滞后、跳跃、频率俘获等各种过程 　　5)工作过程的可视化。机器完成所执行功能的整个工作过程可以通过可视化技术予以表示。通过工作过程中的连续动作,可以发现其完成工作的情况,并对其工作的优劣予以评价。找出不合理的工作状态及其影响因素,以及采取相应有效措施,使机器在有效的工况工作,进而提高机器的工作效率 　　6)控制过程的可视化。工作参数和工作过程控制的可视化是可视优化设计工作中最重要的工作,实现控制过程的可视化可以观察控制过程的情况和效果,以及应该采取的进一步的改进措施等。应用基于网络的可视化设计与制造技术,以及以装配过程与重要工作过程为核心的产品三维建模等技术应是三优系统化设计法的重要内容之一 　　7)产品的试验。产品的试验是可视优化工作的基础,单纯依靠可视优化手段来实现对产品制造性能及综合性能的检验是不现实的。因为建立的可视优化模型的正确性和合理性必须通过试验才能获知,假如可视优化的模型出现问题,其所得结果就会失去实际的价值和意义。产品的试验是产品研究和开发过程中一个不可缺少的环节,因此,这些方法的综合,可以使产品的综合质量:结构性能、工作性能和制造性能得到较全面的保证。不论在新产品的设计中,或老产品的改造中,采用这种三优系统化设计法是十分必要的,而且是有效的,这对提高产品设计的综合质量具有重要的意义 　　目前我国不少产品的设计,还是以结构的静态设计(或考虑一些较为简单的动态问题)、线性系统的设计、非强耦合系统的设计为主,还没有进入较深层次的动态设计。因此,我们提出无论是对新产品开发或是老产品改造,应该在较高层次上进行三优系统化设计,这样,能够在较深层次上和较大范围内实现对产品总体质量的要求
特殊性能的优化设计——特殊设计方法的优化设计	有不少产品除了前面所述的性能要求外,还有一些特殊的性能要求,例如,在煤矿井下工作的机器,必须要考虑井下工作的特殊条件,如防爆等特殊要求,这时要求设计师对该类产品进行防爆的设计,可以把这种特殊的性能要求作为 X 来考虑

4.3.2 一般系统化设计法和深层次系统化设计法

　　通过功能优化设计,采用合理的机构、系统和机器结构,以及合理的参数,使产品具有良好的功能,所执行的功能还必须由以下主要性能予以保证,即人机安全性、系统可靠性、工作耐久性、结构紧凑性、工效实用性、指标优越性、工作平稳性、操作宜人性、维修方便性和使用经济性等。

　　通过以动态优化设计为核心的系统化设计,可以使产品获得良好的结构性能（安全、可靠、耐用等），即在设计中全面考虑机械设备工作的可靠性、安全性及工作寿命等，这对产品综合质量的提高具有十分重要的意义。

通过以控制系统智能设计为核心的系统化设计，对机械产品的参数和工作过程进行最优或次优控制，可使机械设备获得良好的工作性能（有实际的工效、工作稳定、指标优越）等，即考虑机械设备具有较优良的技术性能和使用性能，这当然是产品设计中首先应该考虑的问题。

通过以可视优化设计和仿真为核心（即有限范围的虚拟设计）的系统化设计，可以使产品获得良好的工艺性能。除此以外，可视优化对产品的结构性能和工作性能也会有重要影响。

系统化设计法依据其所采用的理论基础，即线性理论和非线性理论可分为一般系统化设计法和深层次的系统化设计法。

根据机器类型的不同，可以在线性理论的基础上完成的系统化设计，对于不少机械设备采用线性动力学理论和线性控制理论便可完成产品的设计，这种以线性理论为基础的系统化设计法我们称它为一般系统化设计法。

对于那些工作在以非线性动力学工况下的机械设备，如汽轮机组、大型离心压缩机等，采用线性动力学理论来处理产品的设计问题，不仅会有较大的误差，甚至会发生质的错误，工作中的一些非线性动力学现象无法得到解释。因此，对于这些机械，就不能停留在以往一般功能优化设计、一般动态优化设计、一般智能优化设计及一般可视化设计的水平上，而是应该建立在现代科学技术较高层次上的非线性理论基础上的功能优化设计、动态优化设计、智能优化设计、动态可视化设计，即深层次的系统化设计法的基础上，开展产品设计工作。

深层次的系统化设计法的特点见表 55.1-8。

由于非线性动力学理论与方法、智能控制理论与技术和计算机技术的迅速发展，为上述问题的解决提供了有效的方法和实现的可能性。

4.3.3 系统化设计法与其他设计法的区别

系统化设计法与其他设计法的区别见表 55.1-9。

表 55.1-8 深层次的系统化设计法的特点

非稳态特性	如慢变、突变、变参和滞后特性等，即应考虑系统或工作过程中的非稳定工况下的动态特性，严格地说，几乎所有的机械设备都处在非稳态情况下运行（包括起动和停机）
非线性特性	应考虑系统与工作过程中的非线性因素，不论是机械系统，或是控制系统，几乎都具有非线性的性质。在目前多数的设计中，常常忽略那些非线性因素，而使计算结果具有较大的误差，甚至会得出错误的结果
不确定性	许多机械，其几何变量和物理变量是不确定的，对于这类机器要采用随机的方法加以处理，这与一般常规的问题是不相同的
高维与强耦合特性	多数机器设备的实际工作系统是高维和强耦合的，因此，应该真实地反映机器实际工作的情况，即应该考虑系统的耦合性和高维的特性
多参数或多变量的特性	应考虑机器实际工作过程中的具有多参数和多变量等复杂的实际情况

表 55.1-9 系统化设计法与其他设计法的区别

序号	系统化设计法与其他设计法的区别
1	系统化设计法的目标是使产品具有良好的设计质量或广义质量，即使产品具有优良的功能与综合性能，其目标不只是产品的使用质量 Q
2	系统化设计法是以产品的设计质量为目标，那么，产品的设计质量的内涵应该是具体的，它应该包括产品的主辅功能及产品的结构性能、工作性能和工艺性能
3	系统化设计法的具体内容是以功能优化、动态优化、智能优化和可视优化等为其核心内容，它的普遍公式是 1+3+X
4	将系统化设计法分为一般系统化设计法和深层次的系统化设计法，前者是以线性理论为基础；后者是以非线性理论为基础，即在设计中要考虑高维、非稳态、非线性、强耦合、不确定性、多参数或多变量等目前国内外正在研究的一些较高难度的关键理论问题
5	系统化设计法以多学科的交叉融合作为其理论基础，即该法建立在先进的设计与制造理论、线性与非线性动力学理论、可靠性理论、线性与非线性控制理论、现代仿真理论、材料科学及理论的基础上
6	以广义集成优化和现代仿真技术为手段，完成产品全功能和全性能优化设计
7	系统化设计法提出并初步建立了产品设计质量的评价体系和准则，来检验产品设计工作的质量，并通过信息反馈获知设计工作的可行性和合理性，进而改进和完善产品的全部设计
8	系统化设计法适用于各类机械设备设计工作，并通过长期的科研和设计工作与应用实践

4.4 现代机械产品设计的第四阶段——检验阶段

产品设计质量的评估和检验是一项十分重要的工作,通过这一工作可以发现产品设计中存在的问题和不足,以便对设计进行修改,或对下一轮的生产提出改进的意见,这样可以克服设计中的不足,使产品设计质量得到不断的提高。产品设计质量的评估与检验主要从三个方面入手,见表55.1-10。

表 55.1-10 产品设计质量的评估与检验

评估与检验方法	内　容
通过各种理论方法对设计质量进行评估	如采用模糊评价法、系统分析法和价值工程评价法等
通过试验对设计质量进行评估	通过试验,找出产品存在的不足和问题,并进一步采取有效措施予以改进
通过用户不断的使用对设计质量进行评估	通过用户使用发现产品的不足和需要改进的问题。对于绝大多数产品来说,都要一个批量又一个批量地生产,在生产第一批产品以后,应对产品存在的不足进行一次改进,这样可以逐步地使产品的性能不断地得到提高,不断地满足用户提出的对产品质量的要求

第 2 章 产品功能与性能的内涵及质量的定义

1 概述

对产品设计工作者来说，设计产品所追求的首要目标是产品质量，假如某种产品的质量达不到要求，就会显著降低它的使用价值，甚至完全丧失使用价值，它就会在市场中缺乏竞争力，最终将会被市场所淘汰。产品设计工作者所考虑的问题不只是产品的质量（指的是使用质量），他们所要考虑的问题要比与使用质量相关的内容多得多，即应该考虑包括产品质量在内的五大要素：质量 Q（狭义的）、成本 C、设计制造周期 T、环境 E 和售后服务 S 等所有要求，这些要求可以概括为用户、企业及社会对产品设计工作提出的各种质量要求，也就是本篇所说的产品的设计质量，或广义质量。为了达到上述目的，产品设计工作者应该充分了解产品设计质量所包含的内容有哪些。事实上，由于目前在有关技术文献中对产品设计质量的内涵和定义未作详尽的叙述，对产品设计质量的概念还没有统一的认识。因此，在这一章中，将对产品的设计质量及产品的功能和性能的概念和内涵进行详细的分析研究，并将讨论产品质量和设计质量的定义。

2 现代机械产品的基本功能与辅助功能

2.1 产品的基本功能与辅助功能

产品的功能包括基本功能和辅助功能。产品的基本功能或主功能通常是用来改变物质状态的，具体地说，就是用来改变被处理物质、物体或物件的几何形态、物理状态、化学组成、生理机能或信息表现形式等各方面的工作，所以在机械产品中要出现物质形态的转变过程，常常呈现物质流的形式，也就是将输入物质的初始形态改变为新的形态。例如，车床的主功能是加工零件，用来改变工件的几何形态，它要将毛坯加工到所要求尺寸精度的零件。

产品的辅助功能是为了实现主功能而需要完成的一些辅助工作，常常包括物质的转移、所需运动形式的转换、所需能量的输入、操纵指令的输入、信息的获取及处理等，如数控机床的基本功能是它所要完成的加工任务——工件的加工，而辅助功能包括工件的运输与夹装，刀具的运输与夹装，为完成既定功能，工作机构还要获得一定的运动形式，输入足够的动力和能量，以及对其实行检测和控制等，因此常常把工件和刀具的运输系统、工件和刀具的装卡、工作机构运动形式的构建、操纵系统对执行机构发出指令、能量的输入，以及对系统进行的检测和控制等，都看作是机器的辅助功能。产品的基本功能和辅助功能结构简图，如图 55.2-1 所示。

2.2 产品功能的主要特性及要求

无论是对产品的基本功能，还是辅助功能，即产品的功能都有一些基本要求，如图 55.2-2 所示。产品的功能，它们都有其限定的范围（产品的技术特性），如产品的规格尺寸和加工范围（几何参数）、产量和效率（工艺参数）、运动速度及形式（运动参数）、承载能力或允许最大负载和电动机功率（动力参数）等。用户根据实际工作的需要，总是要选择规格尺寸适当大小的、性能参数范围符合要求的设备。使用者的目标总是要求以最小的付出，获得最大的收益，例如，采购廉价的和规格较小的设备、以最快的工作速度、最短的工作时间、最小的能量消耗、最低的材料损失，使所执行的任务能获得最大的产量和最高的效率，进而取得最大的利益，当然这是最理想的工作情况。所以在选择产品的类型、品种和规格时，要与实际的需要相适应，选择容量过大的产品会造成浪费，选择的设备容量过小，又会达不到工作要求，也会造成浪费。因此，产品的参数范围和性能界限对实际工作的适应性或适用性必须予以充分地考虑。

在研究如何实现产品所要求的功能时，不仅要选择好合适的机构形式、合适的工作系统、合适的产品结构，还要选择合适的参数等，使之与工作要求相适应。此外，用户在选择产品时，还希望产品的结构和参数在可能范围内具有可调节性和可升级性等（见图 55.2-2）。质量优异的产品，它应该有良好的功能，功能与性能是密切相关的，而良好的功能常常是通过良好的使用性能来体现，与产品功能密切相关的主要使用性能有：实用性、指标优越性、人机安全性、系统可靠性、结构紧凑性、状态测控性、操作宜人性、环境无害性和使用经济性等。

产品的功能与性能具有不同的概念和含义，如某种产品虽然能很好地完成用户提出的功能要求，但由于没有良好的性能，如缺乏安全性、可靠性或工作耐久性，工作时安全可靠性达不到要求，工作一段时间后很快就损坏了，所以说功能不等于性能，功能要通过良好的性能才得以实现和保证。

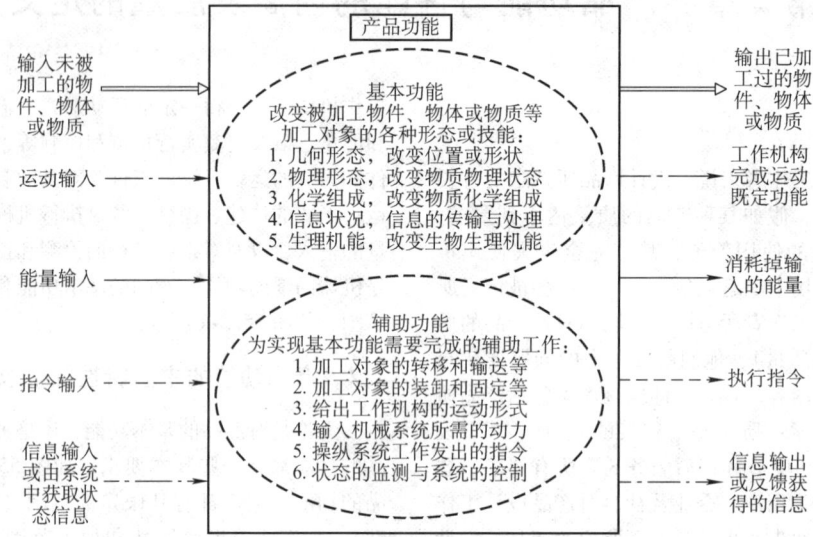

图 55.2-1　产品的基本功能和辅助功能结构简图

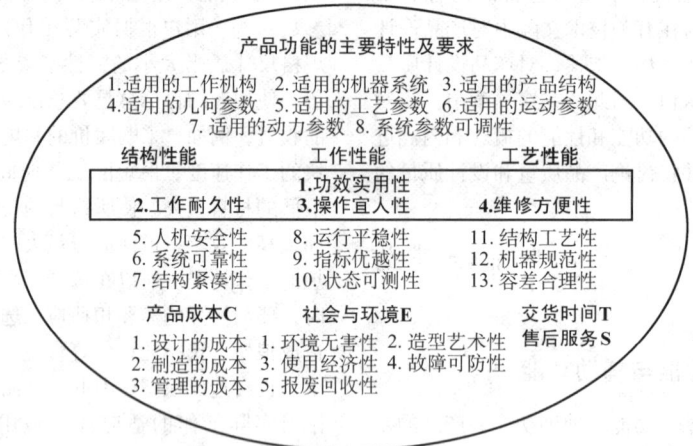

图 55.2-2　产品功能的主要特性及要求

一种质量优异的产品，它应该有良好的功能。一台机器的功能要由机器的所有各个部分来完成，现概括如下：

1) 一组结构。由前面这些组成部分，组合成可以实现全部工作要求的完整的机器结构。

2) 两个部分。任何设备都包括有满足基本功能和辅助功能的两个方面的结构，所以这两部分结构常常分别执行所要实现的功能。

3) 三种机构。机器的许多工作系统都是由驱动机构、传动机构和工作机构三部分组成，不管是主系统，还是辅助系统都是如此。

4) 四类参数。包括工艺参数、几何参数、运动参数和动力参数。

5) 五大系统。包括物质转运与工件夹持、运动传递、能量传输、指令输入和状态控制系统。

产品的功能与产品的性能有密切的联系，性能与功能组成一个完整的整体，只有功能要求，而没有性能来保证也是很难完成既定工作任务的。

实际上前面的几点功能要求和下面更具体的性能要求是统一的，这也说明许多机械产品的功能和性能是统一的，是相互交叉、相互融合的。产品的使用性能只是产品全部性能的一部分，产品的综合性能比产品的使用性能更为广泛。

3 机械产品的综合性能

3.1 产品综合性能的分类

一种质量优异的产品,它应该有良好的功能,无论是基本功能,还是辅助功能,对它们都有一些基本要求,即在完成功能时,对它们的工作性能都有基本要求,这些性能在工作时就会具体地表现出来。有关这些性能,归纳起来可人为地分为三个主要方面,即结构性能、工作性能和工艺性能。而产品的功能往往从具体性能中体现出来,如工效实用性、指标优越性、系统可靠性、操作宜人性、环境无害性等是功能的具体体现。机械产品的综合性能分类如图 55.2-3 所示。

3.2 产品综合性能的内涵

目前在有关文献中对产品性能有较多的叙述,但比较零散,不够全面和系统,也没有对它们进行归纳和分类,因此,有必要对它们进行分类。

如图 55.2-3 所示,产品的综合性能大体包括以下三大方面的 24 项具体内容,可以称它为 24 性:

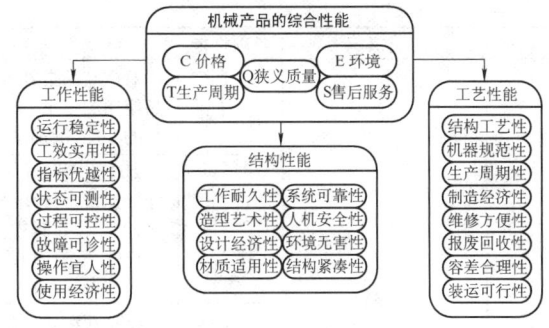

图 55.2-3 机械产品的三大性能

①人机安全性;②系统可靠性;③材质适用性;④工作耐久性;⑤结构紧凑性;⑥环境无害性;⑦造型艺术性;⑧设计经济性;⑨工效实用性;⑩指标优越性;⑪运行稳定性;⑫状态可测性;⑬过程可控性;⑭故障可诊性;⑮操作宜人性;⑯使用经济性;⑰结构工艺性;⑱机器规范性;⑲容差合理性;⑳生产周期性;㉑装运可行性;㉒维修方便性;㉓报废回收性;㉔制造经济性。

产品综合性能的内涵见表 55.2-1。

表 55.2-1 产品综合性能的内涵

名称	含义	各项性能	内涵
结构性能	结构性能,即设备的安全性、可靠性与工作耐久性等 机械设备的安全性和可靠性是在机器的设计、生产和使用过程中必须予以考虑的头等重要的问题。产品的安全、可靠、耐用、结构紧凑、外形美观、对环境无害、设计经济等在产品设计阶段首要考虑的和在机器结构设计中极易体现出的 8 方面的性能,我们称它为结构性能	人机安全性	设计机器时要考虑到操作者和外来参观人员的安全,机器工作时不应发生意外的损坏与不安全事故
		系统可靠性	所设计的产品应该进行可靠性分析,系统及其零部件的可靠度应该满足设计的要求
		工作耐久性	对机器零部件进行静强度和疲劳强度、抗磨损、抗腐蚀、抗蠕变等有关工作寿命的计算,应该符合有限工作寿命的要求,要对机器的一些关键零部件,如对一些易损坏零件和易磨损零件进行失效分析
		材质适用性	对于任何机电产品,其零部件材质的合理选择至关重要,所选用的材质不能满足要求,就会使设备出现早期损坏;如果选用的材质过高,又会造成浪费,所以对零部件来说要选用恰如其分的材质,即选用适应产品实际所需要求的材质
		结构紧凑性	机器的结构应该紧凑。在没有特殊要求的条件下,机器的重量轻,体积应小
		环境无害性	机器所选用材质及机器工作时不应对环境造成污染,所设计的产品不应排放出有害的液体和气体,不应产生污染环境的振动与噪声,振动与噪声水平应在限定的范围内;还应考虑所开发产品对周围环境的适应性,如温度、湿度、载荷等
		造型艺术性	机器的艺术造型设计是一项十分重要的工作,在不影响使用效果和不显著增加机器制造成本的条件下,机器应该有优美的外形,并具有一定的艺术性,这也是争取市场和用户的重要因素之一
		设计经济性	产品在设计过程中所考虑的各种情况,例如,产品结构的复杂性、安全性、可靠性、工作耐久性、结构的紧凑性、对环境的无害性、造型艺术性等,都会影响到产品的制造成本,因此,在设计时必须时刻考虑如何降低产品设计的经济性问题

（续）

名称	含义	各项性能	内涵
工作性能（使用性能）	使用性能，如工效实用、工作稳定、指标优越等 这里，我们把工效实用、工作稳定、指标优越、状态可测、系统可控、故障可诊断、使用经济等在机器工作过程中直接体现的8方面的性能称为工作性能	工效实用性	对产品的最基本的要求是其工效能满足实际工作的需要，能基本完成用户对产品使用的要求，应具有完成所执行工作的基本能力。当然也没有必要增加一些多余的功能，增加多余的功能就会造成浪费
		运行稳定性	对于有些机械工作稳定性显得特别重要。机器不稳定工作常常有如下的表现，如转速常常改变、振动幅值常常变动或超出规定范围、工作负载常常变动等。总之，其工作过程中的一些参量不是处在要求的范围内，这会影响产品的加工质量和工作效率，有时甚至会出现严重事故，并导致机器的损坏。如汽轮机组由于不稳定振动和振幅超标，曾引发多次毁机事故
		指标优越性	这是在机器工效实用的基础上，对产品提出的更高的要求，产品的技术指标常常是变化的，有时高，而有时低。产品的设计工作就是要使机器在工作时获得较理想或最佳的技术指标，从而可以获得较高的工效。优越的技术指标可以使产出增大，进而可相对地降低产品单位时间的成本
		操作宜人性	任何机器的设计工作应该使操作人员具有良好的操作条件和环境，提高操作的自动化程度，这样不仅可以减轻操作人员体力和脑力劳动的强度，还可以减少可能出现的误操作，从而保证生产的正常和有效地进行。操作人员工作的舒适性也是产品设计所必须考虑的。操作的自动化和智能化是目前产品设计工作的发展趋向
		状态可测性	为了掌握机器的运行情况，对其工作状态进行检测是一项必要的工作。这一方面是为提高机器工效而对机器实施智能控制之前，必须首先了解机器的实际工况；另一方面是为掌握机器出现意外情况，并及时采取相应的策略和措施，以及进一步对机器可能出现的故障进行诊断
		过程可控性	为了使机械产品正常和有效地工作，对系统的工况进行控制是一项有效的措施，系统的可控性是保证产品正常和有效工作的基本要求
		故障可诊性	在对机器状态进行测控的基础上，可对机器可能出现的故障进行及时诊断，避免造成过大的损失。因此，所设计的机器应该具有良好的诊断性，也就是说当机器出现故障时，容易诊断出故障的类型及发生的位置，进而采取相应的措施预防故障的扩大和蔓延，或急速停机进行检修
		使用经济性	前面所述的工效实用、运行稳定、指标优越、操作宜人、状态测控、故障诊断等都和使用过程的经济性有着密切的联系，每一项实施都要对所花费的费用和可能获得的成效的多少对比，只有当取得的效益所创造的价值大于或接近于投入，或从长远的利益出发考虑有实际意义时，才有采用的价值
工艺性能（制造性能）	制造性能，指的是制造加工工艺性、产品生产周期、设备维修性和制造经济性等。这里我们把结构工艺性、零部件的规范性（机器和零部件的标准化、通用化和系列化程度）、生产时间性、精度合理性、维修方便性、装运可行性、报废回收性、制造经济性等在产品制造、维修及报废回收过程中可得到充分体现的8方面的性能称为工艺性能	结构工艺性	产品的制造工艺性是在设计时要充分考虑的十分重要的一项设计内容。它会直接影响机器及其零部件制造的难易程度、所花费的工时及制造成本。对制造工艺性考虑的全面性和深入程度取决于设计师的经验积累和所具有的实际技能和工艺知识。所以产品设计师必须听取和吸收工艺师们的宝贵经验和知识
		机器规范性	机器规范性是指机械产品及其零部件的标准化、通用化和系列化程度，这会影响产品及其零部件的加工和制造工时，影响产品的制造成本和生产周期。有经验的设计师在设计产品时标准件、通用件和对产品系列化的考虑更全面和更深入，因而会带来一系列的好处
		生产时间性（生产周期性）	产品的生产周期和进入市场时间的快慢是市场竞争的重要条件之一。产品投入市场有其时间性，有时显得特别重要。许多企业千方百计地缩短产品的生产周期，以便在国内外激烈的市场竞争中立于不败之地
		容差合理性	机器零部件的公差配合和精度会直接影响加工难易程度及制造成本，也会影响产品的性能和质量。机器零部件的精度必须适当，既能满足产品功能和性能的要求，又不浪费加工工时及增加制造成本
		维修方便性	在设计产品时还要考虑产品的维护和检修，要为产品的维修提供方便，维护和检修的方便性可以降低维修成本，缩短产品维修的时间。模块化的设计是在产品的设计时经常要考虑的一个重要问题，它可以大大地缩短检修时间，增加维修的方便性 设备的维修性还应考虑产品易损坏零部件再制造的可行性和方便性，目前世界各国对产品易损坏零部件的修复和再制造工作十分重视，这项工作可以大大地延长产品的使用寿命，节省投资，是一项投资少、功效高的工作，并可显著提高企业的经济效益和社会效益

(续)

名称	含义	各项性能	内涵
工艺性能（制造性能）	制造性能，指的是制造加工工艺性、产品生产周期、设备维修性和制造经济性等。这里我们把结构工艺性、零部件的规范性（机器和零部件的标准化、通用化和系列化程度）、生产时间性、精度合理性、维修方便性、装运可行性、报废回收性、制造经济性等在产品制造、维修及报废回收过程中可得到充分体现的8方面的性能称为工艺性能	装运可行性	对一些大型或一些重要机械设备来说，机器及其零部件装卸及运输的可行性也是设计者必须考虑的问题，要保证机器及其零部件装卸方便及从制造厂运至使用地点的可行性，如要保证特大型部件在运输时能够顺利地通过桥梁及隧道
		报废回收性	在科学技术发达的今天，产品的报废和回收是一个应该考虑的问题。要建立一个节约型和经济型的社会，废品回收是一项重要的工作
		制造经济性	前面提出的产品制造工艺性、零部件规范性、生产周期、机器维修、运输与拆装、报废回收等都与制造过程中的经济性有直接关系。在某一方面考虑不周，就会增加制造加工的复杂性、延长制造周期、增加制造成本。这是一项十分复杂的工作，在产品设计时必须予以考虑

从另外一个角度，我们可以将经济性和社会性从三大性能中独立出来，把对产品设计要求的所有性能按照以下5个方面进行归类，即结构性能、工作性能、工艺性能、经济性和社会性，更具体地可分为11方面：①安全可靠性；②耐用性；③紧凑性；④工作实用性和有效性；⑤系统可测、可控、可诊断性；⑥操纵性；⑦设计、制造和使用的经济性；⑧制造性能；⑨生产周期；⑩维修性；⑪环保及社会性（见图55.2-4）。

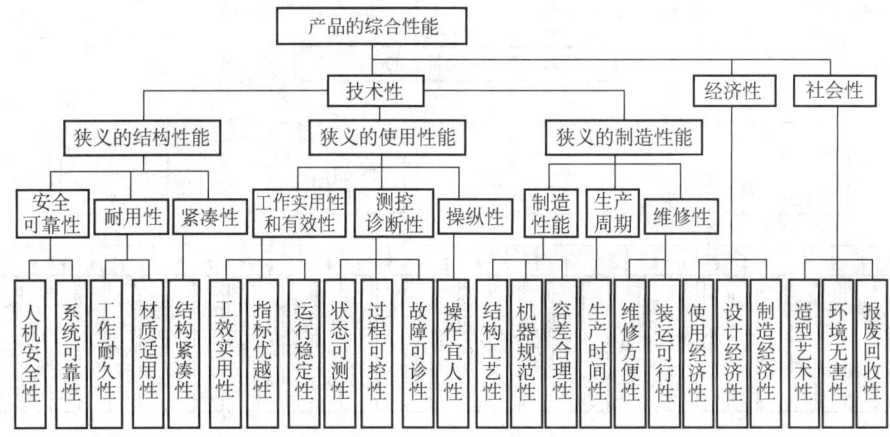

图 55.2-4 机械产品的综合性能

4 产品功能和性能的集成优化

产品系统化设计法中的核心内容：功能优化、动态优化、智能优化和可视优化等各项设计工作都冠以"优化"二字，这里强调了各项设计工作的"优化"，这里的"优化"不单纯指的是书本中所说的以数学规划为核心内容的最优化方法，而指的是包括所有优化方法在内的广义优化方法，产品的设计过程要采用各种的优化方法，而不能单纯依靠数学规划的优化方法，因为多数机械产品都比较复杂，单纯依赖最优化方法是难以做到的。对于产品设计工程师其最常用的是根据已有的经验和知识积累，对产品的方案或结构进行比较，最后做出决策，选用较为合理的一种方案。因此，在这里特别地指出产品设计必须采用包括所有优化方法在内的广义优化方法；另外，设计过程中也常要对产品的整体或全部（也可以是其中的一部分）结构、系统、功能和性能、过程进行综合优化，称这种优化方法为集成优化或全局优化。

产品优化设计在提高产品设计质量的过程中起着十分重要的作用，从产品优化所包含的内容和优化所涉及的范围可划分为广义优化和集成优化，广义优化是指包括以数学规划为核心内容的优化方法在内的所有各种优化方法；集成优化或全局优化显然这是多目标和多约束的复杂优化系统，具有相当大的难度，从目前条件看来，几乎是很难完成的，只有在限定范围的情况下才有可能实现，见表55.2-2。

产品的优化设计在任何产品设计过程中都不同程度地得到了应用，多数设计师在产品设计时常常朴素地利用用已积累的知识、经验和掌握的设计资料对产品的多种方案、结构和参数进行类比，选择出较为理想的一种。这是企业部门常常采用的一种有效的优化方法，而不完全是采用数学规划方法对结构或系统进行优化。

表 55.2-2　产品优化所含内容和所涉及范围的划分

广义优化	数学规划优化	利用数学方法进行优化的方法
	人工智能优化	通过专家系统进行优化的方法
	工程综合优化	对获取的信息进行综合分析与类比的优化方法，包括列表法等，此外也可把几种优化方法综合在一起完成产品优化设计工作
集成优化或全局优化	整机结构优化	对产品的全部结构进行优化
	全系统优化	对产品的整个系统进行优化
	全过程优化	对产品整个生命周期内的各个过程进行优化和对产品的生产或使用的全部过程进行优化等
	全性能优化或全功能和全性能优化	对产品的全部功能和性能进行优化

对于不同类型机械设备的功能和综合性能有不同的要求和侧重点。虽然采用的方法是类似的，但具体的内容并不相同。首先要将集成优化的目标分成一类目标和二类目标。可以采用逐步优化的方法，即首先对二类目标，即子系统进行优化，在此基础上再对一类目标，即主系统进行优化。集成优化的框图如图 55.2-5 所示。可以把产品的功能、结构性能、工作性能和工艺性能看作是一类目标，而把功能的具体内容、结构性能、工作性能和工艺性能下的各项具体要求看作是二类目标。这就可以对产品的功能和综合性能进行集成优化。

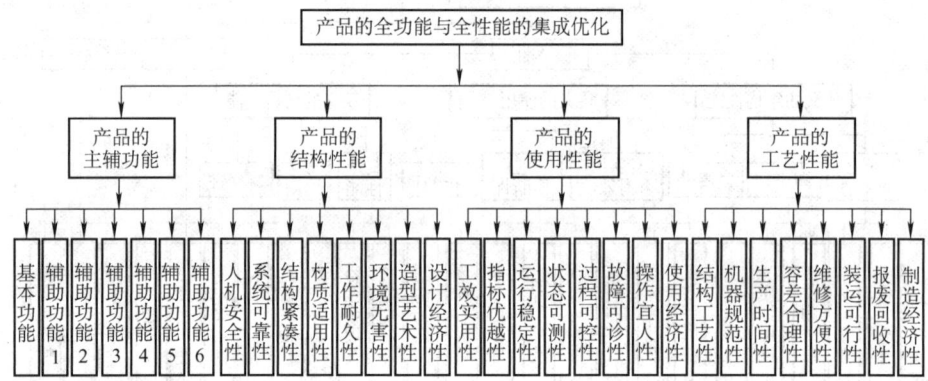

图 55.2-5　涵盖功能优化与综合性能优化设计的动态集成优化

5　现代机械产品设计质量的内涵

图 55.2-6 所示为广义质量 GQ 与质量 Q（狭义的）、价格 C、生产周期 T、工作环境 E、售后服务 S 及其他性能的关系，从中可知，有些制造工艺和装运性能并不能包括在 Q、C、T、E、S 之内，但它们仍包括在广义质量 GQ 之中。

产品的设计质量应该包括产品所要求实现的功能和设计时所应考虑的综合性能。

对于那些需要进行功能优化设计和方案待定的产品，其广义质量是产品的所有功能和性能的综合体现（见图 55.2-7）。产品功能的要求与产品的综合性能在某些方面有交叉和重复的地方，这是很自然的，但它们来自不同的角度，一是从功能角度提出的要求，二是从产品整机性能提出的要求，产品的综合性能包括结构性能、工作性能、制造性能。对于一些结构方案已经确定或其功能已经满足要求的产品，它的广义质量与综合性能是等价的。

在新产品开发中，要充分考虑用户的需求，使产品具有良好的质量（Q）（狭义的）、合适的价格（C）、较短的交货时间或生产周期（T）、优良的工作环境（E）及良好的售后服务（S）（可把前两者作为制造性能来考虑）。五大要素的具体内容见表 55.2-3。这 5 方面的要求和前面提出的三大性能及 8 项功能要求是统一的，但三大性能中的 24 项子性能更为具体，方向更加明确，从设计角度来看，更易于实施。能满足上述三种性能要求的产品应是优良的产品，它在市场中应该具有较强的竞争力，这是所有设计工作者所追求的目标，也是用户的要求。

第2章 产品功能与性能的内涵及质量的定义

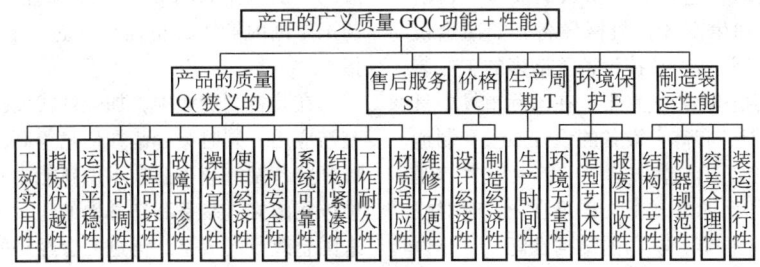

图 55.2-6 产品的广义质量

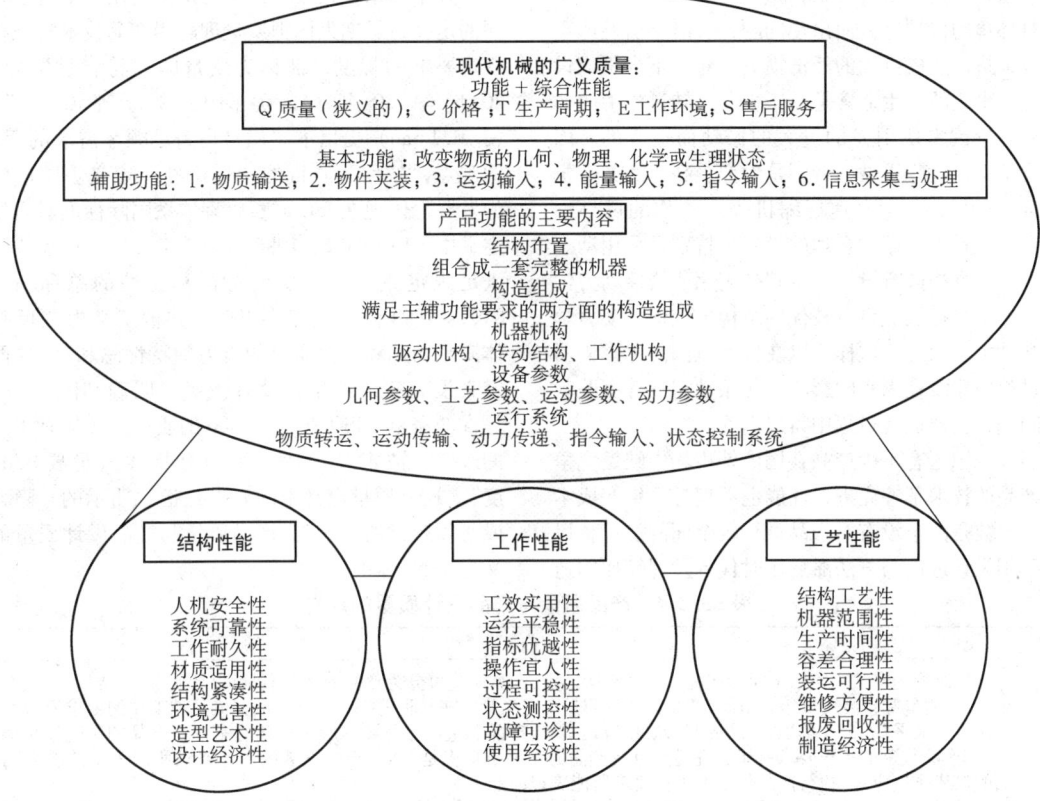

图 55.2-7 现代机械的广义质量的内涵

表 55.2-3 五大要素的具体内容

质量(Q)(狭义的)	一般地可理解为产品的功效齐全实用、工作可靠安全、操作简便宜人、使用经济无害,这些情况在机器工作时会得到充分的体现
价格(C)	一般与产品的设计、制造和管理工作的经济性有关,因此,必须抓住每一个环节,减少每一环节中的支出,才会降低产品的价格。较低的产品成本和价格会增强产品在市场中的竞争力
交货时间或生产周期(T)	与产品的复杂程度与制造难易程度有关,与产品设计的优劣也有直接关系,产品的生产周期和进入市场时间快慢是市场竞争的重要条件之一。产品投入市场有其时间性,有时还显得特别重要。许多企业千方百计地缩短产品的生产周期,以便在国内外激烈的市场竞争中立于不败之地
工作环境(E)	是指所设计的产品对环境的影响,产品的设计必须考虑对环境不会产生有害的影响,有利于环境保护
售后服务(S)	包括产品的修理、易损坏零部件的更换和备品、备件的供应等

50多年来，我国制造业有了很大的发展，目前我国已能自行设计和生产各种机械设备，如冶金设备、发电设备、化工设备、数控设备等诸多的工业装备，有的设备已达到国际先进水平，在国际市场中具有较强的竞争力。但还有许多设备的设计质量和制造质量与国外产品相比，有较大的差距。产生这些差距的主要原因是产品设计水平较低。如果在设计时对机器的功能要求和三大性能：机器的结构性能、工作性能和工艺性能等进行较为全面的考虑，将会在较大程度上提高产品的设计质量。

目前在产品运行过程中，常常在安全、可靠、耐用、对环境的保护等方面出现问题，有时会引发严重的事故，进而造成巨大的经济损失。对于不少机械设备，这些事故的发生通常是由于机器运转过程中的非线性动力学因素所引发的过大的振动而造成的。因此，为了保证这些机械，特别是大型、高速的旋转机械（如汽轮机、大型高速压缩机等）工作的可靠性和安全性，首先应通过合理的设计，特别是采用动态设计理论与方法进行设计，特别是应用非线性动力学的设计方法选择机械设备较优的结构、较优的动力学参数和动力学状态，这样可以在较大范围内考虑机器工作过程中非线性因素的影响，使振动超标等有关动力学问题在机器运转过程中得以消除。

当前我国还有不少产品在国内外市场中缺乏竞争力，产品的技术不够先进，性能也不理想，生产成本较高，多数是由于没有对产品进行较全面的设计，以及所采用设计理论与方法滞后于时代的发展等原因造成的。加入 WTO 后，我国大中企业的各种产品要参与国际国内竞争，更需要先进的设计理论与方法作指导。

在装备制造业中，加强现代设计理论与方法的研究与应用，同时结合诸如信息等高新技术的采用，以提升装备制造业整体技术创新能力和市场竞争力，并推进我国先进装备制造基地的建设，巩固和深化几年来国企改革的成果，促进社会经济的进一步发展。

6 机械产品的质量与设计质量的定义

几十年来，科技工作者对产品的质量下过多种不同的定义，早期人们把质量理解为产品技术特征符合规定要求的程度，被称为质量的"符合性"定义；20 世纪 60 年代，美国质量管理专家朱兰（J. M. Juran）提出了"质量是满足顾客需求的程度"的观点，被称为质量的"适用性"定义。质量概念的发展也体现在 ISO 质量管理体系国际标准对质量的定义中，ISO 8402：1986 将质量定义为"产品或服务满足规定或潜在需要的特征和特性的总和"；ISO 8402：1994 做了一点小修改，并被定义为"反映实体满足明确和隐含需求的能力的特性总和"。这两个定义没有实质区别，没有指明"明确和隐含需要"是谁的需求。ISO 9000：2000 的质量定义却有了实质的改变，被定义为"一组固有特性满足要求的程度"。这一质量定义中的要求是指"明示的、隐含的或必须履行的需求"。产品质量与产品设计质量的定义见表 55.2-4。

表 55.2-4 产品质量与产品设计质量的定义

名称	内 容
产品质量	产品质量的定义应该因不同的前提条件而有所区别，产品质量可分为产品的使用质量、设计质量、制造质量、装配质量、安装质量和包装质量等。由此，产品的某种质量可定义为"在某种前提条件下产品完成某种工作的要求所能表现的能力和水平"。依此类推，产品的制造质量应是"执行产品制造的工作要求所能表现的能力"；产品的装配质量应是"执行产品装配的工作要求所能表现的能力"；产品的安装质量应是"执行产品安装的工作要求所能表现的能力"；产品的包装质量应是"执行产品包装的工作要求所能表现的能力" 一般书籍中或人们通常所指的产品质量 Q 应该是产品的使用质量，这是因为产品是为用户所使用和为用户服务的，所以产品使用质量，或产品的质量可定义为"执行或完成使用的工作要求所能表现的能力和水平" 产品的质量 Q 一般是从使用角度出发，即是以用户使用的工作要求来考虑的，例如，该产品的功能实用而有效、工作安全可靠、操作方便、有足够长的寿命、外形美观、省电节能、便于维修等。在产品研发、设计、制造、销售过程中，科技工作者早已提出了产品的质量 Q（狭义的）、价格 C、生产周期 T、工作环境 E 和售后服务 S 五大要素，显然，C、T、E、S 不包括在产品质量 Q（狭义的）的范畴之内
产品的设计质量	产品的设计质量可定义为"执行或完成产品设计的工作要求所能表现的能力"，对产品设计的工作要求应该包括用户、企业和社会对产品设计工作提出的所有质量要求 产品（狭义的）和产品的设计质量（产品的广义质量）(Generalized quality，GQ) 应该有不相同的概念和含义，产品的设计质量的内涵是最广泛的，它不仅包括用户提出的质量要求，也包括企业和社会对产品设计工作提出的质量要求，它应以用户、企业及社会对产品设计、制造、销售、使用及至废品回收的全过程提出的所有质量要求是否在设计中予以体现为原则，如果在产品设计中得以体现，那么可以说该产品的设计质量属优秀、良好或合格；如果这些要求在设计中不能体现，便可以说产品设计质量是低劣的，或设计工作是不尽人意的。产品的设计工作必须全面考虑用户、企业和社会提出的各种质量要求 产品的设计质量有以下两个主要内容：一是产品的功能（包括主功能和辅助功能），二是产品的综合性能（结构性能、工作性能和工艺性能等），因此还可以说，产品的广义质量是"产品功能与性能的综合体现"，产品的广义质量与其总功能和全性能是等价的，但它不等价于产品的使用质量或狭义的产品质量 Q。因为狭义的产品质量 Q 不包括 C、T、E、S 等及产品综合性能中的产品制造的部分工艺性能，这是因为产品制造的部分工艺性能在产品使用过程中无法予以体现

7 产品质量组成元素公式与产品质量方程

如前所述，机电产品的质量包括主辅功能与三大性能，那么如何通过这些质量元素组成公式来表达产品质量与设计质量呢？此外，产品的质量与设计质量与这些元素之间的关系通过何种公式加以表述呢？本节将讨论这两个问题。

7.1 产品质量元素公式及各元素在系统中的作用

（1）产品质量组成元素公式

产品的质量和设计质量包括 5 个方面的内容，即主功能、辅助功能和结构性能、使用性能及制造性能。因此，质量与设计质量的组成元素公式为

$$Q(y)=f(y_1,y_2,y_3,y_4,y_5) \quad (55.2\text{-}1)$$

式中 y_1、y_2、y_3、y_4、y_5——主功能、辅助功能、结构性能、使用性能和制造性能。

主功能、辅助功能、结构性能、使用性能和制造性能又分别由它们各自的元素所组成，因此，其组成元素的表示式分别为

$$\begin{aligned}
y_1 &= f_{y1}(x_{11},x_{12},\cdots,x_{1n}) \\
y_2 &= f_{y2}(x_{21},x_{22},\cdots,x_{2n}) \\
y_3 &= f_{y3}(x_{31},x_{32},\cdots,x_{3n}) \\
&\vdots \\
y_i &= f_{yi}(x_{i1},x_{i2},\cdots,x_{in})
\end{aligned} \quad (55.2\text{-}2)$$

式中 x_{ij}——y_i 的各个组成元素。

将式（55.2-2）代入式（55.2-1），则质量或设计质量的组成元素表达式为

$$Q(y)=f(f_{y1}(x_{11},x_{12},\cdots,x_{1n}),f_{y2}(x_{21},x_{22},\cdots,x_{2n}), \\ \cdots,f_{y5}(x_{51},x_{52},\cdots,x_{5n})) \quad (55.2\text{-}3)$$

由于产品质量与产品设计质量的内涵及其组成元素不同，因而其表达式不完全相同。

（2）元素的种类及其在系统中所起的作用

1）必要元素与不必要元素。事实上，在产品质量与产品设计质量的组成元素中有一些是不必要的元素，而有些是必要元素，因此，为了减化计算过程，应将不必要元素删去。

2）主要元素与次要元素。在这些元素中同时有主要元素和次要元素，它们对产品质量的贡献是不相同的，因此，必须分清主次，抓住关键环节和关键元素，这更有利于提高产品的质量和设计质量。

如前所述，产品主功能的组成元素包括 5 大系统、4 类参数、3 种机构、2 个组成部分和 1 组机器，这些都可以作为主功能的各个组成元素，但在具体分析时，可以不必考虑那些对产品质量影响很少的一些元素。

产品的辅助功能包括物质转移、运动传输、能量传递、指令输入和状态测试与控制等系统，因此，其组成元素自然也包括这些内容。

产品的结构性能、使用性能和制造性能在图 55.2-3 中表示的各有 8 个元素，但根据产品情况的不同，可以有所选择，决定其取舍，确定其主次。

利用前面列出的产品质量与产品设计质量元素组成公式，对质量进行分析是有实际意义的。

7.2 系统组成元素的量与质

系统中各元素量的多少和质的高低对系统会产生不同程度的影响。为了分析系统中的各元素对整个系统贡献的大小，必须首先分析各元素在系统中量的大小和质量的高低。

系统元素的量即是指该元素所含数量的多少，例如，某一企业生产多种产品，各种产品的数量多少即为该种元素的数量。

系统元素的质即是指该元素所含品质的高低，例如，某一企业生产多种产品，各种产品的价值高低即为该种元素的品质。

系统元素的量和质的综合表达式为

$$P(i)=\gamma_i p_i \quad (55.2\text{-}4)$$

式中 p_i、γ_i——元素 i 的数量和品质。

7.3 各组成元素对产品质量的贡献率

产品质量各组成元素对产品质量贡献率的大小应该是不相同的，有的大有的小，有的甚至对产品质量没有影响，这些元素是不必要的元素。在必要元素中，根据它们对产品量和质的贡献大小，可以写出产品组成元素的贡献总量

$$P(n)=\sum_{i=1}^{n}\gamma_i p_i = \gamma_1 p_1 + \gamma_2 p_2 + \cdots + \gamma_n p_n \quad (55.2\text{-}5)$$

式中 γ_i——元素 i 的品质；
p_i——元素 i 的数量。

元素 i 对质量的贡献率为

$$\Delta P_i = \gamma_i p_i / P(n) = \gamma_i p_i \Big/ \Big(\sum_{i=1}^{n}\gamma_i p_i\Big) \quad (55.2\text{-}6)$$

根据上式可以分析各个元素对产品质量或设计质量贡献率的大小。

7.4 产品的质量与设计质量公式

产品的质量和设计质量是由各个组成元素积累而

成的,因此,如果产品质量和设计质量是由主功能、辅助功能、结构性能、使用性能和制造性能所组成,则产品总的绝对质量为

$$Q(n) = \sum_{i=1}^{n} \gamma_i q_i = \gamma_1 q_1 + \gamma_2 q_2 + \cdots + \gamma_n q_n$$

(55.2-7)

式中 q_i——元素 i 对产品质量贡献的量;
γ_i——元素 i 对产品质量贡献的质。

元素 i 对产品质量的贡献率为

$$\Delta Q_i(n) = \gamma_i q_i / Q(n) = \gamma_i q_i \Big/ \Big(\sum_{i=1}^{n} \gamma_i q_i \Big)$$

(55.2-8)

如果已知 q_i 的最大值为 q_{imax},则质量的最大值为

$$Q_{max}(n) = \sum_{i=1}^{n} \gamma_i q_{imax} = \gamma_1 q_{1max} + \gamma_2 q_{2max} + \cdots + \gamma_n q_{nmax}$$

(55.2-9)

因为产品的绝对质量缺乏可比性,所以求出产品的最大质量,即产品质量的最优值,同时把产品的最优质量看作是产品质量的最大值。产品的相对质量是相对于最优质量而言的,这样便可以通过产品的相对质量,了解某种产品质量的优劣。

产品的相对质量可表示为

$$\Delta Q_n(n) = Q(n) / Q_{max}(n) \quad (55.2\text{-}10)$$

由此可求出元素 i 对最大的产品质量的贡献率,现做出如下表示:

$$\Delta Q_{imax}(n) = \gamma_i q_i / Q_{max}(n) = \gamma_i q_i \Big/ \Big(\sum_{i=1}^{n} \gamma_i q_{imax} \Big)$$

(55.2-11)

由于质量的各元素对产品质量的贡献率是不相同的,贡献率大的为重要元素,贡献率小的为次要元素,贡献率等于零的为不必要元素。在产品设计时,将产品质量的组成元素分为重要的和次要的、必要的和不必要的是一件十分重要的工作。对产品质量的分析,既可以针对整个系统,也可以针对各子系统,通过对各子系统的分析,再对子系统的质量进行集合,便可得到整个系统的质量。

第3章 机械产品的功能及功能优化设计

1 概述

任何机械设备都有它们要执行的功能,它们通常用来改变物质的几何位置和形状,改变物质的物理状态、化学组成、生理机能和进行信息的传输和转换等。为了执行某种功能,一台完整的机器通常包括驱动机构、传动机构、执行机构、操纵机构、支承装置和控制系统等几个部分。多数机械设备包含多个子系统,这些子系统由不同形式的机构及其零部件组成,零件是组成系统的基本要素。对于不同的机械设备有不同的功能,功能通常是由使用者(用户)提出的。根据产品功能的要求,工程师们研究、设计和开发出了各种各样的机械设备。完成同一功能的机械设备,其结构型式可以完全不同,它们所表现出的特性或性能如结构性能、工作性能、工艺性能也会有所区别,甚至会有较大的区别,这些产品的质量 Q、成本 C、生产周期 T、对环境和社会的影响 E 等也常不相同,因此,由以上因素所决定的产品在市场中竞争力的强弱也常常会有显著的差别。

图 55.3-1 所示为机械产品的功能结构简图。产品的设计方案和结构型式是由设计者根据产品的功能来确定的,也就是通过产品的功能分析或功能优化设计来完成的,所以功能分析和功能优化设计是产品设计工作的最重要环节之一。由于产品设计工作常常与产品设计要求如产品的功能要求存在一定差距,所以,进行产品功能的优化设计是十分必要的。

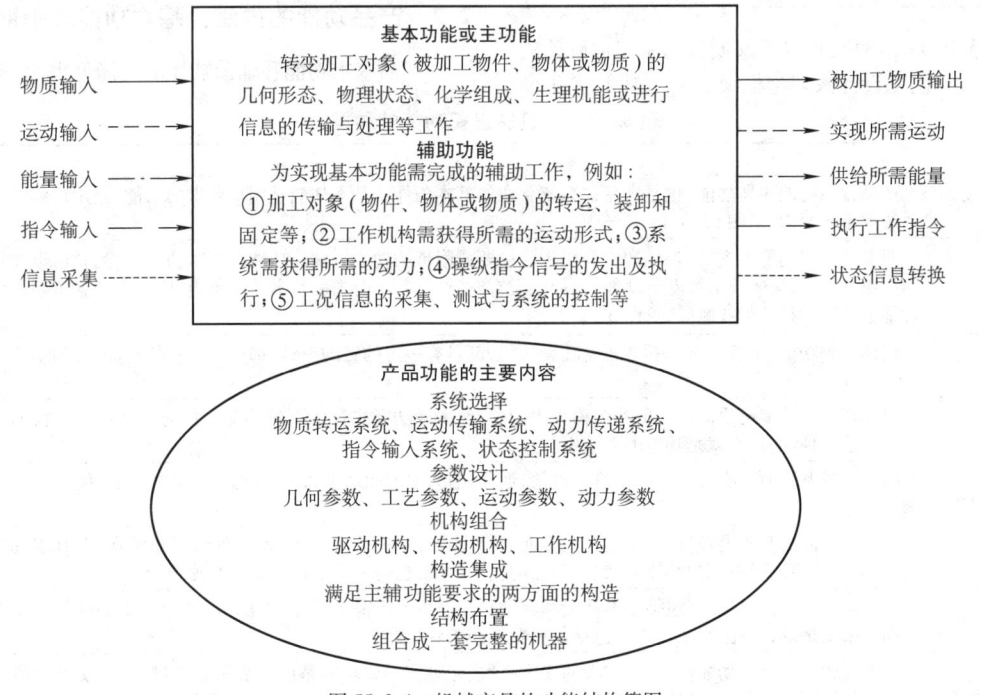

图 55.3-1 机械产品的功能结构简图

用户对产品功能的需求是多种多样的,对所需产品的要求也是千变万化的,因此,对用户的产品功能信息需求要采用先进的聚类与合成技术,进行收集和整理、筛选和归纳。对某种产品功能的要求必须根据实际情况来确定,不能有过高的不切实际的要求,但也不能过分降低要求,必须恰如其分。对功能要求过高,就会使产品构造复杂化,增加设备加工工时和提高产品制造成本等;过分降低要求,产品工作时会达不到工作技术指标和性能的要求,进而会影响物质处理和加工的质量。

有了合理的功能,工程师们可以根据总的功能要求,把它分解为各个子功能。对于含有多个子功能的机械系统,要对执行各个子功能的方案加以搜索和研究、分析与综合,形成产品的总的初步设计方案。

在得出两种或两种以上初步设计方案以后，接着按照方案的评价准则，采用各种先进的优化方法和手段，对方案进行分析与综合、类比与归纳、推理与决策等，最后选定较为理想的设计方案。

从前面所介绍的情况看出，产品功能优化设计工作的基本步骤见表 55.3-1。

表 55.3-1　产品功能优化设计工作的基本步骤

序号	步骤	
1	产品功能信息的获取	
2	产品功能的分析(功能的种类、内容、特性及其分解)	
3	产品功能技术方案的分解和组合	
4	产品功能设计方案的构思	主功能设计方案
		物质输送系统的设计方案
		物件夹装系统的设计方案
		运动传输系统的设计方案
		能量传递系统的设计方案
		机器操纵系统的设计方案
		信息传输系统的设计方案
5	对初步方案的评价和选择	

本章内容是在面向产品广义质量的系统化设计法或 1+3+X 系统化设计法理论框架下的"功能优化设计"，系统化设计法的各组成部分本身是以其他方法及前人取得的成果为基础的，所以本章的许多内容引自一些作者所取得的成果。

众所周知，设计目标自身无法去实现所要达到的目标，要通过具体的设计内容予以实现，而同时还必须采用有效的设计方法。例如，某轿车的设计目标是要设计出一辆外形优美的车型，这就要通过设计的具体内容：造型设计予以实现，而同时还要采用理想的设计方法，如采用可视化设计或数字化设计的方法才能很好地完成。因此，设计目标、设计内容和设计方法三者是互相关联的，所以将它们三者建立的方程称为关联方程式。

2　产品功能的分析（功能的种类、内涵、特性及其分解）

2.1　功能的种类

机械设备功能的种类见表 55.3-2。

2.2　产品功能的内涵：基本功能和辅助功能

产品基本功能和辅助功能的内涵见表 55.3-3。

表 55.3-2　机械设备功能的种类

种类	内　涵
基本功能	产品或系统的主体功能，也是产品或系统存在的基本条件。基本功能是用户要求的功能，是用户购买产品或系统的基本原因，见图 55.3-1
辅助功能	对实现主要功能起支持、保证和完善作用的次要或附带的功能。辅助功能与基本功能并存，它可以使产品的功能更加完善，属于锦上添花的功能，但如果没有它，产品并不会失去基本使用价值，所以设计者可视具体情况对辅助功能进行添加或删除，见图 55.3-1
目的功能	任何一种功能，不管是基本功能还是辅助功能，都具有一定的目的，所以可视为目的功能，目的功能也称为上位功能
手段功能	对实现目的功能起手段作用的功能称为手段功能，手段功能也称为下位功能。任何功能都具有目的功能与手段功能两种性质，这就是功能的两重性
使用功能	指产品或系统所要实现的实际用途或价值，通常包括使用价值、可靠性、安全性、维修性等，使用功能也称为物质功能
表观功能	在使用功能的基础上，对产品工艺造型方面进行更合理和有效的设计，使其外形更加美观，富有表现能力和具有形象力，更能吸引用户和观众，它是产品的美学功能，也是一种精神功能或心理功能
必要功能	用户需要并接受的功能，包括基本功能和辅助功能。由于产品的使用功能和表观功能是通过基本功能与辅助功能来实现的，因此，必要功能也包括使用功能和表观功能
不必要功能	不必要的和多余的功能。例如，过大的安全系数、超过实际要求的精度和表面粗糙度、超出实际功能需要的材质、过长的和不合理要求的寿命、过分装饰的外观等，因为这会增加制造的复杂性，延长制造周期等，进而会提高制造成本等

表 55.3-3　产品基本功能和辅助功能的内涵

类型	内　涵
基本功能	产品的基本功能或主功能是用来改变物质的几何位置或形状、物理状态、化学组成或生理机能等。对于一般机械设备，其基本功能或主功能通常是对某种物质进行处理，改变其几何位置或形状、物理状态、化学组成和生理机能等。例如，起重机或输送机的用途是转移物质的几何位置；运载工具（飞机、车辆和船舶）将旅客和货物从出发地运送至目的地，使运输对象的位置发生变化；机床通常用于零件的加工，将毛坯加工成所需几何形状

（续）

类型	内　涵
基本功能	和尺寸的零件；气体压缩机和风机用来改变气体的物理状态：压力大小、容积、流动速度和温度等；水轮机、燃煤或燃油发电站和核电站的汽轮发电机组、燃气轮机等，将水的位能和动量、蒸汽的能量和燃气的能量转变为电能；信息机械设备用来传递和处理某种信息（广义地说，信息也是物质存在的一种形式）；某些化工机械和设备通过某些化学元素的分解和合成制造出新的化学物质；一些生物机械和设备用于改变生物体的生理机能，这些都是机械设备所要实现的基本功能或主功能
辅助功能	通常机器除基本功能或主功能外，还有辅助功能。如数控机床的基本功能就是完成工件的加工，而它的辅助功能包括工件的运输与夹装，刀具的运输与夹装，为完成既定功能的工作机构还要获得一定的运动形式，输入足够的动力和能量，以及对其实行检测和控制等，因此常常把工件和刀具的运输系统、工件和刀具的装卡、工作机构运动形式的构建、操纵系统对执行机构发出指令、能量的输入及对系统进行检测和控制等，都看作是机器的辅助功能 1) 物件、物体和物质的转运和输送。绝大多数机器的基本功能是用来处理某种或某些物质，在对物质进行处理前，需要将物质或物件从原先存放的位置转移到工作位置上，在物质进行处理或加工以后，还要将被加工的物质或物件转移到另外的位置。因而机器中常常包含有物质的传输系统，通常称为物流 对于某些机器，如机床工件的转运及刀具的输送等，可以看作是机器的一些辅助功能，这些功能对于完成基本功能起着辅助的作用。在多数机器中包括了这些物质的运输系统 2) 物件、物体和物质的装卸和夹持。对于机械加工，工件和刀具的装卸和夹持是一种必要的辅助功能，它对完成机器的基本功能是一项重要的和不可缺少的辅助工作 3) 为完成既定功能的工作机构要具有一定的运动形式。为完成既定的功能，任何机械的工作机构必须具有一定的运动形式，例如，圆周运动、直线运动或其他形式的运动等。车床、镗床、铣床、钻床的工作机构要完成旋转运动，刨床的工作机构和平面磨床的台面要完成直线运动，而磨削加工时的砂轮也要做旋转运动；挖掘机在挖掘土壤和砂石时，铲斗常常做弧形运动，卸料时常做旋转和移动的复合运动，而行走时常做直线或曲线运动；机器人或机械手常常要做各种特殊轨迹的运动；振动机械为了完成既定功能，其工作部分常常要做直线运动、圆周运动或复合运动，有时要求做平面运动，而有时做空间运动。此外，这些运动形式还必须具有所要求的位移、速度、加速度及在工作周期内的运动速度的变化规律等。完成一定形状的运动轨迹是对机器工作机构的一种要求，它是由原动机给出原始的运动形式经过传动系统转化为执行机构工作所要求的运动形式，这种运动形式或形态对完成机器基本功能是一种必要的手段。因此，在机器中必须要有传输运动的系统，我们称它为运动形式（形态）流 4) 为完成既定功能的操纵系统要发出指令指挥执行机构完成指定的工作。操纵系统是对机器工作发出指令，指挥各类工作机构按照既定功能完成各项工作，因此，机器的操纵系统是完成既定功能的必要组成部分 5) 为完成既定功能要输入足够的动力和能量。为完成既定的功能，就要根据被处理物质的大小和质量、速度和加速度等，以及它所要作用力的大小。任何机械的工作机构必须具有足够大的动力和能力。处理物质或加工物件所需作用力的大小及所要求完成的速度构成系统单位时间所需的能量，没有足够大的能量是难以完成所要求的工作。机床要根据切削力和切削速度的大小计算出电动机所需的功率；运载工具要根据运载重物的多少及运行速度确定其牵引力和功率等。多数机械工作时所需的能量是由驱动机构（电动机或发动机）经传动系统将动力传给工作机构，因而在机器中构成了能量传输系统，或称能量流 6) 为完成既定功能对机器状态进行测量和控制及对故障进行诊断等。为了保证完成所需功能，以及为了提高产品的性能，许多机械设备常常装有各种各样的控制系统；为了解和掌握机器的运行状况，常常需要在线测量机器的一些运行参数；有时为了及早发现机器可能出现的故障，在机器中常常安装有故障诊断系统；这些系统对于保证机器正常和有效的工作是十分必要的 在某些特殊情况下，机器的辅助功能有时会转变为基本功能。例如，起重机和输送机的基本功能是转移物体的位置，在这种情况下物质的输送是该种产品的基本功能或主功能。此外，在用户提出的功能中，常常还有一些多余功能和不必要的功能，这些功能在进行分析之后，要予以删除

2.3 对产品功能设计的要求

无论对于基本功能，还是辅助功能，都有一些基本要求，即在完成功能时，对它们的工作性能都有基本要求，这些性能在工作时就会具体地表现出来，有关这些性能在第2章讨论产品的三大性能中已有详细叙述。在完成机械产品既定功能时，用户对产品质量 Q 评价通常有以下几个要点：①工效实用性；②工作耐久性；③操作宜人性；④设备维修性。这四项是对产品质量的最基本要求。此外，产品质量还从设备的结构性能、工作性能和工艺性能的其他方面体现产品的设计质量，包括：⑤人机安全性；⑥系统可靠性；⑦结构紧凑性；⑧运行稳定性；⑨指标优越性；⑩状态测控性；⑪结构工艺性；⑫机器规范性；⑬容差合理性。

此外，产品的成本 C 是由产品的设计、制造和管理等方面的成本所组成的，对产品来说也是十分重要，较低的价格会增强市场的竞争力。

产品的社会性和对环境的保护也是产品设计质量的一个方面，必须引起足够的重视，内容包括对环境无害、造型艺术、使用经济、故障可预防及报废可回收等。

产品的生产周期 T 和售后服务 S 与产品的设计质量有关，设计质量差的产品生产周期会增长，售后服务工作会显著增多。

实际上，上面提出的对产品功能设计的要求和产品的三大性能是统一的。在完成功能的同时，产品必须有良好的结构性能、工作性能和工艺性能。也就是说，从结构上看，要保证其人机的安全性、结构的可靠性、系统的耐用性、环境的无害性、造型的艺术性和设计的经济性等；从使用上看，要保证其工效的实用性、运行的稳定性、指标的优越性、操作的宜人性、状态的测控性、故障的可诊性和使用的经济性等；从制造工艺上看，要保证其良好的制造工艺性、零部件及结构的规范性、产品的生产时间性、维修的方便性、报废的可回收性和制造的经济性等。

2.4 产品功能的分解

产品的功能确定以后，要对其功能进行分解。这是因为在一般情况下机械系统都比较复杂，难以直接求得满足总功能的方案，但可以按系统工程分解原理进行功能分解，建立功能结构图，即功能树，这样就可以化繁为简。由此可以了解总功能与各功能元、分功能之间的关系，进而可以将求得的各功能元解进行有机地结合起来，并求出系统的方案。

功能树是根据总功能对功能进行一级一级地分解的，总功能分为一级分功能、二级分功能等，最末端为功能元。前级功能是后级功能的目的功能，后级功能是前级功能的手段功能。同一层次的功能元组合起来，应该满足上一层功能的要求，最后合成的功能应该满足系统总功能的要求。

实际设计时，建立系统的功能结构可以从系统功能分解出发，分析功能关系与逻辑关系。首先从上层分功能的结构开始考虑，建立该层功能结构的雏形，再逐层向下细化，最终得到完善的功能树。

下面以数控车床为例，说明功能树的建立过程（见图55.3-2）。

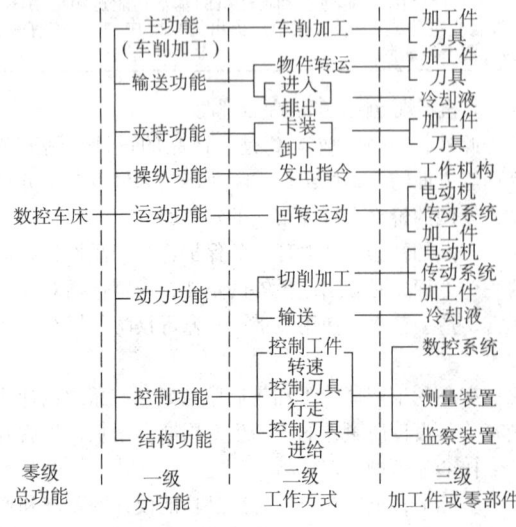

图 55.3-2 数控车床的功能树

由数控车床的设计任务书可知，其总功能的技术原理是将数控制造加工过程自动复现，通过车刀切削工件来完成零件的车削加工，其特点是加工的自动化和数字化。为实现此功能，必须具有车削功能，要有一套能将数字控制的加工程序转化为工件转动和车刀自动行走和进给的运动控制命令的信息处理功能，还要有在车削过程中承受各种作用力，保证几何精度的结构功能。由此得到第一级分功能：车削加工功能（基本功能：由工件的转动和车刀的行走和进给所完成的）、输送功能、夹持功能和操纵功能（发出指令，有的包括在控制系统中，但也是可以与控制系统分开，作为操纵指令信号流单独来考虑）、运动功能、动力功能、控制功能（主要是对工况进行检测与控制）和结构功能。对于车削加工功能，它牵涉到加工件、刀具和冷却液三个方面，因此，车削加工的第二级分功能是分别与加工件、刀具和冷却液的转动、装卸、输送等相关的功能。各层还可以向下继续分解，如动力功能中的能量传递等，还可以继续分解为电动机、传动系统和卡盘等。如此逐层分解，便可以得到数控车床的功能树。

功能优化设计在产品设计中具有十分重要的地位，它确定了为完成总功能系统的总体结构方案。系统所包括的功能见表 55.3-4。

表 55.3-4 系统所包括的功能

功能项	内　容
基本功能或主功能	完成物质处理、加工或转换，使物质的几何形态、物理形态或化学组成发生变化，进而完成产品的基本功能或主功能
物质转移功能	完成物质输入、输出等，形成物质流
工件装卸和夹持功能	如果被加工件和加工件（如刀具）的夹装是通过发出的指令信号来成的，这里也产生了工件夹装指令信号流
运动功能	将原动机的运动形式改变为工作机构所要求的运动形式，形成运动形式或运动形态流
动力功能	将原动机的功率传递到工作机械或执行机构，以便在完成物质处理和加工时所要消耗的能量，以及克服系统运行过程摩擦所耗的能量，传输能量的系统形成能量流
操纵功能	任何机械都要通过操纵系统对执行机构发出指令，然后由执行机构按照对产品的功能要求去完成机器所要完成的工作。如果操纵和执行过程是通过发出的指令来完成的，在这里就出现了操纵指令信号流
控制功能	为了使系统正常有效地运行，并获得优良的功能和良好的性能，常常要对系统中的运行状态进行检测和控制，检测系统运行状态是对系统实现控制的前提，将获得的系统状态信息反馈给原系统，以使系统在理想的工况下运行，从而获得优良的技术指标。传输信息的系统形成信息流

由于功能是对某一产品特定工作能力的形象化描述，所以，功能的描述要准确、简洁、合理，要抓住本质，避免盲目性和片面性，进而可以避免方案构思时所形成的条条框框，以便拓宽思路，使确定的方案更加合理，更具有创新性。

3 实现产品主辅功能的工作系统设计

3.1 物质输送系统设计方案的要点

在机械系统中，对被加工物件、物体或物质进行输送和位置的转移是最常见的要求，因此在机器中常常包括物质传输系统，或称物料流。物料流指的是机械系统工作过程中一切物料，如毛坯、成品、半成品、废料和液体等的位置的变化过程。各种物料的流动构成了机械的整个工作过程，原材料、零件和部件在运动中不断被转变其位置，有时甚至要改变其形状和物理状态。

物质流常常是完成产品基本功能的一种手段，但有时也可以是一种辅助功能。例如，机床对工件进行加工，使之成为所要求形状和尺寸的零件，起重机或输送机转移物件或物料的位置，这些都属于基本功能。但机床在加工工件时，要完成工件的运输和装卸等各种工作，这时物件的转运和输送都属于辅助功能。

由物料或物件的加工、输送、储存和检验等工作组成的系统，称为物料流系统，或称为物流。物流学是一门新兴学科，由于它具有广泛的实用价值和应用前景，目前已得到快速的发展。物料流系统的功能见表55.3-5。

物料流系统的设计十分重要，机械系统的设计过程在多数情况下是围绕物流系统的设计展开的。物质输送系统设计方案的要点见表55.3-6。

3.2 物件夹持系统设计方案的要点

在完成既定功能时，工件和刀具的夹持和定位是一项必须完成的工作。物件夹持系统设计方案的要点见表55.3-7。

表 55.3-5 物料流系统及其功能

物料流系统的构成图	存储系统 → 输送系统 → 定位装夹 → 加工（物件检验）→ 输送系统 → 定位装夹 → 加工（物件检验）→ … → 存储系统 物料流系统的构成
加工	加工指的是采用各种加工方法，将材料加工成要求的零件，如采用切削加工法从毛坯上除去不必要的部分，用挤压法使毛坯变形，用激光法使材料分层堆积凝聚成形等，都是加工功能
输送	输送是指在各工作位置之间移动物料，以改变其空间位置的功能，一般也称为物料输送。它也是机械系统完成预期功能所不可缺少的一项作业。物料输送工作的高效化、系统化可以提高机械系统的工作效率
储存	储存是物质处在停止运动的状态，即在指定时间内，使物质处在无任何空间位置改变的状态。制造企业中工件或刀具在加工工序前等待加工后的停放，都有储存的实际例子。制造过程中工序之间的停滞，称为制品储存。适量的储存对平稳的和具有柔性的物料流来说，起一种缓冲作用，对于保证用户的需求和机械系统稳定运行有着重要作用
检验	在制造系统中，检验主要是指对物件的质量控制。检验是一个和加工相互对立而又相互统一的物料作业环节，特别是在现代制造系统中，广义的检验功能已越来越重要

表 55.3-6 物质输送系统设计方案的要点

物料流系统决定了机械系统的总体布置	由于物料的输入和输出往往要受周围条件的限制，当输入和输出部分决定以后，与其相连的物料流的其他部分就可以相应地确定下来，从而对应的能量流部分（包含驱动和传动部分）就可以确定，因此，物料流系统决定了机械系统的总体布置情况
物料流系统决定了能量流系统的主要参数	能量流所提供的能量主要用于物料的运动、形态的改变等。能量流中动力机械的容量主要取决于物料的量与性质。物料流动的速度决定了相应传动部分的速比。例如，带式输送机的物料所需的输送速度决定了传动带的速度，也决定了动力机与传动带间的速比关系。因此可以说，物料流系统决定了能量流系统的主要参数
物料流系统是信息流系统的主要对象	信息流的主要作用是根据机械系统工作进程的具体情况对工作进程进行必要的操纵和调整，而机械系统的工作过程实际上就是物料的转换过程。例如，轴加工中的起动、停机、运动方向和速度的变换等实际上也是加工机床的工作进程，无论这些动作是由人工完成或是由控制系统自动完成，都是根据被加工对象所需而定的。另外，机械的工作节拍也是决定物料流输入、输出的节拍。因此可以说，信息流系统的设计也决定了物料流系统

表 55.3-7　物件夹持系统设计方案的要点

工件的定位	无论工件的结构形状如何，都可以用 6 个支承点来限制它们的 6 个自由度，只是 6 个支承点的分布位置不同而已。把用适当分布的与工件接触的 6 个支承点来限制工件 6 个自由度的规则，称为六点定位规则。这里需要强调的有以下几点： 1) 6 个支承点的分布必须适当，否则就限制不了工件的 6 个自由度 2) 用支承点去限制工件在空间的自由度时，支承点必须与工件的定位基准始终保持接触 3) 在分析支承点的定位作用时，不应考虑力的影响	对工件定位的方法与定位元件的设置要求	1) 以平面定位时的定位元件。平面定位元件有固定支承、可调支承和自位支承等。在工件定位时，上述支承中除辅助支承外均对工件起定位作用，用来限制工件的自由度 2) 以圆孔定位时的定位元件。以圆孔内表面作为定位基面时，常用以下定位元件：圆柱销、圆柱心轴、圆锥销和圆锥心轴等 3) 以外圆柱面定位时的定位元件。工件以外圆柱面定位时，常用的有以下几种定位元件：V 形块、定位套、半圆套、圆锥套等
工件和刀具的夹持	工件和刀具夹紧装置的结构型式很多，但就其组成来说，一般都由力源装置和夹紧机构两大部分组成 力源装置产生夹紧力，夹紧力来源于机械作用力、电力或电磁力，该种力源装置称为夹具的动力装置，常见的有气压装置、液压装置、电动装置等。力源来自人力的，称为手动夹紧装置 夹紧机构是将力源装置产生的夹紧力作用在工件上，它包括中间力的传递机构和夹紧元件两部分。前者是将力源程序装置产生的夹紧力传递给夹紧元件，以便对工件实施夹紧；后者是夹紧装置的执行元件，与工件直接接触而完成夹紧工作	对夹紧装置的基本要求	1) 夹紧可靠。夹紧时不能破坏工件在夹具定位元件上所获得的正确位置 2) 夹紧力大小适当。夹紧后的工件变形和表面压伤程度必须在加工精度允许范围内 3) 结构性能好。夹紧装置的结构应力求简单、紧凑、全球制造与维修 4) 使用性能好。夹紧动作迅速，操作方便，安全省力 常用的夹紧机构有斜楔夹紧机构、螺旋夹紧机构、偏心夹紧机构等

3.3 运动传递系统设计方案的要点

为执行产品的基本功能，机械系统常常设置传递运动的系统，即运动传递系统，该系统通过传动系统将原动机的运动转变为所要求的运动形式或运动形态，传递给执行机构，我们称它为运动形式流或运动形态流。传递运动的系统是机械设备中不可缺少的系统。

运动的传递是由传动机构来实现的，传动机构通常完成以下一些要求：

1) 将原动机的运动和转矩转变为工作机构所需的运动和力矩。

2) 将原动机的等速旋转运动转变为工作机构所要求按某种规律变化的旋转运动或其他形式的运动。

3) 将一个或多个原动机的旋转运动转变为多个相同或不相同的工作机构的旋转运动或其他形式的运动。

4) 对于一些不宜将原动机直接与工作机构联系在一起的机械，这时需要采用传动装置来连接。

运动传递系统及其所要完成的功能：变速（增速或减速）、运动形式的转换、操纵和执行任务等。从具体构造上看，它包括变速器、运动转换装置、起动和停机装置、换向装置、制动及安全保护装置，详细内容见表 55.3-8。

运动形式流与能量流一样，它的起点是驱动装置，通过传动系统将运动传给执行机构和操纵机构，它们的区别是传递运动（运动形式或运动形态）和传递动力（或功率）的不同。

总之，产品工作机构的运动形式是产品设计中一个重要的环节，所设计产品不仅要求有一定的运动形式，还要求工作机构完成下述的各种功能：起动、停车、换向和制动。

3.4 机器操纵系统设计方案的要点

在机器工作过程中，操作人员要对机器进行操作，促使机器的工作机构完成所要求的工作。因此，在机械产品中，必须设有操作人员进行操纵的机构，操作人员的操纵对象主要是机器的工作机构，当然还有其他一些机构。操纵系统和执行机构的特点和要求见表 55.3-9。

表 55.3-8　运动传递系统及其所要完成的功能

增速和减速	原动机的转速和运动形态常常不能直接满足工作机构的要求，即使可以通过变速装置（如变频器等）对原动机进行调速，也常常不能满足经济性的要求，所以通常要将原动机的旋转运动通过变速（减速或增速）装置，改变其回转速度，使之达到工作机构所要求的转速，这是机械设备最常见的要求。因此，传动机构已成为机械设备中最重要的部件之一，不仅有专门生产减速器、变速器的工厂，还有专门研究变速装置的科研机构 旋转速度的增大和减小可通过不同形式的传动机构来实现，最常见的有机械传动机构（齿轮传动、带传动、链传动和一些特殊的传动）、液压传动、气动传动和电磁传动等，此外，还有螺旋传动、凸轮传动和连杆传动等。设计者要根据工作要求来选择合适的传动机构形式，因为它影响所执行功能的好坏及产品的制造成本等

(续)

运动形式转换	在机械设备中,运动形式的改变是一项十分重要的工作。运动形式的转变是将原动机的旋转运动改变为工作转速和速度符合工作要求的旋转运动或直线运动。特别是对于一些振动机器,要将原动机(如电动机、液压马达等)的旋转运动转变为不同运动形式的振动:直线振动、圆周振动和椭圆振动等。这种运动形式的转换是某些机器的基本要求,在许多机械中是不可缺少的
起动与停机	任何机械都有起动和停机的要求,对于一些具有较大转动惯量的机械设备,其起动常常是在加速过程中完成的,需要较长的时间,这时电动机常常会产生较大的起动电流,由于这个原因,有时会烧坏电动机,因此必须采取适当的预防措施 对于某些机械,在起动与停机过程中,特别是在停机时,因通过共振而使系统的振幅增大,进而会导致某些零部件的损坏,加快停机的速度有利于减小过共振时的振幅,对预防某些零部件的损坏也是有益的。因此,机器的起动和停机在必要时必须采取特殊的措施和设置特殊的起动和停机系统
换向	对于某些机械设备,工作时的换向是一项必须完成的功能,常见的换向机构有齿轮-摩擦离合器、齿轮换向器等
制动	在工作时为了使系统处在较理想状态,或为了避免设备运行时突发事故的发生,对系统进行制动是一项必需的工作。此外,当机器的起停装置断开后,由于运动构件存在惯性,运动不能立即停止,有时需要较长的时间。为了节省辅助时间,对于速度高、惯性大的传动系统,应安装制动装置。对制动装置的要求是工作可靠,操纵方便,制动平稳且时间短,结构简单,尺寸小,磨损轻,散热良好。系统制动常常采用的各类制动器可分为摩擦式和非摩擦式两大类,摩擦式制动器又分为外抱块式、内张蹄式、带式和盘式等;非摩擦式分为磁粉式、磁涡流式和水涡流式等 设备制动可以采用手动方式,也可采用自动方式。在科学技术高速发展的今天,采用自动化和智能化方式制动是制动技术的发展方向
安全保护	人机的安全性是产品设计中首先要考虑的问题 机械设备在工作中若载荷变化频繁、变化幅度较大,可能引起过载,如果没有安全保护装置,就有可能引发某些零部件的损坏。在机械传动链中如果有传动带、摩擦离合器等摩擦副,这些摩擦副具有安全保护的功能,否则,在传动链中应该安装安全离合器或安全销等过载保护装置。安全保护装置有销钉联轴器、钢球安全离合器、摩擦离合器和液力联轴器等可供选用

表 55.3-9 操纵系统和执行机构的特点和要求

操纵系统	操纵系统是机器按照人的指令去完成指定功能或工作的机构,任何机器都包括有操纵系统,操纵系统主要由操纵件、执行件和传动装置三部分组成。因此,对于机器来说,操纵系统是不可缺少的。例如,在汽车上要实现起动、制动、转向、换档等功能,均需有专门的操纵装置,如转向盘、离合器和脚刹等 操纵系统的一般功能是实现信号转换,即把操作者施加于机械的信号,经转换传递到执行系统,以实现机械设备的起动、停车、制动、换向、变速、改变作用力等目的	对操纵系统的基本要求	1)在满足功能和运动要求的情况下,应尽量简单、轻便、省力,这样可以减轻劳动强度,提高劳动生产率和安全性 2)操纵灵活、反应灵敏。是指操纵者能简捷方便地实现预定的操作及操纵件对指令有较快的反应速度 3)操纵选择适当,操作方便 4)操纵安全可靠 5)操纵系统应便于调整 操纵系统分人力操纵、助力操纵、液压操纵和气压操纵四大类。可以根据实际工作的要求来选择适当的操纵系统
执行机构	执行机构的作用是传递和变换运动和动力,即把传动系统传递过来的运动和动力进行必要的变换,以满足执行机构的要求。执行机构通常完成夹持、搬运、转位、加载等各种功能 根据工作要求,执行机构可以采用各种各样的机构,所要求的运动形式有移动、转动和空间运动等。它们可以采用不同形式的原动机驱动		

3.5 动力传输系统设计方案的要点

为执行基本功能,机器必须要有足够的动力或能量。工作系统所需能量是由驱动装置通过传动系统提供的,所以能量流设计是产品功能优化设计中的一个重要环节,其最重要的任务是选择合适的驱动装置及所需的功率。

能量流系统的起点是驱动装置,来自机械系统外部的能量(如电能)通过驱动装置流向机械系统的各个子系统,能量流的终点是机械系统中的执行机构。由驱动装置提供的能量,一部分是在物质、物体或物件加工过程中为改变工件的形态、形状或位置,须克服所承受的载荷所消耗,另一部分为克服传动系统摩擦而消耗。

驱动装置(原动机)有多种形式:电力驱动装置(电动机)、液压驱动装置(液压马达)、气压驱动装置(气动马达)、热机(内燃机、汽轮机等)四大类,当用于机械系统时,一般需通过减速器输出所需的转速或通过凸轮机构等来改变运动形态。当采用变频器、伺服驱动等调控装置时，便可省去减速装置。

能量流设计一般应解决的问题是：①机械系统能量流动状况和特性分析；②工作机构的载荷分析和计算；③驱动装置的选择；④系统能量的配置与计算。

(1) 机械系统能量流动状况和特性分析

机械系统能量流动状况和特性分析见表55.3-10。

表 55.3-10 机械系统能量流动状况和特性分析

名 称	能量流表示图	特 性
电动机的能量流	电能 → □ → 机械能	电动机是将电能变换成机械能
液压马达的能量流	液压能 → □ → 机械能	液压马达是将液压能转换为机械能
气动马达的能量流	压力能 → □ → 机械能	气动马达是将压缩空气的压力能转换为机械能的能量转换装置
内燃机的能量流	化学能 → □ → 热能 → □ → 机械能	内燃机是将燃油的化学能通过燃烧变成热能，再由热能变成机械能
电动机驱动的切削加工机床	电能 → □ → 机械能 → 切削变形能 / 摩擦附加能耗	对于电动机驱动的切削加工机床，电能变换成机械能，再由机械能变为切削变形能和摩擦附加能耗

能量流表示图能较好地反映机械系统的功能和工作特性。所有机械系统必须有机械能与其他形态能的互换、机械能的利用等，否则就不成为机械系统。例如，表55.3-10中所示内燃机的能量流，如果只有化学能变成热能而不再变成机械能，这个系统就成为燃烧器而不是机械系统。

(2) 工作机构的载荷分析和计算

1) 工作机构的载荷分析。工作机构的载荷种类很多，按载荷是否随时间变化可分为静载荷与动载荷。静载荷是指大小、方向和作用位置均不随时间变化而变化的载荷，如机构的自重等。动载荷是指大小、方向和作用位置随时间变化而发生显著变化的载荷。工程上，常把动载荷随时间变化的规律称为载荷-时间历程，简称载荷历程。根据载荷历程的不同，动载荷又可分为周期载荷、非周期载荷和随机载荷三种类型，见表55.3-11。

2) 工作机构载荷的计算。在进行机械系统设计时，都应根据具体机械要完成的功能来确定载荷。在确定载荷时，应首先考虑国家对该产品制定的有关标准，对于没有国家标准的，则根据经验或参照其他设计来确定载荷。计算载荷的方法有三种：类比法、实测法和理论计算法，见表55.3-12。

表 55.3-11 动载荷的种类

载荷种类	定 义
周期载荷	载荷大小随时间作周期性变化的载荷称为周期载荷。如振动机械的载荷就属于这一类。周期载荷可用幅值、频率和相位角三个要素来描述 作用于某惯性直线振动筛的周期载荷是按正弦规律变化的简谐载荷，简谐载荷的函数表达式为 $$x(t) = x_0 \sin(\omega t + \varphi)$$ 式中 $x(t)$ —t 时刻的载荷幅值 x_0 —最大载荷 ω —圆频率 φ —初相位 工程实际中简谐载荷并不多，但有很多载荷都呈现出周期性的特点，任何一个周期性载荷都可通过傅里叶变换将其分解为具有基频整数倍的无限个简谐载荷的叠加
非周期载荷	载荷大小不随时间作周期变化的载荷称为非周期载荷。如爆破载荷的作用，提升机紧急制动的冲击作用，模锻设备所承受的冲击载荷等，都是非周期载荷。非周期载荷应采用杜哈梅积分法处理(见机械振动学)，即把非周期载荷看成是无限多个脉冲所组成，而每个脉冲的宽度无限小，先求出每个小脉冲单独作用下的响应，然后把所有小脉冲作用结果叠加起来，即得整个系统的响应
随机载荷	随机载荷是不能用确定的数学方程式来表达的，但可以对它进行统计计数处理。将实际测试采集的工作载荷信号经过模数转换输入计算机，进行统计计数，可以得到用数学方程式表示的累积频次分布，这对动态设计、疲劳寿命预测及动力机选择均有重大的实际意义

表 55.3-12 计算载荷的方法

方法种类	计算载荷的方法
类比法	设计的产品与现有产品类似时,可用已知类似产品的载荷参数通过相似理论分析与设计,来拟定其工作载荷 例如,假设已知的原型机械产品与待设计的机械产品之间存在力相似,用 F 表示载荷,则载荷相似系数 K_F 为 $$K_F = \frac{F_{11}}{F_{12}} = \frac{F_{21}}{F_{22}} = \cdots = \frac{F_{n1}}{F_{n2}}$$ 式中 $F_{11}、F_{21}、\cdots、F_{n1}$——原型产品承受的载荷 $F_{12}、F_{22}、\cdots、F_{n2}$——设计产品对应原型产品各位置上所作用的载荷
实测法	如果所设计的产品为新创产品,没有文献资料可借鉴或参考,且载荷的确定又非常重要时,则需要对新研制的产品进行实际测量与测量数据分析来确定其载荷。若表征载荷的参数难以直接测量,可将不同的被测参数转换成相同的电量参数进行测量,再将采集的结果进行计算机处理,即得载荷值
理论计算法	理论计算法是根据机械产品的功能要求和结构特点运用各种力学原理、经验公式或图表等计算确定载荷的方法。用理论计算法确定载荷时,必须认真分析所设计产品的作业特点、负载及其有关影响因素 下面介绍一种常用的 GD^2 法 GD^2 是指回转体的重量 G 与回转体直径 D 平方的乘积,也称飞轮矩,它的含义与机械的转动惯量是等价的。利用 GD^2 法来设计机械系统和选择电动机时,可保证机械运动平稳、加减速与制动性能良好以及能量的利用合理等。这种方法既简单又实用,在机械产品设计、动态性能分析和伺服控制系统中都具有重要意义 对于分布质量回转体,转动惯量 $J = mr^2$ (m 为质量,r 为回转半径),因为 $m = G/g$ 及 $r = D/2$,所以有 $J = GD^2/(4g)$,即 GD^2 与 J 成正比关系 计算复杂形状旋转体的 GD^2 时,需要把整体分成能简单计算的小块,求出每一块的 GD^2,再求和 由力学中的刚体转动定律知,旋转运动的运动方程式(转矩与角加速度及转动惯量之间的关系)为 $$M = J\frac{d\omega}{dt} = \frac{GD^2}{4g}\frac{d\omega}{dt} \quad \text{或} \quad \frac{d\omega}{dt} = \frac{4g}{GD^2}M \tag{a}$$ 式中 M——转矩 ω——角速度 t——时间 对整个机械系统来说,需要将 GD^2 换算到某一轴上来计算,这可用能量守恒原理及等效 GD^2 的概念来计算 若机械系统中有 n 个转动轴,k 个移动构件,各转动轴的转动惯量分别为 $J_i(i=1,2,\cdots,n)$,转速分别为 $\omega_i(i=1,2,\cdots,n)$,各移动构件的质量分别为 $m_j(j=1,2,\cdots,k)$,速度分别为 $v_j(j=1,2,\cdots,k)$,为了选择电动机,则应求该系统相对于电动机输出轴 1 的等效 GD^2 该系统的总动能为 $$E = \sum_{i=1}^{n}\frac{1}{2}J_i\omega_i^2 + \sum_{j=1}^{k}\frac{1}{2}m_jv_j^2 \tag{b}$$ 由能量守恒原理可知,等效系统与原系统的总能量相等,设原系统相对于电动机输出轴 1 的等效转动惯量为 J,则应有 $$E = \frac{1}{2}J\omega_1^2 = \sum_{i=1}^{n}\frac{1}{2}J_i\omega_i^2 + \sum_{j=1}^{k}\frac{1}{2}m_jv_j^2 \tag{c}$$ 则 $$J = \sum_{i=1}^{n}J_i\left(\frac{\omega_i}{\omega_1}\right)^2 + \sum_{j=1}^{k}m_j\left(\frac{v_j}{\omega_1}\right)^2 \tag{d}$$ 根据 GD^2 与转动惯量 J 之间的关系,可求出机械系统的等效 GD^2,再根据式(a)求出作用于电动机输出轴上的负载转矩

(3) 机械系统的能量流程

能量流在机械系统中存在于能量变换和传递的整个过程之中。它是机械系统完成特定工作过程所需的能量形态变化和实现动作过程所需的动力。没有能量流就不存在机械系统的工作过程。其工作过程的能量流可用图 55.3-3 来描述,图中 E_I 为输入到机械系统的能量;E_C 是克服工作机构负载而做功的能量,是机械系统的有效能;E_S 为系统广义储能,是机械系统工作过程中系统存储和释放能量的代数和;E_L 为系统损耗的总能量,它包括驱动装置和机械传动部件的各种能量损耗。

图 55.3-3 机械系统的能量流图

某一时刻机械系统的瞬态能量流如图 55.3-4 所示,这里 P_I 为输入总功率,$P_I = \dfrac{dE_I}{dt}$;P_C 是克服执行

图 55.3-4 机械系统某一时刻的瞬态能量流（一）

机构负载的功率，$P_C = \dfrac{dE_C}{dt}$；P_L 为损耗功率，$P_L = \dfrac{dE_L}{dt}$。

当图 55.3-4 中的 $P_C = 0$，即系统处于无载荷空运行时，此时系统消耗的功率称为系统空运转功率。实际上，此功率不仅是维持机械系统空运转所需的功率，而且也是在整个机械系统工作过程中维持系统运转必不可少的功率，是一种与工作机械载荷无关的功率，因此称为非载荷功率，用 P_u 表示。

当 $P_C \neq 0$，即系统有负载时，机械系统的总损耗 P_L 要在原空载损耗的基础上增加一部分，增加的这部分损耗称为系统附加损耗功率，用 P_a 表示，又称载荷损耗，即 $P_L = P_u + P_a$，此时，图 55.3-4 所示系统则转变为图 55.3-5 所示形式。由图 55.3-5 可得

$$P_I = \frac{dE_S}{dt} + P_u + P_a + P_C \quad (55.3\text{-}1)$$

图 55.3-5 机械系统某一时刻的瞬态能量流（二）

若忽略过渡过程的影响，即只考虑机械系统稳态运行时，则功率的平衡方程为

$$P_I = P_u + P_a + P_C \quad (55.3\text{-}2)$$

（4）机械工作过程的能量效率与能量利用率

机械系统能量流动的状况可以表征系统能量的变化情况、外载荷状况、无载损耗的大小，以及机器的工作效率等。

机械工作过程一般是变负载工作过程。例如，机床加工工件的过程，一般要经过粗加工、半精加工、精加工等几道工序，如图 55.3-6 所示，后两者的切削功率在总输入功率中占的比例均很小，导致能量效率较低，以至于整个加工过程的能量利用率很低。

机器工作过程的能量效率 $\eta(t)$ 定义为机械工作过程中某一时刻克服负载所需功率 $P_C(t)$ 与输入总功率 $P_I(t)$ 之比，即

$$\eta(t) = \frac{P_C(t)}{P_I(t)} \quad (55.3\text{-}3)$$

由式（55.3-3）可见，机械工作过程中的能量效率 $\eta(t)$ 是随时间 t 而变化的。图 55.3-7 所示为图 55.3-6 所示工作过程的能量效率曲线。为了用一个参数描述整个工作过程的能量利用状况，引入机械工作过程能量利用率 φ，φ 定义为整个工作过程的有效能与输入总能量的比值，即

$$\varphi = \frac{\int_0^T P_C(t)\,dt}{\int_0^T P_I(t)\,dt} \quad (55.3\text{-}4)$$

式中　T——工作周期。

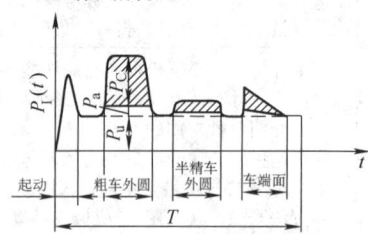

图 55.3-6 车床工作过程的功率曲线

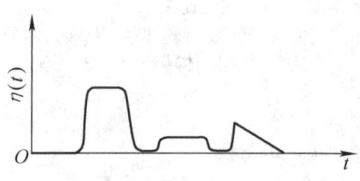

图 55.3-7 车床工作过程的能量效率

为了提高工作效率，应该设法减少系统空载的功率消耗，即应减少机器用于克服系统摩擦的功率损耗；此外，减小机器工作时的有效载荷可以减少实际功率的消耗，例如，利用超声波可以减小刀具切削工件时的切削力与功率，振动压路机利用振动可以减小压实土壤时的阻力，进而提高机器的工作效率。

3.6　信息传输和处理系统设计方案的要点

为执行基本功能，机器要实现信息的传输，其目的是在保证机器安全可靠的工作条件下，既能获得实际的工效，又能获得较好的技术指标。

信息的传输是通过信息流来完成的。信息流是从信息的发源地（信息源）经信息传输渠道（信道）至信息的接收地（信宿）的传输过程。信息流的主体是信息，信息传输和处理系统设计方案的要点见表 55.3-13。

由此可见，针对现代机械系统的设计，选择信息的形式、建立系统的信息模型和控制模型、选择信息的流通方式、确定信息的控制方式等，并在该过程中考虑传感技术、信息采集方式，和信息控制相对应的控制理论与方法、信息流通所需的执行部件等都是十分重要的。

在机械系统的设计过程中，要考虑运动形式流和能量流系统中的原动机、传动系统、执行机构、操纵系统、人机接口和控制系统设计等诸方面的问题，而

表 55.3-13 信息传输和处理系统设计方案的要点

信息流的结构模型		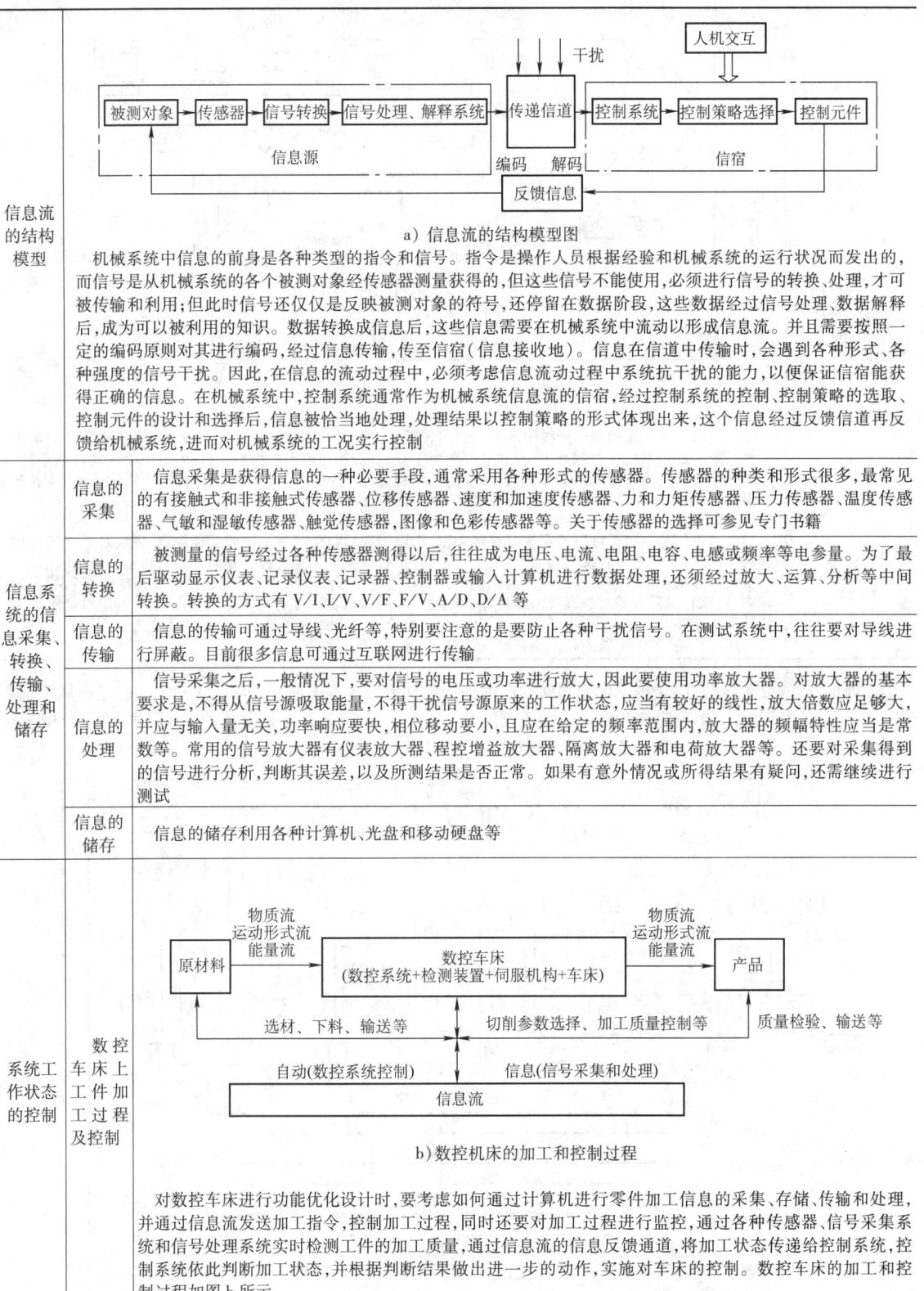
a) 信息流的结构模型图
机械系统中信息的前身是各种类型的指令和信号。指令是操作人员根据经验和机械系统的运行状况而发出的，而信号是从机械系统的各个被测对象经传感器测量获得的，但这些信号不能使用，必须进行信号的转换、处理，才可被传输和利用；但此时信号还仅仅是反映被测对象的符号，还停留在数据阶段，这些数据经过信号处理、数据解释后，成为可以被利用的知识。数据转换成信息后，这些信息需要在机械系统中流动以形成信息流。并且需要按照一定的编码原则对其进行编码，经过信息传输，传至信宿（信息接收地）。信息在信道中传输时，会遇到各种形式、各种强度的信号干扰。因此，在信息的流动过程中，必须考虑信息流动过程中系统抗干扰的能力，以便保证信宿能获得正确的信息。在机械系统中，控制系统通常作为机械系统信息流的信宿，经过控制系统的控制、控制策略的选取、控制元件的设计和选择后，信息被恰当地处理，处理结果以控制策略的形式体现出来，这个信息经过反馈信道再反馈给机械系统，进而对机械系统的工况实行控制
信息系统的信息采集、转换、传输、处理和储存	信息的采集	信息采集是获得信息的一种必要手段，通常采用各种形式的传感器。传感器的种类和形式很多，最常见的有接触式和非接触式传感器、位移传感器、速度和加速度传感器、力和力矩传感器、压力传感器、温度传感器、气敏和湿敏传感器、触觉传感器，图像和色彩传感器等。关于传感器的选择可参见专门书籍
	信息的转换	被测量的信号经过各种传感器测得以后，往往成为电压、电流、电阻、电容、电感或频率等电参量。为了最后驱动显示仪表、记录仪表、记录器、控制器或输入计算机进行数据处理，还须经过放大、运算、分析等中间转换。转换的方式有 V/I、I/V、V/F、F/V、A/D、D/A 等
	信息的传输	信息的传输可通过导线、光纤等，特别要注意的是要防止各种干扰信号。在测试系统中，往往要对导线进行屏蔽。目前很多信息可通过互联网进行传输
	信息的处理	信号采集之后，一般情况下，要对信号的电压或功率进行放大，因此要使用功率放大器。对放大器的基本要求是，不得从信号源吸取能量，不得干扰信号源原来的工作状态，应当有较好的线性，放大倍数应足够大，并应与输入量无关，功率响应要快，相位移动要小，且应在给定的频率范围内，放大器的频幅特性应当是常数等。常用的信号放大器有仪表放大器、程控增益放大器、隔离放大器和电荷放大器等。还要对采集得到的信号进行分析，判断其误差，以及所测结果是否正常。如果有意外情况或所得结果有疑问，还需继续进行测试
	信息的储存	信息的储存利用各种计算机、光盘和移动硬盘等
系统工作状态的控制	数控车床上工件加工过程及控制	b) 数控机床的加工和控制过程
对数控车床进行功能优化设计时，要考虑如何通过计算机进行零件加工信息的采集、存储、传输和处理，并通过信息流发送加工指令，控制加工过程，同时还要对加工过程进行监控，通过各种传感器、信号采集系统和信号处理系统实时检测工件的加工质量，通过信息流的信息反馈通道，将加工状态传递给控制系统，控制系统依此判断加工状态，并根据判断结果做出进一步的动作，实施对车床的控制。数控车床的加工和控制过程如图 b 所示

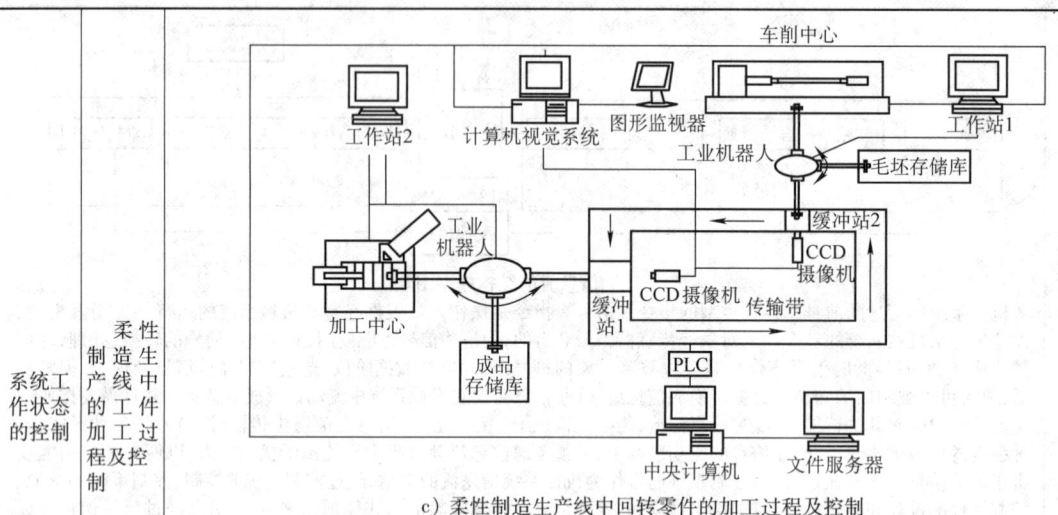

c) 柔性制造生产线中回转零件的加工过程及控制

图 c 所示为在柔性制造生产线中加工一个回转零件,该系统由物质流、运动形式流、信息流和自动加工系统组成。加工系统由数控加工中心、数控车削中心组成;物质流系统由两台机器人、一个链式传输系统、毛坯存储库和成品存储库组成;信息流系统由文件服务器、中央计算机/单元控制器、工作站 1、工作站 2、计算机视觉系统和可编程序逻辑控制器组成,这些信息流设备由一个统一的网络系统连接在一起,构成整个信息流系统。

信息流系统是整个柔性制造系统的神经中枢,用以实现对整个机械系统的总体控制,完成对系统的监控和对生产过程、物质流系统辅助装置、加工设备的控制,以及运行状态数据存储、调用、校验和网络通信等

中央计算机和文件服务器是信息流系统的控制核心。在系统运行时,中央计算机检查传输带和托盘的状态、机床和机器人的状态以及来自计算机视觉系统的信息。通过这些信息,中央计算机判定每个工作站的任务类型和状态,并根据生产任务和调度决策,把相应的命令发送到工作站,并通过这些计算机对各种物料运送设备、加工设备实施控制,完成所要求的各种功能

每个方面的设计都涉及信息的采集、传输和处理。此外,在信息流的通道中,对信息流的流向施加适当的控制,选择适当的控制策略,控制信息流在机械系统设计中的正确流向,可以实现和大大改进机械系统的功能。图 55.3-8 较为完整地反映了机械系统中的信息流及其相关内容。

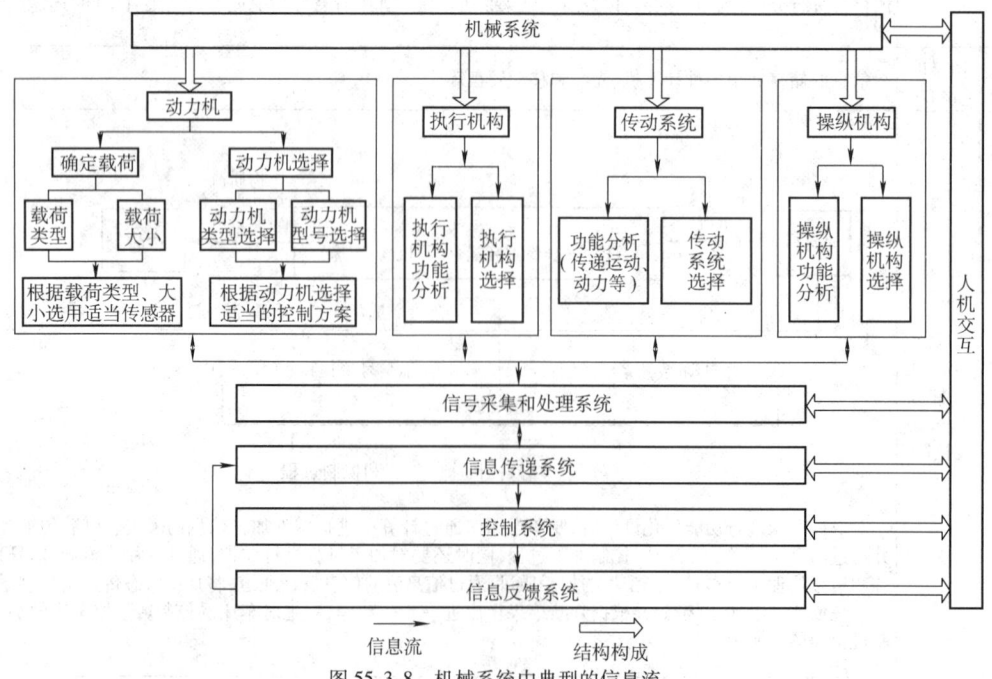

图 55.3-8 机械系统中典型的信息流

4 产品功能需求的四类参数

机械系统的技术指标,主要是指设备或产品的功能和性能等,因此技术指标既是设计的基本依据,又是检验产品质量的基本依据。确定恰当的技术指标,将是所设计的设备或产品能否质优价廉的前提。

机械系统的主要技术参数应该基本反映该系统的概貌与特征,例如,对于机床设备来说,这些参数可以是规格参数、运动参数、动力参数和结构参数等。一般机械的参数包括:①几何参数及产品的尺寸与质量;②工艺参数及产品的经济指标;③运动参数及设备的工作转速;④动力参数及设备所需的功率。产品功能需求的四类参数见表55.3-14。

表55.3-14 产品功能需求的四类参数

参数种类	内容
几何参数(尺寸、规格与质量)	机械产品结构参数主要指影响力学性能的结构尺寸、规格尺寸。如总体轮廓尺寸(总长、总宽、总高)、安装连接尺寸(基础尺寸、安装尺寸等)、规格参数(加工安装工件的最大尺寸、最大工作行程、测量范围、示值范围等)以及主要零部件的结构尺寸。例如,机床的主要尺寸参数,普通车床为最大工件直径和最大工件长度;钻床为最大钻孔直径及主轴至立柱导轨之间的跨距;齿轮加工机床为最大工件直径及齿轮的最大模数等。尺寸及规格参数一般在产品的设计任务书中规定,包括整机质量、各主要部件质量、质心位置等。它反映了整机的质量,如自身质量与承载质量之比、生产能力与机器质量之比等。质心位置则反映了机器的稳定性及支承点的分布等问题
工艺参数及经济指标(生产率、效率、精度及成本)	生产率指机械在单位时间内生产的产品数量。根据所选用的计量和计时单位不同,可表示为每小时多少件或每分钟多少米等。生产率是机械的基本指标之一,设计者要根据这个参数来确定机械的结构型式、工作机构的运动速度、各工序的步进速度及其衔接机械之间的关系 加工质量是指被加工产品的质量。加工质量主要由机械设备的精度等技术指标来保证,其中最重要的是精度指标。现代机械系统尤其是数字控制系统,都具有较高的精度,为了保证输出量(加工好的零件或测量好的信号)的精度,在总体设计时,必须保证输出量的精度作为主要技术参数和指标的依据。例如,设计高精度外圆磨床,以加工出圆度为 $2\mu m$、圆柱度为 $3\mu m$、表面粗糙度 Ra 为 $0.4 \sim 0.8\mu m$ 的圆柱工件等为依据,就可以出头架主轴中心线径向圆跳动、轴向窜动、头架和尾座导向面对工作台移动的平行度技术指标分别为 $3\mu m/1000mm$、$2\mu m/1000mm$、$15\mu m/1000mm$ 机械的经济指标指机械的效率、寿命和成本等。这些指标对机械的经济性提出了要求,以保证机械的功能与成本的统一 这是评价机械设备性能优劣的主要依据,也是设计应达到的基本要求。技术经济指标主要包括生产率、加工质量和成本等
运动参数(运动速度与运动形式)	一般指执行机构的转动或移动速度及调速范围等。如机床等加工机械的主轴、工作台、刀架的运动速度,起重机的上升、旋转、移动速度,工业机械手的工作节拍等。调速范围是为了适应不同品种和各种工况要求来设置的。例如,对于主运动为回转运动的车床,主轴转速 $n(r/min)$ 与由材料决定的切削速度 $v(m/s)$、被加工零件的直径 $D(mm)$ 大小有关,即 $n = 60 \times 1000v/(\pi D)$,所以,根据切削速度和被加工零件的最大、最小直径便可确定车床的最高、最低转速,并得出转速范围 运动参数主要根据工作对象的工艺过程和生产率等因素来确定,一般总是在满足工艺要求的前提下尽可能缩短工作时间,以提高生产率
动力参数(负载、加速度及功率)	指机械系统中使用的动力源参数,如电动机、液压马达和内燃机的功率等。动力参数是机械中各零部件尺寸设计计算的依据,动力参数的选择恰当与否,既影响机械系统的工作性能,也影响其经济性 动力参数一般由负载要求确定。详见本章3.5节动力传输系统设计部分

5 产品几种机构的组合

一种完整的机器通常包括以下三种机构:驱动机构、传动机构与工作机构,具体内容见表55.3-15,在产品功能优化设计时一般要对这三种机构进行选择。目前有些产品为了简化机器的结构,将传动机构略去,直接调整与控制主电动机的转速,使之满足工作机构的实际要求。但多数机械都设有传动机构,使工作机构获得一定的运动形式和速度。

表55.3-15 一部完整机器的三种机构

机构名称	内容
驱动机构	驱动机构是机器的动力源,常常采用电动机、液压马达、柴油机或汽油机、燃气轮机等,在低转速小转矩的情况下,可采用超声电动机,此外,还有直线电动机等
传动机构	传动机构的形式是多种多样的,如机械传动与液压传动,在机械传动中,又有齿轮传动、链传动、带传动等。可按照本手册第2、3、4卷中的内容完成传动机构的选择、计算与设计
工作机构	工作机械常常根据功能要求,按机构学的原理进行概念设计

注:这三种机构选择和设计完成后,必须通过一些连接部件将其联系在一起,才能完成既定的工作。

6 产品构造的集成与结构的布置及总体设计图的绘制

结构方案设计包括机构的选择、运行系统的确定和机器各部分结构的合理布置等,其中应该完成的工作包括构造的集成与结构的布置及总装配图的绘制等。

结构方案设计虽然不考虑各部分的具体布置和尺寸参数,但它是总体布置设计的前提,其方案将在总体布局设计阶段验证和落实。因此,结构方案设计应考虑总体布局设计的要求。

6.1 构造集成与结构布置

(1) 确定结构方案与各部构造的集成

机械系统的原理方案仅表示功能载体的组合,同样的功能载体可以有不同的组合,所得到的产品不仅可能有不同的形状和尺寸,甚至可能影响到整体性能。结构布局设计虽没有固定的模式可遵循,但可在设计时参考表 55.3-16 中基本原则。

确定结构方案与各部构造的集成,见表 55.3-17。

表 55.3-16 结构布局设计的基本原则

运动学原则	根据物体需要实现的运动方式,按所需的自由度数来配置约束数,并将这些约束适当地配置,以满足物体需求的运动方式
基面合一原则	结构方案设计时,要尽量满足基面合一原则,即应使定位基面与使用基面和加工基面合为一体,这样可以减小基面不一所带来的误差
最短传动链原则	在保证运动要求的前提下,传动链越短,零件数就越少,材料的消耗和制造费用就越低,同时,也有利于提高传动效率和精度
保证安全性原则	对于构件的安全性,从结构布局上考虑主要是避免构件受载情况恶化,出现过载应力,另外还要考虑到构件材料在使用过程中引起的材料性能的变化;对于系统功能的可靠性,主要是采用冗余配置的方法来解决;对于系统工作时的安全性,主要采用报警方式或自动监控装置来保证
简单化原则	一方面要求结构简单,即组成系统方案的零件数最少,几何形状要简单,另一方面要求产品零件尽量标准化和通用化,以达到便于操作、监控、制造和装配的目的

表 55.3-17 确定结构方案与各部构造的集成

结构方案设计的目的	结构方案设计就是确定功能载体的组合方式。所以说,结构方案设计的目的不仅是将原理方案结构化,而且要实现结构的优化与创新
确定产品结构方案与各部构造集成	对于机器的结构方案,在设计时必须首先了解所设计产品的具体功能要求,例如,对于小型客车,其发动机较小,工作时发热、振动等影响较小,同时为了便于传动部分及操纵部分的布置,可考虑采用发动机前置的方案;而对于较大的豪华型客车,由于其发动机较大,工作时的发热、振动都较大,若发动机前置则会对驾驶员及乘客产生较大的影响,因此,可采用发动机后置的方案。其次要求对所选取的功能载体的工作原理十分明确,这样才能使所设计的结构能可靠地实现物料流、能量流及信息流的传导和转换,这时就必须考虑到所依据的工作原理可能出现的各种物理效应,尽可能避免出现意外情况
确定产品结构方案应完成的工作	确定产品结构方案是产品设计的第一阶段,在这一阶段应根据功能要求,选择和确定适用的工作机构;根据功能要求,选择和确定适用的各个系统;根据功能要求,选择和确定适用的机器结构

(2) 总体布局的基本要求

总体布局设计的主要任务是确定系统各主要部件之间相对应的位置关系,以及它们之间所需要的相对运动关系。布局设计是一个带有全局性的问题,它对产品的制造和使用都有很大的影响。

总体布局设计一般从粗到细,有时要经过多次反复才能确定。总体布局图可由主视图和侧视图组成或用三维图形表达,当然,有时只需一个视图就可表达清楚。总体布局图应能反映:①机械的大致工艺路线;②机型特征,外形尺寸;③主要组成部件及其相对位置、尺寸。

在进行总体布局时,应注意的基本问题见表 55.3-18。

(3) 系统总体布局的基本形式

可以按形状、大小、数量、位置、顺序五个基本方面进行综合,得出一般布局的类型:①按主要工作机构的空间几何位置,可分为平面式、空间式等;②按主要工作机构的相对位置,可分为前置式、中置式、后置式等;③按主要工作机构的运动轨迹,可分为回转式、直线式、振动式等;④按机架或机壳的形式,可分为整体式、组合式等。

(4) 总体布局示例

数控机床合理的总体布局可以改善基础件的受力和受热状态,从而减小由切削力、切削热和构件自重引起的结构变形等。总的来说,数控机床总体结构的合理布局,常常以刚度、抗振和热稳定性指标来衡量。数控机床典型的总体布局见表 55.3-19。

表55.3-18　总体布局时应注意的基本问题

有利于系统功能的实现	无论在系统的内部还是外观上都不应该采用不利于功能目标的布局方案
有利于物料流的畅通	物料流系统的配置与所选的系统原理方案及实现它的工艺过程有关。此外，物料流系统的配置还应尽量考虑到组成生产线时的整个物流系统的配置问题
有利于安装、使用与维修	在保证系统总功能的前提下，应尽力求操作方便、舒适，以改善操作者的劳动条件，减少操作时的体力及脑力消耗，同时还应考虑到安装、维修的方便性，如对于易损件，需经常更换，就应做到装拆方便
应注意到整体的平衡性	在总体布局时，应力求降低质心高度，尽量对称布置，减小偏置。另外，有些机械在完成不同作业或工况改变时，整机质心可能会改变，如塔式起重机，其质心位置会随着起重量的不同而改变，即必然存在着偏置问题，但若质心偏置过大，就会有倾覆的危险，因此，对于这种情况，在总体布置时应留有放置配重的位置
有效避免干涉	在机械系统中或多或少地存在着运动零件，在整体布局时一定要为运动零件预留足够的空间，以免运动时发生干涉。如柴油机的活塞推动连杆，从而带动曲柄做整周转动，因而在所有这些运动件可能到达的空间内都不应该与缸体等其他构件发生干涉。目前，一种有效的检验方法是应用三维CAD软件或计算机图形仿真系统，模拟运动件的运动情况，以判断是否会产生运动件的干涉。另一种干涉的情况就是机械与周围环境中物体的干涉，这就要求在进行总体布局设计之前，应对周围环境中的物体分布有充分的了解。一般在进行总体布局设计之前，可将周围环境用双点画线画出，这样可有效地避免这种干涉 另外，在比较特殊的情况下还需对机械系统在恶劣工况下可能会发生的干涉引起足够的重视。例如，汽车的货箱与驾驶室之间应留出足够的间隙以防止在紧急制动时货箱与驾驶室之间可能出现的碰撞与摩擦

表55.3-19　数控机床典型的总体布局

名　称	总体布局图	说　　明
采用框架式对称结构	a) 框架式对称结构 1—立柱　2—主轴箱	主轴箱体单面悬挂容易因重力和切削力的偏置造成在立柱上附加的弯曲和扭转变形，框架式对称结构有利于合理分配结构受力，结构刚度高，热变形对称，从而在同样受力条件下，结构的变形较小，如图a所示
采用无悬伸工作台结构	b) T形床身结构 c) I形床身结构	这种结构的优点是工作台在沿进给方向的全行程上都支承在床身上，没有悬伸，从而改善了工作台承载条件。与此同时，通常还通过分散进给运动自由度，将机床所需的进给运动自由度分配给不同的执行部件，从而简化机械结构，提高工作台刚度 图b所示的数控机床采用T形床身，工作台在前床身只作X向进给，由立柱进给完成Z向运动，Y向进给由沿立柱运动的主轴箱完成。由于工作台运动自由度减少了，因而简化了机械结构，再加上在沿进给方向的全行程上都支承在床身上，没有悬伸，因而改善了工作台承载条件 图c采用I形床身，工作台沿床身作Z向进给，由主轴箱实现X向和Y向进给。由于结构简单，且全行程都支承在床身上，因而工作台刚度和承载条件都得到了改善。为了提高机床的结构刚度，数控机床尽可能采用这种龙门式的框架结构
采用热源和振动源隔离布局		隔离热源和振动源可以减小结构变形和改善工作条件，常用的措施有将电动机和油箱移出床身之外等

6.2 绘制总体设计图

总体设计图一般是指单个产品的总装配图或成套设备的总体布置详图,对所设计机械系统的总体布置和结构作完整的描述。总体设计图是零部件工程设计的依据,不仅要严格按比例绘制,而且还要表示出重要零部件的细部结构、机构运动部件的极限位置、操纵件的位置,并标注出有关尺寸,必要时应绘出联系尺寸图。此外,根据需要有时还要画出分系统图(如传动系统图、液压系统图和润滑系统图等)、原理图(电气原理图、逻辑原理图和功能原理图等)及电路接线图等。

总体设计的完成要贯穿整个设计过程,并随着设计的变化而不断修改,直到设计完成才能完全定稿。

在烧结厂振动筛用来对热烧结矿和冷烧结矿进行筛分,对应的前者称为热矿筛,而后者称为冷矿筛。也用于焦炭的筛分。在煤炭工业部门,振动筛作为选煤厂的关键设备而获得广泛应用,用来对煤炭进行分级,或对精煤及末煤进行脱水与脱介;在水利电力工业部门,振动筛用于火力发电厂中对煤炭进行预筛分;在水电站的建设中,用来对砂石进行分级;在建筑与建材工业部门,振动筛用来对建筑用砂石进行分级;在铁道工业部门,振动筛用来对铁道石渣进行清砂与除泥;等等。因此,振动筛是冶金、煤炭、化工、电力、建筑等生产部门中的一个重要组成部分。下面介绍自同步直线振动筛的总体设计过程。

(1) 明确设计任务,编写设计任务书

拟定的设计任务书见表55.3-20。

表 55.3-20 自同步直线振动筛的设计任务书

编号	名称		自同步直线振动筛
设计单位		起止时间	
主要设计人员		设计费用	
设 计 要 求			
1	功能	主要功能:完成物料筛分,保证筛分效率为 80%±5%		
2	适应性	适应对象:冶金、矿山、煤炭、化工、电力等行业物料分级处理。环境:根据要求而定。能源:交流电源,50Hz,380V		
3	筛分效率	处理冷烧结矿要求筛分效率为 80%±5%		
4	处理能力	根据筛孔大小而定,筛孔尺寸为 10mm×80mm 时,产量为 300t/h		
5	工作面倾角	7°		
6	振幅	单振幅为 4~5mm		
7	控制性能	采用两台异步电动机,功率为 22kW/台,转速为 740r/min,与激振器轴直连,保证两电动机运转时转数相差±1r。运转时间连续 8h 后轴承温度不得超过 70℃,若超过 70℃采用水冷设施。外形尺寸、整机质量无特别限制		
8	使用寿命	日维护期间不发生故障,主要零部件使用寿命为 5 年		
9	人机工程	安装、维护、检修方便,使用方便(自动控制);分级精确;造型美观		
10	安全性	电器接地,筛机采用隔振,传给基础的振动小,运行稳定		

(2) 系统功能描述

根据设计任务书可知,自同步直线振动筛主要应用于物料的筛分,实现物料的分级。由此,可以得到振动筛的功能系统图,即设计任务简图,如图 55.3-9 所示。

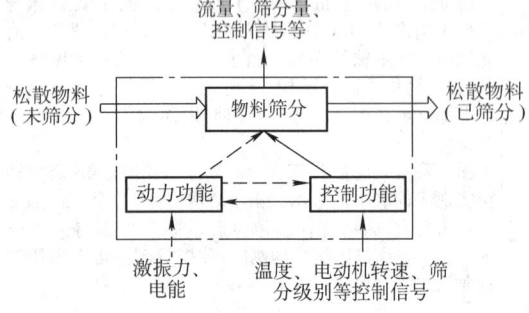

图 55.3-9 自同步直线振动筛设计任务

系统由电动机转动产生激振力作为振动筛的动力功能,通过温度、电动机转速与筛分等级的控制来实现对物料的有效筛分。

(3) 工作原理

双轴直线振动筛的双轴电动机驱动工作原理如图 55.3-10 所示,其激振器的双轴分别由两台异步电动机驱动,其间并无强迫联系,两轴的同步运转完全依靠动力学的关系来保证。两根轴上偏心块的质量为 $m_1 = m_2$,离心力为 $F_1 = F_2 = F$,偏心块作同步反向回转,在各瞬时位置时,离心力沿 K 向的分力总是互相叠加,而与 K 向垂直的方向,离心力的分力总是互相抵消,因此,形成了单一的沿 K 向的激振力,驱动筛机作直线振动。图 55.3-10 中,1、3 位置离心力叠加,激振力为最大(2F),2、4 位置离心力完全抵消,激振力为零。由于激振力作用线与工作面成一定夹角,这个夹角被称为振动方向角。筛机工作时,物料在被抛起时松散,物料与筛面相遇时,小于筛孔尺寸的物料颗粒透筛,从而完成筛分、脱泥、脱介、脱水、分级等各种工艺过程。

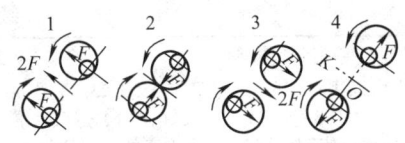

图 55.3-10 直线振动筛激振器的工作原理

(4) 功能分解

自同步直线振动筛主要用于松散物料等的筛分,松散物料通过给料设备传送到振动筛,筛分之后由带输送或者是鳞板输送到另外的场地。筛面长期与物料接触、摩擦,属于易损件,故应考虑其结构的可靠性。振动筛的功能树如图 55.3-11 所示。

(5) 总体方案设计

1) 功能分解与实现策略的制定。根据振动筛功能树中所提出的各分功能,制定功能实现的策略,并构建功能与实现策略表,见表 55.3-21。

设计者根据经验以及专业知识,针对产品的分功能,能够提出多种总体的实现方案,而具体采用何种实现策略则将对产品质量产生很大的影响,因此,需要对各种方案进行优化选择,考虑其相容性及最佳配

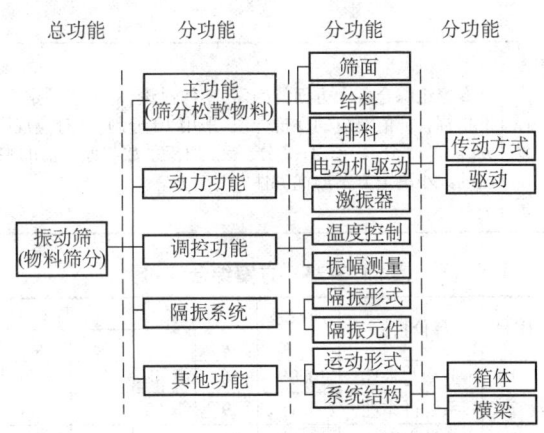

图 55.3-11 振动筛的功能树

置原则,并通过对指标的综合评价得到最合理的功能实现方案。

从功能与策略表中选择有两种方案:

方案 1:1A-2B-3A-4A-5B-6A-7C-8D-9B-10B-11C-12B

方案 2:1B-2A-3B-4A-5B-6A-7B-8B-9B-10B-11A-12A

2) 方案综合评价。方案综合评价见表 55.3-22。

表 55.3-21 自同步直线振动筛的功能与实现策略

序号	分功能与系统结构	功能实现策略			
		A	B	C	D
1	筛面	编织筛	焊接	橡胶	
2	给料	给料机	漏斗	传送带	
3	排料	带式	鳞板式		
4	激振器	惯性式	弹性连杆式	电磁式	液压式
5	传动方式	间接	直接		
6	驱动	异步电动机	同步电动机		
7	箱体结构	焊接	铆接	铆焊复合	
8	横梁	圆形	方形	U形	工字形
9	筛机运动	圆运动	直线运动	椭圆运动	
10	隔振形式	一次隔振	二次隔振		
11	隔振元件	金属螺旋弹簧	橡胶弹簧	复合弹簧	空气弹簧
12	振幅测控	振幅牌	手持测幅仪	位移传感器	加速度传感器

表 55.3-22 方案综合评价

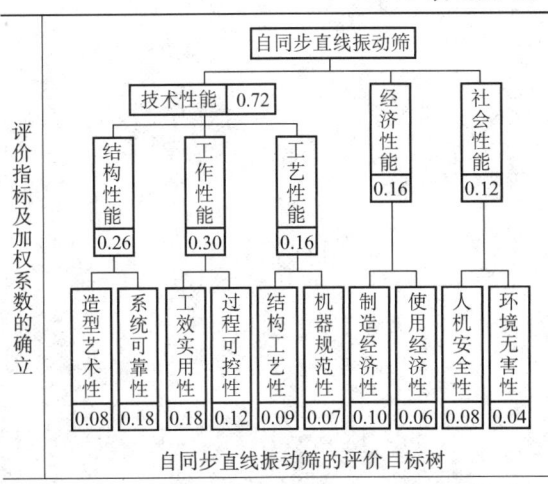

自同步直线振动筛的评价目标树

从技术性能、经济性能和社会性能 3 个方面对产品的设计方案进行评价,其中技术性能又从本篇提出的结构性能、工作性能和工艺性能 3 方面来评价。从前面几章内容可以得到,技术性能的 3 个方面包括 24 个方面的性能指标,而由于产品的特性不同,采用的评价内容也有所不同,故在本例中采用造型艺术性、系统可靠性、工效实用性、过程可控性、结构工艺性、机器规范性、制造经济性、使用经济性、人机安全性和环境无害性 10 个性指标来进行对设计方案的综合评价

考虑各性能指标的重要程度,确定其加权系数。各加权系数通过加权系数判别法获得,此处不再具体求解

（续）

专家组评分并决策

专家组综合各个方面的因素，集体讨论，对上述预定方案的各项评价指标进行评分，结果见表 55.3-23。表中 ε 表示评价指标特征值对应的评价分值，采用 10 分制，其对应规则为：9～10 分，非常好；8 分，很好；7 分，好；6 分，较好；5 分，一般；4 分，尚可；3 分，较差；1～2 分，差。加权系数与评价值的乘积 $g\varepsilon$ 表示加权评价值，最后得到每个方案的总体评价值，由评价值的大小决定方案的优劣性

表 55.3-23 方案综合评价

序号	评价指标	加权系数 g	方案 1 ε	方案 1 $g\varepsilon$	方案 2 ε	方案 2 $g\varepsilon$
1	造型艺术性	0.08	6	0.48	7	0.56
2	系统可靠性	0.18	9	1.62	8	1.44
3	工效实用性	0.18	7	1.26	7	1.26
4	过程可控性	0.12	9	1.08	8	0.96
5	结构工艺性	0.09	6	0.54	5	0.45
6	机器规范性	0.07	7	0.49	7	0.49
7	制造经济性	0.10	7	0.7	5	0.5
8	使用经济性	0.06	5	0.3	7	0.42
9	人机安全性	0.08	8	0.64	5	0.4
10	环境无害性	0.04	5	0.2	6	0.24
	总评价值（$\Sigma g\varepsilon$）			7.31		6.72

由于方案 1 总评价值要高于方案 2，各分项指标也都符合要求，故取方案 1 为产品设计方案。

(6) 总体布局设计

根据评价得到的较优方案进行总体布局设计。自同步直线振动筛的控制与信息传递以及其余辅助结构需要根据工程使用设备及筛分物料的现场情况单独布置，因此，对该设备而言，总体布局主要是针对振动筛的主体机械结构部分的布置与设计（见图 55.3-12 和图 55.3-13）。

通过功能优化设计完成振动筛的机械结构可视化动态设计、动力学仿真等，并与智能优化法相结合完成振动筛的控制系统设计等。

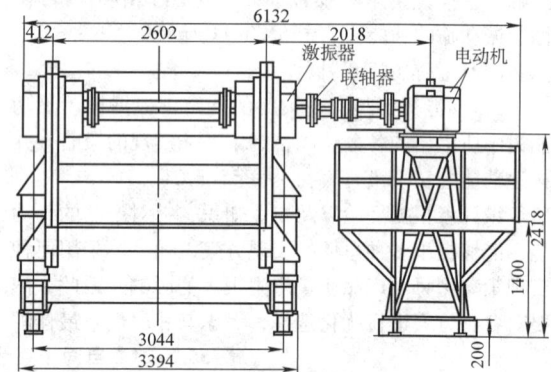

图 55.3-12 振动筛主视图

图 55.3-13 自同步直线振动筛产品

第4章 机械产品的结构性能及动态优化设计

1 概述

现代机械动态优化设计是在产品的研究和开发过程中,对机械产品的运动学与动力学及与此相关的动态可靠性、安全性、疲劳强度和工作寿命等问题,进行分析和计算,以保证所研究和开发的设备具有优良的结构性能,同时也会影响产品的使用性能。

特别需要提出的是本篇中所叙述的动态优化设计与目前一般书籍中所介绍的机器零部件的动态设计的概念和含义有所不同,目前多数书本中的动态设计一般只限于对机器中结构型零件进行以动力有限元分析为基础的动态设计,这里所指的动态优化设计是广义的,它包括与机器的运动学和动力学相关的所有设计内容。

在现代机械产品设计中,动态优化设计占有十分重要的地位。这是因为绝大多数现代机械设备都处在连续运转过程中,而且由于这些机械的工作速度越来越高,结构越来越复杂,尺寸越来越大(对微型机械来说,尺寸越来越小),精度越来越高,功能越来越齐全,对其工作的可靠性、安全性和工作连续性的要求也越来越严格。在这种情况下,产品动态设计已成为现代机械研究和开发至关重要和不可缺少的环节,对保证产品的工作可靠性、安全性、工作耐久性、对环境或资源有良好的绿色保护及使用过程中的经济性等都具有十分重要的作用。

例如,国内外许多大型高速旋转机械屡屡发生严重事故,甚至是机毁人亡的事故,这迫使企业部门及有关科技工作者对所发生的事故进行仔细的分析和研究,从中吸取经验和教训,以防止这些严重事故再次发生,同时这类事故的发生,也给从事产品研究、设计和开发工作的科技工作者敲起了警钟,对这类机器的动力学问题不能粗心大意,必须深入地去研究和寻找事故发生的原因,以及采用更新的理论和先进的技术去解决所遇到的问题。

因此,机械动态设计正在向深度和广度方向扩展,研究的重点正由线性向非线性方向转变,由稳态向非稳态方向过渡,由少自由度向多自由度方向发展,由单一和可分离的系统向复杂和强耦合的系统转移,如此等等。由此,现代机械动态设计的内涵自然而然地已经或正在发生根本性的改变。

2 结构性能优化设计的目标、内容与方法及其关联性方程式

2.1 动态优化设计的主要目标、内容与方法

机械动态设计涵盖的内容十分广泛,其主要目标、内容和方法可由图 55.4-1 表示。

动态优化设计主要目标是产品的结构性能,但是对其他性能及主辅功能也会产生不同程度的影响。动态优化设计主要目标、内容与方法见表 55.4-1。

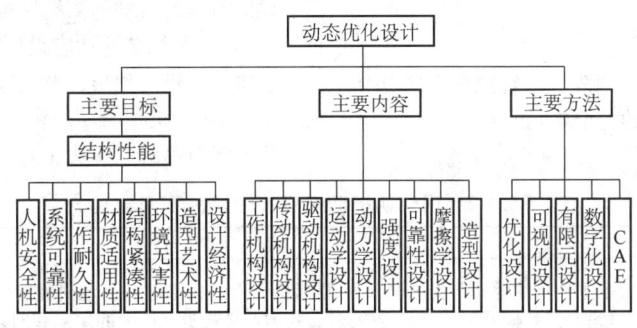

图 55.4-1 动态优化设计的主要目标、内容与方法

2.2 动态优化设计的主要目标、内容与方法的关联方程式

从物理概念出发,动态优化的主要目标、内容和方法,彼此间有着不可分割的联系。它们各自组成元素的方程式为

$$C_s(n) = f_b(c_1, c_2, \cdots, c_n)$$
$$D_s(m) = f_d(d_1, d_2, \cdots, d_m) \quad (55.4\text{-}1)$$
$$A_s(k) = f_a(a_1, a_2, \cdots, a_k)$$

式中 $C_s(n)$ ——n 个元素或子系统组成的设计目标函数;

表 55.4-1 动态优化设计主要目标、内容与方法

主要目标	内　容	方　法
动态优化设计主要目标是产品的结构性能，包括：①人机安全性；②系统可靠性；③工作耐久性；④材质适用性；⑤结构紧凑性；⑥环境无害性；⑦造型艺术性；⑧设计经济性。动态优化设计对产品的使用性能也会产生积极的影响，如①工效实用性；②运行稳定性；③指标优越性等	动态优化设计的内容有：①机器的结构动力学；②机构动力学；③驱动系统动力学；④传动系统动力学；⑤机器的运动学；⑥机械系统及零部件的可靠性；⑦机器及其零部件的动强度等	相关设计方法和手段有：①广义优化设计法；②可视化设计；③有限元设计法；④数字化设计法；⑤CAE 等

$D_s(m)$——m 个元素或子系统组成的设计内容函数；

$A_s(k)$——k 个元素或子系统组成的设计方法函数；

c_i、d_i、a_i——设计目标、设计内容与设计方法的组成元素或组成子系统。

它们的关联方程可表示为

$$C_s = A_s D_s \quad (55.4\text{-}2)$$

式中 C_s、D_s、A_s——目标列阵、内容列阵和方法矩阵。

C_s、D_s、A_s 分别为

$$C_s = \begin{pmatrix} c_1 \\ c_2 \\ c_3 \\ \vdots \\ c_n \end{pmatrix}, \quad D_s = \begin{pmatrix} d_1 \\ d_2 \\ d_3 \\ \vdots \\ d_m \end{pmatrix},$$

$$A_s = \begin{pmatrix} a_{11} & a_{12} & a_{13} & \cdots & a_{1m} \\ a_{21} & a_{22} & a_{23} & \cdots & a_{2m} \\ a_{31} & a_{32} & a_{33} & \cdots & a_{3m} \\ \vdots & \vdots & \vdots & & \vdots \\ a_{n1} & a_{n2} & a_{n3} & \cdots & a_{nm} \end{pmatrix} \quad (55.4\text{-}3)$$

式中 c_i、d_j、a_{ij}——目标列阵、内容列阵和方法矩阵的各个单元或元素。

将式（55.4-3）代入式（55.4-2）可得

$$\begin{pmatrix} c_1 \\ c_2 \\ c_3 \\ \vdots \\ c_n \end{pmatrix} = \begin{pmatrix} a_{11} & a_{12} & a_{13} & \cdots & a_{1m} \\ a_{21} & a_{22} & a_{23} & \cdots & a_{2m} \\ a_{31} & a_{32} & a_{33} & \cdots & a_{3m} \\ \vdots & \vdots & \vdots & & \vdots \\ a_{n1} & a_{n2} & a_{n3} & \cdots & a_{nm} \end{pmatrix} \begin{pmatrix} d_1 \\ d_2 \\ d_3 \\ \vdots \\ d_m \end{pmatrix}$$

$$(55.4\text{-}4)$$

因此，动态优化设计所涵盖的内容十分广泛，要想做好这项工作是相当复杂的，这里提出的动态优化设计是一种较好的概括，它抓住了产品设计中的核心问题和关键问题。

3 动态优化设计的种类和特点

如前所述，现代机械动态设计有两种不同的含义，见表 55.4-2。

动态优化设计根据所应用的理论，还可分为以下两类：

1）一般动态优化设计法，它是以线性动力学理论为基础。

2）深层次动态优化设计法，它是以非线性动力学理论为基础。

此外，按照机器的类别，即针对利用有用的振动和预防有害的振动的两类机械，可分为以下两种：

1）普通机械的动态设计法，通常要对可能产生的有害振动进行预防，设法抑制或消除。

2）振动机械的动态设计法，设法有效地利用振动来完成机器的主要功能。

表 55.4-2 现代机械动态设计的两种不同含义

种类	含　义
狭义的机械动态设计	目前多数书本中所述的动态优化设计，它是以机器中结构型零部件为研究对象，以线性动力有限元法为手段，采用理论研究和模型试验相结合的方法，找出产品初步设计中的缺陷和问题，进而对零部件或结构进行动力修改，避免结构在工作时发生共振和出现不稳定振动，它的研究范围仅限于结构的动态特性，即机器零部件的固有特性
广义的动态优化设计	广义的动态优化设计和狭义的机械动态设计有不相同的含义。动态设计，顾名思义，它应该包括机器工作过程中发生的运动学、动力学等与动态特性有关的所有设计内容，因而它有以下特点： 1）从研究目标看，广义动态设计考虑的是与机器运动学和动力学相关的所有设计内容，包括机器运动学和动力学分析及相关参数的计算等

(续)

种类	含 义
广义的动态优化设计	2) 从研究的理论基础看，不仅要考虑机械系统的线性振动问题，还要考虑非线性动力学问题，所以广义动态设计不只是以线性动力学理论为基础，而且要提升到以非线性动力学理论为基础。对于不少机械来说，如果不去研究非线性动力学问题，就很难揭示机器运转过程中所发生的非线性动力学现象，如超谐和亚谐振动、跳跃和滞后、分岔与混沌、慢变与突变等 3) 从研究内容看，狭义动态设计重点是研究机器结构或系统的模态参数，并以避免或减轻机器或结构出现共振及不稳定的振动为主要目的；广义动态优化涵盖了机器运动学和动力学的所有方面，不只考虑消除那些有害的振动；对于利用振动的机械来说，还要考虑如何充分地利用振动，甚至是利用共振给生产和人类生活带来益处，并创造经济效益和社会效益 4) 从研究手段和方法看，它一般采用广义优化和试验研究相互结合的方法。所谓广义优化，它的内涵除了书本中所述的最优化方法（通常得到的是量化的结果）外，还要考虑工程设计过程中常常采用的类比和选优等优化方法 5) 从研究对象看，不只限于一般机械，目前已扩展到设计难度最大的一些大型高速旋转机械，如汽轮机组等 由此可见，广义动态设计已经大大扩展并改变了狭义机械动态设计的内容和范围，从而使动态优化所涉及内容的广度、深度和难度都发生了根本性的变化

4 动态优化设计的内涵

4.1 动态优化设计的目的

机械动态设计的目的是希望所设计的机器在投产后，能在较理想的状态下工作，即不仅能获得满意的性能指标，还能安全可靠和耐久地工作。具体地说，机械动态设计的目的见表 55.4-3。

表 55.4-3 机械动态设计的目的

类别	内 容
广义的目的	在初步设计过程中，根据以往经验和理论成果，对机器的运动学和动力学进行分析，计算其运动学和动力学参数，确定机器及其零部件的形式、形状和尺寸
狭义的目的	在完成初步设计后，对所设计的机械或其零部件的结构进行建模，研究与分析其动态特性，并在可能的情况下进行试验和分析，检验其动态特性是否符合机器工作要求，进而对机械设备的图样进行审核、修改或重新设计

4.2 一般动态优化设计法

一般动态优化设计法是以提高产品结构性能为主要目标、以线性动力学理论为基础的动态优化设计法，具体地说，它的主要目标是使产品获得优良的结构性能：工作可靠性、人机安全性、工作耐久性、环境无害性、造型艺术性和设计经济性等。

本篇所述的动态优化设计是广义的，对于一般动态优化设计也是如此，指的是对机器的运动学和动力学相关的所有主要问题进行分析与计算，而不是一般意义上的狭义动态设计。它主要包括两方面的内容，见表 55.4-4。

机械动态设计还因机器的类型不同而有区别，各类机械的动态设计的内容是不相同的。目前工矿企业中使用的机械设备大体上可分为两大类：

1) 一般机械。这类机械不希望在使用过程中出现振动，对多数机械来说振动是有害的。因此，在动态设计时要设法限制这些有害振动的发生。

2) 利用振动的机械。通常称它为振动机械，这类机械要求机器工作时产生对工作有用的振动。此外，在振动机械工作时，所出现的振动有的是有用的，但也有一些是有害的振动。对于有害的振动的处理方法是和前一类机械相同的。所以，振动机械的动态设计方法既要考虑有用振动的有效利用，也要像一般机械设备的动态设计方法一样，设法消除某些有害的振动，所以振动机械的动态设计较一般机械有更大的普遍性和适用性。下面我们以振动机械为例，讨论现代机械设备的动态优化设计方法。

振动机械的动态设计应该包括两个方面，即如何有效地利用振动和如何防止及消除有害的振动，见表 55.4-5。

依据振动机械形式和结构的区别，各种振动机械动态设计的内容会有所不同。振动机械及其零部件动态设计的理论和方法，是以现代设计理论和方法为基础的，因此为了搞好振动机械的动态设计，必须学习与掌握现代设计的理论和方法。机械设备动态设计的一般理论和方法通常包括四个方面的内容，见表55.4-6。

表 55.4-4 一般动态优化设计法

理论框架	项目	内 容
目标────使产品获得优良的结构性能(人机安全、可靠性和工作寿命) 设计内容与方法：线性多体系统动力学、线性动力有限元、线性振动、动态优化设计、线性动力学设计、动态可靠性设计、同时要采用其他相关的设计方法、多自由度动态可靠性、可靠性灵敏度设计、可靠性稳健设计 特点────以稳态工况和线性理论为基础 一般动态优化设计法的理论框架	动力学设计（主要研究的是线性动力学设计）	一般动态优化设计法应是一种以提高机器结构性能和工作性能为目标，以线性动力学理论为基础，以机器运动学和动力学分析与计算为内容，以广义优化为手段的动态优化设计
	可靠性分析	可靠性设计是对机器零部件和可靠度进行计算，以保证机器零部件安全和可靠地工作。可靠性设计研究的重点是多自由度线性随机振动问题

表 55.4-5 振动机械动态设计的内容

	项目	内容
有益振动的利用	选择振动机构的形式	如惯性式、弹性连杆式、电磁式或液压式振动机构，线性非共振式、线性近共振式、非线性式或冲击式等动力学形式，单质体式、双质体式或多质体式振动系统等
	振动机械运动学参数的设计计算	主要内容是计算与选择振动机械的工作转速、振幅和振动方向角等。对于振动输送机，还要选择及计算物料在振动平面上的平均速度等
	振动机械动力学参数的设计和计算	主要内容是计算与选择振动机械的最佳动力学状态和参数。为此，必须首先对振动机械振动系统进行动力学建模，然后计算振动机械系统的隔振模态和主振动模态，对于非共振类振动机，主要是计算隔振模态。对于近共振类振动机，上述两种模态均需计算，并在此基础上，计算出振动机械的动力学参数
	计算振动系统的质量、阻尼和刚度	主要内容是计算振动系统的结合质量、当量阻尼、隔振弹簧刚度和主共振弹簧刚度
	激振器同步性条件的验算	对于多电动机驱动的振动机械，还要验算其同步条件与同步状态的稳定性条件等
	振动机械所需功率的计算	
	各主要零件上作用力及应力计算等	
有害振动的防止	振动的隔离	振动机械机体振动的隔离，主要是选择隔振的方案和计算隔振的频率与隔振弹簧刚度
	双振动质体系统的平衡	对双质体或多质体振动机，采用两个机体惯性力相互平衡的方法，这是减小振动机体惯性力传给基础或楼板的有效方法
	弹性振动的防止	为防止振动机械弹性件产生振动，必须采取防止弹性振动的措施，并进行必要的计算。例如，振动机械的悬吊钢绳出现的弹性振动，大长度输送机槽体的弹性弯曲振动等，应采取相应措施，设法予以消除
	振动机械框架的有限元分析及静动强度计算	振动机械框架的有限元分析及静动强度计算，例如，振动筛的筛框、压路机机架的有限元分析及静动强度计算等
	振动机械振动系统不稳定振动的预防	
	弹簧形式的选择与计算等	
	传动系统的转轴等零件的动强度计算等	
	振动系统有害振动的控制方法和控制系统的设计等	
	一般振动机械工作时噪声的控制	

第4章 机械产品的结构性能及动态优化设计

表 55.4-6 机械设备动态设计一般理论和方法的内容

按初步设计图样或实物进行动力学建模	完成的工作	根据实际机器及其零部件的结构特点,建立可用于动力学分析的力学模型
		根据实际机器及其零部件实际工况,确定作用于其上的作用力和载荷谱
		对于一般机械系统,要根据机器及其零部件的实际工况,确定该系统的有关振动参数:质量、阻尼与刚度。对于结构件,则应将该结构按照有限元方法划分为可供分析的计算单元
		建立系统的动力学方程式
按照所建立的动力学模型分析与计算系统的动态特性,并审核初步设计	机械系统动态特性的分析	根据动力学方程,计算该系统的固有频率
		计算与系统固有频率相对应的振型
		计算在指定载荷作用下的振动响应
		计算构件上各部位的静、动应变与静、动应力
按照所建立的动力学模型分析与计算系统的动态特性,并审核初步设计	对机器的初步设计的数据进行审核	选择试验样机或制作试验模型
		选用适当的试验方法
		测定所设计机器及其零部件的模态参数和动态特性
		依据试验数据,对系统的物理参数(质量、刚度与阻尼等)进行识别
对机械或结构进行修改设计	对系统进行动力修改	确定修改准则,找出应修改的问题
		对结构的外载荷进行修改
		对结构物理参数(质量、阻尼、刚度)进行修改
		对结构的动态特性即固有频率、振型和响应进行修改
		对动力模型和所设计的结构进行修改,以满足工艺指标、工作安全可靠性的要求等
对机械或结构进行修改设计	在完成前面所述的动力学计算之后,还应对机器主要零部件的可靠度进行分析计算,以保证机器及其零部件的可靠性	

4.3 深层次动态优化设计法

深层次动态优化设计法是以非线性动力学为基础的动态优化设计方法。它的主要内容见表 55.4-7。

和一般动态设计方法相同,深层次的机械动态设计通常包括狭义的和广义的两类目的。深层次机械动态设计也因机器的不同类型而有区别,各类机械动态设计的内容也不完全相同。

表 55.4-7 深层次动态优化设计法的主要内容

理论框架	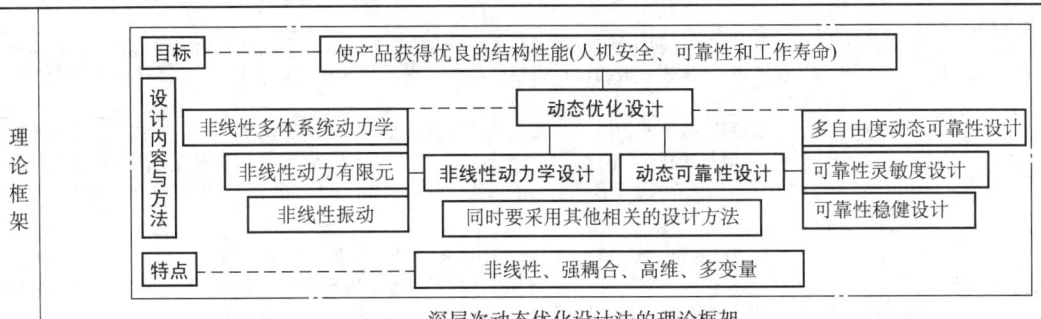 深层次动态优化设计法的理论框架
主要内容	以非线性动力学为基础的设计(包括非线性可靠性设计) 现代机械深层次动态优化设计应是一种以非线性动力学理论为基础,以机器运动学和动力学分析与计算为内容,以广义优化为手段的动态优化设计。为了做好此项工作,应该建立以非线性振动、非线性动力有限元和非线性多体系统动力学为基础的非线性动态优化设计体系和设计平台 建立以广义质量为目标、非线性动力学理论和可靠性理论为基础的机器及其零部件可靠性设计体系 现代机械设计理论与方法的主导研究方向呈现出这样一个特点和模式,它正在确立以产品广义质量为主要目标,采用综合集成技术将几种对产品质量有重要影响的设计法有机地结合在一起的综合设计模式,来解决包括复杂非线性系统等有关问题在内的一些深层次设计问题。这是产品设计理论和方法发展的必然趋势 深层次机械动态设计的目的和一般动态设计相同点是,要求所设计的机械设备在投入生产后,能处在较理想的状态下工作,不仅能获得满意的技术性能指标,能安全可靠地工作,还能满足工作寿命的要求

现在还是以振动机械为例,来讨论深层次的,即以非线性动力学理论为基础的现代机械动态优化设计方法。

从动力学的具体内容来看,非线性机械动态设计涉及以下三个方面的内容:非线性多体系统动力学、非线性振动和非线性动力有限元分析。

由于目前工程中所遇到的非线性振动问题越来越多,利用一般线性振动理论和方法,很难解决或很难全部解决所遇到的实际问题。例如,一些非线性振动机械及汽轮发电机组等机械设备运转过程中所发生的非线性振动问题,只有采用非线性动力学理论与方法才能得到解决。因此,目前机械动态设计正向更深层次的方向发展,这就要求科技工作者不仅要关注一般线性振动问题,还要重视非线性动力学问题的研究。

振动机械深层次的动态优化设计的基体内容,包括有益振动的利用和有害振动的防止,和上一节中的一般动态优化设计相同;不同之处是采用的基础理论和方法有所区别。

对于振动机械深层次的动态优化设计,同样要对机器主要零部件的可靠度进行分析计算,以保证机器及其零部件的可靠性。

5 动态优化设计的步骤和方法

一般机械和振动机械动态设计的步骤大致相同,可以概括为以下 8 个方面:

1) 线性或非线性运动学参数的选择计算。
2) 线性或非线性动力学建模。
3) 线性或非线性动态特性分析与动力学参数计算。
4) 其他动力学问题的分析和计算。
5) 用试验方法研究机器的线性或非线性运动学和动力学问题。
6) 通过试验所得的数据对机器的参数进行辨识,找出问题。
7) 制定修改的准则及提出需要修改的问题。
8) 对机器或结构中线性或非线性问题进行修改设计。

完成上述动态设计通常采用解析法、数值法和试验法。最理想的是将这些方法结合起来,做到理论与实际紧密结合。

5.1 机器的运动学分析和参数的计算

现以线性或非线性振动机械为例,讨论振动机械运动学参数的选择计算,见表 55.4-8。

其他形式振动机的运动学参数,同样要求在指定的运动学参数条件下,才能获得较理想工艺指标,由此确定最佳或次佳的运动学参数。

5.2 机械系统的线性或非线性动力学建模

各类振动系统的建模可以采用不同的方法,也可以采用相似的方法,见表 55.4-9。

表 55.4-8 振动机械运动学参数的选择计算

类型	内容
输送给料类振动机	这类振动机以给料和输送机为代表,需要选择与计算的运动学参数有:振幅、频率、振动方向角、工作面的倾角和运动轨迹等,这些参数的选择原则是找出物料最佳和次佳运动状态,进而选取最佳和次佳的运动学参数
筛分选别类振动机	这类振动机以振动筛、振动冷却机、振动烘干机、振动脱水机和振动分选机为代表。其运动学参数与上一类振动机相同,但在选择时,不仅要考虑物料运动状态与形式,而且还要考虑被分离物的排出概率(出率)与运动学参数的关系,进而合理地选取这些参数。例如,对于筛分机械,必须考虑运动学参数对透筛概率的影响
破碎粉磨类振动机	这类振动机以振动破碎机、振动磨机、振动光饰机和振动落砂机为代表。找出该类机器工作部件的运动轨迹、振幅和工作频率与破碎介质运动形态之间的关系,以及破碎介质运动形态和破碎效果之间的关系,进而确定运动学参数。除按照理论方法初选外,试验研究也是一项不可缺少的工作
成形密实类振动机	这类振动机以振动成型机和振动造型机为代表。松散物料在振动条件下成形,可显著减小物料内摩擦力,增加流动性,进而提高工作效率。试验结果指出,较理想的状态是所选取的运动学参数:振幅、频率、激振器形式(单轴或双轴),能接近包括被成形物料在内的振动系统的主固有频率,这时成形和密实效果最为理想
振捣打拔类振动机	这类振动机以振动压路机、振动沉拔桩机和振动夯土机为代表。试验指出,当对土壤压实或将管桩沉入土壤或砂石中时,近共振工况是较为理想的工况。但由于工作环境和条件的复杂性,并不可能使绝大多数压实机械都工作在理想的工况下,只有少数振动压实机械在某些时候或某些特殊条件下,才有可能在接近共振的条件下工作,使所选择的运动学参数尽量接近这一理想状态
测试诊断类振动仪器与设备	这类机械和仪器以振动台、各种形式的激振器、动平衡机和各种形式的诊断仪为代表。这类仪器和机器的运动学参数(振幅和频率)必须有较大的调节范围,以满足不同工况的需要

表 55.4-9 机械系统的线性或非线性动力学建模

建立一般线性或非线性振动系统动力学方程的方法	按牛顿定律建立方程	取任一分离体,该分离体的惯性力等于其他作用力之和,即 $$\sum m_i \ddot{x}_i = \sum F_n$$ 式中 m_i——分离体中的第 i 个质量 $\ddot{x}_i$——分离体第 i 个质量的加速度 F_n——作用于该分离体上的第 n 个外力
	按达伦培尔原理建立方程	按达伦培尔原理,作用于某一独立系统的所有作用力 F_i 之和等于零,包括系统中的惯性力,即 $$\sum F_i = 0$$
	按拉格朗日方程建立动力学方程	依据机器的力学模型图,写出系统的动能 T、势能 V 及能量耗散函数 D,再按照下述拉格朗日方程进行计算,即可求出各个广义坐标上的运动微分方程式 $$\frac{\mathrm{d}}{\mathrm{d}t}\frac{\partial T}{\partial \dot{q}_i} - \frac{\partial T}{\partial q_i} + \frac{\partial V}{\partial q_i} + \frac{\partial D}{\partial \dot{q}_i} = F_{qi}$$ 式中 $q_i,\dot{q}_i$——广义坐标和广义速度 F_{qi}——广义力 由上述方程第一项,可求出系统的惯性力,第三项为弹性力,第四项为阻尼力,等号后为干扰力
按传递矩阵法建立动力学方程		传递矩阵法可用来计算长距离振动输送槽体弯曲振动的固有频率与响应及轴类零件弯曲振动的固有频率与响应等
机器结构或框架用线性或非线性弹性力学有限元法建立动力学方程		用弹性力学有限元法建立方程,主要是基于弹性力学的变分原理,如虚位移原理、瞬时最小势能原理等。用有限元法建立动力学方程的步骤如下: 1)将系统划分为若干有限单元,选取单元坐标系。计算在总坐标系中单元的惯性矩阵、阻尼矩阵、刚度矩阵和结点力列阵,即 m_s,c_s,k_s 及 $f_s(s=1,2,\cdots,r)$ 单元的动力学方程为 $$m_s\ddot{u}_s + c_s\dot{u}_s + k_s u_s = f_s$$ 2)确定系统位移坐标矢量 U 及各单元的变换矩阵 A_s,进而计算系统的惯性矩阵 M、阻尼矩阵 C、刚度矩阵 K 和结点力列阵 F $$M = \sum_{s=1}^{r} A_s^\mathrm{T} m_s A_s \quad C = \sum_{s=1}^{r} A_s^\mathrm{T} c_s A_s \quad K = \sum_{s=1}^{r} A_s^\mathrm{T} k_s A_s \quad F = \sum_{s=1}^{r} A_s^\mathrm{T} f_s$$ 3)建立结构总体坐标系下的运动微分方程式 $$M\ddot{U} + C\dot{U} + KU = F$$ 然后按照方程求系统的固有频率、振型和动力响应

5.3 机器线性或非线性的动态特性分析与动力学参数计算

不管是一般振动系统的动力学方程,还是结构有限元动力方程,求它们动态特性的方法基本相同。求解它们的固有频率和振型,可先略去外作用力和阻尼,这时方程可写成

$$M\ddot{U} + KU = 0 \quad (55.4\text{-}5)$$

式中 M、K——系统的质量矩阵和刚度矩阵;
U、$\ddot{U}$——位移矢量和加速度矢量。

上述方程有下列形式的解:

$$U = \psi \sin\varphi \quad (55.4\text{-}6)$$

式中,ψ 与时间无关的位移矢量。将式 (55.4-6) 代入式 (55.4-5),得

$$(K - \omega_n^2 M)\psi = 0 \quad (55.4\text{-}7)$$

式中 ω_n——系统的固有频率。

由以上方程即可求出系统的固有频率和振型。n 个自由度的系统有 n 个固有频率,每个固有频率都有相应的振型。此外,还可对动力学方程进行坐标变换,将方程变换到主坐标或正规坐标上,然后求出系统的动力响应。

5.4 其他线性或非线性动力学特性分析

对于振动机械来说,除固有频率、振型和动力响应以外,还有其他一些动力学特性需要计算,例如:

1)对于自同步振动机,还应验算其同步性条件和同步状态的稳定性条件。如导出激振器偏转式自同步冷烧结矿振动筛的同步性条件与同步状态的稳定性条件,并进行验算,指明在给定条件下可以获得所要求的工作状态和运动轨迹。

2)非线性特性对振动机工作性能的影响。非线

性振动系统非线性的强弱对振动响应的影响及工作点的选择对振幅稳定性的影响等，也是非线性振动机械设计中应该考虑的问题。

5.5 试验研究和试验分析

不管是振动机械，还是一般机械设备，设计的结果必须通过试验来考核。这是因为在机器设计过程中，有很多实际因素难以全面地、完全地和正确地加以考虑，实际结果与设计所采用的条件总会有一定出入，因而会产生一定的误差，甚至会有很大的误差。

通过试验可以测得机器的线性或非线性动态特性，最简单的内容有系统的固有频率和振型等。测定机械系统的模态和动力响应通常有以下一些方法：

1) 对某些机器或结构，可采用敲击法。
2) 通过机器的起动与停机，测定机器在各种转速下各部位的振幅及振型。
3) 用变频器来改变电动机转速，测知在各转速情况下各部位的振幅及振型。

振动测量时，应同时测量输入和输出。输入的激励有各种不同的形式，可根据需要进行选择。测得输入和输出，便可算出频率响应函数，由此可按照所测得的激励和响应，推算出系统的动态特性。

除上述内容外，机器的动力学问题很多，需要测定和研究的数据也很多，因此常根据实际需要进行试验和分析。

5.6 根据试验结果对线性或非线性机械系统的未知参数进行辨识

机械系统的未知参数根据机器的种类而有区别，可根据各类机器的特点在试验后进行参数识别。在参数识别中，最简单的是模态参数识别，模态参数的识别有多种方法，可在频域中进行识别，也可以在时域中进行识别，模态参数识别见表55.4-10。

表 55.4-10 模态参数的识别

分类	说　明	两种方法分析路线的比较
频域识别方法	对结构上的某一点激励，同时测得激励点及响应点的时域信号，经A/D转换与FFT变换，变成频域信号，然后对频域数字信号进行运算，求出频率响应函数，再按参数识别方法识别出模态参数：固有频率、振型、模态质量、阻尼和模态刚度等	频域法：时域信号 →FFT→ 频域信号 →传递函数估计→ 传递函数 →参数辨识→ 模态参数
时域识别方法	时域识别方法与频域识别方法不同，它无需将所测得的响应及激励的时间历程信号变换到频域中去，而是直接在时域中进行参数识别	时域法：时域信号 →建模→ 数学模型 →参数辨识→ 模态参数 频域识别法与时域识别法的分析路线的比较

5.7 制定审核与修改准则

对于所设计的一般机械或振动机械，审核与修改准则与设计准则是相同的。例如，所选取的线性或非线性运动学参数，应能使机器获得所要求的工艺指标；所选取的动力学参数，应能使所设计的机器获得所需的运动轨迹、频率和振幅，同时应使所设计的机器有良好的隔振性能及其他动力学特性；使所设计的机器及其零部件的动应力在许用范围内等。

对于振动机械的某些结构件，如振动筛筛框、振动输送机的槽体等，它们的固有频率不应与工作频率相近，即应使工作频率 ω 与低阶固有频率 ω_{ni} 及高阶固有频率 ω_{ni+1} 的关系保持在以下范围内

$$1.4\omega_{ni} < \omega < 0.7\omega_{ni+1} \qquad (55.4\text{-}8)$$

同时，要求结构中的子结构的质量分布与刚度分布较为均匀，惯性能与弹性能分布趋于均衡，即不应使构件有薄弱的部分，各部分的刚度不应有过大的差别。

对于非线性振动系统，还要考虑亚谐共振动和超谐共振动。

5.8 对机器或结构的线性或非线性问题进行修改设计

结构动力修改技术有正问题和反问题两大类。正问题是根据结构参数（质量、刚度和阻尼）的改变量（ΔM、ΔK、ΔC）求结构的固有频率与振型的改变（$\Delta \lambda$、$\Delta \psi$）。这类问题在结构改型设计中时常遇到。结构动力修改的反问题是已知 $\Delta \lambda$、$\Delta \psi$ 求 ΔM、ΔK、ΔC，这类问题在结构动力特性的优化设计中及避免共振时经常遇到。

结构动力特性修改的方法有多种，有矩阵摄动法、传递函数法和灵敏度法等。

6 应用举例

由于振动机械动态优化设计具有较大的普遍性，所以在这一节里作为动态设计的实例来说明现代机械动态设计的基本内容和方法。

机架是振动压路机的关键部件之一，发动机、驾驶室、操纵台等均布置其上，且牵引架与压轮框架铰接连接。机架结构的合理性及工作可靠性，对压路机有着重要的影响。为此，对大中型压路机机架的结构用有限元法对其进行动应力分析和模态分析，用以改善结构、提高设计合理性和可靠性，为大中型压路机的动态设计方法提供理论依据。振动压路机机架结构动态特性的动力有限元分析见表55.4-11。

通过前面的分析，可以得出以下几点结论：

1) 通过对机架结构强度进行理论计算和实际测试，可认为YZ10型振动压路机的机架结构有待进一步改善，牵引车架槽钢端部应布置横梁，以加强牵引车架端部的强度；车架上板和车架下板处应布置加强肋，以改善其受力状况；铰接处侧板应加厚，进而改善铰接轴及铰接轴承的受力状况。

2) 铰接式车架结构复杂，其整体动力学分析是比较困难的。本节采用弹性连接来近似铰接结构，即前后车架由弹性连接来耦合。本节对牵引车架和压轮框架及整体机架，分别用有限元程序和试验进行动态分析，用模态综合法进行整体分析，得到了整体车架的动态特性，这为设计开发具有较好动态特性的振动压路机提供了理论依据。

表55.4-11 振动压路机机架结构动态特性的动力有限元分析

计算工况的确定	振动压路机工况复杂，如水平直线前进、后退；左右转；上下坡；振幅有大振幅和小振幅两种；被压实层为石子、黏土和其他颗粒材料的路基和次路基等。下面讨论压路机作业中最常用的工况，即机器处于水平直线运动，振幅为大振幅，被压实层为黏性基础层
边界条件的确定	1) 振动压路机牵引车架受的静载作用，包括液压油箱及发动机罩重力、操纵台及驾驶室重力、油箱和柴油重力等 2) 振动压路机压轮框架受到的动载作用，包括振动轮重力、振动轮的最大激振力等 操纵台及驾驶室的重力平均分配在牵引架的四个支腿上；发动机及附属装置的重力也平均分配在其支腿上；发动机罩和液压油箱靠两边支腿支撑，由于质心接近支腿中点，故其重力加在支腿中点处；柴油箱和柴油重力，也加在两槽钢与其连接处；振动轮重力平均分配在侧板与振动轮连接的几何中心处，压轮框架铰接连接作用力平均加在托架的侧板上 前后车架用铰接连接。当分别取牵引架和压轮框架为力学模型进行有限元计算时，铰接孔承受由铰接轴传来的载荷 F，一般假设作用在孔壁上的载荷沿圆周按余弦规律分布，如图a所示，即 $$F_\alpha = F_{\max} \cos k\alpha \qquad (1)$$ 式中 F_α—分布载荷 $\quad\quad F_{\max}$—最大分布载荷 分布载荷的合力应等于载荷 F，即有 $$F = \int_{-\frac{\varphi}{2}}^{\frac{\varphi}{2}} RF_{\max} \cos k\alpha \cos\alpha d\alpha \qquad (2)$$ 式中 R—铰接孔半径 $\quad\quad \varphi$—轴与轴孔的接触角 由图a可见，当 $\alpha = \varphi/2$ 时，$F_\alpha = 0$，即由式(1)可得 $$F_{\max} \cos k\alpha = 0 \quad 且有 \quad k = 180/\varphi$$ 当 $\varphi = 60° \times 2 = 120°$ 时，由 $F = \int_{-\frac{\pi}{3}}^{\frac{\pi}{3}} RF_{\max} \cos\frac{3\alpha}{2} \cos\alpha d\alpha = 1.2RF_{\max}$ 于是得 $$F_{\max} = \frac{F}{1.2R} \qquad (3)$$ 在指定工况的条件下 $$P = G\mu$$ 式中 G—工作重力 $\quad\quad \mu$—土的滚动阻力系数 求出分布规律以后，即可计算轴孔边界上各节点之间微段上分布力的合力 F_m 及其 x、y 轴方向的分量 F_{mx} 和 F_{my}，然后按照静力等效原则，将微段上的分力或其分量分别移置到对应的边界各节点上 3) 边界约束条件。前后车架用铰接连接，铰接轴孔与铰接轴不接触部分的单元节点上约束 x、y、z 三个方向的位移和两个转角，允许铰接轴轴线转动 牵引车架驱动轮采用低压宽断面轮胎。轮胎具有一定的弹性和阻尼，其阻尼较小，可以忽略，弹性刚度根据试验确定

a) 铰接孔受力计算

结构离散化	为全面准确地反映压路机在各种工况下的变形和应力特点,在研究对象的选取与简化上,保留原有结构和受载条件。牵引架中车架上下板与槽钢和加强板相连,厚度较大,取三维块单元。槽钢、支座和支架等处采用板壳单元 在牵引架和压轮框架有限元计算中采用以下几种单元: 1) 块单元。采用八节点三维块单元,用于模拟车架上板和车架下板 2) 壳单元。采用板壳单元,用于计算槽钢、支架、支座等部位 3) 边界单元。采用边界单元,给节点提供线弹性支座,模拟轮胎和减振块刚度 4) 读入单元。采用有限元中的第十类单元,用于模拟三维块单元和板壳单元的连接 在划分单元时,尽量使单元的各条边长相差不太大,为了节省机时,减少节点数,单元划分遵循"应力均匀区粗划,应力变化大处细划"的原则
机架结构的有限元计算模型	1) 牵引车架的有限元模型。牵引车架力学模型简图如图 b 所示。模型共有 662 个节点,595 个单元,其中块单元 82 个,板壳单元 462 个,弹簧边界单元 43 个,读入单元 8 个 2) 压轮框架的有限元计算模型。压轮框架力学计算模型如图 c 所示。模型共有 485 个节点,538 个单元。其中块单元 18 个,板壳单元 508 个,弹簧边界单元 4 个,读入单元 8 个 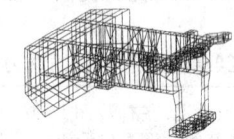 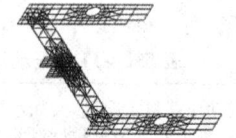 b) 牵引车架的有限元计算模型　　c) 压轮框架的有限元计算模型
计算结果与分析	有限元程序中,单元应力的输出点是单元的体心及六个面心,但程序最多允许输出七个应力点中任意两个点的值。体心应力采用总体坐标系,输出六个应力分量和三个主应力。单元面心处应力采用单元表面的局部坐标系,输出三个应力分量和两个主应力及最大的主应力与局部坐标系 x 轴之间的夹角。采用板单元时,输出单元中心处的主应力、方向和当量应力。图 d~图 i 中给出了几个主要零件的单元应力分布。从应力分布情况可知: 1) 整个牵引车架和压轮框架所受应力都比较小,远低于材料的许用应力。但就整体来看,车架下板所受的应力比其他部分大;侧板所受应力较横梁和铰接板处大 2) 就局部来看,车架上板两侧中部、车架上板铰接孔处、左右槽钢两端、横梁靠近铰接处和侧板中部圆孔周围应力较大 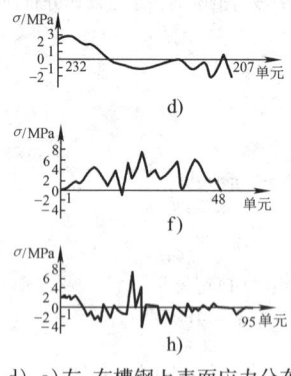 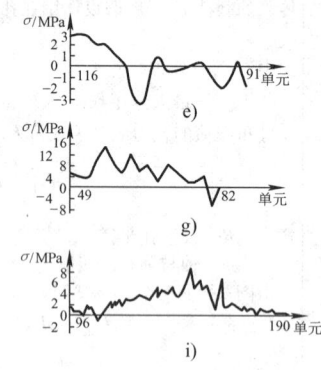 d)、e) 左、右槽钢上表面应力分布　f)、g) 车架上、下板上表面应力分布 h)、i) 左、右侧板外表面应力分布
机架结构模态分析	对机架进行模态分析,得到前十阶固有频率和振型。表 55.4-12 列出了牵引车架、压轮框架及机架的十阶固有频率。图 j 和图 k 分别是牵引车架和压轮框架的一阶振型图 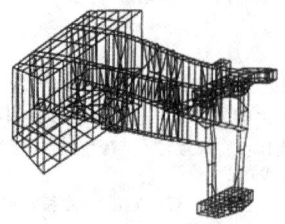 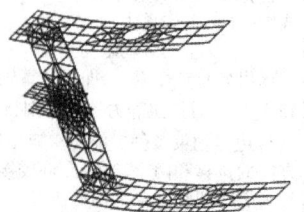 j) 牵引车架一阶振型图　　　　k) 压轮框架一阶振型图

振动压路机机架应力的试验分析	为验证模型是否合理，对YZ10型振动压路机机架进行了应力测试。试验的主要内容是确定机架的动态变形，从而获得相应测点上的应力。应变花在机架上的布置如图1所示。由于结构对称，大部分布置在结构的一边，尽量顾及整个结构，在应力集中处应多布置测点 现将机架实测应力列于表55.4-13。为便于与计算结果进行比较，表中还列入了相应点的计算结果。由表55.4-13可知，测量结果与计算结果基本一致，但也有一定差异，但误差在工程允许范围内 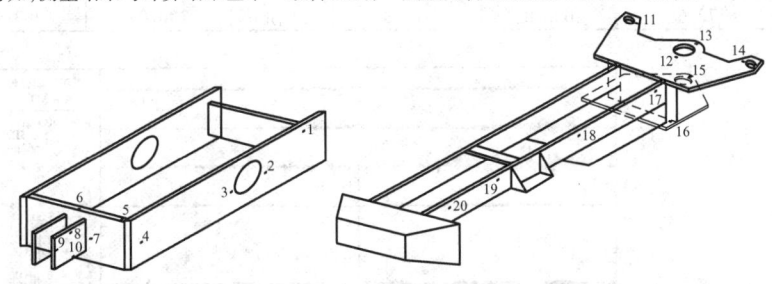 1) 机架应力测点布置
试验模态分析	1) 模态试验方法与装置。采用脉冲激振法分别测试牵引架、压轮框架及铰接后机架的动态特性，求出各测点的传递函数。经模态分析后，识别出前十阶模态和各项动态特性参数 试验主要内容为测定机架的固有频率及振型。用长钢丝绳将试件自由悬挂在空中。试验装置由振动压路机机架、测试仪器组成。测试仪器包括信号采集处理仪、力锤、加速度传感器及电荷放大器。加速度传感器布置位置如图55.4-2及图55.4-3所示 2) 模态试验识别与分析。试验结果由信号采集处理仪记录，经分析得各测点的响应信号如图55.4-4所示，并可得到机架的固有频率，见表55.4-14 从实测结果看，理论计算和实际测试结果有一定的差距。因为试验中激振力的方向垂直向下，试验结果不能反映机架的横向振动和扭振响应；另外，由于计算模型做了简化及系统误差等影响了计算结果。因此，有必要改进机架结构，使其各阶固有频率远离主振动频率，以提高机架的动态特性

表 55.4-12　牵引车架、压轮框架及机架的固有频率　　　　　　　　（Hz）

固有频率	牵引车架	压轮框架	整体机架	固有频率	牵引车架	压轮框架	整体机架
一阶	12.33	11.35	56.80	六阶	102.5	50.48	193.87
二阶	13.33	12.11	104.82	七阶	129.5	63.68	200.69
三阶	34.29	14.23	117.77	八阶	133.2	71.07	220.84
四阶	82.71	19.80	120.96	九阶	143.6	72.00	225.39
五阶	93.63	31.01	129.17	十阶	154.5	77.77	226.81

表 55.4-13　机架的应力测试结果

测点	测试结果/MPa	计算结果/MPa	相对误差(%)	测点	测试结果/MPa	计算结果/MPa	相对误差(%)
1	0.3690	0.4601	19.8	11	1.429	1.790	20.7
2	0.06950	0.07599	8.5	12	0.006370	0.007740	15.4
3	1.195	1.088	8.9	13	1.440	1.790	19.5
4	0.8560	0.7104	17.0	14	0.08200	0.08550	17.7
5	0.1965	0.2245	12.5	15	3.561	3.970	10.3
6	0.7865	0.9395	16.3	16	4.620	5.600	17.5
7	0.4170	0.3620	13.0	17	3.433	3.620	5.2
8	2.042	1.730	15.3	18	3.927	4.411	10.9
9	3.561	3.970	10.3	19	5.080	5.520	8.0
10	4.620	5.600	17.5	20	3.120	2.900	7.1

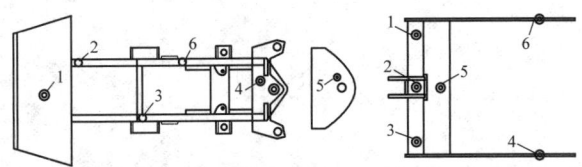

图 55.4-2　分别测试时加速度传感器布置图

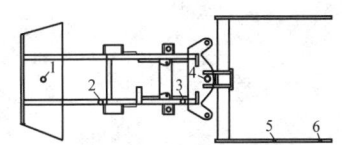

图 55.4-3　整体测试时加速度传感器布置图

表 55.4-14　牵引车架模态试验结果　　　　　　　　　　　　　　　　（Hz）

固有频率	牵引车架	压轮框架	整体机架	固有频率	牵引车架	压轮框架	整体机架
一阶	70.96	4.92	4.38	六阶	184.61	117.61	109.94
二阶	111.97	31.59	30.25	七阶	206.37	129.02	127.29
三阶	135.27	69.38	54.72	八阶	238.02	154.79	145.38
四阶	151.20	83.41	72.10	九阶	279.48	170.48	174.22
五阶	172.68	104.18	91.93	十阶	290.03	203.99	183.13

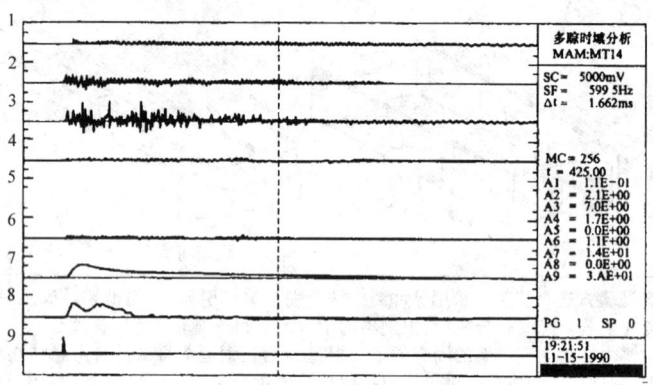

图 55.4-4　脉冲力和各测点的响应信号

第5章 机械产品的使用性能及智能优化设计

1 概述

机械产品在完成功能的同时,还要求有良好的使用性能。产品的使用性能包括8个方面,即功效实用性、工作稳定性、指标优越性、设备动力性、状态测控性、故障可诊性、操作宜人性和使用经济性。事实上,本篇第4章中介绍的结构性能和本篇第6章中讨论制造性能对产品使用质量也会产生不同程度的影响,因此本章在讨论产品设计目标时,以实现良好的使用性能为主要目标,而对其他方面的性能也应予以考虑。

那么,良好的使用性能如何来实现呢?良好的使用性能体现在对操纵系统、监测系统、控制系统和诊断系统的具体设计工作中,在设计过程中要采用理想的设计方法,广义优化、智能化和数字化等方法是常常采用的方法。

1.1 智能化设计的发展过程

机械产品的自动化与智能化程度是逐渐发展起来的,表55.5-1简要列出了各个发展阶段的机械系统自动化程度。由该表可以看出,机械的发展是一个由简单到复杂的发展过程,机械所能完成的工作越来越复杂,在越来越大的程度上帮助人完成越来越高级的工作。智能机器的出现是机械科学技术发展的必然结果。将智能优化设计法作为机械产品综合设计法的重要组成部分,它的总目标是提高产品的功能和综合性能,加快发展机械产品智能化的水平和速度。

表 55.5-1 各个发展阶段的机械系统自动化程度

机械发展	使用目的	作业与执行	传感与检测	决策与控制	发展程度	典型例子
简单工具	省力、操作方便、提高工作效率	简单工具	人的感官	人	单一操作	扳手、锤子、螺钉旋具
简单机械	完成简单的工作	简单的机构	人的感官	操作者	简单机械化	小型提升机、除草机
复杂机械	完成复杂的工作	复杂的结构	人的感官	技术工人	复杂机械化	普通机床、水泥泵车
自动机器	能自动完成所确定的工作	伺服机构	传感器	人与控制器	自动机器	数控机床、自动化生产线
智能机器	无人操作,机器能自主完成任务	伺服机构	多传感器感知系统	智能控制器	自主机器	各类智能、机器人

1.2 智能优化设计的概念及研究的意义

机械设备的组成除了机械部分外,常常包含有电动机、电器和电控部分,因此在机械产品设计过程中,还涉及电动机、电器及电控方面的设计工作,这类设计通常称为机电一体化设计,如果从更高的水平要求,可称这类设计为智能优化设计。

现代社会生活和现代工业发展都对机器设备的智能化水平提出越来越高的要求。在很多方面,用机器设备的智能化水平来衡量此类机械设备的档次,如智能化楼宇、智能化办公设备、智能化洗衣机、智能化工程机械和智能机器人等。凡是冠以"智能"二字的机械设备都代表了高档次,这是已被大家广泛认同的事实。智能机器是机械工程发展的最高阶段,但这里的"最高阶段"不是最终阶段,而是一个不断发展、没有止境的阶段。现代机械智能优化设计是这一不断发展阶段的永不枯竭的动力。在现代机械产品设计中,设计方案往往不是唯一的,产品中的几何参数、结构参数、物理参数、工艺参数和经济参数等也常常有多种选择。从多个可行方案中寻找"尽可能好"或"最佳化"方案,从多个参数选择"最佳化"参数的过程,称为优化设计。当然,产品的优化设计也包含该产品在发展的历史长河中不断进行设计改进的过程。智能优化的对象是智能机器,而智能机器就是具有智能控制系统的机器。智能优化设计是指不断完善和提高智能机器的智能化程度,不断向高层次智能发展和完善的设计过程。通过智能优化设计,可以将没有智能的机器发展成智能化的机器,将低层次智能化的机器发展成高智能化的机器,从而提高机械产品的功能和性能,所以现代机械智能优化设计是现代机械产品综合设计法的重要组成部分。

1.3 智能控制的概念与方法

智能优化设计的核心是智能控制,智能控制是现代科学技术发展的综合产物,具有多学科交叉的特点。智能控制系统不但对自身的状态具有检测功能,而且对工作对象及环境的变化具有感知功能;它适应各种未知环境的变化,具有智能化的逻辑判断、推理和决策的功能;具有自诊断和自修复的功能。智能控制的概念与方法见表 55.5-2。

表 55.5-2　智能控制的概念与方法

项目	内　容
智能控制的概念	智能控制系统是模仿、延伸和扩展人的身体——有感知能力的人工智能系统。至今,智能和智能控制有许多不同的定义。它们都是从不同的角度强调某些因素,对智能和智能控制做出描述 1)能够代替人在不确定性变化的环境中决策的能力、反复练习学习新功能的能力和在不允许有操作者的环境中的智能操作(美国 G. N. Saridis) 2)不需要人的干预,而又具有由人操作的控制系统那样的能力控制。即控制系统可具备人的判断、决策和学习的能力,可以识别、模型化控制对象所处环境的变化,并恰当地实施确定的控制动作(日本古田胜久) 3)驱动智能机器自主地实现其目标的过程,是一无需人的干预就能独立驱动智能机器实现其目标的自动控制(中国蔡自兴) 4)具有"拟人智能"的控制,即模拟、延伸、扩展人的智能的人工智能控制(中国涂彦) 总结上述定义,可以从以下几方面说明智能控制的定义 定性地说,智能控制系统应具有仿人的功能(学习、推理);能适应不断变化的环境;能处理多种信息以减少不确定性;能以安全和可靠的方式进行规划,产生和执行控制的动作,获取系统总体上最优或次优的性能指标 从系统一般行为特征出发,智能控制是有知识的"行为舵手",它把知识和反馈结合起来,形成感知——交互式、以目标为导向的控制系统。该系统以通过规划,产生有效的、有目的的行为,在不确定的环境中,达到既定的目标 从认知过程看,智能控制是一种计算上有效的过程,它在非完整的指标下,通过最基本的操作,即归纳(G)、集注(FA)和组合搜索(CS),把表达不完整、不确定的复杂系统引向规定的目标
智能控制的特点	1)同时具有以知识表示的非数学广义模型和以数学模型(含计算智能模型与算法)表示的混合控制过程,或者是模仿自然和生物行为机制的计算智能算法,也往往是那些具有复杂性、不完全性、模糊性或不确定性以及不存在已知算法的过程,并以知识进行推理,以启发式策略和智能算法来引导求解过程。智能控制系统的设计重点不在常规控制器上,而在智能机模型或计算智能算法上 2)智能控制的核心在高层控制,即组织级。高层控制的任务在于对实际环境或过程进行组织,即决策和规划,实现广义问题求解。为了实现这些任务,需要采用符号信息处理、启发式程序设计、仿生计算、知识表示以及自动推理和决策等相关技术。这些问题的求解过程与人脑的思维过程或生物的智能行为具有一定相似性,即具有不同程度的"智能"。当然,低层控制级也是智能控制系统必不可少的组成部分 3)智能控制是一门边缘交叉学科。实际上,智能控制涉及更多的相关学科。智能控制的发展需要各相关学科的配合与支援,同时也要求智能控制工程师是个知识工程师(knowledge engineer)。自动控制必须与人工智能相结合,才能有更大的发展 4)智能控制是一个新兴的研究领域。无论在理论上或实践上它都还很不成熟、很不完善,需要进一步探索与开发。我们需要在智能控制方面寻找更好的相关理论,对现有理论进行修正,使智能控制得到更快、更好的发展
智能控制系统的基本结构	智能控制器的设计具有下列特点: 1)具有以微积分(DTC)表示和以技术应用语言(LTA)表示的混合系统,或具有仿生、仿人算法表示的系统 2)采用不精确的和不完全的装置分层(级)模型 3)含有多传感器递送的分级和不完全的外系统知识,并在学习过程中不断加以辨识、整理和更新 4)把任务协商作为控制系统以及控制过程的一部分来考虑。在上述讨论的基础上,能够给出智能控制器的一般结构,如左图所示 已经开发出许多智能控制理论与技术用于具体控制系统,如分级控制理论、递阶控制器设计的熵(entropy)方法以及智能逐级增高而精度逐级降低原理等。在这些应用范例中,取得不少具有潜在应用前景的成果,如群控理论、模糊理论和系统理论等。许多控制理论的研究是针对控制系统应用的自学习与自组织系统、神经网络、基于知识的系统(knowledge based Systems)、语言学和认知控制器等

智能控制器的一般结构

项目	内 容
智能控制的研究内容	根据智能控制基本控制对象的开放性、复杂性、多层次、多时标和信息模式的多样性、模糊性、不确定性等特点，智能控制的基本研究内容应从以下几个方面展开： 1) 对智能控制认识论和方法论的研究，探索人类的感知、判断、推理和决策的活动机理 2) 智能控制系统基本结构模式的分类，多个层次上系统模型的结构表达、学习、自适应和自组织等概念的软分析和数学描述 3) 在根据试验数据和机理模型所建立的动态系统中对不确定性的辨识、建模与控制 4) 含有离散事件和动态连续时间子系统的交互反馈混合系统的分析与设计 5) 基于故障诊断的系统组态理论和容错控制 6) 基于实时信息学习的自动规划生成与修改方法 7) 实时控制任务规划的集成和基于推理的系统优化方法 8) 处理组合复杂性的数学和计算的框架结构 9) 在一定结构模式条件下，系统的结构性质分析和稳定性分析方法 10) 基于模糊逻辑和神经网络及软计算的智能控制方法 11) 智能控制在工业过程和机器人等领域的应用研究
机械系统控制的智能实现技术方法	在人工智能的发展历史中，人们总是由于对人工智能技术的能力期望过高而后来感到失望太多。将人工智能应用于实时控制时，我们不能再重复这样的错误。关于人工智能在实时控制中的应用，应根据自然需要和解决问题的实际能力来决定，如果数学方法能够解决问题，我们就采用数学方法；如果数学方法不能够直接采用，则选择包括人工智能在内的其他方法 到目前为止，智能控制的主要技术方法包括： 1) 模糊控制。模糊控制模仿人的控制经验而不是依赖控制对象的模型去实现人的某些智能。它的主要特点是：控制器设计不需要建立对象的数学模型，只要求根据现场操作人员或专家的经验来表示结构性知识，并用数值方法处理，具有强鲁棒性 2) 神经网络。神经网络是一种不依赖于模型的自适应函数估计器。神经网络具有以下优点：自适应能力和自学习能力、容错能力和鲁棒性，能以任意精度逼近任意非线性函数，能表示定量和定性知识 3) 专家控制。在专家系统中，控制器的设计是通过获取复杂、多样的控制知识和运用知识进行推理和决策，以产生有效的控制 4) 进化计算技术。在学习控制系统中，通过对系统性能的评判和优化来修改系统的结构和参数，神经控制器和模糊控制也时常根据某种评价函数的极小值来进行适应性调整。因此，进化计算也是智能控制的一个重要内容。遗传算法就是一种全局随机寻优算法，它模仿生物进化过程来逐步获得最好的结果

2 智能优化设计的目标、内容与方法

2.1 智能优化设计的内涵

产品智能优化设计的内涵见表55.5-3。

2.2 智能优化设计的主要目标、内容和方法

机械产品控制系统与智能优化设计的主要目标、内容和方法见表55.5-4。

表55.5-3 产品智能优化设计的内涵

图 示	内 涵
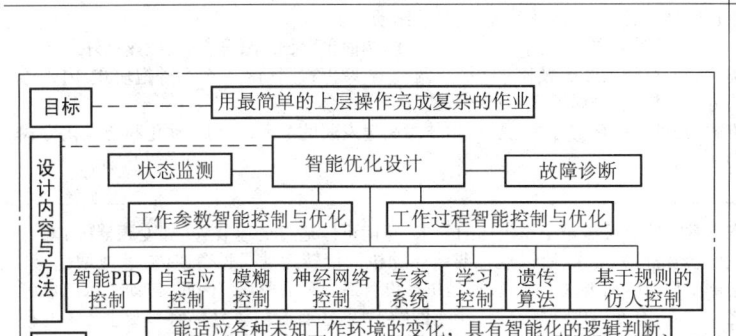 智能优化设计的内涵框图	智能控制方法的选择主要取决于智能优化设计的目标，也就是取决于智能机器应具有的功能和性能。通过图所示的智能优化设计内涵图，可以看出各种智能控制方法的选择在智能优化设计过程中所处的地位。由图可见，智能优化设计内容主要包括以下几个方面：工作参数智能控制与优化，工作过程智能控制与优化，状态监测和故障诊断等。不同的工作任务，其需要考虑的侧重点也不一样。例如，对于车削、铣削或磨削等各种需切削参数优化的智能系统，往往是以生产率最高、加工质量最好为目标，它们的设计内容重点为工作参数智能控制与优化；再如参加表演的舞蹈机器人，它的设计重点自然是舞姿优美、动作协调等，即工作过程智能控制与优化；又如在相对恶劣的工作环境下工作的智能机器，状态监测和故障诊断一定是其设计的重点内容

表 55.5-4 机械产品控制系统与智能优化设计的主要目标、内容和方法

图 示	说 明
产品智能优化设计的主要目标、内容和方法（主要目标：工效实用性、运行稳定性、指标优越性、设备动力性、状态可测性、故障可诊性、操作宜人性、使用经济性；主要内容：操纵系统设计、监测系统设计、控制系统设计、诊断系统设计；主要方法：智能设计、优化设计、可视化设计、数字化设计、CAE）	机械产品控制系统及智能优化设计的主要目标：使机械产品具有良好的使用性能及其他性能，其中包括工效实用性、运行稳定性、指标优越性、设备动力性、状态可测性、故障可诊性、操作宜人性、使用经济性，还包括其他一些性能
	主要设计内容是对机械产品完成四大系统的设计：即操纵系统设计、监测系统设计、控制系统设计、诊断系统设计
	采用的设计方法：智能设计、优化设计、控制系统及智能优化设计、数字化设计等。如图表示了产品设计的目标、内容及特点，也介绍了产品控制系统与智能优化设计的各种方法

智能优化设计主要是完成对机械产品四大系统的设计，即操纵系统设计、监测系统设计、控制系统设计及诊断系统设计。下面对这四大系统的设计进行详细介绍。

3 机械产品的操纵系统

机械设备通常由一个原动机驱动，原动机有电动机、各种形式的发动机和液压马达等，这些原动机通常都附有操纵系统。操作人员在工作之前要起动这些原动机，在停止工作之后要关闭这些原动机，因此在通常情况下机器要附有操纵系统，故要对操纵系统进行设计。

操纵系统通常要完成下列工作：起动和停机、换向、制动、变速、运动形式转换、安全保护等，具体内容见表 55.5-5。

表 55.5-5 操纵系统通常要完成的工作

项目	内 容
起动与停机	任何机械都有起动和停机的要求，对于一些具有较大转动惯量的机械设备，其起动常常是在加速过程中完成的，需要较长的时间，这时电动机常常会产生较大的起动电流，由于这个原因，有时会烧坏电动机，因此必须采取适当的预防措施 对于某些机械，在起动与停机过程中，特别是在停机时，因通过共振而使系统的振幅增大，进而会导致某些零部件的损坏，加快停机的速度有利于减小过共振时的振幅，对预防某些零部件的损坏也是有益的 因此，机器的起动和停机在必要时必须采取特殊的措施和设置特殊的起动和停机系统
换向	对于某些机械设备，工作时的换向是一项必须完成的功能，常见的换向机构有齿轮-摩擦离合器、齿轮换向器等
制动	在工作时为了使系统处在较理想状态，或为了避免设备运行时的突发事故，对系统进行制动是一项重要的工作。此外，当机器的起停装置断开后，由于运动构件存在惯性，运动不能立即停止，而有时需要较长的时间，为了节省辅助时间，对于速度高、惯性大的传动系统，应安装制动装置 对制动装置的要求是工作可靠，操纵方便，制动平稳且时间短，结构简单，尺寸小，磨损轻，散热良好 系统制动常常采用的各类制动器可分为摩擦式和非摩擦式两大类，摩擦式制动器又分为外抱块式、内张蹄式、带式和盘式等；非摩擦式分为磁粉式、磁涡流式和水涡流式等 设备制动可以采用手动方式，也可采用自动方式。在科学技术高速发展的今天，采用自动化和智能化方式制动是制动技术的发展方向
增速和减速	原动机的转速和运动形态常常不能直接满足工作机构的要求，即使可以通过变速装置（如变频器等）对原动机进行调速，但常常不能满足经济性的要求，所以通常要将原动机的旋转运动通过变速（减速或增速）装置，改变其回转速度，使之达到工作机构所要求的转速，这是机械设备最常见的要求。因此，传动机构已成为机械设备中最重要的部件之一，不仅有专门生产减速器、变速器的工厂，还有专门研究减速和变速装置的科研机构，在国际上有著名的生产减速器与变速器的企业和研究单位 旋转速度的增大和减小可通过不同形式的传动机构来实现，最常见的有机械传动机构（齿轮传动、带传动、链传动和一些特殊的传动）、液压传动、气动传动和电磁传动机构等，此外，还有螺旋传动、凸轮传动和连杆传动机构等。设计者要根据工作要求来选择合适的传动机构形式，因为它影响所执行功能的好坏及产品的制造成本等

(续)

项目	内容
运动形式转换	在机械设备中，运动形式的改变是一项十分重要的工作。运动形式的转变是将原动机的旋转运动改变为工作转速和速度符合工作要求的旋转运动或直线运动。特别是对于一些振动机器，要将原动机（如电动机、液压马达等）的旋转运动转变为不同运动形式的振动：直线振动、圆周振动和椭圆振动等。这种运动形式的转变或转换是某些机器的基本要求，在许多机械中是十分必要和不可缺少的
安全保护	人机的安全性是产品设计中首先要考虑的问题。机械设备在工作中若载荷变化频繁、变化幅度较大，可能引起过载，如果没有安全保护装置，就有可能导致某些零部件的损坏。在机械传动链中如果有传动带、摩擦离合器等摩擦副，这些摩擦副具有安全保护的功能，否则，在传动链中应该安装安全离合器或安全销等过载保护装置 安全保护装置有销钉联轴器、钢球安全离合器、摩擦离合器和液力联轴节等可供选用

总之，产品工作机构的运动形式是产品设计中一个重要的环节，所设计产品不仅要求有一定的运动形式，还要求工作机构完成起动、停车、换向、制动各种功能。

现以某自同步振动筛为例来说明起动、停机操纵系统设计的有关问题，见表 55.5-6。

在表 55.5-6 中，图 a 所示为由 AT89C52 构成的 3090 筛机起动、停机操纵系统原理框图，图 b 所示为系统强电电气原理图，图 c、d、e 所示为系统软件设计流程图。在图 a 中，选用自带 2kB EEPROM 的 AT89C52 单片机。利用 P1.0、P1.1、P1.2、P1.3 作为系统起动及反向制动控制口。利用外部中断 INT0 引脚开关作为系统人机接口，即系统上电后，主程序初始化外部中断 0，等待输入起动命令起动电动机。而起动后，机内设置起动标志，再次接到中断命令时，系统进入制动操纵控制，同时清 INT0 中断允许标志。制动结束后，再次开放中断 INT0，等待下一轮的起制动操作。系统中由定时器 T0、T1 与 T2 配合检测两电动机在制动过程的转速变化。图 b 中 SR1、SR2、SR3 和 SR4 分别为图 a 固态继电器 1、2、3 和 4 的触点。

表 55.5-6 3090 自同步振动筛起动、停机操纵系统设计的有关问题

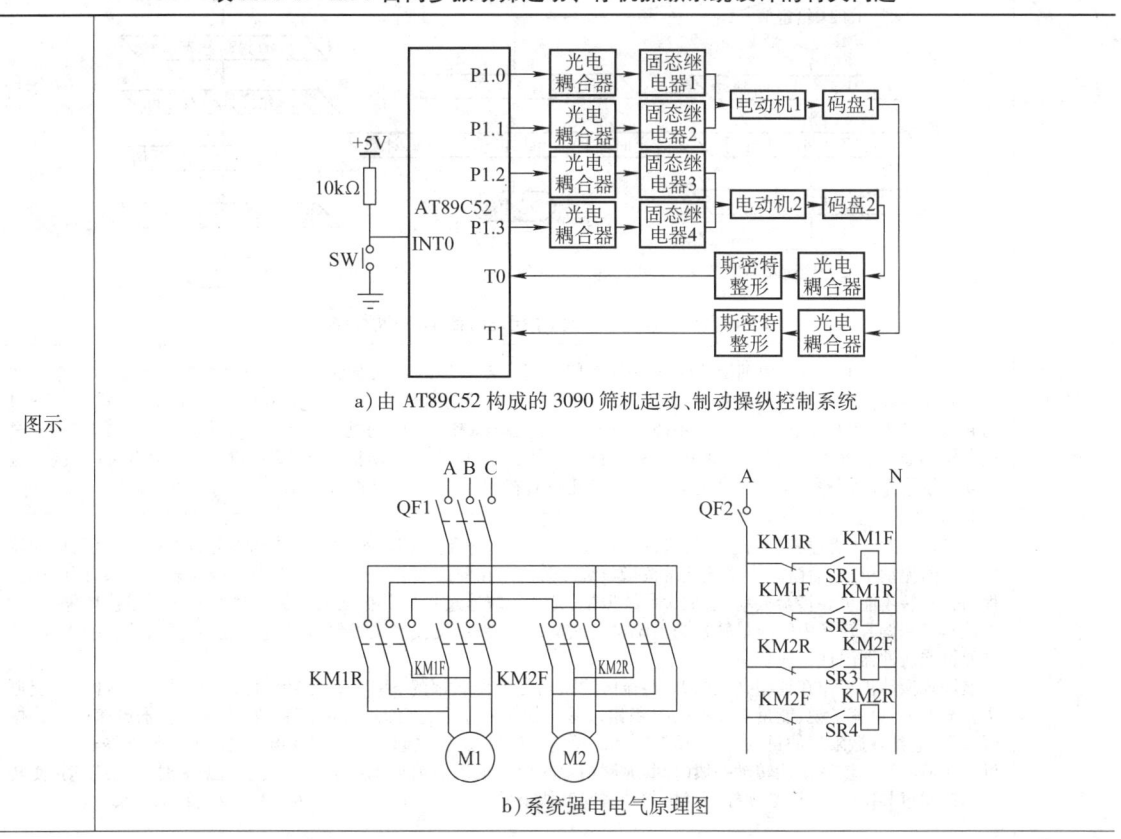

a) 由 AT89C52 构成的 3090 筛机起动、制动操纵控制系统

b) 系统强电电气原理图

图示	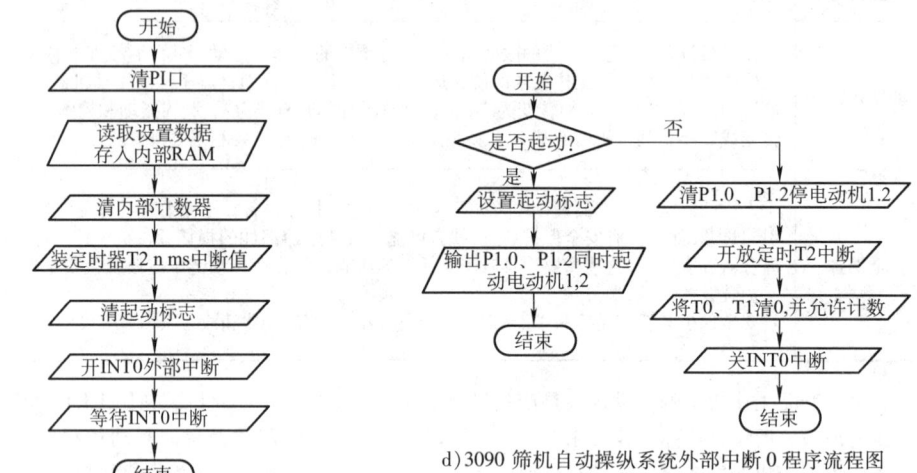 c) 3090 筛机自动操纵系统主程序流程图 d) 3090 筛机自动操纵系统外部中断 0 程序流程图 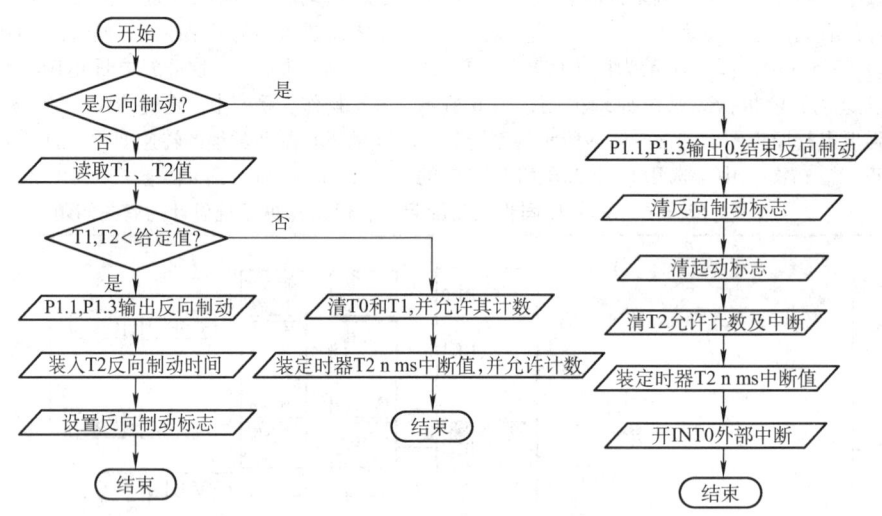 e) 3090 筛机自动操纵系统定时器 T2 中断程序流程图
筛机起动时的操纵系统	3090 筛机是采用双电动机驱动的自同步振动机。对起动系统的要求是保证两个电动机同时起动。当系统初始化后,操纵者按下起动开关,外中断 INT0 接到下降沿脉冲后,同时起动两个电动机。如图 a 和 b 所示,电动机 1 的起动路径为 P1.0→光电耦合器→固态继电器 1→接触器 KM1F→电动机 1;电动机 2 的起动路径为 P1.2→光电耦合器→固态继电器 3→接触器 KM2F→电动机 2。因此,同时起动电动机 1 和 2 即同时在 P1.0 和 P1.2 两口输出 0。为了增加系统操作安全性,电动机 1 和 2 正反转控制采用互锁,如图 b 所示
筛机停机过程反接制动操纵系统	对于振动筛,停机过程分为三个阶段,第一阶段是振动减速和激振减速阶段;第二阶段是停机过共振区,振动器能量传给振动机;最后阶段为系统能量按指数衰减阶段。在前面章节讨论了停机过程的能量转换关系,即停机过程两偏心转子能量要传给振动机,加大系统振幅,尤其是减速过程过共振区时。为了让偏心转子尽快地停下来,不让储存在偏心转子中的能量转换为系统振动能量,建议采用反接制动控制,限制停机过共振区的振幅增大,抑制弹簧或缓冲器出现碰撞现象 惯性式振动机工作在远超共振状态,共振区的振幅是工作振幅的 3~7 倍。当停机过程经过共振区时,系统振幅逐渐增大,也就是说,能量需要有一个积累过程。如果停止后,立即进行反接制动,使偏心转子迅速通过共振区,即可达到减振限幅的目的;但是反接制动的反向电流过大,频繁起动容易损坏电动机。所以按下停机按钮后,可以让偏心转子依靠惯性转动一段时间,靠摩擦及其他阻尼逐渐消耗系统能量。接近共振区时,反接制动,使转子迅速通过共振区,但还必须控制反接制动时间。如果反接制动时间过长,电动机就会反向转动起来

筛机停机过程反接制动操纵系统	利用图 a 单片机进行停机减振控制。电动机 1 的停机路径为 P1.1→光电耦合器→固态继电器 2→接触器 KM1R→电动机 1；电动机 2 的停机路径为 P1.3→光电耦合器→固态继电器 4→接触器 KM2R→电动机 2。为了简化系统软硬件设计，停机过程操纵主要依靠来自两个电动机编码盘的转速信息。利用定时器 T2 与 T0 和 T1 配合检测两转子停机过程的速度变化情况。检测方法为定时器 T2 为内部定时，固定其定时时间（系统时钟为 6Hz），以 ms 级定时；T1 和 T2 设置成计数器，计录每个固定时间段内接收到码盘脉冲的数量，当接收到脉冲数量小于给定值时，AT89C52 在 P1.1 和 P1.3 两个数字口发出反接制动命令，实施反接制动。同时设置 T2 固定时间，控制反接制动时间。当 T2 下一次中断时，停止反接制动。程序流程见 c、图 d 和图 e。控制的时间数据、编码盘脉冲数据在编程过程以数据表形式写入 EEPROM，初始化时，将其写入 AT89C52 内部 RAM 相应的数据区，工作过程直接利用内部 RAM 相应数据区的数据，以减少单片机的运行时间 利用这种方法检测时，P1.0 输出为低电平，事件信号由 74LS157 的 1A 进入 HSI.0。检测开始 U1 的 Q 为低电平，由 HSO.0 先输出高电平。编码盘在 HSI.0 产生输入事件，第 1 个脉冲下降沿 8254 开始计数；当到达时间后，HSO.0 变为低电平，产生高速输入事件，读取两次事件的时间和脉冲个数，由式（1）即可求取电动机转速 $$IC = AI \cap CT \cap IT \cap OR \qquad (1)$$ 式中　IC—智能控制（Intelligent Control） 　　　AI—人工智能（Artificial Intelligence） 　　　CT—控制论（Control Theory） 　　　IT—信息论（Information Theory） 　　　OR—运筹学（Operation Research） 　　　∩—交集
筛机停机过程的阻尼控制和碰撞缓冲控制	筛机停机无论是第 1 阶段还是第 2 阶段始终存在振动阻尼，为了限制停机过共振区的振幅过大发生冲击和抑制整个停机时间，增加阻尼是唯一的办法，但限于结构限制其他阻尼形式都没办法采纳，所以橡胶金属复合弹簧是唯一可行的措施。橡胶金属复合弹簧设计要同时考虑弹簧刚度、弹簧的极限变形量要求、橡胶对弹簧刚度和阻尼的影响，必要时还要同缓冲器进行综合优化设计，这需要收集大量的资料和进行全面的理论分析和试验研究方能完成

4　机械产品的监测系统

工作状态监测技术是实现数字化生产与维护的基础。对生产设备进行实时监测可以让操作者对生产过程的运行状态及变化趋势能有一个全面了解，对可能出现的故障与异常状态及时预防。一般来讲，工作状态监测系统应具备四项基本功能，如图 55.5-1 所示。

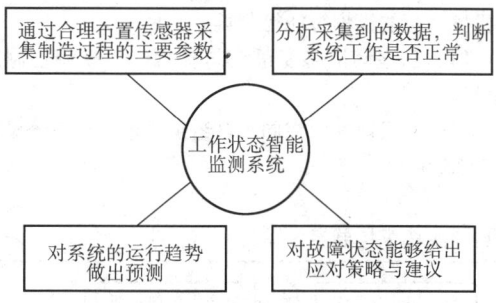

图 55.5-1　工作状态检测系统的主要功能

5　机械产品的控制系统

机械产品控制的主要目的、内容和方法见表 55.5-7。

下面分别对机械产品的工作参数控制、运动学状态控制、动力学状态控制和工作过程控制做简要说明。

表 55.5-7　机械产品控制的主要目的、内容和方法

项目	内　容
主要目的	机械产品控制主要目的就是为了使产品获得优良的使用性能，当然从全局上看，对它的主辅功能及其他相关性能也会产生一定的影响
主要内容	机械产品控制的主要内容包括工作参数的控制、运动学状态的控制、动力学状态的控制和工作过程的控制等
采用的方法	采用的方法可以是传统的控制方法，如 PID 控制、最优控制、自适应控制；也可以是智能控制方法，如模糊控制、神经网络控制和专家系统的控制等
对控制系统的要求	对控制系统的要求大体包括：①有较好的适用性和耐用性；②有足够的控制精度；③有较高的稳定性和鲁棒性；④有较高的灵敏度和较小的滞后时间等

5.1　机械产品工艺参数的控制

现以电磁振动给料机为例说明机械产品工艺参数的控制，见表 55.5-8。

5.2　多机传动机械系统的运动学状态的控制

本节针对多机传动机械系统结构复杂，各电动机之间具有较强的动力学耦合性这一特点，以双电动机跟踪控制为例，提出一种基于模糊集合理论，通过在

表 55.5-8 机械产品工艺参数的控制

图示	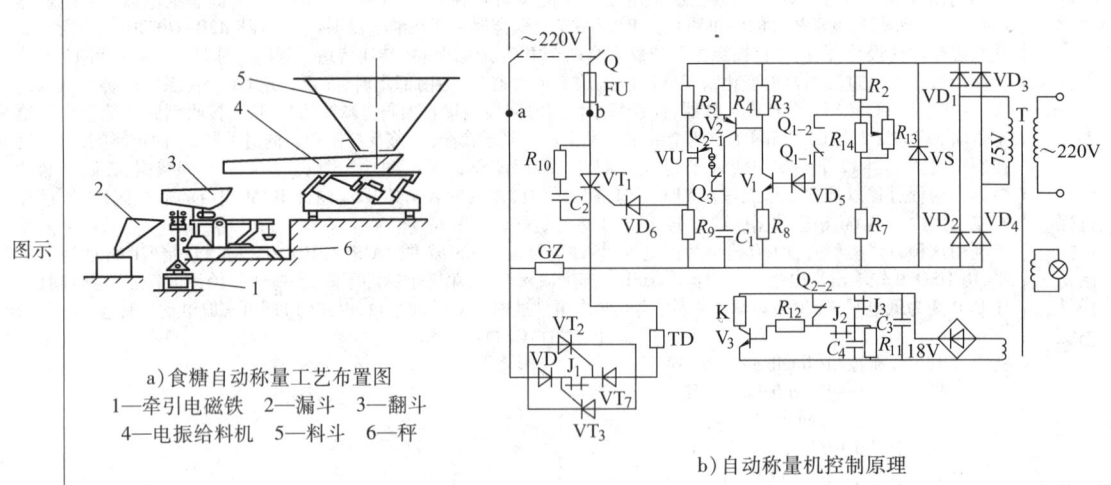 a) 食糖自动称量工艺布置图 1—牵引电磁铁 2—漏斗 3—翻斗 4—电振给料机 5—料斗 6—秤 b) 自动称量机控制原理
内容	电振机的控制方式分为手动和自动两种。电振机的很大优点,就是除了易于进行无级调节以外,还易于实现自动控制。例如,作为自动称量系统中的电振给料机,根据称量的质量要求,常采用自动切断电振机供电线路的方法,进行自动称量。作为均匀连续定量给料系统中的电振给料机,常以反映给料量变化的某种参量(如物料的质量,物料发出的声音,工作机轴上的转矩及功率变化等),作为反馈信号,自动调节给料机的振幅来保证自动均匀连续定量给料。对于某些定量给料,精度要求不高,可以通过自动控制振幅的方法,即直接将振幅的变化转化成电信号,晶闸管元件的触发角自动保持振幅稳定,来达到自动均匀连续给料的要求 图 a 所示为采用微型电振机给料进行食糖自动称量的工艺布置图 图 b 所示为自动称量机控制原理图。从图 b 可以看出,它是在可控半波整流控制线路中,加上干簧管开关和牵引电磁铁实现自动称量的。利用标准台秤,将秤盘改成翻斗(见图 a),并在秤杆适当位置上装两只具有常闭、常开接点的干簧管 Q_1、Q_2。当起动后,电振机快速向翻斗中加料,秤杆逐渐抬起;待加料至接近所要求的质量时,Q_{1-1} 由常闭变成常开,Q_{1-2} 闭合,此时由快速加料变成慢速加料;达到所要求的质量后,Q_{2-1} 断开,电振机停止加料;Q_{2-2} 闭合,使处于开关状态的晶体管 V_3 饱和,继电器 J 动作,J_1、J_3 闭合,J_2 断开,接通交流电,使电磁铁 TD 动作,使翻斗翻转,物料倾出,此时 Q_3 常开。由于翻斗翻转后,还有一部分物料未及时翻出,秤杆就自动落下(由于翻斗中质量减少),故增加 RC 延时环节(由 R_{10} 和 C_2 组成),以便使物料全部卸出。翻斗复位后,Q_3 闭合,重新开始下一循环

线识别电动机的机械特性,设计双电动机跟踪控制器的智能控制方法。电网供电的电动机特性是转速与外负载的关系;变频器供电电动机特性是由变频器控制电压、外负载转矩与转速的关系。应用这种智能方法可实现在线自组织与自学习模糊控制器的设计。如通过电动机转速的变化预测电动机外负载的变化,进一步预测各电动机之间的动力学耦合关系、能量的传递关系等,进而采取相应的控制策略,形成针对这一特性机械系统的模糊智能控制器。

(1) 双电动机速度跟踪同步自组织模糊控制系统设计

双电动机速度跟踪同步自组织模糊控制系统设计见表 55.5-9。

表 55.5-9 双电动机速度跟踪同步自组织模糊控制系统设计

图示	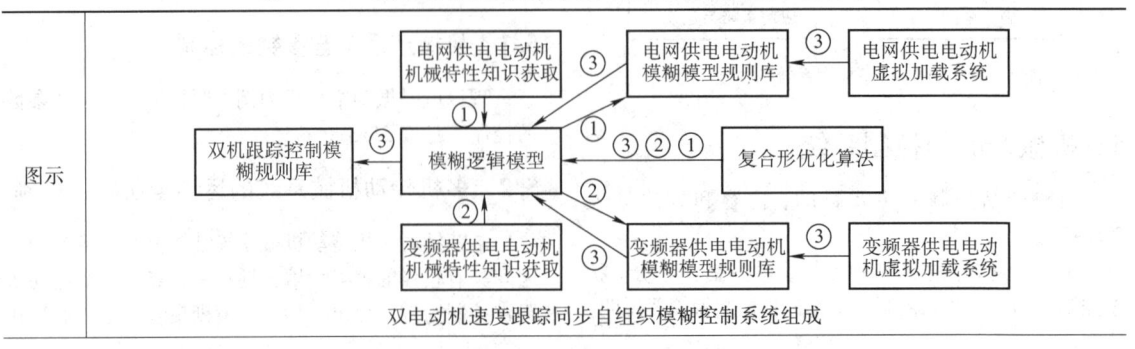 双电动机速度跟踪同步自组织模糊控制系统组成

(续)

说明	自组织模糊控制系统的特点是能够自动获得系统的模糊控制器规则。模糊控制系统的关键问题就是模糊控制规则的获取。上图为双电动机跟踪自组织模糊控制规则库的自动获取知识系统的组成图
自组织模糊控制规则库的三个基本步骤	①电网供电电动机机械特性的获取。通过电动机加载和速度检测获得电网供电电动机的负载与转速的关系实测数据,利用复合形优化算法,对模糊逻辑模型进行优化处理,获取描述电网供电电动机机械特性描述的模糊规则 ②变频器供电电动机机械特性的获取。通过改变变频器输入控制电压、电动机的外负载和检测速度,获得电动机转速与变频器控制电压及电动机外负载的关系实测数据,再利用复合形优化算法,对模糊逻辑模型进行优化,进而得到描述变频器供电电动机机械特性的模糊规则 ③同步跟踪模糊控制规则的获取。通过对两个电动机模糊模型的虚拟加载,利用优化算法优化模糊控制逻辑,获得模糊控制规则,建立模糊规则库

(2) 系统试验装置

自组织自学习模糊控制的试验系统见表 55.5-10。

(3) 交流电动机在电源供电时的模糊模型

交流电动机在电源供电时的模糊模型见表 55.5-11。

(4) 变频器供电时电动机的模糊模型

变频器供电时电动机的模糊模型见表 55.5-13。

表 55.5-10 自组织自学习模糊控制的试验系统

图示	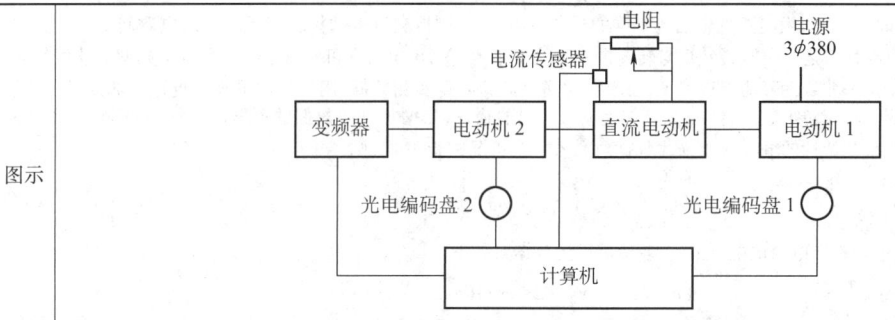 自组织自学习模糊控制的试验系统框图
内容	为了用智能控制方法研究多机传动机械系统的同步控制问题,首先,需要掌握电动机在电源供电和变频器供电时的电磁转矩与转速的关系,即电动机机械特性。在电源供电和变频器供电时电动机的机械特性试验和速度同步跟踪试验的试验系统框图中,计算机部分由一台 PC 和一块采样过程控制板组成。电动机转速由 8098 单片机测试,测试结果通过采样过程控制板上的 Intel 8255A 并行口传给 PC。该试验的目的:①建立电动机在电网供电时的转速和电磁转矩的关系,即电动机的机械特性的研究;②建立变频器供电时电动机转速和电磁转矩的关系,为实现下一节的速度跟踪智能控制打下基础。试验过程:把直流电动机接成发电机工作,作为交流电动机的外负载,通过直流电动机串联不同阻值的电阻,研究交流电动机的速度变化情况;由 8098 单片机的 HSI 高速输入口通过光电编码盘检测电动机的转速,通过 8255 并行口传给 IBM486;由电压传感器和电流传感器检测发电机的输出功率,将其转化为交流电动机的外负载 对于直流发电机,当励磁绕组的供电电压一定时,发电机的感应电动势与转子绕组切割磁力线的速度直接相关。为此,该试验将直流发电机由交流电动机带动,交流电动机由变频器供电,而直流发电机的输出端串接一电阻。通过改变变频器的输入控制量,测得在不同转速下,发电机所串接电阻两端的电压值,即可求得发电机的感应电动势。若直流发电机的电枢回路内阻为 R_s,外接电阻为 R_w,测得外接电阻 R_w 两端的电压为 U,电枢回路的电流为 I_s,则根据电路克氏定律可得电势与电压的关系式为 $$E_s = U + I_s R_s \quad (1)$$ 发电机的输入功率 P_I 就是每秒钟内作用转矩对转子所做的功,其大小等于作用转矩与转子角速度的积,即 $P_I = M\omega$。而电磁转矩所做的机械功为 $M_{dc}\omega$,它被转换为电枢电路中的电功率,此功称为电磁功率,用 P_{dc} 表示。于是有 $$P_{dc} = M_{dc}\omega \quad (2)$$ 从电路方面看,在电枢绕组和负载所构成的回路中,存在电枢电势 E_s 和电枢电流 I_s,并且方向相同,则电枢电势 E_s 和电枢电流 I_s 的积就是电磁功率,即 $$P_{dc} = E_s I_s = \frac{E_s^2}{R_s + R_w} \quad (3)$$ 那么,可以由式(2)、式(3)求得电磁转矩为 $$M_{dc} = \frac{E_s^2}{\omega(R_s + R_w)} \quad (4)$$ 在直流发电机工作过程中,输入的机械功除了转换为电能外,还有铁耗、铜耗、机械损耗、附加损耗项,由于难于计算,这里将总消耗给予 4% 的值,则输入转矩为 $$M_I = 1.04 M_{dc} \quad (5)$$

表 55.5-11 交流电动机在电源供电时的模糊模型

图示	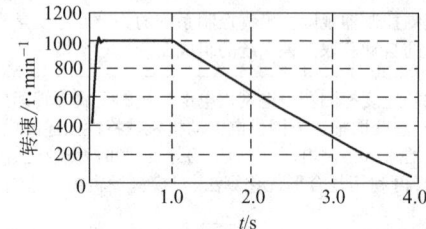 a) 交流电动机在电网供电时起、停测试转速的变化曲线	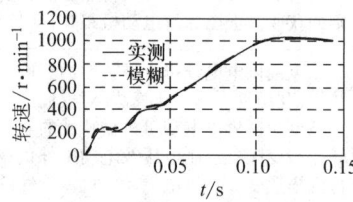 b) 交流电动机在电网供电时起动测试转速的变化曲线

内容

实现速度跟踪的模糊控制，关键在于制定正确的模糊控制规则，所以必须掌握使用电动机的机械特性。在此，用直流电动机做交流电动机的外负载，通过将直流发电机的电枢绕组串接不同阻值的电阻，改变加在交流电动机上的外负载转矩。图 a、图 b 所示为电动机在电源供电时电动机转速由起动—平稳运行—停机过程的速度变化规律。由图可以观察到电动机在起动过程中，其转速超过了它的同步转速（1000r/min），图中的最大速度为 1027.8 r/min。许多计算机模拟的结果已经发现这一现象，这里的试验证明了这一点。由图 a 的停机部分转速下降为直线可知运行过程的机械阻力矩为常数，取其中的两个值：$t_1 = 1.094543$s 时，$n_1 = 960.000000$r/min；$t_2 = 3.910797$s 时，$n_2 = 57.620820$r/min。计算得其角加速度 $\varepsilon = 33.5542$rad/s²，可以进一步计算得到传动系统的转动惯量 $J_0 = 0.0124$kg·m²，系统的静摩擦转矩 $M_0 = 0.416$N·m。将直流发电机的输出接不同的外负载电阻，可测得交流电动机稳态运行时的电磁转矩与转速的关系。交流电动机在稳态运行时电磁转矩与转速的关系为 $T_e = f(n)$，由电机学可知这个函数是一个典型的非线性函数。由于模糊算子是一非线性万能逼近算子，所以在此通过试验测得实测数据，用模糊逻辑来逼近这一非线性关系。在试验中测得的实际转速转矩数据对 (n_i, T_{ei}) 作为输入输出的描述，为增加试验数据的可靠性，对于同一电阻检测 K 次，取其均值，作为系统特性的输入输出描述数据对。若一个工况试验 M 次，则

$$(\bar{n}_i, \bar{T}_{ei}) = \left(\frac{1}{K} \sum_{j=1}^{M} n_{ij}, \frac{1}{K} \sum_{j=1}^{M} T_{eij} \right) \tag{1}$$

这样，可获得描述电动机在电网供电下的转速-转矩描述数据对如下

$$(\bar{n}_1, \bar{T}_{e1}), (\bar{n}_2, \bar{T}_{e2}), \cdots, (\bar{n}_i, \bar{T}_{ei}), \cdots$$

但交流电动机低速运行时，转速-转矩特性无法用上述方法获得，因为在低速时交流电动机工作时间超过一定的限度会被烧毁。所以将低速时电动机的转速-转矩特性用电动机起动过程的转速力矩关系近似代替，对图 a、b 的电动机起动过程采样，根据力矩、角加速度和转动惯量的关系获得转速-转矩数据对

$$(n_{01}, T_{01}), (n_{02}, T_{02}), \cdots, (n_{0i}, T_{0i}), \cdots$$

以模糊逻辑控制器映射电动机的转矩与转速的关系，模糊控制器的输入变量为电动机转速 x，输出为电动机的电磁转矩，则对于稳态过程的模糊推理规则为

$$R_i : \text{if } x \text{ is } n_i, \text{then } T_e \text{ is } T_{ei}, i = 1, 2, \cdots, N_0 \tag{2}$$

对于电动机起动过程的模糊推理规则为

$$R_j^0 : \text{if } x \text{ is } n_j^0, \text{then } T_e^0 \text{ is } T_{ej}^0, j = 1, 2, \cdots, M_0 \tag{3}$$

其中，$n_1, n_2, \cdots, n_N$ 和 $n_1^0, n_1^0, \cdots, n_M^0$ 分别对应于电动机在电网供电时平稳运行和起动过程的模糊区间；N_0 和 M_0 分别为稳态和起动过程的模糊模型中的规则数量

选择三角形隶属度函数和面积质心非模糊化方法，则对于平稳工作过程的力矩转速关系为

$$T_e(x) = \sum_{i=1}^{N} T_{ei}^* \mu_{\bar{n}i}(x) \Big/ \sum_{i=1}^{N} \mu_{\bar{n}i}(x) \tag{4}$$

对于起动过程有

$$T_{e0}(x) = \sum_{j=1}^{M} T_{e0j}^* \mu_{n0j}(x) \Big/ \sum_{j=1}^{M} \mu_{n0j}(x) \tag{5}$$

建立电网供电电动机模糊数学模型的关键是确定模糊区间 $n_1, n_2, \cdots, n_N$ 和 $n_1^0, n_1^0, \cdots, n_M^0$ 以及对应支撑集的输出 $T_{e1}^*, T_{e2}^*, \cdots, T_{eN}^*$ 和 $T_{e01}^*, T_{e02}^*, \cdots, T_{e0M}^*$。利用复合形优化法进行优化，建立目标函数如下：

对于平稳过程

$$\min \sum_{i}^{N_0} \left[\bar{T}_{ei}(x) - T_e(\bar{n}_i) \right]^2 \tag{6}$$

(续)

内容	对于起动过程 $$\min \sum_{j}^{M_0} \left[\overline{T}_{e0j}(x) - T_{e0}(n_{0j}) \right]^2 \tag{7}$$ 其中，N_0、M_0 分别为平稳运行和起动过程采样数据的点数。从模糊逼近过程来看，模糊区间分得越细，则上述目标函数的值越小。而当区间分点与采样点相同时，误差为 0。为了加快系统运行速度，逼近过程只要满足一定的精度即可。在此，将上述两目标函数的精度 ε 设定为 0.01，对其进行优化计算。对式 (6) 通过采样获得 30 个点的稳态转矩值，根据交流电动机的机械特性推算获得 10 个点，共 40 个样本，对式 (7) 通过采样获取图 b 的 314 个样本点，优化结果获得 40 条规则，如图 b 中的虚线。图 c 所示为交流电动机在电网供时的实测与模糊估计结果，优化结果获得 6 条模糊规则，见表 55.5-12 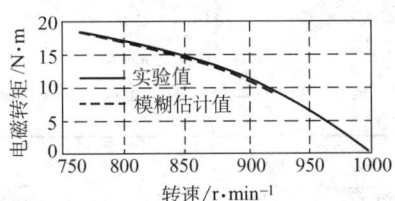 c) 交流电动机电网供电平稳运行时的实测与模糊估计结果

表 55.5-12 交流电动机电磁转矩的模糊估计参数

转速/r·min^{-1}	1000	987.35	942.55	913.16	887.65*	761.62*
转矩/N·m	0	1.7722	7.3364	10.317	12.207*	16.742*

注：带 * 的数据表示推算段的结果。

表 55.5-13 变频器供电时电动机的模糊模型

图示	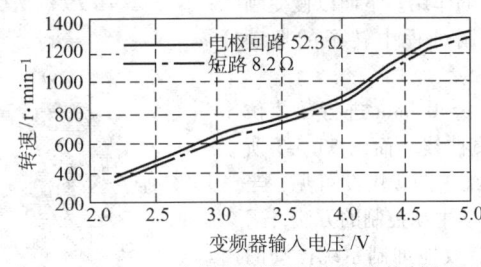 直流电动机接 8.2Ω 和 52.3Ω 电阻变频器以不同输入控制电压时的试验结果
内容	电动机 2 由变频器供电，将直流电动机接电阻作为交流电动机的外负载，变频器由计算机直接控制，其输入为 0～5V 的电压值。计算机控制变频器以不同的输入电压，检测出不同电动机转速的真实外负载值。上图为直流发电机串接 8.2Ω 和 53.3Ω 时，变频器输入从 2.2～5V 时的试验结果。从图中可以看出，交流电动机的同步转速附近的机械特性曲线近似为一条直线，所以将交流电动机的变频供电时的同一输入控制电压下的机械特性近似地用直线表示。如控制电压输入为 V_i 时，在图中对应两种外接电阻时得到的转速分别为 n_1、n_2，电磁转矩分别为 T_{e1}、T_{e2}，则机械特性近似直线段的斜率为 $$k_{vi} = (T_{e2} - T_{e1})/(n_2 - n_1) \tag{1}$$ 同步转速即为 $T_e = 0$ 时转速的值 n_{si}，变频器在不同输入电压时的机械特性均以 n_{si}、k_{vi} 来描述。对于控制过程计算通过模糊插值获得。通过试验可测得如下描述变频器和电动机组合系统动力学特性的数据对 $$(x_1^{(1)}, x_2^{(1)}; y^{(1)}), (x_1^{(2)}, x_2^{(2)}; y^{(2)}), \cdots, (x_1^{(i)}, x_2^{(i)}; y^{(i)}), \cdots, (x_1^{(K)}, x_2^{(K)}; y^{(K)})$$ 其中，x_1、x_2 分别为变频器的输入电压和电动机的输出转速；y 为电动机的输出电磁转矩，K 为样本总数。建立变频电动机数学模型描述的是当控制输入电压和转速一定时，估计输出电磁转矩。在同步控制过程中，将解决在当前外负载条件下电动机转速如何变化，应采取什么样的调节措施。在此仍以模糊逻辑描述变频器电动机系统的力学特性。其模糊规则形式为 $$R_i: \text{If } x_1 \text{ is } \bar{x}_1^{(i)} \text{ and } x_2 \text{ is } \bar{x}_2^{(i)}, \text{then } y \text{ is } \bar{y}^{(i)}, i = 1, 2, \cdots, K \tag{2}$$

内容	其中，$[\bar{x}_1^{(i)}, \bar{x}_2^{(i)}, \bar{y}^{(i)}]$ 为模糊支撑集；K_0 为模糊规则数 选取三角函数的隶属度函数，则对于变频器输入控制电压为 x_1，电动机当前转速为 x_2 时，其电磁转矩为 $$\bar{y} = \left[\sum_{i=1}^{K_0} \bar{y}^{(i)} u_{x_1^{-(i)}}(x_1) \mu_{x_2^{-(i)}}(x_2)\right] / \left[\sum_{i=1}^{K_0} u_{x_1^{-(i)}}(x_1) \mu_{x_2^{-(i)}}(x_2)\right] \quad (3)$$ 这时将以复合形优化法根据样本优化选取模糊集合。其目标函数为 $$\min\left\{\sum_{i=1}^{M_0} [y(x_1^{(i)}, x_2^{(i)}) - \bar{y}^{(i)}]^2\right\} \quad (4)$$ 约束函数为 $$\begin{cases} 2.18 < \bar{x}_1^{(i)} < 5 \\ 0 < \bar{x}_2^{(i)} \leq \bar{n}_{is}(\bar{x}_1^{(i)}) \\ 0 < \bar{y}_i \leq \max(\bar{y}^{(i)}) \end{cases} \quad (5)$$ 由于试验过程中，变频器的最低输入电压为 2.18V，所以输入电压限制在试验范围内。将优化精度设为 0.1，则优化获得 168 条模糊规则	(续)

5.3 机械产品动力学状态的控制

动力学状态的控制例子很多，例如，振动量与波动量的控制，特别是通过共振区的控制，传递给基础或机器动载荷的控制，运动稳定性的控制，机器噪声的控制，此外，还有混沌的控制等。

下面举出一个动力学状态控制的例子，即利用改变支承刚度来控制转子系统过渡过程的振幅。

由于主动控制作用的引入，使得转子系统的一些参数发生变化，从而起到减振的作用。下面以慢变刚度主动控制为例，研究在控制过程中转子的振动特性。

取 $\varepsilon = 0.01$、$m = 12.4$kg、$e = 0.04$m 进行数值仿真，得到图 55.5-2 所示的仿真曲线。而图 55.5-3 所示为不同 k_d 时试验所得的三维谱图，由图可见，当 $k_d = 10$ 时振幅最小，即通过振动主动控制的方法，适当选取变刚度系数 k_d，可以有效地抑制系统振动的振幅。

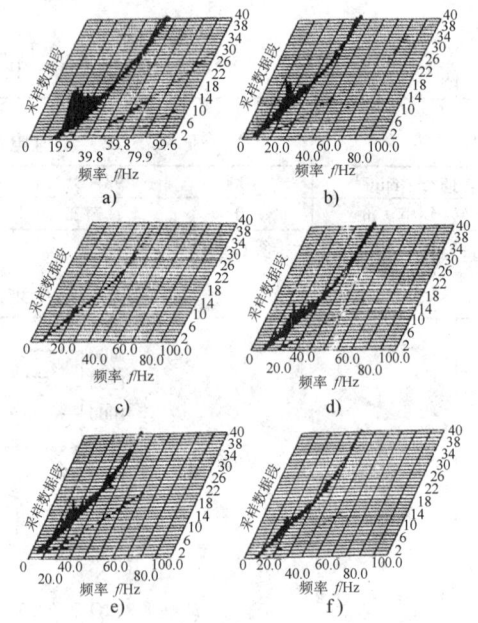

图 55.5-3 不同变刚度系数 k_d 时的三维谱图
a) $k_d = 0$ b) $k_d = 5$ c) $k_d = 10$
d) $k_d = 15$ e) $k_d = 20$ f) $k_d = 25$

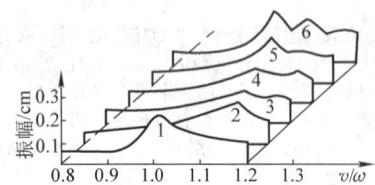

图 55.5-2 不同变刚度系数 k_d 时的仿真曲线

5.4 机械产品工作过程的控制

机械系统工作过程的控制技术得到了前所未有的发展，这是因为目前许多企业的生产都是由各个子过程组成的，许多企业的生产流程就是一个完整的工作过程，为使这些工作过程实现高效的生产，必须对这些工作过程加以有效控制，这不仅可以提高工效，还可以避免或减少事故的发生，因而其重要性已越来越突出。

这里所要讨论的工作过程控制仅对某一种机械设备而言，即一种单体设备工作过程的控制问题。

本篇第 8 章介绍了静压桩机与振动桩机，早期设计的桩机是单行程工作的，即沉桩时一正一反，正行程完成沉桩工作，返行程为空行程。为了提高其工作效率，将单行程工作改造为双行程，因此采用两套夹紧装置，两套夹紧装置交替工作，夹紧装置 A 向下运行时，夹紧装置 B 向上运行；反之，当 B 向下运行时 A 则向上运行，这样可以提高将近一倍的工效。

而为了完成这种交替的工作过程，必须设计相应的程序控制器。本篇第8章对这一程序控制器作了较详细的介绍。

在自同步振动机中，当振动电动机获得同步运转以后，切断其中一台振动电动机的电源，该振动电动机仍能跟随供电振动电动机继续运转，而且其工艺效果没有发生明显变化，由于其中一台电动机停止供电，该电动机的铁损与铜损均降低为零，所以可减少电能损耗10%~30%。为此我们设计了两台振动电动机交替供电的自动控制系统，以实现省电节能的目标。通过试验证明所研制的控制系统是成功的。

下面以机器人运动转换过程的控制为例来说明机械产品工作过程的控制，见表55.5-14。

表55.5-14 机械产品工作过程的控制

图示	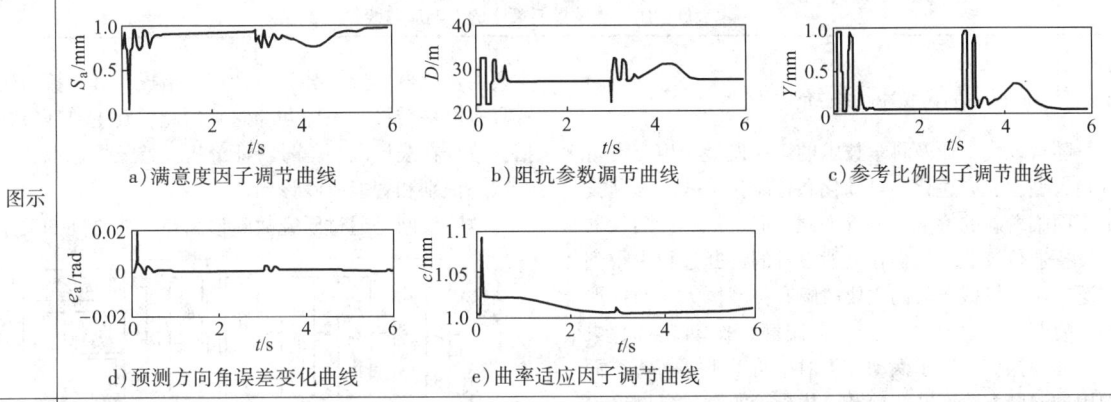 a) 满意度因子调节曲线　b) 阻抗参数调节曲线　c) 参考比例因子调节曲线 d) 预测方向角误差变化曲线　e) 曲率适应因子调节曲线
内容	在机器人进行与环境或操作对象接触的工作过程中，一般都存在从自由空间运动到受限制运动的运动转换过程。当机器人以非零速度去接触受限环境时，由于动力学的不连续性，会产生较大的冲击，引起接触点处的振荡，如果在运动转换过程中应用受限运动中的控制策略，冲击和振荡较大。因此，必须采用另外的控制策略使运动转换过程变得平滑、稳定，避免出现大的力冲击及振荡现象。在整个工作过程中的不同阶段，采用不同的控制策略、调用不同的控制程序是智能控制的特点之一。下面就运动转换过程的控制问题做简要讨论 转换过程中冲击力的大小取决于接触速度的大小、受限表面和机械手的刚度情况 设定机械手接触前后的动能分别为 $k^- = (1/2)(\dot{q}^-)^T M(q)(\dot{q}^-)$ 和 $k^+ = (1/2)(\dot{q}^+)^T M(q)(\dot{q}^+)$ 其中，M 为机械手的惯性量，$\dot{q}^-$、$\dot{q}^+$ 分别为机械手接触受限表面前后的关节速度。撞击过程能量变化过程为 $$k^- - k^+ = \Delta k \quad (1)$$ 在转换过程中的控制策略应设法吸收冲撞过程中的系统能量 Δk。为了在转换过程中能尽快消耗机器人的初始接触能量，在机器人动力学模型中加入力冲击抑制项。转换过程的控制律采用 Paqilla 提出的非连续转换控制策略，控制律为 $$\tau = M(q)\ddot{q} + C(q,\dot{q})\dot{q} + G(q) - J^T F_e + u_t \quad (2)$$ $$u_t = -K_v e_v - \lambda_{tn} n \mathrm{sgn}(e_{vn}) \quad (3)$$ 式中，K_v 为正定的增益矩阵，λ_{tn} 为正的比例系数 $$e_v = \dot{q} - (\dot{q}_d - \lambda_P e) \quad (4)$$ $$e_{vn} = n^T e_v \quad (5)$$ 式(3)、式(4)中，n 为法向矢量；λ_P 为正定的增益矩阵；$\dot{q}_d$ 为期望的关节速度，e 为关节位置误差。在转换过程中采用式(2)所示的控制律，控制目标是使机械手末端满足一个匀减速的过程，当法向速度接近于零时，实际接触力也达到期望力的设定值。根据这个控制目标可以选定式(3)~式(5)中的期望关节变量、速度及比例参数。转换过程的结束标志是碰撞后的法向速度在规定的误差限之内。由于在转换过程和随后的受限运动过程采用不同的控制策略，为了使两种不同的控制策略平滑过渡，受限运动中第一个参考轨迹 x_{r0} 采用转换过程后实际接触力第一次达到期望力时的末端实际轨迹 本节联合非连续转换控制策略和基于位置反馈的预测算法进行了仿真研究(图a~图e)，选择跟踪的受限表面仍是正弦曲线。初始速度为 $v_0 = 0.7\mathrm{m/s}$，仿真初始点为 $(0.7,0.5)$，在接触表面法线方向上期望力为30N，机械手末端沿椭圆表面的滑动摩擦因数为 0.1 在受限运动中，环境刚度的变化为 $$k_e = \begin{cases} 1000 & 0<t<3 \\ 1000+300\sin[\pi(t-3)/2] & 3\leq t<6 \end{cases} \quad (6)$$

内容	图 f 为在转换过程中应用非连续控制算法,在受限运动中应用位置反馈预测算法所得到的力控制曲线。由于在转换过程中加入了非连续控制算法,所以实际接触力在达到期望力后基本上没有大的冲击和振荡 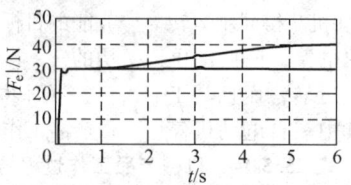 f) 应用非连续控制策略的力响应曲线

(续)

6 机械产品的诊断系统

随着现代工业及科学技术的迅速发展,生产设备日趋大型化、高速化、自动化和智能化,故障诊断技术正面临着新的挑战。尽管如此,但常规的诊断仪器与设备造价较低,故仍在一般设备的诊断过程中得到广泛应用。机械产品的主要故障有:摩擦大、磨损严重、疲劳破坏、裂纹、松动、碰磨、振动超标、失稳、油膜振荡、转子涡动、不对中与动不平衡等。而常用的诊断方法有灰色诊断、模糊诊断、神经网络诊断、专家系统诊断和小波诊断等。不管采用哪一种方法,数据的积累、经验的积累、诊断策略和知识规律都是诊断技术的基础。机械设备故障诊断可以采用一般诊断方法和智能诊断方法。一般的故障诊断方法是以常规的诊断理论与技术为基础,其诊断的准确性未能达到理想的地步,目前正在向智能诊断方向发展。

智能故障诊断系统如图 55.5-4 所示,这种系统主要由传感器、接口装置及计算机组成,其中接口装置具有电平转换、采样和存储等功能。其主要环节包括:信号在线检测、信号特征分析、特征量选取、工作状态识别和智能故障诊断。

故障诊断是通过研究故障诊断与征兆之间的关系

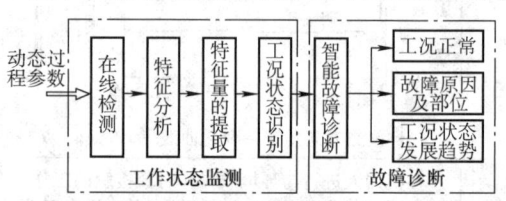

图 55.5-4 工作状态检测与故障诊断系统结构

来判断设备的状态,出于实际因素的复杂性,故障与征兆之间的关系很难用精确的数学模型来表示,而现代故障诊断早已不满足于"是否有故障"的简易诊断结果,而要求给出故障机理及故障的位置和程度如何。这类问题应用模糊逻辑能得到较满意地解决。

第6章 机械产品的制造性能及可视优化设计

1 概述

可视优化设计法是一种数字化设计方法，强调在整个设计过程中全面应用计算机技术，对机器及系统进行模型构建、功能模拟和过程仿真等。为了有效实施可视优化设计技术，装备制造企业通常需要搭建设计平台，将该法应用于实际设计工作中。由于可视优化技术的基础是构建能正确反映产品实际工作的模型，为了达到这一目的，机器的模型试验常常是十分必要的，它是构建正确模型的基础。

随着对机械产品设计质量的要求不断提高，可视优化设计法越来越多地应用到产品设计中。可视优化设计法可以对机械产品整个生命周期内的各种工艺过程和工作过程进行模拟，包括加工制造、装配（拆卸）、工作时的运动学和动力学状态、工作过程和控制过程等。通过可视优化设计可以在产品制造加工之前，尽早发现由于设计不当所导致的可能出现的缺陷，甚至包括一些严重的错误，进而对发现的问题进行及时修改。此外，在研究和设计过程中，可以在计算机上对各种模型进行动态模拟或仿真，在某种程度上可以代替机器的试验工作，并可通过相应的优化方法，寻求最佳的结构参数、工作参数和控制参数及机器的设计方案等。通过可视优化设计，使产品获得优良的功能和性能，进而提高产品设计质量、降低研发成本，加快设计进度和缩短生产周期，最终达到提高所设计产品在市场中的竞争力的目的。

目前，国内外学者们对机械可视优化设计法的研究及应用集中于对单一工艺过程，如对加工、装配、工作状况、控制过程等问题进行可视化研究，取得了很多成果。但是缺乏从宏观角度对产品的设计和生产的全过程进行全面系统的研究。如果在这些分散研究成果的基础上，将宏观研究与微观研究很好地结合起来，将会充分发挥机械可视优化设计方法与技术在产品设计中的积极作用，并促进其理论的进一步发展及应用。

本章将对可视优化设计方法进行综合性的研究，提出可视优化设计法的理论框架及应用方法；对可视优化设计的具体环节，即装配（拆卸）过程、加工制造过程、运动学和动力学状态、工作过程和控制过程等可视优化的内容和方法进行讨论；将详细介绍其原理、目标和方法，并给出相应的实例。

产品可视优化的主要目标、主要内容和主要方法见表55.6-1。

表55.6-1　产品可视优化的主要目标、主要内容和主要方法

图　示	项目	说　明
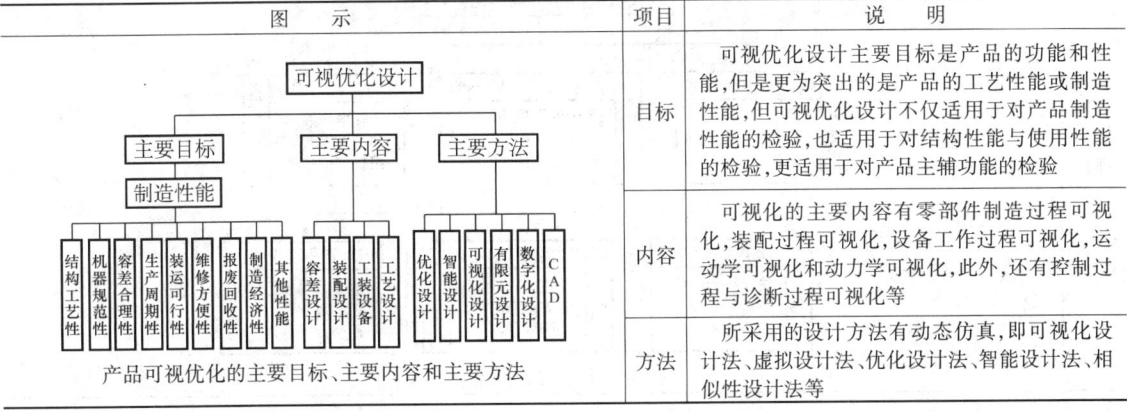	目标	可视优化设计主要目标是产品的功能和性能，但是更为突出的是产品的工艺性能或制造性能，但可视优化设计不仅适用于对产品制造性能的检验，也适用于对结构性能与使用性能的检验，更适用于对产品主辅功能的检验
	内容	可视化的主要内容有零部件制造过程可视化，装配过程可视化，设备工作过程可视化，运动学可视化和动力学可视化，此外，还有控制过程与诊断过程可视化等
	方法	所采用的设计方法有动态仿真，即可视化设计法、虚拟设计法、优化设计法、智能设计法、相似性设计法等

2 可视优化设计法的理论框架

2.1 可视优化设计方法的定义和特点

可视优化设计方法的定义和特点见表55.6-2。

近年来国内外对虚拟技术的研究在不断加深，与机械产品开发相关的术语也正在不断出现，其中有虚拟设计、虚拟制造、虚拟装配、虚拟样机等。虚拟技术与可视化技术有不相同的概念，虚拟技术通常以虚拟现实作为支撑技术，它不仅强调可视，而且包括可听、可闻、可触等。可视优化设计仅强调可视，可以说是有限范围内的虚拟技术。另外，虚拟技术与可视

化技术相比，通常需要更多的软件及硬件支持，例如，进行虚拟设计研究通常需要头盔显示器、数据手套等硬件系统，而一般高档微机就可以进行可视优化技术的研究。

表 55.6-2 可视优化设计方法的定义和特点

项目	内容
可视优化设计法定义	可视优化设计法是综合设计法的重要组成部分，它是以"可视"为手段，以预测产品各方面性能，进而获得"最优"产品质量为设计目标的一种方法。在可视化的操作环境中，通过采用建模仿真、控制系统及智能优化分析等技术，对整个产品的各种性能进行仿真，达到优化产品性能、提高产品设计质量的目的
可视优化设计法特点 — 可视性	可视性是指在应用可视优化设计法时整个设计过程是可视的，可以用最直观的方式向设计者提供各种信息。可视性具体包括以下四个方面：设计时要有一个实现可视化的计算机软件；整个可视化计算过程；加工、装配及机器各种功能的模拟；仿真计算结果和图表显示
可视优化设计法特点 — 预测性	预测性（或检验性）是指应用可视优化设计技术，在真实产品被制造出之前，可以对零件的可加工性、可装配性、运动学和动力学状态、工作情况和控制过程进行预测和检验，及早发现设计中的缺陷及错误。预测性还对降低产品成本，缩短研发周期有着重要的意义
可视优化设计法特点 — 优化性	优化性是指应用可视优化设计法，可以通过计算机对几种设计方案、几种设计参数进行比较，从中选出最优的，从而达到优化的目的，这对提高产品质量有着重要的意义。这里所提的优化是指广义优化，即它不仅包括用优化理论寻求目标函数的最优值，也包括几种方案和参数的对比，寻求较好的方案或参数

对于国内目前状况，全方位推进虚拟技术还有一定的困难。这是因为：一方面，虚拟技术尚不很成熟，且设备价格昂贵；另一方面，针对机械产品开发和研究，并不一定要求有沉浸感，在很多情况下采用可视化技术就足够了。

2.2 可视优化设计的具体内容

对机械产品进行可视化优化设计，通常包括以下六个方面：加工制造过程可视化、装配过程可视化、运动学状态可视化、动力学状态可视化、工作过程可视化和控制过程可视化。整个逻辑框图见表 55.6-3。从中可以看出，可视优化设计法从内容上主要强调两方面内容，即"检验"和"优化"。检验的目的是发现原有设计的错误或缺陷，优化的目的是获得具有各方面性能较优越的产品。

表 55.6-3 可视优化设计法的主要内容

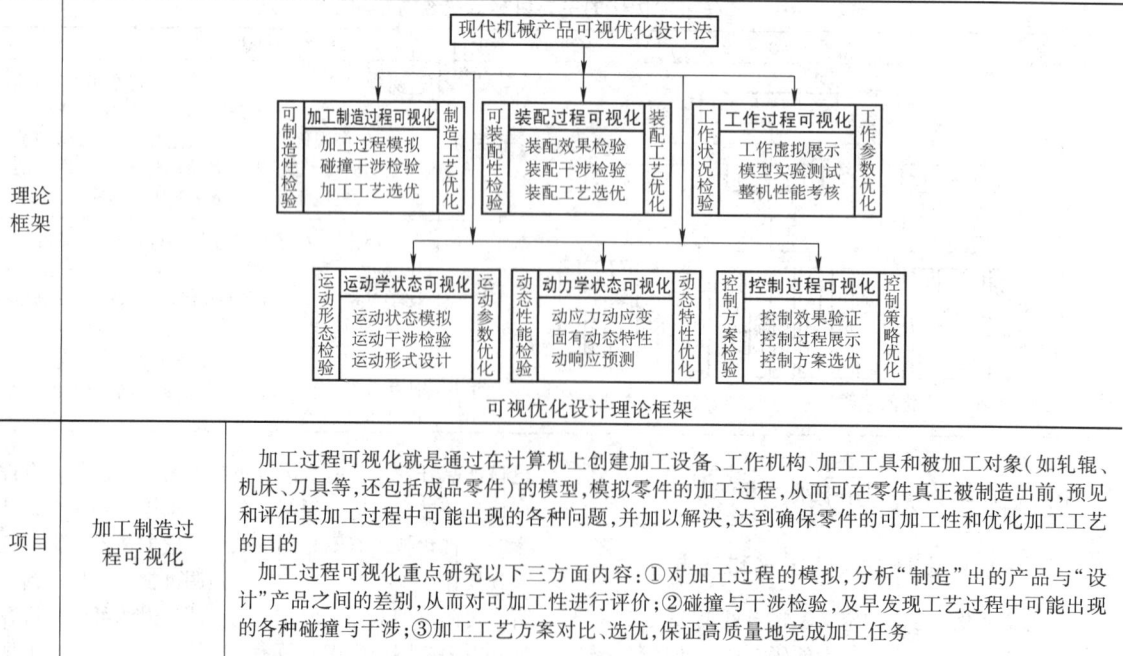

项目	加工制造过程可视化	加工过程可视化就是通过在计算机上创建加工设备、工作机构、加工工具和被加工对象（如轧辊、机床、刀具等，还包括成品零件）的模型，模拟零件的加工过程，从而可在零件真正被制造出前，预见和评估其加工过程中可能出现的各种问题，并加以解决，达到确保零件的可加工性和优化加工工艺的目的 加工过程可视化重点研究以下三方面内容：①对加工过程的模拟，分析"制造"出的产品与"设计"产品之间的差别，从而对可加工性进行评价；②碰撞与干涉检验，及早发现工艺过程中可能出现的各种碰撞与干涉；③加工工艺方案对比、选优，保证高质量地完成加工任务

(续)

项目	装配过程可视化	装配过程可视化就是在计算机上创建装配模型,通过计算机模拟零件及装配器械在装配过程中的运动形态和空间位置关系,从而可在真实产品生产之前,检验零部件的可装配性,并可尽早发现装配过程中可能存在的问题,为制订高效而可靠的装配工艺提供决策依据 装配过程可视化重点研究以下三方面内容:①通过对装配过程模拟,检验零件的装配效果,从而判定零件间是否可以实现预期的装配;②装配干涉检验,通过可视化仿真,判定各零件移动路线以及装配器械与工作环境间是否存在干涉问题;③通过对装配过程的模拟,寻找最优的装配工艺,对装配过程进行合理规划
	运动学状态可视化	运动学可视化就是通过在计算机上创建运动学模型,模拟关键零部件的运动过程,确定它们在任意时刻的位置与姿态,以及位移、速度和加速度等运动学参数的变化情况,从而在设计阶段就可判断所设计的产品能否正常运动起来,构件与构件之间以及构件与周围环境之间是否存在干涉,此外还要考核机构的运动是否符合给定的运动规律和运动条件 运动学可视化重点研究以下三方面内容:①通过对运动状态的模拟,检验构件能否正常运动及运动参数、运动空间是否符合要求,以及是否有良好的运动学状态等;②运动干涉检验,检验机构在运动的状态下是否发生干涉;③运动形式设计是一种逆运动分析,即在给定运动规律的条件下,求能实现此运动形式的机构
	动力学状态可视化	动力学可视化就是通过在计算机上创建机械产品的动力学模型,通过可视化仿真获得工作状态下动载荷的分布情况、固有动态特性和在一定激励下的各种响应,从而在设计阶段就可获知所设计产品的各种动态性能,通过相应的动力学修改和进一步仿真可获得最优的性能,这对于提高产品质量有着重要意义 动力学可视化研究以下三方面内容:①基于可视化的模型,求出机械设备的固有动态特性,包括固有频率及振型等;②用可视化仿真的方法确定工作状态下机械设备的动应力、动应变的分布情况;③通过可视化的模型,检验机械设备在给定激励下的动响应是否符合要求,以及产品是否有较优良的动力学性能等
	工作过程可视化	工作过程可视化就是通过在计算机上创建机械产品的工作模型,包括样机模型和环境模型,运用仿真技术模拟所设计机械产品的工作状况,从而在设计阶段就可获知产品的运行状态,进一步可以通过改变运行参数来检测产品的工作状况,经优化分析获得最优的参数,进而提升产品的性能 工作过程可视化重点研究以下三方面内容:①整机工作过程的虚拟展示,用以了解产品的工作状况;②模型的试验测试,在可视化的虚拟模型上完成各种测试,用于优化各种运行参数;③整机性能考核,模拟极限状态下的工作环境,考核整机性能
	控制过程可视化	控制过程可视化就是通过在计算机上创建所研制系统的控制模型,通过计算机仿真模拟所设计系统的控制过程,输出相应的技术数据,从而可评价现有控制系统的优劣,进一步修改控制参数或控制策略再进行仿真,最终获得稳定、快速和准确的控制系统 控制过程可视化主要研究以下三方面内容:①控制效果验证,通过可视化的模型,检验现有控制过程的有效性;②控制过程展示,将控制策略与机械本体结合,展示机械本体在控制条件下的工作状况;③控制方案选优,在模型上快速检验几种控制方案,从中选出较优的,达到优化的目的

2.3 可视优化设计法的技术流程

对机械产品进行可视优化设计,因最终目标不同,整个过程会有一定的差异,但通常要经过以下四个步骤,即创建模型、可视化仿真、结果分析、缺陷修改。可视优化设计法的技术流程见表55.6-4。

表 55.6-4 可视优化设计法的技术流程

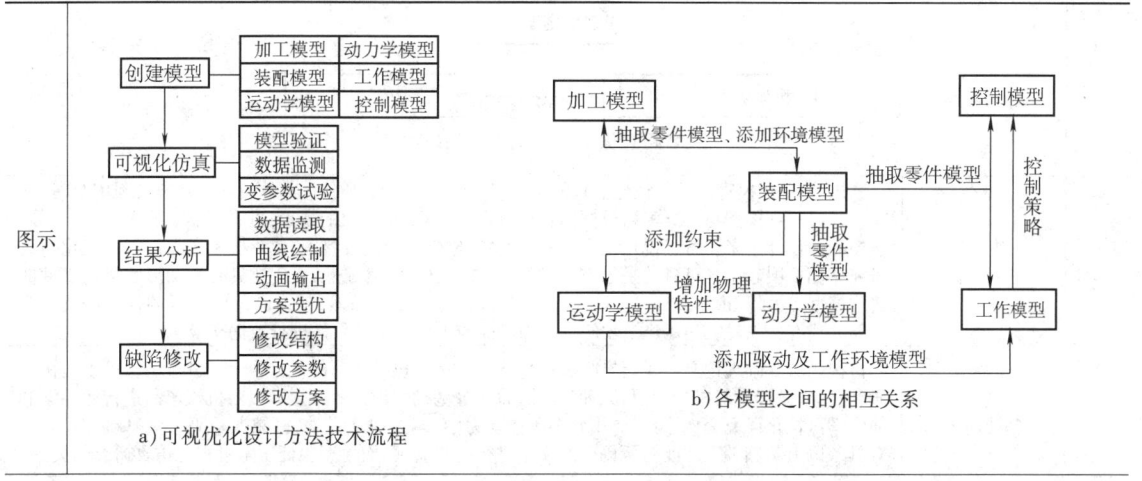

a) 可视优化设计方法技术流程
b) 各模型之间的相互关系

（续）

步骤	创建模型	用可视优化设计法进行机械产品设计时，第一步就要创建模型，模型在整个可视化研究中起着重要作用，它是可视优化设计法的基础。模型包括：装配模型、加工模型、运动学模型、动力学模型、工作模型和控制模型。对于这6种可视化分析方法，因分析的最终目标不同，模型会有一定的差异。如以保证装配质量为核心的可视优化设计，所创建的就是装配模型，要求所有零件都要拥有严格的尺寸和确定的形状；而以运动学、动力学分析为主要内容的可视优化设计，某些情况下对零件的结构尺寸就没有必要要求像装配模型那样严格。另外，因为同属可视优化分析方法，各模型之间又必然有一定的联系，各模型相互之间的关系如图b所示。 装配模型主要操作对象是待装配的各种零件，其他可视化方法研究对象也都与零件相关，所以图b中将装配模型作为可视化建模的核心内容，其他模型与装配模型都有联系，只是联系的紧密程度不同。例如，在创建运动学模型对运动进行精确求解时，就可以利用实体装配模型，将装配约束关系转化为运动约束关系（约束副），从而完成运动模型的创建
	可视化仿真	可视化模型创建完成后，就可以在计算机中可视的操作环境中进行仿真。因研究的具体内容不同，对于每种可视化方法可视化仿真的具体内容也会存在一定程度的差异，但基本上都包括图a中所示的三方面内容，即模型验证、数据监测和变参数试验。模型验证是进行可视化仿真研究的重要步骤，只有经过验证的模型方可进行仿真试验研究。验证的依据一般是依照本领域的常识，通过一个简单的数值，观测仿真结果的正确性与否，还可参照类似的实物机械结构，通过做试验来验证模型。数据监测是下一步结果分析的基础，检测的数据包括：运动轨迹、位移、速度、加速度、应力、支反力、作用力、响应时间等。变参数试验就是方案对比试验，通过变参数寻求使整个所设计的产品性能最优的结构参数、运行参数、控制参数等。因问题的难易程度差距较大，可视化仿真需要的时间差异性也较大，短的可能不到1s，长的可能需要几天，甚至更长
	结果分析	对可视化仿真的结果进行分析是可视优化设计法的核心内容之一，通过对结果详尽的分析，可在设计阶段及时地发现各种缺陷或错误、判断所选方案的可行性和优越性等，这正是可视化仿真的意义所在。结果分析一般包括：结果数据的读取、曲线的绘制、仿真动画输出和最优方案的选择，设计者通过以上的可视化仿真结果，利用本领域知识，可有效完成对现有设计的评价与优化
	缺陷修改	经过对仿真结果的分析，一般都会发现一些错误和缺陷，这些错误包括零部件结构的缺陷、运行参数的缺陷和方案的缺陷等。实际工作中，也可能改变工作环境比改变零部件结构更经济，此时可对工作环境进行修改 需要指出的是可视化仿真研究是一个循环反复的过程，经过修改的模型还要进行可视化仿真试验，直到各方面性能都没有问题且主要功能参数达到最优为止

2.4 可视优化设计法的关键技术

在机械领域应用的可视优化设计是建立在交叉学科基础上的设计方法，结合了大量的应用力学、应用数学、图形学、信息技术，涉及的主要关键技术见表55.6-5。

表55.6-5 可视优化设计法的关键技术

图示		三维CAD建模理论 — 优化理论、有限元技术 | 可视优化设计法 | 机械领域基础理论 — 工程仿真技术 可视优化设计法的关键技术
关键技术	三维CAD建模理论	三维CAD建模理论是可视化仿真的基础，三维几何形体的创建、零件装配等均靠三维CAD技术来保证。三维模型与二维模型或框图相比具有更直观、更形象的特点，可方便非专业人士参与到专业产品的设计中来。可以说正是由于三维CAD建模理论的成熟，才使对机械产品进行可视化仿真研究蓬勃发展起来。可喜的是当前三维CAD技术已经相当成熟，可创建具有复杂形状机械零件的实体模型。另外，由于CAD技术中引入了参数化和变量化技术，使产品几何要素的优化修改变为可能。还有，现有的CAD建模软件一般都可以与工程模拟类软件进行数据交换
	机械领域基础理论	机械领域基础理论是用来指导将可视化技术应用到机械产品的设计中的。进行机械可视化仿真研究，要求设计者对机械制图、原理、零件、力学等基础知识熟练掌握。以对机械产品进行运动学和动力学可视化研究为例，可能要用到多刚体动力学、多柔体动力学、机械振动等相关基础知识。只有具备以上基础理论才能对所创建的模型进行初步验证，而模型验证正是可视化仿真研究的关键

(续)

关键技术		
	优化理论、有限元技术	工程数学的发展也给机械产品进行可视化研究带来很大的推动，而在众多工程数学理论中优化理论及有限元技术与可视化仿真联系最为紧密。本篇所提的可视化方法就定义为可视优化方法，可见无论进行哪种可视化研究都要用到优化理论，都伴随着"优化"的思想。有限元技术与可视化仿真更是紧密联系，尤其以动力学可视化研究，在很多方面都应用了有限元技术，例如在求零件或整机的各种动态特性、动响应等，就可以应用有限元技术，利用有限元软件求解，可获得零件或整机的应力、应变分布、位移及固有频率和振型等
	工程仿真技术	工程仿真技术是进行可视化仿真研究的重要核心技术，对所设计产品的各种性能的动态模拟以及创建相似的工作环境都要用到工程仿真技术。仿真技术是以相似原理、信息技术及其应用领域相关技术为基础，以计算机和各种专用物理效应设备为工具，利用系统模型对真实的或假想的系统进行动态模拟的一门多学科的综合性技术。在机械领域进行可视化仿真研究涉及的工程仿真技术，包括对机器的运动状况、动力学特性、工作过程、控制过程等进行模拟。现在，已有大量的工程仿真分析软件可实现上述功能

2.5 主要研发软件

进行可视化仿真研究必须具备强大的软件系统支持，由于可视化仿真内容的多样性，现有的软件中，尚没有一种可用于全部6方面可视化仿真。即使在进行加工、装配、运动学等某一项可视化仿真研究时，通常也需要几种软件作为支撑平台进行研究。现把常用的软件按其重点应用领域进行分类，可分为三维建模类、工程模拟类、控制仿真类、有限元计算类、软件开发编程类及其他软件类等，详细内容见表55.6-6。

2.6 可视优化设计法的应用原则

机械产品可视优化设计方法大体上包含以上6方面内容，但并非对任何机械产品在设计过程中都要进行这6方面的可视化仿真，应用中应有所侧重，对于某一确定的机械产品，在设计中一般应用一种或几种可视优化方法进行设计。可视优化设计法的应用原则见表55.6-8。

表55.6-6 常用软件按其重点应用领域的分类

类型	内容
三维建模类	三维建模类软件用于创建所设计产品的三维几何模型，它是多种可视化仿真的基础。通过三维建模类软件创建的实体模型，可让设计者直观了解零部件的实际形状、质心位置及零件的实际质量等。常见的三维建模类软件有SolidWorks、Creo、Catia、UG NX等。这些软件都能基于零件的特征进行实体建模，且都具有尺寸驱动和参数化设计的功能，非常适合机械零部件的创建，且可动态地将零件装配成装配体。需要指出的是上述所提的建模类软件并非只具有三维建模功能，一般还具有简单的功能模拟的能力，但是建模是其最核心的功能模块。如Catia为汽车、飞机等重要的研发软件，三维建模是其最主要的功能模块，除此之外还有运动仿真、有限元计算及CAM功能等
工程模拟类	工程模拟类软件用于模拟所研究对象的运动学、动力学特性，全方位地展示所设计产品的工作状况，它是运动学、动力学、工作过程可视化仿真的核心软件。常见的工程模拟类软件有美国MDI公司的ADAMS（2002年被MSC收购）、比利时LMS公司的DADS、德国航天局的SIMPACK、韩国的Recurdyn等。对于以上软件，国内外应用最广的还是MSC.ADAMS。 ADAMS（Automatic Dynamic Analysis of Mechanical System）是专用于机械系统运动学、动力学仿真分析的软件。利用其零件库、运动约束库、力库等模块能方便地建立复杂机械系统的运动学/动力学仿真模型，MSC.ADAMS能自动计算输出机械系统部件的运动位移、速度、加速度和反作用力，仿真结果不仅可以曲线图形输出，还可以显示动画仿真。它可以迅速地分析和比较多种参数方案，直至获得优化的工作性能。这里需要指出的是作为专业的工程模拟软件，它的建模功能不是很强，在分析复杂结构的机械系统时，通常要先在三维建模类软件上创建模型，再导入MSC.ADAMS的仿真环境
控制仿真类	控制仿真类软件主要用于控制过程可视化研究，它可以用于创建机械系统的控制模型，模拟所设计机械产品的控制过程，改变相关参数优化现有的控制策略等。在控制系统设计与分析的软件中，Matlab是目前应用最为广泛的。在Matlab环境中，有超过500种数学、统计、科学及工程方面的函数可使用。此外，Matlab工具箱提供了在许多应用领域所需的函数，如符号运算、图像处理、信号分析、控制系统仿真等。SimuLink是Matlab提供给控制领域的用户，用于对线性、非线性、离散控制系统分析的工具。因此，应用Matlab/SimuLink可方便地建立机械产品控制系统的仿真模型，并进行控制系统性能的仿真分析
有限元计算类	有限元计算类软件也是进行可视化仿真研究的重要软件。通过有限元软件可求解具有复杂结构的机械零部件静态及动态应力分析情况，在外载荷作用下的变形情况和求解零部件的固有模态特性等，这些都是进行动力学可视化分析的核心内容。常见的有限元分析软件有ANSYS、NASTRAN、MARC等。 有限元分析软件种类较多，其中ANSYS是最常用的一种。它是融结构、流体、电磁场、声场和耦合场分析于一体的大型通用有限元分析软件。它能与多数CAD软件接口实现数据的共享和交换。ANSYS软件主要包括三个部分：前处理模块、分析计算模块和后处理模块。前处理模块提供了一个强大的实体建模及网格划分工具，用户可以方便地构造有限元模型；分析计算模块包括结构分析、热分析等；后处理模块可将计算结果以彩色等值线显示、梯度显示等图形方式显示出来，也可将计算结果以图表、曲线形式显示或输出

(续)

类型	内容
软件开发编程类	前面所提的各类可用于可视化仿真的软件都是通用软件系统，实际应用中很可能遇到可视化仿真困难或相当麻烦，还有可能根本无法使用。为了解决上述问题就必须用到软件开发编程类。软件开发编程类在进行可视化仿真研究中主要有两方面应用，一是在原有通用可视化仿真软件基础上进行二次开发，使进行可视化仿真更容易、更方便；二是自行开发可视化仿真系统，使整个仿真系统完全围绕自己的研究对象进行。常见的软件开发编程类软件包括编程语言 Visual Basic、Visual C++、Delphi、Visual Fortran 等和图形化编程语言 OpenGL，这些软件可以方便地创建可视化的图形界面、进行原有可视化仿真系统的二次开发，OpenGL 和其他编程语言结合可自行开发可视化仿真系统
其他软件类	因为针对机械产品进行可视化仿真是涉及多个学科的交叉领域研究，除上述所提的软件外，在实际进行可视化仿真时还可能用到诸如专用的 CAM、CAPP、数据库技术、网络技术等相关软件。在进行装配、加工、运动学、动力学、工作过程、控制过程这 6 方面可视化仿真研究时，通常也是几种软件联合使用以完成预定的仿真任务。软件系统的集成使用，已成为进行可视化仿真研究的一种趋势，表 55.6-7 列出了进行这 6 方面可视化仿真利用常用的软件搭配成的软件系统

表 55.6-7　6 种可视化仿真应用的软件系统

软件分类	装配可视化	加工可视化	运动可视化	动力可视化	工作可视化	控制可视化
三维建模类	√	√	√	√	√	√
工程模拟类		√	√	√	√	
控制仿真类					√	√
有限元计算类		√		√		
软件开发编程类	√	√				
其他软件类	√	√				

表 55.6-8　可视优化设计法的应用原则

项目	说明
对装配过程可视化	主要用于那些零件数目多、装配工艺复杂、产品柔性度大的机械产品。如汽车，因汽车的外形随顾客的要求不断变化，对汽车进行装配过程可视化研究可快速确定装配工艺路线。另外，对于新开发的新产品，也非常有必要进行装配过程可视化研究，因为这是检验所设计的零件可装配性最有效的方法
对加工过程可视化	主要指那些毛坯制造困难、原材料价格昂贵、零件结构复杂、需要烦琐的加工工艺方能完成的零件。对于这类零件，凭经验通常难以找到合适的工艺方案，加工中如准备不充分也可能遇到各种各样的问题，所以对加工过程进行可视化仿真有重要意义
对运动学可视化	主要指那些运动情况难以想象、运动空间难以确定、运动轨迹要求严格的机构，如汽车、并联机床、工业机器人等。以汽车为例，汽车是一个由数量众多的运动系统及机构组成的综合体，各组成部分的运动实现以及运动关系精确与否将直接反映到汽车的设计与制造水平上，通过运动学可视化可在样车试制前就发现问题并加以解决，这对于提高汽车的广义质量有重要意义
对动力学可视化	主要指那些对结构可靠性要求较高的机械设备，如大型旋转压缩机、大型振动筛等，这类大型机械一旦设计的结构可靠性不高，就可能会导致非常严重的事故
对工作过程可视化	主要指那些运行参数难以确定、样机制造费用高、工作环境难以实际模拟的复杂机械系统，如在深海或太空工作的机器人、航空设备、武器等，现在越来越多的其他通用机械产品在设计中也应用了此技术，这对于提高产品的整体质量有重要意义
对控制过程可视化	主要指那些控制过程复杂、对控制效果要求高的机械系统，用常规方法很难找到最佳的控制策略和最合适的控制参数。如混合动力汽车，对其控制系统进行设计，采用可视化方法就会收到很好的效果

3　加工过程可视化

产品加工是个复杂的过程。产品设计的合理性、可加工性、加工过程中可能出现的加工缺陷等，在设计阶段往往不容易被发现和确定。另外，对于加工工艺复杂、毛坯成本高的工件，其加工设备、加工方法和工艺路线等凭经验很难得到最优的加工效果。以上问题，应用加工过程可视化可以很好地解决。

加工过程可视化就是对加工过程的模拟，通过模拟，可在设计阶段就了解关键零件的可加工制造性，以及加工过程中可能存在的各种问题。另外，通过可视化仿真还可以确定较优的加工方案。这对于提高机械产品的质量，降低成本，缩短开发周期同样有着重要意义。

3.1　研究内容及目标

加工过程可视化主要研究三方面内容，见表 55.6-9。

表 55.6-9 加工过程可视化主要研究内容

项 目	内 容
产品可加工制造性检验	通过加工过程仿真，评价"制造"出的产品与"设计"产品之间的差别，并可根据毛坯制造的过程和结果来评价设计产品的可制造性问题。例如，通过轧制过程仿真可识别工件及轧辊的应力变化，可快速评价轧制质量及可制造性问题
加工过程中碰撞与干涉检验	零件在加工过程中，由于工艺安排不当，可能会发生刀具与工件、刀具与夹具、刀具与加工工作台之间的碰撞与干涉等问题。尤其是自动化程度较高的数控加工，更有可能发生上述问题，所以非常有必要对复杂的加工过程进行仿真，及早发现可能发生的干涉与碰撞，通过相应的修改加以避免
加工工艺方案对比和选优	对于加工工艺复杂的工件，即需多次从多个方位，采用多种加工方法才能完成加工过程，凭经验通常很难找到最合理的加工工艺方案。加工过程可视化仿真为寻找最优的加工工艺方案，提供了最快捷和最节省的方法，通过对几种方案的对比，可找出省时、高效的加工工艺方案

因此，加工过程可视化的研究目标是通过全面、逼真地模拟现实的加工环境和加工过程对产品的可加工性和工艺规程的合理性进行评估，对加工过程中可能出现的问题，如碰撞、干涉等做到提前预知和有效地避免。

3.2 研究方法及实施过程

加工过程可视化研究，主要围绕所设计产品的可加工性进行研究，目标是在设计阶段，判断零件的可加工性及确定较优的加工方案。进行加工过程可视化研究可按表 55.6-10 中的流程进行。

要完成上述复杂加工过程仿真，需要用到 CAD 软件创建机床、刀具、工件等的几何模型，CAM 软件生成加工方案（如 NC 代码），有限元软件进行加工应力分析，加工场景构建（可用 VC 结合 OpenGL）。可见对加工过程仿真是一个复杂的系统工程。

表 55.6-10 加工过程可视化实施过程

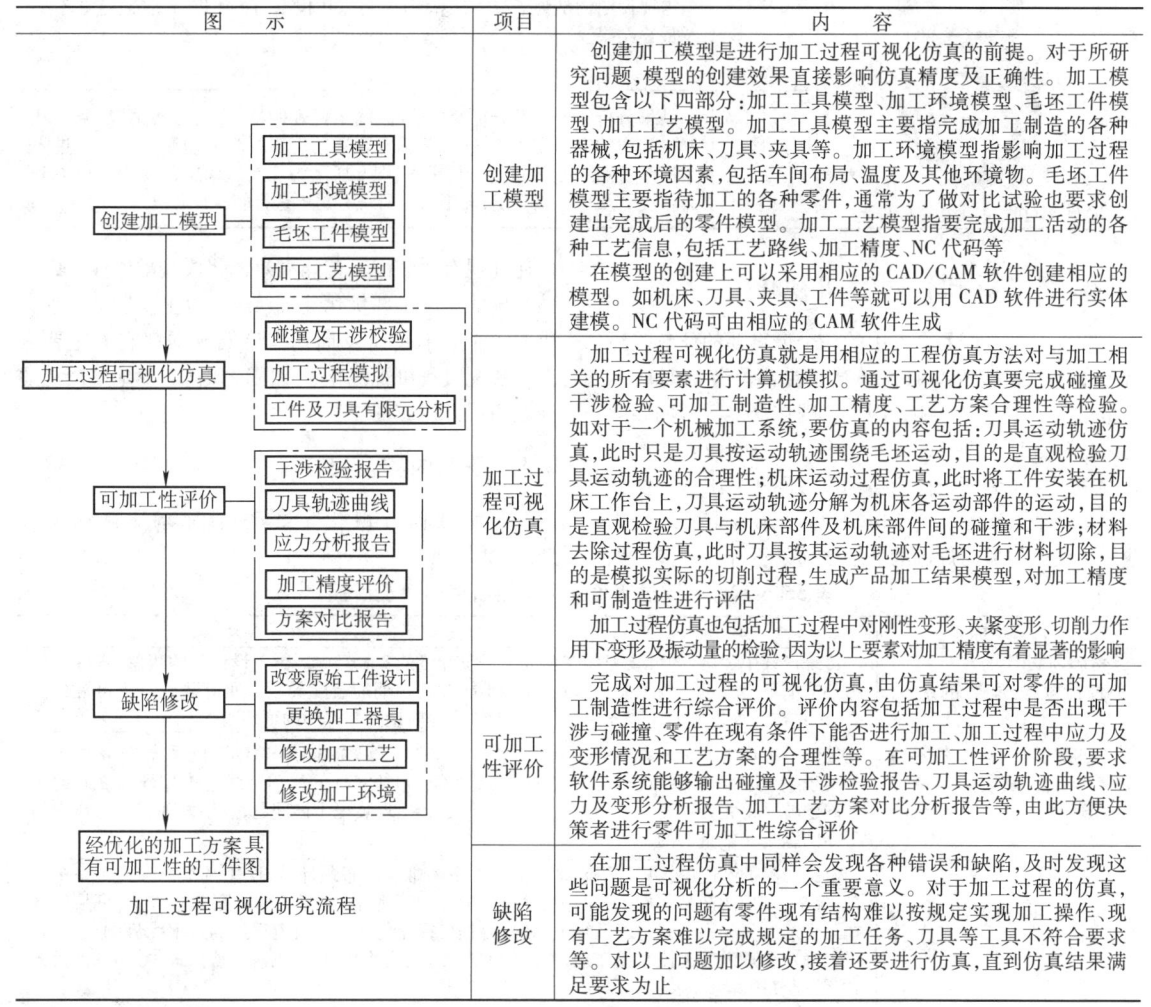

加工过程可视化研究流程

项目	内 容
创建加工模型	创建加工模型是进行加工过程可视化仿真的前提。对于所研究问题，模型的创建效果直接影响仿真精度及正确性。加工模型包含以下四部分：加工工具模型、加工环境模型、毛坯工件模型、加工工艺模型。加工工具模型主要指完成加工制造的各种器械，包括机床、刀具、夹具等。加工环境模型指影响加工过程的各种环境因素，包括车间布局、温度及其他环境物。毛坯工件模型主要指待加工的各种零件，通常为了做对比试验也要求创建出完成后的零件模型。加工工艺模型指要完成加工活动的各种工艺信息，包括工艺路线、加工精度、NC 代码等。在模型的创建上可以采用相应的 CAD/CAM 软件创建相应的模型。如机床、刀具、夹具、工件等就可以用 CAD 软件进行实体建模。NC 代码可由相应的 CAM 软件生成
加工过程可视化仿真	加工过程可视化仿真就是用相应的工程仿真方法对与加工相关的所有要素进行计算机模拟。通过可视化仿真要完成碰撞及干涉检验、可加工制造性、加工精度、工艺方案合理性等检验。如对于一个机械加工系统，要仿真的内容包括：刀具运动轨迹仿真，此时只是刀具按运动轨迹围绕毛坯运动，目的是直观检验刀具运动轨迹的合理性；机床运动过程仿真，此时将工件安装在机床工作台上，刀具运动轨迹分解为机床各运动部件的运动，目的是直观检验刀具与机床部件及机床部件和干涉；材料去除过程仿真，此时刀具按其运动轨迹对毛坯进行材料切除，目的是模拟实际的切削过程，生成产品加工结果模型，对加工精度和可制造性进行评估。加工过程仿真也包括加工过程中对刚性变形、夹紧变形、切削力作用下变形及振动量的检验，因为以上要素对加工精度有着显著的影响
可加工性评价	完成对加工过程的可视化仿真，由仿真结果可对零件的可加工制造性进行综合评价。评价内容包括加工过程中是否出现干涉与碰撞、零件在现有条件下能否进行加工、加工过程中应力及变形情况和工艺方案的合理性等。在可加工性评价阶段，要求软件系统能够输出碰撞及干涉检验报告、刀具运动轨迹曲线、应力及变形分析报告、加工工艺方案对比分析报告等，由此方便决策者进行零件可加工性综合评价
缺陷修改	在加工过程仿真中同样会发现各种错误和缺陷，及时发现这些问题是可视化分析的一个重要意义。对于加工过程的仿真，可能发现的问题有零件现有结构难以按规定实现加工操作、现有工艺方案难以完成规定的加工任务、刀具等工具不符合要求等。对以上问题加以修改，接着还要进行仿真，直到仿真结果满足要求为止

3.3 研究实例

前面已述,对加工过程仿真是一个复杂的系统工程,需要众多软件系统支持,但是对于其中的某个环节进行验证和检验大可不必这么复杂。以下将对一轧制模型进行加工过程仿真,判断其可加工性及应力分布情况,见表 55.6-11。

表 55.6-11 研究实例

图示	项目	内容
a) 轧制图形(有限元模型) b) 轧制过程及应力分布情况	问题描述	图 a 所示为轧制图形,轧件以一定的初速度送入孔型轧辊,在摩擦力的作用下轧出。轧件的断面尺寸为 70mm×70mm。仿真目标:用加工过程可视化方法判断可轧制性及轧制过程中的应力分布
	研究方法	因为本实例主要用于求解应力及变形情况,因此可采用有限元分析软件 ANSYS,轧制过程中由于轧件发生很大的永久性变形,因此属于强非线性问题。ANSYS 的 LS-DYNA 可以解决此类问题。加工过程可视化仿真步骤如下: 1) 创建有限元模型,包括选择单元类型、定义材料属性、创建轧辊、轧件实体模型等,完成后对模型进行单元划分 2) 定义接触,轧件与轧辊通过接触,产生接触应力使轧件变形 3) 添加约束,使轧辊中心线及轧件水平方向保持不动,即添加零约束 4) 进行仿真求解,选择合适的求解器进行求解 需要说明的是为了减少计算时间,可采用模型的 1/4 进行研究,这并不影响最终结果
	结果分析	结果分析主要包括分析变形情况、确定可轧制性、应力分布情况、判断轧制过程中的应力变化等,这对于选择合适的轧辊材料有着重要意义。进入 ANSYS 后处理程序进行分析求解,图 b 所示为轧制过程中的变形及应力分布情况。从中可以看出,轧辊可以对现有材料进行轧制操作

4 装配(拆卸)过程可视化

装配一直是产品开发中的一个最重要的环节,通常要占整个制造成本的 50% 甚至更高。装配对产品质量也有着重要的影响,因此,现在众多学者倡导面向装配的设计(Design For Assembly,DFA)。在产品开发中,关于装配可能会遇到以下问题:工程师所设计的零件能否按相关要求成功地装配在一起?装配作业中,装配器械与周围的环境之间是否存在干涉?如何保证现有的装配工艺能高效地完成装配作业,即找出最优的装配工艺优化装配系统?以上问题的合理解决对于企业缩短研发周期、降低成本都有着重要意义。装配过程可视优化正是围绕如何有效地解决上述问题而展开研究的。

4.1 研究内容及目标

装配过程可视化主要研究内容及目标见表 55.6-12。

表 55.6-12 装配过程可视化主要研究内容及目标

目标	内容
检验所设计的零件之间是否能实现预期的装配效果	传统设计中,零件的可装配性完全取决于设计者的实际经验。由于设计者的疏忽,零件在装配环节上可能会发生装配失败,即零件间不能实现预期的装配关系。通过装配过程可视化仿真,预先在计算机上创建装配模型,可在零件造出前检验零件间的可装配性
判断装配过程中,各零件移动路线以及装配器械与工作环境间是否存在干涉问题	装配过程可视化可有效判别出装配过程中的干涉问题,尤其对于自动装配系统,通常由机械手实现整个装配过程,所以,对于这样的装配系统,判断零件的移动路线与工作环境之间的干涉问题就显得尤为重要。对于人为手工装配,也会出现装配干涉问题,及早发现装配操作中的干涉问题是非常重要的
寻找最优的装配工艺,合理规划装配系统	复杂产品的装配工艺规划一直是产品开发中的难点和瓶颈环节,仅凭经验很难找到一个合理、经济、实用的产品装配工艺路线,通过装配过程可视化,模拟几种装配工艺方案,可从中选择最优的。另外在规划装配系统上,装配过程可视化仿真技术有着很强的技术优势,通过仿真可以确定合理的装配流水线布局、零部件输送方式、缓冲站数目、机器运动方式、零部件夹持方式、装配节拍等

可见，装配过程可视化仿真的目标是及时修正零件之间的不可装配性，避免干涉，进一步优化装配方案，得到最优的装配工艺和合理地规划装配系统。

4.2 研究方法及实施过程

当前对装配过程可视化的研究从宏观上讲可分为两类：一类是单纯利用计算机模拟装配过程，直观展示装配过程中系统各对象的运动形态和空间位置关系，并提供运动过程中的干涉检查；另一类是基于虚拟现实技术构造虚拟的产品装配环境，操作人员有身临其境的感觉，并能通过视觉、听觉和触觉来感知产品的装配过程和效果。第二类是虚拟技术研究范畴，这里暂不加以解释。

需要指出的是单纯利用计算机模拟装配过程进行可视化研究也分两个层次，第一个层次一般是通过三维 CAD 软件在装配环境生成装配体爆炸图，然后按装配顺序进行装配，录制装配动画，完成装配过程可视化研究。通过这种装配可视化方法，可以检验零件之间能否实现预期的装配效果及简单判断装配过程中各零件移动路线的干涉情况。但是因为没有建立装配环境模型及装配工艺模型，因此，无法对与环境间的干涉及装配工艺相关问题做出判断。第二个层次是将整个装配过程作为系统来研究，所创建的模型包含了实际装配过程的所有要素，即表 55.6-13 流程图中所示的几何模型、物理模型、环境模型和工艺模型，除可完成第一层次所有内容外，还可以对装配与空间环境的干涉问题、装配工艺的合理性、装配顺序的科学性等进行评价和优化。因此，与第一个层次相比应该说第二层次是高层次装配过程可视化研究。第二层次对装配过程可视化的研究一直是国家 863 计划资助的一个重点方向。

在进行装配过程可视化操作过程中，大致要经历四个步骤，见表 55.6-13。

表 55.6-13 装配过程可视化操作过程的四个步骤

图示	步骤	内容
创建装配模型（装配零件几何模型、装配零件物理特征、装配工艺模型、装配环境模型）	创建装配模型	创建装配模型的核心问题是解决如何在计算机中表达和存储产品装配信息，使之能够全面支持产品的设计过程，并为后续的可装配性分析与评价、装配工艺规划、装配系统规划、装配仿真等环节提供所需的信息数据。装配模型可以继续被分为几何模型、物理模型、工艺模型、环境模型。几何和物理模型描述零件的基本属性，工艺模型描述装配工艺路线、公差信息等，环境模型包括车间布局、装配器械模型等。视研究问题的难易程度可有选择性地创建装配模型
装配过程仿真（装配顺序、装配路径、装配空间、装配方法）	装配过程仿真	装配过程仿真是对装配过程的模拟，要通过仿真判断可装配性、干涉情况、装配工艺合理性等。仿真过程要记录装配顺序、装配路径、装配空间、装配方法等，为生成相关报告做准备。在进行装配过程仿真时也要紧密结合仿真任务。例如，主要判断装配过程中的干涉情况，就要针对可能出现的所有干涉情况进行仿真，包括零件与零件之间、零件与装配器械之间、装配器械与其他空间环境之间等
可装配性分析与评价（干涉检验报告、方案对比选优、动画输出）	可装配性分析与评价	完成装配过程的仿真就要对装配效果做出评价，包括输出装配干涉检验报告、方案对比选优报告和装配动画。干涉检验报告要明确指出发生干涉的零件、器械等，方案对比选优主要是针对装配工艺说的，通过分析确定合适的公差及合理的装配路线等，即对装配系统做出合理的分析与评价。装配动画可让设计者直观地了解装配操作过程，也可以让其他观察者了解产品的结构，装配动画可用于产品的使用、维护、维修等的培训
缺陷修改（修改几何形状、修改工艺方案、修改装配系统）	缺陷修改	完成可装配性分析与评价一般会发现一些缺陷，及时修改这些缺陷，对于保证产品质量、缩短产品开发周期有着重要的意义，这也正是装配可视化研究的重要意义所在。可能存在的缺陷有几何结构、工艺方案、装配器械等，通过对这些方面进行修改达到在设计阶段剔除可能影响装配的各种缺陷
优化的装配设计方案 装配过程可视化研究流程		

需要指出的是装配过程可视化研究不是一个顺序过程，需要循环往复地进行模型修改、装配仿真、结果分析等，最终实现零件可装配、工艺最优化。

在软件应用上应视仿真目标需要而定，如只想检验所设计的零件能否实现预期的装配关系，采用一个常见的三维 CAD 软件就可完成这个任务，常见的有 SolidWorks、Creo、Catia 等。第二层次装配过程可视化研究需要大量软件组成集成软件系统作为支持，在很多环节还要自行开发相应的软件系统。除三维建模类软件外，还有编程类、数据库类等。

4.3 应用实例

以下将用三维 CAD 软件按第一层次对装配过程可视化进行研究，可对零件在结构上的可装配性进行简单的验证。应用实例见表 55.6-14。

表 55.6-14 应用实例

图示	项目	内容
a) 装配完成的激振器 b) 爆炸视图	问题描述	惯性振动筛激振器，如图 a 所示，它由偏心块、轴承座、轴承系统、轴、锥套等组成。通过仿真确定各零部件设计能否实现预定的装配，并确定合理的装配顺序
	研究方法及步骤	用 SolidWorks 进行研究，分别创建零部件的几何结构，完成后进入装配环境，将零件按相互约束关系进行装配，装配完成后对装配过程进行仿真。过程如下：①生成产品装配体的爆炸视图，各零部件的爆炸步骤应该按照产品零部件的实际拆卸顺序进行，先拆卸的零件先爆炸，爆炸的方向及距离以能看清各零件的结构为宜；②利用动画向导生成爆炸过程的动画，动画的开始时间及持续时间可根据产品中零部件的数量选用；③利用动画向导生成解除爆炸的动画。经过以上过程生成的动画分别是产品拆卸过程和装配过程的模拟。图 b 所示为爆炸视图
	对装配过程进行分析和评价	在进行装配过程中就可以发现零件设计的缺陷，修改相应的零件图，从而保证零件间可实现预期的装配关系。输出装配仿真动画，通过装配过程的动画演示，可以清楚地判断装配过程中的动态干涉情况，若存在干涉则说明产品无法装配，需要改进设计；若没有干涉，则可以确定产品装配的顺序

5 运动学可视化

机械设备是由数量众多的运动系统及机构组成的综合体，各组成部分的运动实现以及运动关系精确与否将直接反映机械设备的设计与制造水平。失误的设计经常会导致机械设备在运行过程中出现干涉、运动不符合指定规律等，重复制造样机，浪费了大量的财物。运动学可视化可有效解决上述问题。运动学可视化是指对机械产品与运动相关的特性进行可视化预测、分析和设计，可保证所设计的产品具有良好的运动学特性。

5.1 研究内容及目标

运动学可视化的研究内容及目标见表 55.6-15。

表 55.6-15 运动学可视化的研究内容及目标

目标	内容
运动过程中构件之间或构件与外界环境之间运动干涉检验	装配可视化过程所进行的干涉检验是一种静态检验，是对机构在静止状态下及在装配过程中对干涉情况的判定。当机构装配完成后，在运行过程中同样也可能会发生干涉，通过运动学可视化模拟可以快速发现这种干涉
验证机构运动是否符合给定的运动规律和运动条件	用计算机中的运动学模型检验所设计机械产品的运动状况，看关键工作部件的运动学参数是否符合设计要求，如不符合要求则对原有设计加以修正，直到满足要求为止
设计运动形式合理的机构	已知所设计机械产品关键工作部件的运动轨迹，反求能实现该轨迹的机构。通过运动学可视化仿真，动态改变结构参数，从而获得满足运动要求的合理机构

因此，通过运动学可视化仿真可确保所设计的机构不存在运动干涉，在真实产品未制造出前提前获知机构的运动特性，并可反求出运动形式合理的机构，这正是运动学可视化仿真的目标。

5.2 研究方法与步骤

在机械设计中，对运动学的分析，长期以来一直停留在靠数值计算获得机构的运动学参数。求解过程中，通常要对实际机构进行简化和抽象建立简化的运动学模型，经简化的运动学模型与实际机构相比，无论在外形上还是实际约束关系上都存在较大的差距，这就导致一方面计算误差较大，另一方面进行分析需要深奥的理论基础知识，必须专业人士才能进行研究。这里所提的运动学可视化研究与传统方法有着本质的区别，它是建立在三维实体模型基础上，进行运动学仿真研究的，精度高且便于非专业人士掌握和使用。

运动学可视化分析步骤见表 55.6-16。

表 55.6-16　运动学可视化分析步骤

图示	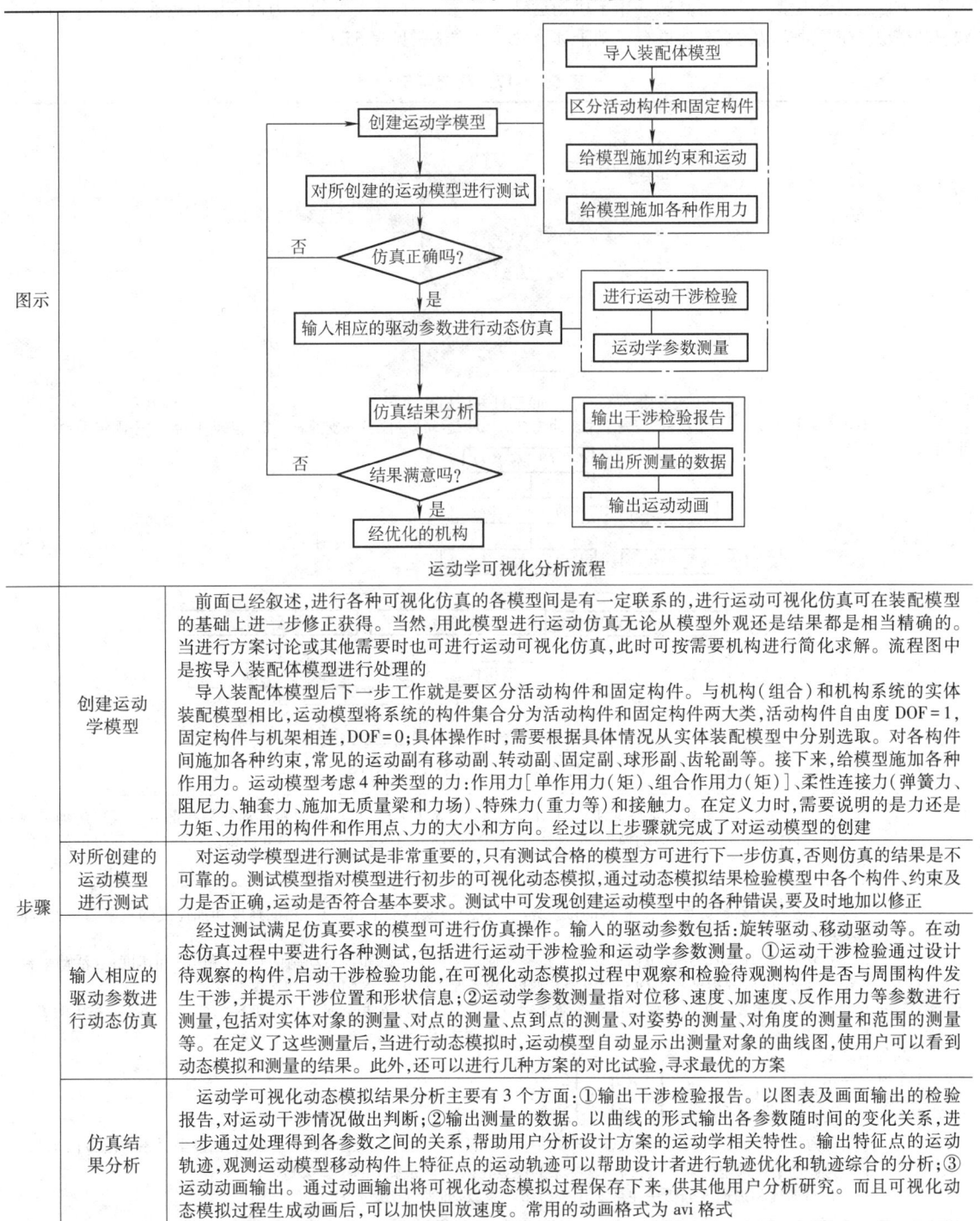 运动学可视化分析流程	
步骤	创建运动学模型	前面已经叙述，进行各种可视化仿真的各模型间是有一定联系的，进行运动可视化仿真可在装配模型的基础上进一步修正获得。当然，用此模型进行运动仿真无论从模型外观还是结果都是相当精确的。当进行方案讨论或其他需要时也可进行运动可视化仿真，此时可按需要机构进行简化求解。流程图中是按导入装配体模型进行处理的 　　导入装配体模型后下一步工作就是要区分活动构件和固定构件。与机构（组合）和机构系统的实体装配模型相比，运动模型将系统的构件集合分为活动构件和固定构件两大类，活动构件自由度 DOF=1，固定构件与机架相连，DOF=0；具体操作时，需要根据具体情况从实体装配模型中分别选取。对各构件间施加各种约束，常见的运动副有移动副、转动副、固定副、球形副、齿轮副等。接下来，给模型施加各种作用力。运动模型考虑 4 种类型的力：作用力[单作用力(矩)、组合作用力(矩)]、柔性连接力（弹簧力、阻尼力、轴套力、施加无质量梁和力场）、特殊力（重力等）和接触力。在定义力时，需要说明的是力还是力矩、力作用的构件和作用点、力的大小和方向。经过以上步骤就完成了对运动模型的创建
	对所创建的运动模型进行测试	对运动学模型进行测试是非常重要的，只有测试合格的模型方可进行下一步仿真，否则仿真的结果是不可靠的。测试模型指对模型进行初步的可视化动态模拟，通过动态模拟结果检验模型中各个构件、约束及力是否正确，运动是否符合基本要求。测试中可发现创建运动模型中的各种错误，要及时地加以修正
	输入相应的驱动参数进行动态仿真	经过测试满足仿真要求的模型可进行仿真操作。输入的驱动参数包括：旋转驱动、移动驱动等。在动态仿真过程中要进行各种测试，包括进行运动干涉检验和运动学参数测量。①运动干涉检验通过设计待观察的构件，启动干涉检验功能，在可视化动态模拟过程中观察和检验待观测构件是否与周围构件发生干涉，并提示干涉位置和形状信息；②运动学参数测量指对位移、速度、加速度、反作用力等参数进行测量，包括对实体对象的测量、对点的测量、点到点的测量、对姿势的测量、对角度的测量和范围的测量等。在定义了这些测量后，当进行动态模拟时，运动模型自动显示出测量对象的曲线图，使用户可以看到动态模拟和测量的结果。此外，还可以进行几种方案的对比试验，寻求最优的方案
	仿真结果分析	运动学可视化动态模拟结果分析主要有 3 个方面：①输出干涉检验报告。以图表及画面输出的检验报告，对运动干涉情况做出判断；②输出测量的数据。以曲线的形式输出各参数随时间的变化关系，进一步通过处理得到各参数之间的关系，帮助用户分析设计方案的运动学相关特性。输出特征点的运动轨迹，观测运动模型移动构件上特征点的运动轨迹可以帮助设计者进行轨迹优化和轨迹综合的分析；③运动动画输出。通过动画输出将可视化动态模拟过程保存下来，供其他用户分析研究。而且可视化动态模拟过程生成动画后，可以加快回放速度。常用的动画格式为 avi 格式

运动学可视化分析是一个反复修改再进行仿真的循环过程,通过若干次仿真最终获得经优化的运动学机构及相关驱动参数。

在实施运动学可视化分析过程中通常可以采用几种软件配合来实现仿真过程。三维 CAD 软件用于几何模型的构建,前面提及的 SolidWorks、UG NX、Creo 等都可方便地创建模型。运动仿真软件用于机构运动状况的模拟。简单的运动仿真,如进行运动干涉及轨迹测量等也可用上面提到的 CAD 建模软件来完成,但较复杂的运动仿真必须采用专用的运动分析软件来完成,MSC.ADAMS 就是常用的一个通用运动仿真分析软件,可进行参数化试验及在线运动参数测量。

5.3 研究实例

下面以并联机床为例来说明运动学可视化研究的方法,见表 55.6-17。

表 55.6-17 研究实例

图示	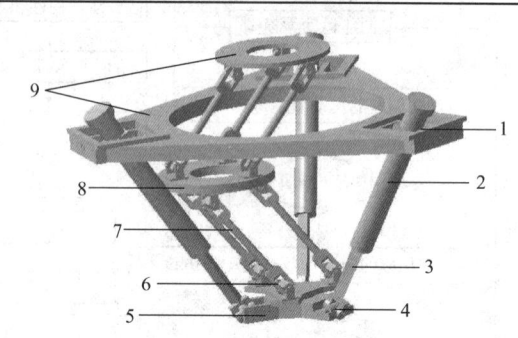 a)三杆并联机构简图 1、4、6—虎克铰 2—驱动杆 3—丝杠(伸缩杆) 5—运动平台 7—支撑杆 8—从动平台 9—固定平台 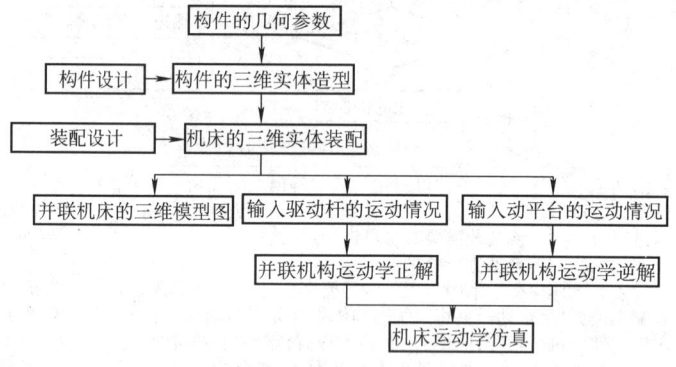 b)并联机床运动学分析流程图	
内容	问题描述	某一三自由度并联机床如图 a 所示,它由运动平台、固定平台、平行机构和驱动杆等几部分组成。运动可视化研究目标:并联机构的运动模拟,检查杆件和铰链的活动范围;工作空间的可视化;检查构件之间可能发生的干涉
	研究方法及基本原理	并联机床运动学仿真包括:机构的位姿分析,各驱动杆、运动平台、刀尖点的速度和加速度的求解,运动空间分析等 并联机床的运动学分析包括运动学的正解和逆解。前者指已知各驱动副的长度(角度)和速度;求活动平台位姿和速度;后者指已知活动平台位姿和速度,求各驱动副的长度(角度)和速度 位姿分析主要应用坐标变换法。在动坐标系中的任一矢量 R' 可以通过坐标变换法变换到基坐标系中的 R $$R = TR' + P \quad (1)$$ 式中,$T = \begin{pmatrix} d_{11} & d_{12} & d_{13} \\ d_{21} & d_{22} & d_{23} \\ d_{31} & d_{32} & d_{33} \end{pmatrix} \quad P = \begin{pmatrix} x_p \\ y_p \\ z_p \end{pmatrix}$ T 为活动平台姿势的方向余弦矩阵,其中第 1、2、3 列分别为动坐标系的 x_p、y_p、z_p 在极坐标系中的方向余弦;P 为运动平台选定的参考点,即动坐标系的原点在固定坐标系中的位置矢量 在对速度和加速度分析中主要利用一阶影响系数,即雅可比矩阵来求解

（续）

内容	**研究方法及基本原理** 一阶影响系数是指从关节空间运动速度向操作空间运动速度传递的广义传动比，即所要求的雅可比矩阵。其定义式为 $$w' = Jq' \tag{2}$$ 式中，w' 是操作速度矢量；q' 是关节速度矢量。由雅可比矩阵计算式 $w' = \sum_{i=1}^{N} \dfrac{\partial w}{\partial q_i} q_i$ 可知，该三杆并联机器人的雅可比矩阵为 $$J = \begin{pmatrix} \dfrac{\partial x_p}{\partial l_1} & \dfrac{\partial x_p}{\partial l_2} & \dfrac{\partial x_p}{\partial l_3} \\ \dfrac{\partial y_p}{\partial l_1} & \dfrac{\partial y_p}{\partial l_2} & \dfrac{\partial y_p}{\partial l_3} \\ \dfrac{\partial z_p}{\partial l_1} & \dfrac{\partial z_p}{\partial l_2} & \dfrac{\partial z_p}{\partial l_3} \end{pmatrix} \tag{3}$$ $$q' = J^{-1} x' \tag{4}$$ 该机构的雅可比矩阵的逆阵为 $$J^{-1} = \begin{pmatrix} \dfrac{\sqrt{3}(l_2^2 - l_3^2)}{6cl_1} & \dfrac{-6c^2 - 2l_1^2 + l_2^2 + l_3^2}{6cl_1} & \dfrac{d}{3cl_1} \\ \dfrac{\sqrt{3}(l_2^2 - l_3^2 + 3c^2)}{6cl_2} & \dfrac{3c^2 - 2l_1^2 + l_2^2 + l_3^2}{6cl_2} & \dfrac{d}{3cl_2} \\ \dfrac{\sqrt{3}(l_2^2 - l_3^2 - 3c^2)}{6cl_3} & \dfrac{3c^2 - 2l_1^2 + l_2^2 + l_3^2}{6cl_3} & \dfrac{d}{3cl_3} \end{pmatrix} \tag{5}$$ 工作空间分析主要从虎克铰的转角限制约束条件出发来求解，约束条件表示为 $$\theta_i^p = \arccos \dfrac{l_i(Tn_i^p)}{\mid l_i \mid} \leqslant \theta_{max}^p, \quad \theta_i^b = \arccos \dfrac{l_i n_i^b}{\mid l_i \mid} \leqslant \theta_{max}^b \tag{6}$$ 其中，θ_{max}^p 表示与动平台相连的虎克铰的最大转角；θ_{max}^b 表示与定平台相连的虎克铰的最大转角 按上述理论参照图 b 流程利用 Catia 软件可对该并联机床进行运动学可视化仿真研究。图 c 所示为在 Catia 界面下的运动过程仿真画面  c）三自由度机构运动情况
	结果分析 通过对并联机床运动学模型不同点的轨迹、位移、速度、加速度等运动学参数的测定，可获知并联机床运动学特性的优劣 通过对并联机床的运动学可视化分析可知该机构末端执行器在实现要求动作时，运动平稳、无位置突变，并且速度、加速度曲线也都比较平缓，无突变现象，从而反映了该并联机床无冲击现象，传递运动性能良好。工作空间受杆长最大伸缩量、虎克铰转角范围的限制，工作空间是连续的，无空洞和空腔。图 d、e 所示为部分仿真结果曲线图 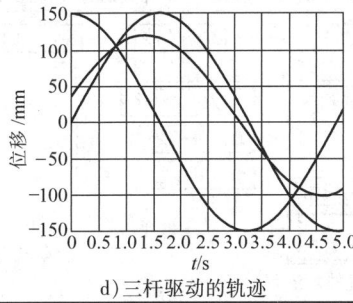 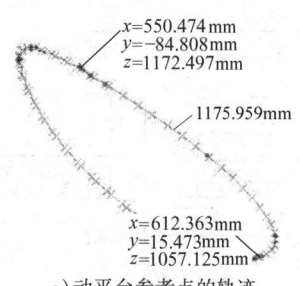 d）三杆驱动的轨迹　　　　　　　　e）动平台参考点的轨迹

6 动力学可视化

机器设备具有良好的动力学特性是其可靠工作最有效的保证，动力学可视化就是用可视化的方法研究所设计的机械产品动力学特性，使产品在未制造出前就能保证具有良好的性能和相应的工作寿命要求。

6.1 研究内容及目标

动力学可视化仿真重点研究的内容及目标见表 55.6-18。

表 55.6-18 动力学可视化仿真研究的内容及目标

目标	内容
通过可视化仿真确定载荷分布情况及进行强度验证	在强度计算方面，传统设计只考虑静态特性而忽略动态特性或乘以相应系数加以修正，这种设计方式导致设计出的产品结构可靠性不高。实际上，机械产品在工作中一直受到动载荷的作用，所以进行强度计算时必须考虑动态性能。动力学可视化是在充分考虑了各种动载荷而进行仿真研究的。进行动力学可视化仿真，要加入各种动态特性，通过仿真可获得机械结构的等值应力云图，可非常直观地了解在工作过程或其他特殊情况下，载荷的分布情况，从而可确定结构的薄弱环节，进行强度校核
通过动力学可视化仿真确定机械产品零部件的固有动态特性	机械产品的固有频率及振型等特性对整个结构的动态特性有着显著的影响，因此获得所设计产品的固有动态特性对于优化产品的结构性能有着重要的意义。通过动力学可视化仿真可获得结构的各阶模态参数及振型图，尤其对于结构复杂的动力学系统，动力学可视化仿真与数值计算相比有着绝对的技术优势。在获得固有动态特性后，可获知现有激振频率是否引起系统共振（设计过程中可能避免或利用共振），从而能够高质量地设计出相应的机械结构
仿真确定在给定激励下的响应情况	在机械产品未被制造出前，获知所设计的产品在给定激励下的响应情况也是非常有意义的。通过可视化仿真可在人为设定激励的形式、频率及幅度的情况下，检验响应是否在规定的范围内，或响应是否达到要求，这直接决定了机械产品的使用性能。如对于机床，可判断主轴的振动情况，将振动调整到规定范围内，以提高加工精度。再比如振动设备，可判别振幅是否达到规定要求等

动力学可视化的研究目标就是通过仿真确定机械载荷的分布情况、机械产品的主要动态特性及仿真在给定激励下的响应情况，从而可使产品在设计阶段就能保证拥有优异的结构性能。

6.2 研究方法与步骤

动力学可视化仿真研究的方法与步骤见表 55.6-19。

表 55.6-19 动力学可视化仿真研究的方法与步骤

方法与步骤	创建动力学模型	因研究的最终目标不同，在创建动力学模型时差异性也较大。例如，在求解构件支反力时及工作过程中零件变形不大的情况下，可将模型简化为刚体，这样简化并不影响求解精度。而在求解实际机器工作及特殊情况下的载荷分布时，则必须按柔性体求解。因模型精度不同，所以在创建模型上使用的软件也不一样。经简化的模型往往可以在工程模拟或有限元分析软件中直接创建，而要求模型结构尺寸精度较高的情况下，则需要用三维 CAD 软件进行创建。对创建好的实体模型，施加各种约束及外载荷，则完成动力学模型的创建。动力学模型还有一个特点就是它的各种量值往往与时间有关
	动力学可视化仿真	在创建好的动力学模型上可进行动力学可视化仿真，实际操作中可能要求解构件间的支反力，机械系统固有频率、振型，以及在激振力作用下的动响应、构件上各部位的静应力与动应力等。用动力学可视化仿真的方法不用创建机械系统的数学模型和列出描述系统特性的微分方程，应用动力学可视化仿真软件就可进行上述求解，不仅可以对线性系统进行求解也可以对非线性系统进行求解
	结果分析	结果分析是动力学可视化研究的一个重要内容，通过结果分析要判断所求解的机械系统最大载荷是否超出许用值、激振频率是否在共振区、动响应是否在规定的范围内等。因此，对应的后处理器要求能够输出仿真计算数据结果及曲线、各种等值线图（应力、变形等）、仿真动画等。结果分析还有一个重要任务，就是能够通过相应的理论，找出影响结构特性最大的关键参数，这正是结构灵敏度分析的主要任务
	缺陷修改	根据动力学可视化仿真所得到的数据、曲线和等值线图，通常会发现结构中的一些缺陷和错误，要进行动力修改。动力修改包括：对结构的外载荷进行修改；对结构物理参数（如质量、阻尼、刚度）进行修改；对结构的几何结构进行修改；对结构的动态特性（固有频率、振型和响应）进行修改等。修改后的模型还要进行动力学可视化仿真，所得的结果与前面获得的结果对比，直到动力学相关的各种特性满足要求为止
	图示	创建动力学模型 → 动力学可视化仿真 → 结果分析 → 缺陷修改 → 经优化的机械结构 简化模型 实体模型 有限元模型 添加激励和约束 固有特性计算 动响应计算 动静应力计算 输出仿真计算数据结果和曲线 输出动画 输出各种等值线图 找出影响结构动态特性的关键参数 修改机械结构 修改外载荷 修改其他物理参数 动力学可视化仿真技术流程

随着对机械产品质量的要求不断提高,动力学分析的精度要求也不断提高。所以在动力学分析中,不仅要考虑刚体运动,还要考虑其微观振动,即作为柔性体的振动情况。在机构动力学分析理论上趋向于多刚体动力学与多柔体动力学相结合进行分析。与之相对应,在实现动力学可视化分析上,趋向于应用机械刚体动力学分析软件与有限元分析软件相结合的模式进行分析。在软件应用上,包括 CAD 软件、多体动力学分析软件 MSC. ADAMS、有限元分析软件 ANSYS。

6.3 研究实例

汽轮机、压缩机、鼓风机等大型旋转机械设备,其核心工作部分都是转子系统。以上设备的动态特性对其运行稳定性、可靠性有着重要的影响,因此在设计中必须给予充分考虑。以下将用动力学可视化方法研究某大型鼓风机的动态特性,见表 55.6-20。

表 55.6-20 研究实例

问题描述	某大型鼓风机,机组由高压缸转子系统、增速箱、汽轮机、中压缸转子系统、低压缸转子系统、联轴器等组成。机组高压端的转速为 9398r/min,折算频率为 156.63Hz,低压端转速为 4516 r/min,折算频率为 75.27Hz,如图 a 所示 动力学可视化研究目标:求解弯扭耦合作用下机组的动态特性,包括各阶临界转速和振型
求解方法及原理	可采用有限元法求解,软件上采用通用有限元分析软件 ANSYS 转子系统由弹性轴段单元组成,轴段单元的广义坐标为两端节点的位移,仅考虑弯曲变形和扭转变形,而忽略轴向变形,则广义坐标为 $$\boldsymbol{u}_s = (x_A \ y_A \ \theta_{xA} \ \theta_{yA} \ \psi_A \ x_B \ y_B \ \theta_{xB} \ \theta_{yB} \ \psi_B)^T \quad (1)$$ 相应的移动质量单元矩阵 $\boldsymbol{M}_T^e$、转动质量单元矩阵 $\boldsymbol{M}_R^e$、刚度单元矩阵 $\boldsymbol{K}_B^e$、陀螺力矩矩阵 $\boldsymbol{G}^e$ 形式如下: 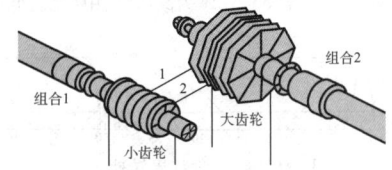 a) 转子系统有限元模型图 $$\boldsymbol{M}_T^e = \frac{\mu l}{420} \begin{pmatrix} 156 & 0 & 0 & 0 & 22l & 54 & 0 & 0 & 0 & -13l \\ 0 & 156 & 0 & -22l & 0 & 0 & 54 & 0 & 13l & 0 \\ 0 & 0 & 0 & 0 & 0 & 0 & 0 & 0 & 0 & 0 \\ 0 & -22l & 0 & 4l^2 & 0 & 0 & -13l & 0 & -3l^2 & 0 \\ 22l & 0 & 0 & 0 & 4l^2 & 13l & 0 & 0 & 0 & -3l^2 \\ 54 & 0 & 0 & 0 & 13l & 156 & 0 & 0 & 0 & -22l \\ 0 & 54 & 0 & -13l & 0 & 0 & 156 & 0 & 22l & 0 \\ 0 & 0 & 0 & 0 & 0 & 0 & 0 & 0 & 0 & 0 \\ 0 & 13l & 0 & -3l^2 & 0 & 0 & 22l & 0 & 4l^2 & 0 \\ -13l & 0 & 0 & 0 & -3l^2 & -22l & 0 & 0 & 0 & 4l^2 \end{pmatrix}$$ $$\boldsymbol{M}_R^e = \frac{\mu r^2}{120 l} \begin{pmatrix} 36 & 0 & 0 & 0 & 3l & -36 & 0 & 0 & 0 & 3l \\ 0 & 36 & 0 & -3l & 0 & 0 & -36 & 0 & -3l & 0 \\ 0 & 0 & 2I_x & 0 & 0 & 0 & 0 & I_x & 0 & 0 \\ 0 & -3l & 0 & 4l^2 & 0 & 0 & 3l & 0 & -l^2 & 0 \\ 3l & 0 & 0 & 0 & 4l^2 & -3l & 0 & 0 & 0 & -l^2 \\ -36 & 0 & 0 & 0 & -3l & 36 & 0 & 0 & 0 & -3l \\ 0 & -36 & 0 & 3l & 0 & 0 & 36 & 0 & 3l & 0 \\ 0 & 0 & I_x & 0 & 0 & 0 & 0 & 2I_x & 0 & 0 \\ 0 & -3l & 0 & -l^2 & 0 & 0 & 3l & 0 & 4l^2 & 0 \\ 3l & 0 & 0 & 0 & -l^2 & -3l & 0 & 0 & 0 & 4l^2 \end{pmatrix}$$ $$\boldsymbol{K}_B^e = \frac{EI}{l^3} \begin{pmatrix} 12 & 0 & 0 & 0 & 6l & -12 & 0 & 0 & 0 & 6l \\ 0 & 12 & 0 & -6l & 0 & 0 & -12 & 0 & -6l & 0 \\ 0 & 0 & k_\theta & 0 & 0 & 0 & 0 & -k_\theta & 0 & 0 \\ 0 & -6l & 0 & 4l^2 & 0 & 0 & 6l & 0 & 2l^2 & 0 \\ 6l & 0 & 0 & 0 & 4l^2 & -6l & 0 & 0 & 0 & 2l^2 \\ -12 & 0 & 0 & 0 & -6l & 12 & 0 & 0 & 0 & -6l \\ 0 & -12 & 0 & 6l & 0 & 0 & 12 & 0 & 6l & 0 \\ 0 & 0 & -k_\theta & 0 & 0 & 0 & 0 & k_\theta & 0 & 0 \\ 0 & -6l & 0 & 2l^2 & 0 & 0 & 6l & 0 & 4l^2 & 0 \\ 6l & 0 & 0 & 0 & 2l^2 & -6l & 0 & 0 & 0 & 4l^2 \end{pmatrix}$$

求解方法及原理	$$G^e = \frac{2\mu r^2}{120l}\begin{bmatrix} 0 & -36 & 0 & 3l & 0 & 0 & 36 & 0 & 3l & 0 \\ 36 & 0 & 0 & 0 & 3l & -36 & 0 & 0 & 0 & 3l \\ 0 & 0 & 0 & 0 & 0 & 0 & 0 & 0 & 0 & 0 \\ -3l & 0 & 0 & 0 & -4l^2 & 3l & 0 & 0 & 0 & l^2 \\ 0 & -3l & 0 & 4l^2 & 0 & 0 & 3l & 0 & -l^2 & 0 \\ 0 & 36 & 0 & -3l & 0 & 0 & -36 & 0 & -3l & 0 \\ -36 & 0 & 0 & 0 & -3l & 36 & 0 & 0 & 0 & -3l \\ 0 & 0 & 0 & 0 & 0 & 0 & 0 & 0 & 0 & 0 \\ -3l & 0 & 0 & 0 & l^2 & 3l & 0 & 0 & 0 & -4l^2 \\ 0 & -3l & 0 & -l^2 & 0 & 0 & 3l & 0 & 4l^2 & 0 \end{bmatrix}$$ (2) 其中, l 为单元的长度; EI 为抗弯刚度; μ 为单位长度的质量; r 为单元半径; $I_x = J_x \frac{60l}{\mu r^2}$, $k_\theta = \frac{G}{I_p} \frac{l^3}{EI}$; J_x 为转动惯量; G 为剪切模量; I_p 为截面矩 根据产品的具体结构,可将鼓风机轴系统划分为 255 个轴段,257 个节点,其中组合 1 划分为 57 个轴段单元,58 个节点;组合 2 划分为 198 个轴段单元,199 个节点。其中第一段轴段从高压缸的左端开始,依次为小齿轮、大齿轮、汽轮机、中压缸、低压缸 在 ANSYS 中选择 PIPE16、MASS21、MATRIX27,创建鼓风机机组的有限元模型。通过有限元方法,求得转子系统的弯扭耦合振动结果
结果分析	通过求解可获得振动系统的固有特性,表 55.6-21 为高压缸、中压缸、低压缸的临界转速值,图 b~图 g 所示为对应弯扭耦合振动的一阶、二阶振型 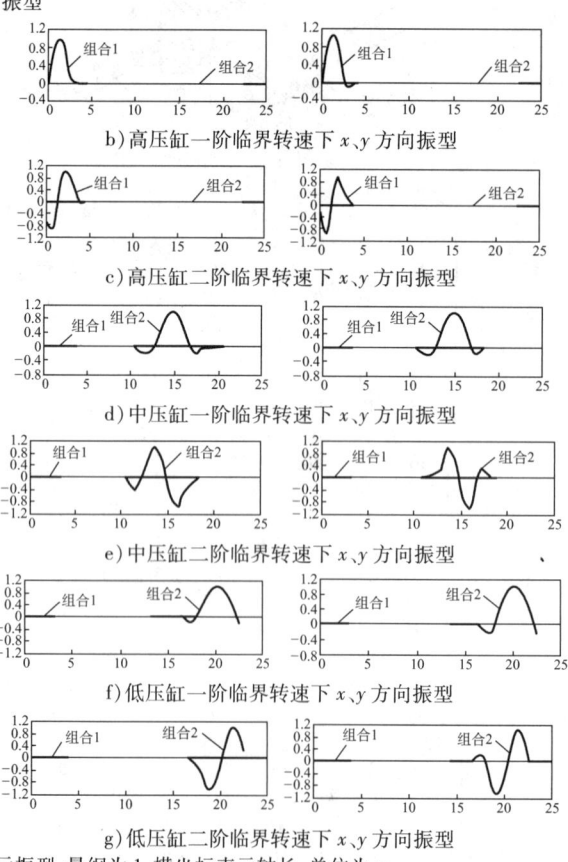 b)高压缸一阶临界转速下 x、y 方向振型 c)高压缸二阶临界转速下 x、y 方向振型 d)中压缸一阶临界转速下 x、y 方向振型 e)中压缸二阶临界转速下 x、y 方向振型 f)低压缸一阶临界转速下 x、y 方向振型 g)低压缸二阶临界转速下 x、y 方向振型 注:图 b~图 g,纵坐标表示振型,量纲为 1;横坐标表示轴长,单位为 m

可见,高压缸、中压缸、低压缸的第一阶弯曲临界转速都低于工作转速,第二阶弯曲临界转速都高于工作转速,即机组工作于第一、二阶弯曲临界转速之间,为超临界转子系统。考虑弯扭耦合时的各阶弯曲振动未发生明显改变,但扭转振动有一定的变化。可见,通过动力学可视化分析,可在产品未被制造出前

获知系统的固有特性。

表 55.6-21 高压缸、中压缸、低压缸的第一、二阶临界转速

高压缸	1X	1Y	2X	2Y
频率/Hz	58.050	61.647	169.72	198.80
转速/r·min^{-1}	3483.00	3698.82	10183.20	11928.00
中压缸	1X	1Y	2X	2Y
频率/Hz	50.656	53.397	159.84	180.12
转速/r·min^{-1}	3036.36	3203.82	9590.40	10807.20
低压缸	1X	1Y	2X	2Y
频率/Hz	41.246	42.616	146.95	160.07
转速/r·min^{-1}	2474.76	2556.96	8817.00	9604.20

7 工作过程可视化

在传统设计中，只有在完成物理样机的创建后，才能够了解机械设备的工作过程，此时如果发现样机无法完成指定的功能，就必须修改设计，重新创建物理样机，这给企业造成很大的损失。而采用可视化方法，可以在设计阶段就了解样机是如何工作的。工作过程的可视化研究可使设计者在虚拟的样机模型上完成各种试验测试，而预先了解整机的工作性能，并可对整机的工作参数加以优化。

7.1 研究内容及目标

工作过程的可视化主要研究三方面内容，见表 55.6-22。

在产品设计中，对所设计产品进行工作过程可视化研究，可使设计者在不创建物理样机和不求解复杂的非线性方程的前提下，全面了解产品的工作状况和基本性能，这正是工作过程可视化的研究目标。

7.2 研究方法与步骤

进行工作过程可视化研究的方法与步骤见表 55.6-23。

表 55.6-22 工作过程可视化研究的内容及目标

目标	内容
整机工作过程虚拟展示	工作过程可视化研究的一个重要内容就是整机工作过程的虚拟展示，可让设计者在产品未被制造出之前就获知整机的工作状况，可以初步判断工作过程是否满足设计要求
对处于工作状态下的模型进行试验测试，优化各种参数	在进行工作过程可视化研究中，可对于处在工作状态下的模型进行试验测试。例如，对于直线振动筛，可以通过监测入料口和出料口的振动状况，判断现有结构和激励是否能达到预设的工作要求。以某个设计指标最大或最小为优化目标，还可在仿真模型上进行计算求出满足优化目标的最佳结构、运行等参数
模拟极限工作环境，考核整机性能	工作过程的可视化仿真，可以做到针对物理样机难以完成的试验。通过计算机模拟高载荷、高温、高速等极限状态工作环境，检测此时样机性能，而对原有设计质量做出客观的判断。这对于进行实物试验是难以完成的或成本极高

表 55.6-23 工作过程可视化研究的方法与步骤

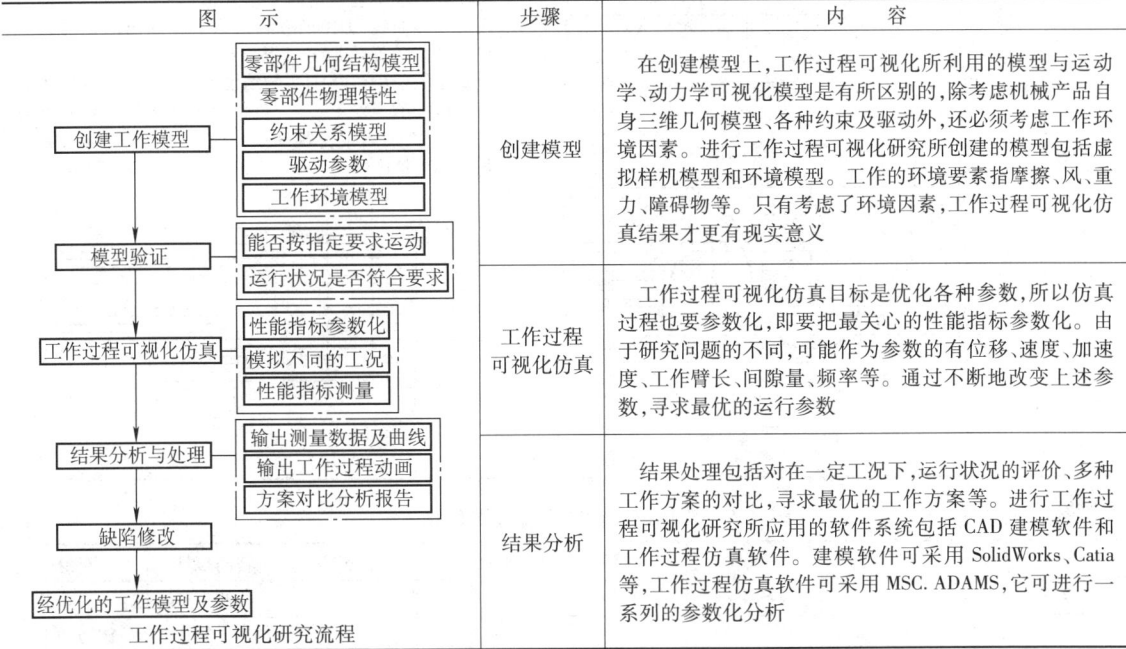

工作过程可视化研究流程

步骤	内容
创建模型	在创建模型上，工作过程可视化所利用的模型与运动学、动力学可视化模型是有所区别的，除考虑机械产品自身三维几何模型、各种约束及驱动外，还必须考虑工作环境因素。进行工作过程可视化研究所创建的模型包括虚拟样机模型和环境模型。工作的环境要素指摩擦、风、重力、障碍物等。只有考虑了环境因素，工作过程可视化仿真结果才更有现实意义
工作过程可视化仿真	工作过程可视化仿真目标是优化各种参数，所以仿真过程也要参数化，即要把最关心的性能指标参数化。由于研究问题的不同，可能作为参数的有位移、速度、加速度、工作臂长、间隙量、频率等。通过不断地改变上述参数，寻求最优的运行参数
结果分析	结果处理包括对在一定工况下，运行状况的评价、多种工作方案的对比，寻求最优的工作方案等。进行工作过程可视化研究所应用的软件系统包括 CAD 建模软件和工作过程仿真软件。建模软件可采用 SolidWorks、Catia 等，工作过程仿真软件可采用 MSC.ADAMS，它可进行一系列的参数化分析

7.3 研究实例

以某汽车悬架系统为例进行工作过程可视化研究,通过工作过程可视化仿真,检验当车轮具有很大上下跳动量时,车轮前束角的变化情况。研究实例见表55.6-24。

表55.6-24 研究实例

问题描述	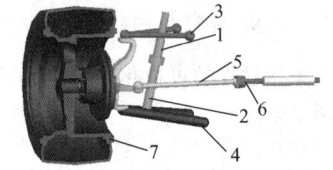 a) 车轮悬架系统 1—上支柱 2—下支柱 3—上横臂 4—下横臂 5—转向拉杆 6—齿条 7—车轮	车轮悬架系统如图 a 所示,它由上支柱、下支柱、上横臂、下横臂、转向拉杆、齿条等组成 仿真目标:求解当车轮上下跳动达 80mm 时,前束角的变化情况,并绘制车轮上下跳动位移与前束角的关系
工作过程可视化仿真过程	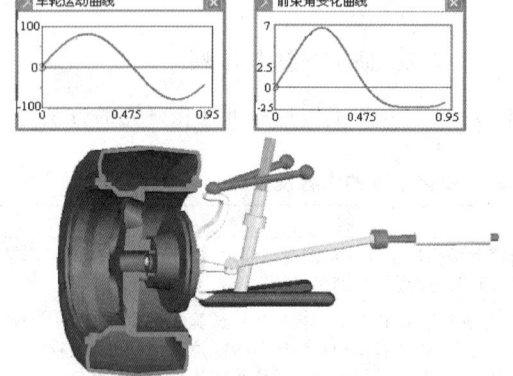 b) 悬架系统仿真画面	整个仿真过程用 MSC. ADAMS 软件来完成,零件的三维几何模型利用 CAD 软件创建,通过 ADAMS/Exchange 模块导入到 MSC. ADAMS/View 交互仿真模块进行样机模型的具体构建。加入材料特性等物理参数、约束副、驱动等,约束及驱动具体情况见表55.6-25,从而完成样机模型的构建 为模拟车轮在行进中的跳动,在车轮中心添加驱动,设车轮按正弦规律跳动,使用的函数如下: Displacement(time) = 80 ∗ sin(360d ∗ time)　　(1) 建完模型后,对模型进行验证,没有错误后可进行仿真。仿真中测量车轮跳动情况和前束角随时间的变化情况,仿真及检测画面如图 b 所示,仿真过程中检测的两个数据与仿真同步变化
仿真结果分析	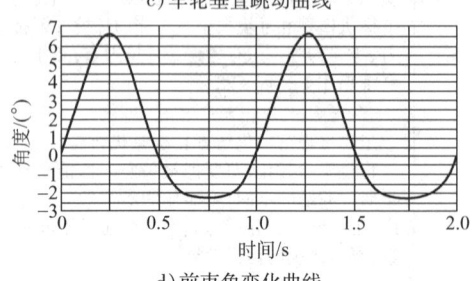 c) 车轮垂直跳动曲线 d) 前束角变化曲线 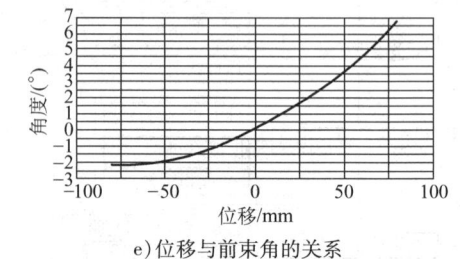 e) 位移与前束角的关系	仿真结束后,进入 MSC. ADAMS/PostProcessor 进行仿真结果分析,输出各种结果曲线和仿真动画,对悬架系统工作状况及前束角随位移变化情况做出评价。从仿真中可清楚地看到悬架系统的工作情况,可以看到车轮在行驶中前束角的变化情况。本实例中主要输出两个检测曲线,即由所获得的数据绘制出的位移与前束角变化的关系曲线,如图 c ~ 图 e 所示 车轮的前束角随位移的增加而增加,但正位移和负位移增加的速度不一样,负位移增加缓慢。我们可以进一步模拟,当车轮跳动量幅值达到 100mm 时,前束角达到的极限值是多少,这正是工作过程可视化仿真的优势

表55.6-25 约束及驱动具体情况

部件名称	转向车轮	上横臂	下横臂	上支柱	下支柱	转向拉杆	车身
转向车轮		球约束副	球约束副			球约束副	
上横臂	球约束副						旋转约束

(续)

部件名称	转向车轮	上横臂	下横臂	上支柱	下支柱	转向拉杆	车身
下横臂	球约束副						旋转约束
上支柱					移动约束		万向节约束
下支柱			球约束副	移动约束			
转向拉杆	球约束副						万向节约束
车身		旋转约束	旋转约束			万向节约束	

8 控制过程可视化

控制过程可视化仿真现已成为设计复杂控制系统必然采用的技术手段，可有效地保证设计出稳定、快速和准确的控制系统。一般说来，对控制过程进行可视化研究是在传统控制系统设计方法基础上建立的，首先在计算机上创建控制系统结构图（控制系统模型），然后进行控制系统仿真，最终获得经优化的控制系统。随着工程仿真技术的高速发展，对控制系统进行可视化研究已经可以结合机械本体进行，可以将设计出的控制系统应用到计算机中的样机模型上，实现控制过程的可视化，这样可保证设计出的控制系统更可靠。

8.1 研究内容及目标

控制过程可视化研究内容主要包括三个方面，见表55.6-26。

总之，控制过程可视化研究可以获得影响控制系统主要特性的关键参数，对关键参数加以优化，可以优化整个控制系统。可以对现有控制策略加以评价，对缺陷进行及时修正，保证现有控制策略的高效、可靠和稳定，以上也正是控制过程可视化研究的目标。

8.2 研究方法及步骤

这里介绍的控制过程可视化研究方法是：用控制仿真设计软件设计控制方案，接下来将控制方案应用到工程模拟软件对机械本体行进行控制过程可视化仿真。软件上主要采用 Matlab/Simulink 进行控制系统设计和仿真，MSC.ADAMS/Control 接受控制方案驱动机械本体进行控制策略的实际验证。具体步骤见表55.6-27。

需要指出的是并非对任何控制系统进行可视化研究都必须与工程模拟软件相结合方能获得可靠的结果。Matlab/Simulink 自身的变参数可视化仿真功能也可实现对控制系统的设计与优化。只是联合仿真控制过程可视化更形象，所得的控制方案可靠性较高。

8.3 研究实例

Matlab/Simulink 不仅可以快速实现控制系统的设计，还可对控制系统进行可视化仿真。以下将利用 Matlab/Simulink 对四缸火花点火（Spark Ignition）发动机控制过程进行可视化仿真，这里并没有与 MSC.ADAMS 联合。研究实例见表55.6-28。

表55.6-26 控制过程可视化研究内容及目标

目标	内容
控制效果的可视化验证	通过控制过程可视化研究，可实现对控制系统各种功能的可视化验证。通过在计算机上创建控制系统、驱动系统、机械系统的模型，可以可视化地检验控制策略的有效性，从而在实际系统未被制造出前，实现对控制系统的验证。另外，现在对控制系统进行设计时，一般也是采用可视化方法，因为这样可以更直观地将控制策略表达出来，且可以快速检验控制策略的稳定性、快速性和准确性
控制方案的对比选优	通过对控制过程进行可视化研究，能快速实现几种控制方案的对比，从而选择出适于本系统的最优控制方案。开环系统一般比闭环系统控制过程简单、实现容易、成本低廉，但是控制精度相对较低。通过控制过程可视化研究，可以快速检验开环系统进行控制的可行与否，这对于设计者及生产部门都有着重要意义
控制过程可视化展示	对控制过程进行可视化展示，也是控制过程可视化研究的一个重要内容。传统对控制系统仿真只能通过结果判断控制的正确性，这样有时会导致仿真结果显示可行的控制系统，在实际应用上效果却有很大的差别。控制过程可视化展示是将控制策略与受控对象的机械本体结合起来进行联合仿真，通过这样的研究手段，可使设计出的控制系统可靠性更高

表 55.6-27 控制过程可视化方法及步骤

图 示	步 骤	内 容
	对 MSC.ADAMS 和 Matlab 相关设定	定义 MSC.ADAMS 的输入和输出为 MSC.ADAMS 与 Matlab 的接口。MSC.ADAMS 的输入输出是与 Matlab 设计的控制系统进行数据传递的接口,MSC.ADAMS 的输入就相当于系统的控制输入,MSC.ADAMS 的输出就相当于系统的测量值。从而完成联合仿真的相关设定
控制过程可视化研究框图	创建控制模型	在进行联合仿真过程中,创建控制模型的方法与传统研究有所不同。传统上创建系统的控制结构图通常要经过以下过程:分别列出系统各个环节的微分方程式;对微分方程进行 Laplace 变换;分别画出各个环节的结构图;将各个环节的结构图结为一体,组成复杂系统的控制结构模型图。而对于复杂的机械系统,建立数学模型、求解复杂的传递函数是非常困难的。MSC.ADAMS 软件可以帮助我们有效地解决上述问题,利用该软件在计算机上按照实际系统的情况构造它的工作模型,自动建立其数学模型,将绝大部分参数间的传递函数关系隐藏在机械结构内部,模型精确度高,且可视化效果强
	进行联合可视化仿真	创建好控制模型及工作模型后可以进行联合控制过程可视化仿真,MSC.ADAMS/Control 模块将机械系统的传递函数导入到 Matlab/Simulink,在 Matlab 中完成控制系统结果图的创建,形成完整的控制策略,再将控制策略输入到 MSC.ADAMS,驱动机械本体进行控制系统仿真,修改相应的控制参数,进行多种方案的仿真,记录相应的数据和曲线
	结果分析与评价	按评价控制系统性能的指标(包括稳定性、响应速度、准确性等)评价现有控制策略的优劣。修改控制参数、控制方案,再进行联合仿真,直到各方面性能满足要求为止,从而完成控制过程可视化的仿真研究

表 55.6-28 研究实例

问题描述	发动机工作过程描述如下,一个气缸进行完整的四冲程周期运动,在进气行程内,活门开起,气体进入气缸内。接着进入压缩行程,在压缩行程内活塞对气体进行压缩。再接着进入燃烧行程,在燃烧行程内,曲柄轴的旋转将产生转矩,并产生加速度。最后进入排气行程,将废气排出。进行控制过程可视化仿真研究,确定控制方案及相关控制参数
可视化仿真过程	进行控制系统可视化仿真的关键是创建系统的控制模型,在建好的控制模型上可进行参数检验,以及对控制策略的验证等操作。开环控制模型如图 a 所示,闭环控制模型如图 b 所示。在创建的控制模型上可进行仿真,从而了解系统特性 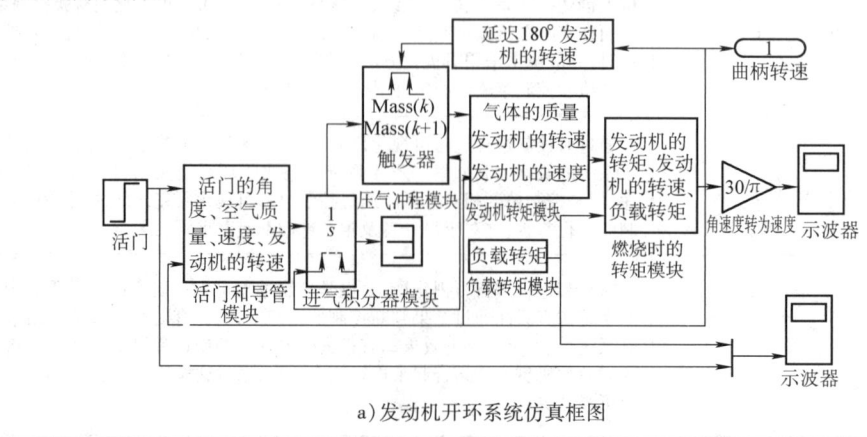 a) 发动机开环系统仿真框图

(续)

可视化仿真过程	b) 速度调节的闭环控制系统模型
结果分析	通过示波器可方便显示仿真计算结果,图 c 和图 d 所示为两种控制方案的转速随时间变化曲线。从中可以看出,在开环控制策略下,当负载转矩发生变化时,发动机速度变化大,所以在实际中一般采用闭环控制 c) 开环控制策略速度计算结果　　　　d) 闭环控制策略速度计算结果

第7章 机械产品设计质量的检验与评价

1 产品设计质量检验与评价的必要性

在完成产品设计任务之后，如何来检验和评价产品的设计质量，显然是一个十分重要的议题，因为通过检验和评价可以发现设计中存在的问题，并进而对原设计提出改进的意见，使产品的设计质量向更高水平方向发展，虽然所提出的这项工作相当复杂，但总可以找出适当的解决办法。在本篇第 1 章中我们已提出了产品设计质量检验与评价的三个方向（见图 55.7-1），即①通过评价方法对产品设计质量进行检验；②通过试验来检验产品设计质量；③通过用户使用来检验产品的设计质量。后面将分别进行叙述。

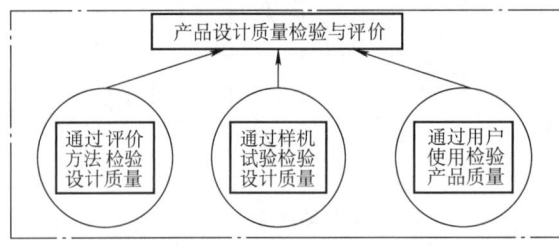

图 55.7-1 产品设计质量的评价及检验模型

要使这个问题得到解决，首先要明确的问题是产品设计广义质量的内涵是什么。前面已经说过，产品设计的广义质量应该包括产品所要求实现的各种功能及必须满足的性能，产品的功能包括基本功能和辅助功能（依产品的类型而变化），而产品的性能包括结构性能、工作性能和工艺性能。

有了评价的内容，首先对产品的各项质量要求进行分别评价，在此基础上，再进行综合评价。常用的评价方法有模糊综合评价法、层次分析法和价值工程法等。

由于各项质量指标对设计质量影响力的大小是不相同的，有的质量指标对产品质量影响极大，有的则是锦上添花，因此，必须对各项质量指标进行加权处理，即这些质量指标应乘以加权系数，这可使产品质量的各项评价指标对产品广义质量的影响体现出等价性原则。

对产品的设计质量进行评价后，就可以了解设计师对该产品设计的优劣情况。由于提出的评价准则常常依赖于一些原始数据及已有的实际资料，这些资料的准确性与机器的实际工作情况有关，所以评价结果的准确性最终还依赖于原始数据的积累，通过不断的实践和不断的经验积累，产品设计质量的评价准则及评价方法也会越来越符合实际，从而使提出的评价方法不断地得到完善。

本章介绍的是面向产品全功能和全性能综合设计法理论框架下的产品设计质量的评价准则和方法，由于综合设计法本身是以其他方法为基础的，本章的部分内容引自有关参考文献。

2 产品设计质量评价指标的内涵

对于产品设计质量评价指标的选择与制订，是能否准确评价产品设计质量的关键，其主要内容是机器的功能和性能。机器的功能常常包括基本功能和辅助功能两类，而性能包括结构性能、使用性能和制造性能，此外，还有一些其他指标。在本篇第 2 章中已对产品的功能与性能做过详细的说明，本章将从评价指标的角度对它们做较详细的介绍。产品设计质量评价指标的内涵见表 55.7-1。

表 55.7-1 产品设计质量评价指标的内涵

评价指标		内 涵
全功能评价指标	基本功能	在本篇第 3 章中已经指出,对于一般机械设备,其基本功能通常是对某种物质进行处理,改变其几何形态、物理形态、化学组成和生理机能等,例如,起重机或输送机用来转移物质的几何位置;运载工具(飞机、车辆和船舶)将旅客和货物从出发地运送至目的地,用来改变物质的位置;机床用来改变零件的几何形状和尺寸;气体压缩机和风机用来改变气体的物理参数:压力大小、流动速度和温度等;水轮机、火力和核能发电汽轮机组、燃气轮机等将水的能量、蒸汽的能量和燃气的能量转变为电能;化工机械可通过将某些化学元素的分解和合成制造出新的化学物质;还有一些生物机械设备用于改变生物体的生理机能,这些都是机械类产品的基本功能
	辅助功能	辅助功能如: 1)物质的输送功能:绝大多数机器的基本功能是用来处理某种物质,因而机器中常常包含有物质的传输系统,即物质流

（续）

评价指标		内　涵
全功能评价指标	辅助功能	2）物质夹装功能：有些机械，如各类机床，在加工之前，被加工工件及刀具都必须要进行装卡 3）执行机构的运动功能：机器在工作过程中，有的执行机构运动状态单一，而有的却需要专门的辅助设备进行控制，如振动筛工作筛体就在一定的振动幅值内运动，而打桩机则需要多个机构的配合，行走机构与升降机构等运动功能 4）执行机构的动力功能：执行机构都需要动力来驱动，有的机器采用直接驱动方式，有的采用间接驱动方式，但其动力功能性质都是一样的，有电能、液压等 5）操纵系统的指令功能 6）信息传输与处理功能
全性能评价指标	结构性能	1）人机安全性：①对于操作人员人身安全的考虑；②对于外部人员人身安全的考虑；③对于机器本身安全性的考虑，如安全系数选择的大小；④有无对安全性的检测系统和装置 2）系统可靠性：①对关键零部件有无进行可靠性分析；②对机器总体有无进行可靠性分析；③关键零部件的设计有无借鉴已使用的相似机器的使用结果及情况；④所设计的同类机器有无使用先例 3）工作耐久性：①产品在实际使用过程中，关键设备的耐久性情况；②整个系统的耐久性使用情况 4）材质适用性：①使用材料是否能够适应环境；②工作环境的恶化或改变，是否因材质而影响产品正常工作 5）结构紧凑性：①结构布置是否紧凑和合理；②在机器正常工作情况下，结构和系统是否可以缩小空间，以减小机器的体积 6）环境无害性：①产品在使用过程中是否给周围环境带来不良的影响，是否存在污染和破坏环境的隐患等；②是否对设备的报废对环境的影响情况进行过考虑 7）造型艺术性：检验产品机械结构和外形的造型，是否具有一定的艺术性 8）设计经济性：①产品设计构成的成本是否经济；②产品的生产制造成本是否符合经济性原则
	工作性能	1）工效实用性：产品使用者最为关切的就是产品在使用过程中的工作效果，工效实用性就是对产品在实际工作过程中能否完成所要求执行的工作任务 2）运行稳定性：①对设备关键零部件有无进行稳定性分析；②对机器总体结构有无进行稳定性分析；③是否考虑到产品在长期工作过程中的稳定性问题等 3）指标优越性：①是否在工效实用性的基础上考虑使产品获得更高的工作效率；②是否使机器在工作时获得较理想或最佳的技术指标 4）操作宜人性：①考虑机器在工作时使操作人员具有良好的操作条件和环境；②是否具备较高的自动化与智能化程度 5）设备动力性：①设备动力的选择是否满足产品所有功能的要求；②设备的动力性能符合最佳配置原则，既不浪费动力，又能有效地使设备实现高效运行 6）状态可测性：设备工作状态和工作参数的可测和可控是体现产品先进性和智能化程度的重要指标，产品的设计要考虑设备的可检测性与可控制性，以使设备获得良好的性能指标 7）故障可诊性：①在机器运行时是否能够对发生的故障进行检测；②当机器出现意外情况时，能否及时采取相应的策略和措施，对机器可能出现的故障进行准确的诊断和预防 8）使用经济性：机器的工效实用、运行稳定、指标优越、操作宜人、状态测控、故障诊断等都与使用过程的经济性有着密切的联系，要对所投入的费用与可能获得的成效进行对比，即要对使用过程中的经济性进行分析
	工艺性能	1）结构工艺性：①产品的结构工艺性是否在设计时得到充分考虑；②对制造工艺性的考虑是否全面及其深入程度如何 2）机器规范性：①零部件的规范性程度将影响加工和制造工时，影响产品的制造成本和生产周期；②全面和深入地考虑设备的标准化、通用化和对产品系列化程度 3）容差合理性：容差指的是产品及其零部件的公差配合、尺寸精度和表面粗糙度等，容差的合理选择关系到产品的性能和质量，关系到加工制造的难易程度、能否节约制造成本和缩短制造周期等 4）生产周期性：①产品的设计与生产周期；②同时要考虑产品投入市场的时间性及其机遇性 5）维修方便性：①在设计产品时要考虑产品的维护与检修，方便的维护与检修将缩短检修时间，降低维修成本；②还要考虑设备的再制造，即对机器的易损坏零部件进行修复，以便进一步延长设备使用寿命 6）装运可行性：①在满足结构紧凑性的条件下，是否考虑了拆装和运输的可行性；②是否考虑装运过程中拆装与搬运等的方便性和安全性 7）报废回收性：考虑到产品的报废与回收，这既有利于保护环境，又有利于废品再利用，对建立一个环境友好型和资源节约型的社会是有益的 8）制造经济性：产品制造工艺性、零部件规范性、生产周期、机器维修、运输与拆装、报废回收等都与制造工程中的经济性有直接关系

(续)

评价指标	内　涵
其他评价指标	反映实际情况的准确性：主要评价设计过程中建立的数学、力学模型是否符合实际，是否考虑实际存在的非线性与非稳态因素 计算方法：在产品设计过程中必然涉及相关构件的力学计算，并且这些计算结果的精确度是否会影响产品的质量，计算过程与方法是否粗糙等情况也要予以考虑 干扰因素：设计过程中是否考虑到产品使用环境中的噪声及其他干扰，以及产品本身是否存在一定的如噪声等的干扰因素等
用户的一些特殊要求	1）第一特殊要求 2）第二特殊要求

3　评价指标的加权系数

前面提出这么多的评价指标，给产品设计质量的评价工作带来了困难，事实上，这么多的评价指标，没有必要全部加以考虑。有时有的评价指标可以完全不考虑，这样，评价指标的数量可以大大减少。此外，每一个评价指标对产品影响的程度是不一样的，所以在评价时必须对每一个评价指标进行加权处理。

诸多的评价指标对产品设计质量的影响有所不同，有的影响很大，有的影响较小或很小，在某些情况下，有的评价指标几乎没有影响，可以不必考虑。评价指标的加权系数可以在很大范围内变化。

产品评价的依据是评价目标，也称为评价准则，通常有三个方面，见表55.7-2。

表 55.7-2　产品评价准则

评价准则	内　容
技术性能评价准则	主要评价产品在技术上的可行性和先进性，包括结构性能、工作性能、工艺性能等方面
经济性能评价准则	评价产品设计质量的经济效益，包括成本、利润、使用经济性、实施方案的措施费及投资回收期等方面的指标
社会性评价准则	评价产品对社会带来的利益和影响，是否符合国家科技发展的政策和规划要求，是否有利于资源开发与新能源的利用，以及对环境的影响和产品的可回收性与报废情况。必须针对这些评价目标对产品广义质量的影响程度确定其加权系数

从前面内容可以得知，在对产品进行评价的过程中，有很多评价指标与产品本身的相关程度很小，甚至没有任何关系，即对产品质量的影响程度为0，那么，对于这种情况，这些评价指标加权系数的值可以取为0，即不予考虑。

对于确定加权系数的方法，没有一个固定的模式。可以利用简单的对比判别法，采用对重要程度不同的评价指标赋予不同大小的数值来区别，而对重要程度相同的评价指标则赋予同样的数值。例如，当其中一个指标要高于另外一个指标时，高的给5分，低的给3分，或者是给1分；而当两个指标重要程度相同时，分别赋予2分。或者是当其中一个指标比另一个高时，高的赋予4分，或者是3分，而低的给1分，而程度相同的分别为2分。

无论利用何种方法进行各指标的重要度分析，最后得到的加权系数都需要进行归一化计算，使得所有产品的评价指标加权系数之和为1。

在对产品设计质量进行评价时常常采用目标树的方法。目标树的建立是用系统分析的方法对目标系统进行分解并图示，将总目标具体化为便于定性或定量评价的目标。目标树从上到下进行分解，最上层为总目标，二层为子目标，下层为上层的子目标，最后分枝即为产品目标的各个具体评价目标，也就是各个评价性能指标。下层子目标加权系数之和为上级子目标加权系数，从最低层往上逐级相加，得到各层目标的加权系数，加权系数大表示重要程度高。

4　产品设计质量评价方法的种类

产品广义质量主要指涵盖Q、C、T、E、S的结构性能、工作性能和工艺性能（见图55.2-7），是指所设计的产品是否能够满足市场需求、性能是否最佳、是否易于制造和维护、经济性是否合理、对生态环境是否造成危害、风险是否最小等，所以说它是一个集技术、经济、市场、环境等多方面为一体的复杂的、多层次的，且信息不够完全的综合系统。而且某些机理和工艺环节复杂，而使影响其质量的因素具有多样性、复杂性、不确定性和相互关联性的特点，因此，要对产品综合质量做出全面、科学和客观的综合评价，也将是一项相当困难和复杂的工作。

本章结合前面论述的面向现代机械产品广义质量和综合性能的深层次的"1+3+X"设计法，利用模糊理论从产品广义质量的三个关键性能的24个指标和功能特性方面建立模糊综合评价模型，从而达到使产品综合质量评价结果能够正确、客观、合理、有效地反映机械产品的质量水平，同时也是对设计方法本身的验证，也算是"1+3+X"系统化设计法中的"X"内容。

产品设计质量的评价方法除模糊综合评价法外，还有系统分析法和价值工程评价法等，见表55.7-3。

表 55.7-3　产品设计质量的评价方法

种类		内　容
系统分析法	评价步骤	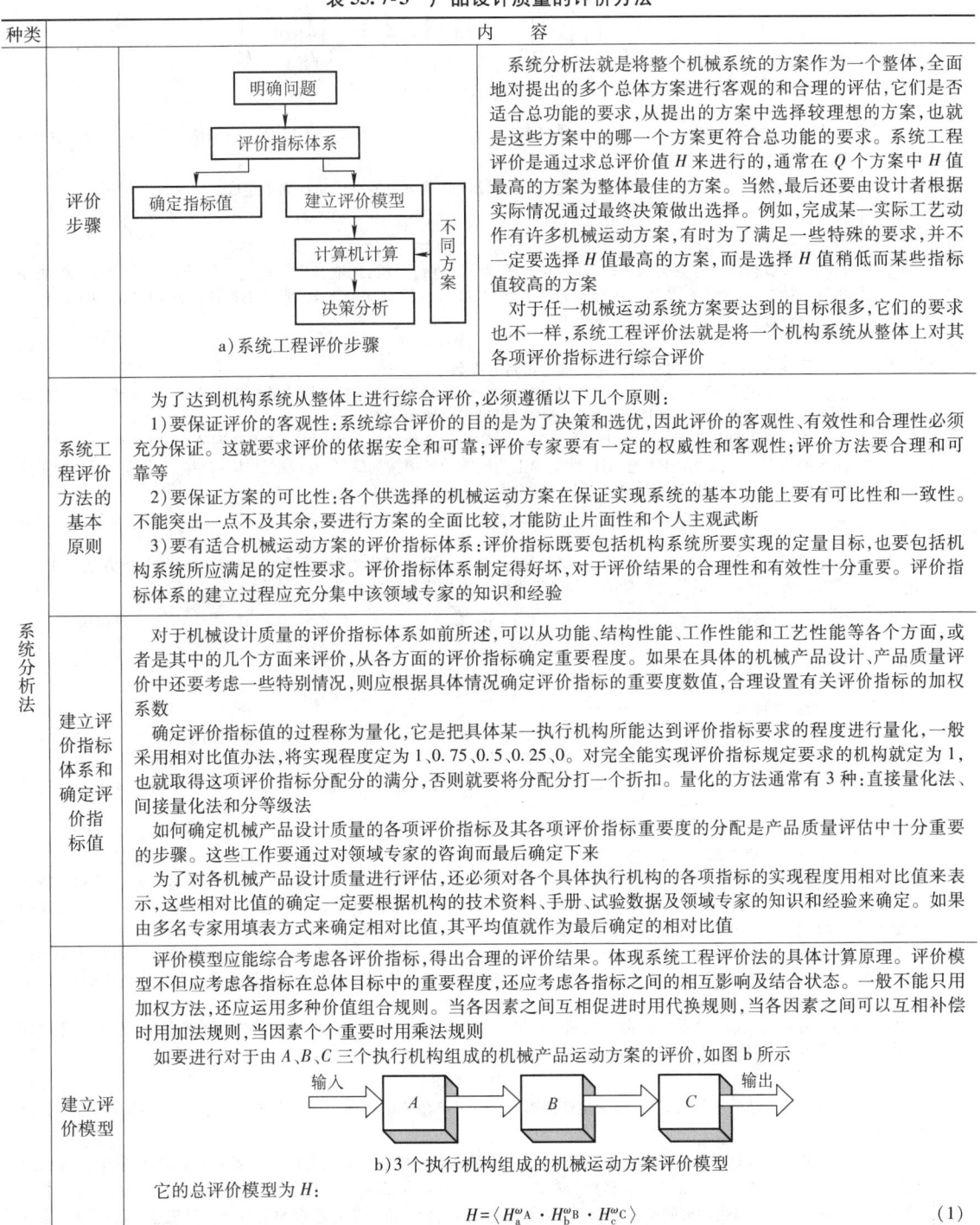　系统分析法就是将整个机械系统的方案作为一个整体，全面地对提出的多个总体方案进行客观的和合理的评估，它们是否适合总功能的要求，从提出的方案中选择较理想的方案，也就是这些方案中的哪一个方案更符合总功能的要求。系统工程评价是通过求总评价值 H 来进行的，通常在 Q 个方案中 H 值最高的方案为整体最佳的方案。当然，最后还要由设计者根据实际情况通过最终决策做出选择。例如，完成某一实际工艺动作有许多机械运动方案，有时为了满足一些特殊的要求，并不一定要选择 H 值最高的方案，而是选 H 值较低而某些指标值较高的方案 对于任一机械运动系统方案要达到的目标很多，它们的要求也不一样，系统工程评价法就是将一个机构系统从整体上对其各项评价指标进行综合评价
	系统工程评价方法的基本原则	为了达到机构系统从整体上进行综合评价，必须遵循以下几个原则： 1）要保证评价的客观性：系统综合评价的目的是为了决策和选优，因此评价的客观性、有效性和合理性必须充分保证。这就要求评价的依据安全和可靠；评价专家要有一定的权威性和客观性；评价方法要合理和可靠等 2）要保证方案的可比性：各个供选择的机械运动方案在保证实现系统的基本功能上要有可比性和一致性。不能突出一点不及其余，要进行方案的全面比较，才能防止片面性和个人主观武断 3）要有适合机械运动方案的评价指标体系：评价指标既要包括机构系统所要实现的定量目标，也要包括机构系统所应满足的定性要求。评价指标体系制定得好坏，对于评价结果的合理性和有效性十分重要。评价指标体系的建立过程应充分集中该领域专家的知识和经验
	建立评价指标体系和确定评价指标值	对于机械设计质量的评价指标体系如前所述，可以从功能、结构性能、工作性能和工艺性能等各个方面，或者是其中的几个方面来评价，从各方面的评价指标确定重要程度。如果在具体的机械产品设计、产品质量评价中还要考虑一些特别情况，则应根据具体情况确定评价指标的重要度数值，合理设置有关评价指标的加权系数 确定评价指标值的过程称为量化，它是把具体某一执行机构所能达到评价指标要求的程度进行量化，一般采用相对比值办法，将实现程度定为 1、0.75、0.5、0.25、0。对完全能实现评价指标规定要求的机构就定为 1，也就取得这项评价指标分配分的满分，否则就要将分配分打一个折扣。量化的方法通常有 3 种：直接量化法、间接量化法和分等级法 如何确定机械产品设计质量的各项评价指标及其各项评价指标重要度的分配是产品质量评估中十分重要的步骤。这些工作要通过对领域专家的咨询而最后确定下来 为了对各机械产品设计质量进行评估，还必须对各个具体执行机构的各项指标的实现程度用相对比值来表示，这些相对比值的确定一定要根据机构的技术资料、手册、试验数据及领域专家的知识和经验来确定。如果由多名专家用填表方式来确定相对比值，其平均值就作为最后确定的相对比值
	建立评价模型	评价模型应能综合考虑各评价指标，得出合理的评价结果。体现系统工程评价法的具体计算原理。评价模型不但应考虑各指标在总体目标中的重要程度，还应考虑各指标之间的相互影响及结合状态。一般不能只用加权方法，还应运用多种价值组合规则。当各因素之间互相促进时用代换规则，当各因素之间可以互相补偿时用加法规则，当因素个个重要时用乘法规则 如要进行对于由 A、B、C 三个执行机构组成的机械产品运动方案的评价，如图 b 所示 b) 3 个执行机构组成的机械运动方案评价模型 它的总评价模型为 H： $$H = \langle H_a^{\omega_A} \cdot H_b^{\omega_B} \cdot H_c^{\omega_C} \rangle \tag{1}$$ 式中，ω_A、ω_B、ω_C 为加权因子，根据各执行机构 A、B、C 在整体中所占的重要程度而定。必须注意，运用乘法规则时的加权因子采用指数加权。评价模型的结构如图 c 所示

种类		内　　容

（续）

<table>
<tr><td rowspan="2">系统分析法</td><td rowspan="2">建立评价模型</td><td>

c) 评价模型结构

其中，$H_A = \langle U_1(\cdot)U_2\cdots(\cdot)U_N \rangle$ 为乘法规则；$H_B = \langle U_{N+1}(+)U_{N+2}\cdots(+)U_P \rangle$ 为加法规则；$H_C = \langle U_{P+1}(\cdot)U_{P+2}\cdots(+)U_S \rangle$ 为组合规则。

每个指标 U_i 又可由若干子指标组成，可根据设计要求采用某一运动规则来组成。对于加法规则

$$U_i = \sum_{i=1}^{M} W_i \tag{2}$$

经过计算得出所有方案的评价值后，应对所得结果进行分析，选取其中最能适合设计要求的方案。例如，A 执行机构有 m 个方案、B 执行机构有 n 个方案、C 执行机构有 p 个方案，那么根据排列组合理论和实际可行性，此机械运动系统方案共有方案数为

$$Q = mnp - k \tag{3}$$

式中，k 为 A、B、C 三个执行机构组成的不可行方案数

在通常情况下，Q 个方案中以 H 值最高的机械运动系统方案为整体最佳的方案。当然，由系统工程方法算出的评价值只是为设计者选择机械运动方案提供了可靠的依据

上面部分内容与前面功能优化章节关于方案的优化选择是相似的，在产品质量评价中，则是将各个评价指标变换为产品功能、结构性能、工作性能和工艺性能的各项指标即可，并根据具体的机械产品赋予不同的重要度数值。通过评价以 H 值最高的产品为质量最好

</td></tr>
<tr></tr>
<tr><td rowspan="2">价值工程评价法</td><td colspan="2">

价值工程是以提高产品实用价值为目的，以功能分析为核心，以开发集体智力资源为基础，以科学分析方法为工具，用最低的成本去实现机械产品的必要功能。价值工程中功能与成本的关系是：

$$V = \frac{F}{C} \tag{4}$$

式中　V——价值
　　　F——功能
　　　C——寿命周期成本

例如，在对机械运动系统方案的评价中，可以按它的各项功能求出综合功能评价值，从多种方案中合理地选择最佳方案，即以功能为评价对象，以金额为评价尺度，找出某一功能最低成本；或者是从结构性能、工作性能和工艺性能三个方面共同来评价产品的设计质量，检验产品是否能够符合设计初期的想法，产品的性能哪方面较优，哪方面需要改进等

下面分别说明产品的功能、产品的寿命周期成本、产品的价值及产品价值评定等的含义

1）产品的功能。价值工程的根本问题，是摆脱以事物（产品结构）为中心的研究，转向以功能为中心的研究。功能是机械产品设计的出发点和依据，用户所要求的是特定的功能而不是具体的产品结构本身，结构本身只不过是实现特定功能的一种手段。例如，间歇运动机构的改进，如果单从机械结构出发来研究，最终仍离不开原来的框框，如从实现间歇运动这一功能出发就可采用步进电动机。因此，功能定义可以帮助设计者打破老框框，创造新机构

功能是指机械产品所具有的特定用途和使用价值。对于机械运动方案来说，特定用途就是指实现某一特定工艺动作过程，使用价值就是指机械实现了功能所体现的价值。对某一执行机构来说，特定用途就是指实现某一工艺动作，使用价值就是此动作所体现的效果

2）产品的寿命周期成本。产品的寿命周期成本是指产品自研究、形成到退出使用所需的全部费用。产品的寿命周期成本是生产成本 C_v 与使用成本 C_u 之和，即

$$C = C_v + C_u \tag{5}$$

用户为获得机械产品而用的购置费，称为生产成本 C_v；而用户在使用机械产品过程中所支付的各种使用费用，称为使用成本 C_u

价值工程法的目的就是寻求不同的设计方案，以使最低寿命周期成本可靠地实现使用者所需功能，以获取最佳的综合效益。图 d 表示机械产品功能 F 与机械产品寿命周期成本 C 之间的关系。其中 C_v 是生产成本、C_u 是使用成本、C 是 C_v 与 C_u 之和，在 C 曲线的最低点 B 处，产品寿命周期成本最低。价值工程追求的也是这一理想点。说明设计方案在技术、经济上更为合理

</td></tr>
<tr></tr>
</table>

种类	内容
价值工程评价法	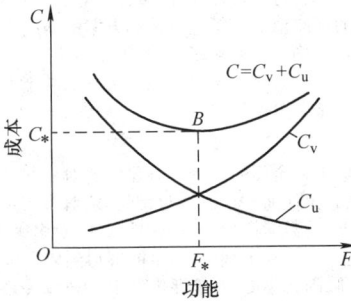 d) 产品功能与产品成本间的关系 3) 产品的价值。为了评定机械产品的价值，必须使功能能够与成本进行比较。因此，功能也必须用货币来表示。每一机械产品都是为了实现用户需要的某种功能，为了获得这种功能必须克服某种困难，而克服困难的难易程度是可以设法用货币来表示的。这种用货币表示的实现功能的费用，亦即功能的货币表现，称为功能评价值。在大多数情况下，对于机械运动方案的功能有好几项，选择的分析对象为执行机构。例如家用缝纫机，它的四个执行机构——刺料机构、挑线机构、送料机构和勾线机构，它们的功能分别为 F_1、F_2、F_3、F_4 由此得出价值公式： $$V=\frac{F_1+F_2+F_3+F_4+\cdots}{C} \quad (6)$$ 功能评价值（即货币表示的功能）可以相加 在评定机械运动方案的价值时，$V=1$ 表示实现功能所花的费用与其成本相适应，这是理想状况。$V<1$ 表示实现功能的实际成本比其必需成本大，应该努力降低成本，使其趋近于 1。$V>1$ 表示用较少的成本实现了规定的功能，可以采取保持一定成本水平下适当地提高其功能 4) 机械运动方案的价值评定。价值工程评价过程，主要是功能成本分析和功能评价值的确定 ① 功能成本分析：功能成本是实现功能所需费用，它包括生产成本和使用成本。对于机械运动方案的功能是由各执行机构来实现的，因此功能成本分析对象就是各个执行机构。功能成本分析主要依靠生产厂和用户的资料进行预测和估算，这就需要进行成本资料的积累和分析。这些工作往往有很强的针对性。例如，针对振动筛、振动沉拔桩机等进行资料积累 ② 功能评价值的确定。从定义来看，功能评价值是一个理论数值。在实际工作中，通常都是把功能目标成本作为功能评价值。这一数值的确定，既要考虑用户的需求，还要考虑技术实现的可行性和经济性。确定这一数值的方法很多，下面介绍一种比较有效的方法——最低成本法。最低成本法实际上是一种类比的方法，当功能的目标成本在理论上难以找到时，可以找出实际中实现同样功能的最低成本作为目标成本，具体做法如下： • 广泛收集已有产品中完成同样功能的实际资料，弄清楚它们的功能相关条件，如工作性能、动力性能、经济性、结构紧凑等，并了解这些功能的实际满足程度和产品成本及用户反映等 • 统一产品的可比成本。将收集到的产品有关资料，按功能相关条件进行分类，功能及功能实现条件相似或相同的划分为一类，同一类中，依据功能满足程度再划分等级 • 根据成本资料估算出各自的功能成本。然后以产品功能实现程度为横坐标，以成本值为纵坐标绘制坐标图，把各产品实现该功能的情况画入坐标图，分别描出"×"点，如图 e 所示 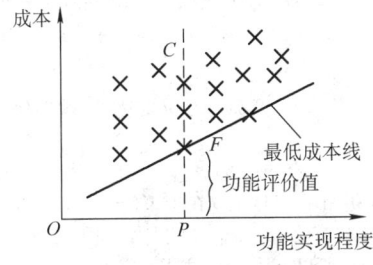 e) 产品功能估算 • 把图 e 中最低点连成一条直线，这条直线就是按不同满足程度实现这一功能的最低成本线。从这条直线上可以很方便地求出目标成本

种类	内容
价值工程评价法	这种方法要求有充分的实际数据作为依据,可靠性强,可比性好。而目标成本实际上是不断变化的,需要不断收集资料进行分析,并适当地调整收集到的成本值。有了进行运动方案的功能成本和功能评价值就可以对几个机械运动方案进行评估选优。但是,由于方案阶段不确定因素较多,因此困难较大。所以对某种专门机械产品一定要在大量资料积累之后才能够有效地进行评价选择。此外,该方法由于强调机械的功能和成本,因此有可能对不同工作原理的方案进行评价,为人们进行方案创造开辟一条重要途径
模糊综合评价法	所谓综合评判,就是要对某一对象进行全面的评价。对评价的对象往往要考虑很多因素重要程度的不同,评级标准和自然状态的模糊等,也就是说,在做出任何一个决策时,都必须对多个相关因素做综合考虑,也就是综合评判。综合评判是系统工程的基本环节,其优点是:数学模型简单,容易掌握,对多因素、多层次的复杂问题评判效果比较好,是别的数学分支和模型难以代替的方法。在实际工程中,为了能够得到较为合理的评判结果,宜采用模糊综合评判法 模糊综合评价的数学模型是由着眼因素集 U、决策评价集 V 和模糊关系评价矩阵 R 构成的 利用模糊综合评价方法对产品质量进行评价时,设着眼因素集合 $$U_d = \{u_{d,1}, u_{d,2}, \cdots, u_{d,m}\}, d = 1, 2, \cdots, n \quad (7)$$ 定义因素集合 U_d 上的模糊子集 $$A_d = (a_{d,1}, a_{d,2}, \cdots, a_{d,m}) \quad (8)$$ 其中,$a_{d,i}$ 为 $u_{d,i}$ 对 A_d 的隶属度,即因素 $u_{d,i}$ 在评定因素中起作用大小的度量,且 $\sum_{i=1}^{m} a_{d,i} = 1$ 若评价论域 $$V_d = \{v_{d,1}, v_{d,2}, \cdots, v_{d,n}\} \quad (9)$$ 则评价集合 V_d 上的等级模糊子集 $$B_d = (b_{d,1}, b_{d,2}, \cdots, b_{d,n}) \quad (10)$$ 其中,$b_{d,j}$ 是等级 $v_{d,j}$ 对模糊子集 B_d 的隶属度 于是,因素集 U_d 到评价集 V_d 之间的模糊关系可以用模糊关系评价矩阵 R_d 来表示 $$R_d = (r_{d,ij})_{m \times n} = \begin{pmatrix} r_{d,11} & r_{d,12} & \cdots & r_{d,1n} \\ r_{d,21} & r_{d,22} & \cdots & r_{d,2n} \\ \vdots & \vdots & & \vdots \\ r_{d,m1} & r_{d,m2} & \cdots & r_{d,mn} \end{pmatrix} \quad (11)$$ 其中,$r_{d,ij} = \mu_R(u_{d,i}, v_{d,j})$,它表示单独考虑 $u_{d,i}$ 时,评价对象属于等级 $v_{d,j}$ 的隶属度,且 $\mu_{A_i}(a_{d,i}) \Rightarrow [0,1]$,$\mu_{B_j}(b_{d,j}) \Rightarrow [0,1]$,它们分别表示 $a_{d,i}$ 隶属于 A_d 和 $b_{d,j}$ 隶属于 B_d 的程度 由此,综合评价的结果为 $$B_d = (b_{d,1}, b_{d,2}, \cdots, b_{d,n}) = A_d \circ R_d \quad (12)$$ 式中,"$A_d \circ R_d$" 称为 A_d 与 R_d 的广义模糊运算,B_d 为 U_d 的单一因素评价 而模糊合成运算模型主要有:$M(\wedge, \vee)$,$M(\cdot, \vee)$,$M(\wedge, \oplus)$,$M(\cdot, \oplus)$,$M(\cdot, +)$ **模型 1** $M(\wedge, \vee)$,有 $$b_{d,j} = \vee(a_{d,i} \bigwedge_{i=1}^{m} r_{d,ij}), j = 1, 2, \cdots, n \quad (13)$$ 式中,"$\wedge$"、"$\vee$"分别为取小(min)和取大(max)运算,即 $$b_{d,j} = \max \langle \min(a_{d,1}, r_{d,1j}), \min(a_{d,2}, r_{d,2j}), \cdots, \min(a_{d,m}, r_{d,mj}) \rangle \quad (14)$$ 此模型的意义是在决定 $b_{d,j}$ 时,对每个等级 $v_{d,j}$ 而言,只考虑调整后的隶属度 $r_{d,ij}$ 最大的起主要影响作用的那个因素,而忽略了其他因素的影响。由此可见,模型 $M(\wedge, \vee)$ 是一种"主因素决定型"的综合评判 **模型 2** $M(\cdot, \vee)$,有 $$b_{d,j} = \bigvee_{i=1}^{m} a_{d,i} r_{d,ij}, j = 1, 2, \cdots, n \quad (15)$$ 其中,"·"为普通实数乘法,即 $$b_{d,j} = \max(a_{d,1} r_{d,1j}, a_{d,2} r_{d,2j}, \cdots, a_{d,m} r_{d,mj}) \quad (16)$$ 此模型与模型 $M(\wedge, \vee)$ 的意义很相近,其区别仅在于 $M(\cdot, \vee)$ 以 $a_{d,i} r_{d,ij}$ 代替了 $M(\wedge, \vee)$ 的 $a_{d,i} \wedge r_{d,ij}$,也就是说,用对 $r_{d,ij}$ 乘以一个小于 1 的系数来代替给 $a_{d,i} \wedge r_{d,ij}$ 规定一个上限。这里 $a_{d,i}$ 与在模型 $M(\wedge, \vee)$ 中一样,也起着调整系数的作用,此模型中也是用 $\vee$ 运算,所以也是一种"主因素突出型"的综合评判 **模型 3** $M(\wedge, \oplus)$,有 $$b_{d,j} = \oplus \sum_{i=1}^{m} a_{d,i} \wedge r_{d,ij}, j = 1, 2, \cdots, n \quad (17)$$

(续)

种类	内　　容
模糊综合评价法	这里，$\alpha \oplus \beta = \min(1, \alpha+\beta)$，$\oplus \sum_{i=1}^{m}$ 为对 m 个数在 $\oplus$ 运算下求和，即 $$b_{d,j} = \min\left\langle 1, \sum_{i=1}^{m}\min(a_{d,i}, r_{d,ij})\right\rangle \quad (18)$$ 由上式可以看出，与模型 $M(\wedge, \vee)$ 中一样，在模型 $M(\wedge, \oplus)$ 中也是对 $r_{d,ij}$ 的规定上限 $a_{d,i}$ 给以调整，即有 $a_{d,i} \wedge r_{d,ij}$，其区别在于，该模型是对各 $r_{d,ij}$ 作上界相加以求 $b_{d,j}$。因此，$a_{d,i}$ 也是在考虑多因素时 $r_{d,ij}$ 的调整系数，形式上这个模型是一种对每一等级 $v_{d,j}$ 都同时考虑各种因素的综合评判 **模型 4** $M(\cdot, \oplus)$，有 $$b_{d,j} = \oplus \sum_{i=1}^{m} a_{d,i}r_{d,ij} \quad j = 1, 2, \cdots, n \quad (19)$$ 即 $$b_{d,j} = \min\left(1, \sum_{i=1}^{m} a_{d,i}r_{d,ij}\right) \quad (20)$$ 此模型是在模型 $M(\cdot, \vee)$ 的基础上改进而成的。模型 $M(\cdot, \oplus)$ 在决定 $b_{d,j}$ 时，是用对调整后的 $a_{d,i}r_{d,ij}$ 取上界和来代替模型 $M(\cdot, \vee)$ 中对 $a_{d,i}r_{d,ij}$ 取最大 该模型有下列重要特点： ①在决定各因素的评价对等级 $v_{d,j}$ 的隶属度 $b_{d,j}$ 时，考虑了所有因素 $u_{d,j}$ 的影响，而不是像模型 $M(\cdot, \vee)$ 那样只考虑对 $b_{d,j}$ 影响程度最大的那个因素 ②由于同时考虑到所有因素的影响，所以各 $a_{d,i}$ 的大小具有刻画各因素 $u_{d,i}$ 重要性程度的权系数的意义，因此，$a_{d,i}$ 应满足 $\sum_{i=1}^{m} a_{d,i} = 1$ 要求 所以模型 $M(\cdot, \oplus)$ 是一种"加权平均型"的综合评判。应指出，由于 $\sum_{i=1}^{m} a_{d,i}r_{d,ij} \leqslant 1$，运算"$\oplus$"实际上已蜕化为普通实数加法"+"，因此，模型 $M(\cdot, \oplus)$ 可改变成为模型 $M(\cdot, +)$ **模型 5** $M(\cdot, +)$，有 $$b_{d,j} = \sum_{i=1}^{m} a_{d,i}r_{d,ij}, j = 1, 2, \cdots, n \quad (21)$$ 这里，"+"为普通实数的加法，权系数 $a_{d,i}$ 的和满足 $\sum_{i=1}^{m} a_{d,i} = 1$ 条件，模型中，式(12)右端蜕化为普通矩阵乘法 由于机械产品总体质量包含的因素众多，为了避免信息丢失和综合考虑所有因素的影响，选用工程模糊综合评价数学模型中的"加权平均型"$M(\cdot, +)$评价模型 根据评价结果的 $b_{d,j}$ 中，数值最大者所对应的 $v_{d,j}$ 即可能为产品总体质量的一次评价等级，它是 V_d 上的一个模糊子集。由得到的一级评价结果 $B_1, B_2, \cdots, B_n$ 构成产品总体质量模糊评价的二级评价矩阵 $$R = \begin{pmatrix} B_1 \\ B_2 \\ \vdots \\ B_n \end{pmatrix} = \begin{pmatrix} A_1 \circ R_1 \\ A_2 \circ R_2 \\ \vdots \\ A_n \circ R_n \end{pmatrix} \quad (22)$$ 则得出产品总体质量综合评价的最后结果，即 $$B = A \circ R \quad (23)$$ 这也是着眼因素集 U 的综合评价结果 $$U = \{u_1, u_2, \cdots, u_m\} \quad (24)$$

5　通过样机试验检验产品设计质量

产品的试验是评定设计工作好坏的唯一标准。产品的功能和性能代表了产品的设计质量，因此，检验产品的设计质量也只能从产品的功能和性能着手。产品的功能通常通过其实际运行表现出来，产品的结构性能和使用性能也只有从产品的实际使用过程予以体现，而产品的制造性能一般通过制造装配和维修才能体现。

产品的试验只能针对部分功能和性能，而有些性能，如工作耐久性、工作寿命等很难在较短时期内加以具体观测。

产品是否能够完成既定的主功能，这是检验产品质量最主要的一项内容。例如，车床加工零件，除能够完成一般的加工任务外，围绕产品的主功能，还要了解其能加工的最大尺寸、加工的最高速度、加工零件材质的强度、硬度和韧性等，设备所具有的功率是否能满足实际需要等，这里出现的相关使用性能有功效实用性、工作稳定性、指标优越性、设备动力性、状态测控性、设备诊断性、操作宜人性和使用经济性等。此外，产品的结构性能与制造性能中也有一些会暴露在试验过程中，如安全性、可靠性、耐用性、环保性能和维修性等。但是试验工作总是有时间限制的，不能长期的试验下去。

试验的内容与方法见表 55.7-4。

表 55.7-4　试验的内容与方法

试验项目	试验的内容
主功能	能否完成主要功能及相关的技术参数，如工作尺寸范围、工作速度及工作负载的最大值、产量与工作效率、工作稳定性等主要技术性能能否满足设计要求，操纵、监测、控制和诊断系统是否能满足各个主要工作系统达到理想的要求等
辅助功能	产品的几个辅助功能是否都能满足工作要求，工作是否灵活，操作是否灵便，非有效工作时间是否能减少到较理想的程度等
相关的主要技术性能	主要技术性能能否达到设计要求，如安全性、可靠性、耐用性、稳定性、测控性、可操作性、动力性能、环保性能、振动与噪声是否低于规定的水平、设备的维修性如何等

试验工作往往具有较大的针对性，针对产品设计中存在的关键问题，例如，哪一条技术性能或哪一项技术指标未能达到设计要求，就针对这一关键问题开展相应的研究工作，直到这一问题得到解决为止。

6　通过用户使用检验产品设计质量

用户直接使用是检验产品设计质量的最好手段和方式，产品的使用质量，即产品的功能与性能有一些在试用初期即可发现，而有一些往往不是在短期内就能发现的，还有些性能在使用过程中会不断发生变化和得到进一步的发展，一般机器在开始工作时，表现良好，而经过一个时期之后，有些工作部件逐渐磨损，问题就会逐渐显露出来。

通过用户的使用，可以从几个方面的问题进行检验，见表 55.7-5。

表 55.7-5　通过用户使用检验产品设计质量

序号	检验内容
1	产品的主功能，各种机器有各种不同的主功能，机械产品一般只有一种主功能，或两种主功能，有多种主功能的仅仅是极少数。这些主功能是物质的几何形态的转变、物理状态的改变、化学组成的变化、生理机能的更改，或信息表达形式的变换等
2	产品的辅助功能，即包括 6 种不同的系统，如物质的转运、物件的装卸与夹持、运动形态的转换、能量的传输、操纵指令的输入、状态的监测与控制系统，有些机器不一定包括其中全部 6 种系统，只有其中的少数几种
3	产品的结构性能，如人机安全性、系统可靠性、工作耐久性、材质适用性、结构紧凑性、环境无害性、造型艺术性、设计经济性等，其中安全性、可靠性、耐用性、环境无害性等更为突出
4	产品的使用性能，如工效实用性、运行稳定性、指标优越性、过程可控性、状态可测性、故障可诊性、操作宜人性（如人机对话）、使用经济性等，这些指标在使用过程中都会直接表现出来
5	产品的制造性能，如制造工艺性、设备规范性、容差合理性、生产时间性、设备维修性、装运可行性、报废回收性、制造经济性等，这些性能指标只能局部地表现出来，如设备维修性的好坏更容易被发现，其他一些性能指标不易反映出使用过程中

作为生产企业对用户反映的意见必须安排专人对提出的问题进行汇总和整理，建立产品的质量库，还要对出现的问题进行分析，找出原因，制订出克服存在问题的具体措施，并有计划地进行改进，将产品的质量提高到新的水平。

7　产品综合质量模糊综合评价应用实例

以某一新型直线自同步振动筛为例，建立着眼因素集

$$U = \{u_1, u_2, u_3\}$$
$$= \{结构性能，工作性能，工艺性能\}$$
$$\tag{55.7-1}$$

由于结构性能（u_1）、工作性能（u_2）和工艺性能（u_3）都各自包含 8 个方面的内容，所以要对产品质量进行综合评价，就必须对其三个方面分别先进行一次模糊评价，即初级评价，利用其结果得到总体产品质量的评价矩阵 R，最后完成对产品质量的二级模糊综合评价。

建立决策评估集

$$V = \{v_1, v_2, v_3, v_4, v_5\}$$
$$= \{优秀，较好，好，一般，差\} \tag{55.7-2}$$

（1）初级评价

结构性能集（u_1）主要考虑以下 6 方面内容（材质适应性与造型工艺性未考虑）：u_{11} 为人机安全

性，u_{12}为系统可靠性，u_{13}为结构紧凑性，u_{14}为工作耐久性，u_{15}为环境无害性，u_{16}为设计经济性，其重要程度集为

$$A_1 = (0.4, 0.2, 0.05, 0.2, 0.05, 0.1) \tag{55.7-3}$$

专家们对每个方面进行评价打分，得到结构性能的评价矩阵

$$R_1 = \begin{pmatrix} 0.7 & 0.2 & 0.1 & 0 & 0 \\ 0.5 & 0.3 & 0.1 & 0.1 & 0 \\ 0 & 0 & 0.2 & 0.7 & 0.1 \\ 0.8 & 0.1 & 0.1 & 0 & 0 \\ 0 & 0 & 0 & 1 & 0 \\ 0.1 & 0.8 & 0.1 & 0 & 0 \end{pmatrix} \tag{55.7-4}$$

把式（55.7-3）、式（55.7-4）代入表55.7-3中式（12），采用模型5计算得到结构性能的评价结果

$$B_1 = A_1 \cdot R_1$$
$$= (0.55, 0.24, 0.1, 0.105, 0.005) \tag{55.7-5}$$

工作性能集（u_2）主要考虑工效实用性（u_{21}）、运行平稳性（u_{22}）、指标优越性（u_{23}）、设备动力性（u_{24}）、状态测控性（u_{25}）和使用经济性（u_{26}）6方面内容，其重要程度集

$$A_2 = (0.3, 0.2, 0.2, 0.1, 0.1, 0.1) \tag{55.7-6}$$

而工作性能中的故障可诊性与操作宜人性重要程度直接赋予0，则评价矩阵为

$$R_2 = \begin{pmatrix} 0.6 & 0.2 & 0.2 & 0 & 0 \\ 0.6 & 0.3 & 0.1 & 0 & 0 \\ 0.5 & 0.5 & 0 & 0 & 0 \\ 0.3 & 0.3 & 0.1 & 0.2 & 0.1 \\ 0.2 & 0.5 & 0.1 & 0.1 & 0.1 \\ 0.1 & 0.7 & 0.1 & 0.1 & 0 \end{pmatrix} \tag{55.7-7}$$

把式（55.7-6）、式（55.7-7）代入表55.7-3中式（12）得到工作性能的评价结果

$$B_2 = A_2 \cdot R_2$$
$$= (0.46, 0.33, 0.15, 0.04, 0.02) \tag{55.7-8}$$

工艺性能集（u_3）包含结构工艺性（u_{31}）、机器规范性（u_{32}）、生产周期性（u_{33}）、装运可行性（u_{34}）、设备维修性（u_{35}）和制造经济性（u_{36}）6方面内容，其余容差合理性和报废回收性两个指标就不参与评价了，则得到工艺性能的重要程度集为

$$A_3 = (0.3, 0.1, 0.2, 0.05, 0.05, 0.3) \tag{55.7-9}$$

评价矩阵为

$$R_3 = \begin{pmatrix} 0.8 & 0 & 0.2 & 0 & 0 \\ 0 & 0.1 & 0.6 & 0.2 & 0.1 \\ 0 & 1 & 0 & 0 & 0 \\ 1 & 0 & 0 & 0 & 0 \\ 0 & 0 & 0.5 & 0.5 & 0 \\ 0.6 & 0.2 & 0.2 & 0 & 0 \end{pmatrix} \tag{55.7-10}$$

把式（55.7-9）、式（55.7-10）代入表55.7-3中式（12）得到工艺性能的评价结果

$$B_3 = A_3 \cdot R_3$$
$$= (0.47, 0.27, 0.205, 0.045, 0.01) \tag{55.7-11}$$

于是，通过一次评价得到的B_1、B_2与B_3可以得到产品的结构性能（u_1）、工作性能（u_2）和工艺性能（u_3）三个方面的等级程度，并判定产品的性能特性是属于哪种类型。从中可以得知本产品的三个性能指标等级都为"优秀"，也正验证了面向现代机械产品广义质量的深层次的1+3+X系统化设计法从这三个方面来满足产品质量的中心思想。

（2）二级评价

由B_1、B_2与B_3通过表55.7-3中式（22）构成对产品总体质量二级评价的评价矩阵

$$R = \begin{pmatrix} 0.55 & 0.24 & 0.1 & 0.105 & 0.005 \\ 0.46 & 0.33 & 0.15 & 0.04 & 0.02 \\ 0.47 & 0.27 & 0.205 & 0.045 & 0.01 \end{pmatrix} \tag{55.7-12}$$

针对着眼因素集U，其模糊子集重要程度集由于用户对结构性能、工作性能和工艺性能侧重要求和产品类型的不同而不尽相同，由于本例产品为直线振动筛机械设备，故其模糊子集的重要程度集采用

$$A = (0.4, 0.4, 0.2) \tag{55.7-13}$$

则

$$B = A \cdot R$$
$$= (0.498, 0.282, 0.141, 0.067, 0.012) \tag{55.7-14}$$

由此，可以得到产品总体质量的二级模糊评价结果：优秀占49.8%，较好占28.2%，好为14.1%，一般为6.7%，差为1.2%，即判定产品的总体质量等级为"优秀"。

如果把功能指标也列入产品质量的评价指标中，即建立功能的评价集u_4，为了便于计算，同样考虑6个方面。u_{41}为适用的工作结构，u_{42}为适用的机器结构，u_{43}为适用的几何参数，u_{44}为适用的运动参数，u_{45}为适用的动力参数，u_{46}为参数系统的可调性。

式（55.7-1）变为

$U = \{u_1, u_2, u_3, u_4\}$
= {结构性能, 工作性能, 工艺性能, 产品功能}
(55.7-15)

由专家对产品功能的评价指标进行评定，确定其重要度系数，得到

$$A_4 = (0.17, 0.17, 0.14, 0.14, 0.17, 0.21)$$
(55.7-16)

相应的评价矩阵为

$$R_4 = \begin{pmatrix} 0.7 & 0.15 & 0.05 & 0.1 & 0 \\ 0.2 & 0.1 & 0.4 & 0.2 & 0.1 \\ 0 & 0.9 & 0.1 & 0 & 0 \\ 0.9 & 0.1 & 0 & 0 & 0 \\ 0 & 0.1 & 0.4 & 0.5 & 0 \\ 0.5 & 0.3 & 0.2 & 0 & 0 \end{pmatrix}$$
(55.7-17)

则，把式（55.7-16）、式（55.7-17）代入表 55.7-3 中式（12）得到工艺性能的评价结果

$$B_4 = A_4 \cdot R_4$$
$$= (0.384, 0.2625, 0.2005, 0.136, 0.017)$$
(55.7-18)

则产品质量评价的二级评价矩阵变为

$$R_R = \begin{pmatrix} 0.55 & 0.24 & 0.1 & 0.105 & 0.005 \\ 0.46 & 0.33 & 0.15 & 0.04 & 0.02 \\ 0.47 & 0.27 & 0.205 & 0.045 & 0.01 \\ 0.384 & 0.2625 & 0.2005 & 0.136 & 0.017 \end{pmatrix}$$
(55.7-19)

重新分配结构性能、工作性能、工艺性能和产品功能的重要度权值，得到新的重要度集

$$A_A = (0.3, 0.3, 0.2, 0.2) \quad (55.7-20)$$

同样把式（55.7-19）和式（55.7-20）代入表55.7-3 中式（12），则

$$B_B = A_A \cdot R_R$$
$$= (0.4738, 0.2775, 0.1561, 0.0787, 0.0129)$$
(55.7-21)

由此得到产品质量在结构性能、工作性能、工艺性能和产品功能四个主要方面的评价结果：优秀约占47%，较好约占28%，好约占16%，从而得到该产品的总体质量等级为"优秀"。

将"1+3+X"系统化设计法与模糊理论相结合，建立了多层次模糊综合评价模型，利用该模型对其产品质量进行了综合评价，同时也是对设计方法的评价与验证，反过来改进设计方案，具有重要的实际意义：

1) 应用多级模糊理论与产品设计方法相结合对产品质量进行综合评价，不仅能够对复杂机械产品总体质量进行模糊综合评价，同时也对产品设计方法与设计方案进行综合评价，验证了产品质量是否符合设计的要求。

2) 通过产品质量综合评价与产品设计方法相结合，能够使设计者与产品使用者在产品的设计阶段对产品的各项性能指标进行边评判边修改的设计方案，最终完成满足广义质量要求的高质量产品的设计与制造。

3) 通过对结构性能、工作性能与工艺性能，以及功能的评价，能够得知产品性能特性，找出产品性能差距及需要加强和改进的因素，为提高与评价产品的总体质量提供科学的决策依据。

第8章 系统化设计法在产品设计中的应用举例

本章以振动沉拔桩机为例进行介绍，这类机械系统化设计法主要有功能优化设计、动态优化设计、智能优化设计和可视优化设计四个方面的内容。

1 振动沉拔桩机功能优化设计

由于静压桩机的质量大，在转移工作场地时，其运输工作量很大，费用较高，带来很多的不便。为此，研制一种新型的振动桩机来替代机重和体积较大的静压桩机，不论在制造费用方面，或是在工作效能方面，均有特殊的意义。

其研究与开发的条件见表55.8-1。对于有这样一些要求的机器，可以采用1+3系统化设计法予以实现。

对于这种机器首先要完成功能优化设计；第1项~第5项的要求，可通过动态优化设计的方法予以实现；第6项要求通过智能优化设计的方法予以实现；此外，还要通过可视优化设计，来满足产品制造工艺性能方面的要求。

表55.8-1 振动沉拔桩机功能优化设计研究与开发的条件

序号	研究与开发的条件
1	要以原有750t静重的液压静力沉桩机为基础，研制一种新型的液压式振动沉拔桩机，其工效相当于一台1200t的静压桩机
2	采用一种液压脉冲激振装置，在减少桩机机重的情况下，将沉桩能力，即沉桩的静动压力之和增加到1200t
3	要求其工作噪声不大于85dB
4	要求机器在工作时对地面不产生有害的振动，对10m以外的建筑物不造成有害的影响
5	机器及其零部件的工作寿命和工作可靠性应与一般机器有同样的要求
6	新型振动桩机的往返行程都能工作，即采用两套工作装置轮流工作；其中一套向下压桩时，另一套向上做返回运动
7	其他方面的要求应与一般静压桩机相同

振动沉拔桩机是一类多自由度强非线性振动机械，因而也必须采用深层次的综合设计法才能完成以获得较高设计质量为目标的设计工作。

根据振动沉拔桩机的工作要求，可以对它的功能进行分析。

主功能：沉桩与拔桩，将预制桩压入泥土、砂石中，或从泥土或砂石中拔出。

辅助功能：①桩的运输，形成物质流，可以附加起重机；②桩的夹持，附有夹紧装置；③工作机构运动形式（桩和夹桩器一起向下、向上运动，或者夹持器还要产生振动）；④操纵系统，各种动作的指令系统；⑤机器的行走，机器要有行走机构；⑥动力系统，机器要有供给动力的装置；⑦控制系统，机器附有控制系统。

1.1 沉拔桩机加压机构和行走机构

为了更好地搞好产品设计工作，必须彻底了解原静力压桩机的构造。该机主要由行走机构和调平机构、压桩台、夹桩机构、压桩系统、专用配套工作起重机等部分组成，沉拔桩机加压机构和行走机构见表55.8-2。

表55.8-2 沉拔桩机加压机构和行走机构

图示	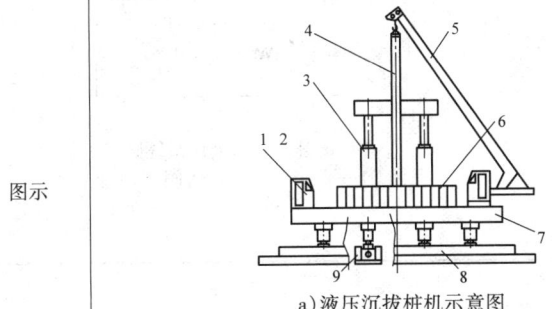 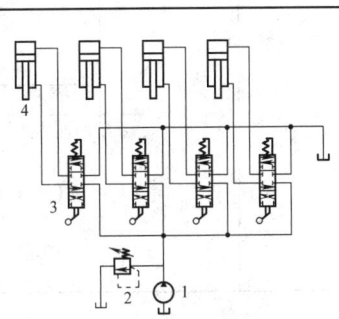

a) 液压沉拔桩机示意图
1—操作室 2—操作台 3—夹桩机构 4—桩 5—起重机 6—配重块 7—压桩台 8—长船纵向行走机构 9—短船横向行走机构

b) 行走机构液压系统原理图
1—液压泵 2—溢流阀 3—换向阀 4—液压缸

行走机构和调平机构	行走机构分长船纵向行走机构和短船横向行走机构(见图a) 长船行走机构主要由船体、行走台车、液压缸等组成。液压缸的活塞杆球头与船体连接,缸体通过铰耳与主动行走台车连接,行走台车与底盘支腿上的顶升液压缸铰接。其动作过程是:顶升液压缸使长船落地,短船离地,然后长船液压缸伸缩推动行走台车,使桩机沿长船轨道前后移动,顶升液压缸回程使长船离地,短船落地,短船液压缸动作时,长船船体悬挂在桩机上移动,上述动作往复交替,即实现了桩机的纵向行走。短船横向行走结构原理类似 长船上的四个顶升液压缸,在同一长船上的两个液压缸并联,当沉桩施工时,因地势、振动或其他原因造成一个液压缸瞬时举升力大,另一个液压缸举升力小时,由于两液压缸是并联连接,油液将会从举升力大的液压缸流入举升力小的液压缸,最终达到两个液压缸具有相同的举升高度。同理,对于两个短船上的四个举升液压缸,同一个短船上的两个液压缸同样会达到相同的举升高度。因此,长船和短船上的八个举升高度具有局部自动调平的功能。其液压系统由液压泵1、溢流阀2、换向阀3等控制元件和执行机构液压缸4组成,如图b所示
压桩台	压桩台是桩机的主体结构,通过四只顶升液压缸分别与长船及短船连接,中部装有导向立柱和压桩门架,压桩液压缸与夹持机构铰接,通过压桩液压缸活塞杆的往复位移,实现压桩和拔桩
夹桩机构	该部分由夹持箱、夹持液压缸、导向压桩架和压桩液压缸等组成。夹持液压缸装在夹持横梁里面,压桩液压缸与导向压桩架相连。压桩工艺过程是将桩机吊入夹持横梁内,夹持液压缸伸出,通过夹板将桩段夹紧,然后压桩液压缸做伸出动作,使夹持机构在导向压桩架内向下运动,带动桩段挤入土中,压桩液压缸行程走满,夹持液压缸回程,然后压桩液压缸也做回程动作。上述运动往复交替,即可实现桩机的压桩工作。其液压系统由液压泵1、溢流阀2、换向阀3、单向阀4等控制元件和执行机构液压缸5组成,如图c所示
压桩系统	主机液压系统由液压泵1、溢流阀2、换向阀3、单向阀4等控制元件和执行机构液压缸5组成,主机采用A8V107泵作为液压的能源泵,其压桩系统额定工作压力为25MPa。其液压系统原理如图d所示
专用配套工作起重机	为了满足桩机的装拆检修以及不同截面的预制桩起吊及转场等作业,配有工作起重机。起重机起重臂分为基本臂和伸缩臂,伸缩臂的伸缩通过基本臂上的伸缩液压缸活塞的运动完成。伸缩完成后,用插销将伸缩臂固定在基本臂上
图示	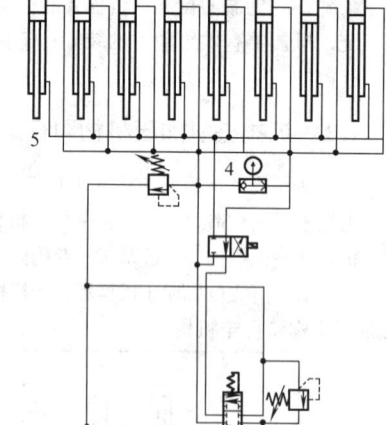 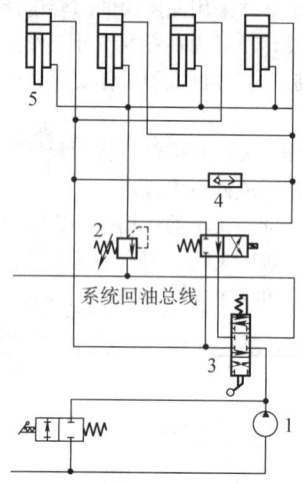 c)夹桩机构液压系统原理图 1—液压泵 2—溢流阀 3—换向阀 4—单向阀 5—液压缸 d)压桩机构液压系统原理图 1—液压泵 2—溢流阀 3—换向阀 4—单向阀 5—液压缸

1.2 新型振动沉拔桩机振动机构的选取

新型振动沉拔桩机振动机构的选取见表55.8-3。

1.3 旋转阀

旋转阀的功能设计见表55.8-4。

表55.8-3 新型振动沉拔桩机振动机构的选取

图示	内容
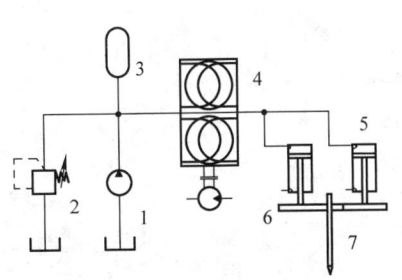 液压脉冲激振系统 1—液压泵　2—溢流阀　3—蓄能器 4—旋转阀　5—液压缸　6—夹桩器　7—桩	液压激振式振动沉拔桩机是在原机重为800t,沉桩力为750t静压沉拔桩机的基础上改造而成的。经过动态优化设计的"液压激振式"振动沉拔桩机在将机重减少到500t的情况下,沉桩力达到1200t 振动沉拔桩机是通过液压装置来产生周期性激振力,液压装置由四个液压缸组成,通过液压缸上下交替进入或排出压力油,使桩产生连续的振动。液压激振式振动桩机的夹紧器与机座通过液压缸做相对振动,施加静压比较方便,振幅调整可以通过调整液压泵的流量实现,而振动的频率可以通过调整回转阀的转速来实现 由于它是在原有液压静力压桩机的基础上改造而成的,其中机身和压桩台保持不变,仅改造其液压回路,使其能够在产生静压的同时产生动压 由于在沉拔桩的过程中增加了动力成分,夹桩箱夹桩力的动力必须与沉拔桩的动力系统分离,同时必须增大夹桩系统的夹桩力,因此,对夹桩箱进行了改进设计。由于增加了动力作用,在利用动力进行沉拔桩的同时,动力将会通过机身传递给地面,影响周围环境,为了减少对地面作用的动载荷,在机身长船和短船处增加一套隔振系统,减少对地面施加的动载荷 振动沉拔桩机中的振动机构利用液压脉冲进行激振,这里分析液压脉冲激振装置的工作原理和运动特性 液压泵1及溢流阀2、蓄能器3提供供油压力不变的油源,旋转阀4由液压马达恒速驱动,使旋转阀的过流面积周期性改变,并使液压缸5与高压油路和回油路交替接通,液压缸内的压力产生周期性变化,带动夹桩器6和桩7

表55.8-4 旋转阀的功能设计

旋转阀的结构	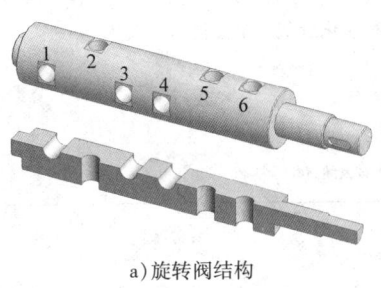 a) 旋转阀结构	由于振动沉拔桩机动压油的振动频率较高,加之普通的换向阀结构和物理性能的限制,不能满足要求,因此采用回转换向阀。旋转阀是产生周期性脉冲激励的关键部件,它主要由阀芯、阀套和阀座等组成,其阀芯结构如图a所示。其中阀芯的表面进行镀铬处理 阀芯体上有6个通孔,包括3个压力油孔,2个回油孔和1个卸压回油孔,通孔两端为矩形槽。阀套在通孔位置对应有6个圆孔,分别在阀芯一定位置时与阀芯通孔相通 液压缸进、回油均通过旋转阀的油孔,高压、低压液压油交替进出。当旋转阀芯转到一定位置时,阀套上油孔通过槽与高压油源相通,高压油进入液压缸前腔,转过一定角度后,油孔又与阀芯上的回油槽相通,高压油进入液压缸的后腔

过流面积

阀套上油孔与芯轴上矩形油槽重合的面积即为过流面积,如图b所示

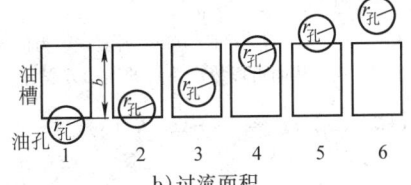

b) 过流面积

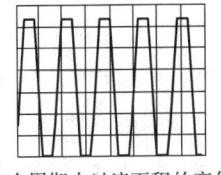

c) 一个周期内过流面积的变化

设芯轴以角速度 $2\pi v$ 匀速转动,记 $\theta=2\pi vt$,θ_1 为油槽边线偏离套上油孔边缘的角度,θ_1 为

$$\theta_1 = \theta - \text{INT}\left(\frac{\theta}{2\pi/8}\right)\frac{2\pi}{8} \tag{1}$$

其中,INT 为取整函数,过流面积 $A_{过}$ 可按油槽边线所处的位置不同计算:

当 $0 \leqslant \theta_1 r_{轴} \theta_1 < r_{孔}$ 时,记 $\varphi = \arccos\dfrac{r_{孔}-\theta_1 r_{轴}}{r_{孔}}$,则

$$A_{过} = \pi r_{孔}^2 - 2\left(\frac{1}{2}r_{孔}^2 \sin\varphi\cos\varphi\right) \tag{2}$$

$r_{孔} < r_{轴} \theta_1, r_{轴} \theta_1 < 2r_{孔}$ 时,记 $\varphi = \arccos\dfrac{\theta_1 r_{轴} - r_{孔}}{r_{孔}}$,则

（续）

过流面积	$$A_{过} = \pi r_{孔}^2 - \left(\frac{2\varphi}{2\pi}\pi r_{孔}^2 - r_{孔}^2 \sin\varphi\cos\varphi\right) \quad (3)$$ $2r_{孔} < r_{轴}\theta_1, r_{过} < b$ 时，则 $$A_{过} = \pi r_{孔}^2 \quad (4)$$ 当 $0 \leq r_{轴}\theta_1 - b < r_{孔}$ 时，记 $\varphi = \arccos\dfrac{r_{孔} - (\theta_1 r_{轴} - b)}{r_{孔}}$ $$A_{过} = \pi r_{孔}^2 - \left(\frac{2\varphi}{2\pi}\pi r_{孔}^2 - r_{孔}^2 \sin\varphi\cos\varphi\right) \quad (5)$$ $r_{孔} \leq r_{轴}\theta_1 - b < 2r_{孔}$ 时，记 $\varphi = \arccos\dfrac{(\theta_1 r_{轴} - b) - r_{孔}}{r_{孔}}$ $$A_{过} = \pi r_{孔}^2 - r_{孔}^2\sin\varphi\cos\varphi \quad (6)$$ $2r_{孔} \leq (r_{轴}\theta_1 - b)$ 时，则 $$A_{过} = 0 \quad (7)$$ 阀芯一个回转周期内，过流面积的变化如图 c 所示
旋转阀的流量方程	旋转阀芯的油槽与油孔视为可变节流口，故负载流量是过流面积的函数： $$Q_L = f(A_{过}, \Delta p) \quad (8)$$ Δp 为节流口的压降。设负载压力为 p_L，由理想零位阀可以导出流量方程： $$Q_L = C_d A_{过}\sqrt{\frac{1}{\rho}(p_s - p_L)} \quad (9)$$ 式中 C_d—流量系数 ρ—油液密度 p_s—油源压力 为简化分析，用 Taylor 级数对上式在零位置展开，并取线性化近似。定义流量增益 $K_q = \dfrac{\partial Q_L}{\partial A_{过}}$，流量压力系数 $K_L = -\dfrac{\partial Q_L}{\partial P_L}$ 和压力系数 $K_p = \dfrac{K_q}{K_L}$，可导出线性化近似流量方程： $$Q_L = K_q A_{过} - K_L p_L \quad (10)$$ 从上式可以看出旋转阀的流量和压力关系与普通滑阀具有相似的静特性
旋转阀控液压缸的连续性方程和力平衡方程	略去泄漏影响，液压缸的流量连续性方程为 $$Q_L = A_t \frac{dx}{dt} \quad (11)$$ 其中，A_t 为活塞杆受液压作用的有效面积。空载情况下，对于活塞杆，有如下力平衡方程： $$F_t = A_t p_L = M_t\frac{d^2x}{dt^2} + C_t\frac{dx}{dt} + K_t x + F_L \quad (12)$$ 其中，M_t 为活塞杆质量；C_t 为黏滞系数；K_t 为液压缸内液压油的弹性刚度；F_L 为活塞杆所受总反力，$F_L = \varepsilon Q_m$；εQ_m 为沉桩时土的作用力。在这里可以视为小项，从而可以导出系统的运动方程为 $$M_t\ddot{x} + C_t\dot{x} + K_t x + \varepsilon Q_m = \frac{A_t}{K_L}(-A_t\dot{x} + K_q A_{过}) \quad (13)$$ 根据上述方程式可以求得其解 上式可以写成 $$M_t\ddot{x} + K_t x = -\left(C_t + \frac{A_t^2}{K_L}\right)\dot{x} + \frac{K_q}{K_L}A_t A_{过} \quad (14)$$ 为简化分析，根据过流面积的特点，可设过流面积在 $0 \sim \varphi_1 \sim \varphi_2 \sim \varphi_3 \sim \pi$ 各区段内按以下简单规律变化： $$A_{过} \approx \begin{cases} c_A\varphi, & 0 \leq \varphi < \varphi_1 \\ c_A\varphi_1, & \varphi_1 \leq \varphi < \varphi_2 \\ c_A\varphi_1 - c_A\varphi, & \varphi_2 \leq \varphi < \varphi_3 \\ 0, & \varphi_3 \leq \varphi < \pi \end{cases} \quad (15)$$ 其中，$\varphi_1, \varphi_2, \varphi_3$ 可由前面过流面积公式计算出，c_A 为过流面积变化速度系数 设外力 F 为

旋转阀控液压缸的连续性方程和力平衡方程	$F = \dfrac{K_q}{K_L} A_t A_{过}$	(16)
	由于 $A_{过}$ 是周期函数,故 F 也是周期函数,用 Fourier 级数可将 F 展成谐波形式,然后继续进行分析 将 F 用 Fourier 级数展开,前二阶谐波的系数为	
	$F_0' = \dfrac{1}{2\pi} \dfrac{K_q A_t}{K_L} \left[\dfrac{1}{2} c_A (\varphi_1^2 + \varphi_2^2 - \varphi_3^2) + c_A \varphi_1 (\varphi_3 - \varphi_1) \right]$	(17)
	$F_{1a}' = \dfrac{1}{\pi} \dfrac{K_q A_t c_A}{K_L} [\sin\varphi_1 + \sin\varphi_2 - \sin\varphi_3 - \varphi_2 \cos\varphi_2 + \varphi_3 \cos\varphi_3 - \varphi_1 \cos\varphi_3]$	(18)
	$F_{1b}' = \dfrac{1}{\pi} \dfrac{K_q A_t c_A}{K_L} [\cos\varphi_1 - 1 + \cos\varphi_2 - \cos\varphi_3 + \varphi_1 \sin\varphi_3 - \varphi_3 \sin\varphi_3 + \varphi_2 \cos\varphi_2]$	(19)
	$F_1' = \sqrt{F_{1a}'^2 + F_{1b}'^2}$	(20)
	$\gamma_1 = \arctan \dfrac{F_{1b}'}{F_{1a}'}$	(21)
	$F_{2a}' = \dfrac{1}{\pi} \dfrac{K_q A_t c_A}{2K_L} \left[\dfrac{1}{2} (\sin 2\varphi_1 + \sin 2\varphi_2 - \sin 2\varphi_3) - \varphi_1 \cos 2\varphi_3 + \varphi_3 \cos 2\varphi_3 - \varphi_2 \cos 2\varphi_2 \right]$	(22)
	$F_{2b}' = \dfrac{1}{\pi} \dfrac{K_q A_t c_A}{2K_L} \left[\dfrac{1}{2} (\cos 2\varphi_1 - 1 + \cos 2\varphi_2 - \cos 2\varphi_3) + \varphi_1 \sin 2\varphi_3 - \varphi_3 \sin 2\varphi_3 + \varphi_2 \sin 2\varphi_2 \right]$	(23)
	$F_2' = \sqrt{F_{2a}'^2 + F_{2b}'^2}$	(24)
	$\gamma_2 = \arctan \dfrac{F_{2b}'}{F_{2a}'}$	(25)
	考虑到二次谐波, F 近似为	
	$F = F_0' + F_{1a}' \sin\varphi + F_{1b}' \cos\varphi + F_{2a}' \sin 2\varphi + F_{2b}' \cos 2\varphi = F_0' + F_1' \sin(\varphi + \gamma_1) + F_2' \sin(2\varphi + \gamma_2)$	(26)
	这样,原运动方程有如下形式的解	
	$x = a_0 + a_1 \sin(\varphi + \gamma_1 - \psi_1) + a_2 \sin(2\varphi + \gamma_2 - \psi_2)$	(27)
	$a_0 = \dfrac{F_0'}{K_t}$	(28)
	$a_1 = \dfrac{F_1' \cos\psi_1}{K_t - M_t (2\pi v)^2}$	(29)
	$\psi_1 = \arctan \dfrac{2\pi v C_t}{K_t - M_t (2\pi v)^2}$	(30)
	$a_2 = \dfrac{F_2' \cos\psi_2}{K_t - 4M_t (2\pi v)^2}$	(31)
	$\psi_2 = \arctan \dfrac{4\pi v C_t}{K_t - 4M_t (2\pi v)^2}$	(32)
	由液压脉冲激励的运动方程式可知,激振机构的运动为含有多个频率成分的周期运动	

1.4 隔振系统设计

由于采用振动的方式产生压桩力,振动对桩机及周围的土体都会产生影响,为了减小影响,应采取措施进行隔振。首先选择系统隔振频率,然后根据系统的隔振频率设计并计算隔振弹簧。

振动沉拔桩机的隔振系统如图 55.8-1 所示,它是在原静力桩机长船与短船底部各增加一块板,上层板与下层板之间利用弹簧支撑,预留一定空隙,有利于桩机的振动,避免上层板在桩机振动时与下层板接触,进而避免桩机对场地的冲击力。

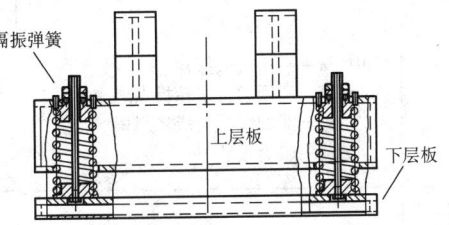

图 55.8-1 长船与短船隔振结构示意图

2 振动沉拔桩机的动态优化设计

振动沉拔桩机的动态优化设计见表 55.8-5。

表 55.8-5 振动沉拔桩机的动态优化设计

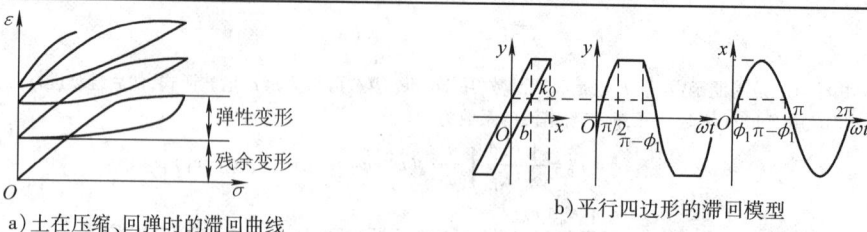

a) 土在压缩、回弹时的滞回曲线   b) 平行四边形的滞回模型

振动沉桩时土的力学模型	土体本构关系的研究体现在本构理论分析、计算模拟和试验研究三个方面,三者之间相辅相成,互补发展。土体动力特性的早期研究限于试验条件简陋、分析手段落后,所建立的本构模型非常简单粗糙。随着技术的发展和分析方法的改进,人们对于动荷载下土体动力特性的认识日益深刻,模拟的结果越来越接近实际状态。目前,建立的土体动力本构关系模型已多达数十种 土在周期荷载作用下的应力应变关系有两个特点,一个是非线性,另一个是滞后性。如果沿图中初始切应力为零的平面上缓慢循环加卸载,则在一个周期内的应力应变关系曲线将是一个滞回曲线(见图a)。滞回曲线反映出了应变的非线性及应变对应力的滞回性 土与一般的弹性材料不同,在受压缩时除部分弹性变形外还有相当部分是不可恢复的残余变形。土的弹性变形是指土在压力除去后可以恢复的那部分变形,例如土颗粒的弹性变形、封闭气体的压缩和溶解以及薄膜水的变形等。土的残余变形是指土在压力除去后不能恢复的那部分变形,例如由于土颗粒的相互位移、个别颗粒被压碎、孔隙水和空气从孔隙中挤出所形成的变形等。试验表明,振动沉桩时土的弹性变形比残余变形要小得多 随着激振力周期的增加,土的应力应变滞回环逐渐向应力增大的方向移动。对于软黏土,滞回环随向右移动而越来越大,越来越倾斜,出现周期衰化现象;对于松砂(干砂)滞回环随向右移动而越来越小,越来越靠近,最终达到稳定状态 振动沉桩时,桩尖将周期性的作用力加于桩端土,桩下沉时土产生弹性变形和塑性变形,而在回程中桩端土则以弹性变形为主。土在初始受到压力作用时,首先产生弹性变形,但变形量很小。由于在加载过程中土壤产生弹性变形和塑性变形且以塑性变形为主,而在卸载过程中主要产生弹性变形,从而造成了土壤滞回特性出现不对称特点。分析振动沉桩系统的力学特性,必须对土的不对称力学模型进行必要的简化 把桩阻力 $f_0(t)$ 看作由两个部分组成:一是桩侧向滞回摩擦阻力;二是桩端阻力。桩侧滞回摩擦阻力可简化为双线性对称滞回模型 滞回非线性作用力有多种形式,本章采用一种较为简单的平行四边形形式,如图b所示 沉桩阻力可近似按下式计算 $$f_0(x,\dot{x}) = f_{01}(x) + f_{02}(\dot{x}) \quad (1)$$ 式中 $f_{01}(x)$——桩侧摩擦阻力 　　　$f_{02}(\dot{x})$——桩端阻力 $$f_{02}(\dot{x}) = \begin{cases} 0 & x<0 \\ c\dot{x} & x\geq 0 \end{cases} \quad (2)$$ $$f_{01}(x) = kx + q(x) \quad (3)$$ 其中 $$q(x) = \begin{cases} k_0(x-b) & -(a-2b)\leq x<a, & \dot{x}>0 \\ k_0(a-b) & (a-2b)<x\leq a, & \dot{x}\leq 0 \\ k_0(x+b) & -a<x\leq (a-2b), & \dot{x}<0 \\ -k_0(a-b) & -a\leq x<-(a-2b), & \dot{x}\geq 0 \end{cases}$$ 式中 a——次近似振幅 　　　b——滞回力折线转折点之坐标 　　　k_0——滞回线倾斜线之斜率 　　　c——阻力系数
振动沉拔桩机系统数学模型及其动力特性	(1) 振动沉拔桩机系统力学模型 振动沉拔桩机与土体相互作用,构成一个振动系统。由于土体的参振,该系统具有滞回特性 若将土对桩的作用看作一个弹簧和一个阻尼器,那么振动沉拔桩系统的力学模型可视为在液压缸的作用下,机座和桩做两自由度的受迫振动。图c所示为振动沉拔桩机的工作示意图,图d所示为简化的振动沉拔桩机系统的力学模型

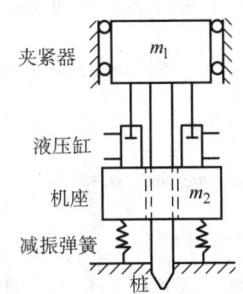
c) 振动沉桩系统工作示意图

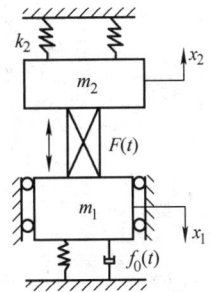
d) 振动沉桩系统力学模型

(2) 振动系统的运动方程

根据振动系统的力学模型和土的滞回模型,可以建立振动系统的动力学方程:

$$m_1 \frac{d^2 x_1}{dt^2} = F(t) - f_0(x_1, \dot{x}_1) \tag{4}$$

$$m_2 \frac{d^2 x_2}{dt^2} = F(t) - k_2 x_2 \tag{5}$$

由式(4)和式(5)得

$$\begin{cases} m_2 \dfrac{d^2 x_2}{dt^2} + k_2 x_2 - m_1 \dfrac{d^2 x_1}{dt^2} = f_0(x_1, \dot{x}_1) \\ m_1 \dfrac{d^2 x_1}{dt^2} = F(t) - f_0(x_1, \dot{x}_1) \end{cases} \tag{6}$$

式中 m_1、m_2——夹紧器和机座的质量
  x_1、x_2——夹紧器和机座的位移
  k_2——隔振弹簧刚度
  $F(t)$——液压激振力
  $f_0(x_1, \dot{x}_1)$——沉桩阻力

液压激振力 $F(t)$ 由各次谐波组成,可写为

$$F(t) = F_1 \sin\omega t + F_2 \sin(2\omega t + \beta_2) + F_3 \sin(3\omega t + \beta_3) + \cdots \approx F_1 \sin\omega t \tag{7}$$

式中 F_1、F_2、F_3——1、2、3 次谐波激振力幅值
  ω——激振频率
  β_2、β_3——2、3 次激振力的初相角
  t——时间

显然,以上方程为非线性方程,可按非线性振动理论中的解析方法对其求解

为加速对实际工况的逼近,可取非线性函数等于等效线性作用力加附加非线性作用力,即

$$f_0(t) = c_e \dot{x}_1 + k_e x_1 - \varepsilon f(x_1, \dot{x}_1) \tag{8}$$

式中 k_e——等效刚度
  c_e——等效阻力系数
  ε——小参数
  $f(x_1, \dot{x}_1)$——残余非线性函数,$f(x_1, \dot{x}_1) = c_e \omega \cos\omega t + k_e \sin\omega t - f_{01}(x_1, \dot{x}_1) - f_{02}(x, \dot{x}_1)$

所以模型的运动方程变为

$$m_1 \frac{d^2 x_1}{dt^2} + c_e \frac{dx_1}{dt} + k_e x_1 = \varepsilon f\left(x_1, \frac{dx_1}{dt}\right) + \varepsilon F_0 \sin\omega t \tag{9}$$

(3) 振动沉拔桩机系统的稳态响应

1) 振动系统运动方程的非共振解

对以上方程进行一下变换

$$x_1 = x_{10} + \lambda_1 \sin(\omega t - \alpha) \tag{10}$$

代入方程(9)得

$$m \ddot{x}_{10} + k_e x_{10} = \varepsilon f[x_{10} + \lambda_1 \sin(\omega t - \alpha), \dot{x}_{10} + \lambda_1 \omega \cos(\omega t - \alpha)] - \varepsilon c_e \dot{x}_{10}$$
$$+ \varepsilon [F_0 \sin\omega t - (k_e - m\omega^2)\lambda_1 \sin(\omega t - \alpha) - c_e \omega \lambda_1 \cos(\omega t - \alpha)] \tag{11}$$

设方程的解为

$$x_{10} = a\cos(\omega_0 t + \beta) = a\cos\psi \tag{12}$$

（续）

$$\frac{\mathrm{d}a}{\mathrm{d}t} = -\delta_e(a)a = -\frac{1}{4\pi^2\omega_0}\int_0^{2\pi}\int_0^{2\pi} f_0(a,\psi,\theta)\sin\psi\mathrm{d}\psi\mathrm{d}\theta \tag{13}$$

$$\frac{\mathrm{d}\psi}{\mathrm{d}t} = \omega_0 + \varepsilon\omega_1 = \omega_0 - \frac{1}{4\pi^2\omega_0 a}\int_0^{2\pi}\int_0^{2\pi} f_0(a,\psi,\theta)\cos\psi\mathrm{d}\psi\mathrm{d}\theta \tag{14}$$

式中，$\theta=\omega t$，$\omega_0=\sqrt{\dfrac{k_e}{m}}$

$$f_0(a,\psi,\theta) = f(a\cos\psi, -a\omega_0\sin\psi, \omega t) \tag{15}$$

而改进的一次近似解为

$$x_{10} = a\cos\psi + \varepsilon u_1(a,\psi,\theta) \tag{16}$$

$$u_1(a,\psi,\theta) = \frac{1}{4\pi^2}\sum_n\sum_{\substack{m \\ [n^2+(m^2-1)^2\neq 0]}}\frac{\mathrm{e}^{\mathrm{i}(n\theta+m\psi)}}{\omega_0^2-(n\theta+m\omega_0)^2}\times\int_0^{2\pi}\int_0^{2\pi}f_0(a,\psi,\theta)\mathrm{e}^{-\mathrm{i}(n\theta+m\psi)}\mathrm{d}\theta\mathrm{d}\psi \tag{17}$$

由于阻尼的存在，自由振动将衰减为零，即 $x_{10}\to 0$。实际上对工程有意义的是方程的强迫振动解，其振幅和相位差角为

$$\lambda_1 = \frac{F_0\cos\alpha}{k_e - m\nu^2} \tag{18}$$

$$\alpha = \arctan\frac{c_e\nu}{k_e - m\nu^2} \tag{19}$$

等价线性化刚度和等效线性化阻尼可按下式计算

$$c_e = \frac{4k_0 b}{\omega a\pi}\left(\frac{b-a}{a}\right) + \frac{c}{2} \tag{20}$$

$$k_e = k + \frac{k_0 a}{\pi}\left[\frac{\pi}{2} + \arcsin\left(\frac{a-2b}{a}\right) + \left(\frac{a-2b}{a}\right)\sqrt{1-\left(\frac{a-2b}{a}\right)^2}\right] \tag{21}$$

2）弱非线性振动沉桩系统的共振

在共振情况下，外激励的圆频率 ν 和固有频率 ω_0 的差值为 ε 的同阶量，对于式(9)，广义干扰力可以表示为

$$Q(\theta,a,\psi) = \varepsilon f(\theta,\phi_1 a\cos\psi, -\phi_1 a\omega\sin\psi) + \varepsilon E\sin\theta \tag{22}$$

其中，$\theta=\omega t$，$\psi=\theta+\vartheta$

则式(9)的一次近似解可以表示为

$$x_1 = \phi_1 a\cos(\theta+\vartheta) + \varepsilon u_1 + \cdots \tag{23}$$

其中，α 和 ϑ 为

$$\frac{\mathrm{d}\alpha}{\mathrm{d}t} = -\frac{1}{2\pi\omega_0 m}\int_0^{2\pi} Q_0(a,\psi)\sin\psi\mathrm{d}\psi - \frac{E}{m(\omega_0+\nu)}\cos\vartheta \tag{24}$$

$$\frac{\mathrm{d}\vartheta}{\mathrm{d}t} = \omega_0 - \omega - \frac{1}{2\pi\omega_0 ma}\int_0^{2\pi} Q_0(a,\psi)\cos\psi\mathrm{d}\psi + \frac{E}{ma(\omega_0+\nu)}\sin\vartheta \tag{25}$$

式中

$$Q_0(a,\psi) = \varepsilon f(\phi_1 a\cos\psi, -\phi_1 a\omega_{01}\sin\psi) \tag{26}$$

令

$$\delta_e = \frac{\varepsilon}{2\pi\omega_0 am}\int_0^{2\pi} Q_0(a,\omega)\sin\psi\mathrm{d}\psi \tag{27}$$

$$\omega_e = \omega_0 - \frac{\varepsilon}{2\pi\omega_0 ma}\int_0^{2\pi} Q_0(a,\psi)\cos\psi\mathrm{d}\psi \tag{28}$$

$$\omega_0 = \sqrt{\frac{k_e(a)}{m}} \tag{29}$$

进行分段积分，即得

$$\delta_e = \frac{2kb}{\omega_0 a\pi m}\left(\frac{b-a}{a}\right) + \frac{c}{2} \tag{30}$$

$$\omega_e = \sqrt{\frac{k}{m} + \frac{k_0 a}{\pi m}\left[\frac{\pi}{2} + \arcsin\left(\frac{a-2b}{a}\right) + \left(\frac{a-2b}{a}\right)\sqrt{1-\left(\frac{a-2b}{a}\right)^2}\right]} \tag{31}$$

则振幅和相位在共振区域满足

$$\frac{\mathrm{d}a}{\mathrm{d}t} = -\delta_e a - \frac{E}{m(\omega_0+\nu)}\cos\vartheta \tag{32}$$

$$\frac{\mathrm{d}\vartheta}{\mathrm{d}t} = \omega_e(a) - \omega + \frac{E}{ma(\omega_0+\nu)}\sin\vartheta \tag{33}$$

对于定常过程，振幅和相位不随时间变化，即

振动沉拔桩机系统数学模型及其动力学特性

振动沉拔桩机系统数学模型及其动力学特性	由此可得幅频、相频特征曲线方程 $$\frac{da}{dt}=0, \frac{d\vartheta}{dt}=0$$ $$a = \frac{F_0}{m\sqrt{(\omega_e^2-\nu^2)^2+4\delta_e^2\nu^2}} \quad (34)$$ $$\vartheta = \arctan\frac{\omega_e(a)-\nu}{\delta_e(a)} \quad (35)$$ 图 e 所示为振动沉拔桩机的双线性滞回模型稳态共振响应曲线。由图 e 可以看出,该振动沉拔桩机系统的幅频特征曲线具有软特性非线性系统的特点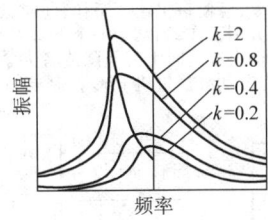e) 振动沉拔桩机系统稳态共振响应曲线

3 振动沉拔桩机智能优化设计

智能优化设计是以线性或非线性控制理论为基础,以使机器获得最优工作参数和最优工作过程为基本内容的一种设计方法。其基本目标是获得良好的工作指标(或技术性能),即产品的工作稳定性、工效实用性、性能优越性和操作宜人性等。它通过对产品的主要参数和工作过程实现智能控制和优化来完成产品设计;考虑控制过程的非稳态、非线性和滞后等特性;拟采用平均化原理或分段等效原理来研究慢变和参变的非稳态、非线性和滞后的控制系统;对控制精度、控制过程的稳定性进行优化,以达到工作参数的智能控制与优化以及工作过程的智能控制与优化。

桩机的控制包括行走机构的控制、长船和短船的升降控制、调平系统的控制、夹桩机构的控制和沉桩液压缸的控制,以及桩机所有液压系统中,各液压泵的工作优化控制等。以执行机构的控制为例说明桩机工作过程的智能化控制,具体内容见表 55.8-6。

表 55.8-6 桩机工作过程的智能化控制

振动沉拔桩机控制工作原理	振动沉拔桩机的全部动作由液压缸驱动,而液压缸又由相应的电磁阀控制。其中,工作液压缸的抬起、下降由双线圈电磁阀控制,振动小块的振动由一个旋转阀控制。例如,当上升电磁阀通电时,小块振子才上升;当上升电磁阀断电时,小块振子停止上升。工件的夹紧、松开由一个单线圈两位置电磁阀(称为夹紧电磁阀)控制。当该线圈通电时,夹紧液压缸夹紧工件;当该线圈断电时,夹紧液压缸放松。振动沉拔桩机的动作过程如图 a 所示。首先,由工作液压缸把小块振子抬起,碰到上限位开关停止。然后夹紧电磁阀工作,带动夹紧液压缸夹紧工件;再次,给工作液压缸加一定的动压和静压,带动小块振子一边振动一边向下运动,直到碰到下限位开关,松开夹紧液压缸,再由工作液压缸把工件抬起,进行下一个循环。在此期间,如果发现桩打歪了,则起动拔起程序,把桩拔起,重新打;如果桩的端部阻力大于振动沉拔桩机大块、小块的总重,则大块和小块相当于一个振动体一起振动,此时,振动沉拔桩机给桩子的力是一个冲击力,这时大块也要抬起,遇到大块上限位开关后停止。如此往复,直到满足工作要求振动沉拔桩机主要有两种工作方式:正常打桩和异常拔桩。正常打桩就是小块由初始位置抬起到一定高度(碰到上限位开关),由夹紧液压缸夹紧工件,然后给工作液压缸充动压和静压,使小块边振动边往下运动着把桩打入地下,直到碰到下限位开关,夹紧液压缸松开工件,再抬起直到把桩打到预定位置。异常拔桩是指当桩子打歪时,立即起动拔桩程序,把桩子拔出来,然后重新打桩。拔桩过程如下:首先,小块回到初始位置,由夹紧液压缸夹紧工件,然后,给工作液压缸充动压和静压或只加静压,向上运动拔出桩子,当遇到上限位开关时停止,夹紧液压缸松开工件;小块振子回到初始位置,再由夹紧液压缸夹紧工件,直到桩子不再倾斜

a) 振动沉拔桩机的动作过程示意图

(续)

1）PLC 系统的控制要求。要求振动打桩机能自动工作,且可靠性要高;当桩打歪时,应能把桩拔出来;要求能够控制振动打桩机的振动频率,其振动频率在 1~20Hz;能够控制振动打桩机的振幅;当桩的端部阻力大于振动部分总重时,要求大块不能离开隔振弹簧,要求沉桩机能够连续工作以提高效率。

2）PLC 系统操作面板布置。图 b 所示为振动沉桩机的可编程序控制器控制面板布置图。按动启动按钮,振动小块将从初始位置开始自动地、连续不断地周期性循环工作。工作中若按一下停止按钮,则振动小块继续完成一个周期的动作后,回到初始位置自动停止。当桩子打歪时,操作面板上的桩子倾斜指示灯将会闪动,向操作员报警。当然,程序也会自动将桩子拔出,直到指示灯不再闪动,这可以通过一个传感器输入到可编程序控制器,启动拔桩程序。

3）PLC 系统输入/输出端子地址分配。该振动沉桩机所用的可编程序控制器是松下公司生产的 FP1-C72,图 c 所示为 FP1-C72 输入/输出端子地址分配图。该振动沉拔桩机共使用了 10 个输入量,10 个输出量。

4）PLC 系统软件设计。图 d 所示为振动沉拔桩机的控制程序梯形图。由图 c 和图 d 可以看出该振动沉拔桩机的工作过程:当按下启动按钮,并且停止按钮处于非工作状态时,由 PLC 起动液压泵,在振动沉拔桩机工作的初始阶段,由于桩子的阻力较小,为了提高工作效率,应使桩连续工作,此时,选择交替工作;当桩的阻力比较大时,则要选择一起工作。当交替工作时,两套振动小块分别工作,当其中一个下降时,另一个抬起,做准备工作;当一个夹紧时,另一个则松开。当一起工作时,两套振动小块同时上升下降或者夹紧松开。

5）PLC 系统电路原理。图 e 所示为振动沉拔桩机 PLC 控制电路原理图。

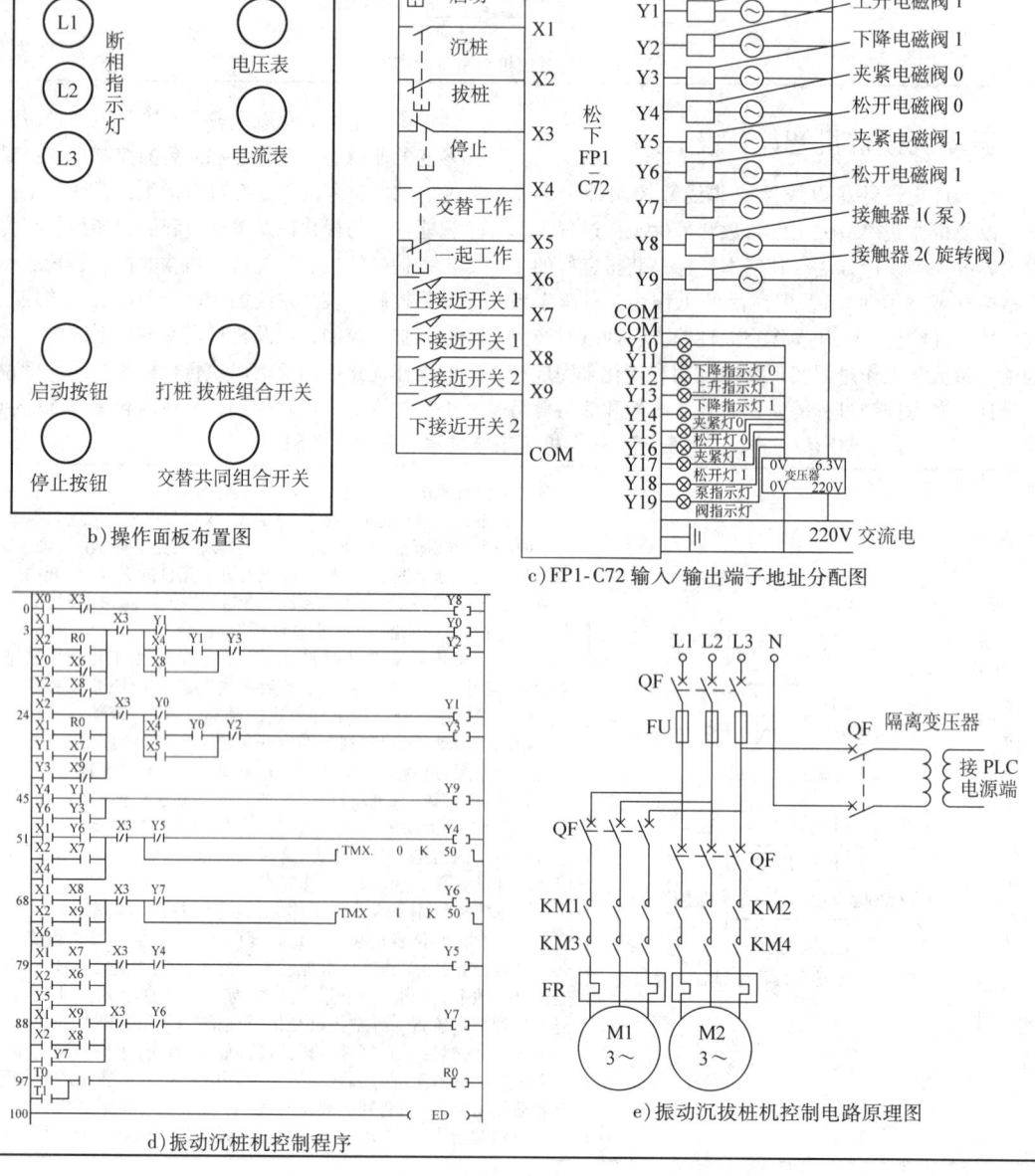

b）操作面板布置图

c）FP1-C72 输入/输出端子地址分配图

d）振动沉桩机控制程序

e）振动沉拔桩机控制电路原理图

以系统化设计法中的智能优化设计为理论依据,对振动沉拔桩机工作过程进行智能化设计。根据振动沉拔桩机的工作特点,设计了振动沉拔桩机 PLC 智能控制系统。对振动沉拔桩机 PLC 系统软、硬件进行设计,设计 PLC 操作面板,对 PLC 输入输出端进行分配,设计电路,绘制振动沉拔桩机 PCL 程序梯形图。采用 PLC 控制系统对振动沉拔桩机进行控制,桩机能够按要求完成沉桩和拔桩工作。

4 振动沉拔桩机可视优化设计

4.1 振动沉拔桩机系统

液压式振动沉拔桩机系统如图 55.8-2 所示,它由液压系统、机械系统和控制系统三个主要子系统组成。

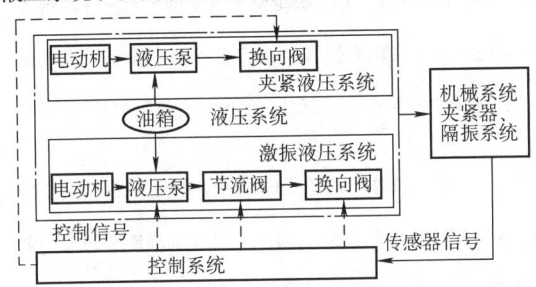

图 55.8-2 振动沉拔桩机系统

液压系统由两个子系统构成:一个夹紧系统,提供夹紧桩身的夹紧力;一个激振系统,提供振动沉拔桩时的激振力。

机械系统完成主要的沉拔桩过程,由夹紧器及隔振系统组成,夹紧器夹紧桩身,在外激振力的作用下将桩身贯入或拔出地基面。隔振系统由机身和隔振弹簧组成,隔振系统是为了减小振动传给地基的作用力。

控制系统控制夹紧器夹紧桩身的夹紧力,控制作用于夹紧器上多个激振液压缸的同步行程,以及将断续沉桩过程转变为连续沉桩,使振动沉拔桩机能够自动连续工作。

4.2 实现方案

"三化"系统化设计法是将动态优化、智能优化和可视优化等现代设计方法有机地结合起来,使其成为一个相互独立而又有机结合的整体设计方法。在振动沉拔桩机的设计过程中,综合使用各种方法,采用虚拟技术,对整个桩机系统进行分析。凭借 MSC. ADAMS、Creo 的功能,完成参数化并行建模过程,最后在 MSC. ADAMS 中集成振动沉拔桩机虚拟仿真环境。

利用 Creo 生成参数化的零件实体,预装配成振动沉拔桩机运动部件,进行干涉检查,完成 CAD 数据针对 MSC. ADAMS 软件输出的后处理。然后将三维模型导入软件 MSC. ADAMS 中,简化模型,去掉对运动无影响的零件,在各部件中增加必要的约束或连接。

实现振动沉拔桩机工作过程的虚拟仿真,需要多体动力学仿真软件平台的支持。现在较常用的动力学仿真软件是 MSC. ADAMS。用户通过交互式图形界面,利用 MSC. ADAMS 内含的多种运动约束库、力库等模块能方便地定义复杂机构中的运动约束关系和运动激励,建立机构动力学仿真模型。此外,MSC. ADAMS 提供各种数值建模和求解函数,可用来建立液压系统数学仿真模型。

4.3 振动沉拔桩机系统可视优化设计

根据对振动沉拔桩机动态特性的分析结果,设计振动桩机。采用可视化三维参数化特征设计软件,在三维可视化环境中,设计者可以很直观地对产品的设计合理性、零件的可加工性、产品的可装配性进行综合检验和评价,及时地发现产品设计和工艺过程可能出现的错误和缺陷,进行产品性能和工艺的优化。最后将整个桩机工作系统及控制系统在虚拟可视化环境中进行工作过程虚拟仿真,进行综合检验和评价。振动沉拔桩机系统可视优化设计见表 55.8-7。

表 55.8-7 振动沉拔桩机系统可视优化设计

系统建模	 a) 桩机转阀部件图	采用三维 CAD/CAE/CAM 软件平台对振动桩机进行可视化虚拟装配。Creo 是美国参数科技公司(PTC)推出的三维 CAD/CAE/CAM 软件,它具有基于特征、全参数、全相关、单一数据库等特点。产品的整个设计过程可以完全在三维模型上完成,形象直观,它具有单一数据库,工程中的数据全部来自一个数据库,在整个设计过程中的任何一处发生参数改动,都反映到整个设计过程的相关环节。单一数据库技术和全相关功能,为并行工程的实施提供一个良好的开发平台。因此,振动桩机的虚拟装配系统就可以利用 Creo 来充分实现。图 a 所示为所建的桩机转阀的部件图
装配可视化	(1) 虚拟装配技术 虚拟装配是在产品设计过程中,为了更好地帮助进行与装配有关的设计决策,在虚拟环境下对计算机数据模型进行装配关系分析的一项计算机辅助设计技术 采用可视化的虚拟装配技术,设计合理的装配方法和装配步骤,能够体现产品功能要求。虚拟装配通常可以体现以下功能	

（续）

装配可视化

装配体采用树状的管理方式，层次清楚而且易于管理，可以随时调用装配管理窗口查看装配信息

装配方式同时支持自顶向下的装配技术，保证已有零件的造型修改和新零件的造型都可以在装配体内进行，以实现已有零件的装配与新零件设计相结合的功能

装配体的编辑修改方便，不但可以把装配好的零件重新定位，而且可以通过修改零部件的造型来达到修改装配体结构的目的

在装配过程中，可自动检测零部件之间的配合和干涉情况，一旦发现有干涉产生或配合关系不合理，可返回三维零部件状态进行修改，修改后再回到装配体状态，在出二维工程图之前就将可能发生的错误消除，既提高设计的准确性，又实现设计思想的直观描述

因此利用虚拟装配技术，设计人员不必借助产品的实际模型，就可以对振动机械的装配进行干涉检查，及时发现错误，并进行实时修改，从而实现振动机械设计、装配和制造的协调统一。通过虚拟装配技术，可以缩短产品开发时间，有利于提高产品的质量和可靠性，有利于降低产品成本，提高企业的竞争力

(2) 虚拟装配步骤

振动沉拔桩机的可视化虚拟装配设计见b，即在计算机上对已经建立的产品零件按照产品的装配关系完成部件和整机的三维装配模型，在此基础上应用软件提供的功能，进行装配零件之间的干涉检查，一旦发现设计不合理之处及时调整与修改设计图样，从而可缩短产品制造与装配生产过程时间，降低产品装配成本。其具体步骤如下：

①确定装配层次。装配层次是指振动沉拔桩机总装配体的子装配体的组成，主要包括隔振系统、沉拔桩压力系统、沉拔桩夹紧系统等，各部分装配图和整机装配图分别在Creo中建模而成

②确定装配顺序。根据振动沉拔桩机的结构尺寸形式和各个部件间的约束关系，确定整个设备的装配顺序。选定振动沉拔桩机隔振系统底座为基准进行装配

③确定装配约束。装配约束是确定基准件和其他组成件的定位及相互约束关系，主要由装配特征、约束关系和装配设计管理树组成。装配的约束关系主要有面贴合、对齐、定向等几种方式

④干涉检查。装配体的干涉检查是指在特定装配结构型式下，检查装配体各个零部件之间的相对位置关系，是否存在干涉

(3) 虚拟装配实现

装配建模采用符合人们"Top-down"式的自然习惯，先粗后精，由抽象到具体。信息建模和造型建模集成，使信息模型能支持虚拟制造环境下与装配相关的各阶段活动

自顶向下的装配设计是在产品从上而下的设计、限制、规格等要素明确定义清楚后，将这些设计规范传送到每一个零件(Part)与子装配体(Sub-Assembly)中，以保持产品结构的一致性

在Creo中，首先完成桩机所有零件的三维造型，这些是做虚拟装配的准备工作。完成以后，将它们按结构组成进行虚拟装配，按照从零件到子装配体再到总装配体的步骤来完成，即先分别进行各子装配体的装配，经检查无误以后再将各子装配体装配成桩机总装配体。图b所示为振动沉拔桩机的可视化虚拟装配系统，图c所示为桩机夹桩部分的可视化虚拟装配图

根据桩机的具体结构，对其进行虚拟装配，在装配过程中可以随时进行修改。装配完成之后，用户可以观看自动生成的爆炸图，也可以自己创建装配模型的爆炸图

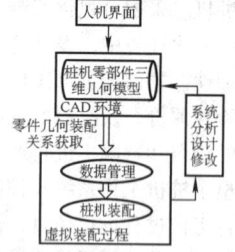

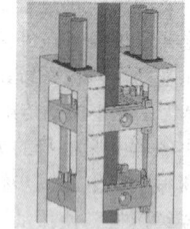

b) 振动沉拔桩机的可视化虚拟装配系统　　c) 振动沉拔桩机夹桩机构虚拟装配图

工作过程可视化

(1) 技术支持

机械系统动力学分析软件MSC.ADAMS是世界上使用最广泛的机械系统仿真(Mechanical System Simulation, MSS)软件。通过预测和分析机械系统经受大位移运动时的性能，MSC.ADAMS可以帮助改进各种机械系统的设计：从简单的连杆机构到车辆、飞机、卫星、洗衣机和VCR机构，磁盘驱动器甚至复杂的人体

MSC.ADAMS为工程师提供各种生成并试验其设计方法的途径，这在以前是不可能做到的。MSC.ADAMS虚拟样机能够在物理样机和试验数据得到前很久即可进行完整的系统仿真。其他各种可供选择的设计方案也可进行仿真试验、修改和优化；这样就大大降低了成本、极大地缩短了新产品投入市场所需的时间

MSC.ADAMS软件分析的类型包括运动学、静力学、准静力学分析，以及完全非线性和线性动力学分析；具有2维和3维建模能力，包含刚体和柔性体分析；具有50多种连接副、力和运动发生器组成的库；具有组装、分析和动态显示不同的模型或同一个模型在某一过程变化中的能力；具有一个强大的函数库供用户自定义力和运动发生器；具有开放式结构，允许用户集成自己的子程序；具有先进的数值分析技术和强有力的求解器，使求解快速、准确；具有与CAD、FEA、Rendering(广告动画)和控制系统建模软件之间的专用接口；具有易使用的图形界面MSC.ADAMS/View等优点及特性

(2) 振动沉拔桩机系统可视化

振动桩机在MSC.ADAMS中的模型主要由隔振系统、压桩系统、夹桩系统组成

①隔振弹簧模型的建立。振动桩机在合理支撑的情况下可以近似简化为机身(夹桩系统、压桩系统)支撑在隔振弹簧上。应用拉压弹簧阻尼器工具，可以在两个构件上施加一对带有阻尼的弹簧力

②机身模型的建立。在 MSC. ADAMS 中机身大块质量可以用一个长方体来实现,大块与小块相连的液压缸用一对相互可以移动的位移副表示。液压缸外套与大块相连,活塞与小块相连。由于在沉拔桩过程中,液压缸活塞、小块(夹紧器)与桩体是一起运动的,因此可以简化成一个物体。如果对模型要求较高,机身形状也较为复杂,可以通过 Creo 等其他建模能力强的软件先将模型建好,然后通过软件之间的接口导入模型

③作用力模型的建立。在振动沉拔桩机工作过程中,激振力为一正弦函数,沉桩阻力为一分段线性非线性滞回作用力。作用力的大小和形式可以通过函数形式表示

(3)振动沉拔桩机运动仿真

振动沉拔桩机工作时,首先在沉拔桩液压缸的作用下,将夹紧小块抬起;然后夹紧液压缸相向运动直到碰到桩,并在液压力的作用下夹紧桩;沉拔桩液压缸作用,带动夹紧小块和桩子向下运动,到达液压缸底部时,夹紧液压缸松开

桩机沉桩工作图如图 d 和图 e 所示

d) 桩机工作动作顺序图 1

e) 桩机工作动作顺序图 2

一个动作周期内沉桩液压缸的运动位移如图 f 所示。一个沉桩运动周期内沉桩液压缸的工作速度如图 g 所示

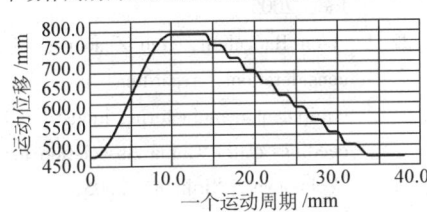
f) 沉桩时液压缸的运动位移

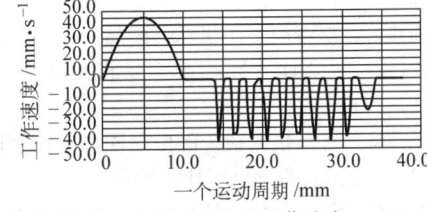
g) 沉桩液压缸的工作速度

一个沉桩运动周期内夹紧液压缸的运动位移如图 h 所示。一个沉桩运动周期内夹紧液压缸的运动速度如图 i 所示

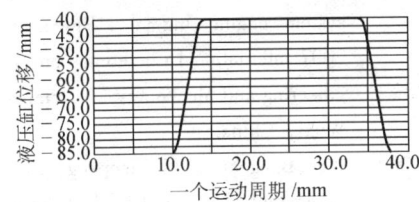
h) 夹紧液压缸的运动位移

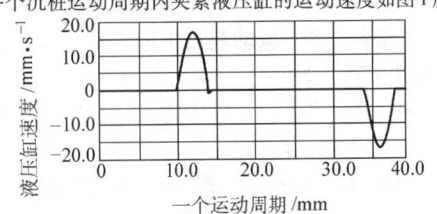
i) 夹紧液压缸的运动速度

(4)振动沉拔桩机系统动力仿真

在可视化环境下,可以很方便地改变各种参数,使系统工作在稳定状态下。图 j 和图 k 所示为某稳定状态下桩身及机座的位移响应曲线

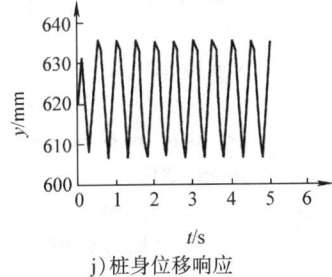
j) 桩身位移响应

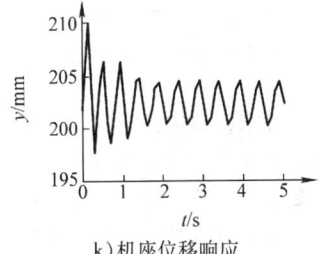
k) 机座位移响应

运用系统化设计方法,对振动沉拔桩机模型进行可视化虚拟设计。根据设计要求和实际工况,建立振动沉拔桩机的三维可视化模型,对振动沉拔桩机模型各个零件进行建模,然后根据装配关系对整个桩机进行虚拟装配,对桩机虚拟装配系统进行干涉检验等,对不合理的结构进行修改,或重新设计。将振动沉拔桩机三维模型导入动力学分析软件中,在虚拟可视化的环境下,对振动沉拔桩机系统进行运动学及动力学分析,最终完成桩机系统化设计的全部工作任务。

参 考 文 献

[1] 闻邦椿. 现代机械设计师手册：下册 [M]. 北京：机械工业出版社，2012.

[2] 闻邦椿. 现代机械设计实用手册 [M]. 北京：机械工业出版社，2015.

[3] 闻邦椿，张国忠，柳洪义. 面向产品广义质量的综合设计理论与方法 [M]. 北京：科学出版社，2006.

[4] 闻邦椿. 产品全功能与全性能的综合设计 [M]. 北京：机械工业出版社，2008.

[5] 闻邦椿，刘树英，李小彭. 产品的主辅功能及功能优化设计 [M]. 北京：机械工业出版社，2008.

[6] 闻邦椿，韩清凯，姚红良. 产品的结构性能及动态优化设计 [M]. 北京：机械工业出版社，2008.

[7] 闻邦椿，赵春雨，任朝晖. 产品的使用性能及智能优化设计 [M]. 北京：机械工业出版社，2009.

[8] 闻邦椿，等. 机械系统的振动同步与控制同步 [M]. 北京：科学出版社，2003.

[9] 闻邦椿，等. 故障旋转机械的非线性动力学理论与试验 [M]. 北京：科学出版社，2004.

[10] 闻邦椿，等. 振动利用工程 [M]. 北京：科学出版社，2005.

[11] 闻邦椿，等. 工程非线性振动 [M]. 北京：科学出版社，2007.

[12] 闻邦椿，刘凤翘. 振动机械的理论及应用 [M]. 北京：机械工业出版社，1982.

[13] 闻邦椿，刘树英，何勍. 振动机械的理论与动态设计方法 [M]. 北京：机械工业出版社，2001.

[14] 闻邦椿，李以农，韩清凯. 非线性振动理论中解析方法及工程应用 [M]. 沈阳：东北大学出版社，2001.

[15] 闻邦椿，周知承，韩清凯，等. 现代机械产品设计在新产品开发中的重要作用——兼论面向产品总体质量的"动态优化、智能化和可视化"三化综合设计法 [J]. 机械工程学报，2003，39（10）：43-52.

[16] 闻邦椿. 关于发展装备制造业的若干思考 [J]. 矿山机械，2006，34（1）：6-10.

[17] 闻邦椿，韩清凯. 产品设计的重要性和面向产品总体质量的综合设计法 [J]. 科技和产业，2003（11）：12-23.

[18] 闻邦椿，任朝辉. 面向产品总功能和全性能的综合设计法 [J]. 机械设计，2006（23）（增刊）：1-8.

[19] 闻邦椿. 振动利用工程学科的形成与发展，机械学科基础研究20年 [M]. 武汉：武汉理工大学出版社，2006.

[20] 闻邦椿，产品设计的 7D 总体规划模型 [J]，机械设计（增刊），2006.

[21] Wen Bangchun, Zhang Yimin, Han Qingkai, et al. High-level design method of 1+3+X for general quality of modern mechanical product. Proceedings of International Conference on Mechanical Engineering and Mechanics [M]. Nanjing：Science Press and Science Press USA Inc，2005.

[22] Wen Bangchun, Ren Zhaohui, Li He. Several considerations regarding the development of equipment manufacturing industry [J]. The Proceedings of the China Association for Science and Technology, Xinjiang, 2005, 2 (1)：243-251.

[23] Wen Bangchun, Li Xiaopeng, Sun Wei, et al. Planning model of product design based on systems engineering [J]. Proceedings of ICMEM 2007 International Conference on Mechanical Engineering and Mechanics, November 5-7, 2007, Wuxi, China.

[24] Wen Bangchun, Li Xiaopeng, Sun Wei, et al. 7D overall planning of product design and synthesized design method of 1+3+X based on systems engineering. Proceedings of the International Conference on Design and Modeling of Mechanical Systems. Tunisia，2007.

[25] Wen Bangchun, Ren Zhaohui, Ma Hui. Forming of the course of "Vibration Utilization Engineering" and its recent development, Proceedings of APVC, Japan，2007.

[26] 陈以增，任朝辉，唐加福，等. 基于QFD的产品多目标规划模型 [J]. 东北大学学报，2003，24（1）：46-49.

[27] 陈以增. 基于智能质量功能展开的产品开发关键技术及其应用的研究 [D]. 沈阳：东北大学，2003.

[28] 张晓伟. "三化"综合设计法及其在振动沉拔桩机设计中的应用 [D]. 沈阳：东北大

学，2005.

[29] 张晓伟，姚红良，李小彭，等．基于"三化"综合设计方法的振动机械设计［J］．机械设计，2005，22（6）：6-9.

[30] 栾丽君．串联盘式管道连续输送机的"三化"综合设计及实验研究［D］．沈阳：东北大学，2005.

[31] 李小彭．面向产品广义质量的"1+3+X"综合设计法及其应用研究［D］．沈阳：东北大学，2006.

[32] 李小彭，等．"三化"综合设计法在产品质量综合评价中的应用［J］．东北大学学报（自然科学版），2006，27（5）：532-535.

[33] 李小彭，等．基于三化综合设计法的产品质量多级模糊综合评价［J］．计算机工程与应用，2006，42（7）：86-88.

[34] 李小彭，等．"三化"综合设计法在振动机械设计中的应用［J］．机械设计，2004（21）（增刊）：108-110.

[35] 李小彭，等．功能优化设计法在振动筛设计中的应用［J］．机械设计，2006（23）（增刊）：115-116.

[36] Li Xiaopeng, Ren Zhaohui, Song Naihui, et al. Study on non-linear dynamical characteristic of pile-soil system for vibratory pile driving process ［J］. The international conference on mechanical transmission（ICMT' 2006），2006（26-30）：1213-1218.

[37] Song Weigang, Wen Bangchun, Liu Huijuan. Simulation Research on Dynamics of Belt Conveyor System. Proceedings of DETC/CIE 2006 ASME 2006 International Design Engineering Technical Conferences & Computers and Information in Engineering Conference September 10-13，2006，Philadelphia，Pennsylvania，USA.

[38] 孙伟，等．基于检验与优化的可视优化设计方法研究［J］．机械设计．2006（23）（增刊）.

[39] 孙伟，等．面向可视优化设计法的软件集成策略研究［J］．机械制造，2006，44（10）：18-20.

[40] 孙伟，等．现代机械可视化设计方法研究［J］．东北大学学报，2007，28（3）：385-388.

[41] 姚红良，等．裂纹碰摩耦合故障转子系统诊断分析［J］．振动工程学报，2006，19（3）：307-312.

[42] 李朝峰，等．动力学可视化在大型振动机械中的应用［J］．机械与电子，2006（12）：12-15.